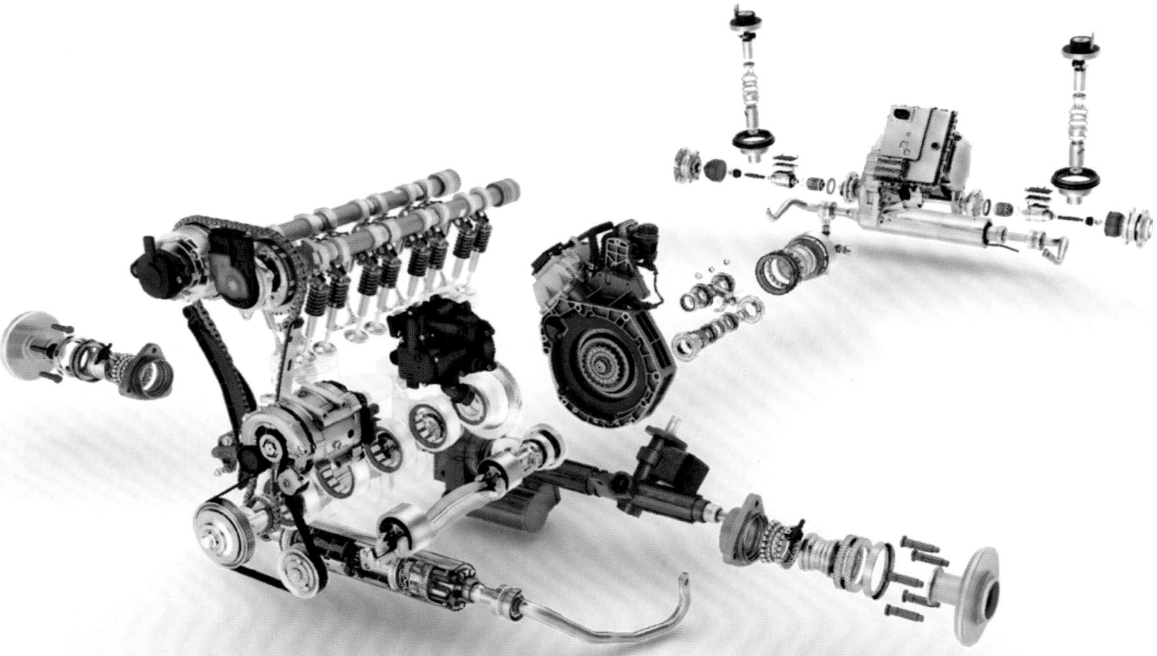

U行·天下
UAES

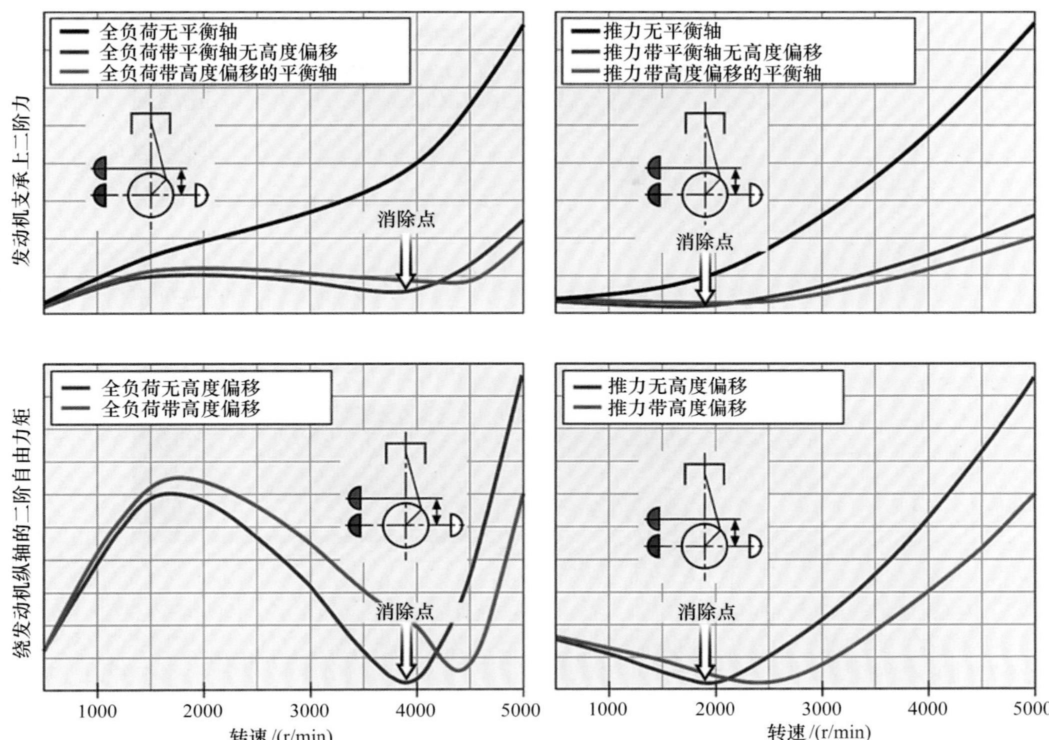

图 6.42　带和不带高度偏移的平衡轴的系统特征

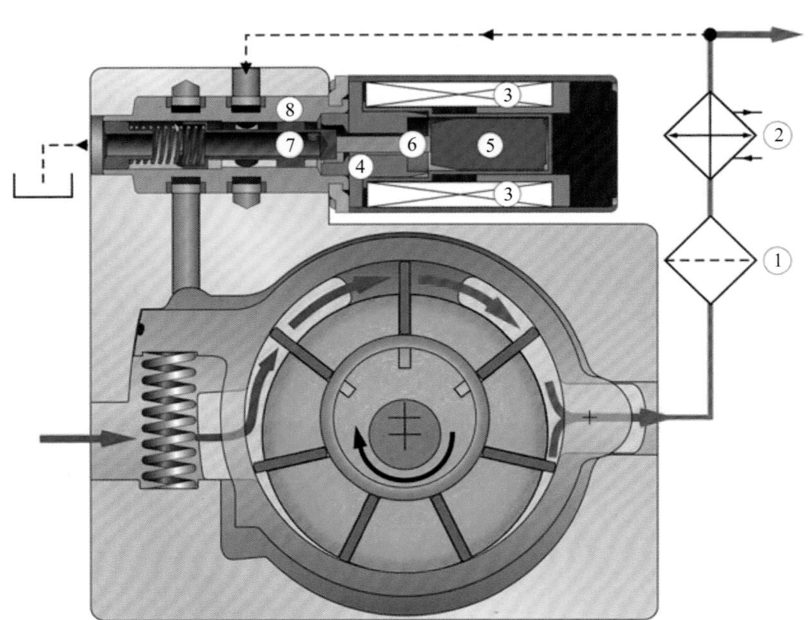

图 7.231　集成在润滑油泵中的电磁比例阀的无级压力调节功能图（示意图）

1 —润滑油滤清器　2 —润滑油冷却器　3 —线圈体　4 —线圈心

5 —行程锚　6 —压力销　7 —控制滑块　8 —阀体

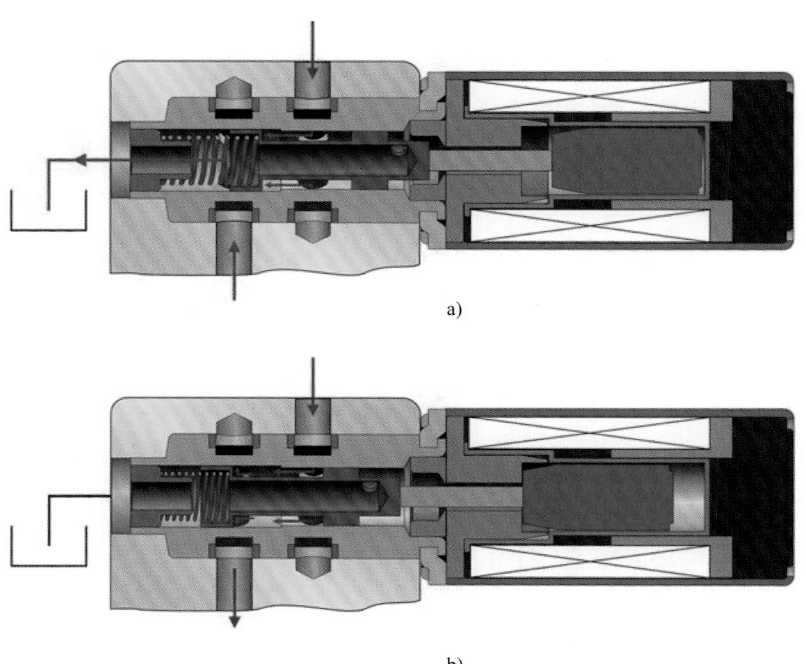

图 7.232　电磁驱动的 3/3 路比例阀在不同开关位置的剖面图

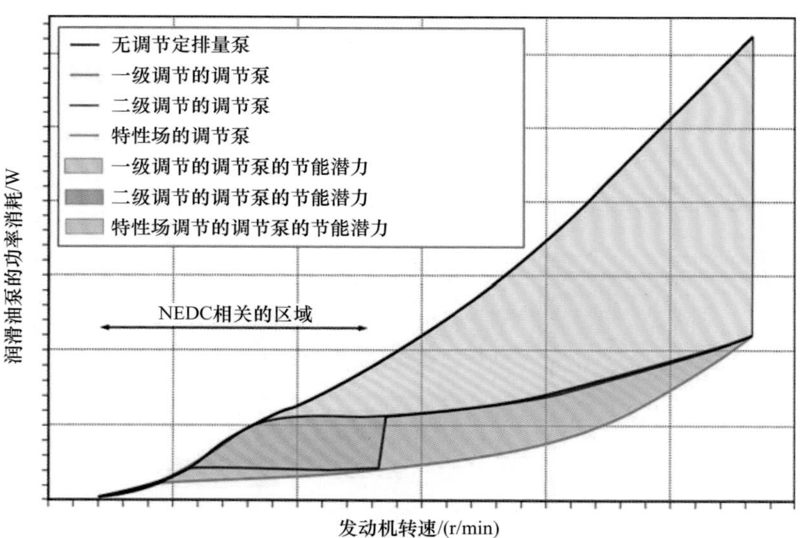

图 7.233　在使用调节润滑油泵时降低驱动功率的潜力

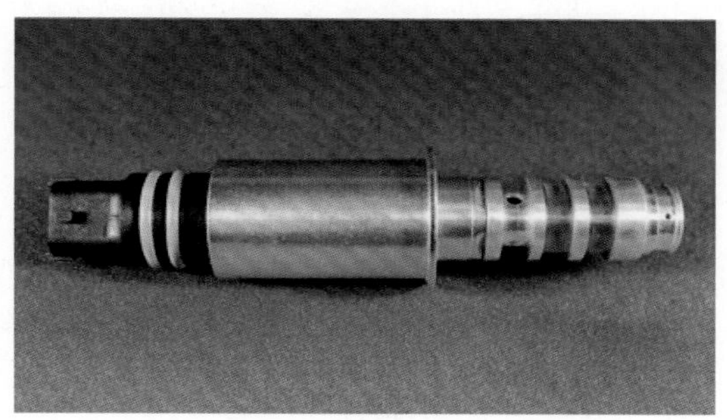

图 7.234　在连接器区域用 O 形圈密封到油底壳的电磁驱动比例阀

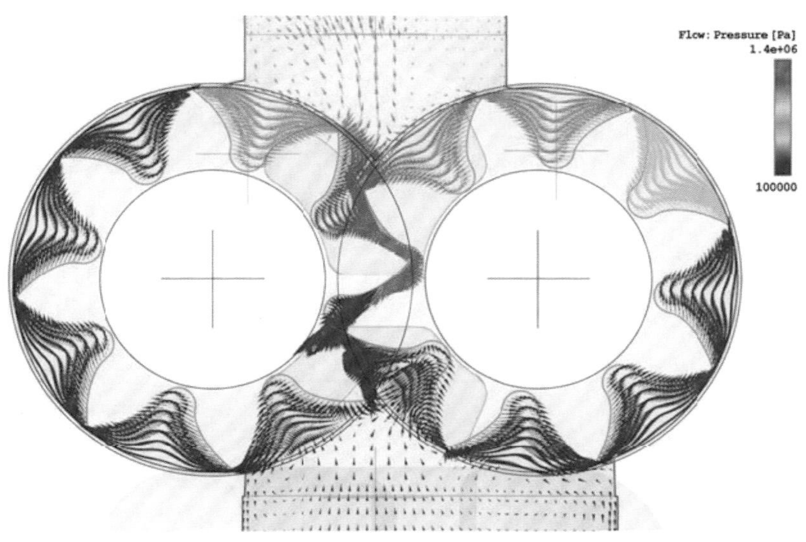

图 7.243　用 CFD 计算的外齿润滑油泵轮对的压力变化曲线

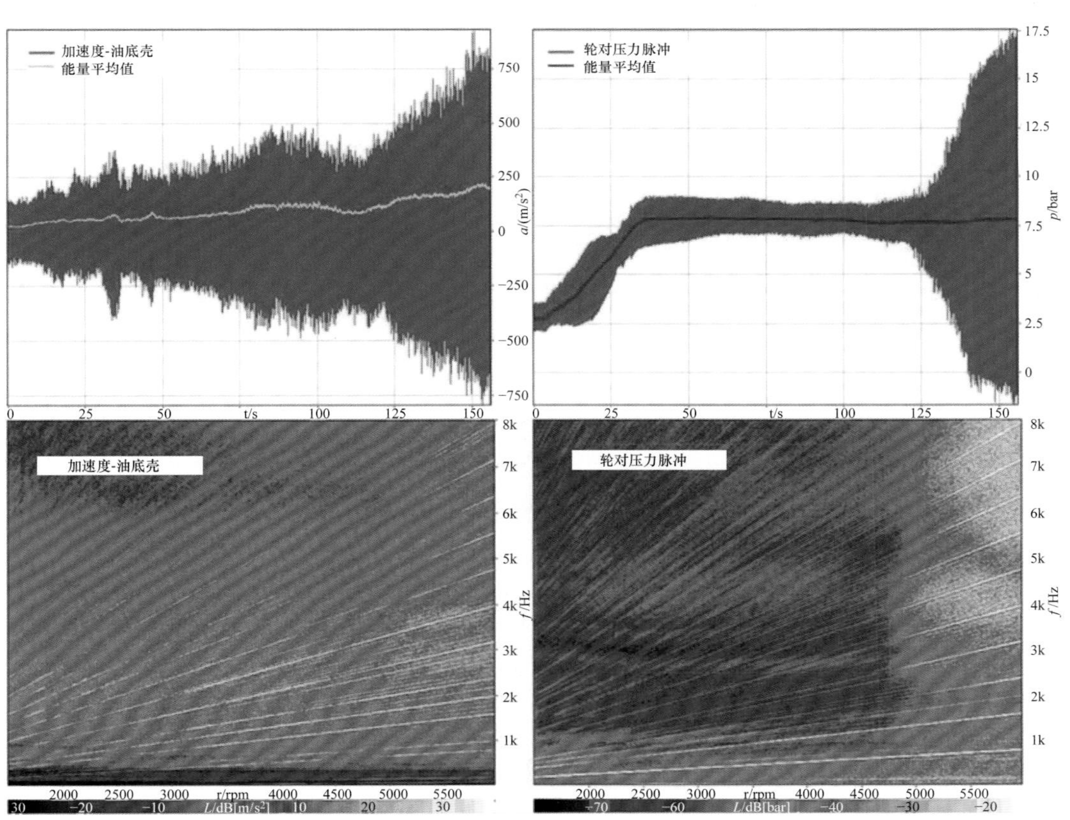

图 7.247　时间信号和频率分析［坎贝尔（Campbell）图］，用于 NVH 问题的原因分析和验证所采取的声学措施的润滑油泵

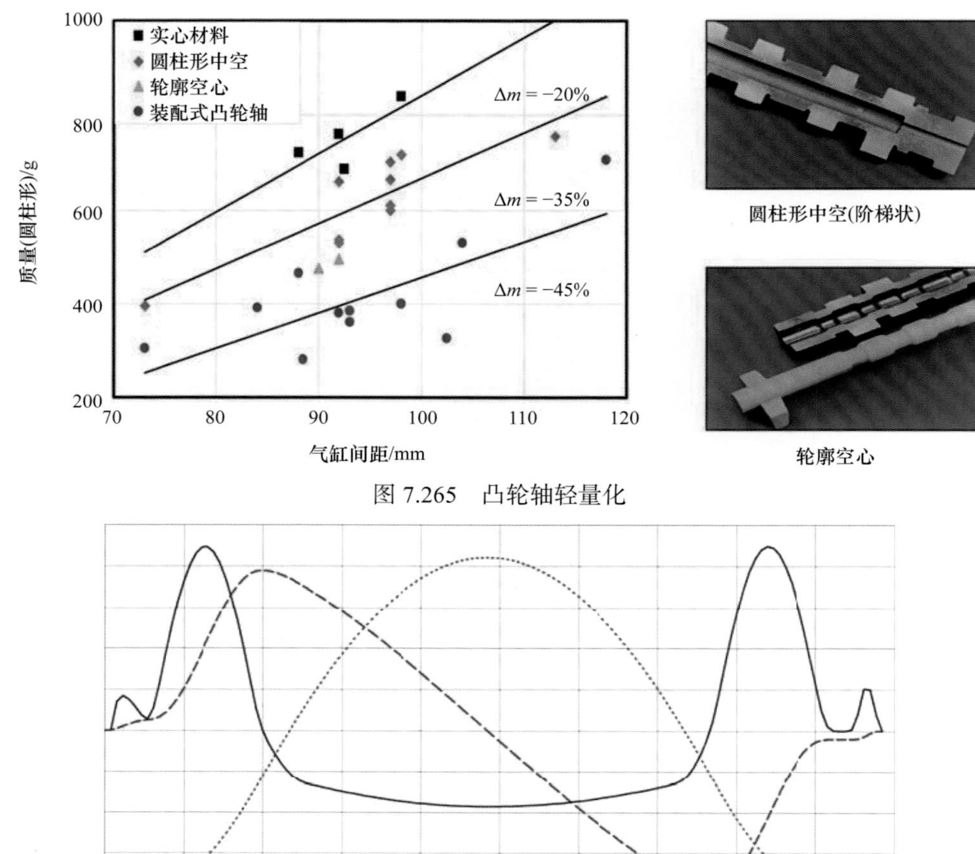

图 7.265　凸轮轴轻量化

凸轮转角

理论的气门升程
理论的气门速度
理论的气门加速度

图 7.267　带 HVA 的滚子挺杆配气机构的气门升程、速度和加速度与凸轮转角的关系

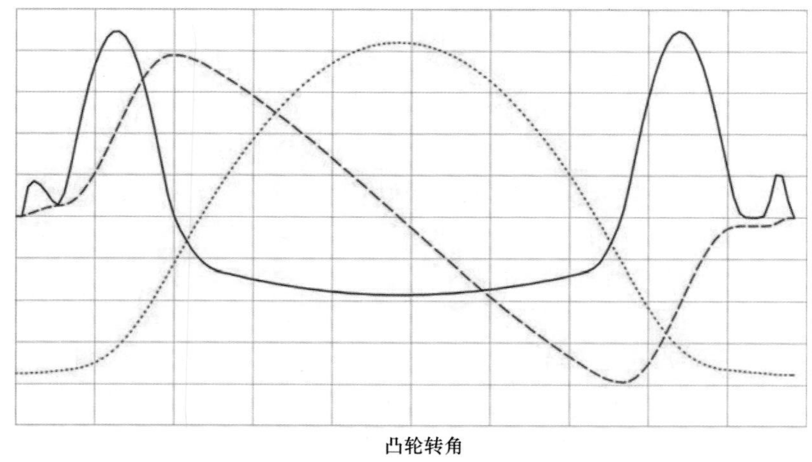

图 7.268　带 HVA 的滚子挺杆配气机构的理论的气门升程和赫兹压力（运动学、动态）

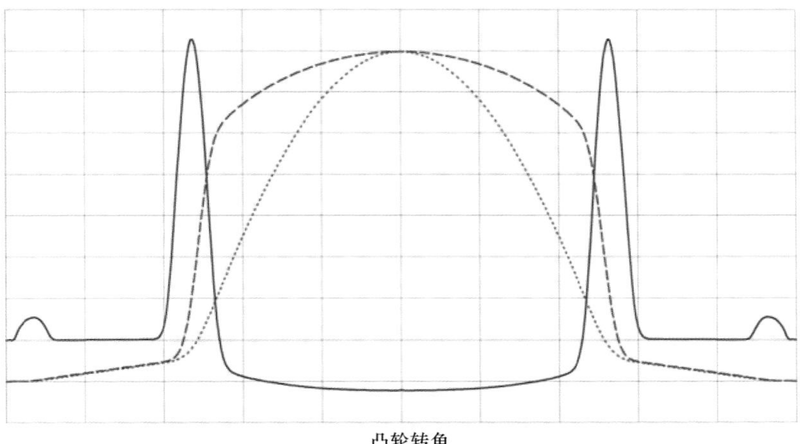

图 7.269　凸轮／扁平挺杆接触的凸轮轮廓、理论的气门升程和流体动力学有效速度与凸轮转角的关系

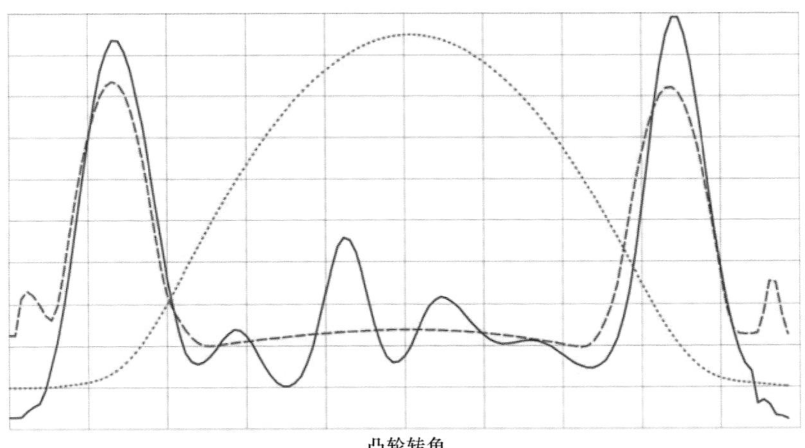

图 7.270　带有 HVA 的挺杆配气机构的理论的气门升程、运动学和动力学接触力与凸轮转角的关系

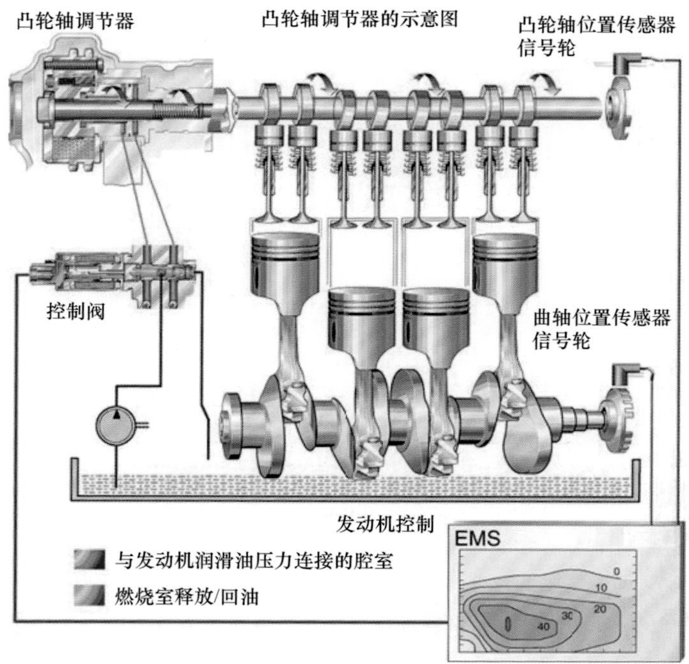

图 7.271　连续的凸轮轴调节

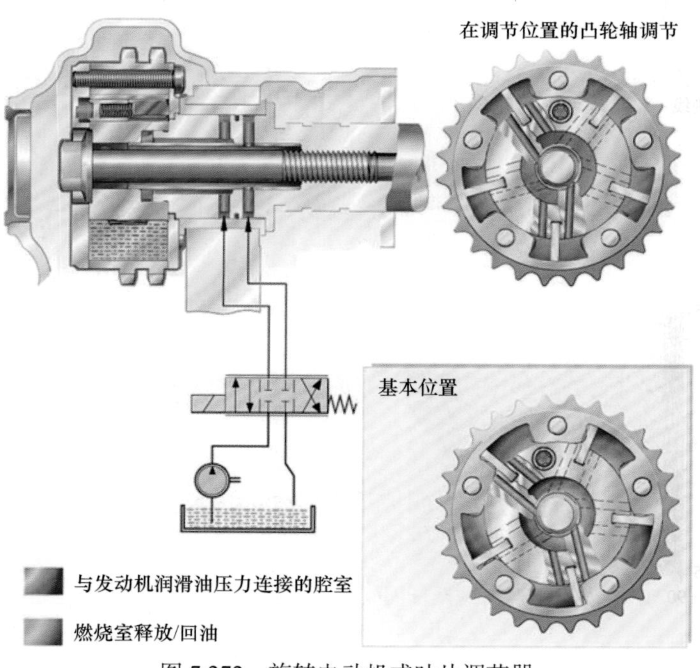

图 7.272　旋转电动机或叶片调节器

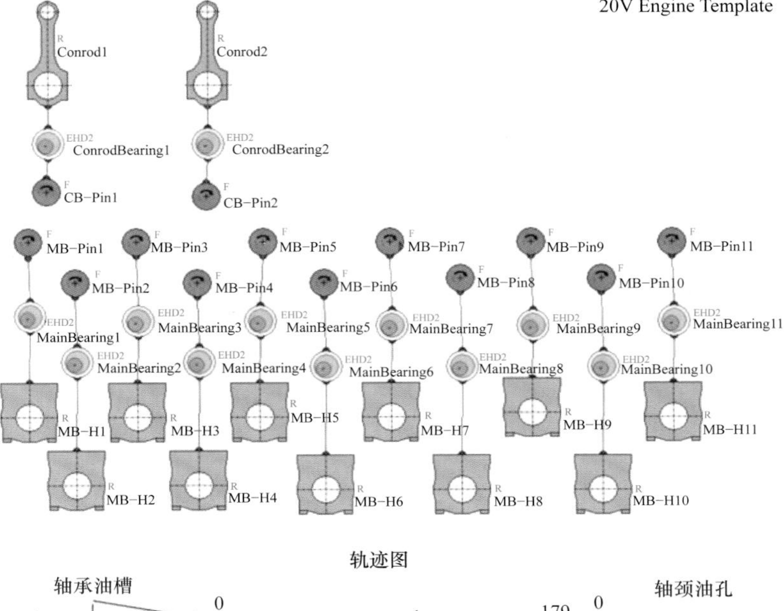

轨迹图

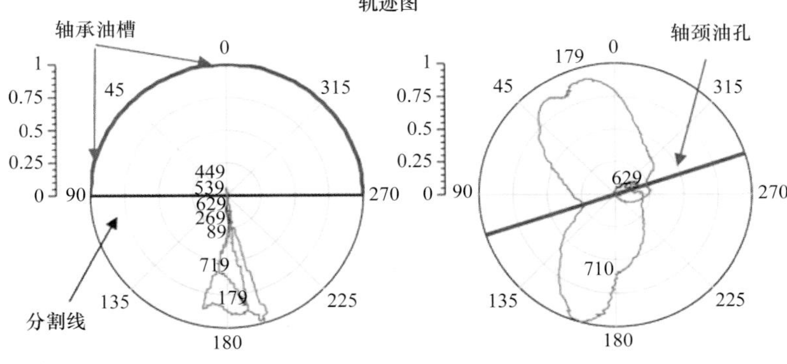

表面图

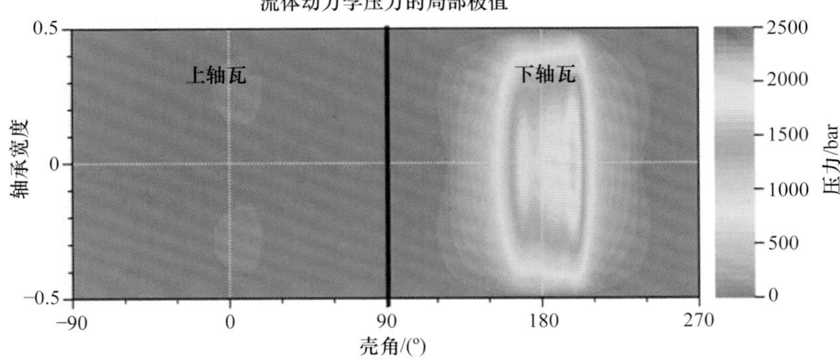

图 7.310　刚性流体动力学计算的模型和结果

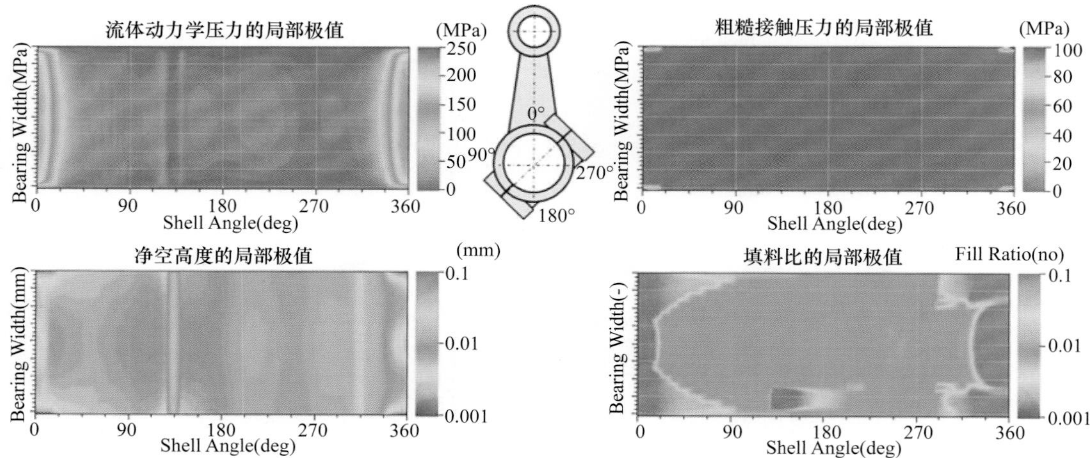

图 7.311　弹性流体动力学计算的结果

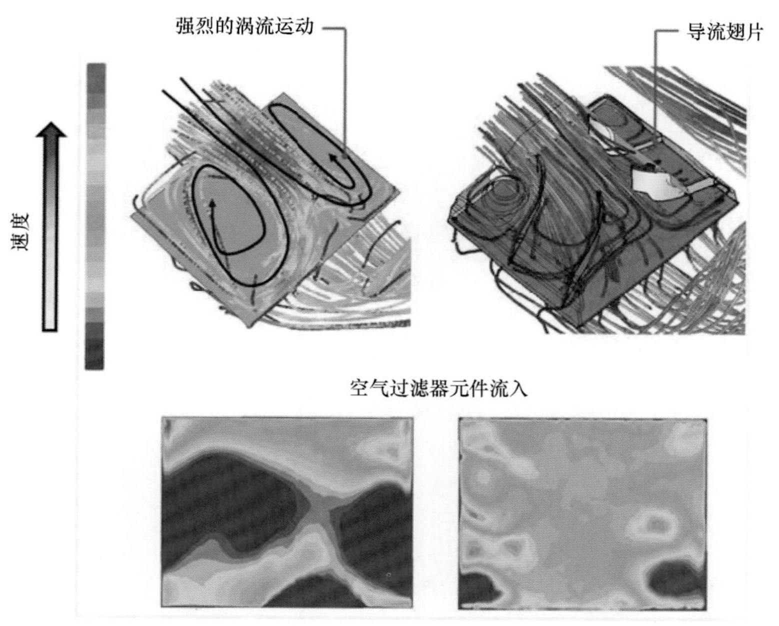

图 7.329　滤清器元件的流入。左为非均匀，压力损失高，过滤性能降低；右为优化的和均匀的，采用按照 CFD 模拟的导流翅片

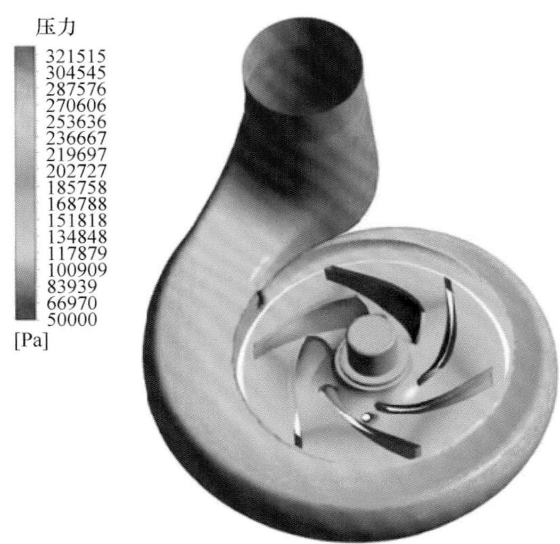

图 7.419　湿润表面的压力分布

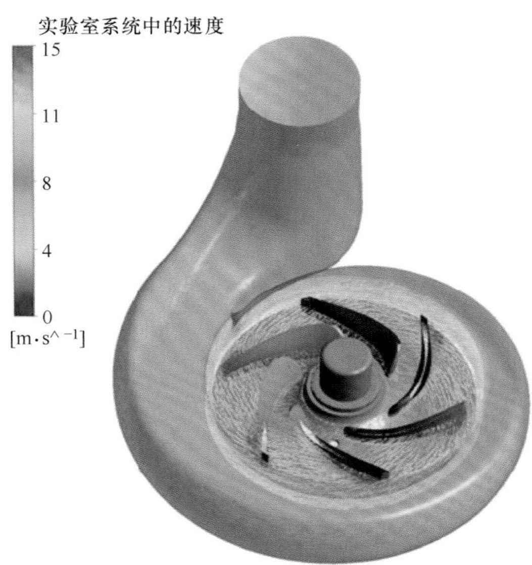

图 7.420　切面上的速度矢量剖面中的速度场

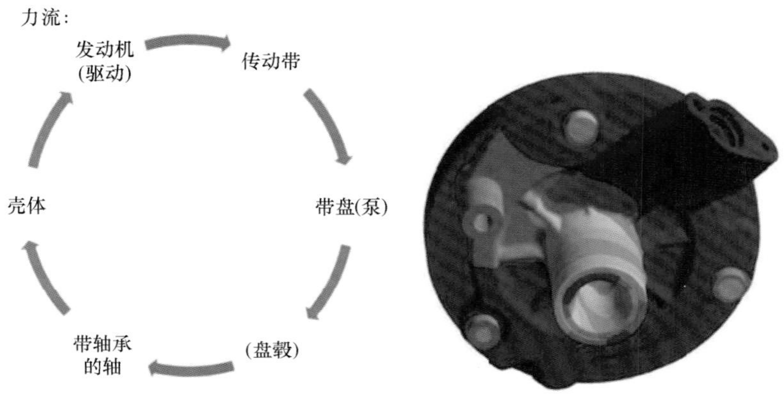

图 7.421　强度模拟

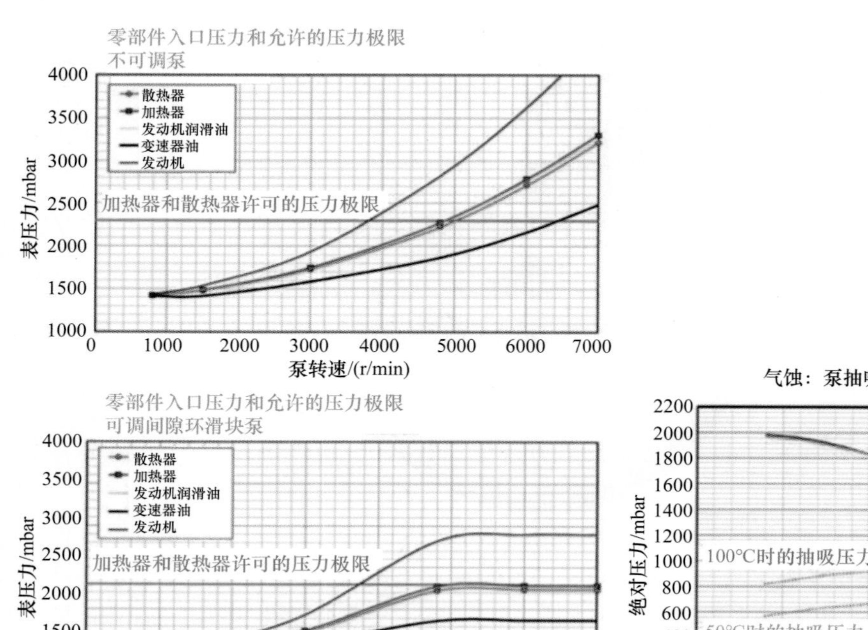

图 7.424　乘用车冷却回路中的部件入口压力

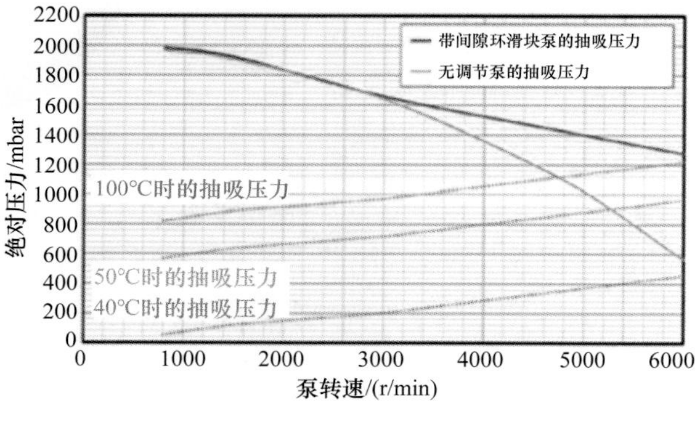

图 7.425　避免气蚀所要求的抽吸压力和乘用车冷却回路中存在的抽吸压力

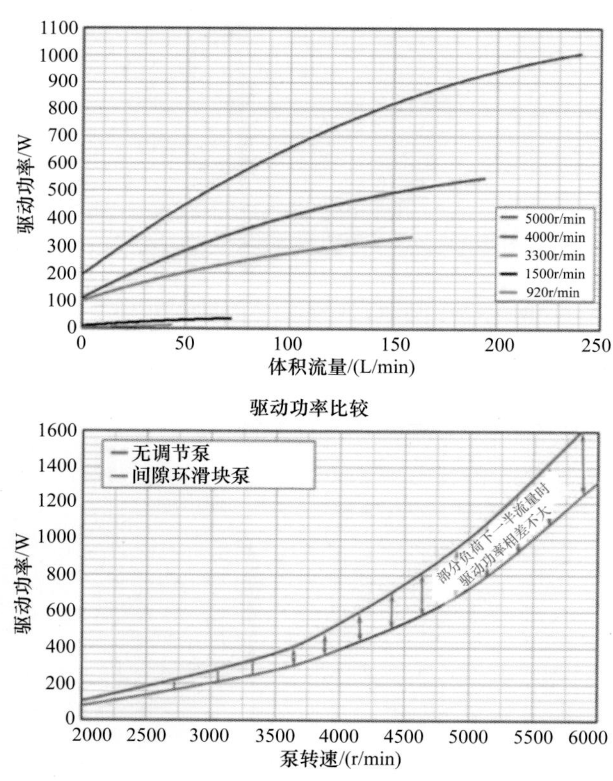

图 7.426　GPM 公司的无调节泵和间隙环滑块泵的泵驱动功率

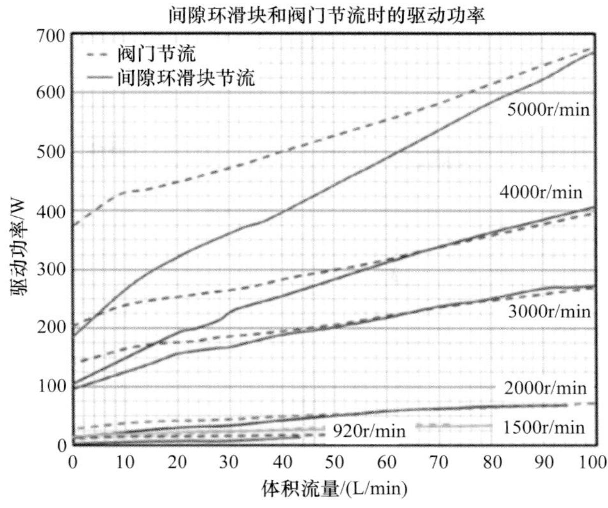

图 7.427　间隙环滑块节流和阀门节流时泵驱动功率的比较

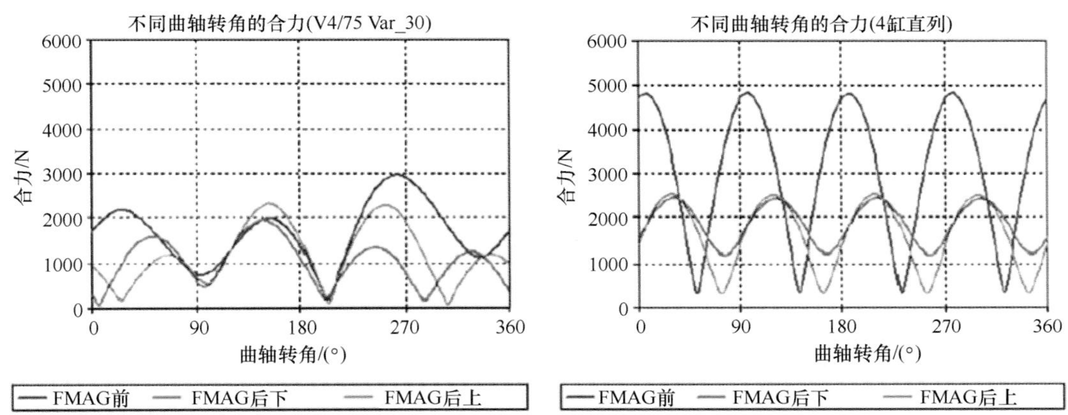

图 8.131　发动机悬置的载荷

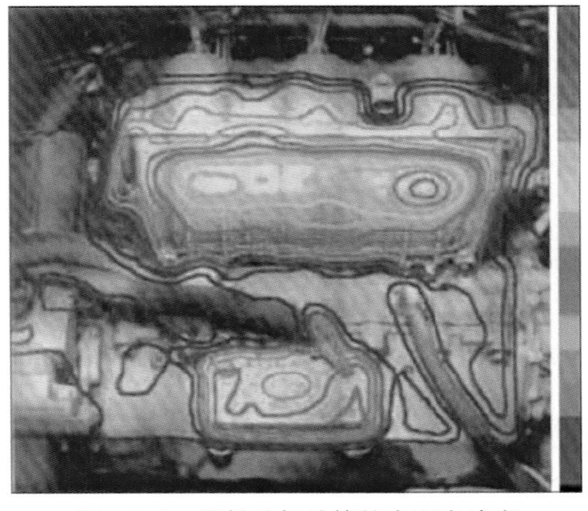
图 8.151　塑料进气总管的表面光洁度

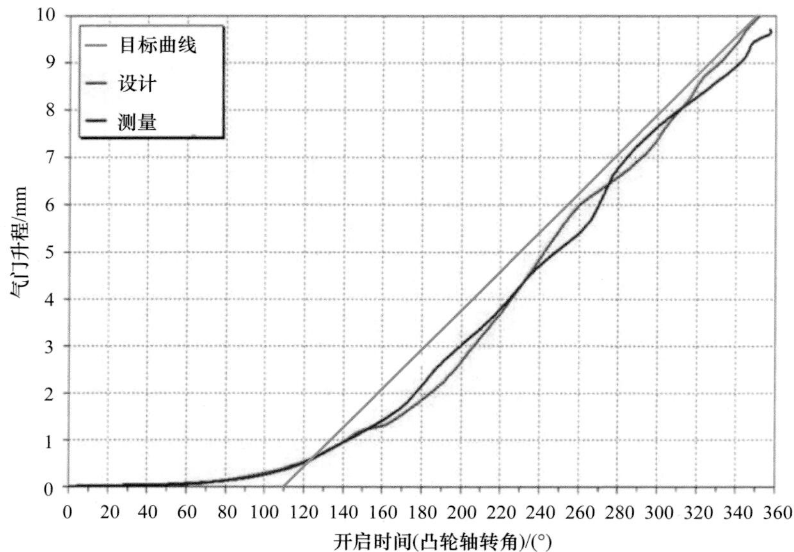

图 10.108　气门的开启特性

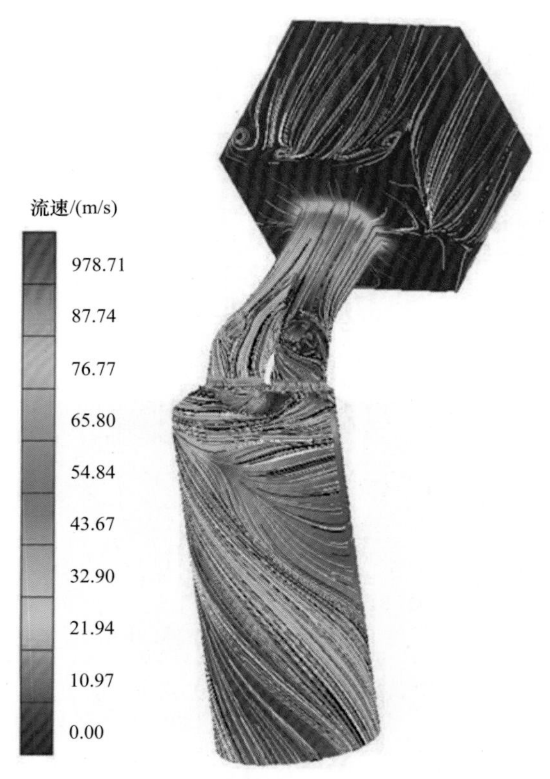

图 10.117　不同气门升程 1mm 和 10mm 时的涡流模拟

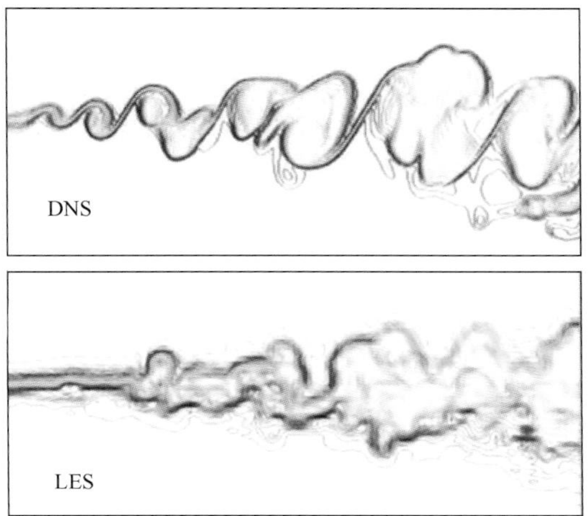

图 14.23　用 LES 和 DNS 计算的剪切层的二维截面

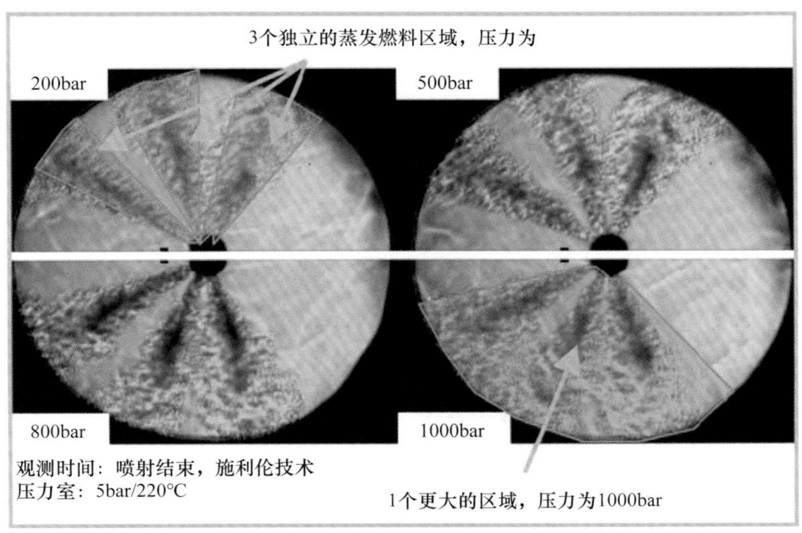

图 15.53　多孔喷嘴在恒定的腔室条件、不同的喷射压力下的压力腔影像结果 – 所有压力下恒定喷射体积

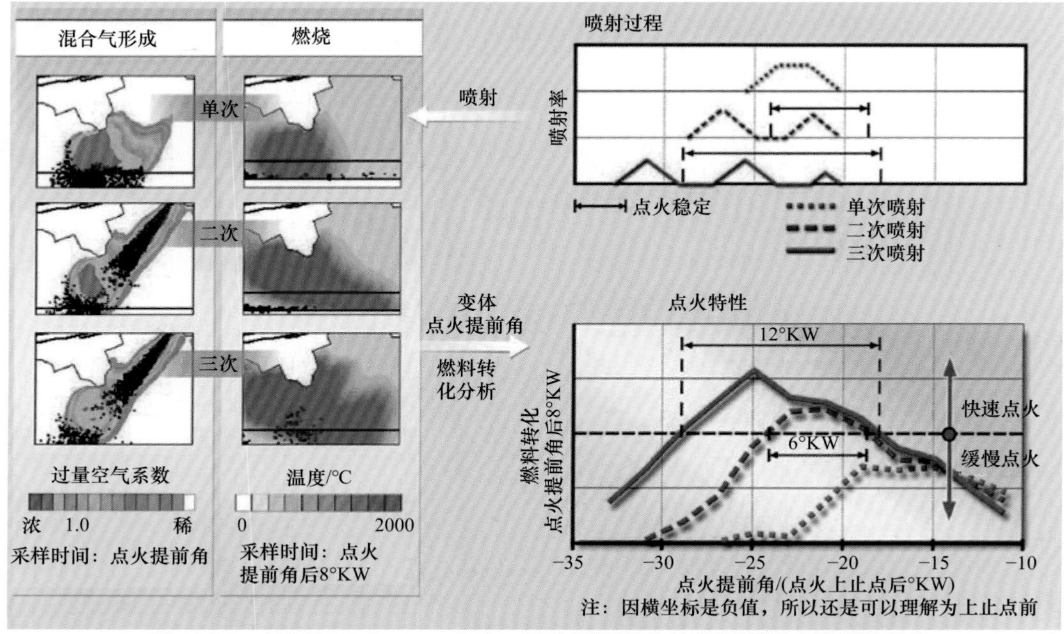

图 15.56 在 2000r/min，p_{mi}=3.0bar 的分层运行中的多次喷射（模拟结果）

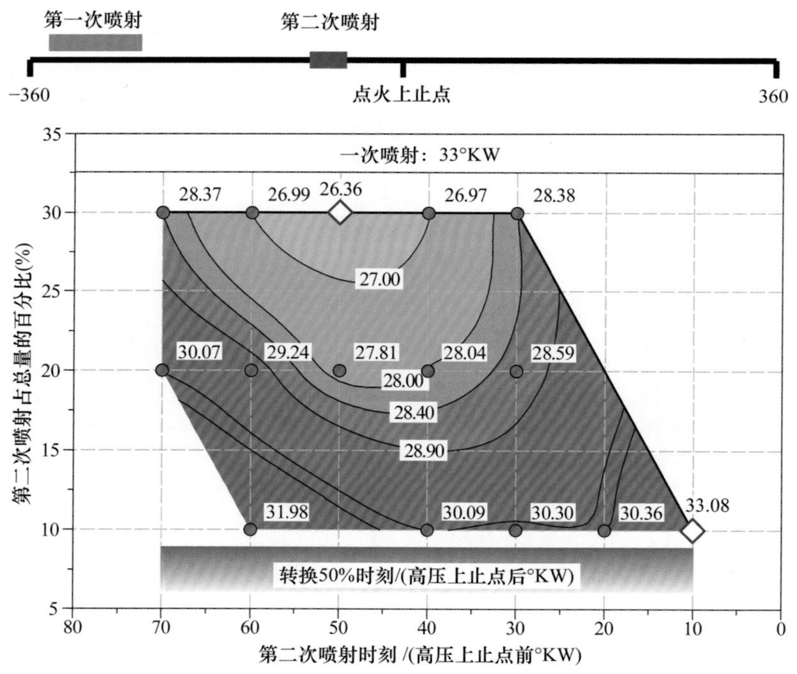

图 15.57 在均质和分层部分中燃料质量的分布的变化以及在恒定的全负荷时（n=1500r/min，p_{me}=19.5bar，点火总是在爆燃极限）分层喷射的喷射时间变化时，50% 燃料转化点的发展

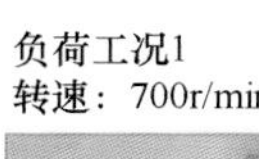

负荷工况2
转速：1700r/min

负荷工况3
转速：4000r/min

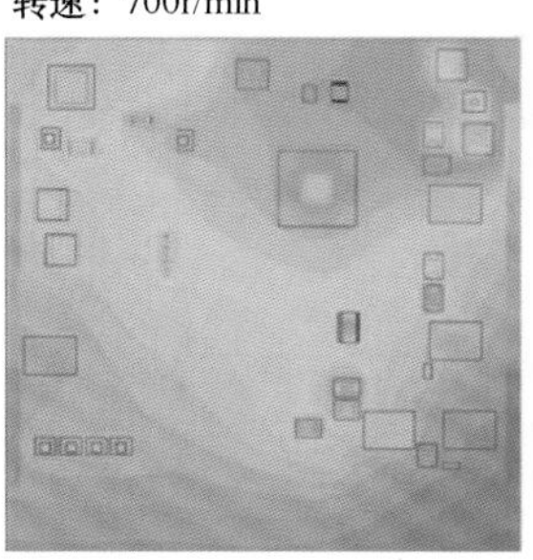

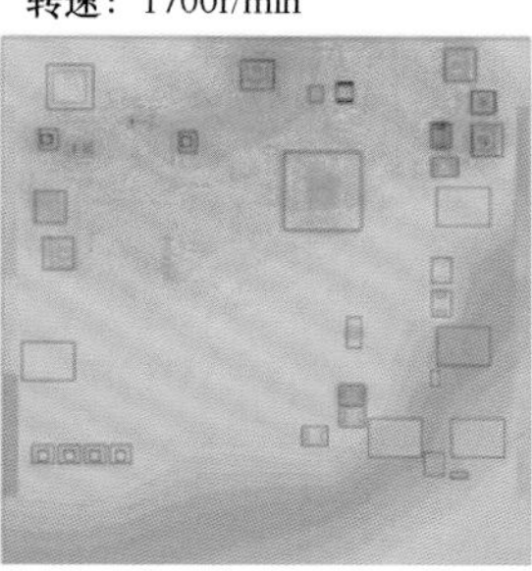

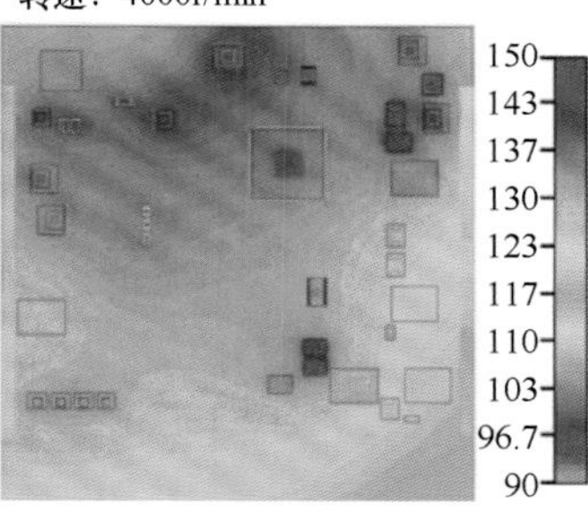

环境空气：90℃/流速：0.5m/s

图 16.7　使用仿真进行虚拟验证 – 不同负荷条件的分析

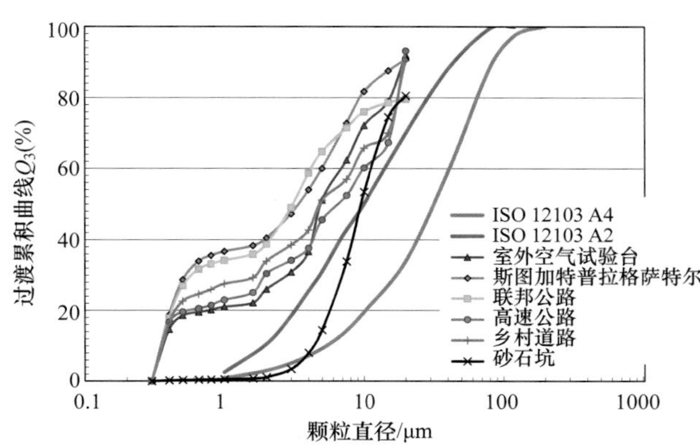

图 23.1　环境粉尘的颗粒尺寸分布

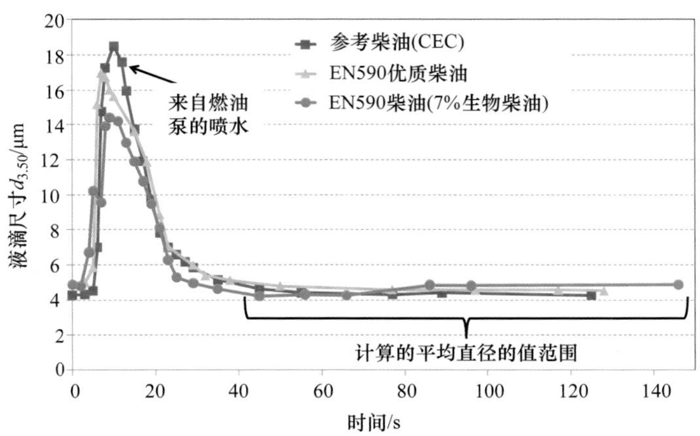

图 23.15　将水加到乘用车油箱中以获取各种燃料后的体积平均液滴尺寸 $d_{3,50}$。燃油泵压力侧测量

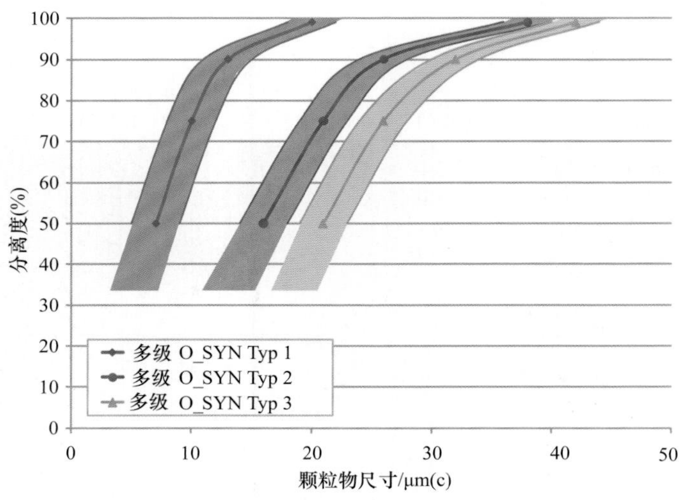

图 23.22　三种不同的合成的润滑油滤清器介质的分数分离度曲线

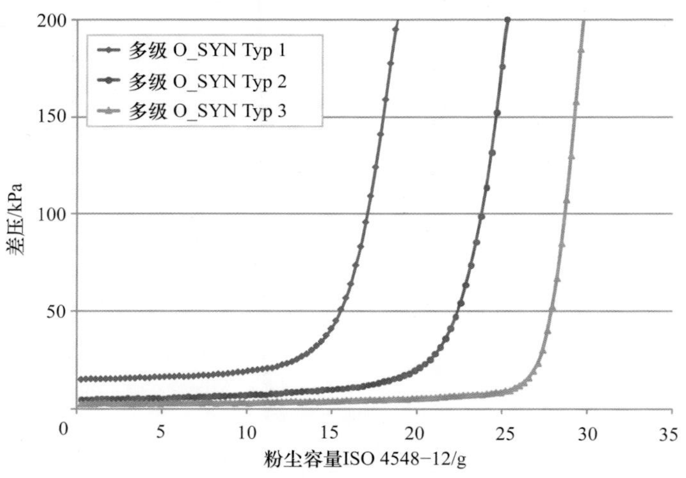

图 23.23　来自图 23.22 的润滑油滤清器介质的负载曲线（压力损失与添加的污垢量），从几乎水平的曲线变化过渡到陡峭的上升标志为堵塞点

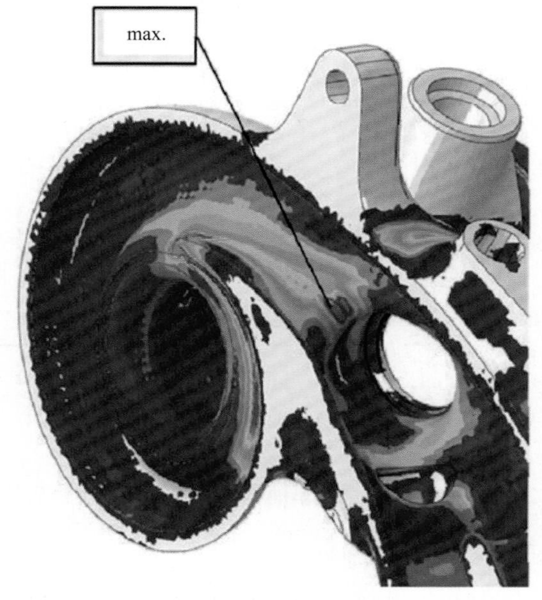

图 24.4　涡轮增压器涡轮壳体裂纹显示的分布

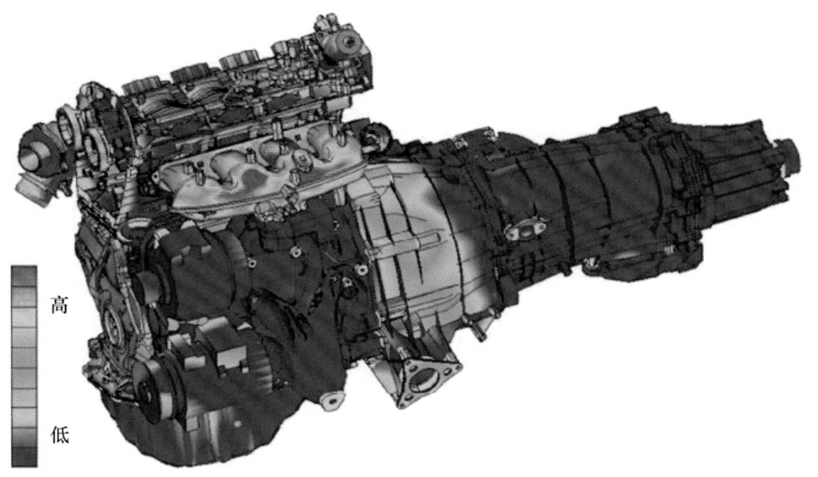

图 24.5　来自图 24.1 的附件的表面声速分布

图 24.6　带有凸轮轴和配气机构的正时驱动的 MKS 模型

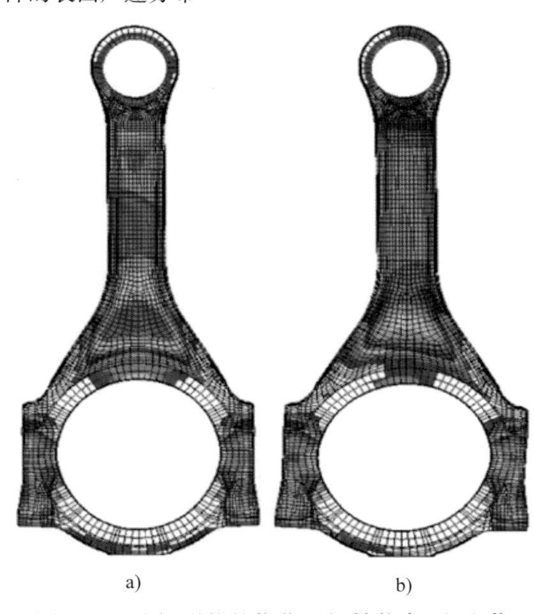

图 24.7　连杆形状的优化：初始状态 a）和优化后 b）的应力曲线

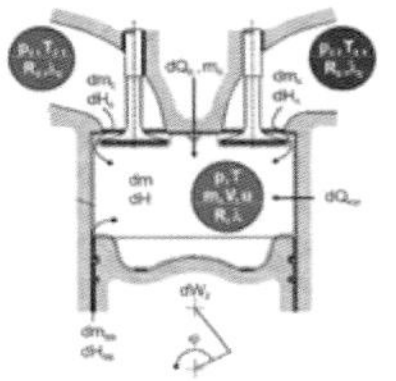

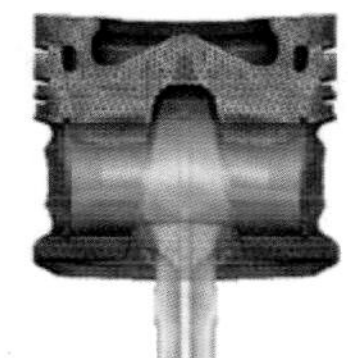

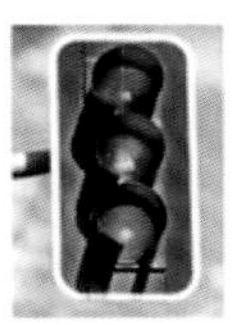

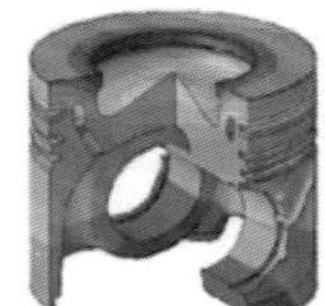

图 24.8　活塞计算子步骤

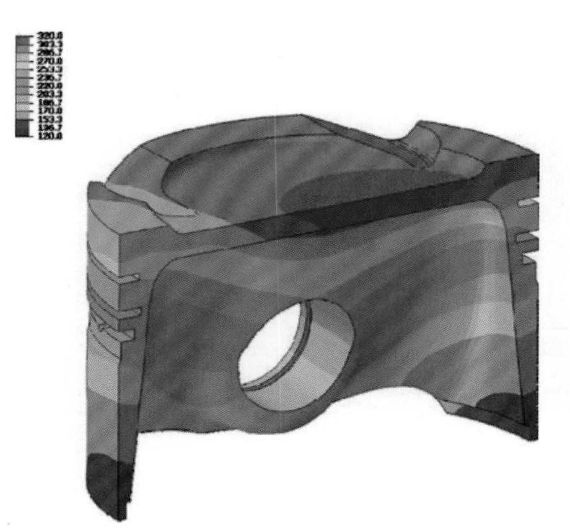

图 24.14　额定功率下乘用车汽油机铝活塞的温度场

图 24.15　额定功率下乘用车柴油机铝活塞的温度场

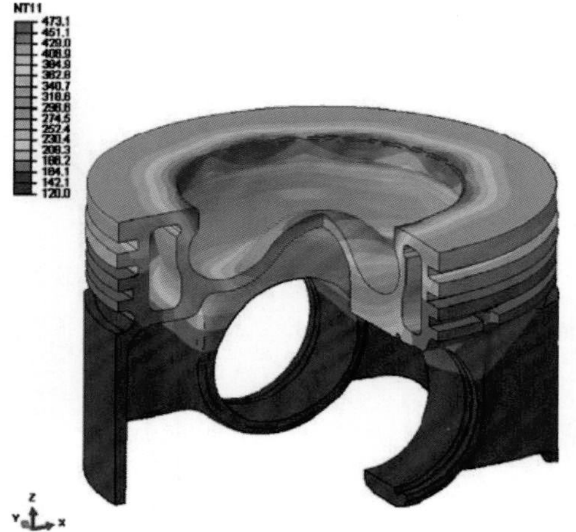

图 24.16　额定功率下乘用车柴油机钢活塞的温度场

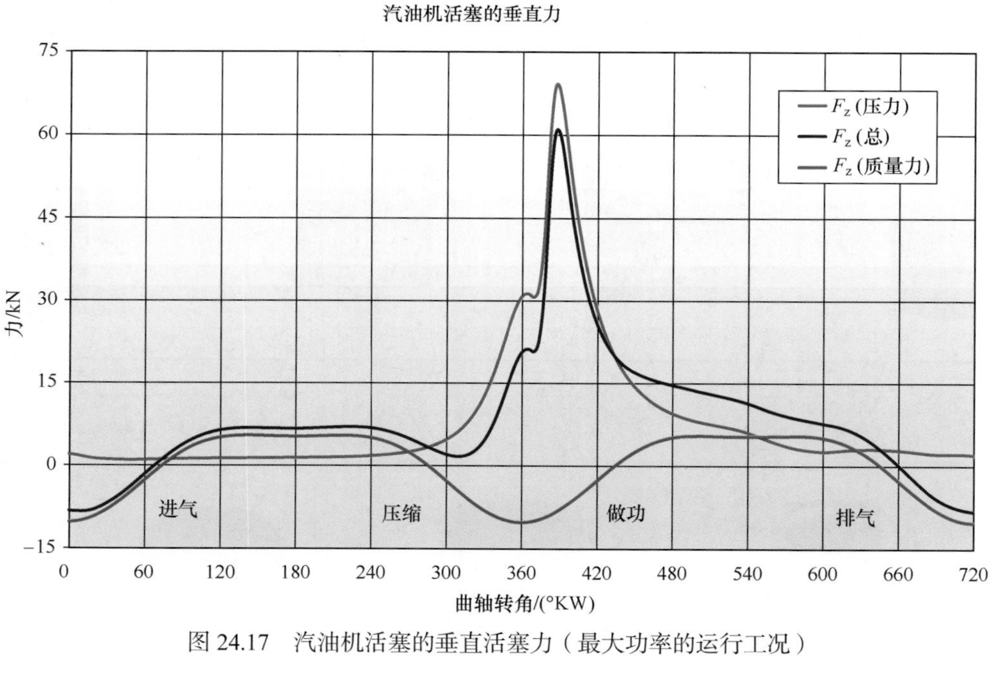

汽油机活塞的垂直力

F_z(压力)
F_z(总)
F_z(质量力)

力/kN

进气　压缩　做功　排气

曲轴转角/(°KW)

图 24.17　汽油机活塞的垂直活塞力（最大功率的运行工况）

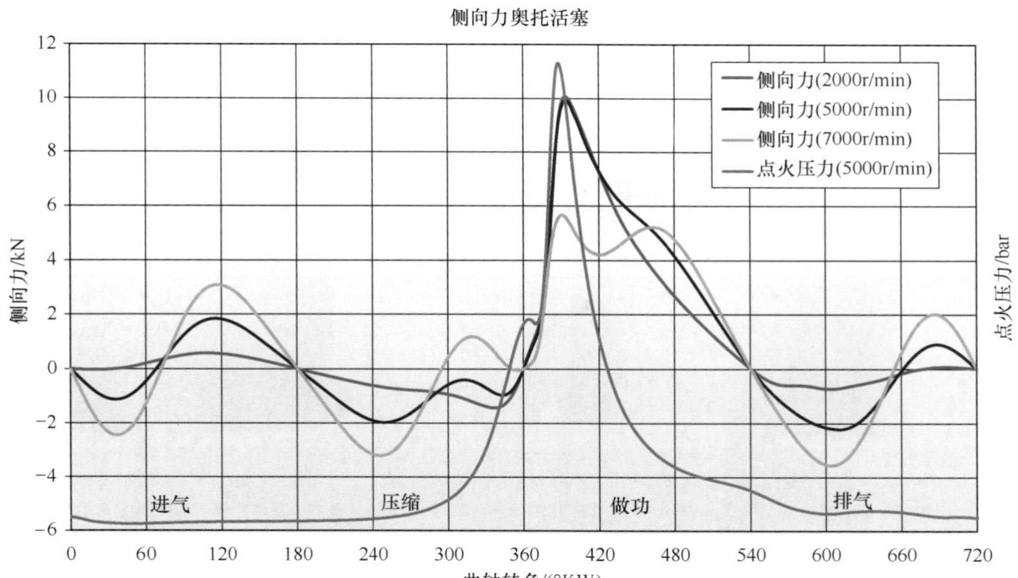

图 24.18　与转速相关的汽油机活塞的侧向力

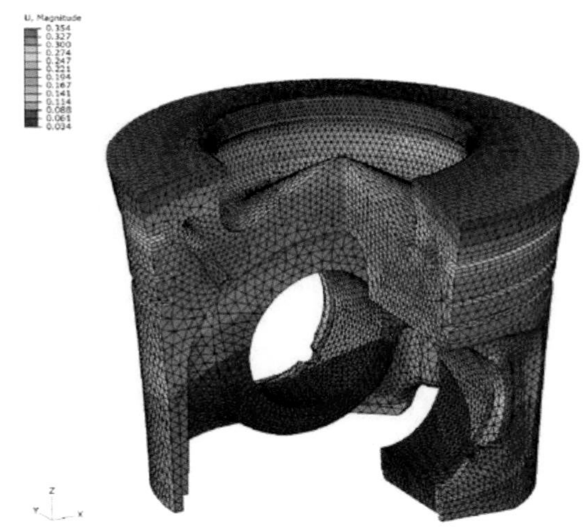

图 24.19　柴油机活塞的热变形（放大 50 倍显示）

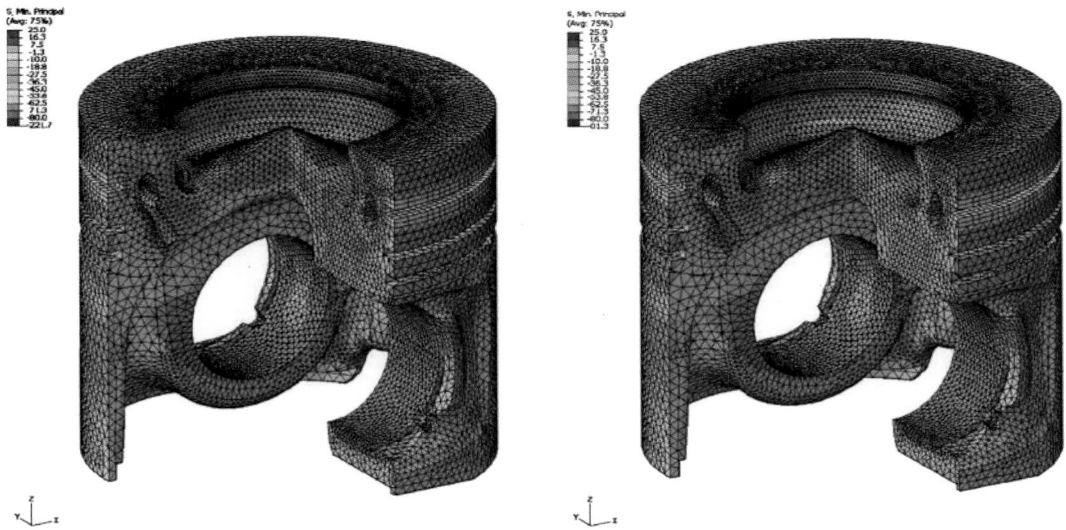

图 24.20　松弛前后的热应力（第三主应力）

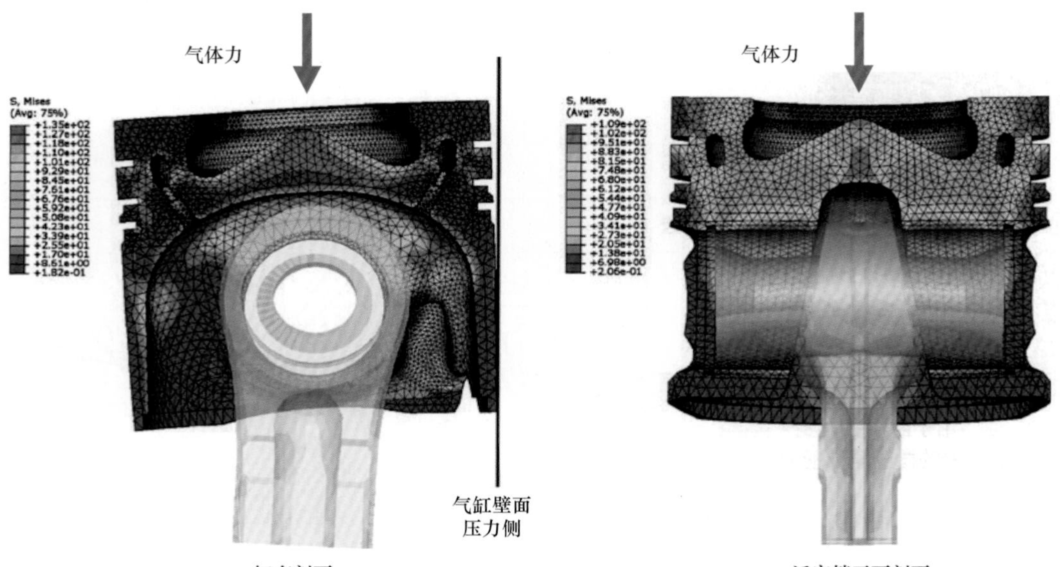

图 24.22　最大点火压力（ZOT）下机械变形的 25 倍比例放大的机械冯 · 米塞斯应力

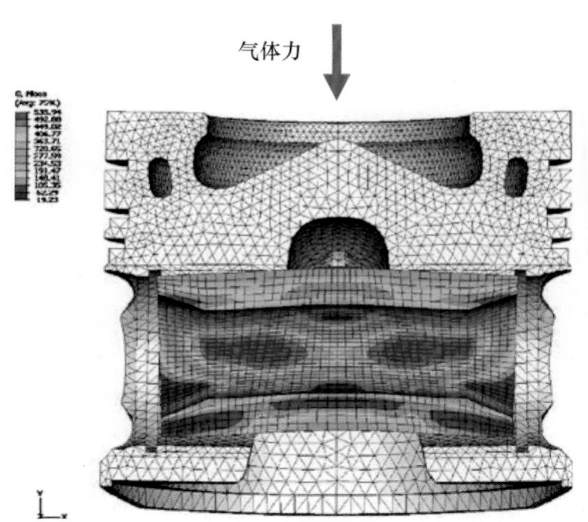

图 24.23　在最大点火压力（ZOT）时活塞销中机械变形的 25 倍比例放大的机械的冯 · 米塞斯应力

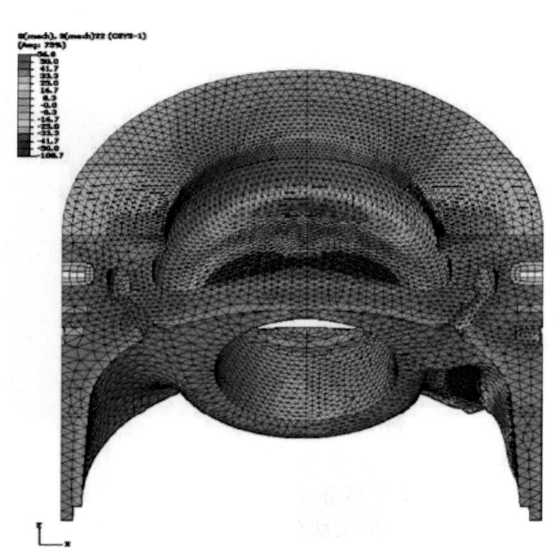

图 24.24　柴油机活塞碗形燃烧室中的机械环向应力

图 24.26　安全系数

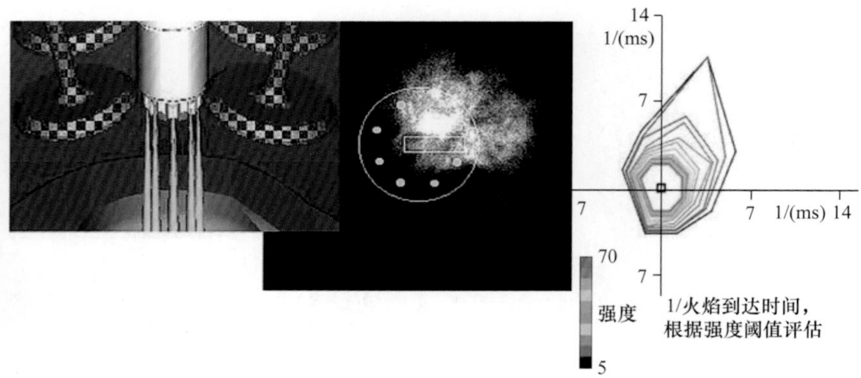

图 25.11　用火花塞传感器观察到的火焰核心形成。结果显示了火焰核心的对称性 / 非对称性及其优选的扩散方向

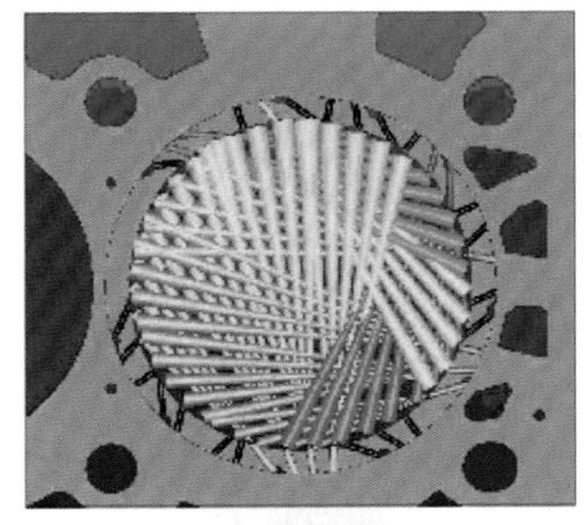

图 25.12　用于断层扫描的火焰重建的气缸垫中的微光学传感器的布置

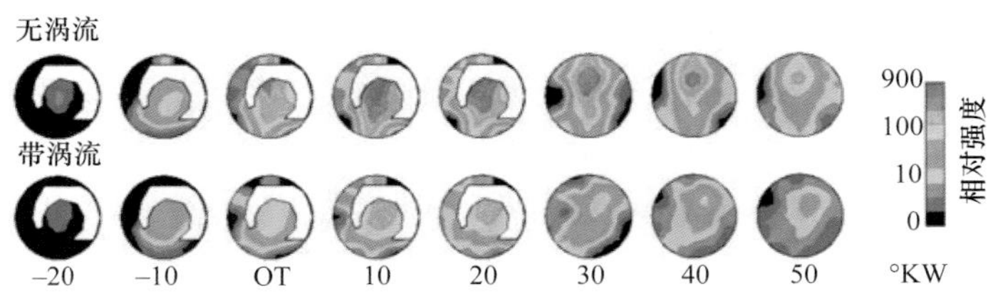

图 25.13　直喷汽油机：火焰断层扫描显示了明亮的碳烟扩散火焰的局部位置。旋流实现了显著的改进

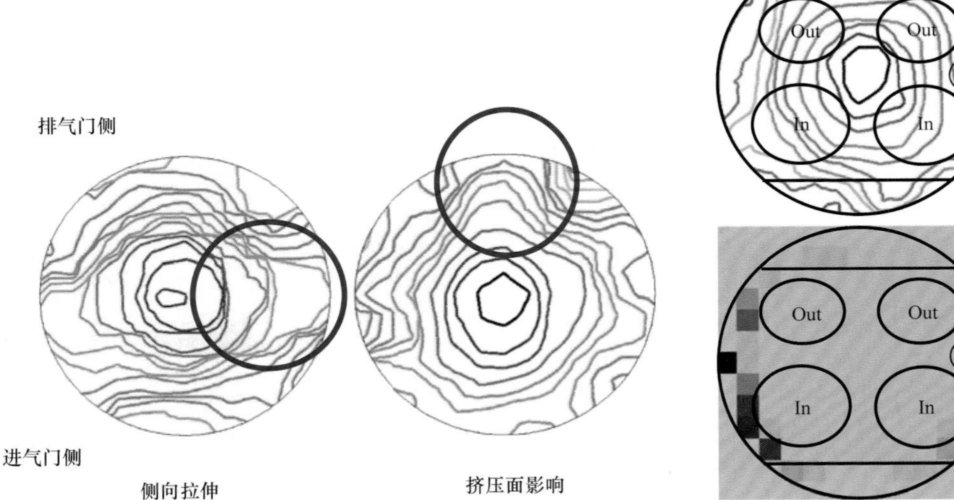

图 25.14　火焰扩散：气缸垫中带有传感器的断层扫描。等值线显示了火焰前峰时间上的推进。内部流动对火焰扩散的影响清晰可见

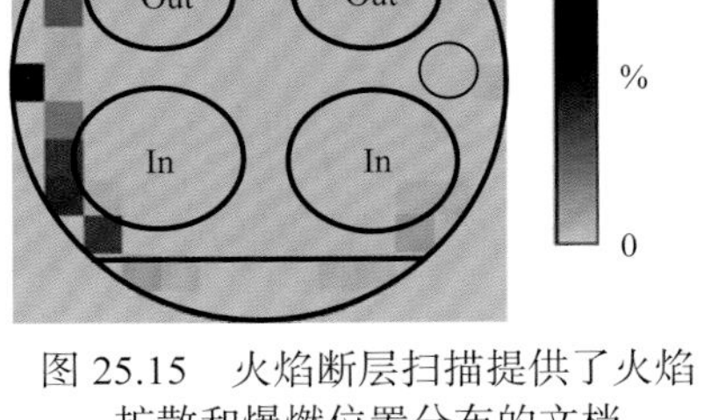

图 25.15　火焰断层扫描提供了火焰扩散和爆燃位置分布的文档

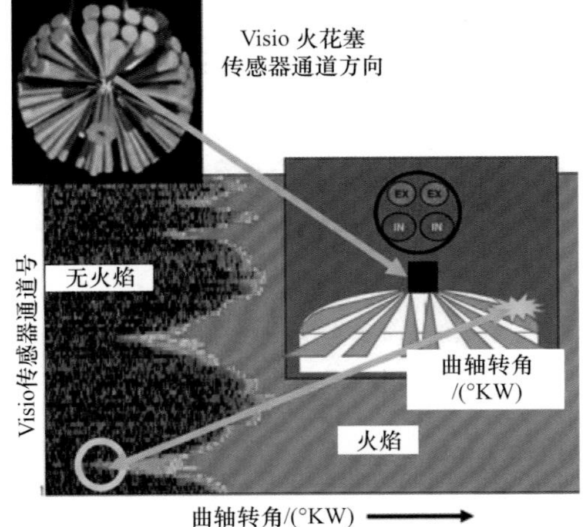

图 25.17　用于确定不规则燃烧时点火位置的传感器技术和样本信号

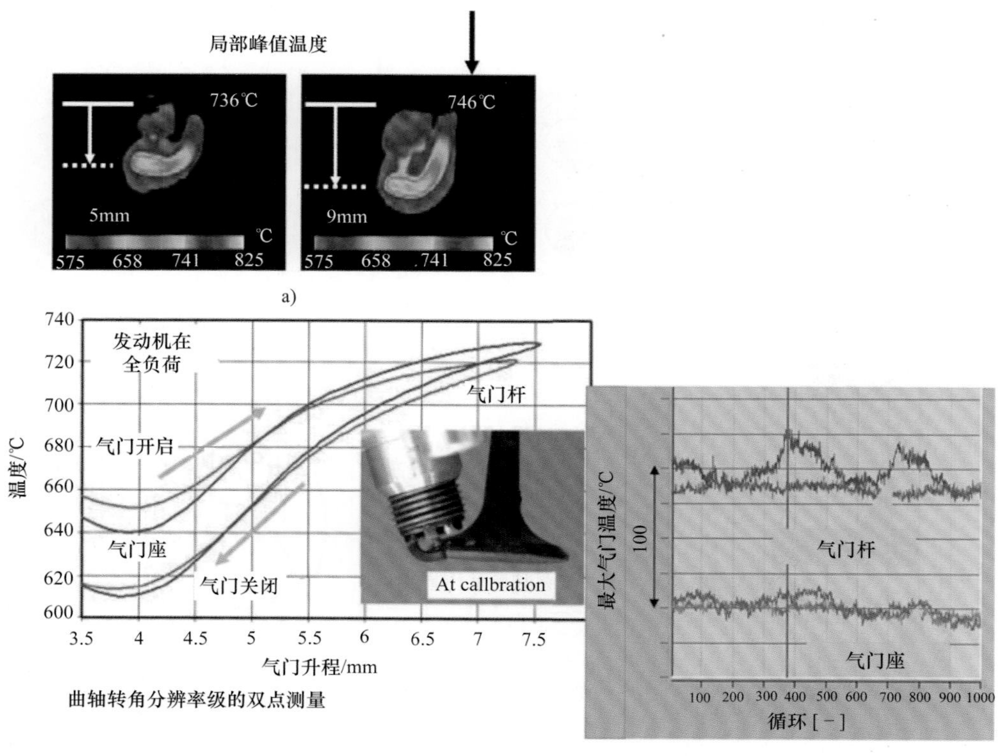

图 25.18　a）全负荷运行的火花塞热图像，火花塞的旋入深度显示出可测量的温度差异；b）排气门处的辐射温度测量，具有多通道光学元件的火花塞传感器，用于常规的发动机运行

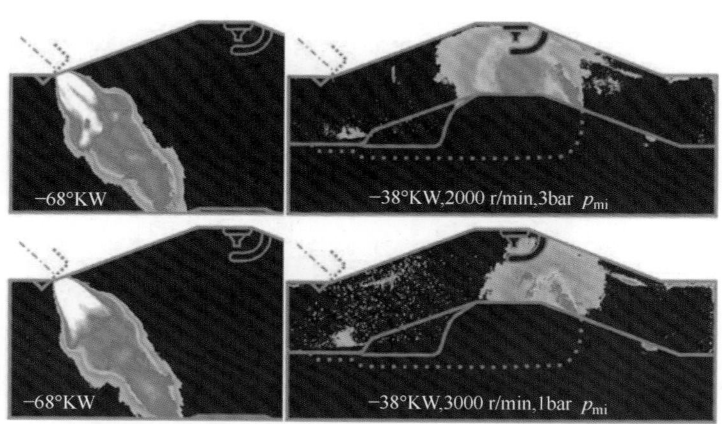

图 25.20　汽油直接喷射：喷射过程中和在活塞上偏转后的燃料分布。分布状态的稳定性由各个图像通过图像统计来确定。绿－红色燃料蒸气稳定性增加，蓝－白色燃料液滴稳定性增加

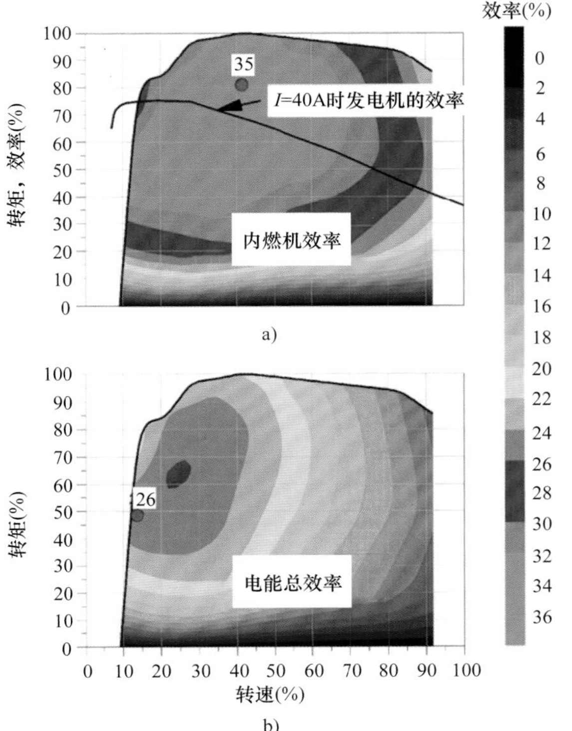

图 26.12　a）内燃机（汽油机）效率特性场和发电机效率曲线　b）提供电能的总效率特性场（无传动带损失）

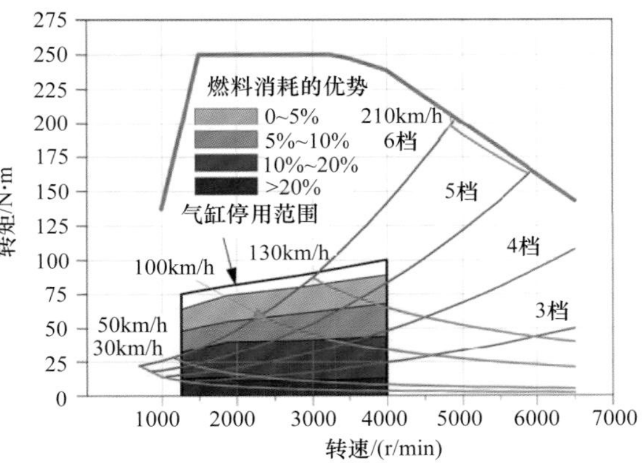

图 26.28　四缸发动机通过气缸停用带来的燃料消耗的优势（根据参考文献［27］）

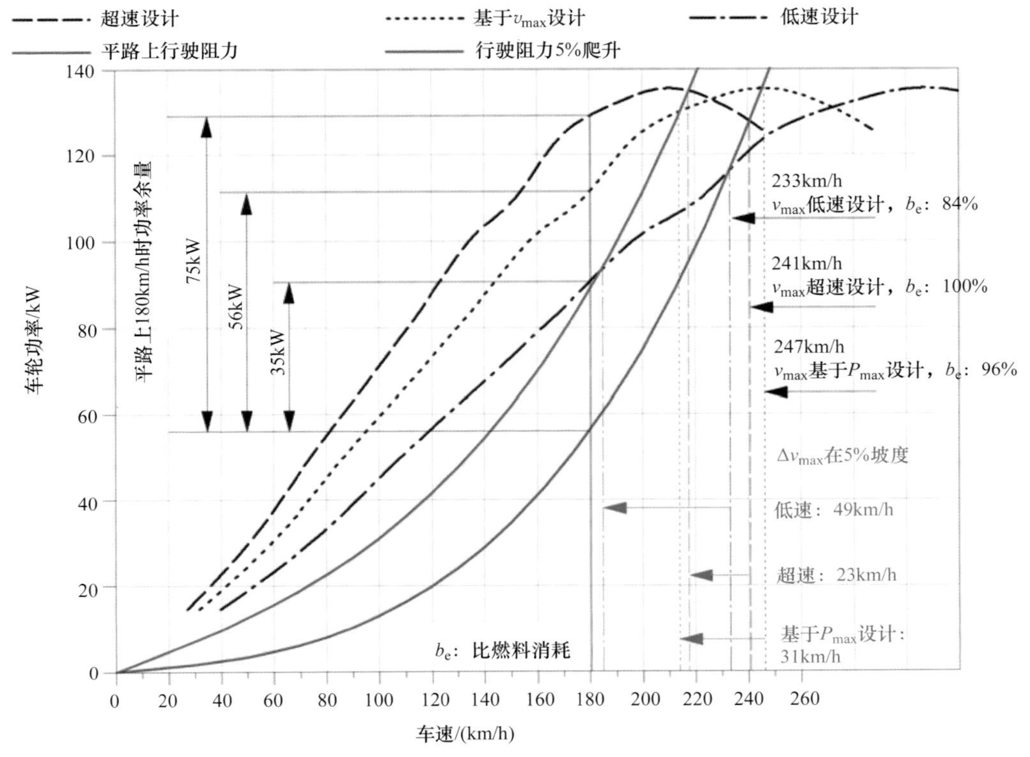

图 26.33　最高档总传动比的不同的设计

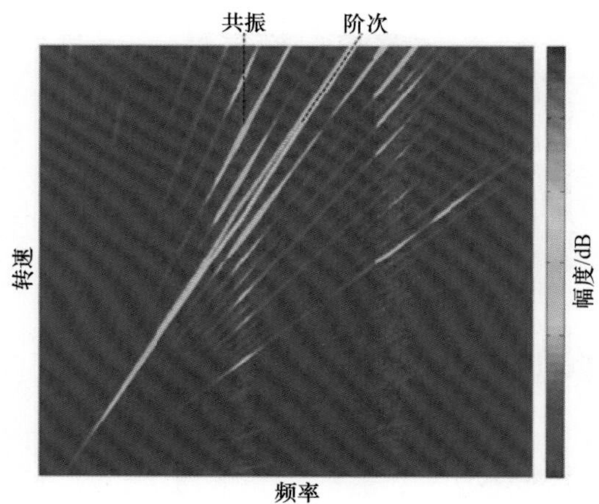

图 27.9　彩色频谱图（舍弗勒工程公司）

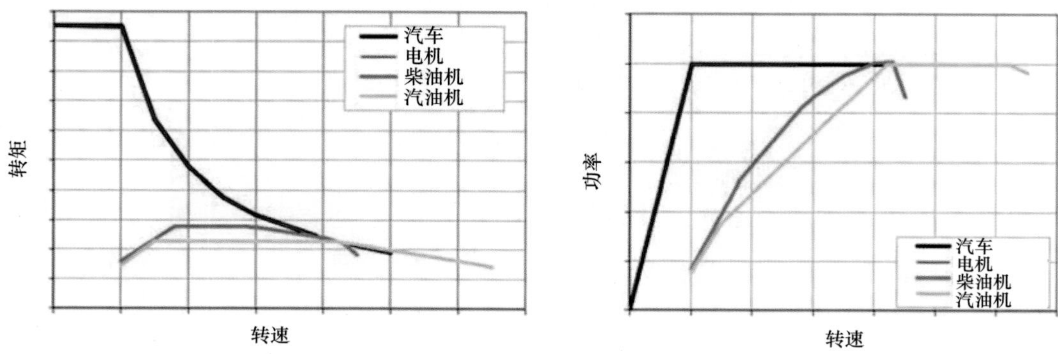

图 29.12　内燃机和电机的供给特性曲线

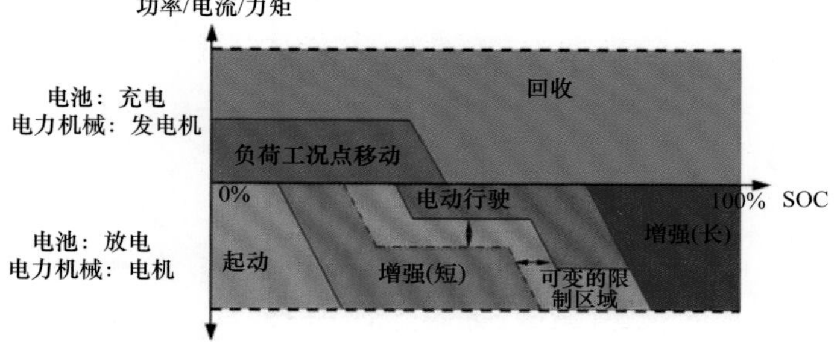

图 29.74　能量管理示例

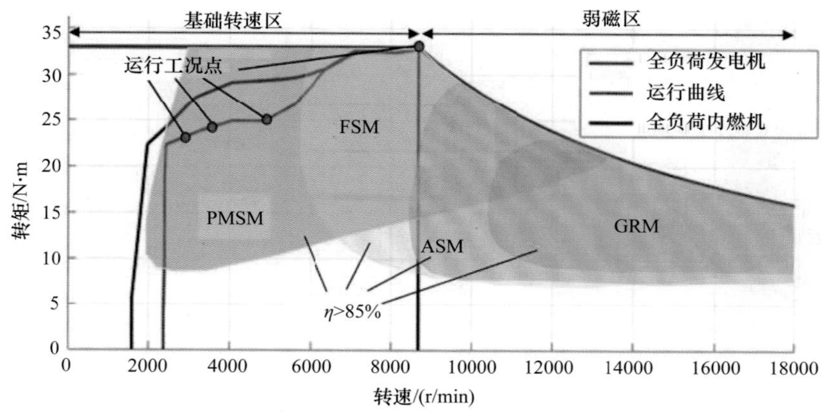

图 29.117　电力机械的设计

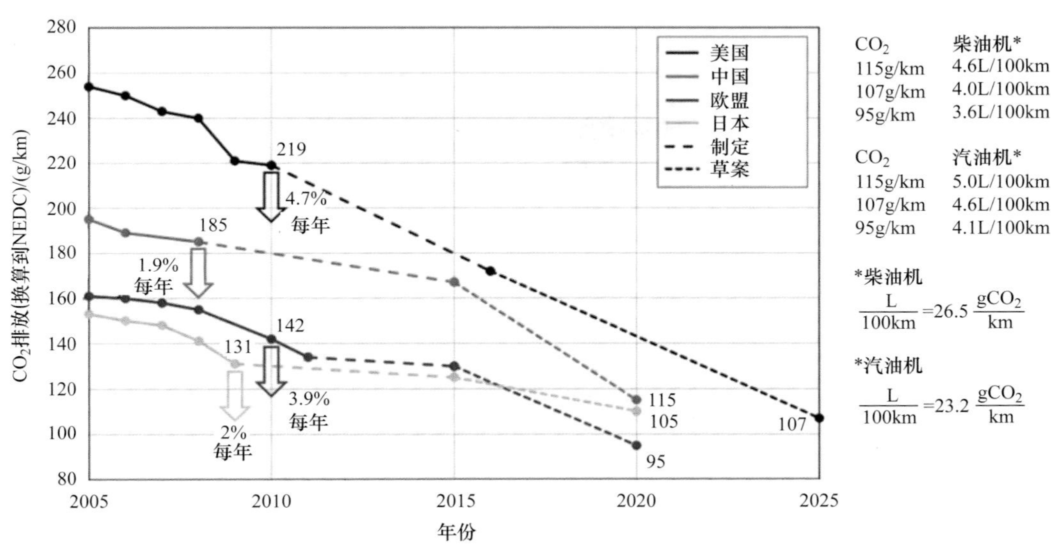

图 30.1 CO_2 排放法规

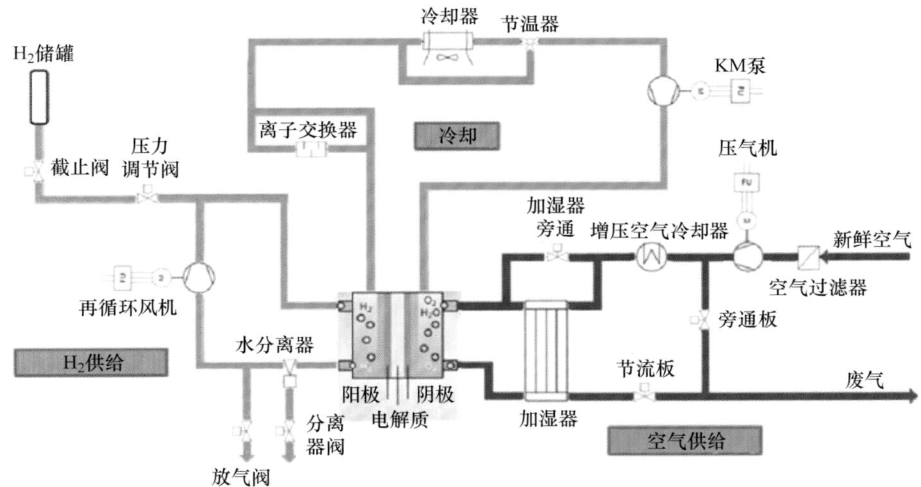

图 30.19 燃料电池系统

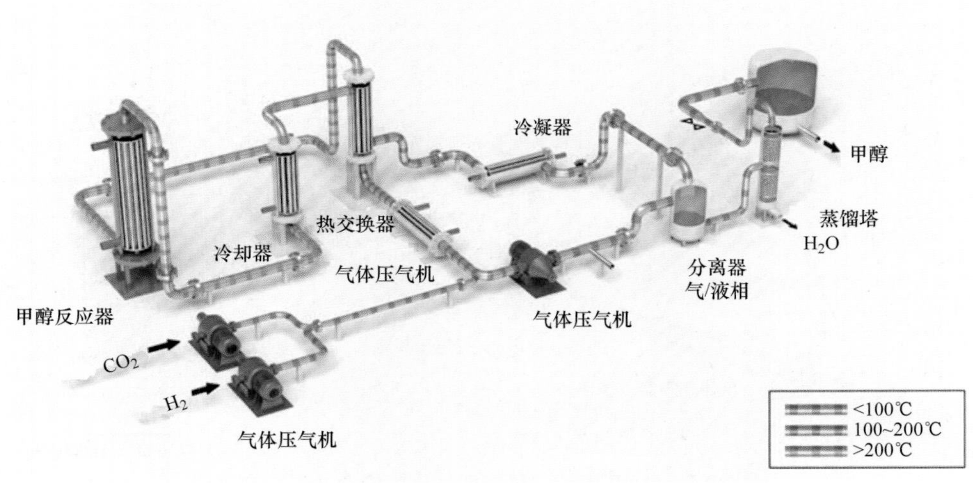

图 32.2 CWtL（二氧化碳和水转化为液体）：甲醇生产

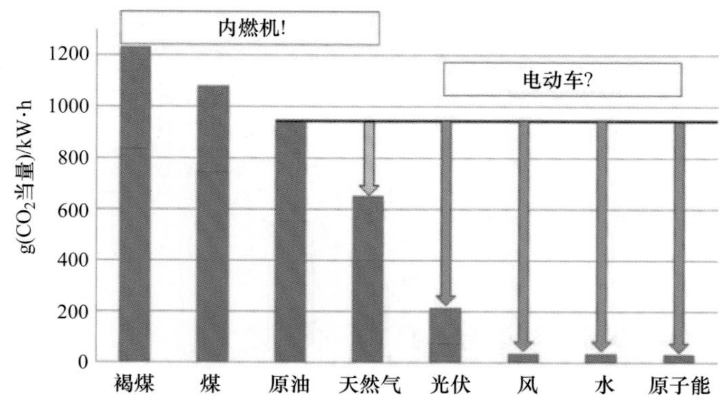

图 32.3 能源的温室气体排放（以 CO_2 当量计），灰色条段表示文献数据可变性

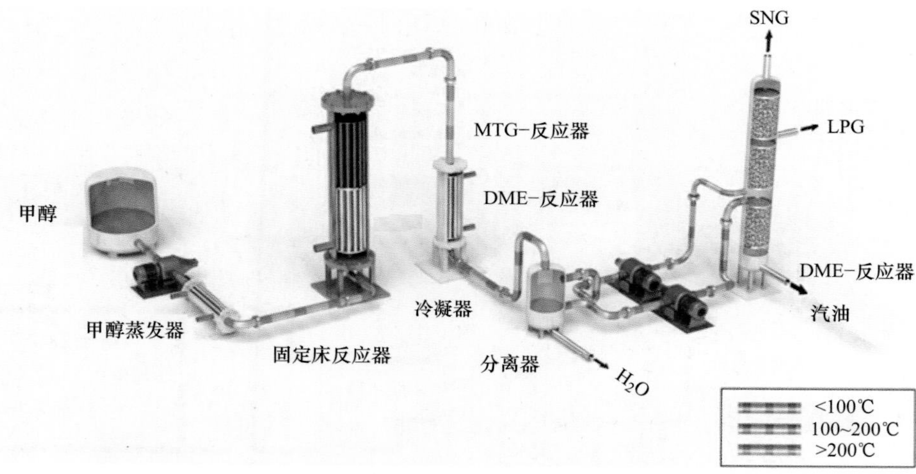

图 32.6 甲醇制汽油（MTG，Methanol – to – Gasoline）工艺

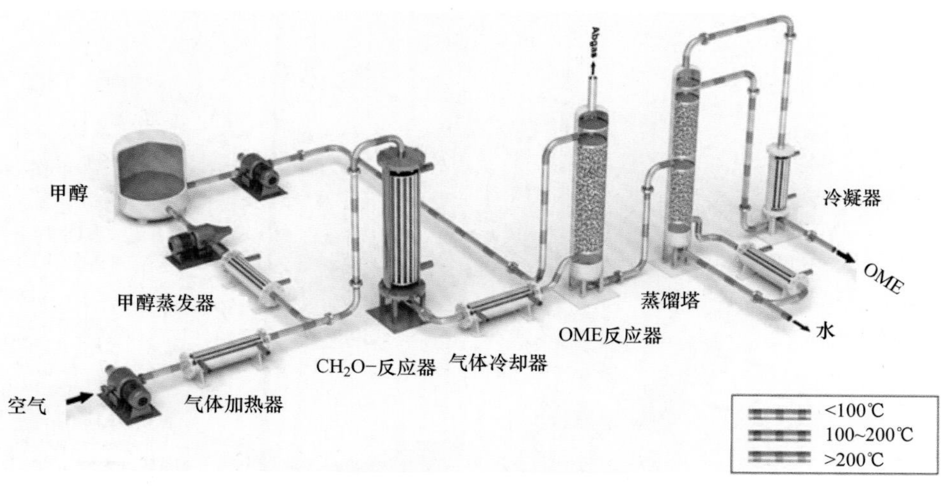

图 32.7 OME 生产，确定产品成本的设计工厂的原理

内燃机先进技术译丛

内燃机技术手册

(原书第8版)

[德] 理夏德·范·巴舒伊森（Richard van Basshuysen）
弗雷德·舍费尔（Fred Schäfer） 主编

倪计民团队 译

机 械 工 业 出 版 社

本书系统介绍内燃机技术，内容包括内燃机历史的回顾、往复活塞式内燃机的定义和分类、特征参数、特性场、热力学基础、传动机构、发动机零部件、发动机、摩擦学、换气过程、内燃机增压、混合气形成过程和混合气形成系统、着火、燃烧、燃烧过程、用于发动机和变速器控制的电子和机械、动力总成系统、传感器、执行器、内燃机冷却、废气排放、运行材料、运行材料的过滤、计算和模拟、燃烧诊断——燃烧发展过程中的示功图和可视化、燃料消耗、噪声污染、发动机测量技术、混合动力驱动、替代的车辆驱动和APU（辅助动力装置）、发动机和车辆中的能源管理、2020年以后驱动用的能源、展望。本书适合内燃机专业工程师、研究人员及大专院校相关专业师生学习参考。

First published in German under the title
Handbuch Verbrennungsmotor: Grundlagen, Komponenten, Systeme, Perspektiven (Aufl. 8)
edited by Richard van Basshuysen and Fred Schäfer

图书在版编目（CIP）数据

内燃机技术手册：原书第 8 版 /（德）理夏德 · 范 · 巴舒伊森（Richard van Basshuysen），（德）弗雷德 · 舍费尔（Fred Schaefer）主编；倪计民团队译．北京：机械工业出版社，2024．8．--（内燃机先进技术译丛）．-- ISBN 978-7-111-76098-6

Ⅰ. TK4-62

中国国家版本馆 CIP 数据核字第 2024TC7247 号

机械工业出版社（北京市百万庄大街 22 号　邮政编码 100037）
策划编辑：孙　鹏　　责任编辑：孙　鹏
责任校对：樊钟英　陈　越　刘雅娜　　封面设计：鞠　杨
责任印制：邓　博
北京盛通数码印刷有限公司印刷
2024 年 12 月第 1 版第 1 次印刷
184mm × 260mm · 64.5 印张 · 16 插页 · 2223 千字
标准书号：ISBN 978-7-111-76098-6
定价：499.00 元

电话服务　　网络服务
客服电话：010-88361066　机　工　官　网：www.cmpbook.com
010-88379833　机　工　官　博：weibo.com/cmp1952
010-68326294　金　书　网：www.golden-book.com
封底无防伪标均为盗版　机工教育服务网：www.cmpedu.com

丛 书 序

我国的内燃机工业在几代人前赴后继的努力下，已经取得了辉煌的成绩。从1908年中国内燃机工业诞生至今的一百多年里，中国内燃机工业从无到有，从弱到强，走出了一条自强自立、奋发有为的发展道路。2017年，我国内燃机产量已突破8000万台，总功率突破26.6亿千瓦，我国已是世界内燃机第一生产大国，产量约占世界总产量的三分之一。

内燃机是人类历史上目前已知的效率最高的动力机械之一。到目前为止，内燃机是包括汽车、工程机械、农业机械、船舶、军用装备在内的所有行走机械中的主流动力传统装置，但内燃机目前仍主要依靠石油燃料工作，每年所消耗的石油占全国总耗油量的60%以上。目前，我国一半以上的石油是靠进口，国家每年在石油进口上花费超万亿美元。国务院关于《“十三五”节能减排综合工作方案》的通知已经印发，明确表明将继续狠抓节能减排和环境保护。内燃机是目前和今后实现节能减排最具潜力、效果最为直观明显的产品，为实现我国2030年左右二氧化碳排放达到峰值且将努力早日达峰的总目标，内燃机行业节能减排的责任重大。

如何推进我国内燃机工业由大变强？开源、节流、高效！“开源”就是要寻求石油替代燃料，实现能源多元化发展。“节流”应该以降低油耗为中心，开展新技术的研究和应用。“高效”是指从技术、关联部件、总成系统的角度出发，用智能模式全方位提高内燃机的热效率。我国内燃机的热效率从过去不到20%提升至汽油机超30%、柴油机超40%、先进柴油机超50%，得益于包括燃油喷射系统、电控、高压共轨、汽油机缸内直喷、增压系统、废气再循环等在内的先进技术的研究和应用。除此之外，降低发动机本身的重量，提高功率密度和体积密度也应得到重视。完全掌握以上技术对我国自主开发能力具有重要意义，也是实现我国由内燃机制造大国向强国迈进的基础。

技术进步和技术人员队伍的培养不能缺少高水平技术图书的知识传播作用。但遗憾的是，近十几年，国内高水平的内燃机技术图书品种较少，不能满足广大内燃机技术人员日益增长的知识需求。为此，机械工业出版社以服务行业发展为使命，针对行业需求规划出版“内燃机先进技术译丛”，下大力气，花大成本，组织行业内的专家，引进翻译了一批高水平的国外内燃机经典著作。涵盖了技术手册、整机技术、设计技术、测试技术、控制技术、关键零部件技术、内燃机管理技术、流程管理技术等。从规划的图书看，都是国外著名出版社多次再版的经典图书，这对于我国内燃机行业技术的发展颇具借鉴意义。

据我了解，“内燃机先进技术译丛”的翻译出版组织工作中，特别注重专业性。参与翻译工作的译者均为在内燃机专业浸淫多年的专家学者，其中不乏知名的行业领军人物和学界泰斗。正是他们的辛勤工作，成就了这套丛书的专业品质。年过8旬的高宗英教授认真组织、批阅删改，反复修改的稿件超过半米高；75岁的范明强教授翻译3本，参与翻译1本；倪计民教授在繁重的教学、科研、产业服务之余，组织翻译6本德文著作。翻译人员对于行业的热爱，对知识传播和人才培养的重视，体现出了我国内燃机专家乐于奉献、重视知识传承的行业作风！

祝陆续出版的“内燃机先进技术译丛”取得行业认可，并为行业技术发展起到推动作用！

何光远

译者的话

翻译这本书，内心一度有着矛盾。有过前7本书的翻译经历，可以想象得到这本1000多页德文专著的翻译和校对工作量，那不是短期可以完成的任务。一方面整天端坐在电脑前翻译校对，对体力和精力是严峻的考验；另一方面就是时间有限，如果先安排这本书的翻译和校对，其他一些更重要的工作计划又要延后了。

但是，也有更多不放弃的理由。

一则，当初机械工业出版社有魄力决定出版这套“内燃机先进技术译丛”，旨在推动汽车内燃机行业发展，为专业教育、知识和技术传播构建一个完整的体系。这也是我与出版社的孙鹏先生的合作共识。因此，我始终谨记要兑现承诺。

再则，这本手册是由众多的德国内燃机及内燃机零部件行业各领域的知名的企业和专家集体编著的，书的技术含量和参考性是毋容置疑的。记得有一次德国马勒公司的技术副总裁 Mohr 博士来同济大学中德工程学院（CDHAW）交流，顺道来我这里看看，见到我办公室书柜里这本手册，随手翻到相关内容，他就问我是否知道这部分是谁写的？我说我知道德国马勒公司就是生产这些零部件的，也知道这部分内容应该是马勒公司写的，他说正是他写的，他自己就是企业的技术专家，就是研究这些零部件的。他还说这本书的内容就是相关领域的专家写的，书的质量是一流的。

还有，对于“内燃机”的未来，市面上有很多的描述和观点，也许看看这类名著会有助于更准确地做出评估和判断。

自1876年奥托发明了汽油机以来，经历140多年的理论和技术的积累，内燃机不仅局限于机械领域，更是涉及热力学、空气动力学、电子技术等等多学科和跨学科的融合，已经超越了“内燃机”的本身，更是理论和技术的总结以及面向拓展的方法（基础知识和融会贯通）。发达国家的技术快速进步，正是建立在扎实的工业基础之上。何况时代和环境的改变，并不意味着知识或技术的过时。更进一步说，由于自身从事教育工作，所理解的书籍存在的意义，不同于企业的产品开发，不仅用来迎合市场，更侧重于一种启发和借鉴。从37年高校教学和科研经历的角度去审视书籍对技术和社会进步、人才培养，也会有更多的诠释。

因此，鉴于这本书的重要性和更广泛的实用性，既然认准了，也就义无反顾，2022年大部分的时间就在翻译和校对中度过了。

与这本书的渊源始于我自己在德国购买的原版书［第5版（2010）］。其后德国IAV公司（也是原著的主要赞助者）一位专家专门从德国带过来赠送给我一本第7版（2015），他认为这本书应该会对我的教学和科研有帮助。的确在此后我的教学和科研中派上了大用场。最新的一本是机械工业出版社赠送给我的第8版（2018）。

特别感谢原机械工业部何光远老部长为本书（译丛）作序。何老部长的关于“中国汽车工业的发展在于自主开发，而自主开发的关键是零部件”指明了中国汽车和内燃机工业的发展方向。何老部长为本丛书作序，是对我这个晚辈的激励，更是对致力于内燃机工业发展的业内同行们的支持。

本书由倪计民教授团队负责翻译，倪计民也参与部分章节的翻译，并负责全书的校对。

感谢刘勇、郑腾、乔瀚平、乔鹏利、李钊、姜楠、唐韬、言永胜、王旭、严永华、郑斌、张楠、于士博、郑寅豪、于中锐、郭众、唐易凯、王召伦、陈锦玺、陈梦圆、张紫越、刘皓明、梁安健、庚毅、王泽腾、杨天凯、朱帅、张宜鑫、徐艺伦、孙昊、陈立人、陈若水、王秋凯、黄义伟、蒋逸枭、王海澄、崔潇、朱涵、胡晓莹、李辉、王木、王泽、黄敬尧、韩今朝、李嘉鹏、张明远、崔鑫泽、张光裕、叶子菡、张恺俊、黎兴文、刘刚等为本书翻译出版所做出的努力。

感谢同济大学汽车学院汽车发动机节能与排放控制研究所石秀勇副教授和团队的所有成员为团队的发展以及本书的出版所做出的贡献。

实际上，本团队自1996年组建以来还有很多同学参与外文书籍（德文、英文）和资料的翻译，因此还要感谢那些参与团队的资料（书籍）翻译，而没有得到出版机会的同学们所做的贡献。

本书的翻译出版得到舍弗勒贸易（上海）有限公司的资助，在此向舍弗勒公司表示衷心的感谢！

舍弗勒是一家总部位于德国的大型家族企业，是汽车及工业领域的知名供应商。作为一家专注驱动技术的科技公司，舍弗勒在汽车领域提供覆盖整个动力总成及底盘应用的高精密部件与系统。舍弗勒不仅在内燃机领域拥有深厚的知识储备和丰富的产品，面对汽车电气化及智能化的发展趋势也在不断加速转型，持续进行技术创新。得益于其在动力总成领域近80年的技术积累，舍弗勒提供丰富的产品组合，满足从混动到纯电驱动的各类车辆电气化及不同驾驶场景的应用需求。

舍弗勒十分重视中国市场，1995年，舍弗勒进入中国市场投资生产，经过几十年的发展，已经成为中国汽车和工业领域重要的供应商和合作伙伴。秉承着“本土资源服务本土市场”的理念，舍弗勒持续深耕中国市场，为中国本土客户提供高品质的产品和近距离的服务。

作为一家技术型公司，舍弗勒一直致力于打造更高效、更智能、更可持续的交通出行解决方案，考虑内燃机在混动应用中依然发挥着重要作用，出于推动内燃机技术持续进步，助力新能源行业发展的目的，共同推动本书的翻译出版。

感谢我的太太汪静女士和儿子倪一翔先生，感谢我的家人对我的支持和鼓励！

倪计民
2023. 3

第8版前言

多年来，《内燃机技术手册》已发展成为该专业领域内国际公认的标志性著作。当今，现代内燃机的复杂性，无疑是深入全面地描绘所有重要关系的原因。也许这也是为什么令人惊讶的是，世界上任何地方都没有关于这个主题的全面概述的原因之一。大量专业书籍虽然涉及内燃机的部分方面；然而，缺少的是一项考虑到柴油机和汽油机所有重要方面的工作。

内燃机经过100多年的发展，产生了涉及不同要求、大量组件及其相互作用的、爆炸性的各种重要发现和详细知识。本书（指原书）在上一版的基础上更新和扩展到了1350多页、1841幅插图和1500多篇参考文献，介绍了内燃机技术的主要内容。

编写人员们特别努力地在各自拿手的领域工作，从而呈现出内容更为全面的作品。尤其重要的是，这次修订和扩展是在最短的时间内完成的，从而反映了当今技术发展的最高水平，并展望了未来。

对于编写人员来说，呈现理论与实践之间的平衡关系尤为重要。这主要是因为可以争取到140多位科学界和工业界的作者进行合作。在他们的帮助下，创作了这部作品，它在教学、研究和实践的日常工作中同样是独特的帮手和顾问。

本书主要面向在汽车、发动机、石油和配件行业从事科学和实践工作的专业人士，以及希望在学习过程中取得收获的学生。此外，本书还旨在成为专利代理人、汽车行业、政府机构、环保组织、记者和感兴趣的非专业人士的有用的顾问。

内燃机未来的问题反映在许多解决问题的新方法中，例如与燃料消耗和环境兼容性相关的问题。尤其是在这种理念下，相较于替代品，不难预测，基于其基本要素，往复式活塞发动机作为移动性装置，在未来很长一段时间内仍会留在我们身边。新的驱动系统面临的问题是，必须与具有全球巨大开发能力，且具有100多年的发展历史的内燃机相竞争。这当然也适用于机动车辆的电力驱动，这与目前由政治方面引发的兴奋相反。

除了介绍发动机发展的现状外，回答以下问题更为重要：内燃机将往哪个方向发展？经过100多年的发展，如何评估其在燃料消耗、成本优化和环境兼容性方面的潜力？替代燃料和替代驱动系统将在未来提供哪些可能性？增程器和混合动力驱动只是连接纯电动驱动的桥梁吗？在未来几十年内，是否有可以取代它的有竞争力的系统？根据目前的知识状况，对这些问题给出了确凿的答案。

即使本书的重点是乘用车发动机，其基本原理也适用于商用车发动机。同样新颖的是，本书也阐述了汽油机与柴油机相比在许多领域的不同观点。几年后柴油机与汽油机之间还会有什么根本性区别吗？想想汽油机与柴油机之间燃烧过程的融合：直接喷射的汽油机以及未来可能是均质燃烧的柴油机。

我们特别感谢所有合作者的建设性的和纪律严明的合作，以及他们对协调这么多合作者贡献的艰巨任务的理解。特别值得一提的是遵守合作者的最后期限，这使得出版社可以及时将经过修订和扩展的书出版并投放市场，从而保持内容的先进性，在我们看来，这一过程特别值得一提。

在前7版取得巨大成功后（2002年至2016年间以德文和英文印刷了30000多册），第8版更新了许多章节的内容并增加了参考文献。

我们特别认识到关于温室气体（如 CO_2）的讨论日益重要，并显示了发动机应用对 CO_2 排放的影响。在其他地方，内容已在必要时达到当前的技术水平。

我们要感谢施普林格维韦格（Springer Vieweg）出版社，特别是编辑人员埃瓦尔德·施密特（Ewald Schmitt）和伊丽莎白·兰格（Elisabeth Lange）的建设性和前瞻性合作。

最后但也非常重要的一点，是要特别感谢 IAV GmbH（艾尔维股份有限公司）在创建这本著作时提供的技术和材料支持，没有他们的帮助，本书也就不可能完成。

Bad Wimpfen/Hamm 巴特温普芬/哈姆 2017 年

理夏德·范·巴舒伊森，VDI

弗雷德·舍费尔，SAE

作者介绍

理夏德·范·巴舒伊森（Richard van Basshuysen），VDI（德国工程师协会）会员，1932年出生于宾根（Bingen）/莱茵（Rhein）。在完成汽车修理工学徒期后，他于1953—1955年在布伦瑞克/沃尔芬比特尔应用技术大学学习，作为机械工程师毕业。1982年，他被授予应用技术大学Diplom-Ingenieur学位。

从1955年到1965年，他就职于在波鸿的Aral股份公司。1965年，他在NSU股份公司担任发动机和变速器开发的试验研究负责人，包括开发转子发动机，并被任命为车辆试验的副主任。在此期间，他还同时负责Prinz 4、NSU 1000和1200、RO 80和K 70型车辆的开发。1969年，NSU股份公司被今天的奥迪股份公司收购。在奥迪股份公司，他作为开发主管随后开发了V8/A8舒适级车辆，并担任发动机和变速器开发主任，同时作为高级管理人员的代表，当选奥迪股份公司监事会成员。他最重要的研发成果是世界上第一台采用直喷和涡轮增压的废气脱毒的乘用车柴油机，他也克服了巨大阻力，在大众集团内部推广该款发动机。由于该发动机的燃料消耗量比其前身的预燃室或燃烧室的柴油机少20%，并且是一款具有高功率和极高转矩的发动机，因此已在全球范围内确立了自己的地位。在欧洲，它的市场份额从1989年的12%左右增长到10多年后的50%左右。

在从事汽车行业的积极的职业生涯之后，理夏德·范·巴舒伊森于1992年创立了一个工程办公室，他现在仍继续管理该办公室。他20多年来还担任了国际重要科技期刊ATZ（*Automobiltechnische Zeitschrift*，汽车技术杂志）和MTZ（*Motortechnische Zeitschrift*，内燃机技术杂志）的编辑。他为国际汽车制造商和工程服务提供商提供咨询，并且是技术和科学书籍的作者和出版商，这些书籍已经和将被翻译成英文和中文。此外，他自2006年以来一直与弗雷德·舍费尔博士、教授一起工作，是互联网门户网站www. motorlexikon. de的编辑和作者。此外，他还是诸如德国工程师协会（VDI）和奥地利汽车技术协会等各种机构的顾问委员会成员和董事会成员。他还是60多部技术和科学出版物的作者和合著者。2001年，他因开发面向未来的直喷柴油机而获得了2000年的具有极高声誉的恩斯特比克力奖，并由于“他在开发直接喷射乘用车柴油机方面的杰出工程表现，以及他作为ATZ/MTZ的编委和作为多年的VDI汽车和交通技术协会顾问委员会成员”而获得奔驰-戴姆勒-迈巴赫荣誉勋章。2004年，马格德堡大学授予他荣誉博士学位，以表彰他毕生的工作。

弗雷德·舍费尔（Fred Schäfer）博士、教授，于1948年出生于莱茵河畔的新维德。作为机械工程师学徒后，他在科布伦茨的国立工程学院学习机械工程。然后，他在凯泽斯劳滕大学完成了动力和工作机械领域的专业学习，获得了“Dipl. -Ing.”学位（相当于工学硕士学位）。在凯泽斯劳滕大学动力和工作机械研究所攻读博士，以“汽油机中氢-甲醇燃烧的反应动力学研究”为题获得工学博士学位。他的职业生涯开始于内卡苏尔姆的奥迪股份公司，最初担任开发主任的助理。10年期间，他还担任发动机试验研究核心小组的组长，然后是发动机设计部门的负责人。1990年，他被任命为当时的伊瑟隆（Iserlohn）应用技术大学动力和工作机械专业的教授，该大学现已成为位于伊瑟隆的西南应用技术大学的一部分。在大学，他负责领导内燃机和流体机械实验室。弗雷德·舍费尔活跃于包括大学参议院在内的多个校内委员会。在担任教学和科研副院长期间，他是机械工程学科管理委员会的成员。弗雷德·舍费尔还是发动机技术领域研究和开发的自由职业者。从 1996 年到 2003 年，他与理夏德·范·巴舒伊森博士一起担任杂志增刊 *Shell – Lexikon Motorentechnik*（壳牌内燃机技术词典）的编辑，该杂志于 2004 年出版了一本名为 *Lexikon Motorentechnik*（内燃机技术词典）的书。此外，他与范·巴舒伊森博士一起作为互联网门户网站 www. motorlexikon. de 和《内燃机技术手册》的编辑和合著者。弗雷德·舍费尔还是 VDI 和 SAE 的资深会员。

目　录

第 1 章　历史的回顾

工学博士 Claus Breuer 教授，工学博士 Stefan Zima 教授

100 多年来，汽车厂商一直在制造以内燃机为动力源的机动车。即使对于技术外行来说，车辆的出现即刻表明，这一时期取得了哪些进展。发动机的情况则有所不同：发动机的基本结构保持不变，只是尺寸、设计和细节上的演进表明，发动机技术也在不断地进一步发展（图 1.1），即使经过 100 多年后也不断前进和创新。

机动车发动机的起源归根结底在于当时的人们对一种经济实惠且简单的动力源的需求，即利用以燃气为动力的固定式发动机来驱动各种类型的工作机械。

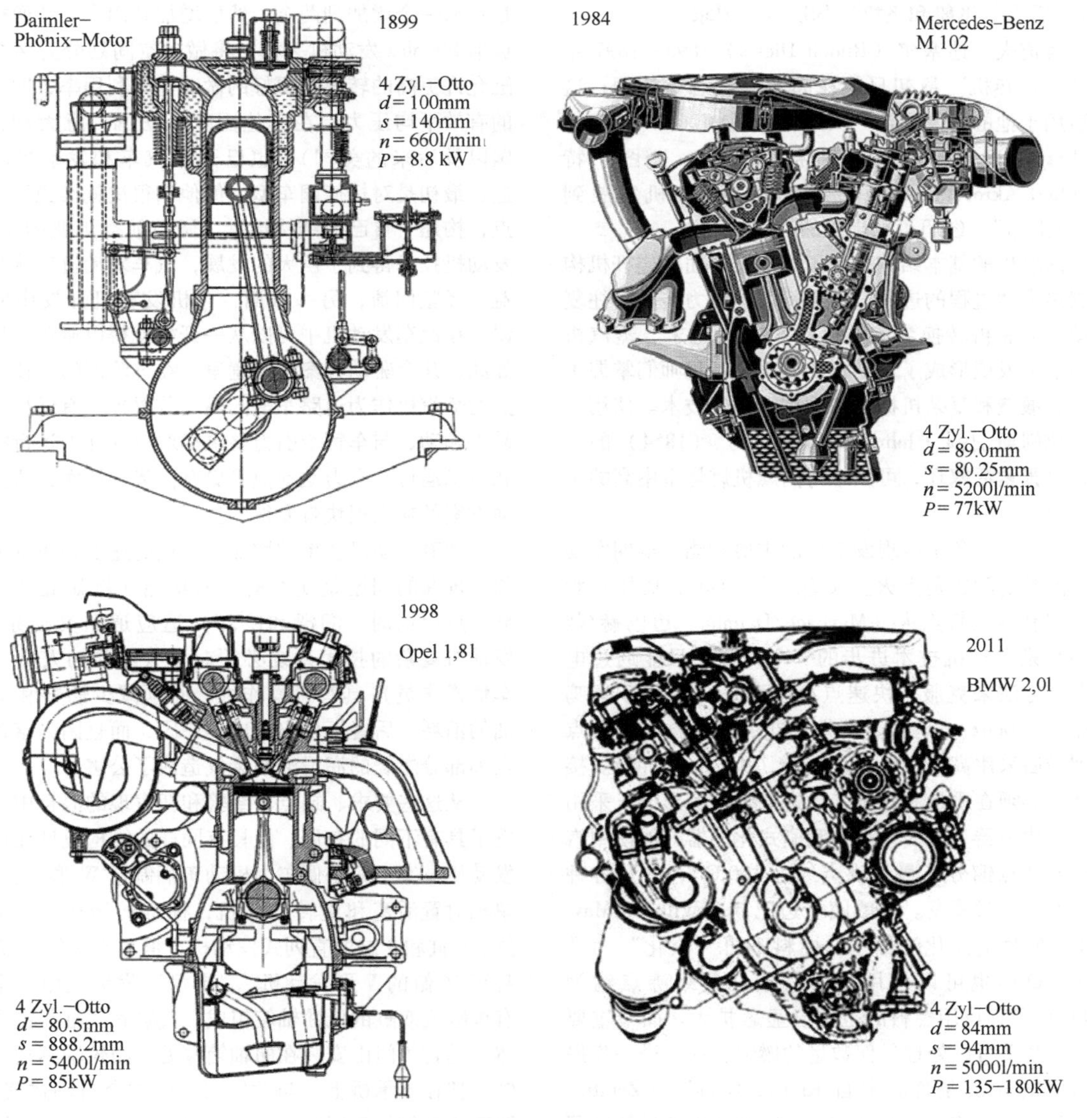

图 1.1　1899—2011 的发动机[1,2]

许多地方一直在研究这种驱动装置。1876年，尼古拉斯·奥古斯特·奥托（Nikolaus August Otto）成功地将法国人博德·罗查斯（Beau de Rochas）已经描述过的四冲程过程用他的发动机。与法国人让·约瑟夫·艾蒂安·勒努瓦（Jean Joseph Etienne Lenoir）的燃气发动机相比，奥托发动机决定性优势的在于混合气的预压缩。英国工程师道格尔德·克莱克（Dougald Clerk）通过取消换气冲程，将四冲程过程“缩短”为二冲程过程。1886年，卡尔·本茨（Karl Benz）和戈特利布·戴姆勒（Gottlieb Daimler）相互独立地创造了轻型、快速运行的发动机，该发动机也可以使用液体燃料运行。这满足了驱动机动车辆（以及后来的飞艇和飞机）的决定性要求。

鲁道夫·迪塞尔（Rudolf Diesel）1893—1897年的“理性热机”最初只能在固定式状态下使用；这也适用于他的前辈乔治·贝利·布雷顿（George Bailey Brayton）和赫伯特·阿克罗伊德·斯图尔特（Herbert Akroyd Stuart）的发动机。柴油机发展到“可以上路”，经历了几十年的时间。

内燃机的基本结构来源于蒸汽机：曲柄连杆机构控制热力学过程的进程，首先将气体压力转换为往复运动，然后再转换为旋转运动。19世纪末，蒸汽机的高水平发展形成了发动机的基础：工程师们掌握了铸造、锻造和复杂机械零件的精密加工技术。使用约翰·拉姆斯伯顿（John Ramsbottome）（1854）的一体式自张紧活塞环，可以维持内燃机燃烧室中高的工作压力。

第一项任务是实现发动机的主要功能。早期发动机最困难的问题是点火。火焰点火（Otto，奥托）和不受控制的热管点火（Maybach/Daimler，迈巴赫/戴姆勒）是发动机技术进步的一个障碍，只能通过电气点火方法来克服。快速点火（Otto，奥托）、蜂鸣器点火（Benz，奔驰）、从带火花的博世磁-低压点火到最后采用高压磁电点火装置（Bosch，博世）。接下来，必须在质量和数量上改进混合气的形成。采用油芯式化油器、表面化油器和刷式化油器只能使用汽油的低沸点馏分（最终沸点约为100℃），并且各种馏分不会同时蒸发。在威廉·迈巴赫（Wilhelm Maybach）的喷嘴式化油器中，燃料不再“汽化”而是雾化，这样也可以使用重质汽油（最终沸点约为200℃）了，可用燃料的范围已显著扩大。而最重要的是，几乎可以处理任何数量的燃料，这是进一步提高功率的先决条件。来自Krebs、Claudel（Zenith）以及Menesson和Goudard（Solex）的具有自动补气调节功能的化油器改善了发动机的运行性能，并降低了油耗。

随着功率的提高，更多的热量必须通过冷却液消散。现在，简单的蒸发冷却被证明是功率受到限制的标准：散热太低，要携带的冷却液量太大。此外，关键部件并不能通过自然循环（热虹吸管）安全和充分冷却。威廉·迈巴赫（Wilhelm Maybach）的蜂窝冷却器提供了物理上“正确”的解决方案：在弱传热侧（空气侧）加强传热！

一旦在发动机方面奠定了这些基础，汽车工业就会迅速发展，发动机方面的进步推动了车辆方面的进步，反之亦然！越来越多的公司开始制造车辆和发动机。为了提高功率和改善运行平稳性，增加了气缸数量：从一个增加到两个，然后增加到四个，就像梅赛德斯Simplex发动机一样。将做功空间划分为多个气缸允许更高的转速和更好的做功空间利用率，即更高的有效平均压力。在其他国家（法国、意大利、英国以及后来的美国），也已开始汽车和发动机的制造，最初是对标德国车型，但他们很快就摆脱了这一点，构建了自己的结构设计。随着航空工业的发展，发动机技术得到了巨大的发展，汽车发动机也从中受益：经验回流；另一方面，飞机发动机开发中的错误，在汽车发动机中可以从一开始就得以避免。尽管如此，几个驱动方案都在竞争。经过验证的、技术成熟的蒸汽机作为道路车辆的驱动装置也具有优势：它易于起动、与车辆牵引力要求相对应的弹性运行特性和平稳运行。电力驱动似乎更有优势。然而，这些驱动方案的缺点很快就变得明显了。

随着发动机功率的增加，车辆的速度和质量也增加。现在的问题是使发动机的功能（例如混合气成分、点火正时、润滑和冷却）适应道路交通条件。发动机复杂的技术系统必须对没有经验的人员（即车辆操作员）具有可操作性。必须减少燃料和润滑油的消耗；后者不仅出于成本原因，而且因为富含完全和部分燃烧的润滑油的废气造成了公害。

从这些要求、缺点、经验和新发现的混合中，开发了具有不同的布局、但具有同样的结构设计元件的发动机方案。只是偶尔为机动车辆制造W形、星形、单轴对置活塞和旋转发动机，标准的结构形式是4缸、6缸和8缸的直列式发动机，但也有8缸、12缸甚至16缸的V形发动机。“典型”发动机由一个带有单缸或双缸的低曲轴箱组成。气缸和气缸盖铸成一体，垂直气门由安装在曲轴箱深处的凸轮轴驱动。曲轴悬挂在支承桥上。与此同时，已放弃自动进气门，取而代之的是强制驱动的进气门。然而这给气门控制造成了困难：气门烧毁、气门弹簧断裂、噪声水平很高。这就是为什么当时运行流畅的“骑士”（Knight）滑块控件当时似乎更胜一筹的原因。然而，在结构设计和运行方面更简单的气门控制系统最终更能发挥作用。

在美国，乘用车从富人的休闲娱乐到商品的转变早在第一次世界大战之前就已经开始了：亨利·福特（Henry Ford）在1909年开始生产T型车（Tin Lizzie）；到1927年，此类车辆生产了超过1500万辆。在欧洲，直到第一次世界大战之后才开始使用机动车辆，主要是大量的商用车辆。大规模生产迫使零部件具有一定的统一性和标准化。在战场极端条件下的运行无情地暴露出汽车结构上的缺陷。如此多的车辆的应用、维护和维修需要对驾驶员进行培训和教育。通过战争加速了飞机发动机的发展，在20世纪20年代开始为车用发动机的发展注入了强大的动力。这适用于设计方案（基本结构），诸如各个组件的细节设计。除了带有L形和T形气缸盖的立式气门外，现在也制造带顶置气门和紧凑型燃烧室的发动机，这可以实现更高的压缩比，这是更大功率和更低燃料消耗的先决条件。

随着1921年由德国交通部组织的活塞比赛，轻合金活塞相对于铸铁活塞的优势向德国发动机工业展示了令人信服的一面。其结果是在20世纪20年代，发动机转换为采用轻合金活塞，尽管存在一些挫折，但这带来了功率和效率的显著提升。使用调节活塞，可以减少并最终消除活塞颤振。从20世纪20年代开始，飞机发动机连杆轴承的制造存在相当大的困难：它们已经到了能忍耐的负载极限。艾里逊（Allison，美国）的诺曼·吉尔曼（Norman Gilmann）开发的钢铅青铜轴承带来了补救措施。这些轴承用于商用车柴油机中，随后也用于乘用车高功率发动机中。下一步的发展是以三种材料轴承为代表，由钢支撑壳、铅青铜中间层和白色金属覆盖层所组成，它们是由美国的克莱维特（Clevite）开发的。

更高的转速和功率以及对发动机可靠性的更高要求需要更好的发动机润滑。

从早期车辆发动机中的油芯式和花瓶式润滑（来自储存容器的润滑）和手动泵润滑，过渡到飞溅润滑，其中通过浸入式发动机部件或特殊的驱动机构为润滑油需要者提供润滑介质；然后按照飞机发动机的惯例进行强制循环润滑。二冲程发动机基本采用混合润滑，即向燃料中添加润滑油。

由于结构简单的热虹吸冷却，不可能从承受高的热负荷的部件上散发足够的热量，因此除了小型发动机外，通常会引入强制循环冷却。

早在第一次世界大战时，爆燃已成为汽油机的功率限制标准。1921年，小托马斯·米奇利（Thomas Midgley）和T. A. 博伊德（Boyd）发现了四乙基铅（TEL）“阻止爆燃”的有效性。由此，更多的抗爆燃料允许更高的压缩比并实现了更高的热效率。

在20世纪20年代，开发了各种小型汽车，其发动机必须轻便、简单且便宜。在这里，工程师们集中研发了具有高的功率密度的二冲程工作过程。有两个最终相互排斥的论点支持了这一点：高的功率密度和结构简单。带有曲轴箱扫气的无气门的二冲程发动机适用于摩托车和小型汽车。DKW的“绳索”（Schnürle），其反向扫气是相对于横流扫气的决定性的进步，因为它可以更好地对气缸进行扫气，并且可以用扁平活塞代替经受高的热负荷的鼻形活塞。

黄金的20世纪20年代见证了配备8缸直列和12缸V形发动机的“大”梅赛德斯（Mercedes）、霍希（Horch）、斯托尔（Stöhr）和迈巴赫（Maybach）的到来。在英国是劳斯莱斯（Rolls – Royce）、宾利（Bentley）、阿姆斯壮 – 西德利（Armstrong – Siddeley），在法国是德拉格（Delage）和布加迪（Bugatti），在美国是皮尔斯艾罗（Pierce Arrow）、杜森伯格（Duesenberg）、奥本（Auburn）、科德（Cord）、凯迪拉克（Cadillac）和帕卡德（Packard）。

受飞机发动机结构发展的影响，增压发动机开始配备容积式风扇（罗茨风扇），可根据功率要求打开和关闭，应用于梅赛德斯 – 奔驰、伊塔拉（Itala）和宾利上。还出现了采用径向风扇（涡轮压缩机）的杜森伯格（Duesenberg）。飞机发动机的空气冷却似乎也具有优势。然而，由于低的车速和不利的运行条件，空气冷却在机动车发动机上的应用困难得多。空气冷却的先驱是美国公司 Franklin Mfg Co.。该公司甚至在第一次世界大战之前就生产了一种风冷6缸直列发动机。通用汽车（General Motors）还依靠雪佛兰（雪佛兰铜发动机，Chevrolet Copper Engine）的空气冷却，其中冷却翅片由铜制成以改善散热。由于技术问题，这款发动机没有投入量产。在20世纪20年代和30年代在欧洲也开发和制造风冷车用发动机：来自克虏伯（Krupp）和现象（Phänomen）的商用车发动机，来自太拖拉（Tatra）和费迪南德·保时捷（Ferdinand Porsche）用于新大众的乘用车发动机。大众汽车的风冷水平对置发动机［首先是在“桶”（Kübel）型车上，然后是在“甲壳虫”车上］成为可靠性和鲁棒性的代名词。

在20世纪20年代，与汽车和发动机工业共生，出现了一个强大的配件行业，作为发展的枢纽，不仅结合了各自领域的知识和经验，而且因为它能够为几个甚至全部发动机制造商提供生产的、试验的和在很大程度上标准化的、价廉物美的配件，例如活塞、轴承、冷却器、化油器、电气和柴油喷射设备。发动机的操作变得更容易了，尤其是通用汽车公司的查尔斯·F·凯特琳（Charles F. Kettering）推出的电起动器，它不仅使发动机的起动更容易，而且还很安全。点火时刻（早–晚）和混合气成分（稀–浓）不再需要由驾驶员来调整，而是自动完成。在20世纪30年代，乘用车也越来越多地在冬季行驶，全年运行需要与季节协调地更换润滑油（夏季润滑油–冬季润滑油）；此外，必须通过冷却液温度的调节来考虑较低的外部温度，首先用皮革罩盖住散热器，然后是可调节的散热器百叶窗，最后是对发动机冷却液温度进行恒温调节。

在20世纪30年代，为了节省燃料成本并实现比当时的柴油机更大的功率，还研究了商用车发动机采用蒸汽机的替代方案。关于经济自给自足的考虑也发挥了作用。尽管具有很有利的牵引力特性曲线，但蒸汽驱动最终无法对抗由气体（存储气体和制造气体）驱动的内燃机。在第二次世界大战期间和之后，由于燃料不足，乘用车发动机不得不转换为木材生成气（图1.2）。

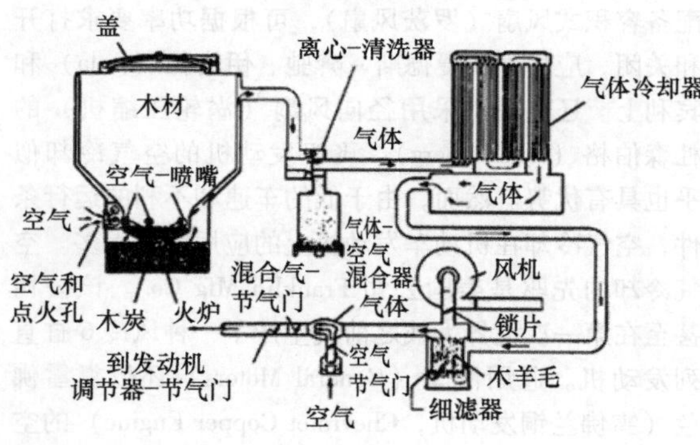

图1.2 用于乘用车发动机的木材气体发生器[3]

高压喷油器技术不成熟一直是在车辆中使用柴油机的障碍。在20世纪20年代初期，喷油器的研发工作密集地开展。在第一次世界大战之前和期间［奥兰治（L'Orange），莱斯纳（Leissner）］的初步工作的基础上，出现了无压缩的车辆柴油机，在德国由曼（MAN）、奔驰（后来，梅赛德斯–奔驰）和容克斯（Junkers）开发。在阿克罗（Acro）专利的基础上，罗伯特·博世（Robert Bosch）公司开发了用于车辆柴油机的完整的喷射系统。喷射泵具有斜边控制和溢流调节。由于在具有宽的转速范围的车辆发动机中无法掌控直接喷射，因此首选间接喷射（预燃室和涡流室，空气存储室）。柴油机在重型商用车中得到了证明，并越来越多地用于轻型商用车，最后也用于乘用车［梅赛德斯–奔驰、汉诺玛格（Hanomag）、奥伯汉斯利（Oberhänsli）、柯尔特（Colt）、康明斯（Cummins）等］。最早的柴油动力乘用车之一是配备康明斯发动机的帕卡德（Packard）。为了证明柴油机对乘用车的适用性，在比赛中使用了经过特殊改装的车辆。1930年，一辆配备康明斯柴油机的帕卡德跑车（Packard–Roadster）在佛罗里达州（Florida）的代托纳比奇赛道（Daytona–Beach–Rennstrecke）上达到了82mile/h（131km/h）的速度。1978年在德国，梅赛德斯–奔驰C111柴油机赛车创下了316.5km/h的纪录。

虽然柴油机的优势明显，但大排量的乘用车汽油机也用于商用车驱动。在美国，如同在德国一样，在德国的迈巴赫–齐柏林（Maybach–Zeppelin）的12缸发动机驱动的公共汽车、消防车和半履带拖拉机和配备欧宝海军上将（Opel–Admiral）的6缸直列发动机的欧宝闪电（Opel–Blitz）商用车成为德国国防军的标准车辆。即使是小型送货车［速度（Tempo）、歌利亚（Goliath）、标准（Standard）］也配备汽油机。另一方面，柴油机也进入乘用车领域。乘用车柴油机的领域是出租车用。

第二次世界大战期间，乘用车发动机的发展在全球范围内停滞不前，但其他优先事项中得到应用！战后开始生产战前的发动机。在美国，人们可以买得起大排量发动机：6缸直列和8缸V形发动机。在欧洲，出现了大量采用风冷和水冷二冲程和四冲程发动机驱动的微型和小型汽车。值得一提的是，在德国，古特布罗德（Gutbrod）、劳埃德（Lloyd）、歌利亚（Goliath）和DKW；在法国，戴纳–潘哈德（Dyna–Panhard）、雷诺（Renault）4 CV和雪铁龙（Citroën）2 CV；在英国，奥斯汀（Austin）和莫里斯（Morris）；意大利的菲亚特（Fiat）。为了避免二冲程汽油机由于扫气损失而导致的高油耗，古特布罗德（Gutbrod）和歌利亚（Goliath）发动机采用了机械式汽油喷射。随着“经济奇迹”的出现，小型车的需求下降，以至于乘用车上很少采用二冲程发动机；直到20世纪80年代末，只有在民主德国的瓦特堡（Wartburg）和特拉班特（Trabant）汽车才配备二冲程发动机。

20世纪50年代初，很多四冲程乘用车发动机还是侧置式凸轮轴的，但这也开始改变了，新发动机以现代方式设计：曲轴箱被拉低至曲轴中部以下，曲轴的每个主轴径都有支承，带有倾斜式气门（OHV，顶置式气门）的紧凑型燃烧室，然后是带有顶置凸轮轴（OHC）的杯形挺柱设计，以允许更高的转速；排量也增加了。梅赛德斯－奔驰再次成功参加比赛，银箭（Silberpfeile）的发动机具有来自飞机发动机的燃油喷射和强制关闭阀（调制解调控制）。

西方世界的经济增长导致繁荣的普遍增加，因此大部分人口可以买得起汽车，因而汽车产量增加，车辆开发的资金充足。日本作为世界市场上出现的新的供应商，他们通过高的质量标准，减少加工深度，制造、组装和开发过程的外包，以及及时的交付（准时制，just－in－time）彻底改变了汽车的生产。全球竞争迫使更严格的成本考虑，这些发动机的制造旨在考虑经济性地制造并易于维护和修理（远远超过过去）。电子数据处理（EDV）从20世纪70年代起在发展中盛行，并导致使用有限元计算方法（FEM）、使用CAD进行结构设计和发动机工作过程的模拟合理化、加速和更有针对性的开发。

往复式发动机的设计方案一再受到质疑：在20世纪40年代后期，英国的罗孚（Rover）开发了一种采用燃气轮机驱动的车辆。

尽管燃气轮机具有功率密度高、运行平稳、废气无烟等显著的优势，但燃气轮机在效率方面并不适合乘用车的低功率和运行条件。在20世纪60年代，由NSU开发的菲利克斯·汪克尔（Felix Wankel）的转子发动机被认为将替代往复式发动机。相比于往复式发动机，其运动学、功率密度和紧凑的结构形式存在优势。然而最终，它的缺点超过了优点：有限的压缩比，不合适的燃烧室，高的恒压燃烧比例，“延迟”燃烧进入膨胀，工作室密封问题等导致高能耗和不良的废气排放值。只有马自达（Mazda）能够成功地制造出配备汪克尔发动机的运动型车辆（见8.4.4节和参考文献［4］）。

20世纪70年代的能源危机需要更经济、污染更少的发动机。在机械喷射的基础上，主要在博世公司的推动下，开发了一种带有电子控制的低压燃油喷射系统。尽管化油器技术（双化油器、双腔化油器、恒压化油器）的发展水平很高，但汽油喷射迅速流行起来。越来越多的电子设备进入发动机控制领域。带有特性场存储的共享微处理器控制的电子系统控制点火和混合物的形成。

由于发动机内部设计改进不再足以将有害污染物降低到法定限制值，因此使用了三元催化器，这需要通过使用氧传感器连续测量废气中的氧含量来精确地遵循化学计量空气燃料比。通过可调节的废气再循环可以实现额外的优化。

从20世纪60年代开始，废气涡轮增压作为提高功率和降低燃料消耗的一种手段用于商用车发动机。随着发展水平的提高，废气涡轮增压器可以不断“小型化”，直到乘用车汽油机也可以配备的程度。由于流体机械废气涡轮增压器和活塞式发动机表现出不同的运行特性，因此必须在柴油机中使涡轮增压器的“空气供应”和发动机的“需求”相匹配，最初主要通过控制废气流（旁通阀调节）进入涡轮机，现在则通过可调节的涡轮几何形状来实现。通过增压空气中冷实现了进一步的改进。机械驱动的增压器在其对车辆运行的响应特性方面是有利的。大众汽车公司开发了螺旋式增压器（G－Lader），梅赛德斯－奔驰将罗茨压气机用于“运动型”的汽车发动机上。一个令人印象深刻的增压方案是BBC公司的压力波交换器（Comprex增压器，气波增压器），其中，来自废气的能量直接动态地传递给增压空气，即不需要废气涡轮和叶轮压缩机。尽管进行了相当大的开发努力，但该原理尚未能够在发动机实践中确立自己的地位。

早在20世纪30年代就已开发并准备批量生产的乘用车柴油机，从20世纪50年代开始在出租车司机和所谓的常客中享有有限但令人信服的追随者，他们对运动型驾驶风格的重视程度较低，而更多的是追求低的油耗和长的使用寿命。除了梅赛德斯－奔驰和宝沃的发动机，最初只有标致和菲亚特的柴油机，直到20世纪70年代大众汽车公司推出了乘用车柴油机，随后德国的其他制造商：欧宝（Opel）、宝马、福特和奥迪紧随其后。在美国，对柴油车的兴趣仍然很低。20世纪60年代/70年代出现了分配泵，被证明特别适用于乘用车柴油机的小喷油量设计。20世纪60年代在商用车发动机中实施直喷后，它还证明在乘用车发动机中具有节省大量燃料的优势。当奥迪在20世纪80年代后期发布低排放乘用车直喷发动机时，福特已经为货车配备了直喷发动机。其他公司紧随其后，因此如今直接喷射已成为乘用车柴油机的标准配置。乘用车柴油机喷射已日益成为实现更加经济和清洁的柴油燃烧的核心关键技术，通常与废气涡轮增压、中冷和废气再循环相结合。如今，压力高达2000bar（1bar = 0.1MPa）的共轨喷射系统和用于优化燃烧过程“成形”的多次喷射在柴油喷射技术中占据主导地位。为了减轻柴油机活塞上的热负荷，可以通过活塞底部的润滑油喷射冷却或通过冷却管道进行冷却。

在20世纪80年代和90年代，气体交换成为发展的重点。多气门技术可以提高流量系数和充气效率；另一个技术是带来了可调节的配气正时和气门升程以及可切换的进气管。现在的发展是越来越朝着“全可变”气门机构的方向发展。这意味着进气过程可以取消节流并且可以减少汽油机的基本缺点。将汽油直接喷射到汽油机的气缸中可提供更高的功率、更低的有害物排放和更低的燃料消耗。

在发动机方面，通过一整套措施降低了燃油消耗：发动机尺寸和质量更小（小型化）、控制中的滚动摩擦代替滑动摩擦、低黏度润滑油、风扇和泵的按需控制运行等。

客户对转速提高的要求以及对舒适性的更高要求，再加上小型化的趋势，都需要采取措施来改善机器的动力学。补偿装置和扭转减振器的进一步发展将发动机所需的平稳运行与发动机质量和摩擦力的增加之间的目标冲突降至最低。

有限的资源和总体的高污染物排放迫使人们寻找其他驱动方案。一方面是为了替代原油，另一方面是为了减轻环境的负担。受到政治家强烈青睐的一个解决方案是使用植物油（例如菜籽油甲酯）形式的再生能源；然而，种植植物油的土地不足以提供足够的燃料供应，更不用说单一种植产生的生态问题了。

另一项发展是使用氢作为燃料。应用在传统的活塞发动机中的氢可以帮助缓解污染状况，氢也可以在燃料电池中使用。然而，氢必须通过反向电解来“产生”，这需要大量的能量。另一种生产氢的方法是转化甲醇或汽油，但这不会节省任何资源。一个可以想象的场景是增加使用以天然气为燃料的发动机，一方面可以在原油变得稀缺时确保能源供应，并为进入使用氢的天然气技术铺平道路。

尽管早在1900年，费迪南德·保时捷（Ferdinand Porsche）就在“罗纳－保时捷”（Lohner－Porsche）中使用了驱动电机和内燃机的组合，但汽车驱动的“混合动力化”和“电气化”目前正在对发动机开发提出全新的挑战。此领域的主要开发目标是并将仍然是未来驱动方案的长期减排和节能。内燃机继续为此提供巨大的潜力。

参考文献

使用的文献

[1] Zima, S.: Kurbeltriebe, 2. Aufl. Vieweg, Wiesbaden (1999)

[2] Steinparzer, F., Klauer, N., Kannenberg, D., Unger, H.: Der Neue Aufgeladene 2,0-l-Vierzylinder-Ottomotor vom BMW. MTZ 72(12), 928–937 (2011)

[3] Eckermann, E.: Alte Technik mit Zukunft (Hrsg. Deutsches Museum. R. Oldenbourg, München (1986)

[4] Dobler, H.: Renesis – ein neuer Wankelmotor von Mazda. MTZ 61(7/8), 440 (2000)

进一步阅读的文献

[5] Robert Bosch GmbH: Bosch und die Zündung Bosch-Schriftenreihe, Bd. 5. Selbstverlag der Robert Bosch GmbH, Stuttgart (1952)

[6] Bussien, R. (Hrsg.): Automobiltechnisches Handbuch, 18. Aufl. Technik Verlag H. Cram, Berlin (1965)

[7] Fersen, O. von (Hrsg.): Ein Jahrhundert Automobiltechnik – Personenwagen. VDI-Verlag, Düsseldorf (1986)

[8] Frankenberg, R. von, Mateucci, M.: Geschichte des Automobils. Siegloch, Künzelsau (1988)

[9] Kirchberg, P.: Plaste, Bleche und Planwirtschaft. Die Geschichte des Automobilbaus in der DDR. Nicolasche Verlagsbuchhandlung, Berlin (2000)

[10] Krebs, R.: 5 Jahrtausende Radfahrzeuge. Springer, Berlin (1994)

[11] Sass, F.: Geschichte des deutschen Verbrennungsmotorenbaues. Springer, Berlin (1962)

[12] Pierburg: Vom Docht zur Düse, Ausgabe 8/1979. Neuss: Fa. Pierburg, 1979

第 2 章　往复活塞式内燃机的定义和分类

工学博士 Hanns – Erhard Heinze，工学博士 Helmut Tschöke 教授

2.1　定义

活塞机械是一种将流体（气体或者液体）的能量传递到移动的柱塞上面（比如活塞），或者将柱塞的能量传递到流体上的动力机械[1-3]，因此它们属于流体能机械。作为工作机械，它吸收机械能以增加被泵送流体的能量。另一方面，作为动力机械中，机械能作为有用功在活塞或曲柄连杆机构上释放。

活塞机械的典型工作方式：通过柱塞（活塞）的运动形成一个周期性变化的工作室容积。根据柱塞的运动方式，可以区分为上下往复式和旋转式活塞机械。在往复式活塞机械中，在一个气缸中、在两个止点（上止点和下止点）之间活塞往复移动。“活塞”的概念通常用作为非圆柱形的柱塞。旋转式活塞机械通常通过旋转的柱塞改变工作室容积。

内燃动力机械是一种机械，其通过一种可燃的空气 – 燃料混合气的燃烧，将化学能转换为机械能。最有名的燃烧动力机械是内燃机和燃气轮机，它们的分类见图 2.1。

内燃机是一种活塞机械。根据气密的、变化的工作室形成以及根据活塞运动分为往复式活塞发动机（伴随活塞的往复运动）[5] 和旋转式活塞发动机（伴随活塞旋转运动），旋转式活塞发动机又分为自转式活塞发动机（伴随围绕固定轴纯旋转运动的内外转子）和公转式活塞发动机（带有一个内转子，其轴做一个公转运动）[6]。图 2.2 展示了不同活塞发动机的工作原理。只有汪克尔发动机作为公转式发动机投入了使用。

<table>
<tr><td colspan="2" rowspan="5">过程导向的类型</td><td colspan="4">开式过程</td><td colspan="2">闭式过程</td></tr>
<tr><td colspan="4">内部燃烧</td><td colspan="2">外部燃烧</td></tr>
<tr><td colspan="4" rowspan="3">燃气 = 工质</td><td colspan="2">燃气≠工质</td></tr>
<tr><td colspan="2">工作介质的相变</td></tr>
<tr><td>不是</td><td>是</td></tr>
<tr><td colspan="2">燃烧类型</td><td colspan="4">循环燃烧</td><td colspan="2">连续燃烧</td></tr>
<tr><td colspan="2">点火类型</td><td>自行点火</td><td colspan="5">外源点火</td></tr>
<tr><td rowspan="2">机械类型</td><td>发动机</td><td>柴油机</td><td>混合动力</td><td>汽油机</td><td>罗斯[4]</td><td>斯特林[5]</td><td>蒸汽机[6]</td></tr>
<tr><td>涡轮机</td><td>—</td><td>—</td><td>—</td><td>气体</td><td>热蒸汽</td><td>蒸汽</td></tr>
<tr><td colspan="2" rowspan="2">混合气类型</td><td>非均匀（均匀）</td><td></td><td>均匀（非均匀）</td><td colspan="3" rowspan="2">非均匀
（在持续的火焰中）</td></tr>
<tr><td colspan="3">（在燃烧室中）</td></tr>
</table>

图 2.1　发动机的分类（根据文献［4］）

根据过程导向还可进一步分为内燃机和外燃机，在内燃机中工作介质（空气）同时是燃烧所需要的氧气的载体。通过供给的燃料的燃烧产生废气，废气通过在每个工作循环前的换气过程必须由新鲜空气代替，因此燃烧是周期性的，根据燃烧过程分为奥托（Otto）发动机、狄塞尔（Diesel）发动机和混合式（Hybrid）发动机。

在外燃式发动机［例如斯特林（Stirling）发动机］中，在工质工作室外通过连续燃烧产生的热量传递给工作介质。这意味着具有封闭和几乎任何燃料的工作过程都是可能的。

在下文中，仅考虑具有内部循环燃烧的往复式发动机（内燃机）。

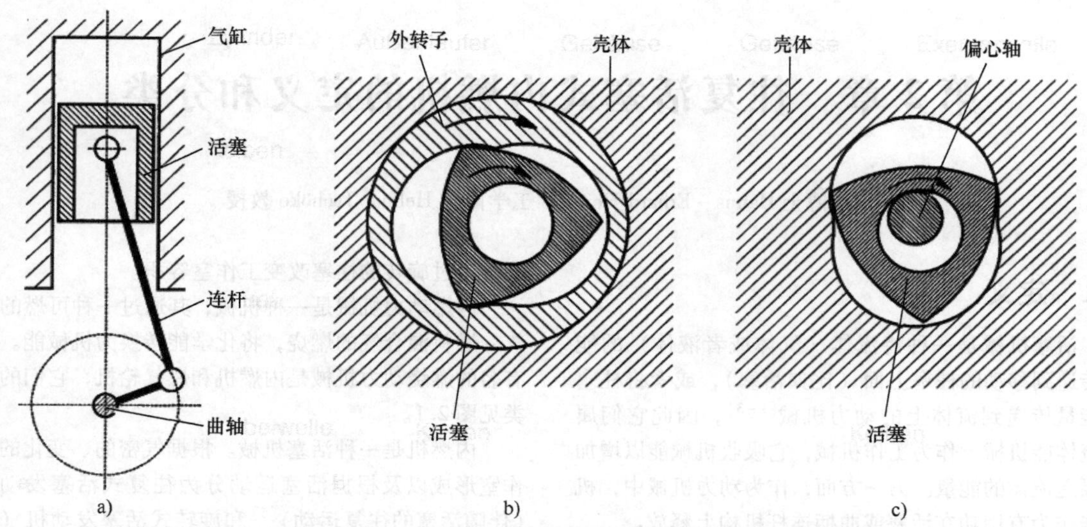

图2.2　往复式、自转式和公转式活塞发动机的工作原理

a）柱塞式活塞发动机　b）自转式活塞发动机：具有外摆线内轮廓的动力传递的外转子和作为关闭元件的内转子（活塞）　c）公转式活塞发动机（汪克尔发动机）：具有外摆线内轮廓和动力传递的内转子（活塞）的外壳，围绕小齿轮偏心旋转，同时具有密封功能

2.2　分类的可能性

由于复杂的关系，往复式发动机分类的可能性非常多样化。具有内部燃烧特性的往复式发动机[7]可根据以下条件进行分类：

- 燃烧过程。
- 燃料。
- 工作过程。
- 混合气形成/燃料供给。
- 换气过程控制。
- 进气状态。
- 结构形式。

其他的区别属性可以是：

- 点火。
- 冷却。
- 负荷调节。
- 用途。
- 转速和功率的变化。

一些分类属性对于今天来讲仅仅具有历史意义。

2.2.1　燃烧过程

根据燃烧过程主要分为奥托循环和狄塞尔循环，混合式发动机同时具有奥托循环和狄赛尔循环的属性，不能与混合动力系统相混淆。

奥托发动机[10]是一种内燃发动机，其中压缩的空气－燃料混合气的燃烧由定时控制的外源点火来引导。另一方面，在柴油机[11]中，喷射到燃烧室的液态燃料，在通过压缩达到足够高的温度以引发点火后，在充气中着火燃烧[7]。

在混合式发动机的情况下，充气分层的发动机[12]和多燃料发动机[4]之间存在区别（另见15.1节和15.2节）。

2.2.2　燃料

气态、液态和固态燃料都可以在内燃机中燃烧，也可以参见22.1节。

- 气态燃料：丙烷，丁烷，天然气（CNG，主要是甲烷），发生炉煤气、高炉气、沼气（污水气、垃圾填埋气），氢气（也可以作为液态储存）。
- 液态燃料：
- 轻燃料：汽油，煤油，苯，醇类（甲醇，乙醇，丁醇），丙酮，乙醚，液化气［液化天然气（LNG），液化石油气（LPG），二甲醚（DME）］。
- 重燃料：石油，柴油，脂肪酸甲酯（FAME），在欧洲主要提炼来自油菜籽的燃料（RME，也叫生物柴油），植物油，重油，轮船用油（MFO），第2代和第3代生物质燃料，氢化植物油（HVO），燃气液化。
- 混合燃料：柴油－生物柴油，柴油－水，柴油－乙醇，汽油－乙醇，汽油－柴油。
- 固态燃料：煤粉，已经很久不再研发了。

2.2.3　工作过程

按照工作过程分为四冲程和二冲程。两者相同的是在第一个行程通过减小气缸工作容积使工质（空气或燃料蒸气－空气混合气）压缩，以及活塞运动到上止点附近区域时实施点火，燃烧伴随着压力的提高直至最大的气缸压力，并且在接下来的行程中工作气体膨胀，进而推动活塞进行做功。

四冲程需要额外的两个行程，以便于燃烧废气能够通过排气门排出气缸，并通过吸气过程把新鲜工质吸入气缸。

在二冲程中，气体交换发生在下止点区域，在工作体积只有很小的变化的情况下，通过新鲜充气冲走燃烧气体，因此不是全行程用于压缩和膨胀。对于扫气过程经常需要一个附加的扫气鼓风机，也可以参见第10章。

2.2.4　混合气形成

内燃机可根据混合气形成进行如下区分，也可以参见第12章：

－ 外部混合：在进气系统内形成燃料－空气混合气［喷射或者是化油器（过去的）］。

－ 内部混合：在气缸内形成混合气（喷射）。

根据混合气质量：

－ 均质混合气：汽油机中的化油器和进气管喷射，或者在进气行程汽油机缸内直喷。

－ 非均质混合气：在柴油机中很短的时间间隔内喷射和在汽油机中在压缩行程结束时汽油直接喷入气缸（BDE）。

根据混合气形成位置：

－ 直接喷入气缸内，例如在直喷柴油机和缸内直喷汽油机中。

－ 非直接地喷入到副室，例如在柴油机预燃室和涡流室以及气室中（IDI）。

－ 进气管喷射（用于汽油机），集中喷射或单独为每个气缸喷射。

2.2.5　气体交换控制

气门、斜槽和滑动控件可用于气体交换的控制。

在气门控制方面，可以区分顶部控制发动机和底部控制发动机[7]。顶部控制发动机有顶置气门；也就是说，气门的关闭运动与活塞朝向上止点的运动方向相同。相反，底部控制发动机具有直立式气门，并且气门关闭运动与活塞向下止点运动的方向相同。

在现代四冲程发动机中，仅使用在气缸盖中布置有顶置气门的“顶置气门（overhead valves，OHV）”的结构形式。凸轮轴可以安装在气缸盖中或气缸曲轴箱中。

在二冲程发动机的情况下，主要使用斜槽控制（在缸套中的槽，活塞作为滑块），在个别情况下也使用排气门、锥体滑块、滚子滑块、平面滑块和膜控制。排气门通常用于船用大型二冲程柴油机。

2.2.6　充量供给

在自然吸气式发动机中，工质（空气或者混合气）通过活塞吸入到气缸内（自然吸气）。

通过增压，充气量经过预压缩而变多，压缩机将新鲜工质泵入气缸。增压的首要目的是增大功率和转矩，减少燃料消耗和废气排放，也可以参见第10章和第11章。

可能的增压形式的概览参见图2.3（参照参考文献[13]）。

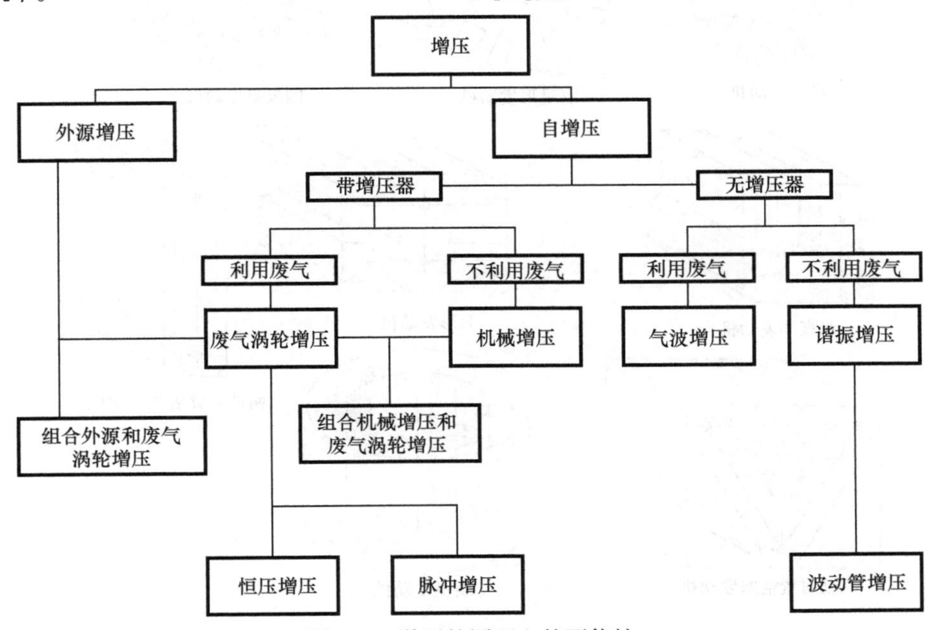

图2.3　增压的原理上的可能性

在实际中，最广泛应用的和最高效的种类是带压气机的自增压方式：

- 机械增压：压气机直接由发动机驱动。
- 废气涡轮增压（在汽油和柴油机中占主导地位）：一个带有废气驱动的涡轮机（废气涡轮机）驱动压气机。

这两种标准增压技术之间的各种各样的组合正在应用中，也有电驱动的压气机（e－booster），另见第 11 章。此外，还有没有压气机的增压方式，即在进气系统和排气系统中利用空气动力学的过程来提高充气量的。

2.2.7 结构形式

在 140 年的内燃机历史长河中，气缸的布置形式经历了很多的变化。留存下来的只有少数几种标准形式[8,9]。

从单缸发动机开始，车用发动机最多选择 12 个气缸。飞机发动机最多配备 48 个气缸，高功率发动机最多配备 56 个气缸。

对于气缸的排列方式，有多种的组合可能性，一部分本身可以用字母来描述，图 2.4 给出了一些可能的气缸排列形式和结构形状的选择。

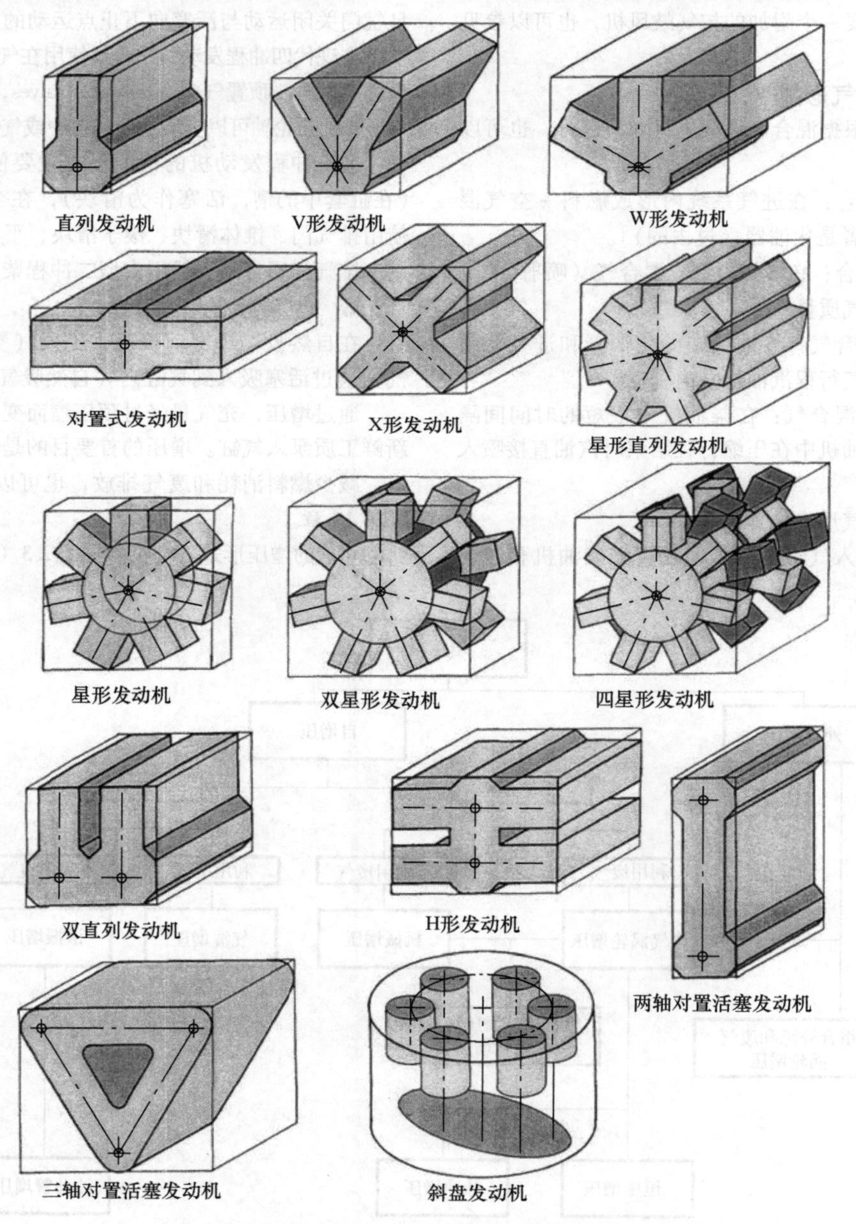

图 2.4 往复活塞发动机的气缸布置形式[8,14]

到今天有意义的是：

- 直列发动机（一排气缸，一根曲轴）。

- V形发动机（两排气缸，一根曲轴）：每个曲柄上铰接两个连杆，此外，夹角可以是45°、60°、90°、180°、VR发动机[15]的V形夹角是15°，其中，对于每一个连杆，在曲轴上有一个单独的曲柄销。

- W形发动机（三排气缸，一根曲轴）：每三个连杆铰接在一个曲柄销上。由两个VR发动机组成一个W形发动机，称作V-VR发动机，或同时也叫W形发动机[15]。

- 水平对置发动机：与V形发动机的区别在于，水平对置发动机的夹角是180°夹角，每一个连杆独立铰接一个曲柄销。

在发动机设计中，曲柄连杆结构是要经得起考验的[16]。作为变型，离心的筒形活塞和十字头发动机是有区别的。曲柄滑块和凸轮驱动机构以及没有曲轴的发动机（凸轮盘、凸轮轨道、摆盘发动机、斜盘发动机）也在参考文献［8］中有所描述。

根据效果模式，可以区分单作用发动机和双作用发动机，具体取决于活塞是在一侧还是两侧暴露于燃烧气体。双活塞发动机具有两个活塞共用一个燃烧室，两个活塞相反方向（对置活塞发动机）或相同方向（U形活塞发动机，即双直列）排列。

根据气缸轴线的位置分为立式、横式、悬置发动机，根据控制装置的位置分为顶部控制发动机和下部控制发动机。

2.2.8　点火

燃料-空气混合气的点火可以分为外源点燃和自燃：

- 外源点燃（奥托循环）：一个电火花点燃气缸内的混合气。

- 自燃（狄塞尔循环）：在气缸中通过压缩加热的空气的燃料自燃（压燃）。

- 在气体发动机中，例如可以通过少量的、自燃的柴油来“外源点燃”气体-空气混合气。同样，汽油-空气混合气在一定的高温下也可以自燃，参见14.3节。

2.2.9　冷却

因为高温，发动机必须冷却以保护零部件和润滑油。一般分为间接和直接的发动机冷却。

直接冷却通过用空气空冷，有或者没有风扇。

在间接冷却中，发动机通过冷却液或润滑油冷却（液体冷却）。热量通过热交换器散发到环境中。其中，蒸发冷却、循环冷却、流通冷却和混合冷却之间存在差异，参见第20章。

2.2.10　负荷调节

发动机功率P：

$$P = M \cdot \omega = M \cdot 2 \cdot \pi \cdot n \qquad (2.1)$$

不仅随转速n的变化，而且也随转矩M（负荷）的变化而变化。在负荷调节方面一般分为：

- 量调节：调节装置（节气门、旋转滑块、平面滑块、气门）以大致恒定的过量空气系数（λ）控制流入气缸（传统汽油机）的混合气的量。

- 质调节：在柴油机和某些采用汽油直喷（BDE）的汽油机的某些工作范围内，燃料会根据需要进行计量。在空气量几乎恒定的情况下，喷射量是变化的［可变的过量空气系数（λ）］。

2.2.11　用途

发动机应用的一些例子：

- 陆地车辆：公路车辆（两轮车和三轮车、乘用车、公共汽车、商用车）。

- 非道路车辆：农业机械和车辆、拖拉机、牵引车、工程机械。

- 轨道车辆：轨道车、调度机车、货运和客运列车机车。

- 船舶：小艇、内河船舶、沿海和远洋船舶。

- 飞行器：飞机、飞艇。

- 商业和工业应用：输送机和提升系统。

- 固定式发动机系统：发动机动力装置、热电联产电站（BHKW）、电气装置、应急动力装置和供电系统。

2.2.12　转速和功率等级

内燃机可以在很大的转速和功率范围应用，其功率范围可以从模型发动机的0.1kW到大型装置的100000kW。发动机的功率和排量伴随转速范围一起确定。

根据转速可以分为[1]：

- 低速发动机，例如船用（柴油机，60～200r/min）。

- 中速发动机（柴油机，200～1000r/min；汽油机最高转速<4000r/min）。

- 高速发动机，例如用在乘用车上（柴油机最高转速>1000r/min，汽油机最高转速>4000r/min）。

运动和赛车用发动机最高转速到达约20000r/min。

参考文献

使用的文献

[1] Grote, K.-H., Feldhusen, J. (Hrsg.): Dubbel – Taschenbuch für den Maschinenbau, 24. Aufl. Springer, Berlin, Heidelberg, New York (2014)

[2] Kleinert, H.-J. (Hrsg.): Kolbenmaschinen, Strömungsmaschinen, 1. Aufl. Taschenbuch Maschinenbau, Bd. 5. Verlag Technik, Berlin (1989)

[3] Eifler, W., Schlücker, E., Spicher, U., Will, G.: Küttner Kolbenmaschinen, 7. Aufl. Vieweg+Teubner, Wiesbaden (2009)

[4] Reif, K., Dietsche, K.-H. (Hrsg.): Bosch Kraftfahrtechnisches Taschenbuch, 28. Aufl. Springer Vieweg, Wiesbaden (2014)

[5] Merker, G.: In: Teichmann, R. (Hrsg.) Grundlagen Verbrennungsmotoren, 7. Aufl. Springer Vieweg, Wiesbaden (2014)

[6] Bensinger, W.-D.: Rotationskolben-Verbrennungsmotoren. Springer, Berlin, Heidelberg (1973)

[7] Deutsches Institut für Normung (Hrsg.): DIN 1940: Verbrennungsmotoren – Hubkolbenmotoren – Begriffe, Formelzeichen, Einheiten. Beuth, Berlin (1976)

[8] van Basshuysen, R., Schäfer, F. (Hrsg.): Lexikon Motorentechnik, 2. Aufl. Vieweg, Wiesbaden (2006)

[9] Beier, R., et al.: Verdrängermaschinen, Teil II: Hubkolbenmotoren. TÜV Rheinland, Köln (1983)

[10] Eichlseder, H., et al.: Grundlagen der Technologie des Ottomotors. Der Fahrzeugantrieb, Bd. XIV. Springer, Wien, New York (2008)

[11] Tschöke, H., Mollenhauer, K., Maier, R. (Hrsg.): Handbuch Dieselmotoren, 4. Aufl. Springer, Berlin, Heidelberg, New York (2017)

[12] van Basshuysen, R. (Hrsg.): Ottomotor mit Direkteinspritzung, 3. Aufl. Springer Vieweg, Wiesbaden (2013)

[13] Deutsches Institut für Normung (Hrsg.): DIN 6262: Verbrennungsmotoren – Arten der Aufladung – Begriffe. Beuth, Berlin (1976)

[14] Zima, S.: Kurbeltriebe, 2. Aufl. Vieweg, Wiesbaden (1999)

[15] Pischinger, S., Seiffert, U. (Hrsg.): Vieweg Handbuch Kraftfahrzeugtechnik, 8. Aufl. Springer Vieweg, Wiesbaden (2016)

[16] Köhler, E., Flierl, R.: Verbrennungsmotoren, 6. Aufl. Springer Vieweg, Wiesbaden (2011)

进一步阅读的文献

[17] Rohs, U.: Kolbenmotor mit kontinuierlicher Verbrennung. Offenlegungsschrift DE 199 09 689 A 1, veröffentlicht: 07.09. 2000

[18] Werdich, M., Kübler, K.: Stirling-Maschinen: Grundlagen – Technik – Anwendung Bd. 11. Ökobuch, Staufen (2007)

[19] Buschmann, G., et al.: Zero Emission Engine – Der Dampfmotor mit isothermer Expansion. Motortech. Z. 61(5), 314–323 (2000)

第3章 特征参数

工学博士 Ulrich Spicher 教授

在设计基本尺寸、考虑功率和燃料消耗以及进行不同发动机的评估和比较时，发动机特征参数是内燃机开发人员、设计人员和用户的重要辅助工具。发动机结构设计参数（如行程、缸径、排量、压缩比）和运行参数（如功率、转矩、转速、平均压力、充气效率和燃料消耗）之间存在区别。

3.1 排量

发动机一个气缸的排量 V_h 是发动机活塞从下止点到上止点所扫过的空间。

$$V_H = V_h \cdot z = \frac{\pi \cdot d_K^2}{4} \cdot s \cdot z \tag{3.1}$$

式中，s 为活塞行程；d_K 为活塞或气缸直径；V_h 为单个气缸的排量；V_H 为发动机总排量；z 为气缸数。

■ 活塞行程和排量与曲轴位置的关系，见图 3.1

$$s_\alpha = r + l - x = r + l - r \cdot \cos\alpha - l \cdot \cos\beta \tag{3.2}$$

式中，r 为曲轴半径；l 为连杆长度。

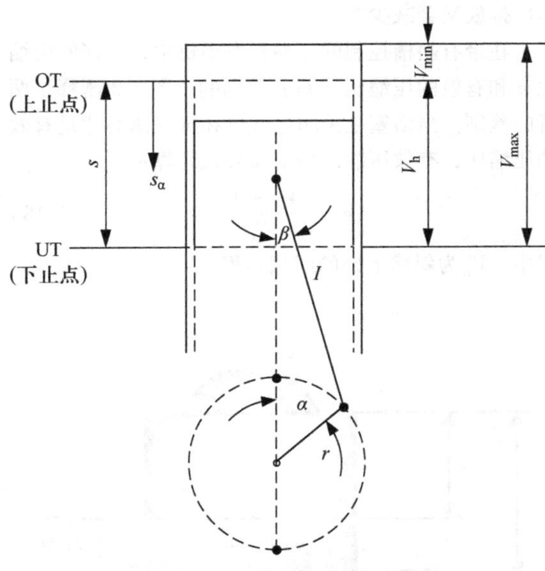

图 3.1 排量和压缩比

曲轴转角 α 与连杆转角 β 之间存在以下关系：

$$l \cdot \sin\beta = r \cdot \sin\alpha \tag{3.3}$$

$$\beta = \arcsin\left(\frac{r}{l} \cdot \sin\alpha\right) \tag{3.4}$$

考虑到

$$\cos\beta = \sqrt{1 - \sin^2\beta} = \sqrt{1 - (r/l)^2 \cdot \sin^2\alpha} \tag{3.5}$$

导入曲轴半径连杆长度比

$$\lambda_s = \frac{r}{l} \tag{3.6}$$

可以得到活塞运动的公式：

$$s_\alpha = r \cdot \left(1 + \frac{l}{r} - \cos\alpha - \frac{l}{r} \cdot \sqrt{1 - (r/l)^2 \cdot \sin^2\alpha}\right) \tag{3.7}$$

$$s_\alpha = r \cdot \left[(1 - \cos\alpha) + \frac{1}{\lambda_s} \cdot \left(1 - \sqrt{1 - \lambda_s^2 \cdot \sin^2\alpha}\right)\right] \tag{3.8}$$

也就是说

$$s_\alpha = r \cdot f(\alpha) \tag{3.9}$$

式中，$f(\alpha)$ 为行程函数。

曲轴半径连杆长度比 λ_s 在乘用车发动机中一般是0.2~0.35之间。用公式很难计算活塞的运动，尤其是计算活塞的速度和加速度时。在大多数情况下，可以用一个近似公式进行简化，公式中根号表达式根据一个幂级数［麦克劳林－级数（MacLaurin－Reihe）］展开：

$$\sqrt{1 - \lambda_s^2 \cdot \sin^2\alpha} = 1 - \frac{1}{2} \cdot \lambda_s^2 \cdot \sin^2\alpha - \frac{1}{8} \cdot \lambda_s^4 \cdot \sin^4\alpha - \frac{1}{16} \cdot \lambda_s^6 \cdot \sin^6\alpha - \cdots \tag{3.10}$$

由于值 $\lambda_s \approx 0.2 \sim 0.35$，第三项相对第一项非常小，所以，可以简化为：

$$\sqrt{1 - \lambda_s^2 \cdot \sin^2\alpha} \approx 1 - \frac{1}{2} \cdot \lambda_s^2 \cdot \sin^2\alpha \tag{3.11}$$

根据三角函数关系：

$$\sin^2\alpha = \frac{1}{2} \cdot (1 - \cos 2\alpha) \tag{3.12}$$

可以计算出活塞位移 s_α：

$$s_\alpha \approx r \cdot \left[(1 - \cos\alpha) + \frac{1}{\lambda_s} \cdot \left(1 - 1 + \frac{1}{2} \cdot \lambda_s^2 \cdot \sin^2\alpha\right)\right] \tag{3.13}$$

$$s_\alpha \approx r\left[(1-\cos\alpha)+\frac{1}{4}\cdot\lambda_s\cdot(1-\cos2\alpha)\right] \tag{3.14}$$

依赖于曲轴转角的燃烧室体积 V_α 可以表达为：

$$V_\alpha = V_c + A_K \cdot s_\alpha \tag{3.15}$$

式中，V_c 为压缩体积（见方程 3.2）；A_K 为活塞表面积。

得出：

$$V_\alpha \approx V_c + A_K \cdot r \cdot \left[1-\cos\alpha+\frac{1}{4}\cdot\lambda_s\cdot(1-\cos2\alpha)\right] \tag{3.16}$$

3.2 压缩比

压缩比定义为最大和最小气缸容积的商：最大气缸容积出现在活塞处于下止点（BDC）时。当活塞处于上止点（TDC）时，气缸体积最小，称为压缩容积或死区容积。

压缩容积由气缸盖的燃烧室容积、活塞中的气门室、活塞凹槽和直至上压缩环的火力岸容积组成。压缩容积和扫过的体积可以通过测量来确定。

图 3.1 示意性地显示了排量和压缩容积。

对于四冲程发动机的压缩比，有：

$$\varepsilon = \frac{V_{max}}{V_{min}} = \frac{V_h + V_c}{V_c} \tag{3.17}$$

式中，$V_c = V_{min}$，表示压缩容积或死区容积。

汽油机压缩比最高值因为爆燃和炽热点火而受到限制。

在直接喷射的汽油机中，由于通过内部混合气制备改善了内部冷却，压缩比（内部混合气形成）的增加是可能的。与采用进气管喷射（外部混合物形成）的汽油机相比，它具有效率方面的优势。

在柴油机中，压缩比必须选择得足够高，以使发动机在冷态时能够可靠地起动。一般来说，热力学效率随着压缩比的增加而增加。但是，如果压缩比过高，则由于摩擦力急剧增加，全负荷时的有效效率会降低。在部分负荷运行中，高压缩比对热效率有积极的影响作用。但由于强度原因而受到限制的峰值压力以及由于燃烧引起的压力增加，限制了在实际应用中可以实现的压缩比。

图 3.2 显示了压缩比对汽油机全负荷时有效效率和平均有效压力的影响。点火时刻设定为最大转矩的对应时刻。直到高达 17∶1 左右压缩比，效率随压缩比的提高而提高是清晰可见的。过了 17∶1 之后，效率随压缩比的增加而下降，在这种情况下，由于摩擦力增加以及由于挤压区域比例增加而导致燃烧室的不利形状。

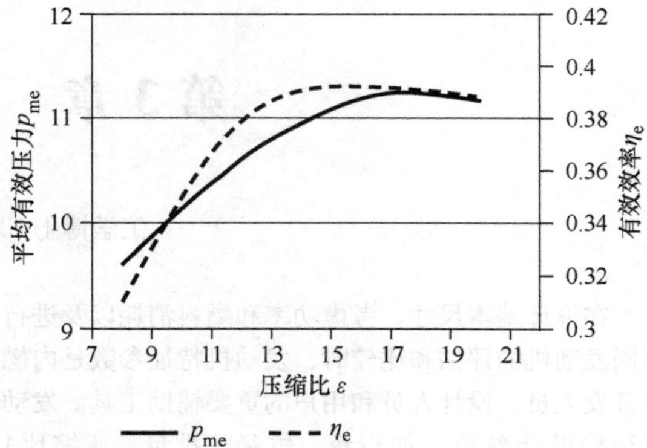

图 3.2 压缩比对汽油机平均有效压力和全负荷有效效率的影响[1]

伴随压缩比的增大，NO_x 和 HC 排放也升高了。由于燃烧室内升高的燃烧温度而使氮氧化物增加，由于燃烧室内缝隙的增加（相对更大的间隙比例）以及燃烧室表面积与燃烧室容积的比值（表面积－体积比）的增加，而使 HC 增加了。为了避免这种现象，必须设计尽量紧凑的燃烧室。另外，伴随压缩比的升高，由于热效率的增高废气温度也下降，以至于避免了未燃碳氢化合物和一氧化碳在排气道中进行后反应。压缩比的提高同时导致更好的稀释燃烧能力并且因为更快的燃烧而允许推迟点火，因此，HC 和 NO_x 排放又会减少。

在带有斜槽控制的二冲程发动机中，几何的压缩比 ε 和有效的压缩比 ε' 是有差别的。图 3.3 阐释了两者的差别。当活塞在关闭进气槽和排气槽后才是有效的压缩比，有效压缩比按下面公式计算：

$$\varepsilon' = \frac{V'_h + V_c}{V_c} \tag{3.18}$$

式中，V'_h 为斜槽上部的间隙容积。

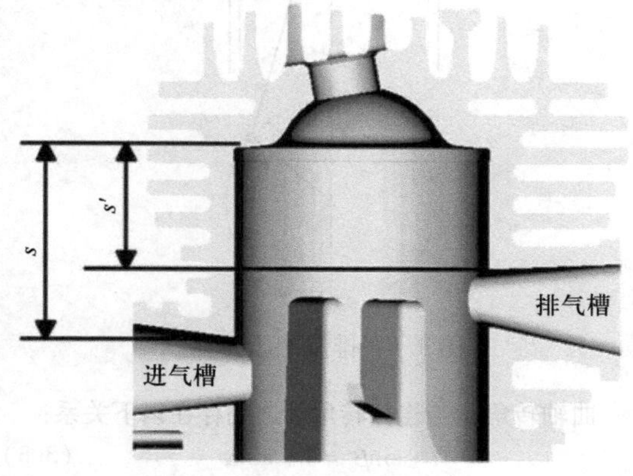

图 3.3 二冲程发动机几何压缩比和有效压缩比

$$V'_h = \frac{\pi \cdot d_K^2}{4} \cdot s' \quad (3.19)$$

式中，s'为斜槽上部的剩余行程。

图 3.4 显示了普通发动机可能的压缩比范围。

发动机种类	ε	通过以下因素限定上限
二冲程汽油机	7.5～10	炽热点火
汽油机－进气管喷射	9～11	爆燃，炽热点火
汽油机－进气管喷射 涡轮增压	8～10	爆燃，炽热点火
汽油机－缸内直喷	11～14	爆燃，炽热点火
汽油机－直喷涡轮增压	9～12	爆燃，炽热点火
柴油机（腔室发动机）	18～24	全负荷效率损失，零部件负载，噪声
柴油机（直接喷射）	16～21	全负荷效率损失，零部件负载，噪声

图 3.4 现代发动机的压缩比

新的研究目的是在发动机运行期间，压缩比能够根据运行工况点进行变化，例如实现可变的压缩比。对于汽油机，在部分负荷时选择对热效率有利的高压缩比，在全负荷时降低压缩比，其目的是避免爆燃。对于柴油机，由于压缩比受到最大缸压和零件承受能力的限制，在全负荷时在最高效率和最大零件负荷之间优化选择几何压缩比。为了实现可靠的冷起动，在起动时调整为尽可能高的压缩比。

3.3 转速和活塞速度

（1）转速

$$n = \frac{\text{曲轴旋转圈数}}{\text{时间}} \quad (3.20)$$

（2）角速度

$$\omega = 2 \cdot \pi \cdot n \quad (3.21)$$

（3）活塞速度

取决于曲轴转角的活塞速度由曲轴连杆机构的运动方程和角速度的时间推导得出。

$$\dot{s}_\alpha = \frac{\mathrm{d}s_\alpha}{\mathrm{d}t} = \frac{\mathrm{d}s_\alpha}{\mathrm{d}\alpha} \cdot \frac{\mathrm{d}\alpha}{\mathrm{d}t} \quad (3.22)$$

$$\frac{\mathrm{d}\alpha}{\mathrm{d}t} = \omega = 2 \cdot \pi \cdot n \quad (3.23)$$

得出：

$$\dot{s}_\alpha = \omega \cdot \frac{\mathrm{d}s_\alpha}{\mathrm{d}t} \approx \omega \cdot r \cdot \left(\sin\alpha + \frac{1}{2} \cdot \lambda_s \cdot \sin 2\alpha\right) \quad (3.24)$$

随着活塞速度的增加，以下参数也随之升高：

– 惯性力。
– 磨损。
– 进气过程的流动阻力。
– 摩擦功。
– 噪声。

特别是，最大允许惯性力限制了活塞速度，因此也限制了最大转速。在具有内部混合气形成的发动机中，即柴油机和直接喷射的汽油机中，转速还受到混合气形成所需时间的限制。在柴油机的情况下，这是最大转速明显低于同等尺寸的汽油机的原因之一。

1）平均活塞速度。

$$c_m = 2 \cdot s \cdot n \quad (3.25)$$

平均活塞速度是比较不同发动机传动机构的一个量度。它提供关于摩擦副负载和发动机的功率密度的参考点的一些信息。

图 3.5 列出了当今发动机转速和平均活塞速度，以供定位。

发动机类型	最大转速/(r/min) 大约	平均活塞速度/(m/s) 大约
赛车发动机（F1）	18000	25
小型发动机（二冲程）	20000	19
摩托车发动机	13500	19
乘用车－汽油机	7500	20
乘用车－柴油机	5000	15
商用车－柴油机	2800	14
更大的高速柴油机	2200	12
中速发动机（柴油机）	1200	10
十字头发动机（二冲程柴油机）	150	8

图 3.5 当今发动机额定转速时的最大转速和平均活塞速度

2）最大活塞速度。对活塞环和活塞－气缸套的滑动系统的评估和设计，不是以平均的，而是以最大活塞速度为标准。假设无限长的连杆（$\lambda_s = 0$），可以简化最大活塞速度：

$$c_{max} = \omega \cdot r \quad (3.26)$$

考虑到有限长的连杆，必须确定式（3.24）的最大值。根据图 3.6 的修正，清楚地显示了影响：

$$c_{max} = \omega \cdot r \cdot k_{\lambda s} \quad (3.27)$$

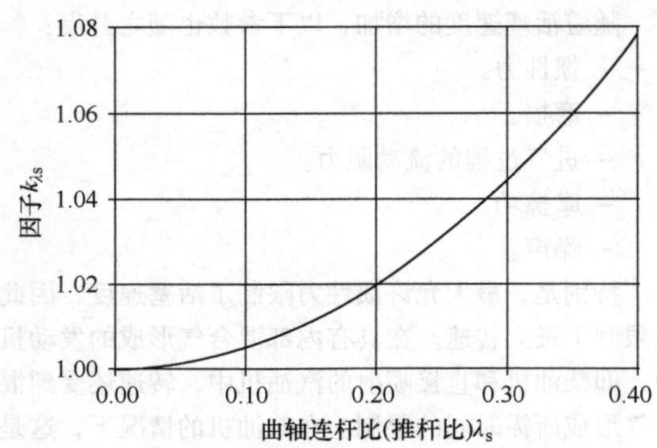

图 3.6　通过实际的 λ_s 对最大活塞速度的修正

3.4　转矩和功率

在一个发动机的运行工况点，功率是通过转矩和角速度或发动机转速计算得来的：

$$P_e = M_d \cdot \omega = M_d \cdot 2 \cdot \pi \cdot n \tag{3.28}$$

根据这个方程式，可以通过增加转速或转矩来提高功率。但是两者都有限制（见 3.3 节）。

图 3.7 以一台柴油机的发动机特性曲线为例，展示的是最大转矩和最大功率相对于发动机转速的关系。最大功率不一定是对应于最大转速。不仅功率和转矩的峰值，而且它们随转速变化的过程也是评估发动机 - 车辆或发动机 - 工作机械之间的相互作用的主要尺度（另见 3.6 节：气体功和平均压力）。

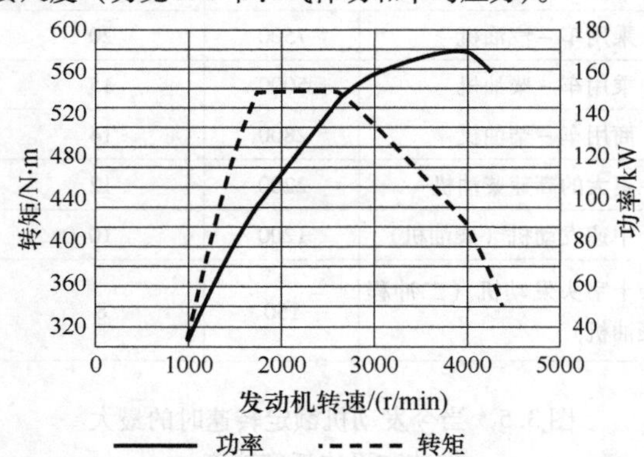

图 3.7　某增压柴油机的功率和转矩的变化曲线[2]

将有效功率 P_e 与排量 V_H 建立联系，通常叫作升功率 P_l。

$$P_l = \frac{P_e}{V_H} \tag{3.29}$$

将发动机质量 m_M 和功率建立联系，得到功率质量比 m_G（比重量）：

$$m_G = \frac{m_M}{P_e} \tag{3.30}$$

经验值参见图 3.8。

发动机类型	升功率/（kW/L）直到	重量比功率/（kg/kW）直到
赛车发动机（F1）	200	0.4
乘用车 - 汽油机	70	2.0
乘用车 - 增压汽油机	100	3.0
乘用车 - 柴油机（自然吸气）	45	5.0
乘用车 - 柴油机（增压）	70	4.0
商用车用柴油机	30	3.0
更大型高速柴油机	50	11.0
中速柴油机	25	19.0
低速大型柴油机（二冲程）	3.0	55.0

图 3.8　升功率和重量比功率的经验值

3.5　燃料消耗

对于燃料提供的能量计算为：

$$E_K = m_K \cdot H_u \tag{3.31}$$

式中，m_K 为供给的燃料质量；H_u 为燃料的低热值。

以体积流量或质量流量计算的燃料消耗：

$$\dot{m}_K = \frac{m_K}{t} = \rho_K \cdot \dot{V}_K \tag{3.32}$$

式中，ρ_K 为燃料密度。

并且为了更好地比较，燃料消耗可以与指示功率或者有效功率建立联系。

指示比燃料消耗：

$$b_i = \frac{\dot{m}_K}{P_i} = \frac{1}{\eta_i \cdot H_u} \tag{3.33}$$

式中，η_i 为指示效率。

有效比燃料消耗：

$$b_e = \frac{\dot{m}_K}{P_e} = \frac{1}{\eta_e \cdot H_u} \tag{3.34}$$

式中，η_e 为有效效率。

$$b_e = \frac{1}{\eta_e \cdot H_u} \tag{3.35}$$

方程式（3.35）清晰地阐述了有效效率与有效比燃料消耗之间的关系，如图 3.9 所示。

图 3.10、图 3.11 和图 3.12 显示了乘用车汽油机、乘用车柴油机和商用车柴油机的功率和燃料消耗特性场示例。等值线（贝壳曲线）标识了具有相同燃料消耗的工况点。在评估发动机的燃料消耗时，不仅要考虑最佳点，还要考虑所有使用的工况点的燃料消耗。

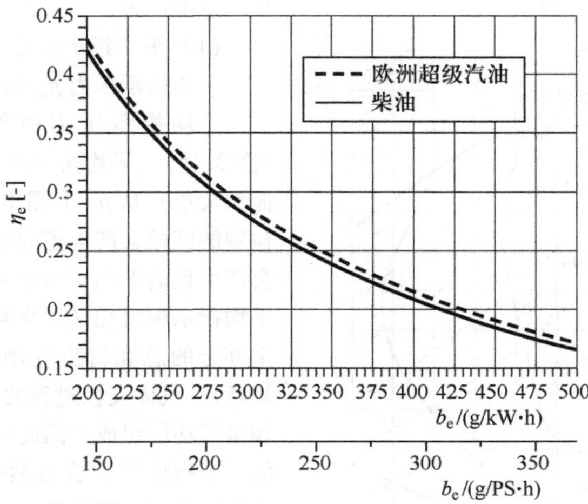

图 3.9 有效效率和有效燃料消耗率之间的关系（$H_{U,Euro-Super}$ = 42.0MJ/kg；$H_{U,Diesel}$ = 42.8MJ/kg）

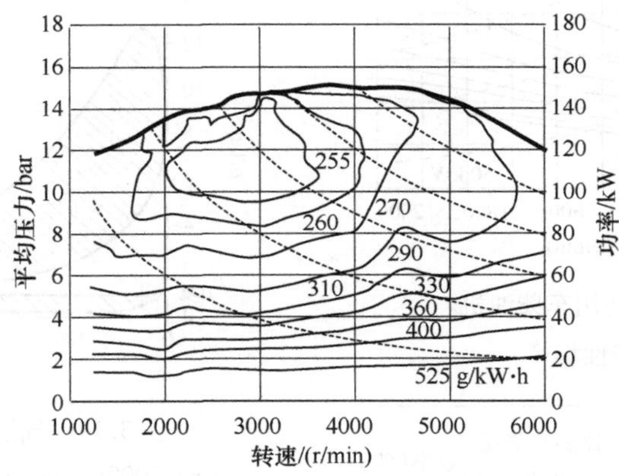

图 3.10 乘用车汽油机功率和燃料消耗特性场[3]

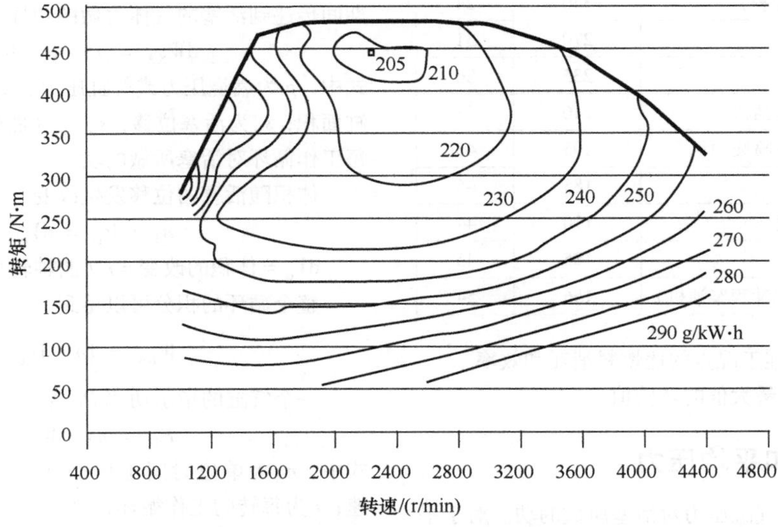

图 3.11 燃料消耗特性场和乘用车柴油机[4]

图 3.13 展示了比燃料消耗的经验值。

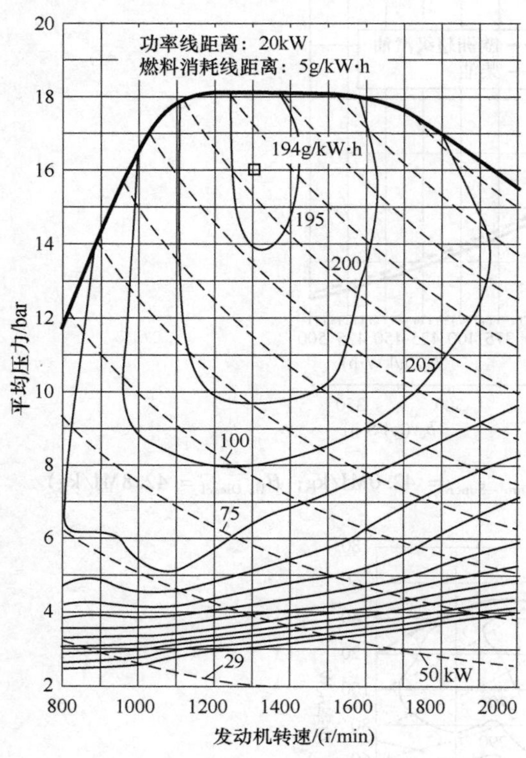

图 3.12　某 $V_H = 12L$ 商用车柴油机功率和燃料消耗特性场[5]

发动机类型	比燃料消耗/(g/kW·h)最小值	效率(%)最大值
小型发动机（二冲程）	350	24
摩托车发动机	270	31
乘用车－汽油机	235	36
乘用车－非直喷柴油机	240	35
乘用车带增压的直喷柴油机	195	43
货车增压柴油机	185	45
更大型高速柴油机	190	44
中速机	185	45
十字头发动机（二冲程柴油机）	156	54

图 3.13　最佳工况点的比燃料消耗和效率最大值的经验值

3.6　气体功和平均压力

气体功是通过气缸压力对活塞所做的功。对于平均压力，可以分为平均指示压力和平均有效压力以及平均摩擦压力。

（1）平均指示压力

平均指示压力 p_{mi} 相当于对活塞所做的比功。

平均指示压力由气缸压力曲线和排量确定（图 3.14）。平均指示压力可以通过平面测量（测量面积大小）从 $p-V$ 图中确定。沿顺时针方向绕曲线包围的区域会产生正的平均指示压力，沿逆时针方向会产生负的平均指示压力。因此可以区分高压部分的平均指示压力和气体交换过程的平均指示压力。这两个部分的总和得出发动机的平均指示压力 p_{mi}（图 3.15）。气体交换过程的平均指示压力 p_{miGW} 由进气功和排气功所组成，因此可以被视为衡量气体交换质量的一个指标[6]。在自然吸气发动机的情况下，p_{miGW} 通常为负值，即损失功。在增压发动机中，这部分通常是正的。

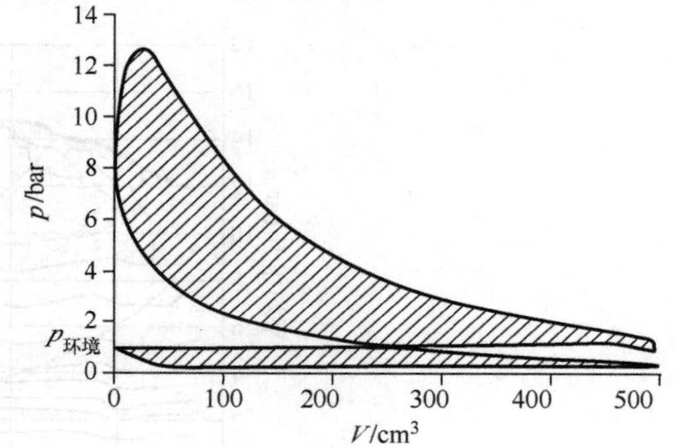

图 3.14　气缸压力与排量的关系（$n = 2000r/min$，$p_{mi} = 2bar$，$V_h = 500cm^3$）

如图 3.15 所示，平均指示压力可以从工作循环期间传递到活塞的气体力做的功导出：

$$dW_{KA} = p \cdot A_K \cdot ds_\alpha \quad (3.36)$$

式中，p 为燃烧压力或气缸压力；A_K 为活塞面积或气缸面积；s_α 为活塞位移，$s_\alpha = f$（曲轴转角 α）W_{KA} = 每工作循环对活塞所做的功。

体积随活塞的位移发生改变

$$A_K \cdot ds_\alpha = dV_\alpha \quad (3.37)$$

dV_α = 体积的改变 $= f$（曲轴转角 α）

整个循环的积分可以得到

$$W_{KA} = \oint p \cdot dV_\alpha \quad (3.38)$$

一个气缸的指示功率 P_{iZ} 为

$$P_{iZ} = n_A \cdot W_{KA} \quad (3.39)$$

式中，n_A 为单位时间工作循环，$n_A = i \cdot n$；n 为转速；i 为每转的工作循环，对于四冲程发动机 $i = 0.5$，对于二冲程发动机 $i = 1$。

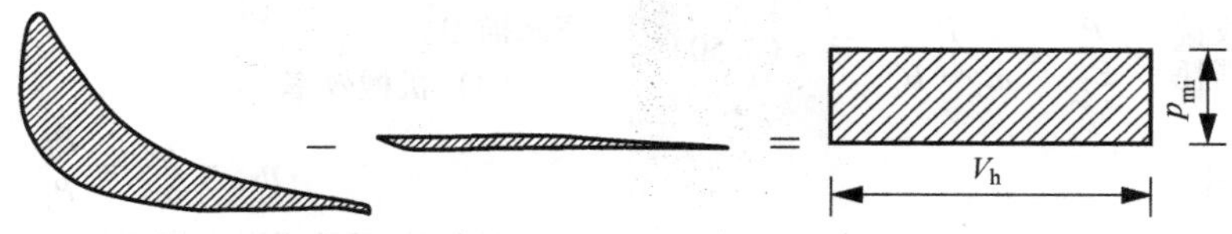

图 3.15 由面积与排量关系确定平均指示压力

从而得到气缸的功率

$$P_{iZ} = i \cdot n \cdot W_{KA} \tag{3.40}$$

每个工作循环做功 W_{KA} 与排量 V_h 的关系可以用平均指示 p_{mi} 来表示：

$$p_{mi} = \frac{W_{KA}}{V_h} \tag{3.41}$$

也就是

$$p_{mi} \cdot V_h = W_{KA} \tag{3.42}$$

气缸的指示功率可以这样表达

$$P_{iZ} = i \cdot n \cdot p_{mi} \cdot V_h \tag{3.43}$$

这个方程适用一个气缸，一个发动机如有多个气缸（z = 气缸数），则指示功率

$$P_i = i \cdot n \cdot p_{mi} \cdot V_h \cdot z = i \cdot n \cdot p_{mi} \cdot V_H \tag{3.44}$$

为了判断燃烧的一致性，要考虑到很多相邻的循环的平均指示压力，比如建立方差。通过这种方式可以确定不规律的燃烧和失火，这个方法也是碳氢化合物排放、发动机功率和运转平稳性的判定标准。对于设计良好的发动机，平均指示压力的方差小于1%，并且方差随转速升高而升高。

方差由下面的公式计算得到

$$COV = \frac{\sigma_{p_{mi}}}{\bar{p}_{mi}} \tag{3.45}$$

$$\sigma_{p_{mi}} = \sqrt{\frac{1}{n-1}\sum_{i=1}^{n}(p_{mi_i} - \bar{p}_{mi})^2} \tag{3.46}$$

式中，COV 为方差（变化系数，Coefficient of Variation）；$\sigma_{p_{mi}}$ 为平均指示压力标准差；$\bar{p}_{mi}$ 为平均指示压力平均值。

类似于平均指示压力 p_{mi}，同时定义平均有效压力 p_{me} 和平均摩擦压力 p_{mr}。

（2）平均有效压力

平均有效压力根据转矩 M_d 来确定

$$p_{me} = \frac{M_d \cdot 2\pi}{V_H \cdot i} \tag{3.47}$$

式中，M_d 为发动机转矩；i 为每转的工作循环（四冲程为0.5，二冲程为1）；V_H 为发动机总排量。

图3.16展示了当今发动机的平均有效压力。

发动机类型	平均有效压力/bar
	直到
摩托车发动机	12
赛车发动机（F1）	16
乘用车－汽油机（无增压）	13
乘用车－汽油机（增压）	22
乘用车－柴油机（增压）	20
货车－柴油机（增压）	24
更大型高速柴油机	28
中速柴油机	25
十字头发动机（二冲程柴油机）	15

图 3.16 当今发动机的平均有效压力

（3）平均摩擦压力

平均摩擦压力是平均指示压力与平均有效压力之差

$$p_{mr} = p_{mi} - p_{me} \tag{3.48}$$

根据SAE的定义，平均摩擦压力是发动机机械摩擦的功率损失和曲轴箱中的泵送损失。发动机的摩擦最重要的影响因素发动机转速和活塞速度，随着发动机转速升高，摩擦加剧。对摩擦影响的更小是气缸压力，也就是说是发动机负荷以及发动机温度和润滑油黏度。除了根据SAE定义的损失外，根据DIN的定义，摩擦损失还包括发动机辅助单元的驱动功率，例如发电机、空调压缩机或伺服泵。

3.7 效率

在内燃机中，人们区分指示热效率、有效热效率和机械效率。指示热效率和有效热效率的确定首先从燃料中存储的能量为出发点。

每单位时间供给燃料的能量

$$\frac{E_K}{t} = \dot{m}_K \cdot H_u \tag{3.49}$$

式中，$\dot{m}_K$ 为单位时间输送的燃料质量；H_u 为燃料的低热值。

如果将发动机功率 P 视为发动机过程的收益并将单位时间供给的燃料的能量作为消耗，热效率 η

可以表示为

$$\eta = \frac{收益}{消耗} = \frac{P}{\frac{E_K}{t}} = \frac{P}{\dot{m}_K \cdot H_u} \tag{3.50}$$

（1）指示热效率

$$\eta_i = \frac{P_i}{\dot{m}_K \cdot H_u} \tag{3.51}$$

（2）有效热效率

$$\eta_e = \frac{P_e}{\dot{m}_K \cdot H_u} \tag{3.52}$$

有效热效率与指示热效率的比值可以通过机械效率来描述。

（3）机械效率

$$\eta_m = \frac{\eta_e}{\eta_i} = \frac{P_e}{P_i} \tag{3.53}$$

图 3.17 显示了引入燃料能量的热损失以及有用功率和摩擦功率的比例，还显示了摩擦功率或倒拖功率在各个部分中的比例。

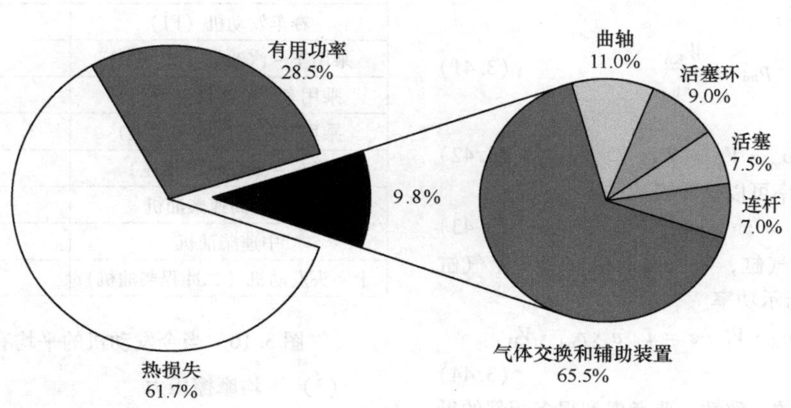

图 3.17　一台四冲程汽油机的效率的分布[7]

3.8 空气流量和气缸充气量

发动机的功率取决于气缸充气量。为了进行充气量的评估和识别，采用了空气消耗量 λ_a 和充气效率 λ_l 作参数。

（1）空气消耗量

空气消耗量是充入发动机的新鲜空气量的一个度量。其前提是，充量是以气态的形式存在的。对于空气消耗量有以下的关系：

$$\lambda_a = \frac{m_G}{m_{th}} = \frac{m_G}{V_h \cdot \rho_{th}} \quad 及 \quad \lambda_a = \frac{m_{Gges}}{V_H \cdot \rho_{th}} \tag{3.54}$$

式中，m_G 为每个工作循环充入气缸的总新鲜充量质量；m_{Gges} 为每个工作循环充入发动机的总新鲜充量质量；m_{th} 为每个工作循环理论上的充气质量（气缸以及整台发动机）；ρ_{th} 为理论上的充气密度。

汽油机总的充气量由以下组成

$$m_G = m_K + m_L 及 m_{Gges} = m_{Kges} + m_{Lges} \tag{3.55}$$

在柴油机中

$$m_G = m_L 及 m_{Gges} = m_{Lges} \tag{3.56}$$

理论上，新鲜充量质量由几何的排量和充量的环境条件所确定。在增压发动机中，使用进气管前的热力学状态而不是环境状态。充量由内部混合气形成的发动机中的空气和外部混合气形成的发动机中的空气和燃料所组成。

由气体方程得出

$$p_u \cdot V_h = m_{th} \cdot R \cdot T_u \quad 及 p_u \cdot V_H = m_{thges} \cdot R \cdot T_u \tag{3.57}$$

式中，$R=R_G$（混合气的气体常数）（在汽油机中）；$R=R_L$（空气的气体常数）（在柴油机或缸内直喷汽油机中）；T_u 为环境温度；p_u 为环境压力。

如果进气混合气或进气的密度设置为等于理论充气密度 ρ_{th}，则空气消耗量也可以使用体积变量来确定

$$m_G = V_G \cdot \rho_G 及 m_{Gges} = V_{Gges} \cdot \rho_G \tag{3.58}$$

式中，V_G 为每个气缸每个工作循环体积充量；V_{Gges} 为发动机每个工作循环体积充量。

汽油机：

$$\lambda_a = \frac{V_G}{V_h} 及 \lambda_a = \frac{V_{Gges}}{V_H} \tag{3.59}$$

柴油机：

$$\lambda_a = \frac{V_L}{V_h} \text{ 及 } \lambda_a = \frac{V_{Lges}}{V_H} \quad (3.60)$$

为了通过试验确定发动机的空气消耗量，需要测量进气量或空气质量。此外，还必须记录空气的压力和温度以及环境条件，如果是汽油机，还必须记录燃料消耗。

（2）充气效率

充气效率是换气过程结束后在气缸里新鲜充量的一个量度。这与空气消耗量一样，与理论上的充量密度有关。

$$\lambda_l = \frac{m_Z}{m_{th}} = \frac{m_Z}{V_h \cdot \rho_{th}} \text{ 及 } \lambda_l = \frac{m_{Zges}}{V_H \cdot \rho_{th}} \quad (3.61)$$

对于气缸新鲜充量 m_z 及 m_{Zges}：

在汽油机中：

$$m_Z = m_{ZL} + m_{ZK} \text{ 及 } m_{Zges} = m_{ZLges} + m_{ZKges} \quad (3.62)$$

在柴油机中：

$$m_Z = m_{ZL} \text{ 及 } m_{Zges} = m_{ZLges} \quad (3.63)$$

式中，m_{ZL}为单个气缸内空气质量；m_{ZLges}为所有发动机气缸的空气质量；m_{ZK}为单个气缸的燃料质量；m_{ZKges}为所有气缸的燃料质量。

对于在气缸或所有发动机气缸中保留的充量质量不能直接确定或通过测量技术上来实现，选择以下方法作为近似值：

1）一个或者所有发动机气缸内的气缸压力指示。

2）假设，“进气门关闭”时间点的气缸充量温度与进气门前进气道的温度大致相同（用热电偶测量该温度）。

3）“进气门关闭”时气体方程的逼近：

$$p_{ZEs} \cdot V_{Es} = m_z \cdot R \cdot T_{ZEs}$$

对于气体常数 R，设定为 R_G或 R_L。

在四冲程汽油机中，气门叠开角区域（时间范围，在换气过程中在这期间内进气门和排气门同时打开）相对较小，对于这种情况，小的气门叠开可以很近似地设定 $\lambda_a \approx \lambda_l$。

在发动机没有进气增压的情况下，λ_a和 λ_l总是小于1，因为在进气和排气过程中的流动阻力会阻止几何排量的充量被完全冲掉。带有涡轮增压的发动机，例如带波动进气管增压，会出现 λ_a和 λ_l大于1的运行状态。

柴油机，特别是增压柴油机，为了内部冷却和更好地排除燃烧室内的残余废气，设计了很大的气门叠开角，因此，$\lambda_a \gg \lambda_l$。

在斜槽控制的二冲程发动机中，由于溢流损失，空气消耗量与充气效率之间存在显著的差异。由充气效率与空气消耗量的商给出了捕获效率，它是留在气缸中的新鲜充气的量度。

3.9 空气－燃料比

在发动机燃烧期间，实际存在于气缸中的空气质量 m_L与化学当量的空气质量 $m_{L,St}$的比率称为空气－燃料比 λ（过量空气系数）。

化学当量的空气需求 L_{St}定义为化学当量时的空气质量与燃料质量的比值：

$$L_{St} = \frac{m_{L,St}}{m_K} \quad (3.64)$$

$$\lambda = \frac{m_L}{m_{L,St}} = \frac{m_L}{m_K \cdot L_{St}} \quad (3.65)$$

式中，$m_{L,St}$为化学当量比的空气质量；m_K为燃料质量。

化学当量的空气需求可以从燃料中所含的化学元素的质量分数来确定。其中，必须考虑燃烧过程中产生的燃烧产物（废气）。燃烧过程本身通过大量中间反应发生，其中涉及大量但最重要的是短寿命的化合物，即所谓的自由基。在完全燃烧的情况下，最重要的燃烧产物是二氧化碳（CO_2）、水（H_2O）和二氧化硫（SO_2）以及空气中的氮气（N_2，惰性气体），这些气体在燃烧过程中几乎没有变化，对此，给出了具有成分 $C_xH_yS_qO_z$ 的燃料完全燃烧的化学反应方程式：

$$C_xH_yS_qO_z + \left(x + \frac{y}{4} + q - \frac{z}{2}\right) \cdot O_2 \Rightarrow x \cdot CO_2 + \frac{y}{2} \cdot H_2O + q \cdot SO_2 \quad (3.66)$$

其中，化学当量元素

$$x = \frac{M_K}{M_C} \cdot c \quad y = \frac{M_K}{M_H} \cdot h \quad q = \frac{M_K}{M_s} \cdot s \quad z = \frac{M_K}{M_o} \cdot o$$

式中，c,h,s,o 为燃料中含有的元素碳（C），氢（H），硫（S），氧（O）的质量成分；M_C，M_H，M_s，M_O为燃料中元素的摩尔质量；M_K为燃料的摩尔质量。

考虑到氧在空气中质量占比 $\xi_{O_2,L}$，得到当量空气需求

$$L_{St} = \frac{1}{\xi_{O_2,L}} \cdot \frac{m_{O_2,St}}{m_K} = \frac{1}{\xi_{O_2,L}} \cdot \frac{M_{O_2}}{M_K} \cdot \frac{n_{O_2,St}}{n_K} \quad (3.67)$$

式中，M_{O_2}为氧的摩尔质量；n_{O_2}，n_K为氧和燃料物质的量。

利用关系式 $n_{O_2,St} = x + \frac{y}{4} + q - \frac{z}{2}$ 和 $n_K = 1$，从化学反应方程中得出：

$$L_{St} = \frac{1}{\xi_{O_2,L}} \cdot \left(\frac{M_{O_2}}{M_C} \cdot c + \frac{1}{4} \cdot \frac{M_{O_2}}{M_H} \cdot h + \frac{M_{O_2}}{M_s} \cdot s - o \right) \tag{3.68}$$

$$L_{St} = \frac{1}{0.232} \times (2.664 \times c + 7.937 \times h + 0.998 \times s - o) \tag{3.69}$$

燃料分析的示例式数据见图 3.18。

	单位	数值	
燃料平均摩尔质量	g/mol	99.1	
燃料样品的组成	%（质量分数）	87.08	碳
	%（质量分数）	12.87	氢
	%（质量分数）	0.05	氧
理论上的总和公式	—	7.2	碳
	—	12.6	氢
	—	0.0	氧
热值（高）	MJ/kg	45.72	
热值（低）	MJ/kg	42.88	
理论化学计量空气需求	$\frac{\text{kg 空气}}{\text{kg 燃料}}$	14.47	

图 3.18　燃料分析的示例（欧洲超级汽油）

在发动机运行时，燃料混合物受化学当量空气需求的影响。因此，当使用不同的燃料（例如汽油和乙醇燃料）时，必须调整混合气形成系统。

在发动机燃烧中，混合比或多或少地偏离化学当量比。

混合气中空气过多（$\lambda > 1$）时称为“稀混合气”（稀燃），混合气中空气过少（$\lambda < 1$）时称为“浓混合气”。进气管喷射的汽油机现在在特性场的大部分区域几乎完全采用化学当量混合气（$\lambda = 1$）运行。直接喷射的汽油机可以在 $\lambda = 1$ 均匀混合气、均匀稀薄（$\lambda > 1$）和分层稀薄（燃烧室内平均的 $\lambda \gg 1$，但也有部分为 $\lambda = 1$）的情况下运行。

在柴油机中，空气总是过量（$\lambda > 1$），小型二冲程发动机主要在空气不足（$\lambda < 1$）的范围内运行。

参考文献

使用的文献

[1] Heywood, J.B.: Internal Combustion Engine Fundamentals. Mc Graw-Hill, New York (1988)

[2] Anisizs, F., Borgmann, K., Kratochwill, H., Steinparzer, F.: Der erste Achtzylinder-Dieselmotor mit Direkteinspritzung von BMW. MTZ 60(6), 362–371 (1999)

[3] Fortnagel, M., Heil, B., Giese, J., Mürwald, M., Weining, H.-K., Lückert, P.: Technischer Fortschritt durch Evolution: Neue Vierzylinder Ottomotoren von Mercedes-Benz auf der Basis des erfolgreichen M111. MTZ 61(9), 582–590 (2000)

[4] Bach, M., Bauder, R., Endress, H., Pölzl, H.-W., Wimmer, W.: Der neue TDI-Motor von Audi: Teil 3 Thermodynamik. MTZ 60, 40–46 (1999). Sonderausgabe 10 Jahre TDI-Motor von Audi

[5] Mollenhauer, K., Tschöke, H. (Hrsg.): Handbuch Dieselmotoren. Springer, Berlin (2007)

[6] Kuratle, R.: Motorenmesstechnik, 1. Aufl. Vogel, Würzburg (1995)

[7] Mahle GmbH: Einflussgrößen auf die Reibleistung der Kolbengruppe Technische Information, Bd. 7148. Vieweg/Teubner, Stuttgart (1994)

第4章 特 性 场

工学硕士 Bernd Haake，工学博士 Joschka Schaub

特性场用于说明发动机的运行策略，既可以记录发动机运行参数，例如点火时刻、喷射时刻或空燃比，也可以评估由此产生的测量和计算变量，例如排放、燃料消耗或温度。发动机特性场代表了高度压缩的信息源，可以从中实现对所存在的发动机的评估。它用于记录某些确定工况点的发动机特性。发动机特性场是所有可能的运行工况点的总体二维示图，内燃机的运行工况点由其转速和转矩来定义。在发动机特性场中，内燃机的运行范围受全负荷曲线以及最小和最大转速的限制（图4.1）。发动机在各个运行工况点输出的功率根据关系式 $P_e = 2 \cdot \pi \cdot M \cdot n$ 计算。恒定功率线在发动机特性场中称为功率双曲线。

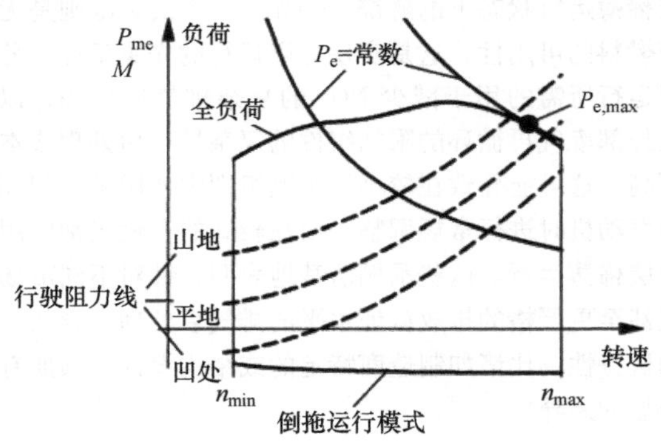

图4.1 发动机特性场

可以使用具有离散值的各个工况点来表示特性场。如果有来自发动机整个运行范围的大量的单个值可用，则可以通过插值方法由这些值生成相应发动机特性的特征线，即所谓的等值线。最常见的特性场表示与比燃料消耗有关，其等值线类似于贝壳中的压痕，因此也称为贝壳线（图4.3）。

除了发动机特性外，车辆及其动力总成的特性也可以在特性场中显示。这通常使用行驶阻力线来完成，该线显示了一定发动机转速和动力总成状况下，车辆在水平地面上持续行驶时，每个档位所吸收的转矩之间的关系（图4.1）。对于上坡和下坡，驱动阻力线平行地移动变化。

如果发动机运行工况点高于行驶阻力线，则车辆加速；如果低于行驶阻力线，则减速。可用于加速的过剩功率来自当前转速和过剩转矩，这对应于行驶阻力线与全负荷线之间的距离。当换档时，对于相同的行驶速度，功率需求大致相同，发动机转速的变化会导致转矩的变化。运行工况点沿功率双曲线移动到与行驶阻力线的交点，这对应于换档。通过这种方式，可以借助于发动机特性场评估取决于车辆边界条件和行驶运行的运行特性或排放特性的变化。

对于行驶功率要求较低的行驶状态，例如发生在用于车辆类型测试的宽广的排放循环范围或城市交通中，与左下方特性场区域的低速到中速-负荷组合的运行工况点更加相关。相比之下，在高速公路上行驶的典型的负荷集合位于发动机特性场的右上方区域。

对于不同排量发动机的可比性，通常使用与排量相关的比负荷参数，例如比平均有效压力 p_{me} 或比功 w_e，而不是转矩。

图4.2以一台直喷和废气涡轮增压的汽油机为例，显示了如何使用发动机特性场来表示发动机的运行策略。

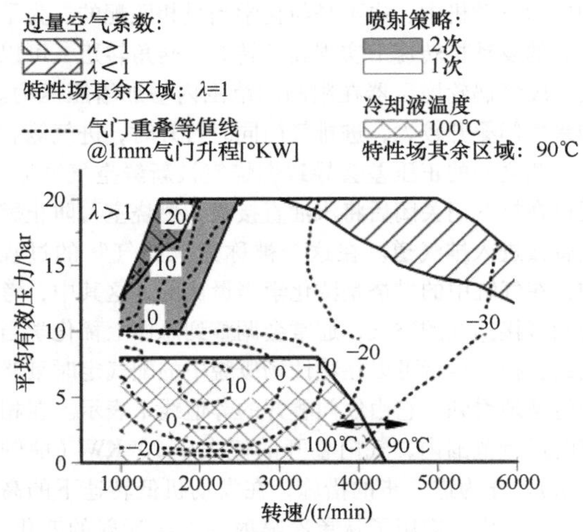

图4.2 汽油机的特性场概貌

为了提供运行策略的概貌，特性场中的特征区域以不同的方式标记。在本示例中，发动机在大部分区域中以化学当量比（$\lambda = 1$）运行。由于在涵盖用于认证的驾驶循环的整个转速-负荷范围内要求使用传统的三元催化器，因此该策略是必要的。在特性

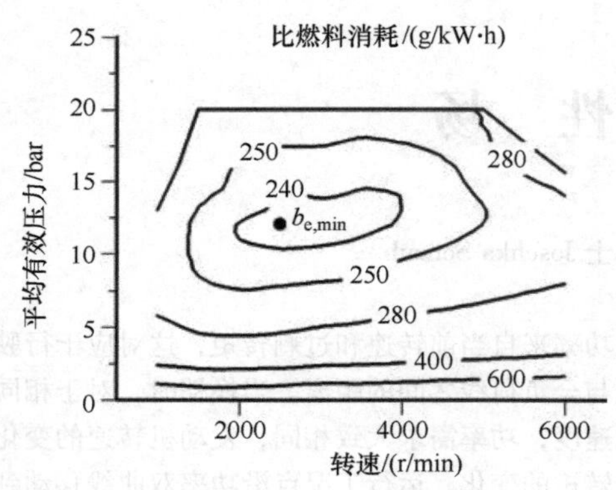

图4.3　燃料消耗特性场
（涡轮增压－直喷－汽油机）

场的右上方区域，突出显示了一个区域，该区域从3000r/min的转速起受全负荷线的限制，在大约6000r/min的高速下，负荷下降到$p_{me}=16$bar。该区域标记了浓混合气的运行工况点，以降低废气温度，保护零部件。在低于化学当量运行时，还能够实现高的发动机功率。由于燃料加浓，对实际车辆运行中的燃料消耗产生负面的影响作用，因此，发动机开发的目标是尽量减少受影响的特性场区域的面积和所需的加浓程度。其中，使用集成到气缸盖中的、冷却的排气歧管代表了降低排气温度的结构设计方面的选择。

在大约1500r/min的转速下，接近全负荷时运行的所示发动机中，也不是与化学当量相匹配的。为了在低的发动机转速下实现高的转矩、转角转矩，可以通过废气涡轮增压器在限制的范围内增加增压压力。如果气门叠开较大，进排气门同时打开时，进气侧和排气侧之间的正压差会导致燃烧室被新鲜空气冲刷。通过在排气门关闭后将汽油直接喷入燃烧室可防止燃油直接进入排气道。在这个被称为“扫气”的过程中，在气缸中的燃烧是浓化学当量比的，这其中，考虑到直接扫气的空气，通常会调整到总体上稀化学当量比。扫气运行可以在特性场概貌中的配气定时策略中清楚地看到，它由气门叠开的等值线来表示。在相应的运行范围内，气门叠开的值大于20°KW（曲轴转角）。作为进一步的措施，在发动机低转速下的高负荷运行中，应用了从单次喷射到二次喷射的变化。喷射脉冲数量与其他喷射相关参数（例如轨压、喷射时刻和喷射量比例）的相应优化协调有助于避免损坏发动机的提前着火事件并减少润滑油的稀释。

一方面，从相对较大的气门叠开角数值可以看出在低负荷和低转速的特性场范围内降低燃料消耗的措施，即使用了内部废气再循环的无节流效果。另一方面，作为减少摩擦的措施，通过使用可调的冷却液节温器，冷却液温度可以从特性场其余区域的90℃提高到100℃。

以类似的方式，表征发动机的运行策略的其他特征也可以在运行特性场中表示。这里包括离散或连续可调的发动机部件的调整，例如可变气门升程系统、滚流控制阀或自然吸气发动机中的可切换的进气管长度。

在根据特定的发动机参数比较评估特性场时，需要注意的是基本的结构设计准则，如排量和行程－缸径比。经验上表明，这仅反映在微小的差异中。而另一方面，现代增压汽油机清楚地表明，通过系统零部件的不同设计，例如与气体交换相关的增压单元、气门机构的可变性或与操控的措施的协调相结合的排气后处理系统也会导致类似的发动机的运行特性存在显著的差异。基本相同的发动机的显著的不同功率值用于目标车辆的不同运动表现或使基本发动机能够在各种车辆级别中使用。此外，在各种目标市场中，有些发动机要么具有传统的化学当量比调节，要么实现分层稀薄运行状态下的燃烧。例如，一个决策准则是无硫燃料的可用性，这是实现分层运行的先决条件。分层运行所需的用于减少NO_x的复杂排气后处理，以及外部废气再循环的附加组件的复杂排气后处理成本更高，这可能导致在较小的车辆级别中使用基本相同的发动机时进行常规调整，而在较高的车辆级别应用分层稀薄运行。这些示例清楚地表明，针对不同市场或甚至更严格的排放认证水平的排气后处理会导致发动机特性场比诸如制造商特定的或结构设计的预期有明显的差异。

4.1　燃料消耗特性场

图4.3显示了一台直喷涡轮增压汽油机的典型的燃料消耗特性场。如前所述，等燃料消耗率线因其形状而被称为贝壳曲线。比燃料消耗的最低值位于在轻微增压运行的负荷区域中的中、低转速范围内。在燃料消耗最小值附近的更大的区域内，燃料消耗增加的梯度比较平坦。梯度朝低负荷方向急剧增加，造成这种情况的主要原因是汽油机的节流损失增加以及与传递的有用转矩相关的摩擦比例的增加。

这两个因素还导致在等负荷和发动机转速增加时燃料消耗明显增加。接近全负荷时，爆燃趋势的增加需要延迟燃烧，这导致效率恶化。对于高负荷和高转速的运行工况点，还必须通过混合气加浓以确保废气温度低于临界的限制温度，避免损坏废气涡轮机或使催化器老化，这导致燃料消耗增加的梯度增加。

图4.4显示了一台直喷和涡轮增压柴油机的典型的燃料消耗特性场。由于柴油机的质调节与节流损失无关，因此随着负荷的降低，消耗增加的幅度明显降低。尽管与汽油机相比，部分负荷的燃料消耗值显著降低，但通过车辆校准实现的燃料消耗高于基于燃料消耗优化的校准的燃料消耗，尤其是在与欧洲行驶循环相关的特性场区域，其原因是为了遵守允许的 NO_x 排放所要求的高废气再循环（EGR）率，以及有时会延迟校准的喷射时刻。

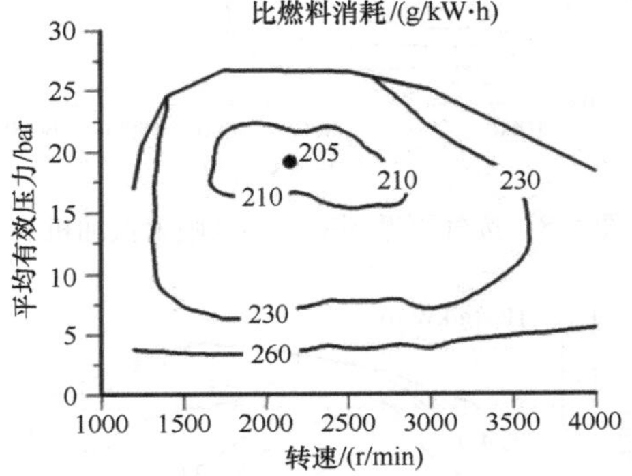

图4.4 燃料消耗特性场（涡轮增压－直喷－柴油机）

如果基本的车辆特定数据（例如行驶阻力和传动比）已知，则发动机的燃料消耗特性场也可用于计算车辆的燃料消耗。为了计算瞬态测试循环的燃料消耗，行驶曲线作为车辆特定参数的函数分解为一系列稳态的运行工况点，每个运行工况点都以发动机转速和转矩为特征。然后，属于这些负荷点的稳态燃料消耗值通过时间上的加权来计算循环燃料消耗。除了车辆特定数据之外，精确计算燃料消耗所需的模型还考虑了影响燃料消耗的过程，例如发动机预热过程以及换档和其他瞬态效应。借助于这些模型，可以估计车辆方面对车辆中发动机燃料消耗和排放特性的影响。变速器精确调整的工况或无级变速器（CVT）的控制策略是此过程的应用示例。

4.2 排放特性场

排放特性场的主题通常是法律上限制的有害物成分碳氢化合物（HC）、氮氧化物（NO_x）和一氧化碳（CO）的原始排放量。通常表示与做功相关的比值（以g/kW·h为单位）或质量流量（以g/h为单位）。对于柴油机和直喷汽油机，颗粒排放特性场也很重要。除了原始排放特性场之外，还经常显示催化器后的排放值。一方面，它们可以评估催化器中的转化情况，另一方面，它们用于估计车辆在行驶循环中排放的有害物的量。

图4.5～图4.9显示了传统汽油机的特性场以及与排放特性相关的操控参数的选定图。所显示的特性场所依据的发动机配备了三元催化器，可实现高效的排气后处理。这些特性场指的是暖机时的运行工况。这些在选定发动机上为保持精确的化学当量混合气而使用的 λ 调节，确保了根据三效催化原理在催化器中所有有害物成分的高转化率。图4.5所示的过量空气系数清楚地显示了主动的 λ 调节的大的特性场范围。在直接喷射的增压汽油机的示例中，在发动机高转速和接近全负荷的范围内混合气加浓。在额定功率点区域，最小过量空气系数校准到 $\lambda=0.9$ 左右。为了显示发动机低速下的高转角转矩，在排气中可以看到高达 $\lambda=1.1$ 的大的过量空气系数，这是在具有大的气门叠开下扫气调整的结果。

CO浓度主要是过量空气系数的函数，如图4.5和图4.6的特性场所示。在带主动 λ 调节的特性场区域中，浓度通常在0.5%～0.8%（体积分数）的非临界的数量级范围内。

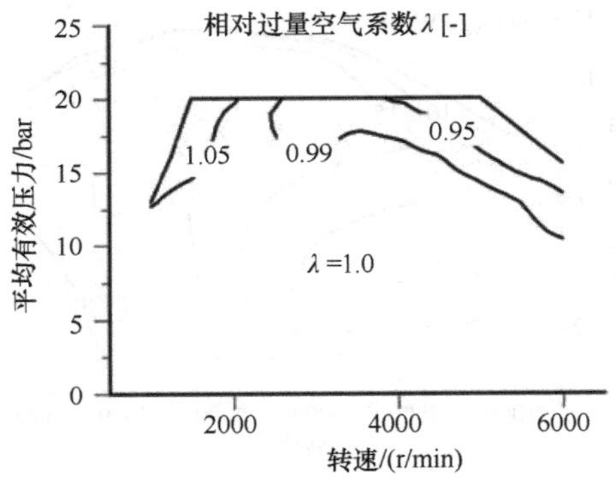

图4.5 过量空气系数（带涡轮增压的直喷汽油机）

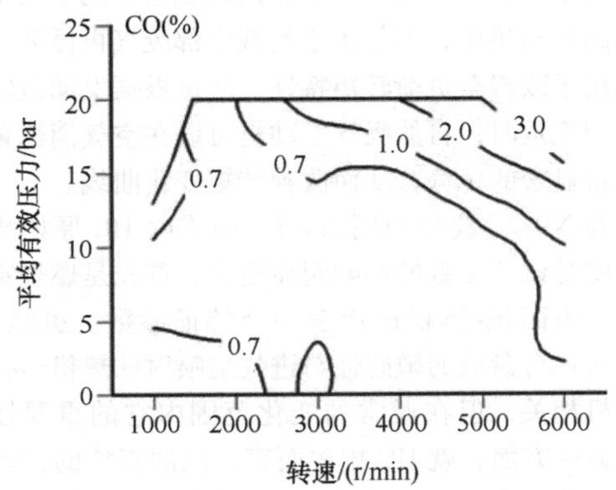

图4.6 催化器前的CO浓度（带涡轮增压的直喷汽油机）

在全负荷时，通过混合气加浓，在缺氧的情况下燃烧。在额定功率点区域的最大加浓率下，最大 CO 浓度为 3.0%（体积分数）。这在图 4.6 中表示出的 CO 浓度对过量空气系数的依赖性可以认为是汽油机的典型特征。然而，在特殊设计要求的更高混合气加浓的发动机中也测量到明显更高的 CO 浓度。

即使在化学当量比运行中，NO_x 原始排放水平也会受到操控参数的调整的影响。在部分负荷运行中，EGR 在减少 NO_x 原始排放方面提供了相当大的潜力，同时由于与 EGR 相关的发动机无节流，从而在提高效率方面也具有优势。废气再循环可以通过气门在外部实现，也可以通过改变配气定时实现内部废气再循环。图 4.7 中带有外部废气再循环的汽油机的 NO_x 比排放特性场和图 4.8 中使用 EGR 阀校准的 EGR 率的相关特性场提供了废气再循环实际应用的示例。在具有最大 EGR 率的运行工况点处实现最小的 NO_x 排放。在外部 EGR 的特性场范围之外，NO_x 排放按典型的特性调整。在向全负荷和高的转速方向看到的 NO_x 排放的大幅下降是因为混合气加浓的结果。

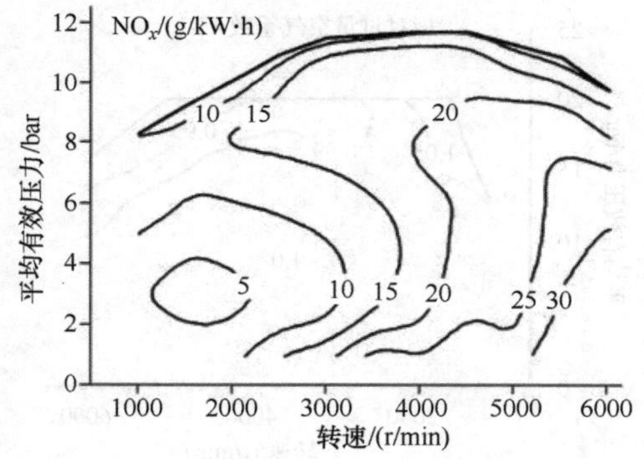

图 4.7　催化器前的 NO_x 比排放（多点喷射汽油机）

用于凸轮轴调节的连续作用系统通常用于大批量生产的发动机中，不仅用于实现内部废气再循环，而且还用于改善全负荷转矩特性。通过根据发动机转速优化配气定时，自然吸气发动机可以在空气消耗量方面取得显著的优势，从而改善转矩变化曲线。

与 NO_x 排放和 CO 排放水平不同，HC 原始排放的程度受设计参数的影响明显更大。首先是燃烧室的形状，表面积/体积比代表一个特征参数。虽然 HC 排放对运行参数的敏感性与进气道喷射的热机运行的发动机相关，但在通常的变化范围内它的重要性较低。另一方面，就 HC 排放而言，汽油直喷的发动机对喷射相关参数（例如轨压、喷射正时或每个工作循环的喷射次数）的变化反应更为敏感。通过可变配气定时进行的内部 EGR 可以对两种喷射方案产生积极影响，因为通常在排气过程结束时导致出现的 HC 峰值再次燃烧。带有进气凸轮轴调节的汽油机的典型的 HC 排放特性场如图 4.9 所示。

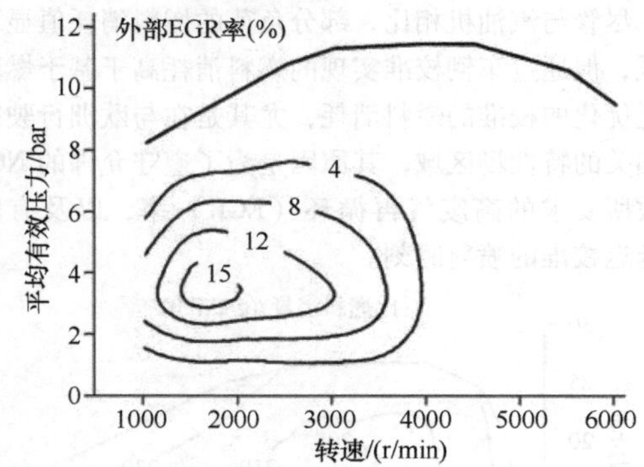

图 4.8　废气再循环率（多点喷射汽油机）

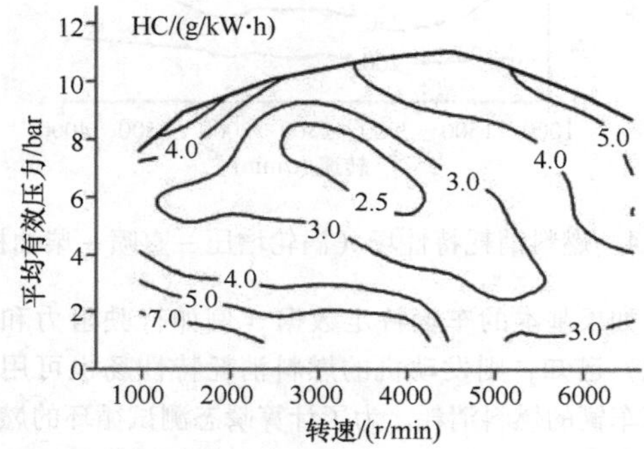

图 4.9　HC 比排放（多点喷射汽油机）

此处未显示的催化器后的排放特性场对于配备三元催化器的现代汽油机来说，有害物几乎完全被转化。与极低排放水平的偏差发生在小的化学当量比特性场区域，由于缺乏氧，HC 和 CO 催化氧化的比例仍然受到限制。

由于柴油机采用典型的过量空气燃烧，与汽油机相比，CO 和 HC 排放处于显著更低的水平（图 4.10 和图 4.11）。由于柴油机的废气中始终存在残余的氧，因此可以通过氧化催化器进一步减少这些有害物成分，以符合排放法规的限值。

然而，对于柴油机来说，NO_x 原始排放更为关键（图 4.12）。由于在空气过量的情况下，使用 NO_x 存储催化器（NSK）或选择性催化还原（SCR）进行催化后处理需要更多的努力，因此主要遵循的路径是通过影响燃烧过程来限制 NO_x 的形成。与在汽油机中一样，为此使用的措施是废气再循环和喷射过程的延迟，这在很大程度上对应于汽油机中的延迟点火。

为了提高 EGR 的效果，从而减少 NO_x 的排放量，

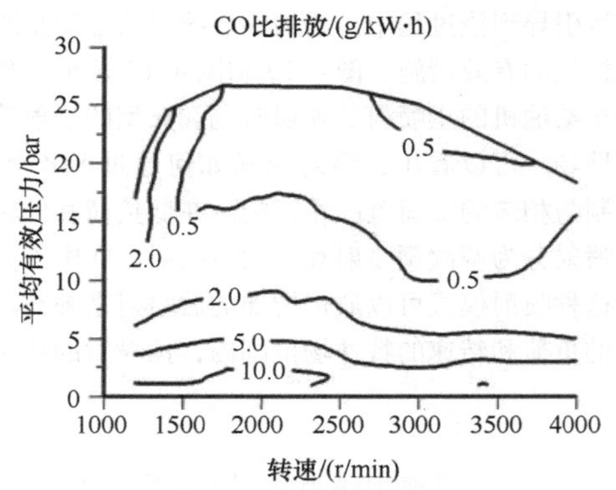

图 4.10 CO 比排放（带涡轮增压的直喷柴油机）

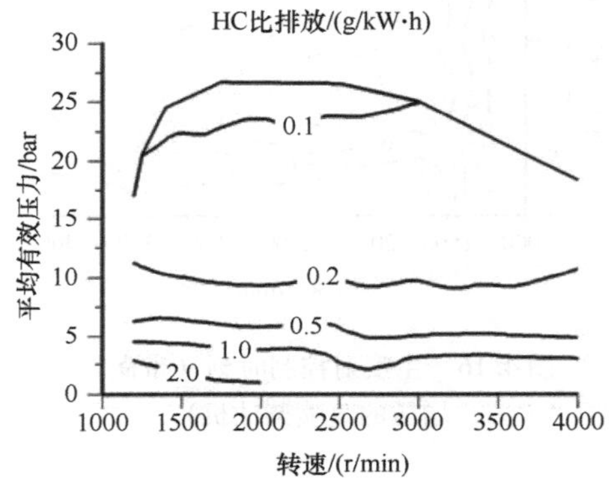

图 4.11 HC 比排放（带涡轮增压的直喷柴油机）

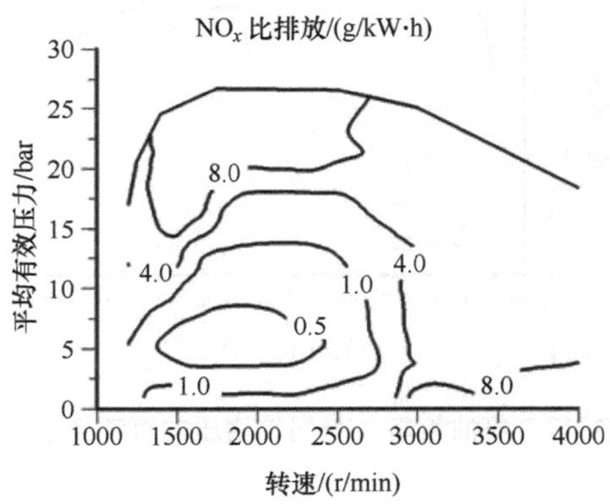

图 4.12 NO_x 比排放（带涡轮增压的直喷柴油机）

再循环废气在柴油机中得到冷却。对此，根据系统的不同，在涡轮机之前（高压 EGR）或排气后处理之后（低压 EGR）提取废气。图 4.13 所示的 EGR 率特性场表明，本例中的 EGR 基本上是针对排放相关特性场范围进行校准的。EGR 率高达 50%，与汽油机的 EGR 率相比处于显著更高的水平。不同于在汽油机中，在柴油机中，EGR 的可能性不受发生燃烧失火的限制。这里应该注意的是，燃烧是在空气过量的情况下发生的，废气中的氧浓度仍高达 15%（体积分数）。

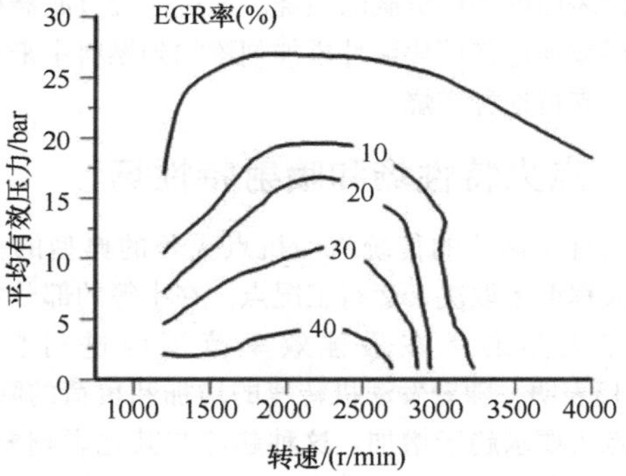

图 4.13 废气再循环率（带涡轮增压的直喷柴油机）

除了已经列出的气态废气成分外，颗粒排放的质量比和总数量也受到法规限制。过滤器烟度数（Filter Smoke Number，FSN）（一般简称“烟度”）是评估柴油机颗粒排放的常用参数。与排放相关的特性场区域（图 4.14）中增加的黑烟值表明颗粒形成与 EGR 之间的联系。这种联系也清楚地表明了 NO_x 排放与颗粒排放之间众所周知的目标冲突。在与 EGR 协调的特性场范围之外，烟度值的水平处于相对较低的水平。由于那里普遍存在较低的过量空气系数，特别是在发动机低转速时，它只会在接近全负荷的区域再次显著增加。

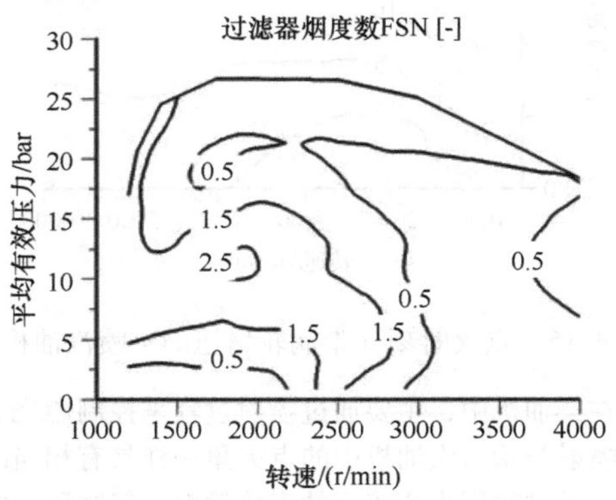

图 4.14 颗粒排放（带涡轮增压的直喷柴油机）

必须通过对柴油燃料的喷射进行良好的控制来应对颗粒物的形成。因此，高雾化质量的高压喷射是现代柴油机的主要发展方向之一，近年来，与发动机内部措施并行，针对敏感市场推出了颗粒过滤系统，其原因在于更严格的颗粒排放限值的同时降低了 NO_x 排放限值，以及公众对城市地区颗粒物污染的讨论。与发动机特性场中记录的稳态校准相比，颗粒过滤器的间歇性再生涉及对发动机校准的干预，这会导致在确定的特性场区域的废气温度暂时升高，以促进积聚在过滤器表面的颗粒负载的燃烧。通过颗粒过滤器相应的涂层或通过将催化活性添加剂添加到燃料中来额外地催化支持这种燃烧。

4.3 点火特性场和喷射特性场

具有 λ 调节的传统汽油机点火角的典型的校准在很大程度上取决于运行工况点。在中等的部分负荷下，点火角通常在最佳效率范围内进行标定。图4.15表明，随着发动机转速的增加和负荷的降低，提前点火要求趋于增加。这种趋势与其他影响叠加。在较低的负荷范围内，即使在发动机低转速下也可以看到点火的显著提前。对于所示的发动机，内部EGR在此范围内进行校准。作为惰性气体效能的再循环废气延迟了必须相应提前开始的燃烧过程。另外，也在高负荷范围内延迟点火。这种特性是由于在高的气缸充量范围内爆燃趋势的增加。根据现有技术状态，可以通过使用动态爆燃调节系统来尽可能减小由该措施产生的缺点。这些能够在转矩方面优化提前点火角，而不会因爆燃燃烧而损坏发动机。

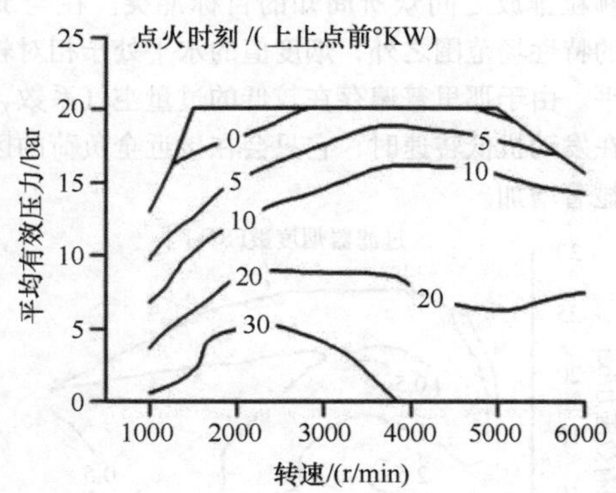

图 4.15 点火时刻（带涡轮增压的直喷汽油机）

在柴油机中，主要通过喷射过程来控制燃烧。因此，喷射开始与汽油机中的点火角一样具有相当的重要性。通过改用当今流行的直接喷射，气缸压力曲线中具有更陡峭梯度的更快燃烧导致了声学问题。在现代共轨喷射系统中，降低气缸压力梯度和减少发动机机内有害物的有效措施是预喷射和后喷射的喷射策略。在预喷射期间，首先通过较小的喷射量触发燃烧。然后在主喷射和可能添加的后喷射期间将剩余的柴油量引导到该过程中。添加的后喷射被证明是减少颗粒排放的有效措施。图4.16和图4.17显示了现代乘用车柴油机的主喷射的喷射时刻和典型的喷射策略的特性场。可以看出，喷射模式如何通过EDC发动机控制与相应的负荷范围相匹配。在低负荷和低转速下，喷射分为两次预喷射和一次主喷射。在中等负荷下，这种喷射模式可以通过增加的后喷射来补充。在更高的负荷和转速的特性场范围内，预喷射的数量会减少。

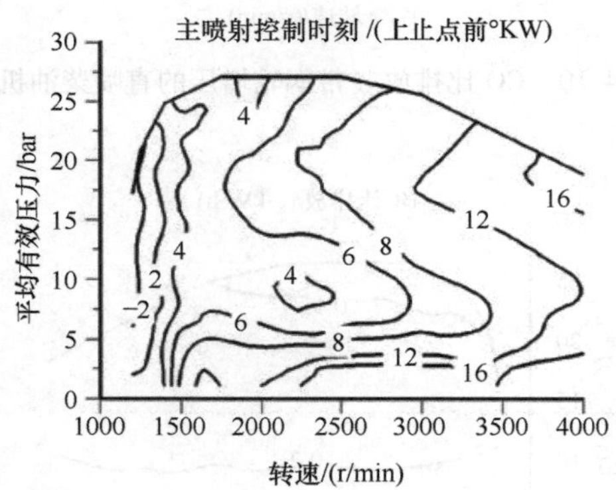

图 4.16 主喷射控制时刻（带涡轮增压的直喷柴油机）

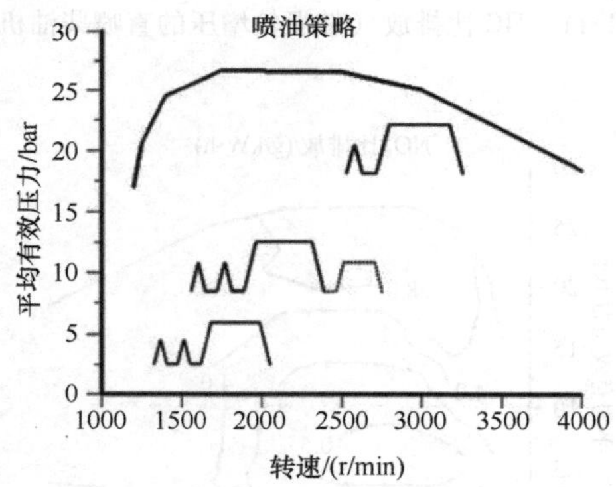

图 4.17 喷油策略（带涡轮增压的直喷柴油机）

4.4 废气温度特性场

汽油机的废气温度特性场如图4.18所示。对于高负荷时废气温度的急剧升高，需要采用有针对性的措施，来保护废气催化器避免发生受热老化甚至损坏。结构设计措施和发动机运行参数的校准都用于此目的。对于废气涡轮增压的发动机，考虑到零部件的保护，涡轮机入口处的气体温度也很关键。因此，在零部件保护过程中，如上所述，汽油机中的过量空气系数在临界的废气温度的特性场区域中得到加浓。

另一方面，在低负荷点运行时，应避免废气温度过低，以免催化器温度过低。出于这个原因，这里可能需要相对较晚的点火调整。除此之外，在稳态特性场中可以看到措施，通常是在发动机冷起动后校准与点火角和 EGR 率有关的有偏差的控制变量，以便催化器快速达到将原始排放转化为无害成分的起燃温度。

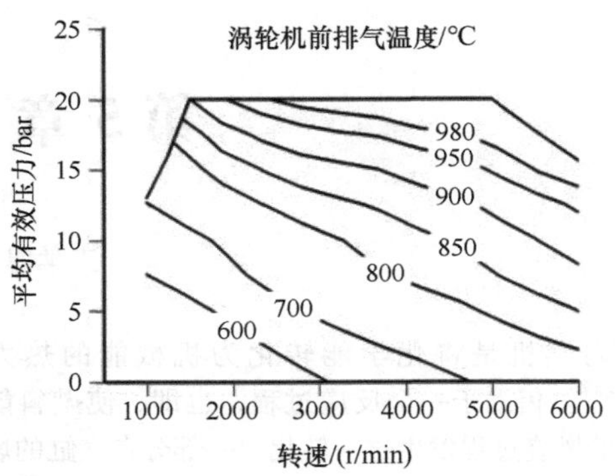

图 4.18 催化器进口处的废气温度特性场（带涡轮增压的直喷汽油机）

第 5 章　热力学基础

工学博士 Fred Schäfer 教授

内燃机是将化学能转化为机械能的热力机械[1-3]。借助于一个反应过程，也即，使燃料能量释放的燃烧过程发生这一转化。一部分在气缸的燃烧室中释放的热量通过曲柄连杆机构的作用转化为机械能，其余的能量被废气带走，或通过燃烧室壁面传递给冷却介质，以及直接散失到周围环境中。

在化学能到机械能的转化过程中，其目标是获得尽可能高的过程效率，过程效率在很大程度上受热力学过程的变化的影响。

这些转化过程非常复杂，尤其是燃烧过程，以及伴随燃烧过程发生的物质与能量的转化过程、气缸内气体的化学反应过程[4]。然而，从气体到直接围绕燃烧室的壁面以及到相邻的发动机部件和冷却介质或油的热传递过程只能用很大的努力才能大致记录下来[5-8]。

由于汽油机和柴油机的燃料是多种碳氢化合物的混合物，考虑到燃烧过程中化学反应极为复杂，探究化学反应动力学实际上是不可能的。为此，人们经常考虑“纯净”的物质，例如，甲醇、甲烷、氢气，因为对于纯净物质来说有着更明确的化学反应机理以及所有与反应相关的化学物质的数据。根据这种方法，利用特殊的反应过程足以了解诸如 NO 的形成[9]，或者火焰前锋中 O－H－C 平衡的简化假设等[10]。

如果局部多维地、瞬时地观察过程以及气体中实际存在的所有传输机制，那么就会产生复杂的数学模型，例如，对于其物理－化学描述，所需的材料数据，如果有的话，也只有在某种程度的模糊条件下才能实现。

为了得到受给定的过程参数制约的某确定过程参数的定性描述，或多或少地需要简单的模型计算。借助模型计算，可以在大大减少工作量的情况下，做出关于能量转换对发动机参数的影响的原则性描述。

对此，过去已经有了一系列的方法，从简单的闭式循环过程到或多或少复杂些的开式多区模型[9,11-13]。

5.1　循环过程

为了得到基础性的描述，建立了简化的模型，并称之为循环过程。循环过程是连续的工质状态改变，该变化过程最终又回到起始状态。人们将其称为闭式循环过程，包含吸热过程和放热过程（图 5.1）[14]。

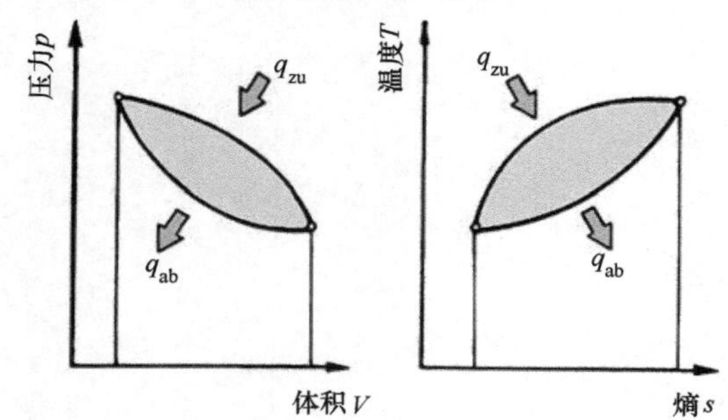

图 5.1　一个循环过程中状态变化及所做的功[15]

这个模型描述忽略了燃烧的反应物的物质转化，例如，空气和燃料转化为废气（CO、HC、NO_x、CO_2、HCO、H_2、N_2 等）。

内燃机的四个行程划分如下，即压缩过程、“代替”燃烧过程的吸热过程、膨胀过程和作为“代替”换气过程的放热过程。

介质的状态，比如在压缩过程的起点和放热过程的终点，是相同的。这样的内燃机状态图是：

－ 压力－体积图（$p-V$ 图）：其中所包含的面积表示所做的功，作为指示功来表示。

－ 温度－熵图（$T-s$ 图）：图上面积表示热量。循环过程所做的功等于所供给的热量与所放出的热量之差。因此状态变化曲线所围成的面积就是该循环过程的有用功的度量。

借助这样的循环过程，关于发动机过程的关键性描述才成为可能，这关键描述就是过程效率。

这种效率，即热效率的定义为：

$$\eta_{th} = \frac{q_{zu} - q_{ab}}{q_{zu}} = 1 - \frac{q_{ab}}{q_{zu}} \tag{5.1}$$

式中，q_{zu}为吸收的热量；q_{ab}为放出的热量。

循环过程的理论要追溯到法国科学家萨迪·卡诺

(Sadi Carnot, 1796—1832), 他认识到, 要完成从热量到功的转化, 必须存在温度差, 并且吸热时的温度越高, 放热时的温度越低, 热机的热效率越高; 这一点在他描述的最优循环过程, 即所谓的卡诺循环上表现得尤为明显 (图5.2)。

卡诺循环的状态变化过程为:

- 等温压缩。
- 等熵压缩。
- 等温膨胀。
- 等熵膨胀。

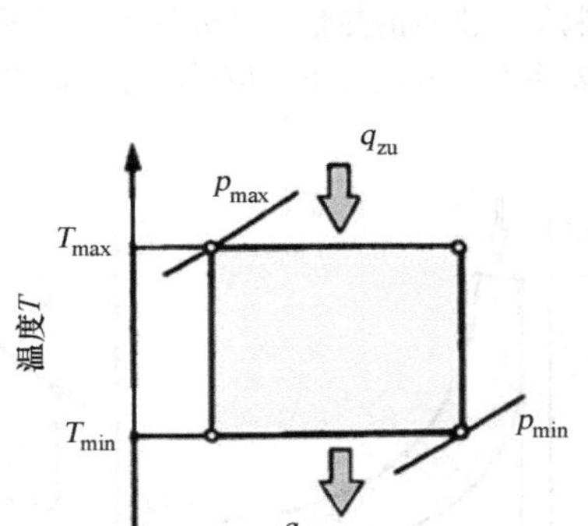

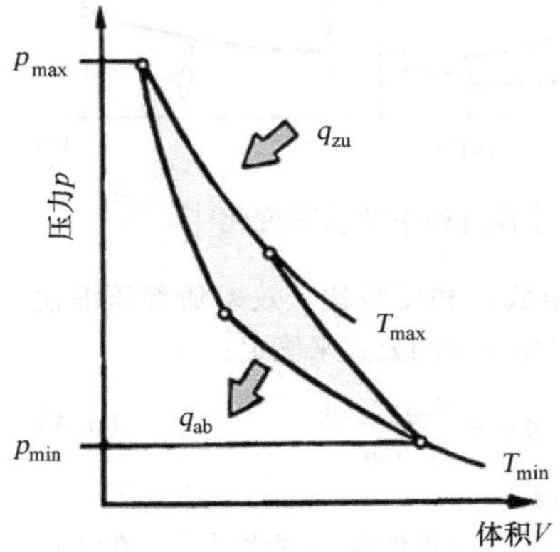

图5.2　卡诺循环过程中状态变化[15]

卡诺过程在 $T-s$ 图中表示为一个矩形。它的热效率是有用功与吸收的热量的比值。

$$\eta_{th} = \frac{q_{zu} - q_{ab}}{q_{zu}} = 1 - \frac{q_{ab}}{q_{zu}} \tag{5.2}$$

$$\eta_{thc} = 1 - \frac{T_{min} \cdot (s_1 - s_2)}{T_{max} \cdot (s_4 - s_3)} = 1 - \frac{T_{min}}{T_{max}} \tag{5.3}$$

对于给定的温度比, 卡诺过程的热效率是可以达到的最高值。然而, 在 $p-V$ 图中, 卡诺循环的图面积是如此之小, 以至于为了获得可接受的有用功 (对应于 $p-V$ 图中的面积), 温度和压力必须在技术上不再是合理的水平上运行。当鲁道夫·狄塞尔 (Rudolf Diesel) 想通过他的理性热机实现卡诺循环时, 他不得不经历这一点。在 $p-V$ 图中以矩形形式运行的过程虽然提供了最大的输出功, 但由于在 $T-s$ 图中的面积很小, 因此效率非常低。因此, 作为矩形运行的变化过程实际上是不合适的。

技术上可实现的用于热力机械的循环过程, 受到各自机型的几何学和运动学、能量转化的条件以及技术水平的制约。下文将描述比较过程的评估标准:

- 效率。
- 做功的量。
- 技术上的可行性。

5.2　比较过程

5.2.1　简单的模型过程

发动机循环过程描述了能量的转化, 其中工质的每个状态改变应尽可能接近发动机中实际的情况。在这种思维的框架下, 发动机是一个封闭系统, 其中发生着不连续的能量转化。内燃机的循环过程的一个特征是, 在一个工作容积中发生工质状态的变化, 在发动机工作循环中, 这个工作容积的大小随着曲柄连杆机构的运动而改变。压缩过程和膨胀过程可以用简单的状态变化来描述。燃烧过程和换气过程以吸热过程和放热过程来替代。

内燃机的理想循环过程根据吸热类型不同而有所不同。相应过程如迈伦·塞利格 (Myron Seiliger, 1874-1952) 所述, 并称为塞利格 (Seiliger) 过程, 该过程的一般过程可以通过在恒定容积和恒定压力下供给热量来表示。由此可以推导出临界情况, 例如纯等容过程 (仅等容地供给热量) 和纯等压过程 (仅等压地供给热量)。

5.2.1.1　等容过程

图5.3展示的是等容过程的状态变化过程。在该过程变化中, 状态变化的顺序为:

- 等熵压缩。
- 等容吸热。
- 等熵膨胀。
- 等容放热。

等容过程具有热力学上最合适的过程变化, 可以在工作空间具有周期性变化的机械中, 通过合理的成本条件来实现[1]。在相同的压缩比下, 此过程产生的热效率高于 Seiliger 过程和等压过程。效率取决于

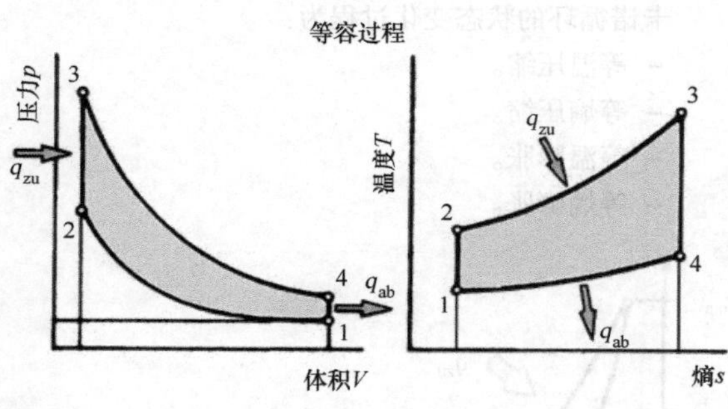

图 5.3　等容过程中的状态变化[15]

气体类型（绝热指数）和压缩比。效率随着压缩比的增加而增加，可用下面的公式来确定：

$$\eta_{th}=\frac{q_{zuv}-q_{ab}}{q_{zuv}} \tag{5.4}$$

5.2.1.2　等压过程

图 5.4 显示了等压过程的状态变化过程。在该过程中，状态变化的顺序为：

- 等熵压缩。
- 等压吸热。
- 等熵膨胀。
- 等容放热。

如果由于零部件的载荷的原因需要限制最大压力，则可以将其用作比较过程。然后通过以下公式确定热效率：

$$\eta_{th}=\frac{q_{zup}-q_{ab}}{q_{zup}} \tag{5.5}$$

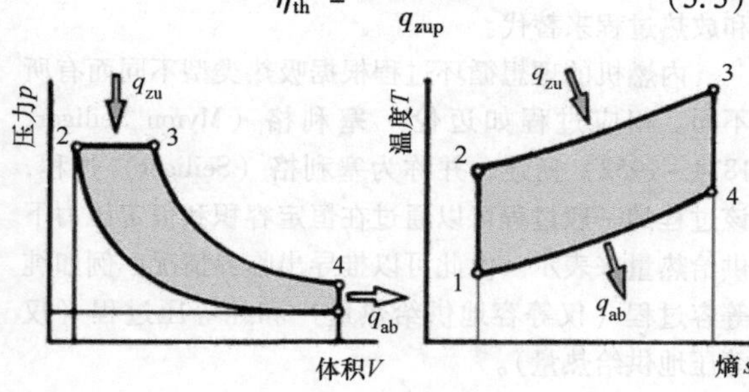

图 5.4　等压过程的状态变化[15]

等压过程的效率取决于气体种类（绝热指数）、压缩比以及在等压状态下供给的热量。它的效率随着压缩比的增大而增大；但随供给热量的增加而减小。在所考虑的三种过程类型中，等压过程的效率是最低的。

5.2.1.3　Seiliger 过程（混合加热过程）

Seiliger 过程的状态变化过程如图 5.5 所示。各个状态变化如下：

- 等熵压缩。
- 等容吸热。
- 等压吸热。
- 等熵（绝热 - 可逆）膨胀。
- 等容放热。

在给定压缩比的条件下，要设定一个最高压力限制值。供给的热量一部分发生在等压条件下，一部分发生在等容条件下。该循环过程的热效率为：

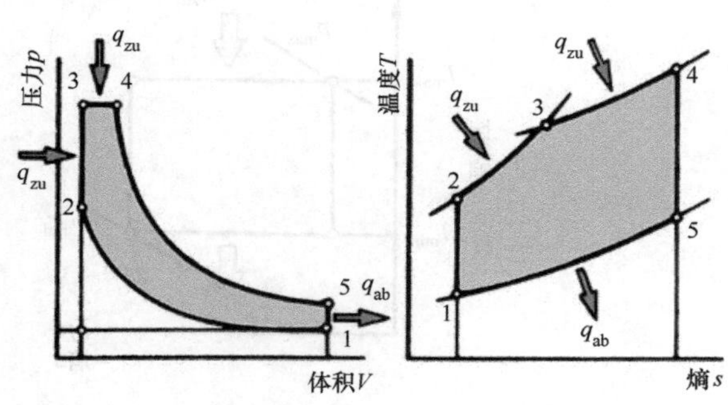

图 5.5　Seiliger（混合加热）过程中的状态变化[15]

$$\eta_{th}=\frac{q_{zuv}+q_{zup}-q_{ab}}{q_{zuv}+q_{zup}} \tag{5.6}$$

值得注意的是，热量 q_{zuv} 是在等容阶段供给的，因此应当通过温差和等容比热容（c_v）来确定，而在等压阶段供给的热量 q_{zup}，应当通过温差和等压比热容（c_p）来确定。

根据供给热量在等容状态变化过程和等压状态变化过程上的分配，可得到热效率的限值曲线，即在纯等容或纯等压条件下的热效率曲线。

如果人们考虑将这种循环过程应用于增压发动机，就可以给出如图 5.6 所示的关系。

通过增压，发动机的过程没有发生原则上的变化；只是压力水平提高了。在发动机中的压缩过程之前，串接了压气机，在发动机中以及排气管中的膨胀过程之后，接着是涡轮中的气体膨胀。

- 在压气机中等熵压缩。
- 在发动机中等熵压缩。
- 在发动机中等容加热。
- 在发动机中等压加热。
- 在发动机中等熵膨胀。
- 从发动机中等容放热。
- 向涡轮机等压供热。
- 在涡轮中等熵膨胀。
- 从涡轮机等压放热。

废气涡轮机和压气机所做的功分别对应 $p-V$ 图中相应的面积（图 5.6）。

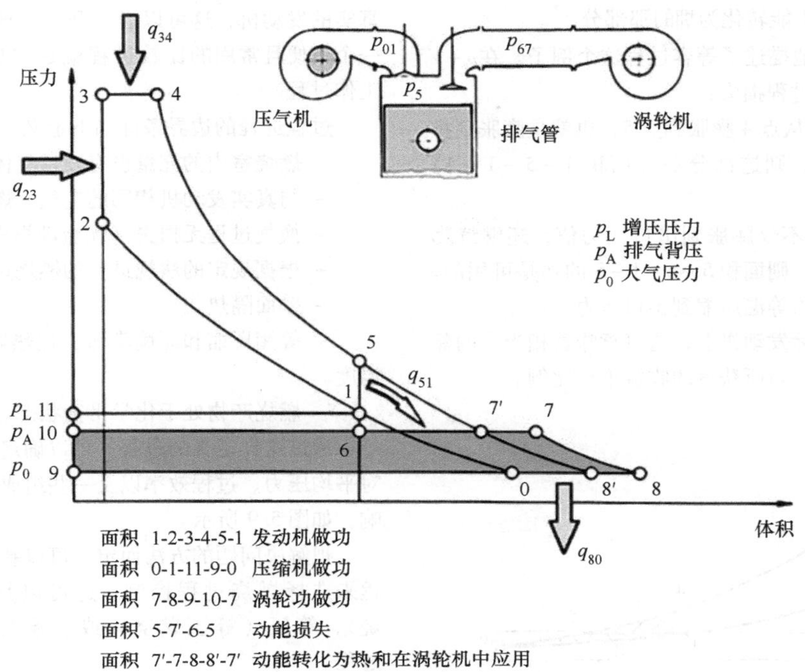

图 5.6　涡轮增压发动机 Seiliger 过程中的状态变化[15]

5.2.1.4　循环过程的比较

图 5.7 用 $p-V$ 图和 $T-s$ 图展现了所考察的三种过程的比较。在压缩比相同的条件下，等容过程的效率是最高的。这是因为在压缩比和供给的热量相同时，相比另外两种循环过程，等容过程放出的热量更少。

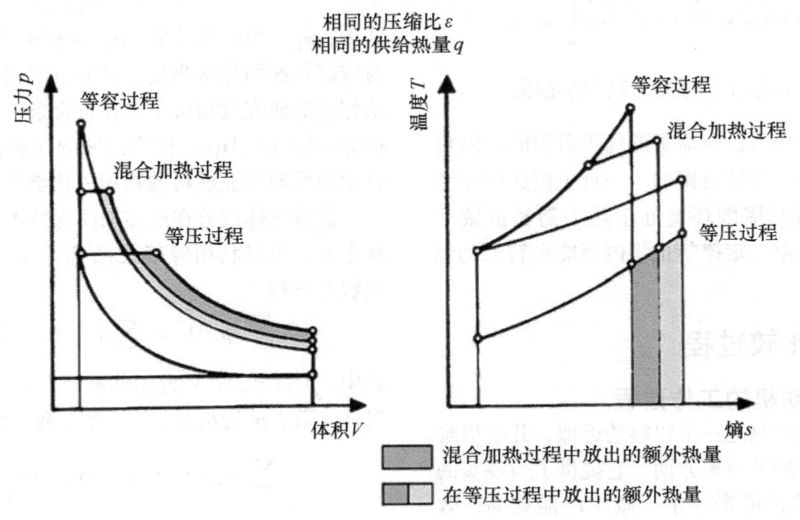

图 5.7　发动机工作过程的比较[15]

5.2.2　㶲损失

对所要考虑的过程的㶲分析表明，所提供给的能量的㶲只能部分地转化为机械功。㶲应理解为是考虑到给定的环境下可以转换为任何其他形式的能量的能量，炕是能量中不能转化为㶲的那部分[1]。

图5.8形象地描述了等容过程这个例子。在$p-V$图上显示出两种过程损失：

- 如果工质从点4膨胀到点5，也就是膨胀到排气管出口压力值，则这部分功（面积4-5-1-4）是可用的。

- 如果工质不仅膨胀到出口压力值，还继续膨胀到出口温度值，则面积5-6-1-5的功是可用的。为此，这之后必须等温压缩到出口压力。

然而，在实际发动机上，这将意味着相当大的额外技术支出，并且与所获得的收益不成比例。

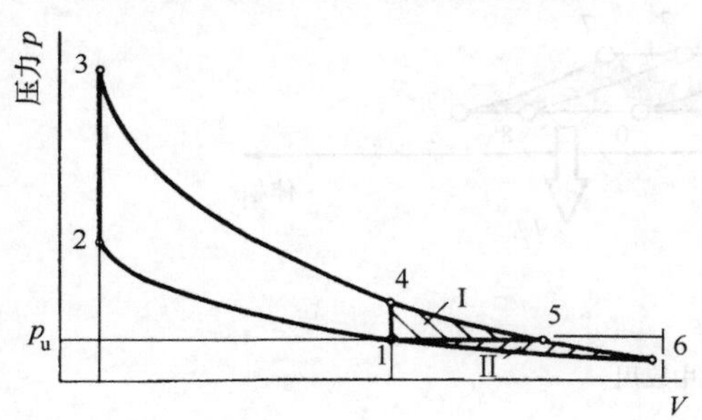

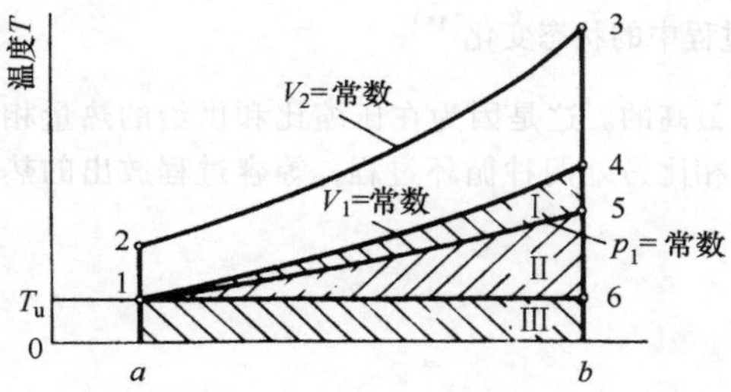

图5.8　以等容过程为例的热力学损失

第三个损失是由所供给能量的炕所引起的。但它并没有直接对循环过程造成影响。一旦工质达到环境温度和压力，它就与周围环境处于热平衡和机械平衡。然后，热力学第二定律禁止将内部能量转换为㶲或有用功[1]。

5.3　开式的比较过程

5.3.1　理想发动机的工作过程

理想的循环过程只是一个粗略的近似，几乎很难做出原理性阐述。涉及效率方面，它提供了与现实的比较，以“好”的价值来评估：做功产能更高，效率比实际发动机更好，因为工作气体的特性是将空气视为真实气体，因此不考虑热损失、气体交换损失和摩擦损失以及化学反应。

为了得到过程进程的进一步的信息和能够回答有关优化的过程控制的问题，将过程进程定义得更接近真实的发动机，这可以通过开式的比较过程来实现。一个方便且常用的比较过程就是“理想”发动机的工作过程。

过程进程的边界条件如下定义：

- 燃烧室内的充量没有残留气体。
- 与真实发动机相同的空气-燃料比。
- 换气过程无损失（无流动损失和泄漏损失）。
- 根据规定的法规进行的燃烧过程。
- 壁面隔热。
- 等熵压缩和等熵膨胀，比热容c_p和c_v取决于温度。
- 燃烧产物处于化学平衡状态。

通过这样定义的过程，可以确定压缩比和空燃比对平均压力、过程效率以及一些组成物质的浓度的影响，如图5.9所示。

视解决问题的方法而定，可以基于简单的循环过程来选择燃烧过程控制。这可以是等容（等容燃烧），等压（等压燃烧）或者混合的等容-等压过程。

5.3.1.1　计算基础

理想发动机的过程的计算可以按以下步骤划分：

1）新鲜混合气的定熵压缩。初始状态由压力p_0、温度T_0、新鲜气体的成分来描述，并通过过量空气系数λ作为特征来描述。λ定义为

$$\lambda = \frac{\dot{m}_{\mathrm{Luft}}}{\dot{m}_{\mathrm{Kr}} \cdot \dot{m}_{\mathrm{Luft,stöch}}} \tag{5.7}$$

式中，$\dot{m}_{\mathrm{Luft}}$为空气质量；$\dot{m}_{\mathrm{Kr}}$为燃料质量；$\dot{m}_{\mathrm{Luft,stöch}}$为对应燃料按照化学当量计算的空气质量。压缩比可以从相应的研究发动机中选择符合条件的。例如可以选择异辛烷（C_8H_{18}）作为汽油的代表，因为这样可以合理地反映商业燃料的物理-化学性质。

假设气体成分在压缩期间保持不变。在压缩结束状态时，可以利用等熵关系$S_{1,\mathrm{T1}}=S_{2,\mathrm{T2}}$和理想气体热状态方程

$$p \cdot V = \sum_i \sigma_i \cdot R_{\mathrm{m}} \cdot T$$

式中，p为压力；V为比体积；T为温度；R_{m}为常用气体常数；σ_i为组分i的比摩尔数。经计算后得出：

$$\sum_i \sigma_{i,1} \cdot \left(s_{i,\mathrm{T1}}^0 - R_{\mathrm{m}} \cdot \ln \frac{p_1}{p^0}\right) = \sum_i \sigma_{i,2} \cdot \left(s_{i,\mathrm{T2}}^0 - R_{\mathrm{m}} \cdot \ln \frac{p_2}{p^0}\right) \tag{5.8}$$

式中，$s_{i,\mathrm{T1}}^0$代表在标准压力p^0和温度T下物质组分i的熵。

此处方程的解可以用迭代的方法解出。

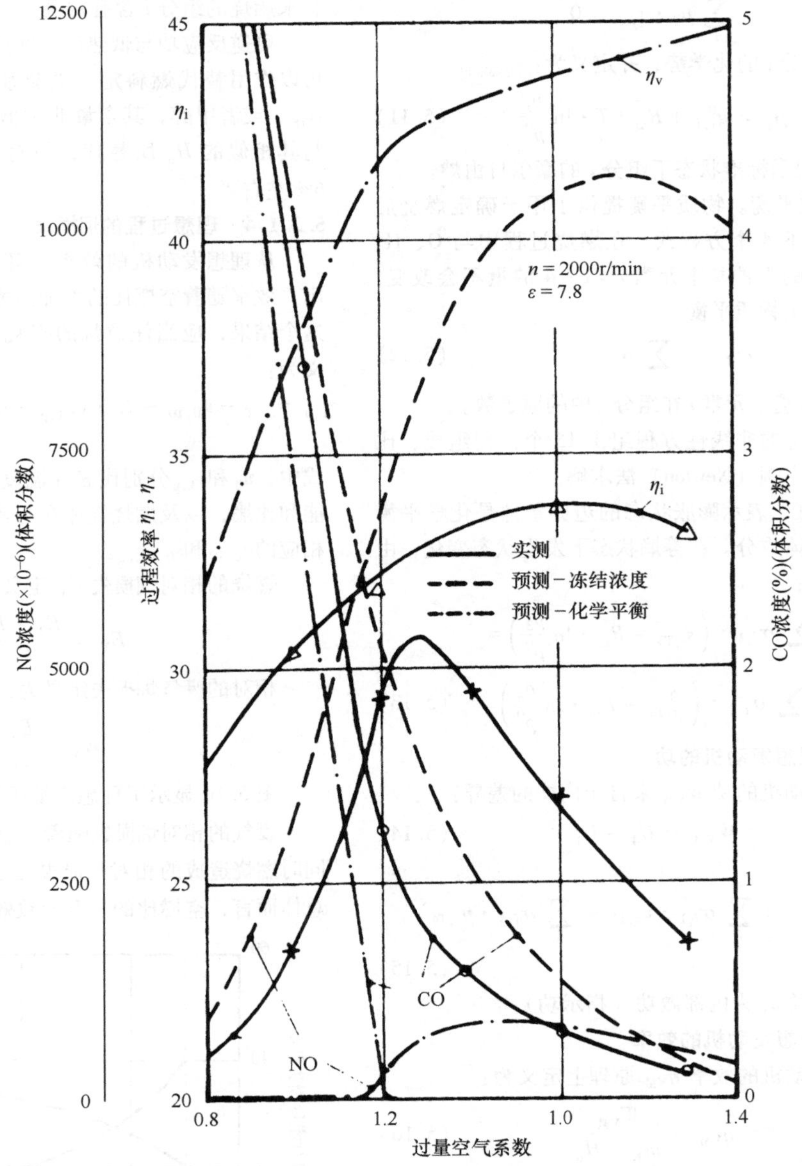

图 5.9 理想发动机在工作过程中计算得到的参数与在发动机试验台上测得的参数[16]

2）等容绝热燃烧。假设存在一个总的化学平衡。例如燃烧产物包括以下成分：

CO、CO_2、N_2、NO、NO_2、NH_3、O_2、O、H、N、H_2、H_2O 和 OH。

燃烧后气缸中的气体混合气的状态由压力 p_3、温度 T_3 和所涉及的组分（如示例为 13）比摩尔数来表征。为了确定这些参数，需要 15 个相互独立的方程。这些方程具体如下。

① 用于封闭系统的热力学第一定律。假设在燃烧过程中没有热量的流失和供给，也没有对外做功，由此可以得出 $du = 0$。这意味着内能没有发生变化。因此给出：

$$\sum_i \sigma_{i,2} \cdot u_{i,T2} = \sum_i \sigma_{i,3} \cdot u_{i,T3} \tag{5.9}$$

② 热状态方程。其形式为：

$$p_3 \cdot v_3 = \sum_i \sigma_i \cdot R_m \cdot T_3 \tag{5.10}$$

③ 化学平衡。这 13 种互相发生反应的气体成分，由基本元素氧、氮、氢和碳所组成。为了描述化学平衡，需要 9 个具有化学当量系数 $\tau_{j,i}$（$j = 1 \sim 9$）的独立的反应方程式：

$$\sum_i \mu_i \cdot \tau_{j,i} = 0$$

μ_i 是组分 i 的化学势，并定义为：

$$\mu_i = g_{i,\mathrm{T}}^0 + R_\mathrm{m} \cdot T \cdot \ln \frac{p_i}{p^0} \tag{5.11}$$

式中，$g_{i,\mathrm{T}}^0$ 表示标准状态下组分 i 的摩尔自由焓。

④ 物质平衡。物质平衡提供了用于确定燃烧后的状态的剩下 4 个方程式。在燃烧过程中与 O、H、N 和 C 对应的 4 种基本元素 $j=1\sim4$ 的量不会改变，由此可以得出物质平衡：

$$\sigma_{\mathrm{B},j} = \sum_i \alpha_{j,i} \cdot \sigma_i \tag{5.12}$$

式中，$\alpha_{j,i}$ 为基本元素 j 在组分 i 中的原子数。

由此产生的非线性方程组由 15 个方程组成，比如可以借助牛顿（Newton）法求解。

3）膨胀。表示膨胀状态的边界条件是化学平衡和恒定的气体成分。在等熵状态下发生状态变化，由此可以得出：

$$\sum_i \sigma_{i,3} \cdot \left(s_{i,\mathrm{T3}}^0 - R_\mathrm{m} \cdot \ln \frac{p_3}{p^0}\right) = \sum_i \sigma_{i,3} \cdot \left(s_{i,\mathrm{T4}}^0 - R_\mathrm{m} \cdot \ln \frac{p_4}{p^0}\right) \tag{5.13}$$

5.3.1.2 理想发动机的功

理想发动机的功 W_VM 来自于内能的差异：

$$W_\mathrm{VM} = U_4 - U_1 \tag{5.14}$$

以及

$$W_\mathrm{VM} = m \cdot \left(\sum_i \sigma_{i,1} \cdot u_{i,\mathrm{T1}} - \sum_i \sigma_{i,4} \cdot u_{i,\mathrm{T4}}\right) \tag{5.15}$$

式中，U 以及 u_i 为内部做功（指示功）。

5.3.1.3 理想发动机的效率

理想发动机的效率 η_VM 原理上定义为：

$$\eta_\mathrm{VM} = \frac{W_\mathrm{VM}}{m_\mathrm{Kr} \cdot H_\mathrm{u}} \tag{5.16}$$

式中，H_u 为燃料的低热值；m_Kr 为燃料的质量。

如果将效率定义为获得的过程功 W_VM 与理论上可获得的最大功的比值，则 $m_\mathrm{Kr} \cdot H_\mathrm{u}$ 必须由理论功 W_theo 来取代。参数 W_theo 可以看作在可逆过程控制中可获得的最大功或可逆反应功，这是由于新鲜混合气与废气状态的自由焓的差异所造成的：

$$W_\mathrm{theo} = \frac{H_\mathrm{T0}^n - H_\mathrm{T0}^{nn} - T_0 \cdot \left(\sum_i S_{i,\mathrm{p0,T0}}^n - \sum_i S_{i,\mathrm{p0,T0}}^{nn}\right)}{m_\mathrm{Kr}} \approx H_\mathrm{u} \tag{5.17}$$

式中，H_T0^n 和 H_T0^{nn} 是在环境条件下燃烧和未燃烧的物质流含有的焓；$S_{i,\mathrm{p0,T0}}^n$ 和 $S_{i,\mathrm{p0,T0}}^{nn}$ 是在环境条件下燃烧和未燃烧的组分 i 含有的熵。

可逆反应功与低热值之间的区别在于，对于一些可以作用替代燃料定义的物质，比如说 C_7H_{14} 和 C_8H_{18}，或者甲醇，其含量非常低，W_theo 才可以被大约与其相似的 H_u 所替代，但对于氢来说，差异量在 6% 左右[16]。

5.3.1.4 理想过程的㶲损失

从理想发动机的效率原理上的变化过程可以看出，效率随着空燃比的增加而增加。为了进一步讨论这个结果，应当注意㶲的损耗。封闭系统的比㶲定义为：

$$e_\mathrm{T,p} = u_\mathrm{T} - u_\mathrm{0,T0} - T_0 \cdot (s_\mathrm{T,p} - s_\mathrm{0,T0,p0}) + p_0 \cdot (v - v_0) \tag{5.18}$$

式中，u_T 和 $s_\mathrm{T,p}$ 分别代表在温度 T 和压力 p 下的比内能和比熵，以及燃烧气体在与环境达到热力学平衡时相应的 $u_\mathrm{0,T0}$ 和 $s_\mathrm{0,T0,p0}$。

燃烧的相对㶲损失 E_V 定义为：

$$E_\mathrm{V} = \frac{E_2 - E_3}{E_1} \tag{5.19}$$

相对的废气㶲损失定义为：

$$E_\mathrm{A} = \frac{E_4}{E_1} \tag{5.20}$$

图 5.10 显示了理想汽油机相对㶲损失的变化。

废气的相对㶲损失随着空燃比上升而下降，与此同时燃烧造成的相对㶲损失随着空燃比上升而上升。总体而言，空燃比的上升导致效率的上升。

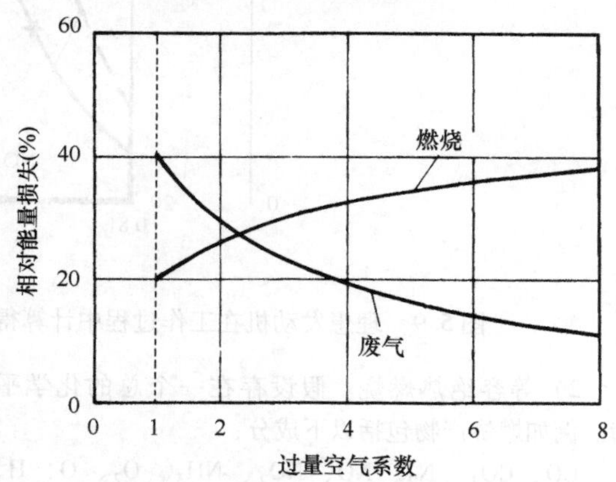

图 5.10 燃烧和废气造成的㶲损失（根据文献［16］）

5.3.2 接近实际的工作过程

简单的循环过程和理想发动机的过程都只能提供在真实发动机运行过程的有限信息。因此，需要能够更接近真实过程的模型。特别是有关平均指示压力、指示效率、燃烧过程（燃烧功能）、燃烧温度、有害物形成等内容是值得期望的。这样的结论是可以通过诸如双区模型的描述来获得。

进一步的模型计算基于喷油率曲线的预设定，借助于该模型可以描述燃烧过程和 NO 排放[8,17,18]或使用具有指定等效燃烧过程的单区模型[19]。

其中许多模型都没有考虑反应进程，而是使用与通过燃烧释放能量相关的合适函数[20]，例如韦伯（Vibe）函数[21]。

进一步的热力学考虑可能导致模型不仅包括参数随时间的变化而变化，而且还包括空间坐标。但是，由于它们的多维性，它们需要很高的计算能力。

5.3.2.1　零维模型

内燃机工作过程计算的简单模型是“零维”模型，又称为填充和排空方法[22]。其中，过程变量仅取决于时间而不是位置，且不考虑二维和三维流场。燃烧室和相邻的气体引导组件（例如进气管和排气管以及容器），开闭机构（如节流板、气门等）在物理上/数学上就流入和流出过程进行了描述。

模拟系统由具有相应的体积、流阻（节流和孔板）和管道的容器所组成。例如，节流和孔板模拟节流阀、EGR 阀和强烈的横截面变化[23]。在增压发动机中，通过相应的特性场考虑压气机和涡轮机。

考虑到热力学状态方程，质量和能量平衡方程的微分方程组的解提供了相应模型元素中的变量质量、温度和压力。

对于单区模型，作为“零维”模型，燃料的化学能量的热释放通常借助于替代燃烧过程预先确定。系统描述了在定义好的系统限制下的质量和能量平衡。为此，所需的平衡方程考虑燃烧室中燃料供给的不同可能性，由此产生的燃料制备（蒸发）的不同边界条件很重要。除了能量释放外，通常还需要关于传热[6,7,23,24]和气体交换的假设。

“零维”模型的另一个变体是两区模型。模型中，燃烧室划分为两个区域，它们由所谓的火焰前锋分开。

第一区代表未燃烧的空气和燃料的混合气，第二区代表处于 OHC（氧 - 氢 - 碳）平衡状态的燃烧产物。虚构的、空间上不存在的火焰前锋也被认为是无质量的，它将两个区域分开。这些模型考虑了反应动力学的影响，可以得出关于给定燃烧过程中 NO_x 形成的结论[9]。

图 5.11 显示了两区模型的示意图。

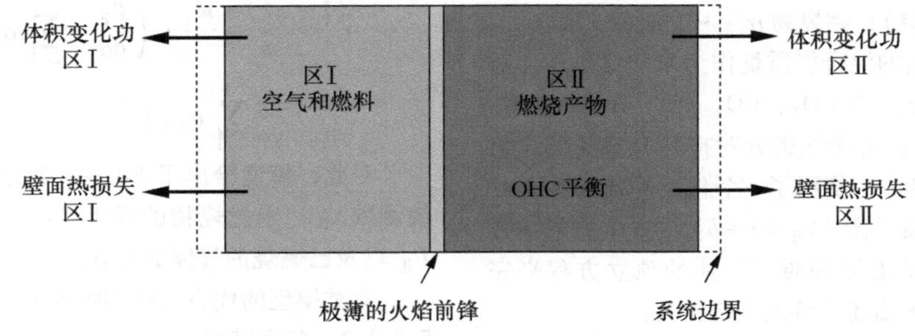

图 5.11　两区模型示意图

■ 确定燃烧特性的模型

由于实际上不可能直接确定发动机在燃烧过程中时间上的物质转换，因此人们使用模型计算。尽管进行了简化，但经验表明，这样至少可以很好地做出定性陈述。

下面的描述基于热力学的模型，其定义如下：

- 使用在发动机中测得的压力变化曲线进行过程计算。
- 点火时，气缸内的气体由残留气体和新鲜混合气所组成。
- 流入气缸中的质量在气缸内保持不变（无质量损失）。
- 在气体压缩过程中不会发生化学反应。
- 在燃烧过程中气缸中的充量由涉及压力、温度和成分的两个均匀区域所组成（区 1 = 未燃烧；区 2 = 已燃烧）。
- 这两个均匀的区域由一个极薄的火焰前锋隔开，并且彼此之间交换质量，但不交换热量。
- 区 1 在等焓下发生状态变化。
- 从“火焰前锋”出来的气体转移到区 2，并与之混合形成新的平衡状态。
- 每个区域（“未燃烧”“已燃烧”）到燃烧室壁之间的热传递遵循预定的规律。
- 区 1 的成分在燃烧中不发生变化。

其目的是确定温度作为燃烧物和未燃烧物中的时间的函数，以及燃烧物中的比摩尔数和所谓的燃烧函数，即已燃烧的燃料质量占总燃料质量的比例。在未燃区，按照定义，比摩尔数不变。从这些参数中可以得出有关燃烧速度、燃烧持续期和燃烧延迟的结论。然后，按以下步骤进行过程计算，作为时间或曲轴转角 α 的函数。

1. 反应开始时气缸充量

用热力学状态方程：

$$p \cdot V = \sum_i \sigma_i \cdot R_m \cdot T \tag{5.21}$$

进而，根据经验确定燃烧室压力、活塞上方的容积和新鲜气体成分的参数，即可确定缸内温度。

2. 燃烧过程

未燃烧的区Ⅰ：对于开式系统，热力学状态方程和热力学第一定律为

$$p \cdot V_{\mathrm{I}} = \sum_i \sigma_{i\mathrm{I}} \cdot R_m \cdot T_{\mathrm{I}} \tag{5.22}$$

和

$$\frac{dT_{\mathrm{I}}}{d\alpha} = \frac{1}{\sum_{i=1}^{k_{\mathrm{I}}} \sigma_{i\mathrm{I}} \cdot c_{p\mathrm{mi}}(T_{\mathrm{I}})} \cdot \left(\frac{dq_{\mathrm{I}}}{d\alpha} + \frac{R_m \cdot T_{\mathrm{I}}}{p} \cdot \frac{dp}{d\alpha} \cdot \sum_{i=1}^{k_{\mathrm{I}}} \sigma_{i\mathrm{I}} \right) \tag{5.23}$$

区Ⅱ（已燃烧）：燃烧物 $\sigma_{i\mathrm{II}}$ 中的比摩尔数 k_{II}、温度 T_{II} 和已转换的混合气质量作为未知量出现。对区Ⅱ的气体成分，如 CO_2、CO、OH、H、O、O_2、H_2O、H_2 和 N_2，作为惰性组分对待是有意义的。为了确定比摩尔数 k_{II}，使用了 r 个化学平衡的独立方程和来自基本物质平衡（$k_{\mathrm{II}} = r + b$）的 b 个方程。方程组由燃烧部分的温度和质量转换的独立方程来完成。用燃烧函数来描述其特点，定义为：

$$x_B = \frac{m_{\mathrm{II}}}{m_{\mathrm{ges}}} \tag{5.24}$$

它给出了 r 方程的形式：

$$\sum_{i=1}^{k_{\mathrm{II}}} V_{i,j} \cdot \left[S^0_{\mathrm{mi}}(T_{\mathrm{II}}) - R_m \cdot \ln \frac{\sigma_{i\mathrm{II}}}{\sum_{i=1}^{k_{\mathrm{II}}} \sigma_{i\mathrm{II}}} \cdot \frac{p}{p^0} \right] \cdot$$

$$\frac{dT_{\mathrm{II}}}{d\alpha} - \frac{dp}{d\alpha} \cdot \frac{R_m \cdot T_{\mathrm{II}}}{p} \cdot \sum_{i=1}^{k_{\mathrm{II}}} V_{i,j} = R_m \cdot T_{\mathrm{II}} \cdot$$

$$\sum_{i=1}^{k_{\mathrm{II}}} V_{i,j} \cdot \left(\frac{V_{i,j}}{\sigma_{i\mathrm{II}}} - \frac{\sum_{i=1}^{k_{\mathrm{II}}} V_{i,j}}{\sum_{i=1}^{k_{\mathrm{II}}} \sigma_{i\mathrm{II}}} \right) \cdot \frac{d\sigma_{i\mathrm{II}}}{d\alpha} \tag{5.25}$$

和来自基本物质平衡的 b 方程：

$$\sum_{i=1}^{k_{\mathrm{II}}} a_{i,l} \cdot \frac{d\sigma_{i,\mathrm{II}}}{d\alpha} = 0 \tag{5.26}$$

式中，$l = 1, \cdots, b$

燃烧温度的方程式为：

$$\frac{dT_{\mathrm{II}}}{d\alpha} = \frac{1}{x_B \cdot \sum_{i=1}^{k_{\mathrm{II}}} \sigma_{i,j} \cdot cp_{\mathrm{mi}}(T_{\mathrm{II}})} \times \left[\sum_{i=1}^{k_{\mathrm{II}}} h_{i,\mathrm{Fla}} - \sum_{i=1}^{k_{\mathrm{II}}} \sigma_{i,j} \cdot H_{\mathrm{mi}}(T_{\mathrm{II}}) \right] \frac{dx_B}{d\alpha} - x_B \cdot \sum_{i=1}^{k_{\mathrm{II}}} H_{\mathrm{mi}}(T_{\mathrm{II}}) \cdot \frac{d\sigma_{i,\mathrm{II}}}{d\alpha} \left(+ x_B \cdot \frac{dq_{\mathrm{II}}}{d\alpha} + \frac{x_B}{p} \cdot R_m \cdot T_{\mathrm{II}} \cdot \frac{dp}{d\alpha} \cdot \sum_{i=1}^{k_{\mathrm{II}}} \sigma_{i,j} \right) \tag{5.27}$$

燃料转换百分比方程为：

$$\frac{dx_B}{d\alpha} = \frac{1}{\frac{R_m}{p}\left(T_{\mathrm{II}} \cdot \sum_{i=1}^{k_{\mathrm{II}}} \sigma_{i,\mathrm{II}} - T_{\mathrm{I}} \cdot \sum_{i=1}^{k_{\mathrm{I}}} \sigma_{i,\mathrm{I}} \right)} \cdot \left(\frac{dV}{m \cdot d\alpha} - \frac{x_B \cdot R_m}{p} \right) \times \left(\frac{dT_{\mathrm{II}}}{d\alpha} \cdot \sum_{i=1}^{k_{\mathrm{II}}} \sigma_{i,\mathrm{II}} + T_{\mathrm{II}} \cdot \sum_{i=1}^{k_{\mathrm{II}}} \frac{d\sigma_{i,\mathrm{II}}}{d\alpha} - \frac{T_{\mathrm{II}}}{p} \cdot \frac{dp}{d\alpha} \sum_{i=1}^{k_{\mathrm{II}}} \sigma_{i,\mathrm{II}} \right) - \frac{(1 - x_B) \cdot R_m}{p} \cdot \left(\frac{T_{\mathrm{I}}}{d\alpha} \cdot \sum_{i=1}^{k_{\mathrm{I}}} \sigma_{i,\mathrm{I}} - \frac{T_{\mathrm{I}}}{p} \cdot \frac{dp}{d\alpha} \sum_{i=1}^{k_{\mathrm{I}}} \sigma_{i,\mathrm{I}} \right) \tag{5.28}$$

对此，模型给出了 $k_{\mathrm{II}} + 3$ 个方程，用于确定燃烧函数 x_B、未燃烧物的温度 T_{I}、已燃烧物的温度 T_{II} 以及已燃烧的气体成分 $\sigma_{1,\mathrm{II}} \cdots \sigma_{8,\mathrm{II}}$。

此类模型的代表结论如图 5.12 和图 5.13 所示。

5.3.2.2 多维模型

多维模型将发动机行为流程仿真中的经过描述为时间和位置的函数，在那里有三个位置坐标需要注意。特别是气体流入气缸和在气缸中的流动是可以表示的。这对于与过程相关的参数，如涡流和滚流的形成，进行计算或者观察是很重要的。但是它也可以映射排气过程、换气过程、废气再循环等。这些过程称为 CFD 模拟，因为生成了计算所需的网络并且必须定义相应的初始/边界条件，所以它们很复杂[22,24]。

多维模型描述了在发动机特性的过程模拟中，工作过程与时间和位置的函数关系，其中考虑了三个坐标。尤其是，因此可以表示气缸中的流入特性和流动特性。这对于计算或考虑与过程相关的参数（例如涡流和滚流形成）很重要。但也可以用它描述流出过程、气体交换、EGR 等。这些称为 CFD 模拟的方

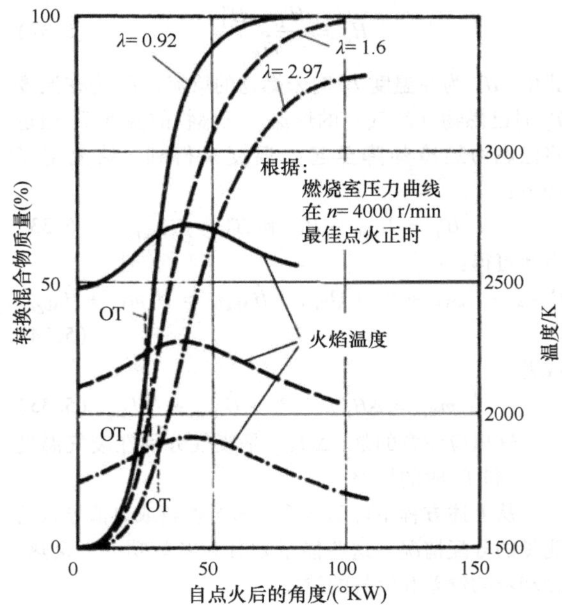

图5.12　使用两区模型（甲醇－H_2）计算的燃烧函数和火焰温度

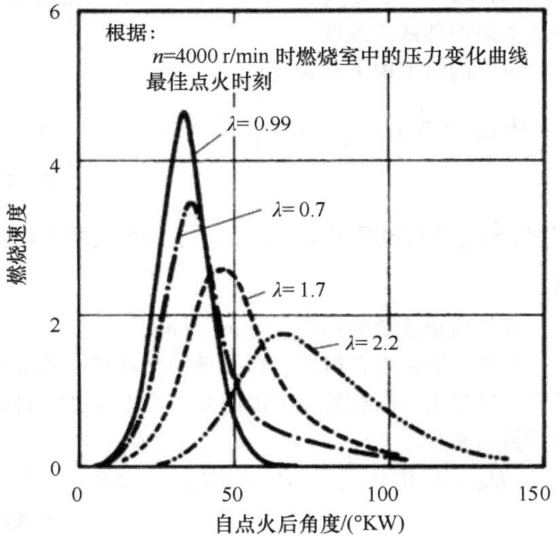

图5.13　使用两区模型（甲醇－H_2）计算的燃烧速度

法很复杂，因为要生成计算所需的网络，并且必须确定相应的初始/边界条件[22,24]。

如果计算中包括能量和物质的反应动力学过程和传输过程，则复杂程度将进一步显著提高。

■ 无流体力学叠加的多维燃烧仿真模型

即使没有反应动力学过程的叠加，由于流体力学条件而产生的过程使得计算工作量也是非常大的。此模型的主要障碍是燃料（例如汽油）的部分未知或仅部分可用的反应过程，该燃料是许多单一成分的混合物。因此，通常只能使用碳氢化合物燃料中的单一成分进行模型计算。

如果在模型计算中包括诸如气体中的扩散和热传导等传输过程，则与例如零维两区模型相比，可以更好地逼近发动机的真实燃烧过程。

其前提条件是，可以显示重要的过程变量的时间和空间特性。对此平衡方程的必要公式是基于不可逆过程的热力学。考虑到连续系统，即诸如温度、压力、密度之类的主要状态变量是位置和时间的恒定函数。平衡方程式描述了每个体积元素的局部变化。除了允许元素的形成或降解的源热之外，还存在与相邻元素的能量和物质的交换[4]。如果忽略摩擦影响以及时间上的和局部的压力梯度的影响，描述这种系统的基本方程是量平衡和能量平衡。

1）量平衡：考虑到化学反应和扩散的影响，导致比摩尔数 σ_i 的变化：

$$\rho\frac{\partial\sigma_i}{\partial t} = -V\cdot\rho\frac{\partial\sigma_i}{\partial x} - \frac{\partial I_i}{\partial x} + \sum_{j=1}^{r}(V_{j,i}^{n} - V_{j,i}^{nn})\cdot J_j \tag{5.29}$$

2）能量平衡：没有考虑外力场，摩擦影响以及地点和时间上的压力梯度：

$$\sum_{i=1}^{k}\sigma_i\cdot\rho\frac{\partial H_{m,i}}{\partial t} = -\sum_{i=1}^{k}H_{m,i}\sum_{j=1}^{r}\cdot(v_{j,i}^{n} - v_{j,i}^{nn})\cdot J_j - \mathrm{div}\,I_Q\sum_{i=1}^{k}\sigma_i\cdot\rho\cdot V\cdot \mathrm{grad}\,H_{m,i} - \sum_{i=1}^{k}I_i\cdot\mathrm{grad}\,H_{m,i} \tag{5.30}$$

式中，i 为气体中被允许存在的数量；j 为被允许存在的化学反应的数量；nn 为已经燃烧的物质；n 为未燃烧的物质；I_j 为扩散气流密度；J_j 为反应 j 的反应速度；I_Q 为热流，$H_{m,i}$ 为组分 i 的分摩尔焓。

5.4　效率

简单的循环过程（5.2节）研究给出了热效率 η_{th} 的定义，它被看作选定的过程变化时，可能达到的最大效率。在如上所述的前提下，“理想发动机”的效率记为 η_v，η_v 在相同的过程进展下比 η_{th} 要小。

计算模型与真实过程越接近，距离理想化就越远；所获得的效率总是越低或与真实情况越接近。

“理想发动机”的效率与实际发动机的指示效率 η_i 的偏差由以下因素决定：

－ 不完全燃烧和燃烧过程：废气仍含有可以继续氧化的物质，这代表着在循环过程中还有未被利用的热值。除此之外，真实的燃烧过程与比较过程的燃烧过程有所偏差。

- 密封不严、热量损失、换气损失。

实际发动机的指示效率 η_i 可由高压区和低压区的示功图中得到。考虑其他的损失，如摩擦损失（传动机构摩擦、附件、辅助驱动装置等等）可进一步得到有效效率 η_e。

5.5 发动机的能量平衡

如果发动机稳定运转，即在固定的工况点上运行，该过程就可看作稳定的流动过程，在这个过程中产生技术功。为了描述能量平衡，人们定义了系统边界，并且可以看到流过这个边界的物质流和能量流，如图 5.14 所示。

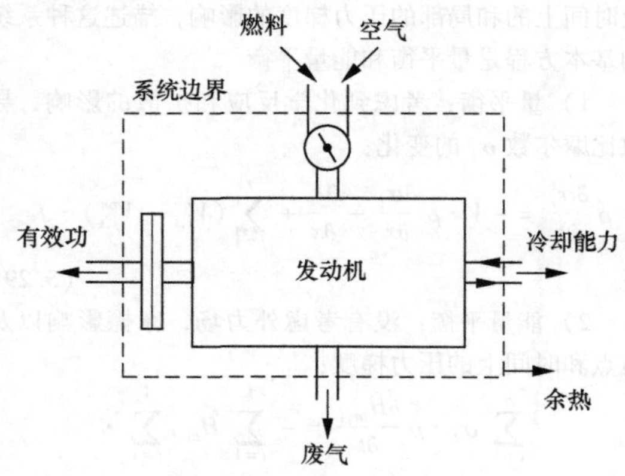

图 5.14　发动机中的物质流和能量流

具体来说，系统边界有以下流通过：

P_e = 有效功率

$\dot{Q}_{Rest}$ = 余热（由于热辐射、热传导、热对流传到环境的热流）

$\dot{H}_{Luft}$ = 空气的焓流

$\dot{H}_{Kr}$ = 燃料的焓流

$\dot{H}_{KWE}$ = 冷却液的焓流（进水口）

$\dot{H}_{KWA}$ = 冷却液的焓流（出水口）

$\dot{H}_{Abg}$ = 废气的焓流

■ 平衡方程

如果平衡通过控制室的物质流和能量流，结果如下：

$$\dot{H}_{Kr} + \dot{H}_{Luft} + \dot{H}_{KWE} = \dot{H}_{KWA} + P_e + \dot{Q}_{Rest} + \dot{H}_{AbgT_2} \tag{5.31}$$

忽略由于发动机中气流在进气口和出气口处速度不同造成的能量差。空气和燃料经过一个化学过程变为废气。为便于计算，使用了热值的定义：

$$H_u = \frac{H'_1 - H''_1}{\dot{m}_{Kr}} \tag{5.32}$$

式中，H'_1 为在温度 T_1 时未燃物的焓流；H''_1 为在温度 T_1 时已燃物（废气）的焓流。已燃物的温度 T_1 通过将已燃物经冷却降至起始温度来得到。焓流定义如下：

$$H'_1 = \dot{H}_{Luft} + \dot{H}_{Kr} \text{ 和 } H''_1 = \dot{H}_{AbgT_1} \tag{5.33}$$

由此可得：

$$\dot{H}_{KWA} - \dot{H}_{KWE} + P_e + \dot{Q}_{Rest} + \dot{H}_{AbgT_2} = H_u\dot{m}_{Kr} + \dot{H}_{AbgT_1} \tag{5.34}$$

或者

$$H_u\dot{m}_{Kr} = \Delta\dot{H}_{KW} + P_e + \dot{Q}_{Rest} + \Delta\dot{H}_{Abg} \tag{5.35}$$

这里应注意的是，$\Delta\dot{H}_{Abg}$ 是废气分别在废气温度为 T_2 和 T_1 时的焓差。

从上述方程中可明显看出通过燃料或热值导入的能量的分配情况。这些能量划分为有效功率、余热、冷却液的焓差和废气的焓差。

冷却液的焓由下式决定：

$$\Delta\dot{H}_{KW} = \dot{m}_{KW} \cdot c_W \cdot (T_{KWA} - T_{KWE}) \tag{5.36}$$

式中，$\dot{m}_{KW}$ 为冷却液流量；c_W 为冷却液的比热（4185kJ/kg · K）；T_{KWA} 为出水口冷却液的温度；T_{KWE} 为进水口冷却液的温度。

废气的焓差由下式决定：

$$\Delta\dot{H}_{Abg} = \dot{m}_{Abg} \cdot \left(c_{pAbg}\Big|_0^{T_2} T_2 - c_{pAbg}\Big|_0^{T_1} T_1 \right) \tag{5.37}$$

式中，$\dot{m}_{Abg}$ 为废气质量流量；$c_{pAbg}\Big|_0^{T}$ 为废气的平均比热。

废气质量流量为：$\dot{m}_{Abg} = \dot{m}_L + \dot{m}_{Kr}$。

余热主要包含辐射热、热传导、热对流，是可计算的，这是由于所有其他的值的大小可以通过实测数据计算出来

$$\dot{Q}_{Rest} = H_u \cdot \dot{m}_{Kr} - P_e - \Delta\dot{H}_{KWA} - \Delta\dot{H}_{Abg} \tag{5.38}$$

参考文献

使用的文献

[1] Behr, H.D.: Thermodynamik. Springer, Berlin, Heidelberg, New York (1989)

[2] Pischinger, R., Kraßnig, G., Taucar, G., Sams, T.: Thermodynamik der Verbrennungskraftmaschine Die Verbrennungskraftmaschine Neue Folge, Bd. 5. Springer, Wien (1989)

[3] Heywood, J.B.: Internal Combustion Engine Fundamentals. McGraw Hill International Editions, New York (1988)

[4] Schäfer, F.: Thermodynamische Untersuchung der Reaktion von Methanol-Luft-Gemischen unter der Wirkung von Wasserstoffzusatz VDI Fortschrittberichte, Reihe 6, Ener-

gietechnik/Wärmetechnik, Bd. 120. VDI Verlag, Düsseldorf (1983)
[5] Eiglmeier, C., Merker, G.P.: Neue Ansätze zur phänomenologischen Modellierung des gasseitigen Wandwärmeübergangs im Dieselmotor. MTZ 61, 5 (2000)
[6] Bargende, M.: Ein Gleichungsansatz zur Berechnung der instationären Wandwärmeverluste im Hochdruckteil von Ottomotoren, Dissertation. TH Darmstadt, 1990
[7] Woschni, G.: Die Berechnung der Wandwärmeverluste und der thermischen Belastung der Bauteile von Dieselmotoren. MTZ 31, (1970)
[8] Mollenhauer, K.: Handbuch Dieselmotoren. Springer, (1997)
[9] Heider, G., Woschni, G., Zeilinger, K.: 2-Zonen Rechenmodell zur Vorausberechnung der NO-Emission von Dieselmotoren. MTZ 59, 11 (1998)
[10] Torkzadeh, D. D.; Längst, W.; Kiencke, U.: Combustion and Exhaust Gas Modeling of a Common Rail Diesel Engine – an Approach, SAE 2001-01-1243
[11] Jungbluth, G., Noske, G.: Ein quasidimensionales Modell zur Beschreibung des ottomotorischen Verbrennungsablaufs, Teil 1 und Teil 2. MTZ 52, (1991)
[12] Stiech, G.: Phänomenologisches Multizonen-Modell der Verbrennung und Schadstoffbildung im Dieselmotor VDI Fortschrittberichte, Reihe 12, Verkehrstechnik/Fahrzeugtechnik, Bd. 399. VDI Verlag, Düsseldorf (1999)
[13] Ohyama, Y.; Yoshishige, O.: Engine Control Using a Real Time Combustion Model, SAE 2001-01-0256
[14] Basshuysen, R. van, Schäfer, F. (Hrsg.): Lexikon Motorentechnik. Der Verbrennungsmotor von A–Z. Vieweg Verlag, Wiesbaden (2006)
[15] Zima, S.: Unveröffentlichte Darstellungen
[16] Jordan, W.: Erweiterung des ottomotorischen Betriebsbereiches durch Verwendung extrem magerer Gemische unter Einsatz von Wasserstoff als Zusatzkraftstoff, Dissertation 1977, Universität Kaiserslautern
[17] Chmela, F., Orthaber, G., Schuster, W.: Die Vorausberechnung des Brennverlaufs von Dieselmotoren mit direkter Einspritzung auf der Basis des Einspritzverlaufs. MTZ 59, 7 (1998)
[18] Sams, T., Regner, G., Chmela, F.: Integration von Simulationswerkzeugen zur Optimierung von Motorkonzepten. MTZ 61, 9 (2000)
[19] Barba, C., Burkhard, C., Boulouchos, K., Bargende, M.: Empirisches Modell zur Vorausberechnung des Brennverlaufs bei Common-Rail-Dieselmotoren. MTZ 60, 4 (1999)
[20] Codan, E.: Ein Programm zur Simulation des thermodynamischen Arbeitsprozesses des Dieselmotors. MTZ 57, 5 (1996)
[21] Vibe, I.: Brennverlauf und Kreisprozess von Verbrennungsmotoren. VEB Verlag Technik, Berlin (1970)
[22] Ramos, J.I.: Internal Combustion Engine Modelling. Hemisphere Publishing Corporation, New York (1998)
[23] Ferziger, J.H., Peric, M.: Computational Methods for Fluid Dynamics. Springer, Berlin, Heidelberg, New York (1996)
[24] Kleinschmidt, W.: Der Wärmeübergang in aufgeladenen Dieselmotoren aus neuerer Sicht 5. Aufladetechnische Konferenz, Augsburg. (1993)
[25] Seiffert, H.: Instationäre Strömungsvorgänge in Rohrleitungen an Verbrennungskraftmaschinen. Springer Verlag, Berlin, Göttingen, Heidelberg (1962)
[26] Merker, G.P., Kessen, U.: Technische Verbrennung: Verbrennungsmotoren. Teubner Verlag, Stuttgart (1999)
[27] Merker, G., Schwarz, C., Stiesch, G., Otto, F.: Verbrennungsmotoren Simulation der Verbrennung und Schadstoffbildung. Teubner Verlag, (2004)

进一步阅读的文献

[28] Schwaderlapp, M., Bick, W., Duesemann, M., Kauth, J.: 200 bar Spitzendruck, Leichtbaulösungen für zukünftige Dieselmotorblöcke. MTZ 65, (2004)

第 6 章 传动机构

工学博士 Stefan Zima 教授，工学博士 Claus Breuer 教授，
工学博士 Fred Schäfer 教授

6.1 曲柄连杆机构

6.1.1 结构和功能

传动机构（曲柄连杆机构的俗称）是往复式活塞发动机的功能组，可有效地将往复（来回）运动转换为旋转运动，反之亦然。鉴于做功量、效率和技术可行性，尽管它有一些明显的缺点，但它仍可以较好地实现热机的热力学过程，所以仍必须使用它：

- 自由质量效应限制了转速，从而限制了功率的拓展。

- 不均匀的动力传递，其控制需要采取特殊措施，例如多缸发动机、合适的起动和点火次序、质量平衡和质量平衡变速器。

- 引发扭转振动，这对曲轴和动力总成有很高的要求。

- 与力的额定值相比高的力的变化的波动性。

- 与具有高应力峰值的力传动相关的，不合适的部件几何形状。

- 高的摩擦应力。

曲柄机构由带活塞环的活塞、活塞销、连杆，带配重的曲轴和轴承（连杆衬套，连杆轴承，曲轴基础轴承）所组成，见图 6.1。

图 6.1 V8 乘用车汽油机的曲柄连杆机构

出于以下考虑，将曲柄连杆机构简化为运动学相关的部分。曲柄连杆机构的各个部分执行不同的运动（图 6.2）：

- 活塞在气缸中往复运动。
- 连杆。
  - 连杆通过小连杆孔与活塞销铰接，同时往复运动。
  - 大的连杆孔（铰接在曲柄销上）跟随其旋转。
  - 连杆轴在曲柄圆平面内摆动。
- 曲轴旋转。

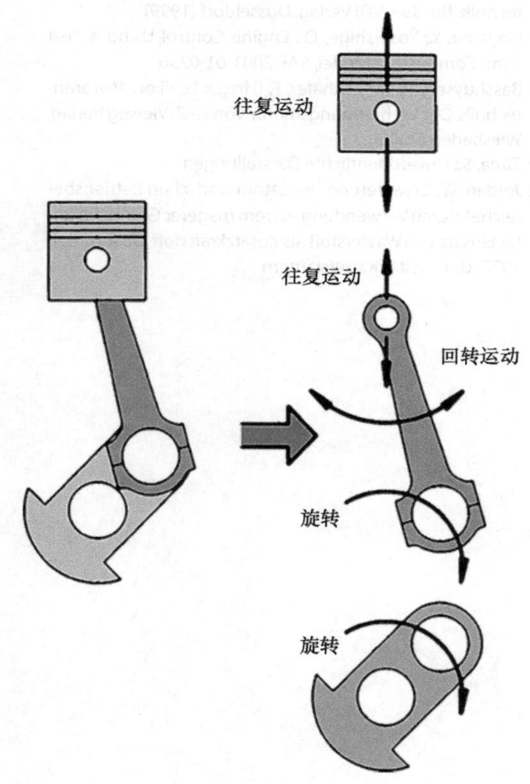

图 6.2 传动装置部件的运动

在曲轴旋转时活塞从上向下移动，再回到上止点；借此它走完了两个行程。在该运动中它经历了加速和减速。传动装置的运动，即活塞的相应位置，由

曲轴转角 φ（气缸轴线与曲柄之间的角度）来描述。

活塞运动通过活塞行程与曲轴转角的关系 $s=f(\varphi)$ 来描述，并由此给出几何关系（图6.3）。

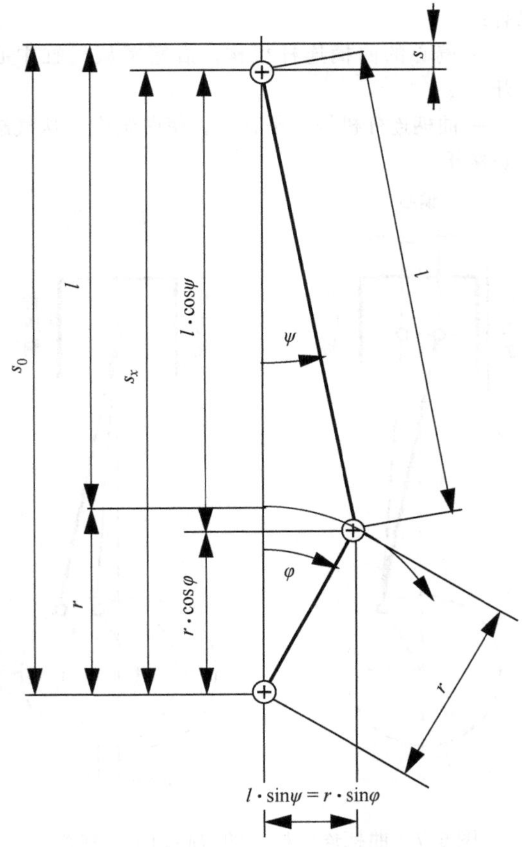

图6.3 曲柄连杆机构的几何关系

r = 曲柄半径

s = 活塞行程

l = 连杆长度

v = 活塞速度

$\lambda=\frac{r}{l}$ = 连杆比

a = 活塞加速度

$$s_0=l+r \tag{6.1}$$

$$s_x=r\cdot\cos\varphi+l\cdot\cos\psi \tag{6.2}$$

$$s=s_0-s_x \tag{6.3}$$

$$s=l+r-(r\cdot\cos\varphi+l\cdot\cos\psi) \tag{6.4}$$

曲轴转角 φ 和连杆回转角度 ψ 之间的关系如下所示：

$$\psi=\arctan\frac{\lambda\cdot\sin\varphi}{\sqrt{1-\lambda^2\cdot\sin^2\varphi}} \tag{6.5}$$

$$s=r\cdot\left[1-\cos\varphi+\frac{1}{\lambda}\cdot\left(1-\sqrt{1-\lambda^2\cdot\sin^2\varphi}\right)\right] \tag{6.6}$$

由于活塞位移方程中的平方根表达式难以处理，因此将其替换为一个快速收敛的级数，通常可以在第二项之后断开，因为 λ 和 $\sin\varphi$ 都小于1。

$$\sqrt{1+x}=1+\frac{1}{2}x-\frac{1}{8}x^2+\frac{1}{16}x^3-\cdots \tag{6.7}$$

$$x=-\lambda^2\cdot\sin^2\varphi \tag{6.8}$$

由此得到简化的活塞位移方程（图6.4）：

$$s=r\cdot\left(1-\cos\varphi+\frac{1}{2}\cdot\lambda\cdot\sin^2\varphi\right) \tag{6.9}$$

根据对时间进行微分可得到活塞速度（图6.5）。

$$v=r\cdot\omega\cdot\left(\sin\varphi+\frac{1}{2}\cdot\lambda\cdot\sin2\varphi\right) \tag{6.10}$$

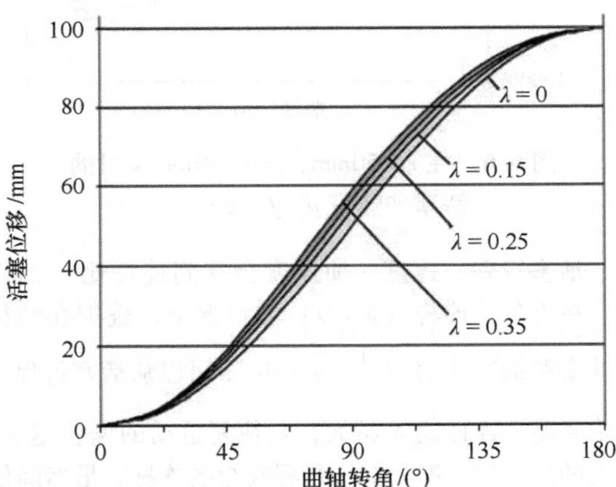

图6.4 在 $r=50$mm 时的活塞位移 $s=f(\varphi;\ \lambda)$

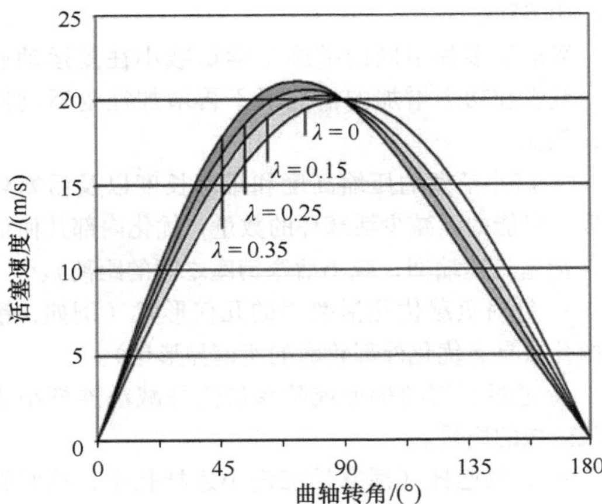

图6.5 在 $r=50$mm，$\omega=400$rad/s 时的活塞速度 $v=f(\varphi;\ \lambda)$

活塞平均速度是一圈内两个行程所经过的位移，

基于相关的时间 $t = 1/n$

$$v_m = 2 \cdot s \cdot n \tag{6.11}$$

将活塞位移方程对时间微分两次可以得到活塞加速度（图 6.6）：

$$a = r \cdot \omega^2 \cdot (\cos\varphi + \lambda \cdot \cos 2\varphi) \tag{6.12}$$

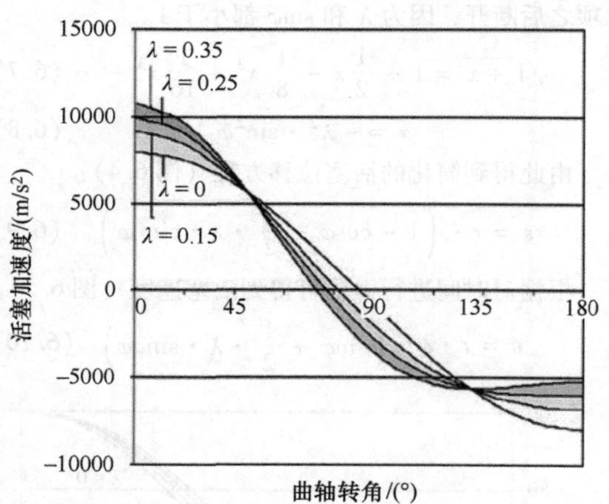

图 6.6　在 $r = 50\text{mm}$，$\omega = 400\text{rad/s}$ 时的活塞加速度 $a = f\ (\varphi;\ \lambda)$

活塞行程、速度、加速度会受到连杆比 λ 的影响。在无限长连杆（$\lambda = 0$）的情况下，叠加在纯往复的余弦振荡上的项 $\frac{1}{2} \cdot \lambda \cdot \sin^2\varphi$ 可以从活塞行程方程中省略。连杆比 λ 越大，与往复运动的偏差越大。较大的连杆比，即相对于行程较短的连杆，虽然降低了发动机的高度，但由于很大的连杆倾斜度而导致摩擦力大大增加。当今汽车发动机的常见 λ 值大约为 0.2 ~ 0.35。

采取了多种不同的措施来尝试减小往复运动质量，或者在功率增加的情况下不再增加往复运动质量，例如：

- 减小活塞的压缩高度和裙部长度以及活塞环高度，可能的话减少活塞环的数量；优化内部几何形状（活塞销座缩回，减小活塞销座之间的距离）。
- 针对负载优化活塞销的几何形状（例如，锥形内孔或具有优化外部轮廓的所谓异形销）。
- 通过所谓的梯形或阶梯形连杆减小连杆小头孔眼区域的质量。
- 夹紧连杆（活塞销缩进小连杆孔中，从而省去了销固定环和轴承衬套）。
- 小的连杆比，以减小二阶质量力（往复运动叠加的部分）。

随着发动机尺寸和负载的增加，活塞质量也会明显增加；如 V8 奥迪汽油机的“裸”活塞的质量为 355g[1]，保时捷 Carrera 发动机完整活塞的质量为 650g[2]。

通过曲柄连杆机构的水平移置或偏心，可以按意愿更改曲柄连杆机构的运动过程（图 6.7）。例如可以有：

- 偏心的曲柄连杆机构，活塞销从气缸中心移开。
- 曲柄连杆机构水平移置，使曲轴中心从气缸中心移开。

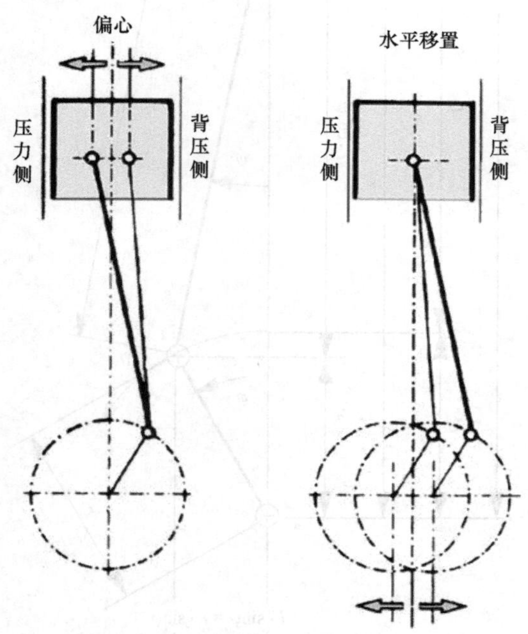

图 6.7　曲柄连杆机构的偏心和水平移置

水平移置和偏心的结合也是可以的。通过水平移置使得曲柄连杆机构的运动过程发生改变，进而使传动机构的伸展不再位于气缸的轴线上，活塞行程不再与下止点（UT）对称，往返的活塞速度采用了不同的值。根据水平移置是在活塞压力侧还是背压侧，出现与连杆长度有关的水平移置 y 的不同的符号，表示为 e[3,4]。水平移置的曲轴连杆机构的活塞行程、速度和加速度有下列等式：

$$e = \frac{y}{l} \tag{6.13}$$

$$s = r \cdot \left[\cos\varphi + \frac{1}{\lambda} \cdot \sqrt{1 - (\lambda \cdot \sin\varphi + e)^2}\right] \tag{6.14}$$

$$v = -r \cdot \omega\left[\sin\varphi + \frac{\cos\varphi \cdot (\lambda \cdot \sin\varphi + e)}{\sqrt{1 - (\lambda \cdot \sin\varphi + e)^2}}\right] \tag{6.15}$$

$$a = -r \cdot \omega^2 \cdot \left[\cos\varphi + \frac{\lambda \cdot \cos^2\varphi \cdot (\lambda \cdot \sin\varphi + e)^2}{[1 - (\lambda \cdot \sin\varphi + e)^2]^{2/3}} + \frac{\lambda \cdot \cos^2\varphi - \sin\varphi \cdot (\lambda \cdot \sin\varphi + e)}{\sqrt{[1 - (\lambda \cdot \sin\varphi + e)^2]}} \right] - r \cdot \dot{\omega} \cdot \left[\sin\varphi + \frac{\cos\varphi \cdot (\lambda \cdot \sin\varphi + e)}{\sqrt{1 - (\lambda \cdot \sin\varphi + e)^2}} \right] \quad (6.16)$$

水平移置和偏心的原因各有不同。在早期的发动机结构中，将曲柄连杆机构的水平移置值设定为行程的1/10左右[3]。因此，连杆在通过上止点时应保持在气缸轴线方向，以减小点火区域内的法向力（活塞侧向力），从而减小应力和磨损。如今，在VR型发动机（V角介于10°和20°之间的V形发动机）中，在应用水平移置时会考虑相对气缸的必要的间隙[4,5]。

如果法向力作用在活塞上的强度较小，则沿压力方向（在膨胀行程中活塞与气缸套接触的方向）上的偏心会使活塞更早地进行结构变换。由于其倾斜运动，活塞首先用“柔软的”下部（活塞裙部）接触气缸，这也减轻了冲击。因此，人们谈到了噪声——偏心降噪技术。最佳的偏心度通过试验来确定。车用柴油机采用热偏心，即向背压侧偏心。这使活塞（活塞工作循环内）更多地停留在气缸的中心，这对活塞环的密封效果产生了积极影响，并抵消了积炭在活塞火力岸的积聚（图6.8）。

6.1.2 曲柄连杆机构上的力

内燃机的曲柄连杆机构中的力来自燃烧室中的气体力和质量力。

传动机构上的力中的气体力和质量力部分取决于：

- 热力过程：汽油机/柴油机。
- 发动机设计：自然吸气/废气涡轮增压发动机。
- 特性场中的负荷工况点，例如，
- 高的气体力，低的质量力。
- 低的气体力，高的质量力。

由于往复式发动机不均匀的工作过程和运动过程，传动机构中的力在工作循环中会改变大小和方向。

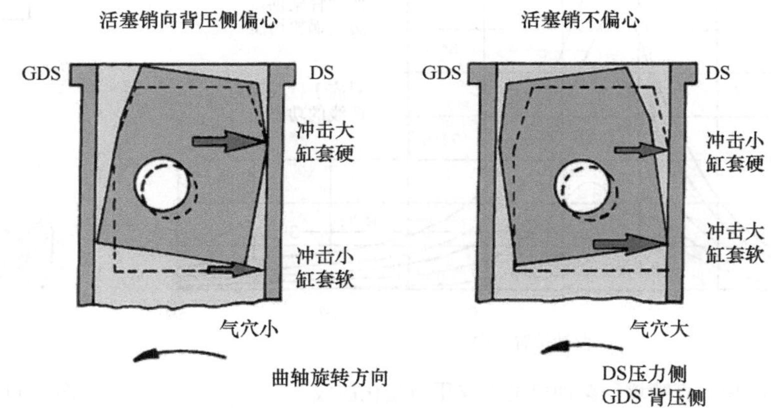

图6.8 活塞销偏心

在传动机构中，以下力是关键的力：

- 气体力。
- 往复运动质量力。
- 旋转运动质量力。

通过连杆的回转运动而产生的质量力简化为连杆的往复运动质量部分和旋转运动质量部分（6.1.4节，质量力）。以下考虑是基于在点火上止点之后的上止点后大约30°曲轴位置的力（图6.9）。

通过混合气燃烧所产生的气体压力取决于各种影响的程度和过程，例如：

- 热力学过程。
- 燃烧过程。
- 特性场中的负荷工况点。

气体压力通过工作过程计算或通过测量（测示功图）来确定（图6.10）。

往复运动质量力简化合并为力 F_{osz} 。这与该位置作用在活塞上的气体力相反。气体力和质量力一起产生活塞力 F_K 。

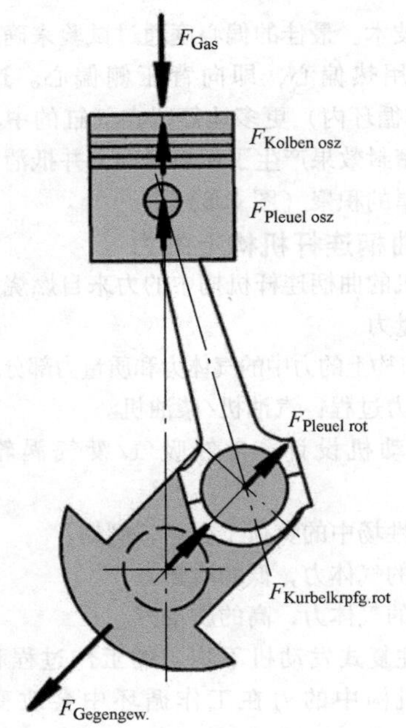

图 6.9　传动机构上的有效力

$$F_K = F_{Gas} + F_{Kol\ osz} + F_{Pleu\ osz}$$

$$F_{Gas} = p(\varphi) \cdot A_K \quad A_K = \frac{\pi}{4} \cdot d^2$$

$$F_{osz} = -m_{osz} \cdot r \cdot \omega^2 \cdot (\cos\varphi + \lambda \cdot \cos 2\varphi)$$

$$m_{osz} = (m_{Kol\ osz} + m_{Pleu\ osz})$$

$$F_K = p(\varphi) \cdot A_{Kol} - r \cdot \omega^2 \cdot m_{osz} \cdot (\cos\varphi + \lambda \cdot \cos 2\varphi) \tag{6.17}$$

由于连杆除了止点外，还处于偏离气缸轴线方向的位置，因此必须相应地改变活塞力 F_K。这导致了连杆力 F_{ST} 和法向（即垂直于气缸壁）作用的法向力 F_N（也称为活塞侧向力）（图 6.11 和图 6.12）。

$$F_{ST} = \frac{F_K}{\cos\psi} \tag{6.18}$$

$$F_N = -F_K \cdot \tan\psi \tag{6.19}$$

活塞力的符号变化以及法向力 F_N 的变化意味着它在工作循环中会多次改变其方向（图 6.13）。

活塞从气缸壁的一侧挤压到另一侧（所谓的活塞二次运动），产生不良后果：

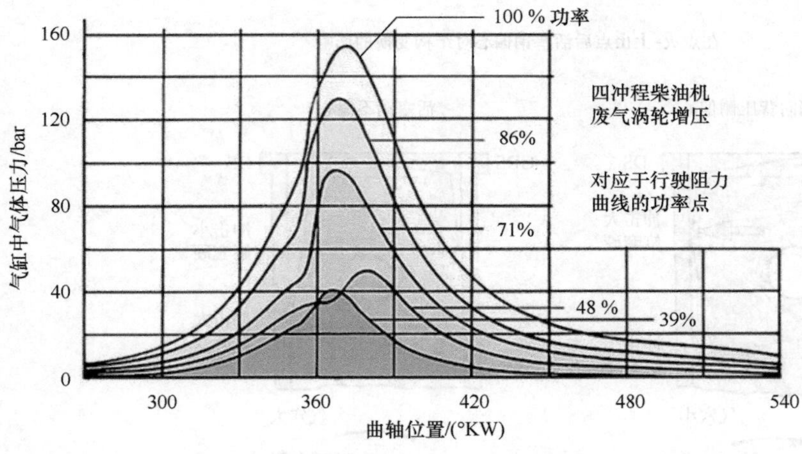

图 6.10　直喷增压柴油机的气体压力变化曲线

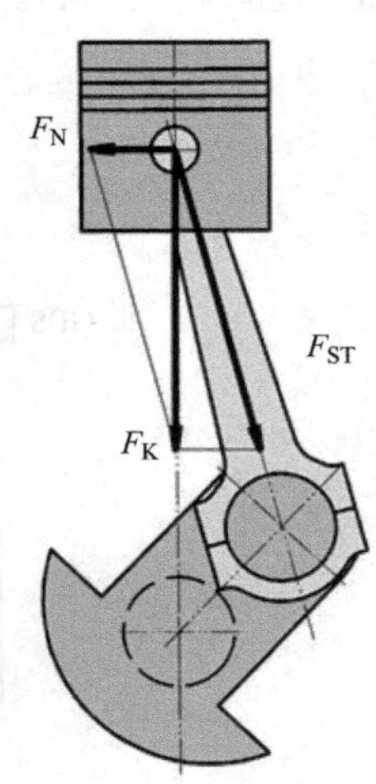

图 6.11　活塞力的分解

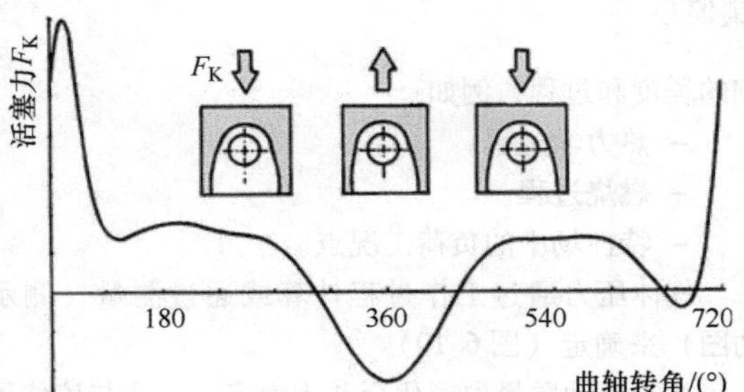

图 6.12　高速四冲程柴油机在工作循环中的活塞力的变化过程

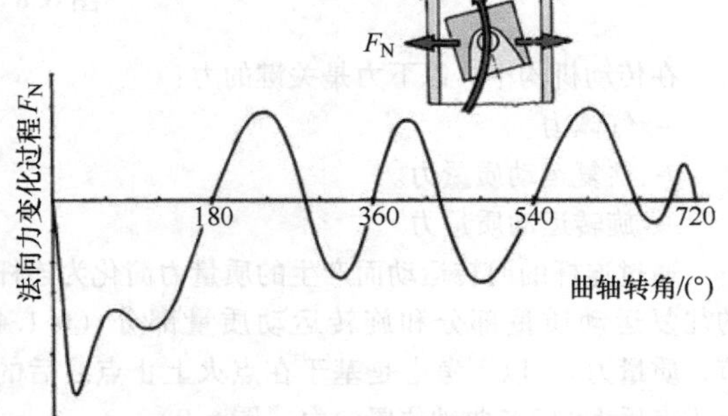

图 6.13　高速四冲程柴油机在工作循环中的法向力的变化过程

- 当发动机处于冷态时，轻金属活塞会产生强烈的噪声（可以通过调节活塞偏心来减少），可以明显地反映这一点。

- 湿的气缸套激发振动，冷却液不再跟随振动，可能会发生气蚀现象。

- 连杆力 F_{ST} 的方向作用在曲柄销上（图6.14）。

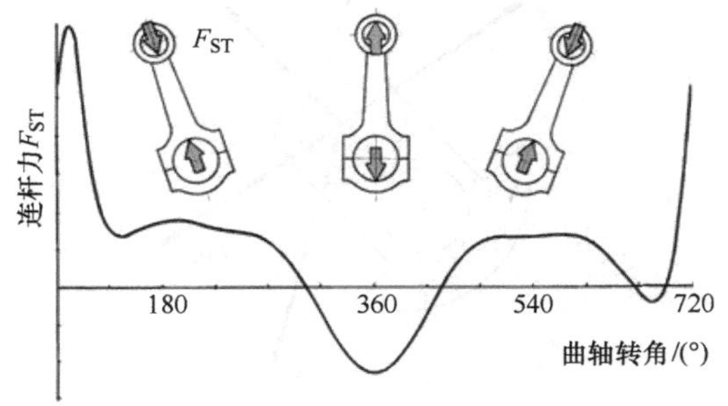

图6.14　高速四冲程柴油机在工作循环中的连杆力的变化过程

曲柄销在曲柄半径的转弯圆上受连杆力的作用而转动，由此，连杆力的切向分量，即切向力 F_T ，与曲柄半径产生转矩 M（图6.15和图6.16）。

$$F_T = F_{ST} \cdot \sin(\varphi + \psi) = F_K \cdot \frac{\sin(\varphi + \psi)}{\cos\psi} \tag{6.20}$$

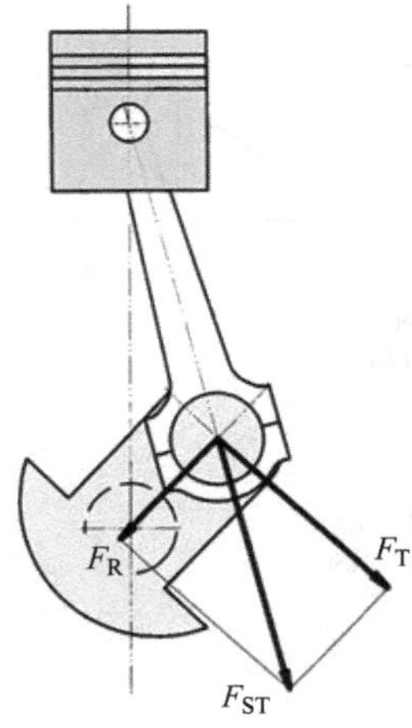

图6.15　连杆力的分解

径向分量，即径向力 F_R ，对发动机转矩没有贡献。它仅加载使曲柄弯曲（图6.17）；它是一种无载荷力或虚拟力（图6.17）。

$$F_R = F_{ST} \cdot \cos(\varphi + \psi) = F_K \cdot \frac{\cos(\varphi + \psi)}{\cos\psi} \tag{6.21}$$

根据作用力等于反作用力定律，在发动机缸体上必须产生与有效转矩相反的发动机应用的转矩，即反作用转矩 M_R。这是由法向力 F_N 和曲轴轴线的法向力与随活塞位置而变化的距离 b 所引起的。

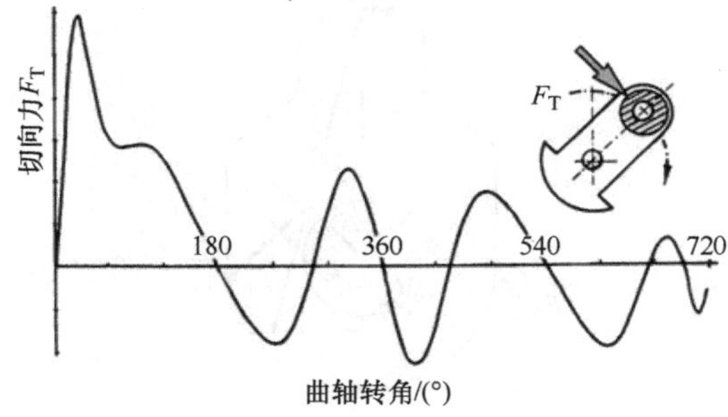

图6.16　高速四冲程柴油机在工作循环中切向力的变化曲线

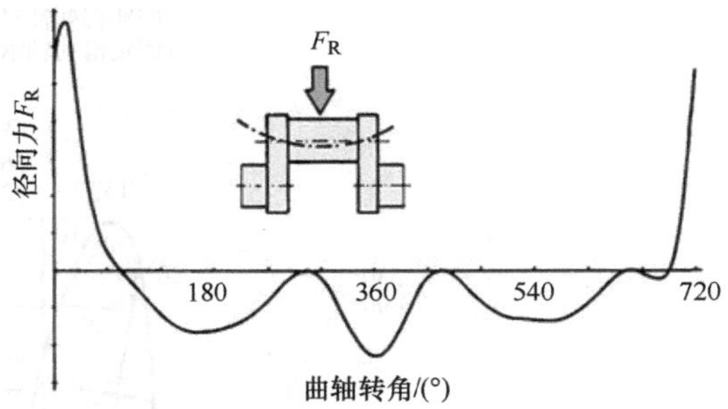

图6.17　高速四冲程柴油机在工作循环中的径向力变化过程

$$M = F_T \cdot r \quad M_R = F_N \cdot b$$
$$b = r \cdot \cos\varphi + l \cdot \cos\psi \tag{6.22}$$

因此，支撑力 F_A 和 F_B 由反作用力矩及其相应的有效杠杆臂产生（图6.18）。

轴颈通过连杆力 F_{ST} 和通过连杆的旋转运动质量力 $F_{PL,rot}$ 加载。将它们进行几何叠加，这些力构成轴颈受力 F_{HZ}。

$$F_{HZ} = \sqrt{F_{ST}^2 + F_{PL,rot}^2 - 2 \cdot F_{ST} \cdot F_{PL,rot} \cdot \cos(\varphi + \psi)} \tag{6.23}$$

作为对轴颈力 F_{HZ} 的反作用力，连杆轴承力 F_{PL} 作用在连杆轴承上（图6.19）。

$$F_{PL} = -F_{HZ} \tag{6.24}$$

如果在工作循环中力的大小和方向发生变化（例如，连杆轴承力），则将这些力以极坐标图的形式表示，其方法是按照曲轴转角的次序将它们绘制在其作用方向的相应角度下（图6.20）。

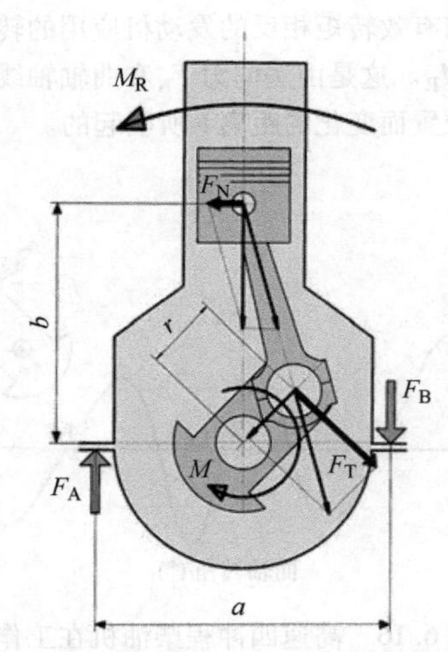

图 6.18　动力矩、反力矩和支撑力

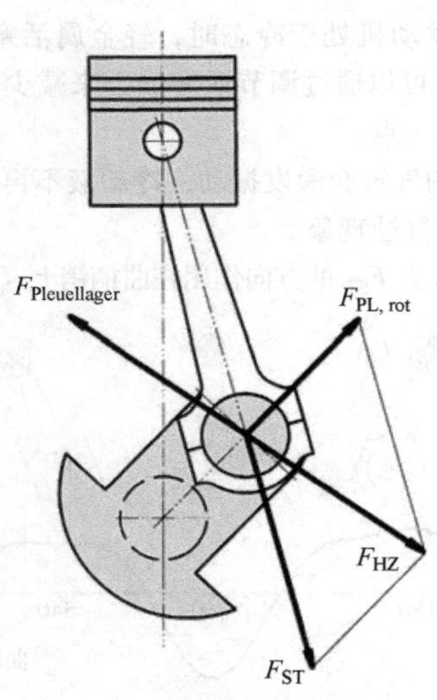

图 6.19　轴颈受力

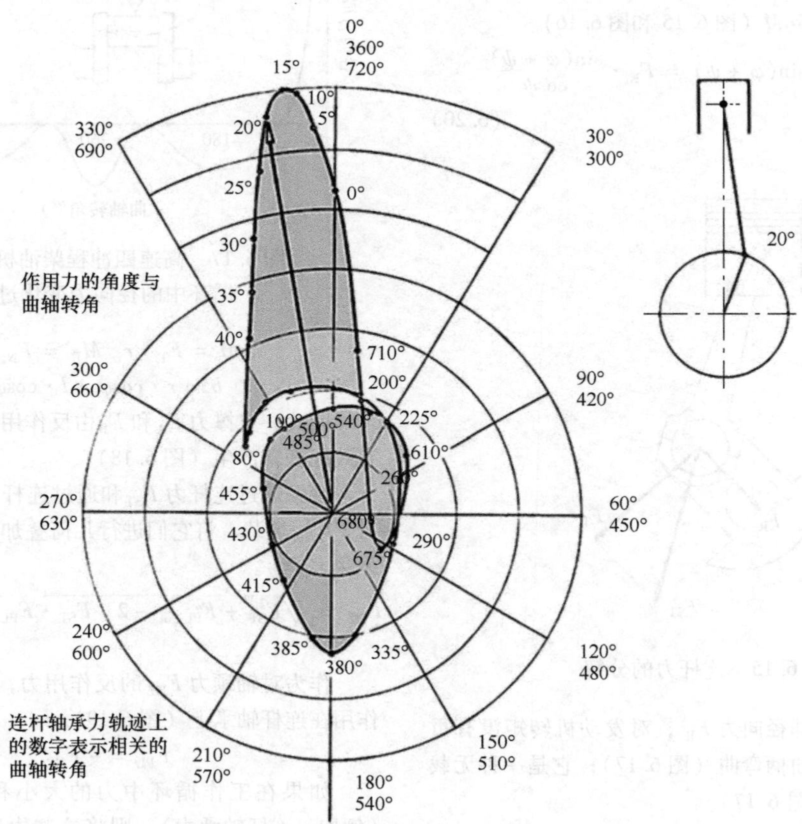

图 6.20　高速四冲程柴油机在工作循环中连杆轴承力的极坐标图

这里需要注意的是，曲轴转角和力的方向角是不一致的。因此，人们必须跟踪力的时间变化过程，为力的变化曲线的各个点给定曲轴转角。将力放在不同的坐标系参阅通常很有意义（图6.21）。

- 空间（或壳体）固定的系统（例如主轴承力）。
- 外壳固定的系统（例如作用在连杆轴承上的力）。
- 轴颈固定的系统（例如力对旋转轴颈的影响）。

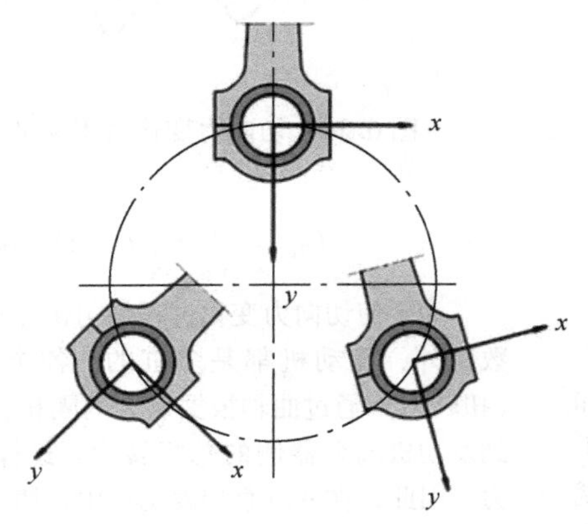

壳体固定的图
力参考位于孔(壳)中静止的坐标系

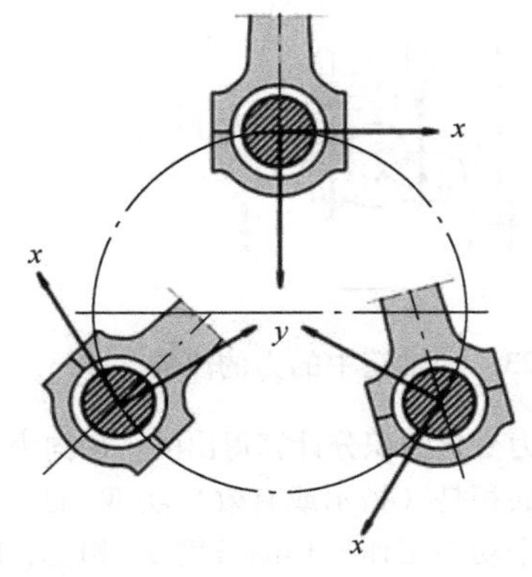

轴颈固定的图
力参考在轴颈中静止的坐标系

图6.21 壳体和轴颈固定的坐标系

传动机构的力通过主轴颈和主轴承转移到曲轴箱上。曲轴曲柄的旋转运动质量力F_{KRrot}、曲柄销力F_{HZ}及其分量F_T、F_R，以及$F_{PL,rot}$和平衡质量力$F_{m\,geg}$（“配重”）一起构成了主轴承力F_{GL}（图6.22）

$$F_{GL} = \sqrt{(F_{KWrot} + F_R + F_{PL,rot} - F_{m\,geg})^2 + F_T^2} \tag{6.25}$$

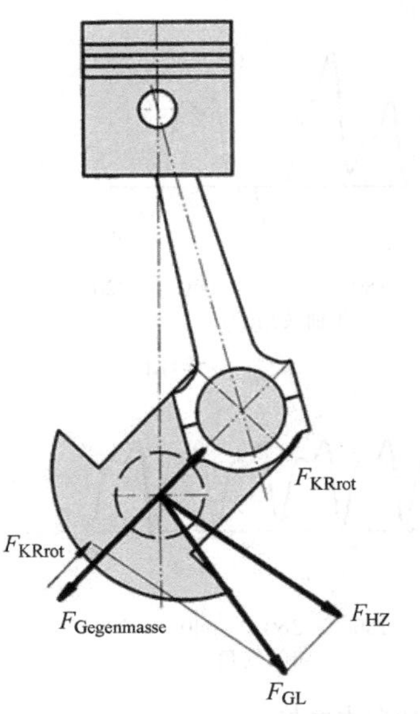

图6.22 主轴承力

曲柄的旋转运动质量与轴颈（曲柄销轴）有关

$$m_{Kröpf} = m_{Hubz} + 2 \cdot m_{Wangered} \tag{6.26}$$

$$m_{Wangered} = m_{Wange} \cdot \frac{r_{Schwpkt}}{r} \tag{6.27}$$

作为主轴承力F_{GL}的反作用力，会出现大小相同但作用方向相反的主轴承力F_{GZ}。主轴承力F_{GL}分配到与主轴承相邻的曲柄上。

除单缸发动机外，曲轴有两个以上的轴承；它代表一个静不定系统。考虑到工作循环之间的气体压力波动、质量的误差、曲轴的变形、油膜和轴承的柔韧性，人们往往放弃精确确定支撑力，并将曲轴视为由多个单独的曲柄组成并相互铰接在一起。静不定系统的结果与被视为静定系统的结果之间的差异很小，特别是对于基本设计而言可以忽略不计。每个曲柄作用的部分支撑力相加，并得出总的支撑力（轴承力）。

推动活塞向下的气体压力也试图提起气缸盖。气缸盖螺栓则可以防止这种情况，将气缸盖固定在气缸曲轴箱上。另一方面，气体压力通过活塞、连杆和曲轴作用在曲轴主轴承上。这些负荷由主轴承桥（底座轴承盖）和主轴承螺栓承担。力流因此是闭环的，曲轴箱隔板经受动态载荷（图6.23）。

6.1.3 切向力变化过程和平均切向力

切向力（转矩）也随着气体力和质量力（扭转力）周期性的变化而变化。平均切向力是根据整个

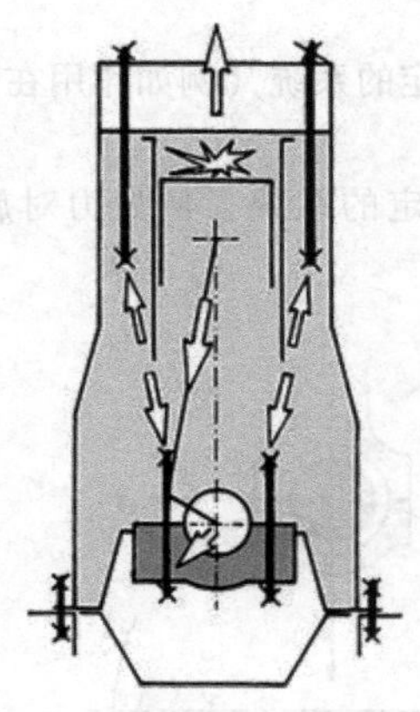
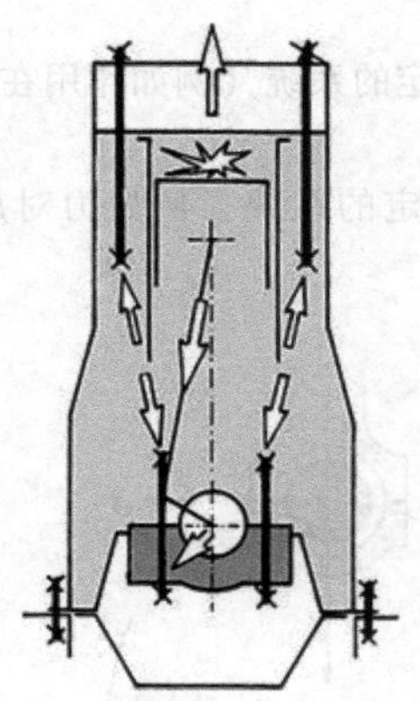

图 6.23　曲轴箱中的力的流向

工作循环中切向力变化的积分计算得出的。切向力和坐标轴所围成的面积是（指示或有效）功 W_i 的一个量度。如果将这个功与工作循环的长度 φ_P 相比，就可以得到平均切向力 F_{Tm} 。这只是最大切向力的一小部分（图 6.24）。

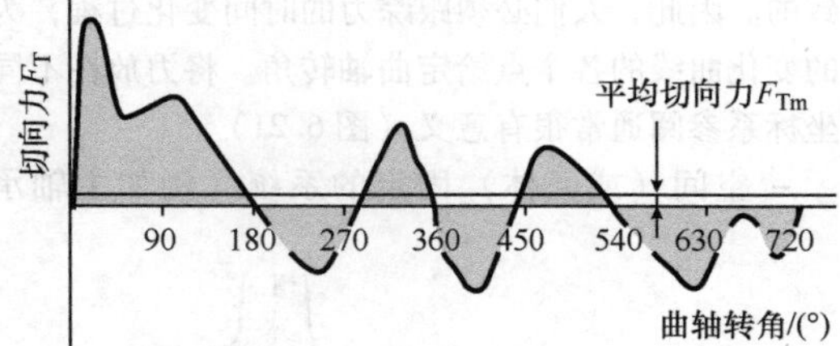

图 6.24　切向力变化过程和平均切向力

$$F_{Tm} = \frac{1}{\varphi_P} \cdot \int_0^{\varphi_P} F_T(\varphi) \cdot d\varphi \tag{6.28}$$

为了使切向力变化过程均匀化并增加功率，除少数例外，发动机都是多缸的。各个气缸的切向力（扭转力）通过曲轴根据点火间隔相移相加，最终得到发动机离合器侧的总扭转力。这样可以平衡切向力，因此，在六缸直列发动机中，切向力的波动已经下降到相当于单缸发动机的很小一部分（图 6.25）。

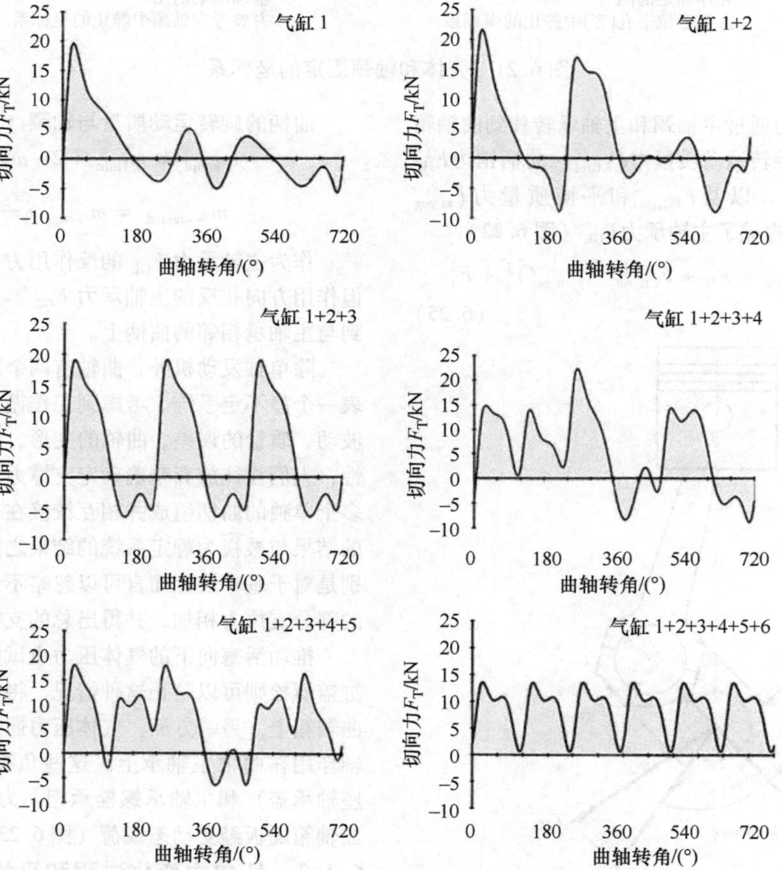

图 6.25　四冲程六缸直列发动机的切向力叠加

不均匀的扭转力变化过程会导致发动机转速波动，因为过量扭转力 $F_T(\varphi)$ 会使发动机加速至平均值 F_{Tm} 以上，而在 $F_T(\varphi) < F_{Tm}$ 情况下则会减速。供给曲柄连杆机构的能量的波动被称为功波动 W_s。它与曲柄连杆机构的转动惯量 I 之间的关系如下：

$$W_s = \frac{1}{2} \cdot I \cdot (\omega_{max}^2 - \omega_{min}^2) = \frac{1}{2} \cdot I \cdot (\omega_{max} - \omega_{min}) \cdot (\omega_{max} + \omega_{min}) \tag{6.29}$$

$$\omega_m = 2 \cdot \pi \cdot n \approx \frac{1}{2} \cdot (\omega_{max} + \omega_{min}) \tag{6.30}$$

为此，需要通过飞轮减少速度波动。飞轮充当能量储存装置，当存在过多的切向力时储存能量，并在相反的情况下再次释放。根据要由发动机驱动的工作机械的类型，对同步变化有不同的要求。速度波动由不均匀度 δ 表示。

速度的不均匀度 δ 则越小，则发动机运转得越安静。特别是当发动机在带负载下起动时，不均匀度通过刺激发动机的辅助部件引发振动，从而会产生不利的影响作用。

$$\delta = \frac{\omega_{max} - \omega_{min}}{\omega_m} \tag{6.31}$$

$$W_s \approx I \cdot \delta \cdot \omega_m^2 \tag{6.32}$$

$$\delta \approx \frac{W_s}{I \cdot \omega_m^2} \quad 以及 \quad I \approx \frac{W_s}{\delta \cdot \omega_m^2} \tag{6.33}$$

平均切向力也可以根据发动机的指示功率来确定：

$$P_i = A_K \cdot s \cdot z \cdot \omega_i \cdot n \cdot i \tag{6.34}$$

$$P_i = M_i \cdot \omega \quad \omega = 2 \cdot \pi \cdot n \tag{6.35}$$

$$M_i = F_{Tm} \cdot r \quad r = \frac{s}{2} \tag{6.36}$$

$$F_{Tm} = \frac{A_K \cdot z \cdot \omega_i \cdot i_i}{\pi} \tag{6.37}$$

$$\omega_i = \omega_e \cdot \frac{1}{\eta_m} \tag{6.38}$$

$$P_e = F_{Tm} \cdot r \cdot 2 \cdot \pi \cdot n \cdot \eta_m \tag{6.39}$$

式中，A_K为活塞面积；r 为曲柄半径；s 为活塞行程；z 为气缸数；P_e为有效功率；ω_i为比指示功；ω_e为比有效功；i 为冲程数；η_m为机械效率。

曲轴通过如下方式受到应力：

– 来自由每个曲柄叠加形成的平均切向力的有效或工作转矩。

– 切向力的剧烈波动过程产生了脉动转矩。各个气缸的扭转力根据其相位差（点火间隔）相加；虽然脉动转矩传到离合器侧是均匀的，但是各个曲柄的波动范围对曲轴应力是决定性的。

– 扭转振动会导致曲轴产生额外的转矩。这些振动转矩可以是其他力矩的数倍。

6.1.4　质量力

往复式发动机会产生质量效应，这是由传动机构零件的运动引起的。质量力具有矛盾的特征：

– 一方面，它们是不希望出现的，因为它们造成额外的应力并对往复式发动机的功率开发带来不利。

– 另一方面，它们通过补偿来自气体压力峰值的力来均衡传动机构的力的输出，从而减少力和应力。

传动机构进行部分旋转、部分往复运动和回转运动。为了简化计算，将传动机构减少到两个质量点（图6.26），其中，集中关注往复运动质量和旋转运动质量：

– 在活塞上连杆的铰接点（活塞销轴）。

– 在曲轴上连杆的铰接点（曲柄销轴）。

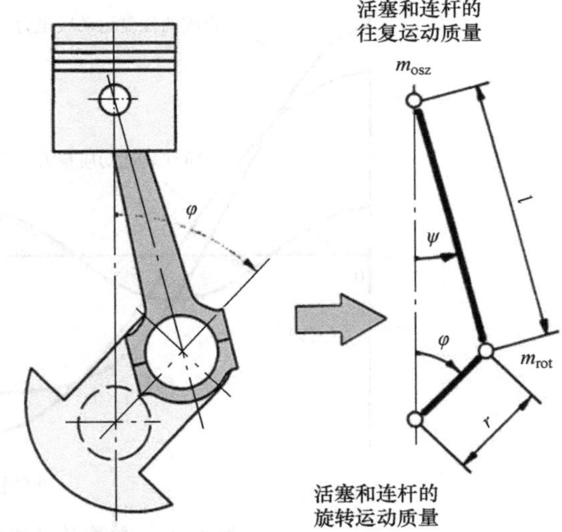

图6.26　将曲柄连杆机构简化为两个质量点

连杆往复中也会进行摆转，这也会产生质量力。但凭借足够的精度，在重心回转的质量可以与两个铰接点产生关联。为此目的，连杆的质量与各自的重心距离（a，b）成反比地分成往复运动部分和旋转运动部分，从而保持连杆的重心不变。对于用于乘用车发动机的连杆，这大约相当于1/3（往复运动质量）与2/3（旋转运动质量）的比率

$$m_{Pleuosz} = \frac{a}{l} \cdot m_{Pleu} \tag{6.40}$$

$$m_{Pleurot} = \frac{b}{l} \cdot m_{Pleu} \tag{6.41}$$

这些质量力和由其引起的惯性矩作为自由力和自由力矩向外部产生作用，这些自由力和自由力矩试图使曲轴箱在水平和垂直方向上来回移动。此外，它们还会引起围绕发动机轴线的倾斜运动。这些自由力和自由力矩可以或多或少（通过适当的努力甚至完全）通过配重、平衡轴以及齿轮传动或/和通过合适的数量和布置的曲柄来补偿，从而使发动机对外转动保持平稳。

6.1.4.1 单缸发动机传动机构的质量力

传动机构上产生旋转运动质量力以及一阶及更高阶的往复运动质量力。特别是在正常的额定速度下，仅考虑到并包括二阶的往复运动质量力。

– 旋转运动质量力：旋转运动质量力是离心力；在恒定的发动机转速下，它们的大小是恒定的，但是会随着曲轴转角的变化而改变方向。旋转运动质量力以曲轴频率旋转，其轨迹是一个圆。

$$F_{rot} = m_{rot} \cdot \omega^2 \cdot r \tag{6.42}$$

– 往复运动质量力：往复运动质量力沿气缸轴线方向作用，在活塞行程的进程中会改变其大小和标记（方向）：

$$F_{osz} = m_{osz} \cdot \omega^2 \cdot r \cdot (\cos\varphi + \lambda \cdot \cos 2\varphi) \tag{6.43}$$

$$F_{osz} = m_{osz} \cdot \omega^2 \cdot r \cdot \cos\varphi + m_{osz} \cdot \omega^2 \cdot r \cdot \lambda \cdot \cos 2\varphi \tag{6.44}$$

– 一阶质量力：在这种关系下，按照阶数人们理解为“与曲轴转速相关的事件发生的频率”。一阶质量力随曲轴频率（因此为“一阶”）改变其大小，并且在一转中两次改变其方向。

$$F_{\mathrm{I}\,osz} = m_{osz} \cdot \omega^2 \cdot r \cdot \cos\varphi \tag{6.45}$$

– 二阶质量力：其最大值仅为一阶往复运动质量力的 λ 倍；它以两倍的曲轴频率改变大小，并在一转内改变方向四次。

$$F_{\mathrm{II}\,osz} = m_{osz} \cdot \omega^2 \cdot r \cdot \lambda \cdot \cos 2\varphi \tag{6.46}$$

一阶和二阶往复运动质量力的变化过程相加得出往复运动质量力（图6.27）。

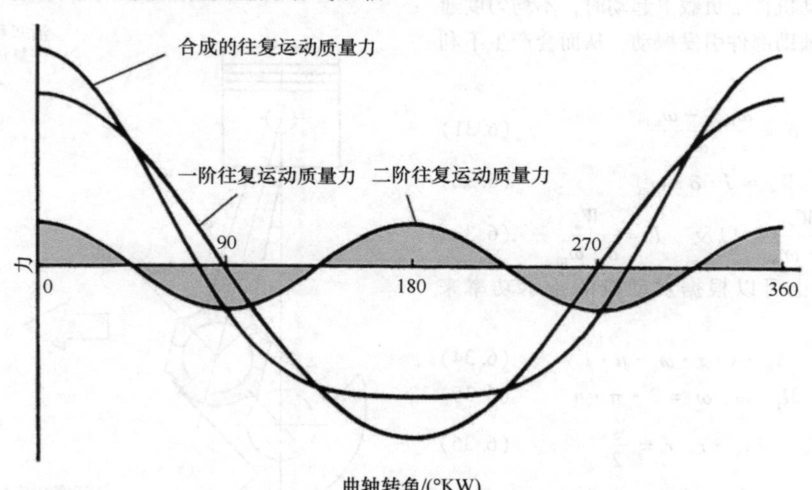

图6.27 单缸传动机构往复运动质量力的合成

一个气缸的总质量力是由旋转运动质量力和一阶、二阶往复运动质量力矢量相加得出的，如果有必要的话，也有可以叠加更高阶的质量力（图6.28）。

6.1.4.2 两缸V形发动机传动机构的质量力

如果两个以角度 δ（图6.29）倾斜的气缸一起作用在曲柄（V形发动机）上，则两个气缸的质量力将矢量相加。

两个气缸上的旋转运动质量力的轨迹曲线是一个圆，往复运动质量力的轨迹曲线取决于V形发动机的角 δ 和所考虑的力的阶数，可以形成圆、椭圆和直线（图6.30）。

– 旋转运动质量力

● 与单缸发动机的情况一样，合成的旋转运动质量力是以曲轴速度旋转的、恒定大小的矢量。旋转运动质量由两个连杆的旋转运动质量和曲柄的旋转运动质量组成，其轨迹曲线是一个圆。

$$F_{V2rot} = m_{V2} \cdot \omega^2 \cdot r \tag{6.47}$$

$$m_{V2} = 2 \cdot m_{Pleurot} + (m_{KWrot} - m_{m_{geg}}) \tag{6.48}$$

– 一阶往复运动质量力

● 合成的一阶往复运动质量力是通过两个气缸A和B的质量力的矢量相加得到的。如果从V角的等分线开始计算曲柄的曲轴转角 φ，则（向右转时）

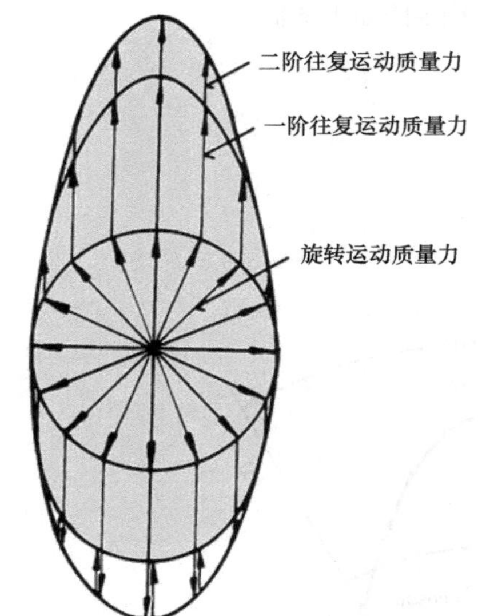

图 6.28 单缸传动机构合成质量力的轨迹曲线

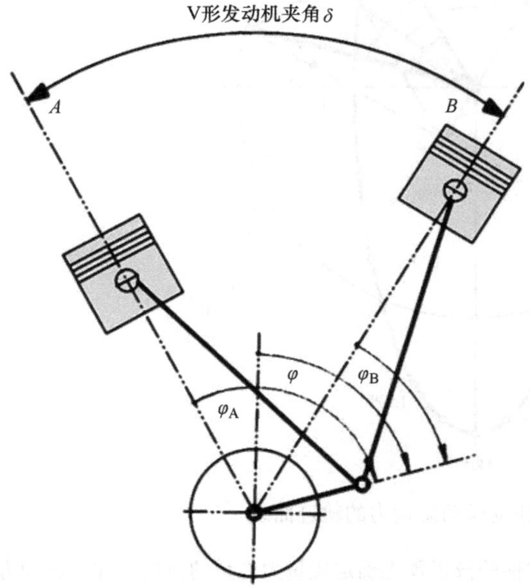

图 6.29 V 形传动机构上的曲轴转角说明

气缸 A 的曲轴转角为：$\varphi_A = \varphi + (\delta/2)$，气缸 B 的曲轴转角：$\varphi_B = \varphi - (\delta/2)$。在气缸 A 和气缸 B 的往复运动质量力之间的运行时间差取决于 V 角 δ 的大小。

$$F_{\mathrm{I\,oszA}} = F_{\mathrm{I}} \cdot \cos\left(\varphi + \frac{\delta}{2}\right) \tag{6.49}$$

$$F_{\mathrm{I\,oszB}} = F_{\mathrm{I}} \cdot \cos\left(\varphi - \frac{\delta}{2}\right) \tag{6.50}$$

$$F_{\mathrm{I}} = m_{\mathrm{osz}} \cdot r \cdot \omega^2 \tag{6.51}$$

$$F_{\mathrm{I\,oszres}} = 2 \cdot F_{\mathrm{I}} \cdot \sqrt{\cos\delta \cdot \cos^2\varphi + \sin^4 \frac{\delta}{2}} \tag{6.52}$$

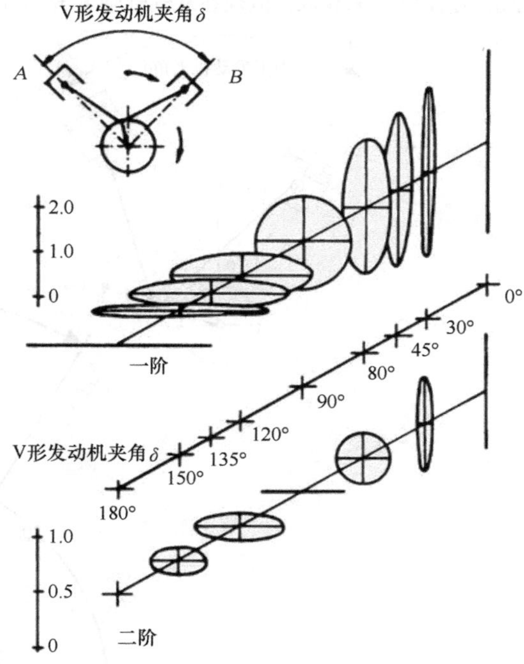

图 6.30 V 形发动机自由质量力的轨迹曲线取决于 V 角

结果可以以图形方式来确定，即通过大小为 F_{I} 的指针表示曲轴 - 曲柄在其各自的位置。该指针投影到气缸轴 A 和 B 上。这样确定的两个气缸的质量力的瞬时值进行矢量相加，得到合成的一阶质量力矢量（$F_{\mathrm{osz\,1res}}$）（图 6.31）。

- 二阶往复运动质量力

• 合成的二阶往复运动质量力也由气缸 A 和 B 的质量力组成。由于二阶往复运动质量力以两倍曲轴频率变化，指针旋转角度为一阶值的两倍。二阶往复运动质量力是一阶往复运动质量力部分的 λ 倍。

$$\varphi_A = 2 \cdot \varphi + \delta \tag{6.53}$$

$$\varphi_B = 2 \cdot \varphi - \delta \tag{6.54}$$

$$F_{\mathrm{II\,oszA}} = F_{\mathrm{II}} \cdot \cos(2\varphi + \delta) \tag{6.55}$$

$$F_{\mathrm{II\,oszB}} = F_{\mathrm{II}} \cdot \cos(2\varphi - \delta) \tag{6.56}$$

$$F_{\mathrm{II}} = \lambda \cdot m_{\mathrm{osz}} \cdot \omega^2 \cdot \mathrm{r} \tag{6.57}$$

$$F_{\mathrm{II\,oszres}} = \sqrt{2} \cdot F_{\mathrm{II}} \times \sqrt{\cos^2 2\varphi \cdot (\cos 2\delta + \cos\delta) + \sin^2\delta \cdot (1 - \cos\delta)} \tag{6.58}$$

通过确定气缸 A 和 B 的二阶往复运动质量力的瞬时值并将它们矢量相加，以图形方式确定合成值。气缸 A 的瞬时值是通过从气缸轴 A 在角度 $\varphi_A = 2\varphi + \delta$ 处绘制惯性力矢量 F_{II}，并将其投影到气缸轴 A 上来获取的。气缸 B 的瞬时值是通过在角度 $\varphi_B = 2\varphi -$

δ 处绘制指针 F_{II} 来获取，但现在从气缸轴 B 开始计数，并投影到气缸 B 的轴上。

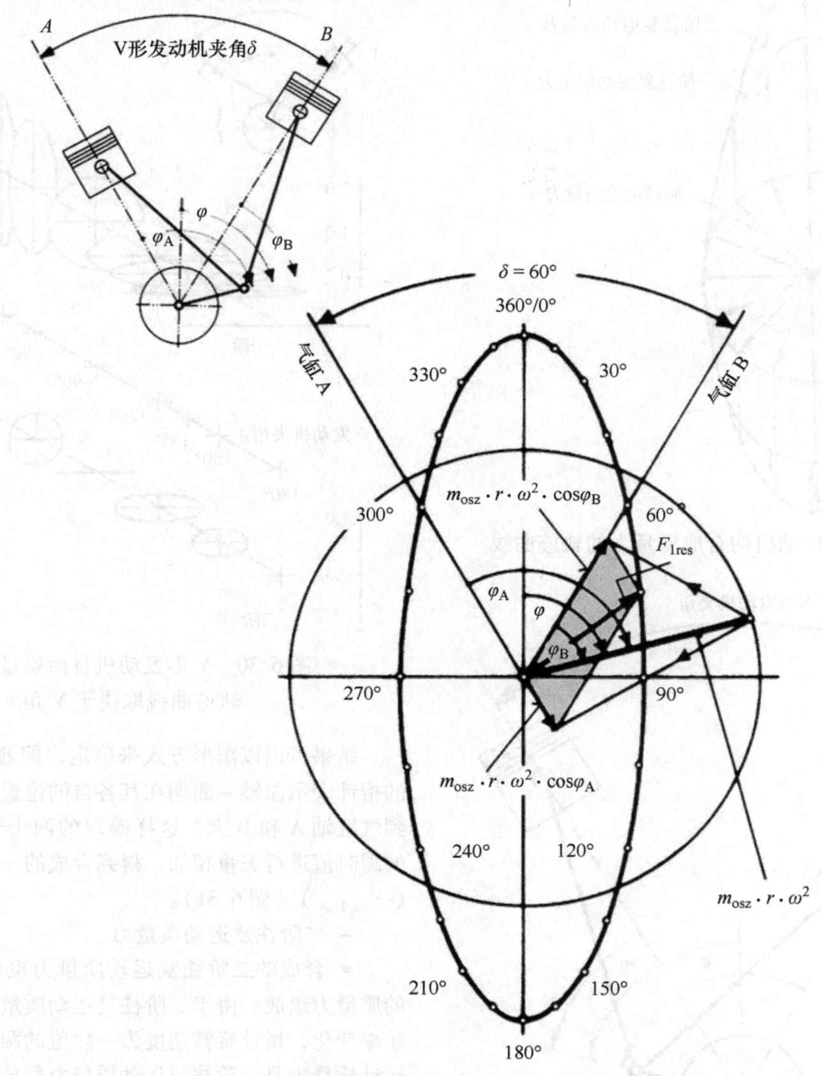

图 6.31　两缸 V 形 60°发动机一阶往复运动质量力的轨迹曲线

6.1.4.3　多缸传动机构的质量力和惯性矩

各个曲柄上的惯性力对应于它们与参考点的距离会产生力矩（惯性矩）。力和力矩是矢量，因此，可以将各个曲柄的力和力矩矢量叠加为合成的力和力矩。从机械的角度来看，V 形发动机展示两个以 V 角相互倾斜的直列式传动机构。可以确定一列发动机的质量效应，然后将它们添加到其他列（通过 V 角相位差），或者可以在 V 形发动机相对的传动机构中进行合成。质量效应由各个曲柄的位置来决定（图 6.32）。

– 质量力。旋转运动力沿曲柄方向作用，往复运动力由沿相反方向旋转的指针来表示，以便于借助曲柄的投影预先确定质量力矢量的方向。在以这种方式创建的曲柄或曲轴星形情况下，通常选择在上止点位置的第一个曲柄（按照力的输出侧或反力输出侧的确定来计算）作为参考。后续的曲柄的位置由各自的曲柄间距（曲柄角）确定。

• 在二阶往复运动质量力的情况下，使用二阶曲柄星，它是将曲柄每次按两倍的曲柄转角布置来获得的。

– 惯性矩（质量力矩）。力矩矢量垂直于其作用平面，其符号取决于考虑的曲柄相对于所选参考点的位置；因此必须相应地加以考虑。在力矩星的视图中，来自参考点左侧的力产生的惯性矩矢量，偏离曲

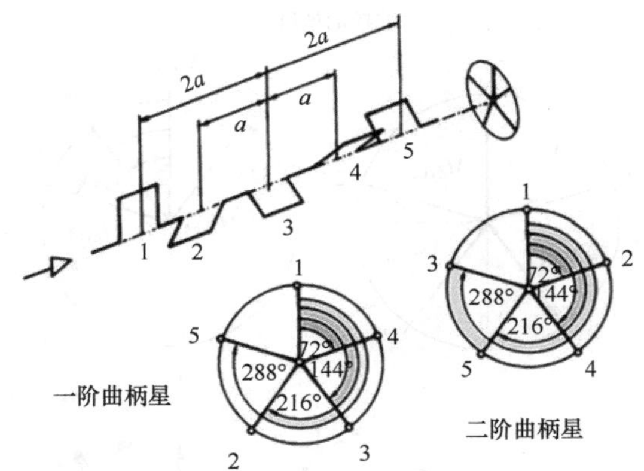

图 6.32 五缸直列发动机上的曲柄星示意图（点火次序 12453）

轴中心，而参考点右侧的惯性矩朝向曲轴中心。因为力矩矢量垂直于其作用平面，即垂直于其曲柄，所以力矩星比曲柄星落后 90°。因此，可以在曲柄方向上绘制力矩矢量，并将合成的力矩逆时针倒置 90°。在 V 形发动机中，将作用在一个曲柄上的两个气缸的质量力合并，并由此确定惯性矩。

- 旋转运动惯性矩。惯性矩来自旋转运动质量力和它们各自距离参考平面的距离，它们根据曲柄星以几何方式叠加。

- 往复运动惯性矩

  - 一阶往复运动惯性矩。沿着一阶曲柄星的方向绘制一阶往复运动惯性矩矢量。在矢量相加之后，由于往复运动力仅在气缸轴线方向上起作用，因此将得到的力矩矢量投影到气缸轴线上。将该投影逆时针旋转 90°；这就是合成的一阶往复运动惯性矩。

  - 二阶往复运动惯性矩。二阶往复运动惯性矩以同样的方式得到，只是现在是基于二阶曲柄星的形状。

6.1.4.4 示例（5 缸直列发动机）

为了阐明上述这些关系，将以图形和分析的方式研究一台 5 缸直列发动机的曲轴。假设为一台所谓的均质发动机：

- 所有曲柄的传动机构零件的质量相同。
- 相同的气缸间距 a。

在该示例中，选择发动机重心作为参考点，该参考点位于曲轴轴线上的发动机中心。

（1）旋转运动惯性矩

一阶曲柄星中的曲柄距离为

$\alpha_1 = 0°$ $\alpha_2 = 216°$

$\alpha_3 = 144°$（不适用，因为曲柄位于中心上）

$\alpha_4 = 72°$ $\alpha_5 = 288°$

考虑到各个曲柄的力矩的符号（符号反转对应于 +180°），得出力矩的作用方向（图 6.33）。

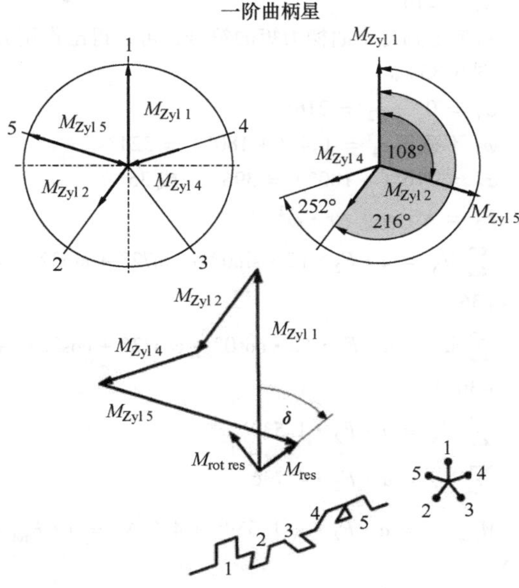

图 6.33 合成的旋转运动惯性矩的确定

$\varphi_1 = 0°$ $\varphi_2 = 216°$

φ_3 不适用 $\varphi_4 = 72°(+180°) = 252°$

$\varphi_5 = 288°(+180°) = 468°$ 或 $108°$

$F_{rot} = m_{rot} \cdot r \cdot \omega^2$

$\sum M_X = a \cdot F_{rot} \cdot (2 \cdot \sin 0° + \sin 216° + \sin 252° + 2 \cdot \sin 108°)$

$\sum M_X = a \cdot F_{rot} \cdot 0.363$

$\sum M_Y = a \cdot F_{rot} \cdot (2 \cdot \cos 0°)$

$\sum M_Y = a \cdot F_{rot} \cdot 0.264$

$M_{rotres} = a \cdot F_{rot} \cdot \sqrt{0.363^2 + 0.264^2} = a \cdot F_{rot} \cdot 0.4488$

$\tan\delta = \dfrac{0.363}{0.264} = 1.375$ $\delta = 54°$

（2）一阶往复运动惯性矩

矢量的作用方向与旋转惯性矩相同（图 6.34），因此计算方法如下

$F_1 = m_{osz} \cdot r \cdot \omega^2$

$M_{osz\,max} = a \cdot F_1 \cdot \sqrt{0.363^2 + 0.264^2} = a \cdot F_1 \cdot 0.4488$

$\tan\delta = \dfrac{0.363}{0.264} = 1.375$ $\delta = 54°$

（3）二阶往复运动惯性矩

在二阶曲柄星中，曲柄距离是：

$\alpha_1 = 0° \quad \alpha_2 = 72°$

$\alpha_3 = 288°$ 不适用 $\alpha_4 = 144°$

$\alpha_5 = 216°$

再考虑到各个曲柄力矩的符号，可以得出作用方向（图 6.35）。

$\varphi_1 = 0° \quad \varphi_2 = 216°$

φ_3 不适用 $\varphi_4 = 144°(+180°) = 324°$

$\varphi_5 = 216°(+180°) = 396°$　或 $36°$

$F_2 = \lambda \cdot m_{osz} \cdot r \cdot \omega^2$

$$\sum M_X = a \cdot F_2 \cdot (2 \cdot \sin 0° + \sin 72° + \sin 324° + 2 \cdot \sin 36°)$$

$$\sum M_Y = a \cdot F_2 \cdot (2 \cdot \cos 0° + \cos 72° + \cos 324° + 2 \cdot \cos 36°)$$

$$\sum M_X = a \cdot F_2 \cdot 1.539$$

$$\sum M_Y = a \cdot F_2 \cdot 4.736$$

$$M_{osz\,max} = a \cdot F_2 \cdot \sqrt{1.539^2 + 4.736^2} = a \cdot F_{rot} \cdot 4.98$$

$$\tan\delta = \frac{1.539}{4.736} = 0.325 \quad \delta = 18°$$

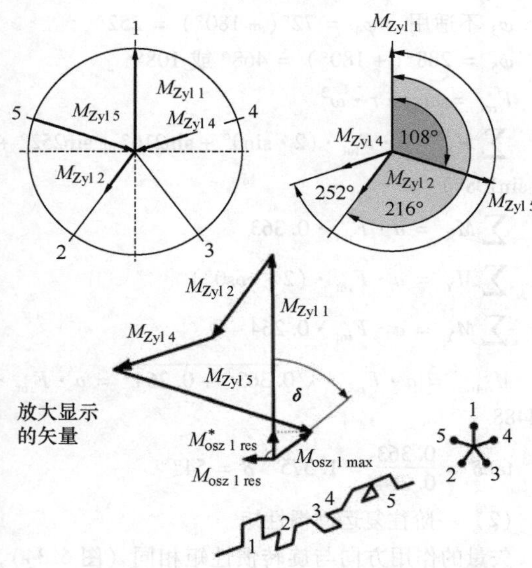

图 6.34　合成的一阶往复运动惯性矩的确定

6.1.5　质量平衡

质量平衡可以被理解为对结构设计引起的不平衡的再平衡；一般把补偿与生产制造相关的不平衡的操作称为均衡。

6.1.5.1　单缸传动机构的平衡

旋转运动质量力可以通过一个或多个平衡重来补

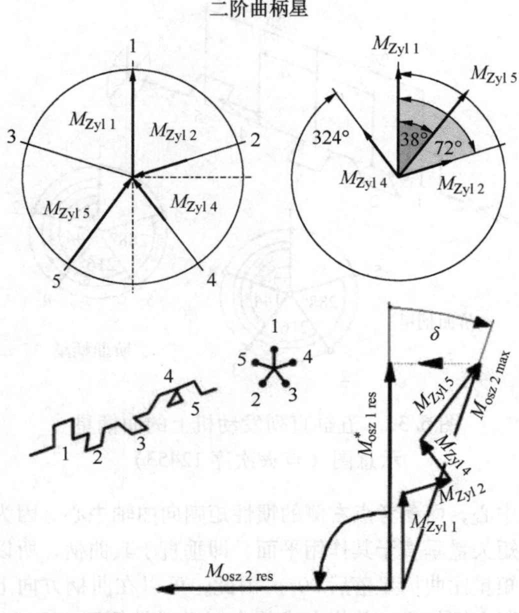

图 6.35　合成的二阶往复运动惯性矩的确定

偿，其中必须满足以下条件：静态力矩（质量力与距旋转轴线的距离的乘积）与旋转运动质量和平衡质量相对应。

$$F_{Ausgl} = F_{rot} \tag{6.59}$$

$$m_{Ausgl} \cdot r_{Ausgl} = m_{rot} \cdot r$$

$$m_{Ausgl} = m_{rot} \cdot \frac{r}{r_{Ausgl}} \tag{6.60}$$

当平衡质量分为两个配重时：

$$m_{Ausgl} = \frac{1}{2} \cdot m_{rot} \cdot \frac{r}{r_{Ausgl}} \tag{6.61}$$

为了减少平衡质量，必须将其放置在离旋转轴（曲轴轴线）尽可能远的位置。然而，由于结构条件存在严格的限制，原则上质量平衡应尽可能具有较大的静态力矩和较小的惯性矩。

往复运动质量力也可以通过旋转配重来补偿，因为它们的力矢量由气缸轴方向（Y 方向）和垂直于气缸轴方向（X 方向）的分量所组成。如果如此选择平衡质量：使气缸轴线方向的分量对应于往复运动质量力，那么这是平衡的，但是以垂直于气缸轴的自由分量为代价（图 6.36）。

$$F_{Ausgl} = m_{Ausgl} \cdot r \cdot \omega^2 \tag{6.62}$$

$$X_{Ausgl} = m_{Ausgl} \cdot r \cdot \omega^2 \cdot \sin\varphi \tag{6.63}$$

$$Y_{Ausgl} = m_{Ausgl} \cdot r \cdot \omega^2 \cdot \cos\varphi \tag{6.64}$$

如果一阶往复运动质量力没有得到完全平衡，则会产生更好的条件。由于曲轴箱在垂直方向（Y 方向）上比在横向（X 方向）上更坚硬，为了不让自由的X分量变得太大，一阶往复运动质量力没有得到完全平衡，而且通常只平衡50%。由于其两倍的频率，二阶质量力无法通过以曲轴转速旋转的质量来平衡。

旋转运动质量力 F_{rot} 的完全平衡和一阶往复运动质量力的50%平衡称为正常补偿，它们已经在19世纪应用于蒸汽机火车的发动机上。乘用车内燃发动机的质量平衡在往复运动质量力方面达到50%～60%，而旋转运动质量力方面达到80%～100%。

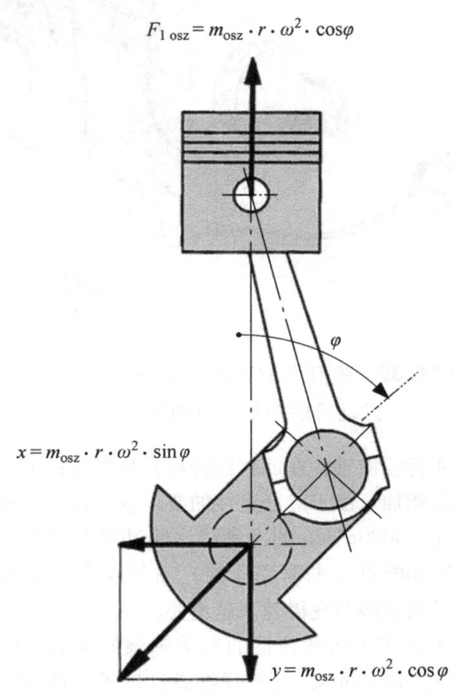

图6.36 通过旋转运动质量补往复运动力

$$m_{Ausgl}\cdot r_{Ausgl}=(\alpha_1\cdot m_{rot}+\alpha_2\cdot m_{osz})\cdot r \tag{6.65}$$

$$m_{Normausgl}=(1\cdot m_{rot}+0.5\cdot m_{rot})\cdot\frac{r}{r_{Ausgl}} \tag{6.66}$$

一阶和二阶往复运动质量力可以通过布置两个沿相反方向旋转的平衡质量来完全平衡，平衡质量的大小是在发动机垂直轴对称布置的往复运动质量的一半。而气缸轴线方向的两个分量平衡了往复运动质量力；垂直于气缸轴的两个分量相互抵消（图6.37）。

为了获得二阶平衡，平衡质量必须以曲轴转速的两倍旋转，并且连杆比λ要更小。

6.1.5.2 多缸传动机构的平衡

车辆发动机多为多缸，即配备3～12（16）缸，主要是3、4、5、6缸直列发动机，以及V6、V8和V12（V16）发动机，以及VR5和VR6发动机。这些发动机具有3、4、5和6（8）行程曲轴（独立的曲拐），因此，如果相应地布置，各个曲柄的质量效应可以完全或部分相互抵消（自平衡）。为此，曲柄应该沿圆周方向和纵向方向上均匀分布：

- 在中心轴对称的情况下（整个圆周上相等的曲柄距离），自由力相互平衡。

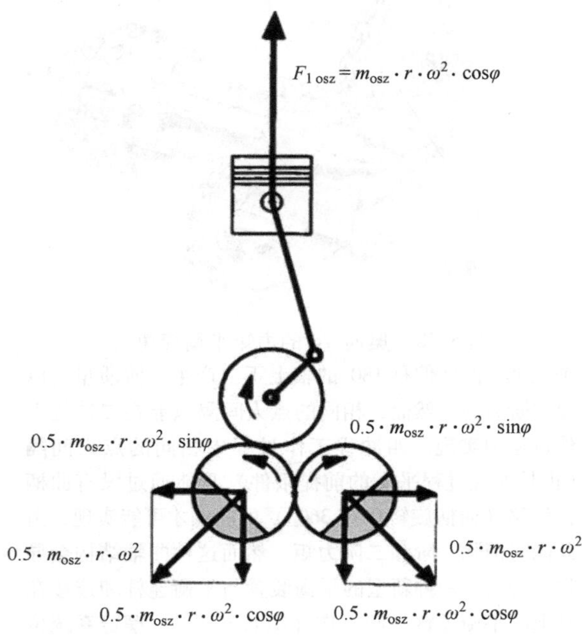

图6.37 完全平衡的一阶质量力

- 四冲程发动机轴的曲柄的中心和纵向对称布置下没有自由力和一阶力矩；从六个行程（六缸）开始，轴完全没有力和力矩。

曲柄次序的规则是：

- 没有或尽可能小的自由质量效应。
- 通过质量平衡而不会产生额外的力矩，通过力矩平衡而不会产生额外的质量力。
- 均匀的点火间隔。

一阶自由转动惯量可以通过与曲轴沿相反方向旋转并带有两个适当尺寸和距离的配重的轴来平衡（力矩平衡变速器）。发动机中的布置可以自由选择。它由齿轮或链驱动；这通常与油泵驱动有关。为了平衡二阶力矩，平衡变速器以两倍曲轴转速运行（图6.38）。

以下的布置适合于四冲程发动机：

- 2行程曲轴：对于2缸四冲程直列发动机，只能通过结构设计复杂的平衡机构同时满足上述所有3

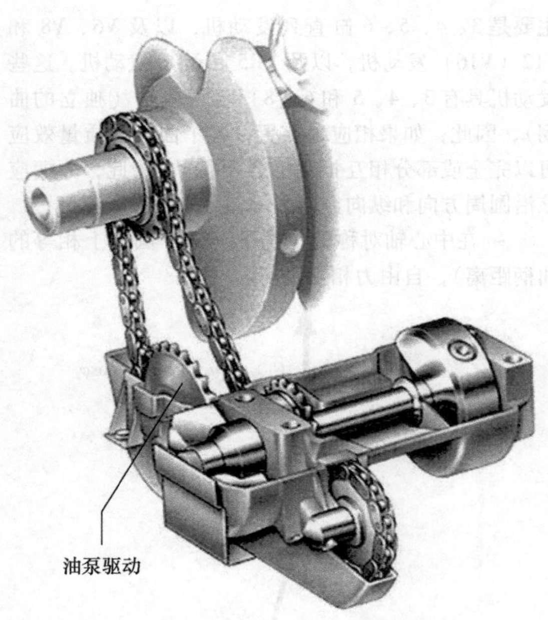

图 6.38　奥迪 V6 的力矩平衡变速器

个规则。曲柄偏移 180°的轴上不会产生一阶质量力以及二阶力矩。然而，相同的点火间隔只能在二冲程工作过程中实现。四冲程工作过程中相同的点火间隔（也是换气过程平衡的前提条件）只能通过没有曲柄销偏移（曲柄旋转 0°或 360°）的曲轴才可能实现，由此同时消除一阶和二阶力矩。然而这种曲轴结构会导致一阶力。一种新型的平衡装置与平衡连杆和连接在其上的平衡摇臂一起工作（图 6.39）[6]。摆臂系统位于曲轴的中间，以避免产生新的力矩，根据设计，可以完全平衡一阶力，可以在很大程度上平衡二阶力。

– 3 行程曲轴：出现一阶和二阶的自由力矩。一阶力矩（特别是对于 V 形发动机）通过力矩平衡变速器进行补偿。

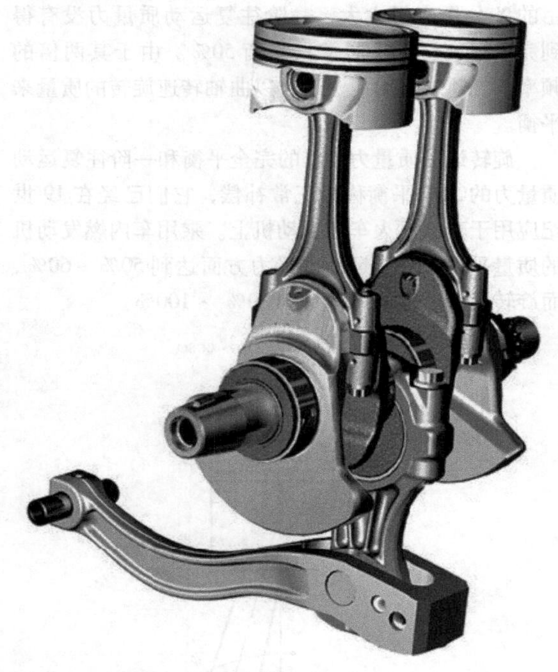

图 6.39　带有平衡装置的宝马 2 缸直列发动机的曲柄连杆机构[6]

– 4 行程曲轴：在四缸四冲程直列发动机中，二阶质量力相加。由于对舒适性的要求越来越高，对于额定转速 >4000r/min 的发动机，通过两个以两倍的曲轴转速和配重（平衡变速器）沿相反方向旋转的轴，来平衡这些力变得越来越重要。

由于这些平衡变速器的轴承轴颈的圆周速度很高，至少达到 14m/s，必须仔细设计轴承和驱动。如果平衡轴由曲柄臂上的齿轮驱动，对此，驱动齿轮的游隙必须与曲轴的位移和扭转振动相匹配（图 6.40）。

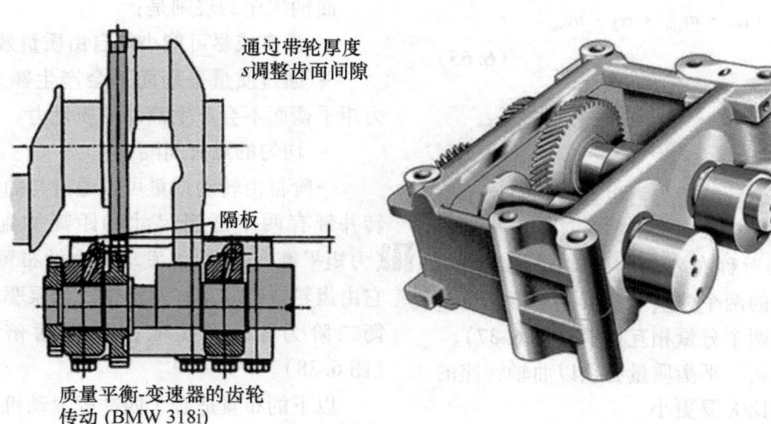

图 6.40　二阶质量力平衡用变速器

由于平衡轴的高度偏移（图6.41）可以产生一个额外的二阶交变力矩，也可以补偿交变力矩的气体力分量。因此，高度偏移的影响必须同时根据转速和负荷进行优化（图6.42，见彩插），例如，通过改变高度偏移量。

- 5行程曲轴：这种情况出现很大的自由惯性矩，这些自由惯性矩取决于所选的点火次序，不是一阶（例如，对于点火次序1-5-2-3-4）就是二阶（例如，对于点火次序1-2-4-5-3；见示例），显得特别明显，或者是两个阶的折中形式。乘用车和商用车的发动机部分带有单独的力矩平衡，部分则不带。
- 6行程曲轴：6行程的中心轴和纵向对称轴本身是平衡的，不存在自由质量效应。

质量平衡设计的一般注意事项：

- 结构设计工作（平衡变速器）。
- 高转速下（二阶）的运行特性：轴承、润滑等。

图6.41 具有平衡轴高度偏移的二阶质量力平衡[7]

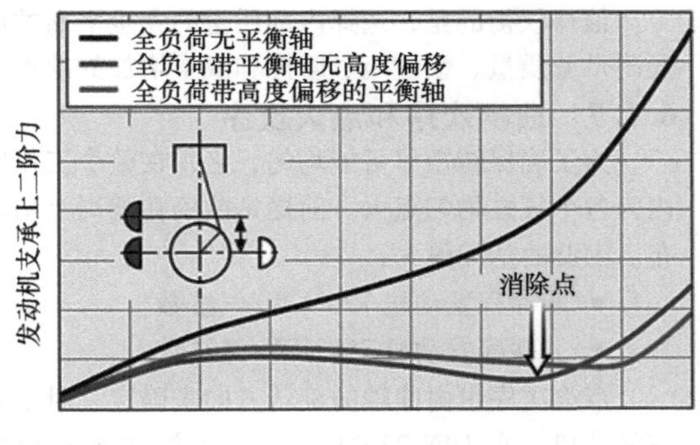

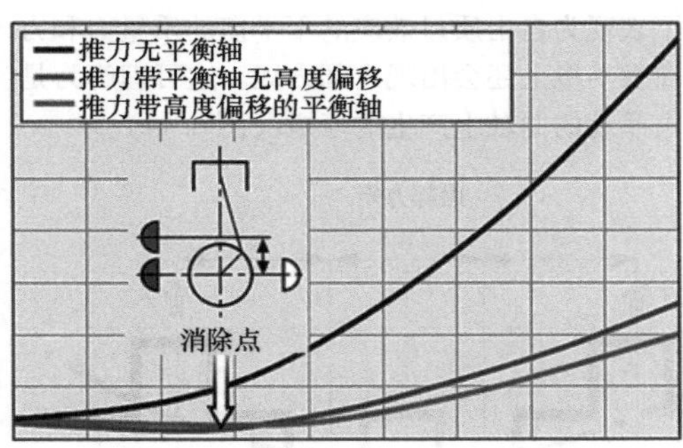

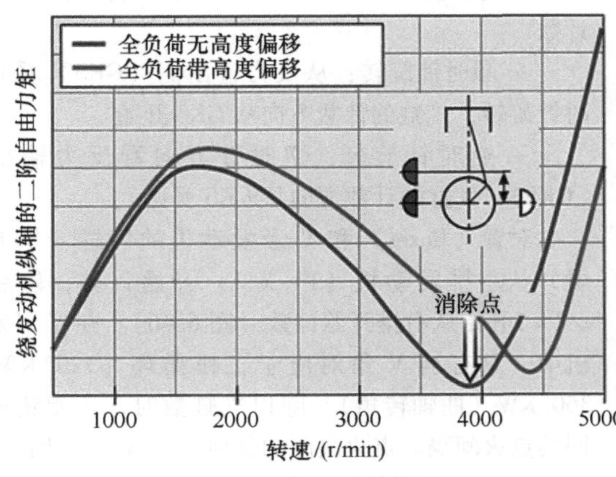

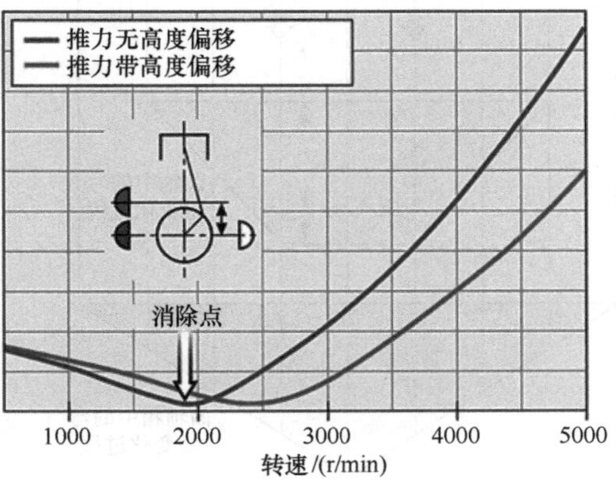

图6.42 带和不带高度偏移的平衡轴的系统特征[8]

- 传动机构轴承的卸载。
- 气体力的平衡。
- 扭转振动特性。
- 惯性。
- 摩擦特性。

不同气缸配置的自由力和力矩可以在相关手册的文献汇编表格中找到。

质量平衡不仅在曲柄连杆机构上进行，而且在配气机构，即凸轮轴上进行：

- 核心是偏心（中心偏移）钻孔，因此自由气门质量力在很大程度上通过与生产加工相关的不均衡来平衡。

– 平衡质量直接固定在凸轮轴上（图6.43）。

图6.43 带有平衡质量的凸轮轴

6.1.6 内部力矩

除了表现为自由质量效应的不平衡的质量力和力矩外，在发动机上还会出现内部力矩。这可理解为是指在自由浮动的曲轴上产生的弯矩（图6.44）。

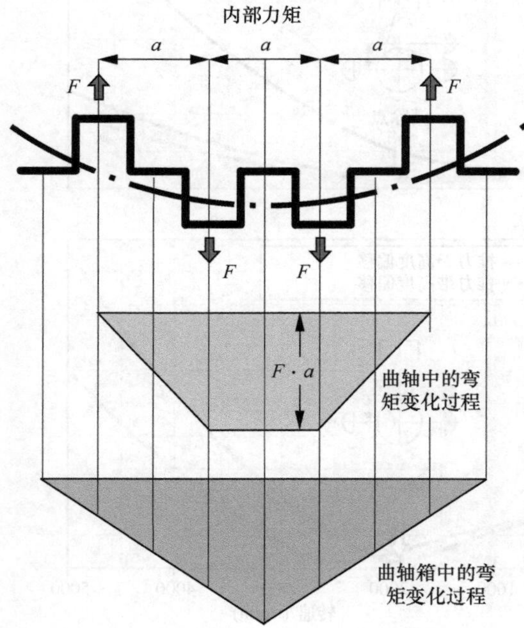

图6.44 内部力矩（示意图）

这些内部力矩在曲轴主轴承上施加了额外的负载，并使曲轴箱受到弯曲。随着转速的提高，内部力矩对发动机的设计提出了更高的要求，尤其是对于V12和V16发动机。从曲轴端部到发动机中部，内部力矩会增加。如果是纵向对称的轴，那么中心轴承会受到相邻的、相同方向上曲柄的质量力的重负，这可以通过内部的质量平衡来避免，即在每个曲柄形成质量力的位置的平衡（图6.45）。

图6.45 所有曲柄臂上带平衡的4缸汽油机（欧宝 – Ecotec）

值得权衡的是，选择内部质量的完全平衡的优点还附带着质量、惯性矩、摩擦和成本增加的缺点。

6.1.7 曲柄次序和点火次序

为了确保转矩尽可能均匀，必须在整个工作周期内为各个气缸均匀点火。前提是曲柄在圆周上均匀分布。因此曲柄间隔为：

- 四冲程发动机720°KW/气缸数。
- 二冲程发动机360°KW/气缸数。

点火次序也由曲轴的旋转方向来确定。对于乘用车发动机，在DIN 73021中规定了旋转方向和气缸计数。

– 顺时针旋转：从反力输出侧（GKS）看时顺时针旋转，气缸的计数方向从GKS开始。

– 逆时针旋转：逆时针方向看反力输出侧（GKS），气缸的计数方向从GKS开始。

对置（Boxer）和V形发动机的气缸（从GKS看）从左排发动机（1 ~ $z/2$）开始计数，然后从$z/2+1$开始从右排开始计数（图6.46）。在V形发动机中，只有当V角对应于工作循环［720°KW或360°KW（曲轴转角）］除以气缸数时，才能获得相同的点火间隔。点火次序的其他注意事项包括：

– 自由质量作用不存在或尽可能地小。

– 良好的扭转振动特性。

– 良好的换气/增压特性。

在工作循环为360°KW的二冲程发动机中，曲柄次序与点火次序相同。四冲程发动机的每个循环有两个止点位置（点火/换气过程上止点）。因此，每个曲柄次序对应几个点火次序。理论上可能的点火次序的数量随曲柄数的增加而显著增加。然而，考虑到上述要求，对于每种发动机结构形式和气缸数来说，只有少数方式是有利的。

V形发动机在高功率密度和紧凑的基本结构形式之间显示出很好的协调性，因此，V形发动机也是乘用车发动机的首选结构形式。在VR发动机中，具有非常窄V角的V形发动机的两排都布置在一个共同的气缸盖下方。在V-VR结构形式中，这些VR布置中的两种V形直列布置以大致规则的V角彼此排列。

计数方向	气缸数	常用的点火次序（示例）
动力输出 R+VR	4 5 6	1 3 4 2 或 1 2 4 3 1 2 4 5 3 或 1 5 2 3 4 1 5 3 6 2 4 或 1 2 4 6 5 3 或 1 4 2 6 3 5 或 1 4 5 6 3 2
动力输出 V+V-VR	4 6 8 10 12 16	1 3 2 4 1 2 5 6 4 3 或 1 4 5 6 2 3 1 6 3 5 4 7 2 8 或 1 5 4 8 6 3 7 2 或 1 8 3 6 4 5 2 7 1 6 2 8 4 9 5 10 3 8 或 1 6 5 10 2 7 3 8 4 9 1 7 5 11 3 9 6 12 2 8 4 10 或 1 12 5 8 3 10 6 7 2 11 4 9 1 14 9 4 7 12 15 6 13 8 3 16 11 2 5 10
动力输出 B	4 6	1 4 3 2 1 6 2 4 3 5

图6.46 机动车发动机的计数方法和通常的点火次序（摘自文献［9］）

小V角需要更长的连杆（较小的连杆比 $\lambda = r/l$），并且，如果需要，还可以对曲柄连杆机构进行限制，以确保气缸的必要间隙。由于较小的连杆回转角度，因此可以采用更高的曲轴箱，同时它还具有更小的活塞侧向力。90°V角是汽车发动机的首选，因为它可以通过旋转的配重来完全平衡一阶往复运动质量力；此外，8缸V形90°四冲程发动机的V角对应于均匀的点火间隔，即所谓的“自然V角”。如果气缸数和V角不对应，或者即使采用VR布置，仍然可以通过V角与点火间隔之间的差异将曲柄销“展开”来实现相同的点火间隔，即所谓的连杆偏置角。这会导致曲柄销偏移（行程偏移，开口销曲轴）。如今，6缸乘用车和商用车发动机要求V角为90°、60°，甚至54°，8缸发动机为75°，即连杆偏置角为30°、60°、66°，以及15°。除了传动机构的机械方面要求，V角的选择主要取决于发动机的安装空间和发动机项目的协调性。

6.2 扭转振动

6.2.1 基础知识

曲柄连杆机构是一个弹簧-质量系统，通过叠加在曲轴的实际旋转运动上的周期性作用的旋转力（切向力）激励系统振动（排列在轴上的单个质量的摆动的旋转运动）。曲轴的旋转运动由三部分组成：

- 对应于转速，保持均匀旋转。
- 由于在一个工作周期内不均匀的扭转力变化过程（切向力变化过程）导致的速度波动（“稳态转速波动”）。
- 由扭转力引起的围绕位移角的振动（“动态转速波动”）。

系统的运动由旋转质量相对于初始位置的旋转角度来描述。

储存在旋转质量中的动能传递到扭转弹簧上，并转换成势能，然后再转换回动能。在无损耗的能量转换的情况下，这种自由振动永远持续；固有频率完全取决于系统特性（弹簧刚度和质量）。由于运动阻力，能量从系统中提取并转化为热量：振动受到阻尼，并且根据阻尼的大小或快或慢地减弱。

如果一个周期性的力从外部施加在系统上，那么这会迫使它产生不同的振荡特性；系统在瞬态阶段之后以激振力的频率振动。如果固有频率和激励频率相匹配，则发生共振。在没有阻尼的情况下，振幅会不受控制地增大。然而，阻尼是始终存在的，它会限制振幅，并且振幅的大小与阻尼的大小有关。如果将单个质量在轴的长度上的振幅变化过程表示为曲线，则可以得到具有该曲线的（或）零交叉点的振动形式作为振动节点，在该节点处，两个相邻的质量以相反的方向振动。在这些点上没有扭转振动运动，但确实会出现扭转振动应力（图 6.47）。

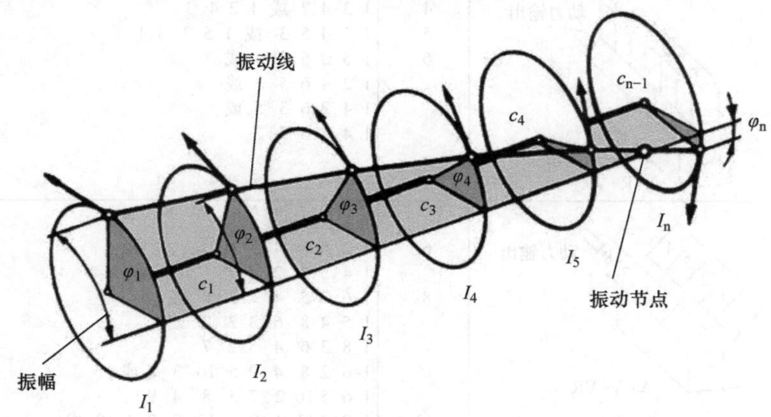

图 6.47　扭转振动示意图

对于每一个可能的振动形式都有其自身的固有频率，系统可以在相应的振动形式中自由振动。振动模式和固有频率取决于系统中扭转刚度和扭转质量的大小和分布。

由于共振时的振幅会导致曲轴损坏（图 6.48），因此要提前识别此类运行危险的情况，并且通过相应措施去避免。

图 6.48　乘用车曲轴（GGG 70）扭转振动断裂

现代部件测试方案正日益提高实际传动机构运行强度的可靠性[10]。尽管系统很复杂，但使用现代模拟程序对运行强度进行的计算研究对避免超尺寸化做出了越来越大的贡献。为了阐明本质上的关系，之后讨论的传动机构将会进行简化（减少），这也使得粗略计算成为可能。这种简化的基础是简化系统的动态特性与真实系统的动态特性的协调。扭转振动计算包括：

- 简化机械装置。
- 确定固有频率和固有振动形式。
- 计算激振力以及激振功和激振振幅。
- 计算共振时曲轴的振幅。
- 通过共振时的振幅计算曲轴应变载荷。
- 计算临界转速。

6.2.2　机械装置的简化

具有耦合质量（如飞轮、齿轮传动、控制机构、带传动等）的传动机构可以简化为简单的几何模型，使得真实系统和简化系统的势能和动能相对应。

- 质量简化：带有连杆、活塞和由其传动的质量的曲轴。

- 齿轮传动、飞轮、阻尼器等将用圆柱筒形圆盘不变的惯性矩来替代。尽管连杆传动机构的惯性矩会因为活塞和连杆的运动而变化，但是在计算中认定它保持不变。

- 长度简化：曲柄会用曲轴主轴承（或曲柄销）的直径上一段直的、没有惯量的轴段来代替，其长度是这样计算的：曲柄和轴段具有相同的扭转刚度（弹性系数）。对此有一些简化公式。

- 由于曲轴曲柄因其形状而在扭转方面相对较软，因此其简化的长度通常大于曲柄的长度。

6.2.3 固有频率和振型

传动机构是由多个彼此耦合的旋转质量和扭转刚度所组成的，这些量在振动特性中相互影响。

对于各个旋转质量（图6.49）可以列出如下运动方程。

$$I_k \cdot \ddot{\varphi} + c_{k-1}(\varphi_k - \varphi_{k-1}) + c_k \cdot (\varphi_k - \varphi_{k+1}) = 0 \tag{6.67}$$

式中，I 为转动质量的转动惯量；φ 为旋转质量的旋转角；c 为轴段的扭转刚度；k 为旋转质量的数量。

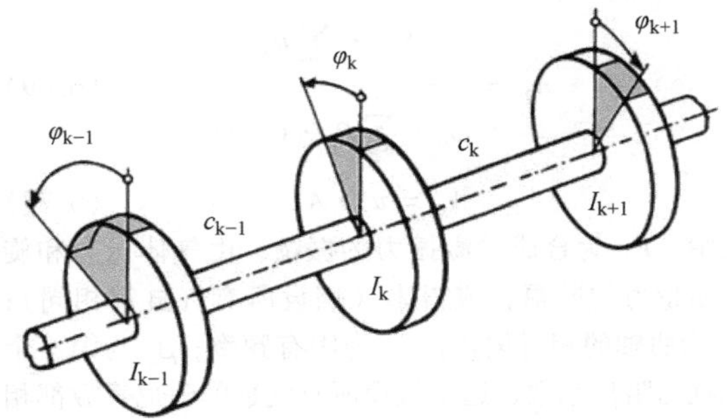

图6.49 简化的传动机构的旋转质量的相互扭转

用带常系数的齐次耦合的线性微分方程来表示一个系统，它描述了以下之间的平衡：

- 由于惯性矩和角加速度引起的加速度力矩。
- 从弹簧刚度和所考虑的质量两侧的扭转角差异中复位力矩。

在确定固有频率时，阻尼力矩可以忽略不计，因为微小的阻尼对固有频率的影响微不足道。这些方程的积分能提供系统的固有频率。

为了求解这些微分方程，一种方法是以谐波运动的形式来进行的。具有三个以上旋转质量的系统会出现混乱和繁琐的方程组，因此开发了各种不同的解决方法，如冈贝尔-霍尔-托尔（Gümbel-Holzer-Tolle）法。它从物理的角度去分析振动过程，可以根据简单而清晰的计算方法来进行，并最终得到所需的固有频率 $\omega_{e,n}$。

通过得到的固有频率就能确定相应的固有振型（所有旋转质量的振幅的总和，其定义了每个固有频率的振动系统的变形状态）。然而，只能得到相对的振幅，也就是说，各个旋转质量的振幅都与第一个旋转质量的振幅有关（图6.50）。

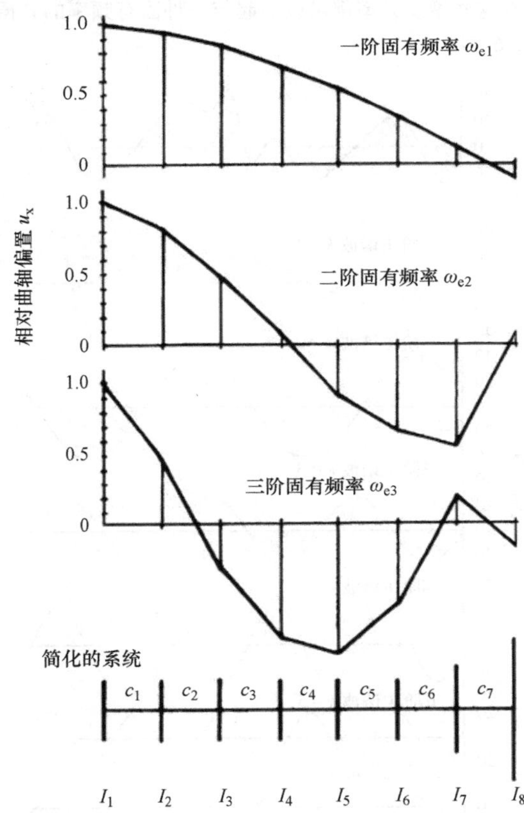

图6.50 带齿轮传动和离合器的6行程传动机构前三个固有频率的固有振动模式

因此，它是一个特征值问题，其解决方案只能由一个公因数确定。为了确定绝对的振幅，就需要知道激振力。另一种与冈贝尔-霍尔-托尔（Gümbel-Holzer-Tollen）方法相对应的方法是矩阵计算，尤其是借助于计算机辅助的分析，这种方法正变得越来越流行。在此过程中，求解了可以用矩阵表示的方程组，该方程组又从扭转振动配置的幅度与回复扭矩之间的导出关系的运动方程中导出。

$$I \cdot \ddot{\varphi} + D \cdot \dot{\varphi} + c \cdot \varphi = M(t) \tag{6.68}$$

6.2.4 激振力、激振功和激振振幅

产生振动的扭力（切向力）由气体扭转力和往复运动质量力的扭转力所组成。

气体压力取决于负载（比功），质量扭转力取决于转速的平方。合成的激振力（切向力）不是由一个封闭的函数来描述的，而是用一个傅里叶（Fourier）函数进行分析。它由一个静态部分（额定转矩）和一个动态部分（一个基础振动和叠加振动）

所组成。激振频率也就是其基频（单位时间的工作循环数）及其整数倍频率，它们与曲轴转速成正比。所有这些激发频率都可以引起与一种固有频率的共振（图 6.51）。

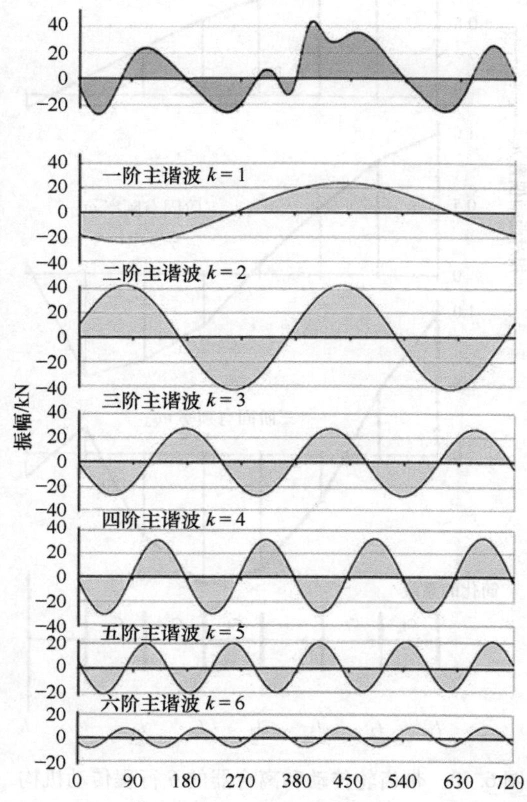

图 6.51　切向力图的傅里叶分析：切向力曲线由前六阶谐波组成

激振功对激振起决定性作用。激振力（对于各个激振频率的来自气体力和质量旋转力的幅度合成的激振力幅度）会导致更大的偏置，以至于它离振动节点越来越远（激振器功 = 激振力 × 振动偏置）。激振力的相位位置，即它们在时间上的顺序，可显示在相位方向星上。各阶的相位方向星由 0.5 阶曲柄星（四冲程）或一阶（二冲程）给出（图 6.52）。

可以通过考虑各个曲柄的振动偏置和相位偏移（点火顺序），来获得发动机的有效激振力。

各个气缸的相对曲轴偏置将在相位方向星的射线方向上以几何方式相加。从中得知某些阶次特别危险，因为它们的几何总和值很大。这个几何总和称为比激励功，即发动机的激励功与力 1 相关，根据阶数和相位的不同，相应的比激励功有不一样的值。

质量 1 的振幅（绝对的偏置值）由激励功和阻尼功（每个振动）的平衡得出。由此，可以确定等效系统的各个质量的绝对偏置 A：

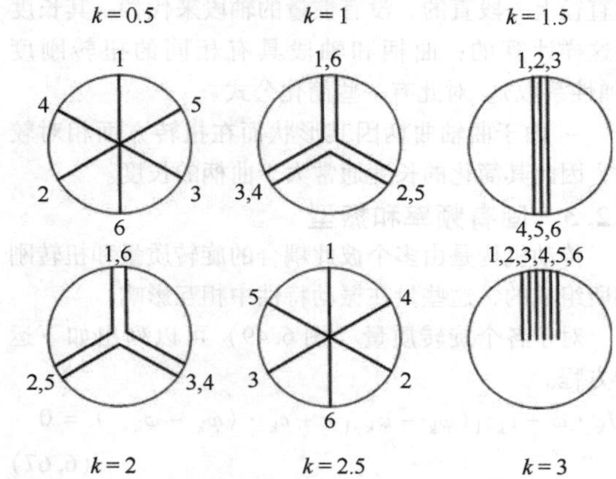

图 6.52　直列 6 缸四冲程发动机的前六阶相位方向星

$$A_1 = \frac{F_{Tk} \cdot \sum_1^z \boldsymbol{u}_x}{\omega_e \cdot \sum_1^z \beta_x \cdot (u_x)^2} \tag{6.69}$$

$$A_x = u_x \cdot A_1 \tag{6.70}$$

式中，F_{Tk} 为合成的激振力的振幅，由气体压力和旋转质量力的振幅合成得出（假设所有气缸都相同）；$\boldsymbol{u}_x$ 为曲轴的相对偏置；ω_e 为固有频率；β_x 为第 x 个气缸的阻尼系数，通常假设所有气缸的阻尼系数都相同；A_1 为系统第一个质量的振幅（绝对的偏置）；$\boldsymbol{u}_x$ 为相对曲轴偏置的几何的和；指数 x 为气缸数；指数 k 为阶数。

除了静态扭转力外，由于扭转振动导致的质量 x 和 $x+1$ 的相对扭转 $\Delta\varphi$，也会对曲轴施加应力。

$$\Delta\varphi = (u_x - u_{x+1}) \cdot A_1 \tag{6.71}$$

$$\tau = \frac{M_d}{W_p} = \frac{c_x \cdot A_1 \cdot (u_x - u_{x+1})}{W_p} \tag{6.72}$$

气体力激发特别是曲轴转一周内点火次数 i 的整数倍的阶数的振动。

- 四冲程发动机：曲轴每转一周，点火次数为 $i = z/2$。

- 二冲程发动机：曲轴每转一周，点火次数为 $i = z$。

频率在所有 $z/2$（四缸）或 z（二缸）的整数倍处都存在危险，因为在这个状态下所有气缸的激励都受到平衡影响。临界转速下主谐波交点处会出现最大振动频率。在临界转速处曲轴的共振波动会给发动机带来极大的危害。

$z/2$（四冲程）或 z（二冲程发动机）的所有整

数倍都是危险的，因为在这些阶数下，所有气缸的激励作用方向相同。临界转速由主谐波与激励振动数的交点给出。发动机在各个临界转速下的危险程度取决于曲轴共振偏置的计算值。

6.2.5　降低曲轴偏置的措施

如果没有阻尼，曲轴的偏置会越来越大，直到曲轴断裂。然而，在实践中，总是存在阻尼：材料阻尼、摩擦阻尼和润滑膜阻尼，但这在现代传动机构中是不够的，因此必须采取额外的措施。为避免危险的扭转振动情况，可以：

- 通过改变点火次序来影响激振功。
- 通过改变自身质量和调整弹簧刚度来改变固有频率。

然而，这些措施的可行性和有效性是受限的。一个看似简单的措施是增加飞轮的转动惯量。这样虽然可以降低固有频率，但同时振动节点向飞轮处移动，轴应力增加。

由于这些原因，剩下的唯一可能性是将扭转振动限制在无害的水平上。基本上有两种可能性：

- 阻尼（将振动能量转化为热能）。在静止强迫振动和速度比例阻尼中，惯性矩、阻尼矩、回位力矩与激振力矩之间实现平衡，阻尼矩越大，振动偏置越小。
- 消除（通过使系统失谐来“消除”共振）。在这里，通过一个质量的反作用将固有频率转移到其他转速范围。通过耦合这样一个额外的质量（“吸收器”），系统获得了更多的自由度；原来的固有频率分为两个固有频率，分别位于原来频率的上方和下方。如果系统以原来的固有频率被激发，它会在吸收器开始振荡时保持静止。然而，简单的吸收器仅对一种频率有效。离心式吸收器的吸收效果取决于转速。

减振器对乘用车发动机的影响作用分为两部分：阻尼和消除。它们与弹簧刚度、减振性能和惯性有关，通过合理的设计可以永久减少系统的扭转振动偏置。

橡胶减振器用于乘用车发动机中，一个圆环状的减振器质量（次级部分）通过硫化的橡胶层弹性地耦合到初级侧的L形随动板上。振动能量通过材料阻尼（迟滞）转化为热量。谐振峰分为两个谐振，其峰值因阻尼而降低。根据结构形式，阻尼质量径向和/或轴向固定在初级部件上；有些车型还使用两级影响作用的减振器，其中，两个阻尼质量被调谐到两个不同的频率[11]（图6.53），例如用于5缸柴油机（2.5L）的双质量橡胶减振器，就是通过双质量来谐调扭振的。

通过降低扭转振动的偏置（图6.54），不仅能降低曲轴和凸轮轴的载荷，并且也能减小游隙引起的发动机的噪声和辅助单元的激发引起的振动[12]。

图6.53　双质量橡胶减振器（结构形式 Palsis）（来源：Palsis）

扭振减振器对曲轴扭振偏置的影响
示例：6 缸水平对置发动机

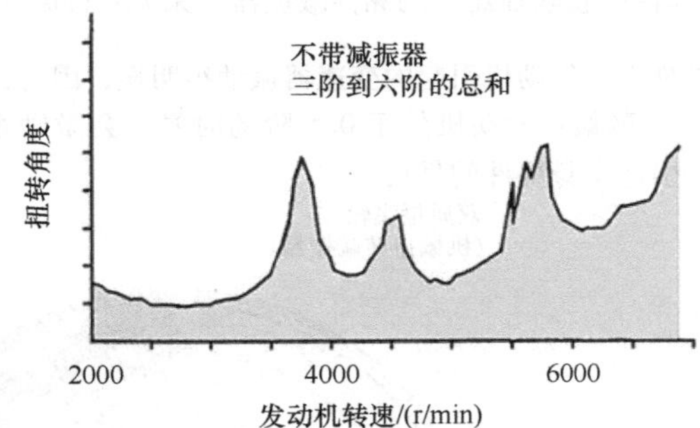

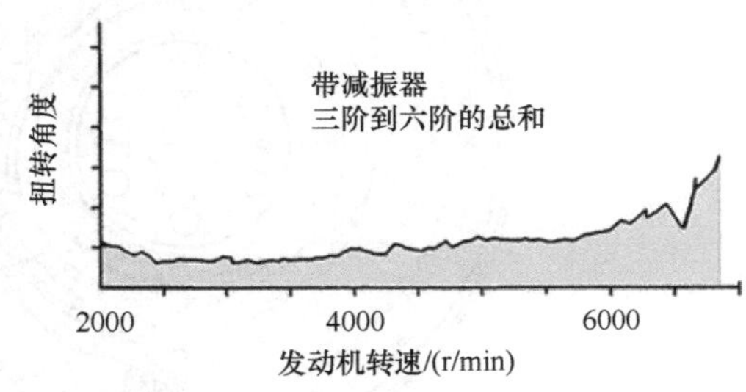

图6.54　扭振减振器的作用效果

大型发动机（大排量）和越来越大的比功（平均有效压力）增加了对有效的减振器的需求，一方面是因为更强的激励作用，另一方面是因为更大的传动机构的质量会降低固有频率。乘用车传动机构的固有频率为300～700Hz，为此，越来越多地使用黏性减振器，这种黏性减振器通常只用于更大的发动机（图6.55）。

6.2.6　双质量飞轮

机动车的动力总成由发动机、变速器和车身部件组成，所以发动机的振动激励会传递到动力总成的其

图 6.55　用于直列 6 缸柴油机的带分离式带轮（扭转弹性橡胶联轴器）的黏性减振器（来源：Palsis）

他部件上。发动机引起的变速器振动很明显，因为：

– 颠簸：发动机处于 0.5 阶的时候，会激励系统，引起车身部件的晃动。

– 异响：发动机主要以四阶到六阶激励变速器，因此它可能使不在动力流中的齿轮和同步器环以较大的幅度相互振动。

此外，动力总成在负荷变化时会发生扭转，并且（仅弱阻尼时）会发生振动。这些振动是令人感到难受的，它会影响驾驶舒适性并给组件带来额外的压力。为了改进动力总成的振动和噪声特性，开发了双质量飞轮。发动机飞轮的质量分为与曲轴刚性连接的主要部分和可移动地设置在主要部分上的次要部分。主要部分和次要部分之间扭转弹性地连接。由此，实现了隔振，即工作范围转移到放大功能的超临界范围。由于需要不同的扭转刚度和阻尼特性来抑制不同工作范围（牵引、推力、怠速）中的变速器异响，因此必须相应地设计弹簧的特性曲线。例如，这可以通过串联连接不同刚度的弹簧来实现阻尼调整。通过适当调整的弹簧 – 楔系统，为所需的阻尼提供摩擦[13]（图 6.56）。

由于飞轮主要部分的“消除”力矩较低，发动机曲柄连杆机构的扭转振动特性也发生变化（图 6.57）。

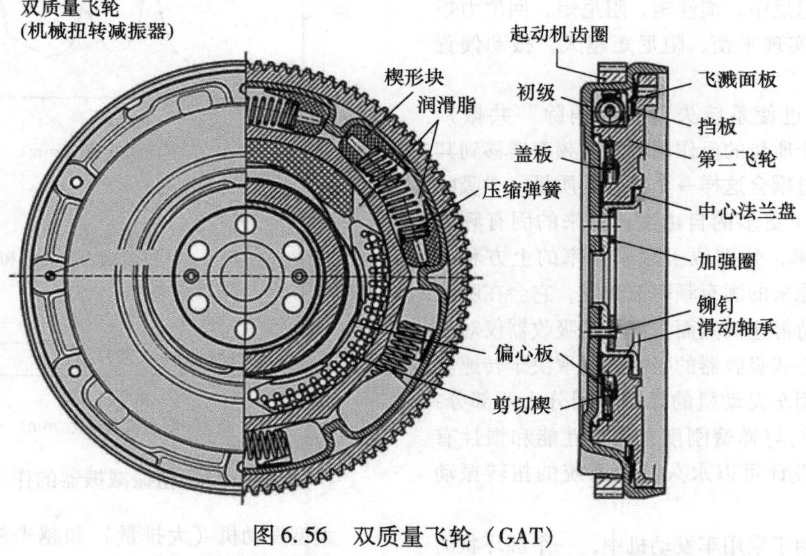

图 6.56　双质量飞轮（GAT）

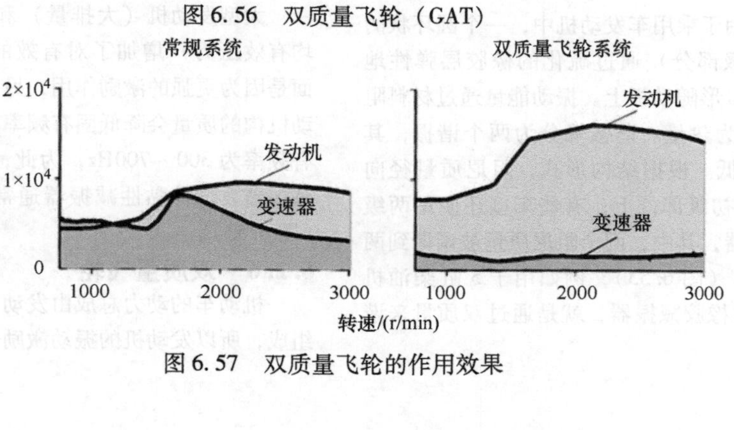

图 6.57　双质量飞轮的作用效果

双质量飞轮不仅提高了驾驶舒适性，还减轻了额外交变扭矩对变速器的影响。它们主要用于排量≥2L 的乘用车发动机，特别是柴油机车辆[13]。与此同时，一些车企已经开始使用三质量飞轮。

采用增压和减少气缸数量的现代小型化方案提出了特殊的挑战，在减少扭转振动方面，特别是在舒适性要求不断提高的背景下。用于扭转振动补偿的新型主动系统可以由发动机控制单元与当前的运行条件进行匹配，以增压两缸发动机为例显示出可喜的结果[14]。

6.3 可变压缩比和可变排量

6.3.1 可变排量

排量（工作容积）由工作行程和气缸直径确定的面积相乘而得。它是确定发动机转矩和与转速一起确定发动机功率的最主要的参数。乘用车汽油机和乘用车柴油机的排量根据气缸数主要在 1 ~ 3L 范围内，每个气缸的排量通常的范围是 350 ~ 600mL。

在部分负荷下，在传统的汽油机中，与柴油机不同，必须通过节流（数量调节）来减少进气空气或混合气质量。节流过程产生损失，因此充量与基于排量的理论上可能的充量是不对应的。

有几种方法可以在发动机运行中减少这些节流损失。两个要点是：

- 可变排量。
- 灭缸。

这两种方法都可以减少换气损失，因为在减小排量时。对于给定各负荷工况点，无论使用上述哪种措施，节流都会明显减少。

如果减小排量，则发动机必须在更高的负荷范围内运行才能获得相同的比功，这样的好处是减少了进气管真空和节流损失，这也会减少气体交换功，进而导致燃料消耗率的减少[15-17]。

由于出于功能的原因，无法改变缸径，因此努力集中在使活塞行程可变上。然而，在给定缸径和缩短行程时，行程/缸径比也会发生变化并变小。因此，燃烧室的表面积-体积比也会发生变化，对 HC 排放有已知的影响[18-20]。效率和氮氧化物排放同样也受到影响[19]。

对于活塞行程的连续变化的结构方面的解决方案早已为人所知，并且代表了关于减少气体交换功的最佳解决方案，因为在极端的情况下可以完全省去节气门。

原则上，与可变排量相关的设计考虑基于曲柄连杆机构运动学的修改。例如，通过将曲轴移到一侧，行程和排量都减少了。虽然已经进行可变排量的试验研究，但技术方案过于复杂。

6.3.2 可变压缩比

压缩过程是内燃机四个行程中的一个，它确保工作介质中的温度和压力升高，从而以更高的效率进行燃烧。模型过程中热效率对压缩比的依赖性如图 6.58所示。

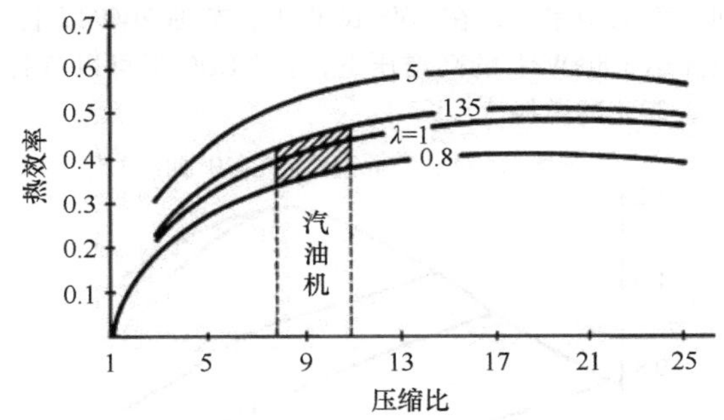

图 6.58 压缩比特性和热效率

模型过程的高的热效率意味着可以预期发动机过程的高效率，从而使燃料消耗最小化。然而，从图 6.58可以看出，随着压缩比的增加，热效率的增加幅度越来越小。关于在发动机中实现可变压缩的结果和相关的建造成本表明，压缩比只能提高到一定水平。因此，在所示的发动机中实现 8∶1 ~ 16∶1 的压缩比[31]。

图 6.59 显示了普通发动机压缩比的可能范围。

发动机类型	压缩比（ε）	受限于
汽油机（二冲程）	7.5 ~ 10	炽热点火
汽油机（2 气门）	8 ~ 10	爆燃、炽热点火
汽油机（4 气门）	9 ~ 11	爆燃、炽热点火
汽油机（直喷）	11 ~ 14	爆燃、炽热点火
柴油机（预燃室式）	18 ~ 24	效率损失、零部件载荷
柴油机（直喷）	17 ~ 21	效率损失、零部件载荷

图 6.59 压缩比

随着节流的增加，在几何压缩比保持不变时，汽油机中的有效压缩比减小，这将导致燃油效率下降。在考虑增压汽油机时，这会变得更加引人注目。鉴于在全负荷附近更高的爆燃敏感性，与自然吸气发动机相比，必须降低增压汽油机的几何压缩比，这又导致部分负荷下的效率进一步下降。图 6.60 显示了汽油机有效压缩比的特性场。

可变压缩比提高了汽油机的效率，因为它的压缩比在全负荷时受到汽油燃料爆燃趋势的限制。如果在部分负荷下增加压缩比，则指示效率会大大提高。在与 CVS 试验相关的领域，与固定压缩比发动机相比，它可节省 10% 的燃料。具有可变压缩比的增压发动机的改进更为显著，因为在这种情况下，通过运行工况点的偏移会出现额外的增益。在给定的情况下，增压发动机的压缩比在部分负荷下增加到 $\varepsilon = 13.5$，而在全负载下的压缩比为 $\varepsilon = 8$。在这种情况下，在相同的车辆功率下，在 CVS 试验中，节油 20% 以上。在高达 100kW/L 的高增压下，在 NEDC 下可以节省高达 30% 的燃料[32]。

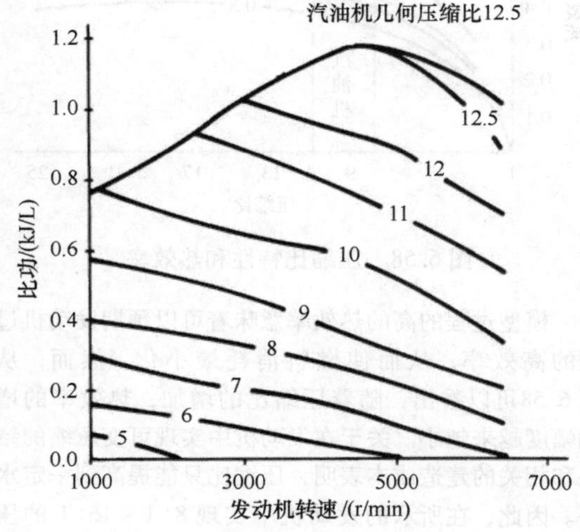

图 6.60　汽油机的有效压缩比

由于可变压缩系统的高度复杂和高的成本，还不能进行大规模生产。作为示例，主要研究了以下系统：

– 可变压缩高度的活塞。其缺点是活塞质量较大，在高转速下导致较高的质量力。

– 例如，通过气缸盖中的气缸移动来增大或者减小燃烧室，缺点在于由于燃烧室有裂缝而使燃烧条件恶化。

– 例如，通过平行的曲柄连杆机构使曲轴轴线移位，借助于偏心单元，曲轴向上或向下移动。可回转的曲轴轴线的旋转运动被传递到变速器输入的固定的轴上。这种结构上非常复杂的解决方案仅略微增加了发动机的质量[17,21-24]。

– 气缸盖的倾斜度，其设计方式是使气缸盖和缸体之间的分界线“向下”移动，即与传统发动机相比，缸体高度降低[21,25]。这也是一个非常复杂的解决方案。图 6.61 和图 6.62 显示了摆动机构，它允许气缸盖摆动 4°，从而允许压缩比从 8:1 变到 14:1。

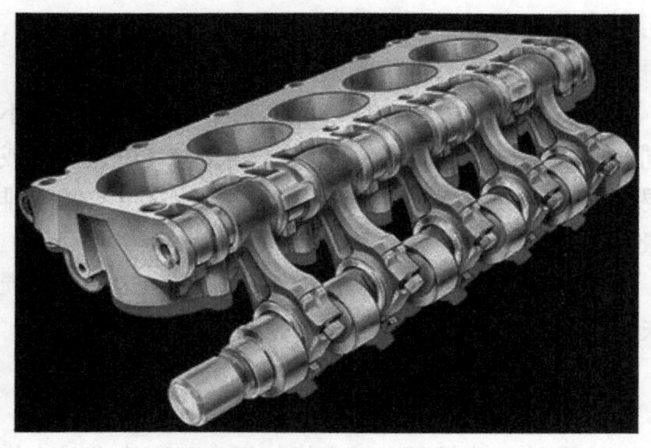

图 6.61　气缸盖摆动机构（来源：MOT）

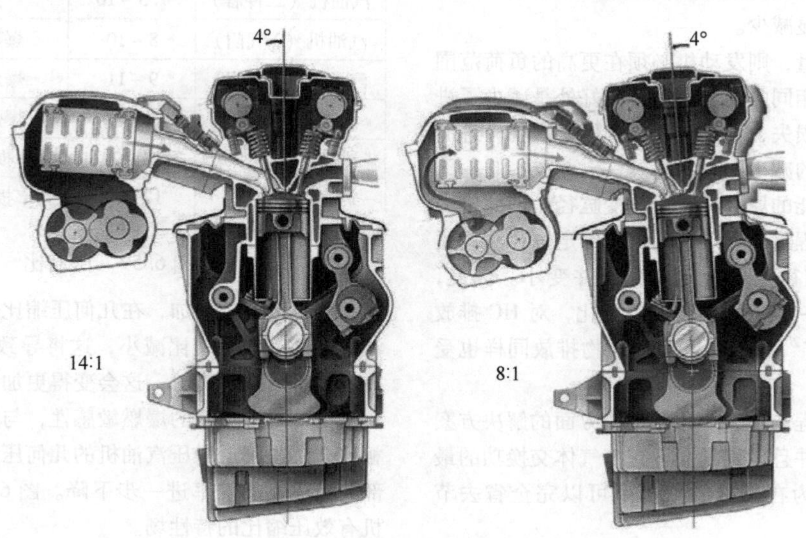

图 6.62　绅宝（SAAB）可变压缩比发动机的纵剖面（来源：MOT）

使压缩比可变的另一种方法是借助于偏心活塞销支承设计连杆[26, 27]。通过连杆小头孔中的偏心支承（图 6.63）可实现长度可变的连杆，该连杆利用产生的传动机构力进行调整。

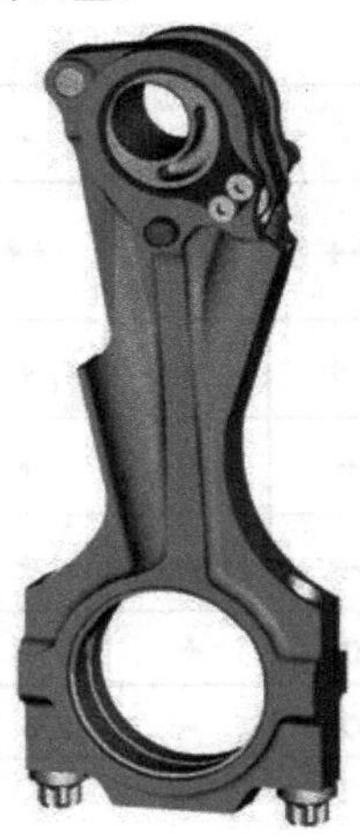

图 6.63　VCR 连杆（可变压缩比）（来源：MTZ/Pischinger）

下面我们给出许多可以实现可变压缩比的方式。图 6.64 展示了一些其他原理性的可变压缩比方式。

从今天的角度来看，不可能最终评估哪些方法将在未来的批量生产中得以实现。除了可靠的功能外，大规模生产的一些基本方面当然是：

- 容纳能力（结构空间）。
- 制造成本。
- 可移植到其他的发动机结构形式。
- 发动机重量。

图 6.65 显示了可变压缩各种原理的优缺点的评估。

日产（Nissan）子公司英菲尼迪（Infiniti）展示了一种发动机（图 6.66），该发动机可以通过复杂的机构实现压缩比从 $\varepsilon = 8$ 到 $\varepsilon = 14$ 的无级变化。在曲轴侧，连杆不直接与曲轴连接，而是连接到可旋转的中间元件，该中间元件设置在曲轴的曲柄销上。中间元件的角度通过调节机构来改变，从而改变活塞行程，进而改变压缩比。该系统用在计划于 2018 年量产的 2.0L 增压发动机上。

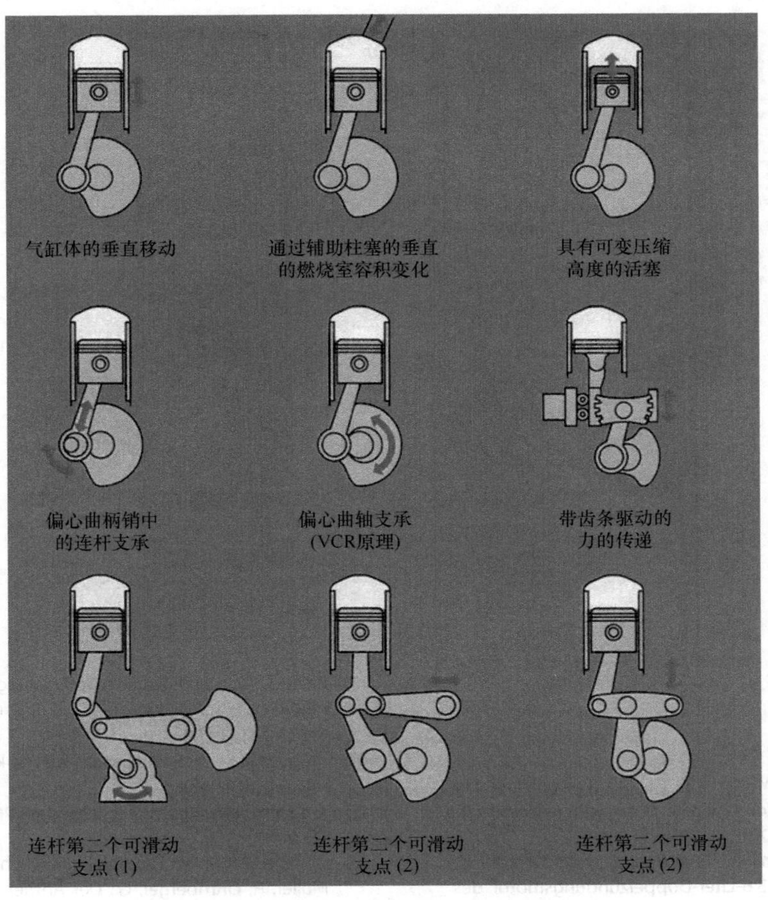

图 6.64　实现可变压缩比的示意图（来源：MOT）

系统 / 标准	1	2	3	4	5	6	7	8	9	10
连续VCR的适用性	连续VCR						2级VCR			
实际CR的确定	+	+	+	+	+	+	-	-	-	-
燃烧室形状	--	++	++	++	++	++	++	++	++	++
对外型尺寸的影响	-	--	--	--	-	-	++	+	+	+
产品的改造	o	--	--	--	-	-	+	+	+	+
往复运动质量	++	--	--	++	++	--	--	+	+	--
摩擦	++	-	-	++	-	-	o	+	--	o
成本	o	-	--	--	-	-	o	-	-	--

++：非常好/非常低的负面影响　+：好/低的负面影响　o：中性/适度的负面影响
−：不合适/高的负面影响　−−：非常不合适/非常高的负面影响。

图 6.65　用于压缩比可变调整的不同系统的比较（来源：MTZ/Pischinger）

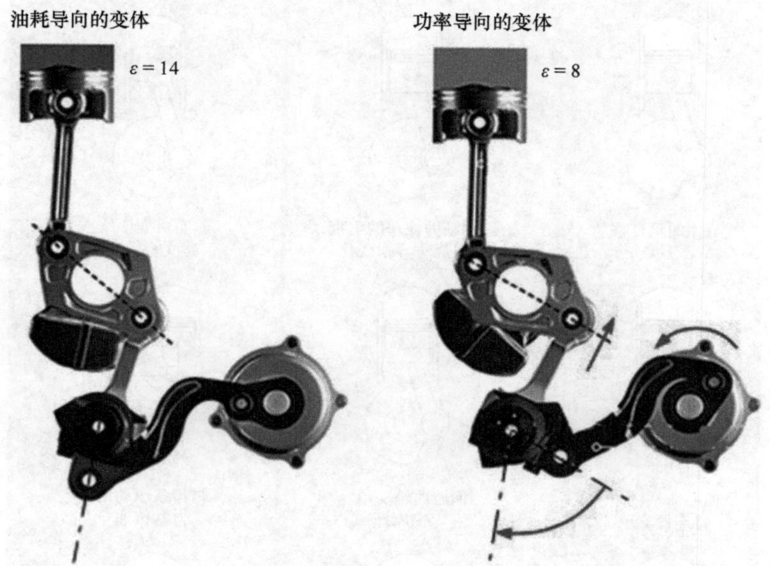

图 6.66　日产（Nissan）子公司英菲尼迪（Infiniti）的新发动机[31,32]

参考文献

使用的文献

[1] Bauder, A., Krause, W., Mann, M., Pischke, R., Pölzl, H.-W.: Die neuen V8-Ottomotoren von Audi mit Fünfventiltechnik. MTZ 60(1), 16, (1999)

[2] Dorsch, H., Körkemeier, H., Peiters, S., Rutschmann, S., Zwickwolf, P.: Der 3,6-Liter-Doppelzündungsmotor des Porsche Carrera 4. MTZ 50, 2, (1989)

[3] Riedl, C.: Konstruktion und Berechnung moderner Automobil- und Kraftradmotoren, 3. Aufl. R. C. Schmidt, Berlin, S. 224–231 (1937)

[4] Krüger, H.: Sechszylindermotoren mit kleinem V-Winkel. MTZ 51, 10, (1990)

[5] Krüger, H.: Der Massenausgleich des VR6-Motors. MTZ 54, 2, (1993)

[6] Gumpesberger, M., Landerl, C., Miritsch, J., Mosmüller, E., Müller, P., Ohrnberger, G.: Der Antrieb der neuen BMW F800. MTZ 67, 6, (2006)

[7] Neukirchner, H., Arnold, O., Dittmar, A., Kiesel, A.: Die Entwicklung von Massenausgleichseinrichtungen für PKW-Motoren. MTZ 64, 5, (2003)

[8] Gruber, G., Prandstötter, M., Hollnbuchner, R.: Integriertes Ausgleichswellensystem des neuen Vierzylinder-Dieselmotors von BMW. MTZ 69, 6, (2008)

[9] Braess, H., Seiffert, U.: Handbuch Kraftfahrzeugtechnik, 6. Aufl. Springer Vieweg, Wiesbaden (2012)

[10] Fröschl, J., Achatz, F., Rödling, S., Decker, M.: Innovatives Bauteilprüfkonzept für Kurbelwellen. MTZ 71, 9, (2010)

[11] Anisits, F.B.K., Kratochwill, H., Steinparzer, F.: Der neue BMW Sechszylinder Dieselmotor. MTZ 59, 11, (1998)

[12] Pilgrim, R., Gregotsch, K.: Schwingungstechnisch-akustische Entwicklung am Sechszylinder-Triebwerk des Porsche Carrera 4. MTZ 50, 3, (1989)

[13] Nissen, P.-J., Heidingsfeld, D., Kranz, A.: Der MTD – Neues Dämpfungssystem für Kfz-Antriebsstränge. MTZ 61, 6, (2000)

[14] Bey, R., Ohrem, C., Biermann, J.-W., Bütterling, P.: Downsizingkonzept mit Zweizylinder-Erdgasmotor. MTZ 74, 9, (2013)

[15] Schäfer, F., Basshuysen, R. v: Schadstoffreduzierung und Kraftstoffverbrauch von Pkw-Verbrennungsmotoren Die Verbrennungskraftmaschine, Bd. 7. Springer Verlag, Wien, New York (1993)

[16] Basshuysen, R., Schäfer, F. (Hrsg.): Lexikon Motorentechnik. Vieweg Verlag, Wiesbaden (2006)

[17] Pischinger, F.: Gedanken über den Automobilmotor von morgen. Vortrag VW-AG, Juli 1990

[18] Kreuter, P., Gand, B., Bick, W.: Beeinflussbarkeit des Teillastverhaltens von Ottomotoren durch das Verdichtungsverhältnis bei unterschiedlichen Hub-Bohrungs-Verhältnissen 2. Aachener Kolloquium Fahrzeug- und Motorentechnik. (1989)

[19] Gand, B.: Einfluss des Hub-Bohrungs-Verhältnisses auf den Prozessverlauf des Ottomotors, Dissertation. RWTH Aachen, 1986

[20] Bick, W.: Einflüsse geometrischer Grunddaten auf den Arbeitsprozess des Ottomotors bei verschiedenen Hub-Bohrungs-Verhältnissen, Dissertation. RWTH Aachen, 1990

[21] Blumenstock, K.U.: Ungenutzte Potenziale. mot (2004)

[22] Schwaderlapp, M., Pischinger, S., Yapici, K.I., Habermann, K., Bolling, C.: Variable Verdichtung – eine konstruktive Lösung für Downsizing-Konzepte Aachener Kolloquium Fahrzeug- und Motorentechnik, Okt. (2001)

[23] Guzella, L., Martin, R.: Das SAVE-Motorkonzept. MTZ 10, (1998)

[24] Fraidl, K.G., Kapus, P., Piock, W., Wirth, M.: Fahrzeugklassenspezifische Ottomotorenkonzepte. MTZ 10, (1999)

[25] Bergsten, L.: Saab Variable Compression SVC. MTZ 62, 6, (2001)

[26] Pischiner, S., Wittek, K., Tiemann, C.: Zweistufiges Verdichtungsverhältnis durch exzentrische Kolbenbolzenlagerung. MTZ 70, 02, (2009)

[27] Wittek, K.: Variables Verdichtungsverhältnis beim Verbrennungsmotor durch Ausnutzung der im Triebwerk wirksamen Kräfte, Dissertation. RWTH Aachen, 2006

进一步阅读的文献

[28] Indra, F.: Zylinderabschaltung für alle Hubkolbenmotoren. MTZ 72, 10, (2011)

[29] Constensou, C., Kapus, P., Prevedel, K., Bandel, W.: Performance measurements of a GDI variable compression ratio engine fittet with a 2-stage boosting system and external cooled EGR 20. Aachener Kolloquium Fahrzeug- und Motorentechnik. (2011)

[30] Kapus, E., Prevedel, K., Bandel, W.: Potenziale von Motoren mit variablem Verdichtungsverhältnis. MTZ 73, 5, (2012)

[31] http://www.Berlin.de/special/auto-und-motor/nachrichten

[32] http://www.Autobild.de/.../infiniti-paris-2016

第7章 发动机零部件

工学博士 Uwe Mohr，工学博士 Wolfgang Issler，Thierry Garnier 博士，
工学博士 Claus Breuer 教授，理学硕士 Hans - Rainer Brillert，
工学硕士 Günter Helsper，工学硕士 Karl B. Langlois，
工学博士 Michael Wagner，工学硕士 Gerd Ohrnberger，
工学博士 Arnim Robota，工学博士 Uwe Meinig，
工学博士 Wilhelm Hannibal 教授，工学硕士 Johann Schopp，
技术学博士 ETH Werner Menk，工学硕士 Ilias Papadimitriou，
Guido Rau，Wolfgang Christgen，Michael Haas，Norbert Nitz，
工学博士 Olaf Josef，工学硕士 Axel Linke，工学博士 Rudolf Bonse，
工学博士 Gerd Krüger，Christof Lamparski 博士，
工学硕士 Hermann Hoffmann，技术学博士 Martin Lechner，
工学硕士 GwL. Falk Schneider，工学硕士 Markus Lettmann，
工学硕士 Rolf Kirschner，Andreas Strauss，工学博士 Peter Bauer，
工学硕士 Ralf Walter，工学硕士 Wolfgang Körfer，工学硕士 Michael Neu，
工学硕士 Franz Fusenig，工学硕士 Dr. techn. Rainer Aufischer，
工学硕士 Andreas Weber，工学硕士（FH）Alexander Korn，
工学硕士 Andreas Pelz，工学硕士 Matthias Alex，工学硕士 Armin Diez，
Andreas Göttler，工学硕士 Wilhelm Kullen，工学博士 Oliver Göb，
工学硕士 Eberhard Griesinger，工学硕士 Uwe Georg Klump，
自然科学博士 Hans - Peter Werner，工学硕士 Siegfried Jende，
工学硕士 Thomas Kurtz，工学硕士 Hubert Neumaier，
工学硕士 Peter Amm，工学硕士 Franz Pawellek，Mirko Sierakowski

7.1 活塞、活塞销、活塞销卡环

7.1.1 活塞

7.1.1.1 要求和功能

活塞的主要任务是，将燃料 - 空气混合气燃烧时产生的压力通过活塞销和连杆传递到曲轴上去。

作为可移动的力传递壁，活塞必须与活塞环一起在所有负荷状态下可靠地密封燃烧室以防止气体渗透和润滑油溢出。由于发动机效率和功率的不断提高，对活塞的要求也越来越高。

以活塞负载为例，当汽油机的转速为 6000r/min 时，每个活塞（D = 90mm）在每秒 50 次气缸峰值压力为 75bar（1bar = 0.1MPa）的冲击下，所承受的负载大约是 5t!

为了满足不同的任务要求，例如与不同的运行条件相匹配，同时具有高的运行平稳性的抗磨损性，具有足够设计强度的小的重量，低的润滑油消耗和低的有害物排放值，这些都导致了对结构设计和材料的要求，这些要求在某些情况下是相反的。对于每种类型的发动机，必须仔细权衡这些标准。因此，每种情况下最佳的解决方案可能非常不同。

图 7.1 列出了活塞的运行条件，由此产生用于造型设计的要求以及结构设计和材料方面的解决方案。

7.1.1.2 结构造型

根据各种内燃机（二冲程、四冲程、汽油机、柴油机）的运行条件可得出，通常铝 - 硅合金是最适宜的活塞材料。钢制活塞一般用于高负荷的柴油机中，且需要特殊的冷却措施。

出于强度和重量的原因，结合对良好的活塞冷却的要求，活塞的仔细的结构设计是必要的。用于描述几何形状的重要术语和尺寸如图 7.2 和图 7.3 所示。

运行条件	对活塞的要求	结构设计方面的解决方案	材料方面的解决方案
机械负载 a）活塞顶/燃烧室凹槽 汽油机：点火压力50～130bar 柴油机：点火压力80～230bar b）活塞裙部：侧向力约为最大点火压力的6%～8% c）活塞销孔：允许的表面压力，与温度相关	高温条件下的高稳定性和动态强度 活塞销孔的高的表面压力，低的塑性变形	足够的壁面强度，耐变形的结构形式，均匀的“力流”和“热流” 活塞销孔，钢制活塞体或一体式钢活塞	不同的Al－Si铸铁合金 热扩展性的（T5）或硬化（T6，T7），铸造或锻造的特种黄铜，青铜，调质钢
燃烧室内高温：平均气体温度超过1000℃ 在活塞顶/活塞凹槽边缘：200～400℃ 黑色金属材料：350～500℃ 在活塞销孔：150～260℃ 在活塞裙部：120～180℃	在高温下还能保持足够的强度 特征：耐热性，耐久性，好的热传导性，抗氧化（钢）	足够的热流截面，冷却通道	
高转速下活塞和连杆的加速性：部分超过$25000m/s^2$	重量轻，产生小的质量力或质量力矩	最高的材料利用率造就轻量化	Al－Si合金，锻造
环槽、轴上、销轴承中的滑动摩擦。部分不利的润滑特性	低的摩擦阻力，高的耐磨性（影响寿命），低的磨损倾向	足够大的滑动表面，均匀的压力分布。槽加强件，润滑油供给	Al－Si合金，裙边镀锌，石墨化，涂层。通过铸造环梁的槽加强件
从气缸一侧到另一侧的附件变化（特别是在上止点区域）	低噪声，冷机、热机的小“活塞倾斜”，低的空化激励，小冲击脉冲	小的运行间隙，具有优化的活塞形状的弹性轴造型设计，活塞销孔的适当偏移	低的热膨胀。共晶或过共晶Al－Si合金，低合金钢

图7.1　运行条件及其由此给出的对活塞以及活塞结构和材料方面的解决方案

项目	汽油机		柴油机（四冲程）
	二冲程	四冲程	乘用车柴油机
直径D/mm	30～70	65～105	65～95
总长GL/D	0.8～1.0	0.6～0.7	0.8～0.95
压缩高度KH/D	0.4～0.55	0.30～0.45	0.5～0.6
活塞销直径BO/D	0.20～0.25	0.20～0.26	0.32～0.40
火力岸F/mm	2.5～3.5	2～8	4～15
第一环台阶St/D①	0.045～0.06	0.040～0.055	0.05～0.09
第一环槽高/mm	1.2和1.5	1.0～1.75	1.75～3.0
裙边长SL/D	0.55～0.7	0.4～0.5	0.5～0.65
活塞销孔距AA/D	0.25～0.35	0.20～0.35	0.20～0.35
活塞顶厚度s/D及s/D_{Mu}	0.055～0.07	0.06～0.10	0.15～0.22②

① 柴油机的值对环承载活塞有效，取决于燃烧峰值压力。

② 直喷约为0.2×燃烧室凹槽直径（D_{Mu}）。

图7.2　轻金属（合金）活塞/乘用车主要尺寸

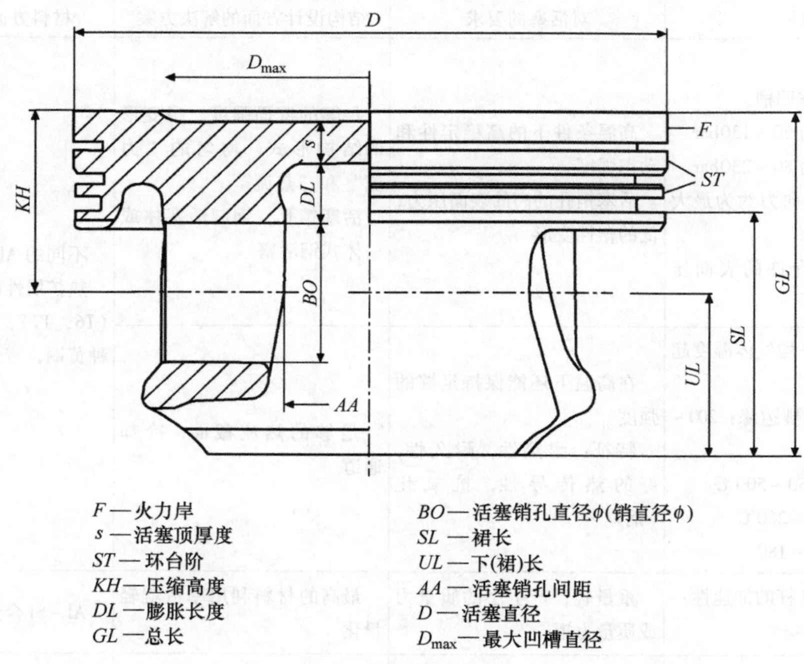

F—火力岸　　BO—活塞销孔直径φ(销直径φ)
s—活塞顶厚度　　SL—裙长
ST—环台阶　　UL—下(裙)长
KH—压缩高度　　AA—活塞销孔间距
DL—膨胀长度　　D—活塞直径
GL—总长　　D_{max}—最大凹槽直径

图7.3　活塞的重要概念和尺寸

发动机比功率的增加部分是通过转速的增加来实现的。由此引起的发动机往复运动的部件的质量力的不成比例的增加通过压缩高度（*KH*）的减小和通过重量优化的活塞结构在很大程度上得到补偿。

与活塞直径相对应的活塞总长 *GL*，尤其是在小型高速发动机上要比更大的、中速发动机要短。

压缩高度 *KH* 除了发动机的结构高度外，还决定性地影响活塞重量。因此，发动机结构设计师总是致力于使其尽可能低。因此，*KH* 始终代表对最低的高度与高的运行安全性的要求之间的折中。

图7.3中给出的顶部厚度 *s* 的值通常适用于具有平面的和平整的、凸形或凹形的拱形顶部的活塞。对于具有深凹槽的直喷式柴油机的活塞，根据最大气缸压力，顶部厚度在最大凹槽直径（D_{Mu}）的0.16～0.23。

从图7.3中关于活塞销直径 *BO* 的参考值可以看出，柴油机更高的工作压力需要更大的活塞销直径。

活塞环区与活塞环一起确保燃烧室相对于曲轴室的可移动的密封。其高度取决于所使用的活塞环的数量和高度以及环之间的环台阶的高度。在用于四冲程发动机的活塞中，活塞环组件通常由两个压缩环和一个刮油环组成。第一个环台阶的高度根据出现的发动机点火压力和环台阶温度来设计。由于更低的温度和气体压力负载，随后的环台阶的台阶高度可以选择得更小。

活塞裙部用于在气缸中引导活塞。它将在连杆偏转时产生的侧向力滑动地传递到气缸壁面上。在考虑气缸变形的情况下，通过足够的裙部长度和较窄的运行间隙，可以使活塞从一个气缸壁面交变到对置的气缸壁面期间（活塞的次级运动）所谓的“活塞偏移”保持得很小。这对于避免由活塞引起的发动机噪声和减少在活塞的所有滑动面上的磨损是至关重要的。

活塞销孔要将整个纵向力从活塞引导到活塞销上，并且因此必须良好地支撑在活塞顶部和裙部上。活塞销孔的上边缘与活塞顶部内穹顶之间足够的尺寸间距导致在支撑横截面中更均匀的应力分布。因此，在高负载的情况下需要特别仔细地设计活塞销孔的支撑区域。为了避免活塞销孔开裂，铝活塞销孔中的平均计算表面压力不应超过55～75N/mm²，这取决于销孔－销配置、材料和活塞销孔温度。若有更高的数值，则必须通过特别措施提高活塞销孔的强度。

两个活塞销孔之间的间距 *AA* 取决于连杆小头的厚度，如果要使活塞和活塞销的变形小，必须对这个值进行优化。只有以尽可能小的活塞销孔间距才能实现最佳的支撑，并保持较小的振动惯性力。

7.1.1.3　活塞销孔的偏移

活塞销轴线相对于活塞纵轴线的偏移（活塞中心线偏移量）使活塞具有在侧向变换时优化地贴靠

的特性。通过该措施可以决定性地影响活塞的次级运动和由此产生的冲击脉冲。通过活塞运动的计算，可以优化相对于活塞纵轴线的偏移的位置和大小。因此，可以降低活塞运行噪声，并使气缸套上的空化危险程度降至最低。

7.1.1.4　装配间隙和运动间隙

人们一直致力于将活塞裙部的装配间隙做得足够小，以便在所有的运行状态下实现均匀平稳地运行。在轻金属活塞的情况下，由于轻金属合金高的热膨胀，这一目标只能通过特殊的结构设计措施来实现。为此目的，以前经常使用浇铸钢条来应对热膨胀（“调节活塞”）。由于重量和成本原因，这些设计已不再用于新的结构设计。

图7.4给出了不同活塞型式下裙部和火力岸台阶间隙的概览。

活塞销在活塞销孔中的间隙对于活塞的平稳运行和这些轴承位置的磨损是很重要的。对于最小间隙设计（图7.5），对于汽油机，必须区分是“悬浮”的活塞销支承还是与连杆小头过盈配合的活塞销。悬浮的活塞销支承是标准的结构，并且是在活塞销孔中特别具有最高承载能力的变型。根据一些发动机制造商的说法，更具成本效益的“连杆过盈结构”现在很少使用，并且仅用于汽油机领域。它不适用于现代柴油机和增压汽油机。

活塞结构形式	调节活塞		非调节活塞		
	开槽的	不开槽的	铝活塞		现代轻金属活塞
工作方式	汽油机	汽油机和柴油机	汽油机（二冲程）	柴油机	汽油机（四冲程）
装配间隙（公称尺寸范围）	0.3~0.5		0.6~1.3	0.7~1.3	0.3~0.5
上裙底	0.6~1.2	1.8~2.0	1.4~4.0①	1.8~2.4	1.7~2.2

① 只在第1环结构设计和高功率发动机（裙底靠近火力岸台阶）。

图7.4　车用发动机轻金属活塞装配间隙一览表（单位为公称直径的1/00，装在GG气缸体内）

悬浮的活塞销支承/mm	过盈配合的活塞销支承/mm
0.002~0.005	0.006~0.012

图7.5　汽油机的最小活塞销间隙（不适用于赛车发动机）

7.1.1.5　活塞质量

活塞及其附件（环、销、卡环）与连杆的振动部分形成振动质量。根据发动机的结构形式，由此产生的自由惯性力和/或惯性矩部分地不再能够补偿或者必须通过高昂的代价来补偿。因此，特别是在高速发动机上，极低的振动质量是希望所在。活塞和活塞销具有最大比例的振动质量。因此，轻量化必须从这里开始。

大约活塞质量的80%位于活塞销轴线上方直至顶部上边缘。因此，在活塞上的主要尺寸中，压缩高度的确定具有决定性的意义，也就是说，随着压缩高度的确定，大约活塞质量的80%就基本明确了。

对于直喷汽油机，活塞顶部用于油束偏转并且相应地成形（图7.6），活塞变得更高、更重，活塞重心向上移动。在油束引导的喷射过程中，活塞顶部又可以造得平一些。

比较活塞质量 G_N 的最佳方法是将其与比较体积 $V \sim D^3$（不包括环和销）相关联。

对于经过验证的活塞设计，质量指数 G_N/D^3（不含环和销）如图7.7所示。

图7.6　直喷汽油机的活塞

7.1.1.6　运行温度

活塞和气缸的部件温度是运行可靠性和使用寿命的重要参数。暴露于热的燃烧气体中的活塞顶根据运行工况点（转速，转矩）吸收不同的热量。在非油冷活塞型式下，该热量主要通过活塞第一环（通过活塞裙部的热量明显更小）输出到气缸壁面上。相反，在使用活塞冷却时，则大部分热量传递给了发动机润滑油。通过结构上给定的材料横截面得到热流，所述热流导致特征温度特性场。汽油机和柴油机的活塞上的典型温度分布如图 7.8 和图 7.9 所示。

材料	工作方式	G_N/D^3/(g/cm³)
铝合金	四冲程汽油机①	0.40 ~ 0.55
	二冲程汽油机①	0.5 ~ 0.7
	四冲程柴油机	0.80 ~ 1.10

① 进气歧管喷射。

图 7.7　活塞直径 <105mm 的乘用车活塞质量参数

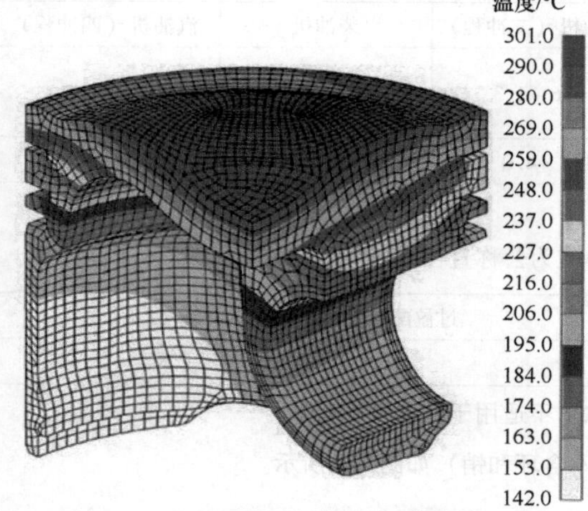

图 7.8　汽油机活塞上温度分布图

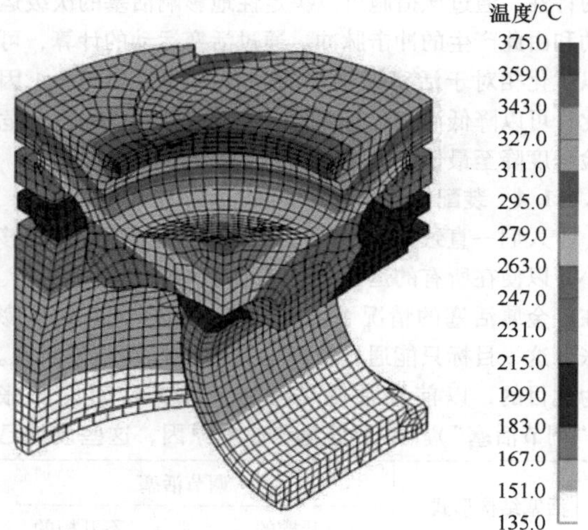

图 7.9　柴油机带油冷通道的活塞的温度分布图

一方面，高的热负荷会弱化活塞材料的耐久性。与此相关的最关键的部位在直喷式柴油机中是活塞销孔 - 活塞穹顶以及凹槽边缘，在汽油机中是活塞销孔连接到活塞顶部的过渡区域。

另一方面，在活塞第一环槽处中的温度对于润滑油结焦方面是至关重要的。当超过某些极限值时，活塞环倾向于“卡住”，这取决于润滑油的质量，从而影响其使用功能。除了最高温度外，活塞温度对发动机运行条件（如转速、平均压力、点火正时、喷射量和喷射正时）的依赖性也很重要。图 7.10 显示了在不同工况条件下乘用车汽油机和柴油机活塞第一环槽区域的典型值。

发动机条件	发动机条件的变化	第一环槽处活塞温度的变化
水冷	冷却液温度 10℃	4 ~ 8℃
	50% 防冻液（体积分数）	5 ~ 10℃
润滑油温度（无活塞冷却）	10℃	1 ~ 3℃
通过润滑油的活塞冷却	连杆脚上（大头）的喷嘴	-8 ~ 15℃单侧
	一般的喷嘴（立式喷嘴）	-10 ~ 30℃
	冷却通道	-25 ~ 50℃
	冷却润滑油温度 10℃	4 ~ 8℃（包括凹槽边缘）
平均压力（n = 常数）	0.1MPa	5 ~ 10℃（凹槽边缘 15 ~ 20℃）
转速（p_e = 常数）	100r/min	2 ~ 4℃
点火点，输送开始	1°KW（曲轴转角）	1.5 ~ 3.5℃
过量空气系数 λ	λ = 0.8 ~ 1.0	影响很小

图 7.10　发动机工况条件对活塞环槽温度的影响

7.1.1.7 活塞冷却

随着发动机功率和增压的增加，有目的的活塞冷却也将在汽油机中变得越来越重要。

（1）喷溅冷却

通常的结构设计是，位于气缸底部有喷嘴，将发动机润滑油喷溅到活塞内腔。冷却的效果取决于冷却油量和提供散热的表面积。通过这种方式，活塞第一环槽或活塞销孔区域可降温高达30℃。另一种更加简单的变体是连杆大头上向连杆轴承润滑供给润滑油的孔。除了冷却效果较小外，一部分喷洒到气缸壁上的润滑油油束在此引起更好的润滑，其安全性比燃料摩擦要高得多。

（2）带油冷腔的活塞

一种更昂贵的但效果更好的活塞冷却方法是在活塞顶部和活塞环槽热力学负载高的区域建立一个空腔进行活塞冷却。通过进料口，通过喷嘴向环形冷却通道供应发动机润滑油，润滑油在吸收热量（ΔT 可达到约40℃）后通过活塞对侧的排放口返回到油底壳中。推荐的比冷却润滑油质量约为5kg/kW · h。在环槽冷却方面最有效的是直接模制到环形载体上的冷却通道（“冷却的环形载体”）。

图7.11显示的是不同的活塞型式的典型的应用范围。

7.1.1.8 活塞结构形式

活塞研发带来了数量众多的结构形式，其中最重要的版本在发动机的制造中得到了证明。此外，正在追求新的发展方向，例如用于极低构造的发动机的活塞，由具有局部加强元件的复合材料制成的活塞或可实现可变压缩比的具有可变压缩高度的活塞（VKH活塞）。

工作方法	负载		
汽油机	无活塞冷却	喷溅冷却活塞	喷溅冷却锻造活塞
	低，≈40kW/L	中，≈65kW/L	高，≈60kW/L
乘用车柴油机	喷溅冷却	冷却通道活塞	冷却的环形载体
	低，≈35kW/L	中，≈35~70kW/L	高，>45kW/L

图7.11 活塞冷却型式一览表

在现代汽油机中，使用具有对称或不对称椭圆形活塞裙部形状的轻量化结构设计，并且在某些情况下，用于压力侧和背压侧的壁厚不同。这些活塞结构形式的特点是重量优化和在活塞裙部的中部和下部区域的特殊的灵活性。由于上述原因，“调节活塞”，其中在裙部区域中浇铸钢条以改变热膨胀特性，越来越多地得到应用。为了完整起见，还要简要地介绍较旧的结构类型。

（1）Asymdukt®活塞

这种活塞结构形式（图7.12）类型的特点是重量轻、支撑优化、箱形椭圆形裙部造型设计。它非常适合用于现代乘用车汽油机。它既适用于铝发动机缸体，也适用于灰铸铁发动机缸体。通过灵活的裙部造型设计，灰铸铁发动机缸体和铝活塞之间的不同热膨胀可以在弹性范围内得到很好的补偿。活塞可以是铸造的，也可以是锻造的。锻造版本主要用于高负载的运动型发动机或高负载的涡轮增压汽油机。

（2）Evotec®活塞和Evolite®活塞

Asymdukt®活塞的进一步发展是Evotec®活塞和最新的Evolite®活塞，其活塞裙部的宽度明显不同，在不影响负载能力的情况下对重量进行了高度的优化，如图7.13所示。这种活塞结构形式要求与铸造工具和铸造工艺相匹配。

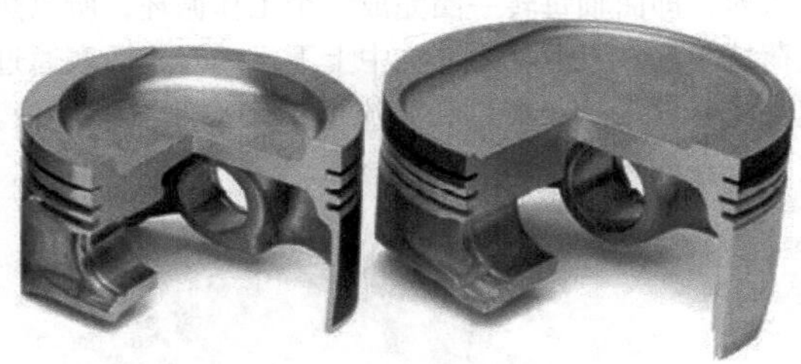

图7.12 Asymdukt®活塞

图7.13 Evotec®活塞

(3) 运动赛车用活塞

这些都是特殊设计，如图 7.14 所示。压缩高度 *KH* 非常低，并且活塞整体重量极其优化，仅使用锻造活塞。在这里，重量优化和活塞冷却是设计这些活塞的决定性标准。在一级方程式赛车中，升功率通常超过 200kW/L，转速达到 15000r/min。活塞的使用寿命与极端的条件相协调。

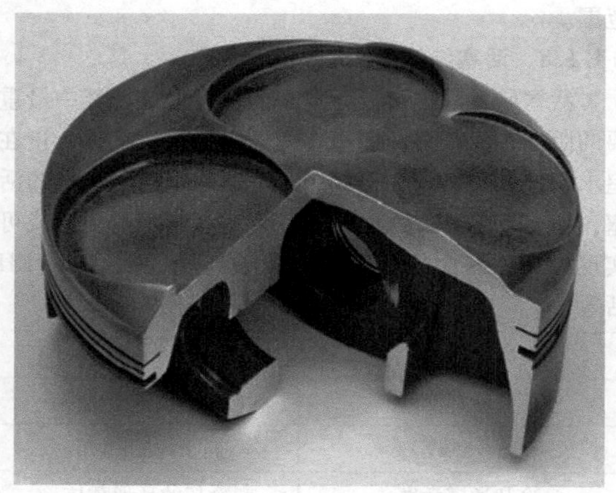

图 7.14　一级方程式赛车的 V8 发动机锻造活塞

(4) 二冲程发动机用活塞

二冲程发动机用活塞（图 7.15）由于更频繁的热入射，即曲轴每转一圈完成一个工作循环，所以热负荷特别高。当活塞在气缸中上下运动时，活塞通过覆盖或释放入口、出口和溢流通道来控制气体交换。这导致高的热负荷和机械负荷。

图 7.15　二冲程发动机的活塞和气缸

二冲程发动机用活塞配备一个或两个活塞环，并且其外部形状可以从敞开式窗口活塞结构形式到全裙活塞的设计的多样变化。这取决于溢流通道的造型设计（长的通道或短弯通道）。在这种情况下，活塞通常由过共晶 Al－Si 合金 Mahle138 制造。

(5) 环形载体活塞

如图 7.16 所示，在环形载体活塞中（早在 1931 年就已经投入批量应用），最上面的，有时甚至是第二道环形槽位于所谓的"环形载体"中，该"环形载体"通过金属间键合牢固地连接到活塞材料上。

环形载体材料由非磁性铸铁制成，其热膨胀特性与活塞材料相似。该材料特别耐摩擦和耐冲击磨损。因此，最易受伤害的第一道环槽和插入其中的活塞环被有效地保护以防止过度磨损。这在高运行温度和高运行压力的情况下尤其有利地起作用，如其在柴油机和高负荷的汽油机中出现的那样。

图 7.16　带特种铜合金的活塞销孔轴套的环形载体活塞

(6) 冷却型活塞

为了在靠近燃烧室的区域中实现特别有效的冷却并且应对由于功率提高引起的升高的温度，存在冷却通道或冷却室等不同的实施方式。冷却油通常通过安装在曲轴箱中的固定喷嘴供给。

在冷却通道活塞中（图 7.17），通过浇注盐芯形成环形空腔。将注入的芯用在非常高的压力下喷入的水来溶解。

(7) 带冷却环形载体的活塞

另一种冷却型的活塞变体是"冷却型环形载体"（图 7.18）。"冷却型环形载体"对第一道环槽和高的热负荷的燃烧室凹槽边缘区域有着明显的改进冷却效果。通过对第一道环槽的强制冷却，使得将矩形环取代常规的双梯形环成为可能。

(8) 在活塞销孔中带轴套的活塞

四冲程发动机用活塞的最大负载区域之一是销轴

承。在那里，活塞材料经受高达240℃以上的热负荷，并且因此进入铝合金材料强度明显下降的温度范围。

对于承受特别严苛负载的活塞，几何尺寸措施，如成形孔、卸载槽和椭圆形销孔等，不再足以提高销孔的负载能力。因此，开发了一种通过由更高强度的材料（如CuZn31Si1）制成的过盈配合衬套来加强销孔的方法，如图7.18所示。

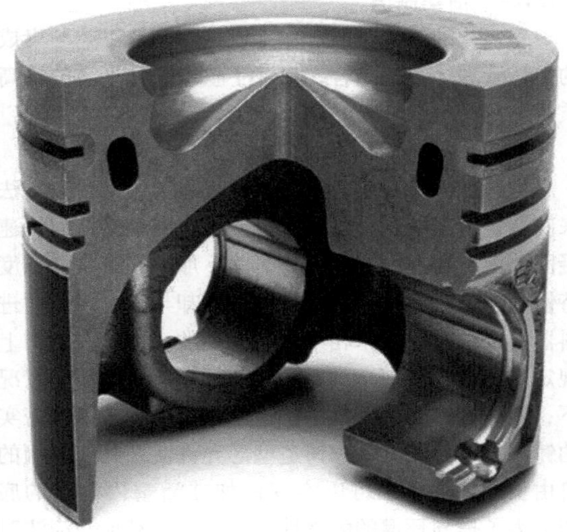

图7.17　乘用车柴油机带环形载体的冷却型活塞

图7.18　带冷却环形载体的乘用车活塞

(9) Ferrotherm®活塞

如图7.19所示，在Ferrotherm®活塞中，其导向和密封功能是相互分开的。两个零件，活塞头部与活塞裙部，通过活塞销可运动地互相联接。活塞顶由锻造钢构成，将点火压力通过活塞销和连杆传递给曲轴。

轻铝活塞裙部只要承受连杆角度变化产生的侧向力，并且通过相应的成形支持活塞头部的必要的润滑油冷却。除了通过裙部产生这种“振动冷却”外，还可以在活塞顶部构成封闭的冷却腔。钢制活塞顶部的外露的冷却腔为此用分开的弹簧板来封闭，如图7.19所示。

图7.19　Ferrotherm®活塞

由于其结构形式，Ferrotherm®活塞不仅具有高强度和耐温性，而且还具有低的磨损值。其一贯的润滑油消耗、低的有害物体积和相对较高的表面温度为遵守低的废气排放限值提供了良好的前提条件。

(10) Monotherm®活塞

如图7.20所示，Monotherm®活塞[1]源于Ferrotherm®活塞的开发。这种活塞结构形式（由锻造钢制成的一体式活塞），做了极致的重量优化。在小的压缩高度和眼距（内部）以上加工的情况下，带活塞销的活塞重量几乎与可比的带活塞销的铝活塞的重量相当。为了改善活塞冷却，外露的冷却空间通过两个弹簧薄片半部封闭。Monotherm®活塞用于高负载的商用车发动机和乘用车发动机。该活塞方案设计通过焊接一个上部部件或带锻造钢活塞下部组件的活塞环套件得以进一步发展，由此达到了显著提高活塞顶部区域刚度的目的。

图7.20 商用车发动机用 Monotherm®活塞

（11）MonoWeld®活塞

如图7.21所示，MonoWeld®活塞是用于涉及比功率提高从而增加了热负荷和机械负荷的商用车和非道路应用的 Monotherm®活塞的进一步发展，MonoWeld®活塞是一种摩擦焊接钢制活塞，由锻造钢制上部和钢制下部组成。一个焊缝位于燃烧室凹槽与销孔支撑件之间，第二个焊缝位于活塞环槽区域中。

图7.21 商用车发动机用 MonoWeld®活塞

由于冷却通道的封闭结构和环形区域与活塞裙部的连接，与 Monotherm®活塞相比，可以实现更高的燃烧压力，同时减小燃烧室凹腔和冷却通道之间的壁面厚度。在相同的燃烧和凹腔几何形状的情况下，由于热传递的改变，减小的壁厚使燃烧室凹腔的特别高负载边缘处的温度降低了高达80K。

在 MonoWeld®活塞上，由于焊缝位于凹腔下方，压缩高度只能有限地降低。因此，Monotherm®活塞理论上可能的非常低的压缩高度和由此实现的更轻的重量是 MonoWeld®活塞所无法实现的。

7.1.1.9 活塞制造

现代化的铸造机械、加工机械和制造工艺与集成的质量管理体系相结合，保证了整个产品平台的最高质量。

（1）硬模铸造

由铝合金制成的活塞主要通过重力硬模铸造方法来制造。由黑色金属材料组成的铸模引起熔体的快速凝固，由此在短的铸造循环时间下形成具有良好强度特性的细晶粒组织。优化的硬模冷却与精心设计的进料器技术和浇注技术相结合是必要的，以便在结构上规定的从薄的活塞裙到厚的活塞顶的不同壁厚的情况下，通过有针对性的凝固制造出尽可能无缺陷和密实的铸件。多件式铸模和铸造型芯允许活塞几何形状的自由设计，从而也可以实现例如在活塞内模上的底切。为了提高环槽的耐磨性，可以很容易地在浇注时放入由奥氏体铸铁结合金属间键（Alfin 键）构成的环形载体。通过浇注由压制好的盐制成的芯，然后用水溶解，可以形成用于活塞冷却的空腔。通过特殊的铸造方法，可以局部地制造具有陶瓷纤维增强的铝材料。为了满足对质量和成本效益的高要求，在大规模生产中使用了多模具和浇注机器人。

（2）离心铸造

用于活塞槽加固的环形载体的生产采用离心铸造工艺。在旋转模具中，用层状石墨铸造奥氏体铸铁管，从中加工环形载体。

（3）连续铸造法（连铸）

这种方法是众所周知的锻造合金，即主要用于条状或块状的铸坯。MAHLE（马勒）公司进一步开发了这种方法，在这种方法中，钢锭在模具后直接用水冷却，用于通常的活塞合金。高的凝固速度对组织结构有着积极的作用。

连铸法一般用于不同直径体的铸造，通常作为锻造活塞或活塞部件的原胚料。

（4）锻造（压制）

锻造或热成形挤压用于生产高载荷发动机的铝合金活塞和活塞部件（用于多部件，结构活塞）。连续铸造区段通常用作起始材料。与铸造相比，这种成形方式能达到明显更高的和更均匀的强度值。另一可能性在于采用喷丸压实或粉末冶金等材料做成的半成品。利用该方法，能够针对最大负载的活塞，例如对于赛车中的应用，使用极耐热的材料，所述材料不能通过熔融冶金来制造。

（5）流体压铸（Liquostatik®，挤压铸造）

液体压铸与重力硬模铸造的不同之处在于施加在熔体上的压力（高达100MPa及以上），该压力一直保持到铸件完全凝固。待凝固的熔体与硬模壁面之间特别良好的接触有助于非常快速地凝固，由此形成了对材料强度有利的精细结构。

通过液体压铸可以制造活塞，这种活塞局部地在活塞顶部、在环槽或销孔区域中利用陶瓷纤维或多孔金属材料来加强。这些铸造的零件通过施加到熔体上的压力与活塞合金实现完全的渗透。

除了具有非常高的压力的液体压铸外，也可以使用改良的铸造方法，该方法仅做很小的改变，就允许使用常见的铸造工具来制造局部纤维增强的活塞。

（6）热处理（调质）

轻金属活塞根据其合金和生产工艺的不同，需经过一次或几次热处理，以提高大多数合金的硬度和强度。除此之外，热处理还可以预先消除运行热量带来的影响之外的体积变化（“成长”）和失真。

（7）加工

知名的活塞制造商自己开发用于活塞加工的制造方案和专用机械，其特殊性如下：

- 复杂的活塞外形和严格的活塞直径公差。
- 复杂的活塞销孔形状（圆的、椭圆的或特殊形状的）和窄的活塞销孔公差。
- 很高的表面质量、铝合金活塞和耐蚀性环形载体中矩形和梯形槽的几何形状。
- 窄的压缩高度公差。

因此，复杂的活塞外形的加工是在可自由编程的成形车床上进行的，其CNC控制保证了高度的灵活性和质量。因此，例如，根据发动机试验的经验发现的作为优化的不规则活塞形状可以毫无问题地在大批量生产中制造。

活塞销孔的加工也是如此。借助同样可自由编程的精密成型钻床，可以对在活塞销孔轴线方向上和在活塞销孔圆周方向上的不同的活塞销孔形状进行加工。

在环形载体活塞的铁材料中加工环形槽对所使用的机床的能力提出了特别高的要求。

7.1.1.10 运行表面保护/上表面保护

当今高度发展的材料和精加工工艺保证了活塞良好的耐磨性和滑动特性。尽管如此，在发动机的磨合阶段以及不合适的运行状态，例如频繁冷起动后的干滑动、暂时的过载、润滑不足，活塞裙部具有改进的紧急运行特性的运行保护层是有利的。在特殊运行条件，抗磨涂层是必要的，比如在活塞环槽区域。而活塞顶部由于其较高的热应力则必须通过额外的、局部的保护措施来应对。对于不同的任务，下面解释的涂层已经被证明是多样化的。

使用特殊的自动表面处理机械，活塞通过以下方式涂覆：

- 活塞表面全镀锌。
- 磷化处理+渗石墨处理（喷涂工艺）。
- 渗石墨处理（筛网印制）和不磷化处理。

a）在活塞裙部。

b）在活塞裙部和活塞环带。

- 活塞裙部部分铁涂层（采用铝气缸滑动表面时）。
- HA涂层（硬质阳极氧化）。

a）活塞第一道环槽。

b）活塞顶部（完全或部分）。

（1）滑动特性的改善

用化学方法渗入轻金属活塞上的薄的锌镀层可以预防冷起动和磨合阶段由于润滑性能不足引起的侵蚀冲击。镀层的厚度大约1μm。

在装配间隙很小以及耐蚀性要求特别高的情况下，将采用GRAFAL®滑动涂层。这种涂层是由石墨充填的人造树脂组成的，它紧密地附着在活塞滑动表面。涂层的厚度一般为10～20μm。对于乘用车和商用发动机的活塞，这些涂层通常通过丝网印制施加，而对于大型发动机的活塞，使用喷涂层Grafal®240或丝网印制层Grafal®255。Evoglide®涂层在新开发中取代了丝网印制Grafal涂层。

铝制活塞的活塞销/孔的配对通常（前提是正确的形状和间隙）在滑动特性方面是不关键的，即使没有特殊的涂层。另一方面，钢制活塞需要特殊的保护措施。作为销孔衬套的替代方案，这里通常进行滑动磷化处理。

（2）耐磨性能的提高

FERROSTAN®涂层活塞与无镀层的SILUMAL®气缸或其他基于铝-硅的无镀层的气缸材料配对。FERROSTAN®活塞在其裙部有一层厚度为6μm、硬度为350～600HV的铁镀层。铁镀层通过专用电解质精确地电化析出。为提高防腐性能和改善滑动性能，铁涂层活塞还涂有1μm厚的镀锌层。替代地，可使用含有铁颗粒的丝网印制层。FERROSTAN®镀层技术在量产中得到了非常成功的应用。

由于增加的热载荷和机械载荷，在汽油机活塞的第一道环槽的侧面上经常出现磨损和破坏效应。作为有效的应对措施，通常采用危险区域的硬质阳极氧化。在铝合金的硬质阳极氧化中，基础材料铝的靠近表面的边缘区域被电解转化为氧化铝。由此产生的层是陶瓷性质的，硬度约为400HV。在这一应用中，层厚设置为约15μm，工艺参数是如此优化的，即产生相对细小的镀层粗糙度，由此，活塞环槽边缘不再需要加工。

（3）热力学防护

柴油机活塞在活塞顶部和燃烧室凹槽边缘区域承受着非常高的温度交变负载，这可能会导致温度交变裂纹。铝活塞顶部的硬质氧化层（图7.22）典型的

图7.22　硬质阳极氧化的活塞顶部

厚度为60～100μm，改善了抗热震性，从而防止凹槽边缘以及底部裂纹的形成。活塞销轴向留有一定的间隙是必要的，从而在最大应变振幅范围内不产生缺口效应。

7.1.1.11　活塞材料

1. 铝合金

对于活塞和许多其他用途来说，纯铝太软，耐磨性能也不够。因此，已经开发出特别适合活塞结构要求的合金。在低的比重下，它们兼顾了良好的低磨损倾向的热强度特性、高的热导率和通常较低的热膨胀性。

根据主要添加剂硅或铜，出现了两个合金组。

（1）铝硅合金

– 共晶的合金含11%～13%（质量分数）的硅以及较小比例的Cu、Mg、Ni等主要元素。在发动机构造中最常用的活塞合金组包括MAHLE 124，它也用于气缸。它为许多应用提供了机械、物理和技术特性的理想组合。在特别高温的应用中采用MAHLE 174+合金，其铜和镍含量相对更高一些。它具有更好的热稳定性、显著提高的耐热性和抗蠕变性。

– 过共晶的合金含15%～25%（质量分数）的硅以及少量的Cu、Mg、Ni元素，比如MAHLE 138和用于高温的MAHLE 145。它们用于活塞，其中对低的热膨胀性和高的耐磨性的要求是最重要的。气缸和不需要加强滑动表面的发动机缸体采用MAHLE 147合金（SILUMAL®）。

图7.23和图7.24显示的是材料物性。

到目前为止，镁还没有在大规模生产中站稳脚跟。价格高、蠕变性能不合适是造成这种情况的主要原因。

名称		MAHLE124	MAHLE138	MAHLE174+
弹性模量 $E/(\mathrm{N/mm^2})$	20℃ 250℃	80000 72000	84000 75000	84000 75000
导热系数 $\lambda/[\mathrm{W/(m\cdot K)}]$	20℃ 250℃	155 159	143 150	130 142
平均的线胀系数 $\alpha/10^{-6}\cdot\mathrm{K^{-1}}$	20～100℃ 20～300℃	19.6 21.4	18.6 20.2	19.2 21.1
密度 $\rho/(\mathrm{g/cm^3})$	20℃	2.68	2.67	2.77

图7.23　MAHLE铝活塞合金的物理特性

（2）铝–铜–合金

由于其良好的耐热性，具有铜和低镍添加剂的几乎不含硅的合金在更小的范围内使用。与Al–Si合金相比，它们具有更高的热膨胀性和更低的耐磨性。虽然Al–Si合金既可铸造又可热成型，但Al–Cu合金更适合热成型。

强度值，对分开生产的试棒有效。					
名称		MAHLE 124 G	MAHLE 124 P	MAHLE 138 G	MAHLE 174 +
抗拉强度 R_m /(N/mm²)	20℃	200 ~ 250	300 ~ 370	180 ~ 220	200 ~ 280
	250℃	90 ~ 110	110 ~ 140	80 ~ 110	100 ~ 120
屈服强度 $R_{p0,2}$ /(N/mm²)	20℃	190 ~ 230	280 ~ 340	170 ~ 200	190 ~ 260
	250℃	70 ~ 100	90 ~ 120	70 ~ 100	80 ~ 110
断裂伸长率 A(%)	20℃	0.1 ~ 1.5	1 ~ 3	0.2 ~ 1.0	0.1 ~ 1.5
	300℃	2 ~ 4	8 ~ 10	1.0 ~ 2.2	1.5 ~ 2.5
弯曲疲劳强度 σ_{bw}/(N/mm²)	20℃	90 ~ 110	100 ~ 140	80 ~ 100	100 ~ 110
	250℃	45 ~ 50	50 ~ 60	40 ~ 50	50 ~ 55
相对磨损系数		1		0.9	0.95
布氏硬度 HBW 2.5/62.5		90 ~ 130			100 ~ 150

图 7.24 MAHLE – 铝活塞合金的机械特性

2. 轻金属复合材料

复合材料技术为显著提高轻金属活塞的承载能力提供了各种可能性，例如由陶瓷纤维或多孔金属材料制成的增强元件有针对性地布置在特别高负荷的活塞区域中。复合材料的制造通过使用流体压铸方法将轻金属如铝或镁渗入到增强元件来进行。

在多种可能性中，特别是用氧化铝制成的陶瓷短纤维强化铝活塞已成功批量生产。在用于去除非纤维成分的洗涤过程之后，将纤维加工成纤维含量在 10% ~ 20%（体积分数）的可浇注成型件（预成型）。因此，例如在直喷柴油机活塞的凹槽边缘处的强度得到了显著的提高。

对于环形凹槽，开发了一种由多孔烧结钢制成的孔隙率为 30% ~ 50% 的增强元件。Porostatik® 复合材料具有良好的耐磨特性和与周围铝基材的牢固连接。例如，它适用于加固位置特别高的环形槽，其中，在活塞顶侧上没有留有用于包封的空间。

7.1.2 活塞销

7.1.2.1 功能

活塞销在活塞与连杆之间起到连接作用。它承受着很强的来自气体压力和惯性力的交变载荷。由于活塞与活塞销以及活塞销与连杆之间只有很小的相对运动（旋转运动），因此润滑特性不佳。

7.1.2.2 结构形式

对于大多数应用而言，活塞销采用圆柱形内外轮廓的设计。为了减轻重量进而减小惯性力，活塞销内孔的外部的负载较小的端部通常采用锥形设计。

在一些乘用车汽油机的活塞中，活塞销与连杆采用过盈配合（“收缩连杆、夹紧连杆”）。在高负荷的汽油机和柴油机上，活塞销以“浮动”方式安装在连杆小头孔中，并具有间隙。在活塞销两端必须用活塞销卡环定位，以防止在活塞中的侧移（见 7.1.3 节）。

7.1.2.3 要求和尺寸设计

在上面描述的力的作用下，活塞销承受着很复杂的载荷，另外还受到活塞和连杆变形的影响。

活塞销的设计应注意以下几个方面：

- 活塞销的足够的强度（运行安全性）。
- 对活塞载荷的反作用。
- 质量（惯性力）。
- 表面质量，形状精度（运行特性）。
- 表面硬度（耐磨损）。

活塞销的尺寸设计如今主要借助于 3D 有限元计算，部分地考虑在活塞销孔及连杆内润滑油膜的形成（压力分布）。为了评估计算的应力，需要对材料的动态特性有深入的了解。对于不同的应用领域，提供了活塞销直径设计的指导值，如图 7.25 所示。

应用		活塞销外径与活塞直径的比例	活塞销内径与外径的比例
汽油机	二冲程小排量发动机	0.20 ~ 0.25	0.60 ~ 0.75
	乘用车	0.20 ~ 0.26	0.55 ~ 0.70
柴油机	乘用车	0.32 ~ 0.40	0.48 ~ 0.52

图 7.25 活塞销的尺寸设计（参考值）

7.1.2.4　材料

目前主要使用渗碳钢 17Cr3 和 16MnCr5。对于更高负荷，也可采用渗氮钢 31CrMoV9。活塞销的材料特征值如图 7.26 所示。最大载荷的活塞销由 ESU 材料（“电渣重熔工艺”）制造，这确保了材料的高纯度。

材料等级		L（17Cr3）渗碳钢	M（16MnCr5）渗碳钢	N（31CrMoV9）渗氮钢
化学成分（质量分数,%）	C	0.12～0.20	0.14～0.19	0.26～0.34
	Si	0.15～0.40	0.15～0.40	0.15～0.35
	Mn	0.40～0.70	1.00～1.30	0.40～0.70
	P	最大0.035	最大0.035	最大0.025
	S	最大0.035	最大0.035	最大0.25
	Cr	0.40～0.90	0.80～1.10	2.3～2.7
	Mo	—	—	0.15～0.25
	V	—	—	0.10～0.20
表面硬度 HRC		59～65（等容积 57～65）	59～65	59～65
特征强度/（N/mm^2）		取决于壁厚，700～1500	取决于壁厚，850～1350	1000～1400
平均线胀系数 /$10^{-6}\cdot K^{-1}$	20～200℃	12.8	12.7	13.1
热传导系数 /[W/(m·K)]	20℃	51.9	50.0	46.4
	200℃	48.2	48.7	45.5
弹性模量/（N/mm^2）		210000	210000	210000
密度/（g/cm^3）		7.85	7.85	7.85
应用		活塞销标准材料	用于高负荷的活塞销	用于高负荷的活塞销（特殊场合）

图 7.26　DIN 73 126（德标）活塞销用钢

7.1.3　活塞销卡环

如果活塞销不是与连杆过盈配合的话，则必须将其固定以防止从活塞销孔侧向移出并抵靠气缸壁。为此，几乎仅使用由弹簧钢制成的外张紧的活塞销卡环（图 7.27），活塞销卡环插入在活塞销孔的外边缘上的槽中。

在直径小的活塞销中，一般用圆金属丝制成缠绕环。对于低速发动机，端部可以钩状地向内弯曲，以便于安装。用于赛车发动机的活塞销卡环，钩端通常向外弯曲以防止旋转。如果出现强烈的活塞销轴向滑动，则在个别情况下也使用插入在活塞销端部的槽中的内张紧的活塞销卡环。

图 7.27　活塞销卡环

7.2　连杆

往复式活塞内燃机的驱动机构是曲柄连杆机构。其中，连杆将活塞与曲轴连接。通过连杆将活塞的往复运动转换成曲轴的旋转运动。此外，连杆将活塞的力传递到曲轴。在浮动销的情况下，容纳用于向活塞衬套供应润滑油的孔是连杆的另一任务。在浮动销的情况下，连杆的另一个任务是接收来自输油孔的润滑油并输送到活塞轴套上。

连杆的质量和形状直接影响发动机的功率/质量比、性能以及运转的平顺性。考虑到发动机的舒适性，连杆的质量优化显得极其重要。

按照19世纪第一台发动机上颠倒的连杆位置，连杆下部（活塞侧）称为连杆脚，而上部（曲轴侧）称为连杆头。

7.2.1　连杆的结构类型

连杆有两个所谓的连杆眼（孔）[2]。

通过连杆小头孔借助活塞销建立起与活塞的连接，由于连杆在曲轴旋转期间的侧向偏转，其必须可旋转地固定在活塞上，这是借助于滑动轴承来实现的。为此，在加工过程中，将轴承衬套压入到连杆小头孔（图7.28）。另一种方法是支承可以集成在活塞中。在这种情况下，活塞销与连杆小头孔过盈配合。

在曲轴侧是分体式连杆大头孔。借助于滑动轴承（极少情况下用滚柱轴承），通过连杆轴承盖的固定和旋拧来保证功能。

连杆孔之间的连接是连杆杆身。根据要求，它具有特殊的横截面，例如I形或H形。

连杆必须保证小头孔和大头孔轴承有足够的滑动特性。

7.2.2　载荷

连杆承受气缸中的气体力和运动质量的惯性力。曲柄连杆机构上的运动学关系如图7.29所示。

通过在连杆振动平面中的侧向偏转产生的离心力引起弯曲，而在最初的趋近算法中可以忽略弯曲。

连杆和活塞质量的加速-减速运动导致杆身中的拉应力以及从杆身到大头孔的过渡。因此，连杆承受着拉力-压力交变载荷，其中，对于柴油机和增压汽油机，压缩力的值会超过拉伸力的值。有鉴于此，在设计连杆时，必须仔细检查其抗弯强度。

对于当今的高速汽油机来说，牵引力是决定性的。在往复式活塞发动机的一个工作循环内的加速-减速运动期间产生的惯性力受到活塞、活塞销和连杆的质量的影响。

为了简化地确定由此产生的力，在保持总质量和连杆重心不变的前提下，将连杆的质量分成旋转质量部分和往复质量部分。集中在大头孔的质量仅分配有旋转运动，集中在小头孔的质量分配有往复运动。

为了计算质量分量，首先确定连杆的重心（SP）。大头孔的质量分量由下式给出：

$$m_{\mathrm{Pl,kl.\ Auge}} = m_{\mathrm{Pl,gesamt}} \cdot \frac{\mathrm{SP}}{l} \tag{7.1}$$

式中，l为连杆孔之间的中心距离，称为连杆长度。与总质量的差值给出了大头孔的质量分量[3]。

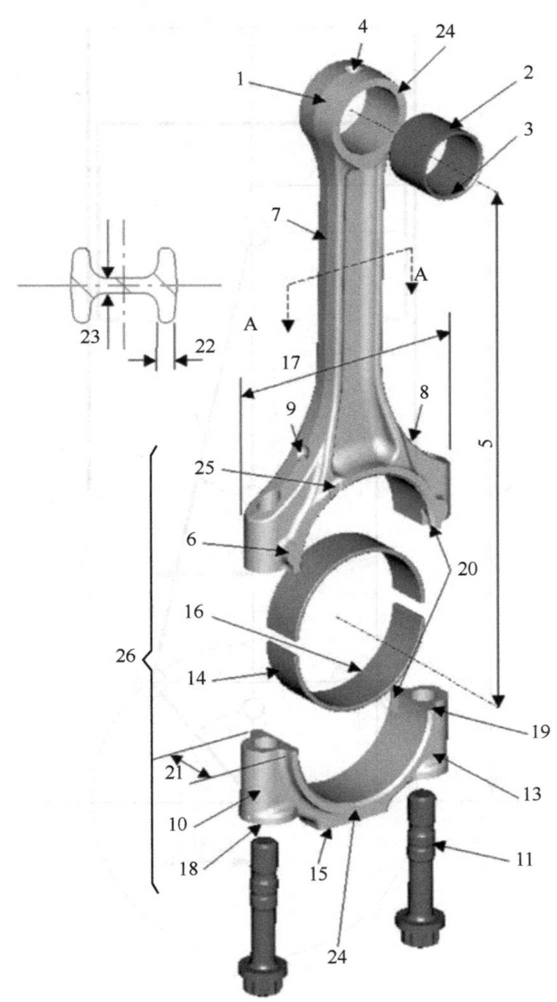

图7.28　直分的连杆的几何形状和名称
（源自：辉门（Federal-Mogul））

1—连杆小头孔　2—连杆衬套　3—活塞销孔　4—润滑油孔　5—连杆长度　6—保持面　7—杆身　8—肩部　9—溅油孔　10—螺栓管道　11—螺栓　12—连杆螺母（不可用）　13—连杆盖　14—连杆轴瓦　15—平衡质量　16—轴颈孔　17—连杆宽度　18—螺栓头支撑　19—分型线　20—抱耳　21—连杆厚度　22—加强筋厚度　23—壁面厚度　24—端面　25—端面中的凹槽　26—连杆大头孔

连杆（以及带有销和环的活塞）的往复质量通过由此产生的质量力影响发动机的载荷和平顺性。这些往复力只能通过额外的平衡轴才能100%地平衡掉。

因此，有必要减小连杆质量或连杆的往复质量分量。这可以通过连杆杆身的造型优化和诸如通过将小头孔设计成梯形孔来实现。

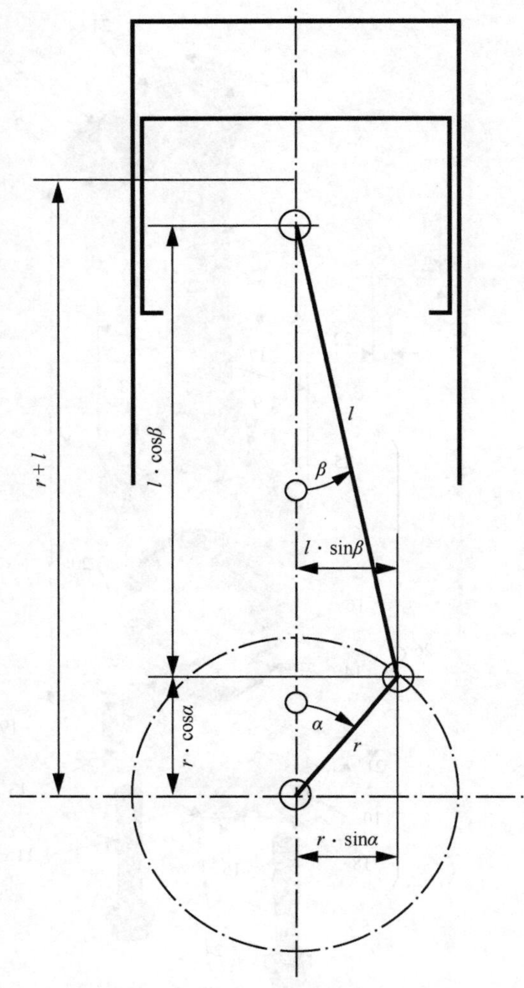

图 7.29　曲柄连杆机构的运动学

连杆质量部分的真实运动特性以及由此产生的力效应比上述的近似分布所反映的要复杂得多。原则上，每个质量部分在连杆小头孔和连杆大头孔之间实施往复运动和旋转运动。在连杆大头孔的方向上，往复分量减小。

借助现代 FEM（有限元）计算方法（图 7.30），可以模拟这种动态特性并评估作用应力。弹性流体动力轴承计算（EHL）（见 7.19.2.3 节）还表明，连杆孔的变形对连杆轴承和连杆衬套的运行特性是多么的重要。

因此，必须进行 FEM 造型优化与 EHL 润滑计算的交互组合。

不同应用领域连杆的质量见图 7.31。

图 7.30　梯形小头孔的、斜剖分的连杆的应力分析（半模型，来源：Federal - Mogul）

应用领域	质量	材料
大批量生产的商用车柴油机	1.6～5kg	锻钢
大批量生产的乘用车汽油机	0.4～1kg	锻钢，GGG，烧结钢
运动型车辆	0.4～0.7kg	钢，钛
赛车/F1	0.3～0.4kg	钛，碳纤维
压缩机	0.2～0.6kg	铝

图 7.31　不同应用领域的连杆质量

7.2.3　连杆螺栓

连杆螺栓将连杆和连杆盖相互连接在一起。这种螺栓必须满足两个功能[4]：

- 连杆螺栓必须防止在连杆大头盖与杆身之间的分型缝中产生间隙。连杆杆身和活塞的惯性力以及由于偏心载荷而产生的横向力和由于轴瓦的突出部而产生的推开力作用到连杆螺栓上。在发动机安装过程中，通常通过拉伸极限或扭矩加旋转角度控制的拧紧，将相应的预紧力引入到螺栓中，该预紧力与作用的惯性力相反[5,6]。

- 连杆杆身和连杆盖必须紧密地贴合在一起，保证不能移动（错位）。对此有多种方案可以选择：

a）通过连杆螺栓引导，其凸缘或凹槽位于分离平面中，以便防止连杆杆身和连杆盖的相互移动。

b）通过螺栓边上的定位小销或在螺栓周围的衬套定位（图7.32）。

c）采用分型面啮合定位。

d）断裂分离面（裂化）定位（图7.33）。

如果使用断裂分离的连杆（裂化）或销或衬套，则可以放弃适配型螺栓，因为在这种情况下，结构化的分离表面或销和衬套提供了足够的定位支撑，以防止杆身和盖的相对运动（见7.22.3.3节）。

图7.32 配合套筒和膨胀螺栓

图7.33 连杆裂化

7.2.4 造型

关于连杆的造型，下列几种观点很重要：

- 安装两个连杆轴承区域的形状稳定性。
- 可能用于连杆小头孔供油的通道（在现代结构设计中并不常见）。
- 用于安装在曲轴的连杆轴颈上的连杆大头孔轴承的分割。
- 连杆盖的定位和拧紧。
- 连杆杆身的造型优化或减小质量的设计。
- 关键区域的适合负载的造型。
- 与机体结构空间的相容性，连杆在其中运动（“小提琴”）。

为了减小活塞质量或连杆质量，连杆小头孔可以向上梯形地削平，出于负载原因（例如对于涡轮增压发动机），这样对于降低应力是有利的，因为这能够实现活塞销孔眼的窄的间距并且因此能够减小活塞销的挠曲。

为了能使连杆装上曲轴，连杆大头孔必须分成两部分，之间用两个螺栓连接。

连杆大头通常沿垂直于连杆的纵轴线分割。在曲柄销直径较大的情况下，则必须斜向分割，以便能够通过气缸孔安装和拆卸连杆。倾斜分割的连杆的缺点是，由于倾斜，分隔平面必须承受较高的横向力。连杆大头孔的这种不对称的结构由于会产生不均匀的静态和动态变形，而对连杆轴承的性能产生不利影响。连杆螺栓盲孔在高载荷区域的出口会引起结构刚度的跳跃，这也会带来负面影响。斜向分割主要应用于V形发动机以及大型柴油机。由于负载，它们具有较大的曲柄销直径。

连杆大小头（孔）之间通过杆身连接，其截面结构为I形或H形。这样可以满足在高的阻力矩下减小质量的要求。

连杆比是连杆或推杆的比值，是一个建立在曲轴半径r和连杆大小头孔间距l上的几何上的比值，其定义为

$$\lambda = r/l \tag{7.2}$$

对于乘用车发动机，其值一般取0.28～0.33，其中柴油机的值要更低一些。连杆长度的设计受到许多因素的影响，如行程-缸径比、活塞速度、发动机转速、燃烧室峰值压力、缸体高度、活塞设计等。

随着连杆比的增大，作用在活塞上的侧向力增大。例如，这会导致活塞设计的规格发生变化。随着连杆比的降低，发动机的整体高度随着气缸体高度的增加而增加。最后但并非最不重要的是，与生产条件相关的限制（气缸体高度）禁止改变连杆的长度。

7.2.5 连杆加工

7.2.5.1 毛坯加工

连杆毛坯加工按应用情况有下列不同的方法：

1）模锻。用于生产毛坯的原材料是圆形或方形截面的棒材，其被加热到1250～1300℃。在拉伸轧制过程中，首先在连杆大头和连杆小头孔处进行质量的预分配（图7.34）。作为拉伸轧制的替代方案，也使用横向楔形轧制，由此可以改进预制件几何形状。在压力机或锤式机组中进行主成形。多余的材料会流出形成毛边，在随后的工序中去除毛边。在去毛边的同时，大头打孔，并且在更大的连杆的情况下，小头也打孔。

为了达到所需的组织结构和强度特性，连杆根据

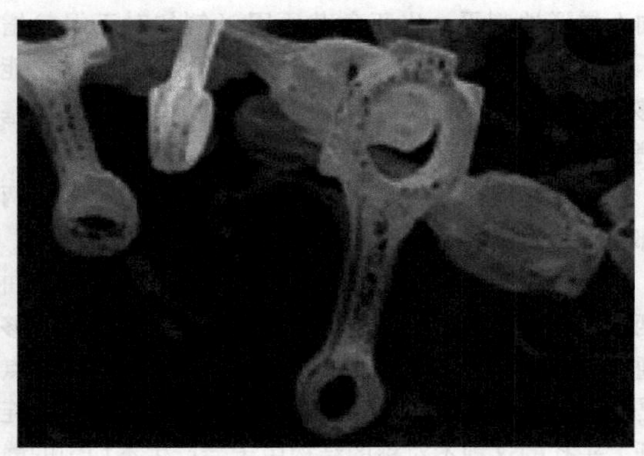

图 7.34 热的毛坯（源自：Krupp Gerlach）

钢合金进行不同的处理：

- 锻造热回火（VS）。
- 气流中可控制的冷却（BY）。
- 常规回火。

最后，通过清洁喷射去除毛坯上的结垢，在近表面区域产生 200MPa 的残余压应力（图 7.35）。接着进行后续的工作过程，例如裂纹测试等。在大多数情况下，连杆和连杆盖是一起锻造的，在加工过程中是分开的。根据连杆和设备的大小，为了提高生产率，在模具中同时锻造双件，即所谓的双锻。

图 7.35 喷砂坯料（来源：Plettac）

2）铸造。制造毛坯的起点是由塑料或金属制成的模型，模型由两个半模组成，这两个半模组成了连杆的正面型像。将多个这样相同的半模组合在一个模型板上，并连接到用于铸造和浇注系统的模型上。在一个多次可重复的过程中，两个模型板通过砂的压实而用绿砂模塑，所产生的砂型分别代表相应模型板的负面型像。相叠地，形成以待制造的连杆的形式的空腔。将在冲天炉或电炉中重熔废钢形成的液态铸铁注入空腔，金属在模具中慢慢凝固成型。

3）烧结。制造过程从伺服液压机将成品合金粉末压制成生坯开始。随后的称重确保生坯满足 ±0.5% 的狭窄的重量公差。

烧结工艺如图 7.36 所示，在一个电加热的连续炉中进行，其中零件在温度为 1120℃ 炉内停留约 15min。在随后的锻造过程中，构件的高度无一例外会被锻低，而使构件的密度尽可能达到理论上的极限。最后通过喷丸工艺调节零件表面的残余压应力状态。

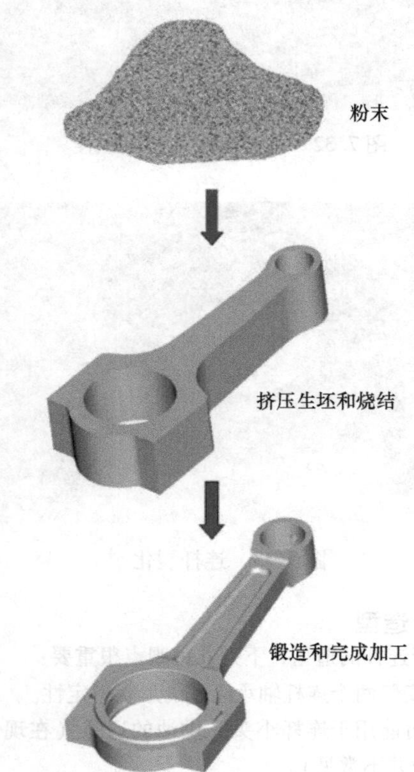

图 7.36 烧结锻造连杆工艺

由于在这种生产工艺中的锻造过程成本是昂贵的，因此，又开发出新的粉末工艺，以节省这些费用[7,8]。

7.2.5.2 加工

将毛坯加工成成品。在大批量生产中，这是在集成到发动机生产加工中的全自动加工线上完成的。对于更小的批量生产，一般采用自动化程度更低的加工中心。

加工后，对制成品进行称重并进行分类。然后在发动机中安装同一重量级别的连杆。如果毛坯已经以窄的重量公差制造，则可以省去分类。

为了达到成品连杆的目标重量，可以在连杆小头孔和/或大头孔预留毛坯凸台（图7.37），在连杆机械加工时，通过铣削凸台，使得连杆精确地达到设定重量。

以前常见的重量铣削，也即去除加工余量直至达到设定重量，如今已很少使用。

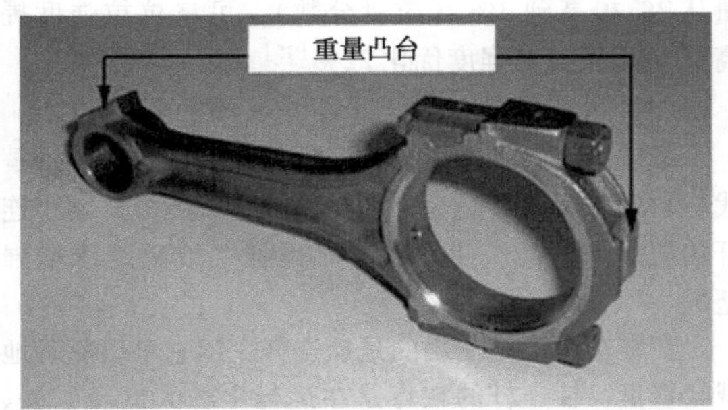

图7.37　传统的连杆、连杆体和连杆盖分别锻造，用螺栓和螺母连接

在现代制造方法中，可以精确地监控制造参数，从而可以制造具有足够的重量公差的毛坯件。

下面举例说明断裂分离连杆（裂化）的加工步骤：

- 磨削连杆大小头孔端面。
- 连杆大小头的预对中。
- 钻孔和螺栓孔攻螺纹。
- 裂化，吹走碎屑。
- 连杆身和连杆盖用螺栓拧紧，如果必要的话，装上轴套。
- 松开螺栓，打开盖子，然后重新拧紧螺栓。
- 端面精加工，小头孔梯形铣削。
- 钻小头孔。
- 对中连杆大头，可选择珩磨。

在这种情况下，裂化是指连杆和盖在加工过程中的断裂分离。其前提条件是在材料方面存在粗粒的组织结构，并且在设备方面存在以高速施加所需裂化能的裂化装置。如果材料的抗拉强度和屈服强度之比接近2:1，则可以在没有大变形的情况下进行裂化。今天，所有制造工艺的毛坯都可以通过裂化来分离[9]。图7.38显示了连杆在结构方面的差异。

裂化之前必须在连杆大头分割面的侧面用激光或拉刀进行开槽，以期通过高的缺口效应获得理想的分割面（图7.39）。连杆大头放置在两部分分离的心轴上并张紧。分离的心轴以高速扩张，并且在此在工件中产生的应力导致缺口处的断裂开始，然后该断裂开始径向向外漫延。在优化的工艺过程中，裂化后的圆度误差最大为30μm。

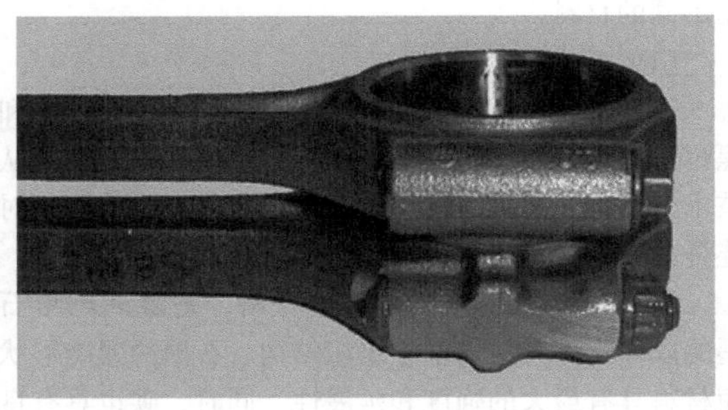

图7.38　裂化连杆（上）与切割连杆的结构差别

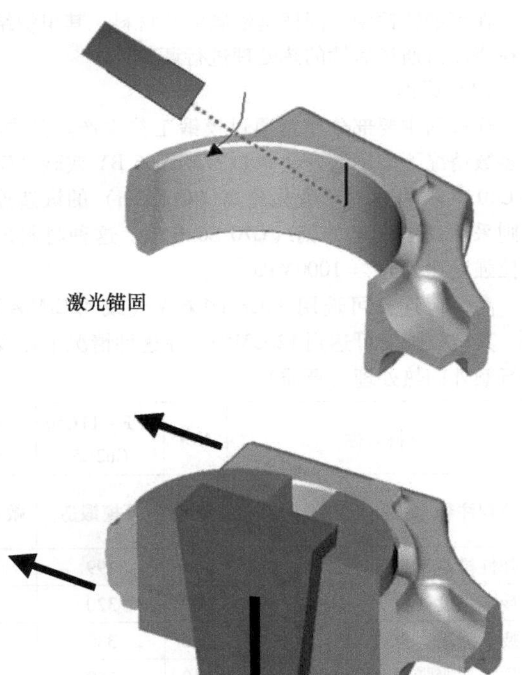

图7.39　连杆裂化分离

裂化的优点首先表现在减少工序，取消了通常的分割面的机械加工。裂化后的两半可以很匹配地结合在一起，其不规则的断面结构可以防止相对运动，因此不再需要额外的定位导向元件。另外一个优点是可

以使用结构简单的连杆螺栓，因为不再需要承担导向和定位任务[10]。

裂化分开式连杆是传统连杆的低成本的替代方案。

7.2.6 连杆材料

根据不同的应用场合和由此产生的负载，连杆采用不同的材料。

（1）铸造材料

连杆的铸造材料首选球墨铸铁（GGG－70）和黑色可锻铸铁（GTS－70）。其中 GGG－70 无论是从技术上还是经济上都比可锻铸铁要有优势。特别是对连杆尤为重要的疲劳强度，GGG－70 明显要高些。

GGG－70 是一种铁碳铸造材料，是渗入球形石墨的以珠光体为主的基本组织结构。石墨的紧凑形状使材料具有最大的强度和延展性。同时，碳也具有良好的铸造特性。在铸造过程中不需要额外的热处理工序就能产生所需的组织结构。

在可锻铸铁中，同样是铁碳铸造材料，其组织结构在浇注时通过后续的热处理进行调节。

（2）锻钢

连杆的主要部分用钢通过模锻工艺生产。其中，在多数情况下采用微合金钢如 27MnVS6 BY 或碳锰钢如 C40 mod BY。对于裂化分离（Cracken）的锻造连杆则采用高碳含量的钢（C70 S6 BY）。这种材料的抗拉强度达到 $R_m = 1000\text{MPa}$[11]。

高负荷连杆可选用 34CrNiMo6 V（或 42CrMo4）钢，其抗拉强度可达到 1200MPa。在这种情况下需要进行额外的热处理（调质）。

改良的 C70S6 钢也可用于裂化连杆材料，其抗拉强度最大 1000MPa，与此同时屈服强度超过 700MPa。这种钢在材料表[9]中用代号“C70＋”表示。

为了满足提高强度以减小质量的要求，开发了 AFP 钢 36MnVS4。与 C70S6 一样，新钢易于“裂化”，平均疲劳强度提高 30%[13]。

（3）粉末冶金钢

材料 P/F－11C50 目前主要应用于粉末冶金连杆。加入可提高强度的元素 2% Cu 和 0.5% C（均为质量分数）经熔结和锻造后其抗拉强度可达到 950MPa[14]。这种熔结材料的进一步开发，将 Cu 含量从 2% 提高到 3%（质量分数），可将抗拉强度提高 10% 以及疲劳强度优化 22%[15]。

（4）替代材料

除了用于大批量生产的连杆的强制性材料外，替代材料的使用主要是为了在相同的负载能力下减小连杆的质量。为此，使用碳纤维增强铝或碳纤维增强塑料。

在赛车中广泛使用的是钛连杆，用它可以显著地减轻重量。钛连杆的缺点是在运行中的大的孔扩展，这不利地影响轴瓦的压配合。钛也不是钢的良好的摩擦副，因此需要在端面上涂覆滑动涂层以防止摩擦焊接（擦伤，Scuffing）或在轴承钢背上涂覆滑动涂层以防止咬合。

这些替代材料的连杆的共同之处在于高的制造成本，因此仅适用于极个别的发动机，但是阻碍了在大批量生产的发动机中的更广泛的应用。

图 7.40 总结了最重要的材料及其特性。

材料名称	NCI	P/F－11C50 Cu2C5	HS150 Cu3C6	C70S6/C70＋	36MnVS4	C38	42Cr	Al	TiAl4V4
流程注释	铸造	开模锻造	敞开式锻模	锻造和耐火货车/轿车	—	BY	HT	铸造	锻造飞机
弹性模量/GPa	170	199	200	213	210	210	210	68.9	128
疲劳强度（拉力）/MPa	200	320	390	300/365	430	420	480	50	225
疲劳强度（推）/MPa	200	330	395	300/365	430	420	480	50	309
$R_{p0.2}$ 屈服强度/MPa	410	550	700	550/650	750	550	>800	130	1000
压缩屈服强度/MPa	—	620	—	550/650	700	620	850	150	—
R_m 抗拉强度/MPa	750	860	950	900/1050	950/1100	900	1050	200	1080
康罗德材料密度/(g/cm³)	7.2	7.6	7.8	7.85	7.85	7.85	7.85	2.71	4.51

图 7.40 连杆的材料特性［源自：辉门（Federal－Mogul）］

7.3 活塞环

活塞环是金属密封件，其功能是将燃烧室与曲轴箱密封，将活塞的热量导出到气缸壁，并调节润滑油的平衡。一方面，用于形成流体动力学润滑油油膜的最小量的润滑油必须到达以及留在气缸壁上；另一方面，尽可能地减少润滑油的消耗。

因此，需要注意的是，活塞环尽可能贴合气缸壁面和活塞环槽的上下槽面。活塞环通过其径向弹性作用力紧贴着气缸壁面。图7.41显示了活塞环的受力情况。

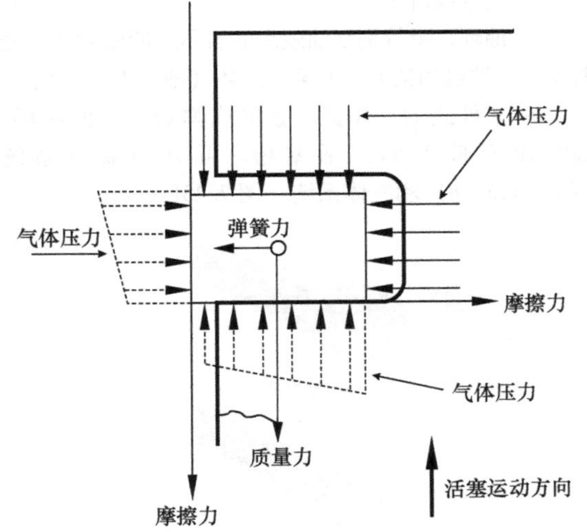

图7.41　活塞环的受力情况

油环通过额外的弹簧加强径向压紧力。通过作用在活塞环上的气体压力不但对作用到气缸壁面上的径向力，而且对作用到活塞环槽上的轴向接触都有着明显的作用。轴向接触可以通过气体力、质量力和摩擦力的相互作用在活塞槽的下侧和上侧之间交变[16]。

活塞环的无故障的功能取决于在工作行程期间部分地非常动态地变化的热负荷和机械负荷，热负荷和机械负荷由燃烧、结构条件以及活塞、活塞环和气缸的加工和材料副所引起。因此，活塞环本身的质量以及这些零部件之间的精确匹配决定性地确定了活塞环的运行特性。

每个活塞的活塞环的数量会影响发动机的摩擦功率。其质量与往复的质量力有关。这两者决定了每个活塞采用尽量少的活塞环的趋势。通常由密封环和油环组合构成三个活塞环的环包。

图7.42显示了活塞环最重要的名称。

7.3.1　结构形式

按照活塞环的主要任务将分成以下几种不同的结构形式：

- 密封环，使燃烧室与曲轴箱密封。
- 油环，调节润滑油平衡。

7.3.1.1　密封环

密封环（图7.43）又分为以下几种。

（1）矩形环（图7.43a）

活塞环密封截面是矩形的，应用于普通运行工况

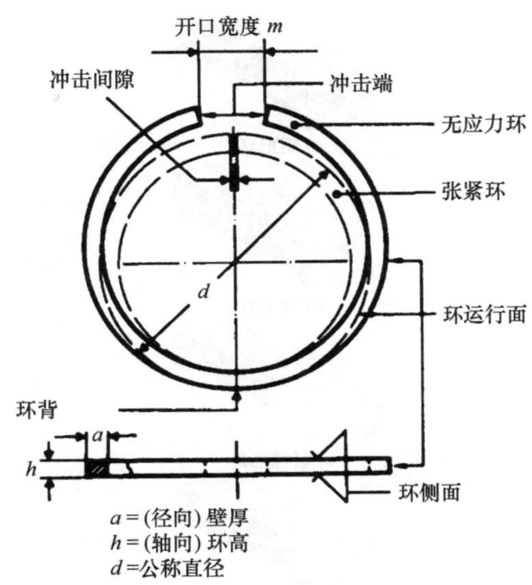

图7.42　活塞环的名称

场合。活塞环的工作面可对称或不对称设计。特别是通过不对称的形式可以缩短磨合期和降低润滑油消耗。

（2）锥形环（图7.43b）

其工作面是锥形的。其刮油效应也有助于润滑油消耗的控制。

（3）双梯形环（图7.43c）

通过活塞环的锥形侧面可以显著地减少活塞环的“卡住”，因为活塞环自主地清除焦化和燃烧残留物。它实际上只用于柴油机。

（4）单侧梯形环（图7.43d）

其上部单侧梯形结构，倾斜的法兰边如同双梯形环一样避免“咬死”，主要用于柴油机。

（5）具有内倒角或内角的环，上部（图7.43e）

由于矩形环或锥形环的上侧面上的内倒角或内角的横截面干扰，实现了环在装配状态下的蝶形变形。由此，环在没有气体压力负载的所有运行阶段中仅以下运行表面边缘贴靠在气缸壁面上并且以内边缘贴靠在下活塞槽侧面上（所谓的正扭摆）。由此形成的锥形工作面导致改进的刮油效果。然而，活塞环在气体压力下被平坦地按压，由此在运行期间在活塞环上产生附加的动态应力。

（6）具有内倒角或内角的锥形环，下部（图7.43f）

该锥形环结构也被称为负扭摆环。在环侧壁下部的横截面干扰在装配状态下引起环的负扭转，即在与正扭摆环的情况相反的方向上。为了避免上运行边缘贴靠在气缸壁面上，运行表面的锥度必须比在没有或具有正扭摆的锥形环的情况更大。

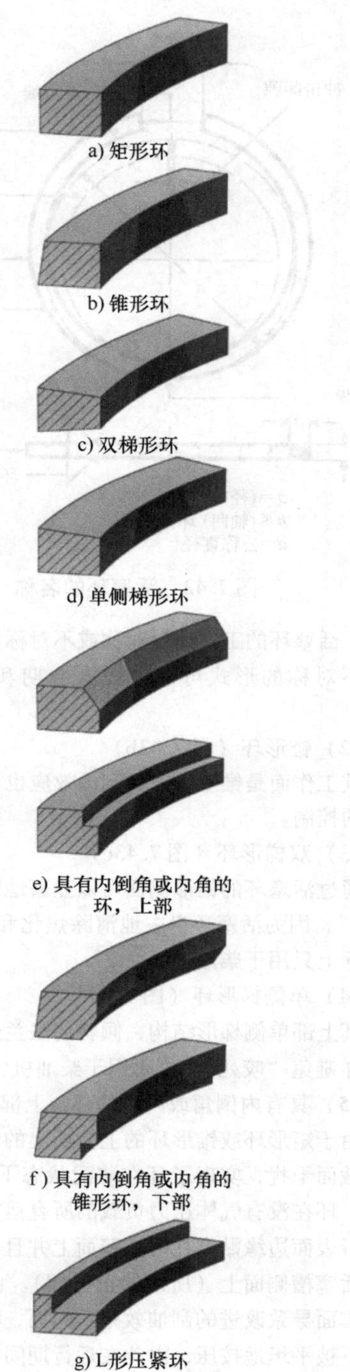
a) 矩形环
b) 锥形环
c) 双梯形环
d) 单侧梯形环
e) 具有内倒角或内角的环，上部
f) 具有内倒角或内角的锥形环，下部
g) L形压紧环

图 7.43 密封环

(7) L形压紧环（图 7.43g）

这种压紧环也被称为戴克斯（Dykes）环，主要用于小型二冲程汽油机，作为所谓的“头－地环（Head－Land）”，其中垂直的L形角边指向活塞顶部的上边缘。通过作用在垂直的L形角边后面的气体压力，该环在贴靠在活塞槽上侧面上时也密封。

7.3.1.2 油环

油环对于控制发动机的润滑油消耗意义重大[17]，分类如下：

－ 油环，带特别刮油效果的实际上的密封环，经常用于汽油机和柴油机的第二道环（图 7.44a～c）。

－ 多件式的、弹簧张紧的或弹簧支撑的油环，通常用于最下部的活塞槽。可分为双体系统（图 7.45a～e）和三体系统（图 7.45f～h）。

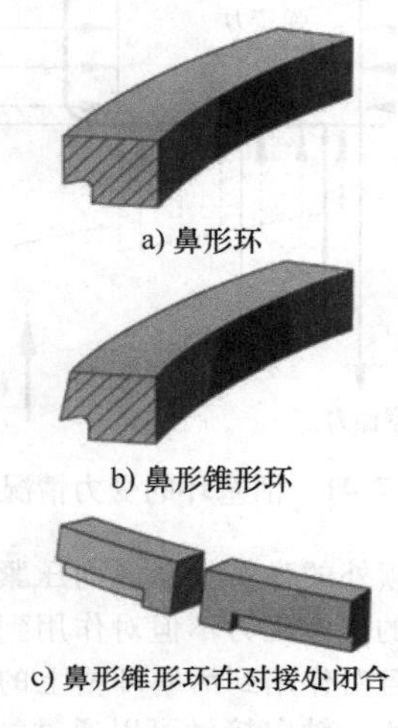
a) 鼻形环
b) 鼻形锥形环
c) 鼻形锥形环在对接处闭合

图 7.44 油环

(1) 鼻形环和鼻形锥形环

在鼻形环（图 7.44a）的情况下，通过在下环运行表面的区域中的旋转或反向旋转实现了特别好的刮油效果。为了加强这种效果，在鼻形锥形环（图 7.44b）中，运行面也设计成圆锥形。

(2) 鼻形锥形环在对接处闭合

这种特殊形式的鼻形锥形环（图 7.44c）具有简单的插入而没有底切，其特征在于更好的气体密封，因为在对接区域是闭合的。在个别情况下，也可以作为第一环使用。

(3) 带油管弹簧的油槽环、顶部倒角环和同倒角环

为了实现油环的良好的刮油效果，需要油环的高的表面压力和良好的形状填充能力。将这两个要求结合起来的通常方法是使用多件式油环。在这种情况下，布置在环的内径上的凹槽中并且自身支撑在弹簧端部上的附加弹簧将横截面优化的环体压向气缸壁面。环的名称取决于运行面的设计（图 7.45a～c）。

(4) 带镀铬、型材研磨的运行面和软管弹簧的顶部倒角环

镀铬的工作面可以提高长期运行的稳定性，因此

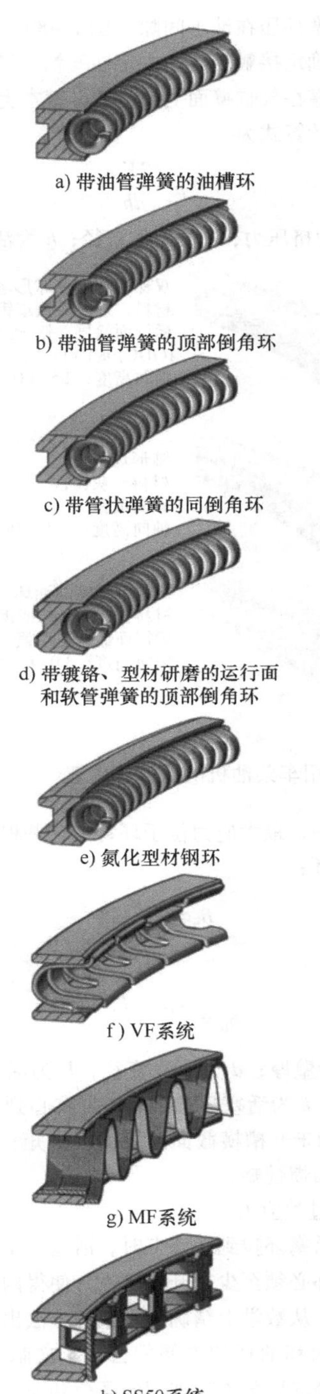
a) 带油管弹簧的油槽环
b) 带油管弹簧的顶部倒角环
c) 带管状弹簧的同倒角环
d) 带镀铬、型材研磨的运行面和软管弹簧的顶部倒角环
e) 氮化型材钢环
f) VF系统
g) MF系统
h) SS50系统

图7.45　双体式及三体式油环

这种类型的环（图7.45d）通常用于柴油机。通过对运行面进行轮廓磨削，可以在这些重要的功能面上实现窄的公差。这种类型的环的进一步开发采用特别设计的运行面（例如LKZ®环）。此外，也使用新的、更耐磨的涂层代替已知的镀铬。

（5）型材钢环

这种顶部倒角环，也称为I形截面环，由成型钢丝制成。为了防止磨损，例如，运行面涂有PVD，或者环的所有侧面都表面渗氮（图7.45e）。

（6）三体式刮油系统

这些油环由两个薄的钢带环（也称为油轨或钢片环）和一个间隔弹簧组成，该间隔弹簧一方面将钢轨保持在所需的轴向距离，另一方面同时压在气缸壁面上。油轨在其运行表面上涂覆（例如用Cr或PVD）或在所有侧面渗氮。弹簧由薄的钢带组成，该钢带的形状是按照特定弹簧类型成型的。作为弹簧材料，主要使用奥氏体Cr-Ni钢。为了防止弹簧磨损，即所谓的二次磨损，可将弹簧渗氮。

图7.45f～h描绘了三种不同弹簧类型并按用途作了命名，由于其简单的弹簧形状和低的轴向环高度的潜力而在很大程度上采用MF系统。

7.3.2　环的配置

活塞环设计主要由功能要求来决定的，这些功能要求取决于乘用车汽油机、乘用车柴油机和商用车柴油机应用领域的技术和商业条件。然而，在优化相应的活塞环配置时，发动机设计的特定要求是决定性的。图7.46和图7.47仅显示各个细分市场的示范性的典型的配置的示例。

图7.46展示的活塞环配置是当今乘用车汽油机常用的设计方案。

1. 环槽

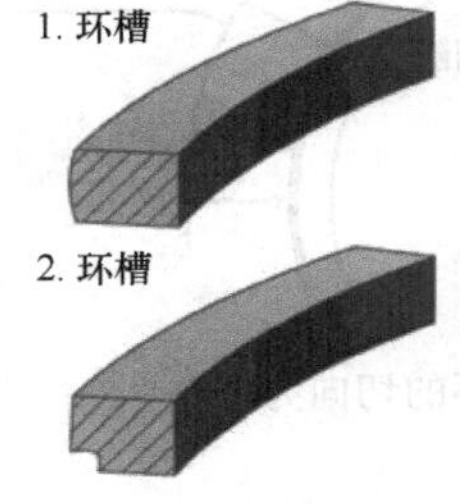

矩形环，球形运行面
材料：氮化钢
轴向高度：1.0~1.2mm

2. 环槽

鼻形锥形环或锥形环
环材料：灰铸铁
运行面无涂层
轴向高度：1.2~1.75mm

3. 环槽

MF系统
未经处理或渗氮弹簧，带镀铬运行面或渗氮表面的油轨
轴向高度：2.0或2.5mm

替代方案：
双体式带软管弹簧油环
材料：GG或钢型材
运行面无涂层或渗氮

图7.46　乘用车汽油机的活塞环配置

图7.47a描述了乘用车柴油机的典型的活塞环配置。

在更高的热应力下，处在第一环槽的活塞环通常采用带有其他同样特征的双梯形环结构。

对于商用车柴油机，双梯形环相匹配的轴向高度是标配。不同于乘用车的应用，但也采用钢制结构。图 7.47b 显示了典型的商用车配置。

7.3.3 特征参数

（1）切向力

切向力 F_t 是在外径上与环端接触所需要的力，以便将活塞环压在冲击间隙（图 7.48）。

它是确定接触压力的决定性变量。接触压力，即活塞环压靠在气缸壁面上的压力，基本上决定了密封功能。其计算式为

$$p = \frac{2F_t}{dh} \tag{7.3}$$

式中，p 为挤压力；d 为公称直径；h 为活塞环高度。

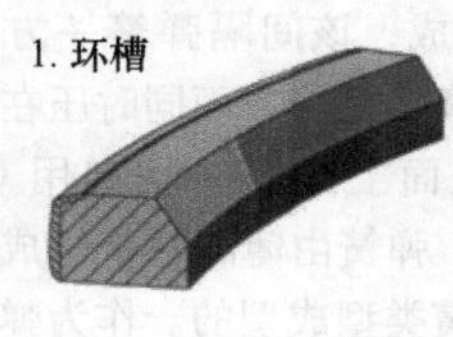

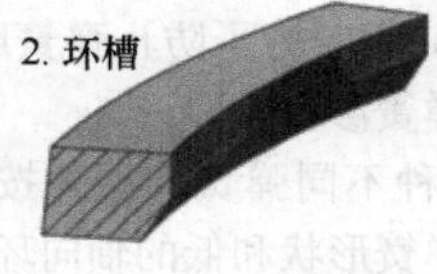

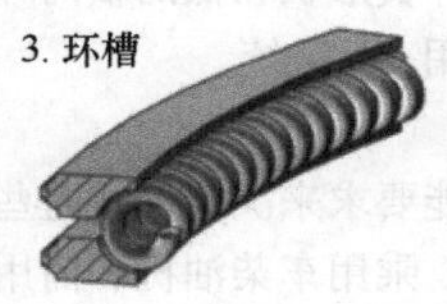

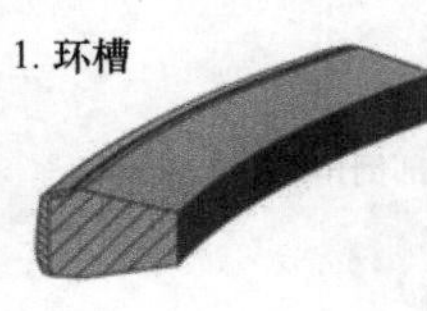

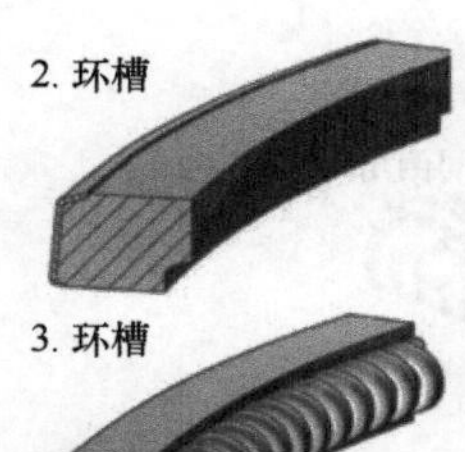

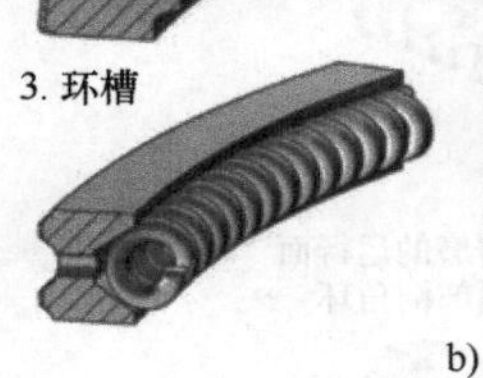

图 7.47　a）乘用车柴油机的活塞环配置和 b）商用车柴油机的活塞环配置

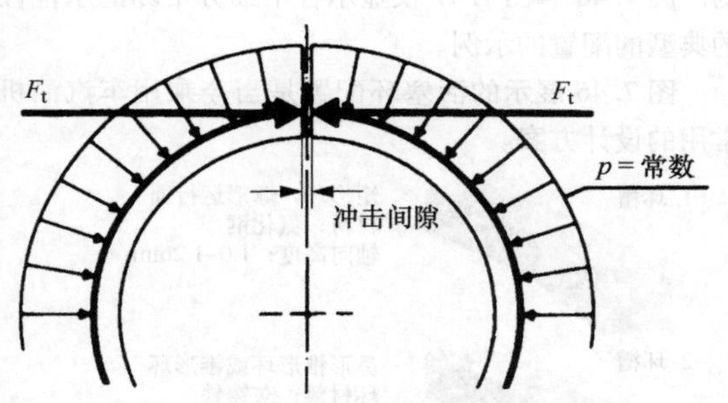

图 7.48　活塞环的切向力

（2）径向压力分布

接触压力可以在圆周上选择为恒定的压力分布或对应于特定的特性。这种径向压力分布对于活塞环在气缸壁运行面上的密封功能具有重要意义。从恒定径向压力分布到非恒定径向压力分布的进一步发展如图 7.49所示，允许有针对性地影响发动机中活塞环的功能特性。

椭圆度体现了活塞环的径向压力分布的直观依据。作为椭圆度的量度，假定活塞环外径的差值，在环冲击/环背的方向上并且错开 90°测量其差值。

（3）安装弯曲应力

它是活塞环在气缸中在安装状态下所承受的弯曲应力。其中，最大应力位于环背中，并根据以下公式计算矩形环：

$$\delta_b = \frac{aE}{d-a} 2k \tag{7.4}$$

对于油环：

$$\delta_b = \frac{x_1 E}{d-a} k \frac{I_u + I_s}{I_s} \tag{7.5}$$

式中，a 为壁厚；d 为公称直径；E 为活塞环材料的弹性模量；k 为活塞环参数；x_1 为重心到外径的两倍距离；I_u 为未开槽横截面的表面惯性矩；I_s 为开槽横截面的表面惯性矩。

（4）过盈应力

在将活塞环拉到活塞上时，活塞环承受最大的应力，因为环必须至少打开足够大，使得内轮廓适合活塞的直径。从数学上精确和复杂的方法出发，导出计算矩形截面和油环的方便的公式。文献［16］中记载的这些公式区分了在纯切向载荷和通过过盈滑套时的活塞环的拉紧。

原则上，这里要注意的是，纯切向载荷导致环背中的最大过盈应力，而在借助于过盈套筒拉紧时，该应力更确切地处于 90°或 270°的范围内。

（5）活塞环参数

活塞环参数 k 刻画了活塞环的弹性特征。矩形环

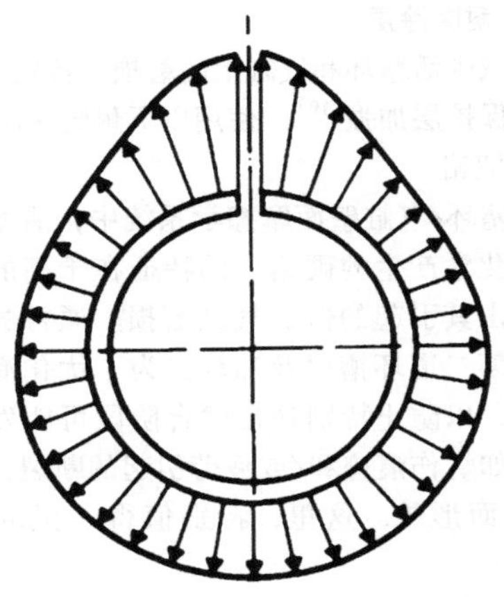

a) 四冲程特性(正椭圆形)

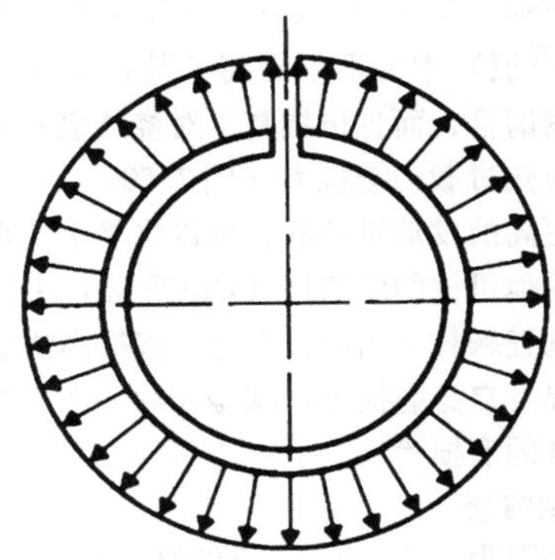

b) 恒定压力特性(圆形)

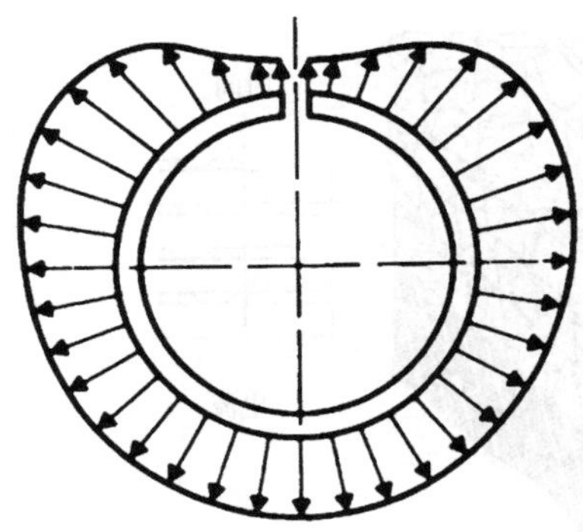

c) 二冲程特性(负椭圆形)

图7.49　径向压力分布

的 k 系数与切向力 F_t之间的关系定义如下：

$$k = 3\frac{(d-a)^2}{ha^3} \cdot \frac{F_t}{E} \tag{7.6}$$

以及

$$k = \frac{2}{3\pi} \cdot \frac{m}{d-a} \tag{7.7}$$

与开口宽度 m 的关系如图7.42所示。

(6) 形状填充能力

形状填充能力可以理解为活塞环的特性，即使是针对气缸不圆的匹配。高的形状填充能力支持对气体和润滑油的功能密封。

活塞环在环背中的形状填充能力 Q_R对于气缸的 i 阶径向变形 u_i计算如下，其中，刚好还确保活塞环以环的径向压力 $p=0$ 贴靠在气缸壁面上：

$$Q_R = \frac{u_i}{r} = \frac{k}{(i^2-1)^2} \tag{7.8}$$

式中，$r=(d-a)/2$。

由于形状填充能力随着阶数 i 的增加以近似四次方下降，因此更高阶的气缸变形对于活塞环的功能特别关键。

在压缩环中，活塞环后面的气体压力增加了形状填充能力，而在油环中，弹簧力起到额外的支撑作用，因此总的形状填充能力为：

$$Q_{ges} = Q_R(1+x) \tag{7.9}$$

式中，对于压缩环，有 $x=\frac{p_z}{p}$；对于油环，有 $x=\frac{p_f}{p}$；p_z为由气体压力引起的接触压力；p_f为由弹簧力引起的接触压力。

需要注意的是，简化的方程式（7.8）和方程式（7.9）只能说明环背中的形状填充能力，而不能说明环周上的局部能力[18]。

(7) 冲击间隙

冲击间隙是环端在安装状态下形成的间隙，除其他外，还是补偿活塞环的热膨胀所必需的（图7.48）。过大设计的冲击间隙通常会导致气体泄漏（Blow－by）的增加，而过小的设计则会造成所谓的“环挤压”或“环咬死”的现象。在这种情况下，通过接触的冲击端避免环的热膨胀。由于接触压力会出现不许可的增加的现象，因此不仅可能发生环断裂，而且还可能发生环和气缸工作面之间的咬死。

(8) 环冲击

在乘用车和商用车发动机中，通常仅使用直的环冲击，因为简单的倾斜冲击以及重叠冲击在密封性方面不具有优势。另一方面，具有增加密封性的环冲击的特殊结构（例如，“辊形”或“倾斜”）可以改善与直冲击相比的密封性，并且通常用于大型二冲程柴油机上。

7.3.4　活塞环的制造

由铸铁制成的活塞环一方面在单铸件工艺中作为

单坯、双坯或多坯在模具板上根据数学确定的模型成型，并且批量铸造。另一种制造方法是以立式或离心式铸造法制成衬套。

对于由钢制成的活塞环，优选使用冷拔型钢。不仅用于压缩环的近似矩形型材，而且还用于油环的特殊型材。

7.3.4.1 成型

虽然环的侧面加工是通过常规的加工方法进行的，例如平面磨削，但在确定活塞环特性的未张紧状态下的轮廓是通过特殊的工艺，即铸件环的双模车削和钢环的缠绕来制造的。

（1）双模车削

在双模车削中，在侧面上磨削的坯料在内部和外部同时在复制车削过程中加工，这确保了活塞环周上的均匀壁厚。在分离对应于开口宽度的环段之后，活塞环具有未张紧的形状，其在安装到气缸中之后可以实现期望的径向压力分布。复制凸轮的形状是专门针对环的每个径向压力特性经数学上的计算和设计确定的。

（2）缠绕

活塞环的缠绕实际应用在钢制活塞环的生产。型材拉制钢丝绕成圆形。由此产生的螺旋纵向分离，从而使环分离。随后，将环拉到成型心轴上并且在热处理过程中进行成型退火。在此，必须根据要实现的径向压力特性来计算和设计心轴。

根据外部自动车床或型材磨床上的设计，使用特殊的型材工具，在可能的运行面涂层或氮化处理之前或之后形成特别是锥形环、鼻形环和油槽环的运行面的轮廓。

7.3.4.2 耐磨涂层

为了减少活塞环和气缸上的磨损，特别是环运行面用耐磨保护层加强[19]。使用以下耐磨涂层：

（1）镀铬

在活塞环/气缸壁面摩擦学系统中，活塞环运行面上的电化学产生的硬铬层的特征在于高的固有耐磨性以及由其引起的低的气缸磨损。通常的铬层现在仅用于第二道环槽以及油环。为了优化润滑油油膜的制备，以防止特别是在磨合阶段可能发生的涂层损伤，如烧伤痕迹和/或疲劳引起的断裂，开发了特殊的表面形貌。这里，特别值得一提的是特殊研磨[16]。

在现代内燃机中，对负载水平不断提高的要求要求对涂层以外各层的机械/热负载能力进行改进。通过将陶瓷颗粒（Al_2O_3）嵌入到电化学产生的硬铬层（例如CKS®层）中，不仅提高了其在层厚的整个寿命期间的耐磨性，而且也提高了对烧结痕迹形成的抵抗力，即对热过载的抵抗力（图7.50）。

对于更高的发动机负载，可以将最小的金刚石颗粒锚定在其他可比的硬铬层（GDC®层）中，而不是用上述的陶瓷颗粒。因此，在进一步提高烧结痕迹安全性的情况下自身磨损可以减少大约一半，而不会显著增加气缸的磨损[20]。

（2）钼镀层

主要是因为它对烧结痕迹的高抵抗力而得到应用。钼作为热喷涂层主要通过火焰喷涂工艺涂覆在活塞环表面。Mo层对烧结痕迹的高抵抗力归因于Mo的高的熔点（2600℃）和多孔层结构。

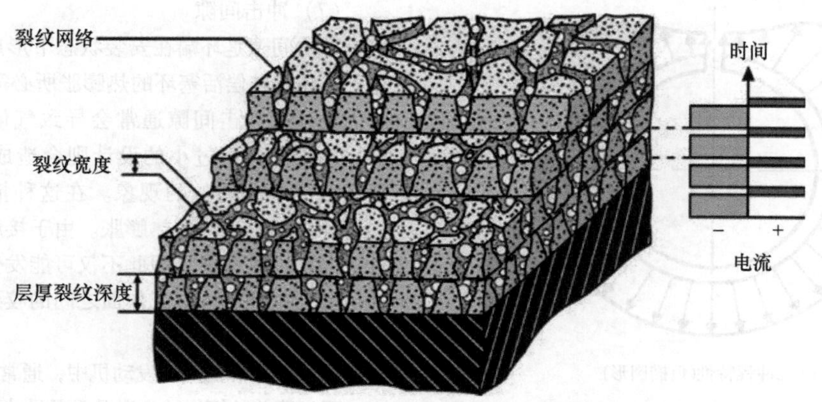

图7.50 带有固体材料嵌入的铬层示意图

（3）等离子喷涂层

等离子喷涂技术能够制造金属或金属陶瓷混合层，其基础材料具有特别高的熔点，由此获得的磨损保护层具有比钼层更高的耐磨性和比铬层更高的烧结痕迹安全性。

（4）HVOF层

这种HVOF（高速氧-燃料，High Velocity Oxy-Fuel）层，通过高速火焰喷镀，构筑了一个很高的抗烧结的等离子镀层，使其自身和气缸的磨损都得到进一步的降低。在HVOF层中，采用超音速火焰喷射加速和加热喷镀层材料，可生成比等离子喷镀更致密和更坚固的镀层[21]。然而，与等离子相比，这些理论上的优点对于发动机而言只有在涂层材料与特定工艺特性最佳匹配的情况下才能实现。作为材料，主要使用具有高碳化物含量的金属。

（5）渗氮和氮碳共渗

在这种情况下，氮和部分碳通过热化学处理（扩散）嵌入活塞环（主要由钢材料制成）的表面中。这种扩散产生非常高的表面硬度（约1300HV 0.025），这使其具有高的耐磨性。硬度和层厚随着活塞环材料的氮化物形成合金元素［主要是铬含量分别为13%和18%（质量分数）的钢］的比例而增加。在汽油机中，它们被用作电镀铬层的替代品，并且在某些情况下也被用作热喷涂层，特别是在环高度≤1.2mm的情况下。另外的优点是形状精度，这使得生产带锋锐活动棱角的活塞环成为可能，以及全方位涂层，这提供了额外的保护，以防止侧面磨损。这种镀层的抗烧结痕迹安全性与普通电镀铬镀层相当，但不如热喷射镀层。

（6）PVD层（物理蒸气沉积，Physical Vapor Deposition）

通过硬质材料（如CrN）的蒸发的技术，可以产生磨损防护层，从而实现表面的轮廓精确成像。

PVD涂层活塞环具有高的耐磨性、高的烧结痕迹安全性和低的气缸楔形磨损等特点。PVD涂层厚度受沉积工艺的限制，目前可达到的50μm的涂层厚度可以满足汽油机和柴油机预期的使用寿命。PVD层的另一个优点是减少了混合摩擦区域中的摩擦损失。特别是DLC（类金刚石碳，Diamont like Carbon）涂层在这里变得越来越重要[22]。由于含氢DLC涂层的寿命有限，它们优选用作磨合层或在汽油机应用中用作减摩涂层[23]。最近的发展趋势是无氢DLC涂层的应用，其特点是高的耐磨性。通过这些新的涂层，摩擦性能优势的利用也越来越可能用于柴油机。

7.3.4.3　表面处理

下面列出的活塞环表面处理主要用于存储过程中的腐蚀保护、优化视觉效果和改善磨合。然而，没有实现磨合中烧结痕迹安全性的显著提高。

（1）磷化（锌磷化以及锰磷化镀层）

通过化学处理，活塞环表面转化为磷酸盐晶体。该磷酸盐层比活塞环的基本材料更软，因此更容易磨损，这加速了环的磨合。该层的厚度为2～5μm。

（2）抛光

抛光层主要用于碳钢制成的轨的侧面涂层。这些非常薄（＜1μm）的氧化铁层提供了一定程度的防腐蚀保护。

（3）CPS和CPG

CPS（用于渗氮钢环）和CPG（用于渗氮铸铁环）是化学钝化过程，由于表面形貌的有针对性的改变，减少了所谓的微焊接的风险[24]。同时，对耐蚀性和造型强度性能有积极的影响。

7.3.4.4　活塞环材料

活塞环材料的选择取决于对良好的运行和紧急运行特性（磨损性能）、良好的弹性特性、良好的热导率和热膨胀特性以及高的耐蚀性的要求。如果在发动机侧存在极端条件，例如高的转速或高的燃烧压力梯度，则需要高的强度。活塞环使用以下材料[19]：

（1）片状石墨铸铁，未锻造

活塞环的“标准材料”，具有良好的磨合和紧急特性以及令人满意的磨损特性。抗弯强度值是至少为350N/mm²，相对较低。“标准材料”用于第2环槽的环和油环。

（2）片状石墨铸铁，合金化，调质

“标准材料”的低强度值通过调质来提高。抗弯强度至少为650N/mm²，同时硬度也可以提高。这种材料也用于第2环槽的环。

（3）球墨铸铁（球墨铸铁），低合金，调质

这种铸铁的特征在于至少1300N/mm²的高的抗弯强度。由于高的抗弯强度，球墨铸铁优选用于第一环槽的环。

（4）钢

由于钢的高抗断裂性，例如用于汽油机的低环高度（≤1.2mm）和具有高压力增加率的柴油机，以及用于钢片的刮油环、间隔弹簧和型钢油环。优选的钢材是弹簧钢，为了通过随后的渗氮提高磨损保护，同样使用高铬合金化的马氏体材料。具有增加的铬和硅含量的铸钢材料越来越多地用于柴油机中的压缩环。

7.3.5　应力、损伤、磨损、摩擦

活塞环在组装时受到过盈弯曲应力的影响，并且在气缸中安装状态时受到安装弯曲应力的影响。此外，还出现动态载荷，即活塞环的轴向运动，它是通过气体力、质量力和摩擦力之间的相互作用引起的。在极端情况下，引起环的不受控制的轴向和径向运动，这尤其在汽油机中在低的平均压力和高的转速的情况下可能导致显著降低的密封功能并且因此导致高的窜气（Blow－by）损失。在个别情况下，这些极端

的环运动可能导致环断裂，就像在汽油机爆燃燃烧或柴油机针状燃烧时的极端压力上升速率一样。由于活塞槽中的油结焦，也会对环产生异常高的应力，这会导致环卡住。其他的活塞环损伤有活塞环的烧结和咬死[25]。

活塞环密封的使用寿命主要由其磨损来确定。发生径向磨损（运行面磨损）、轴向磨损（环侧和活塞槽磨损）、“微焊接（Microwelding）”（环和槽侧的特殊损伤）和油环的二次磨损（环与软管区域之间或翅片与间隔弹簧之间的磨损）。活塞环密封的摩擦学系统是非常复杂的，因为几乎所有常见的磨损类型，如磨料磨损、黏着磨损和腐蚀磨损，都或多或少起到强烈的影响作用。活塞组占发动机机械损耗的比例约为40%。活塞环占其中的一半多一点。影响活塞环摩擦的主要参数是表面压力、环高度（运行镜的宽度）以及油环的工作面高度，运行面形状（凸度；不同的设计见图 7.51），运行面涂层的摩擦系数（仅在止点的混合摩擦区域；然而，这里活塞速度非常低）和每个活塞实现足够的密封功能所需的环数。因此，必须选择减少活塞环摩擦的所有措施，使其不会对活塞环的功能特性产生负面影响，特别是对燃料气体和润滑油的密封作用[26]。

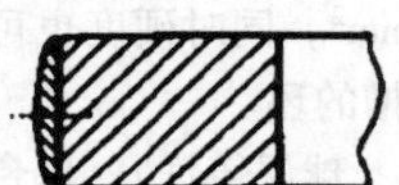

a) 球状运行面的环

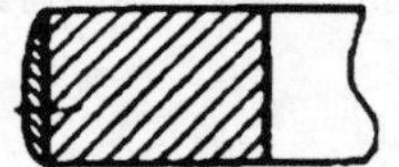

b) 不对称球状运行面的环

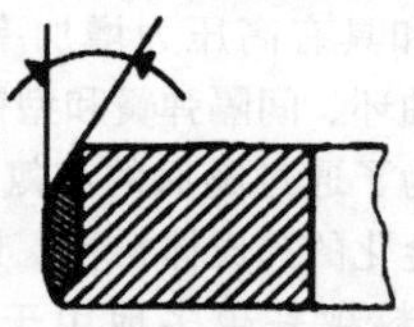

c) 具有优化非对称球形运行面的环

图 7.51　运行面形式

7.4　曲轴箱

曲轴箱是发动机的结构元件，其中包括气缸、冷却水套和曲柄连杆机构壳体。

7.4.1　任务和功能

曲轴箱必须满足的主要功能有：

- 承受来自曲轴轴承以及在气缸盖的螺栓连接中的气体力和惯性力。

- 装载由活塞、连杆、曲轴和飞轮组成的曲柄连杆机构。

- 容纳和连接气缸或在分体式曲轴箱形式下连接到气缸单体或者气缸体模块/组块。

- 支撑曲轴，如果必要的话，还包含支撑驱动气门正时机构的中间轴和一个或两个用于质量平衡的平衡轴。

- 容纳润滑介质和冷却介质的传输通道。润滑介质用于润滑和冷却曲轴轴承和连杆轴承，如果有必要的话还有用于冷却活塞的活塞喷嘴，以及配置的液压张紧轮，以及一些气缸盖上的部件。这些部件包括凸轮轴、液压挺杆或气门摇臂，如果有可能的话还包括配置的自动平衡气门间隙的液压元件，以及气门正时机构的调节装置。来自气缸盖润滑介质的回流在多数情况下也是通过曲轴箱中布置的通道来实现的。

- 在液冷式发动机中，曲轴箱围绕气缸包含所谓的水套以及必要时引导其他冷却液的通道。在此，通常曲轴箱也用于承载水泵。

- 曲轴箱通风系统的集成。

- 连接变速器和气门正时驱动机构和罩壳以及支撑和引导传动元件，例如传动链。

- 连接和装载各种附属部件如汽车中的发动机支承、冷却介质预热部件、润滑油－水热交换器、润滑油过滤器、曲轴箱通风系统的油分离器、润滑油压力传感器、润滑油温度传感器、曲轴转速传感器、爆燃传感器等。

- 借助径向轴密封环将曲轴腔向外通过油底壳封闭并且用于曲轴穿过。

由于要实现的功能的多样性，曲轴箱承受不同的和叠加的应力。它受到质量力和气体力的拉伸－压力、弯曲和扭转。具体而言，这些是：

- 气体力，由缸盖连接螺栓和曲轴轴承座承受。

- 由旋转和往复的质量力引起的内部惯性矩（弯矩）。

- 各个气缸之间的内部的扭转力矩（倾覆力矩）。

- 曲轴的旋转力矩及其由此在发动机支承处产生的反作用力。

- 自由的质量力和惯性矩，由往复质量力引起，发动机支承承载。

工作过程和运行极限确定了所出现的最大的力。因此，柴油机由于受到更高的峰值压力和平均压力，通常情况下其曲轴箱的强度设计得要比汽油机的强些。产生的质量力的大小通过最高转速和曲柄连杆机构的设计来确定。柴油机和汽油机的增压化趋势以及功率不变但排量变小的小型化增大了曲轴箱必须承受的力。

发动机的结构设计决定了力及其所产生的扭矩的作用效果，不仅是曲轴箱内部，也包括外部（发动机支承、机械振动、噪声辐射）。

影响曲轴箱应力的发动机结构形式的主要参数是气缸数量和布置以及曲轴曲拐的布置和点火次序。其中，曲轴箱中出现的应力影响曲轴箱结构设计以及涉及足够的强度、最小的变形、低成本的生产、可回收利用、噪声辐射的曲轴箱结构形式，并且影响曲轴箱重量进而影响发动机的总重量。

曲轴箱的强度由所使用的材料、根据所使用的铸造方法和材料可能的热处理以及由曲轴箱结构造型来确定，以曲轴箱结构形式、肋、壁厚等为特征。常见的曲轴箱材料、与 GGV 比较，以及最重要的材料特性如图 7.52 所示。

材料 （曲轴箱常用材料）									
材料组	铝						铁		
材料	AlSi6Cu4		AlSi17Cu4Mg		AlSi9Cu3		G3L－240	G3L－300	G3V
注	亚共晶		过共晶	过共晶	亚共晶		带片状石墨铸铁	带片状石墨铸铁	蠕石石墨
材料状态	铸造状态		热处理	铸造状态	铸造状态				
铸造技术	砂型和硬模铸造	压铸	砂型和硬模铸造	压铸	砂型和硬模铸造	压铸			
屈服强度 $R_{p0.2}$/(N/mm^2)	90～100	140	190～320	150～210	90～180	150	165～228	195～260	240～300
抗拉强度 R_m/(N/mm^2)	150～170	240	220～360	260～300	150～170	220	250	300	300～500
断裂伸长率 A_6（%）	1	1	0.5	0.3	1	1	0.8～0.3	0.8～0.3	2～6
布氏硬度 HBW	60～75	80	90～150	25	60～75	80	180～250	200～275	160～280
抗弯强度/(N/mm^2)	60～80	70～90	90～125	70～95	60～95	70～90	87.5～125	105～150	160～210
弹性模量/(kN/mm^2)	73～76	75	83～87	83～87	74～78	75	103～118	108～137	130～160
热膨胀系数（20～200℃）/10^{-4}K^{-1}	21～22.5	22.5	18～19.5	18～19.5	21～22.5	21	11.7	11.7	11～14
热导率/(W/mK)	100～110	100～110	117～134	117～150	110～120	110～120	48.5	47.5	42～44
密度/(kg/dm^3)	2.75	2.75	2.75	2.75	2.75	2.75	7.25	7.25	7.0～7.7

资料来源：Kolbenschmidt AG，Neckarsulm，Handbuch Aluminium－Gusteile，第 18 期；
DIN EN 1706，铝和铝合金，铸件，化学成分和机械特性；
DIN EN 1591，带片状石墨铸铁；
Porsche 技术交货条件 2002；
蠕墨铸铁（GGV）－内燃机的新材料；
Aachener Kolloquium Fahrzeug－und Motorentechnik 95；
Prof. Dr. techn. F. Indra，Dipl. Ing. M. Tholl，亚当欧宝股份公司，吕塞尔斯海姆。

图 7.52　曲轴箱材料

根据发动机结构形式，如直列、V 形和对置发动机，曲轴箱具有以下主要尺寸（图 7.53）：

－ 长度作为从曲轴箱前端到发动机－变速器法兰面的尺度。

－ 宽度，各处的最大宽度。

－ 高度作为曲轴中心沿气缸轴向到顶部平面的尺度。

－ 气缸孔径作为气缸的公称直径。

－ 气缸间距（缸心距）作为两个相邻气缸中心的尺度。

－ V 形、W 形和对置发动机的气缸错位，作为相邻气缸组中两个相对气缸中心之间的尺度。

－ 气缸长度作为气缸顶部到气缸底部的尺度。

钻孔图给出了气缸盖螺栓连接的位置：取决于它

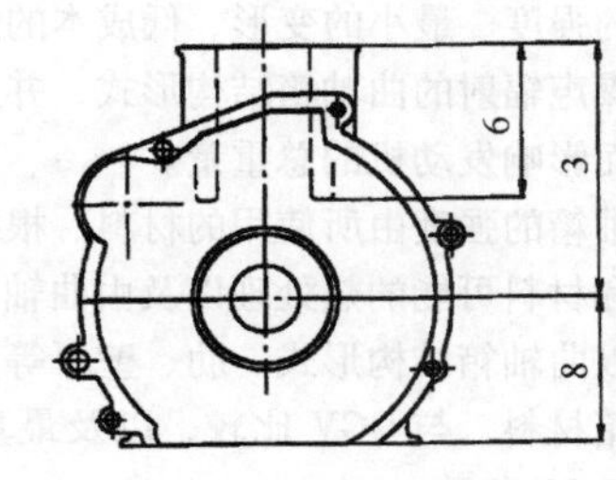

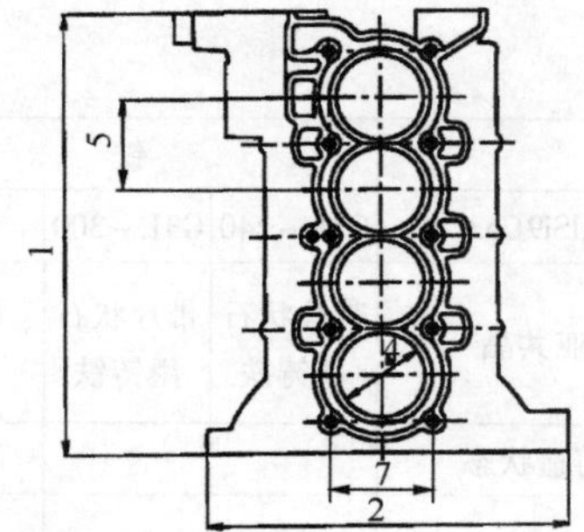

图 7.53　曲轴箱的主要尺寸

1—长度　2—宽度　3—高度　4—气缸孔
5—气缸间距　6—气缸长度　7—钻孔图尺寸
8—从曲轴中心到油底壳法兰的尺寸

们的设计，例如每个气缸 4 个或 6 个。

定义了从曲轴中心到油底壳法兰的以下尺寸：

a）曲轴中心与油底壳的分离平面的尺寸为零。

b）曲轴箱具有拉下侧壁，则定义了深裙（Deep - Skirt）的高度。

c）曲轴箱分为两部分，则定义了曲轴箱底部的高度。

图 7.53 显示了基本尺寸。

在曲轴每转一圈时，连杆都会进行一次枢转（摇摆）运动。由此产生的包络线由连杆的外轮廓和曲柄半径来决定，由于其特征形状类似于小提琴的外轮廓，因此被称为连杆小提琴（图 7.54）。因此，在进行曲轴箱的构造设计时，必须确保相对连杆小提琴的相应的自由间隙。曲轴箱与连杆之间最重要的瓶颈通常是：

- 气缸的下边缘，在 V 形、W 形和水平对置发动机的情况下，也适用于相对的气缸。

- 带有尤其布置在连杆小提琴旁边的用于回油或曲轴箱通风的通道的曲轴箱侧壁。

间隙通常在 3.5 ~ 4.5mm 之间，这是由于考虑了所涉及部件的所有公差，包括曲轴箱的铸造公差。

7.4.2　气缸曲轴箱的造型设计

曲轴箱结构形式

曲轴箱结构形式可根据以下范围内的结构设计进行结构化：

- 盖板。
- 主轴承座。
- 气缸。

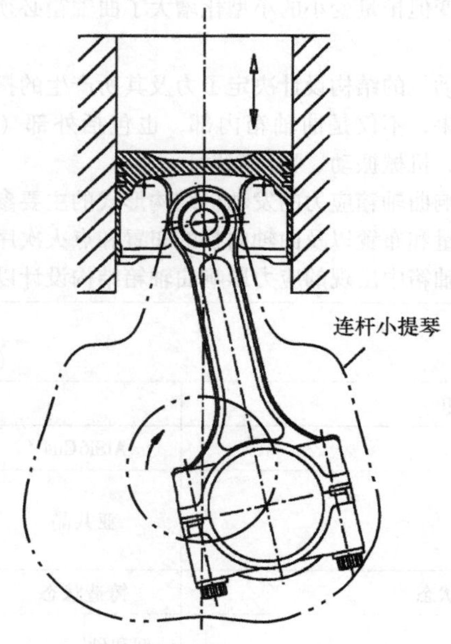

图 7.54　连杆小提琴

由于有一个单独的章节专门介绍了气缸，因此在本节中将不进行讨论。

1. 盖板

限制铸造方法选择的重要的设计特征是曲轴箱盖板。对此，可以区分为封闭式盖板和开放式甲板结构方式。

（1）封闭式盖板

在这种结构方式中，曲轴箱盖板在围绕气缸的区域中基本上是封闭的。在盖板中，无论其设计如何，始终存在气缸开口、用于气缸盖螺栓连接的螺纹孔的开口，并且通常存在用于压力润滑油、冷却液、润滑油回油和曲轴箱通风的孔和通道（图 7.55）。

除了气缸之外，盖板基本上仅被用于冷却液的更小的、在横截面中协调的开口穿过。这些开口通过气缸盖密封件中的固定开口横截面和气缸盖燃烧室平面中的开口将气缸周围的水套与气缸盖中的水套连接。该结构形式在止点范围内的气缸冷却方面存在缺点。曲轴箱水套在封闭式盖板结构方式中需要砂芯，因为水套在曲轴箱的上部区域中大部分通过盖板封闭。因此，它不能模制，例如作为用于曲轴箱的上部的外铸模的组成部分，必须支承在铸模中。这些支承部位通常在加工的曲轴箱上作为在曲轴箱侧壁中的铸造眼再

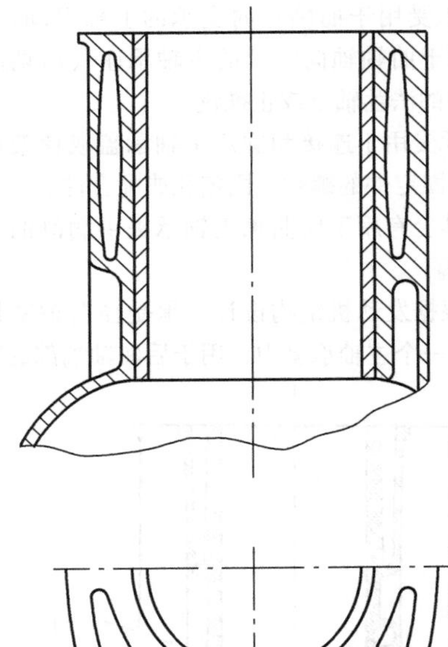

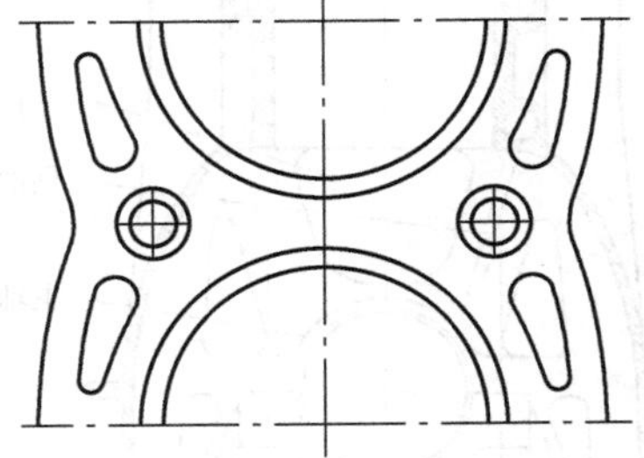

图7.55　封闭式盖板结构形式

次出现。芯支承的开口用金属板盖封闭。曲轴箱上的这种芯支承孔表明在完成装配的发动机中盖板的封闭式设计。

与开放式盖板结构形式相比，封闭式盖板结构形式的优点是盖板的刚度更高。这对盖板变形、气缸变形和声学起到积极的影响作用。

然而，采用封闭式盖板的曲轴箱设计限制了铸造工艺的选择。由于所需的水套砂芯，封闭式盖板结构形式几乎完全采用砂型或硬模铸造生产。

也可用于形成水套芯的消失模工艺仅以非常偶尔的方式使用。

用砂型铸造工艺制造的铸铁曲轴箱，只有封闭式盖板设计。采用封闭式盖板设计的铝硅合金曲轴箱主要采用硬模/低压铸造大规模生产，少量也采用自动砂型铸造工艺。

（2）开放式盖板

在开放式盖板结构方式中，包围气缸的水套向上敞开，如图7.56所示。这在铸造技术上意味着，为了形成水套，不需要砂芯并且因此也不需要芯支承。水套芯可在没有底切的情况下模制并且可作为钢模制件呈现。

与封闭式盖板结构方式相比，向顶部开口的水套可以更好地冷却气缸热的上部区域。

在开放式盖板设计中，盖板的刚度小于封闭式盖板结构方式。由此产生的对盖板变形和气缸变形的负面影响可以通过使用金属气缸盖密封件来补偿。与传统的软质气缸盖密封件相比，由于其更小的设置特性，这使得气缸盖螺栓连接件的更小的预紧力成为可能，由此可以减小盖板变形和气缸变形。

原则上，采用开放式盖板设计的曲轴箱设计允许使用所有铸造工艺。

开放式盖板设计为铝硅合金曲轴箱提供了用经济的压铸工艺制造的可能性。此外，这允许实现特殊的气缸/气缸套技术。

2. 主轴承座区域

在曲轴箱中，主轴承座区域是曲轴支承的区域。该区域的结构设计是特别重要的，因为必须要吸收作用在曲轴轴承上的力。

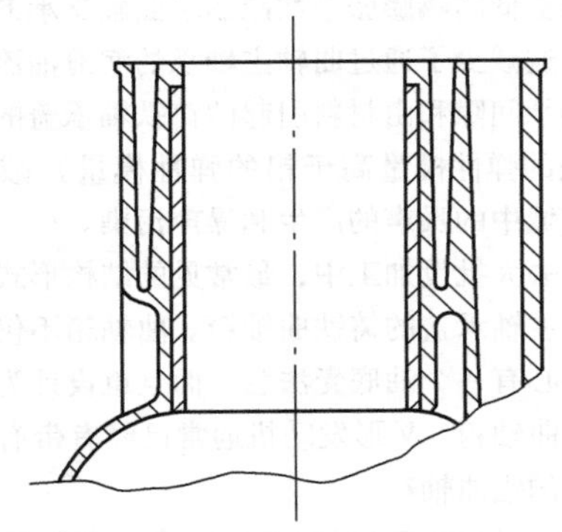

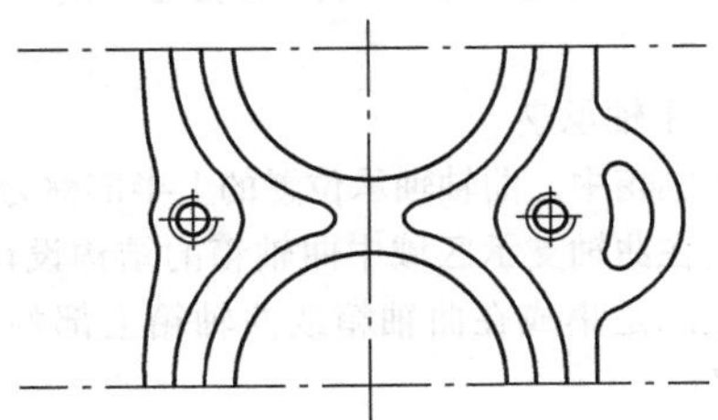

图7.56　开放式盖板结构形式

曲轴箱进一步的结构设计的可能性一方面是曲轴箱与油底壳之间的分离平面的位置，另一方面是主轴承盖的结构设计。

关于分离平面，在曲轴中心的油底壳法兰与曲轴中心下方的油底壳法兰之间进行区分。

在主轴承盖的结构设计中，可以在各个主轴承盖，连接到引线框架结构中和集成到曲轴箱下部中之间进行区分。

（1）主轴承盖

主轴承盖形成主轴承座的下端部，与主轴承座固定并用螺栓连接。主轴承盖和主轴承座原则上具有相同的功能，即承受加载到曲轴的力和力矩，支承相应的轴承，包括推力轴承（凸缘轴承或止推盘）以及在变速器输出侧的最后一个主轴承上用于密封曲轴后端部的径向轴密封环。

曲轴箱中的主轴承盖和主轴承座共同加工并且因此并且也对于在加工之后进行的装配过程彼此固定。常见的固定是在主轴承座中侧面的清理表面或用于配合套筒的孔。

主轴承盖完全由铸铁制成，并与铸铁曲轴箱和铝合金曲轴箱结合使用。根据特定材料的不同而优化的切削速度，铝主轴承座和铸铁轴承盖的联合加工虽然有些问题，但在大规模生产中是最先进的。铝主轴承座与铸铁主轴承盖的组合具有铸铁材料的优点：铸铁主轴承盖更低的热膨胀系数限制了曲轴支承的运行轴承间隙。这减少了通过曲轴主轴承的润滑油流量。减小的主轴承间隙和由材料引起的铸铁轴承盖的更高刚度（铸铁的弹性模量高于铝的弹性模量）减少了主轴承座区域中的噪声的产生和噪声污染。

在过去大批量加工中，最常见的结构形式是带有单个铸铁主轴承盖的铸铁曲轴箱。曲轴箱不仅设计为在曲轴中心有一个油底壳法兰，而且也设计为一个侧壁向下的曲轴箱。V 形发动机通常已经有带有单个铸铁轴承盖的铝曲轴箱。

自 20 世纪 90 年代初/中期以来，在新的发动机结构设计中，大批量生产的曲轴箱越来越多地采用全铝。

（2）主轴承座

在曲轴箱中，曲轴轴承位置的上半部称为主轴承座。无论在曲轴支承区域中曲轴箱的结构设计如何，主轴承座总是集成在曲轴箱或曲轴箱上部的铸件中（图 7.57）。

曲轴箱的主轴承座的数量取决于发动机的结构类型，并且尤其取决于气缸数量和气缸布置。如今，曲轴箱由于振动技术的原因几乎仅设计为所谓的曲轴的全支承。全支承的曲轴除了每个曲轴曲拐外还具有主轴颈。因此，全支承直列 4 缸发动机具有 5 个主轴承；全支承直列 6 缸和 6 缸水平对置发动机有 7 个主轴承；V6 和 V8 发动机分别有 4 个和 5 个主轴承，以此类推。

主轴承座最重要的功能如下：

- 承受曲轴支承的轴向和径向作用力和力矩。
- 承受用于曲轴径向支承的上部滑动轴承壳，并承受用于曲轴轴向支承的主轴承座（所谓的配合轴承）中的法兰轴承或止推盘。
- 承受用于连接和固定主轴承盖或梯架或曲轴箱下部的固定件的螺纹、固定孔或配合件。
- 其上有用于向曲轴主轴承提供润滑油的供油孔和油槽。
- 根据发动机结构设计，承受径向轴密封环安装在最后一个主轴承座中，用于后曲轴端部的密封。

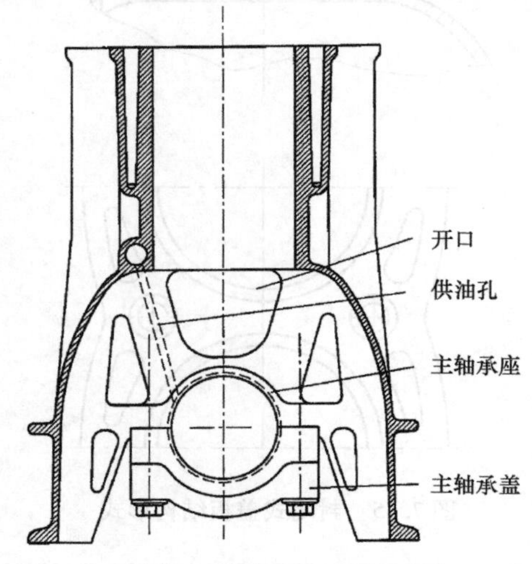

图 7.57　主轴承座/主轴承盖

主轴承座通常具有开口，开口用于曲柄室的各个腔室的压力平衡并且由此减少由于发动机内部摩擦引起的损失。

同样经常地，用于从气缸盖回油或用于曲轴箱通风的竖直孔或通道侧向地引导通过主轴承座。

这些多样化的功能要求在主轴承座和与其组合的构件（主轴承盖或梯形框架或曲轴箱下部）的结构设计和造型中非常小心。这些组件的设计几乎完全通过当今可用的结构设计工具来完成，例如 FEM（有限元法）计算。

（3）曲轴箱下部

在曲轴箱下部中，各个主轴承盖如在引线框架结构中那样组合在一个构件中。与梯架相比，曲轴箱下部不在发动机内部。相反，曲轴箱下部的侧壁形成曲轴室的外部边界；下平面形成到油底壳的法兰。

原则上，曲轴箱下部提供与梯形框架结构中所描述的相同的结构造型设计的可能性。由于曲轴箱下部在批量加工中几乎完全由铝合金压铸制成，因此可以集成其他功能：

- 油刨，也就是说，在曲轴配重和连杆的包络曲线周围径向刮擦发动机润滑油。

- 发动机润滑油回路的部件，例如在机油泵与油槽之间的进油通道，在机油滤清器法兰与机油泵之间的润滑油通道，机油滤清器法兰本身，润滑油回油通道，主油通道和到各个主轴承位置的润滑油通道，机油泵壳体的部分集成。

- 承受用于曲轴密封的轴密封环。

曲轴箱下部件用于批量加工的全铝发动机和赛车发动机。

（4）梯形框架结构

在梯形框架结构设计中，各个主轴承盖与曲轴箱下部类似地组合在一个部件中，见图7.58。与曲轴箱下部相比，梯形框架没有到油底壳的法兰平面。相反，梯形框架位于发动机内部，即在具有在曲轴中心上的油底壳法兰的结构类型中由油底壳包围或在具有拉下侧壁的曲轴箱中由油底壳包围。梯形框架的优点如下：

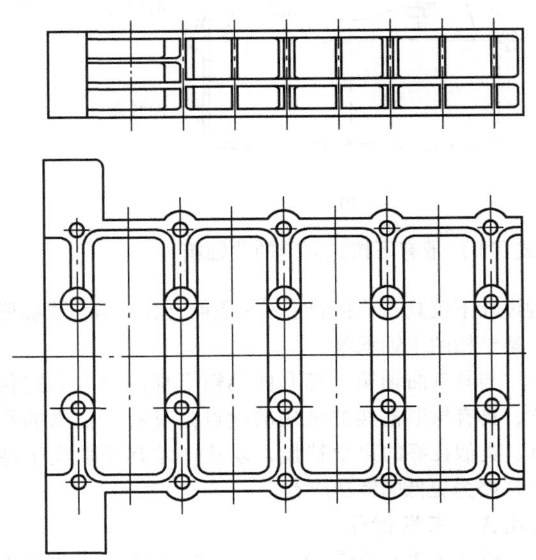

图7.58　梯形框架结构设计

- 与单独的主轴承盖相比，更高的刚度和更好的声学特性，更简单和更快地组装。

- 与曲轴箱下部一样，在功能集成方面提供几乎相同的结构造型自由度。

- 比曲轴箱下部更便宜、更轻。

由铝合金制成的梯形框架可以通过压铸生产，这也能够实现用于给主轴承提供润滑油的铸造油槽的集成。

在各个轴承位置的区域中，可以用球墨铸铁（例如GJS 600）铸造嵌件。然后这提供了与铝曲轴箱和铸铁主轴承盖的组合相同的优点（减少曲轴的运行轴承间隙，增加梯形框架的刚度和降低主轴承座区域中的噪声辐射）。

在带有单个铸铁主轴承盖的现有曲轴箱结构设计中，为了提高刚度或为了改善声学，可以通过梯形框架结构设计来替代这些曲轴箱结构设计，而不需要曲轴箱的全新结构设计。在单个主轴承盖与整体的梯形框架之间的混合解决方案也是可能的，其方式是，通过将单个轴承盖经由设计为梯形的独立的铸件通过螺纹连接而彼此相连。

带有梯形框架的曲轴箱既可以设计为在曲轴中心带有油底壳法兰，也可以设计为带有下拉式侧壁的曲轴箱。

（5）曲轴中心油底壳法兰

曲轴箱的另一个结构设计特点是曲轴箱与曲轴中心油底壳之间的分界线位置，如图7.59所示。在这种结构设计中，曲轴轴承点的上半部分作为主轴承座集成到曲轴箱铸件中。曲轴轴承点的下半部分设计为单独的主轴承盖、梯形框架结构或曲轴箱下部。

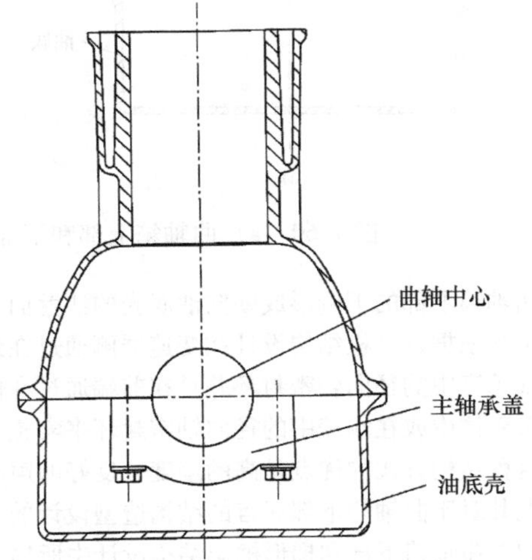

图7.59　曲轴中心的油底壳法兰

曲轴箱与油底壳之间的密封在位于分离平面中的法兰之间进行。曲轴在前端部和后端部处的密封根据相应的发动机结构设计进行，例如曲轴前端部通过在机油泵壳体中或在端盖中的径向轴密封环进行，曲轴后端部通过在最后的主轴承座中或在单独的盖中的径向轴密封环进行。

带与曲轴中心的油底壳分离面和带有单独的主轴承盖的铸铁曲轴箱以前用于更小排量（最高达约1.8L）的直列4缸发动机以及一些V6和V8发动机。

这种结构方式的优点是合适的制造成本。与带有下拉式侧壁或带有曲轴箱下部的曲轴箱相比，这种结构设计的缺点是更低的刚度和更差的声学特性。

（6）曲轴中心下方油底壳法兰

在曲轴箱与油底壳之间的分离平面的这个位置上，可以区分两种曲轴箱结构形式。

1）带曲轴箱上、下部分的结构类型（图7.60a）。在这种结构方式中，主轴承盖组合成一个轴承壳体，即所谓的曲轴箱下部。曲轴箱上部与曲轴箱下部之间的分离平面位于曲轴中心。也就是说，在此被称为曲轴箱上部的部件对应于曲轴中心上的油底壳法兰的结构类型的曲轴箱。

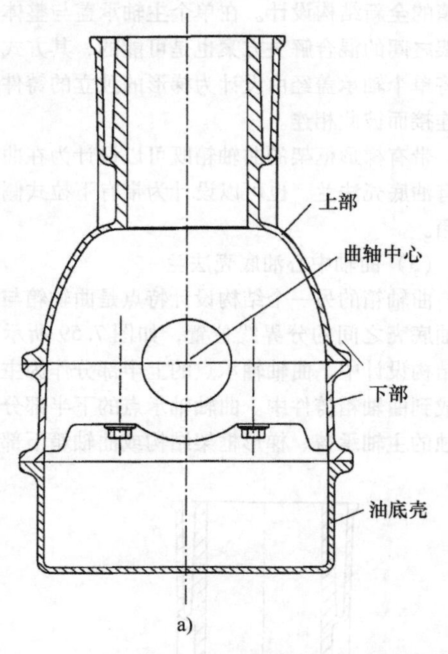

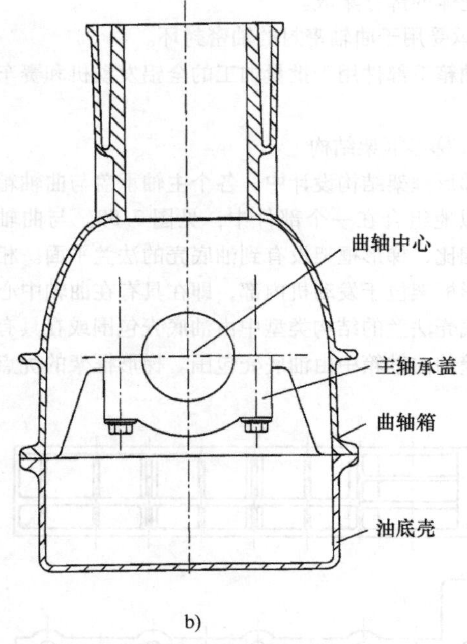

图7.60　a）曲轴箱上部和下部的结构形式和b）带有下拉式侧壁的曲轴箱

曲轴箱下部的下侧形成朝向油底壳的法兰面。曲轴的密封根据发动机结构设计在变速器侧通过在最后的主轴承座中的径向轴密封环并且在前端通过在例如机油泵壳体中或在端盖中的径向轴密封环来实施。

这种结构方式的优点是高的刚度、良好的声学特性和尤其对于曲轴箱下部而言的结构造型设计的可能性，如在曲轴箱下部和梯形框架结构设计中所描述的那样（例如，在由铝合金制成的曲轴箱下部的各个轴承位置的区域中用球墨铸铁铸造的嵌件和通过压铸制造）。与带有单独主轴承盖的结构方式相比，其缺点是更高的制造成本和必要时略微更高的重量。

在量产中，这种结构形式设计为由铝合金制成的曲轴箱上部和曲轴箱下部。由于赛车发动机通常作为支撑部件包含在车辆的整体设计方案中，因此赛车发动机曲轴箱由于所需的高的刚度而实际上仅根据这种设计原理进行设计。

2）下拉式侧壁曲轴箱（图7.60b）。在这种构造方式中，曲轴箱的外壁向下拉到曲轴中心下方并且在那里终止于朝向油底壳的法兰平面中。由于加工的原因，主轴承座的划分仍然位于曲轴中心。所实施的结构设计不仅具有单独的主轴承盖而且具有组合成梯形框架结构的主轴承盖。

与具有曲轴箱上部和曲轴箱下部的结构形式相比，具有梯形框架的结构的优点是具有类似高的刚度、类似良好的声学特性，以及（尤其是取决于件数）略为更低的制造成本。

7.4.3　声学优化

遵守法律上的噪声法规以及满足噪声舒适度要求是动力总成声学开发的重点。

内燃机的声学特性和平稳运行是许多参数的函数，并且在很大程度上已经通过确定发动机和曲轴箱结构类型来预先确定。

曲轴箱结构的声学特性优化，例如增加曲轴箱侧壁的刚度，同时考虑到不同的功能要求，因此是一个重要的开发目标。这是通过低噪声辐射、避免共振和抑制激励振动来实现的。

由于曲轴中不均匀的转矩变化过程以及由于自由质量力和惯性矩而引起的曲轴箱上的应力会导致机械振动。根据自由气体力和质量力效应的激励阶数，其激励频率与曲轴的旋转频率成一定比例。机械振动是由低激励阶数引起的，频率较低，主要影响主轴承座和曲轴箱区域。

曲轴箱壁面中的高频振动是由燃烧过程引起的，部分是由配气机构中的脉冲形式的力传输和活塞力激励引起的。高频在可听见的声音的范围内称为声学振动。一些高频的、声学的振动通过曲轴箱侧壁扩散出去。

低频振动和高频振动通过曲轴箱和车辆上发动机支架之间的连接而起作用。根据发动机支架的类型，振动和结构噪声可能会传递到车辆中。在优化发动机声学时，必须考虑以下因素：

- 上述结构噪声激发原因。

- 气缸盖、气缸、活塞、活塞销、连杆、曲轴中的结构噪声路径。

- 发动机支架的设计及其与曲轴箱或其他发动机和驱动单元部件的连接。

- 与曲轴箱结构设计与曲轴箱结构形式的联系。

在优化与声学和振动技术相关的特性时，还必须重点考虑带法兰的变速器的相互作用，它不仅会影响整个发动机－变速器组件的振动，而且也会影响向车辆结构的传递。

在封闭的 CAE 流程链中实现现代曲轴箱开发。壳体结构设计的 3D－CAD 描述和网格划分是强度、刚度、动力学和声学的 FEM 计算的基础。

对所实施的曲轴箱的试验模态分析提供了关于其固有振动形式的额外信息。

经验和当今可用的结构设计、计算和分析可能性得出的基本观点是，曲轴箱尽可能坚硬，发动机－变速器组合尽可能坚硬，这对于噪声优化的曲轴箱造型设计是必要的。

通过独立于曲轴箱结构形式的措施和利用结构形式的特定的优势可以达到这些要求，例如：

- 具有隆起部和肋部的曲轴箱表面结构的构造以减少空气噪声污染。

- 刚性盖板和气缸盖螺栓在盖板下方深处的施力点，这导致低的密封表面和气缸变形。后者是低的活塞运行间隙和低的活塞噪声的先决条件。

- 刚性的曲轴主轴承座组件，允许小的轴承间隙。

- 至油底壳和至变速器的刚性的法兰是刚性的发动机－变速器组合的先决条件。

不同的曲轴箱结构形式具有不同的特定的声学优势：

- 与开放式盖板设计相比，封闭式盖板设计具有坚硬的顶面，在密封表面和气缸变形方面具有优势。

- 相比于具有下拉式侧壁曲轴中心的曲轴箱，由曲轴箱上部和曲轴箱下部组成的结构形式与单个主轴承盖相组合给出刚性的发动机－变速器组件。在后一种结构形式中，通过将各个主轴承盖组合成梯形框架来提高刚度。

- 对于由上部和下部组成的全铝曲轴箱，在主轴承点，由灰铸铁制成的铸件可以减小热膨胀，从而减小轴承间隙。

- 与不同的曲轴箱结构形式相结合，采用延伸至变速器的法兰的铸铝油底壳可以形成刚性的发动机－变速器组件。

7.4.4 曲轴箱重量最小化

除了最大限度地减少有害物排放外，发动机开发的一个重要目标是降低燃料消耗，同时提高车辆行驶性能。除其他措施外，要实现这一目标，还需要对所有车辆部件实现一致的轻量化结构。减轻曲轴箱重量是对减少整个动力总成重量的一个贡献。

曲轴箱重量占发动机总重量的比例（根据 DIN 70020 A）为 25%～33%，具体取决于发动机尺寸、发动机结构形式、燃烧过程和曲轴箱结构形式。因此，曲轴箱重量的减轻显著地降低了发动机的整体重量。曲轴箱减重措施可分为通过结构优化减重和基于材料的减重两种。减轻重量的趋势与通过增加峰值压力和平均压力以及（高的）增压来减小曲轴箱负载的趋势相反。

（1）通过结构优化减轻重量

曲轴箱结构形式对曲轴箱的总重量有很大影响。与过去相比，采用当今常用的结构设计方法和计算方法，例如 CAD 和 FEM，可以进行有针对性地面向应力和面向功能的结构设计优化。

这意味着功能所需的壁面横截面以及用于提升刚度和改善声学的肋条的确切位置、数量和几何形状，如今以最少的材料使用来表征。一起铸造的气缸以及许多功能集成到曲轴箱中，也有助于减轻发动机的整体重量。

（2）特定材料的减重

直到 20 世纪 90 年代初/中期，大部分大批量生产的曲轴箱都是由铸铁制成的。强制轻量化意味着在新发动机结构设计中，曲轴箱的材料越来越多地转向铝－硅合金，即使是大批量生产的汽油机，现在甚至是柴油机。

铸铁曲轴箱的减重潜力小于使用 Al－Si 合金可实现的减重。对于铸铁曲轴箱，通过结构优化、薄铸件和蠕墨铸铁（GJV）的使用，可能有减轻约 30% 的重量的潜力。与片状石墨铸铁（GJL）相比，GJV

的优点是更高的弹性模量，缺点是更高的材料成本。

另一方面，在可比的曲轴箱结构形式下，通过使用铝－硅合金代替铸铁，曲轴箱重量可以减轻40%～60%。

这种重量减轻是由于铝合金和铸铁的比重的特性，在此，在结构设计中必须考虑交变抗弯强度和特别是弹性模量等不同的材料特性。

图7.61显示了一些曲轴箱材料的数据。

材料	0.2%屈服强度/(N/mm²)	密度/(g/cm³)	弹性模量/(kN/mm²)	交变抗弯强度/(N/mm²)
镁合金压铸	140～160	1.8	45	—
铝－硅合金压铸	140～210	2.75	74～78	70～90
铸铁材料	—	7.2～7.7	100～160	85～210

图7.61 曲轴箱材料

一种密度比铝更低并因此总是受到关注的材料是镁（Mg）。使用Mg合金作为曲轴箱材料的原因是其低的密度。与当今在批量生产中常见的Al－Si合金相比，其缺点是更低的材料强度、更低的耐蚀性和高的材料成本。

－ 由于更低的材料强度，由Mg合金制成的曲轴箱相对于由Al合金制成的曲轴箱在密度方面的优势不能更容易地呈现出来。在应力导向的结构设计时，必须考虑材料性能的差异。与由Al－Si合金制成的曲轴箱相比，在使用Mg合金的情况下，在可比较的曲轴箱结构形式情况下，可实现25%的数量级的重量减轻。

－ 在没有附加措施的情况下，由Mg合金制成的部件的耐蚀性低于由Al－Si合金制成的部件，其自然的铸造表面/铸造表皮已经足够地耐腐蚀。在未受保护的表面上，不仅会发生表面腐蚀，还会发生接触腐蚀。在由Mg合金制成的部件与由其他金属或金属合金制成的部件接触时会发生接触腐蚀。其原因是不同金属在电化学电压系列中的不同位置。例如，接触腐蚀发生在螺栓连接点和用于固定元件的孔上，例如定位销套筒和定位销。

－ 与Mg合金相比，Al－Si合金的成本优势约为3倍的量级，主要是由于不存在Mg回收市场。Al－Si合金可以低成本地以由重新熔化的部件制成的二次合金的形式提供，Mg合金必须求助于昂贵的初级合金。

3.0L直列式汽油机的现代结构设计在系列化的结构方式中通过铸造铝嵌件来弥补这些缺点，这些嵌件包含气缸套、曲轴主轴承座和冷却介质管道。因此，腐蚀性冷却介质不会与曲轴箱的镁质外套接触，从而避免了腐蚀。与可比的灰口铸铁缸体相比，这种结构形式的重量减轻了57%，与铝曲轴箱相比，重量减轻了24%。

7.4.5 曲轴箱铸造工艺

汽车发动机的曲轴箱主要由铸铁或铝－硅合金制成。成本、数量和结构设计是选择铸造工艺的主要标准。

7.4.5.1 压铸

在压铸工艺中，使用由回火热作模具钢制成的永久模具。在每次铸造之前，必须用脱模剂处理模塑件。

与砂型和硬模铸造相比，因为轻金属熔体是在高压和高速下引入铸模中，因此不能将型芯插入铸模中。

压力水平取决于铸件的大小，介于400～1000bar（1bar＝0.1MPa）之间。在固化过程中压力保持不变。在更大铸件的情况下，对半模进行冷却，由此实现铸件的定向凝固。

与砂型铸造和硬模铸造相比，压铸能够实现铸模空腔的最精确的再现，进而实现铸件的最精确的再现。可生产出尺寸误差小、形状精度高、表面质量高的薄壁铸件。可以精确地铸造孔眼、孔，在某些情况下也可以铸造配合件和标签，而无须进行后续的机械加工，也可以铸造衬套，例如由灰口铸铁制成的气缸套、螺栓和其他嵌件。

与砂型或硬模铸造相比，压铸工艺具有最高的生产率，因为所有的铸造和模具移动过程在很大程度上都是全自动的。

其缺点是铸件的结构造型设计自由度受限，因为不可能有底切。可能封闭的空气或气孔不允许像砂型和硬模铸造那样进行双重热处理。

铝－硅合金曲轴箱，特别是与特殊的气缸套技术相结合的曲轴箱，采用压铸工艺制造。

7.4.5.2 硬模铸造

永久模具是由灰铸铁或热作模具钢制成的金属永久模具，用于制造由轻金属合金制成的铸件。与砂型铸造一样，砂芯放置在铸模中，具有很大的结构造型设计自由度的优点。与压铸相比，铸件中的底切是可能的。与砂型铸造相比，硬模铸造工艺允许每个铸模多次铸造，其中每个铸造过程需要新的砂芯。

与砂型模具不同，金属熔体在模具中快速且定向地凝固。有针对性地冷却模具是可能的，并且经常使用。

必须通过施加脱模剂（即所谓的涂层）来保护模具，免受轻金属熔体的影响。

与砂型铸造相比，由永久模制成的铸件具有更精细的组织结构、更高的强度、更高的尺寸精度和更好的表面质量。

在永久性模具铸件的情况下，双重热处理是可能的。除了作为第一次热处理有针对性地控制铸件在模具中的冷却之外，还经常进行进一步的热处理，即热时效。

在硬模铸造中，重力铸造和低压铸造之间存在区别。区别基本上仅在于熔体的引入方式。

在低压铸造过程中，液态金属在0.2~0.5bar的过压下从下方送入模具中，并在此压力下凝固。以这种方式实现的铸件的近乎理想的定向凝固是低压铸件高质量的重要原因。

相反，在重力硬模铸造中，通过作用在金属熔体上的重力在大气压下填充铸模。

7.4.5.3 消失模工艺

这是砂型铸造工艺的一种特殊形式。由EPS（可发泡聚苯乙烯，expandierbares PolyStyrol）制成的泡沫模型，通过发泡并在必要时将各个段粘在一起。泡沫模型用水性浆料上浆。用振动技术将上浆干燥后的模型注入不含任何黏结剂的纯石英砂，在铸造容器中成型。在快速（15~20s）铸造过程中，熔体作为所谓的全模铸造被引导到泡沫模型上。通过熔体的热量分解泡沫模型：其液态和气态成分被转移到型砂中。冷却和脱模后，铸件无毛刺。

由于生产泡沫模型的可能性，该方法的特别优点在于铸件几何形状的可呈现性，由于成型技术的原因，该铸件几何形状不能通过传统的砂型铸造方法来实现。不利的是，这种铸造工艺需要比诸如压铸更大的壁厚。

消失模工艺适用于铸铁和轻金属合金铸件的生产。

7.4.5.4 砂型铸造

为了在砂型中形成后来的曲轴箱铸件，使用由硬木、金属或塑料制成的模型和芯盒。模具通常由石英砂（天然砂，合成砂）和黏合剂（合成树脂，CO_2）制成。在射芯机中，通过射入沙子来形成射芯。将单个芯组装成芯包以及芯包和铸造外模已经在中等数量的生产中以机械和全自动的方式进行。

模型、型芯和模具在不同平面上的划分以及型芯在铸模中的插入允许呈现具有底切的复杂铸件。

在铸造过程中，外模和型芯之间的型腔充满熔体。

在铸造过程和熔融金属凝固之后，将铸件从砂模中取出。砂型在此过程中被破坏。接下来是铸件的清洁过程，去除浇道、冒口、铸件表皮和铸件飞边。

对于由Al-Si合金制成的砂铸件，可以通过双重热处理来提高强度。第一次热处理包括铸件在砂型中的受控冷却停留时间。第二个热处理是人工时效，铸件在炉中进行时间和温度受控的人工时效。砂型铸造工艺导致每个模具只有一个铸件。

砂型铸造是铸铁曲轴箱的传统铸造工艺。然而，在大批量生产中，由Al-Si合金制成的曲轴箱也在精密砂型铸造工艺中生产。

砂型铸造工艺的另一个应用领域是原型件和小批量零件的生产。

7.4.5.5 挤压铸造

挤压铸造工艺（Squeeze-Casting）是模具低压铸造和压铸工艺的组合。金属永久模具在0.2~0.5bar的过压下从下方填充轻金属熔体。然后在大约1000bar的高压下进行固化。

铸模的非常好的密封供给也允许使用铸造性差的高强度合金。

熔体在高压下的凝固使铸件具有非常精细的结构。

在高压下缓慢的模具填充和熔体的凝固导致几乎无孔的组织结构，因此与低压铸造法和压铸法相比，对交变应力具有更高的疲劳强度和更高的热交变强度。

在挤压铸造工艺中，如在压铸中，砂芯的使用是不可能的。由于底切的可视性不足，挤压铸造铸件存在与压铸件相同的结构设计限制。

与压铸工艺相比，在挤压铸造中，由于几乎无孔的组织结构，可以进行双重热处理。

因此，挤压铸造结合了硬模铸造/低压铸造工艺和压铸的优点。

7.5 气缸

气缸用于固定活塞组，并通过其表面和所用的材料与活塞环一起实现滑动和密封功能。根据结构方式，它们还有助于通过曲轴箱进行散热或冷却液直接进入。

7.5.1 气缸的造型设计

气缸和气缸面的设计有结构设计和材料两个方面。两者是相互联系在一起的。根据材料，气缸或曲轴箱设计可分为：

- 单金属结构形式。
- 应用技术。
- 复合技术。

7.5.1.1 单金属结构形式

单金属结构形式的典型代表是由铸铁合金制成的曲轴箱，其中气缸是曲轴箱的一个组成部分。所需的表面质量是通过几个步骤的加工产生的，例如初步和精细加工以及珩磨。由 Al－Si 合金制成的单金属曲轴箱有两种设计方式：

- 使用过共晶 Al－Si 合金生产曲轴箱部件。硅含量大于12%（质量分数）的 Al－Si 合金称为过共晶合金。对曲轴箱进行机械加工后，在气缸工作面区域，通过化学蚀刻或通过特殊的机械珩磨将铸件中分离的初生硅暴露出来。创建了一个坚硬、耐磨、所谓的未加固气缸工作面，为此需要活塞裙涂层作为运行副。

由于过共晶 Al－Si 合金的高的硅含量，由这种合金制成的工件通常比由亚共晶合金制成的铸件更难加工。在铸件中分离的初生硅晶体在机械加工过程中被破坏和分裂，其结果是形成不希望的短切屑。采用过共晶 Al－Si 合金和封闭式盖板设计，这种单金属气缸以及曲轴箱设计采用低压铸造工艺制造，对于过共晶 Al－Si 合金和开放式盖板设计采用压铸工艺制造。当使用压力压铸工艺时，与低压压铸工艺相比，初生硅的晶粒尺寸明显更小，因此可加工性明显得到改善。由于减小的碎裂倾向，因此可以更快地加工更小的硅晶体，同时具有更好的切割效果。

- 亚共晶 Al－Si 合金结合气缸工作面涂层一起制造曲轴箱。涂层可以用电镀工艺或热喷涂工艺进行涂覆。

准单金属曲轴箱用于批量生产，尽管重要性正在降低，其中镍分散层（例如 Nikasil®）被电镀到气缸工作面上。该层由镍基体组成，其中碳化硅颗粒均匀分布。以这种方式涂覆的气缸工作面具有非常好的运行性能、低的磨损并且可以与已知的活塞和活塞环材料或涂层结合。然而，当使用含硫燃料时，该涂层对腐蚀很敏感。

镍分散体涂层气缸通常用于摩托车发动机的单独气缸。大批量生产的车辆发动机的多缸曲轴箱在小规模上实现具有镍分散体涂层气缸。

由于各种缺点，使用薄膜工艺的涂层目前未用于批量生产。电镀工艺通常因其环境兼容性而被排除在外，而 PVD 和 CVD 工艺则因制造成本高而被排除在外[27]。

近年来，使用热喷涂工艺的气缸内涂层变得越来越重要。在各种热喷涂方法中，应该强调两种已经批量应用的方法：

- 电弧丝喷涂（Nanoslide，LDS）：铁碳丝使用电弧熔化，并使用惰性气流喷涂到先前粗糙、激活的气缸内壁上[28]。由此产生的孔隙率得到确保，尽管珩磨结构极其光滑，但仍有足够的润滑油保留量。
- 等离子传输线电弧（Plasma Transfer Wire Arc，PTWA）：PTWA 工艺的突出特点是等离子气体为粒子束增加了额外的热能，因此在工艺实施和涂层形成中允许进一步的自由度[27]。

单金属结构形式的气缸结构设计

在曲轴箱的纵向轴线上未一起铸造的气缸和一起铸造的气缸之间是有区别的。为了在气缸周围实现尽可能均匀的温度分布并且对气缸之间的变形影响很小，在曲轴的纵向轴线上铸造没有铸造腹板的气缸是有利的。通过适当的结构设计措施（例如腹板孔）可以确保沿发动机纵轴铸造在一起的气缸也具有大致均匀的温度分布。因此，可以减少变形问题和相关的功能问题，例如高的润滑油消耗或高的窜气。一起铸造气缸的优点是曲轴箱强度更高、曲轴箱长度更短、发动机重量更轻。对于横向发动机安装和驱动单元可用的越来越小的安装空间，如今更短的发动机长度是主要标准。根据发动机的结构形式（直列式发动机、V 形发动机、水平对置发动机），通过将曲轴箱与一起铸造的气缸设计，可以实现不同的结构长度和重量的减轻。气缸的一起铸造的限制是气缸之间作为密封面的剩余腹板宽度。无论曲轴箱材料如何，在当今的量产加工的发动机中，气缸腹板可以小于 5.5mm。这在功能上是可控的，尤其是通过使用具有低设置特性的金属气缸盖密封垫片（见 7.21.1 节），因此对预紧力要求更低。除了气缸腹板处的完美密封外，由于气缸盖和曲轴箱组合的预紧力更低，气缸变形可以减小到最低限度。

7.5.1.2 应用技术

曲轴箱中可以使用不同类型的气缸套。根据其功能区分为湿式缸套和干式缸套，根据气缸套与曲轴箱之间的连接方式区分为铸造式、压入式、热缩式和推入式缸套。此外，根据缸套材料进行区分也是常见的。

（1）湿式缸套

湿式缸套实际上几乎只安装在商用车发动机以及中速发动机中。它们以经过适当加工的安装座插入曲轴箱中。在曲轴箱铸件与缸套之间形成气缸周围的水套（图 7.62）。

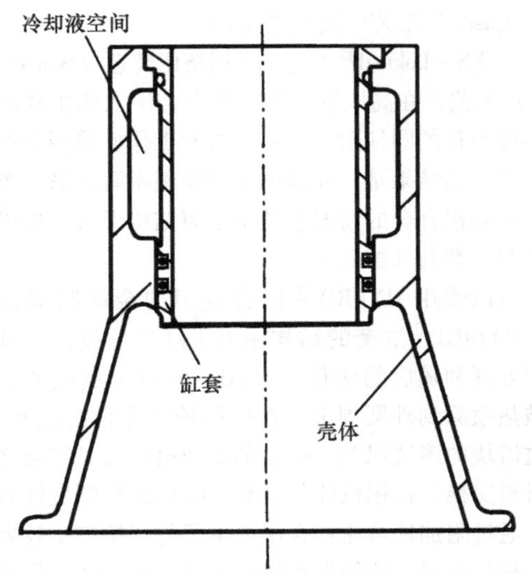

图 7.62　湿式缸套

在悬挂式缸套的情况下，它通过缸套上端的凸缘夹紧在曲轴箱与气缸垫或气缸盖之间。通过凸缘本身或通过凸缘下方的直径在曲轴箱中实现对中。凸缘对中的优点是气缸套在上部的、高热负荷部件良好的冷却，但由于不利的力流导致曲轴箱中的中空凹槽的高负荷。缸套在凸缘下方的对中会削弱缸套上端的冷却，但会减轻曲轴箱中的凹槽的负载。湿的、悬挂在顶部的缸套通过 O 形圈密封冷却液，并在底部密封来自曲柄室的油。

在立式的湿缸套的情况下，支承和对中发生在缸套的下部区域或大约在中间（所谓的“中 - 止”设计）。这种缸套结构形式需要特别仔细的设计，以保持气缸很小的变形。顶部由气缸垫形成密封，底部通过缸套支架下方的平垫圈或 O 形圈实现密封。相对于盖板平面的湿缸套的过量状态或积压状态是有问题的。这对气缸周围的气缸垫的表面压力和气缸变形有负面的影响。因此，应将缸套的过量或积压状态减少到无法再减少的最小值。

通过相应缸套尺寸的极端公差限制，将成品湿缸套插入带有成品盖板的曲轴箱中。在立式缸套的情况下，拔出式缸套也是很常见的。另一种可能性是曲轴箱盖板和所用缸套的最终一起加工。

通常，湿式缸套由 GG 材料制成。使用湿式缸套的优点在于缸径方面的灵活性，因此可以通过将相应缸套与相同曲轴箱组合来形成排量，并且易于实现更换或维修可能性。其缺点是与单金属结构形式相比制造成本更高。

（2）干式缸套

干式缸套被压入、收缩、推入或铸入曲轴箱（图 7.63）。对于铸造，将缸套插入曲轴箱铸造模具并用铝合金熔体铸造。如果缸套的外部区域与块状材料形成金属间连接，则称为复合技术（见 7.5.1.3 节）。与湿式缸套相比，水套不位于缸套与曲轴箱之间，而是与单金属结构形式一样集成在曲轴箱中。因此，干式衬套与曲轴箱之间不需要密封。

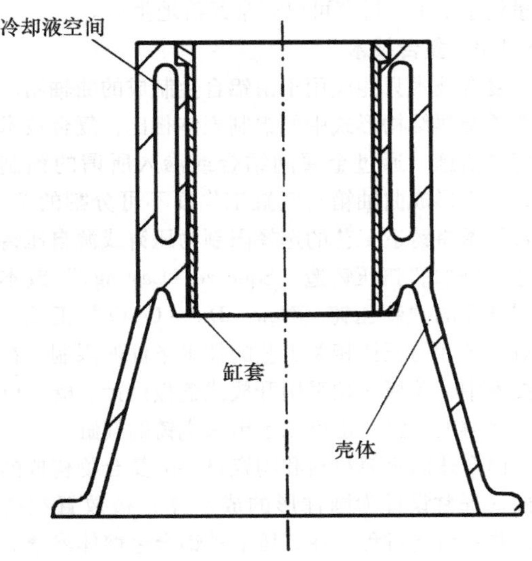

图 7.63　干式缸套

通过将盖板和插入的缸套一起加工，可以消除干式、压制或铸造缸套相对于盖板平面的过量状态。原则上，干式缸套的设计方式与湿式缸套在气缸工作面方面的设计方式相同，并具有此处所述的特性。与单金属结构形式相比，干式缸套的优势主要在于可以自由选择缸套材料。

无论材料如何，机械接合（压入或收缩）缸套原则上可用于开放式盖板和封闭式盖板结构设计。标准使用主要是由薄壁灰口铸铁制成的所谓滑动配合缸套。在已连接状态下加工后，滑动配合缸套只有 1mm 的壁厚。与复合技术相比，成本更高的缺点被缸套定位和气缸变形的优势所抵消[29]。

为了改善从缸套到发动机缸体的热传递，从而降低工作面的表面温度，开发了缸套，其中由碳钢制成的薄的缸套通过电弧喷涂（SprayFit®）从外部涂覆 AlSi12 涂层。

铸造缸套有几种变体：

- 带凹槽的 GG 缸套：外部结构（凹槽）是通过机械加工来获得的。

- As - Cast GG 缸套：缸套外侧采用铸造工艺结构化。有两种工艺在批量生产中变得越来越重要：粗铸缸套（铸造工艺，其中外侧的铸造表面故意设计成粗糙的）或所谓的 Spiny 工艺（ASLOCK®，通过特殊的铸造工艺在缸套外表面上产生“蘑菇头”，通过大量底切确保在铸锭中特别有效地夹紧缸套）。

在生产成本方面，与单金属结构形式相比，各有优劣，这取决于零件数量、铸造工艺以及曲轴箱和缸套的结构设计细节。尤其是使用压铸或自动砂铸工艺大量铸造的 GG 衬套可以非常经济地生产。

7.5.1.3　复合技术

复合技术只能应用于由铝合金制成的曲轴箱。与经典单金属结构形式中的铝制壳体相比，复合技术采用特殊措施，通过金属间结合或渗入所谓的预制件中，从而形成曲轴箱与气缸工作面不可分割的单元。复合技术将铸造工艺的选择限制为压铸或源自压铸的工艺，例如“挤压铸造（Squeeze - Casting）”或本田公司开发的“新压铸（New - Die - Cast）”工艺。由于对压铸和与压铸相关工艺的技术条件的限制，在复合技术中，盖板必须采用开放式盖板设计，既可以显示出浇铸的气缸，也可以示出未浇铸的气缸。

由合适的金属材料和陶瓷材料的复合物构成的预制件（通常设计为圆柱形的成形体）被放置在铸模中，并在铸造过程中在高压下被铝合金熔体渗透。

其中，可以区分两种工艺：

- Honda - MMC 工艺：这种金属基复合材料工艺已量产多年。除其他外，纤维预制件由 Al_2O_3 和碳纤维的复合材料组成，并在本田“新压铸（New - Die - Cast）”工艺中浸入熔融铝。

- KS - Lokasil®工艺：采用挤压铸造（Squeeze - Cast）工艺，在高压下将液态铝合金渗入到由硅制成的高度多孔的圆柱形主体中。缸套工作面采用三级珩磨生产。其结果是，硅晶体通过蚀刻暴露出来，类似于过共晶铝合金的情况下的单金属结构形式，形成了坚硬和耐磨的气缸套表面。

可以使用 HYBRID®缸套应用的金属间键合技术。HYBRID®缸套的结构由 GG 衬套组成，经过机械预处理和随后的活化，由 Al - Si 合金制成的黏合层被热喷涂到外圆周上。在以压铸方法包铸缸套时，通过熔块的渗透以及在缸套的熔块材料与黏结层之间的材料交换，在铝机体与缸套之间形成特别良好的夹紧。通过附加地熔化接合层产生了与焊接连接效果等效的材料连接，这使发动机缸体在气缸套区域具有高动态强度。仅 1.7 ~ 2mm 的小的壁厚允许相应的结构设计的自由度，出色的连接确保小的气缸变形，可与单金属结构形式相媲美，因此在摩擦学和润滑油消耗方面具有优势[30]。

图 7.64 显示了 GG 铸铁缸套的机械夹紧（图 7.64a）与使用复合技术的金属间化合物［以 HYBRID® - 缸套（图 7.64b）为例］连接之间的区别。

高的硅含量的铝缸套，如喷雾压实的 Silitec®缸套，进一步改善了燃烧室的散热。然而，更高的制造成本仅允许在孤立的量产应用中采用这种解决方案。

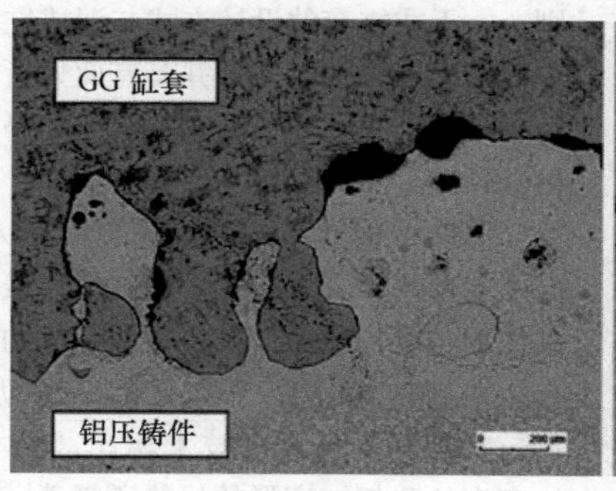

a)

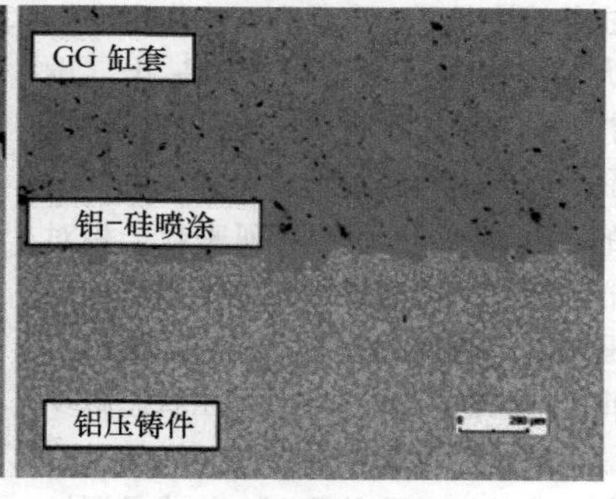

b)

图 7.64　a）铸造的灰铸铁缸套（铸铁）和 b）HYBRID®缸套[31]

7.5.2　气缸运行面的加工

内燃机的气缸运行面是活塞和活塞环的摩擦学的运行配合面和密封面。气缸运行面的表面质量与运行配合面之间油膜的形成和分布密切相关。气缸表面质量与发动机润滑油消耗和磨损之间存在很强的相关性。

气缸运行面的经典的精加工是通过精镗或精车削和随后的珩磨来完成的。在珩磨过程中，旋转运动和交替平移运动叠加在切削运动上。这样，实现了小于 10μm 的圆柱度和均匀的表面粗糙度。由切削运动产生的珩磨痕迹包含图 7.66 所示的珩磨角 α。

珩磨（例如使用多刃珩磨工具）应尽可能轻柔地处理材料，以防止爆裂、边缘区域压碎和毛刺的形成。在水基冷却润滑剂或特殊珩磨油下使用珩磨条切割材料[32]。在给定的接触压力下，可以在不到 1min 的时间内去除直径上 100μm 厚度的材料。

加工方法

使用常规的珩磨，通过一个或多个加工阶段创建一个正态分布的表面结构，即在粗糙度轮廓中存在与峰值一样多的凹陷。

相反，所谓的平台珩磨是通过附加的加工步骤切割粗糙度峰值，并且产生具有保持深的油槽的平台状滑动面。

螺旋滑动珩磨是平台珩磨的进一步发展。首先，它与平台珩磨的区别在于更低的粗糙度，尤其是峰值粗糙度，以及深槽的120°~150°的非常大的珩磨角。通过遵循孔形状的特殊珩磨条实现非常均匀的表面粗糙度。

激光结构化可以通过使用激光有针对性地去除材料来几乎自由地设计表面[33]。例如，气缸运行面在上止点区域中结构化，并且在其他方面是光滑的。除了均匀的、传统的交叉波纹结构外，诸如螺旋形布置的狭缝和凹槽以及杯状等结构也是可能的。

不同珩磨工艺的粗糙度分布如图7.65所示。以直喷（DI）柴油机为例，清楚地证明了运行表面形貌对润滑油消耗和颗粒排放的影响[34]。

使用游离磨粒的珩磨的复杂变体是研磨珩磨。此处采用松散的晶粒，使气缸运行面形成混沌的高深度结构。硬的研磨介质通过实心条部分压入表面，形成一个平台表面。

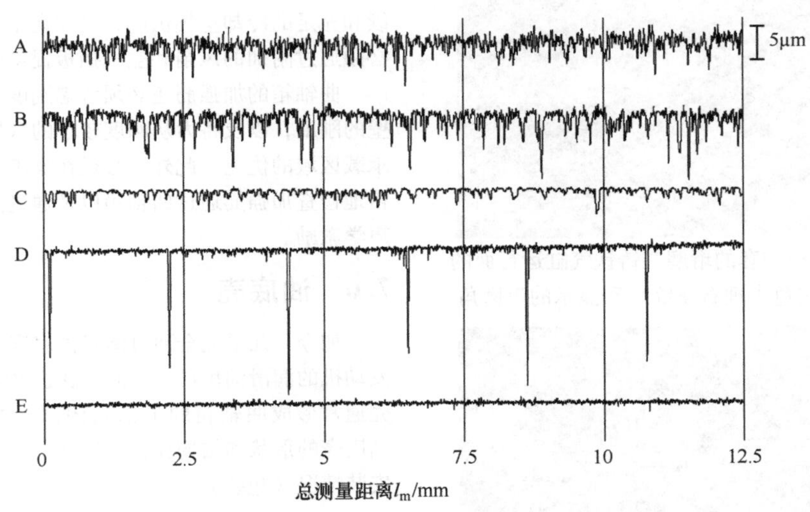

图7.65 普通珩磨（A）、平台珩磨（B）、螺旋滑动珩磨（C）、激光凹穴结构（D）和光滑普通珩磨（E）的粗糙度分布

在电刷珩磨中，在正常珩磨加工后，借助于涂覆有硬质材料的电刷产生表面结构的倒圆和去毛刺。另一种从表面去除金属薄片（也称为金属板涂层）并自由冲掉表面中存在的孔隙的方法是流体喷射。在这种工艺中，在约120bar的压力下用含水的冷却润滑剂喷射整个气缸运行面。

还借助于Eximer激光辐射暴露灰口铸铁气缸的运行面，通过打开石墨沉积物并同时熔化表面来改进运行性能[35]。

铝缸套的外露珩磨通过特殊设计的珩磨条使软铝基体相对于纤维增强或颗粒增强而复位，也可以借助于蚀刻使颗粒暴露出来。

暴露的目的是使容易焊接的铝键复位0.5~1μm。由于铝的复位而产生的储油量改善了表面的运行性能。

等离子或火焰喷涂的气缸套可以像感应淬火灰铸铁一样加工得非常光滑。由于材料的孔隙率而存在的储油量确保了良好的运行特性。

图7.66和图7.67显示了珩磨灰铸铁气缸套和铝气缸套的示例性3D表面图像。

7.5.3 气缸冷却

7.5.3.1 液体冷却

当今的汽车发动机几乎完全是液体冷却的。其中，气缸被冷却液空间包围，即所谓的水套。

一个重要的结构设计尺寸是水套深度，即从盖板层到水套最深处的尺寸。在灰铸铁发动机缸体结构设计的情况下，水套大约在下活塞环区范围结束，即当活塞处于下止点时，在第一道压缩环与油环之间的区域。

在铝曲轴箱的情况下，水套设计得更短，覆盖气缸运行面长度的上面部分三分之一左右。因为与铸铁材料相比，铝合金的导热性更高，并且活塞的压缩高

图7.66　带金属板护套的珩磨灰铸铁气缸运行面的3D表面图像（白色大理石花纹）和显示的珩磨角

图7.67　带有暴露颗粒增强的铝气缸运行面的3D表面图像

度越来越小，这是可能的。更短的水套可减少发动机中的冷却介质的量，从而减轻发动机重量以及发动机的暖机阶段，从而对油耗和排放产生积极的影响作用。

7.5.3.2　空气冷却

空气冷却气缸仅用于两轮车辆的车辆结构中。此外，它们仍然经常用于飞机和小型发动机结构。空气冷却气缸中，所有的结构设计都是通过气缸（冷却）翅片进行散热。在铸造气缸的情况下，由于所使用的工艺，产生具有倒圆边缘的略微梯形的肋条。同时，这种形状提供了良好的有效传热面。然而，对于高的气缸功率（升功率），通常必须通过附加的措施来增加热传递。除了更高的翅片和使用铝合金代替灰铸铁（由于其更高的热导率），使用空气挡板的冷却气流和提高冷却空气速度显得非常重要。如果不能保证持续和充足的冷却空气供应，例如在车辆发动机中，则必须通过附加的风扇和空气挡板提供强制冷却。

曲轴箱的加强筋还必须考虑刚度，例如曲轴箱侧壁的刚度，以及将力从刚度较小的区域传递到壳体的承载区域的优化。此外，必须在噪声污染的意义上严格地检查加强筋通过曲轴箱以及通过空气引导装置的声学激励。

7.6　油底壳

如今，几乎完全通过湿式油底壳润滑来确保汽车发动机的润滑油供给。因此，在这种发动机中，油底壳通常形成曲轴箱的下部封闭部，如图7.68所示。油底壳的形状和结构在很大程度上取决于当前车辆的安装情况（包装）。

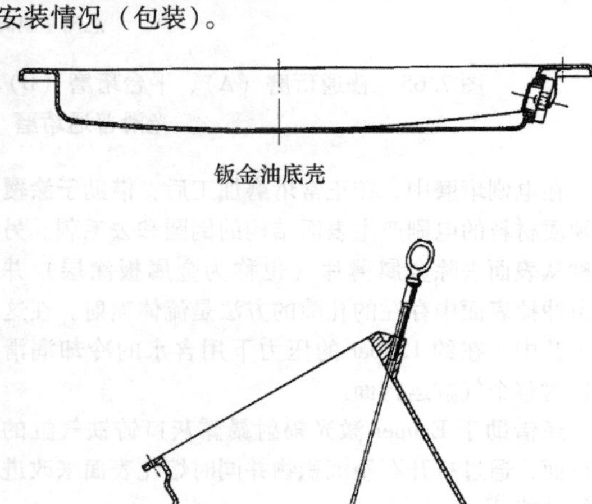

图7.68　油底壳

在某些情况下，这意味着相同的发动机在纵向和横向安装时具有不同的油底壳。

油底壳必须满足以下最重要的功能：

- 它用作接收发动机润滑油的容器以及收集从轴承和润滑点返回的发动机润滑油的容器。

- 在特殊结构的油底壳结构形式中，它作为曲柄室的封闭件，同时用于加强发动机－变速器复合体。从而改善了发动机－变速器复合体在低频范围内的声学特性。

- 它通过导油肋将润滑油引导至吸油点，包括用于使油平静的防溅板，并使空气与油分离。

- 除了容纳放油塞和机油尺导管的螺纹外，通常还包含一个机油位传感器，用于显示车辆中的机油油位。

油底壳的结构形式

在大型量产发动机中，油底壳主要采用钢板作为单层深冲件。为了改善声学效果，采用两层钢板和中间有塑料薄膜的结构方式。在带有铸铁或铝曲轴箱的大排量发动机中，通常采用由硬模铸造或压铸生产的Al－Si合金制成的油底壳。由于油底壳侧壁的刚性设计并且主要通过在发动机的离合器侧上的集成法兰作为与变速器法兰的连接部，这种结构类型显著地有助于加强发动机－变速器复合体的刚度，并且因此改进了声学特性。这种结构形式用于大约一半的欧洲发动机方案设计中。由铝合金制成的油底壳既可以是单件式的，也可以是两件式的。两件式油底壳由轻金属制成的上部和与之螺纹连接的钢板制成的下部组成。如果发生变形（车辆撞击），这种钢板可以更经济地更换。相比之下，铝油底壳必须完全更换。如今，对于越来越多地用于发动机领域的车辆车底饰板而言，这一优势只是次要的。

最近的一个发展是在油底壳的结构设计中使用玻璃纤维增强聚酰胺。在这种应用中，由于在高温下与空气和油长时间的接触，因而对塑料提出了特殊要求。因此，在160℃下用油润湿5000h的测试中测试老化特性。对塑料的机械要求例如当发动机在车间用叉车起吊时尤其如此。

在结构上，可以区分纯塑料油底壳和与铝压铸件（混合）结合的塑料油底壳。然后，它们又允许支撑传动装置。塑料油底壳的密封与气缸盖罩的密封相对应，采用T形或I形密封。也可以使用液体硅胶进行密封。

塑料油底壳具有以下优点：

- 例如，与质量为2.2kg的铝结构相比，混合解决方案的质量减小了约30%，纯塑料结构的质量减小了约60%。

- 封装优势可以通过高集成密度来实现。不仅可以集成润滑油通道和曲轴箱通风管道，还可以集成润滑油滤清器、润滑油压力调节和润滑油冷却器。通过适当的设计，这也可以减少润滑油通道中的压力损失，从而降低润滑油泵所需的驱动功率。

7.7　曲轴箱通风

由于活塞环的密封性有限，在往复式内燃机运行时，一小部分工作气体作为窜气（漏气，Blow－by）从燃烧室经过气缸和活塞的壁进入曲轴箱。进入曲轴箱的相应的泄漏气体流的其他原因是涡轮增压器的气门导管和轴支承上的泄漏，但也包括用于柴油机和直喷汽油机的真空泵（制动伺服泵）。与高温相结合，尤其施加在活塞环上的高压差导致黏附在活塞和气缸上的发动机润滑油的一部分雾化成细小的油滴气溶胶并且与漏气一起输送到曲轴箱中。无论如何，在发动机运转时，主要是更大的油滴从运动的发动机部件（曲轴、活塞、连杆、凸轮轴、正时链）上甩出。在高功率发动机中广泛使用的活塞喷油冷却也被认为是油雾的主要来源，其中除了润滑油雾化外，先前蒸发的、低沸点的润滑油组分的冷凝过程也有助于油粒的形成。为了避免发动机运行中曲轴箱中不允许的压力升高（气体和润滑油泄漏的危险/环境保护、轴密封环的故障），漏气必须通过曲轴箱通风系统连续地从曲轴箱中排出。图7.69以废气涡轮增压发动机的通风系统为例来说明窜气路径以及油雾和油壁膜的传输机制。

7.7.1　法律上的边界条件

在发动机设计的最初几十年，曲轴箱通风气体通常直接排放到大气中。特别是汽油机的漏气中高比例的碳氢化合物是20世纪60年代在加利福尼亚和美国其他州引入封闭式曲轴箱通风系统（Closed Crankcase Ventilation，CCV系统）的背景，该系统最初是自愿的，后来是法律要求的，用于将漏气气体再循环到进气道中[36]。随后，所有重要的市场都通过了相应的法律法规，并扩展到乘用车和货车柴油机[37]。然而，特别是在用于非道路和重型商用车的发动机，原则上仍然允许曲轴箱向大气中通风（OCV系统：开式曲轴箱通风，Open Crankcase Ventilation）。

图7.70显示了不同市场的相关法律里程碑列表。根据适用于欧盟乘用车的法规70/200/EEC的附件V，Ⅲ型测试，必须验证在发动机的三个不同的运行工况点处曲轴箱内没有过压。曲轴箱通风气体，其成分和质量流量（在欧洲应用中高达进气质量流量的1%）在很大程度上取决于燃烧过程、发动机的造型设计、运行条件（平均有效压力、转速、冷却液温度）和

发动机的磨损状态，必须相应地通过曲轴箱通风系统不断地反馈到发动机的进气系统中。与废气再循环和燃料箱排气（汽油机）的活性炭过滤器冲洗气体的回流相比，其中质量流基本上可以根据特性场中的要求自由施加，由发动机施加的漏气质量流，特别是在汽油机中，使得污染物优化的混合气形成和因此遵守严格的废气排放限值变得更加困难。特别是对发动机润滑油油耗、进气系统的组件、燃烧室和废气后处理装置（尤其是冷却的 EGR 系统与 CCV 的组合）中的污垢和沉积物的更严格的技术要求，要求尽可能完全地分离位于排气气体中的润滑油组分，以便防止在黏性 HC 组分上的碳烟沉积物。

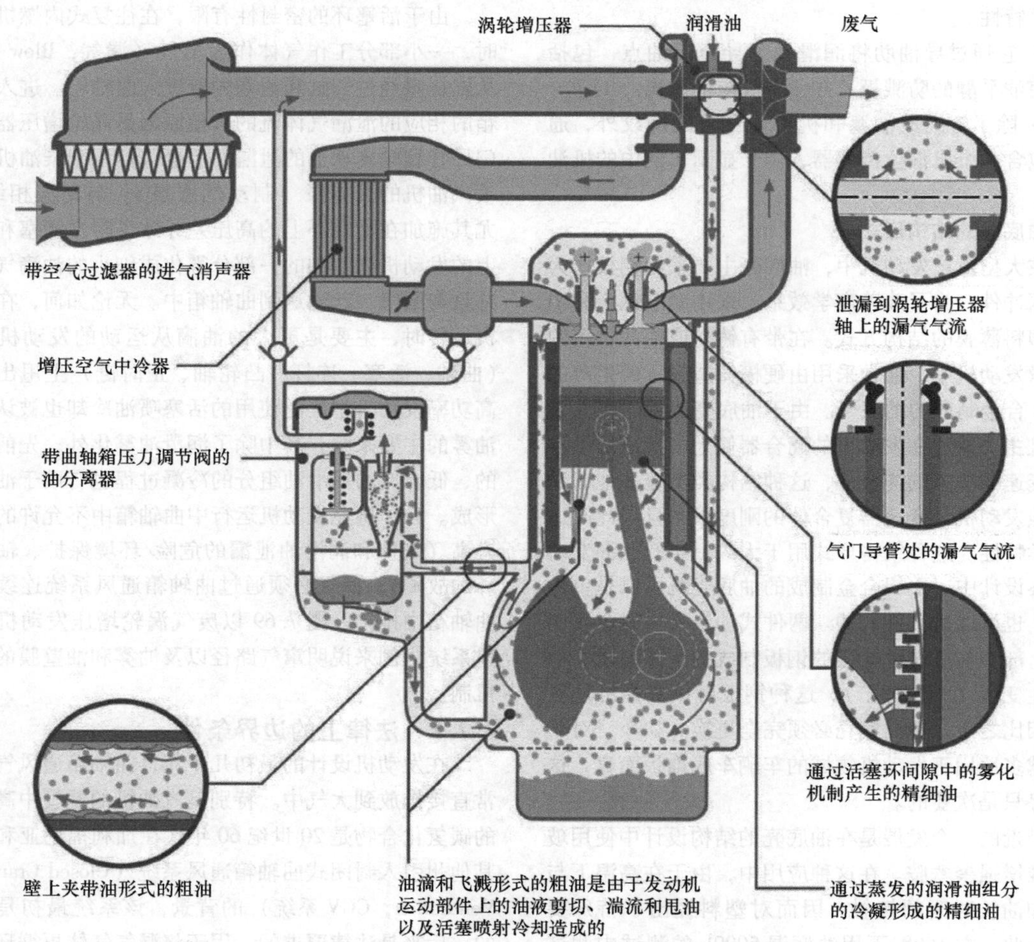

图 7.69　以涡轮增压汽油机为例，说明油雾和油壁膜的漏气路径和传输机制

7.7.2　技术要求

对曲轴箱通风系统的许多技术要求源于所提到的法律的边界条件。主要要求涉及在曲轴箱中保持一定的压力、通风气体中油的成分的分离和分离的油返回到发动机的油底壳。为了保持曲轴箱中的规定压力，采用在曲轴箱的流入和流出管线中布置的节流阀或限流阀或现代曲轴箱通风系统中主要使用的压力调节阀（DRV）。在传统的通风系统中，通过曲轴箱与进气系统之间的压力差来将通风气体输送到发动机的进气系统中，并分离润滑油颗粒。以直喷涡轮增压汽油机为例，从图 7.71 和图 7.72 所示的进气歧管压力和窜气特性场中可以看出，窜气质量流量和用于使再循环通风气体进入发动机的进气系统的压力梯度通常有明显的变化。在特性场中，当存在窜气流量与存在的进气真空度之间的不利关系时，例如在发动机低速全负荷下（大的窜气流量，可用于油雾分离的低压差，通常小的粒度分布谱），有效的油雾分离的困难条件占主导地位。通过曲轴箱和进气歧管侧的压力脉动会产生进一步的影响，通常在某些发动机转速下，通过管谐振以及腔谐振会放大压力脉动。具有化学计量比

地区	规则/限制值	法律	有效期自
美国 加利福尼亚	自愿安装所谓的“半开放”系统	推荐：车辆燃烧产品委员会	1961年1月1日
	用于汽油机乘用车的“曲轴箱正通风”（PCV）系统	加州健康与安全法典	1964年1月1日
美国联邦	接管在加利福尼亚安装的系统	自愿措施	1963年款
	100%消除汽油机曲轴箱排放的碳氢化合物	联邦法规（40 CFR）	1968年款
日本	在所有配备汽油机的新乘用车车型中使用PCV系统	道路车辆联邦法规（SRRV）第Ⅱ章，第31（12）条	1970年9月1日（新型号），1971年1月11日（当前生产）
瑞典	用于汽油机的封闭式曲轴箱通风系统	F12 - 1968	1969年1月1日
	接管美国联邦立法	联邦法规（40 CFR）	1976年
加拿大	接管美国联邦立法	联邦法规（40 CFR）	1971年
德国	KGH的HC排放限值：消耗燃料的0.15%	将指令70/220EEC作为§47 StVZO的附件XIV纳入国家法律	1970年10月1日
欧盟（乘用车）	KGH的HC排放限值：消耗燃料的0.15%	ECE/R15（1970年8月1日发布）	1971年10月1日
		70/220/EWG（1970年4月4日发布）	
欧盟（商用车）	一般的使用范围：“气态污染物和空气污染颗粒的排放”（曲轴箱气体再循环要求）	88/77 EWG附件一	1988年2月9日

图7.70　开始引入限制机动车辆曲轴箱排放的法规（使用文献［36］的信息和来自斯图加特的Berg - Automotive公司的信息）

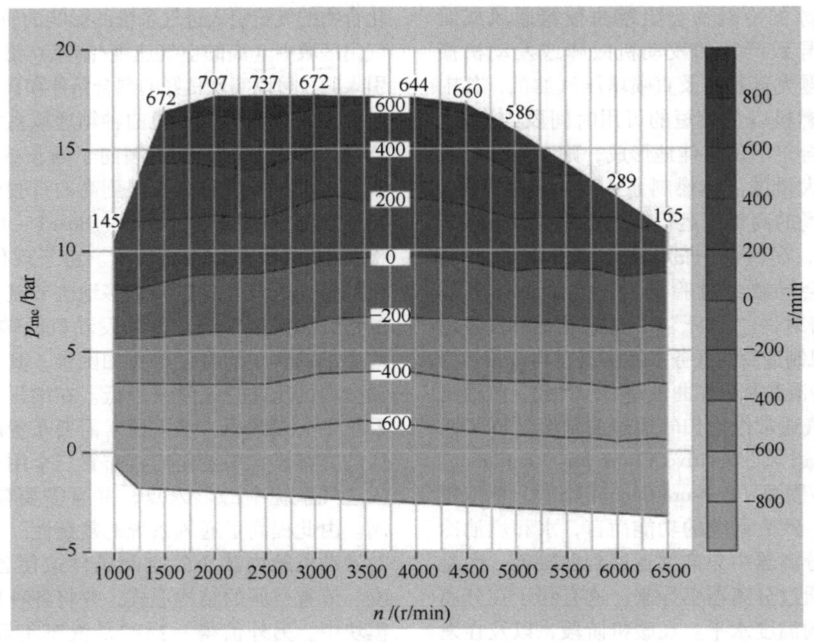

图7.71　乘用车涡轮增压量调节的1.8L直喷汽油机进气歧管压力与大气压力的压差特性场

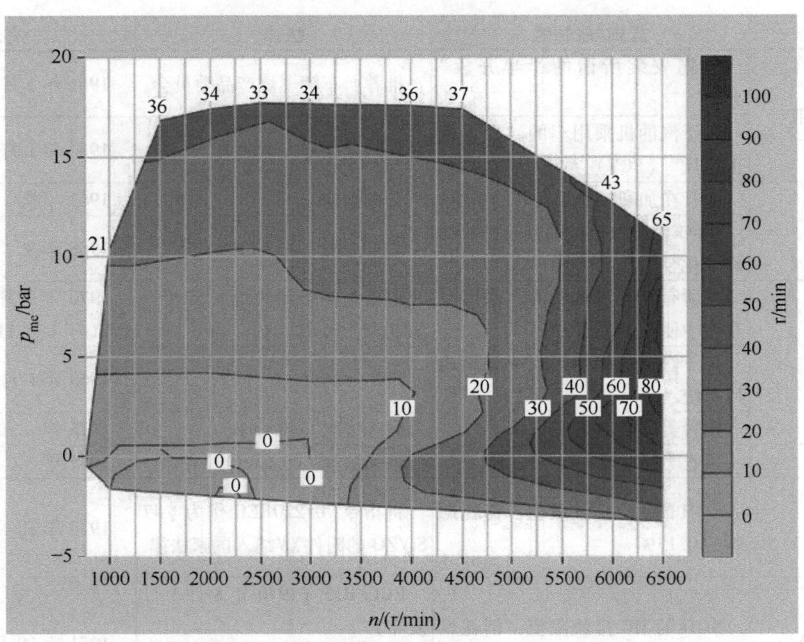

图 7.72　乘用车涡轮增压、量调节的 1.8L 直喷汽油机的窜气量（Blow - by）特性场（无曲轴箱通风）

或临时“浓”空燃比的传统汽油机的量调节意味着，大部分与窜气一起泵入曲轴箱的高沸点燃料成分和燃烧期间产生的水在曲轴箱中冷凝。这些冷凝物在持续的低负荷和短距离运行中，特别是在发动机不处于热运行的情况下，可能在曲轴箱中积聚。除了与此相关的润滑油质量受损（考虑到换油周期延长的普遍趋势）外，冬季结冰的冷凝物会阻塞曲轴箱通风或润滑油供应，从而导致严重的发动机故障或发动机损坏。所提出的问题尤其是涉及直喷增压汽油机，其中必须制备大量的燃料以在较短的可用时间段内燃烧。特别是，如果混合气不是最佳地形成，则存在在相对较短的时间内将大量的液体燃料泵入曲轴箱的风险，这主要是在特性场的高负荷运行工况点处。除了降低润滑油的黏度外，润滑油中的燃油比例非常高（高达 20%），这还会导致经过验证的密封弹性体失效（强烈地膨胀，密封件“出汗”），这必须在开发发动机时考虑到发动机制造商的任务书规格或材料规格。为了避免水和燃油冷凝物积聚在曲轴箱中，对此，汽油机中的一小部分进气通常作为扫气通过曲轴箱［PCV 系统：曲轴箱正向通风，Positive Crankcase Ventilation。注意：带有压力控制阀（Pressure Control Valve）的双重含义］。通常对于 PCV 系统的功能而言，水和燃油冷凝物不会在油雾分离器中分离并返回到曲轴箱，而是以诸如气态形式通过分离器引导来，这有利于在分离器中的低压和高的温度水平。在暖机阶段，以及在发动机处于热运行时，同时考虑到随着发动机运行功率的增加而增加的泄漏气体流量，通风气体中的高碳氢化合物浓度都会对混合物的形成和 λ 调节产生影响，从而对废气排放产生重大的影响作用。为了尽可能减少这些影响，将通风气流引入进气系统的引入点的布置和造型设计必须确保窜气尽可能均匀地分布到发动机所有气缸（各个气缸中统一的空气比和爆燃限制）。在文献［38］中以油箱通风为例描述的关于将含碳氢化合物的气流引入进气系统的影响的研究表明，当在节气门区域中（高的空气速度/湍流）沿通道圆周分布地引入时，可以实现良好的混合条件和良好的均匀分布。

对未来车辆发动机曲轴箱通风系统的要求显著地增加，首先是由于普遍倾向于延长或取消维护间隔、收紧排放标准并将其扩展到高的行驶性能，并通过现场监测或车载诊断（On - Board - Diagnose，OBD）检查是否符合这些要求[39]。由于现代汽油机和柴油机的整个进气系统越来越多地去节流，特别是在关键的特性场区域（全负荷和发动机低转速），因此，这些要求的实现通常变得更加困难，其中，可用于精细油分离的压差总是越来越低。在增压汽油机中，进气系统中交变的压力水平通常需要布置两个、在一些增压的方案设计中甚至需要布置三个用于将通风气体引入进气系统中的导入点，并且需要使用相应的止回阀。由此提高了通风系统的复杂性。同时，现代车辆的发动机舱内狭小的空间条件迫使各个组件采用紧凑、节省空间的结构形式，并将各种功能范围集成到模块中。另外值得一提的是汽车工业持续的成本压力，尽管对功能和可靠性的要求越来越高，这迫使开发具有成本效益的部件、模块和系统。

7.7.3 现有曲轴箱通风系统的系统结构

在实践中，大量不同的通风方案设计用于将窜气（Blow-by）返回到发动机的进气系统。主要的区别特征是曲轴箱压力调节阀的使用或不存在以及曲轴箱是仅排风还是送风或流通的问题。图7.73概述了增压汽油机（图7.73a～d）和增压柴油机（图7.73e～g）

在ATL之前和DK之后单线的带RSV控制引入的DRV调节的KGH通风，通风特性场重心在发动机部分负荷。
+良好的压力调节性能，冷机运行时良好的KGH通风性能
-昂贵

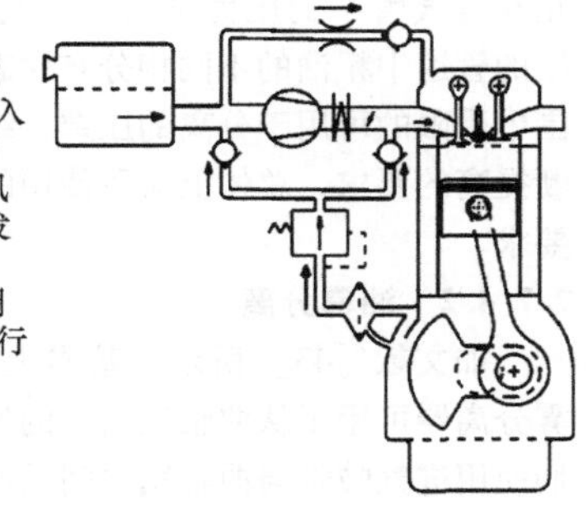

a)

在ATL之前和DK之后单线的具有RSV控制引入的DRV调节的KGH通风，通风特性场重心在发动机全负荷。
+良好的压力调节性能，全负荷加浓的良好的KGH通风性能
-昂贵

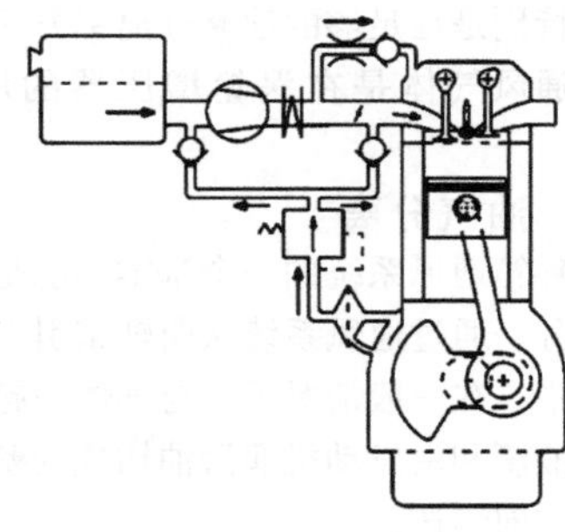

b)

在ATL之前和DK之后带引入的单线节气门DRV控制KGH流通，通风特性场重心在发动机部分负荷。
+有限的花费
-对应用和耐受性敏感，通风效果有限

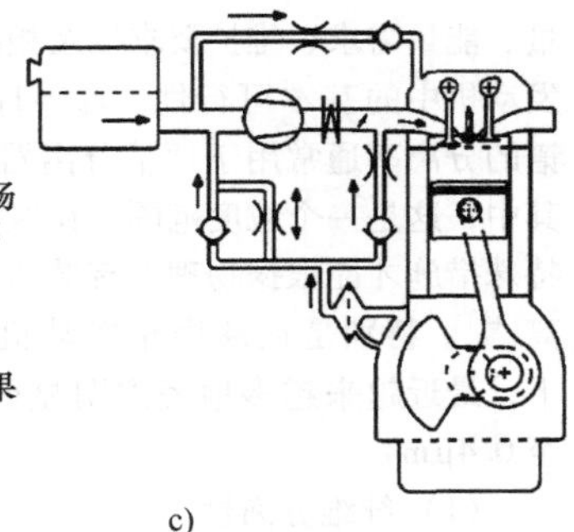

c)

两线节流控制的KGH通风，全负荷时通风管路中的流量反转。
+结构简单
-需要2个油分离器

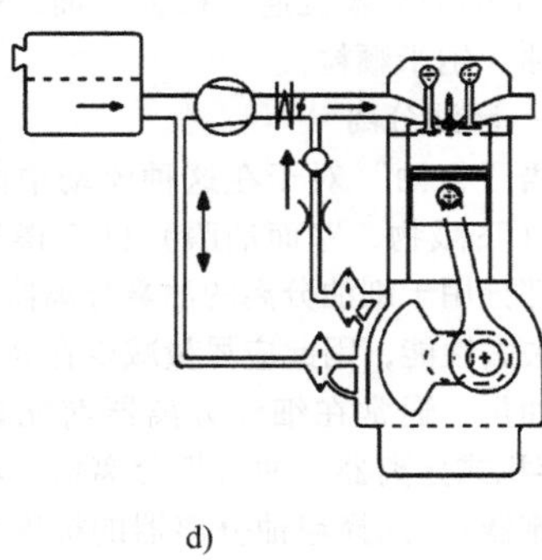

d)

在ATL之前引入不受调节的KGH通气。
可能的话，不受调节的KGH通风并排放到环境中（OCV系统）
+最简单的结构
+油分离器可能的压差低
-可耐受的进气阻力差

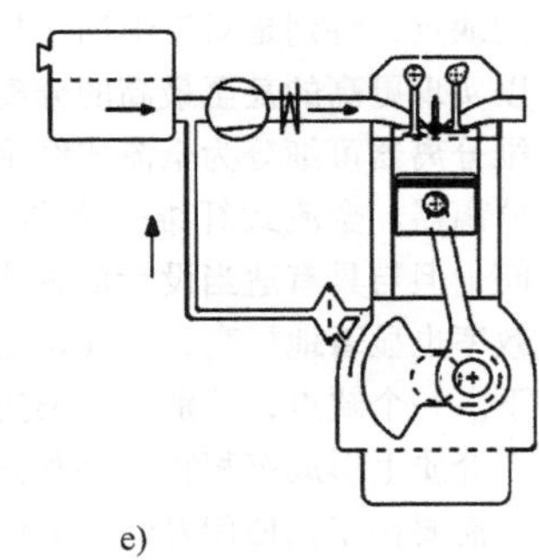

e)

在ATL之前引入调节的KGH通气。
+良好的压力调节特性
-油分离器可能的压差低

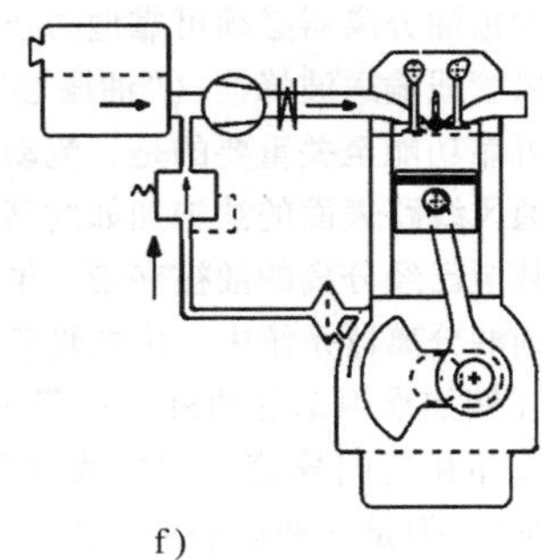

f)

在ATL前和后通过RSV控制引入受调节的KGH通风（可用性取决于增压器调整）
+使用最大可用真空度
-更高的花费

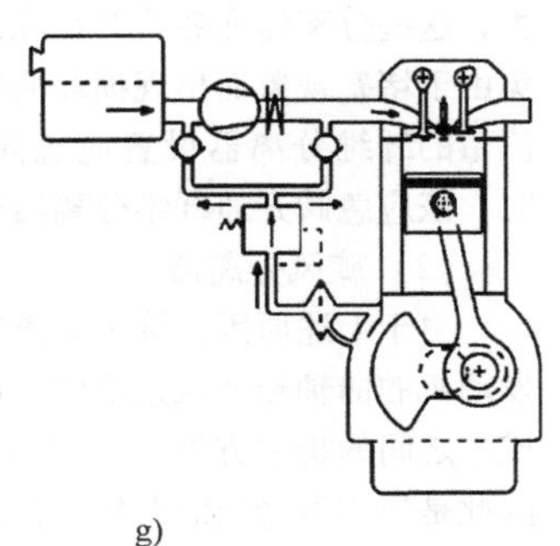

g)

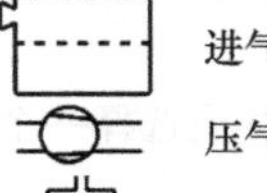

进气空滤器
压气机
压力调节阀(DRV)
油雾分离器(ÖNA)
节气门(DK)
止回阀(RSV)
风门
中冷器(LLK)

图7.73 增压汽油机（a、b、c、d）和增压柴油机（e、f、g）的不同通风系统概貌及其优缺点

的各种通风系统及其各自的优缺点[40]（对应于在第3版和第4版中的自然吸气发动机的图表）。在现代汽车汽油机中，主要使用带有压力调节阀的通风方案设计，特别是在足够的油雾分离率方面。在增压柴油机中，通风气体是在涡轮增压器的压缩机之前引入的。

7.7.4 油气分离

曲轴箱通风系统的一个基本功能是分离随窜气携带的油分，通过通风系统从曲轴箱引出的气流是多相流，其中，在一般情况下，与气体一起，不同大小的润滑油液滴和由发动机润滑油构成的壁面油膜也朝进气管的方向输送。

根据工艺工程中相应的术语定义[41]，窜气中 $x_P < 10\mu m$ 的油雾颗粒通常称为细油，$x_P < 1\mu m$ 的称为超细油（纳米颗粒）。

7.7.4.1 粗油分离

术语“粗油”对于在这种流动中肉眼可见的油的成分（飞溅物、壁面油膜）已变得很常见。由于其中大部分用于细油分离的油雾分离器在加入大量粗油时会失去性能，因此应尽量减少在高压差下返回曲轴箱的油量，通常在细油分离器前配置粗油分离器（例如容积式分离器、冲击板分离器、丝网分离器或粗油旋流器）。选择粗油分离器的标准包括：安装空间条件以及安装空间要求、成本、可扩展性和压力损失。这种粗油分离器必须可靠地防止在不利的条件下通过通风管线输送波峰油（“油撕裂”）。对于粗油分离器的可靠功能至关重要的是，流动的通风气体不会对润湿通风线路表面的油施加如此高的剪切力，以至于可能甚至已经分离的油被夹带。虽然在设计良好的粗油和细油分离器系统中，由曲轴箱通风引起的润滑油油耗（例如乘用车发动机）可降至1g/h以下（约为由活塞环和气门导管引起的直接的润滑油损失的1%～2%），但是在油撕裂的情况下，通过通风泵送的油量为10～2000g/h。除了适当设计粗油分离器和相应的回油外，还可以通过以下措施降低油撕裂的风险：

- 在曲轴箱或气缸盖中为窜气气流选择一个有利的、能防止溅油的提取点。
- 足够的通风和回油管横截面尺寸。
- 限制来自曲轴箱的通风气流（例如通过优化的活塞环组件）。
- 通过挡板或刮油器将旋转的发动机部件与油底壳隔开。
- 发动机润滑油油位的限制。
- 润滑油油温的限制。
- 限制所用发动机润滑油黏度的降低。
- 减少脉动。

在发动机运行中剧烈波动的通风体积流量、曲轴箱和进气管中的压力脉动，在文献［42］中图解说明的管道中粗油的不同相分布状态、在各个特性场范围中受限的可用于分离的压差，结合对分离质量的不断提高的要求，总体上对所使用的分离器提出了高的要求。

7.7.4.2 油雾分离

如文献［43］所示，基本上有大量的不同的油雾分离器可用于从曲轴箱通风的气流中分离油雾，它们使用进气歧管与曲轴箱之间的压差、机械驱动能量或电力分离的能量。其中，基本的选择以及评估标准是分离率、分离器上的压力损失、成本、应用工作量、能量需求、维护要求以及相应分离器原理在车辆发动机中的基本可行性。$x_P = 1\mu m$ 的平均液滴尺寸谱的分离率通常用于评估分离器的精细油分离能力。其中，这是一个粒度范围，在这个范围内，必须采取特殊措施才能根据物理上有效的分离机制实现有效分离[44]。特别是在商用车发动机油雾分离器的情况下，最近越来越多地考虑明显更小的颗粒尺寸（低至0.4μm）。

（1）纤维分离器

过去经常使用的金属丝网分离器具有分离率有限的缺点，特别是对于细油。与此相比，纤维分离器可以实现更高的甚至最高的分离率。根据功能原理，纤维分离器可细分为全流式纤维分离器和冲击非织造布分离器。全流式纤维分离器需要相对较大的结构空间，但与具有适当设计的冲击非织造布分离器相比，效率也显著地提高，尤其是在颗粒尺寸非常小的情况下。一个缺点，特别是在柴油机中，是倾向于在分离器介质上形成沉积物（用作过滤器），这在许多情况下需要在车辆使用寿命内更换全流式纤维分离器的分离器插件。此外，由于针对冷凝液分离介质的存储能力，这些分离器在冬季存在冻结的基本风险。为了避免由于堵塞现象而出现损坏曲轴箱的过压，通常为全流量的纤维分离器设置应急阀，当纤维分离器堵塞时，该应急阀开通纤维分离器周围的旁路。

（2）旋风分离器

由于上述原因，旋风分离器通常用于当前乘用车发动机的曲轴箱通风系统中，作为性能、结构空间和成本之间的折中方案。它们对污染物的敏感性较低，因此是使用寿命长的部件。在过去几年中，通过对多个小型并联旋风分离器进行大量的详细优化，基于相同的分离器压力损失，可以显著地提高细油分离率。

原则上，旋风分离器以及其他油雾分离器的缺点是，在可用于油雾分离的压力降受限的边界条件下，仅在通过分离器的尺寸确定的相应气体流量的情况下提供最佳的分离率。缓解这一缺点的一种方法在于，设置相对较小尺寸的分离器单元，图7.74示出了并联连接的DBV（限压阀），该限压阀在超过预定的压差时打开冲击分离器作为旁路，并且以这种方式在大的漏气质量流量的情况下防止在曲轴箱中建立不允许的过压。

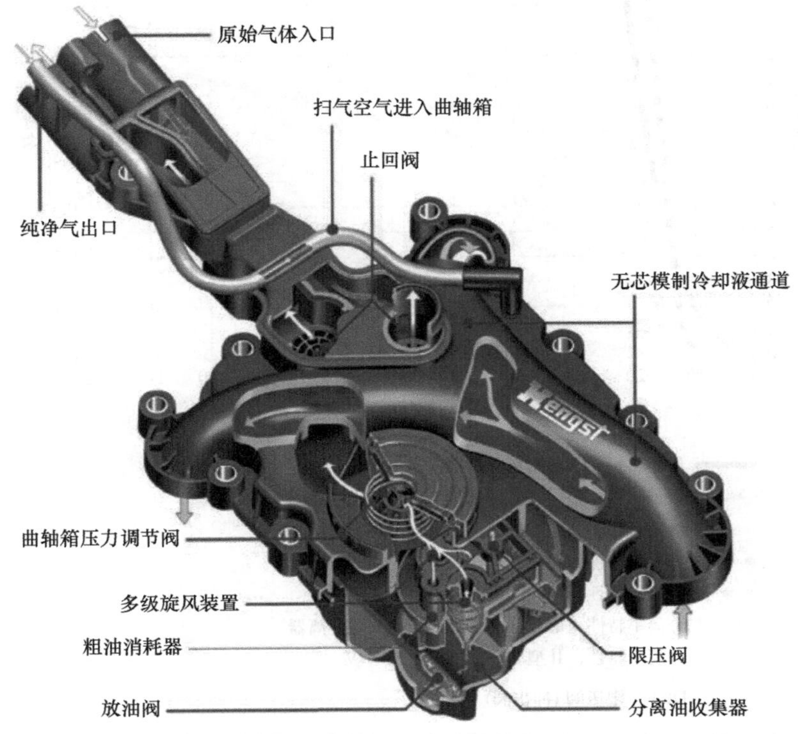

图7.74　一台涡轮增压直喷汽油机曲轴箱通风模块的剖面图，带有粗油分离器、细油分离器、通过收集箱和止回阀的不连续回油、曲轴箱压力调节阀和清洁气体侧的止回阀［亨斯特（Hengst）公司］

其中，DBV作为冲击器的造型设计防止了当DBV平行流过时分离器的分离率出现不允许的下降。图7.75显示了带和不带DBV的旋风分离器单元的相应的压力损失特性曲线和分离率。如果不使用DBV，则必须使用一个非常大的精细油分离器，以避免曲轴箱内在大的窜气质量流量（发动机磨损）时出现不允许的过压。这样做的结果是，在很宽的特性场范围内存在的低窜气质量流量下，精细油分离率仅具有低值（图7.75，旋风变体Ⅱ）。

（3）冲击器

随着对结构空间和成本的日益关注，当今，油雾分离器常用于车辆发动机，其作用方式基于撞击原理。这些具有一次性、急剧流动偏转的惯性分离器的效果可以通过组合方法得到改善，例如与部分流的非织造布一起使用。由于使用这些被动式油雾分离器，还从窜气（差压）中获得必要的分离能量，然而，它们的性能也受到（通常是有限的）允许差压的限制。在7.7.5.2节中更详细地解释了冲击器压力调节阀，它代表了一个有利的方案设计，即通过冲击利用用于油分离的未使用的能量。

（4）离心分离器

作为上述被动式绒毛分离器、丝线分离器、旋风分离器和冲击器分离器的替代品，由各个发动机制造商主动使用由凸轮轴或由质量力平衡轴驱动的粗油离心分离器。使用这种离心分离器可以可靠地分离随窜气流输送的更大量的粗油。然而，由于凸轮轴或平衡轴的转速有限、结构尺寸有限以及通风气体通过这些分离器的相对较高的输送速度，这种离心分离器的细油分离率相对较低。

与乘用车发动机相比，当今的商用车发动机越来越需要极高的精细油分离率，这可以通过精细油离心分离器来实现，它们各有优缺点[45]，或者通过曲轴机械地、通过压力油液力地、或气动或电动地驱动。采用发动机压力油的液力驱动可实现经济高效且可靠

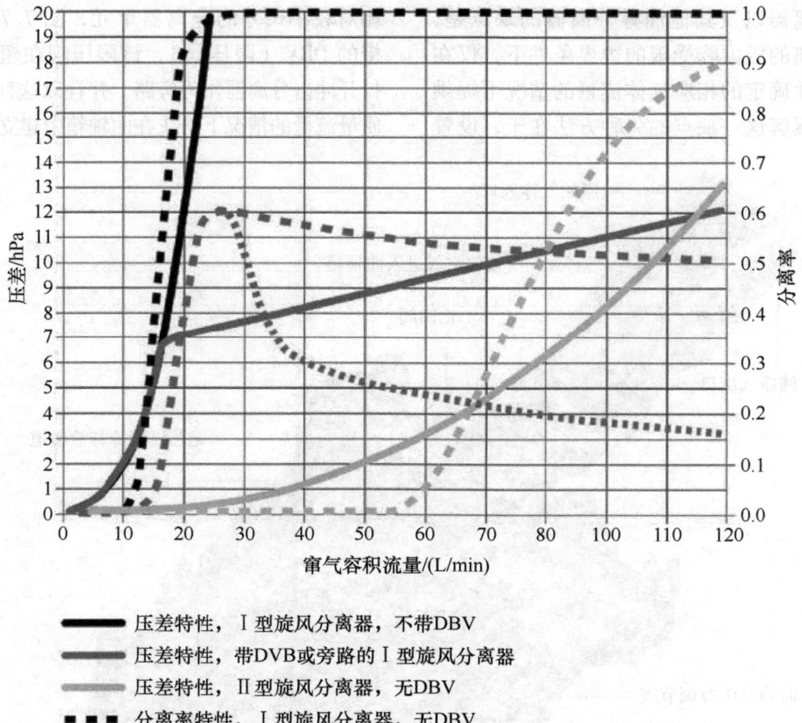

图7.75　带和不带限压阀的旋风分离器单元的压力损失特性和分离率

的应用。然而，可用的功率受到允许的排出的体积流量、排放横截面和发动机特性场中可供的油压的限制。润滑油黏度（温度、润滑油状态）的变化对此类驱动机构的设计提出了挑战，需要做出妥协。必要的液力接口限制了通用应用可能性。就整体效率和所需的分离性能而言，电驱动是比液力驱动更有利的解决方案。此外，电驱动独立于内燃机的运行状态，并允许根据需要运行直至内燃机关闭后（混合动力发动机的起动/停止）分离器有目的的后运行。可以很容易地实现严格的排放标准要求的 OBD 监控。最后，即使对于小批量应用，标准化的部件可以相对普遍地安装。可以实现的更高的持续转速允许离心分离器小型化。开发低成本、长寿命和耐高温的无刷电动机和稳定的轴承方案设计具有挑战性。

图7.76中所示的盘式分离器剖面代表了此类离心分离器的经典结构形式，已在工艺技术中使用了一百多年。这种分离器的核心件是转子，转子中的许多空心锥形的盘用一个轴轴向地相互夹紧。在流经盘间狭窄的间隙时，由于离心加速度的作用，密度更大的油雾液滴径向地向外运动，在分别轴向相邻布置的盘的内侧上碰撞，在此处形成壁面油膜，壁面油膜通过离心力输送到盘的外边缘。在圆盘的外半径处，被分离的油以更大的液滴形式被甩出，而不再被气流夹带，并且在盘式分离器壳体的内壁上分离。这些油被收集到盘式分离器壳体的底部，可以从那里返回到曲轴箱。图7.77显示了对于图7.76中所示的盘式分离器结构类型中的离心分离器，其分离率对在不同平均粒度谱下的转子速度的依赖性。该图显示了离心分离器的典型分离率随着转子速度的增加而增加。使用盘式分离器，原则上可以实现最高的分离率，尤其是对于小粒径。这意味着盘式分离器也适用于商用车发动机上的 OCV 系统。盘式分离器的流动在方案设计上可以从外到内，也可以从内到外。在许多运行范围中，从内到外的流动具有负压差（输送效应）的优势。带有夹在轴上的单个圆盘的盘式分离器的传统的结构形式在公差问题、动态振动、转子的支承和平衡以及制造成本方面具有挑战性。原则上，对于曲轴箱通风中的离心分离器，也可以考虑替代转子形状，例如采用蜂窝体。

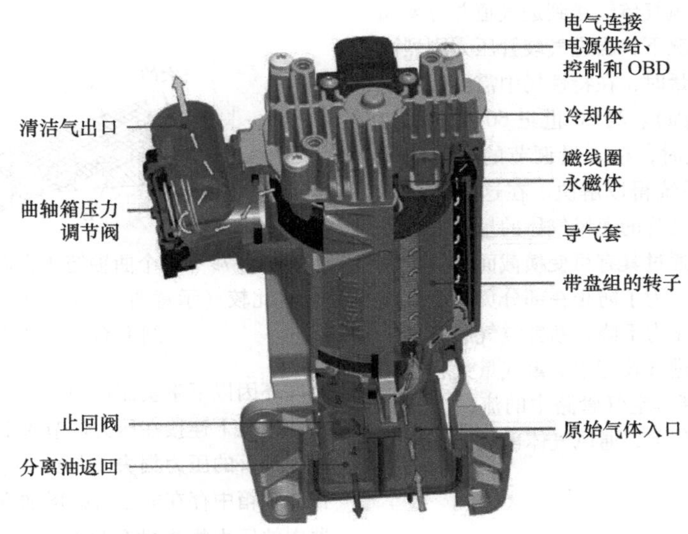

图7.76　用于油雾分离的盘式分离器剖面图（来源：Hengst公司）

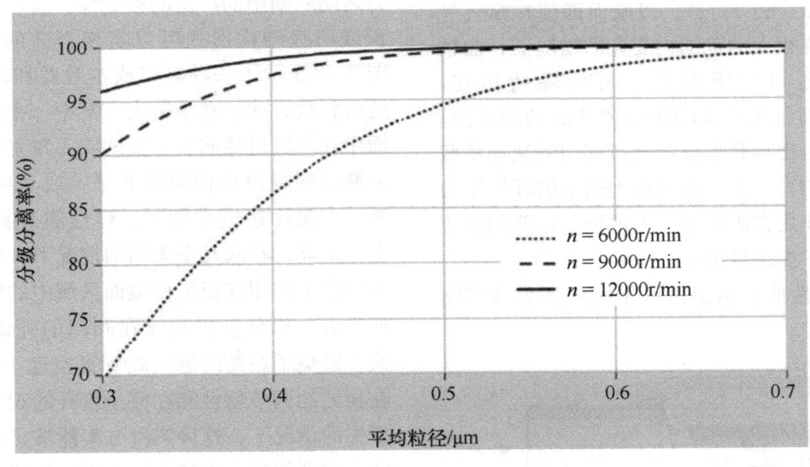

图7.77　盘式分离器细油分离率对不同的分离器转速下颗粒大小的依赖关系

（5）静电分离器

如果对油雾分离率有非常高的要求，即使是最细的颗粒和较低的可用于分离的低压降，也可以考虑使用静电分离器[46]。这种分离器利用电场中带电颗粒的作用力进行分离[44]。在管式分离器中，放电电极居中地布置在管状通道中，而通道壁作为集电电极。通过在放电电极和集电电极之间施加大约10kV量级的高压来产生电场。紧邻带负电荷的放电电极的自由电子在朝向集电电极的正电势的方向上被加速，并在它们与中性气体分子碰撞时产生更多的电子和阳离子。由此产生的电晕放电一方面通过阳离子稳定，阳离子从放电电极中释放出更多的电子。此外，激发的气体离子通过光电离产生额外的电荷载流子。在到达集电电极的途中，产生的电子附着在油滴上，这些油滴由于电场中的作用力而沉积在集电电极上。使用静电分离器，可以在柴油机中以最小的压力损失实现精细和超精细油几乎100%的分离率，这也使这种类型的分离器有资格用于OCV系统。在以前的概念方法中，认为相对较高的成本以及在分离器中永久沉积的风险是不利的因素。出于这个原因，静电油雾分离器很少用于车辆发动机的曲轴箱通风系统中。在汽油机中使用的主要障碍是在可能发生闪络的情况下，具有高的燃料含量的窜气有点燃的风险。由于其性能，静电油分离器非常适合作为重量法测定气溶胶中颗粒质量的测量设备。

7.7.5　曲轴箱压力调节

在传统的曲轴箱通风系统中，曲轴箱和进气系统之间的压力差用于将通风气体输送到进气道并分离润滑油颗粒。在大多数情况下，当进气歧管压力剧烈波动和不同的窜气质量流量时，在特性场中需要轻微的负压（$\Delta p_{Umg.-KG} < 30hPa$）。当20世纪60年代引入封闭式曲轴箱通风系统时，在（量调节的）汽油机中这个问题通过PCV系统得以解决。在这样的系统中，从曲轴箱流入进气歧管的通风气体的量通过固定的节流横截面或替代地通过具有可变横截面的弹簧加载的流量调节阀来计量。为了防止在部分负荷下出现少量窜气时曲轴箱内的压力下降，新鲜空气通过另一条管路进入曲轴箱。当进气歧管中的窜气量大和绝对压力高时（全负荷），新鲜空气管路中的流动方向会反转，因此，在这些条件下，通风气体也被引入到节气门前。

7.7.5.1　压力调节阀

在当前的汽油机和柴油机曲轴箱通风系统中，在曲轴箱与进气歧管之间的管路中插入压力调节阀（DRV）（图7.73a、b、f、g），以确保即使在窜气气流和进气管压力在很大的范围内变化的情况下，曲轴箱与周围环境之间的压差也尽可能保持恒定。图7.78为在基本特征上传统的压力调节阀的剖视图。由膜片和对应的流出接管形成的通过阀门的流动横截面根据调节弹簧的力、作用在膜片上侧上的环境压力和在流入空间中作用在膜片下侧上的压力以及阀的流出接管之间的力平衡来调节。

图7.79示意性地显示了两种不同的压力调节阀的特性曲线的比较。

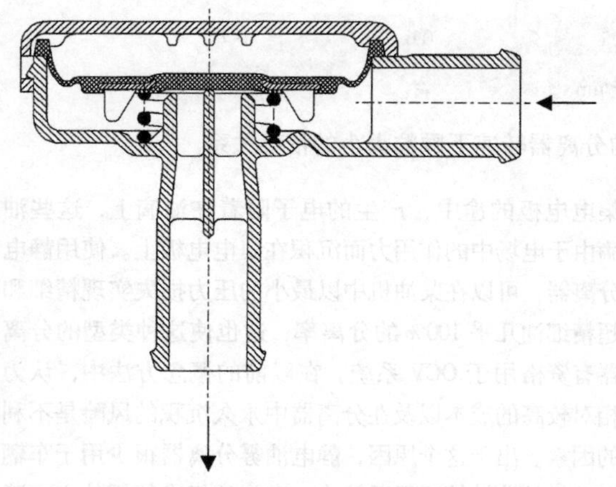

图7.78　曲轴箱压力调节阀的剖视图

阀A的曲线表明曲轴箱压力高度依赖于相应的进气歧管压力和窜气质量流量。这种特性会带来这样的风险，即在进气歧管中的绝对压力低和窜气流量大的情况下，曲轴箱中会出现不允许的过压。所提出的

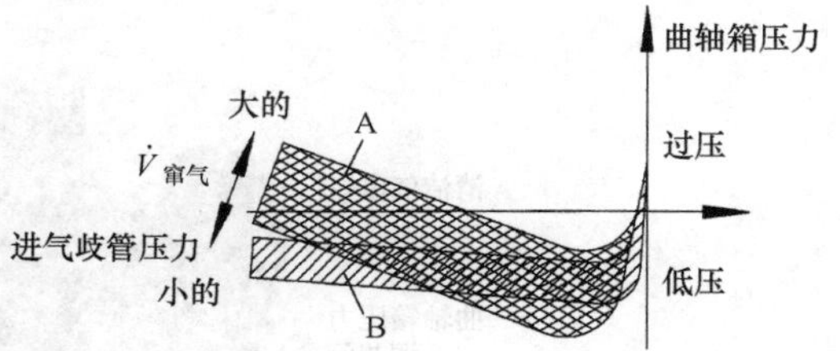

图7.79　两个曲轴箱压力调节阀的特性曲线比较（示意图）。阀A不合适的特性曲线，阀B合适的特性曲线

问题还因以下事实而加剧：在大的窜气流量下，在大多数情况下连接在压力调节阀上游的油雾分离器中也产生显著的压力损失。与此相应地，在这些条件下，在曲轴箱中存在的压力的增加程度甚至还与油雾分离器中的压力损失的程度相当。与此相比，阀B的曲线显示了压力调节特性与窜气质量流量和进气歧管压力之间所期望的广泛的独立性。通过大的隔膜有效面积或两级结构形式可以实现合适的压力调节特性。图7.78显示了一种具有成本效益和减少了的公差问题的替代方法。在该解决方案中，在膜室的流出横截面中存在通过径向肋布置的同心布置的销，销与流出横截面的端面和径向肋齐平，或者突出十分之几毫米。在膜片接近端面时，弹性膜片首先靠在销或肋上。由此，在阀几乎关闭的情况下，在高的进气歧管真空度下作用在流出横截面区域中的膜上产生的压力的很大一部分直接支撑在阀门的壳体上。以这种方式，避免了在高的进气歧管真空度下阀门过早关闭。在相同的调节特性和在完全打开的阀上的相同的压力损失的情况下，这种解决方案能够显著地减小结构尺寸，或者相反，在结构尺寸不变的情况下显著地改善调节特性。除此之外，压力调节阀的部件必须对窜气具有不受限制的介质阻力。由于阀门以及管路和油雾分离器在冬季冻结而导致的功能故障的风险可以通过将它们放置在发动机的温暖区域以及通过允许畅通无阻的冷凝物排出的部件的造型设计和布置来最小化。

7.7.5.2　冲击器 – 压力调节阀

在曲轴箱通风中使用传统的压力调节阀时的基本问题在于，由于在压力调节阀中的通风气流的节流，尤其在传统的汽油机中在较宽的特性场范围中存在的进气管与曲轴箱之间的大的压差只能有一小部分用于细油分离。在压力调节阀中被节流的压力能如何能够在较宽的特性场范围内有效地并且在没有显著的附加耗费的情况下用于精细油分离的一个示例可以从图7.80所示油雾分离器插件中看得出来。在那里所示的压力

调节阀中，在相对于膜片布置在端侧的流出横截面中布置有同心地延伸的窄肋，窄肋彼此间有大约1.3mm的径向间距。在阀的调节位置中，根据气体流量和阀上的压差弹性体膜片接近流出横截面的所描述的肋几何形状。径向地以高速流入膜与肋几何形状之间的间隙中的通气气体在轴向地流入肋之间的同心延伸的流动横截面中时如此尖锐地偏转，以至于由于其惯性而不能跟随气流的大部分细油滴在肋的侧面上分离，并且与其余的粗油一起返回到曲轴箱中。在大的通风气体通过量或低的压差的情况下，压力调节阀的膜片远离流出横截面的肋几何形状，由此减少了流动的转向并且因此减少了在该区域中细油的分离。在这些运行工况点中，细油分离的重点转移到两个与压力调节阀串联的细油旋流器和一个与旋流器并联的细油分离旁通阀。图7.81显示了该分离器单元的细油分离率，该细油分离率取决于针对不同体积流量的分离器上的压差。尤其通过使分离器几何形状与冲击式压力调节阀中的气体通过量相匹配的原理，可以在发动机的较宽的特性场范围内以相对较低的结构耗费在发动机的使用寿命内免维护地实现高的或非常高的细油分离率。该分离器方案设计的进一步优化潜力在于增加DRV流出喷嘴中的冲击肋几何形状的直径（扩大DRV膜）、使用高效的小型细油多旋流器和使用细油分离旁通阀，其中在偏转之前的流动与流量无关地大大加速。

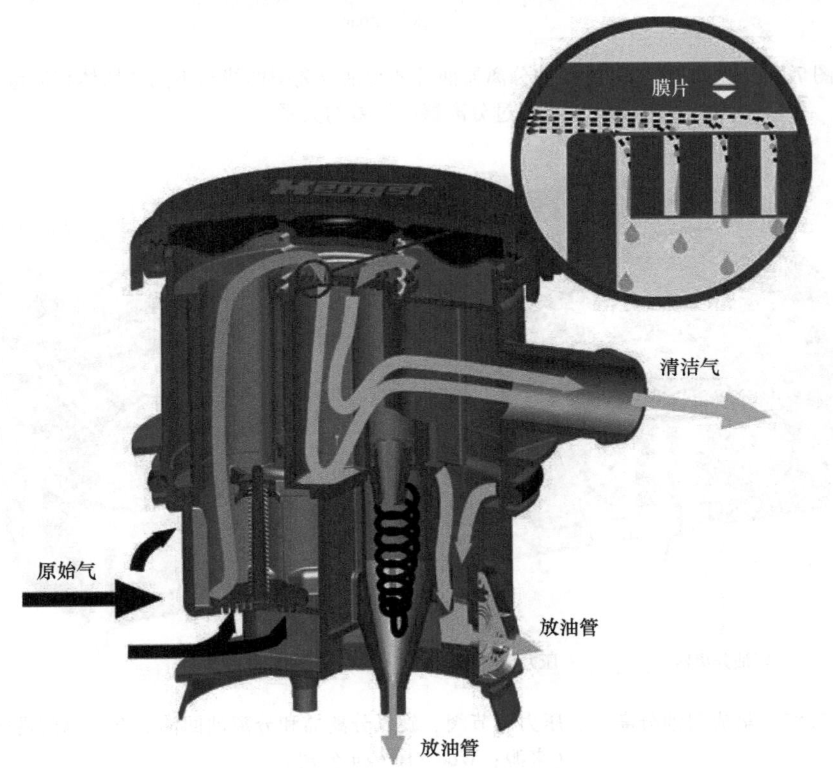

图7.80　带有冲击器压力调节阀、细油旋流器、细油分离旁通阀和通过集油器和止回阀回油的细油分离器插件的剖视图（Hengst公司）

7.7.6　模块化和气门罩集成化

特别是汽车工业中不断努力降低部件和装配成本、对可用结构空间的限制以及减少汽车生产中的结构和物流接口的努力，多年来一直是车辆中各种功能范围的功能集成和模块化的背景。在曲轴箱通风方面，长期以来一直存在将压力调节、粗细油分离和用于返回分离油的止回阀的功能组合在一个模块中的趋势。此外，将压力调节阀和用于粗油分离的部件集成到汽油机和柴油机的气门罩中也已经实施了多年。此外，最近还存在将有效的细油分离集成在这种气门罩中的要求。作为对此的一个例子，图7.82显示了乘用车柴油机的气门罩模块，该模块集成了粗分离器、压力调节阀、旋风分离器和用于分离油的回油装置。图7.83显示了用于商用车发动机的多功能模块，其中集成了杯式润滑油滤清器、油/水热交换器、排油阀、温度和压力传感器以及具有压力调节阀的油雾分离器单元。

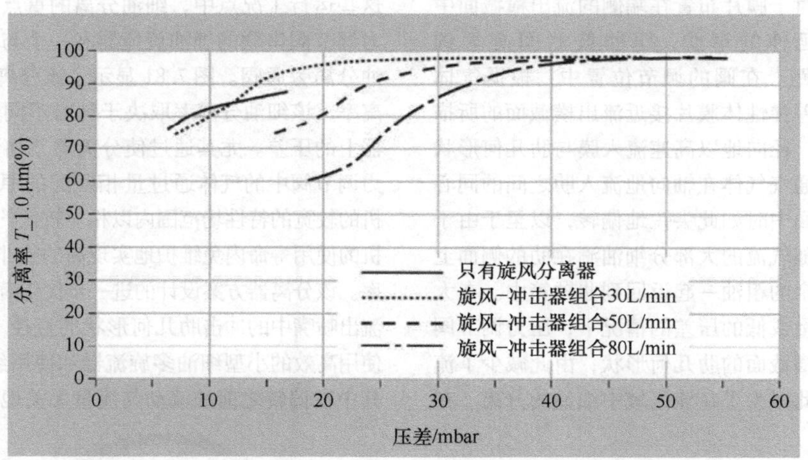

图 7.81　来自图 7.80 的细油分离器插件的细油分离率曲线与不同通风体积流量下通过分离器的压差的关系

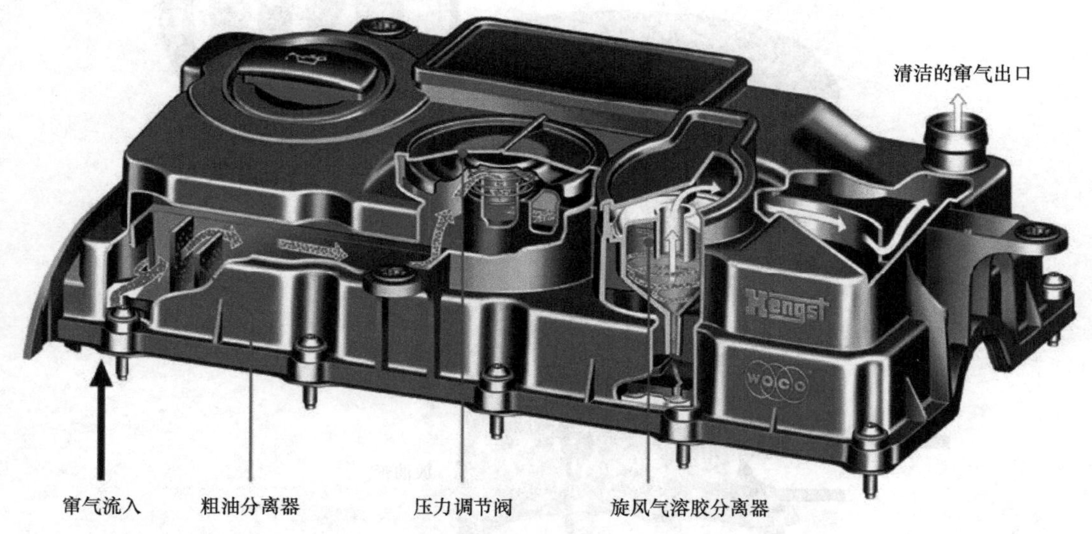

图 7.82　集成粗油分离器、压力调节阀、旋风分离器和分离油回油的气门罩剖视图（来源：Woco/Hengst 公司）

7.8　气缸盖

气缸盖的造型和设计在发动机开发过程中是非常重要的。气缸盖比发动机中几乎任何其他部件都更能确定其性能，如功率输出、转矩和废气排放特性、燃料消耗和声学。

下一节旨在深入了解气缸盖的发展和当前的结构形式。在内容的顺序中，讨论了气缸盖开发和制造过程中的关键问题。由于可用的范围，描述仅限于乘用车发动机，也不讨论二冲程发动机。

7.8.1　气缸盖的基本设计

在过去一百年的发动机历史中，气缸盖结构形式不断变化和发展。即使在今天，随着新的开发，人们仍面临着气缸盖的哪种结构形式和哪些部件应该用于新开发的问题。当前的技术，例如可变气门定时或汽油机和柴油机中直接喷射的燃烧过程主题在开发新发动机的讨论中起着决定性作用。由于不同的要求和由此设定的目标，并非汽车行业的每家公司都遵循相同的道路。与大约一百年前的情况一样，汽车发动机采用了不同的结构设计。

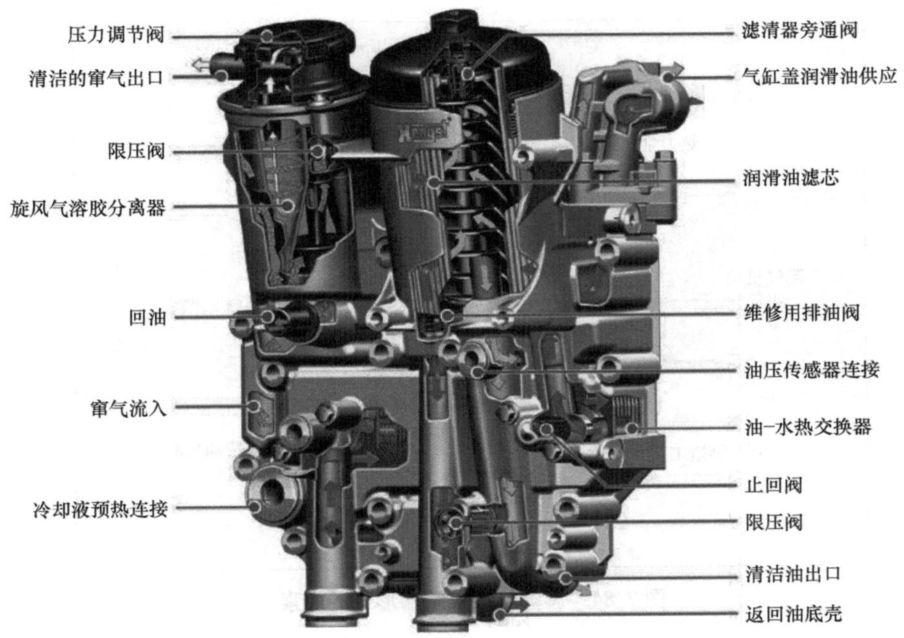

图7.83 带有集成的杯式滤清器、油/水热交换器、油截止阀、温度和压力传感器、油雾分离器和曲轴箱压力调节阀的多功能模块的截面图（来源：Hengst 公司）

气缸盖包含对气体交换和燃烧进行机械控制的基本元件。其中，气门控制特别重要。在过去的20年中，气门控制技术和部件在该领域取得了长足的发展。每个燃烧室使用两个气门的二气门发动机已主要被现代多气门发动机所取代。特别是，近年来急剧增加的发动机的比功率需要精心设计的气体交换几何形状。借助多气门技术的特点，例如使用两个凸轮轴，可以实现更大的发动机控制自由度。几乎所有现代汽油机都使用可变的气门控制装置[47]。

7.8.1.1 基本几何尺寸的设计

在设计气缸盖的基本几何形状时，必须满足大量的技术要求。在气缸盖的新的开发初期，诸如气门角度、气缸盖外部尺寸、气体交换通道的位置或例如汽油机上火花塞的位置等各个参数仍然会受到影响。对此，如果主要几何形状是确定的，则开发人员在选择其余气缸盖几何形状方面受到限制。

图7.84显示了气缸盖结构形式的影响变量。如果在新的开发开始时只确定发动机的结构形式，例如直列式或V形发动机，则必须在发动机舱内的可用空间、该空间内的完整发动机的安装和影响因素（例如配气机构的组件及其尺寸）、气体交换通道的形状或生产要求（例如铸造技术或机械加工）之间做出折中。为此，需要大量的经验才能找到导致发动机目标参数（例如降低燃料消耗和减少废气排放）改进的折中方案。

在新的气缸盖方案设计的开发过程中，并非所有道路都通向目标。因此，这也许就是量产中所使用的发动机具有不同气缸盖设计的原因。例如，在大批量生产的多气门汽油机中，每缸的气门数量多种多样，例如3~5个。

传统上，二气门气缸盖代表了最具成本效益的解决方案。它的配气机构组件保持在最低限度，只有一个排气门和一个进气门。运动部件的数量少，因此产生的损失摩擦的比例也较小。气缸盖的外形尺寸可以设计得很紧凑。气体交换通道的形状可以有很大的自由度。由于这些造型设计的可能性，在大批量生产中也更容易掌控涉及铸件模型及其模芯结构的部件几何形状。因此，在许多汽车制造商的标准发动机中，在汽油机和柴油机中仍然广泛采用二气门发动机。

由于气缸盖和气缸盖上各种发动机部件都连接在气缸体上，例如进气管、排气系统和凸轮轴驱动装置、真空泵和高压泵，因此，根据发动机结构类型（直列式、水平对置或V形发动机），气缸盖的结构有明显的差异。用于四缸发动机的气缸盖的复杂部件也很少用于V8发动机。通常，这些是不同的气缸盖。出于成本原因，因此尝试在不同气缸盖上的部件上使用尽可能多的相同部件。

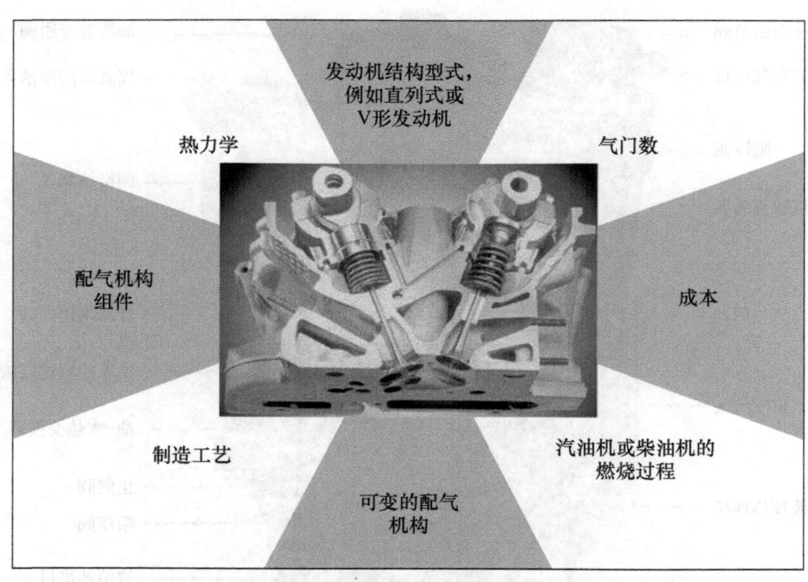

图 7.84　影响气缸盖结构形式的因素

7.8.1.2　制造方法的确定

应尽早确定用于气缸盖的铸造方法。在选择铸造方法后，建议在气缸盖的基本设计中考虑铸造厂和模型制作的现有技术。并不是所有的铸造方法都能实现开发人员所希望的几何形状。为了提高气缸盖复杂铸件的产品质量，同时满足气缸盖几何形状的要求，开发团队经常面临挑战。在这种场景下，适用于气缸盖的铸造方法必须不断进一步发展。

根据后期量产的数量，在早期开发阶段也必须考虑气缸盖机械加工的制造方法的选择，其中，尤其是新的结构设计面临着巨大的成本压力。

7.8.1.3　换气机构的设计

进气通道和排气通道的形状和位置以及燃烧室的形状也决定了气缸盖的整体几何形状。对此，许多的研究是通过试验或基于 3D 模拟的计算进行的。根据快速原型模型进行的管道吹气试验用于确定流量系数。通过在预开发阶段构建的单缸发动机可以灵活地应对流道的开发。根据燃烧过程、汽油方案设计或柴油方案设计，在几何形状设计之前可以进行最广泛的基础研究。在气缸盖的开发过程中，这些基础研究也会继续进行。例如，对于柴油方案设计，在调整涡流进气通道时找到合适的几何形状。在新的燃烧过程中，例如开发直喷多气门柴油机，需要对许多变体进行测试。只有在气缸盖的整体开发过程中，才会对气缸盖中的部件的所有几何尺寸进行确定。

7.8.1.4　可变配气定时

通过使用可变配气定时，通常还需要新的气缸盖方案设计。在现代汽油机上使用凸轮轴调节器通常只需要在凸轮轴驱动和气缸盖供油上实行应用工作。全新的气缸盖与全可变配气定时一起使用，例如 BMW 公司的“Valvetronic”系统[48]。调整气门升程所需的部件是新型的，必须对气缸盖的几何形状进行相当大的调整。这些方法的开发范围是相当大的；在整个方案设计可以批量生产之前，必须展示气缸盖的几个构造阶段。用于确定气体交换通道、气门直径、燃烧室变型和配气定时以及气门升程变化曲线的参数研究非常广泛。

7.8.2　气缸盖的结构设计

气缸孔和气缸之间的距离决定了气缸盖的基本几何形状。通常，对于新的结构设计，每个燃烧室的气门数也是确定的。出于生产加工的要求和稳定性的原因考虑的最小壁厚的原因，可用于安置气门机构部件的结构空间变窄了。通过在结构设计之初给定凸轮轴的数量，首先需要确定配气机构部件的位置和布置，并考虑到气体交换机构（如通道和燃烧室）的几何形状。在研究的框架范围内，随后研究当诸如气门角度、自由气门横截面积或气体交换通道的形状等参数改变时气缸盖的粗略尺寸是如何形成的。

7.8.2.1　粗略尺寸的设计

对气缸盖几何形状进行基础设计的一种方法是为配气机构组件创建粗略的结构设计。这是通过 CAD 支持完成的。可以在此处参数化组件的各个几何尺寸。通过改变诸如气门角度、气门弹簧安装尺寸、凸轮轴位置或火花塞位置等尺寸，可以粗略地评估对整体方案设计的几何尺寸的效果。图7.85显示了带杯形挺柱的五气门气缸盖的用于结构设计的参数研究的粗略尺寸[49]。气缸盖有三个进气门和两个排气门。在燃烧室的中央有中心布置的火花塞。在所示的凸轮几何形状下方，显示了杯形挺柱所需的结构空间。根据需要相应的自由空间的气缸盖螺栓的位置，不同的气门角度只能限制在有限的范围内。出于制造和维护的原因，在几乎所有发动机中，在完全预组装气缸盖的情况下都强制性地接近气缸盖螺栓。例如，中间的插图显示了这样一种情况，其中，在气门角度为0°的垂直悬挂的排气门中，气缸盖螺栓由于其可接近性而位于凸轮轴轴线之外。这种类型的气缸盖结构设计可以在V形发动机的排气门侧有更多的结构空间用于设计排气侧。歧管的排气路径可能更有利。这些研究有助于气缸盖的开发，以便能够更好地评估对发动机的整体影响。利用CAD系统中的参数化方法，特别是在开发的这个阶段，可以研究气缸盖几何形状的基本设计对整个发动机的影响，杯形挺柱或摇臂结构设计之间的方案设计比较也可以通过这种方式很好地进行。

选择气门角度和气门位置和尺寸的标准是确定气门的自由横截面积。根据董[50]的说法，这意味着可用于气体交换的自由面积取决于气门升程。对于发动机的呼吸特性，试图将其与配气机构部件和换气通道的剩余的仅可能的几何尺寸比例协调地设计为尽可能大。必须遵守约束和经验值，如通道之间的腹板宽度。在用于预先确定气门角度几何比的基础几何尺寸研究的框架范围内，可以快速且容易地相互比较变型[51]。可以快速轻松地进行具有不同数量气门的方案设计研究。应该使用文献［49］和［51］中所述的简单计算机程序，以便使这些研究可以在气缸盖方案设计的早期阶段快速地进行。图7.86示例性地示

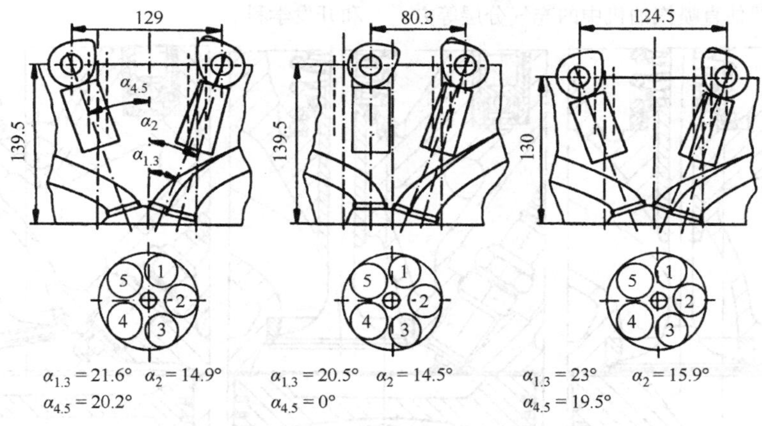

图7.85　五气门气缸盖的基本几何形状设计研究[49]

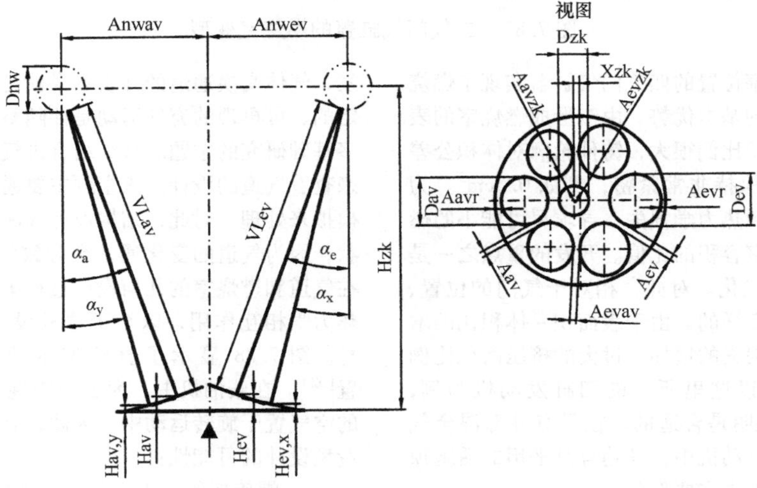

图7.86　确定气门横截面几何形状的研究[51]

出了与基本设计相关的参数，用于六气门气缸盖的基本设计。由于气缸盖的冷却和强度要求，必须保持气门之间的最小腹板宽度。这里的一个目标是适应最大可能的气门直径。作为这些研究的结果，输出了诸如面积利用率之类的几何变量。该术语定义了进气门或排气门的总面积与气缸孔面积的商。根据气缸孔或气缸行程得出不同的结果，在其解释上会导致每个燃烧室的气门数量不同。气缸盖开发过程中的这个阶段特别令人兴奋，因为通过在预先给定的气缸孔的情况下确定气门数量，气缸盖的形状被决定性地共同确定。

7.8.2.2　燃烧室和气道设计

燃烧室的几何形状对于气缸盖的结构设计非常重要。在早期开发阶段，同时进行技术计算。因此，在确定方案设计之前，要确定为燃烧室变体开发的几何形状。在与活塞中燃烧室的部分容积相协调方面，进行了广泛的基础研究。通过气道几何形状和燃烧室几何形状的相互作用评估直喷汽油机中的充气分层等方案设计，并以硬件的形式进行测试。图7.87显示了两个气门方案设计开发的三个用于不同的燃烧室变体的开发实例。随着气门角度的变化，通常也得到燃烧室的粗略几何形状。在该示例中，为了有更好的可比性，在所有三个变型中选择了相同的摇臂结构设计。除其他事项外，研究了可用的充量在多大程度上最有效地燃烧。整体影响在比消耗、稀燃能力，尤其是在NO_x和HC原始废气排放方面显得很明显。右图所示的情况证明是有利的。火花塞伸入到燃烧室很远，其布置方式是使进气混合气在其周围良好流动。在这种选择的结构设计中，大约70%的燃烧室体积位于气缸盖中，30%容纳在活塞中。如此处所示，燃烧室的几何形状与对发动机的影响之间的相关性可以在目前正在开发的直喷汽油机和使用全可变气门控制中再次出现。为此目的所需的开发工作是相当大的。为该燃烧室试验确定的参数研究需要热力学专家的大量经验和开发学科。

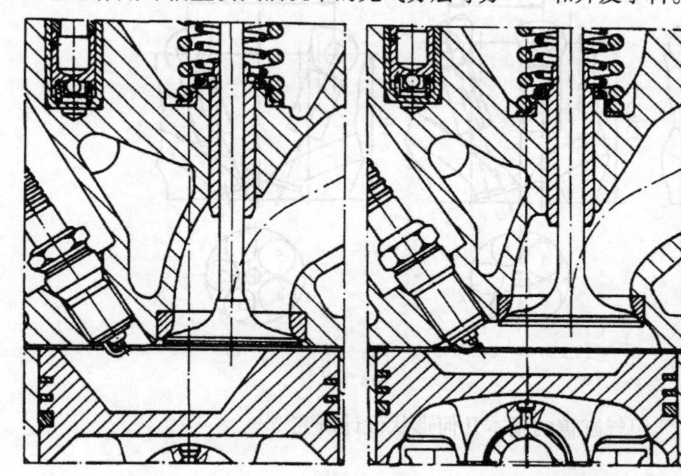
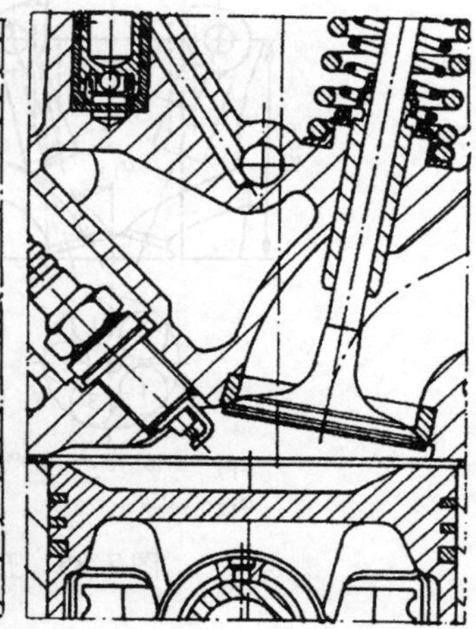

图7.87　二气门气缸盖的燃烧室变型

带有中央火花塞位置的四气门气缸盖实现了燃烧室中短的燃烧路径的基本优势。由于形成燃烧室的表面上的气门盘表面积比例很大，铸件轮廓对体积公差的影响很小，可以保持非常紧密，例如$0.5cm^3$。为了减少燃烧过程中的热力学损失，寻求尽可能小的燃烧室表面积与燃烧室容积的比值。开发的重点之一是挤压面几何形状的优化。对此，相对于气门的位置、形状和尺寸是多种多样的。由于表面积－体积比的增加和由此导致的热损失的增加，过大的挤压面积比例被证明是不利的。以这里所示的四缸发动机为例，7%的挤压面积被证明是合适的。在具有外部混合气形成的现代四气门发动机中，其趋势是平坦的活塞顶和燃烧室在气缸盖中占主要部分。

随着直喷汽油机和柴油机等新型燃烧过程的开发，气体交换通道的开发本身就是一门科学。实现确定的、可再现的充气运动是伴随整个气缸盖开发的许多基础研究的主题。必须结合进气管和排气管的设计来查看气道的设计。该主题主要通过试验研究和流动模拟来处理。对此，结构设计师注意及时确定几何形状，因为气道的变化通常会导致气缸盖的重大变化。在气道和燃烧室的几何设计过程中经常发生如此多的热力学相互作用，以至于这种设计在时间上难以计算。图7.88显示了直喷柴油机的可能的气道布置[52]。在柴油机中，为了加剧混合气的形成，流入的空气置于旋转运动中。为此，有两种基本的进气道造型设计的可能性：

－ 螺旋形的（涡流气道或螺旋气道）气道构造。
－ 倾斜的气道构造（切向气道）。

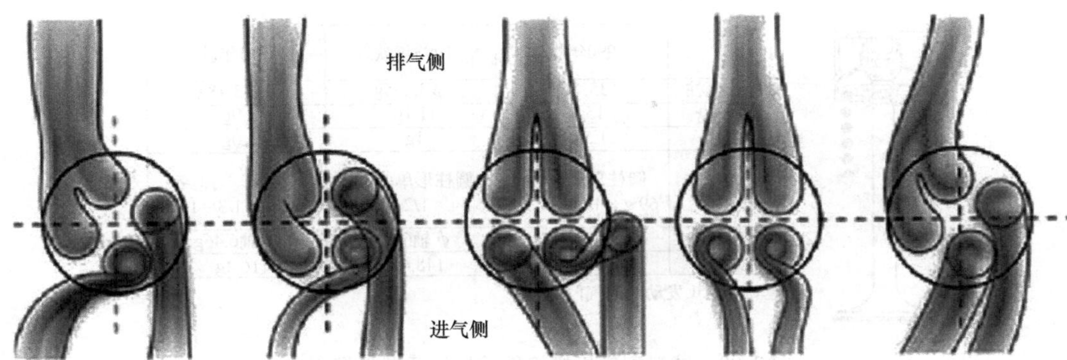

图 7.88　四气门柴油机的进气道和排气道变体[52]

在选择气道形状时，目标是以尽可能好的流量下实现所需的涡流特性。这种设计必须通过批量生产来保持。在涡流气道中，流入的空气的旋转运动是由成形产生的，这在相对不利的流量下导致更小的涡流离散。与此相反，在切向气道中流入的空气由于通过气缸壁的偏心布置而被置于旋转中。这里的特点是高的流量系数用于良好的气缸充气。因此，涡流气道与下游切向气道的组合在流量和涡流稳定性之间的目标冲突方面是非常好的折中方案。

与横向布置相比，图 7.89 中的“从上方垂直于燃烧室的螺旋气道”设计提高了气道质量。此外，电热塞可以布置在冷的、热负荷低的气缸盖侧。由于气缸盖中排气道路径较短，加热限制在很小的程度上[52]。所描述的气道配置还可以实现对称的气门模式，这对配气机构的布置有积极的影响作用，如图 7.89所示。

图 7.89　气缸盖中气体交换通道的布置[52]

7.8.2.3　配气机构的设计

在这一点上不进行关于哪种配气机构对发动机最有利的讨论。根据发动机在其应用领域的要求，有不同的形成不同的配气机构方案设计的设计策略。然而，在量产的乘用车发动机中，可以观察到滚子驱动的摇臂或摆臂的趋势。这些结构设计具有单配气机构的最低摩擦要求。然而，与滑动摇臂结构设计相比，这些解决方案显得更重，因此它们不用于例如运动型发动机。在这里，重要的是保持移动质量非常小并尽量减小弹性。出于这个原因，具有机械的气门间隙调节的方案设计通常用于运动型发动机。

配气机构的设计在气缸盖开发中占有非常重要的地位。在新开发的情况下，将杯式挺柱与摇臂设计方案进行比较。气门的安装情况通常不同。对于杯形头和摇臂头用的气门导管长度有不同的经验值。与杯状控制装置相比，摇臂控制装置需要更好的并且因此更长的气门杆导管，因为杯状控制装置本身具有引导功能。气门长度又取决于气门弹簧所需的安装长度。这些相互依存的关系导致在新开发的预开发阶段更多地使用模拟技术，以使测试所需的原型件数量尽可能少。

以 BMW 公司的六缸发动机配气机构的开发为例，图 7.90 为几个车型在减轻配气机构重量方面的开发步骤。

为了防止气门在高速下飞脱，必须将气门弹簧设计成具有最小力 F_1，并且必须相应地设计凸轮形状。基于所需的弹簧力和由此与之相关联的弹簧几何形状，得到用于弹簧的最小结构空间。为了限制最大气门升程时的弹簧力 F_2，配气机构设计时的主要目标是使作用在气门上的质量尽可能小。

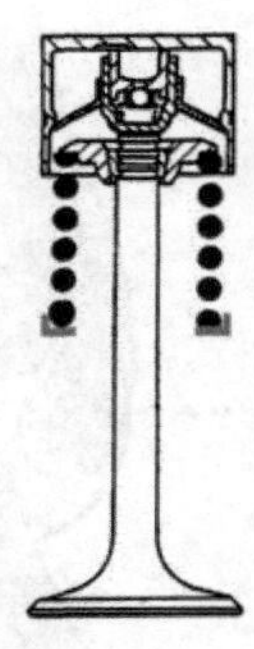

	1990年款	1993年款	1995年款
杯状挺柱	ϕ35.80g	ϕ35.65g	ϕ33.48g
弹簧盘	15g	11.1g	7.9g
锥片	1.5g	1g	1.0g
弹簧	圆柱形双弹簧 69 g × 1/2= 34.5g	圆柱形单弹簧 51 g × 1/2 = 25.5g	圆锥形单弹簧 40.5 g × 1/3= 13.5g
气门	ϕ轴 7.58g	ϕ轴6.46g	ϕ轴6.46g
总计	189.5g	148.6g	116.4g

基础：2.5L发动机进气门侧

图 7.90　减轻配气机构组件重量的开发步骤[53]

7.8.2.4　冷却的方案设计

对于气缸盖冷却，在水冷的情况下，区分为横流冷却、纵流冷却以及这两种类型的组合。在横流冷却中，冷却介质从热的排气门侧流向进气门侧；在纵向流冷却中，冷却介质沿着气缸盖的轴线流动。冷却的目的是气缸盖段内的温度在较低的水平级上分布，以使所有气缸段具有相似的冷却条件。

此外，燃烧室顶部和气门桥接应有良好的环流性，其中，气缸盖内整体流动的压力损失应保持尽可能小。冷却介质通过气缸盖垫片从曲轴箱出发，经过多个过渡部到达气缸盖的下侧。应相应地协调过渡部的形状、位置和大小。对此，7.8.2.9 节中描述的冷却介质流动计算是最先进的。只有通过仿真才能可靠地设计问题区域，例如排气通道之间的腹板或火花塞周围的区域。

7.8.2.5　润滑油油量预算

润滑气缸盖的压力油通常由气缸体中的机油泵通过气缸盖垫片上的输送孔提供。润滑油通过交叉孔或特殊的附加管路到达凸轮轴轴承、液压挺杆、液压气门间隙补偿元件、凸轮轴调节器或经过凸轮的喷油嘴等需要润滑油的位置。通过供油管的横截面和气缸盖压力油供应中特别布置的节流点，将润滑油需求调整到必要的最小值。为了防止液压阀间隙补偿元件和凸轮轴调节器空转，在这些元件的压力供应中设置了止回阀。多气门气缸盖由于更多的需求位置，匹配难度更大，因此对润滑油的要求更高。使用凸轮轴调节器时，通常需要更强大的机油泵。然而，近年来，即使在多气门发动机中，总的润滑油消耗仍保持在一定范围内。这一目标是通过更高的机械加工精度来实现的，这意味着通过对润滑油回路进行更精细的调整和技术上的计算来减少游隙。

润滑油通过气缸盖和气缸体之间相对较大的回油孔排入油底壳。根据发动机的安装位置，回路应设置在尽可能低的位置。由于凸轮轴的旋转，油部分地以这样的方式旋转，使得其起泡，相应地，在凸轮轴下方的区域中也必须提供足够的横截面，用于朝向气缸体方向上排出。特别是在水平对置或 V 形发动机的情况下，由于气缸盖的安装位置，其结构必须设计成具有足够大的流动横截面。

7.8.2.6　结构上的详细设计

气缸盖螺栓多为套环螺栓。由于要在螺栓座与气缸盖之间传递表面压力，因此，套环要比螺栓头来得宽一点。对于一体式气缸盖，这可能会限制凸轮轴的布置。因此，如果它们要留在气缸盖中以进行气缸组装，用于拧紧螺栓的工具直径或螺栓的外径则决定了凸轮轴的位置。在某些情况下，气缸盖设计成多个部分，其中气门控制元件由一个或两个单独的铸件来承接。气缸盖的下部则更易于设计和铸造制造。出于成本原因，乘用车发动机中的大多数气缸盖都是一体式的。

根据燃烧过程，气缸盖必须为火花塞、电热塞或喷嘴以及它们的装配工具直径提供所需的空间。如果可能，对于火花塞，应使用常见的螺栓直径或扳手尺寸。在直喷柴油机或直喷汽油机的情况下，气缸盖部件的布置变得紧凑，特别是在多气门气缸盖的情况下。由于这些原因，气门的数量可能会被限制在每个燃烧室四个气门。在气缸盖的基本设计中，可以使用 3D CAD 系统对这些部件所需的空间进行参数化建模。由此可以简单地显示出可能的几何位置。在气缸盖毛坯上围绕这些部件周围所需的壁厚限制了气门组件或凸轮轴的整体结构空间。因此，这也限制了冷却所需的流动横截面。

现代多气门汽油机在气缸盖中装有凸轮轴调节器。量产系统均位于凸轮轴驱动器上，由曲轴上的齿形带或传动链驱动。为了给调节器供油，必须在气缸盖中设置合适的供油通道。在开发新的气缸盖时，这更容易实现。在当今基于“叶片式系统（Vane－Type－System）”的常规系统中，调节器空间要求并不是特别高。使用这些调节器，凸轮轴的调节角度可以相对于曲轴连续旋转[47]。

凸轮轴驱动齿轮的直径尺寸决定了最小凸轮轴间距。特别是在由曲轴直接驱动的凸轮轴的情况下，与此相关的距离在很大程度上决定了气缸盖的结构设计。在多气门发动机中，凸轮轴也经常通过中间传动装置来驱动。然而，当使用凸轮轴调节器时，直接在气缸盖的端侧上实现驱动是最经济的。在这种凸轮轴驱动方式中，凸轮轴之间的距离相应较大，或者在曲轴与凸轮轴之间采用中间传动。凸轮轴驱动最常见的是在发动机的前侧，即在离合器侧的对面。气缸之间的中心驱动在乘用车发动机上相当少见，但在摩托车发动机上更常见。离合器侧的驱动也很少见。

7.8.2.7 在构造阶段的设计

在气缸盖结构设计期间，所有影响都无法预先确定，尤其是在开发新的燃烧过程时。这里，虽然计算机辅助的基础设计或模拟技术的计算方法有助于提前获得大量的知识，但气缸盖开发的相互影响因素非常复杂，以至于建议在多个构造阶段开发气缸盖。此外，发动机的热力学和机械测试提供了许多同样不可预见的见解（图7.91）。

在开发全新的气缸盖方案时，快速且廉价地获得气缸盖作为预开发原型件是有意义的。对于第一个原型件的创建，除了量产气缸盖之外的其他制造工艺通常也是有意义的。因此，可以使用低压砂型铸造工艺生产原型和少量气缸盖。图7.92显示了根据该方法创建气缸盖原型件的示例性流程图。更小的公司也专门从事这一主题，以便能够以最快和最具成本效益的方式交付第一批原型件。

为了减少气缸盖的整体开发时间，必须精确定义在构造阶段要开发的目标。为此，项目管理占据主要地位。同时，通常在第一构造阶段的测试期间开始第二构造阶段的开发。对此，应该使用为该量产计划的生产过程。特别是，气缸盖毛坯将使用计划用于批量生产的铸造工艺。

在仅在现有的气缸盖的基础上进行少量修改的结构设计中，可以在单个构造阶段中开发气缸盖直至系列生产。

7.8.2.8 CAD在结构设计中的应用

由于CAD数据的多次使用，气缸盖在CAD系统中是完全三维建模的。基于这些数据，模型和铸造设备都可以推导出来。几何形状也适用于模拟计算。在重新设计气缸盖时，气缸盖组件之间的依赖关系可以参数化。因此可以快速轻松地进行基础研究。一旦确定了气缸盖的粗略方案设计并确定了内部部件和主要尺寸，模型制造商和铸造商就应该在详细结构设计期间开展活动。制造方面可以尽早介入。根据所使用的CAD系统，所采用的结构设计方法是不同的。例如，将气缸盖的参数化限制为少数几个参数是有意义的，以便在对模型进行更改时保持灵活性。所有参与项目的结构设计师都应使用相同的软件及其相同的基本设置。由于CAD方法的复杂性，开发团队中的每个人应有责任遵守这些方法。由于气缸盖与相邻的组件有许多接口，因此必须确定这些组件的交接条件。

CAD流程链一致性带来了许多好处。数据更具有可重复性，可以更轻松地用于气缸盖结构系列，并在很大程度上消除了结构设计与制造之间的不准确性。创建新组件的整体方案设计的气缸盖设计师需要大量经验。如今，100%的结构设计都是在CAD中完成的。

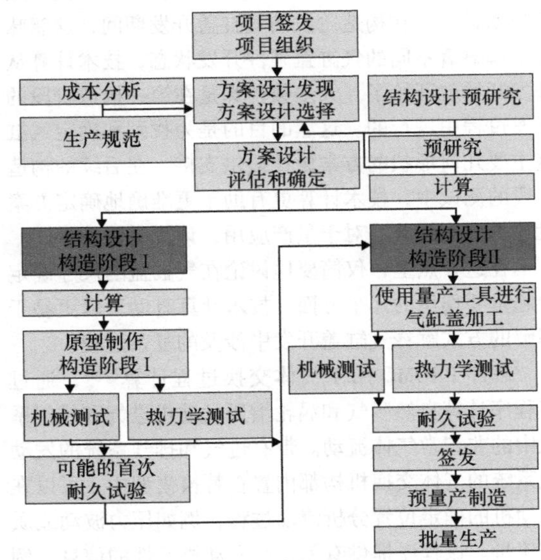

图7.91 两个构造阶段模式的气缸盖开发步骤示例

7.8.2.9 计算机辅助的设计

当今，使用大量的计算方法来确定气缸盖几何尺寸参数[55]。通过早期的计算应用，即从方案设计阶段开始，计算结果可以渗透到第一个气缸盖原型件。因此，可以更有效地控制后续开发步骤，从而也可以减少试验中使用的部件数量。通过试验结果不断验证计算仍然是必要的。计算机支持范围从组件的粗略尺寸参数化到详细设计，再到优化和模拟计算。通过技术计算，可以更好地满足新发动机在改善环境相容性、废气排放、油耗、驾驶性能、改善产品质量和改善驾驶舒适性等方面的目标标准。

在建造第一批原型件之前，计算的重点是确定气

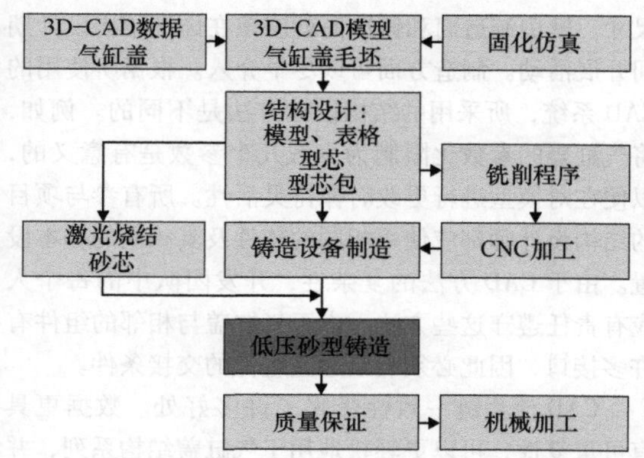

图 7.92　根据贝克尔（Becker）创建气缸盖原型件的过程示例[54]

门－燃烧室和气体交换通道的几何形状。越来越多的创建的气缸盖几何形状的3D－CAD数据可以直接用于技术计算。在构造阶段的气缸盖开发期间，这意味着了解显著不同的气缸盖硬件开发状态，技术计算从开发开始就开始了。大多数计算是在第一构造阶段的开发过程中进行的。这里的目的是为找到和确定气缸盖主要几何形状的方案设计提供支持。在后续的构造阶段的测试中，技术计算更有助于更准确地确定方案设计并确定细节。对于量产应用，计算活动减少。

在这一点上，仅简要地讨论在气缸盖的尺寸确定中起重要作用的几个方面。技术计算有助于以更易于理解的方式解释气缸盖开发中涉及的复杂过程。

程序PROMO用于气体交换过程计算[56]，通过该程序计算自然吸气和涡轮增压发动机进气和排气系统中的非定常气体流动。带有进气和排气系统的发动机系统的气体交换机构都内置在替换模型中。可以在发动机的确定位置分析流动过程，例如压力波动或质量流量。该程序提供有关预期发动机特性的信息，例如确定的发动机配置的充气效率、最大转矩或功率。计算核心嵌入到图形交互用户界面中，通过该用户界面处理数据集并评估结果。在气缸盖上气道的几何尺寸设计框架范围内，PROMO程序非常适用于方案设计的早期阶段，特别是气体交换机构的初始尺寸化，特别是配气定时的设计。由此，例如在开发具有可变气门控制的气缸盖方案设计时，可以最大限度地减少昂贵的测试。

对于发动机开发，该程序还提供以下方面的见解：

－ 进气管的尺寸化。

－ 切换进气管和谐振进气管的方案设计。

－ 凸轮轮廓和配气定时的评估。

－ 对可变配气机构控制的不同方案设计的潜力评估。

－ 评估不同的气道形状。

－ 涉及气道长度和直径的排气歧管造型设计。

除此之外，还进行三维流动模拟来设计进气道和排气道以及气缸盖和活塞中的燃烧室。充气运动模拟是基于气道和燃烧室表面的CAD描述来进行的。该计算旨在获得关于进气道或排气道中的充量流动特性以及流入气缸的充量的知识。通过求解方程，可以模拟稳态和时变条件下的复杂流动过程。在非定常计算的情况下（即对于随时间变化的状态），要创建的计算网格会根据当前气门和活塞位置在每个时间步长中进行修改。必须针对最佳燃烧评估压力、速度、湍流和混合气参数等模拟结果。作为进气门的平均气门升程位置的计算结果，在图7.93中示出了流入气缸的充量的速度分布（这里在充量交换上止点后90°KW）。三维流动模拟在开发新的燃烧方法时特别有用。可以更好地分析涡流或滚流效应，并相应地进一步发展。

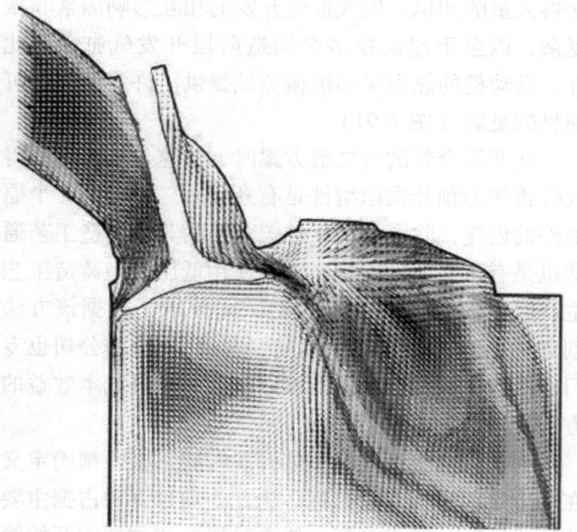

图 7.93　进气门的流动模拟[55]

气门升程曲线的设计和配气机构动力学的模拟在气缸盖开发中非常重要。这方面的认知直接影响气缸盖的结构设计。诸如杯形挺柱直径、气门长度或气门杆直径、气门弹簧尺寸、摇臂或摆杆的几何形状等由这些计算来确定。通过将整个配气机构映射到机械替换模型中，还可以相当精确地确定动态特性。研究结果直接影响凸轮轴或气门机构部件的几何形状[57]。

整个冷却回路的三维流动模拟对气缸盖冷却水室的设计做出了重大贡献[55]。该方法集成到一个更大的计算框架中，用于优化整个发动机冷却，包括水泵设计和散热器设计。对水流过的气缸体和气缸盖的几何形状进行建模，然后将其构建到计算网格中。

图7.94显示了水套的截面，作为在具有横流冷却的五气门气缸盖上的冷却液流动模拟的示例。气缸盖通过气缸盖密封件中的通孔接收冷却液，通过其相协调的直径确保冷却液大致相等地分配到不同的气缸。大约三分之二的冷却液量在排气门一侧进入气缸盖。冷却液流通过燃烧室底板和排气道通向火花塞轴。在火花塞轴后面，流出沿着纵向引导穿过气缸盖的中央集水通道进行。作为模拟计算结果的一个例子，图7.94显示了排气道高热负荷区域中的对流传热系数。深色区域对应于高传热系数，这是通过优化气缸盖密封件中过渡孔的位置和直径选择来实现的。通过在仿真计算的支持下优化气缸盖冷却设计，可以使所有气缸的温度水平在小的离散范围内保持恒定。这种方法对气缸盖的开发做出了贡献，这只能以传统的方法通过非常高的试验技术努力来实现。

图7.94　用于冷却液流动模拟的水套部分[55]

对于气缸盖及其组件的尺寸化，强度计算是发动机开发中确定气缸盖几何形状的技术计算的重点。为了设计尽可能轻且足够刚性的气缸盖，需要进行整个气缸盖的有限元计算[55,58]。可以研究凸轮轴及其轴承的结构强度，例如，关于凸轮轴轴承的造型和位置。壁厚可以通过强度分析最小化。提供加强肋以增加结构强度。这样，可以详细地预先确定有利于力的流动的结构。图7.95显示了完整气缸盖的有限元模型的一部分[58]。用于计算的载荷变量是配气机构的弹簧力和质量力、凸轮轴末端的传动带力和链力以及通过气缸盖螺栓连接产生的力。图7.95显示了根据冯·米塞斯（von Mises）在额定负荷工况点的温度载荷下变形的气缸盖上的比较应力。

由于对配气机构的可靠性和运行平稳性提出了很高的要求，因此凸轮轮廓设计占据非常重要的地位。除了凸轮轮廓的纯运动学设计外，还使用各种程序来确保配气机构的良好动态性能。为了进行仿真计算，将配气机构结构转换成一个多体振动系统，其摩擦、刚度、阻尼和运动自由度的耦合条件可调。通过对单个配气机构的设计的计算，对整个配气机构进行动态仿真，以便能够更好地评估各个部件之间的相互作用。通过凸轮轮廓激活配气机构。刚度是根据对组件的测量或有限元计算来确定的。阻尼值主要是经验值，通过比较计算和测量来确定。气门弹簧作为主要的振动元件，分解成许多分量振动系统。动态计算的一个目标是证明气门弹簧在尽可能低的气门弹簧力下的速度稳定性，以保持配气机构的整体摩擦力尽可能低。借助模拟计算，可以在开发的早期阶段估计各个组件的相互作用。通过有针对性地改变部件特性，可以影响气缸盖及其部件的整体结构，从而使部件的固有形状特性在配气机构的激励谱内保持可控。激励本身的适当调整（主要由凸轮轮廓的造型来决定）也能够显著地降低对配气机构的动态影响。

图7.95　气缸盖强度分析[58]

为了协调气缸盖中的油含量，可以进行油路计算[55]。通过计算诸如气缸盖油含量等子系统，通过对整个发动机润滑油供给系统的模拟计算，最大限度地减少润滑油需求，因而，尽可能使机油泵功耗保持尽可能低。为此，发动机的所有载油部件都在液力替代系统中进行建模。气缸盖中的润滑油需求点，例如杯形挺柱、凸轮轴轴承、凸轮轴调节器或润滑油喷嘴，必须通过仿真进行优化。计算模型在试验基础研究的基础上进行微调。通过这些预先计算，可以很好地提前确定油管的横截面和所希望的节流位置，从而减少对整个发动机进行昂贵的试验研究。

7.8.3 铸造方法

内燃机气缸盖对 150℃以上温度范围内材料的力学性能提出了很高的要求。气缸盖几何形状的造型设计的可能性受到气缸盖中使用的组件的严重制约。特别是在新开发的直喷柴油机气缸盖的情况下，形状的复杂性和运行过程中出现的应力的水平显著地增加。为了满足这些增加的要求，必须优化和进一步开发可用的材料。根据发动机的要求和使用的铸造方法，气缸盖采用不同的材料。除铝之外，铸铁材料也用于大型发动机和商用车。除少数例外，铝用于乘用车发动机。气缸盖不仅采用原始合金（在冶炼厂生产的铝），也采用重熔合金（由再生铝通过熔化和净化处理制成的合金，以铸锭或液态形式供给）。铸铝合金也用于高负荷的直喷柴油机；然而，并不是所有铸造方法都能用于这些气缸盖。

在 150bar 以上的点火压力下，合金必须足以满足以下的高要求：

- 从室温到约 250℃的高温，具有高的抗拉强度和高的抗蠕变性。
- 高的导热性。
- 低的孔隙率。
- 在高的抗热震性下具有高的延展性和高的弹性。
- 在低的热裂纹敏感性下具有良好的铸造特性。

燃烧室附近的气缸盖中心区域，以及特别是位于排气道区域的所有腹板，除了机械应力外，在大约 180 ~ 220℃的范围内还要承受非常大的温度应力[59]。一旦新的气缸盖的方案设计变得更加精确，就应该确定铸造方法。模型制作和铸造厂的早期参与可以避免结构设计阶段的许多错误。铸造厂的任务是以这样一种方式影响气缸盖的结构设计，以使坯件能够以最佳方式铸造。在最大的可能情况下，通过模拟进行铸造过程的填充和凝固特性分析。这些 3D 计算已经为铸造商提供了有关在方案设计阶段预期的问题区域的重要信息。在制造第一个原型件之前，气缸盖的几何形状可以适应这些位置。因而，在开发过程中节省了大量的成本。

气缸体的主要铸造方法也可用于气缸盖。下面简要讨论最常见的铸造方法。

7.8.3.1 砂型铸造

为了在砂型中塑造后来的气缸盖，使用由硬木、金属或塑料制成的模型和芯盒。模具通常由石英砂（天然砂或合成砂）与添加的黏合剂（合成树脂，CO_2）结合制成。在射芯机中制造砂芯，其中，在压力下引入砂，并且砂/树脂混合物通过加热压实形成砂芯。对于原型件阶段，建议使用激光烧结工艺生产砂芯。即使在中等数量的批量生产情况下，将单个芯组装成芯包以及芯包和浇注外模也是机械的和全自动进行的。模型、型芯和模具在不同平面上的划分以及型芯在铸模中的插入允许显示具有底切的复杂铸件。在铸造过程中，外模和型芯之间的空腔被熔体所填充。在铸造过程和金属熔体凝固之后，将铸件从砂型中取出。在此过程中，砂型被破坏（因此称为“丢失的模具”）。浇铸后，将毛坯清洗干净，将浇口和冒口分离。在大批量生产中，这些步骤是完全自动化的。对于由 Al - Si 合金制成的砂铸件，可以进行双重热处理。第一次热处理包括铸件在砂模中的受控冷却停留时间。第二个热处理是热时效，即铸件在炉中储存的时间和温度受控。这些热处理用于提高铸件的强度以及减少在冷却过程中产生的残余应力。由于丢失模，因为每个模具只制造一个铸件，组件的几何形状可能有底切。

砂型铸造方法的一个优点是可以快速、廉价地为小批量生产制造设备，可快速制造运动发动机等特殊发动机的气缸盖。由于使用塑料模具，在开发过程中实施更改相对容易且成本低廉。

低压砂型铸造方法适用于原型件和小批量生产。在这里，熔体通过立管从下方压入砂模，同时熔池被加压到大约 0.1 ~ 0.5bar，如图 7.96 所示。在铸造过程中压力保持不变。

由于压力下的凝固几乎是定向的，因此气缸盖具有非常高质量的微观结构。

科斯沃斯（Cosworth）低压砂型铸造方法也用于气缸盖，因为它具有高尺寸精度和强度、致密的微观结构和无气孔。根据该方法，在电阻加热的电炉中在保护气体气氛下熔化经测试的块状金属形式的铝合金，如图 7.97 所示。熔体在保护气体下储存在大型保温炉中。铸造是使用电磁泵完成的，该泵将液态铝向上推送到砂型，然后从下方流入模腔。与低压铸造

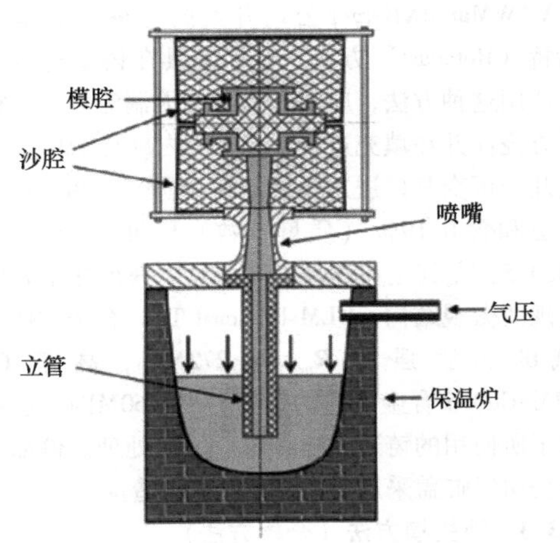

图7.96　低压砂型铸造方法

方法一样，在凝固过程中保持对液态金属的压力。通过泵功率的可编程控制，可以设置与相应模具相匹配的模具填充方式。浇注可以在很大程度上实现自动化，其中，成品模具在电磁泵上方一个接一个地送入铸造站。

芯包方法（Core-Package）已用于铸造气缸盖约20年。在这种砂型铸造方法中，一个封闭的砂芯包由几个单独的砂芯组装而成。它们通常通过胶合固定在一起，但也可以在砂芯组装过程中通过螺钉固定在一起。芯包适用于造型复杂但并非一体式成型的应用场合。基于借助于电磁泵的低压铸造原理的芯包方法，最初由于生产率低而仅限于小批量生产的气缸盖。最新的方法也表明，通过调整生产设备，可以为大规模生产提供这些方法。铸造后，铸件在完全除砂之前不会低于500℃左右的温度。因此，它们在很大程度上无应力地铸造，这意味着组件具有高的尺寸精度。由于每个部件都是在新的冷模中铸造的，因此就像硬模铸造的永久模具磨损情况一样，几乎不会出现尺寸偏差。

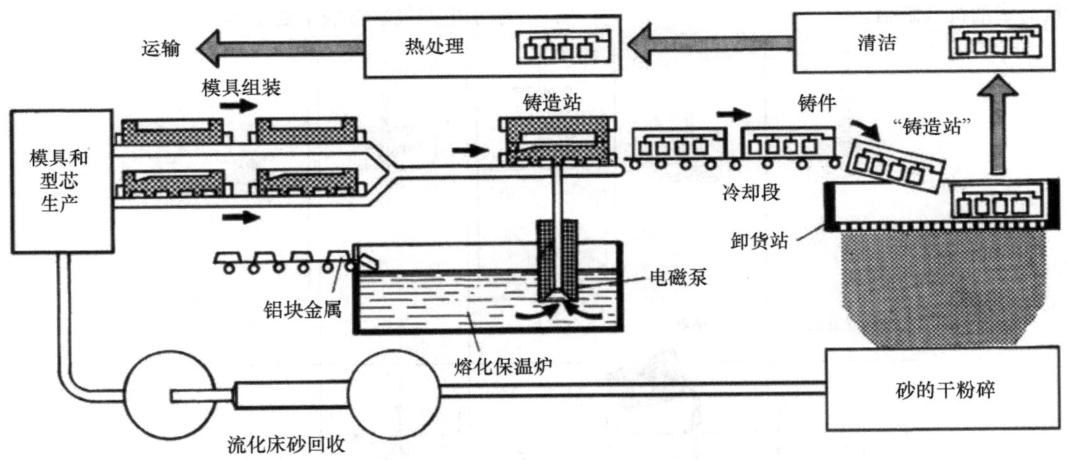

图7.97　科斯沃斯（Cosworth）公司的铸造方法

7.8.3.2　硬模铸造

在欧洲，大约90%的气缸盖是采用硬模铸造制造的。模具是由灰铸铁或热作模具钢制成的金属永久模具，用于制造由轻金属合金制成的铸件。在铸模中，与砂型铸造一样，砂芯放置在模具中。硬模铸造可分为重力铸造和低压铸造。

在重力硬模铸造中，模具的填充仅在大气压下通过熔体的重力进行。铸造过程主要在部分或全自动化的铸造设备上进行。在这种铸造方法中，与砂型铸造相比，模具可以多次使用。每个铸造过程只需要新的砂芯。因此，人们也谈到了消失的砂芯。由于使用砂芯，硬模铸造与砂型铸造一样，都具有很大的结构设计自由度的优点。与压铸相比，铸件中的底切是可能的。与砂型模具相比，通过使用钢作为模具，金属熔体快速且定向地凝固。通过使用脱模剂，即所谓的涂层，可以保护模具免受轻金属熔体的影响。在硬模铸造中，铸件具有更精细的组织结构，具有更高的强度和尺寸精度以及更好的表面质量。与砂型铸件一样，永久性模具可以进行双重热处理。除了将铸件的受控冷却作为模具中的第一次热处理的优点外，通常还进行进一步的热处理（热时效）。与砂型铸造相比，永久模具上不得有任何底切，因为它们要多次使用。

大多数气缸盖，例如大众集团的气缸盖，都是采用这种方法来制造的。气缸盖在燃烧室侧通过每个气缸插入的钢模具进行冷却。浇口浇注在气缸盖的上侧，下沉的熔体从该浇口填充模具。由于冷却的燃烧室模具，燃烧室区域固化得更快，这提高了燃烧室区域的强度。铸造过程在具有多个工位的旋转式铸造设备上进行，这意味着大批量生产中的制造成本非常低。G－AlSi7MgCu0.5 作为标准合金铸造。小批量生产由供应商铸造。这里采用类似的方法，有时使用特殊的流动条从下方浇注气缸盖。最终产品质量的结果具有可比性。

大量的气缸盖也使用低压铸造方法来制造，例如在梅什赫德（Meschede）的汉塞尔（HONSEL）公司。除其他外，宝马公司的铸造厂将这一方法用于该公司的柴油机和大多数汽油机中。如上所述，感应加热的熔体在大约 0.1～0.3bar 的过压下通过立管压入模具中。下方的燃烧室从下方进料。燃烧室板在这里也用空气或冷却液冷却。水室和油室以及凸轮轴链传动所需的气缸盖的几何形状均采用砂芯制造。气缸盖几何形状的其余部分通过模具成形。气缸盖的表面通过低压铸造方法得到了很好的压实。该方法特别适用于高负荷柴油机气缸盖。

VAWMandl&Berger 公司开发的一种方法是罗塔卡斯特（Rotacast）方法。整个模具在铸造过程中摆动。使用这种方法，应实现模具的无湍流填充。模具从下方浇注并在填充过程中在 15s 内旋转 180°。熔体通过几个可变开口进入模具。冶金研究表明，通过这种方法和含 0.19%（质量分数）Fe 的合金 G－AlSi7Mg0.5，尤其是在燃烧室区域可以获得非常好的和可重现的微观结构。“LM Rotacast T6” 合金在燃烧室区域的屈服强度 R_m 为 272MPa，高于 G－AlSi7MgCu0.5 合金（重力铸造）的 260MPa。这些值取决于所使用的铸造过程和随后的热处理。例如，五十铃公司气缸盖采用 Rotacast 方法制造。

7.8.3.3　消失模方法（全模方法）

在美国在大批量生产中采用全模或消失模方法。在位于兰茨胡特（Landshut）的宝马公司的六缸直列汽油机上首次采用该方法。消失模方法也可以描述为砂型铸造方法的一种特殊形式。图 7.98 示意性地显示了生产气缸盖的主要步骤。

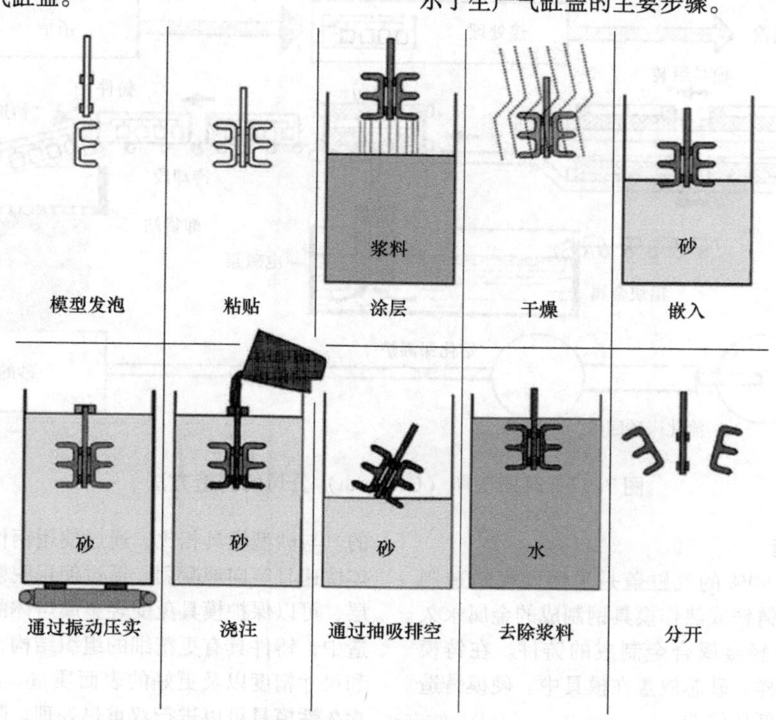

图 7.98　消失模方法

首先，将聚苯乙烯颗粒加热，发泡至其体积的 30 倍，干燥并储存。在铸造过程的第一步中，由聚苯乙烯材料发泡构成气缸盖的不同层的轮廓。为了尺寸稳定性，发泡模具用水冷却。泡沫硬化后用夹持器取出并放在传送带上。在此，发泡轮廓的总和对应于气缸盖的精确几何形状，收缩尺寸除外。各个轮廓现在在第二个工位处通过施加热粘胶粘合在一起。气缸盖的阳模由五个粘接的聚苯乙烯圆盘所组成。两个气缸盖模型与浇口和冒口粘在一起，形成一个铸造组。在第三个工位，将模型组浸入水溶性陶瓷涂层中。在这种情况下，部件旋转以更好地均匀化涂层。在第四工位，铸造组在除湿的加热气流中干燥。通过除去水，应产生致密的透气性涂层。在接下来的步骤中，将铸造组放入浇注容器中，并用松散的、未结合的石英砂进行砂磨。通过振动，砂子在第六工位被压实。随后进行浇注。液态铝被分割并通过浇注勺自动浇注到模具中。在模具填充过程中，聚苯乙烯退缩并汽化。在第八个工位中，移除模具，在铸造装置中清空砂子。在水浴中去除涂层，在最后一步中，气缸盖与铸造组分离。

实际的铸造过程也需要使用这种方法的大量专业知识。气缸盖结构的设计多样性非常大。气缸盖上的孔可以直接铸造，壁厚最小为 4mm。由于工具由铝制成，因此可以相对容易地并且因此具有成本效益地对工具进行量产过程中的更改。节拍为 3min 四个气缸盖，该系统每年可生产约 330000 个气缸盖，如图 7.99所示。由于对直喷柴油机的高强度要求，该应用的方法尚未用于批量生产。

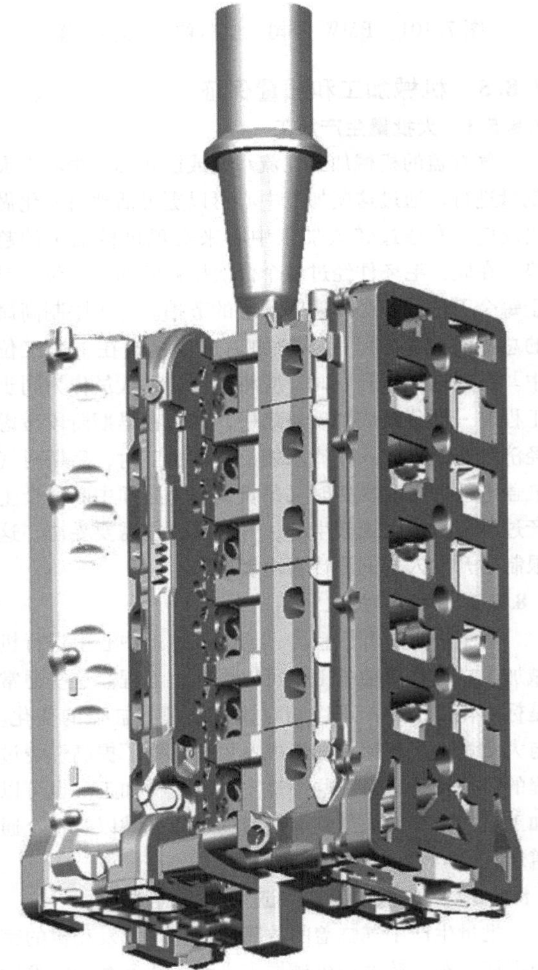

图 7.99　BMW 公司消失模气缸盖铸造模型

图 7.99 显示了在欧洲首次使用 BMW 公司的消失模方法生产的用于气缸盖的聚苯乙烯铸造组。材料为 G－AlSi6Cu4（铝合金 226）。对于美国－变体，在排气侧集成了一个热解耦的二次空气通道。

使用此方法可以：

- 以几乎任何形状铸造油道。
- 利用复杂成形的流动肋获得冷却液空间。
- 铸造弯曲的进气道和排气道。
- 在燃烧室区域实现更精确的公差。
- 在整个生产期间仅使用一种发泡工具。
- 显著减少气缸盖上所需的加工花费。

7.8.3.4　压铸方法

在压铸方法中，使用由回火热作钢制成的永久模具。在每个压铸过程（也称为压铸中的“射击”）之前，必须用脱模剂处理模制件。与砂型和硬模铸造相比，不能将型芯插入铸造模具中，因为轻金属熔体是在高压和高速下引入铸造模具的。压力水平取决于铸件的尺寸，通常在 400～1000bar 左右。与低压铸造一样，在凝固过程中保持压力不变。铸模半部的冷却用于更大的铸件，并且用于铸件的定向凝固和快速冷却。在铸件凝固之后，打开由固定的和可移动的模制件以及必要时可移动的滑块组成的铸模，并且借助于顶出销将铸件顶出。这种方法只能用在风冷气缸盖上，比如小型发动机。

与砂型和硬模铸造相比，压铸可以更精确地再现气缸盖几何形状和尺寸精度，生产出几何公差窄、形状精度高、表面质量好的薄壁铸件，无须进行后续机械加工即可实现尺寸精确的孔眼、孔、部分配合和表面的铸造。与砂型、硬模和低压铸造相比，压铸方法具有最高的生产率，因为所有的铸造和模具移动过程在很大程度上都是全自动的。其缺点是铸件的结构设计的自由度受到限制，因为不可能有底切。可能封闭的空气或气体气孔不允许像砂铸件、硬模铸件和低压铸件那样进行双重热处理。这种方法不适用于乘用车水冷发动机气缸盖的大规模生产。

7.8.4　模型制作和模具制作

为了创建铸造模型、型芯、模具和所有铸造工具，所有零件在模型构建过程中，基于 3D－CAD 数据，都尽可能通过 CAD/CAM 过程链进行映射。因此，几何数据更具有可重复性，并且在变化的范围内可以更灵活地做出反应。在气缸盖设计的创建过程中，模型构建所需的所有 CAD 子模型都可以通过机械加工的部件从建模的 CAD 坯料中导出。其中，通过一个复杂的数据管理系统，必须保持透明度，以便所有参与项目的每个人在进行更改时都能得到通知，并且气缸盖CAD部件的更改将被纳入模型和工具制造所需的所有数据记录中。在模型制作中，确定诸如模具分割、拔模、铸造收缩、生产余量和可能预期的铸造变形等传统上的细节并在CAD模型中考虑在内。与气缸盖设计师进行积极和早期的经验交流是有回报的。根据量产或原型件设计以及铸造方法的选择，模型构建活动是不同的。

对于非常适合小批量生产或原型件的贝克尔（Becker）公司的低压砂型铸造方法，图7.100显示了型芯模具（上图）和水套型芯封装（下图）[54]。原始铸件轮廓加上收缩量（凝固过程中金属的收缩）作为模型设备结构设计的起点。在此，位于脱模方向上的铸件区域在所谓的型芯模具中显示为正。在气缸盖的情况下，这些区域例如是，燃烧室球顶区域、端面、进气道侧和排气道侧、进气道和排气道、凸轮轴轴承区域以及水和油的内部轮廓。所有型芯模具都具有密封表面和所谓的型芯标记，使型芯能够精确居中并相互密封。几天之内，型芯模具工具就根据3D数据模型在CNC机器上铣削成特殊的塑料。然后在铸造厂将与合成树脂黏合剂混合的砂子填充到这些型芯模具中，这些模具会在短时间内自行硬化。从可重复使用的型芯模具中取出的砂芯现在具有后来的铸件的负轮廓。一个特殊性是所谓的砂激光烧结芯，它可以直接从3D-CAD数据逐层创建。为此不需要芯模工具。用于精细内部轮廓（例如水套或油室）的型芯适合于该方法，因为用于这些型芯的型芯模具制造起来既昂贵又耗时。最后，所有这些型芯（传统或砂激光烧结）组装成所谓的芯包并使用低压铸造方法铸造。一个核心包只能用于一次铸造。

图7.100 Becker公司的水套型芯的芯模和芯包[54]

对于使用低压铸造方法生产的用于BMW公司八缸发动机的气缸盖，图7.101显示了整个型芯结构的一部分。所有的型芯由砂子制成。用于此的芯盒在量产中由钢制成。型芯之间的空间用铝填充。在开发阶段，砂芯作为快速原型模型用于评估整体几何形状。在图片的下部，可以看到非常暗的燃烧室板。右上边是链盒的核芯结构。在图的前面，显示了突出到水套芯中的排气道芯包。上面是油室芯。

图7.101 BMW公司八缸气缸盖模型设置

7.8.5 机械加工和质量保证

7.8.5.1 大批量生产加工

气缸盖的机械加工在流水线或链式加工中心上大批量进行，通过这些加工中心可以更灵活地对变化做出反应。有通过链式加工中心来实现机械加工的趋势。在此，毛坯件经过各个依次排列的加工工位。对于每个工位，都必须遵守预定的节拍。为了限制高昂的总投资，将尽可能多的加工过程集成在一个工位中。在气缸盖新开发时，应将生产计划人员作为同步工程的一部分集成到项目组中，以便在早期阶段考虑经济地实施生产。在流水线上生产加工时，后期对气缸盖进行的修改既费时又昂贵，因为必须中断整个生产过程。由于大规模生产，气缸盖往往需要妥协，这限制了开发人员的设计自由度。

7.8.5.2 原型件加工

对于小批量和原型件，通常在加工中心上进行机械加工。这些单独的工位可以灵活地编程。这些通常是标准化的机床，可以相对快速处理气缸盖的变化。与大批量生产相比，加工成本更高。为了提高燃烧过程的可再现性，对一些燃烧室进行机械加工。也可以加工从气体交换通道到燃烧室的过渡区域以及整个通道形状。

7.8.5.3 气缸盖的质量保证

批量生产中气缸盖的故障往往会导致发动机的完全损坏。对于铸件和机械加工来说，达到客户要求的高质量标准是很重要的。因此，整个气缸盖都要

100%地经过泄漏测试。通过部件测量进行的随机抽样是质量保证的标准措施。必须将生产加工中出现的废品率降至最低。通过医学应用中已知的计算机断层扫描，可以对气缸盖进行X射线扫描，并且可以逐层检查壁厚的形状和尺寸稳定性。特别是在约2.5mm范围内的薄壁厚的情况下，如在赛车运动中出于重量原因所需要，这些研究是常见的，如图7.102所示。

图7.103显示了用坐标测量机测量气缸盖，这也使得测量通道的内部几何形状成为可能。可以以点云的形式逐点记录通道表面。可以确定与CAD数据集描述的实际几何形状的偏差。通过在CAD系统中传输的点，可以使用逆向工程（Reverse Engineering）方法（表面返回）在点云的基础上构建曲面，该方法也可以用于三维流动模拟。这些技术特别适用于直喷的燃烧过程，因为即使是很小的尺寸偏差也会对发动机产生重大的影响。

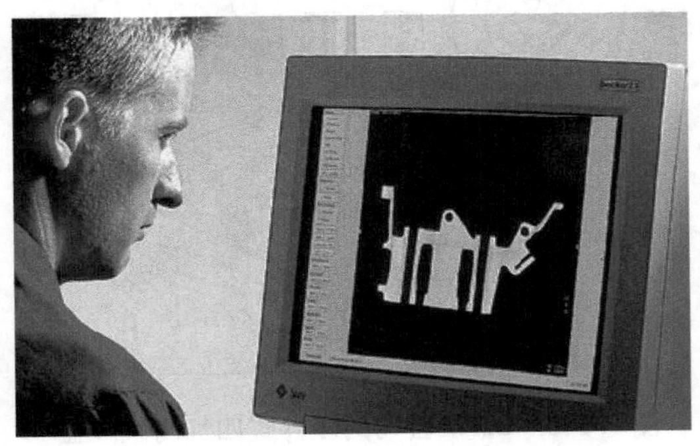

图7.102　气缸盖的计算机断层扫描剖面[54]

7.8.6　气缸盖的实际结构形式

7.8.6.1　汽油机气缸盖

这里只讨论四冲程发动机。所示的气缸盖提供了市场上各种配气机构方案设计的一部分，这些方案设计对气缸盖的几何形状有决定性的影响。第一个实施例子（图7.104）显示了BMW公司带有滚子摇臂的二气门气缸盖。这种紧凑的气缸盖方案设计用于四缸和十二缸发动机。此处显示的V12发动机的气缸盖设计为可翻转的气缸盖，对于两排气缸，气缸盖是相同的。精密铸造的滚子摇臂用于最大限度地减少摩擦。与之前使用的带有滑动摇臂的气缸盖相比，该措施将配气机构的摩擦损失最大可以减少70%。由于重量的原因，按照Süko公司的方法开发了空心凸轮轴。

图7.103　进气道的数字化[60]

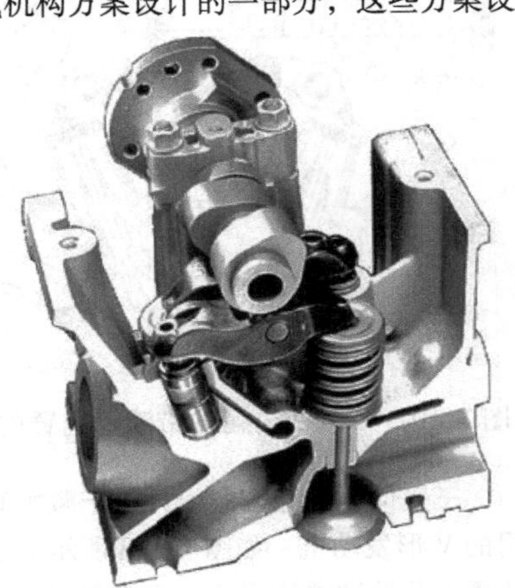

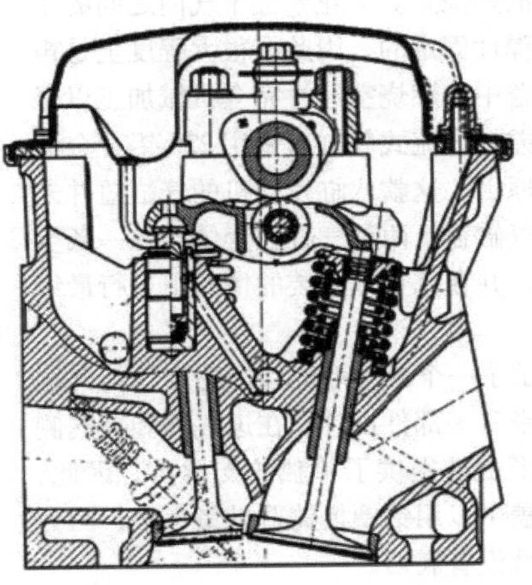

图7.104　带有滚子摇臂的BMW公司V12发动机的二气门气缸盖

带液压间隙补偿的杯形挺柱经常用于实际量产的发动机。图7.105显示了BMW公司V8发动机的四气门气缸盖的示例。为了向挺柱供油，在一体式气缸盖中提供了纵向孔，纵向孔在挺柱孔区域从外部钻孔。在带有液压驱动的杯形挺柱的V形发动机中，气缸盖中的润滑油需求量和由于凸轮轴旋转而导致润滑油起泡的风险很高，因此必须提供足够的横截面以使润滑油通过气缸体排出到油底壳。

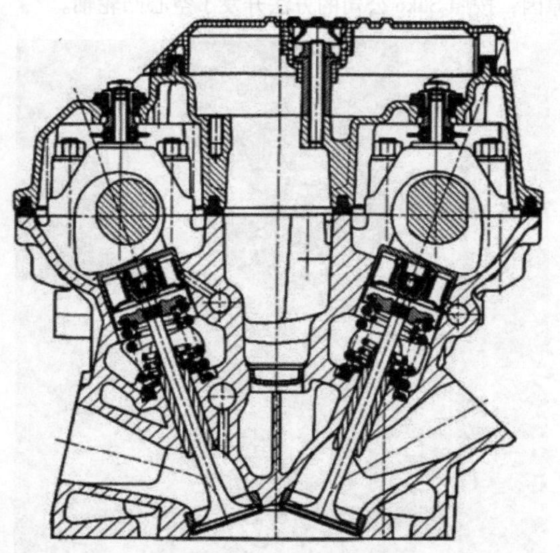

图7.105 BMW公司的带杯形挺柱的四气门气缸盖

对于该气缸盖，为每个气缸组（排）提供了6个回流井。3L发动机进气门的圆盘直径为32mm，4L发动机进气门圆盘直径为35mm，排气门的圆盘直径为28.5和30.5mm。气门杆直径仅为6mm。气道与气门之间的角度在进气侧为39°45′，在排气侧为55°45′。进气门与排气门形成39°30′的角度，从而实现了非常紧凑的、透镜状的燃烧室。火花塞位于气门之间的中央。气缸盖罩是弹性固定的，因此在很大程度上是声学去耦的。气缸盖中的燃烧室经过完全机械加工以保持严格的容积公差。纵流式气缸盖采用226铝合金铸造。由于重量的原因，这款八缸发动机的气缸盖并未设计为可翻转的气缸盖。两种气缸盖变体均在一条生产线上制造加工，并在完全预组装的情况下进行最终组装。

图7.106显示了一个带杯形挺柱杆的四气门气缸盖的方案设计，带有多部件设计。在进气侧和排气侧都为凸轮轴和杯形挺柱提供了单独的支承条。因此，在量产中，气缸盖可以用铝硬模铸造批量生产，因为气缸盖的上部区域没有底切。

带有滚子摇臂的四气门气缸盖示例如图7.107所示。这种BMW公司的气缸盖是图7.106所示的气缸盖的进一步发展。重新设计配气机构的目的是减少气缸盖的摩擦功率，该气缸盖以前配备杯形挺柱。液压间隙补偿在此通过立式的补偿元件来实现。通过将间隙补偿装置安置在配气机构的非运动的部分中，尽管保持了气门升程和气门打开持续时间，但由于更小的往复质量而可以实现更小的弹簧力。在结构设计之初，生产加工的边界条件是维持现有的生产线。因此，采用了气门角度、气门位置和凸轮轴位置。更改的范围由此仅限于取消带有杯形挺柱孔的支承条、补偿元件的安装孔，这些孔以三叶草形布置在火花塞圆顶周围，以及限于供油。通过铸造凸轮轴轴承，气缸盖也可以得到加强。进气道和排气道以及燃烧室都与之前的气缸盖相同。

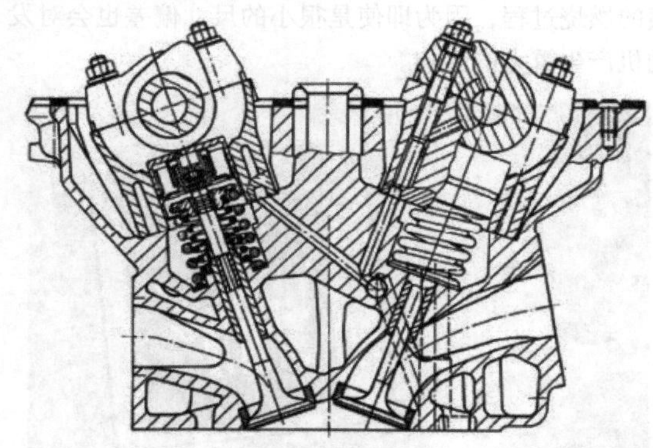

图7.106 BMW公司的多件式四气门气缸盖

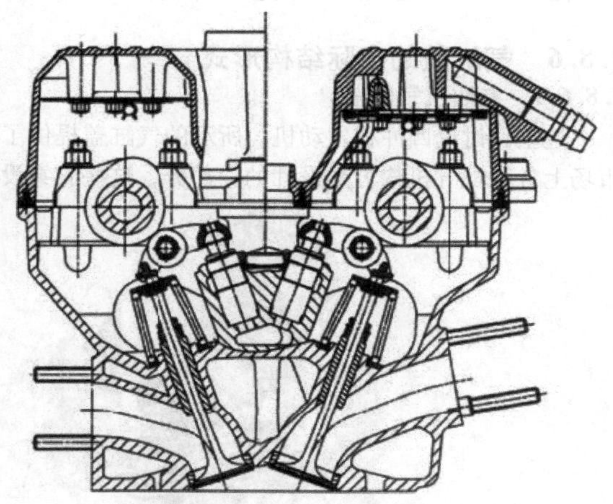

图7.107 BMW公司的带滚子摇臂的四气门气缸盖

三气门气缸盖方案设计用于戴姆勒-克莱斯勒公司的V形发动机，如图7.108所示。这些气缸盖使用顶置式凸轮轴并使用滚子摇臂实现气门驱动。为了加快火焰传播，每个燃烧室使用两个火花塞。为了降低油耗，戴姆勒－克莱斯勒在八缸和十二缸发动机上使用带有这种摇臂控制的气缸停用技术。其中，八缸发动机中的四个气缸和十二缸中的六个气缸通过停用气门被关闭。使用这种单凸轮轴解决方案难以容纳凸轮轴调节装置。由于相对较重的摇臂，这种气缸盖方案设计不适用于高速发动机。然而，总体方案设计比具有二个凸轮轴的四气门解决方案更便宜。

图7.108　戴姆勒－克莱斯勒（Daimler Chrysler）公司的三气门气缸盖[61]

1994年，随着奥迪公司A4的推出，首次在量产的乘用车发动机中实现了五气门气缸盖。该气缸盖被移植到整个大众集团公司的四缸、六缸和八缸发动机上，如图7.109所示。除了使用滚子摇臂的八缸发动机外，这些发动机都使用带有液压间隙补偿的杯形挺柱。由于几何尺寸原因（气门杆轴线与凸轮轴轴线相交），三个进气门的中部相对于外侧的两个进气门是倾斜的。外进气门的气门角度为21.6°，内进气门的气门角度为14.9°，排气门角度为20.2°。对于气缸盖螺栓连接，气缸盖中使用了螺栓套筒以更好地传递力，这意味着气缸盖螺栓在凸缘区域显得狭窄。这种效果对气缸盖中狭窄的几何条件有利。此外，凸轮轴距离可以保持在129mm，因为螺栓非常靠近凸轮轴。气缸盖采用一体式设计，采用重力硬模铸造制造。在奥迪之前，雅马哈（Yamaha）公司已经将类似的五气门结构设计用于量产的摩托车一缸、二缸和四缸发动机。

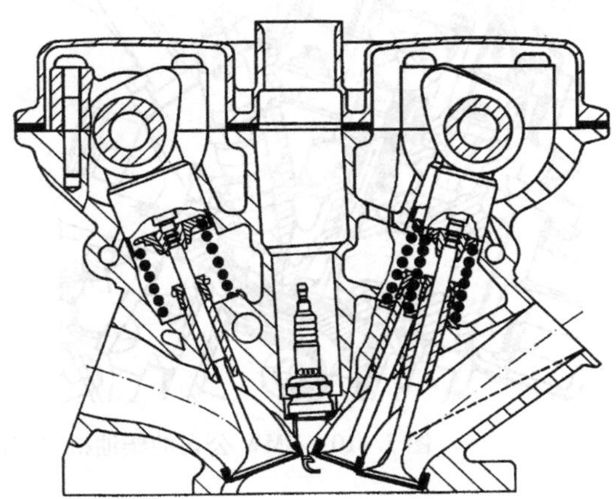

图7.109　奥迪公司的五气门气缸盖[49]

7.8.6.2　柴油机气缸盖

作为结构设计的第一个示例，参考具有涡流室的二气门发动机的气缸盖。自从在乘用车中引入柴油机以来，这些柴油机方案设计就决定了气缸盖的方案设计。如图7.110所示，在通过气缸盖的横截面中可以看到带有喷射阀和电热塞的预燃室。空心铸造凸轮轴通过带液压间隙补偿的杯形挺柱驱动直径为36mm和31mm的进气门和排气门。在乘用车领域，这种结构形式自1983年以来在BMW公司批量生产。

随着1989年奥迪公司推出直喷柴油机，主要是在欧洲，柴油机在乘用车发动机中的份额显著地增加。为了在柴油机中也获得更高的功率密度，越来越多地引入四气门技术。由于点火压力的急剧上升，对当今柴油机气缸盖的强度和耐用性提出了最高的要求。采用滚子摇臂可以最大限度地减少气缸盖中的摩擦损失，如图7.111所示。

这个例子是BMW公司六缸发动机的一个版本，它也在四缸和八缸发动机上使用这种气缸盖技术。气缸盖配备涡流气道，其中，空气从上方通过气缸盖引导。气缸盖由原生合金铸造而成。对于八缸气缸盖，链盒的前端是铸造的。由此，该组件的强度明显增强。废气再循环管道集成在后端。凸轮轴由直齿正齿轮驱动，其中，进气凸轮轴分别通过传动链驱动。所使用的共轨喷射技术需要两条固定在气缸盖侧面的轨，用于向喷射阀供应燃料，油轨布置在气缸盖的中心。气缸盖中的冷却液从排气侧流向进气侧。为了确保横流冷却，冷却液空间中的气缸单元通过隔板相互隔开，并在进气侧有一个共同铸造的集水器。

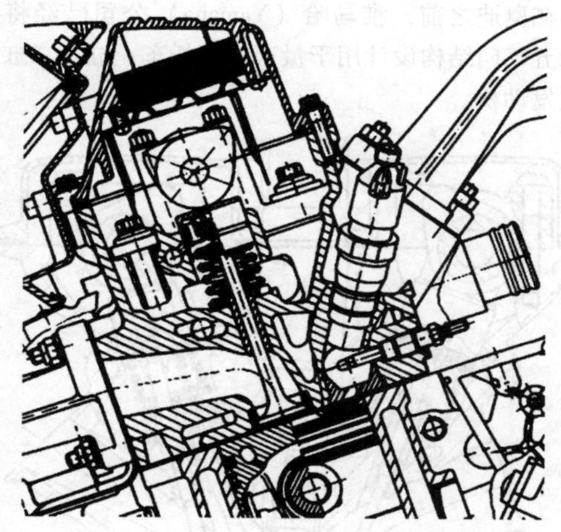
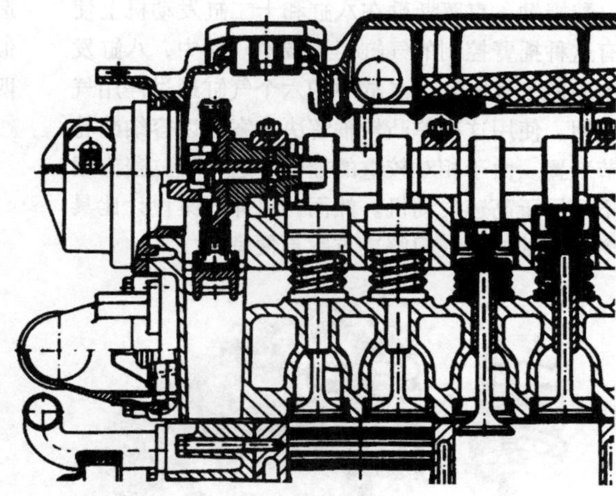

图 7.110 BMW 公司的柴油机二气门气缸盖的安装状态的横剖面和纵剖面图

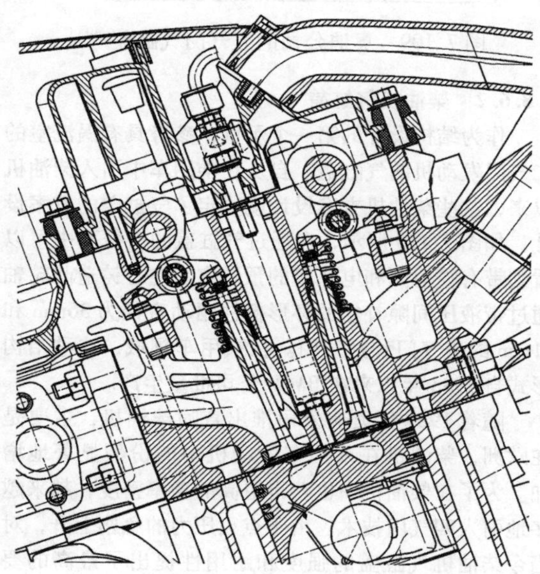

图 7.111 用于六缸发动机的带滚子摇臂的四气门气缸盖

柴油直接喷射的另一种方法是大众公司的泵 - 喷嘴技术。每个气缸都采用一个由凸轮轴驱动的喷射泵，该喷射泵在很大程度上决定了气缸盖的整体设计，如图 7.112 所示。这种二气门气缸盖具有带液压气门间隙补偿的杯形挺柱。在凸轮轴侧面上方是用于泵 - 喷嘴元件的摇臂操控的轴承轴线。齿形带用作正时驱动，正时带必须由高强度材料制成，因为凸轮轴上的力矩由于泵 - 喷嘴驱动而非常高。泵 - 喷嘴元件通过供应和返回轨道在气缸盖内实现燃料供应。

通过凸轮轴驱动的叶片泵提供所需的进给压力。使用泵 - 喷嘴元件，如今已经可以实现超过 2000bar 的喷射压力。由此可以解决低污染物排放与高的比功率之间的目标冲突，因为即使利用小的喷孔和高的部分负荷喷射压力也能够在额定功率下实现短的喷射持续时间。通过取消包括控制台、驱动和喷射管路的分配泵，能够实现辅助装置与汽油机的标准化。

图 7.112 大众公司的泵 - 喷嘴气缸盖[62]

7.8.6.3 气缸盖的特殊结构形式

大众公司的 VR 发动机系列生产五缸和六缸发动机，V 角为 15°，是一种非常紧凑的直列与 V 形发动机的组合形式。一体式气缸盖相当宽敞[63]。由于分别在气缸盖的一侧上选择进气道以及排气道，因此该方案设计需要不同的进气道长度和排气道长度。具有对称气体交换通道的方案设计也是可能的，但需要至少三个凸轮轴，而不是此处使用的两个凸轮轴[64]。图 7.113 显示了量产的四气门气缸盖的两个横截面，显示了不同的气体交换通道。气缸盖配备凸轮轴调节装置，配气机构采用精密铸造的滚子摇臂。带有两个凸轮轴的所选定的结构形式可以通过调节气门长度将火花塞定位在中央。气门的长度差为33.9mm。进气门的气门直径为31mm，排气门的气门直径为27mm；气门杆直径为6mm。两排气缸的燃烧室几乎是镜面倒置的。进气门与排气门之间的角度为42.5°。VR气缸盖的横流方案设计需要气门相对于气缸轴线的不同倾斜度：长气道为34.5°，短气道为8.0°。此外，与通道轴的倾斜度不同。因此，为了在两排气缸中实现均匀的燃烧特性，必须根据流动和湍流特性来调整短进气道和长进气道。

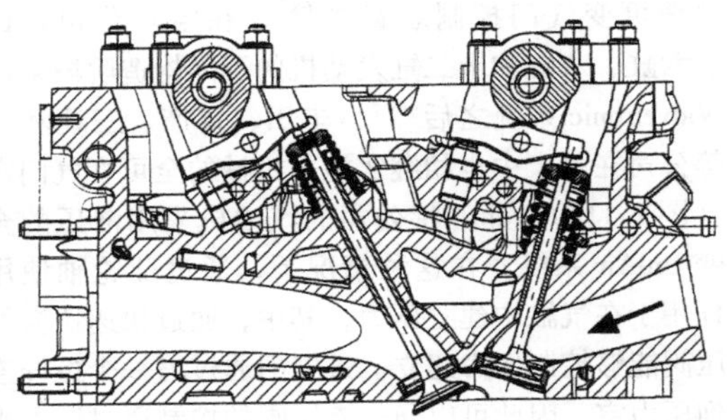

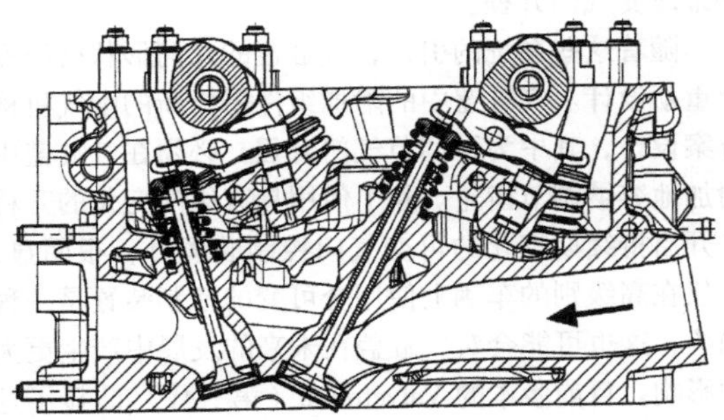

图7.113 大众公司的VR四气门气缸盖截面图

风冷式乘用车气缸盖非常少见。图7.114中用于保时捷公司六缸水平对置发动机的二气门气缸盖在当前的系列中已被水冷四气门气缸盖取代。为了经由气缸盖散热，现有的风扇冷却需要大面积的散热片。在此示例中，在气缸盖中浇铸陶瓷端口衬垫，该陶瓷端口衬垫作为隔绝作用限制传递到气缸盖中的热量。此外，废气温度因此可以保持较高的水平，以便在冷起动之后加速催化器的加热。

具有非常高的比升功率的运动型发动机需要高速，因此需要非常轻的配气机构组件。应尽可能保持小的运动的质量。应避免使用重的液压气门间隙补偿元件。宝马公司已经在具有精密铸造摇臂和机械气门间隙补偿的六缸发动机上实施了这种结构设计的示例。这些滑动摇臂非常轻，并且支承在气缸盖的插塞轴上。在为摇臂选择传动比时，优先考虑刚度而不是所需的结构空间。为了不产生任何弯曲应力，杠杆传动的传动比为1:1，如图7.115所示。

此处，四气门气缸盖是一体制成的，并在钢模中铸造。气缸盖采用横流冷却方案设计。用于额外空气送风的空气分配管路集成在气缸盖中。从这条直径为12mm的管道中，直径为4mm的孔直接通向每个排气门附近的排气道。当前，全球范围内正在开发直喷汽油机，具有很大的量产的能力。与直喷柴油机类似，在气缸盖中必须在火花塞旁边为喷油嘴留出空间。在四气门方案设计中，也已变得狭窄。由于与燃烧过程相关的充量分层，气体交换通道的位置和形状的开发和协调极为复杂。

图7.114 保时捷公司的风冷气缸盖[65]

图7.116显示了四气门气缸盖的剖面示例，该气缸盖用于三菱公司直喷发动机的批量生产。通过进气道的空气引导经由气缸盖的上侧的进气管，以便与活塞中的燃烧室腔相协调地获得有针对性的进气滚流。气门由滚子摇臂驱动。喷油器位于气缸盖的侧面。火花塞安装在气缸盖的中心位置。

7.8.7 气缸盖技术展望

在气缸盖中进行气体交换控制，因此部分地控制了燃烧。气缸盖技术的进一步发展将朝着轻量化、高强度材料和经济的加工方法的方向发展，同时改善发动机的目标参数。多气门气缸盖已经在广泛的前沿以及在柴油机上确立了自己的地位。有了它们，可以通过改进的气体交换来实现更高的比气缸功率。通过采用先进的气缸盖方案设计，这导致了具有功率强大、低油耗和低排放的内燃机的小型化的方案设计，客户

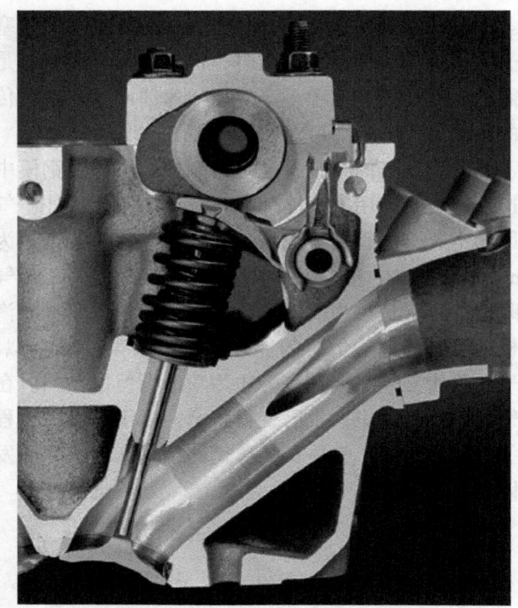

图 7.115 宝马公司的带滑动摇臂的四气门气缸盖

图 7.116 三菱（Mitsubishi）公司的直喷汽油机气缸盖[66]

可根据性能需求或驾驶乐趣获得这些方案设计。近来，越来越多的直喷式汽油机实现了量产，其中采用 $\lambda=1$ 和稀薄燃烧方案设计。由此，新引入的燃烧过程还需要在活塞中调整燃烧室，活塞通常具有凹坑，由此有利于混合气的制备。在油束引导的直接喷射中，喷嘴移动到气缸盖的中心。为了实现更高的性能和追求更省油的小型化策略，汽油机主要采用涡轮增压发动机，有时还带有两个增压系统。这里的目标显然是为了减少 CO_2 排放。在直接喷射的情况下，喷油器可以安装在横向位置（如图 7.116 所示，三菱公司发动机的进气道侧），也可以安装在气缸盖中的中心位置，其中，火花塞可以安装在倾斜位置。汽车制造商选择这两个位置用于稀燃发动机方案设计和 $\lambda=1$ 运行[67]。随着发动机比功率的提高，对气缸盖材料及其疲劳强度提出了更高的要求。直接喷射对气缸盖方案设计的其他影响主要涉及为喷嘴找到合适的位置。气缸盖中的喷嘴位于中心位置的方案设计在几何形状、热学和强度方面对气缸盖有更大的影响。

此外，通过在汽油机上采用全可变的配气定时，气缸盖技术有了新的维度。通过无节流的负荷控制，气体交换功和对此几乎成比例的比燃料消耗显著地降低。可以在量产汽油机上发现带凸轮轴的机械的和液压的全可变气门控制装置[48,68]。在宝马公司在四缸、六缸、八缸和十二缸发动机的不同构造阶段采用了 Valvetronic 系统之后[69]，丰田、日产、三菱和现代等公司在量产中也相继实施了机械的全可变气门定时（图 7.117）。菲亚特公司的汽油机采用液压的全可变 UniAir 系统。在这种情况下，通过凸轮轴使用挺杆用于在气缸中建立压力，其中，通过快速切换的液压阀能够控制压力建立。进气门通过另一个挺杆连接到压力室，因此可以通过液压阀的控制通过压力水平来改变气门升程。

随着这些系统的引入，气缸盖的几何形状已经完全重新设计。气缸盖中的附加组件需要新的配气机构方案设计，其中为了调节气门升程，必须在气缸盖中附加地容纳调节齿轮。除了使用具有逐渐变化的升程和开启持续期变化的可变气门控制装置外，很明显，不仅在高级别的车辆上使用全可变的控制装置是一种趋势，这也可能会对气缸盖在未来的发展中产生更大的影响。目前版本的 Valvetronic（第三代）凸显了这一趋势，并继续与涡轮汽油机和均质直接喷射相结合，这一趋势仍在继续。BMW 现在在所有气缸数发动机中都使用 Valvetronic，根据发动机的不同，在某些情况下已经在第三代中采用了 Valvetronic（图 7.118）。详细的优化，例如空心滚针轴承偏心轴、偏心轴位置传感器在伺服电动机中的集成或将控制器集成在常规发动机控制器内是当前最先进的技术。对于从四缸发动机到八缸发动机，某些组件具有相同的零件编号。相关的协同效应带来了相当大的生产成本优势。

无节气门负荷控制在多大程度上将在未来出现，以实现更高的自由度，用于气门控制，从而用于发动机控制，这仍然是令人兴奋的。在排气门侧使用额外的全可变气门控制的研究表明进一步减少 CO_2 排放的潜力[70]。如果 CO_2 立法变得更加严格，这些措施可能会在未来几年内出现。

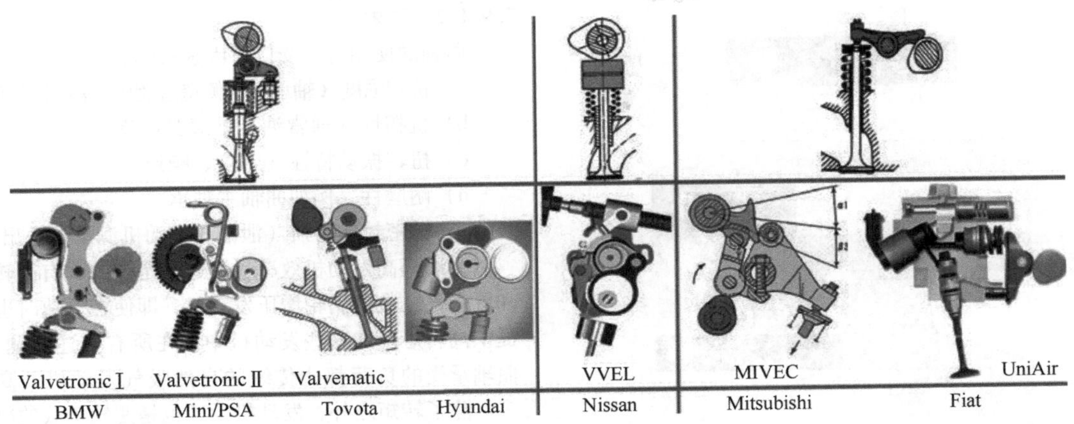

图 7.117 量产的全可变气门控制装置的应用

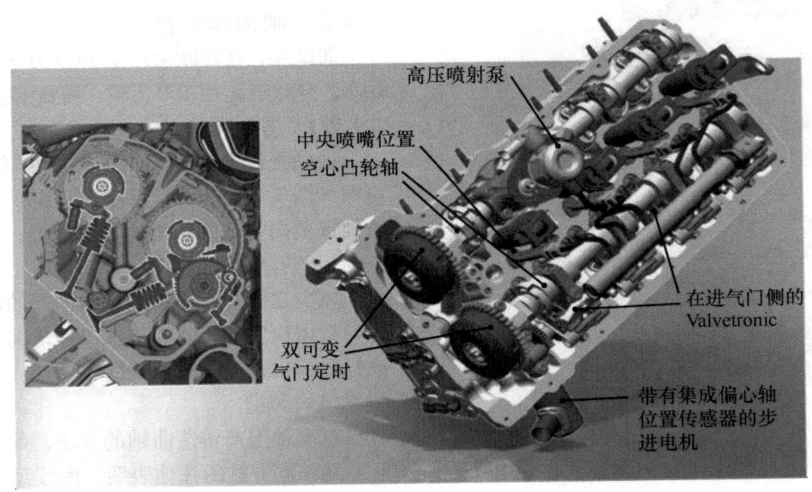

图 7.118 带直喷和 Valvetronic 的 BMW 公司 V8 发动机的气缸盖，细节优化

新的气缸盖方案设计的另一个开发重点是减少配气机构摩擦和减少配气机构部件对润滑剂的需求。对带有滚柱轴承的凸轮轴的研究表明，例如，大众集团的 EA 211 气缸盖上的凸轮轴前轴承已经设计为滚柱轴承。如果能够将乘用车发动机上的凸轮轴轴承直径减小到 20mm 的范围内，则可以获得更多的优势，因为现在几乎不使用灰铸铁制成的降低强度的凸轮轴。对于这些凸轮轴，传统上设计了较大的轴承直径。与大约 100 年前的情况一样，量产发动机中的气缸盖方案设计种类仍然很多[71]。通过使用两个顶置凸轮轴和带有液压气门间隙补偿的滚子摇臂，柴油机和汽油机在趋势方面变得更加相似。然而，随着配气机构可变性的应用，必须通过额外的努力提供相应的空间，使得气缸盖在方案设计上继续根据可变性而不同。对于发动机开发者来说，这意味着面对进一步发展的需求，这是一个巨大的挑战。

7.9 曲轴

7.9.1 在车辆中的功能

尽管需要减少平均 CO_2 排放并且与此相关联地努力开发替代的驱动装置，但内燃机，尤其是往复式活塞发动机，在机动车辆中仍然占主导地位。在未来的几年里，情况仍将如此。为了达到排放目标，通过所谓的小型化和混合动力驱动的使用，越来越多地使用气缸数较少的涡轮增压发动机。

7.9.1.1 往复式活塞发动机曲轴

通过曲轴的偏移，活塞往复运动经由连杆转换成在曲轴上具有可用转矩的旋转运动。图 7.119 示意性地显示了曲轴的功能元件。通过具有随时间和位置变化的力、转矩和弯矩的载荷以及由此产生的振动激励，曲轴承受高且非常复杂的应力。

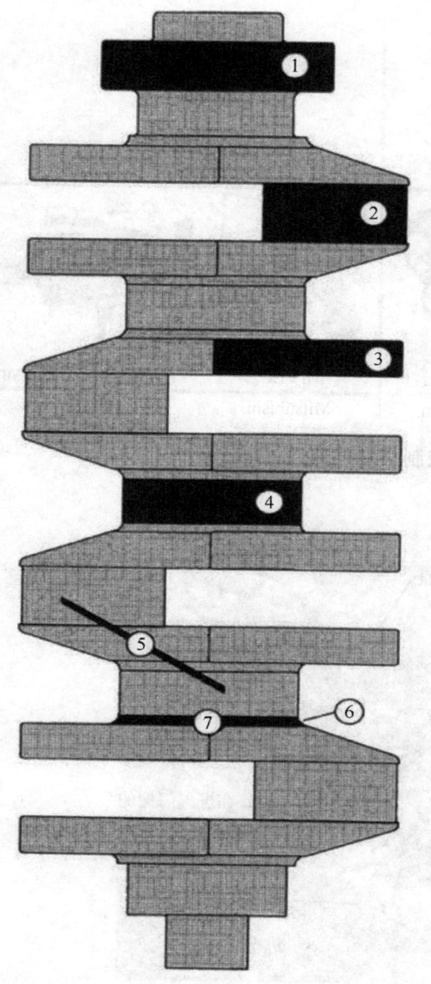

图 7.119　曲轴的功能元件示意图

1—法兰　2—连杆轴颈　3—配重　4—主轴颈/推力轴承　5—油道　6—倒角半径　7—轴环

7.9.1.2　要求

曲轴的使用寿命受以下因素影响：

a）抗弯强度（轴承座与侧壁过渡中的薄弱环节）。

b）抗扭性（通常油孔是薄弱环节）。

c）扭转振动特性（刚度、噪声）。

d）耐磨性，例如曲轴主轴承。

e）轴密封环磨损（泄漏、发动机润滑油逸出）。

为了提高发动机效率，其趋势是转向具有高转矩和更少气缸数的涡轮增压发动机，即使在低速时也能提供高转矩。在这些发动机中，在所有上述问题上，曲轴承受的负荷都比传统的自然吸气发动机要高得多。除了转矩之外，发动机设计也是曲轴负载的决定性标准。例如，在发动机功率相同的情况下：V6 发动机曲轴通常比 R6 发动机曲轴承受更高的负载[72]。

7.9.2　制造和特性

2012 年，在西欧生产了 1470 万辆乘用车和轻型商用车。全球产量为 7050 万辆。需要相应数量的曲轴。

7.9.2.1　方法和材料

曲轴是铸造或锻造的。2015 年各种制造方法的份额如图 7.120 所示。近年来，由于对柴油机的需求增加以及向更高的转矩的发展趋势，在欧洲，锻造曲轴的比例有所增加。

减少二氧化碳排放和燃料消耗的需要将越来越多地导致增压发动机，在汽油机的情况下也是如此，汽油机目前也优选配备锻造曲轴。

（1）铸造

有多种生产铸造曲轴的方法，如图 7.121 所示。

对不同方法的评估表明，由于尺寸精度更好，绿砂方法具有优势[74]。铸造工艺的进一步发展是朝着近净几何形状（Near－Net－Shape）、高强度和更硬的铸造材料以及在铸造状态下油道的制造方向发展[75]。

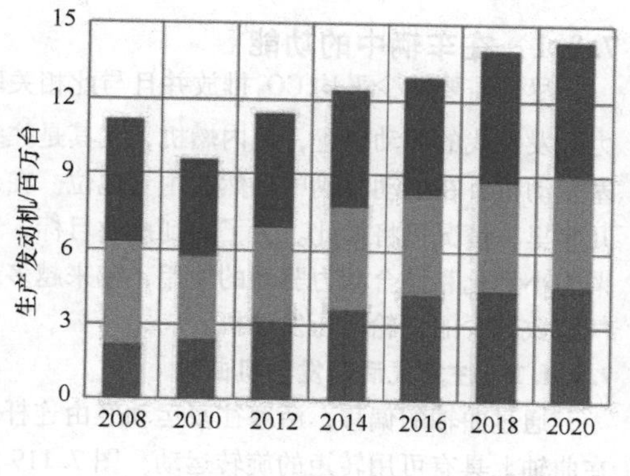

15
12
9
6
3
0
生产发动机/百万台
2008
2010
2012
2014
2016
2018
2020
b) 柴油机

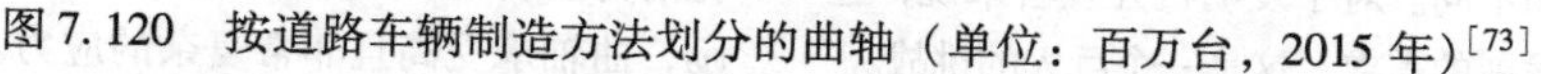

图 7.120　按道路车辆制造方法划分的曲轴（单位：百万台，2015 年）[73]

方法	在模中的位置	成型过程
绿砂	卧式	带模箱的自动生产线
掩模模具	立式	用钢丸回填盒子中的克罗宁桑德沙壳
消失模	立式	用松砂回填的盒子中的聚苯乙烯泡沫塑料模型

图7.121 制造曲轴的铸造方法概述

(2) 锻造

在德国，有两家公司专注于生产道路车辆的锻造曲轴[76]。1993年，西欧的锻造曲轴的比例为28%。由于工艺原因，锻造曲轴的趋势正在增加。

乘用车发动机曲轴通过材料的基本强度和接近最终状态的后处理（热处理、表面硬化）达到其耐久性。在锻造材料的情况下，除了更高的弹性模量外，还可以提供更高的基本强度。对于柔性制造，如果更高的运行强度是通过基础强度而不是通过后处理的改变来实现的话，那么发动机更新换代的后期扩展就更容易了。

(3) 铸造曲轴与锻造曲轴的差别

- 铸造曲轴比锻造曲轴便宜得多。

- 铸造材料对用于提高抗振动性的表面处理方法反应非常好。因此，例如，可以通过在轴颈/侧壁的过渡区域中的半径的固定轧制来显著地提高抗弯交变强度。

- 铸造曲轴可以制成中空的，这意味着可以减轻10%~20%的重量。

- 由于球墨铸铁的密度较低，在相同的设计的情况下，与钢相比，铸造曲轴的重量优势约为8%。

- 一般来说，铸造曲轴的机械加工更容易。可以使用更少的加工余量进行加工，模具分型脊更小并且不再需要抹灰，并且在侧壁区域中的斜面可以更窄地确定。在许多情况下，甚至可以省略对侧壁区域的处理。

- 铸造材料的弹性模量低于钢。因此，在相同的结构空间中，铸造曲轴的刚性更小。

- 由于更低的弹性模量和更低的铸铁密度，铸造曲轴和锻造曲轴之间的固有频率差异预计约为6%。

- 由于铸铁的表面结构（暴露的球晶），与钢相比，铸造曲轴表现出不同的磨损特性[77]。最近的研究表明，与钢相比，在混合摩擦区域中，去除球晶覆盖层会导致更好的磨损特性（更低的摩擦系数）[78]。其原因是微油袋的形成。

7.9.2.2 曲轴的材料特性

曲轴材料的特性如图7.122和图7.123所示。

钢	抗拉强度 R_m/(N/mm²)	屈服强度 $R_{p0.2}$/(N/mm²)	断裂伸长率 A (%)	可加工性	后处理潜力		
					氮化	轧制/滚压	感应硬化
C38+N2++	780~900	>450	>12	好	好	好	非常好
C38mod++ =38MnVS6++	820~1000	>550	>12	好	好	好	非常好
46MnVS6++	900~1050	>580	>10				
16MnCr5	780~1080	>590	>10				
37Cr4	880~1030	>620	>11	挑战性	好	低微	非常好
37Cr4 V	850~950	>650	>14	挑战性	好	低微	非常好
42CrMo4 V	980~1100	>850	>12	挑战性	好	低微	非常好

注：++BY钢（BY=从锻造热中有针对性地冷却：无须进一步进行热处理即可达到基本强度）

图7.122 曲轴用锻钢材料的特性[72]

铸造	抗拉强度 R_m/(N/mm²)	屈服强度 $R_{p0.2}$/(N/mm²)	断裂伸长率 A (%)	硬度 HB 30	可加工性	后处理潜力[14]		
						氮化	轧制/滚压	感应硬化
GJS-600-3	600	370	3	200~250	非常好	好	非常好	低微
GJS-700-2	700	420	2	230~280	非常好	好	非常好	好
GJS-800-2	800	500	2	250~300	好	好	非常好	好

图7.123 球墨铸铁（GJS）的特性；根据DIN EN 1563壁厚≤30mm时的最小值

曲轴锻钢的发展正朝着 **AFP 钢**（即沉淀硬化铁素体－珠光体钢）的方向发展[79,80]。这些钢不需要回火以达到其基本强度。它们也被称为 BY 钢。

铁素体－珠光体铸造材料 GJS－700－2 通常用于曲轴。涉及硬度散布带，一些发动机制造商有自己的规格。

新的发展也旨在增加基本强度和优化后处理，而不会对其他特性产生负面影响[81]。

7.9.3 轻量化和提高强度的方法

基本上有一种趋势，即在相同功率的情况下，发动机的结构尺寸会越来越小。在曲轴的情况下，试图通过减少和优化配重的几何形状、减小连杆和主轴承的直径以及空心的连杆销来利用轻量化的潜力[82]。

因此，一方面对曲轴的要求更高，另一方面，空间条件为材料和制造兼容的设计留下越来越少的余量。

7.9.3.1 空心铸造的曲轴

由于密度较低，具有类似设计的铸造曲轴通常比锻造曲轴轻约 8%。空心铸造曲轴提供了进一步减轻重量 10%～20% 的可能性（图 7.124）。

a) 实心铸件，12kg版本

b) 空心铸件，10.6kg版本

图 7.124 GJS－600－3 四缸发动机的铸造曲轴

7.9.3.2 ADI 奥氏体球墨铸铁（铁素体铸铁）

为了提高铸铁材料的基本强度，将其转变为铁素体组织是合适的。这种材料是通过额外的热处理方法制造的，具有高的强度、良好的断裂伸长率、高的硬度和较差的可加工性等特性（图 7.125）。

除了成本显著地增加外，“接近最终状态”[75]的生产加工并没有改变球墨铸铁材料的基本问题：为了获得高强度而进行的热处理不能将弹性模量提高到高于正常 GJS 值的水平。

材料缩写	抗拉强度 R_m/(N/mm^2)	0.2% 屈服强度 $R_{p0.2}$/(N/mm^2)	断裂伸长率 A（%）	硬度 HB 30（参考值）
EN－GJS－800－10	≥800	≥500	≥10	250～310
EN－GJS－900－8	≥900	≥600	≥8	280～340
EN－GJS－1050－6	≥1050	≥700	≥6	320～380
EN－GJS－1200－3	≥1200	≥850	≥3	340～420
EN－GJS－1400－1	≥1400	≥1100	≥1	380～480

图 7.125 符合 DIN EN 1564 的铁素体球墨铸铁（ADI）的力学特性，相关的壁厚 $t \leq 30$mm

7.9.3.3 通过后处理提高部件强度

静态特性几乎不能说明曲轴的使用寿命。部件强度以足够的疲劳强度为特征，只有通过后处理方法才能在铸铁和钢中实现（图 7.126）。最重要的是，连杆和主轴承的临界半径必须通过提高其强度的方法来升级以供运行使用。

（1）半径的深轧

半径滚压是铸铁曲轴和钢曲轴增加曲轴抗弯强度的常用方法[83－86]。在此，在轴承轴颈和侧壁之间的过渡处施加残余压应力，从而显著地提高该高应力区域的疲劳强度。

（2）带/不带销的半径感应硬化

该方法部分用于柴油机的曲轴，以提高轴承轴颈的抗振动性和耐磨性。感应淬火和半径轧制的组合也是可能的[83]。

（3）氮化

通过该方法也可以在轴颈和半径区域中施加残余压应力，从而提高了耐久性和耐磨性。

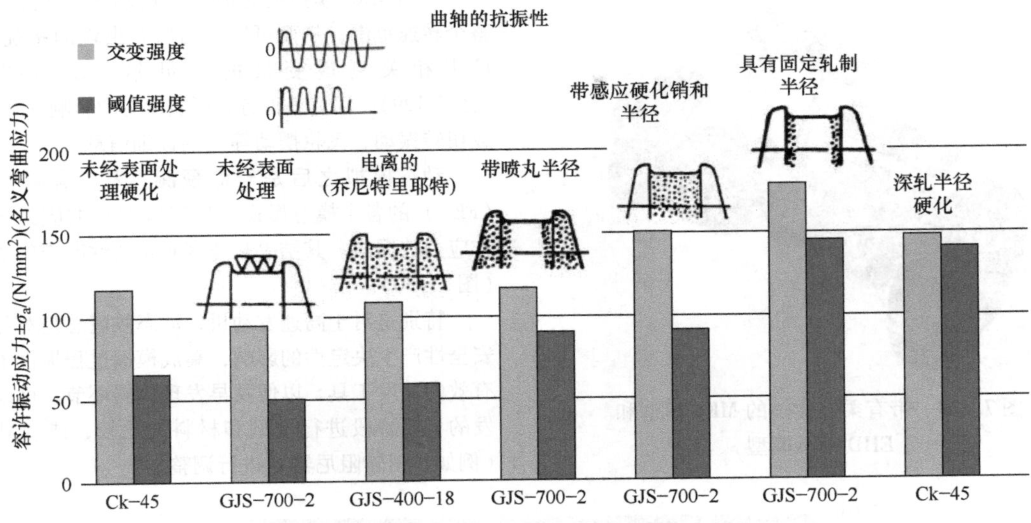

图 7.126 后处理对曲轴抗振性能的影响

然而，如今几乎不使用氮化方法，因为它们不能集成到生产过程中，并且脱盐也很困难。

(4) 球体校准

利用该方法，可以通过硬化在轴承轴颈中的油孔来提高扭转交变强度。需要注意的是，必须针对每种材料优化后处理方法。更换材料时必须考虑到这一点。

7.9.3.4 材料开发/优化轧制相结合

近年来，通过局部提高强度的措施，在提高球墨铸铁件的使用寿命方面已经做出了许多努力[81]。结果表明，通过使用改进的球墨铸铁材料和球墨铸铁曲轴半径的优化的深轧参数，可以达到甚至超过钢锻造轴的振动强度值（图 7.127）。仿真技术也取得了进一步的进展[87]。现在可以对硬化曲轴轴承区域的残余应力分布进行数值模拟。

7.9.4 曲轴的计算

对于曲轴的设计，有关材料特性的专业知识以及通过后处理对其产生影响的可能性至关重要。此外，有限元（FEM）和多体仿真程序的不断开发有助于实现曲轴的重量优化设计。通过**集成的模拟过程**，可以进行动态和声学分析以及使用寿命评估。

集成的仿真过程的流程[88]：

认为曲轴是一种线弹性结构。组件之间发生的非线性运动和非线性耦合在**多体仿真**（MKS）中处理（图 7.128）。使用弹性流体动力学油膜模型（EHD）绘制曲柄连杆机构的主轴承中的润滑油油膜的动态特性，并将其纳入 MKS 中。

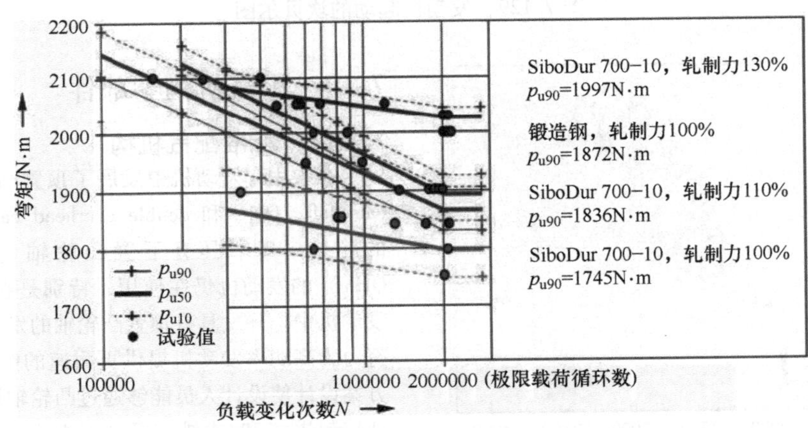

图 7.127 滚压对排量为 1.9L 的四缸柴油机曲轴交变强度的影响（SiboDur 700－10 与锻钢的比较）[81]

图 7.128　带有柔性曲轴的 MKS 模型和 EHD 轴承模型

使用 MKS 模拟动态的发动机起动。在此，经过整个转速范围，从而可以遍历所有出现的系统谐振。使用相关测量变量的坎贝尔（Campbell）图（图 7.129），可以获得有关可能发生的影响（弯曲和/或扭转振动、飞轮摆动等）的详细信息。

动态模拟之后是**寿命预测**。来自有限元分析（FEA）的各个模态形式（模态应力）的应力分布用作应力数据集。其结果是速度对耐久性断裂的依赖性（图 7.130）。

特别是对于高速发动机，动态效应总是对部件的安全性产生决定性的影响，集成模拟过程提供了一个有效的开发工具，以便及早发现薄弱环节。可以在开发的早期阶段进行变型和材料的比较，或者对附件（例如：扭转阻尼器）进行调整。

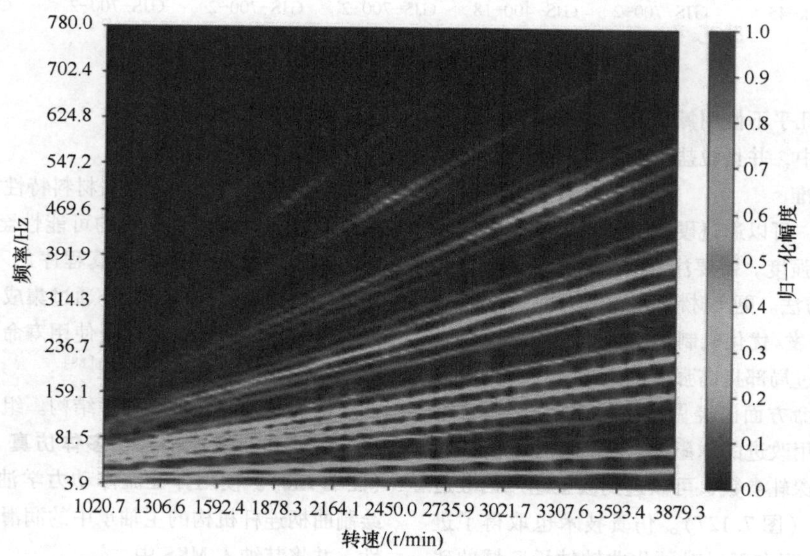

图 7.129　发动机起动的坎贝尔图

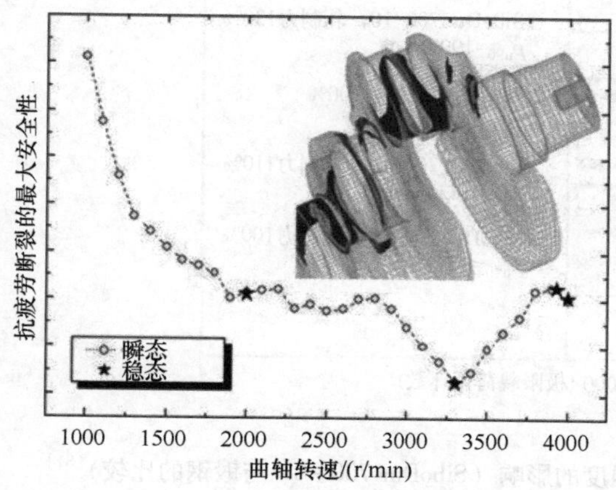

图 7.130　最小抗疲劳断裂随速度分布的示例

7.10　配气机构零部件

7.10.1　标准配气机构

在乘用车发动机中发展了顶置凸轮轴（overhead camshaft，OHC 和 double overhead camshaft，DOHC）的趋势，其中具有下置凸轮轴（overhead valve，OHV）的发动机仍在使用，特别是在大排量的 V 形发动机中。开发具有顶置凸轮轴的发动机的原因在于努力为高功率发动机提供更耐速的配气机构。DOHC 方案设计使设计人员能够通过凸轮轴调节器相互独立地控制进气和/或排气凸轮轴的气门正时。OHV 和 OHC 方案设计的特点是紧凑的结构形式和具有成本效益的制造。

在商用车柴油机领域，出现了4-气门方案设计的趋势。带气门间隙机械调节的摇臂或双摇臂，由下置的凸轮轴通过推杆驱动（与二气门布置一样），接管气门的驱动。

对于不需要发动机制动驱动的小型商用车发动机，除了使用OHV，也使用OHC方案设计，并越来越多地采用液压气门间隙补偿。

7.10.1.1　直接驱动的配气机构

这一类别包括带有液压（图7.131）或机械杯形挺柱的配气机构，以及所谓的“桥式”解决方案，其中柱形导向元件通过凸轮轴的直接操控来接管多个气门的运动。后一种解决方案的一个子结构形式是连接在两个液压杯形挺柱上的桥（欧宝直喷柴油机）。

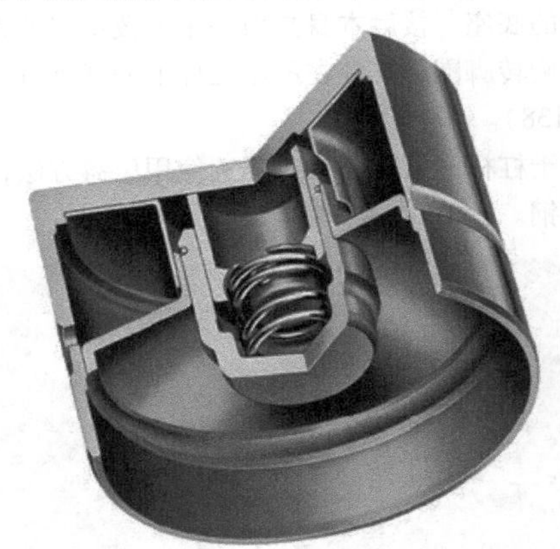

图7.131　液压的杯形挺柱

直接驱动在相对较低的运动质量下始终提供非常好的刚度值。这是即使在非常高的转速下（接触力损失、气门过早落座）也不会出现问题的配气机构特性的先决条件。因此，特别是通过杯形挺柱可以实现高效和高转速的发动机。

为了实现低的运动质量，在机械的杯式挺柱下最好使用带阶梯底部厚度的杯（图7.132）或下方带有调节盘的杯。

关于维修工作（气门间隙调整），带有顶置调节盘的杯形件（图7.133）是首选，因为在这种结构形式中，凸轮轴的拆卸不是绝对必要的。然而，它们比上面提到的杯要重得多，并且需要更大的安装空间（在相同的气门升程下）。杯形挺柱的基体由可变形钢制成。只有两种使用铝的情况是已知的［丰田雷克萨斯（TOYOTA Lexus）V8，捷豹（Jaguar）V6和V8］。圆盘主要由可完全硬化的钢制成。基体由深拉钢板和小型液压元件（外径：11mm）制成，液压杯形挺柱的质量非常小，明显低于具有相同凸轮接触直径的“topshin（托普申）”机械杯形的重量。

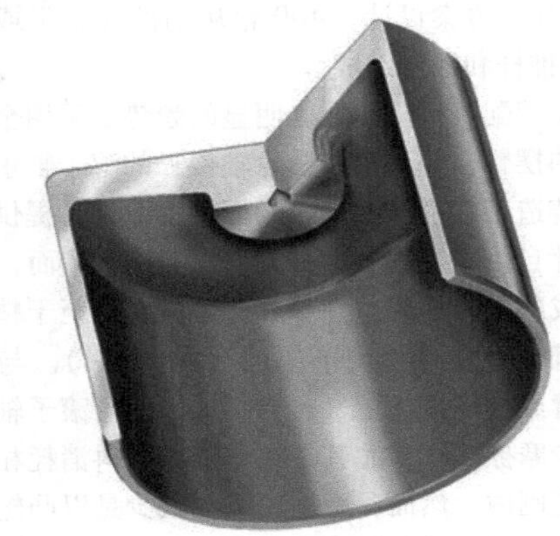

图7.132　带阶梯底部厚度的机械的杯式挺柱

与凸轮的滑动接触需要对凸轮轴进行仔细加工，在凸轮磨削后进行石材-精加工是最有利的。此外，凸轮轴材料也必须与负载情况相匹配，以避免磨损。事实证明，壳式硬铸铁凸轮轴以及在表面处重熔的灰铸铁制成的凸轮轴特别有利。为了实现凸轮接触面的均匀磨合，杯式挺柱或圆盘应旋转。这是通过凸轮相对于圆盘偏移（在凸轮轴轴线的方向上）或通过在凸轮与挺杆本身接触时偏移加上斜面来实现的。在DOHC应用中，杯形挺柱配气机构和这里的机械机构提供了气缸盖结构高度低的优点。杯形挺柱可用于许多不同的应用：2气门或4气门的汽油机和柴油机。

带有特殊液压元件的杯形挺柱用于消除基圆阶段的过大接触力，用于大众汽车集团的所有泵-喷嘴柴油机。

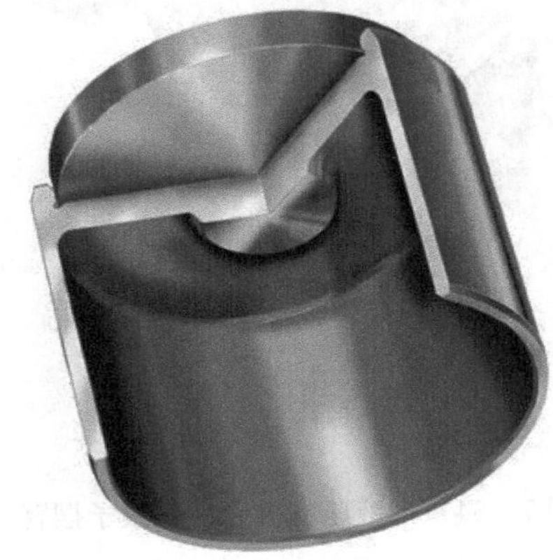

图7.133　带顶置调节盘的机械的杯形挺柱

7.10.1.2　间接驱动的配气机构

这组配气机构包括：

- 带固定气门间隙补偿元件的摆臂配气机构；摆臂靠在液压元件的球形上端。

– 可旋转地安装在轴上的摇臂。

– OHV方案设计，由凸轮从动件（扁平或滚轮挺杆）、推杆和摇臂组成。

在摆臂配气机构领域，明显的趋势是采用金属板材成形的摆臂，并具有与凸轮轴接触的滚子轴承。采用精密铸造工艺由铸钢制成的摆臂为设计者提供了更大的设计自由度（刚性、质量惯性矩）。然而，由金属板制成的摆臂的成本优势如此之大，以至于精密铸造的摆臂仅在特殊情况下使用（图7.134）。与滑动表面摆臂或杯形挺柱配气机构相比，使用滚子轴承滚子可减少摩擦功率，尤其是在与降低燃料消耗相关的低转速范围内。然而，摩擦功率的减少是以凸轮轴扭转振动的阻尼的显著降低为代价的，这对链传动或带传动产生了影响。转动惯量和刚度在很大程度上取决于摆臂的结构形式。与杯形挺柱相比，短的摆臂可实现小的质量转动惯量，以及将气门侧的质量减少到更小。整体而言，滚子摆臂在刚性方面不如杯形挺柱滚子–摆臂配气机构的凸轮轮廓与杯形挺柱配气机构的凸轮轮廓有很明显的不同［大的尖端半径、更小的凸轮升程（取决于传动比）、凹面］。为了使凸轮的凹面保持如此窄小，以便在批量生产中仍可磨削，优选配气机构几何形状，其中滚子大致位于气门与液压元件之间的中心位置，而凸轮轴位于滚轮上方。这种布置意味着“充气”（参见液压气门间隙补偿）的风险仍然是可控的。

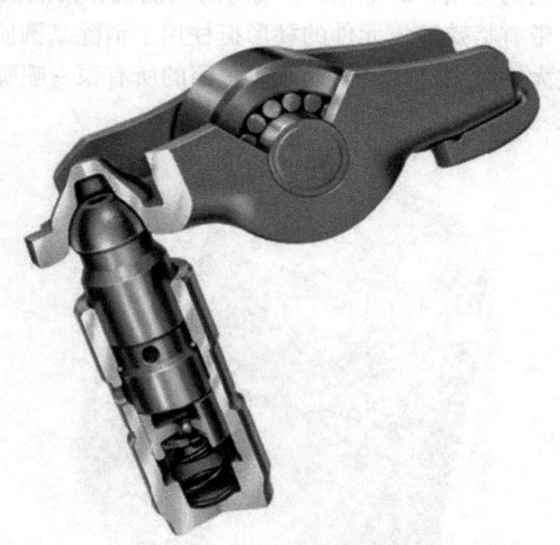

图7.134　带液压支撑元件的滚子摆臂

凸轮相对于气门偏移位置的这种配置使得摆臂对4气门直喷柴油机很有吸引力，因为在这些发动机中，气门平行或相互仅以很窄的角度放置（图7.135）。只有使用摆臂才能使凸轮轴之间有足够的距离。摆臂也可用于“扭曲”阀门组件（例如DCC OM 668）。

与摆臂不同，摇臂由轴引导。安装在杠杆中间的摇臂（图7.136）与安装在末端的摇臂是有区别的。

对于前者，凸轮轴位于杠杆下方的一端。凸轮运动由滑动面或凸轮滚轮传递。为了实现更低的摩擦损失，现代摇臂大多采用滚针轴承凸轮滚子。发动机气门通过液压间隙补偿元件或用于机械气门间隙调节的调节螺钉在杠杆的对侧操控（图7.137）。

为了使调节元件与气门的接触点在杠杆摆动运动时始终保持在气门杆的端部，杠杆的接触面必须是弯曲的。由于液压元件和机械调节螺钉都没有定向地安装在杠杆中，因此在气门操控元件上形成一个球形接触表面。这种几何形状导致气门杆端部的表面压力相对较高。如果表面压力过高，则使用与气门接触时具有旋转的底座。接触本身是由一个大致平坦的表面承接，而旋转脚围绕安装在液压元件上的球体进行运动（图7.138）。

用于杠杆的材料是铝，优选使用压铸方法，或者使用铸钢。

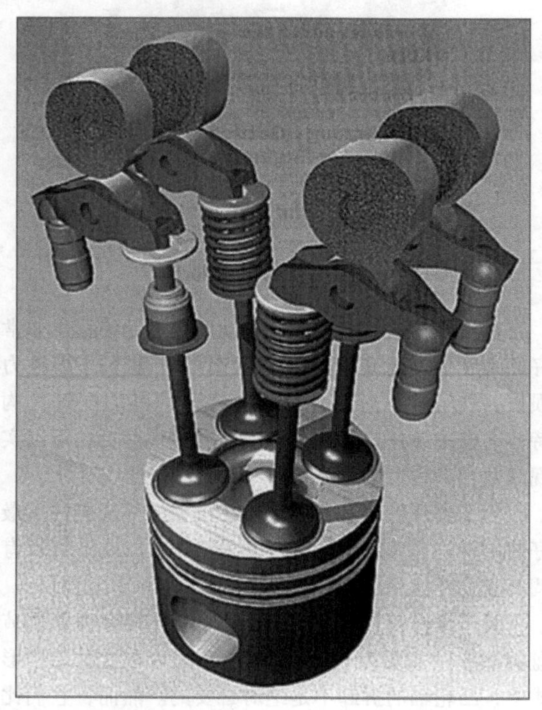

图7.135　带滚柱摆臂的直喷柴油机的配气机构[89]，维也纳发动机研讨会（2001）

液压元件的油来自摇臂轴。摇臂上的孔从这里通向液压元件。具有窄的导向间隙的支撑盘，通常用于铝制杠杆，允许空气逸出，例如，当发动机起动时，可以到达液压元件。对于钢制摇臂，要么使用这样的

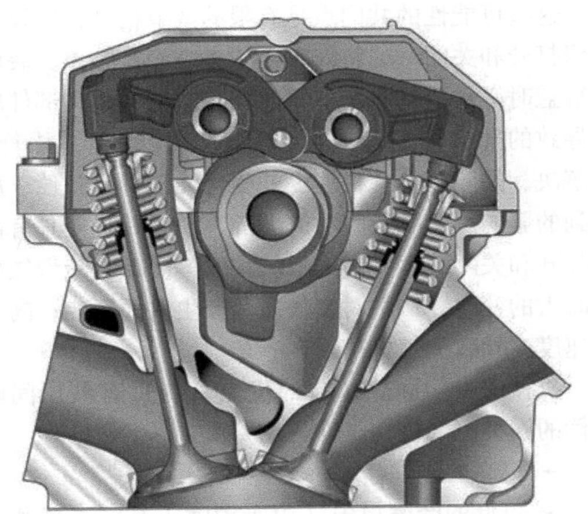

图 7.136 典型的摇臂配气机构

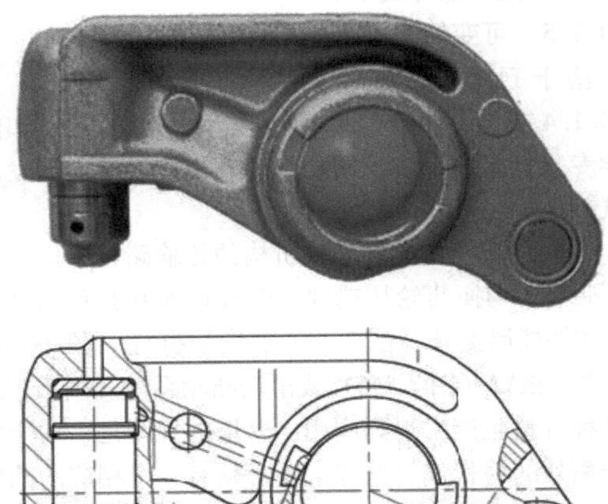

图 7.137 铝制摇臂的视图和截面

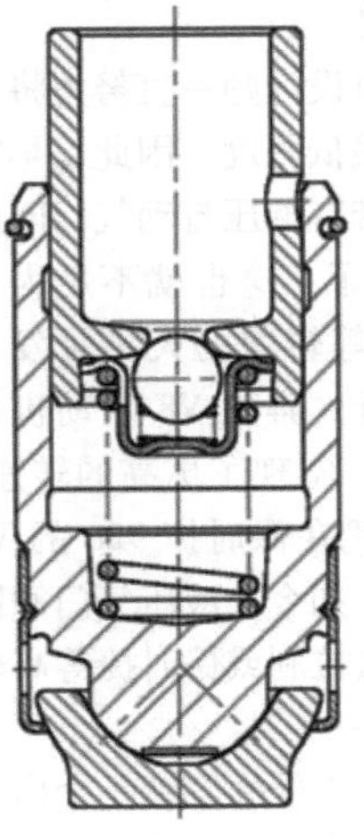

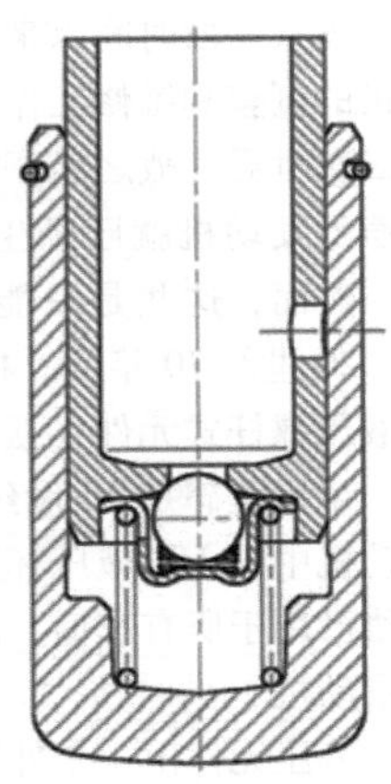

图 7.138 外径为 11mm 的摇臂液压元件

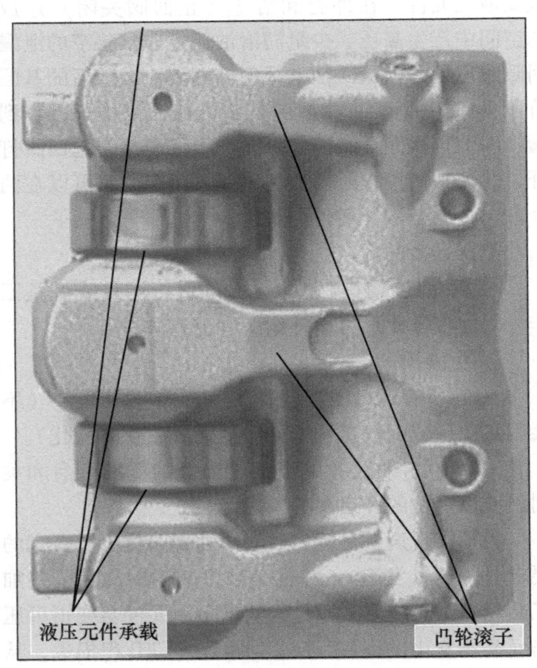

图 7.139 奥迪公司 V8 发动机的三重摇臂

圆盘，要么使用非常小的孔来通风。

从摇臂轴上的供油孔开始，摇臂上的孔可用于凸轮滚子以及凸轮滑动面的喷射。

这样设计的杠杆用于柴油机和汽油机。借助于摇臂，只需一个凸轮轴就可以实现 2、3 或 4 气门布置。对于带有两个进气门或排气门的配气机构，可以使用双摇臂，它可以用一个凸轮同时操控两个气门。借助于液压元件，气门间隙可以单独补偿。

甚至可以进行三重操控（图 7.139）。奥迪公司在 V8 发动机的 3 进气门配气机构中使用三重摇臂。动力从两个凸轮通过杠杆中的两个滚轮传递到三个液压元件上。

除了前面提到的摇臂直接操控气门的解决方案外，还有带摇臂的配气机构通过柱状导向或可自由移动的桥同时操作两个气门。对于 4 气门柴油机，即使带有旋转的气门布置，也使得仅用一个凸轮轴操控所有气门成为可能，同时为喷油器保留空间。

由于摇臂的几何形状，特别是凸轮接触点与气门接触点之间的距离较大，相对较多的接触点数量以及必须考虑的额外轴线，刚度值较低。摇臂处更直接的动力流可确保更好的刚度值。

7.10.1.3 液压的气门间隙补偿

很长一段时间以来，发动机设计师一直努力将发动机的调整和维修工作保持在最低限度。因此，早在第二次世界大战之前，第一批带有液压自动气门间隙补偿的发动机就已经生产出来了，这也就不足为奇了。然而，这些是只能达到中等转速的大排量发动机。20 世纪 70 年代，梅赛德斯－奔驰 V8 发动机采用液压螺杆式元件（摆臂系统）实现了更高的转速。另一个里程碑是 20 世纪 70 年代在保时捷 928 的 V8 发动机中引入了液压杯形挺柱。如今，液压气门间隙补偿已用于所有车型，即使是法拉利或保时捷等高转速发动机。

液压元件由一个外壳组成，该外壳容纳一个内部带有集成的止回阀的活塞。两个部件可以相对移动，并在接触面上形成仅几微米的泄漏间隙。两个部分都被内置弹簧推开。

在气门升程期间，发动机气门弹簧力和质量力加载到液压元件。在外壳和活塞（止回阀关闭）形成的空间中产生高压。少量润滑油通过非常狭窄的泄漏间隙逸出，并被送入活塞中的储油腔。在随后的基圆阶段（阀门关闭），内置弹簧将液压元件推开，直到阀门间隙再次完全平衡。由此产生的压差使止回阀打开，并使平衡过程所需的油量流入。因此，可以在两个方向上改变液压元件的长度。

液压平衡的优点是：

- 简单的气缸盖装配（无须进行测量或调整工作，因为液压元件可以补偿所有公差）。
- 免维护。
- 在所有运行工况任何时间保持正时恒定（不会因热效应或配气机构部件磨损而导致正时变化）。
- 噪声水平低（由于凸轮轴上的低的开启和关闭斜坡以及低的开启和关闭速度）。

为了实现这一目标，对润滑油回路提出了一定的要求（油压、发泡），并且必须以较小的几何公差加工凸轮基圆。在供油不足的情况下，元件会变得可压缩（高压室中的空气）。这会导致气门升程损失，从而导致噪声或高速下动态特性发生变化。接触力的损失被液压元件识别为间隙，并可能导致元件不必要的延伸，从而导致阀门打开。

7.10.1.4 机械的气门间隙调整

气门间隙通过以下方式调整：

- 螺钉。
- 具有渐变厚度的调整板。
- 带阶梯底部厚度的杯形挺柱（仅适用于杯形挺柱配气机构）。

这些可能性的共同点是有限的调节精度，在设计气门打开和关闭时的斜坡时必须考虑到这一点。装配气缸盖时必须测量和调整气门间隙。配气机构部件磨损导致的气门间隙增大可以通过调整间隙（维修）来解决；间隙随发动机温度的变化无法得到补偿。所提到的影响可能导致间隙的大的离散，并迫使具有高的打开和关闭速度的高的斜坡。大的离散意味着气门正时大的变化，从而对废气质量产生负面影响；高关闭速度会导致配气机构噪声。

机械的气门间隙调节的优点（与具有液压间隙补偿的同类配气机构组件相比）是：

- 更高的刚性。
- 更低的摩擦损失（由于消除了基圆摩擦和改变了的发动机气门弹簧特性）。
- 更低的组件成本。

7.10.1.5 可变的配气机构

基于已经解释过的系统（7.10.1.1 节～7.10.1.4 节），可以满足发动机设计人员的需要和热力学专家的愿望，将不同的气门升程曲线传递到发动机气门上。

这通过切换集成到配气机构的传输路径中。

带有可切换凸轮从动件的升程切换和升程切断系统，例如杯形挺柱（图 7.140）、滚子挺柱（图 7.141）或摇臂、摆臂（图 7.146）或滑动凸轮系统（图 7.143）在各种批量生产中得到应用。这里的规则是，对于每一个额外的替代气门升程，还必须有一个相应的凸轮作为提供升程的元件，除非替代升程为零升程。

图 7.140 可切换的杯形挺柱

（1）气缸停用

在气缸停用时，选定的气缸通过关闭进气门和排气门的升程而停用，并且与凸轮升程完全解耦。由于等距点火次序，普通的 V8 和 V12 发动机可以分别

“切换”为V4或R6发动机。虽然停缸最初只用于大排量的多缸发动机，但现在越来越多的小排量四缸发动机也配备了这项技术。

气缸停用的目的是尽量减少气体交换损失（泵气损失以及节流损失），并将运行工况点移向更高的平均有效压力，从而提高了热力学效率。

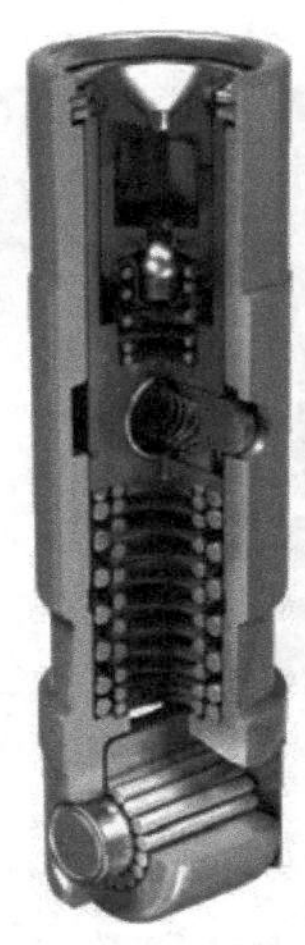

图7.141　可切换滚子挺柱

如克莱斯勒HEMI V8发动机等量产应用表明，在正常的行驶循环中，使用停缸可节省约10%的燃料。

当然，在气缸停用的情况下，前面提到的减少配气机构摩擦功率的积极效果对于气缸停用的运行更为明显。

常见的气缸停用解决方案：

- 可切换的支撑元件。
- 可切换的滚子挺柱。
- 可切换的摆臂。
- 切换杯。
- 滑动凸轮系统。

所提到的系统在“部分可变配气机构”一节中有更详细的介绍。

（2）升程切换

升程切换可以根据运行工况点使用至少两个不同的气门升程。在这里，使用了专门针对部分负荷范围进行调整的更小的气门升程，从而改善了转矩变化曲线并降低了燃料消耗和排放。然后可以对大气门升程进行优化，以进一步提高功率。

具有更小的最大升程和较短时间长度的小气门升程由于明显更早的“进气-关闭”时刻和进气道中的去节流，可以减少气体交换功［米勒（Miller）循环］。阿特金森（Atkinson）循环，即极晚的进气关闭，也可能得到类似的结果。燃烧室的优化的填充导致部分负荷范围内的转矩增加。通过增加残余气体的相容性，例如通过非对称气门升程（用于产生涡流的两个进气门的不同的小气门升程）和通过屏蔽进气门以进行有针对性的充气运动，可以实现进一步的燃料消耗效益。

对于新的燃烧方法，如HCCI，需要有针对性的残余气体控制，正在开辟进一步的应用领域。

结合凸轮轴调整，可以在发动机的许多运行工况点实现热力学优化，这反映在油耗的明显减少上。

1999年，保时捷通过所谓的VarioCamPlus系统（图7.142）将这项技术（例如切换杯）推向市场（图7.142）。

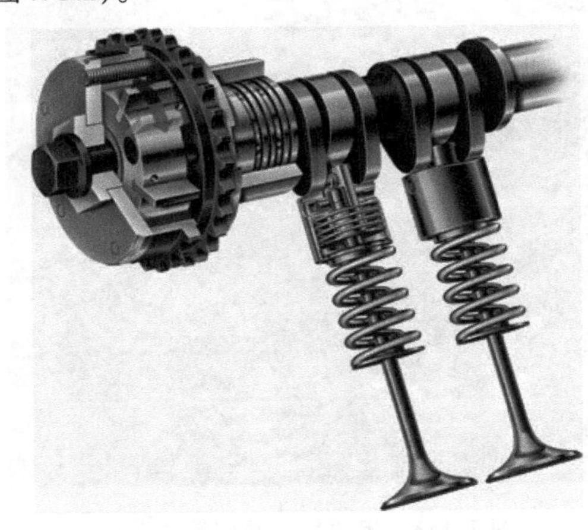

图7.142　保时捷VarioCamPlus系统[90]，维也纳内燃机研讨会（2000），保时捷公司，内瑟尔（Neußer）博士（来源：www.porsche.com）

在各种量产应用中，在NEDC试验循环下，能耗节省可高达6%。

关于摩擦功率的积极影响也被证明是存在的，因为在部分升程运行中，更小的气门升程出现更小的气门弹簧力。

升程切换的常用解决方案：

- 可切换的摆臂。
- 切换杯。
- 滑动凸轮系统。

所提及的部件的功能将在下一节“部分可变配气机构”中进行更详细地解释。

（3）技术上的设计

同时，市场上也出现不同的升程切换和升程关闭的技术解决方案。一种基本的方法是将凸轮接触元件与发动机气门解耦。由此产生的“丢失”运动称为“丢失运动（Lost - motion）”升程或空升程。此处负的质量力必须由“丢失运动”弹簧吸收，因为气门弹簧不再作用于解耦的凸轮从动件。

在升程切换的情况下，部分负荷的凸轮确定气门升程的运动。

对于各种配气机构类型，例如杯形驱动或摆臂驱动，有相应的相匹配的技术解决方案，其工作原理如上所述。

另一种方法，如奥迪气门升程系统（Audi Valvelift - System），是通过使用机电执行器轴向移动轴上的凸轮或凸轮组来控制要移动的升程（图7.143）。

图7.143　奥迪气门升程系统[91]

（来源：www.audi.de）

（4）部分可变的配气机构（可切换组件）

切换杯由两个同轴排列的杯、内壳和外壳组成。防扭曲装置确保切换杯的球形的凸轮接触面与凸轮的正确对齐。与扁平的杯底相比，弯曲的凸轮从动表面的优点是可以容纳更大的升程。在解锁状态下，设计为压缩弹簧的“丢失运动”，弹簧可防止将外壳从凸轮上抬起。

通过锁定机构，内壳和外壳可以相互耦合或解耦（图7.144）。根据所需的切换策略，可以设计为无压力锁定或无压力解锁。液压气门间隙补偿元件（HVA）位于内壳中。

用于OHV发动机的**可切换的滚子挺柱**（图7.141）和**可切换的支撑元件**（图7.145）原则上具有与所述相同的结构，但对于这些组件，只有升程关闭或气缸关闭是可能的。对此，这些切换元件不需要额外的凸轮。

可切换的摆臂由两个可耦合的杠杆组成，可以设计为带有滑动或滚轮拾取装置。在大多数情况下，“丢失运动（Lost - motion）”弹簧是旋转腿弹簧。图7.146显示了根据凸轮轴设计可用于气门升程切换或关闭的变体。在这里，小升程通过滑动拾取装置传输。图7.147中显示了用于小升程的滚子拾取的变体。

a) 锁定运行

b) 解锁运行

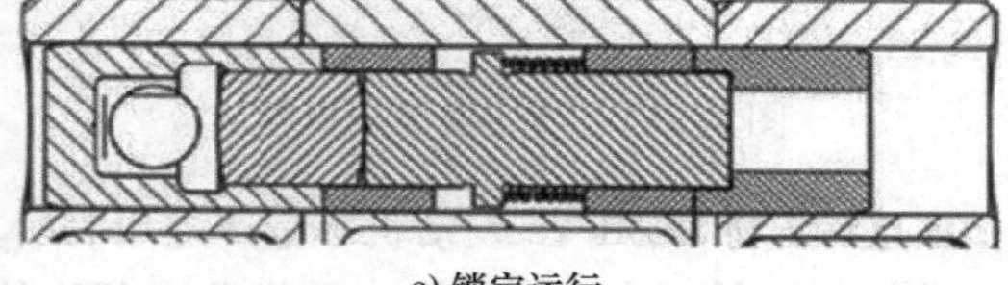

c) 锁定运行

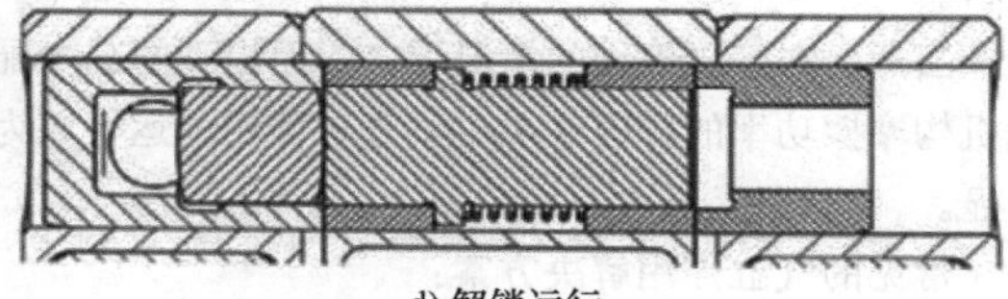

d) 解锁运行

图7.144　耦合机构的开关位置[90]，维也纳内燃机研讨会（2000）

在马自达（MAZDA）公司，可切换摆臂（图7.146）用于SKYACTIVE柴油机的特殊应用。此处，可切换的摆臂（图7.147）位于排气侧。通过切换到辅助杠杆，排气门可以在进气阶段第二次打开，以实现内部废气再循环。

上述切换部件的锁定主要通过现有的HVA供给或通过单独的通道在切换元件附近已经可用的发动机油压来操控。它通过一个3/2路切换阀控制，该切换阀控制油道中用于操作切换元件的压力构建或用于反向切换的快速压力释放。

切换阀本身根据存储的特性场通过ECU进行电气控制。

此外，还有直接电磁控制锁定机构的技术解决方

图7.145 可切换的支撑元件

图7.146 用于气门升程切换或关闭的可切换的摆臂（马自达SKYACTIVE柴油机）

案，到目前为止，这些解决方案对气缸盖中的安装空间技术方面提出了更大的挑战。通过良好调校的液压

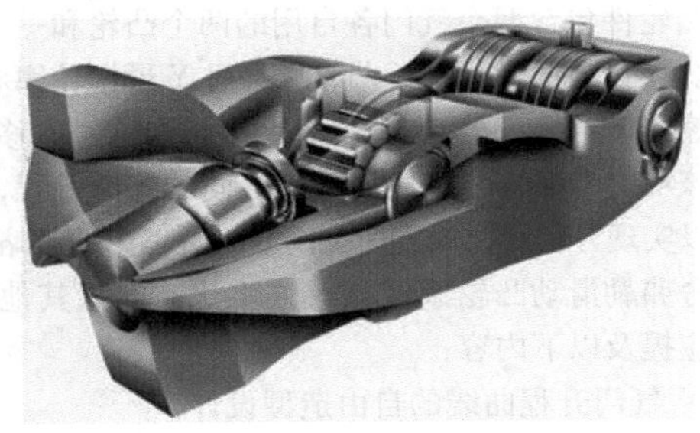

图7.147 用于气门升程切换的可切换的摆臂

系统，可以实现10~20ms的切换时间，这使得在通常要求的转速范围内的凸轮轴旋转一圈内进行切换成为可能。

在设计发动机中的切换油路时（图7.148），必须特别注意通道的位置和几何形状，以创建一个尽可能具有液压刚性的系统，防止空气积聚和避免节流。通过在降低油压的情况下不断冲洗切换通道，可确保优化的响应特性。这可以快速地冲洗掉可能积聚的气泡，同时，较低的压力水平确保液压回路处于预加载状态。

舍弗勒（Schaeffler AG）公司的**滑动凸轮系统**（图7.149）是基于凸轮件在基轴上的轴向位移。滑动凸轮系统的核心件是控制槽，执行器销啮合在控制槽中并在基轴上轴向移动一个圆柱体的凸轮件。

升程可变性直接在凸轮轴上由电动执行器产生。滑动凸轮系统由一根基轴、每个圆柱体一个凸轮件、相关的摆臂和支撑元件以及每个凸轮件一个2针执行器组成。凸轮件通过轴向齿形连接到基轴上，但轴向可滑动。

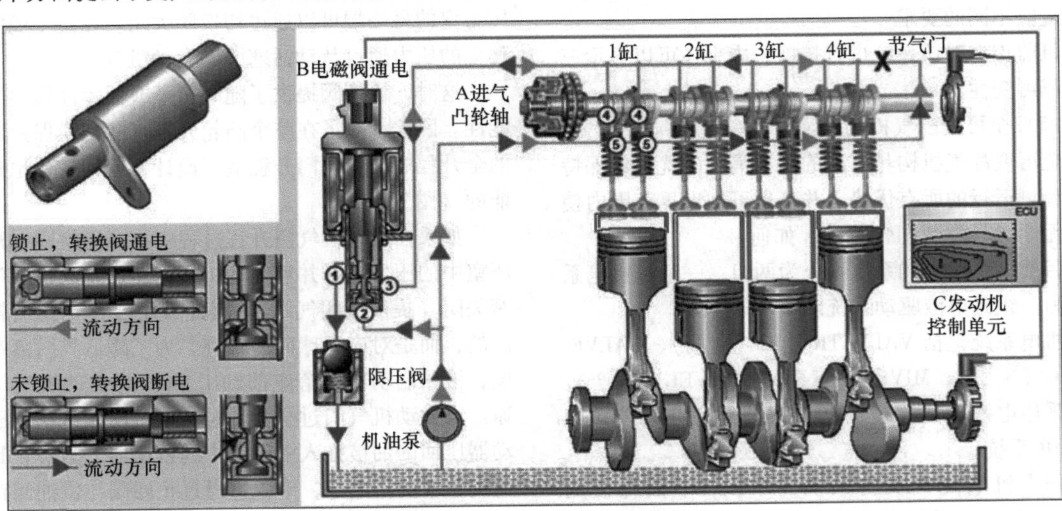

图7.148 控制切换元件的油路

凸轮件包含两个气门各自用的两个凸轮和一个控制槽。在目前的设计中，凸轮件通过Y形槽轮廓和电动可控的2针执行器在基轴上沿两个轴向方向移动。利用该解决方案，可以显示两种不同的气门升程，从而可以实现升程切换或气门关闭或气缸停用的策略。

舍弗勒滑动凸轮系统具有许多优点。除其他外，此处应提及以下内容：

- 气门升程曲线的自由造型设计。
- 独立于油压的切换。
- 特定于气缸的切换。

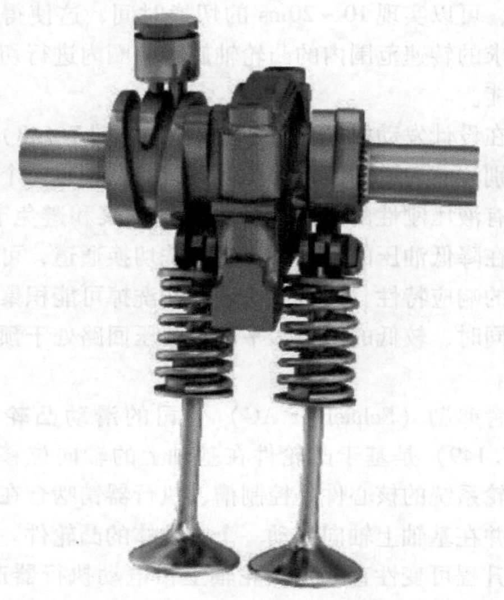

图7.149　舍弗勒滑动凸轮系统

最后但同样重要的是，这些特性使其成为灵活的、强大的且面向未来的升程切换系统。它可以很容易地适应不同的要求。

目前正在对该系统进行扩展，未来还可以显示三级升程可变性。

（5）全可变配气机构

全可变配气机构具有高的燃料消耗的优势和保持化学计量运行的所有优势，并且也可在世界范围内使用，无论燃料类型（含硫量）如何。

目前批量生产的系统可分为两组：一组是机电系统，另一组是电液驱动系统。

机电系统包括VALVETRONIC（宝马）、VALVEMATIC（丰田）、MIVEC（三菱）和VVEL（日产）。唯一采用电液功能原理的量产系统是舍弗勒公司的UNIAIR系统。

作为机电配气机构系统的示例，下面将使用VALVETRONIC系统来说明该功能。该系统提供了一个没有节气门的发动机功能。在部分负荷下，通过进气门的气门升程和打开持续时间来调节气缸的充气。进气和排气凸轮轴由可变的凸轮调节驱动。

为了无级调节进气门升程，在凸轮轴与摆臂之间插入了一个中间杆，该中间杆支撑在偏心轴上。中间杆与滚子摆臂的接触面的轮廓定义了气门升程曲线。通过转动偏心轴，可以无级地改变中间杆的枢轴点，从而无级地改变凸轮升程与气门升程之间的传动比。因此，可以实现怠速时约0.25mm和全负荷时9.8mm之间的气门升程[92]。

舍弗勒公司开发的UNIAIR系统（图7.150）等电液配气机构可以实现更大的自由度。

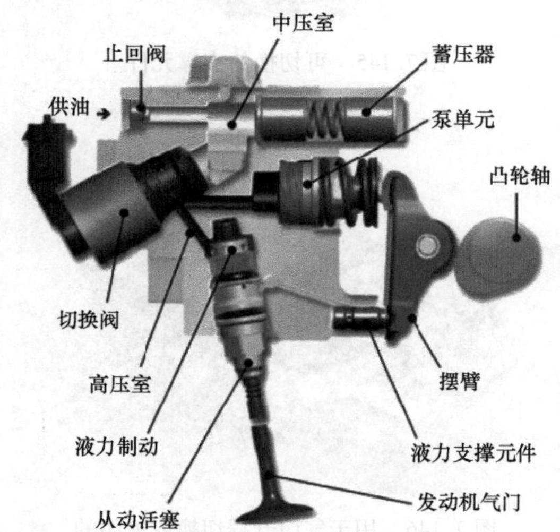

图7.150　UNIAIR系统原理示意图[93]

在这里，杯形挺柱或带有滚子拾取的杠杆将凸轮轮廓传输到泵单元。油被推入压力室（高压室）中，压力室的另一端可以通过切换阀关闭。在这个腔室中建立的压力通过从动活塞驱动发动机气门。

这时，切换阀提供了随时打开或关闭高压室的可能性。因此，除了在整个凸轮升程期间切换保持关闭的全升程之外，气门升程造型设计的各种变化也是可能的（图7.151）。

如果在发动机气门升程过程中打开切换阀，则高压室中的压力下降并且发动机气门通过发动机气门弹簧关闭（提前关闭气门）。因此关闭过程不是凸轮控制的，而是对应于球面的轨迹。为了降低气门落座速度，液压制动器在落座前约1.5mm时发动机气门减速。当发动机气门过早关闭时，通过高压室从液压制动器压回的油被推入中压室中的蓄压器。为防止其回流到正常的油路中，中压室通过止回阀与供油回路隔开。当高压室重新充满时，蓄压器将其弹簧中存储的能量返回到凸轮轴。

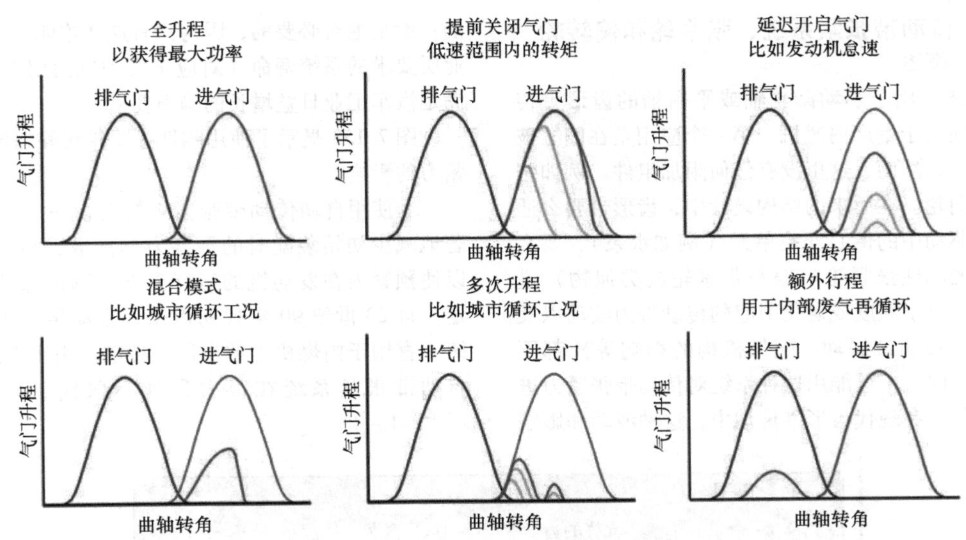

图 7.151　UNIAIR 系统气门升程模式

如果切换阀仅在凸轮升程启动后才关闭，则泵首先将油从高压室推出到蓄压器中。切换阀关闭后，发动机气门开始升起，全升程曲线因此向下移动（晚开气门）。在这里，与所有模式一样，气门关闭也不是凸轮控制的，而是通过液压制动器确定落座。

如果切换阀在整个凸轮升程期间保持打开，则发动机气门升程为零。因此，借助于 UNIAIR 系统，可以单独控制每个发动机气门的气门升程，但受限于由凸轮几何形状确定的全升程曲线。为此，所需的控制电子设备与发动机控制装置通信，并根据当前对气门升程和传感器数据（例如油温）的要求来操控切换阀。

这种全可变的气门控制可用于汽油机和柴油机，并通过现有的发动机润滑油回路提供。它可以在汽油机中实现无节流的负荷控制，改善混合气形成以及充气运动的产生。在柴油机中，除了在燃烧室中产生空气运动（涡流）外，内部废气再循环的调节以及均匀燃烧的实现（气缸中空气质量的控制）也是其优势。这为降低油耗、增加输出功率和转矩以及改善排放特性创造了潜力。

菲亚特动力系统（FIAT Powertrain）（MultiAir）目前的量产应用以其智能架构令人印象深刻，即两个排气门和泵驱动由一个凸轮轴控制。泵驱动通过所谓的液压桥同时作用于两个进气门（图 7.152，中图）。

由于其高度的可变性、快速反应能力（在凸轮轴旋转一圈内）和为每个气缸单独切换的可能性，UNIAIR 系统针对瞬态运行进行了优化设计。未来几代的 UNIAIR 将具有显著扩展的功能范围，并进一步增加配气机构的可变性。因此，它们支持未来燃烧过程的发展，直至汽油机中的压缩点火（CAI）。

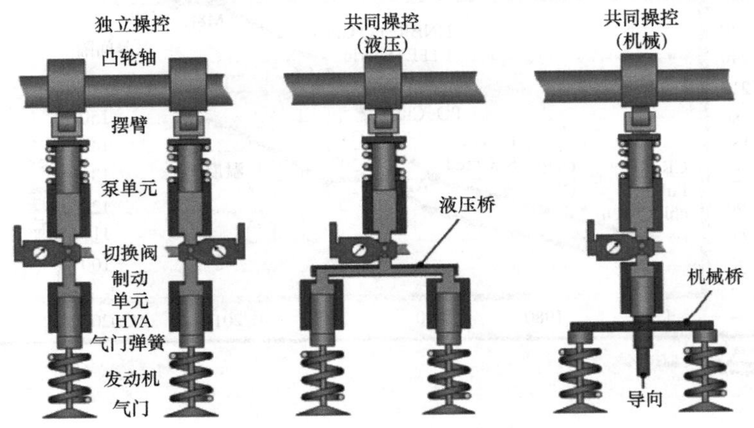

图 7.152　液压/机械桥

7.10.2　传动带张紧系统、张紧轮和偏转轮

7.10.2.1　概述

40年来，用于驱动凸轮轴或平衡轴的齿形带传动已成功地用于量产内燃机。第一个应用是在四缸玻璃发动机上，然而，这里没有任何附加组件，例如张紧轮或转向轮。在后来的结构设计中，齿形带要么通过齿形带驱动中的偏心安装单元（例如水泵），要么通过所谓的刚性张紧轮（偏心张紧轮或类似物）进行预张紧。由于温度或老化引起的传动带力波动以及动态效应（传动带振动，配气机构的影响等）都不能被补偿，因此不可能用这种系统对传动带张紧力进行最佳调整。在现代齿形带传动中，这种波动和影响的补偿是绝对必要的，因为只有这样才能达到汽车工业所要求的系统寿命（对应于发动机使用寿命），并满足汽车工业日益增长的噪声要求。

图7.153显示了使用刚性张紧轮对静态传动带张紧力的影响。

当使用自动传动带张紧系统时，一方面可以显著地减少初始装配时的预紧力的离散，另一方面可以使预紧力在发动机的运行温度范围内保持几乎恒定。自20世纪90年代初以来，自动传动带张紧系统一直用于内燃机中的齿形带传动，由于上述原因，自动带张紧系统在很大程度上取代了刚性系统（图7.154）。

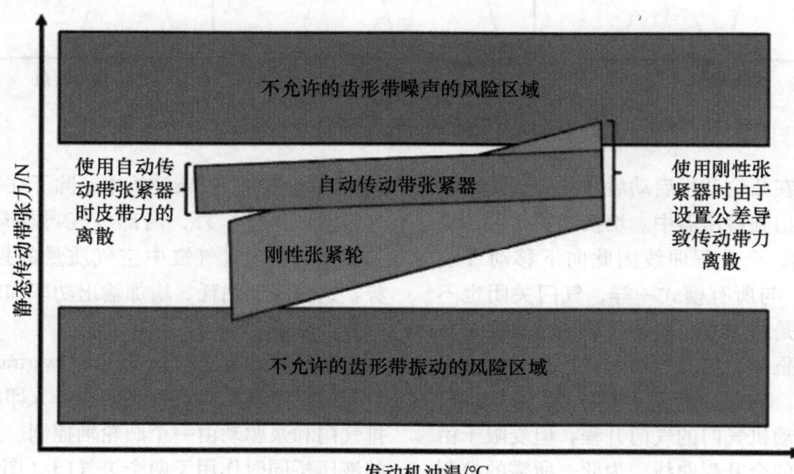

图7.153　静态传动带预紧力随发动机油温的变化，刚性张紧轮与自动张紧系统的比较

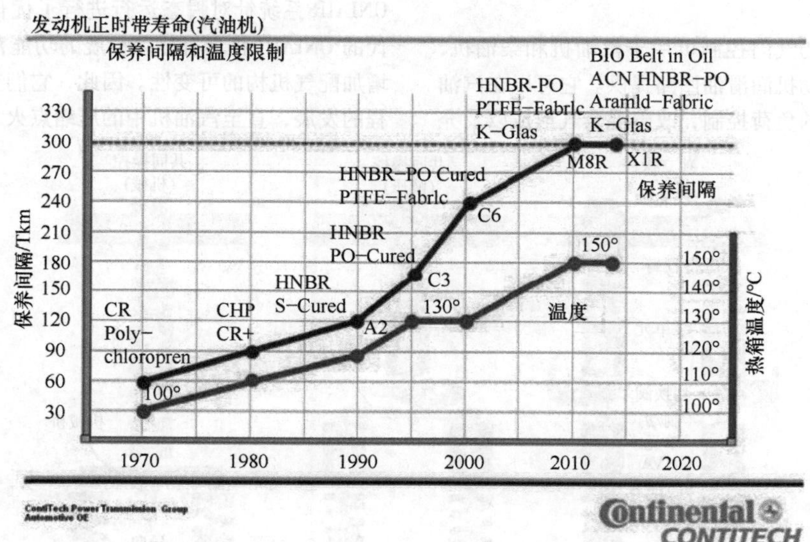

图7.154　正时带发展里程碑

7.10.2.2　齿形带驱动的自动传动带张紧系统

因此，对自动张紧系统的主要要求源于上述条件，如下所列：

- 在初始装配和维修期间调整规定的传动带力（传动带平衡、直径和位置公差）。
- 在所需的系统使用寿命期间，在所有运行条件下保持尽可能恒定的传动带力（热膨胀补偿、传动带伸长和磨损、曲轴和凸轮轴动力学的考虑）。
- 确保优化的噪声水平，同时减少传动带振动。
- 防止跳齿。

要设计这种张紧系统的工作范围，必须考虑图7.155中所示的参数。

在各种结构形式的传动带张紧系统中，如今几乎完全使用带有机械阻尼系统的旋转张紧单元。

这种基于所谓双偏心原理的机械的张紧系统的基本结构如图7.156所示。

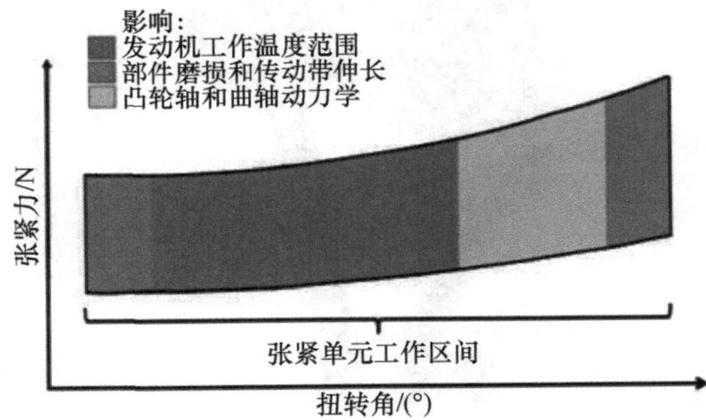

图7.155　机械的齿形带张紧单元，带影响参数的示例性工作特性

图7.156　带双偏心器结构的机械的齿形带张紧单元

此处，调整偏心器负责平衡传动带驱动中存在的所有部件的公差，并在初始调整后固定。可移动地安装在调整偏心器上的工作偏心器补偿传动带驱动中所有部件受热引起的长度变化，并补偿传动带伸长和磨损以及来自曲轴和凸轮轴驱动的动态影响。

第二种现有的结构形式称为单倍偏心张紧单元。在这个原理中，省略了调整偏心器。除了上述任务外，传动带驱动的公差由工作偏心器来补偿。这具有装配简单的优点，因为不需要张紧单元的调整过程，但是它与张紧单元装配后预紧力的较低的离散有关。扭力弹簧根据优化的传动带预紧力设计，阻尼由滑动轴承产生，并通过适当的几何特性的设计来适应传动带驱动的要求。

7.10.2.3　齿形带驱动的张紧轮和偏转轮

由于上述原因，刚性张紧轮很少用于现代内燃机的齿形带驱动中（例如凸轮轴驱动；平衡轴驱动）。然而，滚轮是当今商用自动张紧系统的一个组成部分。例如，用于平整传动带的关键部分、避免与周围结构发生碰撞问题或增加相邻传动带盘的包角的偏转轮必须满足相同的使用寿命和避免噪声的要求。经过特殊修整的单列球轴承已被证明适用于这些汽车应用；对于改进的传动带导向，也经常使用调心球轴承，同样具有已经提到的修整。这些轴承通常配备高温滚子轴承润滑脂和相应的合适的密封圈设计；标准目录的轴承不太适合这种应用。根据几何形状要求，这些轴承配有运转盘。图7.157显示了带有塑料和钢运转盘的示例性设计；为了引导目的，这些运转盘也可以在一侧或两侧配备轮辋。

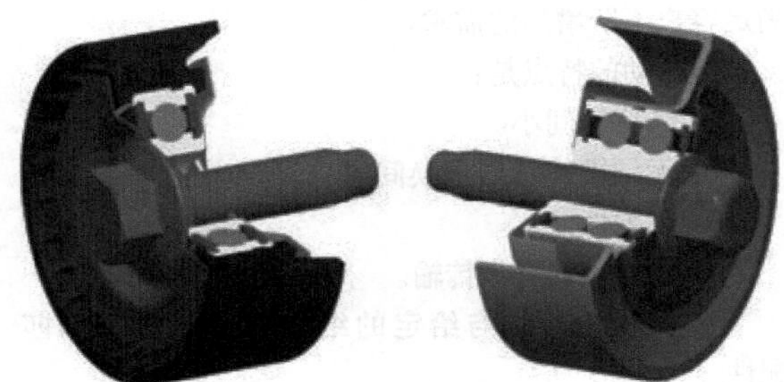

图7.157　带单列球轴承和调心球轴承以及塑料和钢制运转盘设计的偏转轮

7.10.2.4　油性环境中的齿形带驱动

如今，油性环境中的齿形带已成为链式正时传动装置的替代品。通过新型传动带材料的开发，只要发动机具有良好的驱动设计和合适的产品范围，如今传动带就可以用于具有发动机寿命的驱动。与链相比，传动带的优点具有更好的发动机声学效果，在运行时间段伸长率更小。带滚子轴承偏转轮的传动带驱动具有非常高的效率。

为了即使在油性条件下也能确保张紧单元具有必要的阻尼，将机械的阻尼系统集成到张紧单元中，由此获得的阻尼力水平可与干式张紧单元相媲美。

关于凸轮轴调节器的使用，必须注意的是，用于干式传动带系统的完全密封调节系统比在油性环境中使用的湿式凸轮轴调节系统要昂贵得多。

7.10.2.5 展望

现代内燃机齿形带驱动如果没有自动张紧系统，那是不可想象的，因为只有这样才能达到所需的系统使用寿命。出于成本和结构空间的原因，液压阻尼系统越来越多地被机械阻尼系统所取代。目前的开发重点是用于柴油机中高负载齿形带驱动的机械张紧系统、具有改进的装配特性的系统以及用于优化预紧力与发动机运行条件相匹配的受控或调节机械张紧系统。

与链驱动相比，同样可以看到摩擦的优化。特别是在油性环境中（传动带在油中，Belt In Oil），仍然可以预期显著的节省潜力。

7.10.3 链张紧和导向系统

7.10.3.1 概述

除了已在7.10.2节中描述的齿形带驱动之外，近年来，链驱动系统在正时驱动和各种辅助单元驱动（例如油泵驱动、平衡轴驱动或其他驱动）中得到了很好的应用。尽管传动链作为内燃机的牵引装置也有非常悠久的历史，第一个应用可以追溯到100多年前，而各个部件的持续开发和技术细节的改进有助于满足客户不断增加的需求。

链驱动的特点是：

- 结构空间小。
- 无须维护（无更换间隔）。
- 高弹性。
- 大转矩的可靠传输。
- 其几何形状与给定的结构空间的广泛的匹配性。

除了传动链作为链驱动中最重要的元件外，链张紧元件也非常重要。与传动带驱动相比，由于在链驱动中的自由槽长度只能在很小的程度上使用，为此，必须在大范围内引导传动链。通常为此使用张紧导轨和滑轨，在特殊情况下也使用链轮。下面将更详细地讨论所有这些组成部分。这里使用的术语不受标准化的约束，在图7.158中以链驱动为例进行描述。

7.10.3.2 传动链

在设计链驱动系统时，传动链是最重要的部件之一。根据要传输的力矩和发动机转速，必须选择节距和传动链结构形式（单链或多链、滚子、套筒或齿形链）。内燃机中的传动链的链节数应始终设计为偶数。分割对于系统的尺寸是至关重要的，它也会影响噪声特性（多边形效应）。除了考虑极限齿数（例如汽车发动机曲轴为18）之外，在考虑公差和传动链伸长极限值时，稳定的传动链线（发动机中传动链的几何尺寸变化过程）也很重要。通过仿真程序对链驱动系统进行动力学设计时，刚度、质量分配、齿形等传动链数据是至关重要的。即使是相似的结构形式在这里也可能存在显著的差异（图7.159）。

但是，传动链的选择对凸轮轴调节器等后续的系统的造型设计也有影响。在这种情况下，凸轮轴的链轮是调节器的组成部分，因此也会影响该元件的尺寸。因此，这两个元件的设计必须在几何尺寸上和以后的动态性上相互协调。

图7.158 两件式链驱动

图7.159 不同结构形式的9.525mm节距的齿形链

7.10.3.3 链张紧元件

链张紧元件（简称链张紧器）的主要任务是控制链驱动的高动态振动，这些振动是通过不均匀旋转的曲轴和不断变化的凸轮轴驱动力矩引起的。在任何时候和任何运行条件下，张紧元件都必须确保传动链在张紧导轨上的完美无缺的引导。

此外，它还必须满足其他要求：

- 通过调整链线补偿链驱动中的公差。

- 链驱动的预张紧，以防止传动链爬上链轮（特别是在高速和/或传动链因磨损而加长时）。

- 通过热膨胀引起的中心距离变化时链线的适应性。

- 对发动机使用寿命期间发生的传动链磨损进行补偿。

链张紧器通常设计为液压元件。液压链张紧器最著名的设计是具有定向阻尼的速度比例泄漏间隙阻尼器。这些元件通过供应孔连接到发动机润滑油回路。

当链驱动中的“松弛”（Lostum）释放时，由复位弹簧预紧的张紧器活塞移出外壳并将张紧导轨压在传动链上。对此，止回阀打开，油被吸入到张紧器的高压室。因此，活塞的伸展运动是无阻尼的。当松弛中的负载在反转时，止回阀关闭，活塞加载，油通过活塞与张紧器壳体之间的狭窄环形间隙（泄漏间隙，Leckspalt）从高压室中挤出，这抑制了传动链振动。

液压张紧元件的特点是：

- 部件磨损低（通常由硬化钢制成）。
- 通过泄漏间隙的设计精确调节阻尼。
- 使用止回阀时的定向阻尼。
- 结构空间要求低。
- 通过多次使用组件实现廉价的可制造性。

除了所描述的简单元件外，还有以泄压阀形式提供附加功能的张紧器。这些阀门的任务是在特定的链负载或振动频率下有针对性地卸载链传动。这意味着在某些情况下，所有其他部件的尺寸都可以减小，从而节省结构空间和成本。

正确的张紧器调节设计通常借助仿真程序进行，并在动态发动机试验中进行测量验证。它是现代链驱动设计中越来越重要的环节，当然还必须考虑对其他系统的影响，例如凸轮轴调节器或配气机构（另见7.10.3.2节传动链中的注释）。因此，这项任务是跨学科的，需要对系统的理解，而不仅仅是对链驱动的了解。

如果在链驱动中只有低的交变力矩的单元，则通常使用机械的链张紧器。这些张紧器通常不需要有针对性的阻尼。它们通常仅由一只弹簧（常设计为支腿弹簧）和一个张紧导轨组成。如果较小的弹簧力足以控制链驱动，则可以使用成本效益高的塑料元件。

7.10.3.4　张紧导轨和导轨

张紧导轨和导轨用于在自由链中心中引导传动链。这也可以防止传动链在驱动层面发生摆动，即所谓的横向摆动。

导轨通过螺钉或插头连接固定地连接到发动机上。另一方面，张紧导轨可以设计为摆动导轨，因此也称为张紧杆。链张紧器与其活塞构成导轨的第二个桥台，第一个桥台代表枢轴点。

在设计导轨时，通常借助于有限元计算完成，并因此在功能和成本方面进行优化，必须考虑负载、结构空间、应用温度和成本等影响参数。可以选择（图7.160）：

- 单元件塑料导轨。

- 双元件导轨，其滑动面由非增强塑料制成，支撑体由铝、金属板或塑料（通常是纤维增强）制成。

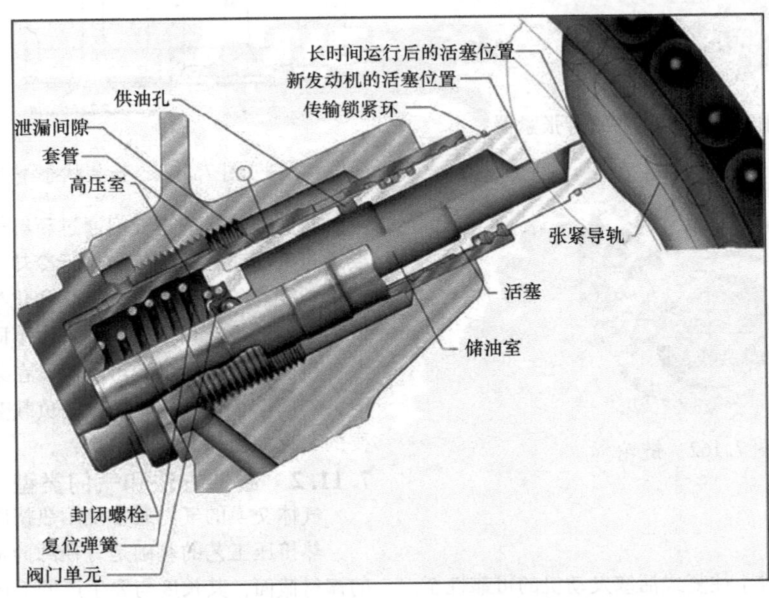

图7.160　安装状态下的液压张紧元件示意图

除了所描述的张紧导轨之外，还有张紧靴，它们牢固地与张紧元件的活塞连接并进行平移运动。它们用于非常短的链驱动（例如凸轮轴驱动）（图7.161）。

7.10.3.5　链轮

发动机曲轴的旋转运动到传动链的平移运动的传递是通过链轮进行的。轴－毂轮连接的配合精度和与传动链最佳匹配的齿形使磨损和低噪声运行成为可能。虽然滚子链和套筒链的齿形在很大程度上是基于标准的，但齿形链有许多轮廓，这些轮廓通常只是在细节上有所不同，并且是根据所使用的传动链量身定制的，并且通常受到专利保护。

考虑到成本效益、要实施的连接几何形状以及最重要的是出现的负载，在进行选择时有多种选择。基本上，区别在于：

- 制造：精密冲压、切屑加工、锻造或挤压、粉末冶金（烧结）。
- 结构形式：一排或多排、滚轮、套筒或链轮。
- 节距：6.35mm（1/4"）、7mm、8mm、9.525mm（3/8"）或特殊节距（图7.162）。

图7.161　用于凸轮轴驱动的链张紧器

图7.162　链轮

7.11　气门

气体交换控制对于往复式活塞发动机的可靠性至关重要。其中，在功能和运行安全性方面，碟形气门已被证明是特别合适的。然而，在热力学方面，碟形气门并非在所有方面都是最佳的。例如，通过气体通道引导的气门杆是减小横截面的障碍，而圆角和阀座的几何形状在某些情况下可能只是机械的或摩擦学的必要性与流动技术理想之间的折中。

在过去，试图规避碟形气门控制的动力学和流动技术方面的问题，导致了各种滑盘控制的结构设计，然而，但直到今天，这些滑盘控制尚未能够在批量生产中站稳脚跟。带有所有问题的碟形气门具有决定性的优势：它在内部压力下自行密封。没有其他方法可以在内燃机中以相同的可靠性水平实现这一点[94]。

因此，目前以创建完全可变的、电磁的、电液的或机电的气门控制为目标的开发仍然基于经典的碟形气门。

7.11.1　功能和术语解释

进气门和排气门是精密的发动机零件，用于阻挡流动截面和控制内燃机中的气体交换。它们从外部密封气缸的工作室。已安装的气门的示例如图7.163所示。

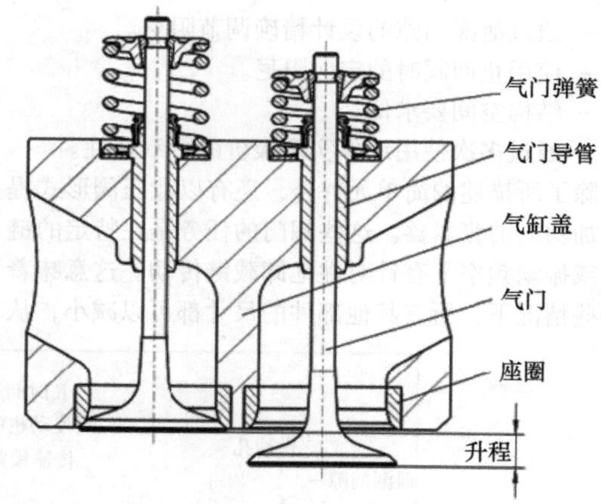

图7.163　安装状态下的气门

热应力较小的进气门通过新鲜气体的冲洗，并主要通过气门座处的热传导进行冷却。另一方面，排气门要承受高的热负荷以及氧化和化学腐蚀。因此，这两种气门的设计均根据其要求由不同的材料制成。在发动机的使用寿命内，可以假设在某些非常高的温度下，气门会承受大约3亿次的负载变化。气门上最重要的名称如图7.164所示。

7.11.2　制造方法和气门类型

气体交换的气门通常使用热挤压工艺制造。

热挤压工艺的基础是直径约为成品盘直径的2/3的棒材截面，其长度与要生产的毛坯体积相对应。它被加热并在两个锻造阶段形成毛坯。

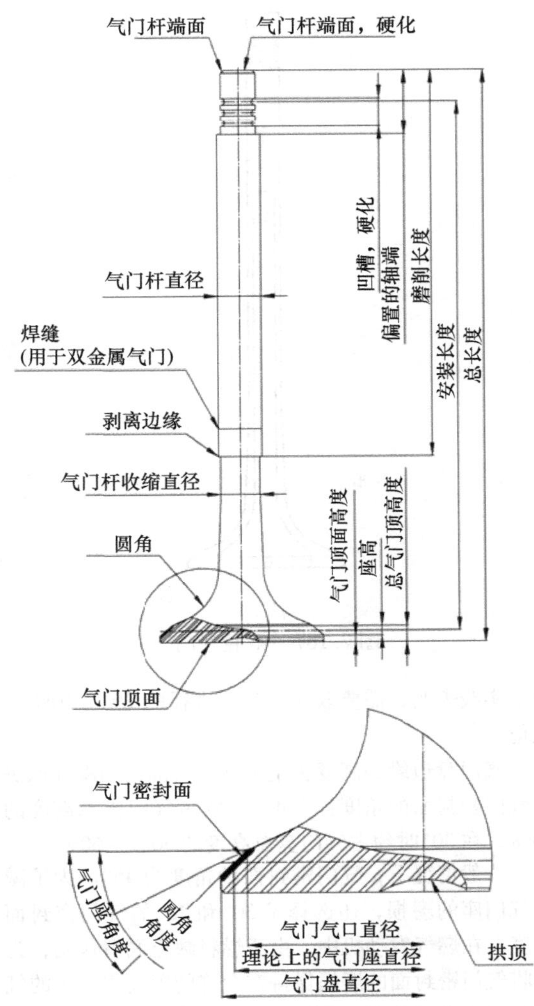

图 7.164 典型的双金属排气门的名称

在镦粗工艺中，直径略大于气门杆直径的研磨杆段在一端被加热，并通过推动杆形成“梨”形，然后在模具中成形气门头部。

气体交换的气门基本上分为三大类：单金属气门、双金属气门和空心气门。

7.11.2.1 单金属气门

单金属气门是按照上述工艺一体化制成的。使用的主要材料是 X45CrSi93（1.4718）。

7.11.2.2 双金属气门

双金属气门可以将气门杆和气门头部最佳的材料相组合。

这里，根据 7.11.2 节中提到的工艺制造的、热成型的头部件通过摩擦焊接连接到杆段，如图 7.165 所示。

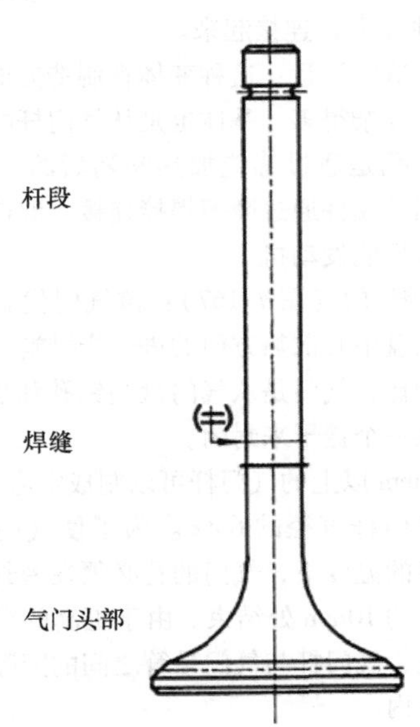

图 7.165 双金属气门

气门头部的首选材料是 X50CrMnNiNb219（1.4882），杆部的首选材料是 X45CrSi93（1.4718）。除了常用的 CrMn 钢外，还根据应用情况使用耐高温镍合金。

焊缝的定位方式是，当气门关闭时，它位于导管中半升程处，或在剥离边缘上方约 6mm（见 7.11.3.3 节）。需要注意的是，出于制造技术的原因，焊接前头部上的圆柱形部分的长度至少为杆径的 1.5 倍。

如果在双金属气门中，仅仅是奥氏体头部的耐磨性不足，则通过堆焊或渗氮的方式对气门座表面进行适当的加固（见 7.11.3.2 节）。

7.11.2.3 空心气门

它主要用于排气侧，在特殊情况下也用于进气侧，主要用于降低温度，主要用于圆角和气门盘区域，偶尔也用于减轻重量。

如果使用空心气门来降低温度，空腔内将充满金属钠，达到空腔体积的 60% 左右。钠在气门杆腔内自由移动。

液态钠（熔点 97.5℃）根据发动机转速线性运动，在自由空间中附着在壁面上，并将气门头和圆角上产生的相当大一部分热量输送到气门杆中，从而通过气门导管输送到冷却回路中。在最佳散热和尽可能小的运行面间隙下，可实现的温度降低高达 170℃。

空心气门的变体

–“管子满了”设计（图 7.166）：在从气门杆端钻孔的头部（管）上，通过摩擦焊接将可硬化的气门杆端件（全）连接起来。

- “锻造”设计：这种变体在制造方面比前面提到的设计要复杂得多。基体也是从气门杆的端部钻孔的。然而，孔是通过感应加热和随后的“锻造”密封的。气门杆端件通过摩擦焊接连接。锻造空心气门主要用于高性能发动机。

- 空腔气门（图7.167）：该气门代表了减轻重量和从气门盘中心散热方面的进一步措施。与前面提到的设计相比，气门是从气门盘侧钻孔和加工的。开口通过焊接一个盖子来封闭。

直径5mm以上的气门杆可以制成空心气门形式。孔径约为气门杆直径的60%。为了使气门杆密封不暴露在过高的温度下，气门的孔必须在密封唇的运行区域之前大约10mm处结束。由于更高的温度，与实心气门相比，气门杆与气门导管之间的间隙的变化也必须考虑在内。

空心气门可以是单金属气门，但更常见的是由以下材料制成的双金属气门：气门头部，X50CrMnNiNb219（1.4882）、NCF 3015 和 NiCr20TiAl（2.4952）；气门杆部，X45CrSi93（1.4718）。

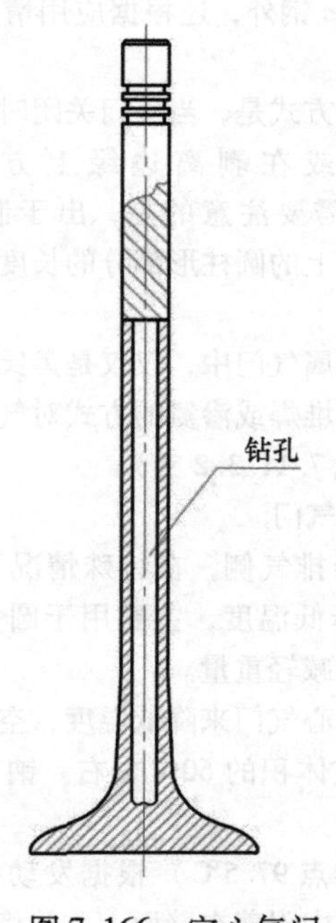

图7.166 空心气门

7.11.3 结构形式

7.11.3.1 气门头部

气门结构设计的基础是理论的气门座直径。

气门盘的总高度取决于相应的燃烧压力和气门处的部件平均温度。它应该通过诸如有限元分析来确定。实践表明，需要取气门头部直径的7%～10%的数值。

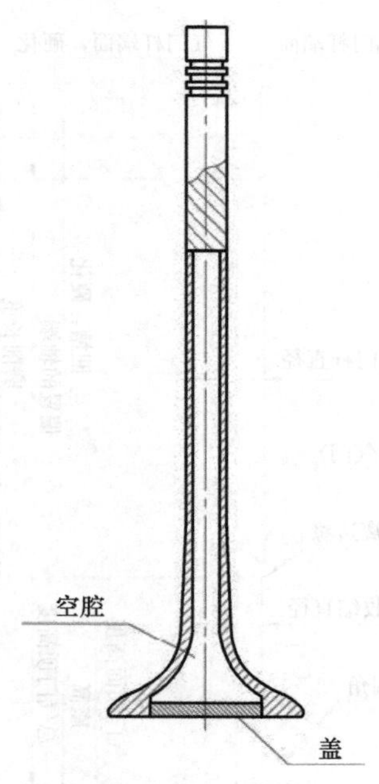

图7.167 空腔气门

气门盘边缘的高度决定了气门头部的刚度并取决于气门密封面的角度：在45°时约占气门盘总高度的50%，在30°时约占气门盘总高度的50%～60%。

一般情况下，气门密封面的角度为45°。为了减少气门座的磨损，还选择了30°和20°的气门密封面角度。在燃气发动机中，由于燃料缺乏润滑作用，为了将气门密封面的磨损保持在允许的限度内，小的气门密封面角度是必不可少的。出于制造技术的原因，气门密封面角度与圆角之间至少需要相差5°，如图7.164所示。

通过气门密封面与气门座圈之间的差角，实现了面向燃烧室的一侧通过初始的线接触得到更好的密封。应确保气门密封面宽度大于气缸盖内的气门座圈的支撑宽度，如图7.168所示。

从气门密封面磨损时的密封性的角度考虑，气门密封面与气缸盖内气门座圈之间的重叠应按1/6自由气门密封面、2/3重叠和1/6自由气门密封面的比例进行（图7.168）。

气门盘表面的拱顶用于减轻重量，影响燃烧室，并作为进气门和排气门或类似气门之间的区别特征。

根据现有的机械载荷和从流体力学的角度对圆角的造型进行优化设计。

7.11.3.2 气门密封面

排气门的气门密封面会承受热应力和涉及腐蚀的

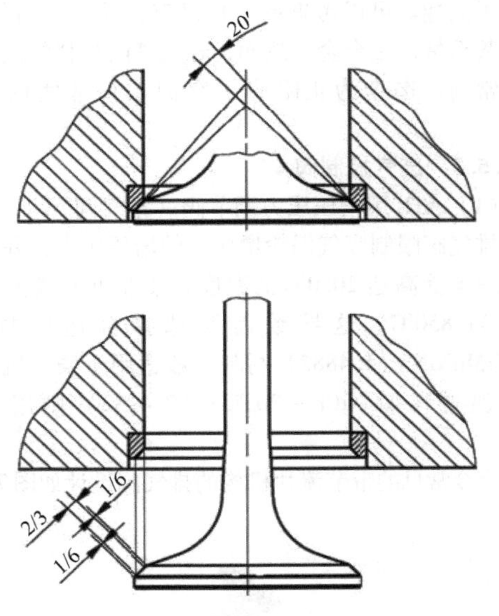

图7.168　差角和气门密封面宽度

化学应力，因此通常采用特殊合金进行铠装处理。在某些情况下，这也适用于进气门，尽管这里通常使用感应马氏体硬化，这是由于所使用的材料而成为可能。通过堆焊（也称为铠装）可以提高耐磨性和耐蚀性，因此可以对使用寿命产生有利的影响。如今，电PTA工艺（等离子转移弧，Plasma - Transferred - Arc）主要用作气门铠装工艺，其中粉末形式的铠装材料在等离子弧中熔化并应用于工件上。

这些铠装工艺用于空心气门、双金属气门，有时也用于单金属气门。

为了限制感应硬化单金属气门座的硬度下降，必须确保气门座处的最高气门温度对于所用材料的回火温度具有足够的安全性［例如X45CrSi93（1.4718）的最高持续工作温度约为500℃］。

7.11.3.3　气门杆

气门杆用于在气门导管中引导气门，并由第一凹槽界定，以容纳气门锥形锁片和剥离边缘以及到圆角的过渡。

为了限制气体通道侧导管中油碳的积聚，必要时通过减小气门杆直径来安装剥离边缘（图7.164）。当气门关闭时，剥离边缘位于气门导管内大约半个行程处。

如果在关闭过程中由于气缸盖翘曲或同轴度误差而导致气门中的弯曲，则气门导管中的焊缝应能够支撑自身。因此，在双金属气门中，摩擦焊缝位于气门导管内至少半个行程。

根据摩擦学条件，气门的气门杆表面可以通过镀铬或渗氮来防止磨损。这对于由烧结铁制成的气门导管通常是必要的。当使用青铜合金制成的气门导管时，没有气门杆加强件的气门是可能的。

通常，气门杆采用圆柱形设计。为了考虑由于气门头部与气门杆端部之间的热梯度而导致的不同膨胀，气门杆可根据其长度和直径设计为10~15μm的圆锥形。

具有多槽的（图7.169）、在锥形件中自由旋转的气门的气门杆端通常在锥形件接触区域进行感应硬化，以避免磨损。

根据作用在气门杆端面上的气门驱动类型，可能需要额外保护气门杆端面免受磨损。首先，感应硬化是理想的选择。如果该措施被证明是不够的，或者如果气门杆是由不可硬化的材料制成的，或者，也可以将由坚硬或可硬化材料制成的薄板焊接到气门杆端部。

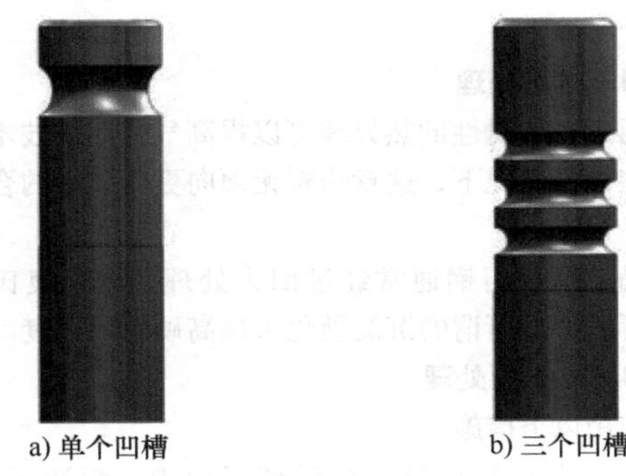
a) 单个凹槽　　b) 三个凹槽

图7.169　气门杆凹槽类型

7.11.3.4　气门导管

气门导管用于使气门在气门座上居中，并通过气门杆将热量从气门头部传输到气缸盖。这需要导管孔和气门杆之间有优化的间隙。当间隙过小时，气门容易卡住，间隙过大，则会阻碍散热。目标是尽可能小的气门导管间隙。根据气门杆直径，排气门为0.03~0.08mm，进气门为0.01~0.07mm。需要进一步关注的是，必须确保气门导管的末端不能自由地伸入排气道，否则就有气门导管膨胀和燃烧残留物进入的风险。根据经验，气门导管应至少为气门长度的40%。

为了使气门正常工作，要求气门导管与气门座圈之间的中心偏移保持在一定范围内（在新的发动机上为0.02~0.03mm）。中心偏移过大主要导致气门盘相对于气门杆严重弯曲。这种过度的载荷会导致过早的故障；其他后果还可能是泄漏、传热不良和高的润滑油消耗。

7.11.4　气门材料

对气门的要求包括足够的高温蠕变强度、耐磨性、耐高温腐蚀和氧化性以及耐蚀性。

标准的气门材料有：

– 铁素体 – 马氏体气门钢：X45CrSi93（1.4718）用作单金属进气门的标准溶液，也用作双金属气门的气门杆的材料。X85CrMoV182（1.4748）合金化程度更高，其中从热和腐蚀的角度来看应力水平不允许使用 Cr – Si 材料的情况下，用作进气门的材料。

– 奥氏体气门钢：奥氏体 Cr – Mn 钢已被证明是一种廉价的解决方案。X50CrMnNiNb（1.4882）是一种广泛使用的材料，可作为经典的排气门材料，也用于中空气门。

– 高镍气门材料：如果 Cr – Mn 钢不再满足热要求，则需要过渡到低镍合金，如 NCF 3015，甚至高镍材料，如 NiCr20TiAl（2.4952）。在需要最大运行可靠性（即抗撕裂和耐蚀）的情况下，它们总是需要的。

7.11.4.1　热处理

通过有针对性的热处理可以提高气门钢的技术特性。在许多情况下，这意味着无须向更高质量的合金过渡。

马氏体气门钢通常经过回火处理。对于奥氏体钢，可以通过所谓的沉淀硬化来提高硬度和强度。

7.11.4.2　表面处理

使用以下措施：

– 气门杆硬镀铬：在标准气门中，制造工艺、材料选择和运行条件可能要求在运行区域对气门杆镀铬。对于标准双金属气门，厚度在 3 ~ 7μm 之间的铬层覆盖两种气门材料。在高负载或磨损增加的情况下，可以在商用车或大型发动机领域使用高达 25μm 的更厚的铬层。

– 抛光研磨：对于镀铬表面，在任何情况下都必须对气门杆进行抛光研磨，以去除黏附的铬芽并消除任何不平整。抛光处理后，最大粗糙度为 *Ra*0.2（未镀铬的最大为 *Ra*0.4），这对气门导管磨损有非常有利的影响，因此也允许有最小的导管间隙。

– 气门渗氮：采用浴渗氮和气体渗氮。大约 10 ~ 30μm 厚的渗氮层的表面层非常坚硬（大约 1000HV 0.025），并且特别耐磨。

7.11.5　特殊气门结构

7.11.5.1　与材料有关的重量轻的气门

四冲程内燃机的最大可达到速度主要由气门的质量等因素决定。因此，特别是在赛车和运动型车发动机开发方面，人们对使用由“轻”材料制成的气门产生了兴趣。可以考虑的替代品有：钛、钛铝化物、陶瓷甚至特殊铝合金。然而，轻质气门材料的额外成本非常高，迄今为止阻碍了它们在日常使用中的普及。

7.11.5.2　废气控制阀

（1）ATL 用增压压力调节阀（排气阀）

排气阀限制废气涡轮增压器的增压压力，并在汽油机中承受高达 1050℃ 的温度；柴油机的最大热负荷约为 850℃，这导致需要选择合适的材料。X50CrMnNiNb（1.4882）材料一般适用于柴油机，而耐高温材料如 NiCr – 20TiAl（2.4952）则用于汽油机。

当今常见的带节流片机构的排气阀设计如图 7.170 所示。

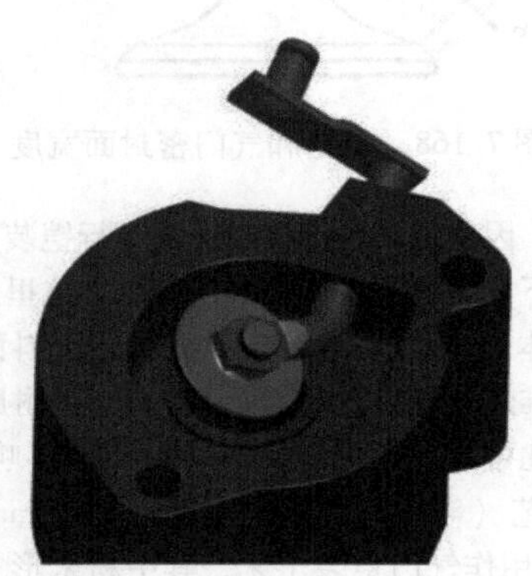

图 7.170　带节流片机构的排气阀

（2）废气再循环阀（EGR）

EGR 阀承受高达 800℃ 左右的温度。从可用的阀门材料来看，X50CrMnNiNb（1.4882）已证明足以满足此应用，因为阀门仅承受热应力、在很小程度上具有腐蚀性，并且仅受非常小的机械应力。

7.11.6　气门锁片

7.11.6.1　任务和功能

气门锁片的任务是将气门弹簧盘连接到气门上，使气门弹簧始终将气门保持在所需的位置。

对于直径低于 12.7mm 的气门杆，冷冲压气门锁片是最先进的。使用材料质量 C10 或 SAE1010。

气门锁片按其功能分为：

– 夹紧连接，从而实现气门、锁片和气门弹簧座之间的连接。

– 非夹紧连接，允许气门自由旋转。

（1）夹紧连接

夹紧锁片通过锁片与气门之间的摩擦传递力。为此，半个锁片之间必须留有间隙。使用锥角为 14°15′ 或 10°的锁片。具有更小锥角的锁片产生明显更强烈的夹紧。它们特别适用于最高转速的发动机。对于高应力夹紧连接，建议使用表面硬化（480～610HV1）或渗氮（>400HV1）锁片。

图7.171显示了锁片的安装状态示例。

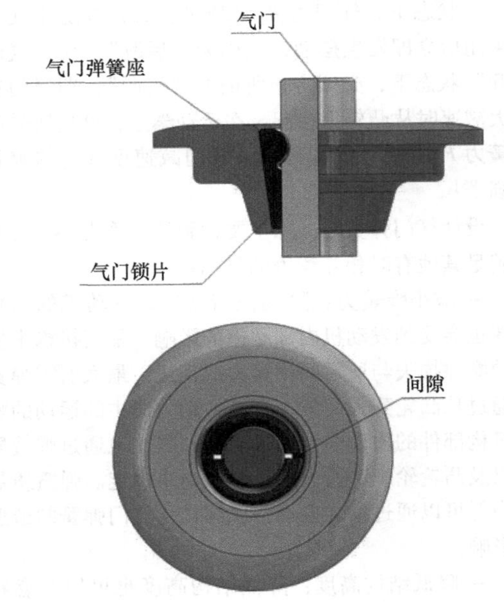

图7.171　带夹紧连接的锁片的安装原理

（2）非夹紧连接

使用锥角为14°15′的锁片。由于半锁片在安装状态时在平面上相互支撑，它们允许锁片与气门杆之间存在间隙，这允许气门在弹簧座中旋转。通过共振对气门的激励、摇臂对气门端的偏心攻击以及来自气门弹簧扭转的角动量来支持旋转。

在非夹紧连接的情况下，力在轴向上通过3个或4个锁片环传递。出于这个原因，锁片的表面硬化是必不可少的。图7.172显示了非夹紧锁片的安装状态示例。

7.11.6.2　制造方法

气门锁片由异型带钢冷冲压而成。多槽气门锁片基本上是表面硬化的，并在其分型表面磨削。其他设计可以选择不硬化、表面硬化或氮化。由于生产制造原因，根据设计，外套可在中间高度区域内最多可凹至0.06mm，不允许使用凸面外套。

通过复合锁片的内径相对于气门杆的外径增加0.06mm，实现了与气门杆的完美的间隙。

气门弹簧座的锥体长度必须足够大，以便在固定安装状态时锁片不会在任何一侧突出（图7.171和图7.172）。锥形护套在任何情况下都不得有凸起，应作为气门弹簧座几何公差的基准面。

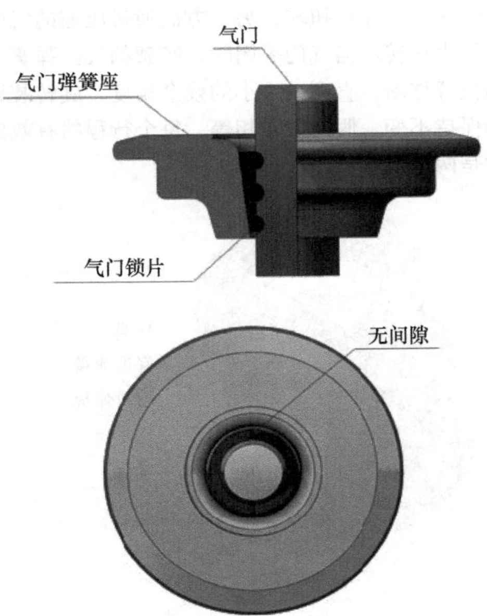

图7.172　无夹紧连接锁片的安装原理

7.11.7　气门转动装置

7.11.7.1　任务

气门的连续旋转对于气门的正常运行是至关重要的。这避免了气门头部的温度分布不均匀和由于变形翘曲而造成的泄漏。此外，减少了气门座上的沉积物和单侧磨损。当气门的自然旋转不再足够时，例如在大型发动机中，总是使用强制的旋转装置。

7.11.7.2　结构类型和功能

气门转动装置的工作原理有两个。

（1）在气门开启行程时旋转

该系统由一个基体组成，该基体设有多个沿圆周方向定向的凹槽。在每个凹槽中，一个切向作用的螺旋弹簧将一个钢球压到在倾斜滚道的上端。碟形弹簧支撑在基体的内边缘上，顶盖接合在其上以引入气门弹簧力（图7.173）。

当气门打开时，碟形弹簧被增加的气门弹簧力压扁。在这样做的过程中，它会迫使基体凹槽中的球在其倾斜的轨道上滚动，并使球自身滚动。通过在球上的支撑，减少了碟形弹簧对基体内缘的压力，从而在此处发生滑动。另一方面，顶盖和碟形弹簧通过摩擦锁定彼此不可旋转地连接。在“气门开启行程旋转”设计中，碟形弹簧/顶盖与基体之间的相对旋转通过顶盖、气门弹簧、弹簧座和锁片传递到气门上。当气门关闭时，碟形弹簧和球卸载，然后球被切向弹簧推回到原来的位置而不滚动。

在开启带有旋转装置的气门时，一方面通过旋转装置的功能而发生扭转，另一方面通过压缩的气门弹簧而发生扭转。当气门关闭时，卸载的气门弹簧向原来的位置移动，直到一个小的残余角度，旋转装置的扭转保持不变。假设旋转相等，每个行程的有效旋转角度是两个值的总和。

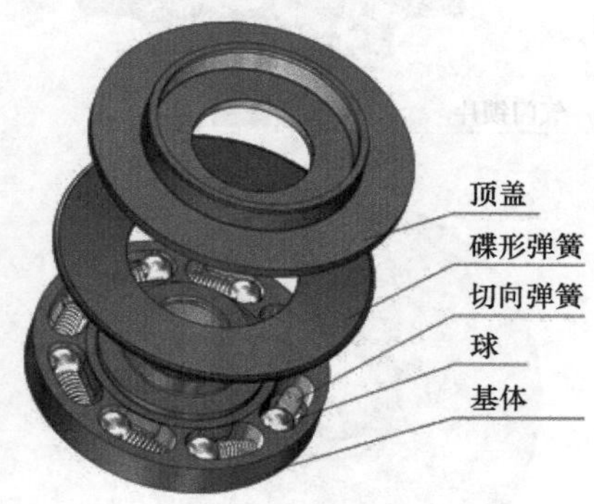

图7.173　在开启行程时的气门旋转

（2）在气门开启行程时旋转

如果可能的话，这个原理被用作顶置设计，因为它的功能在那里受污垢的影响较小（图7.174）。

气门旋转装置的功能是与在气门开启行程时的工作方式相反。

原则上，这两种类型都可以用作下置和顶置设计。在高速发动机中，最好采用下置设计，这样配气机构的惯性力就不会放大。

在顶置设计中，旋转装置取代了弹簧座。它用于低速发动机或当由于空间原因无法容纳下置设计时。根据发动机的转速，重要的是气门的稳定旋转。

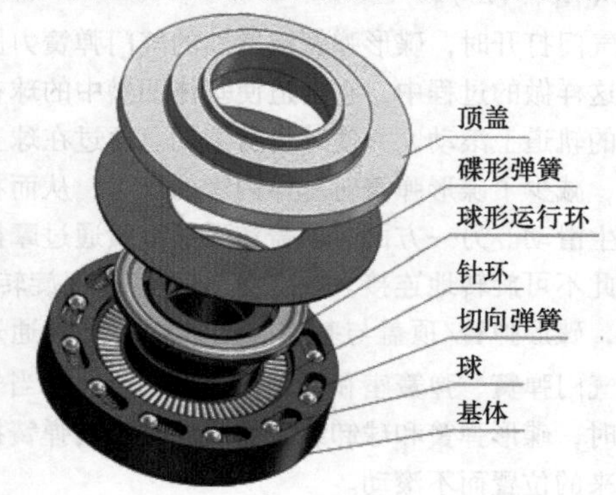

图7.174　在关闭行程时的气门旋转

7.12　气门弹簧

气门弹簧的任务是以受控方式关闭气门，即在气门运动期间保持气门机构部件的附着力。在“气门关闭”状态下，气门力 F_1 必须足够大，以防止气门在关闭后立即发生摆动，也称为“后跳”。在“气门打开”状态下，必须防止所谓的“飞脱”，即气门在最大减速时从凸轮上抬起。在运动学上，这里所需的弹簧力 F_2 由气门质量和最大气门减速度 a_{max} 的乘积得到[95]。

设计气门弹簧时，除了要达到的弹簧力外，还必须满足其他有时相互竞争的目标：

- 减小弹簧力：除其他措施外，发动机的燃料消耗也会受到发动机内部摩擦的影响。配气机构中发生的摩擦损失与所需的弹簧力成正比。最大所需弹簧力通过从凸轮到气门的、存在在动力流中的运动的配气机构部件的质量惯性矩来确定，因此也通过弹簧质量以及凸轮轮廓和最大凸轮轴转速来确定。弹簧质量的降低可以通过增加振动强度和优化气门弹簧的造型来影响。

- 降低结构高度：降低结构高度也可以对燃料消耗产生积极的影响作用。一方面，这为发动机罩的造型设计和减小流动阻力提供了更大的结构设计空间。另一方面，结构高度的降低为减轻发动机重量提供了进一步的潜力。气门弹簧的造型和增加其振动强度可以对结构高度产生积极的影响作用。

- 确保最低的故障率：对气门弹簧要求的提高必然导致运行强度的提高。在发动机的整个生命周期中，这会从约200000km延伸到多达3亿次的负载变化。然而，只接受最低的故障率。在发动机中使用多气门技术进一步加剧了单个气门弹簧的故障率。例如，假设基于24气门发动机中的气门弹簧的故障概率仅为 1×10^{-6}，这意味着最多每40000台发动机因气门弹簧损坏而发生故障。确保最低的故障率对气门弹簧的设计、主要材料和生产提出了最高的要求。

- 产品改进的经济效益：所提及的要求必须在经济上是合理的，即与措施相关的效益必须大于可能产生的任何额外成本。气门弹簧生产商在激烈竞争的背景下认识到了这一挑战。

负载应力的确定。原则上，螺旋压缩弹簧上的负载与受扭应力的杆的扭转载荷相对应。在纵向和横截面中，当施加扭转力矩 M_t 时，两个剪应力 τ 起作用，如图7.175所示。根据莫尔（Mohr）应力圆，这些剪应力可以在45°下处分配两个相等的主正应力 σ_1 和 σ_2。

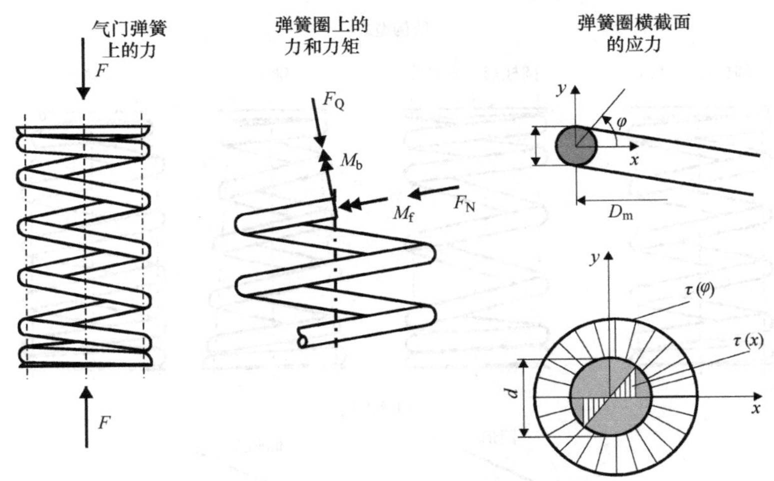

图7.175　气门弹簧上的力、力矩和应力

在扭转杆的情况下，存在纯剪应力，而在螺旋压缩弹簧的情况下，由于几何条件以及可能的情况下力作用线与弹簧轴线的偏差、弯矩 M_b、剪切力 Q 和法向力 N 会导致附加的载荷应力。另一方面，由于钢丝的弯曲，在圆周方向上产生不均匀的应力状态。因此，对于由圆钢丝制成的弹簧，最大负载应力出现在弹簧的内侧。

用于计算螺旋压缩弹簧的有效公式包含在 DIN 2089 中。适用于弹簧刚度 R、力 F 和扭转应力 τ 的关系如下：

$$R=\frac{G}{8}\cdot\frac{d^4}{D_m^3 n} \tag{7.10}$$

$$F=s\cdot R \tag{7.11}$$

$$\tau=\frac{8}{\pi}\cdot\frac{D_m}{d^3}\cdot F \tag{7.12}$$

为了修正由于钢丝弯曲而产生的应力值，采用贝尔格斯特拉瑟（Bergsträsser）开发的近似公式

$$k=\frac{\omega+0.5}{\omega-0.75} \tag{7.13}$$

由此，给出弹簧内侧产生的负载应力[96]

$$\tau=k\cdot\frac{8}{\pi}\cdot\frac{D_m}{d^3}\cdot F \tag{7.14}$$

分析确定的剪应力没有考虑已经提到的附加负载应力，这些负载应力由弯矩、横向力和法向力所产生。此外，弹簧在高速下的固有振动会导致动态峰值，最多可超过静态确定的负载应力的50%。这些动态效应既可以通过多体模拟程序确定，也可以通过应变仪测量来确定。试验方法通常在专门准备的发动机假人上进行[97]。测量记录了负载应力与发动机转速和曲轴角度的关系曲线。

根据负载和结构空间的要求，给出了图7.176所示的结构形式。标准的结构形式是对称的圆柱形弹簧。在这种弹簧中，钢丝圈间距与弹簧两端对称，且钢丝圈直径恒定。弹簧特性曲线的递进是通过部分弹簧行程上钢丝圈的接触来实现的。根据设置的进程，弹簧的弹性系数和固有频率会在弹簧行程上发生变化。因此，弹簧的动态激励变得更宽，动态峰值更小。

为了使移动的弹簧质量尽可能小，弹簧可以不对称地卷绕。钢丝圈窄端指向气缸盖。不对称卷绕弹簧的缺点是必须采取额外的措施来确保弹簧正确地安装在气缸盖中，以排除错误安装。

锥形气门弹簧的优点是，一方面，运动质量小于圆柱形弹簧，另一方面，块高度略小。此外，对于锥形气门弹簧，可以在气门上使用更小的弹簧座，这反过来又对移动质量产生积极的影响作用。缺点是锥形弹簧的递进通常比圆柱形弹簧更小。

所谓“蜂箱弹簧”由固定的圆柱形部分和圆锥形部分组成，弹簧座作用于圆锥形部分。这种结构形式结合了圆柱形和圆锥形弹簧的优点。与圆柱形弹簧相比，通过更小的弹簧座可以显著地减小移动质量。所需的递进可以通过圆柱形部分进行设置。

作为钢丝线截面，主要采用圆形和椭圆形钢丝。椭圆形钢丝的优点一方面是安装高度降低，另一方面是钢丝横截面的应力分布比圆形钢丝更均匀，如开头所述，圆形钢丝在弹簧内侧应力最大。根据文献［98］建议的钢丝横截面可实现最佳的材料利用率。一方面，该钢丝横截面给出了圆钢丝的当量直径和两个主轴的轴比。例如，3.8 MA 25 表示轴比为1:1.25的圆弧形线［“多弧”（multi－arc）］，其极性表面转动惯量对应于直径为3.8mm的圆钢丝。

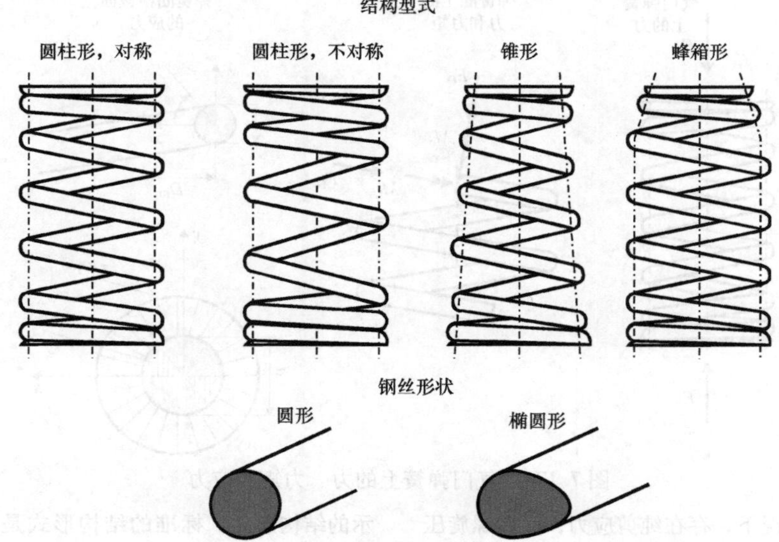

图 7.176　气门弹簧的结构形式和钢丝形状剖面

所要求的低故障率对气门弹簧预制材料提出了最高的要求。弹簧失效的主要原因之一是气门弹簧钢丝中的非金属夹杂物或其表面的机械损伤，以前常用的 CrV 钢已不能满足高应力气门弹簧所需的抗拉强度的要求。在欧洲，它们在很大程度上已被 CrSi 合金钢所取代。与 CrV 钢相比，CrSi 钢具有较少的高熔点、非金属夹杂物和更高的抗拉强度。越来越多地使用 CrSiV 或 CrSiNiV 合金化的高强度钢丝（HT，高张力线，High Tensile）。盘条在冷拔之前经过剥离，以获得没有表面缺陷的钢丝。所需的强度是通过回火过程来实现的，主要是最终的油回火，但也包括感应。回火后，使用涡流传感器检查钢丝的表面缺陷。任何缺陷都被标记，在弹簧制造过程中去除。

弹簧卷绕后，进行低应力退火，以降低残余卷绕应力。然后对弹簧端部进行平面打磨，以确保弹簧平行地安装。根据应用的不同，弹簧要倒角。喷丸工艺使表面致密化，残余压应力被引入到表面附近的区域。在运行过程中，这些残余压应力与出现的拉应力叠加和防止裂纹扩展。

为了进一步提高抗振性，高应力弹簧还进行了整体硬化处理。因此，与传统弹簧相比，可承受的应力显著地增加了约 10%（图 7.177）。

产品形式	制造步骤	振动强度因素				
		纯度	表面	机械特征	组织结构	残余应力
液态钢	冶炼和精炼	·		·		
板坯/块	浇铸	·				
钢坯	热轧	·	·			
盘条	热轧	·	·		·	
	削		·			
	淬火			·	·	
气门弹簧钢丝	冷拔		·	·		
	最终的油回火			·	·	
气门弹簧	盘绕		·			·
	消除应力退火			·	·	·
	弹簧末端平面磨削					
	喷丸处理		·	（·）		·
	预热					·

图 7.177　影响气门弹簧振动强度的因素[95]

此外，在某些应用中，气门弹簧经过氮化处理，然后再次喷丸处理。由于相关成本，该工艺尚未能够在欧洲和美国站稳脚跟。

7.13 气门座圈

7.13.1 引言

气门座环（以下简称 VSR）和气门导管（以下简称 VF）是配气机构中的重要部件，对于气缸内的完美的燃烧过程至关重要。与气门一起，上述的部件必须确保燃烧室的完美密封，以便在气缸中达到所需的压缩以及燃烧压力。磨损增加会导致燃烧条件发生变化，从而导致发动机性能和排放数据变差。

图 7.178 显示了带有顶置凸轮轴的杯形挺柱配气机构。VSR 和 VF 是大批量生产的零部件的典型代表。

图 7.179 提供了 2011 年和 2012 年生产的机动车概览[99]。这导致需要超过 12 亿个组件。在全球范围内，有 13 家制造商生产气门座圈，可分为铸造材料和粉末冶金（PM）材料两大类，占据 90% 的市场份额。

7.13.2 对气门座圈的要求

99% 以上的铝制气缸盖都有气门座环，因为铝及其合金不具备适合气门座的材料特性。气门座圈与气门一起形成了一个摩擦学系统，即使在数百万次负载循环后也必须确保密封件的功能。因此，在现代发动机中，要求磨损率满足机械的配气机构的不进行间隙补偿情况下，行驶里程可达 300000km（ < 1μm/1000km）的免维护运行。与此形成对比的是极其苛刻的运行条件。下面讨论影响气门座圈磨损的主要因素。

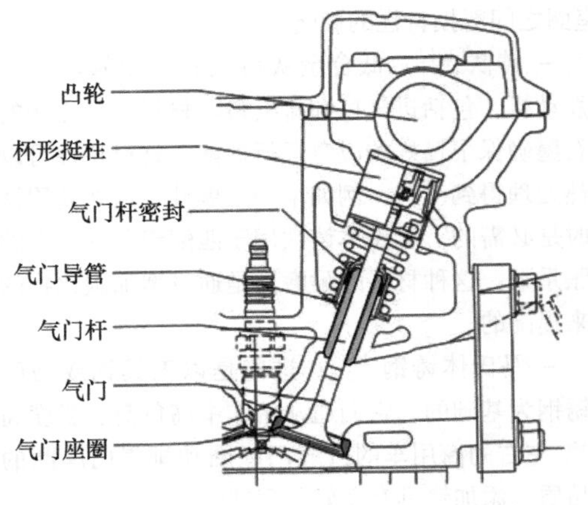

图 7.178 带顶置凸轮轴的杯形挺柱配气机构

市场	生产车辆	
	2011	2012
欧洲	21118311	19814472
北美	13477706	15794590
南美	4316103	4228763
亚洲	40576318	43675946
其他	556637	586396
总共	80045075	84100167

图 7.179 全球汽车发动机产量

7.13.2.1 气门座应力

根据所使用的发动机的类型，气门座接触区域会产生不同的应力。燃料供应的类型、压缩和燃烧压力以及相关的比功率以及接触区域的主要温度对气门/气门座圈摩擦系统的磨损和变形特性具有决定性的影响作用。这种方式造成的磨损因素可归纳如下：

a）气门座区域的机械应力。它由弹簧预紧力（F）、气门冲击力（F_B）和燃烧压力（F_P）组成。作为一个例子，图 7.180 给出了带有顶置凸轮轴的发动机中气门座的负载百分比分布概览。

根据所使用的气门座角度，该负载分为垂直于和平行于气门座表面的力。后者对气门座的磨损和变形特性负有主要责任。力的大小及其载荷分布取决于发动机类型及其运行状态（例如电磁式配气机构、发动机制动运行）。

	占总负载的百分比
弹簧预紧力	1% ~3%
冲击力（最大加速度 1500 ~7900m/s^2）	2% ~17%
燃烧压力	80% ~97%

图 7.180 气门座上的载荷分布[100]

b）由于气门相对于气门座圈的运动而产生的动态气门座载荷。这里，一方面涉及气门的旋转运动。这取决于发动机转速，对于常规操控的气门，最高可达 10r/min，使用所谓的气门旋转机构（Rotocap）时最高可达 45r/min。这种运动是可期望的，因为它一方面确保了均匀的气门温度，另一方面对气门座有清洁作用。另一个动态气门座载荷是气门盘弯曲，当燃烧室侧压力施加到气门头部时会自动发生。这种效应由比气门座圈大 0.5° ~ 1° 的气门座角（称为差角）来支持（图 7.181）。因此，在低的燃烧压力下获得了更小的气门座宽度，从而获得了更高的表面压力和更好的密封效果。当压力增加时，由于气门盘弯曲，表面承载面积增加，从而导致气门座上的表面压力降低。

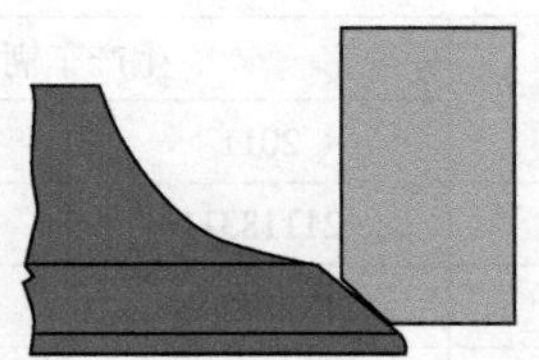

图 7.181　气门上的差角

c）气门座接触的润滑。气门/VSR 摩擦学系统的磨损率受润滑中间层的影响很大。根据燃烧气体混合物的组成，对进气和排气的影响是不同的。图 7.182比较了燃料类型对气门与气门座圈之间磨损特性的影响。

基本上，这些影响被其他现象所叠加。特别值得一提的是，通过将曲轴箱蒸气引入进气道可能会使进气混合物变浓。此外，油的成分沿着气门杆通过气门杆密封件进入气门座接触区域。

d）磨损副—气门。设计配气机构时，必须保证气门接触面的硬度高于气门座圈的硬度。这是为了实现 1/3 的磨损分布在气门上，2/3 的磨损分布在气门座圈上。这个磨损比是必要的，因为在相反的情况下，气门盘可能会逐渐变弱，导致气门拉穿和发动机的损坏。图 7.183 总结了典型的硬度值。

	进气		排气	
汽油 磨损率 1 ~5μm/1000km	+ + –	自然吸气和涡轮增压发动机的流体润滑 在缸内直喷汽油机中，没有润滑，因为只有进气空气通过进气口	+	燃烧气体沉积物的固体润滑
柴油 磨损率 1 ~5μm/1000km	–	通过燃料无润滑，因为只有进气空气通过进气系统	+ +	燃烧气体沉积物的固体润滑
醇 磨损率 1 ~10μm/1000km	o	用于自然吸气和涡轮发动机的液体润滑，但带有腐蚀性成分。其效果因醇含量而异（从 E50 起至关重要）	o – –	少的固体润滑，水含量增加，其效果因醇含量而异（从 E50 开始至关重要） 热的高负载涡轮发动机是有问题的
压缩天然气 磨损率 1 ~50μm/1000km	–	没有润滑，因为只有气体混合气通过进气系统	– –	少的固态润滑，因为燃烧残留物很少，这对于热的高负载的涡轮发动机来说是个问题
液化石油气 磨损率 1 ~70μm/1000km	– –	没有润滑，因为只有气体混合气通过进气系统	– –	少的固态润滑，因为燃烧残留物很少
氢 磨损率 3 ~70μm/1000km	– –	没有润滑，因为只有气体混合气通过进气系统	– –	没有润滑，因为没有燃烧残留物，水蒸气导致的腐蚀性增加
评级：+ +非常好；+好；o 中性；–坏；– –很坏。				

图 7.182　燃料类型对气门/气门座圈之间磨损特性的影响

7.13.2.2　材料和特性材料

（1）铸造合金

为了生产这些材料合金，使用模具铸造或砂型铸造以及离心铸造的生产方法。以这种方式生产的材料有：

	气门	气门座圈
进气	270 ~370HBW2.5/187.5 硬化了的 >48HRC	220 ~320HBW2.5/187.5
排气（铠甲）	30 ~50HRC	30 ~46HRC

图 7.183　气门/气门座圈硬度对比

– 铸铁[101]：低合金灰铸铁的应用领域是低负荷发动机，包括进气口和排气口。材料中高比例的游离石墨确保了良好的应急运行性能。材料特性可以通过热处理得到改善，例如增加延展性，这在使用钛气门时是必需的。奥氏体铸铁用于匹配铝制气缸盖的热膨胀系数。这种材料的耐磨性是通过增加碳化物的比例来提高的。

– 马氏体铸钢[101]：这些是以工具钢或马氏体不锈钢为基础的。它们通常用作中高负荷、温度高达 600℃左右的商用车的进气门座圈和排气门座圈的硬化品质。添加铬具有良好的耐蚀性。

– 有色金属铸造合金[101]：这组材料是由高合

金镍基或钴基合金组成的。它们用作排气门材料，特别是在高负荷发动机中。高比例的碳化物和金属间相是这组材料的特征，实现了高达875℃的非常好的高温性能。缺点是材料成本高，导热系数低，加工困难。在高负荷发动机（赛车运动/一级方程式）中，由于其高导热性，使用添加了铍的铜基合金。

（2）PM材料

在高达900MPa的压力下将粉末混合物压制成接近最终轮廓的形状（近净形）后，在高温（铁基合金为1000～1200℃）下烧结压块，即所谓的生压块，并进行热后处理。机械加工车削和磨削形成生产过程。根据所用材料的类型，可能需要额外的生产制造步骤。现代PM开发的目标是保持较少的生产制造步骤数量，以实现显著的成本节约[102]。

PM材料按以下方式进行区分：

– 低合金钢：低合金钢主要用于汽油机的进气门座圈。这些材料基于Fe–Cu–C系统。组织结构通常为铁素体/珠光体，带有部分渗碳体。低比例的镍或钼有助于提高耐磨性。固体润滑剂（例如MnS、Pb、MoS_2、CaF_2或石墨）通常用于优化可加工性。总体而言，合金元素的比例低于5%。

– 中等高合金钢：这些材料通常用于汽油机排气门座圈以及柴油机的进气和排气区。这组材料使用最广泛，变体种类繁多，其中应该提到最常见的三组。在马氏体钢中，组织结构主要由具有细密分布的碳化物、固体润滑剂和必要时的硬质相［高硬度和耐温的金属间相（例如Co–Mo–Cr–Si–Laves相、Co–Cr–W–C相[103]）］的马氏体回火结构组织所组成。高速钢的高耐磨性源自马氏体基体，该基体具有类型M6C或MC的特殊碳化物的精细分布，这些碳化物可以通过Cr、W、V、Mo或Si等合金元素形成。在高速钢标准成分（例如M2、M4、M35）的基础上，对合金进行技术改性，例如用铁粉稀释、添加固体润滑剂或其他硬质相，形成气门座圈的材料。与其他两组材料相比，贝氏体钢不具有回火组织结构，而是具有热稳定性更高的贝氏体基底组织结构。添加固体润滑剂、碳化物形成剂和硬质相可结合组织结构以获得良好的热磨损性能。典型的合金元素是Co、Ni和Mo。

中高合金钢组也可以作为渗铜品质获得。为此，烧结体的开孔体积在烧结过程中填充液态铜。这种合金的优点除了具有更好的导热性外，还有更好的可加工性。

– 高合金钢：这一组包括马氏体以及奥氏体材料。应用领域是在耐高温氧化/耐腐蚀方面有高的要求的发动机。典型的合金元素是Ni、Cr和Co。由于合金含量高，与其他材料组相比，这些材料非常昂贵。由于这个原因，经常使用所谓的双层技术，其中气门座圈由两个不同的材料层组成，气门座侧为高合金材料质量，气道侧为低合金材料质量[104]。

– 有色金属合金：与铸造合金相比，Ni–Co基合金在粉末冶金领域非常罕见。特别是对于赛车应用，铜材料是特别有吸引力的。现代材料开发的目标是取代有毒的铍作为合金元素。陶瓷颗粒（例如Al_2O_3）的比例已经证明了与标准应用相对应的耐磨性[105]。

（3）特性

为了满足应用技术的要求，气门座圈必须具有一定的材料特性。这些关键的特性如下所示。

– 热硬度：材料的硬度通常与其耐磨性相对应。因此，热硬度作为高温下材料耐磨性的指标。随着温度的升高，硬度的急剧下降表明了可能存在的极限使用温度（图7.184）。

– 热组织结构稳定性：热组织结构稳定性表明材料由于温度影响而发生的变化。图7.185总结了各种影响。特别是对于具有回火组织结构的材料，必须假设在热负载下扩散引起的变化。

– 热膨胀系数：气门座圈和气缸盖材料的热膨胀系数对于通过压力连接将VSR安装在气缸盖中具有相当重要的意义。如果两个连接副的材料具有相似的高热膨胀系数，则是有利的。如果情况并非如此，例如加热铁基气门座圈/铝制气缸盖组合时，压缩力会降低。这会导致座圈从气缸盖孔中脱落，从而导致发动机损坏。图7.186显示了典型的热膨胀系数。

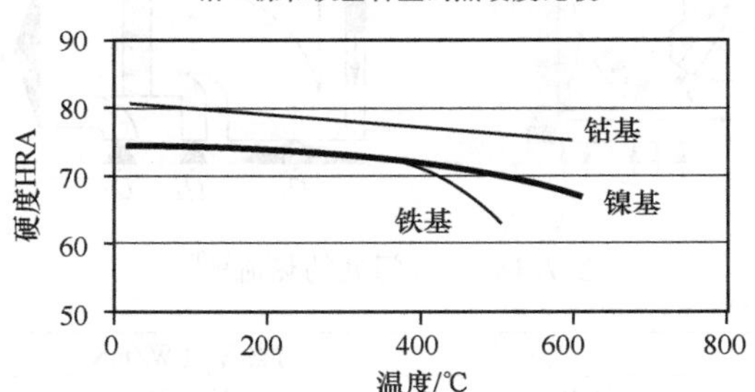

图7.184　热硬度比较[107]

温度	过程	效应
–190～21℃	残余奥氏体转化为马氏体	硬度增加 尺寸变化
250～900℃	降低残余应力 扩散过程 沉淀过程	硬度变化 性质变化 组织结构变化

图7.185　热应力的影响

		热膨胀/10^{-6}K
气缸盖	铸铁	9 ~ 11
	23 ~ 27	铝
气门座圈	铁基（马氏体）	9 ~ 13
	铁基（奥氏体）	17 ~ 19
	镍基	12 ~ 16
	钴基	12 ~ 14

图 7.186　热膨胀系数

– 导热性：为了降低气门温度，需要从气门盘通过气门座圈进入气缸盖以获得良好的热流。这是除了在材料上创造良好的传热外来实现的。图 7.187 说明了气门处的理论热流。理论计算[106]表明，将传导率从 20W/mK 增加到 40W/mK 会使气门座圈的工作温度降低 50℃，气门的工作温度下降 30℃。在各种发动机中的测量结果证实了气门头部温度的降低[105]。为了达到这些特性值，特别是中高合金排气材料中渗入了铜。图 7.188 总结了一些具有代表性的特征值。在设计气缸盖时，必须考虑到，在高导热的气门座圈的情况下，向气缸盖的铝中输入更多的热量会导致铝的强度损失。腹板区域的开裂是这种热过载的结果。

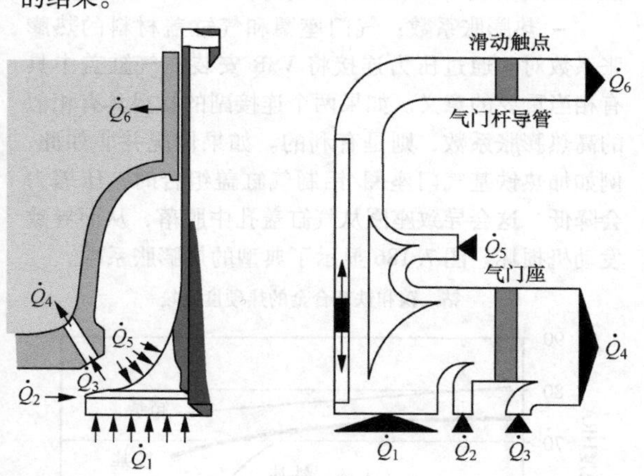

图 7.187　气门处的热流[105]

	导热率/(W/mK)
铁基	17 ~ 35
铁基（铜渗透）	40 ~ 49
镍基	16 ~ 18
钴基	14 ~ 15
铜基	100 ~ 200

图 7.188　导热率

– 密度：为了将材料应力保持在尽可能低的水平，高密度材料是有利的，因为它们在给定载荷下的比承载率更高。此外，还避免了由于孔隙的缺口效应而导致材料断裂的疲劳症状。与铸造气门座圈不同的是，粉末冶金产品必须具有一定比例的孔隙。

– 抗氧化/耐蚀性：由于极端的运行条件，气门座圈必须抗高温废气的腐蚀或氧化。这可以通过材料的化学成分或通过部件表面的有目的的钝化（例如预氧化）来实现。

– 耐磨性：基本上，以下磨损机制起作用：

黏附：局部微焊接，然后断开接触点。材料从一个摩擦副转移到另一个摩擦副，并发生点蚀。

磨损：基于微观范围内的研磨和切割机制去除材料。材料转移仅在有限范围内进行。

氧化：在负载下从表面破裂或嵌入的脆性的、不黏附的氧化物层的形成。在这种情况下，称为摩擦氧化。

腐蚀：反应相的形成，例如，在高镍材料中，低熔点镍 – 硫共晶导致材料弱化和材料区域的触发。

– 机械加工性：良好的机械加工性是评估气门座圈材料的重要标准，因为由于气缸和气门座圈上的公差位置，气门座最终的加工必须在组装状态下进行。组织结构的结构、尽可能高的密度和固体润滑剂的添加可以对刀具寿命产生积极的影响作用。

7.13.2.3　几何尺寸和公差

气门座圈通常具有简单的环形轮廓。在气缸盖生产制造过程中铸造的部件采用具有轮廓外护套表面的不同特殊形状。这些轮廓旨在防止气门座圈因形状配合而脱落[108]。图 7.189 显示了典型的气门座圈轮廓。图 7.190 总结了常见的公差特征值。

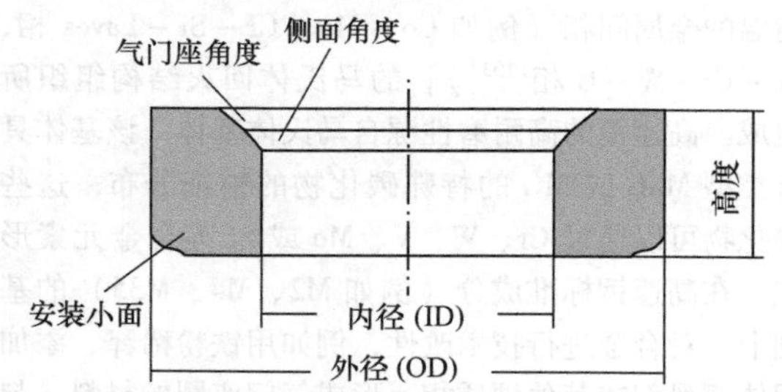

图 7.189　典型的气门座圈轮廓

– 气门座：气门座是部件的实际功能区域。通常仅在气缸盖安装完成后通过车削操作进行最终的生产制造，以使气门轴线与气门座圈轴线精确对准（对于新发动机，中心偏移最大值为 0.02 ~ 0.03mm）。减少气门座磨损的一种结构上的可能性是减小气门座角度或增加气门座宽度。通过减小气门座角度或加宽气门座，平行于气门座表面作用的载荷减小，如图 7.191 所示。研究表明，纵向表面载荷的减小导致磨损率的降低。气门座角度和气门座宽度的常见特征值如图 7.192 所示。

<table>
<tr><td rowspan="4">外径</td><td>Da <45mm</td><td>±0.013mm</td></tr>
<tr><td>Da >45mm</td><td>±0.010mm</td></tr>
<tr><td>直角</td><td>0.03 与面侧相关</td></tr>
<tr><td>表面</td><td>Ra = 1.25</td></tr>
<tr><td rowspan="4">内径</td><td>气缸尺寸</td><td>±0.1</td></tr>
<tr><td>斜面出口尺寸</td><td>±0.15</td></tr>
<tr><td>表面</td><td>Ra = 3.2</td></tr>
<tr><td>同轴度</td><td>0.2</td></tr>
<tr><td rowspan="2">气门座</td><td>角度</td><td>±1°</td></tr>
<tr><td>表面</td><td>Ra = 3.2</td></tr>
<tr><td rowspan="3">高度</td><td>量度</td><td>±0.05</td></tr>
<tr><td>平行度</td><td>0.04</td></tr>
<tr><td>表面端面</td><td>Ra = 1.6</td></tr>
<tr><td rowspan="2">安装面</td><td>半径公差</td><td>±0.15 ~ ±0.3</td></tr>
<tr><td>角度斜率公差</td><td>±2°</td></tr>
</table>

图 7.190 气门座圈结构设计公差范围

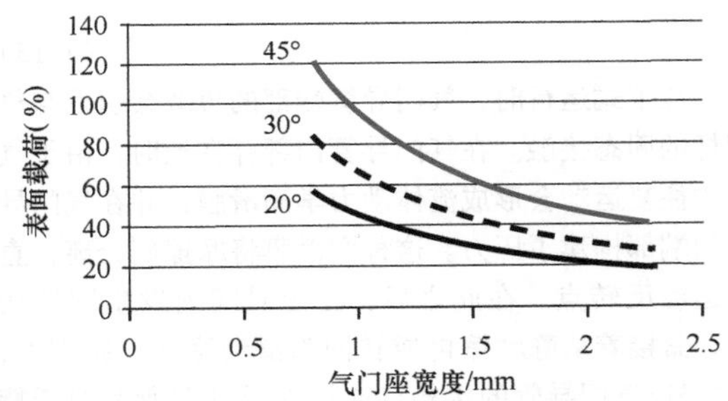

图 7.191 与气门座角度和气门座宽度相关的表面载荷的比较

<table>
<tr><td rowspan="2"></td><td colspan="2">气门座宽度/mm</td><td rowspan="2">气门座角度</td></tr>
<tr><td>进气门座</td><td>排气门座</td></tr>
<tr><td>汽油机</td><td>1.2 ~ 1.6</td><td>1.4 ~ 1.8</td><td>45°</td></tr>
<tr><td>柴油机</td><td></td><td></td><td></td></tr>
<tr><td>乘用车</td><td>1.6 ~ 2.2</td><td>1.6 ~ 2.2</td><td>45°</td></tr>
<tr><td>商用车</td><td>2.0 ~ 3.0</td><td>2.0 ~ 3.0</td><td>20° ~ 45°</td></tr>
<tr><td>气体发动机</td><td>1.8 ~ 2.5</td><td>1.8 ~ 2.5</td><td>20° ~ 45°</td></tr>
</table>

图 7.192 气门座宽度和气门座角度

- 安装小面：小面定位气门座圈，并减小在气缸盖装配之前和安装过程中的压入力。车削面通常具有 10° ~ 45°角的简单斜面。对于气门座圈，其小面在粉末冶金生产过程中被压制，通常具有 0.4 ~ 1.4mm 的半径，10° ~ 15°的护套侧角。原则上，可以假定较小的倾角导致较低的安装力。此外，必须确保在车削过程中，装配区域内没有由于加工过程而形成的度数。这可以通过部件的滑动磨削来防止。

- 内径：气门座圈的内径通常未经加工。为了优化流动过程，在某些发动机系列中采用具有特殊内部轮廓（如文丘里形状）的进气门座圈。为了改善进气条件并在气缸盖内完成加工后达到恒定的气门座宽度，通常在气门座区域中提供侧面角度。此类角度的通常值为 30°（图 7.193）。

- 壁厚：由于现代发动机的结构形式越来越紧凑，对越来越薄的气门座圈的需求也随之增加。与此形成对比的是气门座圈中的机械应力以及生产安全方面。通常，大规模生产的壁厚超过 1.8mm。高度/壁厚之比应与图 7.194 相对应。

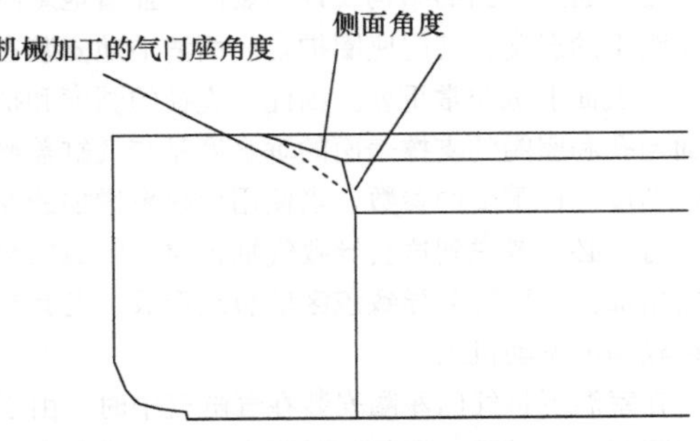

图 7.193 侧面角度

环高 *H*	高度/壁厚 (*H*/*W*)
5 ~ 6mm	≤2.5
6 ~ 9mm	≤3.0
>9mm	≤4.0

图 7.194 *H*/*W* 比

- 外径：为了在气缸盖中获得足够的压配合，在气缸盖孔上采用 0.05 ~ 0.13mm 的过盈[107]。铝气缸盖总成设计的进一步的方向值的计算为：过盈量 = (0.3% ~ 0.4%) × 气门座孔径。原则上，覆盖范围应根据各自的应用情况进行匹配。为了将热量耗散到气缸盖中，特别是面向燃烧室的一侧必须与气缸盖的孔表面紧密地结合在一起，因为这里是发生最大的热传递的地方。图 7.195 显示了排气门座圈内的温度分布。在气门座圈的粉末冶金制造过程中，必须注意确保外径/壁厚之比在 10 ~ 13 的范围内。这样做的原因是为了确保尚未烧结的粉末压制件具有足够的生坯稳定性。就铸造技术而言，这种限制是未知的。当将 VSR 连接到气缸盖时，外护套表面的表面粗糙度会影响安装力。

7.13.2.4 气缸盖几何形状和装配

气缸盖的几何形状显著地影响气门座圈的功能。

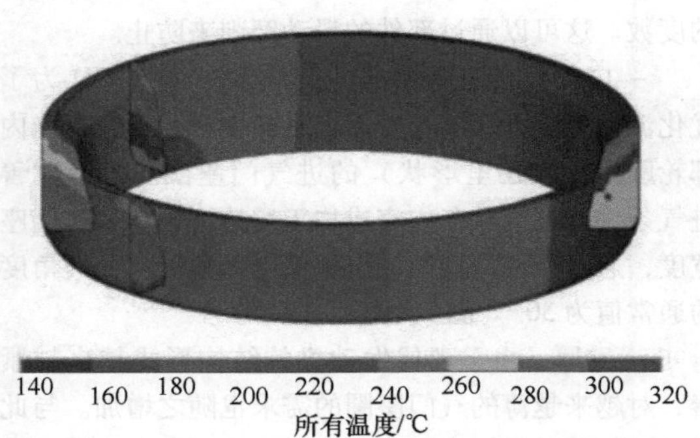

图 7.195　排气门座圈内的温度分布

特别是，通过适当的结构设计和装配会显著地影响气门座圈中的温度。气门座圈护套表面清洁地安装在气缸盖孔表面上也非常重要。因此，直径的圆度和护套表面与孔和座圈的支撑表面的垂直度是与气缸盖翘曲的倾斜度同样重要的参数。当使用导热率增加的 VSR 材料时，必须考虑到这会导致气缸盖腹板区域的热负荷的增加。这可能会导致该区域裂纹形成，尤其是在负载较高的发动机上。

在室温下将气门座圈安装在气缸盖中时，由于气门座圈与孔的过盈，在装配过程中可能会存在由于材料延迟而导致气缸盖材料的塑性变形的风险。为避免这种情况，建议安装小面的角度 < 10°。气门座圈的缩回与液氮中的深度冷却相结合具有低连接过盈和低压入力的优点。气门座圈材料在深度冷却状态下增加的脆性具有负面影响。此外，精确的过程控制是绝对必要的，因为装配过程中的时间延迟会立即导致热连接条件的改变，从而导致压入力的增加，并有不准确的压配合的风险。

7.14　气门导管

与气门、气门座圈一样，气门导管也是配气机构的重要组成部分。每年的需求量与气门座环一样，超过 12 亿个（见图 7.179）。

材料方面，市场按粉末金属（PM，Pulvermetall），成型黄铜的品质和铸铁的品质来划分。

7.14.1　对气门导管的要求

气门导管的任务就是引导往复运动的气门，使其准确无误地定位在气门座圈的密封座中。该摩擦系统由气门杆和气门导管组成。由发动机润滑油提供润滑，润滑油通过气门杆/气门导管间隙的漏油流供应。在确定的材料中，通过确定的合金添加剂或组织结构成分添加一定比例的自润滑。由于日益严格的废气排放立法，将来对最大限度地减少漏油率的要求越来越高。这里需要能保证干式运行的材料组合。

磨料或黏合剂磨损的增加，尤其是在气门导管末端，会导致发动机的性能与排放数据变差。后者可能会导致所谓的卡住。与气门座圈一样，在使用和设计气门导管时必须考虑各种影响因素。

气门导管应力

气门导管内的负载是对通过气门杆引入气门导管/气门摩擦系统并导致气门倾斜的力的反作用。它们包括[109]：

- 气门面上的摩擦力（F_q）。
- 气门弹簧的横向力（F_f）。
- 气门面上的偏心法向力（F_n）。
- 气门盘上的气体力（F_{gas}）。

由此产生的力矩被气门导管两端的相反力所吸收。图 7.196 说明了这种力的平衡。

$$\sum F = 0 = F_q + F_n + F_f + F_{gas} + \sum_{n=1}^{N=4} F_{vfn} \tag{7.15}$$

在干式运行时，气门导管端部的负载会引发与气门杆的固态接触。在气门导管内部存在油时，由于气门的往复运动会形成流体动力学润滑膜，并在气门导管的端部构建了压力。这种润滑膜将摩擦副分离，直到运动反转点。在此之后，在短时间内发生固体接触，紧接着从静摩擦再逆转回为滑动摩擦。原则上，气门杆/气门导管的接触点连续地通过在所谓的斯特里贝克（Stribeck）曲线中描述的、取决于滑动速度的摩擦特性。以下几点会影响气门导管内的应力：

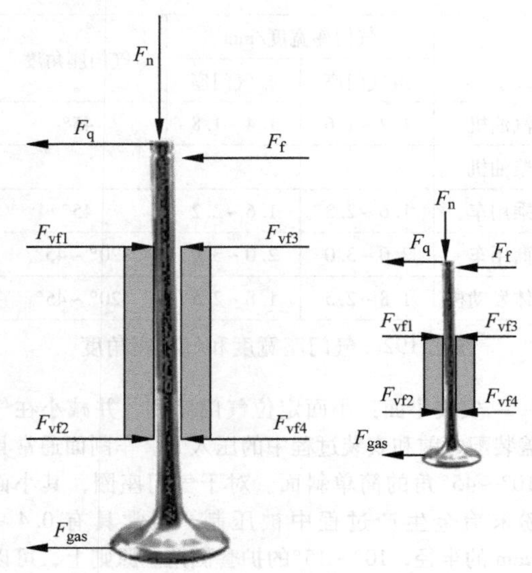

图 7.196　气门与气门导管上所受的力

（1）气门传动机构

根据配气机构的结构形式，在气门导管端部产生的力会有所不同。摇臂驱动的侧向力是杯形挺柱驱动的5倍。图7.197显示了摇臂配气机构的典型的横向力曲线。

（2）气门间隙

气门操控的动态过程会产生额外的力（图7.198），将气门间隙增加0.1mm会使横向力增加22%[109]。

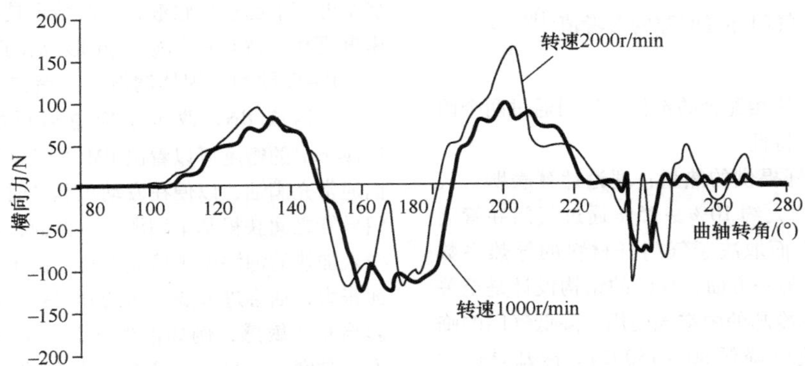

图7.197 不同转速下作用在气门导管上的横向力[109]（发动机点火，气门间隙0.1mm，气门导管间隙45μm，油温50℃，摇臂配气机构）

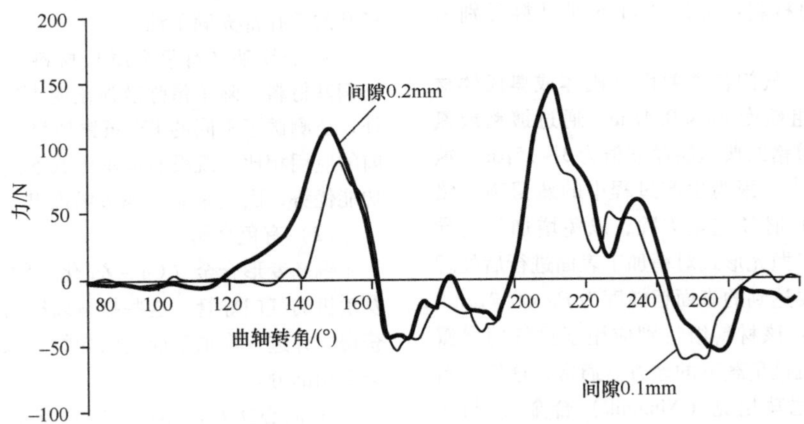

图7.198 不同气门间隙下作用在气门导管上的横向力[109]（发动机点火，转速1000r/min，气门导管间隙45μm，油温60℃，摇臂配气机构）

（3）气门杆密封

为了在气门杆/气门导管接触区域中形成流体动力学润滑膜，除了气门滑动速度外，还需要足够的润滑油量。这是通过气门杆密封件来实现的，气门杆密封件允许一定量的润滑油通过气门杆密封区域。常规参数值的数量级在0.007～0.1ccm /10h之间。在货车中使用废气涡轮增压或发动机制动时，气门导管气道侧的压力特性可能会发生变化，从而会影响润滑油泄漏。研究结果表明，气道侧的0.8bar表压将润滑油从气门导管中挤出，从而导致润滑不足，并增加磨损或出现卡住现象[109]。气门杆密封的特殊的结构设计（例如气唇密封）可以消除这个问题。

（4）气门导管间隙

气门导管负责将气门准确地定位在气门座圈的阀座中。为了完成该任务，气门导管孔和气门杆的外径必须相互协调。原则上，应当争取尽可能小的气门导管（VF）间隙。由此，除了更好的导热性之外，还降低了气门侧倾的风险。此外，这种几何尺寸上的零部件调整有利于构建流体动力学润滑膜。这个直径差通过气门导管和气门杆的不同的膨胀系数向下限制。图7.199汇总了一些气门导管间隙的指导值。

气门杆直径 /mm	进气门导管间隙 /μm	排气门导管间隙 /μm
6 ~ 7	10 ~ 40	25 ~ 55
8 ~ 9	20 ~ 50	35 ~ 65
10 ~ 12	40 ~ 70	55 ~ 85

图 7.199　气门导管间隙的参考值[110]

（5）气门

作为与气门导管相配合的部件，气门通过两个因素显著地影响磨损特性。

1）通过气门杆提供的热量：理论计算表明，气门产生的总热量的大约 10% ~ 25% 通过气门导管消散。这种效果一方面取决于气门杆材料的导热系数（12 ~ 21W/mK），另一方面，气门的结构设计是至关重要的。例如，钠冷却的中空气门用于降低气门的临界喉部区域的温度（降低 80 ~ 150℃）。冷却是通过气门中的液态钠将热量从头部传递到气门杆所在区域中来实现的。由此产生的气门导管上的更高的热负荷对材料和系统协调性提出了特殊要求。

2）气门杆的材料：可以通过下列材料类别来区分：

- 铁基合金：气门杆主要由马氏体或奥氏体材料所组成，表面粗糙度 $Ra < 0.4\mu m$。通过镀铬或氮化可以更光洁。镀铬的典型层厚度值为 3 ~ 15μm，氮化为 10 ~ 30μm[110]。因为生产过程中的残留物（铬芽或针状氮化物）必须完全去除，以免增加气门导管的磨损，因此以抛光形式对精加工表面进行后处理是必不可少的，要达到的表面粗糙度为 $Ra < 0.2\mu m$。

- 镍基合金：该材料组特别应用于排气门暴露在非常高的热和机械负载下的地方。通常，这组材料用术语称之为“尼莫尼克（Nimonik）合金”。与铁基合金相比，气门杆/气门导管摩擦系统没有任何特殊之处。

- 轻金属合金：为了减小配气机构中的移动质量，目前正在研究将钛合金和铝合金用于气门。

- 非金属材料：陶瓷材料在目前使用的质量上显示出良好的耐磨性。在使用常规气门导管材料时不需要采取特殊措施，其原因是陶瓷气门非常好的表面质量。

7.14.2　材料和特性

7.14.2.1　材料

（1）粉末冶金（PM）材料

随着市场份额的增加，这一材料组为所有动力和商用车领域提供了应用的可能性。

- 铁基材料：这些含少量 Cu、P、Sn 合金的钢材的组织结构通常是铁素体/珠光体。铜作为合金元素承担着各种任务。一方面，它提高了烧结过程中的尺寸精度；另一方面对导热性和诸如硬度和强度等的机械特性具有正面的影响作用。如果还额外存在锡，它将与铜反应形成低熔点的青铜相。这在相对较低的烧结温度下已经导致液相，其结果是导致烧结部件的密度更高。磷与铁和碳一起形成铸造材料中所谓的 Fe - P - C 硬相。固体润滑剂，诸如 MnS、MoS_2、石墨、CaF_2 或 BN，改善了应急运行性能。从 6.2 ~ 7.1g/cm^3 的密度可以看出 PM 气门导管相对多孔。它们通常充满油，以便在发动机起动时，在气门杆和气门导管之间获得基本润滑。一方面，可以通过将部件浸入加热的油浴中来填充毛孔。由于毛细作用力和表面张力，油会进入烧结体的开口孔。这种方法对外部影响非常敏感，例如油的状态、部件的清洁度、温度、黏度等。另一种重复性高得多的方法是油的浸渍。在这里，首先将气门导管暴露在腔室中的负压下，以便从毛孔中抽空空气。然后，加热的油进入腔室，并通过环境压力进入毛孔中。这确保了几乎所有打开的毛孔都充满了油。

- 非铁基（有色金属）材料：这里的应用仅限于铜基材料。除了像弥散强化铜[108]这样的特殊材料外，还测试了不同的 PM 黄铜质量。然而，由于与目前的应用相比，既没有显示出成本优势也没有显示出功能优势，因此未能实现市场推出。

（2）有色金属

铜基变形合金（Cu - Zn 化合物）通常用于汽车发动机的气门导管。这些材料以拉制管或棒材的形式获得，并进一步加工成气门导管。该组织结构包括 2 个主相部分。

- 面心立方 α 相：它的特点是高度的冷变形能力，因此是所有黄铜锻造合金的特征。硬度和抗拉强度的特征值相对较低。该相在 Zn 合金含量（质量分数）小于 37.5% 时占主导。当用作气门导管（VF）材料时，α 含量应小于 20%，否则卡住的风险会大大增加。

- 体心立方 β 相：此相的存在会增加硬度和抗拉强度，而韧性降低。通过将 Zn 含量从 38% 增加到大约 46% 来实现该相比例的增加。

Cu - Zn 合金的非均质性提供了根据各自的应用场合调整性能的可能性，并促进了材料的可加工性。铝的加入提高了硬度，而不会对热成形能力产生负面影响，同时改善了滑动特性[111]。气门导管的基础材料主要是由 $CuZn_{40}Al_2$ 合金组成的。其他合金元素如 Mn、Si 的不同添加有助于提高耐磨性。除了与其他气门导管材料相比具有优异的可加工性外，高的热导率也是该材料的另一个积极的特性。

(3) 铸铁/铸钢

由铁基铸造合金制成的气门导管在商用车领域特别流行。该组织结构由铁素体/珠光体基本结构和游离石墨成分（尺寸约为4～7μm）组成，这些被用作内置的固体润滑剂。铁素体含量通常低于5%。在存在磷的情况下，磷化物既可以作为单独的、精细分布的组织结构组分，也可以构成明显的网络。如果对部件提出更高的要求，则可以通过有目的地添加合金元素（Si、P、Cu、Mo或Mn）来提高耐磨性。此处应特别提及三元化合物Fe－P－C，它经常作为硬质相存在于铸造合金中。Cr作为合金元素的重要性较低，它可用于具有良好热腐蚀性能的特殊材料中。它使用砂型铸造工艺生产。根据制造商的规格，这些材料可以与所有类型的燃油一起使用。最高运行温度为600℃。

7.14.2.2　材料特性

为了满足应用技术上的要求，气门导管必须具备某些关键的特性，下文将对此进行讨论。

－ 耐磨性：气门导管的主要负载在其端部，因此，通道侧通常显示出比凸轮侧更显著的磨损痕迹（图7.200）。这与该区域较高的温度负荷有关。磨损机制以磨损和黏附两种形式生效。在极端情况下，后者会导致气门导管和气门杆之间的卡住，从而导致发动机故障。奥氏体气门杆材料具有很高的黏附磨损倾向。当使用镀铬或氮化气门表面时，气门导管中以磨损为主。在排气口中，气道侧的磨损加重是一个问题。通过气门与导管之间的间隙不断扩大，废气成分进入滑动区域并沉积在该区域中。在极端情况下，气门杆卡在气门导管中，从而引发发动机故障。

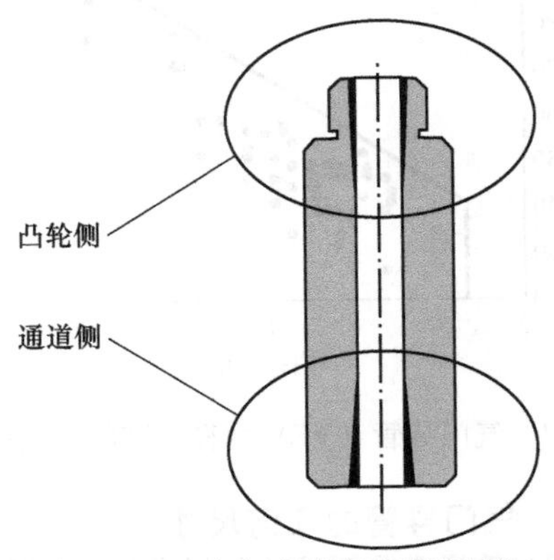

图7.200　气门导管的磨损区域

－ 密度：无孔材料，例如成形的有色金属或铸造材料，由于其高的比承载比，具有在给定的载荷下保持低的材料应力的优点，这减少了磨损的倾向。

此外，避免了由于毛孔的切口应力集中效应而可能产生的裂纹和进展的疲劳现象。对于粉末冶金产品，通常可以假定一定比例的孔隙。在PM气门导管的制造中，由于粉末在两侧被压实而形成了密度梯度，最大孔隙率的位置位于气门导管的中间（图7.201）。这种类型的密度/孔分布是此类气门导管的一个积极的特征，因为最高密度落在最高应力区域内。由于孔隙比例较高，PM导管的中间区域可以吸收更大体积的油，从而起到储油的作用。不同材料种类的气门导管的密度特征值如图7.202所示。

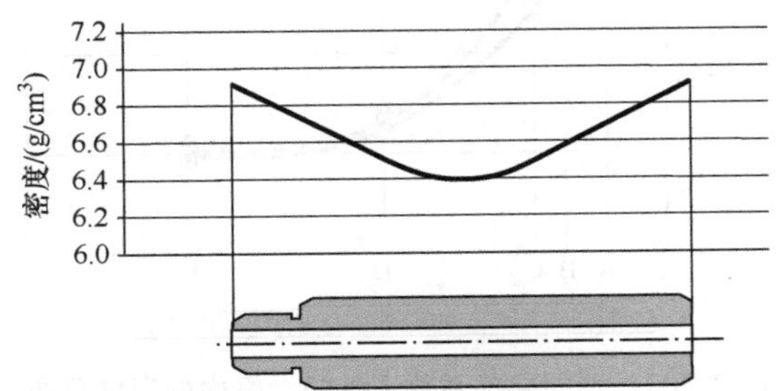

图7.201　PM气门导管内部的密度分布

	密度/(g/cm³)
有色金属（$CuZn_{40}Al_2$基）	>8.0
PM材料（铁基）	6.2～7.0
铸铁材料（铁基）	>7.1

图7.202　密度特征值

－ 导热系数：导热系数对于排气门导管至关重要。一方面，气门的一部分热量必须通过气门导管散发到气缸盖中。在功能测试台上进行的测量表明，根据导管材料的导热系数，气门头部温度最多可降低8%。另一方面，排气门导管暴露于热的排气流中。因此，良好的导热率降低了部件的热负荷。气门导管凸轮侧的温度不应超过150℃，否则会危及气门杆密封件的功能。图7.203显示了排气门导管的温度变化曲线。从气门导管的气道侧到凸轮侧的热负荷差异清晰可见，这意味着散热到气缸盖的物理过程发生在气门导管的气道侧的下半部分（位置A至D）。在这个范围以上，不同的导热率是次要的。图7.204总结了一些典型的导热系数。

－ 热膨胀：气门导管与座圈一样，通过压力连接安装在气缸盖中。由于更低的温度水平和更大的装配面积，因不同的热膨胀而导致连接松动的风险较低。如果考虑气门杆/气门导管的摩擦系统，则可以看到，由于外部温度的影响，材料组合会限制预设的气门导管间隙；或在极限情况下占满气门导管间隙，从而导致气门卡住。

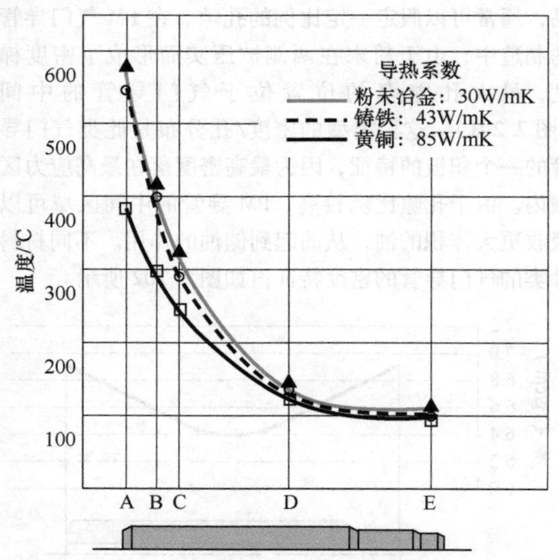

图7.203　不同导热系数下气门导管内的温度分布

	导热系数/(W/mK)
有色金属（$CuZn_{40}Al_2$基）	46～100
PM材料（铁基）	21～48
铸铁材料（铁基）	38～45

图7.204　导热系数

上述现象发生时热膨胀系数总是满足下列关系：

$$\lambda_{气门杆} \geqslant \lambda_{气门导管} \quad (7.16)$$

如果此关系相反，则在加热过程中气道侧变宽，因此气门导管间隙扩大。这意味着废气中的污染物有可能被吸入气门导管并沉积在滑动区域中，其后果是气门卡住。如果硬颗粒进入气门杆与气门导管之间的间隙，则会加剧磨损。图7.205总结了一些典型热膨胀系数的特征值。

		热膨胀系数/10^{-6}K
气门导管	有色金属（$CuZn_{40}Al_2$基）	18～22
	PM材料（铁基）	9～13
	铸铁材料（铁基）	9～11
气门	铁基（马氏体）	9～13
	铁基（奥氏体）	17～19
	镍基	12～16

图7.205　热膨胀系数

- 硬度：气门导管的硬度要求相对较低。除其他因素外，这可以归因于在气门机构的该部分中应力不是太高。此外，气门杆的抛光和部分涂层表面确保了极小的磨蚀。图7.206显示了气门导管材料的通常硬度范围。

	布氏（Brinell）硬度2.5	250℃下硬度损失（%）
有色金属（$CuZn_{40}Al_2$基）	150～170	约20
PM材料（铁基）	120～200	0
铸铁材料（铁基）	190～250	0

图7.206　气门导管材料的硬度范围

- 含油量：含油量仅是粉末冶金生产的气门导管所具有的特性。它表示部件毛孔中的油量（以质量分数表示）。特征值约为0.5%～1.2%的数量级。

- 机械加工：气缸盖内气门导管的精加工与气门座切入座圈同时进行。这样可以确保气门导管与气门座圈之间的中心偏移保持在一定限度内。新发动机的偏差值约为0.002～0.003mm的数量级[110]。

对于气门导管，其内径通过摩擦加工来调节。为此，使用具有1～6个由TiN涂层硬质合金制成的切削刃的铰刀。仅在特殊情况下使用由立方氮化硼或多晶金刚石制成的加工刀具。刀具的使用寿命取决于各种影响因素：气门导管与气门座圈之间的中心偏移的微小的公差具有积极的影响作用；无毛刺的孔和均匀的组织结构也可以延长刀具寿命。硬质相或马氏体组织结构成分由于硬度高而具有负面的影响作用。同样，由于加工工具（铰刀）中的高的扭转力矩，也应避免使用较小内径的较长的气门导管。图7.207显示了内径与长度关系的典型的特征值。

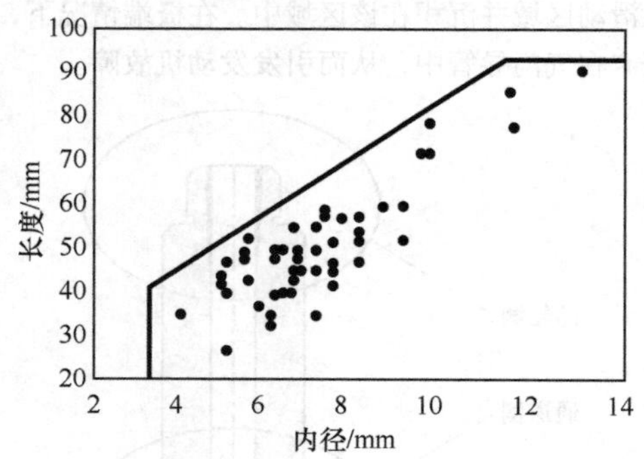

图7.207　气门导管（VF）内径/长度的特征值[113]

7.14.3　气门导管的几何尺寸

气门导管通常是圆柱体几何形状，根据使用方式，其端部结构有所不同。在气道一侧，通常将简单的小锥面作为压入辅助手段。在凸轮侧，变型的多样性更高，通常取决于所使用的气门杆密封件的类型。另外，在一些实施形式中，在外表面上具有凸缘，当压入气门导管时，凸缘起到止动件的作用（示例见图7.208）。图7.209总结了气门导管的标准公差值。

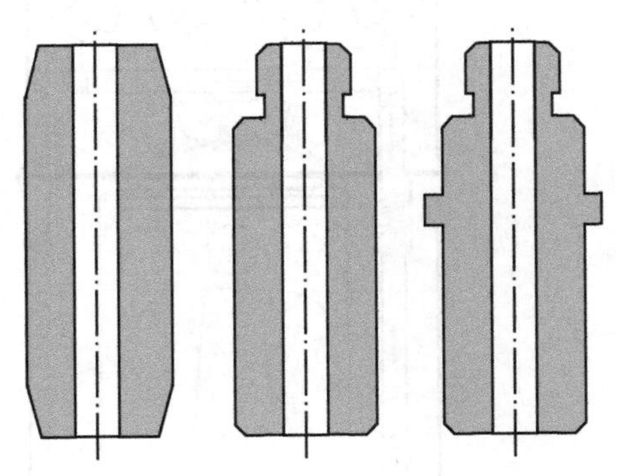

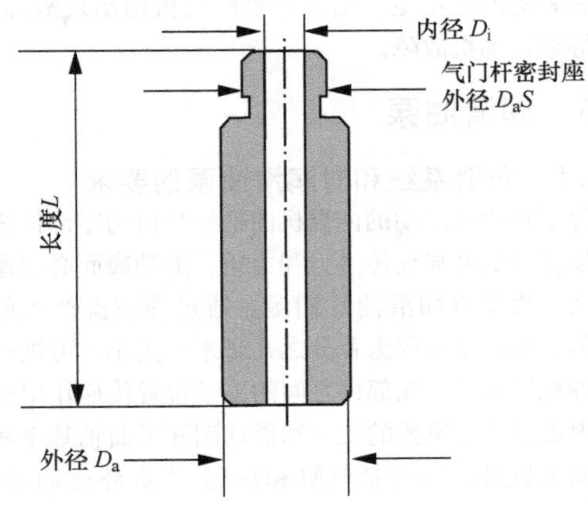

图7.208　气门导管轮廓

外径	D_a	±0.01mm
	圆柱度	0.01
	表面粗糙度	$Ra=1.6\mu m$
内径	D_i	±0.1mm
	表面粗糙度(缸盖加工前)	Ra = 未加工
	表面粗糙度(缸盖加工后)	$Ra=2.0\mu m$
	与衬套表面的同轴度	0.15
	圆柱度	0.1
高	尺寸误差	±0.25mm
	表面小锥面	$Ra=6.3\mu m$
装配小锥面	半径公差	±0.15mm ~ ±0.3mm
	斜角公差	1°

图7.209　气门导管结构设计公差范围

- 外径：气门导管的外径尺寸必须与气缸盖的孔仔细匹配，因为它直接关系到能否完美地压入气缸盖。铸铁气缸盖使用的标准孔过盈量为0.02～0.05mm，铝气缸盖为0.04～0.08mm[113]。对于PM气门导管的制造，应采用以下比例：

$$\frac{长度}{外径} \leqslant \begin{cases} 4 & （PM气门导管）\\ 6 & （铸铁气门导管）\end{cases} \tag{7.17}$$

- 壁厚：PM气门导管的最小壁厚为1.8mm（受所用粉末的流动特性和压制技术限制的影响）。开始车削气门杆密封座时，初始壁厚不应小于2.6mm，因为通过车削操作会进一步减小壁厚。气门导管越短，壁厚就应该越大，因为减短力臂会增加用于引导气门杆的反作用力，这会导致气门导管端部的应力更大。图7.210显示了取决于柱状气门导管长度的壁厚标准值。

- 内径：未组装的气门导管的内径通常未经加工。

- 长度：通常最好使用尽可能长的气门导管安装长度，以使气门的倾角尽可能小。气门导管的长度应至少于气门长度的40%[110]。

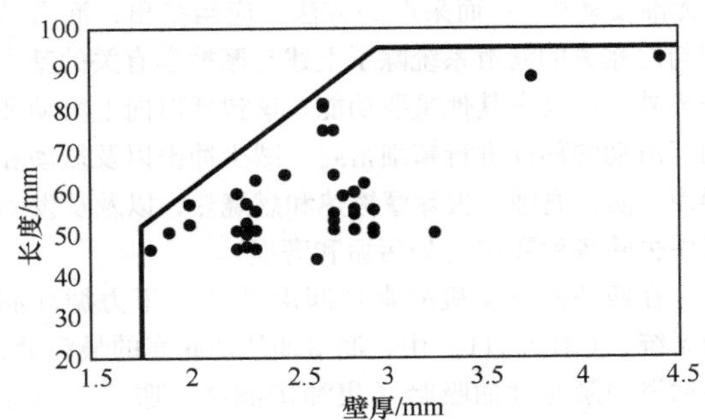

图7.210　柱状PM气门导管壁厚与长度的关系[113]

7.14.4　气缸盖装配

气门导管的装配通过将部件压入气缸盖孔来完成，通常在室温下进行，也就是说导管和气缸盖均处于同一环境温度。

应注意以下结构方面的要点：

- 气门导管外表面的长度应与气缸盖的孔长度相对应，以使负载较高的气门导管端部区域通过气缸盖材料得到支撑。

- 气门导管的气道侧端部不得伸入进气通道或排气通道。一方面，这会对气体流动产生负面影响；

另一方面，气门导管的端部承受非常高的热负荷。在某些情况下，这可能会导致磨损增加，或者如果与气门杆材料的匹配不足，则会导致配气机构出现故障，甚至导致发动机故障。

7.15　润滑油泵

7.15.1　润滑系统和对润滑油泵的要求

为了在相对运动的内燃机曲柄连杆机构零部件之间低损耗和低磨损地传递力和力矩，滑动表面必须用润滑油（发动机润滑油）润湿。通过油润湿产生的润滑膜，有时厚度仅为百分之几毫米或更小，可被视为一种机械元件，在部件之间的支承位置传递作用的力。内燃机中最重要的支承和滑动副除了曲轴基座和连杆销位置外，还包括气缸和活塞/活塞环运动副、活塞销支承、凸轮轴轴承、气门挺柱轴承、摇臂轴承和摆臂轴承，以及凸轮轴驱动和各种副驱动的各种支承和滑动副。内燃机润滑系统的功能是在所有运行条件下，为发动机中的众多滑动副安全地提供发动机润滑油。上述的润滑位置的一部分由发动机润滑油泵通过压力供油通道直接供给，另一部分通过喷射润滑油间接供给润滑介质。此外，由润滑油泵[114]输送的发动机润滑油也常被用作液压工质，比如用于驱动液压凸轮轴调节器。关于过去为取消发动机的油润滑（“无油发动机”）而采取的方法，应当指出，润滑油和与之相关的润滑系统除了上述与摩擦学有关的基本任务外，还具有其他重要功能。这包括对向上滑动和相互滑动的部件进行精细密封、减少冲击以及振动和噪声、防止腐蚀、去除摩擦热和燃烧热，以及从发动机中去除各种颗粒（如污垢和磨损）。

在四冲程发动机的常规润滑系统（压力循环润滑系统）（图7.211）中，润滑油从油底壳的最深处，由润滑油泵通过抽吸筛（集油槽润滑）吸入。从那里，它通过润滑油滤清器，通常通过中间润滑油冷却器输送到轴承位置，以及其他需要的地方，如活塞喷嘴和液压凸轮轴调节器。在重力的作用下，它从那里无压地流回到油底壳。对于安装空间有限和/或惯性力作用方向变化较大的发动机，如越野车、跑车和航空发动机，经常实现干式油槽润滑。在这种情况下，一个或多个抽吸泵将从轴承位置流出的油泵入一个单独的收集罐（Catchtank），在该收集罐中，经过消泡和冷却后，润滑油通过压力泵和滤清器后重新输送回轴承位置。在现代干式油槽润滑系统中，抽油泵和压力泵通常集成在一个总的油泵模块中。

在油池和干式油池润滑系统中，其他功能范围越来越多地整合在润滑油泵中。其中包括旋转叶片真空

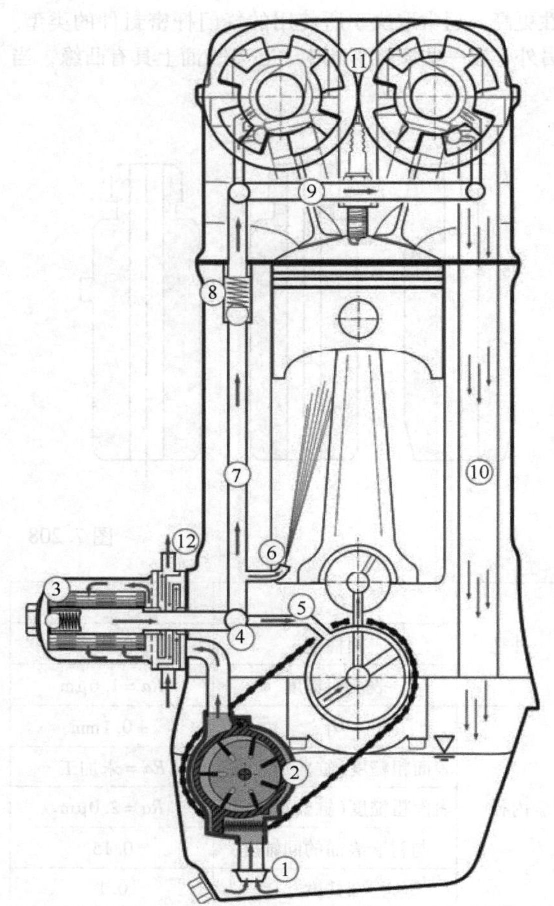

图7.211　内燃机润滑油回路（示意图）

1—吸油筛　2—油泵　3—带旁通阀的滤清器　4—主油道　5—主轴承供油　6—通过喷油器冷却活塞　7—气缸盖立管　8—止回阀　9—配气机构供油　10—回流通道　11—凸轮轴调节器　12—润滑油冷却器

泵、质量力平衡轴、冷却介质泵和驱动高压燃油泵的泵凸轮。以这种方式实现的组合模块以及双泵或串联泵通常以节省空间的方式布置在油底壳中，为车辆制造商提供了成本优势，也有助于遵守乘用车关于保护行人的法律要求。

发动机润滑油泵必须在发动机的使用寿命内，在整个运行区域为发动机的各个润滑点和发动机的其他机油消耗者提供可靠的润滑油。关于输送特性、压力水平和效率的要求使得乘用车和商用车发动机几乎无一例外地使用由发动机曲轴直接或间接机械驱动的具有刚性传动比的容积泵。容积泵输送的体积流量与驱动转速大致成正比关系。决定润滑油泵尺寸的是发动机在热怠速时对润滑油的需求，也就是说以最低的运行转速和最低的润滑油黏度。在当前的发展中，发动

机制造商越来越多地要求润滑油黏度等级为0W20或更低，这导致在泵的整个工作温度范围内对轴承的设计和泵部件的运行间隙提出了相当严格的要求。

基本上，无论是在汽油机还是在柴油机中，润滑油的需求都与发动机的额定功率呈线性的依赖关系。对于初始设计，对于汽油机和柴油机，可以假定润滑油泵的所需流量为每千瓦发动机标称输出0.08～0.1L/min，标准化为发动机转速1000r/min。然而，在实践中，在个别情况下可以观察到与这一范围的重大差异，特别是当使用由轻金属（铝或镁合金）制成的气缸曲轴箱时，与灰铸铁相比，热发动机的热膨胀系数要高得多，一般情况下，漏油流量大幅增加，例如在曲轴底座轴承处。对于更大尺寸的润滑油泵的其他原因可能是额外的润滑油消耗者（可变配气机构，活塞冷却等）、使用黏度非常低的发动机润滑油（轻运转油）或发动机系列方案设计造成的限制。此外，润滑油泵的设计和尺寸确定还必须考虑到由于轴承和密封间隙不可避免的磨损而导致的发动机在使用寿命期间润滑油消耗的增加，以及由于正常磨损现象而导致的润滑油泵容积效率的下降。

全球公路运输的增长及其在被认为对气候有害分类的CO_2排放中所占的份额是主要市场不断收紧燃料消耗法规的背景。例如，在欧洲，2009年通过了第443/2009[115]号条例（欧共体），确定了到2020年将乘用车和轻型商用车的平均CO_2排放（车队消耗），参照新的欧洲行驶循环（NEDC）（80/1268/EEC），减少到95g/km的目标。超过这些目标值将导致汽车制造商向欧盟支付罚款。目前的立法努力是使乘用车的废气有害物排放和燃料消耗更符合真实行驶模式（RDE，Real－Driving Emissions），也构成了这方面的重要的边界条件。在此背景下，通过各种辅助装置（如发动机润滑油泵）的优化并按需要导向的运行[116]，降低燃料消耗的主要潜力也必须始终如一地实施。汽车制造商对供应商的要求是由法律上的边界条件导致的规格，这解释了这样一个事实，即在乘用车发动机润滑油泵部门，特别是在欧洲市场的新项目中，几乎无一例外地使用流量可调的润滑油泵（调节润滑油泵）。

发动机润滑油泵通常必须在－40～＋150℃的油温范围内可靠地向润滑点和其他需要者供应润滑油。为了即使在使用低黏度发动机润滑油的情况下实现输送元件的高的内部密封性，也需要有紧密的密封间隙。在设计中必须考虑泵壳（以前主要由铝合金制成）和运动件（通常由钢制成）的不同热膨胀系数。因此，当对润滑油泵的内部密封性有非常高的要求时，例如当使用低黏度等级（0W20）～（0W10）的发动机润滑油时，具有相似或相同热膨胀系数的部件被用于泵的重要功能部件，并且具有增加的趋势。对于具有增加趋势的泵的重要功能部件，使用具有相似或相同热膨胀系数的零部件。

根据汽油机和柴油机的运行状态，载荷谱和曲轴箱通风的方案设计，水和燃料成分以及烟尘进入发动机润滑油中的情况各不相同。与经常未定义的润滑油添加剂和世界范围内不同的燃料质量一起，对泵部件的介质稳定性和材料选择提出了基本要求。这尤其适用于控制活塞以及具有静态和动态密封功能的部件。润滑油泵中功能部件的尺寸精度和形状稳定性的严格要求对塑料材料的使用趋势施加了严格的限制，而可以观察到的是对于功能不太关键的发动机部件来说，越来越多地使用塑料材料。然而，在个别情况下，在发动机润滑油泵中，高质量塑料的使用也被证明是有利的，例如从摩擦学的角度来看。与车辆的所有辅助装置一样，汽车制造商的规格要求发动机润滑油泵在所有运行条件下，无论是在车辆外部还是在乘客舱内，都不能从发动机的基本噪声水平中听到润滑油泵的噪声。这需要仔细设计泵和相关的驱动，在不利的条件下，还需要采取额外的措施来优化声学。

7.15.2 润滑油泵的结构形式

作为车辆发动机的润滑油泵，几乎无一例外地采用了不同结构形式的容积泵。这主要原因是由于相对较高的总效率，在正常运行的输送压力高达6bar的情况下，输送流量对背压（系统特性曲线）的依赖性有限，以及相对较低的制造成本。此外，目前常用的结构形式可以在流量方面相对较好地适应各自的要求，并且总而言之，可以相对较好地在结构上集成到现代内燃机的狭小的结构空间中。

在内燃机发展的早期阶段，机械驱动的容积泵主要用于发动机的润滑油供应。除了当今仍然使用的外齿轮泵外，还使用了簧片泵和活塞泵，这取决于所需的输送压力和抽吸条件[117,118]。图7.212显示了20世纪20年代高速四冲程发动机的润滑油泵（外齿轮泵）的剖面图。除了前面提到的外齿轮泵外，在当今的车辆发动机中还使用内齿轮泵（齿圈泵）和叶片泵，叶片泵的输送流量可调，而且比例有增加的趋势。然而，钟摆叶片泵在其工作原理上与叶片泵相似，只获得了有限的应用。

7.15.2.1 外齿轮泵

外齿轮泵（AZP）的基本结构是由两个（可能是几个）滚动啮合的圆柱齿轮所组成，它们支承在带有抽吸和压力喷嘴的壳体中，其外径与内壳内壁之间

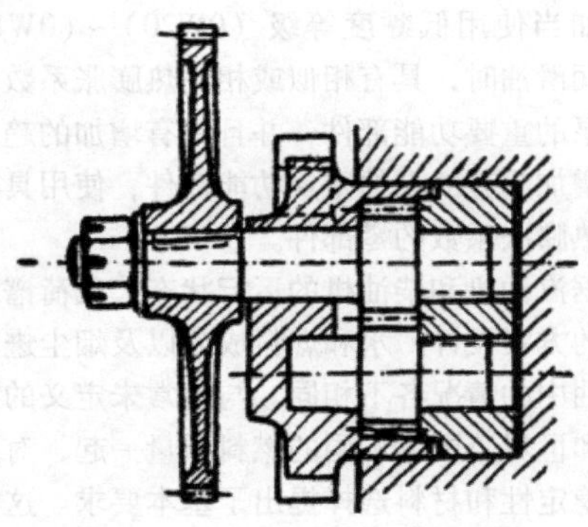

图 7.212　20 世纪 20 年代高速四冲程发动机润滑油泵（外齿轮泵）剖面图[118]

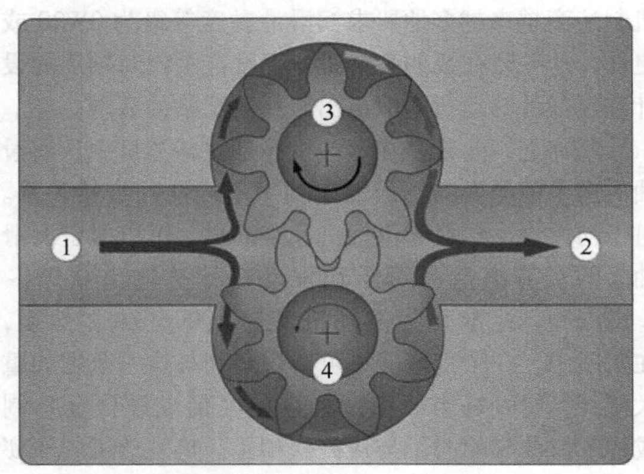

图 7.213　外齿轮泵（示意图）
1—吸入区　2—压力区　3—驱动轮　4—从动轮

具有狭窄的运行间隙（图 7.213）。该原理于 1597 年由数学家和天文学家约翰内斯·开普勒（Johannes Kepler）发明[119]。当驱动其中一个在啮合状态的齿轮时，输送介质通过两个圆柱齿轮的齿面和壳体壁所包围的体积，从泵的抽吸侧输送到压力侧。在滚动接合区域，即在两个齿轮接触的地方，通过齿的梳理产生一个密封，这样一来，在外部区域被输送的介质就不会从压力侧或只有在更小的程度上从压力侧被输送回抽吸侧。驱动圆柱齿轮和从动圆柱齿轮之间由于输送功而产生的转矩传递导致齿面接触，从而支持密封。非滚动齿与周围的壳体一起形成一个密封区。在任何时刻，多个齿与壳体壁一起形成串联的密封间隙。此外，由于输送齿轮区的拖曳流与泄漏流相反，因此可以获得相对较高的体积效率。由于这个原因，如果造型设计得当，外齿轮泵原则上适用于高达 40bar 的压力，即使没有间隙补偿。特别是由于抽吸侧齿轮区域的径向填充，轴向短的外齿轮泵不仅仅适用于高速和大流量。根据当前乘用车发动机最大 8000r/min 的额定转速，可以实现无空泡运行。如有必要，也可以通过附加措施轻松实现。然而，从能量的角度来看，非常高的润滑油泵转速被证明是不利的，因为摩擦功率与转速的成平方的依赖关系。非常高的运行转速的另一个方面是在轮对中的高的流速，除了空化问题外，它还会由于齿侧的高滑动速度而对齿侧造成损坏。在圆柱齿轮的材料选择和表面处理时必须要考虑到这一点。此外，在高速下，特别是在轴向长的泵的情况下，啮合圆柱齿轮齿根区域的高的挤压压力的影响也会加剧。这里出现的问题可以通过在滚动接合区域（卸荷槽）的端面壳体几何形状的适当的造型设计来解决。然而，随着圆柱齿轮轴向延伸的增加，这种措施达到了极限，因为挤压压力问题是旋转圆柱齿轮齿底中复杂的三维流动现象。外齿轮泵的圆柱齿轮由于成本的原因采用直齿，通常采用烧结钢制造。从动圆柱齿轮和驱动圆柱齿轮通常都支承在硬化的钢销上或压在硬化驱动轴上，在乘用车润滑油泵中，这些驱动轴通常直接安装在由铝 - 硅压铸合金制成的泵壳中，而没有单独的滑动轴承衬套。尽管有摆线齿轮等可能的替代方案，但渐开线齿轮到目前为止已被外齿轮泵所接受。与用于功率传输的齿轮相比，这些齿轮通常具有相对较大的齿模块。需要注意的是，从抽吸过程中体积变化更均匀和连续的齿轮啮合角度来看，使用螺旋角小于 10° 的斜齿圆柱齿轮（限制轴向力）是有利的。然而，由于汽车行业的高的成本压力，此类解决方案迄今为止尚未进入大规模生产。

为了减小外齿轮泵在给定转速下的流量，在一般情况下，由驱动齿轮驱动的圆柱齿轮在运行过程中轴向驱动齿轮移动。在这种受调节的外齿轮泵（RAP）中，可以实现只有齿轮宽度的一部分参与润滑油的输送（图 7.214 和图 7.215）。在两个活塞元件之间可旋转支承的从动齿轮的位移是液压控制的。这些活塞元件的适当的造型设计确保在所有输送位置防止泵的压力侧和抽吸侧之间的直接短路。这种由圆柱齿轮、轴和活塞元件组成的轴向滑动单元称为调节单元或调整单元。设置在调节单元端面上的压缩弹簧将其推向“完全输送”的方向。通过施加在与弹簧相对的控制活塞上的油压的作用来降低流量。通过这样调节压力，泵的体积流量可以在给定的转速下在很宽的范围内变化。

7.15.2.2　内齿轮泵

与前面描述的外齿轮泵（AZP）一样，内齿轮泵（IZP）也可归入双转子系列。与 AZP 的主要区别在于，在 IZP 中，一个内齿齿轮（外转子）和一个由

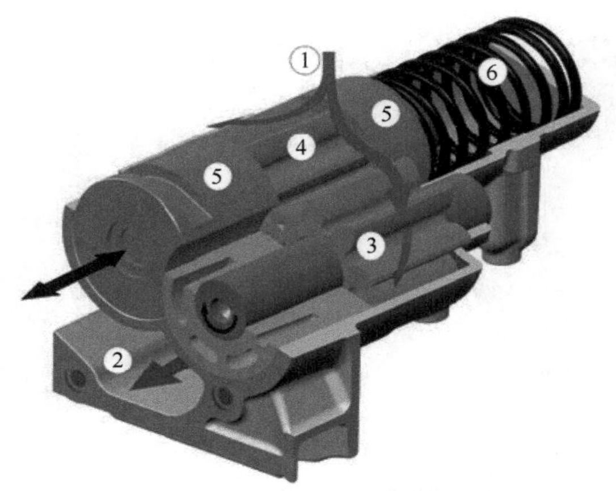

图7.214 在全输送位置的可调外齿轮泵RAP（示意图）
1—流入 2—流出 3—驱动轮
4—从动轮 5—调节活塞 6—压缩弹簧

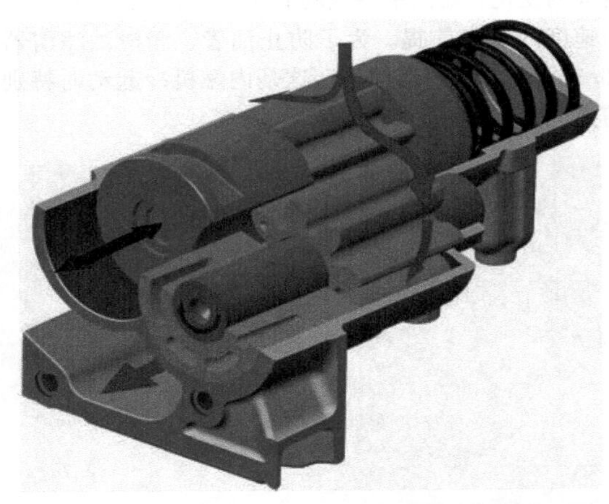

图7.215 在部分输送位置的可调外齿轮泵RAP

其偏心封闭的并配置外齿的圆柱齿轮相互执行同向的旋转运动。由于发动机润滑油泵的压力水平相对较低，它们几乎无一例外地设计成无镰泵（齿环泵）。在这些泵中，外转子的齿数通常比内转子的齿数多一个。内、外转子的旋转轴始终间隔半齿高。图7.216说明了内齿轮泵的工作原理。通过轴向偏移，导致内转子与外转子之间的圆周密封啮合，并导致齿头在相反一侧与线性的、轴向运行的密封圈的接触。在大多数应用中，驱动是通过内转子进行的。内转子和外转子的接触齿头与泵壳一起形成齿室（输送单元），泵壳以狭窄的运转间隙包围轮对，随着齿轮的旋转，齿室（输送单元）周期性地增大和减小。在泵的抽吸区，沿圆周方向扩展的输送腔导致压力降低，从而实现抽吸，反之亦然，在压力区，油从齿室中排出。在两个转子的端面上，垂直于旋转轴的偏心，在径向方向上设置有沿圆周方向延伸的凹槽，通过这些凹槽，油在抽吸侧被输送到齿轮中，在压力侧从齿轮中输出。与泵的吸嘴相连的肾形凹槽称为吸心，相应的压力侧凹槽称为压心。沿圆周方向布置在心形之间的分离器将抽吸侧与压力侧分开，并防止从压力区到抽吸区的回流。与AZP的特性不同，IZP不可能径向填充和排空由齿形成的输送空间，因为外转子完全包围内转子。由于所需的润滑油轴向流入齿轮，因此必须限制轮对的轴向长度和/或泵的最大运行转速，以避免齿轮的气蚀损坏。在由曲轴直接驱动的轴向短的IZP（曲轴泵）中，典型的齿数范围为8/9～13/14。布置在油底壳中的IZP（集油泵）通常配备有轴向明显较长的轮对相对较小的直径，以降低摩擦功率。这里通常的齿数在4/5～7/8之间。

在齿环泵中，通常使用外转子上圆弧设计的齿形。这种称为生成转子（简称：Gerotor）的齿轮类型（图7.217a）是基于迈伦·F.希尔（Myron F. Hill）在20世纪20年代和30年代的工作（美国专利第1682565号和美国专利第2091317号）。另一种类型的齿轮是由不连续的圆弧形成的，这种齿轮在过去几年中得到了广泛的应用，特别是在欧洲。这种齿轮类型称为Duocentric®（图7.217b），在设计驱动和密封面时提供了更大的结构自由空间，因此与Gerotor齿轮相比，可以产生更多的齿。这将使现有结构空间的利用率提高8%。除了上述齿轮类型外，一种由低摆线和外摆线组成的更新的齿轮类型被证明对发动机润滑油泵是有利的，称为DuocentricIC®（图7.217c）。在这种类型的齿轮中，通过两个摆线的适当的造型设计和相应的轮廓位移，可以实现高的运行平稳性和有利的脉动特性。

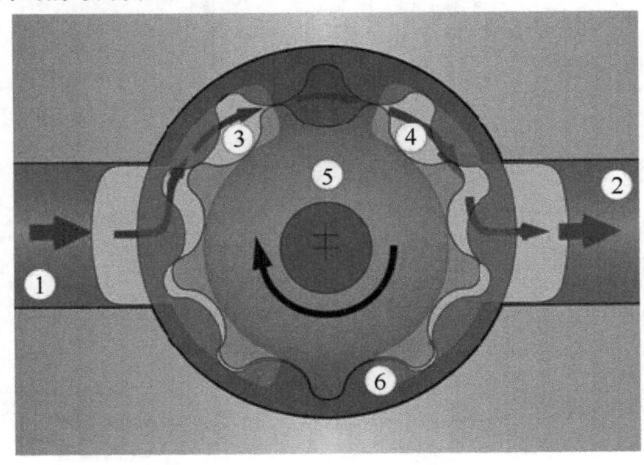

图7.216 内齿轮泵（示意图）
1—抽吸区 2—压力区 3—吸心
4—压心 5—内转子 6—外转子

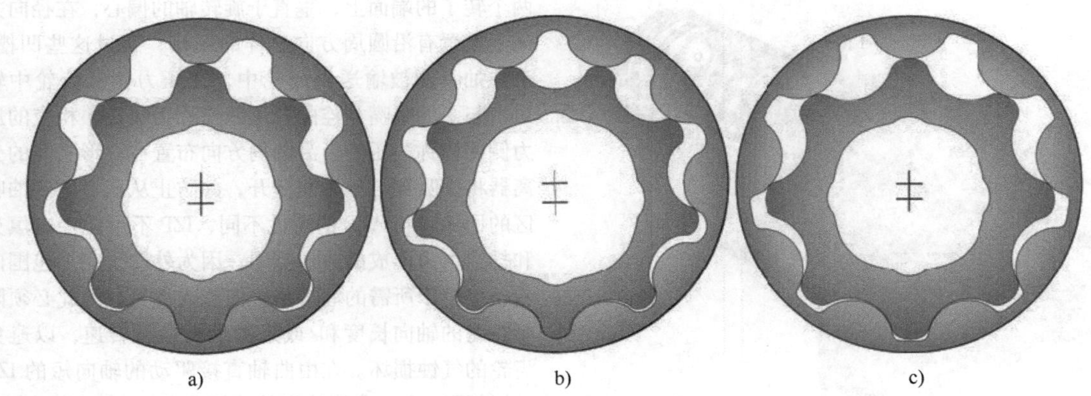

图 7.217　a）杰罗托尔（Gerotor）齿轮、b）双中心（Duocentric）®齿轮和 c）DuocentricIC®齿轮

与外齿轮泵不同的是，在体积流量调节的齿环泵中，输送流量的调节不是通过齿轮之间的相对于彼此的轴向移动来实现的。如图 7.218 和图 7.219 所示以及专利 EP 0846861 中公开的，对于内部齿轮调节润滑油泵（IRP），通过轮对相对于壳体的摆动来调节输送的体积流量。以这样的方式，内、外转子之间的偏心相对于泵壳发生了扭转，使得抽心和压心和压力区之间的隔板的周向位置相对于内、外转子的偏心发生改变。为了实现这一目标，轮对的外转子支承在一个偏心环（调节环）中，该偏心环和其齿轮与泵壳的相应设计的齿轮相啮合。在调节泵的输送流量时，调节环相对于壳体旋转，其力作用点与偏心环与壳体之间的齿啮合点相隔。通常，通过布置在力作用点上的压缩弹簧，将调节环压向“全输送”方向。输送流量的减少通常是通过作用在调节环上的油压来实现的，该油压抵消了弹簧力。通过将偏心环齿轮在壳体齿轮上滚动，即使偏心环小的扭转，也会引起内、外转子之间偏心的大的摆动角，以这样的方式引起流量的大的变化。短的平移或调节环的调节距离是高的调节速度的基本前提。为了防止油管、润滑油滤清器和/或润滑油冷却器损坏，这是内燃机冷起动时特别需要的。

图 7.218　全输送位置可调内齿轮泵 IRP（示意图）
1—抽吸区　2—压力区　3—吸心
4—压心　5—内转子　6—外转子　7—调节环

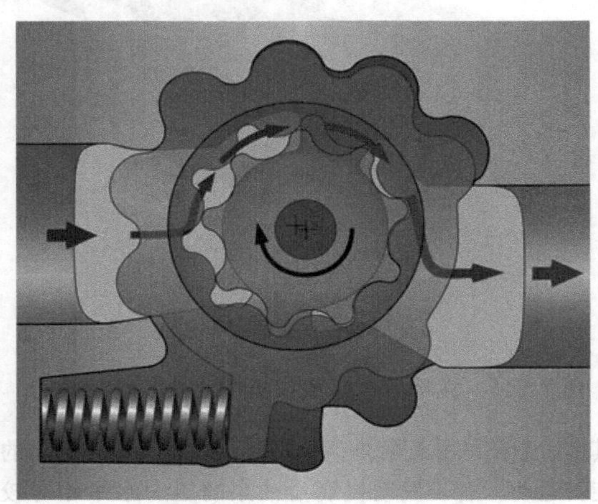

图 7.219　部分输送位置可调内齿轮泵 IRP（示意图）

7.15.2.3　叶片泵

叶片泵（FZP）的原理可以追溯到 1590 年左右的工程师奥古斯丁·拉梅利（Augustino Ramelli）[120]。叶片泵，在文献中也称为推进片泵或簧片泵，在过去几年中作为输送流量可调的发动机润滑油泵得到了广泛的应用。在这些泵（图 7.220 和图 7.221）中，带有径向槽口的转子在具有偏心位置和圆柱形内孔的运行环中旋转。在转子的槽口中布置径向移动的排量叶片（推进片），其通过离心力、压力支撑和/或布置在转子端面上的调节盘压在调节环的圆柱内表面上。

两个叶片连同转子的圆柱形外表面和调节环的圆柱形内表面一起（通过壳体侧表面限制）形成输送单元。与齿环泵相类似，转子的旋转引起这些环绕的输送单元的周期性的扩大和缩小。输送单元非常均匀地将润滑油从泵的抽吸侧输送到压力侧。润滑油从输送室或到输送室的流入和流出通常通过泵壳的相应造型设计的通道几何形状沿轴向进行。然而，对于长的轴向长度的FZP，调节环的端面通常带有凹槽，以确保润滑油无空泡地流入和低压力损失地从输送室流出。作为发动机润滑油泵，FZP几乎无一例外地成为体积流量可调的泵。叶片泵的转子和调节环通常由烧结硬化的烧结钢制成。在对泵的使用寿命和耐磨性要求非常高的情况下，调节环要经过表面处理，例如等离子氮化。FZP的叶片通常由铬钢制成。

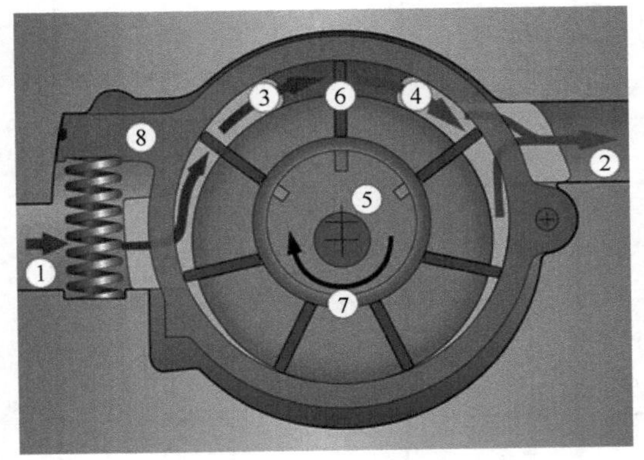

图7.220　全输送位置叶片泵FZP（示意图）
1—抽吸区　2—压力区　3—吸心　4—压心
5—转子　6—叶片　7—调节盘　8—调节环

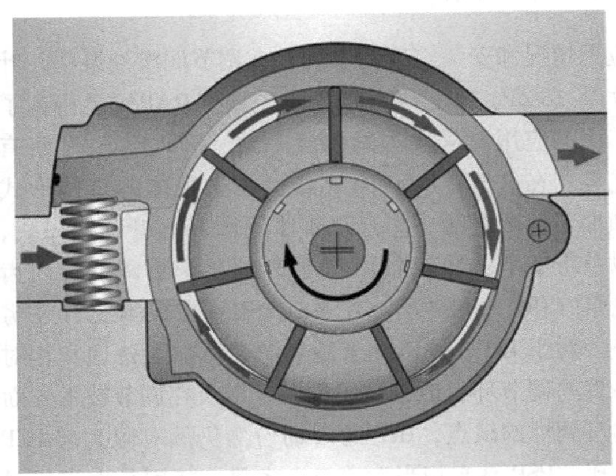

图7.221　部分输送位置的叶片泵FZP（示意图）

叶片泵的优点是紧凑的结构形式和相对较低的制造成本，以实现体积流量调节。从全输送开始，通过在壳体中的旋转点中支承的定位环平移或者通过平移位移来减小转子和定位环之间的偏心，从而减少输送流量。由此，在输送室中输送的部分润滑油不再被推到压力室中，而是被推送回抽吸室。与前面所描述的IRP相类似，这里的调节环也是通过油压来调节的，以抵消作用在全输送方向上的调节弹簧的力。

7.15.2.4　钟摆叶片泵（钟摆滑块泵）

钟摆叶片泵（PSP）的工作原理类似于叶片泵（图7.222）。在阿尔伯特·西尔万·特鲁桑·弗罗利克斯（Albert Sylvain Troussaint Vrolix）于1943年申请专利（FR 980766）的这一方案设计中，许多摆式的滑块可枢转地支承在外转子中，每个滑块的另一端突出到与外转子偏心支承的内转子的径向槽口中。与FZP一样，当内转子旋转时，由外转子、内转子、滑块和壳体壁形成的输送单元在抽吸区出现持续的增大，而在输出区出现相应的减小。与FZP中的特性不同的是，滑块不随其端面在调节环的内径上滑动，而是根据偏心的瞬时位置交替驱动外转子。其中，在滑块和内转子之间，在转子槽口中具有线接触的平移相对运动叠加在滚动运动中。为了影响输送流量，外转子的外径支承在调节环中，与FZP一样，该调节环通过平移位移或摆动运动改变外转子相对于内转子的偏心。特别是，由于滑块与外转子之间的滑动速度相对较低，因此，PSP被认为在磨损趋势方面是相当不重要的。然而，外转子上相对较大的摩擦直径降低了总效率的水平。在这种情况下，还必须考虑到，由于外转子的圆柱形外部几何形状，与FZP的特性不同，只有纯轴向的润滑油流入输送单元是可能的。因此，为了保证在高速下无空泡运行，必须在大转子直

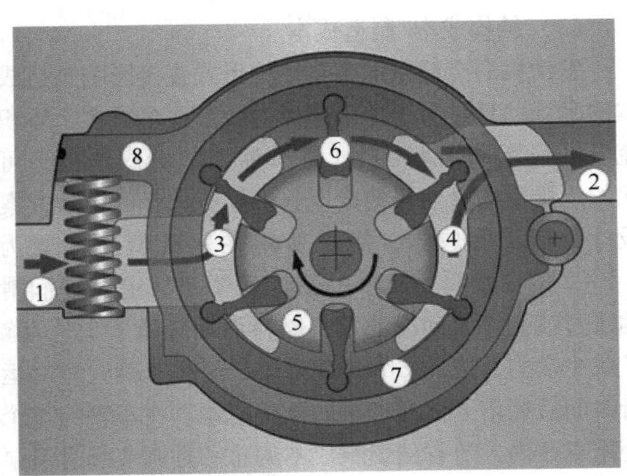

图7.222　全输送位置钟摆叶片泵PSP（示意图）
1—抽吸区　2—压力区　3—吸心
4—压心　5—转子　6—钟摆　7—外转子　8—调节环

径的负载下限制轴向结构长度。由于这个原因和由于相对复杂和昂贵的结构形式，这种泵原理不能在市场上占据上风。

7.15.2.5 不同泵方案设计的评估

一系列不同的标准适用于评估泵方案设计作为发动机润滑油泵的具体应用的适用性。这特别包括结构成本和相关的制造成本、结构空间要求、转速限制、鲁棒性、体积流量可调节性和效率。图 7.223 显示了对不同油泵方案设计的评估。

项目	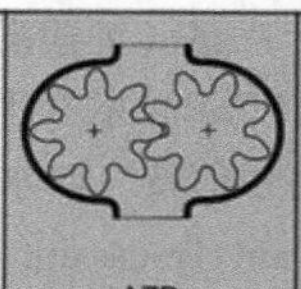 AZP	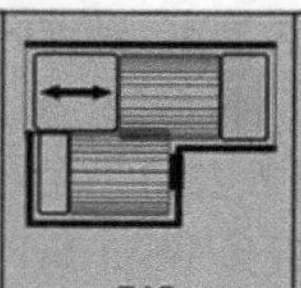 RAP	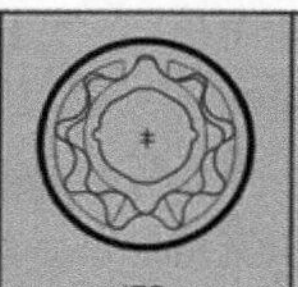 IZP	 IRP	 FZP	 PSP
结构成本	+	o	++	o	o	-
结构空间要求	+	o	+	o	o	o
转速极限	++	++	+	+	+	+
鲁棒性	++	+	++	+	+	+
体积流量可调节性	/	++	/	+	++	++
总效率	o	++	o	+	++	+

++非常好，+好，o满意，−差，/不适用

图 7.223 不同油泵方案设计的评估

（1）结构成本/制造成本

发动机润滑油泵的各自结构形式直接影响制造成本的高低。只是由于单个部件的数量要多得多，体积流量可调节的润滑油泵（调节油泵）的成本高于可比的定排量润滑油泵的成本。根据所选择的调节方案设计所涉及的成本，额外费用在基准值意义上为 1.5 ~2 倍。然而，简单的估计表明，从定排量润滑油泵过渡到调节润滑油泵，燃料消耗降低了 1%，除了减少动力总成的 CO_2 排放外，已经在车辆较短的运行时间后摊销了由此产生的额外成本。在车辆的整个使用寿命内，节省的燃料成本的总和是调节润滑油泵与定排量润滑油泵之间成本之差的许多倍。

与定排量润滑油泵相比，外齿轮泵（AZP）的结构成本往往高于可比的内齿轮泵（IZP）。这主要是由于 AZP 的两个轴和更复杂的壳体加工处理。根据应用情况和安装空间的不同，在调节润滑油泵中，叶片泵（FZP）和可调节的外齿轮泵（RAP）已得到了广泛的应用。从成本的角度来看，FZP 比 RAP 略有优势。在这里，RAP 的缺点也在于壳体的结构形式和加工稍微复杂一些，调节单元比 FZP 叶片更昂贵，以及带支承的第二轴。与 FZP 相比，受调节的内齿轮泵（IRP）和钟摆叶片泵（PSP）在成本上存在劣势。对于 IRP，原因在于复杂的壳体加工处理和相对昂贵的调节环。由于这一原因，以及在调节技术方面的可调性的缺点，IRP 的市场份额仍然有限。与 FZP 相比，PSP 具有相当大的成本劣势，特别是由于相对昂贵的钟摆和除了调节环之外所需的外转子。

（2）结构空间要求

在现代内燃机的紧凑的结构空间中，结构设计上的整合，特别是调节润滑油泵和带有附加功能范围的

润滑油泵模块，如真空泵、冷却介质泵或质量力平衡单元，往往是一个重大的挑战。在一个基本趋势的意义上，对于具有轴向结构空间限制的调节油泵，特别是齿环泵和叶片泵被证明是有利的。这一说法特别适用于轴向结构空间往往极其有限的曲轴泵。另一方面，对于非常平坦的、轴向拉长的结构空间，外齿轮泵通常可以实现更好的结构设计。当驱动齿轮和从动齿轮巧妙地排列时，情况尤其如此。受调节的叶片泵作为轴向短的曲轴泵在结构设计上是可能的，也已部分地批量生产。然而，因为由于结构空间的特性限制的大的叶片直径，从能量的角度来看，它并不是一个有利的解决办法。受调节的内齿轮泵和摆式叶片泵与叶片腔泵相比，在径向结构空间要求方面显示出显著的劣势。其原因是外转子另外布置在径向的内转子与调节环之间，以及基于原理的油进入输送单元的纯轴向流动。为了确保泵在高速下无气蚀运行，这需要相对较高的、在摩擦功率方面不利的叶片径长比。

（3）转速限制

如前所述，与功能相关的转速限制主要由油流入齿轮/输送腔室时压力的过大降低以及由此产生的气蚀现象来标识。由于外齿轮泵原则上可以在齿轮的整个轴向长度上抽吸润滑油，因此对于具有高的额定转速和高的润滑油流量的发动机，外齿轮泵比齿环泵和叶片泵更可取。

（4）鲁棒性

关于对污垢的敏感性和磨损的倾向，简单的泵方案设计通常具有优势，其中只有有限数量的部件彼此进行相对运动。从这个角度来看，定排量泵比调节润滑油泵要鲁棒得多。特别是对于调节润滑油泵，除了材料选择或材料副的选择，还要精心地进行结构造型设计。例如，对于叶片泵，这包括叶片悬臂的限制、叶片运行间隙合适地确定，以及应力取向的泵壳中调节环支点支承的设计。根据经验，对于受调节的外齿轮泵，根据经验，主要的发展重点是齿轮支承的设计和防止调节单元与泵壳之间的振动摩擦磨损。在非常高的运行转速和/或非常高的运行时间要求以及使用含烟灰的发动机润滑油运行的情况下，如果可能，需要使用更高质量的材料或涂层工艺，如表面的等离子渗氮。

（5）效率

润滑油泵的总效率是液压输送功率和机械驱动功率的商，它决定了车辆的功率消耗，从而也决定了车辆的燃料消耗。

$$\eta_{ges}=\frac{P_{hydr.}}{P_{mech.}}=\frac{\dot{V}\cdot\Delta p}{M_D\cdot\omega}=\frac{\dot{V}_{th}\cdot\Delta p\cdot\eta_{vol}\cdot\eta_{mech.}}{M_{D_{th}}\cdot2\pi\cdot n}\tag{7.18}$$

式中，η_{ges}为总效率；η_{vol}为体积效率；$\eta_{mech.}$为机械效率；$P_{hydr.}$为液力输送功率；$P_{mech.}$为机械驱动功率；$\dot{V}$为输送体积流量；Δp为输送压力差；M_D为驱动力矩；ω为角速度；n为转速；$[\ ]_{th}$为理论的指数。

从公式（7.18）中可以了解到，总效率不仅受泵的体积效率的影响，而且还受机械效率的影响。体积效率考虑了从泵的压力区到抽吸区的泄漏总和，并且在与泵设计相关的低速（热空转）（与泵的输送流量有关）时特别重要。除了通过泄漏造成的损失外，泵还必须相应地设计得更大以补偿它们，这意味着润滑油泵的低的体积效率在两个方面对所需的驱动功率产生负面的影响作用。具有较大的、在间隙处存在的压差的线形密封段上的间隙流是特别不利的。在这种情况下，必须考虑到由间隙流引起的泄漏随间隙宽度以三次方的关系增加。从这个角度来看，与外齿轮泵相比，齿环泵具有方案设计上的劣势。在调节润滑油泵中，与定排量泵相比，必须相互密封的结构部件增加了泄漏路径，从而降低了体积效率。因此，对于实际设计的调节润滑油泵，例如曲轴润滑油泵，在不利的边界条件下，与设计良好的定排量泵相比，显示出与预期节能潜力的明显的偏差。

就泵的机械效率而言，齿轮和相对于壳体移动的部件中的摩擦过程是最重要的。渐开线齿轮组在齿轮摩擦方面已被证明是成功的。由剪切流动引起的流体摩擦损失，通常被考虑在机械效率中，随着摩擦副之间的相对速度的增加而增加，因此随着泵的尺寸和的增加而增加。由于这个原因，特别是在泵的高转速下，低的机械效率是很需要重视的。因此，具有大摩擦直径的泵的方案设计（钟摆叶片泵或齿环泵和叶片泵作为曲轴泵）在机械效率方面是不利的。虽然使用低黏度的润滑油可以减少摩擦损失，然而同时由于泵中的更大的泄漏而降低了体积效率。此外，发动机对润滑油的需求增加，因此润滑油泵的尺寸必须相应地增大。

7.15.3　发动机润滑油泵的调节

7.15.3.1　调节的方案设计

目前，发动机润滑油泵几乎无一例外地通过具有刚性传动比的齿轮、链或正时带由发动机曲轴直接驱动（曲轴泵）或间接驱动（集油泵）。在用作发动机润滑油泵的容积泵中，驱动转速与输送体积流量之间存在近似线性的关系。因此，润滑油泵的设计必须使其能够在最不利的条件下工作，即在热怠速（最低驱动转速、最低润滑油黏度、最大轴承间隙）下，向发动机提供充足的润滑油。曲轴与润滑油泵之间的恒定传动比决定了在更高的发动机转速下，必须限制泵向发动机输送的润滑油量，否则，润滑系统中的压力以及泵的驱动功率将具有不可接受的高值。对于各种泵的结构形式，有不同的调节方案设计。在定排量泵中使用的一个相对简单的压力调节的方案设计是通过位于泵压力范围内的过压阀来抑制在发动机高速下泵抽吸侧泵送过多的润滑油量，该过压阀具有单级调节的意义。在调节润滑油泵中实施的体积流量调节的方案设计在能量方面更为有利。在这种情况下，当超过润滑系统压力范围内的规定压力时，润滑油泵的输送量就会减少。原则上，无论是定排量泵还是调节润滑油泵，都可以将压力调节到一个或多个水平，或者在发动机特性场中实现无级可变的压力。

根据润滑系统中记录的用于调节的油压的位置，对直接或间接调节进行了区分。此外，对泵的粗油侧和纯油侧调节进行了区分。无论是定排量泵的压力调节，还是基于参考压力（例如油道中的压力）的调节、润滑油泵的体积流量调节，下面解释的调节方案设计的基本原理基本上是相同的。图7.224显示了体积流量调节的乘用车叶片泵（FZP）的典型的输送特性（体积流量、压力），该泵具有两个不同压力水平（吞吐曲线）的相关驱动功率。此外，图7.225补充显示了体积效率和机械效率的变化曲线、体积流量调节的乘用车叶片泵（FZP）在全流量下的体积流量和机械驱动功率与驱动转速关系的变化曲线（特性曲线）。

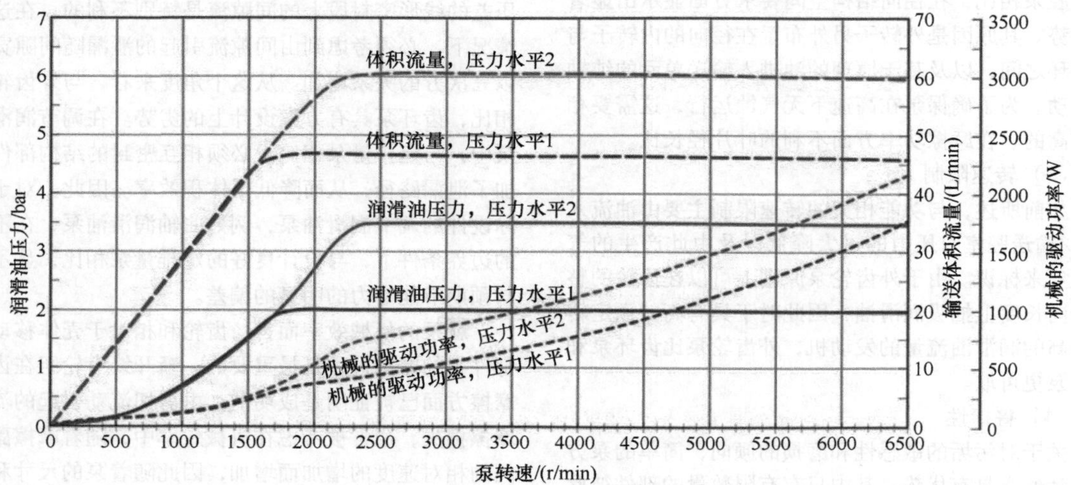

图7.224　受调节的乘用车FZP的两个压力水平下的输送体积流量、压力和机械的驱动功率随泵速的变化过程（示意图）

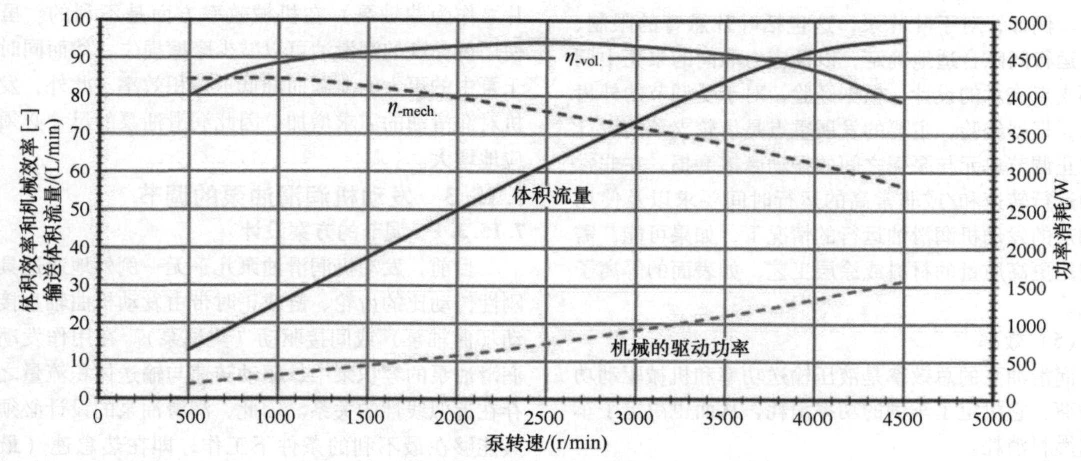

图7.225　乘用车FZP全输送位置时体积效率和机械效率、输送体积流量和机械的驱动功率与泵速的关系曲线（示意图）

7.15.3.2 直接调节

在直接调节的情况下（图7.226），位于泵压力范围内的压力直接作用于位于泵内的调节机构。从压力调节起作用的转速开始，通过控制泵的部分流量，泵的压力范围内的压力几乎保持恒定，而与油温和转速的进一步增加无关。由于不同的节流点（管道阻力、偏转、分支、润滑油滤清器、润滑油冷却器），在通往主油道和再到气缸盖的油路上压力降低。这些压力损失的水平随着润滑油黏度的增加而增加。在湍流的情况下，它与通道中的流速成平方关系。在确定润滑系统中的压力水平时要考虑的这一事实意味着，在直接利用泵后压力的调节方案设计中，在低的润滑油黏度和低负载的润滑油滤清器的情况下，泵上不可避免地存在能量上不利的、不必要的高压。受控制的、被泵输送过多的润滑油优选地直接返回到泵的抽吸区。因此，在适当的通道造型设计下，泵的气蚀极限可以移动到更高的转速。然而，将受控制的润滑油直接返回到抽吸区的一个更重要的原因是，这样可以防止不希望的润滑油发泡。

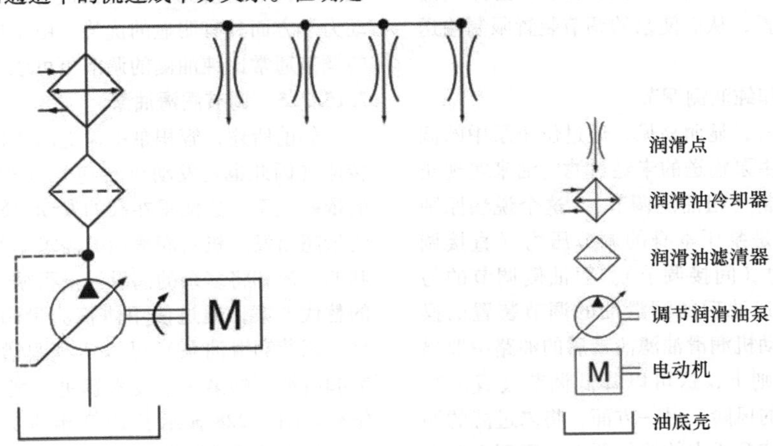

图7.226 直接压力调节液压原理图

7.15.3.3 间接调节

在间接调节中，调节由泵提供的输送流量的调节装置也位于泵内。然而，用于调节装置调节的主要压力是从曲柄连杆机构返回的压力，通常是主油道中的压力（图7.227）。以这样的方式，在很大程度上消除了发动机转速、润滑油温度（黏度）和润滑油滤清器负载率的影响。然而，一个缺点是调节系统中更大的惯性，当在极低的温度下冷起动时，这会导致油路中不希望的压力峰值，特别是在润滑油泵与油道之间的区域。出于这样的原因，特别是具有间接调节的泵配备了冷起动阀（应急阀）。这种过压阀确保泵的压力在所有条件下都被限制在最大值10~13bar。

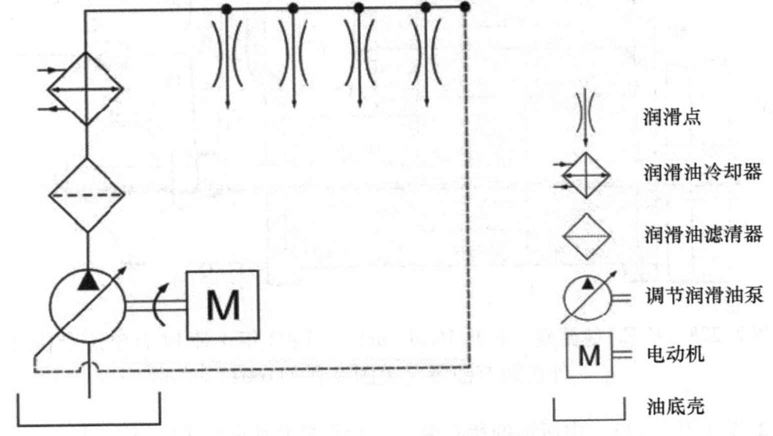

图7.227 间接压力调节液压原理图

为规避安装附加的冷起动阀的结构成本，在调节润滑油泵中实现了部分混合的直接/间接调节，其中调节装置不是直接通过电磁阀操控，而是通过集成在泵中的液压先导阀间接地操控。为此，与先导活塞的压缩弹簧的力相反的活塞加压表面通过过渡到阶梯活塞而被分成两个表面。其中一个表面承受主油道的油压，另一个表面承受油泵压力范围内的油压。如果当发动机在深冷的外部温度下冷起动时，在泵的压力喷嘴中出现非常高的油压，由此，作用在先导活塞部分表面上的压力足以使先导活塞克服先导活塞弹簧的力，而处于关闭位置，从而使泵的调节装置限制输送流量。

7.15.3.4　粗油侧和纯油侧调节

就结构成本而言，显而易见，通过位于泵中的调节装置、直接通过由泵输送的未经过滤的油来实现压力以及输送量的限制（粗油侧调节）。这个说法原则上是独立的，无论是泵压本身的调节压力（直接调节），还是油道压力（间接调节）。粗油侧调节的另一种方案是用带有过滤后的润滑油的调节装置的操控，该润滑油从发动机润滑油滤清器后的油路中取出（纯油侧调节）。原则上，这可以降低调节装置的功能被污垢颗粒干扰的风险。另一方面，将未过滤的润滑油施加到用于调节泵压力的执行器上，原则上存在与润滑油一起输送的污垢颗粒可能导致执行器或调节执行器卡住的风险。在这方面，可以区分两种情况：如果执行器卡在限制位置，泵将不再能够建立所需的压力，特别是在低的驱动转速下，这可能导致发动机缺油。相反，如果执行器处于关闭位置（阀门）或处于全输送状态（调节润滑油泵的调节执行器），则可能由于润滑油滤清器、润滑油冷却器、密封件上的过压导致损坏和/或配气机构的液压补偿元件的充气而损坏。由于泵执行器所承受的弹簧力相对较高，执行器上的污垢颗粒引起的干扰是极其罕见的。泵后面的压力水平通常比滤清器后面的压力水平高得多。在粗油侧调节的情况下，这在执行器的调节能量和调节动力学方面具有明显的优势。由于这个原因，粗油侧的调节通常比纯油侧的调节更可取。

7.15.3.5　调节润滑油泵

如前所述，容积泵中输送的体积流量与泵的驱动转速（因此也是发动机转速）在很大程度上成线性的依赖关系，这使得在高的发动机转速下，泵的输送流量超出发动机对润滑油的需求。作为对能量而言不利的节流和将多余的润滑油量再循环到泵的抽吸区域的替代方案，通过使用体积流量调节润滑油泵（简称：调节润滑油泵）可以实现显著的节能。实现调节润滑油泵的第一个技术解决方案可以追溯到20世纪初。图7.228显示了1902年的受调节的外齿轮泵。这里值得注意的细节是调节单元的液压夹紧，以及已经公开了三通阀意义上的阀门方案设计来操作它的事实。

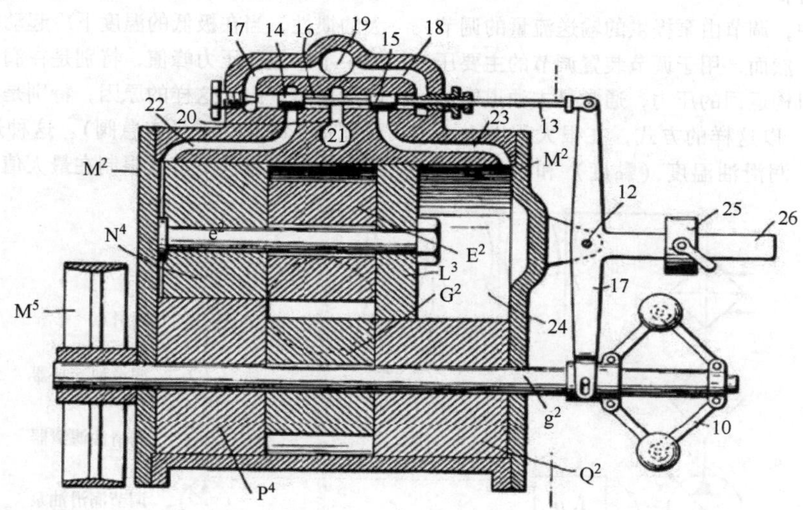

图7.228　F. E. 赫德曼（F. E. Herdman）于1902年4月14日申请专利的外齿调节油泵（美国专利711662）

原则上，7.15.2节（图7.223）中所示的所有泵均可设计为调节润滑油泵。然而，除了外齿轮泵外，叶片泵尤其得到了广泛应用。

在乘用车中，发动机润滑油泵的驱动功率可高达发动机总拖曳功率的4%，这取决于实际发动机运行或不同行驶循环中的转速谱。通过使用优化的调节润滑油泵，乘用车在NEDC循环中可以节省高达2%的功率。对于商用车润滑油泵，由于发动机怠速与额定转速之间的转速差更小，因此降低油耗的潜力明显要小得多。由于这个原因和由于对使用寿命的要求要高得多，因此，调节润滑油泵到目前为止还没有在商用车发动机中得到应用。

当使用调节润滑油泵时，节能效果是通过限制从某个转速开始的水力学输送功率来实现的，在该转速下，输送体积流量和通过发动机吞吐曲线耦合的压力的进一步增加通过影响泵的输送几何形状来限制。除了电动两级压力调节（图7.229）外，无级电动压力调节（特性场调节）（图7.230）在当前的发动机中的应用越来越普遍。

在两级压力调节中，关闭压力（通常是油道压力）通常作用于泵内调节装置的两个单独的工作表面上，或者作用于液压先导阀（阶梯柱塞阀）的两个工作表面上。大多数情况下，这些工作表面中的一个被主油道的压力永久地施加。根据需要，通过电磁阀激活第二个工作表面上的压力。当两个工作表面都承受调节压力时，两个表面的力作用给泵中调节元件的弹簧力，从而调节更低的压力。与此相反，当第二个工作表面的压力释放时，油道中的高的压力级的压力被调节。在这种情况下，调节方案设计以这样一种方式来设计，即在电磁阀或电气控制有缺陷的情况下自动切换高压水平，以保护发动机，从而具有故障预防（Fail－Save）功能。

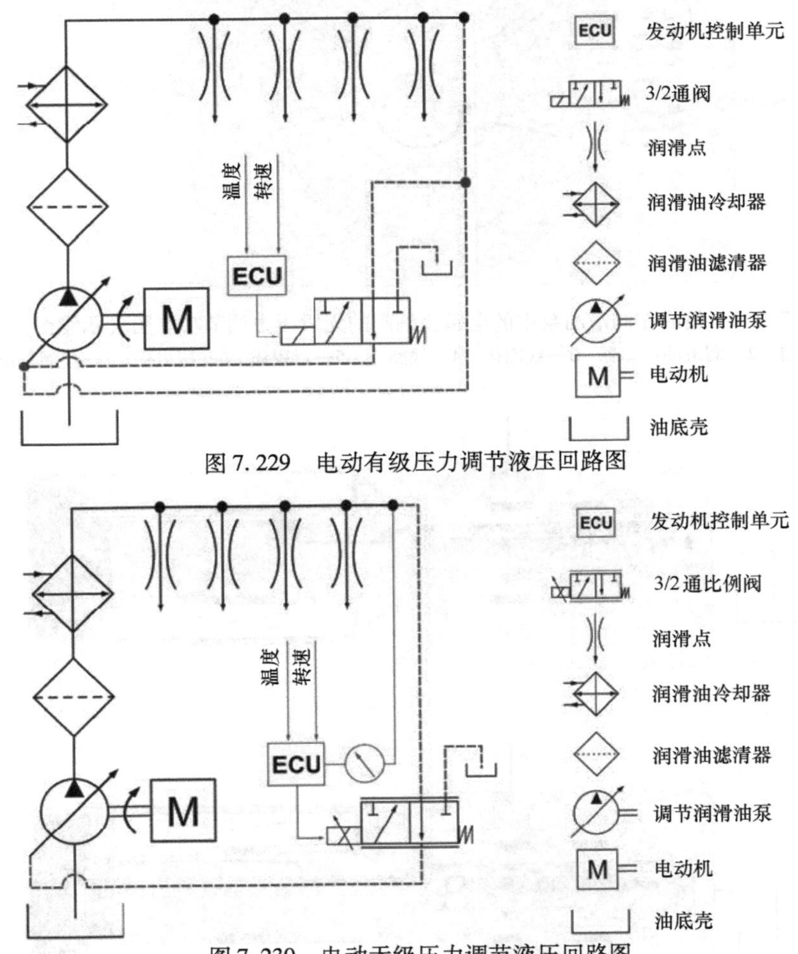

图7.229 电动有级压力调节液压回路图

图7.230 电动无级压力调节液压回路图

在无级压力调节（特性场调节）中，由多路比例阀调节的压力作用于泵中的调节装置（图7.231和图7.232，均见彩插）。因此，原则上可以根据发动机的加热状态（温度/润滑油黏度）在整个发动机特性场（负荷和转速）中调节主油道中的优化的润滑油压力。与两级调节相比，通过这种调节方案设计可以进一步降低发动机运行时泵的功率要求。油道压力通过集成在发动机控制单元（ECU）中的调节器进行调节。它根据存储在控制单元中的设定压力特性场，根据润滑油温度调节所需的润滑油压力。为此，需要通过传感器检测主油道中的压力，并将相应的信号传递给控制单元。为了确保该方案设计在发生故障时的基本功能（故障预防功能），将比例阀的控制滑块设计为阶梯活塞，并设计阀门，以便在发生故障（缺乏磁力）时自动控制高压力水平，以保护发动机。

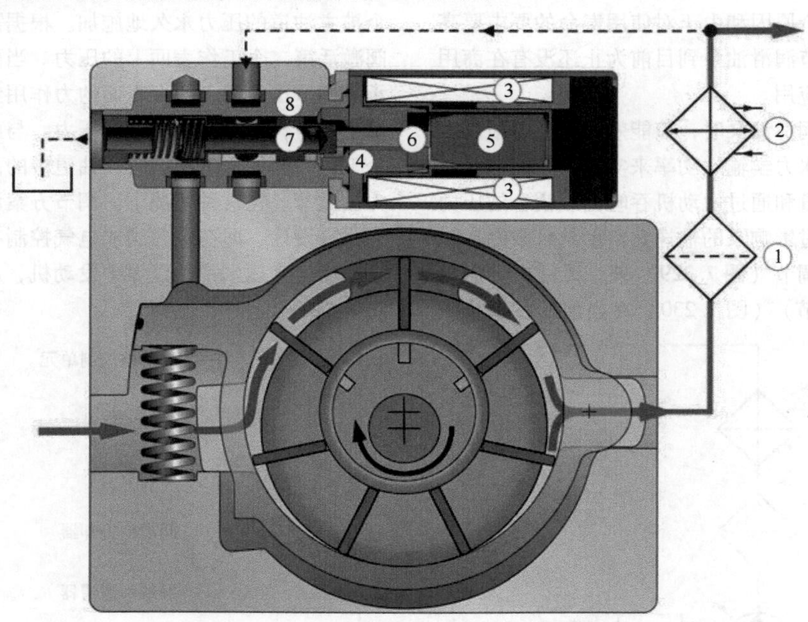

图 7.231 集成在润滑油泵中的电磁比例阀的无级压力调节功能图（示意图）
1—润滑油滤清器 2—润滑油冷却器 3—线圈体 4—线圈心 5—行程锚 6—压力销 7—控制滑块 8—阀体

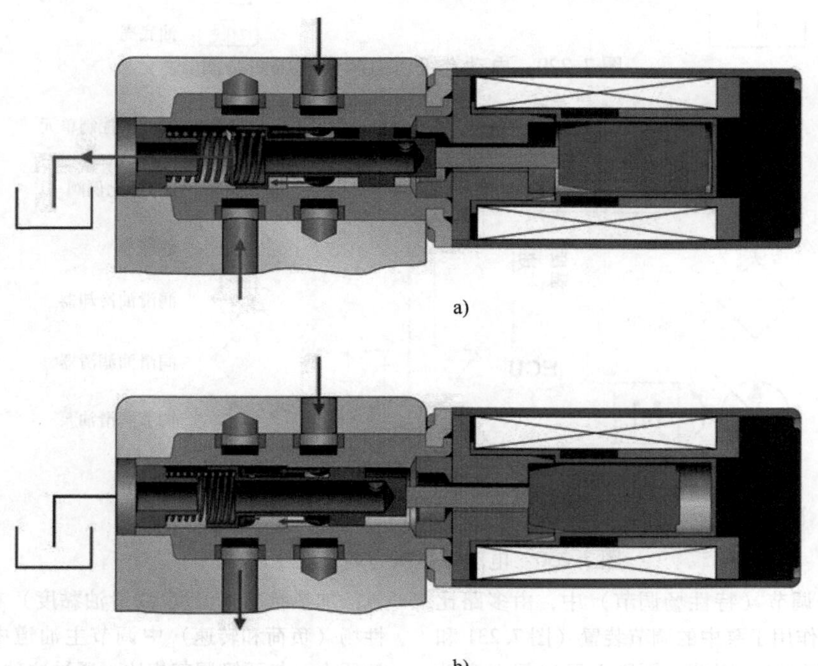

图 7.232 电磁驱动的 3/3 路比例阀在不同开关位置的剖面图

7.15.3.6　调节润滑油泵的降低燃料消耗的潜力

如图7.233（见彩插）所示，通过两级压力调节，以及在更大程度上通过调节润滑油泵的油压的无级调节（特性场调节）可以显著降低润滑油泵的驱动功率。与定排量泵相比，在NEDC循环中，当调节到1%的压力水平时，两级调节可节省1.5%的燃料消耗，在特性场调节中可节省2%的燃料消耗。由于在一般情况下，在实际运行中更高的发动机转速谱，实际节省的效果往往高于NEDC循环中给出的值。在通过立法努力使乘用车和轻型商用车辆的CO_2排放更符合真实行驶条件（RDE，Real - Driving Emissions）的背景下[121]，尽管成本更高、应用成本增加，但预计未来汽车制造商对使用特别是特性场调节的润滑油泵的兴趣将进一步增加。

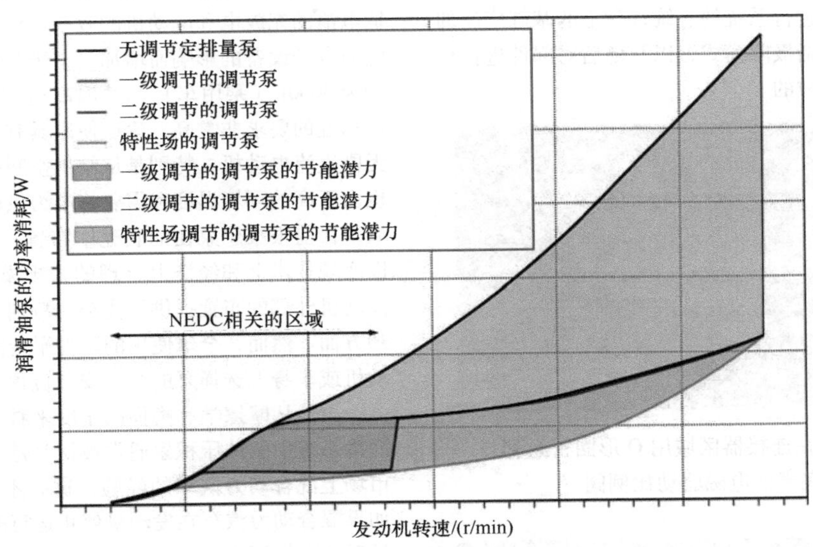

图7.233　在使用调节润滑油泵时降低驱动功率的潜力

7.15.3.7　电磁阀

通过使用电磁阀，可以通过发动机控制单元来影响油泵的输送压力水平。在两级压力调节的情况下，通过电磁开关阀将压力直接切换到泵的调节装置或液压的、在其前面布置的先导阀就足够了。在无级压力调节（特性场调节的泵）中，使用电磁比例阀来调节泵调节装置上的压力。用于润滑油泵的电磁开关阀或比例阀通常是滑块阀（图7.231和图7.232），必须高精度地制造。在这种结构形式中，位于液压部分的、在阀体中紧密配合的、移动的圆柱形控制滑块，由电磁铁克服压缩弹簧的力移动。根据轴向位置，滑块锁定和/或释放通道。根据开关连接的数量和开关位置的数量，使用4/3或3/2通阀。为了避免控制滑块上不希望的与压力相关的轴推力，加压通道通常不是在轴向而是在径向流入阀体。阀体和控制滑块通常由铝材料制成。为了在滑块和阀体之间实现合适的摩擦学特性，并最大限度地减少使用寿命内的磨损，控制滑块通常涂层以及经过表面处理。

用于驱动阀门的电磁铁是提升式磁铁，在提升式磁铁中，当线圈通电时，由线圈体包围的磁心向提升电枢施加与阀门弹簧的力相反的、与电流密切相关的磁力。通过磁心、电枢、螺线管线圈和止回推力的适当的造型设计和布置，可以实现紧凑的磁体尺寸和比例磁体所追求的、磁力在行程上的大致线性的变化[122]。为了防止磁枢和控制滑块之间的几何尺寸的过度确定，从而防止不需要的剪切力，磁枢和控制滑块之间没有刚性连接。相反，电枢的力在没有径向力的情况下传递给控制滑块，例如通过压力销。由于提升磁铁通常的中心对称的结构形式，理论上没有横向力作用于电枢，因此也没有横向力作用于电枢支承。电枢所需的运行间隙、不可避免的部件公差，以及通过驱动频率（PWM或抖动频率）引起的电枢微小运动和来自发动机的振动加速度使电枢支承成为摩擦学上要求很高的滑动副，其设计、功能测试和耐久测试需要非常小心仔细。

从压力调节良好的动态特性来看，将电磁阀集成在油泵附近，或甚至直接集成在泵的壳体中是合适的。因此，在许多情况下，可以取消使用先导阀。然而，在泵上的布置意味着通往阀门的电引线进入润滑油区域，即必须穿过气缸曲轴箱或油底壳的壁。对此，一个设计解决方案是在阀门插头上安装密封圈，并通过油底壳或发动机外壳上的孔将其向外引导到无油区域（图7.234，见彩插）。在这种解决方案中，控制相关部件的位置公差被证明是特别具有挑战性的。对此，一种替代方案是带有O形密封的壳体套管入口的柔性电缆尾部（图7.235）。除了相当高的成本外，对于这种解决方案，必须非常注意电缆上的毛细管效应。仅提到的电枢支承方案设计和阀门的电流供应方面清楚地表明，作为量产开发的一部分，在整个车辆系统中进行系统的、统计学上的基础广泛的耐久性测试，包括极限模式，以及随后对部件进行仔细分析是不可或缺的。

图7.234　在连接器区域用O形圈密封到油底壳的电磁驱动比例阀

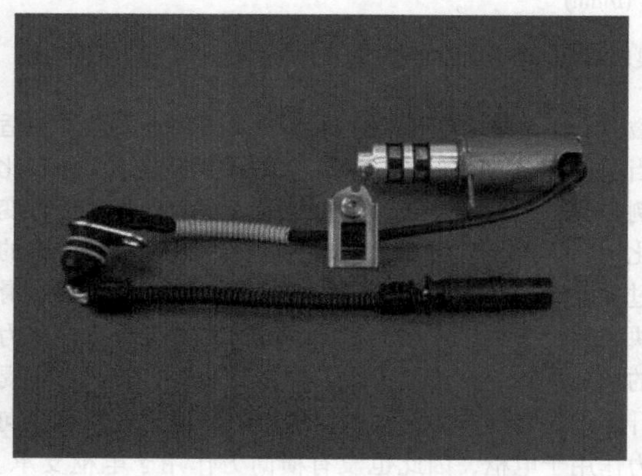

图7.235　带电缆尾部和O形圈密封的电缆入口套管的电磁驱动阀

7.15.3.8　通过变速调节输送功率

原则上，在内燃机运行时，可以通过变速传动装置使发动机润滑油泵的输送功率适应各自的需要。为此，需要通过无级可调变速器（CVT变速器）来驱动，CVT变速器在不同的技术领域中使用不同的结构形式。考虑到所需的结构空间、可靠性和寿命要求以及此类解决方案的成本，以及调节润滑油泵良好的总效率，此类方案设计不是有利的解决方案。

车辆或单个功能部件的混合化和电气化的总体趋势提出了一个问题，即是否以及在什么的前提条件下使用电动润滑油泵是有意义的。电动润滑油泵通过电控调节转速，从而调节输送功率。对于目前用于乘用车发动机的、机械驱动的润滑油泵，所需的液压输送功率要求几百瓦的机械驱动功率，这些功率可以用相对有利的效率链来表示。在电驱动的主润滑油泵方案设计中，与设计相关的驱动功率通过发电机效率、车辆电池的充放电和电动机的效率、包括驱动泵所需的电力电子设备的影响而增加。鉴于在运行时间要求至少为3000h（乘用车）和油温高达150℃的情况下对可靠性的要求非常高，建议使用具有无传感器换向的无刷直流电动机。特别是从结构空间的角度来看，但也由于高的环境温度和需要将电力供应引导到含油区域，目前很难想象在油底壳中布置一个电动主油泵，以实现技术上和经济上合理的大规模生产解决方案。发动机外部的布置提供了优势，特别是在电动机的冷却方面。然而，全球使用的附件平台的趋势使得在发动机或车身上选择泵的统一安装位置变得更加困难。

虽然从摩擦学和磨损的角度来看，发动机起动前润滑系统中的油压积累通常被认为是有利的，但根据市场上混合动力汽车的经验，这并不是真正的需要。如果混合动力汽车在发动机停止运行时，必须保持润滑系统中的压力。例如用于操作液压执行器，并且这不能通过储压的方案设计来实现，以及被证明是不合理的，则需要使用电动润滑油（辅助）泵。这类泵可能具有类似于电动辅助油泵的方案设计的特征，这些泵现在经常用于自动和双离合器变速器。这样的话，在发动机的某些运行状态下，发动机润滑油辅助泵可以与主泵平行运行，主泵设计得稍小。使用电动润滑油辅助或附加泵的其他原因可能是将润滑油回路集成到车辆的热管理（辅助加热、电池温度控制等）中。从目前的角度来看，很难预测对发动机电动润滑油泵的中期需求，特别是因为与受调节的、机械驱动的发动机润滑油泵相比，发动机电动润滑油泵的整个系统范围涉及相当高的成本。然而，在这方面，是否以及何时和在多大程度上普遍过渡到更高的车载电气系统电压的问题也起着重要作用。

7.15.4　泵的方案设计和安装位置

发动机润滑油泵具有不同的方案设计和结构形式，具体取决于润滑油系统方案设计（集油或干集油润滑）、发动机中的具体安装条件以及发动机制造商期望的功能的集成程度。图7.236说明了在量产应用中实现的发动机润滑油泵的不同安装位置。在绝大多数发动机中，润滑油泵布置在油池（集油泵）或曲轴终端的前端（曲轴泵）。此外，润滑油泵通常安装在气缸体中的油位上方，通常安装在为此目的提供的安装井（安装泵/井泵）中。在某些情况下，润滑油泵也安装在发动机的外部（安装泵）。

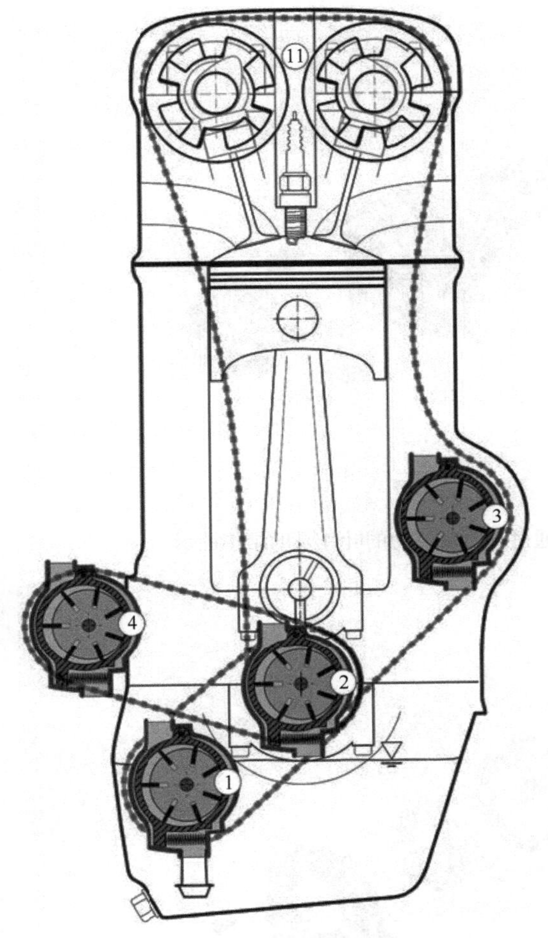

图 7.236　发动机润滑油泵在发动机中或发动机上的不同安装位置的图示

1—集油泵　2—曲轴泵　3—安装/竖井泵　4—安装泵

7.15.4.1　集油泵

集油泵在发动机中的使用比例相对较高，而且有增加的趋势，特别是在欧洲汽车制造商中。这主要是由于与曲轴泵相比，由于能够减小摩擦直径、能够实现非常短的发动机，以及能够以成本效益高和节省空间的方式将其他功能组合在一个泵模块中，例如排气级、真空泵或质量力补偿单元，因此具有更高的总效率。图 7.237 举例说明了用于 1.6L 排量的乘用车汽油机的特性场调节的集油泵的结构设计，该集油泵设计为叶片泵[123]。集油泵的基本结构在一般情况下可与曲轴泵相媲美。然而，在减小直径的同时，输送元件的轴向长度显著增加。在许多情况下，齿轮或转子直接压在驱动轴上，而驱动轴通常直接压在泵的壳体或壳体的端盖中而没有单独的轴承衬套。在对体积效率（内部密封性）要求非常高的情况下，例如在使用非常低黏度的发动机润滑油的情况下，不仅运行部件（转子、调节环），而且运行部件径向的壳体区域也由烧结钢制成（框架结构形式/夹层结构）。通过这种方式，当温度升高时，运行部件、调节环和相关的壳体区域以相同的程度膨胀，从而在发动机热机状态时可以将泵的容积效率保持在相对较高的水平。泵由链、正时带或圆柱齿轮驱动。由于在油底壳中的布置，带有集成抽吸筛的抽吸管可以相对较短地设计，或者如果适用的话，甚至可以直接集成到泵的壳体中。在润滑油区域的安装位置意味着在集油泵中，对泵的外部密封性没有特殊的要求。从泵到发动机的润滑油传递通常是通过泵壳中的铸造通道和发动机中的相应的孔进行的，这些孔通过泵的安装来覆盖。为了在轮驱动、链驱动或带驱动中保持泵与发动机之间的对齐，集油泵也通过定心销或套筒定位在发动机缸体上。为了避免发动机润滑油通过驱动产生不必要的气泡，发动机润滑油部分地被塑料盖或喷溅帽从润滑油区域屏蔽。

7.15.4.2　曲轴泵

曲轴泵如今主要由北美和亚洲的汽车制造商使用。在欧洲，集中在小型乘用车发动机上使用。这种结构类型的泵集成在与飞轮相对的气缸曲轴箱的壳体盖中。图 7.238 举例说明了用于 1.0L 排量的三缸汽油机的、设计为内齿轮泵的曲轴泵[124]。由于显著的轴向结构空间限制，在内齿轮泵的结构设计时通常必须接受实质性的妥协。此外，轴向压缩的结构形式和相对较大的曲轴轴颈直径对于齿环泵以及在更大程度上对于叶片泵而言，要求相对较大的、会降低机械效率的摩擦直径。曲轴泵的壳体通常由压铸铝 - 硅合金制成，必须对外部完全防油。压力调节阀通常集成在泵壳中。压入泵壳的径向轴密封圈将曲轴轴端与周围环境密封。齿环泵的轮对以及叶片泵（FZP）的转子和调节环通常由烧结钢制成。相比之下，FZP 的叶片和调节盘是由钢制成的。面向发动机内部的泵壳盖主要由钢（冲压板）制成。

通过曲轴驱动的内转子的夹紧设计为六角形、双平形、多边形或内齿形。特别是在摩擦功率优化的发动机中，减小的连杆和基础轴承直径导致曲轴轴端的径向偏转增大。因此，为了避免齿轮环泵由于强迫力对轮对造成的损坏，在确定相关泵部件之间的径向间隙时必须找到合理的折中方案。曲轴泵通常通过定心套筒或定心销定位到缸体上，并通过平面密封的方式与缸体密封。泵壳与发动机缸体和油底壳的这种静态密封是通过金属密封和/或液态密封介质进行的。

图 7.237　安装在油池（集油泵）中的、通过正时带驱动的叶片泵的结构图示

图 7.238　安装在发动机端侧的内齿轮泵（曲轴泵）的结构图示

7.15.4.3　安装泵和竖井泵

如果在设计新发动机时需要较低的发动机总高度，或者如果在油底壳中安装润滑油泵的安装空间有限，那么在某些情况下，润滑油泵的布置将明显高于气缸曲轴箱中的润滑油液位。在这样的方案设计中，泵通常或多或少地完全安装在气缸曲轴箱的竖井形安装几何形状中。通常通过正时链驱动。由于即使在发动机长时间停机后，泵也必须在发动机起动时自发吸油，因此与集油泵相比，需要采取额外的措施。这包括在吸入管路中布置虹吸管，以及在高的吸入高度的情况下，通过径向轴密封环密封泵轴，以防止在发动机静止时吸入管路和泵完全排空。与在集油泵中一样，竖井泵部分集成了附加功能，如真空泵（制动伺服泵），或用于高压燃油泵的凸轮，包括相关的支承。由于泵安装在气缸曲轴箱中，竖井泵在声学方面被认为是相对不重要的。

7.15.4.4　安装泵和安装模块

特别是在具有干式油底壳润滑系统的高功率运动性车辆发动机中，在油底壳或气缸体中没有足够的结构空间来布置润滑油泵可能是有问题的。在这些情况下，润滑油泵必须作为润滑油泵模块与其他功能［例如各种排气泵（排气级）］一起从外部安装到发动机上，为了多重使用所需的曲轴驱动，通常通过圆柱齿轮，其他功能，如冷却液泵，包括冷却液节温器，也可以集成到润滑油泵模块中。这样就产生了具有高度集成度的复杂组合模块。由于这些模块具有许多单独的功能，壳体通常由更大量的单个铸造壳体部件所组成，这些部件必须彼此可靠地密封。作为密封件，特别使用弹性体模制密封件或弹性体涂层金属珠密封件。

7.15.4.5　组合模块

从结构空间和成本的角度来看，在发动机润滑油泵中集成其他功能范围，如旋转叶片真空泵、旋转质量力和/或质量力矩补偿质量、高压泵凸轮、冷却介质泵或干式集油润滑系统的抽吸泵，在许多情况下被证明是有利的。以这样的方式就产生了或多或少复杂的组合模块或串联泵，对制造商的开发和制造能力提出了基本要求。

图7.239显示的是用于三缸和四缸乘用车柴油机的润滑油泵－真空泵模块。作为全可变叶片泵设计的润滑油泵和单叶片旋转叶片真空泵有一个共同的泵轴，并集成在一个整体式的、铝－硅压铸的、正面有盖的壳体中。泵模块安装在发动机的油底壳中，通过套筒链由曲轴驱动。转子轴由钢制成，其形状主要取决于真空泵转子以及到泵壳的动态密封和叶片的导向和密封的功能要求，同时也构成润滑油泵转子的支承和驱动。为了使输送量适应各自的要求，润滑油压力由比例阀通过发动机控制单元的控制来调节，作为设定点的函数，作用在叶片泵调节环的相应的面积上。

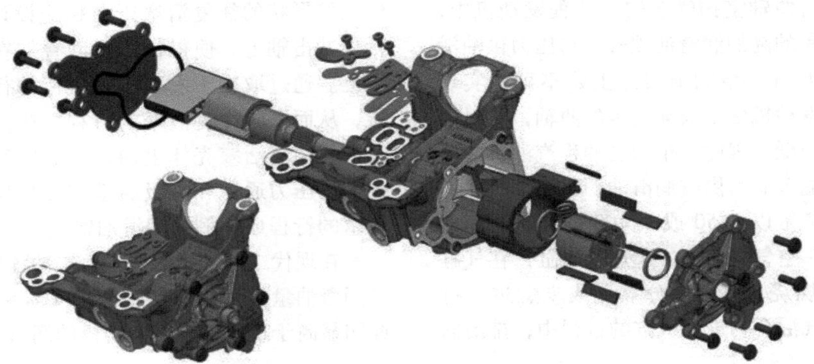

图7.239　安装在集油池中的组合模块的结构图示，该组合模块由受调节叶片泵和旋转叶片真空泵组成

图7.240显示了用于3.4L以及3.8L排量的汽油机的干式集油模块的结构[126]。泵模块位于发动机的干式集油池中，该发动机是为跑车设计的，位于曲轴的侧面附近，并由曲轴通过链驱动。压力泵设计为外齿调节润滑泵。通过集成在泵中的、由发动机控制单元控制的、其连接器通过O形圈密封的、从发动机壳体突出到外部空间的比例阀，泵在特性场每个点上调节到与所需压力相对应的体积流量。除了压力泵外，泵模块还配备了四个单独的抽吸泵和两个涡轮（增压器）抽吸级，用于回收从支承点和其他润滑油消费者返回的润滑油。这些是外齿轮泵，分别安装在公共轴上以及由公共轴驱动。

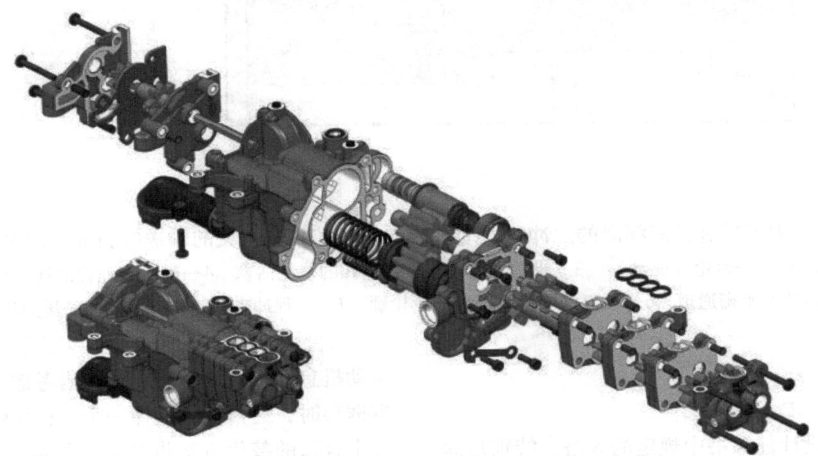

图7.240　具有四个抽吸级和两个涡轮（增压器）抽吸级的作为干式集油泵设计的可调外齿轮泵结构图示

7.15.4.6　二冲程发动机用润滑油泵

由于在二冲程发动机中，一个完整的工作循环是在一个发动机旋转一圈内进行的，因此可以直接通过活塞，即通过位于气缸壁内的入口槽，并在必要时出口槽来控制气体交换。气缸壁上的这些穿孔使得气缸工作表面进行定义的低损耗的润滑变得困难。在四冲程发动机的情况下，改变气体交换的压力梯度是通过发动机本身的排气和进气过程产生的，而在二冲程发动机的情况下，改变气体交换所需的扫气压力梯度则必须由单独的扫气鼓风机（压缩机）来实现。这种压缩机最简单的形式是曲轴箱的工作容积和活塞的下侧（曲轴室扫气泵），这主要用于小型的、紧凑的、高标称转速的二冲程发动机。由于工作气体通过曲轴箱的引导，在带有曲轴室扫气泵的二冲程发动机中，由于几乎无法避免的高的润滑油损失，与压力供油滑动轴承相结合的常规油池润滑实际上是不可能实现的。因此，这些发动机使用滚动支承的曲轴，其对润滑油的要求大大降低。因此，小型二冲程汽油机的曲柄连杆机构通过混合润滑供应润滑油，其中润滑油与燃料混合，如今通常以 1∶50 或 1∶100 的比例。润滑油与吸入的燃料－空气混合物一起进入气缸，在气缸中，润滑油部分燃烧，但也部分氧化或未燃进入排气。在燃料－空气混合物进入气缸的过程中，排出的润滑油会润滑轴承和气缸－活塞副。对于带有曲轴箱扫气泵和内部混合气形成（直喷汽油机和柴油机）的二冲程发动机，以及现代二冲程汽油机和带有外部混合气形成的小型汪克尔发动机，通常可以采用一种新油润滑（新油自动化），其中润滑油通过计量泵根据转速和可能的情况下也根据负荷在进气道中精细计量，并输送到曲轴室或部分输送到气缸壁。二冲程发动机的新油润滑泵通常设计为活塞泵。图 7.241展示了新油润滑泵的设计实例。往复活塞位于泵壳内，其端侧具有轴向凸轮几何形状，在相反的端侧具有盲孔（压力室），通过蜗杆由曲轴驱动，以固定的减速比（流量与曲轴转速成比例关系）提供强大的减速。压缩弹簧将具有端面轴向凸轮几何形状的往复活塞压在相应设计的、可旋转的行程冲击轴上，使得行程运动叠加在往复活塞的旋转上。通过取决于发动机的负荷的行程冲击轴的旋转，从而影响往复活塞的行程。按照管状旋转闸阀设计的往复活塞壳体表面，与耐压活塞以及位于泵壳内的压力通道和抽吸通道相互作用，产生与往复活塞的行程成比例的润滑油输送。

在现代二冲程发动机中，二冲程新油润滑泵输送的润滑油量约为燃料消耗量的 1% ～2% 数量级，因此明显高于现代四冲程发动机的润滑油消耗量。

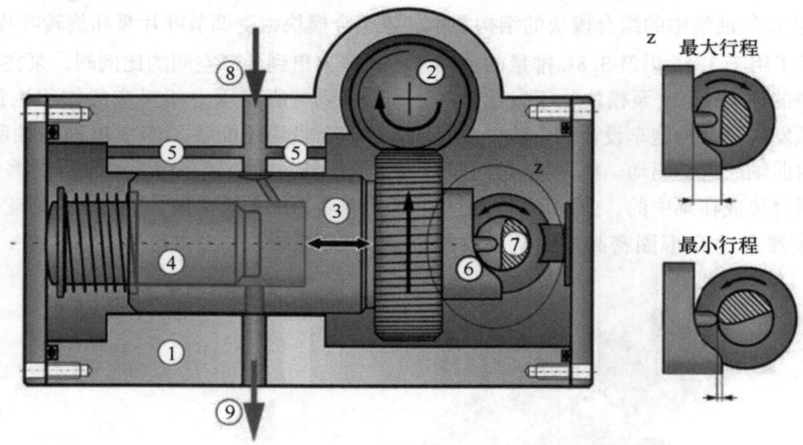

图 7.241　用于带有分离润滑的二冲程发动机的与负荷和转速相关的输送的新油润滑泵的图示

1—泵壳　2—蜗轮（驱动）　3—带圆柱齿轮和压力室孔的往复活塞　4—带压缩弹簧的往复活塞　5—漏油和平衡通道　6—往复活塞上的轴向凸轮轮廓　7—行程冲击轴　8—进油　9—压力出口

7.15.5　开发

7.15.5.1　设计

基于客户在设计任务书中规定的规格，特别是润滑油需求、润滑油压力水平、润滑油品种（黏度）、发动机怠速和最大运行转速，当考虑到结构空间和成本框架时，通常首先选择一个，在特殊情况下也选择几个合适的替代方案设计。根据给定的、测量的和/或计算的参数，在考虑预期的体积效率的情况下，计算泵所需的输送流量。作为泵的设计的参考点，通常是热怠速时所需的流量数据（$\dot{V}$、p），包括所需的储备。为了确定轮对的尺寸，考虑到泵的转速、结构上可能的轴向长度以及头部和底部圆直径的预定，计算轮对的输送面积。以内齿轮泵（齿环泵）为例，每转一圈泵的理论流量按以下关系式计算。

$$v_{\mathrm{th}} = \frac{\dot{V}_{\mathrm{eff}}}{\eta_{\mathrm{vol}} \cdot n} \tag{7.19}$$

式中，v_{th}为每转一圈泵的理论输送量；$\dot{V}_{\mathrm{eff}}$为根据发动机吞咽线的参考点的有效体积流量；η_{vol}为体积效率；n为泵的转速。

根据理论输送量，现在可以与齿轮的（轴向）宽度确定输送面。

$$A = \frac{v_{\mathrm{th}}}{b} \tag{7.20}$$

式中，A为轮对输送面；b为齿轮宽度。

然后，可以使用以下关系式，根据输送面来确定齿轮的尺寸：

$$A = \frac{\pi}{4}(d_{\mathrm{a1}}^2 - d_{\mathrm{f1}}^2) \tag{7.21}$$

式中，d_{a1}^2为内转子顶圆；d_{f1}^2为内转子根圆。

$$d_0 = m \cdot z \tag{7.22}$$

式中，d_0为节圆；m为模数；z为齿数（内、外转子）。

以类似的方式计算其他类型泵的输送转子几何形状[119,127-129]。

在有轮对尺寸的情况下，可以确定抽吸心形和压力心形的几何形状以及抽吸和压力通道截面。这里的重点必须是遵守轮对/转子上的最大抽吸速度的限制，并检查在达到最高的所需运行转速时轮对/转子上的最大周向速度。

7.15.5.2　结构设计

如今，润滑油泵的结构设计是在图面屏幕工作站上使用三维CAD（计算机辅助设计，Computer Aided Design）系统进行的。首先，根据客户指定的结构空间数据模型、规范要求和所需的设计数据，对泵进行总体设计，并与客户协调其特点和解决方案。在设计阶段，CAD模型的创建已经提供了通过结构计算/FEM（有限元法，Finite Elemente Methode）检查和优化基于零部件强度的潜在关键几何形状或通过计算流体力学（CFD）检查和优化有问题的通道几何形状的可能性。

此外，在设计阶段，也可以评估和优化被要求的铸件供应商的壳体铸件的数据模型以及可制造性（模具流动分析）和降低成本的潜力。而且，三维CAD系统也是快速、有效地制造快速原型样品零件的重要的前提条件。除了泵的原始设计外，结构设计工作还伴随着大量计算和已知机械元件的设计，例如压配合、形状锁定连接、螺纹连接、滑动轴承、齿轮、弹簧、阀门、密封件等。这些设计通常根据标准规范、规则或制造商的规范进行。此外，通常需要考虑热膨胀和/或载荷变形的大量公差计算。在这方面，越来越多地使用统计公差管理工具，这些工具需要关于制造和装配过程的大量专门知识，例如，其结果必须包含在图纸的合理尺寸方案设计中。

7.15.5.3　系统仿真

系统仿真提供了在开发项目的早期阶段对泵的功能特性［例如压力调节（调节稳定性）］进行数值模拟和优化的可能性。相应的仿真程序基于一维仿真模型，其中集成或存储了许多与流动系统和调节系统相关的部件，如管道、阀门、流体消耗部件以及许多机械部件。要研究和优化的流动网格的各个组件实际上是模拟的知识库。通过附带的实际试验研究，可以确定与系统相关的单个部件的特性。系统仿真的一个主要优点是其参数化的结构。因此，只需很少的匹配花费，可以分析、评估和优化影响系统的变量，例如通道几何形状、控制截面和弹簧特性（图7.242）。即使在项目的早期阶段，当泵作为CAD模型可用时，也可以获得关于其调节特性、压力变化曲线和驱动功率的信息，从而以这种方式，早期和高成本效益地实施重要的开发步骤。

7.15.5.4　计算流体力学

“计算流体力学”（CFD，Computational Fluid Dynamics）开发工具是一种数值求解流体力学问题的方法。在具有复杂流动几何形状的润滑油泵的开发中，CFD提供了计算和可视化流速变化过程、压力损失、泄漏流动或气蚀区的可能性（图7.243，见彩插）。软件中使用的模型方程通常是纳维尔－斯托克斯（Navier－Stokes）和欧拉（Euler）方程，对于不可压缩介质，则为拉普拉斯（Laplace）方程。有限体积法（FVM，Finite－Volumen－Methode）是常用的求解方法。基于泵的现有或相应匹配的三维CAD模型，可以以相对较低的参数化的努力进行数值流动模拟。CFD的典型应用是诸如低压力损失但适合生产加工的通道几何形状的造型设计，或通过瞬态流动模拟对气蚀区进行定位和结构上的化解。

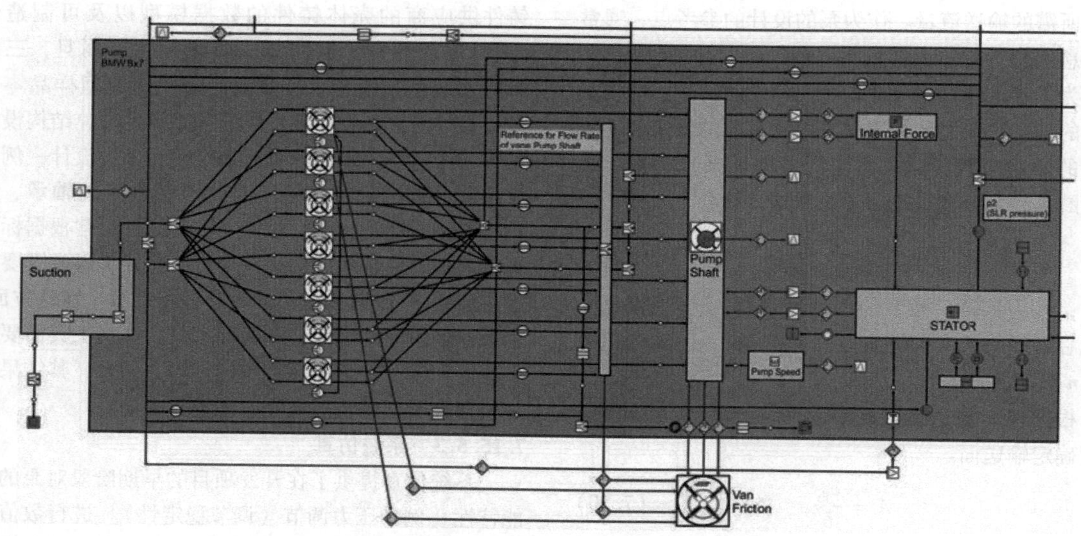

图7.242　系统调制：流动网格的子部分

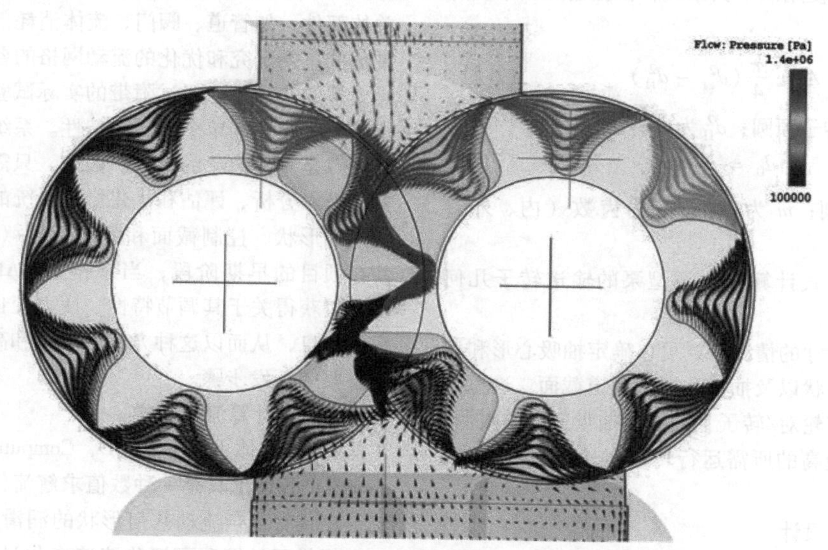

图7.243　用CFD计算的外齿润滑油泵轮对的压力变化曲线

7.15.5.5　结构计算

安装在车辆发动机中的润滑油泵在运行过程中受到重大的机械和热负荷。除了由于泵的直接功能所产生的力和压力载荷外，泵还必须承受发动机传递的力的载荷、振动加速度和发动机寿命期间的热膨胀所产生的变形。同时，成本压力和对轻量化结构的要求意味着几乎无一例外地使用铝－硅压铸合金作为乘用车泵的壳体材料，尽管这种材料在力学性能方面具有不利之处，例如与模具铸造材料相比。特别是在梯形框架方案设计中，泵的部件或泵本身是发动机整体结构的一部分。当惯性力平衡轴和润滑油泵组合在一个组合模块中时，轴承、轴和壳体结构上的机械负载明显更高。现代结构计算程序允许早在泵或泵模块的设计阶段就对危险区域或结构部件进行详细的优化。通过使用它们，通常可以避免耗时且昂贵的开发进程。结构优化工具涵盖了非常广泛的应用领域，其中包括铸造壳体、轴、支承、弹簧、螺栓、齿轮和配重的优化（图7.244）。简单的结构计算模块如今已经成为CAD程序包常见的一部分。

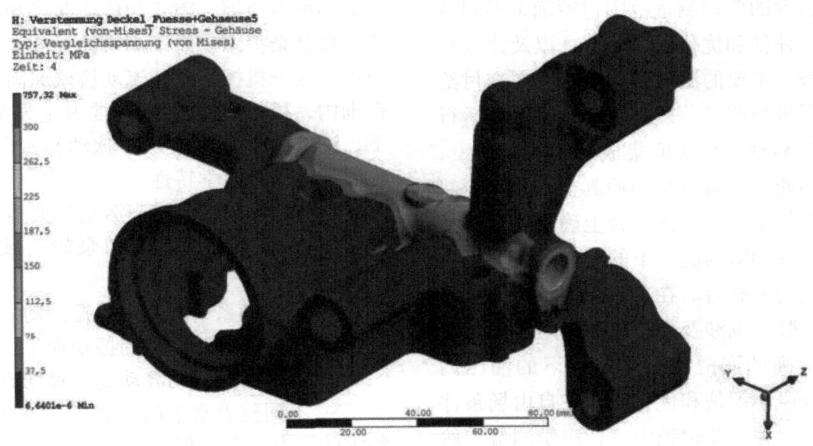

图 7.244　通过结构计算可视化泵壳中的应力变化

7.15.5.6　功能测试

如前所述，在过去的几十年里，随着 CAD、CFD、系统模块化和结构计算的引入，润滑油泵总体设计和结构设计中的开发工具和方法的范围有了很大的扩展。然而，这丝毫没有降低功能和耐久性测试的重要性，这有很多原因。除了不断增长的需求外，使用寿命、效率和轻量化结构等，在调节润滑油泵和功能集成趋势的背景下，泵或泵模块的复杂程度大幅增加。由于高的成本压力，润滑油泵制造商必须在精心设计的基础上，以尽可能少的材料消耗和生产成本，确保泵的非常可靠的功能。在这里，功能测试和耐久性测试在试验研究中起着关键的作用。

根据项目中的时间状态，由或多或少接近量产的单个部件组成的原型或试验样品在试验中组装，并根据功能进行测量。对于测量，使用特殊的润滑油泵试验台，使泵能够在规定的条件下使用客户指定的润滑油的种类运行（图 7.245）。润滑油泵试验台的核心部件是带转矩测量轴的调速电驱动和油的温度控制回路。需要测试的、配有合适的轴联轴器的泵与泵专用测试适配器、相关管道以及压力传感器、温度传感器和体积流量传感器一起，通过标准化的安装接口安装到试验台的支承架上。测试台的操作和通过专门匹配的测量记录系统记录的测量数据的显示或描述则通过测试台的操作/显示面板进行。为了在试验人员有限的情况下实现高的试验台利用率和短的开发时间，不仅有耐久性试验台，而且还有功能性试验台自动化运行的趋势。例如，使用自动化测试台，可以在没有测试人员在场的情况下，进行广泛的测量，例如在不同油温下对泵进行完整的特性测量。

图 7.245　用于润滑油泵测量的功能试验台

润滑油泵试验台的典型测量范围包括确定不同油温下的输送特性，评估和优化压力调节，以及比较和逐步优化不同型号。主要的测试范围还包括在交付给客户之前对样品泵进行测量，以及在测试和耐久运行之后对泵进行重新测量。在功能集成趋势的背景下，泵中集成的其他功能，如真空泵的抽真空性能，当然也在定义的边界条件下在油泵试验台上确定。为了评估和优化泵在低至－40℃的温度下的功能，使用了在冷室中运行的相应的试验台。在冷室中的润滑油泵－真空泵，典型的试验范围涉及泵起动时转矩的确定和优化，以及在非常高的润滑油黏度条件下的油压调节。为了对泵进行声学评估和优化，泵在自由场条件下在声学室中运行，并在此过程中进行声学测量。然而，除了所列的试验台测量外，测试人员的任务范围还包括许多其他领域，例如极限模式的试验研究，装配力的确定，拆卸，内部连续运行后的泵的测量和评估，但也包括由客户提供的用于重新评估发动机和车辆连续运行的泵，以及结果的文件记录。

7.15.5.7　声学

除了满足法律要求外，车辆的低噪声污染是一项重要的质量特征。在此背景下，汽车制造商要求在发动机的基本噪声水平下，润滑油泵在任何情况下都不能被听到。如果润滑油泵是车辆声学投诉的原因，通常情况下可以通过发动机下方的声学测量相对容易地识别污染者。与此相反，确定通常取决于转速的噪声污染的根本原因，声音的传输路径和补救措施的实施往往要复杂得多。对于润滑油泵的声学问题，可以从根本上区分机械原因和流动机械原因。在较低的转速范围内，机械影响变量通常占主导地位，而在高速下，液体中的交变压力（脉动）或气蚀现象通常主导润滑油泵的声学特性。

以下是润滑油泵噪声激励的典型原因：

－ 齿轮的力学性能和泵轮对或泵驱动的齿轮故障。

－ 泵传动系中的旋转共振振动。

－ 压力调节装置中的振动现象。

－ 由于输送流动波动而导致的流速周期性变化。

－ 不同压力水平的空间（输送室）相互连接时的突然压力平衡过程。

－ 气蚀现象。

－ 由泵激发的油底壳或其他发动机部件的共振振动。

通常，由于液体中的阻尼更低，更低的润滑油黏度会对润滑油泵的声学产生负面的影响作用。如果在泵的开发过程中出现声学异常，则通常必须通过声学测量来确定其原因以及可能的声音传输路径，并通过测量技术来评估所实施的改进。为此，泵在声音测量室中运行，地板坚硬，墙壁低反射（自由场条件），并通过传声器或人造头记录声压级（图7.246）。随后的频率或阶数分析为解释声学现象和评估对策的有效性提供了重要的信息（图7.247，见彩插）。

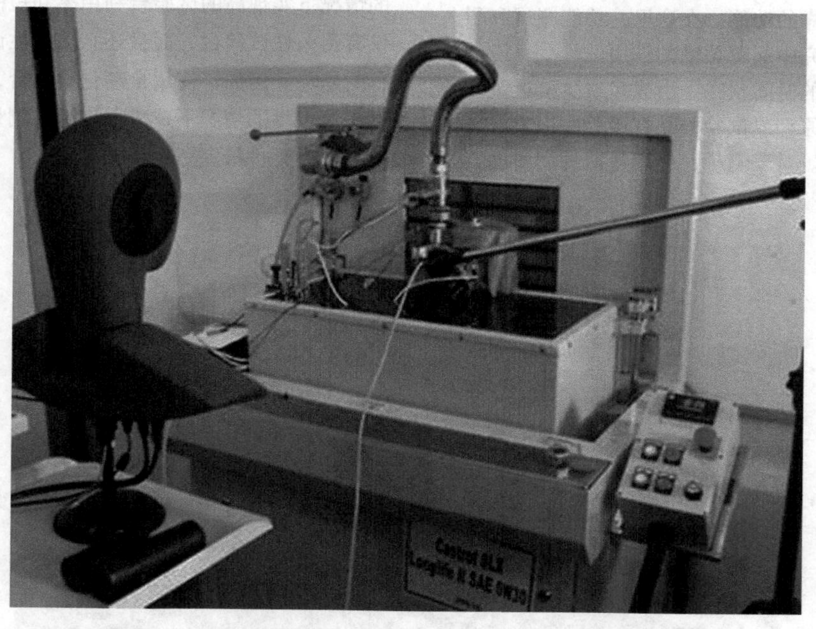

图7.246　在声学测量室中用人造头测定和分析润滑油泵的固体声、液体声和空气声辐射的典型的测量装置

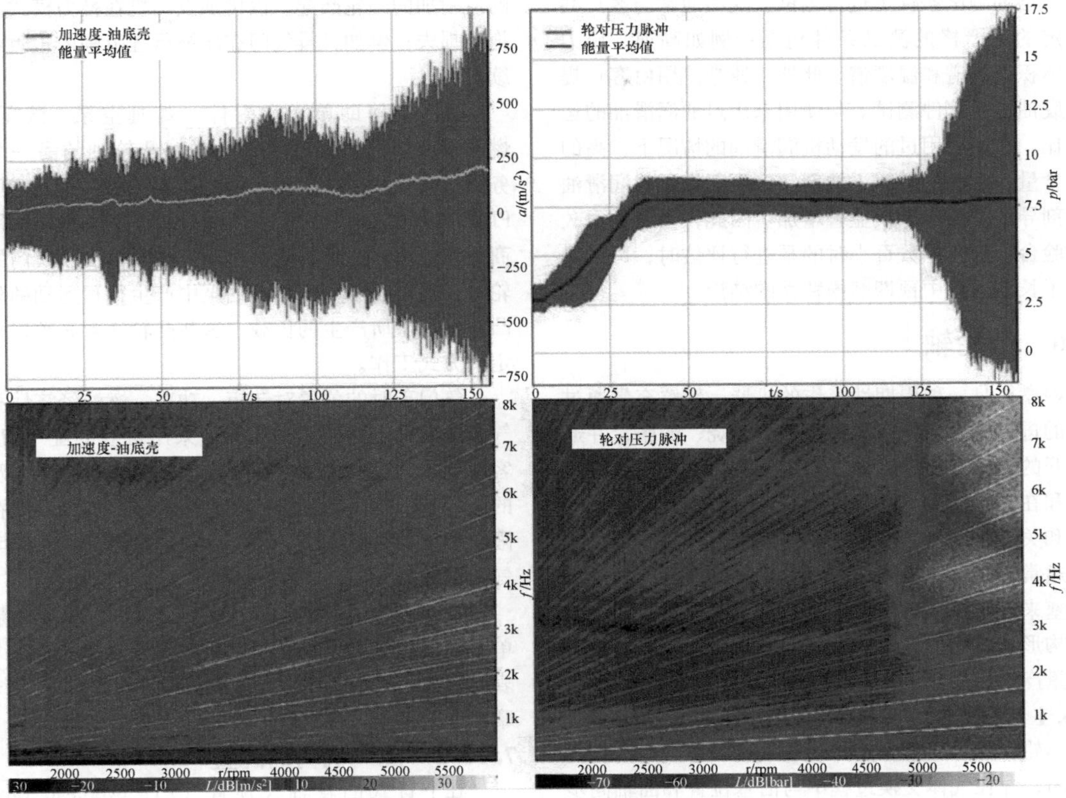

图 7.247 时间信号和频率分析［坎贝尔（Campbell）图］，用于 NVH 问题的原因分析和验证所采取的声学措施的润滑油泵

7.15.5.8 耐久性测试

在过去的几十年里，对所有车辆部件的寿命和可靠性的要求大大提高。如今，汽车制造商要求乘用车发动机以及润滑油泵的使用寿命为 3000 ~ 5000h，重型车以及润滑油泵的使用寿命为 12000 ~15000h。润滑油泵或润滑油泵模块耐久性测试的目的是，在批准测试的框架范围内证明泵的结构设计完全符合规定的要求。润滑油泵或润滑油泵模块的批准测试无一例外地在与发动机制造商分工的范围内进行，因此是双方的责任。实际泵的功能和耐久性测试由润滑油泵制造商来实施，特别是通过在耐久性部件测试台上进行若干耐久性测试（图 7.248）。同时，相应的设计阶段样品在客户的发动机中大量安装，并与发动机的其他部件一起在发动机试验台和车辆上进行耐久性运行。然后对泵进行反向测量和诊断。由于在通常的项目时间计划框架内不可能在所需整个使用寿命期内对泵进行测试，因此在泵和汽车制造商之间的协商下，实施了一项延时战略，用于耐久性测试。这意味着，在这个测试的框架范围内，泵将在比实际运行中的平均情

图 7.248 润滑油泵耐久性测试试验台

况更严格的测试条件下进行测试。这些通常与客户共同确定的更严格的测试条件包括：例如高速、压力谱、体积流量谱和温度谱。此外，通常使用由客户提供的废油进行部件测试。与使用未用过的润滑油的运行相比，在使用用过的发动机润滑油的情况下，高的碳烟含量、大量的燃料添加剂和已不起作用的润滑油添加剂导致摩擦学磨损显著增加。因此，当对在耐久性试验台上运行了数百小时的泵进行评估时，可以得出关于长期运行中预期磨损特性的结论。

7.16 凸轮轴

内燃机是一种周期性工作的机器。新鲜充量通过打开的进口截面流入气缸，压缩、燃烧、膨胀，并通过打开的出口截面进入排气系统。在传统的四冲程发动机和在某些情况下的二冲程发动机中，气体通道的开启和关闭是通过凸轮驱动的气门进行的。

通常情况下，在转子发动机和二冲程发动机中，由活塞来控制进气截面和排气截面。其他的一些可行的结构形式，比如旋转的或摆动的滑块，并不会或不再在量产中使用。

7.16.1 凸轮轴的任务

凸轮轴的主要任务是驱动进气门和排气门的打开和关闭，并在气体交换过程中与活塞位置和曲轴同步定时。

在传统的气门控制中，当气门打开时，来自凸轮的力通过凸轮跟随器，如果可能的话，通过其他操控元件传送到气门，并克服气门弹簧力而打开气门。在关闭过程中，气门由预加载的气门弹簧的力关闭，在凸轮基圆区域弹簧力作用在气门上，克服通道侧气体力（增压压力或排气背压），保持气门关闭。在设计时，必须考虑到所有的边界条件都是动态的。

由于减少了多气门发动机的配气机构质量和改进了气门弹簧，在量产发动机中很少使用用于提高发动机可能转速的强制控制（由凸轮引起的开启和关闭运动）。

在四冲程发动机中，曲轴驱动的凸轮轴以曲轴转速的一半旋转。每个单个气门的气门正时由单个凸轮的几何形状和相位位置确定，通常进气门和排气门，以及对于布置一个或多个凸轮轴上的气缸是分开的。对于多气门发动机，多个气门可以借助于气门桥或叉杆由一个凸轮驱动。在特殊结构形式中，不同气缸的气门或进、排气门由同一凸轮驱动。

除了用于气体交换过程的进气门和排气门的运动外，凸轮轴还可用于产生发动机制动系统（中型至重型商用车）中气门的附加运动。对此，使用现有的或附加的凸轮凸起，以增加发动机在推力模式下的拖曳损失；例如，排气门在压缩行程范围内短暂或持续打开。

除了向辅助单元和附件（如真空泵、液压泵、燃油泵或喷油泵）提供动力外，凸轮轴的另一个任务是驱动发动机缸体中的单体泵（泵－管－喷嘴，PLD）或气缸盖中的泵－喷嘴（PD），这主要适用于商用车应用。此外，除了用于操作气体交换气门的凸轮外，还布置了用于在喷油泵中产生行程运动的附加凸轮，由于所产生的负载，这些凸轮通常必须以更稳定的方式工作。

气门正时的位置对转矩、功率、燃油经济性和废气排放有决定性的影响作用。采用常规的配气机构，客户要求的高的比功率、平衡的转矩变化曲线以及低的油耗和低的污染物排放在整个转速范围内只能在有限的程度上得到满足（另见凸轮轴调节系统和可变气门正时）。

在所有应用中，气门升程、速度和加速度总是在单个气门的尽可能快地开启和关闭与由此产生的力和表面压力之间的折中。凸轮轴和整个配气机构系统的摩擦或摩擦损失也是设计中的一个重要标准。

7.16.2 配气机构的配置

在下置式凸轮轴（顶置气门，overhead valves，OHV）中，凸轮轴布置在发动机缸体中，并通过挺柱或摆臂、推杆和摇臂将运动传递到气门。这种配气机构的结构通常更为简单，但是其刚度明显小于顶置凸轮轴的配气机构系统（顶置凸轮轴，overhead camshaft，OHC；双顶置凸轮轴，double overhead camshaf，DOHC）。对此，凸轮轴位于气缸盖内，由曲轴通过齿轮、链或齿形带（有时也为齿形链）驱动。气门的开闭通过摇臂、挺杆或者杯形挺柱操控。

图7.249展示了乘用车和商用车不同的配气机构种类以及应用范围。凸轮和凸轮从动件使用的材料将在后面讨论。

在凸轮的行程运动传递到凸轮从动件（推杆、挺杆或杯形挺柱）的过程中，可以区分滑动接触和滚动接触。发展趋势一方面是在滚动接触方面减少驱动损失和提高可承受的载荷极限，另一方面是在滑动接触（无液压间隙补偿的单件凸轮从动件）方面通过简单的挺杆驱动机构降低成本。

除了减少摩擦损失（也就是提高发动机效率）之外，通过摩擦特性的改善还可以减少磨损。在滚动接触中，凸轮和凸轮从动件之间的可承受表面压力明显高于滑动接触，因此，通过从滑动接触到滚动接触的过渡，出现的赫兹压力增加（曲率半径）。

	OHV 推杆	OHC 摇臂	OHC 摆臂	OHC 杯形挺柱
发展趋势	未广泛使用，应用于简单的V形发动机和商用车	未广泛使用，始终如一	标准	广泛使用
变型	滑动接触 滚动接触 有/无HVA	滑动接触 滚动接触 有/无HVA	滑动接触 滚动接触 有/无HVA	滑动接触 有/无HVA
凸轮从动件 (凸轮接触)	钢(滚动接触) 铸铁(滑动接触) (GJL，SHG)	钢(滚动接触) 钢，铸铁(滑动接触) (GJL，GJS)	钢(滚动接触) 铸铁(滑动接触) (GJL，GJS)	(滚动接触) 钢(滑动接触)
凸轮材料 滚动接触 滑动接触	钢 铸铁 SHG(GJL，GJS)	钢 铸铁 SHG(GJL，GJS)	钢，P/M 铸铁 SHG(GJL，GJS)	铸铁 SHG(GJL，GJS)

图 7.249　乘用车、摩托车和商用车发动机的配气机构配置

在设计滚动接触时，必须选择具有所需滚动疲劳强度的材料；淬火钢（如滚动轴承钢）作为标准使用。

作为凸轮轴支承的变体，分为“开放式支承”和“隧道式支承”。在开放式支承中，凸轮轴轴承直接位于凸轮轴上；支撑凸轮轴的轴承必须分开。在隧道式支承中，凸轮轴上设置了直径大于最大凸轮升程的轴承环。对此，凸轮轴可以插入在气缸盖或发动机缸体中的封闭的、一体式的轴承中，如图 7.250 所示。

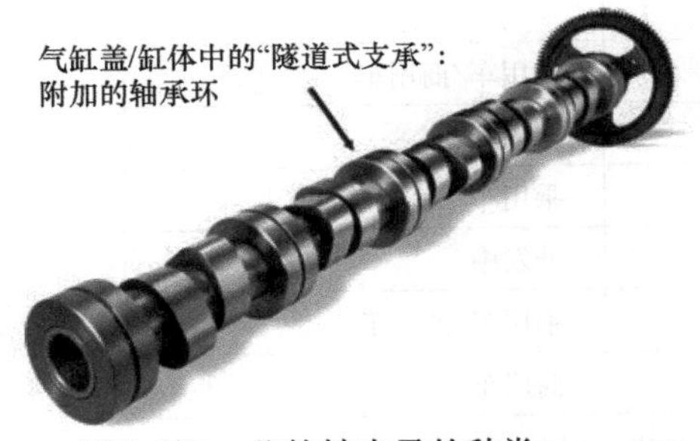

图 7.250　凸轮轴支承的种类

7.16.3　凸轮轴的结构

凸轮轴的基本结构如图 7.251 所示。

其主要部件是圆柱形凸轮轴（中空或实心），用于驱动气门的各个凸轮位于其上。此外，如前所述，也存在用于喷射的凸轮。驱动力由凸轮轴轴承支承，其中一个轴承通常被设计成用于纵向引导凸轮轴的推力轴承。通过固定或可拆卸地连接到凸轮轴驱动法兰的驱动轮或凸轮轴调节器由曲轴驱动。凸轮轴调节器也可以固定在凸轮轴管上，以消除驱动法兰。或者，对于 DOHC 发动机，第二个凸轮轴可以由第一个凸轮轴驱动。在这种情况下，每个凸轮轴上都有一个耦合轮（通常是链轮或齿轮）。

对于辅助装置或附件的驱动，在凸轮轴的自由端安装附加的驱动元件或从动件，或者，例如在凸轮轴的某个位置，安装偏心或提升轮廓。为了确定凸轮轴的相位位置，特别是当使用凸轮轴调节器时，也可以在凸轮轴上设置一个脉冲编码器环（每转产生一个或多个脉冲）。

凸轮由一个恒定半径区域（基圆）和行程区域（上升坡道、下降坡道、凸轮侧面和凸轮尖端）组成。基圆与凸轮尖端之间的差值是凸轮升程，凸轮升程与所希望的运动学气门升程成比例地选择。

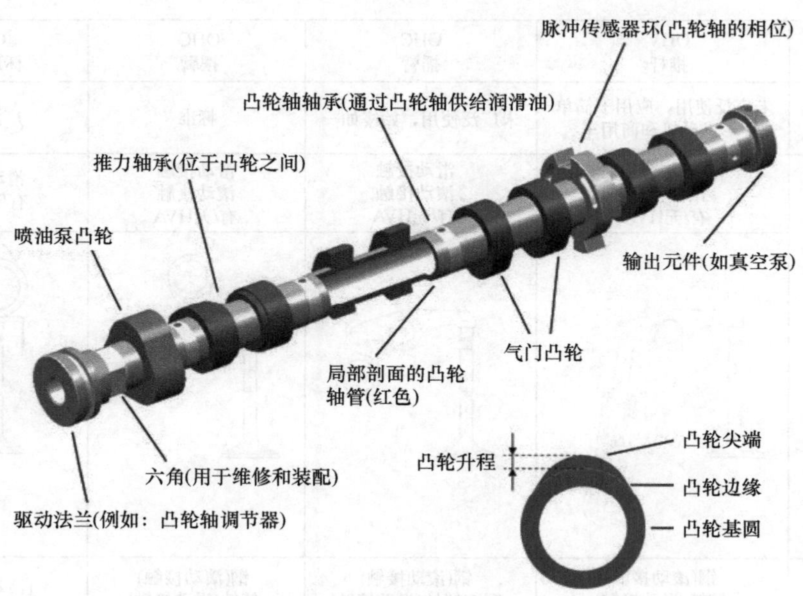

图 7.251 具有局部剖面（红色）的凸轮轴结构

在具有机械式间隙调节的系统中，基圆误差（基圆与恒定半径的偏差）对运行特性没有影响。另一方面，具有液压间隙补偿的系统对基圆的任何变化做出反应。当发生与运动方向相反的误差时，液压气门间隙补偿元件（HVA）将该故障作为气门间隙进行补偿；在这种情况下，气门升程增加。如果在上升方向上存在基圆误差，则由于相关的力的增加，气门已经在基圆区域打开。通过这种所谓的充气在明显的情况下会导致燃烧室中的压缩完全损失，气门或气门座圈烧毁，从而导致发动机故障。

7.16.4 工艺和材料

铸铁凸轮轴应用十分广泛，可以通过组织结构和硬度对其加以区分。图 7.252 列出了所用的工艺和材料的概览。

工艺	凸轮材料	量产用于
铸造式凸轮轴	球墨铸铁（GJS） 感应淬火	乘用车
	层状石墨铸铁（GJL） 重熔硬化（WIG）	乘用车
	球墨铸铁（GJS） 冷硬铸造	乘用车/商用车
	层状石墨铸铁（GJL） 冷硬铸造	乘用车/商用车
装配式凸轮轴	钢	乘用车/商用车
	烧结材料	乘用车
	烧结材料（精密凸轮）	乘用车
	铸件	开发中
锻造凸轮轴	钢	乘用车/商用车
机加工棒料	钢	商用车

图 7.252 凸轮轴的工艺和材料

由单个零件（管道、凸轮、驱动法兰等）连接而成的装配式凸轮轴越来越普遍。因此，材料可以适应相应的要求。对于最大的应力，可使用钢锻造凸轮轴或整体加工的凸轮轴（棒材）。

7.16.4.1 铸造凸轮轴

对于滑动接触和低负载的滚动接触，球墨铸铁（GJS）或层状石墨铸铁（GJL）凸轮轴是许多应用的理想的摩擦学上的相对运动副，通过凸轮的合金和有目的的硬化，可以实现远高于1000MPa的可承受压力。

在壳型冷硬铸件（SHG）中，通过铸造过程中的快速冷却，在凸轮区域产生了硬度高、摩擦学相容性好的耐磨碳化物结构（莱氏体）。在凸轮轴的核心区域和支承位置存在具有良好可加工性的灰铸铁结构，如图7.253所示。VarioCam Plus气门控制系统的所谓三叶虫（TriLobe）凸轮轴是铸造凸轮轴的一种特殊设计。图7.254显示了具有大凸轮升程（外凸轮）和小凸轮升程（内凸轮）的凸轮轴的结构。与切换杯相结合，显示了气门行程切换，从而实现可变的配气机构。

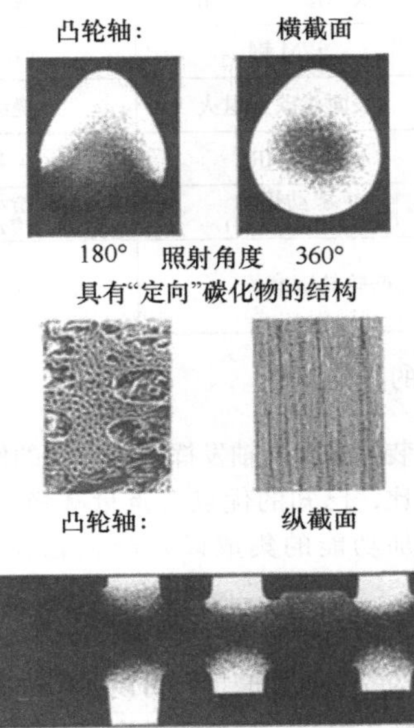

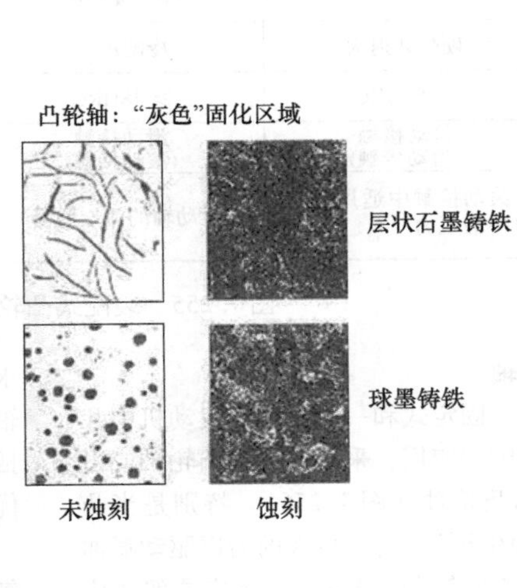

图7.253 壳型铸铁凸轮轴

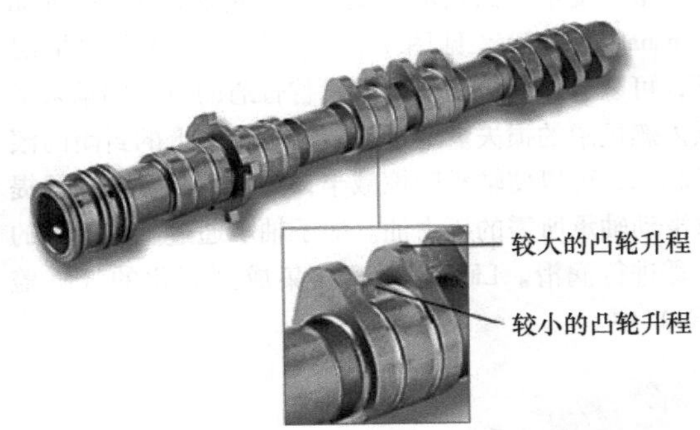

图7.254 用于行程切换的三叶虫（TriLobe）凸轮轴

7.16.4.2 装配式凸轮轴

单个凸轮轴通过热收缩配合、力和摩擦锁定压制、内部高压成形或类似的连接方法连接到管道作为装配式凸轮轴的基础。原则上，可以区分不同的凸轮轴，前者在连接过程中管子和所有连接部件已经作为成品存在，不需要进一步加工，后者凸轮轴在连接过程之后全部或部分作为毛坯件存在，并且必须像传统的（未装配的）凸轮轴那样进行磨削。

这种装配式凸轮轴的优点除了减轻重量外，还包括各个凸轮轴部件的设计自由以及材料选择的自由。因此，用于凸轮、轴、轴承、主动和从动元件的材料可以相互独立地选择，并且可以针对各个零件的成本、特性、制造工艺等方面分别进行优化选择。

凸轮的材料多为钢或烧结材料（P/M钢），铸造凸轮正在研发中。

通常将钢制凸轮作为毛坯锻造，然后加工内孔，并将凸轮安装到管道上。为了获得需要的材料特性，可以在连接之前或之后对凸轮进行淬火和回火处理。

对于用于滚动接触的烧结材料，由于能够比所需的制造公差更精确地烧结凸轮几何形状，在加工内孔并将其连接到具有成品几何形状的管道上之后，可以产生不再需要处理的凸轮轴。

图7.255展示了一些用于装配式凸轮轴的凸轮材

料示例。

针对滑动接触用烧结材料的应用，研制了一种高合金化液相烧结的 P/M 钢。目前正在开发带有硬壳铸铁凸轮的装配式凸轮轴。

因此，铸造材料与凸轮从动件滑动接触时的优点可以与装配式凸轮轴的优点相结合，例如重量轻。壳体硬铸凸轮可以单独铸造，也可以作为棒材的形式生产制造。凸轮进行钻孔加工后，采用类似于钢或烧结凸轮一样的方式与轴进行连接。

	钢凸轮轴	铸铁凸轮轴	精密烧结凸轮轴	烧结凸轮轴
组织				
技术	锻造	沙型浇铸	双重滚压并烧结	液相烧结
材料	100Cr6	GJS 或 GJL	P/M 钢	PLS 1800
硬化方法	硬化并退火	冷硬铸造	表面渗碳并退火	烧结硬化
硬度	≥ 54HRC	≥ 48HRC	≥ 51HRC	≥ 45HRC
应用	滚动接触（滑动接触）	滑动接触（滚动接触）	滚动接触（滑动接触）	滑动接触（滚动接触）
特点	滚动接触中适用于高的接触压力	滑动轴的涂层脱落	凸轮轮廓磨损	滑动轴的涂层脱落

图 7.255　装配式凸轮轴的凸轮材料

7.16.4.3　钢凸轮轴

对于在商用车、固定式和一些乘用车发动机中几乎所有带有滚动接触的应用，采用锻造钢凸轮轴或由实心材料加工的钢凸轮轴（图 7.256）。特别是当凸轮轴需要通过附加的凸轮来传递更大的力以驱动喷油泵（PD/PLD）或需要确保长寿命时（固定或船舶应用），使用钢凸轮轴。如果对抗扭强度或抗拉强度有很高的要求，在滑动接触的情况下也必须使用钢凸轮轴。由于高的可承受的压力和机械的材料特性，只要摩擦学上的运动副是匹配的，这些凸轮轴可以用于最高的负载需求。

图 7.256　固定式发动机的分段凸轮轴：每个气缸对应一个可更换的凸轮元件/轴承元件

7.16.4.4　凸轮轴的特殊形式

为了满足现代内燃机对气门正时的多种多样的需求，装配式凸轮轴发挥了决定性的作用。与铸造凸轮轴相比，已知的优点（重量减轻、材料选择）还包括附加功能的集成以及凸轮轴在使用条件方面的优化。

为了在润滑不足或负载不断增加的情况下减少配气机构的摩擦和磨损，可以使用带有涂层功能表面的凸轮轴。为此，特别考虑涂层，例如已经用于凸轮从动件的涂层。这种凸轮轴目前正在开发中。

滚子支承的凸轮轴［低摩擦凸轮轴，Low Friction Camshaft（LFC），见图 7.257］在变化最小的情况下，可以通过使用滚子轴承代替普通的滑动轴承来降低内燃机中的损失。通过安装在凸轮轴上的封闭的滚子轴承，可以使轴承摩擦减半，并且不需要为轴承提供滑动轴承所需的压力油。滚子轴承通过气缸盖中的油雾进行润滑。LFC 可以直接集成到简化的气缸盖（罩）中。

图 7.257　滚子支承的凸轮轴

在带有集成的油雾分离的凸轮轴中，通过凸轮轴引导窜气（Blow-by），涡流发生器在凸轮轴中旋转，如图7.258所示。在离心力的作用下，窜气中的重油部分向外输送，并在凸轮轴管内部形成壁膜。在凸轮轴端（背向凸轮轴驱动侧）与净化的窜气分离。与传统的、单独安装的分离系统相比，这种主动分离系统的特点是提高了油的分离率、冻结安全性和显著简化的气缸盖罩，同时降低了整体高度。

可变凸轮轴的使用对油耗、排放和转矩特性都有积极的影响，因为它不需要在低速和中速范围内的高转矩与所需的发动机额定功率之间进行权衡。通过凸轮轴中功能集成的部分或全可变气门正时，可以根据特性场中各自的发动机运行工况点选择正时和/或气门升程功能。

MAHLE CamInCam®实现了在一个凸轮轴的结构空间中集成两个凸轮轴的功能（图7.259）。

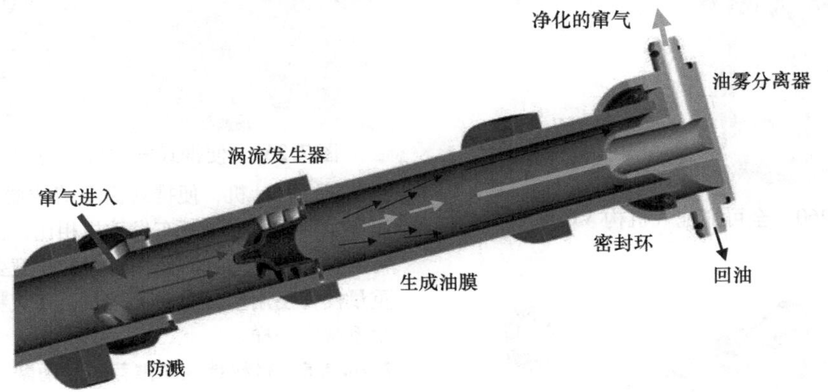

图7.258　带有集成油雾分离器的凸轮轴

图7.259　MAHLE CamInCam®

这个凸轮轴包含一个外凸轮轴。在凸轮轴上，凸轮一方面可以与传统的凸轮轴一样通过热缩配合牢固地连接到凸轮轴管道上，其他凸轮则可旋转地安装在凸轮轴管道上，并通过销钉连接到第二个内置的凸轮轴上。借助一个简单的、一个双作用的凸轮调节器或两个凸轮调节器，两个轴以及相邻的凸轮对可以相互独立地调节其角度位置（例如，相关气门升程的进气和排气控制时间）。与具有双凸轮轴（DOHC）的发动机相比，具有结构形式相关的单凸轮轴（SOHC，OHV）的发动机可以进一步节省重量和结构空间。自由的结构空间可用于改善空气动力学和被动行人保护。

在具有结构形式相关的两个凸轮轴的发动机中，CamInCam®可通过相对进气调节和/或排气调节，在当今工作循环（米勒/阿特金森循环，Miller/AtkinsonCycle）中连续优化气门开启持续期，以实现优化的气体交换功。

通过将中间杠杆与改进的CamInCam®结合使用，可以实现机械的、全可变的配气机构，用于无节流的负荷控制［可变升程和持续时间（VLD，Variable Lift and Duration），见图7.260］。在这里，特殊形状的凸轮安置在凸轮轴管道上，在每种情况下只影响气门的打开或关闭。在该全可变配气机构系统中凸轮轴的一般结构形式与CamInCam®相似。

在AVS（奥迪气门升程系统，Valvelift System）部分可变配气机构系统中实现了在凸轮轴中升程切换的集成（图7.261）。凸轮轴由一个带卷曲渐变齿的基本轴和用于凸轮段的弹簧加载锁定装置组成，凸轮段可以在轴上沿轴向滑动，凸轮段内部也具有纵向齿形。轴和凸轮段的齿形相互啮合，并通过凸轮段的不同凸轮轮廓将通过正时链从曲轴引入的扭矩传递到凸轮从动件。

凸轮轴的另一种特殊形式是注塑凸轮轴（图7.262），这种凸轮轴用于便携式发动机设备（例如

图 7.260　全可变配气机构 VLD

图 7.261　奥迪气门升程系统（Audi Valvelift System）凸轮轴的爆炸图[130]

图 7.262　便携式发动机设备的塑料凸轮轴

割草机、吹叶机，便携式高压清洁器）。尤其是与乘用车、商用车或摩托车发动机相比，机械负荷和热负荷明显更低，并且对使用寿命的适度要求以及轻巧的重量使得使用塑料成为可能，正如塑料通常用于链张紧系统中一样。

7.16.4.5　材料特性和推荐的运动副

图 7.263 显示了不同铸造材料的抗扭强度和抗拉强度的分散范围。图 7.264 显示了滚动接触和滑动接触以及其中可承受的赫兹压力的各种可能的运动副（配对），各量产趋势总结如图 7.249 所示。从最简单的灰铸铁凸轮轴开始，用铸铁挺杆作为凸轮从动件，用于滑动支承，所显示的材料副可以覆盖整个范围，直到最大负荷的、凸轮和滚子由滚动轴承钢（100Cr6）制成的滚子支承。

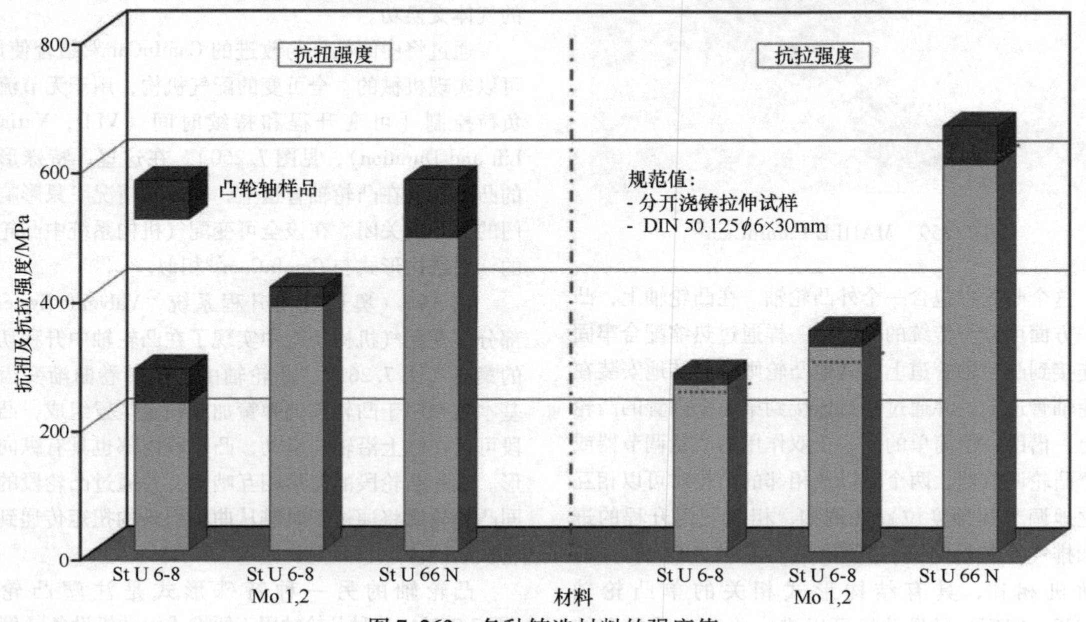

图 7.263　各种铸造材料的强度值

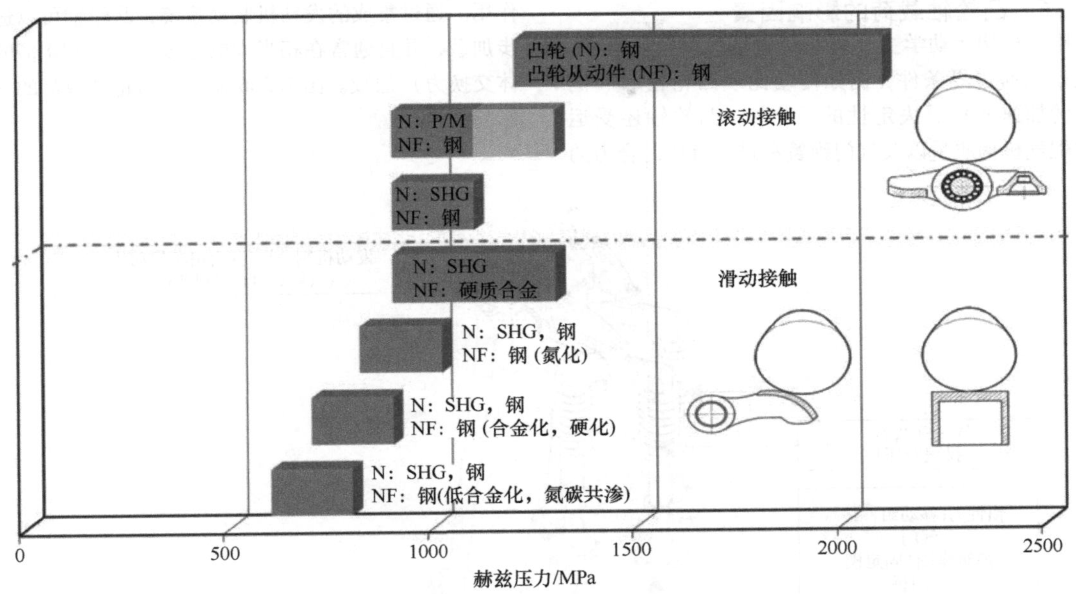

图 7.264　材料副（配对）和赫兹压力

7.16.5　轻量化

与整车或整个配气机构相似，单个凸轮轴组件也需要轻量化。一方面，应使发动机的静态质量最小化，另一方面，动态质量（旋转）对整个系统的动力学也有很大的影响。

同时，必须在技术可行性（最小壁厚等）、成本（材料、加工步骤等）和功能（凸轮宽度、基圆直径、扭转刚度等）之间找到折中。

一种可能性是凸轮轴空心钻孔或圆柱形空心铸造，可节省高达 20% 的重量。在具有阶梯内轮廓（型材中空）的空心铸造中，甚至还可以进一步减小质量。

图 7.265（见彩插）显示了与实心材料凸轮轴相比质量减小的一些示例，以及圆柱形和轮廓空心凸轮轴。

目前，装配式凸轮轴具有最大的轻量化的潜力。钢管的壁厚可以比铸造过程中的壁厚进一步减小。通过将凸轮轴轴承集成到凸轮轴中（管径 = 轴承直径），可以节省额外的质量。这类轴的一个重要的设计标准是凸轮和管道之间的连接及其对传递力矩的影响。

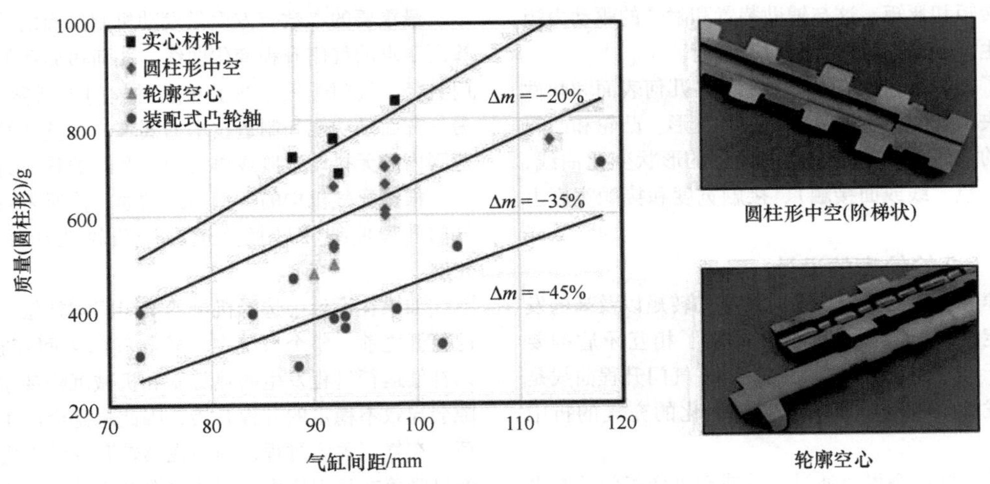

图 7.265　凸轮轴轻量化

7.16.6　凸轮轴载荷的影响因素

配气机构运动学主要决定凸轮轴的载荷。其中，特别是几何边界条件，例如传动比或凸轮轮廓（例如高的加速度）是决定性的。此外，凸轮轴还受运动的配气机构质量以及气门弹簧和排气背压的合力的作用。通过集成的发动机制动系统，凸轮轴可以进一步加载，并且通常在相当大的程度上（5～10倍的气体交换力）加载。图7.266显示了凸轮轴载荷的一些影响因素。

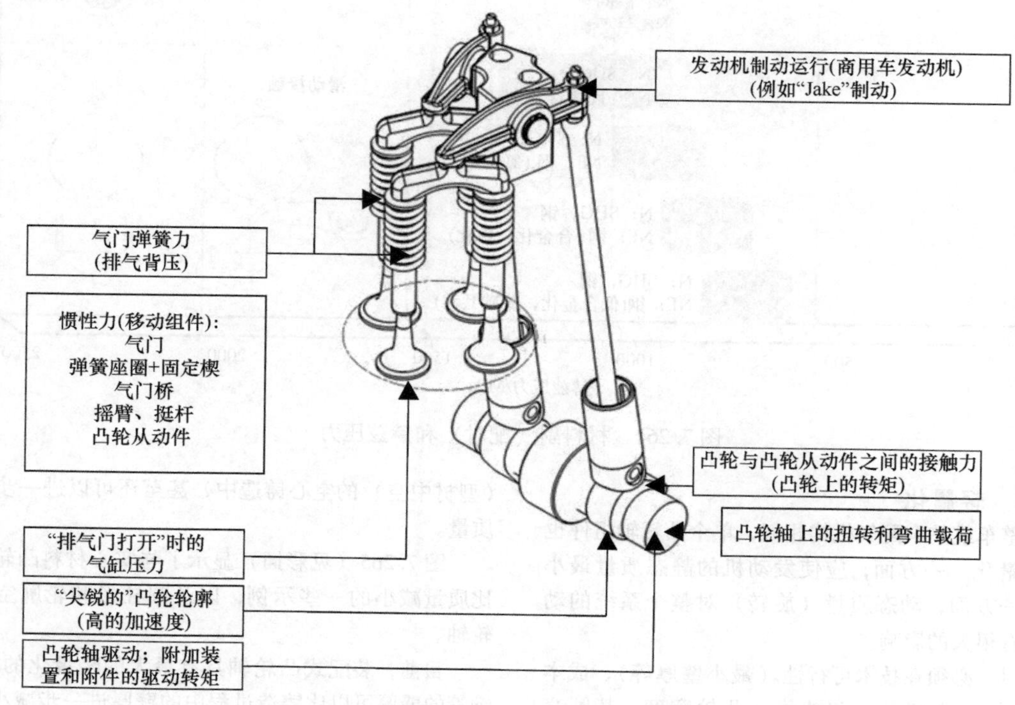

图7.266　凸轮轴载荷的影响因素

由此产生的凸轮和凸轮轴之间的接触力在凸轮轴上产生转矩和弯矩，这与辅助装置和附件的驱动力矩一起产生凸轮轴的总扭转和弯曲载荷。

除了接触力和所产生的力矩外，几何表面和弹性模量也决定了所发生的赫兹压力和变形。凸轮和凸轮从动件的几何表面包括运动平面上的形状变化曲线、接触面（点、线或面接触）、接触宽度和接触宽度上的凸度。

7.16.7　凸轮轮廓的设计

低速和中速范围内发动机的高的转矩以及高的发动机额定功率对气门升程变化提出了相互矛盾的要求。对于具有固定正时的配气机构，气门升程曲线是在整个发动机特性场范围内实现优化的充气的折中方案。

这种目标冲突可以通过部分或全可变气门控制来部分或全部解决，其中可以在特性场范围内为各自的发动机运行工况点显示相应的、不同的、相匹配的气门升程曲线。

最重要的参数一方面是发动机制造商的热力学计算所要求的气门升程变化曲线、几何边界条件，如气门直径、气门升程和在上止点时气门与活塞的间隙，另一方面是功能和制造技术的要求，如整个气门升程范围内的无抖动过渡或排气门打开时的热应力。

根据配气机构的类型和运动学，该所需或期望的气门升程曲线将转换为适合于凸轮从动件的凸轮轮廓。

如果在设计中选择机械的气门间隙补偿，则在气门打开之前，整个系统中凸轮与气门之间存在间隙，以补偿运行过程发生的热膨胀和机械沉降现象。该间隙会导致不稳定的升程开始，因此总是会产生冲击负荷。在气门关闭过程，因为在凸轮升程结束之前气门便已降落在气门座中，因此也会产生冲击。为了限制所涉及的配气机构部件的落座速度和冲击加速度，必须设置相应的开启和关闭坡面。根据磨损和温度，具有机械的气门间隙补偿的系统会导致不同的气门升程和不同的气门叠开角（排气门和进气门同时打开的区域）。在带有液压间隙补偿（HVA）的气门控制中，这种间隙是不存在的，因此可以将这些坡面设计得更小，如图7.267（见彩插）所示。带HVA的气门升程和重叠近似恒定。

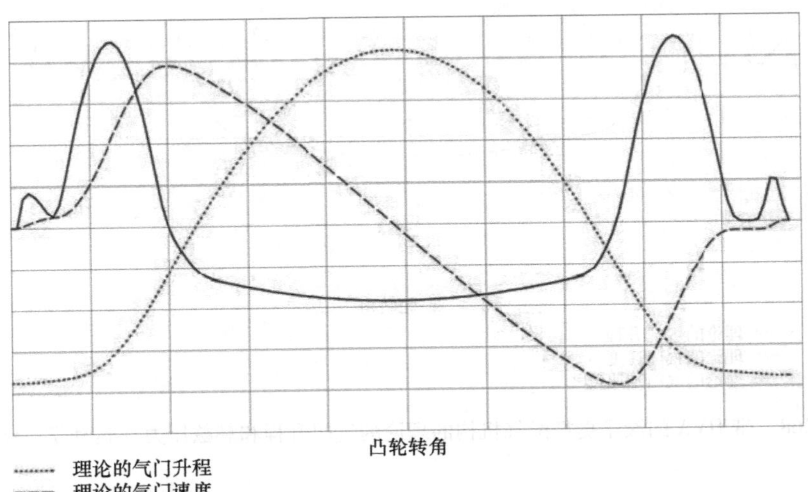

图7.267 带HVA的滚子挺杆配气机构的气门升程、速度和加速度与凸轮转角的关系

赫兹压力是设计的一个重要标准。该特征参数描述接触副的压力载荷。使用最大可承受的赫兹压力，可以预选凸轮和凸轮从动件的可能的材料。与基本运动学设计相比，动力学计算通常显示最大压力的位置和大小的更真实的值（图7.267）。

当使用滚子作为凸轮从动件（滚子挺柱、滚子挺杆、滚子摇臂）时，凸轮侧面通常会产生空心半径，以便能够在气门升程高度、气门开启持续时间和气门加速度等方面显示出所需的气门升程曲线。计算得到的凸轮空心半径必须始终大于凸轮从动件的滑动端半径，以确保稳定的气门升程变化。在这里，必须考虑磨削加工的生产技术的限制，这意味着在某些情况下，必须接受与所需的气门升程曲线的偏差。采用外轮廓不再需要磨削加工的烧结凸轮，原则上可以实现任意的空心半径。

当使用装配式凸轮轴时，根据系统的不同，要传递的或可传递的力矩必须视为决定性的参数。在设计过程中，必须确保最大的、动态的、所出现的力矩也必须以必要的安全性传递。

7.16.8 运动学计算

在运动学（准静态）计算中，一个配气机构的运动质量可以简化为一个单质量和一个弹簧（气门弹簧）。在该单质量上预先确定（施加）目标运动（对应于气门升程变化过程）。这考虑了质量力和弹簧力；另外，也应该考虑打开排气门时的其他外力，例如气体力。

运动学计算的最重要结果是滑动接触面的流体力学有效速度或滚动接触面的滚子速度，凸轮和凸轮从动件之间的接触力以及赫兹压力，以及配气机构零件上的支承载荷，气门杆端部上的驱动机构以及气门桥上的载荷和相对运动（例如，“阀指半径”“象脚”……）（图2.268，见彩插）。

流体力学有效速度（总速度，润滑系数）是接触副之间润滑油膜承载能力的量度，如图7.269（见彩插）所示。在滑动接触过程中，在凸轮旋转过程中，这条曲线通常会发生两次“过零线”（正负符号变化）。由于在这短暂时间内润滑油膜的承载能力崩溃，因此可以通过适当的造型设计来降低磨损风险。

对于带滚子支承的滚动接触（例如滚子摇臂上的滚针轴承），可以进行使用寿命评估（考虑到不同的载荷谱）。

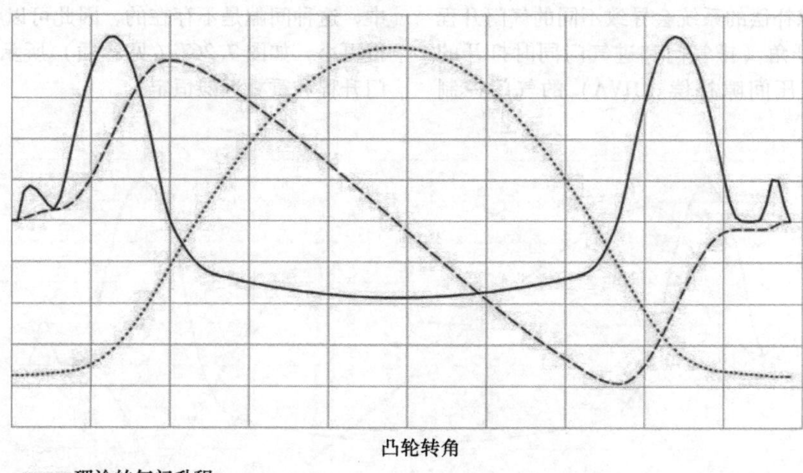

图 7.268　带 HVA 的滚子挺杆配气机构的理论的气门升程和赫兹压力（运动学、动态）

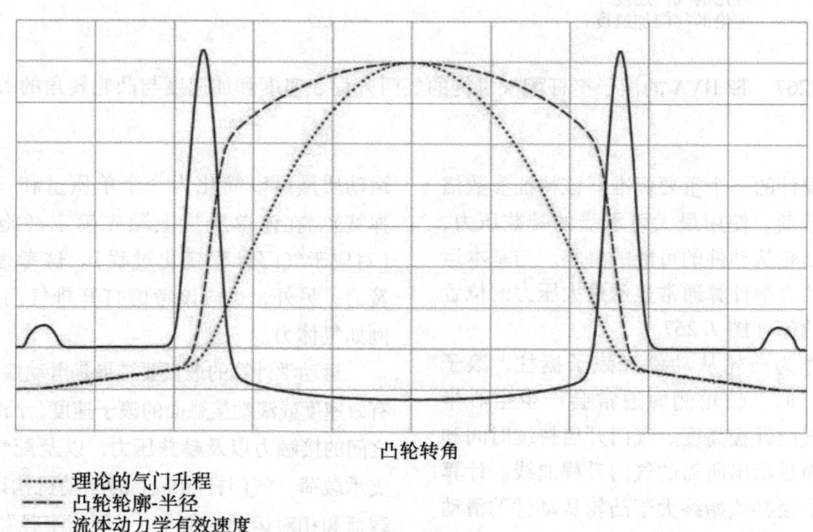

图 7.269　凸轮/扁平挺杆接触的凸轮轮廓、理论的气门升程和流体动力学有效速度与凸轮转角的关系

7.16.9　动力学计算

与相对简单的运动学模型相比，动力学计算提供了真实系统特性的更精确的图像。相应地，建模成本也更高。动力学计算的工具是多体模拟。所有程序的共同点是，要考虑的机械系统被分解成单个质量，这些质量通过弹簧元件和阻尼元件相互耦合，弹簧元件和阻尼元件对应于部件的刚度和其阻尼特性。除了将液压子系统（HVA）集成到模拟中外，还可以将 FEM 计算的结果，例如与力或位移相关的部件刚度集成到计算中。动力学计算的详细程度实际上是任意的，只受效益与成本之比的关系的限制。

利用所有这些元件和边界条件，创建了一个振动模型，该模型除了反映所考虑系统的刚度外，尤其还可以反映所考虑系统的固有频率。输出结果是各个部件的运动以及作用在它们上的力和压力。

从图 7.270（见彩插）中可以看到，凸轮和滚子之间的力由于叠加在目标运动上的振动而明显偏离运动学确定的曲线。特别是在具有液压间隙补偿的配气机构中，接触力的损失会导致严重的后果（HVA 的充气导致配气机构部件的磨损或故障）。配气机构的动态分析可以在设计阶段（早在用于测量和发动机运行的部件制造之前）检测关键部件或状态，从而大大缩短开发过程。

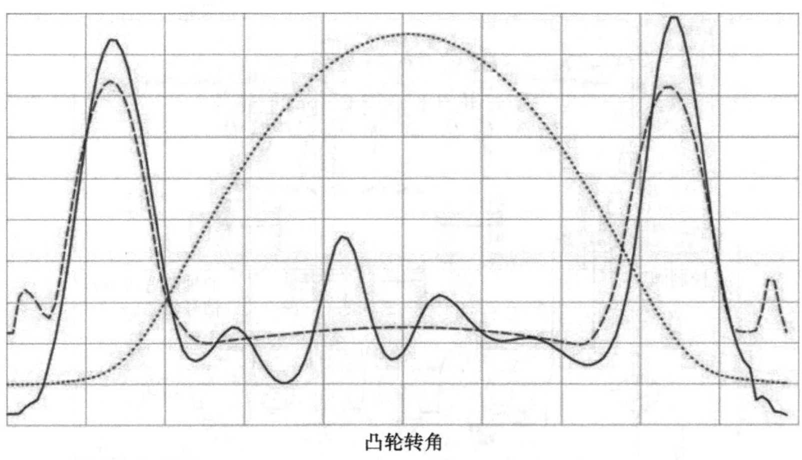

图 7.270　带有 HVA 的挺杆配气机构的理论的气门升程、运动学和动力学接触力与凸轮转角的关系

7.16.10　凸轮轴调节系统

为了符合未来的废气法规并降低油耗，用于改变气门正时的元件越来越多地用于汽油机中，凸轮轴调节器便是其中之一，它允许凸轮轴的正时在很宽的角度范围内连续变化，因此，在 DOHC 发动机中，可以改变气门叠开角，从而调节燃烧室中的残余气体含量。此外，特别是在怠速和满载时，可以将气门正时调整到最佳舒适性或最大转矩和最大功率。凸轮轴调节系统自 20 世纪 80 年代中期开始在车辆中使用，最初是简单控制的两点调节，但如今越来越多地作为连续可调系统，在调节回路中运行。

在 DOHC 发动机中，凸轮轴调节器主要用于进气轴上；典型的调节角度为 40°～60°KW。然而，排气调节也优选地用于量产的增压发动机，以及涉及功率和废气质量的最高要求的这两个自由度的组合。

在某些情况下，在 DOHC 发动机中凸轮轴调节器用于去节流，即通过延迟关闭进气门来降低油耗。然而，在这个方案设计中，既不能代表功率的提高，也不能代表怠速时舒适性的改善，因为气门叠开角没有改变。

连续的凸轮轴调节是在一个封闭的调节回路中运行的，而现在完全是由液压操作的。

在发动机控制系统中，根据负荷和速度从特性场中读出正时调节所需的目标角度，将其与测量的实际角度进行比较。由调节算法评估从目标角度到实际角度的偏差，并导致流向控制阀的电流发生变化。因此，该阀控制所需的调节方向所对应的凸轮轴调节器的油腔中的油，而油可以从另一个油室中排出。凸轮轴相对于曲轴的角度位置根据调节器油室的填充情况而变化。传感器读取凸轮轴和曲轴上的编码器轮；从这些信号中再次确定实际角度。这种调节过程以较高的频率连续运行，因此在设定角度跳跃时具有良好的跟随特性，在保持设定角度时具有较高的角度精度。系统一般采用发动机润滑油油压运行；对于运动型发动机，高压供应系统也是众所周知的。

需要以下组件来表示凸轮轴调整：

- 液压调节单元，安装在凸轮轴的驱动侧。在该组件中，通过两个油室的交替填充来设置调节角度。低的泄漏和足够的活塞面积可确保较高的负载刚度。调节单元有多种设计，如线性活塞和斜齿轮或旋转活塞。

- 控制阀，安装在气缸盖或挂件中，应靠近通向凸轮轴的油道。通常通过脉冲宽度调制信号对阀门进行电动控制，并控制调节器腔室内的油的流入和流出。阀门的最重要特征是调节期间的高的流量和固定角度的精确的可调节性。

- 调节回路，用于连续调节的调节回路包括发动机控制中的相应软件和驱动器输出级，以及曲轴和凸轮轴上的编码器轮和传感器。在此可以利用已经存在于发动机中的部件，其中必须标定凸轮轴的传感器轮。

整个连续的凸轮轴调节系统和所描述的组件如图7.271（见彩插）所示。

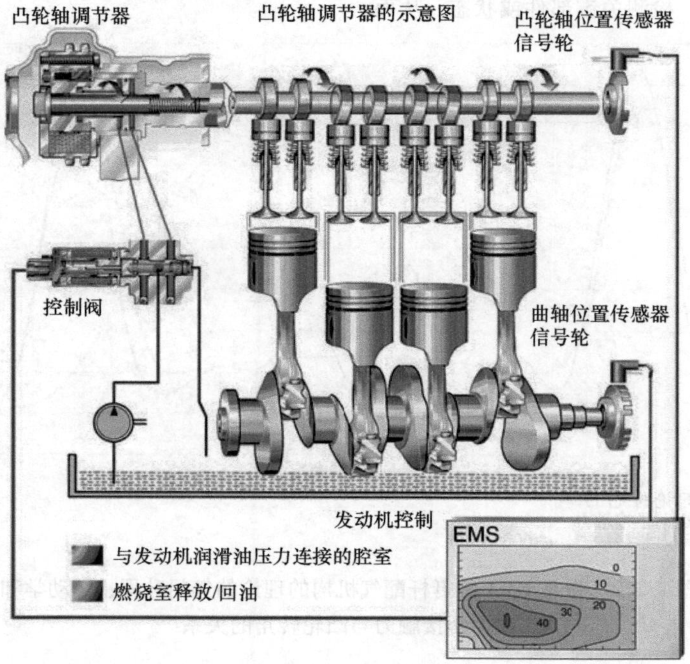

凸轮轴调节器
凸轮轴调节器的示意图
凸轮轴位置传感器
信号轮
控制阀
曲轴位置传感器
信号轮
发动机控制
EMS
与发动机润滑油压力连接的腔室
燃烧室释放/回油

图7.271　连续的凸轮轴调节

液压调节单元有两种结构形式。下面简要讨论它们的基本结构。带有斜齿轮的凸轮轴调节器由驱动轮（连接到曲轴）、调节活塞和输出轮毂（连接到凸轮轴）等主要功能部件组成。这些部件通过倾斜的花键相互成对地连接，因此，调节活塞的轴向位移使驱动轮毂相对于驱动轮旋转。通过花键的转矩传递是非常可靠的。在图7.272（见彩插）所示的版本是完全密封的，可用于齿形带驱动。

在调节位置的凸轮轴调节
基本位置
与发动机润滑油压力连接的腔室
燃烧室释放/回油

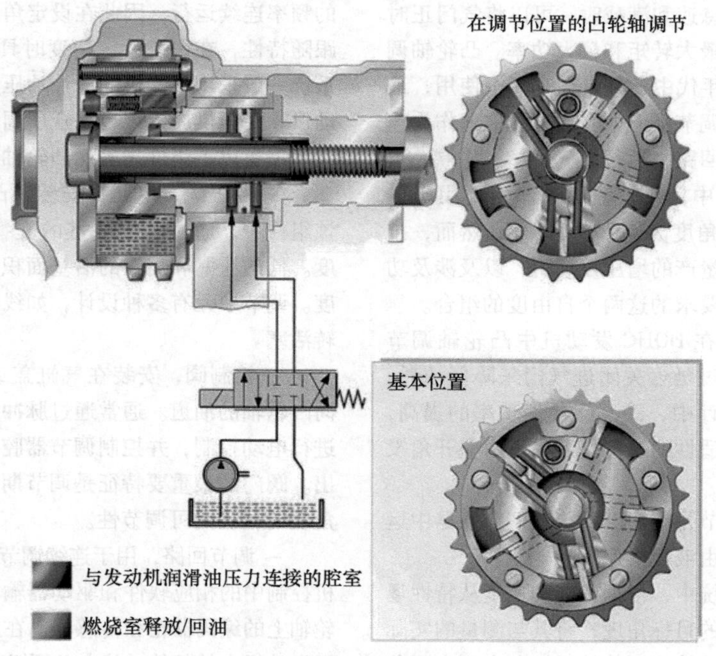

图7.272　旋转电动机或叶片调节器

在发动机起动时，所示的弹簧将调节活塞保持在其基本位置或最终位置。在受调节的运行中，两个腔室都充满了油；两个腔室之间的良好密封导致较高的载荷刚度。从大约1.5bar的发动机润滑油压力开始，就可以实现发动机侧所需的阶跃响应。

图7.273展示了用于链驱动的旋转电动机或叶片调节器的设计。这种结构形式的凸轮轴调节器比斜齿轮结构形式更紧凑、成本更合适；它仅由驱动轮和输出轮毂部件组成，在运行过程中，通过向腔室充油来实现扭矩的传递。只有在发动机起动期间，锁紧元件通常才会在驱动和输出之间提供牢固的机械连接。凸轮轴调节器注满油后，锁紧元件将通过液压方式解锁。其中，锁紧的最终位置通常是调整进气凸轮轴的“晚”凸轮轴正时，调整排气凸轮轴的“早”凸轮轴正时。

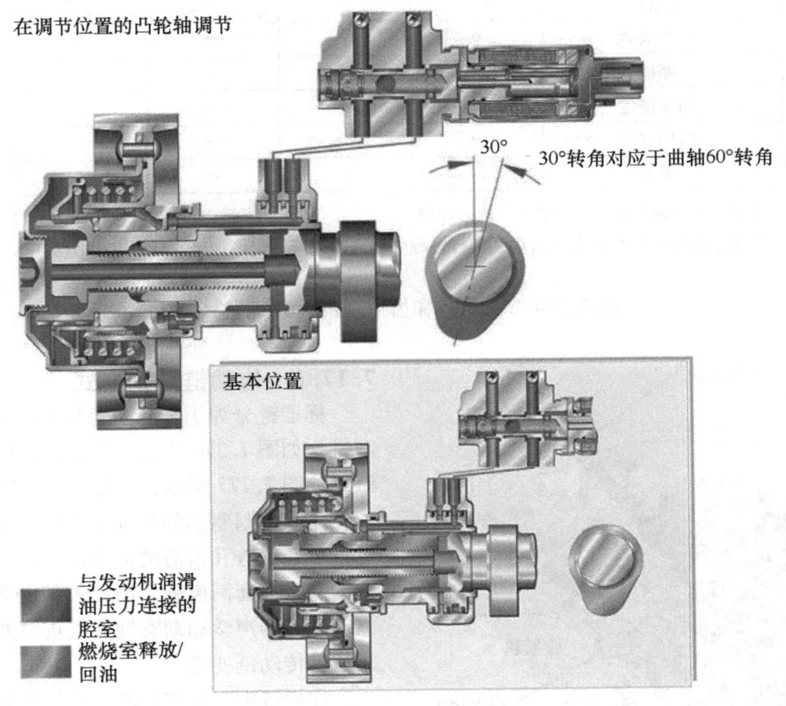

图7.273　斜齿凸轮轴调节器

控制阀由液压部分和电磁体组成。液压滑块位于一个孔中，该孔带有用于供油的接口、凸轮轴调节器的工作室和回油。滑块通过弹簧向基本位置方向加载。当电磁体通电时，滑块将逆着弹簧力方向移动，因此，两个腔室的油流入或流出发生变化；在所谓的调节位置，所有油路都在很大程度上关闭。由此实现了调节活塞在凸轮轴调节器中的牢固夹紧。根据相应的应用的情况，控制阀直接集成到气缸盖中或通过中间壳体连接。控制阀与发动机控制单元实施电连接。

7.17　链传动

凸轮轴的任务是确保气门的开启和关闭时间。在现代发动机上，这是通过牵引驱动来实现的。在大多数情况下，采用正时带、滚子链、齿链或套筒链[131、132]，这取决于设计理念，具有不同的重量。

选择驱动时最重要的标准是成本、结构空间、维护简便性、使用寿命和产生的噪声。

图7.274对不同正时链与齿形带进行了比较评估。

在现代发动机中，控制驱动除了凸轮轴外，还经常驱动其他部件，如润滑油泵、水泵和喷油泵。图7.275显示了控制驱动的可能版本。

由于凸轮轴和曲轴都不均匀地旋转，并且喷油泵的力的要求也受到非常强烈的周期性波动的影响，因此驱动装置上会出现非常复杂的动态负载[134、135]。

在几十年的经验积累过程中，滚子链和套筒链的一些尺寸被证明特别适合控制驱动。

这些是用于柴油机的$\frac{3}{8}$″套筒链，以及用于汽油机的8mm套筒链和8mm滚子链。如果汽油机的开发对发动机声学有特殊要求，则应使用 8mm 或 6.35mm 齿链。

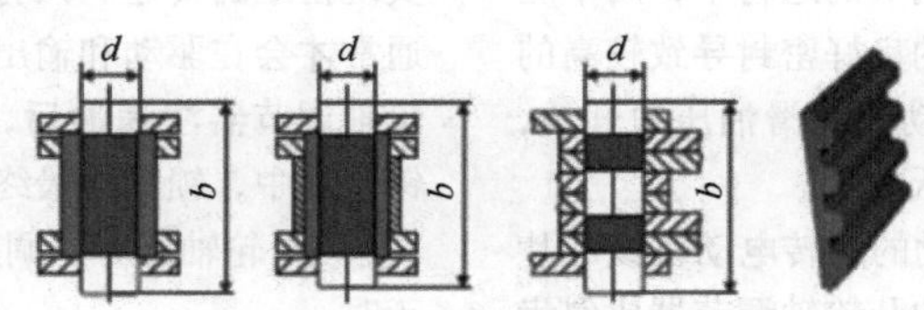

特性	套筒链	滚子链	齿形链	齿形带
耐磨性	+++	++	o	++*
NVH特性	o	+	++	++
摩擦	+++	++	o	+++
功率密度	++	+	+++	o
结构空间	++	++	++	−
成本	++	+	o	+

图例：+ 正面评价； o 中性； −负面评价

* 由于齿形带材料的老化过程和运行过程中齿形的损坏，齿形带可能会自发失效(裂痕)

图 7.274　正时链和齿形带的比较评估[133]

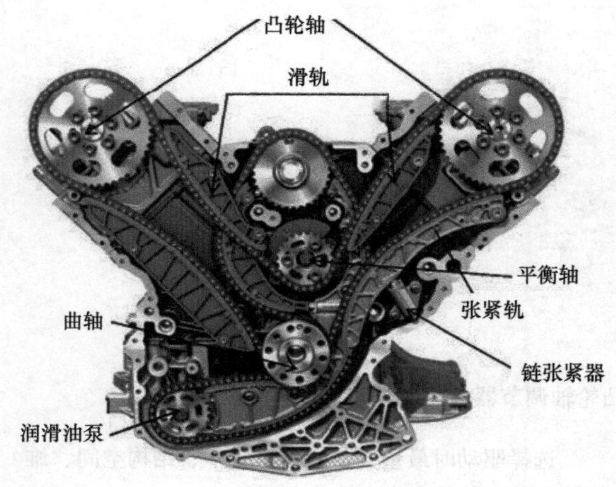

图 7.275　V6 发动机的正时链驱动（来源：AUDI 公司）

7.17.1　传动链结构形式

标准链分为滚子链和套筒链，在设计上有单链和双链，如图 7.276 所示。传动链的特殊结构形式是齿链，如图 7.277 所示，也称为静音链。

用于控制驱动的传统齿链始终具有螺栓接头。通过整合套筒链和齿链的优点，形成了一种新型的正时驱动链，即套筒齿链，如图 7.278 所示。要求低磨损以及良好的声学和动态性能很重要的地方，都建议使用这种传动链变型[136]。

在齿链中，链节板的设计使其能够在传动链与链轮之间传递力，而在滚子或套筒链中，通过螺栓在连接点与套筒、滚子或链轮连接。齿链可以以任何宽度构建，而无须对结构进行任何根本性改变。为了防止链轮脱落，安装了位于中间或外部（两侧）的导轨。

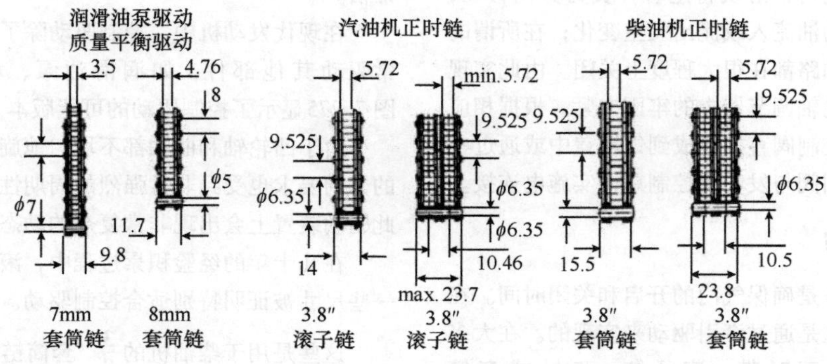

图 7.276　链结构形式

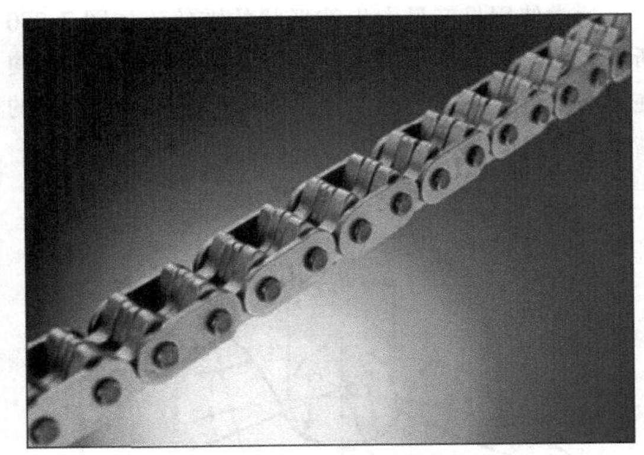

图 7.277 齿链

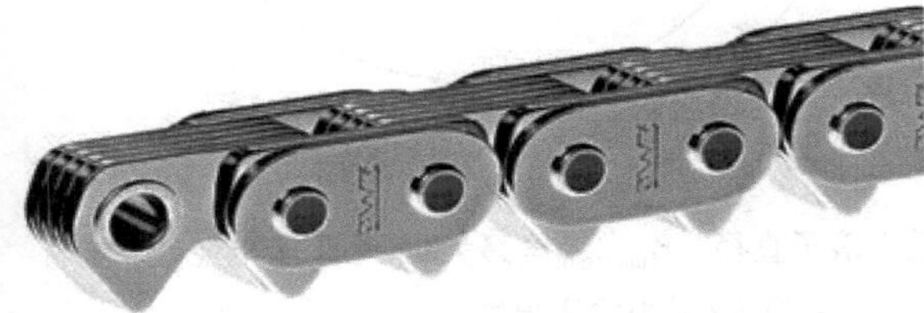

图 7.278 套筒齿链

滚子链的滚子在套筒上旋转时，在链轮的齿面上滑动时摩擦很小，因此，圆周的不同部分就会一次又一次地发挥作用。滚子与套筒之间的润滑剂有助于减小噪声和减振。在套筒链中，链轮的齿面总是在相同的位置与固定的套筒接触。因此，这种驱动的润滑尤为重要。

在相同的节距和断裂力下，套筒链比相应的滚子链具有更大的接合面。更大的关节表面会导致更小的关节表面压力，从而减少关节中的磨损。

在高速柴油机的高应力凸轮轴驱动中，套筒链已被证明是特别有效的。一旦在给定的最大链轮直径下用单链传递给定的扭矩将会导致齿数 <18 齿，则建议改用较小或相等节距的多链。

7.17.2 传动链特征参数

链的特性有三个主要因素：

- 断裂强度。
- 疲劳强度，如图 7.279 所示。
- 耐磨性。

断裂的原因可能是超过静态或动态断裂载荷。

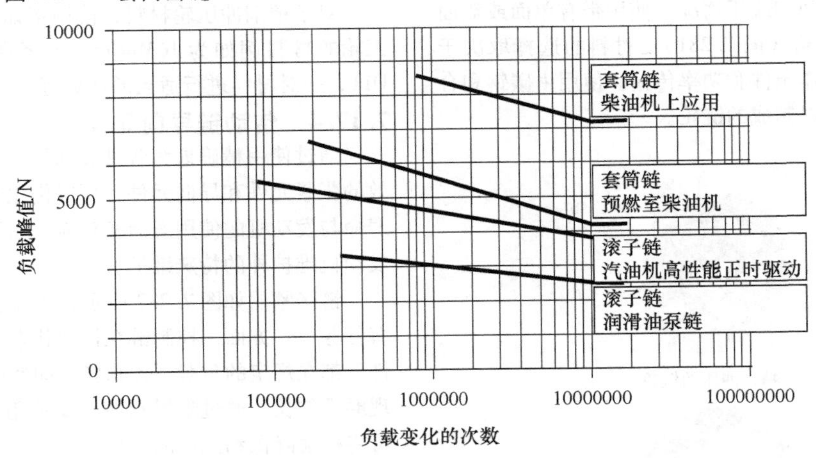

图 7.279 套筒链和滚子链的疲劳强度结果

特别是在控制驱动的情况下，不会遇到均匀的负载。由于凸轮轴，例如柴油机中的喷油泵的转矩增加，曲轴的旋转不均匀性以及多边形效应引起传动链纵向受力的增加，传动链上产生动态载荷。在这种情况下，不应超过链的疲劳强度，因为在发动机的使用寿命内，这种负载变化的次数无论如何都会大于10^8。

在当今具有精确配气正时的发动机中，在高达250000km 的里程中，通过链长的 0.2% ~0.5% 的磨损，是可以实现轻微伸长的。

传动链控制驱动具有质量、刚度和阻尼特性，构成了具有多自由度的振动系统。在通过凸轮轴、曲轴喷油泵等的适当激励下，由于交变作用而引起共振效应，从而导致控制驱动的极端载荷。

通过结构设计方面的措施，可以在保持比质量的情况下增加传动链的刚度。

传动链刚度也是作为动态模拟计算的一个重要的输入量。在这些计算的帮助下，可以在开发阶段预先计算传动链控制驱动的动态特性，并在必要时进行参数化研究。

7.17.3 链轮

传动链的齿形已针对滚子链、套筒链和倒齿链进行了标准化（DIN8196）。齿形的适当设计对于控制驱动的安全运行而言，与传动链的耐磨性一样重要。

通常使用具有最大齿隙形状的链轮，如图 7.280 所示。由于较低的齿尖高度和更大的齿隙开口，即使在更高的链速下，这种设计允许传动链在不受干扰的情况下进出。

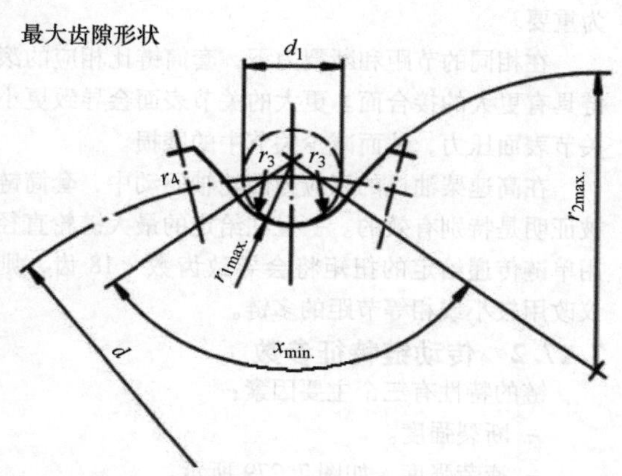

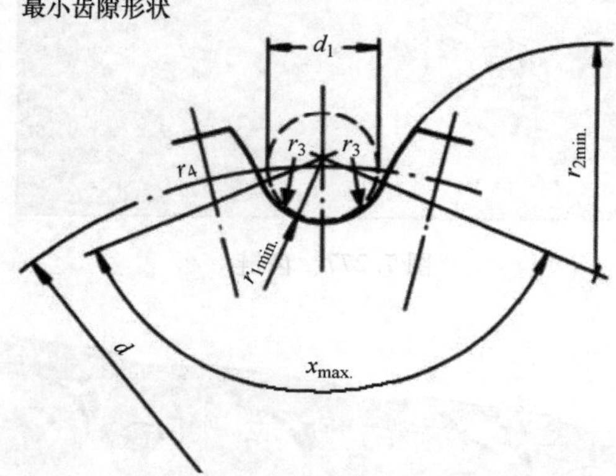

图 7.280 链轮齿隙形状（d = 部分圆直径，d_1 = 最大滚子直径，$r_{1max/min}$ = 最大/最小滚床半径，$r_{2max/min}$ = 最大/最小齿面半径，$x_{max/min}$ = 最大/最小滚床角度）

根据结构空间和应用情况，使用带有单面或双面轮毂的盘轮或链轮（图 7.281）。材料的选择取决于正时驱动比、工作条件和功率传输。使用由碳钢和合金钢以及烧结材料制成的链轮。

精密冲压的链轮

烧结链轮

机加工双排链轮

图 7.281 链轮

对于精细冲压轮材料，使用例如 C10，用于机加工轮的材料例如为 16MnCr5，或者在烧结设计中为 D11，并对材料进行适当的热处理。

7.17.4 传动链导向元件

通过使用精确地为各种发动机量身定制的永久有效的张紧元件和导向元件，可以优化驱动，使其使用寿命与发动机的使用寿命相对应，而不需要除规定的发动机维护外的特殊维护。

链张紧器如图 7.282 所示，在控制驱动中承担许多任务。一方面，控制链在松弛状态下在所有运行条件下都在规定的负载下预张紧，即使在运行过程中出现磨损伸长。通过阻尼元件（摩擦阻尼或黏胶阻尼）可将振动降低到允许的水平。

部分由塑料或带有塑料支撑的金属制成的简单导轨用作引导元件，根据链轨迹不同，可以是平的或弯曲的，如图 7.283 所示。在更新的结构形式中，导轨通常是由塑料注塑而成的。

其中，在张紧导轨中，由 PA46 制成的摩擦衬片被喷涂或夹在由带有 50% 玻璃纤维的 PA66 制成的载体上。滑轨通常设计为单组件滑轨。

7.17.5 减小链传动摩擦的方案设计

在内燃机链驱动的设计中，减小摩擦越来越受到人们的关注。由于全球 CO_2 减少的目标，必须利用一切可能的节约潜力来减少燃料消耗。

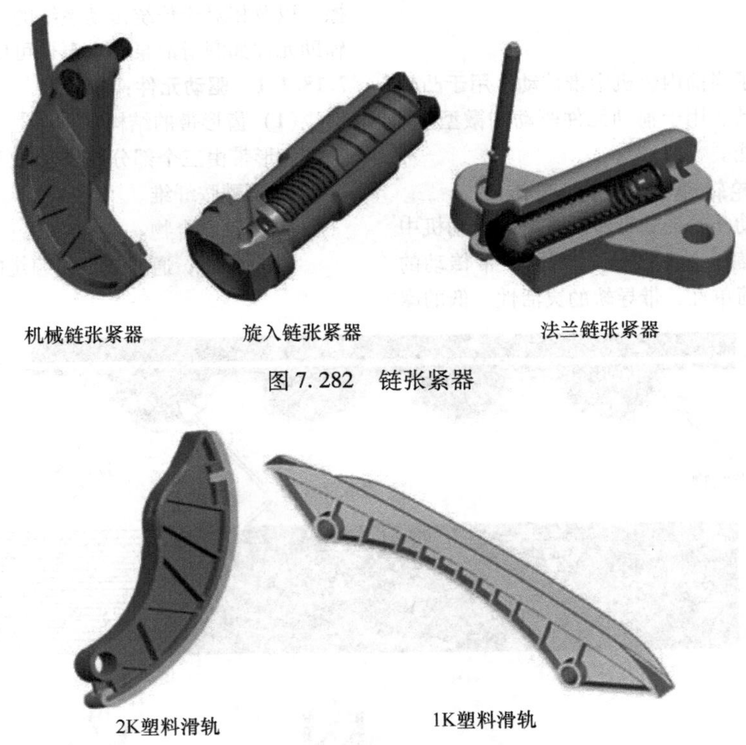

图 7.282 链张紧器

图 7.283 引导元件

链线的优化设计至关重要。通过省略强烈弯曲的导轨，摩擦可以减小多达 70%[137]。除了链线的设计外，张紧导轨和引导导轨所用的材料也起着重要的作用。试验研究表明，如果选择合适的材料，摩擦最多可减小 10%。

正时链的链板的质量和与导轨接触的链板的数量对控制驱动的摩擦特性至关重要。使用“重新切割”或“精细冲压”的质量。最有潜力的是带有精细冲压链板的传动链。

图 7.284 显示了各种控制链设计在摩擦特性方面的原理性差异。

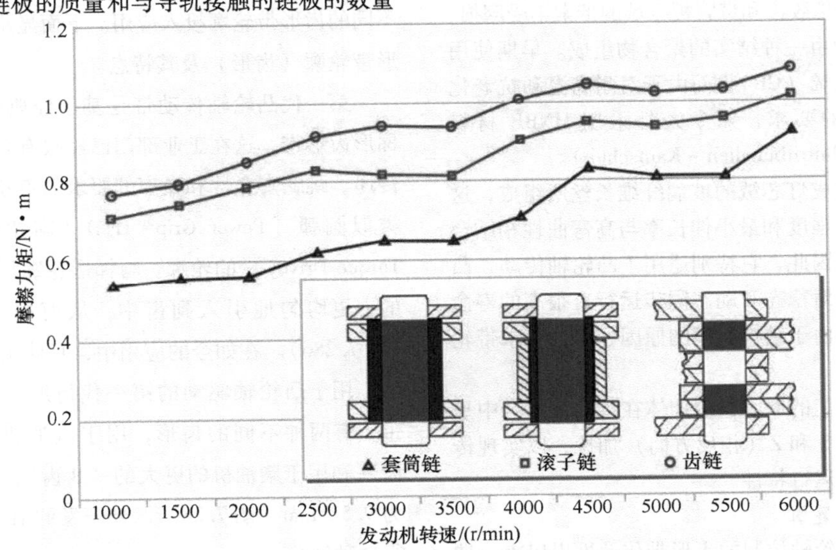

图 7.284 链节距为 8mm 的各种链的摩擦力矩

7.18　带传动

下面内容梗概了当前内燃机中带传动、用于凸轮轴驱动的齿形带传动、用于辅助元件驱动的微型V®带传动的要求和功能。

7.18.1　用于凸轮轴驱动的齿形带传动

如今，用于驱动凸轮轴的带传动在欧洲发动机中占有50%的市场份额。这种情况可归因于带传动的几大优点：传动的简单性、带导轨的灵活性、低的摩擦，以及相对于传统传动系统的价格优势。此外一些辅助元件如润滑油泵和水泵也可以集成到驱动中。

7.18.1.1　驱动元件：齿形带

（1）齿形带的结构

齿形带由三个部分组成（图7.285）：

- 聚酰胺纤维。
- 橡胶混合物。
- 拉伸体，通常是无边缠绕的玻璃芯。

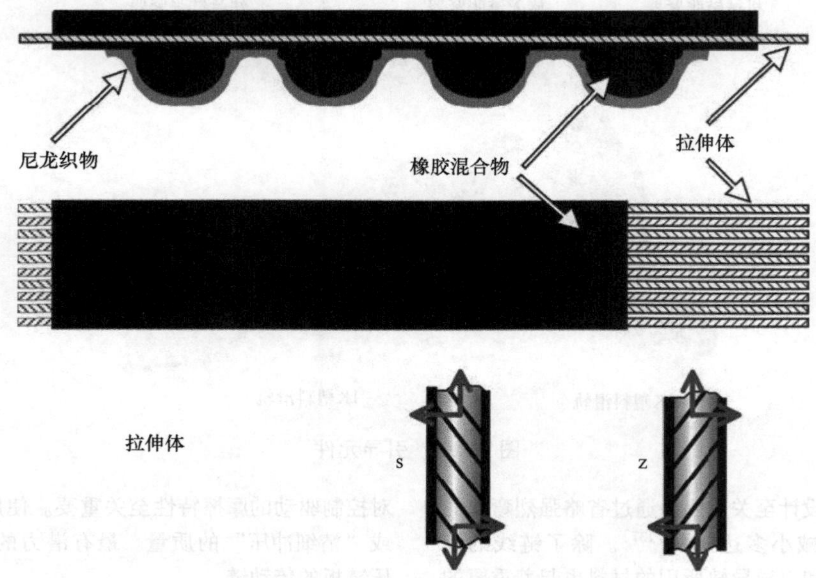

图7.285　齿形带的结构

这种织物由高强度的聚酰胺制成，且有很好的耐磨涂层，它保护橡胶齿和带腹板区域的带索不受磨损。

橡胶混合物由一种结实的聚合物组成。早期使用时采用聚氯丁二烯（CR），而由于对耐高温和抗老化以及动态强度的要求，如今大都采用HNBR材料(Hydrierter Acrylnitrilbutadien－Kautschuk)。

拉伸体由组成灯芯绒的玻璃纤维长丝所组成，这是一种以高抗拉强度和最小伸长率与高弯曲性相结合而著称的结构。因此，它特别适用于凸轮轴传动，凸轮轴驱动一方面对稳态和动态同步运行有很高的寿命要求，另一方面由于结构空间的原因，部分要求带轮尽量小。

由于制造工艺的原因，拉伸体在传动带组合中呈螺旋形，并成对S和Z（相反方向）加捻，以实现传动带的中性轴向运行特性。

（2）齿形带轮廓

自从用于凸轮轴控制的齿形带传动推出以来，带传动的轮廓已经有了多方面的发展。因此如今有大量不同的齿形带轮廓投入应用。下面显示几种不同的齿形带轮廓（齿形）及其特点。

第一代凸轮轴传动带是基于经典的Power Grip®梯形齿形带，这在工业部门已经很有名。由于对负载传递、跳跃安全性和噪声的要求的不断提高，开发了类似圆弧［Power Grip® HTD（高扭矩传动，High Torque Drive)］的轮廓。与梯形轮廓相比，圆形轮廓的力更均匀地引入到齿中，从而避免了应力峰值(图7.286)。在如今的应用中，只使用圆弧轮廓。

用于凸轮轴驱动的第一代齿形带，即梯形齿形带，有两种不同的齿形，用于汽油机的更小的“C齿”和用于柴油机的更大的“B齿”，每种齿的节距为9.525mm（图7.287)。新开发的HTD齿形不再进行这种区分。

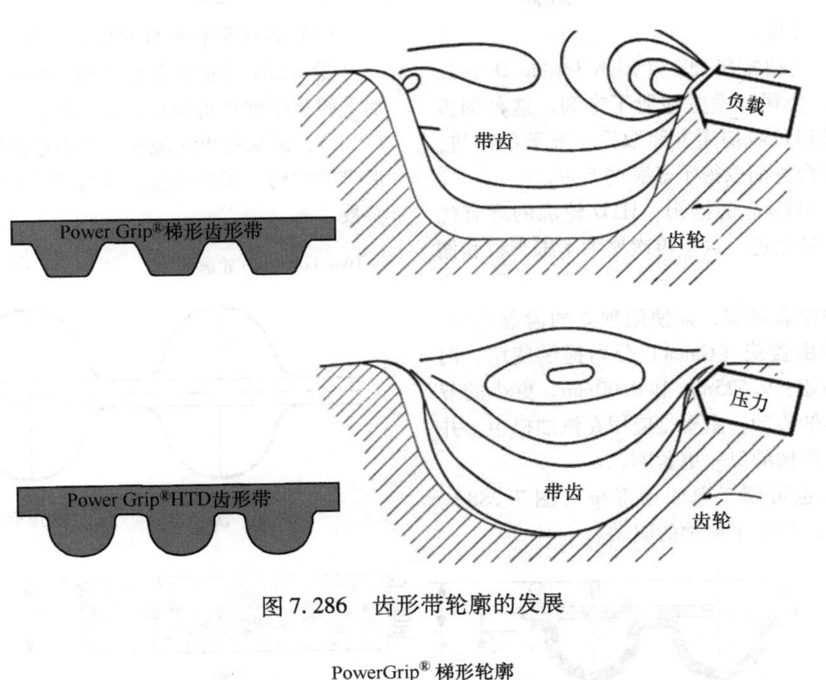

图 7.286　齿形带轮廓的发展

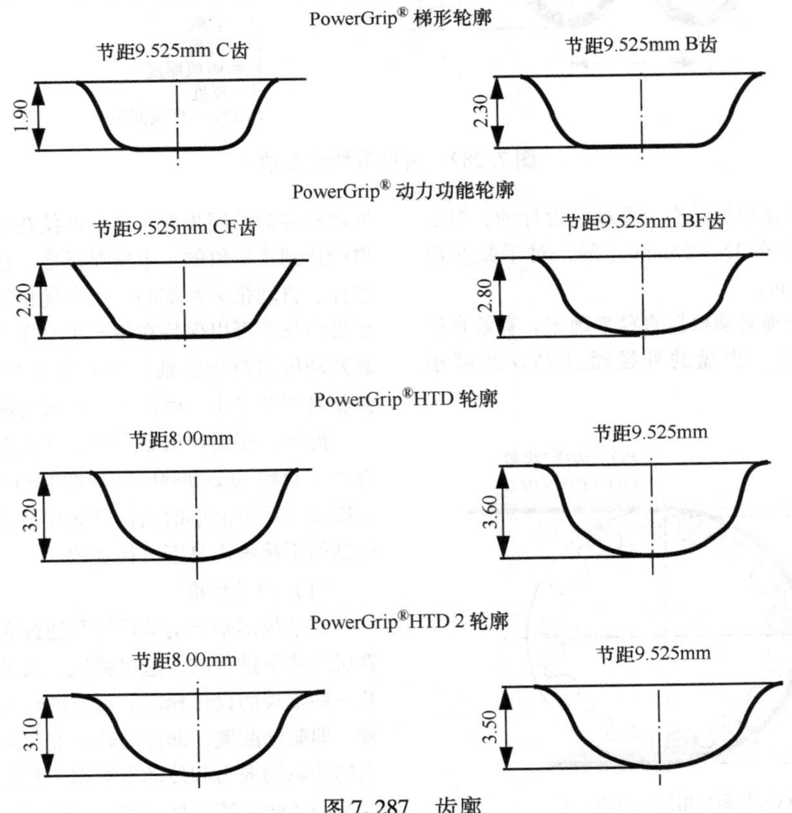

图 7.287　齿廓

随着 HTD 轮廓在市场上的推出，必须考虑到，一些汽车制造商仍然在继续使用梯形齿盘。

对于这些应用，在根半径、齿面形状和齿高方面对轮廓进行了优化（功率函数轮廓，Power Function Profile），以便能够在现有的梯形齿盘上使用。在 ISO 9011 中规定了相关的 ZA 型（C 齿或 CF 齿）和 B 型

（B齿或BF齿）齿盘。

HTD代表“高扭矩传动”（High Torque Drive），由盖茨（Gates）公司开发并注册了专利。这种圆弧状的轮廓在降噪和负载传递方面取得了显著的改进，因此也在使用寿命方面取得了显著的改进。

随着下一代HTD 2的推出，HTD轮廓的现有优势得到了进一步的改进。这里再次增大了根半径和侧翼角度。

对于这两种轮廓类型，都使用独立的齿盘轮廓。确切的轮廓数据由盖茨（Gates）公司提供使用。两个轮廓有两个节距：9.525mm和8.00mm。更小的节距用于负载较小的传动，主要是应用在汽油机中，并可以使整个传动机构的尺寸更紧凑。

上述各轮廓也可用于双面齿形带（图7.288）。双面齿形带例如应用于平衡轴的驱动。

（3）齿形带和齿盘的特征参数

图7.289展示了最重要的齿形带特征参数。齿高加上腹板厚度可得到总的齿形带的总厚度。直线间距（PLD），即从腹板区域到拉线中心的距离，取决于齿形带的结构、织物厚度、拉线直径和不同的生产技术参数。

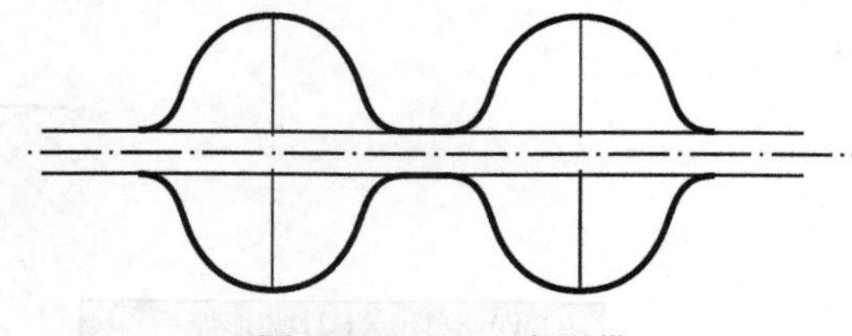

图7.288　双面齿形带

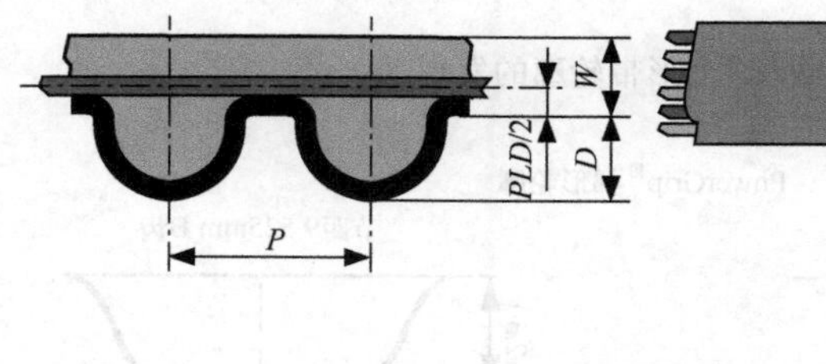

图7.289　齿形带特征参数

齿形带的宽度是根据动态交变载荷设计的，对于内燃机，宽度通常在15～25mm之间，对于某些应用，宽度可达30mm。

对于齿盘，轮廓必须根据直径来确定。有效直径由齿数和节距决定，齿盘的外径通过*PLD*来减小（图7.290）。

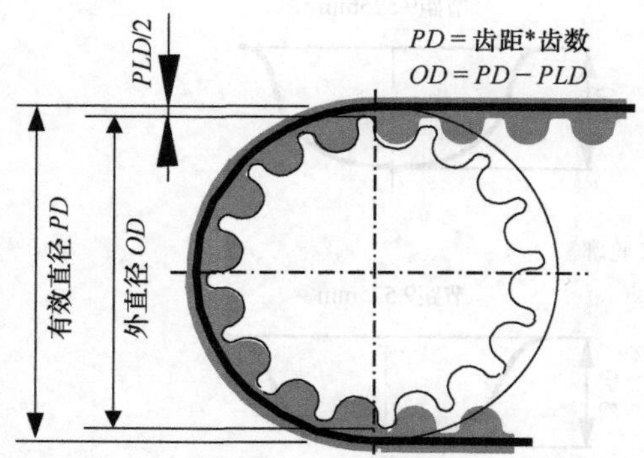

图7.290　齿盘的特征参数

7.18.1.2　驱动系统齿形带

对于齿形带传动系统的最重要的要求是凸轮轴与发动机寿命的同步性。这是即使在较长的行驶距离后也能达到排放值的一个重要标准。通过齿形带材料的选择、自动张紧系统的应用和优化的系统动力学，齿形带伸长率可以保持在带长的0.1%以下。这导致四缸发动机相对于曲轴的正时偏差为1°～1.5°。这种调整是如此之小，因此通常不需要保留。

此外，在发动机制造中，其要求通常涉及发动机寿命（目前为240000～300000km）[138]、约120℃的温度以及尽可能小的结构空间和最小的重量。齿形带传动的干扰噪声是不可接受的。

（1）设计标准

复杂齿形带传动的设计是通过企业内部程序在计算机支持下进行的。这里将概述最重要的设计参数以及一些常规的设计标准。重要的输入数据是部件的布置，即驱动配置，部件的转矩变化曲线，并由此计算出的动态周向力和传动带数据。利用这些数据，可以计算和优化系统几何形状，例如传动带长度和包角，以及与不同故障模式有关的传动带的寿命。利用动态力和振动，可以计算系统中的其他部件以及偏转轮和张紧轮的设计。

以下将介绍一些在齿形带系统中应考虑的一些常

规的设计标准，以获得目前要求的240000km寿命的功能系统：

1）建议最小包角。

曲轴	150°
凸轮轴/喷油泵	100°
附件盘	90°
张紧轮（光滑或有齿）	最小30°，> 70°更好
偏转轮（光滑或有齿）	30°

2）周期性的啮合。

周期性啮合意味着相同的带齿总是啮合在相同的圆盘间隙中。应避免这种情况，以防止由此造成的不均匀的带磨损或带损坏。周期性的发生计算如下：

X. nnn = 齿形带的齿数/齿盘的齿数

X. nnn 的取值应避免：

X. nnn = *X.* 0，*X.* 5（必须避免）

X. nnn = *X.* 25，*X.* 333，*X.* 666，*X.* 75（应该避免）

3）齿盘和偏转轮的最小直径。

节距为9.525mm	17齿
节距为8.00mm	18齿
光滑偏转轮	ϕ50mm

4）齿盘和偏转轮的公差。

-同心度/轴向圆跳动：

ϕ50～100mm时，0.1mm。

ϕ > 100mm时，0.001mm/ϕmm。

-外直径的锥度：≤0.001mm/齿盘宽度mm。

-孔与齿的平行度：≤0.001mm/齿盘宽度mm。

-表面粗糙度：*Ra*≤1.6μm。

-节距误差：< 100mm时，ϕ ±0.03mm间隙/间隙/0.10mm超过90°。

100～180mm时，ϕ ±0.03mm间隙/间隙/0.13mm超过90°。

（2）轴向引导

齿形带必须至少通过一个圆盘上的板盘（法兰轮）引导，以避免从驱动装置上脱落。通常，传动带是在曲轴盘上引导的。曲轴减振器通常用作前板盘。后盘固定或集成在曲轴（KW）齿盘上。对于复杂的多气门机构，根据盘和偏转轮的数量，可能需要额外的板盘。在这些情况下，建议将板盘放置在齿盘上，而不是偏转轮上。通常，对于传动带板盘的齿盘，必须注意与其他盘的精确对准，以免传动带从其运行轨道上脱离。设计的仅传动带一个板盘或没有板盘的齿盘和滚轮比传动带要宽，以确保传动带在盘或滚轮上的安全运行。图7.291显示了齿盘的宽度和轴向导轨盘的几何设计。

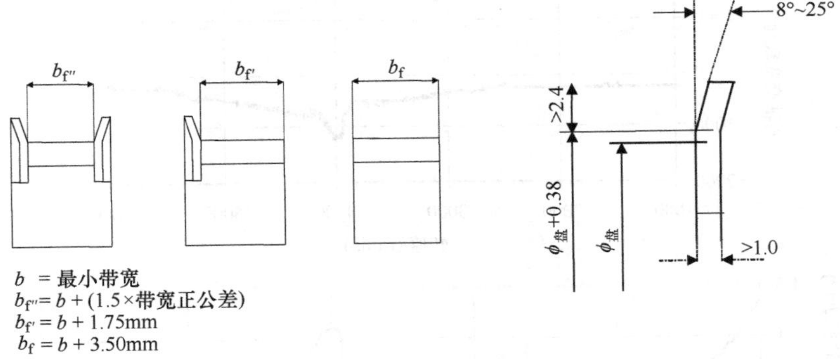

图7.291　盘宽和传动带导向

（3）传动带张紧系统

1）固定张紧轮。过去仅使用固定的张紧轮。主要使用偏心安装的偏转轮（图7.292）。预张力在生产线上用机器设定，并用合适的测量设备［特鲁夫（Trumf）频率测量］进行检查。固定张紧轮的缺点是，一方面由于与齿形带相比，发动机在加热过程中的更高的膨胀度而产生的与温度相关的张力不能得到补偿；另一方面，由于传动带的伸长和传动带的磨损，传动带在整个运行时间内的张力下降不能得到补偿。

2）自动张紧轮。由于固定张紧轮的缺点和凸轮轴驱动中动态力的急剧增加，同时对使用寿命的要求也越来越高，越来越多地采用自动张紧轮。该技术可用于补偿温度和传动带伸长引起的张紧力增加，以及在发动机高动态下可靠运行所需的恒定的高的张紧力。最常见的是机械的、摩擦阻尼的紧凑型张紧器。对于齿形带传动系统中非常高的动态力，在某些应用中也使用液压张紧轮，由于其不对称的阻尼，即使在低的预紧力下也表现出非常好的阻尼特性。

图 7.292　传动带张紧系统

7.18.1.3　齿形带传动动力学

系统动力学的优化是实现具有发动机寿命的齿形带传动道路上的一个重要步骤，因为它可以最大限度地减小力和负载方面的约束并同时进行控制。在此过程中，必须确保驱动装置中的所有部件在这些条件下均达到使用寿命的目标。

驱动装置上的动态负载、扭转振动、动力和特鲁姆（Trum）振动必须在交互作用中得到优化。为此，必须优化参数，例如张紧器特性、预张紧和阻尼、传动带的特征参数、传动带的刚度和传动带的阻尼、传动带的轮廓以及凸轮轴轮的惯性矩，以使系统上的动态负载最小化。图 7.293 显示了齿形带传动动力学的两个重要的特征参数，即曲轴上的交变载荷和凸轮轴的扭转振动。

通过优化的系统设计，可将系统的共振（这里是在 4000r/min）降至最低，并且必须在驱动装置的整个使用寿命内对其进行监控。同时，其他系统部件（如偏转轮和张紧轮）上的负载也尽可能最小化。

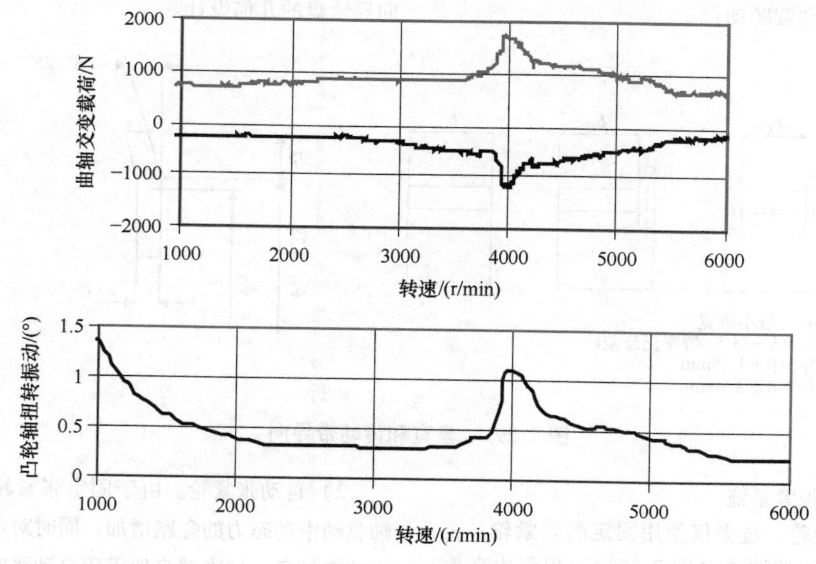

图 7.293　系统共振

7.18.1.4　椭圆轮技术

具有不均匀传动比的内燃机带传动是当今的最先进技术，相应的专利可追溯到 20 世纪 90 年代。

除柴油机的高压喷油泵外，由气门驱动引起的凸轮轴的交变力矩是动力学效应的主要激励源，特别是在中、高速范围内，因此主要会影响此类系统的寿命和功能。椭圆轮抵消了这些动态影响，这意味着通过部分带长的负载同步变化在很大程度上得到补偿。

在齿形带传动的正时驱动中，例如在曲轴上，通过以应用为导向的这种轮的椭圆度和相位位置的优化选择可以最大限度地减小对驱动的影响。配置椭圆轮的传动装置的效果在很大程度上取决于在所有运行状态下动力学的变化；在理想的情况下（恒定的外部动力学），可以完全抑制部件的振动，而传动带带力的动力学可以保持在与部件的外部动力学相对应的水平上。

实践表明，传动带带力最多可降低45%，凸轮轴的振动幅度最多可降低50%。图7.294和图7.295显示了示例。

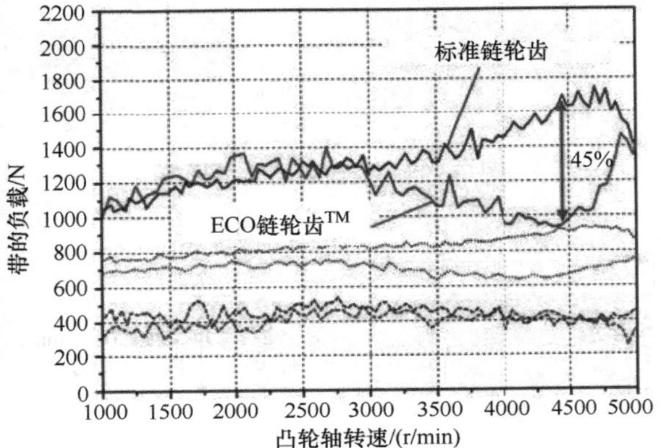

图7.294 与圆形曲轴轮相比传动带力的减小

通过使用这些系统，除其他外，有以下优点以及结构上的可能性：

-减少带宽，使用更便宜的传动带结构和/或提高系统寿命。

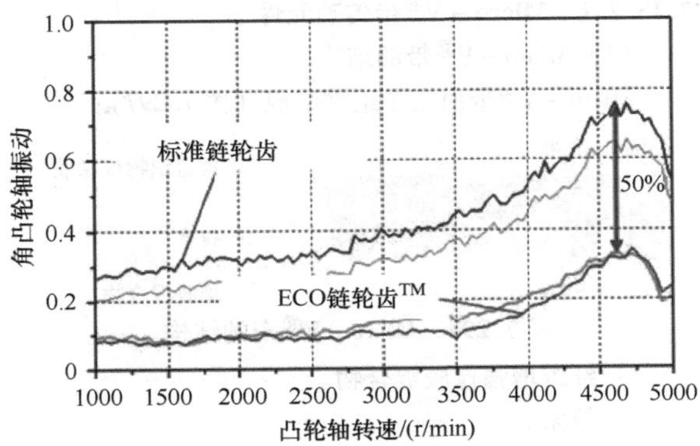

图7.295 与圆形曲轴轮相比凸轮轴振动幅度的减小

-通过使用寿命内正时控制的一致性的不断提高，因此发动机性能稳定，废气排放和燃料消耗更低。

-减少摩擦损失。

-通过降低力的水平级来降低噪声。

非圆轮的组合，例如在曲轴和凸轮轴上或在曲轴和喷射泵上的组合，就上述优点而言，还有进一步优化的潜力。

7.18.1.5 应用举例

图7.296中显示了两种发动机典型的应用示例。在两个驱动装置中，水泵都集成在驱动装置中。对于柴油机而言，在许多应用中，喷油泵（分配泵或共轨泵）都集成在主传动带传动中。

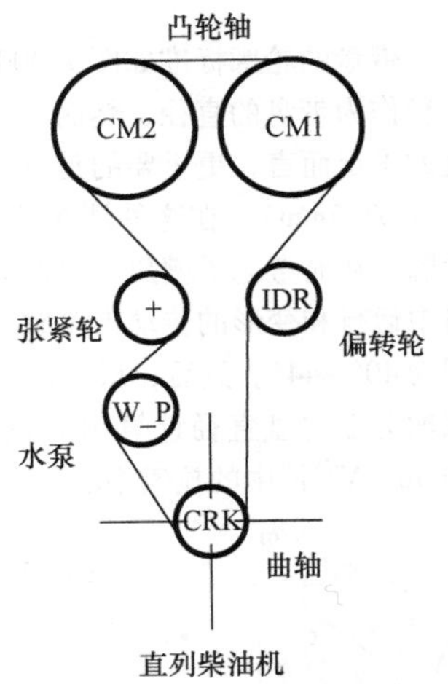

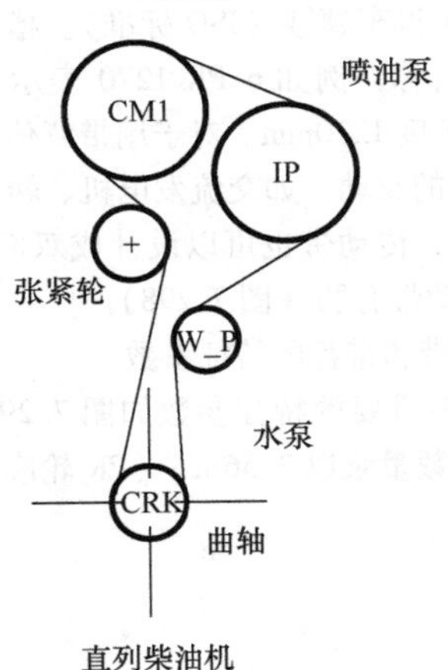

图7.296 应用示例

7.18.2 驱动辅助设备用的V带传动

在过去，辅助设备驱动被设计成V带传动。由于客户对舒适度要求的提高所带来的复杂性的增加，除了交流发电机和水泵之外，转向辅助泵和空调压缩机在驱动系统中的集成是当今最先进的技术。另外的附件，如风扇、机械式增压器或用于二次空气注入的泵，进一步增加了驱动装置的复杂性。如今，辅助单元驱动采用多楔V带（Micro-V®带）的蛇形传动。与V带传动相比，Micro-V®带的主要优点是在复杂的传动系统中具有更高的功率传输和更小的安装空间。

7.18.2.1 Micro - V®带传动元件

（1）Micro - V®带的结构

Micro - V®带由三个组件组成（图7.297）：

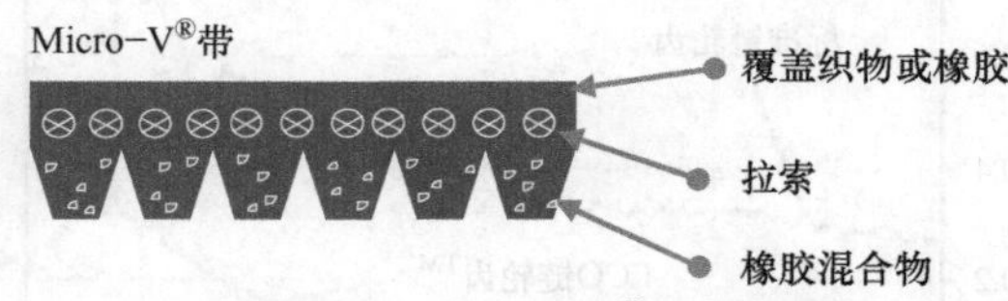

图7.297 Micro - V®带的结构

- 纤维增强橡胶混合物。
- 拉索。
- 背部组织或橡胶。

拉索将驱动功率从曲轴传递到辅助单元，并吸收动态力，具有低的长度和高的抗弯强度。

拉索由尼龙、聚酯或芳纶制成，拉索的弹性模量非常不同，因此可以优化系统的动态调谐。橡胶形成V形楔，并将驱动力从带盘传递到拉索中。材质为氯丁二烯或三元乙丙橡胶（EPDM），橡胶材料中填充了纤维以增强强度。

带背既可以设计为织物，也可以设计为橡胶涂层。在制造过程中，拉伸体以螺旋形排列在带组中，并成对地按S和Z加捻，以实现带的基本中性的运行特性。

Micro - V®带采用硫化工艺制造。其中，将V形楔成型或在硫化过程后磨削。双面带的磨削过程是从两侧进行的。

（2）Micro - V®带轮廓

PK轮廓通常用于汽车领域（ISO标准）。槽距为3.56mm。传动带的名称，例如6 PK 1270表示6条肋，PK轮廓，参考长度1270mm。对于用带背传动驱动的功率增强的元件的驱动，如交流发电机、转向辅助泵或空调压缩机等，传动带也可以设计成双面Micro - V®带，两侧传动带有肋（图7.298）。

（3）Micro - V®带和带盘的特征参数

Micro - V®带的最重要的特征参数如图7.299所示。带宽是根据肋的数量乘以3.56mm（PK轮廓）计算得出的。传动带的高度视结构而定，为4.3～5.3mm。参考带长是在具有规定预载的2盘试验台上确定的（ISO 2790）。其中，带盘的参考周长为300mm。

图7.298 双面 Micro - V®带

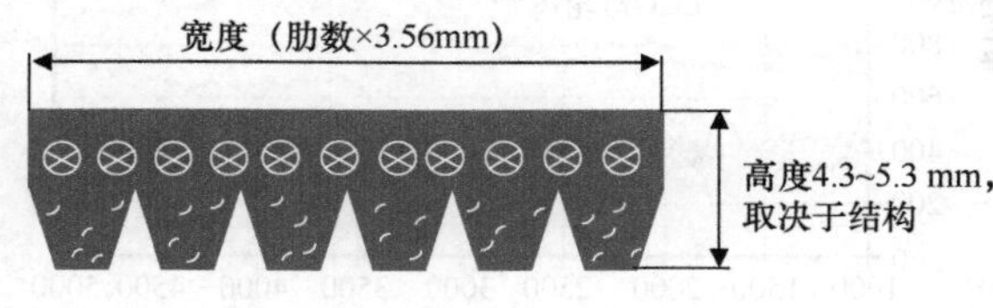

图7.299 Micro - V®带特征参数

带盘的轮廓标准如图7.300所示。一方面，盘的外径作为带盘的直径，然而，对于传动带的设计和长度的确定而言，更重要的是测试球上方的传动带的直径（ϕ2.5mm）。在这种测量方法中，还考虑了盘的轮廓，从而考虑了槽角。根据盘的直径，槽角与在包络中运行和变形的传动带轮廓相匹配，通常的槽角范围为40°～44°。然后，根据传动带的结构，可以从测试球上方的盘直径计算出有效直径。有效直径穿过Micro - V®带中的拉索中心。

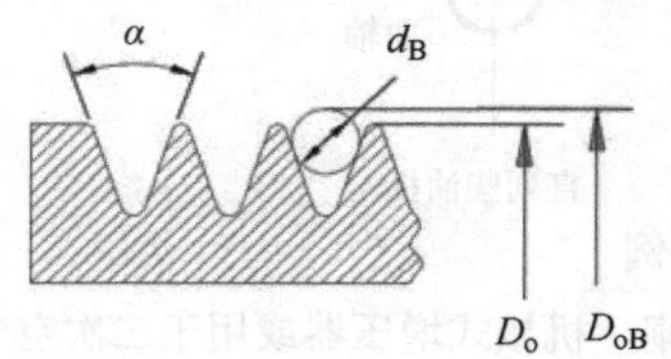

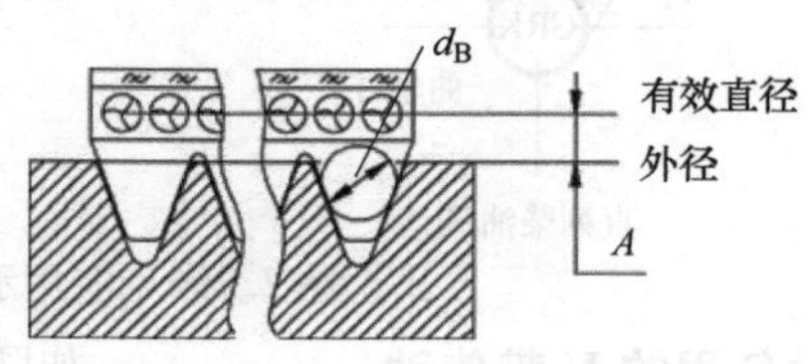

D_o 轮廓-外径
D_{oB} 球上方直径
d_B 球径 (2.5mm)
α 槽角

A 外径到有效直径之间的距离

图7.300 Micro - V®带盘的特征参数

DIN 7876 和 ISO 9981 中分别规定了常见的传动带结构的特征值，但对于详细设计，应参考传动带或盘的制造商的特征值。

带盘由钢或塑料制成。

7.18.2.2 辅助单元驱动系统

辅助单元驱动系统最重要的要求是在发动机的整个使用寿命内，在所有负载状态下所有辅助单元的无滑移驱动。在具有全驱动的现代发动机中，通过 Micro－V®带，采用5肋或6肋设计，在所有单元的满负荷下可传递最大30N·m的转矩和15～20kW的最大输出。环境温度平均为80～100℃，比齿形带传动的温度略低。特别是噪声，如众所周知的V带在潮湿和寒冷的天气下由传动带与盘之间的滑动引起的吱吱声，必须通过在几何形状和动力学方面的优化的系统设计来避免。此外，在设计过程中必须避免由于盘的对齐误差而产生的传动带的噪声。在当前的发展中，当前辅助单元驱动的寿命要求为240000km。

（1）设计标准

辅助单元驱动的设计由企业内部程序在计算机辅助下进行。

此处将概述最重要的设计参数和一些常规的设计标准。重要的输入数据是部件的布置，即驱动配置，部件的扭矩曲线和转动惯量，以及传动带数据。利用这些数据，可以计算和优化系统几何形状，例如特鲁姆（Trum）长度和包角、系统固有频率、滑移极限值以及传动带的使用寿命。

以下是 Micro－V®带系统应考虑的一些常规的设计标准，以获得目前要求的240000km使用寿命的功能系统。

1）推荐的最小包角。

曲轴150°。

发电机120°。

转向辅助泵、空调压缩机90°。

张紧轮60°。

2）对中误差/进角。

为避免传动带的不当磨损和噪声，传动带进入凹槽盘的进角不应超过1°。

3）系统固有频率。

系统固有频率不应在发动机的怠速范围内（二阶发动机）。

4）盘和偏转轮的最小直径。

在实践中，最小的带盘通常位于交流发电机上，以实现所需的高速。典型的交流发电机盘的直径为50～56mm。当使用非常小的盘时，传动带疲劳会成倍增加，在设计传动带时必须考虑这一点。对于偏转轮，建议使用不小于70mm的直径。

（2）带张紧系统

如今，辅助单元驱动中的带张紧通常通过自动的张紧轮来实施。张紧轮确保在整个使用寿命中保持恒定的张紧，并补偿传动带在运行期间的传动带的拉伸或磨损。张紧轮的结构设计在很大程度上取决于可用的结构空间（图7.301）。

对于长臂张紧器，弹簧－阻尼器系统与带传动处于同一水平面，而对于Z型张紧器，张紧器壳体会陷入带传动后面的区域。预紧力由螺旋弹簧产生，同时张紧器通过摩擦产生阻尼。6 PK传动带的预紧力根据系统动力学通常在250～400N之间。

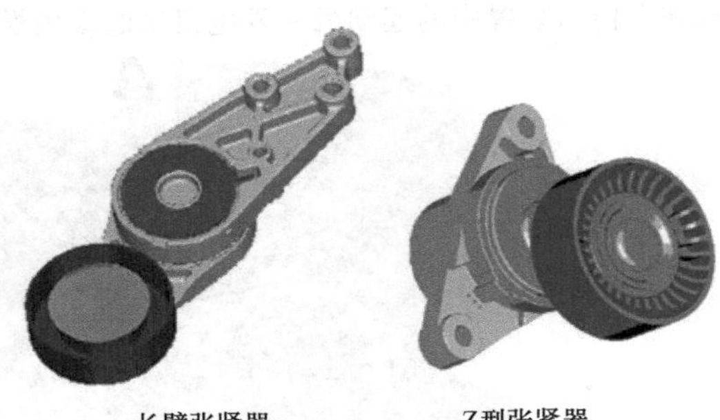

图7.301 自动的带张紧系统

7.18.2.3 应用示例

典型的 Micro－V®带传动如图7.302所示。在许多驱动装置中，作为标准配置已经集成了转向辅助泵和空调压缩机。特别是在非常复杂的驱动装置中，需要附加的偏转轮，以确保在所有辅助单元上进行必要的缠绕，从而实现无滑移的运行。

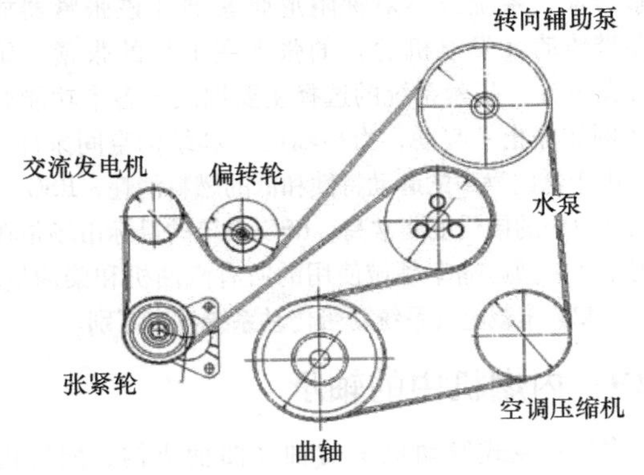

图7.302 辅助驱动示例

7.18.2.4 带传动的起动机－发电机（RSG/起动－停止系统）

借助自动起停系统不仅可以减少排放，而且也可以降低燃料消耗和减少磨损。独立的研究确认，根据行驶循环的不同，这些系统可节省燃料 4% ~25%。

起动机 - 发电机将发动机转至高的曲轴起动转速。这样可以确保快速、低噪声和节省燃料的起动。带传动的起停系统还提供了以下可能性：使用存储的电量加速，并将制动能量转换为电能，然后再将其提供给电池。通常可以在这种系统中省去常规的起动器，这在成本和重量方面带来了优势。现在还为起停系统提供了改进的起动器，然而，这些起动器在噪声和重量方面并没有优势。

必须为 RSG 应用开发一种特殊的高性能 V 形楔带和特殊的带张紧系统（图 7.303）。由于现在通过集成在带传动装置中的起动机 - 发电机来起动内燃机，因此对传动带的特性提出了新的要求。由于优化了传动带组件的附着力，具有更高承载能力和改进的张力的橡胶混合物的开发，新型的高负载（High - Load）Micro - V® 带能够在所有的运行条件下传递 70N · m 甚至更大的力矩，使用寿命可达 100 万次起动。这种性能代表了传动带技术的突破，允许低成本地集成起动机 - 发电机系统，而无须对辅助单元驱动或发动机进行重大改动。RSG 系统需要与当今发动机中的传统带传动相同的结构空间，而例如，安装在曲轴上的起动机 - 发电机（KSG）需要在发动机与变速器之间留出空间。带传动的起动机 - 发电机系统也具有更轻的重量和更低的成本。

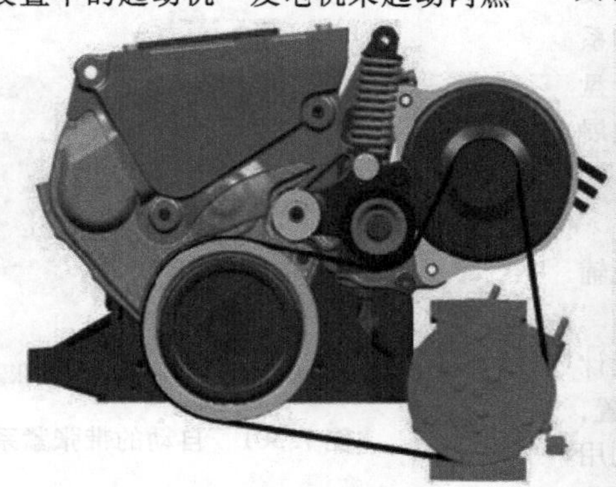

图 7.303　起动机 - 发电机驱动的带张紧器方案设计

对于起停系统中的带张紧系统，如今功能范围得到了很大扩展，就像这里一样，在发动机起动期间也保持相应的传动带力。发动机起动后，负载和空载交替进行。

批量生产的是带液压阻尼张紧器的张紧系统，双张紧器张紧系统或不对称阻尼张紧器［该张紧器放置在带传动（发电机的）的张力室中］的张紧系统的方案设计，张紧系统的选择主要取决于各个功能要求（例如停止 - 起动，力矩辅助）和结构空间条件。

由于低的噪声的起动特性和低的燃料消耗，RSG 系统在客户中的接受度非常高。RSG 系统的目标市场是在乘用车和小型运输车领域使用的所有汽油机和柴油机。12V 和 42V 车载电气系统对带传动系统没有区别。

7.19　内燃机中的轴承

多缸往复式发动机中的轴（曲柄机构、配气机构和质量平衡轴）通常支承在滑动轴承中。其原因是滑动轴承具有高的抗冲击能力和阻尼能力，并易于通过曲轴或凸轮轴进行分离安装，对空间的要求小，对污垢不敏感，与滚动轴承相比其成本较低。滑动轴承的主要缺点是更高的摩擦系数和由此产生的更高的润滑油需求。

滚动轴承有时用在那些无法发挥滑动轴承优势的发动机中：在小型单缸发动机的曲柄连杆机构中，在轮驱动的支承中以及在配气机构（滚子挺柱）中。

7.19.1　基础

7.19.1.1　径向轴承

（1）恒定负载

在径向滑动轴承中，润滑介质通过黏附作用被吸入到相对运动的表面之间的润滑间隙中，从而形成压力，与外力保持平衡，并通过油膜将运动副、轴颈和轴承隔开（图 7.304）。

无量纲的索末菲尔德（Sommerfeld）系数描述了圆柱状径向轴承的关系。

$$So_D = \frac{\bar{p} \cdot \psi^2}{\eta \cdot \omega} = f(b/d, \varepsilon) \qquad (7.23)$$

式中，$\bar{p}$ 为比轴承载荷，$\bar{p} = F/(b \cdot d)$，(N/m²)；ω 为角速度，(1/s)；ψ 为相对轴承间隙，$\psi = s/d$；η 为动力黏度（N · s/m²）；ε 为轴承间隙中轴颈中心的相对偏心率。

每个负荷和转速对应于轴承中轴颈的某个偏心平衡位置。

$$\varepsilon = 0 \ \rightarrow \ So_D = 0; \ \varepsilon = 1 \ \rightarrow \ So_D = \infty$$

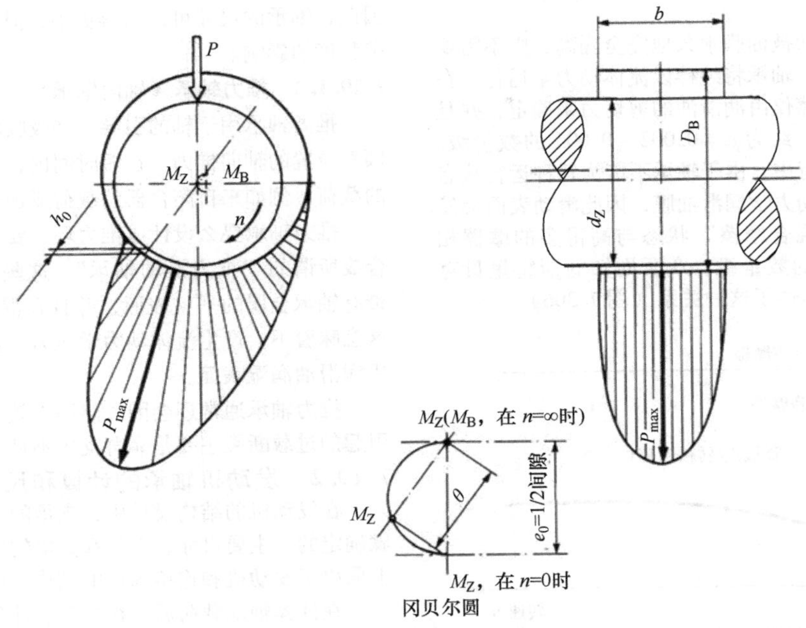

图 7.304　通过旋转建立流体动力学压力

(2) 动载荷

发动机轴承的一个显著特点是其在大小和方向上周期性变化的载荷，例如来自曲柄连杆机构上的气体力和质量力或来自凸轮轴上操控气门的阈值载荷。

力的变化会引起不平衡，从而导致轴心在径向和圆周方向上的位移。随着载荷的增加，偏心率增大；对润滑剂位移的阻力抑制径向运动，这导致滑动轴承具有很高的抗冲击性。

由此产生的附加承载力由位移下的索末菲尔德(Sommerfeld) 数定义：

$$So_D = \frac{\overline{P} \cdot \psi^2}{\eta \cdot (\partial\varepsilon / \partial t)} = f(b/d, \varepsilon) \qquad (7.24)$$

轴承的总承载力是由两种作用的矢量相加得出的，如图 7.305 所示。

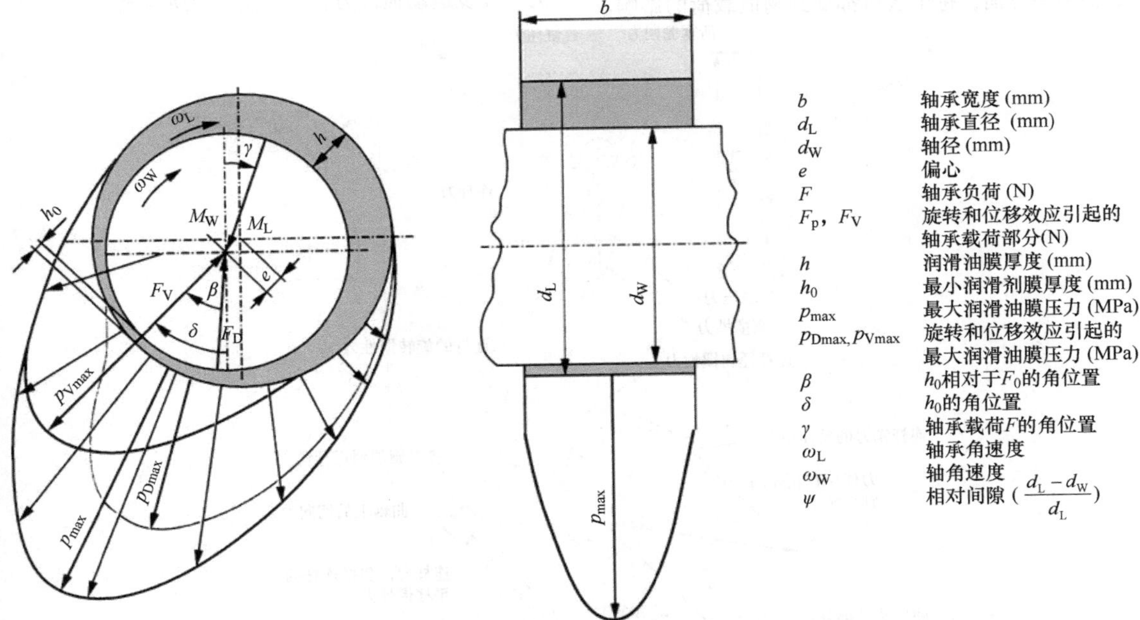

图 7.305　通过旋转和位移建立的流体动力学压力

（3）摩擦

如果滑动表面被油膜永久地完全隔离，则不需要单独的轴承材料；轴承将纯粹以流体动力学运行。在这种情况下，摩擦仅由润滑油的剪切力来确定，并且摩擦系数非常小，约为$\mu = 0.002 \sim 0.005$的数量级。然而，在实际运行中，由于轴承不能为每种运行状态建立足够的流体动力学润滑油膜，因此滑动表面会发生接触。这种“混合摩擦”状态与高得多的摩擦相关联，高达十倍的数量级。众所周知的斯特里贝克（Stribeck）曲线描述了这种关系（图7.306）。

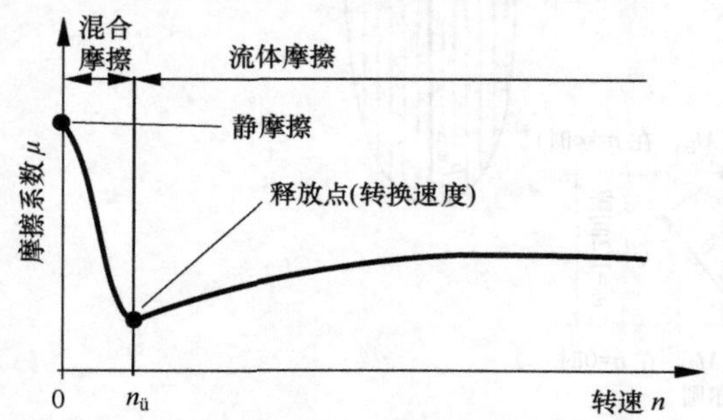

图7.306　斯特里贝克（Stribeck）曲线

如果产生的摩擦能量不能耗散，则系统就会变得热不稳定。滑动轴承达到热不稳定状态的可能性，即轴承对故障的敏感性，取决于轴承中的能量密度（负载、滑动速度）以及润滑剂的冷却。

根据动载荷，轴承中的轴中心描述了一个周期性的“位移轨迹”，图7.309显示了最小润滑间隙的大小和位置随时间的变化。这样的结果是，一方面，轴承可以承受局部的、相当高程度的、直接的材料接触，但另一方面，每个区域都受到阈值载荷的影响。因此，轴承的尺寸可以做得更小，但材料也要承受疲劳强度的影响。

7.19.1.2　推力轴承（轴向轴承）

推力轴承用于轴的引导，并吸收斜齿轮和可能的倾斜位置的轴向推力。在短时间内，可能会发生更高的载荷，例如来自离合器的载荷或加速引起的冲击。

推力轴承要么设计成推力环，要么与径向轴承组合成所谓的“推力滑动轴承”。这些轴承是简单的、带有轴承金属的平整表面，并且在混合摩擦区工作，这意味着不会产生流体动力学压力。重要的是，确保用润滑油润湿表面。

推力轴承通常还会因过热而失效；由冲击或振动引起的过载断裂主要是靠背支撑不良引起的。

7.19.2　发动机轴承的计算和尺寸化

在发动机的结构设计中，支承的尺寸是分几个步骤确定的。主要尺寸、直径和宽度的确定在很大程度上取决于发动机和连接部件的结构方面的条件。

在计算轴承载荷后，在方案设计阶段，比轴承载荷（$F/b \cdot d$）可作为粗略的参考值。然而，由于载荷特性、宽度/直径比、轴承间隙、润滑油黏度和结构条件的影响很大，因此必须尽早进行更精确的轴承尺寸计算。

在允许的限值范围内，选择适用于应用场合的轴承结构形式以及轴承尺寸，是轴承计算的主要结果。

7.19.2.1　载荷

发动机轴承上的载荷是循环变动的。图7.307显示了作用在曲柄连杆机构上的有效的力。力由气缸压力、往复运动惯性力和旋转惯性力所组成。

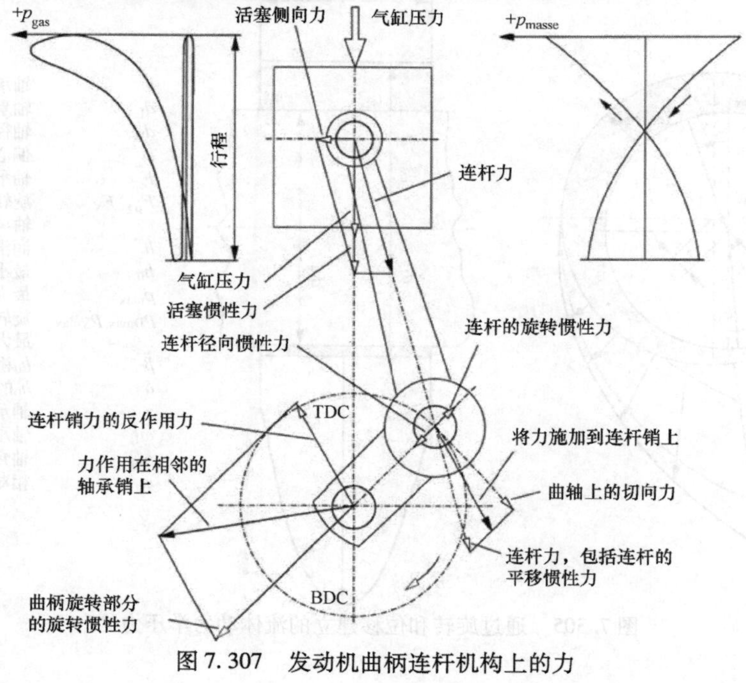

图7.307　发动机曲柄连杆机构上的力

图7.308举例显示了柴油机连杆轴承在最大转矩下的轴承力在一个工作循环内的大小和方向上的变化过程，以极坐标表示。在更高的转速和更低的负荷下，点火产生的峰值负荷减小，质量力椭圆增大。

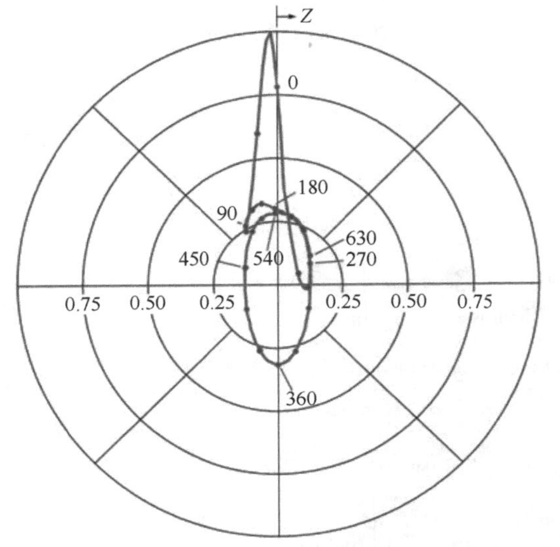

图7.308 柴油机连杆轴承力的极坐标图

在曲柄连杆机构的设计中，轴承载荷通常在考虑弹性变形的情况下与曲轴的刚度和振动位置一起计算。由此，主要在主轴承（静态不确定支承!）中可以更精确地确定各个轴承点之间的载荷分布。利用由此确定的循环载荷，就可以计算得到所出现的流体动力学压力和润滑间隙宽度。最常用的方法是计算轴颈位移轨迹。

7.19.2.2 轴颈位移轨迹

可以用相对简单的方法来计算在每个工作循环内经过一次的轴颈位移轨迹（图7.309）。结果在很大程度上受模型的类型［根据荷兰德－朗（Holland－Lang）方法或布克（Booker）的流动法（Mobility Method）］、压力变化的边界条件以及润滑油黏度假设的影响。因此，只有在这些假设一致的情况下，才有可能比较不同程序的结果。此外，将实际运行和试验结果的经验与计算数据联系起来确定的允许限值仅适用于可比的计算模型。

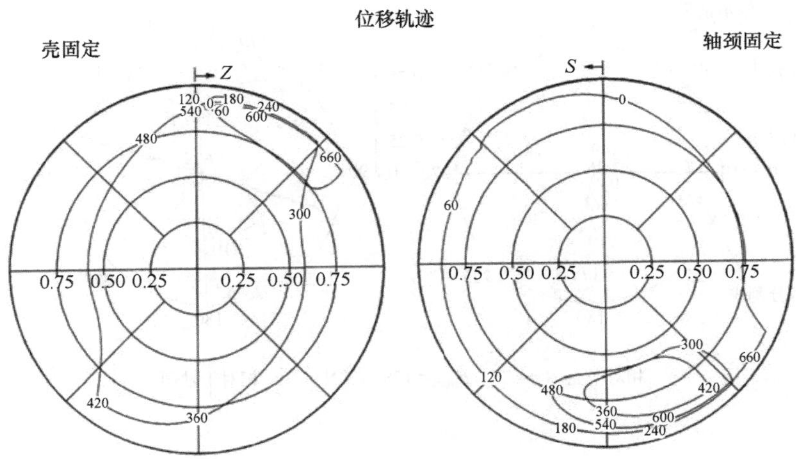

图7.309 连杆轴承的位移轨迹（从轴承和销的角度来看）

在整个工作循环中，轨迹从几度曲轴转角到收敛，逐步迭代计算。对每个载荷工况分别进行计算。通常，确定在低速时额定负载和最大转矩时的值。

最重要的计算结果是：

- 最小的润滑间隙。
- 最高润滑油膜压力。

作为进一步的结果，计算润滑油的流量、流体动力学摩擦和由此产生的润滑油的加热。最小润滑间隙在一定区域内的停留时间给出了摩擦能量的集中度，从而给出预期磨损的集中度。

位移轨迹的计算特别适合于发动机结构设计的早期阶段的参数研究，例如确定曲轴轴承的质量平衡的优化设计，以及/或结构设计参数如宽度直径比或轴承间隙的影响。载荷和位移轨迹的计算通常是一体化的。

7.19.2.3 轴承计算的数值解

通过雷诺（Reynold）微分方程的数值解，可以将局部几何特征的影响和不同的外部环境的影响相结合。

（1）刚性的轴承环境

该方法的优点是，在与曲轴上油孔的相互作用情况下，所有轴承特征都可以表现出来。在此计算中，假设壳体是刚性的，这将显著地减少计算时间。当轴承环境尚未完全了解时，此方法特别适合发动机开发的方案设计阶段。输入和评估结果见图 7.310（见彩插）。

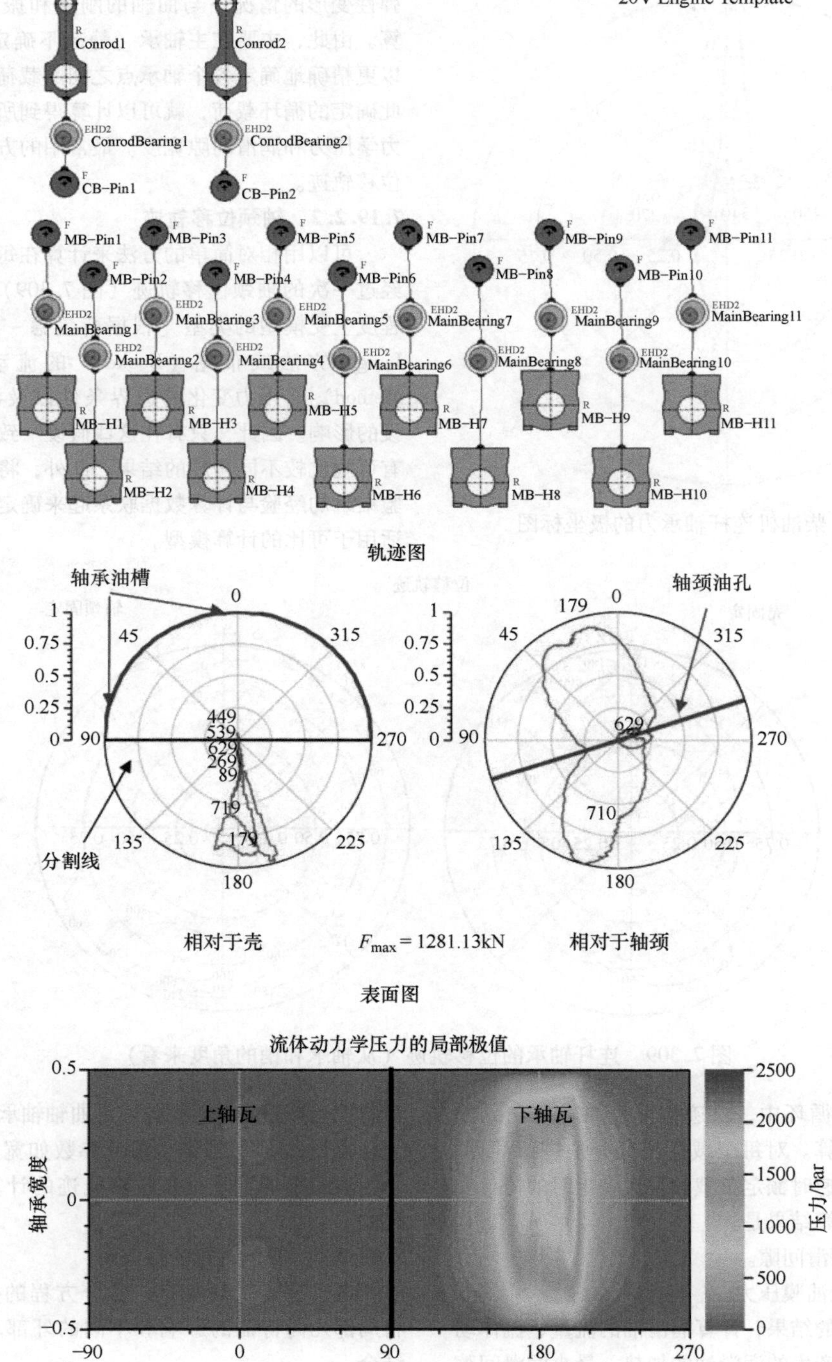

图 7.310　刚性流体动力学计算的模型和结果

(2) 弹性流体动力学模拟

一种更为精确和近年来快速地进一步发展的计算发动机轴承的方法是弹性流体动力学计算。这里，在考虑弹性变形和相应的轴颈几何形状的情况下，局部计算轴承中产生的润滑膜参数。同时，开发并相应地应用考虑温度和混合摩擦影响的方法。图7.311（见彩插）显示了以考虑混合摩擦为模型的这种方法及其结果。此外，图中还包括通过整个循环中的接触压力表示的混合摩擦的比例。

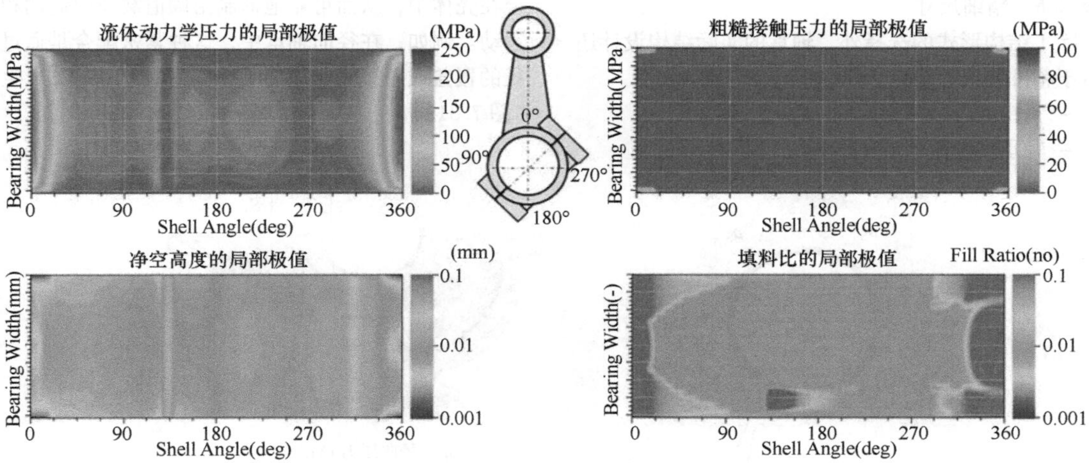

图7.311 弹性流体动力学计算的结果

与位移轨迹的计算或刚性几何尺寸的计算相比，此方法需要明显更详细的数据和明显更多的计算工作量。因此，它以有意义的方式用于结构设计的高级阶段和用于研究局部影响，如几何尺寸选择，或作为轴承背部微动研究的基础。

如果已知载荷谱和所需的材料数据，则可以使用损伤累积模型进行寿命评估。目前，使用寿命和运行可靠性通常通过现场试验和伴随的部件测试来验证。

(3) 发动机仿真

通过将最不同的仿真方法、结构力学和流体动力学结合起来，可以建立包括发动机壳体在内的整个曲柄机构的发动机仿真。这种方法的优点是，几乎所有的发动机和曲柄连杆机构的相互作用都可以研究它们在优化的运行条件下对单个轴承的影响。

7.19.2.4 主要尺寸：直径、宽度

轴承的直径和宽度在狭窄的范围内由发动机的结构和轴的动态的值来确定。比轴承负载可能会在这些限制范围内受到影响，因此，结构类型的选择至关重要。

通常的宽度直径比为0.25～0.35。在相同的比载荷 $F/(b \cdot d)$ 下，相对更小的直径和更大的宽度会导致更大的润滑间隙、更低的峰值压力以及更小的摩擦功率。由于更低的圆周速度降低了对固体接触和扰动的敏感性，因此必须力求达到的状态。然而，曲轴刚度所需的最小轴颈直径限制了这种优化。

7.19.2.5 导油道几何形状

用于发动机润滑油和冷却油的分配系统在第9章做了更详细的讨论。这里只描述与轴承直接相关的特性。

流体动力学润滑油膜的结构主要会受到如在主轴承中的润滑油供应所需的凹槽和孔的影响。主轴承中的环形凹槽是为连杆轴承连续供油的理想选择，在其他条件相同的情况下，但这会使最小润滑间隙减小到30%左右。而通过改进轴承供油位置，这在一定程度上得到了补偿，因此，承载能力降低到一半左右。

因此，在轴承的低负载或较大的润滑间隙宽度内，通过钻孔和开部分凹槽来提供足够的润滑油供给是可取的。上述位移轨迹提供了关于槽（轴承）和孔（轴）的最有利位置的信息。

对于乘用车发动机，主轴承的上轴瓦的半凹槽和曲轴上的孔（在连杆轴颈上的出口位于旋转方向上位于顶点前约45°）已成为标准配置。

为了避免润滑油流动的不连续性（可能导致供应困难和气蚀现象），通常必须消除导油道几何形状的突然的不连续性。一般通过倒圆孔和连续的凹槽来实现的。

在润滑油供应的结构设计中，不仅要保证充足的供应，而且要保证足够的流出断面。这尤其适用于导

向轴承位置，其中运行表面中的径向连续凹槽既能润湿推力轴承表面，又能减少径向轴承的节流流出。

轴承座中的凹槽通常是分配润滑油所必需的，重要的是轴承座在受力区域不应空心，因为它们可能在润滑膜压力下弯曲，从而导致轴承金属断裂。

7.19.2.6 精细尺寸

除了结构形式的选择外，轴承的实际结构设计还侧重于精细的尺寸设计：

- 紧密配合、凸起。
- 轴承间隙。
- 轴承壁面厚度在圆周上的变化、轴承接头处的间隙。
- 连接部件的表面状况、几何公差。

（1）紧密配合、凸起

轴承力必须传递到壳体上。这就要求轴承紧密配合在壳体中，从而可靠地抑制由阈值载荷引起的相对运动。例如，在径向轴承中，这种紧密配合是通过直径的覆盖或通过半轴瓦的所谓“凸出” S_n 来产生的（图7.312）。

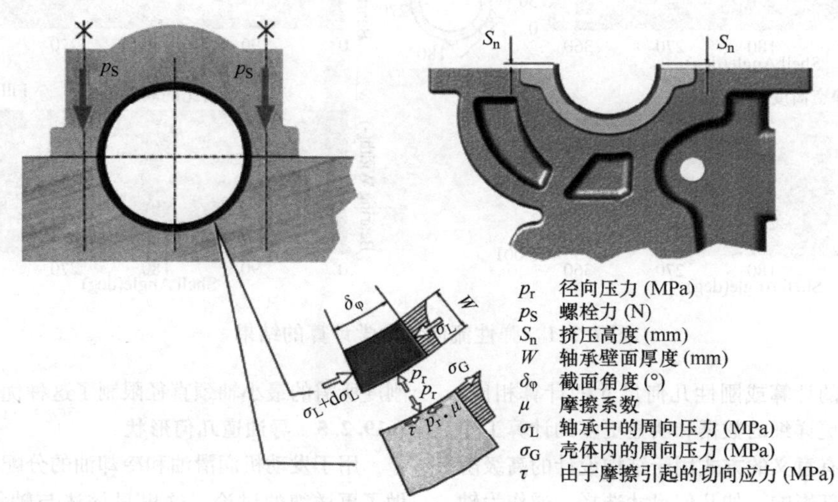

图7.312　覆盖和安装压力

通常，用于轴承正确定位的凸耳或销不适合于轴承的固定。

限制值一方面是足够高的径向接触压力（图7.312），另一方面是轴瓦可以承受的切向应力，而不会产生很大的塑性变形。在当今常见的轴承厚度较小的情况下，所有常见的轴承金属都不堪重负；钢制支撑壳必须确保紧密配合。因此，发动机轴承通常由钢和实际轴承金属的复合材料所组成，根据成分和应用领域，有或没有附加的涂层。硬质材料只能在个别情况下使用，例如在大型的活塞销衬套中。

轴承生产所需要的低的合金钢种，最大镦粗极限为360N/mm^2；这也会给出轴承厚度的下限，约为直径的2.5%。

轻金属壳体的温度响应特别重要。由于钢和铝的热膨胀不同，在加热过程中会发生沉降，这可能导致预紧力的损失，而在更低的外部温度下，会超过轴瓦以及孔的强度。

在这种情况下，直接的轴承环境通常是由铸造的烧结钢或铸钢件来加强。对于组合结构的轴承位置的设计，全局模型已不再适合于过盈配合计算；必须用有限元法确定局部应力和变形。

（2）轴承间隙

轴承间隙是轴承结构中最重要的可自由选择的尺寸。较小的轴承间隙名义上会具有更高的流体动力学承载能力和通过更高的阻尼抵抗位移而具有更好的声学条件。相反，随着轴承间隙的增加，润滑油流量不成比例地增加（大于平方级）；轴承对变形和扰动的耐受性更强。因此，为确保运行的安全，最小间隙将尽可能小。最大间隙由轴承壁面厚度（6～12μm）与相邻零部件的制造公差来确定，尤其是对于 $D<60$mm 的小型发动机，可能会变得过高。与更精确的制造相比，对轴承厚度进行分类通常是一种更有利的限制间隙公差的方法。

与过盈配合一样，也很难控制在轻合金壳体中的轴承间隙。在这里，对于50mm的直径，在整个温度范围，例如从 -30℃时的变化不超过15μm 到130℃

时的变化不超过120μm。为了限制最大间隙，需要更精确的分类，其中孔、轴和轴承彼此关联。

(3) 轴承壁面厚度在圆周上的变化，轴承接头处的间隙

对于轴承功能而言，一个不受干扰的圆柱形孔是理想的选择。然而，来自轴承安装的应力和质量力通常会产生一个非圆形的孔，该孔通过轴瓦厚度从顶点到开口的连续变化来补偿。对于半轴瓦的分体式轴承，紧邻开口的、约5～15μm深度的几毫米长的间隙可补偿半轴瓦的不同厚度。图7.313显示了一些特征参数。

轴承位置	运行条件					结构参数	
	运动类型	载荷类型	U/(m/s)	P_{max} /(N/mm²)	Ψ_{min} (%)	B/D	p_{rmin} /(N/mm²)
曲柄连杆机构：活塞销衬套	摆动	气缸压力往复质量产生的阈值载荷	2～3	70～130	0.8	<1.0	9
连杆轴承	非均匀旋转，≈n	活塞销力和旋转质量产生的阈值载荷	10～20	60～120	0.5	0.28～0.35	10
曲轴轴承	旋转，n	来自相邻连杆轴承的阈值载荷	12～22	50～90	0.8	0.25～0.32	8
推力轴承	滑动	导向力，耦合力，冲击载荷	15～24	<2 持续 <5 短 <12 冲击	—	—	—
配气机构：摇臂轴承	摆动，>0	冲击的	—	60～90	0.7	0.5～0.8	9
凸轮轴轴承	旋转，$n/2$	膨胀的	—	20～50	—	—	8
质量平衡	旋转，$n/2$	循环的	—	20～40	1.2	0.3～0.4	>10
轮传动，链轮，辅助设备	旋转	均匀的	结构上有条件				

图7.313 最重要的轴承位置的特征参数和典型的参考值

对于轴承的无故障功能来说，孔和轴颈在对准度、圆度、凸度、波纹度和粗糙度方面的正确造型设计也是必不可少的。这里参考相关的设计指南和标准。

根据载荷和其他边界条件选择轴承结构类型是基于允许的极限值。常规轴承结构类型的载荷极限和使用特性在7.19.4节中有更详细的描述。在发动机的设计阶段，与轴承制造商的同步开发也很重要。

7.19.3 轴承材料

除了在相对运动中传递载荷的实际功能外，轴承还具有集中系统扰动和尽可能长时间地保护曲轴等相邻部件的重要任务。由于负载的增加，循环中混合摩擦的增加以及环境立法对铅等材料的限制，这变得越来越困难，因此需要采取新的方法。在由具有良好导热性的更硬的基体（例如CuSn和AlCu）和由软的、不混溶的相（主要是Pb和Sn）沉积组成的已知的标准材料中，通过低熔点成分的润滑可确保良好的应急运行性能。在新的、相当均匀的材料中，由于特殊的、摩擦学活性的合金元素，仅在出现更大的故障时才造成损坏。薄薄的磨合层通过在磨合中的快速调整来支持轴承的磨合，并防止发动机起动时的卡死。

每种优质的轴承材料都是在强度与摩擦学特性的相互矛盾的要求之间的折中。最佳的组合取决于在相应应用状况下的权重。

尽管来自不同轴承制造商的材料种类繁多，在某些情况下也非常相似，但用于内燃机的最重要的材料可以归纳为三组轴承金属和三组运行层（图7.314）。

材料成分和机械特性的确切定义、公差在参考文献[139]和上述标准中给出。

（1）轴承金属

白色金属，铸造（DIN－ISO 4381，SAE 12－17）

$PbSb_{14}Sn_9Cu$

$SnSb_8Cu_4$，$SnSb_{12}Cu_5$

铝合金，轧制（SAE 770－788）

$AlSn_{40}Cu$，$AlSn_{25}CuMn$，$AlSn_{20}Cu$，$AlSn_6Cu$

$AlSn_{12}Si_4$，$AlSn_{10}NiMn$

$AlZn_{4.5}SiPb$

铅青铜，铸造，烧结（DIN 1716；DIN－ISO 5382，4383；SAE 790－798）

$CuPb_{30}$

$CuPb_{25}Sn_4$，$CuPb_{20}Sn_2$

$CuPb_{15}Sn_7$，$CuPb_{10}Sn_{10}$　无铅铜材料，铸造

$CuSn_{5\sim1}$，$CuZn_{20}$，CuA_{18}，…

（2）运行层

白色金属，电镀（SAE19，…）

$PbSn_8$，$PbSn_{10}Cu_2$，$PbSn_{16}Cu_3$，$PbSn_9$

$SuSB_{12}Cu$，$SuSb_7$，$SuCu_4$

合成运行层

$PAI/MoS_2/C$，$PAI/WS_2/BN_{hex}$，$PAI/PTFE/TiO_2$

铝合金，溅射

$AlSn_{20}Cu$

图 7.314　复合轴承中最重要的轴承金属

7.19.3.1　轴承金属

（1）白色金属

在乘用车发动机结构中，钢－白色金属轴承很少出现在低载荷的轴承位置中（凸轮轴轴承、轮驱动）。$SnSb_8Cu$ 或 $PbSn_8$ 合金具有优良的运行特性，但对于现代发动机中发生的阈值载荷来说，疲劳强度太低。

含钢的复合材料可通过立式铸造或离心铸造生产，用于厚壁轴承；或用于较小尺寸的薄壁轴承可通过带式铸造生产。

（2）轻金属（图 7.315）

铝基合金作为主轴承和凸轮轴轴承在广泛的应用中得到了证明。作为一个没有运行层的二元材料轴承，它们是在中等负荷下非常经济的解决方案，而作为三元材料轴承和沟槽轴承，它们与铅青铜直接竞争。

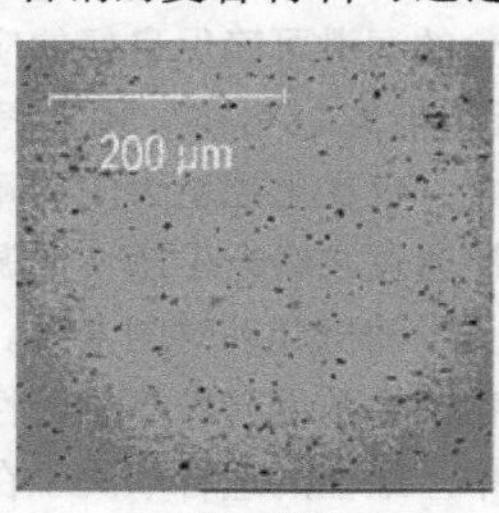

$AlZn_5SiPb$
硬度HB55~65

$AlSn_6Cu$
硬度HB36~45

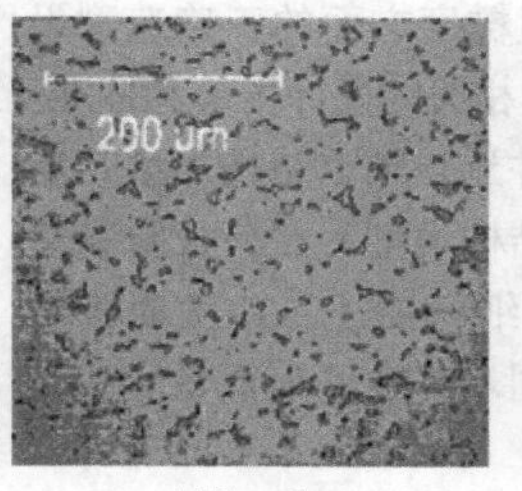

$AlSn_{20}Cu$
硬度HB34~38

$AlSn_{25}CuMn$
硬度HB 43~55

图 7.315　铝合金的组织结构比较

根据当今的标准，铝合金不适用于具有旋转运动的重载衬套，例如在连杆小头孔和摇臂中，也不适用于溅射轴承的基材。

最常用的是 AlSn 合金。当 Sn 含量从 15% 左右

起，这些合金具有良好的滑动特性；其优异的耐蚀性特别允许用于燃气发动机和使用重油的大型四冲程发动机。在盎格鲁-撒克逊地区和日本，也使用AlSiSn材料和AlPb合金。

AlZn4.5SiPb用于高负载，例如在连杆轴承中。这种材料不再具有嵌入的软相，因此仅适用于带有运行层的三元材料或沟槽轴承的基材。

铝轴承合金是通过连续或半连续铸造工艺生产的，其中，工艺窗口受到软相偏析的形成和在硬相中出现裂纹的限制。基体越紧固和Sn含量越高，工艺窗口越窄。

当今使用的最广泛的方法是水平连续连铸(HSG)，它对AlSn材料而言并不重要，但使用此方法不能产生更高强度的组织结构。采用垂直连铸造可以获得更均匀的组织结构，然而，由于冷却条件较难控制，该工艺更容易受到影响。

最近的发展，如所谓的“带材浇铸”（Belt Casting）技术，使工艺范围更加广泛，因此也可以实现以下组合：高比例的基体增强元素/高的软相含量。由于这里的金属铸型（与其他两种工艺不同）由连续移动带组成，因此固化条件可以更好地适应相应的材料成分。通过使用这种铸造方法，轴承金属的应用，如上面提到的AlSn25CuMn，才成为可能。

铸造后，将带材分几个步骤进行轧制和热处理；然后用一层薄薄的Al黏结层将合金黏合在一起，并根据成品轴承的厚度，将其卷绕或暂时储存成条状。

与钢的连接是通过轧制电镀工艺完成的，在原理上是一种摩擦焊接过程（图7.316）。清洁并激活两条带子的表面；然后加热并以20%～35%的轧制度轧制在一起。成品带再次卷起。对于更小的批量，在几米长的带材上电镀更经济；原则上方法基本相同。

更新的AlSn合金还镀有合金中间层，例如AlZn，以便它们的更高强度也可用于复合。

（3）铜合金

铜基轴承应用的材料多种多样。CuPbSn类型的合金几乎仅用于复合材料。其他合金，如CuAl或CuZn，仅在特殊情况下用作硬质材料。

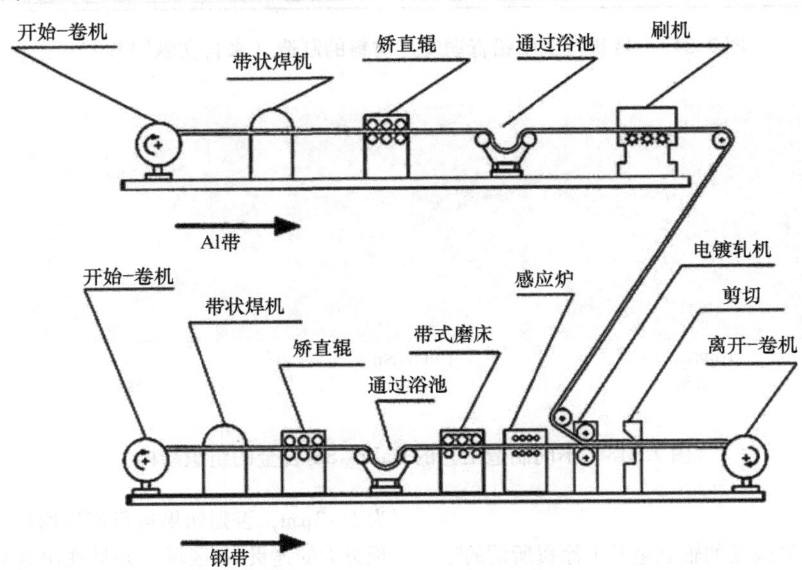

图7.316 钢铝复合材料的制造（来自参考文献[139]）

铅青铜由固体CuSn基体组成，铅嵌入其中。锡的合金化范围为1%～10%，铅的合金化范围为10%～30%。Sn含量越高，则越牢固；Pb含量越高，材料的运行能力就越强。正在形成这两个群：

- CuPb（18～23）Sn（1～3）用于更高的滑动速度，即用于连杆轴承和主轴承。
- CuPb（10～15）Sn（7～10）用于回转运动，即用于摇臂和活塞销衬套。

在无铅铜材料领域，使用更均匀的材料，例如黄铜或青铜：

- 具有良好延展性的CuSn基青铜。
- 具有良好耐蚀性的CuZn基黄铜合金。

对于旋转应用，铅青铜仅适用于带有附加电镀或溅射运行层的应用。根据其尺寸，活塞销和摇臂衬套有或没有运行层。

铅青铜的一个主要缺点是铅对硫和氯化合物的腐

蚀攻击很敏感。因此，铝合金在重油运行和燃气发动机中是优选。

青铜－钢复合材料是通过铸造或烧结生产的。

作为铸造工艺，复合材料厚度不超过约6mm的带式铸造或更厚轴承的离心铸造是合适的。

在乘用车轴承最常用的带式铸造中，预处理过的板带沿边缘弯曲，熔体倒入槽中。冷却后，铣削表面，修整侧边。在最后两个步骤中，带的轻微拉伸可确保稳定的钢强度。对于高负载的轴承（溅射轴承），优化的后续轧制过程可提高钢和青铜的强度。为了临时存储，重新卷起带（图7.317）。

在烧结过程中，再次对板带进行预处理，然后撒上青铜粉。实际的烧结过程（烧结－轧制）分两个阶段进行，以获得孔隙少而小的组织结构。

组织结构差异很大（图7.318），在没有特殊措施的情况下，铸造青铜的强度也高于烧结青铜。

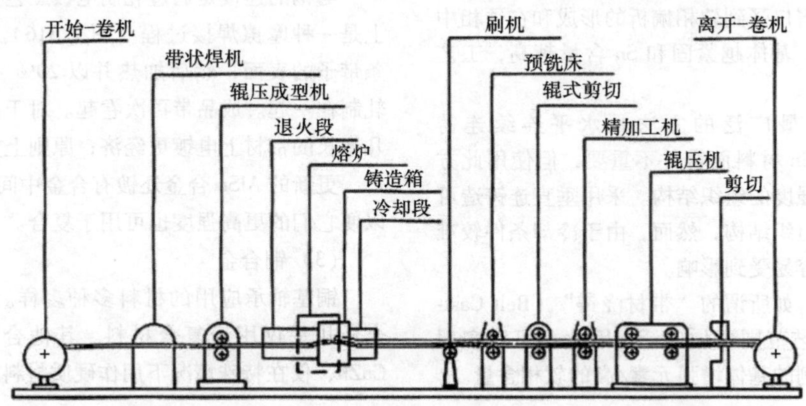

图7.317 带状铸造中铅青铜复合材料的制造（来自文献[139]）

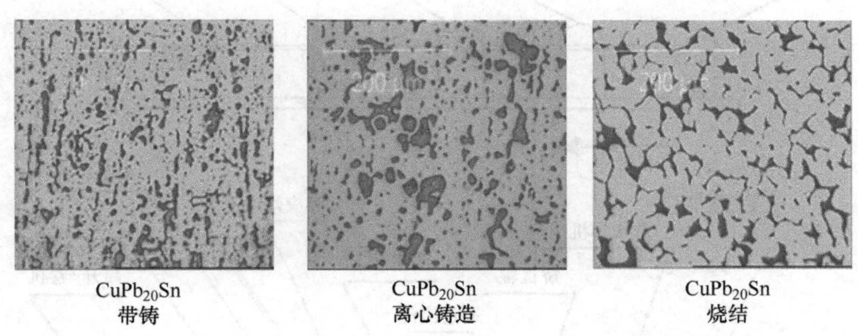

图7.318 不同制造工艺的$CuPb_{20}Sn_2$合金的组织结构

7.19.3.2 运行层

必须在所有更高强度的轴承金属上涂覆所谓的运行层，以产生足够好的运行特性和抗干扰性。基本上有三种不同类型的涂层：

- 电化学沉积的白色金属。
- 以聚合物为基础的喷涂/压制聚合物层。
- 通过PVD工艺（溅射）施加的AlSn合金。

表面改性，如锌磷化，虽然可以在利基应用中找到，但并没有广泛应用的基础。

为了与基材良好黏结和/或防止扩散现象，需要一个通常由镍或NiSn制成的中间层。镍不是滑动材料；因此，该层的厚度应明显小于表面粗糙度。通常为1~3μm，否则如果运行面层磨损，运行面上会出现更大的连贯Ni区域，并且在出现故障时会出现轴承的侵蚀特性。

（1）电镀运行层

从合金技术的角度来看，这些运行层类似于铸造的白色金属，但具有更低的硬度和更精细的组织结构，因为它们是在低于熔点的温度下沉积的，实际上是在冻结状态下沉积的（见图7.323，三元材料轴承）。它们对混合摩擦非常不敏感，但由于14~22HV的低的硬度，也会很快磨损。

广泛应用的是PbSn(8~18)Cu(0~8)体系，其中，Sn含量降低了腐蚀敏感性，而Cu提高了疲劳强度。Sn含量超过16%会导致快速扩散，从而导致长期使用的时不稳定性；Cu含量超过6%会导致脆化，因此强度增强作用被抵消了。

具有Sb或Cu含量的基于Sn的运行层已确定作为进一步的标准。它们也是无铅三元材料轴承的一种应用。在这方面，双运行层也具有一定的重要性。

这些层是在通电下的电镀液中制备的，包括中间层的预处理、施加和活化，运行层的沉积和随后的热处理，以稳定组织结构并产生足够的扩散黏结等多个阶段。

运行层的厚度受到限制，原因有几个：

- 疲劳强度随着厚度的增加而迅速降低。
- 磨损时，润滑间隙的几何尺寸不得出现不允许的变化。
- 由于电压的集中，边缘变厚。

出于经济原因，也尽可能采用一定程度的涂层。

通常，根据轴承尺寸，通过电镀施加厚度为15～35μm的运行层。如果需要更厚的涂层，例如在大型轴承中，必须对其进行后处理。

(2) 合成运行层

这些是基于具有必要的老化稳定性的新型聚合物基团的干式润滑剂的进一步开发。运行层以喷涂或压制技术的方式施加，并通过在受控温度处理中的聚合过程获得其强度。主要使用石墨和MoS2作为摩擦学的活性填料。

在固体接触的情况下，这些层通过有目的的磨损减少摩擦而起作用，从而显著地减少能量输入，并以这样的方式防止轴承失效。这样的层作为运行层的截面如图7.319所示。此外，这些层还用作厚度为6～10μm的磨合层。

图7.319 合成运行层横截面

(3) 溅射运行层

在最近十年中才开始大规模的批量生产的一个发展是在滑动轴承上沉积AlSn层的溅射工艺的应用。

溅射（阴极雾化）是一种在高真空中电离工作气体（氩气）的涂层工艺。电场将离子加速到阴极，即“目标”，通过冲击脉冲原子从“目标”中击出。这些原子在轴承运行面凝结，形成滑动层(图7.320)。

通过原子沉积，形成具有极细软相分布的固体组织结构，尽管硬度高达约90HB，但仍具有良好的运行特性（图7.321)。

该方法的另一个优点是通过在真空中通过“溅射-蚀刻”对基材进行预清洗来提高结合强度，从而产生高活性的表面。

如今，几乎只有AlSn20Cu用作高负荷轴承的溅射层材料，但该工艺基本上是非常灵活的，允许沉积比传统的电化学工艺范围宽得多的合金。唯一的主要缺点是涂层成本较高。

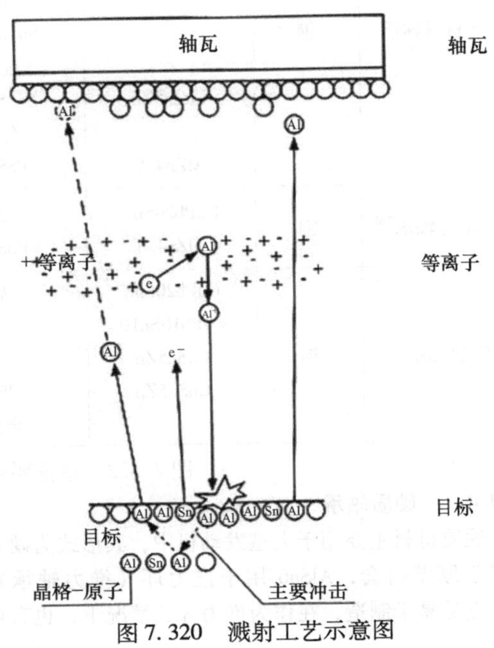

图7.320 溅射工艺示意图

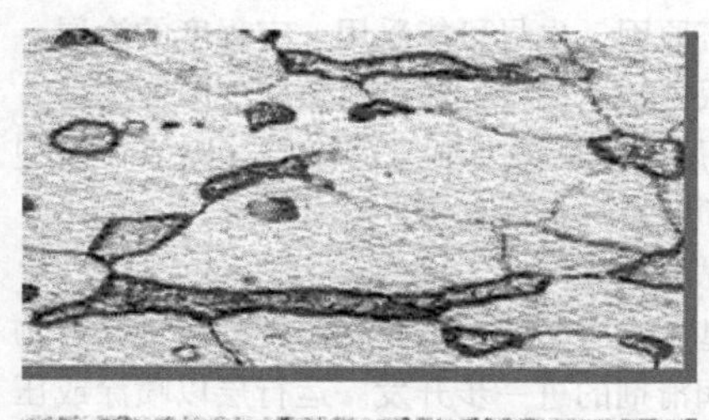

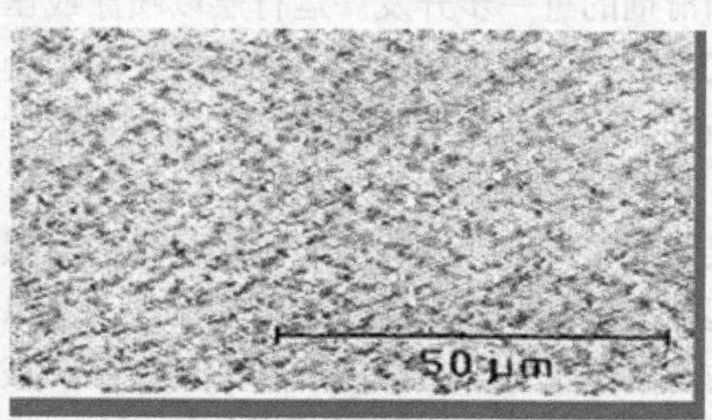

图 7.321　AlSn20 层轧制镀和溅射的组织结构的比较

7.19.4　轴承结构形式——结构、承载能力、应用

由于成本原因，主要的努力是通过尽可能简单的轴承结构来满足各种应用的要求。然而，对强度、良好的贴合性和良好的运行特性的不情愿的要求最终形成分工的原则和采用多层结构的轴承。

轴承的使用特性，特别是其动态承载能力，除了所用的材料外，还受到其层结构、层厚度和其他结构措施的影响。因此，除了经典的多层结构之外，还有更新的结构形式，其通过有针对性的层结构或运行面造型设计来优化轴承的使用特性。

前文已经提到材料的基本优点和缺点，图 7.322 概述了各自应用领域最常用的结构类型。

	支撑轴瓦	轴承金属	运行层	最大 p_{quer}	主要应用
大型轴承	无	CuPb15Sn7 AlSn6	无	60	活塞销衬套 推力环，凸轮轴轴承
二元材料轴承	钢	CuPb10Sn10 CuPb15Sn7 AlSn6 AlSn20 SnSb12Cu	无	120 45 40 20	活塞销衬套，摇臂衬套 推力环，凸轮轴轴承 主轴承，连杆轴承 凸轮轴轴承
三元材料轴承	钢	CuPb10Sn10 CuPb20Sn2 CuZn5Zn AlZn4.5	PbSnCu PbSn16Cu PbSn10 Cu PbSn10 SuSb7Keramik 合成材料 SnCu4 合成材料 PbSn16Cu2	90 55 65 70 65 70 50	大型活塞销衬套 连杆轴承，主轴承 连杆轴承
沟槽球轴承™	钢	CuPb20Sn2 AlZn4.5	SnSb7 PbSn16Cu2	50 55	大型发动机的主轴承 主轴承，连杆轴承
溅射轴承	钢	CuPb20Sn2 CuPb10Sn10 CuSn5Zn CuSn5Zn	AlSn20 AlSn20 + 合成材料	>100 >120 >130	连杆轴承

图 7.322　最重要的轴承结构类型和应用领域

7.19.4.1　硬质轴承

硬质材料主要用于大型发动机中，其形式为硬青铜用于厚壁衬套，AlSn6 用于推力环（推力轴承）。其优点是易于制造，在作为推力环的情况下，也有可能在适当的结构下实现双面使用。

在乘用车发动机中，低速凸轮轴通常直接安装在轻合金气缸盖中。虽然这些合金不是轴承金属，但由于其低的能量密度，其功能在支承中是足够安全的。

7.19.4.2　二元材料轴承

这里有两个相当不同的应用场合：

– 由硬铅青铜制成的轧制衬套适用于活塞销支承和摇臂支承。它们能承受高达 120N/mm^2 的高负载，由于低的圆周速度，运行能力的降低并不重要。在润滑油供应不足的情况下，这些衬套容易导致材料中的铅的析出和润滑油焦化（“燃烧痕迹”）。

– 由于其优异的性价比，基于 AlSn 的轴承是具有旋转运动的中等负载应用的首选解决方案，主要用于汽油机和大型柴油机的主轴承和连杆轴承。它们的磨损很低；但适应性是有限度的。低磨损也带来了风险：轴承外观几乎不变；因此，通过光学评估诊断状态也很困难。因此，在发动机的测试阶段，需要对其使用寿命进行足够的统计验证（图 7.323）。

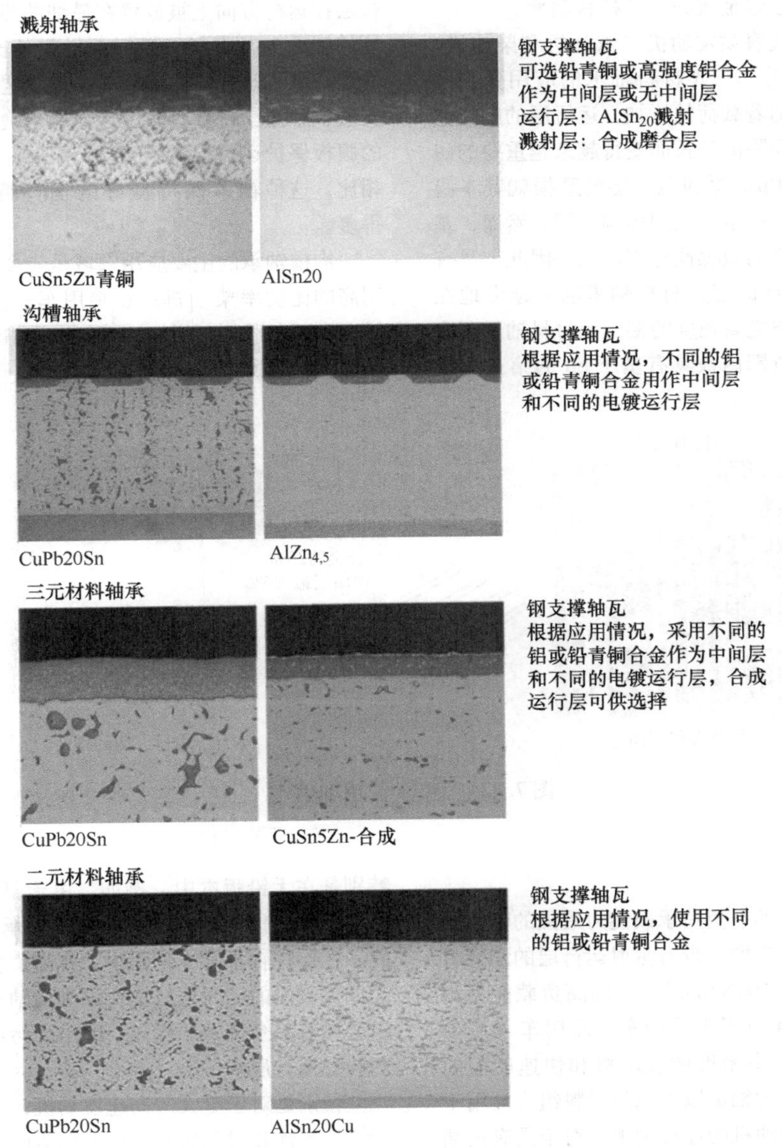

图 7.323　材料结构（示例）

在发动机的新的和进一步的发展中，不断增加的负荷导致了具有更高强度 AlSn 合金的二元材料轴承的开发。基本上，上述内容适用于这些轴承，但由于更小的润滑间隙和更高的能量密度，这些轴承更容易摩擦。因此，通过降低锡的含量来提高强度并不是一个有效的方法。而且由纯铝制成的黏结层也可能成为薄弱环节。

7.19.4.3　三元材料轴承

具有电镀运行层的三元材料轴承，特别是基于铅青铜，是曲轴轴承的主要结构形式。它们代表了一种成熟的技术，已在全球范围内应用，而且具有良好的成本效益比。它们的特点是只要保持柔软的运行层，就具有良好的适应性、耐污性和容错性。对于更大的发动机，也使用基于轻金属的三元材料轴承。

对于主要在现代直喷发动机（汽油机和柴油机）连杆轴承中的高负荷，三元材料轴承的应用受到限制。它们的弱点是随着载荷的增加，运行层的磨损越来越快。随着换油间隔的延长而变得越来越重要的耐蚀性也不高。15～30μm 厚的运行层的磨损就其本身而言，对轴承功能仅产生轻微的影响作用；然而，基础的暴露导致对干扰的敏感性急剧增加。因此，具有 PbSnCu 运行层的经典的三元材料轴承越来越多地在较低的负载范围内被更高强度的铝二元材料轴承所取代，在传统的负载范围内被具有基于 Sn 的第三层的三元材料轴承所取代，以及被实际的高性能结构形式，如用于大型发动机的沟槽轴承和用于乘用车和商用车发动机的合成（SYNTHEC）或溅射轴承所取代（图 7.323）。

7.19.4.4　Miba 沟槽轴承

Miba 在大约 20 年前开发的沟槽轴承（图 7.324）通过表面的特殊几何形状而延迟了运行层的去除。运行层在运行方向上被放置在最细的凹槽中；中间是较硬的轴承金属腹板。运行面材料的比例是约为 75% 的运行层，25% 的轴承金属。采用这种几何形状可以实现，摩擦学特性仍然由运行层来确定，而通过较硬的腹板保护运行层不受磨损。因此，与三元材料轴承相比，这种轴承保持良好的运行特性的时间要长得多。

沟槽轴承的主要应用领域是当今机车和船舶推进用高的比功率柴油机；在乘用车和商用车发动机领域，由于负载不断增加，近年来沟槽轴承越来越多地被溅射轴承所取代。

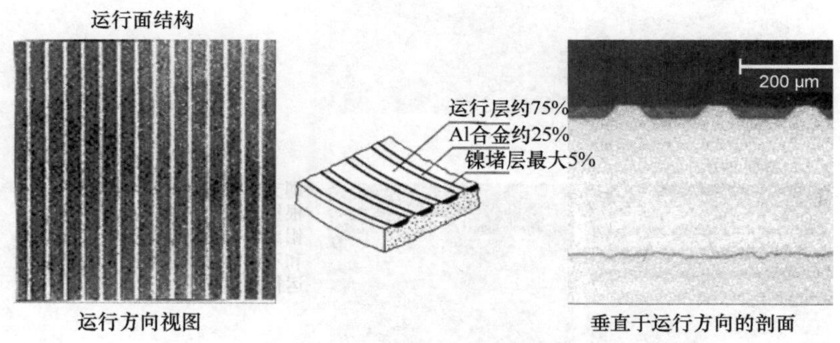

图 7.324　Miba 沟槽轴承™

7.19.4.5　溅射轴承

如今，大量生产的、负荷承载能力最强的轴承是基于铅青铜或无铅青铜的、带有溅射运行层的三元材料轴承。由于其高达 100N/mm² 以上的高负载能力和同时良好的运行特性而用于乘用车、商用车（主要是无铅版本）的高功率密度的发动机和快速船舶的推进系统。如今，这种轴承以不同的材料组合被用于乘用车直接喷射的柴油机的连杆轴承。对于具有极端载荷的商用车辆中的轴承和具有更大轴承直径的溅射轴承，它们部分配备了合成（SYNTHEC）磨合层。溅射轴承的主要缺点是价格和对污垢的灵敏度更高，特别是在无铅版本中。例如，由于复杂的真空涂层，溅射轴承的价格大约是三元材料轴承的 5～8 倍。因此，在连杆轴承和主轴承中，在高负载侧的溅射轴瓦与低负载侧的三元材料轴瓦或沟槽轴瓦相结合。这种组合还有一个额外的优点，即小的污垢颗粒可以嵌入到软的运行层中。

特别是对于更大的高速发动机，为了实现更好的污垢相容性和对几何尺寸偏差的适应性，同时也开发了更软的锡基溅射层。

在图 7.325 中显示了应用极限指导值和轴承结构类型的成本。

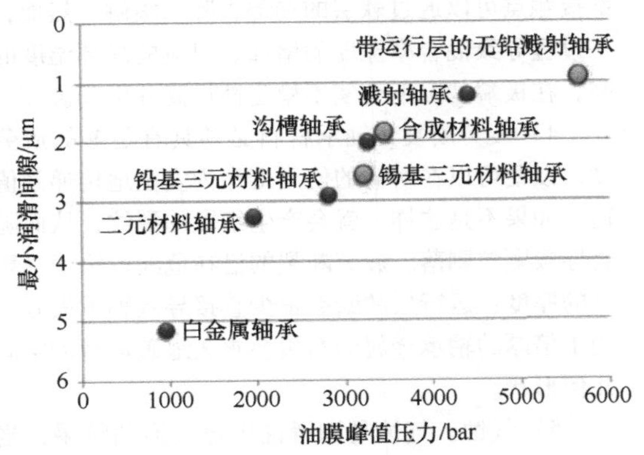

a) 计算得到的允许极限值

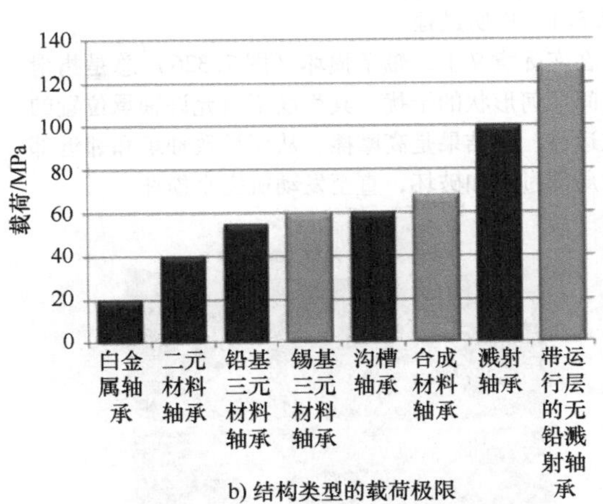

b) 结构类型的载荷极限

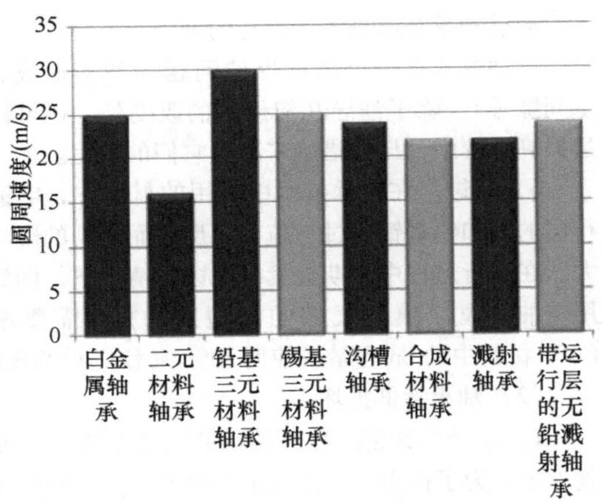

c) 允许的最大圆周速度/(m/s)

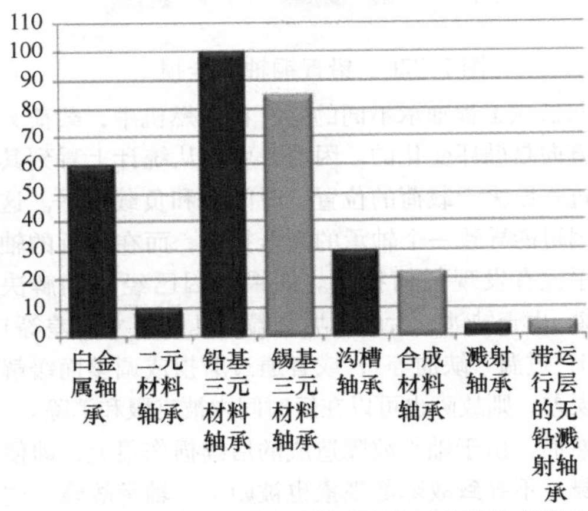

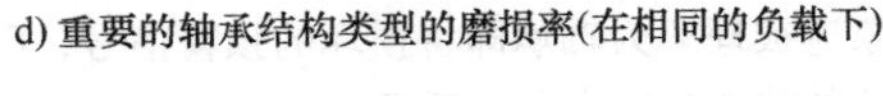

d) 重要的轴承结构类型的磨损率(在相同的负载下)

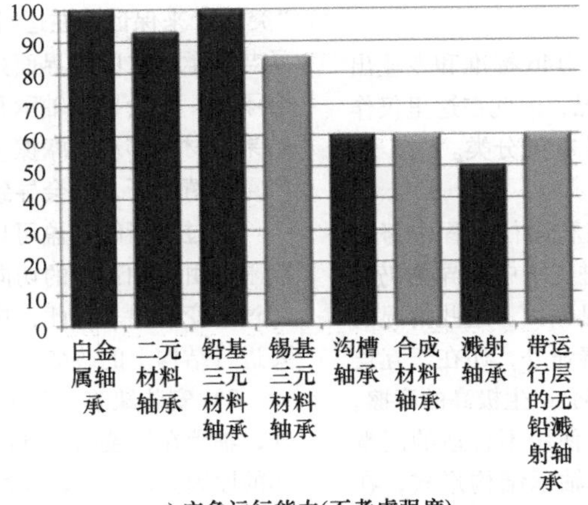

e) 应急运行能力(不考虑强度)

图 7.325 轴承结构类型的指导值

7.19.5 轴承失效

7.19.5.1 损伤过程

在实际意义上，轴承损坏（图7.326）总是指滑动空间几何形状的干扰，其程度不再允许轴承位置的稳定运行。其结果是高摩擦，从而导致轴承和邻近部件的局部过热和破坏，直至发动机完全损坏。

图7.326 铅青铜轴承全损

与机械工程轴承不同的是，在内燃机中，载荷大小和方向是循环变化的，因此，可以从统计上看到其损坏过程取决于载荷的位置、时间点和负载水平。这些原因可能导致一个轴承的完全损坏，而在邻近的轴承几乎没有发现任何损坏。如果原因已经得到解决（例如，由于缺油、大的污垢颗粒、几何尺寸偏差等）（例如，过温、缺油等），或者通过磨损或调整而缓解几何误差，则故障也可以在短时间内被克服和消除。

然而，由于轴承故障造成的后续损伤很大，即使是本身并不导致故障的现象也被归类为轴承故障。这些现象应被理解为轴承即将损坏的预警信号，因此对于系统的状态诊断是非常重要的。

7.19.5.2 轴承损伤的类型

滑动轴承制造商的DIN－ISO 7146标准和专业出版物描述了最常见的轴承损伤情况，因此在这里仅作简要概述。介绍遵循DIN－ISO 7146的分类。

（1）运行表面损伤

1）异物、污垢。尽管在组装和运行过程中努力确保清洁度，但与润滑油一起卷进支承中的异物仍然是轴承特别是主轴承故障的最常见原因。这些情况的问题是，除了剩余的干扰会缩短寿命外，还在于互连或嵌入过程的本身！其中，在局部会产生极高的摩擦。

2）表面磨损。在高负载时，使用不合适的润滑油（黏度太小）或选择不适当的轴承结构形式，在最小润滑间隙区域可能会出现过早的磨损。一般来说，在正常运行时，磨损不是问题；然而，当公差运行层不再存在时，三元材料轴承将更容易产生故障。

3）边缘支撑，局部过载，过热轴承。几何形状缺陷，由于弹性变形或较小程度的装配缺陷引起的局部接触点可以通过软层的局部去除来缓解。然而，这一过程导致混合摩擦度的增加、对应的局部温度的升高，在极端情况下会使不稳定性提高并引起破坏。

4）疲劳断裂。轴承材料必须具有足够的疲劳强度，以便可以在所需的使用寿命内安全地传递阈值载荷。如果不是这样，就会产生细微的裂纹，从而随后会导致颗粒剥落。疲劳断裂的潜在危险取决于受影响层的厚度：运行层的断裂很少直接导致轴承失效。大约十倍厚的轴承金属的断裂会永久地破坏滑动空间的几何形状。

5）气蚀。气蚀是润滑油中蒸气泡的结果，当润滑油压力局部低于蒸气压力时会产生气泡。当这些气泡再回到压力更高的区域时，它们就会内爆。由此产生的压力冲击将颗粒从轴承表面撕裂，在严重的情况下，通过轴承金属进入到轴瓦的钢中。

气蚀通常是一个结构性的问题（凹槽形成、轴承间隙等）。除了油导几何形状的改变外，还可以通过提高系统中油压的措施来减少它们的发生。

6）腐蚀。在轴承技术中常用的材料中，电镀运行层的铅和铅青铜通过与硫、氯反应而受到的影响最大。在运行过程中预期会发生腐蚀的情况下，例如使用重油或垃圾填埋气体的大型发动机，需要增加CuPb材料中的Sn含量或使用AlSn来替代CuPbSn。

（2）轴承背部损坏

1）结合不紧密。径向轴承的第二个重要功能面是外径。为了传递力，需要足够的静摩擦。轴承在轴承座孔中的过盈配合是通过直径的充分覆盖来保证的，对于半轴瓦，则通过长度的延长，即所谓的“突出”来保证。在运行力作用下的弹性变形会在轴承与轴承座之间的界面处产生剪切应力，如果过盈配合不足，则会导致轴承和轴承座之间的相对运动。其结果是材料移动、摩擦生锈、材料转移（点蚀），在严重的情况下，还会导致轴瓦的迁移。

通过更高的过盈可以抑制这些相对运动。然而，极限是由钢轴瓦中的切向应力给出的，切向应力不得超过蠕变极限。因此，现有发动机转速的提高往往需要进行结构上的改变。

2）安装缺陷。除了运行应力和几何形状的缺陷外，轴承在组装时出现的错误往往是导致轴承严重损坏的原因。因此，轴承的结构设计应确保可以避免错拿、混淆等。

7.19.6 展望

发动机技术的快速发展，特别是由于直接喷射发动机的引进而加速，伴随着部件的发展，在某种程度上是可能的。

轴承领域新发展的主要驱动因素是：

- 负载能力（更高的点火压力、平均压力、运行时间）。
- 成本（高负载的多层轴承很昂贵）。
- 环境问题（铅、清洁、制造过程）。

尽管如今所有技术方面的要求都得到满足，但负载能力、运行特性和制造成本的组合，以及涉及铅等对环境有害的物质的替代，对开发提出了特殊的挑战。

出于经济原因，即使在更高的载荷下，也希望使用不带运行层的轴承，因此近年来的大多数材料的开发都是为了在尽可能少的运行限制下增加强度。由于技术的变化，目前的发展方向有所不同：

- 改进二元材料轴承的承载能力，使其在部分区域取代三元材料轴承。这是通过开发新的轻金属合金与先进的铸造技术相结合来实现的。更新的发展包括，例如，AlSn10NiMn、AlSn12Si4 或 AlSn25CuCoZr，前者由于 Sn 含量仍然显著降低，更适合于在中等负载下使用的小型发动机（乘用车）。
- 通过锡体系中的新材料组合，部分还具有颗粒增强，以及铋等全新体系来提高电镀运行层的耐磨性和疲劳强度。
- 具有固体润滑剂沉积的新型合成聚合物基运行层。
- 新的 PVD 涂层组合，以提高耐热性。

有几项这样的新开发即将量产推出，它们将在与环境相关的领域取代传统轴承，如乘用车工业，并在考虑到摩擦学要求的情况下，为其他应用提供更长寿命和更高载荷的替代品。

7.20 进气系统

如今，现代内燃机的进气系统除了空气引导、过滤、声学和向各个气缸的空气分配外，还具有丰富的其他功能。随着发动机复杂性的增加，对进气系统的要求将进一步提高，其中主要的趋势是小型化、平台战略、更严格的排放立法和功能集成的扩展，这些都将对系统的发展产生重大的影响作用。

1）系统功能。从进气口到气缸盖的空气引导作为一个系统来考虑，由供应商设计和开发、制造和交付，供用户安装。这要求供应商对整个气体引导系统有相应的了解，并对发动机的各种功能有全面的了解，包括气体交换过程和排气系统。

2）基础。进气系统由原始侧和清洁侧空气管路部件、作为主要部件的实际空气滤清器和进气歧管所组成，其中，应为燃烧过程提供尽可能少的微粒和冷的空气。根据法律要求，声学措施可降低发动机发出的噪声，进气歧管将进气尽可能均匀地分配到各个气缸，从而确保均匀和有效的燃烧。图 7.327 示意性地显示了四缸发动机的空气引导，包括最重要的功能和附件。空气引导系统的结构基本上取决于燃烧过程的类型（奥托过程或狄塞尔过程）和增压原理。

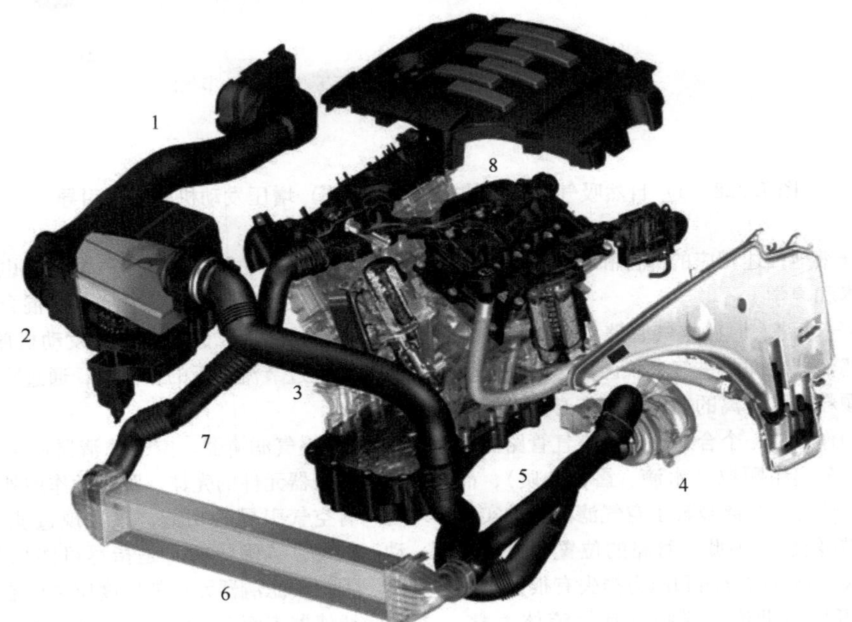

图 7.327 内燃机的空气引导系统（示意图）

1—原始空气管路 2—带有 MAF 的空气滤清器外壳 3—清洁空气管路 4—废气涡轮增压器 5—增压空气管路（热的高压侧） 6—中冷器 7—增压空气管路（冷的高压侧） 8—进气歧管

7.20.1　进气系统的组件

原始空气管路和空气滤清器在所有变型中都是相似的，而空气滤清器下游的系统则有很大的不同（图 7.328）。增压发动机比自然吸气发动机有更长的空气引导。在带有废气涡轮增压器（ATL）的发动机中，进气从前模块通过空气滤清器输送到位于排气歧管处的 ATL 压缩机。然后，压缩空气被引导回带有中冷器的前模块。最后，增压空气管路的冷侧通向发动机上的进气歧管。

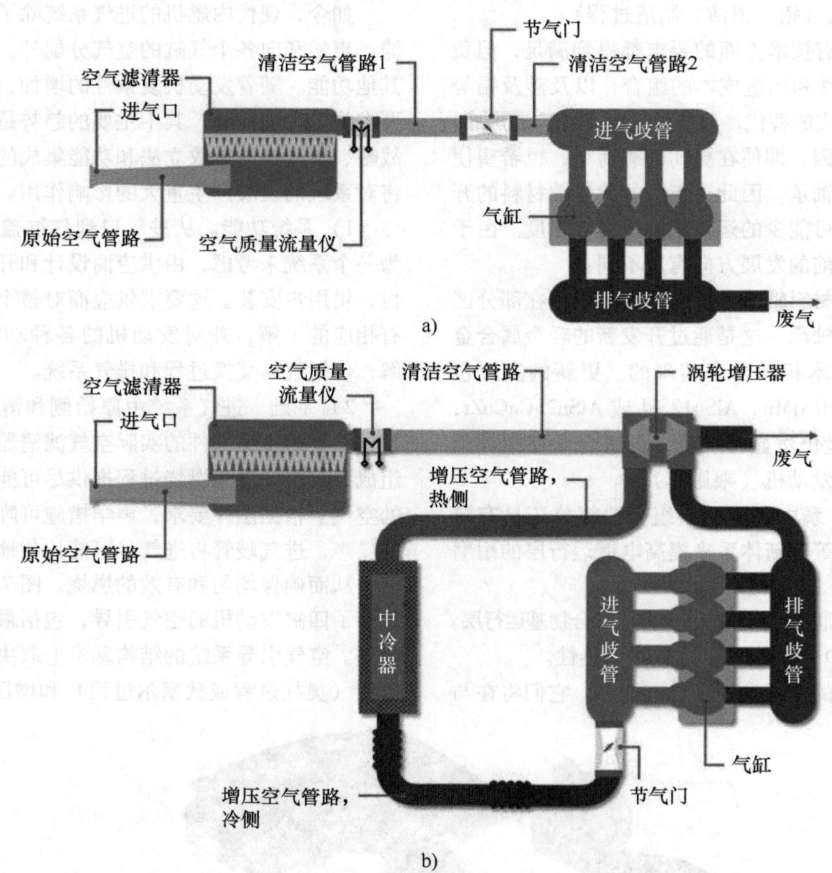

图 7.328　a）自然吸气发动机的空气引导和 b）增压发动机的空气引导

下面将更详细地描述相应的部件和功能，特别是过滤、流动技术和声学。

1）原始空气管路。原始空气管路，即车辆前端进气口与空气滤清器之间的进气系统区域，除流动引导外，还执行颗粒和水分离的功能，并在必要时还起到混合暖空气的作用。一个合适的原始空气管路能够通过偏转在壁上分离粗颗粒（水滴、雪、杂质），而压力损失很小。这种预分离减轻了空气滤清器的实际分离功能（颗粒吸收）。因此，管路的位置和路径变化对颗粒的进入、颗粒的分离和压力损失有很大的影响，并且如今可以借助流动模拟（计算流体力学，CFD，Computational Fluid Dynamics）进行数学预测。

暖空气混合物的混合会影响发动机的运行特性，尤其是在冷起动阶段。暖空气混合物也可以促进过滤元件的干燥和雪的解冻。热空气的混合是通过第二段进气进行的，第二进气段位于发动机舱的温暖区域。调节是通过节流进行的，例如，通过膨胀元件进行温度控制。

2）空气滤清器。空气滤清器通常是指用于容纳空气滤清器元件的壳体。除声学作用外，空气滤清器还具有空气引导的功能，以实现过滤元件优化的流动。其中，“优化的”是指尽可能均匀的流入和流出。垂直于滤清器元件的速度应尽可能均匀地分布在整个滤清器表面上，以确保在最大粉尘容量和过滤介质的分离效率下的低压力损失流动。为了设计空气滤清器中的流动，图 7.329（见彩插）已经在很早的阶段使用了三维流动模拟（CFD）。因此，可以在很早的阶段以最小的试验研究耗费来确定优化的设计。例如，在图7.329所示的系统中，压力损失减少了30%，并通过空气滤清器元件使流入均匀化，从而可以实现过滤性能的显著提升。空气质量流量仪的信号质量也得益于这种流动的优化。

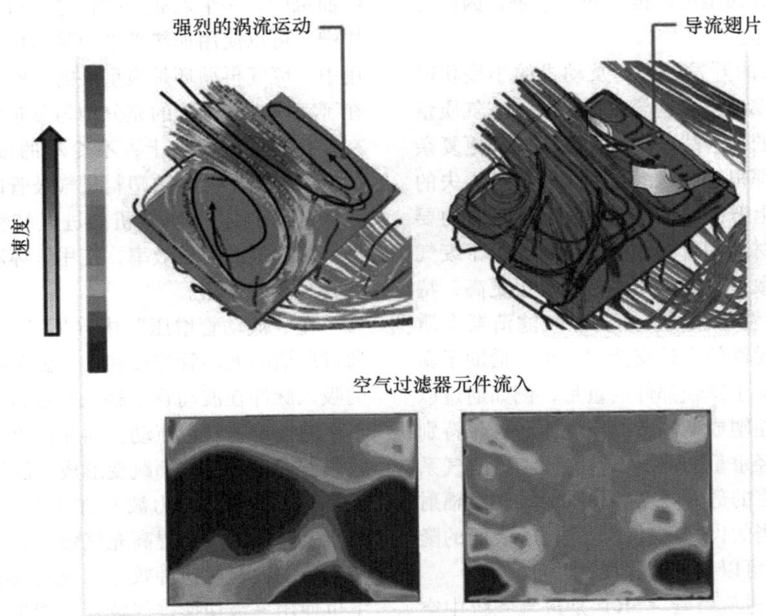

图7.329　滤清器元件的流入。左为非均匀，压力损失高，过滤性能降低；右为优化的和均匀的，采用按照CFD模拟的导流翅片

在寒冷的季节，雪可以被吸入，雪在过滤元件的原始空气侧被分离。这导致空气滤清器的原始侧与清洁侧之间的压力损失增加，最终导致元件堵塞和发动机停机。一种对策是使用防雪系统（ASS），该系统与暖风进气一样，是一种二次进气，从发动机舱的一个无雪区域吸入空气。控制是基于压力控制，由此打开位于原始空气侧的阀门。

3）空气过滤。集成在空气滤清器中的空气滤清器元件的任务是以尽可能好的方式分离进气中包含的颗粒，以保护传感器（例如空气质量仪）和发动机不受磨损。空气滤清器元件既可以是扁平的，也可以是圆柱形设计。为了能够最大限度地利用滤清器表面的结构空间，将过滤介质以折叠的形式安装。典型的过滤介质由纤维素纤维组成，纤维素纤维通过适当的浸渍来保护，以便在给定的边界条件下使用。也越来越多地使用合成材料。考虑到规定的要求和边界条件，针对各自的应用分别选择合适的过滤介质和元件设计。

可以在第23章中找到更多的信息。

4）清洁空气管路。压力或温度传感器以及用于测量空气质量的传感器通常集成在空气滤清器壳体的清洁空气插件中，或也集成在清洁空气管路中。由于对信号质量的要求不断提高，由于日益严格的废气法规，空气质量测量仪（MAF）的流入变得越来越重要。由于结构空间的原因，±2.5%范围内的信号偏差dQ/Q可能是一个挑战，但在性质上是相当常见的。这可能需要使用其他部件，如空气导流格栅、板条或空气导流翅片。借助于CFD模拟观测MAF的流入，以最小化均匀流动、流动中的不稳定和系统彼此之间的与公差相关的偏差，从而产生优化的产品设计。鉴于更严格的排放限值，MAF的可靠功能在所有运行状态和车辆整个寿命期间都是必不可少的。例如，通过来自曲轴箱通风或废气再循环（EGR）的油滴沉积在传感器上而引起的信号的逐渐退化也可以通过流动引导的CFD模拟来显著地减缓。此外，加载滤波器元件时的信号质量是评估和鉴定MAF信号质量的重要标准。

在下游的清洁空气侧，由内燃机产生的气体脉动变得更加强烈。如果热力学和声学不能作为一个整体来考虑，那么这最迟必须在清洁空气管路领域进行，因为这两个学科对空气管路的影响是相互的。在清洁空气管路区域中，可以找到声学部件（分流谐振器，λ/4 管），它们也会影响气体交换。为此，如今使用模拟工具，在设计阶段的早期就计算空气消耗和进口噪声。由于一个计算模型可以提供两个结果，因此可以大大减少建模工作。

5）当前和未来的开发目标。发动机的小型化需要更高比例的增压发动机，这导致更高的比空气质量流量。汽车制造商的平台战略导致了更小的和更复杂的结构空间。两者都很难同时满足声学和压力损失的相反的目标。不断上升的发动机舱温度和增压压力要求使用更高质量的材料和智能的产品设计。由于废气立法的更高要求导致传感器技术规格要求也更高，特别是 MAF 信号稳定性的品质。新的空气滤清器介质以及可变的滤清器元件的设计支持这一点。借助于新的生产技术，也有助于减轻部件的重量，例如通过以发泡塑料为基础的注塑成型制造的空气滤清器。特别是在减小壁厚以减轻重量的情况下，必须考虑进气系统的声学特性。所需的部件刚度和相关的结构声辐射的降低可以通过适当的设计来补偿。这样，表面的隆起以及肋和/或珠粒可以支撑这种设计。

6）进气歧管。进气歧管（SR）是进气系统中空气侧的最后一个部件，它直接连接在气缸盖上，其基本任务是将进气尽可能均匀地分配到各个气缸。根据不同的发动机类型，进气歧管的设计有很大的不同，因为除了均匀的空气分配外，进气歧管对发动机性能也起着重要的影响作用。在部分负荷范围内，功率和转矩以及 CO_2 的减少都可以是设计进气歧管的目标值。进气系统分为被动（刚性）系统和主动（可切换）系统，可以通过切换元件来改变进气系统。

原则上，当今的进气系统可分为三种应用类别：

- 用于普通进气的汽油机。
- 用于增压汽油机。
- 用于增压柴油机。

进气歧管的附加功能是气体的引入和均匀分配，以及部件作为附加部件的承载体的使用。

曲轴箱通风气体和油箱通风气体的引导主要用于汽油机中，一个挑战是防止进气口结冰。在关键的应用中，可以使用加热管来消除这种情况。在柴油机应用中，废气再循环是最重要的。所面临的挑战一方面在于实现进气歧管的充分均匀分布和部件保护，因为在某些运行工况点上，不冷却的废气的引入是必要的，而这绝不能导致塑料进气歧管的热损坏。

7）正常进气汽油机的进气歧管。为了提高正常进气汽油机的充气效率，使用气体动态增压效果、波动管和谐振增压。

在“波动管增压”中（图 7.330），每个气缸都通过所谓的波动管连接到一个公共收集器。通过气缸的吸入脉冲在波动管中触发膨胀波（负压波）。这种负压波以声速逆着流动方向而向收集器方向移动。在收集器上，通过截面跳变形成负压波的反射。返回燃烧室的压缩波（压力波）在进气门关闭前不久到达燃烧室时，可用于提高充气效率。为了能够在更宽的转速范围内利用这种效应，使用两级，在极少数情况下也使用三级切换进气歧管（图 7.331）。

谐振增压（图 7.332）主要用于三缸、六缸和十二缸发动机。功能方式基于亥姆霍兹谐振器。通过形成气缸组，其进气脉冲不重叠。在六缸发动机中，每三个气缸通过短管连接到两个谐振收集器。这些又通过两个谐振管连接到主收集器。通过交替的进气脉冲，在设计转速下产生谐振，从而导致充气效率的增加。通过打开位于两个谐振收集器之间的谐振阀，可以在更高的转速范围内创建一个公共的功率收集器，短管根据波动管增压的原理工作。在这种布置中，谐振增压导致较低转速范围内的转矩增加，波动管增压导致较高转速范围内的功率增加。

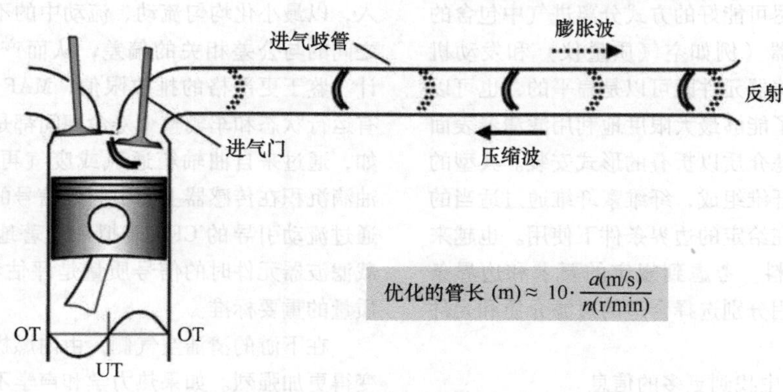

图 7.330　波动管增压原理

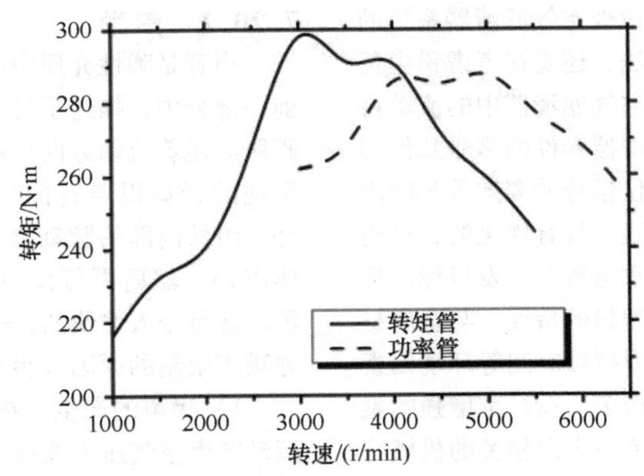

图 7.331 带切换进气歧管的六缸发动机的转矩变化曲线（长度切换）

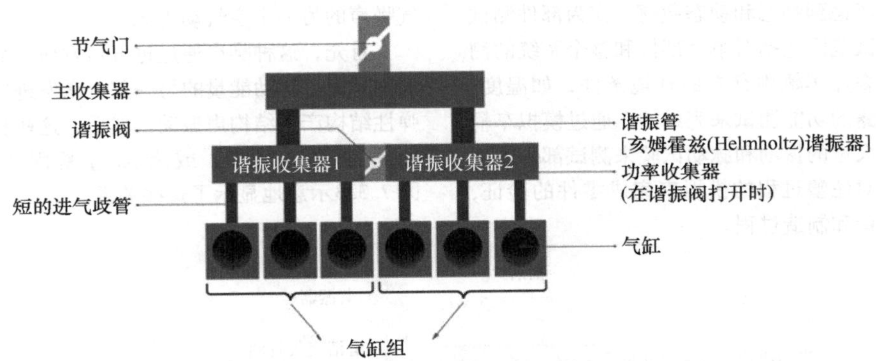

图 7.332 六缸发动机谐振切换进气系统的原理

8）增压汽油机的进气歧管。在增压汽油机中，充气效率主要受增压器产生的增压压力的影响。气体动力学的增压效应在功率和转矩方面仅起很小的作用。因此，这里最好使用带有短的、连接到收集器的管的被动系统。

在这种类型的主动系统中，使用了所谓的充量运动阀，它们位于靠近气缸盖的位置，可改善部分负荷运行中的燃烧过程。其任务是产生进气涡流，以便与喷射的燃料更好地混合，从而产生优化的燃烧。为了满足日益严格的法定排放限值，需要进行优化的燃烧。

9）增压柴油机的进气歧管。如已在增压汽油机的进气歧管中所述，增压器负责提供所需的充气效率。因此，在增压柴油机中，实际上不再有波动管。进气歧管用作增压空气分配器，空气通过极短的管道直接进入气缸。

在主动系统中，采用所谓的涡流阀。该系统的前提条件是在气缸盖中有两个进气通道，其中一个设计为涡流通道，另一个设计为加注通道。涡流阀布置在加注通道中，并在部分负荷运行时将其关闭，气缸在这个特性场区域通过涡流通道充气。气缸中的涡流使燃油与空气更好地混合，从而实现优化的燃烧。这对于将排放量保持在尽可能低的水平也是必要的。

10）当前和未来的开发目标。由于有关允许的 CO_2 排放和与此相关的罚款的法律越来越严格，发动机开发的重点是减少 CO_2 排放。这种趋势也对进气歧管有很大的影响。一种可能性是从直接的增压空气冷却切换为间接的增压空气冷却。在汽油机领域，增压空气冷却器已经集成到进气歧管中，然而，在柴油机领域，主要使用节气门前面的增压空气歧管中的增压空气冷却器（中冷器）。

11）验证方式。如今，来自模拟、声学和部件测试领域的大量强大的工具可用于整个产品验证，其目的是在开发过程中尽早地实现高水平的产品成熟度。为此，为了优化进气系统的功能和特性，已经在早期的方案设计阶段，在虚拟产品验证框架范围内进行了模拟。除了实际的组件功能外，优化的可制造性和低的材料使用量也是从开发一开始就要考虑的重要标准。除声学特性外，还分析并有目的地改进压力损失、均匀分布和测量传感器入流等的流动技术特性。

一旦获得第一个样品部件，就检查空气滤清器系统的过滤特性。由于严格的废气立法，还要在考虑粉尘负载的情况下，非常精确地研究空气滤清器中的流动特性。同时还应考虑到，诸如滤清器元件的褶皱几何形状和过滤介质对空气质量测量仪信号的离散等影响因素。对于进气歧管来说，在高温下具有优化的、抗内压载荷的刚度和强度是一个非常重要的开发目标。在设计过程中已经考虑到热塑性塑料的特性。与金属材料相比，诸如温度、湿度和应力持续时间等环境因素对塑料的力学性能的影响要大得多。在纤维增强的聚酰胺中，不同的纤维取向会导致与方向相关的机械特性，这可以通过注塑模拟与结构力学模拟之间的耦合来考虑。所采用的焊接方法会降低连接区域的强度，在设计时必须考虑到静态和动态载荷。作为部件测试的一部分，测试范围包括对单个部件和整个系统的测试。这是通过叠加车辆中存在的环境条件，如温度、湿度和介质暴露的功能测试来完成的。通过模拟车辆中真实载荷的大量的振动和脉动试验来测试部件的使用寿命。通过对注塑过程的模拟来完成零件的验证，以优化零件质量和制造过程。

7.20.2 声学

声音是弹性介质中的机械振动和波动。在本章的前一部分中，描述了打开进气门后通过活塞的运动使膨胀波逆着流动方向运动。这些压力波动会通过进气系统的开口以声音的形式传播（进气口噪声）。此外，组件内部的脉动会激励壁面振动［结构声（固体声）］，然后再传播空气声。环境并不总是认为这种声音是令人愉快的，这就是为什么每辆车都必须遵守噪声限制的原因（另见第27章）。

1）噪声的产生。在内燃机中，活塞通过其往复运动产生空气压力波动（空气脉动），从而产生空气传播的声音。因此，活塞起着气动脉冲噪声源的作用。在边缘和涡轮增压器处的高的流动速度是造成进气噪声的另一个空气动力源。

首先，这种噪声通过进气口发射，从而直接进入周围环境。脉动能量的另一部分激发进气系统内部的弹性结构产生结构声振动。然后，这些从外表面转移到周围的空气中，或者通过紧固点进入车身。图7.333示意地显示了这些关系。

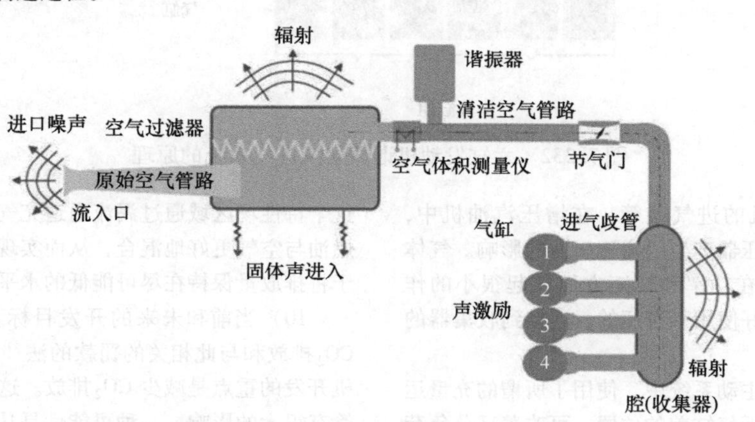

图7.333 进气系统的噪声源

2）优化措施。优化进气噪声的目的在于不断改进声学效果，从而在设计阶段应该已经降低噪声。优化噪声的措施分为：

① 一级措施。它们影响声源。在空气声激励的噪声中，这意味着降低交变压力。而在结构声激励的噪声中，这意味着降低激励力以及改变结构声的特性和辐射（导纳和辐射度）。

② 二级措施。它们随后通过消声器和/或封装以减少产生的空气声并降低噪声排放。

进气系统的气动脉冲声源是发动机；然而，它的影响往往与热力学的目标相冲突。因此，采用二级措施，如消声器过滤器和分流谐振器，以降低进气噪声。图7.334显示了声学措施对进气口噪声和气体交换过程的影响作用的示例。

3）管道系统中的声学元件。对于进气噪声的衰减，可以应用各种声学原理，见图7.335。最重要的消声器结构形式原则上是一个所谓的串联谐振器。这是一个类似于亥姆霍兹谐振器形式的系统，其中一段管道连接到消声器腔室。原则上，这样的谐振器的作用类似于弹簧－质量系统，其中弹簧是通过腔室中的可压缩空气来实现的，而质量则是通过管道中的空气冲击来实现的。根据其尺寸，可以计算出谐振频率

f_0，在该谐振频率下，这样的谐振器放大引入的声音。频率由以下公式计算

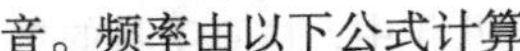

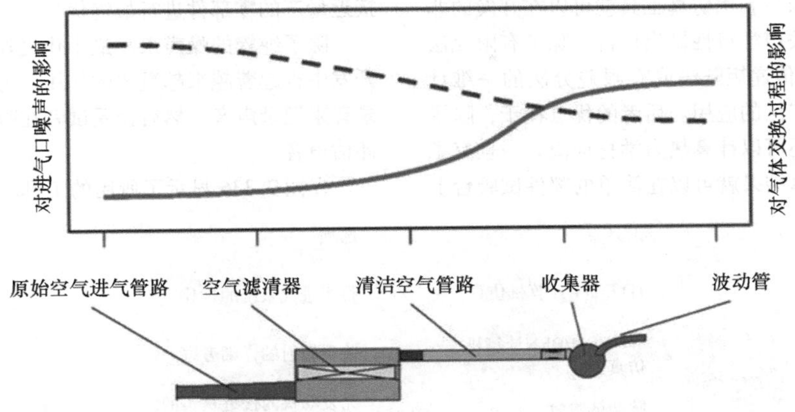

图 7.334 对进气口噪声和气体交换过程的作用

类型	结构型式	应用场合
反射消声器		相对宽带，适用于低频和中频
吸收消声器 (具有吸声能力的材料的反射消声器)		宽带，适用于中频和更高的频率
谐振消声器		窄带，适用于低频和中频
口哨消声器		窄带，大的阻尼，适用于中频，高于亥姆霍兹谐振
支路口哨消声器 (λ/4管)		窄带，适用于中频
针对涡轮增压发动机的宽带消声器		宽带，适用于更高的频率

图 7.335 消声器的结构类型及其应用领域

$$f_0 = \frac{c}{2 \cdot \pi}\sqrt{\frac{A_w}{l_{akust} \cdot V}} \qquad (7.25)$$

式中，A_w是谐振器喉部的平均横截面；l_{akust}是喉部的有效声学长度；V是腔室的体积。相反，从$f_0/\sqrt{2}$开始频率被衰减。这种关系需要通过阻尼过滤器加以利用。为了获得尽可能好的衰减（阻尼），f_0必须尽可能低，即远低于运行时所出现的频率。这可以通过增加空气滤清器的体积、减小进气截面或延长进气管来实现。由于通常结构空间有限，因此，壳体体积不能随意增加。大大缩小的进气截面也会产生不良的副作用，因为这会抑制进气流量。然而，增加的压力损失总是意味着发动机功率的损失，这就是为什么在实践中，通过以扩散器方式将进气口设计成像文丘里管那样，从而将进气管中的压力损失限制在一定范围内。进气管的延伸也达到了系统的极限，因为这样的措施会带来管道共振的危险，然后在特定的频率下又可能抵消了消声的效果。因此，只有对整个系统进行精确的协调，才能在花费与获利能力之间实现优化的折中。

4）声学测量和仿真工具。有许多工具可用于进

气系统的设计。特别是在最近几年中，仿真工具的重要性显著提升，因为利用仿真工具就可以在开发的非常早期阶段对有关声学特性做出评价。除了有限元法（FEM）外，基于传递矩阵法或有限差分法的一维计算程序也得到了广泛的应用。后者的优点在于，除了声学参数之外，还可以计算热力学特征值。一旦有了第一批样品，计算结果就可以在简单的部件试验台上进行验证。然后在发动机声学试验台上或车辆中使用接近量产的零部件进行最终优化。

除了纯粹的噪声水平最小化之外，噪声品质也在开发中也起着越来越重要的作用。为此，借助人造头录音来记录声音，然后让受试者在听觉比较中主观地评估声音。

在图7.336显示了所用的工具。

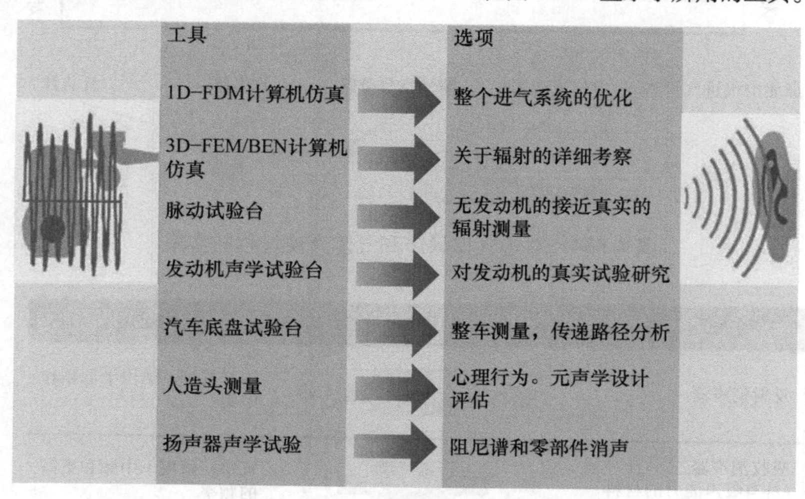

图7.336　声学测量和仿真工具

5）未来的系统。除了被动措施之外，进气系统还越来越多地使用自适应措施。切换进气管用于增加空气流量。而在空气引导系统中，这些组件也可以用于优化声学特性。例如，在低速范围内，如果发动机尚未需要其全部体积流量，则可以通过单级可切换进气管采用更小的进气横截面，以实现亥姆霍兹谐振器的低频调谐。图7.337显示了这种结构的一个例子。

一个有利的设计提供了用于调谐的第二个原始空气管道，其尺寸足以作为一个单独的开口。通过低频调谐的增益可以节省大体积的谐振器，而在有限的结构空间中已经没有任何空间可容纳这些谐振器。一旦负压足够强，弹簧加载的进气口挡板就会释放第二个通道，这意味着，即使在最大体积流量时，压力损失也仍然很小。

随着在进气系统中引入电子设备，也可能会出现完全不同的系统，例如使用反向声来消除噪声。如果将一个相移180°、振幅相同的波发送到来自发动机的声音上，则这两个波就会被抵消。这个原理也称为主动噪声控制（Active Noise Control），如图7.338所示。排气系统中用于声音设计的首批应用现已批量生产。

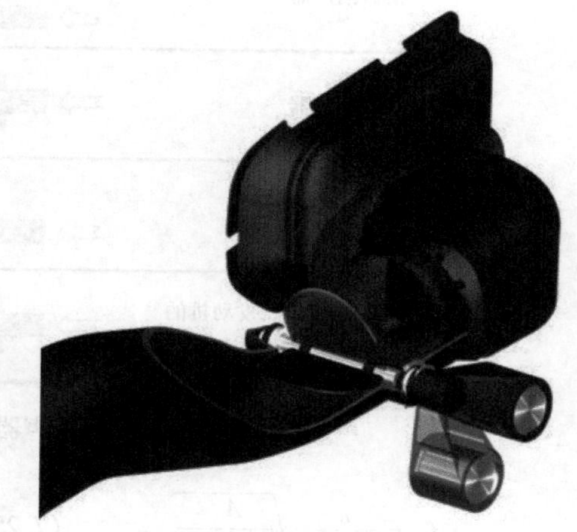

图7.337　进气口挡板

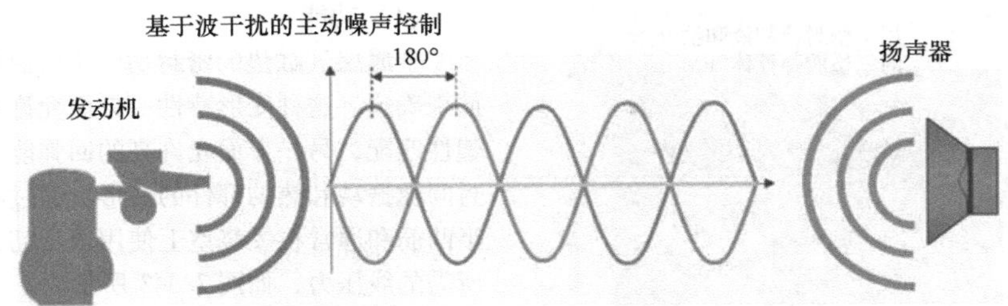

图 7.338 主动噪声控制

7.21 密封系统

内燃机中的密封件有多种变型和材料。通常，只有当它们失效时，人们才会注意到这些通常不起眼的结构元件。然而，在这些情况下，整个系统的功能通常已受到威胁。在发动机开发过程中，密封部件的重要性已经很明显了，如果没有功能性密封，实际上几乎不可能进行有意义的组件测试。

如今，现代密封系统工作非常可靠。经过大量的开发工作，已经开发出了解决方案，即使在恶劣的条件下，如侵蚀性介质、高压和高温下，也能确保持久和安全的功能。

本章旨在为读者提供各种不同类型密封件的概述，介绍其应用和功能基础。

7.21.1 气缸盖密封系统

气缸垫（ZKD）在现代发动机中具有越来越重要的意义。除了燃烧室、冷却介质区域和润滑油通道的密封外，气缸垫还充当气缸盖与曲轴箱之间的动力传递环节。这对整个受力系统内的力分布以及由此引起的零部件弹性变形产生相当大的影响作用。

日益增长的降低燃料消耗和减少排放的要求导致重量优化的发动机结构设计和在柴油机和汽油机更高的点火压力。通过使用轻金属和降低了铸造壁厚，预计部件的刚度会进一步降低。为了进一步减小对排气特性有害的气缸变形，尽量减小螺栓力。这些措施导致气缸盖密封以动态间隙振动的形式承受相当大的载荷。燃烧室密封件必须能够在所有运行条件下始终保证所需的最小密封力。这对所使用的密封系统的耐久性提出了非常高的要求。

7.21.1.1 铁塑 - 软质织物气缸垫

由无石棉铁塑 - 软质织物制成的气缸垫（图 7.339）是 20 世纪 80 年代末改用无石棉材料后主要使用的系统。该结构由一个两边都有卷曲的柔软织物的锯齿形的支撑板所组成。

由于密封效果主要是平面的，因此需要很高的螺栓力。该系统的缺点是相对较低的弹性回弹特性。高动态密封间隙振动或热压变化无法得到补偿，只能通过更高的螺栓力部分抵消。特别是具有小的腹板宽度和大的密封间隙振动的高热应力的发动机，已经显示出该系统的局限性，因此推动着功能更强大的系统的开发。

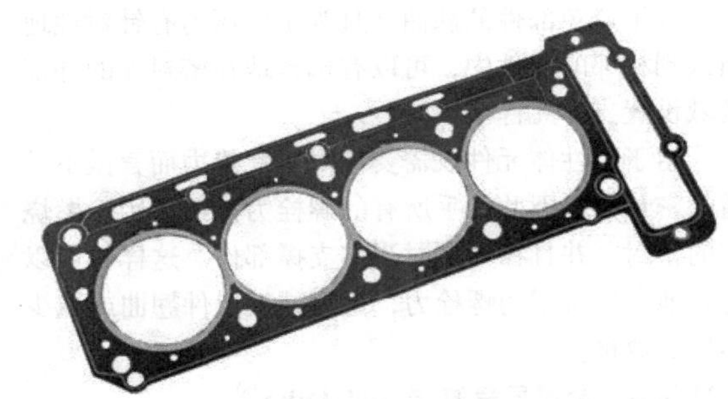

图 7.339 铁塑 - 软质织物气缸垫（ZKD）

7.21.1.2 金属 - 弹性体气缸垫

如今，金属 - 弹性体气缸垫（图 7.340）主要用于重型的和中型的商用车发动机。这种结构形式的功能原理的特征（图 7.341）是燃烧室与液体密封之间的功能分离以及各自密封系统的巨大潜力。

图 7.340 金属 - 弹性体气缸垫

除了纯塑料凸筋方案设计外，弹性系统也用于燃烧室的密封。液体通道用具有高度适应性和弹性回弹

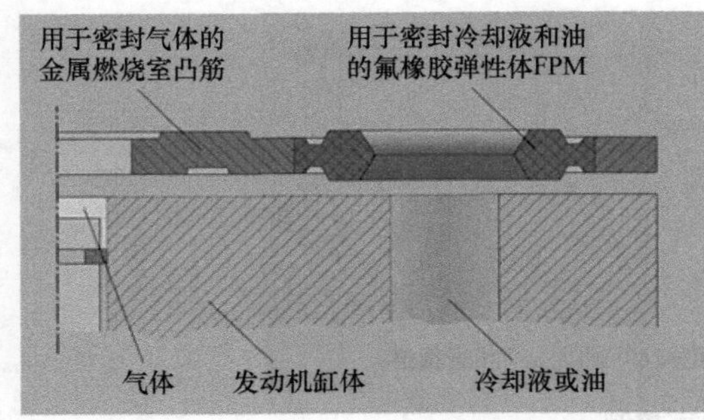

图 7.341　穿过金属－弹性体气缸垫的燃烧室截面

的弹性体密封唇密封。通过选择合适的弹性体材料，可以确保对燃料、冷却液和润滑油介质的耐老化性。根据密封的整体方案设计，弹性体唇缘可以直接压制在密封板的正面或表面上。或者，也可以使用所谓的插入件作为替代，即带有硫化密封唇的金属承载体。

为了避免部件的翘曲并且为了将压力有针对性地引入到相邻的部件中，可以有选择地在密封件的外部区域设置支撑元件。

由于弹性体元件仅需要相对于螺栓力而言微不足道的密封力，因此几乎所有的螺栓力都可以用于燃烧室的密封，并且在必要时当作支撑部件。这样就可以有效地利用可用的螺栓力，可以减轻组件翘曲或减少螺栓的数量。

7.21.1.3　金属层气缸垫 Metaloflex®

自1992年以来，多层钢制密封件已大批量用作气缸垫（图7.342）。特别是在现代柴油机和高应力汽油机的情况下，到目前为止使用的软材料密封件都需要付出最大的努力才能提出适合批量生产的解决方案。对于开发人员来说，金属层气缸垫的主要优点是密封设计可以精确地适应发动机的技术要求，从而避免了高成本尤其是高耗时的迭代步骤。根据应用，金属层气缸垫是单层或多层结构。

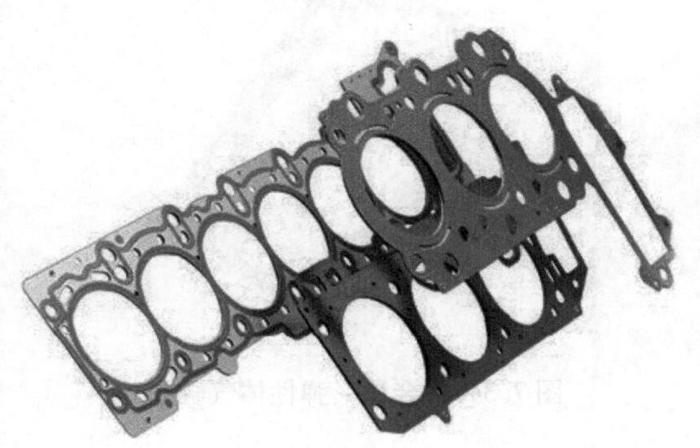

图 7.342　金属层气缸垫

（1）功能

金属层气缸垫的密封功能主要由弹簧钢层中的凸筋来确定。这种变形特性一方面允许对部件刚度进行塑性匹配，另一方面允许高的回弹能力来补偿动态密封间隙振动和热的部件的变形。通过在液体区域使用半凸筋和通常在燃烧室上使用全凸筋，分别达到密封所需的线压力，如图7.343所示。

图 7.343　金属层气缸垫的三维截面

燃烧室周围的发动机部件通过挡板进行弹性预紧，这减小了由气体力引起的密封间隙振动，同时防止了全凸筋的不允许变形。通常的挡板厚度在100～150μm范围内。为了实现柴油机所需的安装厚度或不同的厚度调节，可以插入对密封功能没有影响的中间层。

到目前为止，激光焊接式挡板和折叠式的挡板已经非常成功地在量产中使用，现在正在对压纹挡板进行更新换代。除了永久保证止动效果外，这一方案设计还成功地将其他的功能集成到密封件中。通过将压纹挡板集成到现有的密封层中，可以实现最经济的解决方案。原则上，必须区分弹簧钢层和支撑板中的挡板压花以及折叠功能层，即所谓的分段挡板。方格形和曲形的挡板制造工艺几乎允许任何几何轮廓，无论是挡板的宽度还是挡板的厚度方面。除了经典的止动面之外，设计人员还可以在密封件上的几乎任何地方设置额外的支撑。气缸之间距离非常接近的特殊的发动机结构设计或特殊的衬套结构设计要求挡板与燃烧室上的密封凸筋进行结构上的融合。在这种情况下，特殊设计的全凸筋定位在端子上的环或焊接挡板。

（2）应用示例

1）功能层中的曲形挡板。曲形挡板理想地利用了发动机几何尺寸上给定的挡板表面。压制成曲形的“凸筋”产生增厚，以几乎相同的刚度取代焊接的挡板（图7.344）。其原因是：由于曲折的几何形状而产生的许多绕组增加了挡板的刚度，从而避免了发动机运行中的堆放和不必要的弹性。因为这种弹性挡板将导致发动机在点火压力下密封间隙振动的增加，从而对系统的耐久性产生负面的影响作用。

2）承载板中的方格形挡板。承载板中的压纹挡板具有方格几何形状（图7.345）。在两侧上压制出的锥体截形凹陷在相对侧产生凸起区域，这些凸起区

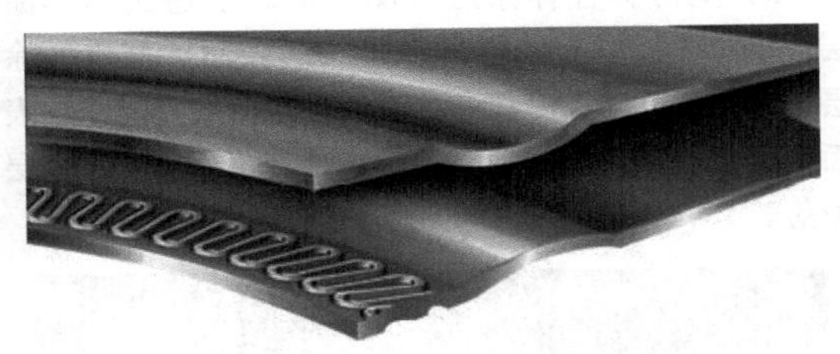

图 7.344 曲形挡板的刚度与激光焊接挡板的刚度几乎相同

域在第二个工作步骤中进行校准，即压制到预定的挡板厚度。因此，在延展性的基材中实现了显著的应变硬化，从而形成了具有非常高的力学强度的挡板结构。以这种方式制造的挡板的刚度与焊接挡板相当。可以用平面或仿形工具进行所描述的校准过程；因此，可以用非常经济的过程生产方格形挡板。

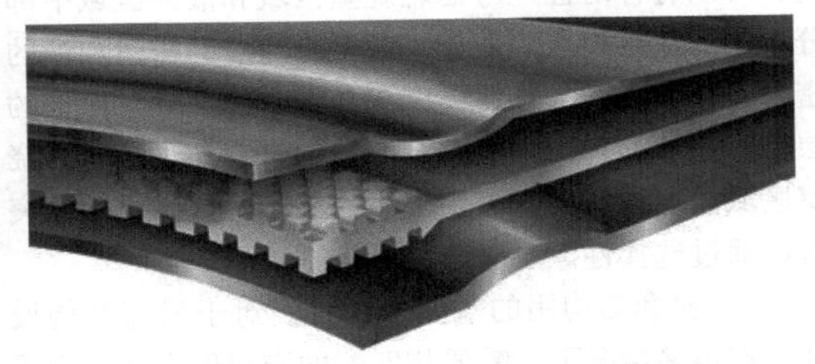

图 7.345 方格形挡板用于几乎所有带有承载挡板层的气缸垫

3）可变的挡板厚度。通过挡板的造型设计，可以有针对性地影响压力分布，进而影响密封间隙振动。在挡板区域，密封厚度根据发动机的刚度，通常增加 0.10 ~ 0.15mm，这就可以实现密封结合处的压力增加和弹性预应力（图 7.346）。通过压纹挡板正好可以实现几乎所有发动机部件所需的任何挡板的外形设计，可以为每个气缸以及密封件上的其他区域可变地确定高度轮廓（图 7.347）。

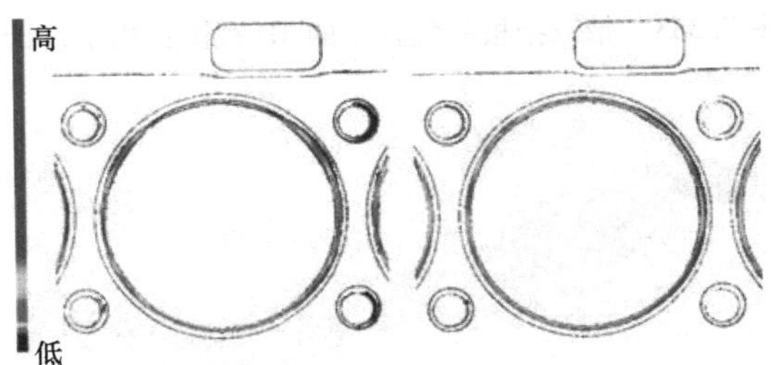

图 7.346 压力分布比较，左侧是定厚挡板，右侧是厚度可变的优化的挡板

通过成形挡板提供了补偿不均匀的组件刚度的可能性。因此，刚度更低的区域可以预加应力，从而使施加的压力可以变得均匀。在这种方式下，可利用的螺栓力被精确地分配到所需的区域，从而得到优化的使用。

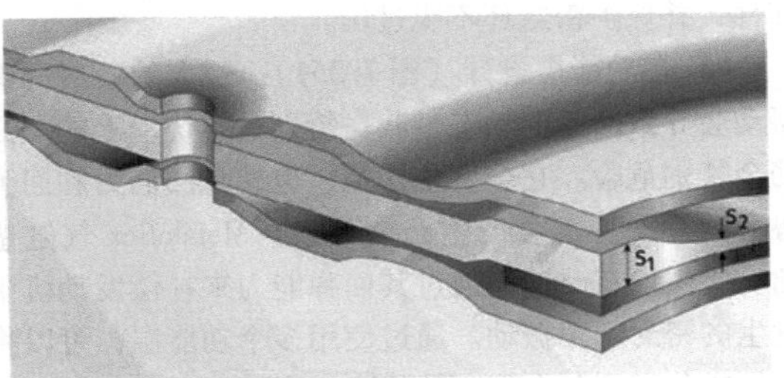

图 7.347 带高度轮廓挡板的气缸垫的 3D 视图

由于气缸垫是气缸盖与缸体之间的张紧系统的核心元件，因此，可以精确地控制压力分布，从而将力精确地导入发动机组件。通过使用附加的支撑元件，可以优化气缸盖和缸体的挠度和应力分布。由于特殊的冲压技术，支撑元件几乎可以在密封件中的任何位置与传统的挡板组合使用，这既可以通过压制到功能层的曲形挡板（图 7.348）来实现，也可以通过方格形挡板来实现。

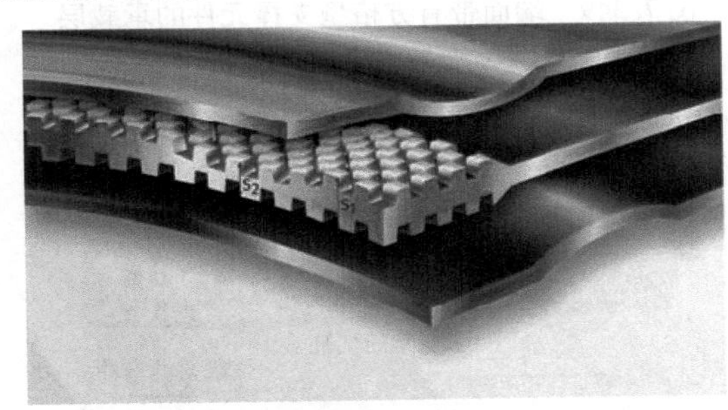

图 7.348 功能系统中的曲形挡板

通过密封件的设计，在考虑螺栓力的情况下，有针对性地影响和限制发动机部件的变形。以此方式，还可以减小发动机部件中的应力，例如，可以最小化气缸翘曲或有效地防止气缸盖中的裂纹。由于局部施加的高的螺栓力，气缸端部处的气缸盖变形通常会明显地增加。为了优化轴承通道的变形，在这些区域中使用支撑元件（图 7.349），这已经在许多发动机中使用了很长一段时间。它们将气缸盖的挠度限制在最小，如图 7.350 所示，从而减少了凸轮轴中的弯曲应力。另一个积极的效果是通过增加轴承间隙来降低运行噪声。

在热引起的密封间隙变化较大的区域，引入额外的挡板元件，以便在这些结构通常较弱的区域中预紧部件，并保护密封环不受过压。

4）多功能层设计（图7.351）。过大的密封间隙振动会导致凸筋的动态过载；特别是燃烧室上的全凸筋会特别危险。它会发生松弛，也就是凸筋力和回弹势会减小，甚至会产生凸筋裂纹。Metaloflex气缸垫的功能层设有凸筋，通过其回弹能力来补偿发动机中发生的密封间隙振动。通过使用多个功能层，可以将总振幅分配到各个层，从而降低到可接受的水平。密封件的总回弹能力随着使用的功能层数量的增加而增加。即使在较小的螺栓力和较高的峰值压力下，也能确保功能和耐用性。

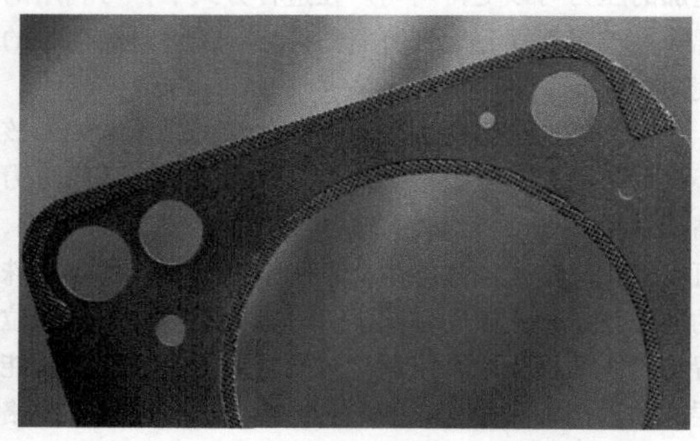

图7.349　端面带有方格型支撑元件的承载层

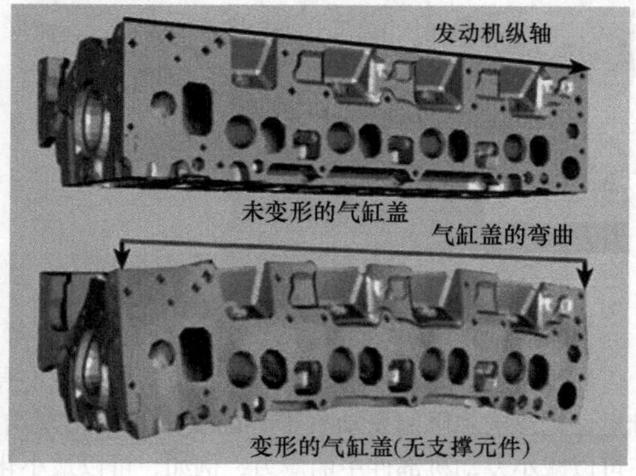

图7.350　带和不带端面支撑元件的气缸盖变形

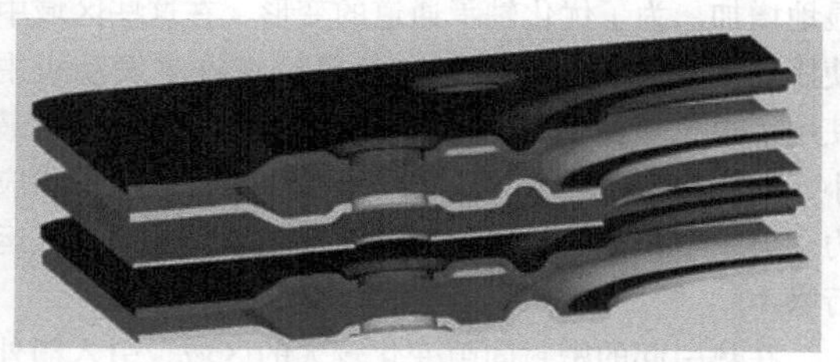

图7.351　在多功能层设计中的气缸垫的3D视图

5）局部弹性体涂层（图7.352）。通过局部涂层，仅对气缸垫上的与密封相关的表面区域进行涂层。因此，可以在冷却介质或油中自由放置的密封表面上省略涂层，从而在临界边界条件下防止涂层脱落。

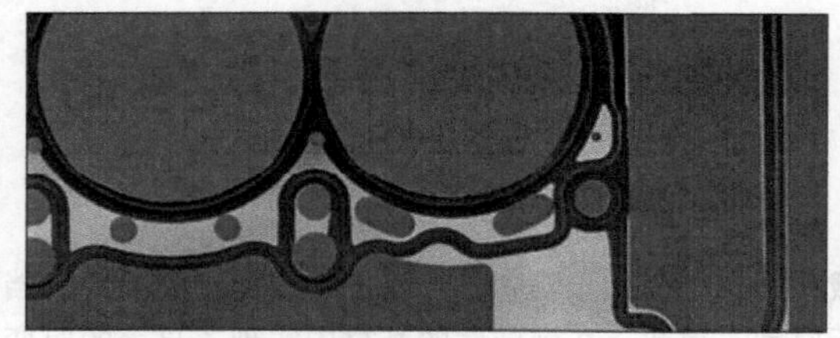

图7.352　带局部涂层的金属气缸垫

该工艺的其他优点是，通过特殊的涂覆工艺，涂层厚度和涂层介质都可以根据应用情况进行选择。因此，可以有针对性地考虑燃烧室区域和液体区域中部分不同的涂层要求。例如，对于冷却液的密封和油的密封，在较大的部件粗糙度或孔隙的情况下，更大的层厚和更软的弹性体是有利的。同时，为了密封燃烧室区域的点火压力，需要更小的层厚。这些目标冲突可以通过选择性涂层来解决。

6）衬套结构用的双挡板设计。对于衬套结构设计，在很多情况下，需要相匹配的密封件设计。为了避免衬套的塑料变形和下沉，必须有针对性地在密封组件中引入所需的密封力和预紧力（图7.353和图7.354）。

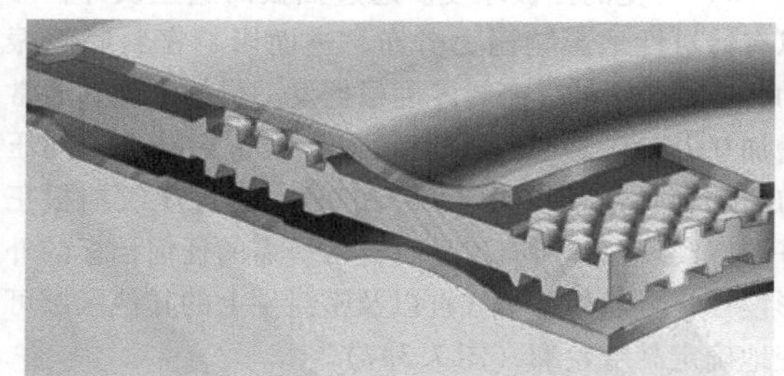

图7.353　带双挡板的气缸垫的3D视图：格子设计

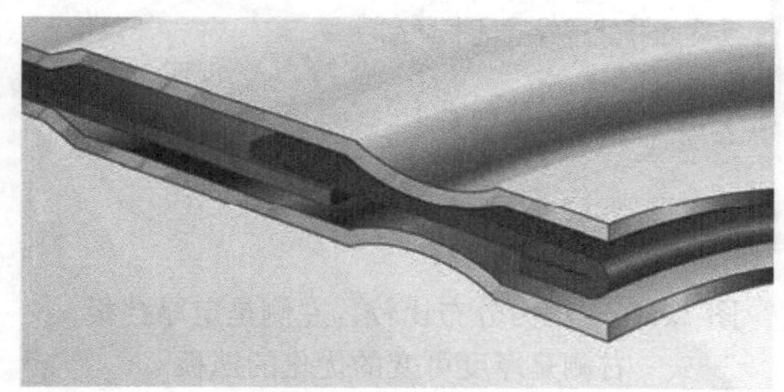

图7.354　带双挡板的气缸垫的3D视图：折叠翻边

通过使用所谓的双挡板，有针对性地规定了衬套的施加力。在这种结构设计中，与标准的结构设计一样，在沿燃烧室圆周方向的衬套上设有第一个压纹挡板，在曲轴箱上的凸筋后面设有第二个挡板。

为了获得优化的运行特性，作用在衬套上的挡板力不能引起衬套的塑性下沉。通过不同的挡板厚度的压花，可以单独控制两个挡板上的压力分布。例如，外挡板的厚度可以增加20μm，因此最大部分预紧力不是传递到衬套上，而是传递到气缸套的外部区域。通过这一措施一方面保证了必要的组件的预紧，另一方面也避免了衬套下沉。在许多情况下，通过将挡板一分为二，从而可以显著地减少气缸的变形。

7）无挡板设计。在汽油机中，尤其是在采用轻金属曲轴箱时，在某些前提条件下可以省去挡板。以这种方式，大大地减小了由气缸垫引起的弹性部件变形。除了减小气缸变形之外，气门座区域的变形也可以大大地减小。

然而，该概念的设计要求凸筋的几何形状精确地与组件条件相匹配。对于常用的带挡板的密封件，全凸筋的变形取决于挡板的厚度。通过这种凸筋保护可以达到涉及耐久性和回弹能力的优化的条件。

在没有挡板的情况下（图7.355），凸筋变形基本上取决于部件的刚度。这意味着，根据气缸盖和曲轴箱的刚度，凸筋会或多或少地变形。为了一方面达到足够的密封压力，另一方面达到优化的耐久性，需要与发动机边界条件进行单独的匹配。

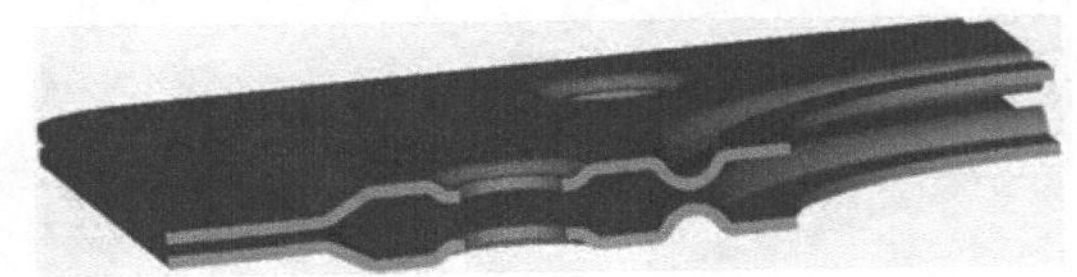

图7.355 无挡板的气缸垫的3D视图

8）集成的附加功能。通过将高灵敏度的传感器系统直接集成到气缸垫中，即集成的密封间隙传感器（IDS）（图7.356），可以更可靠地感知发动机中的过程。

传感器系统利用了气缸内燃烧过程中产生的巨大压力。这些压力导致发动机缸体与气缸盖之间的相对运动。传感器记录运动情况，因此，能够在早期阶段检测发动机中的不规则性，例如燃烧过程中的故障。

对发动机中冷却液温度和部件温度的测量正变得越来越重要，因为例如在特性场控制冷却的背景下，在目前使用的测量点中几乎不可能记录具有代表性的数值。特别是在没有或只有少量冷却液流动的工作区域，不可避免地要在发动机的关键点测量温度。

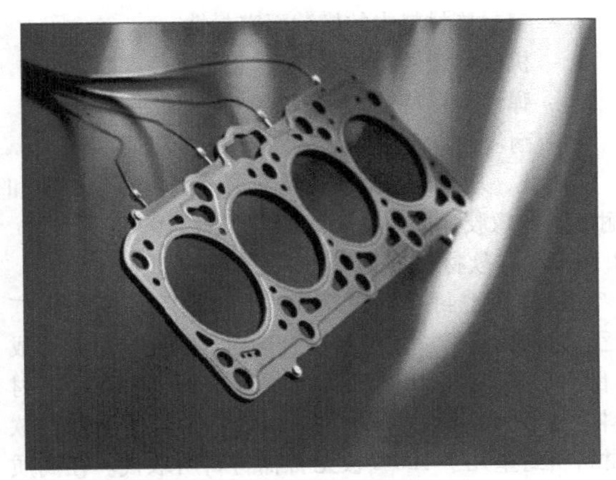

图7.356 带有集成的密封间隙传感器的气缸垫（IDS）

7.21.1.4 展望

未来发动机设计对气缸垫的要求主要表现为更高的峰值压力、更高的热应力、降低的部件刚度和新材料。

由于其模块化的结构形式，金属层气缸垫提供了所有的可能性，以单独适应特定的发动机边界条件。通过该系统的结构设计自由度使得有针对性地在发动机中影响张力和压力分布成为可能。因此，可以有效地利用可用的螺栓力，同时最小化部件的变形。进一步开发的金属层气缸垫Metaloflex®将在未来继续提供安全、耐用和高的成本效益的密封方案设计。

金属弹性体技术将继续成为重型商用车发动机领域占主导地位的气缸垫的结构形式。通过燃烧室密封和液体密封的功能分离确保了密封的优化的匹配，特别是对于带湿缸套的发动机，以满足特殊要求。

7.21.2 特殊的密封件

7.21.2.1 扁平密封垫的功能说明

扁平密封垫可用于多种液体介质和气体的高效、经济的密封。压力载荷和温度负荷可以在很宽的范围内得到控制。对要密封的部件的法兰面要求不高；用刀头加工的表面就足够了。为了实现可靠的密封，静态扁平密封垫在所有工作状态下都必须保证足够的表面压力。在设计过程中，必须考虑影响参数，如工作介质、温度和工作压力的波动、结构元件（如螺栓和密封面）、在连接中密封垫的位置以及密封垫本身对密封连接的耐久性。

因此，对密封元件的要求如下：

- 对部件表面的适应性（微观结构——粗糙度/宏观结构——不平整度）。
- 在热和/或介质影响下的耐压性（沉降特性）。
- 密封垫表面的密封性。

- 密封垫材料中的横截面密封性。
- 机械稳定性（抗拉强度）。
- 弹性恢复特性。
- 耐温性。

因此，理想的密封垫片是具有高强度、耐介质和耐高温的橡胶弹性的金属。

7.21.2.2　软材料密封垫

软材料密封垫（图7.357）的应用范围非常广泛。它们由纤维、填料和黏合剂组成的复合材料构成（图7.358）。自20世纪80年代末以来，被称为IT材料（橡胶－石棉，Gummi－Asbest）的众所周知的软材料密封垫几乎100%被无石棉材料所取代。在高质量的软材料密封垫中，石棉纤维已基本被芳纶纤维所取代。它具有优异的力学性能和热性能。纤维素和矿物纤维用于要求不高的低成本密封材料。

图7.357　软材料密封垫

图7.358　软材料密封垫复合结构

现有材料质量的多样性，如EWP®密封垫材料，能够为几乎任何应用情况选择合适的密封垫材料。软材料密封垫的可供厚度范围为0.20～2.5mm以上。通过材料厚度，可以根据适应性、机械稳定性和沉降特性等参数来调整密封垫。可通过额外应用线形弹性体层来改善软材料密封垫的性能。在这些区域，表面上规定的预紧力（低的密封压力）被降低到狭窄的线区域（高的密封压力）。

如今，软材料密封垫的组装是在现代CNC控制的水射流切割系统上进行的。通过这种技术，不需要工具即可切割密封垫片。

使用无石棉软材料密封垫的限制是在非常高的热负荷密封点。

7.21.2.3　金属－软材料密封垫

金属－软材料密封垫（图7.359）与前文描述的软材料密封垫的不同之处在于，它们在材料的中间有金属嵌件（图7.360）。它们主要用于汽车领域，并用于冷却液、润滑油、燃料和废气领域。

图7.359　金属－软材料密封垫

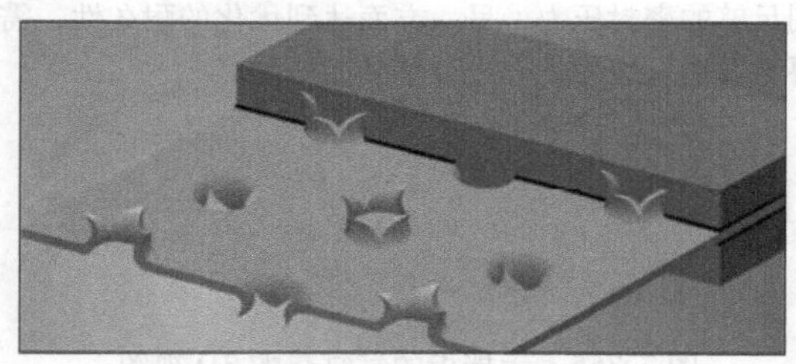

图7.360　金属－软材料密封垫的结构

金属插件（承载板）通常由锯齿状的、穿孔的或胶合到光滑表面的钢板所组成。

金属插件具有许多优点：

- 高的抗拉强度。
- 机械的鲁棒性。
- 密封垫高的尺寸精度。
- 工艺技术的优势（卷材生产）。
- 通过减少纤维含量降低成本。
- 在承载板上采用不同的密封材料。

由于所需的抗拉强度是通过承载板实现的，因此可以有针对性地优化密封垫材料的其他特定性能，如图7.361所示。

图 7.361 中所列材料的具体特性主要通过密封垫的组成来确定。图 7.362 显示了选择密封垫的最重要设置参数。

密封垫的组成在很大程度上取决于耐温的要求。在高达 150℃ 的温度范围内，它们可与复合材料（7.21.2.2 节）相媲美。对于排气密封垫，采用高的耐热石墨和云母材料。正如前文有关软材料密封垫的描述，金属－软材料密封垫的性能可以通过附加的线形弹性体涂层来进一步提高。特别是通过这种方式可以显著提高表面密封性。

材料	优化的特性	应用实例
FW 522	耐压性，横截面密封性，耐介质性	气缸垫
FW 715	适应性，横截面密封性	油底壳
FW 520	耐高达 450℃ 高温	排气歧管
FW 501	适应性，耐高达 500℃ 高温	废气再循环
FW 610	耐高达 800℃ 高温	涡轮增压器

图 7.361　金属－软材料概貌

	耐压性	适应性	内部密封性	回复特性	耐温性
填充物含量	↑	↓	→	↓	↑
纤维含量	↓	↑	↓	↑	→
弹性体含量	↓	↓	↑	↑	↓
浸渍剂含量	↓	→	↑	↓	↓
压缩量	↑	↓	↑	↓	→

图 7.362　材料参数及其功能影响

7.21.2.4　来自 Metaloseal®的特种密封垫

Metaloseal®一词来源于英语“金属密封”（Metal sealing）。金属密封垫的基本结构（图 7.363）是以金属承载体为基础，金属承载体的两面通常涂有弹性体。其中一个最大的优点是，根据不同的应用点，不同的金属可以与不同类型的弹性体相结合。由于附加的压花凸筋，承载体材料的特性可以优化地与密封连接相匹配（图 7.364）。在 7.21.2.1 节中已经描述的对密封元件的要求，只能由经过涂层和机械改性的金属密封垫来满足。

图 7.363　带翅片的润滑油滤清器支架密封垫

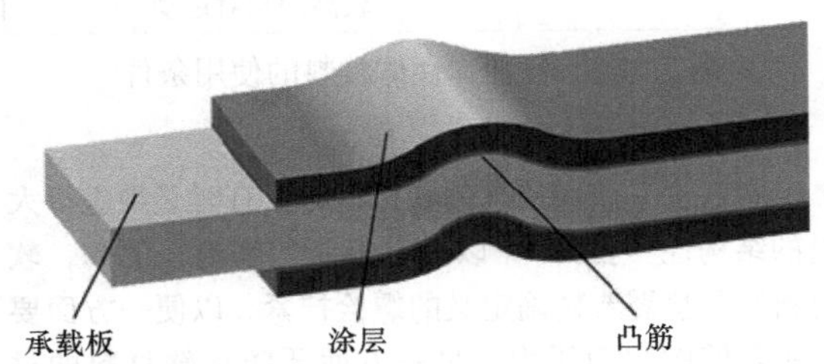

图 7.364　金属密封垫的结构

（1）承载体材料

承载体材料的选择对密封性能有直接的影响作用。密封垫对法兰表面（宏观密封）的优化的适应性可以通过关键的调整参数、承载体材料特性和凸筋几何形状来实现。图 7.365 给出了不同承载体材料的概述。

材料的厚度通常为 0.20～0.30mm。在特殊情况下，可以使用更厚或多层的密封垫。因此，通过选择合适的材料和凸筋几何形状，可以在几乎所有应用中实现最佳的宏观密封。

承载体材料	使用条件
冷轧带	标准设计
弹簧钢	动态密封间隙运动，高压
不锈钢	腐蚀性介质，腐蚀防护，增强摩擦磨损防护
耐高温钢	排气范围或温度在400～1050℃之间
铝	预防性避免镁壳体、铝壳体或GG壳体的接触腐蚀

图7.365　Metaloseal®承载体材料

（2）涂层

弹性体材料的选择主要取决于要密封的介质和现有的工作温度。涂层最重要的任务之一是封闭粗糙表面，从而防止要密封的介质通过表面逸出。根据应用的不同，每面涂层的厚度可在5～100μm之间变化。图7.366给出了不同弹性体材料的一些应用实例。

弹性体材料	使用条件
丁腈橡胶（NBR）	冷却液，油，空气，受燃料限制
氟橡胶（FPM）	燃料
三元乙丙橡胶（EPDM）	制动液，液压油
耐高温涂层	废气范围法兰温度达到＜1000℃
石墨涂层	作为滑动涂层，以补偿组件较高的相对运动

图7.366　各种弹性体材料的使用条件

（3）金属密封垫的工作原理

在过去，使用传统的软材料时，有时必须进行大量的结构性“拉升”，以确保可靠的密封。例如，软材料密封垫需要精确定义的螺栓拧紧，以便一方面要达到足够的表面压力，另一方面要防止软材料的过压，过压必然会导致软材料的破坏，从而导致泄漏。此外，在软材料的组成中，不同的密封特性之间总是存在着目标冲突（见图7.362）。而这正是金属密封垫的用武之地。通过压纹凸筋，将表面压力降到线压力。因此，在相同的螺栓力下，可以获得更高的表面压力，或反之，在相同的表面压力下，则需要更小的螺栓力。

通过使用金属承载体，现在可以利用金属的所有物理特性。此外，还可以获得另一个可以调整的变量：凸筋力。

凸筋力既受凸筋确定的高宽比影响，也受凸筋本身的形状（半凸筋或全凸筋）的影响，并根据每个应用点进行单独调整。在部件的初始装配过程中，弹性体涂层通过凸筋力压入表面，并关闭现有的通道。此外，通过凸筋密封来调整密封垫对部件寿命的适应性。在经典意义上，凸筋的工作原理就像弹簧一样，根据变形情况建立起所需的密封力。图7.367描述了组件对密封垫的要求与各功能元件的影响可能性之间的关系。

（4）使用条件

通过金属承载体材料与各种弹性体材料之间的多种组合可能性，因此几乎可以覆盖发动机的所有应用领域。当然，必须分析每种密封连接，并且必须定义相应的密封垫的特性，例如材料结构和凸筋的几何形状。图7.368概述了金属密封垫的广泛的应用范围。

对密封垫片的要求	功能元件
对组件粗糙度的适应性	适应性的弹性体涂层
对部件不平整的适应性	凸筋
密封垫的横截面密封性	无孔的弹性体涂层
耐压性（沉降特性）	金属承载体，薄的弹性体涂层
机械稳定性	金属承载体
弹性回复特性	承载体材料，例如弹簧钢、凸筋
耐温性	承载体材料和涂层材料

图7.367　Metaloseal®密封垫的各种功能元件满足各种特定的要求

标准	应用范围
温度	-40～1050℃
压力	350bar以下
介质	冷却液，润滑油，废气，制动液，液压油，空气，燃料，生物柴油，尿素溶液
表面参数 粗糙度 不平整度	 R_{max} ≤25μm ≤0.30mm

图7.368　金属密封垫的应用范围

7.21.2.5　展望

随着欧5和欧6标准对乘用车和商用车领域的废气排放要求的不断提高，对密封系统的要求也越来越高。这导致了新的、创新的产品的开发。

发动机发展的趋势是小型化和带有废气涡轮增压器的发动机。在废气区域中的废气温度超过1000℃时，需要特殊涂层的金属密封垫，即使在这些温度下，金属密封垫仍具有足够的、机械的弹簧特性。为此，镍基合金越来越多地用作密封垫材料。这里，由镍基合金制成的金属密封圈（V形圈或C形圈）代表了一种技术上的密封解决方案，如图7.369所示。通过特殊的制造工艺，即使在高温下也可以实现极低的泄漏率。由于最低的泄漏率通常还需要密封系统额外的涂层，因此必须特别注意这一点，尤其是在高温范围内。

图7.369 镍基合金制成的金属密封垫

额外的废气后处理系统，如SCR（选择性催化还原，Selective Catalytic Reduction），对密封系统的腐蚀问题提出了更高的要求。在使用生物燃料时，还必须注意确保密封垫不会受到损坏。

通过使用金属承载体材料，密封垫可以承担更多的功能，例如集成油挡板或传感器，以实现高效的发动机管理。此外，预装配解决方案，如固定夹具和对中元件，在安装组件时具有额外的优势。

7.21.3 弹性体密封系统

更大的功率、更轻的重量、更低的燃料消耗和更低的排放，这些发动机设计的关键要求对密封系统也提出了越来越高的要求。由于重量和功能的原因，发动机部件和附件越来越多地由塑料制成。因此，与以前所使用的铝和镁材料相比，部件刚度降低（更低的弹性模量）。对此，在压紧过程中会发生更大的变形，必须通过密封系统来补偿。

为了满足这些苛刻的要求，弹性体密封系统非常适合。一方面，弹性体密封垫所需的密封压力非常低，另一方面，高的弹性特性允许很大的公差补偿。由于弹性体密封材料的耐温性，它们仅用于液体或气体的密封。在弹性体密封的情况下，燃烧室的密封是通过金属结构实现的。

根据需密封的介质和存在的温度，根据需求情况选择合适的弹性体。图7.370概述了可用的弹性体材料及其各自的应用领域。

弹性体材料						
简称（ISO 1629）	化学名称	应用领域发动机			热应用范围	应用实例
		燃料	冷却液	润滑油		
FPM	氟橡胶	+	+	+	-20～230℃	ZKD，进气区域
MVQ	硅橡胶	-	o	o	-50～200℃	ZKD，特殊应用
MFQ	氟硅橡胶	-	o	+	-70～180℃	ZKD，特殊应用
ACM	聚丙烯酸酯橡胶	-	-	+	-30～150℃	油底壳，气缸盖罩
AEM	乙烯丙烯酸酯橡胶	-	-	+	-35～160℃	油底壳，气缸盖罩
EPDM	乙丙橡胶	-	+	-	-50～130℃	水泵
ECO	环氧氯丙烷橡胶	+	-	+	-40～120℃	在燃料领域的特殊应用
HNBR	氢化丁腈橡胶	o	o	+	-30～150℃	应用特殊
+ 相当适合，o适合，-不适合，ZKD=气缸垫						

图7.370 弹性体材料

7.21.3.1 弹性体密封垫

弹性体密封垫（图7.371）没有承载体。例如，为了防止弹性体轮廓的过度应力，这些密封垫插入到部件的槽中。原则上，部件的造型设计必须防止极端的变形。密封垫的这种设计的特点是高宽比。几何形状截面在压入力方向（高度）上比在横向方向（宽度）上明显要大得多。这在20%～30%的压力下产生非常宽的密封垫工作区域，从而能够密封高度变形的塑料部件。特别是当这种结构形式与气门罩、进气歧管结合使用时。对于凸轮轴轴承和部件中其他三维突出的密封，弹性体密封垫是可靠控制密封的唯一可能性。在这些区域，通过弹性体密封垫的特殊形状可以确保优化的密封。

利用有限元法（FEM）特别计算的截面，使密封垫轮廓与要密封的部件的具体特性相匹配。很少使用矩形密封截面，因为变形特性非常有限。

在声学领域，T形截面是首选的密封垫轮廓。与用于螺纹连接的特殊设计的解耦元件相结合，该设计用于气门盖的密封。由于要密封的部件是用弹性体元件压在一起的（图 7.372），该系统不能再用过去使用的结构设计方法来计算。为了造型设计具有可靠功能的这些系统，必须无法避免地通过有限元（FE）计算分析由密封垫、解耦元件、螺栓和套筒组成的整个张紧系统（见图 7.378 和图 7.380）。

声学解耦系统的要求是：

- 结构声解耦。
- 可靠的部件螺栓连接。
- 密封。
- 单一部件的预组装。

有限元计算、实验室模拟和材料开发的相互作用使定制的声解耦密封系统成为可能。

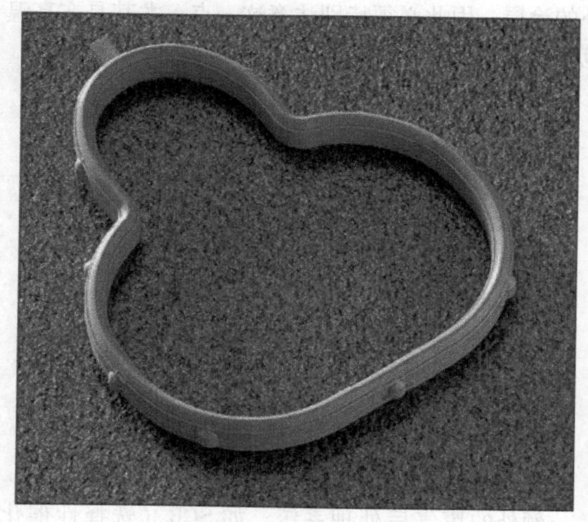

图 7.371　进气歧管密封垫

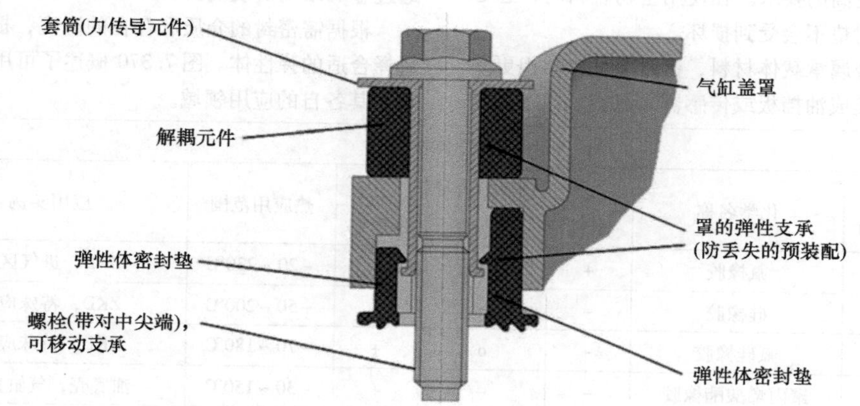

图 7.372　解耦的气缸盖罩系统示例

7.21.3.2　金属－弹性体密封垫片

由于某些部件的几何形状或功能的原因，通常不能使用纯弹性体密封垫（需要在部件中有一个凹槽），因此开发了金属－弹性体密封垫，如图 7.373 所示。在这种密封垫结构形式中，弹性体直接硫化到铝或钢承载体上。弹性体高度与承载体厚度相匹配，但明显低于纯弹性体密封垫。与纯弹性体密封垫一样，在这里弹性体也用于力的分流。不需要部件凹槽，因为由铝或钢制成的承载体形成主要的动力连接，如图 7.374 所示。

通过在承载体中集成附加功能，这种结构形式大大增加了发动机开发人员的结构设计自由度。此外，该系统还具有较高的功能安全性和经济性。在实践中，通常集成的功能有：

- 流体流量校准。
- 废气再循环。
- 安装辅助。
- 借助于夹具预安装。
- 电缆密封。

图 7.373　曲轴箱金属－弹性体密封垫

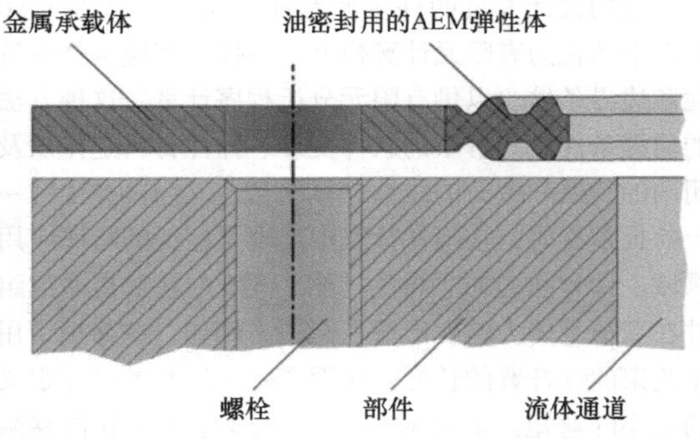

图 7.374 金属-弹性体密封垫的剖面

通过使用双组分喷涂机，可以在一次喷涂工作过程中将两种不同的弹性体硫化到承载体上。这样做的优点是，对于每种要密封的介质，可以使用最合适的弹性体材料。可靠的偶联剂系统保证了两种弹性体与金属的良好结合，是这一过程不可或缺的先决条件。

在 7.21.1.2 节中描述了由带硫化弹性体轮廓的金属承载体制成的金属-弹性体气缸垫。这种密封垫的结构形式用于商用车领域乃至船舶和机车中的大型发动机。

7.21.3.3 模块化

对于一个优化工作的密封连接来说，重要的是不要孤立地考虑密封系统，而要考虑所有参与的单个系统的复杂的相互作用。因此，密封垫制造商越来越多地开发部件，并将其作为预组装的多功能系统与密封垫一起提供。这些现成的模块越来越多地取代了迄今为止的单个组件。对此，密封系统和部件（铝、镁、钢或塑料）的所有可以想象的组合都是可能的。

轻量化的结构设计对于降低燃料消耗和提高发动机功率是必不可少的。塑料在这里提供了决定性的优势，并越来越多地取代迄今为止用于发动机部件的材料。在密封技术，特别是弹性体加工方面的专门知识和系统能力构成了创新性的塑料模块开发的基础。它们特别用于以下领域：

- 气门罩，图 7.375。
- 发动机舱盖。
- 油分离器。
- 冷却液罐。
- 进气歧管。

根据对塑料部件的要求，设计部件使用 PA6 材料，具有力输入或力传递功能的部件使用 PA6.6 材料。目前正在开发以 PA6 取代 PA6.6 的初步方法。为了获得必要的强度和加工特性，在这些基本类型中添加了玻璃纤维和部分矿物填料。对于具有集成的密封功能的模块，使用弹性体密封系统，因为它们可以优化地适应要密封的介质和协调部件刚度的要求。

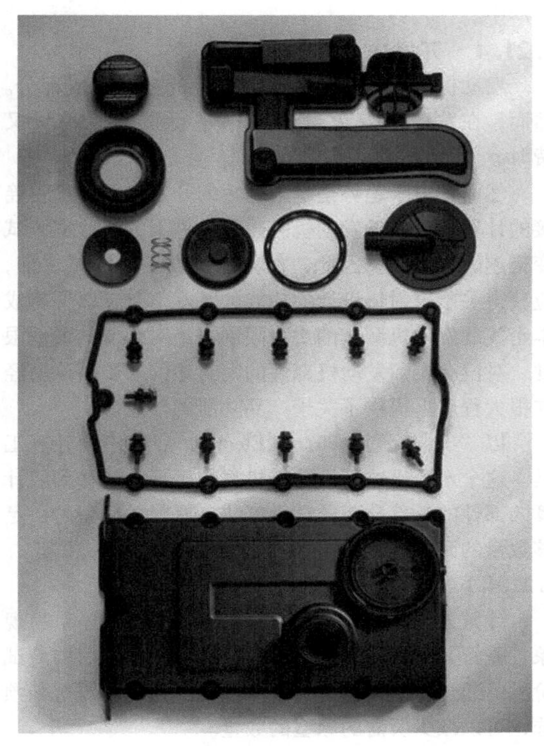

图 7.375 带集成的密封垫和油分离系统的气门罩模块

由于塑料的加工特性，许多功能可以非常有效和经济地集成到模块中。如前所述，最大的优点还在于可实现的重量减轻和生产技术，这使得塑料部件完全不需要返工，如去毛刺、螺纹切割或表面加工。与铝相比，热塑性塑料的优点是可以通过焊接集成部件。

模块的多功能的例子有：

- 部件的声学解耦。
- 从曲轴箱排出窜气（Blow-by）的集成。
- 将油分离系统集成到气门罩中。
- 用于调节曲轴箱压力的阀门的集成。
- 气缸盖电缆套管的集成。
- 预组装的完整系统。

为了确保模块在发动机的整个使用寿命内安全运行，在开发阶段进行了全面的功能和几何形状的检验。此外，还开发了模拟试验，以反映车辆运行中出现的负载状态，并允许减少试验时间。在开发这些测试时，不断考虑到来自实际的经验和结果。

有限元计算、模拟和发动机测试的相互作用使得能够在最短的时间内将满足所有规格要求（例如在负载能力和使用寿命方面）的塑料模块投入到批量生产中。

7.21.4　开发方法

发动机试验仍然是密封垫试验的主要组成部分。然而，在发动机点火试验台中进行试验既昂贵又费时。

然而，由于趋势是越来越短的开发时间，密封连接的计算和在接近发动机的边界条件下的实验室测试变得越来越重要。因此，在实际的发动机测试之前，应获得关于密封垫设计的功能的基本信息，以便将成本密集的发动机测试的次数限制在绝对必要的最低限度。对没有实际发动机部件的密封垫的初步测试已经在很大程度上提供了关于产品功能的信息。

以“有限元”（Finiten Elemente）法作为计算工具。这个术语描述了为计算机将物理现象转移到要计算的部件的一部分上的数学算法。有限元模型是由足够数量的元素表示几何形状。

7.21.4.1　有限元分析

计算人员的任务是识别提出的问题所必需的现象，并将其纳入计算程序。在结构设计和随后的测试阶段，通过有限元计算对部件进行优化。通过这种预选，可以减少所需的原型的数量。

结构设计人员的许多问题如今可以直接在CAD程序中转化为有限元计算模型，并提供相应的材料特性和边界条件，以供有限元分析程序计算。这种方法的前提条件是具有小的组件变形、弹性材料定律以及明确的约束和载荷的线性计算。当违反线性方法的一个前提条件时，在组件计算中出现了广泛的特殊应用领域。计算问题的非线性（图7.376）通常是通过组件在载荷下的大的变形所引起的，例如，这缩短了用于约束的杠杆臂的长度，从而产生了比基本尺寸定义的更小的弯矩。如果对组件的变形有额外的位移限制，则这些应描述为非线性接触条件。大多数工程材料的材料特性也只在很小的范围内呈线性；在那里，它们遵循“胡克定律”（Hook），该定律通过“弹性模量”因子将应力和应变联系起来。在这一范围的极限，优化策略导致重量减轻或在均匀应力水平的意义上更好地利用材料。如果离开这个线性区域，通常会发生金属的塑性变形、塑料的蠕变应变或应力松弛过程。橡胶材料的应力－应变关系基本上是非线性的。时间条件也在那里发挥作用，也就是说，载荷施加的速度和作用的持续时间对物体的变形特性起着至关重要的作用。

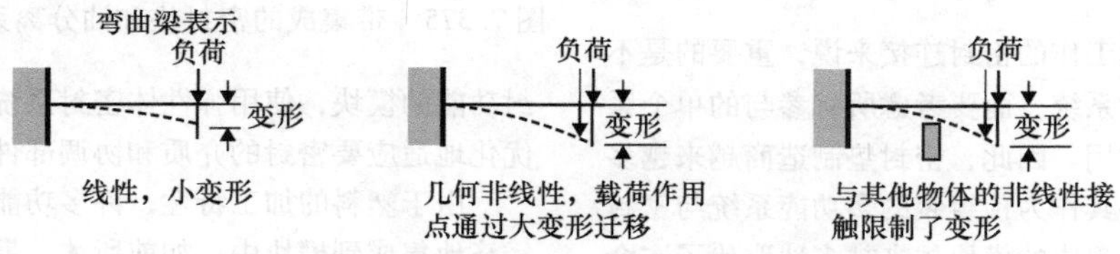

图7.376　线性、非线性和具有接触的弯曲梁

（1）产品计算

部件特性的预测和优化既需要对材料特性的详细了解，也需要对从半成品到成品的制造过程有很好的了解。在金属层密封垫（图7.377a）的全凸筋上进行几个成形步骤，直到最终安装在发动机中。所有步骤通过结构上的变化存储在金属中，并确定了“弹簧特性”和“可承受密封间隙幅度”的凸筋特性。通过合适的工具尺寸，在恒定宽度下，弹簧元件可以设计为具有相应较低的允许密封间隙幅值时的较大的力，或者设计为具有较小的力时的较高的密封间隙幅值（图7.377b）。凸筋的必要调整取决于发动机部件的刚度和点火力。

在发动机上，弹性体轮廓经常用于发动机的罩、进气歧管和盖的密封。它们的特点是对密封面具有很好的适应性，同时具有较低的预紧力。T形轮廓（图7.378）主要用于密封发动机罩与气缸盖之间的配气机构的喷油，防止向外泄漏。轮廓的垂直应力在凹槽底部和与气缸盖的双密封唇处产生密封压力。该轮廓是为声学去耦系统设计的，在侧面有两个块，防止罩与盖的直接接触。弹性体材料的应力松弛会随着时间的推移降低受力轮廓的密封力，因此在设计时必须加以考虑。

（2）组件连接计算

气缸垫是连接发动机曲轴箱和气缸盖的纽带，与气缸盖螺栓一起构成密封连接。为了分析密封连接，除了有限元模型的几何部件的描述、材料特性和密封特性外，还需要部件中的温度分布和燃烧室中的点火压力。发动机在其运行期间在各种负载状态下运行，并且必须始终是气体和液体密封的。气缸垫的极端运行工作点发生在发动机全负荷、最高冷却液温度和发动机冷起动时。在混合化或特殊运行模式的过程中，如选择性气缸停用，过渡状态总是变得越来越重要。通过螺栓预紧力，密封垫在燃烧室处被压至挡板高度，在其余区域被压至薄板厚度。挡板在燃烧室上起着楔形的作用，使部件具有弹性。燃烧室周边挡块上的压力必须大于零，以确保在所有运行条件下都能安全密封。在图7.379中，在点火压力下，排气侧可以看到一个突出的区域，该区域必须通过调整挡板高度来校正，以保护燃烧室凸筋不受高的密封间隙幅度的影响。例如，如果挡板上的压力过大，在铝部件中可能会出现材料的过度应力，从而损坏部件。燃烧室部件的高温进一步限制了负载能力。

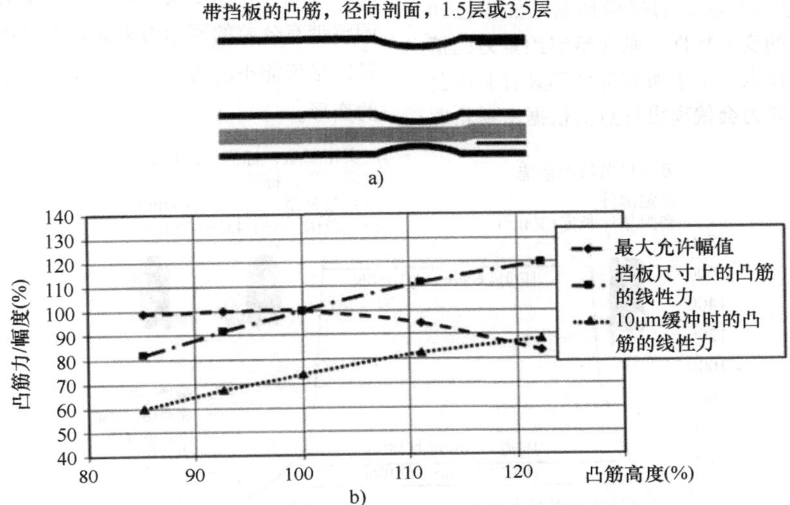

图7.377 凸筋的密封间隙幅值和线性力与凸筋高度的关系

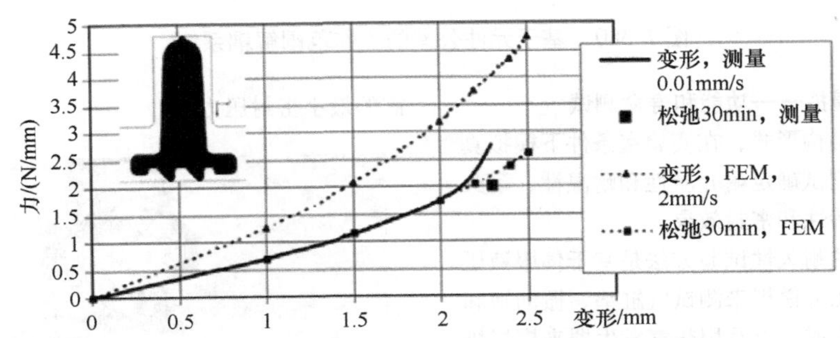

图7.378 在凹槽中通过T形轮廓的剖面的力-变形曲线的计算

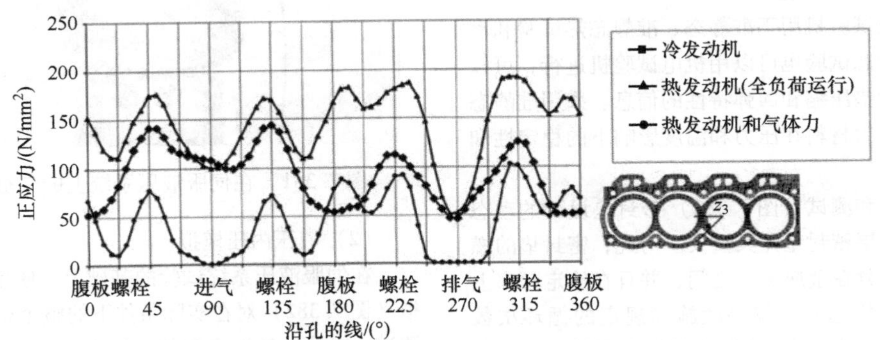

图7.379 带刚性挡块的燃烧室周边的力的分布

部件的声学解耦通过弹性体元件之间的弹性支承来中断机械传输路径，如图7.380所示。其中，在气门罩上，一方面气缸盖与气门罩之间的密封力起作用，另一方面反向支承（解耦元件）上的力起作用。由气门盖，密封垫和几个反向支承组成的解耦系统（见图7.372）通过带间隔套的螺栓预紧。如果已知密封垫和解耦元件的变形特性，则在给定预紧力的情况下，可以确定工作点。由于所有部件都具有制造公差，系统的实际预紧力会偏离设计点。根据密封轮廓的计算，必须确定安全密封的最小允许变形作为最小密封压力的值。这允许确定运行过程中所需的密封垫的最小接触力。系统的最大预应力受解耦组件承载能力的限制；不得超过弹性体中的可承受应力。在这些限制范围内，该系统的运行是安全的，并且可以通过调整带有公差的预紧力来固定在工作区域上。其目的是以尽可能小的力工作，从而最大限度地减小部件上的变形。

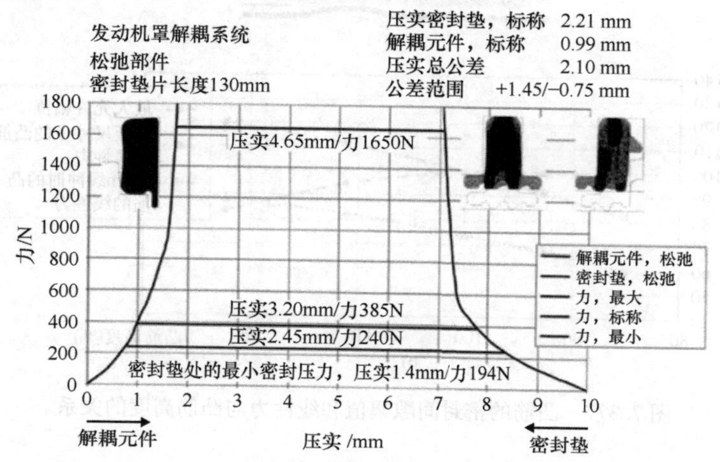

图7.380　基于元件公差的工作范围解耦系统

7.21.4.2　实验室模拟——功能和寿命测试

根据密封垫的结构形式，在实验室条件下模拟真实应力，例如通过测试确定耐介质性和耐温性、耐久性、适应性、沉降特性和密封效果。

实验室中常用的耐久性试验方法是基于伺服液压试验机、液压燃烧压力模拟来测试气缸垫、振动筛和温度腔来测试结构总成，以及用热气发生器来模拟排气系统中的热应力。

（1）伺服液压试验机

伺服液压试验机用于准静态、准静态热试验和动态试验。准静态试验也可以用机电试验机进行，可以提供关于密封垫压缩和回弹特性的信息。采用准静态热试验研究密封材料在压力和温度影响下的稳定性和蠕变特性。

用于预选和测试（图7.381）密封垫设计的动态试验对于金属层密封垫尤其重要。对此，密封垫的燃烧室区域被夹紧在金属法兰之间，并且在给定频率上以恒定的力或优选的位移幅度施加规定的循环次数（例如10^7）。其目的是确定最大的可承受的振幅。此外，法兰表面可以以定义的表面质量（粗糙度、孔隙率）制造，因此也可以通过下压试验确定密封所需的最小密封压力。

图7.381　在伺服液压系统上的气缸垫试验

（2）液压内压模拟

在伺服液压系统试验的基础上，使用动态内压模拟（图7.382）对在实际条件下的整个密封连接进行测试。对此，气缸垫安装在原发动机部件（气缸盖、缸体）之间。然后，考虑到点火次序，通过快速伺服阀对各个燃烧室进行液压的“点火”。温度循环是通过连接到发动机水套的介质回路进行的，用于内部加压的叠加。通过测量进入的动态密封气孔，可以判断部件刚度与密封垫设计之间的相互作用。可以及早发现部件的薄弱环节；因此，可以在实际发动机测试开始之前对密封垫的设计采取优化措施。

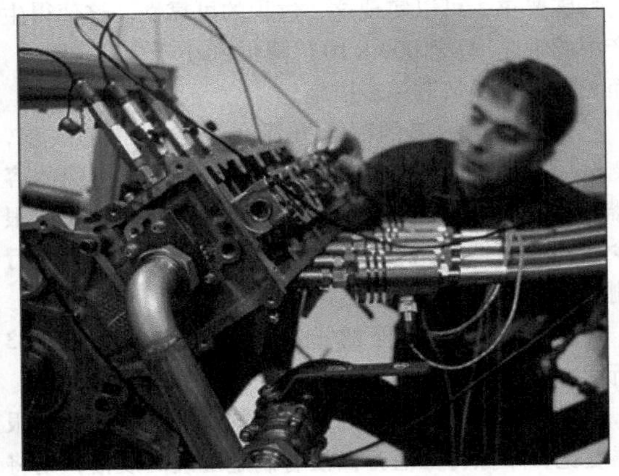

图 7.382 用原发动机部件进行动态内压模拟

（3）寿命试验

这些试验方法用于研究密封垫、密封材料和模块的长期运行特性，主要涉及弹性体材料和塑料（模块）的测试。对软材料密封材料的沉降特性和抗压性能的研究是例外。

弹性体密封垫和塑料在运行过程中会经历一段时间的老化，而这在通常的挤压试验、短期热冲击试验和热储存过程中是不会发生的。为了确保模块在整个使用寿命内的功能，开发了模拟试验，其中考虑了车辆运行中出现的载荷状态，并可以协调试验时间。为此，温度、介质负载和压力负载等影响变量必须包含在测试程序中。这可以通过将外部介质回路（油、冷却液）连接到试样和/或通过将其存储在温度室中来实现。利用这些模拟发动机热的运行状态的试验，可以在2000h 的试验时间内模拟相当于车辆运行约10 年的负载。如果还考虑振动的影响，则可以另外与振荡激励器结合进行这样的测试。

（4）振动测试系统

在运行过程中，发动机部件和模块由于路面的影响和发动机的直接振动激励而受到机械振动负荷。这些动态负荷可以通过所谓的“振动筛”转移到要试验研究的部件上。除液压系统外，主要使用电气动态的振动筛。除了在垂直方向上的激励外，与滑动工作台的组合还允许在水平振动负荷下进行测试。如果需要，液压系统可以实现多轴负载。加速度传感器用于检测试验件上的部件振动，以便能够在临界振动共振范围内进行有针对性的测试。因此，可以用明显的延时效应来研究试验件的疲劳状态。

（5）热气模拟

部件的热负荷，因此也是排气系统区域的密封点的热负荷，可以用热气发生器来模拟。它们通过取暖油、柴油或天然气的燃烧提供恒温下规定的废气质量流量。为了实现在发动机运行中也发生的严重的部件翘曲（例如排气歧管），试验件经历热冲击程序，其中热气和冷环境空气交替流过试验件。密封功能可以在室温下（试验运行前后）通过下压试验来考察。然而，这并不是评估密封性的决定性限制，因为螺栓受力损失是通过应力系统中的热膨胀而充分显示出来的，特别是在低温下。如果必须考虑动态影响，热气发生器可以与振动测试系统相结合。对此，根据任务和试验件的造型，可以使用电气动态的振动筛或伺服液压系统。

7.22 发动机上的螺栓

7.22.1 高强度的螺栓连接

现代基础发动机包含 250 ~ 320 个螺栓连接，具有 80 ~160 种不同的螺栓类型。螺栓连接的数量主要取决于结构类型（例如 R4 或 V6 发动机），而较少取决于燃烧过程（柴油机或汽油机）。日本开发的发动机每台发动机的螺栓连接比欧洲发动机多 15%，同时种类更少。螺栓尺寸/数量随着排量的增加或气缸数量的增加而增加。

自 1983 年以来，欧洲所有汽车制造商的批量生产在总装区域都实现了高度自动化。这里的先驱是大众在沃尔夫斯堡工厂开设了“54 号车间”，用于生产当时刚刚起步的高尔夫Ⅲ[140]。为此，有必要设计适合进料和装配的螺栓。

发动机制造是一种高精度的零部件生产，其中基础工件（如气缸体、气缸盖）的制造公差非常小，设备和机器人的定位精度是小于 0.5mm。

在全自动装配线上，连接件通过进料输送到拧紧点；拧入和拧紧由自动拧紧工位中的单个或多个螺栓扳手执行，只是为了吸收反作用力矩。如果在一条生产线上制造许多不同的发动机型号，则完全自动化是不切实际的。随着电气控制系统和人机工程学设计的进一步发展，带有集成电子设备（扭矩和旋转角度测量值传感器）的手持式螺母扳手越来越多地用于监测或控制拧紧过程[141]。这将降低装配线的投资和维护成本，并增加“联合生产系统”方向的灵活性。

7.22.2 质量要求

如果没有检测到错误的螺栓连接，则在生产过程中会出现故障。对于已交付的单元，可能会出现故障。故障的原因通常与螺栓有关，尽管除了螺栓的质量外，要拧入的件和螺母螺纹的公差和状况以及装配的质量也对连接有影响。

因此，在自动化过程中使用高质量的螺栓是很重要的。出于这个原因，在著名的螺栓制造商中，除了在生产过程中进行随机抽样外，螺栓通常还在生产过程结束时借助于自动控制系统进行全面测试。因此，根据“0缺陷目标”考虑螺栓采购商的质量要求。在实践中，对于直到M14的螺栓尺寸（对于该尺寸，自动检查在技术上是可行的），对于测试的主要特性，可以实现低于50×10^{-6}的缺陷率。根据测试的范围和类型，最现代化的机器可以达到100件/min（机械测试）~300件/min（光学测试）之间。对于更大的尺寸，由于螺栓的重量和尺寸，全自动检查和相关处理通常是不经济的，因此目视检查通常与另一个工作步骤结合使用（例如将零件挂在架子上进行表面涂层或包装零部件）。与加工生产过程可靠地结合，其中只有随机缺陷（与年产量相关的缺陷在很长的时间间隔内和以可记录的数量出现），没有个别缺陷部件出现，缺陷的比例通常低于50×10^{-6}，否则甚至会达到300×10^{-6}。

在过去十年中，通过不断地引入技术规范ISO/TS 16949：QM系统：在公司中应用ISO 9001[142]时的特殊要求，可以实现这一过程的可靠性。这使得生产中的缺陷率从1000×10^{-6}降低到小于300×10^{-6}，而无须采取任何进一步措施。

为了防止后续的混合并满足不含异物的要求，测试后立即进行包装。在这里，货物装入特殊的容器（KLT）或用透明袋包装，然后密封。另一种很少使用的变体是只在用户的使用情况下对螺栓进行测试。

易于安装的螺栓的造型设计建议如图7.383所示。

经验表明，如果不同制造商的螺栓在材料、屈服强度比和摩擦特征值方面没有制定准确的规格，则将它们混合安装，就会出现问题。当更换供应商时，系统通常需要再次调整[143-145]。

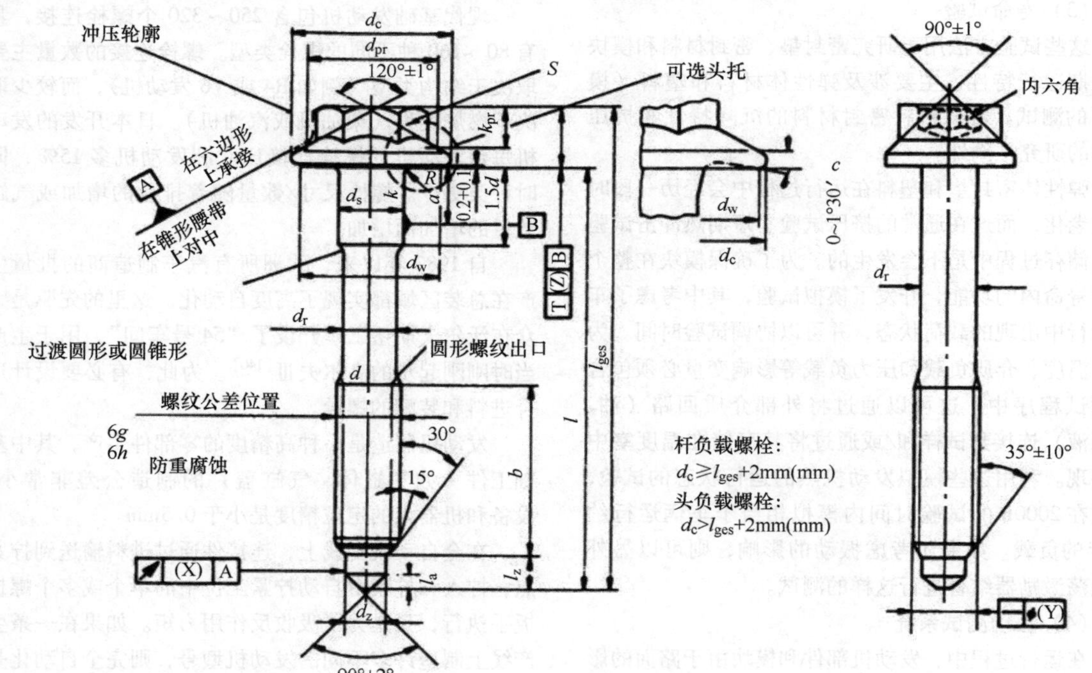

图7.383 易于安装的螺栓的造型设计建议[140]

7.22.3 螺栓连接

发动机上一般有5个关键的螺栓点，分别解释如下：

- 气缸盖螺栓。
- 主轴承盖螺栓。
- 连杆螺栓。
- 带盘螺栓。
- 飞轮螺栓。

此外，以下的螺栓连接存在问题，尽管从应用技术的角度来看，这些螺栓连接不属于关键性的，然而属于发动机上的主要应用案例：

- 凸轮轴轴承盖螺栓。
- 油底壳紧固螺栓，气门室盖紧固螺栓。

基础发动机上还有大量的附件螺栓连接和法兰连接，书中也进行了讨论。在这里，大多采用强度等级为8.8的M6以上的高强度钢螺栓或铝螺栓，其中大部分是标准或类似标准的设计。

7.22.3.1　气缸盖螺栓

气缸盖螺栓的作用是在长期运行中，在考虑最大可能的点火压力的情况下，建立气缸盖、气缸垫和曲轴箱整个系统的可靠连接。主要目标是低的、均匀的部件应力和对燃烧气体、润滑剂和冷却液的密封性。

虽然过去必须将气缸盖螺栓拧紧两次以补偿安装过程，但如今免重新拧紧气缸盖连接已成为最先进的技术。

这是通过使用具有高弹性的膨胀杆或螺纹膨胀螺栓、缩小抗拉强度公差和摩擦特性公差、带低沉降气缸盖垫圈（例如全金属垫圈）和低预紧力分布的螺栓连接而成为可能。作为一种螺栓连接方法，在过弹性区域的旋转角度控制拧紧已在很大程度上被接受。由于发动机缸体和气缸盖的部件刚度降低，越来越强的轻量化设计通常通过降低最大螺栓强度来补偿。只有通过大幅度地限制抗拉强度和摩擦系数的公差，才能达到最小所需的螺栓力。在设计气缸盖螺栓时，必要时必须考虑热的影响。在发动机预热过程中，气缸盖螺栓可能比气缸盖和曲轴箱等被夹紧的部件加热量要少得多。如果在这些部件中使用具有更高热膨胀系数的材料，例如使用铝，则可能导致预紧力的显著增加。在这方面，使用膨胀螺栓或螺纹膨胀螺栓也是有优势的（图7.384），因为由于弹簧特性曲线的增加更少，螺栓载荷的增加明显更低[146,147]。

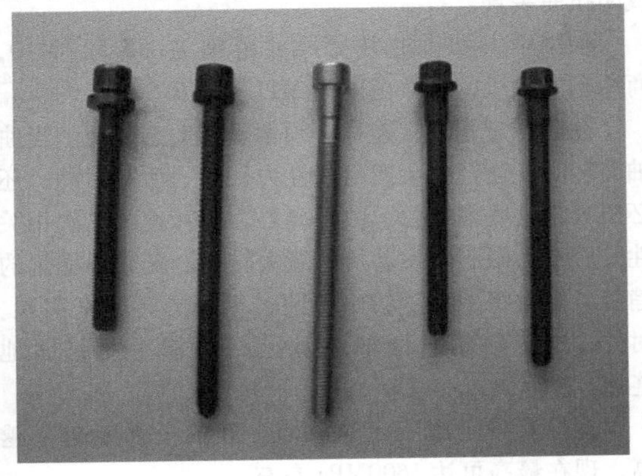

图7.384　膨胀杆或螺纹膨胀螺栓用于气缸盖螺栓连接（KAMAX工厂）

钢的膨胀特性基本上只由镍的合金化来确定。因此，最新的开发设想了由奥氏体材料制成的气缸盖螺栓，其热膨胀系数与铝相似。一个尚未解决的问题是由于材料的高强度而造成的高的刀具磨损。此外，自2004年（约80€/t）以来，钢的合金附加费大幅上升，超过300€/t。这两个因素都不足以实现经济性地生产制造。

在优化气缸盖螺栓时，降低成本的压力在两个方面得到了实现：

- 使用螺纹膨胀螺栓作为足够的弹性和降低制造成本之间的折中，与膨胀杆螺栓相比，螺纹膨胀螺栓的制造过程要复杂得多。
- 通过将其以带法兰头的螺栓的形式集成到螺栓头中，也可以更换铝气缸盖中的底层元件。为了避免螺栓装配过程中的“卡住现象”，必须事先在狭窄的范围内确定底部支撑的几何形状，然后在制造过程中实施。这包括具有极低的摩擦特性值变化和对基材极好的附着力的表面处理，例如具有准晶态晶体形成的薄膜磷化工艺所提供的表面处理。

7.22.3.2　主轴承盖螺栓

主轴承盖螺栓用于将曲轴轴承的主轴承盖连接到曲轴箱。其中两个通常用于每个主轴承盖，设计为全螺纹带环螺栓，必要时与垫圈配合使用。图7.385显示了这种连接的安装情况和相关的力流。其中：l_k = 夹紧长度，l'_k = 板厚，F_B = 运行力。

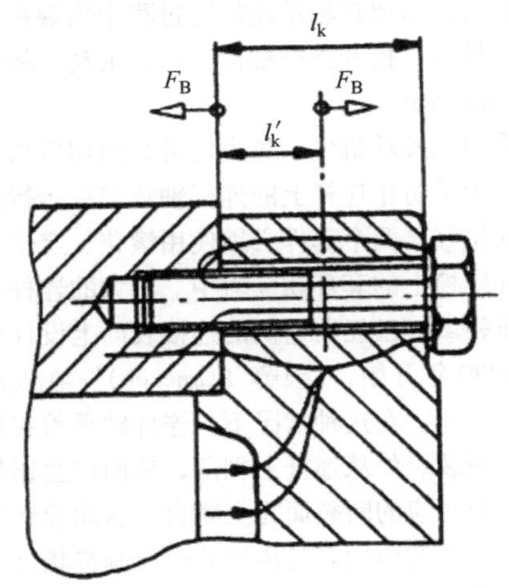

图7.385　主轴承盖螺栓连接的安装情况和力流

在大多数情况下，这些螺栓设计的主要问题是用于螺栓头的可用空间有限。必须非常精确地注意保持头下支撑和反支撑的允许表面压力。每个主轴承盖螺栓连接安装两次：第一次是在轴承壳座切削加工时安装到配合尺寸；然后在安装曲轴后盖上轴承盖。在第二次装配中，如果螺栓在接头区域/螺纹开始处出现损坏，例如撞击点，则螺纹可能会“卡住”。作为一项预防措施，在结构设计中通过最佳的圆顶造型设计和在生产加工中通过尽可能低的落差高度（最大300mm）来避免这种情况。圆顶造型设计是指在螺纹轧制前对螺杆的起始处进行倒角，以便在螺纹轧制时不会脱出。在螺纹的起始处仅形成钝的螺纹齿，其形成冲击痕的倾向很小。

为了增加曲轴箱的刚度，所谓的“梯形框架”在发动机中的使用越来越频繁。它们代表了各个主轴承盖之间的连接，因此，这使得发动机下部区域设计得更抗扭。在大多数情况下，轴承盖铸入轻金属“梯形框架”中。在这种情况下，整个单元用主轴承螺栓拧紧。

屈服点或角度控制方法已成为一种装配方法。

7.22.3.3 连杆螺栓

连杆螺栓是内燃机中承受最高动态载荷的连接元件。在安装到曲轴上时，连杆螺栓将连杆连接到连杆轴承盖上。

在连杆的制造过程中，首先将毛坯作为烧结、锻造或铸造连杆整体制造，然后打孔和/或攻螺纹。在下一步中，连杆大头孔眼被切断。由此产生连杆轴承盖和连杆。在进一步的生产过程中，用连杆螺栓将轴承盖紧固在连杆上，以对轴承座进行精细加工。在这种情况下，连杆螺栓必须施加与以后的运行过程相类似的预紧力，以便在轴承座加工过程中出现相同的变形情况。最后，松开连杆螺栓，插入轴瓦，将成品连杆安装到曲轴上。

在乘用车发动机中，过去常常是用切口切开连杆大头孔。为了防止连杆上的连杆轴承盖在运行过程中发生横向位移，两个部件必须使用滚花、定位、开口销或连杆螺栓上的套环相互对中。更大的连杆，尤其是商用车领域，已经在它们的连接表面上设计成锯齿状。从1990年开始，“破解（Cracken）”在大规模生产中占了上风。在这种情况下，连杆轴承盖在预先引入的预定断裂点处从连杆上剥落，从而产生锯齿状的断裂面，与对应的断裂面完全吻合，从而起到定心和防止横向位移的作用。与传统的生产制造相比，这种方法可显著地节省成本，在传统的生产制造中，必须单独切开连杆大头孔，以便在机加工后将连杆轴瓦插入其中。

连杆螺栓的设计取决于连杆的设计。对于机械切割的连杆，通常使用带配合环的螺栓。或者，已经建立连杆螺栓，在其上轧制了校准的凹槽，这些凹槽具有安装环的功能。随着轧制槽的深度增加，也会产生类似于膨胀螺栓的柔韧性。槽连杆螺栓（或多腰螺栓）无须进行机械加工即可生产制造，因此更具成本效益。全螺纹螺栓可以更经济地用于破解连杆，因为它们不必在那里承担连杆轴承盖的定心功能。

图7.386显示了当前使用的连杆螺栓的示例。

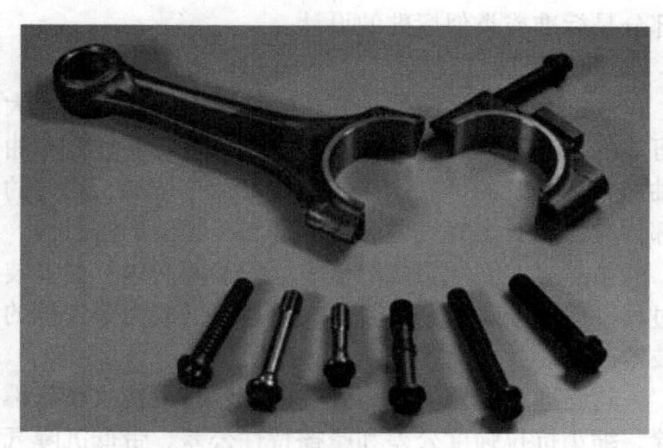

图7.386　破解连杆，各种连杆螺栓（RIBE，见文献［148］）

螺栓的柔韧性对抗振性有显著的影响作用。当螺栓的柔韧性增加时，动态施加的螺栓附加力 F_{SA}（以及连杆螺栓上的载荷）会减小。这就是为什么人们在连杆螺栓中发现的是膨胀螺栓而不是全杆螺栓。带配合环的螺栓不是很灵活，这就是为什么如果必须使用的话，它们会与一部分膨胀杆结合在一起的原因。螺纹到头部以下的螺栓在柔韧性方面接近膨胀螺栓。

图7.387相互比较了不同螺栓杆几何形状的特性。

根据是否使用螺母，头部形状配备了力攻击附件或防扭曲装置。

乘用车发动机的常见尺寸范围为M6.5～M10，商用车发动机的尺寸范围为M11～M16。

在运行过程中，连杆必须承受高动态载荷。当曲轴旋转时，连杆中会产生惯性力，除了活塞力外，还必须吸收这些惯性力。由于离心力与转速的二次相关性，质量力限制了发动机的最大转速。随着小型化的趋势，排量将减小，功率将通过更高的转速来实现。对此，这需要在连杆轴承盖上尽可能小而坚固地连接。

连杆螺栓考虑到了这一点，其抗拉强度越来越高，现在最高可达1600MPa左右。

螺旋形状	φ10 75 25 M10	φ9 25 M10	M10	槽 25 M10	螺纹 25 M10	φ78 12 M10	φ7 12 M10
重量	100	91	91	91	91	76	70
静态负载能力(%)	100	100	100	100	100	87	70
柔韧性(%)	100	116	141	145	143	147	182
动态负载能力(%)	100	112	131	130	130	135	162
成本(%)	100	96	107	118	118	156	163

图7.387　不同杆形状的特性比较[149]

为了在连杆加工时和运行过程中确保始终如一的高预紧力，超弹性装配方法已经证明了它们的价值，它最大限度地减少了摩擦系数对装配预紧力的影响。这可以是由旋转角度控制的方法或由屈服强度控制的装配过程。对于旋转角度控制的装配，拧紧规范是通过对原始部件进行一系列拧紧试验来确定的；对于屈服强度控制的装配，规范仅通过“绿色窗口”中的拧紧来定义。在这种情况下，所需的拧紧试验次数要少得多。

始终如一的高预紧力也对振动疲劳强度有积极的影响作用：由于它们的布置，发动机中的连杆螺栓总是偏心加载和偏心夹紧。振动疲劳强度随着施加的预紧力的增加而增加[150]。

另一种提高振动强度的措施是在将螺栓回火到其最终强度后，对螺纹进行所谓的“最终轧制”。在最终轧制过程中引入的应变硬化和残余压应力也提高了振动疲劳强度，即使在超弹性装配的螺栓连接的情况下也是如此。在成形工具上轧制最高强度螺栓时，应力非常高；这会导致刀具磨损增加，从而增加生产成本。因此，致力于开发贝氏体最终硬化螺栓。由于贝氏体组织结构不像马氏体那样呈针状，因此内部缺口敏感性更低，螺栓具有较高的延展性，15.8螺栓的抗拉强度比常规回火的12.9连杆螺栓高22%。此外，与最终回火螺栓相比，振动疲劳强度得到了提高[151]。

最终硬化螺栓的疲劳强度值为$\sigma_A \approx \pm 65\text{MPa}$。最后轧制的螺栓即使在超弹性安装状态下也能高出30%[150,152,153]。

在连杆螺栓的计算设计中，螺栓尺寸和强度的第一次选择是根据以前的发动机或类似设计的发动机进行的。由于曲柄连杆机构的法则，作用的质量力和气体力是已知的。未知的工作载荷，根据尺寸、方向和位置，相对于在分型线平面内的螺栓轴线，被引入到单个连接中以确定螺栓的变形和应力。在专业文献［154，155］中，有几种分析方法可以用来确定轴向力F_A、剪切力F_Q以及轴向力与螺栓轴线的偏心距离a与连杆设计的函数关系。

根据这些默认值，可以使用各种软件程序（例如Screw－Designer、VDI螺栓计算、KABOLT等）进行迭代设计。可用的计算程序基本上基于VDI 2230第1页，这是螺栓设计指南，尤其是连杆螺栓。

作为计算结果，得到了防止连杆轴承盖部分抬起和受力部件横向位移的必要的预紧力，并验证了先前假设的螺栓的螺纹尺寸和强度等级。必须使用合适的拧紧规范，以确保在运行过程中达到预紧力。

为了清楚起见，图7.388显示了破解－连杆螺栓的计算过程（左上照片）。在此基础上，对几何和材料数据进行分析处理，如今的载荷主要来自数值FE计算。全面的螺栓计算的结果为承重连接设计以及装配和运行特性提供了建议。图下中的图表显示了计算的装配图（左），从中可以获得旋转角度控制的装配规范，以及传输图（右）显示了由工作负载引起的受控部分间隙。

计算完成后，通过对整个连杆的脉冲发生器试验和样机现场试验对计算结果进行了验证。

7.22.3.4　带盘螺栓

用中心螺栓固定带盘。除了带盘外，通常还有一个用于油泵驱动的齿轮和可能的减振器用螺栓固定在曲轴上。带盘通过其内孔安装在曲柄销上。带盘的大孔直径要求在螺栓与带盘之间通过大的圆盘或通过大

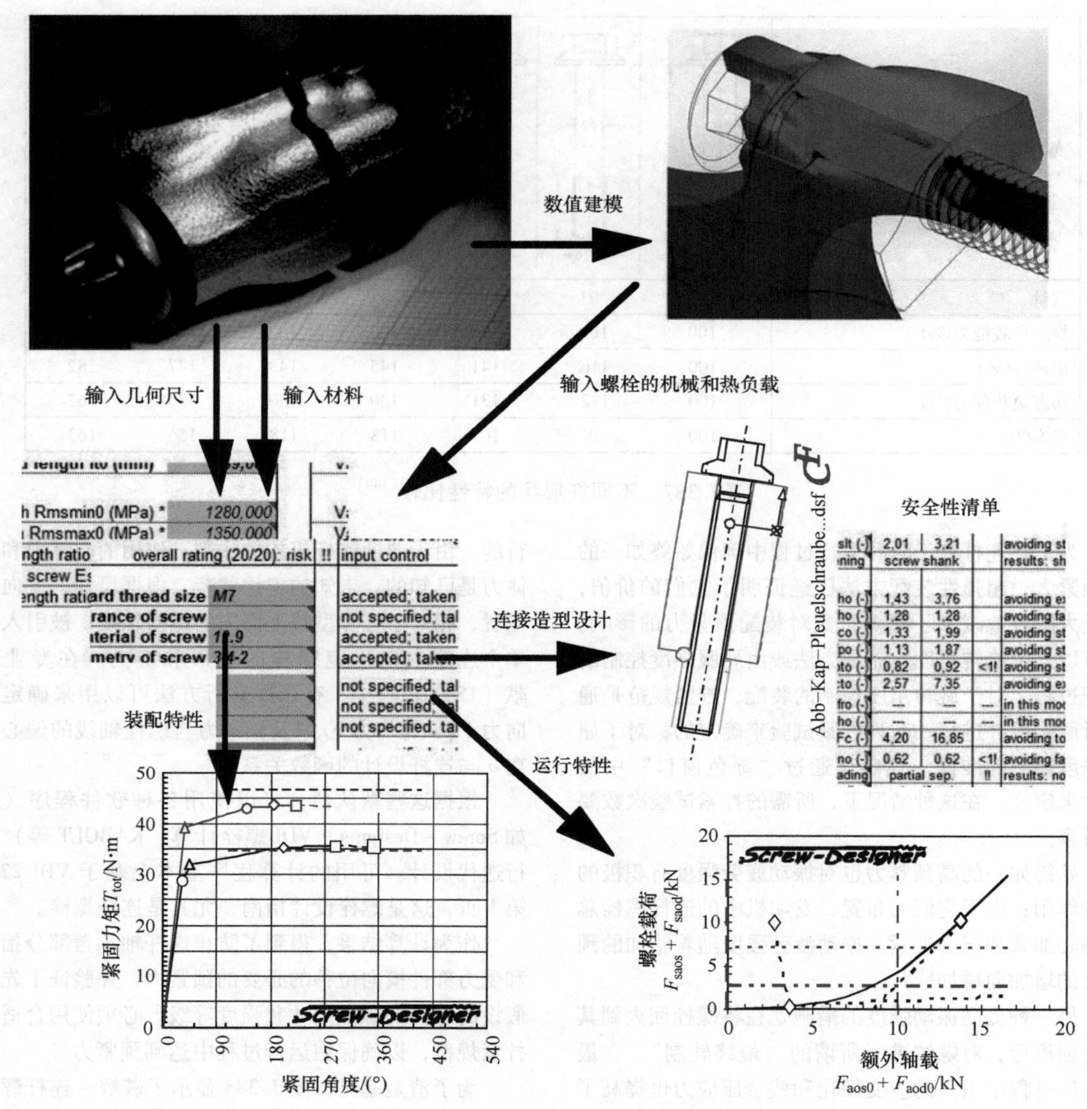

图 7.388　连杆螺栓和螺栓的分析数值计算（Screw Designer）[156]

的螺栓环直径建立一个紧密的连接。M12 螺栓通常配有直径最大为 38mm 的圆盘或轴环（例如汽油机）或 M18 螺栓的轴环最大直径为 65mm（例如排量为 2.5L 的柴油机）。

带盘单独压在曲柄销上，或通过螺栓以预先定义的拧紧力矩拧紧到曲轴上。对于商用车发动机，尺寸范围通常为 M24 ×1.5，并在组装前安装垫圈。在大型商用车发动机中，带盘安装在减振器上，并通过通孔用六个或八个螺栓或螺柱（例如 M10）直接拧到曲轴上。

过去，带盘螺栓只能用力矩拧紧。如今，转角法已占主导地位。通过一个连接扭矩进行装配，直到所有接头彼此齐平。随后是进一步的旋转，通过测量旋转角度来控制。对此，可以实现极高的最终拧紧扭矩。对于 M12 × 1.5 - 10.9 螺栓，可实现高达 260N · m的扭矩，而理论计算的最终扭矩在 120 ~ 150N · m 之间。

最终扭矩的大的离散度是由于大的头部支撑，这会在最轻微的倾斜时导致“卡住”。如果轴环直径非常大，或者如果几个部件相互夹紧，导致要夹紧的部件之间有大量的接头，则不能采用屈服强度控制方法。由于生产制造的不精确性和不可避免的污染，这些导致更高的设置特性或如此柔顺的连接，以至于屈服强度不能通过螺栓确定，而是通过连接来确定。

7.22.3.5　飞轮螺栓

构造方面，在曲轴上规定了一个相对较小的节圆。在装配过程中，必须确保螺栓之间有足够的空间供拧紧工具使用。在屈服强度控制下，螺栓由一个多主轴单元同时拧紧。这也是因为夹紧长度较短（例如7mm）的原因。由于曲柄销与飞轮之间的距离较小，因此头部高度小于标准高度。因此，为了可靠地施加所需的扭矩，通常提供外十二角或外六圆拧紧方式，如有必要，还提供内多齿扳手拧紧方式。如果通过曲轴中的通道提供润滑油，则用微封装密封黏合剂或尼龙全方位涂层密封螺栓，以防止漏油。

一些发动机制造商仍然在扭矩控制下拧紧飞轮螺栓，然后手动“扭结”。

随着最近越来越多地使用双质量飞轮，整个模块连同飞轮螺栓一起交付给汽车制造商，并在那里作为一个单元安装。使用多主轴螺栓扳手通过离合器执行器弹簧和离合器盘上的孔拧紧螺栓。

7.22.3.6　凸轮轴轴承盖螺栓

对于这种螺栓连接，通常使用尺寸范围为M6、M7和M8（用于乘用车发动机）和M10、M12（用于商用车发动机）的与标准相类似的带环螺栓。由于扭矩控制的拧紧存在凸轮轴轴承不同张紧的风险，因此越来越多地选择旋转角度控制的方法来实现规定的预紧力。一些乘用车制造商的特殊之处在于使用拧入气缸盖的销螺栓；然后安装轴承盖，并用螺母拧紧。

7.22.3.7　油底壳固定螺栓

今天，油底壳通常与固定在法兰上的螺栓一起交付到最终装配线上，在那里用螺栓固定到发动机缸体上。为了实现完全的油密封性，整个密封面上的表面压力必须均匀分布。这是通过扭矩控制拧紧螺栓（M6~M8，强度等级8.8/10.9）来实现的。为了使螺栓施加的预紧力能够均匀地作用在密封件上，这里使用了大轴环直径的螺栓，见图7.390，或具有大法兰直径的间隔套筒，见图7.389。

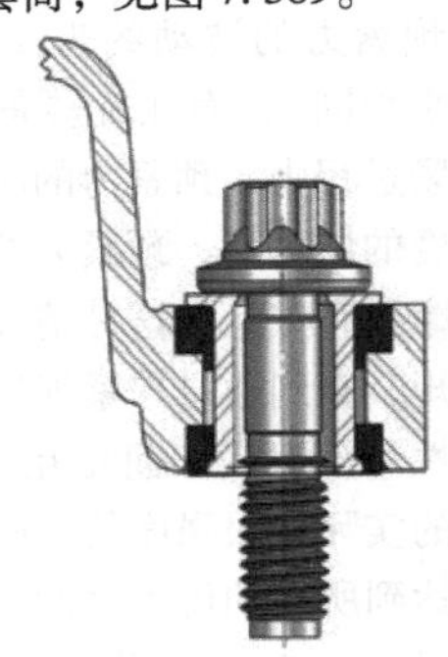

图7.389　Rifixx+，带附加结构噪声解耦元件（RIBE）的螺栓-套筒组合[157]

此外，需要大量的螺栓，因此在引入力时，密封区域内的压力锥会发生大面积重叠。通过确定从发动机中心向外的拧紧顺序，可以避免装配过程中的倾覆。

发动机缸体下侧的肋条可减少噪声散射。由于重量轻和面积大，油底壳本身会产生高水平的噪声排放。在成本略有增加的情况下，通过使用的油底壳紧固螺栓进行结构噪声解耦的解决方案是合适的。

图7.390　带内六角形和轴环的油底壳螺栓（KAMAX工厂）

7.22.4　附件螺栓连接和轻金属螺栓

大量法兰以及附件是用螺栓固定在发动机中的，例如正时箱盖、水泵、空调压缩机、动力转向泵、转向器等。中级车采用强度等级为8.8级的M6以上的钢螺栓。对于高端制造商来说，由于其豪华的设备，更多地需要解决重量问题，因此趋势是朝着轻量化结构发展。在汽车工业中，这意味着发动机领域的许多由钢和塑料制成的零部件正在被铝和镁所取代，在中档汽车中的应用也越来越多。例如，如今，铝和镁是变速器常用的外壳材料，而不是灰铸铁。德国两家大型汽车制造商使用10~15个M10/M12铝制螺栓将变速器连接到发动机。其中，铝制螺栓仅使用力矩-转角法拧紧，以便可靠地、尽可能优化地利用与钢螺栓相比更低的强度水平。它们的优点是在薄壁设计中具有相对较高的刚度。与钢螺栓一起，在热应力下会产生高的附加力。温度的不断变化会导致松弛和较大的沉降损失，从而导致预应力的减小。此外，还必须采取措施防止接触腐蚀，因为与铝/镁相比，钢螺栓的电化学电位非常高。这导致了最近越来越多地使用由铝（Al9）制成的热处理螺栓，由于这些螺栓基本上是超弹性安装的，因此虽然更低的预紧力，例如力矩控制安装的钢螺栓 8.8，然而，由于在温度载荷（极限：150°C）下相对于螺母材料的结构膨胀，也承受更低的附加螺栓力。由 AA－6056（最终轧制）制成的系列螺栓的疲劳强度为 $\sigma_A \approx \pm 35\text{MPa}$。作为数值，这明显低于钢螺栓（通常为 65 ~100MPa），然而，由于螺栓附加力更低，这一数值在很大程度上得到了补偿。与螺母材料相似的膨胀特性，即使在负载下，也提供了在啮合中优化的螺纹重叠的进一步优势，因此可以减少螺纹旋入深度。铝制螺栓可以制造得比钢制螺栓小一点，因此甚至更轻。在镁或铝中，由于电位相等或非常相似，因此不需要采取特别的腐蚀措施。

铝螺栓的多重（超弹性）装配能力对螺栓表面提出了很高的要求。为此，铝制螺栓可以涂有磷酸盐铝层和合适的润滑剂（例如 RIBE、RIBE－Lub），以确保最多五个连续装配所需的摩擦系数一致性。由 AA－6056 制成的系列螺栓强度约为 $R\text{m} = 430\text{MPa}$，$R_{p0.2} = 370 \sim 380\text{MPa}$。

由于缺乏经济上可行的具有足够耐温性以及抗应力腐蚀性的合金，因此该领域未使用高强度螺栓。

7.22.5　螺栓拧紧方法

在选择拧紧和装配方法时，应考虑到乘用车发动机是大批量生产的；商用车发动机有时是小批量生产或单独生产的[158]。

7.22.5.1　力矩控制拧紧

力矩控制的螺栓拧紧大多仅用于次要的螺栓拧紧情况（不需要施加精确定义的最小预紧力），并且仅在自动化装配线中的高质量应用（例如带盘装配）的个别情况下使用。它还将在未来保留其在维修保养区域的库存。问题在于，必须选择通过力矩实现的预紧力，即使在最不利的情况下（例如，实际摩擦系数值小于指定力矩时估计的摩擦系数值）也不能超过屈服强度，因为否则螺栓会被拉长。预紧力是装配完成后螺栓连接中存在的力。如果实际摩擦系数非常高（高于假定值），则预紧力非常低。这意味着该方法无法优化地利用螺栓。螺栓制造商与汽车工业之间商定的预期摩擦系数在 $\mu_{ges} = 0.08 \sim 0.14$ 之间。它们是各自质量协议的一部分，并在摩擦值试验台上随机监测每个螺栓批次[159]。

力矩拧紧的一种特殊形式是与所谓的“后屈曲”相结合，例如在拧紧过程完成后，使用测量力矩扳手拧紧连接。这种方法在大批量生产中在其余的手动装配工位上使用，而在小批量生产中用于所有关键的紧固件。在手动拧紧过程中，使用力矩控制的压缩空气螺栓扳手拧紧或拧紧到规定的力矩，然后使用测量力矩扳手重新拧紧，通常用颜色编码。开始进一步转动所需的力矩是后屈曲力矩（也称为后拧紧力矩）（图 7.391）。

图 7.391　使用带有集成力矩和旋转角度传感器的手持式螺栓扳手附件安装（阿特拉斯－科普柯公司）

根据经验，“后屈曲”略高于屈曲扳手的设定值，因此，这通常会导致间接旋转角度控制的拧紧过程。

7.22.5.2　旋转角度控制拧紧

在旋转角度拧紧至屈服强度的情况下，预紧力的平均值比力矩控制拧紧高 25% ~30%。在力矩控制的拧紧过程中，预紧力的波动约为 ±25%（实际上与摩擦的程度几乎相同），而在旋转角度控制的和屈服强度控制的拧紧过程中，预紧力的波动仅为 ±10% 左右。在旋转角度的情况下，预紧力的离散仅在连接力矩的范围内与摩擦有关。在这种情况下，连接力矩是必须施加的力矩，直到通过拧紧连接，所有分离接头的表面通过弹性和塑性变形而相互“饱和”。离散主要是由于螺栓的实际屈服强度的不同，其前提是在接近设定角度时达到所需的可重复性。如今的脉冲发生器就是这种情况。此外，从屈服强度上方的曲线变化可以看出，角度离散对装配预紧力的影响很小（图 7.392）。力矩监控用于确保连接质量。

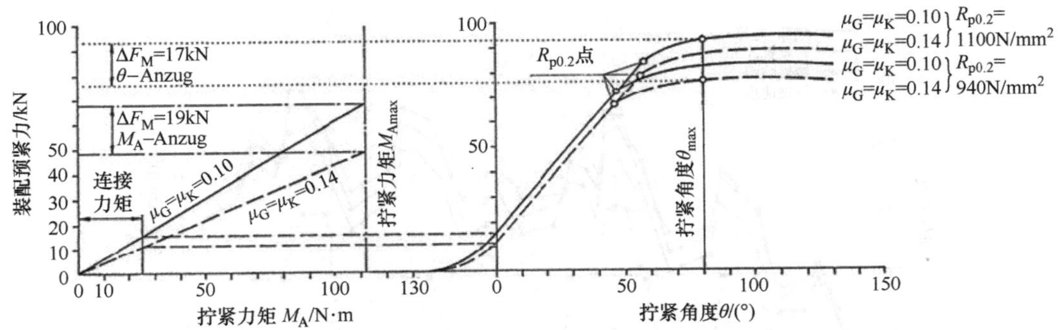

图 7.392 螺栓的拧紧曲线 DIN EN ISO 24014 – M12×1.5×70 – 10.9，用于力矩控制拧紧（左）和旋转角度和屈服强度控制拧紧（右），显示螺纹和头部摩擦的影响以及螺栓强度

可以看出，采用力矩拧紧时，最小预紧力 F_m 在 48～57kN 之间；屈服强度控制拧紧时在 67～85kN 之间，旋转角度控制拧紧时在 77～94kN 之间。这意味着力矩拧紧在预紧力的最低水平下具有最大的预紧力离散。旋转角度控制拧紧方法的预紧力水平平均比屈服强度方法高 10% 左右。

在屈服强度控制拧紧过程中，$R_{p0.2}$ 点的范围代表所谓的“绿色窗口”。螺栓扳手的关闭点必须位于该区域，以便螺栓连接被检测为正常，并在必要时获得指定的颜色标记。

在确定螺栓连接的尺寸时，应考虑到在静拉力过大的情况下，螺栓螺杆会在其最薄弱的截面处断裂。这通常是在自由加载的螺纹部分或在扩展杆区域中。

对于杆长超过 $2d$ 的螺栓或具有超过 10 个螺纹的自由加载螺纹部分，使用旋转角度拧紧（作为一种超屈服强度的方法）是不重要的。在这种情况下，即使是 20° 的公差也可以用于拧紧角度的设计。例如，对于螺距 $P=1.5$mm 的螺栓，在屈服强度以上进一步转动螺栓 30° 意味着大约 0.125mm 的塑性伸长。相对于 60mm 的夹紧长度，这是 0.21% 的永久变形。这个值是安全的。相反，当使用短螺栓（$<2d$ 杆长）时，旋转角度必须非常精确地确定，使得关闭点接近屈服强度的区域，特别是因为如今的螺栓被多次拧紧到屈服强度。经验法则是，在这些情况下，相对于夹紧长度，永久伸长率不超过 1% 是允许的。然而，这里需要注意的是，由于反复拧紧，头部支撑和承载螺纹可能会受到影响，因此容易“卡住”。如果是这种情况，则不再达到所需的预紧力。

旋转角度拧紧的另一个优点是使用简单的拧紧工具的可重复性，因此它经常被选择用于生产线的第一次拧紧和维修服务操作。

7.22.5.3 屈服强度控制拧紧法

与旋转角度控制方法相比，这种方法的优点是始终接近各自安装的螺栓的实际屈服强度。如果在拧紧期间和之后的短时间内预期会有更大的设置量，这种方法则只能在非常有限的情况下使用。根据螺栓扳手系统的灵敏度，每次拧紧时，螺栓的永久伸长率在 0.1%～0.2% 之间，因此仍然低于 0.2% 的屈服强度。螺栓的不允许长度超过屈服极限几乎是不可能的。与旋转角度控制方法相比，平均预紧力水平低 4%～7%。通过监视“绿色窗口”来监管连接质量。“绿色窗口”确定了螺栓扳手在螺栓屈服强度范围内的关闭点，该屈服强度由最小和最大角度以及力矩规范来定义。

7.23 排气歧管

在汽车领域，铸铁歧管长期以来一直作为标准使用。由于转矩和功率的优化，单壁管歧管仅用于运动型发动机变型，这允许调整单独的管道长度、管道直径和管道接头。在全负荷时，发动机燃烧是以远低于化学计量的方式进行的，因此废气温度相对较低。

20 世纪 80 年代中期，欧洲的立法者也要求限制污染物排放，这使得有必要为车辆配备催化器。由于排放法规越来越严格，发动机冷起动后的排放量必须越来越快地、越来越多地减少。

快速减少的可能性之一是减少歧管的热质量。在铸铁设计中，四缸歧管的质量可能非常大，为 4～8kg。如果歧管的热质量低，则废气流的热能可以使催化器更快地达到“起燃”温度。一半污染物被转化时的排气温度称为起燃温度。在 7.23.2～7.23.4 节中，介绍减小质量的可能性。图 7.393 显示了歧管结构设计对 MVEG 行驶模式下催化器前温度的影响。

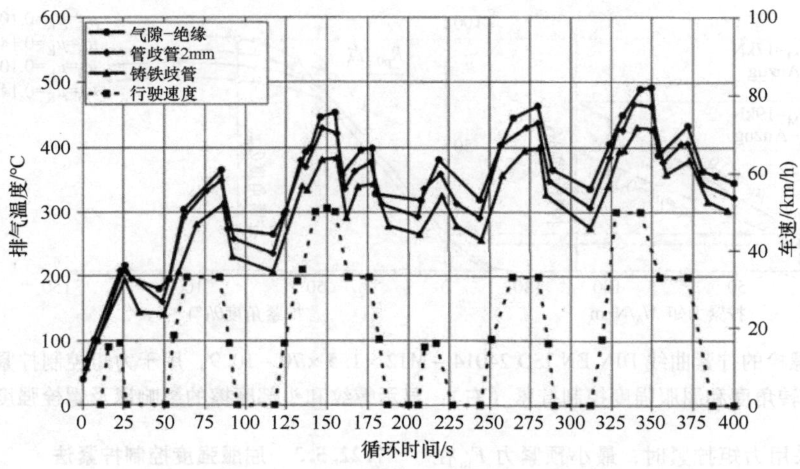

图 7.393　歧管结构设计对催化器前温度的影响

对铸铁歧管的已有的结构方式产生负面影响的另一个方面是废气温度的升高，这是由于功率密度的增加和在发动机特性场的很大范围使用化学计量混合气运行的结果。虽然在 20 世纪 80 年代初期，汽油机的废气温度为 850℃，柴油机的废气温度为 650℃，但如今，汽油机的废气温度已升至 1000℃ 以上，而柴油机也高达 850℃。

这一事实对铸铁材料的选择也有相当大的影响作用，尤其是对于汽油机。以前的硅钼（SiMo）合金铸铁歧管在高达 900℃ 的废气温度下具有应用限制。镍含量为 20% ~36%（质量分数）的更高等级的灰铸铁可在约 1000°C 下使用。对于更高的废气温度，必须改用镍基或钴基合金，这些合金也用于涡轮机的制造。由于典型的壁厚为 4 ~6mm（管歧管为 1.0 ~ 1.8mm），铸铁歧管通常在蠕变强度方面运行，因此在此温度范围内发生的组织结构变化和不足的热强度而导致塑性变形[160]。在冷却过程中会产生微裂纹，从长远来看会导致歧管失效。即使对用于歧管的新型铸铁材料的开发进行了深入研究，也未能充分提高使用寿命[161]。

由钢板或钢管制成的歧管由于其设计而具有更高的蠕变强度，提供了一种解决方案。

柴油机在最高废气温度方面为铸铁材料提供了更好的条件。然而，由于新的排放法规，有用金属板代替铸铁材料的趋势。

用金属板代替铸铁的进一步论据是努力减小车辆的总重量，以及最终还有发动机关闭后铸铁歧管的强烈后热特性（图 7.394）。

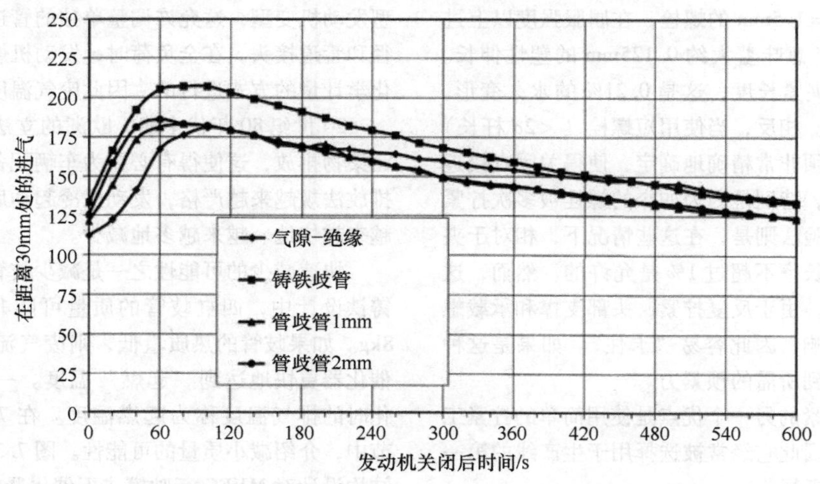

图 7.394　不同歧管结构设计的“浸泡”特性

安装情况允许使用铸铁歧管进行非常紧凑的造型设计，而由于优化的管道长度和歧管要遵守的最小弯曲半径，管歧管往往会占用更多空间。

在不同歧管结构的加热和冷却过程中发现，与管材和板材相比，铸铁材料在热学上非常惰性。构建的气隙－绝缘结构在这方面介于铸铁和管道之间。

热防护措施的必要性主要由零部件表面温度、后加热特性和周围零部件的接近程度来决定。由于辐射范围内的传输的能量随表面温度的四次方而增加，因此对表面温度高达800℃的铸铁歧管和管歧管进行屏蔽是有意义的。气隙－绝缘歧管（LSI）是一个很好的替代方案，其中气体输送管道通过气隙与支撑结构隔开。这些歧管自带隔热罩，最高表面温度为550～600℃，通常不需要额外的屏蔽装置。

7.23.1 歧管的开发进程

歧管开发的基本步骤如下所示：

－客户对所需歧管方案设计的要求。

－通过客户移交安装空间（可能具有粗略的方案设计的几何形状，以及气缸盖法兰、排气法兰几何形状、螺栓扳手间隙，发动机舱周围的几何形状等）。

－传输应力数据（发动机类型和发动机功率、通过发动机道路激励引起的振动、废气温度）。

－废气方案设计的定义（欧5或欧6，或……）。

－使用CAE工具开发详细的方案设计和详细设计，例如传热计算、流动－机械计算或FEM计算[162,163]。

－根据接近量产的辅助工具构建样品零部件。

－在开发商或客户场所进行认证测试。

－客户批准生产开发。

－构建量产工具。

－使用量产零部件进行测试以确保设计安全。

－开始生产（SOP）。

通常，从请求到SOP之间的总时间约为两年。更新的开发已经在14个月的时间内进行，其中8个月是纯粹的开发时间，剩下的6个月用于建造量产工具和建造生产线。

7.23.2 作为单个组件的歧管

7.23.2.1 铸铁歧管（图7.395）

（1）典型的材料

球状灰铸铁（GGG）、SiMo灰铸铁：含硅钼的球状灰铸铁（GGG－SiMo）、含蠕形石墨的SiMo灰铸铁、奥氏体铸铁（GGV－SiMo）[160]。

壁厚：GGG歧管为7～8mm，壳体铸铁为

图7.395 四缸发动机（汽油机）的铸铁歧管

2.25～4mm。

（2）优点

－紧凑的结构设计。

－造型的可能性大。

－由于高的材料阻尼而具有良好的声学特性。

（3）缺点

－重量重。

－铸铁材料的最大允许废气温度是受限的。

－如果由于非常高的温度而需要使用镍合金，价格将根据镍含量而大幅上涨。

－铸铁歧管在蠕变断裂强度范围内运行（由于发动机功率密度增加，因此温度更高，对耐久性不利）。

－高的表面温度（需要热屏蔽）。

－由于相对较高的歧管热质量，因此在冷起动后的排放方面比管歧管更关键。

－由于高的热质量导致强烈的后加热特性。

－由于铸铁材料，任何或优化的管长度只能在有限的程度上实现（性能优化只能在有限的程度上实现）。

7.23.2.2 管歧管（图7.396）

图7.396 四缸发动机（汽油机）用轻量化管歧管

（1）典型的材料

-奥氏体钢，例如1.4828。

-铁素体钢，例如1.4509。

-壁厚：1.2～1.5mm。

（2）优点

- 可以进行性能优化设计。

- 重量轻。

- 现有的标准钢可以承受高的废气温度。

- 低的后热特性。

- 声学设计是可能的。

（3）缺点

- 更紧凑的结构设计是可能的，但从性能的角度来看，不一定要在四缸发动机中实施。如今，有时会实现这样的设计，以便在相同的空间内用管状结构代替现有的铸铁结构。然而，除了许多其他缺点之外，这还会导致在实现所需的耐用性方面出现相当大的问题。

- 高的表面温度（需要热屏蔽）。

-与铸铁歧管相比，虽然管式歧管在起动排放方面更好，但如果歧管的热质量由于1.8～2.0mm的太厚的壁厚而仍然相对较高，则它仍然可能是很关键的。这个问题可以通过将壁厚减少到通常为1.2mm来解决。如今，所选结构的壁厚已达到1.0mm[164]。

- 由于材料阻尼较低，结构噪声辐射更高，可能需要采取额外的措施。

7.23.2.3 单壁半壳歧管（图7.397）

图7.397 三缸发动机（柴油机）半壳歧管

（1）典型的材料

- 奥氏体钢，例如1.4828。

- 铁素体钢，例如1.4509。

- 壁厚：1.5～1.8mm。

（2）优点

- 重量轻。

- 现有标准钢可以承受高的废气温度。

-低的后热特性。

（3）缺点

-对于四缸发动机，那么只有非常短的管道长度是可行的；这种歧管的几何形状通常非常受限。

- 由于形状原因，在制造过程中浪费大量的材料。

- 需要很长的焊缝。

- 表面温度高（需要热屏蔽）。

- 由于低的材料阻尼而产生更高的结构噪声辐射（可能需要采取双壁壳形式的额外措施）。

7.23.2.4 气隙绝缘歧管（LSI歧管）（图7.398）

图7.398 V6汽油机的气隙绝缘歧管

功能分离：内部是轻质含气部件，外部是材料厚度更高的承载元件。这些内部零部件通过滑动座解耦。因此，更容易显示这种歧管的耐久性。

（1）内部含气部件的典型材料

- 奥氏体钢，如1.4828或1.4835。

（2）外部承载部件的典型材料

-奥氏体钢，例如1.4541或1.4829。

-铁素体钢，例如1.4509。

-壁厚：含气的内部部件1.0mm，承载的外部部件1.5mm。

（3）优点

- 相对较轻的重量和紧凑的设计。

- 可以在定义的范围内进行性能优化设计。

- 现有的标准钢可以承受高的废气温度。

- 没有高的表面温度（这意味着周围的组件可以放置在相对靠近LSI歧管的位置，而无须采取进一步的保护措施）。

- 低的后热特性。

- 适用于排放优化的系统。内部含气部件仅具有低的热容，因此在催化器之前的能量损失很小，而具有更高热质量的外部部件仅在催化器起动后吸收热能。

- 如果在发动机起动阶段由于行驶循环导致功率下降，周围的承载结构将起到“绝缘”作用，防止催化器过快冷却。

- 甚至可以采用水冷外套的方案设计[165]。

-不费吹灰之力即可获得良好的声学性能。

（4）缺点

– 在某些情况下，为了在最小的空间内实现所需的复杂几何形状，必须采用内部高压成形管（IHU）；这意味着工具的高的成本和长的交货期。

– 无法实现任何管道长度。

7.23.3　作为部分模块的歧管

7.23.3.1　歧管和催化器集成

由于接近发动机的催化器可以通过焊接或法兰等方法连接到歧管上，因此7.23.2节中介绍的所有的可能性均可作为歧管侧的选项（图7.399）。

图7.399　带有焊接歧管的靠近发动机的催化器（六缸水平对置发动机）

7.23.3.2　歧管和涡轮增压器集成

图7.400所示的歧管–增压器模块，既用于汽油机，也用于柴油机。与单个部件的组合相比，该模块消除了单个部件法兰的质量并简化了装配。该模块的一个明显缺点是，如果只有一个组件出现故障，则需要更换整个系统，这里会产生非常高的成本。

图7.400　带集成铸铁涡轮增压器的铸铁歧管（柴油机）

如果出于已经描述的原因，人们想在该区域改用其他歧管类型，则需要对发动机缸体上的重型增压器提供额外的支撑。

由金属板制成的涡轮增压器外壳也在开发中，由此可以进一步降低热容和重量。

7.23.4　集成的排气歧管

集成在气缸盖中的、冷却液冷却的排气歧管现在被认为是建立在三缸汽油机上，特别是作为小型化方案设计的一部分。这种类型的歧管设计有冷却通道，并通过气缸盖直接连接到冷却系统中。在某些情况下，只有一个连接到废气涡轮增压器的管道连接留在外面，如果需要，它也可以设计得非常紧凑。

利用这一方案设计，就可以实现优化的废气温度，从而实现高功率与低燃料消耗的结合。这里的重点是为了部件而避免燃料加浓，因为歧管周围的水套可以显著地降低废气温度。这最终也有助于减少二氧化碳排放。

此外，还可以在冷起动后通过歧管周围的水套将冷却液快速地提升到工作温度。

7.23.5　歧管组件

直到最近还包含在歧管或焊接的入口法兰中的部件，如废气再循环的连接喷嘴或二次空气供应通道，越来越多地集成在发动机缸体本体中。

图7.401显示管歧管的法兰方案设计。图中所示为法兰结构设计，从带有集成二次空气供应的复杂和沉重的铸铁法兰到由金属板制成的非常简单和轻便的深拉法兰。在某些情况下，与具有相同功能的同类铸铁法兰相比，深拉法兰的质量最多可减小50%。例如，通过“抬高”深拉法兰的边缘区域，可以产生与铸铁法兰相同的刚度特性。密封性是通过在入口开口周围进行压花以提高表面压力来实现的。

通常，由于支撑在相对较冷的气缸盖上，入口法兰的热负荷较低。因此，这里可以使用低成本的、轻度回火的普通钢，例如ST52–3。对于相同结构形式的输出法兰，由于温度较高，必须选择更高质量的铁素体或奥氏体钢[162]。

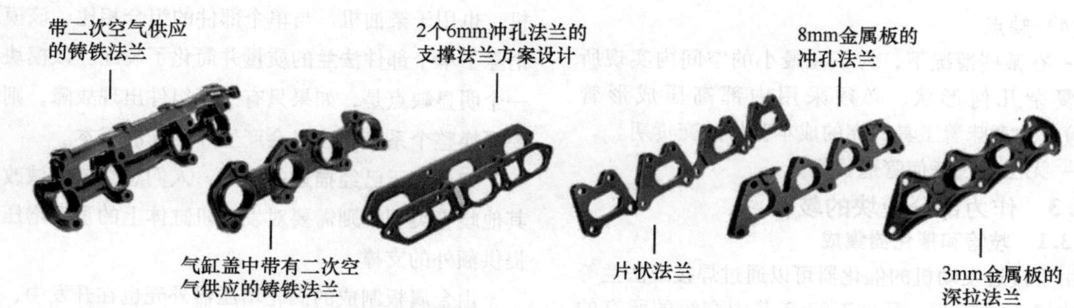

图 7.401　管歧管的法兰方案设计

7.24 发动机水泵

7.24.1 要求、结构形式和结构设计

水泵确保在内燃机的所有的运行状态下，冷却液在冷却回路中的循环符合要求。其目的是确保高可靠性、低驱动功率和无空泡运行，同时具有最小的结构空间和低的成本。

目前，在汽车冷却回路中使用的主要是单级径向离心泵。其转速、由此根据水泵的相似关系的泵的容积流量，通过发动机曲轴的直接驱动，与发动机转速耦合。对于部分或完全独立于发动机转速的冷却液体积流量的日益增长的要求是通过可切换的、速度调节的或电动的水泵来实现的。

由于水泵的结构条件不同的安装特性和不同的要求曲线，因此使用了不同的结构形式和制造方案设计。

汽车水泵的结构设计基本如图 7.402 和图 7.403 所示，它主要由一个带有轴承插入件的轴承壳体、机械密封件、叶轮、轮毂（带盘）、带盖的泄漏容器，以及用于悬挂泵的带有螺旋通道的壳体所组成。

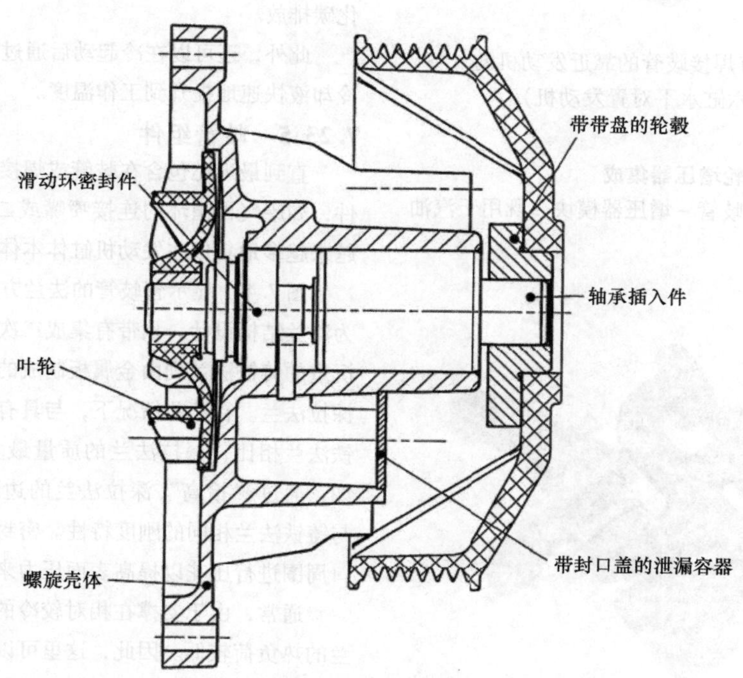

图 7.402　NIDEC GPM 公司的汽车水泵（悬挂泵）

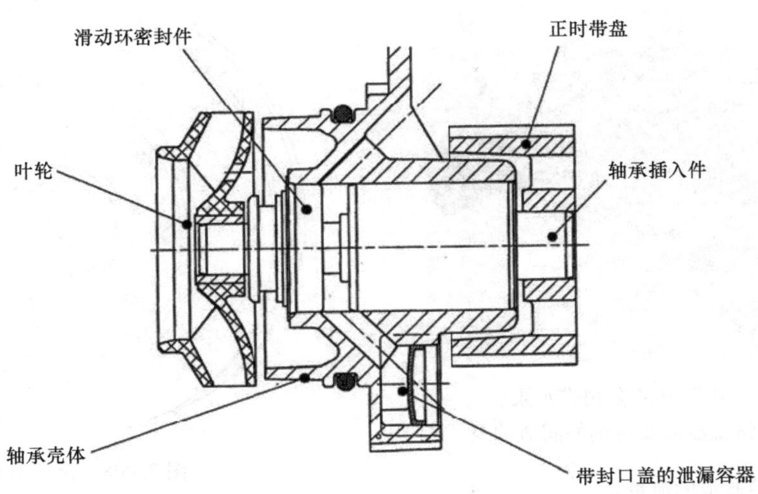

图7.403　NIDEC GPM公司的汽车水泵（插入式泵）

冷却液的供给应以最佳的轴对称方式流动，然而，由于发动机或冷却回路结构设计的原因，泵的进料也可以通过泵的壳体和滑动环密封件设计在背面。图7.404显示了在泵的壳体中集成进料口和螺旋通道的悬挂泵。

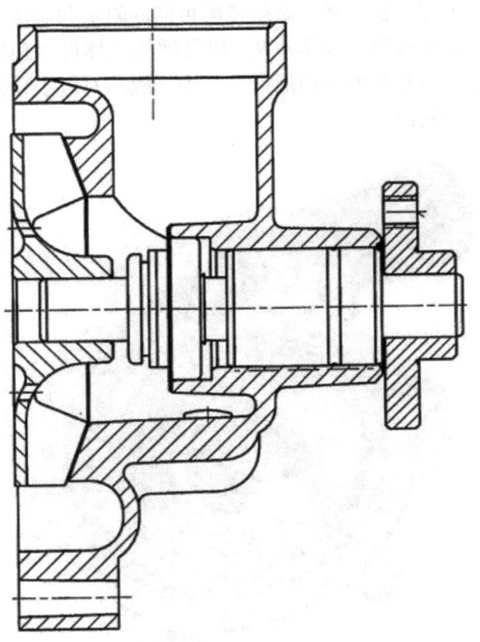

图7.404　GPM公司的带有集成进料口和螺旋通道的汽车水泵（悬挂泵）

在内燃机用水泵中，往往根据其固定方式以及不同的叶轮结构形式、根据在吸入侧或压力侧的滑动环密封件的布置，以及根据驱动方式的设计，区分为悬挂泵（图7.402、图7.404和图7.405）和插入式泵（图7.403）。在插入式泵中，泵结构的一部分，如螺旋通道和进料口，位于发动机的壳体中。

图7.405　GPM公司的带有集成的多螺旋通道和封闭叶轮的汽车水泵（悬挂泵）

水泵通过楔形带、正时带或聚合V带来传动，水泵根据发动机结构要求的位置，也可以通过齿轮来驱动。

水泵壳体用灰铸铁或铝制成，并越来越多地用塑料制造。对于叶轮材料，在乘用车领域主要使用耐高温塑料、金属板和铝，在商用车领域则主要使用灰铸铁。

水泵通过法兰连接到发动机模块（图7.406）。集成在水泵吸入侧的特性场恒温器可确保在发动机的任何运行状态下都能按要求供给冷却液。

特性场控制的恒温器由控制单元控制，并根据存

图 7.406　NIDEC GPM 公司带水泵、特性场控制的恒温器以及可调的润滑油泵

储的特性场来调节冷却液的流量。

此外，该模块还集成了一个可调的润滑油泵。与非调节的润滑油泵相比，它可以以需求为导向提供油压和油量流量，而驱动功率较低，因此效率很高。

7.24.2　叶轮和螺旋通道

叶轮将通过驱动盘提供给泵轴的机械能转化为冷却液的压力和速度。在径向叶轮中，冷却介质轴向进入叶轮，并且由于离心力，被径向引导到叶轮通道中的循环。在螺旋通道中的叶轮出口，流动减速。

汽车水泵通常采用径向叶轮，在叶轮直径小、泵速高的情况下也可以用半轴向或轴向叶轮。

径向叶轮分为开式（图 7.407）和闭式（图 7.408）两种结构形式。

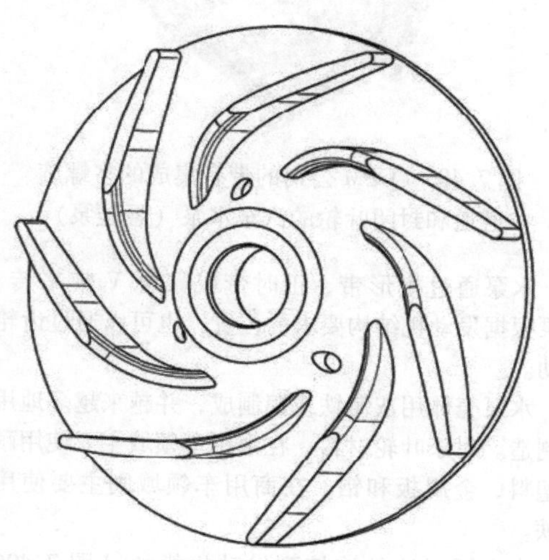

图 7.407　开式叶轮

与开式叶轮相比，闭式叶轮在与制造相关间隙尺寸离散时，在特性曲线和空化性方面更不敏感。然而，由于附加的盖板，制造叶片的工具成本高于开式设计。

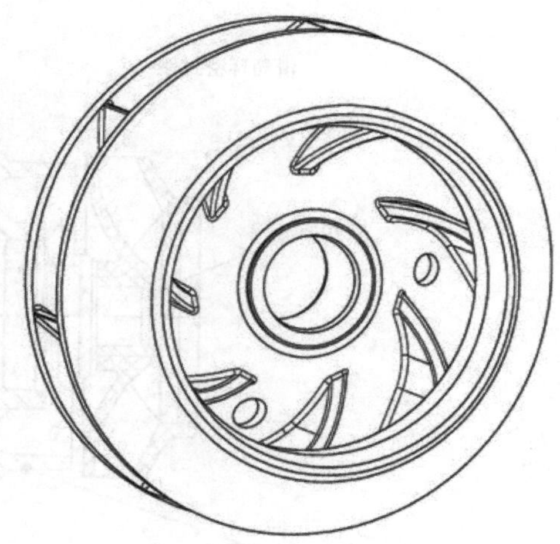

图 7.408　闭式叶轮

叶轮和螺旋通道的结构设计是根据客户的要求，根据设计点的规定，使用 GPM 专用的计算程序进行的。其中，除了设计数据外，还应考虑相应的安装和使用条件。

叶轮的入流在轴向上应尽可能不受干扰且无涡流。

因此，在计算中必须考虑可能的阻塞和涡流。

螺旋通道（图 7.409）以及螺旋壳体可以理解为具有导向叶片的导向通道。其中，螺旋对应于导向叶片的斜截面。

图 7.409　螺旋通道（单螺旋）

螺旋壳体主要用于单级泵。它们可以位于发动机

缸体（插入式泵）或泵壳（悬挂泵）中。螺旋通道的横截面沿叶轮的旋转方向增加。

为了确保均匀的轴对称流动，在螺旋的每个平行回路中必须存在相同的流动状态，即恒定的旋流。

对于V形排列的发动机气缸组，冷却液可以通过双螺旋通道供应到气缸组（图7.410）。双螺旋既可用于悬挂泵（在泵内部），也可用于插入式泵（在曲轴箱内部）。

此外，对于各种集料，也可以从螺旋通道进一步输出，从而出现多个螺旋通道（图7.411）。

图7.410 双螺旋通道

图7.411 多螺旋通道

7.24.3 冷却液侧的密封

冷却液侧与泵轴承的密封通过滑动环密封（轴向密封系统）（图7.412）或通过径向轴密封，例如VR密封（径向密封系统）（图7.413）来保证。它可以布置在叶轮的吸入侧或压力侧。对于位于吸入侧的密封，由于整个泵容积流量的回流冲刷，摩擦热被很好地散发。对于位于压力侧的滑动环密封，必须确保通过叶轮背侧的足够冲刷体积流量来散热。

滑动环密封的滑动副用冷却液润滑和冷却。因此，蒸汽或液体的轻微泄漏可能会逸出到大气中。这种泄漏进入大气可以通过水泵壳体内部的结构设计措施来防止。因此留在壳体中的泄漏通过产生的发动机热量蒸发（见图7.402和图7.403）。

VR密封（径向密封系统）是轴向滑动环密封的一种经济有效的替代方案。其密封原理是不会通过密封间隙泄漏。由于密封唇口紧贴经过特别硬化的轴保护套运行，因此在使用寿命内不会发生可测量的磨损。

VR密封特殊的优点是结构空间小，并且可以在高速（10000r/min）下使用。

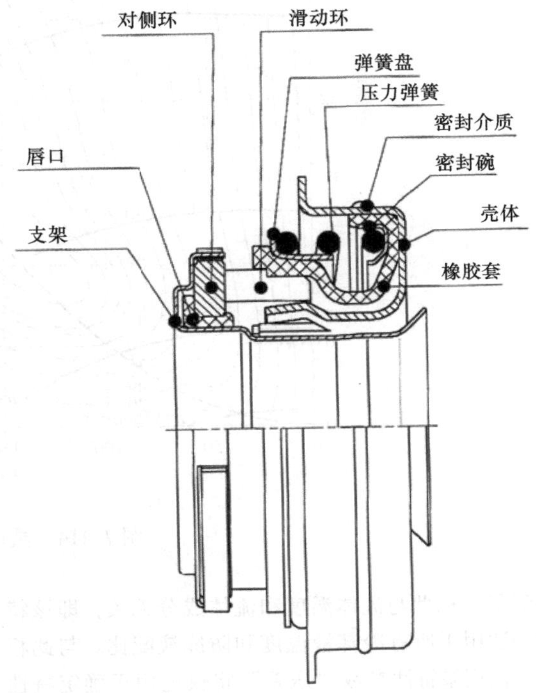

图7.412 滑动环密封（轴向密封系统）

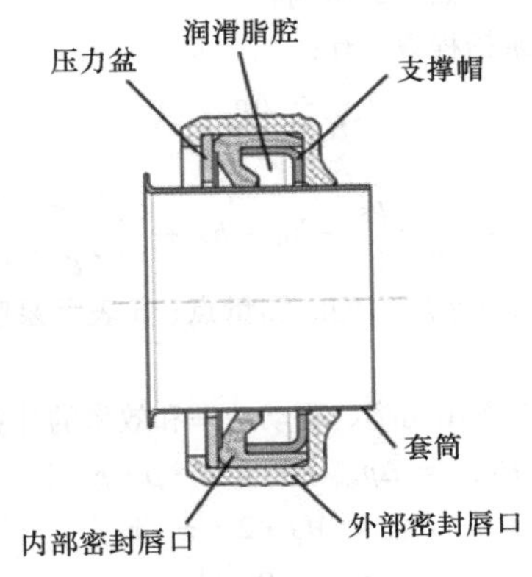

图7.413 VR密封（径向密封系统）

7.24.4 水泵的特性场和相似性关系

在水泵特性场中显示了水泵的压差或泵的扬程与所输送的冷却液体积流量和泵的转速的依赖关系。图 7.414 显示了乘用车水泵典型的特性场，包括等效率线和系统特性曲线（冷却回路阻力）。

如图 7.414 所示，水泵特性场应使用特性参数

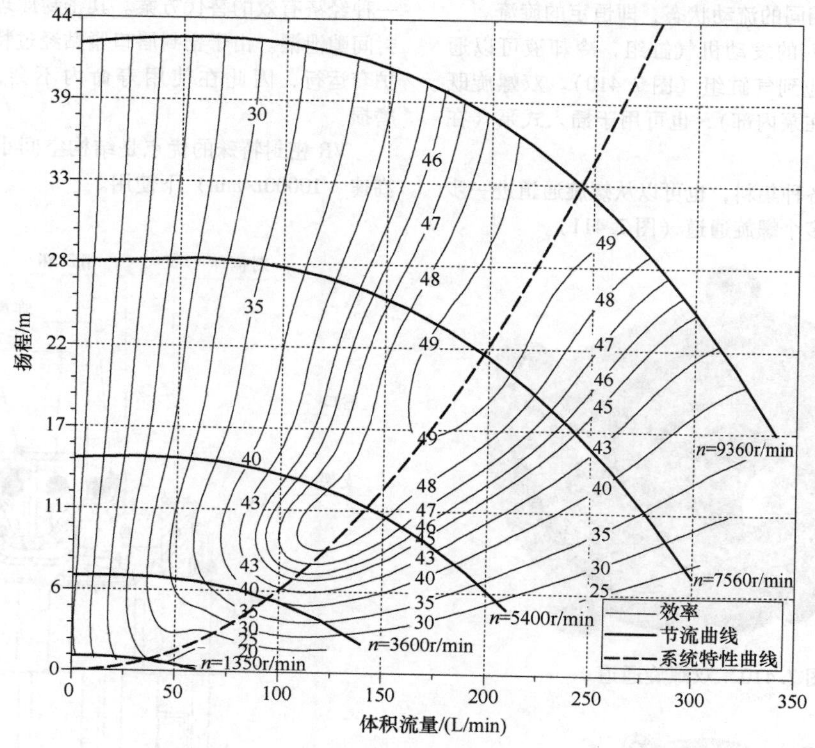

图 7.414　乘用车水泵的特性场

“扬程”，因此与流体温度和流体成分无关，即该特性场适用于所有冷却液温度和防冻液配比。与此相反，使用泵特性参数“压差”将仅适用于确定特性场时的主要流体状态。

泵的特性曲线的变化过程或斜率可能会受到叶轮叶片的形状和数量的影响。

对于泵扬程 H，有：

$$H = \frac{\Delta p_{\text{ges}}}{\rho \cdot g} \tag{7.26}$$

$$= \frac{p_{\text{D}} - p_{\text{S}}}{\rho \cdot g} + h_{\text{D}} - h_{\text{S}} + \frac{c_{\text{D}}^2 - c_{\text{S}}^2}{2 \cdot g} \tag{7.27}$$

式中，D 表示泵压力侧的测量点；S 表示泵吸入侧的测量点。

水泵的有用功率、驱动功率和效率的计算如下：

$$P_{\text{Nutz}} = \Delta p_{\text{ges}} \cdot \dot{V} = H \cdot \rho \cdot g \cdot \dot{V} \tag{7.28}$$

$$P_{\text{An}} = M_{\text{d}} \cdot 2 \cdot \pi \cdot n \tag{7.29}$$

$$\eta = \frac{P_{\text{Nutz}}}{P_{\text{An}}} \tag{7.30}$$

图 7.415 显示了水泵的驱动功率与发动机转速和泵的体积流量之间的关系。考虑到体积流量的要求、泵效率、冷却循环阻力等因素，发动机额定转速下泵的驱动功率通常在 500W ~ 3.5kW 之间，在商用车领域，水泵的驱动功率明显要高得多。应当注意的是，由于冷却回路的总的流动阻力不同，在相同的发动机转速下，泵的驱动功率根据冷却回路的运行状态（例如加热装置的打开或关闭，恒温器的打开、调节或关闭等）也有所变化。

借助于离心泵的相似关系，可以将测量确定的或预先确定的水泵特性曲线的特性值转换为其他泵速。换算公式如下：

$$\frac{n_1}{n_2} = \frac{\dot{V}_1}{\dot{V}_2} \tag{7.31}$$

$$\frac{n_1^2}{n_2^2} = \frac{\Delta p_1}{\Delta p_2} = \frac{H_1}{H_2} = \frac{M_{\text{d1}}}{M_{\text{d2}}} \tag{7.32}$$

$$\frac{n_1^3}{n_2^3} = \frac{P_{\text{Nutz1}}}{P_{\text{Nutz2}}} \tag{7.33}$$

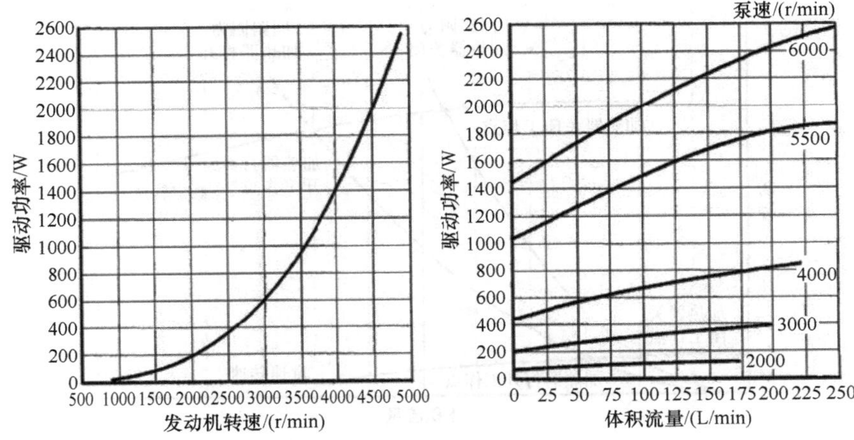

图 7.415 水泵驱动功率与转速和冷却液体积流量的关系

方程（7.31）、（7.32）和（7.33）表明，随着泵速的增加，体积流量呈线性增加，泵的压差或扬程和泵的转矩呈平方增加，泵可用功率呈三次方增加。驱动功率的增加与泵的可用功率相似，但也取决于效率曲线（图 7.414）。

根据公式（7.31）~（7.33），相似关系不受限制地适用于图 7.414 的特性场，也就是说泵的特性值可以转换到不同的转速。

然而，当水泵在冷却回路中运行时，相似关系仅适用于冷却回路恒定的流动阻力。由于冷却回路阻力至少在较低的发动机转速范围内由于不完全液压粗糙的流动而增加，因此当水泵在冷却回路中运行时，用于转换泵的特性值的相似关系只能在有限的程度上使用，即在达到液压粗糙的流动时。

图 7.416 示意性地显示了冷却回路总阻力的特征曲线，指示了存在液压粗糙流动和可以使用的相似关系的点。

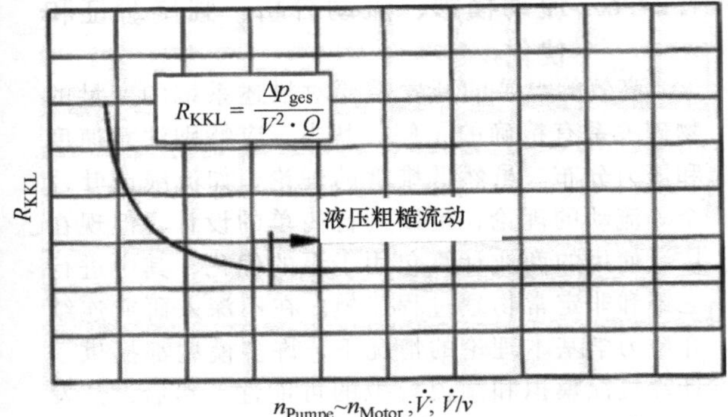

图 7.416 冷却回路的总的流动阻力

各个冷却回路的部件，如发动机、散热器、加热器、节温器、油热交换器等，显示了如图 7.416 所示的流动阻力变化过程的相同特性。

根据图 7.416，在小的体积流量或转速下，冷却回路阻力的增加是由于水泵在较低发动机转速范围内输送不成比例的冷却液的原因。在确定泵的设计点时，发动机制造商必须考虑这些流动技术方面的特性。

泵的特性曲线与冷却回路阻力的交点给出了各个泵速下水泵的工作点。当冷却回路阻力发生变化时，例如通过关闭加热器或通过节温器调节，工作点相应地移动。

图 7.417 示意性地显示了水泵特性场中怠速和额定转速时，在打开和关闭加热器时的不同的冷却循环阻力和工作点。

水泵的设计通常针对发动机制造商指定的设计点（泵压差或扬程和体积流量），额定泵转速或怠速和极限转速之间的其他泵速，以及确定的冷却循环状态，例如节温器开启、加热器关闭。此设计点应与水泵在冷却回路中运行所产生的工作点相一致。随着偏离工作点，另外的冷却回路体积流量和由此通过循环元件输送的过大或过小的部分体积流量并不是在水泵的设计点中规定的，这可能对热传输和散热以及冷却回路元件的压力负载产生不利的影响作用。

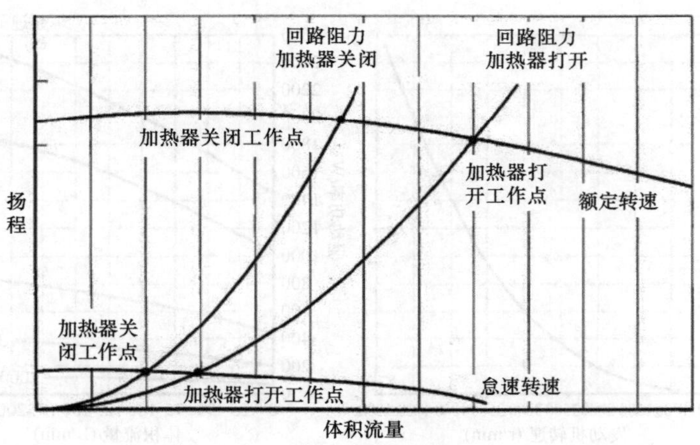

图 7.417　水泵特性场中的流动阻力和工作点

7.24.5　气蚀

气蚀是指蒸汽气泡在流动的液体中的形成和衰变。当冷却液的压力在冷却回路中的某一点低于蒸汽压力时，就会出现气蚀现象。由于其低压水平，水泵的吸入侧特别容易发生气蚀。根据蒸汽压降的大小，水泵的扬程减小，因此冷却循环的体积流量减小。此外，由于蒸汽气泡在更高压力范围内的突然衰变，例如在螺旋通道或发动机缸体中，材料可能会被去除。压力下降发生在锋利的边缘和偏转处，以及在高流速时（即在大的泵速下的高的冷却液体积流量）进入叶片通道。由于难以计算和测量旋转叶片通道中的这些选择性压降，水泵制造商在设计的水泵试验台上至少对设计点和设计速度进行气蚀研究。在此过程中，降低泵吸入侧的压力，直到达到一定的扬程下降，例如3%。

根据由此确定的抽吸压力和试验台试验中普遍存在的测量条件（流体温度和成分），计算出所谓的NPSH（净正吸头，net positiv suction head）值：

$$\mathrm{NPSH}_{97\%}=\frac{p_{s97\%}-p_{\mathrm{Dampf}}}{\rho\cdot g}+\frac{c_s^2}{2\cdot g} \tag{7.34}$$

由于该NPSH值与扬程一样，与流体成分和温度无关，因此对于要考虑的冷却回路运行状态［例如，40%（体积分数）防冻液含量、泵吸入侧冷却液温度为108°C、加热器关闭］，可以计算泵吸入侧所需的压力，如有必要，以及补偿容器（膨胀水箱）或其在冷却回路中的连接点所需的压力，以避免气蚀：

$$p_{s_{\mathrm{stat\ erf}}}=(\mathrm{NPSH}\cdot\rho\cdot g)+p_{\mathrm{Dampf}}-\rho\frac{c_s^2}{2} \tag{7.35}$$

应当注意的是，在水泵在冷却回路中运行时，由于旁通节温器上的压降通常很高，并且在这种发动机运行状态下平衡容器中的压力仍然很低，因此不仅在非常高的冷却液温度下，而且在中等温度范围内都可能发生空化现象。

为了获得水泵的空化特性的信息，即使在转速和体积流量偏离泵的设计点的情况下，也可以确定空化特性图。空化值NPSH随泵速和体积流量的增加而增加（图7.418）。

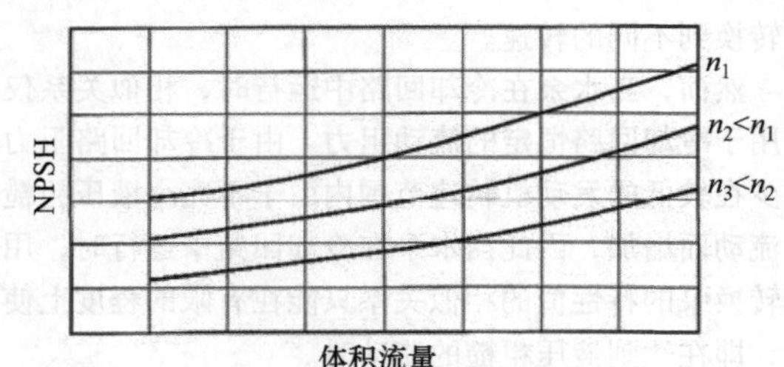

图 7.418　水泵空化特性场

7.24.6　流动模拟、流动分析、强度验证和优化

高效的水泵的开发需要对描述系统的变量的物理关系有精确的了解。其中，应特别注意速度和压力分布。虽然低维度的理论，如流线或叶片全等流动的理论，足以进行简单的设计，但现在广泛使用的商业计算包用于泵的优化，其中进行三维和非定常物理过程建模。在不深入研究连续介质力学基本理论的情况下，许多模型都提供了计算气蚀模拟和湍流模拟的可能性。然后，开发工程师的任务就是根据诸如压力场（图7.419，见彩插）或速度场（图7.420，见彩插）等结果制定和实施对泵部件几何形状的修改要求。

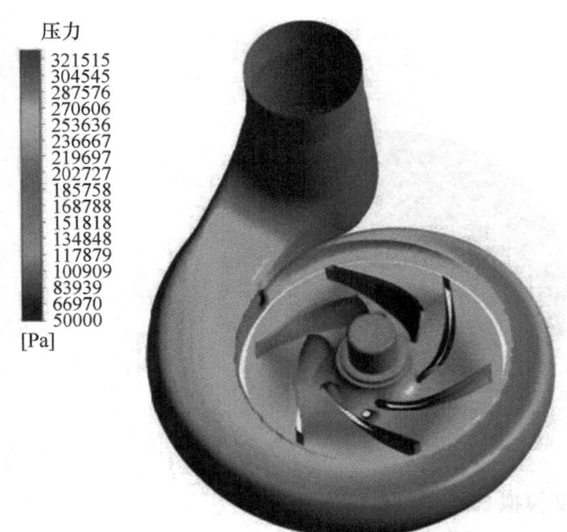

图7.419　湿润表面的压力分布

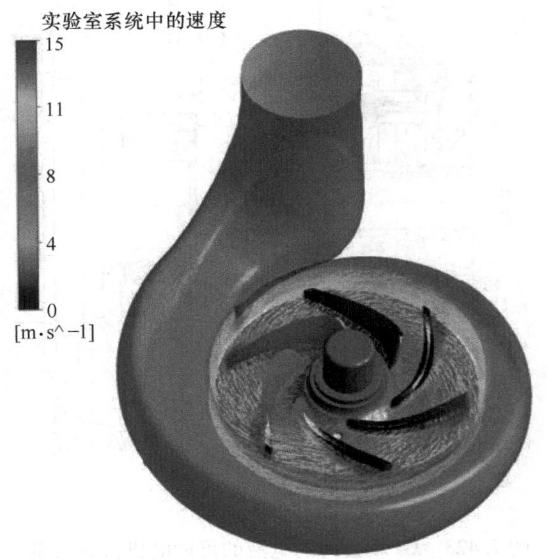

图7.420　切面上的速度矢量剖面中的速度场

叶轮的叶片是至关重要的，一方面，必须借助叶轮的叶片确保向液体的动力传输。然而，另一方面，由于叶片周围液体的加速，由于无意的气蚀形成，传输能力受到限制。在这种情况下，存在的压力区域局部低于蒸汽压力，通常会导致部件损坏，并最终导致水泵故障。在水泵通常由无叶片的螺旋几何形状组成的导向装置中（见7.24.2节），必须特别注意导流器边缘（螺旋形通道舌体）的清洁流动。螺旋通道中的压力曲线对于泵的效率潜力的利用起决定性的作用。由于所使用的计算机技术，对流动的数值计算提供了精确的结果，在内部流动过程的可视化可能性方面显示出它们的优势，而这些可能性在试验上是无法用可比的耗费来确定的。

强度分析（图7.421，见彩插）是通过使用固体模拟（FEM，有限元法）在带轮上施加力的基础上确定薄弱环节来进行的。计算出的壳体上的临界载荷必须通过加肋（肋片和腹板）来补偿。

优化包括使壳体结构与通过有限元分析确定的载荷相匹配，并随后重复分析。

7.24.7　可切换的、可调的和电动水泵

采用调速水泵，可以实现与发动机转速无关的冷却液体积流量的要求。对此，允许在发动机部分负荷范围内实现低的体积流量，以提高冷却液和润滑油温度，以降低发动机摩擦功率，以及从发动机怠速起实现高的体积流量，为了支撑加热、在全负荷运行后在冷却系统中的高的热量输入，以及在较低发动机转速范围内的高的发动机转矩。此外，水泵可以在发动机预热阶段关闭，以便更快地达到运行温度。由于加热器和散热器的冷却液侧的饱和，冷却液体积流量在发动机高转速范围受到限制，根据图7.415，可以实现显著的泵驱动功率的节省。通过在高的发动机转速范围内调节冷却液体积流量，还可以实现部件入口压力的显著降低，例如来自加热器和散热器的压力。

在不显著地改变发动机或冷却回路的情况下，在热管理框架内的体积流量可变性的积极影响在很大程度上可以通过具有关闭功能的具有成本效益的机械驱动泵来实现。

特别是在冷起动阶段，冷却液体积流量的关闭使得发动机加热速度明显加快，由此降低了燃料消耗和排放。根据制造商的数据，由于体积流量的关闭，在NEDC（新欧洲驾驶循环）下可能的燃料节省在0.5%～3%之间。

对于体积流量的关闭，已知有几种解决方案，由此引导出以下一些方案设计：

- 与泵串联的方向控制阀。
- 带有可切换的磁力联轴器的水泵。
- 带有集成的间隙环滑块的水泵（图7.422和图7.423）。

普弗莱德雷尔（Pfleiderer）已经对作为离心泵调节元件的间隙环滑块进行了深入的研究。它是一种叶轮同心的环滑块，可通过合适的执行器在叶轮上轴向滑动。可通过外部负压执行器（图7.422）或直接通过液压（图7.423）来操控。

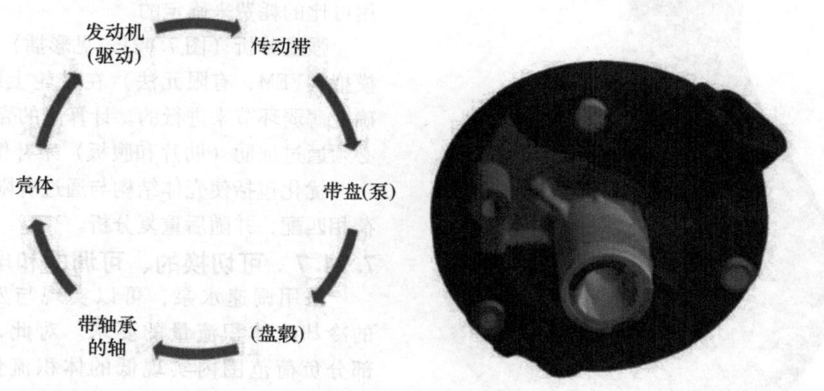

图 7.421　强度模拟

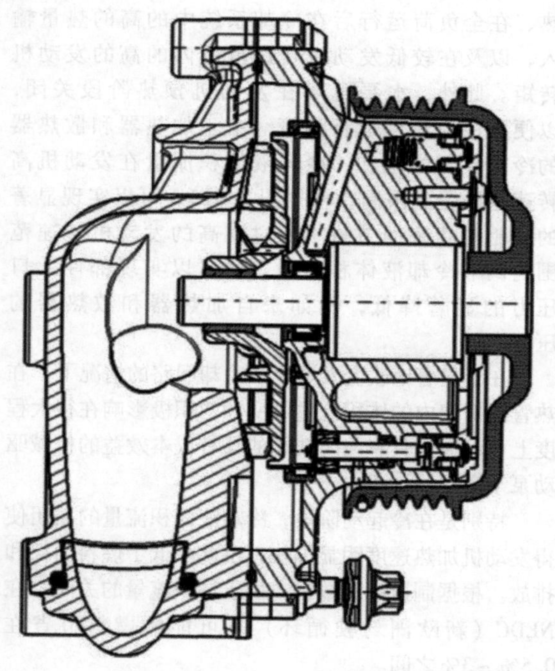

图 7.422　GPM 公司的气动的可切换的机械式水泵

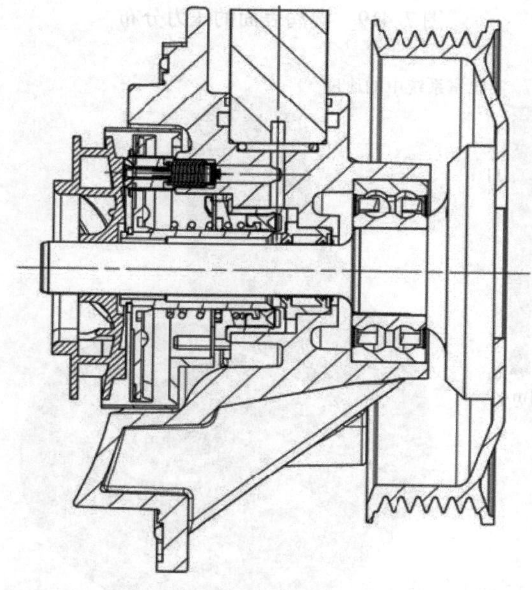

图 7.423　GPM 公司的电液的可调的机械式水泵

通过泵内部的液压回路进行环滑块的电液的操控（图 7.423）。其中，轴向柱塞泵由位于叶轮后侧的行程轮廓驱动。电磁阀关闭液压回路，由累积的压力通过叶轮移动调节滑块。当电磁阀打开时，液压下降，调节滑块通过复位弹簧拉回到其起始位置。复位弹簧还确保了故障－安全（Fail－safe）功能。

与其他的调节方案设计比，带间隙环滑块的水泵具有许多显著的优点：

－ 与离合器泵不同，滑块允许在发动机运行时实现真正的零输送，因为它还安全地防止了热虹吸流。

－ 滑块泵基本上不需要比定量泵更多的结构空间，而增加的重量也很少。

－ 在关闭状态时泵驱动功率可显著降低（图 7.427）。

－ 特别是与离合器泵相比，滑块泵具有非常高的成本效益。

－ 作为故障－安全功能的发动机冷却通过弹簧复位来保证。

除了纯开/关（On/Off）管路外，图 7.422 和

图 7.423 所示的带间隙环滑块的机械式水泵还可以通过滑块沿叶轮宽度的精确定位在整个转速范围内连续调节体积流量。这在冷却回路运行中提供了显著的优点：

- 限制了散热器和加热器等危险部件的部件入口压力（图 7.424，见彩插）。
- 水泵的气蚀倾向显著降低（图 7.425，见彩插）。
- 另外，避免了由于泵压力过大而导致的冷却回路的进一步损坏或故障，例如，在短回路模式下，散热器节温器被推压（当散热器节温器在短回路模式下被推压时，由于不需要的散热器体积流量，发动机的预热阶段显著地延长）。
- 降低水泵必要的驱动功率（图 7.426，见彩插）。

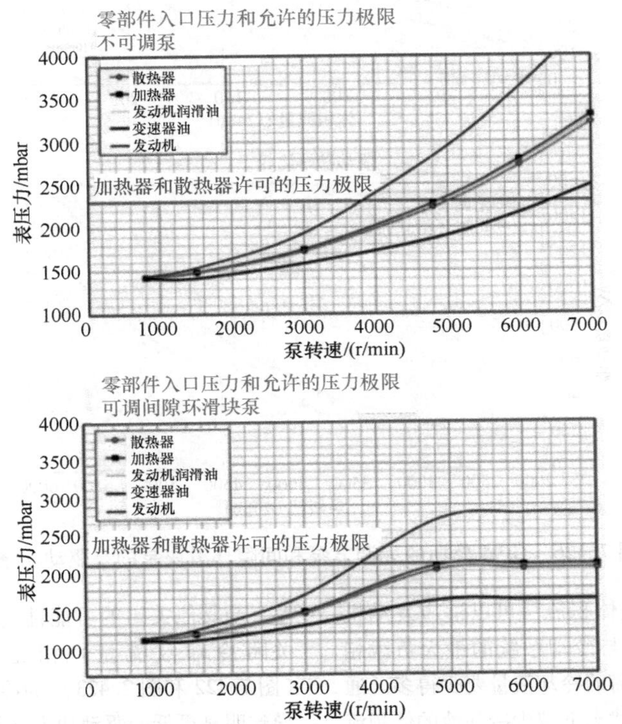

图 7.424 乘用车冷却回路中的部件入口压力

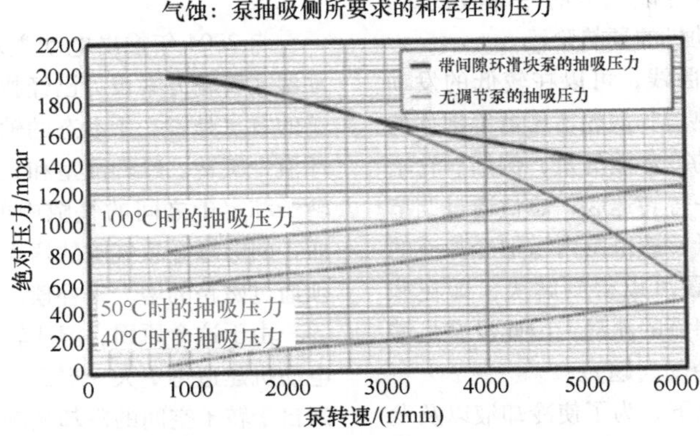

图 7.425 避免气蚀所要求的抽吸压力和乘用车冷却回路中存在的抽吸压力

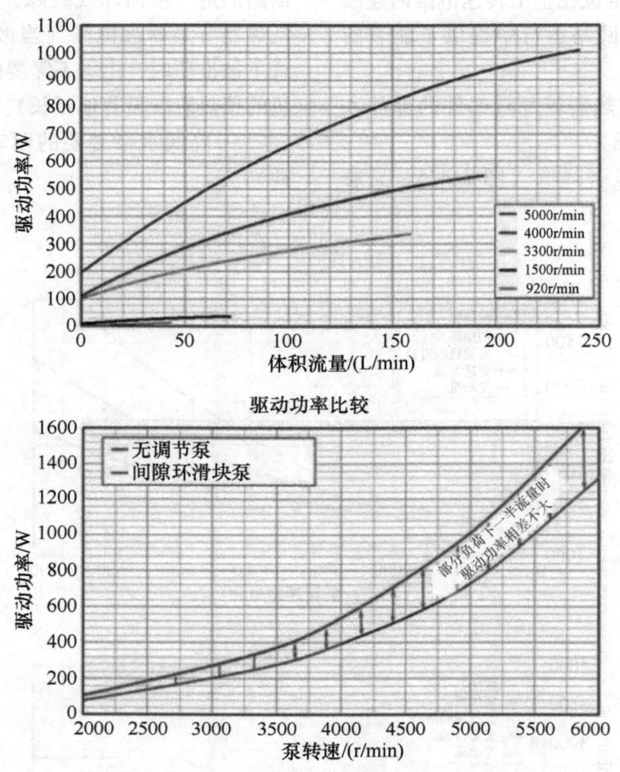

图 7.426　GPM 公司的无调节泵和间隙环滑块泵的泵驱动功率

– 实际输送的冷却液体积流量可以适应发动机的体积流量要求。例如，与冷却系统的最大负载相比，在平路上恒定行驶所需的冷却液量要少得多。通过在这种经常发生的运行状态下减少冷却液的体积流量，由此产生的更低的泵驱动功率导致可得到验证的燃料节省。

– 通过减少短回路运行模式下的冷却液流量，可以缩短冷却液，以及发动机的预热阶段。

– 通过提高泵的特性曲线，可以在较低的发动机转速范围内增加诸如加热器和涡轮增压器等部件的体积流量，这实现了必要的冷却液的量，例如涡轮增压器从怠速起的散热。从中等转速起，总量通过调节受到限制。此外，随着较低转速范围内增加冷却液的量，7.24.4 节中讨论的问题可以得到解决，即在非常低的怠速下，没有完全湍流的流动，因此没有足够的散热问题（热怠速下的冷却问题）。

在发动机冷起动的情况下，为了使冷却液以及发动机快速加热，越来越需要零输送，即冷却液处于静止状态。同时，为了减少摩擦功率以及损失功率，辅助装置，如水泵，从怠速开始就应该具有小的驱动功率。与其他关闭的可能性（例如通过泵出口的阀门关闭冷却液流量）相比，通过间隙环滑块泵（图 7.422 和图 7.423）的冷却体积流量的关闭可以导致明显更低的驱动功率（图 7.427，见彩插）。

用电动水泵可以满足无级可调冷却循环容积流量的要求。图 7.428 显示了具有冷却液分配功能的电动主水泵。

自 2004 年推出电动主水泵以来，当时推出的电动湿式转轮方案设计已经找到了许多模仿者。湿式转子的特点是省去了动态的轴密封，电动机的转子在冷却液中旋转。冷却液室和大气之间的分离是通过位于转子和定子之间的气隙中的所谓间隙罐进行的。然而，间隙罐导致气隙的增大，由此产生的磁场衰减必须通过磁路的增大来补偿。

由于这个原因，湿式转子电动机通常比干式转子电动机建造得更大、更重。湿式转轮原理的其他缺点来自于转子空间的冷却液潮涌；其结果是附加损失增加，对气隙和介质润滑的滑动轴承间隙中的颗粒的敏感性增加，以及对电动机引起的振动激励的敏感性增加。

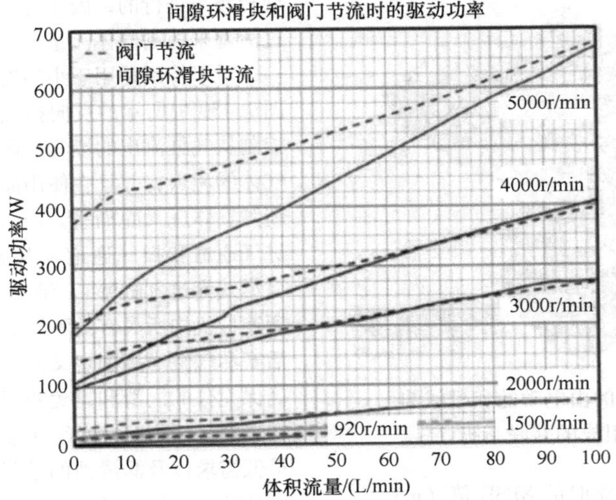

图 7.427 间隙环滑块节流和阀门节流时泵驱动功率的比较

图 7.428 NIDEC GPM 公司的电动主水泵

湿式转轮的一种选择是带有轴封的所谓干式转轮。通过采用最新一代的径向轴密封圈，动态密封点可在整个使用寿命内安全密封，且摩擦小。

电动干式转轮使电动主水泵具有非常紧凑的设计，因此能够适应许多狭窄的结构空间的情况。

到目前为止，电动主水泵只在个别发动机结构系列中使用。12V 车载电源系统内的电力供应有限，特别是电子直流电动机的高系统成本，阻碍了进一步的普及。此外，电动主水泵的使用需要对冷却回路结构进行大量的修改。

图 7.429 中的并联泵系统结合了电动水泵和可切换机械泵的各自优点。其中，电动二次泵与机械的、可切换的主水泵（一次泵）并联布置。通过关闭电动泵回路来避免不希望的回流。

并联泵系统为带混合动力、起－停系统和内燃机的车辆提供符合要求的冷却液供应。其中，各种运行模式，如发动机冷起动时的零冷却液输送，混合动力发动机中的电动机和电力电子设备的冷却，以及在发动机加热阶段限制内燃机运行期间的体积流量，或在更高的发动机负荷和转速下借助于间隙调节泵限制部件压力过载和驱动功率。在低的发动机负荷和因此所需的少量冷却液的情况下，使用电动二次泵进行纯冷却循环运行。

此外，电动二次泵可用作后运行泵。在内燃机关闭后，可能会有太多的热量进入冷却系统（后加热），从而导致冷却液通过平衡容器排出或涡轮增压器损坏。以前使用的后运行泵通常达不到足够的冷却液体积流量，因为由于它们布置在冷却回路分支中（例如在涡轮增压器的供应中）而出现回流、部分静止的冷却液和不希望的部件体积流量。例如，它流过静止的主泵，这可以通过并联泵系统来避免。

缩写列表：

c_D = 泵压力侧的流速（m/s）

c_s = 泵抽吸侧的流速（m/s）

g = 重力加速度（m/s^2）

H = 扬程（m）

h_D = 泵压力侧的海拔（m）

h_s = 泵抽吸侧的海拔（m）

M_d = 转矩（N · m）

n = 转速（s^{-1}）

NPSH = 净正吸头（Net positiv suction head）－绝对能高减去蒸发压头
= 净能高（m）

图 7.429　GPM 公司的由电动的和机械的可切换的水泵组成的并联系统

$NPSH_{97\%}$ = 扬程下降 3% 时的 NPSH 值（m）

P_{An} = 驱动功率（W）

p_D = 泵压力侧的当地压力（N/m^2）

p_{Dampf} = 流体的蒸汽压力（N/m^2）

P_{Nutz} = 有效功率（W）

p_s = 泵抽吸侧的当地压力（N/m^2）

$p_{S_{97\%}}$ = 扬程下降 3% 时泵抽吸侧的静压（N/m^2）

$p_{S_{stat\ erf}}$ = 为防止气蚀的泵抽吸侧的静压（N/m^2）

R_{KKL} = 冷却回路总阻力（m^{-4}）

$\dot{V}$ = 体积流量（m^3/s）

Δp_{ges} = 根据伯努利（Bernoulli）的总压差（N/m^2）

ρ = 流体密度（kg/m^3）

η = 效率

V = 运动黏度（m^2/s）

7.25　二冲程发动机的控制机构

与四冲程发动机相比，二冲程工作原理的特点是曲轴每转一圈完成一个完整的工作循环，并且在下止点（UT）附近的曲轴转角范围内从气缸中去除燃烧的充量并引入新鲜气体或燃烧空气进入气缸（扫气过程）。这里的要求是通过气体交换机构的适当的造型设计，在下止点（UT）附近尽可能小的曲柄转角范围（较低限制的有用的气缸行程），扫气过程在较低的所需的扫气压降（低的气体交换功）、新鲜气体与废气混合最少（高的扫气效率）的情况下进行。对于二冲程发动机中的气体交换，有许多不同的、在 10.3 节中有更详细解释的扫气过程可供选择（另见参考文献［166］和［167］），与四冲程发动机相比，这些扫气过程的使用导致了发动机部件造型设计的显著的差异。由于二冲程发动机的工作过程是随着曲轴旋转频率进行的，因此与四冲程发动机相比，可以通过活塞来控制气体流量。

对于特别是用于小型发动机和高速发动机的、在图 7.430 中所示的反向扫气中，活塞不仅通过排气口控制从气缸流出的废气，而且还通过扫气口控制新鲜气体的流入，并且在使用曲轴室扫气泵时，另外还使新鲜气体进入曲柄室。通过在气缸上布置排气通道、进气通道和扫气通道以及溢流通道（这些通道以槽口形式穿过气缸壁），给出了以下二冲程发动机的曲柄连杆机构所具有的不同的特点。气缸壁上的槽口给活塞和气缸摩擦副定义的润滑带来困难，因此，为了确保充分的润滑和避免不可接受的高的润滑油消耗，在选择运行副时，必须在结构设计上考虑对润滑油的最低需求以及润滑油的适量供应和/或活塞环充分的刮油效果。如参考文献［167］和［168］中详细规定的那样，为了防止活塞环在排气槽口、扫气槽口和进气槽口发生不允许的偏转，必须遵守最大的槽口宽度（以槽宽与气缸直径之比表示）规则。

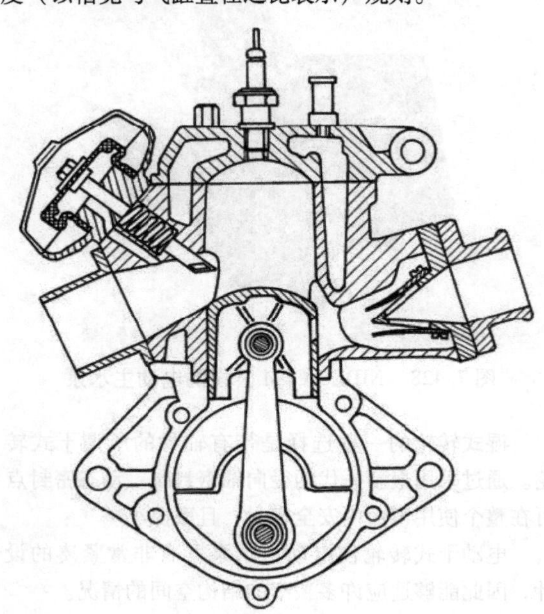

图 7.430　具有反向扫气、曲轴室扫气泵、进气系统簧片阀和平滑阀排气控制的现代二冲程汽油机的剖视图

此外，在其基本形状中，大多为角形设计的槽在槽的顶部边缘和底部边缘被倒圆，并且从气缸壁通道壁的过渡设有半径。如果需要，通过压入环槽中的销来避免活塞环在活塞环槽中的旋转，从而出现环端弹入气缸槽口中的风险。

两倍的点火频率，然而主要还是通过活塞控制新鲜气体流量，特别是通过活塞控制排气流量，如文献[169]中所述，与可比的四冲程发动机相比，会导致在槽口控制的二冲程发动机中气缸和活塞出现明显更高的热负荷，这被认为是高功率二冲程发动机经常存在的有限稳定性的主要原因。这使得问题复杂化的是，当新鲜气体通过曲轴室（曲轴室扫气泵）引入时，通过喷油（这在更高功率的四冲程发动机中是常见的）对活塞进行有效的冷却在很大程度上是不可能的。减少活塞、活塞环和销轴承的热负荷，除其他外，通过以下措施来实现：限制单缸容积；仔细设计气缸冷却（可能的液体冷却），特别是在排气槽口区域；气缸变形在结构上的最小化，这个变形会使得从活塞通过气缸上的活塞环散发热量变得更加困难；选择控制时间以防止通过废气回吹到扫气槽口来额外加热活塞和新鲜气体；选择一种避免从气缸流出的废气与活塞表面大面积接触的扫气方法。

在用于高速二冲程发动机的现代反向扫气气缸中，新鲜气体通过通常4~7个与排气通道镜像对称布置的扫气通道或溢流通道，以与排气槽口相对的气缸壁方向上的平坦角度进行扫气。这在气缸壁上形成一股上升的新鲜气流，该气流在气缸盖区域反转方向并迫使废气排出气缸。与类似的四冲程发动机相比，在气缸侧面布置的、在流动方向上略微变细的溢流通道使得相应的多气缸发动机的气缸间距明显要大得多。由于气体交换通道引起的在气缸几何形状中的刚度变化、气缸盖与曲轴之间更间接的动力流动，和由于排气槽口引起的活塞和气缸的高的不对称热负荷，因此需要对发动机和发动机冷却进行非常仔细的设计。应当注意的是，特别是在现代二冲程汽油机中，为了增加新鲜气体的填充量、影响混合气的形成，和避免进气系统和排气系统中气体谐振的负面影响，根据当前的方案设计，部分使用进气旋转阀、簧片阀（Reedvalves）、分流薄片控制装置、谐振腔和排气侧的滑块或控制滚轮。这可能会在某些情况下大大增加发动机结构设计的复杂性。

在特别用于柴油机的带有排气门的直流扫气中，新鲜气体通过由活塞控制的扫气槽口进入气缸，而废气则通常通过布置在气缸盖中的、由曲轴旋转频率控制的几个气门排出。为了产生良好的扫气效率，除了用于支持混合气形成的略微切向方向外，进气通道或进气槽口通常不需要具有特殊的方向性。因此，如图7.431所示，位于扫气槽口上游的空气收集器容积通常与衬套的外径相邻（另见参考文献[170]）。

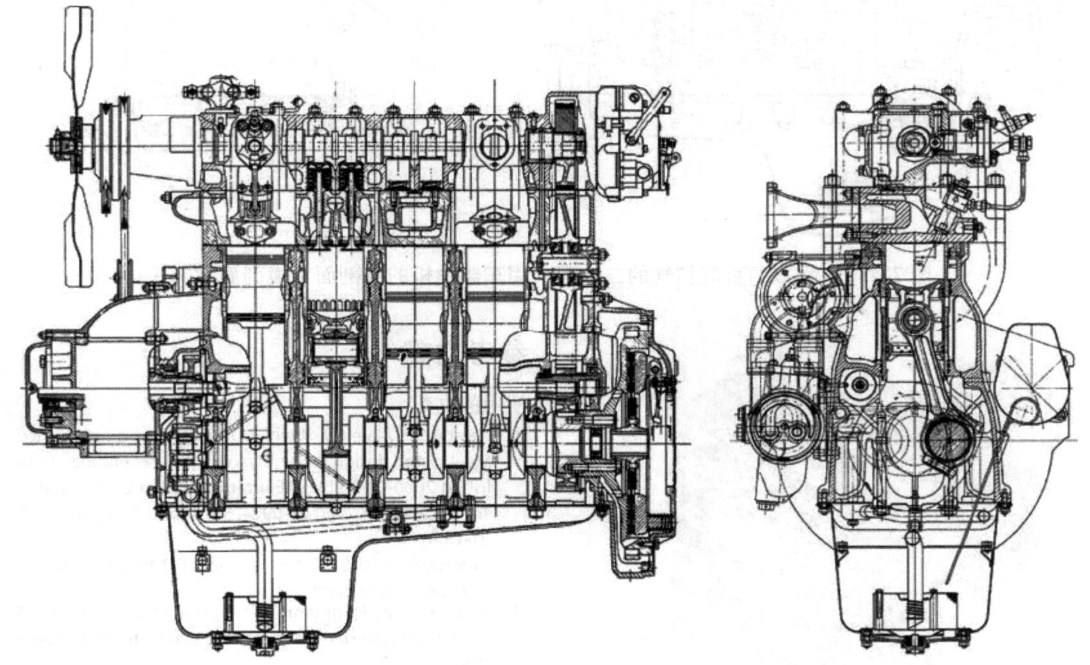

图7.431　克虏伯（Krupp）公司直流扫气的四缸二冲程柴油机的纵剖面和横剖面[170]

特别是对于长行程发动机，扫气槽口必须在上止点（OT）位置被活塞裙所覆盖的要求需要长活塞和相对较高的发动机总高度。与反向扫气相比，带有排气门的直流扫气使得活塞和气缸上的热负荷略低且更加对称。相比之下，由于与四冲程发动机相比，排气门的作动频率增加了一倍以及高速发动机气缸盖的高的热负荷，因此对气缸盖冷却和配气机构运动学设计提出了很高的要求。在高速发动机中通常选择的具有四个排气门的结构形式中，开发目标是实现紧凑的通道轮廓（要冷却的通道表面小，连接废气涡轮增压器时废气热损失少），其中各个气门的废气流的阻碍尽可能小。此外，特别是喷嘴周围的区域必须强烈地冷却，以避免焦化问题。为了在可用于气体交换的、有限的曲轴转角范围内以尽可能少的气体交换功实现气体交换，必须选择合适的配气机构方案设计，并且必须实施流动期间具有最小压力损失的优化的配气机构运动学。

图7.432显示了AVL公司的1.0L二冲程柴油机的方案设计的解决方案示例。在这台发动机中，每个气缸有四个排气门，由两个顶置凸轮轴的滚子摇臂驱动。图7.433显示了替代的排气通道布局的图示。

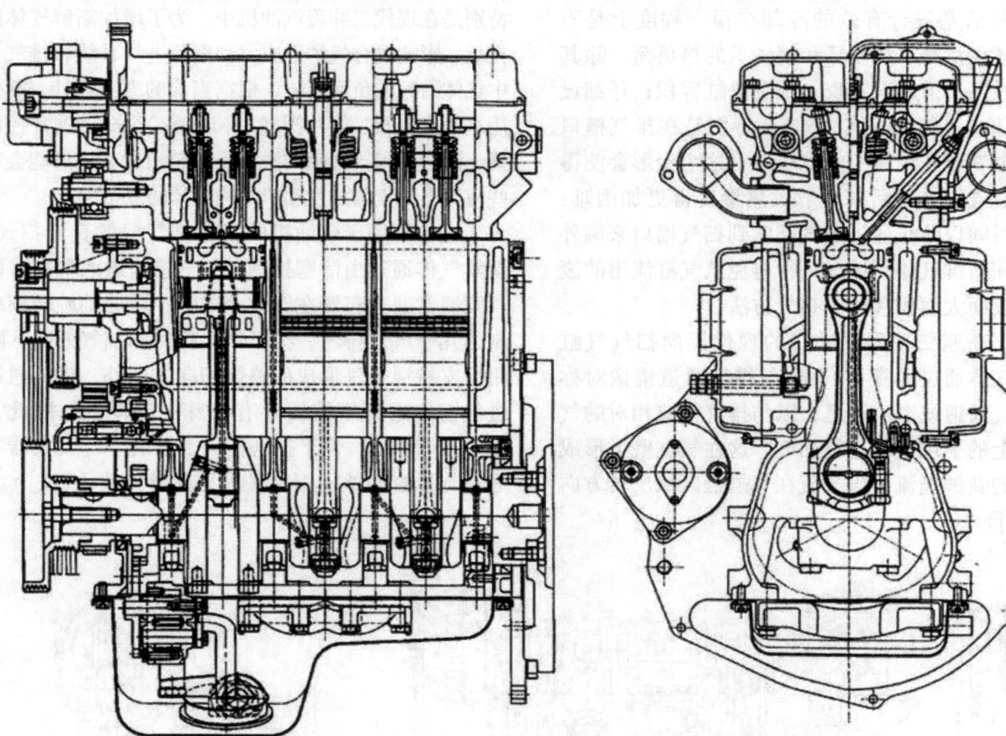

图7.432　AVL的直流扫气的二冲程乘用车柴油机的纵剖面和横剖面[171]

图7.433　直流扫气二冲程乘用车柴油机排气通道布置和配气机构的示意图

参考文献

使用的文献

[1] Kemnitz, P., Maier, O., Klein, R.: Monotherm, a new forged Steel piston design for highly loaded diesel engines. Published 2000-03-06 by SAE International in United States, Technical Paper 2000-01-0924, SAE World Congress, 2000 (Detroit)

[2] Greuter, E., Zima, S.: Motorschäden, § 6.2. Vogel, Fachbuch. 3 Pleuelstangen 2000

[3] Küntscher, V., Hoffmann, W.: Kraftfahrzeug-Motoren, § 3.2.2. Kräfte an der Pleuelstange. Verlag Technik, Berlin (1995)

[4] Fisher, S.: Berichte. Berechnungsbeispiel einer Pleuellagerdeckelverschraubung. In, Bd. 478. VDI, (1983)

[5] VDI 2230: Systematische Berechnung hochbeanspruchter Schraubenverbindungen. Berlin. Beuth-Verlag, Berlin, Köln (1986)

[6] Thomala, W.: In: RIBE-Blauheft Nr. 40, 1986. Erläuterung zur

Richtlinie VDI 2230, Bd. 1., (1986)

[7] Richter, K., Hoffmann, E.: Rüsselsheim; Lipp, K.; Sonsino, C. M.: Darmstadt: Single-Sintered Con Rods – An illusion? Met Powder Rep 49(5), 38–45 (1994)

[8] Skoglund, P., Bengtsson, S., Bergkvist, A., Sherborne, J., Gregory, M.: of High Density P/M Connecting Rods, Powdered Metal Applications (SP. Performance, (1535)

[9] Ohrnberger, V., Hähnel, M.: Aalen, Bruchtrennen von Pleueln erlangt Serienreife. Werkstatt Betr 125, 3 (1992)

[10] Adlof, W.W.: In: Schmiede-Journal September. Bruchgetrennte Pleuelstangen Aus Stahl. (1996)

[11] Herlan, Th.: Schwelm. Optimierungs und Innovationspotential stahlgeschmiedeter Pleuel, Bd. 1997. VDI, (1996)

[12] Moldenhauer, F.: 4. Verbesserungen bei bruchtrennfähigen Pleuelstangen durch neuen mikrolegierten Stahl. In, Bd. 61., (2000)

[13] Spangenberg, S., Kemnitz, P., Kopf, E., Repgen, B.: Massenreduzierung Bauteilen Des Kurbeltriebs Pleuel Fokus In: MTZ 04, 24–261 (2006)

[14] Weber, M.: Comparison of Advanced Procedures and Economics for Production of Connecting Rods. Powder Metall Int 25(3), 125–129 (1993)

[15] Depp, J.C., Ilia, E., Hähnel, M.: Neue hochfeste Werkstoffe für sintergeschmiedete Pleuelstangen. In. MTZ, Bd. 04., S. 292–298 (2005)

[16] N. N.: Kolbenringhandbuch der Federal-Mogul Burscheid GmbH, Neuauflage 2008 (Online-Ausgabe)

[17] Esser, J.: In: MTZ. Einfluss Von Ölabstreifringen Auf Den Ölverbrauch 63(7), 8 (2002)

[18] Mierbach, A.: Radialdruck Spannbandform Eines Kolbenringes In: Mtz 55, 2 (1994)

[19] Esser, J., Hoppe, S., Linde, R., Münchow, F.: 7/8. Kompressionskolbenringe in Otto- und Dieselmotoren. In, Bd. 66., (2005)

[20] Esser, J., Linde, R., Münchow, F.: 7/8. Diamantbeschichtete Laufflächenschicht für Kompressionsringe. In, Bd. 65., (2004)

[21] Herbst-Dederichs, C., Münchow, F.: Modern Piston Ring Coatings and Liner Technology for EGR Applications. Sae Pap 0489, 2002–2001

[22] Hoppe, S.; Münchow, F.; Esser, J.: DLC-Hochleistungsbeschichtungen für Kolbenringe, Potenzial und Einsatzerfahrungen. In: VDI-Bericht Nr. 1994, 2008, S. 143–156

[23] Kennedy, M., Hoppe, S., Esser, J.: Kolbenringbeschichtung zur Reibungssenkung im Ottomotor. In. MTZ, Bd. 05., (2012)

[24] Ishaq, R., Grunow, F.: 9. Wege zur Optimierung des Reibsystems Kolbenring und Ringnut. In, Bd. 60., (1999)

[25] Mittler, R.: Detaillierte 3D. Ringpaketanalyse In: Mtz 7, 8 (2010)

[26] Martínez, D.L., Valverde, M., Rabuté, R., Ferrarese, A.: Kolbenringpaket für reibungsoptimierte Motoren. In: MTZ 7/8. (2010)

[27] Gand, B.: Beschichtung Von Zylinderlaufflächen Aluminium-kurbelgehäusen In: Mtz 72, 2 (2011)

[28] Schommers, J.; Schreib, H.; Hartweg, M.; Bosler, A.: Reibungsminimierung bei Verbrennungsmotoren. In: MTZ 74, (2013), Nr. 7–8 DOI: 10.1007/s35146-013-0170-y

[29] Aluminium-Motorblöcke, Aus der Reihe: Die Bibliothek der Technik Bd. 278. Landsberg: Verlag moderne Industrie, Landsberg (2005)

[30] Herbst-Dederichs, Ch., Münchow, F.: Hybrid-laufbuchsen Aus Grauguss Aluminium In: MTZ 65(10), 820–822 (2004)

[31] Friedrich, H.E.: Leichtbau in der Fahrzeugtechnik, ATZ/MTZ-Fachbuch. Springer Vieweg, Wiesbaden: (2013)

[32] Flores, G.: Grundlagen und Anwendung des Honens. Vulkan-Verlag, Essen (1992)

[33] Abeln, T., Klink, U.: Laserstrukturieren zur Verbesserung der tribologischen Eigenschaften von Oberflächen. Tagungsband Stuttgarter Lasertage (2001); 61–64

[34] Robota, A., Zwein, F.: Einfluss Zylinderlaufflächentopografie Auf Den Ölverbrauch Die Partikelemissionen Eines Dieselmotors In: Mtz 60, 4 (1999)

[35] Herbst, L., Lindner, H.: Verschleiß- und schmierstoffmindernde Bearbeitung von Zylinderoberflächen mit Excimerlaser im Motorenbau. In. VDMI-Nachrichten, Bd. 12. VDMA, Frankfurt a. M. (2002)

[36] Berg, W.: Aufwand und Probleme für Gesetzgeber und Automobilindustrie bei der Kontrolle der Schadstoffemissionen von Personenkraftwagen mit Otto- und Dieselmotoren. Dissertation, TU Braunschweig (1981)

[37] Gruden, D.: Part I. Berlin, Heidelberg, New York: Springer Verlag. Volume Editor: Traffic and Environment, The Handbook of Environmental Chemistry, Bd. 3. (2003)

[38] Meinig, U., Spies, K.-H., Heinemann, J.: Canister Purge Flow Influence on EGO-Sensor Signal and Exhaust Gas Emissions (Purgeopt.). paper, Bd. 970029. SAE, Warrendale, PA (1997)

[39] N. N.: California Code of Regulation (CRR), Title 13, Section 1988.2

[40] Brunsmann, I.: Ölabscheidung in Entlüftungssystemen. In: Tumbrink, M. (Hrsg.) und 12 Mitautoren: Filtersysteme im Automobil – Innovative Lösungsansätze für die Automobilindustrie. expert-Verlag, Renningen (2002)

[41] Verhoefen, U.: Filtration technischer Gase – Teil 1. In: pneumatic digest, 16. Jahrgang, Heft 3–4, April 1982

[42] Brauer, H.: Grundlagen der Einphasen- und Mehrphasenströmung. Frankfurt a. M. Verlag Sauerländer und Aarau, Frankfurt a. M. (1971)

[43] Krause, W.: Ölabscheidung in der Kurbelgehäuseentlüftung. Dissertation, Uni Kaiserslautern (1995)

[44] Löffler, F.: Staubabscheiden, Lehrreihe Verfahrenstechnik. Georg Thieme Verl, Stuttgart (1988)

[45] Sauter, H., Brodesser, K., Brüggemann, D.: In: MTZ. Hocheffizientes Ölabscheidesystem Für Die Kurbelgehäuseentlüftung 64(3), 180–184 (2003)

[46] Ahlborn, St., Blomerius, H., Schumann, H.: In: MTZ. Neue Wege Reinigung Von Kurbelgehäuseentlüftungsgasen 60, 454–459 (1999)

[47] Hannibal, W., Meyer, K.: Patentrecherche und Überblick zu variablen Ventilsteuerungen. Vortr Haus Tech, (2000)

[48] Flierl, R., Hofmann, R., Landerl, C., Melcher, T., Steyer, H.: Neue Bmw-vierzylinder-ottomotor Mit Valvetronic In: MTZ 62, 6 (2001)

[49] Hannibal, W., Lukas, F.: Rechn Auslegung Des Audi-fünfventil Zylinderkopfkonzeptes In: MTZ 55, 12 (1994)

[50] Dong, X.: Öffnungsquerschnitt Von Vent In: MTZ 46, 6 (1985)

[51] Schäfer, F., Barte, S., Bulla, M.: Geom Zusammenhänge Zylinderköpfen In: MTZ 58(7), 8 (1997)

[52] Eidenböck, T., Ratzberger, R., Stastny, J., Stütz, W.: 6. Zylinderkopf in Vierventiltechnik für den BMW DI-Dieselmotor. In, Bd. 59., (1998)

[53] Krappel, A., Riedl, W., Schmidt-Troje, D., Schopp, J.: 6. Der neue BMW Sechszylindermotor in neuer Hubraumstaffe-

lung und innovativer Leichtbauweise. In, Bd. 56., (1995)
[54] N.N.: Becker CAD CAM CAST. Broschüre der Fa. Becker GmbH CAD CAM CAST, Steffenberg-Quotshausen 2001
[55] Hannibal, W.: Begleitende Entwicklung der Audi-Fünfventil-Technologie mittels Rechnereinsatz. Wiener Motoren. Symposium, (1995)
[56] Seifert, H.: 20 Jahre erfolgreiche Entwicklung des Programmsystems PROMO. In: MTZ 51 (1990) 11
[57] Dirschmid, W., Schober, M.: Comput Vent In: MTZ 57, 4 (1996)
[58] Nefischer, P., Blumenschein, S., Keber, A., Seli, B.: 10. Verkürzter Entwicklungsablauf beim neuen Achtzylinder-Dieselmotor von BMW. In, Bd. 60., (1999)
[59] Scheeren, H.W., Koreneef, A., Fuchs, H.: Herstellung von Zylinderköpfen für hochbeanspruchte Diesel- und Ottomotoren. Vortrag Haus der Technik, 27. Juni., Essen (2000)
[60] Hannibal, W., Metzlaw, A.: In: Digitalisierung und Flächenrückführung in der CAD-Prozesskette. Zeitschrift QZ, Qualität und Zuverlässigkeit. Von Idee Zum Produkt 46, 7 (2001)
[61] Fortnagel, M., Doll, G., Kollmann, K., Weining, H.-K.: Aus Acht mach Vier: Die neuen V8-Motoren mit 4,3 und 5 l. Hubraum In: Sonderausg MTZ Mercedes-benz S-klasse, (1998)
[62] Dorenkamp, R., Hadler, J., Simon, B., Neyer, D.: Vierzylinder-pumpe-düse-motor Von Volkswagen In: Sonderausg MTZ, (1999)
[63] Aschoff, G., Ebel, B., Eissing, S., Metzner, F.: Der neue V6. Vierventilmotor Von Volkswagen In: MTZ 60, 11 (1999)
[64] Fuoss, K., Hannibal, W., Paul, M.: Mehrzylinder-Brennkraftmaschine. Patentanmeldung DE 34 44 501. Dtsch Patentamt München, (1993)
[65] Klos, R.: Aluminium Gusslegierungen. Die Bibliothek der Technik. Nr, Bd. 116. Verlag moderne industrie, Landsberg (1995)
[66] N.N.: Ansicht eines Mitsubishi-Galant-Motors. Prospekt der Fa. Mitsubishi., Japan (2001)
[67] Krebs, R., Böhme, J., Dornhöfer, R., Wurms, R., Friedmann, K., Helbig, J., Hatz, W.: Der neue Audi 2,0 T FSI Motor – Der erste direkteinspritzende Turbo-Ottomotor bei Audi. 15. Wiener Motorensymposium. (2004)
[68] Klaus, B.: Die Valvetronic der 2. Generation im neuen BMW-Reihen-Sechszylindermotor. VDI-Tagung in Stuttgart, 15. und 16. September (2004)
[69] Jägerbauer, E., Fröhlich, K., Fischer, H.: 7/8. Der neue 6,0 l-Zwölfzylindermotor von BMW. In, Bd. 64., (2003)
[70] Schmitt, S.: Potentiale durch Ventiltriebsvariabilität auf der Auslassseite am drosselfrei betriebenen Ottomotor mit einstufiger Turboaufladung. Dissertation, TU Kaiserlautern (2011)
[71] Hannibal, W.; Haas, M.: Ventilsteuerungen von Verbrennungsmotoren: Trends und deren historischer Hintergrund. Vortrag Internationaler Motorenkongress 2014, Antriebstechnik im Fahrzeug, 18. Febr. 2014
[72] Götz, C.: Wärmebehandlungskriterien bei der Werkstoffauswahl für Kurbelwellen. MTZ 2, 134–139 (2003)
[73] Papadimitriou, I.: Interner Marktbericht. Kurbelwellen, Bd. 11., (2015)
[74] Becker, E., Hornung, K.: F&E Berichte Aug. 85. Projekt 78274 Kurbelwellenfertigung im Masken- oder Grünsandverfahren, Georg, Bd. 85. Fischer
[75] Heck, K., et al.: Herstellen von Endmaßen-Gusskurbelwellen – Innovative giesstechnologische Entwicklung. Konstr Gießen 23(3), 4–12 (1998)
[76] Adolf, W.: Wer an Leichtbau denkt, kommt an einer Stahlkurbelwelle nicht vorbei. Schmiede. Journal 94, 13–16
[77] Engel, U., et al.: Technical Paper Series, 880097, Detroit Michigan. Influence of Micro Surface Structures of Nodular Cast Iron Crankshafts on Plain Bearing Wear, Bd. 4. SAE, USA (1988)
[78] Summer, F., Grün, F., Schiffer, J., Gódor, I., Papadimitriou, I.: Tribological performance of forged steel and cast iron crankshafts on model scale. 5th world tribology congress, Torino, September, S. 8–13 (2013)
[79] Hagen, W.W.: Neuere Entwicklungen bei geschmiedeten Kraftfahrzeug-Kurbelwellen. Schmiede-journal Sept S, 14–17 (2001)
[80] Muckelbauer, M., Arndt, J.: Schmiedeteile behaupten sich erfolgreich im Technologiewettbewerb. Schmiede. Journal 36–38 (2008)
[81] Menk, W., Kniewallner, L., Prukner, S.: Neue Perspektiven im Fahrzeugbau – Gegossene Kurbelwellen als Alternative zu geschmiedeten. MTZ, Bd. 05., S. 384–388 (2007)
[82] Hadler, J., Neußer, H.-J., Möller, R.N.: Der neue TSI. 33. Int Mot S, 58–59 (2012)
[83] Heuler, P., et al.: Steigerung der Schwingfestigkeit von Bauteilen aus Gusseisen mit Kugelgraphit. ATZ 94(5), 270–281 (1992)
[84] Fuchsbauer, B.: Untersuchungen zur Schwingfestigkeitsoptimierung bauteilähnlicher Proben unterschiedlicher Größe durch Festwalzen. Diss Th Darmstadt, (1983)
[85] Albrecht, K.H., et al.: Optimierung von Kurbelwellen aus Gusseisen mit Kugelgraphit. MTZ 47 7/8, S, 277–283 (1986)
[86] Sonsino, G.M., et al.: Schwingfestigkeit von festgewalzten, induktionsgehärteten sowie kombiniert behandelten Eisen-Graphit-Gusswerkstoffen unter konstanten und zufallsartigen Belastungen. Gießereiforschung 42(3), 110–121 (1990)
[87] Tunzini, S., Menk, W., Weid, D., Honsel, C.: Tech Simulationsmöglichkeiten Zur Lokalen Verfestigung Von Sphärogussteilen In: Giesserei-rundschau 58, 210–213 (2011)
[88] Prandstötter, M., Riener, H., Steinbatz, M.: Simulation of an Engine Speed-Up Run: Integration of MBS-FE-EHD-Fatigue. ADAMS User Conference., London (2002)
[89] ÖKV, Institut für Verbrennungskraftmaschinen, Kraftfahrzeugbau der TU Wien (Veranst.): 22. Internationales Wiener Motorensymposiuum, Wien 2001. Düsseldorf: VDI, 2001. – Tagungsschrift
[90] Neußer, P.A.G.: ÖKV, Institut für Verbrennungsmaschinen, Kraftzeugbau der TU Wien (Veranst.): 21. Int Wien Mot Wien, (2000)
[91] Wurms, R.: Audi Valvelift System. Audi Ag Aachen Kolloqu, (2008)
[92] Eidenböck, T., Ratzberger, R., Stastny, J., Stütz, W.: Zylinderkopf in Vierventiltechnik für den BMW Di-Dieselmotor. In: MTZ 6, S, 372 (1998)
[93] Haas, M.: 9. Schaeffler Kolloquium 2010, UniAir – die erste vollvariable, elektrohydraulische Ventilsteuerung
[94] Groth, K., Hannover, U.: Institut für Kolbenmaschinen: Grundzüge des Kolbenmaschinenbaus, 2. Aufl. (1983)
[95] Muhr, T.: Zur Konstruktion von Ventilfedern in hochbeanspruchten Verbrennungsmotoren. Dissertation, RWTH Aachen (1992)
[96] Deutsches Institut für Normung e.V. (Hrsg.): DIN-Taschenbücher, Berlin: Beuth, Zylindrische Schraubendruckfedern

aus runden Stäben, DIN 2089 (Teil 1), 7. Aufl. 1984

[97] Niepage, P., et al.: Meßstellenermittlung und Meßwertkalibrierung zur Spannungmessung an Ventilfedern mittels Dehnungsmessstreifen. Draht 41(3), 333–336 (1990)

[98] Yamamoto: Valve. Spring, Made by Sankos Multi-Arc Wire. Kyoto: Sanko Senzai Kogyo Co. Ltd (1989)

[99] Organisation Internationale des Constructeurs d'Automobile, www.OICA.net

[100] Dolenski, T.: Konstruktion eines Hochtemperatur-Stift-Scheibe-Verschleißprüfstandes. Diplomarbeit Fh Boch, (1998)

[101] SAE Valve Seat Information Report, SAE J 1692, Society for Automotive Engineers, Inc. Warrendale, PA, 1993

[102] Rodrigues, H.: Sintered Valve Seat Inserts and Valve Guides: Factors Affecting Design. Performance, Machinability, proceedings of the International Symposium on Valve Train System Design and Materials, ASM (1997)

[103] Dooley, D., Trudeau, T., Bancroft, D.: Materials and Design Aspects of modern valve seat inserts, Proceedings of the. International, Symposium on Valve Train System Design and Materials, ASM (1997)

[104] Motooka, N., et al.: Technical Paper. Double-Layer Seat inserts for Passenger Car Diesel Engines, Bd. 850455. SAE, (1985)

[105] Dalal, K., Krüger, G., Todsen, U., Nadkarni, A.: Technical Paper. Dispersion strengthed copper valve seat inserts and guides for automotive engines, Bd. 980327. SAE, (1998)

[106] Richmond, J., Barrett, D.J.S., Whimpenny, C.V.: C389/057. ImechE. S. 121–128 (1992)

[107] Valve seat insert information report, SAE J 1692, 30. Aug. 1993

[108] Rehr, A.: Offenlegungsschrift DE 3937402 A1. Dtsch Patentamt, 1991)

[109] Meinecke, M.: Öltransportmechanismen an den Ventilen von 4-Takt-Dieselmotoren, FVV-Abschlussbericht Vorhaben Nr. 556. Institut für Reibungstechnik und Maschinenkinetik. Technische Universität, Clausthal (1994)

[110] Linke, A., Ludwig, F.: Handbuch TRW Motorenteile. TRW Motorkomponenten GmbH, 7. Aufl. (1991)

[111] N. N.: Kupfer-Zink-Legierungen, Messing und Sondermessing, Informationsdruck Deutsches Kupfer-Institut, Nr. I 005

[112] Todsen, U.: Interne Schulungsunterlagen Motorentechnik, FH Hannover, Labor für Kolbenmaschinen (1996)

[113] Funabashi, N., et al.: Japan PM Valve Guide History and technology, Proceedings of the international Symposium on Valve Train Systems Design and Materials. ASM, US (1998)

[114] Meinig, U.: Schmierölpumpen für Pkw- und Nfz-Motoren; Bibliothek der Technik Bd. 378. süddeutscher Verlag onpact GmbH, München (2015)

[115] N.N.: Verordnung (EG) Nr. 443/2009 des europäischen Parlaments und des Rates vom 23. April 2009 zur Festsetzung von Emissionsnormen für neue Personenkraftwagen

[116] Lunanova, M.: : Optimierung von Nebenaggregaten. Vieweg + Teubner-Verlag, Wiesbaden (2009)

[117] Heldt, P. M. (Hrsg.), Isendahl, W.: Automobilbau Bd. 1 Der Verbrennungsmotor 3. Aufl. Richard Carl Schmidt & Co., Berlin 1916

[118] Winkler, O.: Entwerfen von leichten Verbrennungsmotoren insbesondere von Luftfahrzeugmotoren 3. Aufl Berlin: Richard Carl Schmidt Co. (1922)

[119] Matthies, H.J., Renius, K.T.: Einführung in die Ölhydraulik, 7. Aufl. Vieweg+Teubner, Wiesbaden (2011)

[120] Beck, Th.: Beiträge zur Geschichte des Maschinenbaus. Julius Springer, Berlin (1899)

[121] Theodoros, G., Vlachos, G., Bonnel, P., Weiss, M.: Evaluating the real-driving emissions of light duty vehicles: A challange for the European emissions legislation 36. Internationales Wiener Motorensymposium 7–8 Mai 2015. In: VDI-Fortschritt-Berichte Reihe 12 Bd. 783 Düsseldorf: VDI Verlag 2015

[122] Linsmeier, K.-D.: Elektromagnetische Aktoren, Bibliothek der Technik Bd. 118. Verlag moderne Industrie, Landsberg/Lech (1995)

[123] Ernst, R., Friedfeldt, R., Lamb, S., Lloyd-Thomas, D., Phlips, P., Russel, R., Zenner, T.: The New 3 Cylinder 1.0 L Gasoline Direct Injection Turbo Engine from Ford, 20. Aachener Kolloquium Fahrzeug- und Motorentechnik. Okt. 53–72 (2011)

[124] Kirsch, U., Hadler, J., Szengel, R., Becker, N., Eggers, G., Friese, M., Persigehl, K.: The New 1.0-Litre, 3-Cylinder MPI Engine for the UP!, 20. Aachener Kolloquium Fahrzeug- und Motorentechnik. Okt, 73–89 (2011)

[125] Steinparzer, F., Ardey, N., Mattes, W., Hiemesch, D.: Heft 5. Die neue Efficient-Dynamics-Motorenfamilie von BMW, Bd. 75., S. 36–41 (2014)

[126] Kerner, J., Wasserbäch, T., Kerkau, M., Baumann, M.: Heft 7/8. Die Boxermotoren Im Neuen Porsche 911 Carrera, Bd. 73., S. 564–572 (2012)

[127] Ivantysyn, J., Ivantysynova, M.: Hydrostatische Pumpen und Motoren, 1. Aufl. Vogel-Verlag, Würzburg (1993)

[128] Schulz, H.: Die Pumpen, 13. Aufl. New York: Springer-Verlag, Berlin, Heidelberg (1977)

[129] Findeisen, D.: Ölhydraulik – Handbuch für die hydrostatische Leistungsübertragung in der Fluidtechnik, 5. Aufl. New York: Springer-Verlag, Berlin, Heidelberg (2006)

[130] Wurms, R., Dengler, S., Budack, R., Mendl, G., Dicke, T., Eiser, A.: Audi valvelift system – ein neues innovatives Ventiltriebsystem von Audi. 15. Aachener Kolloquium Fahrzeug- und Motorentechnik. (2006)

[131] Arnold, M., Farrenkopf, M., Namar, M.S.: Zahnriementriebe mit Motorlebensdauer für zukünftige Motoren. 9. Aachener Koloquium Fahrzeug- und Motorentechnik (2000); Tagungs-Band

[132] IWIS-Ketten: Handbuch Kettentechnik; iwis antriebssysteme GmbH&Co.KG München, Deutschland 2010; Firmenpublikation

[133] Bauer, P.: Kettensteuertriebe. Die Bibliothek der Technik Bd. 353. Verlag Moderne Industrie, Landsberg (2013)

[134] Fritz, P.: Dynamik schnellaufender Kettentriebe. VDI Fortschrittsberichte, Reihe 11: Schwingungstechnik. Nr, Bd. 253. VDI-Verlag GmbH, Düsseldorf (1998)

[135] Fink, T., Hirschmann, V.: In: MTZ. Kettentriebe Für Den Einsatz Lat Verbrennungsmotoren 62(10), 796–806 (2001)

[136] Hirschmann, V., Bongard, A., Welke, L.: Neue Zahnkettengeneration für den Einsatz in Steuertrieben von Dieselmotoren. MTZ 67(11), 878–883 (2006)

[137] Fink, T., Bodenstein, H.: Möglichkeiten Reibungsreduktion Kettentrieben In: Mtz 72, 7–8 (2011)

[138] Arnold, M., Farrenkopf, M., McNamara, St.: In: MTZ. Zahnriementriebe Mit Mot Für Zukünftige Mot 62, 2 (2001)

[139] Affenzeller, J., Gläser, H.: Lagerung und Schmierung von

Verbrennungsmotoren. Springer, enthält ausführliches Literaturverzeichnis (1996)

[140] Jende, S.: Robotergerechte Schrauben – Hochfeste Verbindungselemente für flexible Automaten, Techno TIP 12/84. Vogel-Buchverlag, Würzburg

[141] N.N.: Schraub- und Einpresssysteme. Firmenkatalog der Robert Bosch GmbH Automationstechnik, Ausgabe 1.1 (2001), Murrhardt

[142] Technische Spezifikation ISO/TS 16949: QM-Systeme: Besondere Anforderungen bei Anwendung von ISO 9001: 2000 für die Serien- und Ersatzteilproduktion in der Automobilindustrie, VDA-QMC, 2002., Bd. 9001, Frankfurt (2015)

[143] Jende, S., Mages, W.: Roboterschrauben. Wie sollen Roboterschrauben gestaltet sein? Schriftreihe Angewandte Technik. Verlag für Technikliteratur, München, 1990, S. 12–18

[144] Jende, S.: Automatische Montage hochfester Schrauben – Anwendungsbeispiele aus der. Praxis, wt – Zweitschrift für industrielle Fertigung. Berlin, Heidelberg: Springer (1986)

[145] N. N.: Informations-Centrum Schrauben – Automatische Schraubmontage, Deutscher Schraubenverband e. V. (Hrsg.), Hagen, 2. Aufl. 1997 (Iserlohn: Mönning-Druck)

[146] Jende, S., Knackstedt, R.: Nr. 12. Warum Dehnschaftschrauben? Definition – Wirkungsweise – Aufgaben – Gestaltung. VDI-Z 128 (1986), Nr. 12, Düsseldorf

[147] Illgner, K.H., Blume, D.: Schraubenvademecum, Bauer & Schauerte Karcher GmbH. Hrsg, Bd. 9. Aufl, (2001), Neuwied

[148] Richard Bergner Verbindungstechnik GmbH & Co.KG., Anwendungstechnisches Labor (Bildnachweis)

[149] Wiegand, H., Kloos, K.H., Thomala, W.: Schraubenverbindungen, 5. Aufl. Springer-Verlag, Berlin-Heidelberg, S. 190 (2007)

[150] Schneider, W.: Institut für Werkstoffkunde der Technischen Hochschule. Beanspruchung und Haltbarkeit hochvorgespannter, Bd. 06. Dissertation, Darmstadt (1991)

[151] Köhler, H., Dieterle, H., Hartmann, G.: Ultrafeste Schrauben – Schrauben mit höchster Festigkeit bei gleichzeitig exzellenter Zähigkeit, In: Konstruktion 1/2. Springer-VDI-Verlag, Düsseldorf (2010)

[152] VDI: Systematische Berechnung hochbeanspruchter Schraubenverbindungen. Richtlinie, Bd. 2230. VDI, Düsseldorf (2015)

[153] Kremer, U.: Institut für Werkstoffkunde der Technischen Hochschule. Förderbericht 11816N: Rißbildung und Fortschritt bei Schwingbelastungvon, Bd. 10. Selbstvertrag, Darmstadt (2001)

[154] Lang, O.R.: Triebwerke schnelllaufender Verbrennungsmotoren. Konstruktionsbücher. Nr, Bd. 22. Springer, Berlin, Heidelberg (1966)

[155] Grohe, H.: Otto- und Dieselmotoren: Arbeitsweise, Aufbau und Berechnung von Zweitakt- und Viertakt-Verbrennungsmotoren. Kamprath – Reihe kurz und bündig, Technik, 6. Aufl. Vogel-Buchverlag, Würzburg (1982)

[156] Friedrich, C.: Screw-Designer-Release V2.0. Siegen

[157] Richard Bergner Verbindungstechnik GmbH & Co.KG, Rifixx+, 2013

[158] Kübler, K.H., Mages, W.: Handbuch der hochfesten. In: Schrauben, KAMAX-Werke (Hrsg.) Verlag W. Girardet, 1. Aufl., Essen (1986)

[159] Jende, S., Mages, W.: Schraubengestaltung für streckgrenzüberschreitende Anzugsverfahren – überelastische Grenzgänger. KEM. Ausgabe, Bd. 9. Konradin Verlag, Leinfelden-Echterdingen (1986)

[160] Hockel, K.: 10. Der Abgaskrümmer von Personenwagenmotoren als Entwicklungsaufgabe. In, Bd. 45. (1984)

[161] „Grenzen für Grauguss", Automobil-Produktion, Oktober 2000

[162] Weltens, H.; Garcia, P.; Neumaier, H.: Neue Leichtbaukonzepte bei Pkw-Abgasanlagen sparen Gewicht und Kosten

[163] Voeltz, V., Kuphal, A., Leiske, S., Fritz, A.: 7/8. Der Abgaskrümmer – Vorkatalysator für die neuen 1.0 l- und 1.4 l-Motoren von Volkswagen. In, Bd. 60., (1999)

[164] Eichmüller, C., Hofstetter, G., Willeke, W., Gauch, P.: Die Abgasanlage des neuen BMW M 3. In: Mtz 62, 3 (2001)

[165] Hein, M.: Deutsches Patentamt, Offenlegungsschrift DE 4324458A1; Az.: P4324458.0, 27.1.1994

[166] Venedinger, H.J.: Zweitaktspülung insbesondere Umkehrspülung. Franckh'sche Verlagshandlung, Stuttgart (1947)

[167] Bönsch, H.W.: Der schnelllaufende Zweitaktmotor, 2. Aufl. Motorbuch Verlag, Stuttgart (1983)

[168] Küntscher, V. (Hrsg.): Kraftfahrzeugmotoren – Auslegung und Konstruktion, 3. Aufl. Verlag Technik, Berlin (1995)

[169] N. N.: Hütte - des Ingenieurs Taschenbuch IIA, 28. Aufl. Verlag Wilhelm Ernst & Sohn, Berlin (1954)

[170] Scheiterlein, A.: Der Aufbau der raschlaufenden Verbrennungskraftmaschine, 2. Aufl. Springer, Wien (1964)

[171] Knoll, R.; Prenninger, P.; Feichtinger, G.: 2-Takt-Prof. List Dieselmotor, der Komfortmotor für zukünftige kleine Pkw-Antriebe; 17. Internationales Wiener Motorensymposium 25.–26. April 1996, VDI Fortschritt-Berichte Reihe 12 Nr. 267. VDI Verlag, Düsseldorf 1996

进一步阅读的文献

[172] Zima, S.: Kurbeltriebe, Konstruktion, Berechnung und Erprobung von den Anfängen bis heute, 2. Aufl. Vieweg, Braunschweig, Wiesbaden (1999)

[173] Junker, H., Ißler, W.: er Kolloquium Fahrzeug- und Motorentechnik. Aachen. Kolben für hochbelastete Diesel-Motoren mit, Bd. 8., Aachen (1999)

[174] Röhrle, M.: Kolben für Verbrennungsmotoren. Verlag moderne Industrie AG, Landsberg (1994)

[175] Buschbeck, R., Ottliczky, E., Hanke, W., Weimar, H.-J.: Innovative Kolbensystemlösungen für Verbrennungsmotoren. In: MTZ. Extra, Bd. 03. (2010)

[176] Hammen, A., et al.: EVOLITE – Lightweight pistons for gasoline engines with optimized frictional loss. 34th. International, Viena Motor Symposium, April (2013)

[177] Backhaus, R.: Kolben Aus Stahl Für Pkw-dieselmotoren In: MTZ 12, (2009)

[178] Schäfer, B.-H., et al.: Real-Time Kolbentemperaturmessungen, 10. Internationales Stuttgarter. Symposium, „Automobil- und Motorentechnik". Stuttgart (2010)

[179] Rotmann, U., et al.: Innovative Leichtbaukonzepte für Ottokolben im Schwerkraftkokillenguss. Konstruktion 6, (2011)

[180] Stitterich, E.: Experimentelle Untersuchung zur Wirkung von Kühlkanälen in Kolben von Pkw-Dieselmotoren. Dissertation, Otto-von-Guericke-Universität Magdeburg

(2012)
[181] Kolbentechnik für aktuelle Verbrennungsmotoren. In: Konstruktion 3 (2013)
[182] Berg, M., Schultheiß, H., Musch, D., Hilbert, T.: Jahrg. 76. Moderne Methoden zur Optimierung von Zylinderverzügen, Bd. 12. (2015)
[183] Herbst-Dederichs, C., Münchow, F.: Hybrid-laufbuchsen Aus Grauguss Aluminium In: Mtz 65(10), 820–822 (2004)
[184] Martin, T., Weber, R.: Compacted Vermicular Cast Iron (GJV) für den V6. Dieselmot Von Audi In: Mtz 65(10), 824–832 (2004)
[185] Schwaderlapp, M.; Bick, W.; Duesmann, M.; Kauth, J.: 200 bar Spitzendruck – Leichtbaulösungen für zukünftige Dieselmotorblöcke. In: MTZ 65 (2004) 2, S. 84 ff.
[186] Sorger, H., Schöffmann, W., Wolf, W., Steinberg, W.: Leichtbau Von Zylinderkurbelgehäusen Aus Eisenguss MTZ 03, (2015)
[187] Aluminium, Z.: Ausgabe 11, (2003)
[188] N.N.: BMW Presse-Information vom 23. Juni 2004
[189] Mahle GmbH (Hrsg.): Zylinderkomponenten; Eigenschaften, Anwendungen, Werkstoffe, 1. Aufl. Vieweg+Teubner, Wiesbaden (2009)
[190] Mattes, W., et al.: Nr. 9. Der neue Boxermotor von BMW Motorrad. In, Bd. 74. (2013)
[191] Aumiller, M., Buchmann, M., Scherer, V.: Jahrg. 76. Gespritzte Fe-Al-Zylinderlaufbuchse mit optimiertem Wärmeübergang, Bd. 04. (2015)
[192] Ernst, F.: Gießtechnische Anforderungen an Al-Kurbelgehäuse für die Beschichtung mit Eisenbasisschichten mittels thermischen Spritzens. Gießerei Rundsch 60, (2013)
[193] Rehl, A., Klimesch, C., Scherge, M.: Jahrg. 74. Reibungsarme und verschleißfeste Aluminium-Silizium-Zylinderlaufflächen, Bd. 12. (2013)
[194] Pkw-Kunststoffölwanne zur Reduzierung von Kosten, P.-K.: Gewicht und CO_2. In: MTZ (10), (2008)
[195] ATZ online: Neues Kunststoff-Ölwannenmodul spart 1,1 Kilogramm Gewicht
[196] ATZ online: Crash-Simulationen am gealterten Kunststoff
[197] innovations-report 11.09.2007: Mann + Hummel plant im Jahr 2009 Serienstart von Kunststoffölwanne für Pkw
[198] innovations-report 22.10.2008: DuPont liefert Zytel Polyamid für erstes in Serien-Pkw eingesetztes Kunststoff-Ölwannenmodul
[199] Hohnstein, T., Gleiter, U., Glaser, S., Fritz, T.: Erste Serienanwendung von Steinschlagoptimierten Kunststoff-Ölwannen. In: Mtz Nr, 01 (2010)
[200] Sauter, H.: Analysen und Lösungsansätze für die Entwicklung innovativer Kurbelgehäuseentlüftungen. Dissertation, Uni Bayreuth (2004)
[201] Consultants, I.M.C.: IMC, Bericht für Georg Fischer/DISA Analysis of alternative strategies designed to increase market share of the magnesium converter. may, Bd. 199.
[202] Nickel, F.: ISAD der integrierte Starter – Alternator – Dämpfer, Tagung Motor und Umwelt 98, AVL Graz, S. 175–182
[203] Gusseisen mit Kugelgraphit – ein duktiler Werkstoff von Georg Fischer. Georg Fischer, Technisches Merkblatt über Herstellung und Eigenschaften von GJS, 08/93
[204] Hornung, K., Mahnig, F.: Beanspruchungsgerechte Gestaltung und anwendungsbezogene Eigenschaften von Gussteilen, Georg Fischer, Technisches Merkblatt, 8/87
[205] Fröschl, J., Achatz, F., Rödling, S., Decker, M.: Innovatives Bauteilprüfungskonzept für Kurbelwellen. MTZ, Bd. 09., Wiesbaden (2010)
[206] Krivachy, R., Linke, A., Pinkernell, D.: Juni 2010. Numerischer Dauerfestigkeitsnachweis für Kurbelwellen, Bd. 06. Wiesbaden (2010)
[207] Gümpel, P., Wägner, M.: Harte und verschleißfeste Randschichten auf korrosionsbeständigen Stählen. MTZ, Bd. 09. Wiesbaden (2010)
[208] TRW Thompson GmbH & Co. KG: Handbuch, 7. Aufl. 1991
[209] Milbach, R.: TRW Thompson GmbH & Co. KG: Ventilschäden und ihre Ursache, 5. Aufl., (1989)
[210] Bensinger, W.-D.: Die Steuerung des Gaswechsels in schnelllaufenden Verbrennungsmotoren. Konstruktionsbücher Bd. 16. Springer Verlag, (1967)
[211] Holland, J.: Die instationäre Elastohydrodynamik. Konstruktion 30(9), (1978)
[212] Ruhr, W.: Nockenverschleiß – Auslegung und Optimierung von Nockentrieben hinsichtlich des Verschleißverhaltens. FVV. Vorh Nr 285, (1985)
[213] Holland, J.: Nockentrieb Reibungsverhältnisse – Untersuchung zur Verminderung der Reibung am Nocken-Gegenläufer-System unter Verwendung von Gleit- und Rollengegenläufern. FVV. Vorh Nr 341, (1986)
[214] Brands, Ch.: Dynamische Ventilbelastung – Rechnergestützte Simulation der Beanspruchung des Ventiltriebs. FVV-Vorhaben. Nr, Bd. 614. (1998)
[215] Dachs, A.: Beitrag zur Simulation und Messung von Tassenstößelventiltrieben mit hydraulischem Ventilspielausgleich. Dissertation, TU Wien (1993)
[216] Ruhr, W.: Nockentriebe mit Schwinghebel. Dissertation, TU Clausthal (1985)
[217] Rahnejat, H.: Multi-Body Dynamics. Vehicles, Machines and Mechanisms. SAE International, (1998)
[218] Beitz, W., Küttner, K.-H.: Dubbel Taschenbuch des Maschinenbau. Springer Verlag
[219] Schneider, F., Simmonds, S.: MAHLE CamInCam – Neue Freiheit für variable Steuerzeiten am Beispiel eines 8- und 4-Zylindermotors. MTZ/ATZ Konferenz „Ladungswechsel im Verbrennungsmotor" (2008)
[220] Mohr, U., Hoffmann, H., Lancefield, T.: Modularität im Ventiltrieb. MTZ Konferenz „Antrieb von Morgen". (2005)
[221] Bunsen, E., Grote, A., Willand, J., Hoffmann, H., Fritz, O., Senjic, S.: Verbrauchspotenziale durch Einlassventilhub und Steuerzeitenvariation – ein mechanisch vollvariables Ventiltriebsystem an einem 1.6 l Motor mit Benzindirekteinspritzung, Variable Ventilsteuerung ISBN 9783832259105
[222] Schneider, F., Steichele, S., Ruppel, S.: Tagung Ventiltrieb und Zylinderkopf. Integration von Zusatzfunktionen in die gebaute, Bd. 3. VDI, Würzburg (2008)
[223] Di Giacomo, T., Schulte, G., Steffens, C., Tiemann, C., Walter, R., Wedowski, S.: Zahnriemen versus Kette, Studie zum CO_2. Sparpotenzial Im Steuertrieb In: Mtz 70, 5 (2009)
[224] Lang, O.R., Steinhilper, W.: Berechnung und Konstruktion von Gleitlagern mit dynamischer Belastung. Springer, (1978)
[225] N.N.: Gleitlager-Handbuch, Miba Gleitlager AG, 2000
[226] Ederer, U.G., Aufischer, R.: Schadenswahrscheinlichkeit und Grenzen der Lebensdauer. TA., Esslingen (1992)
[227] Arnold, O., Budde, R.: Konstruktive Gestaltung von Lagerungen in Verbrennungsmotoren. HdT., Essen (1999)

[228] Ederer, U.G.: Werkstoffe, Bauformen und Herstellung von Verbrennungsmotoren-Gleitlagern. HdT., Essen (1999)

[229] DIN-ISO 7146: Schäden an Gleitlagern

[230] Knoll, G., Umbach, S.: Einfluss des Schmierstoffs auf die Mischreibung in Gleitlagern. In: MTZ, 3 (2010)

[231] Damm, K., Skiadas, A., Witt, M., Schwarze, H.: Gleitlagererprobung anhand der Forderungen des Automobilmarkts. In: MTZ Extra, 3 (2010)

[232] Linke, B., Buck, R.: Aggregatelager mit höherer Lebensdauer durch schwingungstechnische Analyse. In: MTZ, 3 (2010)

[233] Adam, A., Prefot, M., Wilhelm, M.: Kurbelwellenlager für Motoren mit Start-Stopp-System. In: MTZ, 12 (2010)

[234] Müller, K., Mayer, W.: Einfluss der Ventilgeometrie auf das Einströmverhalten in den Brennraum, 3. Aufl. Vieweg, Wiesbaden (1999)

[235] Wild, S.: Torque vs. Power – No Conflict with Highly Variable Resonance Runners. Global Powertrain Congress. Detroit (2001)

[236] Weber, O., Wild, St.: Fortschrittsberichte Reihe 12, Nr. 455. Leistung plus Drehmoment – optimierte Sauganlage mit voll variablen Resonanzrohren. 22. Internationales Wiener Motorensymposium, Bd. 2. VDI, S. 320–332 (2001)

[237] Alex, M.: Akustikoptimierung bei der Filterentwicklung. Haus der Technik., Essen (1996)

[238] Weber, O.: topsys – A New Concept for Intake Systems. SAE 98 „Merra".

[239] Weber, O., Paffrath, H., Beutnagel, H., Cedzich, W.: Thermodynamische und akustische Auslegung von Ansaugsystemen für Fahrzeugmotoren unter Berücksichtigung fertigungstechnischer Belange. 19. Int Wien Mot, (1998)

[240] Paffrath, H., Hummel, K.-E., Alex, M.: Technology for Future Intake Air Systems. SAE, März (1999)

[241] Weber, O., Vaculik, R., Füßer, R., Pricken, F.: Qualitativ hochwertige Akustik von Ansaugsystemen und Kunststoffen – ein Widerspruch?; High Quality Acoustics of Plastic Intake Systems – Vision or Contradiction? 20. Int Wien Mot, (1999)

[242] Pricken, F.: Active noise cancellation in future air intake systems. SAE, (2000)

[243] Pricken, F.: Sound Design in the Passenger Compartment with Active Noise Control in the Air Intake System. SAE, (2001)

[244] DIN ISO 362 Akustik, Messung des von beschleunigten Straßenfahrzeugen abgestrahlten Geräusches; Verfahren der Genauigkeitsklasse 2 (ISO 362, Bd. 1. ISO, (1985)

[245] Büchler, A.: Benchmarking – Polyamides in Automotive, Polymers and e. Mobil Automot Ind 9(03), 11

[246] Diez, A., Baur, M.: Geprägte Stopper – wichtiger Entwicklungsschritt bei Metaloflex-Metalllagen-Zylinderkopfdichtungen. In. MTZ, Bd. 9. S. 706–709 (2004)

[247] Bendl, K., Griesinger, E., Lieb, F.: Kunststoffmodule auch für Nutzfahrzeugmotoren – Gewichtsreduzierung und Kosteneinsparung. In. MTZ, Bd. 9. S. 714–718 (2004)

[248] van Basshuysen, R., Schäfer, F. (Hrsg.): Dichtsysteme. In: Lexikon Motorentechnik. Wiesbaden, Vieweg (2006)

[249] ElringKlinger, A.G.: Fachdokumentationen Zylinderkopfdichtungen, Spezialdichtungen, Module- und Elastomer-Dichtsysteme.

[250] Diez, A., Maier, U., Eifler, G., Schnepf, M.: Integrierte Drucksensorik in der Zylinderkopfdichtung. In. MTZ, Bd. 1. S. 22–25 (2004)

[251] Griesinger, E.: Ventilhaubenmodule von ElringKlinger – kompaktes Design, vielfältige Funktionen. In. MTZ, Bd. 6. S. 504–509 (2003)

[252] Walter, G., Griesinger, E.: Kunststoffmodule – Funktion und Ästhetik. In: Atz/mtz Syst Partners S, 32–37 (2002)

[253] Diez, A., Gruhler, T.: Dichtung mit. Profil, In: Automobil Industrie Special Mercedes-Benz E-Klasse, Mai, S. 60 (2002)

[254] Zerfaß, H.-R., Diez, A.: Zylinderkopfdichtungskonzepte Für Zukünftige Mot In: Mtz 1, 30–35 (2001)

[255] der Atlas Copco Tools GmbH. N. N.: Industriewerkzeuge – Montagewerkzeuge, Bd. 2000., Essen (2001)

[256] Jende, S.: KABOLT – ein Berechnungsprogramm für hochfeste Schraubenverbindungen, Beispiel: Die Pleuelschraube. In: VDI Z 132 (1990), Nr. 7, Juli, S. 66/78

[257] Schraubenberechnungsprogramme: VDI-Software „Schraubenberechnung" 3. Aufl. April 2009, Beuth-Verlag GmbH, Berlin (über 100 Demoversionen ausgegeben) SR1-Schraubenberechnung nach VDI2230; update 2007; Prof. Schwarz, Uni Siegen (über 170 Installationen)

[258] Esser, J.: Ermüdungsbruch – Einführung in die neuzeitliche Schraubenberechnung, 23. Aufl. 1999 (TEXTRON Verbindungstechnik GmbH + Co. OHG, Neuss, 1998)

[259] Kübler, K.H.; Turlach, G.: Jende, S.: Schraubenbrevier, 3. Aufl. 1990 (KAMAX-Werke Rudolf Kellermann GmbH & Co.KG, Osterode am Harz)

[260] Scheiding, W.: Verschrauben von Magnesium braucht mehr als Alltagswissen, Konstruktion und Engineering, 04/01. Verlag moderne industrie, Landsberg

[261] Westphal, K.: Verschraubung von Magnesiumkomponenten. In: Metall, 56. Jg., Heft 1–2 2002. Giesel-Verlag, Isernhagen

[262] Hummel, K.-E., Huurdeman, B., Diem, J., Saumweber, C.: Ansaugmodul mit indirektem und integriertem Ladeluftkühler. In. MTZ, Bd. 11. (2010)

[263] Diez, R., Kornherr, H., Pirntke, F., Schmidt, J.: Effizienzsteigerung durch zylinderbankübergreifende Krümmer. In. MTZ, Bd. 05 (2010)

[264] Brömmel, A., Rombach, M., Wickerath, B., Wienecke, T., Durand, J.-M., Armenio, G., Squarcini, R., Gibat, T.-J.: Elektrifizierung Treibt Pumpeninnovationen In: MTZ Extra 3, (2010)

[265] Keller, P., Wenzel, W., Becker, M., Roby, J.: Hybrid-Kühlmittelpumpe mit elektrischem und mechanischem Antrieb. In. MTZ, Bd. 11. (2010)

[266] Wickerath, B., Fournier, A., Duran, J.-M., Brömmel, A.: Voll-variable mechanische Kühlmittelpumpe für Nutzfahrzeuge. In. MTZ, Bd. 1., (2011)

[267] Blair, G.P.: Design and Simulation of Two-Stroke Engines. SAE International, Warrendale PA (1996)

[268] Meinig, U.: Standortbestimmung des Zweitaktmotors als Pkw-Antrieb: Teil 1–4. In: MTZ 62 (2001) 7/8, 9, 10, 11

[269] van Basshuysen, R.: Zweitaktmotor/wankelmotor In: Mtz 70, 1 (2009)

第8章 发 动 机

工学博士 Fred Schäfer 教授，Andreas Bilek，工学博士 Tim Gegg

8.1 发动机方案设计

发动机方案设计（概念）通常受许多无法自由选择的因素影响，例如工作方式（二冲程、四冲程）、工作过程（狄塞尔循环、奥托循环）、冷却方式（水冷、风冷）、功率分级、气缸的数量和布置、曲柄连杆机构配置、曲轴箱类型、控制类型、是否增压等。

一台发动机最重要的标准是其用途，如图8.1所示。此外，这决定了必须满足某些要求的条件。

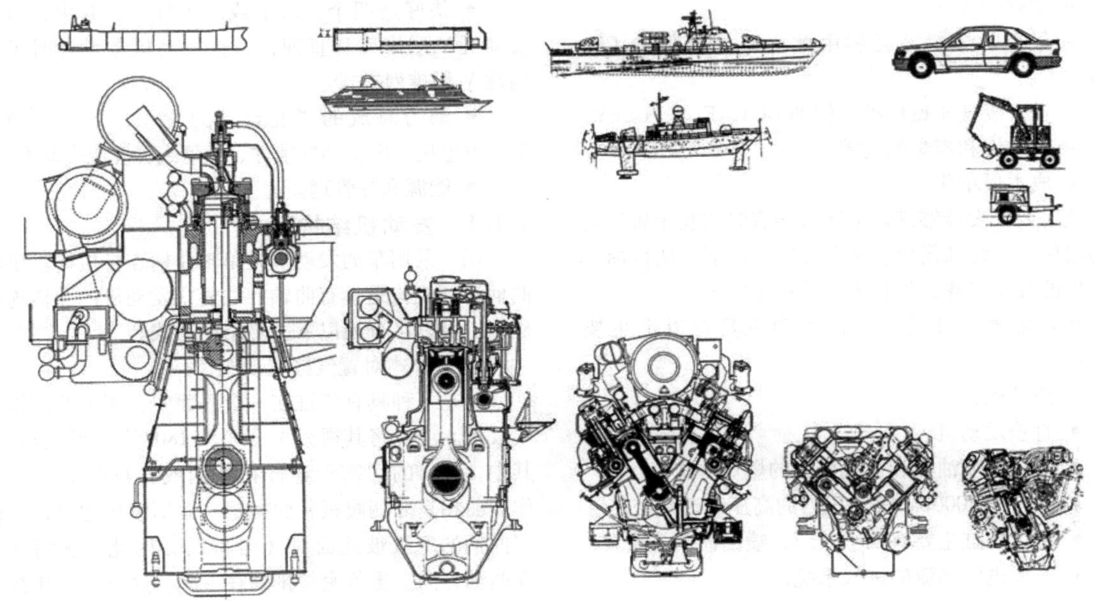

图8.1 发动机的用途和发动机的尺寸（来源：Zima）

根据相似力学定律可以证明，功率方程的各个参数彼此不是相互独立的。

$$P=z\cdot\frac{\pi}{4}\cdot d^2\cdot s\cdot w_e\cdot\frac{n}{i}\qquad(8.1)$$

举个例子，不仅功率、排量和转速相互联系在一起，而且还有工作方式、燃烧过程、冷却方式等也相互关联。另一方面，高的绝对功率只是通过大的气缸尺寸（缸径、行程）来描述，然而，高的比功率（功率/工作容积，功率/发动机质量）则与工作频率和高的比功有关。

然而，问题随着转速的增加而增多。质量加速度的影响更难控制，同样，热应力、换气和燃油的喷射也都如此。因此，作为提高功率的手段，至少在大规模生产且具有成本效益的乘用车发动机的情况下，转速是有限度的。

发动机的排量也有类似的情况。大排量，要么通过大的气缸排量，要么通过数量多的气缸得以实现，对于乘用车发动机而言同样受到限制，由此会增大发动机的质量和所需的结构空间。但是，两者都必须与车辆相关数据合理相关，例如车辆质量、可用安装空间。此外，大的单个气缸体积意味着要加速的活塞质量大，这同样也是一个限制。缸径在70～110mm之间、行程/缸径比近似为平方，涵盖了当今常用的乘用车发动机的范围。

发动机的结构设计原则上是由曲柄连杆机构的作用方式来确定的。其中，往复活塞式曲柄连杆机构已被证明是优越的，对此必须始终将考虑因素视为所有重要特性的组成部分。例如，外燃发动机肯定在热力学方面具有优势，而其他方面，例如，结构空间便会得到消极的评价。

工作循环频率通过冲程数来决定发动机的功率密度；至少在理论上二冲程发动机是四冲程发动机的两倍，因为曲轴每旋转一周都完成一个做功行程。实际情况并非如此，这是因为二冲程发动机实现的比功更低（扫气损失）。

原则上，人们可以区分单轴和多轴曲柄连杆机构，这里不涉及多轴曲柄连杆机构。乘用车发动机只采用单轴曲柄连杆机构。

对于乘用车发动机，发动机开发中的开发和优化目标主要体现在以下要求：

- 功率的改善。
- 最小的燃料消耗和由此引出的最低的 CO_2 排放。
- 符合废气质量标准，例如 EU4、EU5、ULEV。
- 舒适性和声学的改善。
- 成本最小化。

这需要开发能够满足上述可能有时相互矛盾的要求的组件、系统和模块。在大多数情况下，从目标定义派生的开发步骤必须代表一种折中方案。

私人交通工具用的现代发动机具有以下主要特征：

- 柴油机：
- 直喷发动机。
- 多孔式喷油嘴和空气分配的燃烧方法。
- 具有约 2000bar 喷油压力的高压喷油系统。
- 每个气缸主要有四个气门，喷油器中心安置。
- 产生进气涡流的进气系统。
- 具有扩展功能范围的电子柴油机调节。
- 铝作为气缸盖的材料，也越来越多地用于气缸体。
- 带催化器、NO_x 存储器、还原剂等和颗粒过滤器的废气后处理系统。
- 可变涡轮几何截面的废气涡轮增压和增压空气冷却。
- 冷却的废气再循环。
- 主要是四缸、六缸或八缸发动机。其中，六缸发动机 V 形排列和直列，八缸发动机在设计时可以构建 V 形排列方式。
- 能源管理和热管理。
- 汽油机：
- 进气管或直接喷射发动机，其中由于燃料消耗和功率原因，直喷发动机越来越多。
- 自然吸气发动机占主导地位，其中涡轮增压发动机采用机械增压，但主要使用废气涡轮增压。
- 主要是与小型化概念相关，涡轮增压越来越多。
- 铝作为气缸盖的材料以及铝和镁用于气缸体。
- 可变凸轮轴调节系统，直到全可变调整。
- 带氧传感器可调节三元催化器。
- 每个气缸主要有四个气门。
- 独立的点火线圈和气缸选择的点火角度调节。
- 气缸选择的喷射。
- 大排量和多缸发动机的停缸。
- 热管理以优化冷却和暖机。
- 进气管切换以调节进气系统的管长。
- 最好是四个、六个或八个气缸，其中，六缸发动机 V 形排列和直列，八缸发动机在设计时可以构建 V 形排列方式。
- 动力总成的“混合动力化”增加，比如起动－发电机、电驱动的辅件、微型或轻度混合动力。
- 能源和热管理。

8.1.1 发动机结构形式

用于乘用车的发动机是单轴曲柄连杆机构。单轴曲柄连杆机构是具有曲轴的往复式发动机的曲柄连杆机构。可以区分为以下主要结构形式。

（1）卧式对置气缸发动机

这是一种具有气缸在一个平面中，两个彼此相对气缸组。可以将其视为 V 形角为 180°的 V 形发动机，其中，相对的活塞和连杆在共同或各自的曲拐上工作。曲拐是曲柄腹板－曲柄销－曲柄腹板的组合。相邻曲柄的气缸彼此面对（图 8.2），因此，它们可以在曲轴方向上更紧密地排列在一起，这就是为什么水平对置发动机比具有相同气缸数的直列发动机短的原因。此外，其结构非常平坦。著名的卧式对置发动机是宝马（BMW）的风冷两缸摩托车发动机和传奇的大众（VW）甲壳虫发动机，以及保时捷发动机。

曲拐基本上由连杆轴颈和曲柄腹板所组成，它们通过主轴承轴颈连接。对于直列发动机和 V 形发动机，曲轴具有 1～10 个曲拐，常见的间隔角度可以取为 180°、120°、90°、72°、60°、45°、40°和 36°。一般来说，曲轴按照每个曲拐来支承。

连杆可以通过活塞或通过曲拐侧向引导。在后一种情况下，必须对套环的精度和连杆轴承轴颈的宽度提出更高的要求。

（2）单缸发动机

单缸发动机是所有发动机的方案设计中的基本单元，但是，作为乘用车的驱动是没有意义的，仅用于低功率和小的气缸尺寸。作为汽油机和柴油机，大多

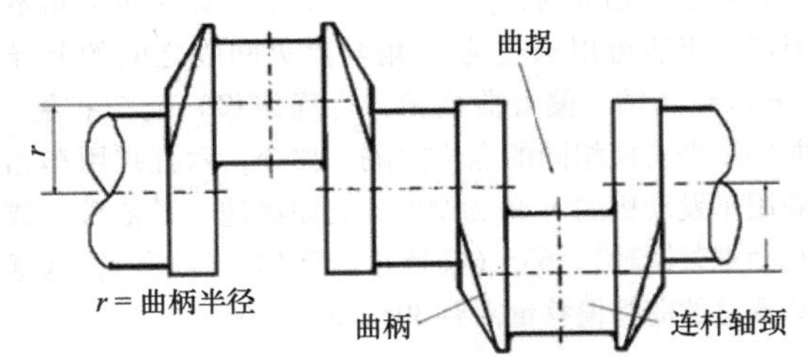

图 8.2 卧式对置气缸发动机的曲轴曲拐

是风冷，用于驱动工作机械和发电机；作为汽油机，也用于驱动轻型摩托车和摩托车。为了平衡质量效应并均衡转矩，采取了特殊的措施（例如质量平衡机构）。图 8.3 为单缸发动机的剖面。

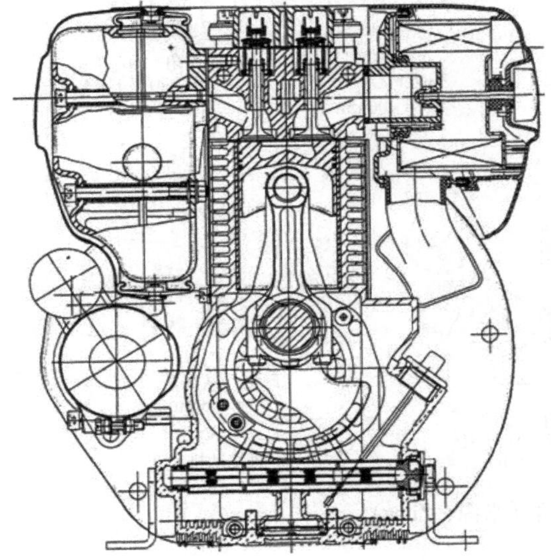

图 8.3 风冷单缸柴油机（Hatz）

（3）单列发动机

单列发动机（或也称直列发动机）是标准版本。它是通过沿曲轴方向排列多个气缸来构建的。直列发动机的曲轴箱结构设计上较为简单。直列发动机易于维护和修理。汽车发动机现今常采用多达六个气缸的直列式发动机。

（4）V 形发动机

V 形发动机是通过将两排以一定角度（V 形角度）相互倾斜的气缸组合而成的，它的曲柄连杆机构在一个共同的曲轴上工作——每两个活塞在曲拐上以 V 形彼此相对。V 形发动机在以下方面具有优势：

- 具有紧凑的基本结构设计和良好的可接近性的高功率密度。
- 在 V 形结构方式中，在车辆中所需的安装空间小（发动机长度短）；甚至六缸发动机也可以横向安装在乘用车上。
- 发动机排之间和下方的空间可安置用于节省空间的发动机附件（喷油泵、废气涡轮增压器、过滤器等），从而形成非常紧凑的驱动单元。
- 超过六缸的直列发动机不能再安装在现代乘用车中（V 形发动机最多可以十二个缸）。
- 高速、高功率发动机从六个气缸起已经采用 V 形结构方式。

缺点：

- V 形发动机中更大的轴承力横向分量需要曲轴箱中曲轴轴承盖更复杂的设计。
- 进气管结构设计更复杂。
- 有两个“热”的发动机侧。
- 采用增压时，成本比直列发动机更高。
- 就自由质量效应而言，V 形发动机的特性不如直列式发动机。

尽管有这些缺点，但 V 形发动机如今已是除了四缸直列发动机外的首选结构形式。

另一个重要的结构设计特点是连杆 - 连杆设计。从曲柄连杆机构的角度来看，这是最简单的解决方案（相同的连杆和相同的轴承）。但是，由于在曲柄销方向上施加偏心力（连杆偏移），因此需要曲拐隔板。在“分体式”曲轴的情况下（图 8.4），较宽的连杆轴承轴颈（用于 V 形发动机）在圆周方向上偏移，这导致更有利的点火间隔，从而改善了发动机的运行平稳性。

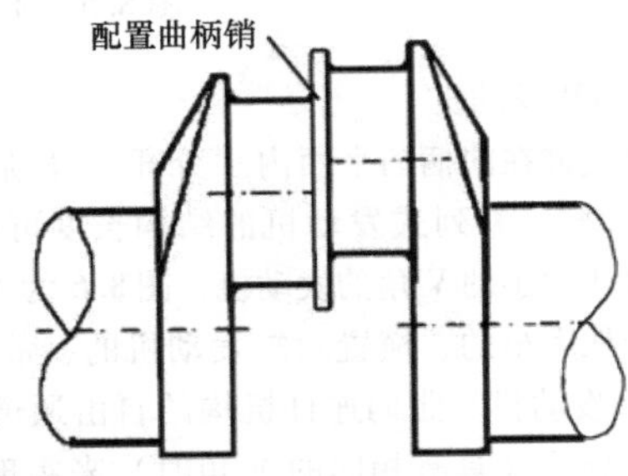

图 8.4 带曲柄销的曲轴（Split - Pin）

V 形发动机的一个重要设计参数是 V 角。选择的标准包括：点火间隔、质量效应、增压、扭转振动特性、发动机尺寸在高度和宽度方面的限制、汽油机和柴油机的基本曲柄连杆机构的利用、发动机的气缸数和各自现有的生产设施。

在极值 0°（直列式发动机）和 180°（水平对置发动机）之间几乎存在所有 V 角，如图 8.5 所示。小的

V角需要更长的连杆（更小的连杆比 $\lambda = r/l$），以确保连杆与气缸之间的必要间隙。由于更小的连杆摆动角，这导致更高的曲轴箱具有较低的活塞侧向力。如果V角选择为 $\delta = 720°$/气缸数（四冲程发动机），则获得相同的点火间隔。90°V角是车辆发动机和高速柴油机的首选，因为它可以通过旋转配重完全补偿一阶往复运动惯性力。在八缸90°V角四冲程发动机中，V角对应于（相等的）点火间隔。如果气缸数和V角不对应，仍然可以通过为V角与点火间隔之间的差异（开口销曲轴、偏置曲柄销、行程偏移）而“扩展”曲柄销来实现相同的点火间隔。如今，六缸乘用车和商用车发动机的V角为90°（例如奥迪、道依茨、戴姆勒克莱斯勒）、60°（福特）甚至54°（欧宝），这意味着总的曲拐偏移量需要30°、60°或66°。

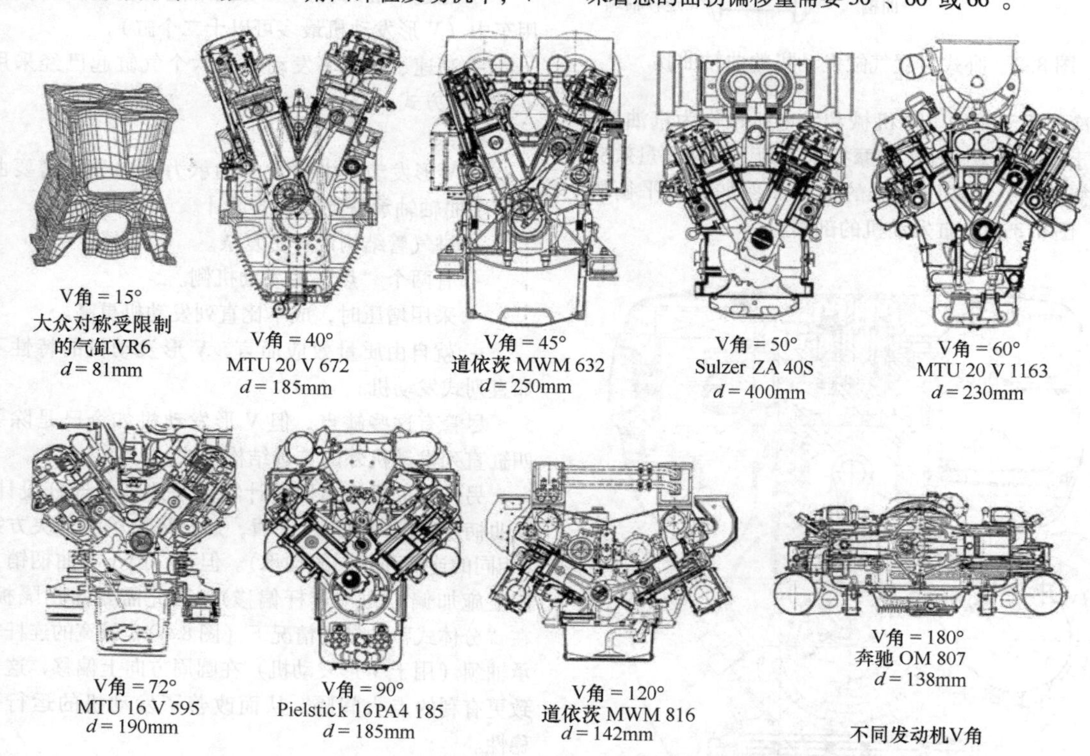

图8.5 不同发动机的V角（来源：Zima）

（5）VR发动机

如果气缸在曲柄圆平面内“分开”，然后朝曲轴方向“压缩”，直列式发动机的结构长度可以缩短。可以获得非常小的V角的发动机，图8.6为大众开发的、用于乘用车的、横置六缸发动机的、带有15°V角的VR6发动机。曲柄连杆机构的自由通道是通过将气缸排分开（具有相同的V角时）来实现的，这样气缸轴线就不会在曲轴的中间相交，而是在曲轴的下方相交（受限制的曲柄连杆机构）。其优点是：由于气缸的密集排列，发动机长度缩短，发动机质量减小，只有一个气缸盖，自由质量效应低。其缺点是进气路径和排气路径的长度不同，两排气缸火花塞的位置不相等，活塞的倾斜浇口导致的顶岸高度不同，以及气体交换、燃烧和燃烧的不适宜的特性和有害物排放变差。

（6）W形发动机

在W形发动机中，三排气缸在一个普通的曲轴上工作。其中，单排气缸可以在纵向上相互错开，这在结构长度方面具有优势。当前示例是大众6L的W12发动机，这是两个V6发动机的组合，夹角为72°，V角为15°，使用一个普通曲轴，如图8.7所示。

还有许多其他发动机类型，例如双活塞发动机、对置活塞发动机、星形发动机、X形发动机。然而，在这种情况下不再进行进一步讨论。

8.1.2 与基础发动机相关的发动机方案设计的差异特征

（1）曲轴的位置

在大多数情况下，乘用车发动机采用下置式曲轴布置。在特殊情况下，例如驱动发电机或也有特殊的

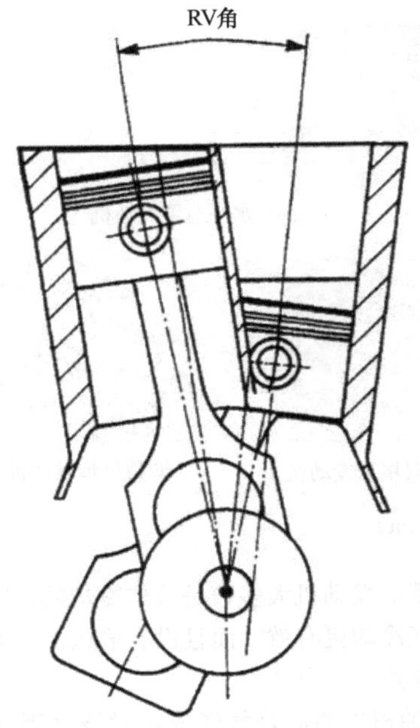

图 8.6 RV 布置

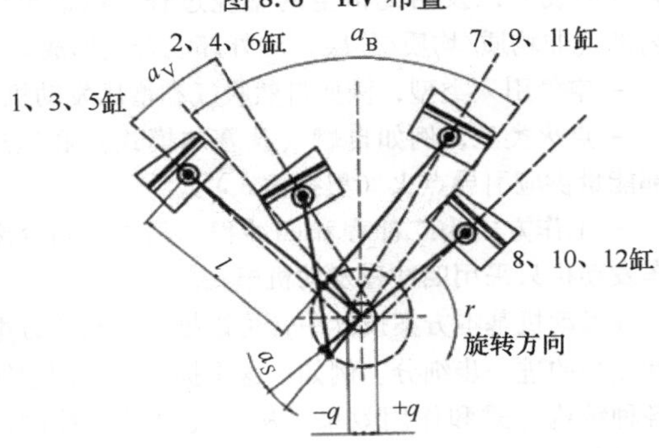

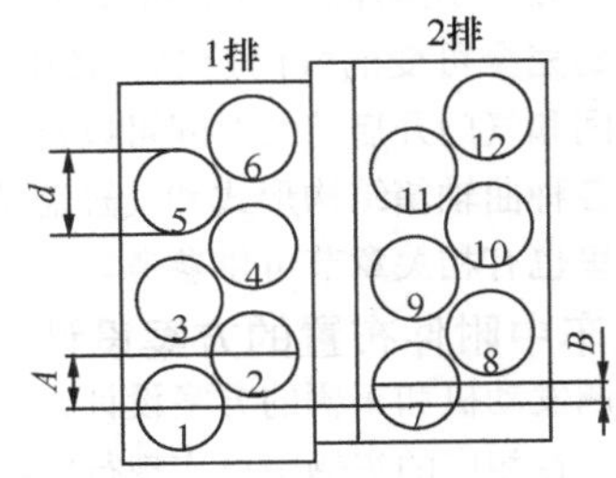

排间角度	a_B	∠	72°
V角	a_V	∠	15°
开口销角	a_S	∠	12°
气缸间距	A	mm	65
排偏移	B	mm	13
分齿	q	mm	±12.5
连杆长度	l	mm	168.5
曲柄半径	r	mm	44.95
缸径	d	mm	84
有效行程	s	mm	90.168

图 8.7 大众 12 缸 W 形发动机

军事用途，已经制造出具有直立曲轴的发动机。现代乘用车发动机只有水平曲轴。

(2) 气缸的位置

在大多数发动机中，气缸是直立的，也可以稍微倾斜一点布置（图 8.8）。

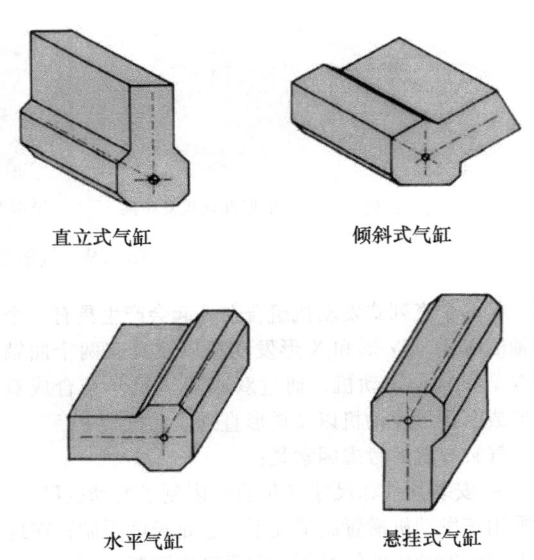

图 8.8 直立式气缸、倾斜式气缸、水平气缸、悬挂式气缸的位置

倾斜主要是由于车辆的安装情况和结构空间特性的要求。活塞在水平曲轴上工作。

如果绕曲轴转动曲轴箱，然后得到：

- 带有悬挂式气缸的发动机，仅用于飞机结构。
- 使用水平气缸发动机（地板发动机）。与水平气缸配合使用是出于外形尺寸（Package）的原因，即当要求较低的安装高度。发动机旋转 90°（水平安装）或作为 V 形发动机 180° 的 V 角［水平对置（Boxer）发动机］。
- 带有立式气缸的发动机（有时也倾斜几度）。控制装置和曲柄连杆机构很容易接近。发动机润滑油收集在油底壳的最深处，可以从那里抽吸并供给回路。由于在现代乘用车中发动机舱的高度涉及空气阻力系数（C_D值），为获得较低的空气阻力系数，在许多情况下乘用车直列式发动机采取倾斜安装。

(3) 气缸布置

图 8.9 中所示的气缸布置，在关于小的空间需求、低的功率质量（m_{Motor}/P，发动机质量/功率）和动态特性（惯性力），存在很多种可能的组合。

气缸同心地作用在曲拐上的称为星形发动机。具有多个曲轴的以多边形形式的多排气缸称为多轴发动

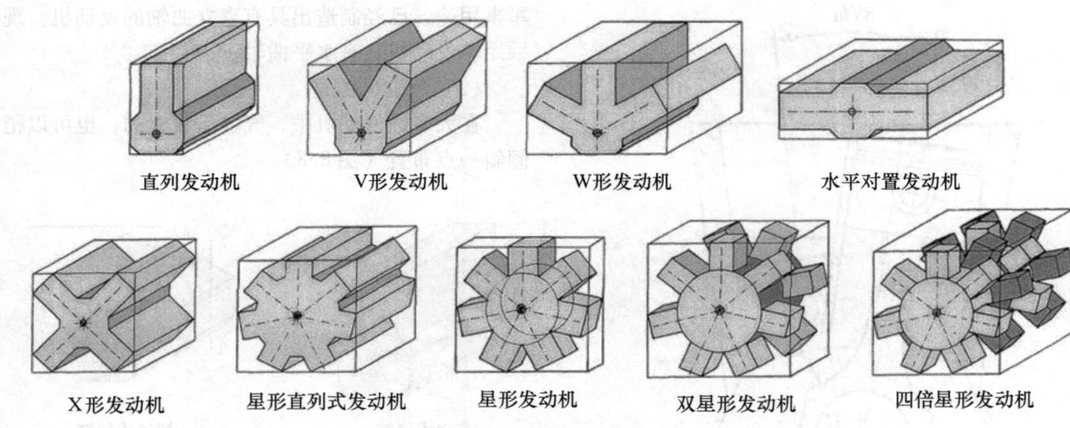

图 8.9　气缸布置（来源：Zima）

机。将多个直列式发动机组合在一起会产生具有一个曲轴的 V 形、W 形和 X 形发动机以及具有两个曲轴的双型和 H 形发动机，通过双或多“星”结合成双星形或多星形发动机以及星形直列发动机。

气缸布置的考虑因素是：

- 安装条件和尺寸（包装）限制了发动机尺寸。在乘用车发动机横置的情况下，它是长度限制；在地板下安置发动机的情况下，它是高度限制；而对于飞机发动机，由于空气阻力，它是正面区域限制。

- 曲轴对扭转振动的敏感性，随着曲拐数的增加而增强。因此，六缸以上的直列式发动机并不常见。

(4) 气缸数

发动机的基本形式是单缸发动机。考虑到功率、转矩、转矩和转速的均匀性，乘用车发动机都采用多缸设计。例如，由于应用领域、可用的安装空间、发动机质量、制造成本、维护所需的花费以及曲柄连杆机构的扭转振动特性，因此气缸的数量有一个上限。当今的乘用车发动机有 3～18 个气缸，摩托车有 1～4 个气缸，商用车发动机有 4～12 个气缸。

发动机方案设计的另一个基本特征是根据基本定义的参数（如行程和缸径）推导出结构形式。基础发动机是如此设计的：在保持参数行程和缸径的前提下，通过其他气缸的“添加”来适应车辆对气缸数量以及功率和转矩的要求。

8.1.3　其他方案设计标准

以前的考虑主要涉及基础发动机的机械结构。然而，还有许多其他有影响方案设计的标准，然而，这将超出本文的范围。因此，下面仅列出几个选定的示例。概念开发中包含的其他评估标准（有关各个要素的详细信息，参见相应章节。）例如：

- 冷却类型，区分液体冷却和空气冷却。当今乘用车中使用的发动机大多数是液体冷却的，因为冷却效果比空气冷却更有效，而且没有输送空气的鼓风机所产生的噪声。

- 柴油机中的混合气形成和燃烧过程（非均质混合气形成）以及由此衍生的燃烧过程，汽油机中的内部（非均质/均质/分层）和外部混合气形成。

- 空气引入类型，例如自然吸气和增压发动机。

- 点火类型，例如自燃（狄塞尔模式）和通过外部能量供应引导点火（奥托模式）。

- 工作方式为二冲程和四冲程，其中，当今乘用车发动机只采用四冲程发动机模式。

在发动机基本方案设计中，可以推导出与该方案设计相关的进一步细分。例如，这里提到了气门控制的各种结构方式和作用效果：从配气定时（控制时间）的固定分配到发动机所有负荷和速度范围内的气门控制再到完全可变的气门控制，其中气门升程、气门控制时间和气门开启持续时间可以自由选择。其他示例包括各种曲轴箱结构形式和气缸盖结构形式以及供油。这里也有相关章节可供参考。

8.1.4　汽车中附件布置的方案设计

必须协调发动机和车辆的方案设计，在选定的机动化道路上，在相应的车辆中可实现行驶特性。更进一步，发动机和动力总成方案设计之间有着密切的相互影响作用，比如变速器如何布置。对于将发动机集成到整个车辆的方案设计中，作为愿景，需要考虑以下几点：

- 气缸的布置和由此的发动机结构形式，例如直列发动机、V 形发动机、W 形发动机、对置式发动机，通过许多标准，比如可用安装空间，所需的发动机功率，在车辆中布置等来确定布置。然而，这也意味着基础发动机的主要尺寸，它定义了排量、曲轴的位置、辅件的尺寸、发动机支架、振动特性等，作为发动机方案设计的影响因素。

- 车辆中附件的布置。这里区分纵向安装和横向安装。纵向安装和横向安装的变体也可以与发动机在车辆中的位置相组合，作为前置、中置或后置发动机。这些布置又可以是传统的或安置在地板下的发动机。车辆的要求在很大程度上决定了附件的布置。例如，对更短的车辆长度以及因此受限的发动机舱尺寸的需求导致六缸直列发动机，例如，在很大程度上被六缸V形发动机所取代。四缸直列发动机通常横向安装，因为这种与变速器的组合意味着该附件相对较短。因此，对于附件的地板下布置，只有横向安装的发动机占了上风。各个变体的主要优点和缺点是：

• 前置发动机/横向安装：诸如紧凑的尺寸、较短的前端长度和较短的管路长度等优点被较高的发动机支架费用和侧梁之间的可用宽度所抵消。这种布置特别适用于三缸和四缸直列发动机、RV发动机和V6发动机。三缸和四缸直列发动机仅在作为地板下布置发动机的用途时受到限制。

• 前置发动机/纵向安装：这种结构方式对几乎所有发动机都是可实现的。特别是可以使用长发动机，例如V12发动机（两排，每排六个气缸）。较长的前端长度和变速器通道的宽度是其缺点。

• 中置发动机/横向安装：此变体主要适用于三缸到五缸直列发动机。除了前端长度较短外，轴载荷分布也非常好。存在的问题是后纵向支架的宽度以及全驱是不可能的这样的事实。另外，中型发动机通常仅适用于两座车辆（敞篷跑车）。

• 中置发动机/纵向安装：中置发动机纵向安装基本上适用于所有从三缸直列发动机到V形发动机到水平对置式发动机的发动机类型。同样也存在与横向安装的中置发动机相同的优点和缺点。

• 后置发动机/横向安装：这种结构方式的优点是良好的牵引力，地板下布置的变型可以成为一种非常紧凑的车辆。缺点是后侧梁之间所需的宽度以及内部空间和存储空间的可达性受到限制。地板下的变型仅适用于三缸和四缸发动机，而传统的变型也适用于V形发动机。

• 后置发动机/纵向安装：除了非常好的牵引力外，其优点还包括制动时的最佳的重量分布、发动机上方的空间利用（存储、行李）。缺点是发动机和变速器的结构长度，后悬过渡较长，铺设管路成本高，轴载荷分布不利，这会对行驶性产生负面的影响作用。直列式和V形结构方式，包括水平对置发动机，都是合适的。

此外，动力总成方案设计也在确定的车辆的发动机方案设计中发挥作用，其中，区分前轮驱动、后轮驱动和全轮驱动，以及考虑变速器布置、轴驱动、万向轴等的动力总成方案设计起着决定性的作用。

8.2 实际的发动机

(1) 梅赛德斯奔驰V6柴油机[1]

这个V6变型替代在汽车的结构系列中的所有五缸或者六缸直列发动机，主要的发动机参数见图8.10。

名称	单位	参数
气缸数/布置	—	V6
各排夹角	°	72
气门/气缸	—	4
排量	cm^3	2987
缸径	mm	83
行程	mm	92
缸距	mm	106
压缩比	—	18
连杆长度	mm	163
额定功率/转速	kW/r/min	165/3800 以及 173/3600
额定转矩/转速	N·m/r/min	510/1600～2800 以及 540/1600～2400
发动机质量	kg	208

图8.10 OM 642发动机的技术参数

选择的气缸排夹角72°体现了结构空间要求与曲柄连杆机构的妥协，41kg的“轻型”的曲轴箱采用灰口铸铁内衬，并且采用重力铸造工艺制造，砂芯由AlSi6Cu制成。带有四个支承的落锻曲轴由热处理钢42CrMo4制成，重量优化的连杆由新材料70MnVs4制成。

燃油喷射系统采用第三代高压共轨技术，带有压电执行器模块，可以实现高达5次的喷射，采用8孔喷嘴。

发动机有一个电动EGR阀，它将冷却的废气引导到增压空气管道的入口点。增压空气分配器模块包括一个电动进气道切换装置，用于有针对性地控制涡流。已采取措施将NVH降至最低，例如结构上非常坚固的铝制曲轴箱、布置在V形中的平衡轴、带有集成凸轮轴支承的气缸盖罩、声学措施涉及空气管道、链导板、带泡沫罩的发动机罩等。

两个氧化催化转化器可用作尾气后处理的紧耦合

催化转化器和主催化转化器以及各目标市场国家特定的颗粒过滤器（无添加剂）。

（2）梅赛德斯奔驰4.0L V8柴油机

发动机的研发目标设定除了增加功率和转矩外，还包括符合欧4排放标准（量产使用无添加剂的颗粒过滤器）、降低燃料消耗以及与前一代产品相比具有更好的NVH性能。发动机特性如图8.11所示。

相对上一代机型，通过减少节流明显减少了压力损失。转矩变化曲线在低转速范围可以通过在进入废气涡轮增压器压气机入口前的空腔得到优化。导流板通过一个步进电动机来调节，通过它可以实现更快的定位和较高的定位精度。

废气通过两个EGR阀可以调节特性场，同时废气在热态运转时通过一个可以开关的旁通被导入到EGR中冷器。废气再循环单元的结构见图8.12。

名称	单位	参数
气缸数/结构形式	—	V8
各排夹角	°	75
气门/气缸	—	4
排量	cm^3	3996
缸径	mm	86
行程	mm	86
缸距	mm	97
压缩比	—	17
发动机质量	kg	253
额定功率/转速	kW/r/min	231/3600
额定转矩/转速	N·m/r/min	730/2200

图8.11　4.0L V8柴油机的发动机技术参数

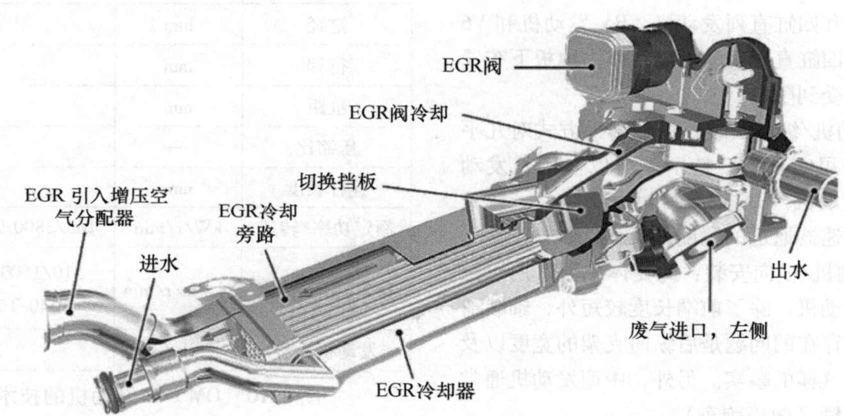

图8.12　废气再循环系统

发动机峰值压力的增加使得有必要使气缸盖适应更大的刚性。这主要是通过水室中的中间甲板来实现的。

喷射系统采用带有压电喷射器的第三代共轨系统，每个工作循环最多可喷射五次，喷嘴有七个喷孔。

特别重视低速和低负荷下的声学优化。这主要是通过特别坚硬的曲轴箱、更大的主轴承直径、平衡轴、更坚固的发动机支架设计、端盖和各种部件（如燃油管路，增压空气分配器管路）的解耦来实现的。

（3）奥迪V10 FSI发动机[2]

该发动机的结构是根据模块化原理设计的，其中采用了经过验证的奥迪V系列组件。发动机最重要的技术数据见图8.13。

气缸曲轴箱设计为底板版本，其中上部是由AlSi17Cu4Mg制成的均质单体，而压铸底板由AlSi12Cu1制成，并带有铸造的GGG50嵌件。

由42CrMoS4制成的曲轴设计成分针式，这样就可以得到均匀的72°点火间隔。

一阶自由惯性力由以曲轴转速旋转的反转平衡轴来补偿。

铝铸造活塞具有与燃烧过程相匹配的活塞顶几何形状，并相应地支持充气运动。活塞上的高热负荷通过优化的活塞冷却来吸收。活塞有冷却通道（盐芯）；碗缘和环槽相应优化。

进气道有一个用于产生滚流的隔板。

空心凸轮轴直接支撑在铝材中，并用螺栓固定在梯形框架上。

进气系统采用双流设计，并在流动力学方面进行

名称	单位	参数
排量	cm^3	5204
行程	mm	92.8
缸径	mm	84.5
缸距	mm	90
长/宽/高	mm	685/801/713
气门/气缸	—	4
进气门直径/进气门升程	mm	33.85/11
排气门直径/排气门升程	mm	28/11
凸轮轴调节范围	°	42
压缩比	—	12.5
功率/转速	kW/r/min	331/7000
转矩/转速	N·m/r/min	549/3000~4000
点火次序	—	1-6-5-10-2-7-3-8-4-9
发动机质量	kg	220
排放标准	—	欧4

图 8.13 奥迪 V10 FSI 发动机的技术参数

了优化，因此在 1200kg/h 的空气流量下总压力损失仅为 40mbar。使用了由镁压铸制成的两个长度的四贝壳状的可变进气歧管。V10 典型的声学借助于“声管”（Soundpipe）通过特殊的膜和泡沫调谐过滤后导入内腔。

燃料由两个按需调节的单活塞高压泵提供，产生超过 100bar 的工作压力。高压喷射阀是单孔涡流阀，其布置和设计方式是使壁湿最少。

V10 FSI 发动机实现了 63kW/L 和超过 100N·m/L 的比功率和比转矩。

（4）通用汽车的 1.6L 涡轮增压汽油机

其研发的目标主要是要实现在功率方面有很高的、82.5kW/L 的比功率值，比转矩超过 143Nm/L。发动机的主要数据显示在图 8.14 中。

带有几何数据的基础发动机基于使用相同零部件的自然吸气变体。油-水-热交换器和扭振阻尼器专门针对增压机型进行了匹配，并对承受高负载的零部件进行了相应的优化。新的研发主要包括进气歧管、带有集成涡轮增压器的排气歧管、活塞、地板下安置的催化器和双质量飞轮。图 8.15 显示了带集成排气歧管的涡轮增压器。

模拟是实现研发目标的重要工具。除了进气管的三维流动模拟和由此实现的合适的外形尺寸变体外，还有特别是与排气歧管设计相关的复杂的模拟。

名称	单位	参数
排量	cm^3	1598
缸距	mm	86
缸径	mm	79
行程	mm	81.5
连杆质量	g	480
活塞质量	g	340
进气门直径	mm	31.2
排气门直径	mm	27.5
进气门/排气门升程	mm	7.0/7.0
压缩比	—	8.8
最大功率/转速	kW/r/min	132/5500
最大转矩/转速	N·m/r/min	230/2200~5500
发动机质量	kg	131
排放标准	—	欧5

图 8.14 通用汽车 1.6L 涡轮增压汽油机参数

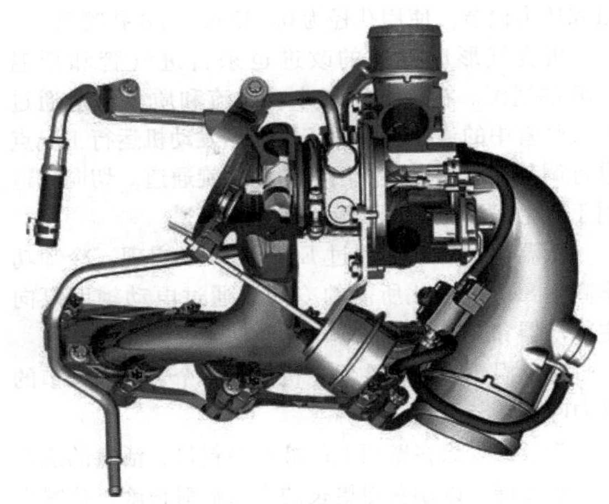

图 8.15 带集成排气歧管的涡轮增压器

（5）大众汽车公司的 2.0L 4V 高压共轨 TDI[3]

在之前的 2L 发动机的基础上开发这款发动机的目标是确保满足欧 5 规范并确保面向未来的欧 6 解决方案。该发动机自 2007 年开始量产，配备最新一代 CRS3.2 共轨系统。在图 8.16 中可以找到基本的发动机数据。

该发动机每个气缸有 4 个气门，由两个凸轮轴驱动。由滚柱摇臂驱动的气门围绕位于中心的喷油器分组。两个凸轮轴通过直齿正齿轮相互连接。气门星相对于发动机的纵轴旋转 90°。

与其前身相比，发动机的主要变化是改用共轨系

名称	单位	参数
功率/转速	kW/r/min	103/4200
转矩/转速	N · m/r/min	320/1750 ~2500
排量	dm^3	2.0
缸距	mm	88
凸轮轴轴距	mm	54.6
喷油压力	bar	1800
气门数/气缸	—	4
压缩比	—	16.5
排放标准	—	欧5
CO_2 排放	g/km	190

图 8.16　2.0L 4V TDI 发动机数据

统。为了满足废气要求并改善声学效果，该系统设计用于每个循环最多七次喷射，并在轨道上进行体积计量和压力调节。使用孔径为0.123mm的8孔喷嘴。

混合气形成方面的改进也来自进气管和低温EGR的适配。在该发动机中，涡流和质量流量通过进气歧管中的连续可调涡流板根据发动机运行工况点进行调节。进气口可使用切向和螺旋通道。切向气道用于产生涡流，螺旋气道用作充量通道。

低温废气再循环通过EGR冷却来实现，冷却功率高达8kW。为此所需的冷却液通过电动辅助泵向主冷却器和EGR冷却器输送。

废气涡轮增压器在涡轮机侧有一个可气动调节的导向叶片调节装置。

为了减少涂在壁面上的液态燃料量，活塞的碗形进一步发展，以期获得更长的自由喷射长度。这减少了局部过浓区域并促进了均匀混合气的形成。

催化器和颗粒过滤器用于废气后处理。该催化器采用金属载体，以确保在高转化率下尽早起燃。颗粒过滤器中的氧化催化器功能在热稳定性方面进行了优化；该过滤器具有铂/钯局部涂层。

如图8.17所示，这些和其他措施导致了非常好的燃料消耗率。最佳燃料消耗点为196g/kW · h。

图8.18所示为功率和转矩特性。

（6）奥迪6L V12 - TDI - 发动机[4-6]

奥迪功率最强劲的乘用车柴油机，2008年起量产，约6L的排量，转矩为1000N · m，功率为368kW，MVEG试验的燃料消耗为11.3L/100km。

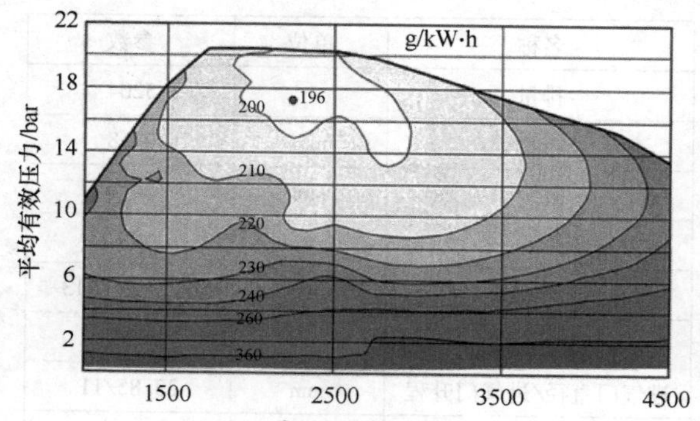

图 8.17　2.0L 高压共轨发动机燃料消耗特性场（来源：MTZ）

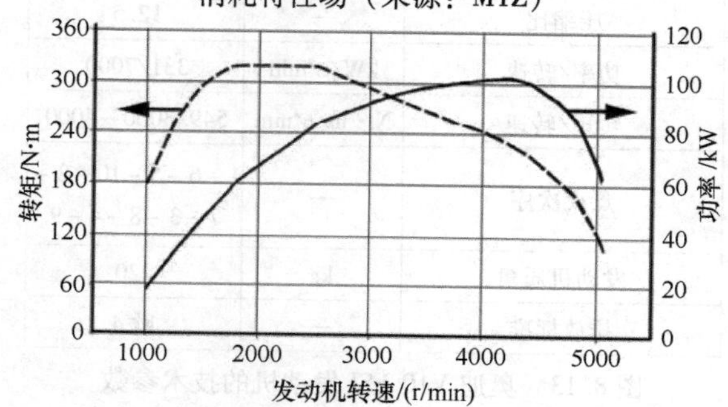

图 8.18　2.0L 高压共轨发动机功率和转矩变化曲线

一些重要的发动机参数见图8.19。

名称	单位	参数
结构形式	—	V12 发动机
气缸夹角	°	60
排量	dm^3	5.934
行程	mm	91.4
缸径	mm	83
压缩比	—	16
缸距	mm	90
主轴承直径	mm	65
连杆轴承直径	mm	60
连杆长度	mm	155
进气门直径	mm	28.7
排气门直径	mm	26.8
气门数/气缸	—	4
点火次序	—	1-7-5-11-3-9-6-12-2-8-4-10
最大功率/转速	kW/r/min	368/3750
最大转矩/转速	N · m/r/min	1000/1750 ~3250
发动机质量	kg	329
发动机长度	mm	680
最大增压压力	bar	2.7
气缸峰值压力	bar	165
排放标准	—	欧4
CO_2 排放（MVEG 试验）	g/km	298
燃料消耗（MVEG 试验）	L/100km	11.3

图 8.19　发动机参数

气缸夹角为60°，通过多层次的、驱动侧布置的链可以把缸体长度减小到689mm，曲轴箱在曲轴中间分开。由球墨铸铁（GJS-600）制成的轴承盖相互连接起来形成梯形框架。曲轴箱选用蠕墨铸铁（GJV-450）。所有介质承载部件都集成在曲轴箱中。

高的弯曲和扭转疲劳强度、低的惯性力引起的主轴承的载荷、控制和辅助单元驱动的低的摩擦和低的激励是曲轴的设计标准。例如，通过65mm的主轴颈直径、60mm的曲柄销直径和91.4mm的行程来实现这一点。

图8.20显示了链传动装置的布置，其中四个单链互锁。两个高压喷射泵通过两个独立的驱动装置由曲轴直接驱动。中间齿轮组驱动两个凸轮轴齿轮。

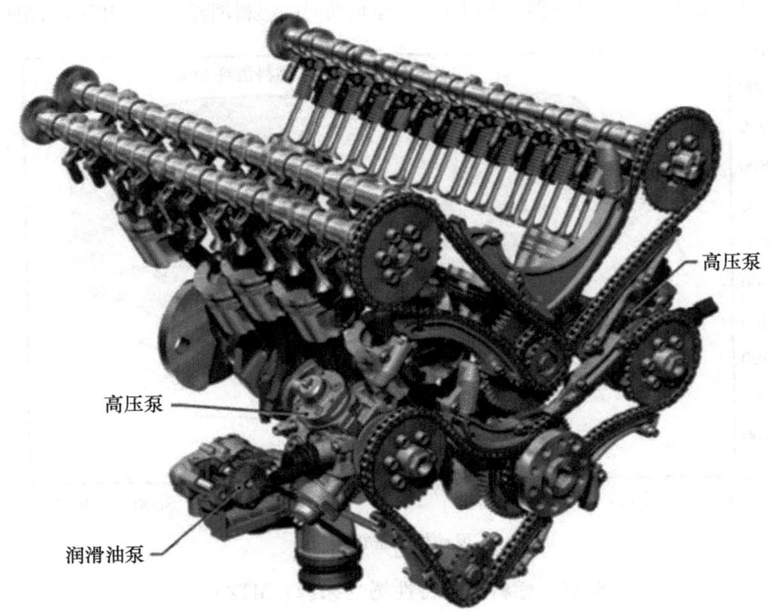

图8.20 链传动（来源：MTZ）

出于声学原因，Al气缸盖罩通过密封和拧紧方案设计与气缸盖中的梯形框架解耦。

借助冷却的EGR，可以实现低的NO_x排放，其中EGR冷却器连接到单独的低温冷却回路。废气经过电动EGR阀，通过在曲轴箱和气缸盖中央的集成通道输送到EGR冷却器，该冷却器布置在V槽中。借助于真空驱动的风门，EGR冷却器可以切换到以下位置：无冷却运行、中等冷却功率和最大冷却功率。

每排气缸的气隙隔绝的排气歧管由不锈钢板制成。两个具有可变涡轮几何形状的增压组用于增压。压气机入口侧的稳流器和压气机出口处的流量阻尼器用于优化声学。涡轮前的每个温度传感器可防止热过载，允许的极限温度为830℃。

发动机的燃烧过程与V6和V8相似。每个气缸两个进气门中的一个可以在挡板的帮助下无级关闭以产生高强度涡流。与以前的型号相比，压缩比已减小到16。

铸铝活塞配有环形支架冷却管道。眼镜级珩磨和优化的活塞环组件有助于降低润滑油消耗。

活塞碗和活塞环区域如图8.21所示。

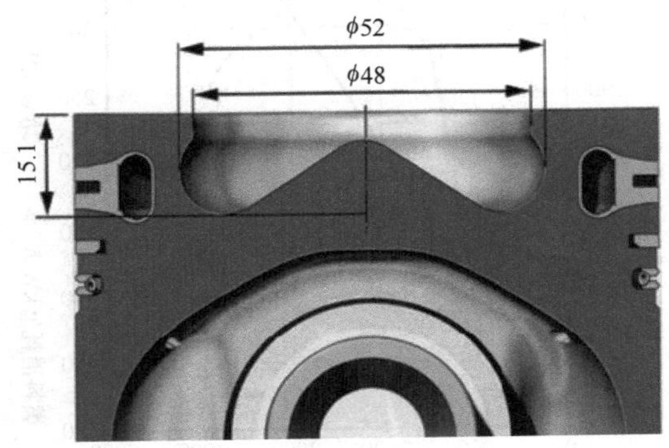

图8.21 活塞（来源：MTZ）

喷射压力为2000bar，通过一个预供压为1.3bar的储罐内泵和每排气缸一个的高压泵来实现。带有八个锥形、流量优化的喷射孔的直列式压电喷油器通过一条内径为3mm的高压管线连接到轨道。

在主/从网络中使用两个相同的发动机控制单元

进行发动机控制。主要特点是一个 32 位处理器，时钟频率为 150MHz，内部 RAM 为 136KB，内部闪存为 2MB，外部闪存为 2MB。

双流排气系统的设计考虑到低的排气背压和低的热损失。靠近发动机布置的用于快速加热的氧化催化器带有铂涂层。下游使用的由 SIC 基材制成的颗粒过滤器也具有催化作用（铂/钯）。颗粒过滤器（DPF）的加载状态和再生在模型的帮助下进行监控和启动。一方面，它是一个包含 DPF 上游测量压力的模型，另一方面，它是一个仿真模型，考虑了碳烟进入和氧化过程碳烟的燃烧。基于模型的再生策略最多可进行五次取决于特性场的喷射。

比燃料消耗如图 8.22 所示。最佳值为 204g/kW · h。全负荷时的燃料消耗、功率和转矩如图 8.23 所示。

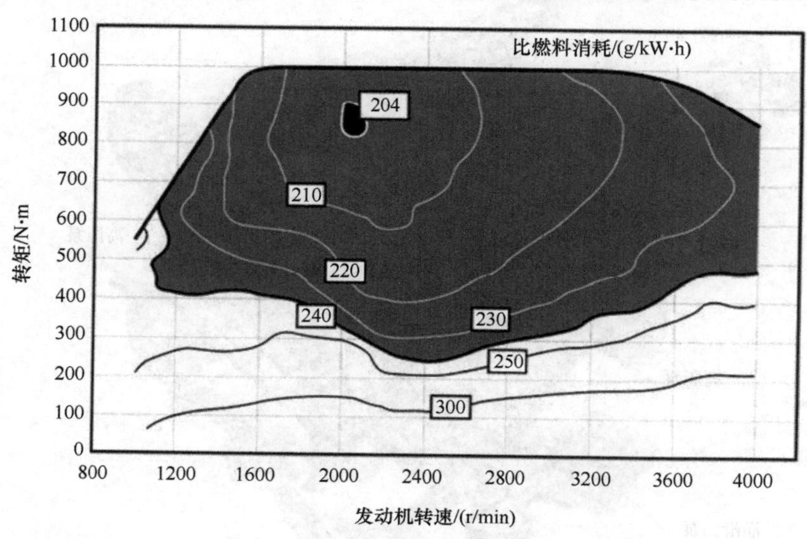

图 8.22　燃料消耗特性场（来源：MTZ）

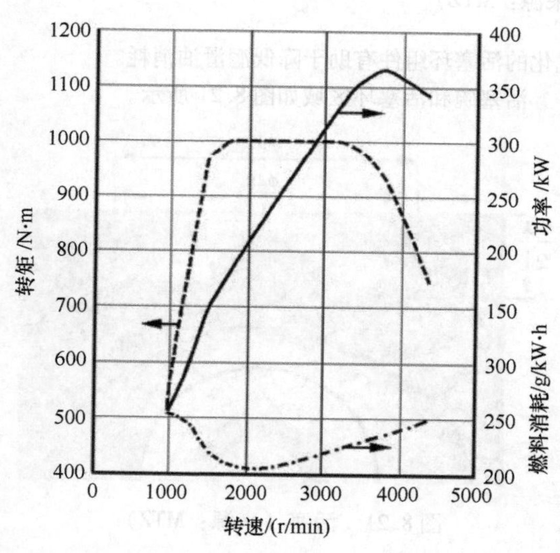

图 8.23　全负荷时功率、转矩、燃料消耗特性（来源：依据 MTZ）

（7）保时捷 4.8L V8 汽油机（涡轮增压发动机和自然吸气发动机）

描述了两种直喷汽油机，它们大多具有相同的基本配置。一种发动机作为增压发动机提供，另一种作为自然吸气发动机提供。在其基础版本中，这两种变体均基于 4.5L V8 发动机，曲轴箱由过共晶 Al – Si 合金制成，设计为封闭式（Closed – Deck）结构方式。直接燃油喷射技术集成到气缸盖（Al – Si – Mg – Cu 合金）中。轻量化结构的开发使重量减轻了约 30%。

与之前的型号相比，在边缘和火花塞之间区域的冷却方案设计的修改带来了热优势。

曲轴由材料 38MnS6BY 制成，锻造裂纹连杆由材料 C70S6BY 制成。根据法律要求，连杆轴瓦已转换为无铅材料 G344。由于燃烧过程发生了变化，活塞也必须重新设计，活塞凹槽可以在冷起动和随后的催化器预热阶段支持混合气分层。在此阶段，通过在压缩阶段上止点前不久喷射以确保混合气分层。

使用作为新设计的黏性减振器可以减少由于气体力增加而导致的曲轴扭转振动增加。

进一步开发的 VarioCam – Plus 系统，可以连续调整超过 50°曲柄角度，用于控制气体交换。不同的气门升程，在部分负荷下从 10mm 到 3.6mm，通过进气侧的可切换杯式挺杆来实现。

保留了以前型号久经考验的干式油底壳润滑，并使用了具有容积流量和压力分级调节的可变润滑油泵。这使得可以在每个运行工况点将润滑油油压降低到最低需求值。

以前型号的气隙隔绝歧管已被4合2、2合1歧管形式所取代。减少压力损失、均匀流量分配和减轻重量是要实现的进一步开发目标。

燃油通过电磁驱动的涡流喷油器直接送入燃烧室，喷油量差值比（从怠速到全负荷）超过22。通过进气同步喷射或双喷射可以实现混合气的均匀形成。与以前的型号相比，压缩比增加了一个单位。

各种措施，例如按需求调节的油泵、活塞环组的形状优化、DLC涂层（类金刚石碳，Diamond Like Carbon）顶部-活塞环和杯形挺杆导致平均摩擦压力降低。图8.24显示了平均摩擦压力随转速变化的过程。

主要的发动机数据如图8.25所示。

通过气体交换优化实现了发动机性能的进一步改进。为该发动机开发了具有可切换的波动管长度的可变进气管系统。模块深度增加的中冷器提高了热效率并减少了压力损失。

两种变体（涡轮增压发动机和自然吸气发动机）的燃烧过程基本相同。喷油器侧向布置在进气通道下方，如图8.26所示。

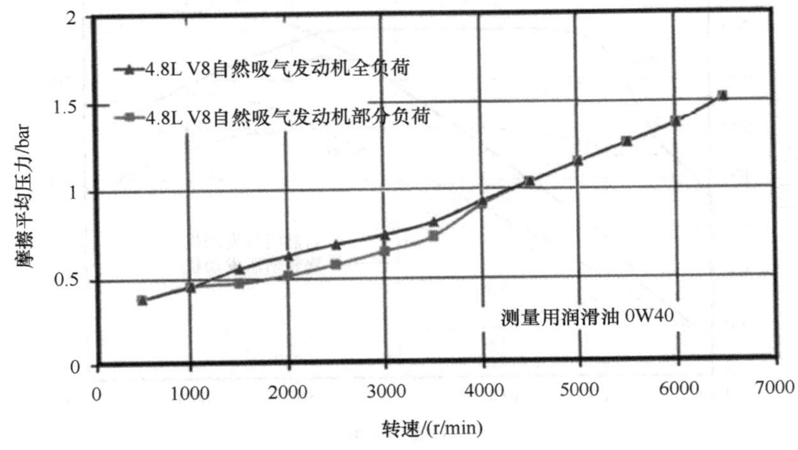

图8.24 两种发动机变体的平均摩擦压力（来源：MTZ）

类型	自然吸气发动机	增压发动机
气缸数	8（V形）	8（V形）
排量/dm^3	4.806	4.806
行程/mm	83	83
缸径/mm	96	96
每缸气门数	4	4
额定功率/转速/(kW/r/min)	283/6200	368/6000
额定转矩/转速/(N·m/r/min)	500/3500	700/2250~4500
压缩比	12.5	10.5
燃料/ROZ	98	98
NEFZ循环 CO_2 排放/(g/km)	329~358	358
排放标准	欧4	欧4
最大平均压力/bar	13	18.2
最大喷射压力/bar	120	120

图8.25 4.8L V8汽油机主要参数

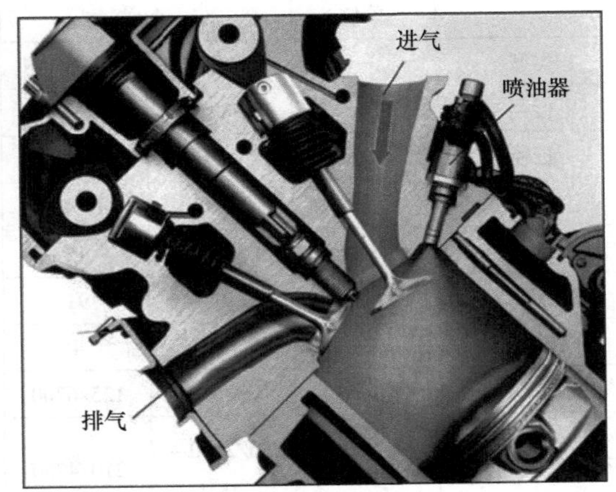

图8.26 燃烧室剖面图（来源：MTZ）

活塞表面的凹坑有助于起动和催化器加热阶段混合气的形成。为了支持混合气制备，使得进气通道的设计可以产生滚流。

“均质”和“分层”运行策略均通过喷射正时进行控制。在均质运行时，在进气行程中进行单次或双次喷射；在分层运行时，在点火上止点前不久喷射。发动机起动后，在进气行程和压缩行程进行双喷射，这是一种快速加热催化器的方式。

两种发动机的功率和转矩特性如图8.27所示。

（8）宝马四缸和六缸汽油机自然吸气分层燃烧方法[7]

与不存在空气－燃料混合气的局部梯度的均匀混合物相反，在具有分层充气的方法的情况下会产生关于气缸充气的不均匀性现象。自2007年开始批量生产的自然吸气发动机配备了喷雾引导的燃烧过程，这有助于降低欧洲行驶循环和实际行驶中的燃料消耗。这两种机型使用了第二代直接喷射，称为高精度喷射（High Precision Injection）。

发动机的基础一方面是六缸发动机基于镁质曲轴箱，采用铝制嵌件；另一方面是四缸发动机采用铝制箱体。

外部EGR用于减少分层运行工况（燃烧）时的NO_x排放。

图8.28显示了六缸和四缸变型的主要发动机数据的一部分。

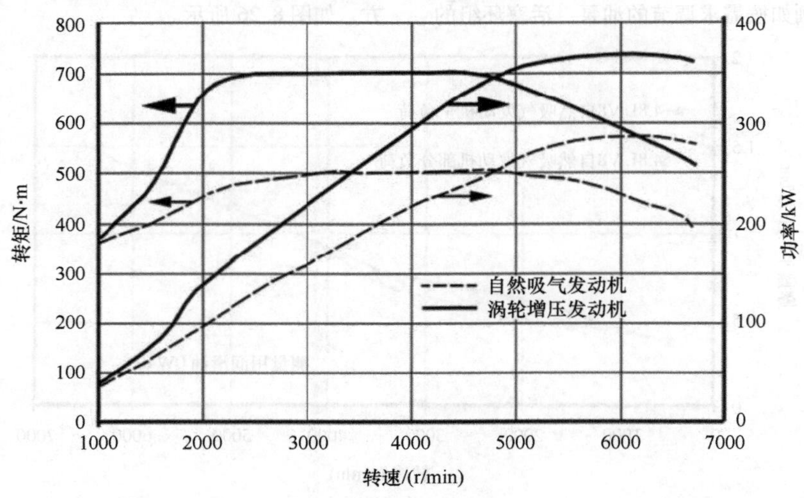

图8.27 转矩和功率（来源：MTZ）

	单位	直列	
类型	—	六缸发动机	四缸发动机
行程	mm	88	90
缸径	mm	85	84
排量	dm^3	2.996	1.995
压缩比	—	12	12
缸距	mm	91	91
每缸气门数	—	4	4
有效功率/转速	kW/r/min	200/6700	125/6700
有效转矩/转速	N·m/r/min	320/2750～3000	210/4250
排放标准	—	欧4	欧4
配气机构	—	滚柱摇臂/双VANOS	

图8.28 宝马分层充气汽油机的参数（摘录）

喷射系统采用系统压力为5bar的常规低压单元和喷射压力为200bar的高压部分。喷油器设计成产生空心锥形形式的喷射射束。热补偿器确保在喷油器的所有工作温度下针头升程保持恒定。针头的快速打开和关闭使随后的喷射脉冲能够立即一个接一个地喷射。

喷油器相对于燃烧室位于中央，略微向进气侧倾斜。稍微向另一侧倾斜的火花塞直接安置在喷油器旁边。其电极到达具有可点燃成分的空气－燃料混合气的再循环区域。活塞凹坑的设计使得活塞顶在分层充气期间不会被弄湿。活塞顶仅最低限度地润湿。这些都是以最少的HC排放运行的先提条件。

由于本燃烧过程不需要明显的滚流，因此进气通道设计为充气通道。

燃烧室的剖面如图8.29所示。

分层运行允许在部分负荷区域进行质调节。这意味着在部分负荷的大范围内可以省去节气门调节，从而可以减少换气损失。

在射束引导的燃烧过程中必须特别注意点火系

统。由于火花塞位于喷雾附近的射束边缘，承受高的温度变化和沉积物的载荷。因此，使用具有高自洁能力的表面放电火花塞。

废气后处理必须对 $\lambda=1$ 附近的过量空气系数和稀混合气都有效。这是通过靠近发动机的一个三元催化器和两个 NO_x 存储式催化器来实现的。

运行策略规定，在催化器加热后，一个均质运行的预热阶段。其次是燃料消耗最低的分层运行，它覆盖了欧洲行驶循环的大部分区域。分层运行仅因 NO_x 存储的再生而短暂中断。

图 8.30 显示了 3L 六缸发动机的运行参数和燃料消耗特性场。

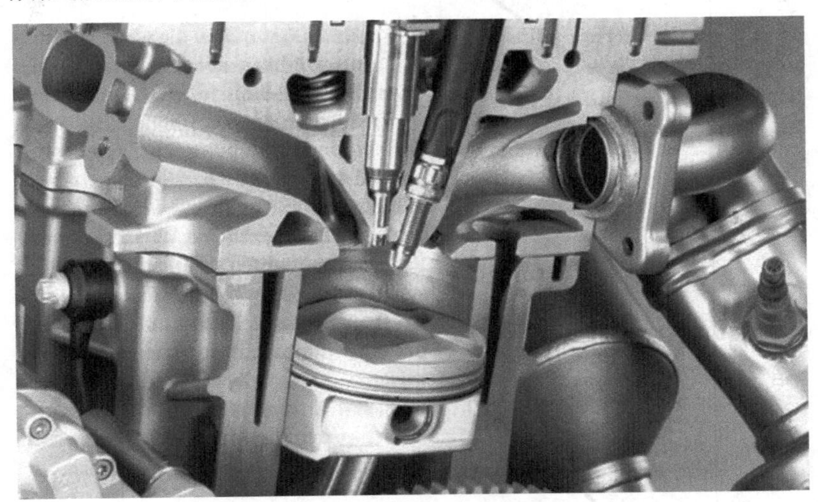

图 8.29 燃烧室剖面（来源：MTZ）

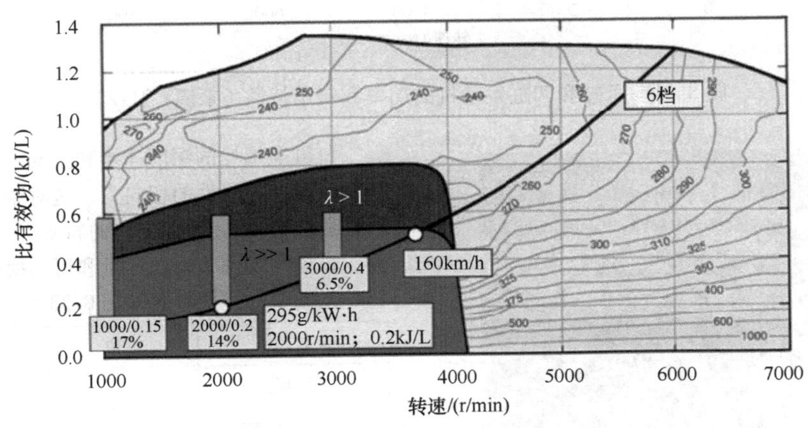

图 8.30 3L 六缸发动机的运行参数和燃料消耗特性场

该图清楚地显示了分层充气过程在较低的部分负荷下的消耗优势。在 2000r/min 的运行工况点和 0.2kJ/dm^{3}的比功下，比燃料消耗仅为 295g/kW · h。

六缸和四缸发动机的功率和转矩特性如图 8.31 所示。

（9）梅赛德斯奔驰四缸柴油机[8,9]

2007 年量产的发动机的核心研发目标是：

- 在更好的行驶功率下降低燃料消耗。
- 比上一代机型的功率和转矩有所提高。
- 欧 5 排放水平和具有欧 6 潜力。
- 发动机方案设计适用于纵置和横置。
- 结构部件优化和标准化。

基于一个基础的方案设计，发动机应该可以根据需要通过附加模块进行扩展。基础发动机的一个特点是凸轮轴驱动装置在变速器侧的布置，出于外形尺寸的原因，这是必要的，如图 8.32 所示。

凸轮轴驱动是齿轮和链传动的组合，这导致发动机长度变短。

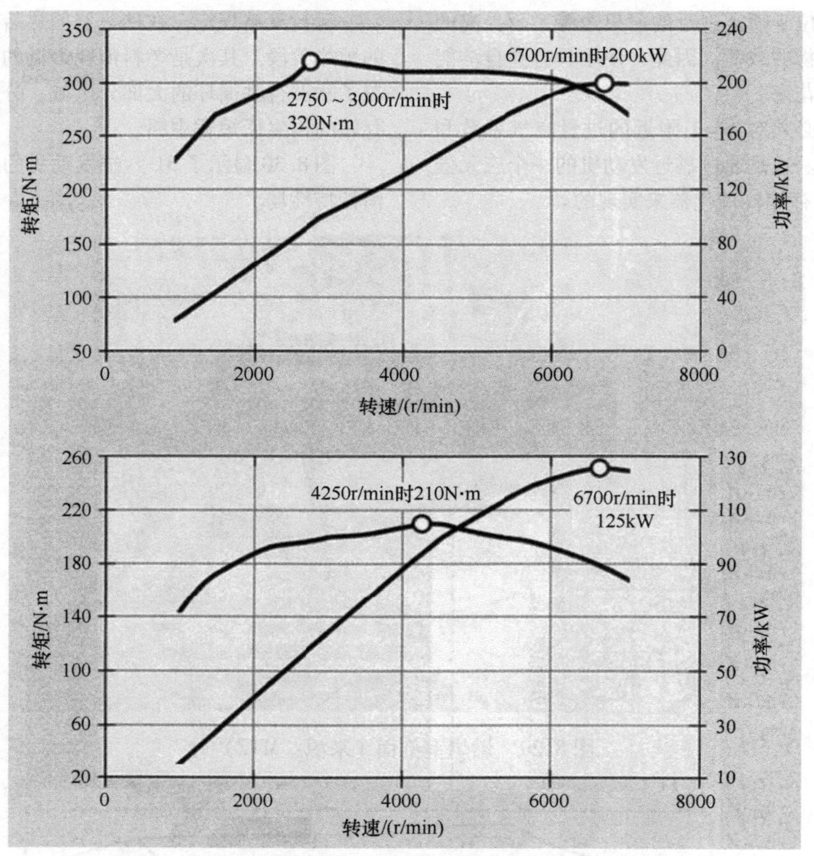

图8.31　六缸和四缸发动机的功率和转矩特性（来源：MTZ）

图8.32　四缸柴油机的凸轮轴驱动

气缸盖螺栓的深度连接和缸套的相关尺寸稳定性降低了活塞环组件的切向力，这对摩擦损失产生了积极的影响作用。其他有利的特点是：优化润滑油油路，根据需要调节输送容量和可切换的活塞冷却。

发动机的主要参数如图8.33所示。

名称	单位	参数
结构形式	—	直列四缸
每缸气门数	—	4
排量	cm^3	2143
缸距	mm	94
行程	mm	99
缸径	mm	83
连杆长度	mm	143.55
最大爆发压力	bar	200
增压度	bar	3
边缘宽度	mm	11

图8.33　发动机主要参数

名称	单位	参数
气门夹角	°	6
额定功率/转速	kW/r/min	150/4200
最大转矩/转速	N · m/r/min	500/1600 ~1800
压缩比	—	16.2
最大平均有效压力	bar	29.33
排放标准	—	欧5
升功率	kW/L	70

图 8.33 发动机主要参数（续）

该发动机配备两级增压，一个高压和一个低压废气涡轮增压器。在压气机旁路中设置了一个可切换的挡板，它在高功率范围内打开一条平行的空气路径。这可以减少压力损失并避免高压增压器的过载。具有高的冷却功率的空 - 空中冷器是所需的比功率的必要的先决条件。

该发动机采用冷却 EGR，其中，再循环的废气通过 EGR 预冷器和 EGR 主冷却器冷却。废气可以冷却或未冷却的空气流通过旁路送入发动机中。

喷射系统的主要特点是：

- 共轨系统，2000bar 的喷油压力。
- 每次总喷射中的最多五个喷射过程。

吸入节流的高压泵的使用使输入到燃料中的热量保持在较低水平，从而可以省去燃料的冷却。在首次使用的、直接操控的压电喷油器中实现了直接阀针控制。与伺服喷油器相比的优点是：例如，可以实现更多的燃料容积以及系统无泄漏的事实。总体而言，这导致多次喷射中更好的可调节性和独立于共轨压力的喷射率。

该发动机符合于 2009 年 9 月开始实施的欧 5 排放标准。在没有主动 NO_x 废气后处理的情况下遵循限制值要求。

应用热管理的一个目标是防止冷却液循环流动，以便在冷起动后尽可能快地加热燃烧室，以便于可以减少 CO 和 HC 的原始排放。

作为热管理的一部分，将冷却液温度调节到最高 70℃的值也可以减少 NO_x 排放。

C250 CDI 与车辆相结合，在 NEDC 循环试验时，发动机的燃料消耗为 5.2L/100km。图 8.34 显示了功率和转矩随转速变化的过程。

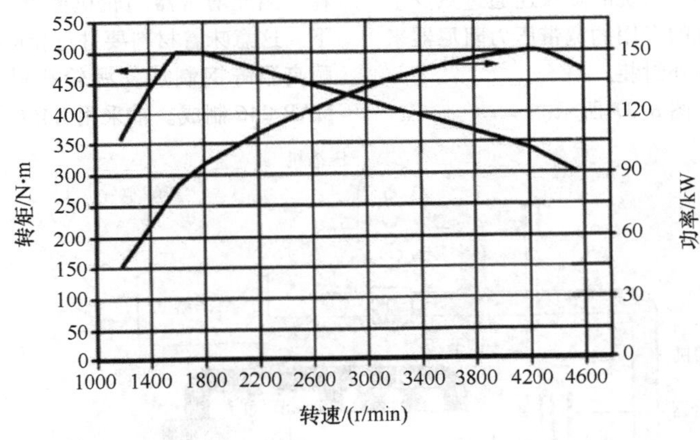

图 8.34 四缸柴油机的功率和转矩特性曲线

（10）大众汽车公司的直喷和双增压汽油机

排量为 1.4L 的涡轮增压火花点火（Turbo Spark Ignition（TSI））的功率为 125kW。它代表了直喷、小型化和双增压的组合，最重要的发动机数据如图 8.35 所示。

名称	参数
气缸数	4
缸距/mm	82
排量/dm^3	1.39
行程/mm	75.6
缸径/mm	76.5

图 8.35 发动机主要参数

名称	参数
压缩比	10
功率/转速/(kW/r/min)	125/6600
转矩/转速/(N · m/r/min)	240/1750
最大增压压力/bar，绝对压力	2.5
最大平均有效压力/bar	21.6
燃料消耗/(L/100km)	7.2

图 8.35 发动机主要参数（续）

低速下的高转矩和转矩随转速的变化主要通过使用两个增压系统来确定：一个机械增压和一个废气涡

轮增压。废气涡轮增压器旨在实现最佳效率，但在废气流量较低时不能单独提供必要的增压压力。对此，用于机械增压的压缩机可以通过电磁离合器接入。从一个确定的转矩要求起，它会持续使用，在大约3500r/min时它会关闭。压缩机设计为罗茨式压气机，有一个内部变速级。与曲轴相关的总传动比为$i = 0.2$。

压缩机的工作范围如图8.36所示。

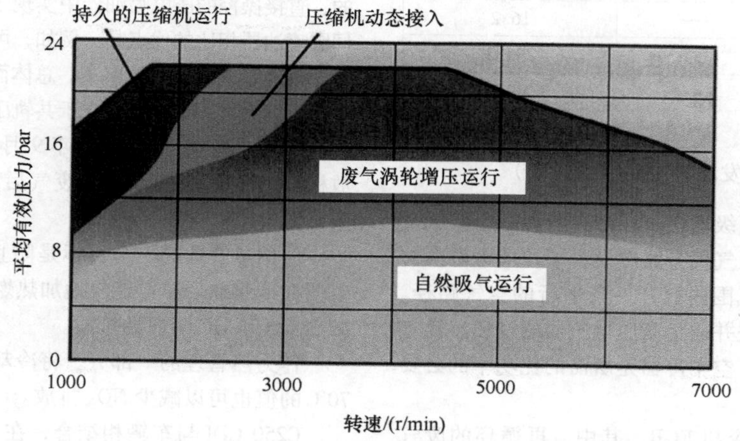

图8.36　机械增压器特性场

压缩机通过水泵由五槽多楔带驱动。除了压缩机机构的声学优化外，压缩机系统的降噪还通过减少空气脉动和入口处和出口处的专用的宽带压力阻尼器来实现。压缩机和阻尼器额外封装。

空气和废气的气路如图8.37所示。

由于没有使用加浓来降低热负荷以降低燃料消耗，因此增压器涡轮机侧暴露在高达1050℃的温度下。这意味着材料要进行相应的匹配。涡轮机壳体由耐高温铸钢制成，涡轮机叶轮由高耐热的镍合金MAR 246制成。轴采用X45CrSi9.3材料。

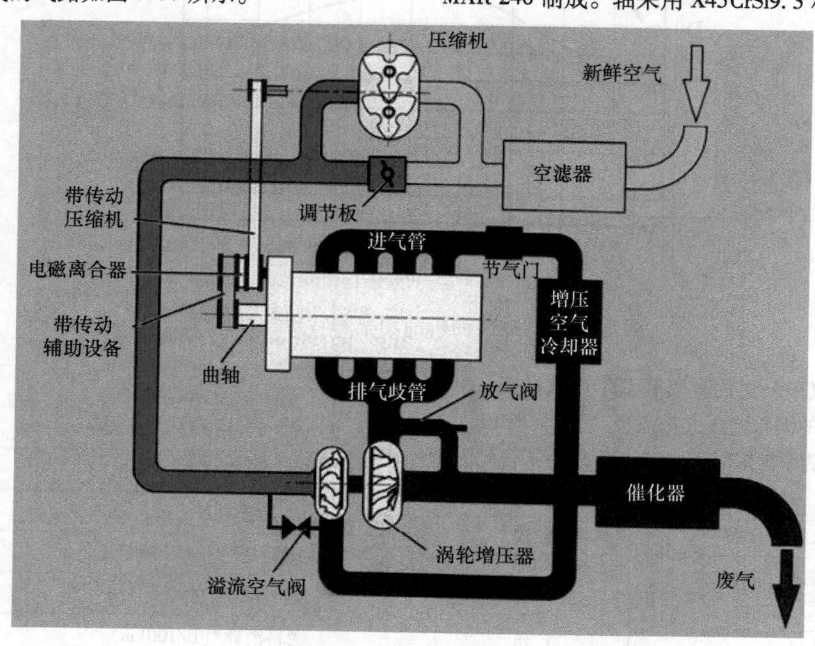

图8.37　空气和废气的气路（来源：MTZ）

废气涡轮增压器的水冷连接在发动机冷却系统中。发动机关闭后，冷却液后运转泵用于冷却废气涡轮增压器。

平均壁厚为3mm的GG气缸曲轴箱设计为深裙箱

(Deep-Skirt)，重量为29kg。开放式盖板（Open-Deck）结构特别适用于此处所使用的双回路冷却（缸盖和缸体分开），并在气缸套筒变形方面具有优势。

与灰口铸铁制成的曲轴相比，钢制曲轴具有更高的弹性模量和更高的刚度，因此对整体声学效果做出了贡献。

铸造活塞的活塞重量为238g。具有用于引导流动的边缘的活塞凹坑需要机加工。为了适应目标120bar的点火压力，活塞销直径必须从17mm提高到19mm。

润滑油油泵和燃油高压泵已适应更大的质量流量要求。

借助于增压空气冷却器，进气空气可再冷却至高于环境温度5℃。

汽油直喷发动机的燃烧室设计为带有中央火花塞布置的顶式燃烧室。与扁平的活塞凹坑结合使用，压缩比可达到10。充气运动挡板在低速范围内将进气通道关闭一半，从而增加充气运动。从2800r/min起，挡板打开进气通道的整个横截面。

为了减少冷起动排放，催化器通过双喷射加热（在进气阶段和点火上止点前）。喷油器设计为多孔高压喷油器，位于进气侧，有六个出油孔。怠速时的喷射压力为60bar，全负荷时最高为150bar。

除其他外，上述的小型化概念的措施导致在特性场中大范围的燃料消耗降低，如图8.38所示。

发动机的功率和转矩特性如图8.39所示。

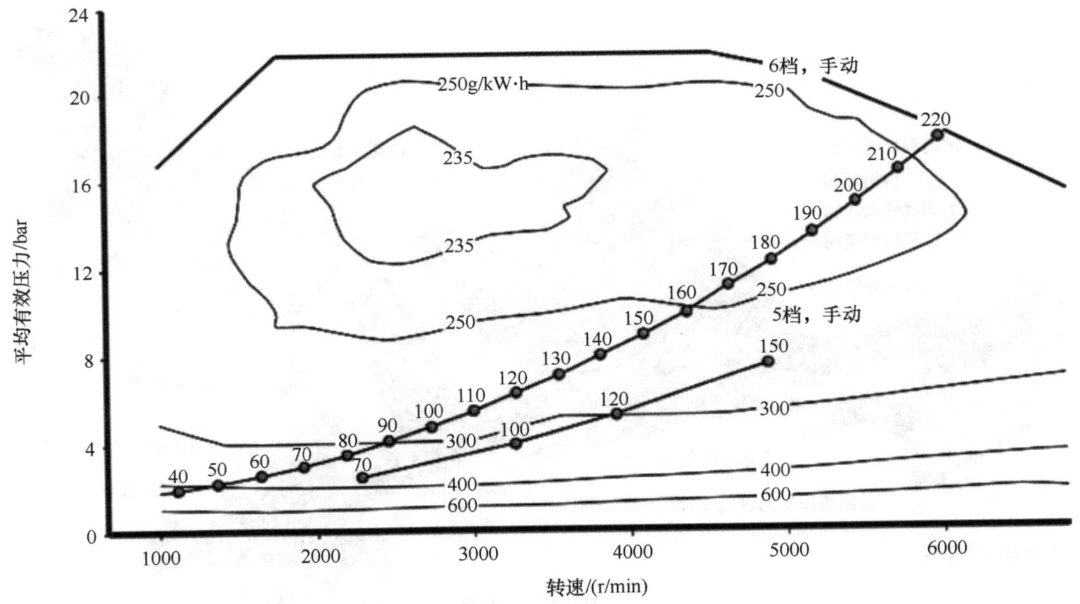

图8.38 燃料消耗特性场（来源：MTZ）

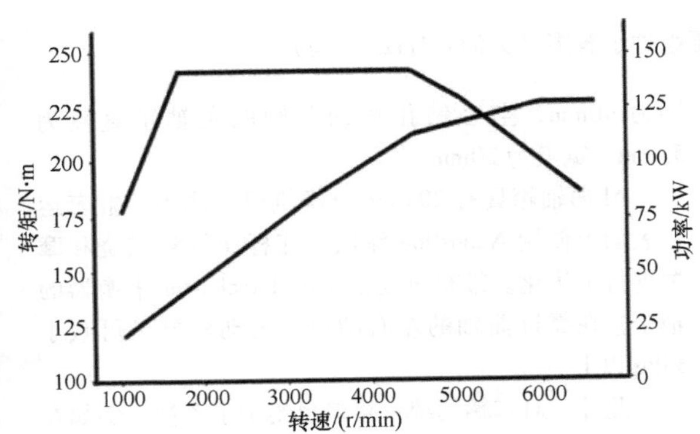

图8.39 功率和转矩曲线（来源：MTZ）

从2008年起，将提供配备两个废气涡轮增压器和90kW的1.4L TSI发动机，增压器布置在上述设备单元之下。计划在2009年底推出1.2L TSI发动机，这代表着朝着小型化方向又迈出了一步。

(11) 奥迪V8 TDI发动机

主要尺寸和基本特性参数见图8.40。

新型V8发动机功率为320kW，从1000r/min起最大转矩已为900N·m。

除其他外，通过使用电驱动压气机和分动涡轮增压是可能的。分动切换直接与相应的排气门相耦合。每个气缸的第一个排气门将废气引导至所谓的“主动”废气涡轮增压器。此时，第二个排气门，由此

名称	参数
结构形式	90°V 角的 V8 发动机
排量/dm^3	3.956
行程/mm	91.4
缸径/mm	83
压缩比	16
缸距/mm	90
连杆长度/mm	160.5
点火次序	1-5-4-8-6-3-7-2
额定功率/转速/(kW/r/min)	320/3750～5000
最大转矩/转速/(N·m/r/min)	900/1000～3250
排放等级	欧 6
质量/kg	266.5

图 8.40　V8 TDI 双涡轮增压发动机的特征值

引导到第二个涡轮机，即所谓的被动废气涡轮增压器，处于关闭状态。从 2200r/min 开始，通过在每种情况下打开第二个排气门，使来自第二个排气门的废气逐渐进入到被动涡轮增压器的分开的供气管路中。最高排气温度为 800℃。两个废气涡轮增压器都配备了可变涡轮几何截面。

V8 发动机的增压组件如图 8.41 所示。

电驱动压气机的功耗为 7kW，启动时间为 250ms，这有助于快速建立起转矩。最大增压压力为 3.4bar。

当仅使用一个涡轮增压器运行时，通过两个进气门和一个排气门进行气体交换。

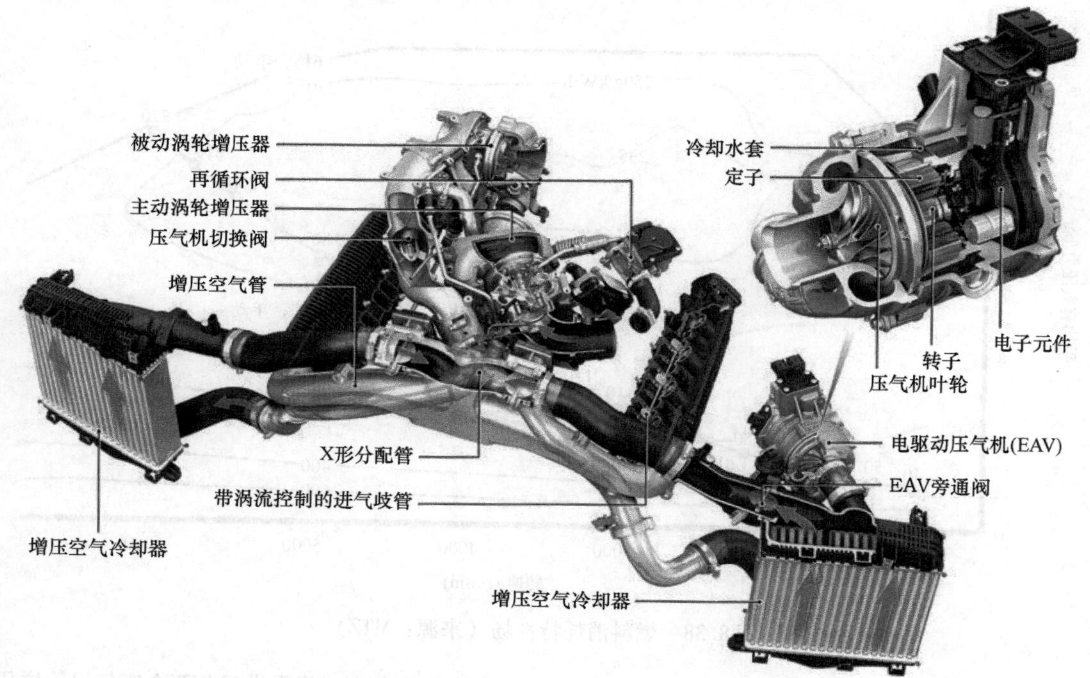

图 8.41　双涡轮增压 V8 发动机增压组件示意图（来源：MTZ/宝马）

废气后处理必须应对 1600kg/h 的废气质量流量。废气后处理包含一个容积为 5L 和带 SCR 涂层的柴油机颗粒过滤器以及一个容积约为 2.5L 的 NO_x 氧化催化器。由此可以在不同的温度范围内实现优化的 NO_x 还原。

喷射系统是带具有 2500bar 的共轨和压电式喷油器。比燃料消耗如图 8.42 所示。

（12）奔驰 OM654 的新柴油机系列

新开发的一些确定的主要参数是单个气缸排量接近 $500cm^3$，缸径为 82mm，行程为 92.3mm，气缸间距为 90mm，空心钻孔锻钢曲轴的主轴承直径为 55mm，宽度为 20mm。

Al 曲轴箱具有 205bar 的峰值压力能力，缸套运行表面上使用 Nanoslide 涂层。连杆比针对燃烧和摩擦进行了优化。带有滚柱轴承的 Lanchaster 平衡器的轴布置在靠近曲轴的左右两侧。发动机质量可减小 35kg 以上。

此外，对车辆的统一接口也给予了关注，例如在显著减少排气系统变体的数量、排气系统靠近发动机的布置以及与车辆的统一介质接口方面的优势。

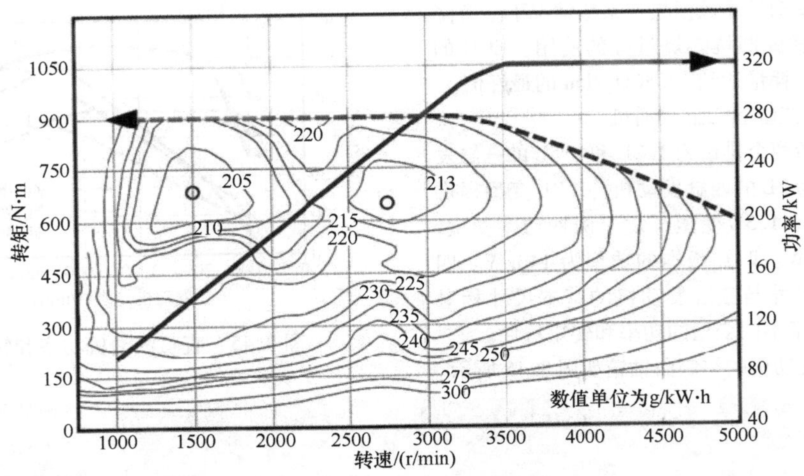

图 8.42 比燃料消耗（来源：MTZ/BMW）

使用由 42CrMo4 制成的、带有阶梯凹槽的锻造和焊接钢活塞，这最大限度地减少了喷射射束未能覆盖的死区体积，从而可以更好地利用空气并由此更多地降低颗粒排放。

更高的燃烧速率、气缸盖更均匀的温度分布和更低的壁面热损失是有助于提高效率的进一步优势。

图 8.43 显示了带有阶梯状凹槽的钢制活塞。

图 8.43 带有阶梯状凹槽的钢制活塞（来源：戴姆勒公司）

实现低的原始排放的一个要素是使用的多路 EGR 系统，它由两条 EGR 路径组成。高压和低压 EGR 的两个系统均进行冷却。所需的压降是通过一个排气阀来实现的。

整个废气后处理方案设计旨在满足未来的排放法规（WLTP 和 RDE）。排气系统由各种用于废气后处理的单独模块所组成，其中主要包括：一个氧化催化器、一个 SCR 涂层的颗粒过滤器和一个 SCR 催化器。涂有 SCR 的颗粒过滤器可在低的废气温度下有效地减少 NO_x。直接置于其后面的 SCR 催化器可确保在高负荷范围内实现最佳转化率。AbBlue 蒸发和混合器概念具有极高的 NH_3 均匀分布，通过大的催化器截面可确保高的 NO_x 转化率。因此可以省略 NH_3 阻隔催化器。

图 8.44 显示了功率和转矩随速度变化的曲线。

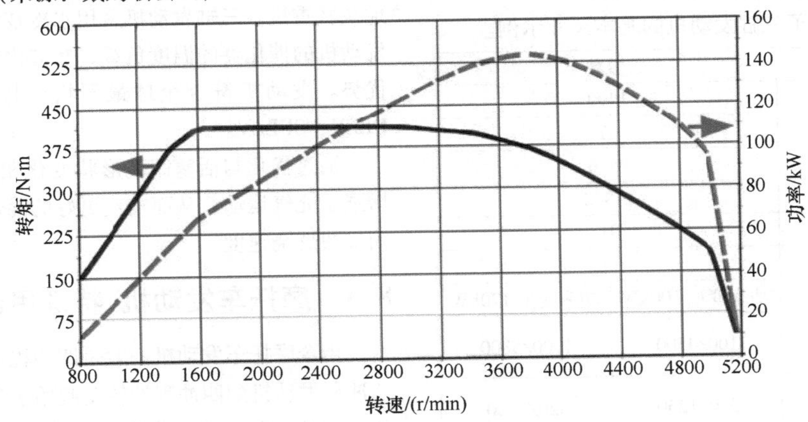

图 8.44 2L 柴油机功率和转矩特性

重量减轻、发动机摩擦损失在某些情况下显著降低 30% 以上、阶梯式凹坑燃烧过程的使用、EGR 的改进等导致燃料消耗量达到 102gCO_2/km 的最好值。

（13）宝马的三缸和四缸汽油机

这些变型包括两个排量为 1. 2L 和 1. 5L 的三缸发动机和一个排量为 2L 的四缸发动机。1. 2L 变型提供 75kW 的额定功率；1. 5L 变型开发了两种功率变型，即 100kW 和 170kW。四缸版本的功率为 140kW。四缸发动机的基本尺寸与三缸发动机的基本尺寸相对应。图 8. 45 显示了不同变型的功率和转矩特性。

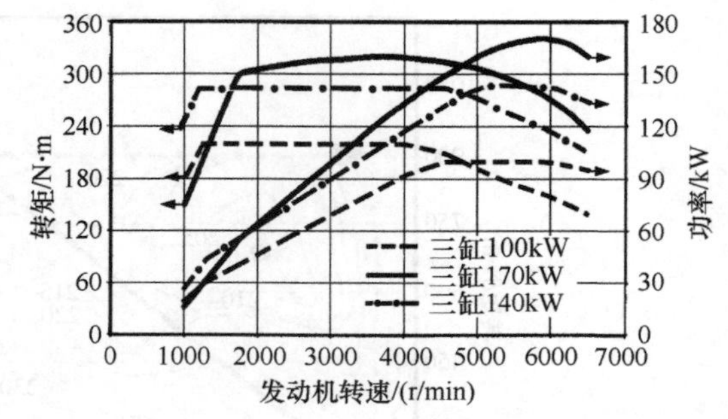

图 8. 45　直喷汽油机功率和转矩特性

三缸和四缸发动机的铝制曲轴箱如图 8. 46 所示。

图 8. 46　用于三缸和四缸发动机的铝制曲轴箱（来源：MTZ/BMW）

缸套的非常耐磨的涂层为 0. 3mm 厚，可促进热量散入到冷却液中。在三缸发动机中，一阶自由惯性矩由安装在发动机缸体中的平衡轴来吸收。在四缸发动机中，二阶往复运动质量力由两个平衡轴来补偿。在这两种变型中，平衡轴都采用滚子轴承。

图 8. 47 显示了三缸发动机的基本尺寸示例。

名称	参数	
排量/cm^3	1499	
缸径/mm	82	
行程/mm	94. 6	
连杆长度/mm	148. 2	
缸距/mm	91	
压缩比	11	
	功率变型 100kW	功率变型 170kW
最大功率/转速/(kW/r/min)	100/4500	1700/5800
最大转矩/转速/(N · m/r/min)	220/1250	320/3500
最大比功/(kJ/L)	1. 82	2. 35

图 8. 47　宝马三缸和四缸发动机的数据

所有变型都配备了废气涡轮增压，其中使用了带集成排气歧管的所谓双涡旋涡轮增压模块。这保证了流向涡轮机叶轮的废气流的分离，从而在低转速下产生高转矩。由铝制成的水冷式废气涡轮增压器可显著地减轻重量。三缸发动机采用水冷歧管，降低了靠近发动机的催化器的温度负载，在催化器老化方面具有优势。发动机符合全球最严格的排放标准：欧 6、ULEV、SULEV。

通过优化与活塞凹坑形状变化相关的燃烧过程，增强了充气运动，从而实现更好的混合气均匀化，从而加快燃烧速度。

8. 3　摩托车发动机/特殊用途发动机

当今摩托车发动机一般是四冲程发动机。这个从二冲程发动机到四冲程的转变起始于 20 世纪 80 年代初。而场地摩托车（非道路）像越野摩托以及耐力赛和特殊用途摩托车（图 8. 48）仍使用二冲程发动机。

图 8.48 Beta 发动机试验车

8.3.1 道路用摩托车

与公路和越野赛车发动机相比，用于街头合法摩托车（On road）的发动机必须耐用、低振动、低维护、价廉物美且可回收。此外，它们还必须满足日益严格的法律准则。因此，它们不能纯粹从功率的角度来设计，见图 8.49。

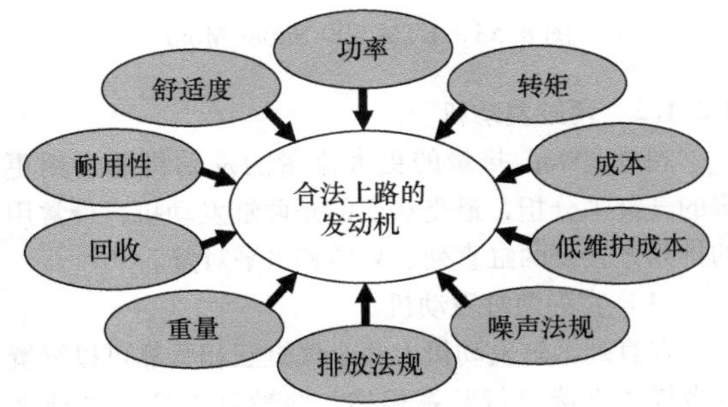

图 8.49 影响摩托车发动机的主要因素

在摩托车发动机的制造历史上，有很多种往复式发动机的结构形式，从单缸到八缸都有。总的范围内的大部分由一缸、两缸和四缸发动机所覆盖。它们在性能方面都有其特定的优势和魅力。由于非常不同的自由质量力和力矩以及点火间隔，它们也具有非常独特的振动和声音特性。将这些力从发动机引入到车架的重要性在摩托车中比在汽车中要大得多，因为与在汽车中不同，发动机通常作为承重元件用螺栓刚性地连接到车架上。此外，一些发动机还必须容纳底盘元件，例如摆臂支承。

8.3.1.1 单缸发动机

单缸发动机是最简单的结构形式，仍然在很多轻型车辆应用，见图 8.50。

图 8.50 单缸发动机的润滑油油路
1—油筛 2—压力泵 3—粗滤器 4—减压阀
5—摇臂轴 6—变速器 7—离合器
8—喷油器 9—细滤器 10—曲轴

典型的代表是耐力赛车辆和超级机车。排量限制在 800mL 左右，因为增加的排量会使曲轴连杆机构和配气机构的零部件的移动部分的质量不成比例地加重，这样就限制了可达到的转速和比功率。

此外，大的气缸排量会使燃烧特性变得更加困难。具有不合适的体积 - 表面积比的扁平式燃烧室在低速范围内的低负荷下对着火阶段提出了越来越高的要求。对于 $\lambda = 1$ 的混合气以及大量的内部残余气体，由于高的升功率而所需的气门重叠横截面，这不可避免地占据着主导地位，清洁的混合气制备和火花塞的准确位置必须确保混合气可靠点燃并足够快地燃烧。

否则，尽管欧 3 要求使用催化器，但也不能降低废气限制，并且驾驶性能会受到很大影响。这表现在以恒定速度行驶和负载变化情况下的抖动，在推力滑行阶段后硬重启燃烧可能会阻碍“干净”的曲线，尤其是在小半径（Alpen 弯道）的弯道中。

在舒适性上，大的单缸发动机自然是有难度的。为了使 600cm³ 以上的发动机在 8000r/min 的转速下更加舒适，如今经常安装平衡轴，以减少一阶惯性力。然而，平衡轴带来了重量上的缺陷，最重要的是不合适的飞轮质量，这会恶化响应的自发性，见图 8.51、图 8.52 和图 8.53。

图 8.51　KTM 690

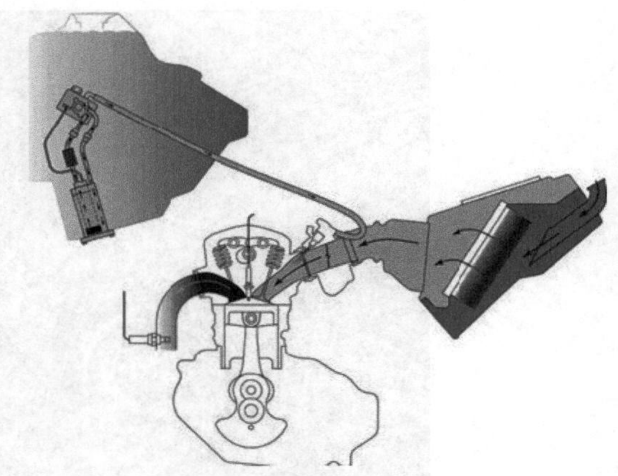

图 8.52　喷射原理

图 8.53　KTM 690 Super Moto

8.3.1.2　两缸发动机

超过 800mL 排量的更大排量的发动机通常用更多的气缸来分担，最受欢迎的是两缸发动机，最常用的排列方式是两缸直列、V 形和水平对置。

（1）直列两缸发动机

在直列两缸发动机上两个气缸互相紧靠可以纵置或者横置直接与行驶系相连。曲轴可以是 180°或者 360°的点火间隔，这意味着两缸活塞可以相反或者相同方向移动。

这带来了各自的惯性力和异响。在 180°的系列中，一阶惯性力是平衡的，但是有二阶惯性力和一阶惯性力矩。而 360°的系列中有一阶和二阶惯性力，但是没有自由惯性矩，如图 8.54 所示。

直列发动机的优点是结构简单，零件数量少，性价比很高。整体式气缸盖和气缸体以及共用的气门控制限制了重量和发生摩擦的位置。排气歧管和进气歧管的相同冷却条件导致气缸燃烧非常相似。

当今这种结构形式的代表是 BMW F800 和 MZ 1000SF，见图 8.55 和图 8.56。

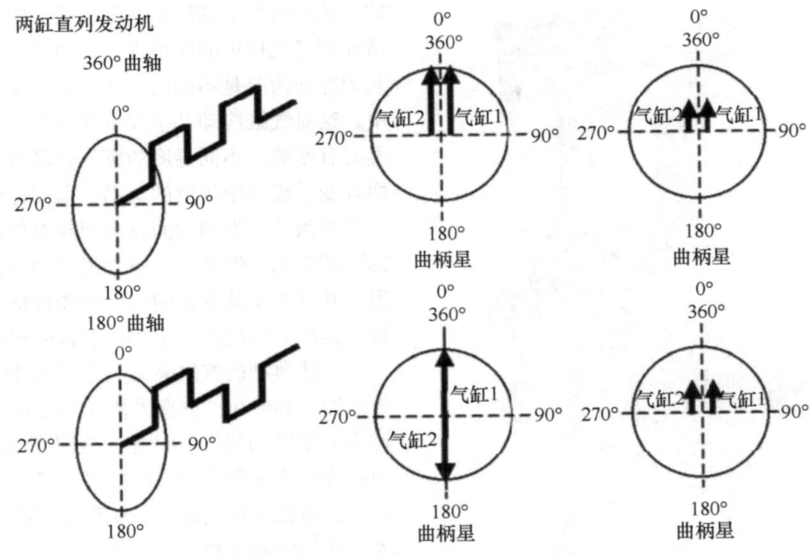

图 8.54 直列两缸发动机惯性力（360°/180°曲轴）

图 8.55 宝马两缸直列发动机 F800

Rotax 开发的 F800 发动机具有平行双缸的 360°曲轴。为了仍然满足当今对舒适性的要求，发动机中使用了一种相当不寻常的质量平衡概念。两缸之间设置平衡连杆，平衡连杆与气缸轴线成直角安装并支撑在发动机壳体内的平衡摇臂上。运动学是如此设计的：平衡摇臂沿与两个发动机连杆相反的方向运动。在长的摇杆的引导下，实现了平衡连杆小眼几乎笔直地上下运动，一阶自由惯性力完全平衡，二阶自由惯性力平衡 70%。见图 8.57 和图 8.58。

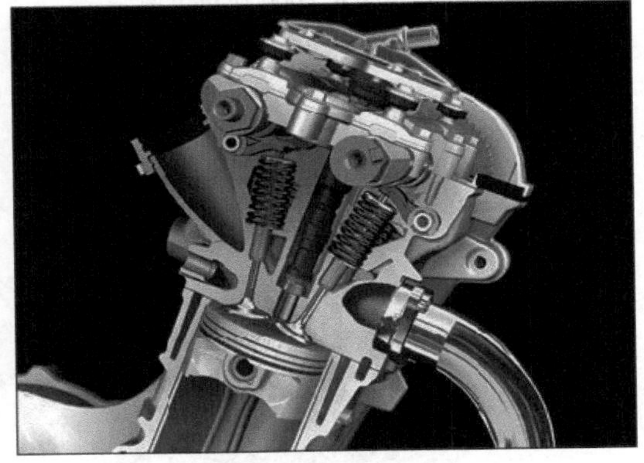

图 8.56 BMW F800 气缸盖

（2）V2 发动机

在两缸 V 形发动机中，两个单独的气缸互相错位交叉排布在一个曲轴箱内，这个 V 形的角度可以从 45°到 180°。通常，连杆在一个整体式的曲轴销上，所以发动机宽度比直列发动机更狭长。

气缸夹角的选择主要是依赖于行程/缸径比、结构和发动机的应用目的。在 V 角小于 90°时，会随着角度的变小发动机长度变小，高度会略有升高。因此，短轮距的摩托车，发动机首选小的夹角。然而，减小气缸夹角会受到结构方面的限制。为了能够排除角撑板区域的活塞之间的接触，在较小的气缸角度时必须使用较长的气缸和连杆。一方面，这会使移动质量提升，从而影响可达到的转速和发动机负载。另一方面，发动机的整体高度和整体长度增加，这反过来

图 8.57　BMW F800 质量平衡

图 8.58　BMW F800 曲轴连杆机构

又影响了油箱和空气箱的结构空间。因此，必须始终寻求妥协的解决方案。

所有的 V 形发动机都表现出一阶惯性力和二阶惯性力。夹角为 90°的 V 形发动机因此受到青睐，因为惯性力通过平衡块完全平衡。此外，仅仅存在惯性矩，因为连杆在曲轴销上，因此和气缸轴有一个错位。惯性力试图围绕连杆之间的中心旋转发动机。由于连杆中心之间的距离很小，所有 V 形发动机中存在的自由惯性矩也很小。

V 形发动机需要为每个气缸盖配备单独的凸轮轴，从而增加了制造成本和重量。附加的支承点也会增加配气机构中的摩擦损失。两个气缸通过行驶风引起的冷却情况是不同的。在当今主要为水冷的发动机中，这对气缸冷却几乎没有任何影响，但对排气冷却确实有影响。不同温度的废气也具有不同的声速，从而改变了废气中的波的运动，因而导致了不平等的气体交换条件。不均匀的点火间隔对气体交换也有轻微的不利影响，但会产生非常悦耳的声音。出于这个原因，并且由于其令人愉悦的性能特征，V 形发动机尽管有其固有的缺点，但仍然非常受欢迎。

一些典型的气缸夹角与发动机制造厂密切相关。杜卡迪（Ducati）一直采用 90°的夹角，并将发动机称为 L 形发动机。一开始，发动机是风冷的，90°夹角对冷却情况很有利。长的发动机长度不是很大的缺点，因为杜卡迪当时为了获得更好的行驶稳定性而偏爱长的轮距和大脚轮。在当今的超级摩托车车型中，在向水冷和四气门技术过渡期间这个气缸角度也会得以保留。

典型的杜卡迪双缸的另一个特征是气门的强制控制（Desmodromik），它通过关闭凸轮实现非常高的气门加速度，从而可以实现非常高的气缸充气。然而，由于配气机构零部件的材料改进，与传统的配气机构相比的优势变得非常小。尽管如此，配备 Testastretta 气缸盖的水冷杜卡迪 L - Twin 的升功率为 140PS（1PS = 0.735kW）（999）或 150PS（999R），是两缸级别的标杆，见图 8.59 和图 8.60。

图 8.59　杜卡迪 90°V 形发动机

在设计 LC8 发动机时，KTM 决定采用 75°的 V 形发动机，因为它具有最大的紧凑性和较短的总长度。为了改善本来就比 90°夹角发动机系统性的更差的质量平衡，发动机配备了平衡轴。凭借其非常紧凑

图8.60 Moto Morini 87° V形发动机

的外部尺寸，这款发动机既适用于大型越野车型（Adventure、Super Enduro），也适用于纯街头行驶车型（Super Duke、Super Moto）。KTM还将在LC8发动机的排量加强的后续产品中保留75°夹角，该发动机应该会安装在Superbike RC8中，这将再次明显提升功率，见图8.61。

图8.61 KTM LC8 75°V形发动机

KTM LC8的特点是飞轮非常小且重量非常轻。其结果是相应地在操控和响应特性方面具有极高的敏捷性。在这里，KTM无疑是两缸发动机的标杆，见图8.62和图8.63。

对于大型四冲程车型，Aprilia使用Rotax的60°V形发动机，这是一种运转友好型发动机，甚至有两个平衡轴，一个在曲轴前面，一个在气缸盖上，见图8.64和图8.65。

图8.62 KTM 990 Super Duke

图8.63 KTM RC8

图8.64 60°V形发动机（Aprilia Mille）

一个最著名的V形发动机的代表是哈雷－戴维森（Harley－Davidson），保持45°夹角。

由于哈雷－戴维森拥有带有两个气门和侧进气系统的慢速长冲程发动机的悠久传统，因此必要的长连杆和大的整体高度并不是很有影响。由于所需的倾斜角较小，发动机可以放置在底盘深处。强烈的振动通过软的支承过滤掉。通过传动链工作的主驱动机构很有吸引力。两个下置式凸轮轴通过长推杆驱动气门，这仅允许较低的最高转速，见图8.66、图8.67和图8.68。

图 8.65　Aprilia Mille Factory

图 8.66　45°V 形发动机（哈雷－戴维森）主驱动机构

图 8.67　45°V 形发动机（哈雷－戴维森）推杆

一些制造商在气缸夹角小于 90°的发动机上使用曲柄销偏置来接近 90°夹角发动机的质量平衡和声音特性。这也很适用于某些发动机。然而，较大的曲柄销偏置也存在机械方面的风险。如果曲柄销的重叠尺寸不够大，则在高速下会发生曲轴断裂，见图 8.69。

（3）水平对置发动机

水平对置发动机是气缸在一个平面上对置的发动机结构。外置的活塞对位于中间的曲轴做功。与 V 形发动机最大的区别是，连杆不在一个共同的曲轴销中，而是各自独立，曲轴销偏移 180°，所以活塞对称地相互靠近和远离运动。

图 8.68　哈雷－戴维森 Softtail Deluxe

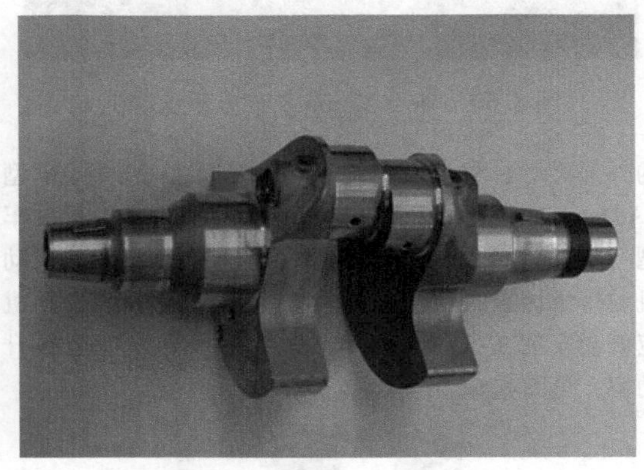

图 8.69　带曲柄销偏置的 V 形发动机曲轴

这种结构很早就已经存在了，因为没有自由惯性力存在而完全平衡。连杆的间距由于单独的曲轴销（经常在两个曲轴销之间有一个中间支承）远远大于 V 形发动机，这也带来了同样的大小的更大的自由惯性矩，这在两缸发动机上不能平衡，只有在六缸对置发动机（比如保时捷）上才可能平衡。在实践中两缸的水平对置发动机运行情况不如好的 V 形发动机。

水平对置发动机的最大捍卫者是宝马集团，几十年来一直推广风冷水平对置发动机，在转速和功率方面，宝马水平对置发动机总是受到推杆配气机构的限制，这也同样适用于当今在很多机型上投入应用的 1200cm^3 扩充型谱。通过减小移动的质量和专注于最大空气流量，现在还专注一种运动型变体，它首次实现了更高的转速，因此升功率可以达到 100PS/L，可以达到风冷量产发动机的极限。但是，这种运动型发动机的振动特性相比更稳重的发动机而言很不舒适，见图 8.70、图 8.71、图 8.72、图 8.73 和图 8.74。

图 8.70 宝马 R1200S

图 8.71 宝马对置发动机 R1200

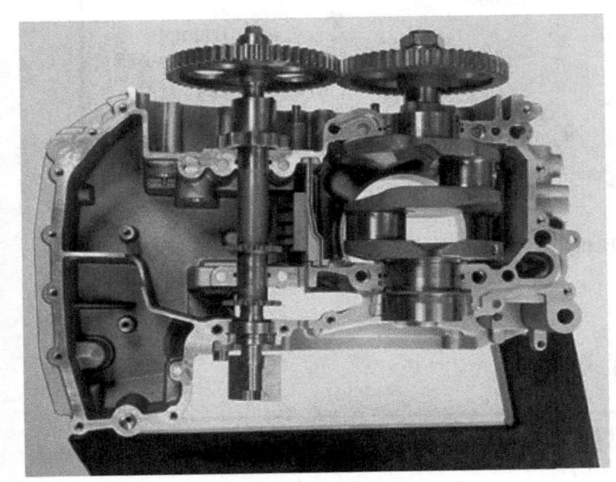

图 8.72 宝马 R1200S

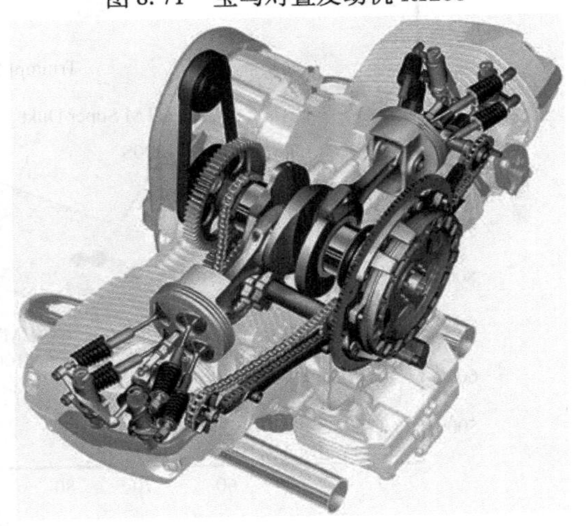

图 8.73 宝马对置发动机 R1200

结构形式	缸数	曲柄间隔	点火间隔	一阶惯性力	二阶惯性力	一阶惯性矩	二阶惯性矩
直列	1	—	720°	×	×	—	—
	2	180°	180°/540°	—	×	×	—
	2	360°	360°	×	×	—	—
	3	120°	240°/240°	—	—	×	×
	3	180°	360°/180°	—	×	—	—
	4	180°	180°/180°	—	×	—	—
	4	90°	90°/270°	—	—	×	×
	6	60°	120°/120°	—	—	—	—
对置	2	—	360°	—	—	—	×
	4	180°	180°/180°	—	—	—	×
	6	120°	120°/120°	—	—	—	—

图 8.74 不同结构形式的惯性力和惯性矩

结构形式	缸数	曲柄间隔	点火间隔	一阶惯性力	二阶惯性力	一阶惯性矩	二阶惯性矩
V形（90°）	2	—	270°/450°	× （用配重平衡）	—	非常小	非常小
	4	90°	270°/90°	× （用配重平衡）	—	非常小	非常小
	6	120°	150°/90°	—	—	×	×

图 8.74　不同结构形式的惯性力和惯性矩（续）

8.3.1.3　多缸发动机

由于更小的单缸排量和相关的更小的零部件移动质量，随着气缸数量的增加，可以实现更高的转速，见图 8.75。

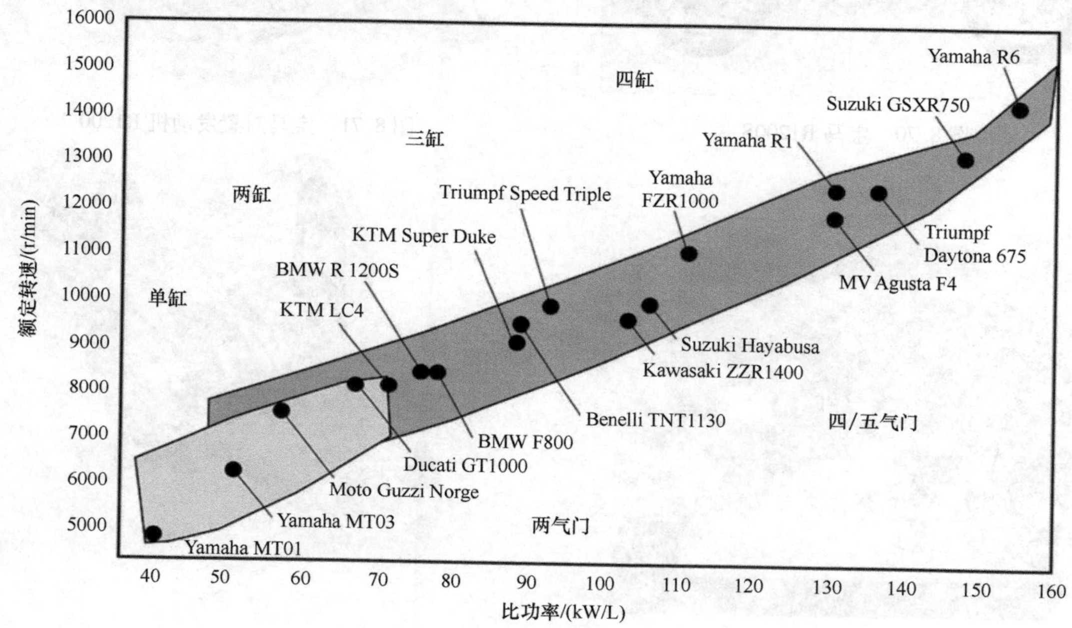

图 8.75　比功率

（1）三缸发动机

在三缸发动机中，曲轴设计原则上是不同的。例如，在20世纪70年代，Laverda 制造了一台带有180°偏置曲轴的三缸发动机。目前来自 Triumph 和 Benelli 的三缸发动机（图 8.76）以 120°的点火间隔工作。它们没有自由惯性力，因为它们总是通过活塞的相反运动来平衡。剩下的就是自由惯性矩，这是由于两个外缸围绕中心轴转动发动机而产生的。

由于运动质量比两缸的小，三缸可以达到稍高的转速。与四缸相比，更大的单缸排量改善了低速范围内的转矩特性，再加上悦耳的声音，形成了极具吸引力的发动机概念。

（2）四缸发动机

早在20世纪60年代，特别是日本的赛车制造商就认识到，只有通过提高转速，从而减小运动质量，

图 8.76　Benelli 1130 TNT

才能进一步提高功率。减小运动质量的唯一方法是增加气缸的数量。除了一些六缸和八缸的方案设计外，四缸被证明是一个非常好的折中方案。1968 年，本田（Honda）首次推出了量产的四缸直列发动机CB750。这款发动机极大地改变了摩托车世界。日本制造商近 40 年来一直在不断完善这一方案。今天，它们在功率、生产和耐用性方面已达到非常高的技术状态。

如今，600mL 的级别在高达 16000r/min 的转速下实现了超过 200PS/L 的升功率。同时，实现了50000 ~ 100000km 的运行时间，这使得四缸直列发动机成为目前最成功的方案。

与 V2 发动机一样，四缸发动机也可以实现各种方案设计（直列式、V 形、对置），在市场上都有代表作。

目前得到广泛应用的是四缸直列发动机，不论是运动版还是旅行版方案都有在应用。四缸直列发动机具有以下优点：

- 相对简单的制造 → 零件一致性强。
- 紧凑的、轻的发动机气缸体→小的质量。
- 短的、坚硬的曲轴 → 高转速。
- 相同条件的负荷转换范围 → 更高的功率。
- 安静的运行 → 更舒适。

除 GP1 发动机外，直到现在始终使用点火顺序为 1 – 3 – 4 – 2 或 1 – 2 – 4 – 3 的 180°曲轴，由此获得了 180°的均匀点火间隔，并且可以平衡一阶惯性力以及一阶和二阶惯性矩，只保留二阶惯性力，必要时可通过平衡轴进行平衡，见图 8.77。

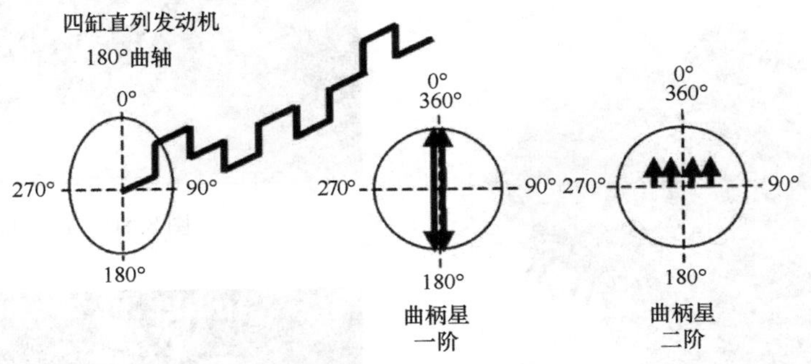

图 8.77　180°四缸曲轴曲柄星

另一种可能性是具有 90°偏移的非平面曲轴。在这里，一阶和二阶惯性力是完全平衡的，但确实会出现一阶和二阶惯性矩。尽管在惯性力方面具有优势，但这种结构形式已不再用于当今的量产发动机，其原因是气体交换的缺点和不均匀的点火间隔，这会导致更大的旋转不均匀性，从而产生更大的扭转振动激励，见图 8.78。

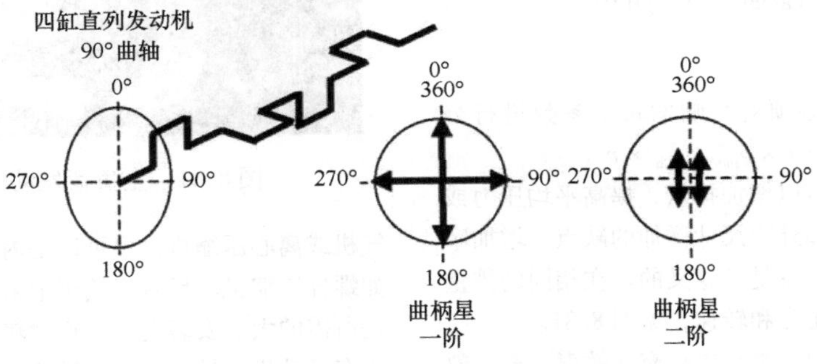

图 8.78　90°四缸曲轴曲柄星

如今的四缸直列发动机通过辅件和传动轴的巧妙布置，使得质量集中度高，轮距短，因此非常紧凑。现代材料和制造技术可使发动机曲轴箱非常轻。得益于紧凑型发动机，进气路径可以设计得非常直，并配备大型的空气箱。由于较小的单缸排量以及相应的小而轻的部件和非常坚硬的短的曲轴，可以实现极高的转速。雅马哈（Yamaha）在当前的 R6 超级运动型车上实现了超过 16000r/min 的转速，在量产摩托车上也是如此。凭借 211PS/L 的升功率，R6 达到了几年前在使用寿命短的赛车中所达到的价值。单就功率而言，四缸直列发动机显然是无敌的。但是摩托车行驶在很大程度上包含了这些完美的驾驶机械所缺乏的情感。这就是为什么仍然有摩托车制造商也生产不同方案设计的原因，例如 V2 发动机。

在赛道之外，仍有足够多的驾驶者认为情感和声音比单纯的发动机功率更重要。

多于四个气缸数量的发动机在今天仅具有有限的意义。当然，使用完全平衡的六缸直列发动机可以进一步提高运行平稳性，这使得在本田金翼（Honda Goldwing）等舒适型车辆中的使用非常有意义。然而，发动机功率不能再通过提高转速来提升，因为曲轴更长，因此对扭转振动更敏感。这个因素以及结构宽度和重量的增加妨碍了在超级运动摩托车中的使用，见图 8.79 和图 8.80。

图 8.79 Yamaha R1 剖开图

8.3.1.4 功率的研发

为了提高功率，必须对影响的每个参数进行分析，功率定义为：$P_e = i \times p_{me} \times V_h \times n$。

为了提高功率，可以增加排量、提高平均压力或转速。由于移动质量和外形尺寸增加的缺点，增加摩托车发动机的排量并不总是有意义的。在相同的排量下，只剩下提高平均压力和转速，见图 8.81。

为了提高平均压力，必须提高充气效率。充气效率是在换气过程中留在气缸的新鲜气体质量与理论上的新鲜气体质量的比值：$\lambda_1 = m_{FZ} / \rho_0 \times V_h$。

这可以通过增压效应来实现。一种可能是增压系统，如机械增压器或者废气涡轮增压器。增压的魅力是存在非常高的功率密度，也就是说，可以使用小的、轻的发动机来获得高的转矩和大的功率。

机械增压器可以是挤压式增压器，例如罗茨式压

图 8.80 Yamaha R1

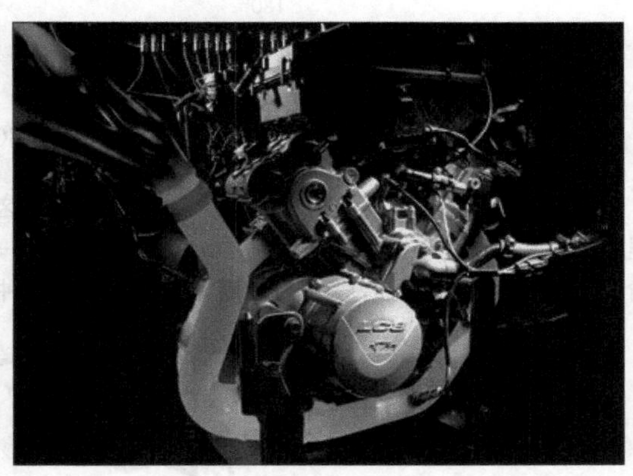

图 8.81 全负荷发动机试验台架

气机或离心压缩机，也可以是内部压缩的增压器，例如螺杆压缩机。反对摩托车中采用机械增压器的论据是所需的大的安装空间、相对较重的重量，以及在摩托车发动机高转速和大的转速跳跃时非常高的驱动功率，也很少有空间安置用于高效率所需的中冷器。

对此，不少制造商在 20 世纪 80 年代生产了涡轮增压发动机。困难在于不可控的动态特性。与始终满负荷运转的柴油机不同，汽油机中的空气质量流量以 1:40 到 1:50 的比例变化，所以，增压器从部分负荷过渡到满负荷时需要相当长的时间才能建立起压力。结合小的发动机飞轮质量，摩托车涡轮增压发动机因此

具有不令人满意的响应特性和不和谐的驾驶行为。

目前，摩托车几乎只采用自然吸气发动机，它利用波动管增压和谐振进气歧管增压的波动技术效应。在波动管中，活塞在气体交换阶段激发一个膨胀波，该膨胀波沿着空气箱或空气过滤器的方向穿过进气管，该膨胀波在开口漏斗处反射为压力波，并沿发动机方向运行。如果压力波恰好在进气门关闭时刻到达，新鲜气体仍然可以被推入气缸，即使活塞在下止点之后已经再次向上移动。以这种方式可以实现高达15%的增压。当然，这些过程很大程度上取决于进气管的几何形状（必须通过的管道长度）和气流的动能。这些反过来又受到进气歧管直径和活塞激励的强烈影响，这当然取决于发动机转速。由于凸轮轴的配气定时通常是固定的，因此增压效果在很大程度上取决于发动机转速。这允许在不同的转速范围内对容积效率产生积极的影响作用。然而，对于自然吸气摩托车发动机来说，提高容积效率和平均压力的可能性是非常有限的。无论如何，摩托车上的气体交换元件和波动管长度通常是为额定转速设计的。现代发动机已经通过强化的气体交换模拟框架计算进行了优化，并在进气侧和压力侧以很低的节流方式工作。

平均压力在更大程度上只能通过气体交换系统的可变性来增加。诸如进气歧管长度切换、凸轮轴相位变换器、气门升程切换器和阀门系统等系统已经在汽车领域经过一系列测试，并且证明非常有效。对于摩托车发动机，复杂性、安装空间要求、转速稳定性和成本与这些措施背道而驰。

因此，功率的更大提升几乎只能通过提高额定转速来实现。提高额定转速需要许多措施，因为发动机中的惯性力随转速成平方地增加。因此，功率开发的最高目标必须始终是最小化发动机中的移动质量。

在未来的岁月里，尽管未来对噪声和废气排放的要求越来越高，但仍需要付出更大的努力来提高功率，见图8.82、图8.83和图8.84。发动机制造商将不得不求助于配气机构和进气歧管区域的可变性以及排气系统中的可控阀门系统，因为大多数改善废气排放和噪声的措施对于提高功率会适得其反。

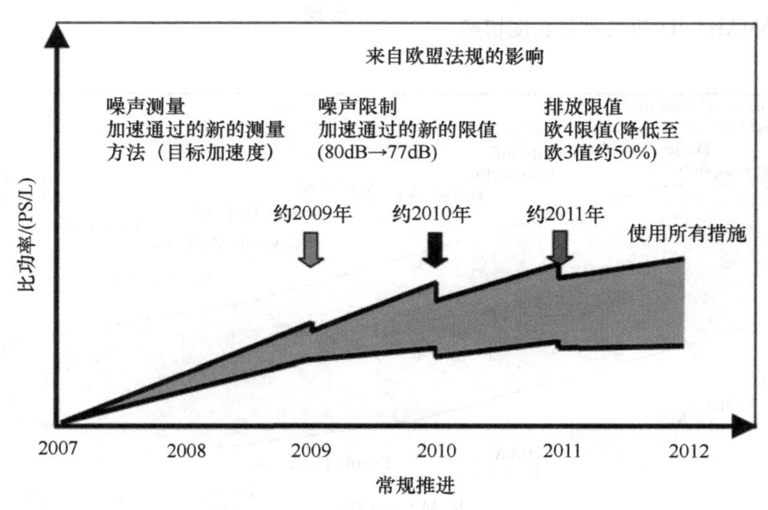

图8.82 功率研发

图8.83 YAMAHA R1 废气控制阀

8.3.1.5 行程/缸径比

在燃烧技术方面，长行程设计的发动机效率更高（行程/缸径比>1）。合适的燃烧室形状、良好的表面积/体积比（低热损失和短火焰路径）导致非常好的燃烧效率、高的抗爆性和低的污染物排放。出于这个原因，一些汽车发动机的行程设计得相当长。随着比功率的增加和为此所需的高的转速，该比率转向有利的短行程设计。对于在高的额定转速下具有高比功率的摩托车发动机，有几个反对长行程设计的原因：

图 8.84 YAMAHA R1 进气歧管长度切换

- 可能小的气门面积 → 限制了升功率。
- 大的活塞速度 → 耐久性。
- 大的惯性力 → 机械强度。
- 高的机身 → 更高的重心位置。

随着比功率的增加和为此所需的高的转速，短行程发动机的优点超过了燃烧中的缺点。因此，现代摩托车发动机都设计为短行程。基于旧发动机方案设计的发动机（哈雷－戴维森、Buell 或雅马哈 MT01 等复古车型）除外。这些发动机通常仍设计为二气门，因此无论如何在转速和升功率方面都受到限制，见图 8.85。

8.3.1.6 配气机构

摩托车发动机高的比功率要求换气机构的设计基于非常高的额定转速。为了优化充气效率和减少节流损失需要非常大的进气门、气门升程和节气门开度。空气管路和进气道需要有大的横截面积和尽可能直。

转速水平随着比功率的增加而增加，这就需要减小发动机中的所有运动质量。随着气缸排量的增加，气体交换控制元件的碰撞通常比其几何极限更早出现。

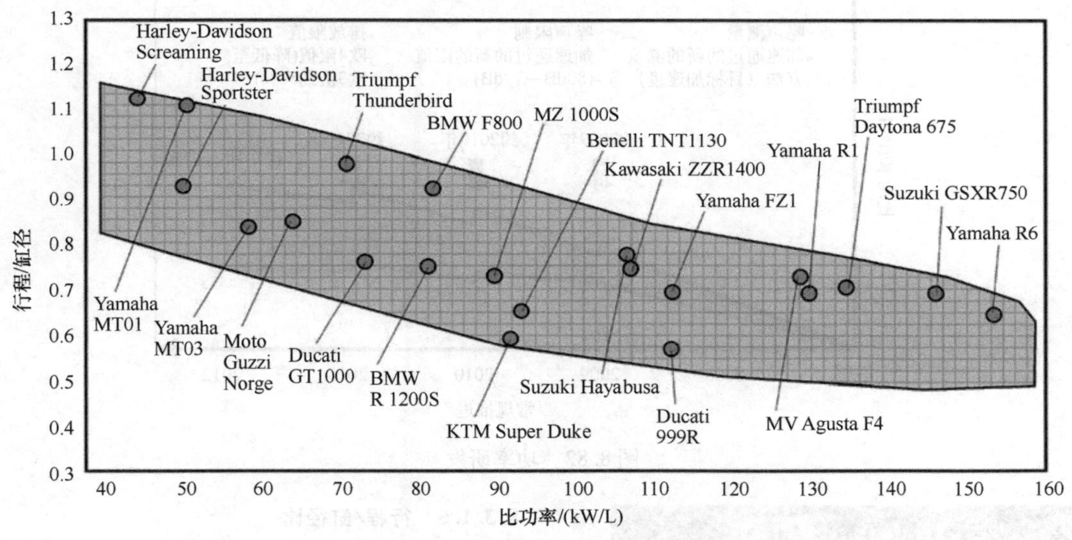

图 8.85 比功率与行程缸径比的关系

为了将凸轮轴和气门驱动上的力和加速度保持在可持续的范围内，并能够精确地遵守配气定时，必须最小化配气机构中运动的质量，并最大限度地提高配气机构的刚度，见图 8.86。

根据应用的不同目的，有几种类型的气门控制适用于摩托车发动机的配气机构。OHC 驱动机构通常用于配备单缸发动机的简单的轻型车辆。成本、结构空间、易于维护和相对较低的转速水平都支持这一方案设计。只有 DOHC 驱动机构才适用于额定转速超过 10000 r/min 的现代高功率发动机。在这里，转速稳定性和精度胜过成本和结构空间的情况，见图 8.87。

气门控制		移动质量	刚度	转速稳定性	成本	尺寸空间	气门间隙调整	HVA适用性
OVH	摇臂	–	–	–	+	+	+	–
OHC	摇臂	s	s	s	+	+	+	–
	摆杆	s	s	s	s	+	+	+
DOHC	挺柱	+	+	+	–	–	–	+
	摆杆	+	+	+	–	s	s	+

图 8.86 配气机构参数比较

图 8.87 Suzuki GSX – R 1000 配气机构

增加气门直径可以通过减小阀杆直径和气门长度来部分补偿。钢制气门可以用钛制气门来代替，钛制气门的比重为 $4.5g/cm^3$ 而不是 $7.85g/cm^3$。由于更低的热负荷，这可以在进气侧完成而没有任何问题，但它与明显更高的成本相关联。

与钢制气门相比，使用寿命也受到限制。为了达到超过 10000r/min 的转速，挺杆或摆杆是首选的气门驱动装置，它们结合了刚度和低重量。

两者都使用滑动副，这就是为什么摆杆通常设计成有非常硬的 DLC 涂层的原因。这些硬的碳涂层（类金刚石碳，Diamond Like Carbon）因其低摩擦和耐磨性而越来越多地用于高速发动机。如果设计正确的话，这种带摩擦副涂层的滑动副的摩擦损失可以降低到 1/10 左右。如果两个摩擦副均涂有涂层，则摩擦可再减少 50%，这在一级方程式 F1 和大奖赛中使用。活塞销、活塞环和凸轮轴非常适合这种涂层。

F1 方程式中广泛用作气门复位弹簧的气动系统虽然具有最大的转速潜力，但主要由于成本等原因，目前无法实现量产。

在汽车制造中，经常使用的低摩擦的滚轮推杆由于重量和空间的原因不能使用。由于更低的刚度、转速稳定性和更大的移动的质量，具有液压间隙补偿的配气机构也不能用于高速发动机。

8.3.1.7 变速器

目前在多数摩托车发动机应用爪齿变速器。这种结构形式要求最小的结构空间，因此天生适合在摩托车中应用。狭窄的结构宽度使其更容易用于摩托车上，支持倾斜的自由度，当然也减轻了发动机的重量。

（1）功能

所有齿轮都处于永久啮合状态，因此可以在不使用同步环的情况下进行换档。由于所有齿轮都以相同的转速旋转，因此通常无须使用离合器即可进行换档，甚至可以在负载下进行换档。

（2）切换过程

为此，爪（用作离合器）所在的滑动轮必须轴向移动。然后将它们夹入惰轮的凹槽中，从而形成形状配合。齿轮通过换档叉进行换档，换档叉通过销接合换档鼓的连杆。通过转动滚轮，滑轮可以双向移动。

这只是可能的，因为所有齿轮都是直齿啮合。

（3）材料和制造

由于重量和尺寸要求，主要使用高纯度合金表面硬化钢。0.7 ~ 1.1mm 的硬化深度和 HRC 59 ~ 63 的硬度值允许承受必要的表面压力。

所有的齿轮和驱动轴（在正常情况下在一档）是锻造或冷压成型的。

根据制造工艺和精度，凹槽和棘爪是毛坯状或进行加工（带有背衬）。

根据噪声和里程要求，对齿轮进行铣削、冲压、磨削或珩磨。

对驱动齿轮的轮组进行针对性润滑也是标准配置，见图 8.88。

（4）离合器

在摩托车中，通常是浸在油浴中运行的多片式离合器，这些多片式离合器允许使用相对较小的外径来降低手操纵力。

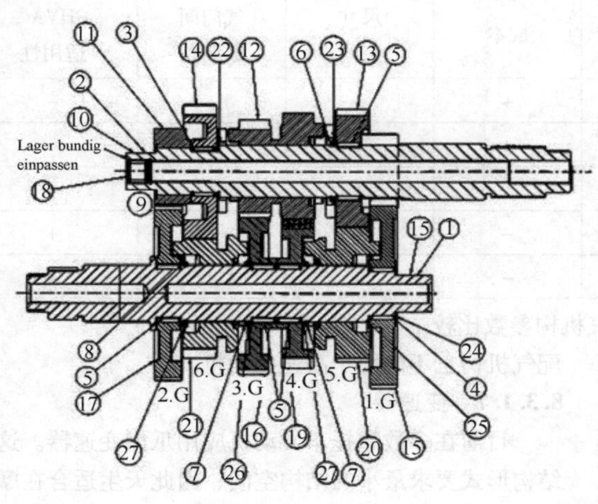

零件表

位置	零件号	名称	数量
1	60033 Abtriebswelle	Getriebeabtriebswelle M600	1
2	60033 Antriebswelle	Getriebeabtriebswelle M600	1
3	0405222613	Nadelkranz K22×26×13 TN geschlitzt	1
4	0405242813	Nadelkranz K24×28×13 F−81900−50	1
5	0405263113	Nadelkranz K26×31×13 F−95085	4
6	0417280150	Sprengring Seeger SW28	1
7	0417300151	Sprengring Seeger SW30	2
8	0471300150	Sicherungsring DIN 471−30×1.5	1
9	0618091312	Nadelhulse HK 0912 B	1
10	60033001000	Antriebswelle 12z	1
11	60033002000	Festrad 2. Gang	1
12	60033003000	Schieberad 3./4. Gang	1
13	60033005000	Losrad 5. Gang	1
14	60033006000	Losrad 6. Gang	1
15	60033010000	Abtriebswelle	1
16	60033011000	Losrad 1. Gang	1
17	60033012000	Losrad 2. Gang	1
18	60033013000	Losrad 3. Gang	1
19	60033014000	Losrad 4. Gang	1
20	60033015000	Schieberad 5. Gang	1
21	60033016000	Schieberad 6. Gang	1
22	60033041000	Anlaufscheibe 22.2/30.2/1.5	1
23	60033042000	Anlaufscheibe 28.3/35.75/1.5	1
24	60033043000	Anlaufscheibe 20.2/34/1	1
25	60033044000	Anlaufscheibe 24.5/35.75/1	1
26	60033045000	Anlaufscheibe 26.2/36/1.5	2
27	60033046000	Anlaufscheibe 30.2/39/15	1

图 8.88　变速器和离合器

（5）功能

摩擦片（夹入球笼）和钢片（夹入从动件）由螺旋弹簧压在一起。基于攀爬表面的助力系统降低了所需的手操纵力。这个系统有两方面作用，这意味着可传递的力矩在负载条件下得到提高和滑动运行条件下得以减小。减小会在摩托车上产生所谓的 ANTI HOPPING 效果，也就是后轮不会“踩踏”。

此外，碟形弹簧安装在第一个摩擦片内，它应该支持软接合。

动力通过驱动轴上的驱动器传递到变速器。

用于传递转矩的垫通常是有机的原料（纸、软木等），并粘在铝制支架上。梯形区域之间的距离使油能够排出并减少摩擦衬片薄片与钢薄片的黏附。油主要用于传热。

导流板、压力盖和球笼由铝制成，并进行了部分表面处理［镀镍、硬化、立管上的 PTFE（聚四氟乙烯）］。

球笼可转动地安装在离合轮上，这允许阻尼，它由径向布置的螺旋弹簧或橡胶元件产生，见图 8.89。

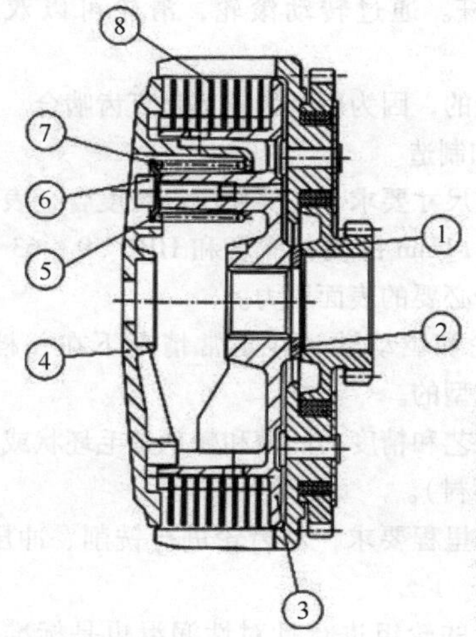

8	2638	543.32.012.000	Disco Condotto(Sp.1.2), Driven Plate(Th.1.2)	8
7	P2−7504	548.32.080.000	Molla,Spring	6
6	5750	598.32.602.03	Vite M8×20,Screw M8×20	1
5	2633	581.32.081.000	Scodellino,Cup	6
4	P1−6803	546.32.003.000	Piatto Springdisco,Pressure Plate	1
3	P1−6804	548.32.002.000	Tamburo Condotto, Driven Hub	1
2	2711/E	575.32.013.000	Rondella,Washer	1
1	P1−6805	548.32.001.072	Assieme Campana,Housing Clutch Assembly	1

图 8.89　离合器

8.3.2　越野摩托车

8.3.2.1　摩托车越野赛

越野摩托车（Off road）可以理解为在未铺砌的地形上骑行，主要是在封闭的赛道上进行一些大范围的跳跃。

作为世界锦标赛（WM）或 AMA 的一个部分，

在美国举行的赛车活动要么在户外以摩托车越野赛（Motocross）的名义举行，要么在室内以超级越野赛（Supercross）的名义举行，见图8.90和图8.91。

图8.90 赛车模式的图片

最主要的区别在于赛道长度和赛道造型，以及路况。户外赛道的长度在1.5～4km之间，与具有挑战性的室内短道相比，其跳跃性的壮观程度较低。另一个因素是摩托车和发动机必须在其中生存的户外天气条件。这些变化是从非常多尘和坚硬到泥泞、湿滑和潮湿。为此目的开发的摩托车受各种法规的约束，但未经过道路认证。

在设计发动机时，要特别注意以下边界条件：

发动机应该能够在几乎任何位置运行，至少在短时间内运行。

高于平均水平的离合器磨损，对此，严重的润滑油污染不得影响它的工作。发动机鲁棒的结构设计是确保在冲击、灰尘和沙子吸入方面进行粗暴运行的先决条件。

图8.91 赛车模式的图片

基于这些要求，最初开发了带有4速变速器的二冲程发动机。

（1）越野运动的摇篮

二冲程单缸发动机是赛车规则经典排量变体中无与伦比的传统动力总成。具有相同排量的其他发动机方案设计几乎无法与专为赛车驱动设计的二冲程发动机的高的比功率输出相抗衡。

由于日本大型制造商的强大压力和游说，赛车规则只是为了支持四冲程方案而做了改变，这是由于这些制造商因其产品和营销策略而希望在越野比赛中专门与四冲程发动机竞争。这意味着在千禧年之交，对赛车规则进行了修改，开始允许配备四冲程发动机的车辆以几乎或正好两倍于二冲程发动机的排量参加各个赛车级别的比赛。今天，在耐力赛和越野摩托车比赛中，出现了125mL二冲程发动机与250mL四冲程发动机竞争，250mL二冲程车辆与450mL四冲程车辆竞争。由此，消除了二冲程发动机在越野运动中的霸主地位。但今天，在第一次四冲程繁荣之后，二冲程发动机卷土重来，因为它（无论如何在相同的排量下都是无与伦比的）即使在这些不平等的条件下仍然具有竞争力。尤其是在E2和E3耐力赛中，二冲程车辆非常具有竞争力。其原因在于二冲程方案设计非常独特的优势，这些优势取决于比赛的类型、赛道条件和车手的需求。重量轻、购置和维护成本较低也是支持二冲程发动机的重要论据。成本方面起着重要的作用，特别是对于业余爱好和俱乐部比赛和训练活动，而且对于青年运动或财务能力较弱的私人团队来说也是如此。

（2）对越野赛车发动机的要求

尽可能轻的重量、高的功率输出以及仍然易于驾驶和转换为牵引力的动力输出是实现所希望的行驶动力学的基本特征。只有在底盘、发动机和驾驶员之间完美共生的情况下，才能实现最佳的行驶动力学，最终实现快的圈速。车辆必须尽可能地适应这些要求特征，以便能够使其适应相应的条件（比赛、赛道、车手）。

其中，还包括以下特征：

- 可调节的发动机特性。
- 发动机低的空间要求和可集成性。

- 发动机旋转质量的位置（处理驾驶稳定性）以及惯性矩与发动机特性（牵引力、响应行为和攻击性的驾驶能力）的最佳协调。

(3) 越野和耐力赛摩托车二冲程发动机的类型

1）50mL 自动档，图 8.92 和图 8.93。

图 8.92 50SX 摩托车

图 8.93 运动中的 Mini

这个是针对儿童越野摩托车赛和训练用的，设计为风冷或水冷的二冲程发动机，传递动力的方式是配置一级自动档离心力离合器。功率输出在 11500r/min 时高达 12PS。

2）65mL MC。

在这个排量级别，采用水冷的二冲程发动机。力的传递通过多片油浴离合器和爪式切换的 6 档变速器。目前在 11500r/min 时实现了 16PS 的动力输出，更高的功率输出会抵消驾驶性能。

3）85/105mL MC，图 8.94。

这是水冷二冲程发动机，通过与转速相关的控制阀门位置进行排气控制。控制阀门通过离心调速器来移动。动力通过多片油浴离合器和爪式切换的 6 档变速器传输。目前在 11500r/min 时实现了大约 26PS 的

图 8.94 85SX

动力输出。驾驶时功率很容易实现，因为排气控制确保了功率平稳提升，即使在中低转速时也能提供更大的转矩。

4）125/200/250/300mL MC/E，图 8.95。

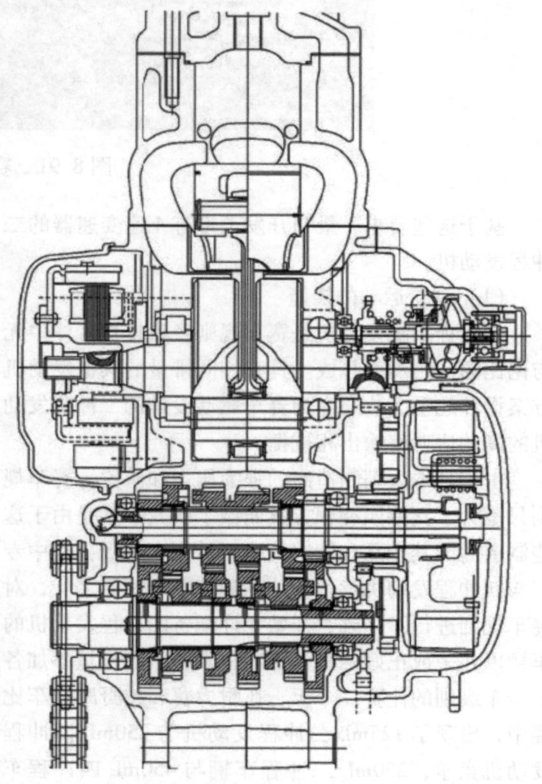

图 8.95 125SX 发动机剖面图

它们是水冷式二冲程发动机，通过排气口的转速

相关控制阀位置进行排气控制。此外，两个辅助出口由滑阀位置控制。控制瓣和两个辅助出口通过离心调速器和杠杆系统或机构移动。动力通过多盘油浴离合器和爪式切换的6档或5档变速器传输。目前，在125mL的量产车辆中，在11500r/min时输出功率约40PS，250mL量产车在8500r/min时达到51PS。驾驶时可以轻松实现动力切换，因为排气控制确保动力更平稳地增加，即使在低速和中速时也能提供更大的转矩。

（4）越野和耐力赛二冲程发动机量产解决方案

越野和耐力赛发动机要尽可能地紧凑和轻量化，对此，必须注意批量生产加工时的制造成本。

1）发动机曲轴箱，水泵盖，离合器中间盖，离合器球笼，离合器推杆和离合器压盘。

压铸合金 Al226 GD－AlSi9Cu3。

制造方法推荐压铸，因为它可以具有非常薄的壁厚（最厚为2mm）、高精度和相关的高的预制度（即可以省去许多机械加工步骤）、非常有利的毛坯和加工成本，以及高的过程可靠性和质量。其缺点是非常昂贵的压铸工具（每个工具约300000€），只能从一定数量的零件中获得回报，以及设计的不灵活（不可以丢失型芯）。

2）发动机盖。

由于上述原因，点火模块盖、离合器盖和控制盖也是采用压铸方法，但采用镁合金 MgAl9Zn1 铸造。

镁压铸件比铝压铸件轻约35%。盖子不需要后续的机械加工；由 NBR 70（丁腈橡胶）或氟橡胶制成的模制密封环插入铸造密封环槽中，但它们必须进行粉末涂层处理，因为镁具有很强的腐蚀特性。这也可以防止在带有冷却液通道的部件中使用镁，因为冷却液会导致镁非常剧烈地腐蚀。

3）气缸，气缸盖，图8.96。

图8.96 125/200发动机剖面

硬模铸件合金 12CuMgNi，热成型。

低压永久模铸造是一个好主意，因为一方面是丢失型芯（水室、溢流通道、排气通道）的需要，另一方面是毛坯件比砂铸零件更精确且更便宜。其原因是钢模具，其型腔代表零件的外部形状。在砂型铸造中，每个外部形状都必须在砂中单独成型并且丢失。此外，砂芯更精确地安装在钢模中，因此非成型的几何形状也比砂型铸造更精确。气缸的运行表面涂有 Nikasil 涂层，这是一种电镀镍基体，嵌入了非常坚硬的碳化硅，然后经过珩磨并进行了所谓的交叉研磨，从而提高了气缸壁的吸油能力。

4）活塞。

硬模铸件合金 G－AlSi18CuMgNi，低压硬模，没有丢失型芯。

铸件的模具完全由钢制成。合金中的硅含量对磨损特性起到决定性的作用，而且也影响活塞的可能的薄壁厚度。通常，含硅量越少，活塞韧性和疲劳强度更好，更适用于轻的、薄壁的活塞，但活塞裙部磨损就越快达到极限，锻造的活塞一般最多含硅量为14%（质量分数），因为更高的含量会导致锻件时材料破裂。

5）曲轴/连杆。

带有由42CrMoS4制成的锻造曲柄腹板、具有强度高和韧性好的易于加工的回火钢“构造”的曲轴不用硬化。曲柄销由16MnCr5制成，经过表面硬化处理，具有高耐磨性和坚韧的心部。连杆由15CrNi6制成，镀铜，因此在连杆孔的磨损表面上进行了局部表面硬化处理。

6）变速器。

由17CrNiMo6制成的冷挤压齿轮，高强度，表面硬化。毛坯件为加工硬化结构，预制化程度高，拨爪和型腔为精压成型。加工后，对零部件进行电化学去毛刺，以减少加工痕迹的缺口效应。

现代越野摩托车和耐力赛摩托车二冲程发动机具有精密的正时机构和通道布置、最先进的具有多种驱动方式的排气阀，见图8.97。

在法规的压力下，单缸四冲程发动机也从这些基本特性发展而来。在大多数情况下，这些都设计成滚子轴承支承。

（5）越野摩托车和耐力赛四冲程发动机结构形式

如上所述，250、450和超过475mL的设计排量是耐力赛和越野摩托车比赛FIM规则的结果。大多数制造商针对一种排量，将相同的发动机底座用于摩托车越野赛和耐力赛，并针对各自的用途专门调整了

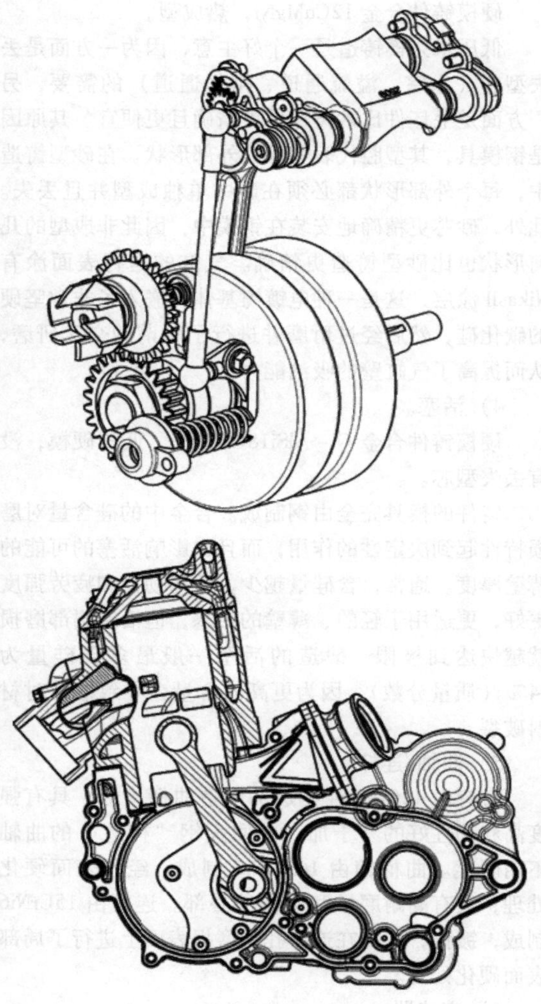

图 8.97　KTM 排气控制

图 8.98　KTM 450SX－F 车辆

图 8.99　KTM 450SX－F 右视图

一些功能。排量 >475mL 是 450mL 发动机的衍生产品，主要是扩大了缸径，见图 8.98 和图 8.99。

1）发动机曲轴箱/气缸/气缸盖。

铝制垂直分体式发动机曲轴箱，带有曲柄室和变速器，接近顶部安装有涂层的封闭式气缸。

发动机盖由镁制成（只要它们不被水淹）。

2）曲柄连杆机构/质量平衡，图 8.100。

曲柄连杆机构由组装好的曲轴、带有球轴承和/或滚柱轴承的滚柱支承、在大孔中带有滚针轴承、在小孔中带有滑动轴承的一体式连杆以及铝锻造活塞所组成。

越野摩托车发动机活塞直径在排量为 250mL 级别时差不多是 76mm，在 450mL 级别的是 97mm。每一个极限转速约为 13500r/min 和 12000r/min，对应的活塞速度约为 25m/s。对于摩擦、重量和结构的优化，将活塞设计为单环活塞。另外，连杆比约为 0.30 的短连杆也确保了紧凑型的结构方式。

在曲柄臂一边的飞轮质量是发动机特性设计很重要的组成部分。小型化可以改进整车的操控性和改进其响应特性，提高牵引能力，降低发动机熄火的趋势。

选择滚柱轴承是出于安全原因，因为在非道路运行中，发动机经常由于频繁跌落而在没有压力油供应的情况下短暂运行。

为了减小发动机振动，450mL 发动机配置一个平衡轴，因此，在曲轴上至少平衡 40% ~50% 的摆动的质量，出于空间原因仅仅有 20% ~30% 装有平衡轴。

一些 250mL 发动机没有平衡轴。这是通过不断减少摆动的质量（目前约为240g）和优化质量平衡来实现的。

图8.100 KTM 450SX－F的曲柄连杆机构/配气机构

3）气缸盖/配气机构/正时机构。

由于高转速以及高的气门加速度和由此所需的气门强度，在越野摩托车发动机中大多采用带有杯形挺杆或摆杆机构的双顶置凸轮轴系统（DOHC），另一方面。由于从使用者方面来看，在耐力赛发动机上不需要非常高的转速，一部分也可以采用带有摇臂挺杆的单顶置凸轮轴（SOHC）。SOHC的好处是更紧凑、更轻、组装和服务更友好的结构方式。

所有发动机设计为4气门或5气门，为了最大限度地减小质量，几乎总是使用钛作为气门材料，以及弹簧盘材料部分用MMC（金属基复合材料）。

正时机构几乎都采用齿链和液力或机械链张紧机构来实现。

4）变速器/离合器。

变速器大多采用爪式机构。在250mL级别的耐力赛和越野赛中采用6档变速器。在耐力赛变速器的情况下，具有更广泛的传动比，以在比赛中的连接阶段和在极端地形中以步行速度骑行时达到更高的最高速度。

450mL发动机用在4～5档越野赛摩托车和5～6档耐力赛摩托车中。离合器总是采用多片油浴离合器。离合器和变速器由于极度负荷在非道路运行工况（使用打滑的离合器驾驶，以高差速跳跃后着陆）要非常鲁棒。

5）混合气形成。

尽管所有制造商都在研究非道路电子燃油喷射（EFI）系统，但大多数制造商仍使用平滑式化油器。其优点是在极端应用中具有非常高的可靠性，易于适应发动机的调整和变化的环境条件（温度、气压），具有较低的车辆总重量和更便宜的制造成本。然而，EFI系统为设计发动机特性提供了更多的可能性。在耐力赛领域，由于排放法规，EFI从2007年12月开始成为必需品。

6）润滑系统。

为了使发动机尽可能紧凑和轻便，通常会尝试使用尽可能少的润滑油（1.2～1.5L）。此外，可接受较短的换油间隔（5～15个工作小时）。量产发动机采用一个或两个用于曲轴箱/气缸盖和变速器/离合器的油路。两个回路的优点在于更清洁的发动机润滑油，曲轴箱和气缸盖没有离合磨损，缺点是费用更高。

压力回路由伊顿泵、压力调节阀和油滤器所组成。大多油管、油滤器总是集成在壳体和/或盖中。

通过伊顿吸油泵可以抽出部分曲轴箱润滑油，部分借助活塞的泵送作用通过簧片阀抽出，部分通过带有抽吸装置的统一的曲柄室和齿轮室和其自身的油箱抽出。

7）冷却系统。

由于高的功率密度（450mL级别大约为130PS/L，250mL级别为160PS/L）所有的发动机都是水冷。由于应用范围广泛，耐力赛发动机配备了节温器和可改装的风扇，越野摩托车发动机没有节温器和风扇。水泵通常位于曲轴箱前面的平衡轴上，在某些情况下也位于凸轮轴或正时机构的过渡齿轮上。

8）起动系统。

为了更容易起动，现在所有耐力赛摩托车配备电动起动机。因为在困难地形中通过频繁的起动会使电池很快就完全耗尽电量，因此提供了一个脚踏起动器作为备用系统。出于重量原因，越野摩托车通常放弃了电动起动机（重量的优势大概2kg），见图8.101和图8.102。

8.3.2.2 耐力赛和拉力赛

与越野摩托车相比，耐力赛摩托车是一种全地形

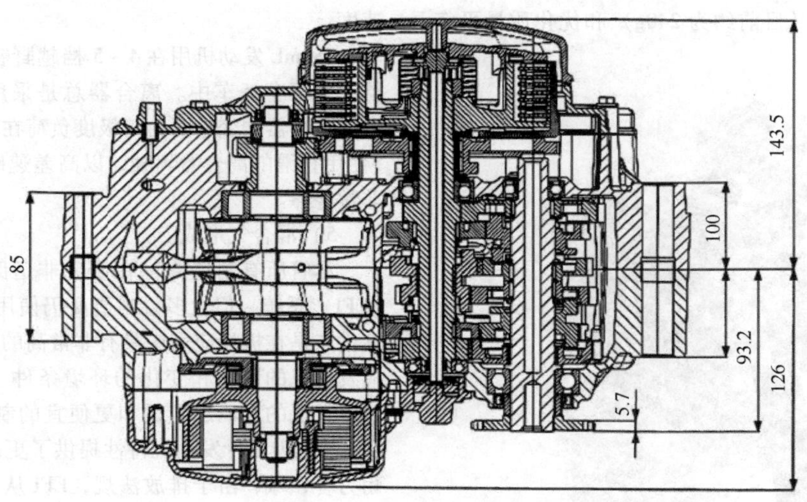

图 8.101 KTM 250 SX－F 发动机的横截面（一）

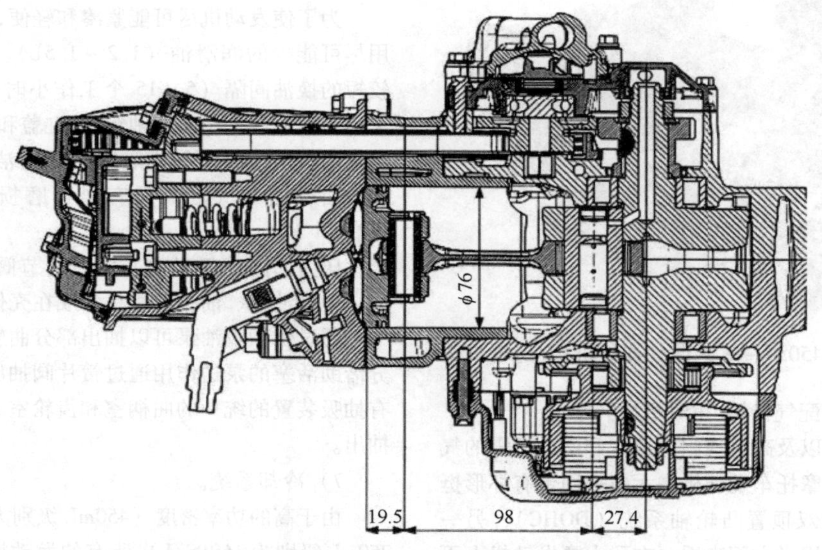

图 8.102 KTM 250 SX－F 发动机的横截面（二）

图 8.103 Erzberg 摩托车耐力赛

车辆，也被批准在道路上使用。为了获得这种道路批准，通常需要降低功率以达到噪声限制，见图 8.103 和图 8.104。

这些目前通过各种排气系统，影响点火正时和滑行停止来实施。凭借竞赛型排气系统和点火曲线，以及没有滑动停止装置，可以在公共道路上获得显著提升的额外功率。

除了上述竞赛或运动耐力赛之外，随着时间的推移，还广泛发展了各种公路、巡回赛、拉力赛和硬质耐力赛，用于各种各样的用途和活动，或多或少适合越野使用，见图 8.105 和图 8.106。

由于这些耐力赛模式源自不同的车辆和发动机系

图 8.104 巴黎 – 达喀尔拉力赛

图 8.105 KTM 525 EXC

图 8.106 KTM Rallye

列，因此这里有两个发动机方案设计。一个来自越野摩托车发动机，另一个来自街道发动机，见图 8.107。

在这两种情况下，唯一的措施是调整冷却回路和润滑油回路以及传动比。

图 8.107 KTM 990 Adventure

8.3.2.3 试验

和越野摩托车相似，选拔赛摩托车通常也没有上路许可，作为纯粹的运动设备而研发（选拔赛和耐力赛一样是得到官方认可的）。

类似于耐力赛的排量级别（50、80、125、250和320mL）来自于二冲程发动机，并且自从 2005 年起才通过四冲程发动机进行补充。

在这项运动中，车辆重量（70 ~ 80kg）起着决定性的作用，此外还有良好的油门响应和良好的低速性能。发动机的技术修改，其中大部分是从越野摩托车进一步发展而来的，旨在增加飞轮质量、不同的传动比以及可能更紧凑的整个发动机组件的布置。

8.3.3 法规

8.3.3.1 废气排放

1994 年颁布了第一部摩托车排放法规。摩托车手和制造商较早以前反对新的法规。当时人们认为“几辆”摩托车对整个排放影响甚微。但是必须重视以下德国联邦环境管理部在多年以前就公开的事实：

– 摩托车在全年行驶里程中只占约 2.5%，但是 HC 排放物占比为 15%。

– 所有摩托车在夏天的 HC 排放大概正好与一个 G – Kat 汽车旗舰 20 倍的里程行驶排放相同。

– 起动和蒸发排放污染占整个两轮摩托车排放的 40% 以上。

因此立法者的要求不是没有理由，并导致了以下变化：

– 1999 年引入统一的排放限值法规欧 1。

– 2002 年对乘用小型摩托车欧 2。

– 2003 年对乘用摩托车欧 2。

– 2006 年对乘用摩托车欧 3。

1994 年至 2006 年的十二年间，废气排放取得了长足的进步。在整个欧洲，污染物 CO、HC 和 NO_x 的限值已大幅降低。总体而言，自 1994 年以来，HC

和 CO 的限值下降了 95%，NO_x 的限值下降了 50%，见图 8.108 和图 8.109。

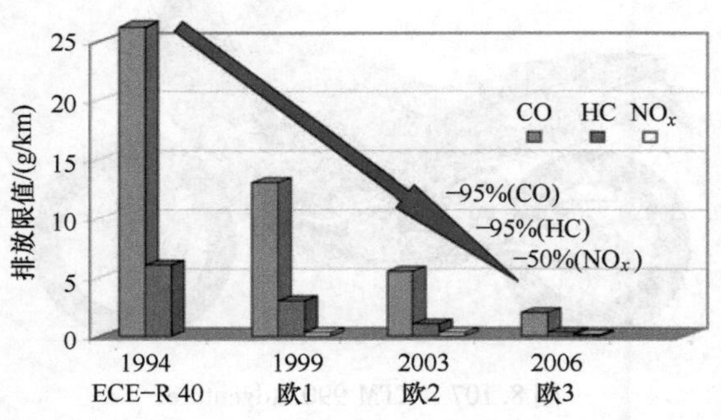

图 8.108　自 1994 年到 2006 年以来排放限值的减少

不仅限制值本身，而且用于确定排放值的排放试验循环也变得更加严格。排放值是在转鼓试验台上确定的，可以精确地运行指定的负荷/转速循环。废气从后消声器的出口取出并送入 CVS（恒定体积采样器，Constant Volume Sampler）系统。在那里，废气在稀释通道中以规定的方式被稀释，确定的部分被储存在三个袋子中。试验循环结束后，排放测量系统分析袋子内的内容，除了与限值比较的累计排放值外，还可以确定随着时间变化的污染物值，因此可以分析摩托车在排放方面表现良好或不佳的工作状态。袋 1 中包含来自起动和预热阶段的废气，袋 2 中包含来自预热行驶状态的城市循环的废气，袋 3 中包含来自陆路行驶速度高达 120km/h 的废气。因此，发动机开发人员可以有针对性地开展改进工作，见图 8.110 和图 8.111。

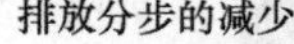

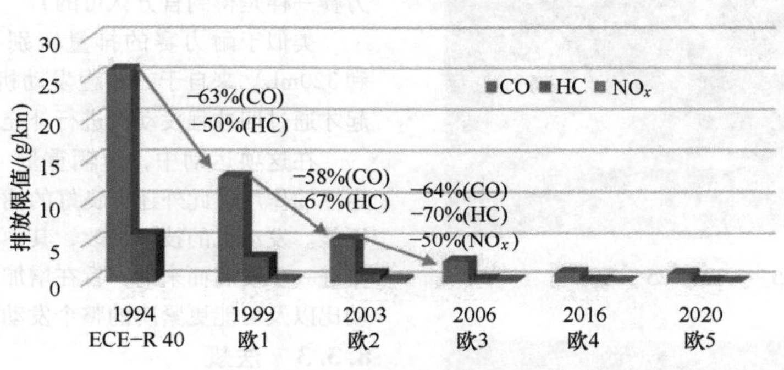

图 8.109　分步的减少

欧 2 废气循环有效期至 2006 年。欧 2 循环由六个内城三模块所组成，仅在第一个内城模块之后才开始废气采样。因此，发动机有 390s 的时间进行预热并使催化转化器达到工作温度（>250℃）。欧 4 从 2016 年 1 月 1 日起适用于整个欧洲。与欧 3 相比，废气排放限值减小了约 50%。

为使与指令 97/24/EC 相匹配，2013 年 11 月 27 日的委员会指令 2013/60/EU 包括了两轮和三轮轻便摩托车以及轻型四轮机动车辆的冷起动。从 2016 年 1 月起，适用新的欧盟法规 168/2013。它包含非常严厉的摩托车和轻便摩托车的排放标准，最高可达欧 5 排放水平。此处规定了到 2020 年的蒸发排放（HC）限值、车载诊断（OBD）、噪声和与少量零部件排放有关的耐久性要求。对于 L3e 级别的摩托车，从 2016 年 1 月 1 日起适用欧 4 排放限值，从 2020 年 1 月 1 日起适用欧 5 排放限值。2013 年 12 月 16 日的第 134/2014 号法规（EU）规定了补充法规（EU）第 168/2013 号关于环境兼容性和驱动单元性能要求的实施条款。

机动两轮车在燃料消耗或 CO_2 排放方面没有排放要求。根据欧盟法规 168/2013 第 24 条，作为当时有效的欧 4 标准型式批准的一部分而确定的排放和消耗值将从 2016 年起在 WMTC 中确定和记录。

（1）新的限值

- $CO < 1.14$g/km。
- $HC < 0.17$g/km。
- $NO_x < 0.09$g/km。

排量超过 150mL 的摩托车用于欧 3 的测量循环基于汽车的 NEDC（新欧洲驾驶循环，New European Driving Cycle），称为 NEDC 摩托车发动机循环。它由两部分组成。与以前一样，第 1 部分包括六个内城循环（相应于 ECE R40 冷循环）。第 2 部分模拟了一个市郊循环（EUDC - Extra Urban Drive Cycle），旨在包括更高的发动机转速和负载阶段。与欧 2 循环的一个重要区别是起动阶段，因为从一开始就测量废气，因此也记录了整个冷起动阶段，见图 8.112。

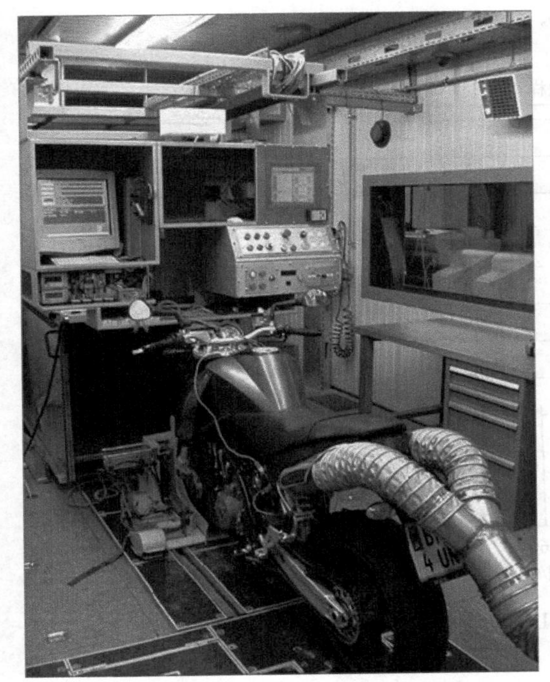
图 8.110 废气转鼓试验台

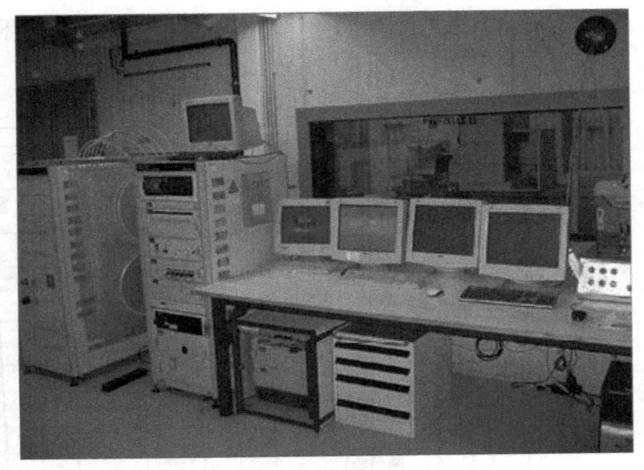
图 8.111 CVS 设备

对于最大排量为 150mL 的摩托车，欧 3 循环的不同之处在于没有陆路行驶。仅测量了六个城市循环 ECE R40，见图 8.113。

由于废气测量循环对驾驶行为的描述非常不充分，因此与欧洲和国际机构合作确定了 WMTC（世界摩托车试验循环，World Motorcycle Testing Cycle）。这包括更少的稳态工况和更多的动态工况，这使得遵守极限值更加困难。

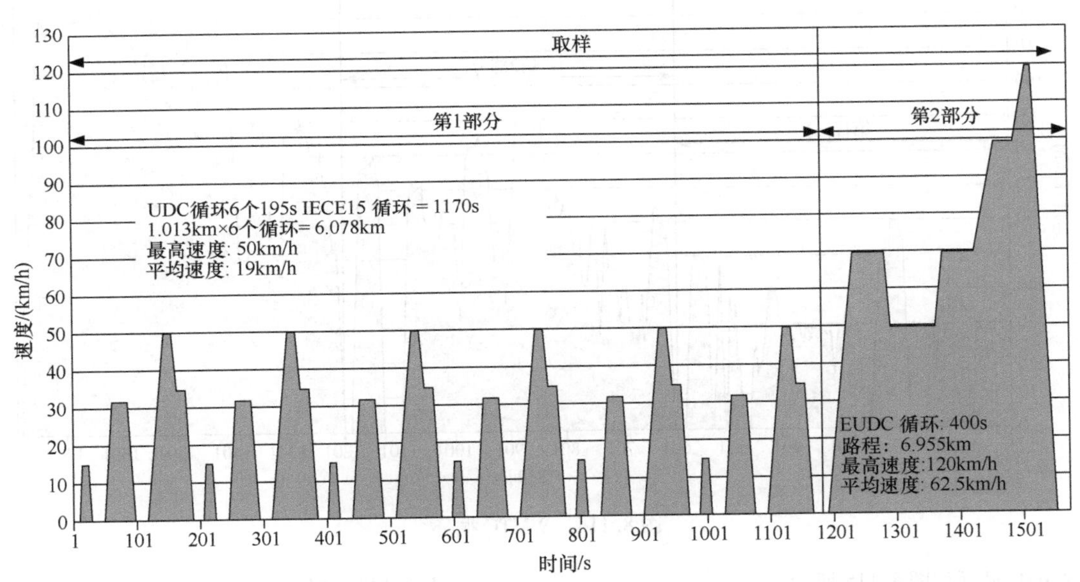

图 8.112 针对排量大于 150mL 的摩托车的欧 3 循环工况

对于 WMTC，另外还存在根据排量和最大车速的车辆分类：

- 对于 1 类，第 1 部分是冷行驶和热行驶，各占 50%。
- 第 2 类运行第 1 部分冷行驶和第 2 部分热行驶，第 1 部分的权重为 30%，第 2 部分的权重为 70%。
- 第 3 类运行第 1 部分冷行驶、第 2 部分热行驶和第 3 部分热行驶，这些部分的权重分别为 25%、50% 和 25%。

尚未最终采用的目前的循环如图 8.114 所示。

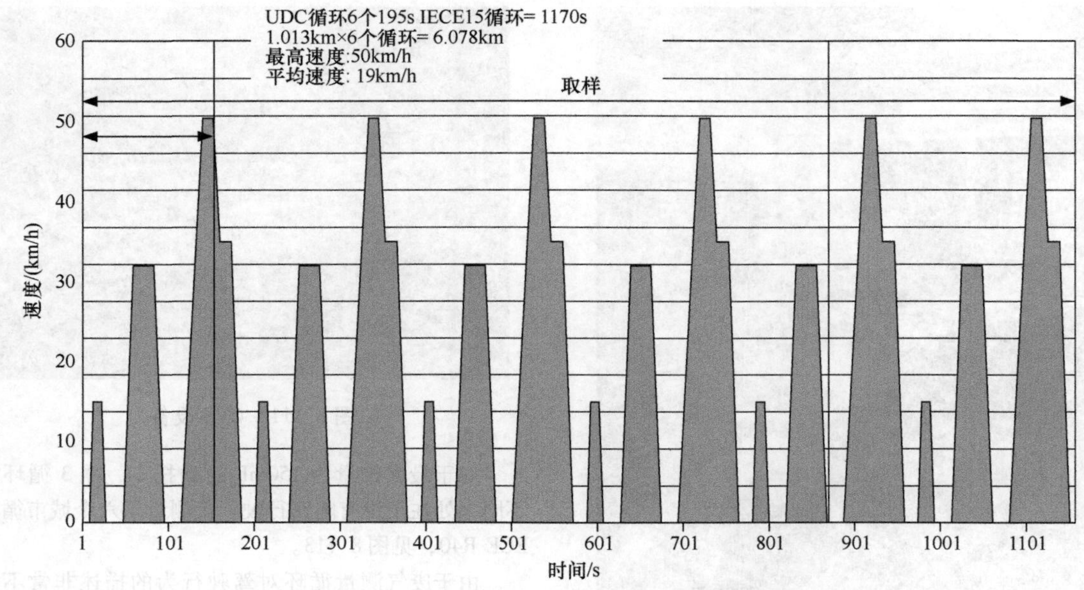

图 8.113 针对排量≤150mL 摩托车的欧 3 循环

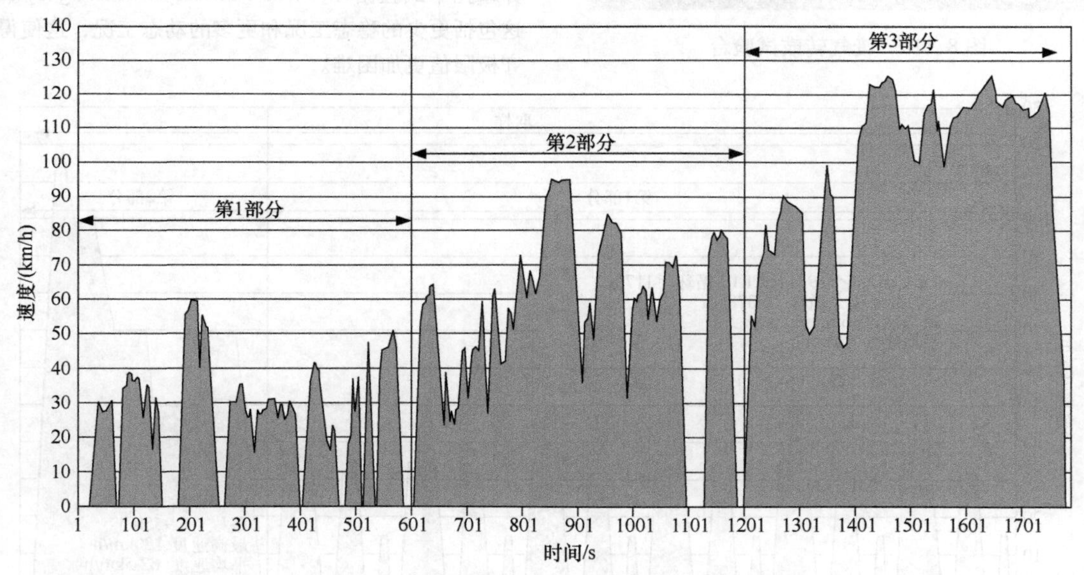

图 8.114 WMTC 循环

WMTC 循环如图 8.115 所示。

即使没有使用催化转化器进行废气后处理，也不再低于欧 3 限值。工程师实现废气排放限值的主要任务包括：

- 未处理废气的有害污染物的最少化：
- 尾气后处理。
- ECU 应用策略。

（2）未处理废气有害污染物的最少化

通过发动机内部的措施使未处理废气有害污染物最少化：

- 内部废气再循环。
- 气流运动。
- 混合气形成。
- 燃烧室造型。

（3）内部废气再循环

为了最大限度地减少未处理废气有害污染物，通

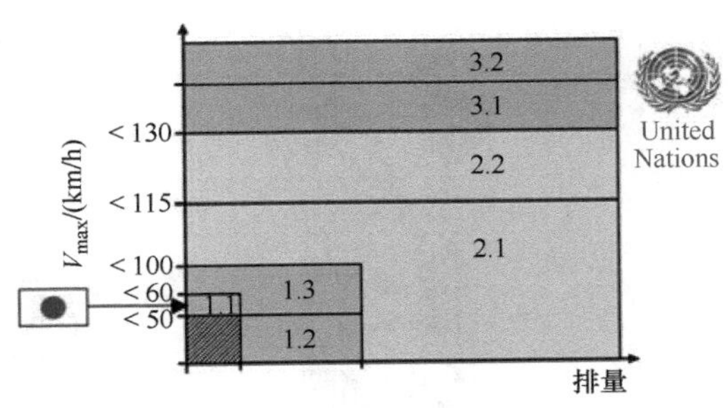

图 8.115 WMTC 循环评级

常一方面在全负荷时的转矩和功率，另一方面在部分负荷范围内的燃烧之间寻求折中。摩托车发动机的高功率输出只有在高转速下才有可能。这需要将气体交换元件（气门直径、通道直径和几何形状、气门定时、进气歧管长度和直径）设计为在额定转速下实现低的流动损失。但是，这种设计在整个部分负荷范围内，尤其是在接近怠速区域的小负荷范围内，存在很大的缺点。大的气门叠开横截面产生高的内部废气再循环率，其中，当进气口打开时由于进气侧的真空，未排出的循环的残余气体流入进气歧管，然后在下一个循环重新吸入气缸。大的通道横截面在部分负荷中较低的充气密度和低转速的微弱的激励确保了新鲜混合气的低的流入速度，这导致几乎没有工质运动，从而导致残余气体与新鲜混合气的混合不良。因此存在不均匀的混合气，由于残余气体的比例高，所以难以点燃。此外，火焰传输速度处于非常低的水平，这导致已经非常缓慢的火焰在燃烧室中的传播速度相对较慢。在这种情况下，燃烧可以在上止点后超过90°继续进行，导致在这推迟的燃烧期间已经再次打开排气门。这会导致功和效率的损失、过多的未处理废气有害污染物，并且由于高的废气温度，会导致催化转化器负载过重。在最低的负荷下，残余气体的比例可能会增加到无法再点燃或完全燃烧的程度。在飞轮质量很小的发动机中，可能偶尔会发生失火，甚至可能会导致发动机停机。

由于对功率不断提高的渴望，同时排放法规也越来越严格，未来摩托车发动机也将配备多种类型。这是一方面将良好的流动特性与另一方面的良好部分负荷性能结合起来的唯一方法。

但是，与汽车相比，可变性的类型和数量将受到限制，其原因是安装空间、重量、速度稳定性和成本。

下面将描述一些可能性和可变性，它们可以改善废气排放，也可以用于摩托车领域：

(4) 凸轮相位器/凸轮轴调节器

在汽车中已经很常见的可变性是凸轮轴调节器，它可以设计为两点式调节器或连续式调节器，见图 8.116。这意味着进气和/或排气凸轮轴可以相对于曲轴扭转，从而导致配气定时发生变化。然而，气门升程变化曲线保持不变。使用进气凸轮相位器，可以在全负荷下随着发动机转速的增加进行进气关闭调节，这对空气消耗和容积效率有良好的影响作用。

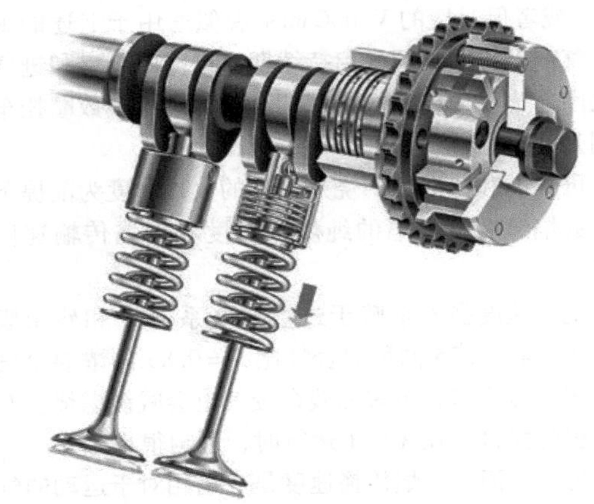

图 8.116 气门升程调节

另一方面，在部分负荷下，尤其是在接近怠速的临界小负荷范围内，可以通过调整进气口开启时刻来调整气门叠开截面。通过这种方式，在接近怠速的范围内也可以实现良好的燃烧稳定性、良好的废气排放特性以及燃料消耗的改善。

(5) 全可变配气机构，图 8.117

图 8.117 气门升程调节器

如果除了气门打开持续时间的时间上的偏移外，

还要实现气门升程变化曲线的变化，则只能使用具有可变气门升程的系统。诸如 BMW 的 Valvetronic、META 的 VVH（可变气门升程，Variabler Ventil Hub）或类似系统等全可变系统非常复杂，并且由于移动的质量很大（滚子拾取器等），目前在摩托车发动机上没有足够的速度耐受性。

（6）气门升程切换器

一个气门升程切换器是更简单的系统，如本田的 VTEC 或者保时捷的 VarioCam + 貌似适用于上述的观点。气门升程、气门开启持续期，进气门开启和进气门关闭作为两个模式切换来调节，对于大多数摩托车应用是完全足够的。

可靠的和清洁的燃烧是以高的火焰速度为前提条件。火焰速度由火焰的纯烧穿速度和火焰传输速度组成。

烧穿速度强烈依赖于过量空气系数 λ 和残余废气含量。$\lambda=1.25$ 的稀混合气比 $\lambda=0.85$ 的浓混合气的燃烧要慢得多，更多的残余废气也会减缓燃烧。对于工程师而言，在 $\lambda=1$ 运行时，影响很小。

另一方面，火焰传播速度是火焰相对于运动的气缸充量而继续移动。这种充量运动在燃烧室中可以通过不同的措施来有目的地控制。

（7）滚流

例如，通过进气阀盘的上半部分注入新鲜工质，在气缸内产生滚流，即垂直于气缸轴线的滚流，见图 8.118。

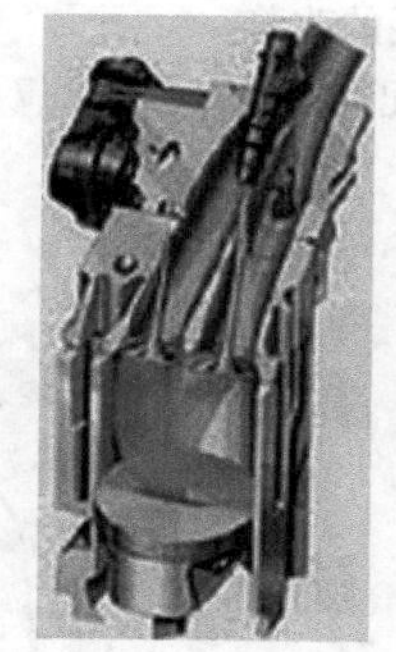

图 8.118　滚流通道

以更明显的形式，滚流可以显著缩短燃烧持续期并改善燃料消耗和排放。然而，摩托车发动机的通道的几何形状和低的充量密度仅允许在接近怠速的区域（需要工质运动）中相对低能量的滚流。改善燃烧的可能性受到严重限制。

（8）气道关闭，图 8.119

如果为进气门提供单独的节流阀，则可以影响流入的速度和方向。在低负荷范围内，可以关闭一个进气道，全部混合气流经一个进气门，由于横截面较小，进气门显著地提高了进气速度，并在气缸中产生了有针对性的涡流，从而显著地影响充气运动，改善了混合气制备并加速燃烧。

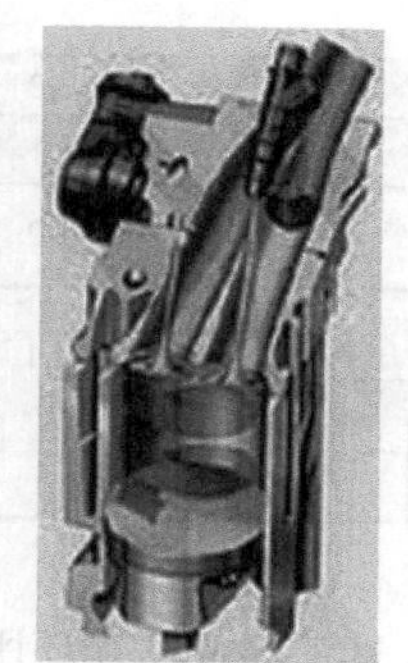

图 8.119　气道开关

（9）气门关闭

代替关闭节气门，可以直接关闭进气门来关闭气道。这是一种十分有效的方法，但是要求在配气机构的快速运动的零部件中的切换。

（10）旁通系统

另一种可能性是气缸盖进气区域，与进气门对齐的小的旁通孔。在低负荷时，节气门关闭，混合气通过这些小孔引入。通过高的流速可以产生稳定的涡流或滚流。由于横截面小，因此可以实现比节气门更灵敏的控制。但是，运行区域被限制在很小的特性场范围内。

（11）燃烧室设计

燃烧室是由气缸盖和活塞所构成的。

燃烧室设计目标是：

- 紧凑的形式，合适的表面积/体积比 → 好的 η_i（指示热效率）。
- 中心火花塞位置 → 均匀的、短的火焰行程。
- 工质流入时小的阻碍 → 填充良好。
- 火焰扩散时小的阻碍 → 良好的燃烧。
- 最小化间隙 → 避免火焰熄灭。

早期的二气门气缸盖通常具有半球形或透镜状的燃烧室。这些形状非常紧凑，并且由于它们的表面积/体积比而具有低的热损失，从而提高了指示热效率。这种结构设计的缺点是压缩比低，这可以通过扁平活塞来实现。如果想获得提高效率所必需的高压缩比（$\varepsilon>11$），这只能通过具有活塞顶的上层结构来实现。除了由于必要的气门腔而导致的附加活塞重量外，这还会导致燃烧室表面凹凸不平，其增加了的表面积又在效率方面带来不利。

现代摩托车发动机主要设计为多气门。绝大多数发动机都有四气门气缸盖。气门的数量和尺寸在很大程度上决定了燃烧室的形状。其结果是一个相当平坦的、屋顶形的燃烧室，它非常紧凑，具有小的气门角度，并且具有可接受的表面积/体积比。

使用扁平式活塞和小的气门腔，可以实现大约 $\varepsilon = 12$ 的压缩比。对于更大的气门腔，压缩比可以增加到13.5左右，以获得热力学上令人满意的燃烧室。

（12）废气后处理技术

在欧2排放标准下，为了满足排放限值，已经经常使用被动的二次空气系统。通过将空气引入到排气系统中，在怠速和推力阶段中积累的CO和HC排放在排气系统中进行后燃烧。也经常使用100～200cpsi（单元数/in²）的不可调的小型催化器，见图8.120。在冷起动期间，二次空气系统的燃料转换有助于加热催化器。

如此简单的系统已不足以达到欧3限值。为了安全地保持在极限以下，必须升级发动机系统并修改策略。

图8.120　三元催化器

（13）三元催化器

对于足够大的转化表面，200～300cpsi的催化器单元密度是必要的。随着单元数量的增加，除了表面积外，排气背压也会不成比例地增加，这对最大转矩，尤其是最大功率产生负面的影响作用。这可以通过更大的催化器横截面部分地补偿。由于这些原因，催化器体积必须在0.5～0.8L/L排量，一方面是为了有足够的对流表面，另一方面是为了尽量减小排气背压。催化器的位置对于快速达到起燃温度很重要。见图8.121。因此，在摩托车发动机中，就像在汽车中一样，催化器将来会从消声器移回到更靠近发动机的位置。催化器单元数将增加到400cpsi。

（14）混合气形成

正常工作温度下的催化器可以在精确遵循化学当

图8.121　发动机附近的催化器位置
［川崎（Kawasaki）ZX10R，亚马哈（Yamaha）R1］

量比（$\lambda = 1$）的情况下可以把98%的废气有害物转化成 CO_2 和水。困难的是精确地遵循 $\lambda = 1$，因此混合气形成的调节和电子控制的喷油装置是必不可少的。只有这样 λ 的波动才能迅速地被调整，检测废气中氧含量的氧传感器的信号作为调节参数。

发动机控制器或者ECU评估氧传感器的信号并且尝试调节喷油量来调整到化学当量比。如果控制算法与气体交换系统匹配，这在稳态模式下非常好。

然而，摩托车的两种运行状态严重偏离理想的稳态工况：

- 起动（冷起动、热起动、再起动）。
- 加速/减速。

（15）起动

如果发动机在冷的状态下起动，同样存在很多不利的条件：

- 氧传感器还是冷的，并且不能工作。
- ECU只能根据发动机温度数据来预调节已经

储存的喷油值。调节还不能起作用。

- 所有的发动机零件也是冷的。

- 在进气行程燃油蒸发是受到严重的限制，这会导致严重的燃油湿壁。因此混合气必须在冷起动状态大大地加浓，以便于发动机能够顺利点火。重要的是，随着发动机温度升高和氧传感器运行正常，让化学当量比快速到达 $\lambda=1$。

- 催化器仍然还是冷的。

- 只要催化器温度在 250℃以下，就不可能或只能进行有限的废气转化。

（16）加速/减速

在正常行驶状态下，由于相对于汽车，发动机明显的动态特性，精确地遵循空燃比是相当困难的。摩托车发动机小的飞轮质量导致非常大的转速梯度，这使得难以确定喷射时刻实际的转速。此外，氧传感器总是只显示上一个循环的状态，这就是为什么 ECU 理论上会有点滞后的原因。如果只以特性场的数值和 λ 调节来工作，则在发动机在突然加速时混合气会变稀薄，在过渡到推力阶段时会过浓。除了操控性问题外，废气转换也存在缺点。为了最大限度减少这些缺点，ECU 包含加速加浓的功能，该功能考虑到了当前的行驶状态和驾驶员的愿望（油门把手位置的变化梯度）。

欧 3 协调会出现一些相互矛盾的目标：

- 增加的单元数量增加了三元催化器的活性表面积，但是也增加了排气背压，这增加了提高全负荷功率的难度。

- 为了快速达到三元催化器工作温度，需要将其放置在离发动机附近，也会造成在高负荷高转速状态下的过热或者在推力状态下混合气过浓。

- $\lambda=1$ 运行和推力切断导致在低负荷范围和在负荷转化阶段操控性恶化。

（17）ECU 应用策略和目标

1）尽可能快的三元催化器加热以达到工作温度。

目标是在冷起动阶段和暖机阶段达到高的排气温度，以便所有吸收热量的零件，特别是三元催化器快速地加热。对此，例如大大地推迟点火提前角，可以使推迟和延缓的燃烧部分地带入到排气过程。另外，在第一个冷起动阶段将混合气调整到很浓，燃烧倾向于进入到排气中。此外，浓的混合气通过空气扫气，在排气冲程后燃，从而导致在催化器中废气温度升高。混合气随着时间和温度函数向 $\lambda=1$ 调节。一旦催化器温度超过 250℃，就会在 $\lambda=1$ 运行状态达到一个高的催化转化率。

2）尽可能长和精确地遵循 $\lambda=1$。

使用新的、热运行状态的催化转化器的废气后处理可以在过量空气系数 $\lambda=1$ 的情况下，将 97% 以上的有害废气成分转化为 CO_2 和水。这种减少不能通过燃烧改善措施来实现。因此必须尝试在动态工况下保持在 $\lambda=1$。在恒速行驶时，这可以通过良好的调节算法来实现。困难的是在冷起动、怠速和加速阶段，这些阶段必须加浓以实现良好的驾驶性。因此，为了这些妥协，加速加浓要必须十分小心地协调。

3）推力切断。

在节气门关闭的推力阶段不应再进行燃烧。因此，正在努力在推力阶段切断燃料供给。然而，从行驶运行过渡到推力运行以及反之亦然的过渡是一个非常敏感的区域。在最低负荷范围内，点火和燃烧缓慢。具有大的气门叠开的高功率设计，很容易发生燃烧非常差甚至失火的循环，这体现在发动机抖动上。在节气门关闭的狭窄区域，燃油喷射的恢复会产生砰砰声和带来驾驶特性的不适。大直径的高功率节气门进一步加强了这种趋势。在低负荷阶段，1°的节气门角度变化可能意味着可用功率的倍增。对于怠速和接近怠速的区域，带有第二个节气门或旁通系统的组件有助于改善驾驶性能。

将来，就像在汽车中一样，在摩托车中将使用 E - Gas 系统。对于 E - Gas 系统，取消油门把手与节流阀之间的机械连接。通过油门把手，电位计记录驾驶员的愿望并将其传输到控制单元（ECU）。在那里，信息被处理，与当前的驾驶情况相比较，位置信息被传递到电子调节的节气门。这样的系统有很多优点：一方面，油门把手的“响应性”可以根据特征场进行存储和更改。这意味着可以根据负荷、转速和速度调整灵敏度。在接近怠速的城市运行中，即使节气门位置的微小变化也会产生巨大的影响作用，可以设置不太敏感的响应，这就更容易获得良好的驾驶性能。在更高的速度和负荷下，可以设置快速的响应特性，从而支持运动型驾驶体验。通过使节气门打开速度与加速加浓相匹配，也可以避免由于喷射量调整不够迅速而导致发动机阻塞而过快地打开节气门。另一方面，E - Gas 系统可以集成到与安全相关的系统中，例如打滑或车轮控制。这样的系统已经在顶级赛车系列 Moto GP 和 Superbike 中得到了非常成功的应用。

（18）蒸发排放

将来，就像在加利福尼亚州一样，仅在美国其他地区和在欧洲，不再仅仅限制废气排放，而是从整体上考察摩托车整个系统。这也意味着必须尽量减少通过油箱表面、油箱盖、软管和所有与燃油相关的部件排放的燃料。

如今，加利福尼亚已经对蒸发排放给出了限值。排放在SHED试验中确定。SHED是一个碳氢化合物密封室（SHED＝用于蒸发检测的密封室，Sealed Housing for Evaporative Detection），摩托车被封闭在其中进行试验，见图8.122。通过确定的试验程序，可以生成不同的车辆状态并测量由此产生的蒸发量。限值为2g/试验。

图8.123示意性地描述了SHED检测流程。

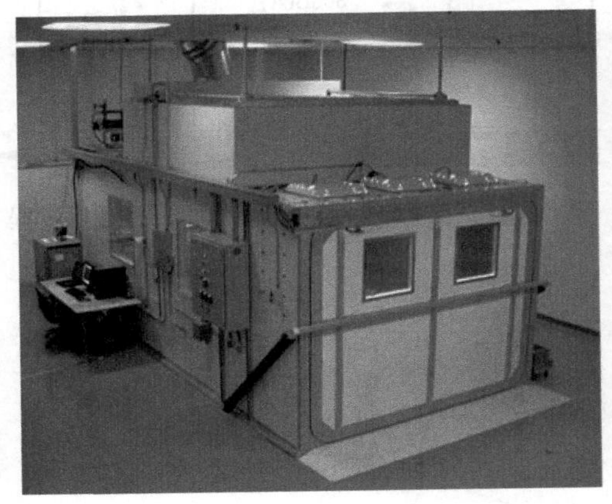

图8.122　SHED试验台架

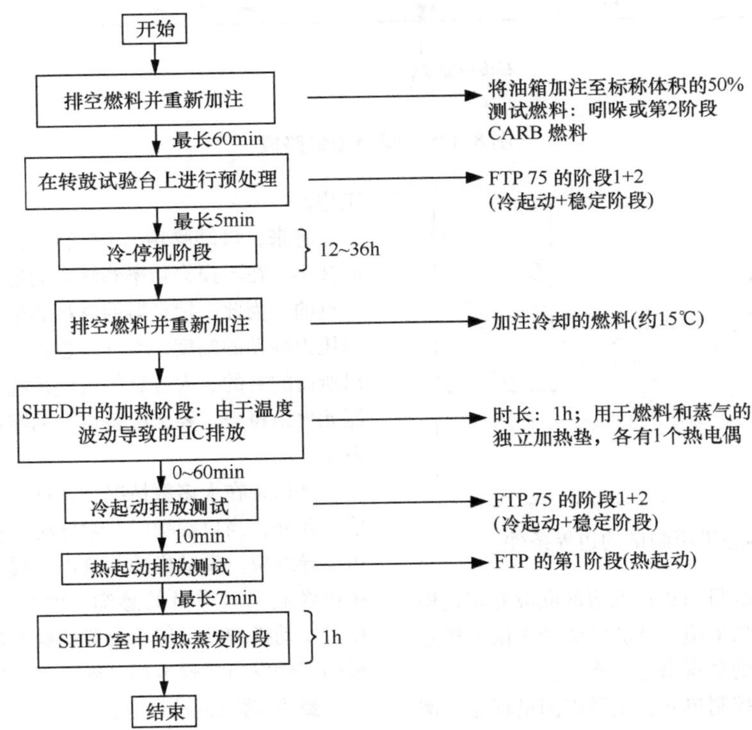

图8.123　SHED检测的流程

8.3.3.2　噪声污染

自1986年起，摩托车噪声排放限值陆续降低。即使尚未确定引入新限值的确切日期和严格测量条件的确切定义，这种趋势仍将继续，见图8.124。

确定噪声的当今的测量方法如下定义，见图8.125。

- 20m长和15m宽的测量道路（ISO－柏油路）。
- 2个传声器相距7.5m，左右两边靠近测量路段。

- 保持 50km/h 速度驶入测试路段。
- 在 2 档和 3 档从 50km/h 起全负荷加速。
- 噪声限值：80dB(A)。

道路许可的车辆没有涉及静态噪声限值。在排气口 0.5m 处 45°方向测量并且记录数值，见图 8.126。

在 2009—2011 年期间可能会成为强制性的加速通过的新的噪声测量方法与上述的先前的方法密切相关。决定性的区别是加速阶段。以前可选的是，测试部分的加速阶段由摩托车的功率重量比来决定。确定

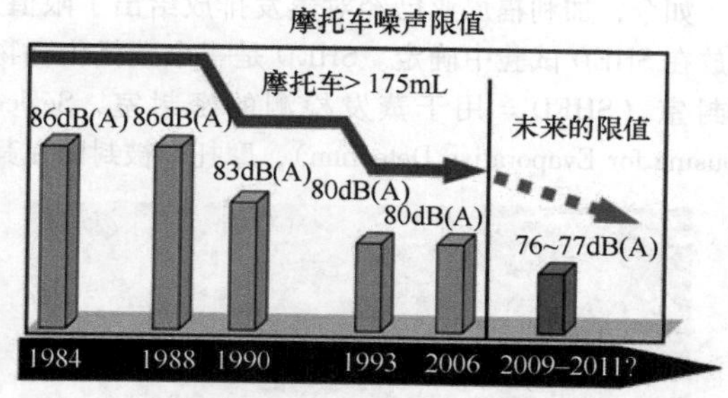

图 8.124　自 1984 年以来噪声限值的发展过程

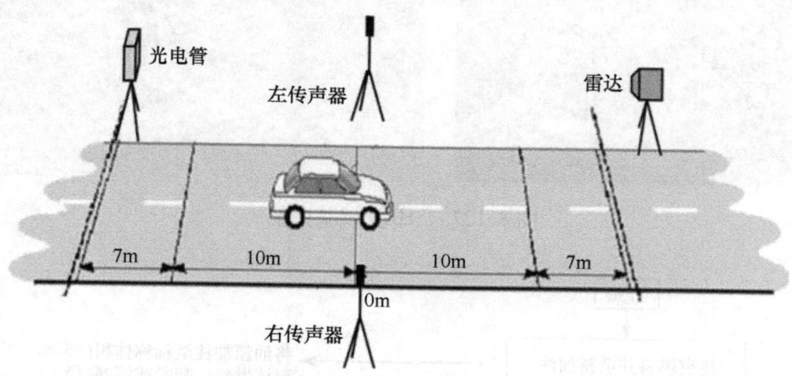

图 8.125　噪声测量路段

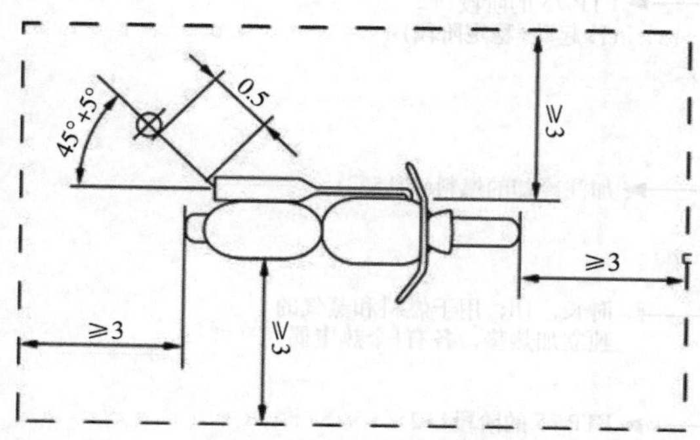

图 8.126　静态噪声测试的边界条件

目标加速度所需的曲线目前仍在欧盟的欧洲专家机构中进行讨论。通过这项措施，欧洲立法者正试图排除制造商通过噪声测试的辨识来进行操控。

过去，不能排除控制单元识别噪声测量程序，例如，在通过测试路段时关闭第二个电子控制节气门，以致加速度和相关的噪声发展很低，在很大程度上关闭的节气门也极大地隔绝了进气噪声。在实际行驶运行状态，噪声水平更高。

另外，由于测量方法的变化，噪声排放的限值将从 80dB 降低到大概 76～77dB。新的限制和更严格的测量方法都需要所有摩托车制造商进行大量的开发工作。

将来，口端噪声（进气和排气噪声）必须要强制减小。在不损失功率和转矩的情况下是很难做到这一点的。为此，消声器的体积必须要大得多。为了减弱压力脉动的幅度，空气箱也将变得更大。大功率输出所需的直的、大容量的进气系统要么必须配备谐振器元件来覆盖，要么配备可变的零部件，例如节流阀系统。

然而，在大多数情况下，这些措施不足以低于限值。此外，当口端噪声非常低时，发动机的噪声就会占主导地位。发动机的节流声、嘎嘎声、摩擦声和咔嗒声降低了对质量的感知。因此，与今天的情况相比，发动机和动力传动装置的噪声排放、滚动噪声和激励部件发出的噪声都必须显著降低。

■ 发动机机械噪声为：

- 曲柄连杆机构。
- 正时机构（齿轮，链，张紧器）。
- 配气机构（气门座，挺杆，摇杆）。
- 主驱动（曲轴传动）。
- 变速器噪声（齿轮边缘）。
- 发动机表面摇摆。
- 振动。

- 自由惯性力。
- 自由惯性矩。
- 燃烧噪声。
- 链敲打挺杆。
- 运转噪声（小齿轮，链轮）。
- 声音传导路径。
- 发动机晃动（发动机布置或者多样化）传递到其他零部件，而零部件将声音辐射出去。

将来，声学家以及 NVH（噪声、振动、舒适性，Noise、Vibration、Harshness）技术人员必须在设计阶段的早期参与，以便与结构强度计算密切合作，将各个组件的振动幅度降至最低。可以在早期避免、中断或抑制可能的声音传播路径。

为了确定各个噪声源在总噪声级中的比例，对需要研究的零部件进行经典的声级测量，并对其余组件进行覆盖。阵列测量技术、激光测振仪或全息术等现代测量方法都可用于支持这一测试。如果使用得当，可以很快地找到显眼的声源。根据所研究的频率范围，一种或另一种测量方法可以成功应用。

8.3.4 赛车发动机

8.3.4.1 用于 GP 的 125 和 250 二冲程发动机

在 125mL 和 250mL 这两个级别中，使用的是样机和小批量生产的复制品。

在 125mL 级别中，最大允许的摩托车重量加上驾驶员，包括整个赛车服等装备，是 136kg。在 250mL 级别中，摩托车本身纯重量限制在最低 98kg。禁止使用含铅汽油。发动机技术是专门为了在整个比赛路段内实现最大功率输出而设计，重量轻，易于集成到底盘中，针对每一个路段、驾驶员，根据气象条件的适应性和可调整性，常使用水冷的单缸和双缸二冲程、配备或者未配备电动或气动排气控制的发动机。气缸的数量受法规限制，在 125mL 级别仅有一个气缸（直到 20 世纪 80 年代末才可以有两个气缸），在 250mL 级别最多有两个气缸。

125mL 级别的发动机功率可以超过 50PS，250mL 级别能够超过 100PS，两种机型转速在 13000r/min 左右，过速时最大可达 14200r/min。因此，根据赛段，峰值车速可以达到 240km/h（125mL 级别）以及 280km/h（250mL 级别），见图 8.127。

图 8.127 GP 250 赛车（Aoyama）

在 250 级别中，部分是 V 形的，部分则是直列的（目前只有 KTM），然而二冲程发动机，每个气缸都需要有自己独立的曲轴箱，“真正”的 V 形发动机，两个连杆是使用一个曲柄销的，因此这是不可能的。发动机特性可以通过偏离最佳质量平衡的两个功率单元的点火偏移来优化。如今，在 250mL 级别摩托车赛车中，常见的点火间隔从第一个气缸到第二个气缸偏移 90°曲轴转角。

力的传递是借助于多片干式离合器（比油浴离合器效率更高）通过爪式切换的六档卡式变速器（无须拆卸发动机即可更改单个档位或传动比），再通过传动链传动到后轮。水泵由电驱动（较小的摩擦损失）或者通过曲轴机械地驱动。曲轴箱也经常处于局部水冷局域。如今，所有发动机都有一个平衡轴，为了显著地减小发动机的振动，这是很有必要的，因为发动机作为承重元件刚性地用螺栓固定在铝制底盘上，如果没有平衡轴，其结果将是车架上的裂缝以及车把和脚凳上的振动，这会使驾驶员感觉不爽。

通过一个或两个（250mL 级别）滑盘式化油器以及借助于电磁阀（动力喷射）或喷嘴在化油器之前或之后的额外的、电子控制燃料供应来进行混合气制备。有了这个额外的调整可能性，发动机可以通过化油器以功率优化的方式有意识地喷射，因为在临界负荷状态下，可以将额外的燃料输送到微量调整的发动机。这有助于避免活塞摩擦或粘连，这对于稀燃的、功率优化的化油器调整来说是不可避免的。这些问题尤其发生在高的转速和小的化油器滑盘开度下，即当活塞顶部几乎没有蒸发冷却和气缸壁上的混合润滑油供应不良时，或者当发动机爆燃时。此外，该系统是一个很好的协调工具，可以在改善弯角顶点的限制区域节气门的打开或加速出弯时提高发动机的驾驶性能。通过一个空气箱进气，一个或多个化油器安置在其中。空气箱会建立一个与车速相关的、能改进充气和使发动机增压的增压压力（恒压增压）。

点火提前角随着转速、滑盘位置（负荷）和部分其他影响特性场的因素而改变，这可以借助于电子的、灵活程序化的点火系统来实现。

数据采集，即所谓的数据记录，记录行驶运行中最重要的测量数据，这些数据对于车辆的协调和改进至关重要，这包括：

- 车速。
- 转速。
- 档位识别。
- 滑盘位置（油门）。
- 排气温度和冷却液温度。
- 空气箱压力和温度。
- 曲轴箱温度。
- 前后轮转速（打滑）。
- 各种底盘的底盘数据。

图8.128作为样例给出了KTM V4－GP1发动机的主要参数。

名称	单位	参数
类型/V形夹角	–/°	V形/75
点火顺序	—	1－4－2－3
曲轴旋转角度	°KW	360
气缸间距	mm	94
缸径/行程	mm	84/44.6
排量	mL	989
连杆长度	mm	96.5
气门/气缸	—	4
进、排气门面积比	—	没有说明
压缩比		14:1
混合气形成		两个喷嘴/气缸
配气机构	—	摇臂驱动，气动气门弹簧
正时机构		齿轮驱动
冷却	—	横流水冷
润滑	—	集成干式油底壳
变速器	—	6档卡式变速器
质量平衡		通过曲柄臂上的配重和反向旋转的平衡轮补偿95%的一阶振荡力，补偿100%平衡轮上的一阶力矩
离合器	—	干式离合器
发动机管理	—	麦克拉伦（McLaren）电子
发动机重量	kg	58

图8.128　KTM V4－GP1发动机数据

8.3.4.2　GP1

MotoGP级别给出了以下边界条件：

- 唯一的样车的排量小于990mL。
- 摩托车的总重量：

2缸和3缸发动机：135kg。

4缸和5缸发动机：145kg。

6缸发动机起：155kg。

- 自然吸气发动机。
- 油箱最大容积24L，2005年为22L。

■ 结构形式

图8.129为在砂型铸件方法中制造的发动机壳体半部的横截面，材料为G AlSi7MgCu0.5。变速器驱动轴的支承也位于该分型面上。壳体的上部分设计为接近顶部的结构（Closed－Deck－Konstruktion），并将所需的轻质结构与提高结构刚度的要求相结合。气缸运行表面根据高的摩擦应力涂有Nikasil。每个气缸组的六个螺栓确保气缸盖/机体上部之间的连接。

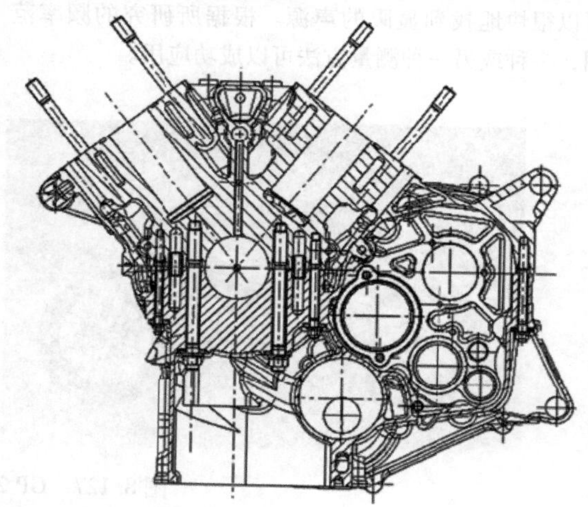

图8.129　KTM V4 GP1的曲轴箱的横截面

由于高的燃烧峰值压力和高转速方案设计引起的惯性力，台板结构与双重拧紧连接以适应高的负荷。优先目标是主轴承通道的刚性设计，以及将来自气缸盖的力流通过曲轴箱上部的螺栓直接引导到底板结构的刚性连接。通过这种方式，可以在全负荷运行时降低表面压力峰值、应力和减小比轴承变形。

在V形缸体中，在带水流导向的机体中实现了以结构设计为导向的集成解决方案的需求。对应于这个结构特征，在缸体下部分安装了吸油泵、油压泵和机械式的油/气离心分离器。另一个摩托车特有的特点是带有集成轴承座的铸造的变速器壳体，作为赛车的快速更换变速器的设计这是一个先决条件。

曲柄连杆机构的核心如图 8.130 所示，由带有三个轴承、由一个实心块加工而成的、带有四个配重的曲轴和气体硝化的主轴承和连杆轴承所组成。由于进气和排气系统的整体协调中的气体动力学优势，采用 360°的曲轴偏移。出色的抗弯和抗扭刚度以及曲柄连杆机构一贯使用的轻质结构确保了高的固有频率，并且是高转速方案设计的基础。

图 8.130 三轴承的曲轴

惯性力和力矩通过曲柄臂上的不平衡和曲轴箱侧面上的两个附加平衡轮来补偿。通过这种布置，平衡了 95% 的一阶惯性力和 100% 的一阶惯性矩。在考虑前两个阶次时，发动机安装点上的总负载相对低于四缸直列发动机，见图 8.131（见彩插）。

气缸盖（图 8.132）由 G AlSi7MgCu 砂铸而成，设计为具有中央火花塞位置的四气门方案。两个凸轮轴具有三个滑动轴承，并还通过滚针轴承额外支撑。机械式燃油压力泵的驱动通过排气凸轮轴集成。气门座圈和气门导管由铜铍合金制成。对紧凑的、燃烧优化的燃烧室、高的压缩比和最大限度地利用气门横截面的需求导致气门略呈径向布置。气动弹簧通过铸造气缸和压力管线集成，以在发生泄漏时提供氮气并提供所需的系统压力。摇臂的支承是通过旋入式轴承座保证的。朝向燃烧室的充气钢环承担气缸盖密封垫的功能，附加的 O 形环用于冷却水流和润滑油流的密封。每列气缸的两个凸轮轴的上支承直接由铣削的铝制气缸盖罩来承载。这种结构上的解决方案可实现极其坚固的凸轮轴支承和紧凑的结构形式。

对要模拟的动力学气门升程的精度的高的要求以及在动态运行中遵循的配气定时的要求导致正时机构的机械设计为齿轮驱动，见图 8.133。配气驱动机构的方案确定以及由此在气门加速度设计中产生的可能

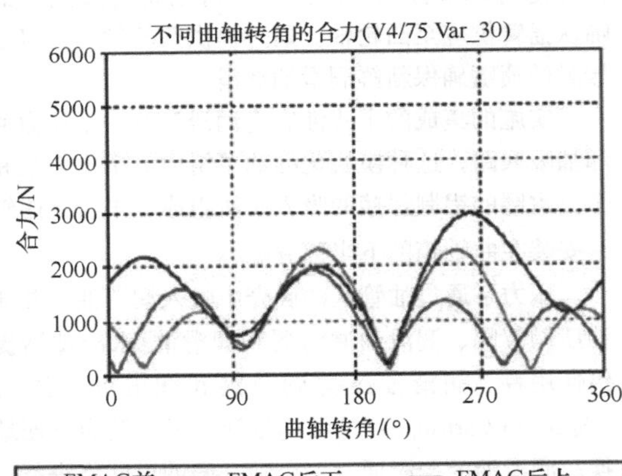

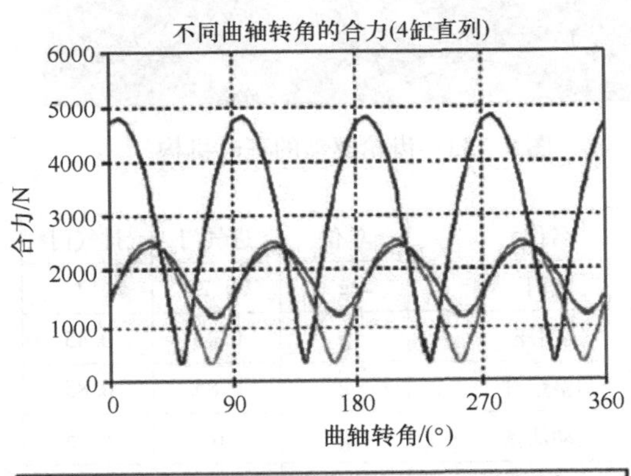

图 8.131 发动机悬置的载荷

性导致高的动态负载。减速级所实施的选择，连同坚固的齿轮结构和与壳体设计相结合，可以在高达 18000r/min 的转速下运行，并且对系统的固有频率具有可观的安全裕度。激励来自凸轮轴转矩的第 1 和第 3 发动机阶数。系统的第一个旋转固有频率约为 1150Hz，对应于 23000r/min 的发动机转速和第 3 发动机阶数的激励。

作为一种不受限制地适用于气体交换的控制方案，对应于赛车发动机的高转速要求，配气机构设计为带有气动气门弹簧的摇臂驱动。其重点一方面是运动学气门升程曲线的自由设计，以优化充气效率的特性，另一方面是系统的机械方面的鲁棒性。

实现理想的气门加速度和配气机构的动态性能导致各个零件质量的减小。气门和气动活塞是由钛组成的，气门座和气门导管是由铜铍合金加工制成，振动质量和重要的配气机构特征值见图 8.134。

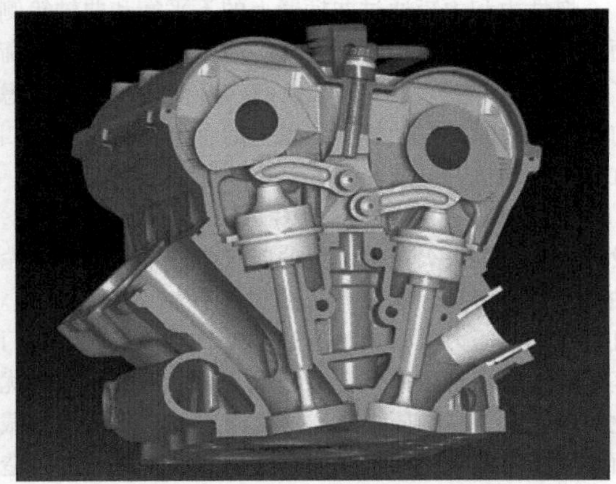

图 8.132　气缸盖

图 8.133　齿轮驱动的正时机构

名称	单位	进气门	排气门
气门	g	19.25	17
气门座	g	0.45	0.45
调整垫片	g	0.85	0.85
气动活塞	g	6	5.35
摆动摇臂部分	g	8.46	8.46
总振动质量	g	35.01	32.11
气门升程	mm	14.5	12.1
最大气门加速度	mm/rad^2	77	62
1mm 行程时的打开时间	°KW	没有说明	没有说明

图 8.134　配气机构的特征值

气动的气门弹簧的使用明显地减小了运动的总质量，同时优化了动态的振动特性。另外的优点是通过改变气动压力来实现弹簧特性曲线的匹配。

图 8.135 描述的是气动系统的布置，作为压力存储装置，一个集成的高压罐（250bar）在 V 形气缸支座中，通过机械式的两级气门和 13bar 系统压力的阻尼器驱动气动缸。这里，氮气如同气动的气门弹簧，与结构设计有关的泄漏损失从低压系统通过节气门横截面与气缸体积相平衡。

图 8.135　气门控制的气动系统

为了优化配气机构的摩擦特性，凸轮轴、气门挺杆都使用 DLC 涂层。新鲜的润滑油是通过接触的喷嘴从摇臂供应至凸轮轴。通过提供凸轮轴与摇臂之间接触的喷嘴确保新鲜润滑油润滑。

实施的集成的干式油底壳润滑配有一个压力回路和抽吸回路，这种模块化的油泵组由一个压力泵和两个由耐磨的铝制焊接的吸入泵所组成，平行于曲轴轴线安装在曲轴箱的下半部分。

压力泵通过油管从油底壳中吸入润滑油，并通过油压调节阀、润滑油滤清器和润滑油/水冷却器提供给使用者。润滑油压力调节阀和润滑油过滤器是“筒式”（Cartridge）的结构设计，可以较为方便地更换。润滑油的分配通过一个独立的油道网络进行，这些油道已根据消耗提供节流横截面，以优化润滑油流量。为了确保在主轴承和连杆轴承中可靠且最重要的均匀地构建油膜，它们彼此分开供油。在这里，主轴承通过 V 形中的油道以及连杆轴承和连杆孔通过曲轴上的油环密封集中供应润滑油。在气缸盖上，除了凸轮轴支承点外，摇臂轴和凸轮与摇臂的接触也通过喷嘴进行润滑。

在变速器中，摩擦的减少同样通过朝向齿轮啮合面的定向喷嘴喷射来实现。

一个抽入泵分别抽空气缸 2/4 和气缸 1/3 的封

闭的曲轴箱，以及气缸盖1/2和3/4的单独抽吸，对此，使变速器腔内的剩余油无压力地流入到油底壳。这种吸取的空气-油混合物在抽入泵的压力侧混合。空气在两个串联的分离器中可靠地与油分离。集成在泵组（图8.136）中并由泵组驱动的第一级设计为机械离心分离器。先前分离的空气轴向逸出，并在小型旋风分离器中再次与小油滴分离。从离心机径向逸出的大部分“清洁”的油流也被送入旋风分离器，以进一步精细分离空气。脱气的油现在通过挡板系统到干油底壳。分离后的空气流回到空气箱。

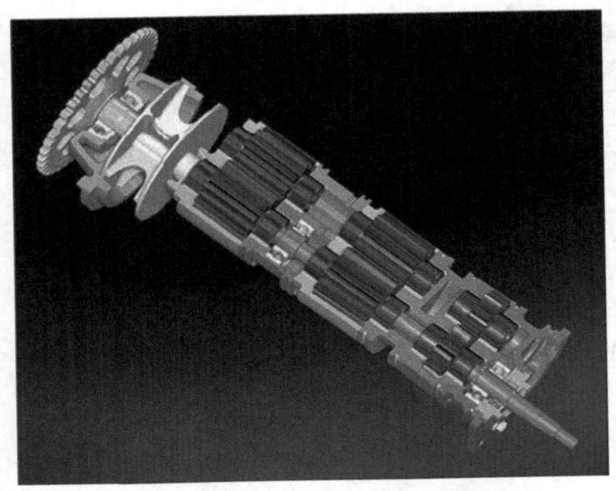

图8.136 泵杆-润滑油系统

为了在进气回路中实现要求的真空调节，需要在气缸盖上布置用于通风的节流截面。

气缸盖冷却回路的基本设计为横流冷却。进入缸套的进水和从缸盖出水的水流按照设计说明书的要点集成在气缸组的V形中。通道横截面和其他水路和水套的结构设计能够对气缸盖中的关键区域进行强化冷却。火花塞区域和排气通道之间的冷却在这里特别值得一提。赛车中的冷却回路通过散热器和水泵闭合，水泵设计为具有三维叶片几何形状的轴向/径向叶轮。

水泵的设计点是确定在额定转速下180L/min和2bar的供应压力。对于在行驶运行的转速范围内，要对流体机械的效率进行优化。

考虑到后备功率的特殊要求和竞速比赛中的动力输出，在每个气缸中配有两个喷嘴，如图8.137所示。混合气成分的气缸选择性和与充气效率的适应性可以实现在整体协调方面一个尽可能大的自由度，因而具有满足驾驶性能标准的大的潜力。驾驶性能标准除了一个“和谐的”全负荷范围外，在本质上也是由部分负荷运行中的动态负荷变化来定义。

在进气通道中，来自Magneti Marelli电磁控制的喷射阀主要在怠速和部分负荷范围内发挥作用。它们能够在负荷变化过程和在动态运行时更快地调整混合气成分。进气漏斗上方的“顶部进料”喷嘴在全负荷运行时使燃料-空气混合气均匀化，并确保提高燃烧效率和增加功率输出。

图8.137 带喷射导轨的节气门体

燃料系统图（图8.138）显示，过滤后的燃油通过电动供油泵和具有预设压力的中间油箱储存在机械式高压泵的上游。这种极其紧凑的齿轮泵由后气缸组上的排气凸轮轴驱动。在目前的开发阶段，压力调节阀将喷射压力调节到12bar左右。

发动机管理系统是与麦克拉伦电子公司合作开发的，是专门为满足赛车要求而设计的。除了特性场控制的喷射控制和点火控制的标准任务外，ECU还处理数据记录、牵引控制和电子气动控制的控制策略。

360°KW的曲轴偏移和75°V角有利于两个相互

分离的排气系统合二为一，如图8.139所示。这种排气路径的优势一方面在于摩托车紧凑的外形尺寸的目标设定，另一方面在于流动技术和气体动力学的规范。每个气缸组点火顺序的对称性大大简化了以充气效率优化为导向的整个系统的调整。由于当前130dBA的声压级限制不需要消声，因此可以实现尽可能低的压力损失。

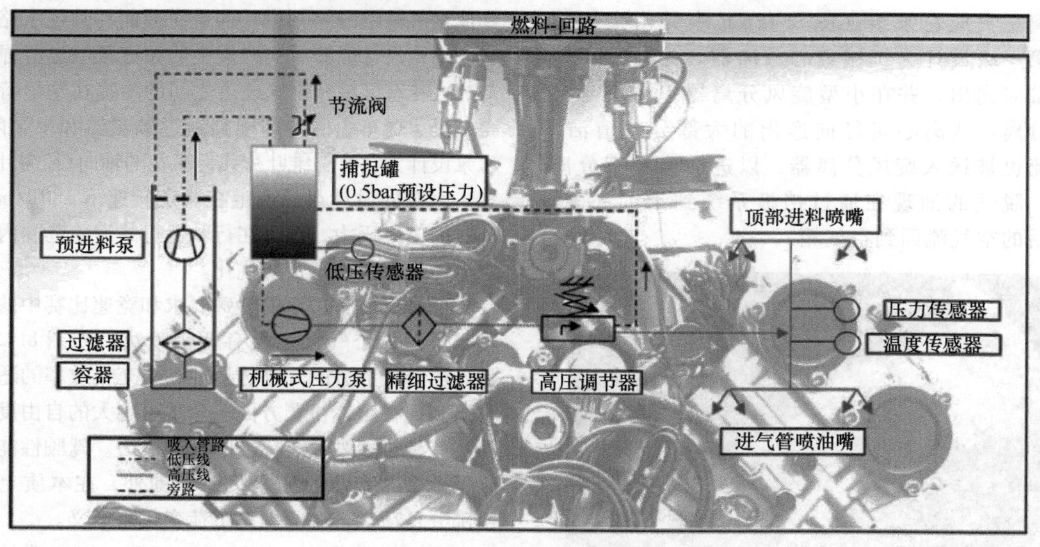

图8.138　燃料系统的原理示意图

图8.139　赛车排气系统

图8.140　带轴承盖的卡式变速器

离合器设计为多片干式离合器。"干式"工作模式排除了额外的温度上升和油的磨损污染。

变速器单元尺寸为可互换的卡式变速器，可以连续变换六个档位。与传统的摩托车变速器不同，换档元件仅位于输出轴上。在这里，换档拨叉与从动换档套筒啮合，并确保各个档位被强制锁定。所有变速器齿轮都安装在滚针轴承上，可以减少换档过程的移动的质量，从而实现更短的切换时间，见图8.140。

8.3.5　特殊应用

8.3.5.1　雪地摩托

最古老的特殊的休闲使用形式之一是20世纪20年代左右在美国发明的雪地摩托，通常也称为Ski－Doo，尽管这是一个术语垄断。1922年，Joseph－Armand Bombardier制造了第一辆雪地摩托"Ski－dog"，由于印刷错误而成为"Ski－Doo"。这些发动机大多是二冲程发动机，因为它们的功率重量比在今天看来似乎仍然无法实现。

与在摩托车中一样，有几个细分市场以及应用。最重要的是山上的路段。顾名思义，这些雪橇是在山区使用的，尤其是在深雪中。在这里，前滑板上的重量起着至关重要的作用。在该细分市场中，提供120PS（88kW）及以上的功率。

所谓的Laker是一种雪橇，用于以尽可能高的速度进行长直线段的运动。冰冻的湖泊是理想的选择，尤其是因为道路平坦。速度超过200km/h，输出功率超过150PS（110kW）。

公用事业部门用于各种领域，例如木材工业、冬季运动胜地的电梯和旅馆的维护、从偏远地区运送事故受害者等。这里使用了许多方案，从40PS（30kW）风冷二冲程发动机到100PS（75kW）水冷四冲程发动机。

8.3.5.2 水上摩托或PWC（个人水上交通工具，Personal Water Craft）

水上摩托是相对较小的、由玻璃纤维强化塑料制成的无船体船只，用于运输一个人（站立和坐着）或2~4人（坐着），用于内陆和沿海水域。

该船只由内燃机驱动。船只由喷水驱动装置（即所谓的喷射泵）推动和控制。发动机没有手动的可切换的变速器。个人摩托具有强大的发动机（有时高达164kW），非常灵活，可以达到很高的速度（可达140km/h）。

例如，一开始，BRP/Rotax的SeaDoo使用雪橇摩托的衍生产品作为驱动装置。然而，更严格的排放法规也要求在这个领域开发四冲程发动机。

船用发动机R－1503来自Rotax 4－TEC系列。该系列发动机用于休闲领域的各个部门，如船、雪地摩托、全地形车和摩托车。它们有大量相同的零部件和相同的技术。4－TEC发动机是轻型、功率强劲的动力装置，采用短行程设计、四气门技术、液体冷却、汽油喷射和创新的、与各个细分市场相匹配的技术细节。R－1503发动机为三缸发动机，排量为1500mL。它符合自2006年以来全球所有船舶排放和噪声法规。

（1）发动机方案设计

坐骑式船只的发动机在船内纵向布置。曲轴通过输出轴直接驱动船只动力装置的喷射泵，见图8.141。由于船只的动态驾驶风格，会有高达45°的极端侧倾倾斜度，但也有向后和向前倾斜，因此对润滑油回路的功能的要求与公路车辆的要求有很大不同。R－1503发动机的润滑油系统为此进行了调整。

还必须考虑船的翻滚（船只倾覆）：发动机保持油密，然后也是可起动的。由于动态驾驶风格，水也会通过通风管道进入船只内部（最大70L），在设计抽吸系统和活塞－气缸套配对时必须考虑到这一点。整个发动机都经过防淹处理（插头、发动机控制、螺钉、铝铸件）。发动机的外形尺寸还应该基于车辆的指定的、符合人体工程学的轮廓。因此，气缸向排气侧倾斜了19°。

发动机的功率发展沿用了船只推进的船用喷射泵的特性，最高转速为7300r/min，与喷射驱动相对应，最大转矩仅在7000r/min时提供。海岸警卫队的规定产生了对新发动机的进一步要求。例如：排气系统的表面温度不得超过90℃，这会导致排气系统“潮湿”。

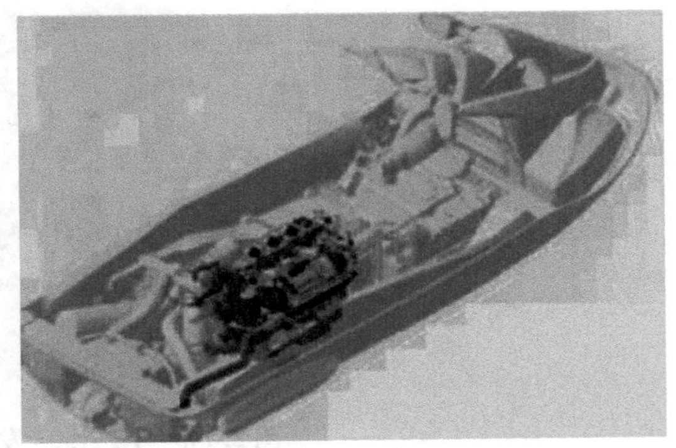

图8.141 发动机布置轮廓草图

图8.142总结了发动机最重要的几何参数。图8.143显示了发动机的纵向截面和横向截面。

名称	单位	参数
排量	mL	1439.8
缸径	mm	100
行程	mm	63.4
行程/缸径比	—	0.634
气缸中心距	mm	110
连杆长度	mm	120
压缩比	—	10.5
配气机构	—	4V SOHC，滚轮摇臂
气门角度/进气门/排气门	°	17/18
气门直径 进气门/排气门	mm	38/31
最大进气门升程	mm	10
进气门开启	上止点前°KW	10
进气门关闭	下止点后°KW	45
最大排气门升程	mm	9.4
排气门开启	上止点前°KW	50
排气门关闭	下止点后°KW	5
气门叠开角	°KW	15

图8.142 R－1503发动机的技术参数（1.5L发动机）

该发动机具有以下设计特点：

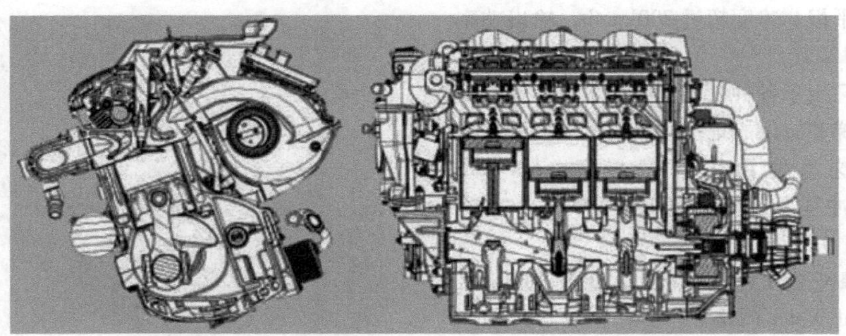

图 8.143　R－1503 发动机纵向截面和横向截面

- 气缸盖，曲轴箱上下部分和排气歧管为铝合金。
- 单顶置凸轮轴（SOHC），通过简单的滚子链驱动，每缸四气门。
- 通过带有液压气门间隙补偿的铝制滚子摇臂驱动。
- 曲轴箱上部由压铸制成，铸入粗铸气缸套。
- 曲轴箱下部采用消失模铸造方法，带有集成的干式油底壳油循环。
- 锻钢连杆，带分离式连杆大头孔。
- 重量优化的活塞，低的火力岸高度，配备三个活塞环。
- 平衡轴，用于补偿一阶瞬时激励。
- 集成防火塑料进气歧管。
- 带有集成式舱底泵、注油颈和窜气（Blow－by）截止阀的铝制油分离器模块。
- 水冷排气歧管。

（2）气缸曲轴箱

气缸曲轴箱由铝制成，分为两部分。上下部分的分型线位于曲轴的中心。开放式顶部结构方式的上部分由 AlSi9Cu3 采用压铸方法制成。为了确保工艺可靠的可铸性，需要注意的是集成尽可能少的功能。另一方面，下部分采用消失模铸造方法和集成油道、干式油底壳油箱以及曲轴室分离。

消失模方法还可以优化壁截面以减轻重量，最大限度地减少加工和装配操作，并确保铸件的精确和一致的质量。出于强度的原因，使用 AlSi10Mg(Cu) 作为材料，见图 8.144。

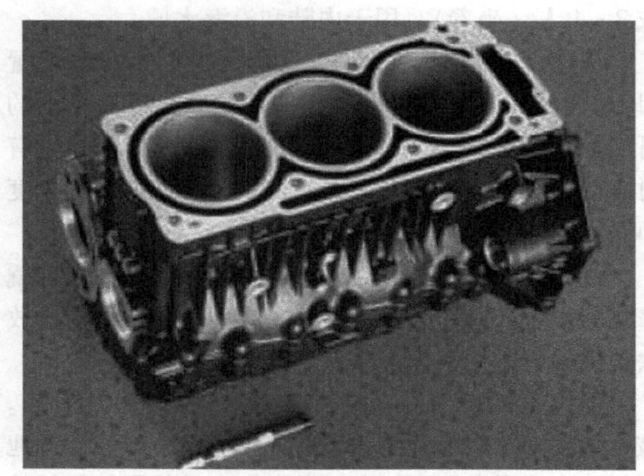

图 8.144　气缸曲轴箱的上部

（3）气缸盖

四气门气缸盖由铝－硅合金重力铸造而成。为了使材料结构均匀化并提高强度，铸件要经过后续的热处理。采用可纵向插入的凸轮轴设计，可以非常便宜地制造一体式气缸盖，见图 8.145。在整个发动机设计过程中，都要注意尽量减少密封接头和泄漏的可能性。链条箱的设计就是一个例子，因为它避免了气缸、气缸盖和正时机构盖之间的三向 T 形接头，见图 8.146。

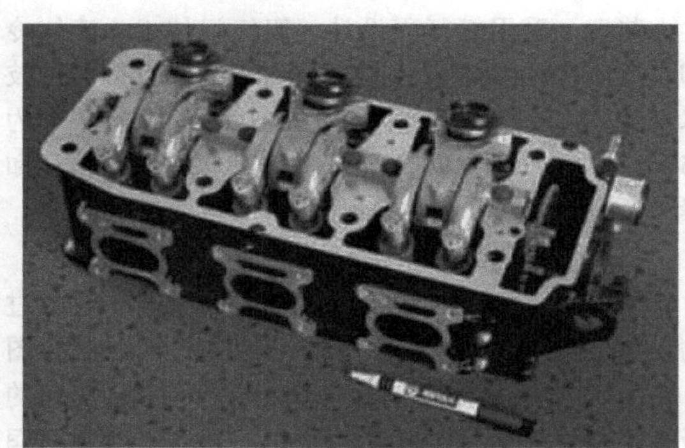

图 8.145　短结构气缸盖

（4）配气机构

配气机构方案设计为单缸和多缸发动机提供了通用零件概念的可能性，以及在发动机的整个使用寿命内免维护的配气机构，而且整体高度较低，见图 8.147。凸轮轴由 C53F 材料锻造而成，并纵向插入气缸盖。

图 8.146 气缸盖上的配气机构侧

图 8.147 紧凑的配气机构

每个气缸通过两个用于排气门的滚子摇臂和一个用于两个进气门的叉形滚子摇臂来驱动气门。出于重量和成本原因，摇臂由材料 AlSi11CU2（Fe）使用压铸方法制成。气门间隙通过布置在摇臂的气门侧端部上的液压补偿元件来补偿。凸轮经过感应淬火；其设计是使用内部开发的计算系统来进行的。

使用 ITI－SIM 仿真程序计算气门弹簧的动态特性。气门升程曲线针对凸轮轴与摇臂滚子之间的接触力以及落座速度进行优化。重量取向的优化确定进气门和排气门的轴直径为 6mm。每个气门使用两个气门弹簧，总转速高达 8500r/min 内都可避免气门颤动。

通过借助于激光测振仪测量气门运动，在零部件测试台上对设计进行了实验性检测。考虑到排气门上的高的热负荷，采用 Nimoni 气门。摇臂支承在一个总轴上，该轴与摇臂预组装并从上方放置在气缸盖上，并用四个螺栓固定。因此，气缸盖的简单且可靠的预组装是可能的。液压平衡元件和凸轮轴轴承通过摇臂轴提供润滑油。

（5）冷却

发动机有一个带节温器调节的封闭式冷却回路和一个用于排气系统的开放式冷却回路。封闭式冷却回路的冷却液流由安装在正时机构盖表面上的水泵供应，并由以发动机转速运行的平衡轴驱动。

塑料水泵壳体承载 87℃ 的节温器和所有软管连接。水泵通过封闭在正时机构盖中的通道将冷却液输送到气缸曲轴箱中。主供给位于发动机的进气侧，副流通过出口侧的附加通道供给，主流通过气缸盖金属垫片上的校准孔进入气缸曲轴箱排气侧的气缸盖。

为了确保高的发动机比功率状态下在气缸盖中的有效冷却，采用交叉流原理。在进气通道上方，冷却液被收集在一个铸造的通道中并输送到节温阀。除了温度、压力和流量测量外，在进行冷却液流的试验开发时，也使用透明快速成型体的光学分析。当节温阀关闭时，冷却液直接输送到水泵的吸入侧。达到开关温度后，越来越多的冷却液流量通过获得专利的、安装在船体上的水－水热交换器而引导回水泵，见图 8.148。

发动机在封闭的船体中的布置和高的发动机比功率使得润滑油/水热交换器成为必要，该热交换器安装在曲轴箱的下部并通过旁路供应冷却液。为了不超过乘船的最大允许表面温度 90℃，排气系统直至第一个消声器都需要一个水套。通过在船上的喷射泵中建立的恒压压力（阻塞压力），淡水流过这个冷却水套（开放式冷却回路）。部分淡水也注入第一消声器以冷却废气。

（6）润滑油回路和曲轴箱通风

骑乘船的运行条件包括发动机全功率和翻滚（船翻滚）时围绕所有轴 45° 的倾斜，并且不得有发动机损坏和润滑油泄漏。针对这些条件开发了一种特殊的干式油底壳油路，其中干式油底壳润滑油油箱集成在曲轴箱的下部。各个气缸的曲轴室完全密封，并通过铸造回流通道连接到润滑油油箱，见图 8.149。

通过活塞在向上行程运动时的泵吸效应将来自曲轴室的润滑油泵送到润滑油油箱。来自气缸盖的回油通过链轴进入正时机构盖中的封闭空间，然后在该处通过舱底泵泵回到润滑油油箱。压力润滑油泵的吸入

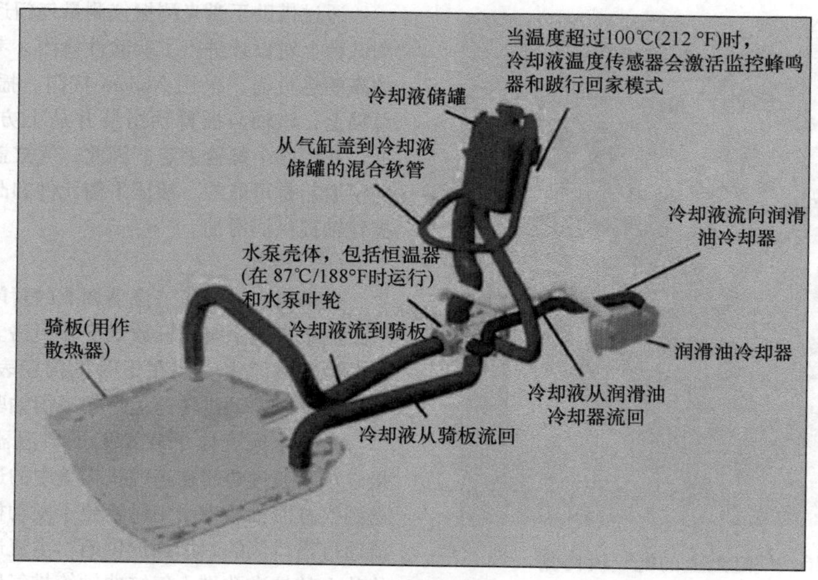

图 8. 148　封闭的冷却回路

点位于润滑油油箱的中心。压力润滑油泵本身安装在正时机构盖内，通过平衡轴驱动。

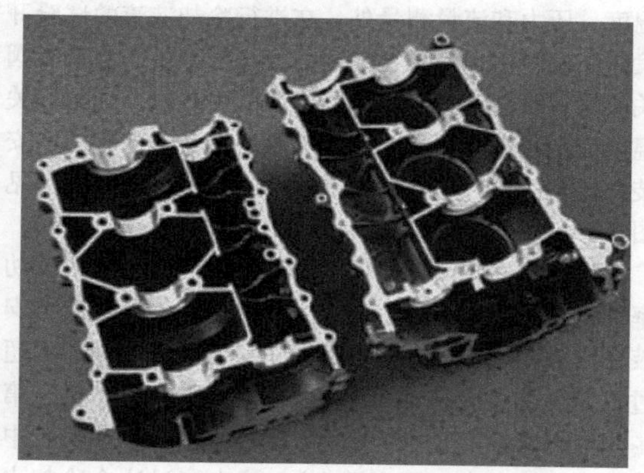

图 8. 149　用于润滑油油路循环的封闭的曲轴室

润滑油滤清器也位于正时机构盖中，可从船的座位的开口处轻松取用。用于活塞冷却以及曲轴和平衡轴轴承的喷嘴由主油道提供润滑油。节流的立管通向液压阻尼的链张紧器、摇臂轴、摇臂中的液压补偿元件和凸轮轴轴承。窜气（Blow - by）与来自曲轴室的回油一起输送到润滑油油箱。从那里进入一个专门开发的专利油分离器模块（TOPS，翻倒保护系统）。

该模块包括一个旋风分离器、注油颈和一个用于窜气（Blow - by）通道的电磁二通阀。当没有电流、发动机停机或翻倒时，该阀关闭从润滑油油箱和窜气（Blow - by）通道到空气箱的所有管路。由此可以防止润滑油泄漏到进气系统中以及从润滑油油箱进入到气缸盖和正时机构室。在阀门出现故障的情况下，油路的功能通过弹簧加载的阀盘来保证。经过油分离器后，窜气（Blow - by）进入进气道。分离后的油液由舱底泵通过节流阀从旋风分离器中抽出，并泵回润滑油油箱。整个系统在主试验台和一个特殊的翻滚试验台上进行调整。

（7）进气系统

在进气系统的研发中有以下规则需要考虑：

- 最小的压力损失以达到所要求的功率。
- 避免从船舱内进水，即使在反复“翻滚”的情况下。
- 根据美国海岸警卫队的规定，在进气总管（腔）中集成阻火器，以防止火焰逸散到船舱内部。
- 遵守法律上的噪声规定并根据运动性标准优化进气噪声的主观感知质量。

空气箱位于船的前部的把手下方。从那里，空气在进气口盖下方吸入，进气口盖用作防溅水保护。获得专利的空气箱两室系统在声学和水分离方面进行了优化，见图 8. 150。为此，在两个标准化的测试中，模拟了连续吸水和单次更大量的吸水（浪涌）。当节流阀完全打开时，分离薄片确保两升水的浪涌被可靠地分离，分离的水通过排水阀进入船舱内部。进气从空气箱通过连接软管输送到节气门，节气门位于两壳体的、摩擦焊接的进气总管的侧面。层状的针织网和穿孔的支撑板用于防止火焰在进气系统（阻火器）中蔓延并促进吸入的水的雾化。

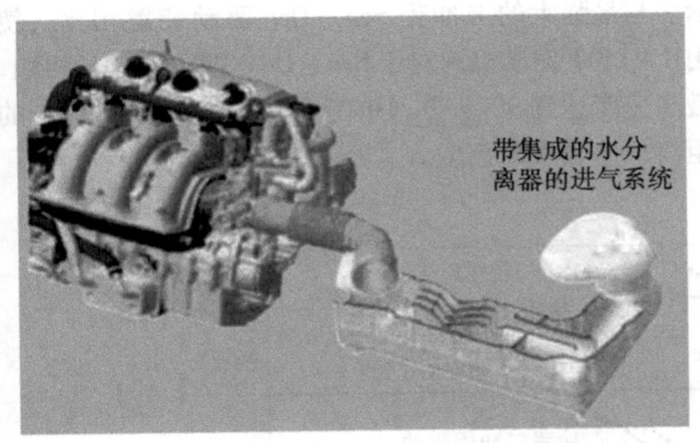

图 8.150 带集成的水分离器的进气系统

(8) 正时机构室

正时机构室包括以下零件和功能：

- 凸轮轴通过套筒链传动。
- 平衡轴通过直齿齿轮传动。
- 由平衡轴驱动压力油泵和水泵。
- 带起动变速器的起动齿圈。
- 交流发电机。
- 带有感应传感器的发动机控制用传感器轮。
- 带花键和可移动输出轴承和密封单元的曲轴驱动。
- 压力油泵和润滑油滤清器。
- 气缸盖和正时机构室无压力润滑油的提取点。

集成所有组件的要求对结构设计提出了很高的要求，而且要求发动机非常短的长度。特别值得一提的是，安装在输出轴上并允许 ±5°偏转的可移动的输出密封件。通过润滑油的供应来保证输出轴上的花键免维护。集成在输出套筒上的螺旋输送机构可防止润滑油在密封单元中的积聚，从而最大限度地降低润滑油外泄的风险。

(9) 发动机电子控制器

为了满足未来排放法规，减少发动机燃料消耗，特别是发动机功率的要求和在整个转速和负荷范围内的发动机的优化的响应特性，与大陆汽车公司（Continental Automotive）合作（以前是与西门子 VDO 汽车合作）研发出了紧凑的发动机电子控制器。

发动机控制系统的主要参数为：

- 16 位微控制器。
- 闪存。
- CAN 和 K 总线通信接口。
- 主动爆燃调节。
- 连续多点汽油喷射。
- 提前点火的气缸顺序计算。
- 主动的怠速调节。
- 基于进气压力和节气门位置相结合的负荷计算。
- 集成防盗器。
- 起动监控（避免发动机运行时的起动过程）。
- 电子转速监控。

所有气缸特定的功能都与曲轴同步处理。所有输入变量都由高度集成的电子元件记录。外部组件由集成的高性能输出级来控制。这种发动机控制的功能符合汽车标准，甚至在某些方面超过了它。防倾翻保护系统（TOPS，Tip Over Protection Systems）的监控代表了一项特殊的船舶要求：发动机控制单元处理来自船舶各传感器的信息，并在发生倾覆时关闭翻滚阀（roll over ventil）以保证润滑油不会泄漏。

发动机控制系统还监控电气部件的功能，如果传感器信号出现故障，可通过紧急操作确保安全继续行驶。发动机控制单元和整个发动机线束牢固地安装在发动机上。这意味着可以交付发动机以准备运行并进行船舶组装测试。通过单个插头连接到船用电气系统。

(10) 发动机声学

从发动机开发之初就要考虑有关主观声音印象的声学要求和船舶的法律规定（以最大速度或 70km/h 进行通过测试）。即使是三缸直列发动机的选择也通过形成 1.5 倍发动机阶数来支持运动型声音特征。通过发电机以及输出侧的凸轮轴和平衡轴驱动装置的布置，这些部件引入船舶驱动装置充当飞轮质量并起到减小扭转振动的作用。

组件的结构刚度尤为重要。通过将润滑油油箱集成到曲轴箱的下部，构成了一个非常坚固的发动机。大型附加部件（如塑料进气总管）的刚度也在激光扫描测振仪的帮助下通过计算或实验进行优化，见图 8.151（见彩插）。

图 8.151 塑料进气总管的表面光洁度

在这些措施的帮助下，发动机在6000r/min 时达到106dB（A），在7300r/min 时达到110dB（A）。它比市场上可以达到好的四缸汽车发动机范围的二冲程船用发动机还低约10dB（A）。

转矩和功率随转速的变化的曲线如图8.152 所示。与最强大的二冲程 Sea - Doo 驱动装置相比，使用R - 1503 发动机，对于Sea - Doo GTX 4 - Tec 船舶，最高速度达到90km/h，并在4.9s 内61m（200ft）的距离加速到最高速度。

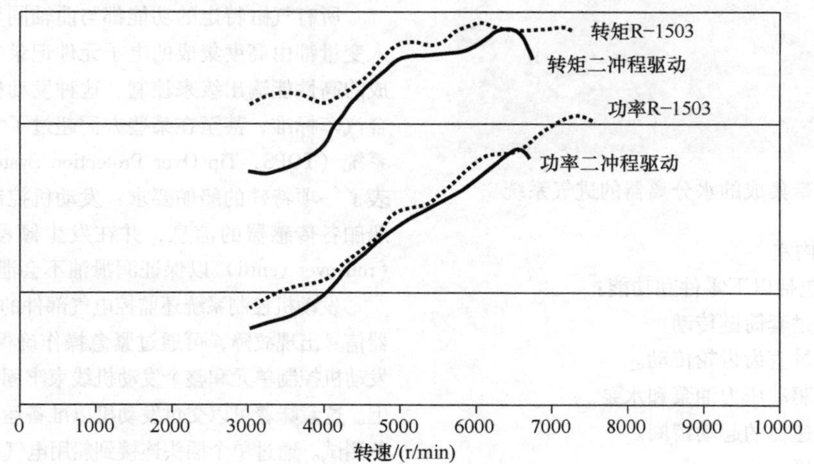

图8.152　R - 1503 与二冲程发动机相比的转矩和功率曲线

8.4　旋转活塞发动机/汪克尔发动机

8.4.1　历史

旋转活塞发动机的历史与菲利克斯·汪克尔（Felix Wankel）这个名字有着千丝万缕的联系，这也是为什么它也被称为汪克尔发动机的原因。他1902年8月13日出生于巴登的拉尔，一生都对机器着迷，但从未接受过任何技术培训。汪克尔不是一个抽象思维的科学家，而是一个与数学关系非常遥远的修补匠："公式困扰着我。"然而，汪克尔成为旋转活塞发动机之父。

1954 年，第一台为车辆设计的带有旋转活塞的四冲程发动机问世。汪克尔设计作为排量50mL 的二冲程发动机的增压器首次亮相，并在1956 年打破了世界纪录：使用NSU 的NSU 发动机，"鲍姆的躺椅"（Baumm' sche Liegestuhl），流线形 - 雪茄形，两个轮子，达到196km/h 的速度。

1957 年，第一台旋转活塞内燃机在实验室运行，并被专家誉为革命性的发展。汪克尔与NSU 共同开发的试验发动机DKM54，1957 年2 月运行平稳，持续了几分钟。直到1957 年底的设计更改后，250mL发动机在17000r/min 时产生29PS 的功率，甚至在短时间内达到了22000r/min。制造了四台发动机，其中一台现在在德意志博物馆。汪克尔与商人欧内斯特·胡岑劳布（Ernst Hutzenlaub）一起创立了专利管理公司Wankel GmbH。这使得汪克尔成为少数几个能够从许可收入中过上无忧无虑的生活直到去世的发明家之一。

1958 年，美国飞机发动机制造商柯蒂斯·赖特（Curtis Wright）加入Wankel，并获得许可制造旋转活塞式飞机发动机。1960 年，第一辆配备旋转活塞发动机的汽车——NSU 的"实验 - 王子"出现在德国的道路上。

1963 年，第一辆Wankel 系列汽车NSU Spider 在法兰克福国际汽车展上首次亮相。它的旋转活塞发动机从500mL 的腔室容积中汲取37kW 的功率。一年后发动机进入批量生产。

1967 年，马自达（Mazda）Cosmo 是第一辆配备双转子发动机的汽车。

1968 年，NSU 制造了带有双转子、1.0L 容积和81kW 的发动机Ro 80。180km/h 的快速前轮驱动的轿车行驶异常平稳，且很容易维修。

20 世纪70 年代初，对许可感兴趣的人在Wankel公司排队等候。Wankel 与戴姆勒奔驰和大众、劳斯莱斯和保时捷、通用汽车和福特、日产、马自达和雅马哈、丰田、美国汽车、克虏伯并和所有主要摩托车制造商签订了合同。授权获利相当可观。

1974 年，困难来了。虽然解决了壳体内表面和密封条上的"颤动痕迹"问题，但旋转活塞发动机可以比往复式发动机更便宜地生产的期望并未实现。

第一次能源危机期间燃料价格上涨和美国更严格的排放法规阻止了汪克尔发动机的进一步发展。通用汽车和戴姆勒－奔驰放弃了成熟的汪克尔项目。1975 年，标致停止了子公司雪铁龙（Citroën）的 Birotor 生产，该公司在 1974 年才刚刚开始生产。两年后，奥迪停止生产由 NSU 接管的 Ro 80。在所有原始授权商中，只有马自达在运动型轿跑车 RX－7 上安装了当今成熟的旋转活塞发动机。在摩托车制造商方面，英国公司诺顿（Norton）在其国产警用机器上坚持使用汪克尔发动机。但汪克尔也不仅为汽车和摩托车行业建造。

1976 年，一台 220kW 功率强劲的旋转活塞发动机推动“嘶（Zisch）”摩托艇以超过 100km/h 的速度穿越博登湖。

1978 年，汪克尔成功地密封了创新的二冲程转子发动机 DKM 78，它明显小于传统的四冲程转子发动机（KKM），且性能更好，油耗更少。

1988 年 10 月 9 日，慕尼黑工业大学名誉博士，Felix Wankel 博士长期患病后在海德堡逝世。马自达汽车公司确保，将继续制造基于汪克尔原理的无气门和连杆发动机。日本人信守诺言，自 1961 年以来，马自达已经制造了超过 200 万台转子发动机，大部分用于 RX－7 跑车。现代 Renesis 发动机为马自达 RX－8 提供动力。

8.4.2 旋转活塞发动机的一般功能方式

旋转活塞发动机的功能方式与所有传统的内燃机完全不同。在传统的往复式发动机中，平移运动在曲轴处转换为旋转运动。燃烧室在一端，曲轴在另一端。曲轴的上下运动以及旋转会产生强烈的振动，必须通过质量飞轮进行补偿。另一个缺点是往复式发动机有许多运动部件，它们承受着很大的压力并受到高度磨损。

旋转活塞发动机没有这些缺点。活塞，也称为转子，在汪克尔发动机中是三角形的，它的三个等长的边是凸的。转子在其三个顶部和侧面（即所有接触表面）处与壳体密封，因此没有气体可以从一个工作室流到下一个工作室。密封元件嵌入活塞的三个角边缘和侧面。汪克尔发动机的密封长期以来一直是一个严重的问题，但是，许多措施已经消除了泄漏。内衬有小碟形弹簧的短圆柱形部件形式的密封销在密封条的端部与侧向密封条会聚。

旋转活塞发动机是一个内轴系统，两个旋转体的旋转轴线的轴线位置平行。活塞在定子中旋转，定子是一个中部略微收缩的椭圆形壳体。当活塞旋转时，三个角与壳体壁面不断接触，使活塞的中心在旋转过程中形成一个封闭的圆。

可以通过多种方式创建构成旋转活塞发动机的基础的外摆线。例如，当在另一个半径加倍的圆上滚动一个圆时，就会出现这种情况。为此，在展开圆内选择的点会被连续标记。基圆的半径对应于从旋转活塞的中心到其拐角之一的距离（生成半径 = R）。所选点（曲线生成点）距滚动圆中心的距离对应于偏心率。如果滚动圆在基圆内滚动，则形成下摆线。如果该点位于滚动圆的圆周上，则相应地形成外摆线或内摆线。滚动圆也可以悬挂在基圆上，例如像内齿圈一样悬挂在较小的外齿轮上，因此可与旋转活塞机械的内轴原理相媲美。

然而，在发动机中实际出现的次摆线与数学生成的曲线并不对应。它向外少量地移动，以便密封条可以遵循次摆线轮廓而磨损更少。等距的尺寸对应于带材圆形顶部的半径。

转子在壳体中偏心移动，使得转子的三个角在每次旋转时始终跟随壳体壁面。在转子中本身有一个带内齿的环形齿轮，它在一个固定在发动机壳体侧面的齿轮上滚动。这种啮合是必要的，以便转子在旋转期间可以通过其内齿在固定的齿轮上总是支撑自己，且同时在偏心轴上施加旋转运动。

在转子的三个侧面与壳体的内表面之间，形成了三个工作空间，其容积在转子的转动期间不断变化。这种功能模式使曲轴和气门变得多余；唯一的运动部件是旋转活塞和偏心轴。这些特点导致汪克尔发动机重量轻、安装尺寸小。

在旋转活塞发动机中，转子是产生动力的部分，偏心轴是传递动力的部分。偏心轴相当于汽油机的曲轴。活塞环齿轮和固定小齿轮的齿比为 3:2，因此活塞以偏心轴角速度的三分之二旋转。在使用双转子汪克尔发动机时，通过 180°偏移的偏心轮比只有一个活塞的版本运行更平稳。三转子旋转活塞发动机在平稳运行方面可与八缸往复运动活塞发动机相媲美。通过以这种方式排列更多的发动机单元，可以以较少的结构花费和较小的发动机尺寸获得高的功率。

普通的四冲程发动机在一个工作循环中需要活塞上下两次运动，而旋转活塞发动机通过旋转活塞的一次旋转来完成所有四个冲程，几乎不会出现不平衡力，因为活塞的重心围绕旋转轴线移动一小段距离，因此活塞是动态平衡的。

8.4.3 四冲程原理

旋转活塞发动机的工作方式对应于四冲程汽油机的原理。由于转子的三个角始终与定子壁面接触，因此会产生空腔。当活塞旋转时，它的三个边缘与壳体壁面形成三个容积可变的腔室（A、B、C），其中在活塞旋转一周期间发生一个完整的四冲程过程，就像在汽油机中一样，包括进气、压缩、点火和排气。槽形式的入口和出口在活塞旋转过程中由活塞本身打开和关闭。由于活塞叠加的圆周运动和旋转运动，月牙形的腔室改变了它们的体积。因此，在三个腔室中总是同时进行四分之三的工作冲程，并且在活塞每完成一次旋转后，发动机已经完成了三次完整的四冲程奥托过程。

（1）第一行程（吸气）

一旦转子的一个角扫过进气槽，汽油－空气混合气就会流入下一个腔室，由于转子的运动，腔室容积会增加。

（2）第二行程（压缩）

随着转子的进一步旋转，混合气所在的腔室的体积减小，其结果是其中的燃料－空气混合气被压缩。

（3）第三行程（点火）

点燃压缩混合气。通过燃烧导致燃料－空气混合气膨胀并旋转活塞，进而驱动偏心轴。

（4）第四行程（排气）

转子的第一条密封条扫过出口槽并将其释放。这个工作循环同时在所有三个腔室中进行。因此，活塞每转一整圈就会发生三次点火。这意味着旋转活塞发动机的转矩曲线比单缸汽油机的转矩曲线要均匀得多，单缸汽油机曲轴每转两圈只有一次点火。

8.4.4 乘用车 Renesis 的旋转活塞发动机

尽管具有众所周知的优势，但在汽车领域，只有日本制造商马自达坚持使用旋转活塞发动机的原理。现代的发动机用于 RX－8 跑车，被称为“瑞尼斯（Renesis）”，如图 8.153 和图 8.154 所示。Renesis 这个名字由 Rotary Engine RE 的缩写和创世纪的故事组成，意在说明马自达重新设计并革新了众所周知的转子发动机结构设计形式。

Renesis 是马自达在 1995 年东京车展上推出的 RX－01 概念跑车上的 MSP－RE（多侧端口转子发动机，Multi－Side－Port Rotary Engine）转子发动机的改进版。Renesis 在基本结构设计特征上与传统的旋转活塞发动机有着本质上的差异。在传统的旋转发动机中，排气通道通常安置在次摆线壳体上，位于定子的侧壁上，如图 8.155 所示。这种布置避免了排气通道和进气通道开口的不希望的重叠，从而显著地提高了效率。此外，进气口比以前的结构设计大 30%，打开时间也早得多（图 8.156）。作为回报，几乎两倍大且流动阻力较小的排气打开会在稍后释放，从而延长排气行程，并且显著地改善了热平衡。

图 8.153 马自达 Renesis 的剖面图，与传统的转子发动机不同，Renesis 提供侧面进气口和排气口

名称	参数	
变型	STD 功率	大功率
类型	转子活塞，2 转子	
排量	每个转子 654mL	
混合气制备	电磁泵	
压缩比	10:1	
点火	全电子	
最大功率	141kW/7000r/min	170kW/8200r/min
最大转矩	220Nm/5000r/min	211Nm/5500r/min
燃料	RON 95 无铅汽油	
排放标准	欧 4	
冷却方式	水冷	

图 8.154 马自达 RX－8 的 Renesis 发动机数据

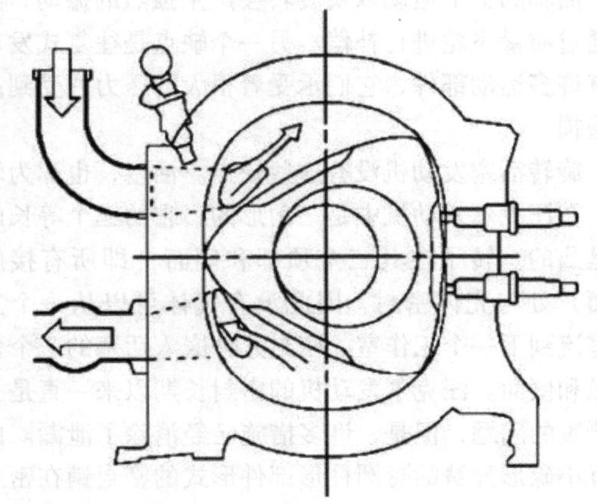

图 8.155 排气通道的布置

8.4.4.1 侧面排气

马自达采用在壳体侧面布置排气的方式。

在 Renesis 发动机中，进气通道和排气通道均不

穿过夹套，即沿圆周。圆周进气高功率的优点被它的大的重叠和滑动弯曲的缺点所抵消。侧面排气、进气和排气不重叠、无滑动抖动、更好的混合气制备和更简单的转子油封是其优点。充气效率较低的缺点可以通过进气路径和槽参数的精确设计来补偿。NSU 的工程师汉斯－迪特．帕施克（Hanns－Dieter Paschke）在20世纪50年代后期已经指出了侧向排气技术的优势。然而，侧面排气技术的量产直到现在才通过使用陶瓷端口衬里成为可能。端口衬里是定位在铸造厂模具中并用液态铝浇铸的陶瓷嵌件。其基本材料是钛酸铝，即氧化铝和二氧化钛的化学计量混合相。该材料的主要特性是低的导热性、非常低的热膨胀系数以及相关的非常高的耐高温性和孔隙率。孔隙率对于发动机结构的使用至关重要。它是由冷却的特殊性引起的，其中会产生临界内应力，从而导致形成微观上的小裂缝。加热时，材料中的裂缝会再次部分愈合。Renesis 发动机上使用端口衬里来包裹侧面排气通道。由于陶瓷导热性差，因此只有一小部分废热散发到侧板。相反，绝大部分热量被带入外置的排气通道。这个想法听起来很简单，但迄今为止，还不可能以这样一种方式加工铸铁中的热应力陶瓷部件，使其在发动机的整个生命周期内保持在原位而不会出现任何问题。马自达现在成功了。

定子的运行表面由铬－钼合金制成。钼是少数不会出现颤振痕迹的材料之一。尤其是在早些年，由波峰条的摩擦振动引起的运行表面上的这些波纹状磨损迹象是旋转活塞发动机的典型弱点。衬套本身由铝铸造而成，运行表面后面的壁面是朝向承载冷却液凹槽的厚壁。与实心肋条一起，这导致了纵向上良好的刚度。运行表面只有四个小孔：两个用于火花塞，两个用于向密封条提供润滑油。润滑油供应同时具备两个功能。它是润滑所必不可少的，同时又确保密封性。用于润滑活塞角边缘密封件的润滑油直接涂在燃烧室的内壁上。通过选择较短的润滑油路和合适的喷嘴，Renesis 使用的润滑油油量仅为传统旋转活塞发动机的一半左右。上部火花塞通过喷射通道点火，如图8.157所示。下部火花塞位于压力平衡点，各个腔室之间的压力几乎相同，因此不需要喷射通道。

8.4.4.2 可变的进气控制和电子节流阀

旋转活塞发动机通常在次摆线壳体的外侧各有一个排气通道。然而，Renesis 的每个转子都配备了两个侧面排气，每个排气的横截面都是传统排气截面的两倍。这种配置不仅改善了废气的流动，而且还允许延迟打开排气通道。进气比以前版本更早打开，而排气则更晚打开：其结果是更长的点火行程和更高的热效率，两者有利于减少燃料消耗。

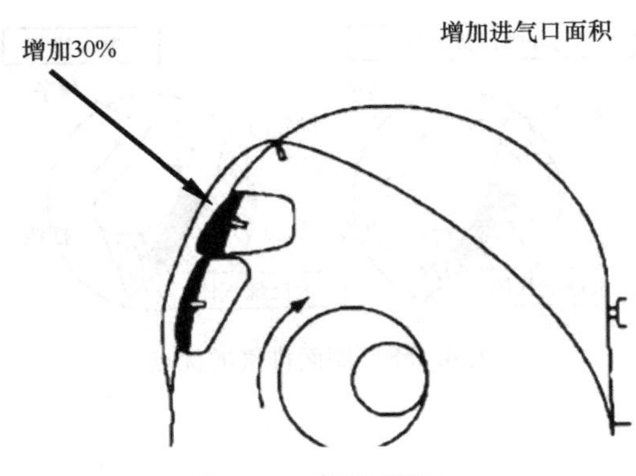

图8.156 进气开口

图8.157 发动机缸体剖面图

与前代产品相比，燃烧室凹坑变深，使得燃烧室明显地更加紧凑。此外，Renesis 的侧面排气可防止来自燃烧室的未燃的碳氢化合物在排气打开时从出口逸出。相反，残留气体被带到下一个燃烧循环并燃烧，从而大大地减少了排放，如图8.158所示。新型的燃料－润滑油密封系统包含分离阀，专为侧面排气配置而设计。几乎密封的密封件显著地改善了功率、燃料消耗和排放。

Renesis 使用可变的 6PI（六端口感应，Six Port Induction）进气系统，两个转子中的每一个各有三个进气口（图8.159）。电动机驱动每个转子进气通道中的旋转滑阀，它们利用进入空气的动力学进行增压

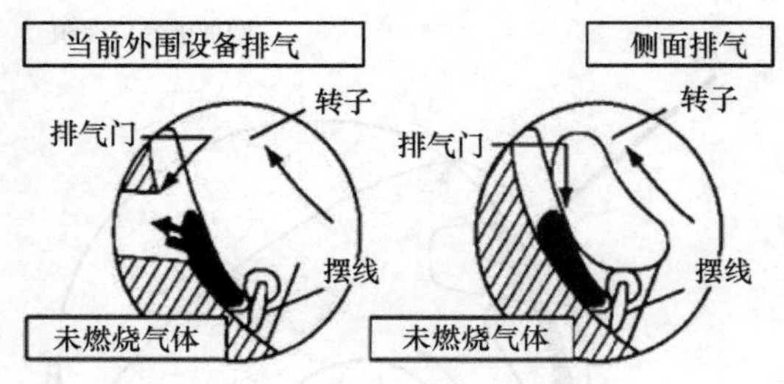

图 8. 158　侧面排气的优点

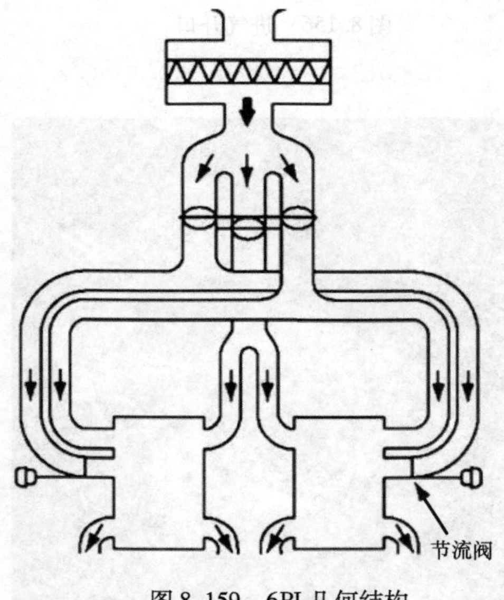

图 8. 159　6PI 几何结构
（六端口感应 Six Port Induction）

并提高充气效率。此外，Renesis 有一个电子节流阀，可以执行来自发动机控制单元的命令。这可以实现对气门最高精度的和直接的控制。最后，新开发的塑料进气管更轻，设计用于优化流动特性，以将空气阻力和进气损失降至最低。

Renesis 拥有新型的喷嘴，可将燃料雾化得超级细。小型高功率火花塞可确保更好地点燃混合气。这种超细雾化和强劲点火的结合导致几乎完全燃烧从而直接提高效率和降低排放。双壁排气歧管使排气温度保持在较高水平，从而以这种方式缩短两级催化器的冷却阶段。

新的扁平的湿式油底壳润滑系统有一个只有 40mm 深的油底壳，这只是迄今为止常用的旋转活塞发动机的一半。旋转活塞发动机的一大优点是偏心轴高于往复式发动机的曲轴，即高于油底壳，因此没有摩擦损失。此外，泵损失低于干式油底壳润滑。此外，该系统通过特殊形状的冲击室控制油流，并确保在极端横向加速期间油不会聚集到一侧。在成本、重量和可靠性比较之后，马自达放弃了干式油底壳设计的尝试，转而选择了所选的解决方案。因此，整个动力总成以及车辆的重心都可以降低，从而将弯道中的转动惯量降低多达 15%。

侧面排气的技术在声学上也令人印象深刻。与带有外围排气通道的转子发动机不同，Renesis 在高频区产生清晰透明的噪声，在低频区产生铿锵有力的声音。因此，Renesis 不仅具有极其均匀的动力输出，而且听起来完全符合人们对跑车发动机的期望。涡轮增压器的实施也是可能的。

旋转活塞原理也有条件地适用于柴油机。大约 1:12 的最高压缩率对于压燃式发动机来说是不够的，但柴油机在增压和辅助点火的情况下是可能的。

8.4.5　氢旋转活塞发动机

以氢作为旋转活塞发动机驱动能源的课题正处于实际测试阶段。已在 20 世纪 70 年代初期在 NSU 进行了第一次有效的试验。1991 年，HRX 发动机系列中的第一台出现了。如今，采用氢直接喷射的双燃料 Renesis Hydrogen 旋转活塞发动机在马自达 RX－8 Hydrogen RE 中运行，如图 8. 160 所示。

尤其是在使用氢运行时，旋转活塞发动机提供了额外的优势。与传统的往复式发动机不同，转子发动机具有用于进气和燃烧行程的独立腔室。这使其在使用氢时具有固有的结构方面的优势。火花塞和喷嘴的分开布置也具有优势：由于氢气的密度非常低，氢旋转活塞发动机每个转子使用两个喷嘴，在进气行程中直接喷射氢，以获得燃烧所需的最佳氢的量，以实现最佳燃烧。在普通的往复式发动机中，仅出于空间的原因，这几乎是不可能的，因为进气门和排气门、喷油嘴和火花塞必须共享空间。此外，氢气不会像往复式发动机那样在仍然很热的部件上发生自燃：压缩和燃烧过程空间上分开在不同的腔室中进行，通过直接喷射，氢可以安全地引入到相对“凉爽”的进气室中。

旋转活塞发动机的偏心轴每个做功行程旋转 270°，而传统活塞发动机的曲轴仅旋转 180°，这促进了氢气和空气的彻底混合，同时混合气具有高的流动强度。当使用汽油运行时，发动机与带有侧向喷油器的传统系统一起工作。

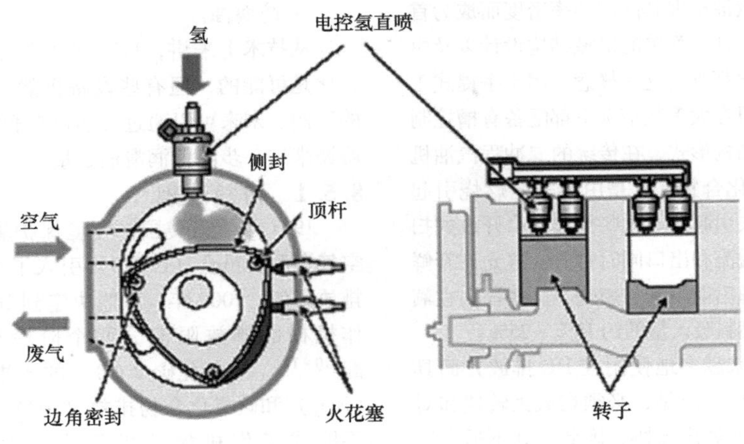

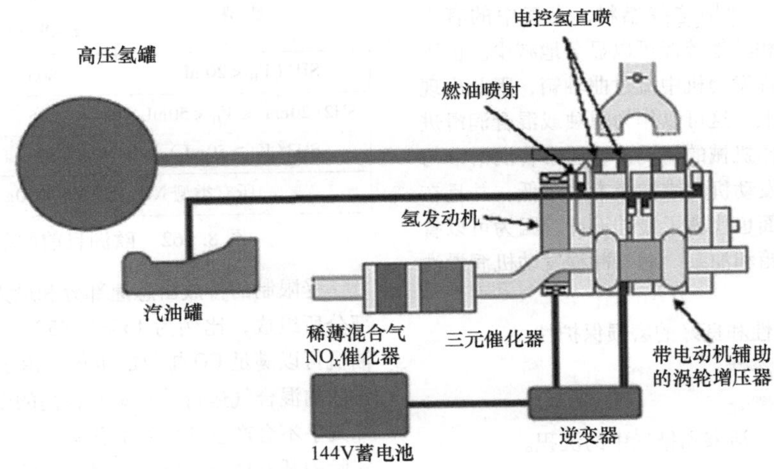

图 8.160 马自达 RX－8 Hydrogen RE

8.5 手提式工作机械用小排量发动机

传统上，具有最高功率密度的最小重量是链锯和电动工具（例如绿篱修剪机、割灌机、鼓风机或切割机）中小型发动机的最重要标准之一，因为用户必须持续承受工具的重量，如图 8.161 所示。在大多数应用中，对设备的位置无关操作也有重要要求。

用于驱动手提式工作机械的内燃机通常是风冷单缸汽油机。隔膜式化油器用于混合气的形成，与浮子式化油器相比，它可以在所有位置运行。排量范围在 20～125mL 之间，功率在 0.6～6.0kW 之间。其中，根据应用，在运行范围可达到 6000～15000r/min 的最大转速。对发动机的其他基本要求是高功率、紧凑性、可靠性、低维护、低成本、长寿命和良好的操控性。

图 8.161 手提式工作机械的典型应用

原则上，二冲程和四冲程汽油机都可以用于手提式工作机械，但二冲程汽油机因其高的功率密度而成为首选驱动装置。高的可靠性、简单的机械结构设计以及由此产生的良好的性价比都支持这一概念。用于手提式工作机械的二冲程汽油机在大多数情况下都配备有槽控制和反向扫气。由于其结构形式，在传统的二冲程汽油机中会排放未燃的碳氢化合物，这是由不完全燃烧引起的，尤其是由扫气损失引起的。这些损失是由开放式扫气过程造成的，其中溢流和出口同时打开。这允许新鲜混合气直接通过出口逸出而不参与燃烧。这些损失在额定工况点时，相当于燃料吸入量的约 15% ~25%。

近些年来，已越来越多地使用在 HC 排放方面具有优势的四冲程汽油机。但是，必须在最大转速和对所有情况的适用性方面做出妥协，因此它并不适合所有应用。

除常规汽油外，还使用所谓的设备汽油（烷基化燃料）作为燃料。使用这些燃料，废气中的有害物质，例如由于苯和其他芳烃可以显著地减少。由于新鲜混合气在二冲程发动机中流过曲轴箱，因此出现了损失润滑。原则上，这可以作为单独或混合润滑进行，但在手提式工作机械的情况下，通常将润滑油与燃料混合。因此，发动机的维护成本非常低，并且在重量和安装空间方面也代表了最佳设计，因为可以省去额外的润滑油油箱和油泵。对二冲程发动机润滑油提出以下要求：

- 良好的润滑性和良好的磨损保护性。
- 与燃料的混溶性。
- 少烟、清洁燃烧。
- 防止燃烧室、活塞和排气中的沉积。
- 不易炽热点火。
- 防止火花塞磨损和沉积。
- 催化器相容性。
- 防腐蚀。

从技术上来讲，1∶50 的润滑油与燃料的体积混合比是可能的，但有些设备仍然需要如以往的 1∶25 的比例。未来可以通过发动机与润滑油的有针对性的协调来进一步降低润滑油含量。

8.5.1　排放法规

1997 年，在美国，环境保护署（EPA）和加州空气资源委员会（CARB）引入了手提式工作机械的排放限值。2000 年，欧盟决定到 2010 年将手提式工作机械的排放限值分两个阶段与 EPA 限值相匹配[10-12]。一氧化碳（CO）的比排放以及氮氧化物（NO_x）和碳氢化合物排放（HC）的总和受到监管。手提式工作机械的极限值分为三个排量等级。图 8.162 显示了欧洲当前有效的限值。

类型	CO/(g/kW·h)	$HC+NO_x$/(g/kW·h)
SH1（V_H<20mL）	805	50
SH2（20cm³≤V_H<50mL）	805	50
SH3（V_H≥50mL）	603	72
所有类型 NO_x 都限制在 10g/kW·h		

图 8.162　欧洲目前的限制值

受限制的排放由怠速部分和最大功率时的全负荷部分所组成，比例为 15%：85%。传统的二冲程汽油机可以满足 CO 排放的限值。由于这些发动机以非常浓的混合气运行并且具有很高的残余气体含量，因此几乎不会产生任何氮氧化物，因此符合 HC 限值是实际的开发任务。欧洲的 10g/kW·h NO_x 排放限值对于四冲程汽油机而言是一项挑战。图 8.163 显示了排量小于 50mL 发动机的 HC 和 NO_x 总限值的发展。

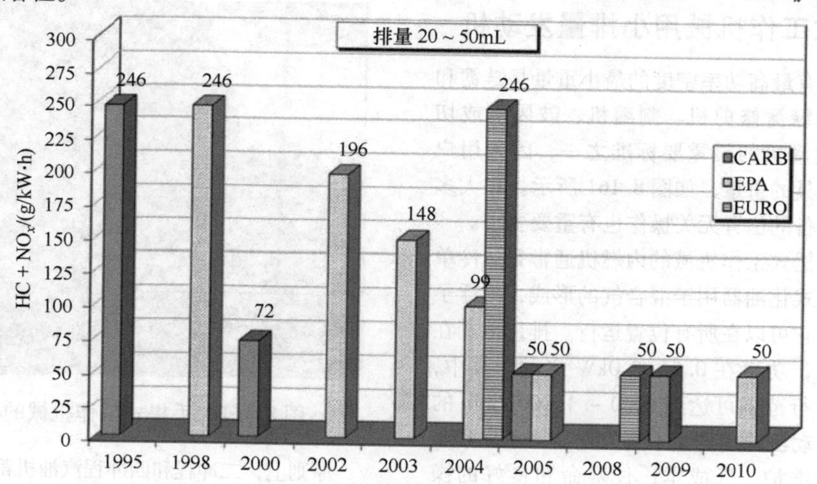

图 8.163　手持式小型发动机 $HC+NO_x$ 排放限值随时间的发展

由于欧洲对所有产品的限制值都非常雄心勃勃，因此收紧在那里的影响特别大。相比之下，加利福尼亚州和美国的立法允许在具有相同限制的情况下的使用信用系统和排放交易选项的整个产品系列进行平均。除了美国和欧洲的先驱者外，其他国家已经计划或已经制定了手提式工作机械的排放法规。

8.5.2 减少废气排放的措施

8.5.2.1 四冲程发动机与二冲程发动机的比较

通过使用四冲程发动机，与传统的二冲程发动机相比，可以实现更低的排放。由于这些发动机需要油底壳进行润滑，因此许多手提式工作机械所需的与位置无关的运行只能在有限的范围内得到保证。图8.164显示了用于手提式工作机械的四冲程发动机的结构。然而，在废气排放和燃料消耗方面的优势被一些劣势所抵消。例如，由于阀门控制，需要更多的组件。除了更高的生产成本外，这些额外的部件还需要更多的维护费用。此外，某些应用（例如电锯）所需的最高转速达到15000r/min在经济上并不可行。

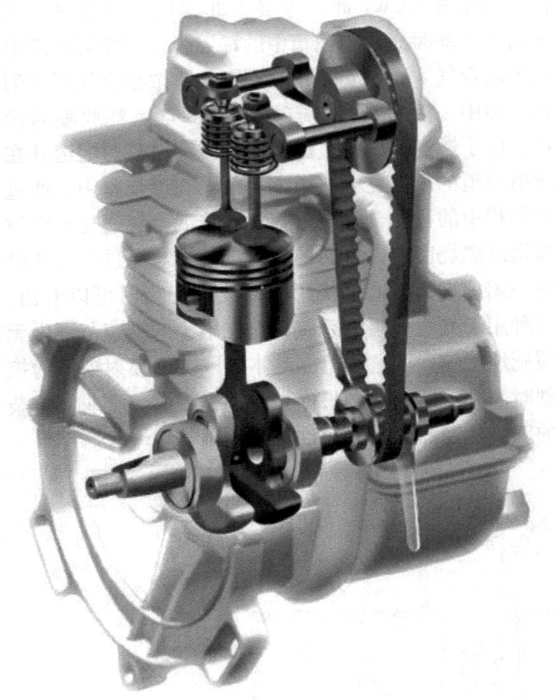

图8.164 小型四冲程发动机[13]

通过使用混合润滑，四冲程汽油机也可以不受限制地在任何位置运行[14-16]。例如，通过气缸盖中的旁通通道，发动机中的一部分汽油-润滑油混合气可以通过配气机构输送到曲轴箱，从而保证润滑。

另一种可能性是将所有新鲜混合气吸入曲轴箱，就像在二冲程发动机中一样，然后通过配气机构将其输送到燃烧室。在这两种变型中，无须检查润滑油油位或更换润滑油。此外，还可以省去油底壳、油泵和滤油器等部件。因此，该发动机的重量仅比同类二冲程发动机略重。图8.165显示了这种在气缸盖上有一个旁通通道的发动机的结构，除了更高的制造成本外，四冲程发动机的附加部件也需要更多的维护费用，例如检查气门间隙。

对于10000r/min的最大转速就足够的应用领域，四冲程发动机，特别是混合润滑的四冲程发动机，是一个很好的替代方案。

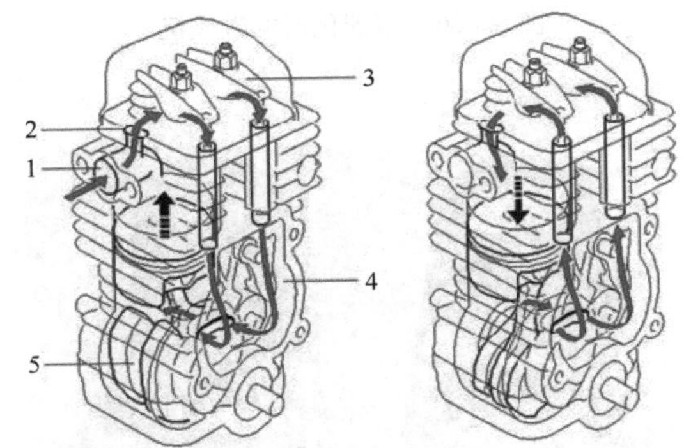

图8.165 混合润滑的四冲程汽油机

8.5.2.2 催化器

二冲程汽油机的HC排放可以通过废气后处理从机外减少[17,18]。尽管发动机通常以浓混合气运行，但由于气体交换过程中的扫气损失，废气中含有氧，这可以借助于催化器用于氧化碳氢化合物。但是，该反应导致催化器中释放出大量热量，这与发动机功率的数量级相同。因此，尤其是在手提式工作机械的情况下，消声器需要非常复杂的隔绝。此外，出于安全原因，这些设备的外部温度在某些州受到限制。催化器还提供了相比于相同尺寸的消声器更高的排气背压，从而增加了发动机的负荷。如果催化器的转化率降低或只有部分废气通过催化器，则可以减少此类问题（见图8.166）。

8.5.2.3 谐振增压

对于带有二冲程汽油机的手提式工作机械，由于空间原因，迄今为止仅使用了一种特殊形式的谐振排气装置[19]。与谐振排气传统的变型相比，它仅由一根管道组成。

从图8.167可以看出带附加谐振管的消声器的内部结构。从管道到消声器的气体传输通过节流来实现。压力波穿过管道，在末端反射，并以调谐转速将扫气末端出现的新鲜混合气推回气缸。由于没有反

图 8.166　带催化器的鼓风机

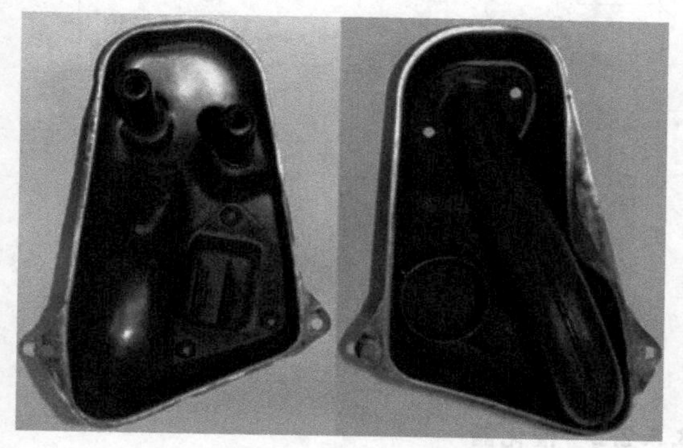

图 8.167　谐振增压的系统设计

推，最佳效果只出现在极窄的转速范围内。对于这些版本，转速依赖性比传统的谐振消声器强得多，如同它们在两轮车领域那样众所周知。此外，所需的空间相当大。因此，该方法适用于对空间敏感度较低且运行范围受限的发动机设备。

8.5.2.4　充气分层

充气分层在减少二冲程汽油机的碳氢化合物排放方面具有巨大潜力。虽然直喷式四冲程汽油机中的充气分层表明在点火阶段燃烧室中的燃料分布不均匀，但在二冲程发动机中表征了气体交换过程中的状态。这个想法是在进入的新鲜混合气之前预先储存燃料不足或无燃料的介质，以最大限度地减少未燃碳氢化合物的扫气损失。基本上，可以区分空间分层和时间分层[20]。借助将汽油直接喷射到传输口、气缸壁或直接喷射到燃烧室中，气体交换过程中的充气分层也是可能的。为了确保足够好的混合气制备，需要非常短的喷射时间和相对较高的喷射压力。由于重量和空间的原因，这在当今不能用于手持式发动机设备[21]。

（1）压缩波喷射（CWI）

CWI 方法（压缩波喷射，Compression Wave Injection）是一种将浓混合气喷射到燃烧室的方法[22]。图 8.168 示意性地显示了该系统。当活塞向上止点移动时，非常稀的混合气吸入曲轴箱进行润滑。同时，在喷射通道（CWI 管）中吸入非常浓的混合气。活塞向下运动时压缩曲轴箱中的稀混合气和喷射通道中的浓混合气。通过安装止回阀可防止浓混合气回流到化油器中。活塞在排气打开之前一点点释放喷射窗口。由于燃烧室中的过压，压力波穿过喷射通道并在喷射通道的末端在活塞裙上反射。在燃烧室中，通过曲轴箱中的稀混合气进行扫气。浓混合气通过在喷射通道沿燃烧室方向返回的压力波传输。此过程应在排气关闭后进行。通过使用压力波进行喷射可以看出，这种用于充气分层的系统只能在很小的转速范围内无瑕疵地工作，而这个范围基本上取决于喷射窗口的控制时间和喷射通道的长度。此外，需要一个非常复杂的双流化油器，它只允许有限地调节空气比。

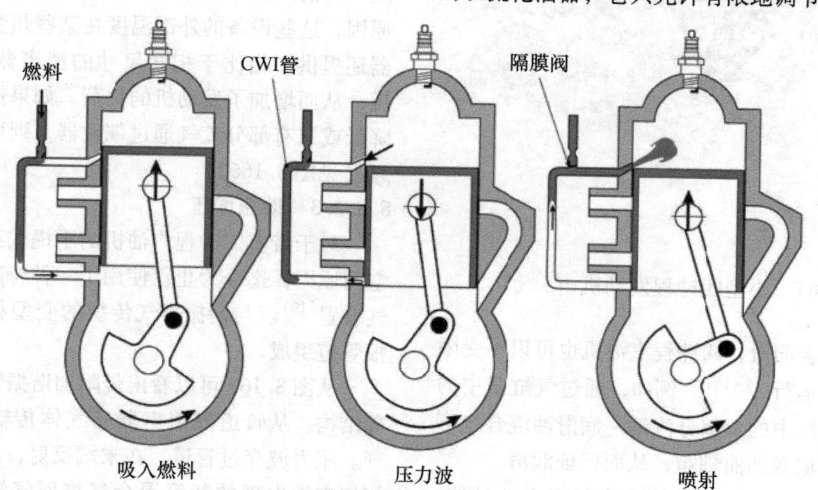

图 8.168　压缩波喷射二冲程发动机[23]

(2) 扫气模式

所谓的扫气模式描述了时间上的充气分层的一种可能性。已在20世纪初进行了这种方法的第一次尝试[24]。吸入新鲜充量时，溢流处充满空气或废气。在燃烧室的扫气过程开始时，这些成分在曲轴箱中的燃料－空气混合气之前进入燃烧室，从而减少未燃燃料的扫气损失和减少燃料消耗。图8.169显示了带有扫气模式的发动机的基本结构。

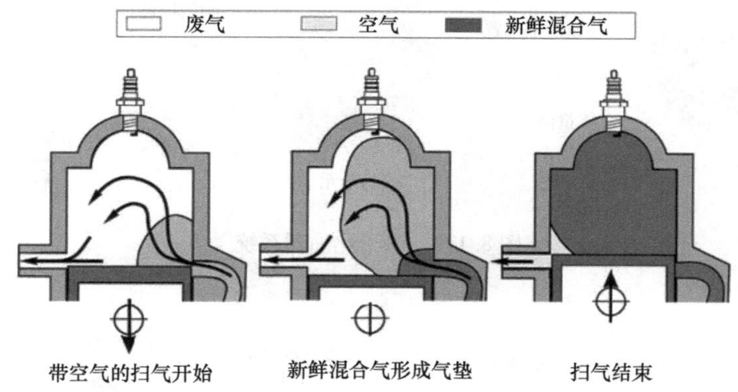

图8.169 扫气模式的原理[23]

使用这种方法，曲轴箱通常通过进气充满浓混合气。同时，溢流处通过第二个进气充满纯空气[23,25]或废气[26]。这第二条路径可以由膜阀[27]或槽[28]来控制（见图8.170）。这就是为什么人们还谈到膜控制或槽控制扫气模式的原因。

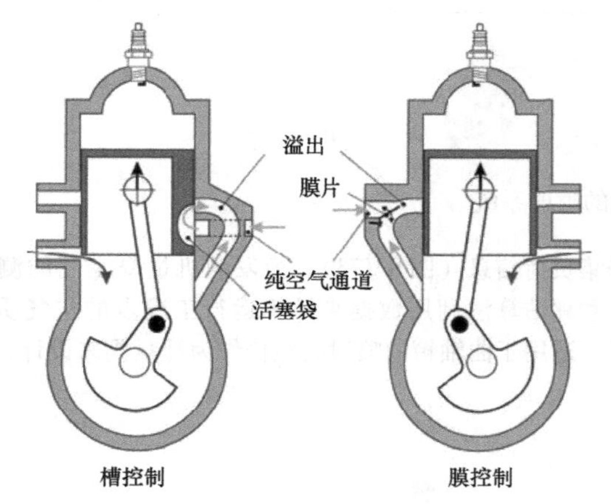

图8.170 扫气模式的控制的可能性

8.5.3 混合气形成和发动机管理

化油器通常用于手动工具混合气的制备。为了能够在所有位置运行，使用膜式化油器，其设计为桶式化油器或瓣式化油器。化油器经过数十年的优化和验证，在功能和生产加工方面成为一个高度优化的系统。使用该系统，客户有时必须手动来校正各种环境和燃料的影响，以避免运行问题和发动机损坏。

电子发动机控制系统在这里提供了补救措施。由于高度复杂性、所需结构空间、高重量和高成本，当前用于汽车和摩托车行业的系统无法转移到发动机设备。出于这个原因，已经为此应用开发了专用系统。图8.171显示一个系统作为示例。核心部件是控制单元和集成在化油器中的小型电磁阀。通过飞轮向控制单元提供能量，可以省去一块电池。

运行条件是通过评估飞轮给出的转速信号来确定的，不需要使用额外的传感器。燃油通过基于转速的特性线来计量。不执行负荷检测，该任务由化油器接管。为了确定全负荷时的燃料－空气混合气，通过电磁阀引入目标λ干扰。燃料供应中断几转，从而确定发动机运行状态的变化。从变化的类型，可以间接推断出当前的λ值，并在必要时进行调整。在λ干扰时发动机给出反应，例如，当燃油－空气混合气由于发动机转速的增加而导致功率的短期增加而导致燃油－空气混合物过浓时。通过使用电子化油器系统，可以实现许多功能，进一步改善运行特性并降低燃料消耗。

除此之外，还有：

- 更容易起动。
- 更好的加速。
- 适应不同的燃料。
- 适应变化的环境条件。
- 怠速调节。

电子发动机控制系统的进一步发展展示了一种电子控制的、无电池的喷射系统[30]。图8.172显示了系统概览。

控制单元是系统的核心部件，控制喷射和点火。能量从曲轴上的发电机中获得。发电机信号的感应电压曲线用于确定曲轴位置。

不需要额外的曲轴转角和上止点传感器。起动

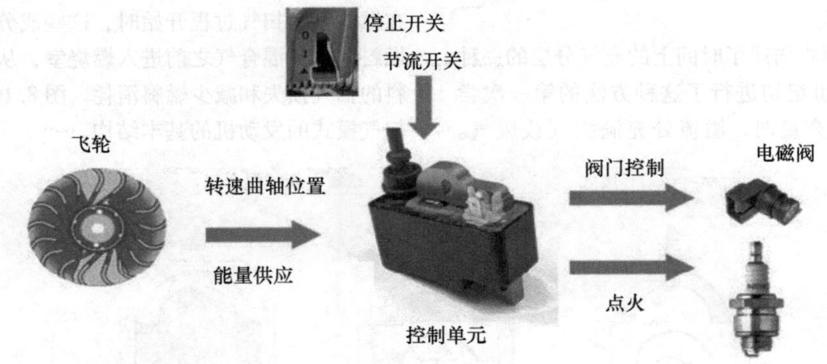

图 8.171　电子化油器系统

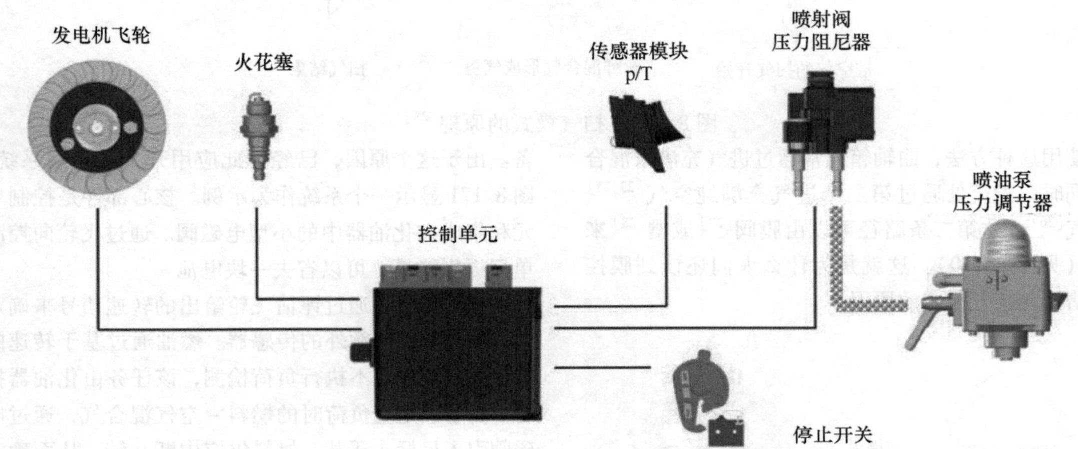

图 8.172　电子控制的喷射系统

时，用于控制单元、喷射和曲轴位置检测的能量在曲轴旋转不到一圈后可供给使用。

通过二冲程发动机曲轴箱上的压力－温度传感器采集负荷信息（图 8.173）。为发动机量身定制的测量和评估算法利用数据来计算运行工况点的空气质量。适用于曲轴箱的喷射阀纯粹作为计量阀来设计，

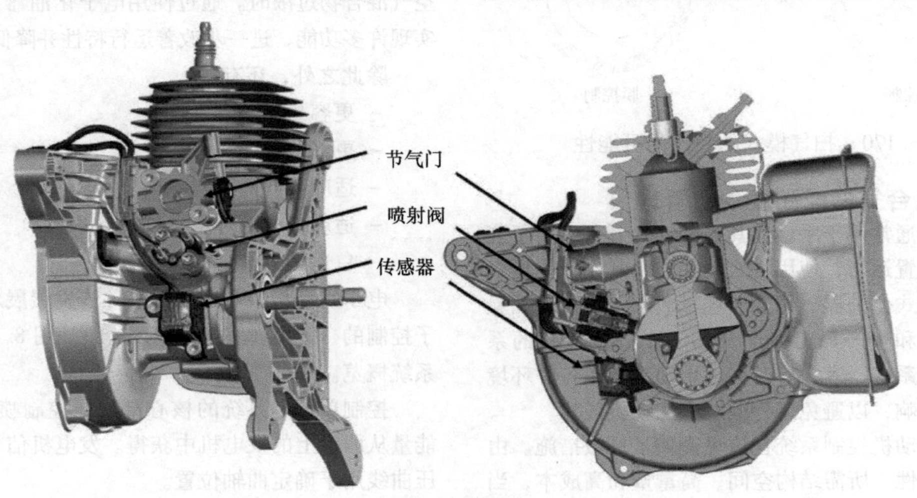

图 8.173　带喷射部件的核心发动机

喷射压力仅为100mbar。因此，与传统的喷射系统相比，喷射阀处几乎没有任何初始的雾化。曲轴箱中的湍流气流是由旋转曲轴与流入和流出过程相结合产生的，它负责雾化。每转一次，喷射与循环同步进行。喷射泵设计为隔膜泵，由波动的曲轴箱压力驱动。

作为电子化油器系统的进一步发展，化学计量的基本调整通过特性场来进行。借助有关负荷状态的信息，可以为每个稳态的运行工况点选择最佳的运行参数，例如喷油量、喷油角度和点火正时。

参考文献

使用的文献

[1] Doll, G., Fausten, H., Noell, R., Schommers, J., Sprengel, C., Werner, P.: Der neue V6-Dieselmotor von Mercedes-Benz. MTZ 66, 9, (2005)

[2] Königstedt, J., et al.: Der neue V10-FSI-Motor von Audi. 27. Internationales Wiener Motorensymposium, Wien. (2006)

[3] Hadler, J., u . a: TDI-Motor mit Common-Rail-Einspritzung von Volkswagen. MTZ 11, (2007)

[4] Bach, M., et al.: Der 6,0-Liter V12-DTI-Motor von Audi, Teil 1. MTZ 10, (2008)

[5] Bauder, R., et al.: 6,0-Liter V12-DTI-Motor von Audi, Teil 2. MTZ 11, (2008)

[6] Baretzk, U. u. a.: Der V12-TDI für die 24 h von LeMans – Sieg einer Idee, Wiener Motorensymposium 2007

[7] Schwarz, C., et al.: Die neuen Vier- und Sechszylinder-Ottomotoren von BMW mit Schichtbrennverfahren. MTZ 5, (2007)

[8] Schommers, J., et al.: Der neue Vierzylinder-Dieselmotor für Pkw von Mercedes-Benz. MTZ 12, (2008)

[9] Schommers, J., et al.: Der neue 4-Zylinder Pkw-Dieselmotor von Mercedes-Benz für weltweiten Einsatz. 17. Aachener Kolloquium. Aachen (2008)

[10] EPA (2002): Control of Emission from non-road spark-ignition engines (EPA Phase II regulation), Revised as of July 1, 2002

[11] EG (1997): Richtlinie 97/68/EG des europäischen Parlaments und des Rates vom 16. Dezember 1997

[12] EG (2002): Richtlinie 2002/88/EG des europäischen Parlaments und des Rates vom 9. Dezember 2002

[13] http://engines.honda.com

[14] Dobler, H.: Leichter Viertaktmotor mit Gemischschmierung. MTZ 9, 680, (2004)

[15] Knaus, K.; Häberlein, J.; Becker, G.; Roßkamp, H.: A New High-Performance Four-Stroke Engine for All-Position Use in Hand-Held Power Tools. SAE Technical Paper 2004-32-0075, 2004

[16] Rodenbeck, J.; Auler, B.; Lügger, J.; Gorenflo, E.: Development of a Valve Controlled Four-stroke Chainsaw to Meet Future Emission Regulations. SAE Paper 2006-32-0090

[17] Schlossarczyk, J.; Maier, G.; Roitsch, T.: Conceptual Design Study for a catalytic chainsaw Application to Fulfill Emission Standards and Thermal Demands. SETC 2004-32-0060, 2004

[18] Auler, B.: Innovative Solutions for the Use of Catalytic Converters in Hand-Held Engine-Powered Equipment under Severe Conditions. SAE Technical Paper 2006-32-0087, 2006

[19] Gustafsson, R.: A Practical Application to Reduce Exhausts Emissions on a Two-Stroke Engine with a Tuned Exhaust Pipe. SAE Technical Paper 2006-320054, 2006

[20] Zahn, W., Vonderau, W., Roßkamp, H., Geyer, K., Schlossarczyk, J.: Entwicklung von emissionsreduzierten Zweitaktmotoren für handgehaltene Arbeitsgeräte. MTZ 63, 106, (2002)

[21] Trattner, A.; Schmidt, S.; Kirchberger, R.; Eichlseder, H.; Kölmel, A.; Raffenberg, M.; Gegg, T.: Future Engine Technology in Hand-Held Power Tools. SAE Technical Paper 2012-32-0111, 2012

[22] Cobb, B.: CWI – Low Cost Fuel Injection for Two-Stroke Engines. 4. Internationale Jahrestagung für die Entwicklung von Kleinmotoren 2001, FH Offenburg, 2001

[23] Jäger, A.: Untersuchungen zur Entwicklung eines Zweitaktmotors mit hoher Leistungsdichte und niedrigen Kohlenwasserstoffemissionen. Dissertation, Universität Karlsruhe (TH). Logos, Berlin (2006). ISBN 3832511970

[24] Trapp, T.: Druckmittel – Bekamo-Einbaumotor mit Ladepumpe. In: Oldtimer-Markt 10/99, 1999

[25] Cunningham, G.; Kee, R. J.; Kenny R. G.; Skelton, W. J.: Development of a Stratified Scavenging System for Small Capacity Two-Stroke Engines. SAE Technical Paper 1999-02-3270, 1999

[26] Morrison, K.: Maruyama Recirculator System Snuffs 2-Stroke Emissions. Power Equip Trade 12, (2000)

[27] Sawada, T.; Wada, M.; Noguchi, M.; Kobayashi, B.: Development a Low Emission Two-Stroke Cycle Engine. SAE Technical Paper 980761, 1998

[28] Bergmann, M.; Gustafson, R. U. K.; Jonsson, B. I. R.: Emission and Performance Evaluation of a 25cc Stratified Scavenging Engine. SAE Technical Paper 2003-32-0047, 2003

[29] Hehnke, M.; Leufen, H.; Naegele, A.; Geyer, K.; Möser, C.; Maier, G.; Schmidt, K.: Elektronische Motorsteuerung für kleine handgehaltene Verbrennungsmotoren. Stuttgarter Symposium 2010

[30] Zahn, W., Däschner, H., Layher, W., Kinnen, A.: Elektronisches Einspritzsystem für handgehaltene Arbeitsgeräte. MTZ 73, 674, (2012)

进一步阅读的文献

[31] Hahne, B., Neuendorf, S., Paehr, G., Vollmers, E.: Neue Dieselmotoren für Volkswagen-Nutzfahrzeug-Anwendungen. MTZ 1, (2010)

[32] Eiser, A., Böhme, J., Ganz, M., Marques, M.: Der neue 2,5-l-TFSI-Fünfzylinder für den Audi TT RS. MTZ 5, (2010)

[33] Herrmann, D.: Der Abtrieb des Audi A1. In: ATZ extra, Wiesbaden, Juni 2010

[34] Brinkmann, C.; Baur, G.; Geywitz, G.; Fronemann, J.; Heubach, W.; Königstedt, J.; Schwarnberger, A.: Die neue Generation der V8 FSI-Motoren von Audi, 5. Emission Control 2010, Dresden, 11. Juni 2010

[35] Lechner, B., Kiesgen, G., Kriese, J., Schopp, J.: Der neue Mini-Motor mit Twin-Power-Turbo. MTZ (7–8), (2010)

[36] Waltner, A., Lückert, P., Doll, G., Kemmler, R.: Der neue 3,5-l-Ottomotor mit Direkteinspritzung von Mercedes-Benz. MTZ 9, (2010)

[37] Bick, W., Köhne, M., Pape, U., Schiffgens, H.-J.: Die neuen Tier-4-I-Motoren von Deutz. MTZ 10, (2010)

[38] Doll, G., Waltner, A., Lückert, P., Kemmler, R.: Der neue 4,6-l-

Ottomotor von Mercedes-Benz. MTZ 10, (2010)

[39] Bauder, R., Fröhlich, A., Rossi, D.: Neue Generation 3,0-l-Motors von Audi. MTZ 10, (2010)

[40] Kahrstedt, J., Zülch, S., Streng, C., Riegger, R.: Neue Generation des 3,0-l-TDI-Motors von Audi. MTZ 11, (2010)

[41] Heiduk, T., Weiß, U., Fröhöich, A., Herbig, J.: Der neue V8-TDI-Motor von Audi Teil 1. MTZ 77, 6, (2016)

[42] Knirsch, S., Weiß, U., Zülich, S., Kilger, M.: Die elektrische Aufladung im Audi RS5TDI Concept. MTZ 76, 1, (2015)

[43] Steinparzer, F., Schwarz, C., Brüner, T., Mattes, W.: Die neuen BMW-3- und 4-Zylinder Ottomotoren mit TwinPower Technologie. 35. Wiener Motorensymposium. (2014)

[44] Steinparzer, F., Brüner, T., Schwarz, C., Rülicke, M.: Die neuen Drei- und Vierzylinder-Ottomotoren von BMW. MTZ 75, 6, (2014)

[45] Lückert, P., et al.: The New Mercedes-Benz 4-Cylinder Diesel Engine OM 654 – The Innovative Base Engine Of The New Diesel Generation. 24. Aachener Kolloquium Fahrzeug- und Motorentechnik. (2015)

[46] Eder, T., Kemmer, M., Lückert, P., Sass, H.: OM 654 – Start einer neuen Motorenfamilie bei Mercedes-Benz. MTZ 77, 3, (2016)

[47] Apfelbeck, L.: Wege zum Hochleistungs-Viertaktmotor. Motorbuch Verlag, Stuttgart (1997)

[48] Hütten, H.: Motorradtechnik. Motorbuch Verlag, Stuttgart (1998)

[49] Nepromuk, B., Janneck, U.: Das Schrauberhandbuch. Delius Klasing, Bielefeld (2006)

[50] Stoffregen, J.: Motorradtechnik. Vieweg+Teubner, Wiesbaden (2010)

第9章 摩 擦 学

工学博士 Franz Maassen，工学博士 Stefan Zima 教授

9.1 摩擦

9.1.1 特征参数

内燃机输出轴处的可用功率（有效功率 P_e）低于活塞上的内功率（指示功率 P_i）。其差值称为摩擦功率 P_r。

$$P_r = P_i - P_e \tag{9.1}$$

摩擦功率是由发动机各个部件的损耗所组成的，如曲柄连杆机构（曲轴、连杆、带活塞环的活塞）、配气机构（包括正时传动和必要的辅助传动）等。指示功率还考虑到了由于换气造成的损失，在不同的标准中，对辅助装置的运行条件和驱动功率的定义是不同的[1]。摩擦功率会降低发动机在输出轴上的可用功率，从而影响发动机的燃料消耗。

为了比较不同排量的发动机，采用类似于平均有效压力和平均指示压力的平均摩擦压力 p_{mr}。

$$p_{mr} = p_{mi} - p_{me} = \left(\frac{P_i - P_e}{i \cdot n \cdot V_H}\right) = \left(\frac{P_r}{i \cdot n \cdot V_H}\right) \tag{9.2}$$

整台发动机的摩擦是由各个部件的摩擦功率和传动功率所组成的：

- 曲柄连杆机构，由以下部分所组成：
- 带径向轴密封环的曲轴主轴承。
- 连杆轴承和活塞组（活塞、活塞环和活塞销）。
- 可能有的质量平衡块。
- 配气机构和控制驱动。
- 附加装置，如：
- 带可能存在油泵驱动的润滑油泵。
- 水泵。
- 发电机。
- 喷油泵。
- 冷却器风扇。
- 真空泵。
- 空调压缩机。
- 动力转向泵。
- 空气压缩机。

9.1.2 摩擦状况

根据发动机各个摩擦点的润滑条件，会出现不同的摩擦状况。最重要的是：

- 固体摩擦（库仑摩擦）

在没有流体作为中间物的情况下，固体摩擦体之间的摩擦。

- 粘胶层摩擦

固体摩擦体之间的摩擦，在没有流体中间层的情况下，涂有固体润滑剂的固体摩擦体之间的摩擦。

- 混合摩擦

流体摩擦和固体或粘胶层摩擦相邻同时存在，润滑层并不能将两个摩擦体完全相互分开，而是出现接触。

- 流体摩擦（流体动力学摩擦）

液态（或气态）物质介于摩擦体之间，而这些摩擦体是完全相互分开的。在内燃机中，通过摩擦体之间的相互运动产生了中间材料的流体力学支撑效果。

下面通过一个例子来解释各种摩擦状态的发生。在流体动力学滑动轴承中，当转速带运动时，会经历各种摩擦状态。图9.1所示的斯特里贝克（Stribeck）曲线显示了摩擦系数 μ 对轴转速 n 或在恒定温度（或恒定黏度 η）下的滑动速度 v 的依赖性。

总摩擦由两部分组成：固体摩擦（以及粘胶层摩擦）和流体摩擦。静止时，静摩擦起作用。在低速时，首先发生固体或粘胶层摩擦，然后开始混合摩擦的区域，其中摩擦随着转速的增加和由此促进流体动力学承载膜的形成而减小。在这个模型中，释放点表示了流体动力学承载膜可以完全相互分离两个滑动副的表面粗糙度的状态。达到该条件的转速也称为发生最小摩擦的过渡转速。在高于过渡转速的转速下，存在流体摩擦，并且由于增加的剪切速度，摩擦再次增加。

增加滑动副上的负荷或降低液体的黏度，过渡转速会上移，并会扩大混合摩擦的范围。位于斯特里贝克曲线左边的分支下的工作状态是不稳定的，因为如果有短时间的扰动，如转速的降低或负载的增加就会导致摩擦系数的显著增加，产生扰动的自我放大。基

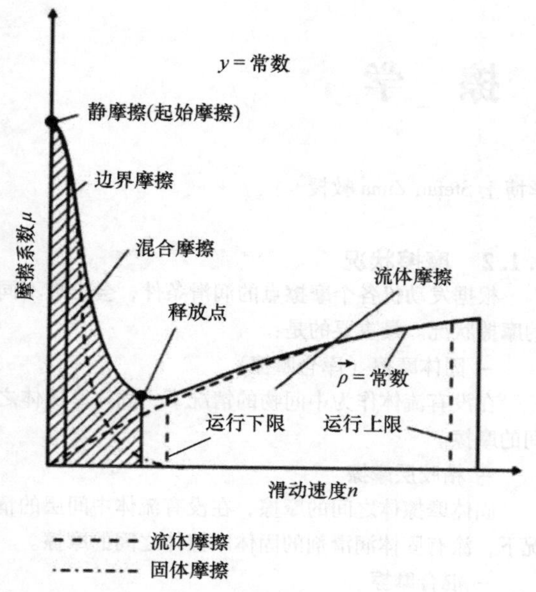

图 9.1　斯特里贝克曲线[2]

于这个原因，连续运行中的滑动副的运行点必须在斯特里贝克曲线的右侧分支上，并且与释放点保持足够的距离。

9.1.3　摩擦的测量方法

摩擦损失的精确确定需要付出相当大的努力。确定摩擦的方法有很多种，但大多数都存在相当大的不准确之处。以下方法通常用于确定摩擦[3,4]：

– 滑行试验：其中，在稳定后，发动机在工作点关闭，并测量转速的随时间变化的函数。由此，借助移动质量的惯性矩计算摩擦力矩或平均摩擦压力。

– 灭缸试验：在多缸发动机中，当切断一个气缸的燃油供应时，这个气缸会被其余继续点火工作的气缸拖着运动。通过燃油切断前后发动机有效功率的变化可以得出摩擦功率。

– 威兰斯（Willans）线：不同转速下发动机的燃料消耗绘制在纵坐标上，随平均有效压力 p_{me} 的变化而变化。通过对数值进行线性外推至燃料消耗为零，得出与负的 p_{me} 轴的交点，可以认为在相应的发动机转速下，这些交点可以看作是平均摩擦压力的近似值。

– 倒拖法：发动机在试验台架上由外置动力拖动。其中，所要施加的牵引功率被认为是摩擦功率。为此，可以在切断燃油供应后，立即在工作温度下运行并测量，也可以通过外部温度调节装置进行温度控制。

– 拆解法：条带测量是一种特殊的拖动方法，用于测量各种发动机部件的摩擦损失，例如曲柄连杆机构、气门机构和辅助驱动装置的摩擦。该名称源于该方法，因为发动机是在倒拖试验台上逐步拆卸（剥离）的。单个组件的摩擦损失由有和无此组件的测量值的差异来确定。发动机的总摩擦等于各个部件摩擦之和。

– 示功图法：采用这种方法可以确定发动机在燃烧运行状态下的摩擦。在一个工作周期内，测量的气缸压力的积分为指示功 W_i，再与工作容积联系起来可以得到平均指示压力 p_{mi}，由传动轴处测量的转矩计算出平均有效压力 p_{me}，将平均指示压力 p_{mi} 减去平均有效压力 p_{me}，再就可以得到平均摩擦压力 p_{mr}。

– 特殊的测量方法：除了上述的摩擦测量方法外，还有许多其他的方法来测定各个部件在运行过程中的摩擦。例如，转矩测量法可用于轴驱动的部件[2,4]。对于活塞组，有不同的活塞摩擦力测量装置[5]。

严格遵守边界条件，对于各种方法的准确性和可重复性，从而保证不同测量结果的可比性是至关重要的。对于所有的测量方法，有必要将发动机的润滑油温度和冷却液温度变化范围设定在 ±1K 以内。一般情况下，只有使用高精度的外部温度调节装置才能实现。

在可能确定 p_{mr} 的方法中，前三种方法在方法的原理上就已存在相当大的不准确性，只适用于确定其“趋势性”。

倒拖法的问题在于，完整结构的发动机的拖动力矩不仅包括发动机的机械摩擦和用于辅助传动的驱动功率，而且还包括气体交换损失，如果没有额外的示功图（指示指标），就无法区分摩擦损失和气体交换损失。然而，由于气体交换损失对在试验台架上的环境条件的变化或进、排气系统响应的微小差异非常敏感，因此不同发动机的比较只能在有限的范围内进行。

采用拆解法，可以通过外部系统非常精确地给定边界条件，从而实现良好的重现性和可比性。拆解法的特点是，总是通过发动机驱动轴驱动，比其他测量方法的优点是：被测部件的边界条件尽可能地与整个发动机上的边界条件一致，并且保证了结果的可转移性。同时在对应用拆解法来确定旋转发动机的任意部分的摩擦损失时产生了限制：一个发动机的功能结构（在拖动驱动意义上），在有和没有被测零件一起运动的情况下都必须可以正常运转。由此也可推知，对一个零件的测量的摩擦值，也包括其驱动装置的摩擦部分，在拆解零件时，摩擦也会被消除。例如，当确定配气机构摩擦时，正时带或正时链中出现的摩擦部分也会被记录下来，这也是有道理的，因为驱动损失可归因于相应的单元和负载，并且可能发生的任何动态情况都会影响驱动损失的水平。

示功图法需要大量的测量技术方面的努力才能得到可靠的结果。在多缸发动机中，各个气缸的平均压力有时会出现明显的差异，这一点影响很大。因此，必须同时对所有气缸进行压力测量，这在实践中是一个相当大的测量工作量。此外，由于在上止点分配中的微小误差和压力测量值与压力传感器的校准曲线的偏差显著地改变了 p_{mi} 值，如同转矩测量的误差显著地改变了 p_{me} 值。因此，必须对示功图和转矩测量的精度提出最高要求，因为减法的结果（平均摩擦压力）比输出参数小 10% 以上，所以百分比误差要大 10 倍以上。因此，即使在确定活塞上止点时出现微小的偏差，也会影响平均指示压力的计算，从而影响平均摩擦压力的计算。基础研究表明，当上止点位置的误差仅为 0.1°曲轴转角，根据发动机负荷的不同，对确定的平均摩擦压力的影响可超过 10%。

对不同的测量方法进行直接比较是不可能的，因为不同的边界条件会影响测量结果。图 9.2 以直喷式柴油机为例，所有研究测试系列中的流体温度保持一致：主通道内的润滑油温度为 90℃，冷却液出口温度为 90℃。拆解法的结果和倒拖法的结果（通过示功图确定气体交换损失），在整个转速范围内都有很好的一致性。在点火发动机上发现的不同摩擦系数是由以下影响因素造成的：

- 尽管在主通道温度相同，但发动机中的润滑油膜温度却更高。
- 燃烧导致活塞组和气缸套处的温度升高。
- 由于气体压力的变化，活塞侧向力发生变化。
- 喷射泵的负载状态发生变化。

9.1.4 运行状态和边界条件的影响

发动机运行时的工作状态和边界条件对摩擦特性有相当大的影响。主要影响因素如下。

9.1.4.1 发动机的运转状态

在运行的最初几个小时内，各滑动点的滑动副之间相互适应，从而消除表面的不平整。这个过程与一定量的磨损有关，并增加了发动机的摩擦功率。这种磨合过程针对不同的滑动副以不同的转速进行，在现代乘用车发动机中，这种磨合过程在大约 20～30h 后完成，但在个别情况下，也只有在超过 100h 后才完成，发动机才会达到恒定的摩擦水平。然后这个水平几乎保持不变，直到发动机部件达到其使用寿命的极限，然后再次导致摩擦增加。

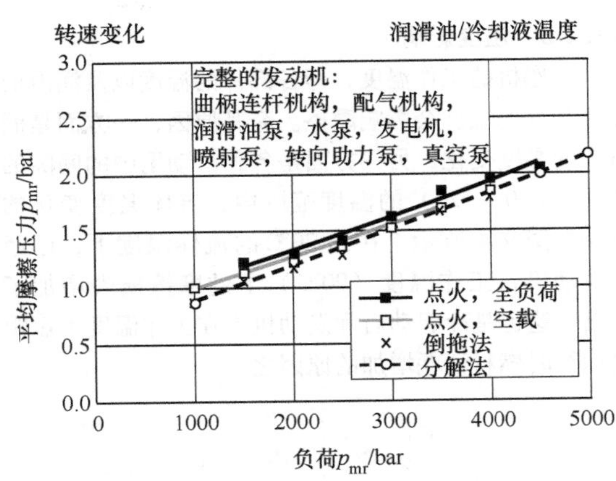

图 9.2 某乘用车直喷柴油机不同测试方法的比较

9.1.4.2 润滑油黏度

润滑油的黏度通过剪切力的改变对润滑点的特性有相当大的影响。因此，用不同黏度的润滑油运行的内燃机，在边界条件不变的情况下，导致摩擦状态发生变化。润滑油的黏度降低，意味着润滑间隙的承载能力降低，从而降低了润滑膜的厚度，因而，在混合摩擦区的固体接触也有所增加。根据边界条件的不同，如果流体动力学摩擦成分占主导地位，摩擦会减小，如果固体接触强烈增加，则摩擦增加。图 9.3 为某台乘用车发动机在 2000r/min 时，具有不同黏度的不同润滑油润滑特性的表现。在发动机中，在这里所示的边界条件下，确定摩擦随着润滑油黏度的降低而减小。在配气机构中，这种摩擦的降低只有在低温时才会表现出来。而在高温下，由于配气机构中的混合摩擦状态，由于润滑油黏度降低，摩擦增大。此外，由于润滑系统中的润滑油油压和润滑油容积流量受各部件和润滑油泵摩擦的影响，因此，这种变化也会对润滑系统和润滑油泵的传动功率产生影响。

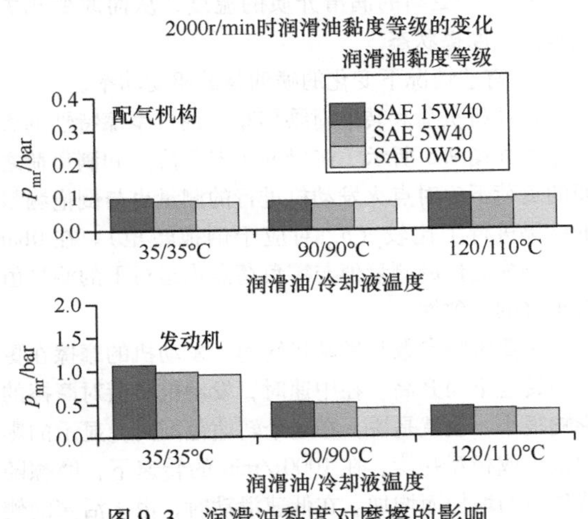

图 9.3 润滑油黏度对摩擦的影响

9.1.4.3　温度影响

内燃机的工作温度，即各部件的温度以及润滑油和冷却液的温度会影响摩擦。究其原因，一方面是润滑油的黏度变化，另一方面是各种滑动副中的间隙的变化。在 0~120℃ 的温度范围内，流体温度变化的影响如图 9.4 所示。在约 20℃ 的流体温度下，已经比发动机在工作温度（90℃）下的摩擦损失增加了一倍。这也是冷起动后和发动机不在工作温度下短距离运行时燃料消耗增加的原因之一。

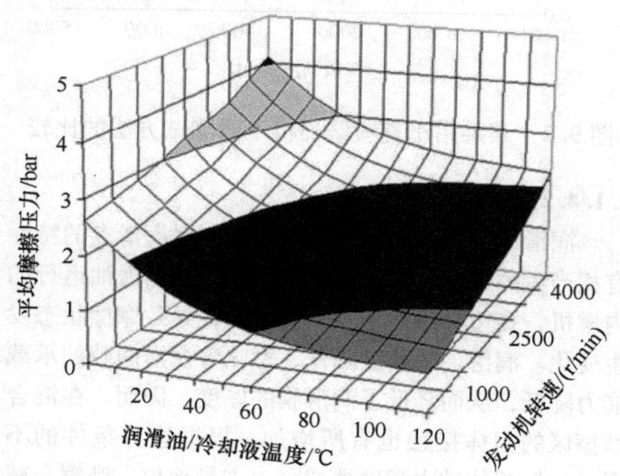

图 9.4　流体温度对摩擦的影响[6]

9.1.4.4　发动机运行工况点

发动机的运行工况点通过转速和负荷来影响摩擦。转速的影响是由于发动机各部件摩擦点的滑动速度增加而引起的。增加发动机负荷有以下的影响：

– 更高的气体压力，从而提高了活塞侧向力、活塞环的接触压力、轴承载荷和打开排气门的力。

– 局部更高的零部件温度，因此可能会增加变形。

– 局部更高的润滑介质的温度，从而改变相关润滑点的摩擦状态。

– 有些情况下变化的喷油泵的驱动功率。

发动机负荷和转速对乘用车汽油机摩擦特性的影响作用如图 9.5 所示。在 0bar（零负荷）和满负荷之间的负荷下，对点火发动机进行的测量也与倒拖测量的结果进行了比较（p_{me} 对应于倒拖转矩）。在 0bar 下，倒拖测量的测量值与零负荷点火运行下的测量值有很好的一致性。

主要影响参数是发动机转速：发动机的摩擦在更高的转速下而升高。在中速时，发动机负荷对摩擦的影响很小，也就是说，在这个转速范围内，显示的影响很小或相互补偿。在 1000r/min 的转速下，摩擦随着负荷的增加而增加。在低速滑动时，由于活塞的侧

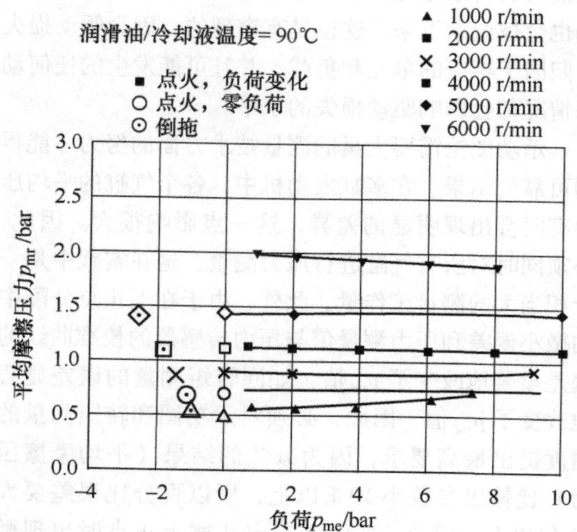

图 9.5　摩擦与发动机负荷和转速的相关性

向力更大，活塞的摩擦增大。高速时，摩擦随负荷的增加而减小。其原因是尽管在发动机主润滑油温度相同的情况下，在高功率时气缸壁处的润滑油温度更高，发动机中的质量力通过气体力进行部分补偿。

9.1.5　摩擦对燃料消耗的影响

内燃机的机械效率 η_m 定义为有效平均压力 p_{me} 与指示平均压力 p_{mi} 之比。

$$\eta_m = \left(\frac{p_{me}}{p_{mi}}\right) = \left(\frac{p_{mi} - p_{mr}}{p_{mi}}\right) \tag{9.3}$$

从这一关系中可以看出，在发动机低负荷时，即平均有效压力和指示平均压力较低时，机械效率下降。现代乘用车汽油机和柴油机的平均摩擦压力离散带如图 9.6 所示。在转速为 2000r/min 的情况下，汽油机为 0.53~1.1bar，柴油机为 1.02~1.4bar（包括喷油泵），在全负荷时的摩擦损失占指示功率高达 10%。在部分负荷运行时，机械效率降低，因此摩擦对燃料消耗的影响进一步增大。因此，减小摩擦具有越来越大的节油潜力，是一个值得发展的目标。如果发动机摩擦介于最大与最小的摩擦之间，不仅意味着燃料消耗的增加，也会降低最大功率。

下文将以四缸汽油机为例，对摩擦随时间的发展进行研究。图 9.7 显示了在 2000r/min 下，在倒拖运行试验的基础上，平均摩擦压力 p_{mr} 的发展情况。首先，值得注意的是，数值的分散度有一个相当大的范围：但是，可以看出有一个下降的趋势，这一点从回归的程度可以进一步说明。尤其是近几年来，汽油机的摩擦特性有了很大的改善。从纯统计的角度来看，2L 4 缸汽油机在过去近十年中，摩擦下降了 20% 左

右。但是，如果对回归线进行外推，会导致未来摩擦的降低不切实际。

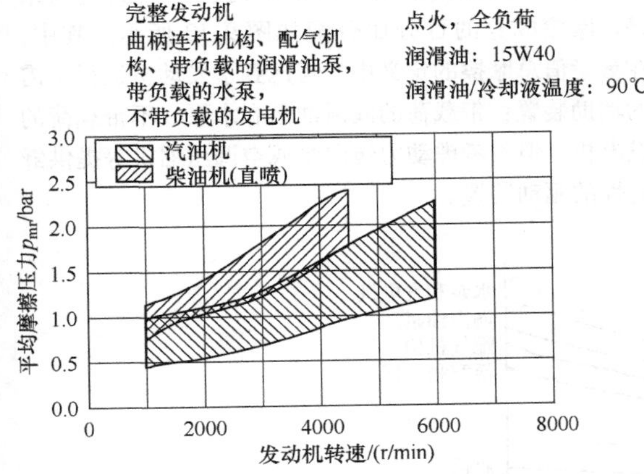

图 9.6 乘用车点火发动机运行的摩擦离散带[4]

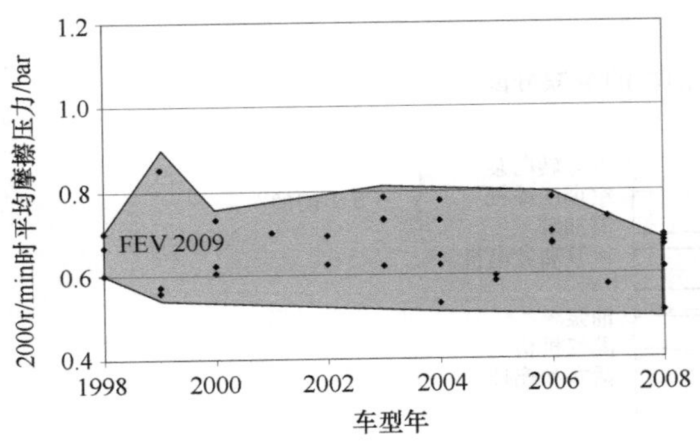

图 9.7 开发四缸汽油机（1.6～2.2L 排量）的摩擦的发展

发动机在工作温度和转速为 2000r/min 时，燃料消耗量的减少与平均摩擦压力的函数关系如图 9.8 所示。在无摩擦发动机的假设情况下，汽油机的节油率约为 21%，柴油机的节油率约为 26%。通过当今的传统措施（部件优化、滚柱式配气机构、相匹配的泵、热管理、……），可以挖掘大约 30% 的潜力。

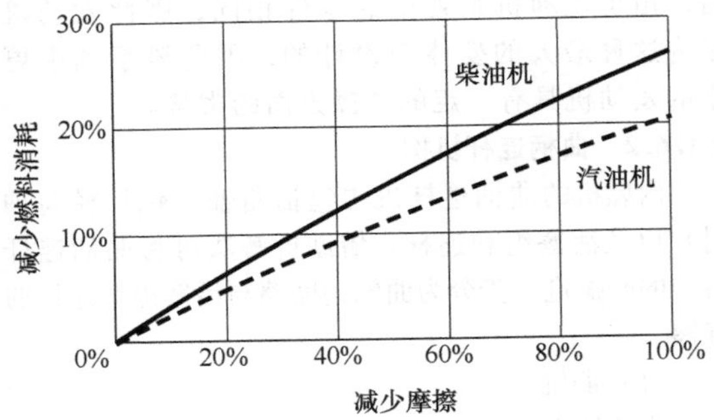

图 9.8 减少摩擦对燃料消耗的影响（考虑 n = 2000r/min 时的摩擦）

9.1.6 实用内燃机的摩擦特性

9.1.6.1 摩擦分配

在考虑发动机的摩擦损失时，不仅要考虑其总和值，而且各部件之间的摩擦分配也是决定性的。常见的方法是拆解法，下面将详细介绍。

在进行实际的拆解测量之前，先拖动包括进气段和排气段的整机。测得的驱动力矩除了发动机的机械摩擦外，还包括气体交换损失。在这种测量过程中，要记录每个工作点的润滑油泵出口、发动机油道中的润滑油压力，并尽可能地记录气缸盖中的润滑油压力和通过发动机的润滑油容积流量。冷却系统在冷却介质泵的入口处用外部压力进行加压，以达到恒定的压力。这些边界条件的记录会在以后的拆解步骤中使用，以使完整发动机上的边界条件可以再次被准确设置。

在对完整发动机的边界条件进行记录后，实施测定各部件摩擦的测量程序。拆解步骤如下：

a）拆下气缸盖，以确定曲柄连杆机构的摩擦。为了保持发动机缸体在螺栓区的应力条件，气缸盖由带有圆形气缸开口的板代替。因此，在这个测量系列中，气室是开放的；活塞上不会产生气体力。所有的附加驱动也都被移除。通过外部润滑油压力供应，根据发动机的运行情况，在主油道内调节润滑油压力（根据完整发动机或其他来源的测量规范）。

b）拆下活塞和连杆，以确定曲轴轴承摩擦。通过在连杆轴承轴颈上加装“主重”来补偿转动惯量的影响。发动机油道内的润滑油压力在这里也要进行调整，如 a）中通过外压供油。

c）带配气机构的曲轴（包括“主重”）的摩擦损失测量。通过外压供油，再次调整发动机油道中的润滑油压力，如 a）中通过外压供油。

d）带润滑油泵的曲轴（包括“主重”）的摩擦损失测量。发动机油道中的润滑油压力也在这里通过外压供油系统进行调整，如 a）通过外压供油。发动机自带的润滑油泵通过调节润滑油泵压力的可变节流阀直接在单独的软管回路中回油到油底壳。油泵的压力也是根据预先确定的压力，根据运行工况点进行调整。

e）带水泵、发电机、动力转向泵和空调压缩机（包括张紧轮和惰轮）的曲轴（包括“主重”）的摩擦损失测量。发动机油道中的润滑油压力是通过外压供油来调节的，同步骤 a）。

活塞/连杆轴承、配气机构、润滑油泵和辅助装置的摩擦损失是根据各系列测量结果的差异来确定的。此外，对各个部件所确定的值的总和得出整个发动机的摩擦值，称为“拆解的完整发动机”。这些表述的是发动机的纯机械摩擦损失，没有换气损失。

通过插入额外的拆卸步骤，可以进一步详细说明测量程序，例如确定单个或所有活塞环的摩擦或将配气机构的摩擦分配给凸轮轴轴承摩擦和气门驱动。另一方面，如果只考虑单个装置，则并非绝对需要测量所有零部件。

图9.9为现代乘用车汽油机的拆解法测量的结果。摩擦成分的百分比分配如图9.10所示。其中，在参考值总摩擦的定义中，考虑到了发动机运行所需的辅助装置：带载荷的润滑油泵和水泵、不带载荷的发电机，但不考虑动力转向泵或空调压缩机等提供舒适性的驱动装置。

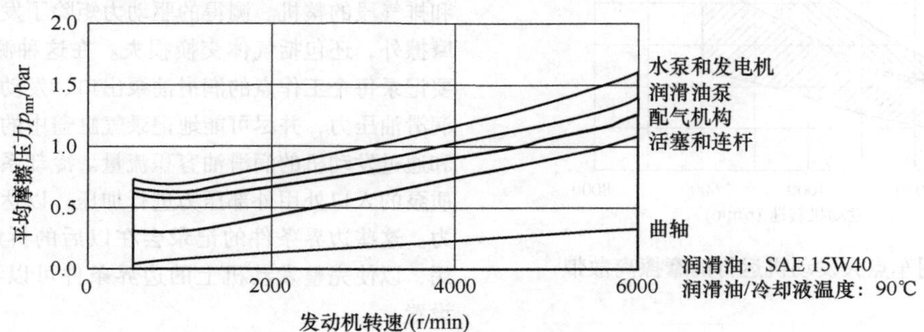

图9.9　现代乘用车汽油机的摩擦分配

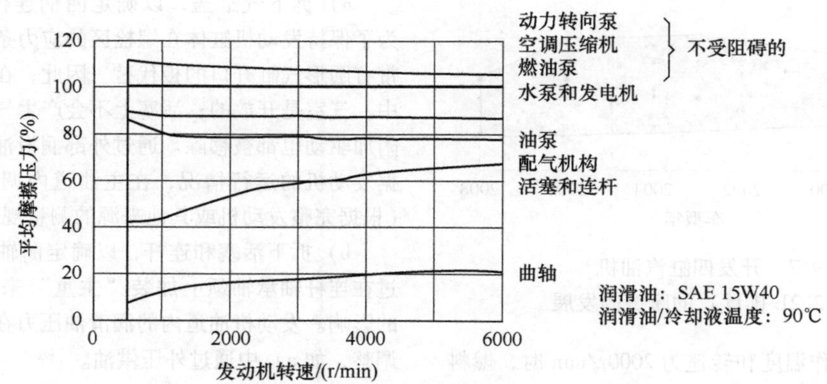

图9.10　现代乘用车汽油机摩擦的百分比分配

单个元件的测量结果反过来又可用于确定此元件特定的离散带。通过将各个部件的测量结果与相关的离散带进行比较，从而可以与目前的技术状态进行比较，可以发现降低摩擦功率的潜力，通过优化工作有针对性地加以利用。

图9.11显示了在发动机转速为2000r/min、润滑油/冷却液温度均为90℃时拆解的完整发动机平均摩擦压力与不同排量的关系。从这些图片中的离散范围可以看出，1.5L以上排量对拆解的完整发动机的平均摩擦压力水平几乎没有影响。这可以通过以下事实来解释：各种单元的功率需求取决于车辆的尺寸，并且不会进一步降低，还因为小型乘用车发动机系列的排量上限为1.5L左右。由于发动机系列中的零件相同，因此发动机是为这种最大的变体而设计的，因此该系列中更小的发动机具有一定的摩擦方面的劣势。

9.1.6.2　曲柄连杆机构

内燃机的曲柄连杆机构包括曲轴（包括径向轴封）以及活塞组和连杆。借助拆解法可将曲柄连杆机构的摩擦进一步分为曲轴的摩擦与活塞组和连杆的摩擦。

（1）曲轴

曲轴的摩擦是用“主重”和包括径向轴封在内的曲轴的摩擦来确定的。如果将曲轴的平均摩擦压力

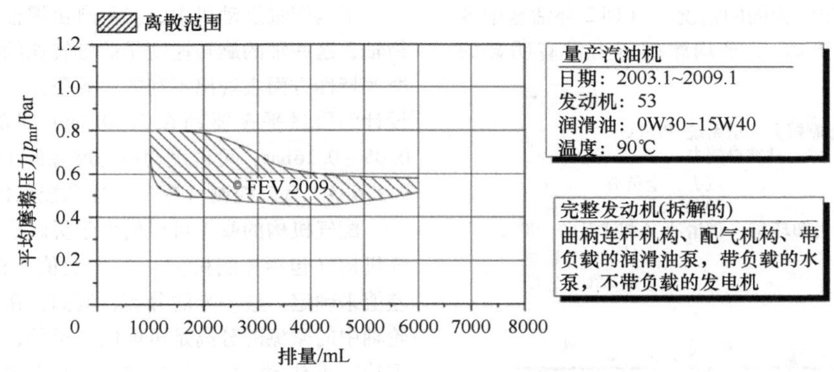

图 9.11　乘用车汽油机的摩擦力与排量的关系

与转速的关系作图，并将其值推断到理论转速为0r/min 的转速，所得到的 Y 段可以粗略地解释为旋转轴密封圈的摩擦贡献（相对与转速无关）。所发现的值与通过拆解旋转轴密封圈的分离测量值相关。

根据曲轴的摩擦系数，可以计算出图 9.12 所示的单一主轴承在转速为 2000r/min 时的摩擦力矩与其直径的关系。图中显示了大量发动机的实测值以及不同发动机方案设计的回归线。测得的值在各自的回归线周围的离散表明除主轴承直径外，其他参数对摩擦力的影响，这些因素主要包括轴承的几何形状、轴承游隙、轴承道的变形或错位以及径向轴封的摩擦的差异。

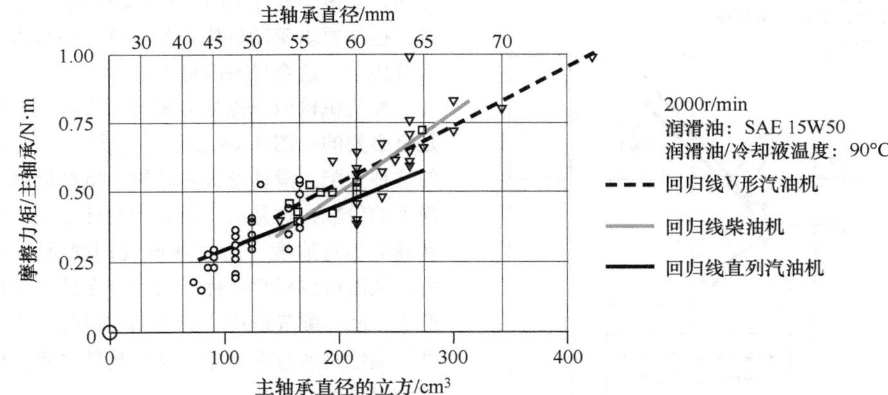

图 9.12　每个曲轴主轴承的摩擦与主轴承直径立方的关系[4]

（2）连杆轴承和活塞组

从曲柄连杆机构的摩擦系数中减去曲轴的摩擦系数，就可以确定包括连杆轴承在内的活塞组的摩擦。由于连杆和活塞组不能相互单独运行，用拆解法难以实现进一步的分割。连杆轴承的摩擦可以借助于几乎无摩擦、空气静力的活塞导轨来确定[7]；然而，这需要付出的努力是非常大的。拆分活塞和活塞环或分离单个活塞环是可能的，但必须注意，拆除活塞环会显著地改变活塞和其他环的润滑特性。

如上所述，活塞组的摩擦在内燃机的总摩擦中占有很大的份额。因此，为了实现低摩擦发动机的目标，它们的优化就显得非常重要。为此，开发了大量的测量系统，用于测量活塞组的摩擦特性[5]，或记录摩擦影响参数，如气缸在点火运行中的变形等[8]。

如图 9.13 所示，直接测量在点火运行中的活塞摩擦力，可以得到摩擦力随曲轴转角变化而变化的过程，从而可以得出活塞与缸壁之间的摩擦过程的详细结论，同时也可以在力峰值出现时指出可能出现的磨损。在倒拖和点火运行中，可以研究各种参数的影响，如活塞研磨模式、活塞间隙和活塞环预紧力等。活塞环表面压力（与支撑活塞环表面相关的活塞环切向应力）的变化如图 9.14 所示。由此可见，总和值对测得的摩擦有明显的影响。通过对 2 环活塞与传统的 3 环活塞的比较，发现在活塞几何形状和质量相近、表面压力总和值相同的情况下（即2环活塞中各个环的表面压力更高），平均摩擦压力没有明显的差异。

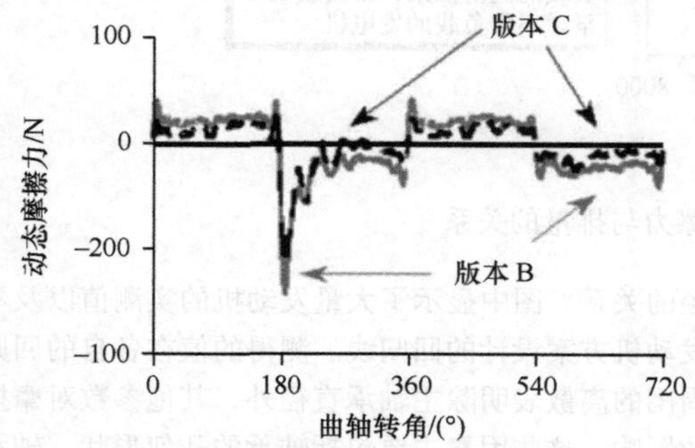

图9.13 在点火发动机中活塞组的摩擦力变化曲线

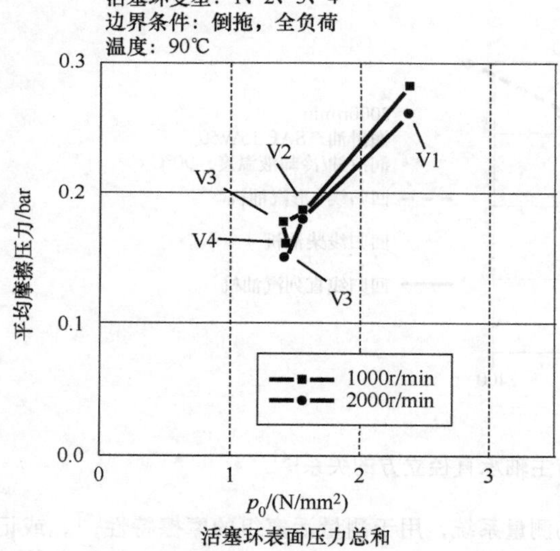

图9.14 活塞环摩擦作为预紧力的函数

（3）平衡质量

质量平衡是用来描述曲轴驱动的质量力和惯性矩的部分或全部平衡的措施。为了提高乘用车发动机的舒适性，在很多情况下往往会采用额外的质量平衡。质量平衡驱动的摩擦损失受以下因素影响：

– 需要平衡的质量力或惯性矩的阶次，由此确定平衡轴的数量和转速。

– 轴承点的数量、设计和直径。

– 驱动时在质量平衡元件中的损失。

平衡四缸发动机中的二阶自由惯性力需要两个平衡轴，这些轴的旋转速度是曲轴转速的两倍，因此在摩擦特性方面表现出不利的边界条件。为四缸发动机设计的质量平衡驱动在2000r/min时的摩擦压力为0.05~0.16bar，可占发动机总摩擦的18%。

9.1.6.3 气门控制（配气机构和控制机构）

配气机构的摩擦可以借助于拆解法根据曲轴和配气机构（包括控制机构）的测量值与曲轴测量值的差值来确定。进一步的分离，例如，在气门传动或凸轮轴中的摩擦的分离是可能的。但是，分析时必须考虑控制机构动力学的影响，从而使摩擦特性发生变化。

现代乘用车发动机中使用了各种配气机构的方案设计。这些方案设计对配气机构的摩擦特性也有相当大的影响，图9.15以多气门发动机为例进行说明。在带滑动丝锥的配气机构中，液压气门间隙补偿通过液压元件在凸轮基圈区域内受压而增加了额外的摩擦，以及更大的运动质量，因此也增大了摩擦。带滚子丝锥的配气机构通常表现出非常有利的摩擦特性。然而，与滚子丝锥相关的驱动机构不利的系统动力学，往往要求驱动机构中相当高的预紧力。特别是对于链传动，这会导致摩擦增加[9]。

配气机构内摩擦的分配对于实施有效的优化措施是有必要的。图9.16显示了不同配气机构方案设计的这种分配。滑动丝锥在凸轮-挺杆接触面积中占有最大的份额，这是由于凸轮和挺杆之间的大的接触力和高的相对速度。通过降低气门弹簧力来减小接触力，从而可以减少摩擦。然而，在最大转速不变的情况下，减小配气机构中的运动质量是先决条件。另一种可能性是通过在凸轮和从动构件之间使用滚子来降低相对速度。

9.1.6.4 辅助单元

除了曲柄连杆机构和气门控制之外，现代内燃机中还有大量的辅助单元。这些对于内燃机完美无缺地运行的要求以及满足附加功能（例如安全性功能和废气净化功能）或车辆操作员不断提高的舒适度的要求都是必要的。辅助单元的任务示例如下：

– 确保发动机在汽车所有运行状态下的完美无缺的机械功能：润滑油泵、水泵、燃油输送系统、散热器风扇、机械增压单元。

– 借助于发电机确保发动机和汽车在所有运行状态下的完美无缺的电能供应。

– 实现额外的废气净化可能性：二次空气泵、催化器预热。

– 提供辅助能量以满足乘员的舒适性和安全性

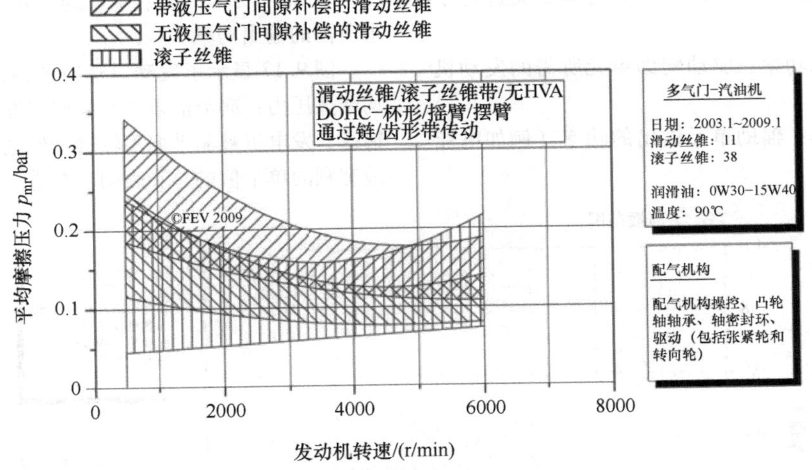

图 9.15 不同配气机构方案设计的比较

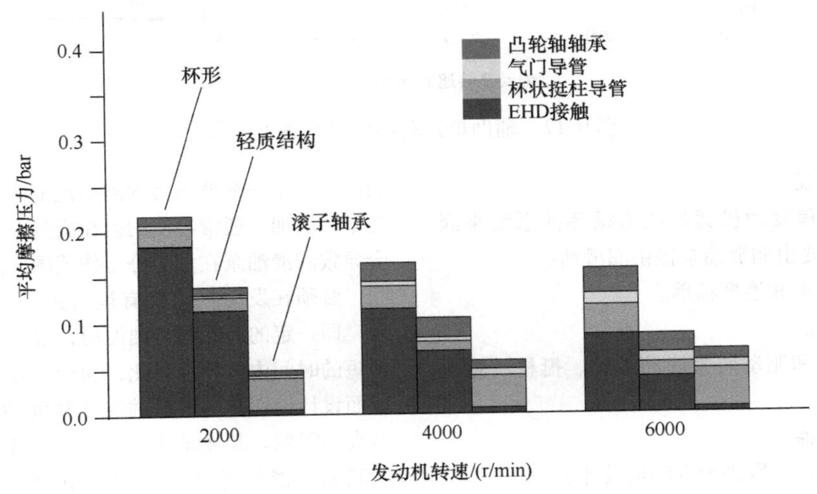

图 9.16 配气机构中的摩擦的分配[9]

要求：动力转向泵、空调压缩机、真空泵、起动机、防抱死制动系统、防滑调节、水平调节。

在当今的量产应用中，根据车辆的状态，这些辅助单元的驱动会消耗内燃机提供的大部分机械能。因此，辅助单元的驱动功率代表机械损失并且可以归类为摩擦功率。不同的定义以不同的方式考虑辅助单元。然而，在这一点上，不会关注定义，而是关注关于辅助单元摩擦的基本关系。由于这在车辆的燃料消耗中具有决定性的份额，因此这一方面变得更加重要，因为预计未来会由于更多或功率更强大的能量消耗单元而导致能量需求的显著增加。

以下是现代内燃机的辅助单元的概述。由于单元数量多，这里只能处理发动机运行所需的单元和驱动功率最大的单元。大量不是由内燃机直接驱动而是由电力驱动的部件只是顺带提及。在考虑发电机驱动功率时，不能忽视这些组件的供应。

在当今的发动机中，辅助单元几乎完全以与曲轴的恒定传动比驱动，这意味着各个单元的转速与曲轴转速成正比。由于固定的传动比，单元的速度分配（单元最大转速与最小转速的比率）由内燃机的速度分布来确定。传动比取决于在怠速范围内已经足够的各个辅助单元的输出功率。另一方面，即使次要侧不需要辅助单元提供的动力，曲轴通过带传动或链产生的功率也会随着发动机转速的增加而增加。然而，辅助单元的单独功率需求不一定必须取决于发动机转速。因此，直接驱动代表了收益与成本之间的折中。

在以下考虑的背景下，对以下功率定义进行了区分：

– 辅助单元功率：驱动辅助单元所需的发动机功率。

– 输出功率：辅助单元输出的功率（例如电能或流动能）。

– 需求功率：辅助单元为满足发动机或汽车需求所需的输出功率。

图 9.17 显示了发动机运行所需的辅助单元的平均摩擦压力：润滑油泵和水泵根据发动机运行工况点输送，发电机被驱动但不输送任何电力。不同发动机最有利的单个值的总和表明存在进一步优化的潜力。

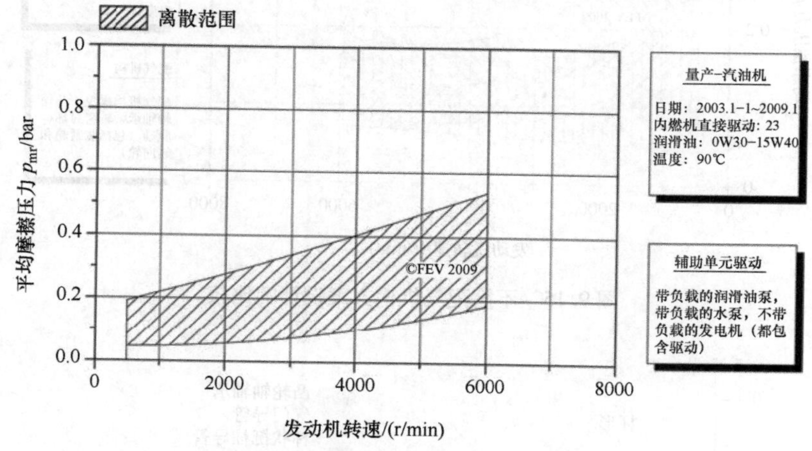

图 9.17　辅助单元驱动的平均摩擦压力

（1）润滑油泵

当今的四冲程发动机通过压力循环油系统来润滑。以下单元主要由润滑油泵提供润滑油：

– 曲轴主轴承和连杆轴承。

– 活塞喷嘴。

– 配气机构和驱动装置（凸轮轴、挺杆、轮系传动等）。

– 涡轮增压器。

– 其他润滑点，取决于发动机设计。

发动机润滑油回路的任务是：

– 确保在所有运行条件下所有滑动表面上的承载油膜，以尽可能避免混合摩擦和相关联的磨损。

– 通过充分散热防止局部组件过热和由此造成的损坏。

– 拾取颗粒（碳烟和磨损颗粒）并使它们保持在悬浮状态。

– 防止或松动沉积物。

– 防止腐蚀。

作为机动车辆发动机中的润滑油泵，通常使用由曲轴直接驱动的月牙泵或摆线泵以及通过辅助驱动减速驱动的外齿轮泵或摆线泵。泵的驱动功率因驱动系统和泵的结构形式而异。通过文献［10 – 12］中描述的各种优化步骤，泵可以单独改进并与发动机的要求相匹配。所有的结构形式的共同点是如图 9.18 中润滑油泵平均摩擦压力的离散范围所示的高速时驱动功率的增加。通常习惯的但在能量上不利的旁通调节会导致润滑油泵在大部分工作范围内的效率较低。

必须在发动机的所有运行条件下提供足够的润滑，即一定的最低润滑油油压，否则发动机可能会在很短的时间内损坏。因此，润滑油泵专为最不利的情况而设计，即高的润滑油温度和发动机高的里程数，即大的间隙。其他设计要点是在低速时确保向液压气门间隙补偿元件（热怠速）和油压控制的执行器（例如凸轮轴调节器）供油，以及高速时确保向动态的高负载的连杆轴承提供足够的供油[13,14]。图 9.19 显示了一个润滑系统中的润滑油容积流量和润滑油油压。其中，当发动机运行时，有必要在所有运行工况点达到或超过所需的最低油压，以确保基于需求的润滑剂供应，例如没有挺杆咔嗒声和连杆轴承中的气蚀风险。

发动机的吸油特性随着转速的增加而增加的速度比润滑油泵的流量增加得慢，润滑油泵的流量大约与转速成正比地增加。因此，中、高速的部分流量通常通过旁通阀返回泵的吸入侧。

除了根据需要调整润滑系统和根据发动机要求对润滑油泵进行详细优化外，可调节的润滑油泵在降低润滑油泵驱动功率方面具有很大的潜力。将润滑油泵的输送流量与所需的要求相匹配的可能性是具有可变

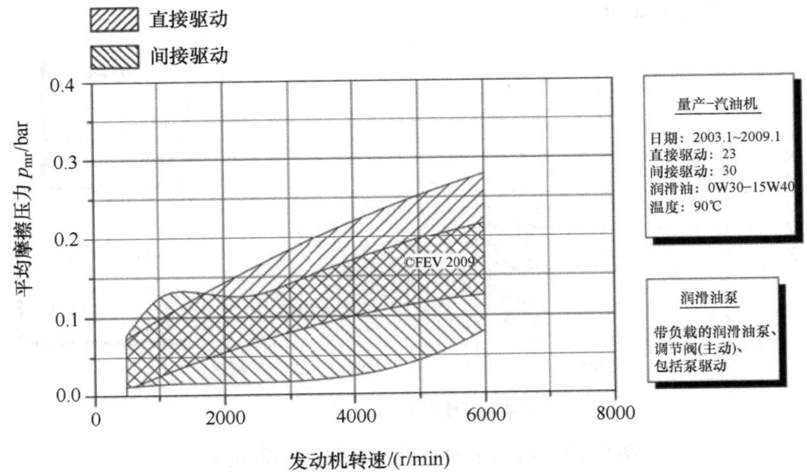

图 9.18 各种润滑油泵的摩擦（带负载）

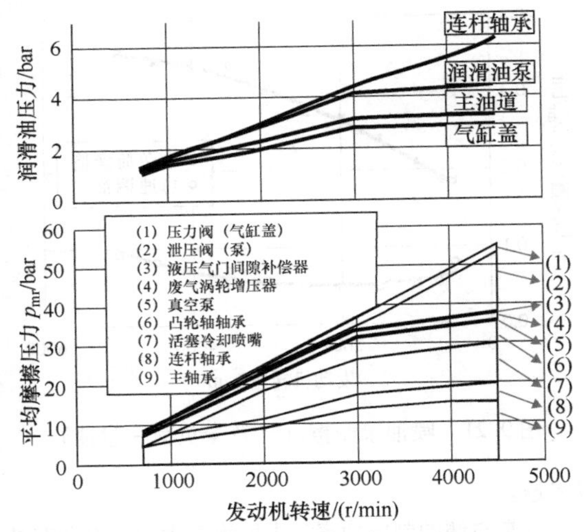

图 9.19 润滑回路中的油压和油量流量

输送室容积的方案设计，这通常是复杂且昂贵的，以及通过与发动机转速解耦来调节转速。

（2）水泵

离心泵主要用作内燃机中的水泵，其设计目的是在发动机低速和发动机高负荷（例如带拖车上坡行驶）以及额定功率下提供足以散热的冷却液流量。通过取决于组件或冷却液温度的转速调节，例如通过电驱动，燃烧室周围壁面的温度水平以及因此发动机的效率可以在部分负荷下增加，缩短了发动机的暖机时间，即使在高转速下也降低了水泵的驱动功率。

由于驱动与发动机转速成正比，在高转速时会有大流量，在设计不利的冷却液回路的情况下会导致高的压力损失，从而导致高的驱动功率[15]。这导致在具有相匹配的水泵的回路设计中具有优化潜力[16]。

（3）发电机

目前，标称电压为 14V 的高性能、低维护的三相爪极发电机几乎专门用于为乘用车提供电能。发电机的效率目前最高可达 60% ~70%，并且在发电机的低速和高负载下可以实现。然而，发电机通常在高速和低负载下运行，因此效率低至 20% ~40%。

在过去 40 年中，安装在汽车中的电力消耗功率从大约 0.2kW 急剧增加到 2.5kW，并将在未来 20 年增加到大约 4kW。包括普罗米修斯（Prometheus）项目在内的预测还会更高一些。到 2010 年，这里必须提供大约 8kW 的电力，届时传统 14V 三相发电机 3~5.5kW 左右的功率将受到限制[17]。图 9.20 显示了没有电力输出的不同发电机的摩擦。未来的车辆有望使用具有更高电输出功率和 42V 输出电压的起动-发电机系统。为了过渡到各种组件（例如电动润滑油泵、水泵、机电式配气机构）的电驱动，明显更高的电功率是前提条件。

电能消耗单元为了维持发动机功能的电力需求与行驶运行几乎无关。另一方面，所有其他电能消耗单元的电力需求，尤其是舒适性功能的电力需求，很大程度上取决于运行条件（夏季、冬季、白天或夜晚）。总体而言，根据运行条件和开启频率，中档汽车所需的总功率在 300~1200W 左右不等。

由于物理关系，在发电机重量恒定的情况下，发动机怠速时的功率输出和最大功率不能相互独立地确定[18]。这种不利的情况因怠速时电力需求的增加以及由于燃料消耗而进一步降低怠速转速的努力而加剧。因此，必须考虑发电机的方案设计和发电机的驱

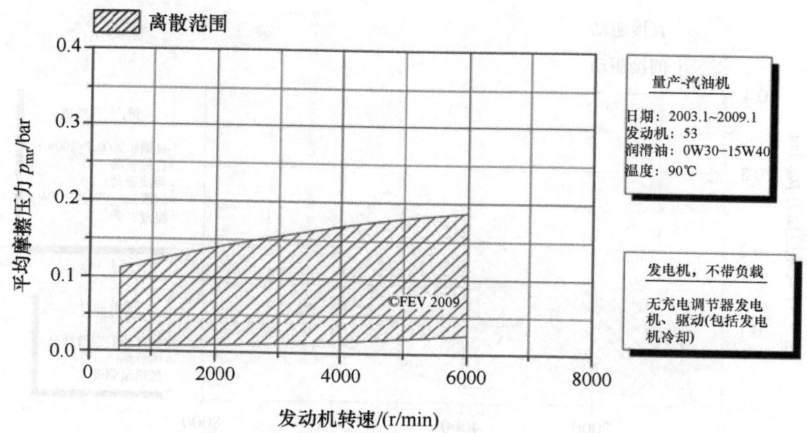

图 9.20　乘用车发电机的摩擦（不带负载）

动管理。发电机设计中的一个特征变量是发电机可以提供其最大功率的 2/3 时的 2/3 转速。发电机与发动机之间的传动比通常选择在发动机怠速时发电机以 2/3 转速运行，从而保证发动机和汽车的电力供应。

发电机的优化目标是在每个工作范围内都具有良好的效率、低的起动转速以及同时高的电流输出。因此，电流应急剧上升至高于起动转速（1000～1500r/min），以便即使在较低转速范围内也可将高的功率输送给开启的用电器。定子中的铁损和铜损以及摩擦和风扇损耗在发电机满载运行中的损耗中占最大比例，而二极管和励磁损耗相对较小[19]。由于功率输出仅略高于 5000r/min 的发电机转速，因此建议发电机在 2000～5000r/min 的转速下运行。

（4）喷油泵

喷油泵用于在压缩结束时通过喷嘴将燃料直接喷射到燃烧室中。根据喷射量和发动机运行工况点的设计，直喷式汽油机的喷射压力为 50～200bar，而柴油机的喷射压力高达 2000bar 以上。

图 9.21 显示了直喷柴油机分配喷射泵的摩擦。怠速和量调节器的最大位置之间的摩擦系数相差四倍。全负荷时出现的摩擦值对柴油机的整体摩擦有显著的贡献，是柴油机怠速和全负荷之间发动机摩擦增加的主要原因之一。

（5）空调压缩机

汽车空调的发展始于 20 世纪 60 年代的美国。1965 年，北美市场上只有 20% 的汽车配备了空调，而到 1980 年，这一比例已经达到了 80%。日本汽车制造商征服北美市场的愿望导致日本人也开发了自己的空调，早在 1985 年，他们本国的设备水平就超过了美国。自 20 世纪 80 年代末以来，欧洲也观察到了类似的时间延迟方法，但迄今为止尚未实现美国的市

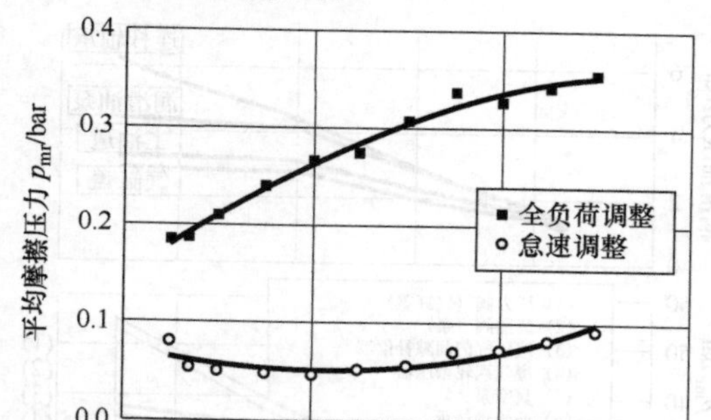

图 9.21　喷油泵摩擦（比较全负荷－怠速）

场渗透。

汽车空调的制冷功率需求取决于太阳辐射和车外温度。欧洲空调系统的平均占空比约为 23%（美国约为 42%），所需的平均制冷功率为 1～2kW（美国 4～5kW）[20]。在所有辅助单元中，空调压缩机的功耗最大。根据压缩机的结构方式和运行状态，在高转速时最高可达 11kW。平均驱动功率在 180～2000W 之间，具体取决于占空比。

空调压缩机通常由发动机通过传动带驱动，与发动机转速成正比，这意味着制冷功率取决于发动机转速，而需求几乎与发动机转速无关。空调压缩机是根据所需的最大制冷功率来设计的，即使在发动机低转速下也必须可用（在城市行驶期间怠速比例较高）。在更高的转速下，压缩机会尺寸过大并且必须受到限制。在许多情况下，这是通过电磁离合器实现的，该离合器用于联接和断开压缩机。

当前的发展越来越多地从压力调节压缩机转向容

积流量调节的压缩机，后者通过调节行程来减少多余的功率。然而，在能量方面，预计不会有显著的改善，因为受调节的压缩机保持开启的时间更长，并且机械损失，特别是在高速下，即使在低的制冷功率的情况下也相当可观[21]。

为了用于紧凑型小型车辆，特别是在日本，近年来还开发了更紧凑和更轻巧的压缩机（例如叶片式压缩机和螺旋式压缩机）。

（6）散热器风扇

在高负荷和低车速时，散热器风扇必须确保有足够的流量通过热交换器（发动机散热器）以散热。

过去，风扇是由发动机直接驱动，与转速成正比。现代结构设计使用带离合器的温控驱动系统（电动或静液压驱动）。与刚性驱动相比，它们可将驱动功率降低25%～50%。

电驱动散热器风扇根据冷却液温度的需要打开。大约10℃的切换滞后可防止持续开和关。在城市交通中，大约30%～40%的运行时间会打开电风扇。在更高的车速（乡村道路、高速公路）下，即使没有风扇，通过散热器的流量通常也足以散热。

在低转速时，黏性风扇比电动风扇需要更少的驱动功率，这是由于黏性风扇在低速时的驱动效率比电风扇更好，为此电风扇还必须考虑发电机的效率。在发动机的预热阶段或部分负荷期间以及在更高的转速和行驶速度下，电动风扇比黏性风扇具有优势，即当有足够的流量通过散热器时，可以关闭风扇。然而，这两种驱动系统仍然具有降低传输损耗的巨大潜力。

（7）动力转向泵

几年前为高端汽车保留的伺服辅助转向系统现在甚至可用于小型汽车。宽轮胎的趋势以及由此增加的转向功、更直接的动力转向比以及由此带来的车辆操控性的改进导致近年来带有动力转向的汽车的市场份额显著增加。

动力转向是利用油压进行的，油压由动力转向泵提供，并根据当前所需的辅助动力在转向器上进行调节。由于成本原因，带旁通调节的叶片泵主要用作批量生产的动力转向泵。

车轮的行驶速度和转向角决定了液压系统中的压力要求。在当今的系统中，当车辆静止且转向完全偏转时，有时会出现高达130bar的最大压力。然而，随着行驶速度的提高，所需的转向助力会显著地降低。当直线向前行驶时，为克服转向系统的流量损失，动力转向系统的最小压力取决于车辆和转向系统，为2～5bar。

即使在发动机低转速和高转向速度下，动力转向泵的输送容积流量也必须足够高，以确保转向辅助。这会作为汽车静止时发动机怠速和在干燥路面上的高转向速度的设计条件。在驾驶时会出现这些情况，尤其是在停车或掉头时。在更高的转速下，相当多的有用的油流量作为损失通过流量调节器而消散。

泵的驱动功率与发动机转速成比例地增加。在实践中通常不会出现最大可能的驱动功率，因为转向系统中的高压和高转速不会同时出现。

动力转向系统所需的驱动功率在很大程度上取决于通过行驶运行给定的泵转速和系统压力。直线行驶时，传统转向系统的典型驱动功率平均在250～1200W之间。

通过使用受调节的动力转向泵，例如吸力调节的径向柱塞泵，可以显著地降低驱动功率。平均驱动功率在100～200W左右的电动助力转向系统，近年来在中小型车上量产，潜力巨大。

（8）真空泵

在具有无节流的负荷控制的发动机中，真空泵用于产生真空（例如用于制动助力器）。传统真空泵的摩擦，在低速时为0.01bar，到高速时为0.04bar。

9.1.7 以活塞组为例的摩擦计算的方法

现代计算机模拟

发动机部件的优化可以理想地以计算的方式来实施。在此背景下，线性有限元法（FEM）和多体模拟（MKS）的混合计算模型在大部分动态模拟中占主导地位。这些模型的强势在于描述结构刚度的自由度的数量可以大大减少，而不会显著地降低计算精度。显式有限元分析允许立即评估组件的应力。但是，它们的主要缺点是计算时间要高几个数量级。对于轴承摩擦学的详细分析，建议使用弹性流体动力学（EHD）计算方法。这些能够解决润滑膜的流体动力承载行为与结构的局部柔韧性之间的相互作用。现代商业多用途应用程序也代表了发动机计算中数值摩擦分析的核心，因此，MKS和FEM在当今的开发过程中被认为是不可或缺的。

例如，带有活塞环和气缸套接触的活塞代表了一个高度复杂的摩擦系统，它占发动机摩擦的大部分。对该组件不断提高的性能要求使得使用现代仿真技术探索负载极限变得越来越紧迫。在这种背景下，如今正在开发详细的仿真模型[22]。这些模型基本上基于商业软件，通过用户编程的子程序针对特定问题进行扩展，如图9.22所示。

从物理学的角度来看，使用了众所周知的方法：流体动力学领域的雷诺微分方程。根据格林伍德－特里普（Greenwood－Tripp）方法描述混合摩擦和磨

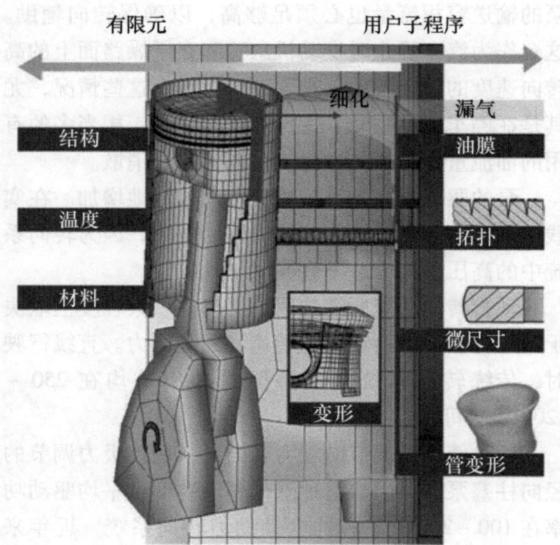

图 9.22　用于模拟活塞组的详细模型[22]

损，或根据埃维斯（Eweis）的迷宫（Labyrinth）模型描述窜气中的气体动力学。用于记录整个系统中润滑油膜比例的其他模型允许对润滑油平衡和润滑油油耗进行说明。宏观几何形状由有限元模型三维表示，微观几何形状（如活塞环的凸面）和拓扑结构（如珩磨结构）由子程序描述。活塞环（包括触点）仅通过接触公式来导入。通过这种方式，可以对包括所有接触面的多部分控油环进行物理学建模。主要评估变量来自计算：摩擦、磨损、气体泄漏和润滑剂排放以及所有运动变量，例如活塞二次运动或活塞环动力学。

在使用专门开发的专用测量技术进行详细的动态测量的基础上，可以在各种测试载体上对所有模块进行高质量的基本比较。这意味着一个强大的工具可用于单个组件的面向目标和有效的数值优化，这是一种当今常见的方法。

9.2　润滑

9.2.1　摩擦学基础

发动机技术基于不同类型的机器元件（通过形式和功能相互连接），它们相互作用和影响，例如：

- 运动学：运动的产生、传递和抑制。
- 动力学：通过接触界面传递力。
- 机械能的传递和转换。
- 运输过程：液态和气态介质的运输。

摩擦学［注：tribos（希腊语）摩擦和 - logie（希腊语）女性名词的后缀，意思是教学、知识、科学］在这些过程中发挥着重要作用—根据 DIN 50323，“摩擦学……在相对运动中相互作用表面的科学和技术。它涵盖了摩擦和磨损的整个领域，包括润滑，并包括固体之间以及固体与液体或气体之间的相应界面相互作用。”

润滑能够实现、改进和确保部件、发动机功能组和整个驱动系统的功能、经济性和使用寿命。

在它们相互作用的领域，摩擦学系统可以简化为基本结构（系统元素）（DIN50320）：基体、抗体、中间物质（粒子、流体、气体）和周围介质（图 9.23）。

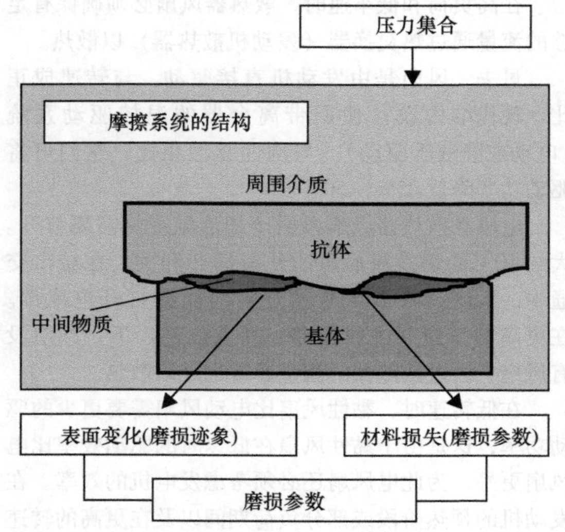

图 9.23　示意图：摩擦学系统[23]

由运动、有效力（法向力）、速度、温度和应力持续时间给出摩擦应力。

9.2.1.1　摩擦

摩擦是一种不易理解的多方面现象。它是模棱两可的，因为它既阻碍了运动又使运动成为可能。没有摩擦就没有坚定的坚持——但也没有进步！

“摩擦是物体接触的材料区域之间的相互作用。它抵消了相对运动。在外摩擦的情况下，接触的材料区域是不同的，在内摩擦的情况下，它们属于同一个物体。”（DIN 50323 第 3 部分）

摩擦力既取决于运动状态——静摩擦（静摩擦、静止摩擦）和动摩擦（动态摩擦），也取决于摩擦副相对运动的类型：

- 滑动摩擦：滑动，接触面的平移，滑动副的相对运动。
- 旋转摩擦：转动，在接触面围绕瞬时轴旋转。
- 翻滚摩擦：滚动，带有微观或宏观滑动部件的滚动。

然而，摩擦也取决于所涉及的材料区域的聚集状态：

- 固体摩擦。
- 流体摩擦。
- 气体摩擦。
- 混合摩擦。

在发动机中，摩擦是不可取的，因为一部分以已经很差效率“产生”的机械能再转换为热力学上“更低值”的热量。这种热量通过润滑剂的黏度和负载力的下降损害组件的功能。在极端情况下，轴承的热和过热运行可能会导致损坏。

固体摩擦涉及更多的机理：

- 黏着力和剪切力：在接触面上形成和破坏粘合力。
- 塑性变形：切向相对运动中的变形。
- 波纹：
- 不同硬度的滑动副，硬的滑动副上的粗糙点渗入较软的滑动副。
- 或/和滑动副之间的硬质颗粒渗入其中之一或两者。
- 变形：弹性滞后和阻尼。
- 能量耗散：摩擦能（机械能）转化为热能并损失掉。

当物体在合力作用于其对应物的作用下保持静止时，就会发生静摩擦。静摩擦是所有通过螺钉、卡箍或过盈配合相互刚性连接的发动机部件的力传递的基础，这些部件诸如曲轴箱和气缸盖、曲轴和输出法兰或安装孔和轴承。对于这种连接起决定性作用的静摩擦系数μR取决于材料副、表面特性和摩擦条件（润滑）；因此，它不是一种材料，而是一种系统特性[24]。

在发动机技术中的滑动摩擦（运动的摩擦）的情况下，重要的是流体摩擦，这是润滑的前提条件。与机器零部件相关的摩擦状态在以理查德·斯特里贝克（Richard Stribeck）（1861—1950年）命名的斯特里贝克曲线中表示为：

- 与滑动副直接金属接触的固体摩擦。
- 当滑动副被带痕迹的润滑剂覆盖时的边界摩擦。
- 当滑动副之间的润滑膜部分中断时，混合摩擦作为固体摩擦和液体摩擦的并置。
- 弹性流体动力润滑：由于滑动副之间的压力很高，油膜中的压力会增加润滑油的黏度，这就是为什么（尽管条件不利）建立了可承载的最小润滑膜厚度（例如：反向接触，齿轮副，凸轮/凸轮从动件等）。
- 流体动力学润滑：通过润滑膜将滑动副彼此完全分离的流体摩擦。

摩擦损失与机械效率一起记录。作为有效功率P_e与指示功率P_i的商，机械效率包括从活塞到曲轴法兰的所有机械损失。此外，还考虑了液压损失（飞溅损失）和运行发动机所需的辅助机械的驱动功率。发动机的机械效率在额定功率下在75%～90%的范围内，在部分负荷下会急剧下降。

9.2.1.2 磨损

“磨损是由机械原因引起的固体表面材料的逐渐损失，即固态的、液态的或气态的相对体的接触和相对运动”（DIN 50320）。磨损会产生故障性影响并缩短使用寿命，但是，作为磨损的一部分，它在每种机器运行中都是不可避免的。

当两个摩擦体（基体和抗体）在力的影响下（连续的、振荡的或间歇性）相对移动时，就会出现磨损。其中，结构特性、强度值、硬度、形状尺寸和表面几何尺寸都会影响磨损。磨损过程由几个单独或以各种组合出现的部分所组成：剪切、弹性和塑性变形以及边界面过程。其结果，颗粒从基体和抗体中释放出来，这反过来又增强了磨损（图9.24）。

在发动机运行中，磨损率很重要，即磨损发展的速度：

- 递减：磨合过程，通过该过程削平与生产制造相关的粗糙接触表面并增加滑动副的承载面积。
- 线性：正常运行，过程中磨损稳步增加，但只是轻微地增加。
- 渐进：自我强化，磨损加速，导致快速功能性故障和随之而来的损坏。

在发动机中，磨损主要由以下原因引起：

- 干接触、边界摩擦和混合摩擦的滑动磨损（基体和抗体的不完全分离）。
- 振动磨损。典型：微动腐蚀（微动氧化，微动锈蚀）。
- 流体摩擦（基体与抗体完全分离）。
- 空化：通过局部低于液体中的蒸气压而形成空腔，随后蒸气气泡内爆。这会损坏限制面；流体动力学特性变差。

侵蚀：固体与渗透有颗粒的液体的撞击（例如，带有外来颗粒的润滑剂或燃料或带有颗粒的气流（带有燃烧残留物的废气））；材料表面有磨损。

- 通过跌落冲击而磨损。
- 通过腐蚀而磨损。

磨损会影响发动机，因为横截面变弱、表面变

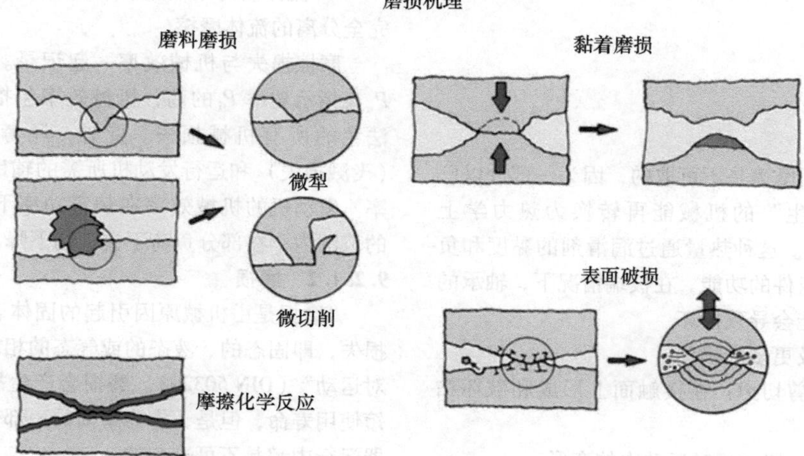

图 9.24 磨损机理

化、由于间隙增加而导致的功能受损、重叠减少以及几何尺寸和运动学受损。其后果可能是：摩擦增加、咬合、受迫断裂和疲劳断裂。在发动机中，磨损主要是由以下原因引起的：

- 过载。
- 由于润滑不足，由于：
- 缺乏润滑剂。
- 或/和不合适或过时的润滑油。
- 不利的运行条件。
- 发动机零部件功能缺陷或故障。

磨损主要出现在以下功能组上：

- 曲柄连杆机构：活塞、活塞环、气缸、轴承和轴。
- 齿轮传动：齿轮。
- 控制机构：凸轮和凸轮从动件、气门、气门座和气门导管、带传动。

9.2.2 润滑系统

9.2.2.1 润滑

润滑是用润滑剂涂敷或润湿滑动副；“液体、气体、蒸汽，即流体物质、塑料物质和粉末形式的固体”用于此目的。

润滑的任务是：

- 力的传输。
- 减少摩擦和磨损。
- 精细密封：原则上，相互滑动的部件只能在润滑油膜的帮助下进行密封。
- 冲击和振动的吸收。
- 减小噪声。
- 冷却：摩擦热的消散。
- 清洁：去除各种类型的颗粒。
- 防腐蚀。

润滑剂是机械元件；它通过厚度仅为千分之几毫米的润滑膜传递轴承中的分力。这种能力基于黏度，即润滑剂抵抗变形的能力。单个液体颗粒相互摩擦；切向应力（剪切应力）出现在它们的接触面上，其大小取决于垂直于流动方向的速度梯度 dv/dz（剪切梯度）和液体的材料特性，运动黏度 η（黏度）（牛顿剪应力法）。运动黏度又取决于润滑剂、润滑剂的温度和压力以及剪切速率（图 9.25）。

剪应力在滑动方向上做摩擦功（耗散功）；这种转化为热能的动能“消失”了。在机器运行过程中，流体摩擦会产生负面影响：它会消耗机械能并加热润滑剂；这会降低润滑油膜的承载能力。这种摩擦热必须消散，这需要额外的设计和运行花费。在最坏的情况下，混合摩擦会导致滑动副的磨损，直至卡死。但如果没有内摩擦，液体就无法传递任何力。

9.2.2.2 组件和功能

润滑系统可以理解为输送润滑剂的管路、泵、过滤器、热交换器和调节元件的布置。其中包括：润滑油收集容器（油底壳）、润滑油泵、润滑油热交换器、润滑油滤清器、控制阀、加油口以及润滑油容积（油位）和润滑油流量（油压）的监测。

可以区分：

- 新鲜润滑油或消耗润滑：润滑油从润滑油储罐泵送到各个润滑点。必须要求清洁和凉爽的润滑油始终能送达润滑点。通过仔细计量，可以将润滑油消耗保持在较低水平。在二冲程汽油机中，新鲜的润滑油随汽油一起喷入。

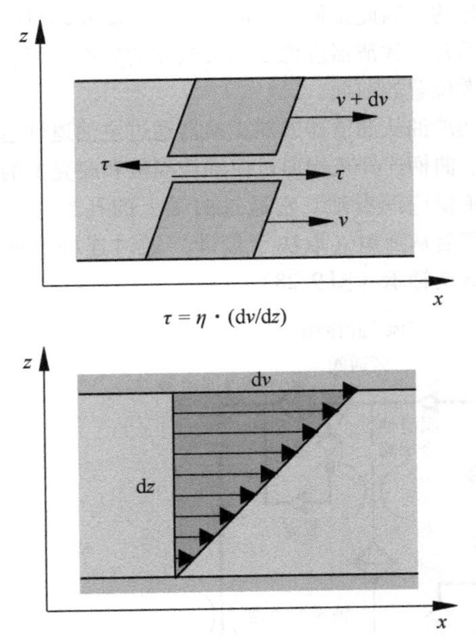

图 9.25 剪切和剪切梯度[25]

- 混合润滑：这种润滑方式目前主要用于小型二冲程发动机。加油时，润滑油与汽油以确定的比例（1:50 或 1:100）混合。润滑油在进气时被吸入到气缸。在溢流时流入曲轴箱。分离出来的润滑油润滑轴承和气缸壁。润滑油也随着扫气进入排气：这会增加润滑油的消耗，并恶化排气质量。

- 强制循环润滑：四冲程发动机和二冲程柴油机基本上以这种方式润滑。泵将润滑油从收集罐通过管线系统输送到润滑位置，从那里在没有压力的情况下流回到收集罐。

- 干式油底壳润滑：出于结构原因（安装空间）或在特殊的运行条件下（越野车、跑车），使用干式油底壳润滑，其中吸油泵将润滑油泵入特殊的收集容器中，从那里经冷却和过滤后由压力泵返回润滑油系统。泵的吸入级和压力级通常在结构上结合使用。

（1）发动机润滑油回路

润滑油泵的吸油滤网位于油底壳的最低点，即使在车辆倾斜时也能保证供油。活塞泵（由齿轮、链、齿形带驱动或直接安装在曲轴上）推动发动机润滑油通过滤清器（取决于润滑油系统的设计）、热交换器进入主油路。压力侧设有一个泄压阀，如果超过设定的压力，该泄压阀将润滑油分流。调节孔的设计方式可以消除压力峰值并抑制压力波动。分流的润滑油要么自由流出，要么被引导到泵的吸入侧，这样它就不会富含空气。

润滑油从泵进入滤清器。这是由一个旁通阀保护的，以防止由于压力过大（例如在冷启动期间）而导致过载；当发动机处于静止状态时，止回阀可防止无效工作（图 9.26）。

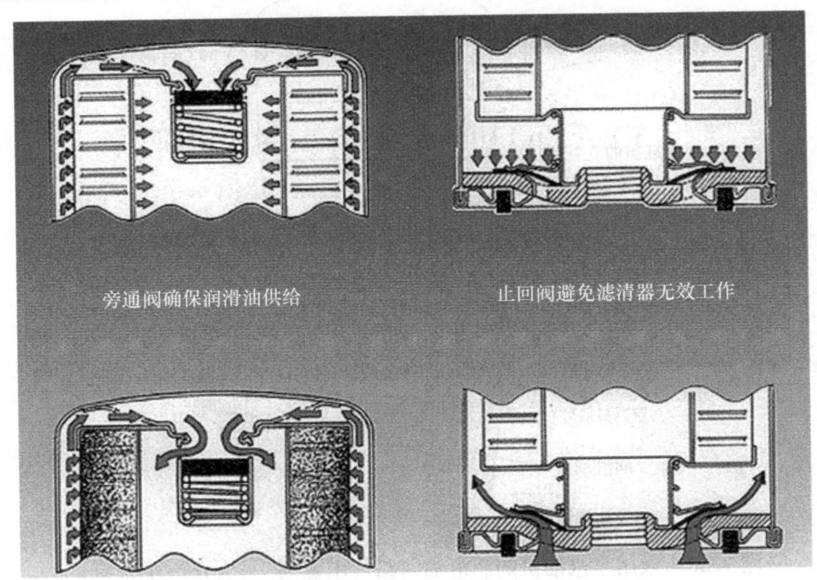

图 9.26 润滑油滤清器的旁通阀和止回阀（大众汽车公司）

润滑油滤清器的主要功能是保护滑动副免受润滑油中异物的影响。为此，滤清器必须位于润滑位置的前面，以便整个润滑油流通过滤清器（主流回路）。为了减轻主流滤清器的压力并减少其污垢加载，部分润滑油从主流分流并通过旁通流入辅流滤清器（润滑油离心机或细滤器）（图9.27）。

辅流滤清器不能节省润滑油更换，因为它们既不能更换用过的添加剂，也不能过滤掉润滑油中的燃料、水和酸[27]。如果发动机润滑油承受高热负荷，则必须使用水－润滑油热交换器或空气－润滑油热交换器专门冷却。润滑油热交换器通常布置在滤清器之后，以保持滤清器中较低的压力损失，而润滑油仍然是温热的，因此是低黏度的。然而，就发动机的最佳保护而言，滤清器应位于热交换器的后面，即直接位于润滑位置的前面。

润滑油从滤清器或热交换器通过主油道到达润滑位置。曲柄连杆机构通过曲轴箱隔板和底壳上的孔由主油道供应润滑油。它通过曲轴上的孔到达连杆轴承，然后从那里（取决于设计）通过连杆上的孔到达活塞销轴承（图9.28）。

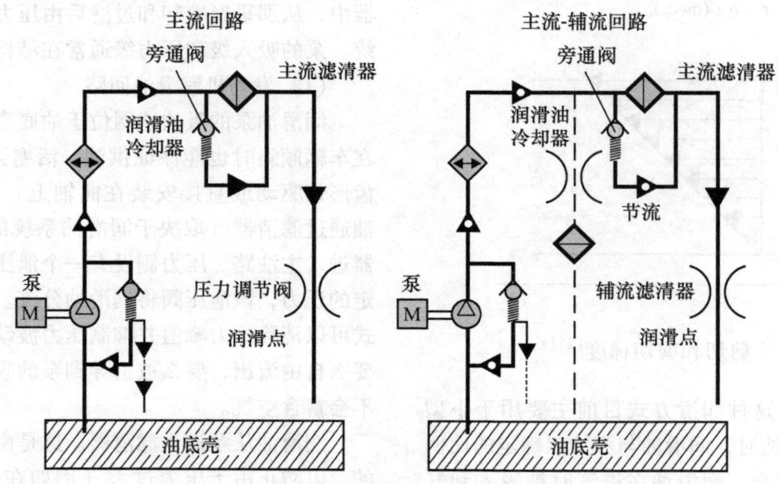

图9.27　主流和主流－辅流过滤[26]

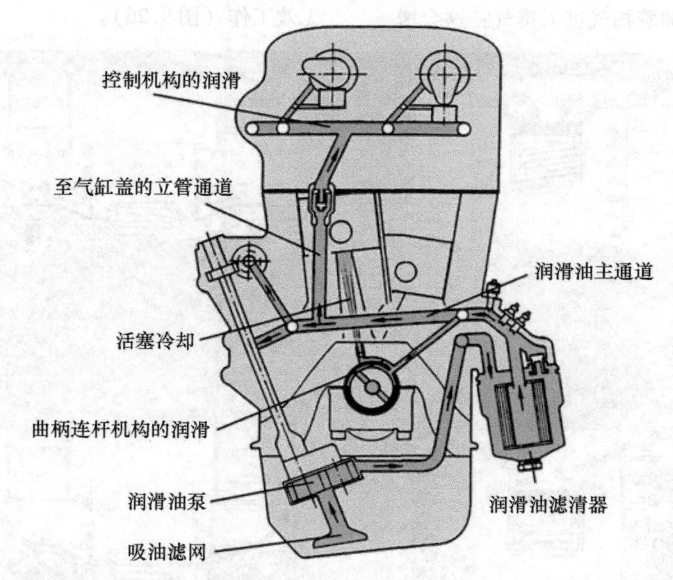

图9.28　乘用车汽油机的润滑油回路（示意图）（大众汽车公司）

必须克服离心力才能将润滑油泵入底座轴承。另一方面，从底座轴承中的孔到曲柄销的孔以及到活塞销轴承的输送由离心力或连杆的摆动运动来支撑。基本上，一个底座轴承应该只向一个曲柄销供油。

在大功率发动机中，润滑油回路分为两个通道，一个为凸轮轴控制装置提供高压润滑油，另一个为凸轮轴轴承和杯形挺杆提供低压润滑油[28]。像张紧滚子轴承等发动机部件和像废气涡轮增压器、喷油泵等发动机辅助单元等均通过润滑油道直接供给。未连接到润滑油供给系统的零部件，例如摇臂滚动面或齿轮侧面，则通过曲轴箱中的喷油间接地润滑。在极端情况下，特殊的喷嘴可确保充足的润滑油供应。气门导管也通过喷油润滑，其中，导管的润滑油供给通过气门杆密封件限制以及计量。当今的趋势是向高度集成的输油管线和短油路发展，压降很小（流动损失）（图9.29）。

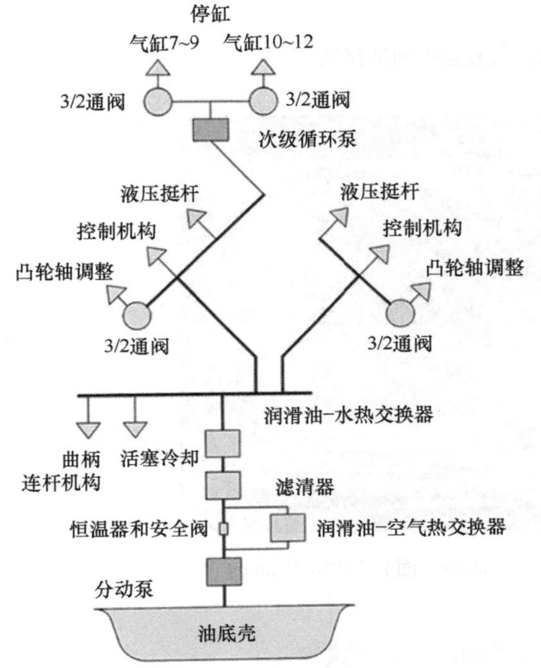

图9.29 带停缸的12缸V形汽油机的润滑油回路（梅赛德斯-奔驰）

具有更高比功率的发动机不能再没有活塞冷却。对于活塞冷却，润滑油从主流分流并通过喷嘴喷射到活塞的下侧或喷射到活塞冷却管道中。通过压力控制阀可防止在发动机仍处于冷态时（因此润滑油也是冷的）从活塞中不必要地吸收热量。从连杆大头孔向活塞的下侧喷射是不利的，因为这种冷却的润滑油也必须通过曲轴泵送。

由于供给仅从起动过程才开始，因此存在润滑位置在最初的几转中将没有或获得太少的润滑油的风险。因此，在立管中设置了止回阀，在气缸盖中设置了油道，积聚的润滑油可以从这些油道中快速流向消费者（图9.30）。

由于结构设计复杂、额外的重量和成本，在更大型和大型柴油机中常用的电驱动润滑油预供油泵不能用于机动车发动机。

润滑油储量少和频繁搅拌会促使润滑油起泡，气体含量的上限为8%。为了消除泡沫，提供了离心分离器和/或深拉回油，这可以将气体含量降到4%以下（图9.31）。

油底壳中的润滑油通过挡油板（润滑油油平面）远离发动机，因此如果润滑油晃动（由车辆运动引起）时，曲轴就不会浸入润滑油中（图9.32）。

（2）润滑油泵

各种类型的容积泵（齿轮泵和环形齿轮泵）用于车辆发动机：外齿轮泵、内齿轮泵（镰刀泵）和环形齿轮泵（摆线泵）。这些泵结构紧凑、效率高、吸入性能好，适用于黏度范围较大的液体的泵送。容积泵中增加压力所需的体积变化是由齿轮的啮合引起的。泵送流量由齿的几何形状和泵速给出（图9.33）。

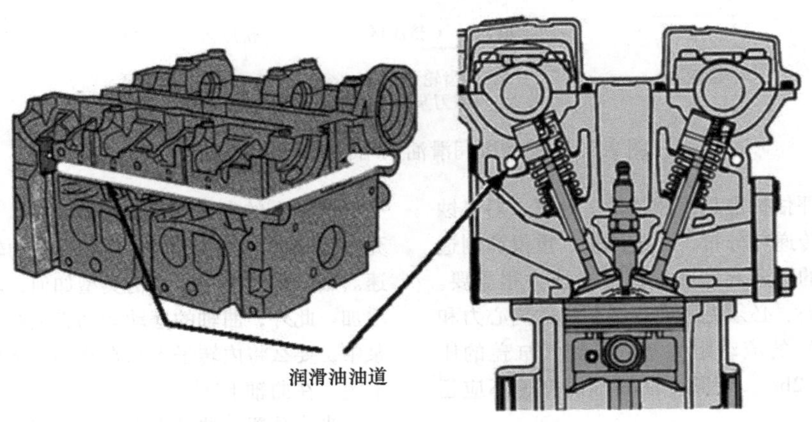

图9.30 乘用车汽油机气缸盖中油道的布置（福特）

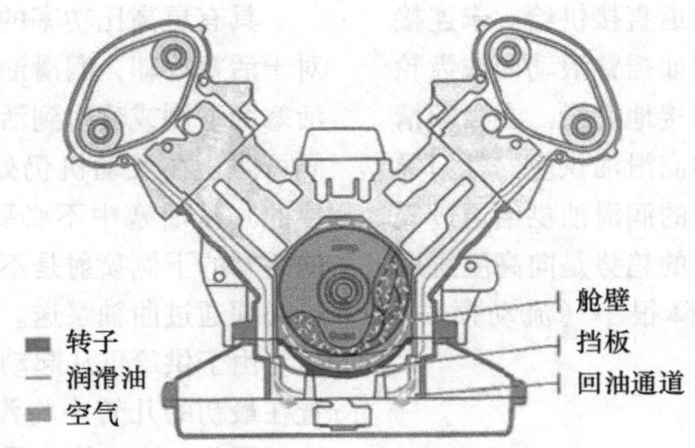

图 9.31　奥迪 V6 Biturbo 来自气缸盖的回油路径

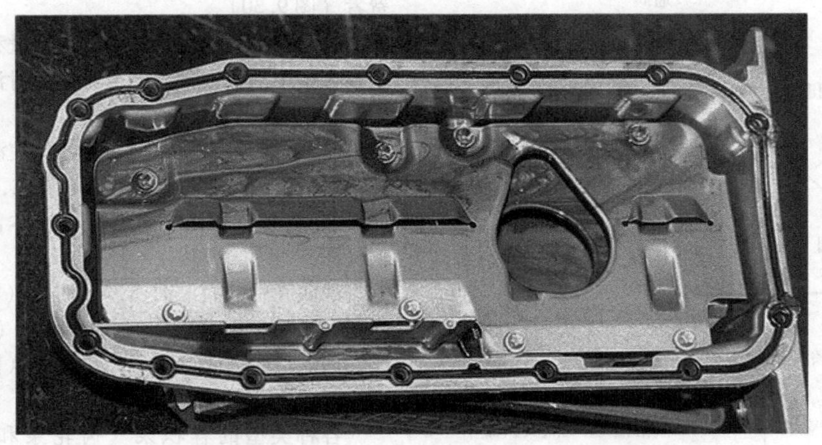

图 9.32　四缸乘用车发动机挡油板（润滑油油平面）（欧宝 Ecotec）

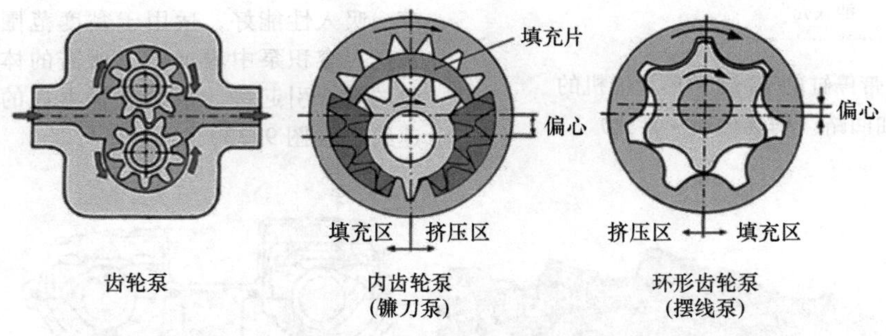

图 9.33　发动机润滑油泵结构形式（示意图）

润滑油泵的评估标准是输送特性、效率、对气蚀的敏感性、噪声传递与分布、安装体积、重量和制造成本。油路中低的吸入高度和快速建立压力很重要。必须施加输运损失、必须克服底座轴颈中的离心力和润滑位置（轴承）的流动阻力。从泵到气缸盖的压力损失约为 1.5 ~ 2bar。管路中润滑油的流速不应超过 3 ~ 4m/s。

润滑油泵布置在曲轴上、发动机缸体上或油底壳中。曲轴上的布置结构简单且便宜（比存储在油底壳中便宜约 50%），但这需要更大的轮径和更高的泵速。因此，无论泵的结构类型如何，功耗都会显著地增加。此外，曲轴的摆动运动必须被吸收——在摆线泵中，要么将内转子支承在泵的壳体中，要么将内转子定心在曲轴上[29]。

当将泵置于油底壳中时，吸程更低，起动时泵的抽吸更好。此外，可以选择更低的泵速（例如传动比1:1.5)，从而降低驱动功率。缺点是通过链、齿形带或齿轮或斜齿轮驱动的驱动结构比较复杂。

容积泵的泵送特性取决于转速。随着泵压的增加，容积效率由于泄漏损失而降低。然而，发动机的润滑油需求在很大程度上与发动机的转速无关，因此输送量和需求随着转速的增加而出现分歧。各个润滑位置的要求不同：轴承需要一定的润滑油容积流量，而液压控制元件则需要一定的压力。凸轮轴调整需要更高的输送率；一个辅助泵专门用于停缸。泵的设计基于（热）怠速时（即润滑油低的转速和低的黏度）的最小润滑油容积流量，迫使泵随着速度的增加润滑油偏离一定的背压，因此大约50%的液压能转化为热能。其中，由系统压力直接控制和间接控制（即由系统压力和给定的控制压力控制）的调节阀之间存在区别（图9.34）。

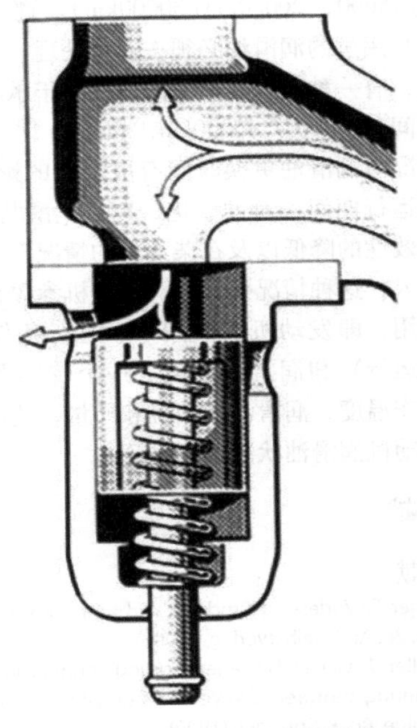

图9.34 直接控制调节阀（梅赛德斯-奔驰）

必须为废气涡轮增压器等额外的润滑位置泵送更多的润滑油。此外，降低怠速转速以减少发动机损失会导致高转速时输送量显著增加。需要在低速下泵送的润滑油与在高速下实际需要的润滑油之间的差异会增加。因此，正在尝试通过泵的调节、通过分动泵、改变带内齿轮的泵的偏心距、摆线泵的吸入调节、带外部齿轮的泵中的二级叶轮的轴向位移或通过电驱动泵将泵驱动与发动机转速解耦等使泵特性曲线更好地适应发动机对润滑油的需求。然而，此类解决方案需要仔细考虑设计工作，以及可实现功率节省的额外的质量和成本。

对于四缸到六缸发动机，润滑油需求为40～100L/min，八缸发动机需要大约100～120L/min。计算乘用车发动机曲轴主轴承每个轴承3L/min，连杆轴承每个轴承4～5L/min，活塞冷却每个喷嘴需要1.5～3L/min，气缸盖大约12L/min。然而，这些润滑油油量中有50%～60%被扣除。铝制曲轴箱的发动机需要更多的润滑油，因为由于更大的热膨胀，间隙会随着温度的增加而增加。输送压力约为5bar。四缸到六缸发动机的润滑油泵驱动功率在0.5～2kW之间，对于更大型发动机则高达5kW。

（3）润滑油控制

因为对发动机而言至关重要，所以必须控制润滑油供给。通常用泵的背压作为控制变量，这是有问题的，因为它不是以物理相关的变量（润滑油的容积流量)，而是依赖于物理相关的变量（泵的背压）用作控制变量。一方面，泵的背压随着流速（相应于容积流量）的平方而增加，另一方面，泵的背压也取决于流动阻力。随着温度升高，润滑剂的韧性（黏度）降低，这意味着必须泵送更多的润滑油来维持给定的控制压力。如果管路堵塞，流动阻力会增加，因此尽管润滑油容积流量更低，但压力也不会降低。另一方面，如果阻力系数随着轴承间隙的增加而减小，虽然更多的润滑油会流过轴承，但压力会下降并错误地发出“缺油”的信号。出于这个原因，应该在管路末端监控润滑油的压力，例如在最后一个曲轴轴承后面或气缸盖中。由于发动机操作员不能经常关注油压显示，经常会发生发现油压下降时已为时过晚的现象，而这通常会出现灾难性的结果。因此，油压下降也应通过声学报警。

其他控制变量是润滑油油温和油位。为此使用传感器；还必须可以使用带有最低和最高油位标记的油尺手动检查油位。

（4）润滑油承载

随着时间的推移，通过润滑油油量的减少，由于更高的转速和增压而提高了功率，通过更紧凑的发动机（小型化)，特别是通过V形结构形式，通过更复杂的结构设计、更长的维护和换油间隔以及强劲且频繁变化的发动机负荷和转速，发动机润滑油的承载也在稳步增加。此外，空气动力学上更好的车身形状会增加发动机舱内的温度。可以使用各种指标（图9.35）以数字方式描述润滑油承载，例如润滑油灌注量/排量或润滑油灌注量/功率。用润滑油承载指数可以获得更精确的表述。

年份	1937	1940	1951	1960	1970	1980	1990	2000
型号	Super 6	Kapitän	Kapitän	Kapitän	Commodore	Commodore	Omega	Omega
排量/L	2.5	2.5	2.5	2.5	2.5	2.5	2.6	2.6
功率/kW	40.4	40.4	42.6	66.2	88.2	110	110	110
转速/(r/min)	3600	3600	3700	4100	5500	5800	5600	5600
润滑油油量/L	5	4	4	4	4.5	5.75	5.5	5.5
润滑油耗功/(kW/L)	8.1	10.1	10.65	16.55	19.6	19.1	20	20
润滑油油量/排量/(L/L)	2	1.6	1.6	1.6	1.8	2.3	2.1	2.1
润滑油更换间隔/km	2000	2000	3000			7500	10000	15000

图9.35　2.5L欧宝发动机的特点

$$\text{润滑油承载指数}=\frac{\text{发动机功率（kW）}\times\text{换油周期（km）}}{\text{润滑油容积}+\text{每次换油间隔时补充的量（L）}\times 1000} \tag{9.4}$$

在文献［30］中，在这方面比较了两个特征值：

- 润滑油负载指数 kW·km/L。
- 福特陶努斯 1949:11.5。
- 奥迪 Quattro 1987:277.2。

（5）润滑油消耗

由于润滑油损失和消耗，润滑油收集容器（油底壳）中的润滑油储备随着运行时间的推移而减少。当润滑油从发动机的刚性的和移动的分离点中逸出时，就会发生润滑油流失。这可能是：曲轴箱与油底壳和气缸盖的连接、气缸盖与气缸盖罩的连接、润滑油滤清器与润滑油冷却器的连接点以及漏油的放油塞和曲轴密封件。

当存在由于润滑油燃烧和/或蒸发引起的内部泄漏时，就会发生实际润滑油消耗。这种泄漏可以通过活塞环磨损、活塞环槽合并、气缸套上部区域形成镜面、气门杆和气门导管之间的间隙过大或涡轮增压器泄漏来解释。润滑油消耗只能粗略地给出，因为它取决于在发动机使用寿命过程中发生变化的许多影响因素。乘用车发动机“正常”的润滑油消耗是0.1～0.25(0.5)L/1000km。恒定的油位并不总是意味着没有消耗润滑油，因为可以通过添加燃料来“平衡”润滑油消耗，尤其是在柴油机中。

（6）润滑油更换

作为润滑介质的润滑油在发动机运行过程中会发生各种变化，这就需要定期更换储油（润滑油更换）。在过去十年中，换油间隔时间显著地延长。润滑油更换的标准是液态和固态杂质的含量、添加剂效力的耗尽和不允许的黏度变化。滤清器也必须随润滑油一起更换。润滑油更换时间由发动机制造商规定，具体取决于发动机类型（汽油机、柴油机）、发动机机型、行驶里程（km）、运行时间（月）和各自的运行条件；它们的范围很广：用于乘用车发动机为(5000km)15000～20000km(30000km)。遵守这些规定很重要！用过的润滑油必须按规定处理。

最近，有一种趋势是灵活的、取决于承载的润滑油更换时间，20000～40000km，相当于1～2年。润滑油的状况对润滑油更换时间有决定性的影响作用。在发动机运行期间，通过氧化、有机硝酸盐的形成、添加剂有效性的降低以及在柴油机的情况下，还通过碳烟的进入，这种情况会恶化。发动机参数在这里起决定性作用，即发动机的利用率、运行条件（冷起动、过热运行）和润滑油质量。一个传感器记录发动机的工作温度、润滑油的油位和质量，使用介电常数作为发动机润滑油状况的标准[31]。

参考文献

使用的文献

[1] Pischinger, S.: Vorlesungsumdruck Verbrennungskraftmaschinen, 26. Aufl. Selbstverlag, (2007)

[2] Affenzeller, J., Gläser, H.: Lagerung und Schmierung von Verbrennungsmotoren. Die Verbrennungskraftmaschine. Neue Folge, Bd. 8. Springer, (1996)

[3] Pischinger, R., Kraßnig, G., Taucar, G., Sams, T.: Thermodynamik der Verbrennungskraftmaschine. Die Verbrennungskraftmaschine. Neue Folge, Bd. 5. Springer, (1989)

[4] Koch, F.; Hermsen, F.-G.; Marckwardt, H.; Haubner, F.-G.: Friction Losses of Combustion Engines – Measurements, Analysis and Optimization Internal Combustion Engines Experiments and Modeling. Capri, Italien, 15.–18. 09. 1999

[5] Koch, F.; Geiger, U.; Hermsen, F. G.: PIFFO – Piston Friction Force Measurement During Engine Operation. SAE-Paper 960306, 1996

[6] Koch, F.; Haubner, F,; Schwaderlapp, M.: Thermomanagement beim DI Ottomotor – Wege zur Verkürzung des Warmlaufs. 22. Internationales Wiener Motorensymposium, Wien, 26.–27. Apr. 2000

[7] Haas, A.: Aufteilung der Triebwerksverluste am schnellaufenden Verbrennungsmotor mittels eines neuen Messver-

fahrens, RWTH Aachen, Dissertation 1987

[8] Koch, F., Fahl, E., Haas, A.: A New Technique for Measuring the Bore Disortion During Engine Operation. 21st Int. CI-MAC-Congress, Interlaken. (1995)

[9] Speckens, F.-W., Hermsen, F., Buck, J.: Konstruktive Wege zum reibungsarmen Ventiltrieb. MTZ 59, 3 (1998)

[10] Haas A.; Esch. T.; Fahl, E.; Kreuter, P.; Pischinger, F.: Optimized Design of the Lubrication System of Modern Combustion Engines. SAE Paper 912407, 1991

[11] Haas, A.; Fahl, E.; Esch, T.: Ölpumpen für eine verlustarme Motorschmierung. Tagung „Nebenaggregate im Fahrzeug". Essen, 1992

[12] Fahl, E., Haas, A., Kreuter, P.: Konstruktion und Optimierung von Ölpumpen für Verbrennungsmotoren. Aachen Fluidtechnisches Kolloqu. (1992)

[13] Maaßen, F.: Pleuellagerbetrieb bei verschäumten Schmieröl. RWTH Aachen, Diss. 1997

[14] Esch, T.: Luft im Schmieröl – Auswirkungen auf die Schmierstoffeigenschaften und das Betriebsverhalten von Verbrennungsmotoren. Lehrstuhl für Angewandte Thermodynamik, RWTH Aachen, 1992

[15] Haas, A., Stecklina, R., Fahl, E.: Fuel economy improvement by low friction engine design. Second International Seminar „Worldwide Engine Emission Standards and How to Meet Them", London. (1993)

[16] Haubner, F.; Klopstein, S.; Koch, F.: Cabin Heating – A Challenge for the TDI Cooling System. SIA-Congress, Lyon, 10.–11. 05. 2000

[17] Bolenz, K.: Entwicklung und Beeinflussung des Energieverbrauchs von Nebenaggregaten. 3. Aachener Kolloquium Fahrzeug- und Motorentechnik. (1991)

[18] Gorille, I.: Leistungsbedarf und Antrieb von Nebenaggregaten. 2. Aachener Kolloquium Fahrzeug- und Motorentechnik. (1989)

[19] Henneberger, G.: Elektrische Motorausrüstung. Vieweg, Wiesbaden, Braunschweig (1990)

[20] Schlotthauer, M.: Alternativantriebe für Nebenaggregate von Personenkraftwagen. Antriebstechnik 24(8), (1985)

[21] Fahl, E., Haas, A., Esch, T.: Tagung „Dynamisch belastete Gleitlager im Verbrennungsmotor". Esslingen (1990)

[22] Maaßen, F., et al.: Simulation und Messung am Kurbeltrieb. 13. Aachener Kolloquium Fahrzeug- und Motorentechnik. (2004)

[23] Norm DIN 50320 Verschleiß (Begriffe)

[24] Czichos, H., Habig, K.-H.: Tribologie Handbuch, 2. Aufl. Vieweg, Wiesbaden (2003). bearb. von Erich Sntner und Mathias Woydt

[25] Zima, S.: Kurbeltriebe, 2. Aufl. Vieweg, Wiesbaden (1999)

[26] Motorenfilter, Die Bibliothek der Technik 31. Landsberg/Lech: Verlag moderne industrie, 1989

[27] Greuter, E.; Zima, S.: Motorschäden, 2. Aufl. Würzburg: Vogel Buchverlag

[28] Porsche 911. In: Sonderausgabe ATZ/MTZ

[29] Eisemann, S., Härle, C., Schreiber, B.: Vergleich verschiedener Schmierölpumpensysteme bei Verbrennungsmotoren. MTZ 55, 10 (1994)

[30] Eberan-Ebenhorst, C. G. A. von: Motorenschmierstoffe als Partner der Motorenentwicklung. In: Schmierung von Verbrennungskraftmaschinen. Lehrgang TA Eßlingen 13.–15. Dez. 2000

[31] Warnecke, W., Müller, D., Kollmann, K., Land, K., Gürtler, T.: Belastungsgerechte Ölwartung mit ASSYST. MTZ 59(7/8), (1998)

进一步阅读的文献

[32] Schwaderlapp, M.; Koch, F.; Bollig, C.; Hermsen, F. G.; Arndt, M.: Leichtbau und Reibungsreduzierung – Konstruktive Potenziale zur Erfüllung von Verbrauchzielen. 21. Internationales Wiener Motorensymposium, Wien, 04.– 5. Mai 2000

[33] Maaßen, F.: Hybride Analyseverfahren für die moderne Mechanikentwicklung. MTZ 68, 6 (2007)

[34] Deuss, T., Ehnis, H., Freier, R., Künzel, R.: eibleistungen am befeuerten Dieselmotor – Potenziale der Kolbengruppe. MTZ (5), (2010)

[35] Lückert, R., Bargende, M., Pischinger, S., Grebe, U.-D., Junker, H.K., Esch, H.-J., Göschel, B.: Reibungsoptimierung – Wo hat sie noch Sinn? – Forum der Meinungen. MTZ (6), (2010)

[36] Schmid, J.: Reibungsoptimierung von Zylinderlaufflächen aus Sicht der Fertigungstechnik. MTZ (6), (2010)

[37] Kennedy, M., Hoppe, S., Esser, J.: Weniger Reibleistung durch neue Kolbenbeschichtung. MTZ 75(4), (2014)

[38] Deuss, T., Ehnis, H., Freier, R., Künzel, R.: Reibleistungsmessungen am befeuerten Dieselmotor – Einfluss der Schaftgeometrie. MTZ 74(12), (2013)

[39] Deuß, T.: Reibverhalten der Kolbengruppe eines Pkw-Dieselmotors. Schriftenreihe des Mahle-Doktorandenprogramms, Bd. 3. (2013)

[40] Rehl, A., Lkimesch, C., Scherge, M.: Reibungsarme und verschleißfeste Aluminium-Silizium-Zylinderlaufflächen. MTZ 74(12), (2013)

[41] Rehl, A.; Scherge, M.; Weimal, H.-J.; Buschbeck,R.; Klimesch,C.: Einfluss der Topographie von Aluminium-Silizium-Zylinderlaufflächen auf Reibungs- und Verschleißvorgänge im Kolbensystem. Fachtagung VDI Zylinderlaufbahn, Kolben, Pleuel, Baden-Baden 2012

[42] Schwaderlapp, M., Domen, J., Janssen, P., Schürmann, G.: Friction reduction – the contribution of engine mechanics to fuel consumption reduction of powertrains. 22.Aachener Kolloquium Fahrzeug- und Motorentechnik. (2013)

[43] Schommers, J., Scheib, H., Hartweg, M., Bosler, A.: Reibungsminderung bei Verbrennungsmotoren. MTZ 74(07-08), (2013)

[44] Affenzeller, J., Gläser, H.: Lagerung und Schmierung von Verbrennungskraftmaschinen. Die Verbrennungskraftmaschine – Neue Folge, Bd. 8. Springer, Wien (1996)

[45] Fuller, D.D.: Theorie und Praxis der Schmierung. Berliner Union, Stuttgart (1960)

[46] Gläser, H.: Schmiersystem. In: Küntscher, V. (Hrsg.) Kraftfahrzeugmotoren, 3. Aufl. Verlag Technik, Berlin (1995)

[47] Reinhardt, G.P., et al.: Schmierung von Verbrennungskraftmaschinen. expert, Ehningen (1992)

[48] Treutlein, W.: Schmiersysteme. In: Mollenhauer, K. (Hrsg.) Handbuch Dieselmotoren. Springer, Berlin (1997)

[49] Kahlenborn, M., et al.: Die Wälzlagerung im Verbrennungsmotor als Maßnahme zur Reduzierung des Kraftstoffverbrauchs. 22nd International AVL Conference „Engine & Environment", September 9th–10th. Graz (2010)

[50] Schöffmann, W., et al.: Hochleistung und Reibungsreduktion – Herausforderung oder Widerspruch? Zukünftige Diesel- und Ottomotoren auf Basis einheitlicher Familienarchitektur. 22nd International AVL Conference „Engine & Environment", September 9th–10th. Graz (2010)

第10章 换气过程

工学博士 Ulrich Spicher 教授，工学博士 Uwe Meinig，
工学博士、名誉博士 Wilhelm Hannibal 教授，工学硕士 Andreas Knecht，
工学硕士 Wolfgang Stephan，工学博士 Rudolf Flierl 教授

术语换气过程（气体交换过程）在此应理解为气缸充量的交换。除了气缸盖中发现的控制元件外，与之相连的进气和排气系统对此也有重大影响。通过它们实现新鲜气体供应和废气排出的质量。

这个过程的质量对内燃机来说至关重要，因为它对最大功率和最大转矩有重大影响，而且对燃料消耗、废气质量和运行特性也有很大的影响作用。

影响换气过程的因素有很多，例如配气定时、气门升程曲线、进气系统和排气系统的设计、流动损失、管道和燃烧室中的壁温、环境温度和环境压力。换气过程的质量可以通过关键数据充气系数 λ_a 和供气效率 λ_l 来描述：

$$\lambda_a = \frac{m_G}{m_{th}} = \frac{m_K + m_L}{V_h \cdot \rho_{th}} \tag{10.1}$$

$$\lambda_1 = \frac{m_{GZ}}{m_{th}} = \frac{m_{KZ} + m_{LZ}}{V_h \cdot \rho_{th}} \tag{10.2}$$

式中，m_G是供给气缸的混合气质量；m_{GZ}是换气过程后留在气缸内的混合气质量（燃料m_{KZ}和空气m_{LZ}），它们与理论上填充气缸的混合物质量m_{th}有关。因此，充气系数更多地说明进气系统和进气过程，而充气效率则表征换气过程完成后（即进气门关闭后）实际留在气缸中的新鲜充气量，即表征换气过程的有效性。这两种充气量在气门叠开阶段作为扫气损失从进气口流向排气口的质量方面有所差异。对于具有气门叠开较小的配气定时，$\lambda_a \approx \lambda_1$，否则是$\lambda_a > \lambda_1$。

在换气过程中，进气系统和气缸中新鲜充气的热量吸收以及压力损失起着重要作用。假设为理想气体，以下适用于充气效率λ_1：

$$\lambda_1 = \frac{V_{GZ} \cdot \rho_{GZ}}{V_h \cdot \rho_{th}} = \frac{V_{GZ} \cdot T_{th} \cdot p_Z}{V_h \cdot T_Z \cdot p_{th}} \tag{10.3}$$

式中，V_G以及V_{GZ}表示供应的混合气量以及换气过程之后留在气缸中的混合气量。

有效功率，也即恒定转速下的发动机转矩取决于平均有效压力。使用以下公式表示平均有效压力：

$$p_{me} = \eta_{eZ} \cdot \lambda_1 \cdot H_{GZ} \tag{10.4}$$

考虑到扫气损失和压力损失以及进气过程中的吸热，其有效功率如下：

$$P_e = i \cdot \eta_{eZ} \cdot \lambda_1 \cdot H_{GZ} \cdot V_H \cdot n \tag{10.5}$$

有效效率η_{eZ}和低热值H_{GZ}与根据进气门关闭所确定的气缸充气的组成有关。

对于转矩：

$$M = \frac{1}{2 \cdot \pi} i \cdot \eta_{eZ} \cdot \lambda_1 \cdot H_{GZ} \cdot V_H \tag{10.6}$$

各个因素相互影响。充气效率很大程度上受转速的影响。一方面，管路中的节流损失随转速的增加而增加，另一方面，气体动力学过程也起着重要的作用。因为在恒定转速下的摩擦损耗与节流损失一样均为恒定的，故密闭燃烧室的有效效率η_{eZ}随着充气效率的增加而提高。因此，η_{eZ}的值也取决于转速。一般来说，对于最大功率，$\eta_{eZ}\lambda_1 n$项可以达到最大值；对于最大转矩，$\eta_{eZ}\lambda_1$项可以达到最大值。这意味着这两个最优值相距甚远，在两个不同的狭窄的转速范围内，这就是为什么在传统发动机中（既不是可变配气定时，也不是可变进气歧管）总是必须在转矩和功率之间做出折中。

10.1 四冲程发动机中的换气装置

在四冲程发动机中，推出和吸入是换气过程二个行程。由于活塞的位移效应，它们一个接一个地发生。气缸的进气门和排气门必须通过控制单元周期地打开和关闭。

气门必须首先满足以下要求：

- 大的开口横截面。
- 更快的开启和关闭过程。
- 适合流动的设计。
- 在压缩、燃烧和膨胀阶段具有很好的密封性。
- 高稳定性。

图 10.1 中展示了两种用于四冲程发动机的进排气控制的类型。提升阀可确保简单和安全的密封，从而加强气缸压力的密封效果。行程（往复）运动中高的加速度和减速度通过质量力在配气机构上产生了很大的应力。另外，可能在高速下会失去附着力。旋

转阀的打开和关闭时间短，并且没有质量力。由于高温和热膨胀，密封和运行安全性（卡住，夹紧）容易产生问题，现今的常见结构形式是使用往复运动的气门进行控制（图 10.1，左）。

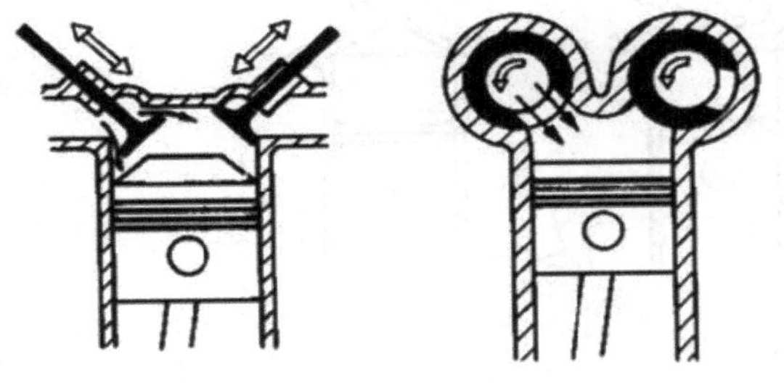

图 10.1 提升（往复）气门和旋转阀控件

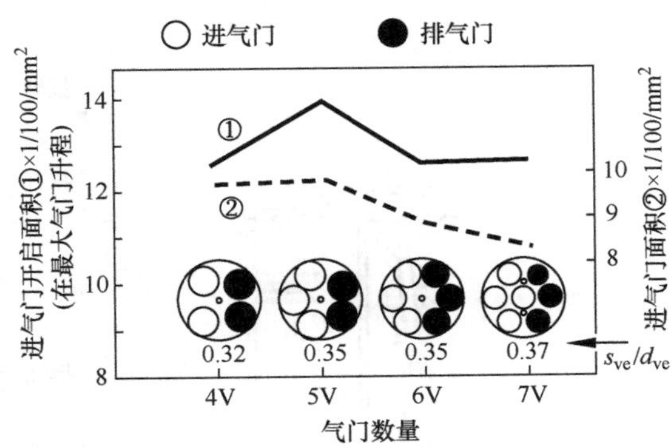

图 10.3 气门数量对进气门和进气门打开面积的影响[1]

10.1.1 配气机构的结构类型

为了控制换气过程，盘式提升（往复）气门几乎专门用于四冲程发动机，部分用于二冲程发动机。所需的驱动机构，包括气门本身，称为配气机构。

所有配气机构布置的共同点是通过凸轮轴驱动，凸轮轴转速在四冲程发动机中是曲轴转速的一半。不同的配气机构可以根据以下特征来进行分类：

- 每个气缸的气门数量（图 10.2）。
- 凸轮轴的位置。

参数	2 气门	3 气门	4 气门	5 气门	6 气门	7 气门
进气门数量	1	2	2	3	3	4
排气门数量	1	1	2	2	3	3

图 10.2 气门的布置

将进气门和排气门的数量增加一倍，即各两个，是一种行之有效的措施，较大的流动横截面可以提高容积效率并减少换气功。比功率的增加和比燃料消耗的降低，并结合对燃烧的有利影响，是实现的优势，这些优势被复杂的配气机构所抵消。在采用这种技术时，必须提出一个问题，即当今常见的每个气缸四个气门是否接近绝对或相对最佳。为此目的，Aoi ［1］研究了 4 ~7 个气门的布置。就此，定义以下术语：

- 气门面积：每个气缸的气门开口的圆形面积。
- 气门开启面积：气门打开的侧面面积。

假设气缸直径相同，则五气门布置的气门开启面积最大，其中，这个陈述涉及的进气门在要达到的效果方面占主导地位（图 10.3）。在相同的压比下，可获得最大的流量和最佳的容积效率。在相同的阀开启面积的情况下，五气门布置的气缸直径可能比四个气门布置的气缸直径略小。五气门发动机更紧凑的燃烧室在功率方面具有优势。

尽管如此，四气门发动机在乘用车汽油机领域中已得到广泛认可。这主要是由于在大多数应用中，使用五个而不是四个气门所取得的改进与所涉及的工作量不再成合理比例。不合理性从气缸盖中的气门导管开始，到机械的配气机构组件均有体现。由于发动机新的发展（例如双点火或汽油直接喷射）导致的气缸盖空间狭窄也另外带来了不易解决的问题。图 10.4 展示了具有气门径向布置的四气门发动机和具有浴盆式燃烧室的五气门发动机。

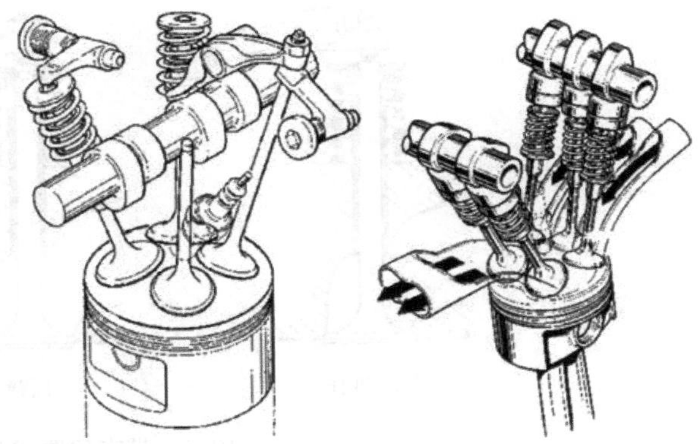

图 10.4 四气门和五气门发动机

■ 凸轮轴的位置

（1）下置式凸轮轴

凸轮轴位于缸盖/缸体分割线的下方（图 10.5）。直立式气门（图 10.5a）可直接通过挺柱操控，但对燃烧室不利（爆燃，碳氢化合物排放），是过时的设计。

悬挂式气门（图 10.5b 和图 10.5c）需要使用挺柱、推杆和摇臂来驱动。气门可以平行布置（图 10.5b）或 V 形布置（图 10.5c）。

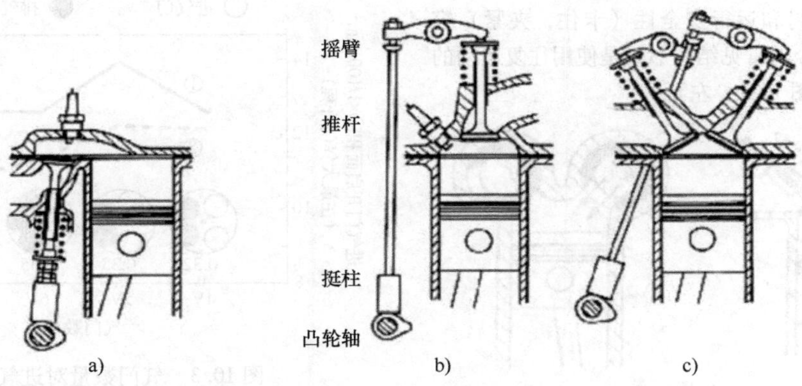

图 10.5　下置凸轮轴的配气机构 a）直立式气门，b）和 c）悬挂式气门[2]

（2）顶置式凸轮轴

凸轮轴在缸盖/缸体分割线上方；通常用于现代高速汽油机和柴油机。可以使用摆杆或推杆、摇臂或挺柱来操作气门（图 10.6）。其优点是通过取消推杆和挺柱或摇臂或摆臂，减少了不均匀的运动质量和配气机构的弹性。

在当今常用的配气机构中，当气门打开时，传动元件（摇臂、摆杆、挺柱等）通过弹簧力（气门弹簧）相互压靠或压在凸轮上。这种附着力会在高速下消失。这不适用于所谓的气门强制控制，其中在气门强制控制中，通过第二个凸轮防止控制凸轮被抬起（图 10.7）；也不需要气门弹簧。此处也需要气门间隙。由于费用（生产、维护），该解决方案并未占上风。

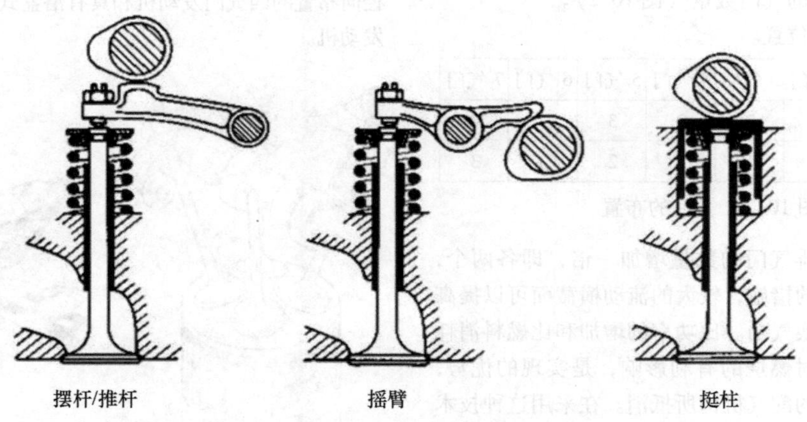

图 10.6　带有顶置式凸轮轴的配气机构[3]

10.1.2　配气机构的结构部件

（1）凸轮轴的工作

凸轮轴将由凸轮轴驱动装置产生的转矩通过各个凸轮传递到分接元件。除配气机构凸轮外，凸轮轴还可带有其他凸轮，用于驱动喷射泵（单体泵，泵－喷嘴单元，共轨泵）或发动机制动系统。根据其制造特征，凸轮轴可分为：

- 铸造。
- 锻造。
- 组装。

铸造凸轮轴必须在成型后进行热处理，以达到所需的强度和摩擦学适应性。在壳激冷铸造时，凸轮轴的硬化通过铸模的快速冷却（淬火）在一次操作中进行。在离心铸造中，金属流入旋转的模具并在离心力的作用下凝固。为了减轻重量，凸轮轴大多是空心的。

在组装凸轮轴的情况下，凸轮与轴身分开制造，通过以后的组装永久地相互连接。这种分离制造可以使材料的选择与功能、制造和应力相匹配。承载轴采用冷拉结构钢（如 St52K）或合金钢（如 100Cr6）。

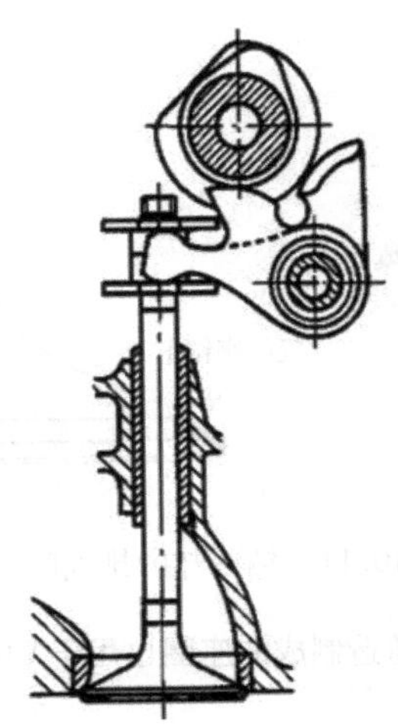

图 10.7　气门强制控制[2]

凸轮采用表面硬化钢（例如 16MnCr5）。作为连接工艺，采用通过内部压力使管道通过收缩或液压膨胀的力锁定连接和批量生产中的形状配合工艺。在形状配合连接中，通过滚动在紧固点区域的管道上产生凸起。凸轮具有内部多楔形轮廓，并由受控制力按压制造（KRUPP-PRESTA 方法）。组装凸轮轴的另一个优点是凸轮之间的距离可以很小（多气门技术），重量减轻高达 40%。然而，由于连接技术，可传递的力矩受到限制。

多段凸轮轴通常用于大型发动机。在大型发动机中，将各个凸轮轴段相互拧在一起，以实现不同气缸数的发动机凸轮轴。对于在凸轮轴上毫无例外地使用的滑动轴承，在组装凸轮轴上轴承位置直接研磨到管道上。凸轮轮廓也通过磨削加工。在滚子攻螺纹时，凸轮轮廓的负曲率半径（凸轮凹面）通常是所需的配气机构运动学所必需的，在确定最小砂轮直径的情况下，负曲率半径会限制配气机构的运动学。通过砂带磨削凸轮轮廓可以产生最小的负曲率半径。来自喷射泵和配气机构交变的负载会引起弹性凸轮轴的弯曲和扭转振动。尤其是扭转振动会导致角度偏差，从而导致第一个和最后一个凸轮之间的控制和喷射时间的偏差。为了尽量减少振动，凸轮轴应具有较高的刚性和相对较低的惯性（空心轴）。利用凸轮轴的扭转固有频率，可以确定在其速度范围内发生的扭转振动共振。特别是对长的凸轮轴，必须要注意发动机低阶次激发的共振。在不利的情况下（长排气缸），必须在凸轮轴的自由端连接扭转减振器。

（2）凸轮轴驱动

除了较少见的特殊设计（“王轴”、推杆驱动）外，有三种常见的由曲轴驱动凸轮轴的可能性：

- 齿轮传动。
- 带齿的链传动。
- 齿形带传动。

齿轮传动主要用于下置式凸轮轴；当凸轮轴顶置时，制造齿轮成本很高。

如今，链和齿轮以及齿形带专门用于顶置式凸轮轴（图 10.8）。两种驱动都需要一个张紧装置。由带有纵向纤维的塑料制成的齿形带比链传动更安静、更便宜。链必须润滑，而齿形带则要求处在无油的空间内。两种驱动都必须封装以保护或避免润滑损失。

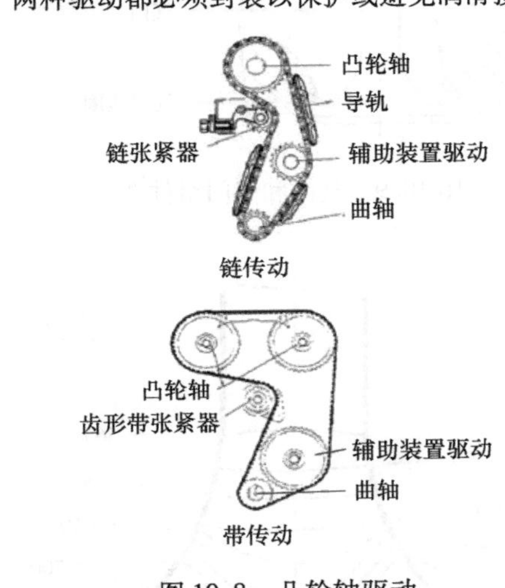

图 10.8　凸轮轴驱动

（3）气门

图 10.9 为一带有安装元件的气门结构。由耐热和耐磨合金（例如 Cr-Si 钢或 Cr-Mn 钢）制成的气门仅在气门座表面和气门杆端部进行硬化，或用硬金属铠装。气门杆镀铬。

配备有弹簧加载的弹性套筒的气门杆密封件，一方面必须确保气门杆充分润滑，另一方面也要防止润滑油渗透的增加。轻合金气缸盖配有压入式气门导管和气门座圈（由特殊青铜或合金铸铁制成），灰铸铁气缸盖也经常使用这些材料。

气门是受热应力和机械应力较高的组件，同时也容易受到腐蚀的影响。机械应力是由于气门盘在点火压力下的挠曲和通过关闭（冲击）时的硬接触所造成的。这些应力会受到气门盘相对应的强度和形状的影响。气门从具有大表面积的燃烧室吸收热量。在排气门打开的过程中，排气门的上侧也被流出的热废气加热。在气门中，热量主要流向气门座，一小部分通过气门杆流向气门导管。进气门的温度达到 300～500℃，排气门的温度达到 600～800℃。图 10.10 显示了典型的温度分布。如果在燃烧阶段气门座上的密

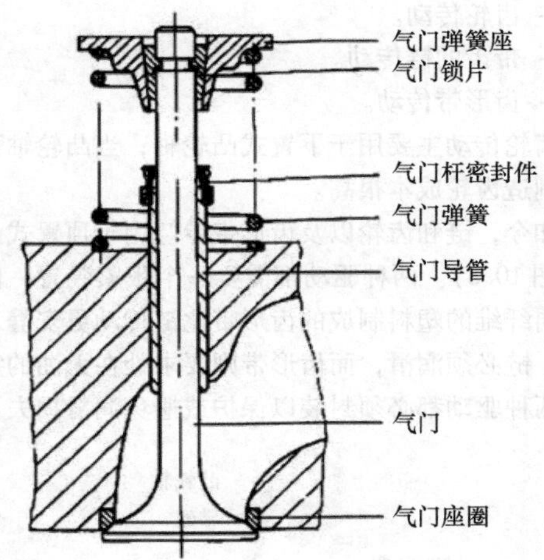

图 10.9　气门和气门组件[4]

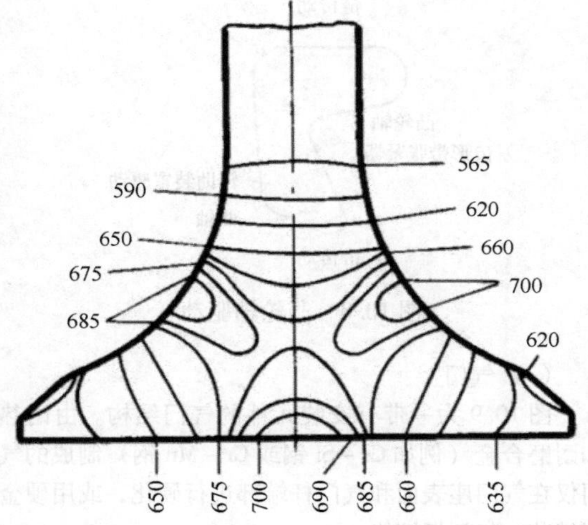

图 10.10　排气门中的温度分布[2]

封不完善，则会出现局部过热和熔化，从而导致气门失效。

为了改善通过气门杆的热传导，将其制成空心的，并填充了钠以满足特别高的要求（图 10.11，左）。在高于 97.5℃下的液态钠的运动会增加热传导。因此，气门温度最高可降低 100℃。为了减少磨损，可以通过焊接钴铬钨合金（司太立，Stellit）来铠装气门座（图 10.11，右）。

气门的材料必须具有较高的耐热性和抗结垢性。为此，可以使用特殊钢，也可以使用钛。

由于磨损原因，气门座圈安装在气缸盖中。对于轻金属气缸盖，在任何情况下都必须始终配备座圈（合金离心铸造，在特殊情况下为奥氏体铸铁，其热膨胀系数近似于轻金属）。在承受高负载的发动机

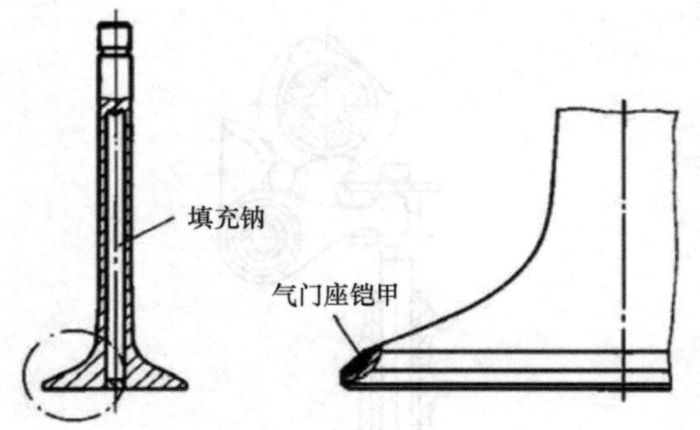

图 10.11　钠冷却的排气门[2]

中，合金离心铸造制成的座圈也用于 GG 气缸盖，尤其是排气门。

气门座圈被压入或收缩法装配。

为避免气门座上的局部温差和不均匀磨损，在发动机运行过程中应使气门缓慢转动。这种转动可通过气门弹簧与气缸盖之间的气门旋转装置（旋转阀、旋转盖和旋转线圈）来实现，这些气门旋转装置将脉动的弹簧力转换为较小的旋转运动。旋转运动通过气门弹簧和弹簧座传递到气门上。弹簧座通过夹紧锥固定在气门杆上（图 10.12）。由于圆形凹槽只有很小的切口效应，因此，轴的强度相对较小。

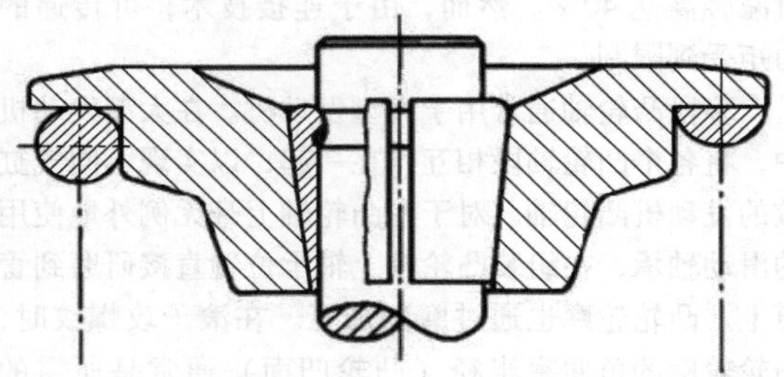

图 10.12　用夹紧锥固定弹簧座[2]

（4）气门弹簧

圆柱形或圆锥形钢制弹簧和空气弹簧用作气门弹簧（图 10.13 和图 10.14）。它们的主要不同之处在于弹簧移动中的受力特性。圆柱形钢制弹簧通常具有线性特征曲线；圆锥形钢制弹簧则具有渐进的特征曲线；而空气弹簧甚至具有很强的渐进特征曲线（图 10.15）。渐进特性使得弹簧能够实现高速下的良好性能。但由于高成本和空气弹簧所需的压缩空气供应较困难，它们迄今为止仅使用于赛车上。

（5）摇臂和摇杆

1）摇臂。

摇臂用于带推杆的下置式凸轮轴和带 V 形气门布置的上置式凸轮轴。

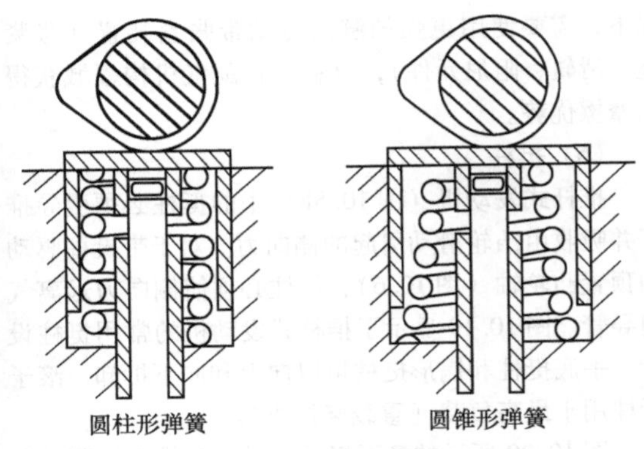

图 10.13 圆柱形和圆锥形弹簧

由于在支点上的接触力比较大，支承必须特别坚硬。对于摇臂比 $i=l_2/l_1$（图 10.25），建议在 1～1.3 之间选择一个值，以实现挺柱上的低的表面压力、低的移动质量和高刚性之间的折中。摇臂的力应尽可能轴向地传递到气门上，这样就不会有侧向力作用在气门杆上，从而避免增加气门导管的磨损。在气门升程的一半处，摇臂的支点应在气门杆端高度处，垂直于气门轴线，以使摇臂和气门之间的相对位移尽可能小（有利的滑动状态）。传动的球或滚子表面应附在摇臂上，而不是附在气门上。由于磨损的原因，摇臂末端要硬化。

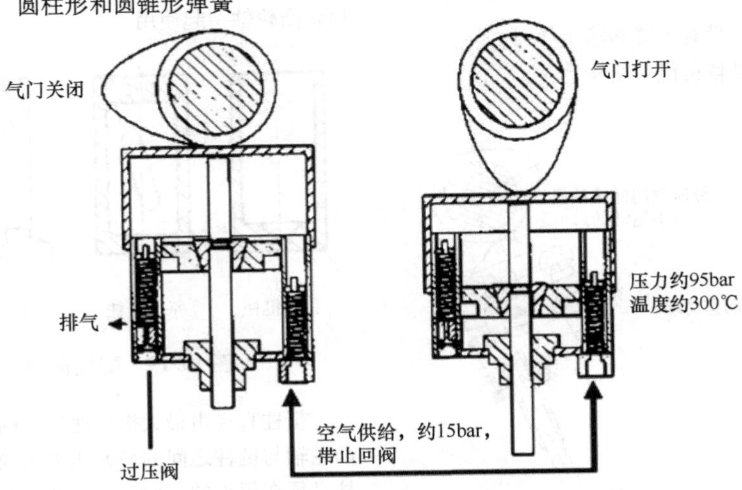

图 10.14 空气弹簧

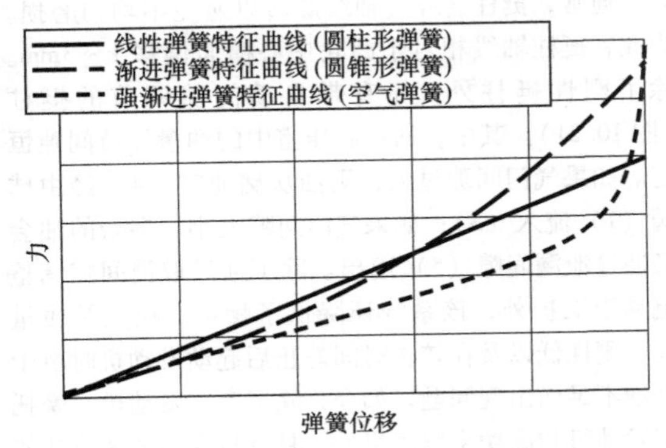

图 10.15 弹簧特征曲线

摇臂的设计如图 10.16 所示。摇臂通常是铸造或锻造的。由金属板压制而成的摇臂成本低、重量轻，但刚性较差。固定杠杆支承有利于气门间隙调整。对于锻造的摇臂，调节螺钉通常位于杠杆的末端，这会增加配气机构的运动质量。图 10.17 显示了在摇臂中集成了液压气门间隙补偿的配气机构。通过摇臂轴和摇臂中的孔为补偿元件提供润滑油。

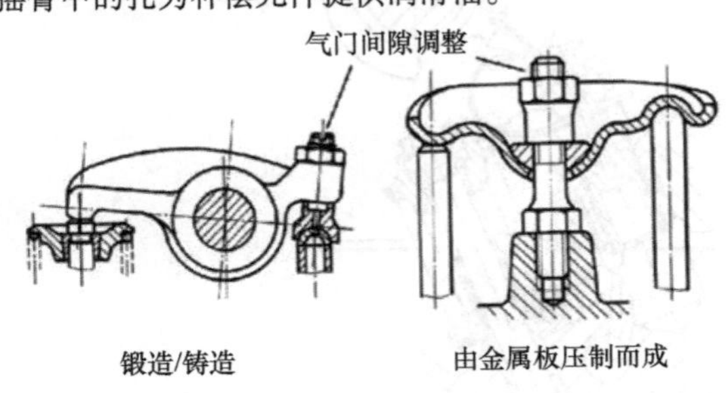

图 10.16 摇臂[2]

2）摇杆（摆杆）。

摇杆所承受的力比摇臂要小得多。在支撑点，变化的影响也更小。使用摇杆可以在杠杆支承中安装自动气门间隙调节，而不明显改变配气机构的整体弹性。两种摇杆的设计如图 10.18 所示。

减少摩擦损失（尤其是在低速时）的一种可能性是使用所谓的滚轮摇杆。在这种情况下，在摇杆与凸轮轴之间的接触点使用滚针支承的滚动移动端。因

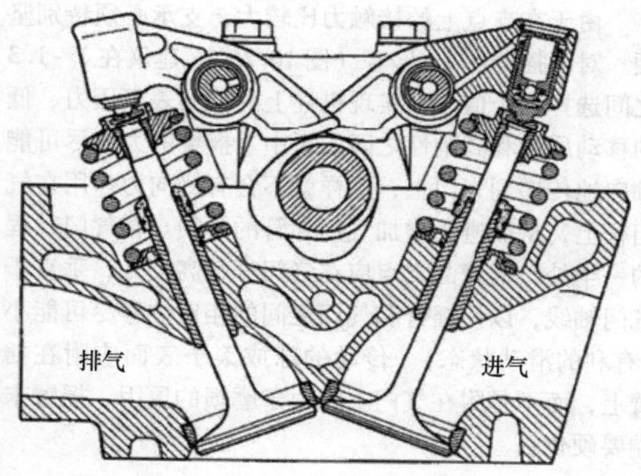

图 10.17 带有摇臂和液压气门间隙补偿的配气机构[5]

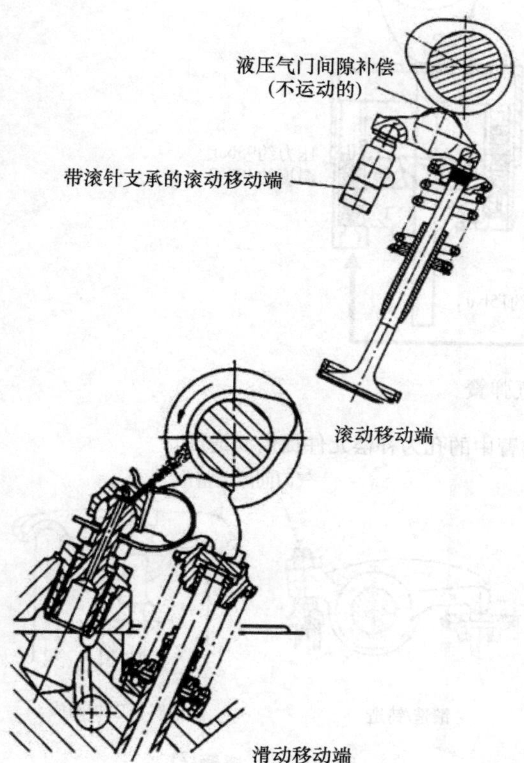

图 10.18 带有摇杆（摆杆）的配气机构

此，与滑动摇杆布置相比，配气机构的摩擦力矩最多可减少约 30%（图 10.18）。

图 9.15 显示了一个离散范围，从中可以看出滚动摇杆在摩擦损失方面的优势。另一方面，配气机构摩擦的减小意味着由凸轮力带来的交变扭矩阻尼更小，因此对凸轮轴驱动施加了更大的负载。在某些情况下，需要使用更强的链或传动带张紧装置（张紧辊、滑轨、阻尼元件），以补偿在配气机构领域获得的摩擦优势。

（6）挺柱

推杆式发动机（图 10.5b）中的挺柱必须引导推杆并吸收由凸轮滑动引起的侧向力。对于带挺柱驱动的顶置凸轮轴（图 10.6），挺柱必须使侧向力远离气门导管。图 10.19 显示了推杆式发动机的常用挺柱设计。平底挺柱和锅形挺柱可以向上和向下拆卸。滚子挺柱用于最高负载（重载柴油机）。

图 10.20 所示的杯形挺柱几乎只与带挺柱驱动的顶置凸轮轴一起使用。

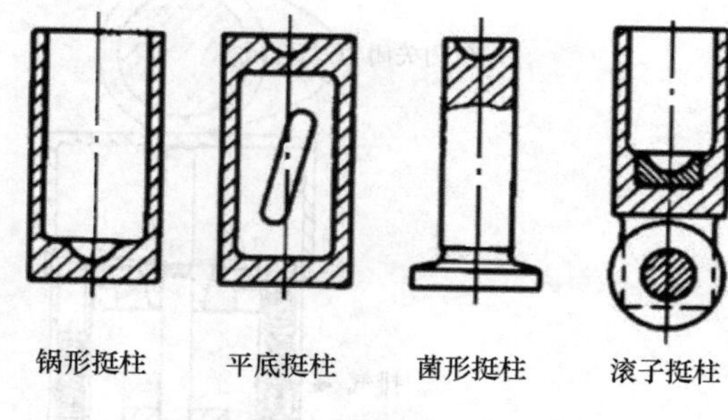

图 10.19 配气机构的挺柱[2]

挺柱直径由最大挺柱速度来确定。凸轮宽度通过凸轮轴与挺柱之间的表面压力来确定。由于凸轮和挺柱必须在很大的表面压力下彼此滑动，因此材料的组合非常重要。淬火钢/白色凝固灰铸铁的搭配非常适合。通常，挺柱会绕其轴线旋转以避免不均匀磨损。为此，挺柱轴线相对于凸轮中心横向偏移 1～3mm。除了刚性挺柱外，还有带自动间隙调节的挺柱（图 10.21）。其中，通过高压室中的油量保持间隙恒定。如果气门间隙过大，则油从储油室（4）经由球阀（1）流入（3）；如果气门间隙太小，多余的油会又通过泄漏间隙（5）逸出。除了通过取消间隙调整更易于维护外，该系统还降低了噪声。缺点是质量大、刚性低以及在较长时间静止后起动发动机时由于供油不足而出现问题。如今，除了赛车发动机、摩托车发动机和高功率柴油机外，具有自动间隙调节功能的挺柱几乎专门用于挺柱式发动机，并且还通过附加插入式元件为带有摇臂、摇杆和摆杆的发动机实现了液压气门间隙调节。

10.1.3 配气机构的运动学和动力学

良好的换气过程需要气门快速地打开和关闭。然而，在设计中必须考虑配气机构的质量力。图 10.22 显示了凸轮行程、凸轮速度$\dot{x}$和凸轮加速$\ddot{x}$随凸轮角

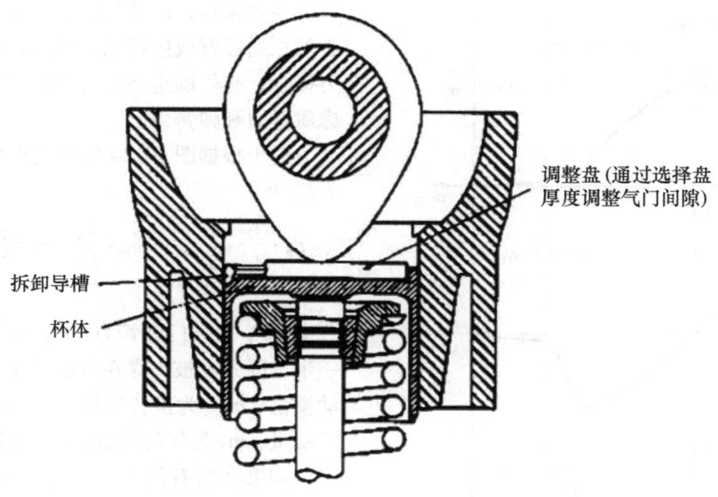

图 10.20　无液压补偿的杯形挺柱

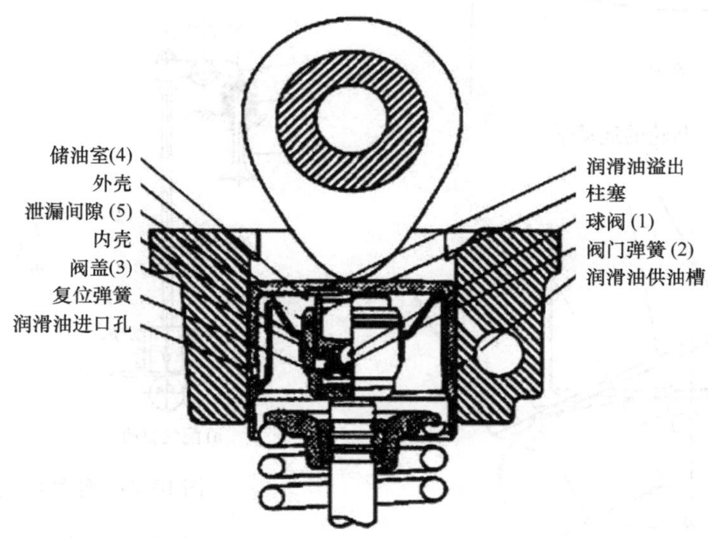

图 10.21　带有液压气门间隙补偿的杯形挺柱

度变化的典型的变化曲线。这些值对应于气门运动中的相应参数。

凸轮升程或凸轮轮廓由前凸轮和主凸轮组合而成。在前凸轮区域内行程速度$\dot{x}$很小，因此通常气门间隙变化不会引起强烈的冲击。主凸轮确定换气过程的开启横截面，末端对应于前凸轮的变化。

行程变化曲线是凸轮轴角度α_{NW}（NW 表示凸轮轴）的函数。因此，对于行程速度$\dot{x}$，有：

$$\dot{x}=\frac{\mathrm{d}x}{\mathrm{d}t}=\frac{\mathrm{d}x}{\mathrm{d}\alpha_{NW}}\cdot\frac{\mathrm{d}\alpha_{NW}}{\mathrm{d}t}=x'\cdot\omega_{NW} \quad (10.7)$$

式中，ω_{NW}为凸轮轴的角速度。

在凸轮轴的角速度恒定的情况下，行程加速度$\ddot{x}$为：

$$\ddot{x}=\frac{\mathrm{d}^2x}{\mathrm{d}t^2}=\frac{\mathrm{d}^2x}{\mathrm{d}\alpha_{NW}^2}\cdot\frac{\mathrm{d}\alpha_{NW}^2}{\mathrm{d}t^2}=x''\cdot\omega_{NW}^2 \quad (10.8)$$

在这些关系中，x'和x''是与转速无关的函数，它们仅由凸轮的几何形状确定。因此，凸轮形状对于气门运动的过程是决定性的。图 10.23 显示了与平底挺柱相关联的行程变化曲线与凸轮形状之间的关系。出于说明的目的，在凸轮处于静止状态时，凸轮的旋转通过挺柱沿相反方向的枢转来代替。凸轮形状是挺柱滑动面的包络线。为了进行运动学研究，可以用偏置

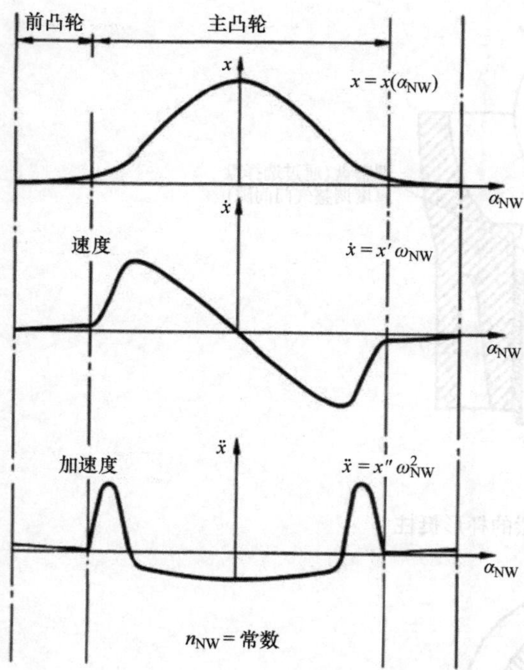

图 10.22 凸轮的运动学[2]

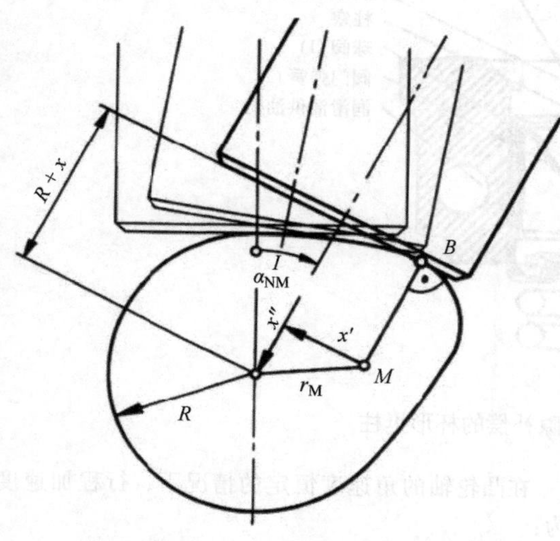

图 10.23 挺柱行程的运动学

曲柄代替凸轮驱动，该偏置曲柄的接头与接触点 B 相关的凸轮轮廓的曲率中心 M 重合。x'（旋转矢量）和x''取决于曲柄长度（r_M）和当前有效的偏置曲柄的位置。可以看出，凸轮接触点 B 与挺柱中心的距离与速度成正比。因此，挺柱直径必须与最高的行程速度相匹配。

重要的是，凸轮与挺柱或摇臂或摇杆之间始终存在力接合。另外，气门与挺柱或摇臂或摇杆之间也必须存在力接合，以便气门能跟随凸轮行程。气门升程必须根据摇臂或摇杆比 $i = l_2/l_1$ 进行换算。为了检查力接合，必须确定凸轮与挺柱之间的力，且也必须考虑质量力和弹簧力。

对于根据图 10.24 的配气机构，作用在凸轮上的力F_N为：

$$F_N = F_F \cdot \frac{l_2}{l_1} + \left[m_{St\ddot{o}} + m_{St} + \frac{J_K}{l_1^2} + m_V \times \left(\frac{l_2}{l_1}\right)^2 + \frac{m_F}{2} \cdot \left(\frac{l_2}{l_1}\right)^2 \right] \cdot \ddot{x} \tag{10.9}$$

式中，F_F 为气门弹簧力；m_F 为气门弹簧的质量（仅一半，因为它被支撑在气缸盖的一侧）；J_K为摇臂转动惯量；$m_{St\ddot{o}}$为挺柱质量；m_{St}为挺杆质量；m_{red}为修正质量；m_V为气门质量；F_{red}为修正弹簧力。

如果将所有尺寸“修正”在凸轮侧，则凸轮力的公式为：

$$F_N = F_{red} + m_{red} \cdot \ddot{x} \tag{10.10}$$

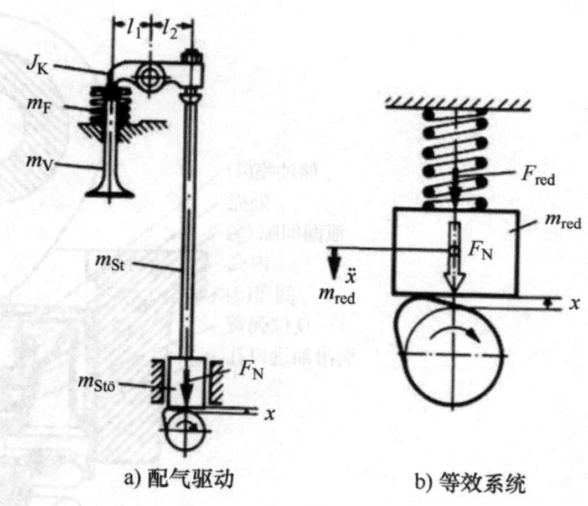

图 10.24 刚性配气机构[2]

图 10.25 中的等效系统与此方程式相对应。对于力接合，必须满足以下条件：

$$F_{red} + m_{red} \cdot \ddot{x} > 0 \tag{10.11}$$

或写作：

$$\ddot{x} < \frac{F_{red}}{m_{red}} \tag{10.12}$$

是否发生升程取决于挺柱加速度的变化过程。图 10.25 显示了对于两个凸轮轴转速n_{NW1}和n_{NW2}，凸轮升程的加速度$\ddot{x}$随凸轮角度的变化关系。如果$\ddot{x}$的行程与$-F_{red}/m_{red}$曲线相交，则力接合中断。这只能在主凸轮的延迟时间内发生。总有一个速度，在高于该速度时会发生飞脱。

配气机构的设计必须保证在最大凸轮轴转速（=1/2 曲轴转速）下仍然没有飞脱。这可以通过小的移动质量（m_{red}）和高的弹簧力来实现。

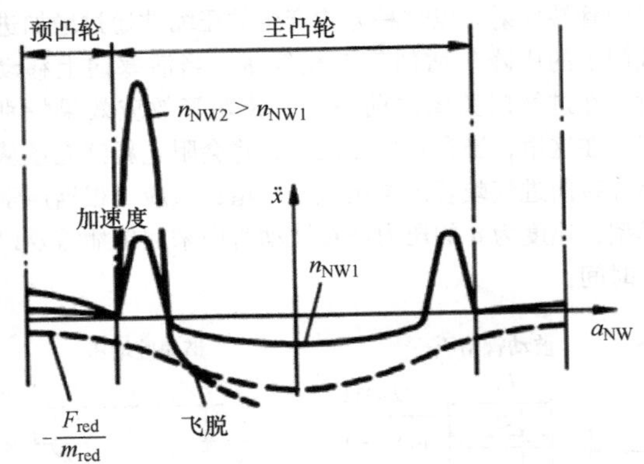

图 10.25 配气机构的飞脱条件[2]

10.1.4 四冲程发动机换气装置的设计

（1）换气过程功损失

气体换气功损失导致指示功的减少，从而减小指示功率，因此增加了比燃料消耗。它们是由于在换气过程开始时（在排气门打开和下止点之间）的膨胀功损失或在换气过程中泵气功增加而产生的。泵气功代表在进气行程期间向燃烧室中注入新鲜气体，以及在排气行程期间从燃烧室中排放废气所需的功。因此，泵气功可以分为抽吸功和推出功。在计算中，使用平均有效泵气压力来显示泵气功。

在抽吸期间中，压力损失会在多个点出现，这会导致抽吸功增加：介质进出进气系统时所产生的流量损失，由于弯曲和粗糙表面而引起的管路压力下降，空气滤清器、空气流量传感器、节气门上的压力损失以及在气门上的损失。相对于大气压力的总压力损失可以通过假设进气系统中的流量为准稳态，而由各组成部分的损失总和来表示［Heywood］：

$$\Delta p = \sum_i \Delta p_i = \sum_i \xi_i \cdot \rho \cdot v_i^2 = \rho \cdot \bar{v}_K^2 \cdot \sum_i \xi_i \cdot \left(\frac{A_K}{A_i}\right)^2 \quad (10.13)$$

式中，ξ_i表示损失系数；v_i表示局部流速；A_i表示各个零部件的最小横截面。因此可以清楚地看出，当换气过程时，为了得到较小的泵气功，期望有较大的流动横截面。并且压力损失取决于平均活塞速度$\bar{v}_K$或转速，也就是说，它们随着发动机转速的增加而增加。可以通过增大几何开启截面（气门升程，气门座圈直径，气门数量）来实现流动截面的增加。

在部分负荷下，主要是通过节气门调节抽吸功。在奥托（Otto）发动机中，部分负荷范围内所希望的负荷所要求的充气量是通过调节节气门来实现的，即通过改变流动横截面。根据此时的压力损失，活塞必须以低于大气压的压力吸入（进气管绝对压力变得更低）。在怠速范围内，增加的抽吸功最多可占发动机做功的30%（图10.26和图10.27）。

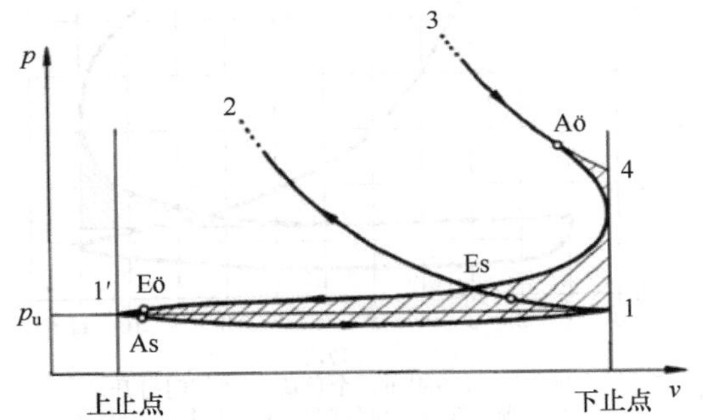

图 10.26 全负荷时无节流的抽吸功[2]

As—排气门关闭 Eö—进气门打开

Es—进气门关闭 Aö—排气门打开

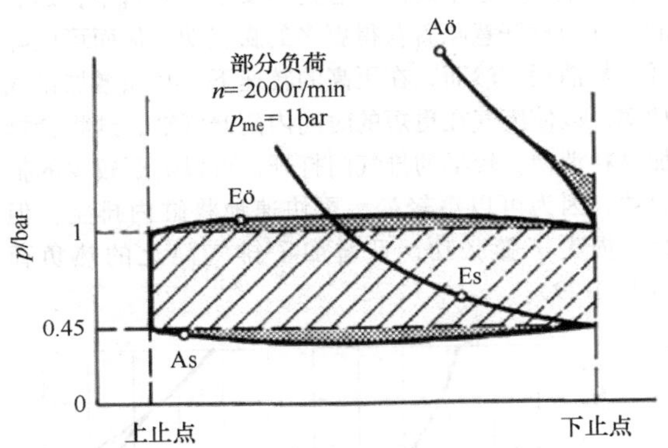

图 10.27 在部分负荷时由于节流的抽吸功损失[2]

As—排气门关闭 Eö—进气门打开

Es—进气门关闭 Aö—排气门打开

换气过程损失功分别由阴影区域（无节流）或阴影和带点的区域（有节流）来表示。从排气门打开时间点到下止点，存在膨胀功的损失。推出废气会因推出功而造成损失。在真空下抽吸新鲜充量时，会产生抽吸功。在节流的情况下，除了控制装置处的膨胀和流动损失外，还必须考虑节流造成的损失。充其量，图10.27（阴影区域）中压缩线左侧所示的损失可以通过无节流的受控进气来避免，例如通过全可变的配气机构VVS。在这里，所供给的充气量通过调节配气定时（这里的进气门关闭最为重要）或根据系统的可变性，通过进气门的可变升程来调节。

泵气功的增加不仅是由于在真空状态下抽吸新鲜空气，而且还因为排出废气。尽管燃烧气体的压力高于大气压力，但它们无法在不利用活塞功的情况下（即在排气行程结束之前）通过排气和排气系统及时离开气缸，因此，排气背压起决定性作用（图 10.28）。

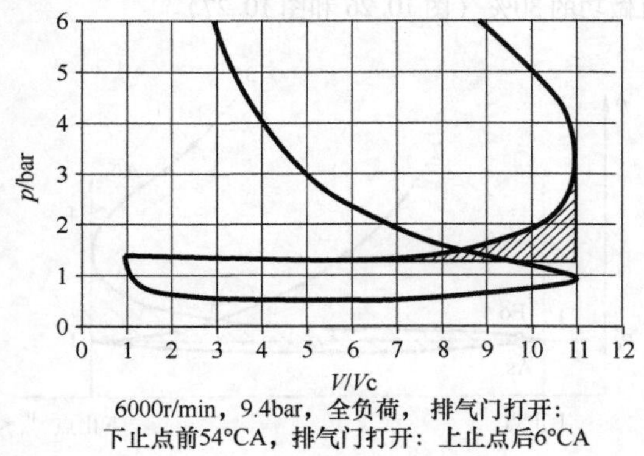

6000r/min，9.4bar，全负荷，排气门打开：下止点前54°CA，排气门打开：上止点后6°CA

图 10.28　推出功

从换气过程的角度来看，这里的排气门打开时间点非常重要。这个时间点总是需要取一个折中，延迟的排气门打开意味着获得更多的膨胀功，从而可以降低燃料消耗。然而，在更高的转速下，必须增加排气功率，以使废气在更短的时间内离开气缸，这将会增加燃料消耗。较早的排气门打开，可以需要较少的推出功，因为可以更轻松、更快速地将缸内排空。但是，损失了膨胀功，且增加了排气门上的热负荷（图 10.29）。

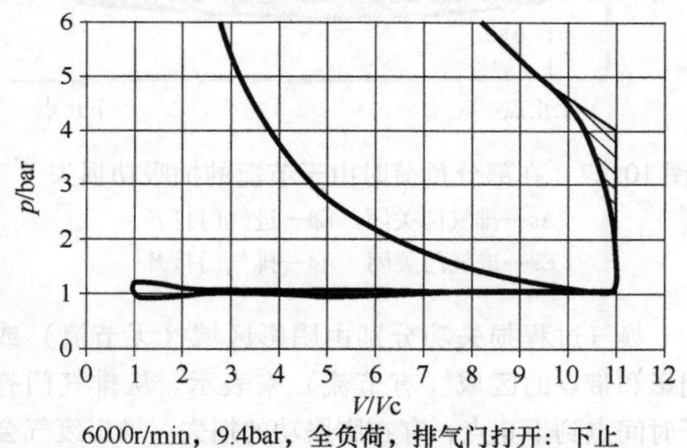

6000r/min，9.4bar，全负荷，排气门打开：下止点前54°CA，排气门打开：上止点后6°CA

图 10.29　膨胀功损失

（2）进气系统

在进气系统和排气系统中，由于活塞的周期性激励和系统的固有频率，会出现气体动力学过程。它们可用来改善换气过程。进气系统中的这些气体动力学效应在波动管效应和谐振效应方面本质上是有差异的。图 10.30 显示了两个抽吸系统的示意图。

1）波动管增压。

波动管效应是基于由向下运动的活塞触发的膨胀波，膨胀波在进气管中逆流运动到收集容器，并在开口的管端反射。以这种方式产生的压缩波通过增加进气门上的压降来增加气缸充气量。当活塞向上移动时，在进气门关闭之前不久，波动管效应效果特别好。在这里，当存在压力波时，将会阻止新鲜充量从燃烧室向进气歧管的推出或产生增压效应。根据声学模型，速度为 a 的压力波在波动管中来回传播需要以下时间：

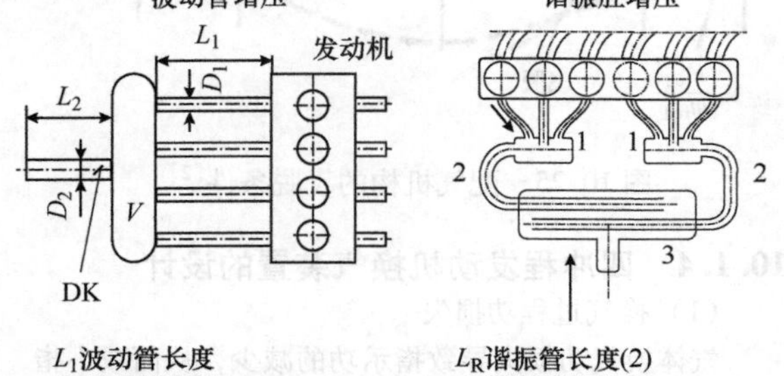

L_1波动管长度
D_1波动管直径
L_2进气管长度
D_2进气管直径
V空气分配器(索引=类型)

L_R谐振管长度(2)
D_R谐振管直径(2)
V_R谐振腔容积，谐振容器(1)
V_A补偿容积，收集容器(3)
DK节气门

图 10.30　波动管增压和谐振增压示意图

$$t=\frac{2\cdot L_{\mathrm{Saug}}}{a} \tag{10.14}$$

进气持续时间（从进气门打开到进气门关闭）应平均为确定转速下发动机旋转一圈所需时间的三分之一：

$$t\approx\frac{1}{3\cdot n} \tag{10.15}$$

这样就可以在确定的转速 n 下确定进气管的最佳长度：

$$L_{\mathrm{Saug}}\approx\frac{a}{6\cdot n} \tag{10.16}$$

因此，进气歧管长度是决定波动管效果的参数。根据声学模型，每个进气歧管长度都有一个最优的转速，在该转速下容积效率最大。原则上在发动机测试中也将显示这一点，其中只有进气歧管的长度发生了变化[6]。图 10.31 显示了进气歧管长度对最大有效平均压力的影响。更短的进气歧管会将转矩峰值移向更高的转速，反之亦然。

然而，在实际的发动机运行中，进气歧管长度的影响更为复杂，并被其他的进气侧参数的影响部分覆盖重叠。除了关闭的进气门之前的压力曲线外，在进气门关闭与进气门打开之间进气歧管中形成的自由波动与在进气门打开与进气门关闭之间进气歧管中形成

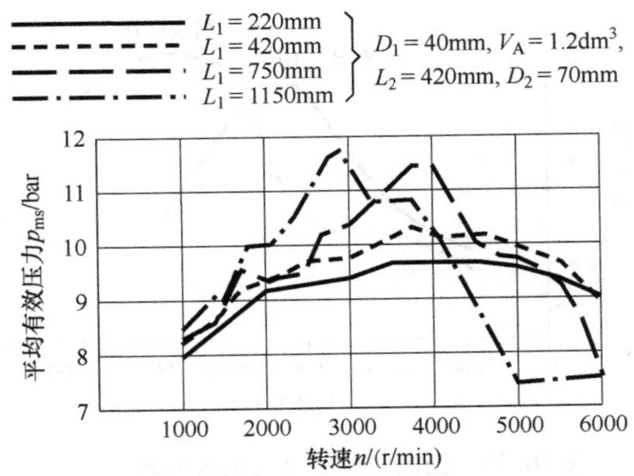

图 10.31 进气歧管长度 L_1 对不同转速下最大有效平均压力的影响

的进气波动相关，对于换气过程具有决定性的意义。

因此，固定的进气歧管长度仅在一定的转速范围内具有有益的作用。在高速下，进气歧管的长度应较短，而在低速下，进气管的长度应较长。因此，设计带进气歧管切换装置的发动机，即使得进气歧管的长度与发动机转速相适应（图 10.32）。

在切换挡板打开时，来自气缸的膨胀波已经在该位置反射（4000r/min 以上的高速）。在 4000r/min 以下，切换挡板关闭（长的进气歧管）。图 10.33 显示了进一步开发的三级切换进气歧管。现在已经使用无级进气歧管。

波的运行时间取决于进气歧管的长度，而波的振幅则受到进气歧管截面的影响。进气歧管中的流速随着转速的增加而增加，因此振幅也相应地增加，如

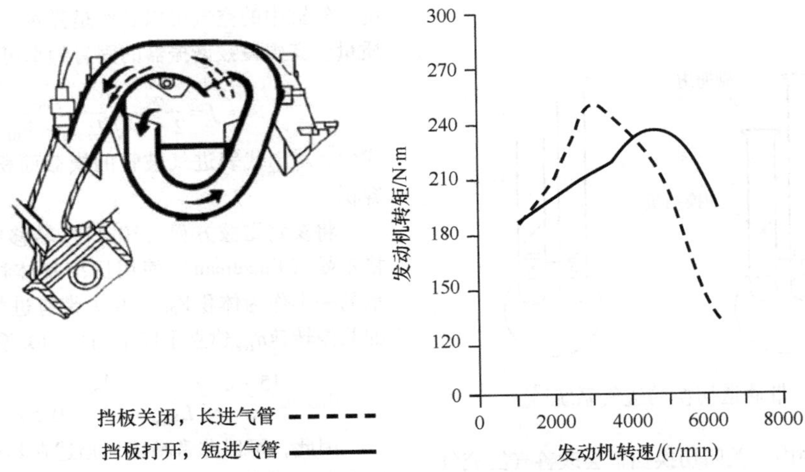

图 10.32 具有两级切换进气歧管的进气系统原理图（奥迪 V6）

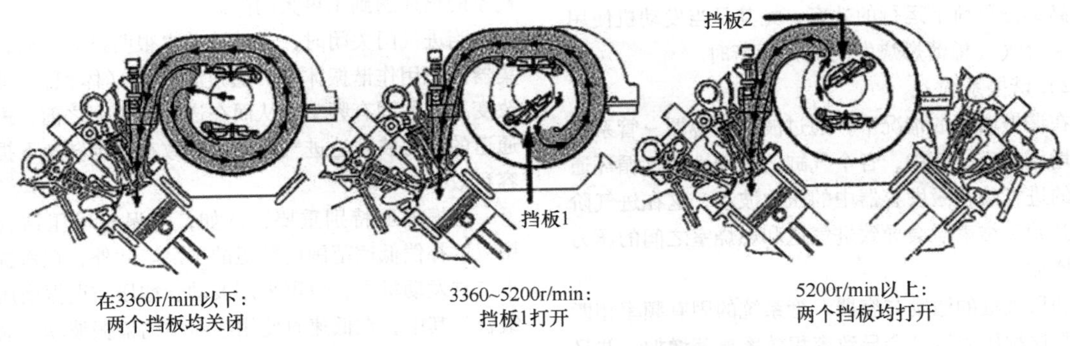

图 10.33 具有三级切换进气歧管的进气系统

图 10.34 所示。在低速时，小的进气歧管横截面可产生足够高的振幅，从而产生相应的过后充气效应。然而，在高速下，气缸充气在较小的流动横截面情况下将下降。因此，高速时良好的气缸充气需要较大的进气歧管横截面。

使用多个进气门（例如四气门发动机）时，可

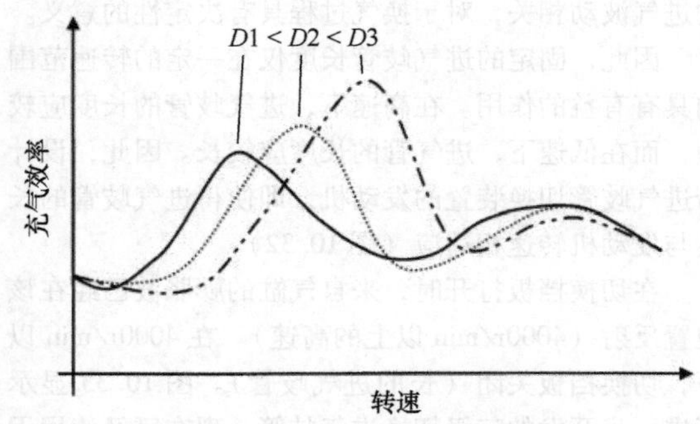

图 10.34　充气效率与管道直径的关系[7]

以通过切换气道来根据负荷和转速调节进气歧管的横截面（图 10.35）。在低速和低负荷时，仅主通道有效。随着转速和负荷的增加，接入副通道。

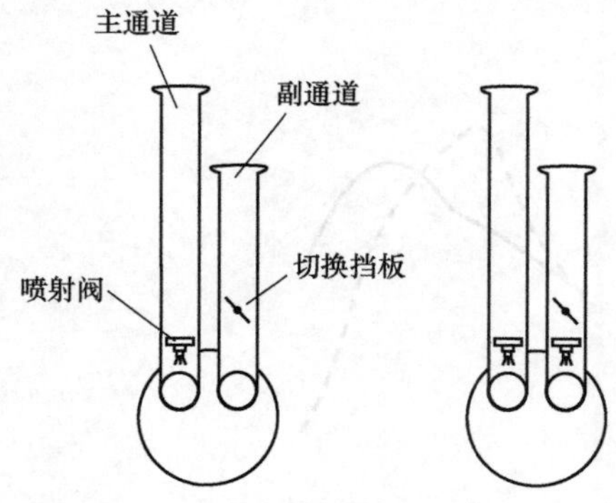

图 10.35　带通道切换的进气系统[2]

在低转速范围内，关闭切换挡板会改善气缸充气（图 10.36）。另外，通过进气可以产生有目的性的气流运动（涡流），从而可以改善混合气的制备。这可以提高部分负荷下运行的效率，尤其是当发动机使用稀薄混合气（稀薄燃烧发动机）运行时。

2）谐振系统。

在谐振增压的情况下，通过波动的容器－管系统产生增压效应。其中，各个气缸的周期性吸气循环通过短的进气歧管激发容器中的压力波动，这在进气阶段的开始和结束时会导致进气道和燃烧室之间的压力梯度增加。

如果气缸的激励与容器－管系统的固有频率相匹配，则这种压力波动会导致容积效率显著增加，并且具有明显的最大值。进行波动激励的最佳前提条件是各个进气相的偏移量为 240°曲轴转角，即每个谐振容器三个气缸。

当进气门打开着，系统会像亥姆霍兹（Helmholtz）谐振器一样波动。当进气通道中的气柱对着

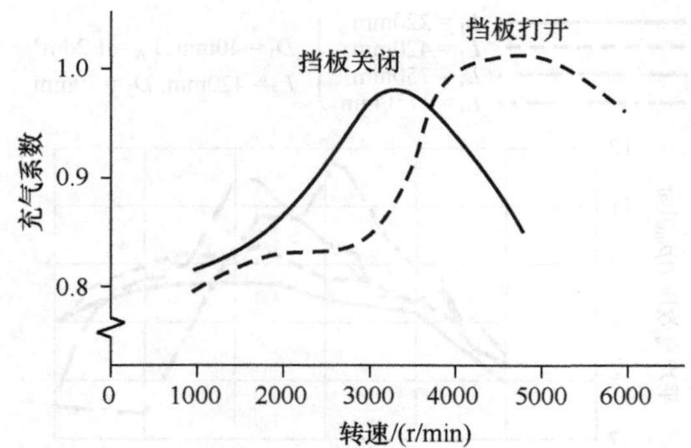

图 10.36　挡板切换对充气系数的影响[2]

“强硬”的、在气缸中出现的空气运动时，就会发生振动，并且整个系统的特性就像是一个弹簧－质量系统。气缸中的空气可以看作是弹簧，气柱可以看作是质量。亥姆霍兹谐振器的固有频率可以如下确定：

$$f=\frac{a}{2\cdot\pi}\sqrt{\frac{A_{\mathrm{Saug}}}{L_{\mathrm{Saug}}\cdot V_{\mathrm{BE}}}} \tag{10.17}$$

式中，A_{Saug}代表进气歧管的横截面积；V_{BE}代表容器容积。

将亥姆霍兹方程（10.17）转移给内燃机时，恩格尔曼（Engelman）使用压缩室体积加上气缸的排量的一半作为体积V_{BE}，并为带有进气歧管气缸系统的共振转速n_{res}建立了以下简单的关系：

$$n_{\mathrm{res}}=\frac{15\cdot a}{\pi}\sqrt{\frac{A_{\mathrm{Saug}}}{L_{\mathrm{Saug}}\cdot(V_{\mathrm{c}}+0.5V_{\mathrm{h}})}} \tag{10.18}$$

因此，可以非常精确地描述在具有进气歧管的气缸上的亥姆霍兹谐振器效应的固有频率。在多个气缸的情况下，就会出现波的叠加的影响，这意味着对该现象的描述遇到了更大的障碍。

当进气门关闭时，这种波动也很明显。然后，收集器体积用作谐振体积。通过其设计（体积），可以改变系统的固有频率，从而在进气门关闭之前，进气通道的压力波到达进气门处，导致在确定转速下提高容积效率。

谐振增压特别重要，例如，与涡轮增压结合使用，以补偿低速范围内转矩的不足。此外，在六缸和十二缸发动机中，也可采用波动管增压与谐振增压的组合。其中，在低速时使用容器中的谐振波动，而在高速时，使用较短的进气歧管作为波动管系统能够提高充气系数。图 10.37 为六缸发动机中波动管与谐振增压组合的示意图。

通过打开或关闭谐振控制挡板来实现匹配。在转矩位置，谐振控制挡板关闭，因此，两个具有长管的“三缸”抽吸系统有效。在功率位置，

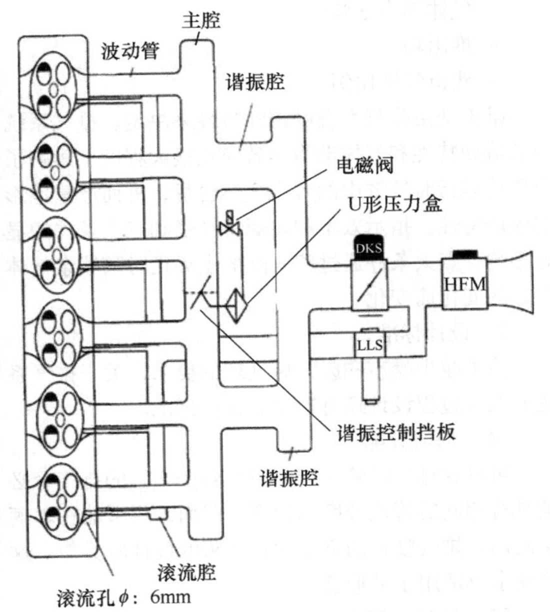

图 10.37　直列六缸发动机的进气系统示意图[7]

谐振控制挡板打开，进气模块用作所有六个气缸的振动管系统，然后从整个上收集器区域通过短的波动管供气。可以使用一维计算方法预先为这些效果协调、优化横截面和长度。空气质量调节通过中央节气门来实现。这种系统的转矩增益如图 10.38 所示。

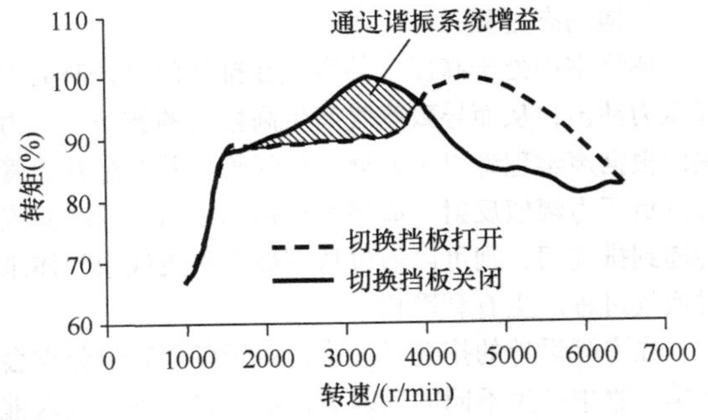

图 10.38　带有谐振系统的直列六缸汽油机的转矩变化曲线[7]

(3) 排气系统

排气系统执行三个任务。它会影响发动机的功率特性，减少废气噪声，并与内置的催化器一起减少废气中的有害物。这些任务无法完全相互分开。降噪总是对功率特性产生不利的影响。相反，具有优化功率的排气系统通常噪声太大。排气门处的声压约为 60 ~ 150dB (A)。必须要将其减小到法定值（图 10.39）。

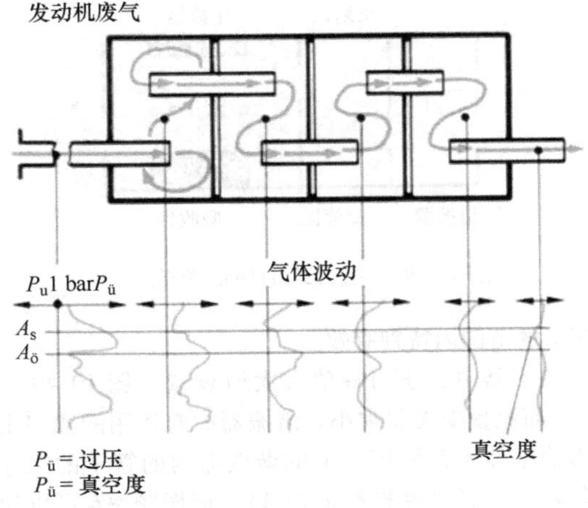

图 10.39　消声器中的气体振动的减弱[8]

与往复式活塞发动机新鲜气体侧的过程类似，排气系统中也存在不稳定的流动特性。当排气门打开时，由于气缸中的过压以及随后活塞向上的移动引起了压力波，该压力波向排气末端传播。压力和速度波在敞开的管道末端处反射并作为膨胀波返回，如果正确调整了排气系统中的管道长度，它们就会降低排气背压，对换气过程产生有利的影响。相反，返回的压力波也可以防止已经存在于气缸中的新鲜气体的逸出。这种机理主要用于二冲程发动机的运行[9]。

1）结构形式。

消声器有两种基本类型，即反射式阻尼器和吸收式阻尼器。经常使用两种类型的组合（图 10.40），这会实现 50 ~ 8000Hz 的相关范围内的衰减。根据发动机的方案设计（排量、功率、增压、气门的数量和气缸的数量等），反射区域以及吸收区域（或几个消声器：前、中和后消声器）需要一定程度的最小容积。

在使用吸收式消声器时，气流通过消声器，消声器中的气体引导管打孔，外壳与多孔管之间的空间填充了吸收材料。脉动的气流可以通过穿孔扩展到充满吸收材料的区域中。其中，通过摩擦，波动能量的很大一部分衰减并转化为热量。其结果是离开消声器的气流基本上没有脉动。吸收式消声器的特点是，尤其在高于 500Hz 的频率范围内具有良好的阻尼作用，并且排气背压较低。

在反射式消声器（也称为干涉式消声器）中，通过消声器内部的转向、横截面变化和分隔而形成阻尼。相应的腔室和横截面的变化必须相互精确地协调。当声波经过两条不同长度的路径（180°相位偏移）后相互抵消时，就会发生干涉。该原理在低于

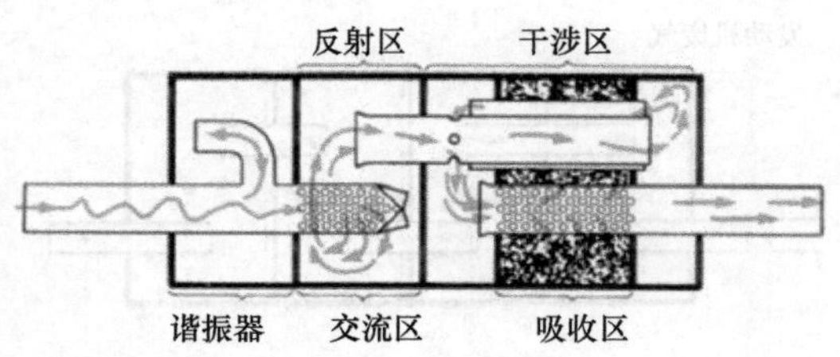

图 10.40 组合式消声器系统[8]

500Hz 的范围内特别有效。

谐振器中的压力峰值大大地衰减（图 10.40 左侧），而流量损失非常小。谐振器中起作用的频率主要取决于伸入到体积为 V 的谐振器内的管子的尺寸（长度 l、直径 d 和横截面积 A）。谐振频率f_0可以使用以下公式计算：

$$f_0 = \frac{c_0/2 \cdot \pi}{A/(l+0.7 \cdot d) \cdot V} \tag{10.19}$$

反射式消声器的副作用是消声器的壁面结构由于通过的脉动废气流而引发的振动激励。由此产生的结构噪声会增加消声器的噪声发射。这可以通过为消声器中的中间板选择足够厚的壁、通过足够刚性地设计整个消声器结构以及通过使用由具有或不具有吸收性的中间层的双板制成的外壳来抵消。

2）整体系统。

图 10.41 显示了四缸发动机排气系统的基本结构。当使用单个催化器时，有必要将各个气缸的排气管连接在一起。来自所有气缸的废气通过总管，总管接入一个用于测量总空燃比的中央氧传感器。

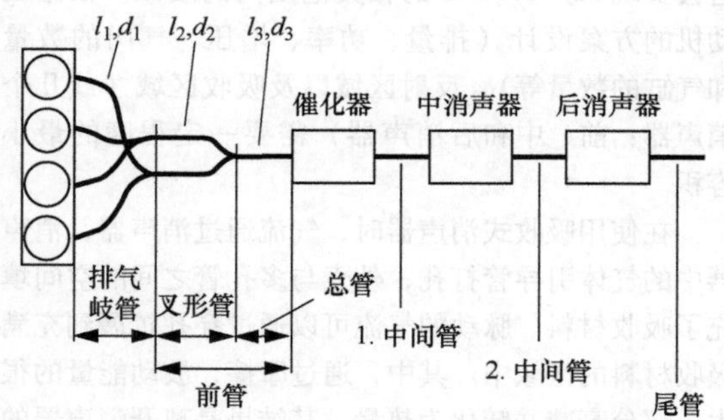

图 10.41 排气系统的结构示意图[10]

为了减少开口端噪声，建立了组合的反射式/吸收式消声器或组合的反射式/分支谐振消声器。由于不稳定的流动过程，排气系统采用合适的设计将显著地改善与吸气系统相似的换气过程[10]。

换气过程特性在很大程度上受排气系统的三个影响因素影响，而这三个因素也相互影响：

– 气体动力学效应。
– 推出功。
– 残留气体比例。

推出功由排气系统的流动特性来决定。排气系统中的流动特性和气体动力学效应在很大程度上影响了全负荷运行时气缸中的残余气体含量，进而严重地影响燃烧特性。指示效率和转矩特性受到点火条件的显著影响，点火条件通过相匹配的点火正时随残余气体含量的变化而变化。

3）设计标准。

除了减少噪声和废气后处理的要求，关于排气系统的换气过程设计还有确定的设计标准。

（4）均匀分配

可以在排气歧管区域内布置各个气缸的排气管必须具有相同的管道长度和管道横截面。尽可能在车辆空间内，排气歧管的弯管和管接头的设计应类似。这些要求也适用于叉形管。

（5）排气背压水平

为了实现较低的排气背压水平，应以气缸盖排气通道和排气系统的最佳流动特性为目标。由于催化器的流动阻力和消声的基本功能，排气背压水平不能无限制地下降，因为消声总是伴随着不可逆的能量转换，这反映在排气背压的特性中。

（6）气体动力学效应

排气系统应支持在与管道长度、横截面和管道分支相关的、在定义的转速范围内进行换气过程。

气体动态过程

燃烧室中处于高压下的废气在排气门打开时会引起压力冲击，从而导致废气产生高幅度的波动。压力幅值根据声学理论以声速通过排气管，并在敞开的管端以负压力幅值反射。如果负压振幅在适当的时间点传递到排气门，则可以通过从燃烧室吸走残余气体来对换气过程产生有利影响。

在实际设计的排气系统中，由于各个管道分支会在排气管中产生不同的反射点，从气缸盖到它进入催化器壳体。

图 10.42 示意了图 10.41 的排气系统中的气缸 1 的压力脉冲。在通过排气段 l_1 之后，正压力曲线会遇到第一反射点，在该反射点处，压力脉冲会根据歧管的设计以及排气歧管和叉形管的管道横截面进行划分。在具有相应锐角分支角的情况下，压力脉冲中主要是正振幅的更少部分穿过气缸 4 的排气管 l_1，在关闭的排气门上反射主要为正压力脉冲。压力脉冲的另一部分作为真空脉冲在管道分支上反射，并逆着主流方向流回气缸 1。原始压力曲线的最大部分都通过叉形管

的排气管部分 l_2 到达歧管，再到达收集管。在收集管中，正压力脉冲的分布类似于从排气歧管到叉形管的过渡。通过排气段 l_3 的原始压力脉冲的最后剩余部分在催化器壳体周围的过渡处反射为真空（负压）。

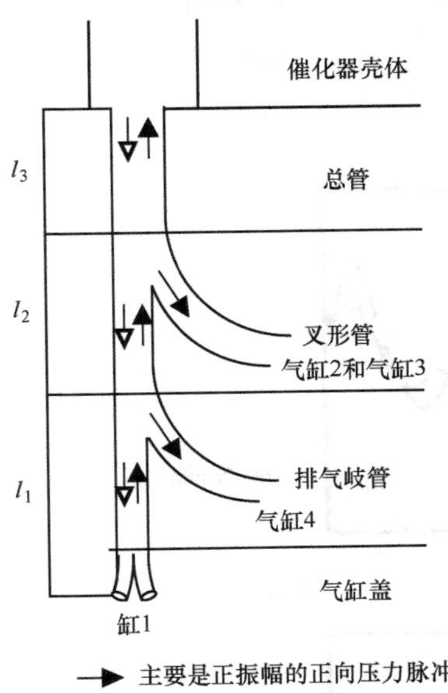

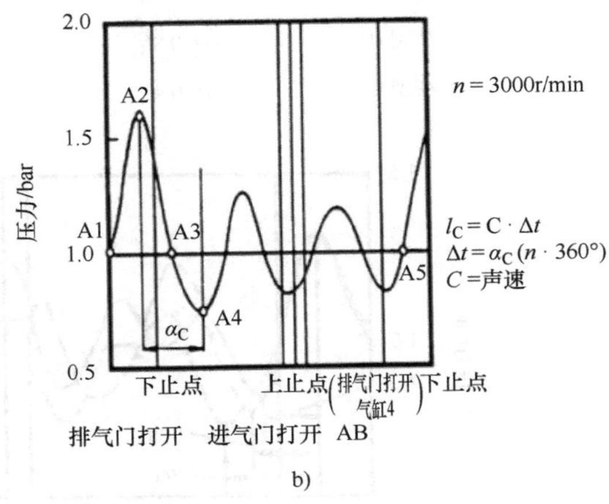

图 10.42 a）反射点的示意图和 b）排气歧管中的压力变化曲线（排气门后 100mm）[10]

由排气门的打开触发的正压力曲线的增长始于 A1。达到最大值 A2 的压力曲线主要取决于气门升程。从 A2 到 A4 的另一条压力曲线（反射真空曲线的最大值）取决于排气系统的设计。根据从 A2 延伸到 A4 的曲柄角 α_C，可以用转速和声速来确定特征长度 l_C，该特征长度对于各个排气系统是恒定的，与运行工况点无关。从 A4 到 A5 的压力变化曲线的特征是排气系统中波运动的叠加。各个排气系统的基本过程几乎相同，都几乎与运行工况点无关。在 A5 处，气缸 4 的压力开始上升，该压力在经过气缸 4 的l_1 和气缸 1 的 l_1 后到达传感器之后，在排气门打开后出现在对应于气缸 4 在传感器处[10]。

从 A3 到 A5 的压力曲线的位置和形成以及特征长度 l_C对发动机特性至关重要。原则上，最小的压力水平在气门叠开期间是有利的。

特征长度 l_C基本上取决于排气管长度 l_1 和 l_2，叉形管与排气歧管直径的比率 d_2/d_1 以及从排气歧管到叉形管的过渡设计。随着 l_1+l_2 总和的增加和直径比 d_2/d_1 的减小，特征长度 l_C会增加，因为主反射点进一步远离进气通道。下列试验确定的三种不同排气系统变型的压力曲线也表明了这一点（图 10.43）。

（7）气门正时

气门正时始终是一个折中方案，因为发动机在很宽的转速和负荷范围内运行。基于在 10.6.1 节所述的情况，如果没有其他措施（例如凸轮轴调节系统，切换凸轮系统或切换进气歧管），则无法同时优化换气过程以获得最大转矩和最大额定功率。这里总结了气门正时的重新定位的各个方面，其中“提前”或“延迟”的名称表示相对于基础正时的相对位置，该相对位置以相对于更近的止点的曲柄角度数（°KW）表示。

1）排气门打开。

在汽油机中，排气门打开通常发生在膨胀行程即将结束的下止点（UT）前 30°~50°曲轴转角。此配气定时代表了膨胀功的盈利与更大的推出功之间的折中。

如果排气门打开向“延迟”移动（即排气门打开更靠近下止点），则工作气体可以膨胀更久，对活塞做更多的功，从而提高了热效率并减少了燃料消耗。更长的膨胀持续时间也导致更低的碳氢化合物排放和更低的废气温度。然而，在更高的转速和负荷工况下，推出功在排气行程开始时会大大增加，这提高了燃料消耗。迟的排气门打开在部分负荷下更为重要，在全负荷下则影响很小，如图 10.44 所示。

随着排气门打开向“提前”方向移动，则会发生相反的情况：膨胀功损失，热效率下降，燃料消耗

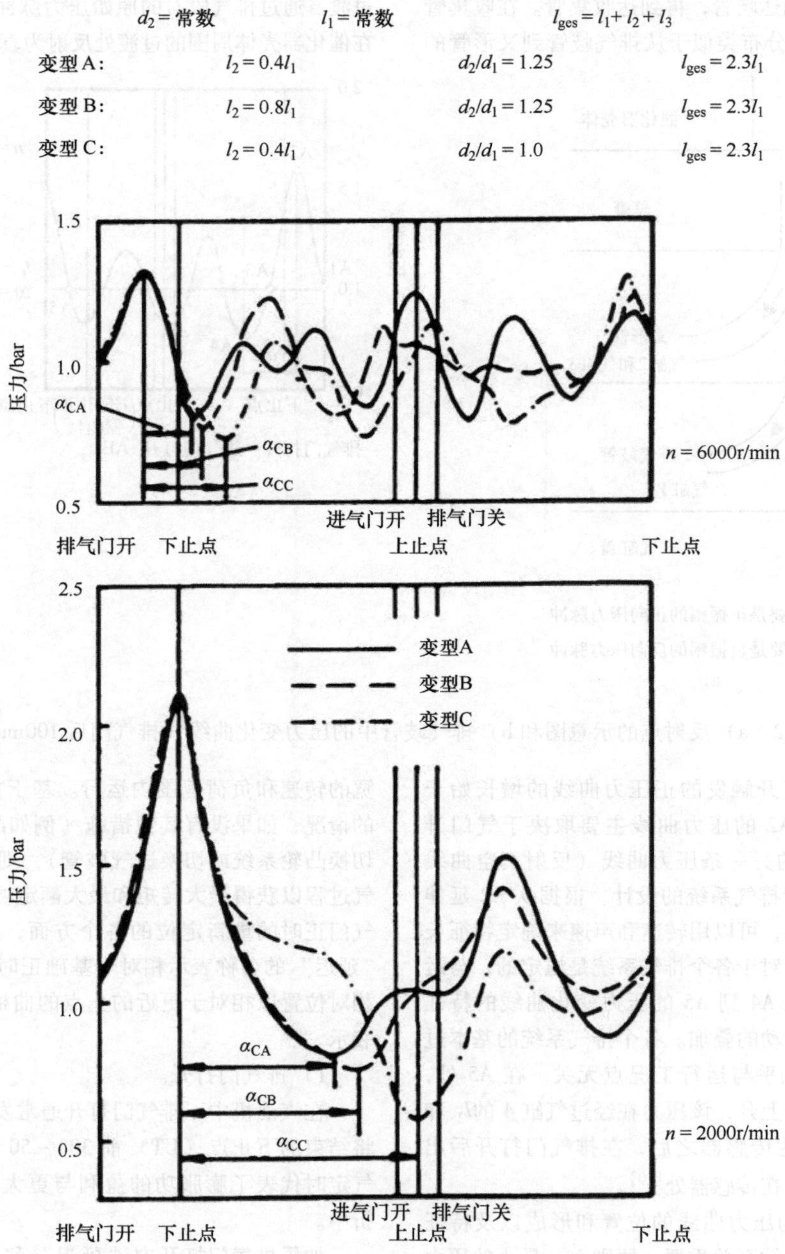

图 10.43　排气歧管中的压力曲线（压力传感器在排气门后 100mm 处）[10]

也增加。碳氢化合物排放和废气温度升高。但是，由于气缸更高的压力水平且废气更快地离开气缸，故推出功也减少。但重要的是，在部分负荷下燃料消耗会增加。另一个方面，排气门上的热负荷随着排气门打开的提早而增加，因此对气门材料提出了更高的要求。

废气推出期间的压力损失仍然取决于排气门的气门升程曲线的特性。在打开时气门升程的快速增加，此时废气最容易从缸内释放。基于这个原因，与仅使用一个排气门相比，使用两个排气门时的折中考虑不那么关键：使用两个排气门时，可用于排气的有效开启截面积会急剧增加。由于排气更高的压力，因此，废气可以在排气行程开始时更快地离开气缸，这将减少活塞的推出功。

2）排气门关闭。

排气门关闭的常见设计是在上止点（OT）之后

8°~20°曲轴转角，这意味着气门叠开阶段的结束。除进气门打开外，排气门关闭也是配气正时，通过排气门关闭可以调节气门叠开。在更低的转速和负荷工况下，排气门关闭可调节从排气系统返回的废气量，在更高的负荷工况和转速下，调节排出的残留气体量。

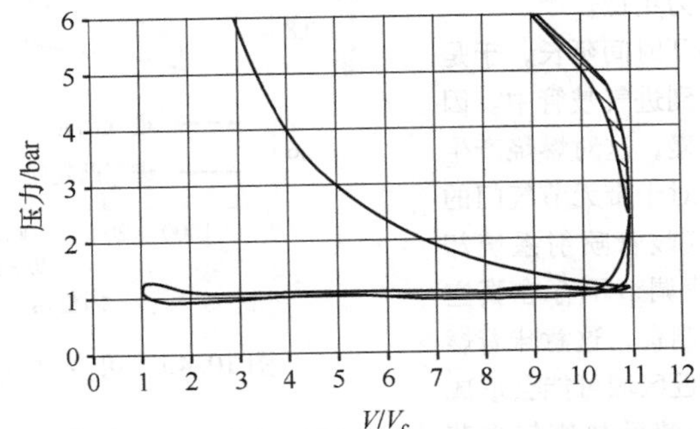

2000r/min，10.37bar，全负荷，排气门打开：下止点前56°CA，排气门打开：上止点后10°CA
2000r/min，10.63bar，全负荷，排气门打开：下止点前42°CA，排气门打开：上止点后10°CA

图10.44 通过将排气门打开向“延迟”方向移动来增大膨胀功

在全负荷时，可以使用较晚的排气门关闭以更彻底地在缸内完成扫气，从而提高充气效率。例如，在运动型发动机中使用此功能可获得更高的额定功率。但是，越来越多的新鲜充量流经气缸而没有参与燃烧（由于短路流动而导致的扫气损失），将增加燃料消耗和碳氢化合物的排放。

在部分负荷时，通过活塞的抽吸作用越来越大比例的废气被吸回（内部废气再循环），这会带来相当大的燃料消耗和排放方面的优势。因为在气缸充量近壁面区域内的燃烧不完全，相对而言，排气的最后“部分”总是含有更多的未燃的碳氢化合物。这部分推出得相对较晚。如果废气中的这一部分被“再次燃烧”，则可以减少燃料消耗并减少碳氢化合物的排放。由于稀释的充量降低了燃烧温度，从而减少了氮氧化物的排放。另一方面，由于热的残余气体使新鲜混合气均质化，因此可以进行更好的混合气制备。在排气门关闭较晚的情况下，吸气功仍会减少。发生这种情况有两个原因：首先，因为被抽回的废气部分在气缸中膨胀并助力膨胀行程；其次，由于气缸充量中残余气体的比例更高，故在进行负荷调节时，为保持负荷所需要的补偿的节流较少。这导致燃料消耗的进一步减少。内部废气再循环的限制通过燃烧残余气体相容性来确定。

使用较早的排气门关闭，燃烧气体无法及时离开气缸（排气锁定，exhaust lock - up），这会增加气缸中的残余气体含量，因此降低了充气效率和额定功率。扫气损失更少，因而略微减少燃料消耗。在这种情况下，废气的最后一部分也“再燃烧”，这会在部分负荷工况下形成燃料消耗和排放的优势（由于更低的燃烧峰值温度而减少氮氧化物排放）。残留在气缸中的废气继续非常密集地流入进气歧管（部分也由活塞引导），从而可以更好地制备混合气。由于在确定的活塞位置处可用于排出废气的面积越来越小，因此增大了推出功。在排气行程结束时，通过较早的排气门关闭甚至可以压缩残余气体，这会稍微增加燃料消耗。较早的排气门关闭的局限性在于增加的推出功、通过废气稀释新鲜充量，以及由于大量废气流入进气歧管而导致混合物的不均匀。

如果在排气门关闭之前不久的膨胀波降低排气通道中的静压并由此从气缸中吸入废气的情况下，只要优化排气系统中的动态效应，则可以提高推出效率。

3）进气门打开。

在汽油机中，进气门打开定时通常设置为上止点之前5°~20°曲轴转角。作为气门叠开阶段的开始，与排气门关闭一样，进气门打开对于调节部分负荷工况下新鲜充量中残余气体含量以及全负荷工况下对残余气体的扫气都非常重要。因此，进气门打开对怠速运行的质量有很大的影响作用。

通过延迟进气门打开可以缩短气门叠开的持续时间。因此，在部分负荷工况下，这会导致充量更少地被废气稀释，从而快速燃烧。在这样的条件下，怠速转速可以降低，从而可以减少燃料消耗。通过更小的残余气体比例和快速燃烧，燃烧温度提高，氮氧化物排放增加。可以考虑以下方案来减少碳氢化合物的排放。由于进气门更迟打开，因此在确定的活塞位置，进入气缸的流量具有更高的速度，从而导致气缸内的流动增强。这导致更好的混合气制备和更完全的燃烧，从而不仅缩短燃烧延迟期或点火延迟期，而且也缩短了燃烧持续期。此外，延迟进气门打开，由于进气的第一阶段在气缸中产生真空，因此抽吸功也更大，这导致燃料消耗增加。另外，在全负荷工况下，由于充气效率下降，故有效平均压力更低。

在提前进气门打开时，气门叠开时间延长，于是在部分负荷时，许多废气会被推回到进气歧管中。因此混合气变得不均匀并燃烧变得更慢，这对燃烧产生不利的影响作用。然而，这种效果对于带无节气门的负荷调节（可变气门控制）的进气歧管喷射系统却是有利的。由于带无节气门的负荷调节不存在真空度，故经常无法实现足够的混合气制备，这意味着燃烧变得更慢且不完全燃烧。气门附近区域可能会形成燃料堆积。这些沉积物可以通过回流的热废气来蒸发，然后倒流，从而加热进气歧管壁面并促进混合气制备。研究已经表明，尽管抑制反应的残余废气比例较高，但这种方法可以对混合气的制备产生积极影响，最终提高了混合气的反应性。

4）进气门关闭。

对于转矩和功率特性曲线，气门正时的主要影响参数是进气门关闭，通常在下止点（UT）后40°~60°曲轴转角之间，对发动机充气的影响远大于其他正时。主要是通过确定进气门关闭来确定转矩和功率等特征参数。

进气门关闭若为优化最大转矩而将时间点向延迟方面偏移，将导致高速下更高的充气系数和容积效率。因此，使用较迟的进气门关闭可获得更高的额定功率。在更高的转速时，气体动力学效应（特别是过后充气）起决定性的作用，这意味着在确定进气门关闭时，最重要的应用任务是捕获并使用气缸中的压力波。在全负荷时，延长进气门打开时间会对转矩曲线产生负面影响。因为进气门延迟关闭，更多的充气被活塞推回到进气歧管中。然后由于较低的气体速度而产生较小的脉冲，因此，充气系数下降。图10.45显示了配气定时进气门关闭对全负荷时充气系数的影响。若将进气凸轮轴延迟20°曲轴转角，将在低速范围内显著减小充气系数。另一方面，在额定转速时，充气系数将增加8%左右。该发动机是八缸汽油机，每个气缸有四个气门。

在部分负荷时，由于充量以较小的节流被吸入，通过推迟进气门关闭将减少抽吸功，这将降低燃料消耗。由于总是出现更小的有效压缩，因此这过程的热效率更低。较低的峰值压力降低了燃烧温度，这也导致了较少的氮氧化物排放。

通过可变气门控制和延迟进气门关闭，发动机可以在无节流的状态下运行，其目标是更高的额定功率

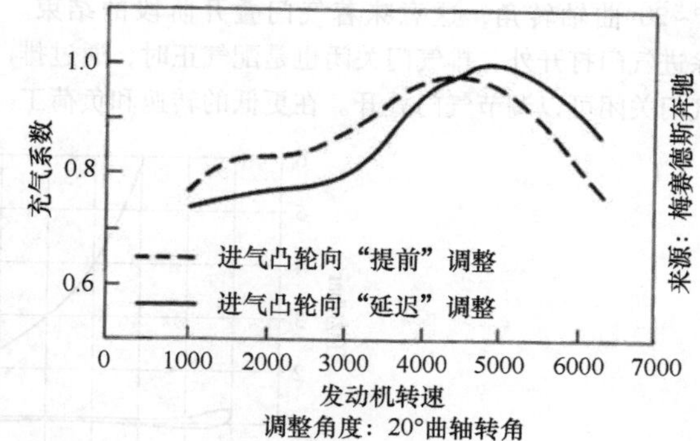

图10.45　可变进气门关闭的充气系数

和减少部分负荷时的燃料消耗。在部分负荷工况下，多余的充气量在压缩行程期间被活塞推回到进气歧管中。由于采用了无节流的负荷调节，因此所需的抽吸功更少。与前面所述类似，这可以减少燃料消耗、提高热效率、降低燃烧温度和减少氮氧化物的排放。延迟进气门关闭的局限性是由于缺乏负压（气体速度降低）导致热效率下降以及进气通道中混合气制备不足。

当提前进气门关闭和采用传统的气门定时，可以缩短进气时间，从而降低充量系数。在全负荷和更高的转速，充气效率更低，额定功率也更低。然而，由于在更低的转速时，更少的充量倒流回进气歧管中，充气效率和转矩增加。在部分负荷时，由于较短的进气时间，可以在节流较小的情况下达到所需的负荷，从而减少了抽吸功。这对降低燃料消耗有利。

通过可变配气定时和提前进气门关闭，可以不再通过节流来实现负荷调节，而只需选择配气定时进气门关闭。其目的是在全负荷时提高转矩，或在部分负荷时降低燃料消耗。一旦气缸中达到了所希望的负荷所需的充气量，进气门便会关闭。在此阶段，活塞仍朝着下止点方向移动，并在气缸中产生真空。因为无节流的负荷调节，抽吸功的水平远小于通过节流的负荷调节，故可以降低燃料消耗。进气系统与排气系统之间的压差较低，因此从排气倒流的废气较少。假设配气定时进气门打开处于正常位置且气门叠开阶段未延长，则提前进气门关闭可在低负荷和低转速下实现稳定燃烧。而提前进气门关闭的限制在于混合气的形成：由于进气比下止点提前结束，因此点火时气缸中通常没有明显的充气运动，这意味着经过更长的燃烧延迟后，燃烧可能会变得缓慢且不完全。这可能会增加碳氢化合物排放，并且尽管换气功更少，可能仍会增加燃料消耗。另外，由于产生的负压导致充量的冷却，气缸中还有燃油凝结的风险。如“进气门打开”

部分中已经提到的，由于缺少负压，进气通道中混合气准备不充分，这意味着进气混合气变得不均匀。气门附近区域可能会形成燃油堆积。

（8）流动横截面

为了在换气过程时保证较高的充气效率和较低的功损失，需要控制气门上较大的、几何的开启横截面。进气门和排气门的开启横截面的变化与气门升程曲线相对应（图10.46）。

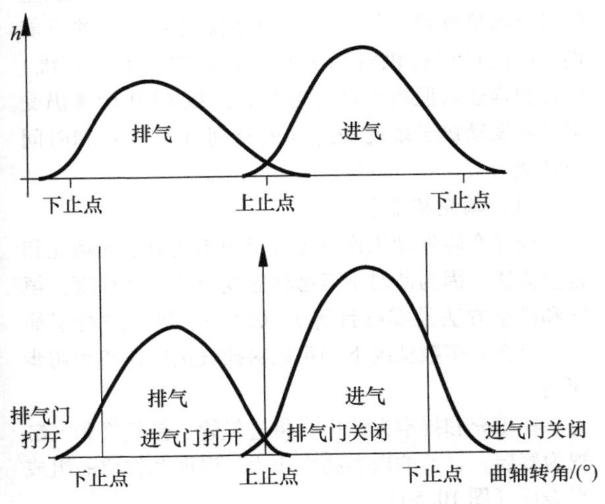

图10.46 气门升程曲线和气门横截面

进气门的气门升程和开启横截面大于排气门的气门升程和开启横截面。在开启横截面上，与排气门相比，更大的进气门额外地增加了差异（进气门直径 > 排气门直径）。

气门处的流动横截面对于换气过程非常重要，它小于由流体动力学过程引起的几何横截面（图10.47）。

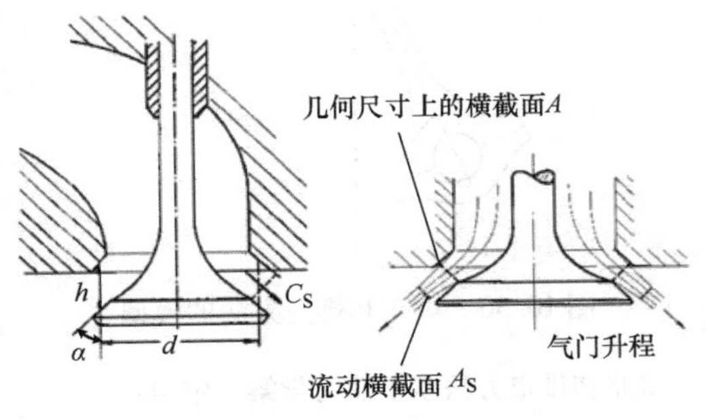

图10.47 流动横截面和气门升程

几何的开启横截面和流动横截面都是对应于气门座角α围绕气门轴布置的环形表面。气门升程是指气门盘与气门座之间的垂直距离。假设在气门座处等熵流动，在流动横截面A_S的理论速度为c_{iS}。由于摩擦的影响，实际速度c_S小于c_{iS}。气门处的质量流量为：

$$\dot{m}=\dot{V}\cdot\rho=A_S\cdot c_S\cdot\rho=\psi\cdot A\cdot\varphi\cdot c_{iS}\cdot\rho \tag{10.20}$$

式中，ρ为流动横截面的密度；ψ为射束收缩（收缩率）；φ为摩擦系数。

对于等熵流动横截面A_{iS}有：

$$A_{iS}=\psi\cdot\varphi\cdot\frac{\rho}{\rho_{iS}}\cdot A \tag{10.21}$$

式中，ρ_{iS}为流动横截面中等熵流动的密度。

由此得到质量流量：

$$\dot{m}=A_{iS}\cdot c_{iS}\cdot\rho_{iS} \tag{10.22}$$

在稳态的流动测试研究中，可以确定气门的等熵流动横截面A_{iS}与气门升程的关系。在不同的气门升程下，流过气缸盖或相应的模型，记录以下测量变量，如图10.48所示。

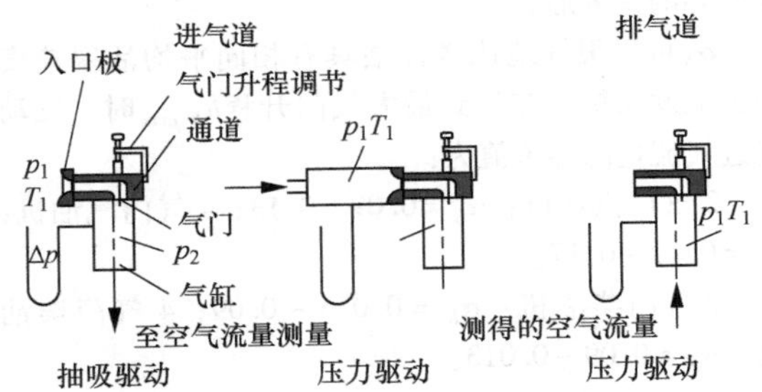

图10.48 用于确定流量的测量装置

图中：

T_1，p_1 为测量点布置前的热力学状态，例如收集容器。

p_2 为缸内压力。

$\dot{m}$为质量流量，例如借助于孔板测量。

可以在无增压模式和增压模式（压缩空气）下进行测量。可以使用所记录的测量值来计算等熵流动横截面A_{iS}：

$$c_{iS}=\sqrt{\frac{2\cdot\kappa}{\kappa-1}\cdot R_L\cdot T_1\cdot\left[1-\left(\frac{p_2}{p_1}\right)^{\frac{\kappa-1}{\kappa}}\right]} \tag{10.23}$$

和

$$\rho_{iS}=\rho_1\cdot\left(\frac{p_2}{p_1}\right)^{\frac{1}{\kappa}} \tag{10.24}$$

式中，对于空气，κ = 1.4。

A_{iS}与稳态流量测试研究中设定的压比p_2/p_1基本无关。此外，即使在运行过程中流经的流量不稳定，也可以将A_{iS}移植到实际的发动机上，因为在流动方向上，短的节流位置允许以准静态计算。

气门的流通系数α_V用于评估控制元件（气门）的质量：

$$\alpha_V = \frac{A_{iS}}{A_V} \tag{10.25}$$

式中，A_V为对应于气门座内直径的气门面积。

α_V不代表换气过程的质量。流量系数α_K是给定发动机气门的流动性的度量，因此也是换气过程的度量。

$$\alpha_K = \frac{A_{iS}}{A_K} \tag{10.26}$$

式中，A_K为活塞面积。

图10.49显示了如今发动机流量系数的离散带随滚流强度的变化关系。在进气通道中带有打开和关闭的充气运动挡板（LBK）的VW FSI（1.4L，汽油直喷）发动机的流量系数值显示为一个实心的点和一个空心的正方形。

α_K可以很好地比较评估具有相同平均活塞速度的类似发动机。在达到最大气门升程$h_{V,\max}$时，发动机进气流量的参考值为：

2气门汽油机：$\alpha_K = 0.09 \sim 0.13$；4气门汽油机：$\alpha_K = 0.13 \sim 0.17$。

2气门柴油机：$\alpha_K = 0.075 \sim 0.09$；4气门柴油机：$\alpha_K = 0.09 \sim 0.013$。

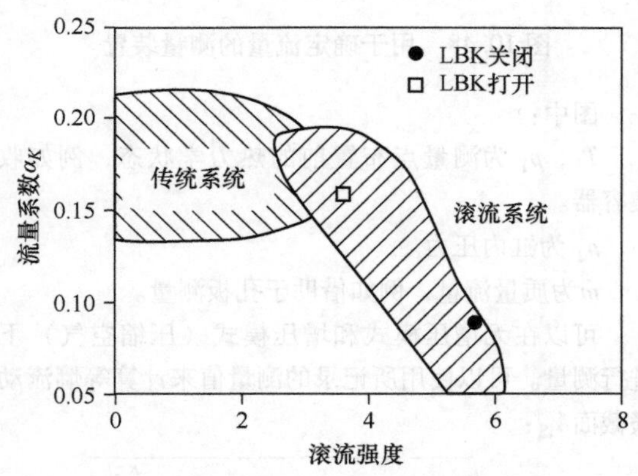

图10.49　流量系数与滚流强度的关系

10.2　换气过程计算

发动机工作过程的仿真，尤其是与进气系统和排气系统中气体动力学的一维仿真一起，现在是一种普遍接受的工具，用于在概念阶段或结构设计期间预测发动机的性能数据。然而，它也可用于分析在试验台上运行的发动机的换气过程和热力学过程。如果正确使用（尤其是在后一种应用中），则可以提供无法通过试验或几乎不合理的努力收集的数据。

由于换气过程的复杂性，在理论研究阶段需要付出大量的努力。根据相应的问题，在此处可以并且必须进行简化。出于这个原因，现已经针对分析和模拟领域的特殊应用开发了不同的数值方法。可以区分纯热力学零维模型，将零维模型与进、排气系统中的气体动力学相结合的一维模型以及三维空间解析模型（CFD）。如今，一维分析提供了构建整个发动机从空气过滤器最终到排气系统（包括排气系统）的可能性，因此可以提供时间上和沿管道空间上（一维）的过程描述。但由于计算容量，三维CFD计算仍受限于对发动机子系统中过程的空间（三维）和时间处理能力。

（1）填充和排空法

描述实际发动机换气过程最简单的方法是填充和排空方法。因为此时不考虑状态变量的空间梯度，填充和排空方法是零维计算方法之一。尽管进行了简化，但在大多数情况下仍足以对换气进行比较和初步评估。

在填充和排空方法中，将进气管、排气管和气缸视为容器，容器的内容物由压力、温度和物质的组成来表征（图10.50）。

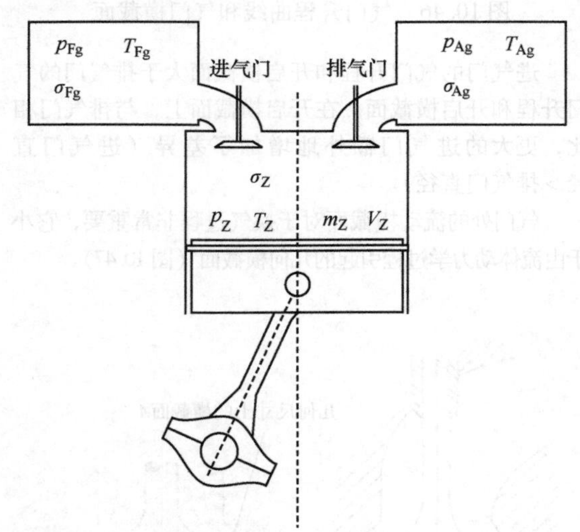

图10.50　填充和排空方法的模型

填充和排空方法基于热力学第一定律：

$$\frac{d(m_Z \cdot u)}{d\alpha} = -p_Z \cdot \frac{dV}{d\alpha} - \sum \frac{dQ_w}{d\alpha} + \sum \frac{dm_e}{d\alpha} \cdot h_e - \sum \frac{dm_a}{d\alpha} \cdot h_a \tag{10.27}$$

为了能够确定进气和排气的质量流量，需要说明气缸入口和出口处的状态。从物理上讲，在气门区域内存在强烈的三维流动，具有射流分离和涡流区。为了简化问题，零维和一维模型假定通过这些节流点的流量为准稳态。此处的准稳态是指节气门的入口和出口表面上的状态向量（图 10.51）在计算的时间步长内不变，并且该向量的时间上变化是通过一系列不同的稳定状态得出的。由于这样的简化忽略了节流点的有限延伸，因此与连接的管道相比，在流动方向上节流点的延伸程度越小，这种考虑就越可靠（图 10.51）。

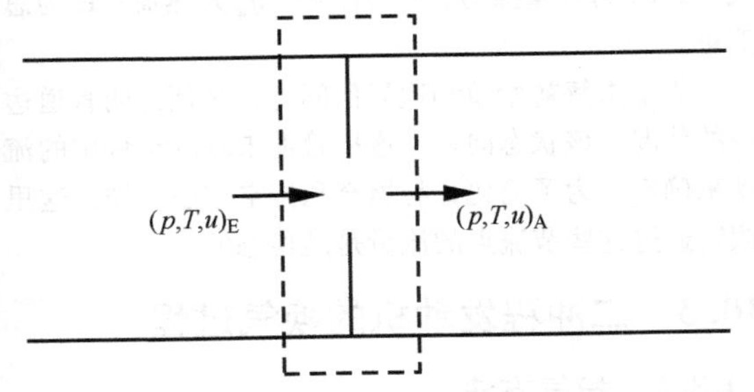

图 10.51 节流点的状态参数

通过引入该模型假设，一维稳态流动的基本方程式可用于计算管道边缘的状态向量 $(p, T, u)_E$ 和 $(p, T, u)_A$。借助于一维稳态流动的连续方程式和能量方程式，可以获得理论流量方程式（依据圣维南，St. Venant）。如果在准静态流动的节流点入口和出口表面之后的流动横截面中发生的状态变化是等熵且无损的，则该理论方程式将适用。然而，由于状态变化不是等熵的，并且存在动量损失，因此必须修正此方法。这就需要进行静态测量，以量化引起动量损失的流动现象的热力学影响。这种动量损失在热力学上反映为流体熵的不可逆的增加。其结果是，在不可逆流动情况下，通过节流点的质量流小于无损失流动的质量流。使用流量系数 α 记录该损失，流量系数 α 定义为实际质量流量与理论（等熵）质量流量的比值。因此，入口和出口的质量流量计算如下：

$$\dot{m} = A_{\mathrm{eff}} \cdot p_{01} \cdot \sqrt{\frac{2}{R \cdot T_{01}}} \cdot \psi \qquad (10.28)$$

其中：

$$A_{\mathrm{eff}} = \alpha \cdot \frac{d_{\mathrm{vi}}^2 \cdot \pi}{4} \qquad (10.29)$$

亚音速区域的流量函数 ψ：

$$\psi = \sqrt{\frac{\chi}{\chi - 1} \cdot \left[\left(\frac{p_2}{p_{01}}\right)^{\frac{2}{\chi}} - \left(\frac{p_2}{p_{01}}\right)^{\frac{\chi+1}{\chi}} \right]} \qquad (10.30)$$

并在靠近声速的区域满足：

$$\psi = \psi_{\max} = \left(\frac{2}{\chi + 1}\right)^{\frac{1}{\chi - 1}} \cdot \sqrt{\frac{\chi}{\chi + 1}} \qquad (10.31)$$

流量系数 α 随气门升程变化而变化，并通过稳态流量试验来确定。

（2）计算原理

该计算的目的是确定压力、温度、质量、气缸充量的组成的变化过程，以及在换气阶段，由于气门随曲柄角变化而变化时的质量变化过程。

这些量不能通过测量获得或只能通过很大的努力才能获得。压电陶瓷传感器只能测量压力。因此，参数的变化过程是从起点通过数值积分计算出来的。

可以通过测量或估算来确定压力、温度、质量和组成成分在“排气门打开”时的初始值，并根据基本热力学方程式在此起点上计算其微分变化。以此为基础逐步进行适当的积分，直到“进气门关闭”可求得所有的值。

（3）一维气体动力学

填充和排空方法是准稳态的单区模型。此处的准稳态意味着将很小时间间隔的非稳态过程视为稳态的，即各个变量（压力、温度）仅取决于时间，而不取决于位置。这样自然忽略了诸如在波动管增压和谐振增压时产生的诸如压力脉冲的动力学影响。这些波动的幅度和相位在确定的转速下有利于换气过程，而在其他转速下则有碍于换气过程。这基本上确定了供气效率相对于转速的变化，并因此确定了发动机的转矩特性。

在气门打开和关闭时以及通过活塞运动而产生的压力波会激发这些波动。图 10.52 显示了借助于低压示功图在 3000r/min 下测量的倒拖单缸四冲程发动机进气歧管中的压力曲线。在进气过程开始时，由于活塞的向下运动，在进气门处产生了膨胀波。这个膨胀波向空气滤清器运动，该空气滤清器的作用就像一个开口的管端。膨胀波反射为压力波，向进气门方向运动，并在进气门关闭时达到进气门（图 10.52）。

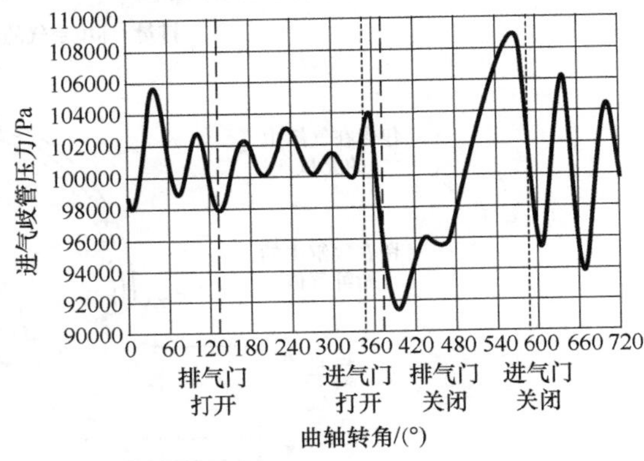

图 10.52 3000r/min 时进气歧管中的压力曲线

在发动机内部流动的一维仿真中，整个“发动机”系统被划分为单独的、抽象的元件，即基于简化的元件，例如气缸（C1）、空气滤清器（Pl1）、孔板（SB1，R1，SB2）和管道（1–4）（图 10.53 和图 10.54）。

这是在假设整个系统中的流动可以通过管道元件中的一维非定常管道流动和通过连接管道元件的组件中的一维准稳态节流流动来描述的情况下完成的。

假定管道元件中的一维非稳态状态变量（例如压力 p、密度 ρ 和速度 u）足以通过各个管道横截面中的平均值来确定。此外，假定动量不会由于流动中的内部摩擦而损失。这意味着管道元件中的过程，例如将压力能转换为动能，仅因为考虑了壁面摩擦，所以是不可逆的。因此，基于质量、动量和能量的守恒方程，可以建立流动平面（x，t 平面）内一维非定常管道流动的非线性非齐次微分方程组。

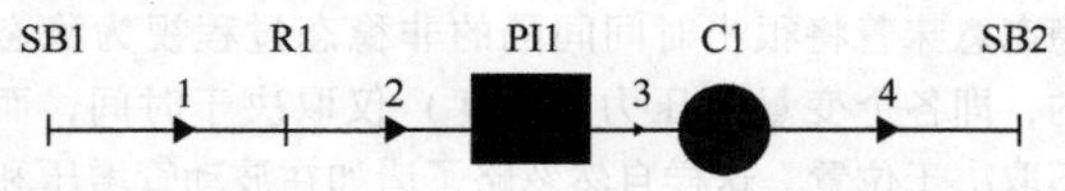

图 10.53　整个“发动机”系统的示意图

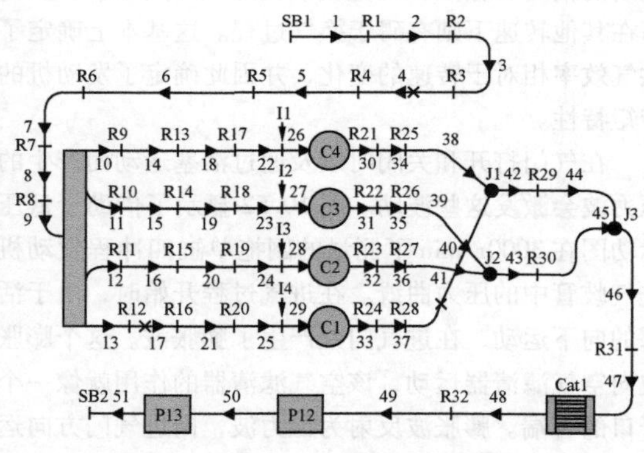

图 10.54　四缸汽油机的示意图

$$\frac{\partial p}{\partial t}=-\frac{\partial(p\cdot u)}{\partial x}-\rho\cdot u\cdot\frac{1}{A}\cdot\frac{\mathrm{d}A}{\mathrm{d}x}\tag{10.32}$$

$$\frac{\partial(p\cdot u)}{\partial t}=-\frac{\partial(p\cdot u^2+p)}{\partial x}-\rho\cdot u^2\cdot\frac{1}{A}\cdot\frac{\partial A}{\partial x}-\frac{F_R}{V}\tag{10.33}$$

$$\frac{\partial E}{\partial t}=-\frac{\partial[u\cdot(E+p)]}{\partial x}-u\cdot(E+p)\cdot\frac{1}{A}\cdot\frac{\mathrm{d}A}{\mathrm{d}x}+\frac{q_w}{V}\tag{10.34}$$

式中，F_R为壁摩擦力；V为体积；q_w为热流；E为总能量。

为了求解初始值和边界值问题，必须说明管道边缘的状况。该状态向量由连接管道末端的组件中的流动来确定。为了简化，与填充和排空方法一样，这里假定通过这些节流点的流量是准稳态的。

10.3　二冲程发动机的换气过程

10.3.1　扫气方法

二冲程发动机的不同结构类型的特征与气缸扫气的原理以及与之耦合的扫气空气的供给类型有关。扫气方案的选择对结构成本、部件负载、运行性能、混合气形成条件、发动机的燃料消耗和排放有很大的影响。

在气缸扫气时，已燃的混合气会被新鲜充量从气缸中扫出，这在纯挤压扫气的理想情况下，不会相互混合。与此不同的是，当在实际发动机中对气缸进行扫气时，取决于所选择的扫气方法的品质，除了挤压废气外，还会排出新鲜充量和废气的混合气。如图 10.55 示意性所示，其结果是，部分扫气与废气混合并从气缸中扫出（新鲜气体损失），特别是在例如特性场中高负荷工况时大的扫气量的情况下。为了评估二冲程发动机扫气过程的结果和效率，除充气效率外，还主要会使用给气效率或充气效率作为关键指标（另参见文献［11］和［12］）。

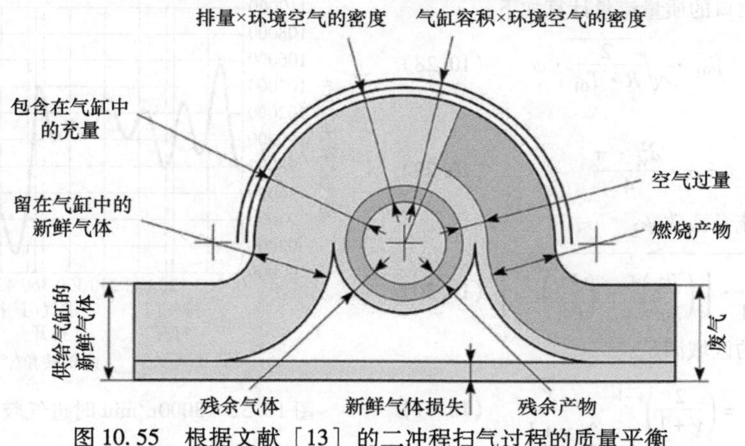

图 10.55　根据文献［13］的二冲程扫气过程的质量平衡

图 10.56 概述了最重要的二冲程扫气过程及其优缺点。

扫气方案设计	优点	缺点
1. 回流扫气 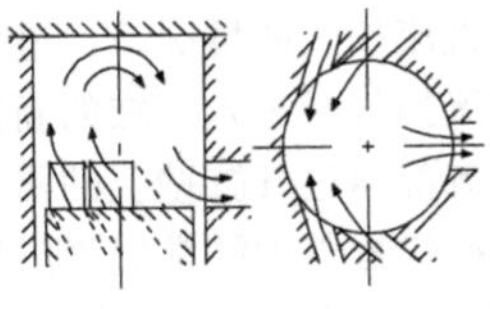	• 紧凑的结构尺寸 • 可以高速 • 燃烧室凹腔可布置在气缸盖中，且冷却良好 • 如果不使用滑动装置则设计简单	• 仅在使用附加装置(滑动装置)时才可能使用非对称配气相位图 • 活塞上的不对称热负荷 • 由于扫气槽和排气槽，活塞环工作环境特别恶劣 • 相对较难产生充量涡流
2. 带排气门的直流扫气 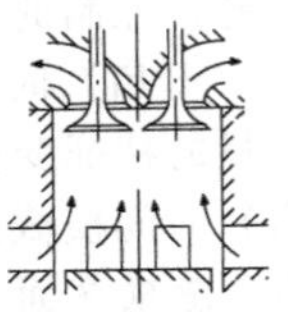	• 良好的扫气效率/低空气消耗 • 易于产生和影响燃烧室涡流 • 燃烧过程可广泛用于四冲程发动机 • 不需要附加装置即可实现非对称配气相位图	• 与回流扫气相比，有更大的结构高度 • 为了实现较大的气缸有效行程和低的燃料消耗所需的复杂/优化的配气机构
3. 带对置活塞的直流扫气 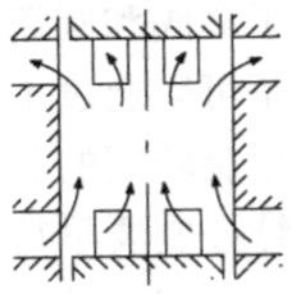	• 最大限度减少在高压阶段加热的燃烧室表面 • 仅通过活塞边缘控制可以实现非对称配气相位图 • 扫气效率好/空气消耗少	• 结构成本高 • 较大的结构高度(结构宽度) • 控制出口槽的活塞受极端的热应力 • 由于喷嘴座/火花塞的布置，无法实现常规的燃烧
4. 顶端回流扫气 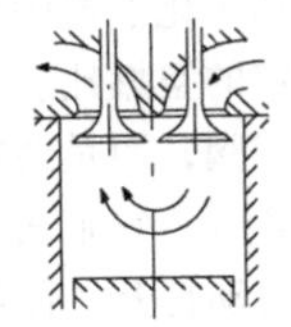	• 曲柄连杆机构结构与四冲程发动机非常相似 • 扫气和排气槽不会对活塞环造成危害	• 扫气效率低/空气消耗量大 • 由于打开时面值有限，换气功和更高转速下的燃料消耗显著增加

图 10.56 不同扫气方案的比较

(1) 回流扫气

在回流扫气的情况下（根据绳索原理，Schnürle），新鲜气体通常通过 2 ~ 6 个扫气通道（溢流通道）进入气缸，该扫气通道与排气口的中心轴成镜像对称布置，并与废气流出方向相反。扫气流相互排成一列，在气缸与排气口相对的一侧形成上升的新鲜气体流，该气流在气缸盖区域反转其方向并将废气挤出气缸。这种在小型发动机中特别普遍地应用的扫气过程适用于高速，结构形式简单和发动机尺寸紧凑，也是直喷柴油机的选项，它将燃烧凹坑布置在气缸盖上并得到充分冷却。其缺点包括活塞上的不对称热负荷、扫气和出口槽对活塞环的危害以及使用压力润滑时润滑油消耗难以控制等。此外，通常用于直喷柴油机的充量涡流的产生和不对称配气相位图的实现需要额外的技术措施。

(2) 直流扫气

在进行直流扫气时，新鲜气体通常通过布置在气缸圆周上的进气口进入气缸，并通过设置在气缸盖中并由曲轴旋转频率控制的排气门将废气推出。通过扫气通道的切向布置使其相对容易产生或影响支持混合气形成的涡流。该涡流通常以衰减的形式在整个工作周期中保留，并且不必在随后的扫气过程中完全再生。直流扫气的优点是相对较好的扫气效率（空气消耗少），不需要额外结构设计即可实现不对称配气相位图，并且可以将经过验证的直喷柴油机工作过程从四冲程发动机几乎不变地转换到二冲程发动机。与回流扫气相比，如果相应地设计扫气槽，则活塞环可以相对更容易地自由旋转，这有利于使用寿命。因为扫气口必须通过活塞裙覆盖，设计中必须防止连杆与活塞裙发生碰撞，所以当考虑配备气门的气缸盖的结构高度时，发动机结构高度大于可比较的四冲程发动机，特别是在超大冲程/缸径比的情况下。

此外，由于双气门驱动频率和有限的气门开启（曲柄）角度，同时要求大的开启时面值，对排气门驱动机构提出了相当高的结构要求。

（3）对置活塞直流扫气

使用对置活塞直流扫气时，两个活塞在一个气缸中以相反的方向移动，在其内部末端位置（上止点位置）封闭成燃烧室。

在活塞的外端位置（下止点位置），其中一个活塞打开进气槽，另一个活塞打开排气槽，以使进入的新鲜气体在气缸轴线方向形成主流，将废气从气缸中挤出。对置活塞直流扫气的优点在于：扫气效率高，在高压阶段加热的燃烧室表面最小化，且容易实现不对称的配气相位图。这种扫气原理的严重缺点主要来自于高昂的结构成本、庞大的发动机尺寸、活塞排气侧的极端热负荷（另见文献［14］）以及现代四冲程发动机燃烧过程有限的可移植性。

（4）顶端回流扫气

在顶端回流扫气中，新鲜气体通常通过下止点周围区域的两到三个由曲轴转速驱动的气门流入气缸，并在活塞顶区域的方向反转的支持下，通过同时打开的排气门将废气从气缸中排出。这种扫气过程的优点是曲柄连杆机构的结构设计在很大程度上对应于可比较的四冲程发动机。此外，消除扫气槽和排气槽可降低活塞环的风险。然而这些优点被进气门和排气门必须布置在气缸盖有限的燃烧室表面上这一严重缺点所抵消。与具有纵向扫气和例如四个排气门的类似的二冲程发动机相比，可用的打开时间横截面（时面值）大致减少了一半。同时，由于扫气效率较低（由于形成涡流和气流的大面积接触而导致新鲜气体与废气混合），为了将等量的新鲜气体引入气缸，在采取顶端回流扫气时，必须显著地增加所需的扫气空气量。出于这个原因，所需的气体交换功和由此产生的比燃料消耗仅在发动机低速时保持在可接受的范围内。在额定转速和燃料消耗方面的限制与未来乘用车驱动方案设计的要求相矛盾。除此之外，例如短行程设计、顶端回流扫气式二冲程柴油机，如果有可能的二冲程汽油机作为具有较低额定转速的飞机推进系统（取消减速器，使用良好效率的螺旋桨），当然可以认为是一个很有前途的方案设计。

其他扫气方法，如横向扫气、交叉扫气、喷泉式扫气、回流扫气（根据 MAN）和各种双活塞扫气方案设计（另见文献［15］和［16］），由于扫气效率有限、结构成本高，以及其他不利因素，此处未涉及其他扫气方法。

10.3.2　换气机构

如上已经说明，在直流扫气的情况下，进入气缸的新鲜气体流以及在回流扫气时进入气缸的新鲜气体和从气缸中排出的废气流都通过气缸壁上的槽和上下运动的活塞来控制。与在气缸盖中的常规气门控制装置相比，这种槽（狭缝）控制装置的特征在于，可以在相对较小的曲轴转角范围内打开和关闭大的流动横截面。因此，通过槽（狭缝）控制的二冲程发动机可以达到较高的额定转速。（开启）时间横截面用作设计和确定狭缝气体通过量的特征变量（另见文献［16］和［17］）。（开启）时间横截面表示从打开到关闭相应狭缝时在相应狭缝横截面上的时间积分。在没有其他措施的情况下，狭缝控制的二冲程发动机具有与曲轴的止点对称的配气相位图。过去，许多二冲程汽油机最初都配备了套阀和圆筒转阀，后来还配备了盘式旋转阀，目的是可以通过不对称进气相位图更好地填充曲轴箱。使用旋转阀的非对称配气相位图，进气的开始时间比狭缝控制要早得多。由于此时曲轴箱中的真空度仍然较低，因此进气道中的气柱在中低速时相对较少地受到气体波动的激励，这保证了更稳定的转矩特性，并有利于化油器中形成的燃料-空气混合气尽可能保持恒定的空燃比。近年来，现代二冲程汽油机不再使用旋转阀，而是经常使用簧片阀（另见文献［17］和［18］）。它们充当止回阀，当在曲轴箱方向出现压降时自动打开，而当压降方向相反时它们自动关闭。图 10.57 显示了用于二冲程发动机的簧片阀的结构。为了减少鞍座形式的流动阻力而设计的基体（由压铸铝或塑料制成）通常在簧片的接触区域中包覆一层薄薄的弹性体层，以减少机械负荷并改善密封效果和声学效果。一侧固定在基体上的簧片（机械替代型号：具有表面载荷的悬臂梁）由 0.15～0.2mm 厚的铬-镍钢板制成，或者最近由 0.4～0.6mm 厚的玻璃纤维增强环氧树脂板制成。在相同的长宽比下，由于弹性模量和密度的商相同，钢簧片和环氧树脂簧片的固有频率近似相同。

由于簧片随着压力差的增加而打开得更多，因此当稳态流动时，压力差与质量流量之间存在近似线性的关系。为了防止簧片的不确定运动（打开得太远，随后簧片过早撞击，第二模态下的振动等），簧片阀设有由钢板制成的弯曲止动件，簧片在打开时会在止动件上创造滚动运动。簧片的固有频率应至少为打开频率（发动机的进气频率）的 1.3 倍。簧片阀要么直接布置在曲轴箱上，要么如图10.58所示，与活塞入口控制装置结合使用。

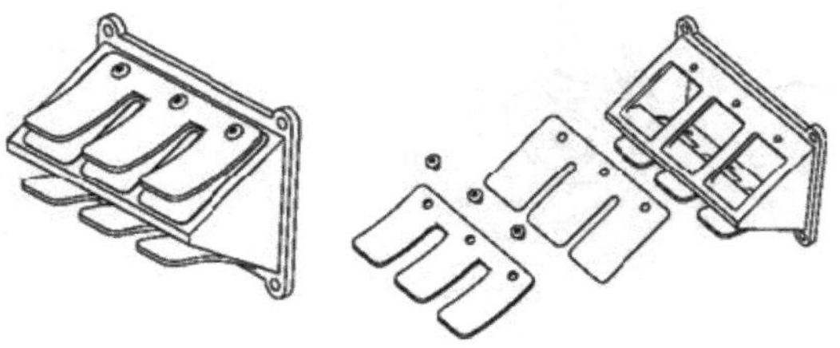

图10.57 用于二冲程发动机进气系统的簧片阀的结构示意图

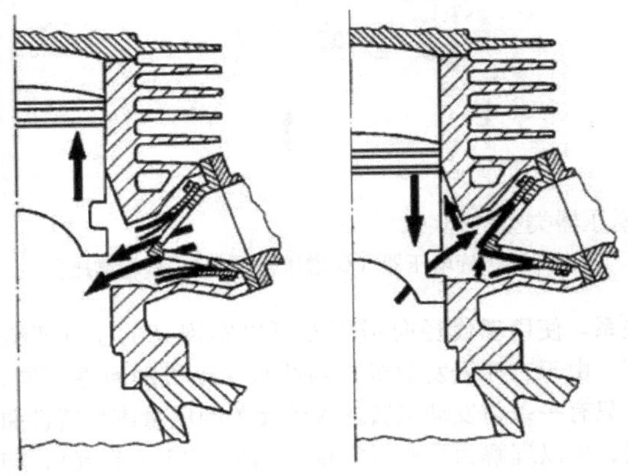

图10.58 带有组合式活塞边缘/片状阀控制的进气系统

为了补偿狭缝控制的回流扫气的对称配气相位图的缺点，在部分现代高功率汽油机中，在出口狭缝区域使用了滑阀、旋转滑块或转阀。这样，可以改善新鲜充量的填充、转矩和功率特性，或者与本田AR燃烧过程（活化的自由基，Activated Radical）一样，可以改善空气-燃料混合气的着火。图10.59展示了通过相关气缸的局部剖视图。

10.3.3 扫气空气供给

在四冲程发动机中，用于换气过程的压降是通过曲柄连杆机构本身的推出和吸入过程引起的，而在二冲程发动机中，所需的扫气压降必须由单独的扫气风机（压缩机）施加。仅当入口机构和出口机构同时打开时才能进行气缸的扫气。通过入口和出口元件的流动可以简化为通过串联连接的两个节流的流动（另见文献［20］和［21］），这反过来又可以用等效横截面来代替。因为除了压力脉动、气体温度和废气背压等影响之外，无论狭缝或气门在一段时间内少次地慢速开闭或多次地快速开闭，对于相应的扫气压降而言，通过二冲程发动机的空气流量基本上与发动机

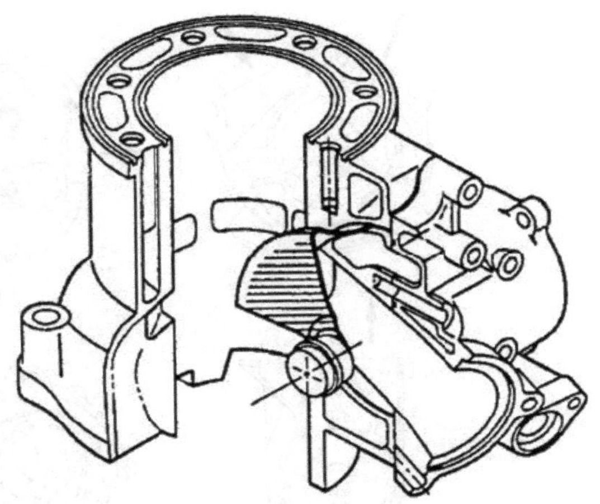

图10.59 根据文献［19］的带有排气通道旋转滑块的回流扫气气缸的局部剖视图

转速无关。相反，在扫气压降与扫气质量之间近似地存在二次方的相关性。所以，在更高的发动机转速下，达到相同扫气效果所需的扫气压力显著地增加。原则上，假设扫气风机具有相应的灵活性，根据有关发动机温度、废气温度、排放、燃料消耗和发动机功率（增压）的要求，对于特定的特性场工况点，扫气量可以在很宽的范围内变化。原则上，活塞式压气机（往复式和旋转活塞式压气机）和流动式压气机均可用于二冲程发动机的扫气，或在必要时用于增压（另见文献［20］、［11］和［22］）。图10.60概述了各种压气机或增压器类型。

（1）往复活塞式压气机

在二冲程发动机中，往复活塞式压气机最简单的形式是使用曲轴箱和活塞底侧作为工作容积。对于这种类型的结构形式（在小型二冲程汽油机中尤其普遍）（优点：紧凑的结构形式、较低的附加成本、陡峭的压气机特性曲线、较低的附加驱动功率），工作气体通常在活塞向上运动时通过气缸壁或活塞裙部流入曲轴箱。在活塞随后向下移动期间，新鲜气体被压缩并通过溢流通道和从活塞顶部开启的扫气槽流入气缸。通过使用簧片阀、旋转阀或切换到十字头增压泵，可以在行程缸径比和死区的限制范围内增加扫气空气量。特别是在二冲程发动机扫气效率有限的背景下，以及基于这样的事实：即使在现代柴油机燃烧过程中，由于烟度极限的限制，全负荷运行通常也必须在过量空气的情况下进行（如果忽略复杂的阶梯式活塞结构形式），所以可以说曲轴箱扫气泵的低的供气系数是一个很大的缺点。假设扫气空气无法使用高的效率、低的压力损失和流线形的油气分离器，则将

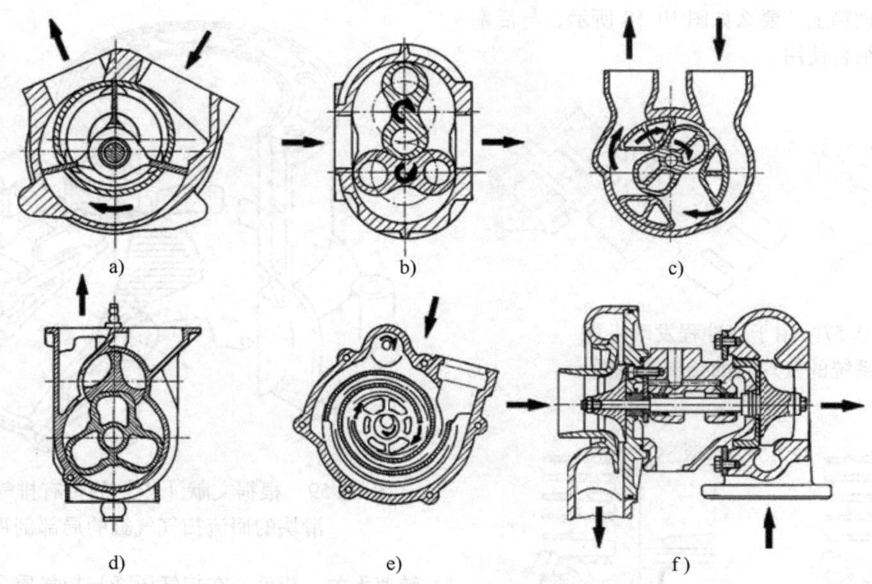

图 10.60　各种压缩机和增压器类型的概貌
a）叶片式增压器　b）罗茨增压器　c）Ro 增压器　d）螺杆压气机　e）螺旋增压器（G 增压器）　f）涡轮增压器

扫气中的润滑油负载（问题：HC、颗粒排放、活塞环结焦、发动机“失控”）降至最低的需求还包括使用久经考验的、声学上有利的、廉价而可靠的滑动轴承的曲柄连杆机构支承和活塞喷淋冷却。曲轴箱扫气泵的另一个显著的缺点是多缸发动机中的曲轴室必须相互密封。单独的机械驱动的往复活塞式压气机避免了所提及的一些缺点，但是除了调节输送量的灵活性有限之外，它还需要很大的额外安装空间和相当大的额外制造成本。

（2）旋转式压气机

在通用术语“旋转式压缩机”（旋转活塞式压气机）下，可以对许多压气机进行分类，该类压气机的输送或压缩是通过旋转元件或活塞的挤压效应产生的。为了对内燃机进行扫气或增压，驱动轴与发动机的曲轴机械联接。这类增压器包括：罗茨增压器、叶片式增压器（胶囊鼓风机）、Ro 增压器、螺旋增压器（G 增压器）和螺杆压气机。与往复活塞式压气机类似，输送的质量流量与驱动转速大致成正比，并且由于泄漏损失增加而在较高的压力比下输送量会略有下降，总的来说，通常可达到压气机平均效率水平。对于相同的输送容积，整体尺寸介于往复活塞式与径向压气机之间。

（3）流动结构形式的增压器

径向压气机主要被认为是用于车辆发动机的流动结构形式的增压器（涡轮压气机）。在径向压气机中，流量近似为线性，压力与驱动转速近似为二次方关系。使用现代径向增压器可以实现高的压气机效率。由于二冲程发动机与四冲程发动机的特性不同，它只有一条与发动机转速大致无关的质量流量特性曲线，可以理解为具有恒定横截面的开口（节流），与发动机机械耦合的径向压气机通常适合用作扫气风机。根据限制径向增压器的结构尺寸的目的，以高的传动比驱动增压器是有利的。为了使由压缩机输送的空气质量最佳地适应二冲程发动机各个特性场运行工况点所期望的扫气或增压度，在很大程度上应独立于曲轴转速。与前述的柱塞式增压器一样，希望以可变的传动比来驱动增压器。例如，使用“ZF – Turmat”来实现这种解决方案（另见文献［23］）。除了较高的制造成本、可变传动比引起的振动和使用寿命问题外，机械驱动增压器的一个普遍缺点是必须将很大一部分曲轴上的有用功率转移到驱动增压器上来，因此，这会相应地增加燃料消耗。

（4）废气涡轮增压器

废气涡轮增压器已成功用于四冲程发动机数十年，原则上也可以用作乘用车和商用车二冲程发动机的扫气风机或增压器。涡轮增压的优点在于使用了在涡轮机中转换的废气能量，否则大部分废气能量将不能被利用。根据席弗德克（Schieferdecker）的说法[24]，在二冲程车辆发动机中使用自由运转的涡轮增压器的先决条件是涡轮机和压气机的组合效率至少为60%，这一条件在应用于乘用车和商用车的现代涡轮增压器中基本上都是可以满足的。为了最大限度地利用涡轮机中的废气能量，同样非常重要的是，从各个气缸到增压器的螺旋形壳体的排气管不仅要针对流动进行优化，而且还要考虑最小的热损失。除了管道的短而紧凑的设计外，还应考虑气隙的隔绝，如有必要，甚至还应考虑使用端口衬里。为了确保在尽可能大的特性场范围内具有正的扫气压降，显然要使用具有可变涡轮几何形状的增压器［可调叶片，滑动增压器，双螺旋增压器（双滚动，爱信公司）］（另见文献［23］）。涡轮增压和涡轮几何形状可调的增压器的增压的有利的附加作用的特别之处在于，即使在具有对称配气相位图的扫气方案设计（例如，回流扫气）的情况下，在涡轮机前方的废气回流原则上也能够实现高的增压度。涡轮复合飞机发动机“纳皮尔·诺玛德”（Napier Normad）使用了这种原理（尽管是以一种极端的形式）（另见文献［25］）。为了满足低负荷和低转速情况下的加速过程，以及起动发动机时所需要的正的扫气压降，需要串联附加的机械的或电增压器或串联机械的增压器辅助驱动。一种有吸引力的替代方法是使用具有电辅助的涡轮增压器。在这种增压器中，压气机的部分驱动功率由例如集成在增压器中的异步电动机提供，具体取决于需求（另见文献［26］）。

应当注意的是，适用于涡轮增压器的热力学特性也相应地适用于与二冲程发动机连接的气波增压器（Comprex 增压器）。然而，一个根本的缺点是新鲜气体通过与废气之间的短暂直接接触而被加热，并且在这种增压器原理中，利用这种增压器的作用原理，压气机功率的机械或电气辅助是不可能的。

10.4 可变的气门控制

通过使用可变的气门控制（VVS），可以对内燃机诸如比燃料消耗、废气特性、转矩和最大功率等发动机目标参数值产生积极的影响。可变气门控制按其物理工作原理可以分为机械的、液压的、电的和气动的操作系统。对于配气定时可以是在两个位置变化的简单系统，甚至可以是通过可变配气定时来实现发动机的负荷控制的更复杂的系统，许多系统是已知的并且有大量的研究结果。图 10.61 制作了可变气门控制的更详细的概貌。这种更精细的分类是基于凸轮轴组件的。凸轮轴规格是三个选定的分类层次中的第一个。不使用凸轮轴为气门驱动提供能量的系统直接根据物理的工作原理的类型进行划分，这里分别是电的、气动的、液压的和机械的驱动系统。在使用凸轮轴进行控制的系统中，使用传统的凸轮轴和特殊的凸轮轴是有区别的。在这里，如果凸轮轴具有常规的凸轮几何形状并且可以使用普通的材料和已知的生产工艺生产，则称为传统的凸轮轴。第二细分层次以可变性的作用点为特征。第三细分层次描述了可变气门控制的作用和功能原理，可细分为 17 组。在这一点上，只讨论个别系统。量产中所用的系统特别令人感兴趣。在图 10.61 的概貌中，量产解决方案所来自的组以灰色显示。

可变气门控制的多样性使得开发人员难以选择适合其应用的控制。各种系统以这样的方式干预气缸盖的方案设计，即使用可变气门控制意味着要进行大量的组件匹配。对于量产发动机的应用，这通常意味着必须与量产发动机上的可变气门控制同时开发新一代气缸盖。通常，与传统发动机相比，使用可变配气定时需要额外的费用，这表现为额外的成本。这种环境对发动机开发人员来说尤其令人兴奋。

将来，通过可变气门控制接管发动机的负荷控制的可能性将变得越来越重要。通过改变气门升程曲线的形状，主要目标是减少部分负荷下的换气过程损失，从而降低燃料消耗。许多开发活动的目标是在汽油机中省略节气门，以便仅通过改变气门升程来实施负荷控制。与使用传统节气门的纯节流调节（DR）相比，通过改变进气门升程的四种可能的负荷控制方法如图 10.62 所示。

负荷控制方法“提前关闭进气门”（FES）通过在所设定的负荷下达到充气时尽早关闭进气门来限制新鲜气体的量。怠速时，进气门开启持续时间约为 60°曲轴转角。由于气门的开启时间较长，通过“延迟进气门关闭”（SES）的控制意味着在活塞向上运动期间，将所设定的功率不需要的部分充气送出气缸。带相应的损失的充气量两次通过气门的节流点。借助于“延迟进气开启”（SEÖ）方法进行负荷控制时，进气门仅在剩余开启时间对应于所需的流入混合气量时打开。在进气开始时，气缸内有较高的真空度，通过湍流促进混合气的制备。气缸充气受“可变最大进气门升程”（VME）控制的影响，该控制通过在相同的打开角度下减小气门升程。代替节气门，气门充当节流点，这意味着换气过程功不会减少。但是，由于气门弹簧仅部分压缩，因此可以减少气门摩擦。

改变气门升程曲线的影响参数的影响作用是已知的。理想的配气机构将是允许气门升程曲线的较大的造型设计可能性。几种负荷控制方法的组合也是有意义的。然而，由于该系统条件，通过各种可变的气门控制只能实现有限的自由度。此外，用于使用可变气门控制的系统技术花费（接近所需的全可变性）是相当可观的。即使使用相对于曲轴位置转动凸轮轴的

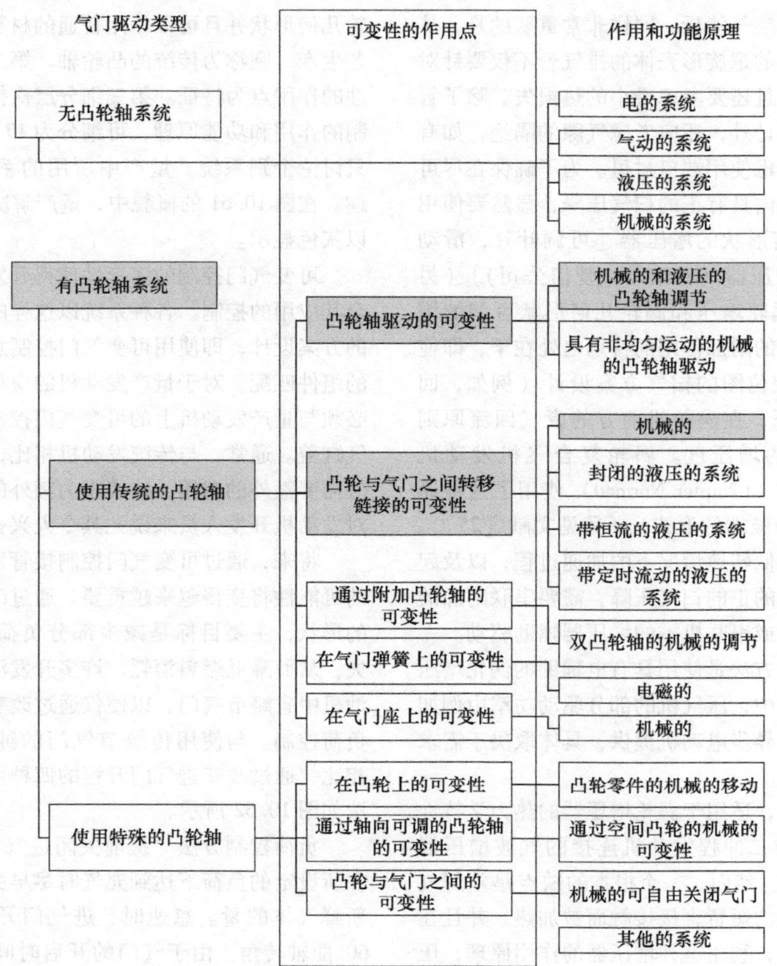

图 10.61 可变的气门控制的概貌[27]

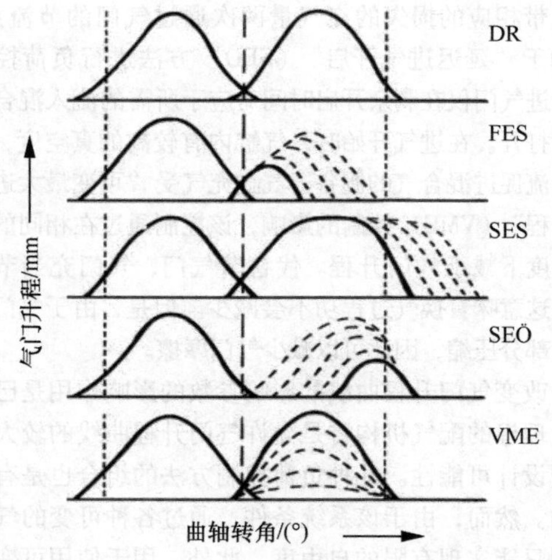

图 10.62 使用可变气门控制调整气门升程曲线的可能性

系统，可以实现的发动机的改进也是很大的。在量产发动机上这些系统的应用范围也很广，因此在下文中将特别讨论这些系统。

此时，可以估计通过使用可变气门控制可以实现燃料消耗或排放改善的程度。查看文献中的结果（例如文献［27］中的结果）可以看出，在某些发动机特性场区域可以实现 5%～15% 的平均燃油消耗改善。然而，除了使用可变气门控制之外，在文献中显示的发动机中也经常采取其他的发动机优化措施，因此，可归因于使用可变气门控制的比例并不直接明显。

与汽油机相比，在柴油机中使用可变气门控制的改进潜力是有限的。这方面的研究相对较少。未来可以预期在量产发动机上在多大程度上采用这些系统。

10.4.1 凸轮轴调节器

10.4.1.1 凸轮轴调节器的功能原理概述

早在1918年9月29日，一项用于汽油机凸轮轴扭转的专利被授权[27]。发动机运行期间所需的变化是通过一个内外都有直齿和螺旋齿的套筒来实现的，该套筒可在凸轮轴和驱动轮之间轴向移动（图10.63）。因此，凸轮或凸轮轴在它们相对于曲轴的转角位置中旋转。

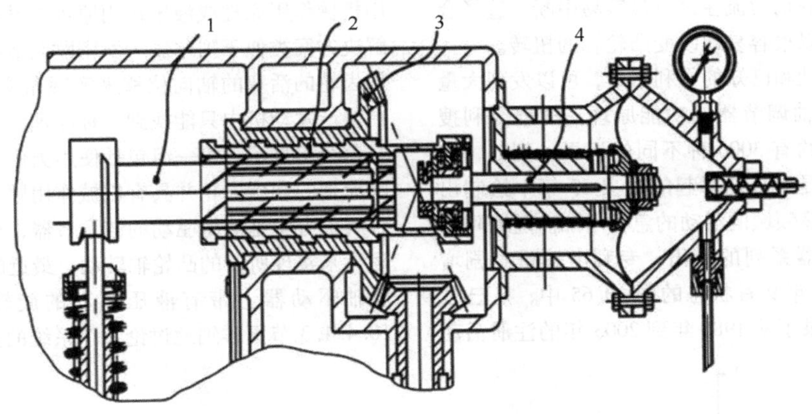

图10.63 1918年的凸轮轴调节器专利[28]

1—凸轮轴 2—螺旋套筒 3—驱动锥齿轮 4—调节连杆

该专利的发明者塞缪尔·霍尔特伯格（Samuel Halteberger）设想了一种用于飞机发动机的调节器，以使功率与不同的飞行高度相匹配。螺旋套筒2通过调节连杆4借助气压沿轴向移动，这改变了凸轮轴1相对于驱动锥齿轮3的相对转角位置，驱动锥齿轮3连接到曲轴上。基于直齿和斜齿套筒的相同功能原理，阿尔法·罗密欧（Alfa Romeo）公司于1983年在带有两个凸轮轴的双气门发动机上量产了凸轮轴调节器（图10.64）。调节器位于进气凸轮轴上，允许在两个位置调节配气定时。当发动机怠速时，延迟的配气定时位置由复位弹簧10保持，并根据油压和转速对提前的配气定时进行调整。发动机油压通过控制阀5的行程磁铁6施加到斜齿的调整活塞9上。调节元件是斜齿的调整活塞9，它通过油压克服弹簧力移动。通过活塞和凸轮轴上使用的斜齿轮3，当活塞轴向移动时，凸轮轴相对于链轮4旋转，从而相对于曲轴旋转。

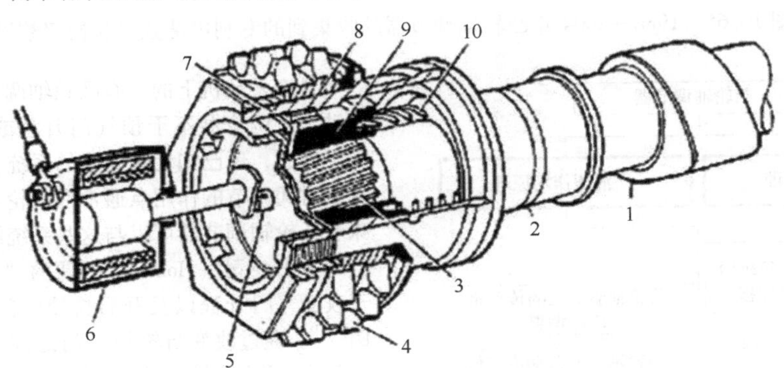

图10.64 1983年阿尔法·罗密欧公司的凸轮轴调节器[29]

1—凸轮轴 2—供油槽 3—斜齿轮 4—链轮 5—控制阀 6—行程磁铁

7—齿轮毂 8—直齿 9—调整活塞 10—复位弹簧

图10.63和图10.64中提到的系统是应用机械作用原理的结构设计。这意味着，驱动气门的动力流仅通过具有摩擦配合或形状配合的组件而存在。然而，调节元件的移动和保持，例如图10.64中阿尔法·罗密欧调节器中的活塞，可以通过油压来进行。在采用液压作用原理的凸轮轴调节器的情况下，在动力流中

将有一个液压分量用于气门驱动。然后，这通过油量来实现，该油量必须具有相应的高压力水平以确保调节元件稳定的位置。

凸轮轴调节器的位置应直接在凸轮轴驱动的区域内。驱动凸轮轴的动力流在这里最容易中断，选择合适的调节元件可以很容易地改变凸轮轴的扭转。

如果研究文献和已知的专利申请，可以发现大量的、不同的凸轮轴调节器的功能原理。根据专利搜索，作者知道大约有3000种不同的记录。例如，如果将这些记录从提交日期算起的过去25年中绘制出来，则可以看到该领域的活动的急剧增加。随着阿尔法·罗密欧调节器系列的推出，专利申请量急剧增加。在显示2004年9月状态的图10.65中，从已创建的数据库中记录了从1980年到2003年的注册活动数量。对于2002年和2003年，并非所有申请都可以记录，因为申请日期和授权日期之间有18个月。

已知的调节器可以分为不同的功能原理和作用原理。这些原理如图10.66所示。原则上，调节器是使用机械作用原理或液压作用原理的系统。最常使用的解决方案类似于阿尔法·罗密欧调节器，通过使用螺旋齿轮的活塞的轴向位移来实现角度旋转。基本上，在量产发动机中只能找到三种原理，在图10.66中以灰色突出显示。第一组包括使用类似于阿尔法·罗密欧原理的螺旋齿轮并具有机械作用原理的系统。第二种解决方案是液压驱动的链调节器，从而通过改变链运行来实现所需的凸轮轴转动。最近的一组包括在凸轮轴驱动器上带有液压驱动的旋转马达的系统。10.4.1.3节更详细地讨论各个系统的描述。

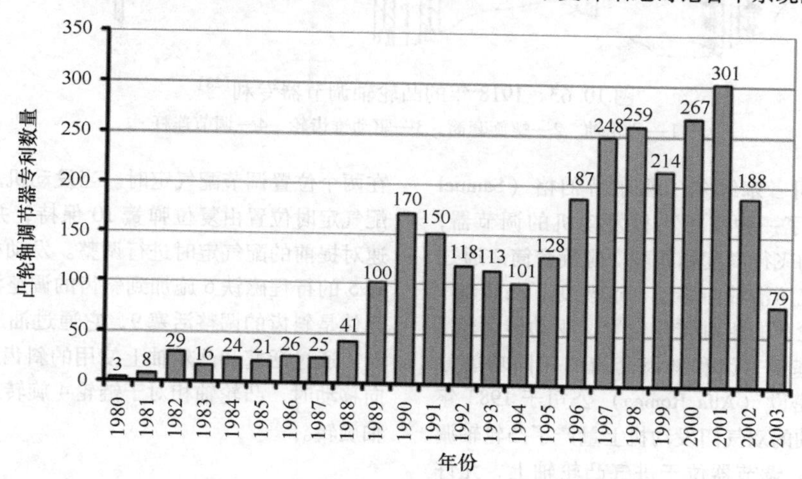

图10.65　1980—2004年凸轮轴调节器的收集到的专利申请数量和授权数量

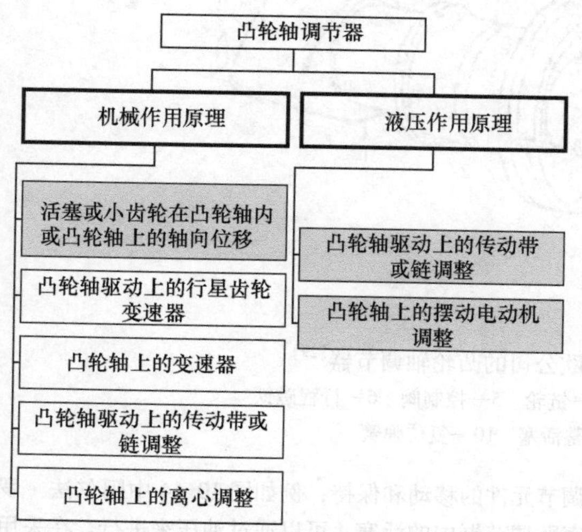

图10.66　凸轮轴调节器按功能原理的分类

量产发动机上的所有凸轮轴调节器都位于凸轮轴驱动上。调节器不干预气门升程或气门打开持续时间。就此，还已知大量其他的系统。气门升程和开启持续时间调节的作用点通常在凸轮与气门之间。这意味着凸轮轴调节器可以与这些系统结合使用。

本田公司（Honda）所谓的“VTEC”系统是用于改变气门升程以及开启持续时间的一个系统的示例[30]。通过改变凸轮与气门之间的传动几何形状，该系统允许不同的气门升程和打开持续时间。这些系统用于许多不同的发动机上（另见10.4.2节）。

10.4.1.2　凸轮轴调节器对发动机的影响作用

使用凸轮轴调节器的目的可能非常不同。凸轮轴位置相对于曲轴位置的角度变化会对乘用车汽油机的最大功率、转矩随转速的变化曲线和废气特性产生积极的影响作用。凸轮轴调节器针对两个角度位置以及角度位置的可变变化进行批量生产。在图10.67中，原则上显示了使用两个无级作用的凸轮轴调节器时气门升程曲线的调节可能性。虚线曲线旨在表示配气定时位置的可能的最终位置。

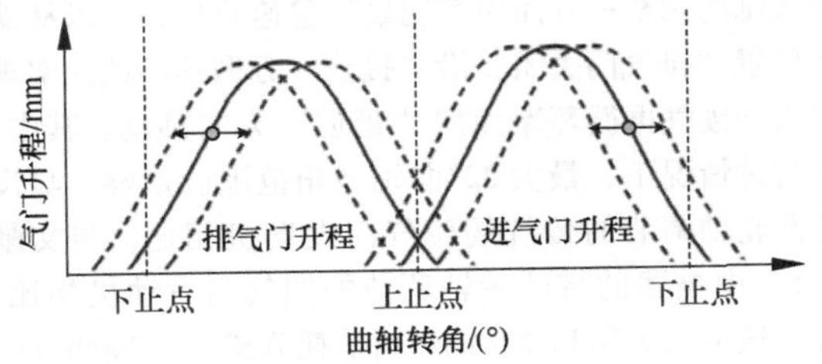

图 10.67 在进气和排气凸轮轴上使用无级作用的调节器时的可变凸轮轮廓

由于通过凸轮轴调节器只改变配气正时的位置而不改变气门升程曲线，因此对发动机的影响是有限的。然而，例如与完全可变气门控制相比，在开发过程中更容易估计在发动机中需实现的改进潜力。换气过程计算是用数值程序进行的，可以估计其潜力。可以根据转矩和功率特性以及残余气体含量来估计发动机的整个换气过程。为此，涉及换气过程的所有组件，例如进气歧管或排气系统，都在计算模型中进行了参数化和映射[27]。设计气门升程曲线，同时也考虑换气过程计算中可能的配气定时。对此，这允许预先可靠地确定发动机的功率和转矩特性。调整凸轮轴所需的参数在研究中粗略地确定和精细地协调。

首先，通过在进气门侧使用凸轮轴调节器可以对最大转矩或最大功率产生积极的影响作用，具体取决于凸轮轮廓设计。具有固定配气定时或凸轮轮廓位置的发动机只能在功率和转矩遵循折中的设计。进气门升程曲线的进气门关闭位置对发动机的最大功率具有决定性意义。往更高的发动机转速方向，进气门关闭向延迟配气定时方向移动。时间点的选择应使气缸充量尽可能优化，从而实现高的供气效率。通过进气门关闭与转速相关的协调可以避免充气从气缸倒流到进气通道。

使用凸轮轴调节器可以改变气门叠开，从而可以控制发动机的残余气体含量。残余气体通常通过外部废气再循环装置供给气缸。通过残留在气缸中的残余气体限制燃烧的温度水平，这对 NO_x 排放有积极的影响作用。使用无级作用的凸轮轴调节器可以通过改变气门叠开来实现内部废气再循环，这允许在换气过程止点附近的重叠期间排气从排气通道流入进气通道。内部再循环的优点是通过系统的短死区时间和更好的再循环废气量均匀分布来实现的。在设计气门叠开时，总是要做出妥协，例如，最大可能的气门叠开受到气门位置的限制，如果叠开太大，气门会与活塞发生碰撞。

例如，图 10.68 显示了大众公司一款发动机的双凸轮轴调整的调节策略的一个实例[31,32]。对于具有进气歧管切换的进气歧管以及进气和排气凸轮轴调整的自然吸气发动机，显示了四个原理性的位置以及相应的短或长进气歧管的位置。

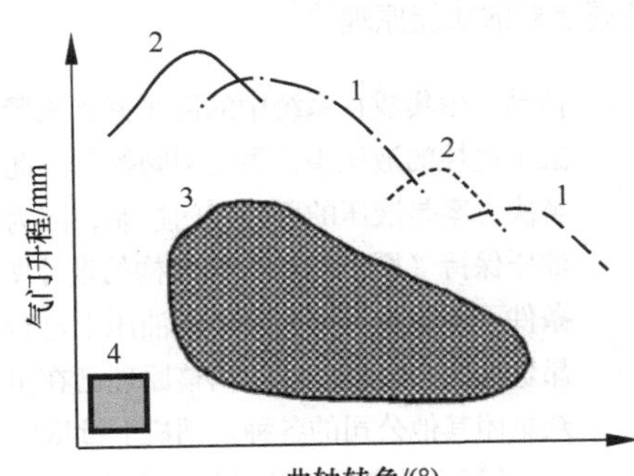

全负荷	进气歧管位置	进气凸轮轴	排气凸轮轴
2 ——	长	提前	延迟
1 ·——	长	延迟	延迟
2 ----	短	提前	延迟
1 — —	短	延迟	延迟
3部分负荷		提前	延迟
4 怠速		延迟	提前

图 10.68 大众 V6 发动机双凸轮轴调整的调节策略[32]

该图还显示了不同进气歧管长度与凸轮轴调节器组合对进气门侧和排气门侧的影响。对于这种可能的自由度，制定和确定相应合理的调整策略非常重要。根据发动机设计，这种策略可能会有所不同。例如，对于在中等转速下实现高水平的转矩，需要采用长的进气管道。在这种情况下，随着发动机转速的增加，进气配气定时根据发动机转速从“提前”切换到“延迟”。在更高的转速下，短的进气歧管通道打开，进气凸轮轴的调整沿“延迟”方向调整，以实现最大功率。

图 10.69 显示了针对一台六缸发动机各个凸轮轴和进气歧管位置的气门升程曲线的配气定时实例。

当使用仅实现两个配气定时位置的第一代量产的凸轮轴调节器时，主要目的是改进功率以及转矩特性，但当今的价值还在于通过使用无级作用的调节器来控制内部废气再循环[31]。进气凸轮轴的调整用于

	提前位置	延迟位置
进气门打开	上止点前26°	上止点后26°
进气门关闭（长通道）	上止点后179°	上止点后231°
进气门打开（短通道）	上止点后184°	上止点后236°
排气门打开（短通道）	上止点前236°	上止点前214°
排气门打开（长通道）	上止点前231°	上止点前209°
排气门关闭	上止点前26°	上止点前4°

图10.69　大众V6汽油机的双凸轮轴调节配气定时，在1mm气门升程时[32]

增加转矩，尤其是在低速范围内，以及用于内部废气再循环，出于功率位置考虑，“进气门打开”向“提前”的方向调整，调节的曲轴转角范围最大为52°。排气轴的调整一方面为实现最佳怠速质量，可以从功率位置“排气门关闭”沿“提前”方向移动或为实现最大的废气再循环率而向“延迟”方向移动。其中，在每种情况下，最大22°曲轴转角范围已足够。与没有凸轮轴调节的传统的两气门发动机相比，与文献［31］中描述的带凸轮轴调节的四气门发动机相比，在怠速可以实现15.5%的燃料消耗节省，在2000r/min和2bar的部分负荷范围内，则节省5.5%。采用进气门侧和排气门侧调整时，比燃料消耗降低10%左右。

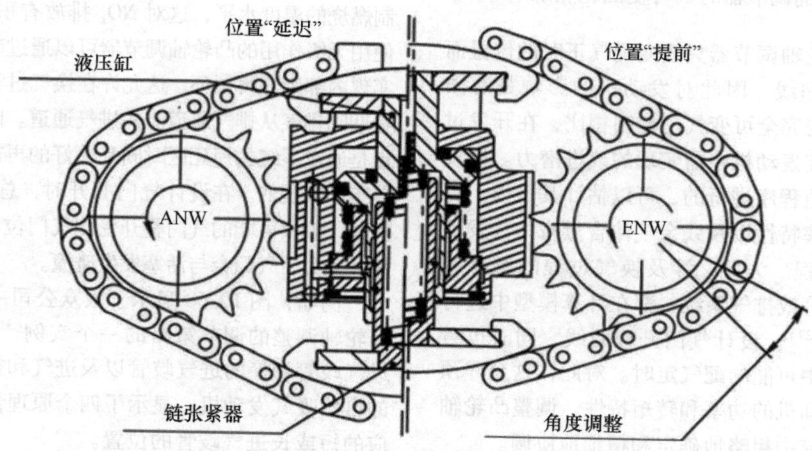

图10.70　凸轮轴链调节器的功能原理[36]

10.4.1.3　量产发动机上的凸轮轴调节器

在阿尔法·罗密欧公司推出量产凸轮轴调节器后，其他量产应用紧随其后，例如梅赛德斯奔驰（Mercedes Benz）公司[33]、日产（Nissan）公司或其他公司[34]的应用。与阿尔法·罗密欧的解决方案类似，这些系统中的大多数都以直/斜齿轮的使用作为作用原理。

通过改变链长度来调整配气定时的系统是Hydraulik－Ring公司的凸轮轴链调节器[35]。此处，调节元件位于两个凸轮轴驱动轮之间，进气凸轮轴（ENW）由排气凸轮轴（ANW）驱动。调节器的系统是链张紧器的组合，这种链张紧器通常用于这种短距离驱动，并带有一个用于改变链长度的液压缸。根据所需的配气定时位置，两侧受油压加压而移动液压缸。以这样的方式，在调整时，链的一侧被拉长，另一侧同时被缩短。借助于调节器，在进气凸轮轴上实现了两个配气定时位置的设置（图10.70）。

即使在调整过程中，凸轮轴的两个驱动轮之间的链传动仍由集成在系统中的链张紧器张紧。调节器的调节缸由电控的液压4/2通比例阀控制。此处显示的调节器解决方案是液压的可变气门控制，因为终端位置完全由油压保持（图10.71）。该结构的设计使得即使在不利的条件下也能在可用的发动机油压下进行调整，可以省去昂贵的附加油泵。这种调整原理已在奥迪、保时捷和大众集团其他公司的各种发动机上批量生产[35－37]。

除了保持两个凸轮轴位置外，也已成功地开发了进气凸轮轴的无级调节。此解决方案未在量产发动机上实施。

宝马公司率先实现了在大批量生产中的凸轮轴的无级旋转（图10.72）。最初，这仅在进气凸轮轴上完成，随后是进气和排气凸轮轴的无级转动[38]。

通过基于摆动电动机原理构建的系统显示了新一代的凸轮轴调节器（文献［39］，图10.73）。

该系统可以很容易地适应现有气缸盖上的进气凸轮轴和排气凸轮轴。调节器内部是一个与凸轮轴牢固连接的可摆动转子。外部由链或齿形带驱动。外部与

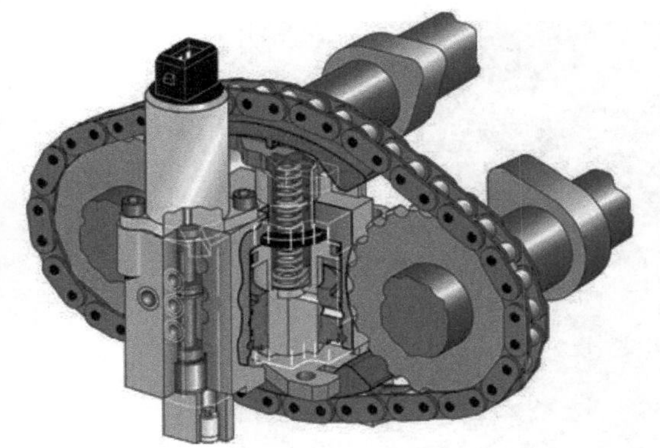

图 10.71 作为保时捷 Boxter 链调节器的凸轮轴调节器[37]

内部之间的连接是油室，其中包含通过发动机油压操控可摆动转子。转子的叶片的两侧通过一个电子控制的 4/2 通比例阀供应油压。根据转子两侧油压的变化，凸轮轴的相对角位置发生变化。将通过传感器测量的凸轮轴角度位置与发动机电子设备预设的位置进行比较，通过控制比例阀不断地重新调整凸轮轴的所希望的位置，从而保持转子和凸轮轴的稳定的中间位置。机油仅由发动机的润滑油泵供应，而不需要额外的泵。该系统根据发动机转速、负荷和温度进行调节。与传统的带齿的无级作用的凸轮轴调节器相比，这些系统代表了一种更具成本效益的解决方案，因此它们在量产的汽油机中的使用有望增加。如果部件的一部分被烧结并且油室的密封以结构简单的方式设计，那么部件的费用也可以保持在低水平。即使与齿轮式两点调节器相比，这种类型的调节器也可以代表更具成本效益的解决方案。在参考文献［40］中可以找到关于这个系统的更详细的描述。

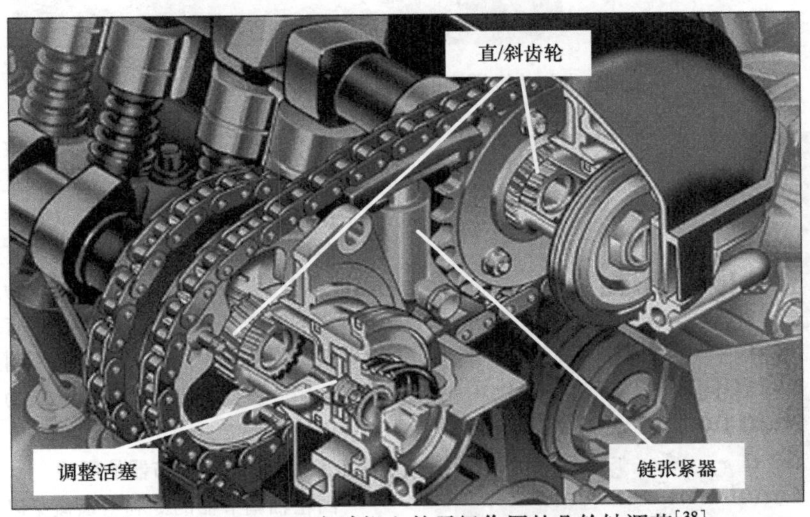

图 10.72 宝马六缸发动机上的无级作用的凸轮轴调节[38]

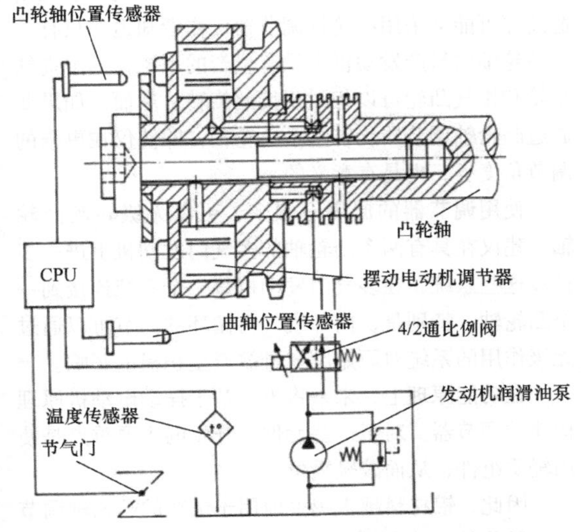

图 10.73 基于摆动电动机原理的无级作用的凸轮轴调节器的功能原理和调节回路[39]

图 10.74 显示了基于 Hydraulik – Ring 公司的摆动电动机原理的六缸发动机的两个凸轮轴调节器的设计[31]。

图 10.75 显示了在奥迪 3.0L V6 发动机的左气缸列上基于摆动电动机原理的两个凸轮轴调节器的布置。在该发动机上，排气门侧使用两点调节器，进气门侧使用无级作用的调节器。对于凸轮轴的齿形带驱动的这种结构设计，调节器壳体必须以油密方式封装。

除了奥迪和大众公司采用 Hydraulik – Ring 公司的量产的系统外，雷诺、丰田和沃尔沃公司也使用基于摆动电动机原理的类似系统[33]。

图 10.74 基于摆动电动机原理的六缸发动机的凸轮轴调节器布置[32]

图 10.75 奥迪公司 3.0L V6 汽油机上的双凸轮轴调整[41]

多种液压阀用于凸轮轴调节器的液压控制[40]。通常，比例阀用于控制油流。这些可分为比例阀和开关阀。凸轮轴调节器只能保持两个终端位置，因此只能实现两个不同的配气定时，配备 4/2 通切换阀。如今，4/3 通比例阀主要用于无级可调系统（图 10.76）。液压阀的诀窍（Know - how）不在于为小批量生产单个阀门，而在于具有成本效益的大批量生产的技术要求的实现。对此，必须满足量产的严苛的边界条件，例如脏油、发动机振动特性、高的温度波动或车载电压供应的波动。通常总是有一个特殊的阀门适用于阀门与各个发动机的匹配。为此，一个复杂的模块化系统是有意义的，以实现具有成本效益的大规模生产的主要要求。与可变气门控制系统开发商和发动机应用开发商的密切合作对于成功地实施量产是至关重要的。

10.4.1.4 凸轮轴调节器的展望

凸轮轴调节器的专利申请概览以及量产发动机上不同系统的数量清楚地表明，未来所有现代汽油机制造商都可能会采用凸轮轴调节器。作者知道在只有一个凸轮轴的量产发动机中没有量产的系统，其中进气凸轮和排气凸轮可以相对于彼此旋转。然而，如果要通过凸轮轴调节器旋转整个凸轮轴，即使仅在更窄的调节角度下，也是有意义的。

使用调节器的原因有很多，可以无级转动凸轮轴。建议在具有两个凸轮轴的多气门发动机上进一步扩展这些系统，在多气门发动机每一个系统连接到一个凸轮轴。特别是，内部废气再循环的调节可以通过无级作用的系统对原始废气排放产生积极的影响。

在功能原理上，未来将出现基于摆动电动机原理构建的调节器。对于这些元件，开发的主要重点是使用轻质组件，从而减轻重量。

因此，铝材料越来越多地用于量产的凸轮轴调节器。目前的一个例子是由 Hilite International/Hydraulik Ring 公司的烧结铝制成的调节器，用于宝马公司

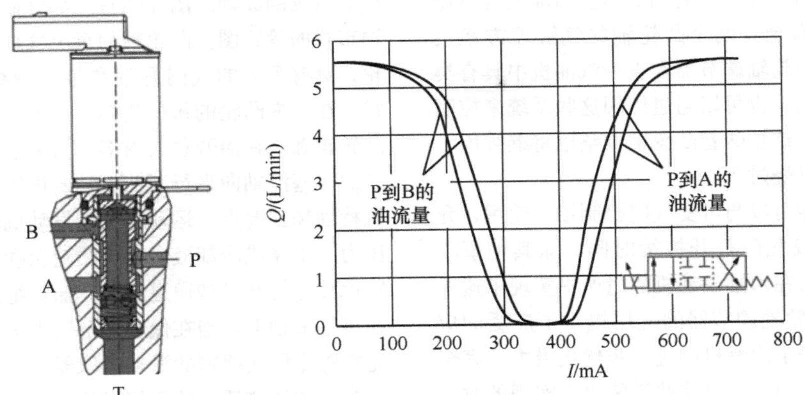

图 10.76 4/3 通比例阀的剖面图、$Q-I$ 特性曲线、技术数据和液压符号

的六缸发动机中，如图 10.77 所示。该调节器也是基于摆动电动机原理构建的，具有四个转子叶片，它们通过烧结与调节器的套筒制成一体。为了将调节器锁定在其早期的终端位置，它们配备了锁定螺栓和相应的液压控制装置。在这台发动机上，使用两个凸轮轴调节器每台发动机的总重量减轻了 1.3kg，因为没有阀门的调节器仅重 450g，而不是大约 1000g。螺旋弹簧用于补偿凸轮轴上不相等的转矩，并使调节器更快地朝提前凸轮轴位置的方向移动。由于强度和磨损的原因，铝合金的硅含量在 15% 左右；尤其是通过烧结可以达到这个标准。凭借这种创新性的结构设计，铝制凸轮轴链轮首次用于量产发动机。该调节器的诀窍（Know-how）在于掌握转子与定子壳体之间的狭窄间隙以及各个组件的精密组装。

图 10.77 用于六缸发动机的铝制凸轮轴调节器

如果凸轮轴调节器可以由塑料制成，则可以预期系统重量和单个零件重量的进一步减轻。对发动机的初步测试显示了这种潜力（图 10.78）。此处展示了 Hilite/Hydraulic-Ring 公司由热固性塑料（Douroplast）材料制成的调节器，通过采用特殊的结构设计和注塑成型技术，与烧结结构相比，取消了两个组件。

图 10.78 塑料凸轮轴调节器[42]

通过液压多路阀可以价廉物美和简单地实现摆动电动机的控制。将阀门与调节器匹配是开发过程中的关键的技术因素之一。在这方面，进一步降低成本的潜力也很重要。与其他已知的用于在运行中改变配气定时的系统相比，凸轮轴调节器具有简单的结构并且价廉物美。有了这些系统，在气缸盖的新开发过程中，应尽早集成到气缸盖方案设计中。

如果凸轮轴调节器、调节所需的比例阀和凸轮轴可以视为一个系统单元的话，则存在进一步节省成本的潜力。调节器和阀门可以与凸轮轴固定连接，作为一个单元由原始设备制造商提供，从而有可能进一步降低成本。系统调节所需的机油量可以更容易地与液压比例阀相协调。

由于可以实现的改进潜力，可以预期在现代发动机上会更多地使用无级作用的调节器。内部废气再循环的控制需要具有至少两个凸轮轴的气缸盖方案设计。无级作用的凸轮轴调节器在直喷汽油机中具有类似的效果。在这里，也可以通过使用这些系统来控制内部废气再循环。这意味着凸轮轴调整也将继续用于这些仍然是新的燃烧过程。

凸轮轴调节器可以与可变气门控制结合使用，允许改变气门升程或气门打开持续时间。除其他事项外，保时捷公司已在六缸发动机的量产中实现了这一点[43,44]。这为凸轮轴调节器的应用提供了广泛的应用领域，这也代表了内燃机的进一步优化潜力。完全可变的气门控制必须以通过这些措施可以实现的改进潜力为导向。

10.4.2 具有分级式气门升程或开启持续时间变化的系统

凭借其所谓的“VTEC系统”，本田首次在大批量生产的汽油机上实施可变气门控制，其干预气门升程或开启持续时间[30]。该原理基于摇臂解决方案，通过在摇臂内部移动小型液压操控的活塞来实现不同的耦合状态，从而在不同的凸轮轮廓之间来回切换。图10.79显示了应用于具有两个凸轮轴的四气门发动机的系统的原理。图片的右侧部分显示了气门和凸轮轴布置的等距图。凸轮轴的每个气缸都有一个中央凸轮，具有更大的气门升程和打开持续时间的几何形状。在中央凸轮的每一侧都有一个带有较小轮廓线的凸轮轮廓。在摇臂总成内部，借助于油压，使一分为二的活塞沿轴向平行于凸轮轴的位置移动。根据发动机特性场工况点，运动取决于发动机转速、进气歧管压力、车速或冷却液温度。凸轮轮廓切换的供油通过轴承轴上的开口和通道进行，摇臂组件可摆动地安装在该轴承轴上。当在低转速范围内运行时，较小的凸轮轮廓作用在摇臂的滑动拾取器上。通过精确协调一分为二的调整活塞的几何形状与摇臂的宽度来分离摇臂。在这种情况下，在中央摇臂与侧向布置的各个单摇臂之间产生相对行程。其中，中央摇臂支撑在弹簧元件上。必须在气缸盖中为此留出空间。对于具有四个以上气门的气缸盖的方案设计，这对开发人员来说是一个特殊的挑战。在耦合状态（如图10.79所示）下，中央凸轮作用在摇臂总成上，所有部件无相对升程地同时移动。一个小弹簧复位一分为二的调整活塞。可变油压由发动机油路构建，不需要额外的油泵。“VTEC系统”应用于进气门和排气门两侧。

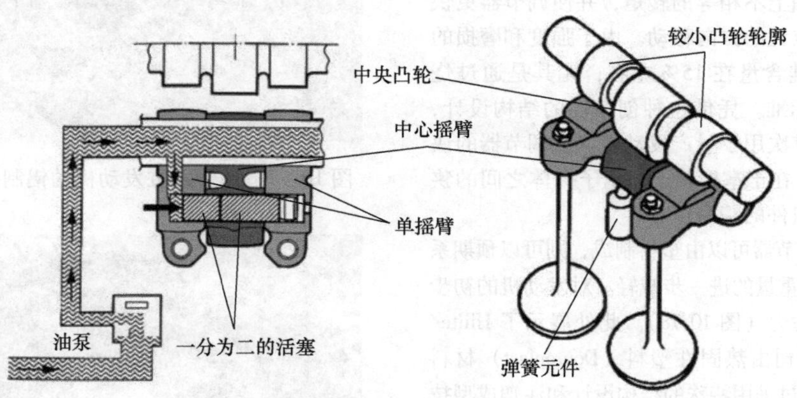

图10.79 本田VTEC系统[30]

本田公司为此和类似的解决方案提交了大量专利申请。仅这些专利申请的不同发明人的数量就可以看出巨大的开发努力。在量产发动机上实施了带有一个或两个凸轮轴的四气门解决方案。使用摇臂和带有滚轮拾取器的摇臂[33]。目前的本田计划几乎在每辆车中都有带“VTEC系统”的不同的发动机。最多可实现三种不同作用的凸轮轮廓。

三菱（Mitsubishi）公司还在四缸和六缸量产发动机上实现了一个作用原理相似的系统[33]。在该解决方案中，使用了三种不同的凸轮轮廓，其中一个凸轮轮廓由一个纯基圆组成，从而实现了气门的停用。在这种情况下，两种发动机上的两个或三个气缸通过气门驱动关闭。为此，三菱公司需要在气缸盖中安装一个小型油泵。

戴姆勒公司在其量产的V8和V12发动机上使用可变气门控制来停用气缸。所使用的解决方案基于摇臂组件，该摇臂组件用于带有中央凸轮轴的三气门方案设计中。图10.80显示了不带凸轮轴的该系统的摇臂组件，功能原理与所描述的本田解决方案相同。在滚子摇臂组件内部，一个一分为二的调节活塞以电液方式克服弹簧力而移动。根据配对状态，通过不同的凸轮轮廓在气门升程之间来回切换，只有一个气门升程是零升程，对应于停用气缸，气门为关闭状态。此处使用的系统的主要目标是通过停用气缸来减少部分负荷运行时的燃料消耗。这在多气缸、大排量的发动机中特别有效。在这些发动机中，发动机的平稳运行几乎不受影响。采用这些措施，与传统发动机相比，可以节省约15%的燃料消耗。

与三菱和本田类似，丰田公司也在量产发动机上实现了进气门和排气门侧气门轮廓切换的解决方案。在这种情况下，调节活塞也会在摇臂组件内克服弹簧力以电液方式移动（图10.81）。

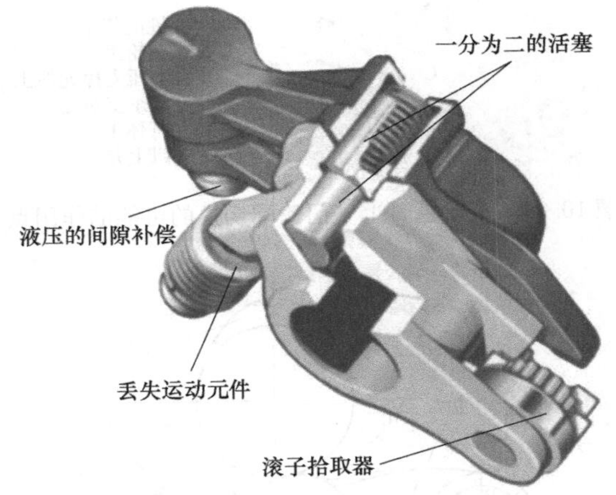

图10.80 戴姆勒公司气门停用的滚子摇臂组件[33]

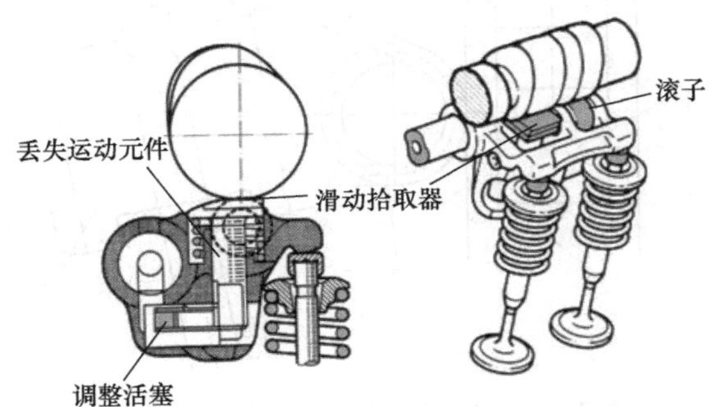

图10.81 不同气门升程的丰田气门控制 VVTL-i[43]

这里具有吸引力的解决方案是使用摇臂组件，其中滚子在低速时用作为朝向凸轮的拾取器，而在高速时使用滑动拾取器。在高速下，摇臂组件通过滑动拾取器枢转，其中，“丢失运动（Lost-Motion）”元件下方的棘爪用于耦合。棘爪通过油压保持在适当位置，通过弹簧力在低速时朝向摇臂组件的轴承轴线移动。在高速时，滑动拾取器随着摇臂组件中的丢失运动元件而下降。丢失运动元件的弹簧力可以较低，因为该元件的移动质量是较低的。除了这个解决方案，丰田还在进气门侧使用了一个无级作用的凸轮轴调节器。通过这种组合，与具有固定配气定时的发动机相比，改变气门升程曲线的可能性很大。

保时捷公司传统上在其四气门发动机上使用杯形挺柱的解决方案。在2000年推出的保时捷涡轮发动机上，第一次展示了在切换的杯形挺柱上具有不同气门升程的可变气门控制[44]。此外，附加的凸轮轴调节器安装在进气门侧，实现两个配气正时位置。对此，与丰田一样，使用了两个相互独立运行的可变气门控制系统的组合。切换的杯形挺柱可实现两次气门升程，由内挺柱和外挺柱所组成，如图10.82所示。它通过气缸盖中的特殊导管进行旋转定向。由此，这允许表面采用凸形设计，以实现相应的、高的最大行程。挺柱内部有小型液压操控的活塞，活塞根据其位置激活内部或外部挺柱以进行气门操控。在这里也可以说是机械可变的气门操控，因为只有调节活塞的控制是电液的，并且气门操控通过部件的机械形状配合来进行的。

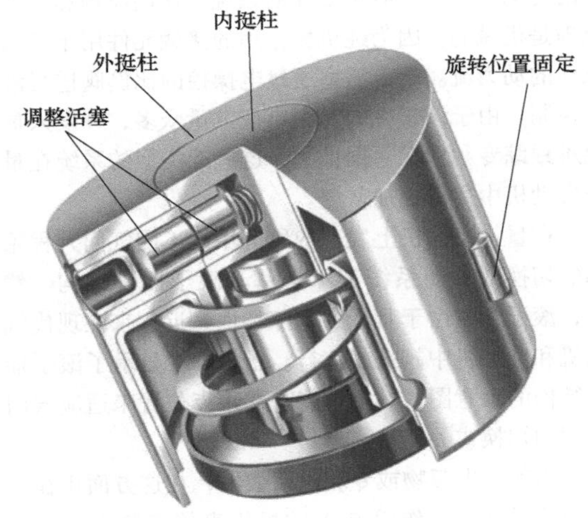

图10.82 保时捷公司切换的杯形挺柱[44]

在带推杆驱动的戴姆勒V8发动机上可以找到另一种气门停用解决方案，如图10.83所示。位于下方的凸轮轴与通向气缸盖的推杆之间有一个液压控制和可机械锁定的元件。关闭元件由油压驱动，油压移动一个小的锁定活塞，该锁定活塞操控开关元件的锁定和解锁。这种方案的优点是基础发动机在缸盖区域不必进行改造，对缸体的结构调整也相对较少。V8发动机停缸的主要目标是降低燃料消耗，大排量发动机按照试验循环进行试验，燃料消耗节省可以达到

15%，这已经在 1980 年在美国的凯迪拉克量产的八缸发动机中实施[33]。

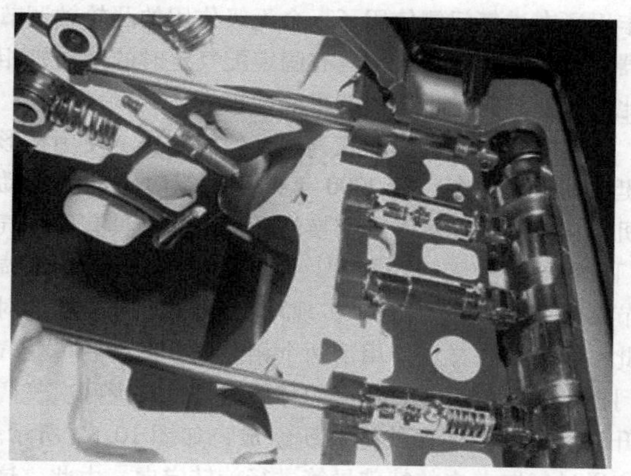

图 10.83 戴姆勒公司推杆式 V8 发动机的气门停用机构

通常，新一代气缸盖与这些气门控制装置一起使用。凸轮轮廓的几何形状是传统的，即它们没有不连续性并且可以在正常的凸轮生产线上生产。根据 10.4 节中的分类，这些解决方案是在凸轮与气门之间的传动连接处具有可变性的系统。作用原理和功能原理是机械的，因为纯机械作用的接触元件用于气门驱动的动力流。调节活塞通过电操控的比例阀进行液压控制。由于该领域的专利申请数量众多，开发人员很难跟踪专利情况。据推测，这些或类似的系统在量产发动机中变得更加普遍。

在量产发动机上发现的所有用于不同气门升程轮廓的切换或关闭系统都不是基于滚子摇臂结构。然而，滚子摇臂由于其低的摩擦特性，近年来在现代汽油机和柴油机中越来越流行。图 10.84 显示了滚子摇臂结构的示意图，其中可能有作用点位置来适应气门轮廓的切换或关闭。

当前的出版物或专利申请表明，在这方面正在开展一些活动。将作用点 A 的机构直接安装在凸轮上的想法很少。通过降低液压间隙调节器（作用点 B），只能实现纯气门停用。更常见的解决方案的工作原理是，在杠杆本身（作用点 D）上提供切换或关闭机构。为此，在专利文献中已知许多系统，例如来自宝马的专利申请 DE 19510106，从 1995 年开始具有所谓的“铰接杆”（图 10.85）。

通过气门轮廓切换可以实现的发动机潜力是有限的。该系统非常适合在更大的发动机转速范围内增加转矩和功率。降低燃料消耗并没有显著的好处。仅通过同时使用无级作用的凸轮轴调节，由于同时可控的残余气体含量，可以实现燃料消耗的微小改善。只有通过带完全可变气门控制的发动机负荷控制才能对燃料消耗产生积极的影响作用。在这种情况下，气门轮廓切换系统与完全可变的机械操控的气门控制直接竞争。尽管这些发动机的开发和应用更加复杂，但它们在降低燃料消耗方面具有更大的潜力。

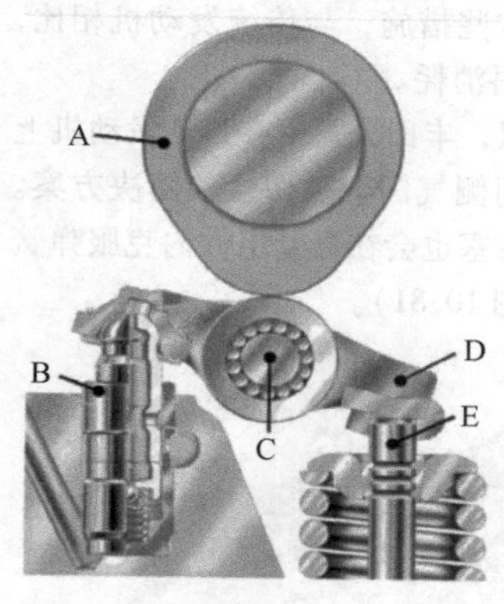

图 10.84 滚子摇臂上气门轮廓切换的可能的作用点

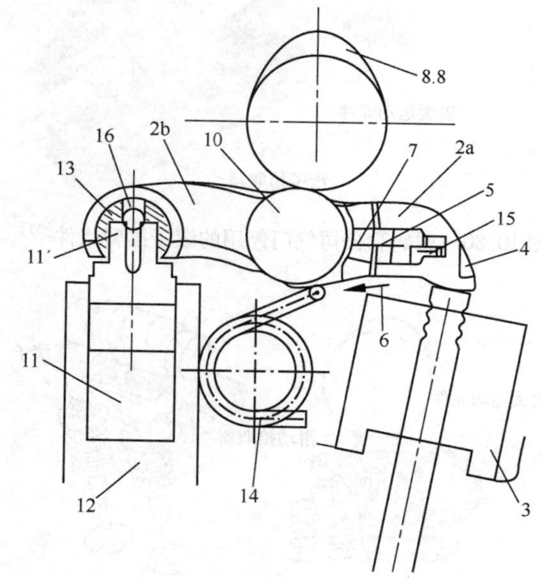

图 10.85 专利申请 DE 19510106 用于滚子摇臂上的气门停用

10.4.3 全可变气门控制

下面讨论能够实现完全可变的气门升程曲线的系统。这些系统具有机械的、液压的和电动机的作用原理，使用凸轮轴或不带凸轮轴的系统。

10.4.3.1 全可变的机械式气门控制的发展的回顾

使用机械作用原理来实现全可变气门控制的研究与发动机制造本身一样古老。自 1902 年的路易斯 ·

雷诺（Louis Renault）以来，第一个想法就已为人所知，如图10.86所示。在他的德国专利申请DE 145662中，他已经提供了两个相互滚动的摇臂，通过偏心控制可以改变摇臂的位置，这样当支撑摇臂的偏心轴旋转时，气门升程变为多变的。

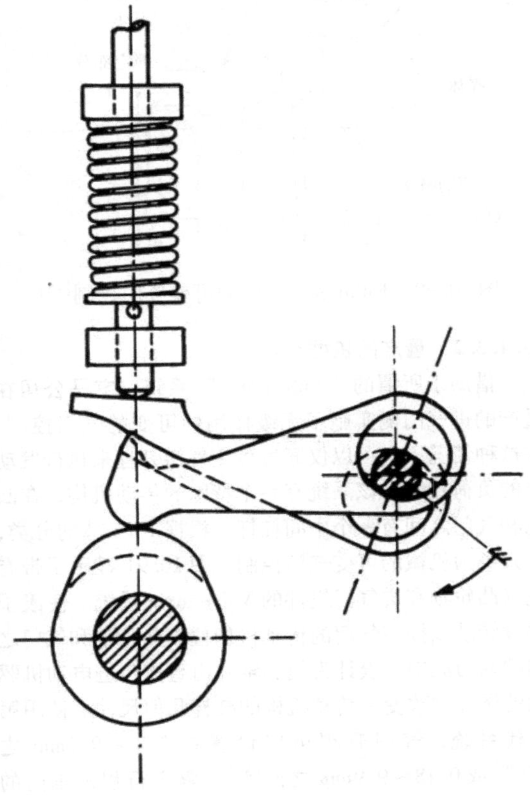

图10.86 根据Louis Renault的可变的气门控制（1902）

托拉扎（Torazza）提出了一种使用曲轴驱动气门的无凸轮轴系统，如图10.87所示。旋转杆位于曲柄驱动上，其工作曲线执行摆动运动，并通过摇臂将运动传递到气门来引导气门升程。通过改变摇臂的位置来改变气门升程和开启持续时间。由于较高的制造成本、更高的摩擦和在量产发动机的大的空间需求，该系统还没有实施。

蒂托洛（Titolo）[46]使用带有轴向可移动的锥形凸轮的系统来改变行程，如图10.88所示。根据10.4节的分类，这是一个通过移动空间凸轮来实现可变性的系统。该原理从船舶发动机的老式换向装置中获知，该装置使用轴向可移动的空间凸轮进行换向。由于陡峭凸轮所需的宽度和所需的空间要求，因此不太可能在四气门发动机上使用。此外，该系统仅能改变

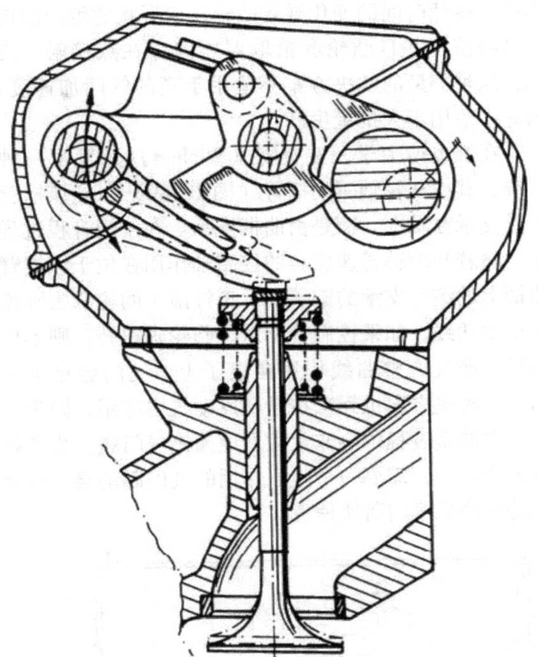

图10.87 Torazza的可变气门控制[45]

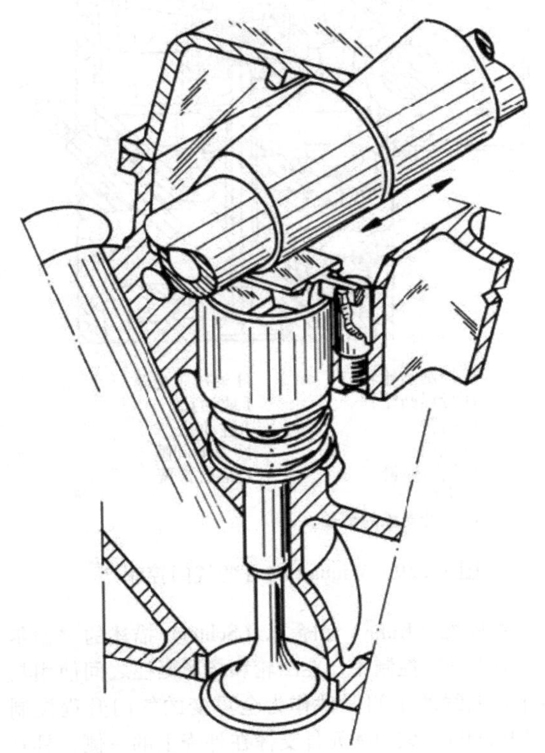

图10.88 Titolo的可变阀门控制[46]

气门升程，而气门开启时间保持不变。锥形空间凸轮

的打开持续时间的变化导致凸轮几何形状的生产制造不再经济，并且凸轮和拾取器之间存在点接触。因此，这种类型的解决方案不适用于高的气门加速度，因此不适用于大批量生产。

在维也纳大学，威查特（Wichart）开发了一种系统，其中凸轮轴驱动摇臂（图 10.89）[47]。该摇臂不是支承在轴上，而是由曲柄支承。在气门升程过程中，随着凸轮轴转速旋转的控制轴作用在位于该摇臂曲柄上的滚针支承的滚子上，滚针滚子的轮廓为圆弧和调整曲线。如果控制轴相对于凸轮轴扭转，则不仅圆弧，而且调整曲线作用在滚子上，气门会更早关闭。该解决方案也无法在量产发动机中应用，因为进气门在调整过程中会非常猛烈地撞击气门座。为了解决这个问题，需要一个液压作用的气门制动器，这会显著地降低气门落座速度。

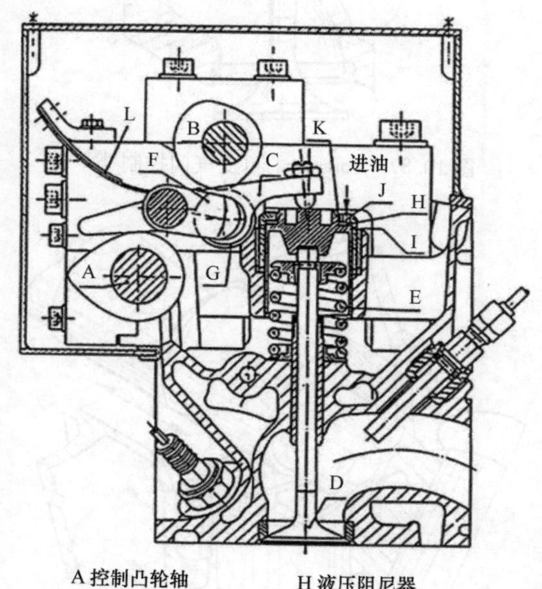

图 10.89　Wichart 的可变气门控制[47]

在库恩（Kuhn）和舍恩（Schön）描述的“德尔塔（Delta）”控制中，在凸轮和杯形挺柱之间使用具有工作曲线的中间元件作为全可变的气门升程控制（图 10.90）。该中间元件支撑在外壳上的一侧，具有锁定部分和控制部分作为工作曲线。仅当中间元件在运动期间与控制部分支撑在壳体上时才会出现气门升程。只要工作曲线的锁定部分与壳体接触，气门就会保持关闭。这种解决方案的主要缺点是高的摩擦，因为中间元件都要在凸轮和驱动元件上滑动。

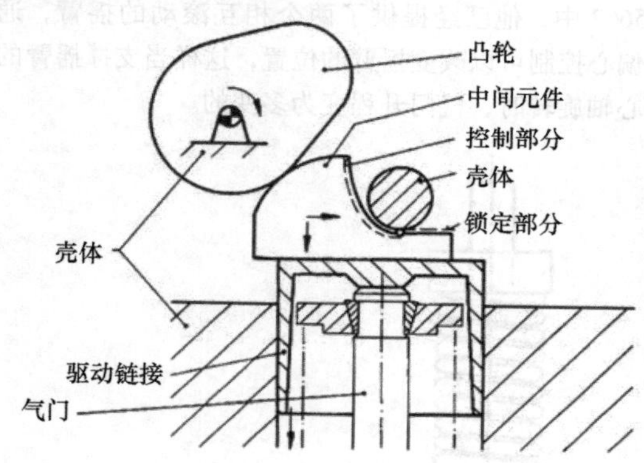

图 10.90　Kuhn 和 Schön 的可变气门控制[48]

10.4.3.2　量产的机械系统

借助于所谓的“Valvetronic”系统，宝马公司在量产的进气门侧实施了无级作用的可变的气门控制。在这种情况下，可以仅通过可变气门升程来执行发动机的负荷控制。该系统有一个特殊的传动机构，在凸轮和气门之间有一个中间杠杆，根据 10.4 节的分类，它归类为机械的可变气门控制。图 10.91 显示了带有进气凸轮轴和进气门组件的 Valvetronic 系统。使滚子摇臂转动以操控气门的传动机构位于凸轮轴和气门之间的动力流中。设计为偏心轴并由直流步进电动机驱动的调节轴改变了传动机构的杠杆几何尺寸。使用第二代系统，气门升程可以设置在 0.3 ~ 9.7mm 之间[49]或 0.18 ~ 9.9mm 之间[50]。整个行程范围内的

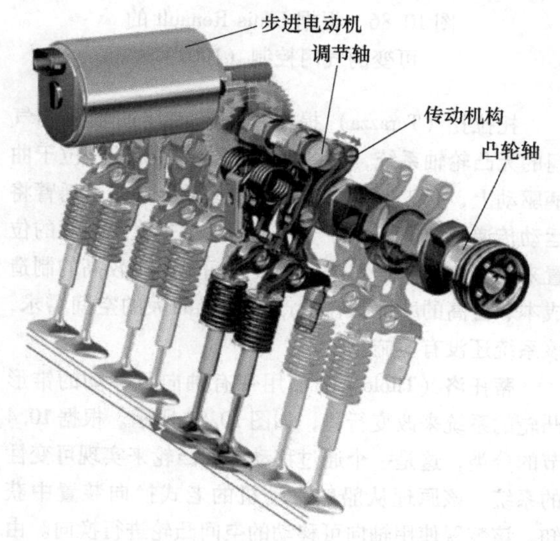

图 10.91　宝马公司带配气机构组件的“Valvetronic”系统[49]

整个调节过程在0.3s内完成，这意味着可以省去传统的节气门。通过车辆运行中的可变气门升程，与传统的配气机构相比，可以减少配气机构的摩擦损失，因为气门弹簧在气门升程较小的情况下压缩量较小。

系统的基本原理最好用草图来解释，如图10.92所示。在凸轮和滚子摇臂之间使用具有工作曲线的中间杠杆，中间杠杆在其上部连杆中通过偏心轴改变位置。当中间杠杆固定支承时（图10.92左），凸轮在工作曲线上的旋转导致恒定的气门升程和恒定的气门打开持续时间。根据中间杠杆的铰接，有不同的气门升程曲线。当中间杠杆的支承点的位置沿着调节轨迹变化时，则传动比以及因此还有气门升程随着打开持续时间的同时改变而改变。对于全可变的气门升程运动，重要的是找到一种结构上可管理的解决方案来移动中间杠杆的轴承点位置并沿着调节轨迹来引导它。在Valvetronic系统中，中间杠杆的支承点位置以及与所需的配气定时的匹配通过偏心轴来实现。弹簧在其接触点支撑中间杠杆的无间隙系统。

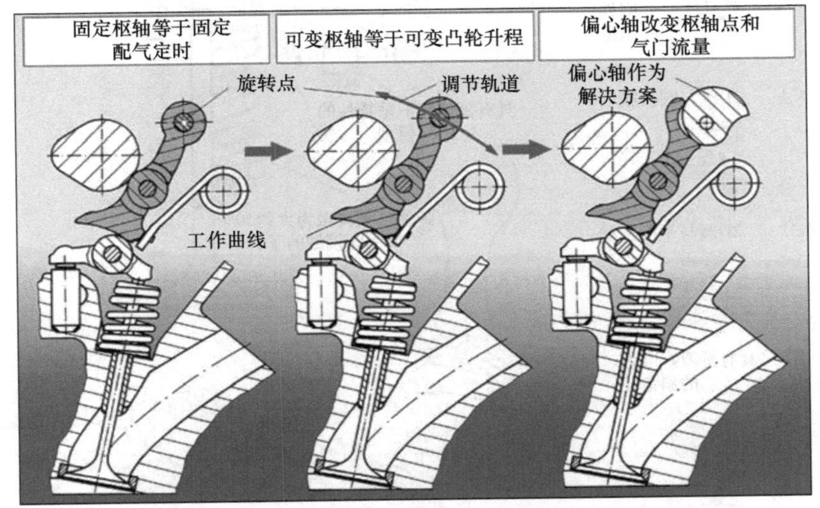

图10.92　Valvetronic系统的原理图

图10.93显示了这种可变气门控制在四缸发动机气缸盖部分的安装情况。排气门侧通过传统的滚子摇臂驱动。气门控制的空间需求是受限的。车辆中只需要为步进电动机提供空间。偏心轴、传动机构、凸轮轴和步进电动机预先组装在一个单独的铸造支架中，并作为一个模块固定到气缸盖上。

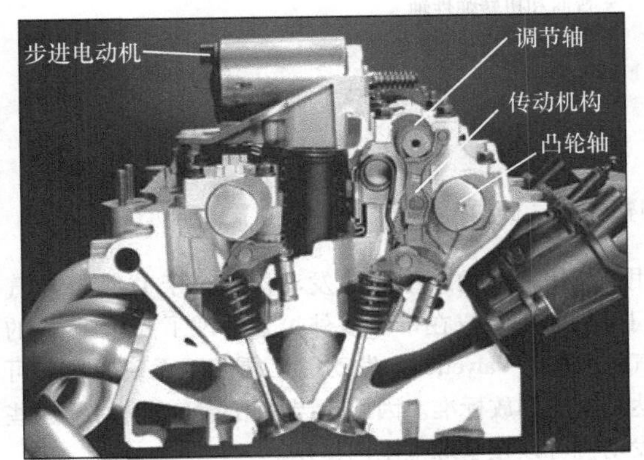

图10.93　“Valvetronic”系统在气缸盖上的布置[49]

气缸盖和配气机构的整体优化是一个迭代过程，其中CAD模型、用于结构强度设计的有限元模型和用于动态特性设计的多体仿真模型如今可以有效地使用。

例如，图10.94显示了配气机构多体仿真的复杂模型。这样一来，可以很好地检查配气机构各个组件的基本运动学设计。在接触点处产生的动态载荷是重要的设计参数，用于确定支承点或配气机构的各个元件的尺寸。开发像Valvetronic等系统的诀窍（Know－how）在于模拟结果的验证。

随着传动机构的变化和通过在进气凸轮轴上的凸轮轴调节器进气门升程曲线的扩展的同时改变，实现与负荷和转速相关的气门升程变化，见图10.95。此处使用的负荷控制方法称为“进气门提前关闭”（FES）。该系统的目的是在较宽的发动机负荷范围内减少换气过程损失。为此目的，过程控制以这样的方式进行干预，即仍然存在的节气门，在进气期间保持完全打开。进气门恰好在所需的混合气质量进入气缸的时间点关闭。换气过程的优势随着邻近全负荷而降

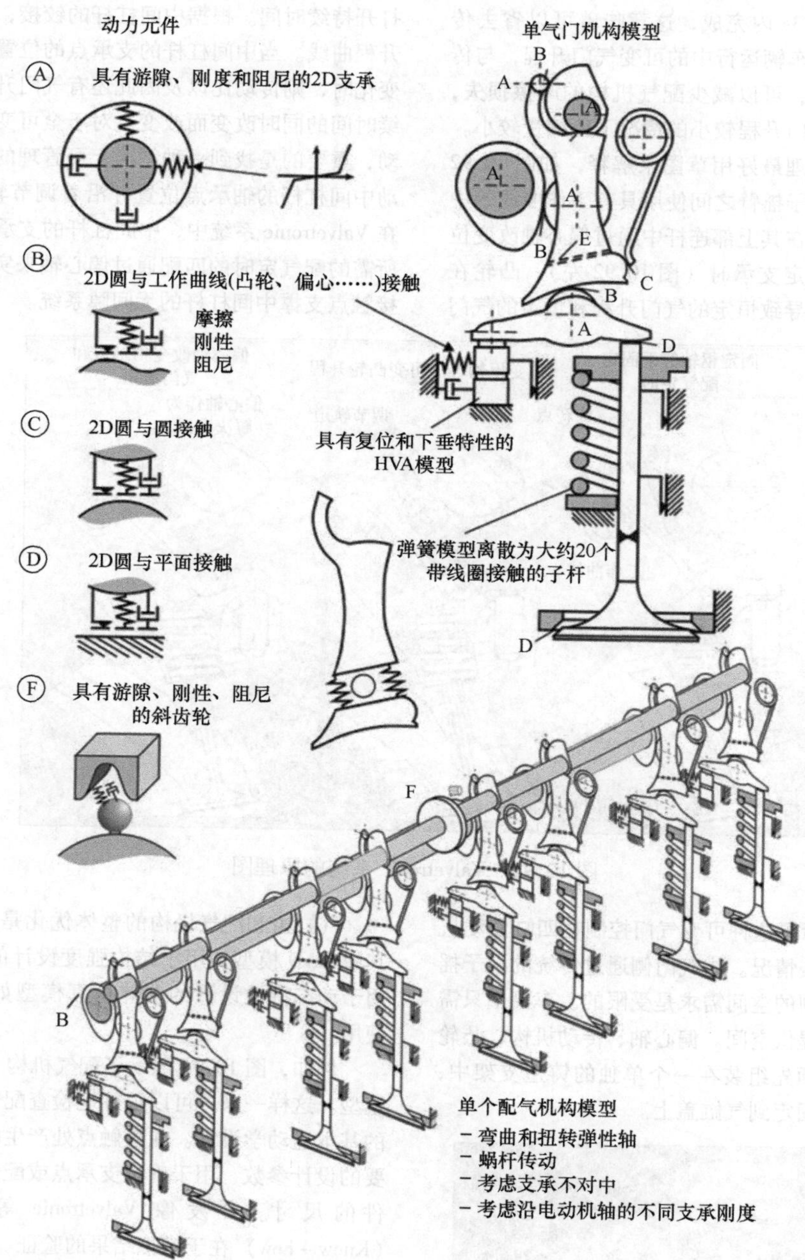

图 10.94　动态设计的单个和整体配气机构模型[49]

低。因此，该系统在小负荷时尤其具有降低燃料消耗的效果。在小负荷和相应小的气门升程的情况下，气门座区域作为一个节流点，流入速度从大约 50m/s 增大到 300m/s。这种效果在相当程度上促进了用于燃烧的混合气的制备。在低负荷时，宝马声称在某些负荷点可节省约 20% 的燃料消耗，在 $\lambda = 1$ 的化学当量比下平均节省约 10%[50]。在欧洲试验循环中，采用第二代系统的新型六缸发动机以小于 1.5mm 的气门升程驱动，仅在市区以外短暂实现了高达 4mm 的气门升程。Valvetronic 发动机无须使用无硫燃料即可达到欧 4 排放标准。因此，当使用传统汽油时，这些发动机可以在全球范围内使用。

偏心调节的基本原理是借助于直流步进电动机驱动斜齿轮。调节结构经过重新设计，可以在不到

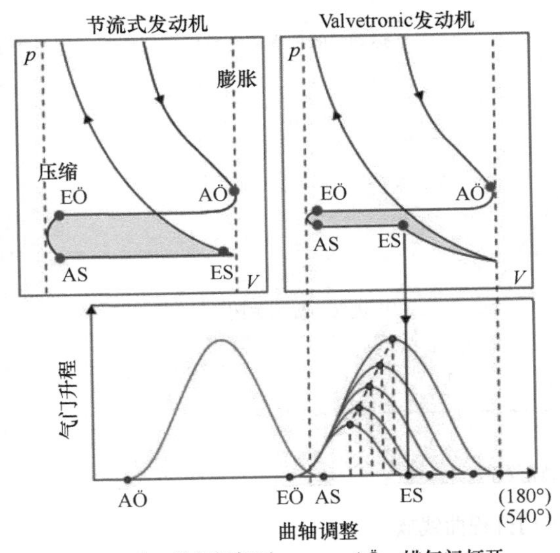

图 10.95 进气门提前关闭（FES）原理

0.3s 的时间内从最小升程调整到最大升程，如图 10.96 所示。只有集成 Valvetronic 系统的所有机械的、电的和控制技术的元件，并利用通过新的燃烧调节实现功能的可能性，才能释放这种全可变气门控制的潜力。

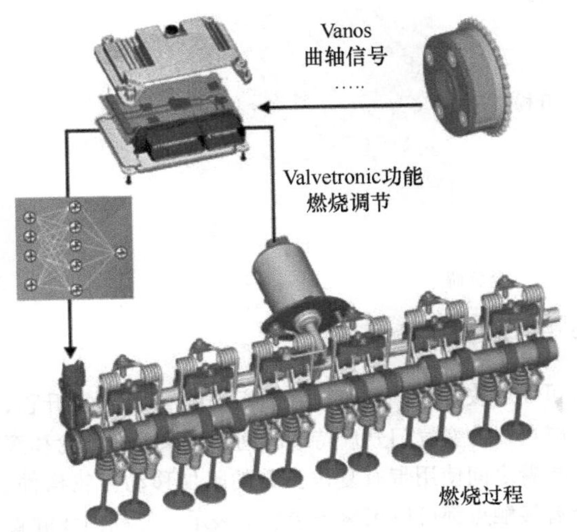

图 10.96 带调节驱动的 Valvetronic 系统[50]

六缸发动机的系统结构设计如图 10.97 所示。

这种变体与四缸、八缸和十二缸发动机之间的主要区别在于改变了基本运动学。在此，提供了一个固定的旋转杆，中间杠杆围绕该旋转杆在每个工作循环中执行纯旋转运动。中间杠杆上的所谓工作曲线作用

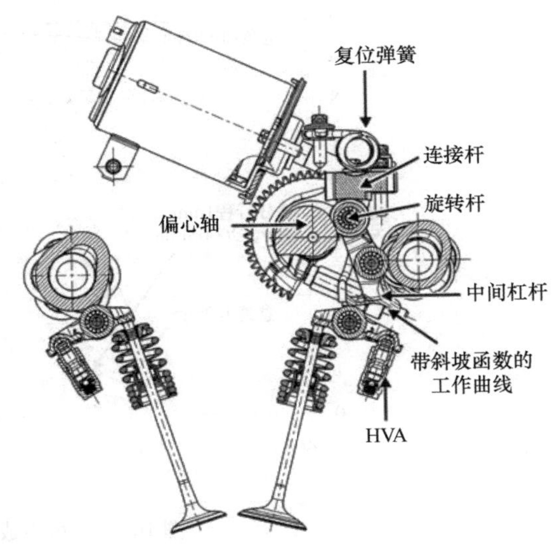

图 10.97 第二代 Valvetronic 设计[50]

在支撑在液压游隙补偿元件上的滚子摇臂上。配气机构的运动学上的完美无缺的功能需要明确定义的斜坡函数。打开和关闭坡道集成到中间杠杆的工作曲线中。在运动过程中，斜坡函数的映射是通过中间杠杆在滚子摇臂前面明显地移动，或者在后面明显地减速来实现的。中间杠杆通过固定在气缸盖上的圆柱形连接杆在顶部支撑。连接杆具有围绕滚子摇臂的枢轴点的圆形路径。配气机构的各个部件的制造和组装需要特别注意零部件公差。中间杠杆的侧向固定一方面由凸轮轴承担，另一方面由偏心轴承担。所有接触点均可设计为滚子接触，如图 10.98 所示。

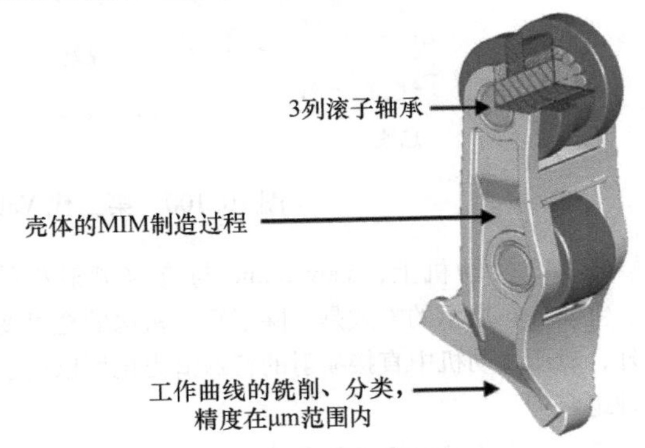

图 10.98 中间杠杆的结构

可以产生的进气门升程曲线族如图 10.99 所示。降低气门加速度的设计可以达到前一代杯形挺柱发动机的水平，达到 80mm/rad^2。对于中、小气门升程，新的 Valvetronic 设计可缩短气门开启时间，如图 10.99 所示。

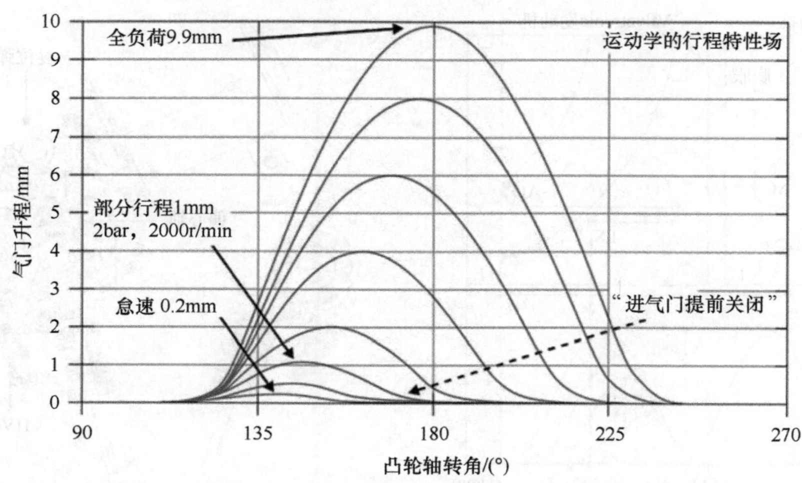

图 10.99　可生成的进气门升程曲线族

在第二代 Valvetronic 系统中，相邻的进气门不同地延迟打开以增加充气运动，这称之为“相位调整”。这可实现高达 5mm 的气门升程，在此之上平行地打开。相邻气门的偏心轮廓在结构设计上有所不同。除了相位调整，阀座的掩蔽（屏蔽）用于高升程的气门。这允许为流入的混合气实现更高的涡流（图 10.100）。

综上所述，整个第二代 Valvetronic 系统以及在六缸发动机上额外使用的凸轮轴调节器，包括在气缸盖中的安装情况通常如图 10.101 所示。在气缸盖的下部，带有侧向固定的进气凸轮轴的整个支承以及所需的配气机构部件的壳体外围整体铸造这是一种刚性且极具创新性的解决方案。

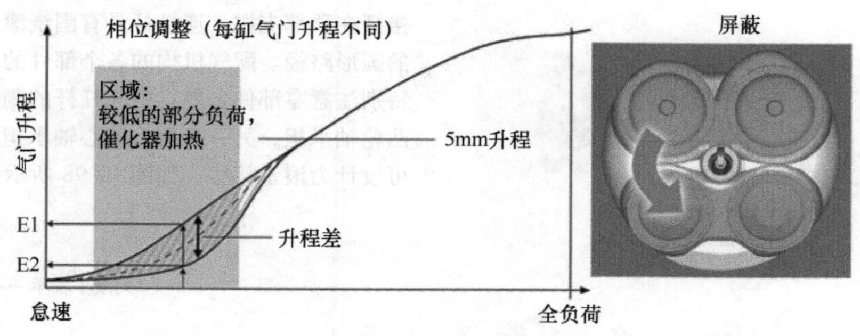

图 10.100　第二代 Valvetronic 中的相位调整和屏蔽

在 V12 发动机上，Valvetronic 与直接喷射相结合。宝马公司展示的方式是，除了配气机构的全可变性外，量产发动机中直接喷射的特殊潜力也可以用于这种组合[51]。

10.4.3.3　在开发中的机械系统

在下文中，将讨论另外两个具有机械作用原理的全可变的气门控制。除了大量市场上可用的系统外，在 Valvetronic 系统上市后，这些系统正在开发用于大批量生产的发动机上[52]。

首先，描述来自 IAV 公司的“VARIOVALVE”系统（图 10.102）。这也是一种基于滚子摇臂驱动的全可变解决方案，它可以将气门升程降低到零升程，同时可以改变气门开启持续时间。该系统在凸轮和滚子摇臂之间使用带有复位弹簧的附加移动齿轮构件。所有接触点都可以用滚子接触来表示。控制曲线静置地安置在调节轴上。通过旋转控制轴和由此产生的传动机构几何形状变化，齿轮构件在控制曲线上以不同方式滚动，从而产生所需的气门升程变化。该系统可以接管发动机的全负荷控制，从而可以省去传统的节气门。紧凑的齿轮构件可实现高的系统刚度。可以实现的升程曲线族相对于最大值是标准对称的。使用凸轮轴调节器时，内部残余气体控制也可以通过气门开

图 10.101 第二代 Valvetronic 在缸盖中的安装情况

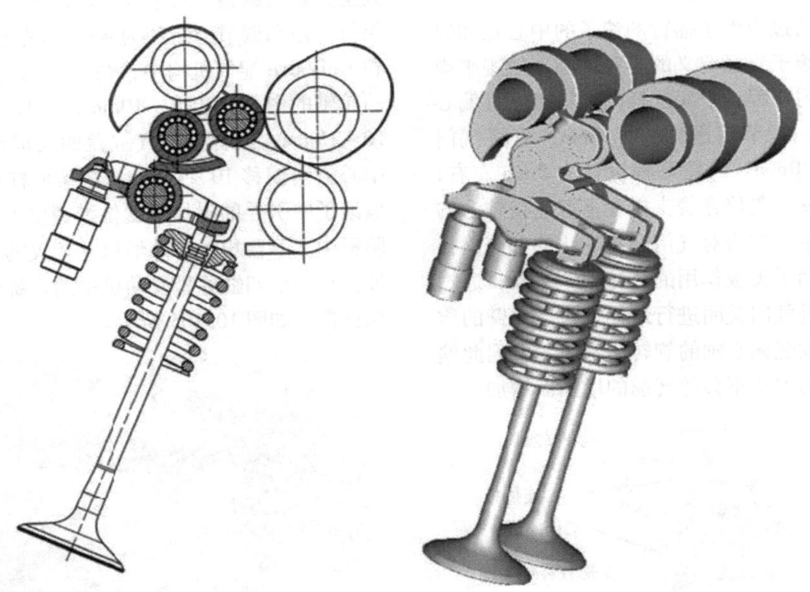

图 10.102 IAV 公司的 VARIOVALVE 系统

启时间偏移来实现。

转动控制轴所需的齿轮传动和可能的气缸盖安装情况的配气机构部件如图 10.103 所示。

展示的第二个非常有趣的发展是来自 Hilite International/Hydraulik – Ring 公司和 enTec CONSULTING 公司的“UniValve”系统。这也是一种全可变的机械式气门控制，它还可以实现一个气缸的各个相邻气门的不同的气门升程（相位调整）。图 10.104 显示了一个气缸的主要气门组件。位于凸轮和滚子摇臂之间的叉形杠杆由两个中间杠杆所组成，它们布置在带有中心滚子的轴上。这些中间杠杆或摇臂由凸轮轴的凸轮驱动，并在固定连接杆中移动带中心滚子的叉形杠杆。该系统的叉形杠杆围绕轴执行纯粹的倾斜运动。工作曲线集成在中间杠杆中，工作曲线在滚子摇臂的

图 10.103　VARIOVALVE 系统的调节齿轮和配气机构组件

滚子上运行，从而产生气门升程。

连接杆曲线通过带滚子摇臂的滚子的中心点和通过摇臂的滚子的滚子直径定义的半径的圆形轨迹来确定。为了设置气门升程，中间杠杆的枢轴点通过偏心轴向凸轮轴移动。调节范围约为 3.5mm，可将气门升程从 0 调整为 10mm。凸轮升程设计为 5mm 左右，因此布置非常紧凑。复位弹簧支撑在摇臂连接轴上的滑动支承的滚子中。作为对气门升程变化的补充，在进气凸轮轴上使用了无级作用的凸轮轴调节器，通过该调节器可以对进气门关闭进行最佳选择。摇臂的质量分布相对于其围绕偏心轴的旋转是平衡的，因此偏心轴上的接触力的大小不会随转速的增加而增加。

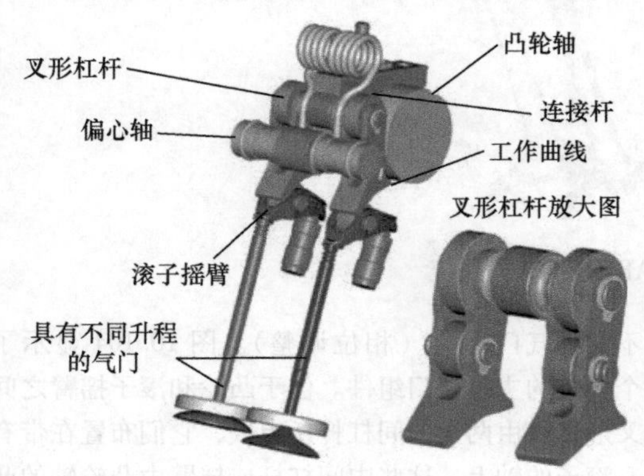

图 10.104　UniValve 系统的结构[53]

配气机构在最高 8000r/min 的转速下进行了试验。通过扭转偏心轴可在 120°范围内实现从零升程到全升程的调整。每个气缸的两个气门的偏心轴上的保持力矩和调节力矩约为 4N · m 范围（图 10.107）。在 UniValve 配气机构中，与滚子摇臂配气机构相比，凸轮轴的中心高出 5 ~ 10mm，并且向进气系统偏移 10 ~ 15mm，或者根据气缸盖的几何形状，向气缸盖中心方向偏移 10 ~ 15mm。在叉形杠杆的轴上的低摩擦滚子中引导的附加的复位弹簧位于凸轮轴调节器的阴影中，不会导致与外形尺寸相关的发动机高度的增加。在一个四缸原型发动机中的系统的安装包括调节执行器，如图 10.105 所示。

图 10.105　UniValve 系统在四缸盖中的安装

根据气缸盖的方案设计，该系统也可以安装在气缸盖的下部，作为带有凸轮轴支架的模块，包括凸轮轴、配气机构组件和凸轮轴调节器（图 10.106）。该范围可以由系统供应商作为一个完整的系统来提供。

UniValve 叉形杠杆已经过多次改进。杠杆显著地减小，用于支撑偏心轴的滚子被平坦的接触面所取代（见图 10.107）。通过这种与偏心轴的平坦接触面减小了公差，特别是在滚子、滚子孔和滚子轴线中没有公差间隙。接触面在夹紧中与工作曲线研磨。凭借这一点以及仅使用一个额外的齿轮构件，该系统为实现多缸发动机进气门怠速升程公差为 ±5% 而无须在大批量生产中调整提供了最佳的先决条件。由于滑动运动，接触面的滑动摩擦略有增加（图 10.107）。

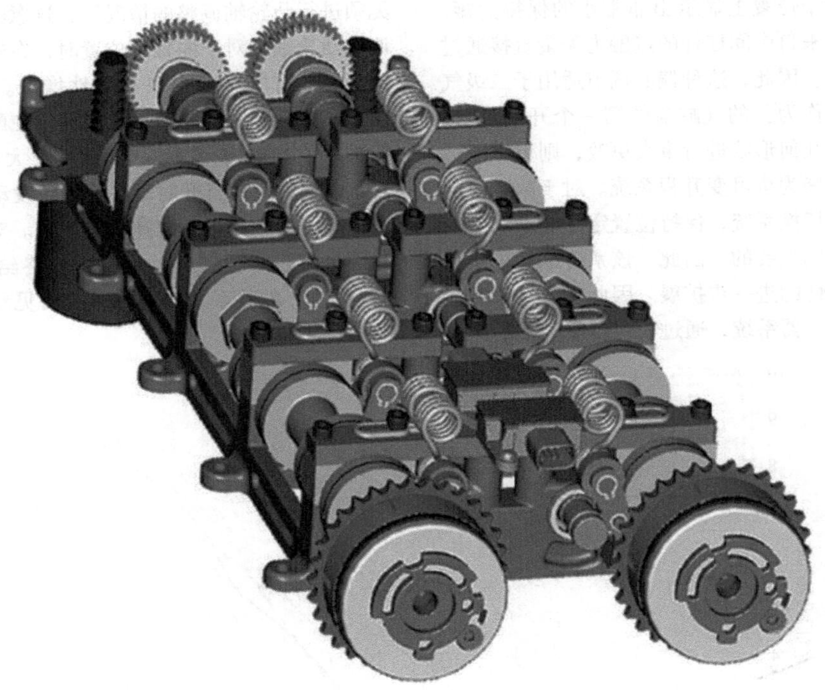

图 10.106 带有以模块化设计方式的配气机构组件的凸轮轴支架

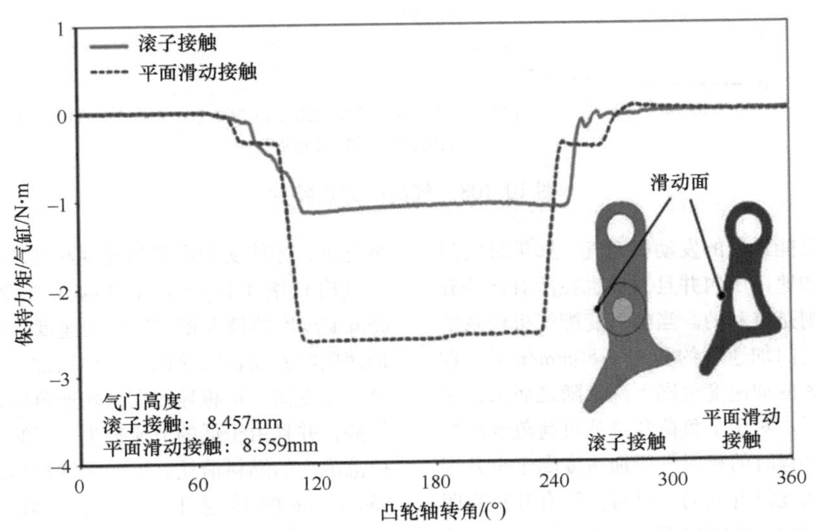

图 10.107 偏心轴上的调节转矩

偏心轴作为半轴直接安装在气缸盖内，外径可在硬化后进行无心磨削，因而是一种极具成本效益和刚性的解决方案。优选由钢制成的偏心轴和固定连接杆的高的刚度是高加速度和高转速的先决条件。两个进气门的偏心轴可以相对旋转，从而产生所谓的气门相位调整（另见图10.104）。

偏心轴在两个位置上显示出非常小的保持力矩。在这两个位置，来自中间杠杆的接触力矢量直接通过偏心轮的枢轴点。因此，这种偏心调节适用于二级气门轮廓的切换，作为新的气缸盖的第一个开发阶段。如果不对气缸盖几何形状进行重大更改，则可以通过两级切换逐步发展为全可变升程系统。对于两个提高升程曲线之间的切换系统，保持位置定位所需的能量尽可能地低是特别重要的。因此，该系统也适用于具有高度未来安全性的进一步扩展。因此，通过添加传感器和适配的执行器系统，通过相对价廉物美的两级系统，可以实现全可变的、无节气门的负荷控制，而无须对气缸盖进行重大更改。

使用无节气门负荷控制时，在整个转速范围内可以实现全负荷不需要全升程。由于在较低的转速范围内的全负荷是通过部分升程来实现的，因此如果进气关闭随气门升程的变化而变化的话，那是有利的。在无须进行凸轮轴调整的情况下，这意味着在无须额外调节凸轮轴相对于曲轴的位置时，在较低的转速范围内全负荷时的转矩可以显著地增加。通过这样的控制，在怠速范围或高速范围内无须在配气定时方面进行折中。与赛车设计一样，在最大升程下320°或340°曲轴转角的打开时间不会导致发动机在低速范围内运行不均匀或导致怠速质量下降。对此，给出打开时间与气门升程之间的联系，最终给出打开横截面（时面值）的关系，如图10.108（见彩插）所示。

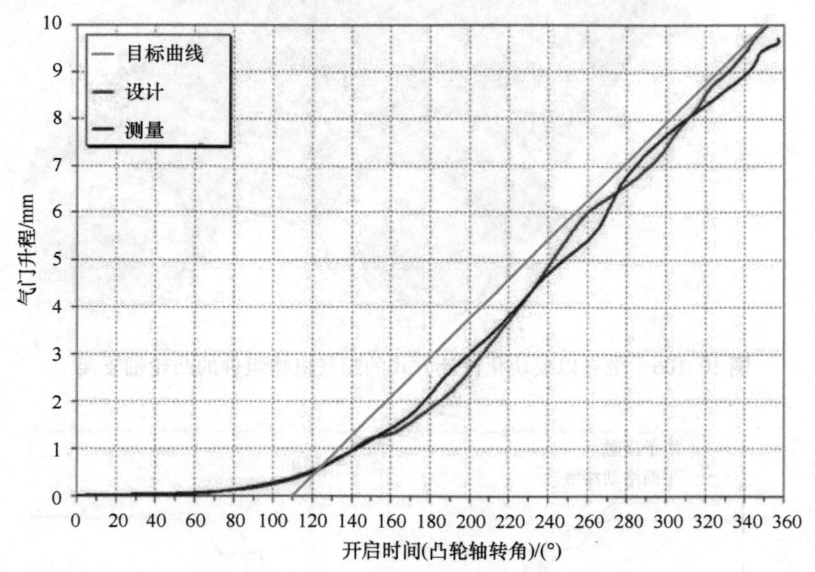

图10.108　气门的开启特性

为了实现尽可能最佳的发动机充气，如果进气门的加速度在所有转速范围内并且因此也在所有部分升程中尽可能高，则是有利的。当前可变配气机构系统的最大的相关的气门加速度约为55～80mm/rad²。在部分升程中，相关的加速度急剧下降，随之而来的是全负荷的充气问题。对于全负荷和部分负荷范围内的节流损失，部分升程时的相对气门加速度高于全升程时的相对气门加速度是有利的。只有在所有升程都明确定义了加速斜坡时，才能实现高的相对加速度和绝对加速度，即只有在所有气门升程的情况下，加速斜坡，尤其是关闭斜坡没有发挥作用或没有接触刚度的情况下，才能实现高的加速度和高转速。杯形挺柱配气机构和滚子摇臂配气机构如今设计为具有大约85mm/rad²的最大相对气门加速度。由于有效的气门加速度随发动机转速的平方而增加，部分加速度可能设计得更高，这将导致在低转速范围内的全负荷时的优势，并且由于低的节流损失，还倾向于改善部分负荷范围内的燃料消耗。可变配气机构的目标应该是在8500r/min的转速下全升程的最大加速度约为85mm/rad²。

UniValve系统也可用于下置式凸轮轴的发动机（图10.109）。摇臂通过滚子挺柱和推杆由下置式凸轮轴驱动，摇臂通过滚子将其运动传递到中间杠杆的上滚子。使用这个上滚子，中间杠杆同时在一个位置固定的连接杆中运行。在滚子摇臂的滚子上运行的工作曲线集成在中间杠杆中。连接杆的曲线通过以滚子摇臂的滚子的中心点和由通过中间杠杆滚子的滚子直径定义的半径的圆形轨迹来确定。为了设置气门升程，中间杠杆的枢轴点通过偏心轴移向凸轮轴。调节范围约为3.5mm，可将气门升程从0调整到10mm。这样做的好处是，对于这种类型的发动机，气缸曲轴箱可以无变化而继续使用，只是气缸盖需要修改。

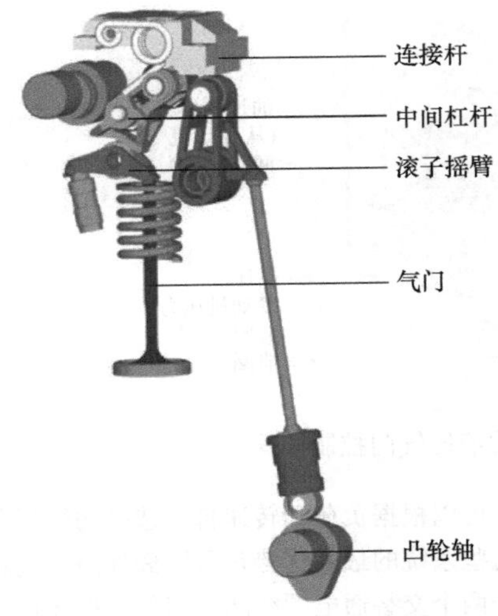

图10.109 用于下置式凸轮轴发动机的UniValve系统

10.4.3.4 液压操控系统

在20世纪80年代，在液压可变气门操控领域进行了大量研究。开发目标是通过油介质自由配置气门操控，并确定相关的发动机改进潜力。带和不带凸轮轴的解决方案仍在研究中。

在带有凸轮轴的系统中，凸轮轴用于为挺柱建立压力，挺柱通过油介质将升程运动传递给气门。这意味着气门打开的开始时刻始终是恒定的。根据液压挺柱中油压建立的中断，可以改变气门关闭的时间。“进气门提前关闭”主要用作负荷控制方法。根据使用控制边缘或使用电磁阀的压力积聚中断类型，根据10.4节中的分类进行区分。建议调整凸轮轴以控制残余气体含量。图10.110显示了菲亚特（Fiat）公司的系统基于使用电磁流量控制的液压作用原理来改变配气定时的结构设计示例，许多公司都开发了类似的解决方案。

进气门通过凸轮轴和液压传动机构来驱动。对此，通过挺柱的运动在挺柱腔中建立压力，该压力使布置在气门上方的活塞移动，从而移动气门。挺柱腔中的油压可以通过电磁阀中断。因此，这限制了气门升程并允许在没有节气门的情况下控制发动机的负荷。油可以通过一个小型压力罐泵入挺柱腔。电磁阀必须设计成能够非常快速地切换。这种类型的气门操控的问题是低的温度下的运行特性以及由此产生的差异很大的油的黏度。同样地，难以实现气门升程曲线的再现性。为了在气门关闭时有目的地在气门座中减速，必须存在有效的气门制动。图10.111显示了在INA试验发动机上的该原理的当前应用示例。来自图10.110的原理草图中的挺柱、挺柱腔和制动活塞相互布置在气门轴的延伸上。

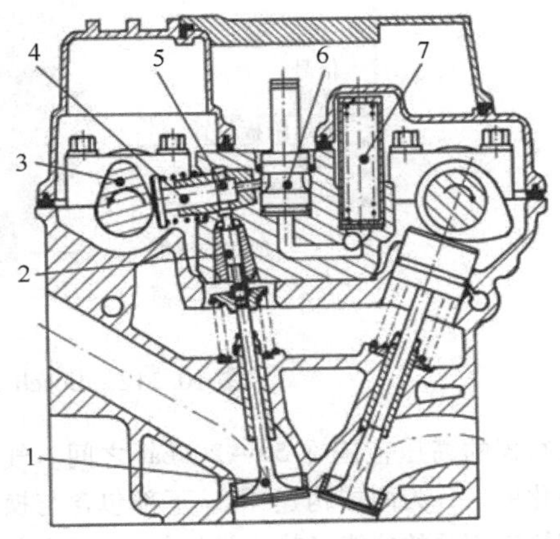

图10.110 菲亚特公司的液压可变气门控制[54]
1—进气门 2—制动活塞 3—凸轮
4—挺柱 5—挺柱腔 6—电磁阀 7—压力容器

图10.111 在试验发动机上的来自INA公司的UNIAIR液压气门控制

Bosch 公司和 AVL 公司正在研究一种无凸轮轴的解决方案，以实现全可变的气门升程。为了提供液压能，需要一个油泵，它集成在发动机的辅助驱动装置中，并提供操控气门所需的压力。该泵接收来自发动机机油回路中由普通发动机机油泵以预压泵取的传统发动机机油。通过管路供给导轨，气缸盖中的各个执行器由导轨供给（图 10.112）。

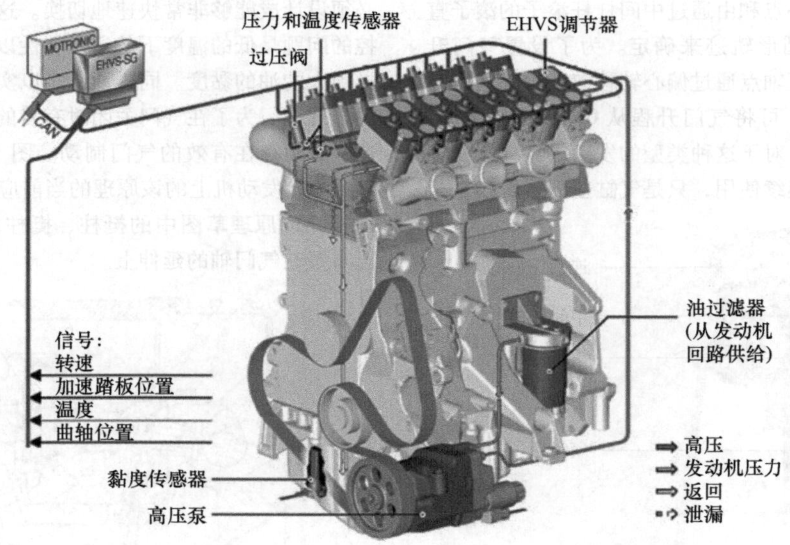

图 10.112　Bosch 公司和 AVL 公司的液压气门控制

执行器的高压范围在 50 ~ 200bar 之间。气缸盖是模块化的，分为两层构建[55]。下部包含与换气过程和燃烧室相关的功能（热力学模块），而上部包含气门操控元件（液压模块）。执行器本质上是一个两侧均由高压油驱动的活塞模块，由此，根据需求和所需的气门升程通过开关阀来控制活塞模块。控制的自由类型和气门的相关的操控是这种气门控制类型的巨大优势。

在液压的可变气门控制领域，目前观察到极少的活动。作者了解菲亚特、博世以及 AVL、路特斯、INA 和其他一些公司的发展，这些公司正在更加深入地开展工作。很难评估这些系统是否有机会在量产发动机中实施，观察结果仍然令人兴奋。

10.4.3.5　机电系统

用电能操控换气气门和设计不受任何凸轮驱动限制的气门升程运动的想法无疑是每个发动机工程师的梦想。不乏尝试通过纯电动操控来实现这一目标，例如通过压电式执行器。弹簧通常作为能量储存器或气门关闭元件用作结构设计元件，以减少气门驱动的驱动能量。20 多年前，开始了首次开发机电式无凸轮轴的气门控制系统。采用这个系统，改变气门升程曲线的潜力最大。最常用的结构是执行器，用于每个换气过程的气门，因此允许为每个气门单独设置配气定时。除了可以根据负荷和转速自由选择的气门升程策略外，这些系统的最大优势是可以额外停用气缸。

位于两个交替通电的线圈之间的电枢通过电枢导向装置连接到换气过程的气门。此外，使用了操控衔铁或气门的弹簧。根据电力系统的情况，电枢在下部或上部线圈中被激励而振荡。其结果是，气门升程可以从 0mm 调整到最大升程，并且可以通过气门升程的大范围变化来实施发动机的负荷控制。图 10.113 显示了这种控制方式的基本原理结构。用电流激励开启器磁铁时打开气门，用电流激励闭合器磁铁时关闭气门。当线圈未通电时，衔铁和气门保持在线圈之间的中间位置。该位置通过弹簧保持。如果系统发生故障或发动机停机，必须在活塞中留出相应的通道。

执行器配备了一个传感器来记录当前的运行状态[57,58]。执行器由专用的电子气门控制装置来控制，其中形成控制单元所需的电流曲线。能量需求通过 42V 发电机提供。为此，使用了集成在发动机离合器侧的曲轴起动发电机，如图 10.114 所示。

对机电式气门控制的执行器和传感器的要求基本上是：

- 尽可能低的功耗。
- 与传统配气机构相当的高的耐用性。
- 为灵活的配气定时策略实现尽可能短的切换

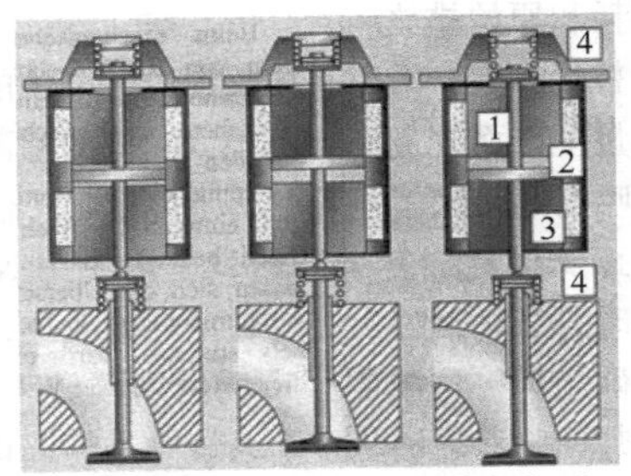

图 10.113 电磁式可变配气机构的原理示意图[56]
1—闭合器磁铁 2—衔铁 3—开启器磁铁 4—气门弹簧

图 10.114 带机电气门控制的宝马公司的四缸试验发动机

时间。

- 符合可重复的精确的配气定时。

机电式气门控制装置直接布置在发动机上，并承受高的机械负荷和热负荷。气门控制装置的主要功能包括为执行器的线圈提供电压，从而生成目标电流曲线（图 10.115）。另外，还必须确保温度稳定性和高的机电兼容性。

执行器的功率需求只能通过增加车载电压来实现，否则电损耗太高和每个执行器所需的体积太大。约 75% 的高的发电机效率是可实现的消耗优势的部分原因。

打开过程中的典型运动变化是从某个时间点随着发动机管理系统发出打开相应气门的命令而开始的。在电子设备中，此命令转换为对两个电磁铁的控制：

- 断开上部线圈的保持电路。
- 张紧的弹簧对电枢加速。

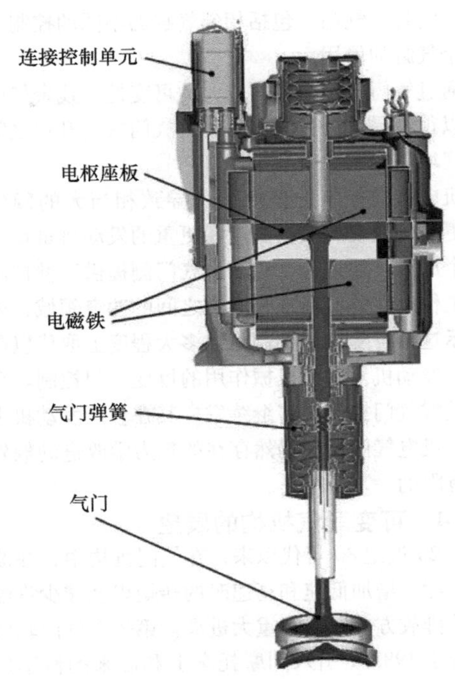

图 10.115 机电式配气机构的单个执行器

- 气门打开。

当电枢接近最大打开位置时，通过为下部线圈通电会捕获电枢并将气门与它一起保持在打开状态。在所需的配气定时结束时，触发关闭命令，气门返回其气门座。出于声学和磨损的原因，气门必须以小于 0.05m/s 的气门落座速度轻轻地落在气门座上。这种落座特性称之为“软着陆（Soft Landing）”。为了降低力和落座速度，在衔铁和气门的运动阶段必须已经显著地降低电流。遵守这一过程以及小于 1°曲轴转角的气门关闭时间点的可重复性对这个复杂的机电系统的调节提出了很高的要求。宝马公司为此提出了一个基于三个支柱结构的调节方案[57]：

- 设定值生成器，它确定位移、速度和加速度的时间变化过程，特别是对于电枢的终端位置范围。
- 观察器，考虑三个时间变化过程的评估。
- 调节器，根据目标值和估计值之间的偏差计算和调节所需的线圈电压。

这种带有单独执行器类型的机电气门控制装置在气门升程曲线的设计中具有最大的可变性。可以实现所有可以想到的过程变化和负荷控制方法，例如“提前关闭进气门”。基于改变的气门升程功能可以从一个循环到下一个循环的交变。此外，还可以只操控所需数量的气门。在四气门发动机中，两个气门只需要在全负荷和高转速时打开。在部分负荷运行中，可以关闭各个气门，包括相邻气缸的不同的控制，例如各个气缸的停用。

通过气门升程曲线的较大的可变性，残余气体含量可以很容易地通过排气门和进气门气门升程之间的重叠区域来控制。

机电气门控制的量产引入导致相当大的额外成本、更高的发动机结构高度和更重的发动机重量。出于这个原因，还进行了仅在进气门侧提供这种控制的开发工作。在这些标准与事实之间的冲突领域，未来将展示这种可变气门控制将在多大程度上取代以前用在量产发动机上的纯机械作用的可变气门控制。全可变机械式气门控制也将继续发挥其在量产发动机中的潜力。机电气门控制仍然存在的热力学改进的额外潜力是有限的。

10.4.4　可变配气机构的展望

自20世纪80年代以来，在气门机构中，在改善燃料消耗、增加低速和高速时的转矩以及减少汽油机的原始排放方面取得了重大进展。第一个气门轮廓切换系统于1983年引入到摩托车上和后来的汽车发动机上，以实现更高的功率。其中，在具有短的配气定时的气门升程曲线和气门升程为4mm左右与具有很长的配气定时和气门升程10mm左右的气门升程曲线之间进行切换，因此，解决了怠速品质、起步加速与较高功率之间的矛盾关系。只有在进气凸轮轴上引入凸轮轴调节器，通过控制汽油机部分负荷中的气门叠开区域来实现有效的残余气体控制，才能实现燃料消耗的显著改善。在全负荷时，通过进气门关闭时间点尽可能与转速相关的调节，可以显著地提高低速和高速时的转矩。排气凸轮轴上的凸轮轴调整可通过提早打开排气门在预热期间有针对性地加热催化器系统。通过调整角度为60°曲轴转角的进气和排气凸轮轴上的凸轮轴调整，在很大的节流运行范围内可实现的燃料消耗改善在4%左右。

通过带气门开口横截面的大小与负荷相关的调节的汽油机的无节流的负荷控制以及对进气门关闭点的引入，实现6%～8%的燃料消耗的进一步改善。在机电的和伺服液压的配气机构中，通过可变的气门开启时间实现开启横截面与负荷相关的调节，即进气门始终完全打开并且打开时间的长度与负荷相匹配。另一方面，在全可变的机械式配气机构的情况下，通过气门升程的高度调节开启横截面，在某些系统中，通过气门升程高度和开启时间长度来调节。气门升程的减小导致气门间隙中的气体速度更高，最小的气门升程使气体速度在气门座处达到超音速，因此燃料液滴非常精细地分布。由此产生的改进的混合气制备降低了燃料消耗和原始排放。

作为替代方案，采用直接喷射的无节流的负荷控制是为批量生产而开发的。由于汽油机的稀薄分层运行，直接喷射还带来了显著的节油的优势。然而，排气后处理正变得更加复杂和昂贵。当使用NO_x存储式催化器时，必须牺牲一些燃料消耗的改进，并且只能使用低硫燃料，这限制了市场应用领域。一方面，开发工程师面临着能够从多个系统中进行选择以满足2008年CO_2承诺的情况，另一方面，他们必须决定，该技术能展示在与客户相关的发动机功能方面的可能的、最大的未来的潜力。

功能优势、总成本（包括排气系统、传感器和控制单元的成本）以及投资成本、外形尺寸要求和重量都将与决策相关。当今的机电式配气机构在可变性方面无法超越，然而发动机转速被限制在6000r/min左右，低速时的能耗相对较高，发动机尺寸的增大和重量的增加也不容忽视。另一方面，单个气门、行程或气缸的停用在未来具有最大的潜力。

在机械的全可变配气机构方面提供了大量的解决方案，如图10.116所示，它们在重要功能方面是不同的，这使发动机开发人员难以选择具有高的未来潜力的系统。图10.116列出了在凸轮和气门之间使用传动元件的机械式可变气门控制系统的专利申请。该组中的系统通过气门轮廓转换或关闭系统以及全可变系统来描述。特别是在Valvetronic系统量产推出后，全可变系统领域的活动显著地增加。

新的发展使关闭单个气门或气缸组或设置不同的气门升程高度和气门打开时间成为可能。采用气门升程的相位调整，会产生带有明显涡流的缸内流动（图10.117。见彩插）。涡流中的流速可以通过气门升程和通过两个进气门的气门升程的差异来与发动机转速和负荷相匹配。这开辟了与屏蔽措施相关联的额外的节油优势[50]。但是，在设置和保持气门升程时，不能再因能量损失而降低节油方面的优势。从今天的角度来看，即使利用可变配气机构的所有节油潜力，也可能无法达到汽油机中喷雾引导燃烧过程的直接喷射的节油潜力。那么，全可变配气机构只是走向直接喷射的中间步骤吗？这个问题可能会通过成本开发来回答。如果全机械式配气机构通过转矩优势、通过改善起动和预热时的排放、通过改善加速踏板响应和提高怠速质量以及通过改善$\lambda=1$运行时的燃料消耗“得到回报”，那么未来将包括直接喷射与全可变气门机构的组合。

通过气门升程的相位调整（Phasing）的可变涡流强度和通过同时打开排气门时的进气门的第二个可

变开度来控制残余气体导致了关于在柴油机中使用全可变配气机构的激烈讨论。

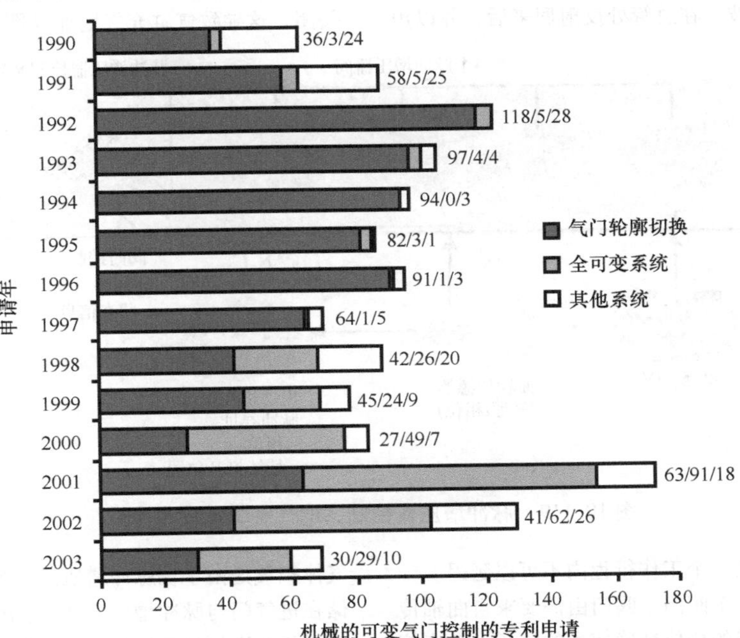

图 10.116 具有气门轮廓切换和全可变性的系统的专利申请

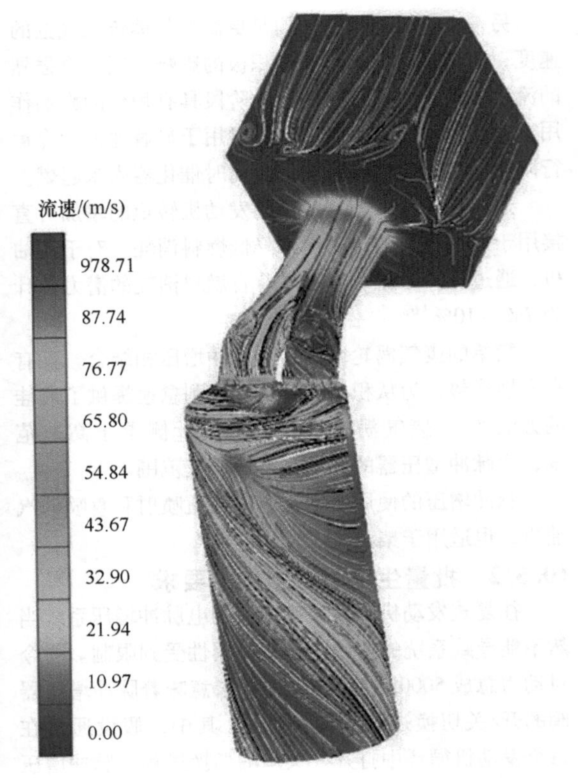

图 10.117 不同气门升程 1mm 和 10mm 时的涡流模拟

10.5 带可控进气空气阀的脉冲增压

10.5.1 概述

在脉冲增压的情况下，燃烧所需的新鲜气体混合气的更高的压缩是通过借助快速切换电磁阀有针对性地控制进气门上游的进入空气量来实现的。这些可自由控制的脉冲增压器阀布置在进气门与空气总管之间的进气管中（图 10.118）。

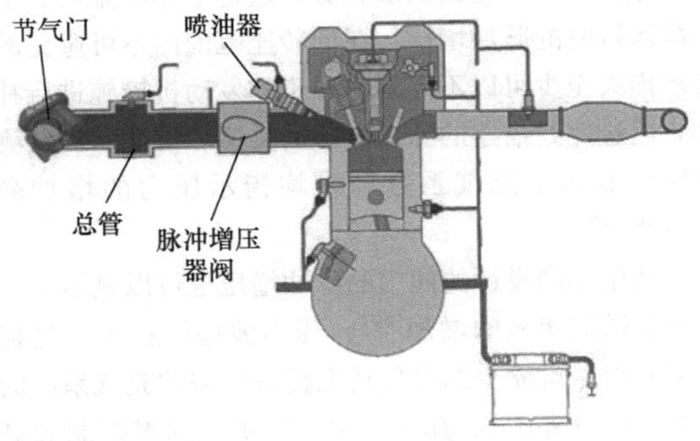

图 10.118 进气模块中总管、喷油器和脉冲增压器－阀的位置

在进气行程开始时，当活塞向下移动时，脉冲增压器阀保持关闭。在燃烧室中产生负压。只有在活塞到达其底部反转点之前脉冲增压器阀打开时，空气才

会突然释放并通过所产生的压降而流入气缸。同时，产生脉冲状的压力波，在总管处反射回来后，并以声速进入燃烧室。在压力波再次离开之前脉冲增压器阀关闭，这导致气缸充气增加（图 10.119）。

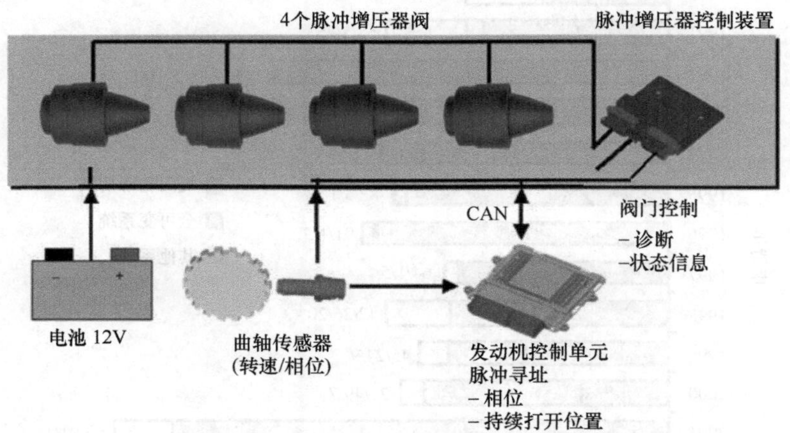

图 10.119　脉冲增压器控制、电气系统集成和接口

这种增压效果在一个工作行程内不可以延迟。

每个气缸需要一个阀门。阀门由需要来自曲轴传感器和凸轮轴传感器的相位精确信号的电子设备来控制。除其他事项外，发动机控制的标准化接口可传输有关何时应激活脉冲增压的信息。

通过脉冲增压，充气系数 λ_a 和指示的平均指示压力 p_{mi} 在较低的转速范围内最多可增加 40%。在没有脉冲增压的情况下，尤其是在低速时，全负荷范围内的气缸充气非常不理想。废气涡轮增压器也仅在延迟时间和最低转速后才提供改进的充气。在这些情况下，脉冲增压会自发反应并在下一个工作行程中提供所需的转矩提升。

考虑到小型化的发展趋势，通过更小的排量、全负荷运行时的脉冲增压，在低转速范围内不可避免的转矩损失至少可以不需要进一步的发动机措施进行补偿。通过此处描述的脉冲增压的类型和设计，已经测量到在低速下充气系数和平均指示压力的增加高达 40% [59]。

使用不同设计的阀门的脉冲增压也可以显示充气系数和转矩明显的增加[60]。压力波增压在进气过程结束时以尽可能少的进气功来提升所需的充气系数的优势已经发表[61]。其中，它还解决了爆燃限制和高的气缸压力的问题。

借助于快速切换和非常紧凑的脉冲增压器阀，在机械式进气门关闭后会储存更高的气体压力。进气路径中的这种辅助作用导致在气门重叠阶段残余气体的扫气得到改善，因此实现了燃烧室温度的降低，这对发动机的爆燃特性具有有益的影响作用。改进的残余气体扫气是由于在脉冲增压过程中产生的过压暂时存储在进气门与脉冲增压器阀之间的短的进气路径中，并用于在进气门和排气门的重叠阶段清除残留在燃烧室中的残余气体。以这种方式可以实现 2.5% 的残余气体份额。

另一个积极的辅助作用是更高的气体流入气缸的速度，这对混合气的形成有积极的影响作用。更强烈的流动运动，尤其是在冷起动阶段具有积极的影响作用。由此产生的更稳定的燃烧可用于显著地减少冷运行阶段的碳氢化合物排放，而此时催化器尚未起燃。

通过改进气缸充气实现的发动机转矩的增加可直接用于通过更大的传动比来降低燃料消耗。对于汽油机，通过脉冲增压和停缸来节省燃料消耗的潜力估计为 7% ~10% [62]。

简单的废气涡轮增压器与脉冲增压相结合，具有自发性优势，为从积极的负荷交变到怠速提供了最佳的方法[63]。废气涡轮增压器的设计侧重于高速范围，而脉冲增压器的设计侧重于低速范围。

脉冲增压的使用适用于带进气道喷射和直喷的汽油机，也适用于柴油机。

10.5.2　批量生产时对组件的要求

往复式发动机批量生产中使用电脉冲增压系统当然不能导致系统的使用寿命和可用性受到限制。当今对动力总成 5000h 使用寿命的要求意味着脉冲增压器阀的开/关切换过程超过 10^8 次。其中，假设通过在每个发动机循环中打开 - 关闭的切换过程，脉冲增压应用于最高到 4000r/min 的转速的全负荷改善，残余气体的扫气并在部分负荷运行时的循环停缸。在其他运行状态下，阀门以电气方式保持在打开位置，这意味着它们对进气管路的有效的流阻的影响很小。

整个进气模块的设计应该使其可以在 -40 ~ 125℃的环境温度下使用。

在纯电动配气机构（EVT）的早期原型中，通过气门硬落座到气门座上引起的噪声特性具有非常低的舒适度。通过有针对性地吸收结构噪声，特别是通过特殊的电控算法，在脉冲增压器阀的机电一体化集成中考虑这些知识。

与当今车辆的系统架构兼容性是应用脉冲增压的先决条件。设计研究已经表明，有效的脉冲增压所需的进气段可以在可用安装空间中使用相应的进气模块来实现。

（1）阀门方案设计

使用快速切换、电驱动的线性阀，其高动态特性是通过两个集成的弹簧和作为弹簧－质量谐振器的适配电子控制来实现的。专利说明书[64]描述了用于脉冲增压的这种阀的配置。两个线圈用于阀门的静止部分。一个线圈通电以将阀门的移动部分保持在关闭位置，而另一个线圈则保持在阀门的打开位置。运动部分的形状像一个流动体。这样形成的“气门盘”也是阀门铁回路的一部分。通过取消单独运动的铁回路，可以保持较小的移动的加速质量和关闭时减速的质量。只有这样才能实现适度的弹簧刚度，这是实现小于3ms（T_{100}）的共振时间常数 $T/2$（与质量和弹簧常数的商的平方根成正比）所需的、在保持阀门时允许可接受的能量消耗。

这种阀门形状的优点除了在阀门的瞬态运动阶段始终具有良好的流动特性外，关闭时也具有出色的密封性。这对于残余气体扫气的实施也是起决定性作用的。如文献［60，65］中所述，线性阀的密封性比用于脉冲增压的挡板系统具有明显的优势。

小于3ms的打开阀门的开关时间同时具有低的冲击速度对于足够的脉冲增压效果是决定性的。智能的控制算法用于所谓的软着陆。软着陆也为满足使用寿命要求做出了重大贡献。此外，可以显著地降低运行期间的噪声排放。多年的电磁阀控制系统开发经验[66]使得在远低于1m/s的低的冲击速度下实现小于3ms的切换时间成为可能。专利说明书[67]描述了软着陆的控制算法。

阀门的设计

图10.120显示了在集成的进气模块中使用的阀门。阀门的电磁设计是在现代FEM计算程序的帮助下进行的。其中，分析了运行过程中出现的力及其由阀门电磁铁进行的补偿。就适度的功耗而言，可以避免保持阶段（阀门打开或关闭）中的饱和效应。

图10.121显示了在持续使用主动的脉冲增压器运行时，脉冲增压器阀在发动机一个循环中的平均功耗与发动机转速的函数关系。

图10.120 脉冲增压器阀

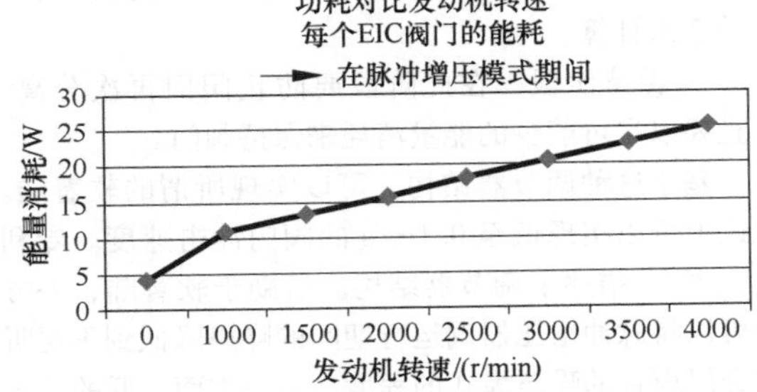

图10.121 脉冲增压器阀全负荷运行的平均功耗

因此，由四个阀门和一个控制单元组成的脉冲增压器子系统需要不到130W的功率，包括四缸发动机在脉冲增压器运行期间的控制电子设备的功率损耗。该阀门结构设计还允许在600hPa的压差下实现小于0.3kg/h的空气泄漏率。即使使用高精度节流板，也无法可靠地实现这一点。

脉冲增压器阀在打开状态下的流体动力学优化导致在额定功率点（参考发动机的最大空气流量）的平均压力损失仅为10hPa。这意味着由于安装脉冲增压器而导致的高速时内燃机的功率损失非常低。

（2）控制电子设备

脉冲增压器控制单元的设计涉及低的开关损耗和良好的散热性。所使用的技术对应于安装在发动机附近的标准的发动机控制单元。

1）硬件。

功率电子控制单元具有非常低的Rds（on）的功率MOSFET。脉冲增压器运行时的损耗在最大发动机转速下可限制为30W。

此外，通过精心设计导体轨道和电源板的接触点，使得控制单元中的欧姆电阻保持较小。由控制单元和阀门组成的脉冲增压器子系统与14V的车载电气系统电压兼容。与已描述的与电磁阀机构相关的42V架构的方案相比，这代表了显著的简化[65,66]。

2）控制。

脉冲增压器阀的电控单元不带位置传感器。阀盘的位置通过测量线圈电流和基于模型的阀速度计算来确定。

本系统所基于的调节策略在文献［68］中有更详细的描述。通过使用合适的算法将控制在时间上分为四个阶段来确定要施加到线圈上的电压，可以实现稳健且能量优化的解决方案。控制阶段包括：

- 阀门从一个断电线圈移开的分离阶段。
- 捕获线圈通电的接近阶段。
- 着陆阶段，其中进近速度可以通过已知量（例如测量电流、电流的时间导数和机器常数）的简单关系来计算。
- 保持阶段，在此阶段要防止阀门再次分离，并且要以尽可能少的能量消耗来保持阀门。

基于这种调节器结构，可以实现所谓的软着陆。理论上可以实现低至0.1m/s的阀门冲击速度。专利说明书[67]描述了调节器结构。借助于软着陆，一方面可以将脉冲增压器阀运行期间的噪声降低到不再听到金属声音的噪声模式的程度。另一方面，低的冲击速度会导致脉冲增压器阀盘密封表面上的脉冲电压易于控制，因此，耐用性得到了保证。

10.5.3 电气的系统集成

图10.119显示了系统集成，这里以四缸发动机为例。脉冲增压器控制单元和发动机管理系统的现有系统架构之间的接口通过CAN总线连接到发动机控制单元，通过现有的信号线连接到发动机传感器（曲轴信号，可能还有凸轮轴信号）以及车载电源。

发动机控制单元将有关为脉冲增压器阀设置的打开和关闭时间的信息传输到脉冲增压器控制单元。因此，这也确保了完整的发动机转矩结构仅保留在发动机控制中，并且仅使用现有的进气歧管模型根据转矩要求计算脉冲增压器阀的控制时间。因此，脉冲增压器控制单元在主从架构（Master - Slave Architektur）中作为从属控制元件工作，这确保正确执行指定的控制时间。此外，有关脉冲增压器阀状态诊断信息和关于分配任务的正确处理的诊断信息可以通过CAN传输到发动机控制系统。

这个方案设计还具有不需要脉冲增压器控制单元的应用的优点。所有调整参数都可以在发动机控制装置中找到，就像以前没有脉冲增压的方案一样。

10.5.4 机械的系统集成

由于热力学的要求，脉冲增压器阀必须布置在距燃烧室规定的距离处，几乎紧邻进气门。

阀门与内燃机的连接选择为准刚性的。阀门预先组装在一个阀门支架中（显示为铝制）并保证电接触（图10.122）。

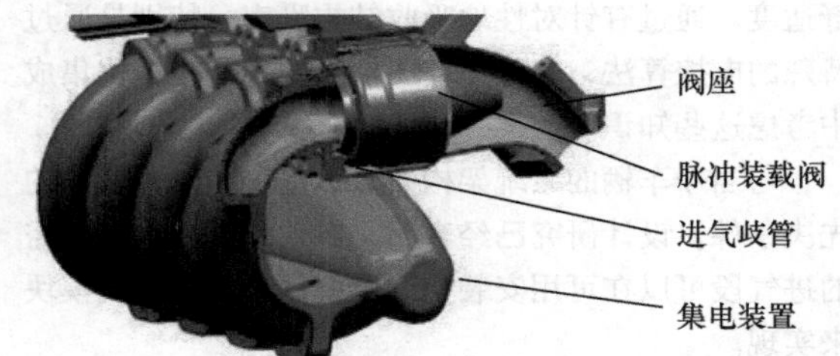

图10.122 带进气管和阀门支架的脉冲增压器阀

使用CFD计算在所有运行条件下模拟了设计为流动体的阀门内部区域周围的进气路径。根据计算结果进行进气通道的结构设计。

10.5.5 集成的脉冲增压器进气模块

图10.123显示了一个高度集成的汽油机进气模块，它包括带脉冲增压器阀的阀门支架、塑料进气管、带安装脉冲增压器控制单元的空气滤清器、带喷油器的燃油导轨以及最新一代的节气门执行器和传感器。

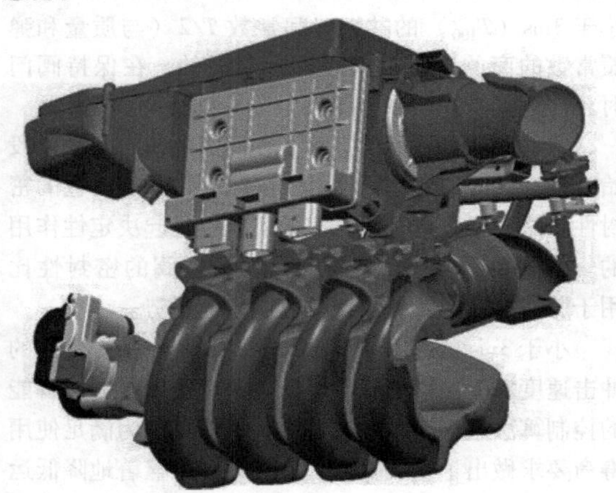

图10.123 集成的进气模块

所选择的结构允许与增压和非增压发动机一起使用。在柴油机上使用时，节气门执行器由废气节流定位器和柴油预节气门的组合所取代；不需要喷射系统的预组装。

在所示示例中，脉冲增压器控制单元连接到空气滤清器箱。电子设备由发动机吸入的新鲜空气流冷却。

参考文献

使用的文献

[1] Aoi, K.; Nomura, K.; Matsuzaka, H.: Optimization of Multi-Valve, Four Cycle Engine Design: The Benefit of Five-Valve Technology. SAE Technical Paper 860032

[2] Pischinger, S.: Verbrennungsmotoren I und II, Vorlesungsumdruck. RWTH Aachen, 20. Aufl. trans-aix-press, Aachen (1999)

[3] Jungbluth, G., et al.: Bau und Berechnung von Verbrennungsmotoren. Springer, Berlin (1983)

[4] Köhler, E., Flierl, R.: Verbrennungsmotoren, 5. Aufl. Vieweg+Teubner, Wiesbaden (2008)

[5] Brüggemann, H., Schäfer, M., Gobien, E.: Die neuen Mercedes-Benz 2,6 und 3,0-Liter-Sechszylinder-Ottomotoren für die neue Baureihe W 124. MTZ 46, (1985)

[6] Duelli, H.: Berechnungen und Versuche zur Optimierung von Ansaugsystemen für Mehrzylindermotoren und Einzylinder-Einspritzung. VDI-Fortschrittberichte, Reihe 12, Bd. 85. (1987)

[7] Shell Lexikon Verbrennungsmotoren. Supplement der ATZ und MTZ

[8] Schwelk, et al.: Fachkunde Fahrzeugtechnik. Holland + Jansen, Stuttgart (1989)

[9] Stoffregen, J.: Motorradtechnik, 7. Aufl. Vieweg+ Teubner, Wiesbaden (2010)

[10] Marquard, R.: Konzeption von Ladungswechselsystemen für Pkw-Vierventilmotoren unter Fahrzeugrandbedingungen, Dissertation. TH Aachen 1992

[11] Küntscher, V. (Hrsg.): Kraftfahrzeugmotoren – Auslegung und Konstruktion, 3. Aufl. Verlag Technik, Berlin (1995)

[12] List, H.: Der Ladungswechsel der Verbrennungskraftmaschine, Teil II, Der Zweitakt. Springer, Wien (1950)

[13] Schweitzer, P.H.: Scavenging of Two-Stroke Cycle Engines. Macmilian, New York (1949)

[14] Gerecke, W.: Entwicklung und Betriebsverhalten des Feuerrings als Dichtelement hoch beanspruchter Kolben. MTZ 14(6), 182–186 (1953)

[15] Venediger, H.J.: Zweitaktspülung insbesondere Umkehrspülung. Franckh'sche Verlagshandlung, Stuttgart (1947)

[16] Bönsch, H.W.: Der schnelllaufende Zweitaktmotor, 2. Aufl. Motorbuch Verlag, Stuttgart (1983)

[17] Kuhnt, H.-W.; Budihartono, H.; Schneider, M.: Auslegungsrichtlinien für Hochleistungs-2-Takt-Motoren. Vortrag bei der 4. Internationalen Jahrestagung für die Entwicklung von Kleinmotoren, Offenburg: 16. und 17. März 2001

[18] Blair, G.P.: Design and Simulation of Two-Stroke Engines. SAE, Warrendale (1996). ISBN 1560916850

[19] Bartsch, Ch.: Ein neuer Weg für den einfachen Zweitakter, Honda EXP-2 als Versuchsobjekt. Automob Revue (5), (1996)

[20] Zinner, K.: Aufladung von Verbrennungsmotoren, Grundlagen – Berechnung – Ausführung, 3. Aufl. Springer, Berlin, Heidelberg, New York, Tokyo (1985)

[21] Wanscheid, W.A.: Theorie der Dieselmotoren, 2. Aufl. VEB Verlag Technik, Berlin (1968)

[22] Zeman, J.: Zweitaktdieselmaschinen. Springer, Wien (1935)

[23] Hack, Langkabel: Turbo- und Kompressormotoren; Entwicklung, Technik, Typen. Motorbuchverlag, Stuttgart (1999)

[24] N. N.: Fahrzeugmotoren im Vergleich: Tagung Dresden 3.–4. Juni 1993, VDI Gesellschaft Fahrzeugtechnik, VDI Berichte 1066, Düsseldorf: VDI-Verlag, 1993

[25] N. N.: Der Napier-Diesel-Flugmotor „Normad". In: MTZ 15 (1954) 8, S. 236–239

[26] Huber, G.: Elektrisch unterstützte ATL-Aufladung (euATL) – Schaffung eines neuen Freiheitsgrades bei der motorischen Verbrennung, 6. Aufl. Aufladetechnische Konferenz, Dresden. (1997)

[27] Hannibal, W.: Vergleichende Untersuchung verschiedener variabler Ventilsteuerungen für Serien-Ottomotoren, Dissertation. Universität Stuttgart, 1993

[28] Haltenberger, S.: Vorrichtung zur Ventilverstellung. Patent DE PS 368775, 1918

[29] Bassi, A.; Arcari, F.; Perrone, F.: C.E.M. – The Alfa Romeo Engine Management System-Design Concepts-Trends for the future. SAE-Paper 85 0290, 1985

[30] Inoue, K.; Nagahiro, R.; Ajiki, Y.: A High Power, Wide Torque Range, Efficient Engine with a Newly Developed Variable Valve-Lift and -Timing Mechanism. SAE-Paper 89 0675, 1989

[31] Metzner, F.-T.; Flebbe, H.: Doppelnockenwellenverstellung an V-Motoren. 8. Aachener Kolloquium Fahrzeug- und Motorentechnik 1999

[32] Ebel, B., Metzner, F.-T.: Die neuen V-Motoren von Volkswagen mit Doppelnockenwellenverstellung. MTZ 61, 12 (2000)

[33] Hannibal, W.; Meyer, K.: Patentrecherche und Überblick zu variablen Ventilsteuerungen. Vortrag Haus der Technik, März 2000

[34] Ulrich, J., Fiedler, O.: Der Motor des neuen Porsche 968. MTZ 52, 12 (1991)

[35] Knirsch, S., Mann, M., Dillig, H., Reichert, H.-J., Bartholmeß, T.: Der neue Sechszylinder-V-Motor von Audi mit Fünfventiltechnik. MTZ 57, (1996)

[36] Metzner, F.-T., Keiser, P.: Der neue V6-4 V-Motor von Volkswagen. 20. Internationales Wiener Motorensymposium. (1999)

[37] Batzill, M.; Kirchner, W.; Körkemeier, H.; Ulrich, H. J.: Der Antrieb für den neuen Porsche Boxter. Sonderausgabe der ATZ und MTZ, 1997

[38] Braun, H. S.; Flierl, R.; Kramer; Marder, R.; Schlerf, G.; Schopp, J.: Die neuen BMW Sechszylindermotoren. In: Sonderausgabe ATZ und MTZ, 1998

[39] Knecht, A.: Nockenwellenverstellsystem „Double-V-Cam": Ein neues System für variable Steuerzeiten. Sonderdruck aus Systems Partners 98. Vieweg Verlagsgesellschaft mbH, Wiesbaden (1998)

[40] Wenzel, C.; Stephan, W.; Hannibal, W.: Hydraulische Komponenten für variable Ventilsteuerungen. Vortrag Haus der Technik Essen, 2000

[41] Endres, H.; Erdmann, H.-D.; Eiser, A.; Leitner, P.; Kaulen, W.; Böhme, J.: Der neue Audi A4; Der neue 3,0-l-V6-Ottomotor. Sonderausgabe der ATZ und MTZ, 2000

[42] Hannibal, W., Knecht, A., Stephan, W.: Nockenwellenversteller für Ottomotoren Bd. 247. Verlag moderne industrie, Landsberg am Lech (2002)

[43] N. N.: Die variable Ventilsteuerung VVTL-i der Fa. Toyota. Presseinformation der Fa. Toyota Köln, Januar 2001

[44] Schwarzenthal, D.; Hofstetter, M.; Deeg, H.-P.; Kerkau, M.; Lanz, H.-W.: VarioCam Plus, die innovative Ventilsteuerung des neue 911 Turbo. Vortrag, 9. Aachener Kolloquium 04.–06. Oktober 2000

[45] Torazza, G.: A Variable Lift and Event Control Device for Piston Engine Valve Operation. 14. FISITA Kongress. London (1972)
[46] Titolo, A.: Die variable Ventilsteuerung von Fiat. MTZ 47, 5 (1986)
[47] Wichart, K.: Möglichkeiten und Maßnahmen zur Verminderung der Ladungswechselverluste beim Ottomotor. VDI-Fortschrittsberichte Reihe 12, Bd. 91. (1987)
[48] Schön, H.: Untersuchungen an einem viergliedrigen Kurvenrastgetriebe zur variablen Betätigung der Ladungswechselventile in Hubkolbenmotoren, Dissertation. TH Karlsruhe, 1992
[49] Unger, H.: Valvetronic, Der Beitrag des Ventiltriebs zur Reduzierung der CO2-Emission des Ottomotors Bd. 263. Verlag moderne industrie, Landsberg am Lech (2004)
[50] Klaus, B.: Die Valvetronic der 2. Generation im neuen BMW-Reihen-Sechszylindermotor. VDI-Tagung in Stuttgart, 15. und 16. September 2004
[51] Jägerbauer, E., Fröhlich, K., Fischer, H.: Der neue 6,0 l-Zwölfzylindermotor von BMW. MTZ 64(7/8), (2003)
[52] Hannibal, W.; Flierl, R.; Stiegler, L.; Meyer, R.: Overview of current continuously variable valve lift systems for four-stroke spark-ignition engines and the criteria for their design ratings. SAE-Paper 2004-01-1263, Detroit, February 2004, MI, USA
[53] Hannibal, W., Flierl, R., Meyer, R., Knecht, A., Gollasch, D.: Aktueller Überblick über mechanisch variable Ventilsteuerungen und erste Versuchsergebnisse einer neuen mechanischen variablen Ventilsteuerung für hohe Drehzahlen. Variable Ventilsteuerung II, Bd. 32. Expert, (2004)
[54] Hack, G.: Freie Wahl. Auto Mot Sport (17), 48–50 (1999)
[55] Mischker, K., Denger, D.: Anforderungen an einen vollvariablen Ventiltrieb und Realisierung durch elektrohydraulische Ventilsteuerung EHVS. 24. Wiener Motoren Symposium. (2003)
[56] Koch, A., Kramer, W., Warnecke, V.: Die Systemkomponenten eines elektromagnetischen Ventiltriebs. 20 Wiener Motoren Symposium. (1999)
[57] Cosfeld, R., Klüting, M., Grudno, A.: Technologische Ansätze zur Darstellung eines elektromagnetischen Ventiltriebs. 8. Aachener Kolloquium Fahrzeug- und Motorentechnik. (1999)
[58] Langen, P.; Cosfeld, R.; Grudno, A.; Reif, K.: Der elektromagnetische Ventiltrieb als Basis zukünftiger Ottomotorenkonzepte. Vortrag Wiener Motoren Symposium, 4. Mai 2000
[59] Kreuter, P., Bey, R., Wensing, M.: Impulslader für Otto- und Dieselmotoren. 22. Internationales Wiener Motorensymposium, Wien. (2001)
[60] Elsässer, A., Schilling, W., Schmidt, J., Brodesser, K., Schatz, O.: Impulsaufladung und Laststeuerung von Hubkolbenmotoren durch ein Lufttaktventil. MTZ 62, 12 (2001)
[61] Jahrens, H.-U., Krebs, R., Lieske, S., Middendorf, H., Breuer, M., Wedowski, S.: Untersuchungen zum Saugrohreinfluss auf die Klopfbegrenzung eines Ottomotors. 10. Aachener Kolloquium Fahrzeug- und Motorentechnik, Aachen. (2001)
[62] Salber, W.; Duesmann, M.; Schwaderlapp, M.: Der Weg zur drosselfreien Laststeuerung. Fachtagung „Entwicklungstendenzen beim Ottomotor", Ostfildern, Dezember 2002
[63] Kreuter, P., Wensing, M., Bey, R., Peter, U., Böcker, O.: Kombination vom Abgasturbolader und Impulsaufladung. 11. Aachener Motorensymposium, Aachen. (2002)
[64] META Motoren Und Energietechnik GmbH: In einem Einlasskanal einer Kolbenbrennkraftmaschine angeordnete Zusatzventileinrichtung. Patentschrift DE 10137828A1, Juni 2001
[65] Findeisen, H.; Linhart, J.; Wild, S.: Development of an Actuator for a Fast Moving Flap for Impulse Charging. SAE 2003 World Congress, Detroit, MI, USA, März 2003
[66] Koch, A., Kramer, W., Warnecke, V.: Die Systemkomponenten eines elektromagnetischen Ventiltriebs. 20. Internationales Wiener Motorensymposium, Wien. (1999)
[67] Siemens AG: Apparatus for Controlling an Electromechanical Actuator. Patentschrift WO 0079548A2, Juni 1999
[68] Gunselmann, C.; Melbert, J.: Improved Robustness and Energy Consumption for Sensorless Electromagnetic Valve Train. SAE 2003 World Congress, Detroit, MI, USA, März 2003

进一步阅读的文献

[69] Kirsten K.: Variabler Ventiltrieb im Spannungsfeld von Downsizing und Hybridantrieb 32. Internationales Wiener Motorensymposium 5. und 6. Mai 2011
[70] Franz, A.; Wild, S.; Katsivelos, H.: Der Wettbewerb von Strömungsmaschine und Impulslader für ein optimales transientes Verhalten und geringste Abgasemissionen des Verbrennungsmotors. 25. Internationales Wiener Motorensymposium 2004, Band 2. Fortschritt-Berichte VDI, Reihe 12, Nr. 566

第 11 章　内燃机增压

工学博士 Hans Zellbeck 教授，工学博士 Tilo Roß，工学硕士 Marc Sens，
工学硕士 Guido Lautrich，Panagiotis Grigoriadis 博士

之前的章节里详细地阐述了内燃机发展的重要目标：比如更好的效率，也就是说低的燃油消耗和低的排放。更重要的一点是内燃机功率密度的提高。因此，这涉及从一个定义的结构体积或/和一个给定的发动机质量中获得尽可能大的功率。功率密度的增加也与效率的提高有关。

内燃机的功率与平均有效压力 p_{me}、转速 n 和总排量 V_H成正比。

$$P_e = p_{me} \cdot n \cdot V_H \cdot \frac{1}{Z} \tag{11.1}$$

$$p_{me} = \rho_2 \cdot \lambda_L \cdot \eta_e \cdot \frac{H_u}{\lambda \cdot L_{min}} \tag{11.2}$$

式中，四冲程 $Z=2$；二冲程 $Z=1$；P_e为有效功率；p_{me}为平均有效压力；n 为转速；V_H为气缸容积；ρ_2 为增压器后的密度；λ_L为充气系数；η_e为有效效率；H_u为低热值；λ 为过量空气系数；L_{min} 为最小空燃比。

增加气缸容积在提高发动机的功率的同时，也明显地增加发动机的质量和所需的结构空间以及由于摩擦功率的提高而使发动机的效率变差。随着转速的升高，摩擦损失远超比例地增加，而同样地，功率随之升高。

热值 H_u和最小空燃比 L_{min} 是燃料的特性数据，并假定有如下关系式：

$$p_{me} \sim \rho_2 \cdot \frac{1}{\lambda} \eta_e \cdot \lambda_L \tag{11.3}$$

对此，平均有效压力与空气的密度、有效效率、充气效率成正比，与过量空气系数成反比。空气的密度取决于增压压力和增压空气温度。

$$\rho_2 = \frac{p_2}{R \cdot T_2} \tag{11.4}$$

式中，ρ_2 为增压器后的密度；p_2 为增压压力；R 为气体常数；T_2 为压气机后的温度。

随着空气密度的增加，发动机的有效功率也会明显地提高。如今，特别是大型发动机，平均压力可达到 31bar；乘用车发动机的平均压力也可达到 30bar（汽油机）及 31bar（柴油机）。

除了提高功率密度外，增压技术也在减少发动机有害气体排放方面有着非常重要的意义和作用，也成为发动机设计方案中必不可少的组成部分了。

11.1　机械增压

在机械增压中，增压器由发动机的曲轴机械式地驱动（图 11.1）。增压器工作时所需的功由发动机提供，这些功的一部分在进气行程中又反作用到活塞上。

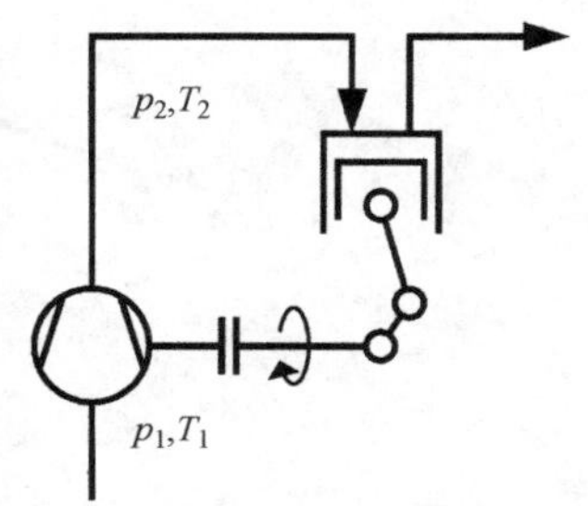

图 11.1　机械增压系统示意图

增压工作过程是在更高的压力水平下进行的。这也在空燃比保持不变的前提下导致了平均压力的提高。机械增压在提高发动机功率时首先带来的是发动机效率变差。然而，对机械增压发动机与功率相同的自然吸气发动机进行比较时就会发现：由于机械损失和热损失较少，机械增压发动机在效率方面表现更好。作为压气机，很少采用径向压气机（带变速器），更多使用罗茨式压气机（图 11.2、图 11.3）、

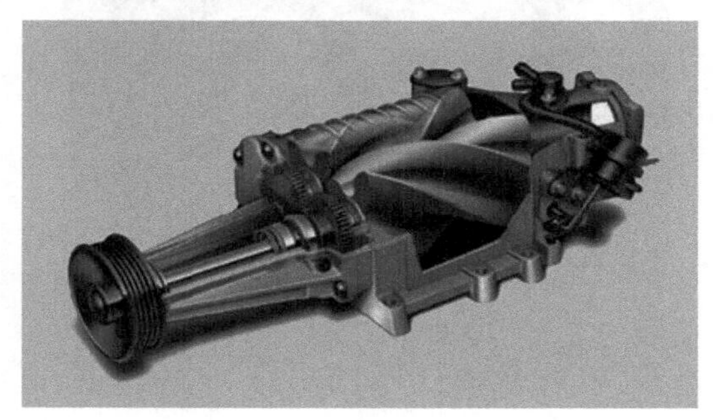

图 11.2　罗茨式压气机[1]

螺杆式压气机（图 11.4）或涡旋式增压器（图 11.5）。如今，在乘用车汽油机中主要采用机械

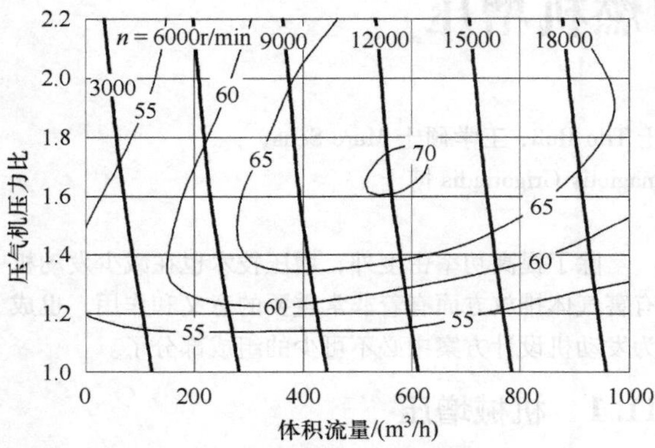

图 11.3 罗茨式压气机特性场[1]

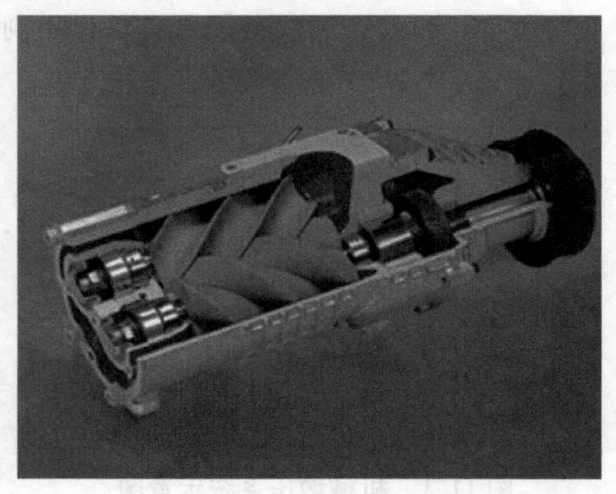

图 11.4 螺杆式压气机[2]

图 11.5 涡旋式增压器[3]

增压。在乘用车汽油机中使用时的优点是在冷起动期间不会从废气流中带走热量，这对于催化器在预热阶段的起燃是非常重要的。

11.2 废气涡轮增压

在废气涡轮增压中，发动机和涡轮增压器（图 11.6）不是机械式的，而是热力学的相互耦合。压气机由涡轮机来驱动。涡轮机由发动机排出的废气气流来驱动，并覆盖压气机的整个功率需求。

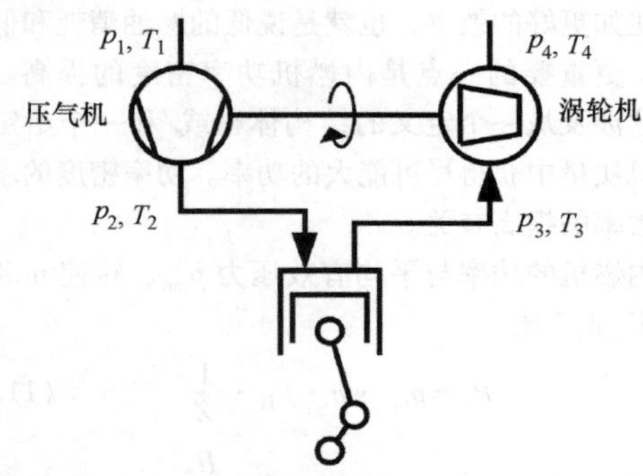

图 11.6 废气涡轮增压示意图

1）恒压增压。恒压增压时，在涡轮机和压气机之间的废气管路的容积很大，其目的在于：尽可能地减少发动机各缸的压力冲击以及涡轮机尽可能连续地工作，也就是说：保持稳定的 p_3、T_3 状态。

首先假定的是：压力 p_3 等于压力 p_2，这样，发动机就可以在更高的压力水平下运行，不会有热力学效率的变化。然而，通过准确的考察后可以确认：涡轮机中正在扩大更大的体积，从而获得轻微的增益。当 $p_2 > p_3$ 时，将会有部分涡轮增压器功经换气过程反馈给发动机的曲轴。

2）脉冲增压。在冲击式或者脉冲式增压中，还以压力波的形式利用了废气的动能。图 11.7 显示涡轮机前的压力变化过程。与恒压运行相比，这意味着增益，因为不是将气缸压力不可逆地节流到排气背压 p_3，而是等熵膨胀到环境状态。然而，事实上，这个增益并不能被完全利用，因为无论如何排气门都会有节流，另一方面，脉动进气的涡轮机效率低于优化的恒压增压的涡轮机效率。脉冲增压主要是在部分负荷下，尤其是在加速特性方面具有优势。

通过在给定的点火次序下将某些气缸合理地汇总在一起，可以避免在气门叠开期间使排出的废气返回到气缸，从而导致气缸残留气体含量的增加。在增压汽油机中，残留气体含量的提高将会导致更高的爆燃倾向，从而导致点火更加延迟，进而带来输出转矩的

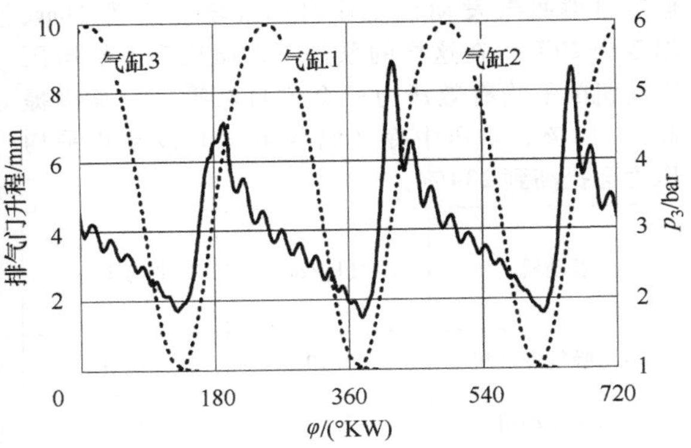

图 11.7　脉冲增压时的压力波

损失和燃油消耗的增加。

废气涡轮增压器由一个压气机和一个涡轮机所组成，如图 11.8 所示。运动部件如图 11.9 所示。

图 11.8　废气涡轮增压器[4]

图 11.9　涡轮增压器的运动部件[4]

压气机的特性如图 11.10 的压气机特性场所示。

压气机转速和等熵的压气机效率相对于容积流量 $\dot{V}_1$（修正的）和压比 p_2/p_1（总压力）作图。如果沿着恒定的圆周速度（转速）向左侧移动，即在压力侧对压气机进行越来越强的节流，则会达到喘振极限。由于会引起压气机的损坏，在运行时不能在这样的工况下运行。

为了表示涡轮机特性，将等熵涡轮机效率和流量特性参数与涡轮机压比 p_3/p_4（总/静态）（图 11.11）关系作图，以圆周速度（涡轮机转速）作为参数。如果在热气体试验台上确定涡轮机的特性，则在涡轮机效率中包含了废气涡轮增压器的机械效率。

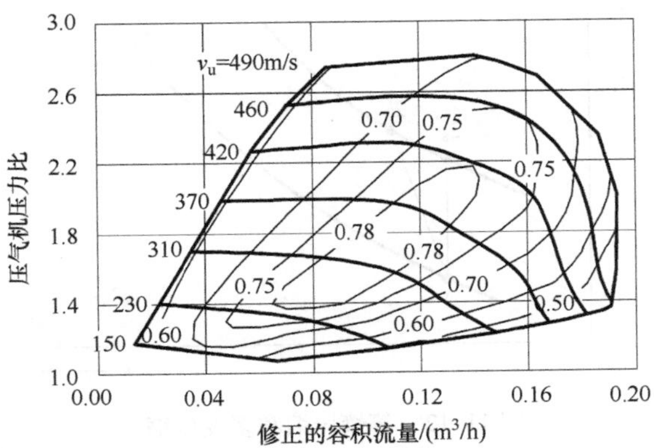

图 11.10　在热气体试验台上测量径流压气机的压气机特性场

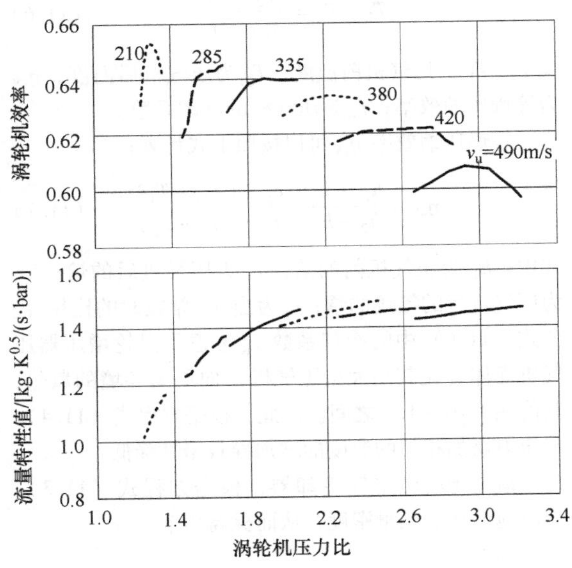

图 11.11　在热气体试验台上测量径流涡轮机的涡轮机特性场

11.3　增压空气冷却

考察从 1 到 2_s 的等熵压缩过程（图 11.12），就会发现有一个温度升高的情况。等熵压缩按照公式（11.5）计算：

$$\frac{T_2}{T_1}=\left(\frac{p_2}{p_1}\right)^{\frac{\kappa-1}{\kappa}} \tag{11.5}$$

式中，T_1 为压气机前温度；T_2 为压气机后温度；p_1 为压气机前压力；p_2 为增压压力；κ 为等熵指数。

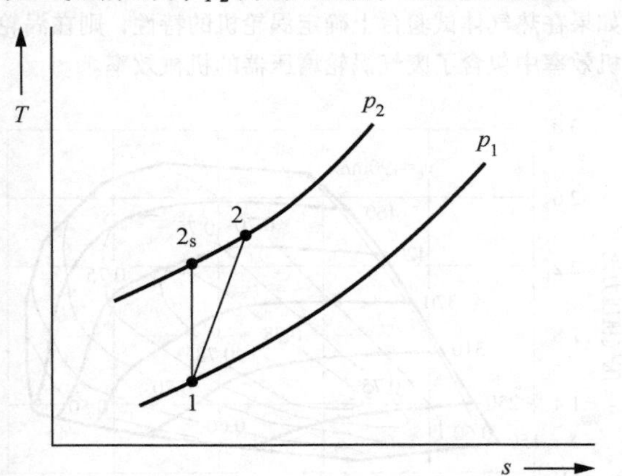

图 11.12　等熵压缩和多变压缩

然而，由于压缩并不是等熵的，而是多变压缩，因此会进一步提高温度（公式 11.6）。

$$T_2-T_1=\frac{(T_2-T_1)_s}{\eta_{sV}\cdot\tau_K} \tag{11.6}$$

式中，T_1 为压气机前温度；T_2 为压气机后温度；η_{sV} 为等熵压缩效率；τ_K为压气机的冷却系数。

等熵压缩效率 η_{sV} 可以按照下式计算：

$$\eta_{sV}=\frac{h_{2s}-h_1}{h_2-h_1}\approx\frac{c_p\cdot(T_{2s}-T_1)}{c_p\cdot(T_2-T_1)} \tag{11.7}$$

式中，h_1 为压气机前的焓；h_2 为压气机后的焓；h_{2s} 为压气机后的等熵的焓；c_p为当 p = 常数时的比热容。公式（11.6）中的冷却系数 τ_K 考虑了涡轮增压器压气机壳体（尤其是大型压气机）向周围环境的散热，其值在 1.04 ~ 1.1 之间。因此，根据方程式（11.4），与压力增加相关的温度的增加导致密度降低。

借助于增压空气冷却器，根据方程式（11.3），相应地增加了充量密度，从而提高功率。

例如：

$p_1=1\text{bar}$，$T_1=293\text{K}$（20℃）

压气机：$\pi_V=p_1/p_2=2.5$

$\eta_{sV}=0.85$

$T_2=313\text{K}$（40℃）

图 11.13 所示的是自然吸气发动机、增压发动机和增压中冷（冷却到 40℃）发动机的工况比较。在所有的三种情况下的空燃比是相同的。这样就可以直接得知密度与功率之间的相互关系了。假定自然吸气发动机工作时的环境压力为 1bar、温度为 20℃。在这样的条件下，压比 2.5 的增压发动机的平均有效压力就会比自然吸气发动机提高到 187%，增压中冷（温度 40℃）发动机平均压力会提高到 234%。

发动机	ρ_2/(kg/m³)	平均压力
自然吸气发动机	1.19	100%
增压发动机	2.23	187%
增压中冷发动机	2.78	234%

图 11.13　发动机的密度和平均压力

11.4　发动机与压气机的相互作用

11.4.1　压气机特性场中的四冲程发动机

图 11.14 所示是四冲程内燃机的呼吸曲线。当发动机转速 n 保持不变时，容积流量 $\dot{V}_1$ 随压比 p_2/p_1 的增大仅有小幅度的线性的提高。发动机的工作相当于容积式机械设备，当转速增加时，其流量相应地明显地增加。

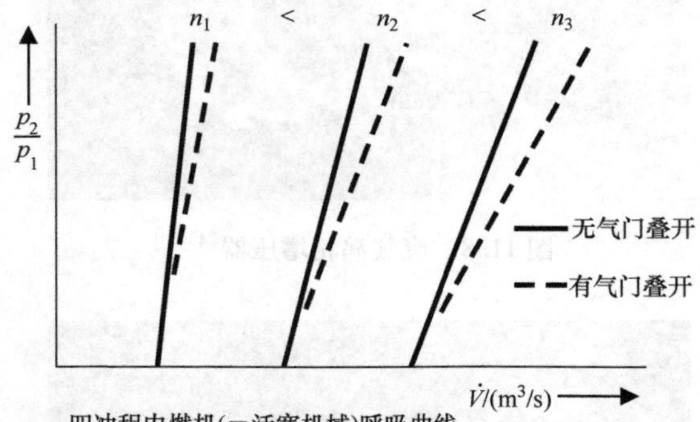

图 11.14　四冲程发动机的呼吸曲线

在转速不变时，随着气门重叠角的增加，容积流量 $\dot{V}_1$ 随压比 p_2/p_1 的提高而不太急剧地增加。

1）柱塞式增压器。这类增压器例如柱塞式增压器、往复式增压器、旋转活塞式增压器、罗茨增压器和螺杆式增压器。

从图 11.15 中可以看出，随着压气机转速的增加，流量也增加，随着背压的提高，流量略有下降。当转速恒定时，则根据不同的背压情况会有 1、2 或者 3 工况点。

2）径流式压气机。径流式压气机是按照离心原理工作的。由于叶轮入口和出口之间的圆周速度差引

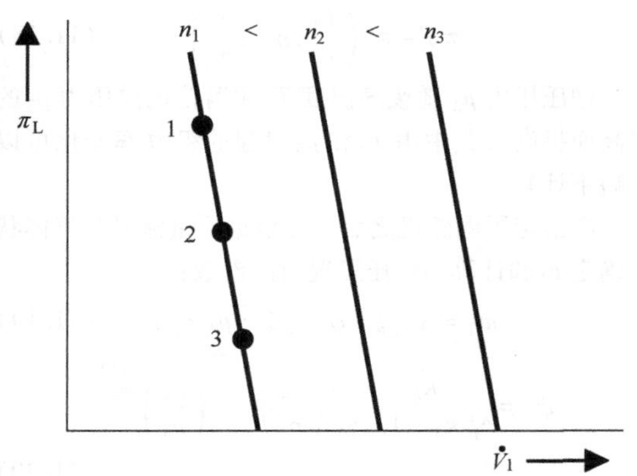

图 11.15　柱塞式增压器的呼吸曲线

起压力的增加。以这种方式提供的动能在扩压器中转化为压力。图 11.16 所示的压气机特性场受到喘振线的限制。压气机在喘振线左侧不可能稳定运行。在该区域，从压气机叶片内侧开始的气流分离会导致严重的压力波动，这可能会损坏压气机。在喘振线右侧，转速线略微下降，在接近壅塞极限时，会急剧下降。根据不同的背压情况，会有 1、2 或者 3 工况点。

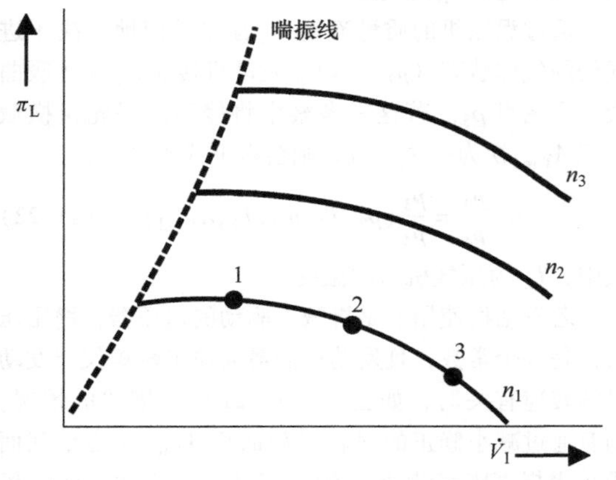

图 11.16　径流式压气机特性曲线

11.4.2　机械增压

（1）柱塞式增压器与四冲程发动机的机械耦合（图 11.17）

对于给定的传动比，给出所显示的运行曲线 1—2—3—4。通过改变传动比，可以生成运行曲线 1′—2′—3′—4′，从而导致平均工作压力的提升。

（2）径流式压气机与四冲程发动机的机械耦合

如图 11.18 所示，进气流量和增压压力随转速的增加成平方地提高。这就导致了如图 11.19 所示的平均压力随转速变化的关系曲线。

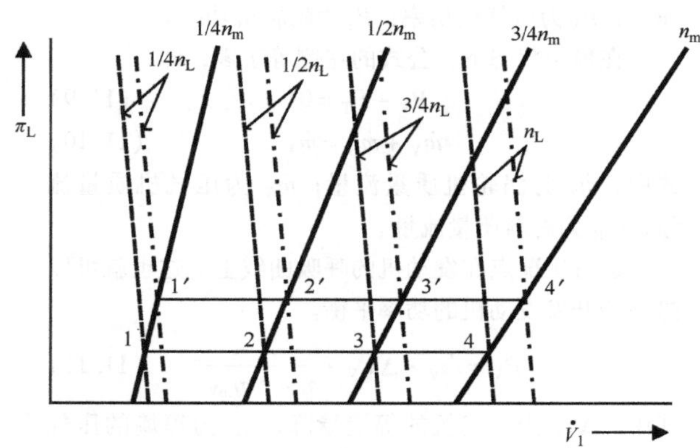

图 11.17　柱塞式增压器与四冲程发动机的机械耦合

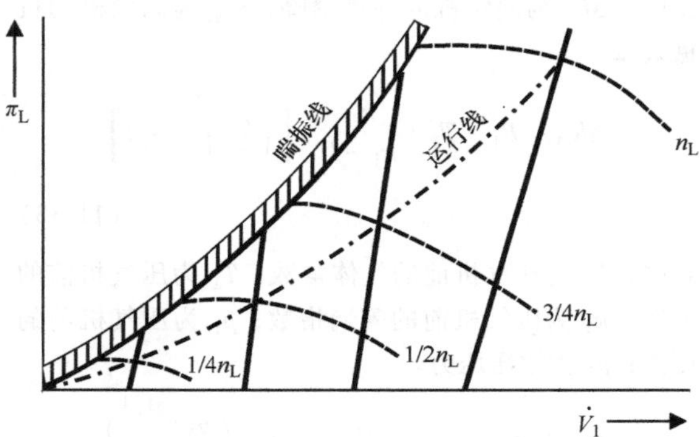

图 11.18　径流式压气机与四冲程发动机的机械耦合

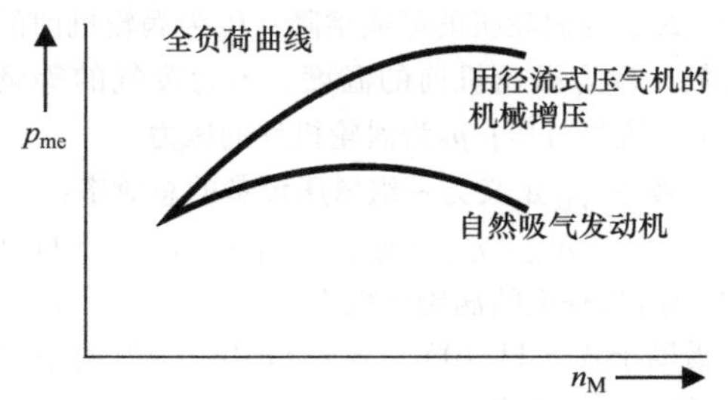

图 11.19　平均压力与转速的关系曲线

11.4.3　废气涡轮增压

在废气涡轮增压中，发动机与废气涡轮增压器之间是热力学耦合的。相应的涡轮增压器转速根据压气机与涡轮机之间的功率平衡进行调整。如果关注涡轮增压器轴处的功率平衡，给出角速度的变化如下：

$$\frac{d\omega_{TL}}{dt} \cdot J_{TL} \cdot \omega_{TL} = P_V + P_T \qquad (11.8)$$

式中，$\frac{d\omega_{TL}}{dt}$为废气涡轮增压器角速度的变化；J_{TL}为涡轮增压器的极惯性矩；ω_{TL}为废气涡轮增压器的角速度；P_V为压气机功率；P_T为涡轮机功率。

在稳定状态下，公式的左侧等于零，即

$$P_V + P_T = 0 \tag{11.9}$$

$$\dot{m}_V + \dot{m}_B = \dot{m}_T \tag{11.10}$$

式中，$\dot{m}_T$ 为涡轮机质量流量；$\dot{m}_V$ 为压气机质量流量；$\dot{m}_B$ 为燃料质量流量。

运行工况点在发动机的呼吸曲线上。这也就可以进一步开发发动机的功率平衡。

$$P_V = \dot{m}_V \cdot \Delta h_{sV} \cdot \frac{1}{\eta_{sV} \cdot \eta_{mV}} \tag{11.11}$$

式中，Δh_{sV}为压气机的等熵焓降；η_{sV}为等熵的压气机效率；η_{mV}为压气机的机械效率。

$$P_T = \dot{m}_T \cdot \Delta h_{sT} \cdot \eta_{sT} \cdot \eta_{mT} \tag{11.12}$$

式中，Δh_{sT}为涡轮机的等熵焓降；η_{mT}为涡轮机的机械效率。

$$\Delta h_{sV} = R_1 \cdot T_1 \cdot \frac{\kappa_1}{\kappa_1 - 1} \cdot \left[\left(\frac{p_2}{p_1}\right)^{\frac{\kappa-1}{\kappa_1}} - 1\right] \tag{11.13}$$

式中，R_1 为压气机前的气体常数；T_1 为压气机前的温度；κ_1 为压气机前的等熵指数；p_1 为压气机前的压力；p_2 为增压压力。

$$\Delta h_{sT} = R_3 \cdot T_3 \cdot \frac{\kappa_3}{\kappa_3 - 1} \cdot \left[1 - \left(\frac{p_4}{p_3}\right)^{\frac{\kappa_3-1}{\kappa_3}}\right] \tag{11.14}$$

式中，Δh_{sT}为涡轮机的等熵焓降；R_3为涡轮机前的气体常数；T_3为涡轮机前的温度；κ_3为废气的等熵指数；p_3为废气背压；p_4为涡轮机后的压力。

组效率η_{TL}定义为一组增压设备的总效率：

$$\eta_{TL} = \eta_{mV} \cdot \eta_{sV} \cdot \eta_{mT} \cdot \eta_{sT} \tag{11.15}$$

式中，η_{sT}为等熵的涡轮机效率。

借助于式（11.10）~式（11.14），由功率平衡和η_V的关系，获得π_V：

$$\eta_V = p_2/p_1 \tag{11.16}$$

π_V为压气机压比，$\kappa_L = 1.4$，涡轮增压器的计算公式为

$$\pi_V = \left[1 + \frac{\dot{m}_T}{\dot{m}_V} \cdot \frac{c_{p3}}{c_{p1}} \cdot \frac{T_3}{T_1} \cdot \eta_{TL} \cdot \left(1 - \frac{p_4}{p_3}\right)^{\frac{\kappa_3-1}{\kappa_3}}\right]^{3.5} \tag{11.17}$$

式中，c_{p1}为压气机前的比热容；c_{p3}为涡轮机前的比热容；η_{TL}为组效率。

若取$\frac{\dot{m}_T}{\dot{m}_V} = 1.03 \sim 1.07$，则压气机压比的公式可用以下函数式表示，即

$$\pi_V = \pi_V\left(\frac{T_3}{T_1};\eta_{TL};\frac{p_4}{p_3}\right) \tag{11.18}$$

增压压力p_2随废气温度T_3和涡轮机前压力p_3的提高而提高（其中由T_3和p_3引起的组效率变化可以忽略不计）。

在给定了涡轮机之后，可根据质量流量和气体状态确定p_3和计算出恒压工况时的参数：

$$m_T = A_{T\,red} \cdot \psi_T \sqrt{2 \cdot p_3 \cdot \rho_3} \tag{11.19}$$

$$\psi_T = \sqrt{\frac{\kappa_3}{\kappa_3 - 1}} \cdot \sqrt{\left(\frac{p_4}{p_3}\right)^{\frac{2}{\kappa_3}} - \left(\frac{p_4}{p_3}\right)^{\frac{\kappa_3+1}{\kappa_3}}} \tag{11.20}$$

式中，$A_{T\,red}$为涡轮机当量截面积；ψ_T为流量函数；κ_3为废气的等熵指数。

若把涡轮机视为一个节流点（节流点前、后的压力为p_3和p_4），则有以下公式：

$$p_3 - p_4 = \frac{\rho_3}{2} \cdot v_3^2 \sim \frac{\dot{m}_T^2}{\rho_3^2} \cdot \frac{\rho_3}{A_{T\,red}^2} \sim \frac{(n_M \cdot V_H \cdot \rho_2)^2}{\rho_3} \tag{11.21}$$

式中，ρ_2 为增压器后的密度；ρ_3为涡轮机前的密度；v_3为涡轮机流速；$A_{T\,red}$为涡轮机当量截面积；n_M为发动机转速；V_H为气缸容积。

通过涡轮机的质量流量 $\dot{m}_T$首先近似地取决于进气处的气体状态（p_2，T_2）、发动机转速 n_M（呼吸曲线）和密度ρ_3。若这一考察中将修正的涡轮机横截面积$A_{T\,red}$视为一个常数，则会有下式关系式：

$$\frac{p_3}{p_4} = \frac{p_3}{p_4}(p_2, T_2, n_M, T_3, A_{T\,red}) \tag{11.22}$$

式中，T_2 为压气机后的温度。

若发动机使用的是机械式驱动的增压器，增压压力比是一个常数，且发动机的最大输出转矩仅与发动机的转速有关时，如公式（11.21）所描述的情况，则有通过减小修正的涡轮机截面积 $A_{T\,red}$（当量截面积）来提高废气背压 p_3的可能性。这增加了涡轮机处的焓降，因而提高了涡轮增压器的功率和转速，从而提高了增压压力。

原则上，在不同的运行工况点和同样的$A_{T\,red}$时，涡轮机上会有不同的焓降，从而也就会有不同的增压压力。现在将在三个临界情况的基础上讨论发动机与废气涡轮增压器之间的这种热力学相互作用。

1）发电机工况。在所谓的发电机工况中，由于对发电机恒定的旋转频率的要求，转速 n_M必须尽可能地保持不变（图 11.20）。

当发动机采用机械式增压器时保持在一个运行工况点，因为此时 n_M = 常数（图 11.21）。

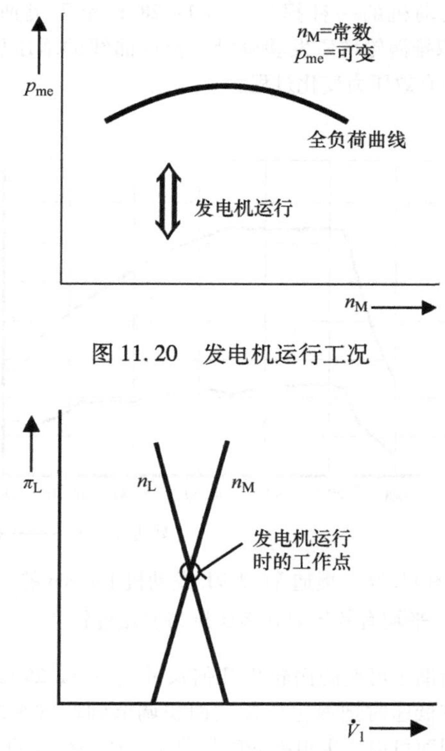

图 11.20　发电机运行工况

π_L
n_L
n_M
发电机运行
时的工作点
$\dot{V}_1$

图 11.21　发电机运行时的工作点

对采用废气涡轮增压的发动机来讲，通过负荷的变化，会有不同的 p_3 和 T_3，因此也会有不同的涡轮机功率，也会有不同的增压压力。运行工况点1、2和3都在相应发电机转速的发动机呼吸曲线上（图 11.22）。

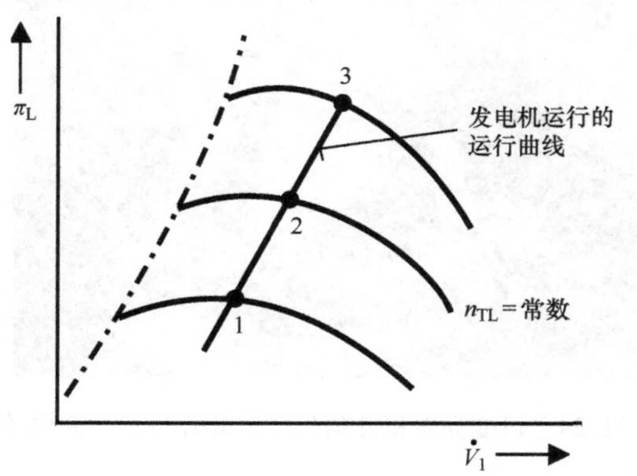

图 11.22　发电机呼吸曲线和发电机运行曲线

当负荷提高（喷油量增加）时 p_3 和 T_3 也随着提高，从而也提高了涡轮机功率。涡轮机转速的提高，同样也提高了增压压力 p_2 和质量流量。

2）转速抑制，p_{me} = 常数，n_M = 可变。如图 11.23 所示，平均有效压力在不同发动机转速下沿水平线移动。因此，这在压气机特性场（图 11.24）中形成了更平坦的运行曲线（a），这意味着运行工况点随着转速的降低而向喘振极限（危险）移动。这种转速抑制的运行模式也大约发生在车辆沿着全负荷曲线运行，并对废气涡轮增压提出了最高的要求。

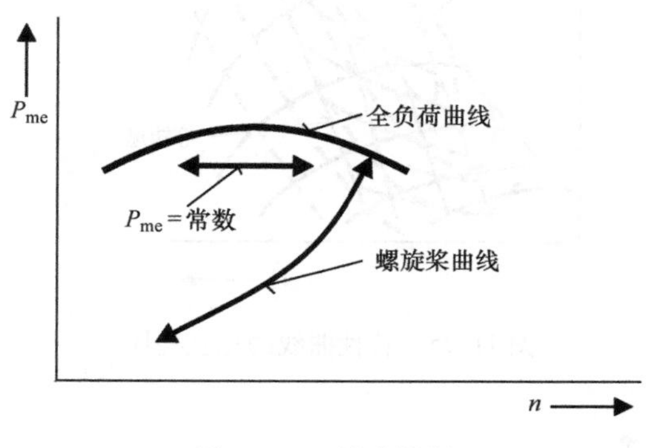

图 11.23　转速抑制

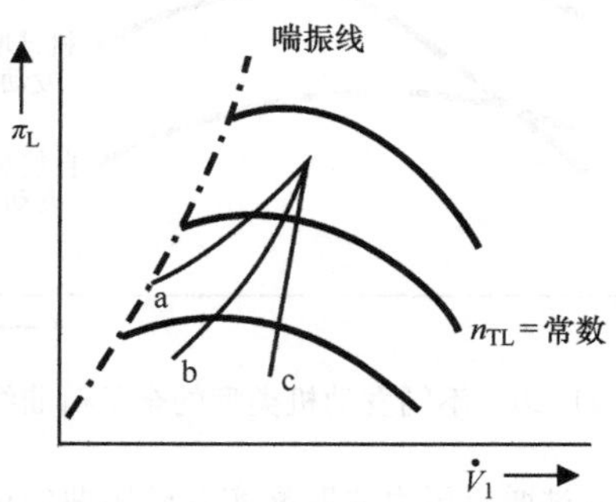

图 11.24　发电机运行与转速抑制之间的运行曲线

a—等平均压力　b—螺旋桨运行　c—发动机运行

3）螺旋桨工况，n_M = 可变，$p_{me} \sim n_M^2$。在带定距螺旋桨的船舶动力驱动中，驱动螺旋桨的转矩取决于螺旋桨转速的平方。

图 11.24 所示的压气机特性场表示发电机驱动与转速抑制之间的运行曲线。

图 11.25 表示的是所有等负荷和等转速时的曲线相互叠加的情况。在车辆运行中，由此要覆盖整个范围，这就需要更宽的压气机特性场。图 11.26 显示了自然吸气发动机、机械增压发动机和废气涡轮增压发动机全负荷的平均压力曲线。后一条曲线表现出非常不利的特性，因为转矩也随着转速的降低而降低。然而，为了在车辆运行中获得良好的加速性能，平均压力曲线必须随着发动机转速的降低而增加。这可以通过涡轮增压器中的外部调节干预来实现。

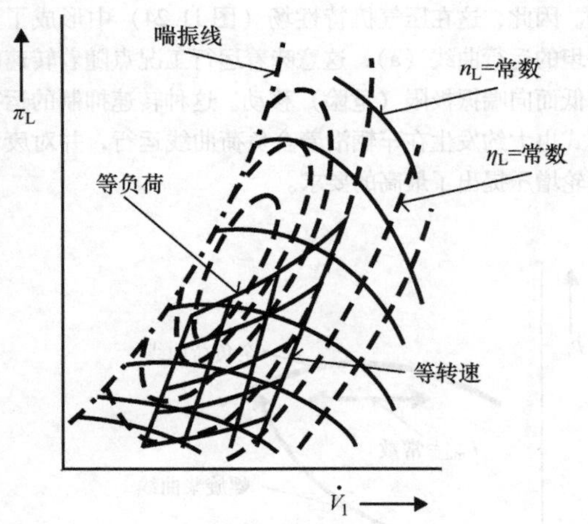

图 11.25　特性曲线的相互叠加

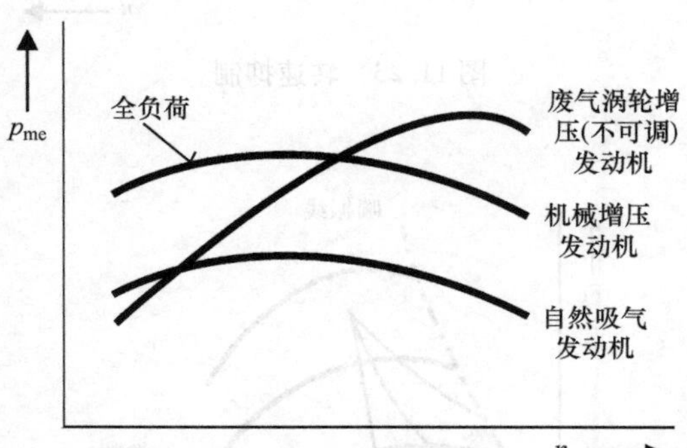

图 11.26　不同发动机类型的全负荷曲线

4）通过增压压力的匹配实现转矩曲线的优化。为了即使在低速（乘用车 < 1750r/min，商用柴油车 < 1000r/min）下也能实现高的增压压力，通常选择小的涡轮机喉部横截面 $A_{T\ red}$；这会增加涡轮机前的压力。然而，随着转速的增加，由于废气焓流的增加，增压压力也会增加；这也增加了气缸中的最大压力。为了限制相关的部件应力，将增压压力调节到一个恒定值，多余的废气焓流从涡轮机旁通过（放气阀），因此未经利用地流入排气管（图 11.27），这是表明发动机的一种损失。图 11.28 显示了奥迪 V6 2.7L 双排涡轮增压发动机沿全负荷曲线的增压压力和平均有效压力变化过程。

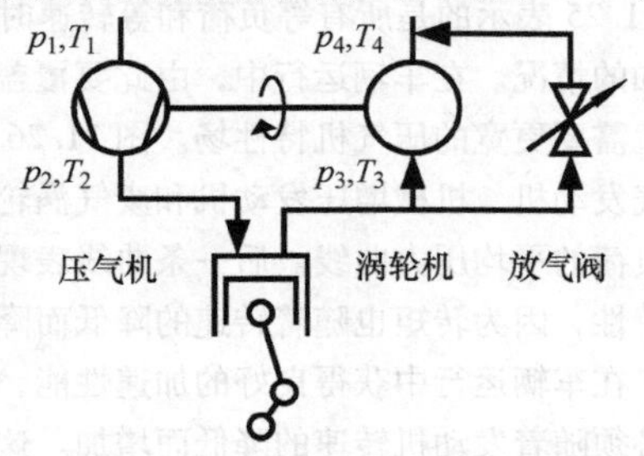

图 11.27　带放气阀的废气涡轮增压示意图

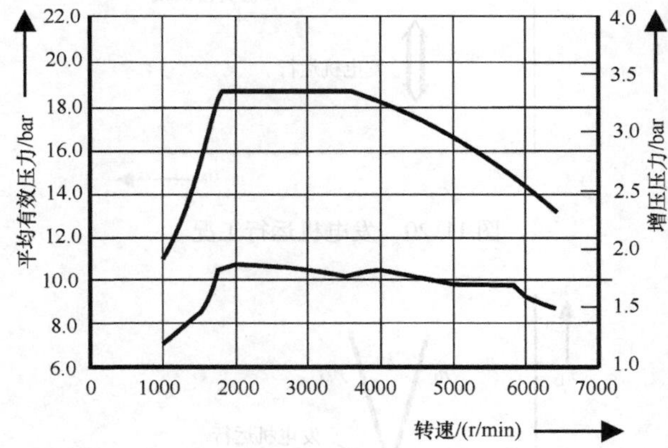

图 11.28　奥迪 V6 2.7L 发动机 Biturbo 的平均有效压力和增压压力变化过程[5]

借助于可变的涡轮机几何尺寸（图 11.29），就能够在低速时把涡轮机横截面积调节到非常小的程度。因而可以产生很高的废气背压，达到很高的增压压力。

图 11.29　可变涡轮机几何尺寸，叶片位置：开启[4]

伴随着更高的转速和由此带来的质量流量的提高，涡轮机叶片向着最大进气量横截面积的方向旋转，叶片位置如图 11.29 所示。

图 11.30 显示了一台 6 缸汽油机带有两个废气涡轮增压器的增压系统。图 11.31 所示的是一台增压中速船用柴油机，其中，采用轴流式涡轮机的相应的废气涡轮增压器如图 11.32 所示。

图 11.30　双废气涡轮增压器组成的增压系统[6]

图 11.31　Queen Elizabeth 公司的 2.9×9L 58/64，95.5MW 柴油发电设备[7]

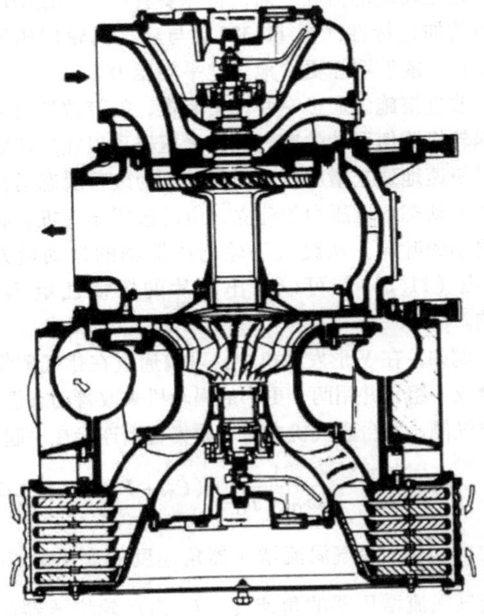

图 11.32　MAN 公司轴流式涡轮机的废气涡轮增压器[7]

在二级增压中，如图 11.33 所示，两台废气涡轮增压器是依次串联配置的；在大型发动机中，要对压缩后的空气在第一级压气机后进行中间冷却；在高压压气机之后再次进行冷却。在这样的带中间冷却的二级增压中可以得到很好的增压效率，在增压比 >5 时也可以得到高达 30bar 的平均压力。对于对动态性能和流量范围有着很高要求的应用（汽车领域中的应用），这一方案可以通过使用一个（仅高压的，商用车）以及使用两个旁通阀（乘用车）来扩展可调节的二级增压。

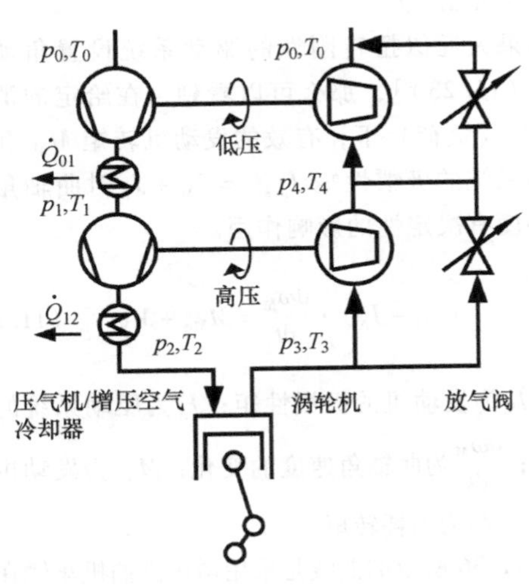

图 11.33　二级增压示意图

有着很高集成度的、由多个废气涡轮增压器所组成系统如图 11.34 和图 11.35 所示。

图 11.34　20V 4000 M93，3900kW @ 2100r/min[8]

11.5　动态特性

内燃机是驱动系统的一个组成部分，对发动机的要求是要有很快的响应速度。这一要求适用于所有的应用场合。应急电源要求内燃机必须在很短的时间内（<15s）从静止状态提高到全负荷。

在车辆运行中，即使在极端的负荷条件下（例如，带有拖车的乘用车在坡度上起步），内燃机也必须自发地（<2s）产生最大转矩。自然吸气发动机几乎直接通过节气门角度（汽油机）或喷射量（柴油机）来控制转矩。

如果为近似扭转刚性的驱动系统设置角动量［方程（11.23）］，那么可以看到，在给定的消耗转矩 M_V（负荷）下，有效的发动机转矩 M_{Me} 和整个驱动系统的极惯性矩 $J_{ges\,A} = J_M + J_A$ 对曲轴角速度的梯度有决定性的影响作用。

$$(J_M + J_A) \cdot \frac{d\omega_M}{dt} = M_{Me} + M_V \qquad (11.23)$$

式中，J_M 为发动机的极惯性矩；J_A 为驱动系统的极惯性矩；$\frac{d\omega_M}{dt}$ 为曲轴角速度的变化；M_{Me} 为发动机有效转矩；M_V 为消耗转矩。

图 11.36 所示的曲线是采用增压汽油机车辆在高动态性能试验台上，变速器为 5 档时从 60km/h 加速到 100km/h 的动态响应试验结果。

在 3.5s 的时间内，进气管压力和平均压力就达到了稳定值。

图 11.37 所示曲线是另一台汽油机在高动态试验台上进行动态试验的结果，试验条件是恒定转速 n = 2000r/min 时的负荷跳跃。其中，平均压力达到稳态的最大值为止。测量的负荷负载信号矩形地在 1s 内上升到 100%。自然吸气发动机在经过了一定的延迟时间后同样也能自发地提高转矩。废气涡轮增压汽油机也能按照相同的方式达到稳态时可达到的平均压力值的 55%。然后，因废气涡轮增压器叶轮的加速而按照 13%/s 的比率缓慢提高。大约 3s 之后，发动机达到了最大平均压力值。在讨论废气涡轮增压发动机改进建立转矩的措施之前，首先要看一下机械增压发动机的加速特性（图 11.38），与废气涡轮增压发动机相比，能够明显更快地建立平均压力。

改进措施。通过一些调整装置，如带放气阀或可变涡轮机几何尺寸的废气涡轮增压器可以在加速阶段明显快速地建立增压压力。另外，为改善瞬态运行过程中的动态增压压力的建立，由此选用压气机和涡轮机更小的叶轮。从废气涡轮增压器轴的角动量方程［方程（11.24）］可以看出叶片的极惯性矩 J_{TL} 的影响。

例如，在 V 形发动机中，可以通过在排气侧每排组合成一组，并用两个更小的涡轮机来改善动态性能。在空气侧，两台压气机在一个收集管上连接在一起。

$$\frac{d\omega_{TL}}{d\varphi} = \frac{1}{\omega_{TL} \cdot J_{TL}} \cdot (P_T + P_V) \qquad (11.24)$$

式中，$\frac{d\omega_{TL}}{d\varphi}$ 为废气涡流增压器角速度的变化量；ω_{TL} 为废气涡流增压器的角速度；J_{TL} 为涡轮增压器的极惯性矩；P_T 为涡轮机的功率；P_V 为压气机的功率。

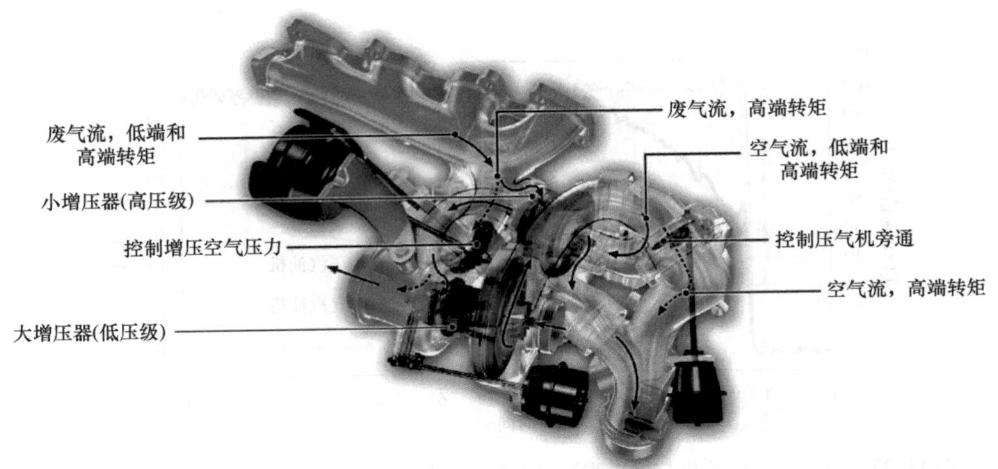

图 11.35　乘用车用二级增压系统[9]

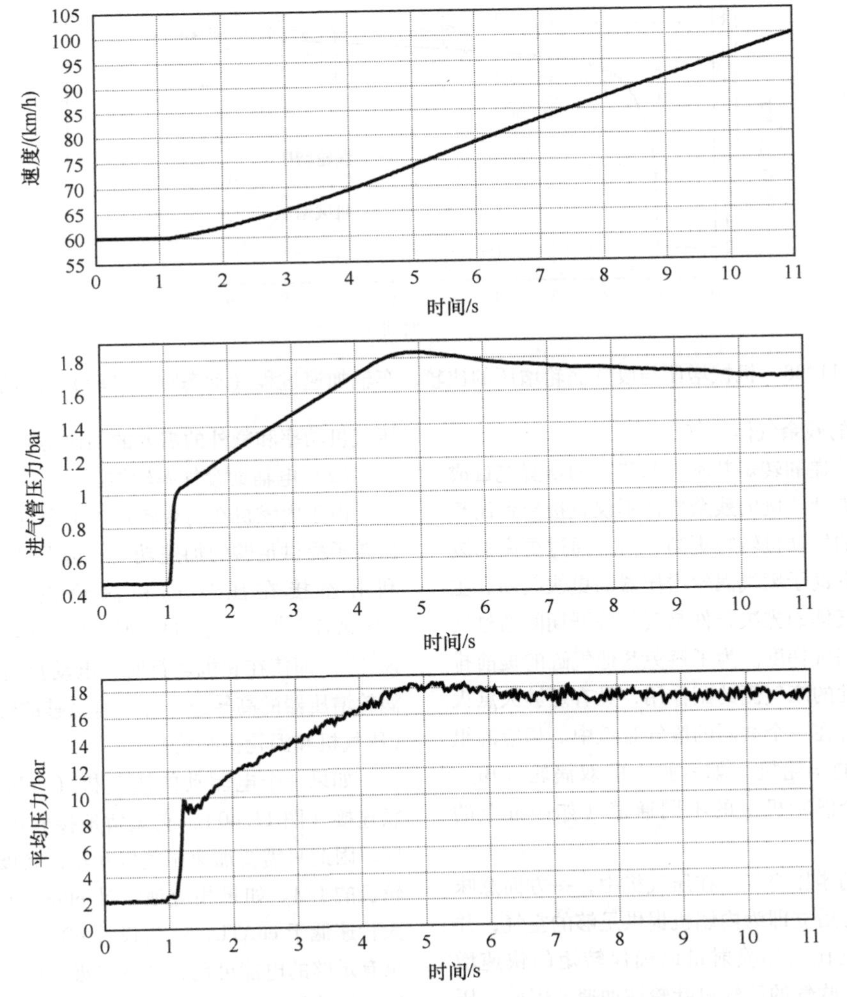

图 11.36　动态响应试验（60—100km/h，5 档），高动态性能试验台，废气增压汽油机

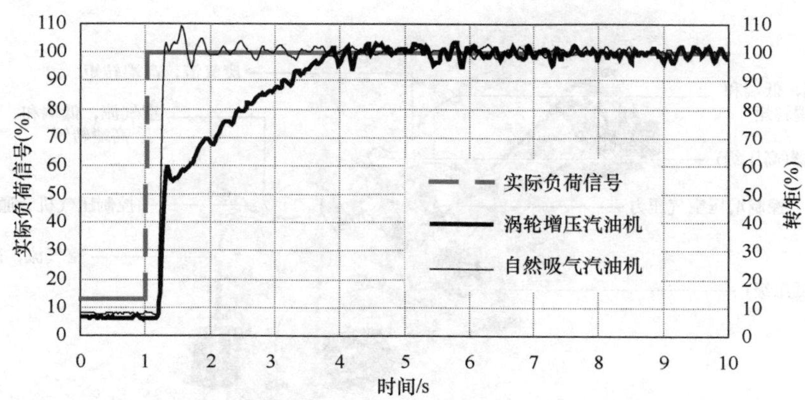

图 11.37　自然吸气汽油机与增压汽油机在恒定转速 $n = 2000\text{r/min}$、负荷跳跃时的比较

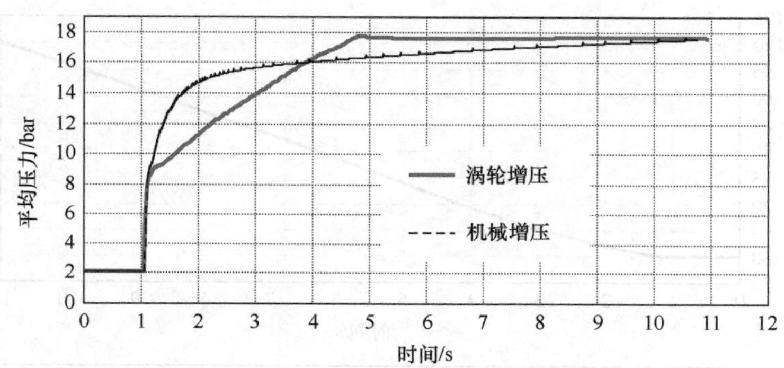

图 11.38　机械增压与废气涡轮增压的比较，车辆加速过程（动态响应试验），汽油机

（1）主动的残余气体扫气

内燃机所传递的转矩基本上与气缸的新鲜充量成正比。因此，更低比例的残余气体不仅直接导致涡轮增压发动机中的发动机转矩更高，而且通过更高的废气焓流间接地有助于废气涡轮增压器的更快起动。主动地清除残余气体的先决条件是气门叠开期间通过气缸的足够高的扫气梯度。为了避免其他气缸的提前排气造成的破坏性的废气侧的副作用，具有足够大点火间隔的气缸组合在一个共同的废气管道中。相应的组被分配到各自的涡轮机［如六缸上的双涡轮（Bi-Turbo）］或整个涡轮机上的不同通道（如四缸上的双流）。

短时间辅助增压充气。在压气机中，一方面意味着在负荷请求之后立即为内燃机提供足够的空气，并且根据极限空气比增加喷射量以确保转矩的快速增加。另一方面，吹气的压气机叶轮被加速，因此，压气机随着转速的升高输送更多的空气。当涡轮机接管压气机功率和额外的需要的加速功率时，终止吹气。

（2）电辅助废气涡轮增压

由于内燃机在需要转矩时不会自发地为涡轮增压器转子提供足够的加速功率，因此使用存储的电能，利用连接在压气机和涡轮机之间的电动机（“euATL”[10]）（图 11.39）来为涡轮增压器转子加速[10]。即使在脱机运行时，电动机也必须能够承受涡轮增压器的高转速，并具有足够的转矩来加速转子（压气机和涡轮机叶轮）。

如果一个电驱动的压气机（“eBooster”[10]）串联连接（图 11.40），它短暂地接管内燃机的空气供应，因此只需要加速压气机叶轮，其极惯性矩仅为涡轮机的 1/3。如果相应地设计 eBooster 压气机，则最大转速低于 euATL，这为设计 eBooster 带来优势。如果有足够的电能可用，这种二级可调增压的更广泛的压气机特性场也提供了增加增压压力，从而增加在较低转速范围内内燃机转矩的可能性。

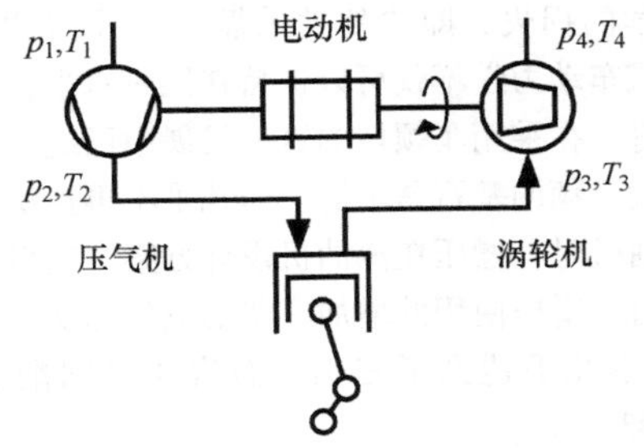

图 11.39　电辅助废气涡轮增压器示意图

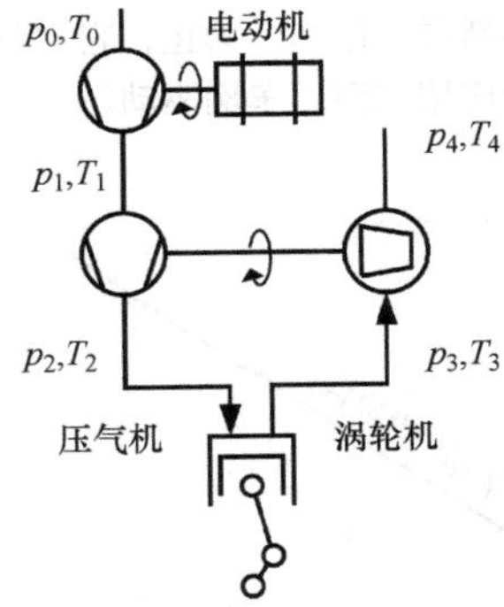

图 11.40　eBooster 增压系统示意图

（3）机械式辅助压气机

机械驱动和柱塞式增压器的组合（图 11.41）在两个基本方面不同于电驱动的径流式压气机。一方面，通过与曲轴的机械耦合，提供所需的压气机功率相对而言并不重要并且可以无限期地供给，另一方面，柱塞式增压器具有明显更有利的输送特性。无时间限制的驱动的可能性还允许将废气涡轮增压器，特别是涡轮机优化到较高的转速/功率范围，而在转矩建立方面不会损失动态性能。

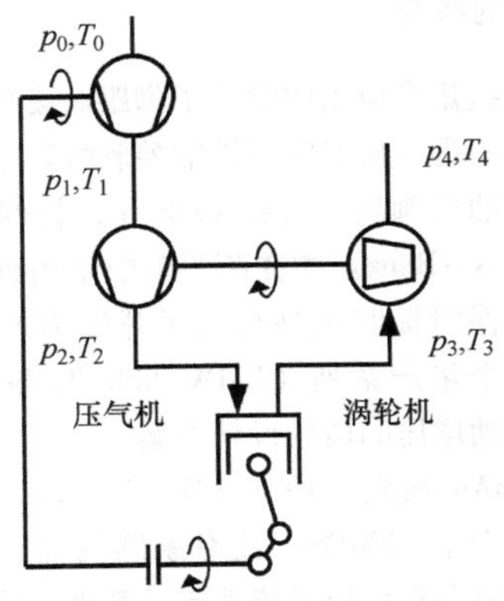

图 11.41　机械式辅助压气机的增压系统示意图

11.6　增压发动机中的附加措施

11.6.1　汽油机

在增压汽油机中，通过更高的增压压力可以达到更高的压缩终了温度。这也就增强了自燃和爆燃的风险。因此，有必要减小压缩比。在这种情况下，为了避免不允许的高的点火压力以及爆燃燃烧，就要把汽油机的点火提前角向“延迟”方向推移（图 11.42）。

高比例的残余气体会增加爆燃的风险，尤其是在直到涡轮机入口的排气管不合理的设计的情况下。

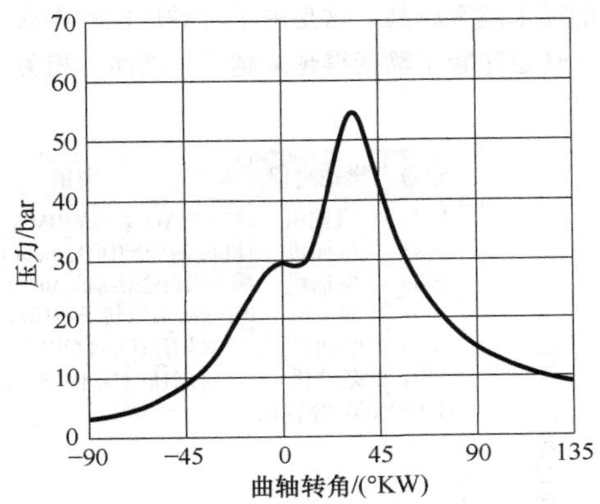

图 11.42　增压汽油机点火提前角延迟后的压力变化过程

在部分负荷时，在机械增压汽油机中，通过打开的再循环风门而形成旁通，从而使发动机（部分负荷!）不需要的气流绕过压气机，再回到压气机前。这也就不会在压气机后形成压力。在废气涡轮增压的发动机中，为避免在快速关闭节气门时压气机喘振，需要打开分流阀。

如今，涡轮机使用标准耐热材料（镍铬钢），允许的排气温度 T_3 可高达 950℃。而且有些涡轮机使用的材料能够承受高达 1050℃ 的温度。然而，当温度高于允许的温度时，所使用的材料的强度明显下降。由于增压汽油机全负荷时的排气温度可能超过规定的上限值，因此需要采取有效的限制措施。所采用的措施主要是通过发动机控制器加浓新鲜充量。

11.6.2　柴油机

同样，在柴油机中也会在压缩比 $\varepsilon>14$ 时因很高的增压压力而出现很高的压缩终了压力。因此，根据机械强度，柴油机的喷油提前角应选择得非常迟后，以使在某些情况下压缩压力大于或等于点火压力。

对于中速柴油机来讲，可以把高的增压压力与较大的气门叠开（直至120°曲轴转角）结合起来使用，从而降低柴油机的热负荷。中速发动机可以在较高的过量空气系数（$\lambda \approx 2$）工况下运行。

对于增压柴油机，外部废气再循环需要额外的努力，以行程控制阀和软件的形式来调节增压压力和废气再循环率。在任何情况下，必须确保始终存在负的扫气压力（高压：$p_2 - p_3 < 0$；低压：$p_0 - p_4 < 0$）。

11.7 乘用车通过分动增压和二级增压拓展功率（高增压）

在过去20年的汽车发展中，对内燃机提供足够动力的需求越来越高。这是由于对舒适性的需求不断增加，这意味着车辆变得越来越重。然而，相关的汽车动力学的损失，即“驾驶乐趣”，并没有被接受。相反，汽车动力学不仅可以保持在同一水平，甚至还需要改进。在乘用车领域的这一发展中已经并且仍然占有巨大份额的基石是增压。当几乎不再提供不带增压的柴油机时，增压在汽油机设计方案中变得越来越普及。由于增压使用的增加，柴油机的比功率在过去的20年中几乎达到了三倍，而汽油机则翻了一番（图11.43）。

由于单级增压设计方案尽管开发质量很高，但在柴油机和汽油机中都达到了极限，因此分动增压或二级增压在乘用车驱动领域越来越受到关注。原则上，这个想法并不新鲜，但迄今为止，它主要用于固定式发动机、船舶应用和商用车辆驱动。

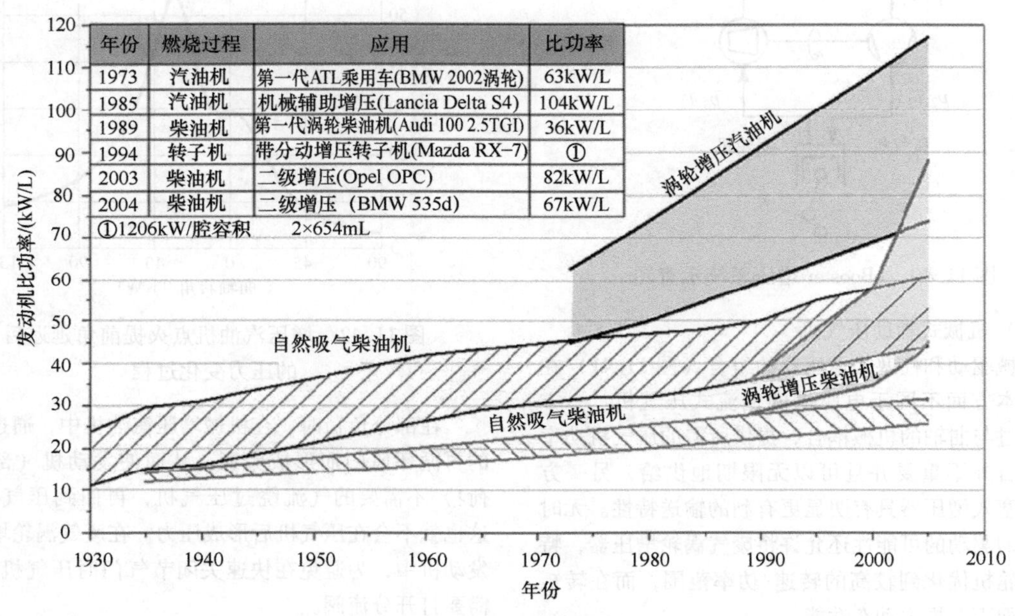

年份	燃烧过程	应用	比功率
1973	汽油机	第一代ATL乘用车(BMW 2002涡轮)	63kW/L
1985	汽油机	机械辅助增压(Lancia Delta S4)	104kW/L
1989	柴油机	第一代涡轮柴油机(Audi 100 2.5TGI)	36kW/L
1994	转子机	带分动增压转子机(Mazda RX-7)	①
2003	柴油机	二级增压(Opel OPC)	82kW/L
2004	柴油机	二级增压（BMW 535d)	67kW/L

①1206kW/腔容积 2×654mL

图11.43 汽油机和柴油机比功率的演变

11.7.1 二级增压方法的历史和演变（分级增压）

内燃机增压的发展有一个动荡的过程。奥格斯堡（Augsburg）市的曼（M.A.N）公司首先在船用柴油机中采用了机械增压，功率提高了30%。在阿尔弗雷德·布希先生（Alfred Büchi）1905年申请了一个专利之后，由于加工制造公差的原因，废气涡轮增压首先在大型发动机中得到了应用。这种情况一直持续到1938年，直到那时才能够生产制造出结构非常紧凑的废气涡轮增压器，以便在量产的载货车中使用增压器。第二次世界大战之后，机械增压高唱凯歌进入到赛车领域，并在边缘运动（短程高速汽车赛）和市场上的一些量产应用中站稳了脚跟。废气涡轮增压的开发最初不得不应对响应性能差和故障敏感性高的问题。在柴油机领域，直到1978年，梅赛德斯-奔驰（Mercedes-Benz）才在商用车中使用废气涡轮增压器。由于保时捷和宝马加大了开发力度，1973年推出了第一个量产系列（BMW 2002 Turbo）和第一个汽油机分动增压的增压设计方案。

917 CanAm研究（1971/1972年）以以前未知的功率值（5.4L，1200PS）让专家感到惊讶，这为汽油机中的二级涡轮增压系统奠定了基础，功率密度呈爆炸性发展（图11.44）。基于911的六缸对置发动机，保时捷为959开发了分动增压。良好的瞬态特性和起动转矩导致了分动增压备受欢迎。直到1994年，带有两个增压器的版本在这个版本中一直是独一无二的，然后转换为双涡轮增压。1994年，在马自达的带全电子调节的废气涡轮增压器的转子发动机跑车RX-7中使用了所谓的“马自达分动双涡轮增压系统”（Mazda Sequential Twin Turbo System）。其他制造商的其他变体，例如带有试验系统“ECV”的菲亚特或带有206kW的斯巴鲁（Subaru）Impreza 2.0L Boxer，都是在汽油机中采用了分动增压原理。但也有与机械增压相结合的，例如1985年的蓝旗亚（Lancia）Delta S4，也用于赛车领域（图11.45）。1996年，沃尔沃首次在商用车领域使用了压气机-涡轮增压发动机（5.5L，184kW）。

图11.44　保时捷917-CanAm发动机，1200PS，$n=7800$r/min[11]

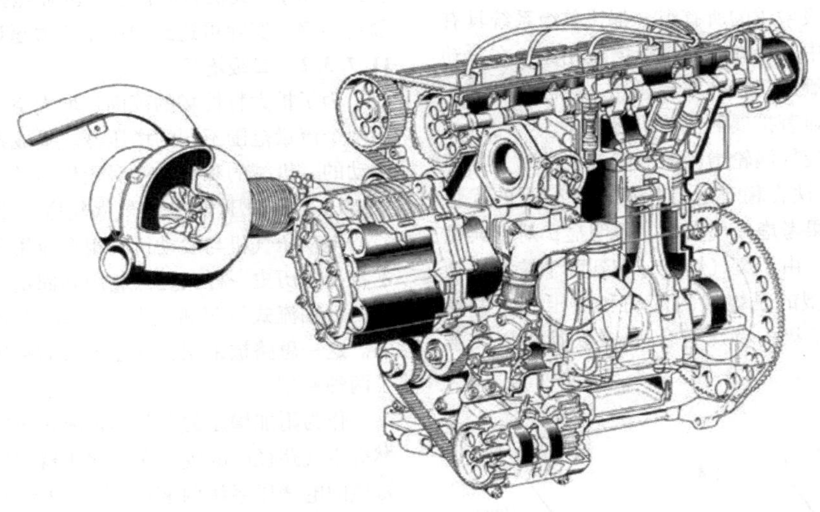

图11.45　Lancia Delta S4发动机，罗茨/废气涡轮增压器[11]

近些年来，二级增压方法也用于乘用车柴油机。2003年，欧宝推出了“Vectra OPC”二级增压方案，在1.9L TDCI和156kW的情况下实现了82kW/L的升功率。从2004年底起，BMW甚至在535d上实现了第一个量产应用（图11.46）。借助“可变双涡轮增压（Variable-Twin-Turbo）”系统，排量为3.0L的6缸发动机可提供200kW的功率，这对应于67kW/L的升功率。

柴油机为二级增压系统的高度增压提供了理想的基础，但具有更大可用转速范围的汽油机也可以极大地从分动增压中获益。

图11.46　宝马，535d二级增压系统（BMW股份公司）

11.7.2　二级增压的热力学

二级增压系统的基本思想是通过顺序压缩来增加可用的增压压力。通过将二级或多级压缩中的各个压力比相乘，与单级增压相比，可以在更宽的工作范围内实现显著更高的压比。

二级增压的压缩效率。从纯热力学的角度考察二级增压可以看到下列情况：若要达到相同的增压压力，单级增压相较于二级增压，包括带增压中间冷却，二级增压是一种有效的压缩方式，因为压气机的等熵效率更高（图 11.47）。这样就可以推导出多级的增压中冷系统的等温压缩模型。由此可以推导出模型模式，即理论上等温压缩发生在无限数量的增压级与相应的中间冷却互连的情况下。

$$\eta_{s增压,一级} = \frac{T_{2,s} - T_1}{T_{2,一级} - T_1} < \eta_{s增压,二级} = \frac{T_{2,s} - T_1}{T_{2,二级} - T_1}$$

这种特性与连续的多变压缩是使用轴流式增压器还是机械增压装置（例如罗茨增压器）无关。就此而言，从等熵压气机效率的角度来看，当使用中间冷却时，不同的二级增压的所有组合都比单级系统具有优势。如果取消中间冷却，与单级增压相比，在分动压缩情况下的等熵压气机效率会恶化。然而，高的压比和运行范围的显著扩展的优势仍然存在。

当考虑二级废气涡轮增压器的瞬态特性时，上述二级/多级增压方法在稳态运行特性的情况下的优势颠倒过来了。如果考虑废气方面，很明显，对于典型的二级增压来说，由于废气焓流分布到两个持续驱动的涡轮机，很典型的是缓慢的起动和增压压力的建立。然而，通过各级的特殊组合和/或切换可以显著改善瞬态特性。

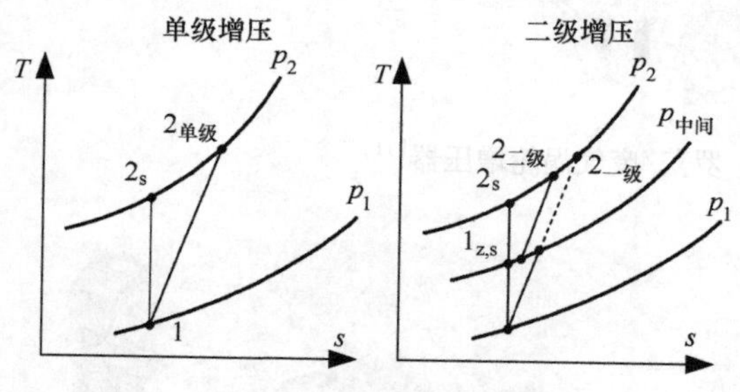

图 11.47　在 $T-s$ 图上的单级和二级（带增压中间冷却）压缩

11.7.3　分动增压和二级增压方案设计/系统

在下文中，更详细地介绍单级增压单元的可能的组合，这些组合在增压技术发展过程中已经建立，或者在呈现高效率和高比功率方面看起来很有希望。

11.7.3.1　分动增压

分动增压是两个废气涡轮增压器的组合，其中一个在低转速范围内完全关闭。在这种情况下，整个废气焓流通过第二个废气涡轮增压器，这确保了在低流量时可以实现的更高平均压力以及改善了响应特性。随着增压压力需求的增加，第二个废气涡轮增压器可以逐渐开启。原则上，单级和多级分动增压之间存在差异。多级分动增压与单级分动增压的区别在于组内相互连接的废气涡轮增压器的数量。

（1）优点

– 比双涡轮增压发动机（双排配置方案）有着明显改进了的瞬态响应。

– 可以满足外形尺寸的要求。

（2）缺点

– 二级系统工作时增加了燃油消耗。

– 单级分动增压时只能有限地提高额定功率。

分动增压是提高所有双涡轮增压发动机动态响应的有效方法，即基于双排设计方案的内燃机（图 11.48）。无法将特性场范围强烈拓展至非常高的额定功率。实际可达到的增压压力超过 3bar。

11.7.3.2　二级增压

为了扩大特性场的范围、增大空气流量，可以使用两个流量范围不同的增压器。最成熟的方法是采用电动的、机械的和纯废气涡轮机驱动的增压器组合。

（1）电动压气机/废气涡轮增压器

电动压气机与发动机的组合应用历史就像增压技术自身的历史一样久远。船用和固定式发动机使用的第一台轴流式压气机就是由功率强大的电动机驱动的。这一思路被采用，并在今天的乘用车应用中产生了两种变型。

作为附加增压的电驱动轴流式压气机，独立于内燃机空气路径中的废气涡轮增压器布置，代表了最有希望的电增压系统的变体[12]。电动压气机靠近进气侧的位置通常更适合快速建立增压压力。由于与废气涡轮增压器相结合，附加的电动压气机只需针对低流量运行进行优化。通过针对高能量值的废气涡轮增压器的附加设计，可以实现额定功率的显著增加，从而响应特性不比原始变体的差。

1）优点。

– 通过辅助的轴流式压气机扩展了发动机特性场范围。

– 与单级增压系统相比较具有好的瞬态响应特性。

– 可以在空气路径中任意定位（简单的外形尺寸）。

2）缺点。

– 需要旁通，因为电动压气机的流量范围较小。

– 电动压气机需要高的电功率（车载电网的负荷）。

– 无法回收再利用。

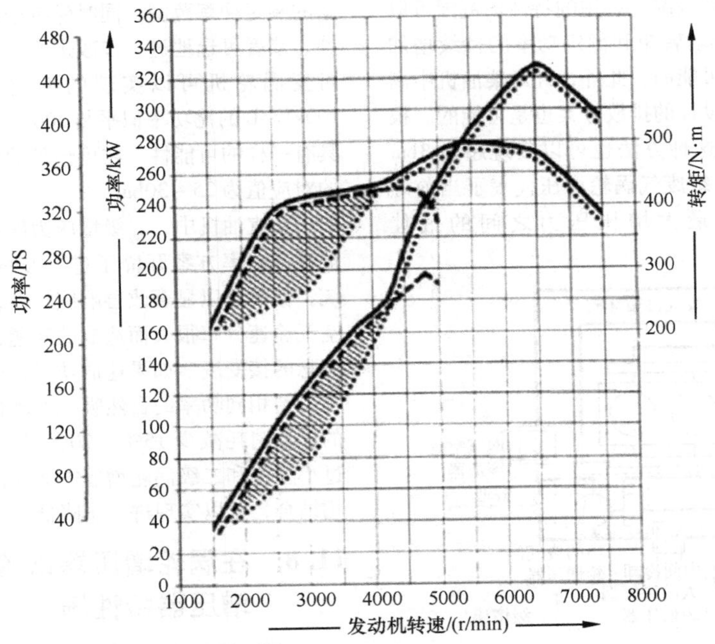

图 11.48　保时捷959分动增压与双涡轮增压（两排）的比较

- 由于使用了附加的元器件而增加了成本。

电动辅助压气机对车载电网提出了很高的电功率供给要求（根据车载电网不同，起动电流可高达200A）。其电功率平衡与车辆的行驶状况有关，因此，储能设备必须按照可靠的功能来设计。出于这个原因，尽管进行了密集的开发，但电气系统尚未能够建立自己的地位。

（2）机械式增压器/废气涡轮增压器

机械式增压器与废气涡轮增压单元的组合明显地扩展了压气机侧的运行范围。根据选用的机械式增压单元可以实现的增压压力能够超过3bar。由于机械增压单元与发动机直接连接，通过针对低转速的相应的传动比设计，与废气涡轮驱动方案相比，瞬态特性得到了显著改善。然而，机械增压单元在运行期间显著增加了内燃机的摩擦损失。如果要考虑能耗设计方案，则机械式增压单元只能用于加速阶段。

1）优点。

- 低转速时高的增压压力潜力。
- 低转速时很好的瞬态响应特性。
- 通过串联连接的压气机能提高最大压比。
- 扩展特性场范围到大的流量（额定功率）。

2）缺点。

- 噪声水平很高。
- 当相对增压压力大于1bar时，采用机械式增压器时需要很大的驱动功率。
- 采用机械式增压器运行时，很大的摩擦功率会生产很高能耗。
- 成本明显高于单级系统。

通过相应的设计，可以显著地改善瞬态特性，达到类似自然吸气发动机的水平。在整个运行范围内可以显示出的增压压力增加取决于设计。两个明显的缺点是当需要机械式增压器时，接合电磁离合器的换档冲击和只能通过很大的努力来降低机械增压器的噪声。

（3）二级废气涡轮增压

采用二级可调增压过程，可以显著地改善简单的二级废气涡轮增压过程的主要缺点，并且可以部分地改善分动增压过程。为此，两个废气涡轮增压器以这样的方式相互连接，即二级中的一个可以单独工作，或者二级可以一起工作。执行器将废气质量流量分配到两个涡轮机（图11.49）。为不同的流量范围设计单独的废气涡轮增压器。压气机串联布置，高压增压器配有旁路。根据应用情况，可用的特性场范围可以适应需求[13]。在高起动转矩和额定功率的持续增加之间，所有变体都是可能的。此外，针对柴油机中高废气再循环率的特殊设计的排放方案也是可能的。根据二级的设计，使用这种方法也可以实现超过 3bar 的增压压力值[14]。二级废气涡轮增压代表了当前燃油消耗节省潜力和最大增压压力之间的最佳折中[15]。

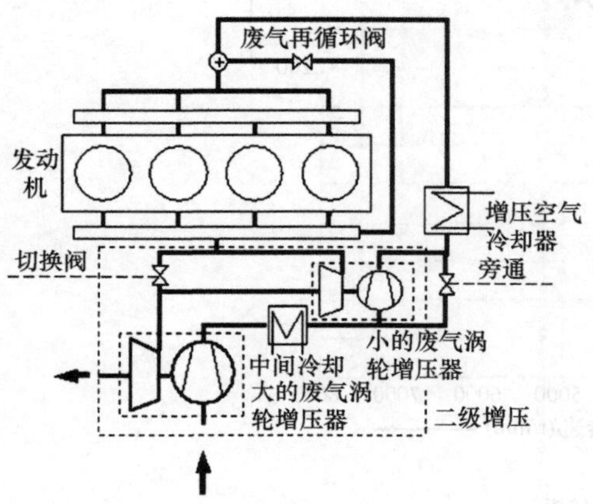

图 11.49　二级废气涡轮增压示意图

采用二级废气涡轮增压的发动机的一个特点是比油耗的变化过程，油耗在整个全负荷工况范围内有两个局部的最小值。这是因为两个单独工作的废气涡轮增压器各有一个最大效率值。在两个废气涡轮增压器同时工作的范围内，因把发动机废气分配给两个涡轮增压器时会有一定的流动动力学损失，因此这一范围内的燃油消耗略有提高。

1）优点。

- 把特性场范围扩展到大流量（额定功率）范围。
- 把喘振线推移到了小流量处。
- 通过串联连接，提高最大压比。
- 小增压级工作时的惯性矩降低了。

2）缺点。

- 需要辅助的安装空间。
- 复杂的废气和空气流动管道。
- 若采用中间冷却，所需的安装空间非常大。
- 成本明显高于单级增压。

11.7.4　应用范围

只有通过二级增压系统的应用，现代乘用车驱动才能实现额定功率的进一步提升或有效的特性场范围的扩展以及响应特性的改进。

在柴油机中，二级增压系统使柴油机能够进入全新的额定功率范围，同时保持柴油机的典型的响应特性，或者可选地进一步改进响应特性，同时保持当今可变涡轮机可以实现的额定功率。柴油机大约 100kW/L 的比功率似乎与 200～250N · m/L 的比转矩具有一样的可能性。在可预见的将来，平均有效压力的对应值为 25～30bar。

在汽油机中，二级增压为展示小型化方案以减少油耗或功率方案开辟了进一步的空间。使用二级系统，似乎可以显著改善响应特性，这是由于汽油机的空气流速分布很大而造成的问题，从而增加了对这些概念的接受度。如果这成功了，通过使用二级增压系统，与相同功率的自然吸气发动机相比，小型化方案的燃油消耗减少 15%～20% 是一个现实的目标。通过小型化和二级涡轮增压方案与汽油机中的可变压缩相结合，可以实现进一步降低燃料消耗的潜力[16]。

11.8　在涡轮增压器试验台上确定涡轮增压器特性场

很长时间以来，涡轮增压器试验台只有在废气涡轮增压器生产厂家和在一些高等院校作为开发和研究工具得到使用。有几种情况导致发动机开发商现在也越来越多地使用涡轮增压器试验台。推动涡轮增压器试验台使用量增加的因素包括：

1）越来越多地利用废气涡轮增压作为减少燃油消耗的技术。

2）整个增压系统的研发工作越来越多地从涡轮增压器生产者转移到发动机开发者那里。

3）越来越多地采用模拟和基于模型的调节，因此对涡轮增压器的特性场的比较和范围扩展的需求也相应地提高。

在涡轮增压器试验台上确定的压气机和涡轮机的稳态特性场提供了有关废气涡轮增压器运行特性的信息，并且通常用作发动机工作过程模拟或废气涡轮增压器与发动机所谓的“匹配”（Matching）的输入参数。要确定特性场，必须在涡轮增压器试验台上设置和测量废气涡轮增压器。SAE J1826 中描述了涡轮增压器试验台上测量方法的一般概貌。参考文献［17，18］中介绍了可能的影响因素。此外，作为 VFI 项目“涡轮增压器匹配”（TC－Mapping）的一部分，还制定了更详细的建议，例如最佳的测量点位置、要使用的测量设备、测量点的设计、测试设置和运行以及特性场所包含的信息。

涡轮增压器试验台的任务可以非常多样化，但基本上包括一个能够独立于发动机的、能在尽可能宽的特性场范围内运行的涡轮增压器。涡轮增压器通常以稳态方式运行，但在某些应用情况下也需要瞬态运行。不管是稳态还是瞬态，都必须模拟发动机的环境条件。为此，试验台应具备以下功能：

- 必须产生热气并将其送入涡轮机。
- 压缩机下游的消耗装置，即带有进气控制元件的发动机，可以以可调节节气门的形式进行模拟。
- 提供流体动力滑动轴承的供油。
- 在水冷涡轮增压器的情况下，可以提供冷却水供应。

11.8.1　涡轮增压器试验台的原理结构

涡轮增压器试验台主要部件包括：热气发生器、压气机下游的节流阀、供油装置、必要时提供冷却水、控制和调节电子设备以及测量技术。各个组件的布置如图11.50所示，并在此做简要的说明。

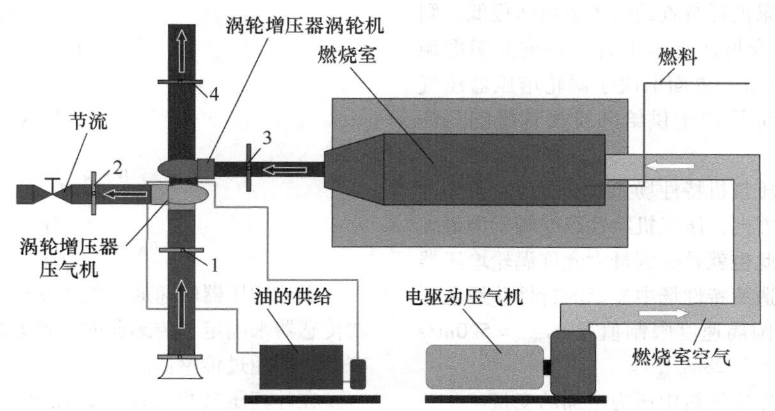

图11.50　涡轮增压器试验台的原理结构示意图

（1）热气发生器

热气发生器的任务是将输送到涡轮机的气体温度提高到一个恒定值，该值介于150～1000℃之间，该值也可以根据设计要求而变化。温度升高主要是通过燃料的燃烧，例如天然气、柴油或煤油。这种热气发生器称之为燃烧室并广泛应用[19,20]。对于较低的温度范围（<400℃），由于在此温度范围内燃烧室的不稳定特性，通常采用电加热。所需的空气由电动压缩机提供，并通过燃烧室导电以提高温度。提供给涡轮的废气功率可以用公式（11.25）来表示：

$$P_A = \dot{m}_A \cdot h_A = \dot{m}_A \cdot c_{pA} \cdot (T_A - T_0) \tag{11.25}$$

（2）压气机后的节流

废气功率转化为压气机的驱动功率，其效率取决于涡轮机的运行工况点。根据压气机下游的消耗装置的呼吸特性，在稳态条件下调整恒定的涡轮增压器转速。压气机下游的消耗装置通常是一个电动调节阀。根据阀门位置，可以调整通过压气机的流量和相应的涡轮增压器转速（图11.51）。

（3）润滑系统

出于成本的原因，流体动力润滑的滑动轴承迄今为止主要用于涡轮增压器转子的支承。润滑油用于润滑滑动轴承。为此设计的油路至少包括一个油过滤器、一个油泵、一个油调节装置和涡轮增压器轴承

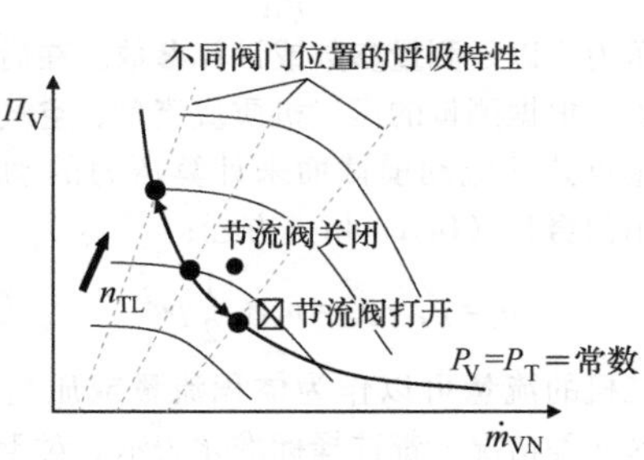

图11.51　带消耗装置呼吸特性线和恒定压气机功率线的压气机特性场示意图

箱。必要时，机油调节装置在需要时可以冷却或加热润滑油。

11.8.2　压气机和涡轮机的特性场

涡轮增压器试验台的一个关键应用领域是压气机和涡轮机特性场的测量。原则上，在确定与特性场相关的参数时，会做出以下假设：

1）压气机和涡轮机是绝热机械。

2）在等熵压缩或膨胀过程中，压气机或涡轮机的效率值为1。

（1）压气机特性场

从原则上来看，在恒定涡轮增压器转速的压气机特性场中，显示出压力增加与流量的关系。这种所谓的转速特性曲线，以下称为特性线，通过压气机下游

管道系统的管道阻力限制了太高的流量，而通过所谓的喘振线限制了太低的流量。压气机的喘振特别是在相对较高的压比和同时较低的质量流量的情况下产生的效果。在喘振循环期间，首先流动越来越多地与叶片分离，从而导致质量流量总是不断地减少，直到出现通过压气机的回流。由于回流，压气机后的压力立即下降到这样的程度，即流动可以再次施加到叶片并恢复正常输送。如果消耗装置的需求量仍然很低，则压气机后的压力又会再次迅速上升，并重复喘振循环[21]。喘振线的位置一方面取决于涡轮增压器压气机的特性，另一方面取决于供给和排放管线的几何形状[22,23]。

往低速方向，压气机特性场尤其受燃烧室工作范围的限制；往高速方向，压气机特性场受转子的最大允许强度限制，因此也就是受到最大允许涡轮增压器转速的限制。在制造商特性场中显示的特性曲线在压缩机出口处通常的圆周速度限制值是 $u_{2max}=520\mathrm{m/s}$ 和 $u_{2min}=150\mathrm{m/s}$（$\approx 0.28u_{2max}$）。

总压比通常用作压气机中压力增加的变量。

$$\Pi_V=\frac{p_{2t}}{p_{1t}} \tag{11.26}$$

总压力可以是测量参数或计算参数。在后者的情况下，为了根据测量的压气机质量流量、空气密度和静压测量点处的流动横截面来计算压力的动力学分量，采用伯努利（Bernoulli）方程：

$$p_t=p_s+p_d=p_s+\frac{1}{2}\rho c^2 \tag{11.27}$$

压气机的流量可以作为体积流量或质量流量给出，在这两种情况下都选择标准化表示。对于压力和温度的标准化，采用以下数值对变量：

T_N/K	p_N/mbar	适用于
273.15	1013.25	DIN 1342，Sulzer
298	1000	SAE J1826，SAE J922 博格华纳增压系统（Borg-Warner）
293	981	博格华纳增压系统（Borg-Warner）

测量值标准化换算公式为

标准化质量流量：

$$\dot{m}_{VN}=\dot{m}_V\sqrt{\frac{T_{1t}}{T_N}}\cdot\frac{p_N}{p_{1t}} \tag{11.28}$$

标准化体积流量：

$$\dot{V}_{VN}=\dot{V}_V\sqrt{\frac{T_{1t}}{T_N}} \tag{11.29}$$

在压气机特性场中输入的涡轮增压器转速值也是标准化的数值。此处使用流体力学中的一个相似数，即马赫数：

$$Ma_1=Ma_N\Rightarrow\frac{u_1}{a_1}=\frac{u_N}{a_N}$$

$$\Rightarrow\frac{u_1}{\sqrt{\kappa RT_1}}=\frac{u_N}{\sqrt{\kappa RT_N}}$$

$$\Rightarrow\frac{u_1}{\sqrt{T_1}}=\frac{u_N}{\sqrt{T_N}}$$

$$\Rightarrow u_N=u_1\sqrt{\frac{T_N}{T_1}} \tag{11.30}$$

$$n=\frac{u}{2\pi r} \tag{11.31}$$

$$n_N=n_1\sqrt{\frac{T_N}{T_1}} \tag{11.32}$$

涡轮增压器转速通常使用基于涡流测量原理工作的传感器来确定。传感器的布置方式是使得叶轮的所有叶片都通过传感器。

在计算压气机效率时，在等熵压缩的焓差 Δh_{sV} 与实际压缩的焓差 Δh_V 之间形成比值（图 11.52）。根据以下等式计算压气机效率：

$$\eta_{sV}=\frac{T_{2s}-T_1}{T_2-T_1} \tag{11.33}$$

及

$$T_{2s}=T_1\cdot\Pi_v^{\frac{\kappa_L-1}{\kappa_L}} \tag{11.34}$$

和

$$\Delta h=c_p\Delta T \tag{11.35}$$

压气机的最大效率在 70% ~80% 的范围内。

（2）涡轮机特性场

在涡轮机特性场中，针对涡轮机的每一个恒定转速，对流量与压降的关系作图，如图 11.53 所示。流量的一个常见变量是修正的涡轮机质量流量。考虑到涡轮机前的条件，修正的涡轮机质量流量按下式计算：

$$\dot{m}_{T\,red}=\frac{\dot{m}_T\cdot\sqrt{T_3}}{p_{3t}} \tag{11.36}$$

涡轮机压力比与压降相关，这里是涡轮机前的总压力与涡轮机后的静压的商：

$$\Pi_T=\frac{p_{3t}}{p_{4s}} \tag{11.37}$$

涡轮机前的总压力可以按照方程式（11.27）来计算。根据涡轮增压器的应用领域，涡轮机前的温度设置为一个恒定值，例如柴油机涡轮增压器为 600℃，汽油机涡轮增压器为 950℃，但对于涡轮增压器仍然没有统一的规定。

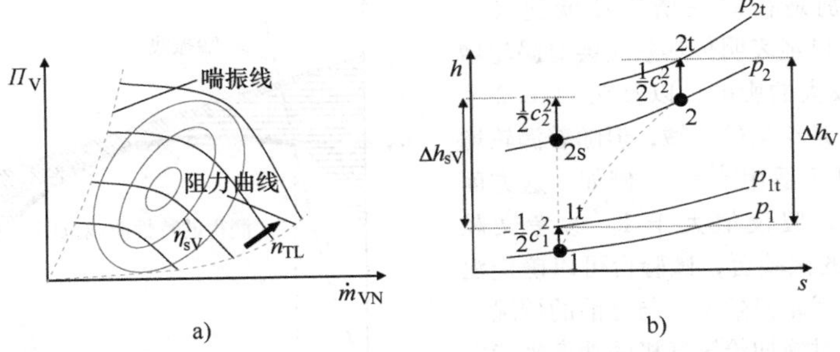

图 11.52　带有压气机效率、喘振极限和阻力特性曲线的等值线的压气机特性场（a）和等熵和实际的空气压缩，如 $h-s$ 图（b）所示

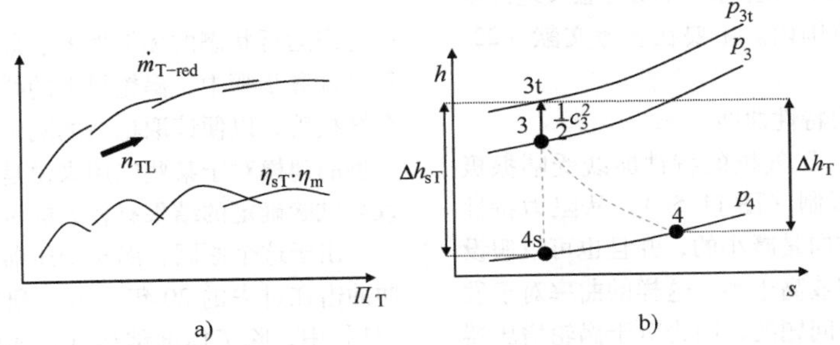

图 11.53　带有转速和效率曲线的涡轮机特性场（a）和等熵及实际的废气膨胀 $h-s$ 图（b）

特别是，涡轮后测量管中的温度分层不允许使用根据公式（11.33）计算压气机侧等熵效率的常用方法。因此，涡轮机效率由涡轮增压器效率来确定，其中，整个涡轮增压器的机械损失归因于涡轮机。

$$\eta_{TL}=\eta_{sV}\cdot\eta_{sT}\cdot\eta_m \tag{11.38}$$

$$\Rightarrow\eta_{sT}\cdot\eta_m=\frac{\eta_{TL}}{\eta_{sV}} \tag{11.39}$$

$$\eta_{sT}\cdot\eta_m=\frac{m_V\cdot\Delta h_{sV}}{m_T\cdot\Delta h_{sT}\cdot\eta_{sV}}=\frac{c_{pL}\cdot T_1\cdot\left(\Pi_V^{\frac{\kappa_L-1}{\kappa_L}}-1\right)\cdot m_V}{c_{pA}\cdot T_3\cdot\left(1-\frac{p_{4s}}{p_{3t}}^{\frac{\kappa_A-1}{\kappa_A}}\right)\cdot m_T\cdot\eta_{sV}} \tag{11.40}$$

涡轮机的最高效率在60%～70%之间。

对于恒定的涡轮增压器转速，对涡轮机效率与涡轮压力比 Π_T［公式（11.36）］或所谓的比转数的关系作图。比转数是涡轮机入口处的圆周速度 u_3 与流速 c_0 的比值。当可用等熵焓降 Δh_{sT} 无损失地转化为动能时，达到理论上可达到的流速 c_0，即

$$\frac{1}{2}c_0^2=|\Delta h_{sT}| \tag{11.41}$$

$$\Rightarrow c_0=\sqrt{2|\Delta h_{sT}|} \tag{11.42}$$

因此，比转数可以按照下式计算出来：

$$\frac{u_3}{c_0}=\frac{u_3}{\sqrt{2|\Delta h_{sT}|}}=\frac{1}{\sqrt{\frac{2|\Delta h_{sT}|}{u_3^2}}}=\frac{1}{\sqrt{\frac{2c_{pA}T_3\left(1-\frac{p_{4s}}{p_{3t}}^{\frac{\kappa_A-1}{\kappa_A}}\right)}{u_3^2}}} \tag{11.43}$$

下一节将介绍在发动机工作过程模拟中使用涡轮增压器特性场时必须考虑的特殊功能。

11.8.3　在发动机工作过程模拟中使用涡轮增压器特性场时的特点

压气机或涡轮机作为发动机管路系统中压力升高或降低的一个点来建模。此外，压气机和涡轮机在发动机工作过程模拟中通常没有空间上的扩展，因此既不能考虑气体动力效应，也不能考虑诸如在涡轮增压器加速过程中可能发生的热传递。因此，涡轮增压器的运行特性只能通过在试验台上测量的稳态特性场和发生的热传递来表示。

（1）低转速时废气涡轮增压器的特性场范围

在 11.8.2 节中，描述了制造商特性场中显示的运行范围。然而，特别是在涡轮增压器低速（< $0.3n_{TLmax}$）的情况下，已经表明传热效应会对涡轮增压器效率会产生相对较大的影响，以及在 11.8.2 节中假设压气机和涡轮机是绝热的机械，但随着涡轮增压器转速的降低越来越不适用[24,25]。例如，这方面的指标是涡轮机效率，假设值大于 1。参考文献 [26] 描述了一个专用的试验台，试验台可以确定涡轮增压器在低转速下的涡轮机效率。与之前的情况一样，涡轮机功率不是通过施加给压气机的功率来确定的，而是测量电动制动涡轮机轴上的转矩。此外，可以确定所谓的烧损转速，这是在涡轮机效率特性场（以 u/c_0表示）中的横坐标轴上进行外推的有用值。

数值方法可以支持将测量的特性场有意义地外推到涡轮增压器低速的范围内。主要在参考文献 [22, 24] 中有对此有佐证。

（2）喘振线和阻力特性曲线

如 11.8.2 节所述，压气机的特性曲线受喘振极限和阻力特性曲线的限制（图 11.54）。从阻力特性曲线开始，往低流量方向是减小的，并且也可以假设到喘振极限时其值为零或高于零。这样的曲率对于发动机工作过程模拟是有问题的，因为对于涡轮增压器转速和在压力比 Π_{V1} 时有两个不同的流量值（图 11.54）。几年前，因此习惯于修改特性曲线，使其在整个范围内为负增长。同时，目前的发动机工作过程仿真程序还可以处理曲率大于零的特性曲线[27]。

对于阻力特性曲线以下的区域，可以假设压气机中发生的损耗将继续增加。如果想要确定特性曲线的横坐标轴上的点，则应将压气机后的阻力最小化，理想情况下为零。为此，压气机空气没有被送入如图 11.50所示的节流阀，而是被吹入到环境中。然后，由此调整得到的压气机质量流量测量值是横坐标轴上研究的点。

（3）第四象限

当增压发动机加速时，压气机会出现逆压比的情况。为了能够在测量技术方面也能测量这一运行范围内的情况，可以向压气机入口提供压缩空气。在相应的空气量和恒定的涡轮增压器转速下，压缩机入口处的压力将高于其后面的压力。

（4）脉动的涡轮机冲击

在涡轮增压器试验台上的涡轮增压器运行与其在发动机上的使用之间的主要区别在于，由于气体交换，涡轮机受废气脉动地冲击。为了计算发动机工作过程模拟中的废气脉动，这种瞬态的流出被认为是短

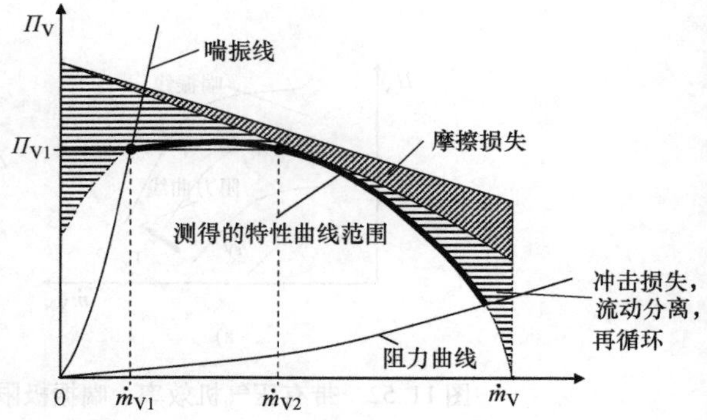

图 11.54　径流式压气机的理论的和有效的特性曲线的变化

期稳态运行状态的无惯性的彼此相连，这意味着，在每个计算步骤中，涡轮机上的瞬态的主导状态变量都会被接管，以便读取稳态的测量的特性场数据。这种类型的建模对于某些应用来说是不够的，并且可能导致与试验确定的结果有较大的偏差。

出于这个原因，涡轮增压器试验台上涡轮机的脉冲冲击在过去的 20 年一直在研究中[28-30]。在文献 [31] 中，除了标准结构外，如图 11.50 所示，气缸盖布置在燃烧室与涡轮机之间，使得气缸盖的实际面向燃烧室的一侧向发动机供应来自燃烧室的废气。排气门凸轮轴由转速调节的电动机驱动，因此可以自由地调节脉冲频率。这使得在接近发动机的温度下模拟真实的压力脉冲成为可能。

参考文献

使用的文献

[1] EATON Corporation, USA

[2] IHI Corporation, Japan

[3] SIG Schweiz-Industrie-Gesellschaft

[4] BorgWarner Turbo Systems GmbH, Kirchheimbolanden

[5] Eiser, A., Grabow, J., Königstedt, J., Werner, A.: Moderne Aufladekonzepte der Turbomotoren von AUDI, 6. Aufl. Aufladetechnische Konferenz. (1997)

[6] Welter, A., Unger, H., Hoyer, U., Brüner, T., Kiefer, W.: Der neue aufgeladene BMW Reihensechszylinder Ottomotor. 15. Aachener Kolloquium „Fahrzeug- und Motorentechnik". (2006)

[7] MAN Diesel SE, Augsburg

[8] MTU Friedrichshafen GmbH

[9] Leweux, J., Schommers, J., Betz, T., Huter, J., Jutz, B., Knauel, P., Renner, G., Sass, H.: Der neue 4-Zylinder Pkw-Dieselmotor von Mercedes-Benz für weltweiten Einsatz. 17. Aachener Kolloquium „Fahrzeug- und Motorentechnik". (2008)

[10] Hoecker, P.; Jaisle, J. W.; Münz, S.: Der eBooster – Schlüsselkomponente eines neuen Aufladesystems von BorgWarner

Turbo Systems für Personenkraftwagen. 22. Internationales Wiener Motorensymposium 26.–27. April 2001

[11] Hack, G.: Langkabel: Turbo- und Kompressormotoren; Entwicklung und Technik, 3. Aufl. Motorbuch Verlag, (2003)

[12] Sens, M., Offer, T., Bals, R., Kahrstedt, J.: Auslegung der Aufladegruppe eines hochaufgeladenen Ottomotors durch den Einsatz der Motorprozesssimulation. 6. Tagung Motorische Verbrennung, München. (2003). Haus der Technik e. V.

[13] Tomm, U.; Schmitt, F.: Optimierung von Hoch- und Niederdruckverdichter für die 2-stufig geregelte Aufladung (R2STM). 9. Aufladetechnische Konferenz 23./24. September 2004, Dresden. TU Dresden, Lehrstuhl Verbrennungsmotoren (Veranst.)

[14] Schorn, N. et al.: Die Aufladung zukünftiger Pkw-Dieselmotoren. Welche Systeme ergänzen die VNT Technologie? 9. Aufladetechnische Konferenz 23./24. September 2004, Dresden. TU Dresden, Lehrstuhl Verbrennungsmotoren (Veranst.)

[15] Sens, M.; Sauerstein, R.; Dingel, O.; Kahrstedt, J.: Möglichkeiten und Besonderheiten bei der Darstellung eines Downsizing-Konzeptes Benzindirekteinspritzung. 9. Aufladetechnische Konferenz 23./24. September 2004, Dresden. TU Dresden, Lehrstuhl Verbrennungsmotoren (Veranst.)

[16] Drangel, H., Bergsten, L.: Der neue SAAB SVC Motor – Ein Zusammenspiel zur Verbrauchsreduzierung von variabler Verdichtung, Hochaufladung und Downsizing. 9. Aachener Kolloquium Fahrzeug- und Motorentechnik, Aachen. (2000)

[17] Nickel, J.; Sens, M.; Grigoriadis, P.; Pucher, H.: Einfluss der Sensorik und der Messstellenanordnung bei der Kennfeldvermessung und im Fahrzeugeinsatz von Turboladern, 10. Aufladetechnische Konferenz, 22.–23. September 2005, Dresden

[18] Lechmann, A.: Simulation und Aufladung von Verbrennungsmotoren. Springer, Berlin, Heidelberg, S. 195–210 (2008)

[19] Pucher, H.; Eggert, T.; Schenk, B.: Experimentelle Entwicklungswerkzeuge für Turbolader von Fahrzeugmotoren. 6. Aufladetechnische Konferenz, 1997, Dresden

[20] Forcada, I., Bolz, H., Mandel, M.: Neue Prüfstandstechnik für die Entwicklung moderner Turbolader. MTZ 64(1), 38, (2003)

[21] Pischinger, R., Kraßnig, G., Taučar, G., Sams, Th.: Thermodynamik der Verbrennungskraftmaschine. Springer, Berlin, Wien, New York (1989)

[22] Grigoriadis, P.: Experimentelle Erfassung und Simulation instationärer Verdichterphänomene bei Turboladern von Fahrzeugmotoren, Dissertation. TU Berlin, 2008, Berlin

[23] Schorn, N.; Kindl, H.; Späder, U.; Casey, M. V.: Der Turboladerverdichter als Randbedingung in der Ladungswechselrechnung. MTZ-Konferenz „Ladungswechsel im Verbrennungsmotor", 7.–8. November 2007, Stuttgart

[24] Pucher, H.; Berndt, R.; Grigoriadis, P.; Nickel, J.; Abdelhamid, S.; Hagelstein, D.; Seume, J.: Erweiterte Darstellung und Extrapolation von Turbolader-Kennfeldern als Randbedingung der Motorprozesssimulation. Abschlussbericht über Vorhaben Nr. 754, FVV, 2003, Frankfurt am Main

[25] Shaaban, S.; Seume, J.; Berndt, R.; Pucher, H.; Linnhoff, H. J.: Part-load Performance Predicion of Turbocharged Engines. 8th IMechE Conference, 2006, London

[26] Schorn, N.; Smiljanowski, V.; Späder, U.; Stalman, R.; Kindl, H.: Turbocharger Turbines in Engine Cycle Simulation. 13. Aufladetechnische Konferenz, 2008, Dresden

[27] Linnhoff, H.-J.: Berechnung instationärer Ladungswechselvorgänge aufgeladener Otto- und Dieselmotoren. Abschlussbericht über Vorhaben Nr. 366. Forschungsvereingung Verbrennungskraftmaschinen, Frankfurt am Main (1989)

[28] Dale, A.; Watson, N.: Vaneless diffuser turbocharger turbine performance. 3rd International Conference on Turbocharging and Turbochargers. IMechE Conference Publications, C110/86, 1986, S. 65–76.

[29] Capobianco, M.; Gambarotta, A.: Unsteady flow performance of turbocharger radial turbines. 4th International Conference on Turbocharging and turbochargers. IMechE Conference Publications, C405/017, 1990, S. 123–132.

[30] Westin, F.: Accuracy of turbocharged SI-engine simulations. Licentiate Thesis, Dept. of Combustion Engines at KTH Stockholm, 2002, Stockholm

[31] Grigoriadis, P.; Nickel, J.; Pucher, H.: Experimentelle Untersuchungen instationärer Phänomene in Fahrzeug-Turboladern, 9. Aufladetechnische Konferenz, 2004, Dresden

进一步阅读的文献

[32] Zinner, K.: Aufladung von Verbrennungsmotoren. Springer, Berlin; Heidelberg; New York (1980)

[33] Zinner, K.: Aufladung von Verbrennungsmotoren, 3. Aufl. Springer, Berlin, Heidelberg, New York (1985)

[34] Hiereth, H., Prenninger, P.: Aufladung der Verbrennungskraftmaschine, 1. Aufl. Springer, Wien, New York (2003)

[35] Lehmann, H.-G. et al.: Potenzialbetrachtung zum Instationärverhalten von hochaufgeladenen Ottomotoren. 9. Aufladetechnische Konferenz 23./24. September 2004, Dresden. TU Dresden, Lehrstuhl Verbrennungsmotoren (Veranst.)

[36] Müller, W. et al.: High sophisticated boost-pressure control: the MAHLE electrical waste gate actuator. 11th Stuttgart International Symposium, Automotive and Engine Technology, 22 and 23 February 2011

[37] Sauerstein, R. et al.: Die geregelte zweistufige Abgasturboaufladung am Ottomotor – Auslegung, Regelung und Betriebsverhalten. 31. Internationales Wiener Motorensymposium, 29.–30. April 2010

[38] Sauerstein, R. et al.: Downsizing und Hochaufladung: Herausforderungen und Lösungen. TAE, 9. Symposium Ottomotorentechnik, 2. und 3. Dezember 2010

[39] Schernus, C. et al.: Aufladekonzepte für kleine Ottomotoren. TAE, 9. Symposium Ottomotorentechnik, 2. und 3. Dezember 2010

[40] Schmitt, S. et al.: Vergleich von Direkteinspritzung und Saugrohreinspritzung am Otto-Turbo-Motor mit mechanisch vollvariablem Ventiltrieb. TAE, 9. Symposium Ottomotorentechnik, 2. und 3. Dezember 2010

[41] Schmuck-Soldan et al.: S. 2-stufige Aufladung von Ottomotoren 32. Internationales Wiener Motorensymposium 5. und 6. Mai 2011

[42] Steinparzer F. et al.: Der neue BMW 3,0 l 4-Zylinder Ottomotor mit Twin Power Turbo Technologie 32. Internationales Wiener Motorensymposium 5. und 6. Mai 2011

[43] Koch, A., Claus, H., Frankenstein, D., Herfurth, R.: Turboladerdesign für elektrische Waste-Gate-Betätigung mini-

miert Leckage. MTZ (10), (2010)

[44] Schmid, A., Grill, M., Berner, H.-J., Bargende, M.: Transiente Simulation mit Scavengine beim Turbo-Ottomotor. MTZ (11), (2010)

[45] Sailer, T., Bucher, S., Durst, B., Schwarz, C.: Simulation des Verdichterverhaltens von Abgasturboladern. MTZ (1), (2011)

[46] Adomeit, P., Sehr, A., Glück, S., Wedowski, S.: Zweistufige Turboaufladung-Konzept für hochaufgeladene Ottomotoren. MTZ (5), (2010)

[47] Schicker, J., Sievert, R., Fedelic, B., Klingelhöffer, H., Skrotzki, B.: Versagensabschätzung thermomechanisch belasteter Heißteile in Turboladern. MTZ (6), (2010)

[48] N. N: Ladungswechsel bei Turbomotoren – Titelthema, MTZ 11, (2010), Wiesbaden, November 2010

[49] Schernus, R. et al.: Turboaufladung für kleine Ottomotoren mit weniger als 4 Zylindern. 3rd IAV Conferenze Engine Process Simulation and Turbocharging, Mai 2011, Berlin

[50] Ross, T., Zellbeck, H.: Neues ATL-Konzept von Vierzylinder-Ottomotoren. MTZ (12), (2010)

[51] Getzlaff, U., Hensel, S., Reichl, S.: Simulation des Thermomanagements eines wassergekühlten Turboladers. MTZ (9), (2010)

第12章 混合气形成过程和混合气形成系统

工学博士 Fred Schäfer 教授，Erwin Achleitner 博士，工学博士 Harald Bäcker，工学博士、荣誉博士 Helmut Tschöke 教授，工学硕士 Wolfgang Bloching，工学博士 Klaus Wenzlawski，工学博士 Thomas Zapp，工学硕士 Holger Dilchert，工学硕士 Bernd Jäger，工学硕士 Frank Kühnel，工学硕士 Ralph Schröder，工学硕士 Knut Schröter

从化学观点看，燃料分子的氧化燃烧假定氧化剂中的氧原子与燃料分子足够接近。因此有必要制备燃料，即将其转化为气态，并与空气混合。这个过程通常由混合气形成系统来完成。在发动机运行中，内部和外部混合气的形成是有区别的。

12.1 内部混合气形成

内部混合气形成指的是混合气在内燃机的气缸内部形成。通过活塞下行将空气吸入和压缩；燃料在适当的时间点喷入到压缩空气中。空气－燃料混合气在特定的区域达到了易燃的组分，在适当温度下导致混合气点火。这种类型的混合气非常不均匀，气缸内的过量空气系数从 $\lambda=0$（纯燃料）到 $\lambda=\infty$（纯空气）不等。燃烧是通过火焰扩散进行的。这种条件下使用的燃料需要满足可燃性方面的特定要求。燃烧反应发生在已经被可燃混合气包围的液滴上。迄今为止，内部混合气形成的典型例子是柴油机。最近，也开发出来许多内部混合气形成的汽油机，即所谓的缸内直喷汽油机。与柴油机相比，其最根本的区别在于使用汽油和需要外部点火源。可以预料到，在未来，采用内部混合气形成的汽油机将占汽油机总产量的很大一部分。因为特别是在降低燃料消耗率的潜力上，缸内直喷汽油机的潜力甚至会超过直喷柴油机。

传统的采用内部混合气形成的柴油机，存在气缸内空气和燃料分布不均匀的问题。在发动机中实现柴油均质燃烧是在未来更进一步降低排放和燃料消耗方面一种可能的途径。

12.2 外部混合气形成

外部混合气形成是传统汽油机的特点。空气和燃料在进入发动机气缸之前混合。因此可以产生更加均匀的空气和气态燃料混合气。这在使用化油器或单点燃油喷射系统作为混合气形成系统的发动机中尤为明显。在混合气到达进气门之前，有充足的时间让空气和燃料混合。然而，这些混合物形成物的危险在于，已经处于气相状态的燃料会在冷进气歧管壁上冷凝，并且混合物在各个气缸中的分布不均匀。随后开发出来的进气歧管喷射，其中燃料直接在进气门前喷射，部分喷射到打开的进气门和气缸中，解决了上述问题。在这里，在进气和压缩阶段也有足够的时间使混合物均匀化。

12.3 汽油机混合气形成（化油器/汽油喷射）

除少数特殊情况外，通过化油器形成混合气已经不再在现代乘用车发动机上应用。化油器仅在某些特定的国家和二冲程发动机中还大量使用。因此，本节仅简要描述通过化油器形成混合气的主要关系。

化油器的任务是根据发动机的运行条件为进气提供所需混合比所需的燃料。调节空气或混合气流量的节气门集成在化油器中。

计量燃料所需的能量及燃料在化油器内运动的能量从空气流中获取。

化油器和其后的进气管，以及各个气缸用于分配化油器产生的混合气的进气歧管，应被视为一个整体单元。发动机的运行特性主要取决于进气歧管在各种运行状态下分配混合气的均匀程度。

12.3.1 化油器的工作原理

化油器的原理是基于这样一个事实：由于在最窄的横截面中会出现较高的流速，通过减小导气通道中的横截面，与加宽的横截面或与大气相比产生较低的压力。该压力差用于通过合适的横截面向空气供应燃料（图12.1）。

由空气流产生差压信号，并将部分燃料转换为燃料流是化油器的特征。原则上，空气侧和燃料侧具有相同的结构，并且可以使用流体力学的伯努利（Bernoulli）方程来描述。

在不可压缩流体的简化假设下，空气质量流量表示为：

$$\dot{m}_L = A_L \cdot \alpha_L \cdot \varepsilon \cdot \sqrt{2 \cdot \Delta p_L \cdot \rho_L} \qquad (12.1)$$

式中，A_L 为喉口的横截面积；α_L 为流量系数；ε 为空气压缩系数；Δp_L 为喉口与环境之间的压差；ρ_L 为气

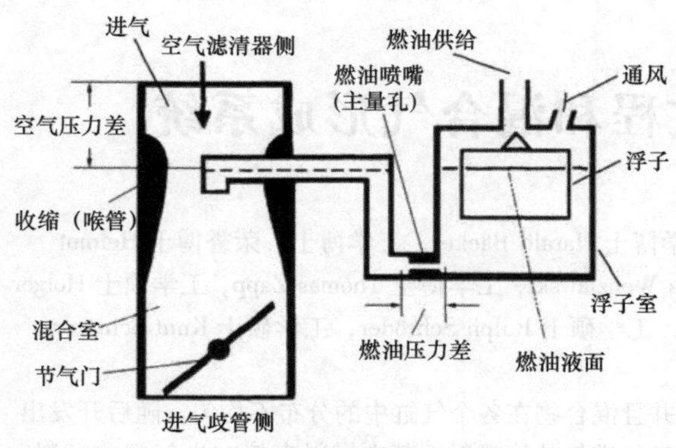

图 12.1　化油器原理

道中的空气密度。

燃油质量流量可以表示为：

$$\dot{m}_{Kr} = A_{Kr} \cdot \alpha_{Kr} \cdot \sqrt{2 \cdot \Delta p_{Kr} \cdot \rho_{Kr}} \quad (12.2)$$

式中，A_{Kr} 为燃油喷嘴的横截面积；α_{Kr} 为喷嘴的流量系数；Δp_{Kr} 为喷嘴处的压差；ρ_{Kr} 为燃油密度。

化油器有一个具有自由燃油表面的燃油存储器（浮子室），其液面保持恒定。可以分为：

（1）等空气喉口截面（等截面化油器）（图 12.1）

大多数化油器是按照这一原理构建的。在进气管中，有一个具有固定横截面的文丘里喉口，其上至少布置一个喷嘴。在空气流量较少时，空气喉口产生的压差仍然很小。因此，在供给燃油时，必须考虑进口和进气管之间的压差。

等截面化油器需要几个喷嘴系统和一个加速泵，以便在发动机各种工况下，都能保证供给适量的燃油。向燃料中添加校正空气以补偿燃料流和空气流中不同雷诺数的影响。

（2）可变空气喉口截面

进气管横截面的变化通常通过一个运动元件来实现。通常有：空气挡板、穿透通道的柱塞和使通道变窄的摆臂。

这种方法使得可以控制大范围的气流流量，而压差只有很小的变化。出于保证空气和燃料对称流动的目的，可移动元件与喷嘴针阀连接，该喷嘴针阀伸入喷嘴中，用于计量燃料。

如果运动元件在发动机怠速时工作，在整个空气流量范围内都可以通过针阀喷嘴提供相应的量的燃料，用于热机状态的发动机的稳定运行。这种化油器称作等压式化油器。

如果发动机怠速时运动元件不工作，而是作用在止动块上，则称其为恒压级。恒压级通常作为分动化油器的第二级。

12.3.2　借助于汽油喷射的混合气形成

12.3.2.1　进气道喷射系统

在现代进气道喷射系统中，燃油通过对应于每个气缸的、电子控制喷射阀喷射到汽油机的进气道中，其主要特点是降低了车辆的排放和燃料消耗。满足最低排放要求的典型配置如图 12.2 所示。

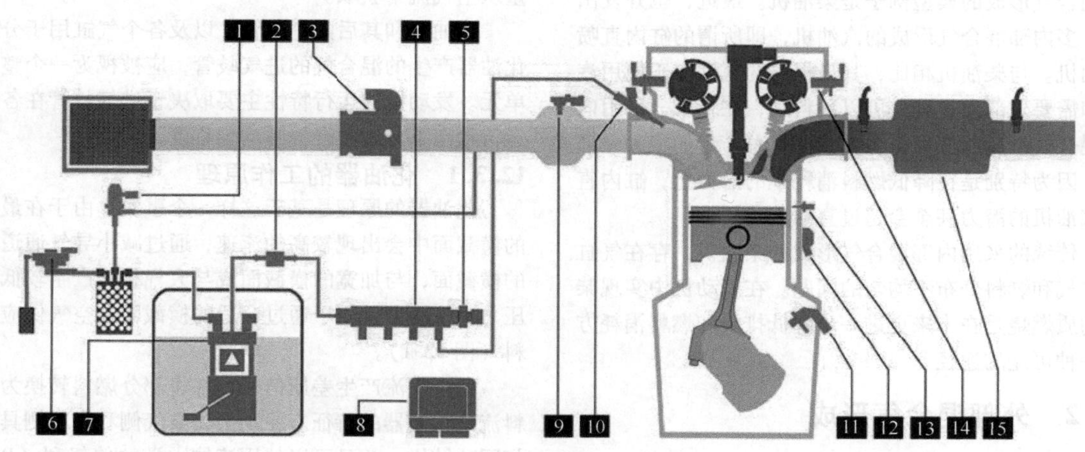

图 12.2　进气道喷射系统

1—炭罐电磁阀　2—柔性燃料乙醇传感器　3—电控节气门　4—油轨　5—压力调节器
6—自然真空泄漏检测　7—燃油输送模块　8—发动机控制单元　9—带有集成的温度传感器的歧管绝对压力传感器
10—汽油喷嘴　11—主动式曲轴位置传感器（也带有方向感知）　12—爆燃传感器　13—冷却液温度传感器
14—主动式凸轮轴位置传感器　15—三元催化器

超出发动机控制系统基本功能（喷射和点火）的减少排放措施，主要依据要遵守的排放法规、内燃机的原始排放和废气试验中的车辆重量等级。对于催化器的快速加热，特别是在废气后处理的情况下，可能需要采取二次空气喷射与点火延迟相结合的措施。这些措施以及对它们的控制会导致发动机控制系统以传感器、执行器、接线和计算能力的形式出现的额外的费用。

现代发动机控制系统的典型功能特征包括：

– 通过电子调节的节气门的基于转矩的负荷调节（Electronic Throttle Control，ETC）。

– 基于模型功能，例如通过热膜式空气流量计或通过进气歧管压力传感器进行负荷检测，基于模型的歧管进气控制。

– 进气门和/或排气门侧的连续可调的凸轮轴位置调节。

– 进气门或排气门的升程调节以及单个气缸的闭缸技术，以降低油耗。

– 控制各种继电器以打开或关闭组件（主继电器，燃油泵继电器，风扇继电器，起动继电器，空调压缩机继电器等）。

– 主动式凸轮轴位置传感器，用于快速检测凸轮轴位置，从而在发动机起动时快速同步发动机控制。

– 基于曲轴箱振动传感器的气缸选择性爆燃调节，以实现最佳性能和燃料消耗的点火时刻的调节。

– 油箱通风阀的调节，以便在发动机运行期间使活性炭罐再生。

– 带优化的二次喷射系统、延迟点火时刻调整和变速器换档点控制的特殊的催化器加热功能。

– 通过催化器前面的氧传感器的混合气组分精确调节，并通过催化器后面的第二个氧传感器进行所谓的“反馈”（Trim）调节。

– 所有与废气相关的部件和功能的在线诊断（Onboard – Diagnose，OBD）。

在设计燃油系统时，必须特别注意在燃油量分配器中的燃油轻微加热的现象。在停机后被加热的燃油会导致油轨中出现气泡（所谓的热浸“hot soak”），从而可能导致在随后的热起动过程中出现问题。

燃料供给系统基本上可以分为：

带回油的燃油分配系统，如图12.3所示：该供油系统的特点是油压调节器直接位于燃油分配器上。油压调节器压力膜片一侧通过进气歧管压力加压，从而在分配器中的燃料与进气歧管之间建立起恒定的压力差。因此，在喷油器的恒定控制时间下，喷油量与进气歧管压力无关。

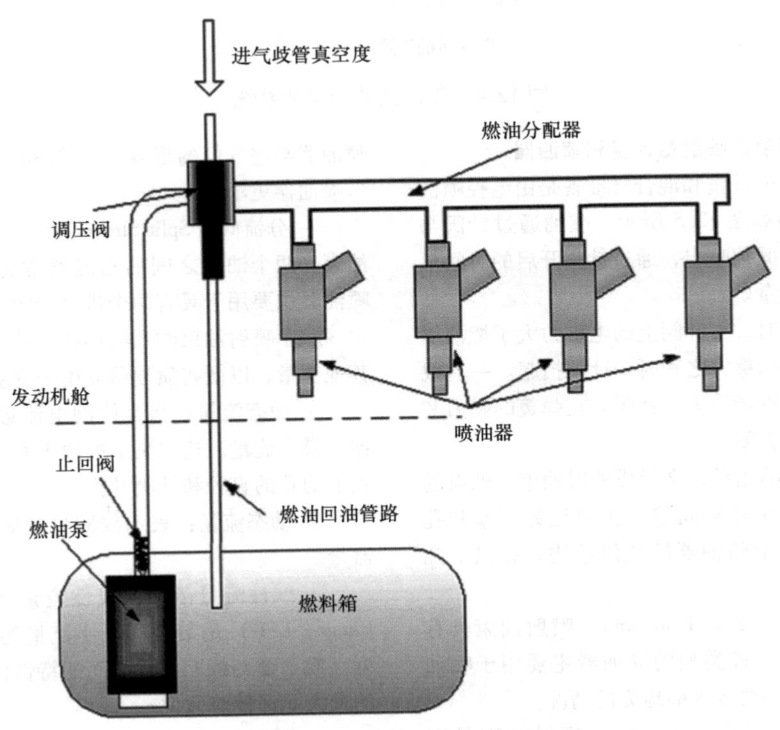

图12.3 带回油的燃料分配系统的结构

带回油的燃油系统的优点包括：

– 良好的燃油压力调节的动态性能。

– 通过来自油箱的冷油冲洗燃油分配器，实现良好的热起动性能。

– 与进气歧管压力无关的喷油量。

这种系统的一个主要缺点是油箱中的燃料被加热（与不带回油系统相比升温高达10K）。这增加了油箱中的燃油蒸发量，并导致了活性炭罐的负载增加。

出于这个原因，也为了降低系统成本，已经开发了无回油燃油系统，如图12.4所示。它们的特点是将燃油泵和调压阀集成到燃料箱中或燃料箱附近。

这种结构设计的优点是，多余的燃料不必只泵入发动机舱，并通过调压阀流回燃料箱。基于约为350kPa（3.5bar ± 0.5bar）的恒定的燃油压力，发动机管理系统中的燃油喷射时间会相应校正。

燃油分配器中大的压力波动时会导致燃油喷射量的波动，为了避免这种现象，无回油供油系统采用压力波动阻尼器。

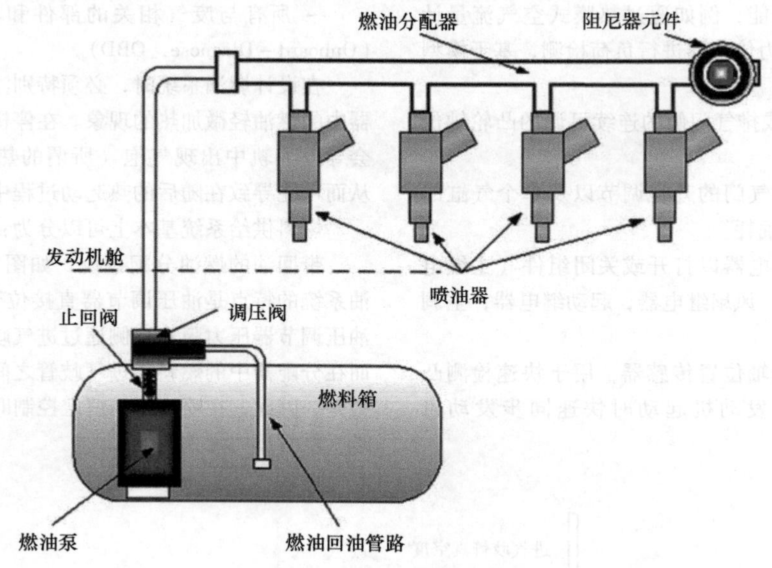

图12.4　无回油装置供油系统

用于进气管喷射的喷射量计量和喷油器

喷射的燃油量的计量和混合气准备是由电控喷油器控制的，其结构如图12.5所示。燃油通过针阀与针阀座之间的环形间隙喷出，通过针阀开启的时间可以控制通过的燃油量。

电磁线圈通电时，当针阀上的电磁力大于燃油压力、弹簧弹力以及摩擦力之和时，针阀抬起。一旦线圈中的电流中断，磁场消失，针阀会在弹簧的弹力和燃油压力的作用下关闭。

燃油从喷油器喷出后，会形成喷射油束，油束的几何形状取决于计量环形间隙（主要是针阀座和孔板的几何结构）后的喷油器的几何结构。有以下几种类型：

– 笔形油束阀（Pencil Stream）：喷射油束具有最大8°的小束角。这种类型的喷油器主要用于喷油器安装在离进气门相对较远的地方的情况。

– 锥形油束阀（Cone Spray）：喷射油束具有10°～30°的更大的束角。这种类型的喷油器主要用于喷油器与进气门的距离相对较小时。油滴的尺寸比绳形喷油器更小。

– 分流阀（Split Stream）：喷射的燃油分为两个油束，两个油束之间的角度通常为15°～35°。这种喷油器主要用于具有两个进气门的多气门发动机。

除了喷射油束的几何形状之外，还必须确定许多其他变量，以便将喷油器应用于发动机：

– 稳态流量：指当线圈电流最大时，通过喷油器的最大流量。这取决于燃油压力、喷油器出口多孔板上的孔的直径和针阀升程。

– 动态流量：表示线圈控制时间为2.5ms时的流量。

– 线性流量范围：线性流量范围（Linear Flow Range，LFR）是最大和最小流量的比率，偏离线性度（喷射量与线圈激活时间的特性曲线保持为直线）的最大允许偏差为5%。

–油滴尺寸：表征喷油器的雾化质量。喷射油束中的油滴大小用索特（Sauter）直径来表示。索特直

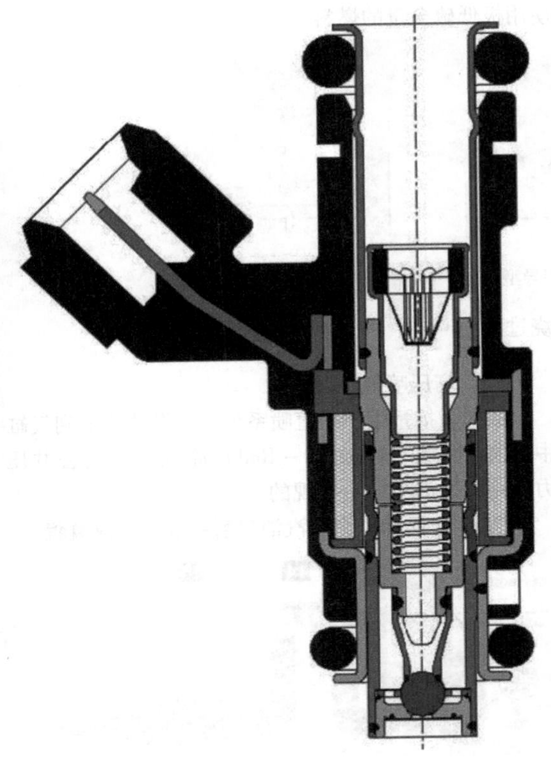

图 12.5 进气管喷射用喷油器

径是限定的测量体积中平均液滴体积与平均液滴表面的比率。然而，除了平均液滴尺寸外，喷油油束的液滴尺寸分布也对内燃机的排放特性有很大的影响。此外，液滴的速度也很重要，因为它表征了燃料油束喷射到空气中时的穿透深度以及液滴撞击表面时的二次射流破裂。

- 密封性（Leak Rate，泄漏率）：由于有关蒸发排放的适用法规，适用高要求。由于很难用液体介质确定密封性，所以用氮气来确定。泄漏率不得超过 $1.5cm^3/min$。

12.3.2.2 直接喷射系统

除了前文描述的在汽油机进气道喷射的可能性外，近年来还开发了汽油直接喷射系统（直喷系统）。对此，燃油通过电控喷油器在高压下从中央燃油分配器直接喷射到燃烧室中［共轨（Common - Rail）原理］。

在最初的汽油直喷系统中，在压缩行程中，通过喷油使空气与燃油分层，并在火花塞附近形成较浓的混合气雾，而在其他位置的混合气相对较稀，以保证可靠点火。在这种运行方式中，通过空气过量减少了换气功和在燃烧的高压阶段的其他壁面散热损失，从而最终降低了部分负荷下的燃油消耗率。然而，由于采用了分层燃烧过程，在发动机的其余特性场范围必须在燃料消耗方面做出妥协。

目前量产的大多数直喷系统都是以化学当量比运行的，仅在高压分层起动期间和为了更快地加热催化器，才进行分层喷射。在这类发动机方案设计中，可以通过提前或延后关闭进气门以减少部分负荷工况下的换气损失。

液体燃料直接喷入燃烧室后，通过蒸发燃料导致气缸充气的内部冷却，这会降低全负荷时的爆燃倾向。因此，这使得压缩比可以增加大约一个单位。这导致部分负荷下更低的燃料消耗率。

分层运行仅在汽油机部分负荷的一个受限的运行范围才有意义。在其他负荷范围，发动机采用均质稀燃、按化学计量空燃比运行，或在全负荷工况时出于保护发动机的原因采用略浓的混合气运行。

根据喷油器的安装位置和进入气缸的空气流的设计，可以分为壁面引导、空气引导和油束引导等三种类型，如图 12.6 所示：

- 壁面引导的燃烧过程的 HPDI（High Pressure Direct Injection，高压直喷）（图 12.6a）。喷油器位于侧面，燃油喷射到活塞顶部，由于活塞的形状和空气流动的型式，喷射的燃料转向火花塞。根据进气道的几何形状，在空气入流时可以区分为所谓的反滚流（Reverse - Tumble）和带通道切换的涡流过程。

- 空气引导的燃烧过程的 HPDI（图 12.6b）。喷油器同样层面布置，但是与壁面引导的燃烧过程不同，燃油喷射到燃烧室中心的空气中。这需要进气较高的空气运动，这可通过可变的滚流来产生。

- 油束引导的燃烧过程的 HPDI（图 12.6c）。这种燃烧方式对发动机稀燃具有最大的潜力，因此在较低的部分负荷下节省燃油的潜力最大。喷油器位于燃烧室的中心位置，火花塞偏向侧面一点距离布置。这样可以避免燃油与活塞或燃烧室壁面接触。这种燃烧方式对喷油器的油束分布要求很高。为了可靠点火并减少火花塞积碳，火花塞区域的燃油必须细化，因此，当燃烧室压力发生变化时，油束也不能有明显的变化。

总而言之，分层运行中稀混合气燃烧时会导致排气后处理出现问题，即使用传统的三元催化器不能降低其 NO_x 排放。尽管通过高达 30% 的废气再循环率降低 NO_x 原始排放，但仍然需要通过存储式催化器进行特殊的 NO_x 原始排放后处理才能满足废气排放限值。存储式催化器在稀燃时吸收 NO_x 排放，并在浓化学计量比下将其转化为 N_2 和 CO_2。发动机管理中有一个复杂的功能控制着这个过程。存储式催化器容易出现“硫中毒”的问题，因此这类发动机必须使用极低硫含量的燃料。

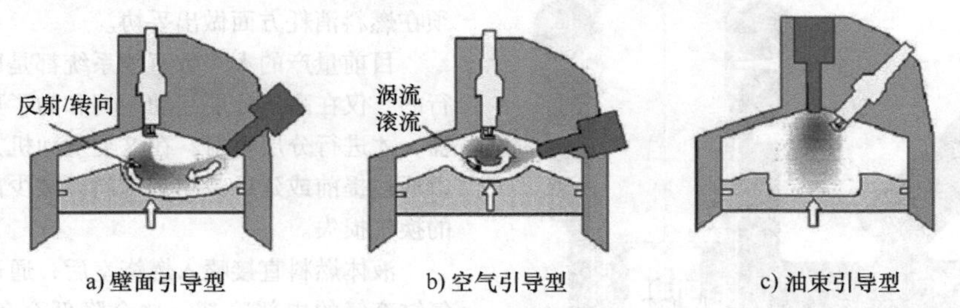

图 12.6 燃烧过程

而且，使用过于复杂的废气后处理措施也会减弱油束引导的燃烧过程有效降低燃料消耗的能力。

因此，当今大多数批量生产的发动机都按照化学计量的燃烧过程运行。喷油器可以侧面布置，如图 12.6b 所示，也可以布置在燃烧室中间，如图 12.6c 所示。

(1) 高压喷射

在如今批量生产的直喷系统中，燃油喷射到气缸中是通过共轨（Common - Rail）原理（来自公共压力管路的燃油喷射）实现的。

图 12.7 显示了高压汽油喷射系统的组成概貌。

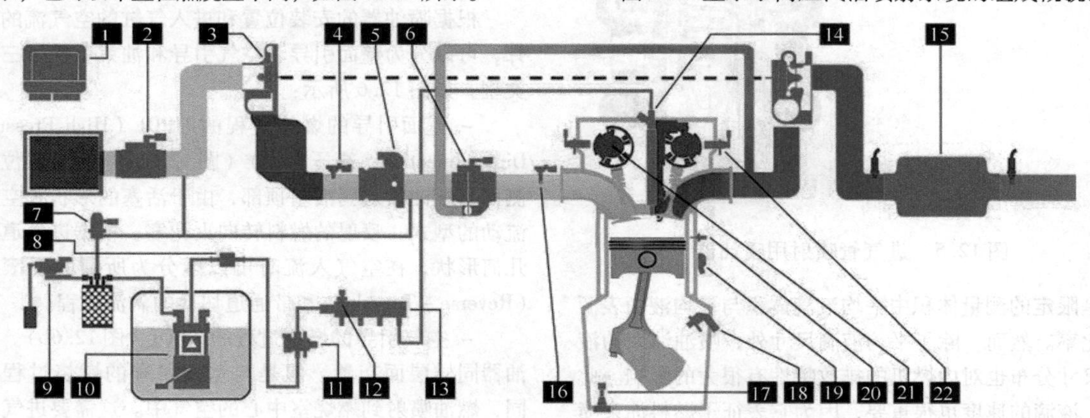

图 12.7 高压汽油直喷系统示意图

1—发动机控制单元（ECU） 2—空气质量流量传感器 3—涡轮增压器 4—进气绝对压力传感器 5—电子控制节气门 6—高压废气控制阀 7—炭罐清洗电磁阀 8—柔性燃油乙醇传感器 9—自然真空泄漏检测（NVLD Ⅱ） 10—燃油输送模块 11—高压汽油泵 12—高压燃油压力传感器 13—油轨 14—汽油直接喷射电磁喷油器 15—三元催化器 16—带有集成的温度传感器的进气歧管绝对压力传感器 17—润滑油液面传感器 18—主动式曲轴位置传感器（带有方向感知） 19—爆燃传感器 20—冷却液温度传感器 21—可变升程控制执行器和传感器 22—主动式凸轮轴位置传感器

直喷汽油机需要使用电控节气门来实现各种运行方式。为了在起动发动机后使催化器快速达到工作温度，发动机在催化器加热阶段采用空气过量并延后点火运行。为了保持发动机输出转矩稳定，通过调节节气门增加空气质量。此外，在带有凸轮轴型线切换的发动机中，转矩在切换过程中也可以通过电子控制的节气门保持恒定。稀混合气的混合气调节需要一个线性的氧传感器，该传感器对于 $\lambda=1$ 的均质运行可以确保这个功能。

高压泵中的燃油由压力约为 5bar 的低压油路供给。在机械驱动的高压油泵中，燃油压力增加到 350bar。最初的汽油直喷系统采用了多缸的径向或轴向柱塞泵。燃油分配器中的压力通过燃油分配器中的调压阀或通过高压泵入口处的节流阀来调节。如今几乎只使用单柱塞泵，与多柱塞泵相比，单柱塞泵更具成本优势。

通过电控压力调节阀进行高压调节。来自高压管路的回流直接从压力调节阀流入高压泵的入口。对此，单柱塞泵只输送发动机所消耗的燃油量，以及确保燃油分配器中设定压力所需的燃油。因此，在这些系统中可以省略压力控制阀和回流管路。压力传感器用于检测燃油压力。出于安全原因，高压油泵中集成了一个泄压阀，用于限制最大燃油压力。

喷油器直接位于气缸盖中。由于燃油压力较高，用于打开针阀的电磁力远高于低压喷油器的电磁力，以保证针阀的快速开启和闭合。

燃油的雾化质量很大程度上取决于燃油压力、背压、流量校准和油束角度。随着燃油压力增大，雾化质量得到改善。因此，为了减少直喷发动机的颗粒排放，发动机应该以尽可能高的燃油压力运行。

与多孔喷油器结合使用，可以实现稳定的油束锥角、良好的蒸发以及混合气形成，这样也可以减少燃烧过程中的颗粒排放。

图 12.8 所示为单柱塞泵。在大多数情况下，由于摩擦的原因，高压燃油泵通常通过滚柱挺杆直接通过附加凸轮由发动机的凸轮轴驱动。高压柱塞根据泵凸轮执行提升运动。螺旋弹簧可防止滚柱挺杆从泵凸轮上脱离。高压燃油泵的电控进油阀允许燃油在输送期间返回低压侧，从而根据发动机的需要向出油阀输送适量的燃油。因此可以降低高压燃油泵的功耗。为了减小低压油路中的压力波动，在泵中设置了一个低压阻尼器。高压柱塞处泄漏的燃油也可以返回到低压侧。柱塞密封件用于将低压回路与发动机润滑油区域隔开。此外，高压燃油泵包含一个未示出的泄压阀，当高压油路中的压力超过阈值，例如在发动机静止时由于燃油加热而导致压力升高，高压回路中的压力受到限制。

图 12.8　高压燃油泵

对于高压直喷，对发动机的控制系统提出了多种新的要求：

- 必须调节高压燃油系统中的压力。
- 采用油束引导的直喷发动机的稀薄燃烧需要一个可以覆盖稀薄区域和 $\lambda=1$ 工作区域的线性氧传感器。
- 高压喷油器需要控制，而控制要与喷油器技术的要求相匹配。高的燃油压力和对两次喷射之间的线性度和可重复性的更高要求，也就对喷油器的控制提出了更高的要求。为了实现快速开启喷油器，电压和电流需要提高到 65V/12A。将功率放大器集成到控制单元时，必须要考虑功率放大器带来的更高的功率损耗。
- 对于稀薄燃烧发动机，使用电动节气门是必不可少的。这种电驱动的节气门的控制确保加速踏板的位置与节气门开度完全独立。
- 当发动机采用无节流运行时，没有用于冲洗活性炭罐的压差。为了达到必要的冲洗率，对于具有高比例的分层充气的发动机方案设计，需要一个用于冲洗活性炭罐的泵。

带有进气歧管喷射的传统发动机在几乎所有运行状态下都以均匀的化学计量混合气运行（即混合气仅在冷起动、暖机和全负荷等特殊的发动机状态下加浓），而相比之下，直喷汽油机使用不同的喷射和燃烧策略运行。

图 12.9 解释了导致各种均质运行状态和分层状态的混合气形成策略。

分层充气的目的是在火花塞区域得到准备好的燃料 - 空气混合气的浓度，从而在这一区域形成受限的可燃混合气（$\lambda\approx1$），这样尽管总的混合气非常稀薄，但仍能实现良好的燃烧条件。由于在燃烧室中部混合气局部浓度，分层充气运行也可以实现较高的废气再循环率。火花塞周围的混合气分层是通过在压缩行程中较晚喷射燃油来实现的。节气门完全打开以吸入最多的空气。

油束方向、油束形状、喷射穿透深度和气缸内的空气流动是在火花塞区域内喷射的燃油是否成功分层的决定性参数。为了尽可能降低发动机的颗粒排放，燃烧室壁面和火花塞都不能被液体燃料浸湿。

在发动机运行期间，油束方向无法改变。穿透深度取决于燃油喷射速度与气缸中气流速度之间的差异。喷射速度受到喷射压力的影响。为了实现燃烧室中气流有针对性的运动，在火花塞区域实现湍流（为了良好的混合气形成），这需要通过调整并优化进气道和燃烧室设计（这也是发动机制造商的核心竞争力）来实现。目前的大多数充气系统采用滚流设计，也有一部分设计采用了涡流。

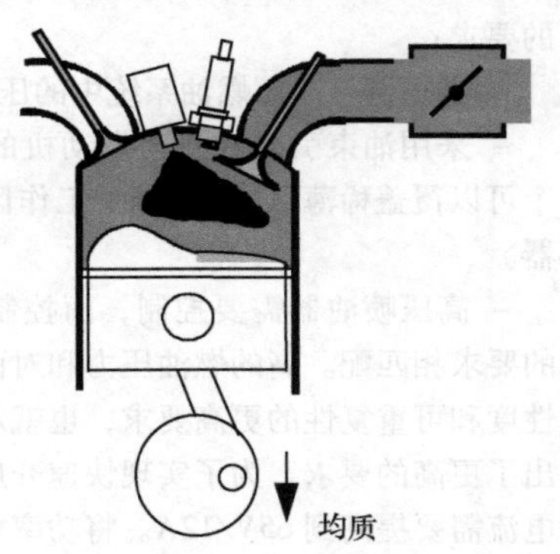

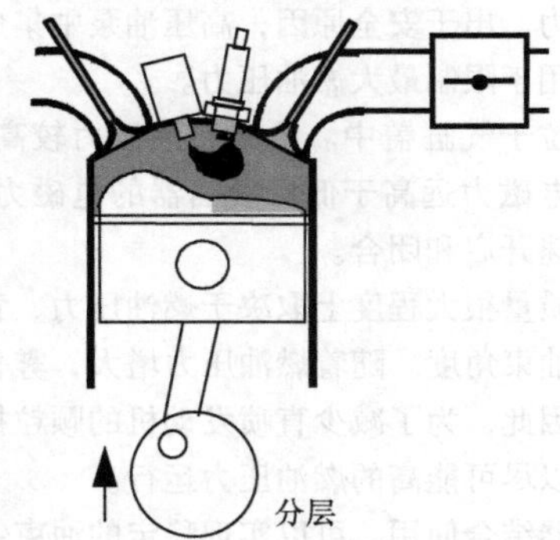

图 12.9　均质充气和分层充气的发动机运行

如果要在发动机功率相同的情况下将发动机的运行状态从分层充气变为均匀充气，则必须通过减小节气门开度来减少进气质量；同时必须增加喷入气缸的燃油量以补偿更高的节流损失。对于燃烧室中的均质混合气，燃料在进气行程期间在空气速度达到最大的时刻喷射。

对混合气形成、行驶性能和尤其是废气排放的要求阻碍了在发动机整个运行范围内全面应用分层充气。

图 12.10 展示了自然吸气发动机在发动机工作范围内不同的运行状况下的应用。该示例还考虑了冷却液的温度，以说明不同的环境状态的影响。

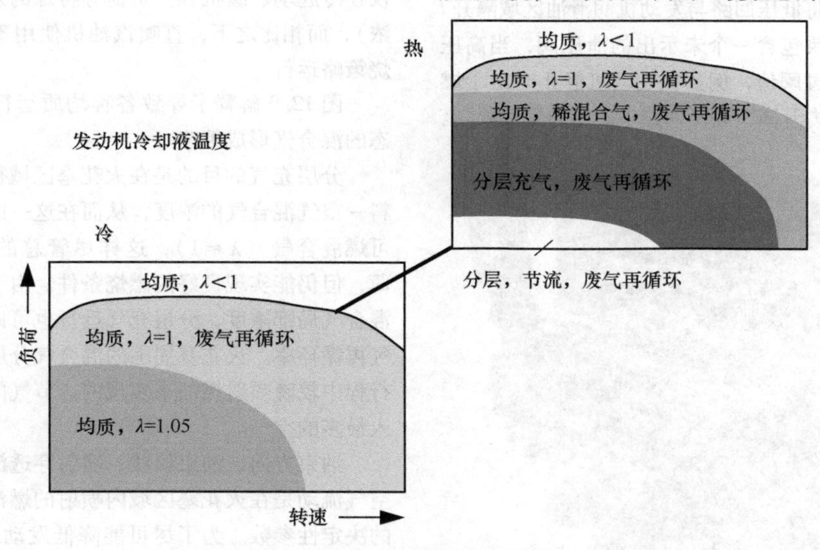

图 12.10　自然吸气发动机特性场中的运行策略

有以下几种燃烧状态：

– 均质的浓混合气。

– 带或不带有废气再循环的均质 $\lambda=1$ 的混合气。

– 带废气再循环的均质稀混合气。

– 高废气再循环率的分层充气。

在低、中负荷和转速下，发动机采取分层充气和较高的废气再循环率运行方式，因此可以降低燃料消耗。废气温度决定了发动机在低负荷下可以不节流运行的运行范围。为了使催化器转化污染物，催化转化器温度不得低于 250℃。因此，在怠速时完全无节流地运行是不可能的。此外，在冷起动和暖机期间，发动机也会以均匀的、略微稀薄的混合气运行，以实现催化器的快速起燃。发动机热机状态时可以在节流分层充气的情况下工作。

在低负荷和高转速工况下，由于混合气形成的时间较短，在分层充气状态下很难形成良好的混合气，还存在形成碳烟的风险。因此，这种工况下最好使用带废气再循环的均质混合气。

受到 NO_x 排放和碳烟形成的风险限制，分层充气仅适用于较高的部分负荷工况。在这些区域，采用带有废气再循环的均质充气相比于带废气再循环的分层充气对燃油消耗的负面影响很小，然而，可以显著地降低 NO_x 排放和消除碳烟形成的风险。

均质稀燃运行的使用受到废气温度的限制。在温度高于 500℃时，存储式催化器不再能够存储氮氧化物。因此发动机需要采用化学计量浓度混合气和高的废气再循环率运行，以减少 NO_x 排放和燃料消耗。

在全负荷工况下不能采用废气再循环运行。发动机的控制方式与进气歧管喷射发动机相同，即使用实现最大功率和优化的催化器保护的混合气。

除了在不同负荷状态之间的过渡过程中改变运行状态外（例如，在加速过程中从部分负荷下的分层充气过渡到全负荷下的均质浓混合气），由于排气后处理的原因，即使负荷状态保持不变，也需要两种运行状态之间的交变。主要的要求是不出现转矩变化的过渡，因为这些会被驾驶员感知。

当采用稀薄燃烧时，由于催化器再生的需要，燃油消耗将会增加约 3%。

由于世界范围内对更少的 NO_x 排放的要求，以及油束引导的燃烧过程中在排气后处理方面的相关费用，因此如今大多数发动机主要采用化学计量的燃烧过程。在这些发动机中，分层运行仅在催化器预热阶段使用。

集成在气缸盖中的排气歧管可以显著地减少为保护零部件而在全负荷时的加浓。对于具有化学计量混合气组分的发动机，发动机在整个特性场中以均质、$\lambda=1$、有/没有废气再循环运行。为了提高发动机的效率，可以提高压缩比和通过提前或延迟关闭进气门来降低压缩终了的温度，从而不发生爆燃燃烧。与压缩比的增加相比，膨胀比的同时增加导致燃料消耗的改善和废气温度的降低。

在欧洲引入的欧 6c 排放法规中，除了限制废气中的颗粒质量外，还限制了颗粒数（PN）。

为了满足欧 6c 排放法规中对于颗粒数（PN）的要求，燃烧系统中不能存在局部过量空气系数 $\lambda<0.7$ 的不均匀混合气。浓混合气和高的燃烧温度会导致 PN 排放升高。混合不均匀性是由于燃烧室中的表面被液体燃料润湿以及燃料 - 空气混合气的制备不充分而造成的。如图 12.11 所示，必须通过合适的喷射油束的设计和喷射策略来减少活塞表面、喷油器和气缸壁的润湿。进气门的润湿会导致燃油油束的偏转，并在进气行程结束时产生大的燃油液滴。与循环中非常晚的喷射一样，这些工作特性会产生混合气不均匀性，从而导致 PN 排放增加。这也可能导致燃油积聚在气缸壁上。

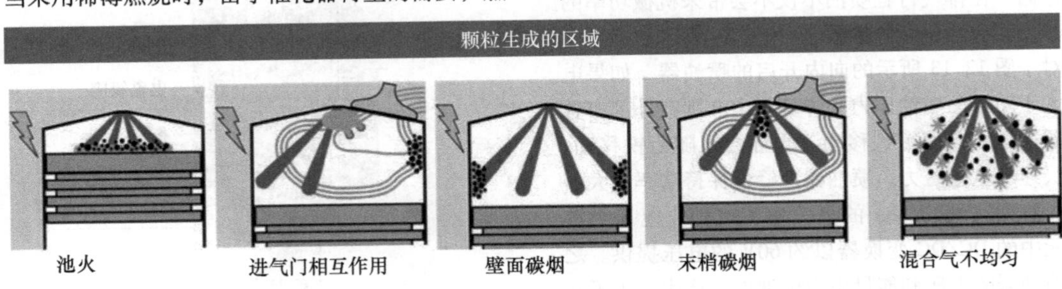

避免燃油聚集的喷射策略：
- 活塞底部湿润　→　池火
- 气门盘湿润　→　气门焦化
- 气缸壁面湿润　→　壁面碳烟和润滑油稀释
- 喷油嘴焦化　→　PN增加
- 混合气不均匀　→　高的PN

图 12.11　颗粒排放的形成

喷油器尖头也是一个 PN 源。对于带有向内开启的针阀的喷油器，喷油器尖端在有限程度上会被液态燃油湿润，如果燃油从阀尖蒸发得不够快，就会导致 PN 排放显著增加，尤其是在具有中央喷油器位置的发动机中。

在冷机和热机状态下，增大燃油喷射压力都可以减少颗粒排放。增加的油束力矩提高了空气的利用率，从而使燃油的蒸发倾向显著地改善。因此，尽管穿透深度增加，喷射压力的提高使得零部件湿润减少，这可以在发动机冷机和热机运行时得到证明。相应的测量结果如图 12.12 所示。此外，燃油压力的增加也会导致沿喷雾纵轴方向的气体运动增加。这显著地促进了喷射结束后喷油器尖端的燃料蒸发。这种效应导致在扩展的特性场范围内显著地减少和稳定PN排放。当喷油压力大于 35MPa 时，改善 PN 排放的潜力变小。

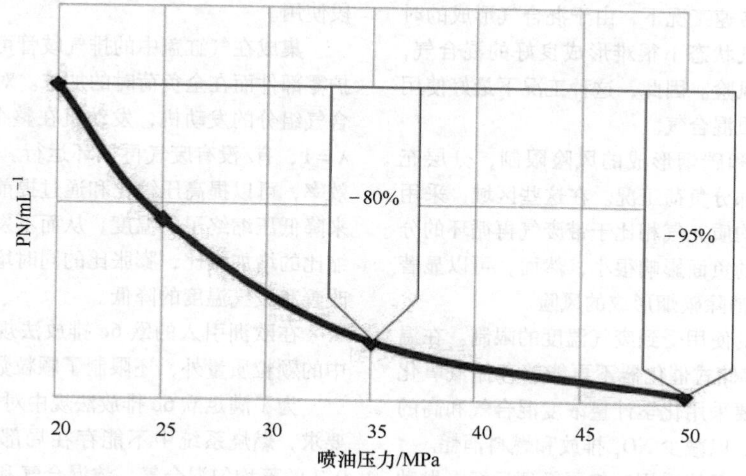

图 12.12　喷油压力对颗粒排放数量的影响

（2）汽油直喷用喷油量计量和喷油器

直喷喷油器可以分为向内开启和向外开启两类。因此，喷油器可以由电磁或压电驱动。用于进气歧管喷射和用于直喷的电磁驱动的喷油器在原理上是相同的。但是两者在抗压强度、磁路设计和最大流量方面存在差异。直接向燃烧室燃油时，喷射时间更短，因为在做功和排气行程中燃油不能像进气歧管喷射那样预先存储。在排气行程喷油不仅不会带来机械功率的提升，反而会恶化废气排放。

对于图 12.13 所示的向内开启的喷油器，如果电磁力大于闭合的燃油压力和弹簧弹力，则在外部布置的线圈通电后会使衔铁移动。阀针会跟随衔铁移动。为了快速产生电磁力，喷油器由峰值保持功率放大器控制。直到达到约 12A 的最大电流之前，电压由控制单元中的 DC/DC 变换器以约 60V 的电压提供。之后，喷油器的电压和能量由蓄电池电压产生。为了在高的燃油压力下能够以小的误差喷射少量的油量，通过在控制单元中用机电一体化方法确定衔铁的移动[1]。这允许在使用寿命期间补偿喷油器和控制的公差。喷油量与喷油器的控制时间成正比，同时也受燃油分配器（油轨）与燃烧室之间的压差的影响。为了防止阀针在关闭喷油器时反弹从而导致燃油后喷，阀针通过簧弹与衔铁解耦。

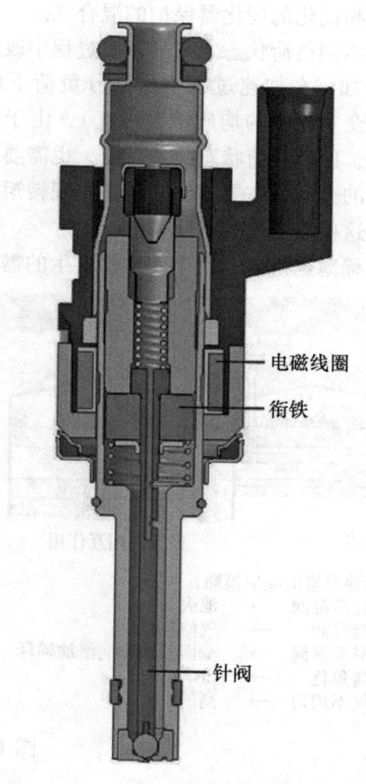

图 12.13　用于汽油直喷的电磁控制驱动的向内开启的喷油器

在 20 世纪末开始使用汽油直喷时，喷油器的燃油雾化是通过涡流喷嘴来实现的。其中，燃油借助于喷油器内部的涡流部件产生旋转。因此，燃油在离开喷油器时会在轴向运动的基础上叠加切向运动。涡流决定了锥形油束的扩张情况。由于喷油器出口孔相对于喷油器轴的错位，还可以产生油束相对于喷油器轴的扭转角。这样的处理方式使得即使是在低的喷射压力下小油滴直径和低穿透深度成为可能。这种燃油雾化方法的缺点是油束的锥角过于依赖燃烧室压力。因此，与柴油机类似，如今量产的汽油直喷喷油器也采用多孔喷嘴。喷射油束的数量和布置方式十分灵活。因此，对于燃烧室中喷油器中央布置和侧面布置，油束形式都可以很好地与燃烧过程的需要相匹配。为了避免颗粒排放增加，在喷射过程中，气缸壁面、燃烧室顶部和活塞表面都不能被液态燃料润湿。油束也不能击中进气门，以免形成不均匀的混合气。

为了减少颗粒排放，喷油器的喷射压力高达 350bar。由于在低温下存在燃油泄漏的风险，通过喷油器与燃油分配器（油轨）之间的 O 形密封圈实现经济高效的连接技术，只能在最高 350bar 的燃油压力下使用。

对于油束引导的燃烧过程，采用通过压电直接驱动针阀的向外开启的喷油器，如图 12.14 所示[2]。

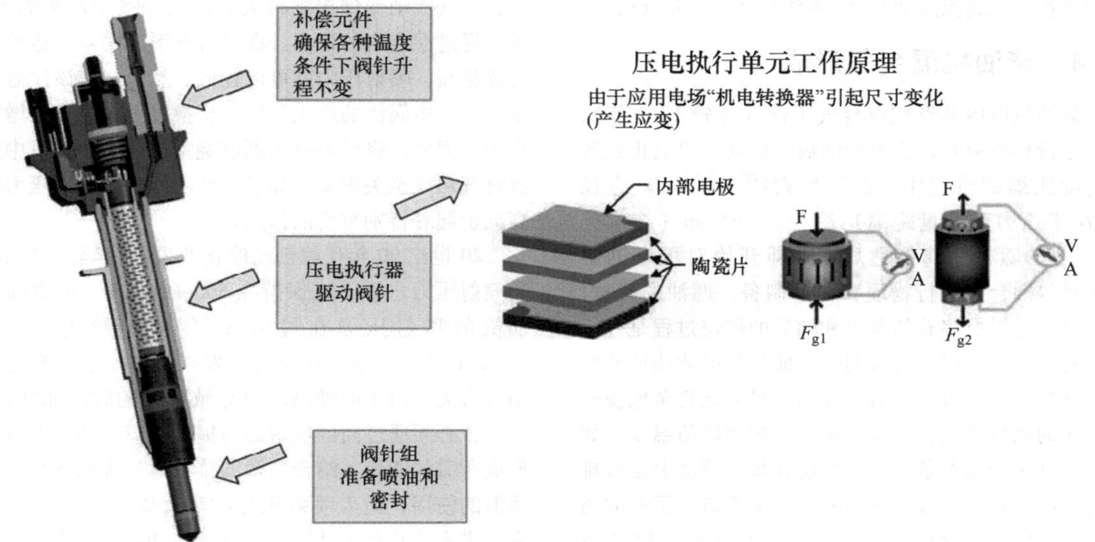

图 12.14　用于带压电执行器的汽油直喷的向外开启的喷油器

压电执行器本身的结构为多层陶瓷元件，陶瓷层之间有单独的接触，这些触点在执行器上端的两个接线片中聚集在一起。通过施加电场，通过压电陶瓷效应导致执行器元件被拉长或缩短，用于打开或关闭喷油器针阀。为了避免由于陶瓷中的拉伸应力而破坏执行器元件，整个压电陶瓷由外部弹簧预紧，以便在执行器处于偏转状态时也不会出现拉伸应力。可实现的总的偏转与直接执行器的结构长度和电压成正比。

这类喷油器的基本结构设计为三个基本功能组：喷油器组喷嘴、压电执行器和补偿元件，依次串联布置。通过压电执行器直接驱动阀针，可以立即且无延迟地实现运动。由于压电陶瓷的热膨胀特性明显低于周围的不锈钢外壳的热膨胀特性，因此，在压电执行器上方设置了一个补偿元件。该补偿元件的任务是在发动机运行的整个温度范围内保持喷油器的阀针升程保持不变，从而确保流量值恒定。为此使用了封闭式液压补偿器，其设计方式具有足够的刚度。

然而，压电驱动也可以实现部分升程。根据要求，该部分升程可以这样进行，即从打开斜坡直接过渡到关闭过程，或者关闭过程仅在规定的保持时间后以所需的升程进行。因此，除了燃油压力之外，喷射量还取决于阀针的设定升程和开启时间。开启过程的准确性和可重复性确保了喷射量的高度可重复性，即使是短的喷射脉冲也是如此。

向外开启的喷油器喷嘴在喷油器轴线上产生锥形油束。这里，只能通过锥角才能使油束模式与燃烧室形状相匹配。因此，这种喷油器的使用仅限于在燃烧室中央设置喷油器的燃烧过程。因此，在喷射过程中，进气门被液态燃料弄湿并不总是可以避免的。

油束锥角与气缸内部压力无关，应该是油束引导的燃烧过程的基本要求，这种喷油器可以满足该要求。

由于在油束引导的燃烧过程中火花塞与喷油器之间非常接近，因此需要出色的混合气形成，以便使燃料液滴可以在很短的时间内蒸发。在大约 13mm 的自由喷射长度后，燃料必须完全准备好。

压电喷油器可以实现油滴索特平均直径小于 15μm，在喷油器开启和关闭的过程中也不会出现大油滴。

锥形油束喷嘴的均匀喷射油束也有利于火花塞的定位。一方面，在均质燃烧或分层燃烧的运行状态中，火花塞电极都不能被液态燃油直接润湿。另一方面，火花塞必须直接放置在再循环区域中靠近油束边缘的位置，以确保燃油/空气混合气可以可靠点火。

12.4　柴油机混合气形成

柴油机以内部形成混合气工作（比较 12.1 节），在压缩行程结束时，液态燃油被喷射到点火上止点区域高度压缩的空气中。在平均索特（Sauter）直径（取决于压力和测量距离）约为 5～15μm（初次分解）[3,4] 的燃料油滴到达后，立即开始对可燃的空气－燃料混合气进行物理和化学制备。燃油的蒸发、与空气混合以及接着的着火和随后的燃烧过程是并行进行的。混合气形成的目的一方面是尽可能快地使空气－燃料混合气着火，另一方面是尽可能完全地使全部喷入的燃料燃烧，同时避免高的燃烧峰值温度。如果满足这两个基本条件，则燃烧在很大程度上是低排放的，同时避免了极端压力峰值，从而避免了高的燃烧噪声，以及高的机械和热应力，可以比较 14.3 节和 15.1 节。

燃烧室中的空气－燃料混合气在不同地点和不同时刻是有很大差异的，即混合气不均匀。燃烧室中所谓的局部空燃比从 0（在燃油液滴中，即纯燃油）到无穷（纯空气区）分布。在实际设计的柴油机中，总过量空气系数，即燃烧室中实际空气质量与喷入的燃料完全燃烧所需的空气质量之比，大约在 1.1～7 之间。

在柴油机中，用于混合气形成的时间极短。例如，燃油喷射的时间约为 36° 曲轴转角，在 4000r/min 的转速下，只有 1.5ms 的时间可用于形成混合气。相比之下，在相同转速下，采用进气歧管喷射的传统汽油机的混合气形成时间约为 15ms。从开始喷射到空气－燃料混合气首次着火燃烧的时间再次明显地缩短。这一现象称为着火延迟期，约为 0.3～2ms 长，它在很大程度上取决于燃烧室内的温度和压力条件以及燃油的雾化质量。在第一次着火后，仍未燃烧的碳氢化合物与空气中的氧进一步形成的混合气通过开始燃烧，由此引起温度升高和产生的湍流加速了混合气的形成。形成混合气所需的能量要么来自喷射系统，要么来自空气运动和初期燃烧本身。

在具有分隔式燃烧室的发动机（预燃室式或涡流室式发动机）中，在副燃烧室中开始的浓混合气燃烧为主燃烧室中的混合气形成提供主要能量。对喷射系统的要求也不高；副燃烧室的工作方式不同，涉及的空气运动在很大程度上也是不同的，见 15.1.2.1 节。当今使用的直接喷射方法没有分开的燃烧室，喷射系统对能量做出了主要贡献。在具有较高转速的发动机或具有相对较低喷射压力的喷射系统中，空气流动受到控制，从而在燃烧室中产生涡流，涡流促进混合气的形成。在混合气形成中空气运动的份额越高，喷射压力就可以越低。然而，应该注意的是，空气中涡流的产生与气体交换过程中的损失增加有关。因此，将燃料喷入到燃烧室中对于柴油机中的混合气形成至关重要。除了其他功能外，喷射压力的高低也起着特别重要的作用。

20 世纪 90 年代就已经停止开发的分隔式发动机的喷射压力水平一直保持在 300～400bar，但直喷发动机的喷射压力在过去 20 年中持续上升，如图 12.15所示。这本质上与开发乘用车用直喷高速柴油机有关。由于曲轴高转速导致可用的时间非常短，因此，必须通过高的喷射压力提供相应的高的混合气形成所需的能量。结合高效的排气后处理系统和多次喷射的使用，最大喷射压力约为 2500～2700bar，以满足未来几年的要求。尽管如此，3000bar 系统仍在大力开发中。

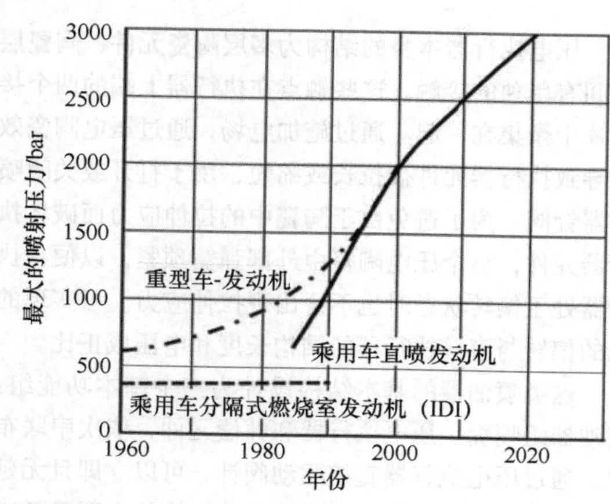

图 12.15　近几十年来最大喷射压力的发展

将液体燃料喷射到燃烧室时，重要的是将燃料分散成许多非常小的液滴，从而为蒸发提供大的表面积，同时油滴要尽可能扩散到燃烧室中的所有空气中，以避免由于局部缺氧而形成大量的碳烟。这可以通过仔细协调喷射压力、燃烧室凹槽和喷嘴孔的几何形状和空气运动，以及正确的喷射正时来实现。必须避免燃料液滴到达燃烧室凹腔之外的气缸壁面，并聚集在活塞与气缸之间的顶部火力岸区域。这部分燃油无法燃烧，随后蒸发并最终作为未燃烧的碳氢化合物进入废气中。

图 12.16 显示了作为喷射压力函数的液态和气态燃料在喷射开始后随时间推移的射程[5]。可以清楚地看出，液态油束的射程与压力无关。最近的研究表明，在 3300bar 时的射程在大约 1ms 后大约是在 1200bar 时的两倍[4]。然而，在最高喷射压力下，油束尖端速度明显更大。更高的动量可确保喷射油束中的空气夹带量更大，从而加快蒸发速度。在相同的喷射压力下，喷孔越大，液态燃料的射程越远。然而，应该注意的是，当喷嘴孔直径增大时，随着液滴尺寸的增大，空气动力阻力（随着液滴直径和速度的二次方增加）会大大增加，以至于随着喷孔的增大，射程会再次减小。因此，此处需要优化喷嘴出口横截面和喷射压力以及空气流动，另见参考文献［3，6］。

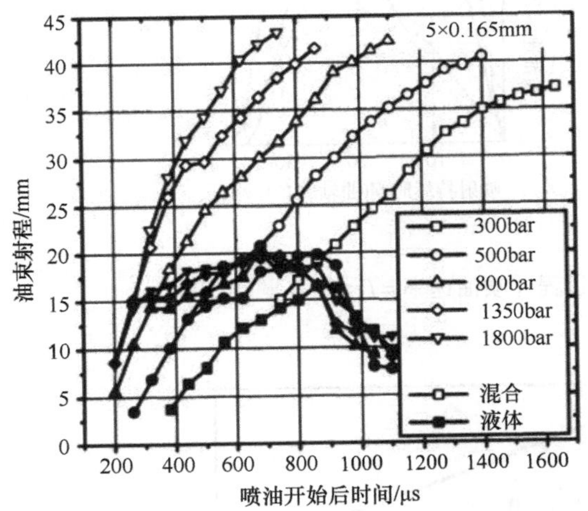

图 12.16　在喷射容器中测量的液态和气态燃料的射程与喷射压力的关系[5]

在采用液态燃料的柴油机中，除了这种经典的内部混合气形成外，还有各种特殊的柴油机混合气形成方式，例如柴油 - 燃气发动机和部分均质以及仍处于研究阶段的均质柴油燃烧，比较 15.1.2.4 节。与柴油机燃烧有关的混合气形成将在 15.1.1 节中详细描述。

12.4.1　燃油喷射系统概述

1. 任务

燃油喷射系统主要负责：柴油机实现高的排气品质、低油耗、快速响应特性、低噪声舒适平稳运行。根据柴油机的使用领域，这些目标设置可能有不同的权重。因此，喷射系统必须与柴油机相匹配。喷射系统的主要任务是[7-10]：

（1）精确计量每个工作循环的燃料质量

由于通过计量和喷射可变燃料质量（质调节）对柴油机进行负荷调节，这必须尽可能精确，以实现无碳烟的全负荷运行。在外特性曲线中，燃油计量越精确且越长期稳定，到烟度极限的安全距离就可以越小，即发动机可以尽可能贴近其功率极限。全负荷时，燃油量的公差应该尽可能地小，不超过约 ±2.5%。在怠速工况和部分负荷工况范围，尤其是在稳态的运行方式下，即当没有启动主动调节干预时，对从气缸到气缸以及从喷射到喷射的燃油计量的稳定性提出了很高的要求。偏差应小于 1mg/喷射。如果有必要，需要对每个气缸的喷油量进行调整，以实现所希望的平稳运行。

（2）喷油率与运行条件相匹配

在喷油过程中，单位时间内喷射的燃油质量［喷射速率表示为 $dm/dt=f(t)$］对于废气排放、平顺性和燃油消耗至关重要。从原理上分析，喷油速率可以通过改变喷嘴上的喷油孔截面和喷油压力来改变。尽管付出了相当大的努力，但迄今为止仍然不能提供具有可变喷孔横截面的运行可靠的喷嘴，因此仅保留压力调制。然而，在凸轮控制的系统中，采用比较小的变化度，可以通过凸轮形状并因此通过高压喷射泵中的凸轮速度或活塞速度以相对简单的方式来实现。在共轨喷射系统中，喷射期间的压力调制（通过喷油器中的直接压力变化或通过取决于针阀升程的压力损失）是一种实用的解决方案。而且通过喷嘴体中的压力水平也可以在一定程度上改变喷油速率。图 12.17 显示了主喷射在喷射期间喷油速率的变化情况[11,12]。

一般来说，喷射开始时的高的喷射速率和与此相对应的大的喷射量会导致强烈的燃烧冲击，此时气缸内局部温度高，因此 NO_x 生成量多，气缸内的压力梯度大。

（3）多次喷射

在喷油过程中喷油速率通常不足以满足设定的要求。因此，需要根据特性场中的运行工况点，进行不同的供油量水平的多次喷射。图 12.18 显示了喷射模式的示例。如今，已经出现了多达 8 次的喷射，包括用于颗粒过滤器再生的迟后的后喷。

图 12.19 展示了在特性场中带所谓数字速率整形（Digital Rate Shaping）的、运行工况点的最佳喷射模

式的示例。

小量的、单独的预喷射显著地缩短了后续主喷射的着火延迟期，因此可以使燃烧过程更平稳，从而降低燃烧噪声。紧接在主喷射之后的后喷使得在先前燃烧期间产生的碳烟能够被氧化，或者在适当的排气后处理方案的情况下，提高排气温度，例如颗粒过滤器的再生。提供未燃的碳氢化合物，在催化器中被氧化以产生足够的温度用于随后的排气后处理，可以通过“延迟”后喷来实现[13]。

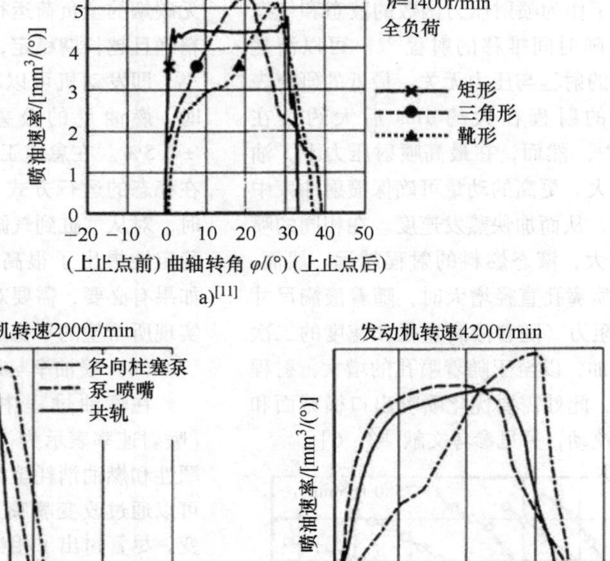

图 12.17　主喷射的不同的喷射过程［喷油速率 $=f(t)$］

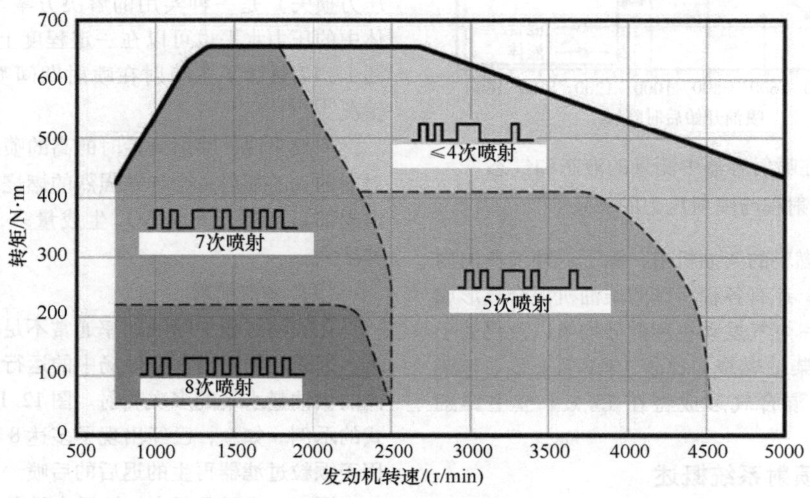

图 12.18　取决于特性场范围的不同喷射模式示例（包括 DPF 再生）[13]

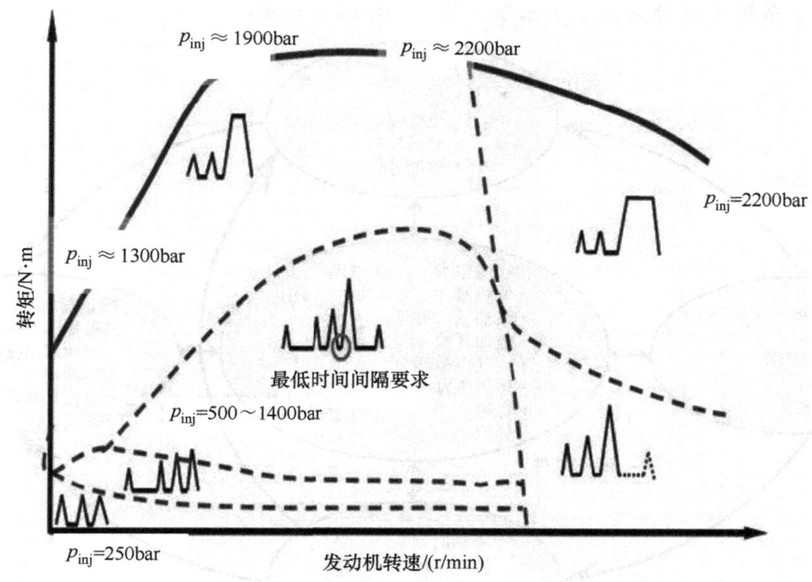

图 12.19　带所谓数字速率整形（Digital Rate Shaping，DRS）的运行工况点的最佳喷射模式的示例（来源：Bosch 公司）

（4）最小喷油量的能力

例如，对于多次喷射，特别是在乘用车发动机中，预喷射和后喷射的每次喷射大约 1～5mg 的量的范围内时，对这些微小量的精确计量的要求急剧增加。对此，每次喷射的喷射量公差应小于 0.5mg。由于对于这些最少量的喷射，喷油器阀针始终在所谓的弹道范围内运动，即它们不能实现机械固定，所有与生产相关的公差都会对喷油量的品质产生很大的影响。其结果是对喷油器的部件质量和长期稳定性的要求明显提高，特别是在喷嘴阀针、针座和喷射孔方面。

（5）喷油正时调整

众所周知，在具有长喷射管路的系统中，纯粹与转速相关的输油开始时刻的调整已不再足够。即使是没有喷油管路或有电子控制的喷油器的系统，也需要从早期（例如在冷起动的情况下）到后期在特性场的某些区域进行可自由调节的喷射开始以减少氮氧化物生成。在其他运行范围内，需要基于优化燃料消耗的调整。此外，在多次喷射的情况下，必须在这些单独的喷射之间实现喷射开始之间的单独的间隔。实现喷射开始的精度应小于 ±1°曲轴转角。

（6）与运行条件和环境条件的灵活的匹配

除了到目前为止提到的主要任务外，现代喷射系统还应该以完全灵活和依赖空气质量的方式对动态过程做出反应。这样，在全负荷加速的情况下，为避免不必要的碳烟排放，就可以根据动态测量的空气质量匹配燃油量。

当达到发动机额定转速时，必须根据发动机的应用区域减少供油量，以防止柴油机超速（终端减油）。在较低的运行范围内，发动机可以以尽可能低的转速并且几乎与负荷无关地稳定运行。此外，每种情况下所需的燃油量也必须根据环境和燃料温度进行匹配，以实现快速暖机。需要根据海拔进行燃料量的匹配。例如，在海平面以上的高海拔地区，由于空气密度更低，必须减少全负荷的供油量，以免超过允许的烟度限制值。在推力运行（滑行）时，当转速降至怠速以下时，喷射量需要呈斜坡状增加以“赶上”发动机怠速运行。根据增压压力和废气再循环，喷射量必须适应各自的运行条件。

对喷射系统的这些复杂且部分相互依赖的任务和要求，只能由电子控制或调节的系统来接管[7]。带有边缘控制的燃油量计量的机械调节系统要么根本无法满足要求，要么只能接受粗略的妥协。然而，这些机械的、鲁棒的系统可以继续用于上述提升的要求，特别是在动态特性方面不是优先考虑的应用领域。在乘用车和商用车车用发动机领域以及船舶和固定式发动机应用，这些发动机必须要满足严格的排放法规，同时在动态情况下消耗尽可能少的燃料，机械控制和边缘控制系统已几乎完全被取代了。

2. 结构和分类

在现代柴油喷射系统中，机械、液压、电气和电子协同工作。整个系统可以分为五个子系统，如图 12.20所示。

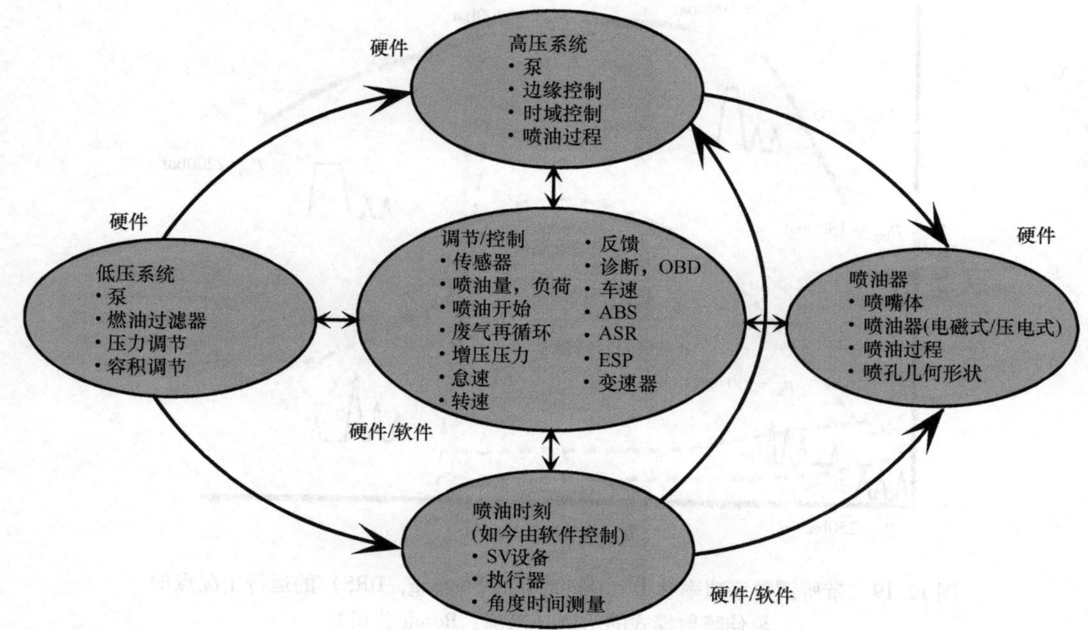

图 12.20　柴油机喷射系统的子系统

（1）低压系统

低压系统的作用是确保将燃油从油箱泵送到实际的高压喷射系统。所需的燃油泵既可以作为油箱的一个模块，将燃油从油箱输送到发动机，也可以作为高压泵中的集成泵将燃油从油箱中吸出，并使其达到高压泵内高压单元所需的供应压力。该供应压力可以在 1～15bar 之间，具体取决于喷油系统和发动机转速。在高压共轨系统中，低压侧的、与轨压相关的调节可用于降低高压泵的功耗。在设计低压泵时应注意，在许多情况下，需要相当大的燃油流量来满足控制量、用于冷却喷油器部件的冲洗量以及补偿泄漏量。所使用的过滤器是大孔径的预过滤器和精细过滤器[7]。此外，过滤器还具有分离燃料中可能存在的水的任务，以防止对喷射部件的腐蚀。为了确保即使在极低的温度下也能正常工作，过滤器通常会辅以燃油电加热器，或者通过从高压区域返回的加热的燃油在过滤器前加热燃油，从而防止过滤器被燃料中的石蜡沉淀物堵塞。

（2）高压系统

高压系统的本质特征是实际的高压泵。所需的高压和喷射能力功率完全由柱塞泵产生。其使用的内部或外部支撑的径向柱塞泵和单缸轴向柱塞泵。只有这些泵能够产生超过 1000bar 的压力，并具有长期稳定性，并在必要时计量所需的量。

在传统的系统，即所谓的边缘控制系统中，实际的泵元件除了具有输送燃油量和增压的任务外，还具有精确测量燃油量的功能。在带有电子控制阀的现代系统中，高压泵专门用来产生喷射压力，并输送燃油。电子控制阀（通常是电磁阀或压电执行器）负责精确测量。

（3）喷油调整系统

为了在正确的时间点将燃料供给发动机，需要一个所谓的喷射调整系统。一般来说，可以区分两个基本系统。在传统的系统中，通过机械力或液压力会导致泵驱动轴之间的相位移，从而导致高压泵的凸轮轴或分配器轴与内燃机曲轴之间的相位移。在通过电控阀进行计量的系统中，可以通过改变阀的切换时间点或通过将切换时间点与相位调节相结合来进行所需要的喷射时间点的匹配。如今，通过喷油器中执行器的电子控制来调整喷油时间点已经占据了主导地位。

（4）喷油器（喷油嘴）

由高压油泵输送的燃油通过喷油器供给到发动机的燃烧室中。其中，除了喷油时间点和精确计量喷射燃油量外，喷油器的主要任务还包括为随后的混合气形成和燃烧进行的油束制备。喷油器可以根据高压泵产生的压力直接进行压力控制，也可以与高压共轨系统一样，通过电子控制阀进行液压控制，见 12.4.3 节。

高压系统与喷油器之间的连接由管路系统中的高压管路来完成。高压油管采用内径约为 1.5～2.5mm 的钢管制成。

为了提高钢管的疲劳强度，重要的是管道内部尽可能光滑，没有粗糙深度、重叠和缺陷。这需要特殊的工艺，例如所谓的自增强处理，即在极高压力下在管道内部进行塑性平滑和内应力生成。

（5）调节/控制

上述四个子系统由一个调节和控制系统协调。虽然在传统系统中，主要通过机械/液压进行干预，但在现代喷射系统中，则使用电子信息采集和处理系统以及电子控制驱动执行器。其中，电动执行器可以直接进行控制或仅用于控制液压或气动调节装置。

电子控制和调节系统集成到整个发动机和车辆管理系统中，因此可以连接到必须对发动机转矩以及发动机转速进行干预的所有子系统。此外，这个系统中还集成了与排放相关的组件的在线诊断（OBD）。

图 12.21 显示了近几十年来使用的、通过泵来表征的喷射系统示意图。其中，图中上排是传统的边缘控制以及行程控制的系统。对此，调节和控制干预可以是机械的也可以是电气的。

中间行和底行显示了自 20 世纪 90 年代中期以来一直在使用的现代系统。除了存储器喷射系统（CRS）外，其他系统中的喷射过程只能在容积输送和压力产生期间发生，即在泵的柱塞运动期间。

一般来说，喷射系统可分为三类：即所谓的凸轮边缘控制、凸轮时间控制和存储时间控制系统，如图 12.22所示。

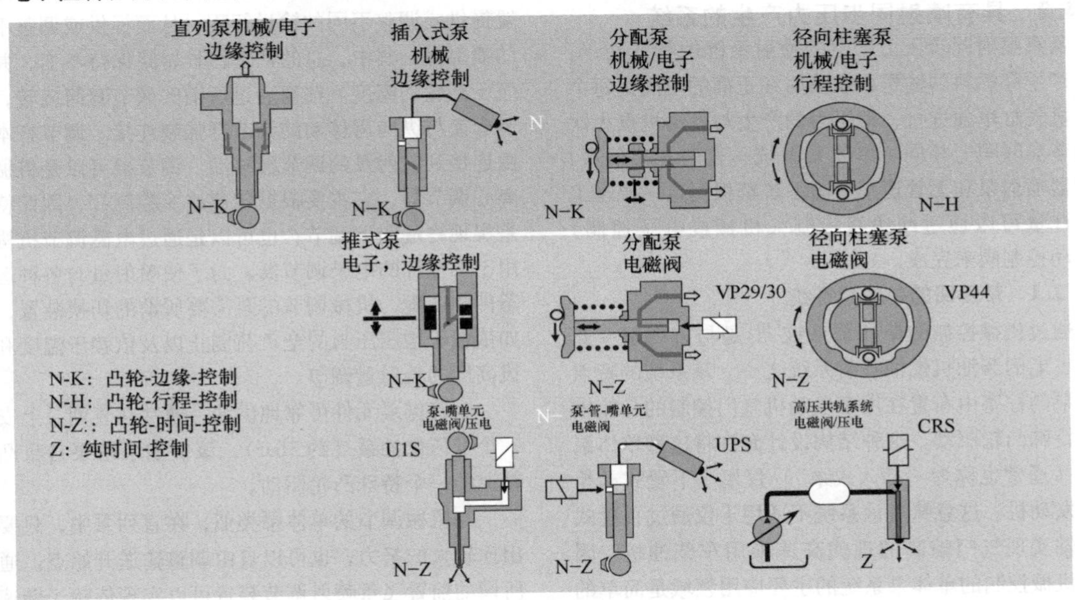

图 12.21　几十年来已用于所有发动机尺寸的柴油喷射系统（原理示意图）

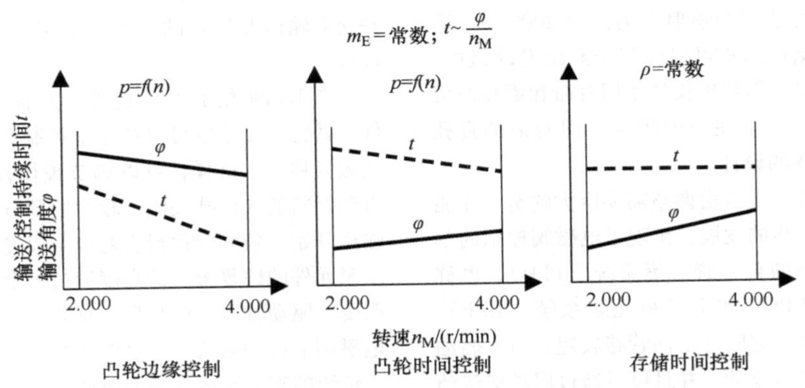

图 12.22　根据压力产生方式和测量调节变量的柴油喷射系统分类

在凸轮边缘控制系统中，调节变量是凸轮轴的输出角或柱塞的输出冲程。由于随着转速的增加，柱塞的速度也增加，同样，压力也随之增加（在边缘控制的情况下，也由于输送前和输送后的附加影响）和泄漏随之减少，假设供油量不变，高速下的输送角比在低速下更小。

在凸轮时间控制系统中，调节变量是控制持续时间。在这里，由于与转速相关的压力和更少的泄漏，高速时的控制持续时间也比低速时要短。在（存储）时间控制系统的情况下，压力可以设置为在转速上是恒定的，也就是控制持续时间是恒定的。因此，当转速翻倍时，输送角度也会翻倍。对于新的应用和具有严格排放法规的应用，实际上仅使用时间控制的系统。

12.4.2 具有喷射同步压力产生的系统

具有喷射同步压力产生的喷射系统的特征在于，压力产生和燃料的输送以及喷射在正确的时间为每个发动机气缸单独进行，即压力的产生与发动机点火次序的节奏时间上相同。单体泵系统、直列－喷射泵、分配器喷射泵和无管道泵－嘴系统都根据这一原理工作。计量可以通过纯边缘控制（机械或电子控制）或电动控制阀来完成。

12.4.2.1 带管路的单体泵系统

通过机械控制的单体泵系统[10]是与直列泵一起的最古老的柴油机燃油喷射系统之一。该系统的特点是，泵的柱塞由布置在用于发动机气门控制的凸轮轴上的特殊凸轮驱动。这种结构设计允许将这种单体泵系统（通常也称为“插入式泵”）仅用于下置式凸轮轴的发动机。这意味着该系统不适用于仅通过顶置式凸轮轴实现气门控制的现代高速乘用车柴油机。因此，机械控制的单体泵系统的主要应用领域是简单的小型发动机、工程机械和固定式发动机以及大型发动机，例如用于船舶发动机。

大型发动机可达到的喷射压力约为2000bar。适用于重油的特殊结构形式可以应用于船用发动机中。在这种应用场景中，需要更长的使用寿命和更高的可靠性，因此采用了泵缸在一侧闭合（即所谓的盲孔元件）的非常鲁棒的设计。

输送和喷射开始的自由调整需要巨大的努力才能实现。因此，进一步的发展，出现了电磁阀控制的单体泵系统，即所谓的泵－管－嘴系统（PLD），也称为单元泵系统（UPS）和电子单元泵系统（EUP）。由于单体泵与喷嘴体之间的喷油管路较短，对于燃油输送开始调整的要求较低，并且可以通过启动输送凸轮上的电磁阀来灵活调整。因此，这些系统也适用于带有侧置凸轮轴的高速商用车发动机，如图12.23所示。然而，在大型发动机中，对可自由调节喷射开始的需求也在增加[14-16]。

如今，商用车的单元泵系统的最大喷射压力约为2000bar。机械调节的插入式泵系统和单元泵系统正在越来越多地被共轨系统所取代。

12.4.2.2 直列喷射泵

在直列式喷射泵[10]中，由泵缸和泵柱塞组成的泵元件根据现有发动机气缸的数量组合在一个单独的铝制（用于高速发动机）壳体中。泵柱塞由泵自身的凸轮轴移动，而凸轮轴又由发动机的正时齿轮驱动装置驱动。仅通过扭转泵柱塞的边缘控制来计量燃油量。每个泵柱塞都有一个倾斜的控制边缘，因此，与气缸侧的固定控制孔相结合，可以根据泵柱塞的角位置提供或调整不同的输送行程，从而提供或调整不同的喷射量。其中，总的柱塞行程始终保持不变，并对应于凸轮的高度。柱塞通过所谓的调节套筒旋转，调节套筒与纵向可移动的调节杆强制连接。调节杆本身由连接到喷射泵的调节器移动。调节器可以是机械式离心调节器，它主要根据转速改变控制杆，因此特别是实现终端向下调节；也可以是通过电磁调节机构作用于调节杆的电子调节器。为了使喷射量与各种运行条件相匹配，机械调节的泵需要所谓的切换装置，例如依赖于增压压力的全负荷制止以及依赖于温度和海拔高度的喷射量调节。

为确保泵元件可靠地供油，通常在直列泵上安装一个低压供油泵（约3bar），该供油泵由泵自身凸轮轴上的一个特殊凸轮驱动。

与机械调节的单体泵类似，在直列泵中，只要付出比较大的努力，也可以自由调整输送开始点。通过所谓的前置飞重喷射调节装置可以实现依赖于转速的输送开始点控制。有时通过泵柱塞上的顶置控制边缘可以实现简单的依赖于负荷的输送开始点控制。这种缺乏对输送开始点的自由调整引发了往复滑动泵的设计。

图12.24显示了往复滑动的直列泵的剖面泵元件。其特点是泵缸可以在柱塞控制边缘（往复滑块）区域内移动。这样，可以调节预行程，即柱塞行程，直到燃料的入口孔关闭。较小的预行程对应于较早的输送开始，较大的预行程对应于较晚的输送开始。单个泵元件的往复滑块的高度通过一个共同的控制轴来改变。驱动轴以及计量所需的控制杆由两个独立的、电磁调节机构激活。往复滑动泵中的燃油量计量类似于传统的直列泵或传统的单体泵系统。与标准的直列泵相比，通过改变预行程来调整输送开始需要更高的

凸轮。由于这个原因，并且由于需要两个调节机构，这种类型的泵仅用于商用车发动机。

由于对降低废气排放和减少燃料消耗的需求日益增加，以及对喷射系统在最大喷射压力、多次喷射和自由选择喷射开始点方面的相关要求增加，如今，实际上不再使用直列泵系统。

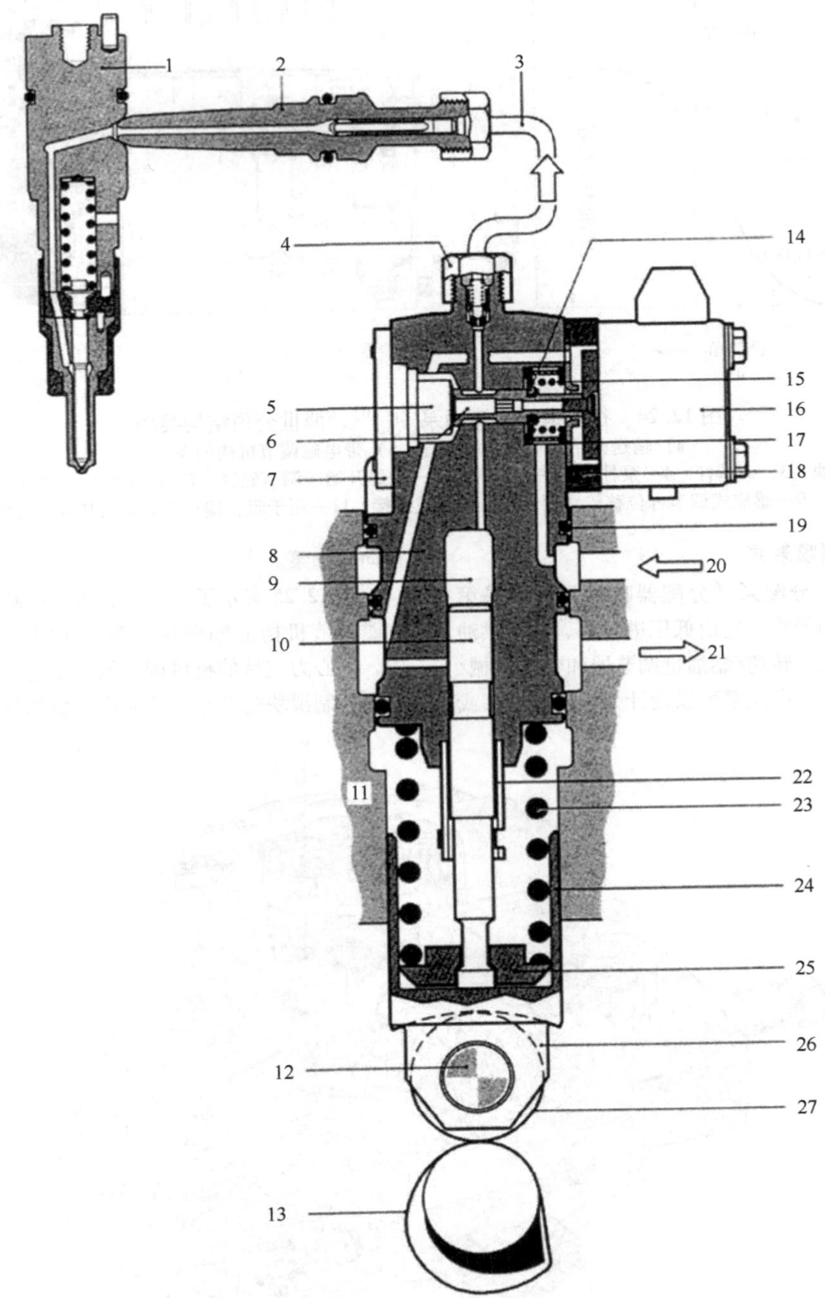

图12.23 用于商用车发动机的泵-管-嘴系统（PLD）或单元泵系统（UPS）[8]的博世公司结构形式

1—喷油嘴体 2—压力端口 3—高压管路 4—接头 5—行程止动装置 6—电磁阀针 7—板 8—泵壳 9—高压腔（元件腔） 10—泵柱塞 11—发动机缸体 12—滚柱从动销 13—凸轮 14—弹簧盘 15—电磁阀弹簧 16—带线圈和磁心的阀体 17—衔铁板 18—中间板 19—密封件 20—供油（低压） 21—回油 22—泵柱塞约束装置 23—挺杆弹簧 24—挺杆体 25—弹簧盘 26 —滚轮挺杆 27—挺杆滚轮

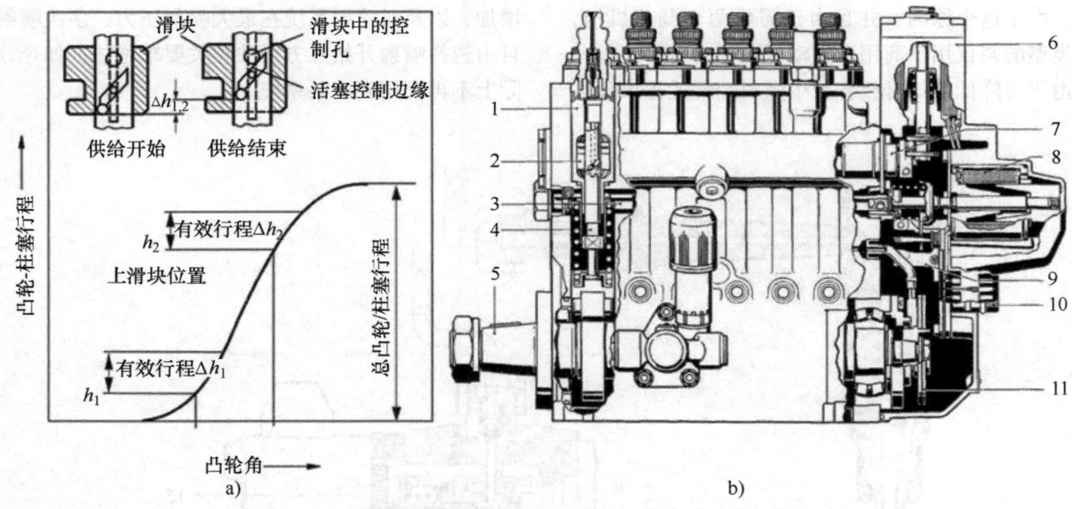

图 12.24　往复滑块 - 直列泵[7,8,10]，博世公司结构类型

a）输送开始调节的功能原理　b）带电磁调节机构的泵

1—泵缸　2—往复滑块　3—调节杆　4—泵柱塞　5—凸轮轴　6—输送开始 - 调节磁铁　7—往复滑块 - 调节轴　8—调节位移 - 调节磁铁　9—感应式调节杆位移传感器　10—插入式连接　11—用于阻止输送开始的滑块和回油泵部分

12.4.2.3　分配器喷射泵

除直列泵外，分配泵（分配器喷射泵）[10]是第二种紧凑的泵结构形式。它由低压进料泵、高压供油泵、喷射调节单元、转速/燃油量调节器和各种机械/电气功能组所组成。高压泵可以设计为轴向柱塞泵或径向柱塞泵。

图 12.25 显示了一个带有边缘控制燃油量计量和电磁调节机构的轴向柱塞泵。在旧的、传统的版本中，离心力支持的机械调节取代了电磁调节机构，接管了控制滑块的调整，从而进行燃油量的计量。该泵

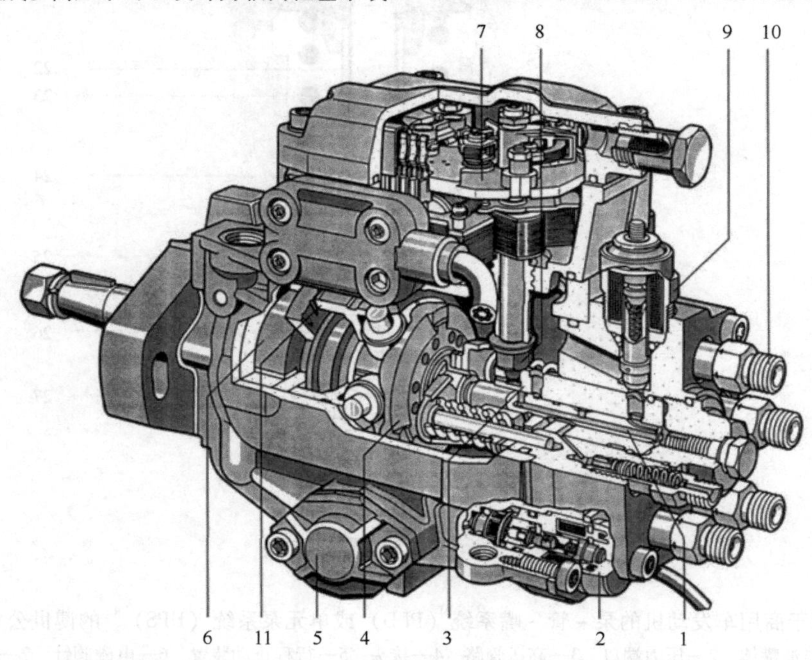

图 12.25　轴向柱塞分配泵，带电磁调节机构的边缘控制[8]，博世公司结构形式

1—分配器柱塞　2—喷射调节的电磁阀　3—调节滑块　4—往复滑块　5—喷射调节器　6—进料泵　7—带反馈传感器的电磁调节机构　8—调节轴　9—电气切断装置　10—压力阀体　11—滚轮环

的特征在于：与直列泵相比，所有发动机气缸只需要一个泵元件。这是可能的，因为泵柱塞的行程运动频率对应于内燃机的点火频率，而不是单个发动机气缸的点火频率。同时，泵柱塞以凸轮轴转速旋转。通过柱塞的行程运动将一定量的燃油供给发动机气缸。通过旋转运动根据点火次序将燃料分配到发动机气缸。柱塞的这种双重功能允许分配泵用于多达6个气缸的发动机。该种泵特别适用于乘用车和轻型商用车的高速柴油机。在个别情况下，中型车发动机也可以采用。喷嘴侧的喷射压力达到约1200～1300bar。

分配泵的一个特别优点是集成了电磁阀控制的输送开始点调节装置。这使其特别适用于转速范围较大的发动机。

这种轴向柱塞分配泵的进一步发展阶段是凸轮时间控制的轴向柱塞分配泵，在其高压区域中布置了一个电磁阀，通过该电磁阀填充泵元件以及供油开始和结束，因此可以控制供油量[10]。由于泵的高压区域的死区体积较小，这种变体可以达到约1600bar的喷射压力。电子控制单元布置在泵的壳体上，其承担泵的控制功能，特别是供油量电磁阀和用于调节供油开始的电磁阀的激活。

在带有径向柱塞高压泵的分配喷射泵的情况下，压力产生功能和分配功能是分开的。顾名思义，产生压力的柱塞呈径向排列。供油量计量可以通过电磁阀凸轮行程控制或凸轮时间控制来实现，即类似于电磁阀控制的轴向柱塞分配泵[17,18]。

开发了一种具有高的输送率和电磁阀控制的径向柱塞泵，以达到高的喷射压力，如图12.26所示。

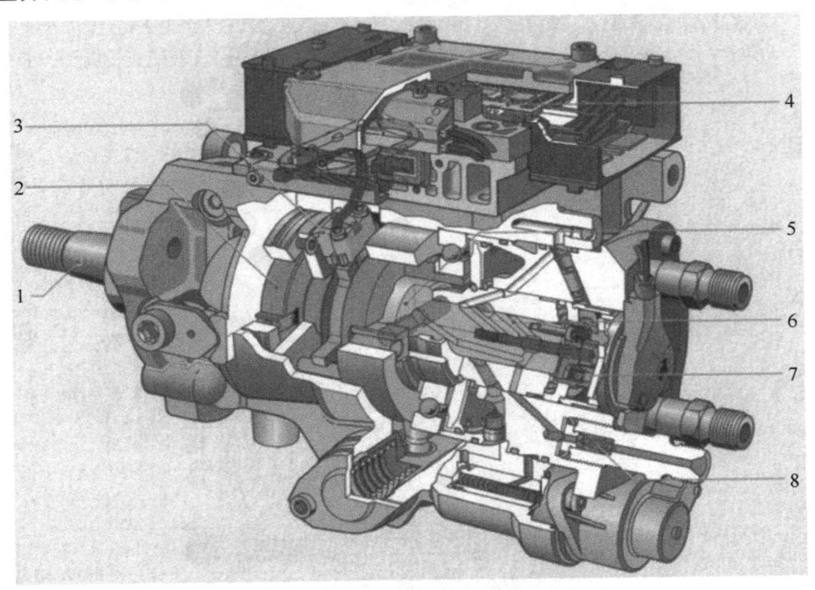

12.26 径向柱塞泵，用带电磁阀的凸轮时间控制[10,18]，博世公司的结构形式

1—驱动轴 2—叶片式进料泵 3—旋转角传感器 4—控制单元 5—径向柱塞－高压泵 6—分配器轴 7—高压电磁阀 8—泵出口

该泵可实现近2000bar的喷射压力。凸轮环带有内置的径向凸轮，其行程通过滚子和滑靴传递到径向布置的输送柱塞，这些柱塞接管燃料输送，从而产生高压。输送柱塞的数量和输送柱塞的直径决定输送速率。通过凸轮驱动内部的短而直接的动力流而导致低的弹性，因此是一个非常僵硬的系统，这使得高喷射压力成为可能。

通过旋转分配器轴将燃油分配到发动机气缸，其中电磁阀针位于中央。产生力的螺线管固定在分配器头中。电磁力通过外部的阀针部分传递到这个一起旋转的阀针部分。在断电状态下，高压阀靠弹簧力打开；这允许径向柱塞的泵送区域通过低压回路充满燃料。通电后，阀门关闭并开始高压输送。通过电磁阀的关闭和打开时间计量燃油量。

原则上，输送开始调节装置的结构形式与轴向柱塞分配泵类似，但其尺寸与更高的要求相匹配。通过泵控制单元以与轴向柱塞分配泵相同的方式实现燃油量和输送开始电磁阀的控制。这种径向柱塞泵可用于从乘用车发动机到重型车发动机的所有领域。

虽然具有边缘控制的传统分配喷射泵不适合通过中断输送阶段来产生预喷射，但如果通常一次预喷射就已足够，则这可以通过电磁阀控制的系统以简化的方式来实现。

与单体泵系统和直列泵相比，所有分配器喷射泵的共同点是传动机构仅由燃料润滑。在后两个系统（单体泵系统和直列泵）中，传动机构，即凸轮/挺杆副，由发动机润滑油润滑，因此，与燃油润滑的分配泵传动机构相比，对摩擦并不敏感。这一事实意味着，使用的柴油必须满足最低的润滑能力标准。20世纪90年代制定的新的燃料标准 DIN EN 590[19] 保证了这一点。

12.4.2.4 泵－嘴系统

在所谓的泵－嘴单元（PDE），也称为单元喷油器系统（UIS）或电子单元喷油器（EUI）[9] 中，产生高压的泵元件和喷油阀组成一个结构单元。泵柱塞由发动机自身的顶置凸轮轴驱动，在该顶置凸轮轴上布置有特殊的喷射凸轮。图12.27以乘用车发动机及其结构为例，显示了气缸盖中的PDE系统。由于缺少喷射管路，在输送过程中要压缩的燃料体积（死区体积）非常小。因此，该系统能够实现非常高的喷

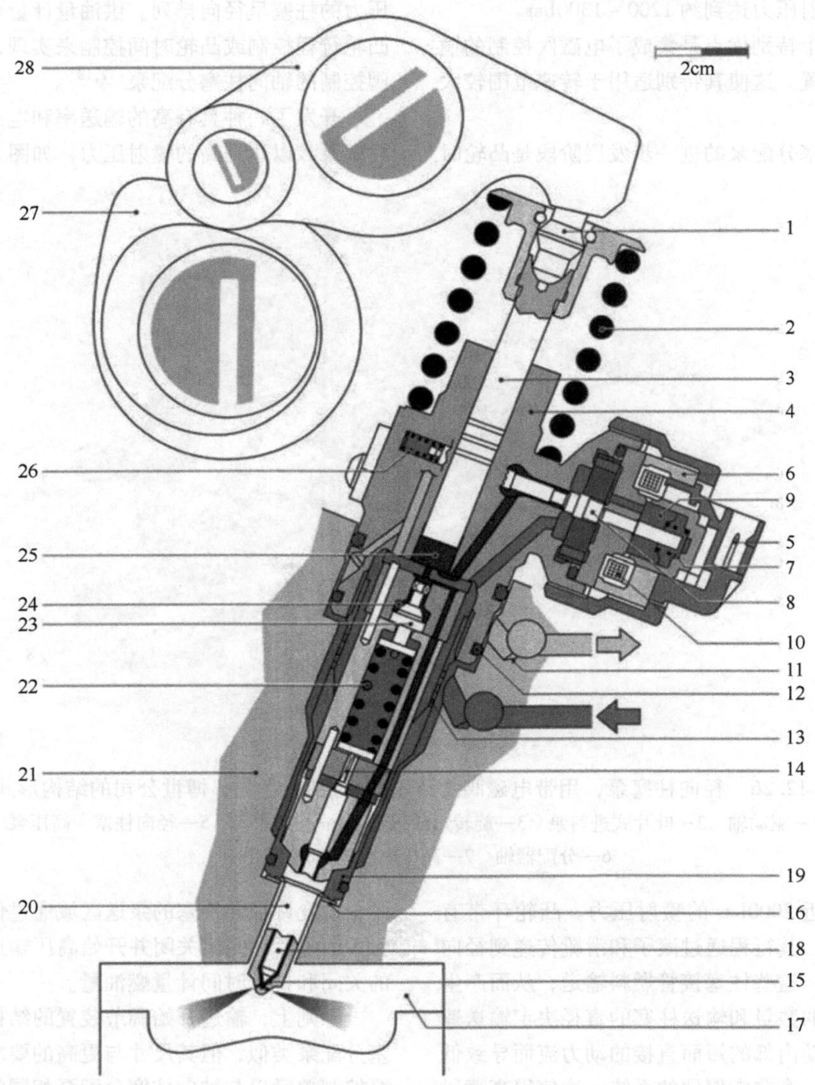

图12.27　用于乘用车发动机的泵－嘴单元[8]，博世公司的结构形式

1—球销　2—回位弹簧　3—泵柱塞　4—泵体　5—插头触点　6—磁心　7—补偿弹簧　8—电磁阀针　9—衔铁　10—电磁线圈　11—回油（低压部分）　12—密封件　13—进料孔（大约350个激光钻孔作为过滤器）　14—液压止动装置（阻尼单元）　15—针座　16—密封垫圈　17—发动机燃烧室　18—喷嘴阀针　19—夹紧螺母　20—集成的喷嘴　21—发动机气缸盖　22—压缩弹簧（喷嘴弹簧）　23—存储器柱塞　24—存储器室　25—高压室（元件空间）　26—电磁阀弹簧　27—驱动凸轮轴　28—摇臂

射压力。施加的喷射压力水平刚刚超过 2000bar（乘用车），具有超过 2500bar 的潜力。该系统目前仅用于商用车发动机。然而，其前提条件是带顶置凸轮轴的发动机。泵 - 嘴单元在气缸盖中的布置需要全新的气缸盖结构设计，要求集成的燃料供应和排出以及特别刚性和能承载凸轮轴驱动。虽然过去泵 - 嘴单元偶尔也与液压控制和机械控制一起使用，但如今由电磁阀控制的系统占主导地位。压电控制版本也在短时间内批量生产，用于乘用车应用。

在图 12.27 所示的系统中，可以使用小型液压驱动的偏转柱塞在发动机特性场的大范围内实施预喷射。在喷嘴阀针第一次打开后，如果压力继续升高，偏转柱塞被驱动，这会中断喷射，同时会增加主喷射的喷嘴阀针打开压力。如果通过输送柱塞达到该增加的开启压力，则主喷射开始。就排气后处理而言，例如柴油颗粒过滤器再生，需要提高喷射时刻的灵活性，而 PDE（泵 - 嘴单元）无法令人满意地满足这一要求。

图 12.28 总结并定性地显示了各种喷射系统所达到的喷射压力水平。

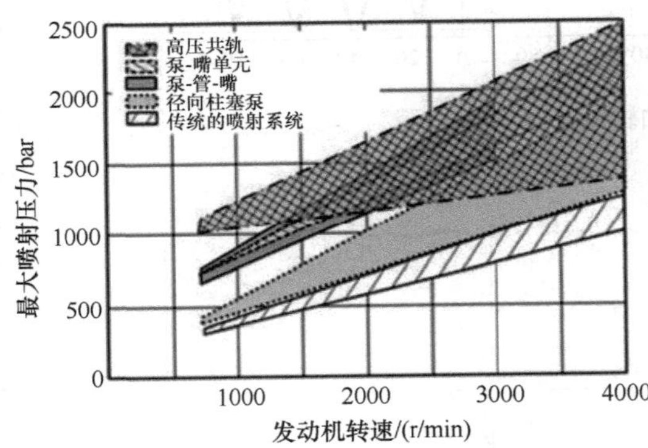

图 12.28　不同的喷射系统的喷射压力

12.4.3　带中央蓄压器的系统

带中央蓄压器的喷射系统如今称为共轨（Common Rail，CR）喷射系统。

共轨喷射系统可以在给定的压力限制内自由选择压力。与凸轮控制的喷射系统相比，这为开发人员在优化燃烧时提供了更大的自由度。

实际上可以自由地设置基本的喷射参数的灵活性是在柴油机中喷射技术一直需要的特性，并为燃烧过程的开发人员开辟了一个新的领域。

除了可自由选择的“喷射压力”变量外，原则上还可以独立于凸轮斜面或轮廓进行多次喷射，例如分配泵和单体泵嘴系统。因此，在 CR 系统中，可以在任何时间点进行物理上的喷射。喷射次数及其时间点基本上受到所需发动机控制单元的制造成本的限制。

共轨系统将良好的、系统的发动机设计集成的可能性与所有其他凸轮控制系统相比显著的减轻泵驱动的可能性组合，如图 12.29 所示，未来将继续扩大其在柴油机喷射系统中的份额。

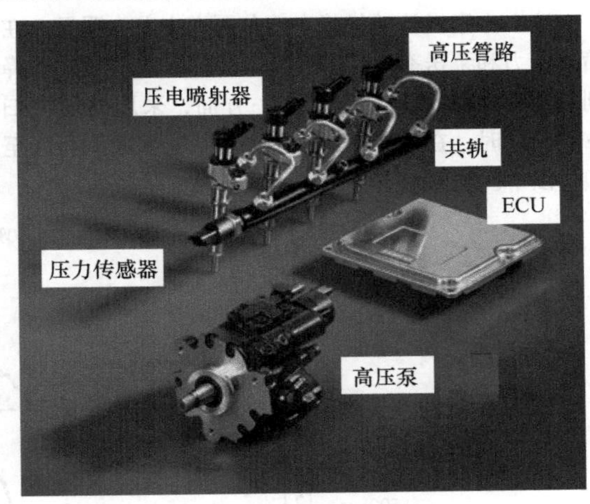

图 12.29　共轨系统

12.4.3.1　高压泵

高压泵的发展初期是 3 柱塞泵，如图 12.30 所示。与此同时，2 柱塞泵和单柱塞泵也在使用中。这可以优化重量和成本。

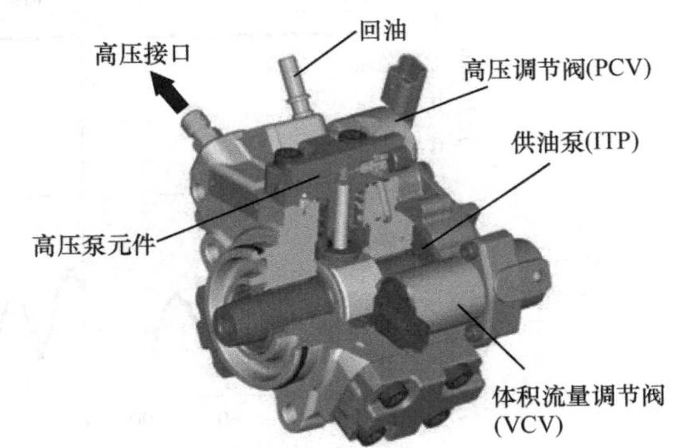

图 12.30　高压泵（来源：大陆公司）

目前正在推行两种燃油计量方案设计：

- 高压吹扫。
- 体积流量方案设计。

与高压吹扫方案设计相比，体积流量调节有两个优点。

一方面，在特性场中的驱动功率较低，同时通过燃油返回油箱进入系统的热量较少。为了能够对瞬态压力变化做出快速反应，在系统的高压区域经常使用一个阀门。

另一方面，与高压调节相比，体积流量调节在整个工作范围内具有更好的能量效率。例如，在整个泵速范围和从200～1800bar的压力范围内，全泵送时能量效率在70%～90%之间，大范围内的能量效率超过80%。

这一方案设计的优势在部分泵送中尤为明显。在喷射压力和泵送率的整个工作范围内，效率通常下降到最低泵速的50%以上。另一方面，采用高压吹扫方案设计时，在相同的边界条件下，能量效率可降至20%以下。

在体积流量调节的高压泵中，需要注意的是泵送率对泵驱动转矩波动的影响，图12.31显示了在1000r/min的泵速时，500bar下和1500bar下的共轨压力的情况。作为整个压力范围的代表，随着泵送率的降低，平均转矩降低，同时转矩波动适度增加。与凸轮控制系统相比，共轨高压泵的驱动要求要低得多。

图12.32说明了1500bar时的体积流量调节对轨道压力脉动的影响，这可能对喷油器的喷射量产生不利的影响。

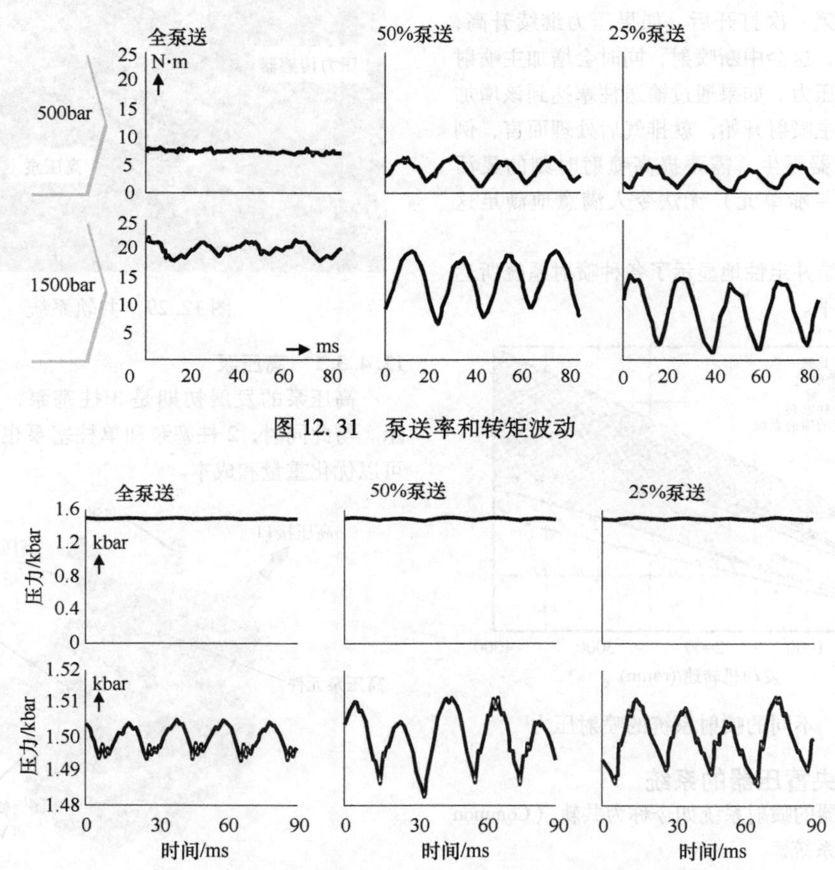

图12.31 泵送率和转矩波动

图12.32 不同的泵送率和体积流量调节下的轨道内的压力脉动

与驱动中的转矩波动一样，泵送率对轨道中压力脉动的影响表明，实际上几乎没有影响。在1500bar的轨压和全泵送的情况下，脉动范围为5bar。在25%的极低泵送率的边界条件下，波动范围增加到15bar左右。

例如，这里将共轨高压泵与通过高压旁路和通过体积流量调节阀的压力调节在压力波动特性方面进行比较。两种调节方案给出相似的结果。因此，无须担心带有体积流量调节阀的调节方案会在轨道中引起不允许的压力波动。这样，通过体积流量调节阀进行压力调节的优点可以毫无缺点地使用。图12.33显示了在高压旁路和体积流量调节时轨道中压力脉动的比较。

用于体积流量调节的比例方向阀和用于高压溢流的比例溢流阀都是作为阀门来使用的。

燃料可以通过电动供给泵（例如集成在燃料箱

中)、单独的供给泵或集成在高压泵中的机械供给泵预先供应给高压泵。第一种方案的优点是在燃料箱燃料用完后，系统可以很快地重新加注，而集成在高压泵壳体中的预供油泵的优点是喷射系统中的部件数量较少，整个燃油系统可以变得更具成本效益。

12.4.3.2　轨道和管路

如图12.34所示，轨道用作由高压泵供给的燃油的高压存储器。另外，它还为喷油器提供所有运行条件所需的燃油量。轨道是如此设计的，一方面可以快速预加载到所需的压力，另一方面可以快速抑制由喷射过程引发的压力波动。也必须相应地选择轨道和喷射器之间的管路的长度和直径。这种设计的目的是在相同的发动机运行工况点在每次喷射时为每个气缸实现相似的压力比，否则由于时间控制，喷油器与喷油器之间的离散可能会变得过大，从而可能会导致在车辆中的排放和行驶动力学的缺陷。

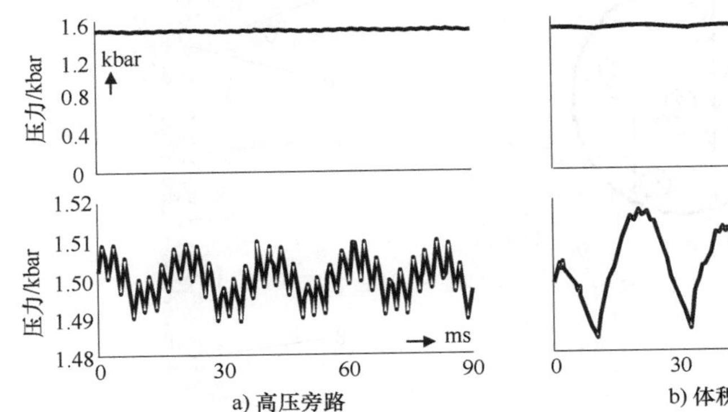

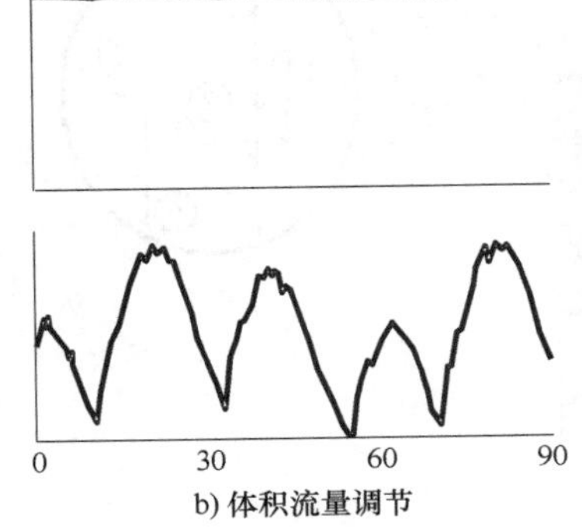

图12.33　在高压旁路a）和体积流量调节b）时轨道内压力脉动的比较

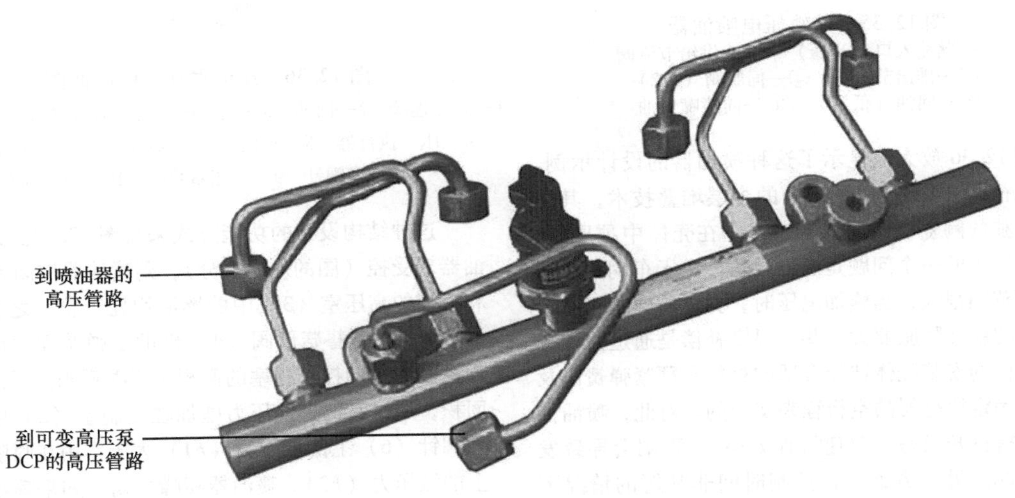

图12.34　高压轨道

轨道是由锻造钢管或冷拉钢管制成的焊接结构。这里必须特别注意焊接接头的高压疲劳强度。与管路的连接必须设计成在焊缝中不会出现拉应力。

泵与轨道之间以及轨道与喷油器之间的管路由无缝冷拉钢管制成。

12.4.3.3　喷油器

图12.35显示了共轨喷油器的基本结构，以伺服阀驱动的压电喷油器为例。喷油器的核心是压电执行器，它一方面允许相对较低的电压，另一方面可靠地满足汽车的温度和振动方面的要求。执行器能够在不到100μs的时间内打开或关闭伺服阀。与控制柱塞上方控制室的相互协调的入口和出口节流组合一起，可以影响喷嘴的打开速度，从而影响喷射过程以及通过最小可能的控制时间给出的最小喷射量。这些过程的触发实际上几乎没有死区时间。这清楚地表明，压电技术使喷射压力的高重现性成为可能。

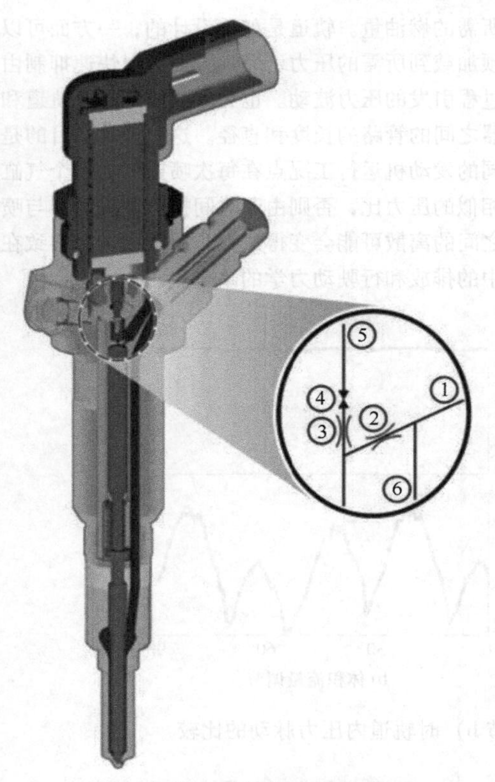

图 12.35　共轨压电喷油器

①—燃油入口（高压）　②—供给节流阀
③—排出节流阀　④—伺服阀（2/2）
⑤—回油（低压）　⑥—向喷嘴供油

图 12.36 放大地显示了这种喷油器的设计示例。压电执行器（4）使用了所谓的多层堆叠技术，其中大量单独的陶瓷板相互连接，这些在壳体中预压紧。必须要解决的一个问题是温度补偿。由于车辆中的温度变化范围很大，当施加电压时，壳体的膨胀相对于陶瓷板的线性膨胀要大一些。温度补偿是通过为围绕压电堆栈的安装壳体选择合适的材料和预紧弹簧以及巧妙地确定执行器的空行程来实现的。对此，喷油器不得保持打开状态（怠速行程太小），否则会导致发动机损坏。另一方面，在控制时间非常短的情况下（怠速行程太长），必须没有零开启，如果没有引燃喷射，这会显著地增加燃烧噪声。另一个特点是伺服阀，与磁铁操作的伺服阀相比，它向内而不是向外打开到高压室。其原因是当施加电压时，压电晶体不仅膨胀，而且向外施加很大的力。因此，如果在伺服阀关闭时压电晶体通电，则阀门在高压下的打开功能更有效，并且喷油器的结构设计比运动转向时更简单。总体而言，这种执行器的结构设计允许在 -30 ~ 140℃ 的汽车发动机的整个温度范围内保持约 40μm 的控制阀行程。

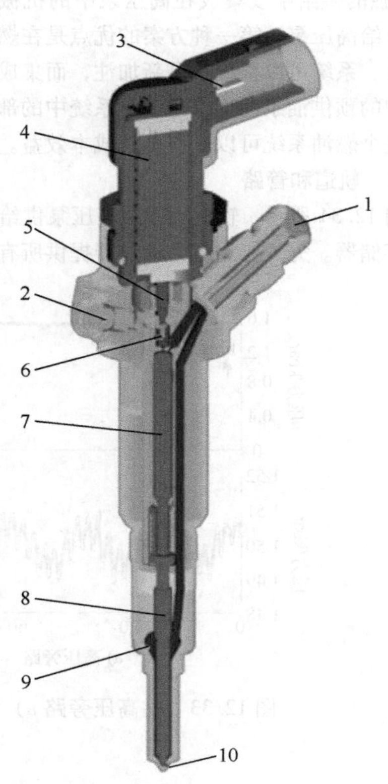

图 12.36　压电喷油器的剖面图

1—高压连接　2—回油　3—电气连接到发动机控制单元（ECU）
4—压电执行器　5—阀柱塞　6—蘑菇形阀　7—控制柱塞
8—喷嘴阀针　9—高压室喷嘴　10—喷嘴喷孔

这种结构设计的功能方式来自图 12.37。如果喷油器未受控（图的左半部分），则喷油器控制室（2）和喷嘴的高压室（3）中的燃油均处于轨压之下。回油口（5）由蘑菇形阀（4）借助于弹簧而关闭。因为控制室中的控制柱塞的面积大于喷嘴阀针下的自由面积，通过高的燃油压力施加在控制室（2）中的喷嘴阀针（6）上的液压力（*F*1）大于作用在喷嘴阀针上的液压力（*F*2）。喷油器喷嘴关闭。如果喷油器受控（图片的右半部分），压电执行器（7）会压在阀柱塞（8）上，而蘑菇形阀（4）会打开连接控制室（2）和回油口的孔，这会导致控制室中的压力下降，并且作用在喷嘴针阀针上的液压力（*F*2）大于控制室中控制柱塞上的力（*F*1）。喷嘴阀针（6）向上移动，燃油通过喷孔进入发动机燃烧室。

当发动机停机时，将控制室连接到回油口和喷油嘴的阀门在弹簧力的作用下关闭。图 12.38 显示了压电喷油器的性能。对于气缸容积为 0.5L 的发动机尺寸，合理的喷油器整体调整，即具有足够快的打开和关闭侧翼，导致直到1800bar其最小喷射量小于1.5mm³，在低压范围内甚至明显小于1.0mm³。同时，各个部分喷射的喷射开始之间的间隔可以选得非常小。根据轨道压力，0~250μs的最小喷射间隔是可能的。更大的喷射开始距离不受任何限制。在整个特性场范围内，即在整个压力范围和整个转速范围内都可以进行预喷和后喷。

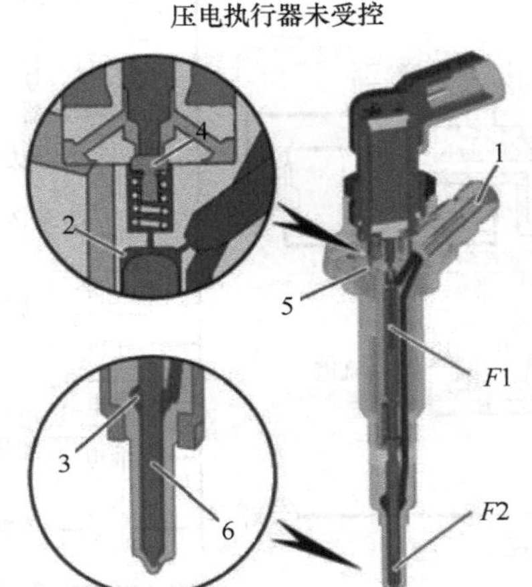

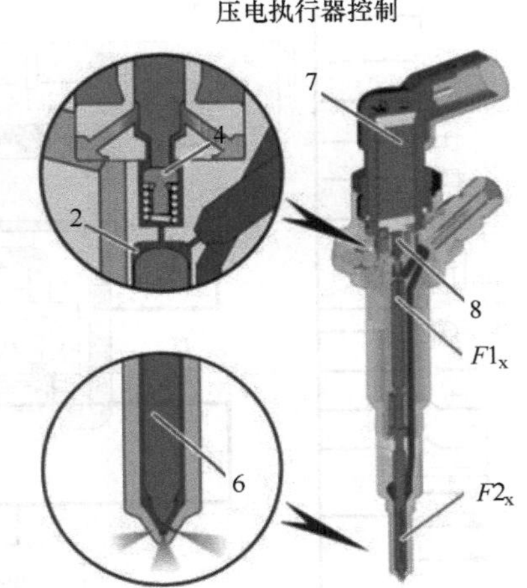

图12.37　喷油器功能

1—高压入口　2—控制室　3—高压室　4—蘑菇形阀　5—回油口　6—喷嘴阀针　7—压电执行器　8—阀柱塞

F1—作用在控制柱塞上的力　F2—作用在喷嘴阀针上的力

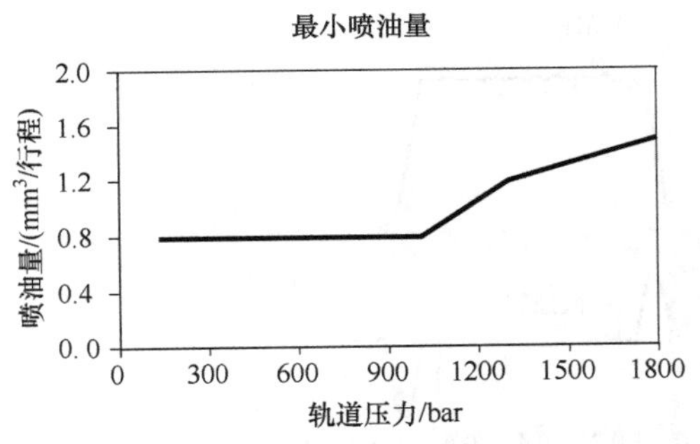

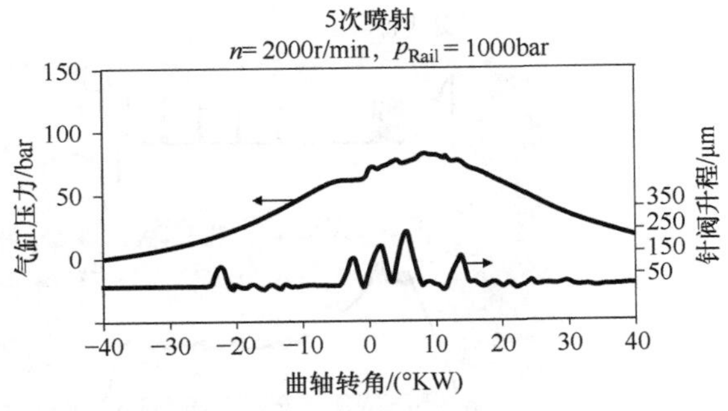

图12.38　采用压电技术的第二代CR喷油器的性能

12.4.3.4　喷油嘴

喷射嘴的工作是雾化和分配燃料以实现所需的微观的和宏观的混合。在共轨喷射系统中，采用座孔和盲孔喷嘴作为喷油嘴（见12.4.4节）。

12.4.3.5　电子设备

图12.39的系统框图显示了传感器和执行器。这里清楚地显示了共轨喷射系统的全部功能范围。所有输出级，包括能量回收，都集成到发动机的电子设备中。与螺线管技术相比，压电晶体技术需要全新的输出级方案设计。在阀门的整个打开阶段，电流通过螺线管流动，通过峰值和保持（Peak and Hold）来调节，压电执行器的电气特性类似于电容器。压电晶体在此过程中被充电并拉长，最后放电并恢复到原来的长度。螺线管技术和压电晶体技术的电气特性比较如图12.40所示。在控制方面，其趋势正在从具有固定电流形式的反向输出级转向所谓的CC输出级，其中可以根据要求对电流曲线进行个别的、不同的调节（电流控制，Current Control，CC）。

与压电晶体技术相关的另一个方面是电磁兼容性。原则上，由于开关时间快，预计会出现相当大的电流电压峰值。然而，由于压电执行器可以以正弦（或类似正弦）电流形式充电和放电，因此该技术已被证明在EMV方面并不比具有时钟峰值和保持相位（Peak and Holdphase）的螺线管技术更重要。

压电晶体技术具有能量回收的潜力。这样，即使在极快的开关过程的边界条件下，也可以回收大约

50% 的能量。

压电执行器不存在剩磁，这不仅可以实现每次喷射的良好重复性，还可以将各个喷射非常紧密地结合在一起并形成喷射序列，这意味着可以有针对性地控制燃烧。喷射之间的时间间隔仅受输出级的速度的限制。

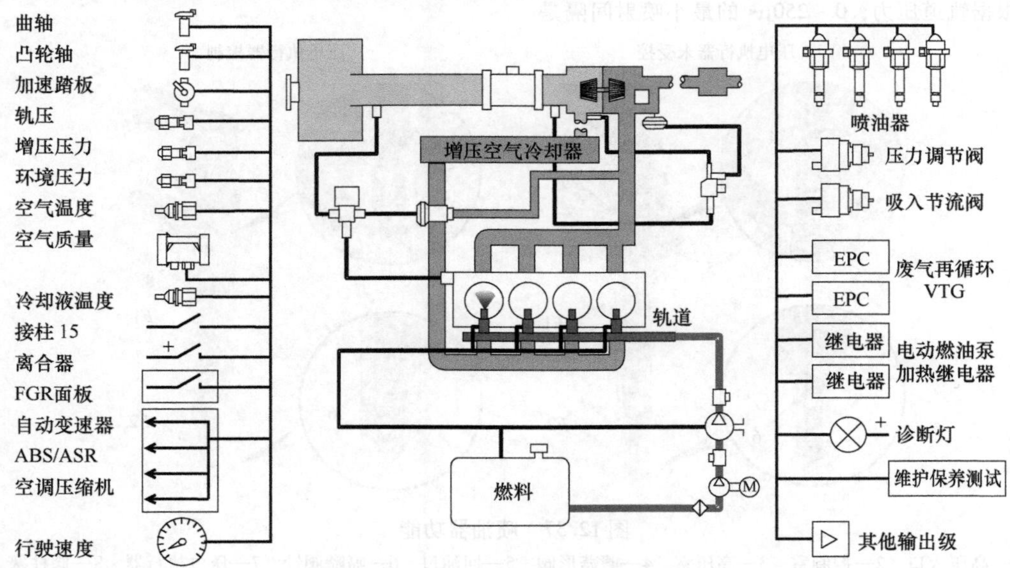

图 12.39 CR 系统框图

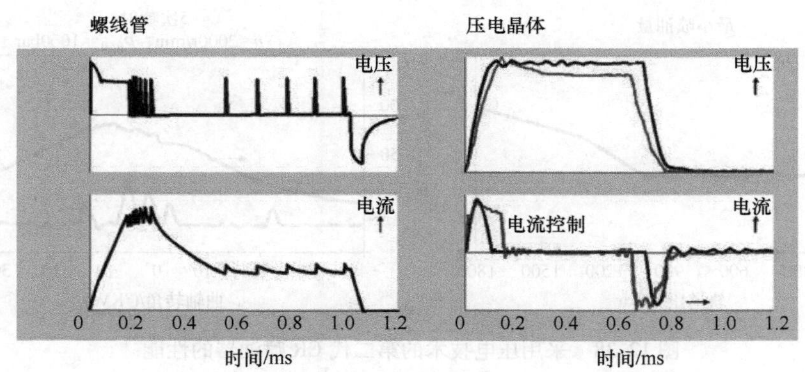

图 12.40 螺线管技术和压电晶体技术的电气特性的比较

12.4.3.6 发展趋势

未来共轨喷射系统的总体发展趋势是：

- 增加喷射压力。
- 灵活的喷射率调节。
- 可变的喷嘴喷孔几何形状。
- 增加使用闭环控制策略。
- 减少公差。

首先，必须明确提到进一步增加喷射压力以改善燃料制备和燃烧。由于开关速度高，压电晶体技术为灵活的喷射率调节提供了优化的前提条件，这将越来越多地用于满足未来的排放要求。

具有可变喷射孔几何形状的喷嘴（例如两级喷嘴，Two Stage Nozzle，TSN）是为在整个发动机特性场范围内实现最佳混合气制备而开发的。此外，闭环策略将越来越多地用于喷油器。一个例子是带运动反向的喷油器，它由压电执行器直接操控。其中，一方面，喷嘴阀针的打开和关闭可以通过用作传感器的压电执行器的反馈信号来调节，而在另一方面，可以有针对性地改变和调节侧面的陡峭程度和阀针升程的高度。

主要是为了满足高的排放规格，对零部件公差和最小燃油量的能力的要求将不断提高（图 12.41）。

借助压电晶体技术，在相匹配的喷孔的情况下，可以实现<0.8mm^3的预喷射量。

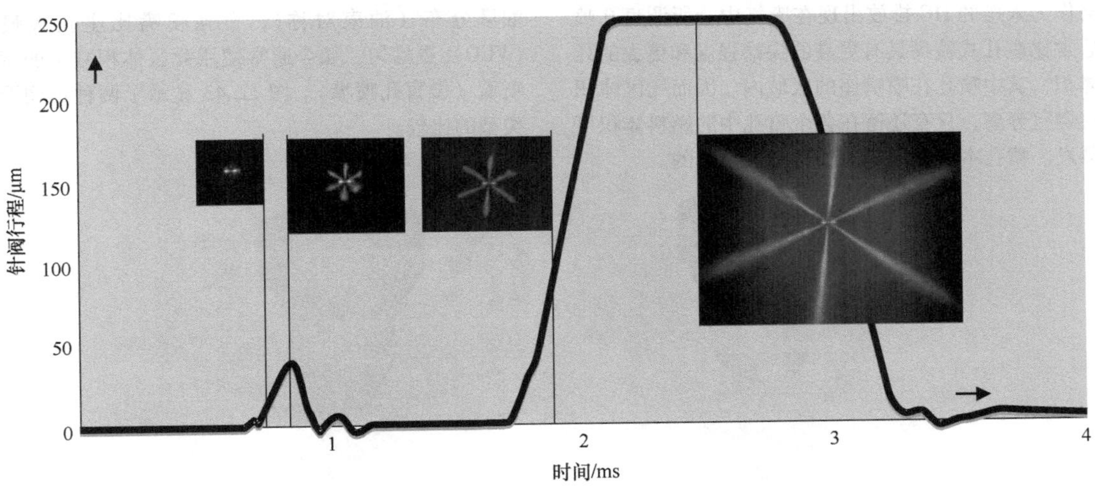

图12.41　1000bar时针阀行程上的油束对称

12.4.4　喷嘴和喷嘴体

由泵元件输送或在压力下存储的燃料经过喷油器通过喷嘴以高压喷射到柴油机的燃烧室中，并尽可能精细地分布。喷嘴本身安装在喷嘴体中，喷嘴体又以密封的方式拧入或插入气缸盖。在泵-嘴单元的情况下，高压元件、喷嘴体和喷嘴形成一个单元。在共轨系统中，喷油器作为控制元件也承担了喷嘴体的功能。

喷嘴与喷嘴体结合的主要任务是对燃烧室中燃料的雾化和分配，喷射过程的成型并将液压系统与燃烧室密封。喷嘴的结构和设计必须与不同的发动机条件精确匹配[10]。这些主要是：

- 燃烧过程（DI，IDI）。
- 燃烧室的几何形状。
- 油束数量、油束形状和油束方向。
- 喷孔锥度。
- 喷孔入口处的倒圆。
- 喷油持续时间。
- 喷油率。

图12.42显示了轴针式喷嘴［用于非直喷（IDI）发动机］和喷孔式喷嘴［用于直喷（DI）发动机］的一些基本设计。在所有情况下，喷嘴都是向内打开的。如今，向外打开的喷嘴不再用作柴油机的量产解决方案。通过轴针式喷嘴中轴针轮廓的结构设计，喷嘴升程相关的开口横截面以及因此而成的流量以及喷射过程可以与发动机要求相匹配。

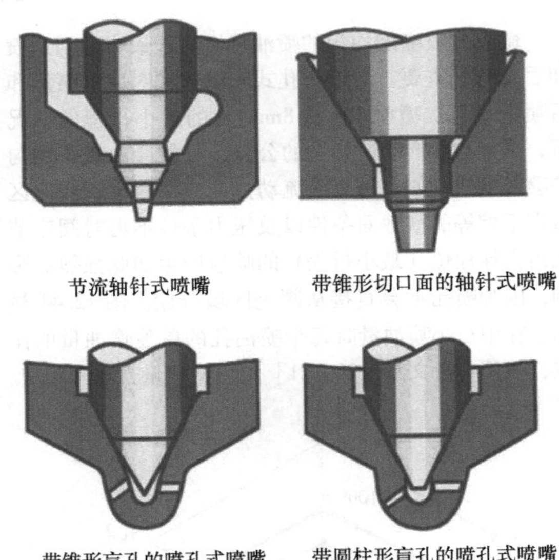

图12.42　喷嘴的基本设计

出于强度的原因，喷嘴尖端的形状对于喷孔式喷嘴非常重要。此外，喷嘴阀针的尖端与喷嘴体内轮廓（喷孔喷嘴阀针与喷孔）之间的死区体积的大小很重要，因为位于死区的燃料不参与燃烧。该体积越小，从该体积中蒸发的碳氢化合物就越少，这些碳氢化合物会作为未燃的HC排放出现在废气中。所谓盲孔喷嘴通常比座孔式喷嘴具有更高的尖端强度和更大的死区体积，其中喷孔在喷嘴座的区域内。因而死区体积与燃烧室分离，只有还留在各个喷孔中的燃料体积可以蒸发。喷孔本身是通过电腐蚀加工制造的。

随着喷射压力的增加，并且由于每个喷油孔的燃油量分布（油束对称），盲孔喷嘴比座孔式喷嘴（VCO）更均匀，如今通常使用死区体积减小的盲孔喷嘴（微盲孔喷嘴）。图12.43显示了两种结构设计类型的比较。

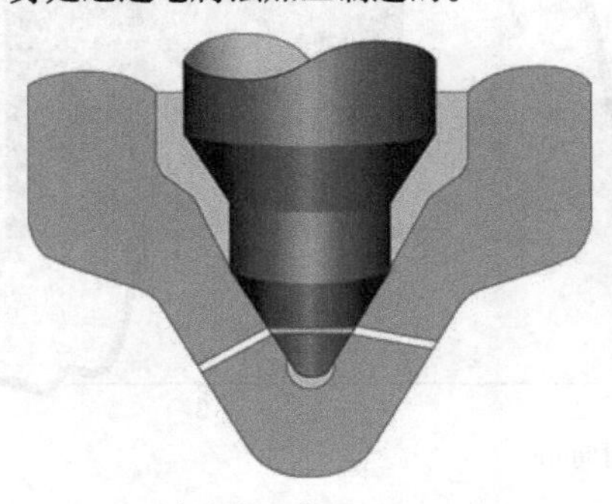
座孔式喷嘴(VCO)

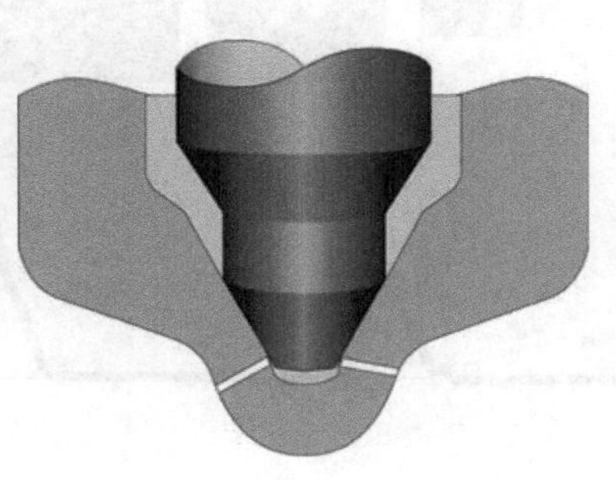
微盲孔喷嘴

图12.43　座孔式和微盲孔喷嘴

微盲孔喷嘴的均匀的喷油特性对于最小量的预喷和后喷特别重要。对于座孔式喷嘴，在对应预喷量和后喷量（每次喷射1～约$8mm^3$）的最小行程的情况下，由于与生产制造相关的公差，可能会出现不均匀的喷射模式。如果阀座沿流动方向向后移动，阀座区域中不相等的横截面条件以及压力条件不再对阀座节流占主导地位（最小行程）的喷射产生如此强烈的影响，因为喷孔不会直接从阀座区域开始。图12.44显示了在中、小喷油量时每个喷油孔的单独喷油量的比较，使用参考文献［20，21］给出的测量方法来确定。

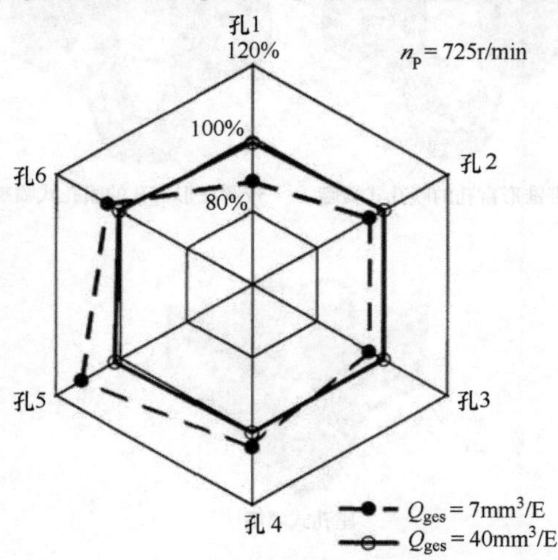

图12.44　盲孔喷嘴在两个不同的喷油量水平下每个喷孔的单独喷油量

喷孔的数量很大程度上取决于燃烧过程和燃烧室中的空气循环（涡流）。一般来说，涡流越强，所需的喷孔就越少，反之亦然。如今，在直喷发动机中通常采用6～12个喷孔[6]。在乘用车柴油机中，孔数为6～8个。在当今批量生产的喷嘴中，喷孔的尺寸与柴油机工况要求存在目标冲突。在部分负荷范围内以及对于预喷或后喷，需要相对较少的喷油量，应通过尽可能小的喷孔来雾化，以降低废气值。对此，当整个压力降低并因此转化为动能时，只有尽可能仅在喷孔中进行，才可能实现最佳的燃油雾化。然而，小的喷孔意味着无法在给定的最佳时间窗口内喷射全负荷所需的燃油量。因此，必须在喷孔直径的设计上找到折中方案，一方面满足废气排放的要求，另一方面又足以达到发动机最大的功率。因此，通过不完全打开喷嘴阀针并因此限制针座区域中的流量，在发动机特性场的某些区域实现所需的最小喷油量。然而，这意味着节流，因此在喷孔前出现压力损失，因为完整的压力能不再可转化为动能。为了解决这种目标冲突，开发了具有可变或分级的喷射横截面的喷嘴。在可变/分动喷嘴的各种结构设计解决方案中，同轴可变喷嘴（Koaxial－Vario－Düse，KVD），也称为两级喷嘴（Two Stage Nozzle，TSN），已作为开发项目，如图12.45所示。

其中，喷嘴的尖端有两排喷孔，每排喷孔分别由内阀针和外阀针分别控制。对于预喷和后喷所需的最小喷油量可以有目的地通过第一喷孔层中的几个和/或小的喷孔来描述。对于全负荷范围，开有数个或更大的喷孔的第二喷孔层也另外打开。到目前为止，这些喷嘴方案设计仅在研究中。

如今，作为标准提供的最小孔径约为0.10mm。然而，通过喷嘴孔的流量比直径更重要。侵蚀后，喷嘴孔在孔的开始处（即在喷嘴的内侧）具有锋利的边缘。通过修圆入口边缘，可以预见边缘的磨损，并由此可以实现长期稳定的液压流量。如果喷孔也是锥形的，则会产生均匀的速度分布，并避免气蚀区。

图12.46显示了在批量生产中使用的具有不同圆角的圆柱形和锥形喷孔设计，另见参考文献［6］。

使每个喷嘴孔的喷射油束更均匀的另一种可能性是通过双阀针装置以改进喷嘴阀针的导向，如图12.47所示。

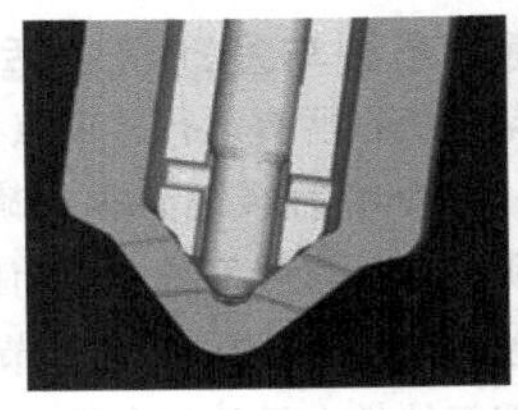
外阀针和内阀针闭合

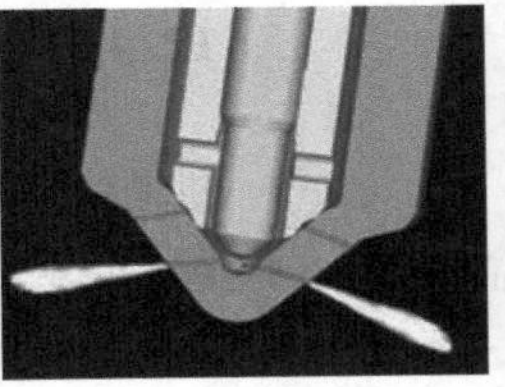
内阀针打开；外阀针闭合

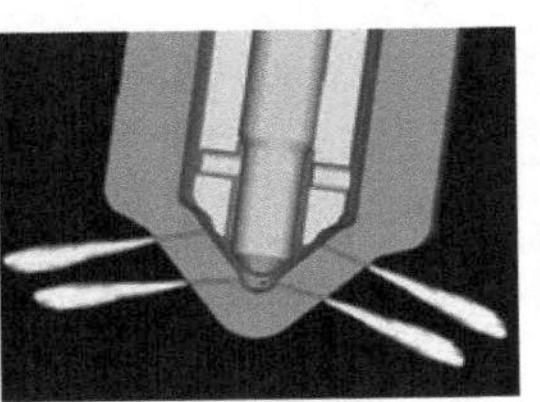
外阀针和内阀针打开

图12.45 同轴可变喷嘴（KVD）（来源：博世公司）

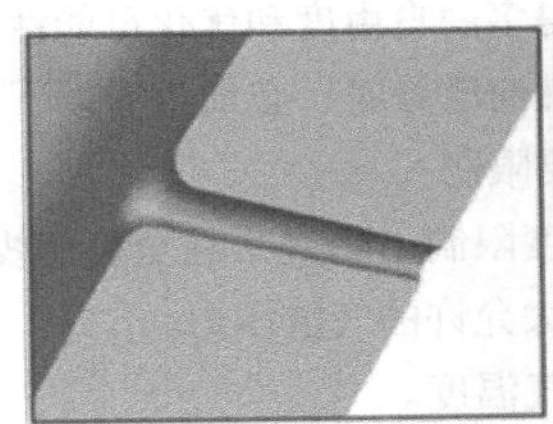
a) 带有10%HE倒圆角的圆柱形喷孔(CF=0；HE=10%)

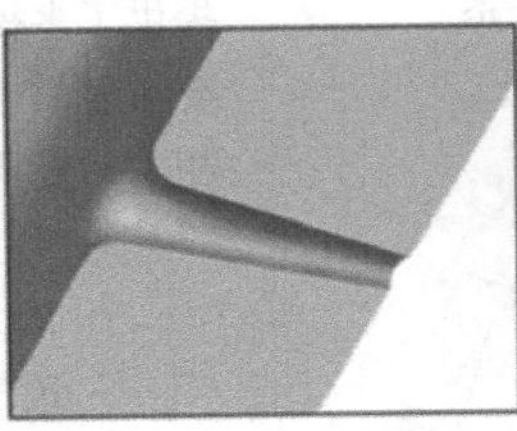
b) 带有10%HE倒圆角的锥形喷孔(CF=1.5；HE=10%)

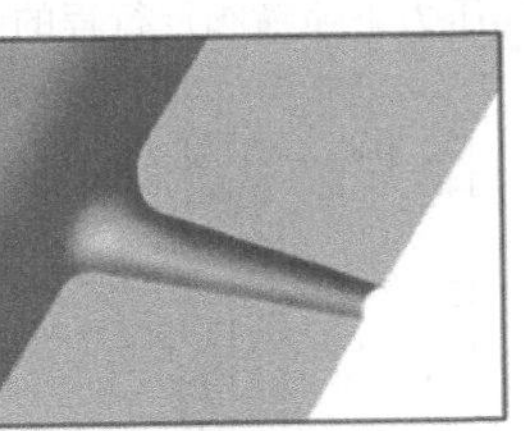
c) 带有20%HE倒圆角的锥形喷孔(CF=1.5；HE=20%)

图12.46 带有和不带有水蚀倒圆角的喷嘴孔入口（来源：博世公司）

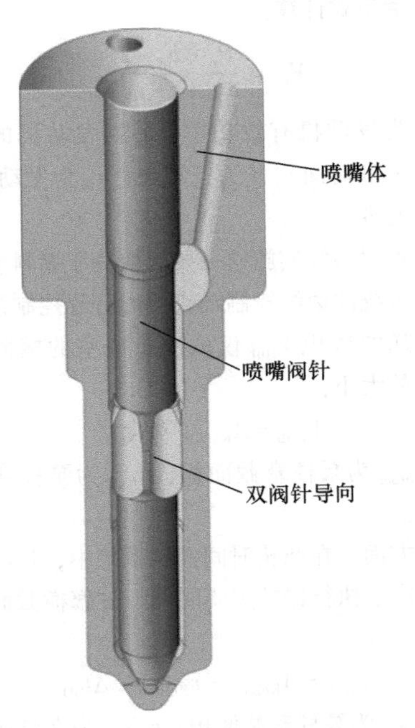

图12.47 座孔式喷嘴的双阀针导向（来源：博世公司）

喷嘴体

如前所述，喷嘴内置在喷嘴体中。喷嘴阀针通过喷嘴体中压缩弹簧的预紧力关闭。如果液压力［比例压力和（$d^2_{\text{Nadel}} - d^2_{\text{Sitz}}$）］超过预紧力，则喷嘴打开。原则上，燃料必须克服两个节流点。首先是取决于行程的阀座节流（可变节流），然后是通过喷孔几何形状定义的固定节流。在小行程中，阀座节流占主导地位。如果喷嘴完全打开或喷嘴阀针与机械止动件接触，则喷孔的几何形状决定了流动横截面。图12.48显示了孔式喷嘴的喷嘴流动特性曲线。在最小的行程区域，阀座节流决定流量。这随着行程的增加而急剧增加。在这个区域中，即所谓的喷嘴阀针运动的弹道区域，制造和调整公差起着特别重要的作用。

双弹簧喷嘴体可用于喷射过程的简单的造型，特别是在传统的边缘控制的喷射系统中，如图12.49所示。

在这种情况下，布置在喷嘴体上部的弹簧的预紧力首先被克服。打开压力约为120～180bar，在完成百分之几毫米的预行程后，第二个（下）弹簧的预紧力也被克服。第二级的开启压力为250～300bar。

这使得在较低的转速范围内实现“附加先导喷射”或“引导喷射”成为可能。在更高的转速下，压力的建立是如此强大和快速，以至于第一级立即被克服，

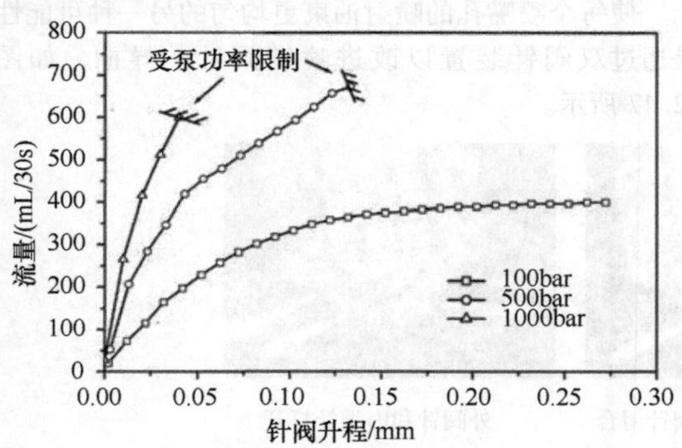

图 12.48 喷嘴体组合（座孔式喷嘴）的体积流量与三种不同压力下喷嘴阀针行程的关系

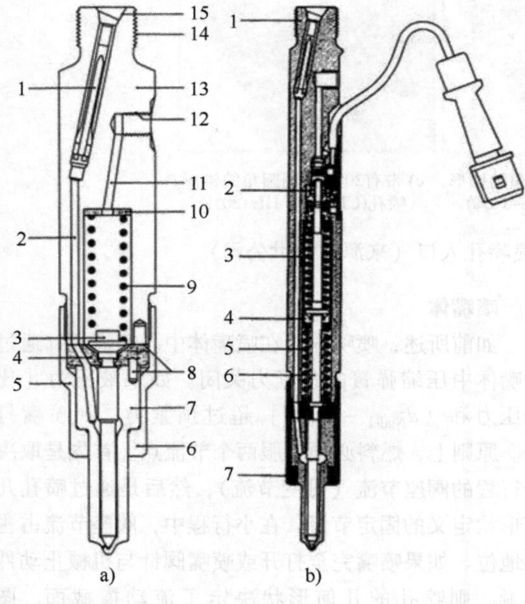

图 12.49 a）传统喷嘴体组合和 b）带有集成的阀针移动传感器的双弹簧喷嘴体组合，用于确定喷射开始[10,18]

图 a 中 1—边缘过滤器 2—供给孔 3—压力螺栓 4—垫圈 5—喷嘴夹紧螺母 6—底座厚度 7—喷嘴 8—固定销 9—压缩弹簧 10—垫片 11—泄油孔 12—泄油连接螺纹 13—保持体 14—连接螺纹 15—密封锥

图 b 中 1—保持体 2—阀针运动传感器 3—压缩弹簧 1 4—导向垫圈 5—压缩弹簧 2 6—压力销 7—喷嘴夹紧螺母

并且发生了正常的、无级的阀针行程变化。

在当今设计的共轨喷油器中，喷嘴阀针通过纯液力或通过执行器与喷嘴阀针之间的直接机械连接来打开和关闭。也在使用（商用车）这样的系统：其中在喷射过程中的压力调制可用于通过共轨喷油器来构建喷射进程。

12.4.5 喷射系统与发动机的适配

为了使柴油机在所有运行工况点都能按照要求提供最佳效果，整个喷射系统必须精确地与发动机匹配。也就是所涉及的喷射系统在发动机上的应用。

为了单独和优化解决在 12.4.1 节中定义的任务，喷射系统的零部件的大量几何参数，以及依赖于运行工况点的输入变量，必须由喷射系统记录并根据目标值执行。与传统的机械调节系统相比，电子控制系统提供了多得多的自由度和优化可能性。例如，在确定要喷射的燃油质量时，必须遵守以下与发动机和车辆相关的重要限制：

- 烟度限制（特别是在全负荷线上）。
- 最大允许的气缸压力。
- 废气温度。
- 发动机转速。
- 转矩和转速限制。

四冲程发动机每个工作循环和气缸所需的喷油体积由以下关系式计算：

$$V_K = \frac{P_e \cdot b_e \cdot 2}{z \cdot n_M \cdot \rho_K} \tag{12.3}$$

式中，P_e为发动机有效功率；b_e为发动机的比油耗（质量/功率和时间）；z为气缸数；n_M为发动机转速；ρ_K为燃料密度。

通过喷射系统实施这一要求取决于燃料量计量的原理。在传统的边缘控制或直接的行程控制泵中，泵每行程输送的体积 V_{Hub} 仅取决于柱塞的横截面和有效的行程的大小：

$$V_{Hub} = A_{Kolben} \cdot h_{Nutz} \tag{12.4}$$

式中，A_{Kolben}为泵柱塞截面积；h_{Nutz}为泵柱塞的有效泵送行程。

另一方面，在凸轮时间控制系统中，每次喷射的输送量取决于执行器的关闭时间、柱塞横截面和柱塞速度：

$$V_{Hub} = A_{Kolben} \cdot v_{Kolben} \cdot \Delta t_{SD} \tag{12.5}$$

式中，A_{Kolben}为泵柱塞截面积；v_{Kolben}为在泵送期间泵柱塞的平均速度；Δt_{SD}为控制阀的关闭时间（泵送时间）。

在此，忽略了高压电磁阀的预泵送和后泵送的影响以及在开启和关闭过程中的泵送。可以使用公式以简化的方式确定离开喷嘴的燃料体积。

$$V_{\text{Aus}} = A_{\text{D}} \cdot \Delta t \cdot \alpha \cdot \sqrt{\frac{2}{\rho_{\text{K}}}} \cdot \Delta p \qquad (12.6)$$

式中，A_D为喷嘴孔几何截面；Δt 为喷射持续时间；α 为流量系数；ρ_K 为燃料密度；Δp 为压差（燃料侧－燃烧室侧）。

喷射持续时间可以从针阀行程信号或共轨系统中喷油器侧电动阀的控制持续时间来近似地确定。应该注意的是，喷嘴处的计量横截面以及喷嘴内部与燃烧室之间的压差在喷射阶段不是恒定的。这同样适用于流量系数。还应该注意的是，在设计高压泵时，不能再假定燃料在超过1000bar的高压下是不可压缩的。因此，高压泵必须根据死区体积和现有的压力和温度水平设计更大的输送功率，以便考虑待压缩的燃料体积的“存储特性”。强大的工具可用于喷射系统的数值模拟，以及确定泵、管路、喷嘴、电磁阀和喷油器中测量技术不可能或难以实现的过程[7,14-16,22]。

图12.50粗略地概述了发动机应用中用于凸轮驱动的喷射系统和共轨系统的喷射系统的硬件方面的匹配参数。此外，还有温度、增压压力、空气压力、废气再循环等运行参数和来自其他车辆系统（如ESP或ASR）的信息，以及驾驶员愿望（加速踏板位置、车速调节）和来自排气后处理系统传感器的信息。

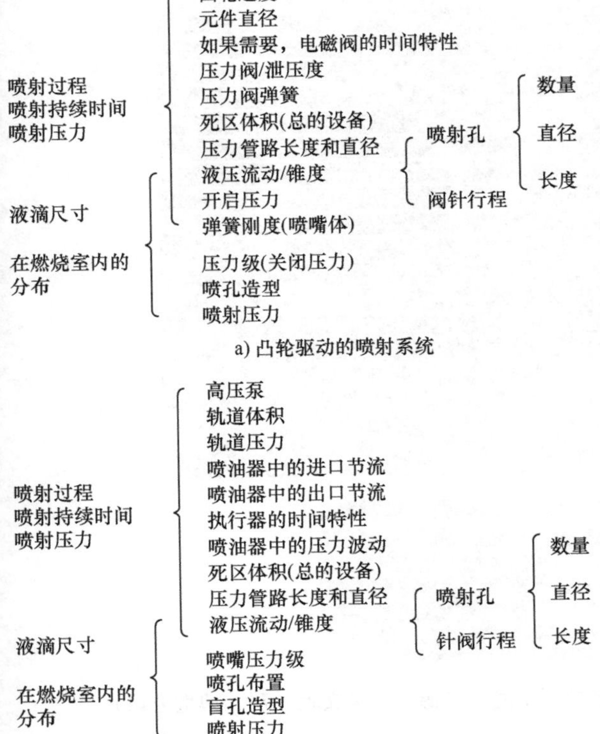

图12.50 喷射系统重要的结构设计及匹配参数[7,10]

过去，只有以柴油机喷射机械调节形式的“机械的发动机管理”才能完成所有这些任务。其中，来自车辆和发动机运行的所有这些要求，以及驾驶员的愿望都无法实现。机械调节仅能局限于发动机运行的基本功能，例如怠速调节、终端转速调节、全负荷调节、与增压压力相关的燃料量的匹配、与大气压力相关的全负荷匹配、与温度相关的燃料量匹配（例如在起动时）。只有通过引入电子的柴油机调节，才能在应用中充分考虑上述的要求。如今，在发动机和车辆应用中，考虑了多达40000个参数（特性值、特性曲线、特性场）[7]。

电子的柴油机调节（Electronic Diesel Control，EDC）可分为三个系统模块[8-10]。

■ 传感器和设定值调节器

它们记录发动机的运行条件和设定值，并将物理量转换为电信号，以便在第二个模块（控制单元）中进行处理。

这些信息在控制单元中根据算法（控制和调节算法）进行处理。控制单元还为执行器提供电输出信号，并且是与其他系统和诊断的接口。

第三个模块是执行器（actuators）。它们将控制单元的电输出信号再转换为机械值，例如用于燃料量计量的电磁阀的控制。

图12.51显示了在应用中必须考虑的重要的发动机运行和排放控制功能。

电子式柴油机调节的原理结构如图12.52所示。严格来说，柴油机调节既是一种控制又是一种调节，因为在许多情况下，执行器是根据输入变量通过给定的数据特性场或特性曲线来激活的，而无须直接检查对它们的反应。另一方面，在许多情况下，会记录反应，例如用于怠速转速调节的发动机转速或用于喷射开始调节的喷嘴阀针运动。

因此，电子式柴油机调节的控制单元是一个控制和调节单元。有关电子发动机管理系统的更多详细信息，参见第16章。

加热控制

主继电器控制

起动系统控制

喷射输出系统
- 预喷、主喷、后喷分布
- 输出发动机实时同步

发动机协调
- 发动机状态
- 后续控制
- 关闭协调
- 发动机转矩计算
- 转矩限制
- 转矩梯度限制
- 燃料消耗计算
- 滑行运行协调
- 气缸停用

怠速调节器
- 颤抖阻尼器
- 负荷减振器

喷射调节
- 喷射量协调
- 零喷射量适应
- 压力波校正
- 供油量限制(组件保护)
- 供油量均衡调节
- 平稳运行调节
- 将转矩转化为供油量
- 烟度限制的供油量
- 海拔适应
- 轨压调节

发动机转速和角度采集
- 超速保护
- 失火检测

发动机冷却
- 风扇调节
- 冷却液温度和润滑油温度监测

空气系统
- 废气再循环调节
- 增压压力调节
- 进气道中的涡流阀的控制
- 空气调节风门的控制
- 空气质量检测(通过热膜式空气质量传感器)

行驶速度调节

防盗器

诊断系统

发动机制动(商用车)

通过串行总线系统(CAN、TTCAN、Flexray)进行通信

- 柴油颗粒过滤器(DFP)
- NO_x存储式催化器(NSC)
- λ调节
- 通过气缸压力检测燃烧
- 选择性催化还原(SCR)
- 废气温度模型

图 12.51　用于柴油车的重要的发动机运行和排放控制功能（来源：参考文献［7］，博世公司）

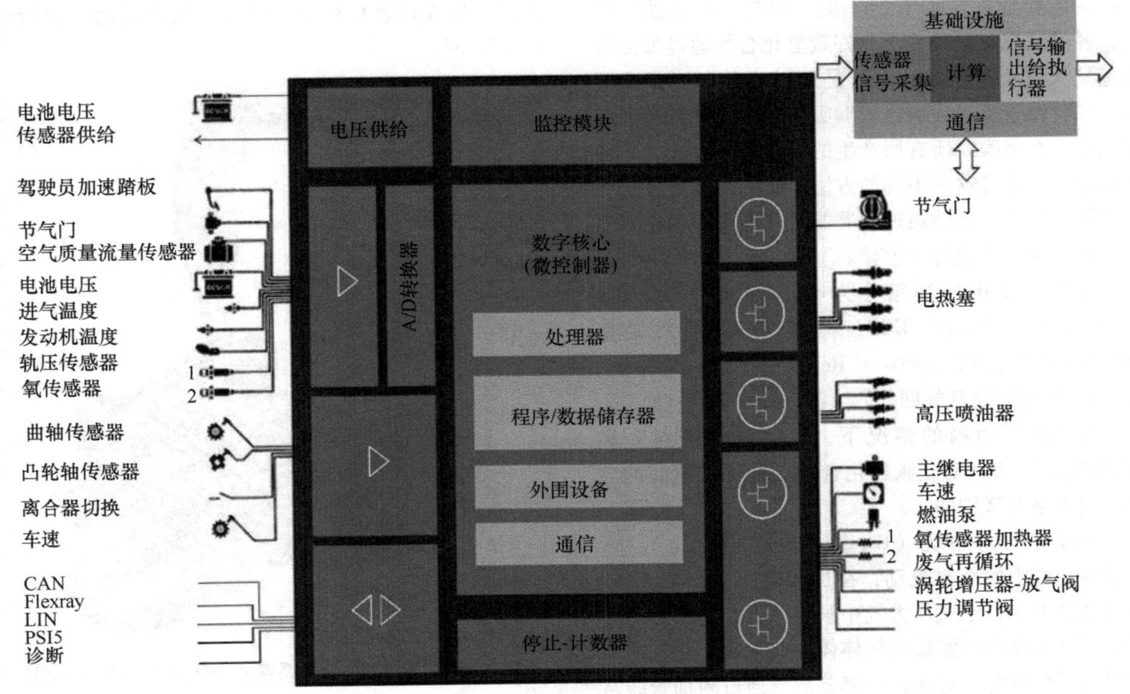

图12.52 柴油机控制单元的框图（来源：参考文献［7，23］，博世公司）

12.5 燃料供给系统

乘用车发动机的燃料供给需要一个燃料容器（燃料箱），该燃料箱通常位于车辆后轴区域。燃料箱是燃料供给系统的一部分，具有大量的功能。这些功能包括燃料加注、加注液位限制、燃料存储、发动机燃料供给以及加油和运行期间的燃料箱的通风。燃料供给系统通过在给定的压力范围内的管路以足够的、确定的量向发动机提供燃料。

12.5.1 燃料箱

燃料箱主要由塑料（带有各种阻隔层的PE-HD）或金属（不锈钢、热浸镀铝金属板或铝）制成。通常，塑料燃料箱是6层燃料箱。这6层主要由新材料、黏合促进剂、阻隔层和再研磨材料等所组成。阻隔层用于防止从燃料中逸出的碳氢化合物通过材料扩散。

为了满足日益增强的排放要求和15年或240000km的使用寿命，近年来已经制造了隔离不锈钢燃料箱。然而，由于生产成本高，塑料燃料箱生产工艺的进一步发展，不锈钢燃料箱的产量再次下降。

燃料供给系统设计用于不同的燃料：汽油、柴油或液化气。根据销售市场和适用的排放法规，燃料系统在燃料加注期间的流动引导和运行期间产生的气体方面有所不同。

本质上，柴油和汽油的油箱系统之间存在差别。由于这些燃料的不同特性，这些系统在通风系统、加油和输送技术方面有所不同。

12.5.1.1 柴油油箱

柴油几乎没有燃料释气的趋势。柴油油箱加注时产生的排放是通过燃料从油箱中置换出来的气体成分。气体通过通风管路直接排放到环境中。在行驶过程中，与消耗的柴油体积成比例的环境空气流入油箱。由于柴油的密度更高，它可以以更高的加注速度（高达60L/min）加油，这反映在与汽油系统相比，柴油加注管的流动横截面更大。

12.5.1.2 汽油油箱

汽油油箱有几种变体。第一个区别特征是燃料的类型：含铅或无铅燃料。燃油系统的差异可以在加油口中找到。与无铅燃料（ϕ21.3mm）相比，含铅燃料的喷嘴直径更大（ϕ23.6mm）。喷嘴直径已减小，因此在使用无铅燃料行驶的车辆中不能填充含铅燃料。仍然使用含铅燃料运行的燃油系统通常没有活性炭过滤器。活性炭过滤器可防止碳氢化合物不受阻碍地逸出到大气中。在车辆运行时，活性炭过滤器在发动机管理系统的调节下进行再生。

对于无铅燃料，燃料供给系统根据销售市场和当地适用的排放法规而有所不同。但是，在加油过程中，各类法规均是几乎不允许碳氢化合物通过加油管逃逸到大气中。在欧洲，这是通过这种方法来实现的：在气体置换过程通过喷嘴吸走在加油过程中产生的气体。在美国，所有所产生的气体都必须通过车辆进行清洁。通过这些不同的方法，欧洲的油箱系统在加注管的设计、活性炭过滤器的尺寸和诊断程序方面与美国的油箱系统有所差异。

在欧洲使用的油箱称为 ECE 油箱（Economic Commission for Europe，ECE，欧洲经济委员会），在美国称为 ORVR 油箱（Onboard Refueling Vapor Recovery，ORVR，车载加油蒸气回收）。

在 ORVR 油箱的情况下，以“液体密封”和“机械密封”方式防止碳氢化合物从加注管泄漏的方法之间也是有区别的。

在液体密封系统（Liquid - Seal - System）中，由于加油管中的燃料流动，在加油期间会产生真空。通过这种方式，空气从大气中被吸入到油箱系统。为了使通过活性炭过滤器的气体体积流量最小化，通常采用再循环原理。对此，一部分蒸气通过附加管线从燃油箱被吸入到加油管，并与从大气中吸入的空气一起再泵回到油箱。该回路减少了加油期间到达活性炭过滤器的燃油蒸气量。

在机械密封系统（Mechanical - Seal - System）中，密封喷嘴与封闭件之间的间隙。活性炭过滤器的体积取决于加油过程中产生的不同的气体量。0.8～1L 的“碳容积”对于 ECE 油箱来说就足够了。而 ORVR 油箱所需的容积可高达 4L。

另一个区别是诊断方法。对于 ORVR 油箱，在车辆诊断系统中对于燃油供给系统另外设置了泄漏诊断功能。泄漏诊断功能旨在确定油箱盖是否旋上以及燃油供给系统是否存在泄漏。泄漏诊断可采用负压法或正压法。使用真空方法时，在诊断期间借助发动机进气歧管中的真空在油箱中产生真空，并通过压力传感器监测油箱压力。使用正压系统时，通过外部泵在油箱中产生正压；然后可以通过泵的流量测量来检测泄漏。

12.5.2 燃料箱通风系统

在所有运行状态（停机、行驶、加油）下，燃料箱必须始终能够通风。可以采取各种措施来防止液态燃料从燃料箱系统中逸出。燃料箱上的排气点必须这样来选择，即燃料箱在所有倾斜位置下始终可以通过一个点来排气，而同时不会有燃油从其他排气点溢出（图 12.53）。通风管道可以用浮阀关闭，也可以放在一个外部膨胀罐中。在较新的燃料箱系统中，该膨胀罐集成在燃料箱中，以优化燃料箱的渗透特性（图 12.54）。

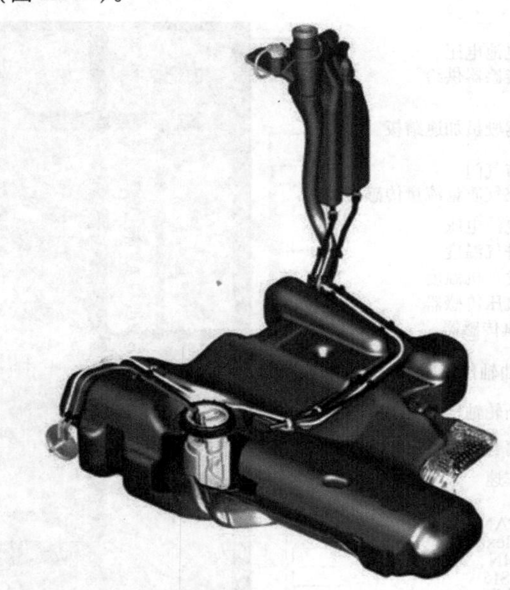

图 12.53 带外部通风系统的燃料箱（顶部中间）

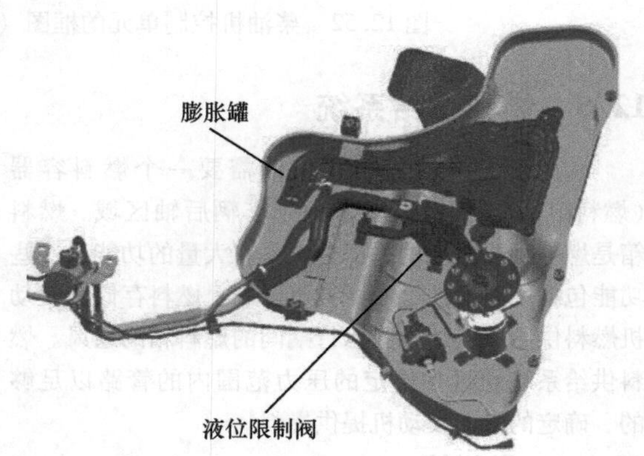

图 12.54 带内部通风系统的燃料箱

除了燃料箱系统通风外，液位限制也起着重要的作用。由于汽油在温度的影响下会膨胀，因此当加注过程完成时，液位必须大大地低于排气点。可以通过汲取管（燃料箱排气管末端的一根管子，通过上升的燃油而关闭）来限制加注液位：燃料箱排气管中的浮阀或加油管上的浮阀系统。

12.5.3 对燃料输送系统的要求

燃料输送系统的任务是在所有可能的行驶情况下从燃料箱中为发动机提供足够的燃油。这包括车辆制造商定义的稳态和动态行驶状态，例如静止、转弯、上坡行驶和下坡行驶。其他典型的要求是首次填充燃料箱时的初始吸入高度、燃料箱的重新加注高度以及静止或行驶时的剩余吸油高度。

初始吸入高度描述了燃料箱第一次加油后所需的燃油高度，这是必要的，这样燃油输送系统才能顺利启动并为发动机提供足够的燃油。重新加注高度描述了在燃料箱清空后为安全起动发动机而加注所需的燃油液位。剩余吸油高度表示在燃料箱排空后燃料箱中可能剩余的燃油量。

在多腔燃料箱的情况下，燃油输送系统必须将燃料箱的所有腔清空至所需的剩余吸油高度。此外，每个燃油输送系统都包含液位测量。柴油和汽油输送系统之间存在区别。

12.5.3.1　柴油输送系统

对于柴油输送系统，柴油输送单元与柴油抽吸单元之间存在区别。

输送或抽吸单元的使用取决于多种发动机型号和对系统提出的不同要求。

与柴油输送单元相比，柴油抽吸单元由于没有油箱内置泵而更便宜。

为了使用柴油抽吸单元，有必要在发动机上的高压泵中建立足够的真空，以将柴油从柴油油箱中吸出。然而，由此产生的高的负压会在高压泵中产生相当大的气蚀，最终会导致高压泵磨损的增加。这取决于高压泵的设计和质量。

因此，在更新的柴油输送系统中，使用了柴油输送单元，它为发动机上的高压泵提供轻微的过压（图 12.55）。

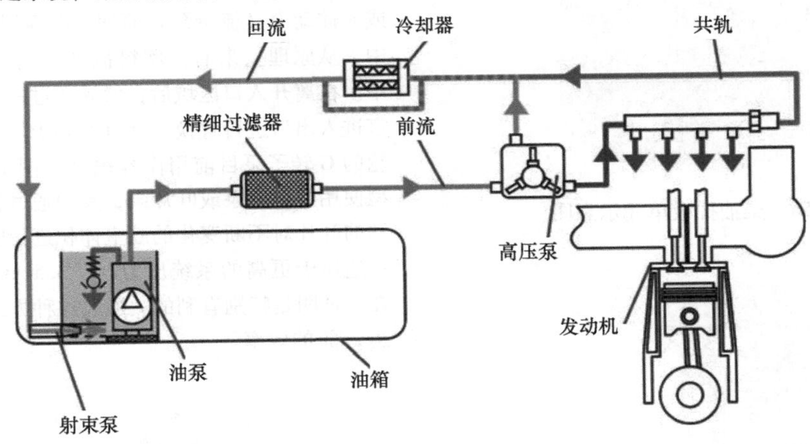

图 12.55　共轨柴油输送系统原理

（1）柴油抽吸单元

在最简单的情况下，柴油抽吸单元由一个法兰组成，吸入管从法兰延伸到油箱底部。粗滤器连接到抽吸管的末端以进行过滤。

为了在弯道和上坡行驶时获得更好的性能，该结构设计通过缓冲罐和液压驱动的射束泵进行扩展（图 12.56）。缓冲罐上有一个用于液位测量的液位传感器。

与柴油输送单元相比，柴油抽吸单元没有柴油油箱内置电动油泵。柴油通过连接在发动机上的高压泵直接从油箱中的缓冲罐中抽取。没有被发动机消耗的燃料量流回抽取单元。

由于柴油燃料的抽吸和从油箱到高压泵的压力下降，在泵的入口处会产生真空，再加上高温，会导致气泡的形成。气泡的形成导致高压泵中的气蚀。这导致泵的磨损增加。柴油抽吸单元的另一个缺点是，如果柴油喷射系统自身不能排气，则在油箱完全排空后起动发动机时会出现问题。

（2）柴油输送单元

柴油油箱内置泵与泵前的过滤器集成在柴油输送单元的缓冲罐中。电气接口（与泵的插头连接）位于法兰中。图 12.57 显示了一个柴油输送单元。缓冲罐通过一个或多个液压驱动的射束泵永久填充，并用作储液罐，以确保即使油箱中的燃油量很少以及在所有行驶状态下也能将燃油输送到发动机。

在多腔燃料箱中，附加的液压驱动的射束泵确保所有腔室都被清空。

柴油输送单元的任务是在指定压力窗口内出现的所有负荷和发动机转速状态下将柴油从柴油燃料箱输送到喷射系统。

没有被发动机消耗的燃油量作为回流流回到柴油输送单元。

柴油燃料在柴油输送单元中已进行预过滤，并在油箱外进行精细过滤。

与用于进气歧管喷射的汽油输送系统相比，柴油输送单元不提供所需的喷射压力，而只是为连接在发

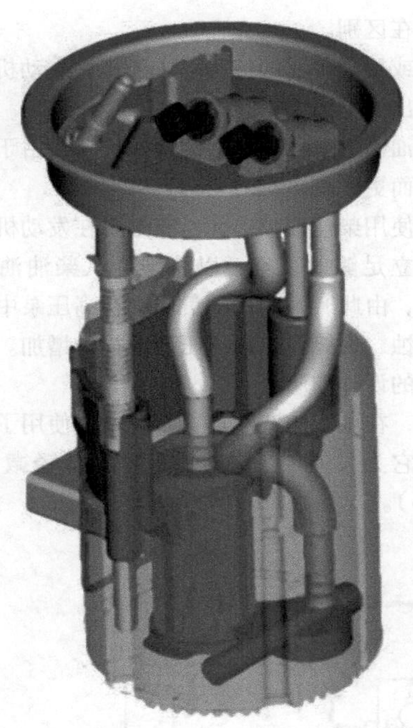

图 12.56 柴油抽吸单元示意图

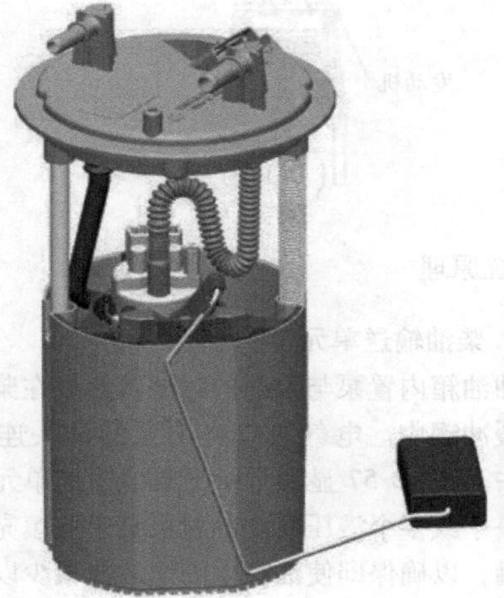

图 12.57 柴油输送单元的显示

动机上的高压泵供油，该泵根据喷射系统施加喷射压力。

因此不需要像汽油输送单元那样高精度地进行压力调节。

(3) 柴油油箱内置泵

柴油油箱内置泵的任务是在所有运行条件下为发动机提供充足的柴油。它是柴油喷射系统低压区域的一部分，位于（高压）喷射泵的上游。通常油箱内置泵的系统压力在0.5～1bar（分配泵喷射系统）和1.5～5bar（共轨和泵-喷嘴喷射系统）之间。在12V标称电压下，流速为100～300L/h。

如今的柴油油箱内置泵主要由连接件、电动机和泵级组成。

连接件连接电气和液压触点。止回阀和泄压阀通常集成在其中。前者用于在油泵关闭时保持燃油系统中的压力，从而防止燃油系统的泄漏，从而缩短车辆的起动时间。泄压阀是一个安全阀，当燃油系统中的压力过高时打开。根据汽车制造商的要求，连接件还包含由扼流圈和电容器组成的无线电干扰抑制装置。

油箱内置泵由直流电动机驱动。电动机由电枢、带有永磁体的回位体和一个由电刷和换向器组成的换向系统所组成。

根据应用领域，泵级遵循流体静力（排量泵）或流体动力（流量泵）原理。在容积式泵（排量泵）中，从原理上来看，燃料被吸入到一个增大的腔室中。在离开入口区域后，然后通过一个再次变小的腔室进入出口进行置换。带有偏心于外转子的内转子齿轮的G转子泵目前用作容积泵（图12.58）。也有车型使用了辊筒泵或叶片泵，其中通过辊筒或径向可移动的叶片对不断变化的腔室体积进行密封。容积泵特别适用于更高的系统压力（>3.5bar），因为该原理在此证明是特别有利的。通过这种方式，可以实现高达25%的效率。

图 12.58 偏心于外转子的内转子齿轮结构的G转子泵

流量泵用于柴油输送系统，主要用于更低的系统压力（<3.5bar）。带有一个或多个同轴叶片环的涡轮叶轮在固定的泵室中旋转。在形成泵室的两个壳体部分的每一个中都有一个通道。所谓的刮板位于通道的起点和终点之间，以密封压力区域和吸入区域。通过叶轮叶片与燃料颗粒之间的动量交换，沿通道产生压力。根据通道的位置，可以说是侧通道（通道和叶片的侧向布置）或外围轮原理（通道和叶片的位

置径向向外)。流量泵的优势在于几乎无脉动的压力建立以及与容积式泵相比相对简单且因此具有成本效益的结构设计。

12.5.3.2 汽油输送系统

目前的汽油输送系统包括一个带汽油油箱内置泵的缓冲罐、一个燃油压力调节器、一个泵预滤器和燃油精细过滤器，以及一个或多个射束泵和一个用于液位测量的液位传感器，这些零部件组合成一个单元(图12.59)。该结构单元用法兰封闭燃油箱的维修开口。法兰包含所有到油箱的液压和电气接口。缓冲罐通过射束泵永久填充，并用作储油罐，以确保即使油箱中的燃油量很少以及在所有行驶情况下也能将燃油输送到发动机。在多室油箱中，额外的射束泵确保所有腔室都被清空。

图12.59 带有精细燃油过滤器的汽油输送系统示意图

在汽油输送系统中，传统系统和止回系统之间存在区别。

传统系统有回流。油箱内置泵通过供油管路和位于油箱外的燃油过滤器向发动机上的燃油压力调节器提供恒定量的燃油(图12.60)。由于发动机并不总是消耗全部燃油量，因此，多余的燃油会通过回流管送回到油箱，从而再次返回燃油回路。

新型的止回系统还将精细燃油滤清器和燃油压力调节器集成在输送单元中，因此也集成在燃油箱中(图12.61)。它们满足对油箱系统排放密封性的高要求。由此消除了燃油回流管路，从而消除了从发动机到油箱的热回流。由于更低的燃油温度、较少的密封点以及只有燃油管路表面会产生碳氢化合物排放的事实，因此它可以满足更高的排放要求。

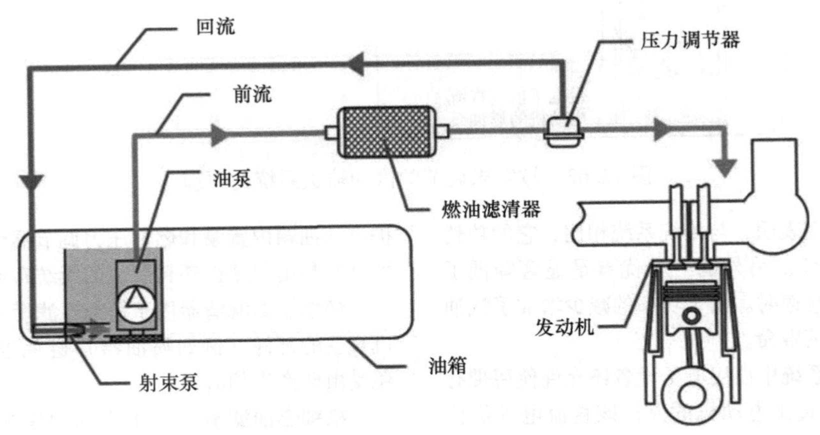

图12.60 传统的汽油输送系统的原理

(1) 按需求调节的系统

在带有燃油喷射发动机的车辆中，传统的燃油输送系统中电动燃油箱内置泵确保将燃油输送到发动机。为了提供必要的系统压力，燃油泵使用了机械式压力调节器，它将不需要的燃油返回到燃油箱，而泵始终在全负荷状态下运行。这意味着，一方面它导致了不必要的能量消耗；另一方面，由于燃油箱内置泵的功率损失，额外的热量进入油箱，这可能导致不可接受的有害物排放，尤其是在紧凑型和功率强大的车辆中。

按需求调节的系统提供了一种补救措施。这些系统包括一个燃油输送单元、一个插入燃油管路的压力传感器和电子设备，这个电子设备可以调节燃油泵的功率，从而无论油耗如何都能实现恒定的系统压力(图12.62)。

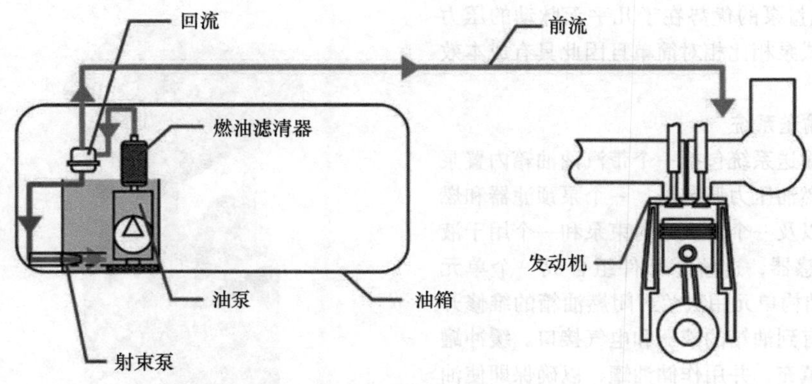

图 12.61　无回油的汽油输送系统的原理

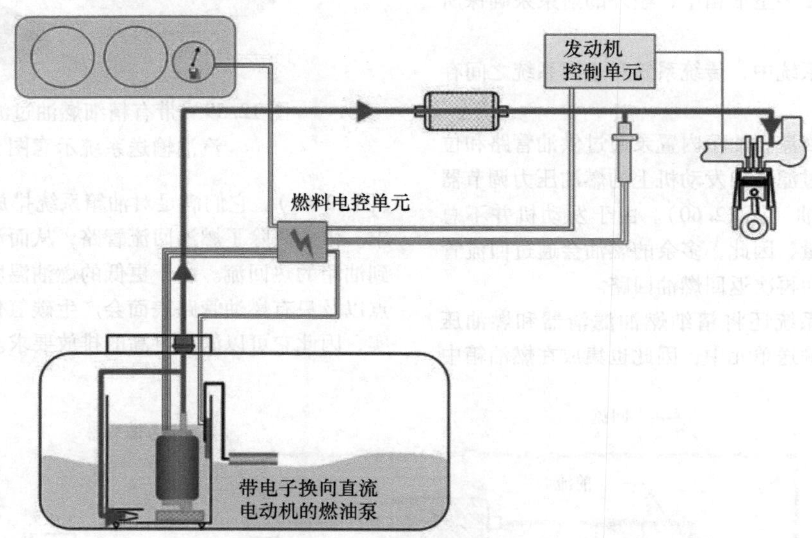

图 12.62　按需求调节的汽油输送系统的原理

行驶试验研究表明，与传统系统相比，它的功耗平均降低了约50%。另外的一个优点是显著降低了噪声，尤其是在怠速时。由于功率的减少增加了汽油油箱内置泵的使用寿命。

在燃料输送系统中使用电子设备还允许使用带有电子换向（EC）直流电动机的泵，该直流电动机作为使用寿命组件也适用于关键燃料，如乙醇或液化气，因为没有机械换向器的磨损。

通过电子设备的使用带来了更多优势，例如给定不同的系统压力，例如在直接喷射的发动机中，或防盗的额外需求。

（2）过滤

通过泵预滤清器来实现预过滤，该滤清器在吸入的燃油进入汽油油箱内置泵之前对其进行过滤。尺寸范围为30～60μm的污垢颗粒在这里被过滤掉，以保护汽油油箱内置泵和燃油压力调节器免受磨损。滤清器材料是由热塑性塑料制成的无纺布或织物。

精细燃油滤清器用于精细过滤燃油，以保护发动机重要的部件（例如喷油器）避免进入灰尘颗粒和免受由此产生的磨损。

精细燃油滤清器位于汽油油箱内置泵与发动机之间。

如果滤清器集成在汽油输送系统中，它必须在车辆的整个生命周期内满足其功能（生命周期组件）。

除了经典的滤纸外，也越来越频繁地使用新开发的高性能塑料，尤其是在直接汽油喷射的发动机中。

它们以多层的方式层压到原始滤纸上，确保相应的高纳污能力，同时具有超过90%的高的初始分离效率，颗粒尺寸介于3～5μm之间。

(3) 压力调节

为确保至发动机供应管路中的恒定的喷射压力，在无回流汽油输送系统中，汽油油箱内置泵之后，燃油压力调节器作为旁通阀设置，其工作原理相当于比例调节器的工作原理。

根据发动机的燃料消耗，由汽油油箱内置泵的总输送量产生的过量燃油量被调节并再次提供给汽油输送系统。

对于带有多点喷射的发动机，压力在3.0～4.3bar之间。直喷发动机中油压高达8.0bar。

(4) 汽油油箱内置泵

汽油油箱内置泵的任务是在所有运行条件下为发动机提供充足的燃油。与柴油喷射系统相比，它不需要额外的高压泵即可为汽油喷射系统提供所需的系统压力。根据喷射系统的不同，多点喷射系统的正常系统压力在3～4.3bar之间，增压汽油机的正常系统压力在4.7～5.2bar之间，汽油直喷系统的正常系统压力在5～8bar之间。在12V标称电压下，燃油输送量约为80～200L/h。

如今的汽油油箱内置泵（就像柴油油箱内置泵一样）主要由连接件、电动机和泵级组成。

连接件用于电气和液压接触。止回阀和泄压阀通常集成在连接件中。前者用于在油泵关闭时维持汽油输送系统中的压力，以防止汽油输送系统泄漏，从而缩短车辆的起动时间。泄压阀是一个安全阀，在汽油输送系统中出现不允许的高压时打开。根据汽车制造商的要求，连接件还包含由扼流圈和电容器组成的无线电干扰抑制装置。

在当今的系统中，油箱内置泵由直流电动机驱动。电动机由电枢、带有永磁体的回位体和一个由电刷和换向器组成的换向系统所组成。电子换向电动机也在开发中，它具有使用寿命方面的优势，特别是在使用对电刷和换向器系统至关重要的燃料时。

泵级遵循流体静力（排量泵）或流体动力（流量泵）原理。在容积式泵（排量泵）中，燃料被吸入到一个增大的腔室中。在离开入口区域后，通过一个再次变小的腔室进入出口进行置换。带有偏心于外转子的内转子齿轮的G转子泵目前用作容积泵。还使用了辊筒泵或叶片泵，其中通过辊筒或径向可移动的叶片对不断变化的腔室体积进行密封。使用汽油时容积式泵的缺点是在更高的燃料温度下由于气泡的输送而导致输送量下降。正因为如此，汽油运行的应用通常有一个流体动力学的初始阶段，其任务是通过通道中的排气孔分离气泡；另一方面，它减少了由于预压力而在置换阶段形成气泡的倾向。然而，这导致在结构设计方面的解决方案相对复杂。

由于这些缺点，流量泵已在汽油应用中广泛使用。如图12.63所示，带有一个或多个同轴叶片环的涡轮叶轮，在固定的泵室中旋转。在形成泵室的两个壳体部分的每一个中都有一个通道。所谓的刮板位于通道的起点和终点之间，以密封压力区域和吸入区域。通过叶轮叶片与燃料颗粒的动量交换以及在通道叶片区域形成螺旋式的环流，沿通道产生压力。根据通道的位置，可以说是侧通道（通道和叶片的横向布置）或外围轮原理（通道和叶片的位置径向向外）。通过位于通道中的排气孔，即使在较高的燃料温度下，由于气泡从通道区域逸出，也可以实现相对恒定的输送量。流量泵的其他优点是几乎无脉动的压力建立和具有成本效益的结构设计。侧通道泵的应用已占上风。凭借紧凑的结构形式，这些产品目前可实现每级高达4.5bar左右的系统压力和超过20%的效率。通过串联2个泵级，还可以实现高达9bar左右的系统压力。

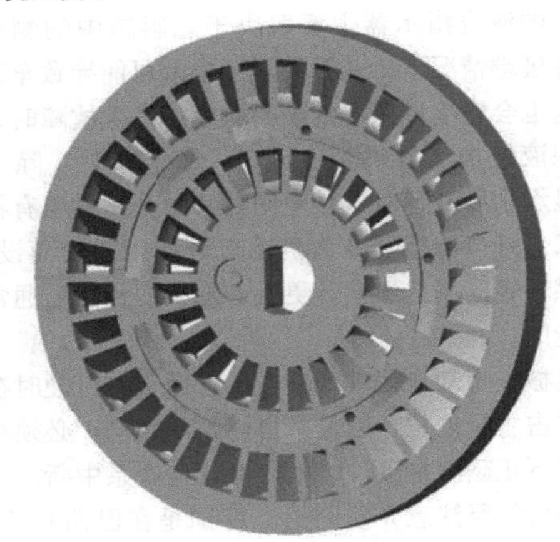

图12.63 汽油油箱内置泵的涡轮叶轮

(5) 按需求调节的系统的电子设备

按需求调节的系统的电子设备（Electronic Fuel Control Unit，电子燃油控制单元）调节汽油油箱内置泵，并借助于插入在燃油管路中的压力传感器调节到恒定的系统压力。电子设备必须将压力传感器的实际值与目标值进行比较，并为油泵提供由此确定的控制功率。这样做是为了通过脉宽调制（PWM）信号来减少功率损耗。PWM频率应在15kHz以上，否则会产生可听见的噪声。另一方面，为了避免电磁干扰，频率必须尽可能低，通常在20kHz左右。

如果使用带有电子换向（EC）直流电动机的泵，则电子设备还必须生成换向信号。

出于EMV的原因，电子设备必须放置在泵和油箱附近，以保持较短的导线，对此，还可以实施其他的可能性，例如记录和处理来自液位传感器的信号或监测油箱的排放。额外的防盗保护也是可以想象的。必须为此提供额外的通信可能性。

12.5.4　液位状态测量

燃油存储量监测不是一种方便，而是出于安全原因的必要性。

无论动态行驶情况如何，例如转弯和加速阶段，都必须以这样的方式显示液位水平，即显示不会过度波动。这种特性是通过评估电子设备中的合适的阻尼算法来实现的。但是，如果从一开始就将液位传感器放置在油箱中的合适位置，则可以最大限度地减少由晃动引起的这些波动。然而，由于复杂的油箱几何形状，这并不总是可行的。分支的几何形状，例如在多室燃料箱中，需要使用多个液位传感器。

12.5.4.1　对液位状态测量的要求

首先，应该实现可靠的液位测量。必须进行准确的测量，尤其是在燃料箱中只有少量燃油的情况下。车辆中的液位指示器主要取决于燃料箱中的测量精度。在极端情况下，几升的显示偏差可能导致车辆抛锚。这也会影响传感器的诊断能力。发生故障时，必须确保液位指示器跳到“Min”或“Null”。除了液位的显示精度外，对机械坚固性和耐介质性也有特殊的要求。液位传感器专为机动车辆使用寿命而设计。依据燃料箱的制造工艺，更换有缺陷的传感器通常是不可能的。

机械应力来自振动和冲击，这通常在行驶时在燃料箱中占主导地位，以及来自燃料的晃动。必须在所有条件下正确测量液位，不得有任何联系中断。

还特别要注意介质阻力。特别是在巴西和美国，除了通常的汽油外，还使用灵活燃料，即乙醇或甲醇与汽油的混合物。除其他外，主要区别在于燃料的导电性更高。

除了传统的柴油燃料外，脂肪酸甲酯（FAME）正越来越多地以纯净形式使用，并且添加到柴油燃料中的比例高达 5%。在使用柴油燃料的情况下，应该牢记它们经常与水成层状出现。因此，特殊的防腐蚀保护是必不可少的。

12.5.4.2　杠杆编码器

在输送单元中安装的杠杆编码器是最常见的液位检测传感器。它由通常应用于陶瓷基板的厚膜网格（DSN，Dickschichtnetzwerk），以及设计成滑块的接触弹簧所组成。它通过一个带有浮子的杠杆（图 12.64），根据液位水平，分接串联连接的层电阻。

它产生的总电阻与液位成正比。通过适当设计

图 12.64　液位指示用的杠杆

DSN，可以将燃料箱的非线性填充量以线性的形式显示。网格的设计方式使得电阻值随着液位的下降而增加。如果发生接触故障或电缆断裂，则会显示可能的最低液位。新一代杠杆传感器设计有带有多个接触舌片的接触弹簧。这实现了改进的对燃料中沉积物形成的抵抗力。多余的引出头可优化振动负载下的特性并提高耐磨性。为了避免电化学效应，这些开放式传感器元件使用脉冲直流电驱动。

12.5.4.3　磁性无源位置传感器

与杠杆编码器相近似，磁性无源位置传感器（MAPPS）由一个陶瓷基板和 52 个串联的薄膜电阻所组成。每个电阻都有一个引出头。软磁接触弹簧放置在距引出头很短的距离处。该系统通过一个全方位的焊接盖对 MAPPS 周围的燃料进行气密密封。弹簧的各个开关舌片由沿陶瓷运行的磁铁而不是 MAPPS 背面的滑块接触。在这里，与周围介质的界面也是由带浮子的杠杆形成的。磁体的调整路径因此对应于具有大约 90°的允许角度范围的轨迹半径。电输出信号根据磁铁的位置成比例地变化。电阻范围从 100% 延伸到 0% 液位。为了诊断目的，引入了一个附加的串联电阻，以便在发生故障时（例如，磁铁超出允许的角度范围），产生一个定义的总电阻。

通过完全封闭的系统，即使在极端的环境条件下，微触点也不会受到污染或各种燃料的影响（图 12.65）。与传统的滑块系统相比，接触面承受的机械应力要小得多。这种低磨损的接触系统保证了传感器元件的使用寿命的增加。

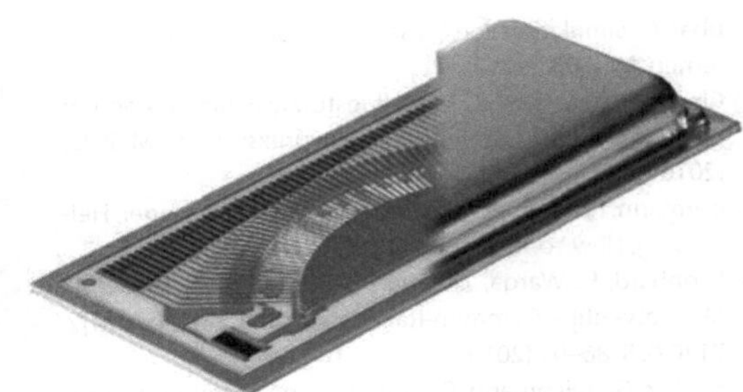

图 12.65 用于液位指示的磁性无源位置传感器（MAPPS）

参考文献

使用的文献

[1] Schöppe, D., et al.: Anforderungen an zukünftige Otto DI Einspritzsysteme und entsprechende Plattformlösungen. 32. Internationales Wiener Motorensymposium, 5. und 6. Mai 2011. (2011)

[2] Warnecke, V., Achleitner, E., Bäcker, H.: Entwicklungsstand des Siemens VDO Piezo-Einspritzsystems für strahlgeführte Brennverfahren. 27. Internationales Wiener Motorensymposium, April 2006. (2006)

[3] Schneider, B.M.: Experimentelle Untersuchungen zur Spraystruktur in transienten, verdampfenden und nicht verdampfenden Brennstoffstrahlen unter Hochdruck, Dissertation. ETH Zürich (2003)

[4] Backofen, D.: Höchstdruckeinspritzung alternativer Kraftstoffe, Dissertation. Universität Magdeburg (2015)

[5] Pauer, T., Wirth, R., Brüggeman, D.: Zeitaufgelöste Analyse der Gemischbildung und Entflammung durch Kombination optischer Messtechniken an DI-Dieseleinspritzdüsen in einer Hochtemperatur-Hochdruckkammer. 4. Internationales Symposium für Verbrennungsdiagnostik, Baden-Baden, 18./19.5.2000. (2000)

[6] Schifferdecker, R.: Potential strömungsoptimierter Einspritzdüsen bei NKW-Motoren, Dissertation. Universität Magdeburg (2011)

[7] Tschöke, H., Mollenhauer, K., Maier, R. (Hrsg.): Handbuch Dieselmotoren, 4. Aufl. Springer, Berlin, Heidelberg (2016)

[8] Reif, K. (Hrsg.): Dieselmotor-Management, 5. Aufl. Vieweg + Teubner, Wiesbaden (2012)

[9] Reif, K. (Hrsg.): Moderne Dieseleinspritzsysteme. Vieweg+ Teubner, Wiesbaden (2010)

[10] Reif, K. (Hrsg.): Klassische Diesel-Einspritzsysteme, 1. Aufl. Vieweg und Teubner, Wiesbaden (2012)

[11] Härle, H.: Einfluss des Einspritzverlaufs auf die Emissionen des Nkw-DI-Motors. Tagung Diesel- und Benzindirekteinspritzung, Berlin, 9./10.12.2000. (2000)

[12] Eichlseder, H.: Der Einfluss des Einspritzsystems auf den Verbrennungsablauf bei DI-Dieselmotoren für Pkw. 5. Tagung „Der Arbeitsprozess des Verbrennungsmotors", Graz, 09/1995. (1995)

[13] Bischoff, M., Eiglmeier, Ch., Werner, T., Zülch, S.: Der neue 3,0-l-TDI-Biturbomotor von Audi. MTZ **73**(2), 126–133 (2012)

[14] Tschöke, H., Leyh, B. (Hrsg.): Diesel- und Benzindirekteinspritzung. expert, Renningen-Malmsheim (2001)

[15] Tschöke, H., Legh, B. (Hrsg.): Diesel- und Benzindirekteinspritzung. expert, Renningen-Malmsheim (2003)

[16] Tschöke, H. (Hrsg.): Diesel- und Benzindirekteinspritzung. Renningen-Malmsheim: expert-Verlag 2005, 2007, 2009, 2011, 2013 und Springer Vieweg, Wiesbaden 2014 und 2017

[17] Lewis, G.R.: Das EPIC-System von Lucas. MTZ **53**(5), 224–229 (1992)

[18] Robert Bosch GmbH (Hrsg.): Technische Unterrichtung Kraftfahrzeugtechnik: Diesel-Radialkolben-Verteilereinspritzpumpen VR. Ausgabe 1998/99

[19] Deutsches Institut für Normung (Hrsg.): DIN EN 590 (Ausgabe 2000-02): Kraftstoffe für Kraftfahrzeuge. – Dieselkraftstoff. – Anforderungen und Prüfverfahren. Beuth, Berlin (2000)

[20] Tschöke, H.; Kilic, A.; Schulze, L.: Messadapter für Mehrlochdüse. Offenlegungsschrift DE 199 09 164 A1 vom 7. Sept. 2000

[21] Kilic, A.; Schulze, L..; Tschöke, H.: Influence of Nozzle Parameters on Single Jet Fuel Quantities of Multi-Hole Diesel Injection Nozzles. SAE 2006-01-1983

[22] Kull, E.: Einfluss der Geometrie des Spritzloches von Dieseleinspritzdüsen auf das Einspritzverhalten, Dissertation (2003)

[23] Robert Bosch GmbH (Hrsg.): Technische Unterrichtung Kraftfahrzeugtechnik: Elektronische Dieselregelung EDC. Ausgabe 2001

进一步阅读的文献

[24] Pierburg, A.: Vergaser für Kraftfahrzeugmotoren. Vertrieb VDI-Verlag, Düsseldorf (1970)

[25] Löhner, K., Müller, H.: Gemischbildung und Verbrennung im Ottomotor. In: List, H. (Hrsg.) Die Verbrennungskraftmaschine, Bd. 6, Springer, Wien, New York (1967)

[26] Lenz, H.P.: Gemischbildung bei Ottomotoren. In: List, H., Pischinger, A. (Hrsg.) Die Verbrennungskraftmaschine, Neue Folge, Bd. 6, Springer, Wien, New York (1990)

[27] Behr, A.: Elektronisches Vergasersystem der Zukunft. MTZ **44**(9), 344 (1998)

[28] Großmann, D.: Lexikon Verbrennungsmotor: Vergaser. Supplement MTZ/ATZ. (2002)

[29] Schöppe, D.: Anforderungen an moderne Dieseleinspritzsysteme für das nächste Jahrhundert. Tagung Dieselmotorentechnik, Esslingen. (1997)

[30] Egger, K., Schöppe, D.: Diesel Common Rail II – Einspritztechnologie für die Herausforderungen der Zukunft. Internationales Wiener Motorensymposium. (1998)

[31] Klügl, W., Egger, K., Schöppe, D., Freudenberg, H.: The Next Generation of Diesel Fuel Injection Systems Using Piezo Technology. FISITA World Automotive Congress, Paris. (1998)

[32] Eichlseder, H., Rechberger, E., Staub, P.: Einfluß des Einspritzsystems auf den Verbrennungsablauf bei DI-Dieselmotoren für Pkw. Tagung „Der Arbeitsprozeß des Verbrennungsmotors", Graz.(1995)

[33] Egger, K., Lingener, U., Schöppe, D., Warga, J.: Die Möglichkeiten der Einspritzung mit einem Piezo-Common-Rail-Einspritzsystem für Pkw. Int. Wiener Motorensymposium. (2001)

[34] Bauer, St., Zhang, H., Pirkl, R., Pfeifer, A., Wenzlawski, K., Wiehoff, H.-J.: Ein neuer Piezo Common Rail Injektor mit Direktantrieb und Mengenregelkreis: Konzept und motorische Vorteile. Int. Wiener Motorensymposium. (2008)

[35] N. N.: Optimierte Gemischbildung – Durch innovative Ein-

spritztechnik – Titelthema. In: MTZ 01/2011

[36] N. N.: Einspritztechnik – Der lange Weg zum Druck – Titelthema. In: MTZ 02/2010

[37] Schmidt, S., et al.: Einfluss des Hub-Bohrungsverhältnisses und der Einlasskanalgeometrie auf Ladungsbewegung und Gemischbildung bei BDE-Ottomotoren. 9. Internationales Symposium für Verbrennungsdiagnostik, AVL, 8./9. Juni 2010. (2010)

[38] Warga, J.: Konsequente Weiterentwicklung der Hochdruck-Pkw-Dieseleinspritzsysteme. Int. Wiener Motorensymposium.(2011)

[39] Shinohara, Y., Takeuchi, K., Herrmann, O.E., Laumen, H.J.: Common-Rail-Einspritzsystem mir 3000 bar. MTZ **01**. (2011)

[40] Senghaas, C., Schneider, H., Reinhard, S., Jay, D., Ehrström, K.: Neues Schweröl-Common-Rail-Einspritzsystem. MTZ **01**. (2011)

[41] Simon, C., Will, B.-C., Dörksen, H., Mengel, C.: Erzeugung und Einspritzung von Diesel-Wasser-Emulsionen. MTZ **07–08**. (2010)

[42] Borchsenius, F., Stegemann, D., Gebhardt, X., Jagni, J., Lyubar, A.: Simulation von Diesel-Common-Rail-Einspritzsystemen. MTZ **06**. (2010)

[43] Clever, S., Isermann, R.: Modellgestützte Fehlererkennung und Diagnose für Common-Rail-Einspritzsysteme. MTZ **02**, (2010)

[44] Isermann, R.: Engine Modeling and Control. Springer, Heidelberg, New York, London (2014)

[45] Leonhard, R., Warga, J., Pauer, T., Rückle, M., Schnell, M.: Magnetventil – Common-Rail-Injektor mit 1800 bar. MTZ **71**,(02), S. 86–91 (2010)

[46] Merker, G., Teichmann, R.: Grundlagen Verbrennungsmotoren, 7. Aufl. Springer Vieweg, Wiesbaden (2014)

[47] Fürhapter, A., Piock, W.F., Fraidl, G.K.: Verbrennung: Homogene Selbstzündung – die praktische Umsetzung am transienten Vollmotor. MTZ **65**(2), 94 (2004)

[48] Stegemann, J., Meyer, S., Rölle, T., Merker, G.P.: Berechnung und Simulation: Einspritzsystem für eine vollvariable Verlaufsform. MTZ **65**(2), 114 (2004)

[49] Hummel, K., Boecking, F., Groß, J., Stein, J.-O., Dohle, U.: 3. Generation Pkw-Common-Rail von Bosch mit Piezo-Inline-Injektoren. MTZ **65**(3), 180 (2004)

第13章　着　火

自然科学博士、物理学硕士 Manfred Adolf，工学硕士 Heinz – Georg Schmitz

13.1　汽油机着火

13.1.1　着火概述

在外源点火内燃机（汽油机）中，燃烧过程是在压缩行程结束时通过燃烧室中的放电火花而触发的。为此，所需的组件是作为高压源的点火线圈和作为燃烧室内放电电极的火花塞。通过火花在火花塞电极之间产生高温等离子体通道，在该通道周围的薄反应层中发生放热的化学反应。这发展成为一个持续并且传播的火焰前锋[1]。

13.1.2　对点火系统的要求

点火系统必须确保着火过程在所有可能的变化和发动机运行工况的动态波动中可重复地进行。为了保证火花能在火花塞电极间产生，点火系统必须可以供给足够的高电压。点火时刻所需的电压受火花塞电极处及其周围的混合气的压力、温度和浓度影响。这些参数会随着转速和负荷的变化而出现明显的变化。帕申（Paschen）认为，所需的点火电压随混合气压力和电极间距线性地增加。通过火花传递给混合气的能量必须足以触发可持续的燃烧。最佳点火时刻至关重要，它在发动机的开发测试中被确定，并作为转速和负荷的函数存储在发动机控制单元的特性场中。

13.1.3　最小点火能量

均匀的按化学计量混合的燃料 – 空气混合气在静止状态下的着火所需的能量低于 1mJ。在更浓或更稀的混合气中，能量需求增加到 3mJ[2]。实际发动机中的条件更不利于点火。由于空气、燃料、再循环的废气等在各气缸之间以及气缸的不均匀充气中分布不均，以及在电线和电极处的传输损失和热损失，能量需求持续明显增加。为了确保着火，常规点火系统需要火花塞提供大约 40mJ 且持续时间为 1ms 的点火能量。

13.1.4　火花点火的基础

13.1.4.1　火花阶段

火花塞上形成的火花可分为三种连续的放电类型，它们的能量和等离子体物理性质明显不同（图 13.1[3,5]）。

首先，火花塞处的电压急剧上升。一旦在场中形

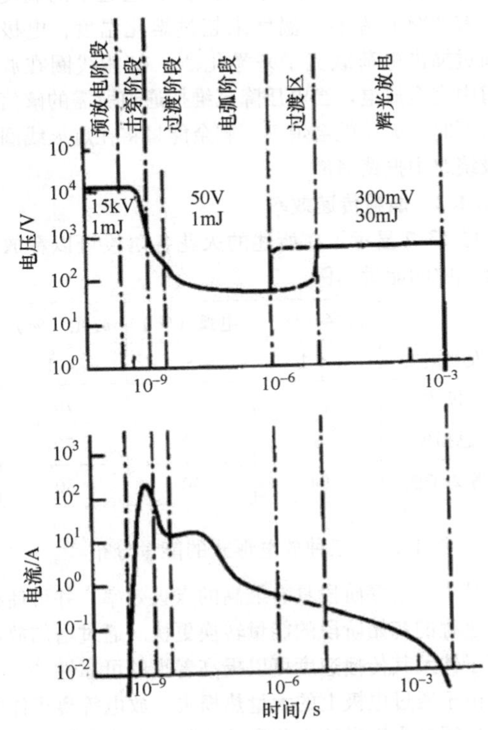

图 13.1　晶体管线圈点火（TSZ）的电流和电压随时间的变化[4]。各个火花阶段中出现的电压和能量传递的典型值

成的等离子电荷到达对面的电极，就会在几纳秒内击穿（breakdown）空气。

此时，电极间的阻抗急剧下降，并且通过火花塞的杂散电容的放电，电流迅速增加。由于点火线圈的电压上升速度快而产生火花放电，这不是稳态的击穿电压，而是由于过电压时的点火延迟时间所导致的。通过原子和分子的完全解离和电离，导电通道中出现了 60000K 的非常高的温度，压力波开始以超音速传播。

然后，火花以非常低的电压过渡到电弧阶段（arc phase），其中电流通过高压侧的电容的放电来确定。由于强电子发射，在阴极上会出现热点（焦点），阴极材料蒸发并导致电极严重腐蚀。通道中的温度下降到大约 6000K。等离子体通过热传导和扩散

过程膨胀，并开始放热反应，这导致了渐进的火焰前锋。

在电流低于100mA时，过渡到辉光放电（glow discharge）。电弧放电和辉光放电之间的转换可能会在过渡区域中进行多次，具体取决于电极之间电压的变化和混合气的运动。在辉光放电阶段，电压再次上升（电子流现在由撞击离子支持），通道中的温度现在只有3000K左右。温度未超过熔化温度，电极主要通过撞击电荷载流子来雾化[6]。储能线圈在放电通道中完全放电。当电压降至维持通道所需的阈值电压以下时，火花就会熄灭。剩余能量将在点火线圈的次级绕组中振荡消散。

13.1.4.2 能量传递效率

图13.2显示了在所述的火花各阶段可以释放到混合气中的能量比例。

	击穿（%）	电弧（%）	辉光（%）
发射损失	< 1	5	< 1
电极散热	5	45	70
总损失	6	50	70
等离子能	94	50	30

图13.2 三种放电形式的能量分布[3]

其中，击穿阶段具有最高的点火效率，并可使得燃烧过程的初始阶段的能量转换更快。通过增加放电等离子体及其传播速度可以提高着火的可靠性[4]。

由于通过电极上的大量热损失，放电等离子体中的能量明显小于供给火花塞的电能。在当今常见的晶体管点火（TSZ）中，辉光阶段在着火方面非常有效，点火可靠性随电流峰值和放电持续时间的增加而增强[7]。

较长的火花持续时间有利于可靠地着火。即使使用稀混合气（$\lambda = 1.5$）和高速的气流运动（> 30m/s），仅靠晶体管点火（TSZ）的持久辉光放电也足以连续点燃运动气流带入电极区域的可燃混合气[8]。

13.1.5 线圈点火系统（感应式）

在与晶体管连接的无分配器的点火系统中使用的线圈是用环氧树脂封装的干式点火线圈，它们是由一个磁性闭合电路构成的，该电路由层压的低损耗电工钢制成，初级绕组和次级绕组同心地一个绕组绕在另一个绕组之上，如图13.3所示。

当初级电流接通时，能量会感应式地存储在磁路的空气间隙中。在初级电流通过晶体管中断后（图13.4），线圈中的次级侧会产生电压，直到击穿火花塞。可达到的最大电压主要取决于开路电压和次级/初级绕组的变压比。

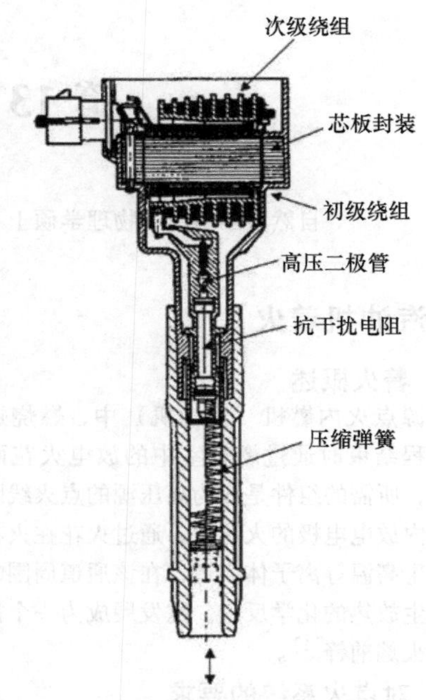

图13.3 点火线圈的结构

放电（闪络）后，能量通过线圈的次级绕组以火花的形式释放。在辉光阶段（燃烧持续时间）内，在电学上可以将火花塞上的火花间隙用齐纳二极管间隙替代，该齐纳二极管间隙将次级电压限制为燃烧电压值，并保持恒定，直到火花熄灭为止。

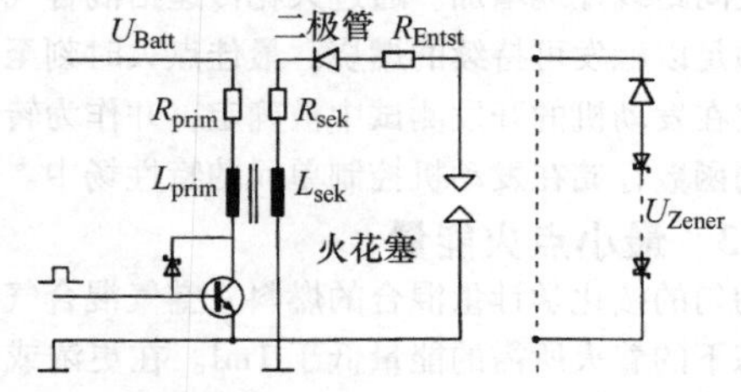

图13.4 晶体管线圈点火（TSZ）的结构示意图

这种点火线圈的特性定义在标准ISO 6518中有统一规定。其中，供给电压定义为对应于安装状态的等效电阻下能达到的最大电压。例如，1MΩ/25pF对应于直接插在火花塞上的点火线圈的电负载，而1MΩ/50pF对应于通过点火电缆连接到火花塞的点火线圈的电负载。

通过测量以1000V齐纳二极管电路终止的点火线圈的放电持续时间来确定输出或燃烧能量。点火线圈次级绕组的最大火花电流（辉光电流）由变压比和线圈的断路电流来确定。其中，通过确定存储电感和磁路的工作点可使点火持续时间在很宽的范围内变化。

点火线圈的初级侧和次级侧之间的耦合率大于90%。由于电路中的传输损耗和电阻，在初级电路中存储的电能中，只有约50%到达火花塞。燃烧室内的条件（压力、温度、混合气运动等）以及电极间距共同决定了火花持续时间内的燃烧电压。图13.5显示了对能量和火花持续时间的影响。

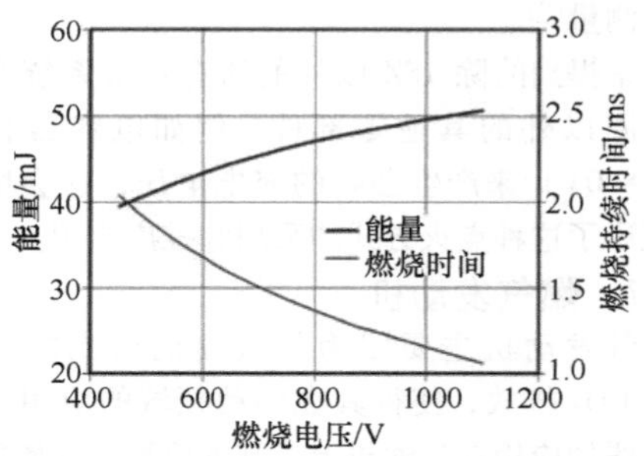

图13.5 燃烧电压对能量和火花持续时间的影响

广泛使用双火花点火线圈，其中次级绕组的两端通过点火引线串联到火花塞，气缸上所属的火花塞点火顺序错开360°KW（曲轴转角），即在4缸机中，1缸和4缸、2缸和3缸的火花塞连接在一个线圈上。通过串联连接，因此两个火花塞同时点火，其中一个在充满燃料-空气混合气的气缸中，另一个在处于排气行程的气缸中，该气缸在无压状态下产生辅助火花，只需很小的附加电压要求。

由于串联连接，两个火花塞中的一个用正极高压点燃，另一个用负极点燃。当用负极高压点火时，由于发动机工作时火花塞中心电极的温度更高，降低了电子溢出功，因此电压要求比正极电压略低（1~2kV）。同时，由于点火电压的极性不同，火花塞上的电极磨损高度不对称。

对于双火花线圈点火，可以采用不同的布置形式。一方面，将双火花线圈组合成一个块或打包，通过点火电缆将其连接到火花塞；或者，将点火线圈直接插入或接触火花塞，并通过点火导线连接到相应气缸中的火花塞。

在更高级的车辆中，由于更好点火控制以及气门叠开带来的问题等，使用单个点火线圈，因此，每个气缸都用自己的点火线圈点火，如图13.6所示。

线圈安装在气缸盖上，直接与火花塞接触，或者与几个单独的火花点火线圈成块组合，并通过点火电缆连接到火花塞。

在单火花点火线圈的情况下，次级电路中需要一个高压二极管来抑制由于接通电流时电感产生的电压

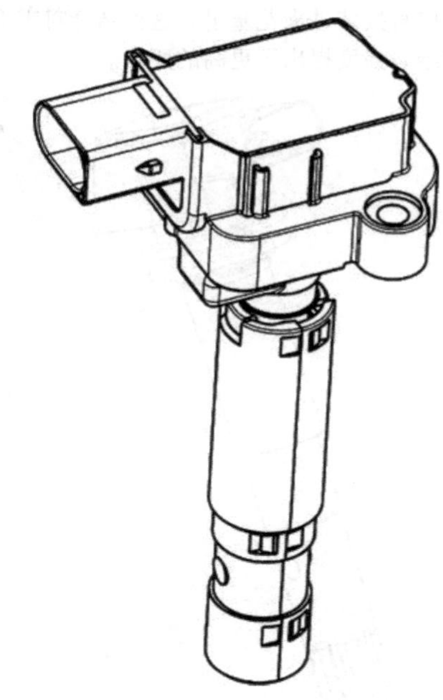

图13.6 可直接插在火花塞上的单个火花点火线圈，70mJ，输出电压35kV，燃烧持续时间2ms

脉冲，因为此时处于低压状态，因此点火电压要求低，气缸中可能已经存在可点燃的混合气。

由于这些线圈直接连接到火花塞，并由此省略了可防电磁干扰的点火电缆，因此点火线圈本身必须增设抑制干扰的元件，例如缠绕的感应电阻，以抑制由火花塞处的火花放电引起的高频电磁干扰。

使用带或不带点火电缆（不包括直接插入）的点火线圈，都可以通过外部不同的电容负载确定最佳的变压比，这样线圈可提供最大的输出电压，如图13.7所示。

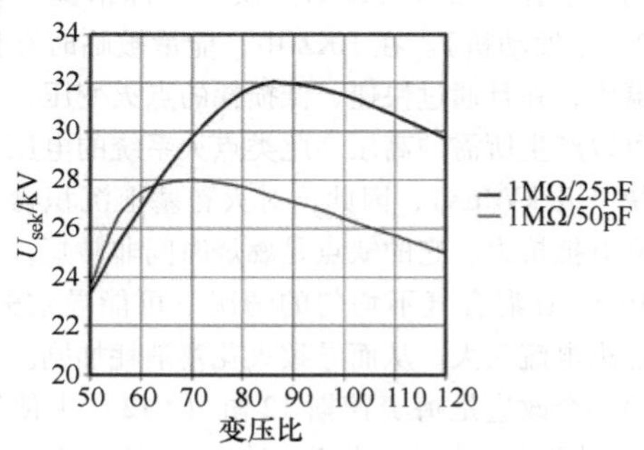

图13.7 点火线圈上的外部负载对最佳变压比的影响

所谓的“铅笔线圈”（pencil coils）（图13.8）的使用变得越来越重要，因为带有开放的、细长磁路的结构可以进一步减小点火线圈的尺寸和直径，从而点

火线圈可以直接装进火花塞里。这种结合对零部件的耐热性和绝缘强度提出了更高的要求。

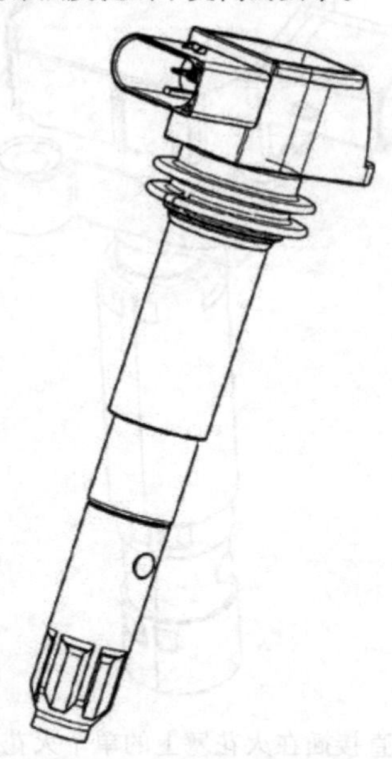

图 13.8 直径 22mm，输出电压 32kV 和 60mJ 的烛轴点火线圈［又称“铅笔线圈”（pencil coils）］

最终使用哪种系统取决于使用条件、特定的安装情况、特殊的要求和成本。这同样适用于点火线圈中其他零部件和智能功能的集成，例如电子半导体点火开关的安装和/或诊断和自我保护功能的集成。

13.1.6 其他的点火系统

尽管人们多次尝试其他的替代点火系统（等离子点火、激光点火等其他许多），但传统的线圈点火因其高的性价比而被广泛接受[7]。

高压电容器点火（HKZ）仅在特殊情况下使用（例如赛车发动机）。在 HKZ 中，能量被临时存储在电容器中，并且通过快速、低损耗的点火变压，在切换时可以产生所需的高压。此类点火系统的电压上升非常快（几 kV/μs），因此，对火花塞上沉积物的分流非常有抵抗力。它的缺点是燃烧时间非常短，大约为 100μs。在混合气不均匀的情况下可能导致失火，而且点火电流又大，从而导致火花塞消耗加剧。

另一个改进是梅赛德斯 12 缸（V12）中使用的“交流点火”[9]。其中，作为储能元件的电容与弱耦合的点火变压器连接，以形成谐振频率约为 20kHz 的谐振电路。在火花击穿后，在为电容器重新充电时，线圈次级侧的能量进入火花中（反激式转换器原理）。与 HKZ 相比，火花不会熄灭，因为系统中保留了足够的能量来维持振荡。因此，与 HKZ 相比，它能大大降低在非均匀混合气中失火的情况。

进一步改进这种交流电压点火，可以得到一种新型点火系统，与 TSZ 相比，它的燃烧时间可以独立于点火电压源而自由调节。通过这样的以需求为导向的控制的燃烧持续时间（energy controlled ignition，能量控制点火）可以减少火花塞的磨损，并且在受控的火花结束之后，可以在火花塞上进行失火检测，例如离子束测量[9]。

这里提到的除 TSZ 以外的所有点火系统都需要除了线圈以外的其他零部件，例如电容器和电源（100～800V）来产生必要的充电电压，这会增加成本并阻碍了这种点火方式的采用和推广应用。

13.1.7 燃气发动机

燃气发动机主要因为与汽油机相比减少了约 25% 的 CO_2 排放，使得其在移动领域的应用具有吸引力。假如应用在汽油机上，则需要配备双燃料运行［燃气（Gas）/汽油（Benzin）］。在冷起动时，加油后到检测到燃气质量之前和为了保证到达下一个加气站为止的行驶里程，都使用汽油工作[10]。

与汽油机运行相比，燃气发动机点火电压要求高出约 2～3kV。这个要求可以用电极间距更小、更细的中心电极的特殊火花塞来实现。同时，由于更高的燃烧温度，需要使用具有更低热值和 Ir 电极的火花塞。

为了将燃气发动机的全部潜力发掘出来，需要发动机使用单一燃料，即仅使用燃气来运行。然后，可以通过更小的电极间距来抵消更高的充电所要求的点火电压升高，因为使用气态燃料时，电极上不会淬火。使用冷却的废气再循环（EGR）会导致与使用汽油运行时相类似的问题。

13.1.8 总结/展望

为了提高运行安全性，点火系统应具有较低的源阻抗和/或急剧增加的电压（分流电阻）。

此外，点火系统还必须提供足够的高压。对于未来的点火系统，必须进一步提高电压要求（稀薄燃烧，高 EGR 率，涡轮增压，直喷汽油机）。尤其是稀燃直喷式发动机，在分层充气运行时，在部分负荷工况下要求的点火电压高于以化学计量比运行的同类发动机，这是因为空气过量和/或废气再循环（EGR）使充量稀释，气缸内的气体密度增大，因此提高了点火时刻击穿电压的要求。

然而，在均质运行中，通常在全负荷下实现的最高点火电压对于两者来说是可比的，因此，与多点喷射的发动机相比，直喷发动机对点火线圈、电缆和火花塞的最大电气绝缘强度的要求保持不变[11]。只有点火系统的高能量存储容量才能产生足够大的等离子体通道。

为了进一步明显地减小燃油消耗，将采用发动机的小型化和增压以及冷却的废气再循环供给。

由于用空气过量或废气再循环（EGR）导致充量稀释，必须向混合气提供更多的能量（70～120mJ），以确保火焰核心能够重复、足够地扩展。

尽管通过感应式点火系统可以输出更多的能量，可以支持这种燃烧，但随着EGR率的增加，燃烧情况变得不稳定。同时，由于爆燃趋势的增加，必须减小点火提前角，这限制了燃料消耗的减少。

使用“电晕”点火提供了进一步的潜力[12]，这种点火方式没有直接火花放电，而只有从燃烧室中的电极尖端开始的电晕放电。由于产生的是空间点火，即使对于更高的EGR率，燃烧的重心位置也可以保持恒定。同时，该点火系统通过进一步充电限制了点火电压要求的与压力相关的增加，因为不需要达到气体中的火花击穿电压。

13.2　火花塞

13.2.1　对火花塞的要求

火花塞在燃烧室内提供点火所需的电极，因此必须满足快速变化的发动机的要求。

在电气方面，火花塞必须确保高压传输并能绝缘超过30kV所需的点火电压，避免击穿和放电，并在使用寿命期间保持这种抵抗高场强和快速变化场的介电应力的能力。

在机械上，火花塞应以压力密封和气密的方式密封燃烧室，并吸收火花塞旋上时的机械力。

在热学上，良好的导热性可以保护火花塞免受每个燃烧循环中小的热冲击的载荷，并保持火花塞温度较低。

在电化学方面，火花塞必须既能抵抗火花腐蚀的侵蚀，又能抵抗燃烧气体和残留物的侵蚀，例如热气腐蚀、氧化和燃料中硫的中毒，并有助于避免绝缘体上沉积物的形成。

13.2.2　结构形式

根据上述要求，火花塞的基本结构形式在发动机的发展过程中几乎没有变化，如图13.9所示。然而，特别是在过去的20年中，由于对火花塞与每台发动机的具体参数相匹配的要求越来越高，火花塞的结构设计细节形式发生了变化，并且材料也有了改进，这样也就明显地延长了更换周期。表面火花的方案设计只有通过使用无铅燃料才成为可能。

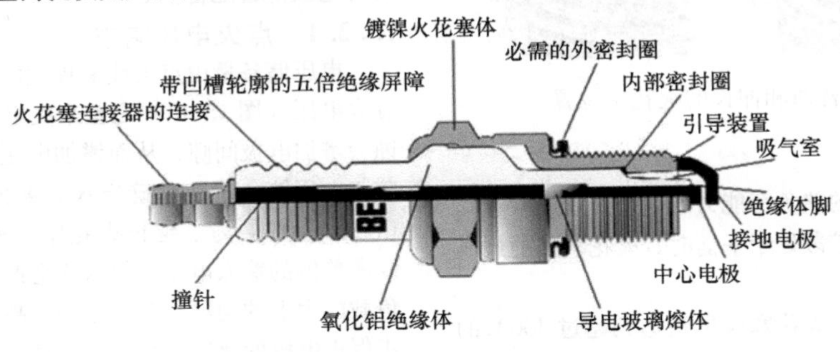

图13.9　火花塞的结构形式

火花塞的绝缘材料由氧化铝陶瓷制成，可确保较高的电击穿强度，并且通常在绝缘体颈部上设有肋形绝缘屏障。嵌入绝缘体中的中心电极和撞针通过特殊的导电玻璃熔体气密连接。可以使用适当的混合物使这种玻璃熔体具有确定的电阻，以提高抗侵蚀性和抑制干扰的性能。

通过内部密封环建立绝缘体和金属体之间的气密连接，从而通过火花塞体对密封环进行机械预紧，火花塞体首先压接在绝缘体上，然后通过特殊的加热过程进行电压缩。

一个或多个接地电极焊接到火花塞本体上，并与中心电极形成气体放电路径。根据其电极布置或火花路径可以区分不同类型的火花塞，如图13.10所示。

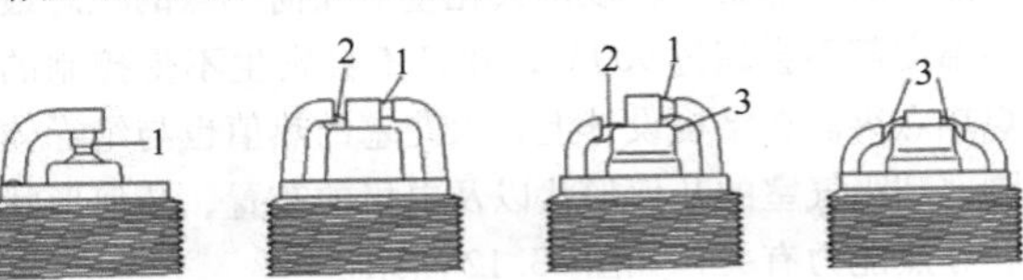

图13.10　不同的火花路径

1—空气火花路径　2—空气/表面火花路径

3—表面火花路径

（1）空气火花

带有钩形电极的火花塞（J-type），对于穿过气体蓄热室（“Luft”）的开放火花路径可提供最佳的混合气通道。

（2）表面火花

如果火花在放电时滑过绝缘体，则积炭和燃烧残留物可能会被烧掉。然而，如果避免了电气分流，点火火花必须有更多的能量来补偿火花在绝缘体上滑动时引发的冷却。同时，由于更小的电压要求，通常可以实现扩展的火花路径，从而可以更好地接近混合气。

（3）半表面火花

通过电极的布置可以使得火花路径一部分在空气中，一部分在绝缘体上。通过相互独立的空气路径和表面滑动火花路径的组合，可以减少由于电极腐蚀而引起的点火电压要求的增加，这使得火花塞寿命得到显著增加。

如图 13.11 所示，电极位置决定了燃烧室中的火花位置。

图 13.11　普通和伸长的火花塞位置

13.2.3　热值

热值是火花塞的热负荷能力的一个量度，并且描述了在热量吸收和扩散处于平衡时，火花塞处的最高的运行温度。

起动发动机后，火花塞应尽快达到超过 400℃ 的"自由燃烧温度"，以便能够氧化（自由燃烧）在绝缘体上的积碳，以避免电分流。然而，与此同时，导热能力必须非常好，以使火花塞上任何一点的稳态最终温度都不会超过 900℃，并且不会发生不受控制的炽热点火。在结构设计上，火花塞的热值也与绝缘体脚部和吸气室的几何形状以及电极的布置、几何形状和导热能力有关，如图 13.12 所示。

通往内部密封件的长绝缘体路径和开放式呼吸空间的火花塞形成大的、散热不良的吸热表面，这些火花塞称为"热"型火花塞，绝缘体脚短的火花塞称为"冷"型火花塞。

使用复合电极，例如带有铜心的 Ni 电极，可以显著地改善电极的散热。铜不适合直接在燃烧室中使用，但具有非常好的导热性。

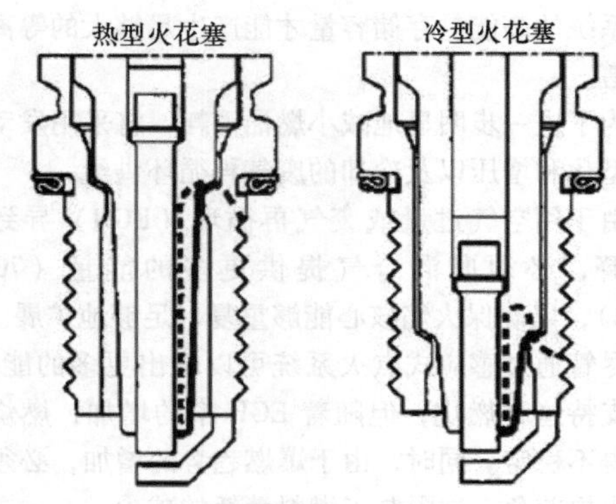

图 13.12　热型和冷型火花塞

如果火花塞插入燃烧室较深，则可以通过调节绝缘体脚部尖端的横截面和吸热面积来迅速达到自由燃烧温度，并将绝缘体的最高温度调节到 900℃ 以下。这使得该火花塞既适用于低温燃烧室又适用于高温燃烧室[13]。

分层燃烧过程通常需要深入到燃烧室位置的火花塞[14]，这会导致电极上的机械载荷和热载荷的增加。为了避免振动产生的疲劳断裂，螺纹插入方式加长。因此，可以缩短接地电极并因此变得更冷。另外所有电极都会配备铜心。

13.2.4　点火电压需求

电压储备量由点火线圈提供的高压电源与必要的点火电压（图 13.13）之差来决定。所出现的电极腐蚀会增加电极间隙，从而增加电压要求（图 13.14），并与电压储备量一起确定火花塞的最大可能的寿命（使用寿命）。为了延长火花塞的寿命，会提高点火线圈单侧的输入电压，但这样会产生输入电路的高压负载能力上的问题，并且由于更高的点火能量会进一步促进电极的腐蚀，因此，这往往适得其反。

图 13.13 和图 13.14 中所显示的点火电压要求与点火电压和点火频率的关系是通过长途行驶和具有较高加速度的圆形轨道测试一起来确定的。可以看出，两侧带有铬 - 镍电极的火花塞在整个运行过程中对电压的需求有明显的增加。

火花塞的任务之一是在整个使用寿命期间保持点火电压本身和点火电压的进一步增加处于低水平。由于要求混合气的可接近性，特别是在稀混合气的情况下，以及淬熄的发生等，减小电极间隙以降低点火电压要求的限制范围很窄。如果距离太小，则由于点燃的体积对于初始点火来说太小或由于混合物的可接近性差而导致失火。

电极横截面的减小通过峰值效应而导致电场强度的增加，同时降低了点火电压的要求。这就需要使用稀有金属电极，其中，由于电子逸出功的增加，以及稀有金属的熔点与沸点更高，可以减小电极的腐蚀，如图 13.15 所示。同时，吸热的表面积也会减小。

出于电极温度的考虑，点火电压的极性最好选择为负，因为更热的中心电极有利于电子的逸出，这样也能降低对点火电压的要求。

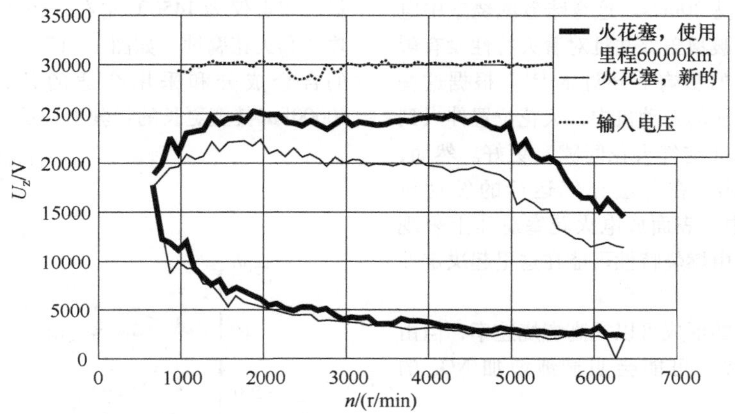

图 13.13 所需电压（最小、最大）和输入电压

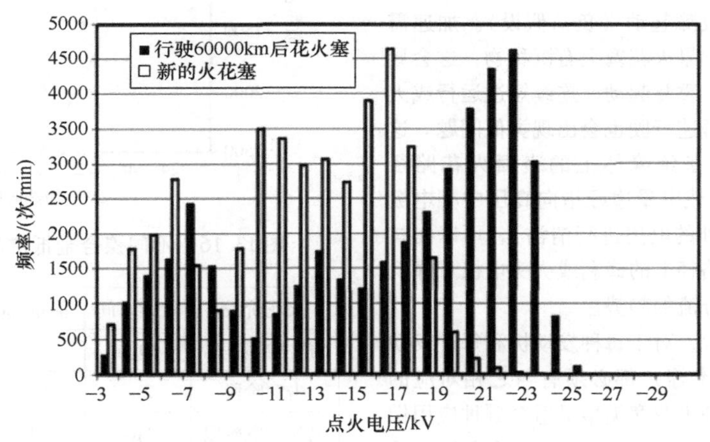

图 13.14 点火电压要求的频率分布

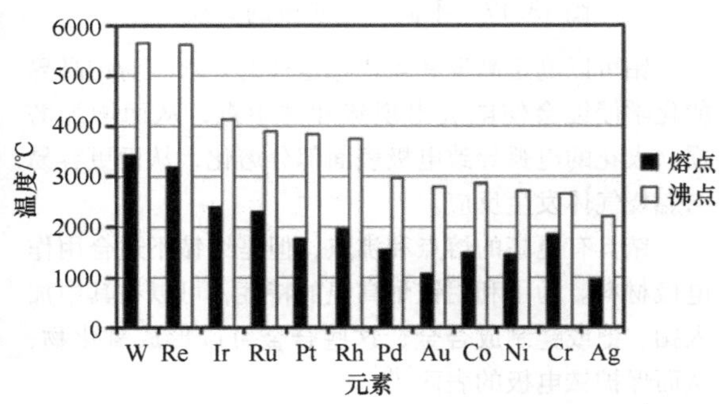

图 13.15 各种金属的熔点和沸点

13.2.5 点火特性（和混合气着火）

除了提到的特性外，火花塞还会对减少循环燃烧波动和稀薄极限的延伸方面的可能性进行评估，以影响发动机的平稳运行以及废气和燃油消耗。

带有小电极的火花塞极其适合降低点火电压要求和减小火焰与电极的接触面积，以避免热量损失。能够很好接触到混合气的大的火花塞间隙是有利的，这可以按照表面放电原理的火花塞来实现，该火花塞可限制由于电极腐蚀而导致的电压升高，并且保证在平均气流速度（2～5m/s）时有合适的电极方向，在该方向上火焰虽然会被吹离电极，但不会被吹灭[15]。在这里没有考虑这些措施对电极磨损产生的影响。

根据一些研究，表面点火的火花塞（包括带有多个电极的火花塞）不适合点燃稀薄的混合气，因为绝缘体上的热损失和混合气的可及性比较差[16,17]，然而，火花间隙可以以更高的点火电压要求为代价显著地增加，这样可以改善混合气的可及性，并且这种火花塞类型的分流不敏感现象得以很好地体现。

在现代发动机中，气体流速通常超过10m/s，而在直喷汽油机中则高达30m/s。这意味着燃烧室中电极的方向通过湍流而被覆盖，并且对着火特性没有影响，但对于点火位置的影响十分明显[18]。根据这些研究，在进气歧管喷射的发动机中，火花位置伸入到燃烧室更远的火花塞（空气火花间隙）更好。然而，参考文献［18］指出，在分层充气运行的发动机（大众汽车的FSI）中，表面放电火花塞总体上表现更好。绝缘体上的自由燃烧特性可能在这里起决定性的作用。

优化的火焰中心的形成可以提高燃烧速率，但由于更高的燃烧室温度，可能会明显地增加 NO_x 的形成。

火花塞面临的一个特殊挑战是冷起动，在冷起动期间，火花塞应确保在没有分流的情况下无失火地起动，特别是发动机无故障起动（负荷假设）。加速需要更高的电压要求，如果火花塞上有沉积物，这会导致电分流并因此失火。重复起动、连续短途运行或火花塞没有真正变热的慢速行驶也会出现类似问题。这可以通过为火花塞配备绝缘体上的表面火花路径（通过滑动火花清洁）或电晕边缘指向高压中心电极上的绝缘体（通过额外的电离进行清洁），可以在技术上进行补救。电弧路径上的锋利或尖头电极可降低电压要求，从而降低分流的趋势。

总而言之，必须说，对于每种发动机和每种发动机变型（增压，EGR率等）都必须有与之相对应的火花塞。不可能就哪种火花塞类型最适合哪种应用做出一般性陈述。始终需要尽可能最佳地适应与热特性、火花几何形状和点火电压要求有关的边界条件。同时，火花塞应位于流动特性最有利的位置（直喷式汽油机首选火花位置），这对电极材料的选择和绝缘脚的设计提出了进一步的要求。

13.2.6 磨损

火花塞电极的磨损有多种机制。

1）通过发动机机内工作过程由于压缩和着火产生的热应力导致伸入燃烧室的电极因热气腐蚀和缩放而发生材料磨损。

2）磨损的另一个原因是化学反应，例如燃料、添加剂和燃烧气体引起的电极氧化。在高温下，与腐蚀性气体相接触的电极材料会产生明显的磨损。

3）由于等离子通道内的高温，对电极的火花腐蚀攻击导致材料部分熔化和蒸发，由此，对材料有了高熔点、高沸点的要求。

如图13.16所示，镍主要用作电极材料，其中添加铝和铬作为稳定剂以提高电极的化学稳定性，也可能添加锰和硅以抵抗润滑油和燃料中硫的影响。该材料的熔点仅为1450℃左右，经证明不能抵抗热气的攻击和火花腐蚀，如图13.17所示。然而，通过优化的合金成分和采用合适的几何结构尺寸，达到60000km甚至更长的行驶里程是可能的。

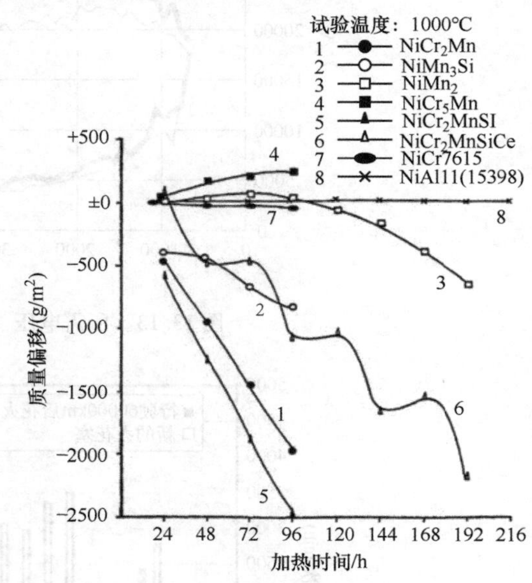

图13.16 不同镍合金抵抗高温气体的能力

火花阶段	持续时间	能量/mJ	火花腐蚀/(g/mJ)
预击穿阶段	60μs		
击穿阶段	2ns	0.5	12×10^{-12}
电弧放电阶段	1μs	1	210×10^{-12}
辉光放电阶段	2ms	60	3.5×10^{-12}

图13.17 不同火花阶段的磨损[7]

铂可以满足高温和氧化稳定性的要求。对铂晶界的化学侵蚀会使电极出现硫和硅中毒，从而增加磨损。火花的电弧导致电极表面部分熔化，从而更容易与燃烧气体发生反应。

铱具有更高的熔点和沸点，但是纯铱不适合用作电极材料。为了利用铱耐高温的特性，可以在其中加入铂、钯或铑制成合金，这些合金可以形成氧化物，从而保护铱电极的表面[19]。

贵金属电极特别适用于长里程的火花塞。由于贵金属成本高，通常减少这种材料的使用，并使用铬-镍电极，其中只有确定击穿路径的区域才用贵金属加固。通过合适的结构设计，对长里程（长的使用寿命）的要求可以与几乎不变的点火电压要求、良好的混合气可及性和怠速稳定性以及低分流灵敏度和良好的冷起动性能相结合。

图 13.18 显示了使用二元电极进行电流控制的原理。由具有高的输出功和低的蒸发率的材料（例如 Pt）制成的小面积锚点（1）位于具有相反特性的两个电极（例如 Cr－Ni）上，并确定点火电压要求和击穿位置。这种几何形状和材料的选择意味着第一次火花击穿通过锚点发生，但放电立即传送到设计为“牺牲区域”（3）的载体电极区域。因此，锚点的侵蚀最小，电极间隙（2）和点火电压要求保持不变。侵蚀（图 13.19a、b）转移到接地电极的预定义区域；有效的火花长度会随时间增加，因此甚至有利于可燃性[7]。由于电极侵蚀减少，点火电压在火花塞的整个生命周期内几乎保持恒定，因此可以选择更大的电极间隙和更有利的电极几何形状，从而提高着火能力和怠速稳定性。辅助火花路径（5）可防止由于绝缘体上可能有的沉积物（4）限制使用寿命，辅助火花路径通过偶尔的表面放电来清除这层沉积物。同时，这种额外的表面火花路径有利于冷起动行为，并避免在具有非常高的电压要求的运行状态下发生失火。

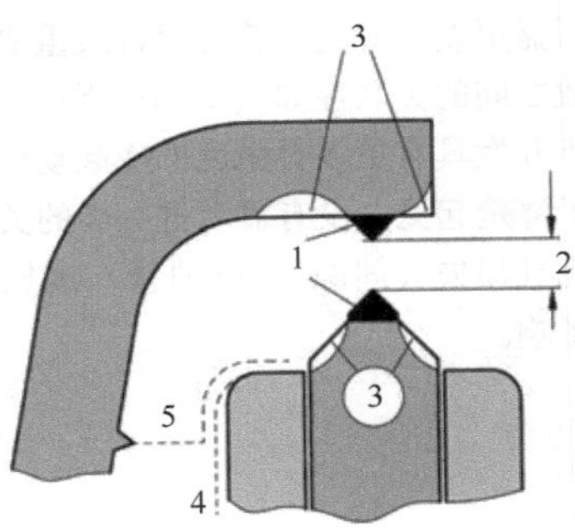

图 13.18　电流控制的原理[7]

图 13.19　a）Cr－Ni 电极的侵蚀行为，火花塞标准寿命为 28000km，电极距离从 0.7 改变为 1.1mm　b）铂金电极的侵蚀行为，火花塞寿命长达 105000km，电极距离在 1.00～1.05mm 之间变化

13.2.7　应用

原则上，火花塞必须对于每台发动机进行重新调整，因为混合气种类、EGR 率，火花塞的位置等在每台发动机上是不同的，所以相应的要求之间存在很大的差异。火花塞的热适应性最好在原始设备中进行评估。为此，通过离子电流测量来匹配热值，其中可以观察到燃烧过程中的变化，并且可以通过感测单个点火来观察提前着火和后着火（自着火）。后着火本身对发动机而言并不重要。

此外，在各种转速/负荷共同作用下，发动机火花塞上的热电偶用于确定温度最高的气缸以及最高的电极和其他零部件的温度。

对此，火花塞的尺寸应确保即使在全负荷工况下也不会发生提前着火。

通过对特殊的“热值测量发动机”进行测量，在试验台架上通过调整点火提前角可以显著地提高火花塞的温度，并且可以通过光学方式进入气缸来测定单个火花塞零部件的温度，并可以检查提前着火的趋势。然后可以以°KW（曲轴转角）为单位指定热值储备，由此可以提前点火而不发生提前着火。

13.3　柴油机着火

13.3.1　自行着火和燃烧

自行着火是柴油机燃烧过程的特征。易燃的燃料在压缩行程即将结束时喷入热的、已压缩的气缸充量中，并与之混合并燃烧。在着火延迟时间内（从喷射到开始自燃之间），发生了一系列复杂的物理和化学子过程，例如喷雾形成、蒸发、混合和链支化（化学预反应），而没有明显的能量转换。

因此，着火是受混合气的初始条件的影响，如：

- 充量的压力和温度。
- 燃料的温度、黏度、蒸发特性和易燃性。
- 喷油的压力、时间点和喷油过程以及确定喷雾形成（尺寸、分布，液滴的动量）的喷嘴的几何形状。
- 充量运动。
- 充量的组成，即氧含量和由于 EGR 等引起的比热容的变化。
- 燃烧室的几何形状。

自燃是在已经完全蒸发并含氧丰富混合气区域开始的。在该阶段，通常还继续喷射，燃烧和混合气的形成同时进行。着火过程非常不均匀，因为同时存在进行着复杂的动力学相互作用的液相和气相成分。局部的温度对于点火延迟和发生的过程具有决定性的作用。

在着火延迟期内已制备的燃油－空气混合气在着火开始时会高速燃烧。相反，在进一步的变化过程中制备的燃料较慢地扩散燃烧。由于能量释放的增加，制备过程进一步加速。高的转换率意味着自燃时有高的压力梯度，因此通常意味着高的噪声。为了避免这种情况，可以采用例如引入预喷射来尽可能地限制预混合气部分的燃烧。

燃烧开始和着火开始时刻必须根据废气排放、燃油消耗、功率和噪声等几个方面进行优化。对此，妥协是必要的，因为发动机机内措施会相互影响。

近年来，在乘用车领域，在过去，直喷式发动机比分隔式燃烧室的方案设计更为普遍[20]。喷射技术和支持冷起动的设备得到了明显的进一步发展。在每个工作循环中，可以在更高的最大喷射压力下进行多次喷射，并且在很大程度上自由地选择喷射的时间点和数量，从而可以减小燃料消耗并提高运转平稳性。冷起动支持组件（例如电热塞）在极低的起动温度下可靠地提供支持，使柴油机在加热速度、能量要求和使用寿命方面得到了改善。

乘用车柴油机配备了电动机起动系统，其设计基于冷起动的极限温度，直到发动机可以可靠地起动[21]。

着火很大程度上取决于初始条件。特别是在冷起动中，这些初始条件已经十分恶化了，以至于不采取其他辅助措施就无法顺利着火。

13.3.2 柴油机的冷起动

冷起动是指所有发动机和介质均未处于工作温度下的起动过程。即使在低于+60℃的温度下，也可以通过更改喷射时间和喷射量来提供冷起动支持。这可以在发动机预热过程中改善发动机的运行平稳性、提高气体或负荷的承载能力，并减少有害物排放。

在低于冰点的温度下，必须采取更深入的措施，因为随着温度继续降低，起动质量会超比例地恶化，直到无法再起动发动机的程度。

13.3.2.1 重要的影响参数

柴油机燃烧是在热机的运行条件下优化的。其中，以下外部参数的选择对柴油机冷起动的质量具有重大的影响作用：

- 发动机的结构形式（DI/IDI）。
- 气缸数目。
- 工作容积以及表面积-体积的比例。
- 压缩比。
- 起动装置（起动机功率、电池）。
- 喷射系统。
- 气流导入和增压。
- 内部损耗（润滑油黏度、变速器、辅助装置等）。

与热机状态下的发动机燃烧相比，冷起动和随后的发动机预热对于自燃以及随后的燃料的完全燃烧的条件而言明显更差。对起动特性而言最重要的影响参数以及参数之间的关联性如图13.20所示。其中，考虑到进一步开发具有更多自由度的冷起动组件和喷射系统。为了清楚起见，没有显示进一步的关联性，例如温度对充气损失（间隙尺寸/油膜）或压缩终了温度的直接影响。

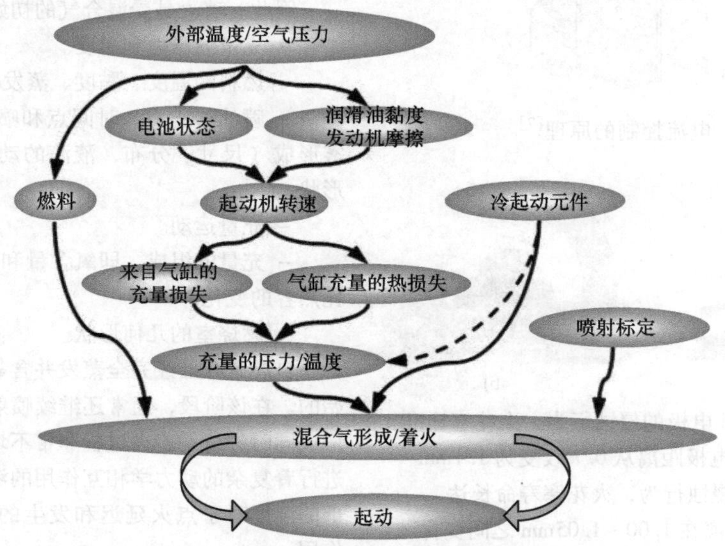

图13.20 冷起动时重要的影响参数[22]

低温会降低电池性能并增加发动机的摩擦，由于更高的转矩要求，导致可实现的起动机转速降低。由于压缩结束阶段的延长，这会导致更高的充气损失和热损失。在非常低的环境温度下，发动机的转速在压缩或点火止点区域下降得如此之多，以至于燃烧室中热压缩充气的长的逗留时间导致温度和充气压力显著地降低[22]。因此，混合气形成和点火的条件急剧恶化，其中，温度对起动质量的影响比压力的影响要大得多[22-24]。

随着温度的降低，需要更高的起动转速来确保可靠的冷起动。借助于起动辅助装置，所需的最小起动转速和冷起动极限温度可以大大降低，这使得在 -20℃和更低的温度下一次性起动成为可能（图13.21）。起动机和电池的容量是为所需的冷起动极限温度设计的，此时假设电池充满电。例如，如果电池只充电一半，极限起动温度会从 -24℃变为 -20℃[21]。

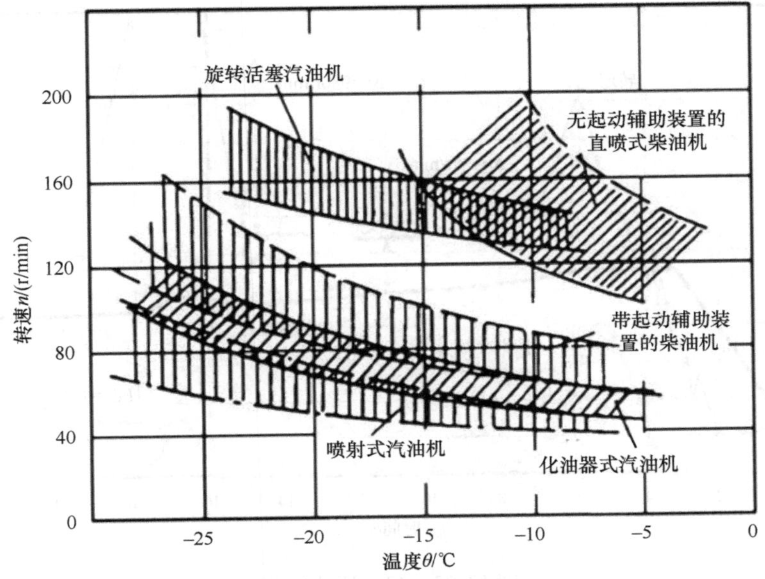

图 13.21 最低起动转速[21]

在这种情况下，一个重要的参数是着火延迟，它描述了从喷射开始到着火的时间。喷射的开始通过阀针升程信号、电磁阀或喷油器电流来确定，或者在光学可进入的单元的情况下，当燃料从喷孔喷出时来确定。燃烧开始可以从气缸压力信号、离子电流信号或光信号中获得。着火延迟随着充气温度的降低呈指数增加[25]，并且在平均起动转速约为200r/min时具有最小值（参考文献［22］；图13.22）。

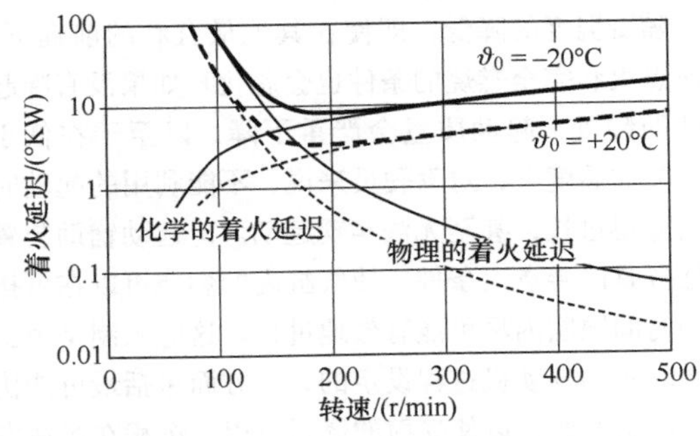

图 13.22 着火延迟[22]

这可以通过将物理着火延迟与化学着火延迟的叠加来解释。虽然由于更好的混合气制备，物理着火延迟随着起动转速的增加而缩短，但化学着火延迟却延长了[26]。其原因是预反应的动力学，其持续时间在时间上几乎是恒定的，在所示示例中，200r/min 以上、ϑ_0 = -20℃时的化学着火延迟是恒定的6ms。因此，以曲轴转角计的化学着火延迟与发动机转速成比例增加。与引用的研究中使用的直列喷射泵相比，更现代的喷射技术进一步缩短了物理着火延迟，并且明显地改善了混合气的形成。然而，在更高的起动转速下，化学着火延迟非常明显，因此此处显示的结果继续适用。

冷起动条件下延长的着火延迟不可能通过提前喷射来补偿。过早喷入的燃料混合在仍然没有被充分压缩的充气中，这会导致它的温度低于着火极限或沉积在燃烧室壁面上，不再适合燃烧。因此只有通过逐渐压缩，达到自燃所需的压力和温度条件时，柴油才能燃烧。

13.3.2.2 起动评估标准

在乘用车中，需要可靠、独立地起动以及随后稳定和安静的发动机运行。对于乘用车柴油机在零度以下冷起动的废气排放仍然没有规定。因此，在评估起动的质量时，要特别注意驾驶员感知到的舒适度受损情况。这是基于对噪声或气味排放、可见的排气云（烟灰、蓝色烟雾和白色烟雾）、振动、起动前的等待时间、起动时间本身以及发动机对加速过程的可能不满意的响应的感知。因此，可以通过测量噪声水平、烟雾密度和其他废气排放（尤其是 HC）以及评估怠速时的转速波动和作为对喷射量跳跃的响应的转速增加来评估冷起动的质量，如图 13.23 所示。

尽管测量技术上有评估冷起动的可能性，但最终驾驶员的主观印象是决定性的，这要复杂得多，并且对绝对的测量值的加权也是完全不同的。

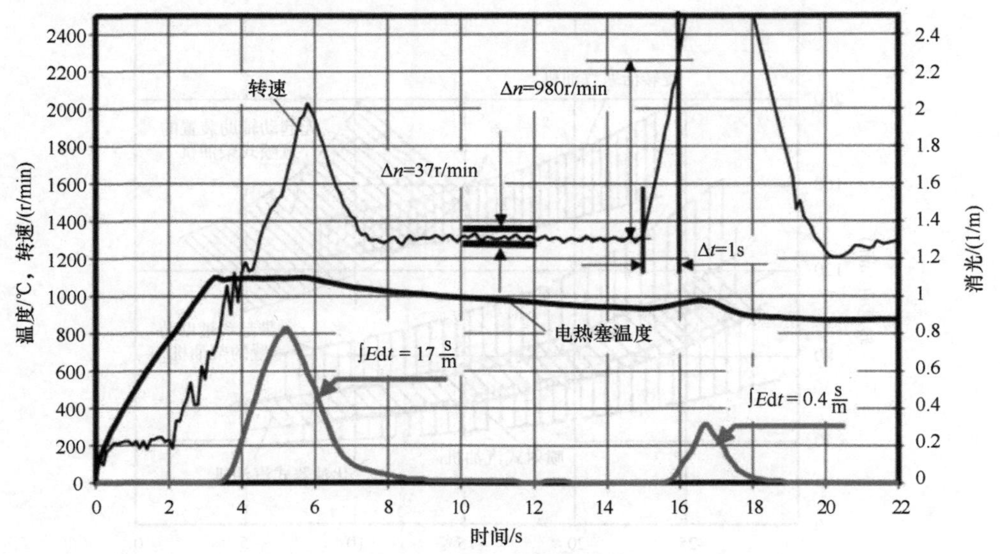

图 13.23　起动评估标准

13.3.3　冷起动支持组件

随着温度的降低，即使在其他最有利的前提下，快速点火和完全燃烧的条件也会恶化。如果没有冷起动辅助装置，起动质量会严重下降，以至于在低于 -10℃的温度下，对驾驶员来说，不能利用的起动时间会变得过长，甚至无法实现起动。冷起动辅助装置的任务是改善点火条件，使气缸内的燃烧可以在可接受的时间限制内尽可能有效地进行。这些限制是由工作循环中的发动机过程设定的，一方面包括最可能优化的喷射开始，以使喷射的燃料可以在沉积在燃烧室壁上之前点燃或强烈的混合以至于没有达到点火限制。另一方面是完全燃烧可用的最大时间。此外，必须转化足够量的燃料，以便能够通过释放超过内部损失的能量来进一步加速发动机。为了满足这些要求，燃烧开始或压力的最大增加应该在上止点附近。通常，冷起动期间的燃烧会受到强烈的周期性波动，因此会出现严重的不稳定性，直至失火[27]。冷起动辅助装置的任务是补偿起动条件的恶化，特别是在混合气制备延迟时，及时、均匀地点火以实现稳定的燃烧。

在使用电热塞的机型中，是通过直接引入到燃烧室并局部地促进混合气形成和点火的电能产生的热能来实现起动。另一种方法，特别是对于排量更大的柴油发动机，是使用火焰电热塞或电加热法兰加热进气，这可以将进气道中的总空气充量温度提高到明显更高的水平，以便喷射的燃料找到诸如在工作温度下在发动机中发现的那些条件。

13.3.3.1　电热系统

带有电热塞作为燃烧室中的主动加热元件和电子控制的电热系统执行来自发动机管理系统的命令，同时处理有关系统的状态信息并将其发送回控制单元。电热塞已成为现代乘用车柴油机的标准部件。对于具有分隔式燃烧室的发动机，即使在频繁出现的 10～30℃的温度范围内，它也可作为冷起动辅助装置以确保起动。由于气温在冰点以下时起动质量急剧下降，电热塞也被用作直喷式柴油机的冷起动辅助装置[23]。

（1）原理

电热塞通常位于靠近喷嘴的位置，但不应直接位于喷射油束中，而应突出到燃烧室中约 3～8mm。它以直接在燃烧室中的热表面的形式提供相对较低的热功率。根据结构形式和尺寸，平衡状态下的功耗为 30～150W。因此，电热塞在其表面上达到约 800～1100℃的温度。由于燃料液滴的加速蒸发和在更高的温度下进展得更快的化学预反应[28]，在热的电热塞尖端附近，物理和化学点火延迟减少。在进一步的变化过程中，局部发生的燃烧必须提供足够的能量来维持火焰并点燃不在电热塞附近的喷射油束中，由于低温而仅部分蒸发的燃料，以便使所有引入的燃料在剩余的时间内完全燃烧。因此，电热塞充当间接的、局部的点火辅助装置；点燃大部分燃料的能量来自燃料本身。

根据发动机温度，电热塞在起动后会继续通电（后热）长达3min，以确保即使在热机运行期间也能保持良好和恒定的点火条件。

在预加热期间通过加热充量或燃烧室壁而引入燃烧室的能量对于该功能来说并不是决定性的，如果完全不可忽略的话。使用无须进行任何额外预热，采用快速加热的电热塞也可以实现良好的起动质量。此外，金属燃烧室壁的质量热容是如此之高，以至于在上述的功率范围内，在3～15s内温度不会显著地升高。在预热过程中对充气的任何加热都会随着第一次换气而消失。预热时间越长，起动质量越好的经验是基于这样一个事实，即自调节的电热塞加热面积越大，加热时间越长，相应的储存热能就越多。其结果是，电热塞在起动干预期间冷却得更少，预热时间更短。

通常假设一个“热点”（hot spot），即一个相对非常小的热点，足以点燃。由于具有良好点火条件的位置因而各循环有明显的差异，尤其是在冷起动期间，并且随着热质量的增加，加热元件上的温度波动也会减小，因此，在实际应用中更有必要采用“热区”或“热体积”。

(2) 要求

电热塞应在尽可能短的时间内为着火支持提供足够高的温度，并独立于当前边界条件保持该温度，甚至根据边界条件进行调整。

提供给电热塞的可用空间非常有限，特别是在采用四气门技术、带有泵－喷嘴元件或喷油器的现代发动机中，因此，电热塞的设计要尽可能地纤细，但另一方面必须有一定的鲁棒性[29]。这通常与导致更换电热塞的高成本的安装情况相关联，因此电热塞应该与“发动机寿命”一样长。

由于车辆电气系统上的负载在冷起动期间尤为关键，因此要求电热塞具有尽可能低的功耗。

在立法框架内，对与排放相关的零部件需要进行永久性的监测，即由车载诊断系统（OBD）监测。在电热系统中确保通过监测每个单独的电热塞并向发动机控制单元报告。电气的电热塞系统为影响发动机机内排放提供了更多的选择。通过中间加热，即当发动机滑行时辅助装置被冷却，而再次接入电热塞，可确保以最小的排放量控制燃烧。

(3) 结构

电热塞由缠绕成线圈的金属电阻加热元件所组成，通过耐热气腐蚀的金属外壳保护线圈免受燃烧室中气体的影响。在这种电热管中，线圈嵌入到压实的氧化镁粉末中，提供电绝缘、良好的传热性能和机械稳定性。该部件与加热线圈的电流供应一起构成加热棒。

将其压入带有密封座、螺纹和六角形的主体中，电热塞通过该主体旋入气缸盖并接地。加热棒的电源由螺纹连接或插头连接。电热塞的标准尺寸是M10螺纹和直径为5mm的加热棒。长度和头部形状根据要求而变化，如图13.24所示。

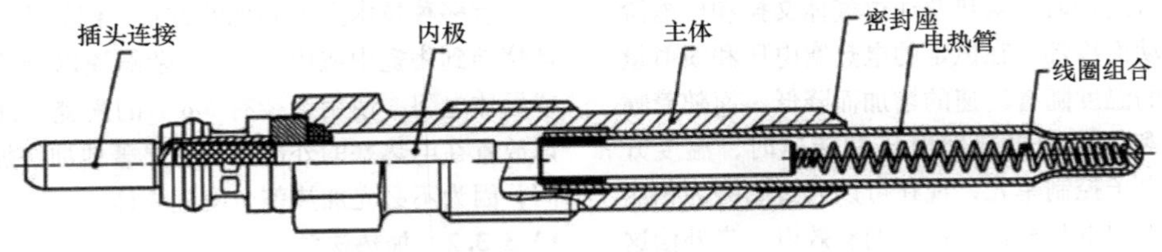

图13.24　电热塞结构

1) 自调节电热塞。在自调节电热塞中，线圈由加热线圈和调节线圈组合而成。加热线圈由耐高温材料组成，其电阻在很大程度上与温度无关，而调节线圈的电阻具有很大的正温度系数。当电热塞处于冷态时，最初会需要高电流，这会导致加热线圈快速加热。由于热传导和自热，调节线圈在随后的过程中也变得越来越热，因此总电阻增加，电流减小。因此，快速加热与在较高的持续温度上的自动调节相结合。通过选择调节材料和加热线圈与调节线圈之间的电阻分布，可以在温度变化过程中呈现不同的特性。

电热塞通过继电器或电子开关来控制，其标称电压是根据发动机不运转时车辆电气系统提供的电压来设计的。在起动和发动机运行期间，电热塞通过空气流动冷却。然而，这可以通过更高的可用车辆电气系统电压进行补偿，以便在之后的电热中保持所需的温度（图13.25）。

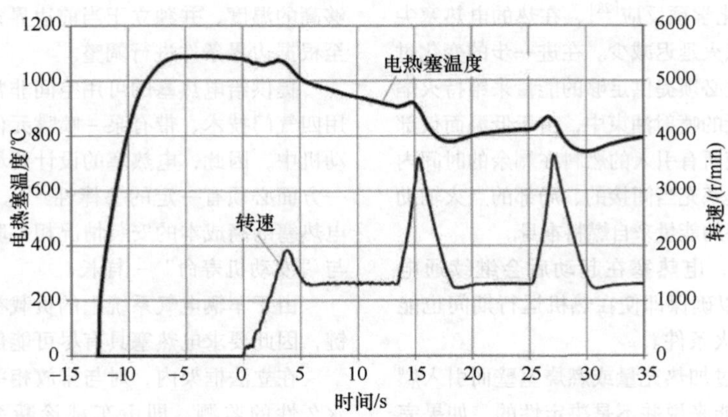

图13.25　带自调节电热塞的起动过程

2）电热系统 ISS（即时起动系统，Instant Start System）。即时起动电热系统由一个电子控制单元和一个快速起动电热塞组成[30]。其结构与自调节电热塞相似，但线圈组合明显缩短，电热范围减少到1/3左右。在直喷柴油机中，这对应于突出到燃烧室中的加热棒部分。作为辅助效果，功率要求降低到1/3～1/2倍，这对于8缸或更多气缸的发动机尤其重要。

电热塞以低于车辆电气系统电压的标称电压（例如5V）来设计，以此电压电热塞可以达到约1000℃的持续温度。通过电子控制单元对车辆电气系统电压进行时钟控制，从而将电热塞上的电压降至有效的5V。由此，只要提供大于5V的车辆电气系统电压，就可以在电热塞上保持所期望的温度。因此，电热塞温度与车辆电气系统电压无关，尤其是在起动干预期间，车辆电气系统电压通常仅为7～9V。

当发动机运行时，电热塞通过气体交换和压缩阶段的空气运动而冷却。在恒定的电热塞电压和喷射量下，电热塞的温度随着转速的增加而降低，而随着喷射量的增加和恒定的电热塞电压和转速时，温度升高。借助于电子控制单元，现在可以通过始终为相应的运行工况点向电热塞输出优化的有效电压来补偿这些影响。对其他影响因素的补偿以类似方式实施。因此，电热塞温度可以根据运行状态来施加。

此外，低压电热塞与电子控制设备的组合用于极其快速地加热电热塞，其方式是将车辆电气系统的总电压在预定义的时间内施加到电热塞上并且紧接着才以必要的有效电压按节拍地实施。迄今为止，通常的预电热时间减少到最多2s，直至最低温度。这使得起动时间像在汽油机中一样成为可能。

由于电热系统的高动态性，也可以在没有预热的情况下起动。然而，在低温下，设置较短的预热时间是有意义的，这可以与必要的初始化、检查等在时间上相吻合。如果电热塞已经很热，则从一开始就有明显更好的着火条件。

电子设备还具有电热塞的保护功能，并与发动机控制单元通信（由于OBD要求）。凭借其扩展的自由度，电热系统未来将在应用阶段用于优化内燃机的燃烧过程和电热塞的使用寿命。

3）陶瓷电热塞。Si_3N_4 陶瓷电热塞可用于确保现代低压缩柴油机的平稳运行、低排放和清洁起动性能。

这可实现较高的连续工作温度或最高温度（1200℃）并与钢制电热塞相比，可以显著地延长使用寿命。电子控制可实现快速的升温时间（<3s）。

借助这些特性，还可以实施具有预、中期和长期电热的复杂控制策略，例如在推力滑行运行时抵消燃烧室的强烈的冷却和相关的更高的排放。

有多种技术上可实现的方式，例如将WC加热导体烧结到陶瓷中或用 $MoSi_2$ 掺杂陶瓷以调节加热电阻或导体电阻。使用掺杂有 $MoSi_2$ 的陶瓷，加热导体可以放置在电热塞的外部，从而显著地加快加热升温时间，因为不必先加热整个陶瓷壳体。

13.3.3.2　加热法兰

如今，电加热法兰主要用于每缸排量超过0.8L的商用车发动机。它们能够在低温下可靠起动并减少烟雾排放[31]。随着对减少冷起动期间的排放和提高驾驶舒适性的要求越来越高，合适的电加热法兰也适用于乘用车应用。

（1）原理

连接功率为0.5～2kW的加热法兰安装在进气管的前面或内部。电功率在加热法兰中转化为热量并释放到进气中。

其电阻与温度不相关的金属加热元件很常见。此外，还有采用金属或陶瓷元件实现的具有 PTC 特性的加热法兰[31]。对于良好的起动特性而言，优化的特性可以通过相应的可调节的电力电子设备来支持。

进气温度通过加热法兰至少可以提高 30K。在图 13.26中，根据多变压缩过程 $T_2 = T_1 \cdot \varepsilon n^{-1}$的关系计算出了压缩终了温度 T_2的理论增加量，与不同压缩比和多变指数 $n = 1.37$ 的进气温度 T_1的关系曲线。

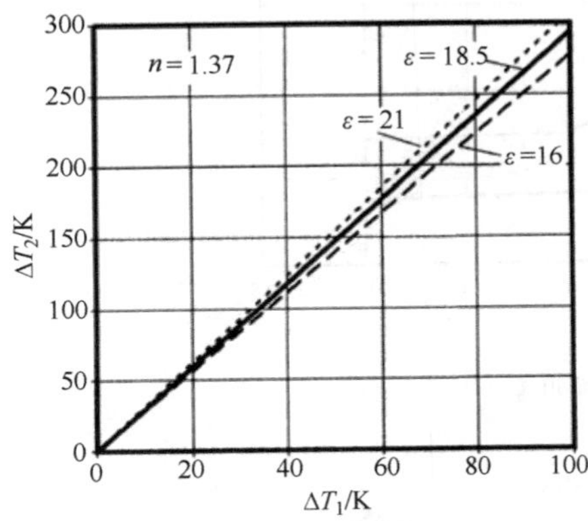

图 13.26　压缩终了温度随进气预热而升高

由此得出，例如在压缩比为 $\varepsilon = 18.5$ 的情况下，进气温度增加 $\Delta T_1 = 50\text{K}$ 会导致压缩终了温度增加 $\Delta T_2 = 147\text{K}$。

在文献中，$n = 1.2 \sim 1.3$ 的多变指数常用于计算冷起动时的热力学状态。这些指数来自压力测量，考虑到热量和充量损失。然而，Rau [22]使用积分的燃烧室温度测量的结果表明，温度计算的指数接近理论指数，即在感兴趣的范围内 $n = 1.38$（$250\text{K} < T_1 < 830\text{K}$）[22]。

由于整体上更高的充气温度，加热法兰改善了混合气的制备，并显著地缩短了点火延迟。

（2）要求

对于电加热法兰，需要较短的加热时间和从加热元件到空气的良好的热传递，以及同时进气管道中尽可能低的流动阻力。电气的连接功率必须确保尽可能高的进气加热，而不会对车辆电气系统造成过度负载。可用的安装空间由进气横截面决定。进气流量的动态变化需要加热法兰有足够的热质量，以防止元件快速冷却和过热。

对于 OBD，加热法兰的功能可以借助于电子控制单元进行监控，并传输到发动机控制单元。

（3）结构

电加热法兰由进气管道中的大约 20mm 宽的框架或法兰所组成。它承担密封功能、电源连接和馈通，容纳电力电子设备和包括绝缘在内的加热元件。加热元件由一个或多个金属条组成，这些金属条通常在陶瓷绝缘层中蜿蜒曲折，大约有 5 个绕组，并在一侧连接到框架以用于接地连接，如图 13.27 所示。

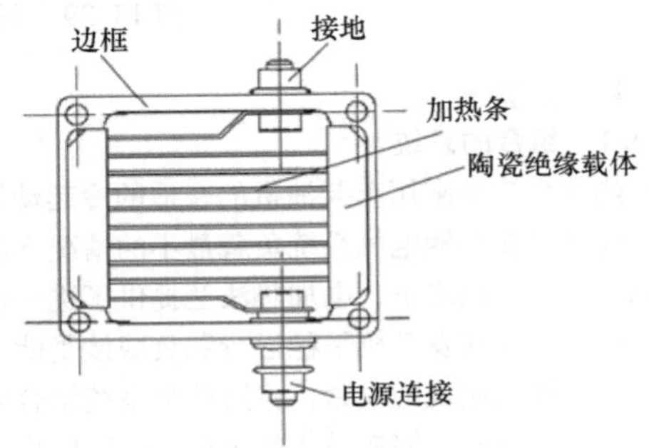

图 13.27　电加热法兰

（4）功能

当加热法兰通电时，加热元件达到 900 ~ 1100℃，并加热静止的周围空气。当起动时，已经预热的空气被吸入并被压缩。更高的局部充量温度改善了点火条件。此刻，加热法兰将在进气道中流动的空气加热约 50℃，而自身冷却至 500 ~ 600℃，如图 13.28所示。

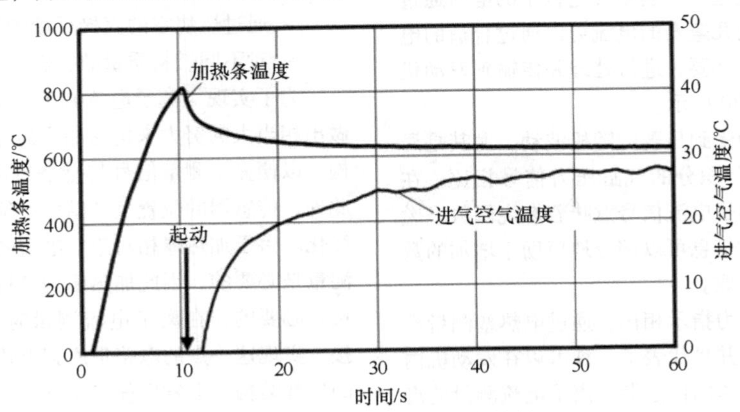

图 13.28　加热法兰的加热特性

加热元件的热质量对气流的快速变化起到缓冲作用，缓慢的变化由加热带或电子控制的自调节特性来补偿。由于与电热塞相比，加热法兰的热功率明显更高，因此在整个燃烧室中迅速达到着火条件，再加上喷射的匹配，显著地减少了暖机期间的烟雾排放（参考文献 [31]；图 13.29）。

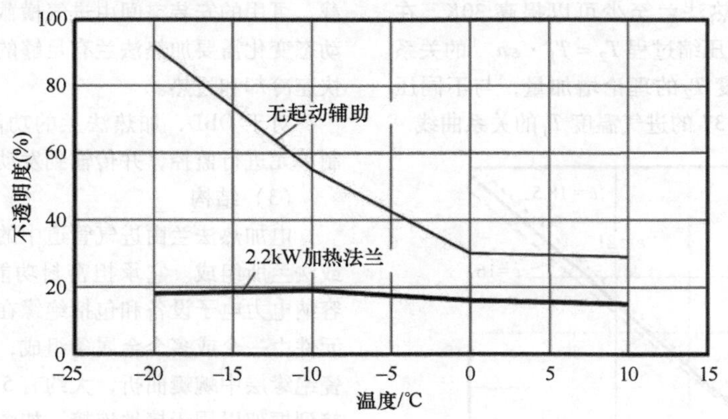

图 13.29 开始后 30s 的不透明度 [31]

13.3.4 展望

13.3.4.1 组合的系统

电热塞系统是乘用车柴油机的合适的冷起动辅助装置，以确保在车辆电气系统负载最小的情况下尽可能快地起动。相比之下，电加热法兰提供了进一步减少预热排放、提高发动机平稳运行和负载接受能力的潜力。鉴于排放法规的收紧，将这两个系统结合起来是有意义的，以便能够在最佳的运行特性时以最少的排放快速起动。尤其是随着气缸数增加和排量增加，也提供这种解决方案。

13.3.4.2 离子电流测量

在汽油机领域，已经使用离子电流测量来直接从燃烧室获取有关燃烧的信息[9]。因此，无须将额外的传感器引入燃烧室，在柴油机中，电热塞提供有利的位置[32]以及在电极上碳烟氧化的可能性。如果加热棒与电热塞主体隔离并施加电压，则在电热塞尖端周围的燃烧室中形成电场。场中带电粒子的电荷通过电极流出。几微安到几毫安的电流可以通过合适的电路测量、放大，如有必要，进行处理并传输到发动机控制单元，如图 13.30 所示。

柴油机的燃烧会受到显著的随机波动，尤其是局部波动[33]。因此，与积分的气缸压力信号相比，在电热塞位置测量的离子电流信号意味着燃烧函数、燃烧重心位置等热力学信息可以部分地借助于增加的数学耗费仅间接地来获取。

然而，与气缸压力指示相比，通过电热塞测量离子电流的成本较低，并且代表了一种可以在发动机内部进行连续处理的鲁棒的传感器。离子电流测量的潜

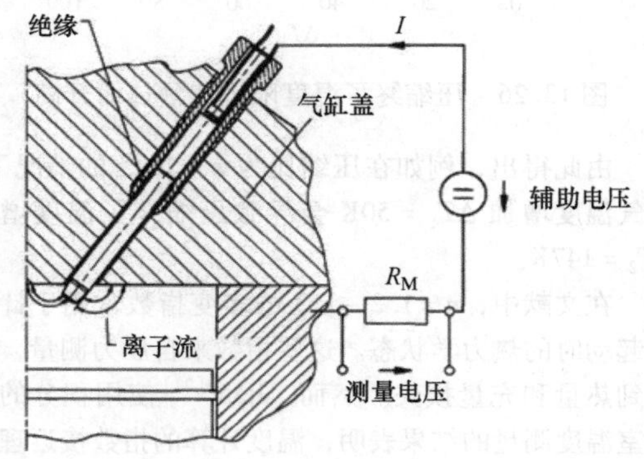

图 13.30 离子电流测量原理

在应用领域是，例如：

- 检测燃烧失火。
- 关于燃烧开始的气缸平衡、喷射和进气系统中的公差补偿等。
- 通过燃烧室的直接反馈满足 OBD 要求。
- 对不同燃料质量的补偿。

为了实现“离子电流调节的柴油机”，目前正在做出相当大的努力来构建相应的评估算法和调节器结构，以便显示测量信号与燃烧室中的过程的相关性。此外，传感器的位置及其结构必须针对长期使用进行优化。由于加热棒相对于气缸盖的绝缘对于离子电流测量是必要的，因此加热棒到气缸盖的单独的接地连接是必要的，在离子电流测量时可以中断该接地连接。实现这一点的电路集成到电热塞中，因此电热塞的外部结构不会发生任何变化。

13.3.4.3 受控的电热系统

如今广泛使用的自调节电热塞在未来将越来越多地被电子控制系统所取代。下一个目标是开发受控系统，其不需要根据发动机参数复杂地计算驱动功率。更确切地说，上级发动机控制单元应该只将电热要求以设定值的形式传输给电热控制单元，电热控制单元对此进行解释并相应地调节电热塞上的所需电压。为了实现这一目标，必须开发能够向电热控制单元反馈一个易于评估和稳定的温度信号的电热塞。

参考文献

[1] Heywood, J.B.: Internal Combustion Engine Fundamentals. McGraw Hill, New York (1989)

[2] Autoelektrik, Autoelektronik am Ottomotor, Bosch, VDI-Verlag, 1987

[3] Albrecht, H., Maly, R., Saggau, B., Wagner, E.: Neue Erkenntnisse über elektrische Zündfunken und ihre Eignung zur Entflammung brennbarer Gemische. Automobil-Industrie (4), 45–50 (1977)

[4] Maly, R., Vogel, M.: Ignition and Propagation of Flame Fronts in Lean CH4-Air Mixtures by the Three Modes of the Ignition Spark. Proc. of 17. Int. Symp. on Combustion. The Combustion Institute. S. 821–831 (1976)

[5] Schäfer, M.: Der Zündfunke, Dissertation. Univ. Stuttgart, 1997

[6] Hohner, P.: Adaptives Zündsystem mit integrierter Motorsensorik, Dissertation. Univ. Stuttgart, 1999

[7] Maly, R.: Die Zukunft der Funkenzündung. Motortech. Z. 59(7/8), (1998)

[8] Herweg, R.: Die Entflammung brennbarer turbulenter Gemische, Dissertation. Univ. Stuttgart, 1992

[9] Schommers, J., Kleinecke, U., Miroll, J., Wirth, A.: Der neue Mercedes-Benz Zwölfzylindermotor mit Zylinderabschaltung, Teil 2. Motortech. Z. 61, 6 (2000)

[10] Neusser, H.-J., et al.: Der neue 3-Zyl. Erdgasmotor von VW. Motortech. Z. 0(4), (2013)

[11] Stocker, H., Archer, M., Houston, R., Alsobrooks, D., Kilgore, D.: Die Anwendung der luftunterstützten Direkteinspritzung für 4-Takt Ottomotoren – der „Gesamtsystemansatz". 7. Aachener Kolloquium Fahrzeug- und Motorentechnik. S. 711 (1998)

[12] Rixecker, G., et al.: The High Frequency Ignition System EcoFlash. IAV-Tagung Berlin 2012, Advanced Ignition Systems for Gasoline Engines. Expert, (2013)

[13] Meyer, J.; Niessner, W.: Neue Zündkerzentechnik für höhere Anforderungen. In: ATZ/MTZ Sonderausgabe, System Partners 97

[14] Eichlseder, H., Müller, P., Neugebauer, S., Preuß, F.: Innermotorische Maßnahmen zur Emissionsabsenkung bei direkteinspritzenden Ottomotoren. TAE Esslingen, Symposium: Entwicklungstendenzen Ottomotor, 7./8.12. (2000)

[15] Pischinger, S., Heywood, J.B.: Einfluss der Zündkerze auf zyklische Verbrennungsschwankungen im Ottomotor. Motortech. Z. 52, 2 (1991)

[16] Lee, Y. G.; Grimes, D. A.; Boehler, J. T.; Sparrow J.; Flavin, C.: A Study of the Effects of Spark Plug Electrode Design on 4-Cycle Spark-Ignition, Engine Performance. SAE, 2000-01-1210

[17] Geiger, J.; Pischinger, S.; Böwing, R.; Koß, H.-J.; Thiemann, J.: Ignition Systems for Highly Diluted Mixtures in SI-Engines. SAE, 1999-01-0799

[18] Kaiser, T., Hoffmann, A.: Einfluss der Zündkerzen auf das Entflammungsverhalten in modernen Motoren. Motortech. Z. 61, 10 (2000)

[19] Osamura, H.; Abe, N.: Development of New Iridium Alloy for Spark Plug Electrodes. SAE, 1999-01-0796

[20] Bauder, R.: Die Zukunft der Dieselmotoren-Technologie. Motortech. Z. 59(7/8), (1989)

[21] Henneberger, G.: Elektrische Motorausrüstung. Vieweg, (1990)

[22] Rau, B.: Versuche zur Thermodynamik und Gemischbildung beim Kaltstart eines direkteinspritzenden Viertakt-Dieselmotors, Dissertation. Technische Universität Hannover, 1975

[23] Petersen, R.: Kaltstart- und Warmlaufverhalten von Dieselmotoren unter besonderer Berücksichtigung der Kraftstoffrauchemission. VDI-Fortschrittsbericht, Reihe 6, Bd. 77. (1980)

[24] Reuter, U.: Kammerversuche zur Strahlausbreitung und Zündung bei dieselmotorischer Einspritzung, Dissertation. RWTH Aachen, 1990

[25] Pischinger, F.: Verbrennungsmotoren, Vorlesungsumdruck. RWTH Aachen, 1995

[26] Sitkei, G.: Kraftstoffaufbereitung und Verbrennung bei Dieselmotoren

[27] Zadeh, A.; Henein, N.; Bryzik, W.: Diesel Cold Starting: Actual Cycle Analysis under Border-Line Conditions. SAE 909441, 1990

[28] Warnatz: Technische Verbrennung. Springer, (1996)

[29] Endler, M.: Schlanke Glühkerzen für Dieselmotoren mit Direkteinspritzung. Motortech. Z. 59, 2 (1998)

[30] Houben, H., Uhl, G., Schmitz, H.-G., Endler, M.: Das elektronisch gesteuerte Glühsystem ISS für Dieselmotoren. Motortech. Z. 61, 10 (2000)

[31] Merz, R.: Elektrische Ansaugluft-Vorwärmung bei kleineren und mittleren Dieselmotoren. Motortech. Z. 58, 4 (1997)

[32] Glavmo, M.; Spadafora, P.; Bosch, R.: Closed Loop Start of Combustion Control Utilizing Ionization Sensing in a Diesel Engine. SAE paper 1999-01-0549

[33] Ernst, H.: Zündverzug und Bewertung des Kraftstoffs. Deutsche Kraftfahrtforschung, Bd. 63. VDI, (1941)

第14章 燃 烧

工学博士 Günter P. Merker 教授，工学博士 Peter Eckert

内燃机基于通过燃料和氧气的燃烧使用化学结合能。发动机中的燃烧过程可以分为不同的类别，例如根据燃料（液态、气态、低沸点、高沸点、可燃性）、根据混合气形成的类型（内部和外部、均质、非均质）和根据着火类型（外部点火，自燃）。

本章首先介绍燃料（14.1 节），然后介绍碳氢化合物氧化的基础知识（14.2 节）以及氢气和碳氢化合物的自燃（14.3 节）。14.4 节描述了火焰的分类。最后，14.5 节简要介绍了发动机燃烧过程的建模。有关柴油机和汽油机燃烧的详细信息，参见 15.1 节和 15.2 节。

14.1 燃料和燃料化学

汽油机和柴油机的燃料通常是通过蒸馏从矿物油中获得的，由数百种单独的成分组成。这种成分以决定性的方式决定了物理和化学特性，从而决定了发动机的特性。除了基于化石燃料的燃料外，替代燃料也变得越来越重要，尤其是混合燃料。例如，在欧洲，基于酯化植物油的高达 7%（质量分数）的生物柴油可以添加到柴油燃料中。在欧洲，来自非化石资源（如生物质）的 10%（质量分数）的乙醇添加到传统汽油（E10）中。在美国和新兴市场，例如巴西，可使用乙醇含量超过 70%（质量分数）的燃料。此外，气态燃料，例如压缩天然气（Compressed Natural Gas，CNG）或液化天然气（Liquified Natural Gas，LNG）形式的燃料正变得越来越重要。

在下文中，简单的碳氢化合物（即所谓的 $C_xH_yO_z$ 化合物）的分类和化学结构将在必要的程度上进行解释，以了解碳氢化合物的氧化。

烃类化合物通常分为烷烃（Paraffine）、烯烃（Olefine）、炔烃（Acetylene）、环烷烃（Naphthen）和芳烃。

烷烃是仅具有单键的链状烃，区分为具有直链结构的正构烷烃和具有支链结构的异烷烃。烯烃是具有一个或两个双键的链状烃，烯烃（Monoolefine）具有一个双键，二烯烃（Diolefine）具有两个双键。炔烃也具有链结构并具有三键。这些脂肪烃的结构式如图 14.1所示。

烷烃 C_nH_{2n+2} (Paraffine)
只有单键的链状结构碳氢化合物

正构烷烃	异烷烃
直链	支链
H_3C-CH_3（H–C–C–H，各 C 上下连 H）	$H-C(H)(H)-C(CH_3)(CH_3)-C(H)(H)-H$
乙烷	2.2 二甲基丙烷

烯烃 C_nH_{2n} (Olefine)
双键链状结构碳氢化合物(DB，Doppel-Bindung)

烯烃(单烯烃)	链二烯(二烯烃)
链状，一个DB	链状，两个DB
$H_2C=CH_2$	C_nH_{2n-2} $H_2C=C=CH_2$
乙烯	丙二烯

炔烃 C_nH_{2n-2}(Acetylene)
具有三键的链状结构碳氢化合物

$H-C\equiv C-H$	乙炔

图 14.1 脂肪烃化合物的结构式

仅具有单键的环状结构的环烷烃（环烷烃）和具有双键的芳烃（其基本结构单元是苯环）的结构式在图 14.2 中给出。

含氧的烃是链状结构的化合物，其中区分为醇、醚、酮和醛。

醇含有羟基（R – OH）。最简单的醇是甲醇（Methanol，C_3H – OH）和乙醇（Ethanol，C_2H_5 – OH）。醚是通过氧桥（R_1 – O – R_2）相互连接的烃基，酮是通过羰基（R_1 – CO – R_2）相互连接的烃残基。醛含有 CHO 基团，例如甲醛 HCHO。含氧烃的结构式如图 14.3 所示，因此不应混淆 CHO 基团和连

环烷烃 C_nH_{2n} (Naphthen)
具有单键的环状结构碳氢化合物

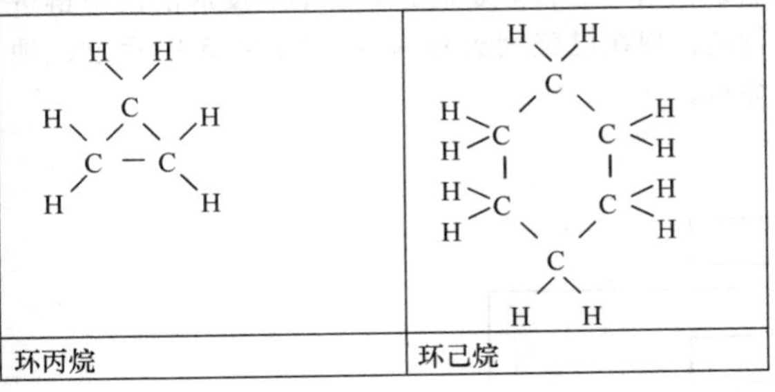

芳烃
具有共轭双键的环状结构物
基本结构单元是苯环

苯	1.3二甲苯

图 14.2　环烷烃和芳烃化合物的结构式

接到碳上的 OH 基团（COH）。

为了确定汽油和柴油燃料的燃烧特性，使用了两种成分的替代燃料，汽油的替代燃料来自：

- 辛烷值 OZ = 0 的正庚烷（C_7H_{16}）。
- 辛烷值 OZ = 100 的异辛烷（C_8H_{18}）。

柴油的替代燃料，包括：

- 十六烷值 CZ = 0 的 α - 甲基萘（$C_{11}H_{10}$）。
- 十六烷值 CZ = 100 的正十六烷（$C_{16}H_{34}$）。

其中，辛烷值定义为异辛烷的份额，十六烷值定义为双组分替代燃料的十六烷份额。两种替代燃料的成分结构式如图 14.4 所示。

虽然汽油燃料需要更低的可燃性并因此具有较高的抗爆燃性，但柴油燃料则相反。辛烷值随着正构烷烃和烯烃中烃原子数的增加而降低，随着异构烷烃中支链的数量和具有双键的组分的增加而增加。

碳氢化合物燃烧的低热值在以下范围内：

40. 2MJ/kg（汽油）$< H_u <$ 55. 5MJ/kg（甲烷）

液态燃料成分在空气中的最大层流火焰速度在 1bar 时仅为 2m/s 左右，当这些成分在发动机中燃烧时，会出现高达 25m/s 的湍流火焰速度。

醇，R - OH
含有羟基OH

甲醇	乙醇
CH_3OH	C_2H_5OH

醚，R_1–O–R_2
是通过O桥相互连接的烃残基(R_1，R_2)

	乙醚
	C_2H_5 — O — O_2H_5

酮，R_1–CO–R_2
是通过羰基(CO)相互连接的烃基

	丙酮
	CH_3 — C — CH_3

醛，R - CHO
包含一个CHO基团

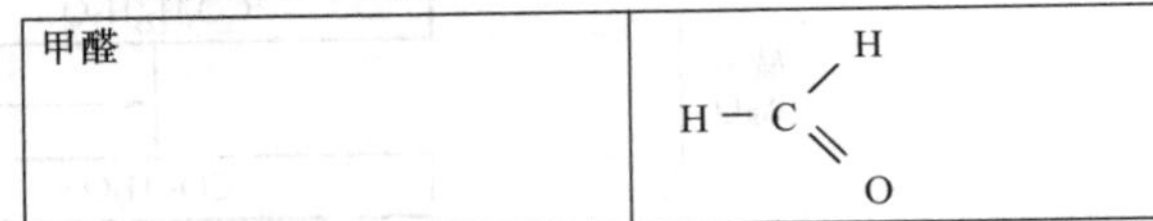

图 14.3　含氧烃化合物的结构式

用于确定十六烷值的参考燃料的成分

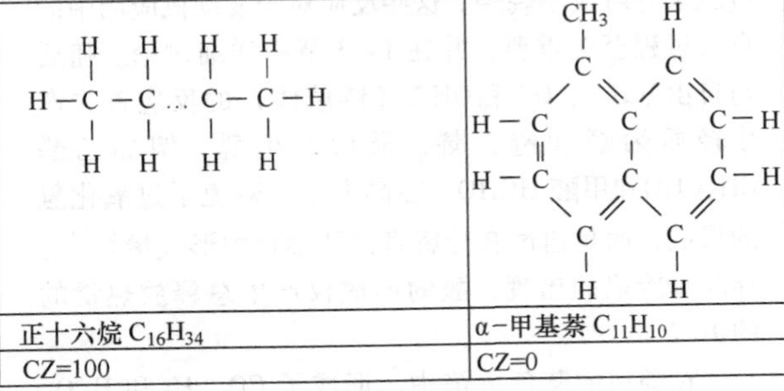

用于确定辛烷值的参考燃料的成分

	异辛烷 C_8H_{18} OZ=100
	正庚烷 C_7H_{16} OZ=0

图 14.4　汽油机和柴油机代用燃料成分结构式

14.2 碳氢化合物的氧化

完全燃烧时，碳氢化合物 C_xH_y 转化为二氧化碳 CO_2 和水蒸气 H_2O。该反应可以概括为总反应方程

$$C_xH_y + \left(x + \frac{y}{4}\right)O_2 \rightarrow x \cdot CO_2 + \frac{y}{2}H_2O + \Delta_R H \quad (14.1)$$

其中反应焓 $\Delta_R H$ 代表通过燃烧释放的热量。然而，事实上，燃烧并不是根据这个总反应方程式进行的，而是根据一个非常复杂的基于基元反应的反应链进行的，现在已经大致理解并在图 14.5 中示意性地显示。

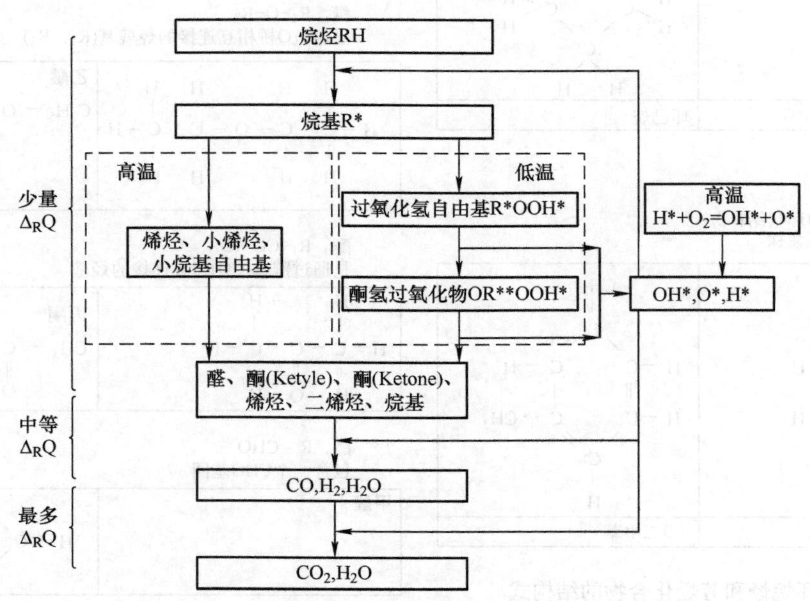

图 14.5 碳氢化合物氧化链

在低温下，会形成烃过氧化物（ROOH），再通过脱氢分解成小烷烃。这些反应对于发动机应用中的点火过程至关重要，并在 14.3 节中详细讨论。随后与自由基H*、O*和OH*（链载体）的反应首先产生轻质烯烃和链二烯，最后产生醛，例如乙醛 CH_3CHO 和甲醛 HCHO。在高温下，避免了过氧化氢的形成，而是通过 β 分解直接从燃料中形成烯烃[1]。伴随着冷焰的出现，醛的形成仅产生总释放热量的约 10%。

在随后的蓝色火焰中，形成了 CO、H_2 和 H_2O，在最后阶段形成了炽热的火焰，最后形成了 CO_2 和 H_2O。当碳氢化合物氧化形成 CO 时，释放储存在燃料中的大约 40% 的热能，CO 氧化成 CO_2 时释放剩下的 45%。因此，热量的主要释放量只在 CO 氧化成 CO_2 期间的反应链结束时形成。

图 14.6 定性地显示了碳氢化合物燃烧过程中，各组分的浓度和反应温度随时间的变化过程。

为了计算火焰前锋的温度和浓度，可以假设 8 个组分 H、H_2、O、O_2、OH、CO、CO_2 和 H_2O，因为在火焰前锋普遍存在高温，因此处于部分平衡状态。因此，这个所谓的 OHC 系统由五个反应方程定义：

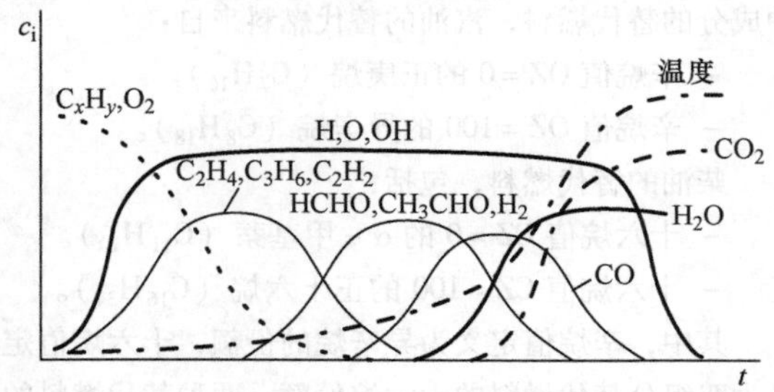

图 14.6 碳氢化合物燃烧过程中反应温度和浓度随时间变化的过程

$$H_2 = 2H \quad (14.2)$$

$$O_2 = 2O \quad (14.3)$$

$$H_2O = \frac{1}{2}H_2 + OH \quad (14.4)$$

$$H_2O = \frac{1}{2}O_2 + H_2 \quad (14.5)$$

$$CO_2 = CO + \frac{1}{2}O_2 \quad (14.6)$$

其中给出以下五个适用的平衡常数：

$$K_1=[H]^2[H_2]^{-1} \quad (14.7)$$

$$K_2=[O]^2[O_2]^{-1} \quad (14.8)$$

$$K_3=[H_2]^{\frac{1}{2}}[OH][H_2O]^{-1} \quad (14.9)$$

$$K_4=[O_2]^{\frac{1}{2}}[H_2][H_2O]^{-1} \quad (14.10)$$

$$K_5=[CO][O_2]^{\frac{1}{2}}[CO_2]^{-1} \quad (14.11)$$

再加上原子 O、H 和 C（更好的 CO）的原子平衡，以及所有组分的分压之和必须等于总压的条件，最终得到一个非线性方程组，即可以用已知的数值积分方法计算，例如牛顿－坎托罗维奇（Newton－Kantorowitsch）方法，是唯一可解的。图 14.7 显示了总压力为 1bar 时 OHC 组分的浓度分布与温度的函数关系的示例。

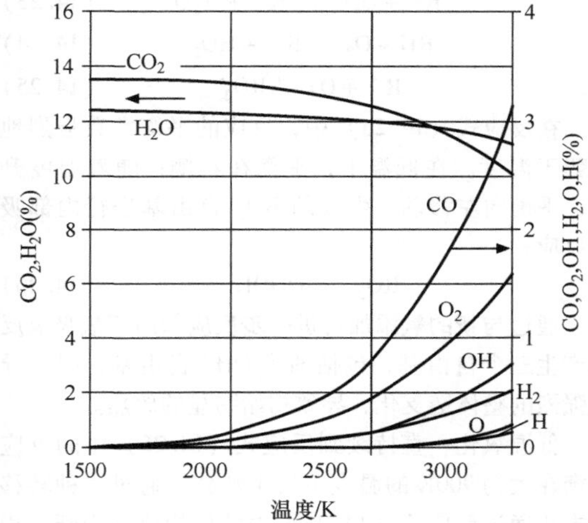

图 14.7　OHC 组分的部分平衡与总压力为 1bar 时的温度的函数关系

如果在后续计算热氮氧化物形成时只需要氧原子浓度，也可以使用以下近似的关系式

$$[O]=130[O_2]^{\frac{1}{2}}\exp\left(-\frac{29.468}{T}\right) \quad (14.12)$$

进行计算。进一步的细节参考文献［2］。

14.3　自行着火

着火是从未反应燃料－空气混合气到燃烧的转变过程。着火过程可以分为热爆炸和链爆炸两类。根据谢苗诺夫（Semenov）的分析[3]，当燃烧室壁面处化学反应放热量大于热量损失时，会发生热爆炸。在这种着火方式中，出现直接的温度上升，并且没有时间滞后。与之相对应，链爆炸通常会经历一个温度不变的着火滞后期。在这段时间内首先形成用作链载体的自由基。只有当系统中形成一定量的这种自由基后，才会释放出足够的热量，从而出现温度升高并进而出现链爆炸。链爆炸反应可以分为开始、传播、分支和终止等 4 个反应阶段。重要的自由基包括诸如氧原子（$O^{\cdot}$）、氢原子（$H^{\cdot}$）以及羟基自由基（$OH^{\cdot}$）、过氧化氢自由基（$HO_2^{\cdot}$）、甲基自由基（$CH_3^{\cdot}$）。

开始反应形成来自稳定物质的自由基，例如在甲烷和分子氧之间的反应中：

$$CH_4+O_2 \rightarrow CH_3^{\cdot}+HO_2^{\cdot} \quad (14.13)$$

传播反应保留了自由基种类的数量：

$$CH_4+OH^{\cdot} \rightarrow CH_3^{\cdot}+H_2O \quad (14.14)$$

在分支反应中，形成的自由基多于消耗的自由基：

$$CH_4+O^{\cdot} \rightarrow CH_3^{\cdot}+OH^{\cdot} \quad (14.15)$$

在终止反应中，自由基种类的数量减少了，例如在甲基自由基的重组反应中：

$$CH_3^{\cdot}+CH_3^{\cdot} \rightarrow C_2H_6 \quad (14.16)$$

自由基与燃烧室壁的碰撞也可能导致链式反应的终结，该机理特别适合于解释压力较低时情形。

14.3.1　H_2-O_2系统

H_2-O_2系统具有相对简单的着火机理，在研究氢燃烧和作为更复杂燃料的反应机制的子集方面都很重要。尽管燃料性质简单，但在氢燃烧过程中已经考虑了 8 种不同物质 H_2、O_2、$OH^{\cdot}$、H_2O、$H^{\cdot}$、$O^{\cdot}$、$HO_2^{\cdot}$、H_2O_2之间的约 25 种反应。就着火而言，最重要的反应是[1]：

$$H_2+O_2 \rightleftarrows HO_2^{\cdot}+H^{\cdot} \quad (14.17)$$

$$H_2+OH \rightleftarrows H_2O+H^{\cdot} \quad (14.18)$$

$$H^{\cdot}+O_2 \rightleftarrows O^{\cdot}+OH^{\cdot} \quad (14.19)$$

$$O^{\cdot}+H_2 \rightleftarrows H^{\cdot}+OH^{\cdot} \quad (14.20)$$

$$H^{\cdot} \rightarrow 0.5H_2 \quad (14.21)$$

$$H^{\cdot}+O_2+M \rightleftarrows HO_2^{\cdot}+M \quad (14.22)$$

反应式（14.21）描述了一种破壁反应，反应式（14.22）三分子反应虽然在形式上是传播反应，但它可以被视为链终止，因为生成的 $HO_2^{\cdot}$ 自由基相对惰性。

不同反应对着火的影响可以用爆炸图来解释，如图 14.8 所示。在恒定温度和极低压力条件下，着火将无法发生，因为形成的自由基扩散到燃烧室壁并在反应式（14.21）中重新组合。当压力增加时，扩散变慢，使得反应式（14.19）中的链分支占主导地位，达到了第一个爆炸极限。随着压力的继续提高，则达到第二反应极限。在这个范围内，与压力强烈相关的反应式（14.22）变得更加重要，H_2-O_2混合物重新达到稳定状态。在第三个爆炸极限处，先前形成的惰性 $HO_2^{\cdot}$ 自由基的进一步链支化成为主导因素，通过更高的压力，随着每单位体积的热量释放增加，再次达到着火状态。

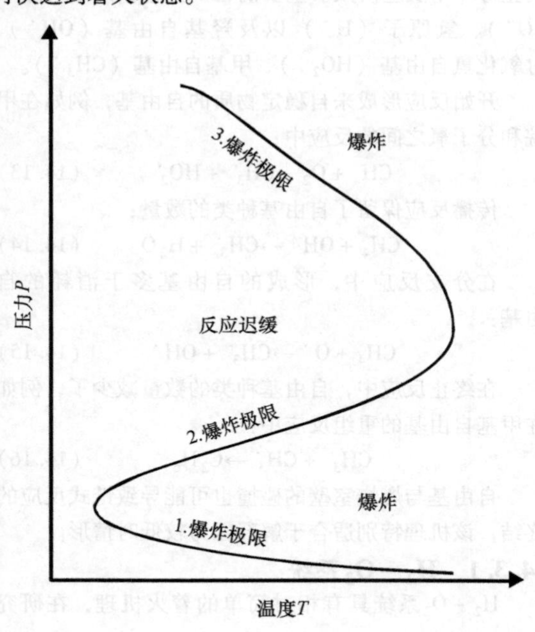

图 14.8　H_2-O_2爆炸图

14.3.2　碳氢化合物的着火

碳氢化合物的着火可以视作与氢气着火类似的链式反应过程。然而，碳氢化合物具有更复杂的着火机理，涉及更多的反应物和反应过程，但是，与氢气燃烧一样，碳氢化合物的爆炸图中有三个爆炸极限。

在高温高压条件下，温度高于约1100K时，碳氢化合物的反应中反应式（14.19）成为占主导作用的链支化反应。在这个区域，燃料的氧化过程按照14.2节中讨论的反应进行。

在发动机的应用环境中，压缩后的温度通常低于1000K。在这个区域，碳氢化合物，特别是烷烃，会出现额外的、更复杂的着火机理。支化反应（14.19）强烈地依赖于温度，并在$T<1100K$时迅速失去重要性。

在中低温范围内，着火通常出现两阶段着火的特征。此时，在第一阶段放热量首先上升，然后当温度高于大约900K时放热速率下降。当温度超过1000K左右后进入第二个着火阶段，这导致燃料完全氧化。上述讨论中精确的温度数值与压力有很大的关联性。

两阶段着火解释了出现如图14.9所示的负温度系数（NTC）的现象，它描述了着火延迟时间随着NTC范围内初始温度的增加而增加的事实。

在$T<900K$的低温范围内，存在复杂的链支化机理[4]。在第一步中，氢原子从燃料分子RH中分离出来。然后在形成的烷基$R^{\cdot}$上发生O_2添加反应：

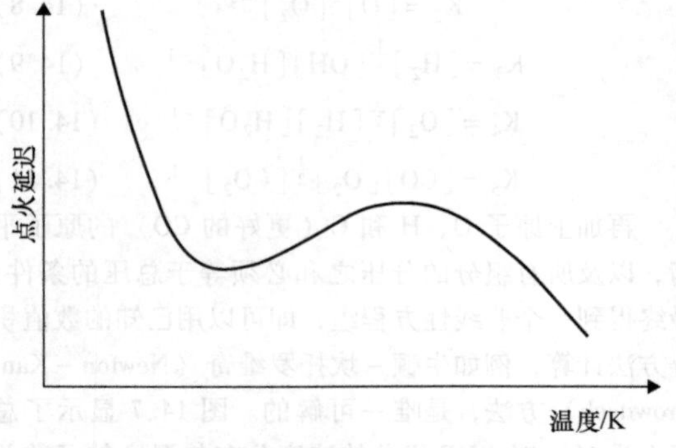

图 14.9　负温度系数（NTC）示意图

$$RH+OH^{\cdot}\rightleftarrows R^{\cdot}+H_2O \tag{14.23}$$

$$RH+O_2\rightleftarrows R^{\cdot}+HO_2^{\cdot} \tag{14.24}$$

$$R^{\cdot}+O_2\rightleftarrows RO_2^{\cdot} \tag{14.25}$$

在反应式（14.25）中，反应的平衡常数强烈地依赖于温度。在低温下，平衡在右侧；随着温度升高，平衡向左移动。生成的$RO_2^{\cdot}$自由基进行内部吸氢反应：

$$RO_2^{\cdot}\rightleftarrows QOOH^{\cdot} \tag{14.26}$$

通过与新的氧添加再进一步反应和内部氢吸氢反应产生三个自由基，包括两个$OH^{\cdot}$自由基，因此导致强烈的整体链支化，导致初始明显的放热。

低温氧化一直持续到反应式（14.25）中的反应平衡在大约900K的温度下发生转移。通过这种转移链支化通过反应式（14.26）中的异构化而中断。相反，在这个中等温度范围内，越来越多地形成烯烃和$HO_2^{\cdot}$自由基。$HO_2^{\cdot}$自由基进一步反应形成过氧化氢H_2O_2，它最初是相对惰性的。

$$R^{\cdot}+O_2\rightleftarrows \text{烯烃}+HO_2^{\cdot} \tag{14.27}$$

$$HO_2^{\cdot}+HO_2^{\cdot}\rightleftarrows H_2O_2+O_2 \tag{14.28}$$

接下来，温度缓慢上升，直到最终超过约1000K，过氧化氢极快地分解并开始第二个着火阶段：

$$H_2O_2+M\rightarrow 2OH^{\cdot}+M \tag{14.29}$$

这个过程称为简并链支化，它是产生负温度系数（NTC）的原因。在反应式（14.25）中的反应平衡转移后，不再形成足够的自由基来继续着火过程。只有随着过氧化氢的分解，才会产生大量的$OH^{\cdot}$自由基，从而加速着火并导致二次热量释放，从而引发高温机理。

负温度系数（NTC）对于长链烷烃影响最为明显。相比之下，烯烃和芳烃受NTC特性影响较小或没有受到影响[5]。

所呈现的反应过程是柴油机和 HCCI 发动机、快速压缩发动机中的自燃，以及导致汽油机爆燃的汽油自燃反应的关键机理。

14.3.3 快速压缩发动机

在使用快速压缩发动机的试验研究中可以很好地识别两阶段着火。在压缩发动机中，均匀的燃料-空气混合气通过单个压缩行程来压缩，活塞保持在上止点。图 14.10 显示了这种设备在试验期间的压力曲线，压缩结束后大约 9.3ms，有一个初始着火延迟时间。在第一个着火阶段，压力和温度急剧上升，直到达到反应式（14.27）和反应式（14.28）中的反应的平均温度范围。在第二个较长的着火延迟时间之后，第二个着火阶段开始并随后出现燃烧。

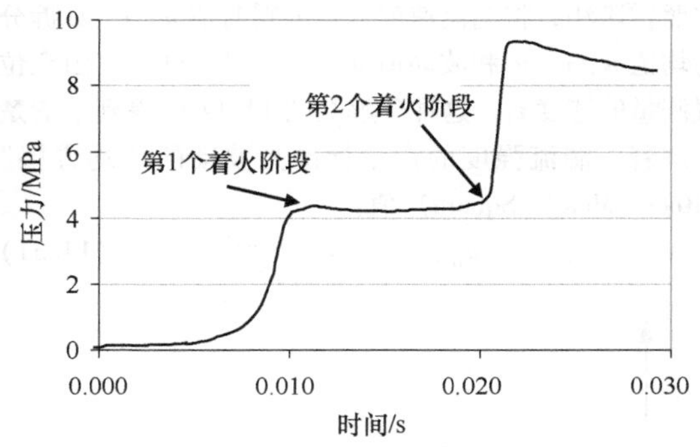

图 14.10 快速压缩发动机中的压力曲线

14.3.4 柴油机

柴油机燃烧由大量子过程所组成，包括：喷射、液滴破碎、液滴蒸发、自燃、燃烧和有害排放物形成。各个子过程在很大程度上同时运行并相互影响。第一次着火过程发生在柴油机中，局部浓混合气 $\lambda<0.8$。由于采用直接喷射的柴油机的喷射发生在上止点附近，因此着火延迟时间相对较短。

14.3.5 HCCI 发动机

在 HCCI 过程（Homogenous Charge Compression Ignition，均质充气压缩点火）中，稀薄、均质的燃料-空气混合气被压缩。在上止点附近，大部分混合物均匀着火。图 14.11 显示了 HCCI 燃烧（燃料：柴油）的典型压力变化曲线。两个偏置的着火阶段清晰可见。由于燃料和空气的早期混合，在这个过程中有很长的着火延迟时间。此外，由于热释放主要发生在着火期间，HCCI 燃烧主要由上述动力学过程来控制。

14.3.6 发动机爆燃

发动机爆燃是汽油机中不希望出现的现象。通过点火火花引导燃烧后，未燃的混合气通过火焰前锋进

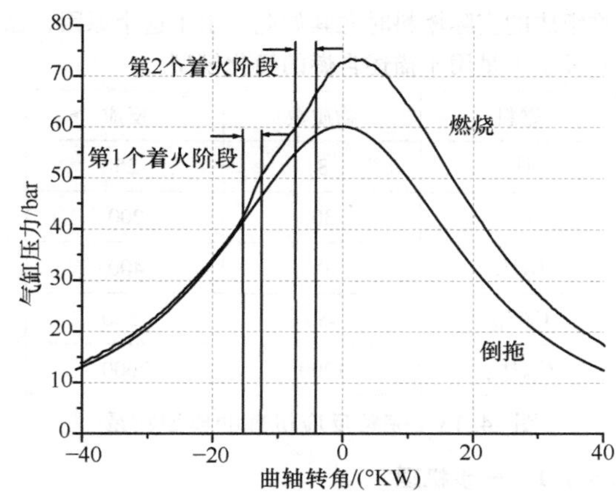

图 14.11 HCCI 燃烧中的压力变化曲线

一步压缩，从而额外加热。如果温度和压力足够高并且有足够的时间可用，则根据反应式（14.23）～式(14.29)中描述的机理进行自燃。这种残余气体燃烧几乎等容地进行，导致陡峭的压力梯度，其在燃烧室中以压力波的形式传播，并导致众所周知的爆燃或振动噪声。图 14.12 定性地描绘了爆燃燃烧的压力变化曲线，由此表明了爆燃的开始。爆燃时产生的压力波会导致机械的材料损坏，增加的热负荷也会导致活塞和气缸熔化。

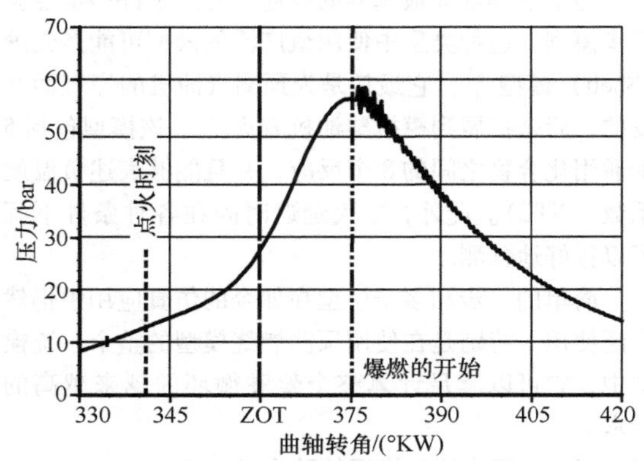

图 14.12 爆燃燃烧的压力变化曲线

有关爆燃燃烧的详细说明，参见 15.2 节。

14.3.7 自行着火的建模

如前几节所述，内燃机自燃所涉及的动力学过程非常复杂。图 14.13 显示了碳氢化合物的一些反应机理的典型数量，这些机理包含了所有已知的过程，因此也称为完整机理。可以看出，自燃机理的复杂性随着燃料的复杂性而大大增加，例如大约 1200 种物质用于燃料十六烷的自燃研究。很明显，这样复杂的模型只能用在简单的应用中。在考虑由大量不同碳氢化

合物组成的实际燃料时尤其如此。出于这个原因，已经开发了大量用于描述自燃的简化模型。

燃料	物质数	反应
H_2	8	25
CH_4	30	200
C_3H_8	100	400
C_6H_{14}	450	1500
$C_{16}H_{34}$	1200	7000

图 14.13　完整反应机理的典型数量

14.3.7.1　一步机理

自燃的最简单建模是使用全局一步反应，其中反应速率可以由阿伦尼乌斯（Arrhenius）方程来描述。着火延迟时间通常直接从变量压力、温度和过量空气系数计算：

$$t_{ZV} = A\frac{\lambda}{p^2}\exp\left(\frac{-E}{RT}\right) \quad (14.30)$$

在这里，模型常数 A 和 E 的重新标定是必要的，例如如果发生自燃的温度范围发生明显的变化。根据任务的不同，简单的一步模型通常可以在实践中成功使用，但基于复杂动力学过程的 NTC 范围无法重现。

14.3.7.2　壳牌模型

为了获得着火最真实的表述，开发了许多半经验多步模型。这种类型中使用最广泛的模型可能是壳牌（Shell）模型[6]，它最初是为预测汽油机的爆燃而开发的，后来扩展到模拟柴油机着火[7]。该模型包括 5 个通用化合物之间的 8 个反应，并且能够表述负温度系数（NTC）。此外，着火延迟时间在各种条件下都可以很好地预测。

简单的一步和多步模型在如今的仿真应用中仍然广泛使用。特别是在使用预测燃烧模型的整个系统模拟中，它可以满足计算整个驾驶循环的越来越高的要求。

14.3.7.3　简化的和详细的动力学机理

虽然壳牌模型对传统柴油机燃烧和汽油机中的发动机爆燃显示出令人满意的结果，但在计算具有长的着火延迟时间的自燃过程（例如 HCCI 燃烧）时，通常需要更详细的机理。可以在参考文献［8，9］中找到不同复杂机理的示例。

通过计算能力的不断改进，以及描述动力学过程的刚性微分方程的数值处理方法不断进步，近年来越来越多的详细反应机理被用于复杂的模拟应用中。这些模型还能够连续描述从着火到高温燃烧的化学反应，包括计算与有害物形成相关的前体物质。

14.4　火焰传播

14.4.1　湍流尺度

内燃机中的流动通常是湍流的，并且对燃烧过程有重大的影响。为了对不同类型的火焰进行分类，首先定义一些典型的流量指标和规模是有意义的。可以在参考文献［10，11］中找到流体动力学和湍流的详细介绍。

当流动中的不稳定性没有被流体黏度充分抑制时，就会出现湍流。湍流的特征是混沌变化的流速大小和三维涡流结构。对所有单个涡流的详细描述对于技术任务来说是不可行的，即使使用现代大型计算机也是如此。相反，湍流场的统计描述是常见的方法。按照雷诺法，将湍流速度分量的瞬时值 u、v、w 拆分为均值 $\overline{u}$、$\overline{v}$、$\overline{w}$ 和波动值 u'、v'、w'。对于在固定位置测量的速度 v_i，这种分解在图 14.14 中得到了清楚的解释。湍流强度的衡量标准是波动的“均方根”（Root－Mean－Square）值：

$$u_{rms} = \sqrt{\overline{(u'(t))^2}} \quad (14.31)$$

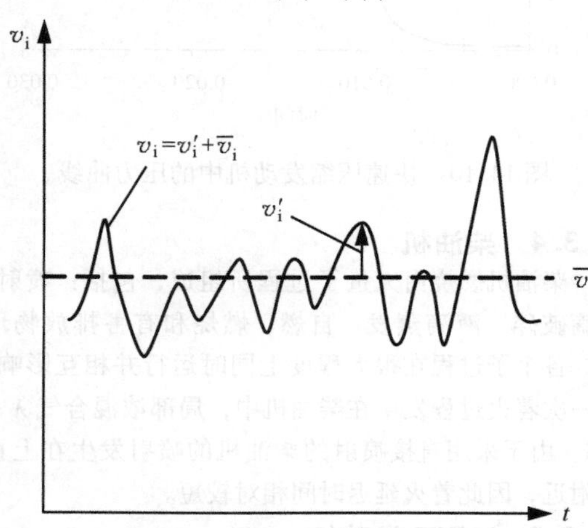

图 14.14　平均稳定湍流的雷诺平均值

在考虑湍流时，两个长度尺度特别重要。积分长度刻度 l_I 表示流场中出现的最大涡流的平均范围。科尔莫戈罗夫（Kolmogorov）长度 l_K 与存在的最小涡流的范围相关。

在这个尺度上，分子黏度很重要，湍流动能消散为流体的内能。通过积分长度和湍流强度，可以定义湍流雷诺数：

$$Re_t = \frac{u_{rms}l_I}{v} \quad (14.32)$$

时间尺度可以从长度尺度导出。积分时间和科尔莫戈罗夫时间描述了各个涡流的旋转时间，定义为

$$\tau_1 = \frac{l_I}{u_{rms}} \tag{14.33}$$

$$\tau_K = \frac{l_K}{u_K} \tag{14.34}$$

图 14.15 显示了汽油机中流场的典型湍流参数。

参数	尺度
湍流强度 u_{rms}	2m/s
湍流雷诺数 Re_t	300
长度的积分测量	2mm
科尔莫戈罗夫长度	0.03mm
积分时间测量	1ms
科尔莫戈罗夫时间	0.06ms

图 14.15　一台汽油机的典型湍流参数，$\lambda=1.0$，$n=1500\text{r/min}$[12]

14.4.2　火焰类型

燃烧过程可分为有火焰放热过程和无焰过程。火焰可分为预混合火焰和非预混合火焰。在预混合火焰的情况下，燃料和氧化剂在燃烧开始前混合均匀；在非预混合火焰的情况下，混合和燃烧过程同时进行。考虑燃烧区域时的另一个重要区别是存在于层流和湍流火焰中的流动类型。在预混合燃烧中湍流通过扩大反应区来加速燃料转化和在非预混合燃烧中湍流通过改善混合来加速燃料转化。

图 14.16 显示了发生上述燃烧过程的简化的发动机应用。在内燃机的燃烧室中，通常存在较高的湍流强度，因此湍流火焰尤为重要。湍流预混合火焰的一个例子是进气道喷射汽油机，直喷汽油机的热量释放介于预混合和非预混合燃烧这两个极端之间，因此也称为部分预混合燃烧。无焰燃烧发生在理想的 HCCI 过程中。

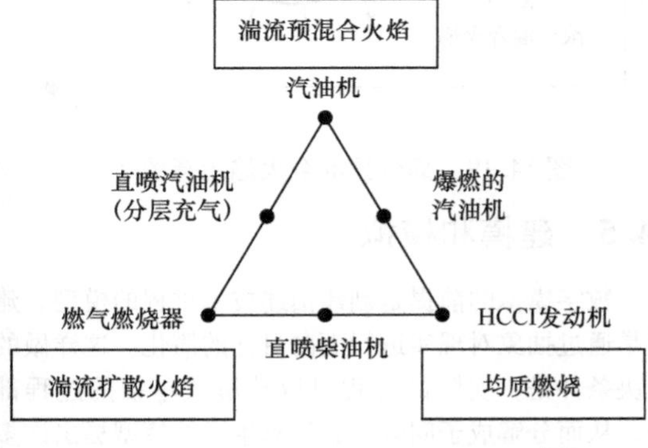

图 14.16　发动机应用中的火焰类型[13]

14.4.2.1　预混合火焰

层流预混合火焰可分为三个区域：预热区、反应区和后氧化区[14]。在占据火焰最大部分的预热区，进行热传导和物质扩散以及最初的预反应。

发生大部分快速的自由基链式反应的实际反应区是非常薄的。在后氧化区，较慢的反应占主导地位，例如 CO 氧化成 CO_2。为了表征层流火焰，通常使用层流燃烧速度 s_L、使用燃烧速度定义的理论火焰厚度 δ_L 和内部反应区的厚度 δ_i。然后可以给出层流火焰的特征时间尺度的定义为

$$\tau_F = \frac{\delta_L}{s_L} \tag{14.35}$$

湍流预混合火焰根据边界条件采取不同的形式。可以使用博尔吉（Borghi）图对混合燃烧不同的区域进行分类[14,15]，如图 14.17 所示。借助三个无量纲数：湍流雷诺数（Reynold）、卡洛维茨（Karlovitz）数和丹克勒（Damköhler）数，在该图中确定了不同的区域。

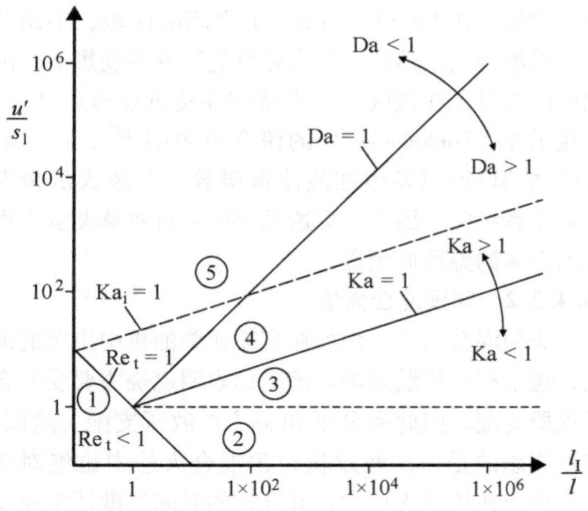

图 14.17　博尔吉（Borghi）图中预混合燃烧的描述[15]

丹克勒数描述了湍流、积分时间尺度（可用作混合时间的量度）与层流火焰的时间尺度的比值

$$Da = \frac{\tau_1}{\tau_F} \tag{14.36}$$

卡尔洛维茨数是层流时间尺度与科尔莫戈罗夫时间的比值

$$Ka = \frac{\tau_F}{\tau_1} = \left(\frac{\delta_L}{l_K}\right)^2 \tag{14.37}$$

图 14.18 显示了博尔吉（Borghi）图中出现的不同燃烧区域，Re = 1 的线将左下角的层流火焰区域（Re < 1）与湍流区域（Re > 1）分开。在湍流区的区

域2，湍流强度低于层流燃烧速度，因此只出现轻微的波浪状火焰。这种火焰仍然具有层流火焰的特征，燃烧速度主要由层流速度来决定。在英语的说法中，具有接近层流特征的火焰称为小火焰（Flamelets）。在波浪状火焰区域上方，火焰更加折叠，孤立的情况下会出现岛状结构（区域3）。然而，火焰本身仍然是局部层流的。在称为克里莫夫－威廉姆斯（Klimov－Williams）准则的边界线 Ka＝1 处，最小的湍流结构具有与层流火焰相同的数量级。根据经典思想，小涡流进入火焰，一方面会导致局部变厚，另一方面也会导致火焰局部扭曲和局部熄灭。因此，该区域也称为分布式反应区。在区域5中的线 Da＝1 上方，与湍流（Da＜＜1）相比，反应变得非常缓慢，因此可以假设反应前反应物完全湍流混合。

区域1
$Re_t<1$
平面的层流火焰前锋

区域2
$Re_t>1$，$Ka<1$，$Da>1$，$u'/s_l<1$
波纹层流火焰前锋

区域3
$Re_t>1$，$Ka<1$，$Da>1$
折叠火焰“岛屿形成”

区域4a
$Re_t>1$，$Ka>1$，$Da>1$，
分布式反应区

区域4b
$Re_t>1$，$Ka>1$，$Ka_i<1$
薄的反应区

区域5
$Re_t>1$，$Ka>1$，$Da<1$
“搅拌反应器”

图14.18　预混合燃烧的不同火焰类型示意图

彼得斯（Peters）[16]在博尔吉图上添加了第二个卡洛维茨（Karlovitz）数 Ka_i。这描述了层流火焰内部反应区大小与科尔莫戈罗夫（Kolmogorov）涡流大小的比值。在 Ka＝1 和 Ka_i＝1 之间的区域，小涡结构虽然渗透到预热区，但实际反应区并不受影响。因此可以假设，在该区域中仍然存在接近层流的特性。丁克乐克（Dinkelacker）的研究也表明[17]，该区域预热区的增厚只发生在湍流雷诺数相对较大的情况下。作者将此归因于，穿透预热区的科尔莫戈罗夫涡旋因更高的温度而消散。

14.4.2.2　非预混合火焰

非预混合火焰，例如在直喷式柴油机中出现的那些，通常称为扩散火焰。该名称表明燃烧主要受混合过程所支配，因此受分子和湍流扩散所支配。然而，应该注意的是，扩散过程在预混合火焰中也绝对重要。由于在扩散火焰中，混合物的时间尺度通常比反应的时间尺度明显地大得多，因此通常假定无限快的化学反应。然而，在实际过程中，总是存在不满足这一假设的局部区域。当涉及有害物的形成时，化学反应的速度显得特别重要。只有在足够高的温度下，发动机才会按要求燃烧碳烟，但这同时会导致氮氧化物的形成的增加。

14.4.2.3　部分预混合火焰

在反应前燃料和空气的完全混合和完全分离这两个极端之间是部分预混合火焰的区域。这种燃烧类型的一个例子是分层充气运行的直喷汽油机。由于整体空气稀薄（$\lambda>1$），喷射的气缸充气必须在燃烧室中分层，以便在点火时刻在火花塞处提供可点燃的混合气[2]。

部分预混合火焰的特征火焰形状如图14.19所示。由于除了温度和压力外，燃烧速度还特别取决于过量空气系数 λ，因此火焰沿着 $\lambda=1$ 的线传播最快。稀薄侧形成稀薄预混合火焰，浓侧则出现浓预混合火焰。在这些火焰之间，在浓侧的未燃燃料和稀侧的过量氧气之间发生扩散交换，从而在该处形成扩散火焰。三种不同火焰的出现导致了三重火焰，三种火焰相遇的点称为三相点。

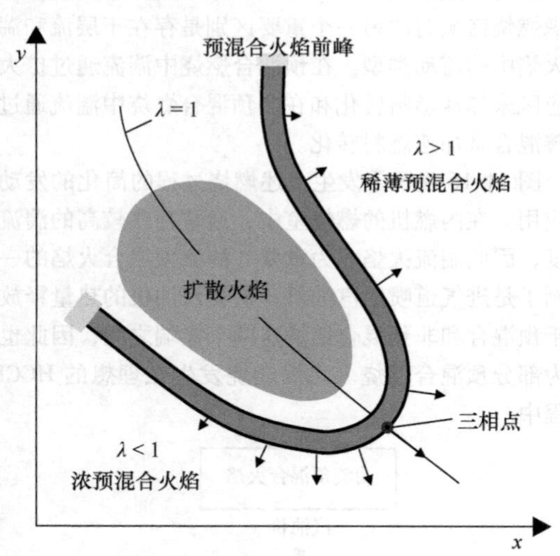

图14.19　部分预混合火焰示意图[18]

14.5　建模和模拟

数字模拟的前提是创建描述技术过程的模型。建模是通过抽象对现实进行面向目标的简化。这样做的先决条件是，实际的过程可以分解成单独的过程部分，从而分解成子问题。必须对生成的模型提出许多要求，参见参考文献［2］：

－ 模型必须在形式上是正确的，即没有矛盾。

– 模型必须尽可能精确地描述现实。但是模型永远只是一个近似，因此永远不可能与现实完全一致。

– 数值解所需的努力必须在任务设置的框架下是合理的。

– 模型应尽可能简单，必要时可以复杂。

只有借助模型演示，才能真正理解物理和化学的变化过程。

了解热力学、流体动力学和燃烧技术的基础知识是创建数学模型以模拟随化学反应、随时间和空间变化的流场、温度场和浓度场的基本前提。在模拟具有化学反应的流场时，应该注意物理和化学过程可以在非常不同的时间和长度尺度上发生变化。如果时间尺度差别很大时，这些过程的描述通常会比较容易，因为这样可以对物理和化学过程进行简化假设。但是，当时间尺度处于相同数量级时，模型的描述通常会非常复杂。

近些年来，数值模拟已经成为发动机、驱动单元和车辆开发环节中必要的工具。随着车辆和发动机开发时间的进一步缩短，开发的复杂性却日益增加的情况下，数值模拟在未来的重要性将会大大增加。

14.5.1　燃烧模型分类

燃烧模型通常分为以下三种不同的类型，即：

– 零维或热力学模型，其中燃烧释放的热量以及气缸充气和燃烧室壁面之间的热传递均采用半经验模型。例如，可以用来描述韦伯（Vibe）替代燃烧过程或沃施尼（Woschni）热转换模型。

– 采用物理和化学方法模拟燃烧释放热量的现象学模型。

– 三维计算流体动力学（Computational – Fluid – Dynamics，CFD）模型，其中质量、能量和动量的守恒方程使用湍流模型和其他物理和化学子模型求解。

这些模型之间的主要差异如图 14.20 所示。

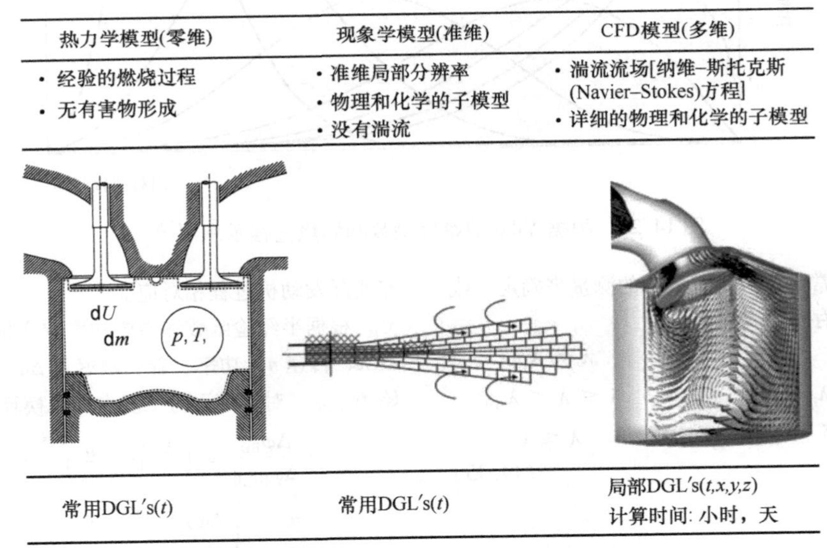

图 14.20　燃烧模型的分类[19]

零维模型是整个过程分析的基础，即对发动机、驱动单元和整车的稳态和动态特性进行模拟。现象学模型用于模拟在燃烧室中的过程，即混合气形成、着火、燃烧和有害物的形成过程。3D – CFD 模型因为需要较长的计算时间，因此仅适用于特殊且非常详细的任务。

14.5.2　零维模型

14.5.2.1　替代燃烧过程

燃烧过程描述了通过燃烧释放热量随时间的变化过程。燃烧过程的积分称为总燃烧过程或燃烧函数。为了模拟燃烧，使用了不同的方法或数学模型，所有这些都旨在使用所谓的替代燃烧过程来尽可能精确地描述燃烧的实际热量释放。最著名的是单韦伯（Vibe）函数和双韦伯函数、多边形双曲线函数和神经网络。下面简单地介绍韦伯（Vibe）替换燃烧过程，进一步的信息参阅参考文献［2，19］。

基于“三角燃烧过程”，具有基于反应动力学考虑的关系[20]

$$\frac{E_B}{E_{B,ges}} = 1 - \exp(-a \cdot y^{m+1}) \qquad (14.38)$$

其中

$$E_{B,ges} = m_B \cdot H_U \tag{14.39}$$

对于最大的可释放热量

$$\gamma = (\varphi - \varphi_{BB}) \cdot \Delta\varphi_{BD} \tag{14.40}$$

对于具有燃烧持续期的无量纲曲轴转角

$$\Delta\varphi_{BD} = \varphi_{BE} - \varphi_{BB} \tag{14.41}$$

式中，φ_{BE} 为燃烧结束；φ_{BB} 为燃烧开始。燃烧过程如图 14.21 所示

$$\frac{dE_B}{d\varphi} = f(\varphi, m) \tag{14.42}$$

绘制了各种形状参数 m 与无量纲曲轴转角的函数曲线。对于累积燃烧率或烧穿函数，有：

$$E_B = \int f(\varphi, m) \cdot d\varphi = F(\varphi, m) \tag{14.43}$$

在燃烧过程结束时，即在 $\varphi = \varphi_{BE}$ 或 $\gamma = 1$ 时，应释放燃料供给的总能量的百分比 $\mu_{U,ges}$（%）。因此，它们之间的关系如下所示

$$\frac{E_B}{E_{B,ges}} = \eta_{U,ges} = 1 - \exp(-a) \tag{14.44}$$

由此可以得到以下数据：

$\eta_{U,ges}$	0.999	0.990	0.980	0.950
a	6.908	4.605	3.912	2.995

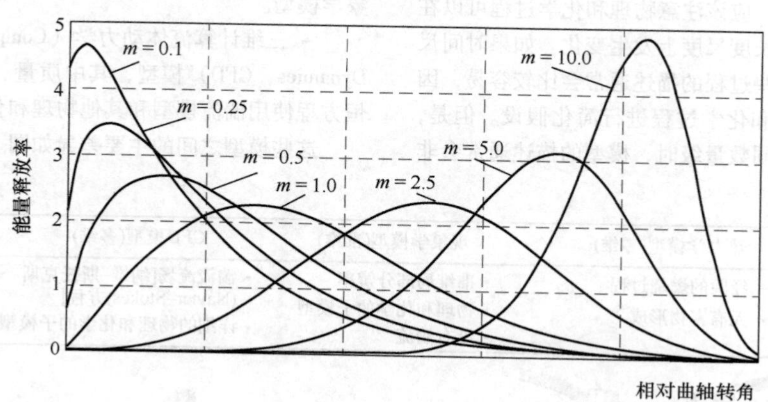

图 14.21　根据 Vibe 的燃烧函数和燃烧过程示意图[20]

转化程度通常基于对废气成分的测量来确定。或者，对于柴油机存在经验关系式[21]

$$\eta_{U,ges} = \begin{cases} 1 & \lambda > \lambda_{RB} \\ a \cdot \lambda \cdot \exp(c \cdot \lambda) - b & 1 \leqslant \lambda \leqslant \lambda_{RB} \\ 0.95 \cdot \lambda + d & \lambda \leqslant 1 \end{cases} \tag{14.45}$$

式中，

$$c = -\frac{1}{\lambda_{RB}}$$
$$d = -0.0375 - (\lambda_{RB} - 1.17)/15$$
$$a = (0.05 - d)/[\lambda_{RB} \cdot \exp(-1) - \exp(c)]$$
$$b = a \cdot \exp(c) - 0.95 - d \tag{14.46}$$

式中，λ_{RB} 是按照 Bosch 烟度 $RB = 3.5$ 情况下，废气出现黑烟时的过量空气系数。λ_{RB} 的有效范围在 1.17～2.05 之间。

Vibe 替代燃烧过程由三个变化参数来决定：燃烧开始 φ_{BB}、燃烧持续过程 $\Delta\varphi_{BD}$ 和形状参数 m。针对确定的运行工况点，只用调整这三个参数。调整的方式是使燃烧开始 φ_{BB}、点火压力 p_z 和平均压力 $p_{m,i}$ 与实际发动机过程相对应。

根据半经验函数和主要的影响变量：过量空气系数 λ、转速 n、功率、着火延迟角 $\Delta\varphi_{ZV}$，以及燃烧开始角 φ_{BB}，对任何运行工况点进行换算：

$$\frac{\Delta\varphi_{BD}}{\Delta\varphi_{BD,0}} = \left(\frac{\lambda_0}{\lambda}\right) \cdot \left(\frac{n}{n_0}\right)^{0.5} \cdot \eta_{U,ges}^{0.6} \tag{14.47}$$

$$\frac{m}{m_0} = \left(\frac{\Delta\varphi_{ZV,0}}{\Delta\varphi_{ZV}}\right)^{0.5} \cdot \frac{pT_0}{p_0 T} \cdot \left(\frac{n_0}{n}\right)^{0.3} \tag{14.48}$$

$$\Delta\varphi_{ZV} = 6 \cdot n \cdot 10^{-3} \cdot \left[0.5 + \exp\left(\frac{7800}{2 \cdot T}\right) \cdot \left(\frac{0.135}{p^{0.7}} + \frac{4.8}{p^{1.8}}\right)\right] \tag{14.49}$$

$$\varphi_{BB} = \varphi_{FB} + \Delta\varphi_{EV,0}\frac{n}{n_0} + \Delta\varphi_{ZV} \tag{14.50}$$

式中，φ_{FB} 为供油开始角；$\Delta\varphi_{EV,0}$ 为喷油延迟角。

14.5.2.2　传热模型

燃烧室中热烟气的热传递是通过对流热传递和来自炽热碳烟颗粒的热辐射进行的。由于在低负荷下形成碳烟层并在全负荷下燃烧掉，因此对热传输的描述变得更加困难。在参考文献[2]中可以找到概述。下面介绍的传热模型可以追溯到沃施尼（Woschni)[22]，并且到今天为止仍然是最先进的。

通过量纲分析产生无量纲传热系数，即努塞尔（Nußelt）数，用于稳态和全湍流的管道流动

$$\mathrm{Nu} = C\mathrm{Re}^{0.8}\mathrm{Pr}^{0.4} \tag{14.51}$$

其中，努赛尔数

$$\mathrm{Nu} = \frac{\alpha D}{\lambda} \tag{14.52}$$

雷诺（Reynold）数

$$\mathrm{Re} = \frac{\rho\omega D}{\eta} \tag{14.53}$$

普朗特（Prandtl）数

$$\mathrm{Pr} = \frac{v}{a} \tag{14.54}$$

将燃烧室中的混合气看成理想气体，其热力学状态方程为

$$\rho = \frac{p}{RT} \tag{14.55}$$

此外，考虑温度依赖性，进一步假设相关性

$$\mathrm{Pr} = 0.74;\frac{\lambda}{\lambda_0} = \left(\frac{T}{T_0}\right)^x;\frac{\eta}{\eta_0} = \left(\frac{T}{T_0}\right)^y \tag{14.56}$$

然后可以得到

$$\alpha = C^* D^{-0.2} p^{0.8} c_{\mathrm{m}}^{0.8} T^{-r} \tag{14.57}$$

式中，$r = 0.8(1+y) - x$，并假设发动机中的特征速度 w 等于平均活塞速度 c_{m}。通过与测量值比较，与温度相关的指数确定为 $r = 0.53$ 和常数 $C^* = 127.93$。对于点火发动机，必须相应地引入特征速度的修改

$$w = C_1 \cdot c_{\mathrm{m}} + C_2 \frac{V_{\mathrm{h}} \cdot T_1}{p_1 \cdot V_1}(p - p_0) \tag{14.58}$$

因为燃烧极大地增强了湍流，从而也极大地增加了热传递速度。方程式（14.58）中的第二项是所谓的“燃烧项”，在点火运行时压力变化曲线为 $p(\varphi)$，在倒拖运行时压力变化曲线为 $p_0(\varphi)$，V_1、p_1 和 T_1 是“进气门”关闭时的值。而常数 C_1 和 C_2 是通过适应性测量得到的：

$$C_1 = \begin{cases} 6.18 + 0.417 \cdot \dfrac{c_{\mathrm{u}}}{c_{\mathrm{m}}} & \text{换气过程} \\ 2.28 + 0.308 \cdot \dfrac{c_{\mathrm{u}}}{c_{\mathrm{m}}} & \text{压缩过程/膨胀过程} \end{cases} \tag{14.59}$$

$$C_2 = \begin{cases} 6.22 \times 10^{-3}\mathrm{m/(s \cdot K)} & \text{预燃室发动机} \\ 3.24 \times 10^{-3}\mathrm{m/(s \cdot K)} & \text{直喷发动机} \end{cases} \tag{14.60}$$

其中，对于进气涡流，$c_{\mathrm{u}}/c_{\mathrm{m}}$ 的取值范围为 $0 < c_{\mathrm{u}}/c_{\mathrm{m}} < 3$。用“燃烧项”校正的速度提供的值对于倒拖发动机和低负荷范围来说太低了。因此，提出了特征速度的关系

$$w = C_1 \cdot c_{\mathrm{m}}\left[1 + 2\left(\frac{V_{\mathrm{c}}}{V}\right)^2 \cdot p_{\mathrm{mi}}^{-0.2}\right] \tag{14.61}$$

并建议在每种情况下使用最大数值进行计算。对于采用直接喷射的柴油机，必须在壁温更高时相应地修正常数 C_2：

$$C_2 = \begin{cases} 3.24 \times 10^{-3}\mathrm{m/(s \cdot K)} & T_{\mathrm{w}} < 550\mathrm{K} \\ 5.0 \times 10^{-3}\mathrm{m/(s \cdot K)} + 2.3 \times 10^{-3} & \\ (T_{\mathrm{w}} - 550\mathrm{K})\mathrm{m/(s \cdot K^2)} & T_{\mathrm{w}} > 550\mathrm{K} \end{cases} \tag{14.62}$$

对于进一步的细节，参考引用的文献。

固体中热传导的能量传输通过傅里叶微分方程来描述。

$$\frac{\partial T}{\partial t} = a\frac{\partial^2 T}{\partial x^2} \tag{14.63}$$

其中，导热率

$$a = \frac{\lambda}{\rho c_p} \tag{14.64}$$

图 14.22 显示了汽油机在全负荷下的气体温度、热流密度和传热系数的变化情况。由于燃烧室中气体温度和传热系数的变化，所以燃烧室壁面上也会有相应的温度波动。

如果想要了解更多内容可参阅本章给出的参考文献。

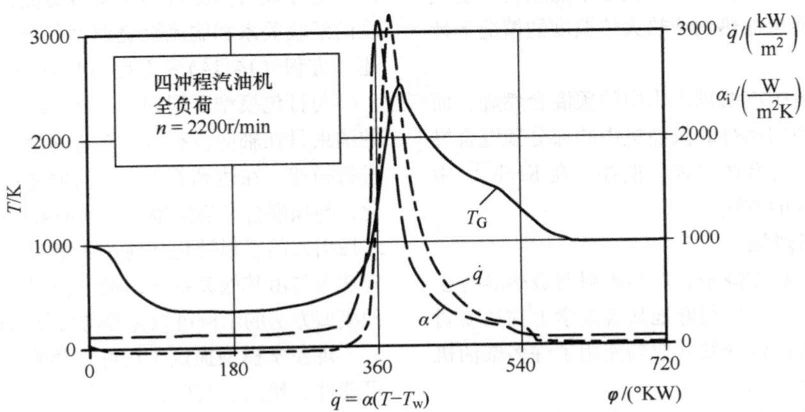

图 14.22　汽油机全负荷时，气体温度、热流密度和传热系数的变化过程

14.5.3　现象学模型

在复杂性和细节性方面而言，现象学燃烧模型介于零维燃烧模型和3D-CFD计算所使用的燃烧模型之间。与零维模型相比，现象学模型提供了一种准维分辨率以及化学和物理功能良好的子模型，因此可以预先计算燃烧过程，而不仅仅是通过经验构建。而与3D-CFD模拟所使用的模型相比，构建的子模型通常过于简单。通常使用常微分方程对现象学模型进行求解。总体而言，现象学模型的计算比3D-CFD模型的计算时间缩短了许多。然而，由于缺乏三维分辨率，并不能够显示燃烧室中的湍流结构。

14.5.3.1　汽油机燃烧

汽油机中的湍流预混合燃烧模型主要是基于所谓的比利乍得（Blizard）和凯克（Keck）提出的夹带模型[23]。此模型假设火焰前锋从火花塞开始，并以球形向周围扩散，从而可以根据湍流燃烧的速度和燃烧室的几何形状来计算火焰前锋的面积和位置。

为了计算湍流燃烧速度，首先要确定层流燃烧速度 s_l。例如，使用梅加尔基（Metghalchi）和Keck[24]以及罗德（Rhodes）和Keck[25]的经验关系式。目前已经有各种相关性的经验公式来计算湍流燃烧速度 s_t。Damköhler 提出了一个基于两个经验常量 C 和 n 的相关性的简单公式

$$\frac{s_t}{s_l} = 1 + C\left(\frac{u'}{s_l}\right)^n \qquad (14.65)$$

除了相关性本身的不确定性外，确定相关性所必需的湍流特性，例如波动速度 u_t，在现象模型的框架内是有问题的。

另一个难点是着火和着火阶段的描述，赫韦格（Herweg）和马利（Maly）提出了一种描述着火阶段的方法[26]。在这里，着火阶段的有效燃烧速度被描述为湍流燃烧速度 s_t 和等离子体速度 s_{pl} 的总和。其中，等离子体速度是在假设火焰核心中的燃料-空气混合物通过点火能量加热到绝热火焰温度的情况下计算的。

如果不考虑传统汽油机应用中的预混合燃烧，而是考虑直喷和非均匀运行的汽油机中的部分预混合燃烧，则需要进行更复杂的描述。例如，在Koch[27]中可以找到这种燃烧的方法。

14.5.3.2　柴油机燃烧

在传统的柴油机燃烧中，燃油喷射对放热具有主要的影响作用。由于可以很好地从现象学上描述喷射过程，因此在过去已经开发并成功使用了许多柴油机燃烧的现象学模型[19]。

作为示例，此处简要地描述两个模型；有关替代方法和更多详细信息，参阅参考文献［2］和给出的参考文献。

打包模型最初是由广安博之（Hiroyasu）[28]提出的，后来由斯蒂施（Stiesch）[29]等其他作者进一步开发。就像零维模型一样，在喷油之前，燃烧室只用一个区域来解析。然后，在喷油过程中和喷油过程之后，将油束分成几个区域分别打包，可以参照图14.20中打包模型的示意图。其中，假定喷入的油束是旋转对称的，从而可以从轴向和径向方向进行描述，并且打包具有环形形状。通常会忽略各个打包区域间的交互作用。在打包区域进入燃烧室后，它们最初仅仅包含液态燃料。打包区域的速度会随着离喷嘴距离的增加或者使用寿命的延长而降低，并根据经验进行如下描述：

$$v_{ax} = 1.48\left[\frac{(p_{inj} - p_{zyl})D_D^2}{\rho_L}\right] \cdot t^m \qquad (14.66)$$

式中，p_{inj} 和 p_{zyl} 分别是喷油压力和气缸压力；D_D 是喷嘴直径；ρ_L 是燃料密度。

假定吸入打包区域中的空气质量可以通过打包区域中的动量守恒来计算。这种所谓的夹带对采用打包模型计算的燃烧率有决定性的影响。在单独的打包区域，子模型用于计算油束和液滴的破裂、蒸发、着火和燃烧。在准维分辨率下，喷射油束可以显示混合物的组成梯度和温度梯度，因此可以计算碳烟和氮氧化物等有害物的排放。

另一个柴油机燃烧模型是芭芭拉（Barba）模型[30]。在热释放的描述中，区分了预喷射的预混合燃烧和主喷射的预混合燃烧和混合控制燃烧。其中，在预喷射中所带入的燃油被描述为与空气混合的单一区域。在通过一步反应计算出着火延迟时间后［比较方程（14.30）］，湍流火焰首先从一个着火位置扩散，然后从多个着火位置扩散，其中，湍流燃烧速度的描述方式与汽油机燃烧模型类似，通过层流燃烧速度的经验关系和湍流燃烧速度的Damköhler关系来描述［方程（14.14）~方程(14.65)］。

与打包模型不同的是，在Barba模型中，主喷射的油束只在轴向段扩散，渗透深度也根据经验的方式进行描述。在达到着火延迟时间之前引入了燃料的转化，与预混合燃烧模型中的预喷射相同的方式来描述，之后引入的燃料转化又通过扩散模型来表示。其中反应速率与由其他关系导出的湍流时间尺度成反比。其他模型方法的示例可以见参考文献[31，32]。

现象学模型提供了很好地预测柴油机燃烧过程的可能性，然而，其中将模型用于不同的发动机时，通常必须对经验参数进行匹配。模型所使用的喷射过程

的模拟质量，对于计算质量特别重要。

尽管严格地来说，这些不是现象学模型，但在这一点上也应该提到所谓的随机反应器模型（SRM），例如参见参考文献[33，34]。在这些模型中，着火和燃烧是使用概率密度函数来描述的，其中，特别是使用了详细的动力学反应机理。

14.5.4 3D-CFD模型

多维的流动问题通常根据质量守恒方程、动量守恒方程和能量守恒方程，以偏微分方程形式描述，即纳维-斯托克斯（Navier-Stokes）方程。除了对模型问题可能进行某些简化外，这些方程太复杂，无法解析求解，因此需要进行数值求解。对此，空气流经的组件（在这种情况下为燃烧室）通过计算网格离散化。理论上，Navier-Stokes方程对层流和湍流流动都是有效的。在湍流中出现的最小的结构可以用Kolmogorov的长度来描述（参见14.4.1节）。这种结构的一种解决方案，即所谓的直接数值模拟（DNS），在工业问题的情况下，这会导致计算网格中的单元数过多，从而导致计算时间太长。因此，模型中通常对于雷诺平均［或法弗尔（Favre）平均］变量（比较14.4.1节）求解守恒方程，而有关波动量的信息会丢失。因此，为了适应守恒方程，需要采用湍流模型。然而，这并不是普遍有效的，原则上必须适应各种条件的流动条件。近年来，所谓的大涡模拟（LES，Large-Eddy Simulation）变得越来越重要。在LES中，解决了较大的湍流涡流，并且只对更小的流动结构进行建模。这种方法的优点是计算网格的细化会自动获得信息，这与雷诺平均方法不同。图14.23（见彩插）显示了用LNS和DNS计算的剪切层的示范性模拟结果。

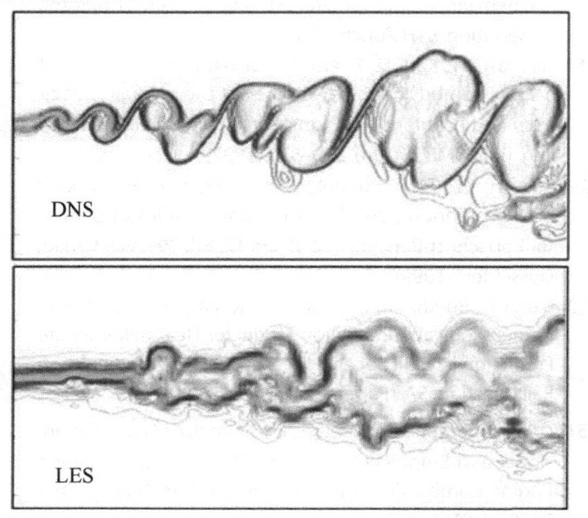

图14.23 用LES和DNS计算的剪切层的二维截面[35]

由于湍流对燃烧过程的影响很大，湍流模型对燃烧计算的整体质量有着重要的影响作用。因此，今后对这一领域的开发有非常重要的意义。

在直喷式发动机中，油束发展、液滴破碎和聚结、液滴蒸发、着火、燃烧和有害物形成等过程之间的相互作用起着至关重要的作用。因此，对混合气形成过程的良好描述是模拟燃烧的先决条件。

对于描述混合气形成的模型，此处应当参照参考文献[2，36]。

过去，已经开发出多种不同的模型来描述三维流体力学框架内的燃烧。描述预混合燃烧的大多数模型，如在传统的汽油机中出现的情况，都基于所谓的小火焰假设[16]，该假设指出，由湍流燃烧的火焰前锋可以像层流燃烧一样局部处理。

描述湍流、预混合火焰的基本难点在于检测火焰前锋。近年来，在实际应用中特别采用了两种不同的模型方法。在火焰表面模型（相干小火焰模型）[37]中，一方面，为一个进展变量求解传输方程，该变量取值在0（无材料转换）和1（材料转换完全完成）之间。另一方面，求解火焰面积密度（每单位体积的火焰面积）的输运方程，其中火焰面积密度在进展变量的方程中作为源项出现。在第二种模型方法中，火焰前锋用所谓的G方程[14]来描述，该方程基于水平集（Level-Set）方法，即一种描述运动表面的方法。

在柴油机燃烧的主要阶段，通过空气和燃料之间的湍流混合气决定热量的释放。因此，湍流时间尺度在大多数模型中起着至关重要的作用

$$\tau_{turb} = k/\varepsilon \tag{14.67}$$

式中，k是湍流动能；ε是耗散速率。

过去，一个简单但经常被成功使用的柴油机燃烧模型是特征-时间刻度（Characteristic-Timescale）模型，其中，一种物质i的反应速率是根据实际物质密度ρ_i与局部的瞬时平衡密度$\rho_i{}^*$之间的差异来计算的[38]：

$$\frac{d\rho_i}{dt} = \frac{\rho_i - \rho_i{}^*}{\tau_c} \tag{14.68}$$

式中，τ_c是达到平衡的特征时间。假设所有所关注的物质的平衡时间τ_c都是相同的。τ_c由层流部分τ_{lam}所组成，它描述了反应动力学的影响，具体取决于温度和过量空气系数以及湍流比例τ_{turb}：

$$\tau_c = \tau_{lam} + f \cdot \tau_{turb} \tag{14.69}$$

湍流部分考虑到在反应之前离析物必须在微观水平上通过湍流混合。随着燃烧的进行，延迟因子f趋于从0变到1，从而标志着从预混合燃烧到混合控制

燃烧的过渡。由于直接包含了湍流时间尺度，因此燃烧模型的结果在很大程度上依赖于所使用的湍流模型，因为对湍流参数的错误计算会直接影响放热速率。

另一种广泛使用的计算柴油机燃烧的模型是小火焰（Flamlet）模型[16]。这里假设湍流火焰由层流扩散火焰（小火焰）的集合组成。该假设允许将三维燃烧结构转换为混合物破裂方向的尺寸，即在 0 和 1 之间归一化的过量空气系数。通过将最初的三维守恒方程转换为一维问题，即使是非常复杂的反应机理，也可以通过合理的计算量来求解。

由于现代燃烧过程，例如直喷和油束引导燃烧过程的汽油机中或在均质柴油机燃烧中，不能再清楚地分为预混合和非预混合燃烧形式，因此对燃烧模型的需求越来越大，可以涵盖几种不同的方式。这种模型的一个例子是最近经常使用的 ECFM - 3Z 模型[39]。有关此处介绍的燃烧模型和其他燃烧模型的详细处理，参阅给出的文献与参考文献[2，16，19，37]。

参考文献

[1] Glassmann, I.: Combustion. Academic Press, New York (1996)

[2] Merker, G.P., Teichmann, R. (Hrsg.): Grundlagen Verbrennungsmotoren – Funktionsweise, Simulation, Messtechnik, 7. Aufl. Springer Verlag, Wiesbaden (2014)

[3] Semenov, N.: Chemical Kinetics and Chain Reactions. Oxford University Press, London (1935)

[4] Curran, H.J., Gaffuri, P., Pitz, W.J., Westbrook, C.K.: A Comprehensive Modeling Study of n-Heptane Oxidation. Comb. Flame 114, 149–177 (1998)

[5] Leppard, W. R.: The Chemical Origin of Fuel Octane Sensitivity. SAE paper 902137, 1990

[6] Halstead, M., Kirsch, L., Quinn, C.: The Autoignition of Hydrocarbon Fuels at High Temperatures and Pressures – Fitting of a Mathematical Model. Comb. Flame 30, 45–60 (1977)

[7] Kong, S.-C.; Han, Z.; Reitz, R. D.: The Developement and Application of a Diesel Ignition and Combustion Model for Multidimensional Engine Simulations. SAE Paper 950278, 1995

[8] Tanaka, S., Ayala, F., Keck, J.C.: A reduced chemical kinetic model for HCCI combustion of primary reference fuels in arapid compression machine. Comb. Flame 133, 467–481 (2003)

[9] Ogink, R.; Golovitchev, R.:Gasoline HCCI modelling: Computer program combining detailed chemistry and gas exchange processes. SAE Paper 2001-01-3614, 2001

[10] Merker, G.P., Baumgarten, C.: Fluid- und Wärmetransport: Strömungslehre. Teubner, Wiebaden (2000)

[11] Pope, S.B.: Turbulent Flows. Cambridge University Press, Cambridge (2000)

[12] Heywood, J.B.: Combustion and its Modeling in Spark-Ignition Engines 3rd Int Symp COMODIA 94. (1988)

[13] Otto, F.: Strömungsmechanische Simulation zur Berechnung motorischer Prozesse. Vorlesungsskript, Universität Hannover

[14] Peters, N.: Laminar Flamelet Concepts in Turbulent Combustion. Proc. of the Combustion Institute 21, 1231–1250 (1986)

[15] Borghi, R.: On the Structure and Morphology of Turbulent Premixed Flames. In: Casci, C. (Hrsg.) Recent Advances in Aeronautical Science. Pergamon, London (1985)

[16] Peters, N.: Turbulent Combustion. Cambridge University Press, Cambridge (2000)

[17] Dinkelacker, F.: Struktur turbulenter Vormischflammen. In: Leipertz, (Hrsg.) Berichte zur Verfahrenstechnik, Bd. 1.4. (2001)

[18] Kech, J. M.; Reissing, J.; Gindel, J.; Spicher, U.:Analyses of the Combustion Process in a Direct Injection Gasoline. 4th Int. Symp. COMODIA 98

[19] Stiesch, G.: Modeling Engine Spray and Combustion Processes. Springer Verlag, Berlin, Heidelberg (2003)

[20] Vibe, R.R.: Brennverlauf und Kreisprozess von Verbrennungsmotoren. VEB-Verlag Technik, Berlin (1970)

[21] Betz, A.:Rechnerische Untersuchung des stationären und transienten Betriebsverhaltens ein- und zweistufig aufgeladener Viertakt-Dieselmotoren, Dissertation. TU-München, 1985

[22] Woschni, G.: Die Berechnung der Wandwärmeverluste und der thermischen Belastung der Bauteile von Dieselmotoren. MTZ 31, 491–499 (1970)

[23] Blizard N. C., Keck, J. C.: Experimental and Theoretical Investigation of Turbulent Burning Model for Internal Combustion Engines. SAE Paper 740191

[24] Metghalchi, M., Keck, J.C.: Burning Velocities of Mixtures if Air with Methanol, Iso-octane and Indolene at High Pressure and Temperature. Comb. Flame 38, 143–154 (1982)

[25] Rhodes, D. B.; Keck, J. C.: Laminar Burning Speed Measurements of Indolene-Air Diluent Mixtures at High Pressures and Temperatures. SAE Paper, 850047, 1985

[26] Herweg, R.; Maly, R. R.: A Fundamental Model for Flame Kernel Formation in SI Engines, SAE Paper 922243, 1992

[27] Koch, T.: Numerischer Beitrag zur Charakterisierung und Vorausberechnung der Gemischbildung und Verbrennung in einem direkteingespritzten, strahlgeführten Ottomotor, Dissertation. ETH Zürich, 2002

[28] Hiroyasu, H., Kadota, T., Arai, M.: Development and Use of a Spray Combustion Model to predict Diesel Engine Efficiency and Pollutant Emissions, Part 1: Combustion Modeling. Bull JSME 26(214), 569–575 (1992)

[29] Stiesch, G.: Phänomenologisches Multi-Zonen-Modell der Verbrennung und Schadtstoffbildung im Dieselmotor Fortschritt-Berichte VDI, Reihe 12, Bd. 399. VDI-Verlag, Düsseldorf (1999)

[30] Barba, C.; Burkhardt, C.; Boulochos, K.; Bargende, M.: A Phenomenological Combustion Model for Heat Release Rate Prediction in High Speed DI Diesel Engines with Common Rail Injection. SAE Paper 2000-01-2933

[31] Grill, M.; Bargende, M.; Rether, D.; Schmid, A.: Quasi-dimensional and Empirical Modeling of Compression-Ignition Engine Combustion and Emissions. SAE Technical Paper 2010-01-0151, 2010

[32] Rezaei, R.; Eckert, P.; Seebode, J.; Behnk, K.: Zero-Dimensional Modeling of Combustion and Heat Release Rate in DI Diesel Engines. SAE Int. J. Engines 5(3): 874–885, SAE Paper 2012-01-1065, 2012
[33] Su, H.; Mosbach, S.; Kraft, M.; Bhave, A.; Kook, S.; Bae, C.:Two Stage Fuel Direct Injection in a Diesel Fuelled HCCI Engine. SAE Paper. 2007-01-1880, 2007
[34] Pasternak, M.; Mauss, F.; Janiga, G.; Thévenin, D.: Self-Calibrating Model for Diesel Engine Simulations. SAE Technical Paper 2012-01-1072, 2012
[35] Chumakov, S.: Large-Eddy Simulation for Subgrid Scalar Transport, M.Sc. Thesis. University of Wisconsin, 2001
[36] Baumgarten, C.: Heat and Mass Transfer in Sprays. Mixture Formation in Internal Combustion Engines (Heat and Mass Transfer. Springer, Berlin, London, New York (2006)
[37] Poinsot, T., Veynante, D.: Theoretical and Numerical Combustion, 2. Aufl. RT Edwards, Cambridge (2005)
[38] Kong, S. C.; Han, Z.; Reitz, R. D.: The Development and Application of a Diesel Ignition and Combustion Model for Multidimensional Engine Simulations. SAE Paper 950278, 1995
[39] Colin, O., Benkenida, A.: The 3-Zones Extended Coherent Flame Model (Ecfm3z) for Computing Premixed/Diffusion Combustion. Oil & Gas Science and Technology – Rev. IFP 59(6), 593–609 (2004)

第15章 燃烧过程

工学博士、荣誉博士 Helmut Tschöke 教授，工学博士 Detlef Hieber 教授，工学硕士 Marc Sens，工学硕士 Reinhold Bals，工学硕士 Ralf Waschek，工学硕士 Michael Riess，工学博士 Uwe Meinig

15.1 柴油机

15.1.1 柴油燃烧

（1）总体概述

燃烧是指物质与氧分子结合（氧化）并释放出热量（放热）的化学反应。通过点火燃烧，并且仅在特定条件下才会发生，简单描述如下：

- 反应物必须有最低能级的要求，即所谓的活化能级。只有达到活化能级的分子才能相互反应。反应混合物中具有足够高能级的分子的比例随着混合物温度的升高呈指数增加。

- 反应混合物必须具有特定的成分。如果其中一种或其他反应物的比例过高，则可能发生的分子碰撞不足以引发稳定的、可持续的反应。因此，只有在所谓的点火极限（过量空气系数约为0.6～1.0）内才能实现可靠点火。点火极限的范围随着反应物温度的升高而扩大（过量空气系数大约0.3～1.5）。反应混合物中的惰性成分（例如废气）会降低反应速率，相当于混合气成分向“稀薄”点火极限方向变化。

柴油机的工作过程基于燃烧室内燃油的自燃。燃油通过合适的燃油喷射系统喷射到燃烧室。燃油的确定自燃需要燃烧室中的气体温度足够高。这基本上是通过内燃机的高压缩比来实现的。燃烧的必要先决条件是燃油与存在的空气的充分混合，从而为燃油－空气混合气的着火创造最佳条件。

除了燃烧室中的充量运动、燃烧室的几何形状、气缸充量的热力学状态和燃烧室壁面的热力学状态外，燃油喷射方式和燃油本身的性质也决定了混合气的形成。在柴油机中，混合气的形成和燃烧过程通常是在燃烧室中自行进行的。所以不同于传统汽油机（混合气在进气歧管中形成），柴油机中的混合气形成方式也称为内部混合气形成。在燃油喷射过程中，燃烧室内氧气和燃油（液态和气态）的浓度在空间和时间上的均匀性是衡量混合气质量的指标之一，它在很大程度上决定了柴油机内燃烧的空间上和时间上的变化过程以及燃烧的充分性和完善性（有害物形成）。内燃机废气中可测量到的有害物由污染物的形成和在燃烧室、排气系统中污染物的分解相互作用来确定的。对于碳烟、HC 和 CO 的排放来说尤其如此。

点火后通过燃烧释放的热量，与工质、燃烧室壁面以及液态燃油之间的热交换一起决定了燃烧室中气体的压力和温度的变化过程，因此也决定了能量转换（平均压力和油耗）以及内燃机零部件的机械负荷、热负荷的期望结果。此外，气体压力随时间的变化对内燃机噪声（燃烧噪声）的发展也起着决定性的作用。

作为物理过程的诸如燃油的喷射、油束的雾化、燃油的蒸发以及燃油与空气的混合，工质、燃烧室壁面和燃油之间的热传递，以及活塞运动引起的空气流动（涡流、挤流）和作为化学过程的诸如燃油的燃烧（氧化），部分地同时、相互影响地，并且在不断变化的条件下进行。因此必须考虑这些过程的相互作用。图15.1展示了柴油机燃烧室中发生的过程的基本联系和相互作用。

鉴于柴油机中混合气形成和燃烧的复杂性，因此，如今仍然需要大量研究来阐明这些过程和它们之间的联系。更糟糕的是，通常的内燃机燃料不是纯物质，而是不同的碳氢化合物的混合物。因此，在发动机燃烧条件下确定物理和化学特性以及化学反应过程很困难，只能对其进行部分地近似。

（2）燃油喷射

喷油系统包括喷油嘴和调节和控制装置，其设计和构造决定了燃烧室的燃油供应方式。喷射本身可以基本上

1）在每个工作循环喷射一次的情况下，通过

－开始喷射的时间点、喷射持续时间和燃料供应随时间的变化过程（喷射速率）来表征。

2）在每个工作循环喷射多次的情况下，可以通过

－ 单个喷射的喷油开始时间、喷油持续时间。

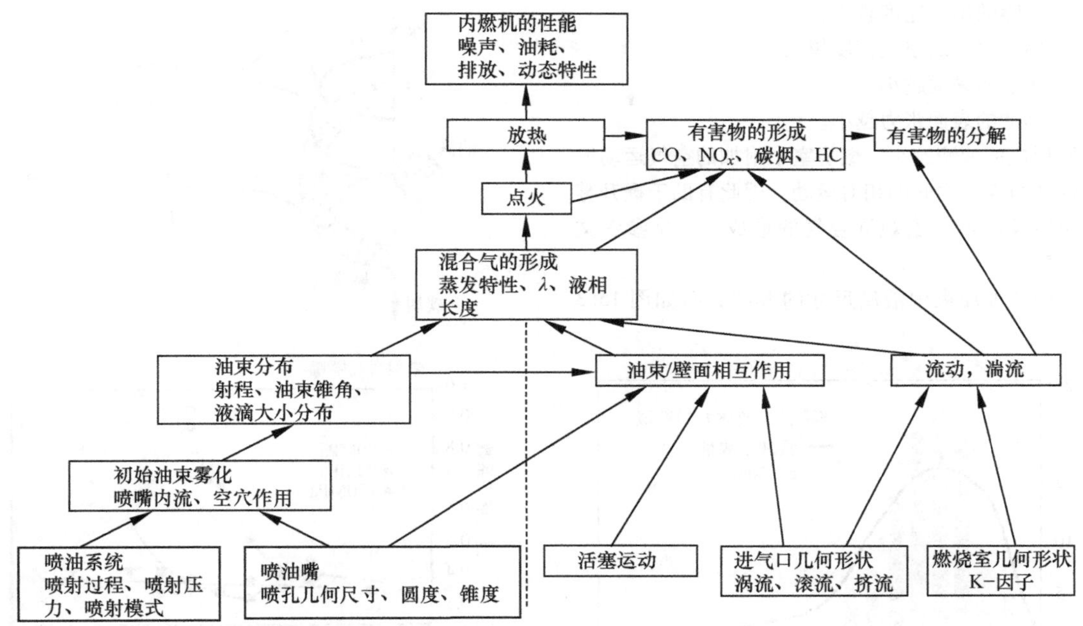

图 15.1 依据文献［1］的柴油机混合气形成和燃烧过程

- 通过燃油供应随时间的变化过程（喷油率，通常仅在主喷射中），和一般还可以通过喷嘴开口相对于燃烧室的几何形状、数量和空间取向来表征。

（3）混合气形成

混合气形成的目的是产生适合点火的局部燃油-空气混合气（微观混合气形成）以及在燃烧室内形成燃油-空气混合气的最佳分布（宏观混合气形成）。对其进行优化的目标是以最低的油耗和最少的废气排放量来实现最大的内燃机功，且满足内燃机噪声、机械负荷和热负荷的限制值。由于所制定的目标中的一些只能通过简单的发动机措施会使某些指标受到相反的影响，因此只有通过协调多个参数（例如喷射压力、喷射时间点、EGR）才能在这些单独的要求之间进行优化。这里，一个显著的例子是 NO_x 排放量与比油耗和碳烟排放量之间此消彼长的特性。如果再将不同的边界条件（例如排放法规、油耗）考虑在内，诸如用于推动船舶的大型柴油机与乘用车柴油机相比的各种发动机类型的运行，那么很明显，不可能有一个通用的量化公式来描述所有柴油机的优化的混合气形成条件。但尽管如此，仍有一些在所有柴油机的设计和优化时需要考虑到的基本知识。

对于常用的喷孔式喷嘴（直喷式柴油机），以现在的观点来看，它的混合气形成过程如下。

在燃油喷射开始后紧接着混合气形成。根据喷油系统的不同，燃油油束以不同的高速（>100m/s）离开喷嘴。由于在喷孔中产生的空化气泡在喷嘴出口之后立即内爆，燃油油束几乎没有延迟地直接在喷嘴出口处破裂。图 15.2 为这个过程的基于测量的模型。

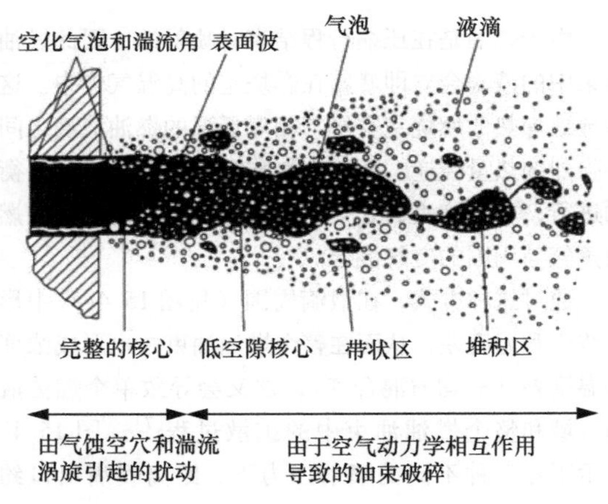

图 15.2 两相喷雾模型[2,3]

由此产生的燃油油束由大量不同尺寸（1～10μm）和形状的单个燃油液滴所组成。根据喷射系统方面的边界条件和燃烧室中的气体状态，每个燃油油束都有自己的液滴尺寸的特征统计分布。液滴的大小主要取决于以下的影响因素：

- 喷嘴的孔径越小。

- 喷嘴的出口速度越大。
- 燃烧室中的空气密度越大。
- 燃油的黏度越小。
- 燃油的表面张力越小。

则形成的液滴越小。燃烧室中附加的空气运动增加了燃油与空气之间的相对运动，因此有助于提升雾化质量以及微观－宏观混合气的形成，另见参考文献[4，5]。

一个燃油油束中液滴尺寸的典型分布如图15.3所示。

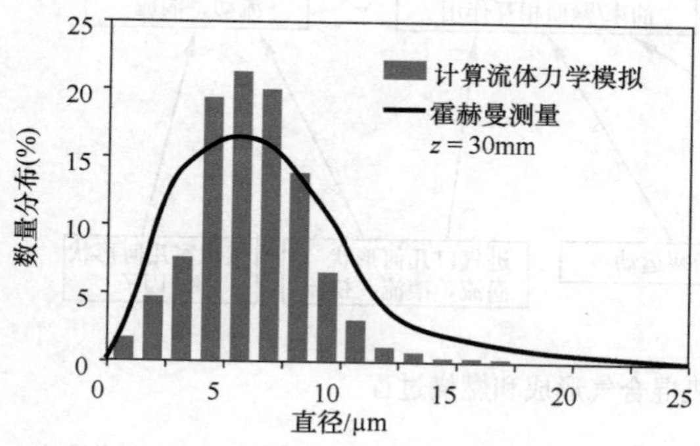

图15.3　距离喷嘴30mm处燃油油束中的液滴尺寸分布[6]

由于燃油是在压缩行程结束时喷射的，因此燃油油束中的液滴会立即暴露在燃烧室的高温气体中。这会导致加热的燃烧室空气与相对低温的燃油液滴之间的强烈的热量传递。随着空气与燃料之间的温度平衡的进行，在液滴表面处开始增加蒸发量，所产生的燃油蒸气与周围的空气混合。

通过这种方式，在液滴周围（见图15.4a）中形成浓度和温度差，从而在整个燃油油束中也形成浓度和温度差（非均质混合气），这又会导致单个燃油液滴区域和整个燃油油束中的扩散过程[7]。图15.4b显示了在三种不同的喷射压力下，距离喷嘴出口约26.5mm处的燃油油束边缘的过量空气系数随时间的变化[2]。图15.4c以快照形式展示了燃油油束中的过量空气系数的分布[8]。很明显，在经过一段时间（着火延迟）后，在柴油油束中总是能够达成如下的着火条件：

- 混合气组分在着火极限内。
- 混合气具有足够高的温度。

图15.5概括性地总结了影响柴油机燃油油束发展的主要影响参数。

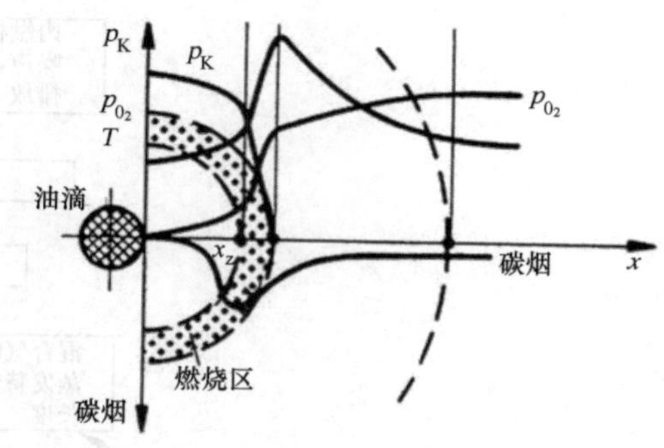

a)

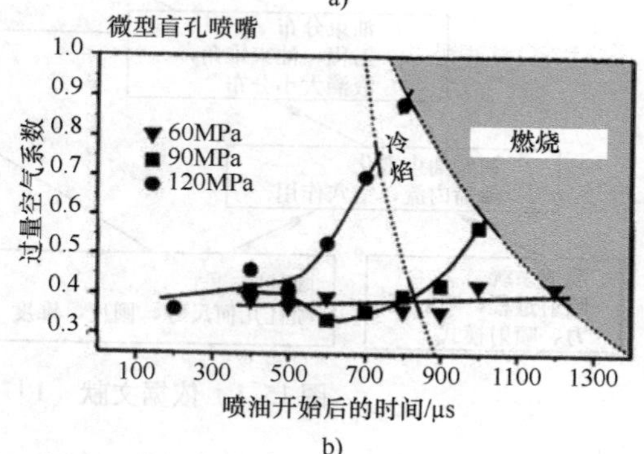

b)

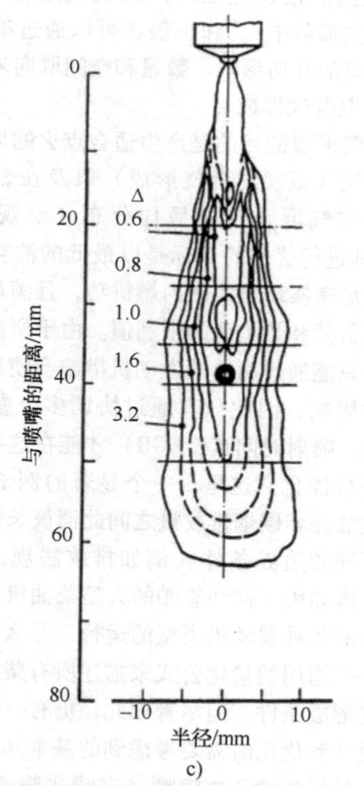

c)

图15.4　a）单个燃烧液滴附近的氧浓度、燃油浓度、碳烟浓度和温度；b）不同喷射压力下在冷焰反应开始之前，油束中某一位置过量空气系数随时间的变化；c）燃油油束中过量空气系数的局部的、瞬时的分布

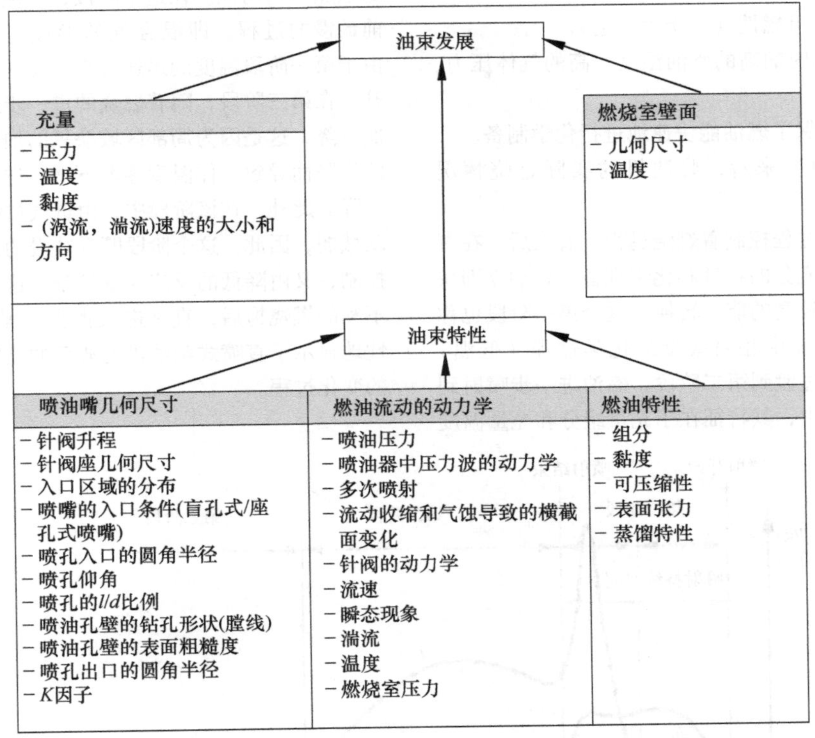

图 15.5 依据参考文献［9］影响燃油油束发展的因素

(4) 着火延迟期、点火和燃烧[4,5]

燃烧室中随着燃油喷射而开始的物理过程和化学过程需要一定的时间才能达到着火条件。从喷射开始直到着火的这段时间，即着火延迟期，对于随后的燃烧过程非常重要。着火延迟期的数量级大约为0.3～2ms，具体取决于燃油喷射时发动机中的条件。

若着火延迟期较短，则在燃烧开始前喷射的燃油相对较少，并经过了优化的物理和化学制备。着火后燃烧室中的压力和温度提升适度。由于燃烧室压力的增加是产生燃烧噪声的主要原因，所以此时燃烧噪声会处于相对较低的水平。由于最大压力较低，因此零部件的机械负荷也更低。最高气体温度和与气体高温相关的 NO_x 形成水平以及热负荷也相对较低。另一方面，燃烧也是在相对较低的压力和温度下进行，这会导致更高的燃油消耗和更多的碳烟形成。后者归因于着火后喷射到发展中的热火焰中的燃料量相对较大，以及形成的燃料蒸气与空气的混合过于缓慢。局部的空气缺乏和高温有利于产生碳烟的裂解反应。相对较长的着火延迟则会相应地产生与以上相反的效果。以下提到的影响着火延迟期的物理和化学原因也说明了有针对性的影响着火延迟期的方式。

导致缩短着火延迟期的方式：

1) 物理的影响因素。

- 喷射开始时的高的气体温度和高的气体压力。
- 燃油的高的雾化品质。
- 燃油与空气之间的高的相对速度。

这些因素导致燃油的快速蒸发，从而又使燃油能够迅速扩散并与燃烧室中的空气混合。

以下结构设计措施可以提高喷射开始时的气体压力和气体温度：

- 高压缩比。
- 推迟喷油开始时刻（在上止点前）。
- 增压。
- 高的冷却液温度和恰当的冷却通道布置。
- 燃烧室形状（影响壁温）。
- 点火辅助装置的使用（电热塞，预热吸入空气）。

燃油的雾化品质主要取决于喷油系统的选择，但也取决于喷射时刻（气体状态）以及与温度相关的燃油特性。

燃油与空气之间的相对速度会受到喷油系统、燃烧室形状和进气通道的结构设计和协调性的影响，解决这一问题的不同方法体现了不同柴油机燃烧过程的本质上的差异。

2）化学的影响因素。

- 燃油的高可燃性（高十六烷值）。

- 喷射开始时的高的燃油温度、高的气体压力、高的气体温度。

这些因素确保了燃油能快速地进行化学制备。

从今天的角度来看，柴油机的实际燃烧情况如下：

总是最慢的过程控制着燃烧过程。着火后，在着火延迟期间经过充分的物理和化学准备的燃油立即快速燃烧，并具有较高的能量转换。这个第一阶段也称为预混燃烧，主要由相对缓慢的化学过程（低温）控制。然后燃烧过渡到第二阶段，燃油进一步喷射到已经存在的火焰中，其特征在于充量组分和充量温度的强烈不均匀性。在这个阶段，燃烧过程再次受到当前最慢的过程，即混合气的形成（扩散）的控制。由于第一阶段温度的迅速升高，化学反应速率大大提升。在第三阶段，随着燃烧的进一步进行，转化率再次下降，这是因为局部区域缺氧的加剧和由于进一步的膨胀而导致气体温度逐渐下降，进而导致反应速率下降。此外，在该阶段中，由进气过程引发的充量运动减弱，因此，这个阶段既受减慢的混合气形成过程控制，又由降低的反应速度控制。这会导致热力学上不利的燃烧拖后，直至进入膨胀行程[4]。图 15.6 定性地显示了直喷式柴油机的典型的喷射率和燃烧速率的变化过程。

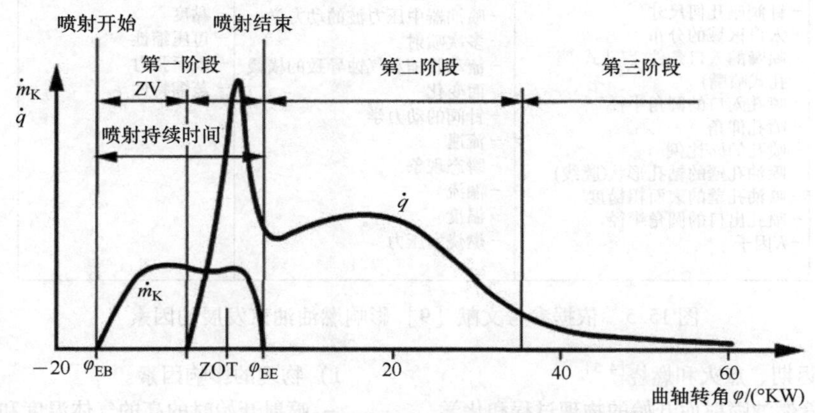

图 15.6 燃油喷射和放热的定性的变化过程[7]

与经典的（均质混合）汽油机相比，给予柴油机内部混合气形成的时间要少得多。此外，柴油的馏程明显更高，这使得柴油机在用于车辆时与汽油机相比处于劣势。随着内燃机转速的增加，时间问题加剧。由于较低的空气利用率（烟度极限），气缸充量不可避免的不均匀性导致更低的平均压力。二者都会导致柴油机更低的升功率，这就是现在几乎所有柴油机都采用增压技术的原因。

（5）有害物的形成

颗粒物和 NO_x 的排放对于柴油机燃烧过程的发展至关重要。废气颗粒绝大部分是碳烟，其上吸附着碳氢化合物和/或硫化物。

原则上，碳氢化合物和一氧化碳排放对柴油机燃烧而言扮演者相当次要的角色，但在部分均质过程和高 EGR 率的情况下可能变得很重要。有害物的形成与燃烧室局部的着火条件、混合气形成条件和燃烧条件直接相关。

根据参考文献[5, 10]，碳烟和 NO_x 的形成明显地受到化学反应动力学的影响。然而，这些过程仍然不完全清楚。基于对火焰和激波管的大量研究，存在图 15.7 所示的设想。

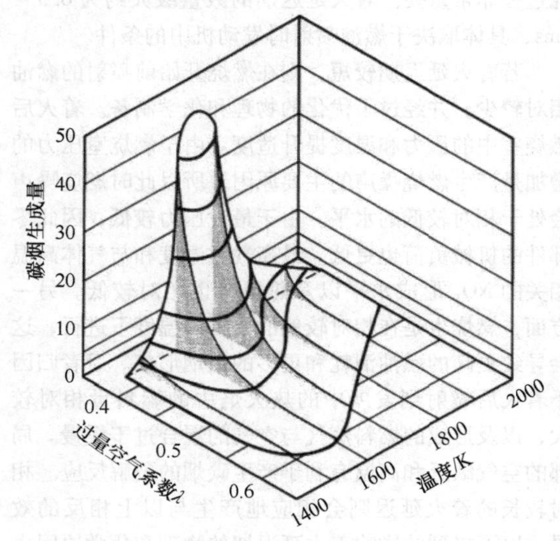

图 15.7 碳烟生成量与温度和过量空气系数的相关性[10]

碳烟的形成取决于温度和过量空气系数。在温度大约为1600～1800K且过量空气系数小于0.6时，碳烟生成量（碳烟质量/总碳质量）达到最大值。对于许多碳氢化合物（燃油）而言，这些碳烟生成的限制条件非常相似，因此这种思路可以转移到柴油机上。上述的柴油机混合气的不均匀性意味着尽管总的过量空气系数 $\lambda>1$，但仍有可能出现局部过量空气系数 $\lambda<0.6$ 的情况。其中，当混合气温度保持在1450K左右以下，可以在很大程度上避免碳烟的形成。因此当正在燃烧的、相对“浓”的混合气冷却下来时（例如靠近壁面附近），或当燃油尚未与空气充分混合就被加热时，碳烟的形成会十分剧烈。由于壁面影响（淬熄）和燃油成分的原因，在柴油机中，在过量空气系数 $\lambda<0.8$ 的情况下，必须考虑碳烟的形成。

图15.8为温度－过量空气系数图，其中除了碳烟形成区域之外，还显示了在点火上止点附近的混合气和燃烧产物的状态。此外，还显示了强烈的氮氧化物形成的范围（在0.5ms内形成的比例）。众所周知，最高的 NO_x 形成率出现在过量空气系数约为1.1时。在这个区域中，一部分先前形成的碳烟可以再次燃烧，如在该区域中碳烟颗粒的反应时间（$d=40nm$）所示。当过量空气系数进一步增加至燃烧室平均值时，燃烧温度下降，进而氮氧化物形成也减少。该图还解释了柴油机典型的碳烟和氮氧化物排放此消彼长的特性。相对较低的温度和空气的缺乏促进了碳烟的形成，并减少了氮氧化物的形成。而高温和过量空气会产生相反的效果。只能在有限范围内实现这两种排放同时显著地减少。高的喷射压力可以改善混合气的形成（均质化），减少碳烟颗粒的形成，因此允许更高的EGR率，以降低温度，从而减少氮氧化物的形成。除了碳烟的形成，在燃烧过程第三阶段碳烟的氧化过程也必须受到有针对性的影响，例如在主喷射结束后立即进行后喷射，以便为碳烟的氧化提供合适的温度水平。

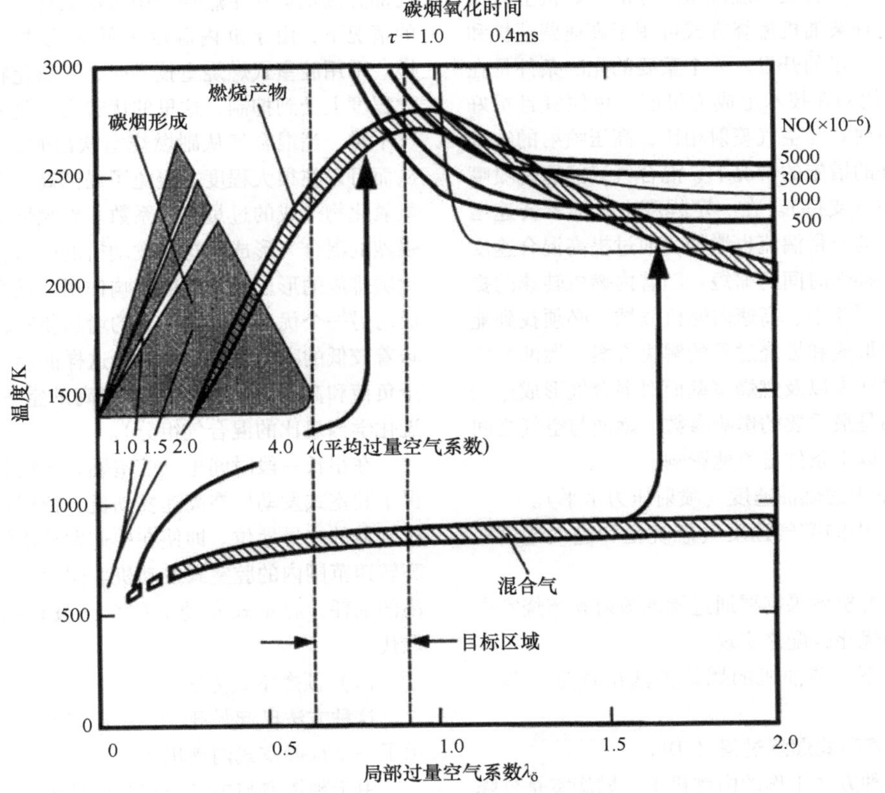

图15.8 柴油机燃烧过程中混合气和燃烧产物的状态[8]

15.1.2 四冲程柴油机燃烧过程

基于上述的燃烧室中的过程，可以对柴油机开发过程中的燃烧过程进行解释和理解。

在鲁道夫·狄塞尔所处的时代，没有工业化的、高度发达的喷油技术可以依托。最初他尝试采用在今天被认为是理所当然的高压燃油喷射时，由于当时的技术限制而失败。作为“紧急解决方案”，他开发了一种技术，即使用压缩空气将液态燃油吹入内燃机的燃烧室。根据参考文献[11]，这种燃烧过程的特点是内燃机运行极其安静和“平稳”，废气无烟无味。如今，这个结果可以解释如下：

- 空气吹入导致燃油充分精细地雾化。
- 在实际燃烧阶段之前，燃油和空气已经在喷嘴中充分混合。
- 由于增压空气的冷却和流入气缸时的进一步冷却（膨胀），很大程度上防止了碳烟的形成。

该技术在后续开发过程中的关键性缺点是驱动空气压缩机需要消耗较多的功，相应地导致了高的燃油消耗。由于燃油是直接进入燃烧室的，因此，尽管它与今天的高压喷射技术有根本性的不同，但这种技术仍可以算作是直接喷射（DI）。因此，燃油直接喷射是历史上最古老的柴油机燃烧方式。但这种技术仅在速度相对较低、具有更大燃烧室尺寸的内燃机上有所保留。要使这种柴油机燃烧方式可用于高速柴油机和车辆，需要进一步的开发。一个重要的先决条件是在20世纪20年代初在技术上成为可能，更便宜且更好计量的高压喷射。与空气喷射相比，高压喷射的缺点是在没有额外的措施的情况下，混合气只能通过喷嘴形成（没有空气支持）。在一定程度上，随着转速增加，燃烧室中的充量湍流也增加，通过提高混合速度和燃烧速度以补偿时间的缩短。随着内燃机转速的提高，例如如今覆盖中、高速内燃机领域，必须找到能够加速混合气形成和燃烧过程的解决方案。燃油与空气之间的相对速度以及燃烧室壁面对混合气形成过程的速度的影响是最重要的影响参数。燃油与空气之间的相对速度受以下条件显著地影响：

- 燃烧室中的燃油速度（喷射压力水平）。
- 燃烧室中的空气速度（燃烧室和进气通道的设计）。

最佳的内燃机效果需要通过燃油喷射和燃烧室中的空气运动的优化匹配来实现。

在此背景下，柴油机的燃烧方法出现进一步的发展。

15.1.2.1 非直喷式燃烧过程（IDI）

在采用这种方法工作的内燃机中，燃烧室是分隔式的。它由一个主燃烧室和一个副燃烧室组成。副燃烧室作为一个腔室并位于气缸盖中。主燃烧室由气缸和活塞顶上的凹坑组成，且与副燃烧室口的位置相匹配。这种内燃机因此也称为腔室式或副腔室式内燃机。主燃烧室和副燃烧室通过一个或多个气道相互连接。副燃烧室在结构上设计为涡流室或预燃室。这两种方法有以下共同点：

借助于插入式、直列式或分配式喷油泵在中等压力（ <400bar）下将燃油喷射到副燃烧室中。采用节流轴针式喷油器（在着火延迟期内少量喷射）。第一部分燃油与空气快速混合，经过相对较短的着火延迟期（副燃烧室高的壁面温度），在副燃烧室中着火。由于活塞的挤流效应，在压缩阶段空气从主燃烧室以高速流入副燃烧室，显著地促进了副燃烧室中混合气的形成。点火后，副燃烧室中的压力和温度迅速上升到超过主燃烧室。更高的副燃烧室压力导致在副燃烧室中形成并且已经部分燃烧的混合气强烈地流入主燃烧室，由此，流入的混合气气流与主燃烧室中的足够多地存在的空气充分混合。

采用间接喷射的燃烧方法往往会增加碳烟的形成。其原因是点火后副燃烧室的温度相对较高且空气不足。如果内燃机在高负荷下工作，则在此阶段形成的部分碳烟会在主燃烧室中再次氧化。但在部分负荷的情况下，由于缸内温度太低而无法进行有效的后燃。采用腔室式燃烧室技术时，氮氧化物的形成在很大程度上受到抑制，这里的优势之一是副燃烧室内空气不足。当混合气从副燃烧室吹出时，又迅速稀释，从而可以在很大程度上避免了局部高温和同时有利于氮氧化物形成的过量空气系数。副燃烧室燃烧过程中强烈的混合气形成对这些发动机的碳氢化合物和一氧化碳排放的形成有积极的影响作用。强烈的混合气形成的另一个优点是气缸压力的增加相对较低，这就意味着较低的噪声水平。此外，这样的燃烧过程还能在全负荷和高转速的情况下实现高的空气利用率（接近化学当量比的混合气组分）。

在很长一段时间里，腔室燃烧方法的上述特性确保了腔室式发动机在高速发动机，特别是乘用车柴油机领域的主导地位。即使在中速发动机领域，也有较高转速范围内的腔室式发动机。同时，由于其明显更高的油耗，腔室式发动机如今已被直喷式发动机所取代。

（1）预燃室式方法[12]

这种方法已起始于20世纪20年代，图15.9展示了一个预燃室式内燃机[13]。

由于预燃室与主燃烧室对称且居中布置，此处所示的四气门内燃机的设计在可达到的燃油消耗值和废气排放方面比两气门版本具有更大的潜力。预燃室通过一个喷射通道连接到主燃烧室，喷射通道端部有几个燃烧孔。预燃室容积的大小约为压缩容积的40% ~

50%。这个比率的大小对碳烟和氮氧化合物的形成有很大的影响作用，应该进行相应优化。所有燃烧孔的最佳横截面积为活塞横截面积的0.5%。更多的孔数可以减少碳烟排放。这种内燃机的压缩比在21:1～22:1之间。预燃室式方法不太适合小的气缸排量。预燃室中的混合气形成可以使用球头销（图15.9）进行优化，球头销与预燃室的几何形状和位置相匹配，与喷射油束方向垂直布置，对燃油油束的形成、燃油分配以及预燃室中的空气运动有利。尽管压缩比相对较高，但如果没有点火辅助装置（电热塞），该方法是行不通的。

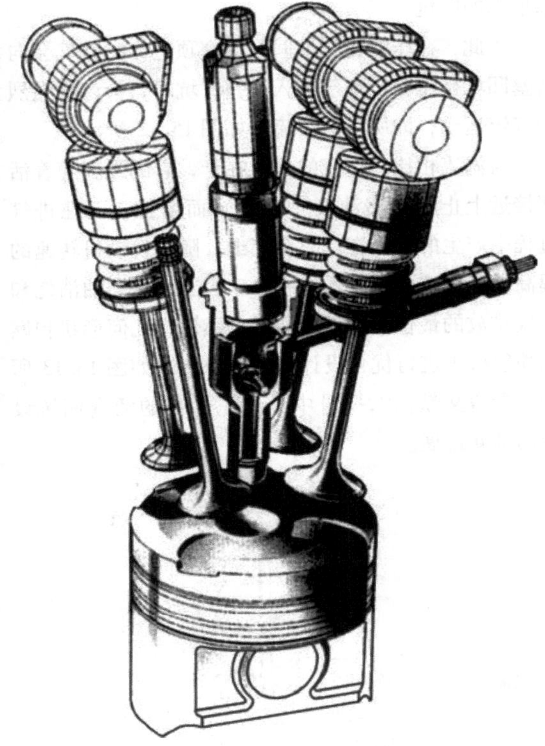

图15.9 四气门预燃室式发动机的燃烧室布置（戴姆勒－克莱斯勒股份公司）

（2）涡流室式方法[14]

主燃烧室和副燃烧室通过流动横截面相对较大的气道相互连接，如图15.10所示。溢流通道切向地通到原先的燃烧室中，因此当活塞向上运动时，流入副燃烧室的空气会产生强烈的旋转运动。涡流速度与内燃机转速的比值主要取决于发动机的转速，一般在20～50之间。涡流室的尺寸以及溢流通道的位置和几何形状，应该与涡流室中的喷嘴布置和在活塞顶上相对于通道出口设置的、通常呈眼镜状的燃烧室凹腔最佳地相互协调。活塞凹腔减弱在凹腔边缘处燃烧的火炬，并且因此降低如下危险：尚未完全燃烧的燃油被输送到活塞顶的较冷的区域并且导致在那里产生更多的碳烟。涡流室容积的优化的尺寸约为压缩容积的50%。喷油嘴布置在涡流室的上部，使得燃油油束与涡流室壁面相切，与流入的空气相反方向喷射，指向油束相对置的高温涡流室壁面上，从而被涡流室中的空气涡流垂直地贯穿。喷射的燃料量的最大部分首先到达高达900K的涡流室壁面，燃油在那里蒸发得相对缓慢。着火大大加快了这一过程。形成的燃油蒸气通过涡流室内空气的涡流运动快速而强烈地混合。其余的燃烧过程与预燃室式发动机类似。这种发动机的压缩比在22:1～23:1之间。涡流室式方法可用于最高可达5000r/min左右的转速（略高于预燃室式发动机），因此特别适用于乘用车。在碳烟限制值下，燃烧特性和可以达到的平均压力与预燃室式发动机相当。同样，涡流室式发动机也离不开点火辅助装置（电热塞）。

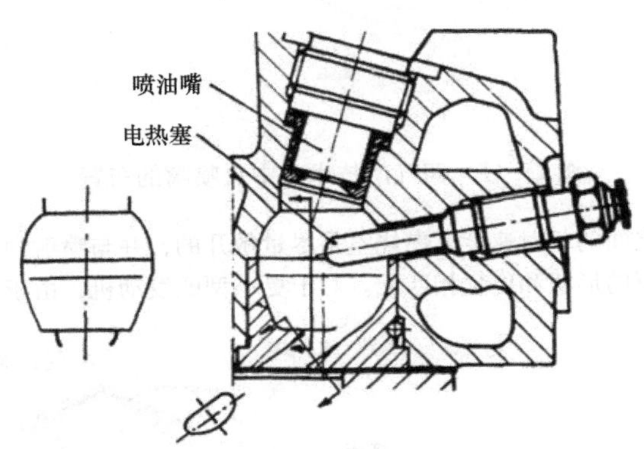

图15.10 带喷油嘴和电热塞的涡流室（欧宝 Omega 2.3 D）[14]

15.1.2.2 直喷式燃烧过程（DI）

在采用燃油直喷方法的发动机中，燃烧室是不分隔的（参考文献[4，5，15－17]；图15.11）。原始的燃烧室由布置在活塞顶上的碗形凹坑构成，活塞凹坑容积最高能占到压缩容积的80%。气缸直径大于约300mm的柴油机通常不会在燃烧室中进行额外的空气运动。混合气仅由喷射系统形成，特别是通过喷油嘴的设计来决定。根据柴油机尺寸的不同，可使用最多12个喷孔的多孔喷油嘴。四气门发动机通过居中布置的并且沿气缸轴线定向的喷油嘴实现了对混合气形成和燃烧室的热负荷有利的燃烧室的对称设计。图15.11展示了二个气门的不对称造型设计。

最大喷射压力（1600～约2700bar）和喷嘴孔径决定了燃油液滴的大小，以及燃油油束中燃油与空气

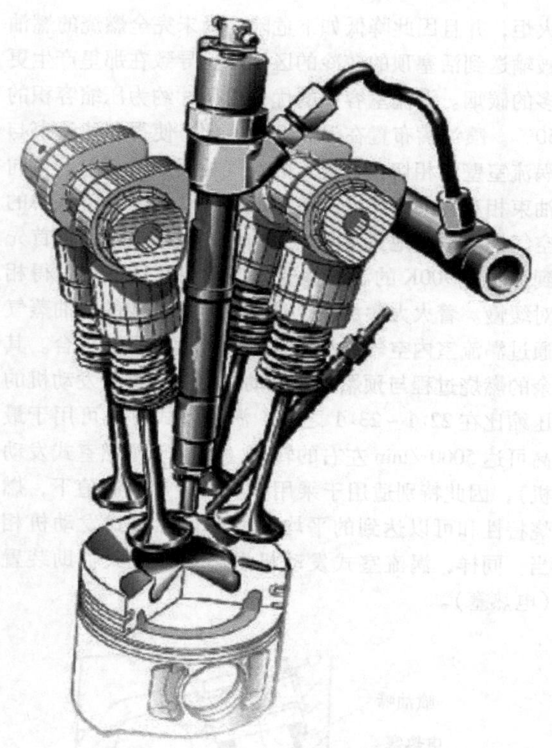

图 15.11　四气门技术中中央喷嘴的布置

之间的相对速度。燃烧室是尽量敞开的，并与喷射油束的形状和位置相匹配。对于更小型的发动机，由于转速的增加，进气过程、燃油喷射和活塞运动带来的空气运动通常不再足以形成良好的混合气。需要采取特殊的措施来提高燃烧室中燃油与空气之间的相对速度。例如，将进气通道设计为螺旋进气道和/或切向进气道，可以在空气流入燃烧室时产生围绕气缸轴线的强烈的旋转运动（涡流）。此涡流与本来就存在于燃烧室中的湍流叠加，致使直接随着燃料喷射在喷射油束区域中产生的燃料蒸气与存在于燃烧室中的空气的快速分布和混合（宏观混合气形成）。增加燃油与燃烧室中空气之间相对速度的另一种可能性是收缩活塞顶部的凹坑。

由此，在压缩行程期间，活塞顶上方的空气会向活塞凹坑挤压，当空气流入活塞凹坑时，会产生强烈的气流运动，即所谓的挤流，如图 15.12 所示。

与涡流相比，挤流的优点在于，它的强度随着活塞接近上止点（燃油喷射阶段）而增加，而在进气过程中产生的涡流在此时会消退。随着发动机转速的提高，采用这两种技术的组合。为了达到燃油消耗和废气排放的最佳值，进气通道、燃烧室几何形状和燃油喷射必须进行优化设计和相互协调，如图 15.13 所示。参考文献［19，20］中介绍了优化的活塞凹坑设计的最新进展。

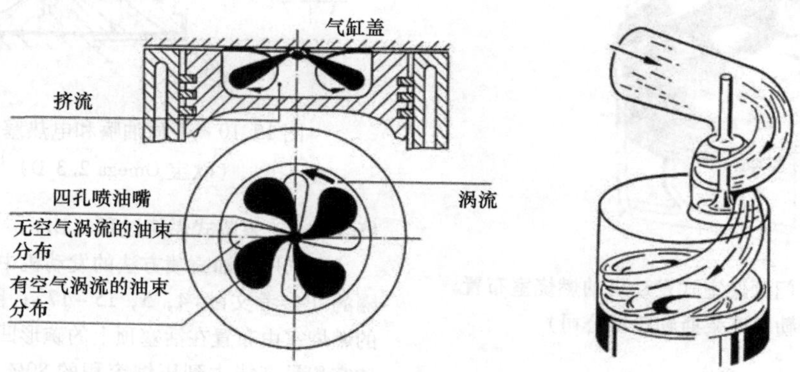

图 15.12　直喷式和以空气找油为主的柴油机燃烧室内的流动过程[18]

减少喷嘴孔数就需要增加涡流比，反之亦然。如果涡流比太高并且有大量喷孔，单个燃油油束之间会重叠（油束漂移），这会使混合气局部“过浓”，其结果是空气利用率降低、废气排放增加。就汽车发动机而言，在整个运行范围内优化地协调混合气形成是十分困难的。模拟技术（3D）和改进的试验可能性（透明发动机）可以有效地解决这些问题。为了优化内燃机的工作，需要根据负荷和转速进行匹配。高速发动机的压缩比要在 15:1 ~ 19:1 之间，并且与非直喷发动机一样，需要使用电热塞以确保可靠的冷起动和暖机，如今，这种发动机的最高转速可达 5000r/min，并且在配备废气涡轮增压时，在最佳工况点其热效率约为 43%。大型发动机的压缩比根据增压度的不同在 11:1 ~ 16:1 之间。如今，有效效率略

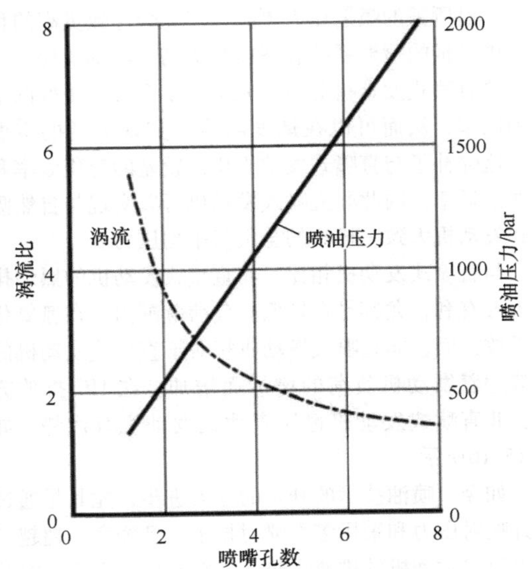

图 15.13 喷油压力、涡流比和喷嘴孔数之间的典型的关系[17]

超50%。图15.14也明显地显示了随转速增加的直接喷射发动机的典型燃烧室形状的比较，从中也能看出发动机转速（发动机尺寸）、空气运动和燃烧室形状之间的关系。图15.14左侧展示了中速发动机的典型的燃烧室，右侧显示了乘用车发动机的典型的燃烧室。可以清楚地看到，随着内燃机转速的增加（活塞直径变小），活塞凹坑越来越收缩和加深。由此加强了挤气作用，并使涡流一直保持到膨胀行程。所需的涡流比增加也有相同的意义，如图15.15所示。

同时，喷嘴孔的数量也趋于减少。随着发动机转速的增加，燃烧过程的优化协调会变得更加困难，因为系统对燃烧室的几何形状更加敏感。在乘用车燃烧室中，应特别注意凹坑边缘（湍流环）的精细成形[20,21]。具有四气门和中央喷嘴的设计也越来越多地用于更小尺寸的气缸。通过当今尽可能高的喷射压力，可以增加喷孔的数量并选择更小的直径，并且由此可以减小涡流。

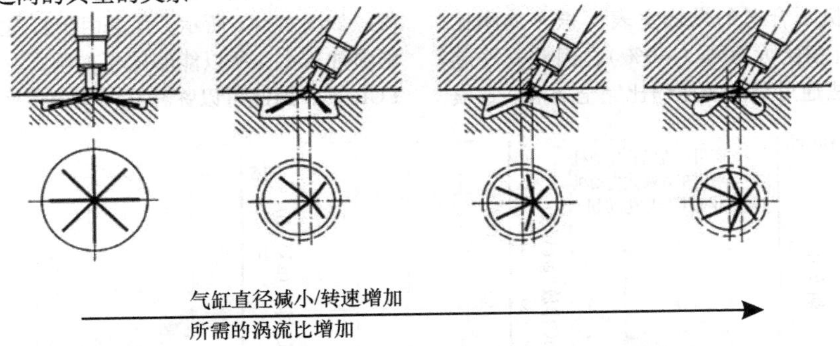

图 15.14 发动机尺寸（转速）对直喷式柴油机燃烧室形状和所需空气运动的影响[18]

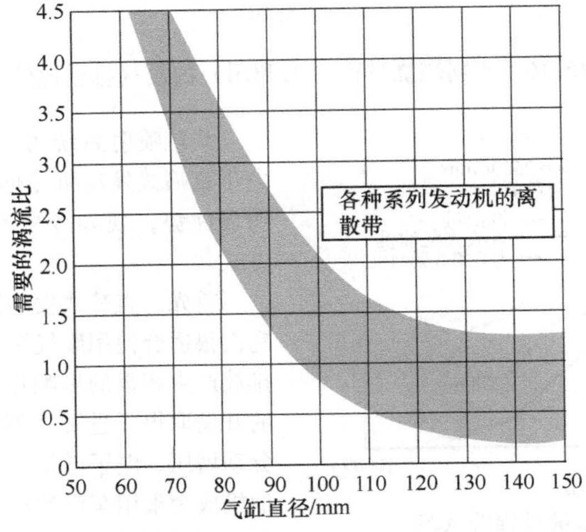

图 15.15 所需的涡流比与气缸直径之间的典型关系[21]

15.1.2.3　燃烧过程的对比

主要就燃油消耗、废气排放和燃烧噪声方面对上述燃烧过程进行比较[5,22]。基本上，它们的不同之处在于产生用作混合气形成的燃油与空气之间相对速度的方式。非直喷柴油机工作在低的喷射压力下，即燃油速度相对较低，因此需要高的空气速度。在直喷式柴油机中，通过高的喷射压力实现高的燃油速度，因此，它们可以应对较低的空气速度。但是，在直喷式发动机中，产生空气运动需要涡流气道，这限制了高转速下的气缸进气能力并且会增加换气损失。从直喷式到涡流室式再到预燃室式柴油机，在上止点区域所需的气体流速趋于增加。但随着燃烧室中进气流速的增加，进气流动损失也会增加。此外，更高的进气流速会带来更大的传热系数，从而导致更多的壁面热损失。与直喷式发动机相比，非直喷式发动机由于燃烧室表面积更大，因此壁面热损失也更多。非直喷式发动机因为流动损失和热传递损失更多，以及燃烧时间更长，比直喷式发动机多消耗约 15% 的燃油。由于非直喷式发动机不合适的燃烧室表面积 - 体积比（与直喷式发动机相比大 30% ~40%），因此其冷起动性能更差，无法通过更高的压缩比完全抵消。直喷式发动机所需的喷射压力更高，因此会导致更高的负荷、更昂贵的喷射系统和高压泵更高的功率消耗。

非直喷式发动机更高的充量速度会带来更好的空气利用率，从而可以在烟度限值下实现更低的空燃比，这弥补了与直喷式发动机相比较差的容积效率和燃油消耗率，因此非直喷式发动机可以实现与自然吸气式发动机大致一样高的全负荷平均压力。

与直喷式发动机相比，非直喷式发动机的黑烟排放不太有利，尤其是在较低的负荷范围内。在氮氧化物排放方面，非直喷式发动机相对于直喷式发动机的优势随着发动机负荷的增加而增加。在 HC 排放方面，非直喷式发动机也比直喷式发动机有优势，如图 15.16所示。

如今，喷油技术的开发的巨大进步，尤其是通过提升喷射压力和采用多次喷射技术，已经完全超越了非直喷式发动机的排放优势。一般来讲，由于等容放热部分的比例更高，所以直喷式发动机氮氧化物的排放较高，同时这也是直喷式发动机燃烧噪声更大的原因，如图 15.17 所示。但是由于直喷式发动机有更高的喷油压力，所以能够比非直喷式发动机承受更高的 EGR 率，因此可以弥补这种排放方面的缺陷。

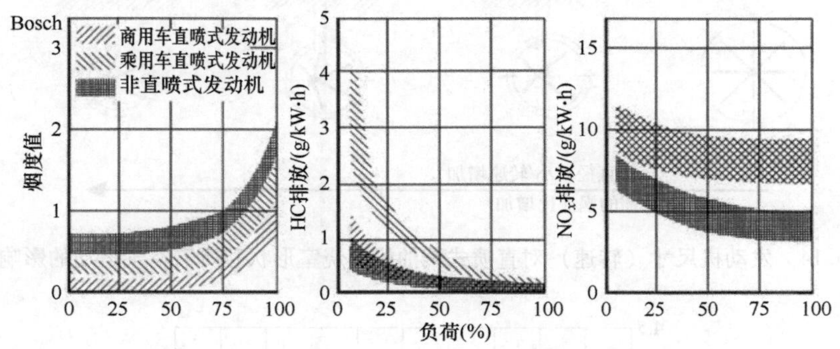

图 15.16　不同燃烧过程（无 EGR）的废气排放比较[10]

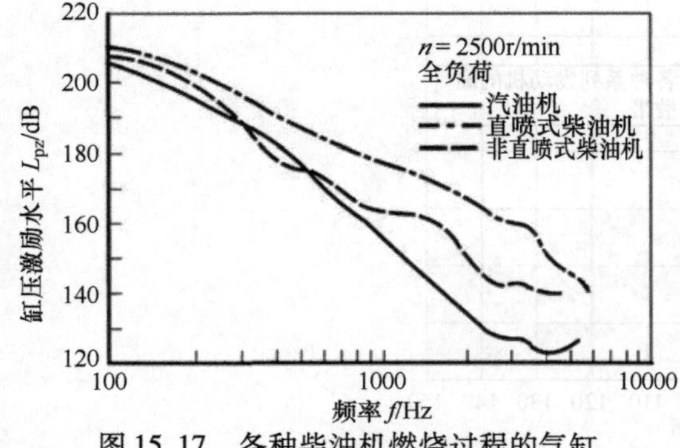

图 15.17　各种柴油机燃烧过程的气缸压力与汽油机的对比[18]

共轨喷射系统可以实现燃油喷射的灵活分配。由于直喷式发动机在燃油消耗和有害物控制方面的明显优势，现如今所有柴油机都已采用这种燃烧方式。

首先，直喷式发动机承受的热负荷较低，这使得它们很适合使用废气涡轮增压，反过来又可以对废气排放产生积极的影响作用。过去 20 年，涡轮增压器的开发取得了进展（例如可变涡轮几何形状、分级/分动增压、电子增压器），使直喷式高速涡轮增压柴油机成为乘用车汽油机的有力的竞争对手。在欧洲，新车登记量中柴油机乘用车的份额多年来一直在 50% 左右。

15.1.2.4 发展方向

（1）均质压缩着火[4,5,23-30]

排放法规的日益收紧正鼓励对柴油机的燃烧过程进行改进的研究，特别是通过对发动机机内采取措施以解决或消除 NO_x/颗粒的排放问题，同时保证燃油消耗不增加或仅略有增加。一种可能的方法是高度均质化的空气-柴油混合气的自燃，但根据目前的知识状态，如果没有高效的废气后处理，大多数的应用都无法达到有害物排放的限值。

（2）基本原理

在此，在开始燃烧之前形成相当均质化的混合气。通过对均质混合气进行压缩，在燃烧室的很多位置会同时着火（空间点火）。因此，燃烧开始和燃烧过程在很大程度上通过化学反应动力学来控制，柴油的反应过程分为两个阶段，从所谓的冷焰反应（低于约900K）开始，在短暂的阶段之后，以具有负温度系数的反应作为热焰反应（超过约1000K），在强烈提高的强度下继续进行。就此出现高的燃烧速度（短的燃烧持续时间），从而使气缸内压力急剧升高。如果可以保持优化的燃烧重心，热效率也会得到改善。为了将燃烧速度抑制到正常范围，需要对充量进行稀释，这可以通过稀释混合气（高的 λ 值）或适当地通过废气再循环来实现。由于混合气的均质化以及燃油的同时燃烧，气缸内充量必须被整体加热，由此避免局部高温峰值。但由于柴油的高的沸点（适度的蒸发行为）和高的十六烷值（燃烧开始得更早），对于均质混合气的生成以及燃烧而言柴油的前提条件不如汽油。

（3）混合气均质化的可能性

原则上，可以通过将燃油（液态或蒸气态）引入进气歧管或直接引入燃烧室来实现均匀的燃油-空气混合气。虽然燃油的汽化需要额外的能量和系统开销，但其优点是汽化的燃油可以比液态燃油明显更快地、更均匀地与空气混合。与传统柴油机相比，燃油送入进气歧管需要额外的和/或完全不同的混合气形成系统。此外，会出现进气歧管管壁上的燃油积聚增加的风险，以及液态燃油通过进气门进入燃烧室而带来润滑油稀释的风险。因此，均质的柴油燃烧过程的开发优先选择内部混合气形成（直接喷射）的技术：

- 在进气或压缩行程通过提前喷射实现均质化（着火延迟期更长；混合气形成时间更长，但有壁面润湿和润滑油稀释的风险）。

- 在膨胀阶段通过延迟喷射进行均质化（着火延迟期更长；混合气形成时间更长，但在热力学上不合适）。

- 多次喷射（燃油在燃烧室中的局部分布更好；避免壁面润湿）。

- 使用具有诸如多达40个孔（例如激光钻孔，直径<0.1mm）的喷嘴；具有不同喷孔横截面的喷嘴（形成更小的燃料液滴，更快地蒸发）；根据负荷匹配的喷孔横截面（例如带两个喷嘴阀针 Vario 阶梯式喷嘴）。

- 将燃油蒸气扫入到进气歧管或气缸中（蒸气可以快速地与空气混合，但油耗更大）。

- 通过充量运动的优化匹配和预热燃烧用空气（促进燃油蒸发，但可能导致着火正时提前，热力学上不合适），可以促进均质化。

（4）柴油均质燃烧的问题

- 由于较长的着火延迟期，燃烧开始和燃烧过程（燃烧噪声、燃烧持续时间）不再通过喷油正时来控制，而是通过进气结束时和压缩期间气缸内充量的状况以及充量组分（例如可变进气温度、可变压缩比、可变 EGR 率）来控制。

- 由于高十六烷值柴油导致的过早着火的趋势（对策：需要降低压缩比并进行充量稀释）。

- 优化的点火窗口的形成（$\lambda-T$ 范围）。

- 要实现高的平均有效压力受到爆燃现象和/或 $\lambda>1$ 以及高 EGR 率的限制。

- 由于混合气的形成（均质化）受时间控制，因此发动机转速有上限。

- 由于高的 EGR 率和壁面影响的增加（壁面润湿和熄火），以及温度下降导致二种组分的不完全转化而使得 HC 和 CO 排放增加（对策：采用氧化催化器，但会因为高的充量稀释而降低废气温度，从而导致油耗增加，以及起燃问题）。

- 由于混合气均质化和复杂的过程控制，所需的油耗显著增加。

- 必须尽可能避免喷入的燃油润湿壁面（特别是当燃油送入进气歧管或在压缩行程过早地喷入燃烧室时）。

- 因为降低了压缩比以避免过早自燃，所以冷起动变得更加困难。

- 过程变化的控制非常复杂，尤其是在瞬态工况下。

（5）结论

就降低有害物排放而言，理想的燃烧方式是在压缩着火开始之前完全均质化的混合气燃烧。这种理想的方法称为 HCCI 过程（均质压燃，Homogeneous Charge Compression Ignition）。从当今的角度来看，具有均质燃烧的柴油机似乎只能在较低的负荷和转速范围内运行。图15.18展示了这种燃烧过程的潜力。

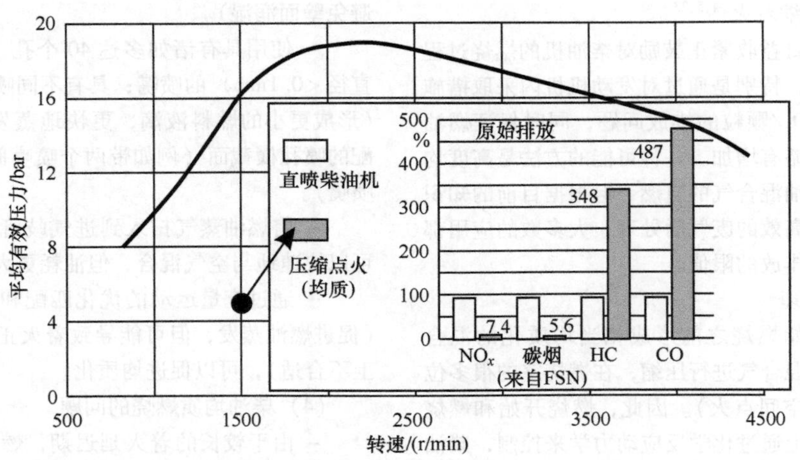

图 15.18　直喷式柴油机均质压缩着火的潜力[23]

提升平均有效压力时，发动机运行受到所谓的“爆燃极限”的限制，该极限基本上是通过充量的稀释，通过稀燃（λ_{min}）给出的。通过增加 EGR 率，这个极限可以覆盖到相应的点火极限，然后在 $\lambda \approx 1$ 和高的 EGR 率的情况下达到最大平均有效压力。减小平均压力时，应采用尽可能小的燃料量供给。最大转速取决于形成均匀混合气所需的时间。通过增压可以进一步提高平均压力的上限。由于这样给出的平均压力和转速的相对狭窄的限制，以及与上述柴油特性相关的问题，所以在较高的负荷和转速范围内，发动机必须以非均质混合气的常规方式运行。为了在一台发动机中实现两种混合气形成过程，因为两种过程的喷油正时极为不同，对优化的燃烧室设计、喷油系统和 EGR 调节提出了很高的要求。这里的一个主要挑战是发动机瞬态运行工况的调节以及从均质压缩着火到传统柴油机运行的无缝过渡（例如使用燃烧室压力传感器）。对此，出于实际原因，只有通过过程的控制［特别是燃料喷射，废气再循环（内部和外部），增压（增压空气压力和温度）］来优化整个发动机特性场中针对 NO_x 和颗粒排放以及燃油消耗量来优化气缸充量的均质化程度的方法才是合适的。重要的是在满足上述限制的同时，在尽可能宽的部分负荷和转速范围内实现尽可能的混合气均质化，此外，还要使充量的均质化程度（部分均质化）与发动机运行条件优化地匹配。

（6）已知的方法（选择）

丰田（Toyota）的 DCCS（稀释控制燃烧系统，Dilution Controlled Combustion System）的运行方式与传统的柴油机相同，但需要 75% 左右的高的 EGR 率。通过这种高的充量稀释会将工质温度降低到 NO_x 和碳烟大量形成的阈值以下。在非常低的 NO_x 和碳烟排放下实现平均压力约为 10bar 的高压过程，但 HC 的排放大大增加，指示效率大大降低。

日产（Nissan）提出的 MK 方法（调制动力学，Modulated Kinetics），通过上止点后的延迟喷射进行部分均质化。由于工质温度下降导致的着火延迟期加长需要大约 40% 的 EGR 率来支持。喷油阶段和燃烧阶段的时间上的严格分离对于防止碳烟的形成很重要。高压过程可达到的平均指示压力约为 8bar。随着发动机负荷的增加，喷油持续期增长，同时由于过程温度的升高，着火延迟期缩短，这限制了平均压力。其效率、HC 和 CO 排放量与传统柴油机大致相当。这种方法也称为 HPLI（高度预混合延迟喷射，Highly Premixed Late Injection）。

如果将部分均质化和高的 EGR 率的特性结合起来，就是所谓的 HCLI 方法（均匀充量延迟喷射，Homogeneous Charge Late Injection）。该方法的特点是比较早地喷油。喷射结束与燃烧开始之间的时间间隔明显大于 HPLI 方法中的时间间隔。它在非常低的 NO_x 水平和接近传统柴油机的效率下可以做到零碳烟，HC 和 CO 排放与当今的直喷式汽油机在同一数量级。该方法对调节参数基本上不敏感。高压过程可达到的平均指示压力约为 6bar。

图 15.19（$\lambda - T$ 图）显示了上述燃烧过程的工作范围。图 15.20 显示了燃油喷射和能量转换随曲轴转角变化范围的相应位置。

(7) 应用

对于实际应用而言，各种互补的方法的组合是有意义的：

- 到平均有效压力为4～6bar采用HCCI方法。
- 在此之上直到平均有效压力为6～8bar采用HPLI方法。
- 在此之上直到全负荷，采用传统的柴油机燃烧方法。

从以这种方式改装并稳态运行的2.2L乘用车柴油机获得的结果显示：

对于1590kg的车辆测试重量，根据NEDC（新欧洲行驶循环，New European Driving Cycle），与欧4排放法规相比，NO_x 的减排潜力约为60%，颗粒物的减排潜力为70%。

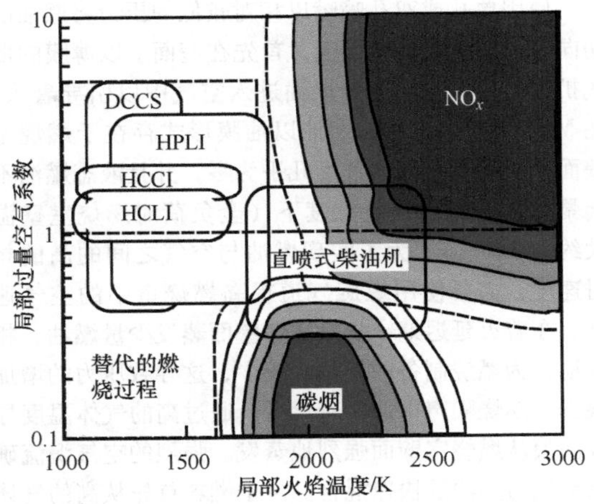

图15.19 均质或部分均质的柴油燃烧过程的工作范围[23]

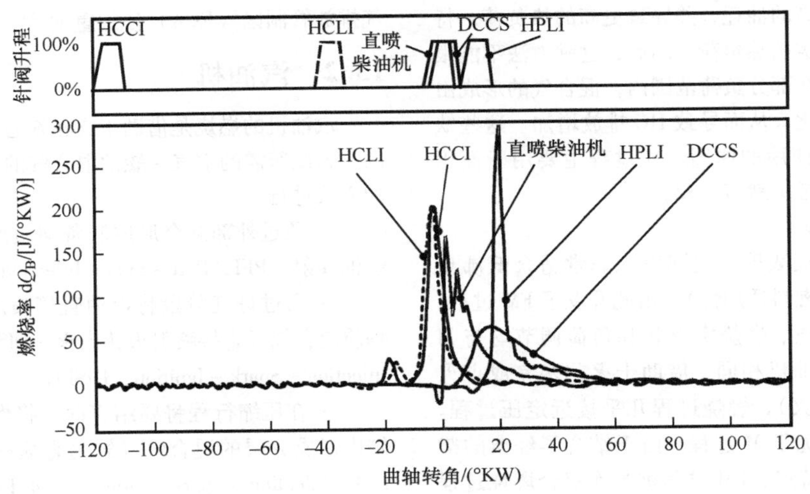

图15.20 均质或部分均质的柴油燃烧过程的能量转换[24]

(8) 展望

未来的发展着眼于提高HCLI方法的负荷限制，从而可以省去HPLI方法。为此，需要进行进一步的研究，通过将必要的EGR量划分为内部的EGR和外部的EGR来改善充量稀释。在压缩行程中多次喷射以产生均匀的部分混合气，并通过主喷射确定点火是有可能的。需要进一步研究和优化变化的燃烧过程与必要的废气涡轮增压之间的相互作用，以及取决于运行工况点的过程的控制或调节。尽管必须承认在整个发动机特性场中实现完全均质的柴油燃烧（HCCI）是不现实的，但优化的部分均质柴油燃烧将影响柴油机燃烧过程的进一步发展。通过燃油与燃烧过程的匹配，预计在一定程度上得到进一步改善。合成燃料的开发可能会在这方面开发出进一步的潜力。然而，对于这种部分均质燃烧过程，例如通过燃烧室压力传感器[31]进行燃烧调节是必要的或至少是有意义的。与以往一样，内燃机机内措施必须与排气后处理相结合，以满足在实际行驶状态（RDE）下的法规规定的限值要求[5]。

15.1.2.5 特殊燃烧过程和特殊性

(1) MAN－M过程（中心球燃烧）

这种燃烧过程采取了完全不同的途径。迄今为止的燃烧过程中燃料都尽可能远离燃烧室壁面，但在这里，燃料有意地被喷射到燃烧室壁面上。燃烧室呈球形，布置在活塞顶部的中心。这种燃烧过程也因为这种布置方式而得名为中心球燃烧过程。

使用单孔或双孔喷嘴以相对较低的压力将燃油沿切向喷射到燃烧室壁面上，首先在壁面上以薄膜的形式扩散。只有一小部分燃油进入空气中以引导着火。在MAN-M过程中，燃油以油膜形式存在于燃烧室壁面上，因此燃油的速度几乎为零，并且液态燃油不会暴露在高的燃烧室温度下（全负荷时燃烧室壁温大约为340℃）。为了实现燃油与空气之间的高的相对速度，需要使用螺旋气道提高燃烧室中的空气速度。在着火延迟期，从燃烧室壁面蒸发少量燃油，相应地，为燃烧制备的燃油也较少，这导致压力的增加很少，燃烧噪声很低。着火后，通过高的气体温度导致油膜从燃烧室壁面强烈地蒸发。强烈的空气涡流确保空气与燃油的快速混合。由于燃料首先从高的气体温度中提取，所以碳烟排放相对较低。因此这种燃烧过程的优点是良好的空气利用率，并在烟度限值下达到高的平均压力。其缺点是流动损耗和传热损耗较大，这会导致更高的油耗，并导致更高的热负荷，特别是活塞和气缸盖的热负荷。因此，这种方法不能很好地适应增压。在部分负荷范围内，混合气的形成由于温度下降而劣化，从而导致HC排放增加。这些缺点是它如今不再使用的原因。M过程主要用于商用车领域，另见参考文献[7，32]。

（2）FM过程

M过程的发展表明，它同时也非常适合低沸点燃油的燃烧（多燃料适用性）。由此开发了FM过程。其内部混合气形成、燃烧室形状和负荷调节均与M过程相同。与汽油机相同，借助于火花塞完成点火（F=外源火花点火），燃烧过程几乎接近定压过程。其废气排放特性优于M过程。由于结合了经典的柴油机和汽油机的特点，FM过程被当作混合燃烧过程的一种。

（3）柴油/气体发动机

在所谓的引燃喷射过程中，喷射少量柴油（不超过全负荷消耗量的5%）以点燃通常在气缸外形成的均质预混的空气-燃油混合气，均质的、预混合的混合气主要是气态燃料的稀薄混合气。这种方法已在大型内燃机领域得到实际应用，主要作为引燃喷射式气体燃料柴油机。通过适当地设计，尤其是对喷射系统的改进，这些发动机也可以作为双燃料（Dual-Fuel）发动机运行[5,33]，即柴油的量可以从点火量增加到全负荷量，同时相应地减少气体燃料的量，然后发动机完全采用柴油运行。

其优点是，当不能完全保证连续的气体供应和/或当在需要时，例如在使用稀缺气体时，应提供完整的柴油机功率时，这种发动机也可以运行。在使用柴油点火的纯气体运行中，排放特别低，例如，CO_2排放最高可减少25%。今后，这类发动机也将用于移动领域，以天然气（CNG和LNG）和生物气为燃料。

（4）重油运行的特殊性

重油不仅适用于船舶领域的大型柴油机，也适用于活塞直径约为200～600mm、转速在400～800r/min之间的中速四冲程柴油机，这与其燃烧方面的一些特殊性有关。重油中含有的钒和钠会在燃烧过程中在燃烧室形成沉积物，其后果就是导致所谓的高温腐蚀，这以不允许的方式限制了发动机的连续运行，或者甚至使其不可能运行。

当温度降至露点以下时，重油中的硫元素与燃烧过程中产生的水一起形成了硫酸和亚硫酸，因此会导致所谓的低温腐蚀。因此需要特别设计燃烧室的部件的冷却，使其在发动机的整个运行范围内不达到临界温度。在未来，由于重油的高排放，预计将不能在废气排放管制区（ECA）使用重油[5]。

15.2　汽油机

汽油机的燃烧是借助于火花塞通过火花点火进行的。为此所需的空气-燃油混合气的制备可通过不同的方式进行：

- 通过外部混合形成制备均质混合气（进气道燃油喷射，PFI，Port-Fuel-Injection）。
- 通过进气阶段将燃油直接喷入燃烧室以制备均质混合气（直接喷射火花点火—DISI均质，Direct-Injection-Spark-Ignition，DISI）。
- 在压缩行程将要结束时，将燃油直接喷射在缸内形成分层的混合气（缸内直喷—DISI分层，Direct-Injection-Spark-Ignition，DISI）。

在均质混合气制备中，通过喷油量变化来实现功率调节（量调节）。在分层混合气形成的情况下，功率调整通过过量空气系数的变化来进行（质调节），从而实现无节流的负荷控制。下面首先介绍PFI发动机的均质混合气形成，在后续的章节中讨论DISI发动机的特殊性。

15.2.1　进气道喷射发动机（PFI发动机）的燃烧过程

（1）碳氢化合物的燃烧

汽油机燃料通常由大约200种不同的碳氢化合物的混合物（烷烃、烯烃、醇和芳烃）所组成。对于PFI发动机，在压缩过程结束时有一个基本均匀的空燃比，在上止点之前通过火花塞点燃混合气。在火花点火区域，应存在易燃混合气，这需要在$0.8<\lambda<1.2$范围内的过量空气系数。为了使在空气-燃油混

合气中可以进行化学反应和燃烧，反应物必须具有火花点火提供的活化能。每次燃烧所需的点火能量范围为30~150mJ。通过火花点火，局部温度达到3000~6000K。火花塞处可靠点火需要的火花电压为15~25kV，火花持续时间为0.3~1ms（取决于环境状态和充量运动）。为了确保火焰可靠地传播，燃烧产生的能量必须大于向蒸发燃料和围成燃烧室的壁面输送的热量。碳氢化合物与氧燃烧释放的热量根据以下的总反应方程式计算：

$$C_xH_y + (x + y/4)O_2 \rightarrow xCO_2 + y/2H_2O$$

因为所有所需的反应物同时相遇的可能性很低，所以，碳氢化合物的氧化是通过一系列的基元反应进行的[34]。其中，在初始反应阶段，通过烃过氧化物的脱氢产生烷烃，最后烷烃通过与H、O或OH自由基反应生成醛。醛的形成需要释放总能量的约10%，并伴随着冷焰的出现。在随后的蓝焰中形成CO、H_2和H_2O（所存储能量的30%）。最后的热焰产生CO_2和H_2O，其中，释放出燃料中储存的能量的60%。

（2）气缸压力变化曲线、指示效率和火焰扩散

燃烧释放的能量导致燃烧室中气缸充量的温度和压力的升高。然而，只有在开始点火后延迟一点时间才能检测到气缸压力的变化（图15.21），这是由于直接处于火花塞区域中的混合气局部加热到点火温度的条件，需要约1ms，并且与转速无关。可以借助于燃烧室内的能量转换和散热的物理模型来计算燃烧持续时间[35]，获得的结果是燃烧函数，即已燃的燃料的质量与供给的燃料的质量的比例随曲轴转角的变化。这样就可以对燃烧的位置和持续时间及其热力学效应进行评估。对于均匀的、转化率较高的混合气，效率优化的燃烧重心的位置在上止点后8°KW，有效的燃烧时间为30°~50°KW，具体取决于运行工况点和燃烧过程。

根据上述的仿真模型，改变发动机参数（例如配气正时的变化，改变充量运动等）的详细效果仅在有限的范围内是可能的。DDA方法（差异化压力曲线分析[36]）适用于这一分析，该方法根据测量的每个曲轴转角的压力变化来评估指示功，如图15.21的底部示意图所示。借助于燃料质量和一些简单的换算，可以比较和优化不同的发动机配置的效率的优势和劣势。

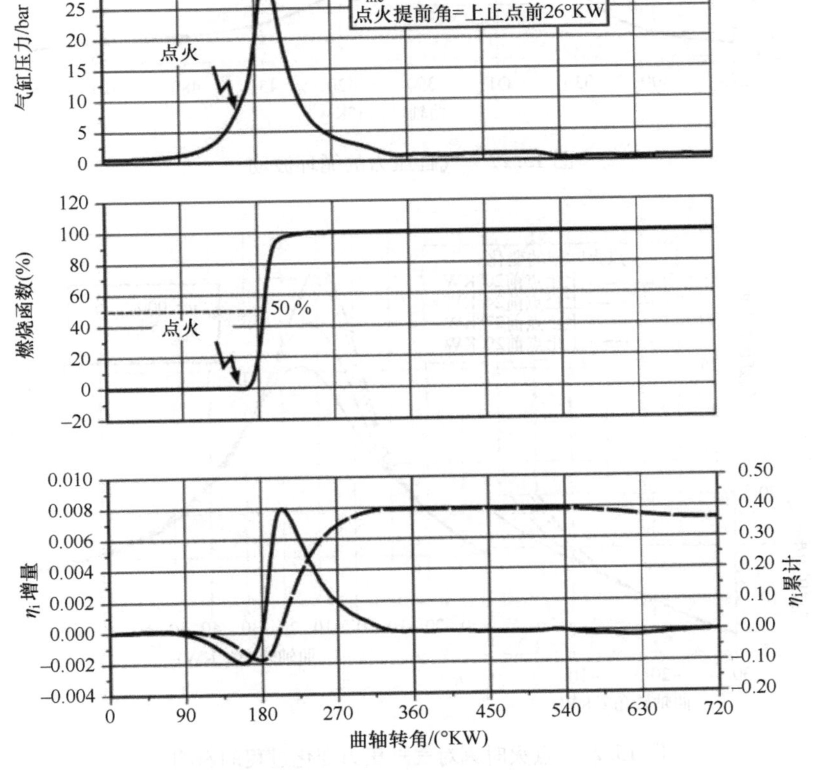

图15.21 压力变化过程和压力变化分析

从火花塞处扩散的火焰前锋很薄，在正常的燃烧中以20～25m/s的速度扩散。通过接近等容的能量转换，燃烧时间的缩短可以提高效率，并可以通过以下措施来实现：

– 通过更高的充量运动（涡流、滚流或挤流），加快火焰传播速度。

– 通过紧凑的燃烧室设计，并使火花塞位置居中或者设置多个点火位置，缩短火焰的传播路径。

– 通过增加压缩比，使充量密度增加。

在双点火的情况下，由于更短的燃烧路径，气缸内充量会更快地燃烧，并且火焰更容易接近燃烧室壁面。由此避免气缸壁前面的火焰熄灭的趋势（火焰淬熄，flame quenching），并且显著地减少废气中未燃碳氢化合物的比例。快速的能量转换还可以减少汽油机燃烧中的循环波动。

（3）循环波动和点火角的影响

每个工作循环之间的气缸压力变化过程的波动（图15.22）是典型的汽油机燃烧现象，它是由湍流速度场和局部充量组分的波动所引起的，由此导致火焰前锋的扩散、能量的转换受到影响。图15.23显示了点火时刻对最大气缸压力及其影响效率的位置（相对于上止点）的显著的影响。

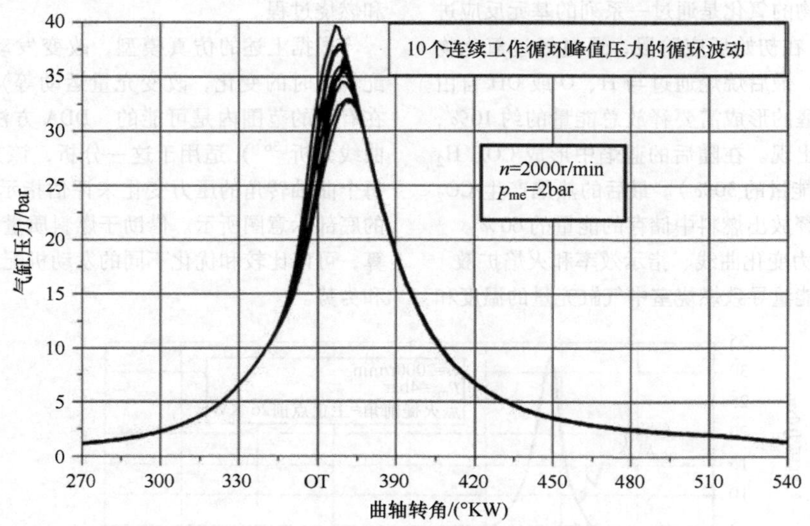

图15.22　气缸压力的循环波动

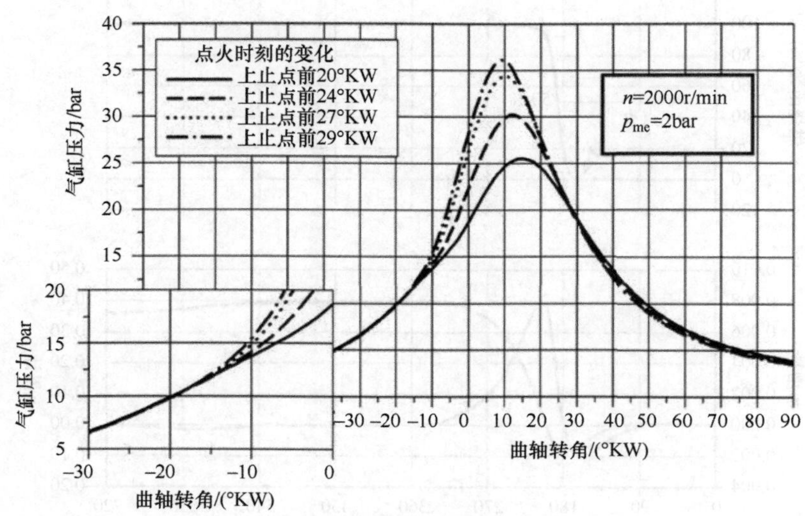

图15.23　点火时刻对气缸压力变化过程的影响

(4) 压缩比的影响

通过增加压缩比，可以在部分负荷时部分地补偿低的气缸压力对燃烧抑制的影响，这是功率调节时由于进气节流造成的。图 15.24 显示了从 $\varepsilon=10$ 起压缩比的变化所导致的油耗的增益和损失。

(5) 爆燃燃烧

压缩比的增大和点火提前角的提前随着负荷的增加而受到限制，这是由于气缸中未燃混合气残留物自燃的趋势所致。除了压缩和点火时刻外，燃料特性、燃烧空气的温度、燃烧室的形状、零部件温度和充量状态（成分、流场）都是重要的边界条件。参考文献[38]中关于出现发动机爆燃的首选理论是假定在未燃的混合气中发生二次点火。发动机爆燃的进一步变化过程由这些自燃源引起的二次反应前锋的扩散来决定。通过极快的能量转换会出现局部的压力变化，气缸充量的压力振荡频率在 5～20kHz 范围内，并且可以在气缸压力信号中被检测到（图 15.25）。高频振荡渐近衰减，持续时间可达 60°KW（曲轴转角）。

在爆燃燃烧的情况下，压力波激励气缸充量产生特征的共振效应，这可以借助于适用于空心圆柱的一般波动方程和使用贝塞尔（Bessel）函数来计算[39]。图 15.26 显示了空心圆柱中共振振动的典型的计算的振动形式。共振振动取决于气缸直径。图 15.27 显示了它们对最重要振动模态的频率位置的影响。

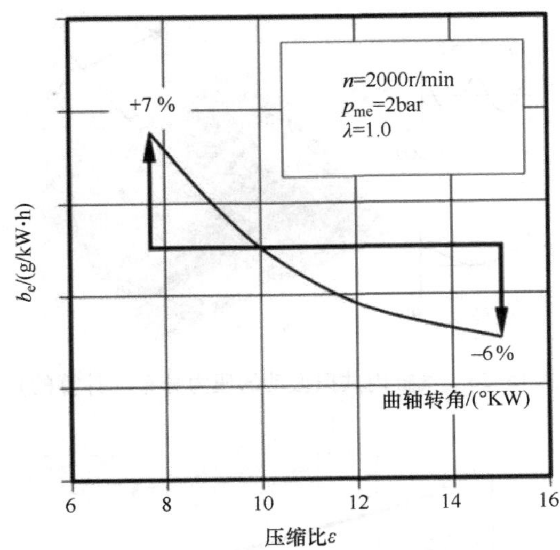

图 15.24 压缩比对部分负荷时燃油消耗的影响[37]

通过相邻混合气部分的相继的、明显不能调节的点火，反应前锋的自发传播行为通常是极不均匀的，冲击波（压力波）的传播速度高达 600m/s。因而，冲击波的传播速度在终燃混合气的声速范围内，可能引发热爆炸并且导致发动机损坏。如果通过热传导和扩散过程来点燃终燃混合气，则会出现许多孤立的、分布在终燃混合气中的自燃源，因而完全不存在压力波[38]。图 15.28 显示了爆燃燃烧时典型的火焰传播。

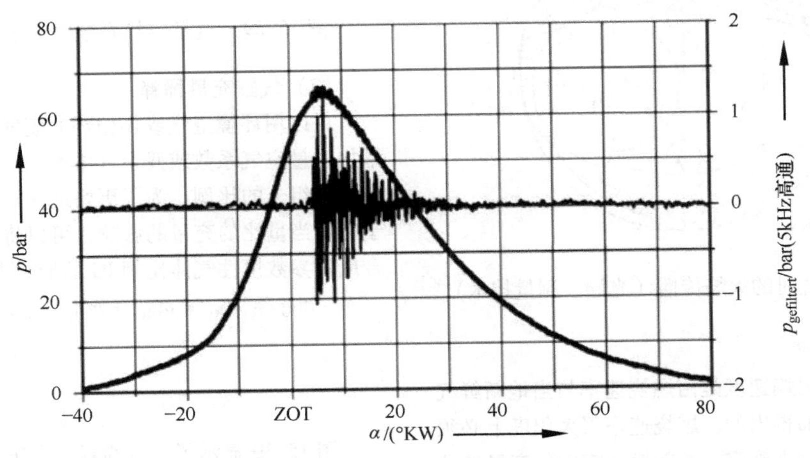

图 15.25 爆燃燃烧时的气缸压力变化过程和过滤后的气缸压力

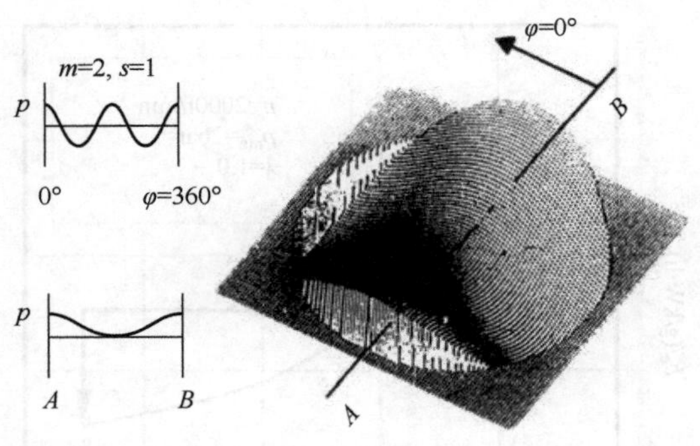

图 15.26 气缸内共振振动的压力分布（计算的）

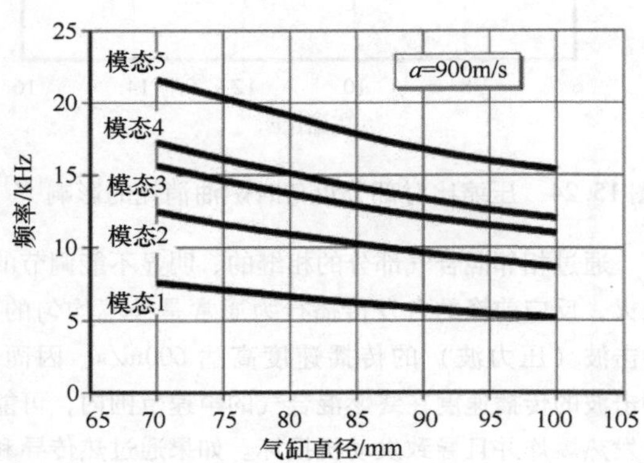

图 15.27 气缸压力－共振频率与气缸直径之间的关系

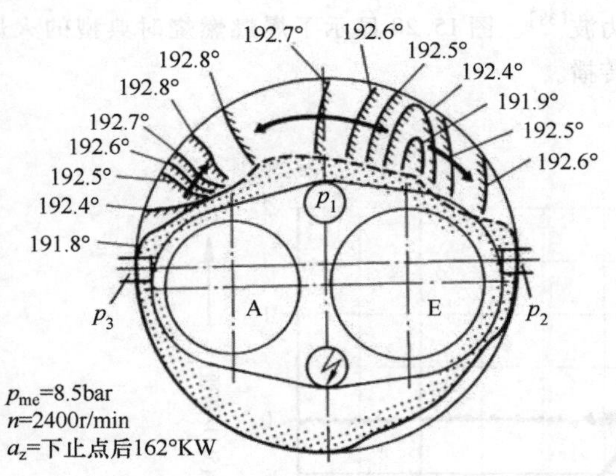

图 15.28 爆燃燃烧时的火焰传播（光导－测量技术）[40]

（6）火焰速度

正常燃烧的火焰速度是由燃烧速率与当地新鲜气体的传输速度相加得出的。燃烧速率很大程度上必须通过当地充量组分来确定，并随燃烧室中的充量的湍流增强而增大。气体传输速度取决于活塞的运动、挤气流动以及进气过程（涡流、滚流）触发的充量运动。

图 15.29 显示了平均火焰速度与过量空气系数的关系。显然，在 $\lambda=0.8\sim0.9$ 时，反应物相遇的可能性最大。由于快速燃烧，在 $\lambda=0.8\sim0.9$ 时实现了最大功。对于较浓和稀薄的混合气，火焰速度会急剧下降，必须通过提前点火时刻来调整。稀混合气由于其更低的热容量和由于稀释充量而导致的更低的燃烧终了温度而减少了残留在废气中的能量[41]。由此，在充量稀释时提高了发动机的效率。由于火焰速度和充量稀释对实际燃烧过程的效率提高有相反的影响，因此，在具有均质混合气分布的传统的 PFI 汽油机中，在 $\lambda=1.1\sim1.3$ 之间时效率最佳。

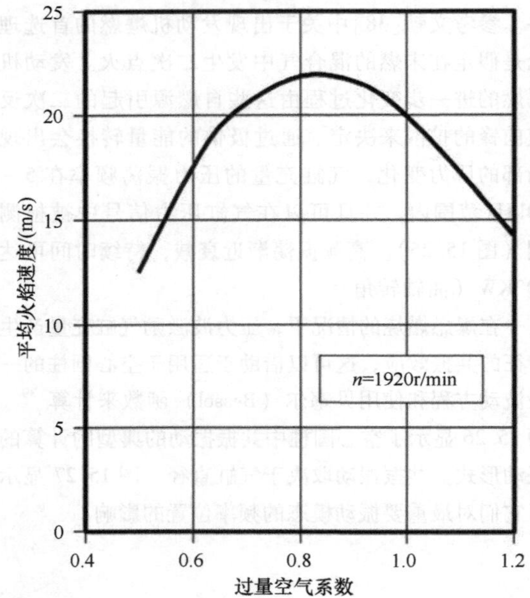

图 15.29 过量空气系数对火焰速度的影响

（7）气缸充量稀释

可以用环境空气或再循环的废气稀释充量。通过增加过量空气系数或残余气体的比例来增加不参与燃烧反应组分的比例。为了更好地比较废气再循环和大于化学当量比的充量的影响，可以将这些惰性组分组合成以参数惰性气体比例 IG 的形式来表示[42]：

$$m_{IG}=m_{N_2}+m_{RG}+m_{O_2,(\lambda>1)}+m_{H_2O,L} \tag{15-1}$$

$$IG=\frac{m_{IG}}{m_B\cdot L_{st}} \tag{15-2}$$

图 15.30 显示了充量稀释对高压阶段以及部分负荷工况点下整个过程的燃烧速度和指示效率特性的影响[43]，在“相同的惰性气体比例”下，对剩余气体和过量空气系数的比例关系。

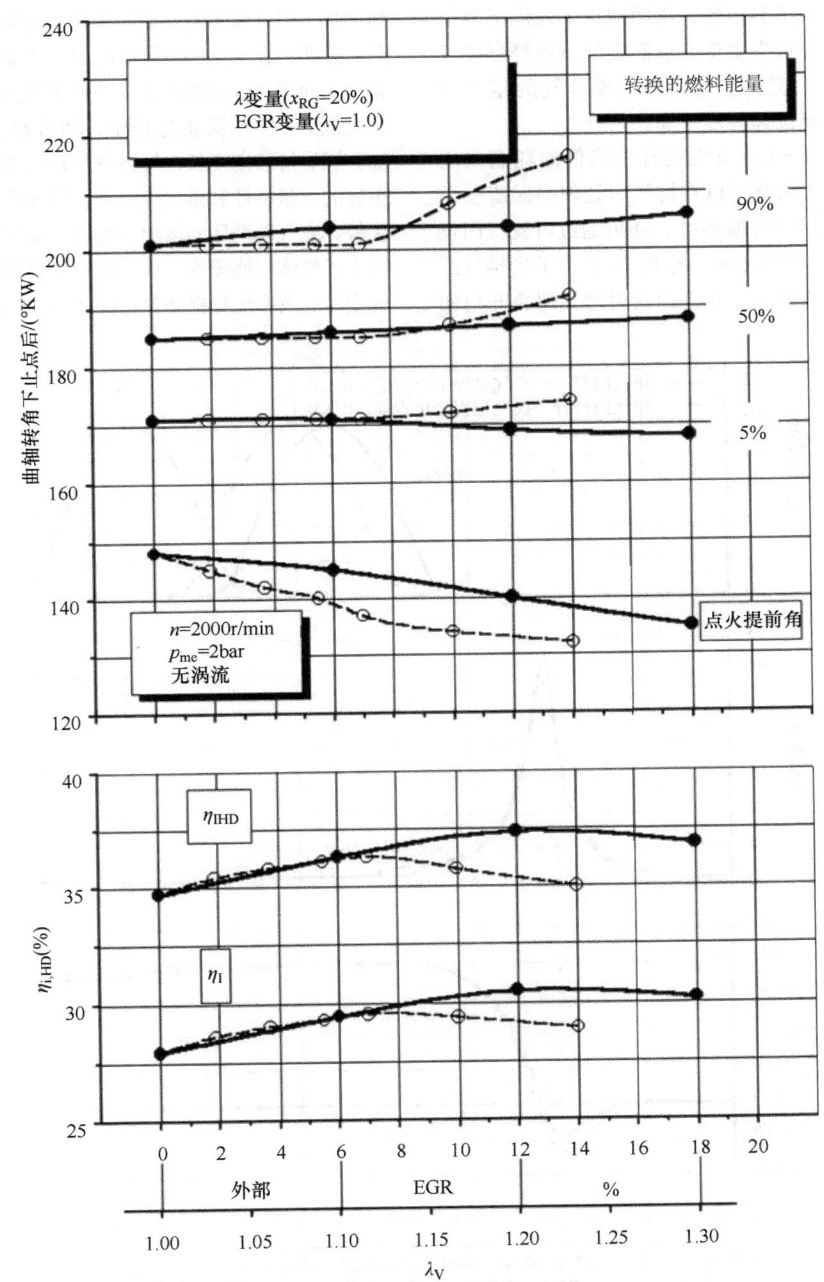

图 15.30 充量稀释与燃烧速度和指示效率的关系[43]

充量的稀释延长了点火阶段。燃烧持续期最初保持恒定，并且效率增加。随着充量稀释度的增加，点火所需的气缸压力会限制点火提前角的提前，这意味着能量转换阶段会变长；循环波动增加，效率降低。

在惰性气体比例 IG 相同的情况下，含废气的混合气体的点火阶段比普通的空气混合气体的持续时间长，这使得点火提前角的提前受到限制。因此，效率明显降低。在废气再循环的情况下，氧的分压下降，因此，火焰传播变慢。

在外部废气再循环的情况下，指示效率 η_i 不会像指示高压效率 $\eta_{i,HD}$ 那样，随着充量稀释度的增加而明显下降，这里的原因是由于进气歧管中进气空气温度高，因而减少了热节流，从而减少了气体交换损失。尽管气体交换损失更低，然而废气所稀释燃烧气体混合气可能无法实现空气稀释的混合气的指示效率，因为这使得充量稀释度更高。

为了降低在 $\lambda = 1.0$ 方案设计中降低油耗而采用废气再循环，因为由此可以在排气后处理中保留三元催化器。除外部废气再循环外，还可通过可变气门正时在内部控制废气再循环率。图 15.31 显示了当排气凸轮轴位置变化 40°KW 时，在气门延迟时气门叠开角如何增加，以及效率特性如何变化。微分的压力变化过程分析表明，在相同的运行工况点，压缩功随着气门叠开角增大而增加。其原因是，随着废气再循环的增加，气缸充量更多。在膨胀过程中，随着残留气体比例的增加，燃烧持续期变长，气缸峰值压力更低。但是，由于更好的充量特性和排气门晚开，因此此方案的效率具有优势。废气再循环的增加使得进气阶段节流减弱，因而减少了气体交换损失，从而进一步将具有更大气门叠开的变体的效率优势提高到总计达到4%。

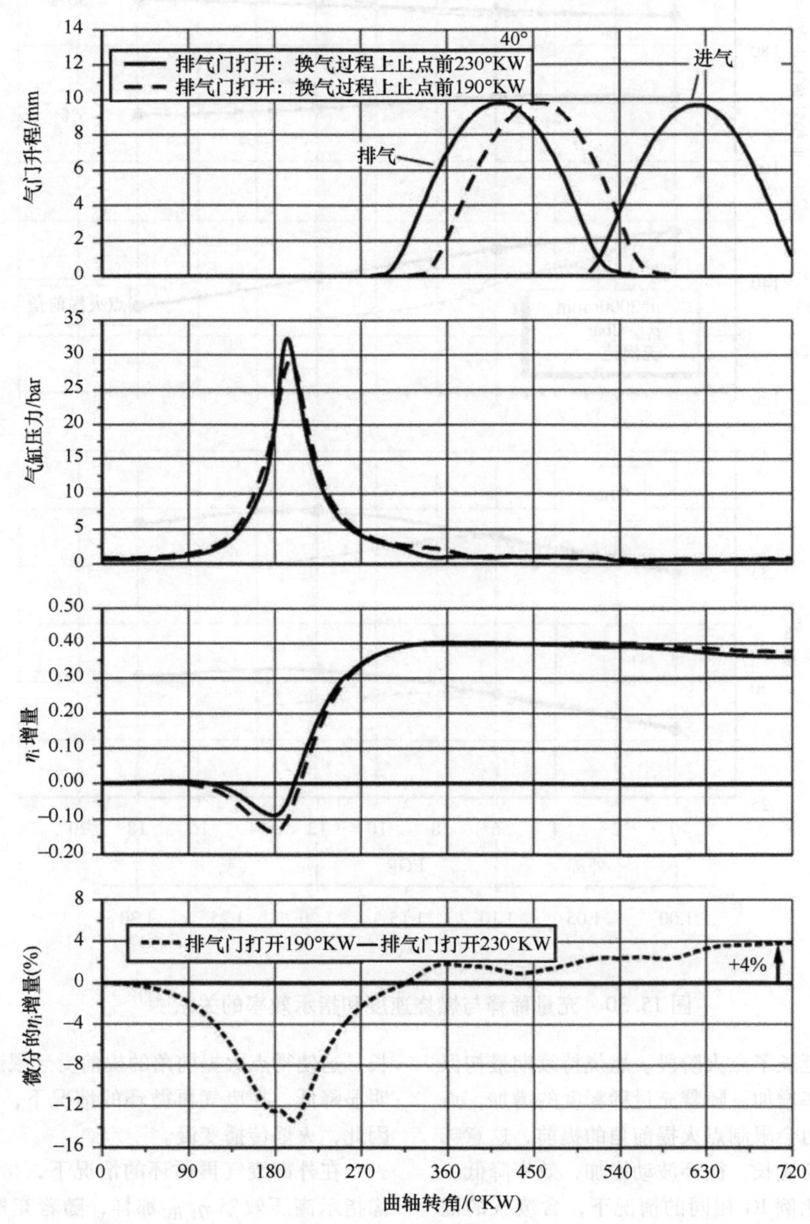

图 15.31　通过改变排气正时的内部废气再循环。基于油耗优化点火提前角，压力变化过程分析

除了效率特性外，原始排放水平对于燃烧过程的评估也很重要。图 15.32 显示了在稳态的运行工况点，当充量稀释变化时，带进气门切换的 4V 发动机油耗－排放此消彼长的关系。与基础机型相比（λ = 1.0，无 EGR），将废气再循环率提高到 17.5%，可将油耗减少 4%，将 HC + NO_x 排放减少 50%。通过稀化，替代的充量稀释可实现最大过量空气系数 λ = 1.4。在这里，与原始机型相比，其油耗减少了 9%，HC + NO_x 排放量减少了 40%。

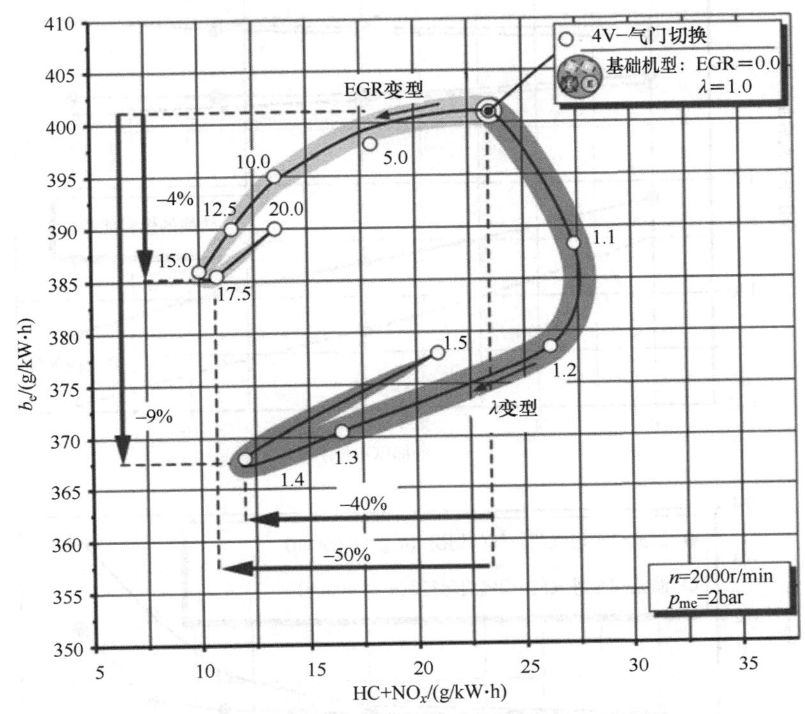

图 15.32 充量稀释的变化对油耗－排放的此消彼长关系[43]

（8）充量运动

为了改进稀释效果，通常可以考虑增强充量运动。一方面，通过将进气道制成特殊的形状，在气缸新鲜充量流入气缸时来实现。4V 发动机中的涡流通道或进气通道切换会产生旋转的涡流，该旋转涡流的轴线平行于气缸轴线。涡流流动在进气和压缩过程中得以保留，之后在膨胀过程才衰弱。湍流通道在气缸中产生涡流，该涡流的轴线垂直于气缸轴线，通过在进气门处单侧流入而形成进气道流动的基础。湍流流动一直保持到压缩过程，并且在点火上止点附近衰变为微湍流。

图 15.33 示例性地示出了一台 4V 发动机涡流和湍流流动的外部废气再循环的发动机性能。充量涡流是由一个进气门切换而产生的。与湍流方案设计相比，该发动机的涡流变体具有明显更小的点火延迟。通过大面积的充量运动，因此火焰核心在点火引入之后能够更快地触及更大的混合气区域，并且导致明显的能量转换。在涡流方案设计中，燃烧阶段比滚流方案设计的燃烧阶段更快。在涡流中更快的能量转换导致明显更低的预点火需求，并且由此能够在点火时刻实现更有利的点火条件。因此，当 EGR 率增加时，涡旋变体的循环波动（σ_{pmi}）明显更低。更好的燃烧稳定性以及较短的燃烧持续期使涡流变体的效率更高。

（9）燃烧室形状

燃烧室形状会影响到汽油机的性能，尤其是以下几种：

- 气缸充量的流入。
- 气缸内的充量运动。
- 能量转换的速度。
- 原始排放水平。
- 爆燃特性。

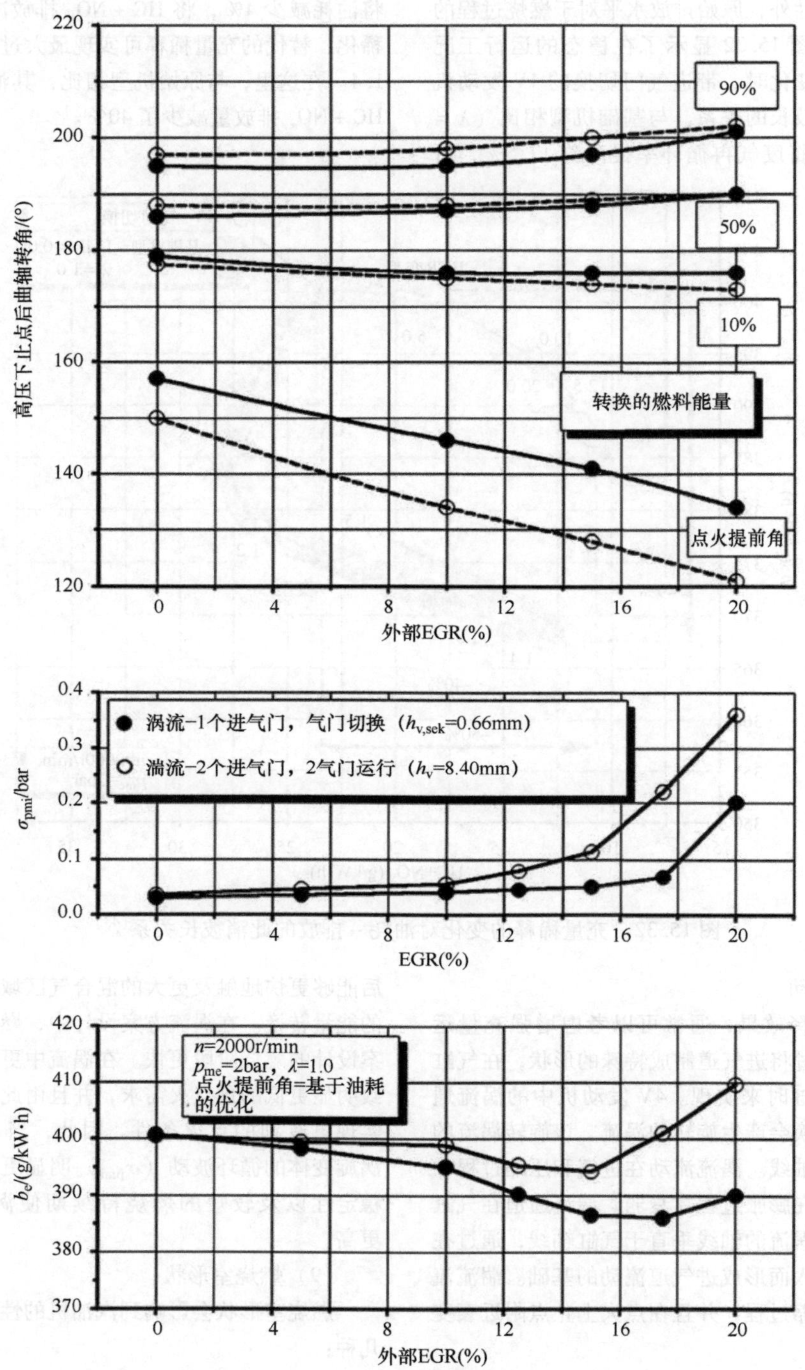

图 15.33　4V 发动机涡流和湍流流动的燃烧变化过程[43]

因此，对燃烧室的设计有以下要求：

- 气门座尽可能不阻碍气体的流入特性。
- 在点火上止点气缸充量有高的流动速度。
- 通过中央火花塞位置和紧凑的燃烧室结构来缩短火焰路径。
- 减少死区（火力岸高度、气门槽）。
- 避免高温零部件。

气门以 V 角布置的碗形燃烧室能够很好地满足

这些要求。由于在进气方面的优势，目前，带有两个进气门和两个排气门的四气门发动机占主导地位。图 15.34示例性地显示 4V 量产的燃烧室。由于成本方面的优势，还使用带有气门并列悬置的和单凸轮轴的 2 气门发动机。

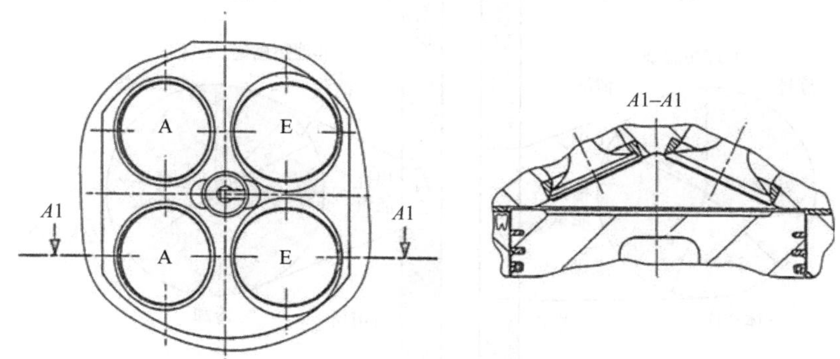

图 15.34 量产汽油机的 4V 燃烧室

（10）负荷影响和损耗分析

PFI 发动机的功率是通过进气节流来调整的。所吸入的新鲜的充量的密度的降低导致气缸压力的降低，从而降低了火焰速度。如图 15.35 所示，这在低负荷下的高压阶段显著地增加了效率损失。除了高压阶段的损失外，由于进气节流和与负荷无关的发动机摩擦而导致气体交换损失的增加，从而恶化了发动机在部分负荷运行时的有效效率。

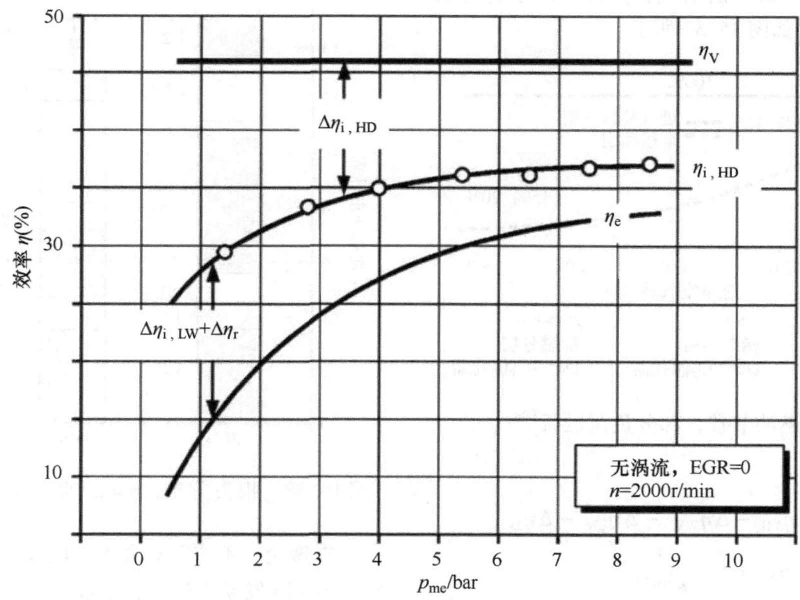

图 15.35 PFI 发动机效率特性随负荷的变化关系[43]

图 15.36 显示了 PFI 发动机在部分负荷和全负荷下的能量损耗分配。虽然在全负荷时大约有释放能量的 30% 可以用作有用功，但在部分负荷下只能有约 15% 的能量可用。由于所选择的工作过程参数（压缩比、$\lambda=1$ 的均质气缸充量、燃烧室形状）释放的能量的最大部分（超过 50%）作为废气能量被浪费掉了。在部分负荷下，由于发动机摩擦、进排气节流和燃烧速度过慢导致的损失比例，约是全负荷运行时的两倍。

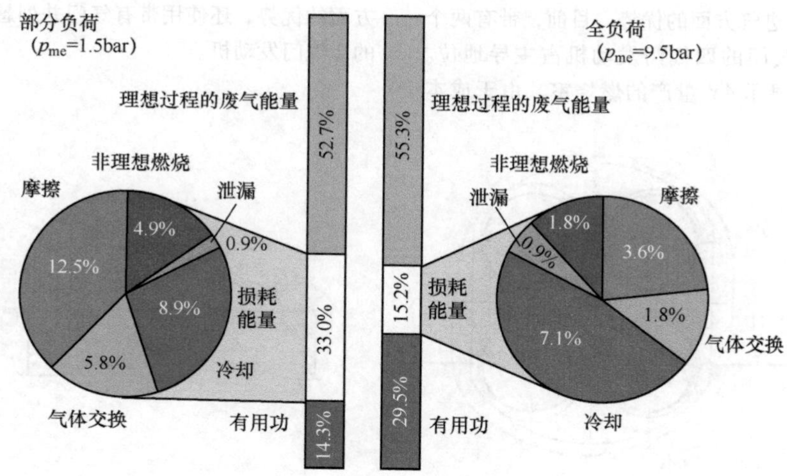

图 15.36　一台 4 缸 PFI 发动机损失分析（1.6L 排量）[43]

15.2.2　直接喷射火花点火（DISI）发动机的燃烧过程

与具有相同排量的进气道喷射（PFI）的汽油机相比，采用直喷（DISI）的汽油机在部分负荷范围内理论上可降低 5% ~20% 的油耗，具体取决于运行工况点和运行模式，如图 15.37 所示。

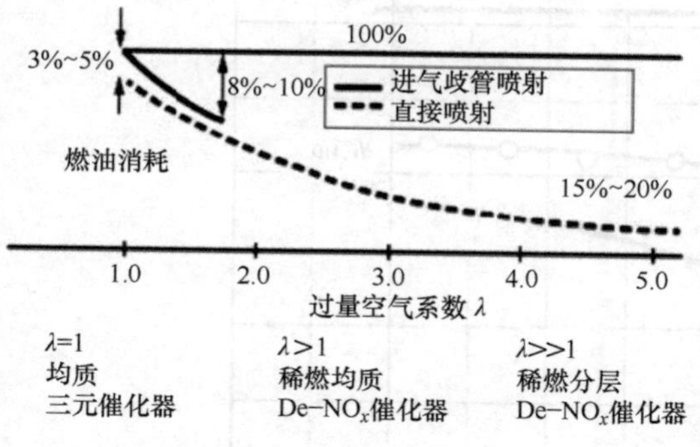

图 15.37　燃油节省，部分负荷运行[44]

考虑效率链：

$$\eta_i = \eta_V - \Delta\eta_{VB} - \Delta\eta_{WW} - \Delta\eta_{LW} - \Delta\eta_{Leck}$$

$$\eta_V = 1 - \frac{1}{\varepsilon^{k_{eff}-1}}$$

采取措施的理由是：

- 通过更高的有效和几何压缩比提高完美的发动机的效率 η_V，可以通过内部混合气冷却降低发动机的爆燃特性；以及在设计具有超化学计量的燃烧空气比的 DISI 燃烧过程时，增加等熵指数 k。
- 减少节流损失 $\Delta\eta_{LW}$。
- 在分层燃烧过程中减少壁面热损失 $\Delta\eta_{WW}$。
- η_{VB} = 燃烧效率，$\Delta\eta$ = 直喷汽油机理论效率优势的泄漏损失。

PFI 和分层 DISI 发动机这两个方案设计的比较显示了在运行工况点转速 n = 2000r/min 和平均有效压力 p_{me} = 2.0bar 时的损失分布，如图 15.38 所示。

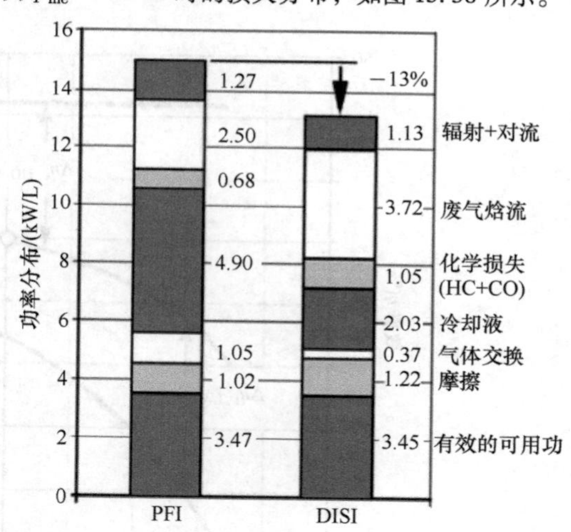

图 15.38　损失分布，n = 2000r/min，p_{me} = 2bar[45]

在理论上不需要对进入燃烧室的空气流进行节流时，与 PFI 发动机相比，通过质量调节，具有分层燃烧过程的 DISI 发动机中的气体交换功可以减少到 1/3。燃烧室壁面与靠近壁的工作过程介质之间相对较低的温差显著地降低了分层 DISI 燃烧过程中的热损失，其结果是进入冷却液的热量减少了高达 60%。

更高的废气质量流量与略微增加的化学能的比例和摩擦功的增加（活塞组、高压泵）减弱了迄今为止已经展示的分层 DISI 方案设计的优势。然而，总体而言，油耗可以降低大约 13%。

然而，采用直接喷射的汽油机有利的燃料消耗特性是以排放特性稍差为代价的。无论是分层运行还是均质运行，所提供的混合气制备的时间都比较短，这从根本上有利于有害物的形成。此外，燃料喷雾/燃烧室壁面相互作用的设计对开发人员提出了巨大的挑战，因为任何壁面润湿也会导致有害物水平的增加。图 15.39 比较了直喷式汽油机与进气歧管喷射汽油机的排放特性。在此，应该注意的是，在此涉及相同的发动机，这台发动机曾经作为具有进气歧管喷射的发动机运行，并且也曾经作为直接喷射配置运行。

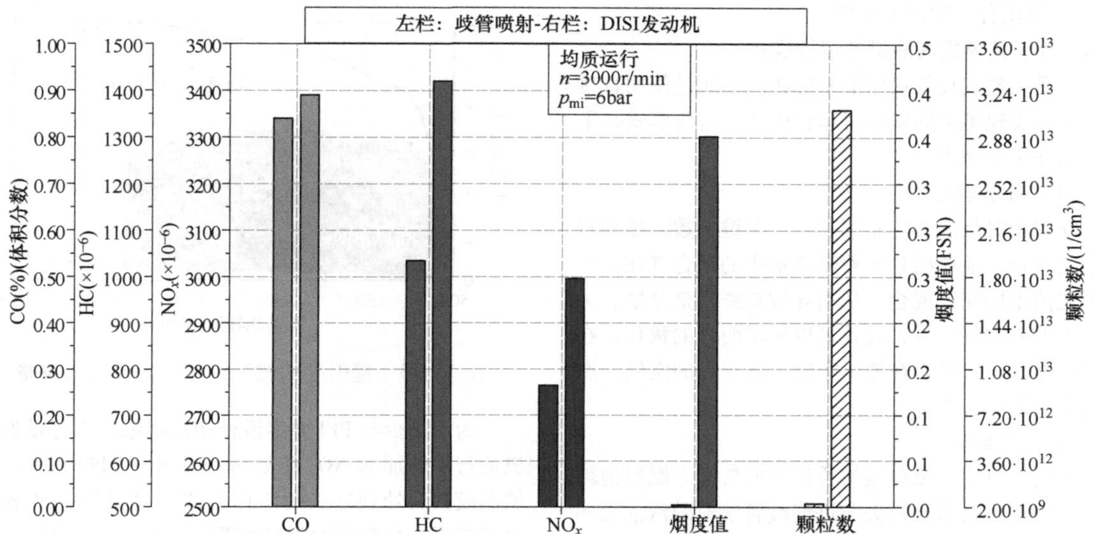

图 15.39 油束引导的直接喷射（均质运行）和进气歧管喷射的汽油机原始排放曲线的比较

与进气歧管喷射相比，直喷式汽油机的所有排放值都处于略高水平，这一点是显而易见的。不仅像碳氢化合物、一氧化碳和氮氧化物等标准的排放值，而且像以烟度值和颗粒数浓度表示的碳烟排放和颗粒排放都强调了实现 PFI 方案设计可以实现的混合气制备的难度。然而，由于使用三元催化器导致标准排放值略有增加的潜力并不代表无法解决的问题，因此燃油消耗潜力就脱颖而出。只需要解决增加了的碳烟以及颗粒排放的问题。

如上所述，开发 DISI 发动机的主要动机是降低燃料消耗的潜力。这种潜力在整个车辆中经常通过以下要求而降低：

- 符合现行排放标准的排气后处理。
- 暖机运行特性。
- 诊断。
- 系统成本。
- 长期稳定性。

然而，在燃烧过程评估时也应考虑这些框架条件，因为它们部分地对燃烧过程有直接的影响。此处，以与 NO_x 存储式催化器相关联的稀薄运行中的 NO_x 排放特性为例：由于 NO_x 原始排放进入催化器存储系统，因此需要再生过程。这发生在亚化学计量（$\lambda<1$）的发动机运行中。该过程的频率决定燃料消耗特性。因此，NO_x 排放的减少可以间接地有利于燃料消耗特性。作为用于降低 NO_x 原始排放的手段，经常使用废气再循环，这可以通过外部和内部废气再循环来实施[46]。客户认为车辆驱动系统的长期稳定性是理所当然的，在直接喷射的方案设计中被赋予了进一步的任务。所以沉积物，例如在进气通道中，在喷油器和进气门处通过废气再循环和通过曲轴箱通风产生的沉积物，不能通过相应的燃料添加剂来分解。

开发燃烧过程所需的条件由一些框架性因素来决定，其中一些条件已经在上文概述过。基本和示范性的开发任务是[37]：

- 在空气引导和壁面引导过程中产生充量运动，也适用于分层运行。
- 确保混合气制备与进气歧管喷射的方案设计相当。
- 确保喷射和喷雾形成的鲁棒性，特别是在油束引导的过程中，无论是均质燃烧过程还是分层燃烧过程。
- 燃料润湿零部件的限制。
- 满足分层运行和稀燃运行时的排气后处理要求。
- 展示合适的废气再循环，也可能是分层的 EGR。

– 确保燃烧过程的足够稳定性。

– 提供必要的控制单元功能。

– 创造足够的冷起动能力。

– 避免喷油器上的沉积物减少流量和喷油图像变形。

– 使用鲁棒的点火系统。

15.2.2.1　直喷式汽油机的运行模式

与采用进气歧管喷射的系统相比，通过使用直接喷射可以实现更多的发动机运行模式，这些模式在下面列出并定性考虑。

（1）分层运行

喷射正时是混合气制备的一个关键参数。压缩行程中的有目的地喷射意味着燃烧室中的混合气在点火时刻之前不能完全混合，从而导致新鲜充量分层。关于引入的总空气质量，此处可以显示明显的稀化，在选定的方法下，可以在测试车辆上确定高的空气-燃油比值（$\lambda=6$）[47]。

（2）均质运行

在进气行程中喷射是均质运行的特征。燃料消耗和稀化特性以及节流损失与进气歧管喷射的汽油机的值相当。此运行方式用于全负荷范围和部分负荷时稀燃。由于直接引入的燃料具有更高的内部冷却，因此可以在全负荷下的爆燃特性中显示出这些优势，以及由于使用传统的催化器系统而在具有化学计量的空燃比的排气后处理中看到这些优势[48]。减少爆燃趋势的优势在带增压的 DISI 方案设计中尤为明显，因此目前是许多开发人员的重点，尤其是对于小排量汽油机。

（3）均质与稀燃之间的运行方式策略

在更高的发动机转速下不能给出分层运行中混合气形成所需的时间；在这里，通过其早期的喷射定时切换到均质运行。在更高的负荷下的另一个限制是混合气在广泛的区域混合气过浓。图 15.40 所示的是量产发动机的运行策略，还包括均质混合气的稀燃运行模式，其中可以利用稀燃运行的优点，然而，另一方面，也不需要承受混合气形成时间的缩短。

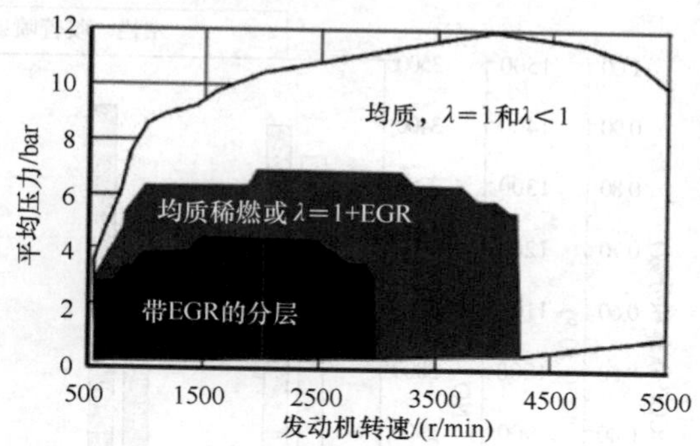

图 15.40　壁引导的燃烧过程的运行方式策略

为了减少与 PFI 方案设计相比在浓化学计量发动机运行中增加的 NO_x 原始排放，考虑到符合排放限值和废气后处理方法的工作方式，大多数 DISI 发动机都需要在具有高的废气再循环率下工作，高的废气再循环率又支持了燃料蒸发。

（4）“均质和分层运行”的运行方式的比较

除了测量燃料消耗和有害物排放外，气缸压力变化过程的分析也是比较均质和充量分层运行方式的重要指标。因此，在下文中，将考虑转速 $n=2000$r/min 和平均有效压力 $p_{me}=2.0$bar 时的气缸压力变化过程以及在相同的负荷工况点下指示效率的变化。图 15.41显示了两种运行方式的气缸压力变化过程，典型的如同部分负荷运行那样。

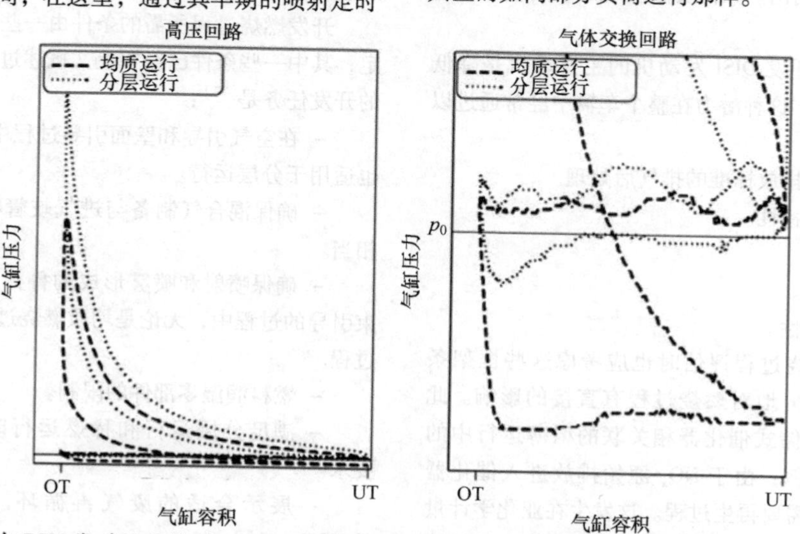

图 15.41　在 DISI 发动机上均质和充量分层运行时的气缸压力变化过程，$n=2000$r/min，$p_{me}=2$bar

在充量分层运行中，压缩和燃烧峰值压力更高，因为去节流运行意味着必须压缩更多的空气质量。此外，分层运行显示出明显更低的气体交换功。图 15.42显示了指示效率 η_i 的变化。

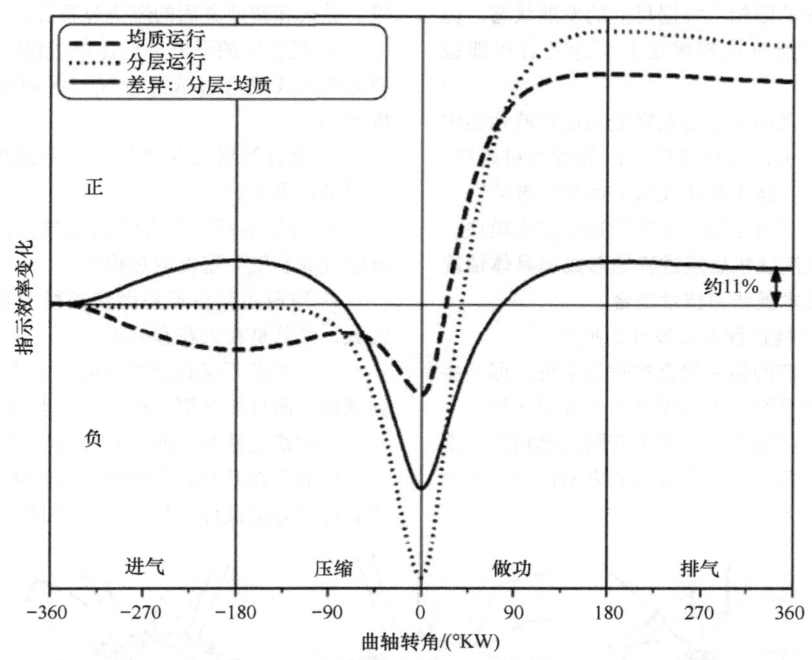

图 15.42 DISI 发动机均质和充量分层运行的指示效率特性，$n = 2000 r/min$，$p_{me} = 2bar$

在气体交换上止点开始进气，由于节流作用，在压缩行程开始之前，在均质运行时比在分层运行（负的指示效率）花费了更多的功。只有在压缩行程开始后，活塞才会在上止点方向受到一个分力，这是由于在均质运行时气缸压力与曲轴箱压力之间的压力差更大，因此指示效率曲线的斜率首先具有积极的迹象。只有在活塞行程大约一半之后，才会出现像图 15.42所示的情况，即与环境相比更高的气缸压力，以及同时出现的抵抗活塞行程作用的力。因此，指示效率曲线的斜率再次变为负值。

在压缩行程结束时，在分层运行中有更多的空气质量被压缩，因此也消耗了较大的功，而在做功行程中，分层运行的曲线显示出更大的正斜率，并且在做功行程结束时实现了比均质运行更高的指示效率。它所显示的优势部分地可以通过更低的壁面换热损失和通过在分层运行时的明显充量特性来解释。这种正的效率差异在排气行程结束之前，在数值上无法完全保持，因为与均质运行相比，分层运行必须再次排出更大的废气质量。因此，分层运行的指示效率曲线在这里显示出更大的负斜率。

（5）分层运行范围的扩展

由于分层运行在超化学计量（$\lambda > 1$）的发动机运行中具有显著的节油潜力，直接喷射被认为是具有最大单一节油潜力的措施。潜力受到有限的特性场区域和仍然过高的 NO_x 原始排放水平的限制。因此，如果在未来通过合适的措施成功地通过例如燃烧过程的更高的 EGR 相容性或有效的后处理系统进一步降低 NO_x 原始排放水平，并且通过燃料－空气混合气和周围空气的最佳分层来扩大超化学计量运行范围的特性场范围，则可以在不显著增加成本的情况下进一步开发明显降低油耗的潜力。显然，喷射系统在这方面起着关键的作用，因此在本章的后面部分将再次讨论这一问题。

目前的分层运行的 DISI 方案设计中，如前所述，在运行方式上，在转速和负荷方面都是具有上限的。一方面是因为它没有足够的时间来制备混合气，另一方面是因为没有足够的新鲜空气进入气缸，以便在更高的负荷下分层制备大量的燃料。为了将转速限制向高速移动，显著地提高喷射压力可能是有帮助的。负荷的限制只能与引入气缸的新鲜空气量的增加相关联地扩大。为此，这种分层运行方案例如可以与增压相结合。然而，在这一点上，要指出的是，增压系统在这里起着关键的作用，因为一方面，增压系统应该高效率地工作，另一方面，该系统必须能够实现非常高的空气传播，以便一方面已经能够在部分负荷时输送大量空气，另一方面，也不应由于例如增压系统的壅塞而导致额定功率的限制。根据目前的发展状态，提到的要求使得标准废气涡轮增压器概念更有可能被淘汰。

总而言之，未来的愿景是在完整的运行特性场中不节流地运行汽油机；这种原理可以节省大量燃料。增压、喷射和点火等技术模块在这方面发挥着关键作用，因此今后的重点将是进一步发展这些技术模块。

15.2.2.2　直喷式汽油机燃烧过程的形式和具体情况及其技术模块和技术组合

（1）不同的燃烧过程方案设计的描述

大多数如今量产的第一代直接喷射系统，即那些喷射器位于侧向的系统，不再设计用于分层运行。一方面，这一事实可归因于客户手中有限的燃料消耗潜力以及现在可用的第二代燃烧方法的方案设计，即油束引导的混合气制备。

然而，同样适用于分层运行的两代产品，即在压缩行程直接喷射燃料，对涉及混合气形成、混合气传输、点火和转换方面的燃烧过程提出了很高的要求：

– 混合气的形成必须在相对较短的时间内进行；液态燃料或具有过浓混合气的区域将在点火时刻前拆解。

– 混合气到火花塞的传输受到控制，并且循环之间是可重复的。

– 应显示可燃混合气明显的分层，其目的是降低废气或空气与壁面的热损失。

– 应避免存在不易燃烧的稀混合气区域和富油区域，尤其是在火花塞附近。

这些要求不仅必须在尽可能大的特性场范围内得到满足，而且还必须与运行工况点相关，以使能够表示足够的稳定性窗口的方式得到满足。

目前正在开发和量产的分层燃烧过程可分为三个燃烧过程方案设计，其特征如图15.43所示。

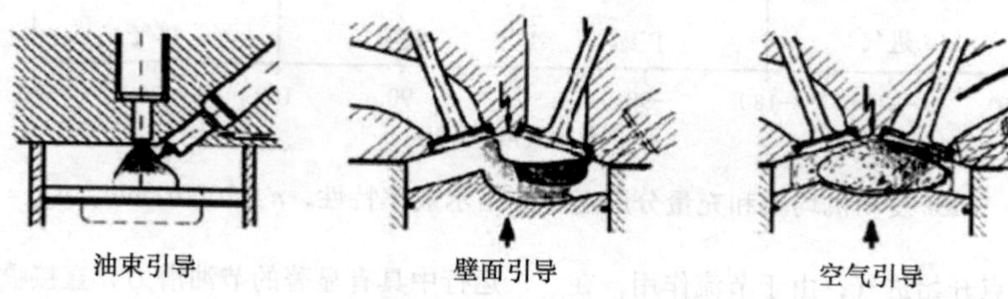

图15.43　燃烧过程方案设计示意图[35]

1）空气引导的燃烧过程。燃料通过产生的充量运动从引入点输送到火花塞。如果该过程始终如一地实施，则可以防止燃烧室壁的润湿。精确的喷射定时和稳定的充量运动对燃烧过程的质量至关重要。通过充量运动支持的混合气形成在适当设计时显示出高的混合质量。然而，这种燃烧过程的稳定性在很大程度上取决于循环之间充量运动的可重复性，以及部件公差是否能满足空气引导的要求。

2）壁面引导的过程。燃料通过相应形状的燃烧室壁（在这种情况下为活塞）输送到点火点。这个过程与燃烧室壁上的高比例燃料沉积有关，直到点火时刻的蒸发现象通常不能破坏整个燃油油膜。然而，由于该过程基于统一的框架条件，因此给出了一个稳定的过程。然而，更高的原始排放和相对较低的燃料消耗潜力不能使该方法脱颖而出。相关参考文献中指出了这两种燃烧方法类型及其混合形式在描述理论上预期的燃料消耗优势方面的缺点，下文再列出一些其他的缺点[49]：

– 在低负荷下分层运行的稳定性不足会限制最大可能的稀化，并且可能需要节流。

– 往更高的负荷方向，可分层的特性场范围受到混合气形成中不利因素的增加，以及由此导致的CO和碳烟排放量增加的限制。

– 燃烧室和活塞润湿以及熄火导致分层运行中HC排放增加。

通过在稀薄运行中使用必要的NO_x存储式催化器，因此在分层和均质稀薄运行中，允许的NO_x质量流量根据废气循环受到限制。因此，在正常的行驶运行中，与PFI发动机相比，由于受限的、可分层的特性场范围，由于NO_x存储式催化器的再生以及部件保护所需的加浓，理论的燃料消耗潜力降低。

3）油束引导的过程。在这种燃烧过程中，根据喷油器和点火系统的位置，可以区分近位置和远位置。后者尽管提供了更长的混合气制备时间的优势，但喷雾更容易受到产生的充量运动的影响。理论上，在点火点附近引入燃料在燃烧过程比较中具有最大的分层潜力；这里预计过量空气系数最高可达8。然而，油耗特性的相应优势面临着重大的挑战，下面将介绍可能的解决方案：

- 可点燃的混合气的形成只发生在燃料油束/喷雾的一小部分范围，混合气形成的时间很短。在这里，一种可能的解决方案是使用喷射压力超过200bar的高压喷射。

- 使用充量运动来支持混合气的制备是有问题的，因为存在混合气被吹离点火点的风险。以前的观点是，油束引导的直接喷射与明显的充量运动相结合会有难度。然而，最近的研究表明，油束引导的直接喷射与分层运行中的较高滚流水平相结合，也能提供非常好的结果。但是，必须特别注意燃烧室几何形状的设计，包括喷油器和火花塞的位置。总体而言，通过这样的组合，可以确定，在分层操作中的稳定运行范围变得更小了，但是在可行驶的特性场范围内可以确定该方法的效率和稳定性都非常高。此外，这种组合能够实现更高的残余气体和 EGR 兼容性，这意味着可以进一步减少 NO_x 排放。

- 无论运行工况点和周期性波动如何，火花塞都必须被可燃的空气 - 燃料混合气的足够大的点火窗口所包围。通过使用向外打开的喷油器实现喷雾的稳定位置，当背压增加时，喷油器不会显示任何收缩。

- 火花塞由于被燃料润湿而经受明显的交变的热应力。除了材料优化之外，使用新型点火系统，如激光点火，也可以成为这里的解决方案[50]。

关于排气后处理，与壁面引导和空气引导的燃烧过程相比，油束引导系统有四个要点：

- 在低负荷范围内使用大量过量空气进行分层运行时会导致废气温度降低，以至于 NO_x 存储式催化器和三元催化器只能在有限的范围内发挥作用。

- 通过存储式催化器中氮氧化物更频繁地还原，分层运行扩展到更高的负荷通常会导致 NO_x 质量流量的增加和相应的油耗增加。

- 如今，特别是为了在油束引导的燃烧过程中建立有希望的分层运行，越来越多地讨论使用 SCR（选择性催化还原，Selective Catalytic Reduction）系统。然而，这个用于 NO_x 排气后处理的系统也需要特定的温度窗口，以确保完整的功能。然而，这个窗口比 LNT（贫 NO_x 捕集器，Lean NO_x Trap）催化器的窗口更有利。根据所使用的还原剂，SCR 催化器在大约 150 ~ 大约 500℃ 的温度窗口内实现 90% 的 NO_x 转化，如图 15.44 所示。

- 如果没有全局的充量运动，残余气体的耐受性会显著降低，从而导致 NO_x 质量流量的增加。除了分层燃烧过程与充量运动相结合之外，还将残余气体的分层作为一种解决方案来讨论[51]。

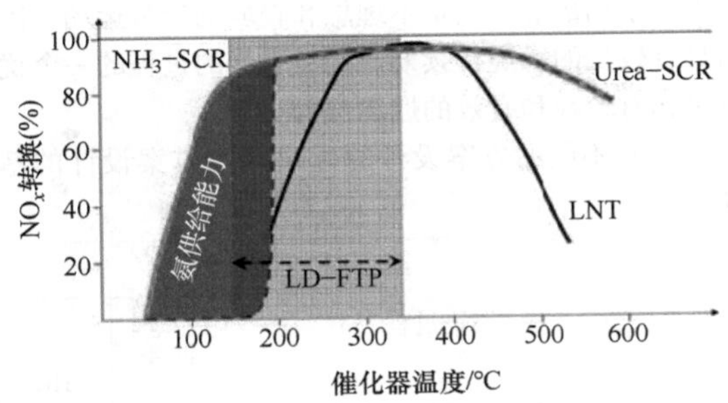

图 15.44 不同 NO_x 排气后处理系统的温度窗口

图 15.45 显示了在过程引导的比较中，在相同的喷射系统中，在没有废气再循环的分层运行中喷射正时、点火时刻和燃烧持续时间的不同特性。

喷射结束与点火时刻之间的时间差异是相当惊人的。这段时间在油束引导的过程中是最短的，因为在喷射过程结束后开始局部接近点火。另一方面，壁面引导的过程在混合气形成的这段时间内显示出最大值，因为混合气在活塞表面上的相对较长距离内被引导。在随后的点火阶段（从点火到 5% 转化之间的时间），可以看到油束引导的过程的相对较差的混合气制备，延迟时间较长，这表明混合气形成以及喷射系统有必要进行改进。尽管作用方式不同（壁面引导的过程中混合气形成的持续时间，空气引导的过程中的强烈的充量运动），在其他两种方法中，良好的混合气形成在燃烧延迟持续时间方面处于相似的水平。

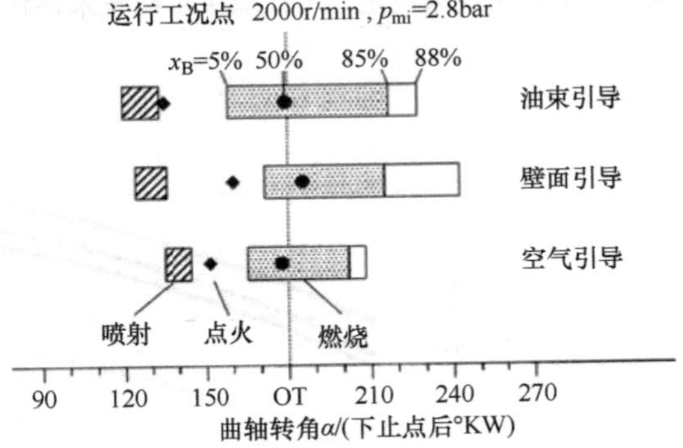

图 15.45 在运行工况点 $n = 2000r/min$、$p_{mi} = 2.8bar$ 时各种 DISI 燃烧过程的过程变化[52]

在随后的转换中，必须考虑转化率达到 85% 的时间段。此原理考虑了壁面引导的过程不完全转换。在这里，由于活塞表面上未经处理的燃料，最大转化率限制在 88%。由于良好的混合质量和高的充量运动强度，空气引导的过程具有最短的燃烧持续时间。这种相对快速的转化一直保持到燃烧结束。其他两种过程由于局部混合质量不理想和较弱的充量运动，因而具有较长的燃烧持续期。壁面引导的过程的一个优点是相对较晚和有效的燃烧位置。

（2）不同的方案设计的优缺点（方案设计的基准）

上面提到的每个燃烧过程方案设计都有优点和缺点，可以在图15.46中找到对潜力的详细评估。本评估中的量化信息不符合量化要求，但旨在反映现实趋势。

燃烧过程	性能					定量评估		应用努力
	油耗	排放			成本	油耗	颗粒	
		HC	NO_x	颗粒				
均质，化学计量和稀薄，横向安装也带有增压	+	+	o	−	+	−2%	+50%	o
分层，壁面引导，横向安装，涡流阀	+ +	−	−	− −	+ +	−8%	+400%	o / −
分层，油束引导，中心安装，多孔阀	+ + +	−	−	o	−	−13%	+200%	−
分层，油束引导，中心安装，A型喷嘴，可能的话带有增压	+ + +	+	− −	−	− −	−15%	+50%	− − / − −
1. + + + 非常好（省力）/ o 中性（中性努力）/ − − − 不太好（高努力）								
2. 比较的基础是具有进气歧管喷射的均质工作的汽油机								

图15.46 根据各自的优缺点评估不同的燃烧过程[53]

总体而言，油束引导的燃烧过程显示出改善油耗的最大潜力，但前提是它与分层燃烧或稀薄燃烧运行相结合。如果将直接喷射作为均质方案设计，特别是与增压相关联，则喷油器的横向位置也可以提供足够的潜力。在开发案例中最终实施哪种形式的燃烧过程必须根据具体情况来决定，不仅取决于纯技术评估，还取决于其他因素。这些可以是市场渗透（必要的燃料可用性）、与其他技术模块的组合、成本等。

（3）直喷的特点——与其他技术模块的组合

如上所述，直接喷射在改善汽油机燃料消耗方面具有不可忽视的潜力。分层或稀燃运行提供了最大的潜力，正如完美发动机的效率所示（图15.47）。

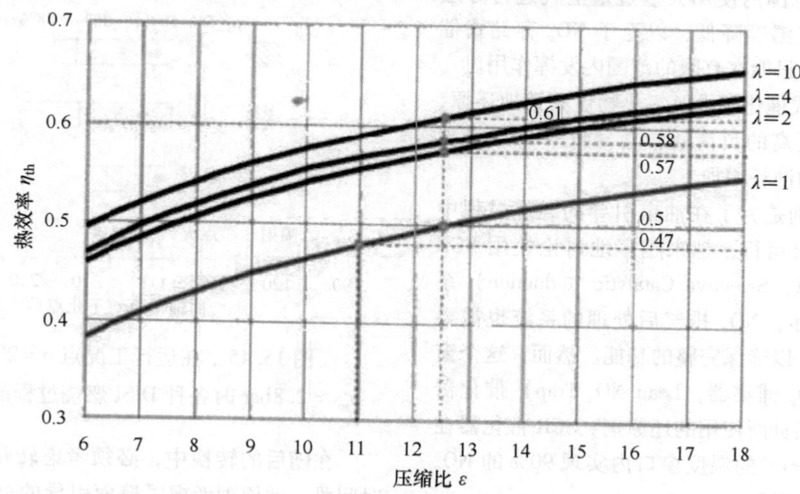

图15.47 定容燃烧完美发动机效率的影响[53]

考虑到进气和压缩比为11的理论效率，在化学计量比为 $\lambda=1$ 时，热效率为47%，这是进气歧管喷射的汽油机的代表。考虑到直喷汽油机由于气缸内蒸发的燃料的内部冷却，从而导致更低的爆燃倾向这样的事实，压缩比可以增加大约1~2个单位，例如在此示例中为1.5单位，即压缩比提高到12.5，因此，热效率可以达到约50%。如果现在将这种方案设计与稀燃运行相结合，则在实际增加的空气比例下，例如λ=4和相同的压缩比，可以实现约58%的热效率。这意味着与进气歧管喷射的发动机相比，效率提高了约22%。

如所阐述的那样，即使在均质运行中，与其他结构相同的进气管喷射的汽油机相比，也可以给出几个百分点的效率提高潜力。如所描述的那样，该优点基于更高的几何压缩比，由于内部冷却的作用在进气同步喷射的情况下并且因此在更高负荷的情况下更低的爆燃倾向，该几何压缩比是能够实现的（图15.48）。

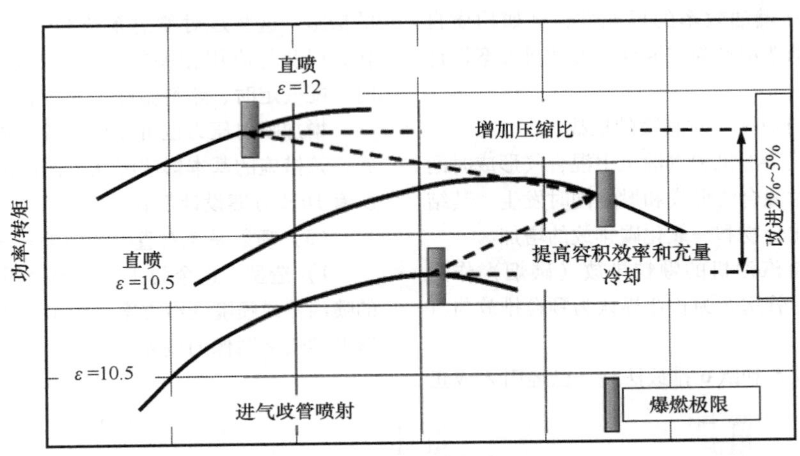

图15.48 直喷对功率和爆燃极限的影响[53]

图15.48描述了通过直接喷射增加压缩比的优势。如果以进气歧管喷射和压缩比为10.5的发动机为出发点，以相同的压缩比和直接喷射运行，则一方面容积效率提高，另一方面爆燃趋势降低。这两种现象都可以追溯到进气行程通过直接引入燃料的充量冷却。在随后的多变压缩过程中，发生的充量冷却对气缸内的温度变化过程产生了不成比例的影响，这显著地降低了爆燃的趋势，这在图中明显地显示出更大的提前点火。

已经发生的爆燃趋势的降低现在可用于通过再增加压缩比来提高效率，直到在相同的燃烧重心下达到类似的爆燃特性，这可以在图15.47中清晰地看到。这又可以减小点火提前角。然而，由于增加了压缩比，DISI燃烧过程的效率优势在整个特性场范围中得以保留。此外，充气效率的优势仍然存在于整个运行范围内，这意味着功率平均能提升约2%~5%。

基于DISI所呈现的优势，市场上可以提供两种基本类型的DISI燃烧过程。非常省油的超化学计量分层运行，以及与增压相关的化学计量的均质运行。由于易受影响的且仍在开发中的NO_x后处理系统（其对于减少趋于更高的NO_x原排放，特别是稀燃运行的NO_x质量流是绝对必要的）以及趋于更小的排量和由此实现小型化的发动机方案设计，目前显示出明显的趋于以化学计量方式运行的增压DISI发动机。

与自然吸气DISI发动机均质运行相比，在化学计量均质运行中，增压和直喷的组合以其特定的优势可进一步显著地提高燃油效率。经常实施的所谓小型化，即在保持更大排量发动机的功率的同时减小排量，根据小型化和降速的程度，与更大排量的发动机相比，可以减少约15%~20%的燃料消耗，如图15.49所示。

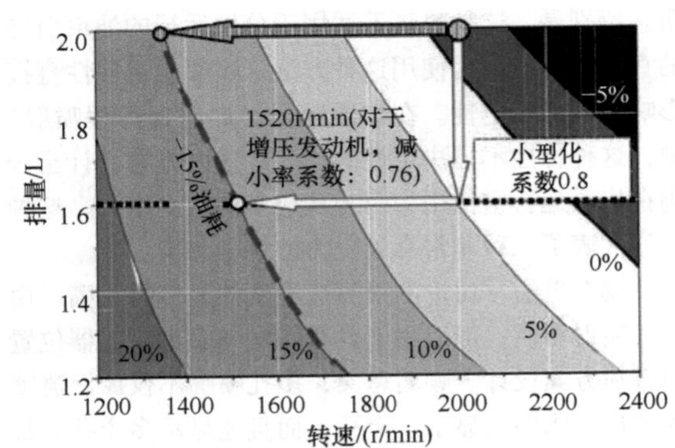

图15.49 小型化和降速（排量减小和速度降低）[54]

如果没有与直喷相结合，上述的燃料消耗的降低在任何情况下都不可能实现，因为没有提高容积效率、几何压缩比的可能的提高以及在喷射和气体交换系统中使用可变性的优势，小型化降速的发动机方案设计就不可能以这种程度来实现。

作为在进一步技术组合中的基本组成部分，直喷将进一步扩大其市场渗透率。最终，它为许多其他技术提供了显著提高燃油效率的可能性，例如均质自燃，通过直接起动选项作为在混合式发动机方案设计中的一个组件等。

（4）颗粒物排放——对直喷的挑战

直接喷射导致柴油机和汽油机中混合气形成时间的缩短，因此有时混合气形成和燃烧同时发生。其结果是未燃的碳氢化合物和一氧化碳排放的增加。

此外，必须将汽油机的颗粒排放（碳烟）作为有害物来考虑，尽管迄今为止业界认为颗粒排放与汽油机燃烧无关[55]。

因此，针对欧5和欧6排放法规，已经引入或正在讨论颗粒质量和颗粒数量的限制值。从欧5阶段开始，颗粒质量的限制值为4.5mg/km。此外，从欧6开始也正在讨论对颗粒数量的限制；这里讨论的极限值为6×10^{11}个/km。根据目前的发展情况，颗粒质量是可以控制的，而颗粒数量限制是所有直喷汽油机的主要问题。只有通过大量的开发工作才能控制所讨论的极限值。其中，重要的是必须采取减少原始排放的措施。这些是对喷射系统和燃烧室几何形状的优化，以及与应用相关的措施，如点火正时、喷射正时、配气定时、燃料温度、入口温度等。

增加喷射压力也可以代表减少颗粒数量的一种措施，该措施的基本影响将在下面讨论，因为该参数对所有DISI方案设计都有重大的影响。

（5）喷射系统对直喷的影响——造型和压力水平

1）造型。迄今为止，主要使用三种原则上不同的喷油器或喷嘴变型方案。图15.50显示了这些喷嘴造型的喷雾图像的差异。

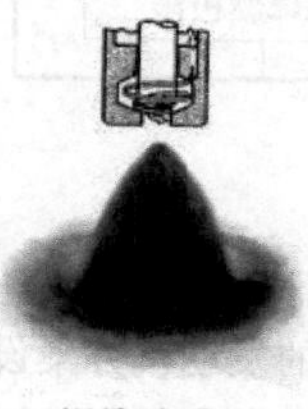
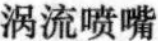
涡流喷嘴

多孔喷嘴

环形间隙喷嘴(A型喷嘴)

图15.50 用于直喷汽油机的喷油器的不同的喷嘴造型

由于其简单性，涡流喷嘴已经用于直喷和分层运行的第一代方案设计中。喷嘴中的涡流发生器确保燃料雾化。燃料轴向进入喷嘴并在涡流发生器中发生切向偏转，其结果是燃料液滴的动能沿轴向减小，穿透深度减小。这种喷嘴的一个缺点是燃料喷雾的收缩取决于背压。在压缩行程喷射的情况下，喷射正时的每次变化，即气缸中的压力水平，都有不同的喷射锥角。特别是，这种喷嘴不适用于分层运行的油束引导的直接喷射，因为使用这种方法，喷雾的再现性直接影响过程的稳定性。在均质运行（即进气行程喷射）中，这种特性不是决定性的，因此这一方案设计至今仍在均质运行中使用，因为从成本的角度来看，这种喷嘴代表了一种非常有吸引力的解决方案。

现在更经常讨论的喷嘴造型变体是多孔喷嘴。由于其喷射特性，可以用于具有侧向和中央喷射器位置的直喷方案设计。顾名思义，多孔喷嘴不仅像涡流喷嘴那样在阀座上显示一个孔，而且还显示多个孔。最常见的孔数在5~8个孔之间。但是，这个数字可以上下变化。多孔喷嘴可以实现非常灵活的油束形状，因为各个喷射油束的布置和数量可以与燃烧室和燃烧过程的要求相匹配。通过这种方式，也可以实现不对称的喷射轮廓，例如为了避免弄湿进气门或火花塞。

然而，多孔喷嘴有一个缺点，它会在这种喷嘴造型的整个生命周期内可能反复引发问题。在喷射过程之后，喷嘴中的死区体积（盲孔体积）导致剩余燃料的蒸发并促进喷嘴尖端处的焦化。然而，如果喷孔的几何形状设计得当，并且喷嘴安装在气缸盖中，这种负面特性可以在很大程度上得到控制。

图15.50中的第三个喷嘴为向外开口的喷嘴，它释放一个环形间隙，因此也被称为环形间隙喷嘴。一层薄薄的燃料油膜高速地从这个间隙中喷出。通过特定的造型，即阀针和阀座的几何形状，不需要预喷雾即可产生均匀的空心锥形喷雾，并且具有非常高的雾化质量，以小于15μm的绍特（Sauter）直径为代表。无论燃烧室背压如何，喷雾锥角都保持非常稳定，这就是为什么这种喷嘴造型设计特别适用于油束引导的

燃烧过程的原因。

由于这种喷嘴结构的喷射面积非常大，在很短的时间内有大量的燃油喷出，这就是为什么这种喷嘴达到了迄今为止最好的蒸发率。它以曲轴转角度数表示的单位时间内的蒸发率如图 15.51 所示。

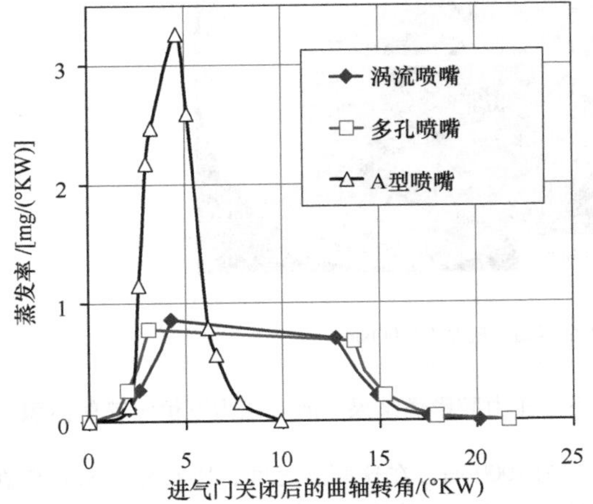

图 15.51　不同喷嘴方案设计的蒸发率

与涡流和多孔喷嘴相比，A 型喷嘴蒸发速率提高了两到三倍。这种喷嘴可以由电磁驱动或由压电执行器驱动。压电致动的喷嘴阀针具有很高的气门升程可再现性的巨大优势，这反过来又导致喷射燃料量的高度可再现性（< 2% 的量偏差）。此外，可以实现极短的切换时间（<0.2ms），这特别适用于实现多次喷射。

因为喷嘴尖端由于其结构设计，比涡流和多孔喷射器的喷嘴尖端暴露于明显更高的温度波动中，因此 A 型喷嘴对焦化的反应明显要低很多。

所有上述喷嘴迄今为止仍以最大 200bar 的喷射压力运行。然而，根据各种进一步的研究，可以假设，喷射压力的增加到超过 200bar 的常规值，在混合气形成和最终的发动机特性方面将起到非常积极的影响作用。

2）增加喷射压力的影响。如果讨论喷射压力的增加，就会出现这样的问题，即这种措施对于每种喷油器类型是否同样值得。原则上，A 型喷嘴的蒸发率已经达到非常高的值，而对于涡流和多孔喷油器来说，蒸发速率的增加似乎是可取的。如果显著地增加喷射压力，则可以实现这一点。图 15.52 准确地显示了这一事实，即平均蒸发速率作为上述喷嘴类型的喷射压力的函数的特性。

如果要使涡流或多孔喷嘴实现与 A 型喷嘴在

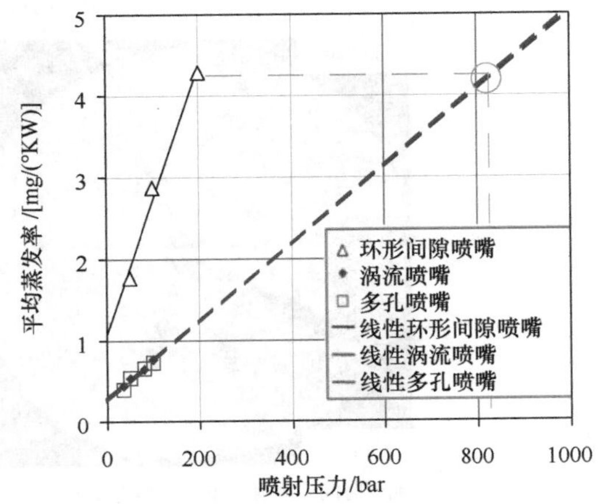

图 15.52　与最高 200bar 的 A 型喷嘴相比，涡流喷嘴和多孔喷嘴的外推的平均蒸发率与 0～1000bar 之间的喷射压力的关系

200bar 下相同的蒸发特性，则必须将喷射压力提高到 800bar 左右。由于这里考虑的是线性关系，因此蒸发率随着喷射压力的进一步增加而进一步地增加。

即使外开式喷嘴的蒸发率已经很高，也可以通过增加压力进一步提高其蒸发率。然而，A 型喷嘴的喷射压力显著增加会导致喷嘴在关闭和保持关闭时出现问题，因为这必须与施加的喷射压力相抵消。

除了增加速率之外，当然必须澄清多孔喷嘴的喷雾在 200～1000bar 之间的不同喷射压力下是如何发展的。图 15.53（见彩插）显示了相关喷雾特性。可以看到在所有喷射压力下、边界条件恒定时喷射到压力室中的燃料喷雾的光学图像。当喷射相同的燃料体积时，首先在 1000bar 下完成喷射。这个时刻也代表了所有喷嘴类型的记录时间点。

根据这些纹影图像中不同区域的颜色，可以将燃料的液态（黑色）和蒸气态（灰色）比例与每次喷射区分开来。与 200bar 的喷射压力相比，可以清楚地看到在 1000bar 的喷射压力下已经以蒸气形式存在的燃料比例更大。此外，蒸气态燃料部分触及的区域（橙色背景）明显更大，这也就意味着所触及的空气明显更多，从而改进了混合气的制备。图像还证实，当喷射压力增加时，液态燃料部分的穿透深度并没有增加，而是减少了，这在减少壁面润湿方面特别有吸引力。因此，喷射压力的增加可以代表将汽油机与中央喷油器位置和非常小的喷孔的直接喷射相结合的一种措施，由于壁面润湿的风险，这通常被认为是非常关键的。

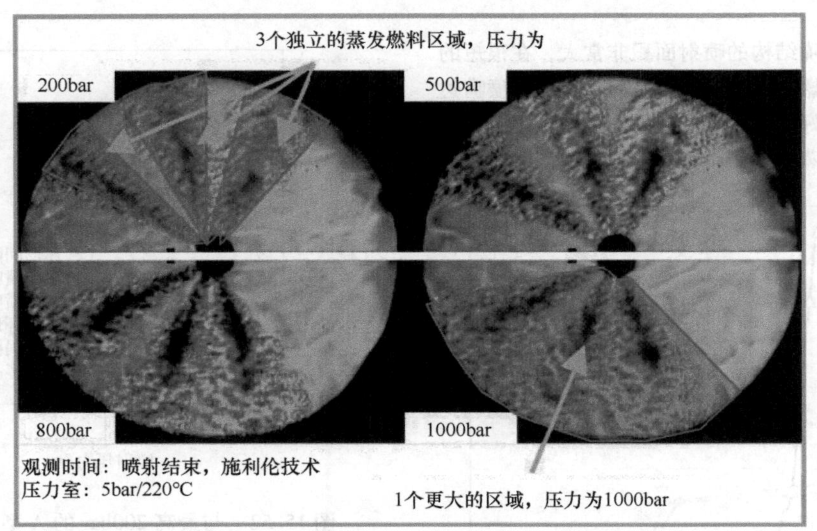

图 15.53　多孔喷嘴在恒定的腔室条件、不同的喷射压力下的压力腔影像结果－所有压力下恒定喷射体积

关于压力增加对混合气形成特性的积极影响的另一证据是在不同的喷射压力下考虑燃料喷雾中的平均液滴尺寸与背压的关系，如图 15.54 所示[56]。

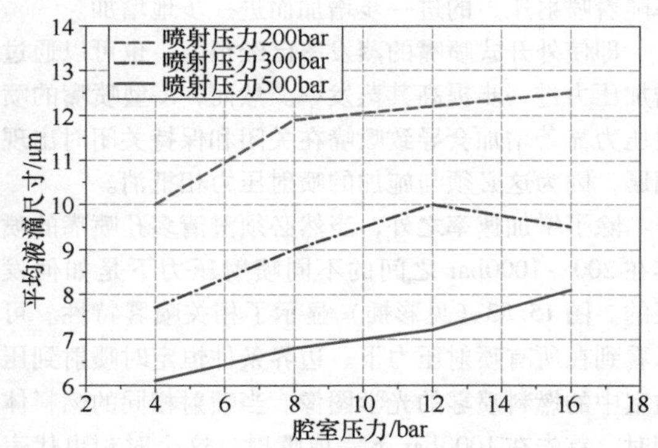

图 15.54　在喷射腔室中和不同的喷射压力下燃料液滴尺寸与背压的关系[56]

由于喷射压力增加时液滴尺寸减小，因此可以预期，这将对常规的混合气形成特性有积极的影响作用。较小的液滴导致喷射燃料的表面积整体增加，从而可以更快地吸收热量，从而导致燃料更快地蒸发。

喷射压力的增加最终对发动机运行产生什么样的影响，作为分层运行中的一个运行点的示例如图 15.55所示。

对于分层运行中的运行工作点 p_{mi} = 3bar 和 n = 2000r/min，该图显示了不同喷射压力下的各种发动机与相关的特性值。喷射压力变化的起点是 200bar，终点为 1000bar，在这两者之间，所有相关参数仍在 500bar 和 800bar 的情况下来描述。这与在图 15.53 中所示出的压力腔室的结果相当。在喷射压力提高的情况下，已经在上文中讨论的改进的混合气制备或均质化明显可见燃料消耗降低 6%。所有所描述的排放物的显著下降也凸显了改进的混合气制备和更有效的燃烧。在 500～800bar 之间 CO 排放量再次增加表明存在局部过浓的区域，这可能有多种原因，例如由于喷嘴造型与燃烧室没有优化匹配而导致的壁面润湿。然而，由于这些值低于 200bar 的初始值，而在燃料消耗方面的优势或几乎 40% 的 NO_x 排放减少的非常大的优势被完全保留，喷射压力增加的明显优势对于未来的汽油机来说，这也是一项非常有吸引力的技术。由于 NO_x 的明显优势，可以追溯到更好的均质化和较小的局部稀薄和过浓区域，增加喷射压力也可以成为未来分层运行的稀燃方案设计的核心方法。

上文基于改进的混合气制备而阐述的对于分层运行的优点通常也可以转移到均质运行中。基础混合气越均匀，燃料的转化效率就越高。特别是对于高增压的发动机方案设计，这里有一个很大的优势，因为由于燃料－空气混合气的不充分均匀化而出现的循环波动越少，在高负荷下气缸充量的爆燃倾向就越小。因此，为了避免爆燃，点火提前角必须相对于效率最优的点火时刻略向后调整，这反过来又带来明显的效率优势。

就此而言，喷射压力的提高对于均匀的，尤其是高增压的发动机方案设计也是非常有吸引力的解决方案。

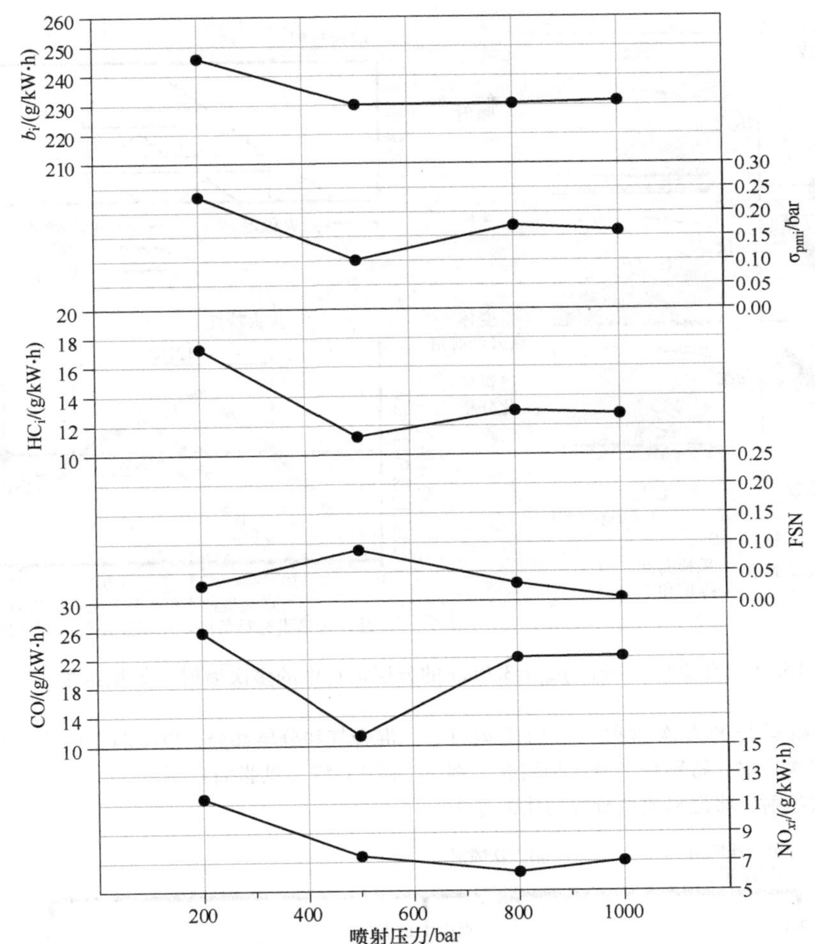

图 15.55 在分层运行工况点 $p_{mi}=3$bar 和 $n=2000$r/min 时喷射压力在 200～1000bar 之间时发动机特定参数的特性[54]

除了在混合气制备方面的明显优势外，由于喷射时间显著地缩短，喷射压力的增加在均匀和分层稀燃运行中的多次喷射方面也具有巨大的潜力。多次喷射的基本原理将在下一段中介绍。

（6）直喷汽油机的运行方式

术语多次喷射可以理解为表示喷射事件在多个时间点上的分布。该方法可用于优化直喷汽油机中的各种发动机运行状态，无论是均质运行还是分层运行。在任何情况下，它都应该有助于改善混合气的形成和发动机的运行性能，因为与进气歧管喷射的汽油机相比，原则上 DISI 方案设计中的混合气制备时间显著减少是一项重大的挑战。

1）分层发动机运行中的多次喷射。为了能够在整个发动机运行特性场中体现与排放特性和燃烧过程稳定性相关的燃料供应的优化的设置，多次喷射是必不可少的，特别是对于油束引导的燃烧过程。它可以形成非常紧凑的混合云，以及从浓喷射油束到气缸内环境空气的更宽的过渡区域。此外，可以使火花塞处的化学计量空燃比范围保持更稳定，同时扩大这个范围，这对于分层运行的燃烧过程尤其重要。当分层运行与涡轮增压相组合时，对燃烧过程和喷射策略的要求变得更加严格，即与发动机负荷相关的特性场扩大，从而扩大了燃料计量的可扩展性。图 15.56（见彩插）强调了在分层运行中多次喷射在混合气形成和燃烧方面的优势。

在图的左侧区域可以看到不同喷射策略的火花塞处的油滴和 λ 分布。以火花塞附近温度发展为代表的火焰传播直接显示在其旁边。对这两个系列图像的分析表明，与单次喷射相比，多次喷射具有明显的优势。这些图像的结果通过对点火特性的分析得到证实，如图 15.56右下部分所示。多次喷射不仅可确保更快的点火导入，而且多次喷射时点火窗口也随之明显扩大。

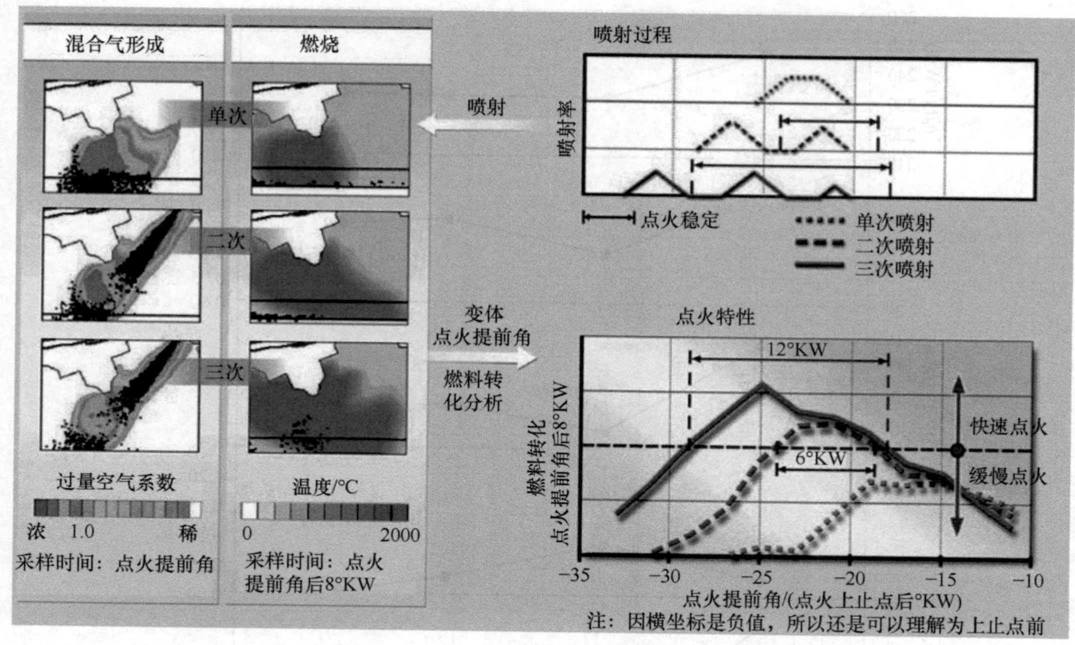

图 15.56　在 2000r/min，p_{mi} =3.0bar 的分层运行中的多次喷射（模拟结果）[57]

2）均质发动机运行的多次喷射。在均质运行中，已成功采用多次喷射，特别是与增压相结合。例如，可以使用二次喷射，将燃料质量分成均质的基本混合气和分层部分，以减弱全负荷时的爆燃趋势，如图 15.57（见彩插）所示。

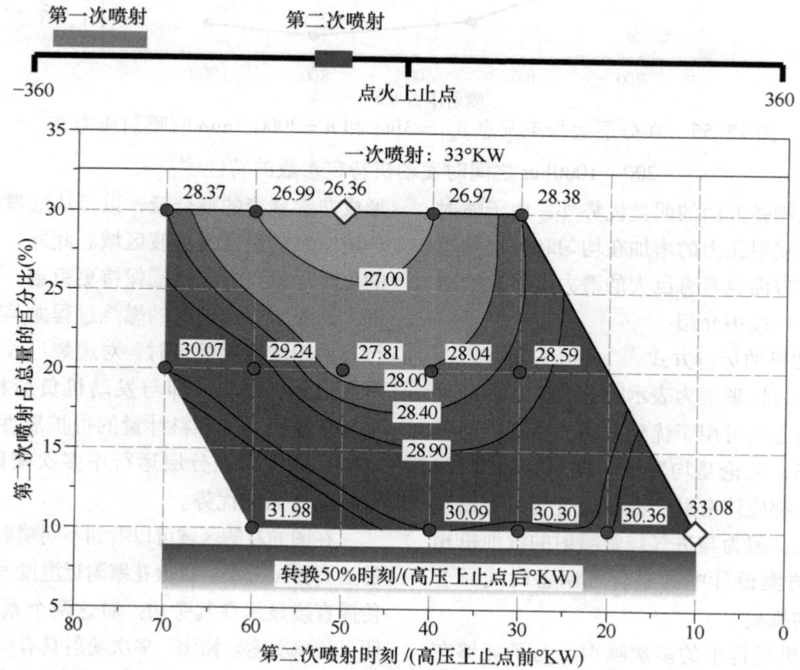

图 15.57　在均质和分层部分中燃料质量的分布的变化以及在恒定的全负荷时（n = 1500r/min，p_{me} = 19.5bar，点火总是在爆燃极限）分层喷射的喷射时间变化时，50% 燃料转化点的发展

该图显示了当第二次喷射的喷射点变化时50%燃料转换点的特性，以及在全负荷运行时使用二次喷射时的第一次和第二次喷射的分流量。在变化过程中，负荷保持恒定，点火提前角跟踪到爆燃极限。二次喷射对爆燃特性的积极影响是显而易见的。虽然单次喷射的50%燃料转换点在上止点后约33°KW，但在恒定负荷条件下使用二次喷射时，该点可以提前约6°KW。在停止与进气同步的第一次喷射之后，非常稀薄的基本混合气倾向于爆燃事件的情况有所减弱，并且在停止分层的第二次喷射之后，在喷射结束和开始点火之间的时间窗口如此缩短，使得完整的混合气也仅在燃烧室中明显加剧的条件下才倾向于爆燃。如果分层喷射的份额提高到超过所示的30%，则负荷不再能够保持恒定，并且HC和CO排放由于不完全的混合气制备以及燃烧而急剧增加，从而在此给出在均质的全负荷运行中合理地使用二次喷射的极限。

另一种可能性是在气体交换区域额外地喷射均质的燃料部分，以达到改善均质化的目的[58]，这也导致通过降低压缩终了的温度来降低爆燃趋势。

3）催化器加热。例如，采用进气歧管喷射的汽油机经常使用二次空气泵来加热催化器，而采用直喷汽油机提供了新的自由度，尤其是通过多次喷射策略。

在停止第一次与进气同步的喷射后，存在相对稀薄的基本混合气，该混合气始终保持不变，并与接近点火时刻的一次或多次喷射相结合，确保可靠点火和着火，与单次喷射相比，确保增加废气温度，如图15.58所示。这最终导致在冷起动后更快地激活催化器。

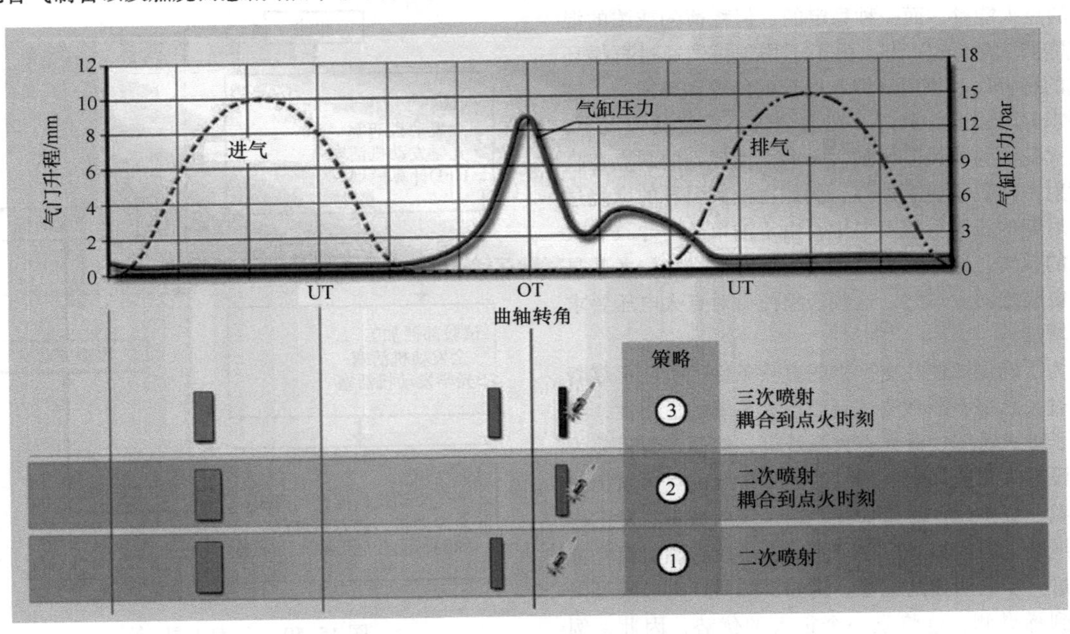

图15.58 废气催化器加热的喷射策略[57]

4）起动。在当今大多数量产的发动机中，DISI发动机是在燃油油轨中相对较低的压力下起动的，该压力由电动燃油泵施加。可以设想在燃料系统中使用高压蓄能器来提高燃料供应中的压力水平和相应的混合气形成质量，可以预计会显著改善起动和排放特性。

优化起动特性的另一种可能性是所谓的直接起动：通过精确协调的喷射和点火，发动机可以在曲柄机构的转动第一圈实现起动，而几乎不用起动辅助装置的支持，例如起动器[59]。然而，这些功能和相应改进的起动特性需要使用附加的组件，例如更高质量的蓄压器和/或曲轴转角标识传感器。

（7）点火系统对直接喷射的影响

直喷汽油机对点火系统提出了很高的要求，尤其是在分层运行中。一方面，火花塞，例如在油束引导的直接喷射中，由于被燃料润湿，可能会暴露在非常大的温度波动以及热冲击载荷下，并容易积聚沉积物；另一方面，它必须补偿火花塞附近的不均匀性，这是直接喷射的典型特征，尽管如此，仍然要确保可靠点火。

原则上，在分层运行中，火花塞周围只有局部非常有限的、具有可点燃的空气－燃料混合气的区域，由于分层，混合气整体稀薄。这是直接喷射燃烧过程发展的重点之一，确保在火花塞电极区域提供可点燃的混合气，而无论运行工况点如何，即不取决于负荷、转速、喷射时刻、点火时刻等。可点燃的混合气必须在大约 $\lambda=0.7$ 和 $\lambda=1.3$ 之间的范围内。在这个范围内，可以通过点火保证着火和火焰前锋的形成。如果混合气质量周期性地强烈地波动，则无法保证每个循环都能着火，从而导致发动机运行性能恶化，排放增加，油耗增加。

尽管火花塞处的混合气质量存在不均匀性以及周期性波动，但确保点火的第一步是将传统的点火系统的点火能量从大约 40mJ 增加到大约 80～120mJ。稳定的、均匀的化学计量燃料－空气混合气需要大约 1mJ 的点火能量，而一种稳定的、但稀薄的或浓的混合气需要大约 3mJ [60]。由于不均匀性、通过再循环废气的稀释以及供应管线和电极的传输和热损失，这一要求显著提升。此外，在混合气不稳定的情况下，点火火花漂移的风险增加。一些上面提到的观点在直接喷射中得到了显著加强，例如在油束引导的燃烧过程和后期的压缩行程喷射中，由于油束脉冲导致点火火花的偏转，这导致火花塞处流速明显增加，尤其是在其电极之间。总之，这些现象使得对点火电压要求显著增加。

为了确保即使在更严格的直喷条件下也能可靠着火，过去总是不断地测试新型点火系统的适用性，如等离子点火系统、激光点火系统等，然而，到目前为止，没有人知道如何使得它们达到传统的点火系统的高效益－成本比。尽管如此，新系统的密集开发工作仍在继续，因为最终可以开发出在排放和燃料消耗方面的进一步的明显的优势。例如，如果点火极限可以扩展到稀燃侧，这将是一个很大的优势，因此，例如，在分层的情况下，不必再产生围绕点火位置的、尽可能的化学计量的燃料－空气核心，而是可能是明显过稀的混合气。对于明显过稀的混合气云，可以显著地降低 NO_x 原始排放水平，因为化学计量混合气云内的 NO_x 形成潜力将大大减弱。如果在这里实现真正的大的飞跃，除了排放优势和增加的残余气体耐受性外，还可以获取另一个燃料消耗优势，因为这将有可能超越迄今为止的限制，扩大稀燃运行和/或分层运行。总而言之，进一步开发的点火系统将大大促进直接喷射的发展。

当然，这种点火系统的进一步发展不仅有利于分层运行，而且还将适应高增压的、均质运行的 DISI 燃烧过程。这是因为由于增压而被高度压缩的气缸充量还需要高的点火电压来点火，以确保快速和安全地着火，从而使混合气没有太多的时间进行可能导致发动机爆燃运行的预反应。

（8）开发过程/开发工具

为了回答直接喷射方案设计开发中的复杂问题，使用各个开发步骤所需的工具，这些工具从已知燃烧过程的分析和初始模拟扩展到概念车的展示。在直接喷射的开发中，特别是在燃烧过程的优化中，与通常分配给汽油机开发的短的时间对比，存在着大量的变化和可能性。为了将试验范围保持在合理的范围内，例如在统计模型和 CFD 计算（计算流体动力学，Computational Fluid Dynamics）中必须限制这种多样性。开发工具如图 15.59 所示。

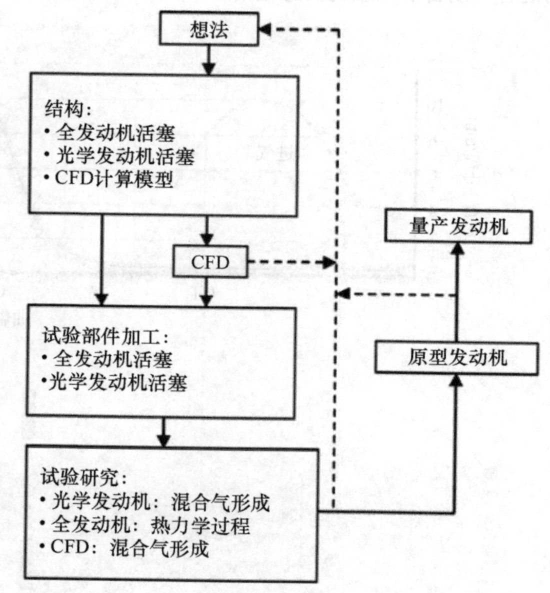

图 15.59　开发工具 [61]

光学试验研究方法用作显示和评估发动机机内过程的方法。

例如，多普勒全局测速仪（Doppler－Global－Velocimetry，DGV）能够可视化稳态的和倒拖的发动机中充量运动的复杂的三维过程，并在相对较短的时间内用合适的关键数据对其进行评估[62]。图 15.60 列出了其他的光学试验研究方法的示例性概貌。

这些方法的及时链接给开发人员带来了除了技术要求之外的组织任务。因此，在 CFD 和光学方法领域的独立试验研究中，有针对性地使用工具，这些工具通常将耗时的试验研究限制在基本陈述和明显更短的时间范围内。这些试验研究的结果绝大部分用于与CFD计算进行比较。

测试技术	应用于	维度	评价
视频－频闪	喷射（液相）	2D	+统计很容易 +可与内窥镜结合使用 －每循环最多1张图片
高速摄影	喷射（液相）	2D	+全循环记录 －图像后处理、统计
LIF	喷射（液相和气相）	2D	+两个相都可能可见 －难以量化 －最多1～2条信息/循环
拉曼	燃料浓度	0D (1D)	+数量上 －小信号，易受干扰 －最多1～2条信息/循环
LDA	流速	0D 3D	+很容易精确统计 +（全循环记录） +易建立的和成熟的 －复杂的线性信息
PIV	流速 （可能同时喷射）	2D	+2D流动信息 +很容易统计 +易建立的和成熟的 －最多1～2条信息/循环

图15.60 光学试验研究方法概貌[61]

在进一步开发过程中用于协调发动机控制单元功能的工具，也需要部分基于模型来开发。例如，ECU基于转矩控制的功能结构，需要使用统计试验设计方法来实现有效的应用[63]。

然而，大多数以随机特性为主题的模型，例如燃烧过程中的循环波动，都无法达到预期的精度。因此，为了测试燃烧过程开发过程中的热力学变量，需要在整个发动机上进行描述。直喷汽油机的实际所显示的燃料消耗潜力只能通过燃烧过程的开发、排气后处理和运行策略与广泛的建模相结合来实现[47,48]。

15.3 二冲程柴油机

尽管二冲程柴油机在20世纪50年代和60年代作为小型固定式发动机，以及拖拉机发动机（Lanz、Hanomag、F&S、ILO、Stihl、O&K、Hirth）和用为货车的驱动装置（克虏伯、福特）（另见参考文献[64，65]）有一定程度的普及，目前二冲程柴油机作为乘用车和商用车驱动已没有意义。二冲程发动机在这些领域失去意义的原因是在使用寿命、润滑油消耗和排放方面的要求增加，而传统结构形式的简单发动机（曲轴室扫气泵，对称控制相位图，仅限于三个运动部件）则不能充分满足这些要求。其他原因是替代曲轴室冲洗泵的扫气鼓风机的发展状况有限，以及冷却、润滑和材料方面的问题。此外，由于四冲程柴油机越来越多地使用废气涡轮增压，二冲程柴油机的功率优势也有所减弱。二冲程柴油机的优势，尤其是在气缸数较少的发动机中的传动系统振动激励、转矩特性、功率重量比、冷起动特性、冷起动后发动机暖机、NO_x原始排放和排气后处理条件，使得二冲程柴油机特别适用于1～3缸发动机，这对小型、省油的乘用车很有吸引力，并导致了在20世纪90年代由Toyota[66]、AVL[67]、Yamaha[68]和Daihatsu[69]等公司提出相应的开发项目。

对于二冲程柴油机，燃烧过程的选择在很大程度上取决于对特定的扫气方案设计的定义。在带有进气槽和排气门的直流扫气二冲程柴油机中，通过扫气通道以及进气槽的造型设计可以相对简单地在气缸中产生涡流，并在必要时通过前面的挡板，根据发动机负荷和转速来影响涡流。出于这个原因，与当今主要使用的直喷式四冲程柴油机相比，可以产生类似的混合气形成条件，并且可以相应地使用可比较的燃烧过程。7.25节展示了由AVL公司设计的用于乘用车的直流扫气式三缸二冲程柴油机（另见参考文献[67]）。在使用凸轮驱动的喷油泵（分配器喷油泵、泵－喷嘴）时，在设计泵和凸轮时必须考虑四冲程发动机加倍的喷射频率。特别是，共轨喷射的使用提供了如下选项：必要时在特定的特性场范围内（例如在高转速的情况下）以四冲程运行模式运行发动机。无论选择何种喷射系统，在设计气缸盖时都必须对喷嘴体或喷嘴的有效冷却给予足够的关注。

在具有反向扫气（头部反向扫气或活塞控制的反向扫气，例如根据 Schnürle）的二冲程发动机中，在上止点附近，在燃烧室中没有涡流流动，而是或多或少地有明显的滚流。出于这个原因，在过去，用于车辆的反向扫气二冲程柴油机几乎都配备了分隔式燃烧室（预燃室、涡流室）。另一方面，在带有反向扫气的小型固定式发动机（F & S，ILO[64]）中，采用了直接喷射式，部分喷嘴座采用径向布置的方式。喷射压力高达 2000bar 和更多喷射孔的现代直喷系统只需要相对较低的燃烧空气涡流即可形成良好的混合气，因此为反向扫气二冲程柴油机开发了直喷式燃烧过程，在某些情况下，在上止点产生可能稍微径向定向的挤压流动时，从一开始就显得是有希望的。

图 15.61 显示了雅马哈（Yamaha）[68]的排量为 1.0L 的、带有反向扫气的、两缸二冲程柴油机的纵向和横截面视图，该发动机设计用于一款小汽车，行程为 93mm，缸径为 82mm，额定功率在 4000r/min 时为 33kW。在 2500r/min 时达到 80N · m 的最大转矩。总重量为 95kg 的发动机设计用于 3L 车辆（100km 油耗 3L），应符合欧 4 限制值。气缸曲轴箱由铝合金和 Ni－P－SiC 涂层气缸套制成，每个气缸有四个溢流通道，来自曲轴室的新鲜气体通过这些溢流通道进入气缸。气缸套和滚柱轴承的曲轴和连杆轴承通过特性场控制的新鲜油润滑有目的地供应润滑油，因此可以最大限度地减少润滑油消耗。反向扫气气缸的排气区域有两个相叠设置的排气槽。为了改善转矩特性，可以通过节流阀关闭上排气通道，从而在发动机运行期间的压缩比可以在 13:1 和 18:1 之间变化。显然，在 DI 燃烧过程难以产生有特征的燃烧室涡流的背景下，可以采用分割式燃烧室的燃烧过程。在这种燃烧过程中（图 15.62），在燃烧室（副室）中开始燃烧后，通过四个切向引导的吹气通道在气缸中产生明显的涡流流动，并且具有较低的推力损失。根据雅马哈[68]的说法，这样就可以实现低油耗和低排放的完全燃烧。

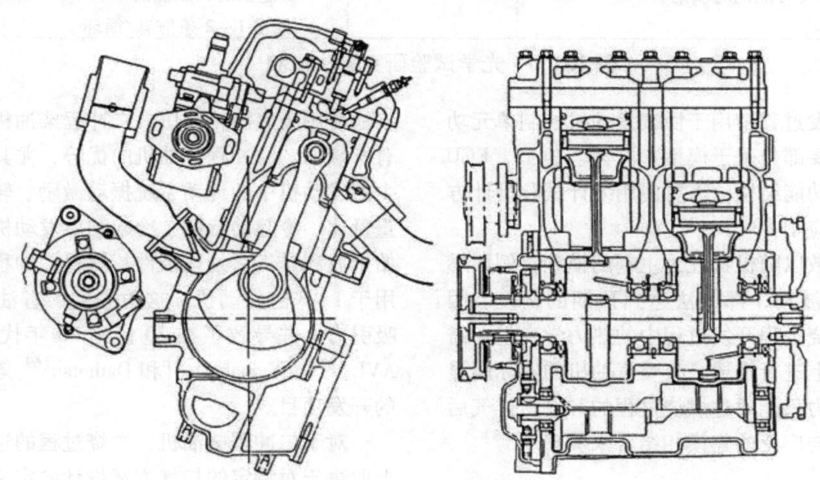

图 15.61 雅马哈 1.0L 二冲程柴油机纵剖视图[68]

图 15.62 雅马哈 1.0L 二冲程柴油机涡流室示意图[68]

15.4 二冲程汽油机

与二冲程柴油机相比，二冲程汽油机作为乘用车驱动具有悠久的传统。特别是在 20 世纪 20 年代，DKW、Aero、Jawa 和 Ceskoslovensko Zbrojovka 公司在二冲程摩托车发动机的开发和生产方面的积极经验为二冲程汽油机乘用车的市场推出奠定了基础。第二次世界大战后大规模机动化过程中对经济型汽车的巨大需求，特别是在德国，成为开发和生产大量二冲程汽油机乘用车的背景。除了汽车联盟（DKW），Lloyd（劳埃德）、Goliath（歌利亚）、Gutbrod（古特布罗德）和Glas（格拉斯）等公司还生产二冲程乘用车，在20世纪50年代末，在联邦德国，二冲程乘用车的市场份额约为20%。在民主德国，直到20世纪90年代初才停止生产，Wartburg（瓦特堡）和Trabant（特拉班特）品牌的二冲程乘用车市场份额甚至达到了60%以上。在客户和公众对直接可察觉的碳氢化合物排放（蓝烟）、未经调试的怠速、寿命问题和相对较高的全负荷燃料消耗日益敏感的背景下，1966年在因戈尔施塔特（Ingolstadt）的汽车联盟（DKW）和1968年在瑞典的萨博（Saab）停止了乘用车二冲程发动机的生产。几乎在20世纪90年代初，在瓦特堡和萨克森林停止生产二冲程发动机乘用车的同时，Orbital[70,71]、AVL[72]、斯巴鲁[73]，丰田、通用和Ficht（费希特）等公司的出版物和介绍（另见文献[74，75]）再次引起了人们对二冲程汽油机的兴趣。根据这些出版物，主要的前景是通过改进混合气形成（直接喷射），但也通过使用替代扫气方法，来克服传统乘用车二冲程驱动的特定缺点，并创建低排放和节油的驱动装置，特别是小型乘用车。

二冲程工作过程的一个基本特征是，与四冲程工作过程相比，每转一圈完成一个完整的工作循环，其中，去除已燃的充量并同时在下止点（UT）附近的曲轴转角范围内将新鲜气体（扫气过程）引入气缸。由于气体体积通过打开的排气元件与大气连通，因此在进气和排气元件关闭后开始压缩过程，除了气体动力学影响和增压或再增压效应（即使在部分负荷下进气节流时），基本上气缸压力大约相当于大气压。与节气门调节的四冲程汽油机相比，即使在部分负荷下，这也会导致相对较高的压缩终了压力。

如在10.3节所示，有多种扫气方法可用于二冲程发动机的气体交换，每种方法各有优缺点。由于简单和紧凑的结构形式以及对较高标称转速的要求，迄今为止，用于乘用车的二冲程汽油机几乎全部设计有反向扫气和曲轴室扫气泵。与节气门调节的四冲程汽油机相比，带有曲轴室扫气泵的传统二冲程发动机的气体交换功随着负荷减小而减少（另见参考文献[76]）。然而，由于“开放式”气体交换，这种负荷调节原理会在部分负荷下导致气缸中的较高比例的废气，因为在气体交换期间，只有与新鲜气体进入气缸（由进气通道节流的程度来确定）时一样多的废气被挤出气缸。气缸中高比例的废气降低了NO_x排放并由于部分负荷时温度水平的升高，改善了燃料的物理准备条件。另一方面，部分负荷，尤其是在怠速时较高的惰性气体比例会导致点火条件急剧恶化。较高比例的残余气体与部分负荷时的较高的压缩终了压力相结合，因此，需要使用具有高的点火能量的点火系统。如果在这些条件下，无法通过扫气过程将易燃的混合气定位在火花塞区域，则会发生点火失火。在随后的扫气过程中，更多的空气-燃料混合气被扫入气缸中，从而改善了点火条件。如果随后在一个或多个扫气过程之后发生着火，则随后的燃烧以高能量转换率、压力梯度和峰值压力为特征，这是先前压缩循环期间混合气中的预反应的结果。混合扫气式二冲程汽油机的这种运行特性会导致在部分负荷下，尤其是在怠速时出现不正常的运行特性。此外，未燃混合气部分的冲洗导致燃料消耗的增加和高的碳氢化合物排放。由于进气系统中气体振荡的影响，特别是在带有曲轴室扫气泵的二冲程发动机的情况下，随着转速的变化，不仅气缸的充量会发生变化，而且特别是在外部混合气形成（化油器）的情况下，混合气组成也会发生变化。由此，除了残余气体含量外，还对着火、运行特性和排放产生其他的影响。当负荷增加时，气缸中新鲜气体比例的增加会导致发动机运行更平稳。经验表明，在中等部分负荷和中等转速下，混合扫气二冲程发动机可实现相对有利的燃料消耗。当接近全负荷时，扫入气缸的混合气量的增加会导致新鲜气体损失或多或少显著地增加，从而导致燃料消耗和HC排放的增加，具体取决于扫气方案设计和进气和排气系统的气体动力学设计。

根据目前的技术状况，在三元催化器中，在化学计量的过量空气系数（$\lambda=1$调节）下，至少在特性场的部分区域中，未燃碳氢化合物（HC）和一氧化碳（CO）的氧化以及氮氧化物（NO_x）的同时还原是满足乘用车四冲程汽油机的严格的当前和未来废气排放限值的先决条件。在二冲程汽油机中，三元催化器运行的基本条件是：在气体交换过程中离开气缸的未燃混合气具有与新鲜充量相同（化学计量）的过量空气系数。原则上，这种状态可以在具有外部混合气形成的二冲程汽油机中实现。然而，部分负荷中所描述的点火失火和与此相关的废气成分的明显的随时间的可变性导致在维持窄的“窗口”时的调节技术上存在困难。

在内部混合气形成（直接喷射）中，气缸用空气扫气。根据扫气过程的质量、平均压力（负荷）和必要时为冷却气缸而吹扫的空气量，对于$\lambda=1$运行，直接吹入排气的氧气必须通过“加浓”留在气缸中的混合气（增加喷射量）来补偿。然而，从燃料消耗、催化器的热负荷和由催化器的转化率限制的有害物减少量的角度来看，由于气缸中的混合气的“加浓”引起的可氧化废气成分（HC，CO）的增加是不可取的。

与在乘用车中的使用相比，二冲程汽油机主要由于重量轻、空间要求小、机械鲁棒性和低维护运行，至少部分地确保了它们在舷外机、喷气滑雪和雪地摩托发动机和在用于小型两轮车和工作设备驱动中的主导地位。在这些细分市场中，技术和环境政策要求也在不断提高，这导致了许多技术改进的开发和市场导入，在某些情况下，燃料消耗和/或有害物排放可以大大地减少。其中主要包括小型固定发动机中的扫气模板（新鲜气体模板/新鲜空气模板）[77,78]，与优化反向扫气和轻便摩托车和踏板车中的“稀薄”混合气调整相关的氧化催化器的引入，在小型两轮车中使用二次空气系统，以及在舷外发动机和两轮车[79]中电子直接喷射的量产引入[79,80]。最重要的是，乘用车市场中严格的有害物限值以及高舒适性和使用寿命的要求（如参考文献[81]所述），即使在更新的方案设计中也至少有一部分不能充分满足这些要求，这构成了将二冲程汽油机作为乘用车驱动的严重障碍。因此，为了将二冲程汽油机作为汽车驱动成功地推向市场，下面列出了被视为权宜之计的最重要的方案设计方法以及与之相关的开发任务（另见参考文献[82]）：

- 使用或优化扫气过程，以最小的新鲜气体损失，在部分负荷下在火花塞处提供可靠的易燃的混合气。

- 从外部混合气形成（化油器/进气歧管喷射）过渡到直喷系统，在可用于混合气形成的短时间内，确保良好的混合气制备和可靠的可燃混合气在火花塞处的定位，即使在低的部分负荷运行工况点。空气支持的直喷系统可以在可用于混合气形成的短时间内进行良好的混合气制备，但仍需要针对高的系统成本和高的功耗进行优化。

- 使用或优化点火装置或点火过程，其在实际车辆运行中长期稳定地点火并在部分负荷下也可靠地点燃难以着火的混合气。

- 开发和使用扫气装置或增压扫气装置的，其在发动机的整个特性场中、在最小功耗的情况下尽可能自由地选择气缸扫气或增压的程度。在这种情况下，可能具有可变涡轮几何形状的涡轮增压器提供了利用废气能量的一部分的选项，并且同时补偿由于废气在涡轮前的回流导致的对称控制图（反向冲洗）的缺点。

- 放弃作为扫气泵的曲轴室，提供了在声学、使用寿命和成本方面有利的条件。采用滑动轴承的曲轴以及借助压力循环润滑和润滑油喷射器，对热负荷高的、必要时设有冷却通道的活塞提供了有效冷却的可能性。气缸－活塞配对以及活塞环装配一致地针对活塞环的最低润滑油需求和最大润滑油刮除效果以及针对这些发动机部件的足够的机械和热稳定性来优化。

- 基于DI四冲程汽油机排气后处理的技术知识，排气后处理系统必须适应二冲程汽油机的要求，以满足未来严格的排放限制值，即使发动机不在化学计量的空燃比运行。

- 一种有吸引力的方法是考虑在车辆汽油机中组合二冲程和四冲程运行，这在原则上也可以用于柴油机。根据Ricardo（里卡多）[83,84]进行的基础研究的结果，在高负荷和低发动机转速的特性场工况点中，二冲程运行（扫气方案设计采用缸盖反向扫气）允许与显著地节省燃料消耗相关的进一步的小型化。这些方案设计的开发重点尤其在于实现可量产的增压方案设计、扫气方案设计、运行模式切换策略和气门正时切换方案设计。

图15.63显示了Orbital公司的反向扫气三缸二冲程发动机的示例。发动机的行程为72mm，缸径为84mm。在4500r/min时额定功率为58kW，在3500r/min时达到130N·m的最大转矩，发动机的总重量为85kg。根据文献[80]中的陈述，在足够安全裕度的情况下进行过80000km的耐久性试验后，符合欧3限值。该发动机用于Maleo以及Texmako品牌的印度尼西亚产乘用车。

由铝合金制成的水冷气缸曲轴箱每个气缸有多个溢流通道，并在曲轴的中心平面上分开。锻造的曲轴采用一体式设计，主轴承和连杆轴承的轴颈上设计为剖分的滚子轴承。当活塞向上移动时，进气通过进气歧管被吸入到相应的曲轴室。位于曲轴室前面的簧片阀（Reedvalve）可防止在压缩过程中气体从曲轴室回流到进气通道。曲轴轴承和气缸通过电子控制的润滑油泵供应新鲜的润滑油。燃油－润滑油混合比通常在1:200～1:50之间。为了在整个发动机转速范围内实现高的转矩，控制辊位于排气槽区域的排气通道中，可以改变排气正时。控制辊通过直流电动机进行调节。发动机的一个特殊功能是空气辅助的燃油直接喷射（另见参考文献[80，85]）。该喷射系统的主要元件是位于气缸盖中的电磁控制阀，用于将空气－燃料“乳化液”喷射到腔室中。其中，液态燃料通过传统进气歧管喷射系统的喷油器精确计量并喷射到混合室中。通过将往复式压缩机中压缩的空气喷射到该腔室中，形成空气－燃料“乳化液”，并以精细雾化的形式吹入燃烧室。因此，根据参考文献[80]，实现了小于8μm的平均绍特直径（SDM）。例如，在3000r/min和上止点前25°～30°KW范围内喷射过程结束时，分层的空气－燃料混合气的混合质量良好，在部分负荷下会导致高达100:1的稀薄的空气－燃料比例，而且燃烧稳定。

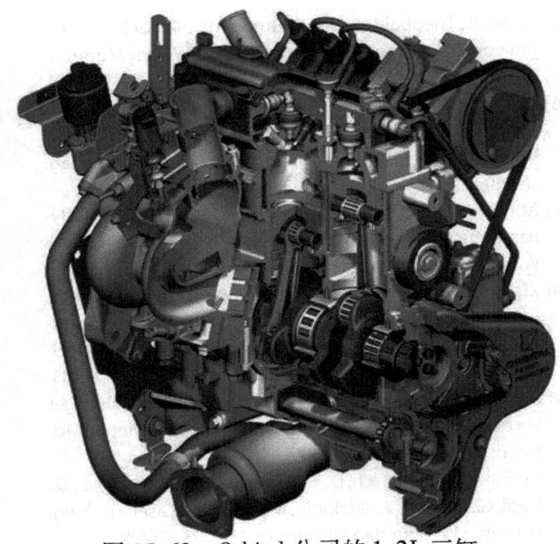

图 15.63 Orbital 公司的 1.2L 三缸二冲程发动机的剖视图[82]

参考文献

使用的文献

[1] Renner, G., Maly, R.R.: Moderne Verbrennungsdiagnostik für die dieselmotorische Verbrennung. In: Essers, U. (Hrsg.) Dieselmotorentechnik, Bd. 98, expert-verlag, Renningen-Malmsheim (1998)

[2] Schünemann, E., Fettes, C., Rabenstein, F., Schraml, S., Leipertz, A.: Analyse der dieselmotorischen Gemischbildung und Verbrennung mittels mehrdimensionaler Lasermesstechniken. IV. Tagung Motorische Verbrennung, Essen, März 1999. Haus der Technik, Essen (1999)

[3] Fath, A., Fettes, C., Leipertz, A.: Modellierung des Strahlzerfalls bei der Hochdruckeinspritzung. IV. Tagung Motorische Verbrennung, Essen, März 1999. Haus der Technik, Essen (1999)

[4] Merker, G.P., Teichmann, R. (Hrsg.): Grundlagen Verbrennungsmotoren, 7. Aufl. Springer Vieweg, Wiesbaden (2014)

[5] Tschöke, H., Mollenhauer, K., Maier, R. (Hrsg.): Handbuch Dieselmotoren, 4. Aufl. Springer, Berlin-Heidelberg (2016)

[6] Adomeit, Ph., Lang, O.: CFD Simulation of Diesel Injection and Combustion. SIA Congress „What challenges for the Diesel engine of the year 2000 and beyond", Lyon, May 2000. Suresnes (France): SIA, (2000)

[7] Urlaub, A.: Verbrennungsmotoren: Grundlagen, Verfahrenstheorie, Konstruktion, 2. Aufl. Springer, Berlin (1995)

[8] Dietrich, W.R., Grundmann, W.: Das Dieselkonzept von DEUTZ MWM, ein schadstoffminimiertes, dieselmotorisches Verbrennungsverfahren. Fortschritt-Berichte VDI, Reihe 6: Energieerzeugung, Bd. 282. VDI Verlag, Düsseldorf (1993)

[9] Heinrichs, H.-J.: Untersuchungen zur Strahlausbreitung und Gemischbildung bei kleinen direkteinspritzenden Dieselmotoren, Dissertation. RWTH, Aachen (1986)

[10] Pischinger, F., Schulte, H., Jansen, J.: Grundlagen und Entwicklungslinien der dieselmotorischen Brennverfahren. Tagung: Die Zukunft des Dieselmotors, Nov. 1988, Wolfsburg. VDI Berichte, Bd. 714. VDI Verlag, Düsseldorf (1988)

[11] Meurer, J.S.: Das erstaunliche Entwicklungspotenzial des Dieselmotors. Tagung: Die Zukunft des Dieselmotors, Nov. 1988, Wolfsburg. VDI Berichte, Bd. 714. VDI Verlag, Düsseldorf (1988)

[12] Armbruster, F.-J.: Einfluss der Kammergeometrie auf den Energiehaushalt und die Prozesssimulation bei Kammerdieselmotoren. Fortschrittberichte VDI, Reihe 12: Verkehrstechnik/Fahrzeugtechnik, Bd. 149. VDI Verlag, Düsseldorf (1991)

[13] Fortnagel, M., Moser, P., Pütz, W.: Die neuen Vierventilmotoren von Mercedes-Benz. MTZ **54**(9), 392–405 (1993)

[14] Sun, D.: Untersuchung der Strömungsverhältnisse in einer Dieselmotor-Wirbelkammer mit Hilfe der Laser-Doppler-Anemometrie, Dissertation. Universität Stuttgart (1993)

[15] List, H., Cartellieri, W.P.: Dieseltechnik – Grundlagen, Stand der Technik und Ausblick. Sept. MTZ Sonderausgabe „10 Jahre TDI-Motor von Audi". (1999)

[16] Spindler, S.: Beitrag zur Realisierung schadstoffoptimierter Brennverfahren an schnelllaufenden Hochleistungsdieselmotoren. Fortschritt-Berichte VDI, Reihe 6: Energieerzeugung, Bd. 274. VDI Verlag, Düsseldorf (1992)

[17] Dietrich, W. R.: Die Gemischbildung bei Gas- und Dieselmotoren sowie ihr Einfluss auf die Schadstoffemissionen – Rückblick und Ausblick. Teil 1 in: MTZ 60 (1999) 1, S. 28–38; Teil 2 in: MTZ 60 (1999) 2, S. 126–134

[18] Mollenhauer, K., Tschöke, H. (Hrsg.): Handbuch Dieselmotoren, 3. Aufl. Springer, Berlin (2007)

[19] Schifferdecker, R.: Potential strömungsoptimierter Einspritzdüsen bei Nkw-Motoren. Dissertation Universität Magdeburg (2011)

[20] Lückert, P., et al.: The New Mercedes-Benz 4-Cylinder Diesel Engine OM 654-The Innnovative Base Engine of the New Diesel Generation. 24. Aachener Kolloquium. (2015)

[21] Thiemann, W., Dietz, M., Finkbeiner, H.: Schwerpunkte bei der Entwicklung des Smartdieselmotors. In: Bargende, M., Essers, U. (Hrsg.) Dieselmotorentechnik, Bd. 2000, expert-verlag, Renningen-Malmsheim (2000)

[22] Kirsten, K.: Vergleich unterschiedlicher Brennverfahren für kleine schnelllaufende Dieselmotoren, Dissertation. RWTH, Aachen (1986)

[23] Willand, J., Vent, G., Wirbeleit, F.: Können innermotorische Maßnahmen die aufwendige Abgasnachbehandlung ersetzen? 21. Internationales Wiener Motorensymposium, Wien, Mai 2000. Fortschrittberichte VDI, Reihe 12: Verkehrstechnik/Fahrzeugtechnik Nr. 420, Bd. 1. S. 33 VDI-Verlag, Düsseldorf,(2000)

[24] Chmela, F., Piock, W.F., Sams, Th.: Potenzial alternativer Verbrennungsverfahren für Otto- und Dieselmotoren. 9. Tagung „Der Arbeitsprozess des Verbrennungsmotors", Graz, September 2003. VKM-THD Mitteilungen, Bd. 83., S. 45–59 (2003)

[25] Bürgler, L., Cartus, T., Herzog, P., Neunteufl, K., Weißbäck, M.: Brennverfahren, Abgasnachbehandlung, Regelung – Kernelemente der motorischen HSDI Diesel Emissionsentwicklung. 13. Aachener Kolloquium Fahrzeug- und Motorentechnik 2004, VKA, ika, RWTH Aachen. Bd. 2. VDI, Aachen (2004)

[26] Coma, G., Gastaldi, P., Hardy, J.P., Maroteaux, D.: HCCI Verbrennung: Traum oder Realität? 13. Aachener Kolloquium Fahrzeug- und Motorentechnik 2004, VKA, ika, RWTH Aachen. Bd. 1. VDI, (2004)

[27] Kahrstedt, J., Buschman, G., Predelli, O., Kirsten, K.: Homogenes Dieselbrennverfahren für EURO 5 und TIER2/LEV2 – Realisierung der modifizierten Prozessführung durch innovative Hardware und Steuerungskonzepte. 25. Internationales Wiener Motorensymposium 2004, Band 2. Fortschritt-Berichte VDI, Reihe 12, Bd. 566. (2004)

[28] Kahrstedt, J., Manns, J., Sommer, A., Berlin, I.A.V.: Brennverfahrensseitige Ansatzpunkte für Pkw-Dieselmotoren zur Erfüllung künftiger EU- und US-Abgasstandarts. 10. Internationales Stuttgarter Symposium. (2010)

[29] Tomoda, T., et al.: Verbesserung der Dieselverbrennung bei ultra-niedriger Verdichtung. 19. Aachener Kolloquium, 4.–6. Oktober 2010. (2010)

[30] Haas, S.-F.: Experimentelle und theoretische Untersuchung homogener und teilhomogener Dieselbrennverfahren, Dissertation. Universität Stuttgart (2007)

[31] Wenzel, W., et al.: Ersatz von Sensoren im Luft- und Abgaspfad von Verbrennungsmotoren unter Verwendung des Zylinderdrucksignals einer Druckmessglühkerze. 9. Internationales Symposium für Verbrennungsdiagnostik, AVL, 8./9. Juni 2010. (2010)

[32] Grote, K.-H., Feldhusen, J. (Hrsg.): Dubbel – Taschenbuch für den Maschinenbau, 24. Aufl. Springer, Heidelberg (2015)

[33] Baufeld, T., Mohr, H., Philipp, H.: Zukunftsperspektiven und technische Herausforderungen bei Diesel-/Gas-Großmotoren. 8. Dessauer Gasmotoren-Konferenz, Dessau-Roßlau. (2013)

[34] Merker, G.P., Stiesch, G.: Technische Verbrennung, Motorische Verbrennung. Teubner, Stuttgart, Leipzig (1999)

[35] Pischinger, S.: Verbrennungsmotoren, Vorlesungsumdruck. RWTH Aachen, 19. Aufl. (1998)

[36] Wurms, R.: Differenzierte Druckverlaufs-Analyse – eine einfache, aber höchst wirkungsvolle Methode zur Interpretation von Zylinderdruckverläufen. 3. Internationales Indiziersymposium, 22./23.04.1998. (1998)

[37] Pischinger, F., Wolters, P.: Ottomotoren – Teil 2. In: Braess, H.-H., Seifert, U. (Hrsg.) Handbuch Kraftfahrzeugtechnik. Vieweg, (2000)

[38] Stiebels, B.: Flammenausbreitung bei klopfender Verbrennung, Forschr.-Ber. VDI-Reihe 12, Bd. 311. VDI Verlag, Düsseldorf (1997)

[39] Adolph, N.: Messung des Klopfens an Ottomotoren, Dissertation. RWTH Aachen (1983)

[40] Kollmeier, H.-P.: Untersuchungen über die Flammenausbreitung bei klopfender Verbrennung, Dissertation. RWTH Aachen (1987)

[41] Pischinger, R., Kraßing, G., Taucar, G., Sams, T.: Thermodynamik der Verbrennungsmaschine. Die Verbrennungskraftmaschine. Neue Folge, Bd. 4. S. 99 Springer, Wien, New York, (1989)

[42] Südhaus, N.: Möglichkeiten und Grenzen der Inertgassteuerung für Ottomotoren mit variablen Ventilsteuerzeiten, Dissertation. RWTH Aachen (1988)

[43] Fischer, M.: Die Zukunft des Ottomotors als PkW-Antrieb – Entwicklungschancen unter Verbrauchsaspekten, Dissertation. TU Berlin. Schriftenreihe B – Fahzeugtechnik. Institut für Straßen- und Schienenverkehr, (1998)

[44] Eichlseder, H., Hübner, W., Rubbert, S., Sallmann, M.: Beurteilungskriterien für ottomotorische DI-Verbrennungskonzepte. In: Spicher, U. (Hrsg.) Direkteinspritzung im Ottomotor. expert Verlag. (1998)

[45] Krebs, R., Theobald, J.: Die Thermodynamik der FSI-Motoren von Volkswagen. 22. Internationales Wiener Motorensymposium, 26./27.04.2001. (2001)

[46] Dahle, U., Brandt, S., Velji, A.: Abgasnachbehandlungskonzepte für magerbetriebene Ottomotoren. In: Spicher, U. (Hrsg.) Direkteinspritzung im Ottomotor. expert Verlag. (1998)

[47] Abthoff, K., Bargende, Kemmler, Kühn, Bubeck: Thermodynamische Analyse eines DI-Ottomotors. 17. Internationales Wiener Motorensymposium. (1996)

[48] Zhang, H., Bayerle, K., Haft, G., Klawatsch, D., Entzmann, G., Lenz, H.P.: Doppeleinspritzung am Otto-DI-Motor: Anwendungsmöglichkeiten und deren Potenzial. 22. Internationales Wiener Motorensymposium, 26./27.04.2001, (2001)

[49] Fröhlich, K., Borgmann, K., Liebl, J.: Potenziale zukünftiger Verbrauchstechnologien. 24. Internationales Wiener Motorensymposium. (2003)

[50] Geringer, B., Klawatsch, D., Graf, J., Lenz, H.-P., Schuöcker, D., Liedl, G., Piock, W.F., Jetzinger, M., Kapus, P.: Laserzündung. Ein neuer Weg für den Ottomotor. MTZ **03**. (2004)

[51] Peters, H.: Experimentelle und numerische Untersuchung zur Abgasrückführung beim Ottomotor mit Direkteinspritzung und strahlgeführtem Brennverfahren, Dissertation. Universität Karlsruhe (2004)

[52] Grigo, M.: Gemischbildungsstrategien und Potenzial direkteinspritzender Ottomotoren im Schichtbetrieb, Dissertation RWTH Aachen (1999)

[53] van Basshuysen, R. (Hrsg.): Ottomotor mit Direkteinspritzung, 2. Aufl. Vieweg+Teubner. (2008)

[54] Prevedel, K., Piock, W.F.: Aufladung beim Direkteinspritz-Ottomotor. VDI-Tagung Innovative Fahrzeugantriebe, Dresden. (2004)

[55] Thiemann, J.: Laserdiagnostische Untersuchungen der Rußbildung in einem direkteinspritzenden Ottomotor, Dissertation. RWTH Aachen (2000)

[56] Nauwerck, A.: Untersuchung der Gemischbildung in Ottomotoren mit Direkteinspritzung bei strahlgeführtem Brennverfahren, Dissertation. Universität Karlsruhe (TH). LOGOS. (2006)

[57] Waltner, A., Lückert, P., Schaupp, U., Rau, E., Kemmler, R., Weller, R.: Die Zukunftstechnologie des Ottomotors: strahlgeführte Direkteinspritzung mit Piezo Injektor. 27. Internationales Wiener Motorensymposium. (2006)

[58] Stiebels, B., Schweizer, M.-J., Ebus, F., Pott, E.: Die FSITechnologie von Volkswagen – nicht nur ein Verbrauchskonzept. In: Spicher, U. (Hrsg.) Direkteinspritzung im Ottomotor IV. expert Verlag. (2003)

[59] Kulzer, A.; Zülch, C.; Mößner, D.; Eichendorf, A.; Knopf, M.; Bargende, M.: Einige Aspekte bezüglich Gemischbildung und Verbrennung im Rahmen des Direktstarts von Ottomotoren mit Benzin-Direkteinspritzung, Kraftstoffe und Antriebe der Zukunft, VDI-Bericht 1808

[60] Autoelektrik, Autoelektronik am Ottomotor. VDI Verlag (1987)

[61] Stiebels, B., Krebs, R., Zillmer, M.: Werkzeuge für die Entwicklung des FSI-Motors von Volkswagen. In: Leipertz, A. (Hrsg.) Motorische Verbrennung März 2001. (2001)

[62] Dingel, O., Kahrstedt, J., Seidel, T., Zülch, S.: Dreidimensionale Messung der Ladungsbewegung mit Doppler Global Velocimetry. MTZ **2**, (2003)

[63] Fischer, M., Röpke, K.: Effiziente Applikation von Motorsteu-

erungsfunktionen für Ottomotoren. MTZ **9**, 562 (2000)
[64] Frese, F., Fuchs, A.: In: Bussie, N. (Hrsg.) Automobiltechnisches Handbuch, 18. Aufl. Bd. 1, S. 757–788 beziehungsweise S. 789–791. Technischer Verlag Herbert Cram, Berlin (1965)
[65] Scheiterlein, A.: Der Aufbau der raschlaufenden Verbrennungskraftmaschine, 2. Aufl. Springer, Wien (1964)
[66] Nomura, K., Nakamura, N.: Development of a new Two-Stroke Engine with Poppet-Valves: Toyota S-2 Engine. In: Duret, P. (Hrsg.) In: A New Generation of Two-Stroke Engines for the Future? S. 53–62. Editions Technip, Paris (1993)
[67] Knoll, R., Prenninger, P., Feichtinger, G.: 2-Takt-Prof. List Dieselmotor, der Komfortmotor für zukünftige kleine Pkw-Antriebe. 17. Internationales Wiener Motorensymposium, 25.–26. April 1996. VDI Fortschritt-Berichte Reihe 12, Bd. 267. VDI Verlag, Düsseldorf (1996). und AVL Infounterlagen
[68] http://www.yamaha-motor.co.jp vom März 1999. Sowie Information aus: N. N.: Diesel Progress International Edition (ISSN1091 3696) Volume XVII, No. 4, Skokie, Il USA July/August 1999 S. 42–43
[69] N. N.: IAA 1999 Motoren und Komponenten. In: MTZ Jahrgang 60, (1999) Heft 11, S. 719
[70] Schunke, K.: Der Orbital Verbrennungsprozess des Zweitaktmotors. Vortrag beim 10. Internationalen Wiener Motorensymposium, 27.–28. April 1989. Fortschritt-Berichte VDI Reihe 12, Bd. 122. VDI-Verlag, Düsseldorf (1989)
[71] Cumming, B.S.: Opportunities and challenges for 2-stroke engines. Beitrag zum 3. Aachener Kolloquium Fahrzeug- und Motorentechnik, Aachen, 15.–17.10.1991. (1991)
[72] Plohberger, D., Miculic, L.A.: Der Zweitaktmotor als Pkw-Antriebskonzept-Anforderungen und Lösungsansätze. Vortrag beim 10. Internationalen Wiener Motorensymposium, 27.–28. April 1989. Fortschritt-Berichte VDI Reihe 12, Bd. 122. VDI-Verlag, Düsseldorf (1989)
[73] N. N.: Neuer Subaru-Zweitaktmotor im Versuch. In: MTZ 52 (1991) 1, S. 15
[74] Appel, H. (Hrsg.): Der Zweitaktmotor im Kraftfahrzeug, Abgasemission, Kraftstoffverbrauch, neue Konzepte. Tagungsband gemeinschaftliches Kolloquium, Uni Berlin, 28. Februar 1990. (1990)
[75] N. N.: Fahrzeugmotoren im Vergleich: Tagung Dresden 3.–4. Juni 1993, VDI Gesellschaft Fahrzeugtechnik, VDI-Berichte 1066. VDI-Verlag, Düsseldorf: (1993)
[76] Groth, K., Haasler, J.: Gaswechselarbeit und Ladungsendzustand eines Zweitakt- und eines Viertaktottomotors bei Teillast. ATZ **62**(2), 51–53 (1962)
[77] Mugele, M.: Numerische Analyse eines Spülvorlagenkonzeptes zur Emissionsreduzierung bei kleinvolumigen Zweitaktmotoren. Logos, Berlin (2002)
[78] Jäger, A.: Untersuchungen zur Entwicklung eines Zweitaktottomotors mit hoher Leistungsdichte und niedrigen Kohlenwasserstoffemissionen. Logos, Berlin (2005)
[79] Gegg, T.: Analyse und Optimierung der Gemischbildung und der Abgasemissionen kleinvolumiger Zweitaktottomotoren. Logos, Berlin (2007)
[80] Shawcross, D., Wiryoatmojo, S.: Indonesia's Maleo Car, Spreareads Produktion of a Clean, Efficient and Low Cost, Direct Injected Two-Stroke Engine. IPC9 Conference, Nusa Dua, Bali, Indonesia, November 16–21st 1997. (1997)
[81] Braess, H.H., Seiffert, U. (Hrsg.): Vieweg Handbuch Kraftfahrzeugtechnik. Friedrich Vieweg & Sohn Verlagsgesellschaft mbH, Braunschweig, Wiesbaden (2000)
[82] Meinig, U.: Standortbestimmung des Zweitaktmotors als Pkw-Antrieb: Teil 1–4. MTZ **62**(7/8, 9, 10, 11), (2001)
[83] Rebhan, M., Stokes, J.: Kombinierter Zweitakt- und Viertakt-Ottomotor für weitreichendes Downsizing. MTZ **70**(4), 316–322 (2009)
[84] Osborne, R. et al.: The 2/4 Sight Project-Development of a Multi-Cylinder Two-Stroke/Four Switching Gasoline Engine. Warren dale, PA: SAE-paper 20085400 Presentation 384, (2008)
[85] Stan, C. (Hrsg.): Direkteinspritzsysteme für Otto- und Dieselmotoren. Springer, Berlin, Heidelberg (1999)

进一步阅读的文献

[86] Niefer, H.; Weining, H. K.; Bargende, M.; Walthner, A.: Verbrennung, Ladungswechsel und Abgasreinigung der neuen Mercedes-Benz V-Motoren mit Dreiventiltechnik und Doppelzündung. In: MTZ 58, S. 392–399
[87] Altenschmidt, F., et al.: Das strahlgeführte Mercedes-Benz Brennverfahren – Der Weg zum effizienten Ottomotor. TAE. 9. Symposium Ottomotorentechnik, 2. und 3. Dezember 2010. (2010)
[88] Buri, S., et al.: Reduzierung von Rußemissionen durch Steigerung des Einspritzdruckes bis 1000 bar in einem Ottomotor mit strahlgeführtem Brennverfahren. 9. Internationales Symposium für Verbrennungsdiagnostik, AVL, 8./9. Juni 2010. (2010)
[89] Hammer, J., et al.: Künftige Anforderungen und Systemlösungen für die Kraftstoffzumessung bei modernen Ottomotoren. TAE. 9. Symposium Ottomotorentechnik, 2. und 3. Dezember 2010. (2010)
[90] Pritze, S., et al.: GM's HCCI – Erfahrungen mit einem zukünftigen Verbrennungssystem im Fahrzeugeinsatz. 31. Internationales Wiener Motorensymposium, 29.–30. April 2010. (2010)
[91] Schaupp, U., et al.: Benzin-Direkteinspritzung der 2. Generation: Kombination von Schicht- und homogenem Brennverfahren. 10. Internationales Stuttgarter Symposium, 16. und 17. März 2010. (2010)
[92] Dobes, T., et al.: Maßnahmen zum Erreichen künftiger Grenzwerte für Partikelanzahl beim direkteinspritzenden Ottomotor. 32. Internationales Wiener Motorensymposium, 5. und 6. Mai 2011. (2011)
[93] Kratzsch, M.: Der qualitätsgeregelte Ottomotor – Ein konsequenter Weg mit Zukunftspotenzialen. 32. Internationales Wiener Motorensymposium, 5. und 6. Mai 2011. (2011)
[94] Lückert, P., et al.: Potenziale strahlgeführter Brennverfahren in Verbindung mit Downsizingkonzepten. 32. Internationales Wiener Motorensymposium, 5. und 6. Mai 2011. (2011)
[95] Blair, G.P.: Design and Simulation of Two-Stroke Engines. SAE-Verlag, Warrendale (1996). ISBN 1.560916850
[96] Heywood, J.B., Sher, E.: The Two-Stroke Cycle Engine. Its Development, Operation, and Design. Taylor and Francis, Warrendale, PA, SAE (1999). ISBN 0768003237
[97] Dixon, J.C.: The High-Performance Two-Stroke Engine. Haynes Publishing, Sparkford, UK (2005). ISBN 1844250458
[98] Kirchberger, R., et al.: Können umkehrgespülte Zweitaktmotoren für Freizeitanwendungen die zukünftigen Emissionsgrenzwerte erfüllen? 31. Internationales Wiener Motorensymposium, 29.–30. April 2010. (2010)

第16章 用于发动机和变速器控制的电子和机械

物理学博士 Thomas Riepl，工学硕士 Karl Smirra，
工学博士 Andreas Plach，物理学博士 Matthias Wieczorek 教授，
工学硕士 Gerwin Höreth，工学硕士 Rainer Riecke，
工学硕士 Alexander Sedlmeier，工学硕士 Martin Götzenberger，
工学硕士 Gerhard Wirrer，工学硕士 Thomas Vogt，
工学硕士 Alfred Brandl，工学硕士 Martin Jehle，
工学硕士 Peter Bertelshofer

16.1 环境要求

发动机和变速器控制装置的环境要求，主要是由以下几个参数来确定：

- 温度。
- 振动。
- 介质保护（气体、无压液体、承压、固体……）。

由于控制系统的功能不断增加，因而其功率损耗也在不断增加，因此在控制装置的热设计中也必须越来越多地考虑自热。最终，必须证明每个设计对定义的环境要求的适用性。

为此，从开发开始就必须使用有限元法（FEM）进行模拟，最后进行环境测试以证明控制系统的适用性。

16.1.1 安装分类

环境条件主要取决于乘用车中控制系统的安装位置（图16.1）一般分为以下几种安装位置：

- 乘客舱或电子箱（E-Box）。
- 发动机舱（底盘附件）。
- 附件安装。
- 集成到附件中。

不同分类的定义（图16.2）使开发者指定的外壳方案设计成为可能，从而通过标准化方案降低项目特定的开发成本。标准化还可以简化制造结构，并支持全局制造战略。

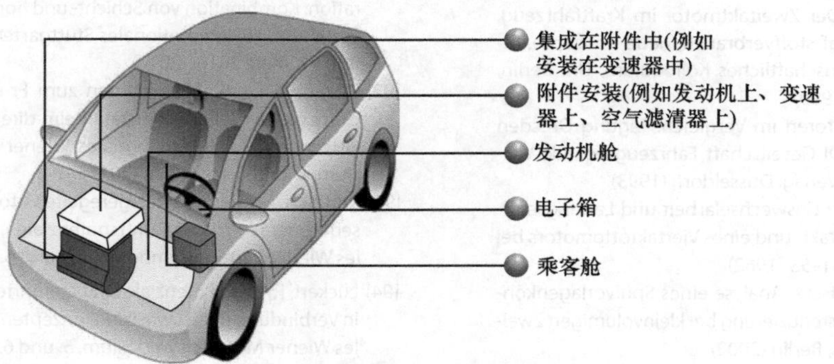

图16.1 安装位置

	乘客舱/电子箱	发动机舱	附件安装（例如在发动机上、在变速器上）	集成在附件中（例如变速器）
温度	-40~85℃	-40~105℃	-40~125℃	-40~150℃
振动	高达5g的噪声	高达5g的噪声	发动机：高达25g的噪声 变速器：高达35g的噪声	高达35g的正弦和噪声
密封性	防尘	防尘、防喷水	防尘、防喷水	变速器油密封

图16.2 安装分类

对于安装地点的选择，众说纷纭，如：

- 节省线束（发动机舱、发动机和变速器安装）的成本。

- 通过缩短线束（发动机舱、发动机和变速器安装）改善 EMV。

- 安装在内部，集中控制单元（E－Box）。

- 发动机测试，包括安装前的控制单元（发动机安装）。

- 集成可能性（系统方法），例如：进气模块（靠近发动机安装，集成的变速器控制）。

一段时间以来，一般而言，已经出现安装位置的选择远离乘客舱朝向靠近发动机或变速器安装的趋势。

安装位置通常以图 16.2 所示的环境条件为主。

安装位置越靠近发动机或变速器，环境条件就越苛刻，这反映在方案设计中（材料的选择、制造加工原理、功能方式……）。

在控制单元中，必须区分“独立产品”和“集成产品”。独立产品是作为独立单元内置于乘用车中的发动机和变速器控制装置。相比之下，集成产品与另一个功能单元（例如变速器）相结合。这两个方案设计将在以下章节中详细介绍。在图 16.3 中，以变速器控制装置为例说明这两个方案设计的差异。

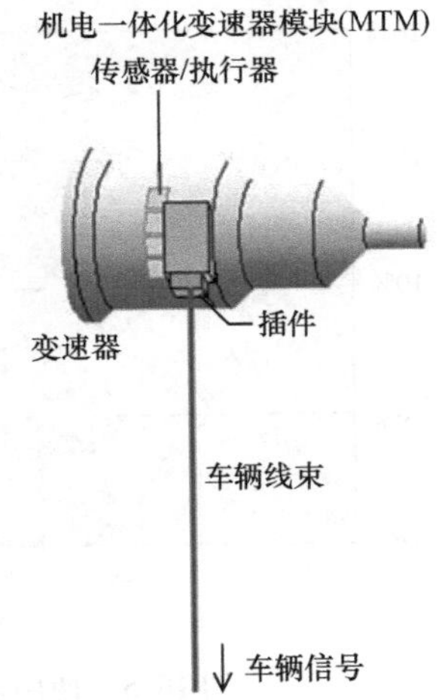

图 16.3　动力总成：独立产品和集成产品的描述

16.1.2　热管理

过去，外壳的主要任务是保护内部电子设备免受水、灰尘和机械等环境条件的影响。由于电路数量的增加和电气性能的提高以及环境温度的提高，热管理变得越来越重要，因此，热框架条件已成为当今方案设计选择的决定性因素。

图 16.4 概述了出现在乘用车不同安装位置的最高温度。过去，电子设备通常安装在乘员舱内或通过电子盒进行热保护，但现在它们越来越多地转移到发动机舱内。因此，现在环境温度经常超过以前通常的 85℃限制。即使在发动机舱内，适度区域也越来越多地被其他电子设备所占据，因此发动机和变速器控制装置，只能越来越多地安装在发动机和变速器的附件上或附件内。其中，变速器内部的温度可能高达 150℃。必须避免将发动机控制装置安装在紧邻排气系统的位置，从而将最高温度限制在 125℃以下。这些温度主要发生在后加热阶段，即所谓的“热浸泡”（hot soak）状态。在这种情况下，车辆将在发动机最大放热的情况下停放在避风位置。以这种方式，不能通过行驶风进行冷却，并且存储在发动机和冷却系统中的全部热量都会用来加热发动机舱。

最高温度决定了必须保证发动机控制装置的功能的范围。关于使用寿命内的可靠性，简单地考虑最高温度会导致不希望的、增加成本的储备寿命。更有目的的是，为此考虑环境温度在使用寿命上的分布，即所谓的热负荷分布。图 16.5 显示了这样的温度曲线。分布的重心通常在最高温度以下 30～40℃。借助于通常的寿命公式（阿伦尼乌斯定律，Arrhenius）和加速因子，基于温度曲线的寿命大约是假设在最高温度下持续运行的寿命的 10 倍。

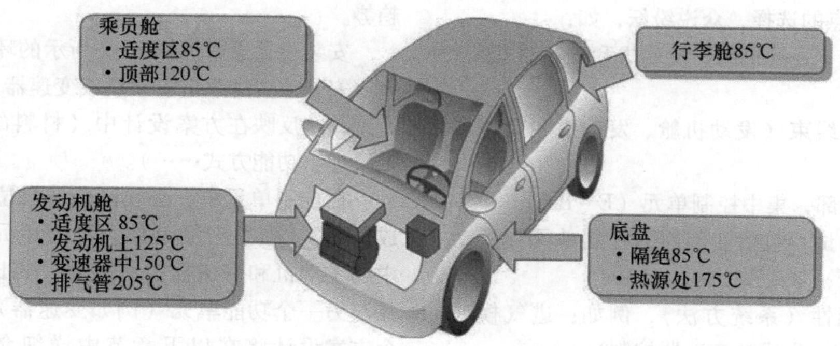

图 16.4　乘用车内不同安装位置的最高温度

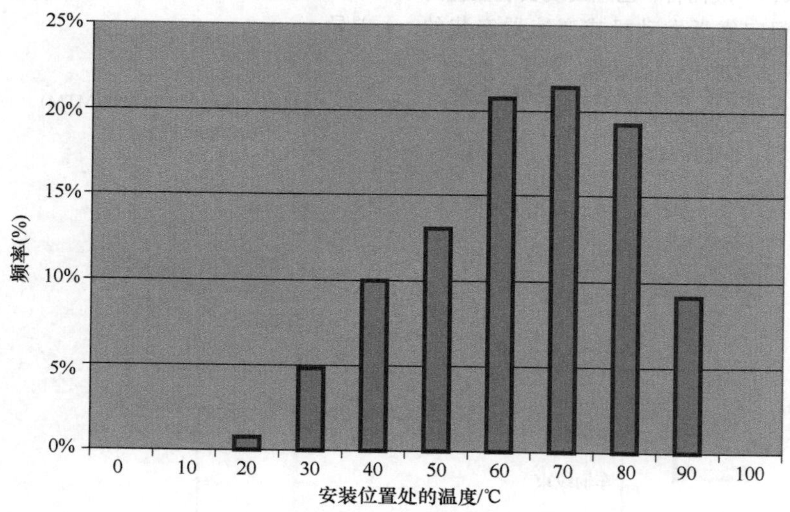

图 16.5　使用寿命内运行期间的温度分布

除了环境温度之外，由于损耗功率的不断增加，器件的自发热也必须越来越多地考虑在内。损失功率是由节省燃料和控制排放措施驱动的，例如直接喷射或可变的配气机构。虽然过去的损失功率约为 15W，但目前的发动机控制装置需要 40W 甚至更多的损失功率必须消散到环境空气中。

图 16.6 显示了现代控制装置散热的基本设计和简化的热阻模型。

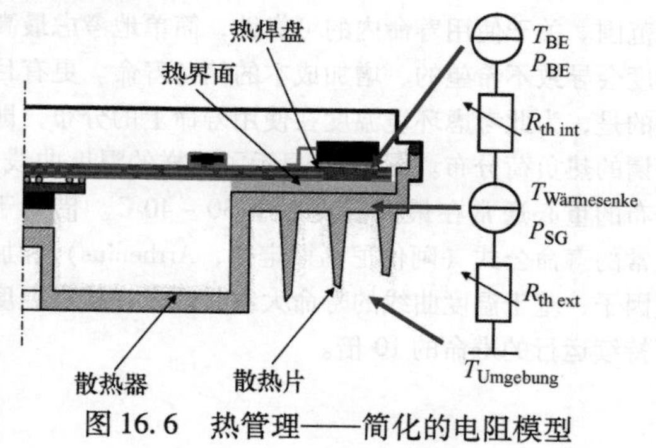

图 16.6　热管理——简化的电阻模型

当印制电路板基本上是双面安装，以优化封装密度时，具有高的损耗功率的组件仅在一侧安装并放置在所谓的热工作台上。在热工作区域，印制电路板通过热界面（导热箔或导热膏）与散热器连接。热界面的任务是电隔离，同时确保良好的热接触。为了改善通过印制电路板的热传递，使用所谓的热通孔：没有电功能的通孔，由于其铜含量，增加了印制电路板的有效垂直热导率。焊盘与热通孔优化布置的组合称为热焊盘。

散热器通常由压铸铝制成，通过对流将热量释放到环境空气中。为了改善传热，它配备了散热片，主要放置在散热台区域。

热路径可以简化如下：组件通过内部热阻 $R_{th\ int}$ 将其损耗功率 P_{BE} 释放到散热器。散热器通过外部热阻 $R_{th\ ext}$ 将器件的总损耗功率 P_{SG} 传递到环境空气中。以下适用：

$$T_{BE} = T_{Umgebung} + P_{SG} \cdot R_{th\ ext} + P_{BE} \cdot R_{th\ int}$$

$R_{th\ int}$ 通常在 3 ~ 15K/W 之间，具体取决于组件

的大小。$R_{th\ ext}$在很大程度上取决于外壳尺寸和空气的流入速度。对于静止的环境空气（自然对流）和典型的外壳尺寸，它约为 1K/W，然后随着空气速度的增加而急剧下降。

在控制单元的开发过程中，必须定期检查散热情况，以优化散热片和电路板的设计。为此，首先使用热模拟。图 16.7（见彩插）显示了这种虚拟验证的结果：在相同的环境温度和气流（这里：90℃ 和 0.5m/s）下，转速 4000r/min 代表最关键的负荷情况。温度比怠速时的水平高出 20～30℃。尽管如此，即使在最关键的负荷情况下，组件仍保持在 150℃ 以下，并保证电气功能。其他负荷情况的结果被加权并包含在使用寿命考虑因素中。

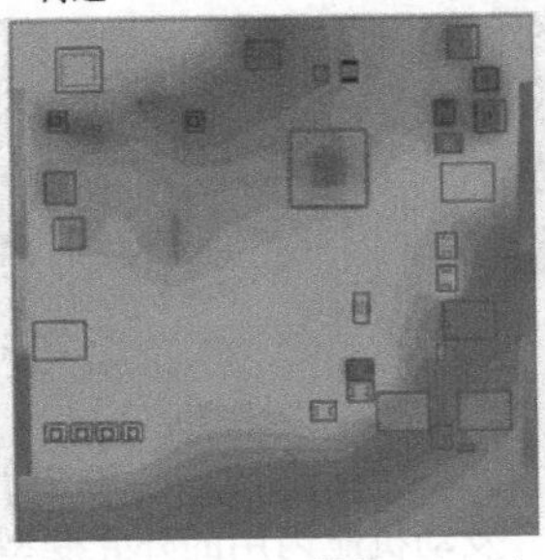

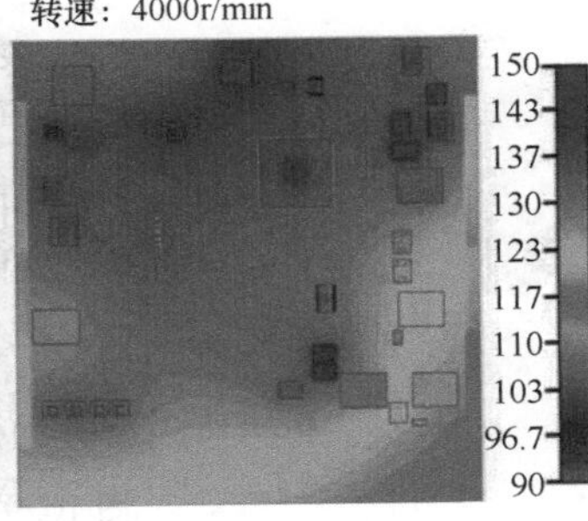

图 16.7　使用仿真进行虚拟验证 – 不同负荷条件的分析

通过模拟，甚至可以在第一个硬件可用之前检验控制单元的热力学。此外，设计可以在非常短的循环中进行优化，而不需要通常的、由样品制作引起的等待时间。此外，还可以分析传统测量设备无法或难以获得的效果，例如：

- 封闭设备中的温度分布。
- IC 内部的局部加热。
- 瞬态（短的损耗功率峰值）。

如今，热模拟与测量结果非常一致。然而，它们的质量很大程度上取决于输入变量的质量，例如：

- 组件的损耗功率。
- 关于环境温度和流入速度的假设。
- 实际组件和控制单元设计与标称设计的偏差。

因此，在控制单元的开发过程中，模拟通过测量来补充或替代。最终验证仅基于实际构建的硬件进行。

16.2　独立产品

汽车电子设备外壳的核心功能是：

- 保护电子设备免受环境影响（灰尘、水、腐蚀性液体）。
- 保护电子设备免受机械应力（振动、机械冲击）和结构稳定。
- 电缆线束的电气接口。
- 与环境的热接口。
- 与车辆的机械接口。

在许多应用中，外壳还用作气压接口，以便通过内置传感器测量环境压力。为此使用了所谓的压力补偿元件，它主要由半透膜组成。

外壳必须提供多种固定可能性（插入件、螺钉、夹子）并满足振动条件。在这里，开发也得到了以重量优化为目的的强度计算的支持（根据不同负荷情况下的应力分布确定零件尺寸）。通过这种方式，可以考虑到汽车工程中轻量化结构的趋势。

在图 16.8 中，每个外壳类型都通过示例进行显示和解释。

图 16.8　在乘员舱内使用的外壳示例

图 16.8 中的外壳是当今中等边界条件下安装的经典代表。热方案设计由具有特殊层结构的印制电路板组成，该印制电路板可将电气元件的废热传递到金

属外壳部件。为了使热传输路径尽可能短，通常将功率半导体放置在印制电路板的边缘。

图 16.9 显示了用于安装在发动机舱内的外壳。这些外壳满足当今大多数客户要求的边界条件。图 16.9中显示了三个代表，代表了从基本功能到标准尺寸直到结合垂直连接器出口的恶劣环境条件的特殊设计的范围。在此，插件引脚的数量以 2 倍变化，所使用的电路板面积或组件数量以 5 倍变化。它还涵盖了广泛的损耗功率和振动要求。除了长度和宽度的缩放外，模块化设计还可以适应各种固定的可能性，包括集成到进气道的附件中（图 16.10）。方案设计的可变性主要是通过调整设计为铝压铸件的散热器来实现的。尽管有大量客户特定的造型设计可能性，但技术结构和与此相关的制造过程几乎没有变化。

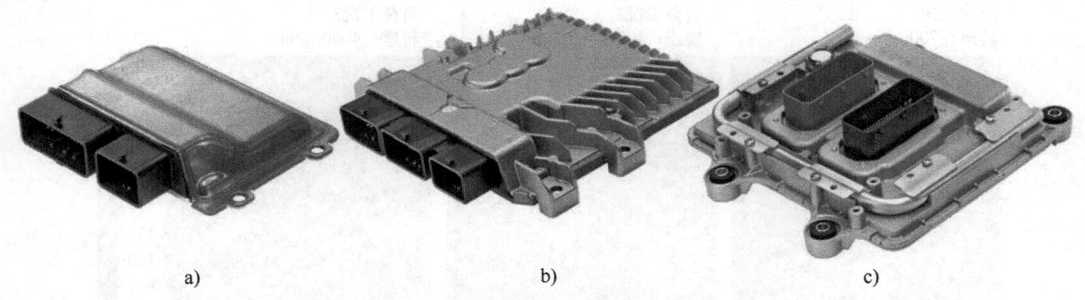

a)　　b)　　c)

图 16.9　发动机舱内用的外壳变型

a）基本功能　b）具有可扩展长度的主流　c）带液体冷却和减振器的垂直插件出口

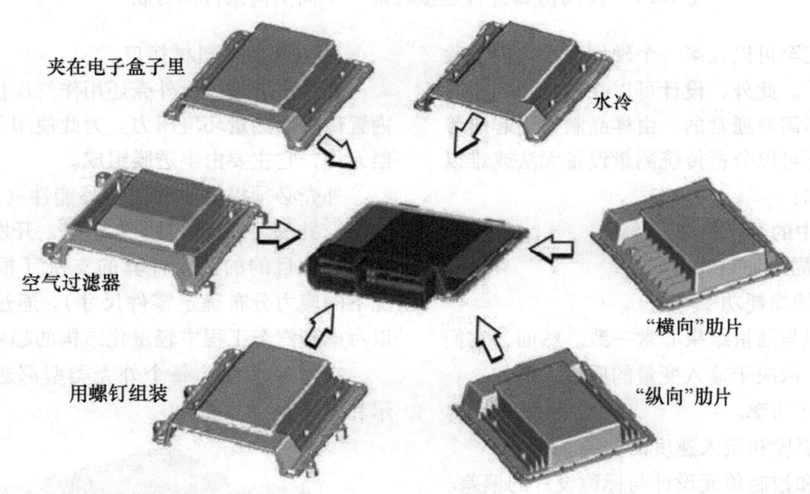

图 16.10　通过改变压铸件适应安装空间

由于可以使用不同的引脚条，这种外壳类型允许适应可变的功能（对应于插件引脚的数量和类型）和不同的线束理念（插件模块的数量）（图 16.11）。

由于更严格的排放标准和节省燃料的努力，越来越多的传感器和执行器连接到发动机控制装置。

这导致了以下趋势：

- 所需的引脚数量增加。
- 额外的高电流引脚。
- 产品组合中引脚数量的更大差异化。

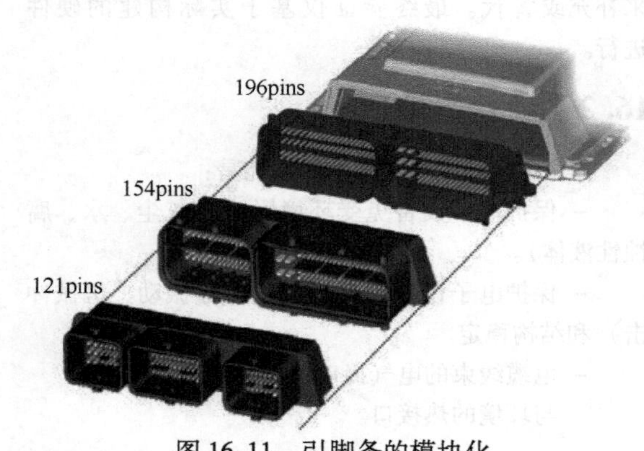

图 16.11　引脚条的模块化

虽然大约在 2000 年，121 个插件引脚仍然足以满足发动机控制装置的要求，但在 2003 年，推出了具有 154 个引脚的 VDA 连接器。目前，可提供多达 196 个引脚的接头作为标准配置。其他要求通过模块化设计来实现。与此同时，对具有基本功能的发动机控制装置的需求不断增加，这些功能可以通过大约 100 个插件引脚来实现。

在努力减轻车辆重量和燃料消耗的过程中，散热器的重量优化变得越来越重要。为此有以下可能性：

- 尽量减少散热片材料的使用。
- 减小壁厚。
- 使用替代材料，例如镁压铸件。

这个想法的一个有希望的实现方式如图 16.12 所示。创新的外壳方案设计结合了图 16.9 中发动机舱模块化系统的热性能和密封方案设计，以及用于乘员舱的旧的方案设计的重量优势（图 16.8）。它适合安装在发动机舱中，即使在基本功能下也提供约 100g 的重量优势。

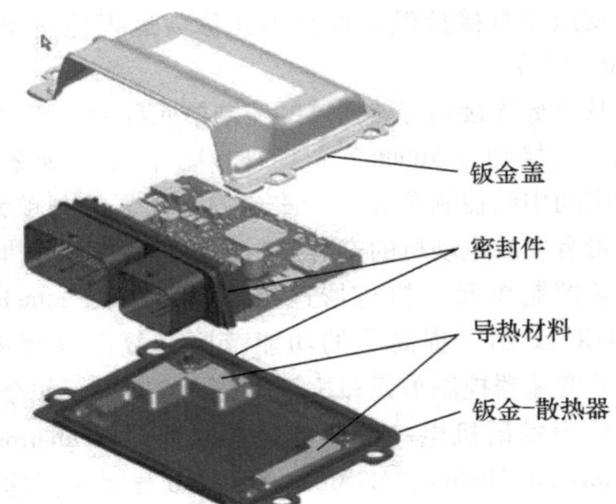

图 16.12　创新的外壳方案设计，用于在同样的高水平的鲁棒性时减轻重量

图 16.13 中的外壳是发动机附近区域的标准的结构设计与空气滤清器或进气模块的匹配。作为印制电路板设备的抗振动性也值得强调。这是通过使用额外的螺钉点来稳定印制电路板来实现的。压铸件直接暴露在空气滤清器中的气流中。因此，这实现了强大的热管理。

发动机上的安装位置（图 16.14）显示了材料、结构和制造加工方案设计方面的最大挑战。到目前为止，解决方案（图 16.14a）基本上与上述原理有所不同。这种方案需要陶瓷材料作为基板，在 IC 中裸片（Bare Die）可用作集成电路的电气元件。这些设备的制造加工投资是相当可观的。

这种方案设计对客户的好处体现在可能的小型化，以及在发动机上或在传动系统中实现集成的可能性（集成变速器控制、智能执行器）中。

近年来，这种复杂的解决方案在很大程度上被基于印制电路板的设备所取代（图 16.14b）。对此，标准技术的基本尺寸缺点在很大程度上通过双面安装以及对由安装预定的外部轮廓的更好的适应性来补偿。通过使用耐高温的印制电路板、压合技术和低共振设计，该位置实现了足够的鲁棒性。

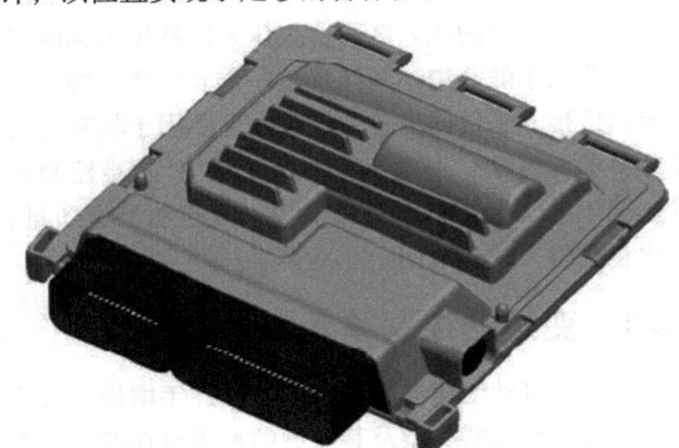

图 16.13　用于空气滤清器安装的外壳示例

a) 采用无外壳IC的陶瓷技术

b) 采用SMT组件的印制电路板技术

图 16.14　用于发动机安装的发动机控制装置

16.3　连接技术

引脚条或“插件”是与客户和供应商广泛协调工作的结果。这部分涵盖了诸如发动机管理、客户系统方法（分为发动机和底盘：线束架构）、接触系统（横截面、表面）、密封方案设计（单芯或集芯密封）、插件力、组装方向、锁定策略、防盗装置、抗振性、抗弯刚度、装配方法（波涌焊接、回流焊接、键合）以及材料选择和组合方面，这是最重要的。

其结果是主要由以下标准定义的部分：

- 密封性。
- 引脚数。
- 模块（腔）数。
- 插件的出口方向（垂直或平行于印制电路板）。

由于开发成本相当高，目前汽车制造商的工作组正在与控制装置供应商和插件供应商合作，努力实现需求分类和设计的标准化。

发动机控制装置内部的插件条与电路板之间的电气连接传统上是通过焊接技术实现的。这里的“压合”（press fit）技术是一个很有前途的创新。在此，刀条销设有柔性的压入区，这些压入区被压入到电路板上公差很小的孔中。其结果是一个非常鲁棒的、无疲劳的连接。到目前为止，该技术主要用于具有高的环境要求（温度、振动）的发动机和变速器控制装置。由于“压合”技术还可以更好地控制制造质量，因此它也越来越多地用于标准要求。

16.4　变速器控制单元

乘用车自动变速器在全球的份额逐年增加。与此同时，自动变速器类型及其变型的种类也在增加。本质上，除了传统的有级自动变速器外，还有CVT变速器（无级变速器，Continuous Variable Transmission）和DCT变速器（双离合变速器，Double Clutch Transmission），它们具有不同的档位数和多种形式和技术。

此外，需要不断采取进一步的措施来节省燃料，这也导致了各种变速器持续电气化的趋势。对此，不同的OEM（原始设备制造商，Original Equipment Manufacturer）和变速器制造商之间的电气化程度各不相同，例如，对于换档执行器，电动液压和纯电动解决方案都是常见的。通过这种方式，变速器制造商可以通过各自的变速器方案设计为其客户实现最优化的性能和功能。然而，这也增加了市场上变速器技术方法的多样性。

变速器控制单元（Transmission Control Units，TCU）的制造商必须通过单独的解决方案来满足变速器方案设计的多样性（图16.15）。变速器控制单元外壳的名称主要是基于控制单元的安装情况（基于16.1.1节中所示的安装类型）。发动机舱或乘员舱中不与变速器直接接触的控制单元称为远程控制单元（独立TCU）。

从外部连接到变速器罩的控制单元称为安装控制单元［连接到（Attached to）TCU］。位于变速器罩内部空间中的控制单元称为集成的变速器控制单元。对于带有集成电动机的安装控制单元，通常称为执行器安装控制单元［执行器连接到（Actuator attached to）TCU］。由于提高了的功能范围和复杂性程度，集成的变速器控制单元和执行器安装控制单元如今通常概括为术语机电一体化变速器模块（Mechatronic Transmission Module，MTM）。图16.16显示了变速器控制单元的安装情况和功能范围示例。

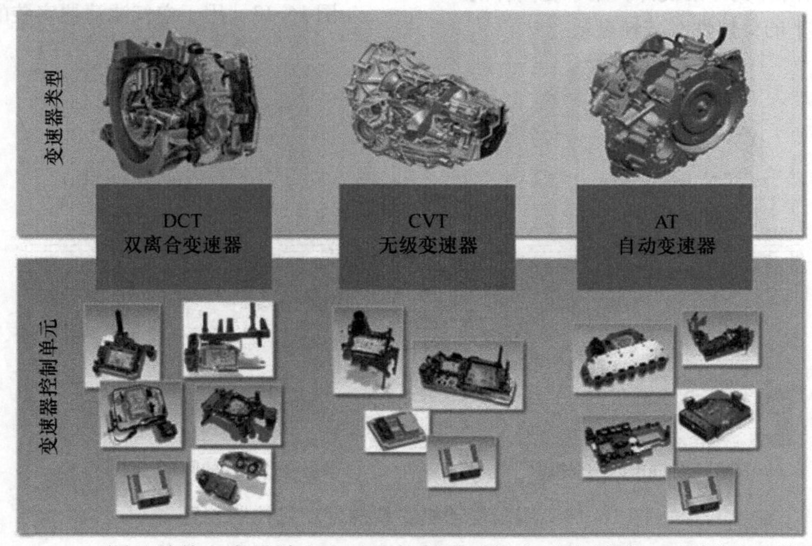

图16.15　不同的结构方案设计和变速器控制单元的变型分别用于不同的变速器类型

图 16.16　不同的变速器控制单元，类型根据其安装情况和功能范围的细分

16.4.1　系统描述

对于自动变速器，整个电气系统不仅包括实际的电子控制单元（Electronic Control Unit，ECU），而且在大多数情况下还包括附加的组件。例如，这些包括不同的电子器件或液压部件，例如阀门或泵的电动机或液压马达，以及各种接触元件。一个例子是在图 16.17中以框图形式显示的典型双离合变速器的相应系统范围。

为了真正实现这一系统范围，可以采用不同的解决方法（图 16.18）。有远程或安装控制单元的解决方案，其中超出纯电子控制单元的所有功能都通过附加组件来实现，例如单个传感器、电缆线束、接触模块和传感器集群。相反，在集成的变速器控制单元中，电气系统的所有功能都尽可能地组合在机电一体化的控制单元中。

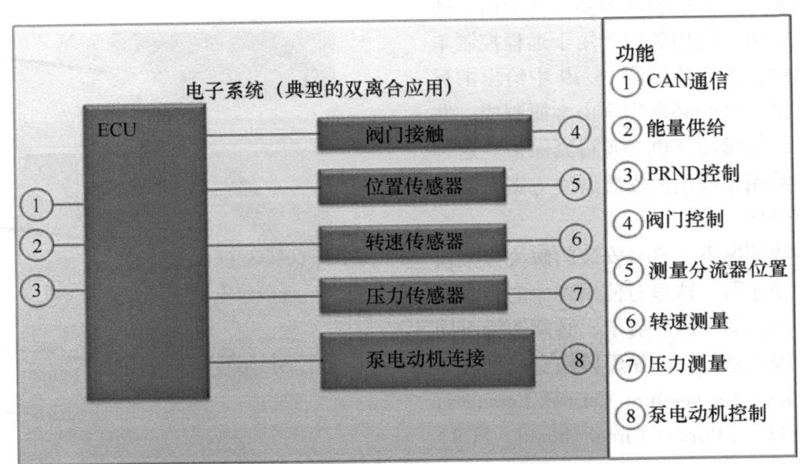

图 16.17　双离合变速器电气系统范围的框图

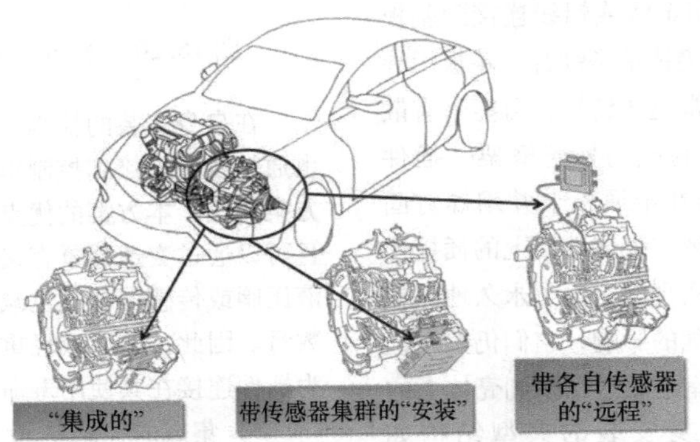

图 16.18　以双离合变速器为例展示整个电气系统范围的不同的解决方法

16.4.2 变速器控制单元类型

下面介绍不同的 TCU 外壳的结构技术。在此，相应的结构技术基本上通过在相应的安装位置上存在的关于温度、振动和周围介质对控制器的要求来确定。不同控制单元类别的典型要求如图 16.19 所示。

1）远程控制单元。对于远程控制单元，其结构基本上对应于 16.2 节所述的结构技术。这些外部的解决方案在相对适中的环境条件（温度、振动）下作为独立的电子盒安装在车辆的合适安装空间中，主要是印制电路板组件：自带外壳的电子元件焊接到印制电路板上。通常，传感器或其他机电一体化组件不集成在远程控制单元中。其缺点是通过安装位置和最大可能的环境温度（＜125℃）、复杂的插件连接和到变速器附件的长的电缆馈送来限制可实现的损耗功率耗散。由于线束的电缆长度，在车身安装的情况下，也降低了抗 EMV 辐射的鲁棒性。

	远程变速器控制单元（发动机舱）	自身安装变速器控制单元	集成变速器控制单元
温度范围	-40～105℃ （最高可达 125℃）	-40～125℃ （最高可达 140℃）	-40～150℃
振动	3～10g 正弦波	高达 28g 正弦波和噪声 加速度有效值 9.66g	高达 35g 正弦波和噪声 加速度有效值 9.66g
介质	所有发动机舱介质（例如柴油、汽油、发动机润滑油、冷清洁剂等） IP6K9K	所有发动机舱介质（例如柴油、汽油、发动机润滑油、冷清洁剂等） IP6K9K	侵蚀性润滑油（蒸汽和液体） 插件区域外无水

图 16.19　变速器控制仪关于其安装位置的典型的要求配置文件

2）自身安装控制单元。自身安装控制单元基本上有两种不同的结构技术。在较低的要求范围内，通过一些额外的措施，可以使用类似于用于远程控制单元的结构技术。这样，为了达到图 16.19 中给出的远程控制单元的最大值，外壳必须完全由金属制成，并相应地稳定。另外，关键部件也必须得到保护。这种结构技术主要用于乘用车应用的安装解决方案，其中环境要求因系统而降低。

然而，在大多数情况下，自身安装的解决方案仅用于商用车的自动变速器。这里对使用寿命的要求更高。为了满足更高的振动和温度要求，必须选择不同的结构方案设计。陶瓷基板，例如厚膜陶瓷或低温烧结的陶瓷基板（Low Temperature Cofired Ceramics, LTCC）和印制电路板（Printed Circuit Board, PCB）用作电路载体。其中，无外壳的元件（裸片，Bare dice）粘在电路载体上，并用金线或铝线连接到基板的导体轨道。用于导线的连接技术是键合。基板用导热黏合剂粘在金属板上，通常是压铸铝，可能带有散热片，或冲压铝板。由塑料制成的外壳框架（插件连接也模制在其上）也放置在金属板上并用螺钉固定并粘在金属板上。电路载体与壳体框架上的插接连接之间电接触是通过铝黏合实现的。为了永久地保护电路载体和电气元件免受湿气的影响，它们仍然用硅凝胶保护。最后，电子部件室还通过粘接到壳体上的塑料盖或金属盖封闭。自身安装的典型结构如图 16.20所示。

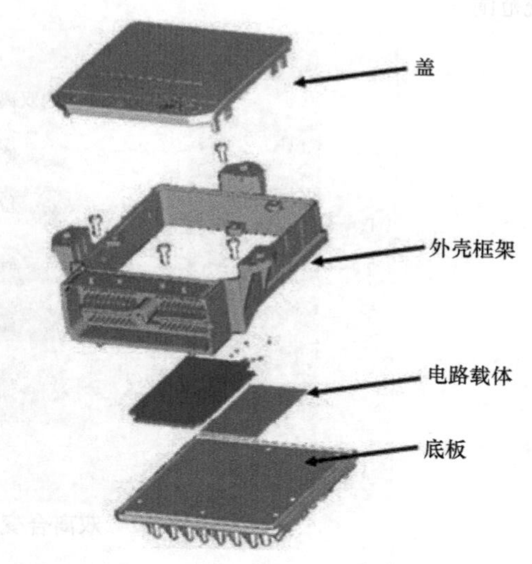

图 16.20　增加要求的自身安装控制单元

在自身安装的控制单元中，传感器和执行器通常也通过线束连接到控制单元上。然而，与远程的解决方案相比，本方案的优点在于电缆长度明显缩短，并且可以通过变速器罩直接接触位于内部的部件，例如液压阀或传感器。这也减少了电缆连接和插件连接的数量。因此，除了减轻重量外，还提高了可靠性，因为插件连接在其使用寿命期间往往会变得易损。

3）集成的控制单元。集成的控制单元直接内置于变速器罩中。该安装位置对控制单元的温度和振动提出了最高要求。由于变速器工作所产生的损耗功率，基板上的温度有时高达170℃。因此，必须使用通常基于陶瓷的特殊电路载体作为衬底技术。在相应高的要求的情况下，电子元件甚至位于不同类型的电路载体上。通常使用厚膜陶瓷和低温下烧结的陶瓷基板（LTCC）作为电路载体。直接铜键合基板（Direct Copper Bonded - substrate，DCB）用于具有更高额定功率的应用，例如电动机控制。最近，HDI印制电路板（高密度互连，High Density Interconnect）也得到了越来越多的应用。在所有电路载体上，半导体元件构件本身在不自带外壳的情况下，作为裸片（Bare Die）直接粘接到这种电路载体上，并且通过接合线与导体轨道电连接。接合线通常是厚度为23~50μm的金接合线和厚度为125~400μm的铝接合线。

在电子领域，新的客户要求，例如ISO 26262（功能安全管理，Functional Safety Management 16.9.6节）或将机械功能从变速器转移到电子设备，对微控制器提出了更高的要求。目前，在量产设计中采用单核控制器（Single Core Controller），内存范围在1.5~2.5MB闪存之间，最大时钟速率高达180MHz。未来，在下一代TCU中将使用内存区域高达6MB、时钟频率高达300MHz的新型多核控制器（Multicore Controller）。

为了根据需要并且因此节省燃料地实现对用于变速器的液压控制装置的供油，机械运行的油泵越来越多地被用无刷直流电动机（无刷直流，Brushless DC）驱动的油泵所取代。新结构可以实现变速器的起动/停止等功能。根据变速器的类型和变速器的转矩，电动机的功率范围在150~1000W之间变化。因此，在电子基板上，必须在整个温度范围内控制高达85A的电流。

对于结构技术来说，这些边界条件构成了巨大的挑战，特别是在散热和电流传导方面。在越来越小的面积上必须耗散越来越多的损耗功率。

在电路载体空间区域的机械装置必须确保对非常苛刻的环境条件提供足够的保护，并通过特定的设计措施（例如连接到冷却表面、散热片或主动冷却器）来实现电子设备的充分散热。在与客户合作时，通常需要额外的结构设计措施来控制电子设备上的温度。在此，在许多情况下使用油冷却器，它使用温热的液压油或变速器油作为冷却介质。

在电子设备室上通常连接有尽可能紧凑的传感器集群，集群本身和电子室紧密相连，以便创建尽可能少的连接点并减少单个组件的数量。在此经常使用夹层结构。在传感器集群中实现了不同的功能，例如传感器或执行器，但也实现了各种各样的插件连接，例如阀接触部或车辆插件。安装有带和不带旋转方向辨识的转速传感器和用于档位调节器或离合器位置的位置传感器以及选档范围传感器。它们基本上是不同形式的霍尔效应元件或PLCD传感器（永磁线性非接触位移，Permanentmagnetic Linear Contactless Displacement）。在这些部件中，必要的定位精度对控制单元的机械结构提出了额外的挑战。压力传感器必须覆盖各种各样的压力范围。高达20或70bar的范围是标准的。除了基于陶瓷的传感器元件之外，基于MEMS（微机电系统，Micro - Electro - Mechanical - Systems）的相应测量单元也在发展中。集成的温度传感器可同时监控电子设备温度和环境温度，用于优化变速器的调节和控制。但它们也可以保护整个系统免受过载。

单个组件与电子设备室之间的电气连接由基于聚酰亚胺的柔性电路板和/或冲压网格复合部件来实现。在此，优选使用用于信号线路或低电流的柔性印制电路板，如在阀触点的情况下。对于有更高性能要求的部件，例如电动机控制或端子30/31连接，通常使用冲压网格复合部件。出于成本和可靠性的原因，电缆解决方案仅在有限的范围内使用。

这些组件的数量及其与环境的连接使得密封和介质兼容性成为一个挑战。同时，更紧凑的变速器结构形式、高达150℃的环境温度、温度交变（-40~+150℃）、侵蚀性介质（润滑油和液压油）、振动和冲击意味着极其恶劣的工作条件。作为回报，这种完全集成提供了技术和经济上的优势：除了良好的EMC特性和简化的线束外，还产生能够完全预测式正确功能并且施加几何公差的变速器单元，这可以有效地安装在车辆中。

与远程变速器控制单元相比，集成在变速器中的控制单元在机电一体化功能方面具有最大的潜力，因为所有重要的输入和输出部件都直接布置在变速器中。如果变速器和集成控制装置是在方案设计阶段与变速器开发人员一起设计，则可以实现最大程度的集成，因为所有必要的部件的布置可以在位置、方向和技术方面进行优化。

集成在变速器中的控制装置明智地安装在液压换档板上。在纵向安装的自动变速器中，换档板和控制装置通常位于油底壳中变速器的最低点，因为压力调节阀在这里工作并且直接接触和控制。横向安装的双离合变速器通常具有“立式”布置的换档板和控制装置，因为液压接口和位置检测基于换档轴的布置。图16.21显示了在双离合变速器中安装集成的变速器控制单元的示例。

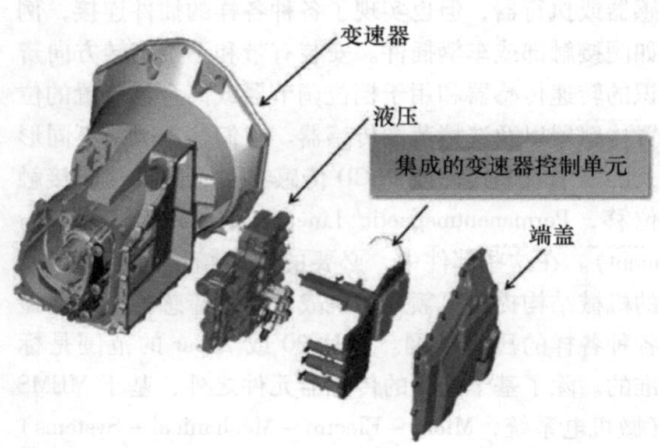

图 16.21 双离合变速器中集成的变速器控制单元的安装

16.4.3 “机电一体化变速器模块”的应用示例

下面介绍一些“机电一体化变速器模块”的应用示例。戴姆勒公司的 VGS3 NAG2 是自动变速器传感器和电子设备成功集成的一个典型例子（图 16.22）。电子设备包括一个 32 位微控制器、闪存、EEPROM、用于调节电磁阀控制的功率放大器、CAN 接口以及三个频率输入和两个模拟输入。控制单元还集成了五针插件、八个阀门的触点、两个浮子、选择范围传感器和三个转速传感器[1]。传感器和插件通过基于聚酰亚胺基的柔性薄膜（柔性印制电路，Flexible Printed Circuit）连接到电子设备的电路载体。使用基于 LTCC 的陶瓷作为电路载体。

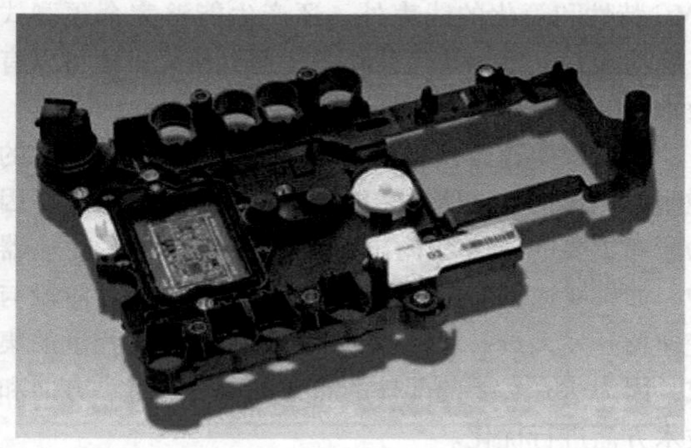

图 16.22 戴姆勒公司带完整传感器和阀门触点的集成的变速器控制单元

另一种具有特别高集成度的集成的变速器控制装置是产品 DQ200：一种直接内置于变速器中的控制装置，用于客户大众公司（VW）的 7 速干式双离合变速器（图 16.23[2]）。它使用 32 位微控制器作为处理器，所有变速器传感器（例如温度、转速、位移检测和压力传感器）都集成在控制单元中。

它的工作温度范围为 -40 ~ +140℃。八个阀门和一个无刷激励的电动机作为执行器用于油泵的控制。此外，控制单元还将液压油区域与变速器油区域以及发动机舱隔开。与外部的所有连接都组合在一个 11 针的插件中[3]。

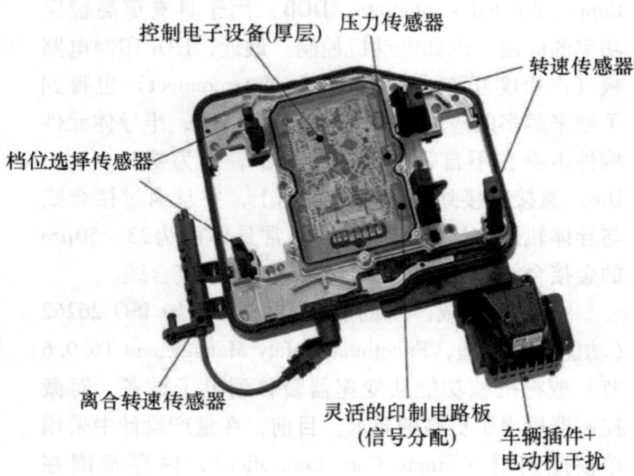

图 16.23 用于大众（VW）的集成的变速器控制单元，带有完整的传感器、阀门接触以及集成泵电动机控制和相关的干扰抑制

如今，在一些产品中，除了传感器，也直接集成执行器元件。T76 是大陆集团公司（Continental）为通用（GM）汽车公司提供的控制单元，这里可以作为示例提及。通用汽车公司在全球范围内的 6 速自动变速器中使用了这种控制装置。其中，控制单元的一部分是由 PA6.6 GF35 制成的液压分配块，其中集成了一个开关和 6 个 VBS 阀（图 16.24）。阀门单元和电子设备的全部调整均在大陆集团公司进行。

图 16.24 用于 GM 公司的集成的变速器控制单元，带有一个开关和六个 VBS 阀门和四个压力开关

另一个展示执行器越来越多地集成到控制单元的例子是 DKG250。控制单元操作 Getrag 公司的 6 速干式双离合变速器[4]。在这种情况下，它是一个连接到控制单元的执行器，带有两个集成的电动机来切换档位（图 16.25）。

图 16.25　Getrag 公司的变速器控制单元，带有两个集成的电动机（打开的外壳）

16.4.4　选择"正确"的控制单元类型的决策标准

在回答是否应该使用集成的解决方案或远程控制单元的问题时，除了技术和功能之外，还必须考虑成本和质量方面。此外，生产开始日期等时间因素也是重要的决策要素。

正确的答案并不简单，而且并不总是很明确的。乍一看，在控制单元层面上，与集成的变速器控制单元相比，远程控制单元的成本相对较低。在纯组件"控制单元"的直接比较中，远程控制单元的开发成本仅占集成的控制单元的 40% 左右，零件成本约为 40% ~50%，工具成本约为 25%。由于远程控制单元中单个组件的数量更少，因此控制单元自身的质量问题预期比明显更复杂的集成的变速器控制单元要少。此外，对于集成的控制单元，不应低估客户和供应商方面所需的开发时间、协调工作和必要的开发纪律。大陆集团公司开始生产之前的开发时间，对于远程控制单元而言约为 2 ~2.5 年，而集成的解决方案则需要约 3.5 年。

在考虑整个功能表示的系统考虑中，相对而言，远程控制单元有成本优势。而在远程解决方案中，必须考虑所有必要的附加单个组件，例如插件连接器、附加电缆、传感器等。与集成的解决方案相比，开发远程解决方案的总成本增加到约 75% 左右，因此仍然更便宜。然而，在零件成本和工具成本方面，比例发生了巨大的变化：在基于远程的整体解决方案中，与集成的系统相比，零部件成本约占 150%，工具成本约占 130%。因此，集成的解决方案的成本明显更低，特别是如果客户在物流和装配方面也需要额外的花费的话。当然，在详细查看总成本时，预期的产量同样起着重要的作用。此外，在"远程解决方案"系统中，也可以预料到明显更多的质量问题，因为额外的组件，例如电缆，特别是插件连接器，会导致故障率增加。客户的其他优势，如单一来源的质量责任，或技术优势，如控制单元或整个机电一体化的平衡，很难评估。这也适用于诸如诊断能力和覆盖范围等参数，以及集成的解决方案的线路末端测试的更大范围；在远程解决方案中，所有单个组件仅在车辆制造商处作为一个整体进行测试。

另一个优势在于集成的解决方案的架构，其中可以使用电源供给、干扰抑制、非易失性存储器和监控单元等中央模块。因此，各个功能之间存在高度协同作用。在远程解决方案中，每个单独的组件都必须具有必要的基础设施。

通常，对于整个系统而言，由于成本原因，对于每年超过 150000 台的产量，集成的变速器控制单元是正确的选择。但是，如果对较短的开发时间或更小的产量感兴趣，那么远程控制单元绝对是非常有用的替代方案。

16.5　电子架构、结构和元件

16.5.1　基本结构

基本信号流和基本功能块在图 16.26 中以框图的形式显示。传感器采集的信号通过输入滤波器结构传送到计算机。在那里转换这些信号并生成信号，这些信号通过功率放大器传到执行器。可以通过数字式接口与其他控制单元或车间诊断仪建立通信联系。稳压器确保为组件提供必要的电压和电流。此外，控制单元还需要复杂的复位逻辑（Reset – Logik）来确保正常运行。

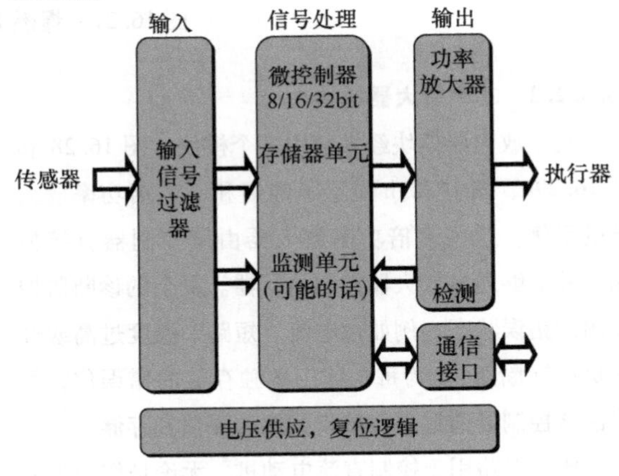

图 16.26　基本信号流

16.5.2　电子元件

本节列举了一些用于发动机和变速器控制的典型的电子元件作为示例。

16.5.2.1　爆燃 IC 输入滤波器模块

在此模块上最多可连接两个爆燃传感器。它们的信号由模块中的滤波器处理并转发到微控制器进行评估。这是通过串行接口完成的，这些接口也用于对可以在模块中设置的变量进行编程（图16.27）。

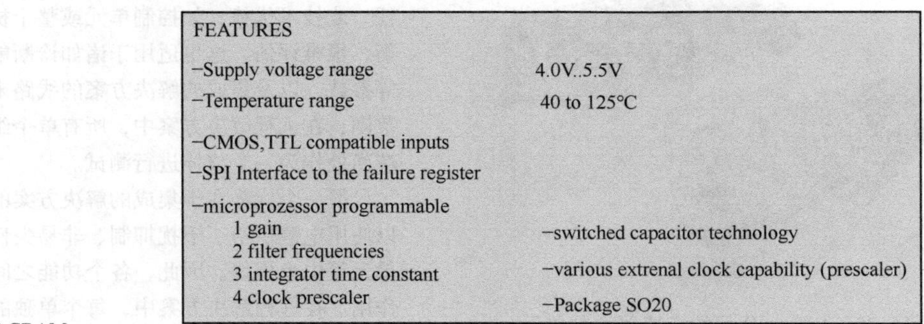

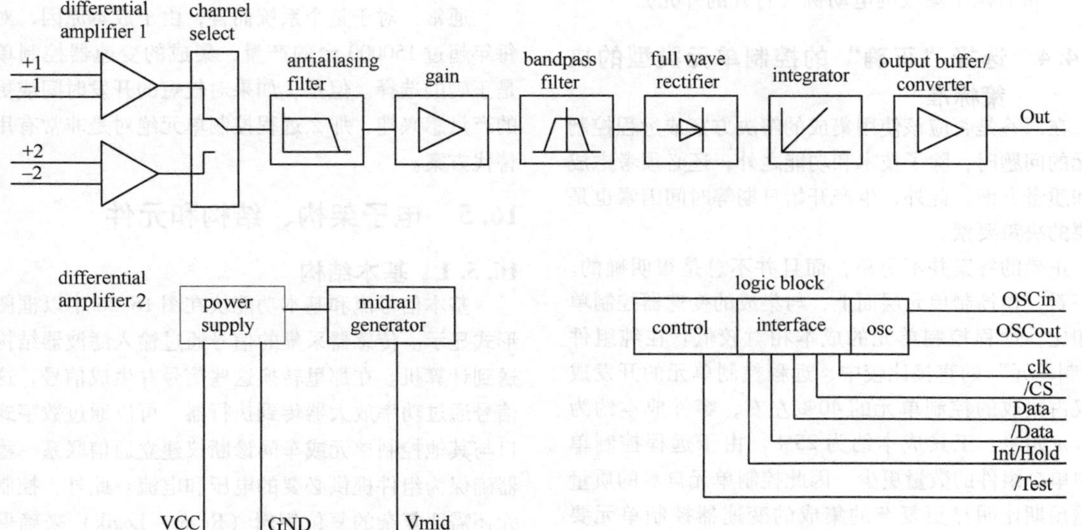

图16.27　爆燃 IC 输入滤波器模块

16.5.2.2　功率放大器模块

功率放大器模块经常使用多个模块。图16.28和图16.29a、图16.29b显示了四倍和十六倍功率放大器的示例。这些多倍功率放大器由微控制器直接控制，并能够通过放大器控制执行器。复杂的诊断监控输出的错误状态，例如过电流、短路、温度过高或开路负载（断路）。为每个输出单独存储的错误位，可以由微控制器通过串行接口读取、评估和存储。

H桥电路用于控制直流电动机，无论是作为集成电路还是用于带有单个晶体管的大电流。这些组件可以通过改变脉冲暂停比来改变前/后旋转方向以及转速（见图16.29c）。

峰值和保持电路用于实现阀门非常快的打开时间。为此，首先用大电流控制阀门，以便快速打开。然后将其调节回更低的电流值，即所谓的保持电流，使阀门保持打开状态。图16.30显示了电流分布的一个示例（峰值和保持电路的电流曲线）。

16.5.2.3　微控制器

使用专为汽车工程应用而设计的微控制器。这些组件将高计算能力与评估输入信号和控制功率放大器所需的外围组件的高度集成相结合。图 16.31 和图 16.32分别显示了总线宽度为 16 位或 32 位的微控制器及其基本功能块的示例。

FEATURES

- Supply voltage range　4.0V..5.5V
- Short current protection with current limit 3A
- Average current (for each output)　2.5A
- On resistance (@T_j=150℃)　≤5Ω
- Output clamping voltage　50V typ.
- Temperature range　−40 to 125℃
- Slewrate-control
  1 pos slewrate (rise−time)　10..55V/μs
  2 neg.slewrate (fall−time)　5..20V/μs
- Individual thermal shutdown
- Undervoltage Reset and controlled power-up and down
- Controlled output voltage−slewrate
- SPI Interface to the failure register
- Destingtion between 3 kinds of failure for each powerstage
  1 overcurrent (SCB) or overtemperature
  2 short circuit to GND (SCG) at the off-state
  3 open load (hot OL detection) at the on-state

PACKAGING

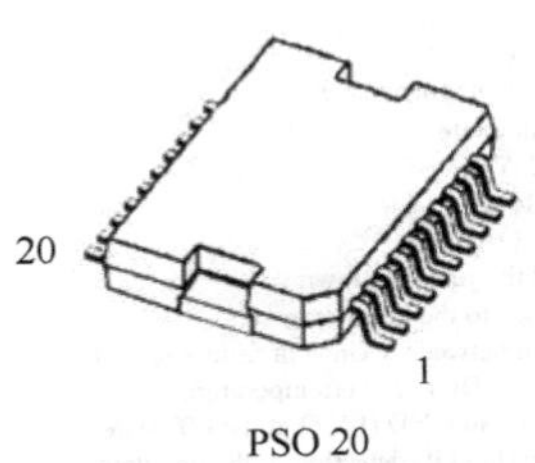

BLOCK DIAGRAM

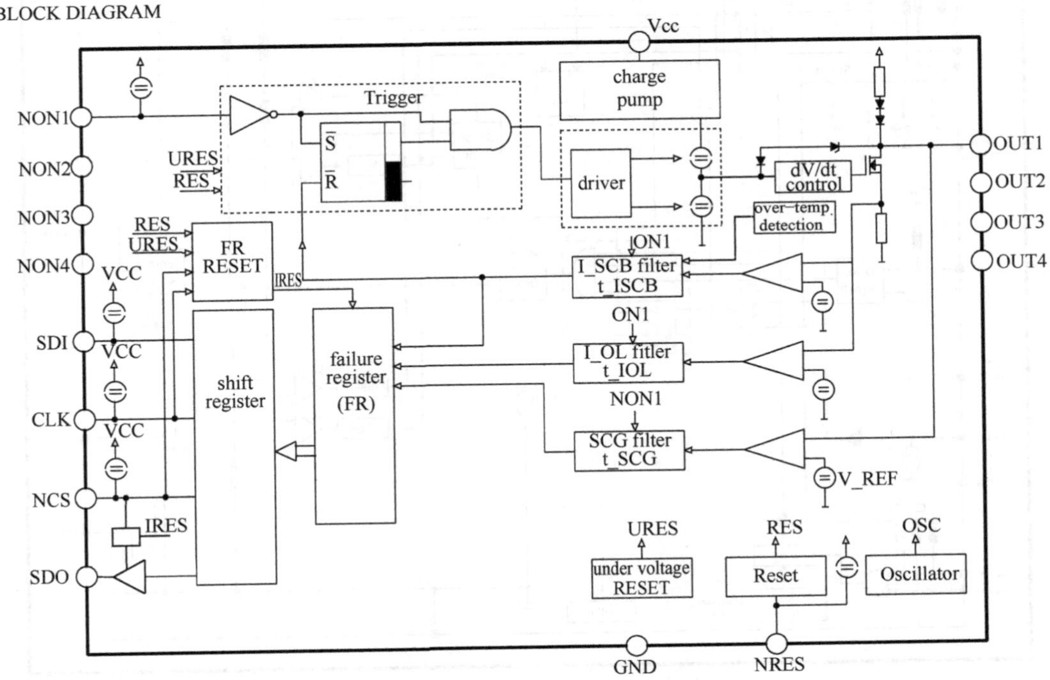

图 16.28　四倍功率放大器

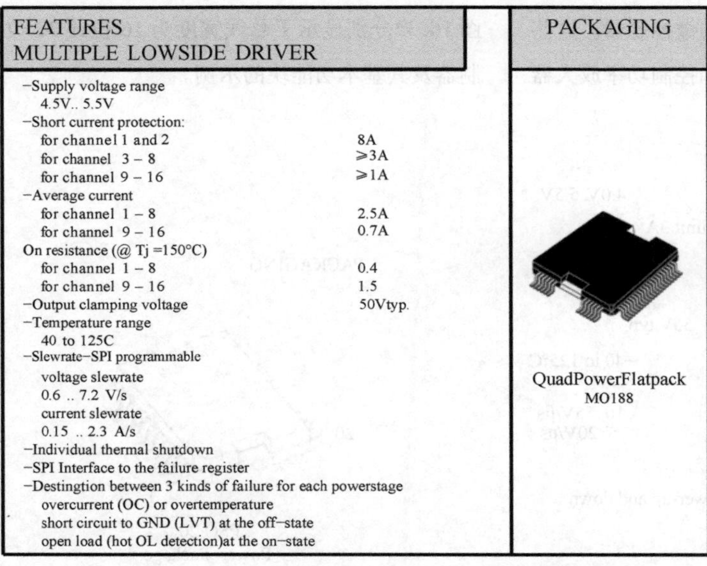

a)

b)

图 16.29 a）16 倍功率放大器的示例（第 1 部分）、b）16 倍功率放大器的示例（第 2 部分）和 c）H 桥原理示意图

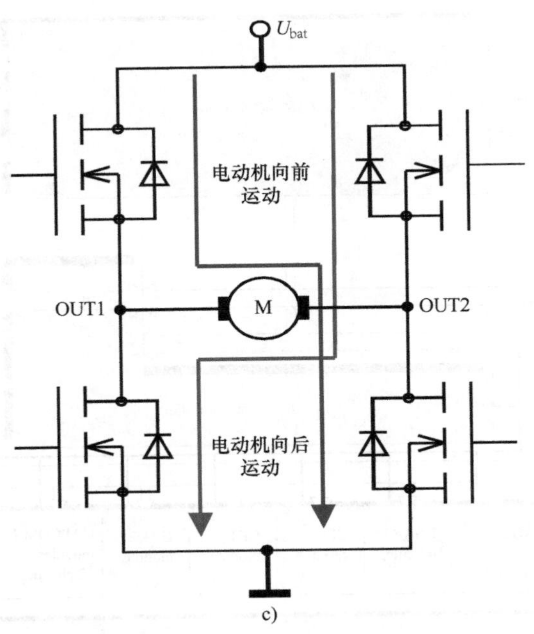

图 16.29　a）16 倍功率放大器的示例（第 1 部分）、b）16 倍功率放大器的示例（第 2 部分）和 c）H 桥原理示意图（续）

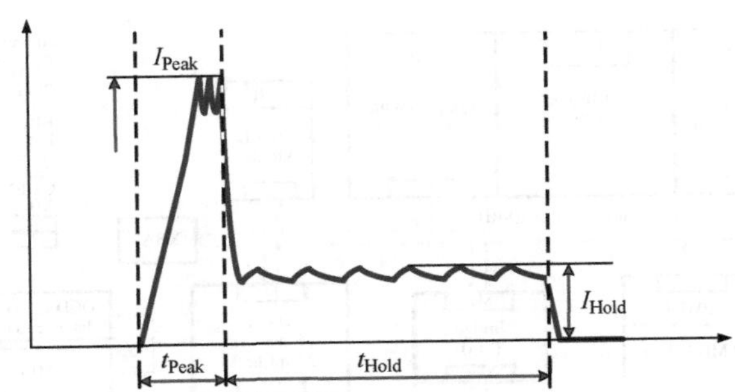

图 16.30　峰值和保持电路的电流曲线

FEATURES

Microcontroller　C167–Family of Infineon
- CPU: 16 bit „von Neumann“ register oriented architecture.
- CPU: 4 stage pipeline with 16bit ALU
- 4kRAM build of 2k Dual Port RAM and 2k XRAM

- PEC for fast data transfer from peripheral to RAM
- ADC unit with 10bit, 16 channel and channel injection
- 2 CAPCOM unit with 16 CAPCOM channels each
- PWM unit with 4 PWM channels
- General purpose timer unit with 5 Timers
- 2 serial interfaces (UART and SPI)
- watchdogtimer
- up to 61 digital I/O channels when external bus enabled
- fast interrupt inputs with min. 300ns response time at 20 MHz
- operation temperature range ... −40 °C ... 125 °C
- full CAN
- optional: 32 kByte ROM

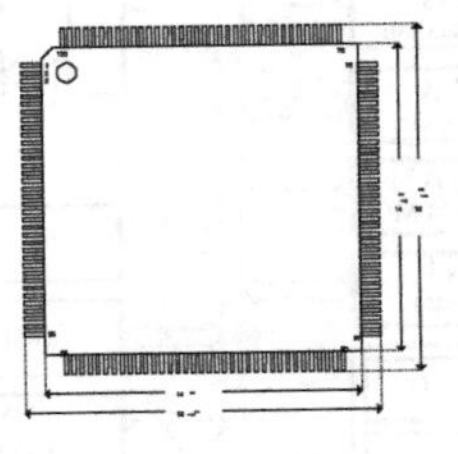

PQFP 144

图 16.31　16 位微控制器

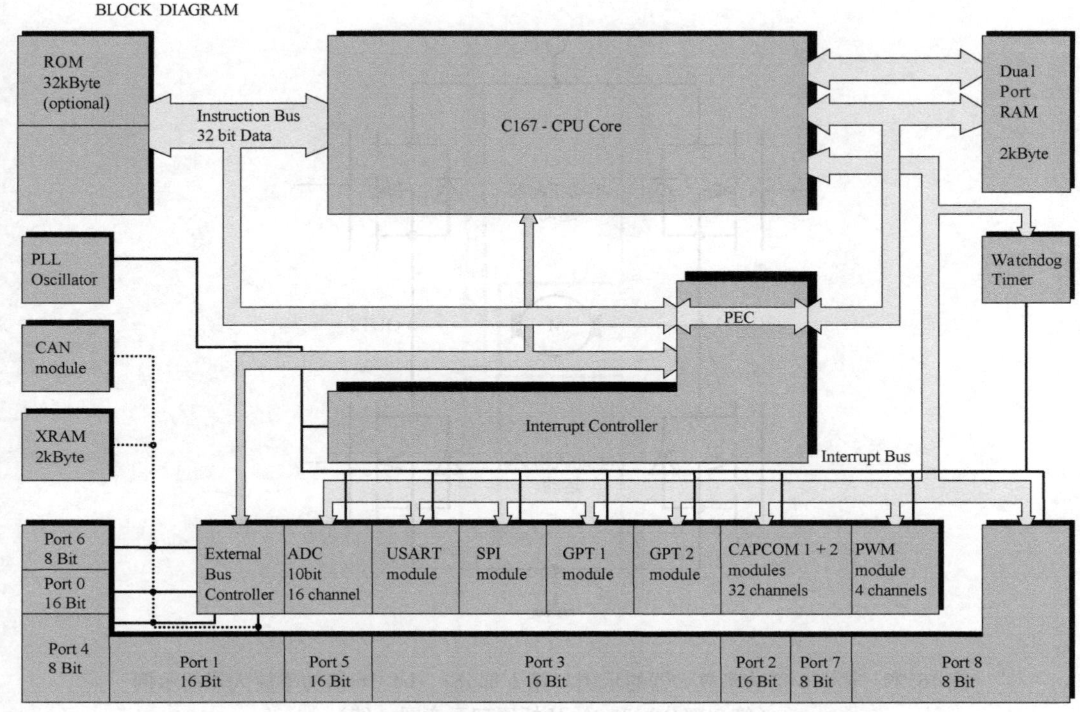

图 16.31　16 位微控制器（续）

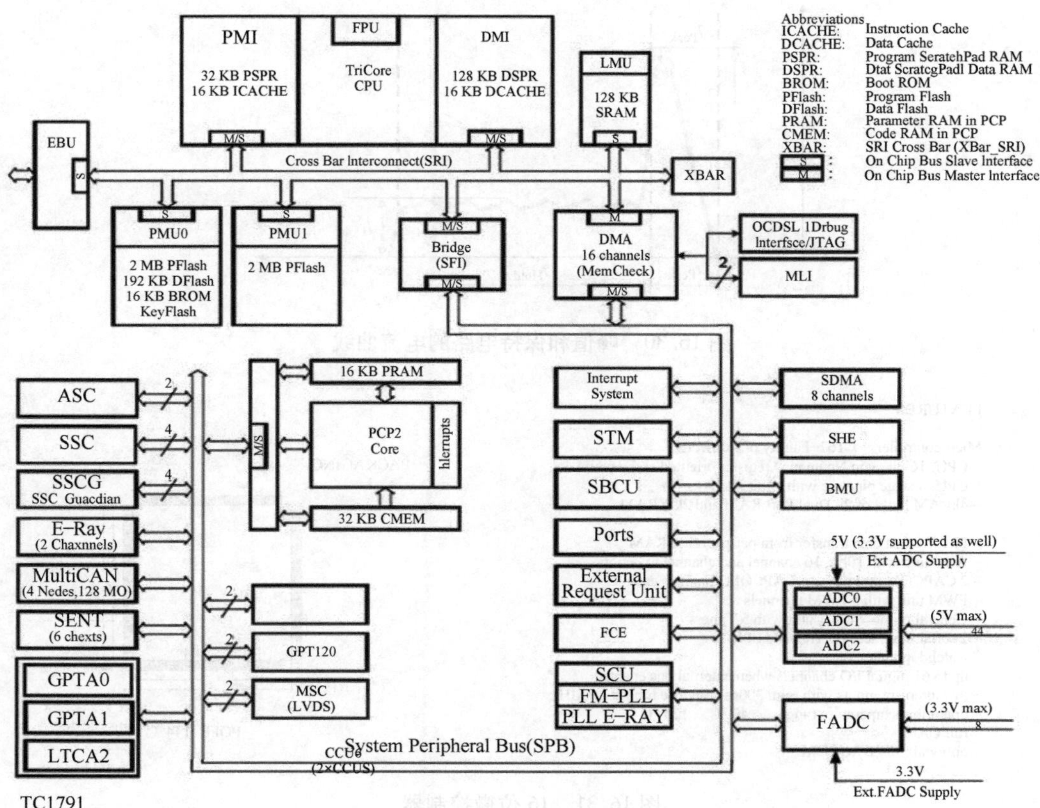

图 16.32　32 位微控制器的功能块框图

5V/3.3V	Power Supply	48	analog input lines for ADC
1.3V	Power Supply Core	4	different FADC input channels
200 MHz	max. CPU Clock	128	digital general purpose
4 MB	Program Flash		I/O lines(GPIO)
192 KB	EEPROM Emulation	4/128	CAN(Notes/Obiects)
2×128 KB	RAM	1/2	FlexRay(Module/Channels)
16 KB	Data Cache	3	Seriel Peripheral Interface(SPI)
16 KB	Instruction Cache	2	Micro Second Bus(MSC)
16	16 DMA Channels	2	Micro Link Interface(MLI)
2	General Purpose Timer Array	8	SENT Eingange
	Modules(GPTA)	2	LIN Interface
2	Capture/Compare 6 modules	−40~125℃	Full automotive temp, Range
2	General Purpose 12 Timer Units		

图 16.32　32 位微控制器的功能块框图（续）

16.5.2.4　电压调节器

该模块提供三个电源：主调节器和性能明显更低的两个跟踪电源。主调节器负责安装式控制单元中的组件，而两个跟踪调节器例如可用于为位于控制器外部的传感器供电。此外，监控单元和释放逻辑也集成在模块上（图 16.33）。

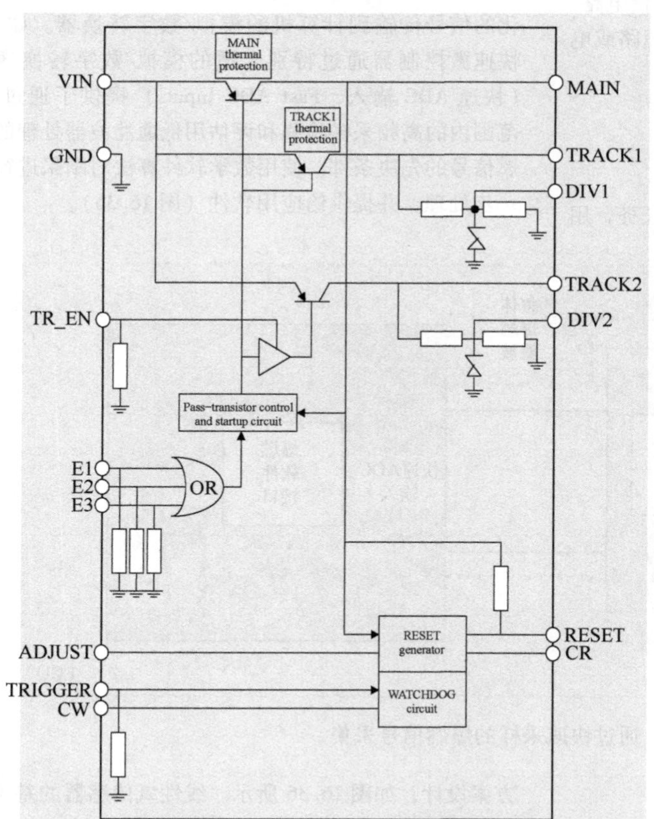

- positive 5V low drop voltage regulator for automotive purpose
- one ±2% main output, 450mA current
- one ±0.5% tracking output 1, 100mA current, referenced to main output
- one ±0.5% tracking output 2, 50mA current, referenced to main output
- on-chip tracking voltage dividers delivering 0.5*Vtrack for diagnosis purpose
- 3 active high enable inputs for all outputs
- 1 active high enable input for tracking output 2
- reset generator with external timing capacitor
- adjustable reset threshold
- watchdog input with external timing capacitor
- very low quiescent current in off state
- wide input voltage range (up to 27V)
- protected from −45V to +60V input voltage
- short circuit protection
- main output to GND
- Tracking outputs to GND, battery voltage and to the other tracking output
- Separate thermal overload protections for MAIN and TRACK1 respectively
- −40°C to +125°C case temperature range

图 16.33　电压调节器示例

16.5.2.5　DC/DC 变换器

为保证压电原理工作的喷油器或电磁喷油器获得更短的开启时间，需要比车辆中可用的电池电压高很多倍的电压，以提供必要的电能。

在车辆上，通过DC/DC变换器电路，将14V车载电源电压变换为这些高压负载的运行电压（图16.34）。

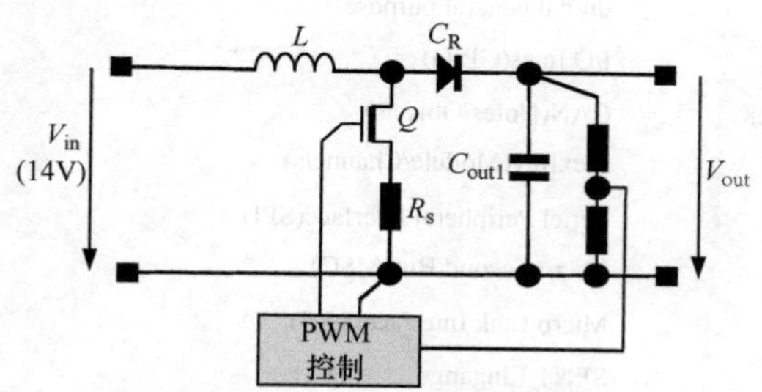

图16-34　DC/DC变换器电路原理

这些可以在电气上描述为与输出端的存储容量并联的限流电压源。存储在电感中的电荷按时钟从功率开关通过二极管流入存储电容器，并且逐渐将其充电至定义的电压值 V_{out}，该电压值可能比输入电压 V_{in} 高很多倍，因为这是电磁喷油器或压电喷油器快速打开的先决条件。

控制单元中使用的DC/DC电路还包含大量电路，用于防止过电压和反极性，以及输出侧接地短路或电源电压短路。

16.6　控制单元电子设备

16.6.1　概述

发动机电子设备接管了中央控制单元的任务，用于发动机的燃烧过程。根据来自发动机和车辆方面的输入信号，集成的计算机单元计算与发动机功能相关的执行器所需的变量。

电子控制可以用以下主要功能组来描述。

16.6.2　信号处理

来自分布在发动机舱和车辆内部的传感器、开关和其他控制单元的模拟和数字信号通过线束到达控制单元。在这里，不同的信号形式和信号大小转换为数字电压和频率，这时，这些数字电压和频率成为微控制器可以读取的信息。

16.6.2.1　爆燃信号

爆燃传感器、氧传感器和电感传感器的输入信号与曲轴关系的调整特别复杂。

在爆燃传感器的随机信号中，来自爆燃发动机的过高信号从发动机噪声的永久电平中滤除、放大、整流和积分。这一切都是在集成电路的帮助下完成的，该集成电路允许通过可编程寄存器对中心频率和幅度进行任意预设。最后，在可定义的时间窗期间，标准化的信号传输到计算机的模拟/数字转换器。如今，快速微控制器通过特别合适的模拟/数字转换通道（快速ADC输入，Fast ADC Inputs）提供了通过μs范围内的高频采样检测和评估用低通滤波器处理的爆燃信号的先决条件。使用数学软件算法对结果进行进一步处理，并提供给应用软件（图16.35）。

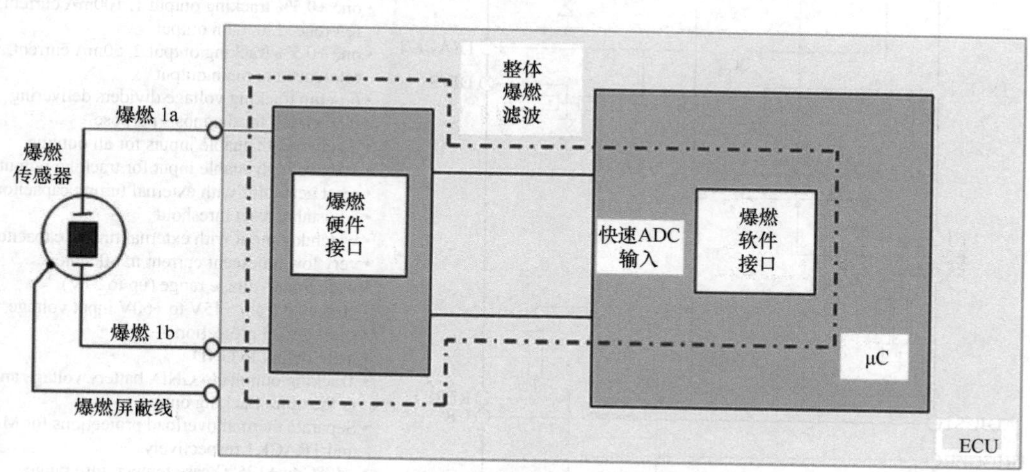

图16.35　通过快速采样的爆燃信号采集

16.6.2.2　氧传感器信号

在宽的测量范围内精确和快速地测量废气中的氧浓度是低排放内燃机运行的基本要素。除了二进制氧传感器外，线性氧传感器在现代发动机中变得越来越重要。线性氧传感器的信号处理主要遵循闭环调节的方案设计，如图16.36所示。线性氧传感器的基本传感元件由能斯特（Nernst）电池组成。一个电极暴露于废气流，另一个电极暴露于氧参考气体。传感器元件装在位于传感器内部的空腔中，并通过气体扩散屏障连接到废气。该传感器配备了另一对电极，可以将废气中的氧离子传输到腔体中，反之亦然（泵电池）。此外，它还包含一个加热元件，用于设置恒定的工作温度。通过氧离子扩散，可以在电极上测量电压，对于 $\lambda>1$，电压在0～150mV之间，对于 $\lambda<1$，电压在800～1000mV之间。

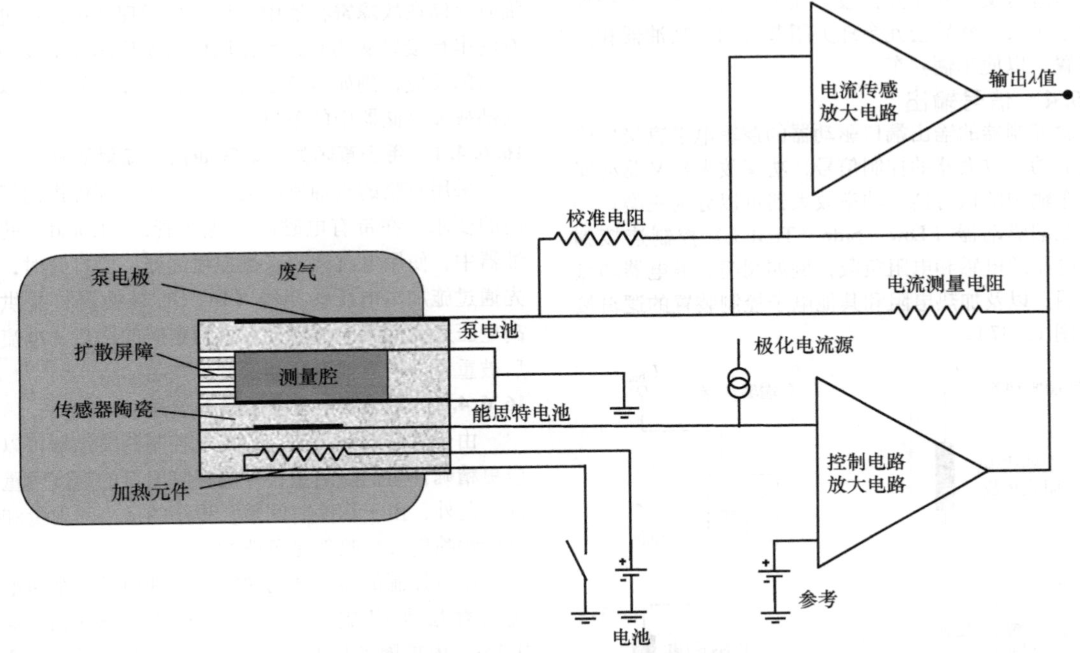

图16.36　线性氧传感器：基本结构和带调节回路的模拟－信号处理

在 $\lambda=1$ 附近狭窄的过渡范围内，传递函数是线性的。如果空腔中的氧浓度保持在 $\lambda=1$，则可以检测到最小的偏差。如果将输出电压与参考电压进行比较，可以获得必要的误差信号来设置泵电流的调节回路。输送氧离子进出测量腔的泵电流与流过扩散屏障的氧的量相关，而这又与废气与测量腔之间的氧浓度的差异相关。由于 λ 值在测量腔内保持在 $\lambda=1$，因此可以从泵电流中推导出废气中的氧浓度。扩散屏障公差在制造过程中进行测量。然后为传感器提供一个独立的校准电阻。读出电阻值，可以调整电流测量的放大系数或通过软件校正电流测量，从而补偿制造公差。

由于其结构设计，扩散屏障根据温度变化改变其电阻。传感器的温度－阻抗特性对应于NTC电阻的特性，因此非常适合检测传感器的温度。这样可以通过读取传感器阻抗并将其与目标值进行比较来实现传感器的温度稳定，从而精确地调节所需的加热功率。

基于上述的措施，泵电流可以保持与废气的氧分压成正比。泵电流测量的精度也决定了传感器的质量。因此，必须采取更多的基本措施来提高测量精度：

- 抑制共模信号。
- 补偿传感器制造公差。
- 低通滤波器以消除输出信号中不需要的高频信号分量。

通过随后的AD转换完成模拟信号的调理。传感器与微控制器的通信，例如，通过串行外设接口（SPI）协议执行。关于传感器、模拟信号处理以及与微控制器的数字接口的更详细描述参见参考文献[5]。

16.6.2.3　曲轴信号

由电感传感器产生的曲轴信号的特点是信号幅度对速度的依赖性。它的范围从低速时的几百毫伏到几百伏。通过过零检测实现将信号转换为相同频率的矩形形式数字信号，其中通过可变负反馈抑制干扰信号。

如果霍尔传感器用于评估曲轴信号或凸轮轴信号，则来自传感器元件的电压（在mV范围内，其幅度与转速无关）在霍尔IC中处理形成具有供电电压幅值的方波电压，并以这种形式提供给控制单元。

16.6.3　信号评估

所述计算机单元本身包括主计算机、用于程序代码和特性场参数的固定值存储器、可变数据存储器和用于在电子节气门（E－Gas）或起停（Start－Stop）系统下安全检查的监控单元。

数字处理的输入信号用作以二进制代码表示的发动机功能的可变实际值。其中，特性场和特性曲线形成用于编程的计算操作的可变的操纵变量。来自多个单独计算的结果以电平/时间信息的形式转发到微控制器的输出端口。

由于控制单元与转矩相关的影响，使用了明确定义的安全性方案设计（参见16.10节）。其中，计算算法在主计算机和监控单元中并行处理，结果通过串行接口进行交换并相互比较。如果出现偏差，安全性功能会生效，然后会冗余地关闭节气门、喷油器和点火装置，以使车辆驻车。

16.6.4　信号输出

微控制器的输出端口驱动器的逻辑电平直接用作相应的功率放大器的控制信号，功率放大器又驱动安装在车辆中的执行器。功率放大器可以分为三类。

低端驱动器（Low－Side－Treiber）控制连接到电池电压的电感和电阻负载，例如阀门、继电器和点火线圈，以及加热电阻和其他电子控制装置的逻辑接口（图16.37）。

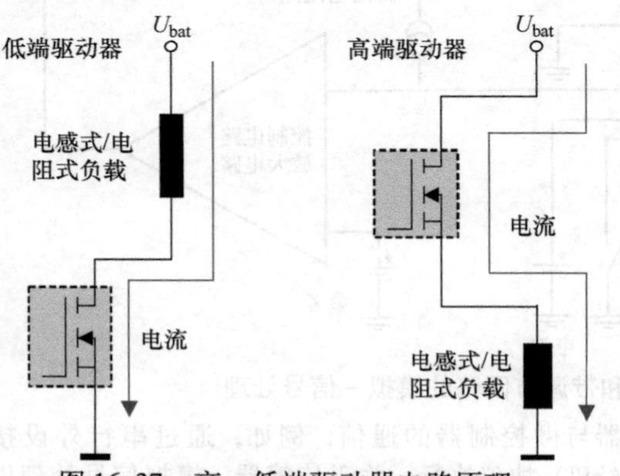

图16.37　高、低端驱动器电路原理

高端驱动器反过来切换位于一侧接地的执行器的电流。

在桥式功率放大器中，负载通过两个连接极连接到控制单元。这种连接原理特别适用于需要连续调节正反转的直流电动机的运行。

所有功率放大器都具有共同的自我保护功能，可防止组件在电池后发生短路、输出端接地或负载短路时损坏组件。此外，这些运行故障由电路技术检测并临时存储在故障寄存器中。计算单元现在可以通过现有的串行接口从功率放大器调用错误代码并触发明确定义的反应，例如紧急运行功能、故障灯的控制以及内部故障存储器中的条目。

16.6.4.1　用于直喷的电磁喷油器－喷射信号

采用直喷的汽油机和柴油机对各个部件提出了很高的要求。在带有电磁阀（螺线管，Solenoid）的喷油器中，使用电流调节来操控喷油器。要打开时，首先通过施加由电压转换器（DC/DC转换器）提供的高电压来允许大电流流动。在预定时间之后，电流然后被重置为由电池电压馈送的保持值。

16.6.4.2　用于压电直喷的喷射信号

由于其高的开关速度，压电控制的喷油器可以适应更精确计量的喷射量，并确保喷射量的高度可重复性。此外，由于切换时间短，更小的最小喷射量和额外的预喷射和后喷射是可能的。

压电控制的喷油器的执行器元件由数百个压电陶瓷箔叠层所组成。当施加电压时，该执行器在0.15ms内扩展了几十μm。在电气方面，压电堆叠的特性类似于具有迟滞的非线性电容器。

典型的电流和电压曲线如图16.38所示。通过控制电流，电荷会向上或向下流动，从而改变电压和所需的喷油器的针阀升程。时间变化过程和流入的电荷的精确控制是精确的、可重复的燃油计量的先决条件，而这反过来又是发动机按要求运行所必需的。压电喷油器的控制包括直流转换器、实际控制电子设备和确定每个喷射循环控制参数的软件。

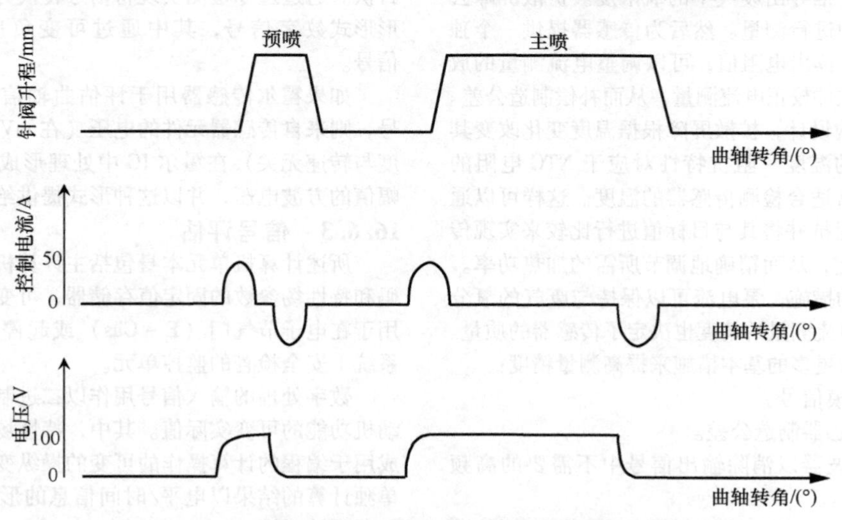

图16.38　压电喷油器上的基本电流和电压曲线和针阀升程

根据类型的不同，控制电子设备在60～80V或200～250V的输入电压下运行，该输入电压由发动机控制装置中的电压转换器产生。由于开关时间短，该转换器在输出侧承受约500W的高功率，并且由于执行器的电容特性，具有大的无功分量。在此，它仅从车载电网中获取在控制电子设备和执行器中出现的最大35～50W的有功功率和损耗功率。

在电操控喷油器时，必须以受控方式充电和放电。为此，可以采用具有不同拓扑的控件。在第一个变型方案中，这是利用基于谐振原理的电路来完成的，如图16.39所示。在这种情况下，充（放）电电路中的元件电容器和线圈与压电－电容一起形成振荡系统。压电控制所需的能量在控制单元与相应的喷油器之间来回摆动。每个电路中的二极管确保电荷始终沿所需的方向传输。为了清楚起见，此处未显示用于选择相应喷射器的低端选择（Low－Side－Select）开关。

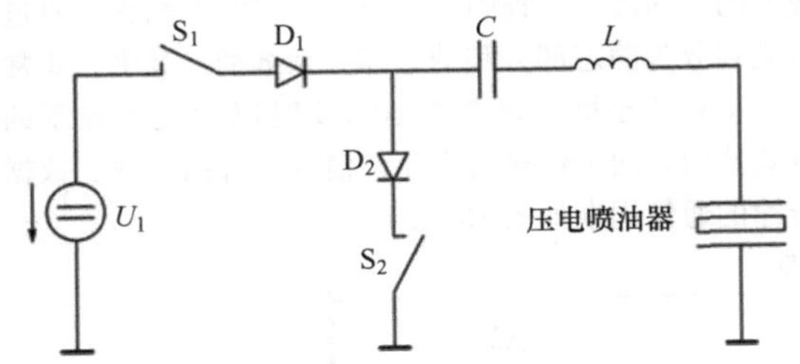

图16.39　谐振的压电控制

在充电阶段，DC转换器在输入侧提供$U_1\approx70$V的平滑电压。当开关S_1闭合时，电荷流到压电喷油器上，最终施加约140V的电压。充电二极管D_1防止电荷在充电阶段从压电喷油器流出。充电阶段结束后，S_1打开，压电喷油器上的电荷使其保持打开状态。

当开关S_2闭合时，放电阶段开始。这时电荷从压电喷油器流向纵向电容器C上，其电压升高。中间的放电二极管D_2防止压电喷油器在放电之后立即再次向压电喷油器提供电流。

在其他控制中，通过多次重复传输小的能量包来实现充电和放电过程。所示的第二个拓扑（图16.40）对应于双向反激转换器的拓扑结构。

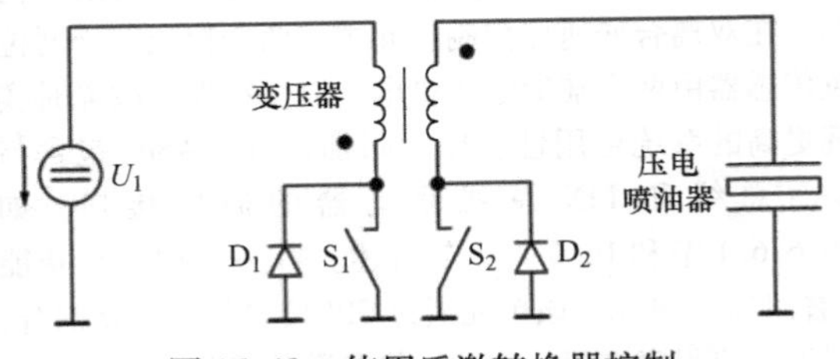

图16.40　使用反激转换器控制

它也可以在70V左右的电压下运行。为了充电，开关S_1首先闭合，直到所期望的能量包存储在变压器中。在断开开关之后，能量通过二极管D_2到达执行器。放电过程反向进行。S_2闭合，直到从执行器提取所期望的能量，然后打开S_2，能量通过D_1反馈到DC转换器的存储元件中。

所示的第三种拓扑（图16.41）对应于升压－降压转换器的拓扑结构。

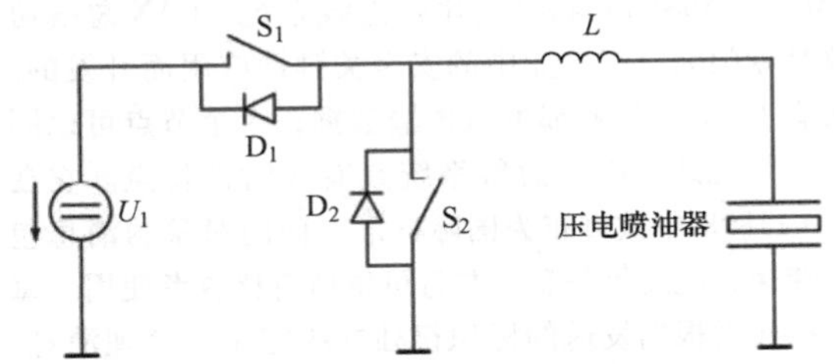

图16.41　使用升压－降压转换器进行控制

它需要一个输出电压大于最大执行器电压的直流电压转换器。为了充电，S_1关闭，直到达到一定的电流值。接下来是电流通过续流二极管D_2继续流动并且被消除的阶段。在适当的时间点，S_1再次开启。重复此过程，直到加载执行器。放电过程相应地运行。电流通过S_2建立，通过D_1续流和电流消除。

在所有控制中，可以确定传输的电荷和达到的电压。这些值可用于调节和诊断功率放大器和连接的执行器。

16.6.5　电源供给

这部分电路确保来自车辆的车载电源系统为控制单元供电。对此，根据电池的状态和负载（例如起动机），6～18V电压范围内的变量被转换为5.0V的稳定直流电压（在具有现代微控制器的系统中，另外还有其他电压，例如3.3V和1.8V）用于电子设备的运行。

为此，经常使用线性电压调节器，即所谓的纵向调节器。在这种情况下，将输出电压与内部产生的参考电压进行比较，在出现偏差时，则通过控制晶体管将其调节到设定值。输入与输出之间的电压差在晶体管中转化为热量。与此相反，根据开关调节器的原理，在接通阶段，能量存储在电感器的磁场中，在关闭阶段将能量传递到输出端。开关频率、占空比和接线对性能和效率有明显的影响，实际上在效率在80%～95%之间，因此明显高于纵向调节器的值。

通过使用半导体和电容器的保护措施抑制来自车辆电气系统的干扰电压（高达±150V和100ms脉冲宽度），有助于电子设备的无故障运行。

此外，该电路块可提供多达三个稳定的5V电压，为外部电位器或传感器供电。

16.6.6 接口

16.6.6.1 CAN总线接口

控制器局域网（Controller Area Network，CAN）是一个串行总线系统。特别是，它被创建用于连接车辆中的智能传感器、执行器和电子发动机/变速器控制单元（ECU/TCU）。CAN是一种具有多主节点（Multi - Master）特性的串行总线系统。CAN总线协议是专门为汽车工业中的安全关键性应用而开发的。所有CAN参与者都可以传输数据；多个节点可以同时轮询总线。串行总线系统具有实时性特点。它在ISO 11898中被宣布为国际标准。面向对象的消息包含转速、温度等信息，并且可供所有接收者使用。每个接收者根据发送的标识符独立决定是否处理消息。总线用户的仲裁由标识符优先级控制。最大数据传输速率为1Mbit/s。

16.6.6.2 LIN总线接口

LIN（本地互联网络，Local Interconnect Network）描述了一种低成本的通信标准，用于舒适的电子设备、智能传感器和执行器以及非安全关键性的发动机控制部件。通信基于SCI（UART）数据格式的位串行单线线路。最大传输速度为20kBit/s。各个节点的同步在没有稳定时基的情况下进行。该规范基于ISO 9141。通过区分主节点和一个或多个从节点，避免了数据线上的消息冲突，因为只有主节点可以发起通信。

16.6.6.3 FlexRay总线接口

非常快速的FlexRay现场总线是一种时间控制和容错的通信接口，满足了车辆中安全关键性系统的要求。该总线定义了一个独立于制造商的标准，其数据速率高达20MBit/s，明确定义了延迟时间和传输周期。

FlexRay根据TDMA原理（时分多址，Time Division Multiple Access）工作。为用户或消息分配固定的时间窗，在时间窗中，为用户或消息分配独占的总线访问。这些所谓的“时间槽”（Time slots）以一定的间隔重复，这意味着可以精确地预先确定信息在总线上的时间段。这种固定分配对带宽的不利影响通过将其划分为静态部分和动态部分来抵消，其中，非常短的动态“小槽”仅在通信需要时以优先级控制的方式使用。两个传输通道允许信息的容错传输。数据传输的通信周期如图16.42所示。

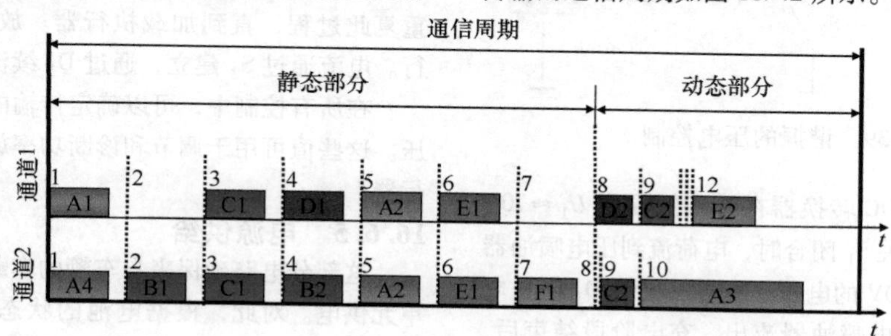

图16.42 数据传输的通信周期

16.6.7 变速器控制单元的电子设备

变速器控制单元通常由系统基础芯片（Systembasis - Chip）（电压供应、通信接口和安全性功能）、微控制器、用于传感器信号处理的接口和用于控制电磁阀和/或用于各种执行器的电动机的功率放大器所组成。

为了考虑到紧凑的结构安装空间的要求，主要功能集成在所谓的ASIC（用户特定的集成电路）中，从而减少了组件的数量和控制单元的制造成本。集成组件的实施解决方案方法如下所述。信号调理和微控制器模块已在前面的章节中进行了充分的描述。

然而，有些功能模块是专门为变速器控制开发的（图16.43）。

（1）变速器系统基础芯片（Transmission - Systembasis - Chip，TSBC）（图16.44）

系统基础芯片的主要功能是为微控制器、功率放大器和传感器模块提供不同的、稳定的电源电压。现代微控制器需要不同的、稳定的电源电压（内核、数字I/O - Pin、ADC转换器）。这些由系统芯片以制造商要求的精度提供。传感器的供应要求取决于类型（数字/模拟）和客户对安全性方案设计的要求。例如，在双离合变速器控制单元中，两个档位选择器位置传感器由两个辅助电压供电，以便在发生故障时实现更高的系统可用性。作为附加组件，ASIC包含与CAN总线和LIN总线驱动器的通信接口，如16.6.6.1节和16.6.6.2节所述。另一个功能是智能“看门狗”单元，该单元通过SPI接口与控制器耦合，用于监控程序进程。为此，将参数传输到计算机，计算机使用算法计算结果并在定义的时间范围内将其传输回 ASIC。如果传输的结果与预期的结果有偏差，则存在故障。在这种故障情况下，控制单元置于安全状态，功率放大器无须通过控制器访问而直接关闭。

在目前使用的方案设计中，微控制器增加的电流消耗可能导致控制器中的不允许的温度升高。因此，在新的发展中，以前的线性调节器通过开关调节器方案设计来取代。

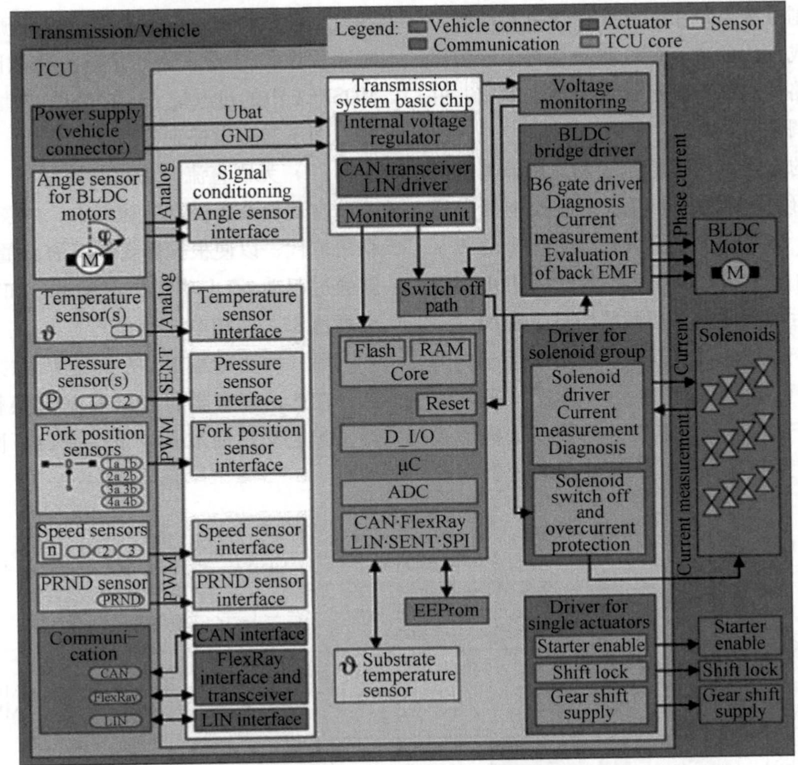

图 16.43　带电动油泵的液压双离合变速器的变速器控制框图

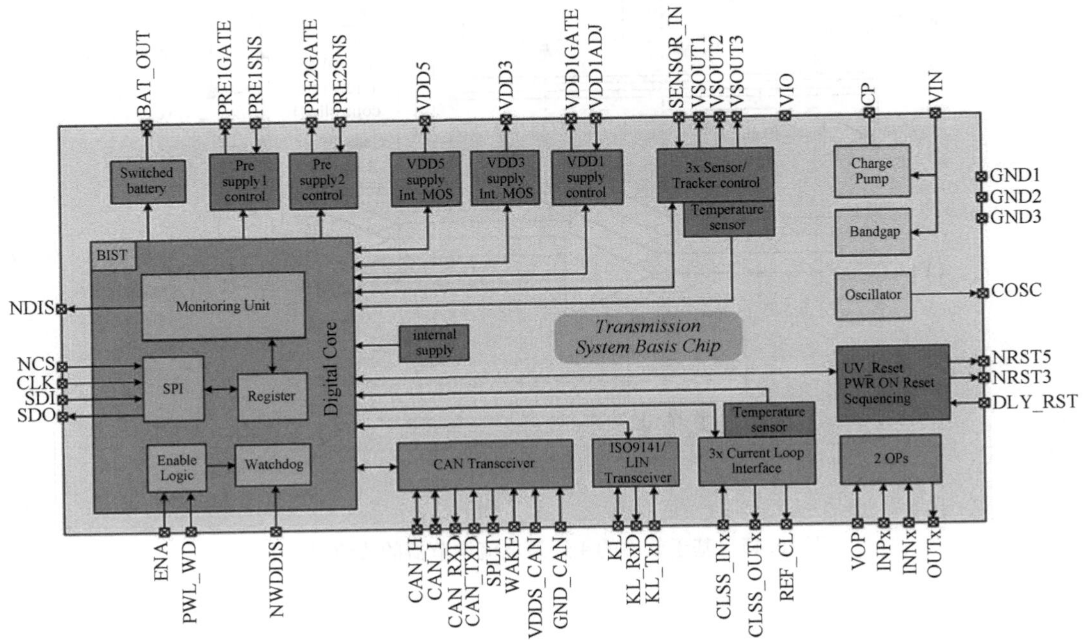

图 16.44　变速器系统基础芯片（TSBC）的框图

（2）电磁阀用电流调节器

档位和离合器调节器通过变速器控制液压系统中电磁比例阀的开启和关闭来操作。该功能通过相关的流量调节阀的开口横截面的调节来表示；这些调节阀位于变速器的控制液压系统中。在此，通过相应阀门的与开口横截面成正比的电流用作测量变量。该值借助所谓的测量分路器和高精度运算放大器来确定，并根据设定值进行调整。

有两种不同的方法可用于电流控制。调节算法可以在 ASIC 中通过硬件实现，也可以在微控制器中通过软件实现（图 16.45）。典型地，电磁阀由 1 ~ 10kHz 频率范围内的 PWM 信号来控制。为防止阀门因液压系统中的污垢而堵塞，在调节信号上叠加了一个低频抖动信号。在软件调节器中，有更多用于抖动调节的造型设计可能性（正弦波、方波、锯齿波等），而在硬件调节中，有预定义的形式，这些形式在 ASIC 中作为数字代码来实现（图 16.46）。针对现代应用，对 ASIC 开发进行了优化，目的是进一步提高功能和诊断能力。功率放大器（MOSFET）的监控以及必要时对可能的故障（如短路或断路）的评估现在仅在 ASIC 中进行。这会将评估传输到微控制器。在此，仅在故障情况下必须进行干预并且根据系统状态来决定临界或非临界状态。在故障情况下（例如 MOSFET 中的过电流），在 ASIC 中直接关闭功率放大器，而不需要微控制器干预。

（3）无刷直流电动机的控制

在现代液压控制变速器中，油泵的机械驱动被电动机取代，以便根据需要调节油流量，并使内燃机能够通过起动/停止功能快速起动。如前所述，此处出现高达 85A 的相电流。

另一种变速器变型方案是所谓的干式双离合变速器，在此，变速器的液压控制（换档调节器、离合器）被电动机所取代。该控制器可同时控制四台电动机。

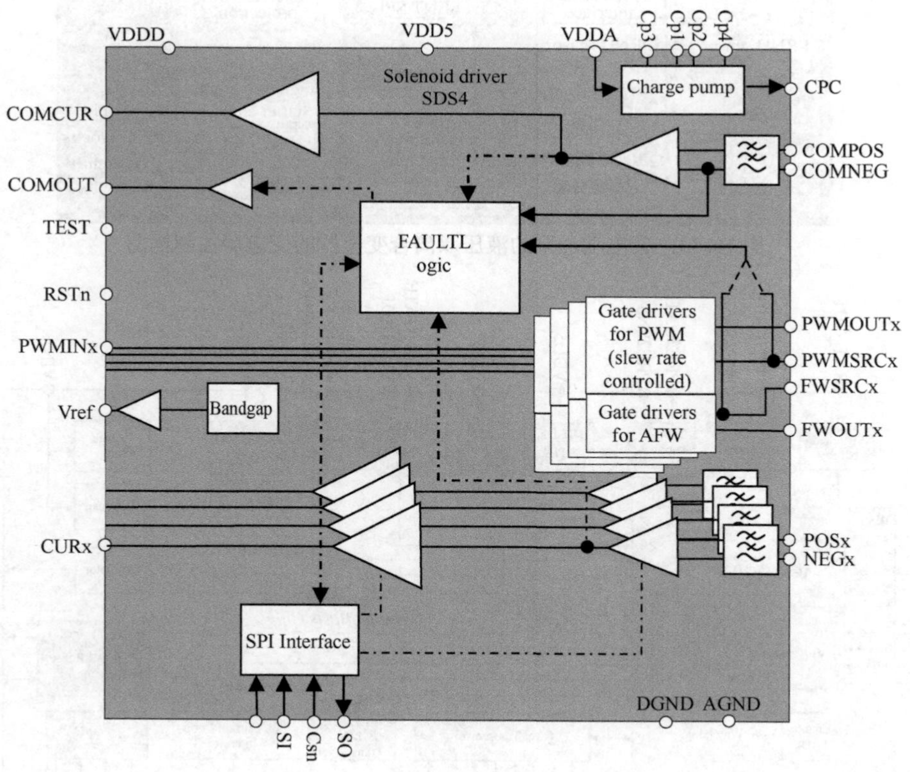

图 16.45　基于软件的 4 通道电流调节器的 ASIC 框图

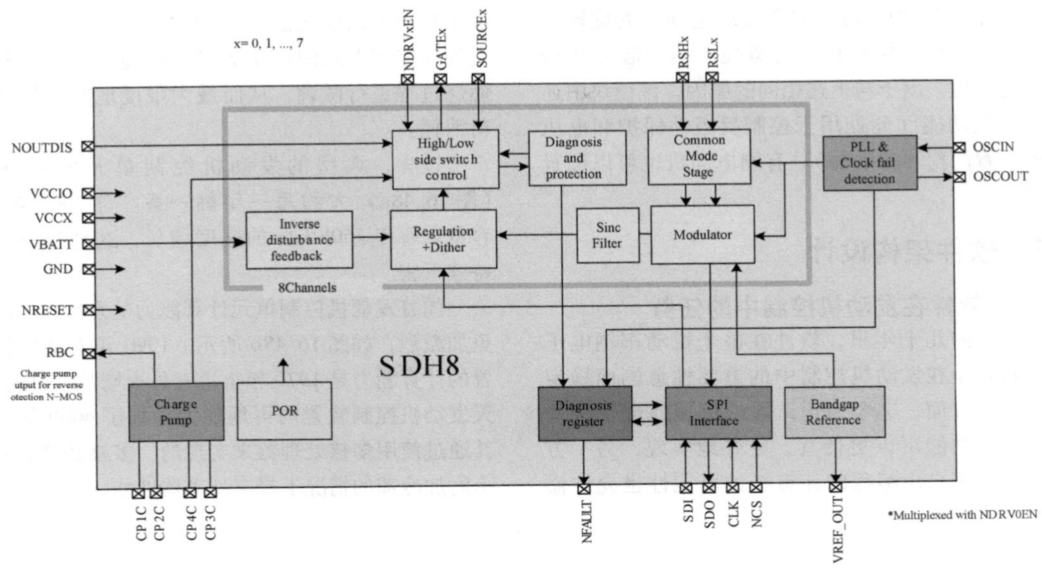

图 16.46　基于硬件的 8 通道电流调节器的 ASIC 框图

在用于全轮驱动应用的变速器中，电动机通常用于激活差速器锁定功能、接合第二驱动轴（四轮驱动）或换档（例如越野档）的执行器。这些功能的组合可以在驱动器中进行力矩调节，以改善行驶动力学。为了运行这些电动机，需要远高于25A的峰值电流。

集成的 H 桥组件不再适用于此类负载。在更新的应用中，经常使用无刷直流电动机（BLDC 电动机，Brushless－DC－Motor）。在此，转子的旋转是通过电磁旋转场来实现。通过适当控制三个半桥产生旋转场。半桥的复杂交替控制和对正确功能的监控由为此目的开发的模块来执行。图 16.47 显示了一个 ASIC，它将微控制器的转速预设转换为用于 BLDC 电动机的

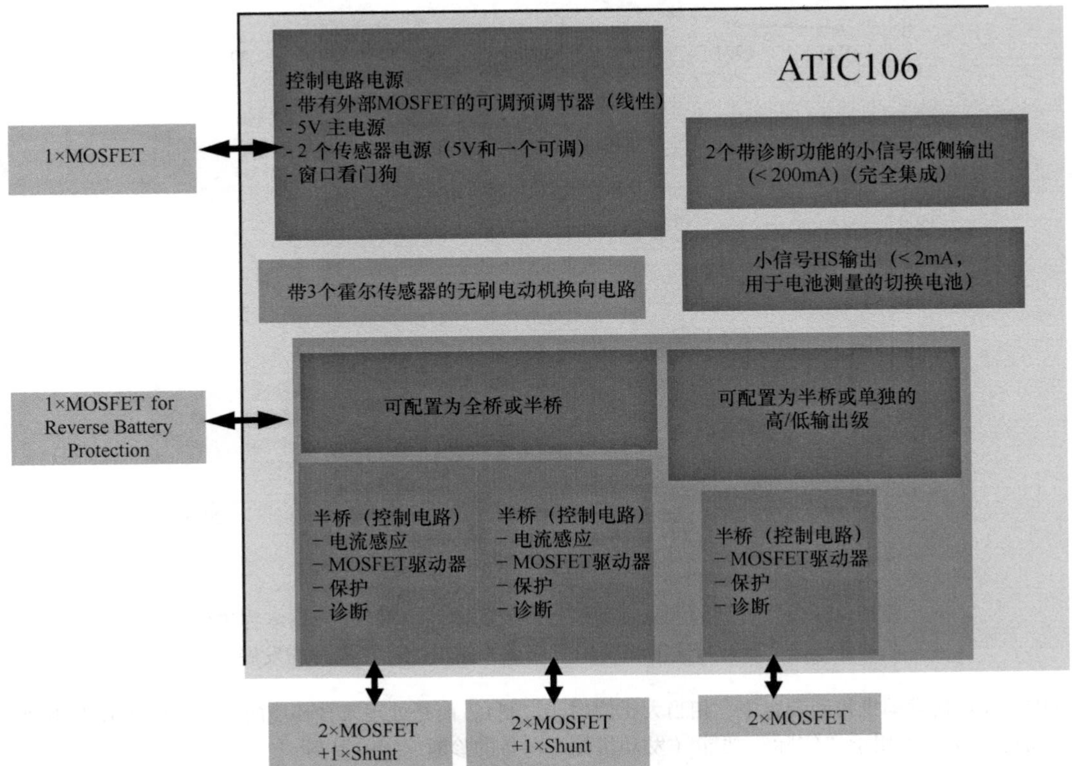

图 16.47　具有系统功能的 BLDC 电动机控制的 ASIC 框图

旋转场。在 ASIC 中，可以完全实现电动机的旋转方向的识别，半桥的控制和（与微控制器一起）执行器的确切定位。出于与上述相同的原因，该模块中还集成了其他功能（此处用于控制反极性保护和电压调节器、看门狗和驱动器）。有刷电动机也可以配置该模块。

16.7 软件架构设计

16.7.1 软件在发动机控制中的任务

在过去的几十年里，软件在整个机动车辆电子设备，特别是在发动机控制中的重要性急剧而稳定地增加。一方面，迄今为止，通过机械或电子解决方案实现的功能可以更便宜、更好地实现，另一方面，原理上可自由编程的计算机的可能性也允许添加全新的和以前无法实现的功能。这里值得一提的是现代控制单元的广泛的自诊断能力或通过软件对燃烧过程进行微调，从而最大限度地减少排放和燃料消耗。

过去，典型的发动机控制单元的软件范围（图 16.48a）大约每三年翻一番。自 2002 年以来，容量以每年 150kByte 的速度增长。这种趋势可能会持续下去。

随着发动机控制单元计算能力的发展，情况变得更加激烈，如图 16.48b 所示。1990 年发动机控制装置的计算能力是 1970 年土星五号火箭的 25 倍，而今天发动机控制装置的可用能力增加了 4000 倍。这尤其通过使用多核处理器来实现的，多核处理器能够在不附加冷却的情况下提高处理器性能。

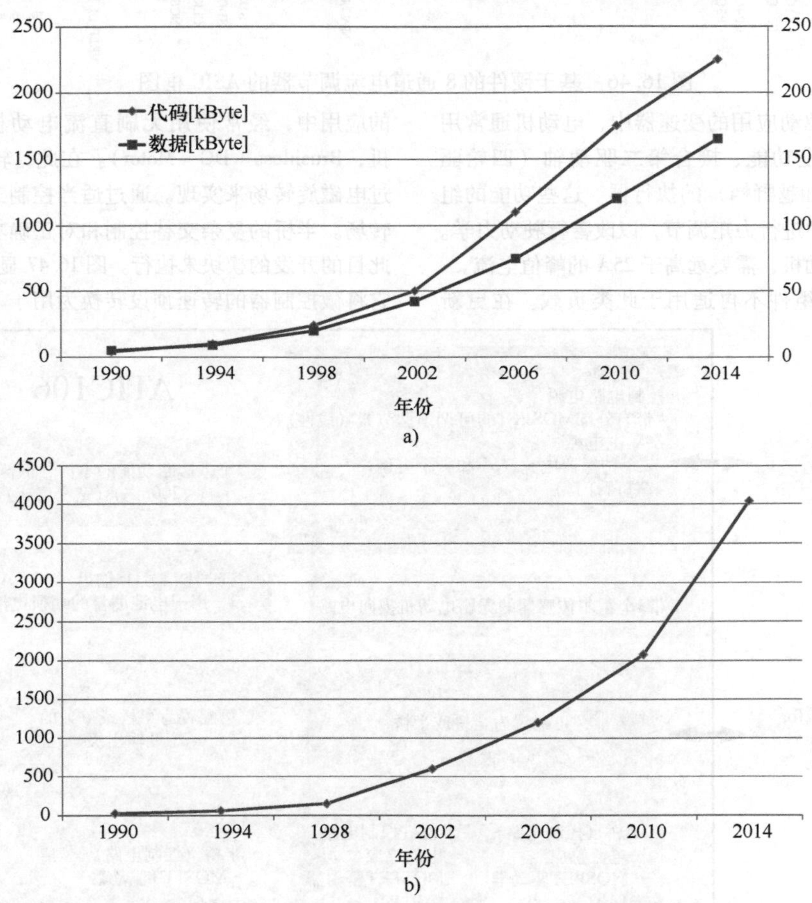

图 16.48 a）典型的六缸发动机控制仪的软件范围，以 kByte 为单位；b）与土星五号火箭相关的发动机控制单元计算能力的发展

其中，在现代发动机控制装置中，相当大比例的软件（高达50%）不用于“实际”功能（发动机控制），而是处理来自环境的任务，例如 ECU 和外围设备的诊断、OBD II 等。

在缩短开发时间的同时增加软件范围也导致一个项目的软件团队规模急剧增加，从 1990 年的两个开发人员增加到 2000 年的十多个，因此需要引入具有广泛质量控制的严格的开发流程。同时，软件组件的一致重复应用导致了所谓的“脱身”(Off - the - shelf) 项目，这些项目可以由两个开发人员带入批量生产，因为以前开发和测试的功能化只需要集成和配置。因为只需集成和配置先前开发和测试的功能。另一方面，在新技术的开发和初步应用中，有时 50 多个软件开发人员同时从事一个项目。

16.7.2　对软件的要求

那么在动力总成的电子控制系统中对软件结构有哪些要求呢？

- 所需功能化的描述：发动机/变速器/混合动力控制、废气控制/清洁、舒适功能、部件保护、具有大量错误存储的自诊断（EURO x、OBD）、紧急操作、带访问控制的可重新编程、与其他控制单元的通信和安全性功能。

- 实时快速反应：I/O 层面上在 μs 范围内，在功能级别上 2ms ~ 1s 时间同步或 1.8ms ~ 1.5s 曲轴同步尽可能独立于所使用的硬件，尤其是微控制器，以实现多源策略（Multi - Source - Strategie）支持。

- 不同的任务领域的覆盖（汽油机、柴油机、自动变速器、自动机械变速器、集成的起动 - 发电机、混合动力驱动和电力驱动……），即使在这些任务领域之间也具有高度的重复使用性。

- 客户以及关键组件制造商提供的软件的可集成性。

- 使用标准软件组件（带有操作系统、通信和网络服务的基于 SW 的 AUTOSAR）。

为了能够经济地满足这样的要求，功能和硬件的大幅度解耦是绝对必要的。解决方案在于使用具有明确职责的软件层（Layer），例如在 AUTOSAR 标准中定义的那些。此外，一个定义明确的软件开发过程对于确保按时交付和质量是必要的。

16.7.3　软件的架构方案设计

现代发动机控制的软件架构基本上基于 AUTOSAR 标准（图 16.49）。

大多数软件(“应用软件”) 独立于硬件并包含实际功能。该软件分为所谓的“软件组件”，它们是可交换的软件部件，其特性和接口以机器可读的标准化格式（XML）进行描述。因此，借助于集成工具，来自不同供应商的应用软件部分可以非常有效地集成到一个整体软件中。

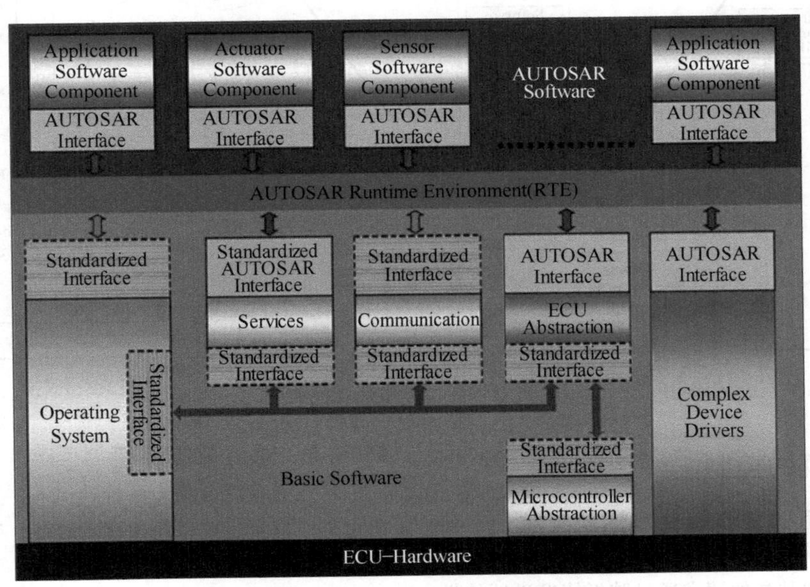

图 16.49　AUTOSAR 软件架构

下面是基础软件，它依赖于硬件，但在很大程度上独立于应用程序（然而是高度可配置的）。

通过这种设计试图实现尽可能高的可重复使用性。可以在其他硬件上轻松使用相同的应用程序（只需更换基本软件的相应部分）。基本软件可以很容易地与其他应用相匹配（重新配置）。

所谓的“复杂的驱动程序”（Complex Driver）代表一种特殊情况，基本软件的这些部件是特定于硬件和应用的，即与控制单元精确匹配。这些部件具有高度实时的关键的功能，为此必须保证硬件和软件的完美交互。由于与汽车中的其他控制单元相比，发动机控制装置中有许多这样的功能（例如点火、喷射、齿信号采集），因此复杂的驱动程序占据了基础软件的很大一部分。

应用软件部分仅通过所谓的“运行时环境”（Runtime - Environment，RTE）与其环境（即其他组件和基础软件）进行通信。这个中间层［“中间件”（Middleware）］是在集成时根据组件描述生成的，负责信号和控制流的传输、数据的缓冲、跨越处理器内核边界的通信，甚至在某些情况下抽象软件组件位于哪个物理控制单元上（仅适用于不太关键的实时功能）。这使得能够更独立于其相邻组件开发软件组件，这由于分工（汽车、软件和控制单元制造商各自开发软件的一部分，然后集成）而变得越来越重要。

16.7.4 软件开发流程

根据CMM（能力成熟度模型，Capability Maturity Model）和SPICE，在大型团队中进行高效且注重质量的软件开发需要一个合适的、描述良好的开发流程。广泛使用V循环（图16.50），它特别好地描述了在抽象层面上对任务的分析和相关测试之间的相互作用。对于每个软件交付，通常每个项目至少五个，完全执行V循环。

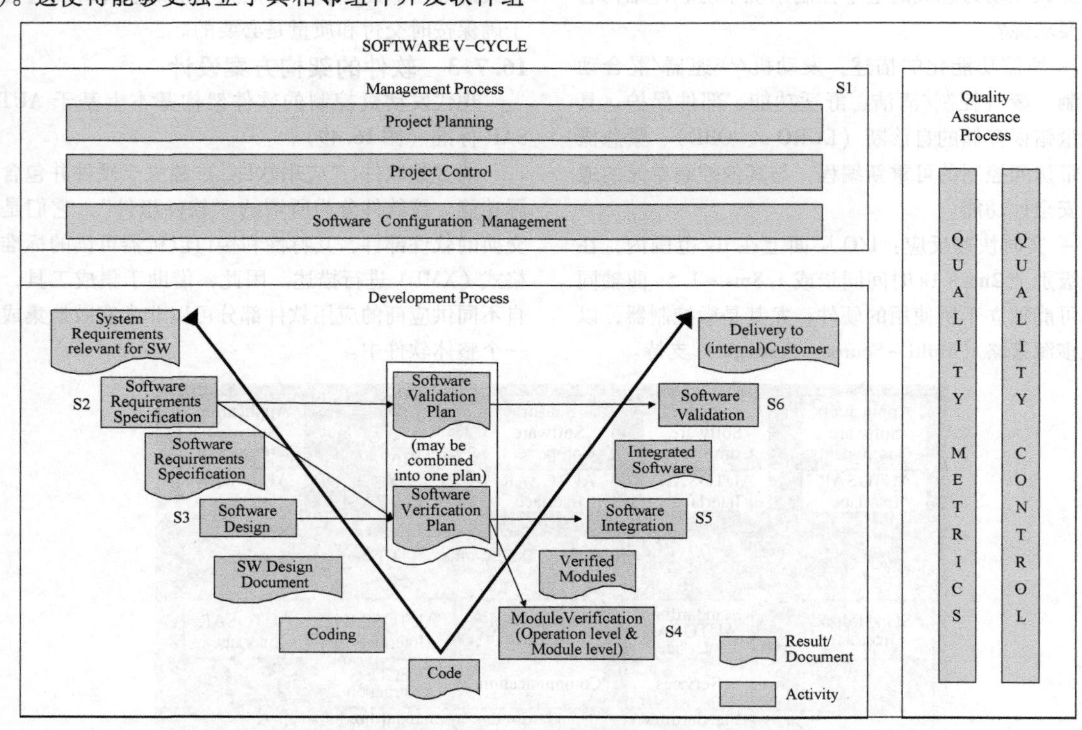

图16.50 软件开发流程

16.8 内燃机的控制

16.8.1 驾驶员请求和驾驶员辅助系统

在电子节气门（E - Gas）系统（线控，Drive - by - Wire）中，驾驶员的请求通过踏板值发送器传送到系统，并在转矩结构中解释为转矩请求。该转矩期望可以通过各种调节干预来改变，例如行驶速度控制（巡航控制，Cruise control）、负荷冲击阻尼或通过变速器干预。现代车辆还拥有越来越多的高级驾驶员辅助系统，例如自动车距调节，这最终代表了将完全自动驾驶作为长期目标的步骤。

16.8.2 动力总成管理

最迟随着混合动力系统的引入，其中，除了内燃机之外，电机也可以产生驱动转矩，引入单独的动力总成管理层面变得不可或缺。

无论车辆配置如何，动力总成管理的任务是协调动力总成中的各种能量流。这些是机械能、电能和热能。由于现代发动机控制的高性能，发动机控制在动力总成管理领域发挥核心作用。

动力总成管理控制内燃机、电机、电池、变速器和热系统（冷却回路等）的相互作用（图16.51）。

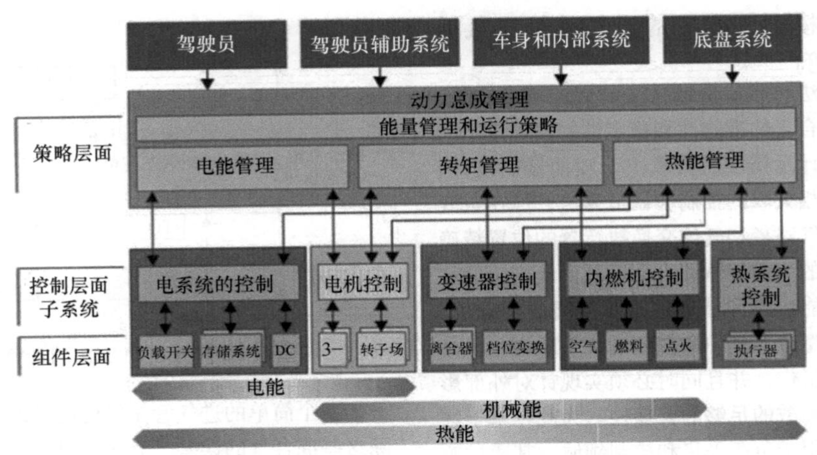

图 16.51　基于能量流的动力总成调节结构

16.8.3　基于转矩的发动机控制功能结构

当今的现代发动机控制不仅满足了在最大的驾驶舒适性情况下对废气排放和燃料消耗日益增长的要求，而且还满足了对自诊断和安全性的严格法律要求。因此，内燃机的发动机控制任务远远超出喷射的控制（在汽油机的情况下还有点火），还包括控制大量用于影响燃烧的执行器。最重要的是，20 世纪 90 年代引入的线控系统（驾驶踏板与节气门的机械分离）显著地增加了功能的可能性。例如，可以独立于驾驶员的意愿设置气缸充气。

在基于转矩的功能架构中，所有要求都是根据转矩或效率的物理量来定义的。

因为在许多功能中需要高的时间上的动态性，因此使用两条路径来实现所需的目标转矩。具有大于 100ms 的时间常数的更快的曲轴同步点火路径采用所有直接影响燃烧效率的干预，具有 3 ~ 30ms 的转速相关的时间常数。缓慢的充气路径影响节气门或放气阀的位置，并且因此影响气缸的空气填充。在其中，所有调整都会影响发动机提供的转矩，而与充气无关，即点火和喷射正时。

通过这两条路径的协调，通过调节点火角可以实现转矩的快速增加。这对于怠速调节、起动、变速器干预和驱动滑移调节是很重要的。由于点火干预，例如在加热催化器时延迟点火以改善废气排放，所期望的效率降低同样是可实现的。此外，λ 路径和停缸路径归属于快速转矩路径，在需要的情况下能够被激活并且同样与充气路径和/或点火路径协调。

由主要影响变量如新鲜气体填充、点火角和 λ 给出燃烧的内部力矩（TQI），然而，与指示力矩相比，该内部力矩（TQI）还不包括整个气体交换。发动机输出的力矩，如图 16.52 所示，由指示力矩减去由于摩擦引起的损失力矩得出。摩擦损失和气体交换损失合并为损耗力矩（TQ_LOSS）。在扣除通过附件的损失力矩之后，得到离合器力矩（TQ_CLU）。在车轮上可用的驱动力矩是在考虑通过离合器和变速器的损失之后得出的。

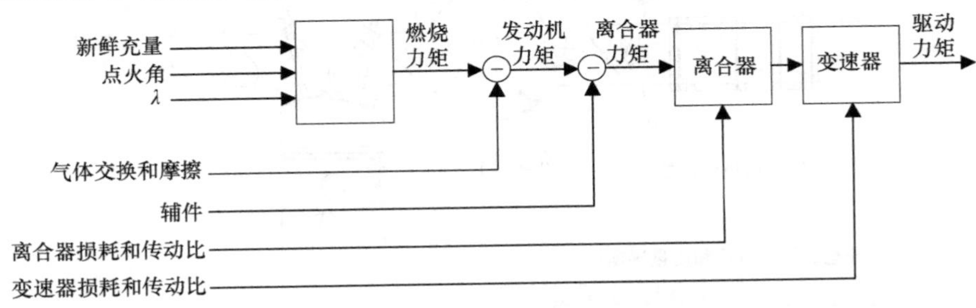

图 16.52　转矩传递

图 16.53 中的 TQI 计算如下：

TQI = TQ_CLU - TQ_LOSS

损耗力矩（TQ_LOSS）始终为负力矩。它表示转动（倒拖）未燃烧的发动机所需要花费的力矩。

16.8.4 基于模型的函数的进气歧管充气模型示例

由于废气立法和燃料消耗立法的规定不断收紧，对燃料-空气混合气的准确性和稳定性的要求也不断提高。虽然燃料计量精度主要取决于喷油器的设计、控制电子设备和相关联的控制和调节算法，但在空气侧，必须根据空气路径和气体交换执行器的位置精确地描述进气管中的当前气体动力学以及由此产生的气缸填充，并尽可能快速和精确地跟踪期望的目标值。在此，由于车辆型号系列中的变型种类不断增加，必须尽量减少标定工作，并且同时必须实现针对外部影响以及批量生产离散的足够的鲁棒性。为此，基于物理的模型计算也用于负荷采集和控制领域，其通过改变执行器位置或发动机转速来精确地计算由于填充或排空过程引起的相关系统参数（例如压力和温度，质量流量，……），以确保燃料-空气混合气所需的精度。然而，与此同时，模型保持尽可能简单，以限制数据消耗、内存需求和微处理器负载。在改变的驾驶员愿望的具体情况下，例如节气门的打开或关闭导致流入进气管中的空气流量的快速增加或减少。通过这种填充或排空，导致进气管中的压力上升或下降，其中，变化梯度取决于其体积。气缸充气本身，即从进气管流出的空气质量流量，在其他相同的条件下以不同的时间常数，即与进气管中的压力成比例地变化。因此，位于进气管上游的空气质量传感器始终观察流入的空气质量流比通过进气管的存储特性衰减的、但是对于喷射而言是决定性的流出的空气质量流具有更高的动态性。根据传感器信号测量燃油的结果是加速时喷油过多或减速时过少。

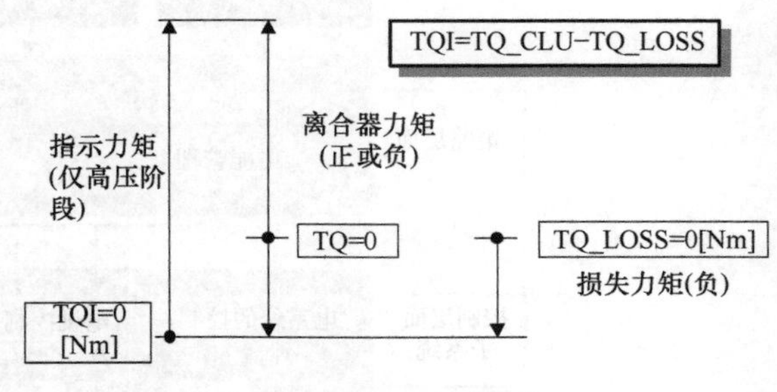

图 16.53　TQI 的计算

一个简单的进气管充气模型可以在很大程度上消除这些混合气的误差。为此，根据一般的气体方程和进气管的质量平衡，通过将流入和流出的气体质量流量的相加来计算进气管压力的变化（图 16.54）。该进气管压力梯度以数值方式积分到当前进气管压力中，然后可以据此直接确定气缸充量。流入和流出的质量流分别单独建模。在最简单的情况下，只有节气门控制的空气质量流量流向进气管。这是通过可压缩的节流流动来建模的，它将释放的节流阀面积、空气温度、等熵指数、一般气体常数、节气门前的压力和经过节气门的压力比作为输入变量（图 16.55）。这种方法也可用于描述以节流为特征的其他空气质量流，例如油箱通风。

另一方面，从进气管流出的，即流入气缸的空气质量流量，以直线的形式存储，并作为进气管压力和发动机转速的函数（图 16.56）。这种关系通常也被称为“呼吸线”，可以很容易地在试验台上独立于发动机进行测量。

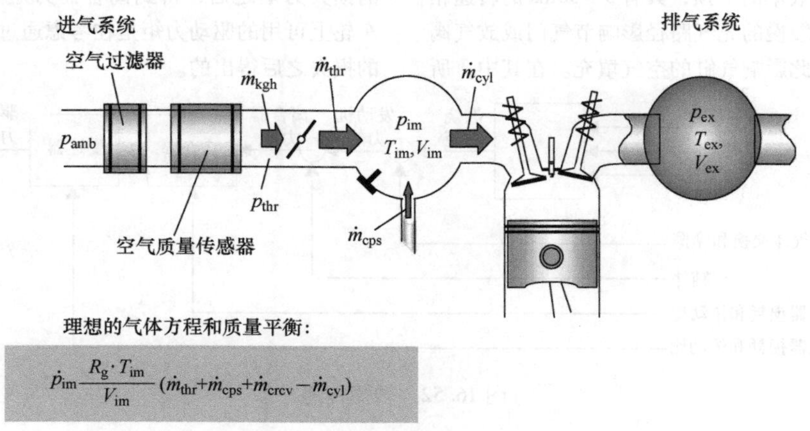

图 16.54　空气路径模型

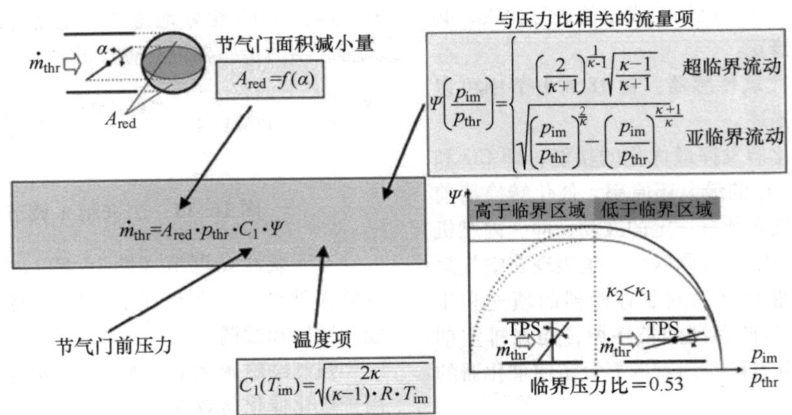

图 16.55　通过节气门的空气质量流量模型

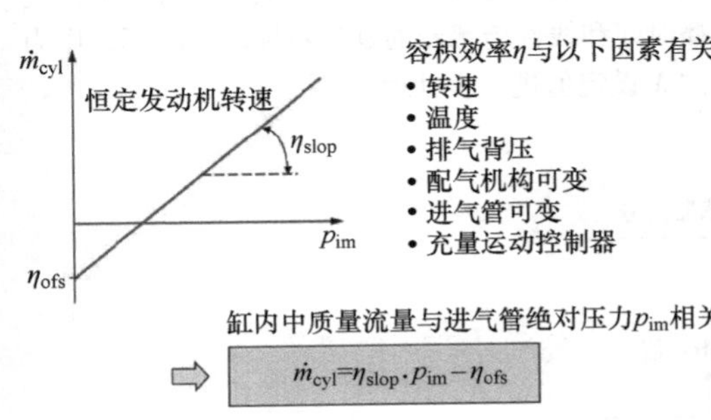

图 16.56　气缸内空气质量流量模型

为了补偿系列公差，将可比较位置处的模型参量与测量的参量进行比较，并且必要时调整模型假设，直到计算和测量相一致。因此，例如可以通过将由模型计算的流入进气管中的空气质量流与由空气流量传感器在相同位置处测量的值进行比较来对进气管充气模型进行调整。如果所测得的空气质量流量大于模型值，则假定释放的节流阀面积按修正因子递增，直到在随后的计算周期中越来越大地计算的空气质量流量处于围绕测量值的所接受的公差带之内。可以通过比较测量的与计算的进气管压力来构建类似的自适应算法。

这种基于模型的方法的优点是：

- 基本上通过可稳态确定的值来协调动态模型。
- 动态特性仅取决于进气管体积。
- 校准的可追溯性和可重复性，因为它主要基于物理变量。
- 模型结构独立于负荷传感器的类型。
- 传感器的静态精度与模型的动态正确性相结合。
- 在给定的目标空气质量流量下确定空气路径执行器的目标值的可逆性。

16.9　功能

16.9.1　*λ* 调节

具有 λ 调节的三元催化器已成为具有外部混合气形成的汽油机的排气后处理的方案设计。λ 调节确保有害物组分 CO、HC 和 NO 得到最优转化。为此，有必要将空气－燃料混合气的化学计量成分（λ＝1）保持在非常窄的 λ 范围（λ 窗）内，见图 16.57。

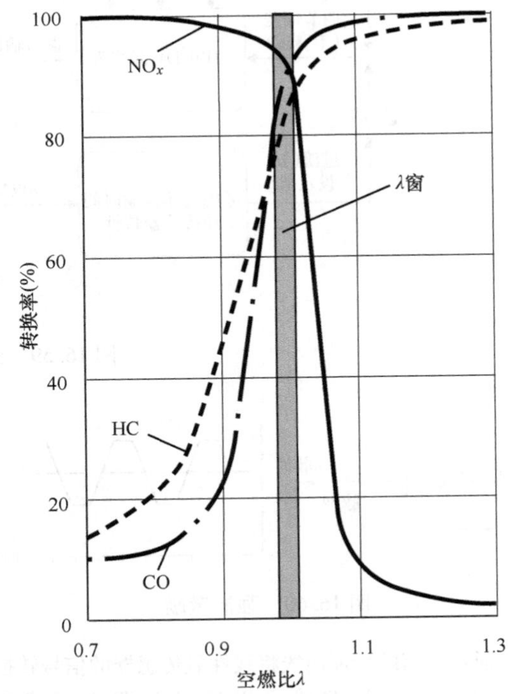

图 16.57　λ 窗

在闭环调节中，空燃比 λ 通过位于废气中的氧传感器来测量，将实际空燃比与设定值进行比较，必要时对燃料量进行修正。

有二进制和线性氧传感器。在18.4.1节中可以找到这些传感器的描述。

为了使三元催化器发挥最优化的功能，即CO和HC的最佳氧化和NO_x的最大还原率，催化转换器前的空气－燃料混合气必须有一定的波动，即，内燃机的目标运行既表现在空气过剩区域，也表现在空气短缺区域。这确保了催化器的储氧存储器的填充和排空。此外，NO_x在O_2储存期间被还原，而在排空期间氧化得到支持，并且防止附着的氧分子使催化器的部分区域失活。

用于二进制λ调节的调节算法（图16.58）基于PI调节器，其中P分量和I分量存储在发动机转速和负载特性场中。在二元调节中，催化器的激励（λ波动）由两点调节隐含地产生。λ波动的幅度设定在3%左右。为了更好地遵守催化器前的λ窗，通过二元催化器后传感器进行叠加的微调。

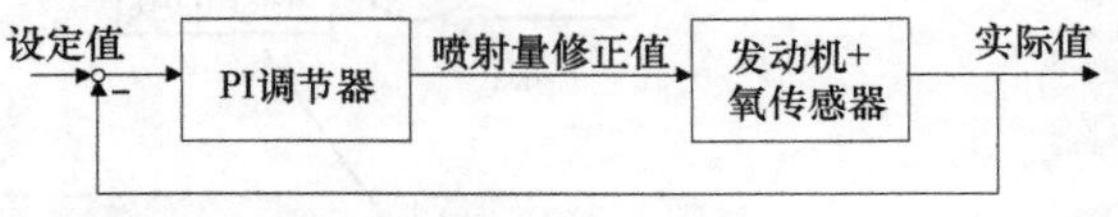

图16.58　二进制λ调节算法

对于线性λ调节（图16.59），需要强制励磁来调整λ波动。该图概述了线性λ调节的结构，包括强制励磁和微调。

强制励磁调制到实际的λ设定值（图16.60），用于优化催化器效率的周期性偏差（λ脉冲）。一方面，所得到的信号直接作为燃料量修正中的预控；此外，该信号可能会受到二次空气影响，并且在考虑气体传播时间和线性传感器的延迟特性的情况下，作为过滤的λ设定值进一步处理。

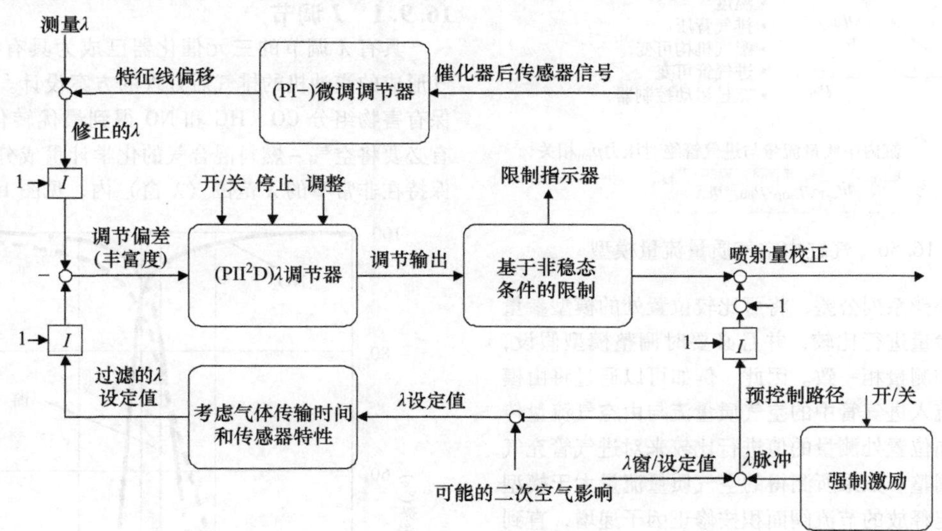

图16.59　线性传感器λ调节

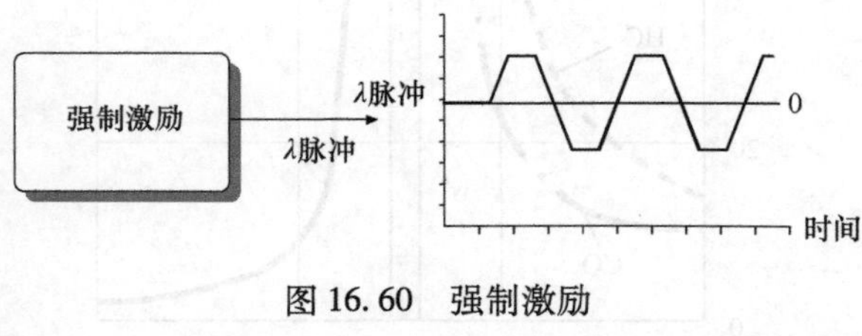

图16.60　强制激励

通过存储的特征曲线将线性氧传感器的信号转换为λ值。该特征曲线可以通过微调进行修正（图16.61）。微调调节器设计为PI调节器，它使用较少受到交叉敏感性影响的催化器后传感器信号（最好来自二元阶跃式传感器）。

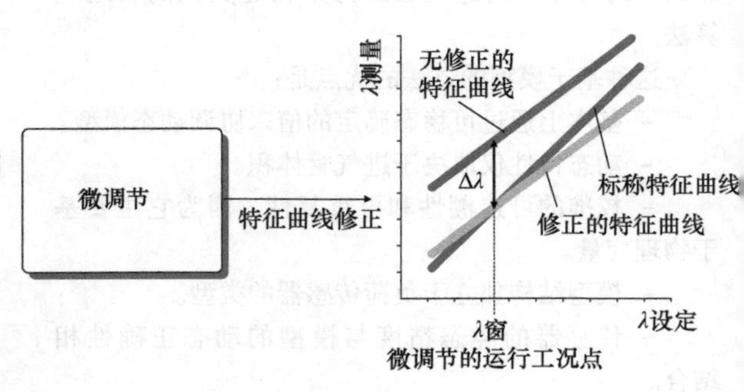

图16.61　微调节

然后由校正的 λ 信号和滤波的 λ 设定值产生的调节偏差（图 16.62）计算为丰富度（$=\lambda^{-1}$），并作为实际 λ 调节器的输入。该调节器设计为 PII^2D 调节器，如图 16.62 所示。I^2 分量用于平衡催化剂的氧负载量。调节器输出也可以在非稳态运行条件下另外受到限制。

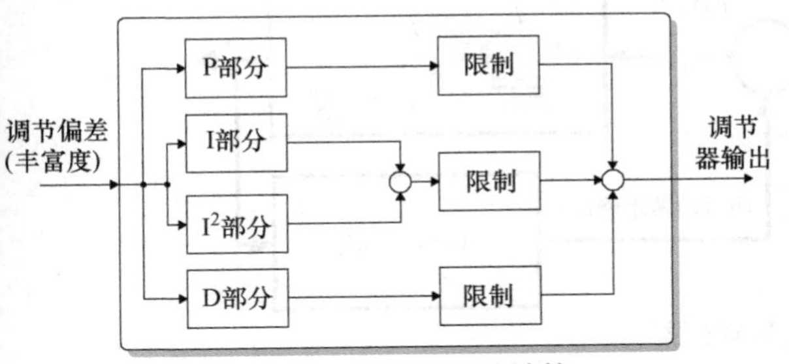

图 16.62　调节偏差的计算

如此确定的喷射量校正与预控制一起进入到喷射量计算中。

与二进制 λ 调节相比，线性 λ 调节具有以下优点：

– 提高了调节动态性和减少瞬态 λ 误差。

– 通过闭合 λ 调节电路中的可调节强制励磁提高催化器效率。

– λ≠1 调节的可能性；这可以实现其他受调节预热或受调节催化器保护等。

16.9.2　防抖动功能

例如，通过加速或也在减速时产生的突然的发动机转矩变化，激励车辆在车辆纵向运动中振动。加速过程的这些明显变化被乘员认为是非常不舒服的。几乎所有乘用车都可以观察到这种效果；它们的强度取决于动力总成的结构类型及其参数（例如传动总成的刚度）。由于非稳态驾驶特性是车辆购买决策中的一个重要参数，因此通过发动机控制来降低影响是非常重要的。

一个简单的物理模型用于功能的开发，模型充分描述了“抽搐效应”（Rucking Effect）。发动机管理系统中有两个功能可以减少车辆纵向振动：

– 负荷冲击阻尼（转矩瞬态，Torque Transient）原理：控制（驾驶员期望 – 滤波器）。

– 防抖动功能（anti jerk controller）原理：调节电路。

动力总成可表示为双质量振荡器，如图 16.63 所示。质量 m_1 代表发动机转动惯量 $J_1=m_1\cdot r_{rot}^2$ 中的旋转质量：曲轴和凸轮轴、活塞和连杆、飞轮和附件。

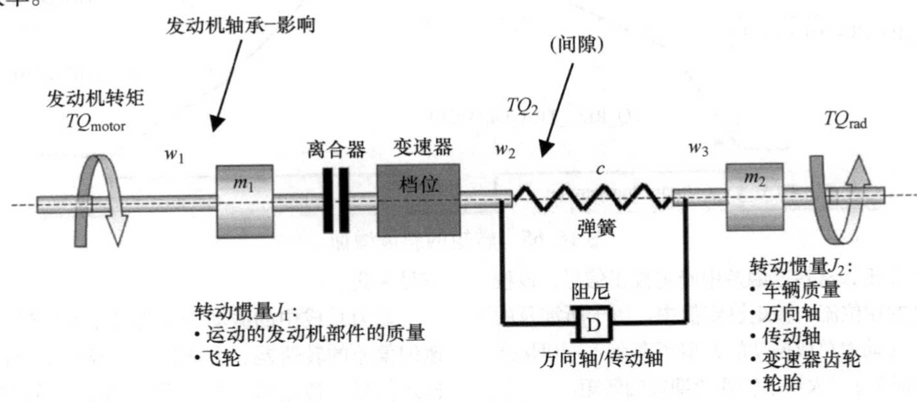

图 16.63　动力总成作为双质量振荡器

质量 m_2 包括动力总成质量（齿轮、万向轴、车轮质量）和剩余的车辆质量。当发动机中建立转矩时，动力总成会发生扭振，存储的能量又会作用于 m_1。

如果 TQ_{motor} 是阶跃函数，则动力总成以其固有频率振荡。这种振荡的幅度和频率以及它的衰减时间取决于档位。低档时振幅和频率更大，衰减时间比高档时要更长。

以下物理背景用于负荷冲击阻尼：基于双质量振荡器的模型，表明根据系统的激励可以实现减振。斜坡形信号在这里特别适用。

当斜坡上升持续时间等于周期持续时间或整数倍时，振动幅度变得最小。事实上，这一理论只有在车辆自发性不受影响的情况下才适用。因此，必须通过使用更短的上升时间在舒适性与动态性之间找到折中。因而，在驾驶员意愿的这种过滤中，振动保留在动力总成中，必须通过防抖动功能来补偿。

负载冲击衰减的输出值是驾驶员或巡航控制装置的通过斜坡函数过滤的转矩期望。斜坡上升持续时间在此由挂入的挡位来确定（图 16.64）。

由于该功能不仅要抑制动力总成中的振动，而且还要抑制发动机在其轴承中的倾斜，因此，在不同的转矩范围之间存在区别。

该函数的核心是斜坡上升的可变的计算。利用转速梯度提供用于转矩范围切换的附加条件（图16.65）。

防抖动功能和负荷冲击阻尼紧密配合。在此，调节电路对抗来自负荷冲击阻尼留下的振动。因此，负荷冲击阻尼可以应用于高自发性，而防抖动功能则确保高水平的驾驶舒适性。

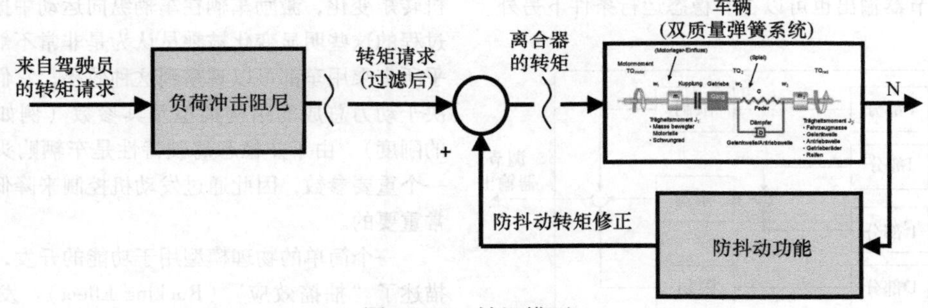

图16.64　转矩模型

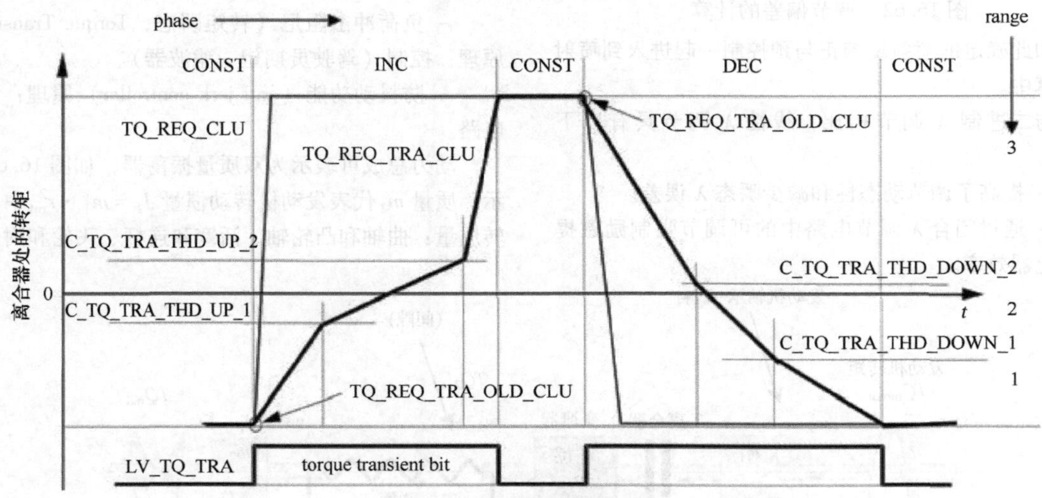

图16.65　转矩的斜坡增加

基本思想在于，从转速偏差中确定校正信号，该校正信号以正确的相位流入转矩设定值中。由于所涉及的过程非常动态（动力总成振动的典型频率在2～10Hz之间），因此需要通过点火快速转换所期望的转矩。

车辆纵向加速度中的振动可以由发动机转速检测，由于其在分辨和更新方面的特性，非常好地适合信号采集。

动力总成中的振动表示为基于实际转速与参考转速的偏差的转速差。由该转速差确定用于转矩期望的校正信号。通过参数可以影响校正信号的相位和幅度。校正信号仅在可应用的时间框架范围内激活。图16.66中的防抖动功能在转速发生振荡时触发。

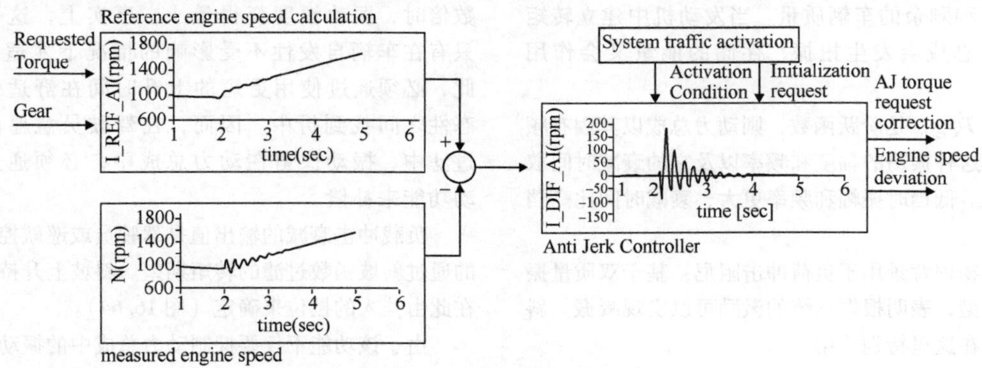

图16.66　防抖动调节框图

所示出的功能原理能够以相同的方式应用到混合动力驱动或电驱动上，在其中通过电机进行转矩干预。在这种情况下，可以在电机（逆变器）的控制上实施与发动机控制相同的调节算法，以避免由于信号传输而对调节品质有害的死区时间。

16.9.3　节气门调节

在转矩引导的发动机控制系统中，电子节气门（ETC）位置的设定值通过所谓的“逆向进气管填充模型”或进气管充气模型的反向路径由设定转矩给出，如图 16.67 所示。

在此，由转矩期望通过不同的步骤计算节气门的设定位置并且通过节气门位置调节器来调节（图 16.68）。

这种节气门调节的目的是使实际空气质量与所需空气质量（来自转矩模型）精确一致。在进气管填充模型的所谓前向分支中，流入发动机的空气质量由节气门位置和发动机转速给出。这种关系必须是精确可逆的，以便在反向路径中可以从充气设定值确定节气门位置。

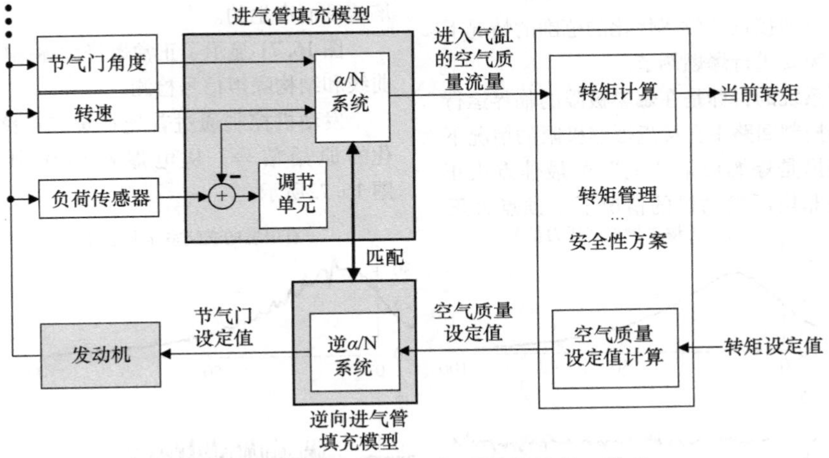

图 16.67　正向和反向空气质量路径的一致性

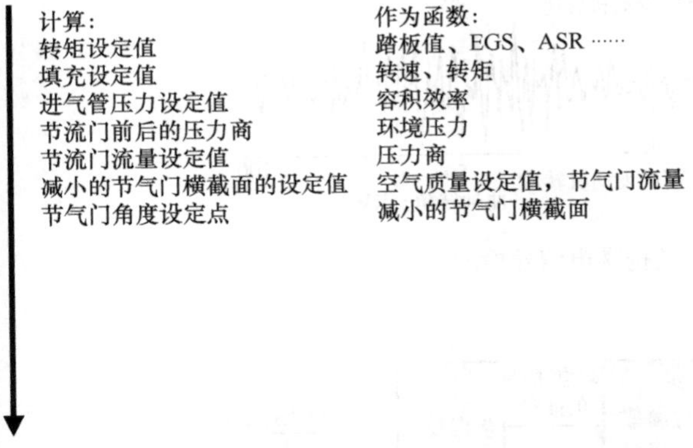

计算:	作为函数:
转矩设定值	踏板值、EGS、ASR ……
填充设定值	转速、转矩
进气管压力设定值	容积效率
节流门前后的压力商	环境压力
节流门流量设定值	压力商
减小的节气门横截面的设定值	空气质量设定值，节气门流量
节气门角度设定点	减小的节气门横截面

图 16.68　根据设定转矩确定节气门设定值

图 16.69 显示了节气门调节回路的结构。用于位置调节器的输入信号是节气门的实际位置与期望位置之间的差值。根据该偏差，调节算法计算控制信号（PWM 信号），通过该控制信号控制节气门上的伺服电动机，使得实际的节气门位置摆动到所期望的位置上。

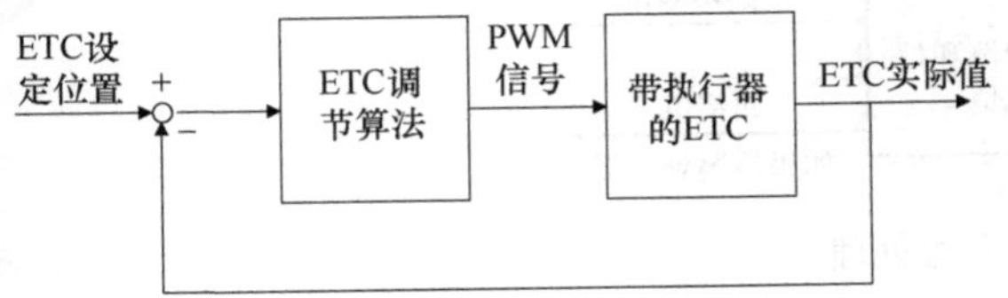

图 16.69　电子节气门位置调节（ETC）的结构

16.9.4　爆燃调节

爆燃是一种不受控制的、自燃的燃烧，在正常惰性气体成分范围内，通常伴随着声速范围内的高的火焰传播速度，也会引起高的压力峰值。持续爆燃燃烧会损坏发动机，尤其是活塞、气缸垫和气缸盖。

主要可通过以下措施减少爆燃：

- 更晚的点火时刻。
- 燃油更高的辛烷值（RON）。
- 更浓的混合气。
- 更低的增压压力。
- 更低的进气温度。
- 减少活塞和气门上的沉积物。
- 合适的燃烧室结构设计。

爆燃对于发动机效率来说是个问题，因为当今通常的压缩比约为 10 ~ 12，效率优化的点火正时是在点火特性的爆燃区域（平均压力与点火正时相关），如图 16.70 所示。

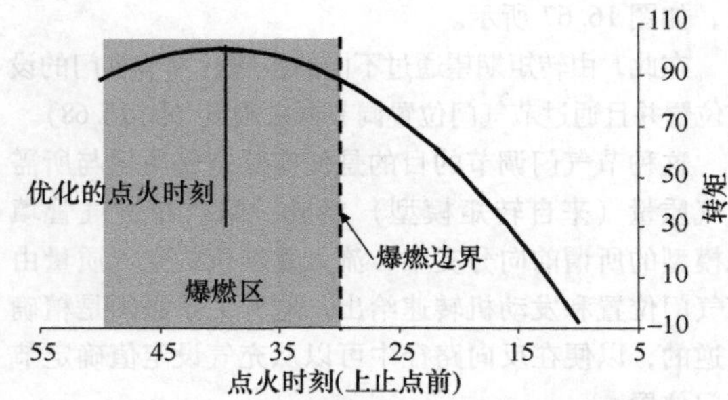

图 16.70　发动机转矩与点火时刻的关系

如果想在尽可能接近此效率优化的范围的情况下运行发动机，则需要进行爆燃调节。

发动机控制系统的目标是在爆燃极限的临界运行范围内，在闭环控制回路中在接近爆燃极限的情况下运行发动机，前提是爆燃极限“前”的最佳点火正时。为此，它在非增压发动机的情况下干预点火正时，在增压发动机的情况下干预增压压力和点火正时。

在爆燃调节中，通过借助于爆燃传感器记录在曲轴箱上出现的结构声信号，利用由于燃烧室压力振荡而产生的噪声现象。在爆燃传感器中，振动质量作用在压电陶瓷上，并在那里感应出电荷，该电荷与安装位置的结构声振动的高度成比例。通常频率范围在5～15kHz 的噪声是发动机结构与在压力变化过程中高频分量的共振，高频分量是由于燃烧室中的湍流火焰速度而产生的。

图 16.71 显示了正常燃烧和爆燃燃烧的典型压力曲线和结构噪声信号检测。

发动机控制通过首先在集成电路（IC）中格式化的原始信号，从电爆燃信号中检测爆燃，如图 16.72所示。

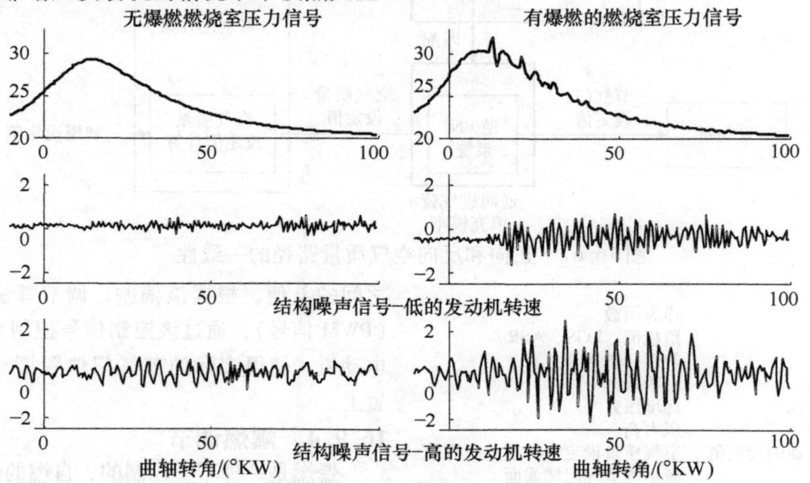

图 16.71　压力曲线和结构噪声信号检测

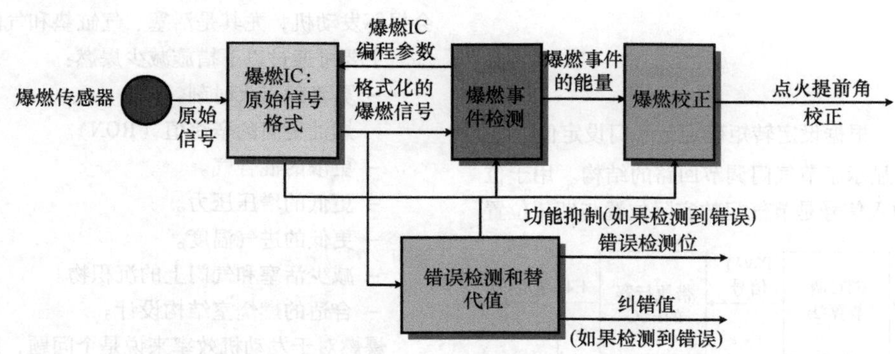

图 16.72　爆燃信号处理

格式化的原始信号在微处理器中进一步处理。当格式化的原始信号超过先前施加的并且在发动机运行中适配的爆燃极限时，爆燃事件选择性地存在于气缸中。该评估发生在时间爆燃窗中，该窗口通过发动机的曲轴角位置选择性地定义气缸。在另一模块中，由爆燃信号确定的能量确定点火正时校正量。

在故障情况下，也就是说当爆燃调节例如由于传感器故障而不能再正常工作时，会执行点火角的安全的延迟调整，使得发动机在任何情况下都在爆燃范围之外可靠地工作。图16.73显示了爆燃控制干预的时间变化过程。

如图16.73所示，存在快速和缓慢点火角干预。其原因是导致爆燃的各种现象学影响。例如，活塞上的沉积物或燃油质量是变化缓慢的影响；另一方面，进气温度或发动机运行工况点是可能因工作循环而变化的影响。

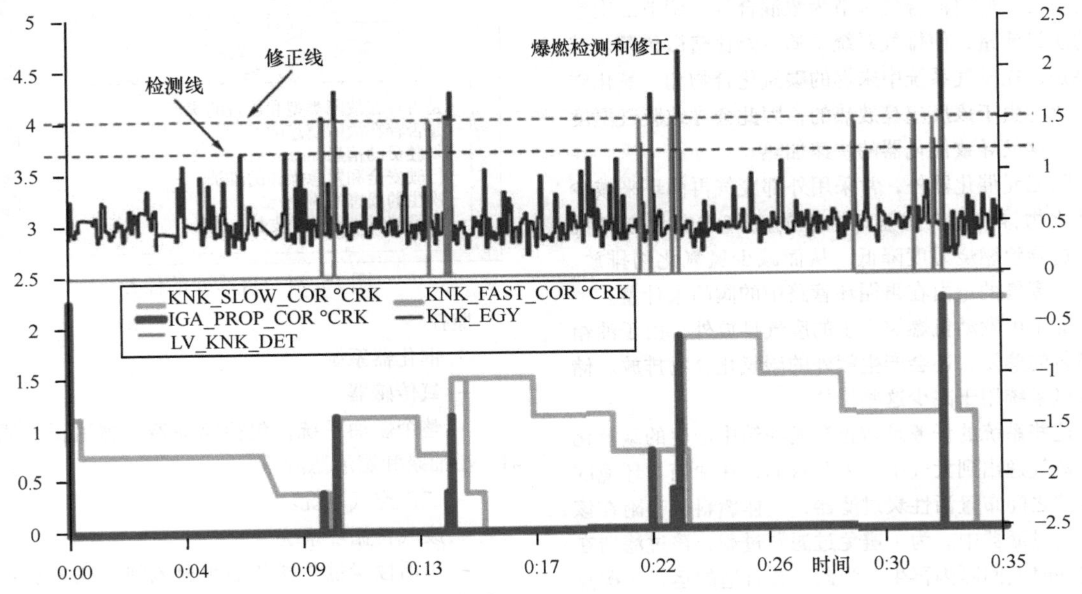

图16.73　爆燃控制干预的时间变化过程

爆燃传感器的位置应以这样一种方式确定，即在发动机运行中可以很好地识别爆燃，并且可以清楚地将其与其他影响区分开来，例如配气机构噪声。为此，在发动机开发阶段对发动机进行了广泛的研究。在此，利用燃烧室压力传感器确定爆燃并且将结果与测量的结构声信号的结果进行比较。

在四缸发动机中，爆燃传感器通常安装在2缸和3缸之间的曲轴箱进气侧。以此可以识别所有四个气缸的爆燃噪声。六缸直列式发动机使用两个爆燃传感器。两个爆燃传感器也用于V6和V8气缸（每个气缸组一个爆燃传感器）发动机。

16.9.5　车载诊断（OBD）

早在20世纪60年代，由于高的交通密度导致大都市地区的空气污染导致了美国对车辆排放的法律限制。当今世界上最严格的乘用车排放限值在美国仍然适用，尤其是在加利福尼亚州。这种发展导致车辆发动机的废气净化系统在过去几十年中变得越来越广泛和复杂。

虽然通过这些措施大大减少了新车的污染物排放，但与此同时，废气净化系统存在缺陷的车辆的排放比例却大幅上升。例如，根据美国环境保护署（EPA）的估计，例如1990年，大约60%的车辆排放的未燃碳氢化合物是由排放控制系统有缺陷的车辆造成的。由于这个问题，美国环境保护署要求车辆的发动机控制系统配备自诊断系统，该系统监控所有影响废气的系统、功能和部件，并在这些部件发生故障时通知驾驶员。

废气净化的基本部件是三元催化器。其中，在发动机燃烧过程中产生的废气成分一氧化碳和未燃的碳氢化合物被氧化形成二氧化碳和水。同时，氮氧化物被还原为氮。所有三种废气成分的最大转换要求发动机以化学计量混合气运行，即空燃比$\lambda=1$（过量空气系数）。为此，这需要精确的混合气调节。

为了调节空气-燃料混合气，测量吸入的空气质量和发动机的转速。在控制单元中，由这些信号计算电动喷油器的打开持续时间并且因此计算每个工作循环喷射的燃料质量，从而实现化学计量的混合气。为了尽可能精确地将混合气调节到所需的$\lambda=1$，所谓的λ调节附加地叠加在该控制上。排气系统中的氧传感器用于确定混合气是太浓还是太稀。根据传感器信号，在控制单元中计算用于喷射持续时间的修正系数，从而将平均过量空气系数设定为1。

催化器只有在其温度高于所谓的起燃温度时才能达到其工作范围。对于如今的催化器，该温度约为350℃。预热阶段催化器的快速加热可以通过在排气门之前将二次空气吹入排气系统来实现。由发动机吸入的空气－燃料混合气调节为浓混合气。调节二次空气的质量流量，使排气系统中的空燃比略微稀薄。其结果是，在排气系统中未燃的碳氢化合物和一氧化碳被氧化。由于该反应是放热的，因此会导致废气温度升高，这又导致催化器的快速加热。

除三元催化器外，常采用外部废气再循环来减少氮氧化物排放。在这里，燃烧的废气与燃烧空气混合，这导致燃烧温度降低，从而减少氮氧化物排放。再循环废气的量由在再循环管路中的阀门来计量。

除了由发动机燃烧产生的废气排放外，由于油箱中燃料的蒸发，还会产生额外的碳氢化合物排放。储罐通风系统用于减少这些排放。

这些系统的任务是防止车辆油箱中产生的碳氢化合物蒸气逸出到大气中。为此目的，在油箱与环境的连接部之间布置活性炭过滤器，气体燃料被吸附在该活性炭过滤器中。为了避免过滤器过载，该过滤器在一定的时间间隔内再生。为此，在合适的运行工况点中打开布置在活性炭过滤器与发动机的进气管之间的油箱通风阀。由此引起的通过活性炭过滤器的空气流导致储存的燃料的解吸。在此形成的燃料蒸气－空气混合物流入进气管并在发动机中燃烧。

16.9.5.1　自诊断的任务

自诊断的目的是监测所有与排放相关的车辆部件和系统在正常的行驶期间的功能。如果检测到故障，则应尽可能精确地定位有缺陷的组件，并将故障类型、故障位置和环境条件存储在存储器中。如果故障导致超出规定的排放限值，则必须通过车辆仪表板上的信号灯通知驾驶员，并要求将车辆送至维修站。此外，应采取适当的措施以维持行驶安全性，确保能够继续驾驶并避免次生的损害。必须能够在维修站读出故障存储器，以便能够根据存储的数据快速查找故障并进行修理。

基于这一目标，加利福尼亚州环境当局率先制定了从1988年款开始对发动机控制系统进行车载诊断（On－Board－Diagnose）的具体法律草案。最初，只需要监控与发动机控制的电子控制单元连接的所有部件。从1994年款开始，法律要求扩展车载诊断功能，也简称为OBD Ⅱ。其中，首次需要对与排放相关的所有车辆部件和系统进行监测。加州环境保护署的要求部分被其他49个州采纳。

具体来说，主要要求如下（图16.74）。

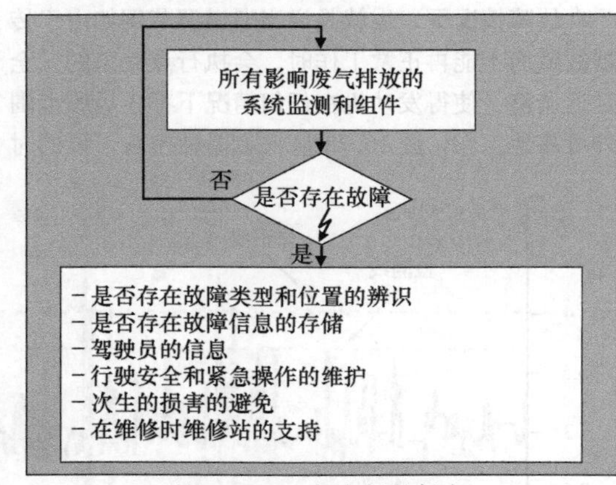

图16.74　自诊断的任务

监控

－ 催化器系统。

－ 氧传感器。

－ 整个燃油系统，包括喷油器、燃油压力调节器、燃油泵和燃油滤清器。

－ 二次空气系统。

－ 废气再循环系统。

－ 由活性炭过滤器和油箱通风阀组成的油箱通风系统。

－ 其他，分类为与排放相关但不受发动机控制装置直接控制的分类的系统，例如自动变速器的变速器控制装置。

此外，应该检测内燃机不着火燃烧。

除了系统的监控外，还需要标准化的故障指示灯控制和标准化的测试仪接口，以便可以在维修站里读取故障存储器。

16.9.5.2　催化器的监控

催化器的转化率监测（图16.75）是OBD Ⅱ最重要的要求之一。如果美国FTP75排放测试中的碳氢化合物排放超过定义的阈值，则报告催化器存在缺陷。其中，相应的阈值取决于相应的车型年份和车辆的排放分类。

如果超过诊断限值，则必须显示催化器存在缺陷。

对于非LEV（低排放限值认证）认证的车辆，诊断限值是美国FTP75排放测试中碳氢化合物排放限值的1.5倍。对于1996和1997车型年的过渡性低排放车辆，诊断值是排放限值的两倍。对于1998年款起的车辆以及根据低排放和超低排放车辆限值认证的车辆，诊断限值定义为排放限值的1.75倍。

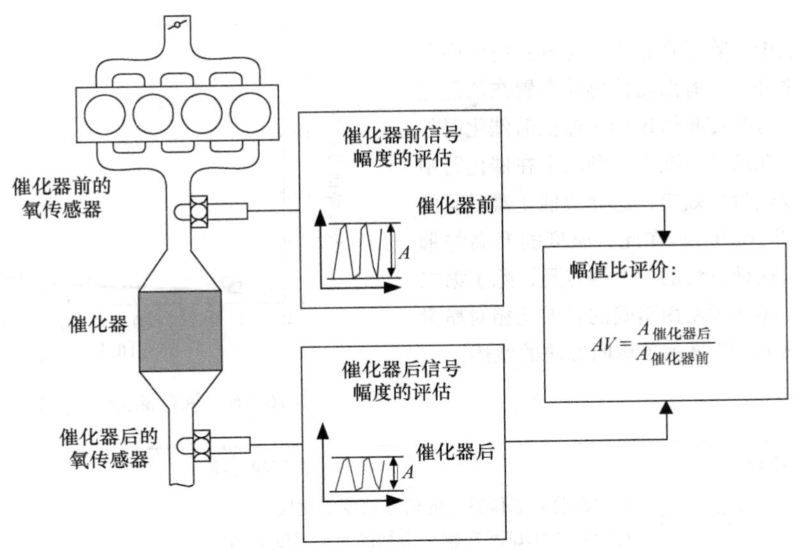

图 16.75　催化器的转化率监控

基于诊断限值的定义，尤其对于根据严格的低排放和超低排放极限值认证的车辆给出非常低的诊断限值。例如，ULEV（超低排放限值认证）车辆在废气测试中的最大容许 HC 排放量比未被列为低排放车辆的车辆低 84%。

有几种已知的催化器监控方法，所有这些方法都利用了催化器的储氧能力。该存储容量与催化器中的碳氢化合物转化相关。即使转化率的轻微下降也会导致催化器的储氧能力明显地下降。

催化器中的氧储存量可以用氧传感器测量。为此，除了在催化器前布置传感器外，在催化器后安装第二个传感器，并将催化器后的传感器的信号与催化器前的信号进行比较。在当今常见的传统氧传感器中，混合气稀薄时传感器为低电压，混合气浓时传感器为高电压。由于二元 λ 调节的设计，在催化器前的氧传感器中，在 λ =1 运行时，传感器电压以相对恒定的幅度给出浓/稀跳跃。

在线性 λ 调节中，增加的强制激励用于催化器诊断。在具有相对较高的储氧能力的新型催化器中，如催化器后的传感器信号所示，这些调节振荡显著地衰减。如上所述，老化的催化器具有明显更差的存储特性，使得催化器前存在的调节振荡会作用到催化器后的传感器上。

催化器诊断的基本方法如下：

- 发动机控制装置首先确定催化器前后的氧传感器的信号幅度。然后由幅度形成商。该幅度比用于评估催化器的转化率。

- 在低的转换率下，平均幅度比接近于 1。随着转化率的增加，该比值会降低。

对于未被归类为低排放车辆的车辆和 TLEV 车辆，使用这种方法可以进行可靠的催化器诊断。

对于根据严格的 LEV 限值和 ULEV 限值进行认证的车辆，即使转换率仅下降几个百分点也会导致超过诊断限值。然而，在这些转换率下确定为相对较低的幅度比。基于幅度比，可靠地区分有缺陷的催化器与正常工作的催化器对于这些车辆来说是非常困难的，尤其是在考虑量产离散的情况下。

目前在开发许多新的方法来诊断 LEV 和 ULEV 车辆的催化器效率。以两种方法为例：

除了主催化器外，未来的大多数 LEV 和 ULEV 车辆都将在靠近发动机的位置安装一个前催化器。这种前催化器的体积相对较小，结合安装在靠近发动机的位置，可以快速达到运行温度，从而在冷起动后实现良好的废气转化。

诊断这些催化器系统的一种方法是仅使用其后置的氧传感器监测前催化器的储氧能力，如图 16.75 所示。这里假设前催化器的老化速度比主催化器快得多。由于该催化器的体积与主催化器相比相对较小，因此，此处最大允许的效率下降明显更高。初步测量表明，要诊断的值在效率下降 30% ~50% 的范围内。这种方法的一个问题是前催化器效率的下降必须与整个催化器系统的效率下降直接相关。因此，这种方法的适用性在很大程度上取决于催化器系统的配置

（图16.75）。

在第二种方法中，除了在整个催化器系统前面和后面的氧传感器之外，还有温度传感器布置在前催化器的前面和后面。这些传感器还用于监控前催化器的起燃特性和转化。在这种情况下，利用了在催化器中的反应过程中释放热量的效应，这导致催化器后面的废气温度升高（图16.76）。在此，温度的升高与催化器的效率相关。这种方法的一个缺点是，除了第二个氧传感器之外，还必须使用精确的且因此相对昂贵的温度传感器。图16.77显示了诊断方法的概述。

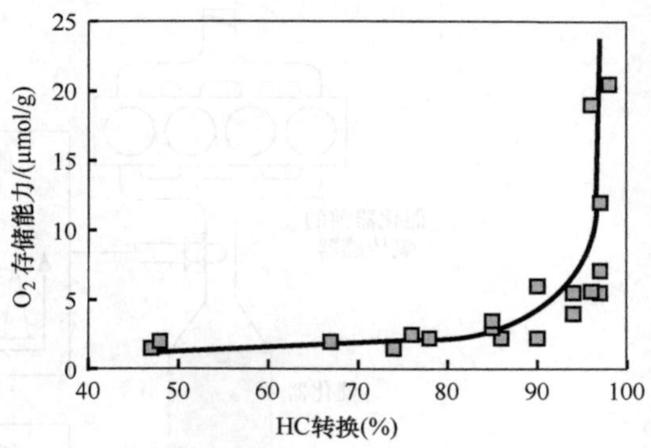

图16.76　氧存储能力与HC转换的相关性

监控	技术上的解决方案
催化器系统	催化器前后氧传感器的信号幅度的比较 对于LEV/ULEV车辆，附加的起燃温度的确定
氧传感器	调节频率的确定、信号范围和加热电阻，用催化器后氧传感器进行叠加调节
内燃机不着火	根据曲轴的角速度计算运行平稳性
油箱通风系统	油箱系统的真空测试
废气再循环系统	主动EGR时进气管压力的确定
二次空气系统	氧传感器信号的监控
燃料系统	λ调节值的监控

图16.77　诊断方法的概述

16.9.6　安全性方案设计

法律要求规定了在发生故障时会危及生命和财产的技术系统的保护装置，以使剩余风险保持在可容忍的阈值以下。在带有软件的复杂系统中，这些是所谓的保护功能。此外，立法者规定，与安全相关系统必须符合最先进的技术。对于所谓的“线控驱动”（Drive - by - Wire）发动机控制系统，其中节气门不是直接通过鲍登拉线直接驱动，而是通过独立于加速踏板的电驱动来操控的，因此，规定了在发动机控制中安全性方案设计。

这是为了避免驾驶员处于危险状态。这样的状态可以是例如无意的加速（“给气”），即车辆的无意识的起动或发动机速度的增加。没有发动机功率或只有发动机功率较低时被定义为安全状态。单个故障（即仅发生一个故障）和多个故障之间存在区别。

发动机控制系统必须能够独立识别单个故障，然后能够在500ms内使车辆处于安全状态。在这种情况下，也允许有限的发动机功率，这仍然允许车辆在紧急情况下运行［所谓的“跛行回家”（limp - home）］。在多个故障的情况下，允许包括驾驶员的反应，例如操纵制动器。为了能够实现这一目标，需要对发动机控制系统进行大量的更改：

- 踏板值采集包含两个独立的位置传感器。
- 节气门位置由两个独立的位置传感器采集。
- 发动机控制单元包含一个独立于主处理器工作的监控单元（通常是第二个处理器）。
- 发动机控制单元包含广泛的安全性功能。

其中，安全性功能（图16.78）分为几个级别，执行不同的监控任务。区分以下级别：

- 级别1：用于发动机控制和调节的功能，包括将加速踏板的位置转换为节气门的打开角度。
- 级别2：过程监控检查发动机的控制和调节流程（级别1），重点关注在发生故障时可能无意增加转矩的所有功能。
- 级别2′：级别3功能化所需的流程监视代码的副本。
- 级别3：处理器监控。

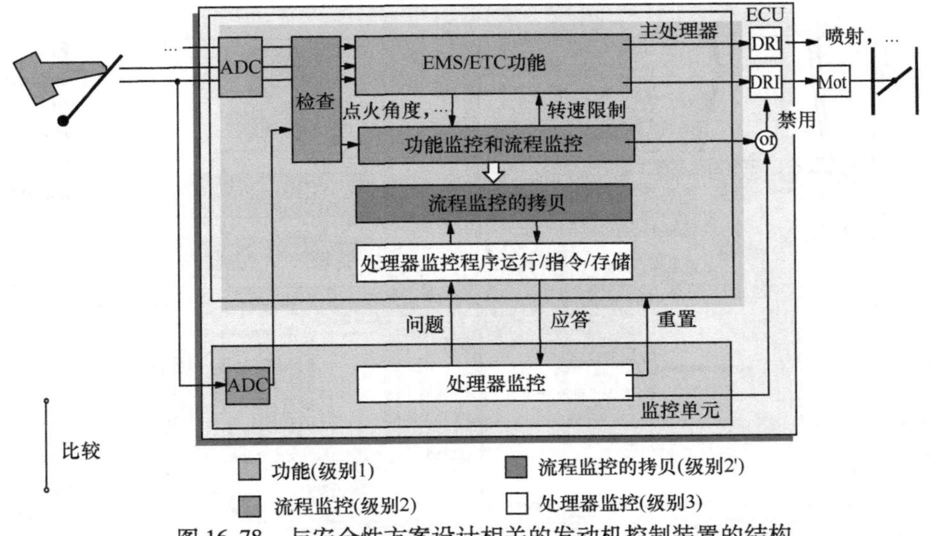

图 16.78　与安全性方案设计相关的发动机控制装置的结构

对此，级别 3 部分在主处理器中执行，部分在监控单元中执行。监控单元监控程序流程、指令集和内存区域。此外，监控单元向主处理器提供计算任务，并使用答案来检查主处理器是否正常工作。此外，监控单元还记录一个模拟的输入信号，并使该信号可用于在主处理器中进行合理性检查，该处理器用于监控主计算机的 AD 转换器。

级别 2 的流程监控在功能上设以如下方式进行，即，部分地计算与级别 1 相同的功能，但不使用相同的数据。因此，为了保持一致性，还需要精确应用流程监控。这导致参考变量（例如感应转矩）的冗余设定值。此外，在级别 2 中计算参考变量的实际值并与冗余计算的设定值进行比较。由此识别过高的实际参量并且引入相应的故障反应，从而使车辆进入安全状态[6]。

16.10　动力总成控制中的安全性方案设计

法律要求规定了在发生故障时会危及生命和财产的技术系统的保护装置，以使剩余风险保持在可容忍的阈值以下。此外，立法者规定安全相关系统必须符合最新技术。2011 年 11 月发布的安全性标准 ISO 26262[7]（适用于最大允许总重量为 3.5t 的乘用车）作为 DIN IEC 61508 的实施规范，对电子控制单元的设计、认证和生产产生重大的影响作用，并已被全球 130 多个国家所接受。

ISO 26262 的故障度量及其对避免随机的部件故障、相关故障和相互影响的要求被证明是安全性架构的重要影响因素（图 16.79、图 16.80）。

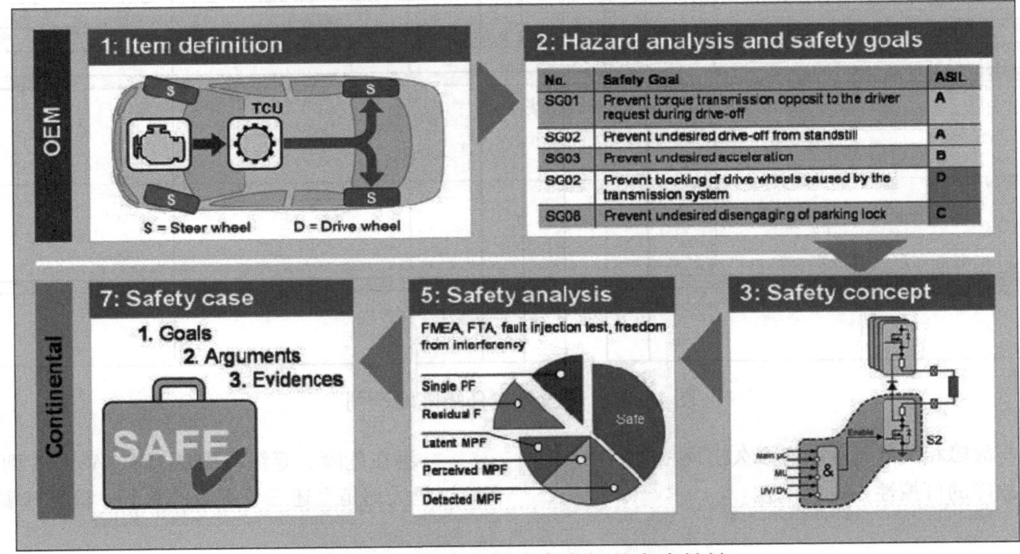

图 16.79　客户与供应商之间的安全性链

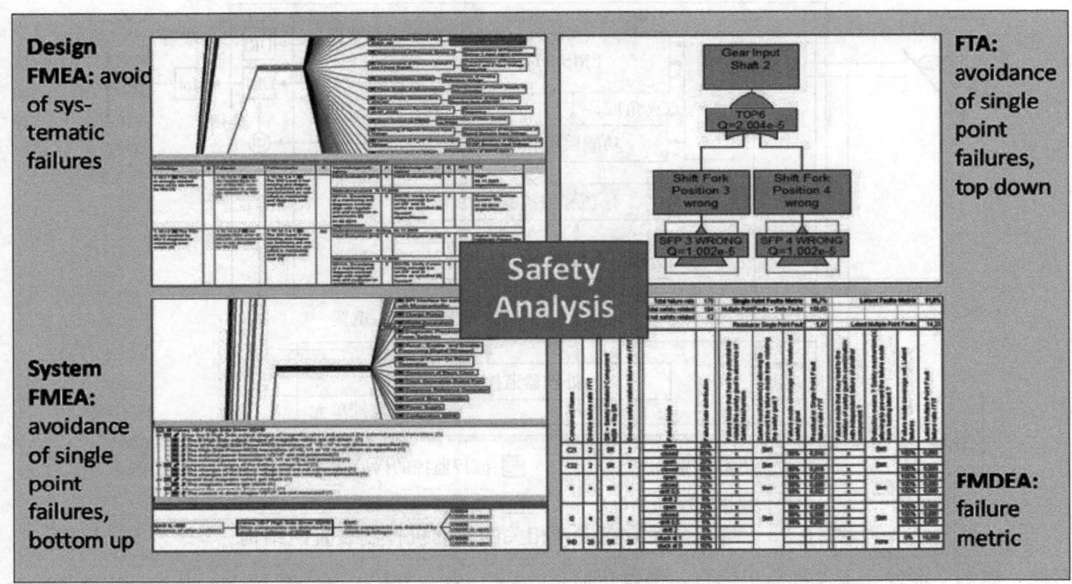

图 16.80 ISO 的错误度量

在安全性责任矩阵（图 16.81）中确定了 OEM、电控单元供应商和组件供应商（例如 ASIC、微控制器、传感器）之间的任务分配，以确保安全性要求的一致性。

根据现在简要描述的方法，根据 ISO 26262 在所谓的“汽车安全完整性等级”（Automotive Safety Integrity Levels，ASIL）中有一个分类。

根据不同的驾驶情况从评估基础进行区分。

Development Interface Agreement

between OEM and Conti Temic microelectronic GmbH, Nuremberg
(Functional Safety Management according to ISO26262)

page 4 of 10	document name: DIA_xxx.xlsx							Version: 2.2 date: 17.04.2012
The scope of this agreement covers the following work products and the corresponding activities with respect to the framework given on sheet 'overview								
Work products / Activities	**ISO 26262 reference**	**R**	**A**	**S**	**I**	**Availability**	**Notes**	**Filling instructions**
Concept phase: item definition and top-level safety requirements								
Item definition	3-5.5.1	CUST			CUST	full as deliverable		
Hazard analysis and risk assessment (H&R)	3-7.5.1	CUST			CUST	short at location		
Safety goals (SG) with corresponding ASILs, and safe states where applicable	3-7.5.2	CUST			CUST	full as deliverable		
Functional safety concept (FS requirements + preliminary architecture)	3-8.5.1	CUST			CUST	full as deliverable		
SEooC assumptions on functional safety	10-9.1	SUPP		CUST	SUPP	short at location		
Validity of SEooC assumptions on functional safety	10-9.1	CUST			CUST	short at location		
Organization of FSM at project-level								
Project safety plan (Customer)	2-6.5.1, (3-6.5.2, 4-5.5.2, 5-5.5.1, 6-5.5.1, 6-7.5.2, 8-12.5.3, 8-14.5.1, 6-C.5.3)	CUST			CUST	short as deliverable		
Project safety plan (Supplier)	2-6.5.1, 8-5.5.4, (3-6.5.2, 4-5.5.2, 5-5.5.1, 6-5.5.1, 6-7.5.2, 8-12.5.3, 8-14.5.1, 8-7.5.1, 6-C.5.3)	SUPP	CUST		SUPP	full as deliverable		
Product development: system level - technical safety requirements /system design								
Technical safety requirements (part of technical safety concept - customer scope)	4-6.5.1 4-6.5.2, (8-9.5.3) 4-7.5.1 4-7.5.5, (8-9.5.3)	CUST	SUPP		CUST	full as deliverable		

图 16.81 安全性责任矩阵的示例

- 与故障相关的驾驶状态多久出现一次？
- 故障的可控性。
- 潜在危险。等级范围从 QM、ASIL A 到 ASIL D。这里大约是上述三个等级的总和，这意味着即使在最高的潜在危险（可能导致致命后果）下，如果可控性很高且发生概率很低，也可能产生 QM 分类。

在标准中仅对分类进行粗略概述后，德国汽车工业在 VDI 中对各个控制单元和功能做出了详细的规范。因此，发动机控制单元通常被归类为 ASIL B 类（最大安全性目标），因为这里不可能对行驶稳定性进行直接干预。在这种情况下，假设在发动机急加速等关键情况下，驾驶员可以通过制动或断开动力总成来控制车辆。而变速器控制单元的情况有所不同。在这里，错误会直接影响行驶特性。因此，用于前轮驱动的 TCU 通常分类在 ASIL B 和 ASIL C 之间的范围内，因为例如由于不期望的换档过程而出现的干扰可以由驾驶员通过方向盘来补偿。在全轮驱动或后轮驱动车辆中，例如在潮湿的道路上，在多个档位上的不期望的换档可能导致车辆打滑（不稳定）。然而，在相应的 ASIL 区域中的分组只能由系统负责人（通常是机械变速器的制造商或 OEM）执行，因为例如通过变速器中的机械锁止可以防止在多个阶段上的不期望的换档，并且由此可以降低用于控制单元的 ASIL 等级。这是车辆制造商的危害和风险分析以及由此衍生的功能安全性方案设计的内容。根据这些规范确定控制单元中的关键功能路径（技术安全性方案设计）。在控制单元设计中，现在根据在标准中预先给定的类别来确定，安全关键的路径在错误概率方面应该是什么样的。

在这里，软件和硬件之间的相互作用对于实现尽可能高的故障辨识是很重要的。从图 16.82 的表中可以看出，对于具有 ASIL D 的安全性目标，对于单点故障的错误检测率必须 >99%，对于潜在故障检测率 >90%。这个过程在 ISO 26262 中描述为 ASIL 分解。ASIL D 可以由两条 ASIL B 路径组成，ASIL C 可以由一个 ASIL B 和 ASIL A 组成。实现预定 ASIL 等级的另一起点是安全性路径中的组件的可靠性。它以 FIT 形式给出（时间故障 = 1 个组件故障/10^9h）。电子元件的故障率要么由半导体制造商确定，要么通过工业标准（例如 SN29500、IEC61709）给出。

ASIL	SPFM	LFM
A	–	–
B	≥ 90%	≥ 60%
C	≥ 97%	≥ 80%
D	≥ 99%	≥ 90%

ASIL	PMHF
A	--
B	$< 10^{-7}h^{-1}$
C	$<10^{-7}h^{-1}$
D	$<10^{-8}h^{-1}$

SPFM：单点故障度量
LFM：潜在故障度量
PMHF：随机硬件失效的可能性度量

图 16.82　有故障的 ASIL 分类

在当前的控制仪架构中，分解是例如通过使用监控单元监控主计算机或在 ASIL D 要求的情况下通过使用第二微控制器来实现的。同样，可以通过两条不同的路径关闭输出（图 16.83、图 16.84）。

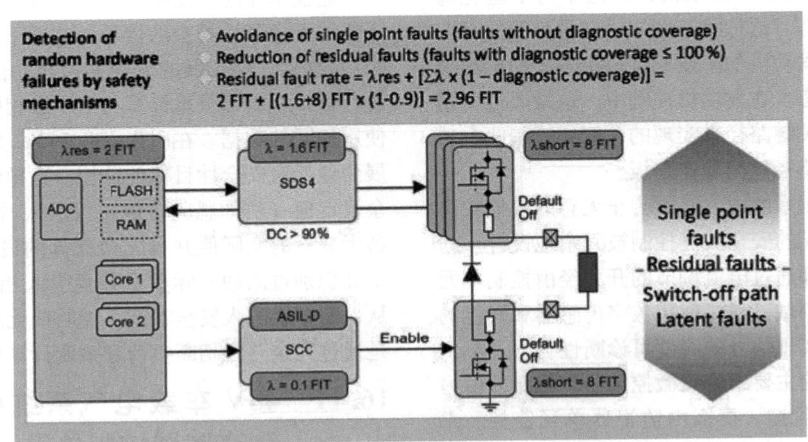

图 16.83　随机的硬件失效的 FIT 率的确定

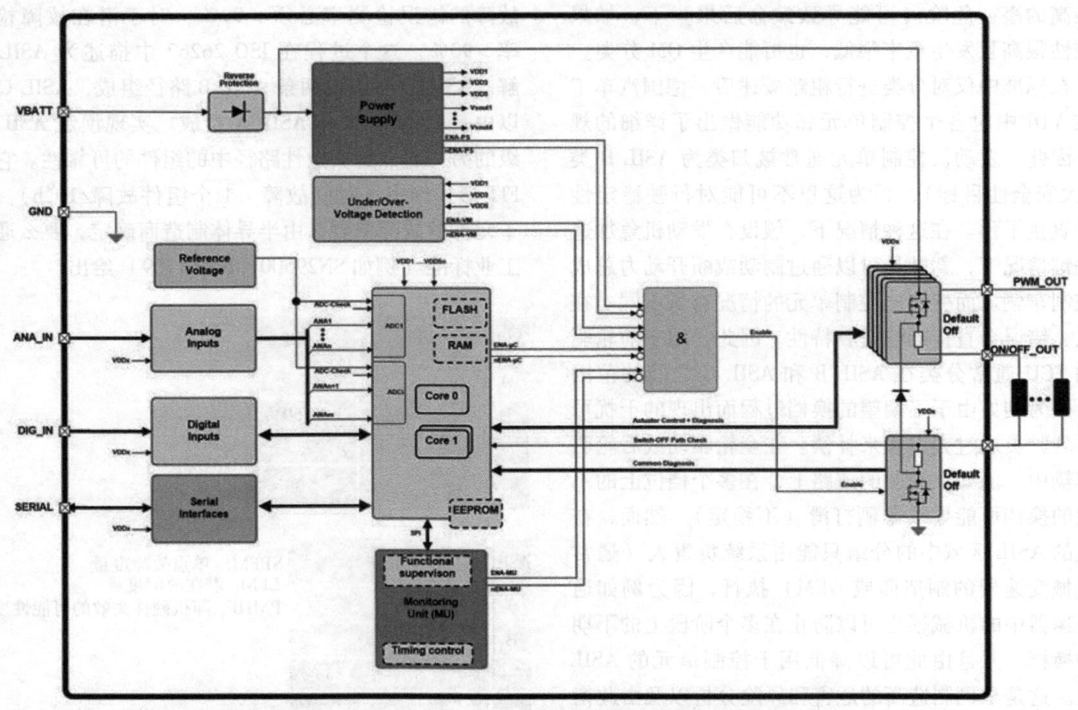

- Multi-Core + Lockstep
- 3-Level Concept
- External Watchdog
- Redundant Switch off Path
- Monitoring of power supply
- ADC-Check
- Safe code execution
- E2E protection

图 16.84　变速器的安全性方案设计 ASIL D 的示例

因此，对于“线控驱动”发动机控制系统，其中节气门不直接通过鲍登线驱动，而是通过独立于加速踏板的电驱动器操控，在发动机控制系统中需要符合 ASIL B 分类的安全性方案设计，这是为了避免驾驶员处于危险状态。这种状态例如可以是车辆的不期望的加速。没有发动机功率或只有很小的发动机功率被定义为安全状态。在发动机控制中，这是通过使用并行传感器监控关键路径来实现的，例如使用两个独立传感器和信号路径检测加速踏板。

在变速器控制系统中，必须防止无意的换档或离合。因此，电磁阀的安全关键控制被冗余地设计。为此，电源和接地都通过电流调节的开关经由控制单元引导。在传感器领域，通过使用数字传感器和智能的供电方案设计来实现信号的高度可诊断性。

控制单元中的主要组件是微控制器。这要么由另一台小型计算机监控，要么由监视器单元监控。未来，这里的架构通过使用具有所谓锁步内核的现代多核系统显著地简化。目前，所谓的 3 级方案设计正在软件中实现。

其中，第 3 级部分地在主处理器中执行，部分在监控单元中实施。监控计算机监控程序运行、指令集和内存区域。此外，监控单元向主处理器提供计算任务，并根据应答来检查主处理器是否正常工作。此外，监控单元还检测模拟输入信号并且在主处理器中提供用于合理性检查的信号，这用于监控主计算机的 AD 转换器。第 2 级的流程监控在功能上以如下方式进行设计，即部分地计算与第 1 级相同的功能，但不使用相同的数据。在引入 ISO 26262 后，第 2 级将扩展到包括对安全性目标的监控。这导致命令变量的冗余设定值（例如感应转矩）。此外，在第 2 级中计算参考变量的实际值并与冗余计算的设定值进行比较，由此识别过高的实际参量并且引入相应的错误反应，从而使车辆进入安全状态。控制单元的安全状态可以是通过冗余路径切断负荷和关闭计算机。

16.11　48V 车载电气系统中的发动机和变速器控制单元

对于现代车辆中的许多应用，12V 车载电气系统现在已经达到了极限。因此，开发功率高达 15kW 左右的 48V 车载电气系统现在也成为许多配备内燃机的车型的优先事项。借助于48V技术，可以在车辆中提供更高的电流。从带有带传动起动发电机的起－停系统出发，特别是电动涡轮增压器和轻度混合动力系统推动了基于48V车载电气系统的发展。此外，在驾驶员辅助系统中和在舒适领域中也可以实现附加功能，并且呈上升趋势。

16.11.1　架构匹配

原则上，发动机和变速器控制单元的基本架构可以与12V车载电气系统中的控制单元架构相同地设计。但是，只要在48V电压等级下使用有源和无源电子元件，则它们都必须适应48V汽车电气系统的更高电压等级。例如来自48V汽车电气系统的微控制器的电压供应，必须采取预防措施，以便将电压降低到微控制器的通常的电源电压，如有必要，还有降低到其他IC通常的电源电压。这基本上是供电模块的任务，必须经历相应的调整，包括相匹配的拓扑结构。

双电压网络的一个组成部分是不同功率等级的DC/DC变换器，它将12V与48V的电网分离。电子调节确保两个电网之间的适当能量交换。

16.11.2　标准化活动

对电子控制单元以及更广泛意义上的机电一体化部件及其布线的要求以及试验条件和试验在用于机动车辆的初步设计中进行了规定。因此，LV148由汽车工业的主要代表定义的，并可提供作为五家国内OEM的内部工厂标准。其中确定的电压范围低于60V的低电压水平。因此，在ECE－R 100中对“电动汽车安全性”要求的接触保护也适用于控制单元。然而，48V电压水平的一个不可低估的方面是在发生电弧的情况下具有更高的能量，因此已建立的安全性方案设计不再足以确保可靠地切断48V车辆电气系统中的过载。控制单元中的电子测量传感器系统是必要的，以便清楚地识别短路，并在发生故障时停用所涉及的电路。

参考文献

[1] Greiner, J., et al.: Siebengang-Automatikgetriebe von Mercedes Benz. ATZ **10**. (2003)

[2] Hadler, J., et al.: Das Siebengang-Doppelkupplungsgetriebe von Volkswagen. ATZ **06**. (2008)

[3] Stark, R., Schuch, B.: Innovative Technologien für Getriebesteuerungen. Schaeffler Kolloquium. (2010)

[4] Faust, H., et al.: Doppelkupplungsgetriebe mit trockener Kupplung und elektromechanischer Aktuatorik. ATZ **04**. (2010)

[5] Bolz, S., Lugert, G.: A Novel Interface for Linear Oxygen Sensors. SAE Technical Paper (2001)

[6] Braunschweig, M., Czarnecki, T.: On-Board-Diagnose bei Dieselmotoren. MTZ **65**(7/8), 552–557 (2004)

[7] Kuhn, M.: Functional Safety Management realized over project livetime. VDI Fachkonferenz „Steuerung und Regelung von Getrieben“, Friedrichshafen, 18.–19.6.2013. (2013)

第17章　动力总成系统

工学博士 Michael Ulm，工学硕士 Friedrich Graf，工学硕士 Uwe Möhrstädt

本章也将会特别讨论集成的起动－发电机（ISG），因为它将在今后动力总成的设计方案中扮演重要的角色。

17.1　动力总成架构

通过将发动机功率从曲轴传递到驱动轮，它实际上对驾驶员而言以车辆加速或减速的形式体现。乘用车动力总成的转矩引导的元素如图17.1所示：

- 内燃机。

- 可能的集成式起动－发电机（ISG）。

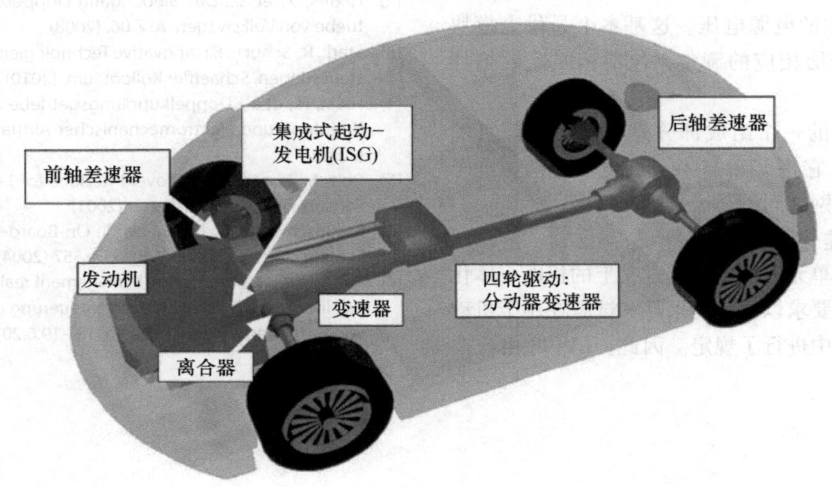

图17.1　乘用车动力总成

- 变速器，由运转连接元件（如离合器）与实际的变速器组成。

- 可能的四轮驱动的分动器变速器。

- 轴变速器（差速器，可能的滑差调节）。

除了内燃机之外，动力总成的任务还在于：

- 起动（通过离合器、变矩器或集成的起动－发电机等元件实现）。

- 必要时，借助于集成的起动－发电机、电池和/或大容量电驱动能量进行额外的引入/回收。

- 在发动机性能和车辆牵引力要求之间的特性转变中（通过正或非正向传动元件，例如两轴多级变速器、无级变速器或变矩器）。

- 减少发动机旋转不规则性（例如，通过离合器中的阻尼器元件，通过多质量飞轮或滑差调节式变矩器）。

- 在驱动轮上的牵引力分配（例如，通过前后轴之间的转矩分配以及车辆左右两侧之间的转速差）。

该变速器尤其结合了起动元件和特性转换器的功能。在后一种情况下，变速器（与轴变速器一起）使发动机特性场与变速器输出轴上更大范围的转矩－速度要求相匹配（图17.2[1]）。

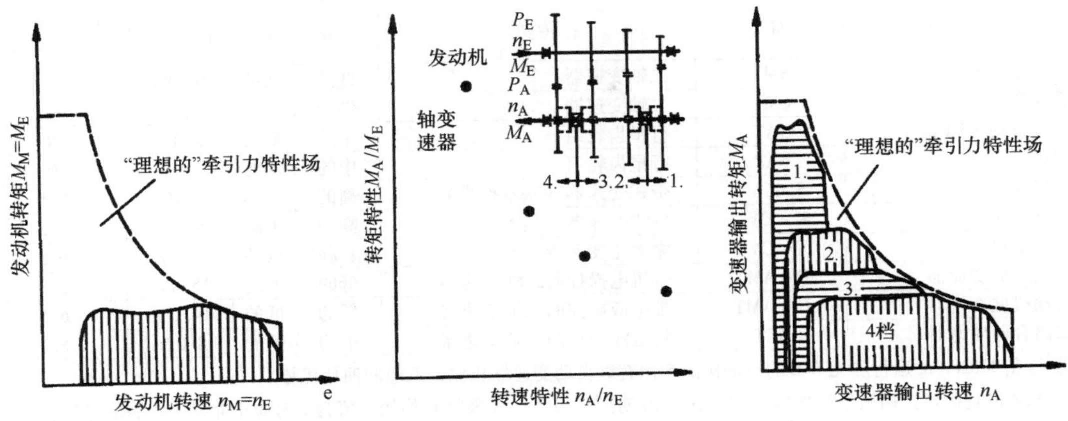

图 17.2　乘用车变速器的任务：功率需求和发动机功率的匹配

17.2　汽车纵向动力学

如果在模型假设中将车辆质量集中在一个点上，则该车辆的加速和制动特性是由所谓的"行驶阻力方程式"（此处的力矩指的是组合式车轴）给出：

$$M_{\mathrm{Fahrzeug}}a_{\mathrm{Fahrzeug}} = 1/r_{\mathrm{Rad}}\,(i_{\mathrm{ges}}M_{\mathrm{Motor-effektiv}} - M_{\mathrm{Fahrwiderstand}}) \tag{17.1}$$

式中，

$$M_{\mathrm{Fahrwiderstand}} = M_{\mathrm{Rollwiderstand}} + M_{\mathrm{Steigungswiderstand}} + M_{\mathrm{Luftwiderstand}} + M_{\mathrm{Brems}} \tag{17.2}$$

↑　↑　↑

车辆质量、滚动阻力系数（路面、轮胎特性）	车辆质量，爬升	车速、空气阻力（空气密度、正面面积、空气阻力系数 C_D）

式中，M_{Fahrzeug} 为车辆质量；a_{Fahrzeug} 为汽车加速度；r_{Rad} 为动态轮胎半径；i_{ges} 为总传动比；M 为力矩。

该方程式可用于诸如确定车辆的加速能力，车辆的最高速度（在 $a_{\mathrm{Fahrzeug}}=0$ 时），以及还可作为当前爬升助力计算的实时评估的一部分。

17.3　变速器类型

根据传动元件的结构形式，变速器可分为：

- 多级变速器与无级变速器。
- 与输入和输出轴轴向布置的变速器（直列式变速器）相比，输入和输出轴之间具有自然轴偏移的变速器（双轴变速器）。

多级变速器基于正传动元件（例如斜齿正齿轮或行星齿轮组），而无级变速器则主要基于非正作用原理。这种由于摩擦而产生的力传递需要额外的辅助能量，因此无级变速器通常具有较差的内部变速器效率。但是，这些变速器通过其发动机运行工况点对行驶状况的最佳匹配来弥补整个动力总成中的这一缺点。

车辆变速器的另一个显著特征是其自动化程度。例如，在欧洲，手动变速器（两轴结构形式）仍然发挥着重要的作用，而在美国和亚洲，电动液力操控的自动变速器（主要是行星结构形式）占主导地位。这些结构形式越来越多地由以下两种自动的两轴变速器来补充：

- 基于（电动或电动液压操控的）干式离合器（自动的手动变速器）。
- 基于液压操控的双离合器（双离合变速器）。

此外，还有基于推带或链的无级变速器。

图 17.3 包含了具有一些特性的不同的变速器类型的汇编。应用于乘用车中的常用转矩范围如图 17.4所示。

图 17.5 举例展示了戴姆勒克莱斯勒（Daimler-Chrysler）的 5 档多级变速器 W5A 580，该变速器包含一个滑差变矩器和三个行星齿轮组。该变速器几乎用于"梅赛德斯 - 奔驰"（Mercedes - Benz）品牌的所有乘用车标准（后）驱动器。

变速器类型	缩写	传动	重量	噪声	油耗降幅①	换档舒适度（ATZ 值②）
手动变速器（5 档）	5MT	二轴变速器	低的	低的	10.0%	—
手动变速器（6 档）	6MT	二轴变速器	低的	低的	12.0%	—
多级自动（5 档）	5AT	行星齿轮组	中的	低的	0.0%	9
多级自动（6 档）	6AT	行星齿轮组	中的	低的	3.0%	9
无级变速器	S-CVT	带式变速器（基本推带）	高的	中的	5.0%	9.5
无级变速器	K-CVT	链式变速器（基本链）	高的	中的	5.0%	9.5
环形变速器	T-CVT	摩擦轮变速器	很高的	低的	7.0%	9.5
自动机械变速器	E-AMT	带机电操控的二轴变速器	低的	低的	15.0%	6.3
自动机械变速器	H-AMT	带电液操控的二轴变速器	低的	低的	14.0%	6.5
双离合器变速器	DCT	带电液操控的二轴变速器	中的	低的	8.0%	8.7

① 与在 300N · m 运行和无节流的汽油机的 5 档有级自动变速器相比，近似的油耗优势。

② ATZ 值是衡量换档质量的指标。ATZ 值为 10 对应于最佳（无颠簸）换档，值为 1 对应于非常不舒服的过程。

图 17.3　不同变速器类型的比较[2-4]

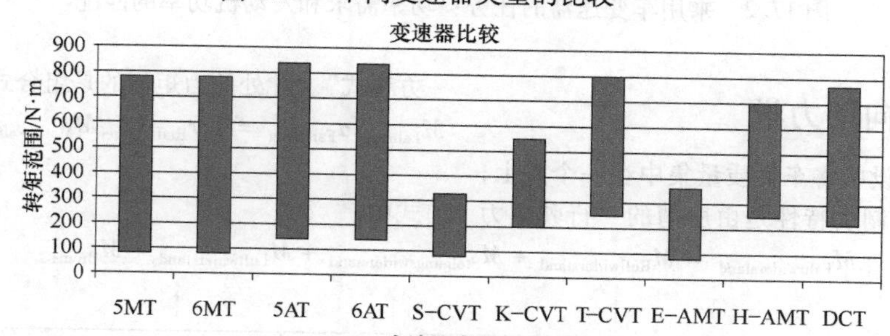

图 17.4　乘用车变速器的常用转矩范围

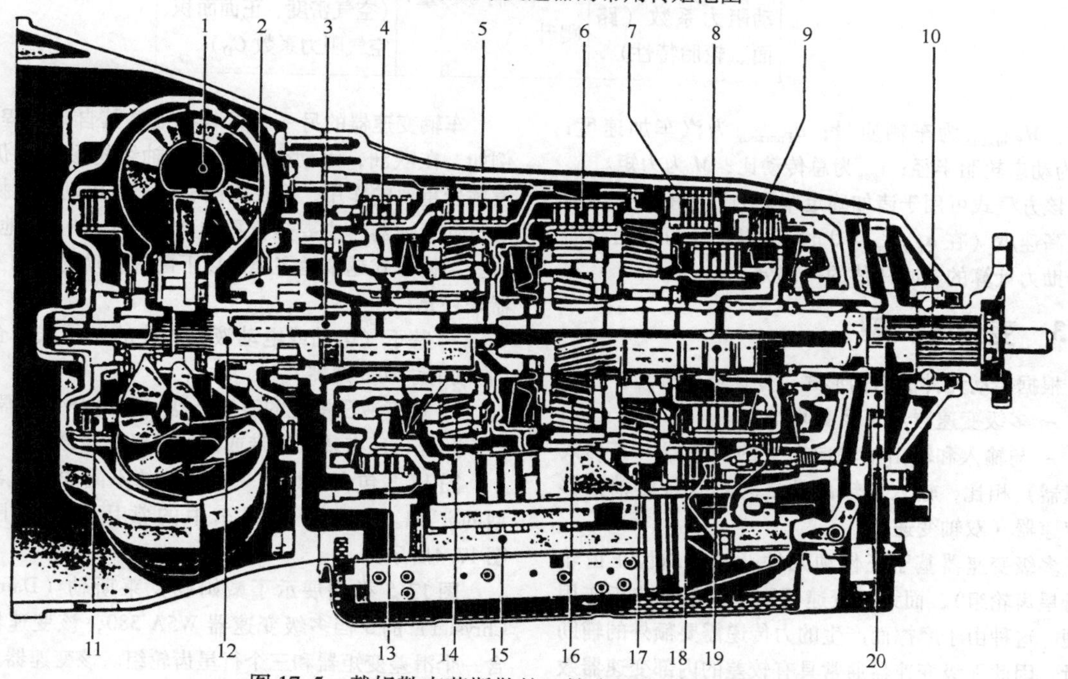

图 17.5　戴姆勒克莱斯勒的 5 档多级变速器 W5A 580

1—变矩器　2—油泵　3—传动轴　4—制动器 B1　5—联轴器 K1　6—联轴器 K2　7—制动器 B3　8—联轴器 K3　9—制动器 B2　10—输出轴　11—驻车锁轮　12—中间轴　13—飞轮 F2　14—后行星组　15—中行星组　16—电液控制单元　17—前行星组　18—飞轮 F1　19—定子轴　20—变矩器锁止离合器

17.4　功率层级和信号处理层级

1）功率层级（图 17.6）：这是实际转矩引导的组件的层级。

2）信号层级（图 17.6）：整个动力总成的控制和调节是基于各个组件的物理模型，这些模型通过基于转矩的模型方法（从车轮转矩到发动机和变速器控制）进行功能集成。

3）链接：现代动力总成架构的特点是功率和信号层级的组件及其链接具有清晰的垂直对应关系。在功率层级上，这些链接以转矩传递轴的形式存在，在信号层级上以通信通道的形式存在。

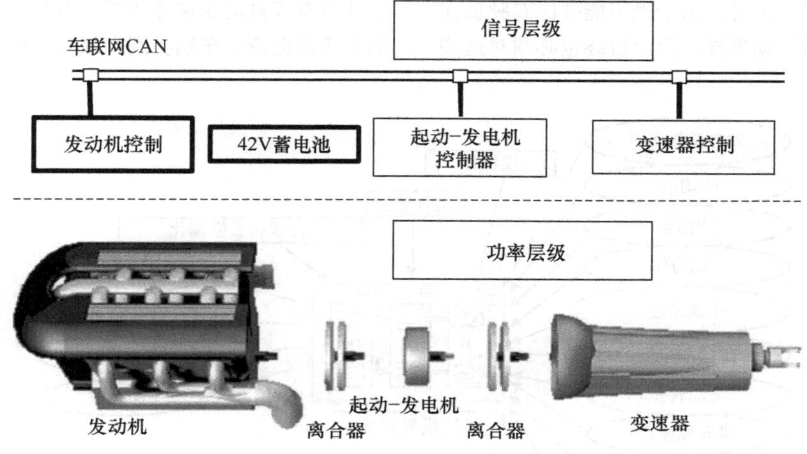

图 17.6　动力总成的功率层级和信号层级

17.5　变速器控制

功能

1. 概要

对于所有的变速器设计方案，可以定义以下功能组：

- 换档策略：确定要设定的目标传动比或设定的档位。
- 换档过渡：实际传动比变化的管理。
- 诊断功能：组件发生错误或紧急运行时建立安全状态。
- 特殊功能，例如变矩器锁止离合器的控制，变速杆锁定磁铁控制，“线控换档”（Shiftb - by - Wire）安全方案。

图 17.7 显示了使用自动机械变速器（AMT）时的关系。驾驶策略不仅可以在自动模式下确定目标档位，而且还检查驾驶员的手动换档指令（例如所谓的 Tiptronic 或 IntelligenTip®）。在 AMT 的情况下，较低层级负责换档过程的启动和整体协调，即发动机（转矩和转速）的管理、离合器转矩和逻辑档位。“执行器控制”层级负责相关的物理设定参数（位移、压力、角度）的调节。

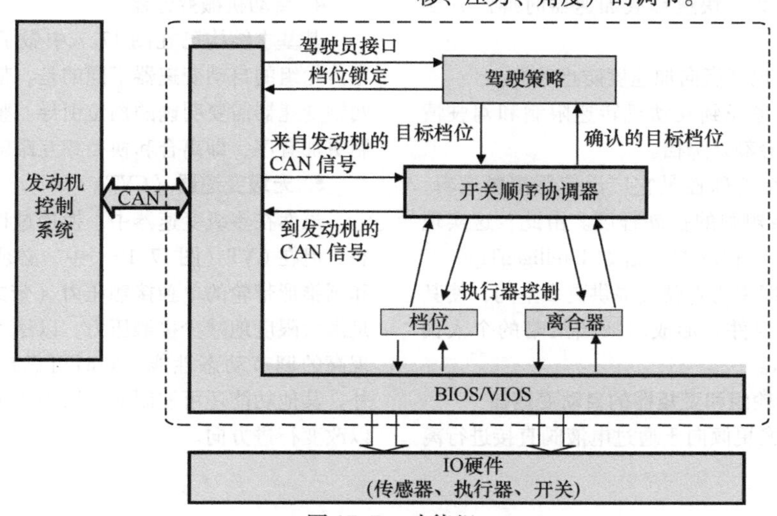

图 17.7　功能组

2. 驾驶策略或换档策略

在20世纪80年代期间，引入了第一个电子变速器控制装置，最初允许驾驶员可以在“经济”“运动”或“冬季”等不同的切换程序之间进行手动选择。然而，这种解决方案并没有被证明是最佳的，因为它需要驾驶员不断进行手动干预，以使车辆的换档特性适应驾驶情况。另外，由于也不能确保驾驶员在所有情况下都进行手动选择，因此最终也必须对这些不同的换档程序做出妥协。这就是为什么所谓的“智能”驾驶或换档策略是当今任何自动变速器系统的基本组成部分，这些系统根据现有条件独立设置正确的优先级。

SAT（“西门子自适应变速器控制”，Siemens Adaptive Transmission Control）如图17.8所示，是西门子针对有级自动变速器的驾驶策略，已成功地被不同的车辆制造商、车辆类别和驾驶文化所采用[5]。

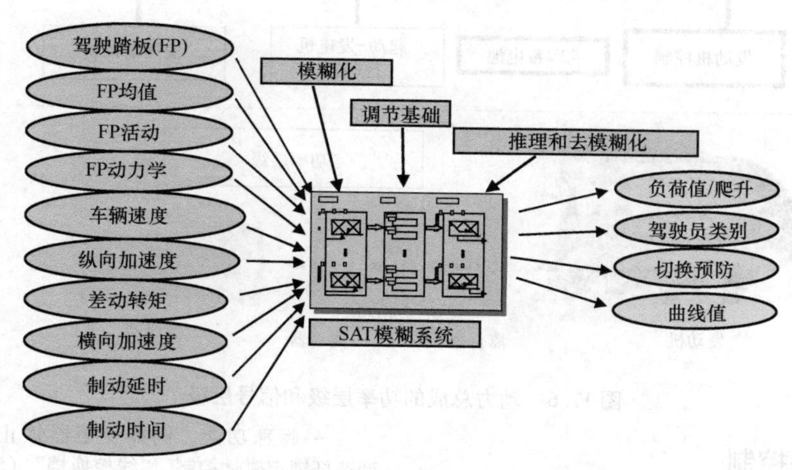

图17.8　自适应传动控制（西门子公司）

总体战略标准和短期驾驶情况都分类为：

- 驾驶员类型辨识。
- 环境辨识：行驶道路坡度。
- 对低的道路摩擦值（平整度）的适应。
- 手动干预（IntelligenTip®）。
- 快速关闭辨识：快速释放加速器时抑制升档（驾驶员意图延迟）。
- 曲线辨识：根据横向加速度防止升档。
- 制动降档：考虑到发动机转速限制和驾驶情况，在施加制动时会额外降档。

SAT系统的一个特殊性是它广泛使用模糊逻辑，这取决于30～40条规则的扩展程度。由此，这实现了高水平的适应质量和动态。诸如IntelligenTip®[6]之类的未来解决方案将为驾驶员提供更多空间，使其可以通过在线学习组件来形成对换档策略的个人偏好，如图17.8所示。

3. 具有行星齿轮组和变矩器的自动变速器

当前的解决方案更倾向于通过电液阀直接进行离合器控制（图17.9）。这样就无须在液压系统中使用多路分配器，而是在控制单元软件中计算各个离合器的压力，这也证实了用软件替代液压系统中的功能以节省成本的趋势。原则上，也可以通过离合器控制来实现换档。

4. 自动机械变速器

其基本结构已在图17.7中做了解释。与带有行星齿轮组的自动变速器不同的是，带强制同步功能的两轴变速器需要明确的档位引导。整个换档过程的控制更加有序，即离合和换档相互跟随。

5. 无级变速器（CVT）

虽然在多级变速器中，换档过程需要改变离散状态，但在CVT（图17.10）中，必须连续控制变速器和圆锥形带轮的单独接触压力（带式CVT）。其重点是最大限度地减少接触压力，以尽可能降低油耗和实现高的调节动态性能，同时可靠地防止带打滑。此外，其他功能还可控制变矩器锁止装置和行星齿轮组以改变行进方向。

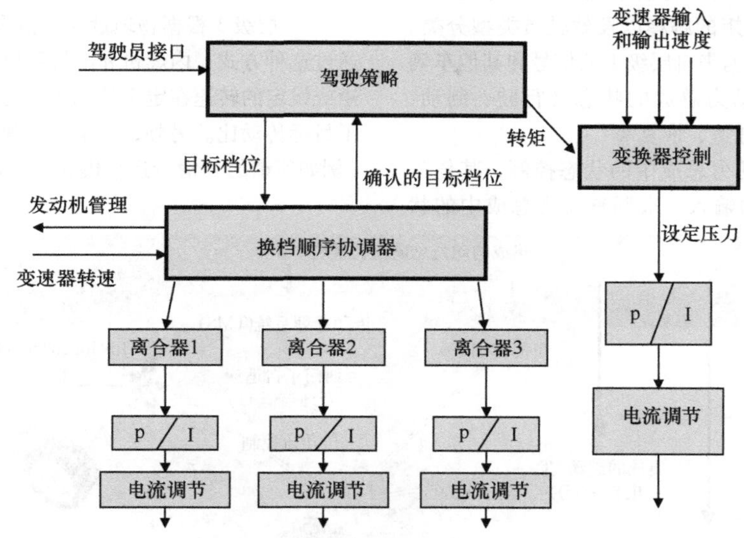

图 17.9　直接离合器单独控制

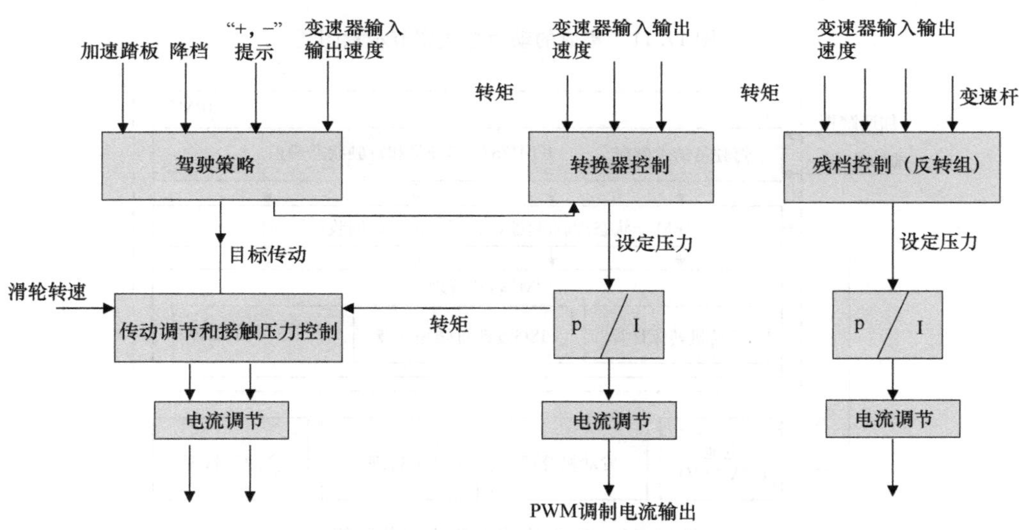

图 17.10　无级变速器（CVT）功能图

17.6　集成的动力总成管理（IPM®）

未来的动力总成设计方案将由多个子系统所组成：内燃机、电机以及必要时的自动变速器。

集成的动力总成控制系统 IPM®[7] 对存储在燃料（汽油、柴油、天然气、氢气）中的能量的转换过程没有直接影响，而是尝试从整体上优化能量转换器（内燃机、电机）的工作点、作为能量储存器的电池以及变矩器（变速器）。由于这样的系统有许多自由度，因此重要的是，基于对驾驶员意愿的集中解释和对行驶状况的辨识，在考虑给定优先级的基础上，对下属单元进行优化和协调。

IPM®意义上的集成包括整个系统的控制和协调，而不是诸如结构空间、装配等结构设计方面，如图 17.11所示。

该设计方案的重要特征是引入了比“组件控制”更高的控件层级。这将引导转矩发生器和变矩器通过相关状态并优化能量流。

集成的动力总成调节分为三个层级，如图 17.12 所示：

- 层级1是驾驶员和行驶情况辨识。驾驶员辨识包括驾驶员所需转矩的解释以及驾驶员类型分类。在第二个层级中，根据来自层级1的信号和其他车辆传感器参数来确定动力总成的状态（行驶、制动、起动/停止、滑行、加速、恢复等）。

- 层级2称为动力总成中的状态控制，其任务是根据来自层级1的输入，来调整动力总成中的状态，该状态满足当前优先级优化标准。

- 层级3根据物理量为下游聚合提供了设定值。通过这种方式，内燃机和电机可以分别通过设定的转矩或设定的转速在定义的工作点运行。为变速器规定了目标传动比。另外，确定的行驶状态会进入离合器（例如所谓的“滑行运行模式”：推力时打开）。

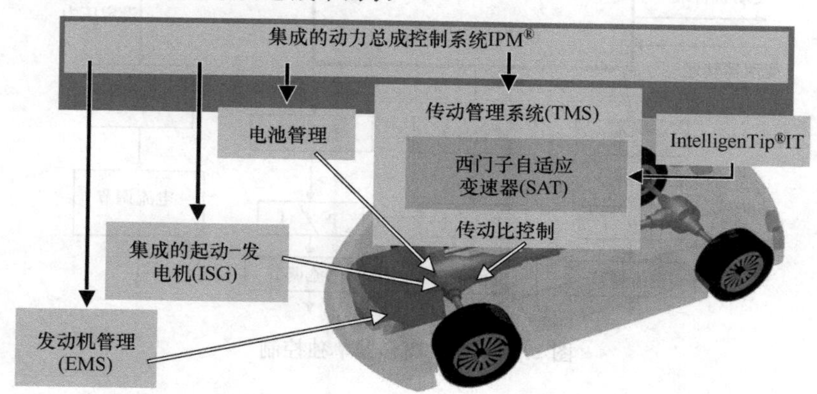

图17.11　集成的动力总成调节示意图

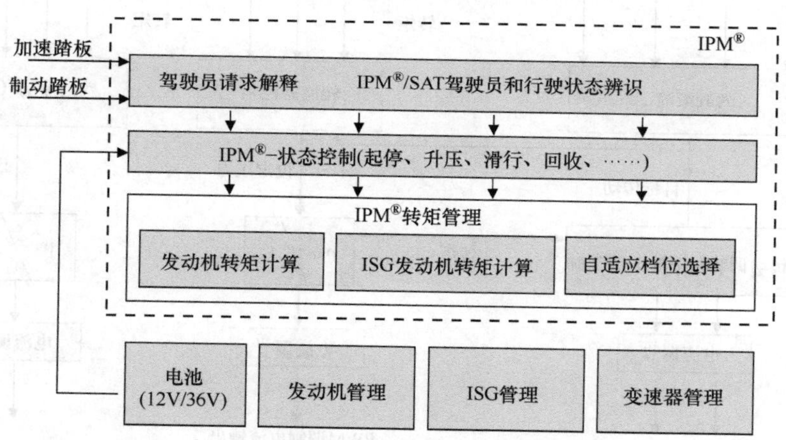

图17.12　集成的动力总成调节层级

17.7　动力总成电气化组件

17.7.1　概述

随着进一步增加的对车辆驱动效率以及相关的排放减少的要求，动力总成的电气化也起着重要的作用。

在内燃机中，燃料的化学能被转换成机械能并且通过压力产生转矩。这用于加速或保持车辆的速度，即保持或增加动能。

在滑行阶段或制动期间，这些能量基本上转化为摩擦，从而转化为热量。这些能量释放到环境中，因此，失去了对车辆的驱动。

通过相应的结构设计，电驱动既可以进行驱动，又可以充当发电机工作。因此，内燃机与电驱动的组合提供了至少回收部分能量的可能性，这些能量以前用于在车辆减速期间增加动能（能量回收）和用于下一个加速过程，无论是与内燃机结合使用还是仅通过电驱动使用。

该组合还显著地提高了行驶动力学。根据混合动力驱动的类型，可以使用内燃机和电动机这两种驱动，同时用来加速车辆（助力），而这不会产生额外的油耗以及排放。

17.7.2　混合动力和电驱动变体

内燃机与电机的连接有多种可能性。一方面，两种驱动在功能上可以并联布置（并联混动），即两个驱动器可以同时以及单独驱动，或按照功能可以串联布置，这就意味着实际上只有一个驱动源驱动车轮，另一个通过那个直接驱动车轮的相应驱动源串联地（串联混动）传导驱动能量。

混合动力的其他区别是基于功率能力或功能范围。

下面列出了最常用的混合动力型式。

17.7.2.1　微型混合动力

微型混合动力通常被看作为纯起/停功能，这意味着发动机会在不需要时关闭，并在需要时自动重新起动。通过根据行驶状态的充电电压控制，这些系统通常已经提供了最小的能量回收功能。这些系统可以用例如经过相应修改的起动机和发动机控制单元以及传动带驱动的起动－发电机（类似于轻度混合动力的结构）来表示。

17.7.2.2　轻度混合动力

与微型混合动力相比，轻度混合动力还具有显著的能量回收和增强（Boost）功能。通常，在这里，常规的技术（12V/14V）已不再足够，在此使用专门开发的组件，其工作电压明显高于当今的车载网络，如图17.13所示。

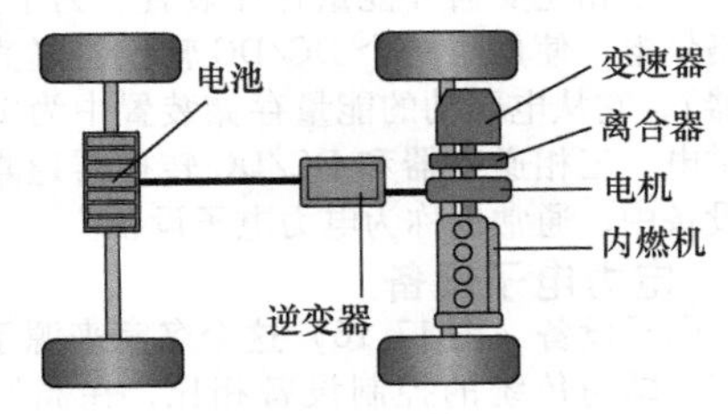

图17.13　轻度混合动力原理图

17.7.2.3　全混合动力

全混合动力的基本功能，除了起/停、增强和回收外，还有短时的纯电动行驶。

在此，动力总成是如此构造的：电机可以独立于内燃机来驱动车辆。为此所需的能量通过回收获得，并存储在混合动力电池中。因此，包括电能存储设施（混合动力电池）在内的整个电驱动也必须具有更大的功率。除了常规的并联混合动力外，还有功率分配器，其中两个电机通常通过行星齿轮传动装置与内燃机耦合，如图17.14所示。

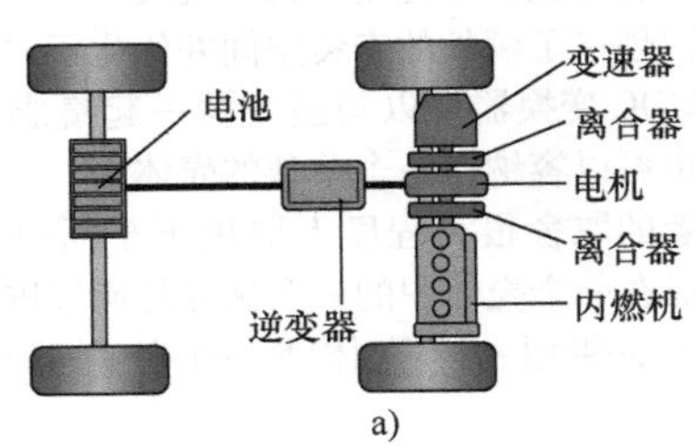

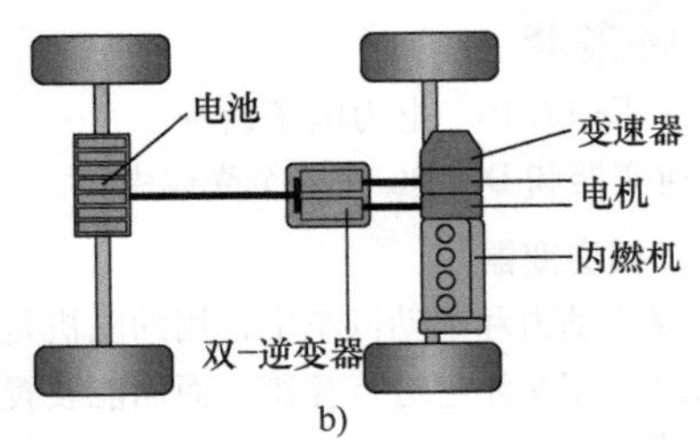

图17.14　全混/插电式混合动力原理图

a）并联式混合动力　b）右功率分配器

17.7.2.4　插电式混合动力

在插电式混合动力中，混合动力电池会更大，因此功率更强大。与全混合动力相比，此处的目标是通过电驱动实现更大的行驶里程。顾名思义，插电式（plug－in）混合动力可以在插座上为混合动力电池充电。

通常，插电式混合动力主要使用电驱动，只有当电池电量低于某个充电值时，内燃机才会起动。

插电式混合动力的一个变体是明显朝着电动汽车的方向发展，那就是增程器（Range Extender）。在这里，内燃机明显更小，并且不直接与驱动轮连接。在临界充电状态下，它与小型发电机一起承担为电池充电的任务。目的是在必要时将行驶距离扩大到电池可能的范围之外。就结构而言，这是一款串联的插电式混合动力。

17.7.2.5　电动汽车和燃料电池汽车

只要是纯粹由电驱动来驱动并且没有在车辆中安装内燃机的汽车，就可以说是电动汽车。

为此所需的电能来自电池（动力电池）或燃料电池，如图17.15所示。

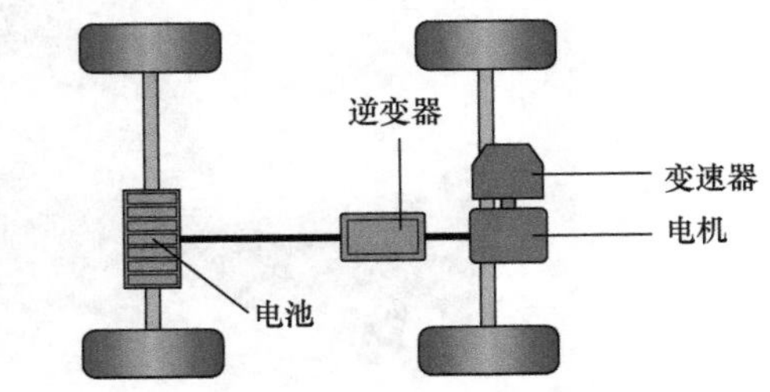

图17.15　电动汽车原理图

17.7.3　组件

如今在混合动力和电动汽车中使用的电驱动包括三相电机、三相逆变器和能量存储装置。为了给14V车载网络供电，使用了一个DC/DC转换器（直流电压转换器），它从电驱动的能量存储装置中为14V车载网络供电。三相逆变器和DC/DC转换器通常组合在一个设备中，通常也称为电力电子设备。

17.7.4　电力电子设备

电力电子设备（图17.16）这个名字来源于这样一个事实，即与传统的控制设备相比，在高压（高达700V以上）下的非常高的电流（高达450A_{rms}以上的逆变器）被切换为高功率。

图17.16　电力电子设备（逆变器和DC/DC在一个壳体中）

17.7.4.1　三相逆变器

今天，混合动力和电动汽车中常用的电机是三相驱动，并通过三相交流电进行控制，而储能装置则提供常规的直流电。

在电机运行中，即在驱动或助力时，逆变器将来自储能装置的直流电转换为电机用的三相电流。在相反的情况下，也就是说在发电机运行模式中，由电机产生的交流电被转换成直流电。在这种情况下的动能回收称为能量回收。

逆变器的核心组件是功率模块，该功率模块将直流电压转换为正弦加权三相交流电压，并以控制板为控制单元。逆变器中的控制单元调节和监视预先给定的转矩、转速、电流和电压等的设定值和限制值。

功率模块中产生的损耗本质上是功率半导体中的开关损耗和正向损耗。这些随开关频率、电池电压和相电流的增加而增加，并导致半导体组件发热。为了避免热应力，功率半导体与冷却介质的良好热连接以及使用膨胀系数尽可能相似的冷却器材料和载体材料在这里尤为重要。这种热应力是电力电子设备老化的主要原因，并且相反，对最大开关功率起决定性作用。

冷却液温度的高低和直接在功率半导体上出现的温度波动都会影响功率输出级的使用寿命。

17.7.4.2　DC/DC变换器

包括能量存储装置在内的电驱动在某些情况下的工作电压明显高于当今的车载网络。

由于电驱动的可用功率明显大于当今交流发电机的功率，也可以从该区域为车载网络供电，或者这对于纯电动汽车也是必要的。

这种设计提供了完全省去常规交流发电机的可能性，从而创造了额外的安装空间并优化了成本。

DC/DC变换器可以与逆变器一起集成在一个壳体中，也可以容纳在一个单独的壳体中。

两者的取舍很大程度上取决于车辆中的可用空间。集成在一个壳体中的一个优点是能够进一步优化成本，例如使用一个壳体或一个处理器用于两种功能。

另外一个效果是与传统交流发电机相比，DC/DC变换器的效率显著提高（图17.17、图17.18、图17.19）。

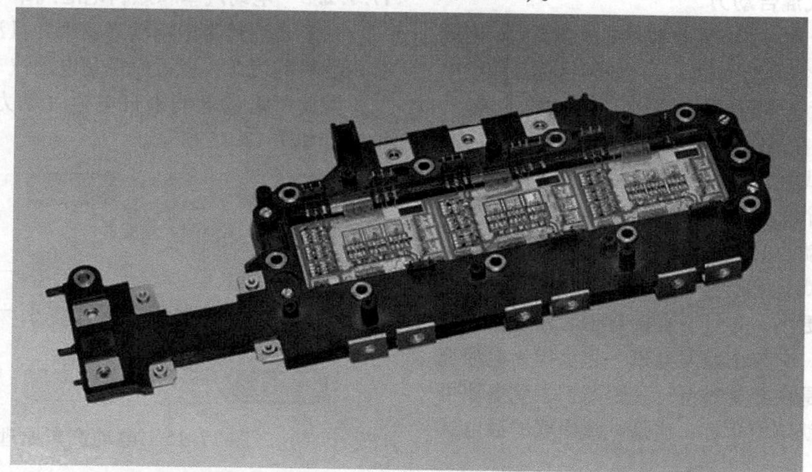

图17.17　用于直接水冷的带功率半导体和冷却器功率模块（在镜像中可见的散热片）

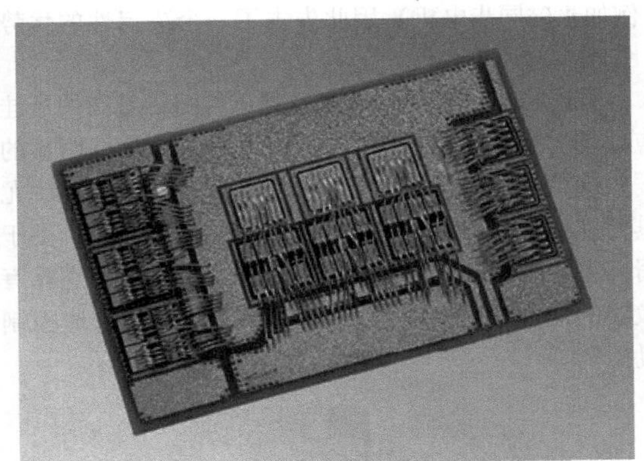
图 17.18　铜 DCB 上的功率半导体（IGBT）

图 17.19　在单独的壳体中的 DC/DC 变换器

17.7.5　电机

根据车辆的策略和用途，选用不同数量和技术的电机。其目的是使用针对相应应用的优化的技术。这一方面可以通过系统成本、可用的安装空间、所需的功能来确定，另一方面也可通过诸如效率等参数来确定。

图 17.20 显示了动力总成中电机的可能的安装位置。此外，每个位置都可能有不同的变体，因此很容易看出可能性的总数可以有多大。

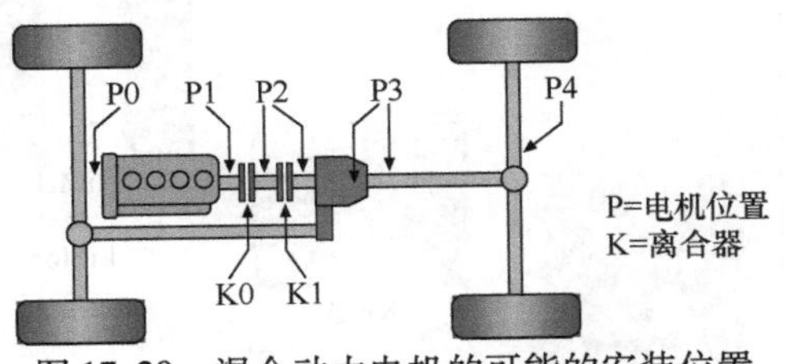

图 17.20　混合动力电机的可能的安装位置

技术

如今，主要有三种类型的电机，即异步电机（ASM）、永磁同步电机（PSM）和外励磁同步电机（SM）。有关技术的详细信息可以在相关文献中找到。因此，这里仅简要讨论它们应用于混合动力汽车和电动汽车的优缺点。

（1）异步电机

异步电机的特点是结构简单且坚固耐用（图 17.21）。

图 17.21　侧装式 ASM

与永磁同步电机和外励磁同步电机相比，由于其结构简单，因此成本也更低。此外，与永磁同步电机相比，异步电机在发生故障时可以关闭励磁，因此更容易控制。

异步电机的缺点是在某些运行区域的效率较低，与永磁同步电机相比，安装空间更大。

如今，它最常用作轻度混合动力的侧装版本（图 17.20 中 P0）。

（2）永磁同步电机

永磁同步电机具有集中绕组和可实现的轴向长度较短的巨大优势。

这使得它们可以集成到变速器罩中，而不需要大的甚至没有使动力总成扩展（图 17.22）。这种变体称为变速器集成（图 17.20 中 P1/P2，可选 P3）。

图 17.22　集成到变速器罩中的永磁同步电机

永磁同步电机的另一个优点是其选择性的高效率。

另一方面，在高转速时拖动损失显著增加，并且在发生故障的情况下保护成本相对较高。

(3) 电励磁同步电机

由于在轴驱动系统（图 17.20 中 P4 以及在电动汽车中）中，电机不再直接放置在动力总成中，因此电机长度不再作为选择标准，也就不再具有同等重要性。具有通常较短的可实现的轴向长度的电机（例如永磁同步电机）因此失去了一个决定性的优势（图 17.23）。

同时，电励磁同步电机虽然不能提供最高的最佳点效率（例如像永磁同步电机），但是也没有明显的弱点（例如像异步电机），并且可以弥补其不足，尤其是在低功率和高转速范围。在结构空间方面，由于滑环系统所需的空间，与永磁同步电机相比，它具有较小的缺点，而且在发生故障时，可以简单地控制励磁。

图 17.23　带集成变速器的轴驱动

17.7.6　能量存储装置

混合动力以及电驱动的性能还取决于能量存储装置的性能。因此，它在混合动力应用中的燃料节省潜力和在电动汽车中续驶里程方面起着决定性的作用。同时，今天这种能量存储装置所需的寿命是 10 ~ 15 年，160000 ~ 240000km，因此，这与车辆的寿命一样长。

17.7.6.1　概述

如今，使用各种技术用作混合动力应用的能量存储装置（微型混合动力除外）。这些包括但不限于铅酸电池、NiMH（镍金属氢化物）电池、锂离子（锂离子）电池和双层电容器（DLC）。

在众多电能存储装置发展的漫长的历史过程中，二次电池系统［源自英式英语中“二次电池”（secondary battery），在德国使用的蓄电池（Akkumulatoren）这一术语］日益脱颖而出：电能释放后可通过多次充电恢复化学能的电池系统。从铅电池（使用水性电解质）到现代电池系统［例如锂离子电池（使用有机的电解质）］的根本创新是在电极中存储离子的原理（图 17.24）。虽然铅酸电池中的电极由于化学反应（转化）而以随机方式建立和分解，并与电解质相互作用，但在锂离子（Li - Ion）电池中，锂被储存到固体晶格（插层）和从中去除。晶格结构保持完好无损，因此对充电和放电循环的使用寿命有很大贡献。

镍氢电池（NiMH）已经在第一批混合动力汽车中确立了自己的地位。下一代正在使用锂离子电池。

考虑到所需的充电和放电循环，这些都显示出功率和能量密度的进一步增加。

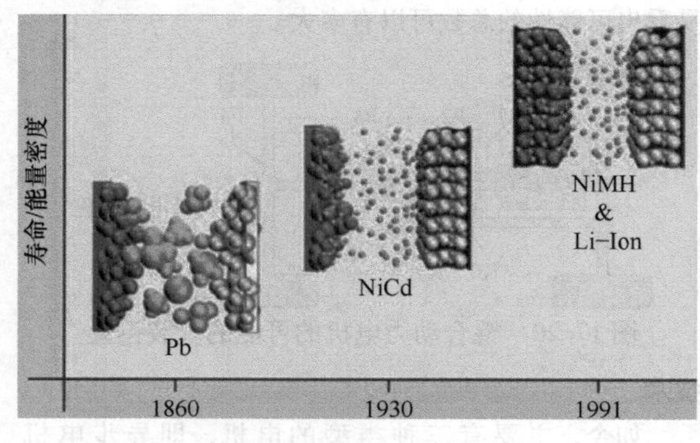

图 17.24　从铅酸转换到镍氢和锂离子电池系统的发展

17.7.6.2　电池系统

由于在混合动力和电动汽车中的潜力和新兴用途，下面仅讨论锂离子能量存储装置。

基于锂离子的当前能量存储系统由几个组件组成。

除了电池之外，实际的能量存储装置还包括电池监控、接触器、开关和电池管理（图17.25、图17.26）。

（1）锂离子电池

锂离子应理解为材料组合的通用术语。当前主要有基于锂-钴的电池。

进一步发展的电池采用新型阴极材料，如锂-钴-镍-锰氧化物或磷酸铁锂。所有这些组合在功率以及能量密度和安全性方面都有优点和缺点（图17.27）。

（2）安全性

与铅酸和镍金属氢化物相比，锂离子电池的能量密度明显更高。尤其是在安全性方面，因此，需要采取多种措施来确保整个储能系统的安全。这里通常分为三个层级。

现在可以在电池层级上实现高度的固有安全性。与以前在消费电池中常规使用的锂钴氧化物相比，新的阴极材料（例如锂-钴-镍-锰氧化物或磷酸铁锂）在误用或故障时的放热反应更少。如果将这些阴极材料与进一步开发的隔膜或与陶瓷组件和高沸点电解质结合使用，则还可以显著提高电池层级的安全性。由于锂离子电池还允许许多可能的、其中一些尚未进行进一步研究的电极材料和电解质的组合，因此与有吸引力的能量和功率密度结合，进一步提高安全性是可能的。此外，各种安全预防措施已经在系统层级集成到电池中。通过监视运行状态，管理电池系统和有针对性的冷却，电池可以始终处于安全的运行状态。

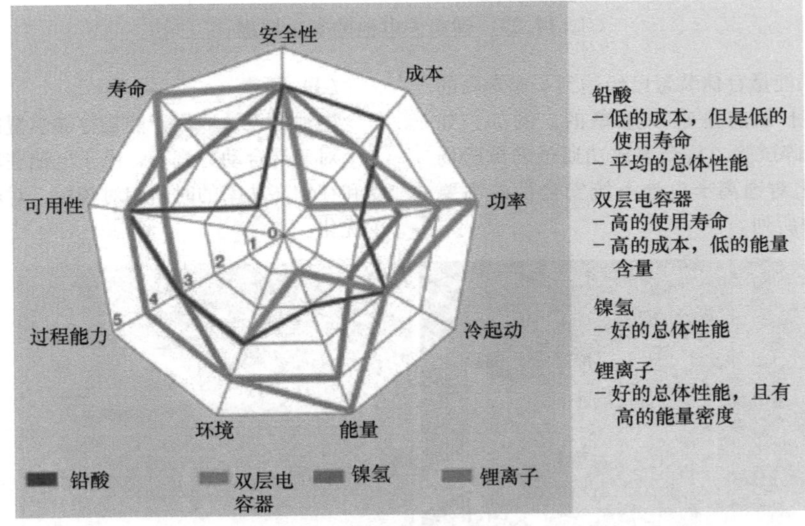

图17.25　用于汽车的不同存储系统的评估

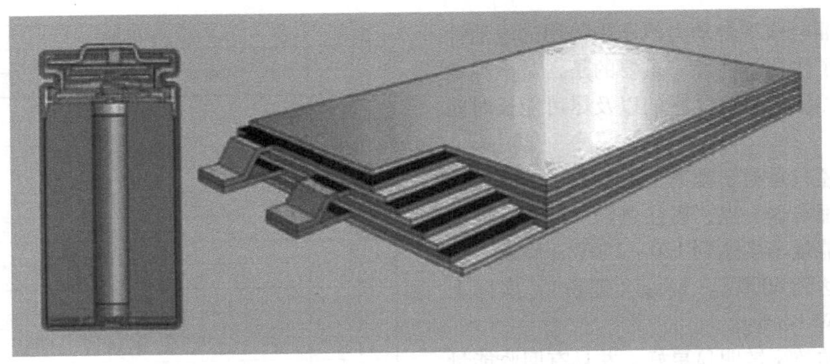

图17.26　圆形电池（左）和棱柱形电池（右）的示意图比较

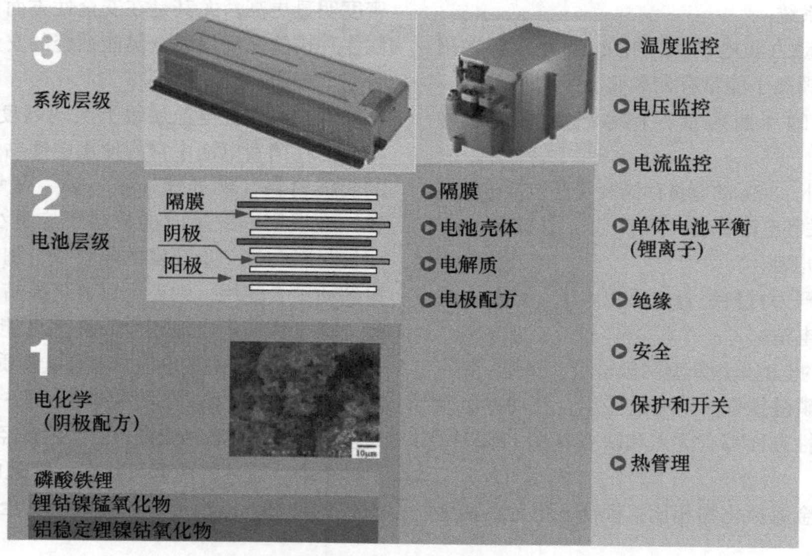

图 17.27　锂离子电池的安全层级

因此，如今的能量存储装置已经达到了非常高的安全性，而这在十年前是难以想象的，例如，如图 17.28所示的压碎试验。从众多成功通过的试验场景中可以明显看出对锂离子电池系统安全性的高要求，如图 17.29 中所列。

（3）展望

电池的设计取决于能量存储装置的用途。

对于混合动力汽车，由于电池在增强或回收时经受和存储高功率的时间相对较短，对电池的功率进行了优化。

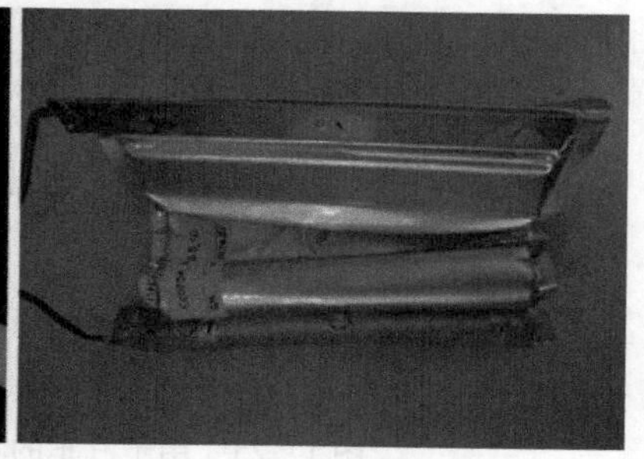

图 17.28　锂离子电池的压碎试验示例

电动汽车和插电式混合动力汽车中使用的电池针对能量含量进行了优化。在此，重要的是，对于纯电动行驶而言，可以调用尽可能多的以及尽可能长时间的能量。

总体而言，还只是处于锂离子电池发展的开始阶段。为了清晰地理解这一点，需注意以下事实：如今的锂离子电池的能量密度达到 120～150W · h/kg。从理论上讲，可以达到 6000W · h/kg（锂粉），实际上仍有望达到 2000W · h/kg。

由于电驱动的效率链明显更好，并且有回收能量的可能性，约 500W · h/kg 的能量密度便已经可以与配备内燃机的车辆的续驶里程相媲美。

编号	试验	结果
1	受控畸形	√
2	用钉子刺穿	√
3	跌落试验	√
4	浸没试验	√
5	侧翻模拟	√
6	机械冲击	√
7	热稳定性	√
8	模拟火灾	√
9	高温储存试验	√
10	快速充/放电	√
11	热循环	√
12	过载/过电压	√
13	短路	√
14	深放电/低电压	√
15	部分短路	√

图 17.29　锂离子电池的试验场景

参考文献

使用的文献

[1] Mitschke, M.: Dynamik der Kraftfahrzeuge, Band A, Antrieb und Bremsung. Springer, Berlin, Heidelberg, New York (1995)

[2] Förster, H.J.: Automatische Fahrzeuggetriebe, Grundlagen, Bauformen, Eigenschaften, Besonderheiten. Springer, Berlin, Heidelberg, New York (1991)

[3] Lechner, G., Naunheimer, H.: Fahrzeuggetriebe: Grundlagen, Auswahl, Auslegung und Konstruktion. Springer, Berlin, Heidelberg, New York (1994). Hinweis: Buch ist auch 1999 in Englisch erschienen: Lechner, G.; Naunheimer, H.: Automotive Transmissions: Fundamentals, Selection, Design und Application. Berlin, Heidelberg, New York: Springer, 1999

[4] Bock, C.: Die ACEA-Vereinbarungen zur Flottenverbrauchsreduzierung und ihre möglichen Konsequenzen auf zukünftige Getriebekonzepte. Vortrag im Haus der Technik anlässlich der Tagung „CVT-Getriebe", Essen, 2000

[5] Graf, F.; Lohrenz, F.; Taffin, C.: Industrialization of a Fuzzy Logic Transmission Controller. VDI Tagung: Getriebe in Fahrzeugen, Friedrichshafen, 1999

[6] Heesche, K.; Graf, F.; Hauptmann, W.; Manz, M.: IntelligenTip – eine trainierbare Fahrstrategie. VDI Tagung: Getriebe in Fahrzeugen, Friedrichshafen, 2001

[7] Siemens-VDO Automotive AG

进一步阅读的文献

[8] Schümann, U.: Modulare Komponenten für wirtschaftliche Hybridantriebe. (2007)

[9] Neumann, K.-T.: Compendium ATZ – Schwerpunktthema Elektromobilität. (2008)

[10] Greif, A.: SIA Paris – Design of Power Electronic Components for Hybrid Drives (2006)

[11] Greul, R.: Design of Power Electronic Components for Hybrid Drives. (2007)

[12] Keller, M., Birke, P., Schiemann, M., Moehrstaedt, U.: ATZ-elektronik – Lithium-Ionen Batterieentwicklung für Hybrid- und Elektrofahrzeuge. (2008)

[13] Hackmann, W., Märgner, M., Kugland, O.: HdT Fremderregte Synchronmaschinen als Achsantriebe. (2009)

[14] Hackmann, W.; Wagner, B.; Zwingel, R.; Dziedzek, I.; Welke, K.: Internationaler ETG-Kongress 2007 Karlsruhe – Fremderregte Synchronmaschinen im Einsatz als Achshybridantriebe

第18章 传 感 器

工学博士 Anton Grabmeier，工学博士 Bernd Last

18.1 温度传感器

车辆中的大部分温度测量都根据具有负温度系数的（NTC）电阻材料的温度依赖性来测量。由于强大的非线性，可以覆盖很大的温度范围，如图18.1所示。

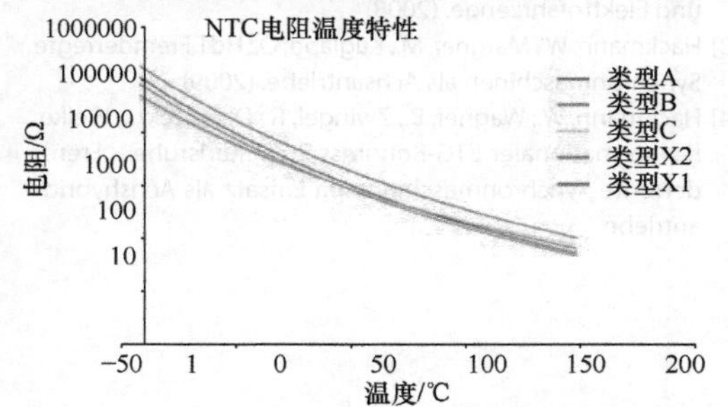

图18.1 温度传感器（NTC）的典型特性曲线

铂传感器适用于非常高温的应用情况（废气温度高达1000℃）。电阻变化通过一个带有可选择的、为了线性化的并联电阻的分压电路来转换为模拟电压。

传感器用于以下温度范围：

应用	温度范围
进气/增压空气	-40~170℃
冷却液	-40~130℃
发动机润滑油	-40~170℃
燃料	-40~120℃
废气	100~1000℃

图18.2显示了不同版本的用于测量润滑油，水和空气温度的温度传感器。

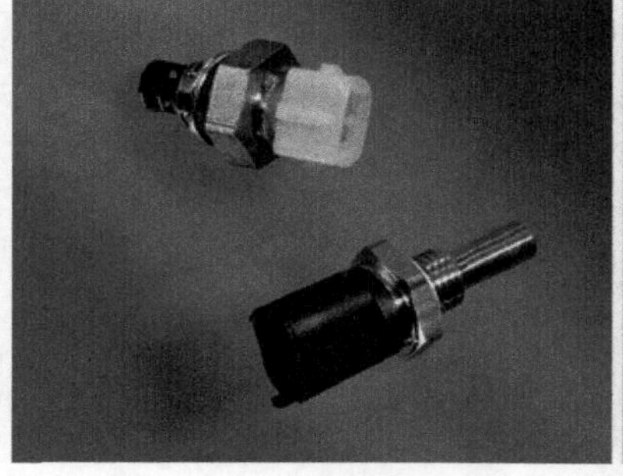

图18.2 不同温度传感器的结构

18.2 液位传感器

液位传感器用于监控内燃机或变速器中的油位。如今，使用连续工作的液位传感器和液位开关，如图18.3所示。

使用合适的评估电子设备，液位传感器会产生连续的、与液位成比例的信号。经常使用热电方法：其中，加热元件的热传导取决于液面高度。根据所提供的电功率确定液位。

液位开关可以进行液位状态的限制值测量。其功能原理是一个带磁铁的浮子，当达到限制值时，它会操作簧片开关或霍尔开关。

液位通常在组合仪表中处理并显示。有些发动机控制也需要油的液位信息。

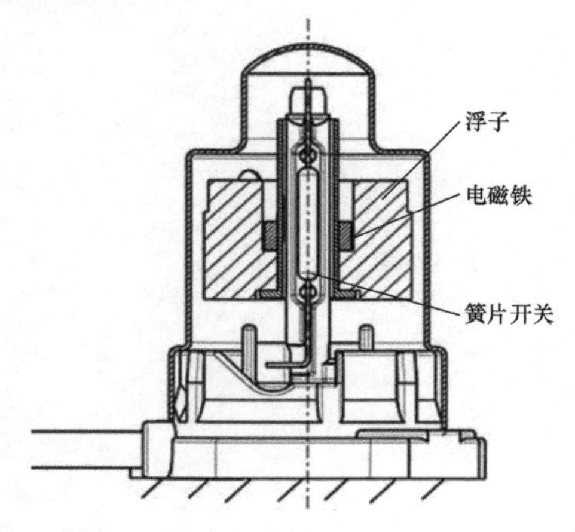

图18.3 一个液位开关的结构

18.3 爆燃传感器

术语“爆燃”是指汽油机中的异常燃烧，其由气缸中混合气的自燃所引起。这种不希望看到的燃烧会导致发动机机械负荷的显著增加。这样的连续运行会损伤并直至损坏活塞。

在寻找最佳燃烧过程的设置时，最高效率和爆燃的区域紧密相连。在爆燃时会有特定频率的振动产生。这些发动机振动在爆燃传感器的帮助下被提取并转送到发动机控制单元。在那里用适当的算法评估信号，以辨识爆燃。发动机控制单元调节燃烧过程，使得不再发生爆燃（点火时刻向后回调几度）。此外，“爆燃调节”还允许采用不同质量的汽油来运行。

爆燃传感器通常用的是宽带爆燃传感器。例如这些传感器记录的频谱为3kHz至超过20kHz（自振频率超过30kHz）。爆燃传感器应安装在发动机缸体上适当的位置，以便它们能够接受燃烧过程产生的振动。为了检测每个单独气缸的可能的爆燃，在多缸发动机中使用多个爆燃传感器（例如，六缸发动机采用两个传感器或八缸发动机采用四个传感器）。

爆燃传感器的功能原理通常基于压电陶瓷环，该环使用叠加质量将发动机振动转换为电的、可用的信号（图18.4）。传感器灵敏度以mV/g或pC/g给出，

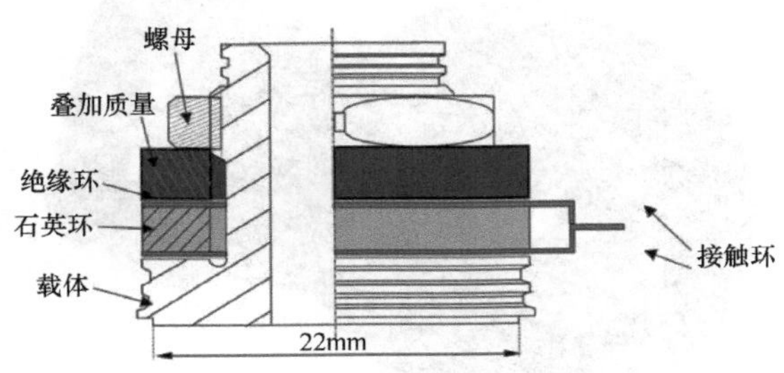

图18.4 爆燃传感器的横截面

并且在很宽的频率范围内几乎是恒定的。

如图18.5所示，可以通过选择叠加质量来调整爆燃传感器的传递特性。通过减少叠加质量可以提高共振频率。

由于这些传感器的灵敏度具有约30%的公差带，因此在协调发动机控制单元时必须考虑极限样件传感器的使用（灵敏度的公差带）。

越来越多地使用带集成插头的爆燃传感器。典型的设计形式图18.6所示。

在某些情况下，当今在柴油机中已经使用爆燃传感器来控制喷射的开始和喷嘴的功能（OBD）。

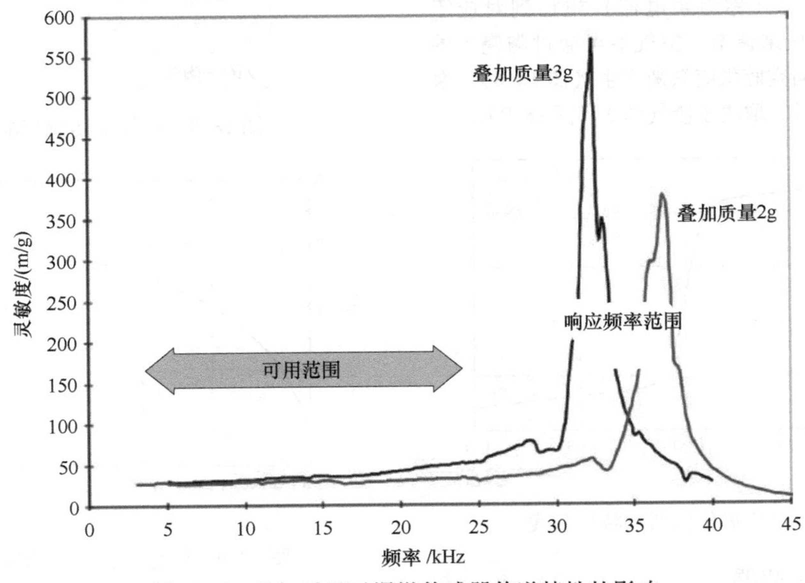

图18.5 叠加质量对爆燃传感器传递特性的影响

18.4 废气传感器

它们直接安装在歧管后面，用于喷射系统的调节（λ调节），以实现催化器的最佳转化率；它们安装在催化器之后时，用来监控其功能性并实现OBD（车载诊断）的要求。

现在使用的所有传感器的共同点是，它们是由在高于约350℃的温度下传导氧的、采用多层技术的二氧化锆（ZrO_2）制成，并利用了传感器两个界面的浓度差异。通过ZrO_2层引出的电压仅取决于该层两

图 18.6 带集成插头的爆燃传感器的设计形式

侧的氧分压差，如能斯特（Nernst）方程所述。

18.4.1 氧传感器

二元和线性氧传感器之间存在差异。二元传感器允许将过量空气系数调节到化学当量比 $\lambda=1$ 附近，从而调节燃料供应以实现三元催化器的最佳转换。线性传感器连续测量浓混合气和空气之间的空燃比，特别适用于稀燃发动机的控制，例如直喷汽油机。

在二元氧传感器的情况下，在催化活性废气侧的电极和空气中的参比电极之间测量能斯特电压。电压显示 $\lambda=1$ 附近的跳跃式的变化（图 18.7）。

在线性氧传感器的情况下，传感器内部腔室中的空燃比通过将电流（称为泵电流）施加到对应于 $\lambda=1$的能斯特电压来调节。空气参考通过陶瓷中的通道或通过不断向空腔供应氧来产生（图 18.8）。泵电流用作测量信号，取决于废气的 λ（图 18.9）。

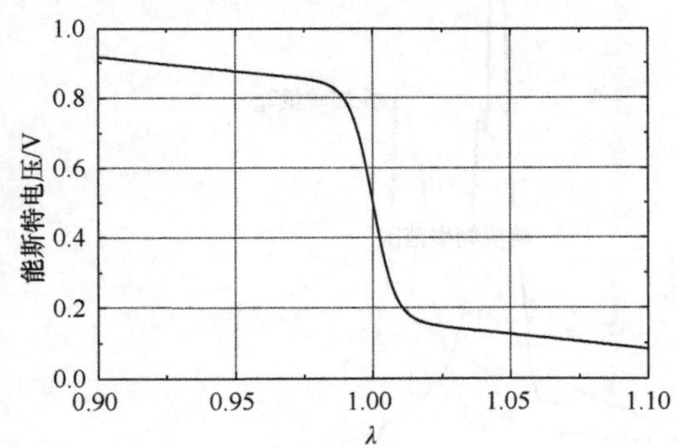

图 18.7 二元氧传感器的特性曲线

18.4.2 NO_x 传感器

NO_x 传感器可以直接测量汽油机和柴油机的废气中的氮氧化物浓度。它通过发动机控制（例如 NO_x 存储器，SCR 催化器）实现 NO_x 催化器的最佳调节和诊断，并满足低排放（SULEV、LEV 2）设计方案中三元催化器的 OBD 要求。

NO_x 传感器最有前途的工作原理是基于通过由铂和铑的混合物组成的催化活性电极分解氮氧化物；由此产生的氧的测量值可通过电流型线性氧传感器获知。多层 ZrO_2 传感器陶瓷的结构包含两个腔室（图 18.10）。首先，通过施加泵电流，将废气中所含的氧减少（稀废气）或增加（浓废气）至百万分之几十的恒定分压。所需的流量与空燃比的倒数成比例。在第二个腔室中，在测量电极处发生 NO_x 还原。保持电极无氧环境所需的电流与氮氧化物的浓度成正比，并形成测量信号（图 18.11）。通过附加电极对第一腔室和第二腔室中的残余氧进行两级调整，可以降低氧传感器的交叉敏感性。

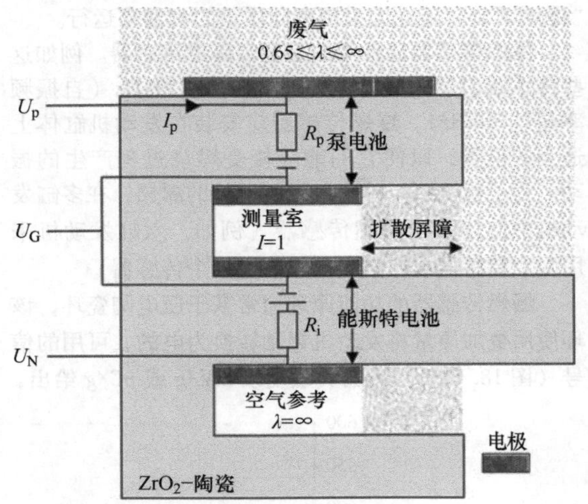

图 18.8 线性氧传感器的原理

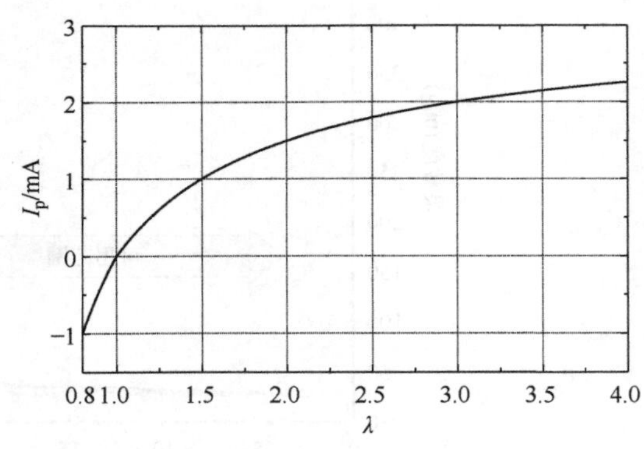

图 18.9 线性氧传感器的特性曲线

另外，了解空燃比还可以对 NO_x 信号进行数值补偿。这种传感器的缺点是它们在第一传感器腔中由氨反应成一氧化氮引起的强烈的氨交叉敏感性强。

对于百万分之几百的测量范围，NO_x 测量电极处所需的电流为几微安。只有通过对附近传感器的电子控制，才能实现电磁安全集成到发动机管理系统中。

有两种方法可以做到这一点，一种是独立的或所谓的“智能”NO_x 传感器（图 18.12），具有完整的控制（加热调节和泵电流调节）以及与发动机控制的数字通信，或者在模拟控制时只是进行泵电流调节处理。

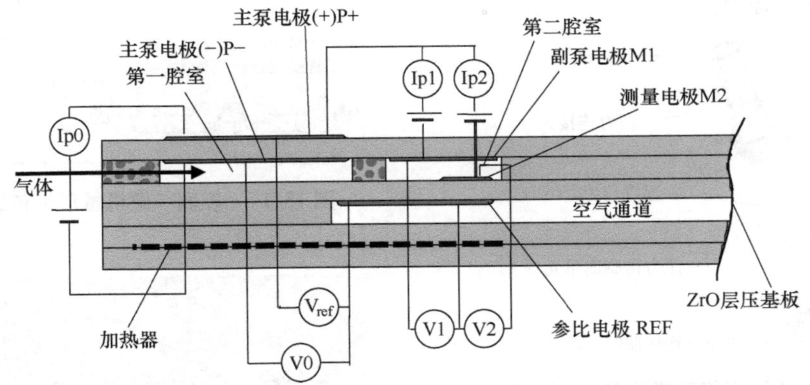

图 18.10 NO_x 传感器的测量原理（NGK 绝缘子有限公司）

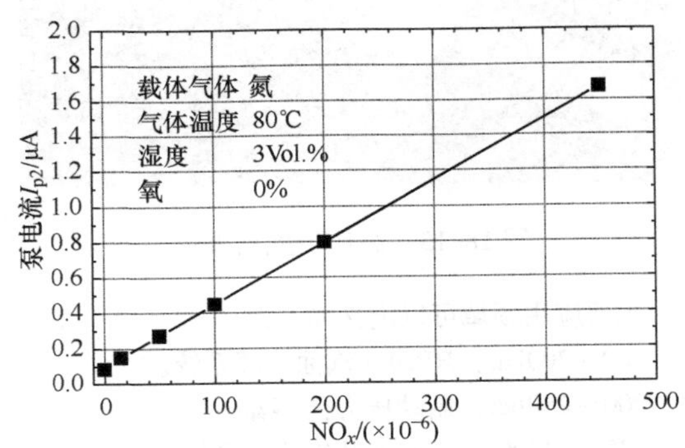

图 18.11 电流型 NO_x 传感器的特性曲线

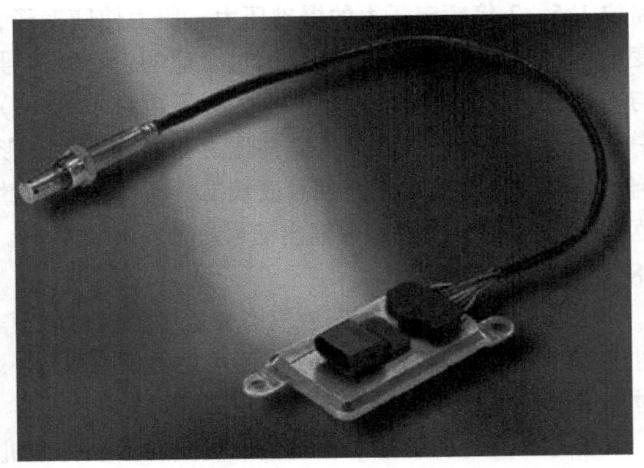

图 18.12 带控制电子的 NO_x 传感器

18.5 压力传感器

使用不同类型的传感器来满足待测量的压力的各种要求。

这些传感器类型可以区分如下：

传感器类型	压力范围
常压传感器	约 0 ~ 5bar
中等压力传感器	约 5 ~ 100bar
高压传感器	约 100 ~ 2000bar
差压传感器	约 0 ~ 1bar（双向）
压力开关	约 0 ~ 1bar（仅开关功能）

以下各节介绍这些传感器类型的应用领域和传感器原理。

18.5.1 常压传感器

常压传感器细分为以下几组：

– MAP：进气管绝对压力传感器（Manifold Absolute Pressure Sensor）。

– BAP：气压绝对压力传感器（环境压力传感器，Absolute Pressure Sensor）。

– 涡轮 MAP：用于涡轮增压发动机的进气管绝对压力传感器（增压压力传感器，Manifold Absolute Pressure Sensor）。

MAP 用于确定节气门下游的进气管真空度。典型的测量范围为 0.2 ~ 1.1bar。再考虑上温度，可以由此计算进气质量。根据驾驶员的要求，该信息构成了确定汽油喷射量和节气门位置的基础。借助于氧传感器信号，建立一个调节闭环，调节 $\lambda = 1$ 范围内的空气 – 燃料混合气，以确保最低的废气排放。MAP 通常与集成的温度传感器一起使用，以减少安装花费，如图 18.13 所示。

BAP 用于确定环境压力。获得的信息用于补偿不同高度的气压。典型的测量范围为 0.5 ~ 1.1bar。

涡轮 MAP 用于确定涡轮增压发动机的增压压力。典型的测量范围为 0.5 ~ 2.2bar。借助增压压力信息发动机控制优化燃烧参数。此外，增压压力用于涡轮增压器（VTG）的调节。

使用以下的测量原理：

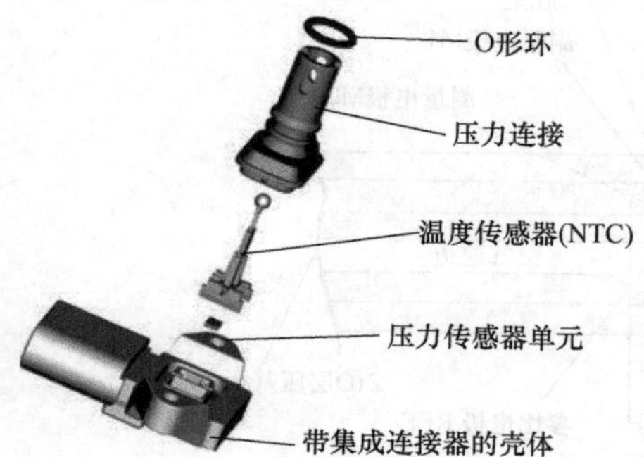

图 18.13　集成温度传感器的 MAP 的结构

18.5.1.1　压阻式测量原理

传统上使用压阻式测量原理。在这样的测量单元下，用一种由带有压电电阻的薄膜组成的压力单元。施加的压力导致压电电阻膨胀，这会导致与压力大小相关的电阻变化。借助于单独的电子设备，这些电阻变化转换为模拟电压。在更新的设计中，压力单元通过“体积－微机械”集成到芯片中。

18.5.1.2　电容式测量原理

一个基本的新发展是“表面－微机械”压力传感器。在这种情况下，使用标准半导体工艺（BiC-MOS）在单个芯片上产生压力单元和相关的信息处理电子器件。因此消除了压力传感器单元与信息处理电子设备之间所采用的键合线连接。压力由特殊的类似电容器的压力单元来确定。施加的压力会改变两个电容器表面之间的距离并导致电容发生变化。这种电容的变化转换为模拟输出电压。该结构示意性地显示在图 18.14 中。

上述提到的各种应用和压力范围的所期望的特性曲线的调节通过在传感器生产结束时的校准来进行。

18.5.2　中等压力传感器

这些传感器可用于诸如油压、自动变速器中的液压以及动力总成以外的应用（空调压缩机）。对于液体或腐蚀性介质，主要使用类似于高压传感器的结构。

18.5.3　高压传感器

大约从 100bar 开始归类为高压传感器。一般来说，大多是带六边形设计和 M12 的螺栓连接（图 18.15）。通常，使用 3 针插头（电源电压，接地，输出）。校准也可通过三个引脚或通过其他触点进行。

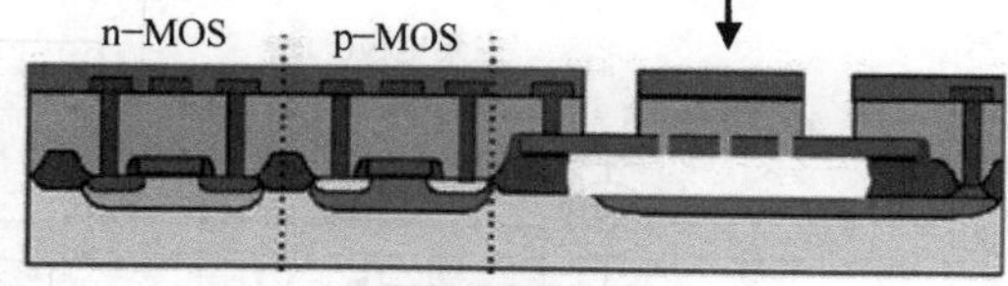

图 18.14　表面－微机械压力传感器的结构

图 18.15　高压传感器外形

主要应用领域可以定义如下：

100 ~ 200bar：HPDI－汽油直喷系统。

200 ~ 280bar：制动压力传感器。

1300 ~ 2000bar：柴油共轨喷射系统。

基本上，对于高压，通过膜实现介质分离。膜的高强度材料的使用允许测量范围超过 2000bar。通常需要 1.5 ~ 2 倍额定压力的爆破压力。压力使膜变形，变形量由膜上的应变计检测。通过合适的设计，信号与施加的压力成比例。电信号在电子电路（ASIC）中被放大，并用校准数据补偿与压力和温度相关的影响。高压传感器通过压力和温度校准，精度达到测量范围的 1% ~ 2%。大多数输出信号是模拟和比例的。

18.5.4　压力开关

压力开关用于检测液态或气态介质中的压力阈值。对于油压，开关阈值大约为几百毫巴（图 18.16），对于液压应用，开关阈值直到超过 100bar。

压力开关的功能基本上是基于机械的接触，该机械接触通过超过施加的压力而打开。弹簧将金属膜片压在金属壳体上。如果介质中的压力超过阈值，则金属膜远离壳体移动；中断壳体－金属膜片－金属弹簧的电路（接触打开）。

还有反向变型的，当压力下降时打开电路（接触关闭）。

图 18.16 油压力开关外形

18.6 空气质量流量传感器

为了能够确定由发动机吸入的空气质量流量，如今采用进气管压力传感器（MAP，进气管绝对压力，Manifold Absolute Pressure）或空气质量传感器（MAF，空气质量流量，Mass Air Flow）。输出信号用作发动机电子控制单元中的基础，用于确定负荷状态。

在汽油机的情况下，该信号主要用于燃料量的调节，作为点火特性场的输入值和用于确定废气再循环率。与氧传感器结合，MAF 或 MAP 形成闭环调节。

由于柴油机中没有节气门，因此进气管压力不是进气新鲜空气质量的量度，所以必须采用 MAF。这里，MAF 的信号用作废气再循环（EGR）的调节变量，在更新的系统中也用作与特性场相关的柴油喷射泵的控制变量。由于柴油机没有来自废气的反馈信息，因此对 MAF 的精度要求高于汽油机。

因此，进气新鲜空气质量的测量对于减少有害物排放和提高驾驶舒适性是至关重要的。

18.6.1 测量原理

除了以前经常使用的质量流量测量原理（挡板和加热丝）之外，现在还使用了热膜－风速测定法。

几乎所有机动车辆中使用的空气质量传感器都采用这一原理。加热的物体向周围的空气释放能量。散发的热量取决于空气流量，因此可用作测量变量。

18.6.2 空气质量流量传感器结构

MAF 由传感器模块、插头和可能的管道所组成。传感器模块也可以与相应的插头元件一起作为所谓插入式指状物来使用。管道直径与各种所需的空气质量范围相匹配（图 18.17）。传感器模块集成了传感器、电子设备和流动通道。

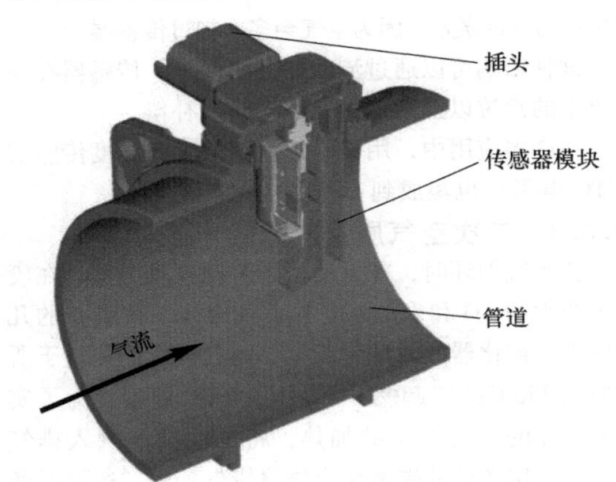

图 18.17 空气质量流量传感器的结构

玻璃基板（R_S和 R_T）上的两个与温度相关的金属膜电阻直接放置在管道内部。这两个电阻与 R_1 和 R_2组合，连接在一个桥式电路中（图 18.18）。

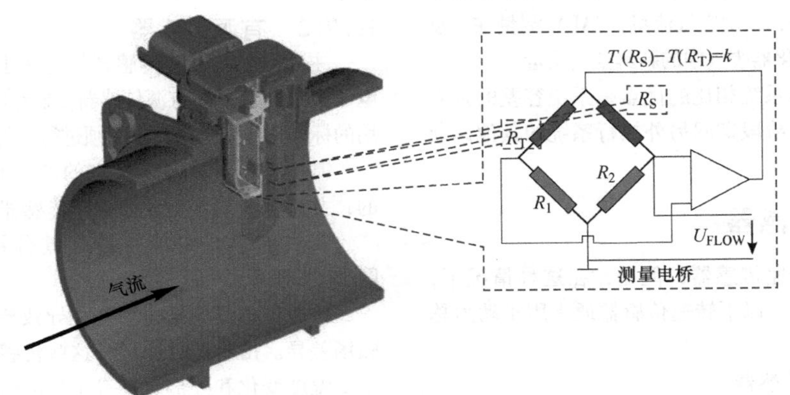

图 18.18 空气质量流量传感器的原理。R_2处的电压是质量流量的量度

相应于进气质量流量，R_S或多或少地得到冷却。

电子设备通过R_S调节所需的加热电流，使R_S处与R_T处测量的空气温度始终存在恒定的温差（例如100K）。加热电流在电阻R_2处转换为电压信号。

电阻器R_S和R_T是如此协调的，以至于特性曲线与空气温度无关。另外，由于物理原因，该特性曲线还具有有利的非线性特性，由此可以实现几乎恒定的比例分辨率。

由于材料、流动引导、电路技术和机械结构设计是专门针对车辆发动机舱的条件而定制的，MAF信号几乎与温度、压力和污染无关。

进气道中的脉冲和回流补偿：

当节气门完全打开或不存在节气门时（例如在柴油机或直喷汽油机中），具有四个或更少气缸的内燃机会在进气道中产生强烈的脉动。在确定的转速下，在谐振点，存在脉动式的回流，这会导致传统MAF产生正的测量误差，因为空气会多次扫过传感器。

这种影响可以通过流动通道的设计、传感器在该通道中的定位以及附加的校正电路来补偿。

在许多应用中，用于确定进气温度的温度传感器（NTC电阻）也集成到HFM中。

18.6.3　二次空气质量传感器

在废气循环时，在发动机的起动阶段期间，在废气中产生的CO和HC排放占了大部分。在最初的几分钟内，催化器的效率变为零，因为温度仍然低于所谓的约350℃的“起燃”（Ligh－Off）温度。为了实现催化器的尽可能快的加热，将二次空气吹入排气道，并且用额外的碳氢化合物将废气加浓。这可以通过混合气加浓或随后将燃料喷射到排气支管中来完成。因此，通过二次空气供应的氧允许通过浓混合气的后燃更快地加热催化器，并且因此显著地减少有害物的量。这对于满足最严格的排放要求是必要的。

基于主流MAF的测量原理，二次空气质量传感器（Secondary Air Flow，二次空气流量，SAF）测量在起动阶段额外输送到催化器废气中的新鲜空气质量。

与不受调节的系统相比的优点是系统容差的独立性以及在二次空气阶段期间另外执行系统的其他诊断的能力。

18.7　转速传感器

一般说的是转速传感器；但是，在这种情况下，传感器是增量式的。以下转速传感器通常用于动力总成的控制：

- 曲轴转速传感器。
- 凸轮轴转速传感器。
- 变速器转速传感器。

内燃机的电子控制单元需要曲轴和凸轮轴的实际位置信息来实现对点火和喷射的精确控制。

对于在曲轴上的应用，需要在整个功能范围（温度、气隙、转速、机械公差）内保持高精度。此外，传感器应该能够检测到尽可能低的转速，以便在发动机起动时实现快速位置检测。对于多达8个气缸的发动机，通过评估曲轴转速传感器来辨识发动机失火（Misfire Detection）。因此，需要非常高的复现性（<0.03°）。

通过凸轮轴转速传感器实现凸轮轴与曲轴之间的同步，这意味着第一个缸的确认。为了实现快速同步，要么使用专门编码的凸轮轴传感器轮，要么使用具有稳态功能的凸轮轴传感器。在具有可变配气定时的发动机中，还需要凸轮轴转速传感器来控制凸轮轴调节器。每个可调凸轮轴都需要一个凸轮轴转速传感器。当用作可变配气定时的位置传感器时，精度显得尤为重要。

用变速器转速传感器来测量车辆的速度。为了控制自动变速器和CVT变速器，需要输入和输出转速。对变速器转速传感器的要求要低得多，但这些传感器应该能够检测到尽可能低的转速。

测量原理可以细分为无源和有源转速传感器。

18.7.1　无源转速传感器

当今，无源转速传感器几乎无一例外都是采用电感式传感器，也称为可变磁阻（VR）传感器。

电感式传感器基本上由一个围绕磁性的预加载的磁心的线圈组成。如果感应传感器靠近移动的铁磁传感器轮，则会感应出电压。该电压在电子控制单元中进行处理。传感器轮的每个边缘都会感应出一个电压。在电感式传感器中，感应电压的水平取决于转速，因此，电感式传感器的功能具有较低的转速/频率。

18.7.2　有源传感器

主动工作的转速传感器具有用于信号处理的集成电子设备。因此，有源传感器传输在电子控制单元中使用的标准化信号电平，而无须进行额外的信号处理。

基于霍尔（Hall）效应的有源传感器是最普遍的，并且越来越多地使用MR传感器和GMR传感器。

霍尔传感器中最常使用差分霍尔传感器，如图18.19所示。

铁磁传感器轮的边缘变化导致差分霍尔元件上的磁场差异。由于差分原理，这些传感器在很大程度上不受温度变化和外部磁场等干扰的影响。因此，这些传感器具有很高的精度。利用差分原理，传感器可以

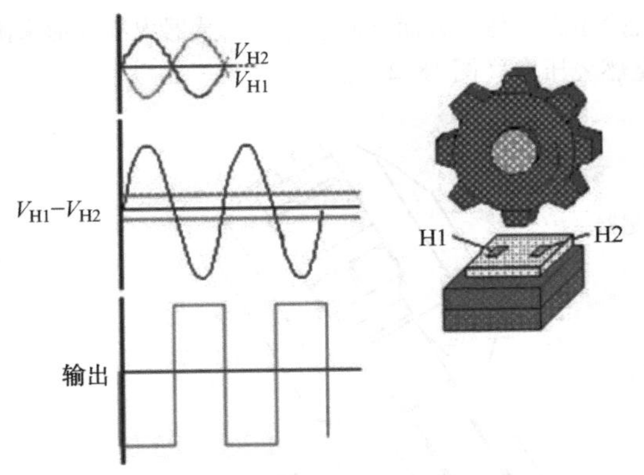

图 18.19 差分霍尔传感器的测量原理

实现低于 0r/min（零速）的测量。基于差分原理，这些传感器只能在一个安装位置使用。

对于静态功能，使用所谓的单元件霍尔传感器。这些传感器可以辨识齿或间隙，而无须移动传感器轮(True Power On)。作为单个元件的布置，霍尔传感器与传感器轮之间可以是任何方向的。

图 18.20 展示了一个基于差分霍尔传感器的有源曲轴转速传感器。

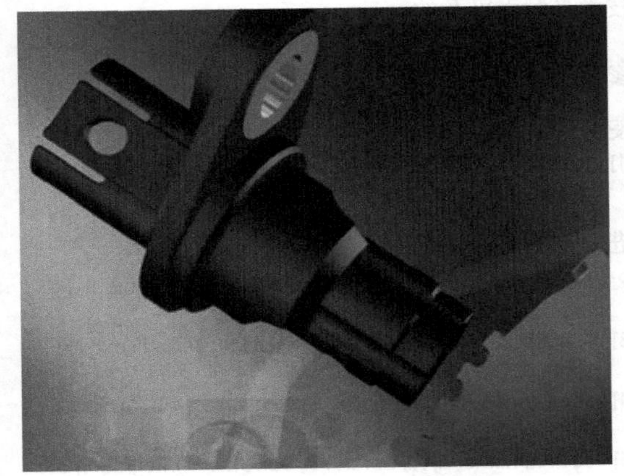

图 18.20 有源曲轴转速传感器

18.8 柴油机的燃烧室压力传感器

在排放法规日益严格的情况下，未来燃烧方式需要更详细的燃烧过程信息。

对于定性的信息，例如检查是否存在预喷射，目前优先选用爆燃传感器作为声音传感器。然而，在大多数情况下，需要关于在相应的曲轴转角释放的燃烧能量的定量信息。对此，特别是燃烧室压力传感器正适用于此目的。根据其信号，可以实现以下功能：

- 最大燃烧压力气缸选择性调节。
- 可以检测预喷射、主喷射和后喷射。
- 补偿喷射和进气系统的公差。
- 燃烧重心位置的调节。

使用具有压敏膜的常规工作的压力传感器是非常困难的。为了尽可能地最小化燃烧气体中的压力波动效应，膜必须尽可能直接安装在燃烧室内。由于现代乘用车柴油机的气缸盖通常很少或没有空间为压力传感器提供额外的孔，因此，这种传感器的使用通常在安装空间方面是不合格的。

出于这个原因，燃烧室压力传感器的当前主要发展方向旨在集成到现有的零部件中，特别是在电热塞中。通过进入燃烧室，电热塞具有理想的安装位置。

一个带有压电陶瓷测量元件的电热塞集成的燃烧压力传感器的示例如图 18.21 和图 18.22 所示。由电热塞壳体和电热塞电极组成的测量元件的变形通过压电陶瓷的传感器元件转换成电荷并作为输出信号。

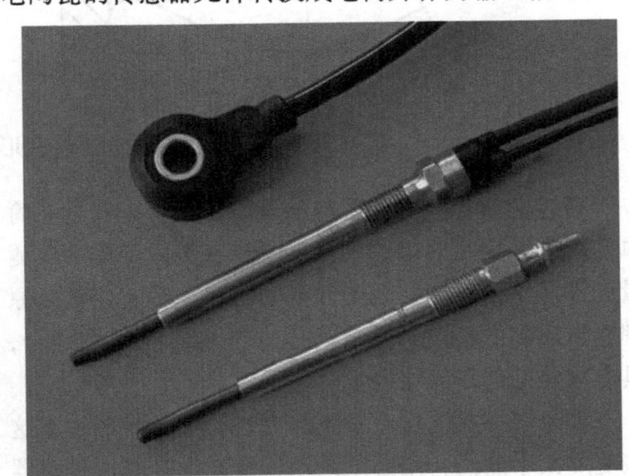

图 18.21 电热塞集成的燃烧压力传感器（中）与爆燃传感器（左）和电热塞（右）的组合

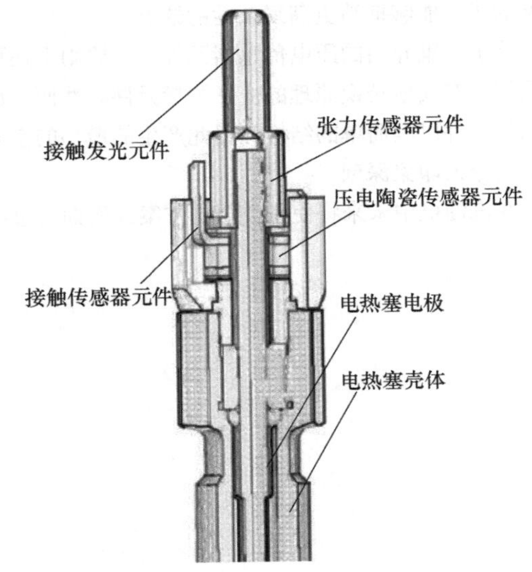

图 18.22 集成的传感器元件

电热塞集成的燃烧室压力传感器原则上可以分为两个测量原理：一方面，通过测量气缸盖变形来测量燃烧压力，另一方面是通过测量传感器内部变形来测量燃烧压力（图 18.23）。

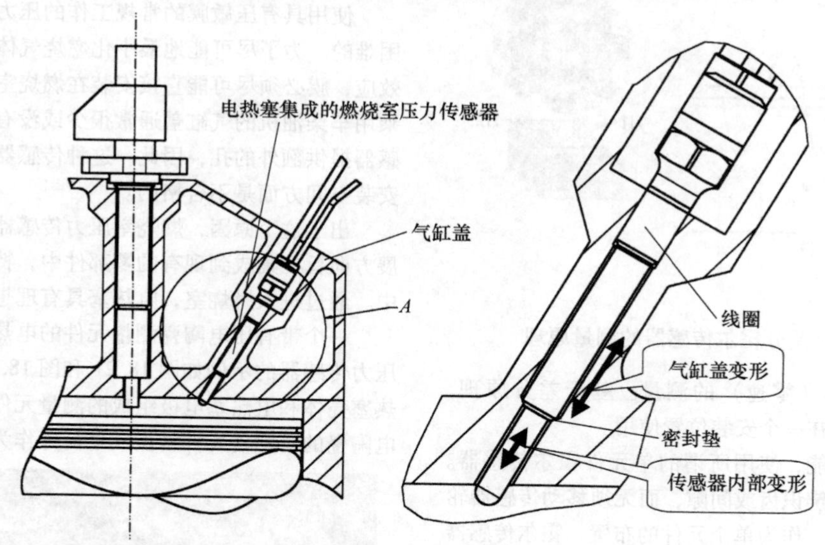

图 18.23　通过气缸盖变形测量燃烧室压力与传感器变形

通过测量气缸盖变形来测量燃烧压力表明是更简单的解决方案，因为这里整个电热塞壳体可以用作测量元件。对目前的共轨柴油机的研究表明，该测量原理具有出色的精度，并且与压电传感器元件相结合，具有非常好的信噪比[1]。

如果气缸盖上没有发生与燃烧有关的变形，或这些变形太小的话，则必须采用稍微复杂的测量传感器内部变形的原理。在这种情况下，测量元件必须与气缸盖引起的电热塞壳体变形解耦。在传感器工厂进行校准的优点能够抵消更高复杂性的缺点。

除了这里介绍的压电传感器元件外，原则上还可以设想具有其他转换原理的变形测量元件。然而，压电测量元件以其简单的结构和由此产生的最小的空间需求而令人印象深刻。

在汽油机中未来将使用类似的方案，例如通过将燃烧室压力传感器集成到火花塞中，通过这里开发的技术是触手可及的。

参考文献

使用的文献

[1] Robert Bosch GmbH (Hrsg.): Kraftfahrtechnisches Taschenbuch, 26. Aufl. Vieweg, Wiesbaden (2007)

进一步阅读的文献

[2] Fiedeler, O.: Strömungs und Durchflussmesstechnik. R. Oldenburg. (1992)

[3] Niebuhr, J., Lindner, G.: Physikalische Messtechnik mit Sensoren. R. Oldenburg. (1994)

[4] Tränkler, H.-R., Obermeier, E.: Sensortechnik. Springer. (1998)

[5] Last, B.; Ramond, A.; Goretti, S.; Burrows, J.: Integration of a piezo ceramic sensing element in a glow plug in order to get a combustion pressure sensor for diesel engines. Hildesheim, Adaptronic Congress, 27.–28. April 2004

第 19 章　执　行　器

工学硕士 Stefan Klöckner，经济学、工学硕士 Stefan Grüneis，
经济学、工学硕士 Axel Tuschik

19.1　驱动器

在发动机管理执行器中，首选气动和电动执行器。图 19.1 显示了最常见的驱动器的优缺点。

19.1.1　气动驱动器

气动驱动器在执行器中最好用作两个固定位置之间的切换（图 19.2）。气动执行器由带膜片的真空单元所组成，该膜片通过控制阀连接到车辆的真空源。要操作的调整元件要么直接要么通过杠杆以及绳索连接到调整元件。在商用车中，优先使用带有与车辆压缩空气源相连接的提升缸的气动驱动器。

气动驱动器的优点是价格低廉，并且具有与结构尺寸相当的调整转矩和短的调整时间。气动驱动器的主要缺点是难以实现位置调节，无法精准地进入中间位置。该缺点导致现在越来越多的电驱动器取代以前广泛使用的气动驱动器。

驱动器	气动驱动	步进电动机	用变速器的直流电动机	转矩电动机	EC 电动机
调整力矩	＋＋	－	＋＋	o	＋＋
定位时间	＋	－	＋	＋＋	＋＋
位置调节	－－	＋＋	＋	＋	＋
重量	＋	－	o	－	o
成本	＋＋	＋	o	＋	－－
寿命	o	＋	－	＋	＋

注：＋＋；非常好，＋：好，o：一般，－：差，－：非常差。

图 19.1　各种驱动器的比较（来源：大陆汽车有限公司）

19.1.2　电驱动器

19.1.2.1　步进电动机

步进电动机适合用于对执行力要求较低的执行器中（图 19.3）。步进电动机的优点在于它的步进运动方式和与之有关的控制。通过对调整步骤的同时计数，可以确定驱动器以运动起始位置为基准的相对位置，从而简化驱动器的位置控制。但是无法绝对地确定其实际位置。

对于简单的要求，不需要额外的传感器来记录实际位置。主要缺点是步进电动机过载力矩较小，难以克服出现的迟滞现象，以及由于所要求的，但是未执行驱动器的调整运动而在位置控制中未能检测到的错误的相关可能性。

19.1.2.2　DC 电动机

直流电动机（DC 电动机）最好与变速器一起用作执行机构。变速器设计和传动比的灵活性使同一台直流电动机可用来满足不同的调整力矩以及调整时间要求。

直流电动机/变速器组合的主要优点是较大的过剩力矩，这样可以实现快速的调整，并且可以克服短时间内出现的迟滞。直流电动机驱动器的位置调节只能与位置传感器结合使用。

直流电动机的缺点是其结构设计相对复杂，与非接触式驱动器相比，电动机和变速器的磨损特性要差一些。

19.1.2.3　转矩电动机

转矩电动机在执行器中用作直接驱动器，而无须采用附加的变速器（图 19.4）。典型的应用领域是对调整力要求不高且对调整时间要求不高的场合。转矩电动机的主要优点是无接触驱动，因此无磨损，以及结构简单。其缺点是，与带有变速器的直流电动机相比，过剩转矩较小，而与调整力矩特性相比，重量较大。转矩电动机驱动器通常还需要一个用于位置调节的位置传感器。

有时还存在转矩电动机驱动器在没有反馈的情况下运行的情况。这可以用作两个机械的限位器之间的

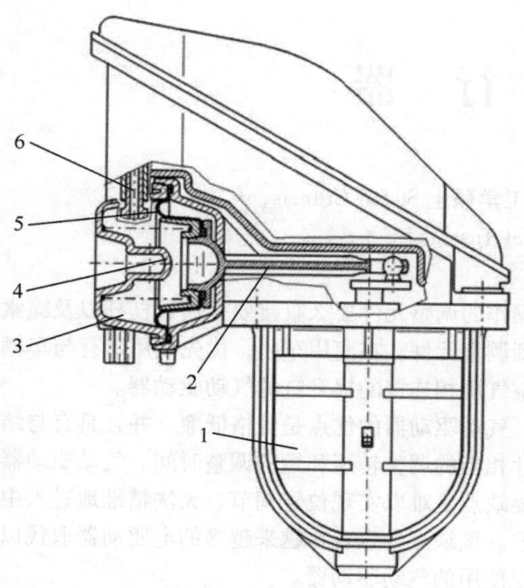

图 19.2　带气动驱动器的进气管谐振板（来源：大陆汽车有限公司）

1—谐振板　2—连接杆　3—真空单元　4—限位器　5—膜片　6—真空连接

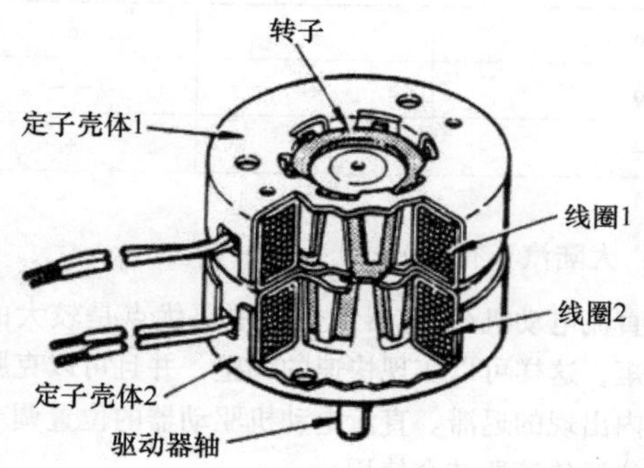

图 19.3　步进电动机（来源：大陆汽车有限公司）

纯调整，或者通过相对于复位弹簧的位置 - 电流消耗特性来进行控制。然而，通过电流消耗控制无法实现精确定位。

19.1.2.4　EC 电动机

EC 电动机是电子换向直流电动机。与传统的直流电刷电动机相比，它们没有移动的接触点。一个典型的模式是转子轴上有永磁体的内转子和定子上带有绕组。EC 电动机需要在电动机中添加额外的传感器（通常使用霍尔元件传感器），以检测转子的位置，以及基于构建的调节电路来实现电动机的控制。

EC 电动机优先用于需要高的调整力矩并具有快速响应时间或长时间运行的执行机构中，例如在商用车中应用或用于气门升程调节。其优点在于机械磨损程度低和性能好，主要缺点是成本较高。

图 19.4　转矩电动机（来源：大陆汽车有限公司）

1—定子　2—转子（2 针）　3—线圈

19.1.3　与发动机控制电子装置的通信

19.1.3.1　受控执行器

在简单应用中采用受控系统（图 19.5）。为此，发动机控制电子装置为执行机构或真空阀通电，通过这种措施引起调整运动。调整运动不会“闭环”反馈到发动机控制电子装置，或者仅通过外部系统间接反馈。

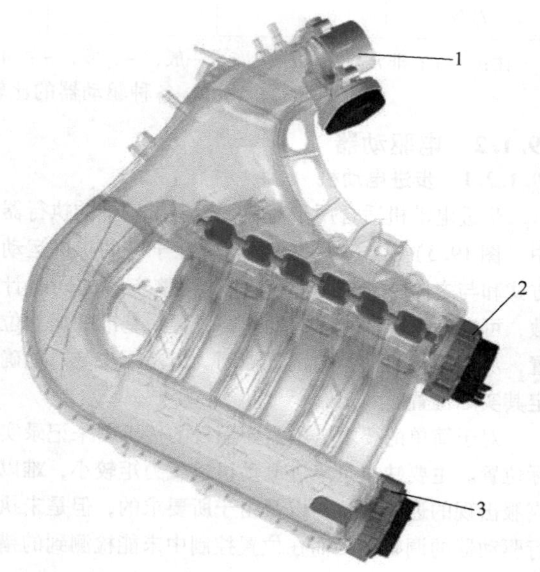

图 19.5　用于一台 V6 发动机进气管长度和进气管谐振切换的受控转矩电动机执行器（来源：大陆汽车有限公司）

1—线控节气门执行器

2—用于进气管长度切换的受控转矩电动机执行器

3—用于进气管谐振切换的受控转矩电动机执行器

这些系统的主要优点是低成本和相对容易地集成到现有的系统中，主要缺点是缺乏反馈。因此，没有反馈的受控系统通常不能用于与OBD相关的功能。

对于受控系统，首选气动驱动器、步进电动机或转矩电动机。

19.1.3.2 外部受调节的执行器

受调节的执行器借助于位置传感器将实际位置反馈给发动机控制电子装置。借助于该位置信号，发动机控制单元调节驱动器，从而有针对性地将实际位置调整到设定值。与受控的执行器相比，外部受调节的执行器需要发动机控制电子装置在硬件和软件方面更加复杂。重点是用于控制驱动器的功率输出级（H桥）和位置调节所需的处理器的计算能力。

带变速器的直流电动机驱动器通常用于外部受调节的执行器。

19.1.3.3 内部受调节的执行器（智能执行器）

集成的（“智能的”）执行器配备有集成电子设备，该集成电子设备通过功率放大器控制驱动器和带有用于位置调节的相应软件的处理器单元。这些执行器与发动机控制电子设备的通信被简化为信号、从发动机控制电子设备给执行器的设定值信号和相反方向的反馈信号。此处使用标准信号（通常为数字信号）和总线系统（CAN总线，LIN总线）。功率电流直接来自车载电网，对于智能驱动器不需要发动机控制中的功率输出级。

基于现有的反馈信号，智能执行器也可用于与OBD相关的功能。通过集成的电子元件，执行器的结构比外部受调节的执行器要复杂得多。根据所使用的电子技术，在某些情况下，允许的温度范围也会受到限制。这些执行器的主要优点是可以非常简单地将执行器集成到现有的发动机控制系统中，即使有精确的定位要求。由于复杂的控制，带EC电动机驱动器的执行器优选设计为智能执行器。

19.1.4 重置/默认位置

根据应用的不同，有时即使执行器发生故障，执行机构也需要移动到预定位置。这也称为默认位置（Default - Position）。这种执行器特性是通过在执行器上或驱动器中集成一个或多个复位弹簧来实现的。

对默认位置的要求代表了对驱动器性能要求的显著增加，并且经常被低估。通常，它需要更大的驱动器并且不包括自锁驱动器设计。

19.2 节流板执行器

19.2.1 汽油机的核心功能

汽油机工作需要影响吸入的空气质量。用于改变空气质量流量的最普遍的技术解决方案是节气门执行器。通过节气门在空气通道中的位置，确定由内燃机吸入的空气量和进气管中的压力水平（图19.6）。

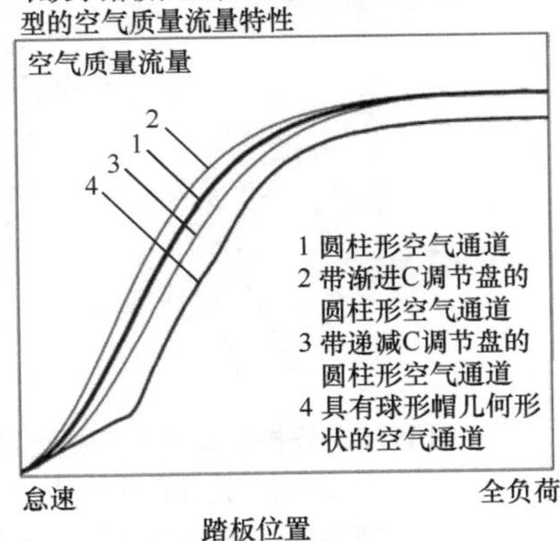

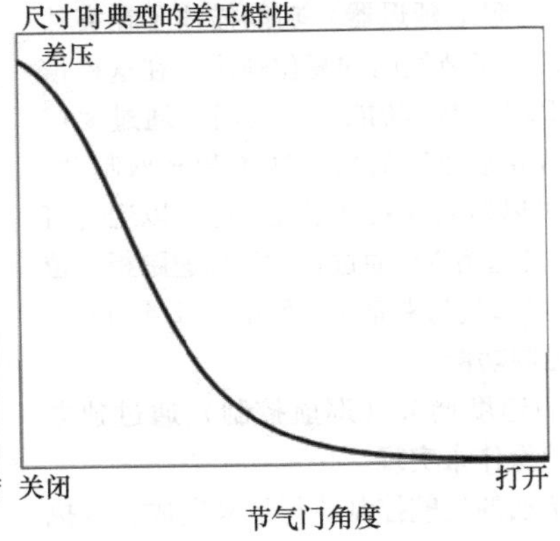

图19.6 空气质量流量和压差特性图（来源：大陆汽车有限公司）

19.2.2 柴油机的核心功能

柴油机通过调节空气-燃料混合气的质量来运行。在理想情况下，不必需要对空气质量流量进行节流。然而，有大量的节流板执行器用于柴油机。这些执行器的主要功能是产生确定的压力降，以将废气供入发动机的进气道（废气再循环），这对于满足相关法律中关于废气中低含量有害物的高要求是必要的（另见19.2.6节）。此外，通过节流和与燃烧技术有关的措施可以显著提高内燃机的废气温度，以支持颗粒过滤器的再生。

19.2.3 其他功能

19.2.3.1 汽油机怠速调节

除了充量调节的主要功能外，节气门执行器（包括其各种附加单元）还具有其他功能。节气门执行器最重要的辅助功能是汽油机的怠速调节（图19.7）。

通过影响空气质量流量可以大范围地控制怠速转速。另外，通过改变点火时刻可以进行微调。

当节气门关闭时，可以通过在主空气通道的旁路中的执行机构来调节怠速空气质量流量，也可以通过将节气门直接定位在微开的工作区域中来进行调节。

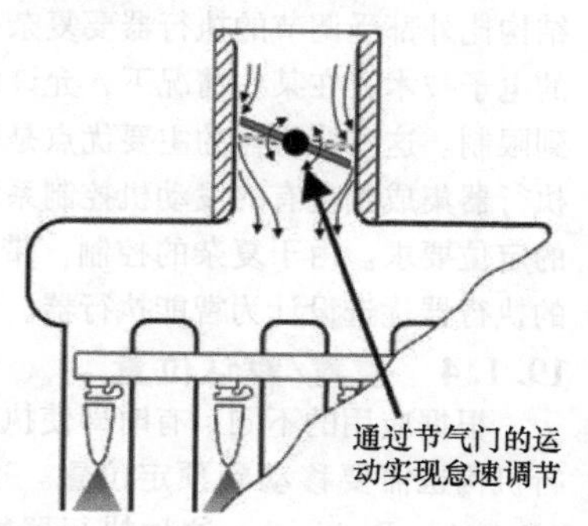

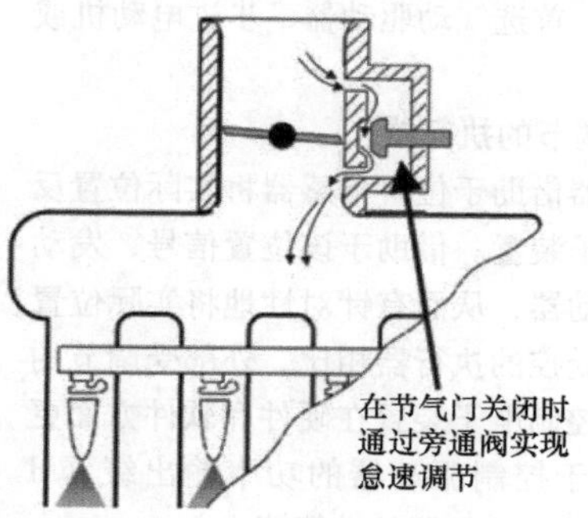

图19.7　怠速调节系统的比较（来源：大陆汽车有限公司）

19.2.3.2　位置信号

节气门执行器上的传感器会产生一个位置信号，并将其发送到发动机控制电子装置。电位器广泛用于此功能。

传感器的信号还用于区分内燃机是部分负荷运行还是怠速运行。在某些情况下，除了传感器信号之外，节气门执行器上还会使用开关。

对于电驱动的节气门，位置传感器通常集成在驱动器中。为了满足对系统可靠性日益增长的需求，电位器正越来越多地被非接触式传感器系统所取代。

19.2.3.3　负荷冲击阻尼

“Dash - Pot”（阻尼延迟器）功能描述了在突然松开加速踏板后减慢了节气门的复位速度。在这种情况下，如果没有Dash - Pot功能，节气门会通过复位弹簧快速关闭。这导致车辆的负荷冲击和剧烈制动。减轻负荷冲击，可以提高驾驶舒适性。这可以通过打开旁通执行器进行怠速调节或通过相对于加速踏板复位要慢的、独立复位的节气门来完成（另见19.2.4节）。

19.2.3.4　巡航控制功能

汽油机车辆的速度调节（巡航控制）通过独立于驾驶员的节气门操作来实现。

这可以通过单独的巡航控制执行器来完成，该执行器通过链或杠杆连接到节气门。现代节气门执行器通过直接驱动节气门执行器来实现此功能。

巡航控制功能需要一个能量源（例如：电动或气动驱动器），该能量源可以根据加速踏板位置打开节气门。

19.2.4　“线控驱动”（E - Gas）

与巡航控制运行相比，为了支持防滑调节［ASR或牵引力控制（Traction Control）］和电子稳定调节（ESP），不仅需要打开而且需要关闭与加速踏板相关的节气门。

机械连接的系统很难实现此功能。有时，在原有节气门之前使用第二个节气门（在正常运行时打开），该节气门独立于加速踏板被操控，以实现这些功能。然而，这些系统无法实现发动机拖曳转矩的调节。更普遍的是使用“线控驱动”（Drive - by - Wire）系统（也称为E - Gas），它使节气门的位置完全独立于加速踏板位置（图19.8）。

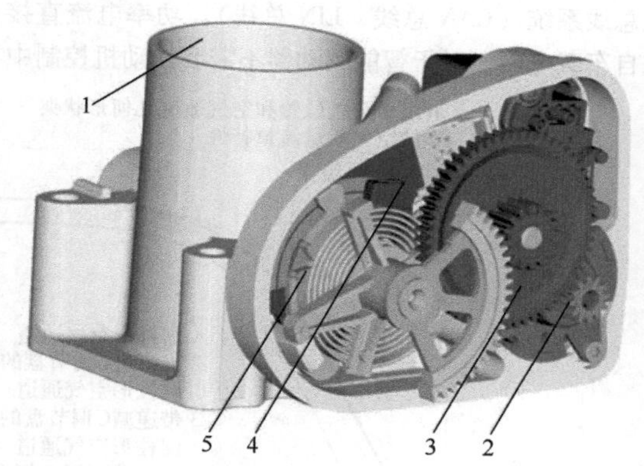

图19.8　线控驱动节气门执行器E - Gas 5
（来源：大陆汽车有限公司）
1—空气通道　2—DC电动机　3—两级变速器
4—位置传感器（电位器）　5—回位弹簧

在这些系统中，根据各种特性数据和功能在发动机控制单元中计算节气门的目标位置，然后通过节气门执行器来实现其位置的调节。位置调节通过比较节气门的目标位置和实际位置以及发动机控制电子装置对驱动器的相应的控制来进行。在某些情况下，位置调节还通过节气门执行器中的电子装置来实现。在这种情况下，在中央发动机控制电子装置中生成设定值，并报告给节气门执行器。在某些应用中，完整的发动机控制电子装置也集成在节气门执行器中（图19.9）。

通过独立于加速踏板的节气门位置也可以启用或简化其他功能。节气门的开度特性曲线可以根据需要相对于加速踏板位置进行加速或减速。怠速调节、巡航运行和负荷冲击阻尼通过发动机控制单元中的软件来实现，不需要任何额外的机械部件。与机械连接到加速踏板的节气门执行器相比，这是“线控驱动”的明显优势。

节气门执行器的功能缺陷或故障可以通过发动机控制电子装置来辨识，并且不会被误解为是驾驶员的要求。对此，将安全性方案集成到发动机控制电子装置的软件中。为了能够清楚地识别节气门执行器的功能缺陷，通过两个冗余信号反馈节气门的位置。

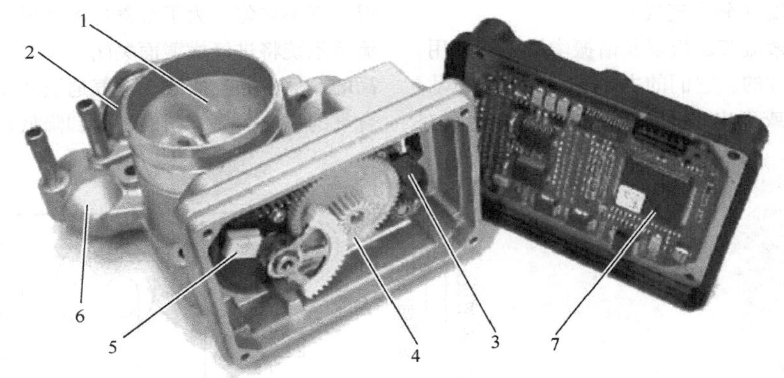

图19.9 带集成发动机控制电子装置的节气门执行器E－Gas 7（来源：大陆汽车有限公司）

1—空气通道 2—回位弹簧 3—DC电动机 4—两级变速器 5—位置传感器（电位器） 6—加热（通过冷却液回路） 7—发动机管理电子装置

19.2.5 旁通阀功能

节气门执行器还用于调节或限制增压发动机的增压压力。为此，除了调节内燃机充气程度的节气门外，另一个节气门执行器还用于压气机的旁通［旁通阀（Waste－Gate）功能］。如果在某些发动机工况下增压压力过高，则旁路中的节气门会打开，部分压缩的进气会流回到压气机前方的区域，降低增压压力。

19.2.6 真空/预节流执行器

与环境相比，通过空气质量流动的节流在内燃机的进气管中产生真空度。该压差用于各种功能，如用作制动助力器的能源。真空度由外部执行器（主要是阀门）控制，用于输入“曲轴箱通风”（Blow－by－Gase）和空气流，以再生活性炭罐，以及进行废气再循环。

节气门执行器的这一特殊功能也用于柴油机。

预节流执行器的节气门（图19.10）在正常运行时完全打开，仅在需要压降（例如用于EGR供气）时才关闭。在调整力矩和调整时间方面，对这种预节流执行器的要求通常略低于“线控驱动”节气门执行器的要求。

图19.10 带集成电子装置的预节流执行器（来源：大陆汽车有限公司）

1—空气通道 2—节气门 3—DC电动机 4—两级变速器 5—回位弹簧 6—磁轮 7—霍尔传感器 8—用于位置调节的电子设备 9—设备连接器

19.3 涡流节流板和紊流节流板/谐振增压

由于对发动机降低燃料消耗要求的不断提高，因此也越来越多地利用节流板系统来影响气缸内空气－燃料混合气的质量。这里的节流板系统可以分为许多不同的种类：能够产生很好的混合气涡流，同时也能生成非常均质的混合气，以及能够在气缸不同区域内形成不同的燃油浓度（分层充气）。

涡流节流板、紊流节流板以及谐振增压中所使用的执行器是有可比性的。它们的主要区别就在于驱动器的类型（气动的或者电动的）以及在达到终点位置之前是否需要有中间停留的位置。在实际应用中，电动执行器越来越多地取代了气动驱动器。

19.3.1 气道停用

现代多气门发动机（每缸2个或更多个进气门）在高速下通过对气缸充量进行优化而显示出特色（图19.11）。然而，在低速下所需的大的进气横截面通常会导致气流中的湍流不足和气缸中的空气－燃料混合气不均匀。为了改善这种情况，在低速时通过节流板系统将进气横截面关闭一部分。这样就会导致更高的流速，并且取决于进气通道的布置，还会导致混合气的涡流、更均匀的燃烧和降低燃料消耗。

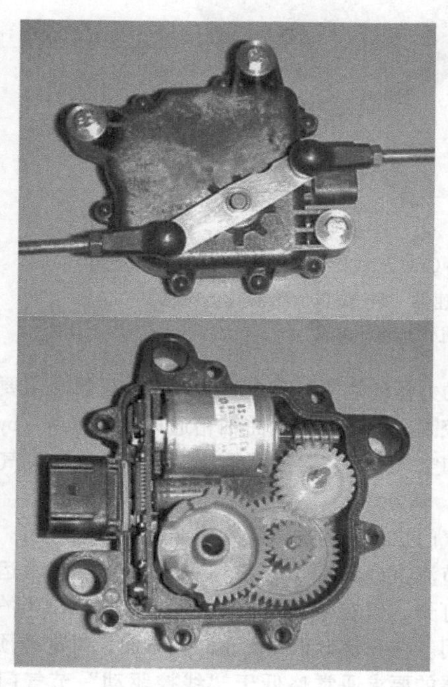

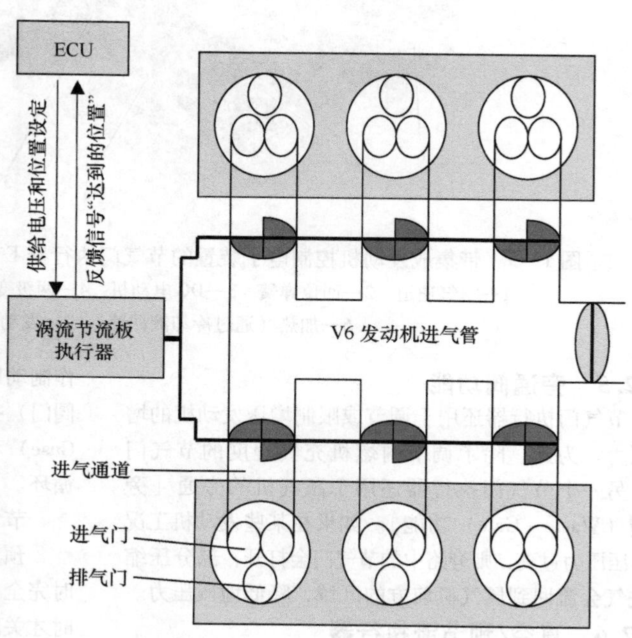

图19.11　用于同时调节3气门V6发动机中的2组节流板的气道停用系统（来源：大陆汽车有限公司）

一般情况下，采用执行器来控制气道停用（Port－Deactivation），执行器可以在节流板系统的两个位置之间切换。而位置调节的系统一般不是典型性的。

使用最多的是气动驱动装置。但随着对废气排放要求的提高和这一系统对OBD（车载诊断）重要性的提高，电驱动的两点式执行器也得到了应用。

19.3.2 分层充气

为了产生分层充气，使用节流板系统来影响气流的方向或速度或两者，使气流以涡流和/或翻滚运动进入燃烧室（图19.12）。为此目的，未受影响的气流和通过受节流板系统影响的气流有时以特定的角度相混合。

由于有必要影响进入燃烧室的空气流量，因此在发动机每个气缸尽可能靠近燃烧室前面采用单独的节流板来影响气体流动。该节流板尽可能靠近进气门安置。

由于通常不需要以有针对性的、气缸选择的方式调节节流板的位置，因此气缸组（成排）的涡流节流板通过一个由执行器调节的共用轴来驱动。由于不同的负荷和转速情况下的气流非常不同，因此通常需要能够接近中间位置。因此，具有位置调节的分层充气执行器的驱动结构与节气门执行器的驱动结构相当。由于调整力矩和调整时间要求，优先选用DC电动机/变速器驱动器。

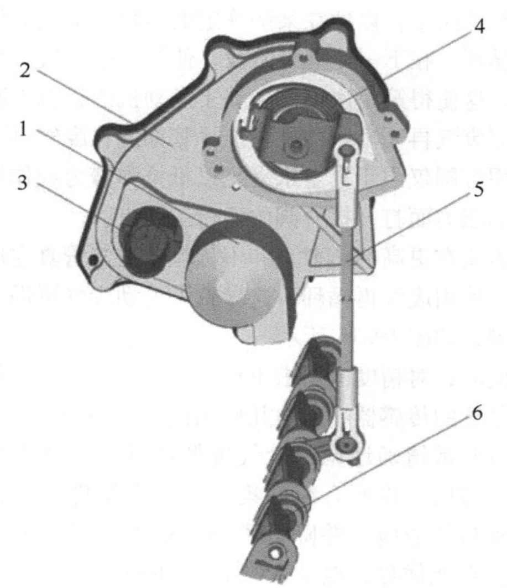

图 19.12 带滚流-节流板系统的执行器（4 气缸）（来源：大陆汽车有限公司）

1—DC 电动机 2—带两级正齿轮变速器的驱动器壳体 3—设备连接器 4—回位弹簧（默认位置） 5—推杆 6—滚流节流板轴

19.4 可变涡轮截面涡轮增压器

具有可变涡轮截面的废气涡轮增压器越来越多地用于优化涡轮增压器在不同转速下的性能并减少“涡轮迟滞”（图 19.13）。可移动导叶用于使涡轮截面与不同的负荷和转速条件相匹配。这些执行机构通过受发动机控制电子装置控制的驱动器来操控。

图 19.13 带可变涡轮截面的废气涡轮增压器（来源：博格华纳涡轮系统）

气动的和电动的驱动器都可用作执行器。在电驱动的情况下，带用于位置调节的集成电子装置的执行器是首选。

19.5 废气再循环阀

从 20 世纪 70 年代开始，为了符合当时新的排放限值，首先在北美的量产汽车中使用了外部废气再循环。通过废气再循环，一部分已燃烧的废气从排气管取出并通过管道返回到进气管。在进气管中，已燃烧的废气混合到进气混合气中，如图 19.14 所示。

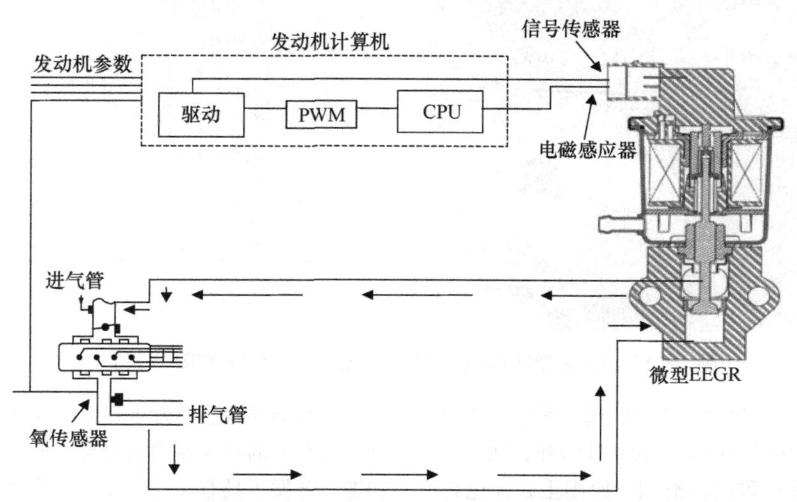

图 19.14 废气再循环示意图（来源：大陆汽车有限公司）

通过燃烧废气的添加降低了燃烧峰值温度，从而减少了氮氧化物的排放。另外，在部分负荷范围内通过废气再循环可以减少燃料消耗。由于必须根据发动机负荷和转速来改变再循环废气的量，因此需要相应的调节机构——废气再循环阀（简称 EGR 阀）。

除了外部废气再循环外，还有内部废气再循环，即通过进气门和排气门的叠开产生，所有四冲程发动机都可以存在这种情况，并且可以在一定范围内受到影响。内部废气再循环对排放的影响相同，尽管EGR量由于结构设计所限而相对较低，并且只有在具有可变气门定时的发动机中才能根据负荷和转速来影响。基本上，可变气门定时系统的使用目的是优化功率以及转矩。废气再循环是一个额外的应用，但仅凭这一点很难证明这些系统相对较高的成本是合理的，因此只能被视为一个额外的好处。尽管内部废气再循环量的可控性有限，但在具有可变气门定时的发动机上通常不提供额外的外部废气再循环。

带有气动驱动（真空装置）的提升阀用于第一个外部废气再循环系统。其中，进气管压力施加到真空装置上，从而根据发动机的运行工况点调整EGR阀。通过插入气动延迟阀、止回阀和限压阀的切换来限制功能范围，以排除废气再循环量不足的负面影响。其他的调节系统也将排气背压作为真空装置的调节变量考虑在内。在某些情况下，电子转换阀也集成到控制管路中，以便在某些确定的运行工况点关闭废气再循环。在下一个开发阶段，使用了电－气压力转换器，这使得第一次可以独立于发动机的运行工况点来控制废气再循环阀的位置。尽管如此，废气再循环的应用范围仅限于真空水平足以抵抗弹簧力或作用在其上的压力而打开提升阀的运行工况点。

希望在更高的负荷点和不依赖于进气管真空度的情况下使用废气再循环，这导致了电动废气再循环阀的发展，如图19.15所示。

同时，对精度的要求也提高了，因此集成了指示阀门位置的传感器。与前几代相比，这些废气再循环阀可以非常精确地调节废气再循环量，同时也缩短了调整时间。将所有组件集成在一个组件中简化了对发动机的适应，并降低了与功能相关的公差。由于这些功能优势，电动废气再循环阀在新一代发动机中几乎完全取代了气动阀。除了步进电动机、升降和旋转磁铁外，直流电动机越来越多地用作电动执行器。

图19.15　电动废气再循环阀（来源：大陆汽车有限公司）

除了执行器的不断发展，原有的调节阀也经常更迭。除了各种形状和尺寸的提升阀和针阀外，如今还使用瓣阀（节流阀）和旋转滑阀。原则上，无论污染程度如何，阀门都应保证其在整个使用寿命内的功能保持不变。此外，随着位置的每次变化而发生的跨阀的压差的变化，对设定阀位的影响应尽可能小。这在从封闭状态到小开口的过渡过程中尤为重要，因为这种过渡会导致压差发生很大的变化。同时，在此运行工况点上的精度要求也很高。为了改善这个区域的功能，开发了具有非线性开度特性的阀门。阀门的结构设计也应尽可能对压力脉动不敏感。节流阀目前被证明是最好的折中方案，根据所需的EGR率和发动机对容积变化的敏感性，圆盘阀也可以满足要求，如图19.16所示。

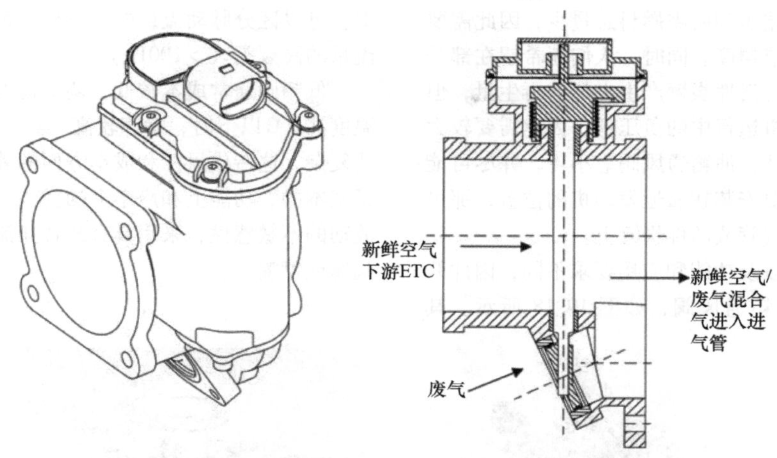

图 19.16 EGR 节流阀（来源：大陆汽车有限公司）

在柴油机中，废气再循环是一种保持所需的 NO_x 排放的非常有效的方法，在欧洲用于 3.5t 及以下的所有车辆，部分 3.5t 以上车辆也会使用废气再循环。近几年，可以看到从气动阀到受调节的电动节流阀的转变，如图 19.17 所示。

电子调节的系统在进气管喷射的传统汽油机中很普遍。可以设想 EGR 系统也将在直喷汽油机中非常普遍，因为这种发动机设计方案的优势只有通过废气再循环才能充分发挥。由于对精度的要求很高，这里越来越多地使用由电动机驱动的节流阀。

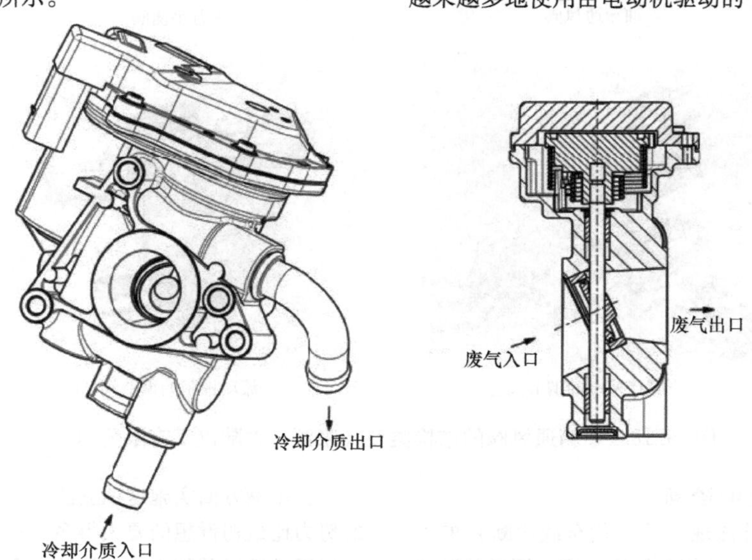

图 19.17 带水冷的电动节流阀（来源：大陆汽车有限公司）

19.6 蒸发排放组件

19.6.1 油箱通风阀

愈发严格的排放法规，汽油机车辆中除了燃烧残留物外，还要关注油箱系统的蒸发排放。其结果是，油箱系统通风不再直接排向大气，而是通过所谓的活性炭罐。储存在炭罐中的活性炭可以吸纳大量的汽油蒸气，例如在阳光下停车时会产生这些汽油蒸气，因此汽油蒸气通常不再通过油箱通风进入大气。同时，必须定期再生活性炭罐，以免超过饱和极限。为了再生活性炭罐，储存的汽油蒸气被发动机吸入并燃烧。然而，必须精确地计量这些额外的燃料量，以使混合气不会变得太浓。通过所谓的油箱通风阀进行调节。这是一个定时电磁阀，由发动机控制单元控制，并考虑了 λ 调节。原则上，必须根据燃油再生量减少通过喷油器提供给发动机的燃油量。

油箱通风阀的功能由小流量和最大吞吐能力下的可调节性来决定。发动机怠速时就可以再生活性炭容器，但是由于高的差压和所需燃料总量少，因此需要油箱通风阀高的调节精度。同时，人们还希望在部分负荷和全负荷范围内活性炭罐产生大量的再生量，但是由于在这种发动机运行中的负压低，因此需要较大的流量横截面。此外，油箱通风阀应小巧，并尽可能减小噪声。如果它要安装在靠近发动机的位置，那可以安装在车身、进气管或活性炭罐上。

由于排放法规以及功能和应用要求不同，因此开发了许多不同的油箱通风阀，如图 19.18 所示。其中，可以区分脉动流量的低频阀（5～20Hz）和连续流量的高频阀（>100Hz）。

低频阀通常成本较低，调节精度也受限，尤其是温度在 0℃以下时，噪声较高。具有连续流量的阀构造复杂，这造成尺寸和成本方面的弊端，但同时实现了基本的、功能上和声学上的优势。为了提高对压力波动的不敏感性，采用具有超音速流的部分压力补偿阀座或喷嘴。

油箱通风阀

压力平衡阀

膜片控制的调节阀

流动控制的调节阀

图 19.18 油箱通风阀的结构类型（来源：大陆汽车有限公司）

19.6.2 蒸发排放的诊断

随着北美 OBD Ⅱ法规（第二代车载诊断）的引入，首次出现了对整个油箱系统进行密封测试的法律要求。这一要求基于这样的发现：即如果要进一步减少废气排放，肯定需要更多地考虑蒸发排放，因为它们在车辆总排放中占有很大比例。特别是，发现油箱系统中无法识别的泄漏以及操作错误（例如油箱盖丢失/不正确）会随着时间的流逝产生非常高的蒸发排放。因此，根据法律要求，要在车辆上安装的诊断系统应通过直径为 1mm 的校准孔来检测所有大于炭罐流量的泄漏。其中，系统必须能够区分正常泄漏（例如软管连接不密封，油箱损伤）和严重泄漏（缺少油箱盖）。

在车辆方面实施这项立法时，事实证明，技术上的努力比最初设想的要大得多。特别是，不同的气候和运行条件以及相应的油箱液位会导致需要调整的参数范围很多。尽管在车辆上实施存在问题，但通过将校准开口的直径从 1mm 减小到 0.5mm 来决定进一步收紧立法。

可以使用真空和过压系统进行油箱诊断。无论使用何种组件，这两种类型的系统都具有基本的优点和缺点。该立法允许在车辆运行时和处于静止状态时进行诊断，其中，过压系统在车辆运行时具有一些优势，而真空方法在处于静止状态时，在 0.5mm 的立法，更有可能受到青睐。在决定采用某种类型的诊断时，技术（例如油箱容量、油箱形状、结构空间）

和市场方面相关因素（例如车辆只能带OBD Ⅱ系统一起出售，或者也提供不带OBD Ⅱ系统的车辆，每个系统的单价与应用成本的相关等）都可能是决定性的。此外，到目前为止取得的经验以及汽车制造商的策略将对系统选择产生重大的影响。顺便提一句，在欧洲已放弃泄漏诊断，因为所需的努力被认为高得不成比例。将来，唯一需要的系统是对正确安装的油箱盖进行诊断，机械或电气开关触点在这里就足够了。

19.6.2.1 油箱过压诊断

对于西门子过压油箱诊断泵（LDP I）（图19.19）通过一个组合的三通阀和一个弹簧加载膜，通过真空的进气管向油箱系统施加高达约20hPa的过压。

图19.19 过压油箱诊断泵（来源：大陆汽车有限公司）

位置变化借助于一个开关通过泵膜记录下来，并将相应的下降时间与存储在控制单元中的设定值进行比较。对此，可以通过设定值与实际值的比较来评估油箱系统的密封性。

如果检测到泄漏的油箱系统，则将再次重复诊断以消除所有的环境影响。只有在两次连续测量中检测到相同的故障错误后，才会通过发动机控制单元打开OBD警告灯。借助额外的软件工作，目前对于0.5mm立法，使用LDP I也可以进行可靠的油箱诊断（图19.20）。

19.6.2.2 油箱真空诊断

西门子NVLD（Natural Vacuum Leak Detection，自然真空泄漏检测）-系统，如图19.17和图19.18所示，在考虑了理想气体定律的情况下，利用环境温度来诊断油箱泄漏（正常泄漏）。NVLD单元直接连接到油箱或活性炭罐。发动机运转时，通过电磁开关阀打开通向大气的通风口。

当车辆发动机不运转时，阀门关闭，因此形成与大气隔绝的油箱系统。不同的运行状态以及环境影响会导致油箱系统以及燃料的温度差异。由于油箱系统与外界完全密封，这些温度差会导致油箱中的压力变化。这些压力变化也会对诊断膜产生影响，该诊断膜又连接到接触开关。如果油箱系统是密封的，则通过压力变化产生一个开关信号，并由车辆电子设备记录。反之，如果开关信号在一定时间内没有出现，则断定为有油箱泄漏。此外，还有可能在发动机运行期间检测到重大泄漏。其中，电磁阀关闭，并通过油箱通风阀在油箱中建立真空。通过压力膜和接触开关检测任何已存在的重大泄漏。在NVLD单元中集成了额外的弹簧加载阀，可确保在储罐系统关闭时不超过压力或真空水平的某些阈值（图19.21）。

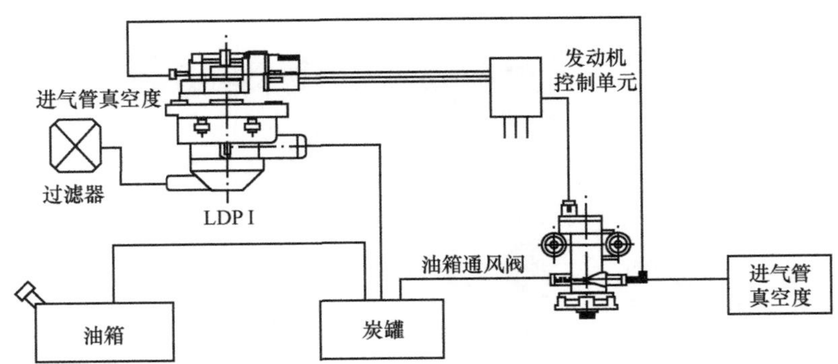

图19.20 储罐过压诊断示意图（来源：大陆汽车有限公司）

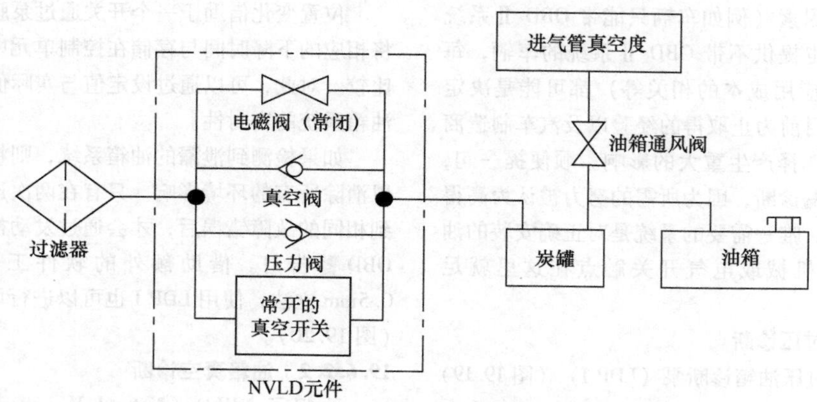

图 19.21　采用真空的油箱诊断（西门子 NVLD 系统）（来源：大陆汽车有限公司）

进一步阅读的文献

[1] Moczala, H., et al.: Elektrische Kleinstmotoren und ihr Einsatz. Expert-Verlag. (1979)

[2] Richter, C.: Elektrische Stellantriebe kleiner Leistung. VDE-Verlag. (1988)

[3] Kenjo, T.; Nagamori, S.: Permanent Magnet and Brushless DC Motors, Oxford Science Publications

[4] Vogt, K.: Berechnung elektrischer Maschinen. VCH. (1996)

[5] Leonhard, W.: Control of Electrical Drives. Springer. (1985)

[6] Luft, J.: Elektromotorischer Systembaukasten Ansätze zur Gewichts- und Bauraumreduzierung. VDO. (1995)

[7] Mönch, L.: Überwachung im Verkehr befindlicher Fahrzeuge – AU – OBD – Wohin geht der Weg, IAV. 5th Conference On-Board Diagnostics, Braunschweig, April 2011. (2011)

[8] Netterscheid, M.: Konzept zukünftiger Diagnosen im Bereich der Abgasnachbehandlung beim Dieselmotor, IAV. 5th Conference On-Board Diagnostics, Braunschweig, April 2011. (2011)

第 20 章　内燃机冷却

工学硕士 Matthias Banzhaf，工学博士 Wolfgang Kramer

20.1　概述

对燃油消耗、废气排放、使用寿命、驾驶舒适性和包装的要求的不断提高导致现代机动车内燃机的冷却系统，除少数例外，具有以下特点：

- 通过一个由传动带驱动的水泵实现冷却介质强制循环的水冷发动机。
- 冷却系统在最高达 1.5bar 的压力下运行。
- 使用水和防冻剂的混合物，主要是乙二醇，体积分数为 30% ~50%。
- 耐腐蚀合金中的铝作为主要的散热器材料。
- 冷却介质也起到保护铝散热器免受腐蚀的抑制作用。
- 塑料是膨胀水箱、风扇和风扇框架的主要材料。
- 通过风扇驱动和冷却介质节温器实施调节干预。
- 根据发动机类型、发动机功率和配置特征，使用增压空气冷却器、发动机润滑油冷却器、变速器油冷却器、液压油冷却器和废气冷却器。
- 将前端区域的所有冷却组件预组装在一个功能单元中，即所谓的冷却模块。

除了针对更加紧凑、更加轻便和更加高效的组件的众多的开发活动外，特别是电子调节的冷却系统对于开头提到的要求而言变得愈发重要。

20.2　对冷却系统的要求

在内燃机气缸内部，短暂地出现 2000℃ 以上的峰值温度，点火之间的换气过程和膨胀过程等会导致明显更低的平均温度。然而，必须通过对气体触及的零部件的冷却以防止热过载，以及必须保持活塞与气缸表面之间的油膜厚度的润滑能力。

对于水冷式内燃机，根据燃烧方式，所提供的燃料能量中大约有三分之一通过冷却消散了，另外三分之一通过废气失去了，三分之一变成了有用功，如图 20.1所示。

在设计冷却系统时，通常会检查多个热的关键的行驶条件，例如“平地最大速度”“快速上坡行驶”或“带拖车的慢速上坡行驶”。在欧洲或炎热的国家的使用同样也有所区别。始终要给出行驶速度、环境温度、散热量以及最大允许冷却介质温度、增压空气温度和润滑油温度的设定值。主要冷却类型的典型经验法则和设定值汇总在图 20.2 中。

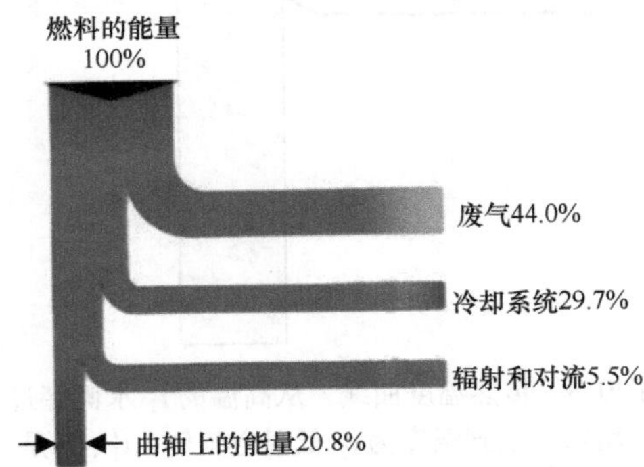

图 20.1　一台 1.9L 水冷汽油机的能量平衡，恒车速 90km/h，四档

	乘用车	商用车（Euro IV）
从冷却介质（KM）以及增压空气（LL）中散发的最大热量 在汽油机中 在直喷式柴油机中	$Q_{KM}=(0.4\sim0.6)\ P_{mech}$ $Q_{KM}=(0.55\sim0.70)\ P_{mech}$ $Q_{LL}=$最大 $0.15P_{mech}$	带废气再循环时： $Q_{KM}+Q_{LL}=(0.70\sim0.85)\ P_{mech}$ 不带废气再循环时： $Q_{KM}+Q_{LL}=(0.60\sim0.75)\ P_{mech}$
散热器入口处的冷却介质温度与环境温度之间的温差的最大允许值	约 80K	约 65K
散热器出口处的增压空气温度与环境温度之间的温差的最大允许值	约 35K	约 15K

图 20.2　冷却类型的设定值

从最弱的乘用车发动机到最强的商用车发动机，不同运行条件的带宽为：

最高冷却介质温度：100～120℃。

最大冷却介质流量：50000～35000L/h。

最大增压空气流量：0.05～0.6kg/s。

最高增压空气入口温度：110～260℃（在25℃的环境温度下）。

20.3 计算基础和仿真工具

在汽车使用的散热器中来自流动介质1的热量通过固定壁转移到较低的温度水平流动介质2，如图20.3所示。

该热量是使用图20.3中所示的变量来计算的：

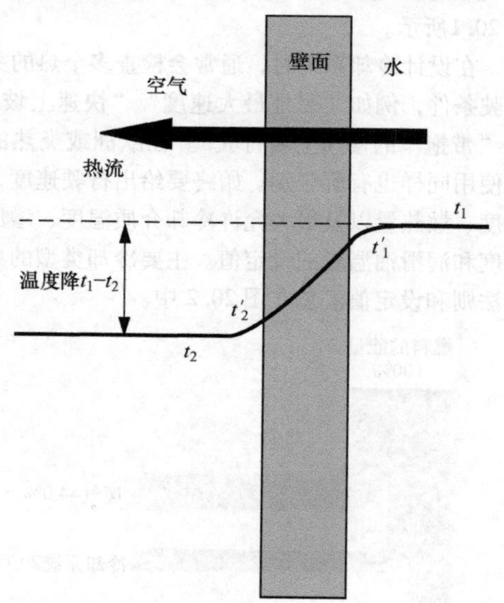

图20.3 传热温度曲线，从高温的t_1水侧穿过一堵壁面墙到温度为t_2低温空气侧，t'_1、t'_2是壁面两侧的温度

$$
\begin{aligned}
\dot{Q} &= \alpha_1 \cdot A \cdot (t_1 - t'_1) = \frac{\lambda}{\delta} \cdot A \cdot (t'_1 - t'_2) \\
&= \alpha_2 \cdot A \cdot (t'_2 - t_2) \\
(t_1 - t'_1) &= \frac{\dot{Q}}{\alpha_1 \cdot A}; (t'_1 - t'_2) = \frac{\dot{Q} \cdot \delta}{\lambda \cdot A}; \\
(t'_2 - t_2) &= \frac{\dot{Q}}{\alpha_2 \cdot A}; \\
t_1 - t_2 &= \frac{\dot{Q}}{A} \cdot \left(\frac{1}{\alpha_1} + \frac{\delta}{\lambda} + \frac{1}{\alpha_2}\right) = \frac{1}{k} \cdot \frac{\dot{Q}}{A} \\
\dot{Q} &= k \cdot A \cdot (t_1 - t_2)
\end{aligned}
\tag{20.1}
$$

与平滑的表面相比，加强筋可以增加传热系数α。但是，必须要注意的是，在这种情况下，由于增加了介质的流动阻力和必要的更高的泵送能量，是否能在整体上显现出优势。

在可用空间内尽可能使用最紧凑、最轻便和最便宜的散热器来提供所需的冷却功率。为此，必须对模块中热交换器的布置和尺寸、散热器的肋片/管几何形状的选择、风扇的功率消耗、车辆侧边界条件的协调，通常还有C_D值和碰撞特性等进行优化设计。

设计的常用工具是根据一维流线理论进行换热器计算的分析程序。如果给定散热器的几何形状、传热关系、热传导关系和压降关系以及物质流动，则可以从热交换器的压力和温度的入口参数计算出出口处相同的参数。在多年测量经验和广泛设计的经验数据的支持下，可以在相似性理论的框架内使用这些相关性相当精确地计算不同尺寸和任何运行点的翅片/管变型。

如今，几乎只需要设计热交换器、风扇和框架具有完全或部分重叠的整个冷却模块。相应地，为这些模块创建了所谓的拓扑模型，如图20.4所示，具有多个流动路径，每个路径都可以根据流动线程理论再次计算。计算代码考虑了组件的相互影响。

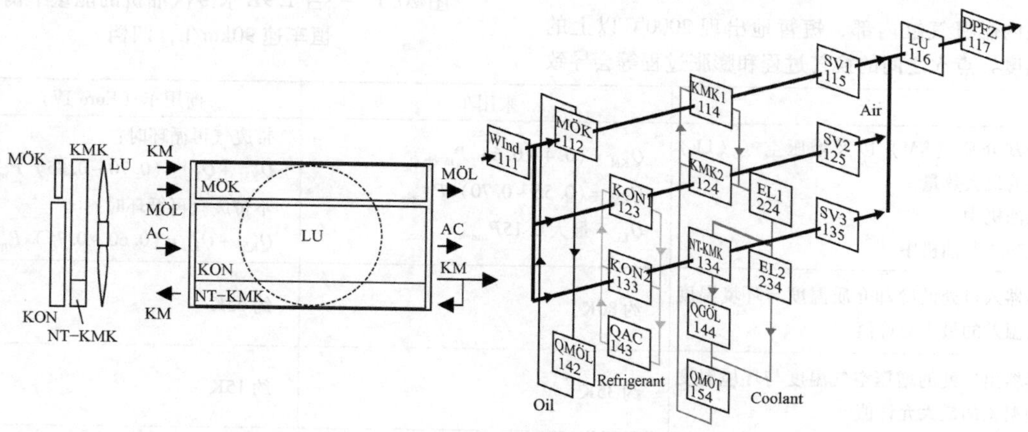

图20.4 用于车辆冷却系统的一维仿真的拓扑模型

最后，该辅助工具还辅以迎风、风扇和车辆中的所有增加压力的系统（如散热器格栅和发动机舱气流）等元素，因而能够迭代计算车辆中的冷却空气流量，从而可以迭代计算冷却系统的所有热力学参数。再耦合在风洞中冷却性能测量的广泛经验，可以获得一个可靠且快速的仿真工具，可显著减少对车辆测量的需求。

不久的将来，将带来解析一维方法与数值三维 CFD 方法的耦合，因为可以从中获得对发动机舱中非常复杂的冷却空气流动的详细确定，如图 20.5 所示。

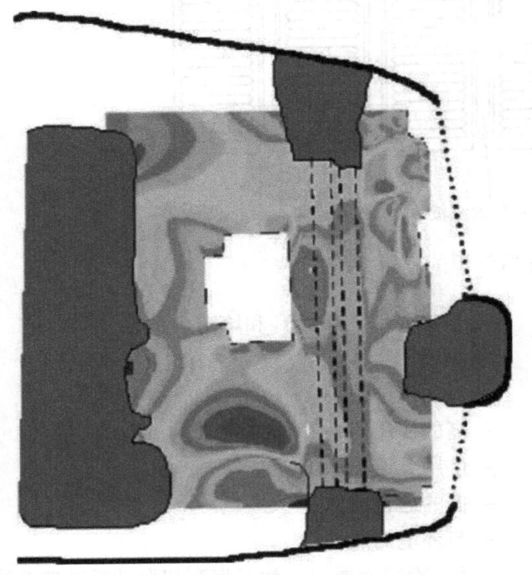

图 20.5　一辆乘用车前部冷却空气流动的 CFD 模拟

20.4　发动机冷却子系统

20.4.1　冷却介质冷却

过去常见的带有铜翅片和黄铜管的有色金属散热器在欧洲几乎完全消失了。乘用车自 1975 年以来，商用车自 1988 年以来，它们已被不断进一步开发的铝合金所取代，通过硬焊接和更好的耐蚀性，铝合金具有在高的抗压强度下减轻高达 30% 的重量优势。

管和翅片形成所谓的散热器矩阵。这里做了一个区分：

机械连接的肋－管系统由圆形或椭圆形管和放置在它们上面的穿孔肋条所制成，这些肋条通过管的延展而相互连接（图 20.6）。这些系统通常覆盖功率较低的领域，但通过改进的延展技术使用越来越窄的椭圆管，它们越来越接近由焊料包覆扁平管和轧制波纹翅片制成的钎焊系统的功率范围。今天，这些通常在系统深度中仅使用一根管子制造，可以提供缠绕模式以增加强度，如图 20.7 所示。

系统深度（沿冷却空气流动方向延伸）范围从最小的乘用车散热器到最大的商用车冷凝器为 14～60mm，有色金属散热器甚至超过 80mm，冷却空气侧的前表面为 15～100dm^2。在欧洲，广泛地把铝作为散热器的材料，在美国和日本有色金属系统也很普遍。作为进一步的地区差异，欧洲乘用车冷却介质散热器主要设计为横流式，即水平流动的管道，如图 20.8所示。在日本也经常采用向下流动的方式。在商用车中，车架内的向下流动式的布置（即垂直流动的管）更为普遍，因为具有相同管板和膨胀水箱的

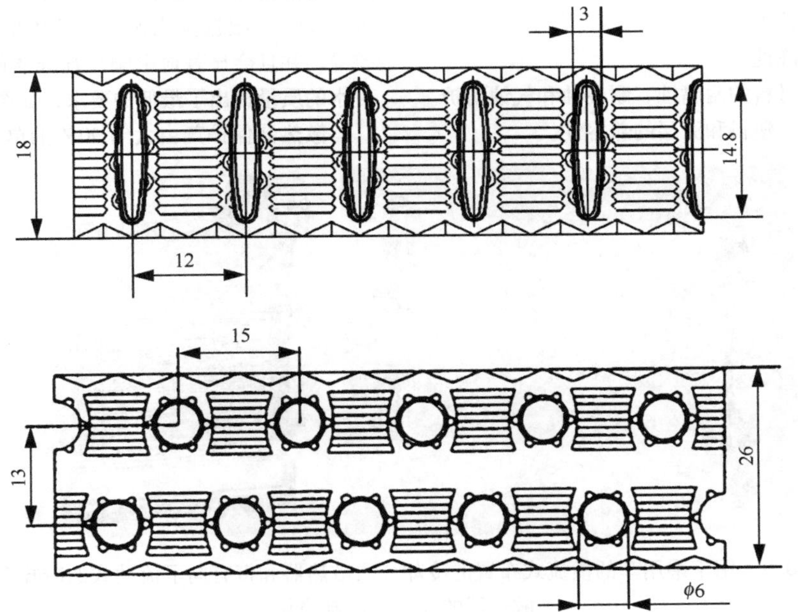

图 20.6　用于带有圆管和扁平椭圆管的冷却介质散热器的机械连接肋－管系统

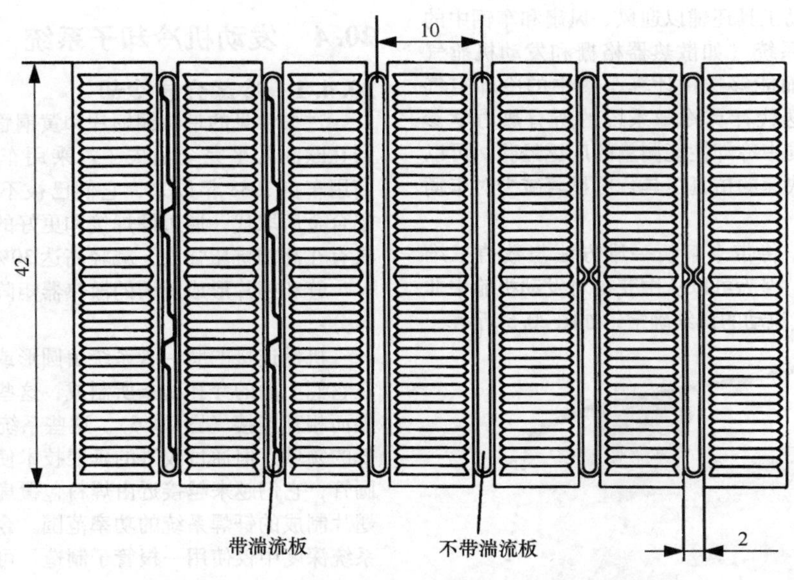

图 20.7　用于冷却介质散热器钎焊的扁管系统

功率变型只能通过管长来形成，如图 20.8 所示。

膨胀水箱基本上由玻璃纤维增强的聚酰胺所制成，并通过密封件和法兰安装在散热器模块上。

散热器保护剂

在液冷内燃机中，为了避免过热而损失的热量通过冷却介质散发到环境中。与润滑油和燃料一样，冷却介质属于运行材料，必须满足以下要求：

- 优化的传热特性。
- 高的热容量。
- 低的蒸发损失。
- 良好的防冻性。
- 所有金属材料的耐腐蚀、耐侵蚀和气蚀防护。
- 与弹性体、塑料和涂层的兼容性。
- 避免沉积（结垢）和堵塞。
- 温度稳定性。
- 低的维护费用。
- 高的使用寿命。
- 使用方便。
- 低的运营成本。
- 与环境的兼容性。

通常，冷却介质由水和经汽车和发动机制造商测试和批准的冷却介质的混合物所组成，通常体积比例各为50%。根据其来源，水的质量可能会有很大的差异，并且会显著地影响冷却介质的有效性。因此，对水的质量提出了最低的要求，如图 20.9 所示。

散热器保护剂由大约 90% 的单乙二醇（1，2 -

图 20.8　用于乘用车的横流式布置的冷却介质散热器和带有向下流动式的冷却介质散热器的商用车冷却模块

乙二醇)、7% 的添加剂和 3% 的水所组成（均为体积分数）。当与水混合时，单乙二醇主要会导致冷却介质的冰点降低，并保护整个发动机冷却回路在冬季不结冰，例如 1∶1 的混合物的冰点大约到 -38℃。在某些产品中，单乙二醇被单丙二醇（1，2 - 丙二醇）所取代。添加剂包括防腐剂（抑制剂）和缓冲剂、消泡剂和染料。其中，抑制剂对于整个发动机冷却回路的使用寿命至关重要，并决定性地决定了散热器保护剂的质量。通过抑制剂的有效性，发动机冷却回路中的材料受到额外的保护，免受冷却介质的腐蚀。

特征	测量单位	要求
观看	—	无色，清晰
沉淀	mg	0
pH 值	—	6.5 ~ 8.0
碱土的总和	mmol/L	0.9 ~ 2.7
碳酸氢盐	mg/L	≤100
氯化物含量	mg/L	≤100
硫酸盐含量	mg/L	≤100

图 20.9　水质量的最低要求

在冷却介质获得批准之前，特别是抗腐蚀性能是在大量的实验室和技术中心测试中确定的。在成功地完成最重要的试验程序后，例如根据 ASTM D 1384 进行的玻璃物品试验、根据 MTU 进行的爆破室测试、根据 ASTM D 2809 进行的 FVV 热腐蚀试验、FVV 压力老化试验、FVV 疲劳试验、水泵试验和根据 ASTM D 2570 的循环试验，汽车制造商最终进行产品发布关键的车队试验。在实际道路交通条件下的实际试验中，试验车辆的发动机冷却回路通常在行驶约 100000km 后被完全拆解，并检查和评估可能的腐蚀、侵蚀和气蚀损坏。与密封件和软管材料以及塑料的相容性也起着重要的作用。连同获得的有关冷却介质试验过程的信息，给出了有关散热器保护剂适用性的有意义的总体情况。

根据驾驶条件，冷却介质会自然老化。因此，必须遵守汽车和发动机制造商的服务和维护规范。冷却介质通常在 100000km 后或乘用车 2 年后或商用车 1 年后完全更换，基于有机抑制剂的冷却介质的新的发展提高了冷却介质的可用性，有助于降低成本和资源。它们在市场上的重要性不断增加。

20.4.2　增压空气冷却

在提高功率密度、减少油耗和排放的背景下，现在商用车柴油机和乘用车柴油机几乎总是使用冷却的增压空气进行增压。在汽油机进一步发展的过程中，也比以往更受关注。由于改进的气缸充气，随着增压空气温度的下降而实现的密度增加可以转化为更高的功率。此外，更低的温度降低了发动机的热负荷并导致废气中的更少的 NO_x 比例。

增压空气冷却器最好是由铝制成的焊接扁管冷却器，并由冷却空气直接冷却。系统深度从 30mm 左右到超过 100mm 不等，前表面从乘用车的 $3dm^2$ 到商用车的 $100dm^2$。许多布置在乘用车中是很常见的：冷却介质散热器前面的大面积，下面长而窄或靠近冷却介质散热器或完全与模块分开，例如在风扇罩区域；因此系统深度的带宽很大。空气箱几乎完全由塑料制成。在商用车中，在冷却介质散热器前部的大面积横流布置最为普遍，整个模块的支架最好安装在空气箱上，从而使增压空气冷却器成为模块的支撑元件。以前惯用的铸铝设计的空气箱正越来越多地被耐高温塑料所取代，如图 20.10 所示。

图 20.10　轻型商用车用耐高温塑料制成的空气箱的增压空气冷却器

当前的趋势是使用冷却介质进行增压空气冷却，如图 20.11 所示。与当今的风冷系统相比，增压空气侧的压降降低了。此外，节省了车辆前部宝贵的安装空间，并改进了行驶动力学。迄今为止，该技术主要用于更少量的豪华车的高功率发动机上。然而，可以预料，在未来的发动机和车辆开发中将越来越多地考虑采用冷却介质散热器来冷却增压空气。

20.4.3　废气冷却

柴油机必须满足日益严格的排放限制，如图 20.12 所示。如果乘用车已知的废气再循环（EGR）由废气冷却器额外冷却，则这些目前定义为欧 4 级别的限制值可以在低油耗的情况下实现。通过在气缸充量中添加和冷却不可燃废气成分，可以降低燃烧温度，从而降低废气中的 NO_x 含量。

由于废气冷却器暴露在非常高的温度和高强度的腐蚀中，尤其是在商用车辆中，因此不锈钢是这里必不可少的材料。激光焊接或镍焊接是常见的连接方法。在结构设计方面，这些冷却器被构建成管束状，因此废气输送管可以是简单的圆形管或是具有不易受污染的特殊性能增强措施的管。

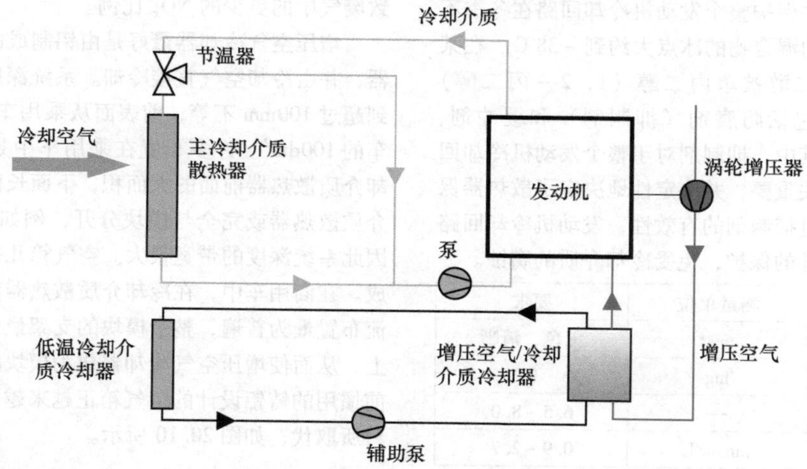

图 20.11　在一个单独的低温回路中进行间接的增压空气冷却的乘用车冷却回路示意图

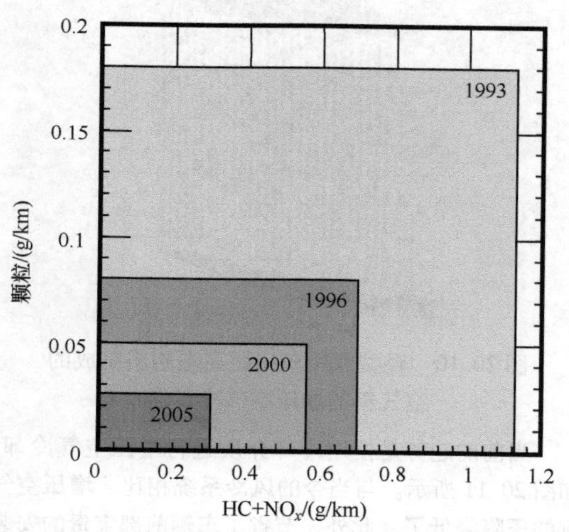

图 20.12　1993 年至 2005 年欧洲乘用车柴油机排放限制值

对于欧 4 法规级别，输出功率范围从乘用车的 2kW 左右到商用车的 80kW 左右，尺寸范围也相应较大。仅长度从大约 100mm 到大约 700mm 不等。乘用车已经存在批量生产，并且数量正在增加，如图 20.13 所示。

20.4.4　润滑油冷却

发动机损失的一些热量被润滑油吸收。对于更强大的发动机，通过油底壳进行冷却已不足以维持允许的最高的润滑油温度，因此必须使用发动机润滑油冷却器。

乘用车中的发动机润滑油冷却器优选地以铝制圆盘、叠盘或扁平管的结构形式靠近发动机的设计，如图 20.14 所示，因此冷却是通过冷却介质间接地完成。使用润滑油/空气冷却器进行直接冷却也很常见，为此在冷却模块中布置了非常耐压的焊接铝扁管。商用车总是用冷却介质冷却，冷却器通常安装在曲轴箱的开口处，暴露在冷却介质的主流中。最常见的结构设计是不锈钢板式冷却器，其内侧装有湍流插件，润滑油从中流过。最近，也有可能用功率更高、强度相当但重量只有一半左右的铝制冷却器来取代。

图 20.13　用于乘用车 V8 柴油机的带 EGR 阀的双流 EGR 冷却器

配备自动变速器的乘用车的变速器油冷却器又可以是风冷扁平管设计，或者它们可以以非常细长的扁平管冷却器型式安装在冷却液散热器中，由冷却介质冷却。后一种设计在今天占主导地位，尽管安装在模块中的堆叠盘式冷却器变得越来越普遍。

图20.14　采用叠板结构形式的润滑油冷却器

在动力转向或其他伺服系统的情况下，必须冷却液压油。这通常使用冷却模块上的简单盘管来完成，在极少数情况下还使用长管叉，通过机械延展配备一组肋片。

20.4.5　风扇和风扇驱动

用于发动机冷却的风扇现在几乎完全由轴向的结构设计的塑料所制成。根据在车辆中的运行条件，除了轴向叶片外，叶尖上还有护罩环和进气喷嘴。其他典型的风扇特征可能是镰状叶片和不均匀的叶片间距，如图20.15所示。这些措施可以对提高风扇效率和降低噪声排放产生有利的影响。

图20.15　带镰状叶片和护罩环的、用电动机驱动的乘用车风扇

在乘用车中，风扇通常采用单排或双排吸风布置，最大风机直径约为520mm。除了最强大的发动机外，都采用电动机来驱动风扇。其电功率消耗最高可达850W，可以提供通过串联电阻的有级调速或使用无刷电动机的无级调速。乘用车的高功率级别和整个商用车系列都配备了黏性离合器作为风扇驱动，如图20.16所示。在这种情况下，曲轴或发动机侧变速器（通常是冷却介质泵的驱动速度）确定的驱动速度通过油摩擦从主级侧传递到与风扇相连接的次级侧。通过离合器的可调节注油，风扇转速可以从怠速转速变化到略低于驱动转速。商用车使用的最大风扇直径最大达到815mm，功耗可高达30kW左右。

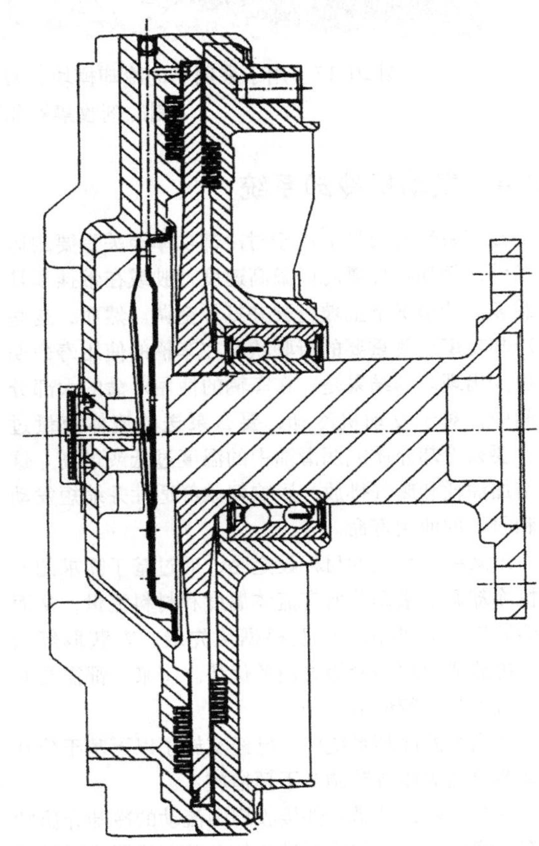

图20.16　用于商用车风扇驱动的黏性离合器

20.5　冷却模块

冷却模块是结构单元，由用于车辆冷却和可能的空调的各种组件所组成，并包括一个带驱动的风扇单元，如图20.17所示。自20世纪80年代后期以来，模块化技术变得越来越普遍，原则上，它提供了几个技术上的和经济上的优点：

- 组件的优化设计和协调。
- 这意味着在车辆中的效率更高或可能的组件更小、更便宜。
- 减少汽车制造商在开发、测试、物流和组装方面的费用。

在普通的公路车辆中，几乎只使用安装在车身上的冷却模块，它们安装在车辆侧的纵梁和横梁上。其中一个热交换器通常用作承重的模块元件；其他组件借助于卡扣连接、夹子连接或卡箍连接固定在其散热器或空气箱和侧面部件上。冷却模块包含的组件越多，就越适合使用支撑框架来容纳所有模块组件。

图20.17　用于乘用车的冷却模块，带有冷却液散热器、膨胀水箱、空调冷凝器、制冷剂收集器和带框架的电驱动风扇

20.6　发动机冷却系统

冷却系统的设计取决于对冷却功率至关重要的运行条件，例如在仲夏时以最高速度行驶或在带挂车且负载较高的情况下上坡行驶并打开空调。然而，这些对冷却功率至关重要的行驶状态在车辆的使用寿命期间极少出现。其结果是，在车辆的使用寿命的大部分时间中，对于发动机冷却，要么泵送的流体流量过高，要么冷却介质或润滑油中的温度过低或过高。这会增加油耗和废气排放，影响驾驶舒适性并缩短发动机和附件的使用寿命。

未来冷却系统的目标设定是，通过基于需求的发动机冷却调节来调节所有流体温度和材料流量，从而使能源需求最小化，以及根据优先级，来获取舒适性、排放或使用寿命等方面的优势。将来，都需要对发动机冷却进行调节干预。

在当今的冷却系统中，已经实施了以下基于冷却功率要求的流体流动调节干预措施：

- 节温器，其蜡元件接收周围流动的冷却介质的温度，确保冷却介质流通过冷却介质散热器或通过旁通管路绕过它。通过这种方式，可以在很大程度上避免在非常低的冷却介质温度下进行冷却和可以在非常高的温度下确保最大程度的冷却。
- 根据散热中的冷却介质温度，电驱动风扇以不同的转速级或无级开启。
- 对于带有黏性离合器的风扇，注油和风扇转速根据离合器前的冷却空气温度进行调节。热的冷却空气流过热的热交换器后产生。这是高的冷却要求的标志，并导致通过双金属元件打开风扇。
- 所有其他系统都是为关键的运行条件设计的，但随后在不受调节的情况下运行。冷却介质泵通过传动带由曲轴驱动；增压空气冷却几乎总是不受调节的；油冷却只是部分地由节温器调节。

这种冷却系统迄今为止已经足够了，并且以非常可靠的运行为特征。但是，在这里，与许多车辆其他系统一样，未来也将属于电子调节。通过一个传感器网络记录发动机和冷却系统的热状态，控制单元将使用存储的调节方案来触发对输送设备（风扇、泵）和执行器（阀门、节流板、百叶窗）的干预，通过基于需求导向的冷却以减少驱动辅助单元的能量消耗，有利地影响废气和噪声排放，并在提高舒适度和减少磨损的意义上缩短加热阶段。为此，所有传送和调节机构必须是可控的。

通过电加热蜡元件为节温器创造了这种可能性，如图20.18所示。因此，可以使用来自特性场的设定值独立于当前的冷却介质温度设定节温器的位置。当发动机在部分负荷下运行时提高温度的可能性是降低燃料消耗。

图20.18　带蜡元件电加热的冷却液节温器

在当今的车辆中，通过冷却介质泵使得冷却介质流动，该冷却介质泵由传动带传动，与发动机转速成比例。例如，为了在冷却功率要求较低时减少冷却介质的流量，而在预热阶段能够为加热体提供更多的冷却介质，未来使用可切换的或可调节的泵是有意义的。在乘用车中，这些可以设计为电动泵。更强大的发动机需要42V的车载电气系统。通过与电动机带驱动的分离，电动泵提供了新的结构设计自由度。或者，也可以通过使用可调节的节流装置或可切换离合器与机械泵相结合来影响冷却介质流量。

除了主冷却回路中的冷却介质流量的调节外，还有一些方法可以将冷却介质流量分成几个回路。这包括在20.4.2节中描述的在单独的低温回路或连接到主回路的低温回路中的间接增压空气冷却。回路还用于变速器油的温度控制，通过该回路向热交换器供应热的冷却介质以在发动机预热阶段加热油，或供应来自低温部件的冷的冷却介质以冷却油。节温器从加热切换到冷却。

冷却空气的受调节输送和节流在未来也具有很大的改进潜力。乘用车中的有级可切换的电子风扇越来越多地被配备EC电动机的调速风扇所取代。商用车的黏性离合器现在可以电子控制，因为注油不再由双金属阀调节，而是由电磁驱动阀调节。这样可以调节风扇的转速并快速地打开和关闭。

在许多行驶状态下，风扇是关闭的。然而，在高速行驶时会促进高流量的冷却空气，这会增加车辆的空气阻力。使用空气动力学优化的冷却空气百叶窗可以同时降低油耗和噪声。此外，乘客舱和发动机在冬季会迅速升温，因为通过将发动机舱与寒冷的环境隔开来减少热量损失。

进一步阅读的文献

[1] Mollenhauer, K., Tschöke, H.: Handbuch Dieselmotoren. Springer, Berlin, Heidelberg (2007)

[2] Knauf, B., Pantow, E.: Auslegung eines Kühlsystems mit elektrischer Kühlmittelpumpe. MTZ 66, 11 (2005)

[3] Kemle, A., Manski, R., Weinbrenner, M.: Klimaanlagen mit erhöhter Energieeffizienz. ATZ (9), 650 (2009)

[4] Strehlow, A., Leuschner, J., Scheffermann, J.: CFD-Simulation in der Entwicklung von Hochleistungs-Wärmeübertragern. MTZ 69, 4 (2008)

[5] Edwards, S., et al.: Emissionskonzepte und Kühlsysteme für Euro 6 bei schweren Nutzfahrzeugen. MTZ 69, 9 (2008)

[6] Heinz, M.: Prozessautomatisierung für Motorkühlmodule mit CFD. MTZ 69, 12 (2008)

[7] Berger, C., Troßmann, T., Kaiser, M.: Heißkühlung – Kühlmittelzusätze auf dem Prüfstand. MTZ 69, 2 (2008)

[8] Williams, D.J.: Vermeidung von Kavitation in Kühlmittelpumpen. MTZ 70, 2 (2009)

[9] Thumm, A., et al.: Hochleistungs-Kühlsysteme als Beitrag zur Erfüllung zukünftiger Abgasnormen. Wiener Motorensymposium. (2007)

第21章 废气排放

工学硕士、技术学博士 Ernst Pucher 教授，工学博士 Fred Schäfer 教授，自然科学博士
Andrée Bergmann，工学博士 Richard van Basshuysen，荣誉博士、
工学硕士 Andreas C. R. Mayer，博士 Markus Kasper，博士 Heinz Burtscher 教授

自20世纪40年代以来，加利福尼亚州一直在系统性地努力减少大规模机动化对空气质量的影响。在欧洲，20世纪60年代人们开始关注交通产生的对人类直接有害的一氧化碳。对此，开始限制未燃烧的废气成分，例如一氧化碳和碳氢化合物。由于燃烧过程及其长距离运输导致的微量气体进一步增加，在20世纪70年代和80年代发生了对树木种群的破坏，其中包括酸雨和光氧化剂。由于氮氧化物和未燃烧的碳氢化合物有助于形成这些物质，因此迫切需要采取行动来限制这些物质的排放。美国从1961年开始引入道路交通的废气排放限制，日本从1966年开始，欧洲从1970年开始解决这个问题。

通过工业化国家采取的措施，对人体直接有害的一氧化碳排放量已降至无害水平。20世纪80年代初起，美国和日本，以及20世纪80年代末中欧国家对氮氧化物和碳氢化合物排放的严格限制也导致这些国家乘用车和电力中这些微量气体的大量减少。然而，目前欧洲大都市地区的 NO_x 浓度再次增加。

在20世纪90年代初，人们清楚地认识到来自燃烧过程中对人类无害的废气可能影响地球的大气层。这些影响归纳为“温室效应”一词，引起了人们对二氧化碳排放更多的关注。尽管在交通运输领域，各种车辆的能耗一直在稳步地减少，但是由于车辆数量的增加，个人交通运输的总体能耗量却增加了。现在的任务是找到更经济地使用一次能源和低碳燃料的方法。

21.1 法规

本部分讨论了欧盟、美国和日本的一氧化碳（CO）、碳氢化合物（HC）、氮氧化物（NO_x）和颗粒物（PM）的汽车废气排放限值。法律规定的废气排放限值以不同单位（g/km、g/test 或 g/mile）给出，转换为g/km以供本章的最后考虑。因此，只有在按照相同的测试循环测量排放量的情况下，才允许直接比较废气限值。然而，通常情况并非如此。

在型式试验的背景下，全世界范围内有各种规定的新乘用车废气测量程序。对于乘用车（汽车），最重要的内容如下：

作为型式试验的一部分，全球有许多规定的方法来测量全新的乘用车的废气排放。对于乘用车，这里列出了最重要的：

- 1975版（FTP 75）中的美国程序，带有附加测试循环SC03（带空调）和US06（激进驾驶风格），美国高速公路测试循环。
- EG ECE 15/04，EG MVEG - A 测试循环。
- 日本的10.15模式试验，日本11模式冷试验，从2005年到2011年引入了新的测试循环JC08M，2018年起为WLTP。

21.1.1 欧洲

欧洲针对新乘用车的排放法规最初是在欧洲指令70/220/EEC中指定的。这包括联合国欧洲经济委员会（ECE）定义的限值（ECE R15）。对该法规的更改包括欧洲1号和2号标准，这些标准已根据93/59/EC指令生效。根据在指令98/69/EC中发布的欧3和欧4（2000/2005）的限值，引入了改进的燃油质量。最低柴油十六烷值要求为51，并建议大幅降低汽油和柴油中的硫含量。目前，欧盟排放法规标准为欧6，已于2015年取代了欧5。汽油驱动的限值没有明显改变，但是，增加了颗粒限制。柴油驱动的限值与汽油驱动的限值一致。每1km 6.0×10^{11} 的粒子计数限制适用于两种驱动类型。

这些规定采用ECE R83（91/441/EEC）的行驶循环。目前，试验根据98/69/EC进行，将来采用WLTP（注：相对本书出版时间）。图21.1显示了直到2010年乘用车排放标准随时间的发展情况。

当前汽油驱动和柴油驱动的有效的限值如图21.2所示。

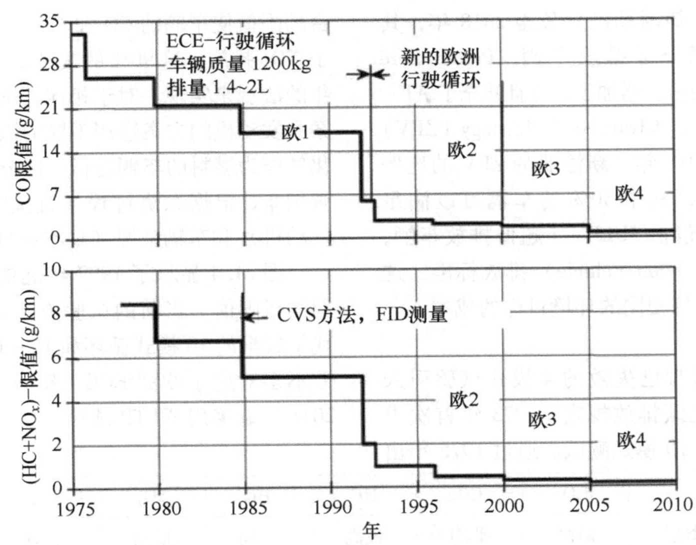

图 21.1 直至2010年欧盟汽油驱动的乘用车排放标准随时间的演变

驱动	排放类别	CO /(g/km)	HC /(g/km)	HC + NO_x /(g/km)	NO_x /(g/km)	PM /(g/km)
柴油	欧5	0.50	—	0.23	0.18	0.005
	欧6	0.50	—	0.17	0.08	0.005
汽油	欧5	1.00	0.10	—	0.06	0.005
	欧6	1.00	0.10	—	0.06	0.005

图 21.2 欧盟当前乘用车排放限值

21.1.2 美国加利福尼亚州

由于其特殊的气候状况，加利福尼亚州在限制排放方面一直发挥着开创性的作用，因此，除CO外，加利福尼亚州规定的限值比美国其他州的要低。美国1968年的“清洁空气法（Clean Air Act）”首次制定了全国车辆废气排放限值。1977年设定了新的限值，与1973年相比减少了90%。从这一规定开始废气质量排放根据FTP－75试验循环来测量。新的限值导致了三元催化转化器技术的引入。

1994年和1998年又进一步采取了逐步收紧措施。加利福尼亚州的“空气资源委员会”（ARB，Air Resources Board）于1996年制定了一项计划，根据该计划，将进一步大幅减少乘用车的废气排放。根据排放类别TLEV，LEV（低排放车辆），ULEV（超低排放车辆）和ZEV（零排放车辆）定义了新的车辆类别。同样，这些排放标准也已作为NLEF（国家低排放车辆，National Low Emission Vehicle）标准和CFV（清洁燃料车辆，Clean Fueled Vehicle）标准纳入国家立法。汽车制造商的年销售数据必须满足这些类别的规定百分比。当前的LEV Ⅲ排放标准对应于美国Tier 3 FTP标准，如图21.3所示。

在加利福尼亚州推出零排放汽车（ZEV）的努力

LEV Ⅲ标准	排放类别	CO /(g/mile)	NMOG + NO_x /(mg/mile)	HCHO /(mg/mile)	PM /(mg/mile)
乘用车 耐久性150000mile	LEV160	4.2	160	4	3
	ULEV125	2.1	125	4	3
	ULEV70	1.7	70	4	3
	ULEV50	1.7	50	4	3
	SULEV30	1.0	30	4	3
	SULEV20	1.0	20	4	3

图 21.3 符合LEV Ⅲ标准的加利福尼亚州和美国乘用车排放限值

已经进行了多次修改。该时期已延长至 2018 年，其中，一方面 PZEV（部分零排放车辆，Partial Zero Emission Vehicles）的百分比增加了，并且补充了 AT - PZEV（先进技术 PZEV，Advanced Technology PZEV）这个类别，因而，到 2018 年，新注册的 ZEV 的比例将从 10% 增加到 16%，其中 50% 的车辆可以满足 AT - PZEV 标准，其中包括 SULEV（超低排放车辆，Super - Ultra - Low - Emission Vehicle）排放标准。这些修改主要用于降低保持相同的环境目标的成本。

21.1.3 日本

1966 年，日本通过现已失效的 4 模式试验引入了第一个乘用车一氧化碳排放规定。1973 年首次限制 HC 和 NO_x 并切换到 10 模式测试。通过 1975 年出台的限值使车辆的 CO 和 HC 排放量减少了 90%。对于 NO_x 排放，这 90% 的减排量分别由 1976 年和 1978 年的法规来实现。对于相同类别的车辆，根据驱动方案和发动机的方案适用不同的限值。对使用汽油和液化气作为燃料的车辆进行了区分。对于配备柴油机的乘用车，根据燃烧过程（直接喷射或分隔式燃烧室发动机）和车辆来源（日本或进口）进行区分。

图 21.4 显示了 1997 年起的排放标准和 2009 年起的新限值。当前的试验方法是 JC08M 循环，它取代了较早的 10 模式循环和 10 - 15 模式循环。该试验差不多对应于欧洲 ECE + EUDC 循环，但速度较低。2018 年起采用 WLTP 试验。

车辆类型和重量	排放类型	CO 最高	CO 平均	HC 最高	HC 平均	NO_x 最高	NO_x 平均	PM 最高	PM 平均
		g/km							
柴油机 >1265kg	1997	2.7	2.1	0.62	0.40	0.55	0.40	0.14	0.080
	2002	—	0.63	—	0.12	—	0.30	—	0.056
	2005	—	0.63	—	0.024①	—	0.15	—	0.014
	2009	—	0.63	—	0.024①	—	0.08	—	0.005
汽油机	1997	2.7	2.1	0.39	0.25	0.48	0.25	—	—
	2002	—	0.63	—	0.08	—	0.08	—	—
	2005	—	1.15	—	0.05①	—	0.05	—	—
	2009	—	1.15	—	0.05①	—	0.05	—	0.005

① 无甲烷 HC。

图 21.4 日本乘用车废气排放限值

21.1.4 新兴市场

其他重要地区大多采用了现有的排放标准，包含中国、俄罗斯、印度和土耳其，几乎所有这些国家都采用了欧盟标准减去一个阶段。巴西和墨西哥有自己的排放标准，目前相当于欧 4。

21.1.5 废气排放法规的统一

为了不使车辆的开发和认证成本过高，正在努力认可其他国家的认证（UN - ECE1958 协议）。从前几点对比最新的 NO_x + HC 限值，说明这绝对是可能的。应该注意的是对废气净化系统的一些不同的要求，因为在欧洲和日本，必须注意发动机低负荷冷起动后催化转化器的快速响应，而在美国则是更多地考虑发动机的瞬态特性。

21.2 废气测量技术

21.2.1 用于机动车认证的测量技术

通常，由于以下原因，这种测量方法的时间和成本很高。它们都需要一个转鼓试验台，并根据各自的车辆进行标定，需要空调测试室，以达到规定的冷起动条件。除此之外，还需要大量的高灵敏度的排放测量设备。

型式认可试验主要有以下一般特征：

- 在室温下整车需恒温约 12h。
- 冷起动并记录起动排放。
- 动态测试循环，速度从 0 到 120km/h。
- 车辆第二次热起动测试循环（美国 FTP75 试验）。
- 精确记录废气排放。

图 21.5 显示了符合认证条件的用于排放测量的车辆转鼓试验台的基本布置。重要的是在当前已生效的认证法规中，使用定流量稀释测量技术来确定废气质量排放。

利用分子在红外辐射波段吸收特定波长的光的原理测量废气排放成分二氧化碳（CO_2）和一氧化碳

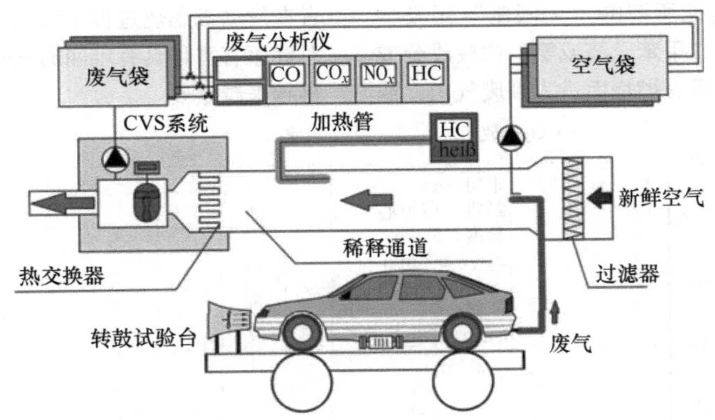

图 21.5 用于排放认证测量的转鼓试验台技术的基本布置

(CO)。火焰离子化检测器（FID）用于测量碳氢化合物（HC）。从化学观点来看，火焰离子化检测器的测量原理是基于可氧化的碳氢化合物在氢火焰中的电离。检测器信号与所提供的碳原子数基本上成正比。以化学发光检测器（CLD）为基础的测量设备用于检测氮氧化物（NO 和 NO_2）的含量。通过分流过滤和重量分析来确定每 1km 排放的颗粒物质量。

作为交通中车辆定期评估的一部分，对于不透明度测量，分流不透明度计用于确定“自由加速”发动机运行模式下的 k 值。

特别是 ULEV 或欧 6 标准规定的废气排放限值对废气测量技术提出了新的要求，因为当发动机处于工作温度时，必须能够记录对应于非常低的排放水平的浓度。对此，提出了一种新的测量方法，该方法不同于先前使用的稀释测量技术[1]，而是直接测量废气中的浓度。

作为典型的方式，在移动式排放测量技术中，作为实际行驶测试（RDE）的一部分，采用这种方法：根据质量守恒定律，在发动机之前或之后确定气体流量，使用 GPS 跟踪确定车速和当前驾驶模式。图 21.6显示一个特别紧凑的实时车载测量系统（PEMS）的框图。在不影响车辆性能的情况下，根据车辆速度、时间或燃料量对有限的废气排放以及燃料消耗、NO_2和颗粒数进行测量。

图 21.7 中以二氧化碳排放量为例，显示了废气质量排放量的直接评估。

图 21.6 OBM Mark IV 车载测量系统（PEMS）框图

21.2.2 用于发动机开发的测量技术

急剧收紧的废气法规要求使用最现代的测量技术对废气成分的形成进行更详细的分析，并尽一切可能进一步减少废气排放。作为未来发动机开发的边界条件，车队能耗的减少是关键。除了有限的污染物成分：总的碳氢化合物、CO 和 NO_x 外，在发动机燃烧过程中还会出现各种其他所谓的“无限制”污染物成分，例如苯、甲苯、二甲苯、醛或氨。这些成分或者已经包含在燃料中，没有燃烧而进入到废气中，或者在发动机燃烧过程中形成。由于像某些比例的苯等对健康有害且具有难闻的气味，因此收集这些成分变得越来越重要。

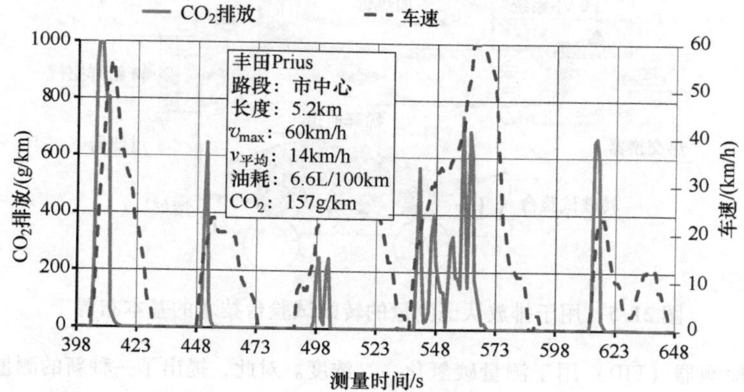

图 21.7　二氧化碳质量排放和车辆速度随时间的变化[2]

特别地，瞬态发动机运行状态的优化以及对废气清洁系统的运行条件进行可能的优化匹配，表明废气排放值的改善具有较大的潜力。另一方面，采用其他措施，例如燃烧过程的选择和传动系统管理，对燃料消耗的影响明显要更大。

因此，未来的研究工作的目的是进一步开发的发动机管理，以使负荷和转速的变化不会引起与最佳 λ 变化曲线的明显偏离，而最佳 λ 变化曲线由催化转换器的工作原理所确定。为了完成此任务，有必要在燃烧室和排气管路中的某些确定的位置进行高分辨率测量，以便能够确定排放物的确切来源。

由于瞬态运行状态占主导地位，在发动机开发领域，为了达到与混合物形成和调节系统相适应的目的，在非常早期阶段也有必要将试验研究转移到动态模拟试验台上。此外，该措施还有助于摆脱为转鼓试验台提供整车的高昂费用。在动态发动机试验台上进行仿真的目的是，尽可能在发动机曲轴上实现相同的转速和转矩曲线，同时还要与在道路上行驶或在转鼓试验台上运行时出现的温度、油耗等相符。主要的优势在于单个测试运行得非常好的可重复性。

图 21.8 中的图形显示了现代的开发试验台的测量布局，它还允许记录单个燃烧循环。该结构通常分为模拟计算机、高动态电力测功机、与曲轴转角相关的测量数据存储和高速废气测量技术。

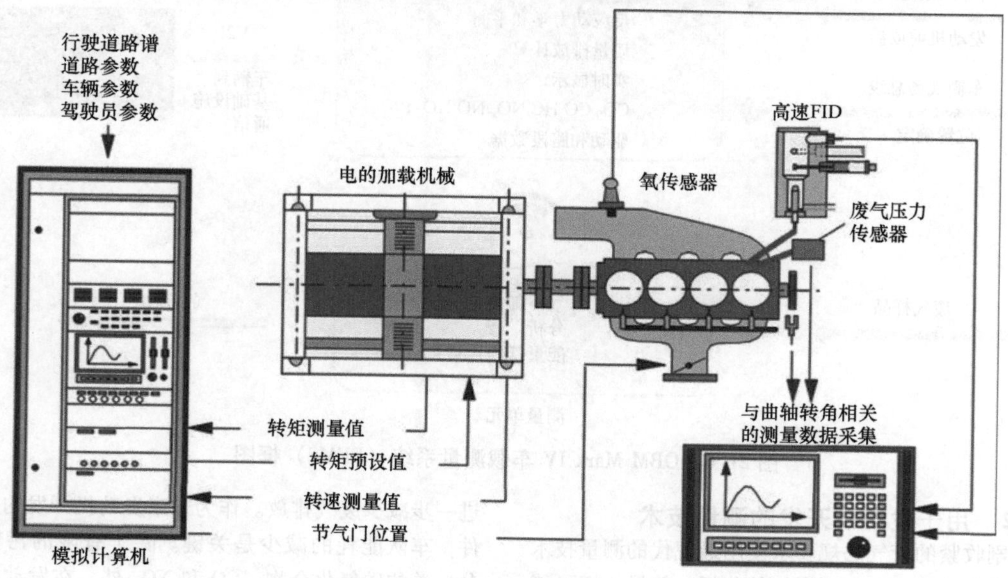

图 21.8　与曲轴转角相关的废气测量的测量布置

这些试验台使用以下废气测量技术对发动机进行分析，可以根据它们的响应速度进行分类：

- 响应时间为“s”范围或更长的标准测量设备。

- 瞬态测量技术，响应时间约为100ms。

- 用于单个循环分析的测量设备和方法，响应时间约为1ms。

可以根据在发动机上的使用位置对测量设备进行进一步分类：

- 用于分析废气的提取的和调节的部分流量的测量设备。这其中包括大多数测量方法。

- 用于排气管现场（in－situ）中的传感器和测量设备。

- 用于测定燃烧室内气体成分的测量方法。

1）局部流测量装置：发动机上最重要的废气测量装置的布置如图21.9所示。关于受限制的废气成分的废气测量装置的物理原理参见21.2.1节。

此外，还需要提到原则上非常重要的氧测量方法，它基于氧分子的顺磁特性。质谱仪和颗粒大小测定已添加到用于受限制的废气成分的经典测量设备中。质谱法确定离子或其碎片的质荷比。这是通过在磁场和电场中离子的偏转或确定其动能来完成的。从理论上讲，每一种或几种废气成分可以同时通过其摩尔数确定。但是，有两种相反的效果。首先，需重点测量的几种废气组分具有相同的摩尔数；其次，通过同时测量多个组分，测量时间将成倍增加。也可以选择使用气相色谱法用于检测“不受限制的废气成分”。

尤其是，根据尺寸等级检测颗粒排放目前仍然是一项相当耗时的工作。根据撞击器原理工作的方法之间存在区别，由此，基于颗粒的空气动力学特性，可以同时通过重量分析确定一定数量的颗粒的尺寸等级以及根据选择性方法一次只能捕获一个尺寸等级，如图21.10所示。这些测量设备基于几种测量原理的组合。它们通过可变的充电和随后的空气动力学吸力来分离各个颗粒尺寸等级。然后将颗粒部分送入冷凝核计数器，在其中确定每单位体积的颗粒数量。

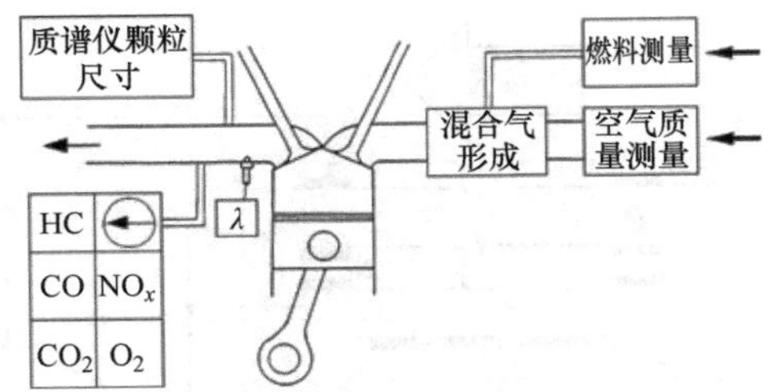

图21.9　发动机试验台上部分流测量用废气测量装置的布置

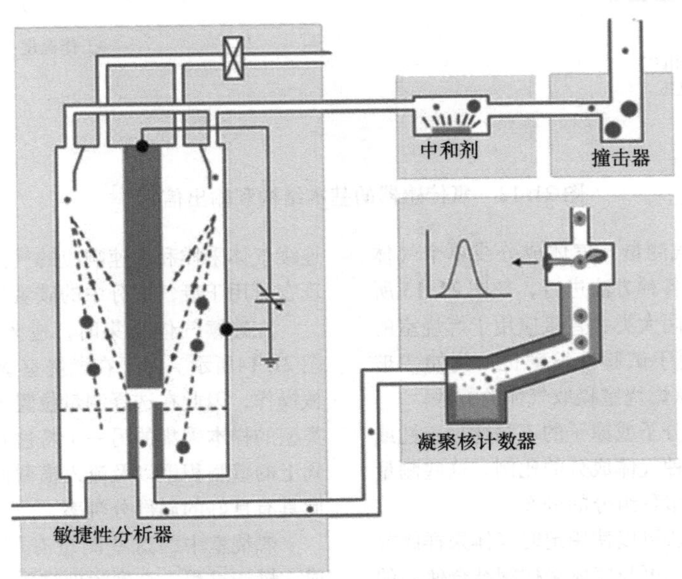

图21.10　用于确定颗粒尺寸等级分布的移动式分析仪

2）排气管线中的现场废气测量：在排气系统中安装氧传感器，用于确定在“稀混合气”（λ大于1）和“浓混合气”（λ小于1）时具有高响应速度的过量空气系数。这些所谓的“宽范围传感器”基于氧离子泵原理工作，并且可以从制造商处获得。但是，有几个因素对这些传感器的测量精度有相当大的影响。图 21.11 显示了使用这些传感器时可能出现的最重要的缺陷。对于 $\lambda=2$ 左右的测量值，由于排气背压增加而引起的典型的误差已经达到 20%。这些传感器非常重要，因为它们还用于发动机管理中，作为稀薄燃烧发动机方案的调节传感器。

基本结构以及取决于 λ 值的输出信号如图 21.12 所示。

对于具有高时间分辨率的单循环分析，如今仍然可以其他使用钛酸锶（$SrTiO_3$）制成的传感器。这些传感器的响应时间约为 5ms，因此可以从发动机的总废气中检测出各个气缸的混合气成分。这代表了特别是在考虑到各个燃烧室的充量的情况下对喷射系统进行气缸选择性校准方面的重大进步。

基于类似于图 21.12 中所示的氧传感器的技术，制造了用于现场测量的 NO_x 传感器[4]，它为稀燃发动机催化器系统的开发和调节提供了宝贵的支持。

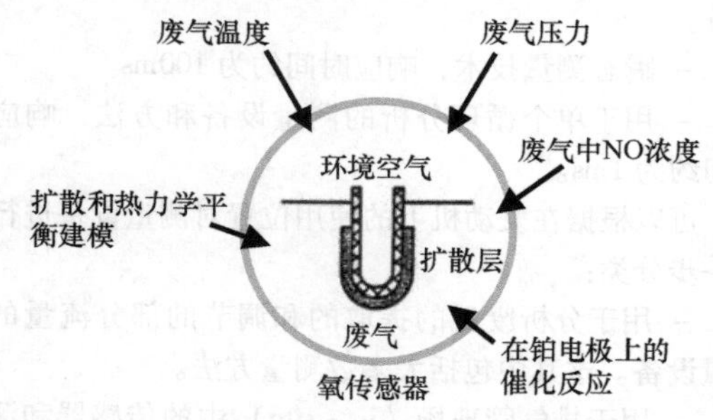

图 21.11　缺陷对采用氧传感器确定空燃比的影响

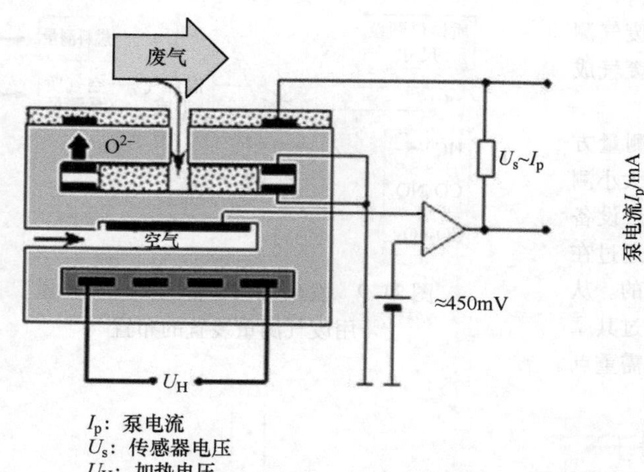

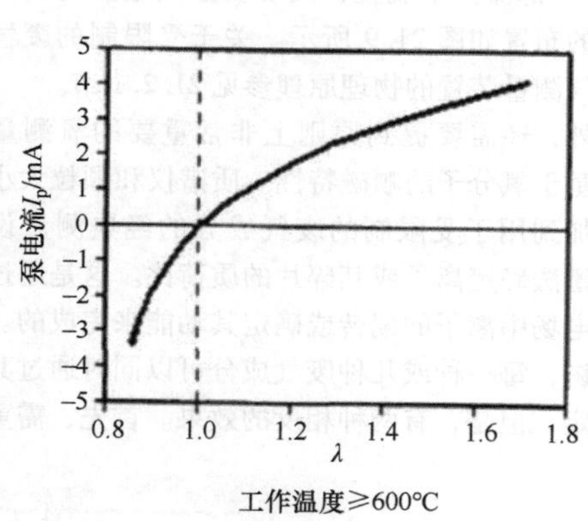

图 21.12　氧传感器的基本结构和输出信号[4]

3）燃烧室中的废气测量：气体成分或单个气体成分的测量可以借助于各种方法进行，如图 21.13 所示，这些方法可以分为两大类：直接应用于燃烧室的光学测量方法和通常用于试验性发动机，例如“玻璃发动机”，以及直接从燃烧室提取气体的方法。

光学测量技术利用分子或原子的不同物理特性或量子力学特性来确定某种气体成分的比例。这些测量方法通常能够同时确定多种组分的分布。

基于气体采样的方法可以使用定时气体采样阀或具有连续流动的毛细管。可与气体采样阀结合使用的测量设备基本上对应于用于常规废气分析的标准设备。然而，为了获得足够大体积的气体用于分析，需要对大量燃烧循环进行平均。单循环分析，特别是关于负荷变化期间的周期性波动或瞬态效应，只能通过连续气体采样和快速响应的气体分析仪来实现。这些现在可用于废气成分中的碳氢化合物和氮氧化物。

在连续气体采集时，进入燃烧室相对容易，如图 21.14所示。由于在燃烧室或采样点附近不需要机械操作，因此在选择测量位置方面的限制较少。这种类型的样本采集的另一个特性是，由于消除了在采样阀上的壁膜积聚以及流入横截面简单的几何形状，因此具有良好的局部分辨率。

燃烧室中的这些测量有可能提供有关混合物形成、燃烧过程，直到污染物形成的大量信息。结果可以为减少排放和优化各种结构设计细节提供宝贵的帮助。在具有直接喷射和稀薄燃烧概念的燃烧系统的开发中得以应用，其中在火花塞处的可变混合气以及由此循环选择的 λ 值变得越来越重要。

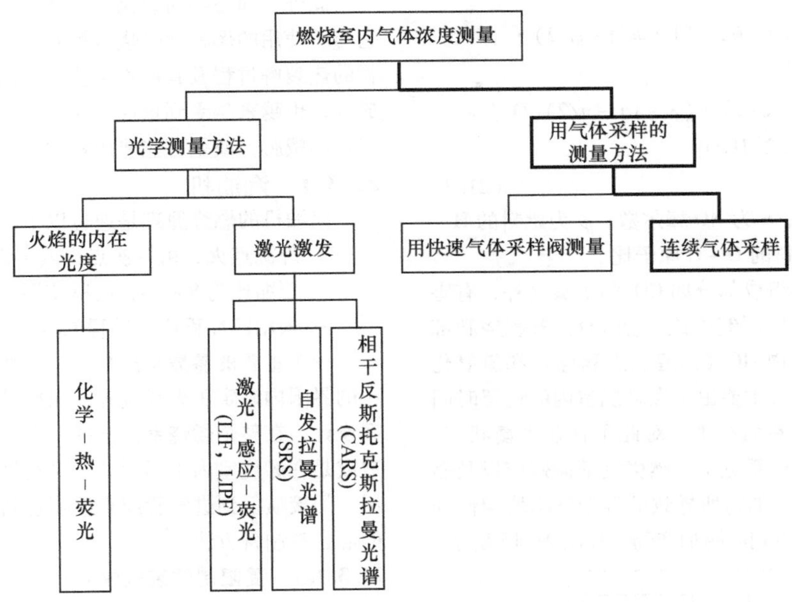

图 21.13 测定燃烧室内气体成分的可能的测量方法[5]

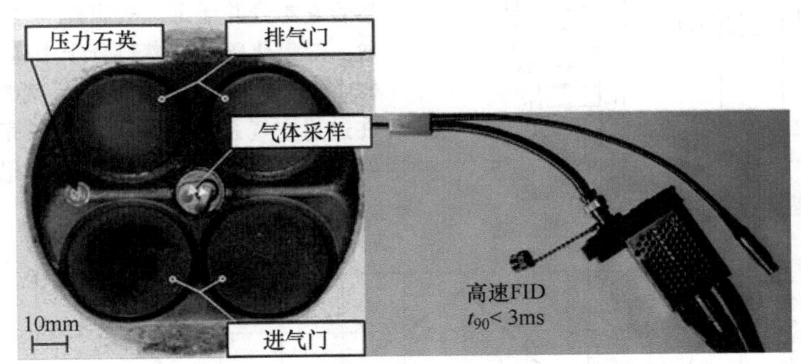

图 21.14 用于4气门汽油机连续碳氢化合物显示的测量布置

除了燃烧发动机测试外，还在未点火发动机运行中进行测试。根据定义，燃烧室中的HC浓度可用于计算未点火运行中的局部过量空气系数。测量结果还提供了有关混合气形成过程以及火花塞或采样点区域内残留气体含量的信息。

21.3 有害物和成因

在燃料和在空气（含体积分数21%的O_2、<1%的稀有气体和氮气N_2）中的氧的燃烧过程中，通过放热反应，能量作为热量被释放。以碳氢化合物为基础的燃料，如汽油和柴油，通过一系列与燃料中碳氢成分相关的不完全的反应来确定所释放的热量。重要的燃料成分有烷烃、烯烃和芳香烃。

在理想条件下或在空气过量的前提下，碳氢化合物完全燃烧时，理论上应该只产生二氧化碳、水，以及氧载体的空气和氮气。

由此可见，过量空气系数（λ）是燃烧过程中最重要的一个参数。λ被定义为实际存在的空气量相对于理想的化学当量所需的空气量的比值。

$$\lambda = (m_L/m_K)/(m_L/m_K)_{stöch} = (m_L/m_K)/(m_{L,th}) = m_L/m_{L,th} \quad (21.1)$$

式中，m_L为每单位时间内供给发动机的空气量；m_K为每单位时间内供给发动机的燃油量；$m_{L,th}$为这些燃料量完全燃烧时理论上所需的空气量。

对于空气过量运行范围的燃烧，可用下面的基本反应方程式：

$1[CH\psi O\phi] + 4.762 \cdot (1+\psi/4-\phi/2) \cdot \lambda$[空气]

燃烧成为：

$$1[CO_2]+(3.762\cdot(1+\psi/4-\varphi/2)\cdot\lambda-n/2)[N_2]+((1+\psi/4-\varphi/2)\cdot(\lambda-1)-n/2)[O_2]+n[NO]+\psi/2[H_2O] \tag{21.2}$$

式中，[ ] 为成分；n 为NO摩尔数；ψ 为燃料的H－C原子比；φ 为燃料的O－C原子比。

除了废气主要组成部分如CO_2和水蒸气外，有害物质主要包括法规所限制的成分如CO、未燃烧和部分燃烧的碳氢化合物HC（乙醛、丙酮等）和氮氧化合物NO_x。有害物质主要由于在燃烧室内的逗留时间短暂致使反应链中断而产生，对此不存在平衡状态。通过不同的过量空气系数λ，燃烧室壁面效应以及燃油中含有的杂质和添加物所导致的混合气不均匀性同样会产生所不希望得到的附加产物，如图21.15所示。

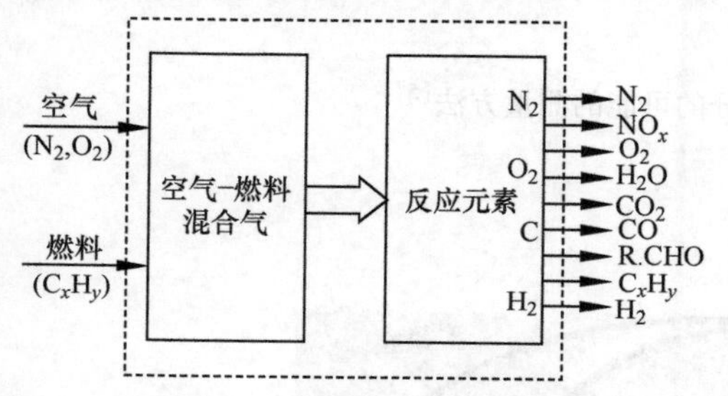

图21.15　燃烧室内的反应机理[6]

此外，固态物质以微粒的形式排放也是可能的，它与所使用的燃料及燃烧过程有关。比如从碳氢化合物的热裂解过程及其产物中所形成的未受限制的废气成分，也越来越受到重视，因为这些成分或是隐含了潜在的威胁，或是可能造成难闻的气味。

21.3.1　汽油机

汽油机的燃烧原理是通过以下特点来描述的：

- 外源点火，由一次点火或多次点火来完成。
- 压缩比为8～14，视所使用的燃料而定。
- 采用四冲程或二冲程的方式。

一个重要的参数是过量空气系数λ，它在一个狭小的界限内确定了燃烧过程。根据燃烧和废气净化方案设计，在整个燃烧室内选择一个恒定的过量空气系数或是在燃烧室内以不同的过量空气系数形成充气分层。间接喷射到进气管或直接喷射到燃烧室都是可能的混合气制备方法。

21.3.1.1　受限制的废气成分

（1）二氧化碳

在欧洲，二氧化碳排放属于受限制的废气成分，尽管它本身并无毒。法规越来越大规模地限制CO_2排放。二氧化碳通过燃料分子中碳的完全燃烧而产生。CO_2排放从根本上讲与燃料消耗和燃料成分有关，在过量空气系数为1时，其在完全反应的条件下达到最大值。图21.16显示了理想状态下的废气浓度计算值。

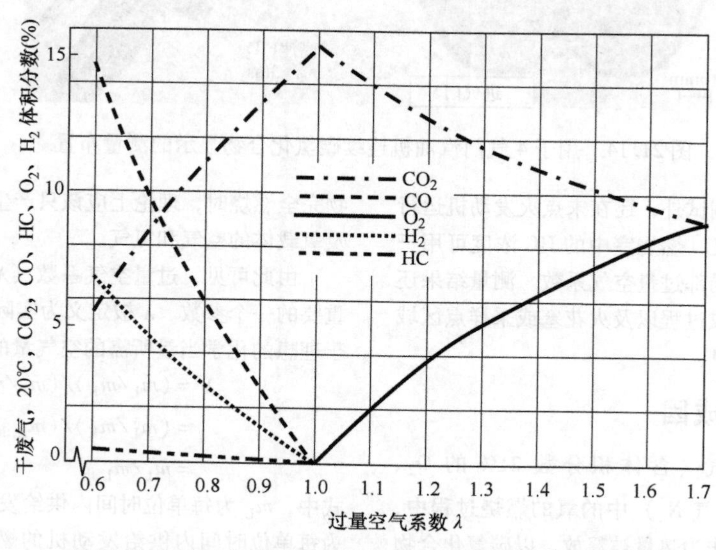

图21.16　汽油机不同过量空气系数λ下计算的废气浓度

（2）一氧化碳

作为二氧化碳形成的中间阶段和由于缺氧而产生的不完全燃烧的产物，其形成由以下“水气方程式”来表征：

$$CO+H_2O <=> CO_2+H_2 \tag{21.3}$$

从根本上说，一氧化碳的形成是由局部位置的过量空气系数、温度以及压力所决定的。缺少空气时的CO排放与过量空气系数接近于线性关系。CO排放是缺少氧的结果。当λ>1（空气过量）时，CO排放非常低，基本上与λ值无关。此外，CO排放与其他参数，如压缩比、负荷状态、点火时刻和喷射规律基本无关。

（3）碳氢化合物

HC排放是通过未燃和部分燃烧的碳氢化合物及相应的热裂解产物而形成的。这些成分既可从燃料中，又可从所使用的润滑油中产生。对于碳氢化合物排放有不同的机理。比如，由于不能充盈整个燃烧室而导致的碳氢化合物不完全燃烧以及燃料在室壁的积聚等。进一步的原因则是燃料在死区空间内的残留，比如气缸盖密封区的余隙容积、气门座、火力岸、活塞环、火花塞和挤气面。火花断跳，润滑剂产生的碳氢化合物排放，燃料分子在气缸套表面的润滑油油膜及杂质处的吸收都可以造成排放量的增加。值得注意的是，观察排气行程中HC的质量排放量，可以发现，在随曲轴转角的变化过程中，在排气门打开之后及关闭之前的短暂时间内，HC排放都显著增加，这也与之前提到的室壁现象相关，如图21.17所示。

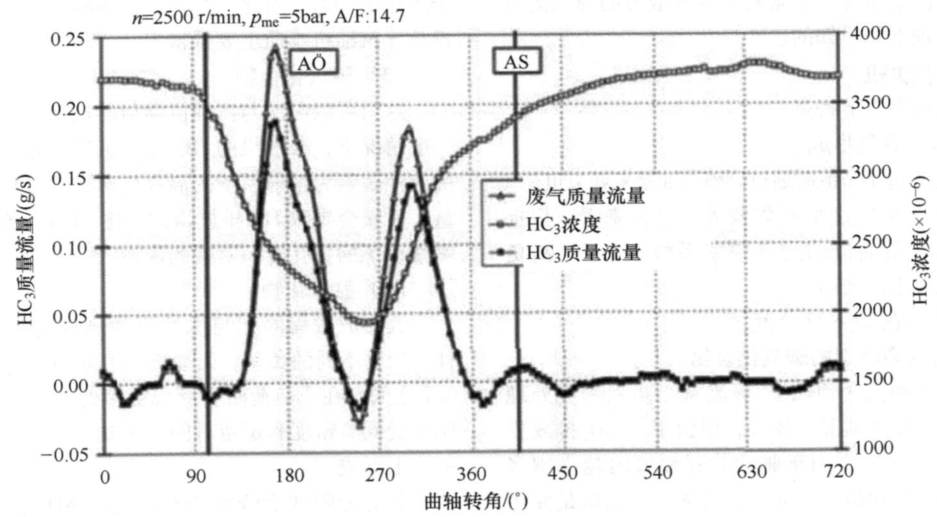

图21.17 在排气门打开后碳氢化合物质量流量随曲轴转角变化过程

通过火焰前锋与冷壁（火焰淬熄）的接触形成HC排放，因为混合气在边界层上冷却到壁面温度，因而中断化学反应。部分燃烧的碳氢化合物的形成很大程度上依赖于温度、氧的含量，并与分子结构也有些许关系。当过量空气系数小于1时，HC排放明显增加，这是因为供燃烧室内完全燃烧所需的氧过少所致。当过量空气系数提高后，也可能出现相同的现象，因为达到了混合气的点火界限，当混合气均匀形成时会导致断火现象。

（4）氮氧化合物

在这个总概念下包括七种氧化物：NO、NO_2、NO_3、N_2O、N_2O_3、N_2O_4和N_2O_5。氮氧化合物是空气中的氮和氧在燃烧期间产生的。对于这个过程，可以用扩展的泽尔多维奇（Zeldovich）机理（1946）来描述。这些氧化物最重要的代表是一氧化氮（NO）和二氧化氮（NO_2）。NO大体上有两个重要的形成过程：热NO的形成是受温度、氧浓度、过量空气系数、逗留时间和压力等参数的影响。在温度达2200～2400K时NO形成量最多，温度再升高，形成量迅速下降。在750K以下，要使NO产生分解需要有较高的活化能量。NO在火焰前锋处作为辅反应，它通过OH根和氮分子再结合而迅速地产生。燃料中所含的氮在高温下同样会形成氮氧化物，尽管这种形成过程并不是很重要。汽油机中未经处理的排放中的NO/NO_2的比例超过0.99。NO_x浓度最大值出现在略稀的区域，λ=1.05～1.1。

采用直接喷射和充气分层的汽油机由于其平均温度较低，因此相对于进气管喷射来说，NO_x排放更低。但是由于充气分层，使得局部出现混合气较稀的区域，从而使得CO和HC排放增加。

21.3.1.2 不受限制的废气成分

（1）颗粒

在51.7℃以下通过滤清器时析出的所有废气成分都可以算作颗粒。颗粒由固态有机物或液态的和可溶的有机物所构成。其中包括碳烟、各种硫酸盐、灰尘、来自燃料和润滑油的各种添加剂、磨损细粒和腐蚀产物。活塞的磨损会产生铬颗粒，镍悬浮颗粒也是如此。铬悬浮颗粒的尺寸大小为1.6～6.4μm[8]。对于汽油机，凝固的颗粒排放的影响相当小。但在使用直接喷射的喷射系统中它的影响会大大增加。

（2）气态成分

主要关注芳香烃，如苯、甲苯、二甲苯，以及多环芳香烃（PAK）和醛，如甲醛、乙醛、丙烯醛、丙酸、己醛和苯甲醛。醛是碳氢化合物氧化过程的中间产物，其形成取决于温度[9]。BTEX成分中在数量上出现得最多的是甲苯[8]。燃料成分、润滑油成分以及燃烧过程的质量与不受限制的废气成分的形成的直接关系在原理上是可知的。

21.3.2 柴油机

柴油机具有以下特点：

- 内部混合气形成。
- 在进气量不节流时通过调整燃油量来调节负荷。
- 自燃，空气过量系数较大。总体来看，根据不同的负荷，柴油机的过量空气系数在1.2（高负荷）与7（怠速）之间。
- 压缩比在14～22之间。
- 燃料为高沸点的碳氢化合物。

分隔式发动机（预燃室/涡流室）虽然未经处理的排放较好，噪声情况也较好，但由于其CO_2排放要高出20%，在作为乘用车驱动装置领域内越来越多地采用直喷式发动机。在欧洲，直喷式柴油机是商用车主要的动力源。一些在所有热机中具有最高效率的大型发动机同样也使用了这项技术，但主要采用二冲程的工作过程。混合气形成可以有不同的过程，可采用不同的喷油压力产生方式，如直列式喷油泵、分配式喷油泵、泵－喷嘴、油泵－油管－油嘴，以及共轨系统。目前乘用车发动机上最重要的喷射方式是使用多孔喷嘴的空气分配式高压喷射。

21.3.2.1 受限制的废气成分

（1）二氧化碳

特别好的燃料消耗特性以及在部分负荷区域更好的燃油消耗特性会使每1kmCO_2的排放实际减少20%。

（2）一氧化碳

由于充气分层中混合气的不均匀性，存在过量空气系数小于1的区域。在这些区域，在反应的时候会形成较高的CO浓度，通过后氧化，绝大部分会进一步氧化成CO_2。因此，这就使得柴油机的一氧化碳比排放比汽油机本质上要低得多。

（3）碳氢化合物

这里可以参照与汽油机类似的机理和参数。但在一般情况下，柴油机的HC排放明显要低。此外，其决定性因素为喷射系统的混合气形成质量和精确的计量。后喷会导致HC排放增加。图21.18展示了喷油嘴减小了的盲孔容积对其的影响[10]。

（4）氮氧化物

其形成过程同样与汽油机的形成过程具有可比性。根据不同的负荷，柴油机NO与NO_2之比在0.6～0.9之间。在小负荷时会形成更多的NO_2。这个比值明显受到氧密度和逗留时间的影响。NO_2主要在火焰前锋上形成。

具有分隔式燃烧室的柴油机的NO_x排放比直喷式柴油机明显要低。在对预燃室喷油期间，温度较高，但由于空气非常稀少，这使得NO_x的形成率相当小。当制备的混合气扩散到主燃烧室中时，形成条件则相反，即空气过量而温度较低。然而，由于废气再循环的相容性，直喷式柴油机中氮氧化物排放明显高于分隔式柴油机（约两倍量），其情况正好相反。

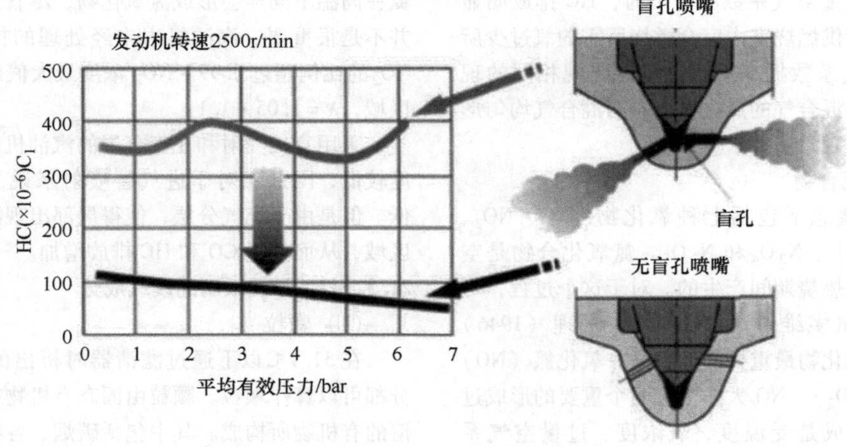

图21.18 喷嘴结构对HC排放的影响[10]

（5）颗粒

柴油机的颗粒主要由碳粒所组成，其余部分与碳氢化合物有关，其中一部分与碳烟有关，较少的部分与以气溶胶形式存在的硫酸盐有关。不同的碳氢化合物燃烧时，在一些独立的部分过程中，如裂解、脱氢和聚合过程中，会存在一些中间阶段。碳烟的形成本质上就是由局部温度（800～1400K）和氧浓度来决定的，其形成分为两个阶段[9]。在初始形成阶段，反应几乎都是根据在油束核心和喷雾后方的原子团的链式反应机理实现的，从而形成 O、H、OH 原子团。通过聚合和环状闭合产生了环状的和多环的芳香烃。通过其他单元的积聚会形成相对稳定的中间产物，由于聚集作用这些中间产物便形成了越来越大的颗粒，并与所谓的原始颗粒联接起来。原始颗粒凝结起来成为较大的单元，便形成了二次颗粒。二次颗粒由于其较大的比表面，使得未燃烧或部分燃烧的碳氢化合物，特别是醛，在二次颗粒上聚集起来。这个二次形成阶段在燃烧的持续发展过程中就成为了碳烟后氧化，它由停留时间和氧浓度所决定。

颗粒的直径在 1 和 1000nm 之间变化。对于均匀的混合气，过量空气系数低于 0.5 时，排气中肯定含有碳烟，λ 大于 0.6 时，并在优化的条件下，几乎没有碳烟[11]。除了碳烟形成外，润滑介质也是颗粒排放的重要来源。

特别值得注意的是颗粒、HC、NO_x 排放之间的目标矛盾性。低颗粒排放和低 HC 排放的条件与低 NO_x 排放的前提条件是相反的。因此，应特别注意二次形成阶段，即碳烟后氧化。一般来说，在燃烧过程后期，较高的混合气形成能量会促进碳烟后氧化，这可以通过燃烧室中的有针对性的涡流和滚滚、更高的喷射压力、喷射过程结束时更高的喷射率和较均匀的分布来实现。但这种状态又是形成比较多的 NO_x 排放的很好的前提条件。

图 21.19 定性地描述了柴油机中有害物质的形成[12]。

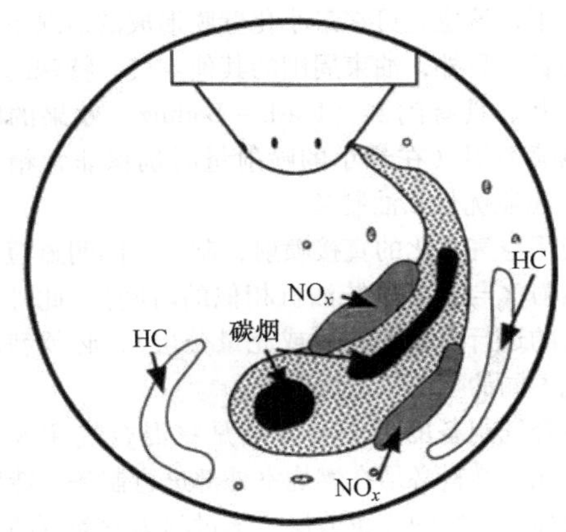

图 21.19 柴油机的燃烧和有害物质形成定性示意图[12]

21.3.2.2 不受限制的废气成分

柴油机的原始排气中重要的不受限制的成分有氰化物、氨气（NH_3）、二氧化硫（SO_2）和硫酸盐。对于不同的碳氢化合物，主要是关注甲烷、乙烷、乙烯、乙炔、苯和甲苯。对于多环芳香烃（PAK）主要是菲、芘、氟和蒽，按降序排列。这些物质的浓度参数都至少比其他 PAK 单个物质大 6 倍，并占 PAK 总量的约 90%[8]。酚和不同的醛，如甲醛、乙醛、丙酮 + 丙烯醛，以及丙酸同样也是详细研究的对象[13]。以上提到的成分是通过燃油和润滑介质中的微量物质形成的，部分通过排气系统中的后反应形成。

如果颗粒排放在其与质量相关的碳含量方面对其进行区分，则结果是 80% 的元素碳与 20% 的有机化合物。与汽油机一样，铬和镍气溶胶来自磨损。

21.4 减少有害物

从本质上来讲，减少污染物的程序可以分为在发动机机前、机内和机后的措施。在第一个子章节中，要考虑燃烧室前和燃烧室内的发动机措施，它们在减少原始排放和燃料消耗方面起着重要的作用。

发动机机内措施

1. 汽油机

大多数解释适用于采用进气管喷射的发动机和采用直接喷射的汽油机。一般来说，可以说最小的原始排放通常不会导致废气后处理后的最佳整体效果。

（1）混合气形成

燃烧室内混合气的过量空气系数对发动机原始排放的影响最大。CO 和 HC 的排放在 $\lambda = 1.05 \sim 1.1$ 的轻微稀薄范围内最低；但是，该位置的原始 NO_x 排放量最大。

所有气缸的过量空气系数均等是低排放的另一个基本前提。这就要求对所有气缸的燃油进行最精确的计量。λ 值的偏离导致 CO 排放大大增加，并在较小程度上导致 HC 排放增加。在 λ 值的偏离较小时，NO_x 排放急剧增加；但是，如果偏离进一步增加，则会再次减少。为了测量技术上的记录气缸选择性的 λ 差异以进行控制，参考 21.2.2 节中的描述。

为了在发动机中尽可能充分地实施，要求对燃油进行良好的制备。在进气管喷射的情况下，燃料通常直接在进气门的前面喷射。在利用进气管压力和温度的情况下，该位置可在最小化壁膜形成的情况下实现最佳制备。另外，油束周围的其他空气、特殊的喷嘴几何形状、具有闪沸（Flash - Boiling）效果的喷嘴和压电喷油器（在最小的喷射量时确保非常精确的计量）还能优化燃油制备。

使用空气雾化的直接喷射，制备时间明显短于进气管喷射（与直喷式柴油机相似的时间）。此外，对于相应的运行模式（均质或充量分层），必须利用喷嘴实现不同的喷射策略。

混合气制备的另一种方法是将混合气注入燃烧室。对此，燃料必须在燃烧室外部进行制备。特别是对于极稀混合气的充量分层，该过程为发动机的无节流运行提供了良好的前提条件。可以通过这种方式减少大多数污染物。高稀薄运行能力还可以在较宽的负荷/转速范围内节省燃料。

（2）燃烧过程和燃烧方法

燃烧速率本质上受所采用的燃料、过量空气系数，能量转换期间的压力和温度以及燃烧室中的流动状态的影响。进气管喷射的燃烧过程在很大程度上取决于进气门升程和喷射开始时刻、混合气制备程度和点火时刻。在高温下短暂逗留会减少 NO 的形成。理想的燃烧过程是温度最高不超过 2000K。

直接喷射还提供了喷射定时的自由度，但是混合气的形成时间非常短[14]。充量分层减少了 NO_x 原始排放和燃料消耗。但必须注意，由于 NO_x 形成的高度非线性，火焰前锋面中没有过热的区域。通常在火花塞附近提供浓混合气，以确保可靠的点火。但是，周围的大多数混合气都设定为稀薄。重要的是要确保燃烧过程尽可能均匀。

（3）气门控制

配气机构/气门正时：从 2 气门技术过渡到 4 气门技术给采用进气管喷射的发动机带来一些优势。火花塞的中心布置和通过 4 个气门对称的燃烧室是低污染燃烧的理想选择。只有碳氢化合物在某些情况下的排放量偏高。通过可变配气定时，可以在很大范围内影响油耗和排放。使用允许许多自由度变化的机电式气门机构[15]，特别是对于直喷式发动机而言，可以进一步降低消耗。通过减小气门叠开，在气门升程小和进气门延迟打开时，可以在部分负荷范围内显著地减少排放。此外，发动机可以在部分负荷范围内实现发动机的无节流运行，从而可以明显降低燃油消耗。具有多个气缸的发动机的停缸技术同样可以减少燃料消耗，从而减少了 CO_2 排放。

（4）废气再循环

废气从发动机的排气区域通过废气再循环阀进入进气系统，并代替部分新鲜充量。这种气体混合气在分解时会吸收大量的热量，因此会降低燃烧期间的温度水平，因而防止形成 NO。对此，发动机相关的无节流也导致燃料消耗的减少。通过使用相位阀进行适当的气门叠开的调节，可以实现可变的内部废气再循环。当将废气送入进气管时，必须注意废气均匀地分配到所有气缸。废气再循环率大于 15% 会导致 HC 排放更高，并且怠速特性也变得更差。

（5）压缩比

高压缩比可导致更好的热效率，这也会增加燃烧峰值温度，进而导致 NO_x 排放增加。由于更高的压力水平，HC 排放也因为燃烧室间隙的相对增加而增加。随着压缩比的增加，CO 排放趋于减少。可变压缩比技术正在开发中，至少在燃料消耗方面具有良好的效果。

（6）燃烧室造型设计

除了行程/孔径、表面积、体积和挤压面积等几何尺寸比例外，其他参数也会影响排放特性。以缩短火焰传播距离为目的的火花塞的中心布置、具有小的表面的紧凑型燃烧室、减少间隙处的死区容积、有针对性的挤压表面都可以降低 HC 排放和燃料消耗。在某些情况下，缩短燃烧过程的措施还可以减少 NO_x 排放。增加压缩比可降低燃油消耗，但会增加 NO_x 排放。图 21.20 定性地总结了进气管喷射汽油机的最重要措施，图 21.21 中对直喷式汽油机最重要的措施进行了定性的总结。由于针对不同发动机的单独的措施往往会产生截然不同的结果，图中故意避免使用数字，以表明尽可能普遍的趋势。

减少 HC 原始排放的其他措施包括进气道内形成可变涡流和发动机的可调温度控制。

（7）点火

火花点火的主要方法是在燃烧室中使用火花塞一次或多次电火花点火。结构设计会影响火焰前锋面的形成，进而影响氮氧化物的形成速率。另一个重要的参数是相对于上止点的点火时刻。众所周知，推迟点火可以降低 NO_x 排放。当今的发动机管理系统可以通过考虑所有必要的参数的自适应调节来优化点火时刻。为了能够可靠地点燃混合气，需要 0.2～3mJ 的足够的点火能量。较长的火花持续时间和稳定的高电压可确保混合气可靠和稳定地着火，并减少 HC 排放。火花塞作为“燃烧室传感器”的额外使用带来了进一步的发展。通过测量燃烧过程中电极上的离子电流，一方面可以测量着火开始（失火诊断/CH 排放）和燃烧过程，另一方面可以考虑爆燃现象。与电子燃烧调节相结合，与电子燃烧控制，有可能进行有效诊断并在较长时间内实现低排放。

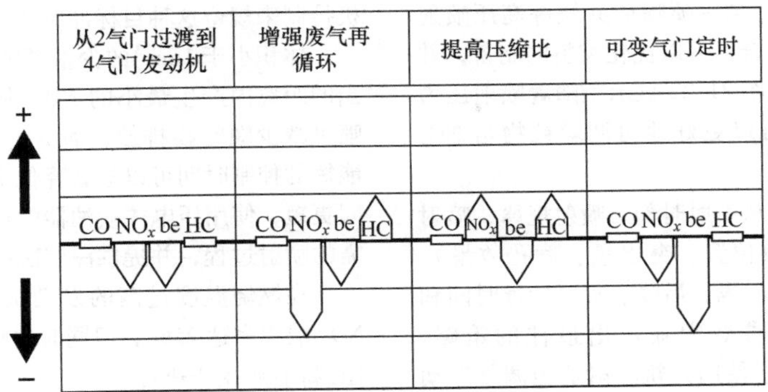

图 21.20 进气管喷射汽油机降低有害物的措施。（+）是指废气水平的升高和（−）是指废气水平的下降

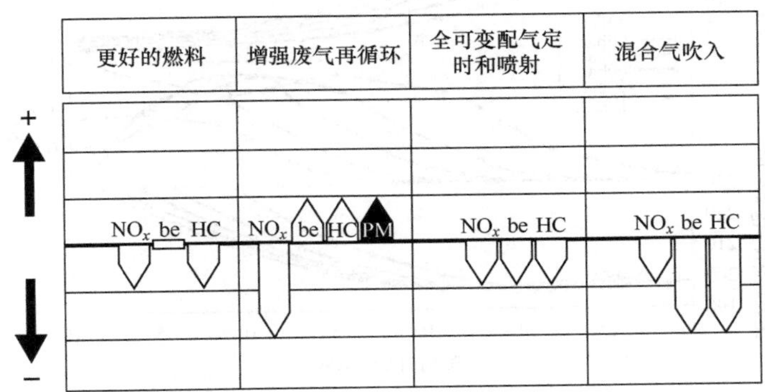

图 21.21 直喷式汽油机降低有害物的措施。（+）是指废气水平的升高和（−）是指废气水平的下降

空间点火，这被理解为意味着在燃烧室中理论上无限点处同时点燃混合气，激光点火，其中通过合适的光学器件加宽的激光束以足够的能量点燃燃烧室的全部内容物，以及仍在开发中的等离子体点火，主要表现在单独的废气成分方面的优势。特别是，空间点火燃烧过程在显著减少 NO_x 原始排放方面具有非常大的潜力。同时，可以减少部分负荷时的油耗。

为了避免在直接喷射系统中产生积炭，燃料质量的进一步改善导致了更稳定的排放特性，尤其是油束引导的喷射系统。

2. 柴油机

在大多数情况下，柴油机在排放技术方面的优化涉及燃油消耗、氮氧化物、颗粒物排放典型的目标冲突关系。

（1）燃烧方法和燃烧过程

在目前用于空气分配式直接喷射的喷油器（喷嘴）中，最重要的参数是相对于上止点的喷射始点。着火延迟是一个相对恒定的参数，基于4气门气缸盖的传统方案使用一个涡流通道和一个充气通道。在有活塞凹坑的情况下，有一种趋向于更扁平和更宽的形状的趋势，这些形状旨在实现无阻碍的喷雾扩散。这种发展通过多孔喷射喷嘴而受到青睐。这导致减少壁面积聚。因此，通过提高涡流可以减少充量损失。

具有稀薄预混合燃烧和在转换结束时更高的喷射率的均质柴油燃烧可以导致几乎无碳烟的燃烧和最少的 NO_x 排放[11,16]。该方法的实际实施目前一方面混合气形成不足和混合气分布不均匀，而另一方面负荷－转速特性场中受限的运行范围这两者之间的对立。此外，这种燃烧过程需要一个完全可变的喷射系统，该系统具有预喷射、主喷射和后喷射可以在很宽的范围内变化的可能性，因此几乎可以展示任何喷射过程。这个过程与汽油机中的空间点火燃烧相竞争。

（2）增压

涡轮增压仍然是直喷柴油机减少所有有害物成分的最有效方式。必须可以改变每个负荷工况点的最重要参数，例如增压压力和增压空气温度。此外，可变涡轮几何形状、分动涡轮增压和根据负荷要求调节的增压空气－温度有助于减少消耗，尤其是减少 NO_x 排放。电辅助增压可以显著减少瞬态过程的颗粒排放，例如从怠速开始的起动过程。

（3）喷射系统和喷射过程

通过1500～2000bar的高喷射压力，在不久的将来甚至会超过 2000bar，泵－喷嘴或共轨等高压喷射系统与新的喷油器相结合，可以优化燃料的制备，并特别会减少颗粒排放。图 21.22 显示了随着喷射压力的增加可能的改进，可以更好地协调颗粒物与 NO_x 之间的矛盾关系[17]。

在研发阶段，必须从喷射时刻、喷射规律、喷射压力、喷嘴形状（油束位置、突出量、喷孔数量）、喷射量、预喷射、喷射间隔、后喷、喷射持续时间和控制时间等最重要的参数中筛选出最佳的策略。图 21.23显示了如何通过使用共轨喷射适当调整发动机控制来规避这种目标冲突[18]。

体积小于 $1mm^3$ 的少量预喷量会在与主喷存在适当的距离内产生最小的 NO_x 排放和颗粒物排放。后喷可减少颗粒物排放，而 NO_x 排放保持不变。尽可能短的控制时间可以显著降低 HC 排放。由于切换时间更短，使用压电式喷油器的喷射系统可以更接近所需的喷射过程，并提供深层次的优化措施。

在燃烧温度过高的发动机中，通过喷水会导致 NO_x 减少多达 25%，但同时这种措施也会导致 CO 和 HC 排放恶化[11,16]。

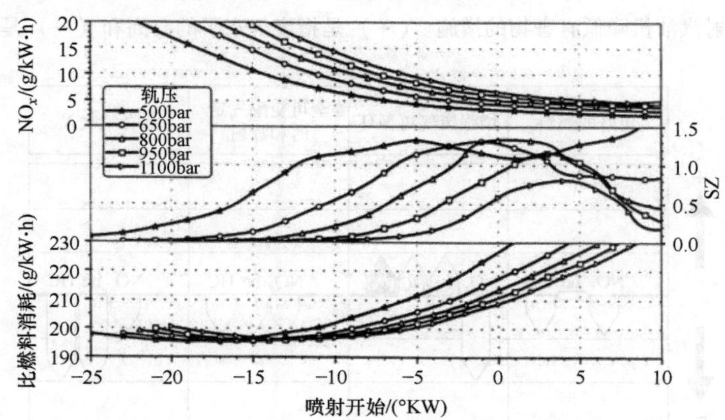

图 21.22　轨压和喷射始点对油耗、烟度和 NO_x 的影响[17]

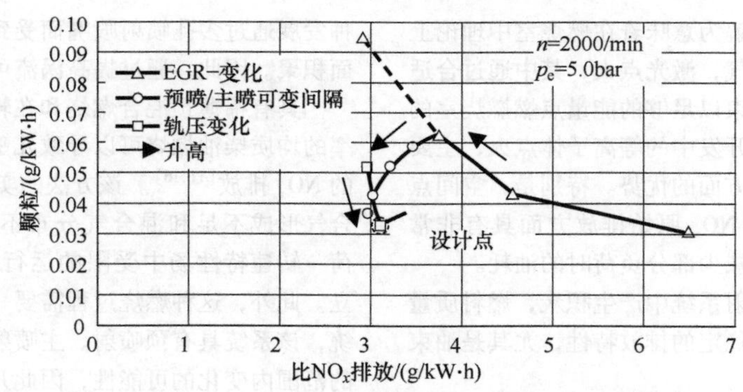

图 21.23　共轨喷射的 V8 TDI 发动机中颗粒物和 NO_x 排放的目标冲突[18]

（4）配气定时

通过多气门技术可实现更高的充气效率。这对燃油消耗和总体原始排放特性具有特别积极的影响作用。特别地，由于喷嘴的有利位置，目前 4 气门技术似乎是柴油机的最佳选择。由于乘用车柴油机中普遍采用涡轮增压，因此可变气门定时和移相器目前不如在汽油机中那么重要。

（5）废气再循环

与火花点火汽油机不同，柴油机可以提供更高的再循环率。但是，如图 21.24 所示，随着废气再循环率的提高，颗粒物的数量显著增加，尺寸显著增大。废气再循环部分的额外冷却降低了 NO_x 排放，并且还有助于减少颗粒排放，但增加了 CO 和 HC 排放。通过冷却废气再循环，NO_x 与颗粒物之间的目标冲突降低多达 15%[15]。

（6）燃烧室设计

基本上，汽油机中类似的设计规则也同样适用。根据喷射过程和排量，对燃烧室的几何形状有不同的要求。对于更大排量，首选低涡流的宽而平坦的燃烧室。相反，在单缸排量为 450 ~ 550cm³ 的乘用车发动机燃烧室中，使用具有更高涡流强度的更深的凹槽。

减少柴油机排放的重要措施如图 21.25 所示。

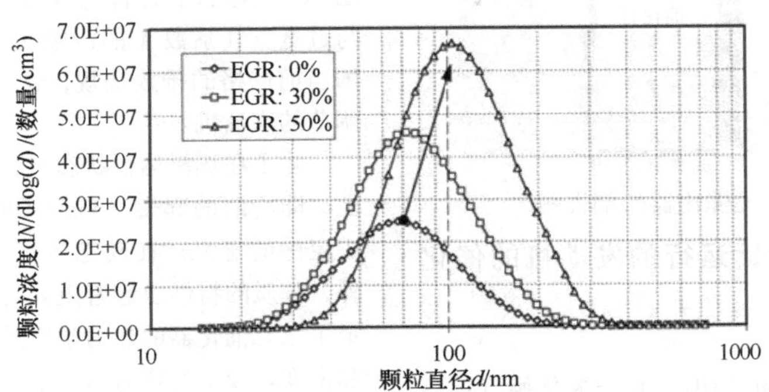

图 21.24　取决于废气再循环率的颗粒浓度与颗粒直径的关系

通过成熟技术的快速地进一步开发，可以在减少废气排放方面取得重大进展。某些发动机系列，似乎有可能达到特别低的排放限制值，例如 ULEV 或欧 4，而无须使用会恶化油耗的附加装置。然而，与此同时，应该采取大胆的步骤，采用“零排放和资源节约型汽车”的新的燃烧过程。

致谢

特别感谢迈克尔 · 陶舍尔（Michael Tauscher）硕士和斯蒂芬 · 胡默（Stefan Humer）博士对本书的撰写提供的支持。

废气涡轮增压+增压空气冷却	增强废气再循环	高压喷射	发动机从2气门过渡到4气门
NO　be　PM　HC	NO_x　be　PM　HC	NO_x　be　PM　HC	NO_x　be　PM　HC

+
−

图 21.25　柴油机降低有害物的措施。（+）是指废气水平的升高和（−）是指废气水平的下降

21.5　汽油机废气后处理

21.5.1　催化器构造和化学反应

汽车催化器的基本化学反应可以用下面的反应方程式（21.4）~式（21.9）来描述。

（1）从 CO 和 HC 到 CO_2 和 H_2O 的氧化

$$C_yH_n+\left(1+\frac{n}{4}\right)O_2\rightarrow yCO_2+\frac{n}{2}H_2O \quad (21.4)$$

$$CO+\frac{1}{2}O_2\rightarrow CO_2 \quad (21.5)$$

$$CO+H_2O\rightarrow CO_2+H_2 \quad (21.6)$$

（2）从 NO/NO_2 到 N_2 的还原

$$NO(\text{或者 }NO_2)+CO\rightarrow\frac{1}{2}N_2+CO_2 \quad (21.7)$$

$$NO(\text{或者 }NO_2)+H_2\rightarrow\frac{1}{2}N_2+H_2O \quad (21.8)$$

$$\left(2+\frac{n}{2}\right)NO(\text{或者 }NO_2)+C_yH_n\rightarrow$$

$$\left(1+\frac{n}{4}\right)N_2+yCO_2+\frac{n}{2}H_2O \quad (21.9)$$

这些反应在贵金属 Pt、Pd 和 Rh 的存在下被催化。通过贵金属在具有大的表面积的载体氧化物上的分散能够实现有害物的高的转化率。这些载体氧化物通常是具有复杂孔结构的无机材料（例如 Al_2O_3、SiO_2、TiO_2），催化材料与促进剂一起涂在其上。

催化载体涂敷在蜂窝状载体上，其中采用陶瓷载体和金属载体。蜂窝结构确保了在小空间内进行催化反应的最大可能的表面积。图 21.26 显示了一个由两

个陶瓷载体组成的催化器的例子。

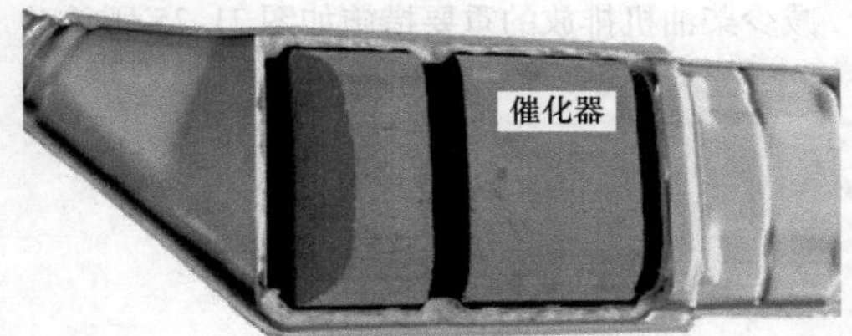

图 21.26　某三元催化器的剖视图

21.5.2　按化学当量比运行的发动机的催化器设计

21.5.2.1　三元催化器

未燃烧的碳氢化合物（HC）和一氧化碳（CO）的氧化需要氧气，而氮氧化物的还原需要还原组分的存在。由于在行驶时所有的有害物成分都必须平等地转化，因此在废气转化方面存在一个狭窄的窗口，可以在这个窗口浓度下燃烧。

借助于氧传感器，将空燃比（过量空气系数）调节到 $\lambda=1$ 附近很小的范围内，就此，才有可能以高转化率进行氧化反应和还原反应。催化转化器的最佳运行点取决于 CO 和 NO_x 转化的交叉点，具体取决于过量空气系数 λ，即所谓的交叉（Cross - Over）。图 21.27 显示了有害物成分 HC、CO 和 NO_x 的转化与过量空气系数 λ 的函数关系。为了符合欧洲和美国当前严格的排放法规，这些三元催化器用于 $\lambda=1$ 调节的汽油机。

除了在热机运行状态下的转化，催化器的起燃特性，即所谓的起燃（Light Off），对催化器而言也有决定性的意义。在动态运行中，除了催化器的特性外，基质的特性也起着重要的作用，因为这些特性确定了三元催化器的热力学质量、热力学特性、热容量和密度。较小的热力学质量可以使催化器在冷起动时更快地起燃。

催化反应的高的几何表面积通过高的孔密度和低的壁厚成为可能，并且表明了一种通过快速加热催化器来改善起燃特性的合适方法。图 21.28 显示了所选的标准基板的几何参数。

图 21.29 显示了陶瓷基质和金属基质的热容对温度依赖性的比较。

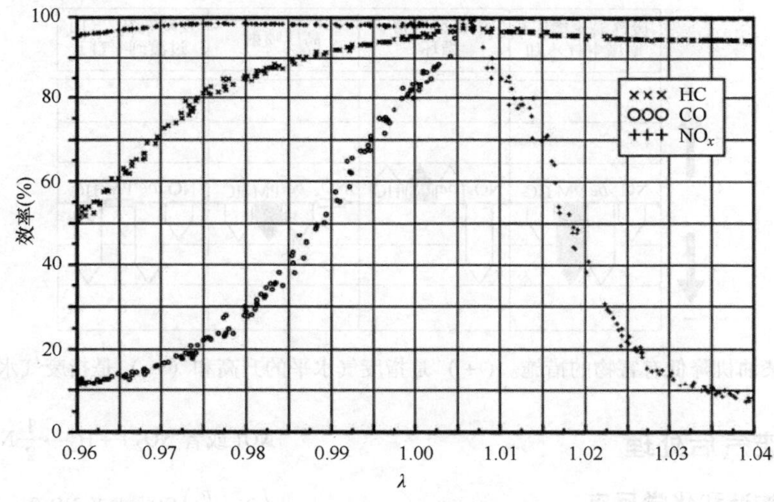

图 21.27　有害物质的转化与过量空气系数 λ 的函数关系

	陶瓷			金属			
孔密度/in^{-2}	400	600	900	400	600	800	1000
壁面/薄膜厚度/（mil/mm）	6.5	3.5	2.5	0.050	0.040	0.030	0.025
几何表面/（cm^2/cm^3）	27.3	34.4	43.7	36.8	42.9	51.0	56.0
自由截面（%）	75	80	86.4	89.3	89.8	93.7	91.4
水力直径/mm	1.10	0.93	0.79	0.97	0.84	0.72	0.65
密度/（g/cm^3）	0.43	0.35	0.24	0.77	0.73	0.55	0.61

注：1in = 0.0254m；1mil = 25.4×10^{-6}m。

图 21.28　高孔数和薄壁基质的基质参数

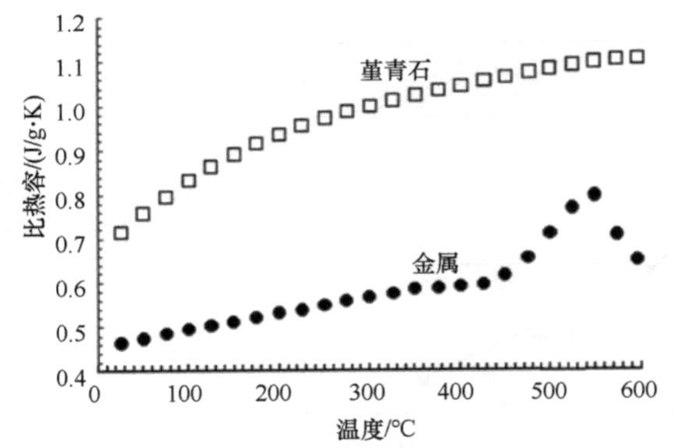

图 21.29 热容

不同的催化器系统根据催化器在整车中的布置进行区分，如图 21.30 所示。

－靠近发动机的位置（靠近发动机的主催化器）：受热稳定性和机械稳定性以及可用安装空间的限制。

－底盘位置：缺点是更低的废气温度和更不利的催化边界条件。

－靠近发动机的前催化器和底盘下催化器的组合：靠近发动机布置时快速加热的优势以及在底盘位置可能更大的催化器体积被更高的系统成本所抵消。

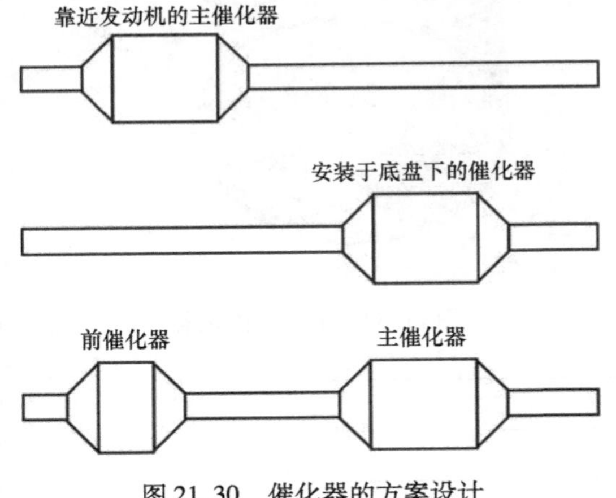

图 21.30 催化器的方案设计

21.5.2.2 氧存储器

只有在设定的化学当量的空燃比时，才能同时发生最大转化率的氧化和还原反应。借助于氧传感器，与空燃比成比例的值通过闭环调节来测量。如果传感器测量的废气太浓或太稀，则会在一个方向或另一个方向上进行校正。这就意味着，空燃比只有在随时间平均时才是化学当量的。如果与化学当量点产生显著偏离，具体废气的状况（无论是浓还是稀），催化器会与转化相关的 HC、CO 或 NO_x 矛盾关系做出反应。催化器上铈成分的表面化学特性提供了一条出路，因为它具有储存和释放氧的能力。

（1）氧存储器的基本组成部分

由于过量空气系数在 $\lambda=1$ 附近不断振荡，因此在振荡的一半中氧多于转换所需的氧，而另一半则缺乏氧。在这种情况下，废气的转化受到影响。出于这个原因，在催化涂层上引入元素铈（Cer），它可以储存氧（在氧过量的情况下）并再次释放它（在氧不足的情况下）。形式上，可以建立以下反应方程式：

$$Ce_2O_3+0.5O_2 \longrightarrow 2CeO_2 \quad (21.10)$$

铈表面化学的特殊性质使这种储存成为可能。铈可以接受两个不同的氧化阶段，对此，其机理是在以下中间步骤之后进行：

$$_{Ce^{4+}}O_{Ce^{4+}}+PM \rightarrow {}_{Ce^{3+}}\Delta_{Ce^{3+}}+PM-O \quad (21.11)$$

如果一氧化碳原子达到表面，它可以吸收储存的氧进行氧化，从而还原二氧化铈，如以下反应方程式所示：

$$2CeO_2+CO \longrightarrow CO_2+Ce_2O_3 \quad (21.12)$$

这里还有一个被贵金属催化的中间过程：

$$CO+PM-O \longrightarrow PM+CO_2 \quad (21.13)$$

CO 的转化也可以直接通过氧存储器而得到改善。这也适用于 NO_x 的转化，它遵循如下的方程：

$$_{Ce^{3+}}\Delta_{Ce^{3+}}+NO \longrightarrow {}_{Ce^{4+}}O_{Ce^{4+}}+0.5N_2 \quad (21.14)$$

碳氢化合物分子需要大的贵金属表面才能进行反应，而并不像 CO 和 NO_x 那样通过铈来催化。

（2）氧存储器的研发

在最初的三元催化器中，铈没有使用特殊的稳定剂。其优点是在新鲜状态下表面积非常大，因此很有储氧能力。然而，一旦这种催化剂长时间暴露在高温下，其表面积就会迅速减小。作为比较，在新鲜状态下，铈的表面积约为 $120m^2/g$，在 1050℃ 的炉中老化 4h 后，其表面积降至 $1m^2/g$ 以下。废气法规的收紧导致催化器的放置位置总是更加靠近发动机出口处。因此，一方面，这使催化器能够快速起燃，另一方面，由于持续的高温，存储能力很快就会急剧下降。

因此，开发稳定的铈组分对于三元催化器来说很重要。稳定剂主要由锆组成，但也由其他稀土元素组成。虽然在新鲜状态下的可用表面积显著减少，约为 $80m^2/g$，但老化后约为 $30 \sim 40m^2/g$，即比不稳定铈的情况高出许多倍。图 21.31 显示了在 1050℃ 老化 4h 后稳定化和不稳定化铈的比较。

只有经过这个发展阶段，才能实现靠近发动机的催化器的使用寿命与汽车的寿命相当。

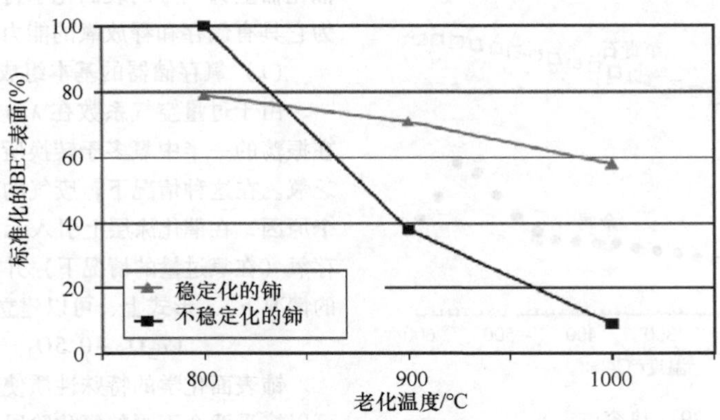

图 21.31　在炉中 1050℃时老化 4h 后不稳定化的铈和稳定化的铈的比较

21.5.2.3　冷起动策略

为了达到法律规定的废气标准，三元催化器能否迅速达到工作温度起到了决定性的作用。为了实现这一点，需要应用下述在不同的量产的机型上应用的催化器加热措施。应用在冷起动策略方面，主动措施和被动措施是有区别的。

（1）电加热催化器

所谓的电加热催化器属于主动措施。在这种催化器上采用了电加热元件来给催化器加热，如图 21.32 所示。对此，在发动机起动前或起动过程中，需要由电网提供高的电功率。还必须考虑的是，这部分电功率是在冷起动时低的发动机效率和通常糟糕的发电机效率状况下由 12V 车载电源电压产生的。虽然该系统仅适用于大型发动机满足严格的排放标准，但 48V 车载电压的引入开辟了更多的可能性。

（2）二次空气

除了增加排气焓的发动机内部措施外，在电动泵的帮助下将二次空气吹入排气通道可以快速加热催化器。图 21.33 显示了在有和没有二次空气喷射的冷起动期间催化器的加热。可用的额外氧促进放热氧化反应，因此催化器可以在几秒钟内达到工作温度。同时，由于暖机时发动机的空燃比可以稍微加浓，冷起动得到改善。

图 21.32　电加热催化器

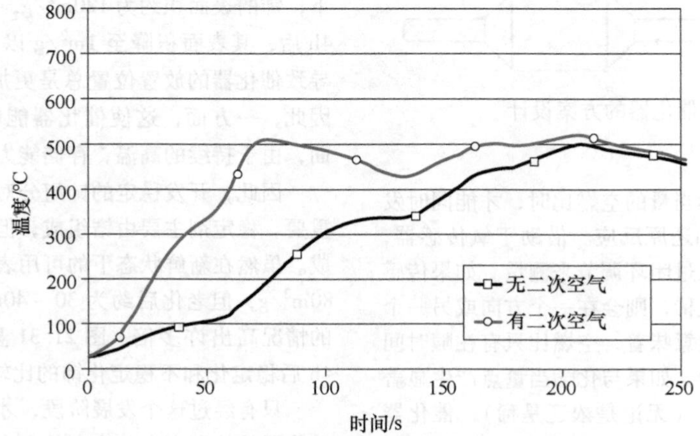

图 21.33　有/无二次空气时催化器床的工作温度变化过程

（3）HC 存储式催化器

另一种减少 HC 排放的可能性是使用 HC 存储式催化器（捕集器，Trap），如图 21.34 所示。只要三元催化器不工作，冷起动过程中排放的未燃烧碳氢化合物就会被存储式催化器吸收。三元催化器起燃后，这些未燃烧碳氢化合物再次释放，然后进行转换。对于该系统的有效性而言，一个必要的前提是存储器的解吸温度高于三元催化器的起燃温度。这样一来，存储的碳氢化合物才能有效地得到转化，而不仅仅是时间上延迟地通过排气系统转化。为此，在碳氢化合物释放时有足够的氧可用于氧化。这可以通过合适的发动机调节策略（预控制的 λ）来实现。目前，存储式催化器的使用受到存储材料的温度稳定性的限制。所用沸石的温度稳定性远低于三元催化器。

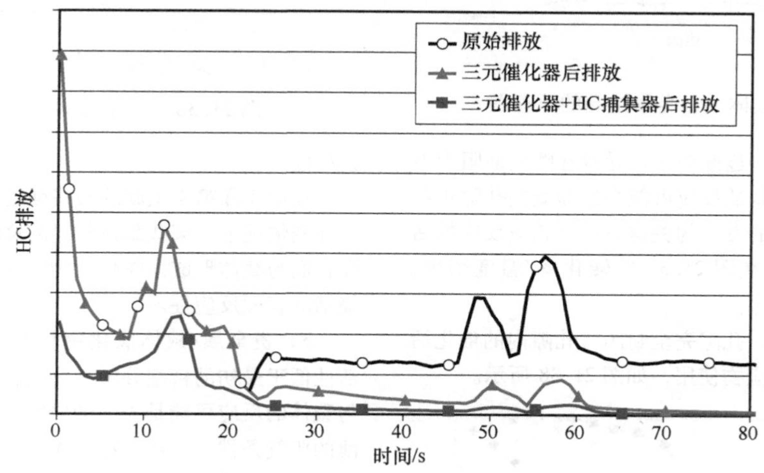

图 21.34　带 HC 捕集器的 HC 排放

21.5.2.4　还原效应和其影响

催化器失活的主要原因之一是催化剂所暴露的气氛。900℃的废气温度情况并不少见，而且主要是通过靠近发动机的安装位置来提高。另外的失活是通过废气中的燃料或发动机润滑油产生，除了少数例外，如热老化，这是不可逆的。

（1）热力学条件下的失活

在完全分散的催化器中，参与转换反应的每个原子（或分子）都很容易接近，如图 21.35 所示。

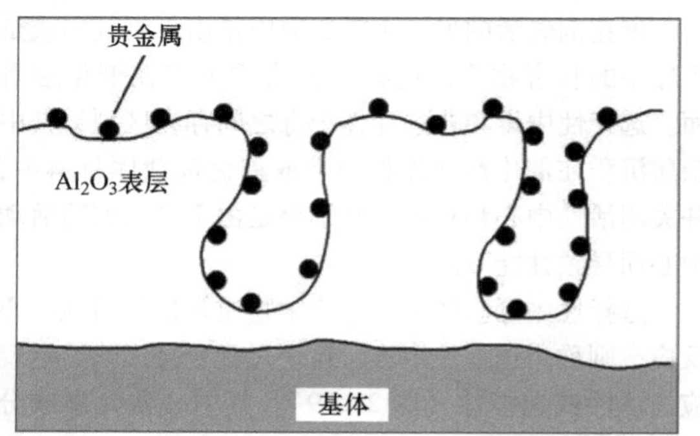

图 21.35　氧化铝载体中理想的离散催化剂原理图

一些催化剂是在这种高活性状态下构建的。然而，它们极不稳定，因为当加热时它们很容易一起生长形成更大的晶体，这种生长导致催化表面积的减少。此外，由孔隙网络构成的巨大内表面的氧化铝载体也需要经过烧结过程。其结果是内表面的损失。另一种失活机理通过催化物质与载体材料的相互作用来描述。合金化会产生低催化活性的物质。上述所有过程都受到贵金属的性质、所使用的载体材料和废气环境的影响，但最重要的是受到高温的影响。

1）贵金属结晶。当施加热量时，高度分散的催化物质自然被迫聚结成晶体。在这个过程中，晶体生长，表面积与体积之比降低，晶体表面可用于反应物的催化活性原子或分子减少，因此性能降低。在图 21.36 中，这个现象用一个简单的原理图来说明。最初精细分布的贵金属在加热时一起生长成晶体或凝聚体。

在汽车废气催化器中，由于贵金属结晶而引起的催化能力损失是非常明显的。稀土族中的各种元素成功用于废气后处理以稳定贵金属。稳定的确切机理尚不完全清楚，但似乎稳定剂将贵金属固定在表面，从而降低了其流动性。

2）载体材料烧结。在给定的晶体结构（例如 $\gamma-Al_2O_3$）内，表面积的损失与 H_2O 的损失和孔隙结构渐进的损失有关，如图 21.38 所示。随着烧结过

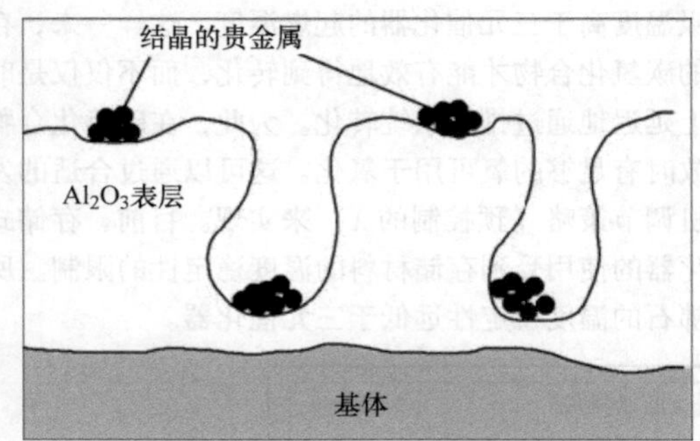

图 21.36　载体上贵金属结晶的原理图

程的进行，孔隙开口逐渐缩小，导致孔隙扩散阻力增加。因此，化学控制的反应可能会逐渐受到孔隙扩散的限制。这种现象的发生的关键特征是相应反应的活化能的逐渐丧失。在图 21.37 的转化率/温度图中，曲线的斜率逐渐减小。

在极端情况下，孔隙完全封闭，孔隙内的催化活性位点不再可供反应物使用，如图 21.38 所示。

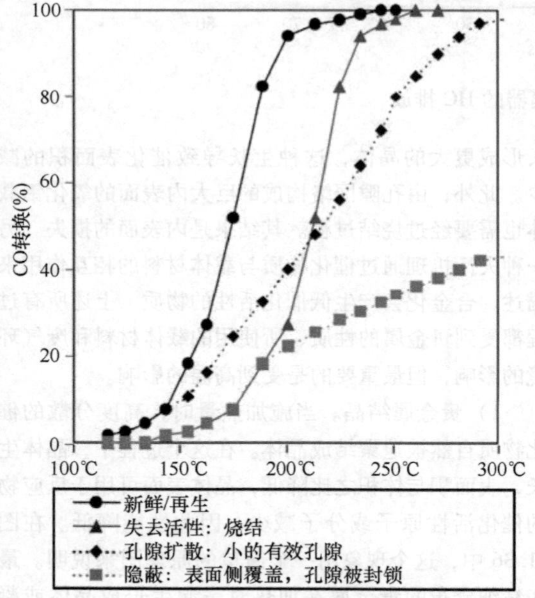

图 21.37　对于不同失活机理的转换与入口温度的函数关系

载体氧化物转变的另一个机理是基于晶体结构的转变，例如，从 $\gamma-Al_2O_3$ 到 $\delta-Al_2O_3$。

这导致内表面积的损失从大约 $150m^2/g$ 逐渐降到 $<50m^2/g$。对于锐钛矿转变为金红石结构的 TiO_2，也观察到同样的情况，表面积从大约 $60m^2/g$ 减少到 $<10m^2/g$。在这种情况下，转化率/温度图通常会失去活性。

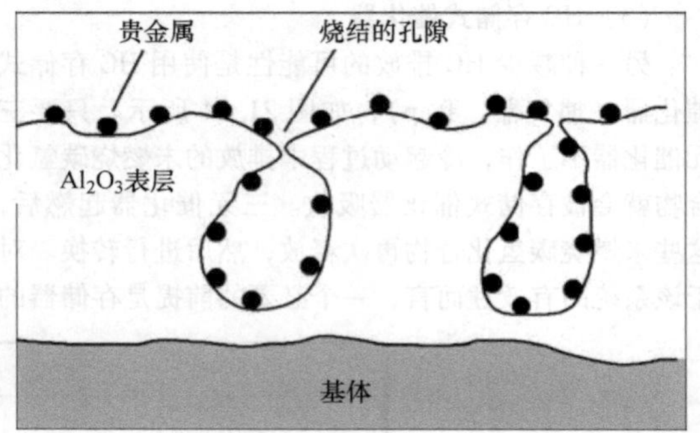

图 21.38　载体材料烧结的原理图

在第 3 和第 4 主族的某些确定的元素以氧化形式存在的情况下，某些载体材料的烧结过程会减慢。假设它们与载体形成固体化合物，从而降低了主要导致烧结的表面反应性。

3）贵金属/载体氧化物相互作用。如果产物的活性低于最初的精细分散的物质，则催化的活性组分与载体的反应可能是失活的原因。例如，在高温和稀薄的废气条件下，Rh_2O_3 在 Al_2O_3 的大而高活性的表面上发生反应，形成惰性混合氧化物。

该过程描述了与 NO_x 还原活性失活相关的重要机理。假设反应原则上按照以下方案进行：

$$Rh_2O_3+Al_2O_3\xrightarrow{800℃空气}Rh_2Al_2O_4 \quad (21.15)$$

由于催化剂的活性受到损害，曲线向更高的温度方向移动，斜率发生明显的变化。这种不希望的反应导致开发了替代载体氧化物，例如 SiO_2、ZrO_2、TiO_2 及其组合。通过使用这些替代的载体氧化物可以解决负相互作用的问题；然而，它们在烧结过程中通常不太稳定。

（2）由于中毒效应失活

催化剂失活的另一个重要原因是由于废气中或是机器中的有害物质，这些有害物质沉积在催化层表面。选择性中毒和非选择性中毒之间存在区别，其中杂质沉积在催化剂载体材料上或催化剂载体材料中，并关闭活性中心和孔隙。其结果是由于难以到达活动中心而导致性能下降。

选择性中毒。如果一种化学物质直接与活性中心反应，则称为选择性中毒。这个过程直接影响给定反应的活性或选择性（图 21.39）。其中一些元素或分子通过形成化学键（例如 Pb、Hg、Cd 等）与催化成分发生反应，形成惰性合金。这个过程是不可逆的，会导致催化器永久失活。其他仅吸附（或更准确地说是化学吸附）催化组分（例如 Pd 上的 SO_2），从而阻止其进一步反应。这些机理是可逆的，可以通过加热、洗涤或从工艺流中去除有害成分来恢复催化活性。如果活性中心被直接阻挡，这总是会导致更高的起燃温度。转化率/温度图看起来与贵金属烧结的相似。

然而，如果载体氧化物与气流中的成分反应并形成新的化合物，例如在 $Al_2(SO_4)_3$ 的情况下，孔隙通常几乎被堵塞，这导致扩散阻力的增加，如图21.40所示。活化能下降，起燃曲线将向较高的温度方向移动，同时斜率更低，即转化性能更差，如图21.37所示。

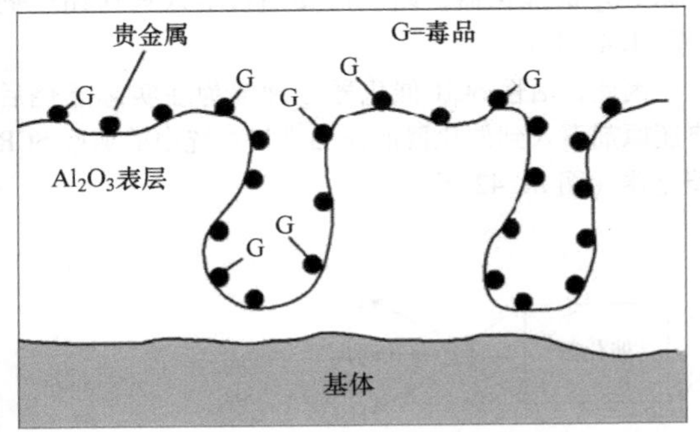

图21.39 活性中心选择性中毒的原理图

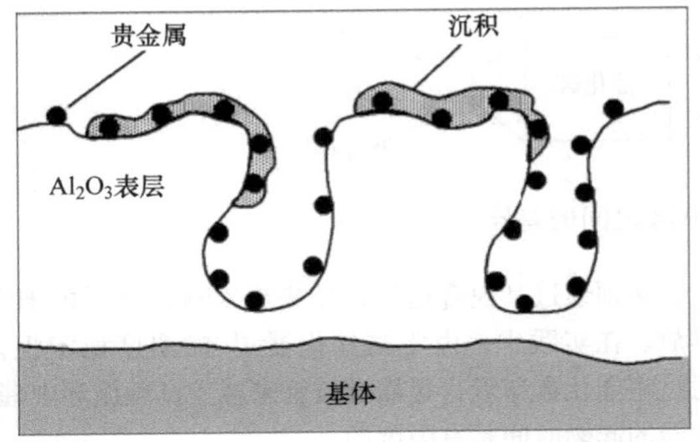

图21.40 活性中心非选择性中毒的原理图

21.5.3 稀燃发动机的催化器方案设计

传统的汽油机采用在燃烧室外部的进气道中产生均质空气燃料混合气来运行。原则上，这样的汽油机必须在部分负荷时在混合气供给中节流。这些节流损失，以及较低的气缸充量对热力学过程的后续影响，是汽油机在更低的发动机负荷时效率急剧下降的主要原因。这反映在汽油机在部分负荷时的油耗明显高于柴油机。

汽油机在部分负荷下的效率可以通过超化学当量的发动机运行而显著提高。为此，为了能够尽可能完全放弃节流，混合气必须非常稀薄，这意味着发动机必须在空气非常过量的情况下运行。气缸外部的均质混合气形成的点火能力限制了广泛的稀燃，从而限制了节流。此外，通过将燃料直接喷射到燃烧室中，并结合充气分层，可以实现影响深远的去节流化。与稀薄运行相关的效率提高导致燃料消耗的减少。

无论混合气是在外部形成还是在内部形成（直接喷射），稀燃汽油机的废气中都存在过量的氧，这使得在稀燃废气中有害物的转化更加困难。对于按化学当量运行的传统汽油机，使用众所周知的三元技术几乎可以完全转化诸如碳氢化合物（HC）、一氧化碳（CO）和氮氧化物（NO_x）等有害物成分。在汽油机稀燃的情况下，与反应动力学相反，由于更高的反应速度，HC 和 CO 在催化器中优先转化。对于 NO_x 还原，先前已经转化的反应伙伴随后会缺失。出于这个原因，需要能够在稀薄的气氛中进行有效的废气后处理，尤其是氮氧化物后处理的技术。更低的废气温度代表了废气后处理的额外的挑战。

21.5.3.1 在稀燃废气中还原 NO_x 的可能性

目前已知用于氮氧化物转化的各种基本解决方案，从中可以得出用于还原稀燃废气中的 NO_x 的各种可能性。各个技术可以分为以下几组，并在参考文献［20］等中进行了讨论。

- 直接 NO 衰减。
- 等离子技术。
- 选择性催化还原（SCR）。
- NO_x 存储式催化器。

（1）直接 NO 衰减

NO 直接分解为氮和氧的反应原理如图21.41所示。

能够将 NO 直接转化为 N_2 和 O_2 的催化器将是用于稀燃汽油机和柴油机的理想产品。将这项技术转化为实际应用状态需要革命性的发明。尽管 NO 分解在热力学上是优选的，并且虽然基础化学已在研发实验室中提出[21]，但尚未成功地转移到实际的发动机或车辆运行中。

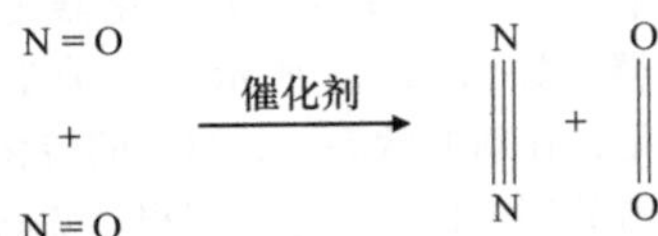

图21.41 直接 NO 衰减反应原理图

（2）等离子技术

在最简单的形式中，等离子系统使用施加在两个金属电极之间的交流电压，其中一个金属电极涂有非导电材料。这里发生的安静的放电由微秒范围内的微放电组成，随后是通过化学键合和重组过程而形成所有所出现的反应基团的分解。由此产生的等离子体表现出内部能量不平衡分布的状态，高的电子温度在 $10^4 \sim 10^6$ K 之间，而低动力学的气体通常在 300 ~ 1000K 的范围内。

等离子体由一系列电子和激发的自由基和离子以及光子所组成。由于在这些等离子体中的内部能量分布不平衡，化学反应可以通过允许强烈的吸热反应的非热力学通道进行[22]。除了大量其他反应之外，还发生了在等离子体中还原 NO 的两个所希望的反应[23]。

反应产物

$$e + N_2 \longrightarrow e + N + N \tag{21.16}$$

$$N + NO \longrightarrow N_2 + O \tag{21.17}$$

在等离子场中使用异质催化剂的实验室样件已在发动机废气中进行了试验，结果各不相同。这项技术将在多大程度上用于稀燃汽油机的批量生产，目前仍不能确定。等离子方法是否成功的一个重要标准主要是产生等离子所需的能量和相关的燃料消耗的缺点，以及在发动机废气中占主导地位的空速下的 NO_x 还原。

（3）选择性催化还原（SCR）

“选择性催化还原”是在“稀薄”的氛围中使用特殊的协调的催化剂进行 NO_x 的转化。添加必要的合适的还原剂会产生最终产物 N_2、CO_2 和 H_2O。

术语被动 SCR 代表仅使用废气中存在的成分来还原 NO_x 的催化器，即不需要随后引入任何还原剂（图 21.42 上）。

因此，活性 SCR 催化器应理解为在实际燃烧后将还原剂引入到催化器前面的排气系统中的那些 SCR 催化器（图 21.42 下）。

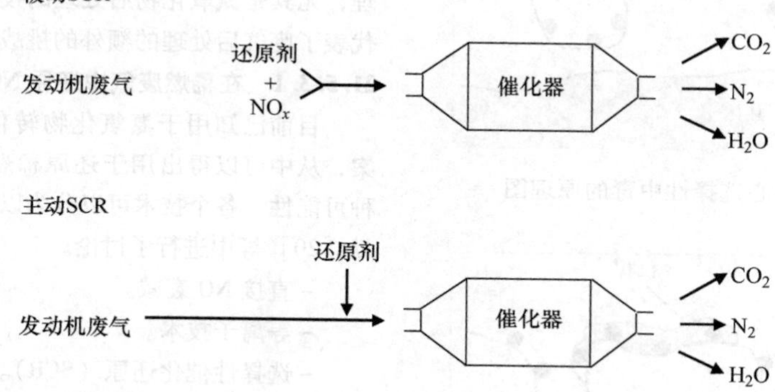

图 21.42　被动和主动 SCR 之间的差异

1）被动 SCR 催化器（图 21.43）。这些催化器使用在废气中存在的碳氢化合物来还原 NO_x，在此过程中产生反应产物 N_2、CO_2 和水。这个领域的基本工作在参考文献［21，24，25］中已有阐述。基于 Cu – ZSM – 5 – 沸石（Zeolithen）的催化器显示了非常好的鲜活性，然而，耐久性是有问题的[26,27]。NO_x 转化的恶化原因主要是在燃料中含有硫，以及在水存在下的热老化。

另外一个例子是安置在三元催化器之后的被动 SCR 铱催化器，如图 21.43 所示[9]。关于铱催化器必须提到的是，在新的状态下，NO_x 的转化率比诸如存储式催化器的还要低，但作为回报，硫的耐受性显著提高。另外必须注意到，在采用被动 SCR 催化器时，不可以使用为减少冷起动 HC 排放的、在靠近排气歧管处布置的前催化器，因为它在热机运行状态下也会转换为还原 NO_x 所必需的碳氢化合物[29,30]。因此，必须通过其他合适的措施来应对冷起动后的 HC 排放。在实践中，由于铱催化器[31]的温度稳定性，通过将催化器布置得更靠近歧管来减少试验循环中催化器的起燃时间是有限度的。

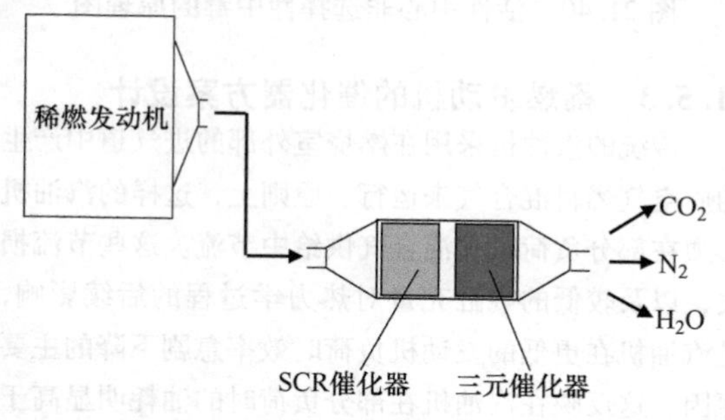

图 21.43　实用的降低 NO_x 的被动 SCR 系统示意图

2）主动 SCR 催化器。主动的选择性催化还原要求在进入催化器之前将 NO_x 与附加的还原剂进行有效的混合（图 21.44）。例如氨或尿素常作为还原剂使用。这项技术在稳定工况使用时具有很高的效率，比如在产生能量的装置上使用，其中化学反应在一个温度、流速和 NO_x 浓度变化很小的工作区间内进行。在这些应用中氨作为还原剂产生 N_2 和 H_2O。

所希望的化学反应的工作温度取决于每种催化器。钒－钛催化器在约 210～440℃之间工作时最高效。在更低的温度下，催化器会被硫酸铵降解，在更高的温度下，催化器会把氨氧化成 NO。氨应用时的温度上限为约 600℃。对于在直喷汽油机中的应用，尿素（一种 NH_3 化合物）是最有前景的还原剂，尿素喷入废气后可将其分解成氨和二氧化碳。尿素有一大优势，就是在车辆中不需要携带气态的氨。

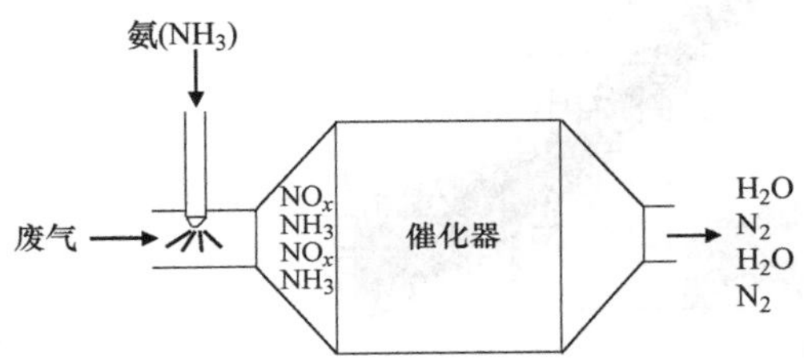

图 21.44　主动 SCR 系统的原理图

如果 SCR 要成功地用于配备稀燃汽油机的乘用车中，仍有许多问题需要解决[13]。在动态条件下，必须通过控制系统提供正确数量的还原剂，而不会发生“NH_3 穿透”。废气中的喷射必须适应剧烈波动的 NO_x 含量、流速和温度，同时不得增加车辆的排放。催化器的最大热稳定性似乎不足以用于稀燃汽油机。例如，已经提到的钒－钛催化器约为 650℃。还必须考虑整个系统的成本，包括喷嘴、储罐、软管、车载诊断等，还必须考虑到尚未存在的还原剂加注的基础设施。因此，在稀燃汽油机中实施的前景相当低或到中等程度。

（4）NO_x 存储式催化器

目前减少稀燃发动机废气中 NO_x 排放的最有前景的方法是使用 NO_x 存储式催化器，也称为 NO_x 吸附器或 NO_x 捕集器[14-17]。由于第一代量产应用的乘用车用稀燃汽油机废气后处理就是基于这种技术[18,19]，因此在下一节中将详细介绍 NO_x 存储式催化器。

21.5.3.2　NO_x 存储式催化器

图 21.45 描述了其基本功能原理，可以通过 4 个基本步骤来描述从 NO_x 到 N_2 的转化。

在稀燃运行状态，发动机废气中所包含的 NO 在催化器的贵金属上通过与氧的氧化反应而形成 NO_2。

$$NO + 1/2O_2 \longrightarrow NO_2 \quad (21.18)$$

接着，NO_2 再与催化器中作为存储材料使用的金属氧化物反应，形成相应的储存材料——硝酸盐。

$$NO_2 + MeO \longrightarrow Me-NO_3 \quad (21.19)$$

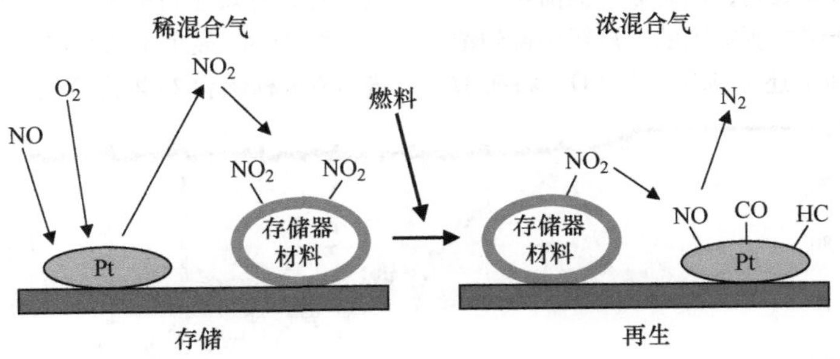

图 21.45　NO_x 存储和再生模型示例

由于这个反应不是催化的，而是化学当量的反应过程，所以存储材料由此被“消耗”。随着 NO_2 存量的增加，硝酸盐形成的效率就会降低，会达到一个饱和的状态。为了维持存储的高效性，必须阶段性地使存储材料再生。对此，在短时间内切换到浓化学当量运行工况（“浓混合气”）。在所谓“浓混合气”的运行条件下，硝酸盐的温度稳定性不如稀燃运行工况，以至于硝酸盐被分解成为 NO 和 MeO。

$$Me-NO_3 \longrightarrow MeO + NO + 1/2O_2 \quad (21.20)$$

对此，释放出来的 NO 随后会在“浓混合气”运行条件下，同样与存在的还原剂 HC 和 CO 反应转换成 N_2。

$$NO + HC/CO \longrightarrow 1/2N_2 + H_2O/CO_2 \quad (21.21)$$

对于在实际的车辆中的使用，可以得出对 NO_x 存储式催化器的要求，这要求特定的特性。评估 NO_x 吸附器的质量和适用性的基本标准是：

- NO_x 存储能力。
- NO_x 再生能力。

- NO_x 存储/再生的工作温度范围。
- 稀燃时的 HC/CO 转化。
- $\lambda=1$ 运行时的转化。
- 最大的稳定温度。
- 硫的抵抗力和硫再生能力。

NO_x 存储能力、NO_x 再生能力、工作温度范围等描述了 NO_x 吸附器在新的状态下的转化能力的主要特性，而最大的稳定温度和硫的抵抗力/再生能力体现了其耐久性方面的特征。

（1）NO_x 储存能力和 NO_x 再生能力

图 21.46 描绘了两种 NO_x 吸附式催化器典型的存储过程。在存储器清空后，开始了高效的存储过程，但随着存储量的增加效率会逐步降低。为了能够在两次再生之间尽可能长时间地在低油耗的稀燃工况区运行，高效的、尽可能大的 NO_x 存储能力是其开发目标。图 21.46 显示催化器 B 的存储能力大于催化器 A。

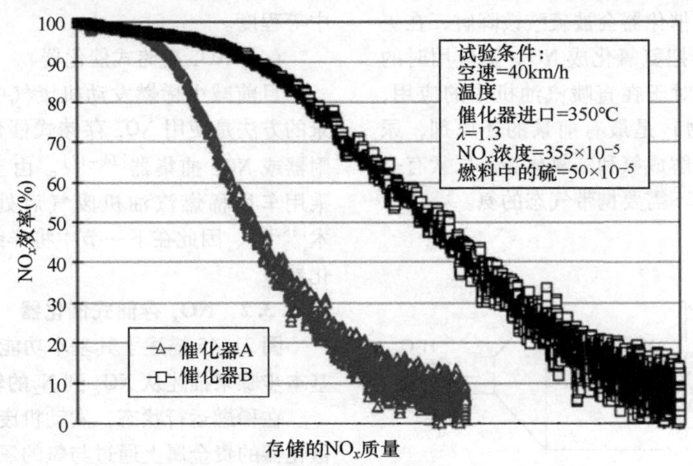

图 21.46　两种催化器在 350℃ 时 NO_x 存储过程

为了遵循欧 4 废气排放限制值，按照应用时其效率必须高于 90% 的要求，NO_x 存储器在实际应用过程中一般不能在储满后才处理，而是必须提前再生。

为此，如在功能介绍中所提到的，短暂切换到浓发动机运行工况，借助于还原剂 HC 和 CO，将硝酸盐分解过程中产生的 NO_x 转化为 N_2。由于由此产生的燃料消耗方面的劣势，为了尽可能短地保持浓混合气运行，有效地利用再生剂是开发目标。

图 21.47 显示了两种催化器在发动机试验架台上进行 60s 稀燃和 2s 浓混合气试验循环时的 NO_x 效率。

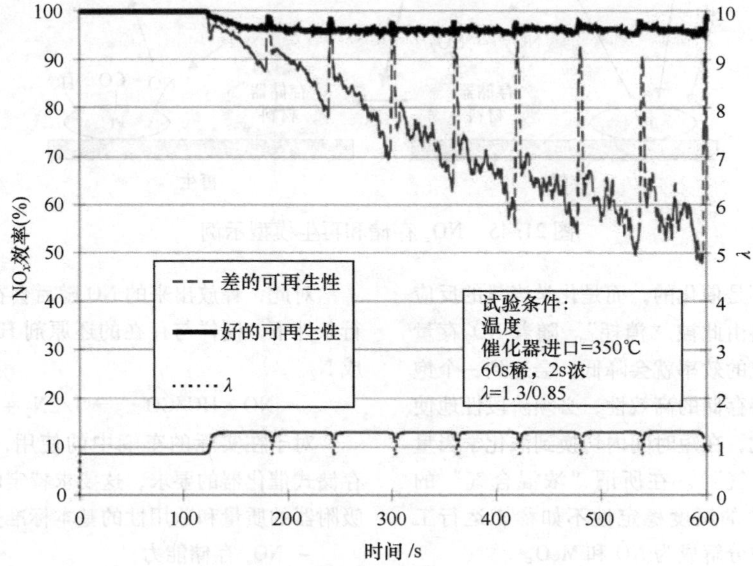

图 21.47　不同催化器的 NO_x 存储器再生

这里可以将目前开发状态下的具有良好的可再生性的催化器与过去开发状态下的可再生性比较差的催化器做比较。再生性能良好的催化器尽管有更高的 NO_x 存储能力，在第一个稀燃循环中的更高的效率是显而易见的，在 2s 的浓混合气运行工况内能完全再生。与此相对的是“差”的催化器，以相同的运行模式下，NO_x 存储器在浓混合气运行工况没有完全清空，从而导致效率逐周期下降。

（2）NO_x 存储和 NO_x 再生的温度范围

随着 NO_x 存储式催化器在车辆底盘区域内的使用，在欧洲废气试验中根据应用情况，催化器入口温度也是不同的，从 300℃以下（ECE 范围）到 500℃以上（EUDC 范围）。因此，在循环存储和再生运行中使用 NO_x 存储式催化器可以实现这种效率的温度范围是非常重要的。除了发动机方面的限制外，它还限制了发动机可以低油耗稀燃运行的特性场范围，因此从用户的角度来看应该尽可能地宽[18]。

图 21.48 描述了在新的状态下（贵金属含量 125g/ft^3）、在包括 60s 稀燃和 2s 浓混合气试验循环的发动机台架试验中两个催化器不同的 NO_x 效率随催化器进口温度变化的过程。

低温时的效率受到催化器“起燃”的限制，在这种情况下，影响贵金属将 NO 氧化为 NO_2 的能力。温度上限基本上受到所形成硝酸盐的稳定性的限制，即使在更高的温度下，储存材料也能形成热力学稳定的硝酸盐[16]。由于钡作为 NO_x 储存材料，不会像钾那样形成如此稳定的硝酸盐，因此钡催化器的效率在 400℃以上时已经下降，而钾催化器即使在 500℃下仍能达到 90% 以上的效率，如图 21.48 所示。

（3）稀燃运行时的三元特性和 HC/CO 转化

总体来说，NO_x 存储式催化器在稀燃运行时表现出与当今三元催化器差不多一样好的三元特性和 HC/CO 转化特性，如果使用了诸如钾作为 NO_x 存储器成分中的非常重要的基本元素，那么 HC－活性受到负面影响[20]。

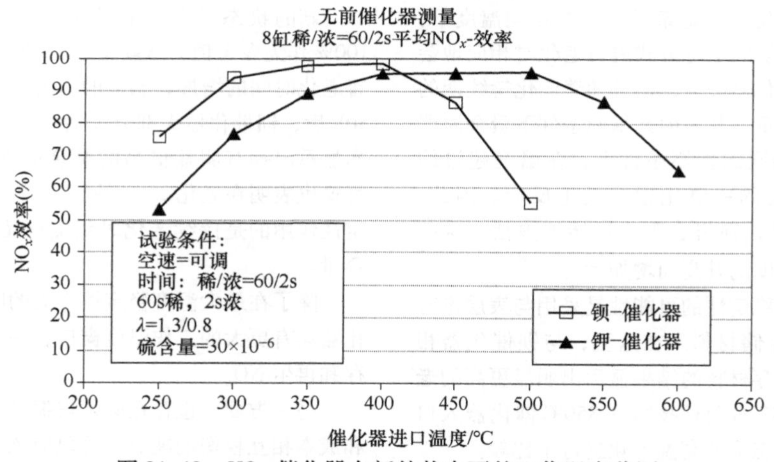

图 21.48 NO_x 催化器在新的状态下的工作温度范围

图 21.49 将钡 NO_x 存储式催化器和钾 NO_x 存储式催化器的转化特性与当今使用的三元催化器做了比较。图片的左边是在均质的稀燃运行时的转化特性（$\lambda=1.5$，入口温度为 350℃），图右边是 $\lambda=1$ 可调运行时，入口温度为 450℃的转化特性。

（4）温度稳定性

图 21.50 显示了不同老化条件对用钡作为存储材料的 NO_x 存储式催化器的影响。其起点是催化器在 650℃，$\lambda=1$，状态稳定 1h。催化器床在温度 820℃，以化学当量比进行发动机台架老化试验，经历 25h 后，在整个工作温度范围内 NO_x 活性显示出一定的减弱，但是超过 50h 后这个老化的趋势不再继续。失活是由于一定温度条件下活化涂层、其所含的贵金属和 NO_x 储存成分的烧结造成的。

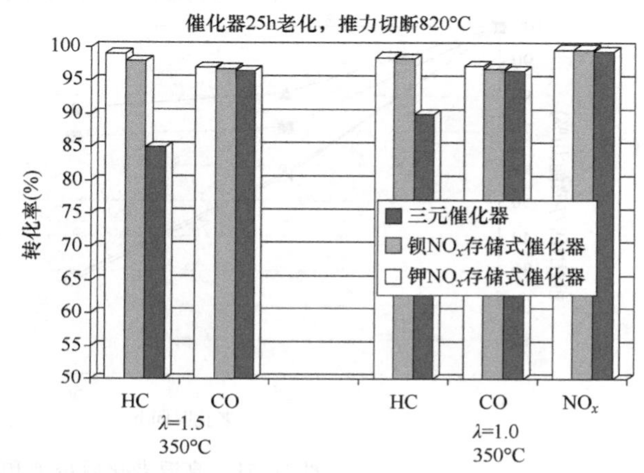

图 21.49 稀燃和 $\lambda=1$ 运行时 HC/CO 转化

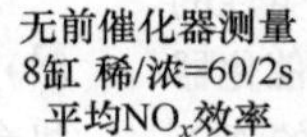

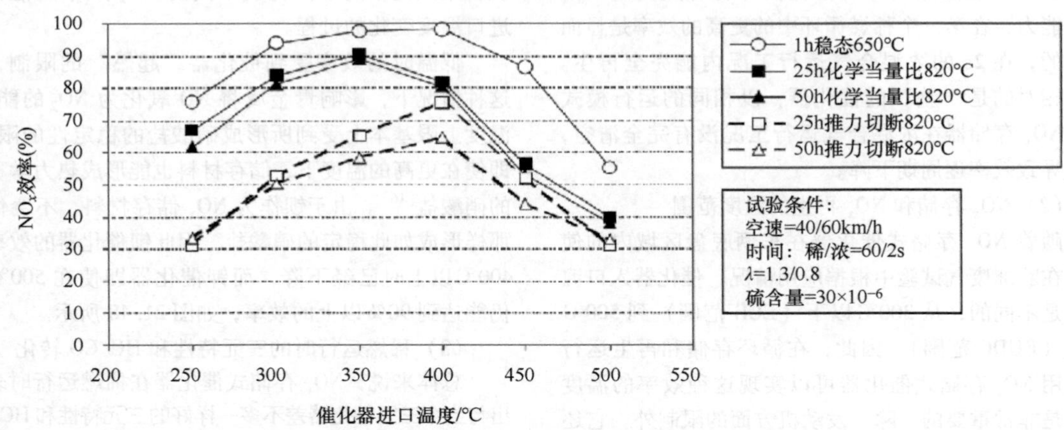

图 21.50　不同的老化方式对钡 NO_x 吸附器的工作温度范围的影响

相比之下，在化学当量条件下，在相同温度下，但按周期性的推力切断运行方式进行老化时相应地会引起相当强烈的催化器失活，而且随着老化持续期的增大，失活更加严重。其原因是稀燃条件下贵金属严重烧结，以及在相同的稀燃条件下，在温度超过约700℃时，钡与表层的一氧化铝会发生反应。因此，对于 NO_x 存储而言，钡将会不可逆转地失活。这些效应的速度随着温度的升高而增加[21]。

提高最大温度稳定性的可能性是采用与表层没有相互作用的 NO_x 存储材料。在这里，与钡催化器相比，使用钾作为储存材料的结果显示出明显更高的老化稳定性。图 21.51 对两种技术在 850℃催化器入口温度、推力切断状态下的高温老化进行了比较。

新的状态下各种技术各自的存储容量设置为100%作为参考值。从新的状态为出发点，钡技术随着老化时间的增加，剩余的 NO_x 存储容量持续减少。50h 后，钡催化器大部分失活。而与之相对的是钾技术显示出拥有明显更高的剩余的 NO_x 存储能力。尽管这也表明在老化25h 后同样有明显的衰减，但起决定性作用的是持续老化时仍能保留的剩余 NO_x 存储容量。

除了在最大温度稳定性方面的明显优势外，钾催化器具有更大的工作温度窗口，用于在更高温度下储存和再生 NO_x。

另一方面，也存在必须根据系统配置、车辆封装和成本相互权衡的缺点。这里应该提到以下几点：

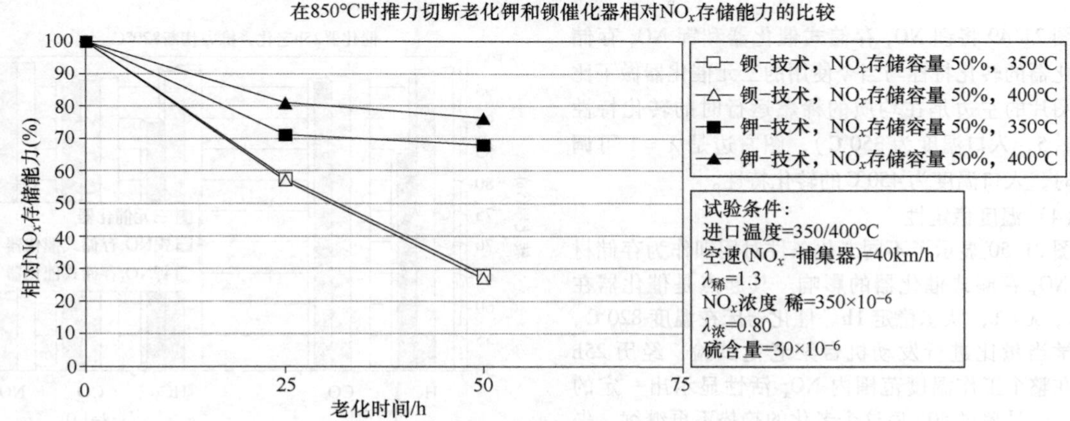

图 21.51　高温老化后带钾和钡的 NO_x 吸附器的存储能力

－更低的 HC 转化。

－更高的脱硫温度。

－ 与确定的基质材料的不相容。

因为含钾的 NO_x 吸附器的 HC 转化明显地低于含钡的催化器，因此，针对这些情况必须考虑相对应的系统设计。这里也有一种可能性，那就是采用更大的前催化器，这样可以保证 HC 的完全转化。

钾催化器脱硫所需的温度更高，这是由于硫酸盐比钡催化器的热稳定性更高，因此对发动机控制提出了更高的要求。这必须能够为强制脱硫提供约 750℃ 的催化器入口温度，即使在汽车行驶状态下发动机正常运行状态温度会更低一些时也是如此。

钾催化器一个决定性的缺陷是钾与现今量产的应用的陶瓷基质的亲合性。钾元素在温度超过约 750～800℃时会渗透到陶瓷基质里去，并且沉积，与陶瓷基质融合在一起。这样就会产生两个消极的影响。一方面 NO_x 存储的存储成分将会惰化，另一方面陶瓷基质将会失去机械稳定性。这一过程在温度达到 800℃以上时会加速。在图 21.51 中所显示的老化中，钾催化器使用金属基质，并没有出现亲合作用。一种解决方案目前正在研发中：在改进的陶瓷基质上可能添加一种涂层。

（5）硫中毒和再生

NO_x 吸附器的硫中毒问题产生的根源在于：所有适合作为 NO_x 存储的材料也都容易通过与硫酸盐的结合成为“SO_2 存储”。这里所发生的反应类似于 NO_x 存储所出现的反应，可以通过图 21.52 来描述。

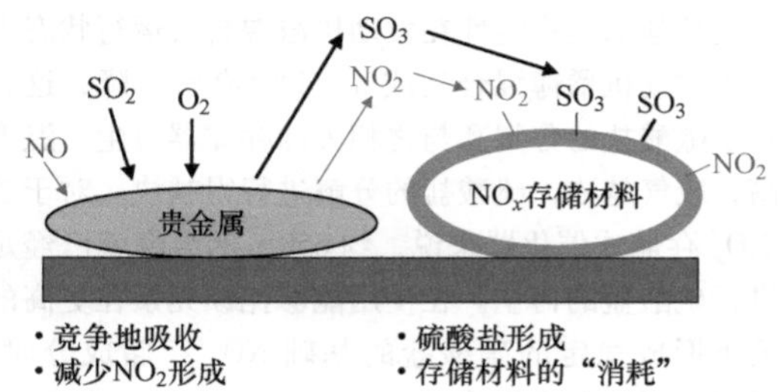

图 21.52 NO_x 存储式催化器硫中毒反应示意图

在稀燃运行状态，NO_x 吸附器首先将 SO_2 氧化成酸性气体 SO_3。更精确地，就像 NO_2 一样，SO_3 也与存储材料反应，从而形成相应的硫酸盐。因此，已转化为硫酸盐的存储材料不再用于 NO_x 存储。硫中毒的根本问题是这些硫酸盐比硝酸盐具有更高的热稳定性。因此，用常规使用的存储材料不可能在与 NO_x 再生相同的条件下进行硫酸盐再生。随着时间的推移，NO_x 存储器中硫酸盐含量不断增长，以至于 NO_x 存储容量下降到一个太低的水平。

图 21.53 显示了在 400℃ 入口温度下，从开始的未硫化但热预老化的状态在发动机用 40×10^{-6} 硫含量的燃料运行 10h 及 20h 硫化后钡催化器的 NO_x 存储容量的下降趋势。经历更长时间的硫化甚至可以造成 NO_x 存储能力的完全丧失。

经 20h 硫化的催化器接着进行脱硫程序。此时的条件是：650℃ 的催化器入口温度，$\lambda = 0.98$，15min 恒定运行。在此条件下催化器的 NO_x 存储能力可能会再次恢复到其初始状态，如图 21.53 的曲线所示。

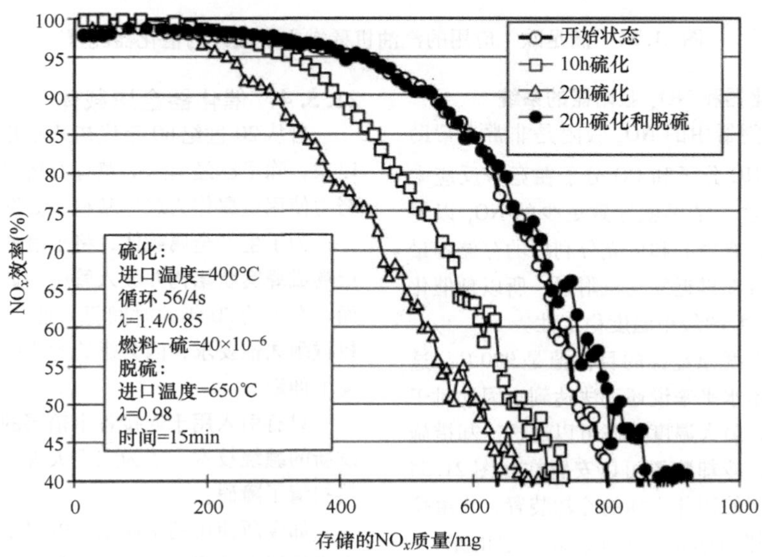

图 21.53 硫化和脱硫时 NO_x 存储能力

硫酸盐的热稳定性在发动机浓混合气运行状态下相对于发动机稀薄混合气或 $\lambda = 1$ 时有所下降，这就导致了硫酸盐的分解和与之相关的存储器再生。温度越高，废气越浓，硫酸盐的分解进行得越快。对于含钡 NO_x 存储式催化器来说，约650℃的温度就已经足够进行硫酸盐的再生。在使用能够比钡元素在更高的温度下形成稳定的硝酸盐的基础 NO_x 存储成分时，所需要的脱硫温度也将更高。

当硫在一个恒定的发动机浓混合气运行条件下再生时，就会从硫酸盐的分解中产生 SO_2。这一产物接着就会在催化器中转换为不希望出现的二次排放产物 H_2S。在脱硫策略的研发过程中，如何避免 H_2S 的形成是当今的主要研发课题。对脱硫时反应的细节的关注，限于篇幅此处不得不放弃。

原则上，燃料中的硫含量越高，由于硫中毒导致 NO_x 存储式催化器的活性损失也越快[22]。因此，低硫燃料的引入减少了与硫含量降低相一致的问题，从而减小了对燃料消耗不利的脱硫的必要性。

就目前的认知来看，通过使用前置硫捕集器对 NO_x 吸收器硫中毒起到100%的保护作用是不成功的。大量使用硫捕集器是可以增加 NO_x 存储器的两次硫再生之间的时间间隔[15,16]。

根据在21.5.3.2节中对相关工作温度和工作稳定性的介绍，NO_x 吸附器安置在底盘区域。这就意味着考虑到冷起动的排放，需要一个靠近发动机的前催化器。为了在采用汽油机稀薄混合气运行方案设计时能符合现今的和将来的废气排放法规，使用一种由前催化器和 NO_x 吸附器结合的系统。图21.54以图示方式显示了一种这样的系统。

除了已经提到的冷起动排放的转化，前催化器还承担了在 $\lambda=1$ 条件下的三元转化的任务。另外，在发动机稀薄混合气运行条件下也将HC和CO转化。

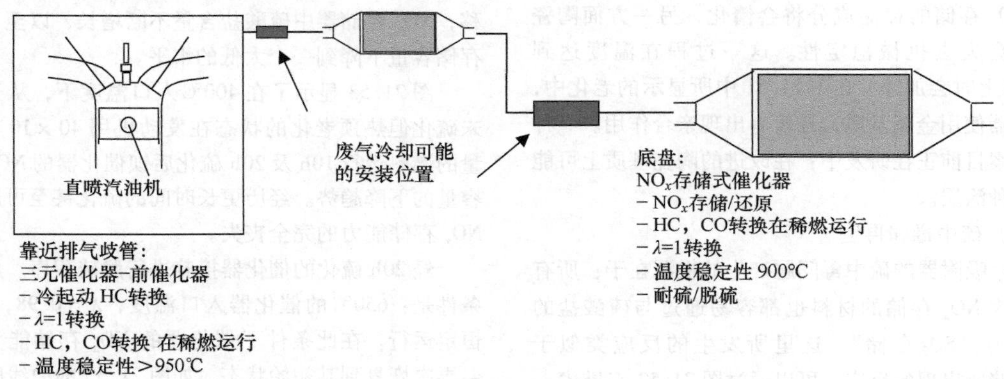

图21.54 满足欧4应用的汽油机稀燃方案设计的催化器配置

21.5.3.3 带前催化器和 NO_x 吸附器的系统

这一特性在吸附器中的 NO_x 吸附是非常有帮助的。到达吸附器的HC分子和CO分子在竞争反应中转化为 NO_x 存储。这一结果就导致更少的 NO_x 以更高的效率地被存储，有效的和可充分利用的存储容量也会减少。由于安置在靠近发动机附近，所以预催化器必须要有一个950℃的最小温度稳定性。

NO_x 吸附器的温度稳定性的目标值是900℃。这个数值就目前的技术水平来说还无法达到。因此对于第一批量产使用者，最大温度负载可以通过冷却措施来限制。举例来说，冷却装置可以安置在如图21.54所显示的地方。至于使用什么样的冷却装置，将由位置特点、所需的冷却功率和成本所决定。总的来说，这一系统的费用必须与所能达到的油耗的优势相匹配。

21.5.4 催化器金属载体

自从20世纪60年代初开始开发汽车催化转化器以来，除了已经引入的堇青石挤出物外，人们一直在努力使用金属作为载体基材，如图21.55所示。

为了生产金属载体，将平滑的和有波纹的金属箔层卷成蜂窝状结构并放入管中，如图21.56所示。然而，在大约20年的时间里，证实金属载体很难满足机械耐久性要求，因为螺旋缠绕的载体在高温动态载荷下伸缩。

只有引入用于连接各个箔层的高温焊接方法和开发新的缠绕技术，才为实现大规模使用金属载体催化器扫清了障碍。

如今所使用的金属箔层的厚度为0.03～0.05mm。由于箔层中的铝含量，这些材料显示出非常好的耐蚀性，同时金属表面上非常薄的氧化铝层确保了氧化涂层与载体材料的良好粘合。

图 21.55 金属（左）和陶瓷（右）蜂窝结构

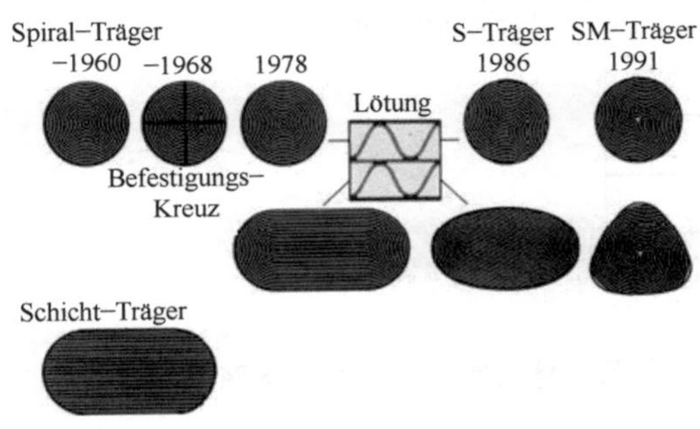

图 21.56 金属载体加工方法的发展

非常薄的金属蜂窝壁面只会引起很小的排气背压的升高（图 21.57），这对燃料消耗和发动机功率而言起到积极的影响作用。

在催化器达到其工作温度之前所经历的时间对于有效的废气净化是非常重要的，因为在试验循环期间形成的所有有害物中约有 70% ~80% 是在此期间排放的。缩短这一时期是废气净化技术开发的一个重点。为了最大限度地利用废气能量来加热催化器，需要实现以下结构上的特点：

- 小的热容量。
- 大的载体表面几何尺寸。

因此金属载体基于其物理特性和大的表面积很好地满足了前提条件。载体表面积/热容的比对加热特性起着决定性的作用，随着蜂窝密度的增加而增加，同时也随蜂窝壁厚的减薄而增加，如图 21.58 所示。

图 21.59 展示了使用在相同尺寸下具有更高蜂窝密度的催化器载体如何减少冷起动期间的碳氢化合物排放。

在达到催化器工作温度后，通过采用具有更高蜂窝密度的载体可以提高有害物的转化率，例如，图 21.60显示了 FTP 循环袋 1 中碳氢化合物的转化与蜂窝密度的函数关系。通过使用更高的蜂窝密度来提高转化率的效果明显超过了增加催化器体积的效果。

催化效果的提高不仅仅是随着蜂窝密度的增加而使载体表面积的扩大，通过通道直径随着蜂窝密度的增加而减小，因此，从气相到通道壁面的质量传递也得到了改善。图 21.61 示意性地显示了这种效果。

由于各种原因，蜂窝密度的增加只能在有限的范围内进行。一方面，箔层的厚度不能随意减薄，由于背压增加而造成的功率损失通常是不可接受的。另一方面，随着排放标准的日趋严格，催化器横截面上的流动分布对转化结果的影响也越来越大。

使用穿孔箔（PE 设计），如图 21.62 所示，允许催化器中的流量均衡。

这导致更均匀地利用整个催化器的体积并降低排气背压。

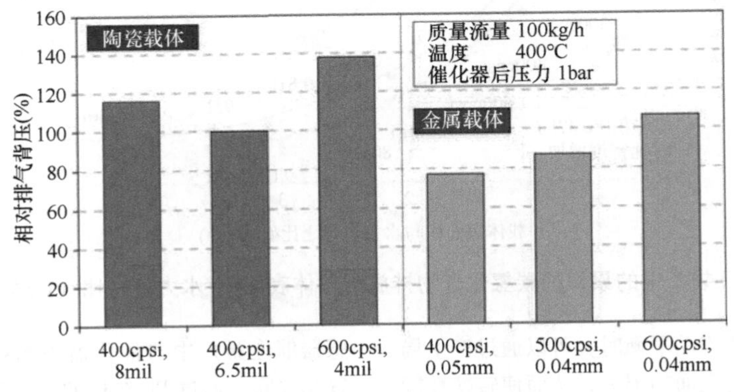

图 21.57 不同催化器载体的排气背压[20]

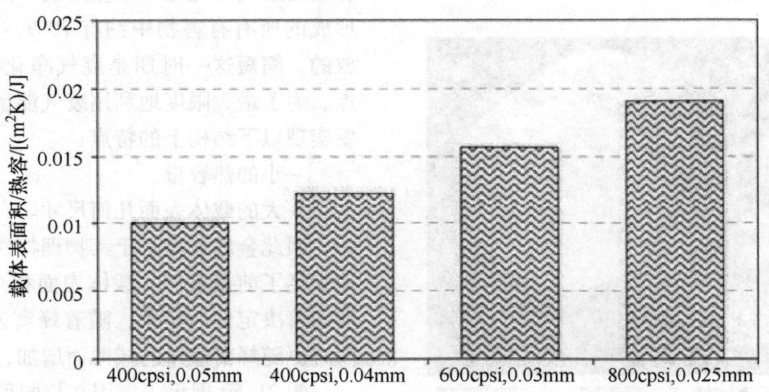

图 21.58 不同蜂窝密度的金属载体的载体表面积/载体热容比

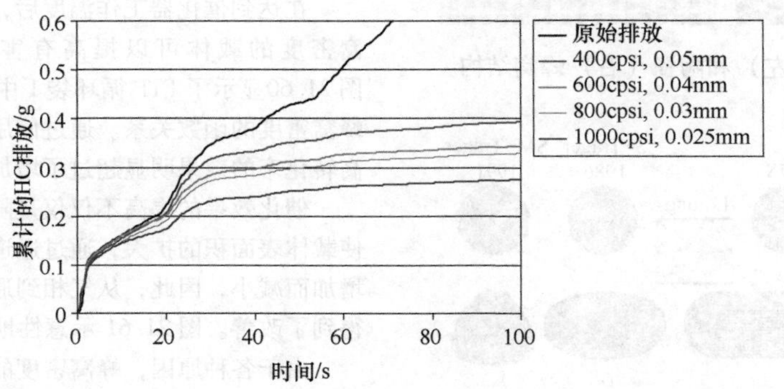

图 21.59 FTP 循环的第 1 个 100s 内的累积的碳氢化合物排放（催化器尺寸：ϕ98.4×74.5mm）[21]

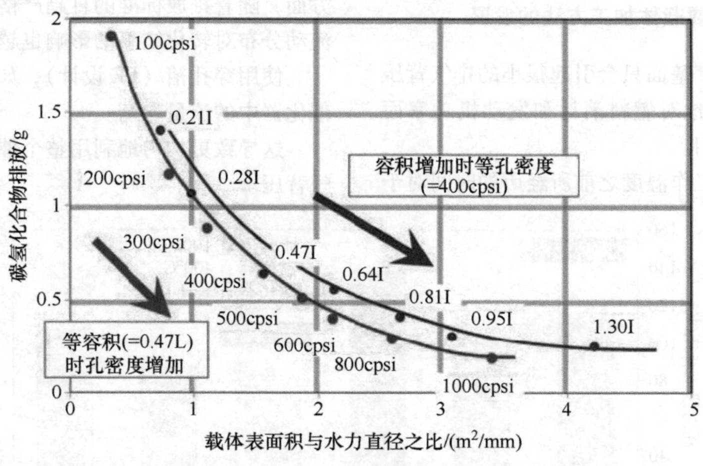

图 21.60 FTP 循环袋 1 中的累积的碳氢化合物排放与载体表面积/水力直径比（GSA/d_h）的函数关系

当相邻通道之间的流动平衡时，可以通过产生局部湍流来补偿载体几何表面的损失，从而使转换性能保持不变[22]。PE 设计在 Lambdasondenkat™（氧传感器催化器）中与催化器中的第二个氧传感器的布置相关联。通过 PE 结构的内部流动和浓度均衡确保来自所有气缸的废气施加到传感器上。

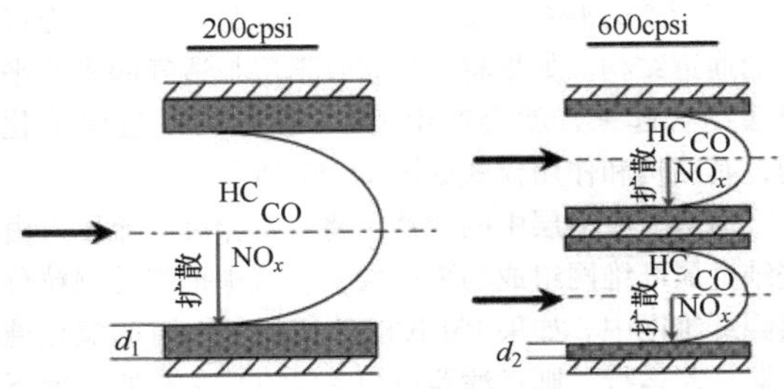

图 21.61 不同水力直径以及不同蜂窝密度下的扩散路径示意图

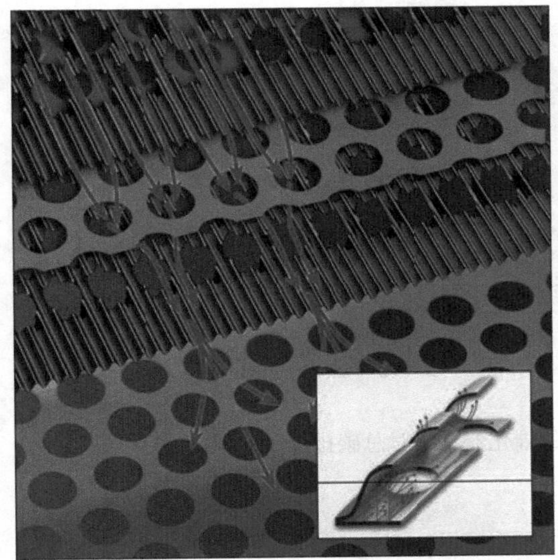

图 21.62 PE 设计

传感器在载体中所需的空腔是通过在确定的位置要缠绕的箔层冲压来创建的。以这种方式制备的金属箔层和金属载体中的传感器位置如图 21.63 所示。

通过其在金属基体中的位置，氧传感器在发动机冷起动期间免受水锤影响。因此，它可以更早地加热，从而更快地关闭调节回路[24]。此外，污染风险更低，从而改善了传感器的长期稳定性。

为了进一步提高催化转化率，尤其是金属载体催化器的转化率，可以将结构引入到通道壁面中。图 21.64表示结构化通道的最简单的情况，即横向（TS）结构。TS 微波纹垂直于气流并通过形成局部湍流引起从气相到载体壁面的更强烈的质量传递。

与引入微波纹相比，甚至更密集的传质可以通过通道中的反波纹来实现。纵向（LS）通道结构示意性地显示在图 21.65 中。

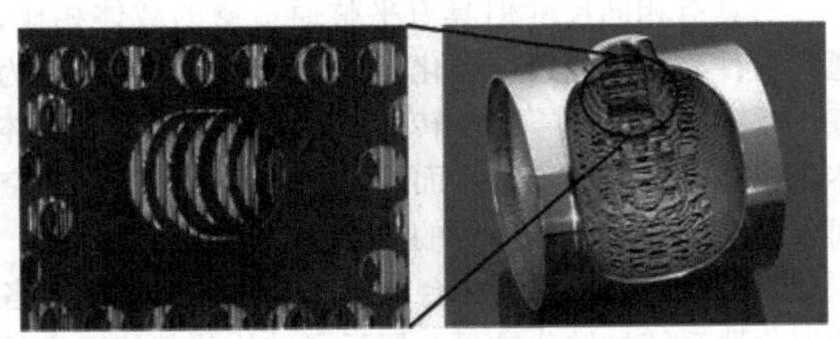

图 21.63 在 Lambdasondenkat™（氧传感器催化器）中的冲压箔层的堆叠和传感器空腔[23]

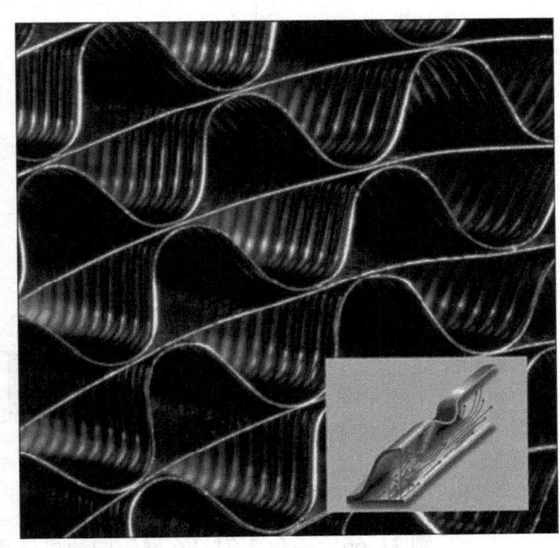

图 21.64 具有 TS 通道的金属载体表面视图和通道中 TS 微波的示意图[25]

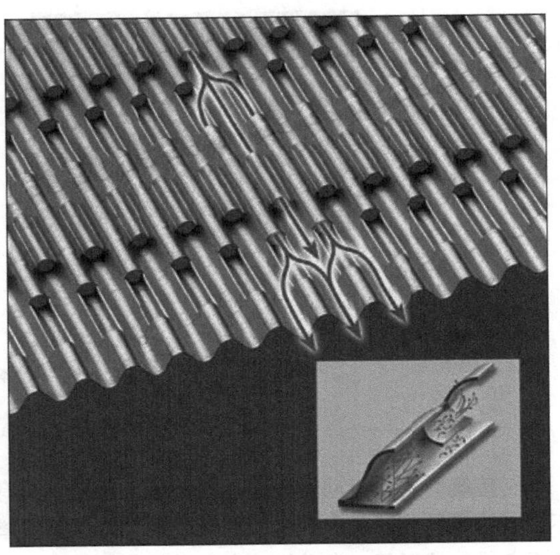

图 21.65 带有 LS 波纹的箔层视图和 LS 波纹效果的示意图

与具有相同尺寸但具有平整通道壁的载体相比，通过这种类型的通道结构化可以改善转换性能。作为替代方案，可以在不牺牲转换性能的情况下减少载体体积或降低蜂窝密度，从而减小催化器所需的安装空间以及最小化催化器造成的功率损失。

图21.66显示了在一台2.7L V6增压柴油机上各种催化器系统的转化结果，展示了结构化载体通道的优势。体积减小约25%的催化器可实现不变甚至更好的转换结果。

在所谓的混合箔层（MX）中实现了一种特殊形式的通道结构。如果将MX波纹箔层与透气的多孔平滑层结合起来，就会产生PM（颗粒物）过滤催化器，其结构和作用模式如图21.67所示。

通过波纹箔层中的叶片，将一部分废气流压入由烧结金属纤维网组成的平滑层，气流中携带的颗粒分离到纤维网中。如果PM过滤催化器与上游的氧化催化器一起运行，则过滤器可以在200℃左右的温度下通过NO_2连续再生。

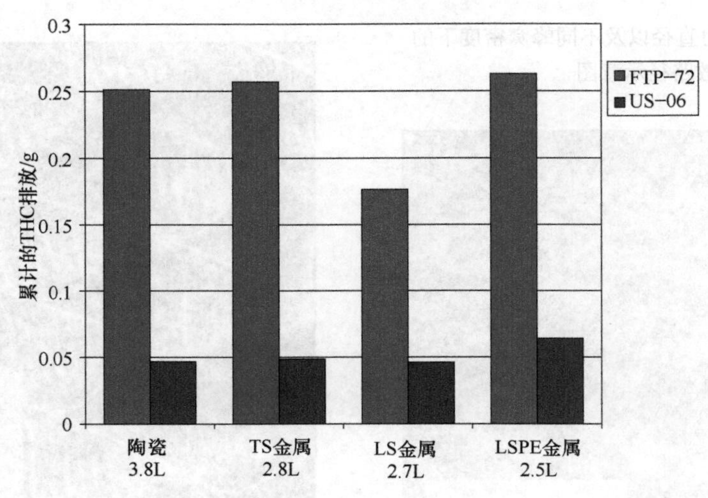

图21.66　一台2.7L V6增压柴油机使用不同的催化器系统时总碳排放量的减少[26]

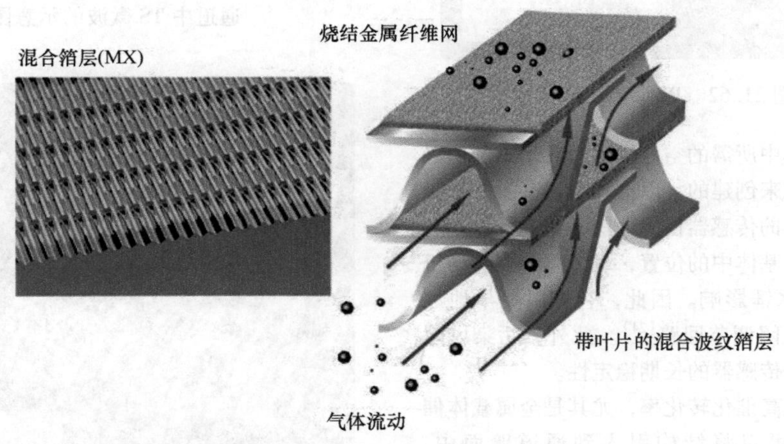

图21.67　PM-Metalit®系统的结构和作用模式

与传统的壁面流动过滤器不同，这个过滤器具有不可能堵塞气路的优点。这就保证了排气背压缓慢增长而免维修地运行，发动机功率和燃料消耗不会受到明显的影响。

图21.68总结了迄今为止在柴油轿车和货车上使用PM过滤催化器所能达到的颗粒排放的减少。

图21.68总结了通过在乘用车和商用车柴油机中使用PM-Metalit®实现的减少颗粒质量和颗粒数量的情况。

PM-Metalit®减少颗粒的数量超过了减少颗粒的

质量，这是因为主要是直径 < 100nm 的小颗粒被截留下来了。

目前柴油机废气净化的最大挑战之一是同时减少氮氧化物和颗粒物排放，同时尽可能降低额外的燃料消耗。因此，所使用的废气后处理系统应该重量轻，并允许排气背压尽可能少地升高。还应避免基于燃料后喷的复杂的再生策略。在其结构示意性地显示在图 21.69中的 Emitec – SCRi 系统中，这些要求以示例方式实现。

在所有载体中一致使用 LS 和 MX 结构箔层允许相对较小的催化器体积和良好的转化性能。

此外，可以通过内部流动平衡来均衡横截面的尿素或氨浓度，从而更好地利用可用的转化器体积并有助于避免氨泄漏。

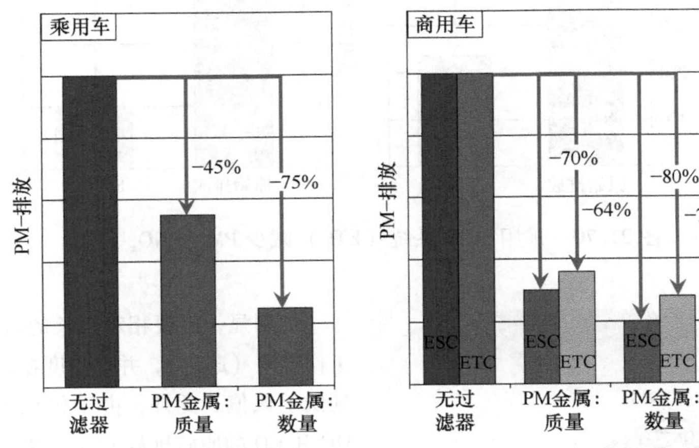

图 21.68 通过在乘用车和商用车中使用 PM – Metalit®来减少颗粒质量和颗粒数量[27]

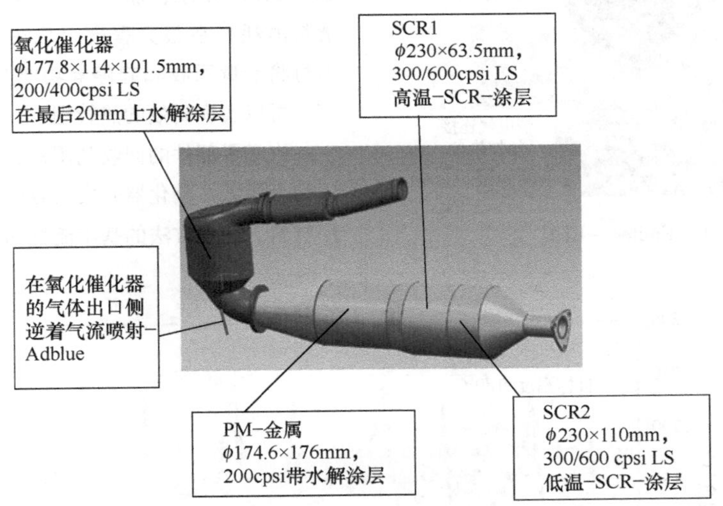

图 21.69 Emitec – SCRi 系统[28]

SCRi 系统的转换结果汇总在图 21.70 中。

使用金属作为载体材料还提供了通过电加热使催化器以达到所需的工作温度的可能性。EHC（Electrically Heated Catalyst，电加热催化器）如图 21.71 所示。

EHC 的最初的批量应用，旨在缩短汽油机的冷起动阶段[29]，由于引入发动机的催化器加热措施和靠近发动机的催化器系统的应用，其使用在时间上受到限制。

进一步优化发动机效率以减少 CO_2 排放导致废气温度显著降低，尤其是在柴油机中[30]。图 21.72 显示了乘用车柴油机在 NEDC 循环时在氧化催化器（DOC）前的废气温度变化过程。

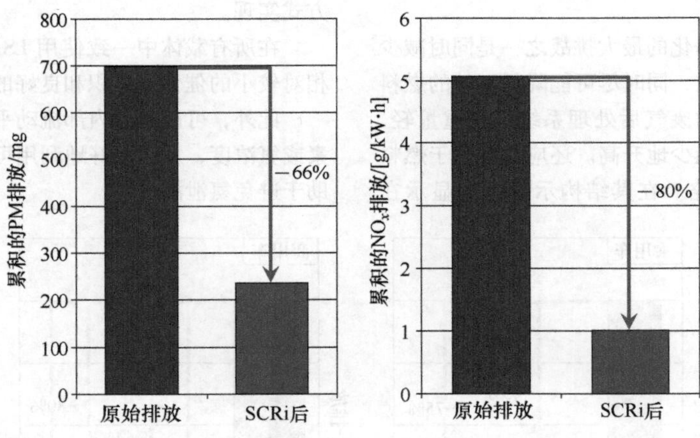

图 21.70　采用 SCRi 系统（ETC）减少 PM 和 NO_x[28]

图 21.71　Emitec - EHC

很明显，需要相对较长的时间才能达到 DOC 的工作温度（起燃），并且温度在动态运行中反复下降到低于该值。此外，由于优化了 NO_x 的燃烧过程，HC 和 CO 的原始排放可能会增加。

在这些条件下，EHC 可用于提高催化器温度。如图 21.73 所示，加热阶段的能量需求（以及额外的燃料消耗）在很大程度上取决于所选的加热策略。通过将能量回收和起停等功能与发动机参数优化链接，可以实现高效的热管理。

汽车零部件的回收利用最近变得越来越重要。专门为金属载体催化器开发的方法几乎可以完全回收所用材料。这个方法的基本流程如图 21.74 所示。

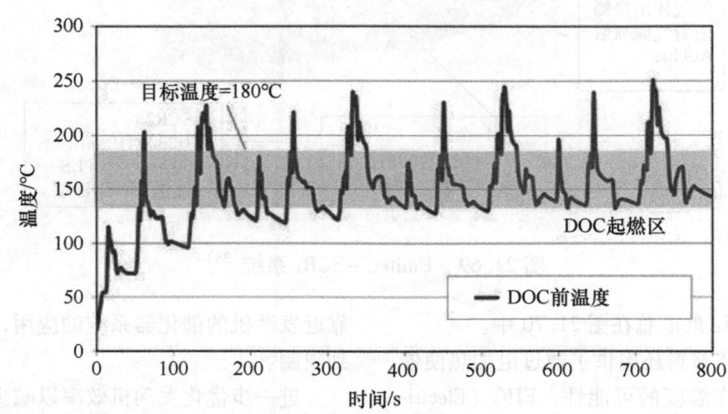

图 21.72　乘用车柴油机在 NEDC 循环的废气温度变化过程和氧化催化器的起燃范围[31]

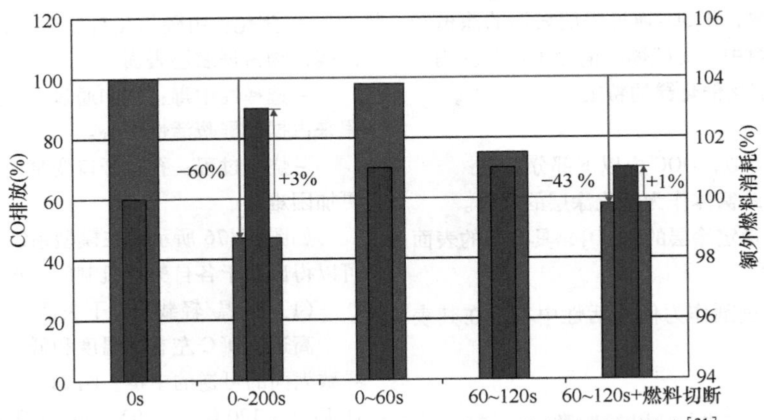

图 21.73 不同的加热策略对 CO 排放和额外燃料消耗的影响[31]

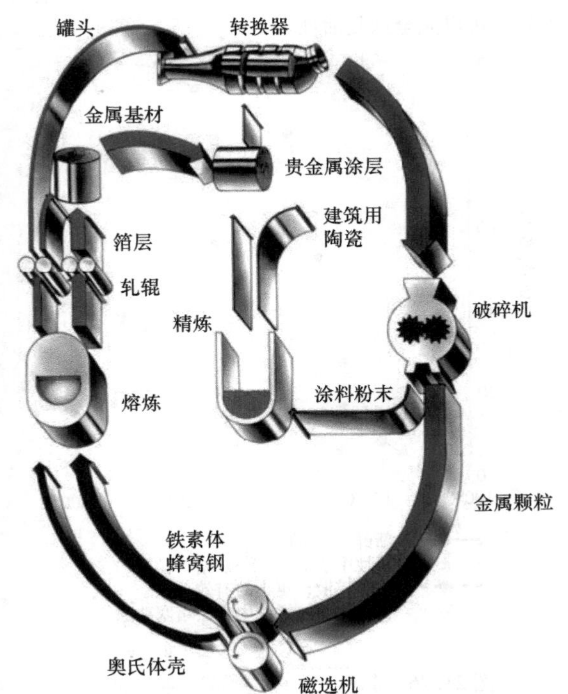

图 21.74 为金属载体催化器开发的回收方法示意图

21.6 柴油机废气后处理

21.6.1 柴油机氧化催化器

为了废气净化，10 多年来在乘用车柴油机上使用氧化催化器（DOC）。因为柴油机在过量氧气下运行，其最高废气温度约为 850℃，平均温度远远低于同级别的汽油机。这意味着：

- 更低的 CO 和 HC 排放。
- 更高的 NO_x 排放。
- 明显更高的颗粒排放。
- 更复杂的排放控制，因为一方面由于颗粒含量的原因，不能仅仅必须考虑气相反应，另一方面由于更低的 HC 浓度，可用的还原剂较少。

对于废气净化，这些特性意味着对氧化反应和具有催化作用的活性成分的限制，它们首先必须满足低温工况（快速起燃）要求。

21.6.1.1 柴油机废气中的有害物

（1）碳氢化合物和 CO

即使在富氧环境下，燃烧室内不均匀的混合气也会导致氧化反应不能完全进行，从而在废气中出现除了 CO 外还有未燃的和部分氧化的碳氢化合物。其中一些化合物也是造成柴油机废气典型气味的原因。

（2）颗粒

燃烧期间的局部富油条件导致通过中间阶段乙炔和多环烃形成石墨状碳烟。通过凝结和凝聚过程，由这些尺寸约为 1~10nm 大小的初级颗粒形成直径约为 100~300nm（中位数）的碳烟颗粒。因为这些颗粒由于其表面积较大（高达 $200m^2/g$）而具有高吸附能力。除碳外，在柴油机碳烟中很大一部分比例（>50% 重量）为碳氢化合物、硫酸盐、水和润滑油成分。

（3）氮氧化物

在氮存在下的氧化反应过程中，会形成氮氧化物 NO 和 NO_2。由于这两种成分的浓度及其相对量取决于燃烧过程中的反应温度和氧浓度，因此可以通过在发动机中采取适当的措施来减少 NO_x 排放，例如通过延迟喷射（气体温度下降）和废气再循环（氧浓度下降）。

（4）硫氧化物

含硫燃料的燃烧主要产生 SO_2，其在温度 >300℃时通过贵金属进一步氧化为 SO_3，并在有水存在的情况下反应生成硫酸（H_2SO_4）。所有这三种化合物，SO_2 和 SO_3 能够通过特定的积累使催化器失活，从而阻塞贵金属，H_2SO_4通过表层表面的涂覆和冷凝而进入表层孔隙中。无硫燃料消除了这些影响。

21.6.1.2　柴油机氧化催化器的特征

（1）构造

与三元催化器类似，DOC 由以下部分组成：

- 陶瓷或金属蜂窝体作为催化涂层的载体。
- 用于多孔热稳定涂层的 Al_2O_3，具有高的表面积（100～200m^2/g）。
- 贵金属和促进剂作为催化活性中心，在其表面上发生氧化反应。

（2）制造

一种可能的制造方法包括以下步骤：

- 贵金属和促进剂进入到溶液中。
- 该溶液覆盖于 Al_2O_3 表面（产生的悬浮液称为表层）。
- 蜂窝体浸没在涂层中。
- 随后的干燥过程和煅烧过程从蜂窝中除去水并固定表层。

21.6.1.3　催化器表面失活

图 21.75 显示了催化器表层可逆的或不可逆的失活的一些可能性：

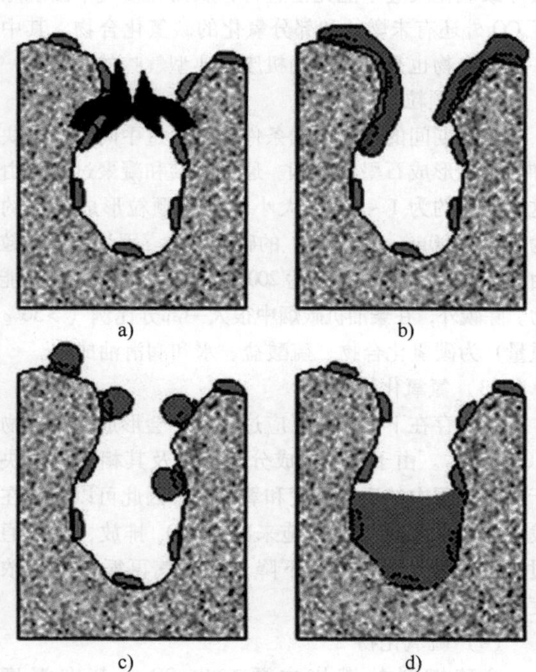

图 21.75　贵金属和表层－孔隙中毒的各种类型

a）孔隙烧结　b）表面的非选择性占据

c）活性中心的选择性中毒　d）碳氢化合物的冷凝

- 焦化：由碳氢化合物氧化或进一步反应产生的残留物占据表层表面。
- 选择性中毒：例如通过贵金属上硫化合物的积累来占据和屏蔽活性中心。
- 烧结过程：孔隙开口变窄使接近活性中心变得更加困难。

如图 21.76 所示，在模型系统上测量的起燃曲线可以得出关于各自失活机制的结论。

（1）低温/轻载条件下失活

高达 250°C 左右的温度和低负荷会通过含碳成分导致表面的可逆的中毒。图 21.77 所示的是怠速运行 1h 后（<120℃，<20N · m）CO 起燃的恶化，可以通过短暂提高废气温度（<1min，<250℃）来重新逆转，可以完全恢复活性。

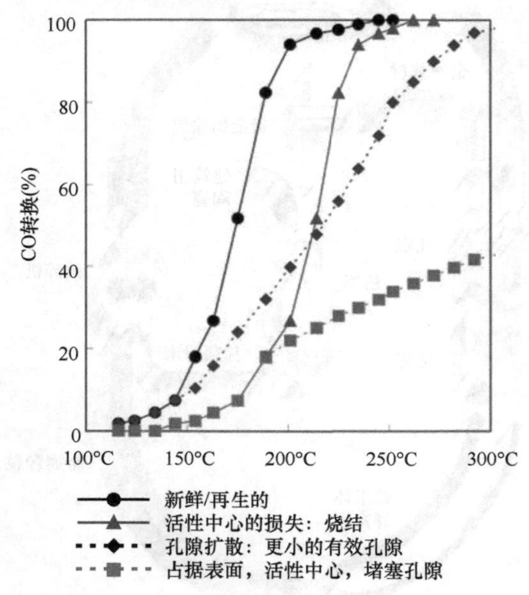

图 21.76　起燃（Light－Off）曲线表示不同的失活机理

（2）硫化失活

废气温度升高至 >300℃ 会导致催化器硫化。在 >600℃ 的温度下，可以在氧过量时进行再生。或者，可以通过“加浓”将碳氢化合物的浓度增加到 $\lambda<1$。这将吸附在表面上的硫化合物还原为 H_2S。为了防止不可逆的硫化，可以在表层中添加促进剂，从而有效地抑制对硫化合物的亲和力。图 21.78 显示了标准表层和相应的保护版本的 H_2S 信号的比较。相应的车辆试验（MVEG）如图 21.79 所示。在柴油燃料中使用 1000×10^{-6} 硫进行老化后，在循环的 ECE 部分中，表层表面的 CO 结果明显低于标准版本。

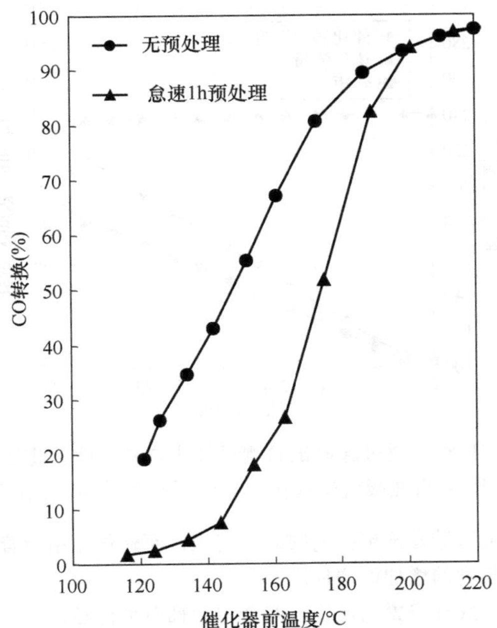

图 21.77 起燃是实现 50% 转化的温度，怠速时的预处理会使起燃情况恶化

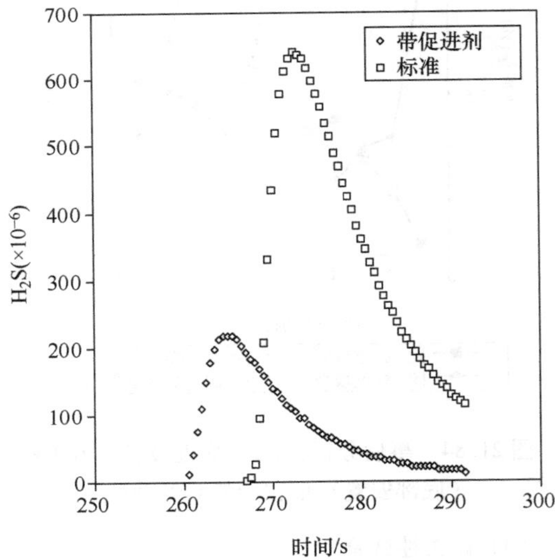

图 21.78 表层表面的改性降低了对硫化合物的亲和力

（3）热失活

更高的废气温度会导致贵金属烧结，金属表面的损失将降低氧化效果。这个不可逆过程如图 21.80 所示。Pt 分散与 CO 起燃成反比，即可用 Pt 表面越小（以% 分散测量），CO 活性越低。

除了贵金属外，还必须检查所有其他表层成分的温度稳定性。在 700℃ 下老化 50h 后的分析表明，Al_2O_3 表面具有良好的稳定性（图 21.81），同时，基于其典型的 HC 解吸曲线，沸石的功能未减弱（图 21.82）。

21.6.1.4 柴油机氧化催化器（DOC）的评估

（1）起燃

发动机试验台上 DOC 的活性主要是通过确定所谓的起燃（Light - Off）来确定的。对此，在定义的温度/负载点测量转化，达到 50% 转换的点称为起燃。图 21.83 显示了 1.9L 自然吸气发动机测量的相应温度和转矩变化过程。图 21.77 是相关的曲线变化过程。这里的 CO 起燃温度约为 175℃。

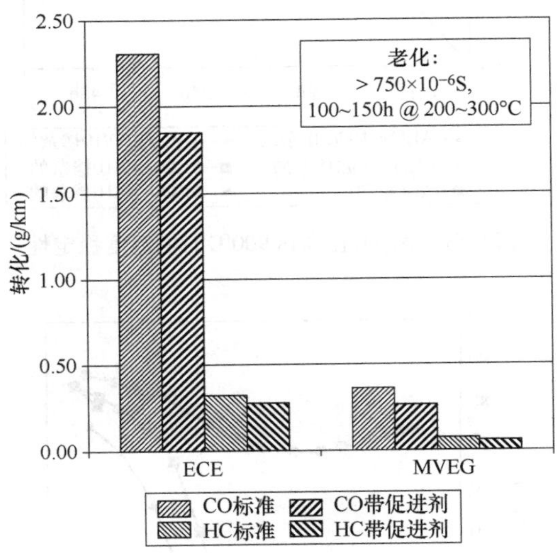

图 21.79 对硫化合物的亲和力降低也表明 MVEG 循环中 CO 和 HC 性能的改善

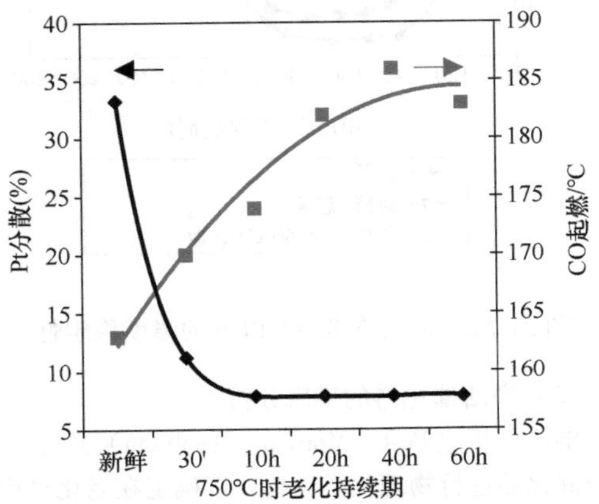

图 21.80 高温老化减少了 Pt 颗粒的分散，由此降低了 CO 氧化的活性

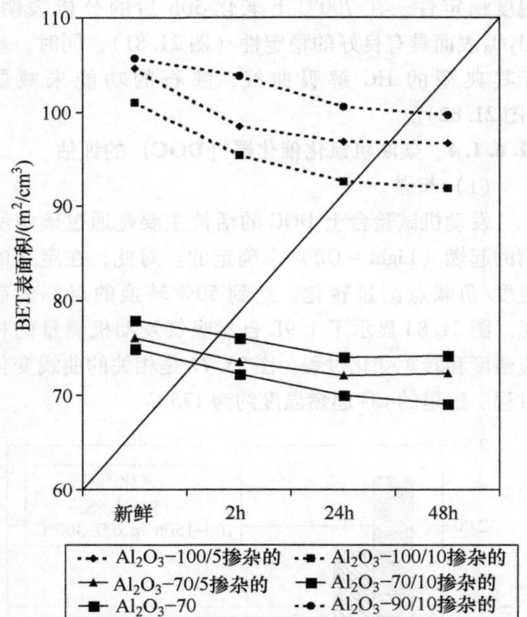

图 21.81　Al_2O_3在高达900℃时的温度稳定性

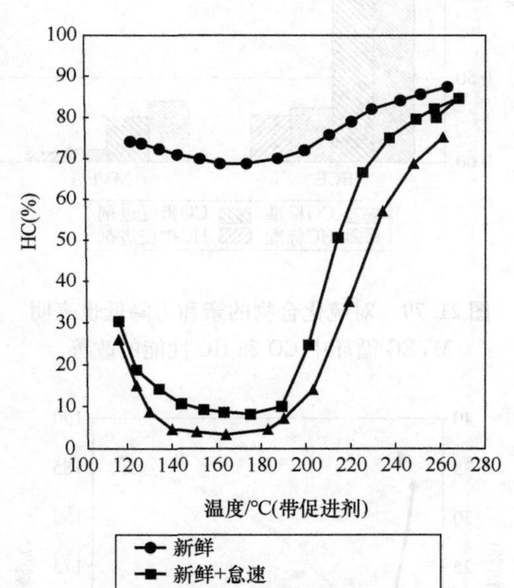

图 21.82　沸石在850℃以下的温度稳定性

（2）失活催化器的事后分析

事后分析（Post - Mortem - Analysen）用于对老化的催化器进行物理化学分析，以确定在老化过程中发生了哪些失活过程。图21.84分别显示了靠近歧管（CC）和底部安置（UF）的催化器的碳和硫的浓度梯度。曲线变化表明，在靠近歧管的布置中，可以在

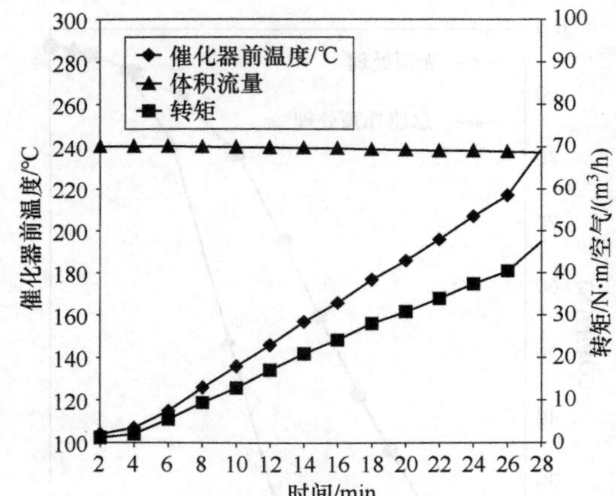

图 21.83　通过起燃试验测量催化器的活性，此处显示1.9L自然吸气柴油机的温度斜率和转矩变化过程

前部区域发现更强的碳质的沉积，而硫化作用沿着整体长度的增加而增加。

底部安置的催化器两个梯度轴向平行延伸。

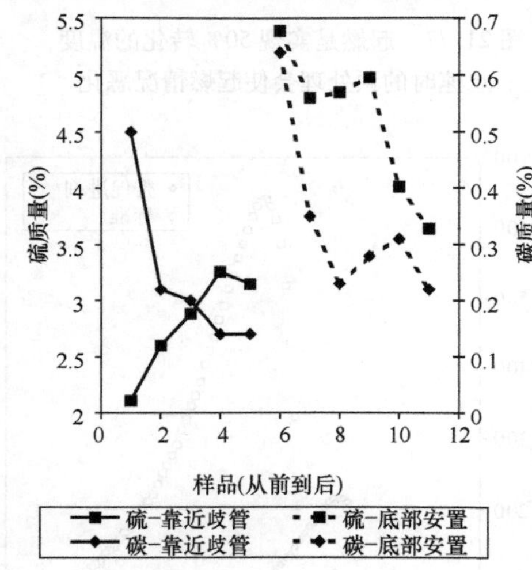

图 21.84　事后分析：CC（靠近歧管）和UF（底部安置）催化器的C/S曲线

（3）耐久性试验

耐久性是在定义的行驶循环和正常行驶运行中确定的。图21.85显示了在一个循环中DOC老化超过20000km的示例。该循环主要检验低温和轻载稳定性。在MVEG循环中5000、10000、15000和20000km后测得的催化器曲线在约5000km后是水平的，催化器将在剩余寿命期间显示出稳定的转化率。图21.85来自一辆在正常行驶运行（超过80000km）的车辆中定期测量的数据。在这里，也出现了类似于图21.86中的曲线。在初始老化后，转化率在整个试验期间保持稳定。

21.6.2 乘用车柴油机用 NO_x 吸附器

借助 NO_x 存储式催化器，从稀燃发动机的废气中去除氮氧化合物的技术可应用于汽油机和柴油机。与直喷汽油机应用相比的特征差异在于更低的废气温度、更高的碳烟排放以及“浓”的废气条件下的发动机产生的特殊功能，例如为了被吸附的 NO_x 和 SO_x 的存储式催化器的再生所需要的。

21.6.2.1 存储式催化器的工作区域

柴油机的更低的废气温度意味着催化器的热峰值负荷更低，并且工作窗口向更低的温度方向转移。图21.87显示了乘用车柴油机典型的 NO_x 排放与MVEG行驶循环中催化器催化床温度的关系。

在低于150℃的范围内，没有 NO_x 转化，在150～250℃范围内，NO_x 可以存储和还原。但由于高的空速和高的 NO_x 浓度，存储时会有损失。在250～300℃之间催化器的效率最佳。当温度高于350℃时，根据所使用的 NO_x 存储材料，NO_x 的存储在热力学上是受限的。从图21.87和图21.88可以看出，在城市行驶运行中，NO_x 排放的重点在150～200℃之间。因此，城市行驶运行中 NO_x 的转化对催化器的低温活性提出了特殊的要求。

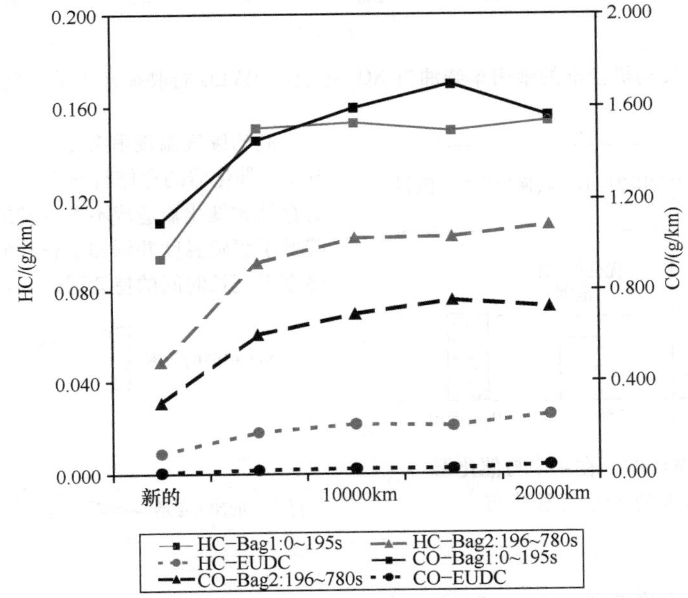

图21.85 低负载条件下的耐久运行提供了关于耐久性的信息（这里是一个试验序列的摘录，该系列的试验距离长达80000km）

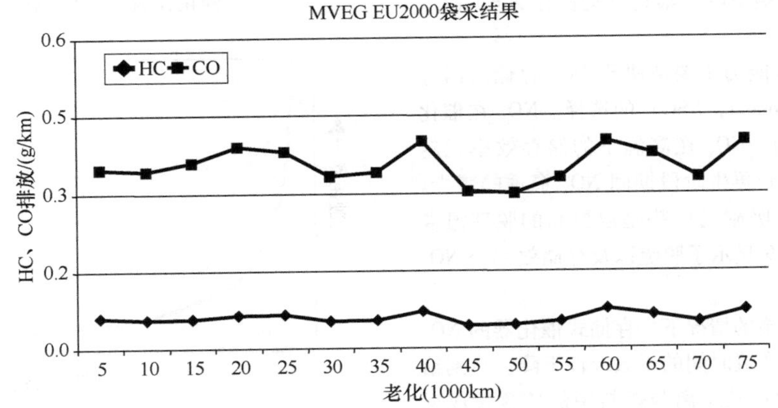

图21.86 来自80000km现场试验的耐久性信息

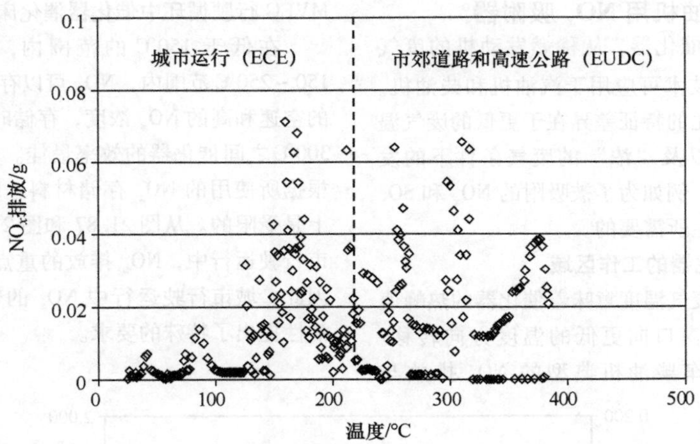

图21.87 带有欧3发动机校准的乘用车柴油机 NO_x 排放与MVEG行驶循环中催化器催化床温度的关系

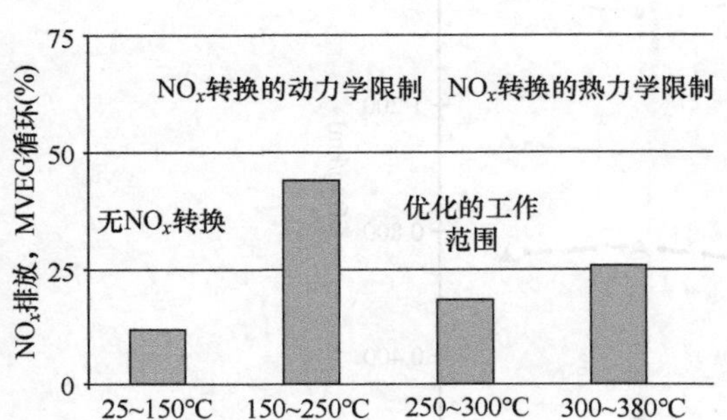

图21.88 MVEG循环中，在4个与催化器相关的温度范围的 NO_x 排放分布

21.6.2.2 脱硫

柴油机废气的脱硫温度范围为500～550℃。在乘用车柴油机中，NO_x 存储式催化器运行的一个特点是在发动机中 SO_x 再生过程中脱硫温度的限制。由于碳烟排放增加和转矩下降，禁止发动机在 $\lambda=1$ 以下运行。

催化器的脱硫能力主要取决于 NO_x 存储的组分（NO_x Storage Component，NSC）的选择。NO_x 在催化器上的结合越牢固，NO_x 在高温下的储存效率就越高。此外，这还导致再生阶段期间 NO_x 穿透的减少。然而，更强的 NO_x 吸附的优势是以更高的脱硫温度为代价的。图21.89显示了脱硫以及存储效率与 NO_x 再生之间的权衡。

在没有脱硫措施的情况下，存储式催化器的 NO_x 转化率作为行驶距离或时间的函数线性下降。达到给定的 NO_x 转化率的行驶距离与燃料中的硫含量成反比。图21.90显示了在 NO_x 转化率恒定的情况下，行驶距离与燃料硫含量的函数关系。

高的废气温度和较长的脱硫间隔导致废气中的 SO_x 与催化器的存储材料之间形成大量硫酸盐，从而对存储式催化器造成不可逆转的损坏。新型存储材料降低了脱硫温度并增加了长期的稳定性。在高的废气温度下更长时间的持续稀燃运行显得尤为关键。

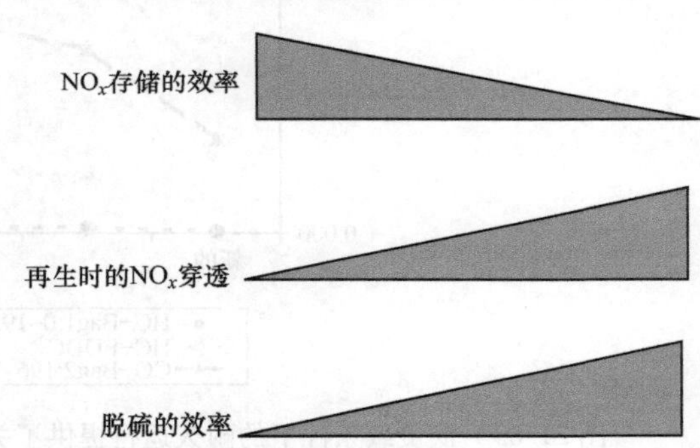

图21.89 NO_x 存储和再生效率以及 NO_x 存储式催化器脱硫性的耦合特性

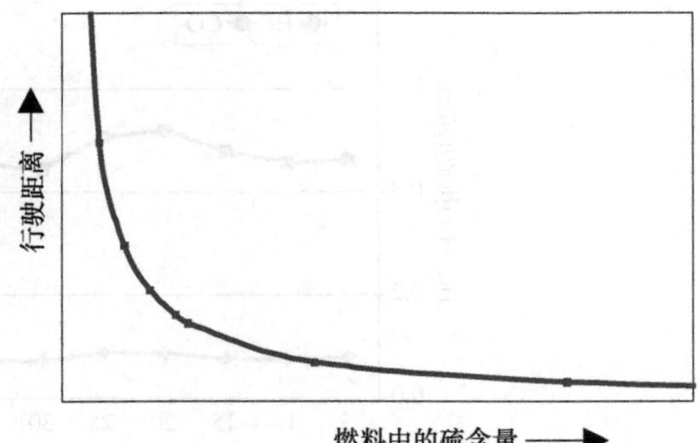

图21.90 达到 NO_x 转化阈值之前的行驶距离，具体取决于燃料中的硫含量

21.6.2.3 再生方法

存储的 NO_x 和 SO_x 的内部和外部再生方法之间存在区别。

- 外部再生：将还原剂（柴油）喷射到存储式催化器的前面。为了减少氧质量流量，在存储式催化器上适当地设置部分废气流量[32,33]。这需要使用排气阀，由于有限的耐用性，并不受欢迎。此外，当柴油燃料在废气温度低于250℃下喷射时，会发生燃料冷凝。正在研究通过重整柴油燃料在机上产生气态还原剂的替代方法，但它们很复杂。

- 内部再生：这是通过改变喷射参数来实现的。燃烧室中燃料"更差"的燃烧导致废气温度的升高，进气体积流量的节流导致废气体积流量的减少。这两种措施都提高了再生效率。

这里的缺点是由于混合气加浓而增加了碳烟排放，这导致了存储式催化器的失活。因此，带有碳烟过滤器和 NO_x 存储式催化器的组合式废气系统作为 NO_x 和颗粒物的整体废气净化的一部分是有优势的。

21.6.3 颗粒捕集器

P. 波特（P. Pott）早在1775年就报告了烟囱清扫时出现的癌症病例；"烟、尘、雾"一直是职业安全的重要话题；廷德尔（Tyndall）在1868年发现了细颗粒测量的光学效应；1936年，杂志"*Staub*"（灰尘）在其第一期中提到了亚微米粒子的重要性；1958年，P. J. 劳瑟（P. J. Lawther）描述了空气污染地区肺癌死亡率的急剧增加，并指出从1920年左右开始有所增加；1959年，约翰内斯堡公约（Johannesburger Konvention）规定了可吸入颗粒物的尺寸分数；从1980年起，提议车辆采用颗粒过滤器；1983年（美国EPA引入颗粒质量PM的第一个限值0.6g/mile的一年后），召开了第一届专门讨论该主题的SAE大会。1987年，世界卫生组织（WHO）宣布柴油机颗粒"可能对人类致癌"，2012年他们将这一判断强化为"明显对人类致癌"，因此将柴油机废气归为最高级别的有害物质（如石棉）[34]。自6城市研究[35]以来，细颗粒一直被认为是最重要的空气污染物，具有很高的死亡率。2002年，疾病成本与减少措施的技术花费的比率确定为 >4[36]，如今，美国EPA甚至谈到以 >10 进行改造[37]，并且需要对呼吸空气中的纳米颗粒浓度进行排放限制[38]。所以这一切都不是新鲜事。然而，经过30多年研究人员和工业公司参与的密集技术开发后，新的事实是：在欧洲从2000年5月的标致（Peugeot）607开始，在美国引入EPA2007开始，目前在量产的商用车和乘用车中使用的颗粒过滤器总数超过1亿个。工程机械和叉车、机车、船舶和固定发动机中已成功地改装50多万个颗粒过滤器，许多城市的公共交通的公共汽车已经加装了高质量的颗粒过滤器，在环保区还额外加装了数万辆商用车，收费法规被用作过滤器改造的激励措施，固体颗粒（碳烟）的过滤效率超过99.9%，在中国甚至禁止使用过滤效率低于50%的所谓开放式过滤器[39]，在欧洲、美国和日本，针对新的排放法规，引进BAT颗粒过滤器［BAT，最佳可用技术（Best Available Technology），目前已超过99%］是先决条件，并且原始设备制造商现在始终如一地在车辆方案设计和发动机的过程控制中包含"颗粒过滤器"元素。同样新的是引入了一个新的限值定义，该定义基于固体颗粒数量PN以及它们的质量，自1998年以来在瑞士和欧盟的乘用车的欧6（2011年），甚至包括汽油机和欧6商用车（2014年），甚至包括CNG。从2016年起，这个强制过滤器的PN限制也适用于欧盟NRMM指令下的大多数类别的非道路车辆发动机。技术地位由此确立，并决定了世界范围内的排放法规。如今已经经过试验的过滤器技术[40]，有潜力将非常保守地选择的限值 6×10^{11} P/kW · h 降低1~2个数量级，而且这种过滤器结构还可用于进行催化过程，以实现废气的脱硝和几乎完全解毒 - www. nanoparticles. ch。

21.6.3.1 颗粒定义和颗粒特性

法规条例中对空气污染物"颗粒"有不同的定义：

- 根据道路交通法适用的定义，颗粒质量是任何在 <325K 下可以过滤并称重（重量法）的物质，无论颗粒的大小还是化学成分如何，该定义完全不适用于毒理学分类。

- 欧盟法规715/2007[41]为乘用车和轻型商用车引入了尺寸范围为23nm ~ 2.5μm的固体颗粒总数的新限值，根据UNECE - PMP[42]，固体颗粒是所有在气体样品加热到400℃时不会蒸发的颗粒[41]。这一步骤也适用于符合欧6标准的重型商用车[43]。为了评估汽油机的PN排放（其固体颗粒通常小于柴油机），UN - ECE正在研究将下"截止"（cut - off）转移到10nm。对于柴油机和燃气发动机，也建议采用此步骤，以便更好地考虑灰粒[44]。

- 根据大多数规定，在工作场所计量尺寸范围 <5μm 的元素碳EC（碳烟）的总质量；有强烈的趋势将此限制值转移到 <500nm 范围。工作场所呼吸空气中的限值现在为 $100\mu g/m^3$，趋向为 $50\mu g/m^3$[45]。

- "细粉尘"一词越来越多地用于环境立法和与排放有关的问题，以量化呼吸空气中具有潜在致病作用的悬浮物含量。任何可以吸入的东西都有潜在的致病性。虽然以前10cm/s的下降速率（对应于57μm的空气动力学直径，密度为1g/cm³的球形颗粒）被认为是可吸入空气中的粉尘的上限，但后来的定义如PM10和PM2.5指的是尘粒本身的空气动力学尺寸。据此，PM10对应于在10μm处具有中等分离效率（按质量计50%）的过滤器之前的大气颗粒样本。自1993年以来，这些上游过滤器的分离特性已根据DIN EN 481进行了标准化。根据重量法定义的分离特性，PM10样品还可以包含直径为30μm的颗粒。这些定义基于颗粒在呼吸道中的沉积特征[46]，来自职业医学并可以追溯到1959年约翰内斯堡公约[47]。PM10被称为胸部部分，PM2.5被称为肺泡部分，因此该分配严格地只适用于疏水性颗粒。因此，PM10定义仅说明了采样时颗粒的最大尺寸[48]，没有说明样品的物质成分和尺寸分布，因此不适用于健康影响的分配。虽然在知道源特征的情况下，这个定义在工作场所是有意义的，但在大气样本中可以发现许多来自天然来源的物质、二次构建的有机气溶胶，即所谓的SOA、再悬浮的灰尘、盐和水。因此，它是异质性质的总和参数。对PM10样本的后续分析允许说明物质的成分并因此分配来源，但不能说明呼吸空气状态下的尺寸分布，这对于从肺泡渗透到动脉血管以及在生物体中的易位（像穿越血/脑屏障）是至关重要的[49]。

- 内燃机的排放测量参数PM与细尘定义PM10或PM2.5无法进行比较。即使使用相同的计量单位，例如g/Nm³，即样气体积的样品质量，只是质量浓度相同，但物质组成和粒度分布差异很大，因此并不存在相关性。到目前为止，PM定义只限制了采样过程中的温度上限，而不是颗粒大小。只有欧5/6（乘用车）和欧6（商用车）才会通过引入PM2.5气旋进行采样来引入粗略的尺寸限制，以避免大颗粒引起的误差。

这些测量规则不能令人满意地描述颗粒；由于没有关于在气溶胶状态下颗粒的尺寸分布，也没有它们的化学成分或它们的相（固态/液态）的描述，这些测量方法不足以进行毒理学评估。

从稀释和冷却废气中由气溶胶收集的颗粒在电子显微镜下显示出团聚结构，其基本元素是几乎球形且相当致密（约1.8g/cm³）[50]的初级颗粒，如在碳氢化合物的所有燃烧中形成的那样，如图21.91所示。

这些具有大表面积（BET表面积为100～200m²/g[50]）的团聚体在冷却过程中充当冷凝核心，并存储碳氢化合物和亚硫酸产品的薄膜，进而可以结合大量的水。

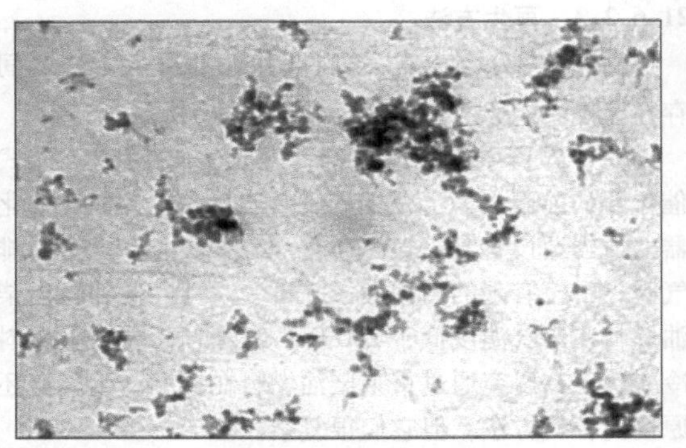

图21.91　柴油机颗粒团聚体（Burtscher）

当从物理正确的角度考虑热气体过滤器时，以气态形式流过过滤器并且仅在通过冷凝（形成液滴）进一步冷却时才显示为颗粒的物质不得分类为颗粒。相反，该定义必须限于在过滤器的流动条件下已经具有颗粒特征的物质，即基本上是固体颗粒，如碳烟、润滑油包中的金属氧化物和磨损金属氧化物、在发动机进气过滤器中未分离的矿物颗粒，以及硫产品，例如可以与润滑油的钙（Ca）含量形成的石膏。当使用高沸点的燃料（生物柴油）和废气中高比例的润滑油（混合气润滑的二冲程发动机）时，有时还会发现高浓度的、非常小的、高沸点的碳氢化合物液滴，主要以双峰尺寸分布的形式存在[51]，可能带有微小的金属氧化物核。还必须考虑吸附在碳烟上的碳氢化合物（Organic Carbon，有机碳，OC），例如在燃烧过程中已经吸附的多环碳氢化合物PAK，它们在废气温度下被吸附，并在进入肺部时保持牢固结合。这同样适用于由范德华（van der Waals）力紧密结合的金属氧化物簇（尺寸范围为10～20nm）。因此，碳烟核将多种潜在的有毒物质输送到有机体中，这些物质大多是持久的，即几乎不能被代谢。

这些颗粒的大小有多种形式，很难描述。它需要一个定义，因为实际的几何形状不能通过在气溶胶状态下的任何原位表征方法来确定。比较参数，例如>500nm的颗粒的空气动力学直径和<500nm的颗粒的流动性直径已经变得司空见惯。对此，这些颗粒不是根据它们的原始的几何尺寸来评估，而是根据它们与密度为1的球形颗粒相比的特性来评估。根据它们的惯性特性（空气动力学直径）或它们的扩散特性（流动性直径）进行评估会导致关于“直径”的不同陈述。由于技术燃烧产生的颗粒通常小于500nm，并且在肺部深处的分离机理实际上几乎完全通过扩散特性来决定，因此，就此而言，流动性直径的定义更可

取[52,53]。分形维数经常作为表征形状的另一个参数给出，分形维数通常远低于3，且通常约为2，从而可以得出关于链状和扁平结构的结论。

来自发动机燃烧的颗粒的尺寸分布（图21.92）已经显示出对数正态的特征，在发动机出口处的平均值约为60～100nm，直到排气管末端变化都不大。由于可以假设发动机排放的这种对数正态分布，如果平均颗粒大小已知[54]，则可以计算总颗粒质量，这种方法在低排放情况下优于重量测定法。

这些固体颗粒的大多数都在不可见范围内（<400nm）。可见烟雾是由相对较少但非常大的团块形成的，这主要可能在老式的发动机中，通过靠近壁面的燃烧、燃料的不均匀混合、过量空气不足或排气系统中的积聚而产生，然后在所谓的“存储和释放”（Store and Release）过程中周期性地吹出，在开放式过滤器中也经常发现这种现象[56]。

碳烟颗粒在很大程度上是惰性的、无味的，不溶于水和有机溶剂。

如果灰分物质、磨损或矿物颗粒大量出现，通常会形成双峰分布，在20～30nm有明显的第二个最大值。

这些相对较新的发现，连同对穿透血管系统和神经束的影响以及惰性粒子在有机体中持续存在的重要性的医学研究结果，出现颗粒定义和限制值设定的新方法价值观：

– 根据瑞士标准SN 277206[57]，除EC质量外，还使用分类在20～300nm（移动性直径）范围内的固体颗粒的数量浓度（颗粒数/cm^3）作为基础，用于表征颗粒过滤器。根据VERT，适用于所有尺寸等级的分离度要求>98%，在再生过程中可能仅下降到90%（www.vert-certification.eu）。

– 在瑞士空气污染控制条例（LRV）中，从2009年1月1日起，在对带有颗粒过滤器的建筑机械进行型式测试时，限制为10^{12}个颗粒/kW·h。

– 在UNECE-PMP项目中[42]，确定尺寸范围为23nm～2.5μm的固体颗粒总数被选为型式试验的补充测量方法（参见21.6.3.12节），和从2011年起通过欧5，对于柴油机，限制在6×10^{11} P/km（汽油机才从2017年起），并且从2014年起通过欧6限制为6×10^{11} P/kW·h。

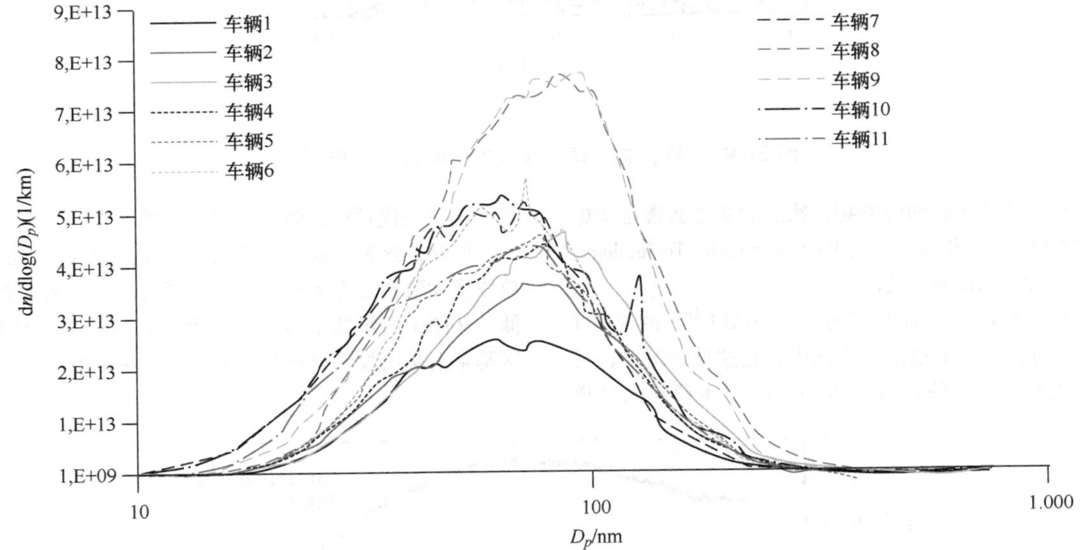

图21.92 现代乘用车柴油机中固体颗粒的尺寸分布[55]。D_p为流动性直径（测量方法SMPS）[55]。

在这一点上，应该指出的是，汽油机，尤其是直喷发动机，可以具有与柴油机相似的高的颗粒数排放，尽管颗粒尺寸通常要小得多，这导致了以前的质量排放PM变得并不显眼。另一方面，健康风险随着尺寸的减小而增加[49]。有了数量测量PN，汽油机的颗粒排放现在理所当然地成为立法的重点

21.6.3.2 颗粒过滤的目标设定

目标设定必须基于健康相关性和技术状态，因为致癌的有害物没有无害的阈值。

深入肺部、在肺部停留很长时间、既不被巨噬细胞吞噬也不溶解在体液中的颗粒与健康特别相关。碳烟颗粒满足这些条件。肺泡区沉积物的最大粒径在10～20nm，视呼吸量而定；由于更小的颗粒非常高的移动性，即使更小的颗粒已经在上呼吸道分离并通

过肺部非常有效的清洁机理（黏液－纤毛）运回到喉咙，只要它们尚未进入该区域的有机体，正如奥博多斯特（Oberdörster）在嗅觉神经作为进入大脑的直接通道的案例中所证明的那样[58]。

颗粒越小，就越容易穿透组织膜并从肺泡进入血管，从而通过血液和淋巴进入整个生物体，进入大脑并通过胎盘进入未出生的孩子的生物体[59]，如图21.93所示。此外，这些微小的固体颗粒将吸附的有毒物质（例如致癌的多环芳烃PAH）输送到有机体中，这被称为"特洛伊木马效应"（trojan－horse－effect）。因此，目标必须是有效分离10～500nm尺寸范围内的颗粒，最好是颗粒越小，分离率越高，以确保分离的物质在所有条件下都保持牢固地结合在过滤器基质中，并且在再生过程中，颗粒和吸附的物质再次被释放。

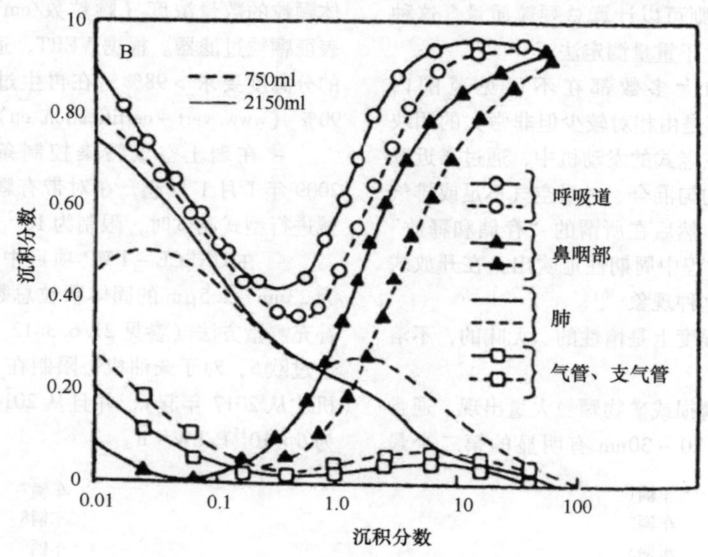

图21.93　鼻、支气管、肺泡内细颗粒的沉积[52]

对于涉嫌致癌的污染物，执法的基准通常是实施"最佳可用技术状态"（Best Available Technology，BAT），如图21.94所示。

在根据瑞士联邦环境办公室BAFU[61]的VERT适用性方法进行的过滤器测试中，在这种情况下，可实现超过99%的临界尺寸范围内的固体颗粒的分离率，这是现代颗粒过滤器相当普遍的结果。

因此，这种过滤器下游的未稀释清洁气体中的颗粒浓度大致在当今大气浓度的范围内，并且通常会更低。从图中所示的室内空气浓度特征可以得出结论，这基本上是由发动机排放到大气中所决定的。

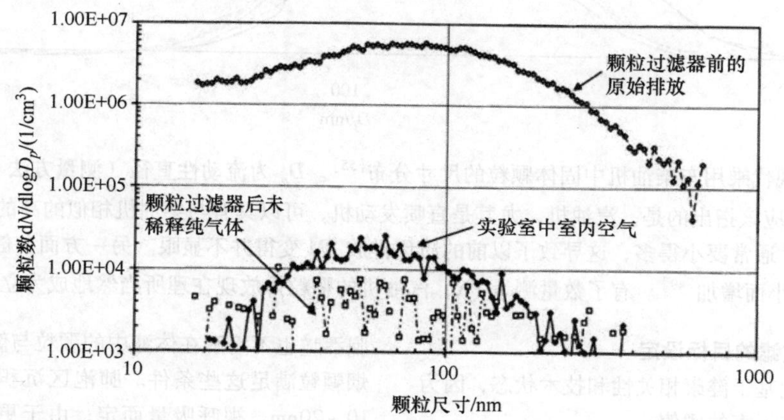

图21.94　商用车直喷柴油机[60]的陶瓷蜂窝过滤器在现场使用2000多小时（运行时间）后的分离率

21.6.3.3 对过滤器介质的要求、技术解决方案

对柴油机颗粒过滤器的要求是很高的[9]：

- 废气温度高达750℃，再生期间的温度峰值高达1400℃。
- 快速温度变化时，高的热应力和热机械应力。
- 润滑油灰分和添加剂造成材料损坏的风险[63]。
- 碳烟和灰烬的高的存储能力。
- 小的压力损失，因而对涡轮增压器和发动机的影响也小。
- 低的热力学质量（快速响应）。
- 对于10～500nm尺寸范围内的颗粒，分离率>99%。
- 不会形成额外的有害物，即二次排放。
- 改装时的消声量至少相当于带消声器的原始版本。
- 对车辆振动不敏感（最好靠近发动机安装）。
- 清除惰性灰分组件时对损坏不敏感。

所有这一切都需要低价格（商用车<10 €/kW，乘用车<5 €/kW）、较小的安装体积和与发动机使用寿命相对应的使用寿命。

只有由高的耐热材料制成的具有大的表面积的结构才能作为过滤介质，例如蜂窝形式的整体多孔陶瓷结构（壁流，Wall flow）（图21.95和图21.96），或泡沫（图21.97），高合金的多孔金属烧结结构和金属泡沫（图21.98），以及纤维结构，如绒布（图21.99），纱线绕线或纺织结合（针织面料，编织物）（图21.100），使用陶瓷或金属纤维。对分离起决定性作用的尺寸、孔径或纤维直径应在约10μm的范围内，以便在再生期间和再生后立即实现所需的分离。

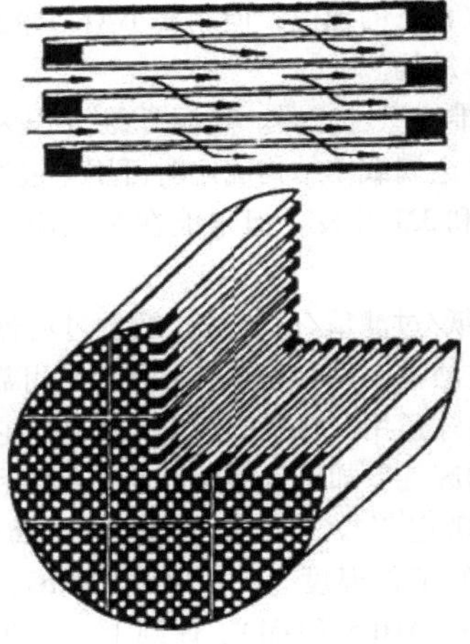

图21.95 陶瓷整体蜂窝过滤器［康宁（CORNING）SAE论文830181-1983］，当今在不同材料中应用最广泛的基材结构

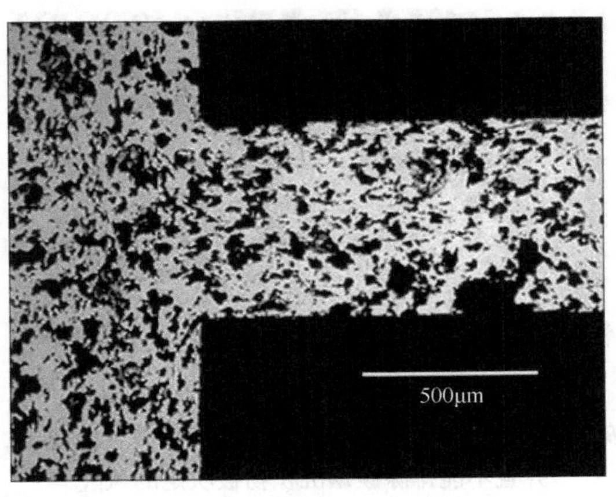

图21.96 陶瓷过滤器的孔结构（康宁，CORNING）[62]；孔的平均尺寸和尺寸分布对于超细颗粒的分离至关重要

下面是几个例子，展示了这项技术的多样性。并非所有这些系统都已进入当今的实际应用：

1）陶瓷整体蜂窝过滤器。这种过滤器的结构类似于蜂窝催化器，但具有交替封闭的蜂窝，这种类型的过滤器在较小的结构体积（1～3m^2/L）时具有较大的比过滤器表面，因此在低的气体速度（几厘米每秒）穿过墙壁时具有低的背压和高的分离率。过滤器最初［第一个专利，1979年，罗伯特·J. 奥特兰大（Robert·J. Outland）/GM］主要由堇青石通过挤压制成（NGK，CORNING）。后来又加入了不同晶体结构的碳化硅SiC（NOTOX、IBIDEN、LIQTEC）和钛酸铝，以及其他陶瓷材料。材料的进一步深入发展出现了抗热振结构。三十年来，全世界在使用这种类型的过滤介质，尤其是堇青石材料方面已有丰富的经验。现在正在讨论多级壁结构，例如通过烧结在实际过滤器壁上的附加陶瓷“膜”：高度多孔，过滤孔非常小，非常薄，因此，分离可以进一步加强，同时可以减少压力损失。蜂窝几何尺寸的有吸引力的进一步开发出现了不对称结构，即流入侧的蜂窝体积（原始气体）大于流出侧的蜂窝体积（清洁气体）。这意味着可以存储更多的灰烬，直到达到清洁所预定的背压。这种“壁流式过滤器”（wall flow filter）作为载体基质提供了明显的可能性，用于催化两壁面侧和孔深度中的气态污染物，直至SCR过程中的脱硝，而下游的氨阻隔催化器位于清洁气体出口通道中。

2）金属烧结过滤器。SHW和HJS最初在其粗糙结构上与陶瓷整体相似，开发了一种基于金属材料的过滤器类型——SMF®。基本元件是由金属粉末制成的、薄的烧结板，带有金属丝网或膨胀金属载体结构

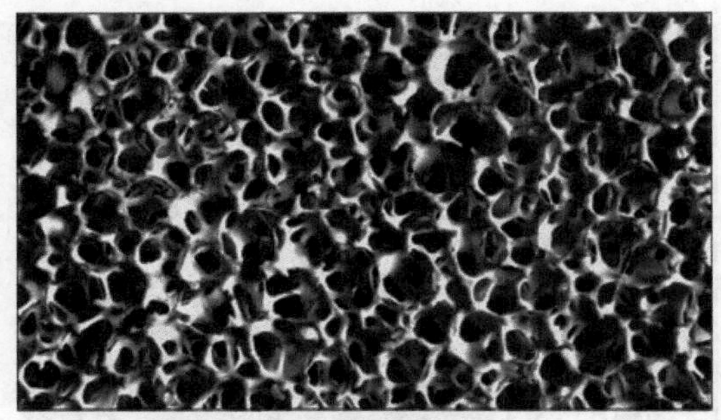

图 21.97　陶瓷泡沫作为过滤介质（Alusuisse）[64]变得不那么重要了，因为难以达到 >95% 的分离度，并且不能排除碳烟沉积物被吹走的风险

图 21.98　过滤器由多孔烧结金属板（SHW，HJS）制成，组装成蜂窝结构并焊接，特别是在改装时非常成功

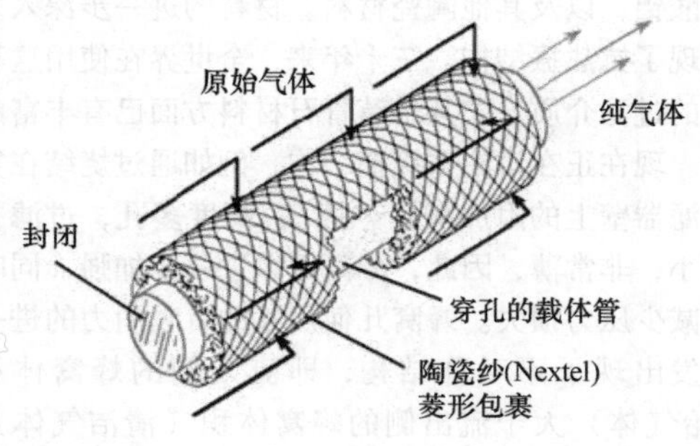

图 21.99　滤芯（3M、MANN & HUMMEL），就像一个线轴，高温陶瓷纱线在内孔板上以菱形图案缠绕[66]，如今已几乎不再使用

（十分之几毫米）。与陶瓷相比，这些过滤器相对较重，但非常坚固。它们天然具有良好的导热性，这是完全再生的理想的先决条件。在金属烧结过滤器的进一步发展中，首选由过滤板制成的波纹管状结构（类似于空气过滤器的结构），如今可以减轻重量并

图 21.100　针织纤维过滤器（BUCK），一种由高温针织纤维制成的褶皱结构。由于相对较高的特定安装空间，平行排列的滤芯[65]变得不那么重要了

得到了验证。这种过滤器结构的一个特点是在很少的背压增加的情况下存储灰分（HJS）。由于良好的热传导性，这种过滤器类型如 SMF－AR® 可以通过短期（电）加热特别好地主动再生。

3）纤维缠绕过滤器。由高温纤维［莫来石（Mullit）材料］制成的纱线使用特殊的缠绕技术缠绕在穿孔的载体管上，形成菱形通道结构。这种类型的滤芯由 3M 和 MANN＋HUMMEL 开发，但如今很少使用。

4）纤维针织过滤器。陶瓷纱线被加工成圆形针织物，并通过打褶形成深层结构。宏观纤维表面通常达到 $200m^2/L$，而纤维本身的微观表面可达到 100～$200m^2/g$。这种类型的过滤器由 BUCK 开发，还与带有催化涂层的金属丝网组合提供。它尚未能够在车辆应用中确立自己的地位，但用作小型二冲程发动机的催化器载体结构。

5）纤维编织过滤器。高温纤维也作为编织物提供，当通过金属载体结构固定时可用于过滤。此类系统由 HUG 和 3M 开发，但未能在车辆应用中确立自己的地位。

6）滤纸/过滤毡/过滤绒。纸质过滤器的结构类似于进气过滤器，只有在废气温度能够可靠地保持在较低水平时才适用。在美国和澳大利亚，它们与煤矿发动机中的废气冷却结合使用，并在美国和澳大利亚受到法律规定[67]。毕竟，无纺布和纸张可用于 300℃左右的工作温度（FREUDENBERG、DONALDSON、PAAS、AHLSTROM）。原则上，这些纸和绒布也是纤维过滤器，使用随机排列的短纤维，其结构由黏合剂固定。对于更高的温度，也可以使用由陶瓷纤维制成的毡，因为它们长期以来一直用于工业热气过

滤，以及由电阻焊接的金属微纤维制成的无纺布（BEKAERT）。

与这些配备大的表面结构的机械过滤器相比，流动动力学的、静电的和等离子的方法迄今为止尚未能够建立自己的地位，并且最初经常使用的废气过滤器几乎不再使用，因为它们完全不适合用于分离纳米颗粒。

这里所列举的并非详尽无遗，正在开发许多其他技术解决方案，其中除了过滤器质量和压力损失外，主要目标是减小结构尺寸、车辆友好型设计、集成到整个过程中并与其他废气净化方法相匹配[68]。

21.6.3.4 分离和粘附

通常，在过滤器中观察到三个物理上具有不同分离机理的区域，如下图（图21.101、图21.102，来自Hinds[52]）所示，使用纤维分离示例进行说明。

更大的颗粒通过由于质量力产生的碰撞而分离，更小的颗粒通过靠近壁面流动时的拦截效应分离。然而，对于这里讨论的亚微米颗粒（纳米颗粒），图21.101表明扩散几乎完全有效。分离如此小的颗粒时几乎没有阻塞或筛分效应——过滤器介质的孔径比平均粒径 >100 倍。

空间速度的定义考虑了颗粒在过滤器结构中的停留时间的重要性。空速（space velocity）S 由气体通过量 V_{Gas}（m^3/s）除以过滤器体积 V_{Filter}（m^3）计算得出。

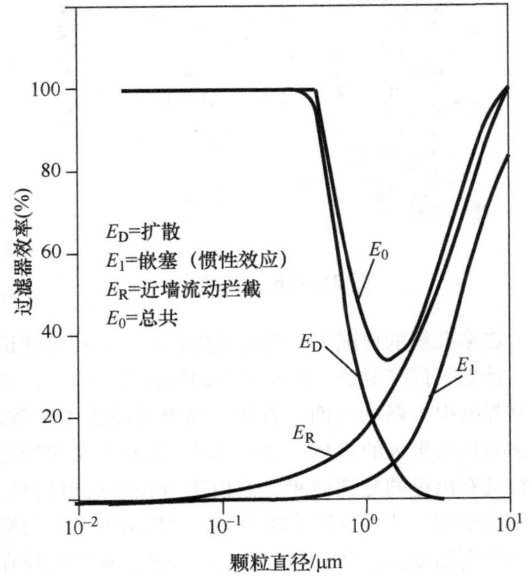

图21.101 过滤介质中的分离效果与粒径的函数关系（3M）

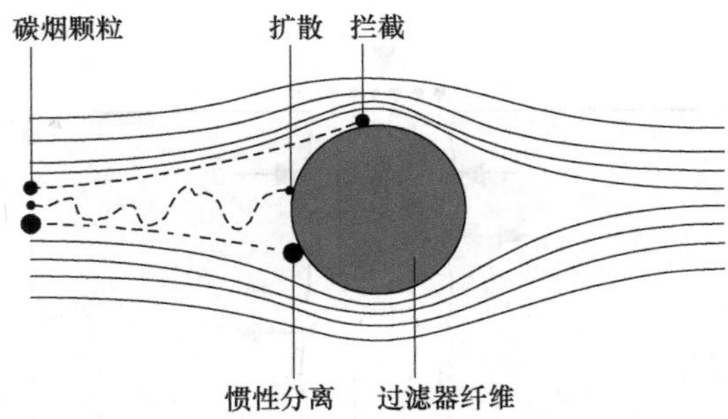

图21.102 单个纤维上的分离机理（3M）

$S = V_{Gas}/V_{Filter}$（1/s）

30/s 范围内的值是好的过滤器的典型值。

根据图21.89，如果比较肺的分离特性，可以以非常相似的方式看到大约 1μm 范围内的分离最小值，其中撞击已经变成微弱的效果，扩散才开始起作用。这些颗粒大部分会再次被呼出，而非常多的、更大的颗粒已经在上呼吸道被分离和清除，而相当小的颗粒则优选沉积在肺泡区域并渗透到血液中，这样就可以分布到整个有机体。

对于这些小颗粒，斯托克斯（Stokes）范围内的拖拽力与质量力之比（很好地描述过滤器的特性[69]）是如此之大，以至于颗粒沿着每个障碍物周围的流线移动，甚至在最细的过滤纤维周围也是如此。

$$\frac{\text{拖拽力}}{\text{质量力}} \sim \frac{d \cdot \mu \cdot v}{d^3 \cdot \rho \cdot v^2} \tag{21.22}$$

式中，d 为颗粒直径；v 为速度；μ 为动态韧性；ρ 为密度。

这些小颗粒只能通过扩散来分离。但扩散需要时间；也就是说，足够的过滤深度 L 和低的流速是良好分离特性的先决条件。

该过程可以使用通道流动来清楚地描述，如图21.103所示，其中基于此类精细过滤器的典型孔隙参数的通道直径应设置为 10μm，即比典型的碳烟颗粒大约 100 倍。

为了让来自管道中部的颗粒在离开管道之前到达管壁，流过管道的时间必须是

$$t_1 = \frac{L}{v}$$

至少等于（或小于）从中心到壁面的扩散时间

$$t_2 = \frac{B}{2 \cdot c_D}$$

为了比较不同几何形状和流动条件，给出条件

$$\frac{B \cdot v}{L} = \text{常数}$$

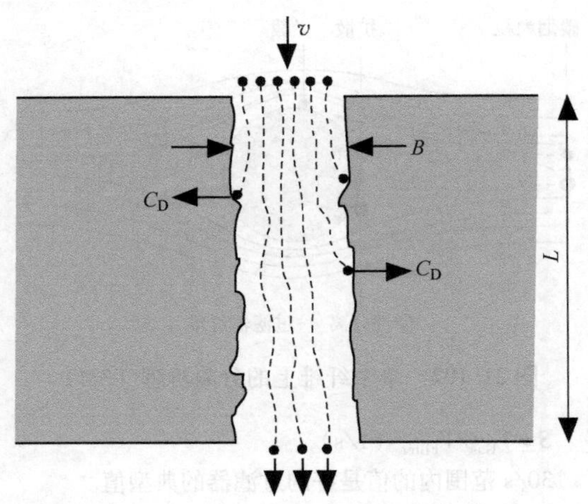

图 21.103　颗粒扩散分离的通道模型

L—过滤器深度　B—通道宽度（孔隙参数）

v—流动速度　C_D—扩散速度

一个粒径 d 和温度 T 的函数。

对于典型的陶瓷蜂窝过滤器，过滤深度（壁厚）为0.5mm，孔隙尺寸为10μm，速度为几厘米每秒。纤维过滤器的典型孔隙尺寸更大且工作速度明显更高，因此需要更大的流动深度。

由于小颗粒具有更高的扩散速度或更高的迁移率 b，因此可以预期在这种结构中更小的颗粒将被更好地分离。

顺便说一下，术语“扩散速度”和“迁移率”在爱因斯坦关系（Einstein – Relation）的意义上是等价的：

$$D = k \cdot T \cdot b \tag{21.23}$$

式中，D 为扩散系数；T 为绝对温度；k 为玻尔兹曼（Boltzmann）常数；b 为流动性，定义为 $b = v/F$。

用 F 表示作用在颗粒上的力（例如电场力、重力、分子碰撞力），用 v 表示颗粒的最终速度。

根据海因斯（Hinds）[52]，室温下不同尺寸颗粒的扩散速度根据图 21.104 计算。为清楚起见，还给出了以 mm/h 为单位的理论沉积速度。

颗粒尺寸	扩散速度/(μm/s) rms 布朗运动	沉积速度/(μm/s)
10nm	260	0.06
100nm	30	0.86
1000nm	5.9	35

图 21.104　来源：气溶胶技术[52]

由于陶瓷蜂窝过滤器的过滤器壁面流经时间通常在0.01s 范围内，因此100nm 颗粒的扩散路径仅为0.3μm；在这种通道中的分离仅适用于紧邻壁面的颗粒，即使在更高的温度下也不适用，尽管扩散速度随温度而增加。这解释了为什么在具有连续但非常细小的孔的传统催化器结构中几乎无法分离颗粒。

因此，与通道模型相比，过滤器结构必须设计成更类似于迷宫的方式并具有更大的表面积，以确保细颗粒的分离。描述有两种方法，其中壁流式过滤器的多孔壁可以用流动模型描述，纤维深度过滤器可以用绕流模型描述，如图 21.105、图 21.106 所示。

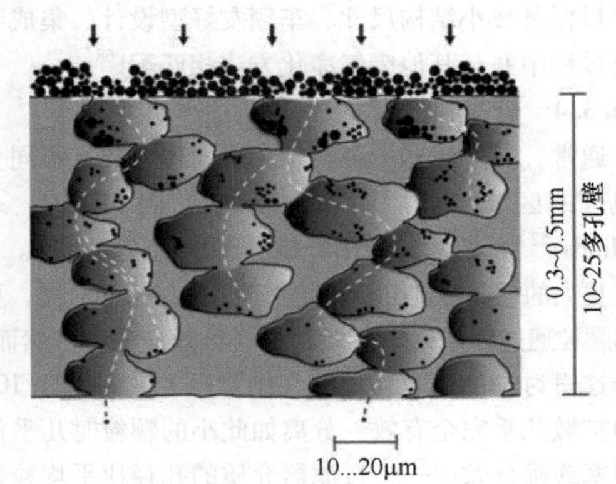

图 21.105　多孔壁

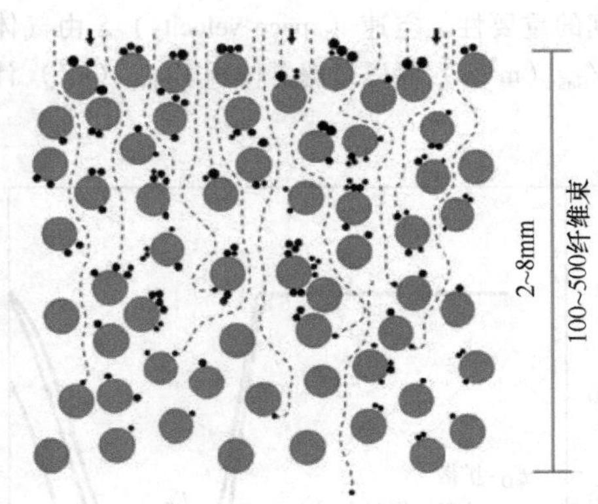

图 21.106　纤维束

在多孔壁的情况下，流动发生在从孔到孔的通道中。计划了许多改道、在孔隙中的停留时间以及在通道交界处引入新的壁面。就此，显著地改善了扩散，但嵌塞也有更大的机会。这种过滤器的特点是对较粗颗粒具有出色的分离效果，但由于潜在的通道特性，当通道壁薄、孔大且流速较大时，它们对非常小的颗粒的分离程度往往会变差。因此，高的流速使颗粒在过滤器结构中的停留时间很短。

在以纤维过滤器为主要特征的绕流模型中，不断形成新的边界层，即流道被反复划分，因此，颗粒经常靠近壁面并在壁面处扩散而分离。从这种纯深层过滤器中可以预期，颗粒越小，分离程度会越高，而由于相对较大的孔，存在大颗粒，特别是在过滤器中形成的附聚物可能再次离开过滤器结构的风险。为了描述这种细孔结构的流动，现在可以使用复杂的计算模型[70]，这些模型也可用于催化支持的化学过程，例如用于这些表面上的再生。

(1) 分离度的定义

分离度可以根据总质量或颗粒数来定义。在第二种情况下，由于数量测量技术的高灵敏度，即使对于非常小的颗粒尺寸，也可以将分离度记录为颗粒尺寸的函数。因此，可以获得所谓的过滤器特性或分离特性。当根据颗粒质量（PM）定义时，这种根据颗粒尺寸的分辨率是不可能的，因为在所讨论的颗粒尺寸范围内重量测量方法的验证极限是远远不够的。

根据颗粒质量 PMAG 的分离度：

$$\mathrm{PMAG}=\frac{\mathrm{PM}_{\mathrm{vorPF}}-\mathrm{PM}_{\mathrm{nachPF}}}{\mathrm{PM}_{\mathrm{vorPF}}} \tag{21.24}$$

根据粒子数 PZAG 的分离度：

$$\mathrm{PZAG}=\frac{\mathrm{PZ}_{\mathrm{vorPF}}-\mathrm{PZ}_{\mathrm{nachPF}}}{\mathrm{PZ}_{\mathrm{vorPF}}}=f(d) \tag{21.25}$$

$$\text{渗透}=1-\text{分离度} \tag{21.26}$$

如果采样和测量的设计方式是只记录固体质量或只计算固体颗粒，这两个定义通常会产生非常相似的值。不一定非要如此。如果光谱发生变化，特别是在非常细的颗粒范围内，则用数量标准比用质量标准更好地描述这种情况。此外，由于颗粒尺寸谱以非常细的颗粒为主，因此按数量测量是更为灵敏的方法[71]。由于与健康相关的原因，在测量中还必须要考虑尺寸、表面积和数量，因此也应相应地定义分离度。当采样过程中，即在待分析的气溶胶所经过的路径上，不能排除气态或蒸气物质的冷凝时，那么根据质量（PM）的定义就会变得非常有问题。当在燃烧气体中使用法律规定的 CVS 方法时，不幸的规则是：冷却到所需的 52℃ 时总是会产生冷凝物，所计算的分离度是错误的。如果涉及硫（燃料或润滑油），这些影响会变得如此强烈，以至于根据颗粒质量（PM）[56]，固体颗粒的分离效率超过 99% 的过滤器显示出明显的负分离效率。

(2) 颗粒滞留

除了分离之外，很重要的是过滤的第二个组成部分是颗粒在过滤器基质中的可靠保留，即粘附。如果不考虑可以在很大程度上可以忽略的形状效应，那么在热气过滤的干燥条件下，颗粒在表面上的粘附力由范德华（van der Waals）给出。

$$p=\frac{A}{6\cdot\pi\cdot z^{3}} \tag{21.27}$$

式中，p 为粘附力；A 为常数；z 为接触间距。

小颗粒的重心离表面的距离非常小，比大颗粒的粘附得更好。由于流动力攻击已经在边界层区域中的小颗粒的可能性很小，因此，亚微米颗粒一旦沉积在表面上，就几乎没有任何可以再次被流动力带走的风险。

然而，其他颗粒会积聚在分离的颗粒上，因此最终会在过滤器中形成大的团块（树枝状结构），如图 21.107 所示。

这种团块为流动提供了很大的攻击表面，因此它们可以分解并再次离开过滤器，这是粗孔深度过滤器或所谓的部分流动过滤器的典型特性[72]。人们也将其描述为集聚器。

由于最细的颗粒牢固地粘附在表面上，因此，在研究过滤器清洁时，通过吹风只能去除滤饼、大的碳烟团块和灰烬团块。最细的颗粒最多可以通过冲洗（这会放松范德华化合键）或通过将它们烧掉来从过滤器中去除。

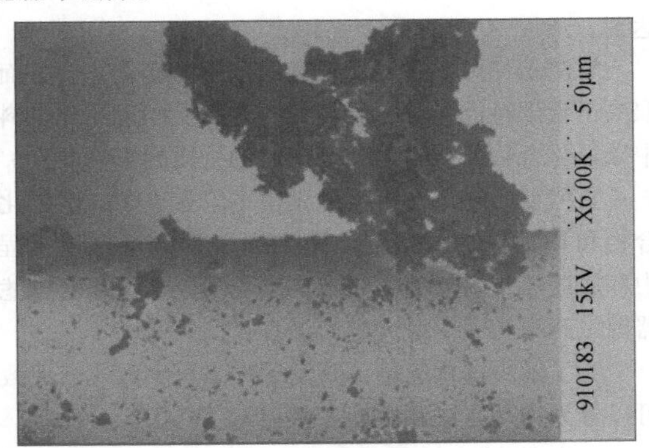

图 21.107 柴油机碳烟，以最细颗粒的形式沉积在直径为 10μm 的陶瓷纤维上，并在过滤器中形成大的团块[65]

21.6.3.5 再生和定期清洁

由于各种类型固体颗粒的高分离率，过滤器很快就会堵塞。可燃成分的覆盖（烟灰，最多覆盖 10g/L 过滤器体积，应视为极限）在几个小时内发生，惰性固体颗粒（灰烬）在几百到上千小时内发生。这些时间可能会有很大的差异，具体取决于发动机的原始排放、运行模式、润滑油消耗、燃料特性和润滑油特性以及过滤器特性。然而，在所有情况下，由元素碳 EC 和有机结合碳 OC 组成的可燃残余物必须通过焚烧相对频繁地去除，这个过程称为再生。为了无残留，再生应该尽可能以仅产生 CO_2 和水的方式进行，然而，这种理想情况通常不能完全实现。其原因是，除了 CO/CO_2 平衡之外，一方面是加热阶段的影响，其中物质可以通过蒸发从过滤器中去除，另一方面是低氧含量的加热阶段，这会导致焦化（热解），因此几乎不再是可再生的残留物。

根据莱珀霍夫（Lepperhoff）[73]，碳烟燃烧的复杂过程，不仅由热力学来决定，而且最重要的是由动力学条件来决定，可以使用基于阿累尼乌斯（Arrhenius）方法的反应动力学模型描述，如下：

$$\frac{dM}{dt} = k_0 \cdot M^m \cdot p_{O_2}^n e^{\frac{-E}{RT}} \qquad (21.28)$$

式中，M 为相对碳烟质量；p_{O_2} 为氧的分压；R 为气体常数；T 为绝对温度；E 为活化能。

这种关系表明温度和充足的氧供应是非常重要的。没有再生助剂的过滤器的活化能 E 在 140kJ/mol 的范围内。在催化措施的情况下，该值可以降低到 80～90kJ/mol 的水平。为了使碳烟完全燃烧，需要超过 600℃ 的温度和超过 7% 的氧含量，即在许多车辆应用中很少能在很长一段时间内达到加热过滤系统所需的条件，如果是这样，那么只能在很短的时间内达到。

燃烧条件可以在相对较宽的范围内变化，一方面取决于碳烟特征和沉积层，另一方面受润滑油和燃料中碳氢化合物的吸附以及新形成的物质的影响。

更糟糕的是，在再生过程中不应有过多的碳氢化合物和 CO 排放，并且必须很好地控制碳烟燃烧过程中释放的热量引起的热应力，以免陶瓷整体蜂窝过滤器等敏感结构承受过大应力。

为了解决这些问题，开发了许多再生方法，大致可以分为被动方法和主动方法：

–“主动”，如果再生是由受控制或受调节的干预触发的，其目的要么提供能量，要么增加温度或增加氧含量。

–“被动”，如果通过催化措施将活化能降低到能够在给定的运行温度下发生反应的程度。

两者当然也可以结合。

在特殊情况下（小型发动机、短期使用、室内运行），也可以使用更换式过滤器或一次性过滤器，在外部再生或使用后丢弃。

主动系统主要包括：

–柴油机燃烧器（图 21.108 和图 21.109）。已知有多种形式（DEUTZ，见图 21.108，HUG、TENNECO、CATERPILLAR），它们在所有运行条件下都可再生，而且颗粒过滤器的发展历史还包括在可调节条件下交替再生的燃烧器的双系统（EBERSPÄCHER，图 21.109 IVECO），在发动机怠速或静止（HUG）时打开的燃烧器以及从清洁空气侧（HJS）加热过滤器元件的燃烧器。独立于发动机运行的燃烧器的任务在技术上要简单得多，但它也需要额外的花费，因为燃烧空气是通过电动风扇来驱动的（HUSS、ERNST、PHYSITRON、EBERSPÄCHER）。也可以使用许多外部运行的燃烧器，一方面用于可更换式过滤器的再生，另一方面作为热空气供应器，用于在车辆静止时对固定安装的颗粒过滤器进行再生。应特别提及催化支持的所谓无焰燃烧过程，该过程需要喷射的柴油燃料非常精细地分布（可能还通过在发动机中的后喷），因此在催化表面上实现尽可能无残留地燃烧（COMELA、PURITECH、GAT、DEUTZ，以及 CUMMINS 的 OE 系统、PEUGEOT 等）。在某些情况下，该方法通过 CO/H_2 加浓的部分气化得到进一步改进，以使催化反应能够在远低于 200℃ 的温度下就开始起燃。迄今为止，仅在特殊情况下才考虑使用必须单独携带的更易燃的燃料。

–电加热已开发出多种形式的电系统：气流的整体加热和过滤器的整体加热，或使用导电材料（SiC）中的欧姆热对过滤器矩阵进行有针对性的加热，以及顺序加热系统，其中一个过滤器塞在另一个之后[65]或一个过滤器通道在另一个之后[74]被加热到再生温度。如果已经形成明显的饼状碳烟，只需点燃这一层就足够了；然后由于释放的能量，火“吞噬”了整个碳烟饼（HJS、EMINOX、倍耐力）；其先决条件是通过燃料中添加剂的 FBC 技术。然后，嵌入的碳烟中散布着微小的金属氧化物簇，并且由于它们的催化作用，在大约 300℃ 的温度下点燃。电气方法的主要问题是车载电能的有限可用性。到目前为止，只有在发动机处于静止状态并可以从外部提供所需的电能的情况下，才能实现电再生方法（HUSS、ERNST、JOHNSON MATTHEY、ECS、DCL）。然后可以缓慢地进行该过程，从而保护过滤器材料。在这一方法方面，拥有特别丰富的经验，尤其是在非道路和地下领域。

–来自发动机燃烧的再生能量。主动系统还包括在再生期间通过特殊干预由发动机本身增加所需能量的系统。通常的措施是延迟喷射、后喷、节流和废气再循环。通过这些干预措施，废气温度可以提高 200～300℃，这在许多情况下就足够了，尤其是在结合催化再生措施时。所有这些干预措施都会恶化燃料消耗，当再生阶段相对于再生之间的运行时间较短（通常为 1%～3%）时，这一点变得很重要。然而，这种类型的措施通常只能作为原始设备，最好是在带有电子喷射系统的发动机中。而气流节流是一种也可用于改造的方法，并且越来越受欢迎[75]。对于发动机内燃油喷射，必须小心，因为存在稀释润滑油的风险。

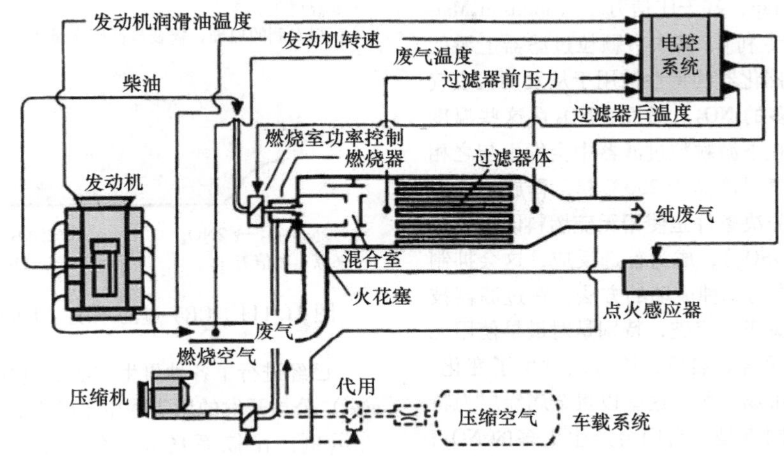

图 21.108 带全流燃烧器的颗粒过滤系统（DEUTZ）

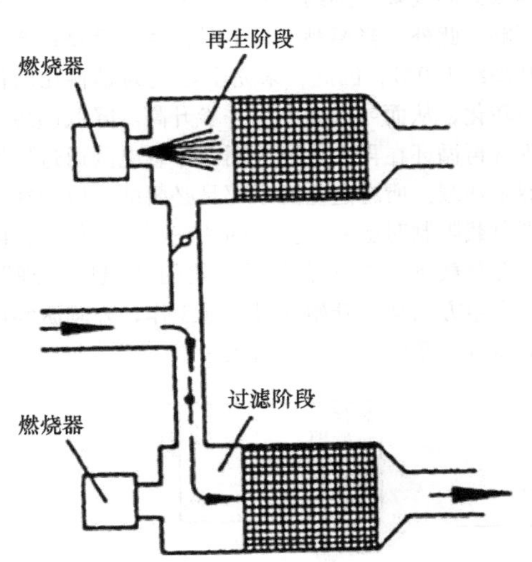

图 21.109 带风门控制的双过滤器系统（EBERSPÄCHER）

同样，通过使用催化作用的被动再生助剂也多种多样，大致可分为支持碳烟与氧反应的种类和促进碳烟与 NO_2 反应的其他助剂，当然也可以采用他们的组合。通过向燃料中添加添加剂或通过涂覆过滤器表面来使用催化活性物质。

- 再生添加剂（FBC，燃料载体催化剂，fuel borne catalysts）[76]是主要以有机金属形式添加到燃料中的低浓度物质（$10\times10^{-6}\sim20\times10^{-6}$），可通过催化作用将碳烟燃烧温度降低至300℃左右。这种物质的例子是铈、铁、铜和锶。这些添加剂（氧化物）的最终产物以极小的灰粒（约 20nm）的形式重新出现在废气中[77]；因此，该应用仅允许与相应的颗粒过滤器结合使用[61]。一个优点是添加剂能够通过它们在发动机燃烧过程中的作用显著减少碳烟原始排放，从而减轻过滤器的压力。其他的优点是它们不会老化，它们的计量可以很容易地适应碳烟排放，并且由于柴油机废气中的（通常）高的氧浓度和催化器与碳烟的良好的接触，非常迅速和完全进行燃烧[78]。这些特性将 FBC 技术与催化壁涂层和相当缓慢的 NO_2 再生区分开来。通常，FBC 几乎不会改变废气的气态成分。已经观察到使用一些添加剂还可以改善发动机燃烧并减少发动机内部沉积物（活塞环组）。在某些情况下，甚至可以观察到燃油消耗的显著降低。新的发展也表明几乎完全消除了发动机的 NO_2 排放，即使在柴油机通常具有高的 NO_2 浓度的高负荷范围内也是如此[79]。

- 催化涂层（图 21.110）。可以通过在过滤器上涂上过渡金属来降低碳烟点火温度，类似于使用添加剂所达到的降低[73]。其先决条件是非常大的比表面积（$>100m^2/g$），因此活性中心的分布非常精细。虽然使用添加剂仍然可以烧掉大量的碳烟沉积物，但有产生高温峰值的风险，应避免带涂层的过滤器形成厚厚的碳烟饼，因为这会显著降低催化器壁面上的有效性。除了过渡金属之外，碱金属以及过渡金属与碱金属的组合也已经实现了这种反应，并且最近也出现了所谓的不含贵金属的纳米涂层[80]。通过在主要用于烧掉碳烟的原始气体侧和在使用贵金属时可用于 CO 和 HC 的后氧化的清洁气体侧进行涂层，可以实现各种功能变体。在特别低的温度下，开始催化支持

的 NO_2 反应，如它首次用于所谓的 **CRT - 系统**[81]，如图 21.111 所示，［CRT，连续再生捕集，Continuously Regenerating Trap，基于庄信万丰（Johnson Matthey）在 1988 年的专利］。其中，颗粒过滤器上游的镀有贵金属的氧化催化器的特性被用于从发动机废气中的 NO 中生成更多的 NO_2。然而，NO_2 在这些温度下不稳定。因此，在下游颗粒过滤器中会发生与之相反的过程，即在排气温度高于 230℃起，释放的氧自由基也会氧化碳。先决条件是使用无硫燃料以避免硫酸盐化反应（$SO_2 \rightarrow SO_3$），成为首选反应，这会抑制 NO_2 的转化。CRT 作为一种被动的方法，在过滤器技术改造方面取得了真正的突破，特别是对最早使用无硫燃料的公交客车而言。然后，该方法发生了变化，并以多种形式推向市场。所有这些以贵金属涂层为特征的再生方法的共同点是，它们会产生更多的 NO_2，并且还会表现出这种有害气体的不可忽视的泄漏。

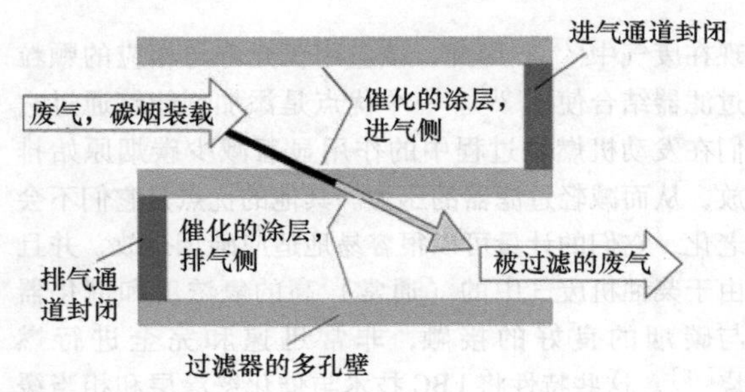

图 21.110　催化涂层碳烟过滤器示意图

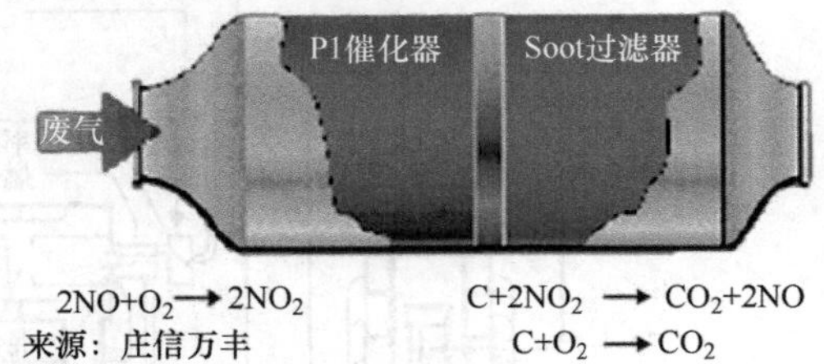

图 21.111　CRT 过滤系统（Johnson Matthey）

已经进行了各种再生方法的组合。以标致（Peugeot）公司开发的用于乘用车的方法（图 21.112）作为示例：在该系统中，氧化铈（后来金属浓度 $<10\times10^{-6}$ 的氧化铁）最初用作燃料添加剂，以将碳烟点火温度降低到约 200℃，这对于汽车来说还远远不够。此外，当要触发再生时，通过后喷将废气温度升高约 100℃，因此，未完全燃烧的燃料在前催化器中转化，从而导致温度进一步升高。降低燃烧温度的废气再循环在再生阶段关闭，车载电网通过连接耗电器来加载。所有这些元素都是必要的，以便在达到碳烟负载限制时触发再生，即使在不利条件下，即在持续低负载下。这种结合了有效的“温度管理”措施的再生方法从一开始就可靠地工作，并刺激和加速了颗粒过滤系统的进一步引入。

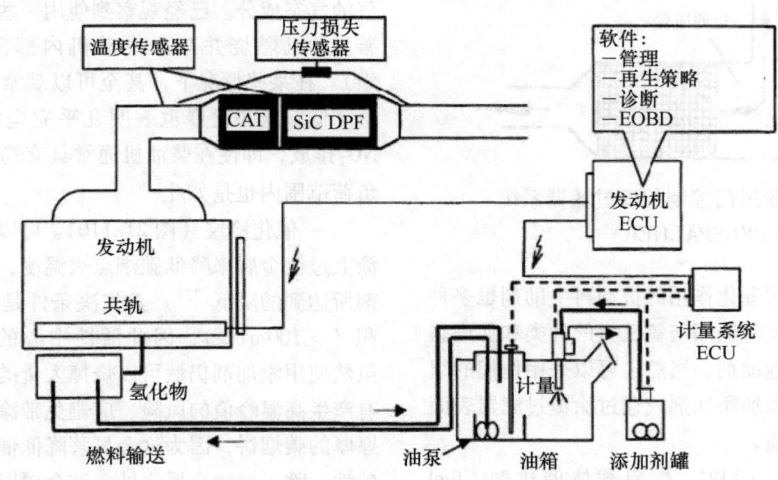

图 21.112　标致乘用车碳烟过滤系统示意图[82]

再生辅助工具及其通过电子方式提供的方法技术上的支持的组合几乎没有任何限制。尝试通过热交换回收利用再生过程中释放的能量[76]，形成点火源并注入富氧的物质，如乙酰丙酮化物。

图 21.113 总结了碳烟在氧含量充足的情况下燃烧的条件。

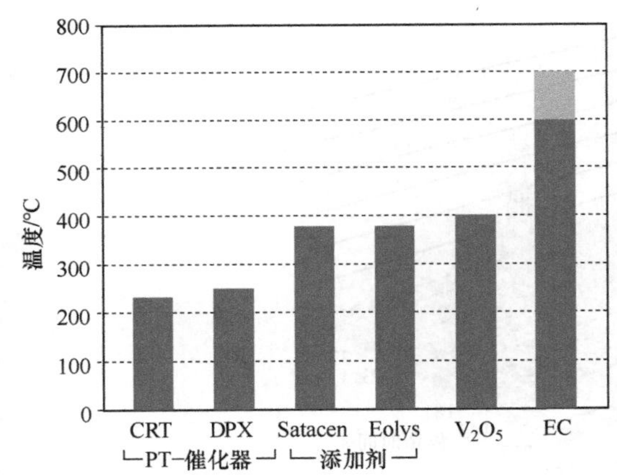

图 21.113 使用不同催化助剂的过滤器再生过程中的平衡温度[83]

然而，在更长的时间间隔内，过滤器也必须清除惰性物质，这些惰性物质源自与进气一起添加到发动机的润滑油添加剂物质、发动机磨损、燃料添加剂和矿物质。特别值得一提的是润滑油中抗磨添加剂中的金属氧化物，如作为抗腐蚀添加剂主要成分的氧化锌和钙，它们可以与燃料或润滑油中的硫形成石膏，也可能沉积在颗粒过滤器中并堵塞其孔隙。这些惰性物质现在每 1000～2000h（100000km）从过滤器中清除一次。为此要必须拆除过滤器。过去很常见的清洗方法并没有证明是成功的，因为用于包装过滤器（罐头）的由耐火材料（主要是陶瓷纤维）制成的垫子对湿度很敏感。在机械清洗过程中，过滤器首先在高温下清除所有可燃物质，然后使用压力冲击法用空气吹出惰性沉积物。这些灰烬物质必须以环保的方式处理。

普通润滑油对过滤器的负面影响，除了被润滑油中的惰性金属氧化物（油灰）覆盖外，还可能在于润滑油物质通过形成玻璃相而损伤过滤器材料[63]，导致使用过滤器时需要具有低灰分、低硫含量、低磷和碱土金属含量的新型润滑油，即所谓的 LowSAPS 润滑油（低硫酸灰分、硫和磷含量）。目标是将灰分排放显著地减少至最大值 0.5mg/kW · h[84]。

再生方法的成功选择首先取决于对发动机运行特性的了解，即在典型的运行条件下的负载谱。除氧含量外，最重要的参数是温度。图 21.114 和图 21.115 说明了这个问题。

图 21.114 累计了某些温度窗口中的停留时间，显示出对于几个再生方法来说显然足够的水平。然而，在图 21.115 中，指出这些温度段的持续时间可能非常短，即只有响应时间短的过滤器系统才能使用这些具有足够温度的短阶段来启动再生，这表明需要一个低的热容量和良好的隔热性。

21.6.3.6 再生过程中的排放和二次排放

必须将负载颗粒过滤器视为一个具有非常大的表面积的化学反应器，因此，注定要用于催化过程，并且可以在很宽的温度范围内进行明显的吸附/解吸循环，也不能排除新物质的形成。

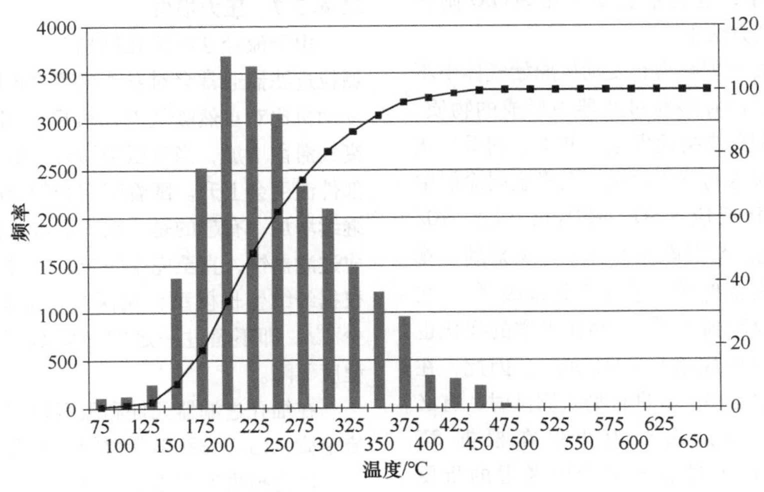

图 21.114 268kW 旅游客车废气温度的累积分布[85]

发动机燃烧产生的种类繁多的离析物能够进行化学反应，从而导致排放出临界浓度的有毒物质。通过涂覆或嵌入催化活性物质，可以加速这些物质的形成，并显著提高它们的浓度。此外，由于此类系统的所谓储存和释放特性以及碳烟燃烧过程中可能发生的反应，也存在排放风险。大致有三个过程组需要考虑：

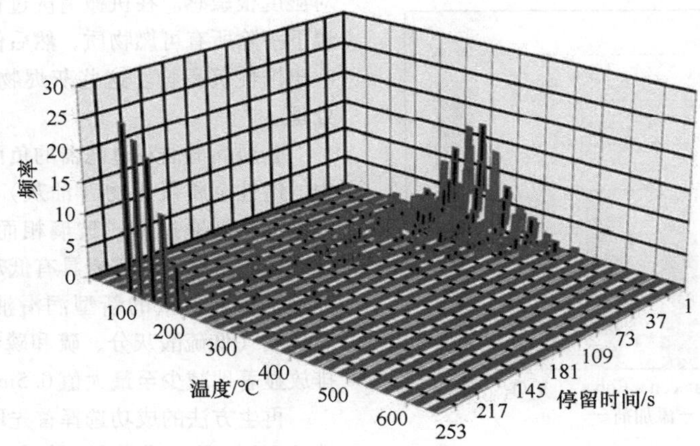

图 21.115　268kW 旅游客车中根据时间段的废气温度分布[85]

-在再生过程中，可能会出现 HC 和 CO 的排放峰：如果吸附的碳氢化合物在加热阶段蒸发，会出现 HC，如果再生发生得非常快或氧含量较低，则出现 CO。

-在交变的温度特性下，在吸附的系统中，总是可能出现“储存和释放”现象。例如，当使用含硫量较高的燃料时，会观察到明显的硫酸盐循环[56]。在大孔深度过滤器和所谓的部分流过滤器的情况下，这种“储存和释放”特性成为模拟“储存”阶段分离的典型特性[72]，这意味着到目前为止，许多试验方法已经使用相对较短的试验循环和上游调节提供完全错误的颗粒减少率，这通常会发生在 StVZO 附件 XXVII 的过滤器测试方法中[72]。

-实际二次排放可理解为是发动机原始气体中不存在的物质的释放，即在颗粒过滤器中形成的物质。这种反应主要通过催化支持而发生，其中，润滑油灰分的加入可以产生显著的催化效果。在贵金属涂层中观察到强烈的硫酸盐反应（$SO_2 \rightarrow SO_3$），以及 NO/NO_2平衡的显著变化。与铜添加剂有关，观察到二噁英和呋喃的排放量大幅地增加了几个数量级[86]，在钾的还原形式中也检测到了[87]。PAH 光谱的变化也是可以想象的，可以形成硝基 PAH 和醛。因此，在对催化涂层或催化的支持系统进行型式测试时，有必要注意二次排放，这是迄今为止仅在根据 SN 277206[88]进行的 VERT 过滤器试验中考虑的重要因素。

如果涉及催化支持的过程，颗粒过滤器系统通常只会改变在发动机中形成的、法律限制的气态有害物 CO、HC 和 NO_x；例如，当使用贵金属时，可以观察到 CO 和 HC 大幅减少约 90% ~95%，而 NO_2排放增加，但总氮氧化物并没有变化。在带有过渡金属的涂层的情况下，CO 和 HC 的减少通常不太大，但几乎没有观察到硫酸盐反应，并且可以减少 NO_2。

颗粒过滤器系统通常会升级，因为根据 EPA 归类为致癌物质的多环芳烃组通常降低到固体颗粒分离的程度，也即几乎被消除。这只能通过以下事实来解释：在碳烟形成阶段，PAH 已经吸附在大表面的结构中，保持这种牢固的结合，并在再生过程中转化为最终产物 CO_2和 H_2O。飞行时间（Time - of - flight）分析也证明了这一过程[77]。然而，也不能完全排除这些物质的解吸特性。

21.6.3.7　压力损失

由于流经这些细孔结构时不可避免的压力损失，颗粒过滤器通常会对发动机产生负面影响，对于增压发动机比对自然吸气发动机更为明显：排出功增加，废气滞留增加，当背压增加时，最终会影响燃烧，零部件温度会上升。随着碳烟和灰分的增加，压力损失继续增加，有趣的是，在表面过滤器情况下，逐渐形成过滤器饼，直至完全闭合，同时分离程度增加；而根据纤维生长模型，在深度过滤器情况下则逐渐减少[89]，即不超过一定的极限载荷[65]，同时，分离程度下降。

在细孔过滤器元件和碳烟饼中的压力损失符合层流定律，因为与孔隙参数相关的雷诺数 <1。

压力损失通常由下式给出：

对于纤维过滤器，根据 Jodeit[89]：

$$\Delta p = K_1 \cdot L \cdot \left(\frac{1-\varepsilon}{\varepsilon}\right) v \cdot \mu \cdot \frac{1}{d^2} \quad (21.29)$$

式中，L 为过滤器深度；ε 为孔隙率，ε = 空隙体积分数 = 孔隙体积/过滤器体积；v 为流入速度；μ 为动态韧性；d 为纤维直径；ρ 为流动介质的密度。

对于孔隙结构，根据 Ergug 和 Orning[23]：

$$\Delta p = K_2 \cdot L \cdot \frac{(1-\varepsilon)^2}{\varepsilon^3} \cdot \mu \cdot v \cdot \left(\frac{O_p}{V_p}\right)^2 \tag{21.30}$$

式中，O_p为孔隙表面；V_p为孔隙体积。

此外，在壳体和过滤器流入通道中的流动有一个不可忽略的分量，它被设置为湍流，即与 ρv^2 成比例。

在发动机额定负荷下，新的过滤器的压力损失通常在 20～40mbar 的范围内，即与通常由过滤器取代的商用车消声器的压力损失相似。对于满载过滤器（碳烟 + 灰分）的最大允许压力损失，有一个 200mbar（基于额定转速和额定负荷）的确定的限值。

这种压力损失通过推出功对燃料消耗和功率产生负面影响，由此可以假设在高达约 300mbar（在全负荷和额定速度下）的背压范围内成比例地影响。对于非增压发动机，适用于：

$$\frac{\Delta b}{b} = \frac{\Delta p}{p_e + p_r} \tag{21.31}$$

式中，b 为燃料消耗；Δp 为过滤器压力损失；p_e为平均有效压力；p_r为平均摩擦压力。

在相对较高负荷下运行的商用车发动机，因压力损失会使燃料消耗恶化 1%～2%；在像乘用车这样低负荷的车辆中，影响更大，为 3%～5%。如果压力损失超过这个水平，燃烧和增压会受到大约 400mbar 以上的负面影响，从而以非线性方式出现更强的影响，图 21.116 显示了高增压现代直喷商用车发动机的模拟结果。

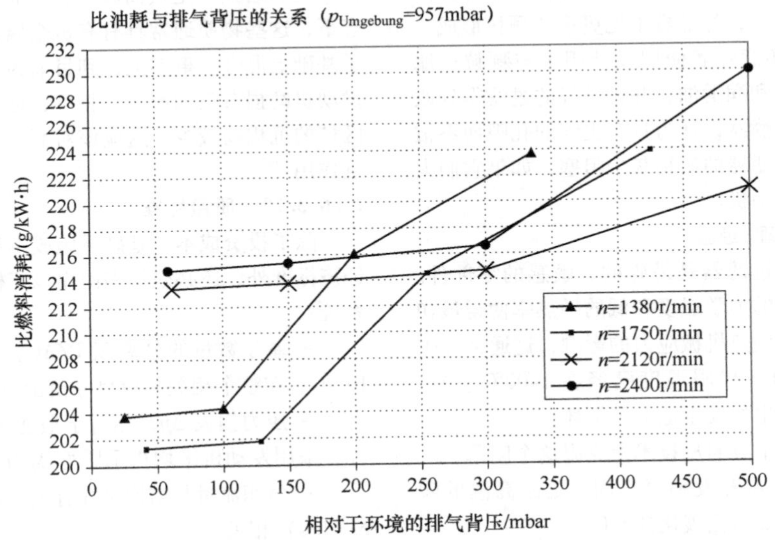

图 21.116　增压发动机排气背压增加导致的四种全负荷转速下燃料消耗恶化的模拟[91]

此图中的效果没有考虑到这样一个事实，即如果将消声器替换为过滤器，实际上只能评估与消声器相比的差异，这在改装时很常见。在商用车中，消声器的压力损失设计为 60mbar 左右；在乘用车中，通常在最大流量时超过 200mbar。

过滤器压力损失对增压发动机的影响更大，一方面是因为涡轮增压器涡轮机下游的发动机过滤器压力损失与膨胀比成比例增加；另一方面，通过降低膨胀焓，从而降低增压压力和整体效率。

对于气门叠开较大的二冲程发动机和四冲程发动机，过滤器的允许背压限值应设置得明显低于传统四冲程发动机。在 EGR 不受调节的发动机中也需要小心，因为在这种情况下，背压的增加会很快导致 EGR 增加，从而导致颗粒排放增加，同时废气温度降低，这意味着过滤器的运行条件会变得越来越差。

21.6.3.8　结构空间和系统集成

颗粒过滤器系统的安装空间相当于发动机排量的 4～8 倍。在排气系统中容纳这样一个不能任意成形的部件并不总是容易的，尤其是在改装时。

毕竟，一些制造商已经能够对他们的系统进行结构性匹配，以提供消声器更换尺寸的过滤器，即使是包含催化转化器和过滤器元件的 CRT 系统也是如此。

使用原始设备应该更容易解决问题。

结构上和功能上的系统集成提供了许多有趣的

选项：

- 减轻发动机排放最小化的任务［强制 NO_x/PM 折中（Trade - off）］，可以优化燃烧，以实现更高的功率和更低的燃料消耗。甚至可以接受原始排放量的增加，因为可以说发动机与废气后处理是解耦的。

- 过滤 + 催化 + 消声功能的最佳组合。

- 颗粒过滤 + 脱硝功能的组合，如今已在量产的多种车辆中应用，并且也很快会在引入到改装中。

- 将过滤器放置在涡轮增压器前的高压侧，过去已经进行了降低与涡轮增压器膨胀梯度相关的发动机压力损失的影响的设计[92]。

- 过滤器后的废气几乎不含颗粒，甚至可以在涡轮增压器之前进气，由于废气再循环导致的涡轮增压器压缩机污染和发动机磨损不再是问题。

- 发动机管理措施可用于将废气温度短暂升高至过滤器再生的程度，外部看不见更多的颗粒形成。

- 系统集成还意味着使用设计用于与颗粒过滤器一起运行的燃料和润滑油，并且进气的过滤得到改进，以至于颗粒过滤器设计为具有更细的孔隙而不被吸入并穿透进气过滤器的矿物灰尘阻塞，如果它们太小，则不会损坏发动机。

21.6.3.9　损伤机理/经验

整体陶瓷蜂窝过滤器是易碎的、敏感的零部件。这些多孔材料的低的力学强度和低的导热率使得最初使用的结构容易受到热机械应力的影响，这通常发生在再生过程中。由于极限温度已经在 1400℃ 左右，大量不受控制的再生的发生造成了损坏。

目前已经有几个方向从技术上克服这个问题。

- 材料的进一步开发和更坚固、更耐高温的陶瓷材料的开发，例如多孔碳化硅 SiC。

- 开发裂纹扩展趋势较小的陶瓷结构（分段过滤器）。

- 优化过滤器的几何尺寸设计以最小化热应力。

- 使用金属材料作为烧结板或纤维绒。

- 旨在限制温度梯度和峰值温度的再生控制措施。

通过这些在系统中以链接方式使用的方法，现在有大量改装大客车和工程机械的经验，每年损坏率低于 1%，车辆运行时间 > 1000000km 和 > 50000h 运行时间。失败率非常低[40]。

不可低估的是通过振动引起的对脆弱的陶瓷零部件的应力，尤其是在靠近发动机的结构中可能会发生这种情况。由于膨胀差异很大，过滤器元件必须用陶瓷垫隔绝并预张紧地安装在金属壳体中。当这个预张紧放松时，损坏是不可避免的。对于其他过滤器结构，尤其是纤维过滤器或由金属件制成的过滤器，如烧结过滤器和金属绒过滤器，这种类型的损坏是难以预料的。

通过润滑油灰分或添加剂可能会引发另一类损害，这里主要是整体陶瓷的情况：这些物质的最终产物是金属氧化物，有很多可能性。这些物质与陶瓷相形成的可能性有很多，这通常会导致弱化[63]。原则上，纤维也可能发生这种类型的损坏，但由于其高弹性和冗余性，纤维结构不如整体结构敏感。

如果使用添加剂，过滤器的损坏将导致这些物质被释放到大气中，这是要避免的；因此，必须通过电子监控（这是每个颗粒过滤器的强制性部分）来检测过滤器损坏，并且必须立即关闭添加剂计量。

长期以来，人们还担心使用燃料添加剂会对发动机燃烧和磨损产生负面影响。然而，现在在添加剂状态下，这些物质通常具有有机金属性质，即它们在分子基础上混合。事实上，到目前为止，还没有证明对发动机磨损有负面影响。相反，证实了发动机在环形区域的沉积物较少，这应该对磨损产生相当积极的影响作用[93]。

21.6.3.10　质量标准

除了投资成本、基础设施成本和服务成本等运行经济标准外，还必须特别使用以下标准来评估过滤器系统：

- 基于数量的分离度 PZAG，或渗透率 $P = 1 - \mathrm{PZAG}$，在整个相关颗粒尺寸范围 10 ~ 500nm 中。

- 压力损失 Δp，相对于最能表征应用的负荷情况，采用发动机平均指示压力 $\Delta p/p_i$ 更好。

- 体积流量与结构尺寸有关，也即与空速 $V/B = S$（1/s）相关。

- 热响应时间 t_1，从废气温度充分跃升到过滤器开始再生所经过的时间，即压力损失下降。

- 惰性材料的储存时间，直至过滤器进行必要的清洁：t_2。

在多分量评估的意义上，这些质量参数可以组合成单个过滤器参数：

$$1/5\left(\frac{p[-]}{0.01}+\frac{\Delta p/p_i}{0.02}+\frac{20}{S[1/\mathrm{s}]}+\frac{t_1[\mathrm{s}]}{100}+\frac{t_2[\mathrm{h}]}{2000}\right)<1$$

如果这个值明显高于 1，那么几个重要参数中至少有一个或几个超出了如今已经可以达到的值。

21.6.3.11　适用性试验、型式试验、OBD、现场控制

- 适用性试验[94]。作为第一个近似值，可以假设过滤器具有以一定百分比分离一定尺寸的固体颗粒的特性，而不管这些颗粒的化学成分如何[95]，对于

<200nm 的颗粒，如果它们的尺寸大小以流动直径为特征，也与它们的密度无关。流量、温度和负载程度会影响这种分离特性，其中，冲击分离会随着流量的增加而增强，但扩散分离会减少，碳烟负载通常会改善分离，并且温度会影响扩散常数和黏附条件。因此，在新的状态（最坏情况）下以最大空速和最高温度测量过滤器就足够了，以此确定在实践中预期的最小分离程度，具有普遍有效性。过滤器的特征在于每个颗粒尺寸等级的分离程度（分离曲线）的单一值；这种分离程度可用于通过将其乘以固体颗粒原始排放来推断任何发动机的固体颗粒的纯排放。原则上，该试验可以在带有测试气溶胶的过滤器测试机上进行，在许多工业过滤器应用中也是如此（DIN 24184、24185）。最好在具有代表性的柴油机上进行测量，特别是因为存在黏附条件和过滤器中结块形成的问题。正如预期的那样，动态过程，例如在极端情况下，发动机从低怠速到高怠速的自由加速，不会导致新的结果，由于过滤器介质中的速度非常低［雷诺（Reynolds）数和马赫（Mach）数非常小］，因此不会产生流动动态效应。因此，可以使用简单的测试程序来表征过滤器的基本功能，即分离固体颗粒，但必须考虑颗粒尺寸和空速的影响。应该在新的状态、加载的和再生的状态下以及重新生成期间检测这种分离特性。为实用起见，必须在长时间试验中检查整个过滤器系统的特性，以符合最大背压为标准。考虑到形成二次有害物的可能性，每个过滤器都必须经过附加的测试。根据瑞士标准 SN 277206[88] 的 VERT 测试就是这种过滤器测试的一个例子。

- 带过滤器的车辆的型式认证。根据欧洲法规的型式试验是在瞬态条件下的行驶循环中进行的。确定的不是过滤器的分离程度，而是相关车辆的排放因子（g/km、g/kW · h、颗粒数/km）。再生系统的一个特点是在再生过程中还必须进行型式试验，并且该结果是时间加权的并包含在整体结果中（ECE/324/Add. 82/Ref. 2/Amend. 1）。最初，该测量仅基于颗粒质量。然而，由于现代颗粒过滤器后清洁气体中的颗粒含量可能比重量法的验证极限低几个数量级，特别是对于小的颗粒尺寸，并且对人体健康的影响与数量的相关性要比质量的相关性要强得多，为此，开发了补充的测量方法。作为 UNECE - PMP 计划的一部分，为未来的、从欧 6 的型式试验开发并引入了一种方法，根据该方法，在整个行驶循环中整合了 23nm ~ 2. 5μm 尺寸范围内的固体颗粒总数，乘用车的平均限值定义为颗粒数/km，商用车的平均限值定义为颗粒数/kW · h（www. unece. org/trans/doc/2003/wp29grpe）[41]。由于该方法不考虑 23nm 以下的颗粒，这一事实并不令人满意，并导致了进一步的发展，预计将首次用于直喷汽油机的立法。同样令人不满意的是这个事实，这种测量方法不能区分原始排放和过滤器效率，并且不能进行特定尺寸的评估。

- 车载 - 控制（OBD）。废气后处理部件的特性必须通过 OBD 来监控。在系统内部，从这些信息中得出再生策略的结论，另外，这种监控也有助于质量保证，并且必须在发生故障（堵塞、过滤器破损）时向驾驶员或企业车间报告。目的是直接和连续监测限值，即颗粒排放。正在开发相应的传感器，但尚未达到所需的技术水平[96]。就目前而言，因此必须借助于替代参数并通过数学模型补充车载信息。过滤器的覆盖或压力损失作为系统控制的重要输入需要连续测量。该测量值用于监测三个临界压力水平：一个为启动主动系统再生的较高压力水平；另一个用于提醒需要清洁过滤器的惰性灰尘的最高压力水平，还有一个用于指示过滤器信号损坏的较低压力水平。此类测量值会存储数周，并且还辅以温度、流量和转速的测量，以便在发生损坏时更准确地诊断其原因。

- 周期控制、现场控制。对于达到欧 3 排放标准的商用车发动机，使用带有不透光度测量的自由加速方法进行检查是有必要的，以便对系统的可靠的功能做出可靠的陈述。对于具有显著更低的原始排放和仔细的烟雾控制的发动机而言，简单的不透光度法的灵敏度已不再足够。这适用于没有颗粒过滤器的发动机。使用颗粒过滤器，清洁后的废气的不透明度非常低，以至于使用传统的不透明度计进行测量不再有意义。足够灵敏的测量方法是已知的[97]，并由瑞士的测量设备条例[98]所指定。PN 测量方法的高灵敏度使得可以在车辆静态且怠速时进行这种测量——这是一种非常快速、易于重现和精确的测量。即使在 1% 的泄漏面积范围内，过滤器的微小损坏也可以检测得到[99]。如果在怠速时还在滤清器之前进行测量，则可以非常准确地确定滤清器的分离程度，并且还会记录发动机的原始排放——这是一种锁定故障并通过预防性维护防止重大损坏的简单方法。

21. 6. 3. 12 颗粒测量技术

由于燃烧产生的这些细小颗粒对健康的危害与它们的大小、表面积、数量浓度和物质有关，因此必须以能够可靠地表征这些参数的方式选择采样技术和测量方法。

测量技术还必须适用于在瞬态行驶循环期间以与测量气态物质的现有技术水平相似的精度和时间分辨率记录废气中的颗粒含量。

用于确定总颗粒质量（PM）的重量法，因为它目前在世界范围内用于型式试验，不符合这些标准，特别是如果也充分考虑了低于 50nm 的最细颗粒的数量，如果需要，它甚至必须根据颗粒尺寸进行分类[100]。

长期以来在气溶胶物理学中使用的一些原位测量技术方法更加敏感，以便：

– 在采样过程中分离成相（固态/液态）。

– 根据移动性直径或空气动力学直径分类。

– 确定每个尺寸级别的作为粒子数或活性表面的有害物浓度。

在参考文献［52，69，101 – 103］中描述了这些方法。

所谓的 SMPS 方法（SMPS，Scanning Mobility Particle Sizer）已经经常应用于发动机废气的测量，它可以与上游的热解吸器或热稀释器结合使用，以选择性地将挥发性物质从固体颗粒中分离出来。

测量链如下：

– 采样传感器，其中，对这些细小颗粒不强制进行等速抽吸。

– 加热线由导电材料制成，以减少热泳效应，避免随后的冷凝和静电分离。

– 取出后尽快进行高度稀释，以避免气溶胶因结块和再冷凝而发生变化。

– 生成统计学上统一的电负载状态。

– 在差分迁移分析仪 DMA 中进行分类，如图 21.117所示。

– 使用凝聚核计数器 CPC（图中未显示）或静电计对每个尺寸等级的颗粒进行计数。

在 DMA 中，带电颗粒在环形空间到中心电极的轨迹上漂移，该轨迹由空气动力拖拽力和电场力的比率给出。在一定的流量和预定的场强下，只有一定的、相当窄的频段才能到达出口槽。通过改变电压，可以在 1 ~ 3min 内“扫描”大约 60 个尺寸等级。

由于系统的性质，这种方法不适用于动态测量。仍然保留有可能性，即一个接一个地测量一个尺寸等级或将多个具有固定的尺寸等级的设备并联[104]或将这种类型的并行测量组合到一个单一的设备类型中，这已由 TSI、GRIMM 和 CAMBUSTION 等制造商提供[105]。

气溶胶物理学提供了其他的测量原理。尺寸分类的一个特别吸引力的替代方案是电扩散电池，然而，与 DMA 相比，它具有更平坦的分离曲线，对此提供在线信号，并且根据电负载的类型，可以生成有关颗粒成分的信息，如图 21.118 所示。其中，必须区分通过经典电晕放电的离子加载（均匀地加载相同尺寸的所有颗粒），以及通过高能紫外线（UV）辐射的光电加载（由于颗粒表面的不同光电特性，可以辨识碳烟颗粒、灰烬颗粒和液滴之间的信号上的差异）[106]。

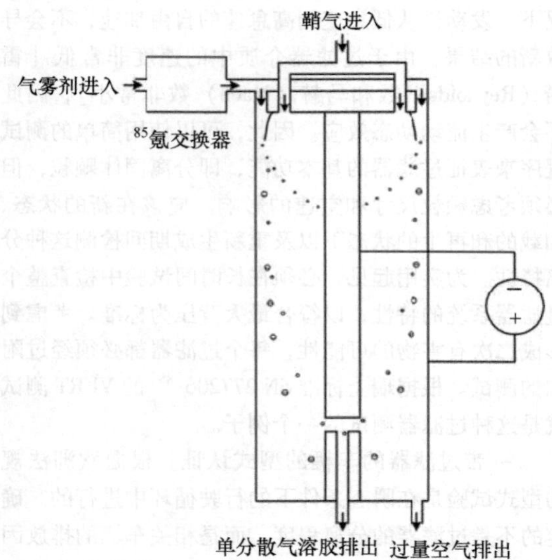

图 21.117　差分迁移分析仪 DMA

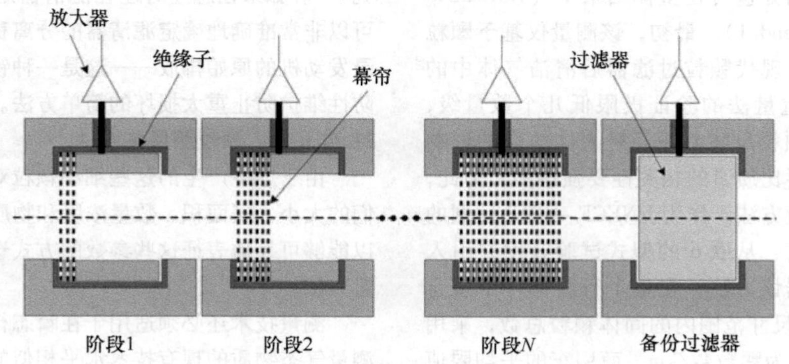

图 21.118　电扩散电池

颗粒在拦截网格中被分离，即具有最少的网格数第1级中最细的颗粒。它们在那里释放电荷。晶格几何尺寸清楚地确定了物理上的分离特性，即在确定的晶格几何尺寸中分离的颗粒的移动性直径范围。基本电荷数量由颗粒尺寸来决定；它是颗粒活性表面的量度，即所谓的“狐狸”表面。因此，每级测量的电流是分离颗粒总表面积的瞬时可用信号，并且由于每级的平均直径是已知的，因此基本电荷的平均数是已知的，因此可以从中推导出每级分离颗粒的数量。

另一种常用的测量方法是电动低压冲击器 ELPI，如图 21.119 所示。

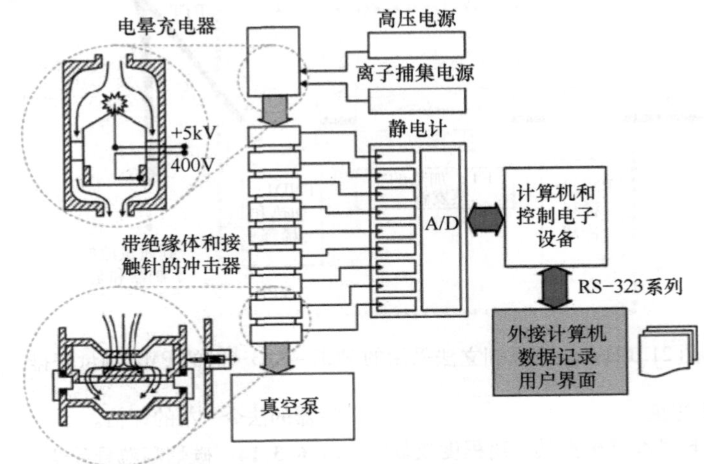

图 21.119 电动低压冲击器 ELPI（DEKATI）

该设备还提供在线信息，因此适用于动态行驶循环期间的测量。然而，与每个撞击器一样，分类是基于空气动力学直径。与 SMPS 相比，ELPI 对最小颗粒尺寸的分辨率较低，但对大颗粒的测量范围更大。

在 UNECE－PMP 项目[107]的框架内，在仔细分析所有可用的方法[108]后，努力引入基于数量浓度作为健康影响的最重要参数的、用于型式试验的测量技术，导致一种无须进行尺寸分类的测量方法。其目的是记录尺寸范围为 23nm～2.5μm 的所有固体颗粒的总数（每 km 或每 kW · h 或每 m^3）。其中，固体物质特性的定义是在加热到 400℃ 并稀释时，采样装置必须能够将高达 C40 的挥发性物质蒸发至少 99% 并使其保持在气相，但同时不能无法控制地失去超过 10% 的固体颗粒（图 21.120）。

对于乘用车，样品取自 CVS 通道；对于商用车或其他发动机，也可以直接从排气系统中提取。

废气样品立即被稀释，然后被加热，因此，在 CVS 通道中形成的冷凝物被蒸发[42]，由于以约1:100 的比例稀释，分压同时降低到了无法再冷凝的程度。在气体冷却后（以保护仪器），这可能涉及进一步的稀释，颗粒在所谓的冷凝核计数器中计数，这是一种常用的 CPC 仪器。通过旋风分离器（此处未显示），颗粒尺寸的上限为 2.5μm，通过凝聚核计数器 CPC 的计数特性，颗粒尺寸的下限为 23nm。

除了此处显示的旋转稀释器外，还允许使用像喷射器－稀释器等其他方法进行稀释。

为了校准不可低估的测量链，必须检查稀释程度、蒸发质量、总的稀释损失和计数质量。标准气溶胶或粒子发生器，如 CAST（燃烧气溶胶标准，Combustion Aerosol Standard）可用于这些校准任务，具有一定尺寸分布和浓度的颗粒具有高的稳定性和再现性，与柴油机燃烧产生的颗粒非常相似（图 21.121）[110]。

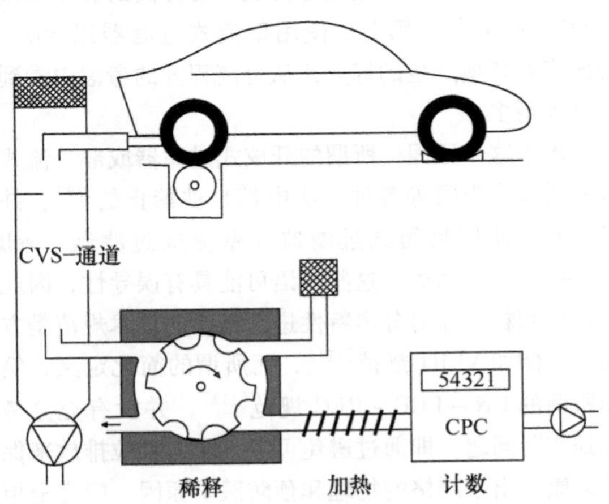

图 21.120 柴油机乘用车型式试验中固体颗粒总数浓度记录的测量装置

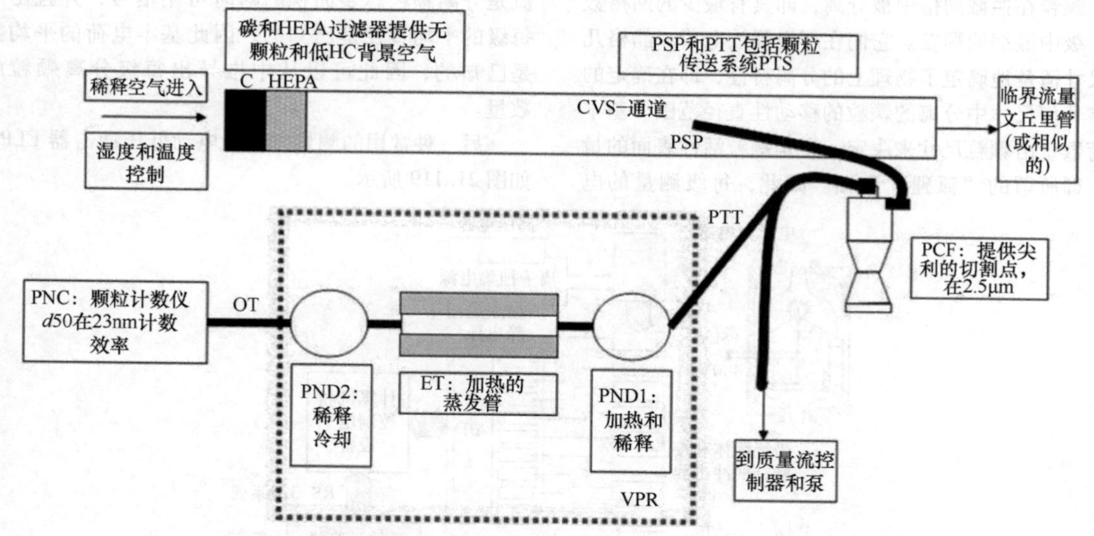

图 21.121　根据欧洲立法采用的 ECE－R83[109] 的 PMP 测量安排

21.6.3.13　渗透或分离程度

一般来说，如今颗粒过滤器根据其分离程度或效率进行评估。如果过滤器的分离效率为 99.9%，这对于现代壁流式过滤器来说是一个非常普遍的值，那么它的评级比所谓的开放式过滤器好三倍，后者可以分离 33.3%。然而，对于环境而言，重要的不是分离程度，而是渗透率，即有多少颗粒到达呼吸空气中的问题[56]。

渗透率＝1－分离度

（更精确的是 1－分离度×再生度）

因此，在所提到的壁流式过滤器中，1000 个颗粒中有 1 个进入大气，使用开放式过滤器，就有 667 个进入大气——只要它能够再生所有分离的和不仅仅是暂时存储[56]。因此，使用壁流式过滤器以 667/1 的比率对环境产生的好处比从分离程度的考虑中看到的要大得多。

出于这个原因，所谓的开放式过滤器或部分流式过滤器在像中国等各种立法中都是被禁止的[39]，并且只允许使用封闭式过滤器（壁流式过滤器，wall flow－filter）。然而，这些术语可能具有误导性，因此仅根据颗粒尺寸对分离特性进行精确的技术规范是方便的，例如 VERT 规范[111]，而所谓的简化定义，例如所谓的 UN－ECE－REC 规范[112]，并没有充分考虑到实际问题，即通过避免可吸入固体颗粒排放来保护健康。出于严格的物理和预防医学原因，应完全拒绝基于质量的评估，例如德国道路交通许可条例（STVZO）附件 XXVII[113] 或意大利关于改装颗粒过滤器的法令[114]的评估。

21.6.3.14　碳烟颗粒导致全球变暖

柴油车在欧洲乘用车车队中所占份额迅速增加的原因主要是柴油车对全球变暖潜力的贡献低于汽油机，因为它们具有更好的热力学效率，从而具有更低的 CO_2 排放，从而帮助实现汽车行业减少 CO_2 排放的目标。其中并没有考虑，大气中的碳烟颗粒也代表着通过吸收阳光并将其再传递到红外范围内的周围环境来加热大气（大气变暖）的非常高的潜力。根据参考文献［115］，大气中精细分布的 BC（黑碳，Black Carbon）颗粒的 GWP（全球变暖潜力，Global Warming Potential）比 CO_2 通过减少地球辐射来增强大气的潜力每千克物质要高约 600000 倍。幸运的是，BC 的总量远低于 CO_2 的总量，CO_2 在大气中的停留时间比 BC 颗粒长得多，但 BC 仍然是第二重要的 GWP 物质。为了使当今设计的柴油机在总体温室效应方面与颗粒排放明显低得多的汽油机相当，柴油机必须配备分离效率至少为 99% 的颗粒过滤器。如果没有过滤器或带过滤器的分离效率低于该值，即便柴油机的效率进一步提高，但柴油机对全球变暖的贡献远比汽油机大，只要汽油机的颗粒排放可以忽略不计。

21.6.3.15　微粒过滤器的成本/收益

只要不执行“污染者付费”（polluter pays）原则，为车辆配备微粒过滤器或其他减排措施就没有直接的经济理由。相反，它们需要相当大的投资成本和运营成本。为了以货币形式证明这一点，因此通常确定这些成本与环境效益的比率，即投资于安装和运行过滤器的资金与减少对健康损害和环境损失的货币价值的比率。

以改装带有全流量过滤器的欧3商用车为例给出下面数据：例如，0.1g/kW·h的排放被完全消除；当剩余使用寿命为6000h工作时间，平均功率为100kW时，这相当于避免60kg碳烟排放。当改造成本加上的运营成本为6000€时，这导致成本系数为100€/kg碳烟。对于非道路领域的旧车，计算出30~50€/kg[116]。由于排放1kg细颗粒碳烟造成的整个健康和环境损害估计约为1200€/kg碳烟[117]，因此具有可观的经济效益，效益/成本比为12:1。

21.6.4 催化颗粒过滤器

改善碳烟再生的一种措施是使用催化颗粒过滤器。图21.110显示了壁流式颗粒过滤器的示意图。

催化器通过类似于柴油氧化催化器或三元催化器的涂层方法施加到颗粒过滤器上，并且能够在碳烟颗粒的固体与催化器涂层之间的界面处进行催化反应。涂层方法的差异源于交替关闭的通道。可以用不同的催化剂材料涂覆入口和出口通道以确保不同的功能。

通过碳烟的氧化来实施再生。氧化材料是来自发动机废气中的残余氧和与氮结合的氧（作为NO_2），在发动机废气中含有少量NO_2。图21.122列出了对碳烟燃烧最重要的化学反应。

NO_2可由安装在过滤器上游的柴油机氧化催化器和通过碳烟过滤器中的催化层产生。如果取消上游的氧化催化器，则必须使用碳烟过滤器中的催化器来实施一氧化碳和碳氢化合物的还原，以符合废气法规。此外，碳烟过滤器中的催化器还能够反复氧化碳烟燃烧时形成的NO，这也称为NO_2转换（NO_2 - Turn-over）。图21.123的示意图说明了这样一个循环过程。

通过NO的这种多次使用，可以通过正确的系统设计显著地改善碳烟燃烧。催化碳烟过滤器的另一个重要的附加功能是同样由于碳烟的不完全燃烧产生的CO的氧化，如果不转化，可能导致大量有害物排放。

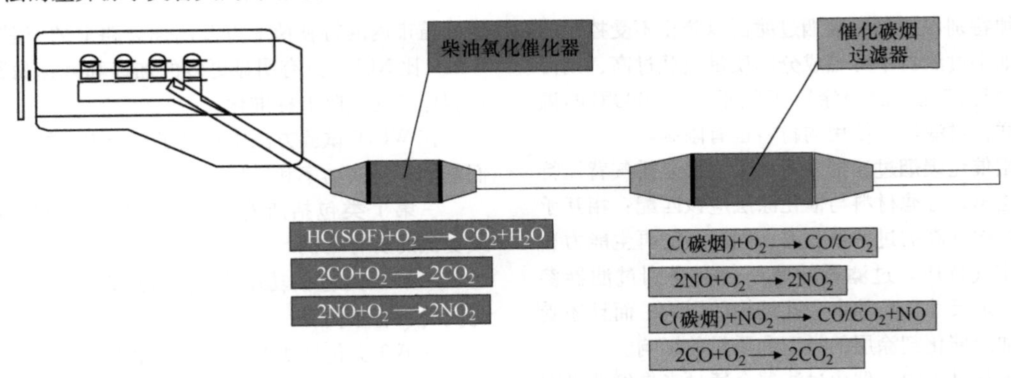

图21.122 通过催化碳烟过滤器燃烧碳烟过程中的化学反应

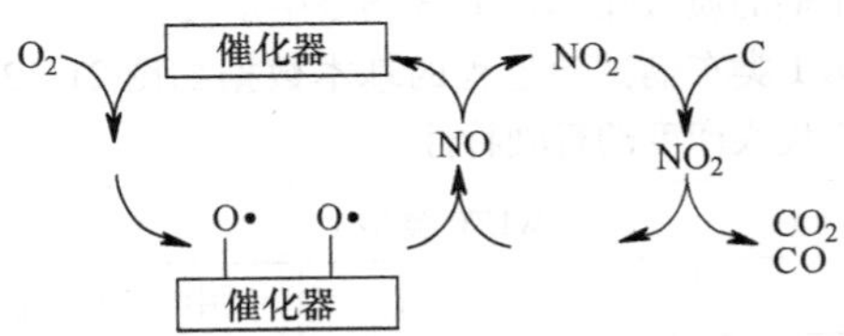

图21.123 碳烟燃烧过程中NO的氧化循环

催化碳烟再生的确定的参数是废气温度和O_2和NO_2的浓度。此外，碳烟再生也可能受到其他参数的影响：

- 废气的可燃残余成分。
- 废气质量流量。
- 颗粒成分，例如附着的HC的质量。
- 颗粒特性（例如形成活性的O_2中心的可能性）。

图21.124说明了温度的影响以及使用附在碳烟上的碳氢化合物来提高温度的可能性。

图片显示，通过上述的NO_2的燃烧只能在250~450℃左右的范围内出现。通过催化NO氧化的催化器的起燃特性给出低的温度阈值。在250~450℃之间，NO_2/C反应主导着碳烟燃烧率。在NO_2:NO比例为1:1的情况下，对应于NO_2/C反应的化学当量，废气中的NO_2:C质量比必须至少为8，以实现定量的碳烟燃烧。在450℃时，NO_2/C反应和O_2/C反应以相同的速率进行（等速点）。高于450℃时，更活跃的O_2/C反应占主导地位，碳烟燃烧与NO_x浓度无关。

对于乘用车柴油机运行，这些边界条件（NO_2:C，T）并不总是能够得到满足，因此滤清器中会积聚碳烟，排气背压升高，需要用氧将碳烟烧掉。对此，使用催化碳烟过滤器可将所需温度降低约150K。450～600℃的必要温度范围在实际行驶运行中无法充分保证，因此必须在发动机侧采取积极的措施。碳烟燃烧的速度随温度、累积的碳氢化合物（"湿碳烟"）的份额、O_2浓度的增加和废气体积流量的减少而增加。图21.115特别显示了任何可能存在的、但不得存在于液相中的碳氢化合物是如何通过放热反应促进碳烟燃烧的。在这种情况下，SOF成分的催化燃烧提供了点燃碳烟所需的活化能。

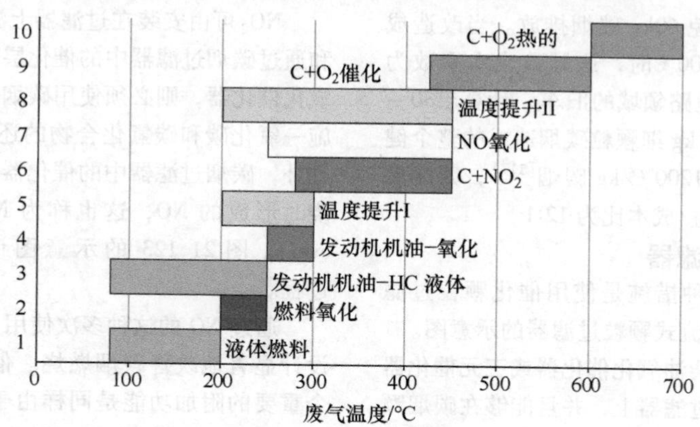

图21.124　碳烟再生的温度范围

必须特别保护催化碳烟过滤器以防止不受控制的烧毁，如果过滤器中可燃成分的质量负载过高，则可能发生这种情况，因为涂层不能承受>1000℃的温度。同样，过滤器中使用的材料也有限制。

使用催化碳烟过滤器的另一个方面是排气背压特性。在这里，过滤材料与催化涂层应该匹配：相互矛盾的目标包括高的过滤器效率、同时高的再生能力和最小的排气背压。过滤器效率不仅会受到过滤器参数，如孔隙尺寸、孔隙率和孔结构的影响，而且还受到所施加给催化剂涂层的类型和质量的影响。

在运行过程中，催化过滤器会通过来自发动机润滑油的灰分加载。然而，与基于燃料添加剂的系统相比，燃料添加剂不产生灰分这一事实对过滤器效率有积极的影响作用。然而，该系统的设计必须使发动机润滑油灰分不会限制催化器在所需的使用寿命内的功能。

21.6.5　废气测量的WLTP和RDE试验方法

WLTP试验方法（全球统一轻型车辆试验循环，Worldwide Harmonized Light－Duty Vehicles Test Cycle）由UN/ECE GRPE（污染和能源工作组，Working Party on Pollution and Energie）小组开发。它应适用于1998年联合国/欧洲经委会（UN/ECE）协议的所有成员国（所有欧洲国家、美国、日本、中国、俄罗斯、印度）。在欧洲，它应该在2017年取代之前的试验方法NEDC。它作为实验室试验来确定"轻型"（Light－Duty）车辆的燃料消耗和有害物排放。

基础是在全球范围内收集的行驶数据，这些数据应涵盖市内的行驶情况以及高速公路上的行驶情况。WLTP比NEDC具有明显更多的加速和减速份额。测量程序已在国际上标准化。

在WLTP试验方法中定义了三个不同的等级，它们基于车辆的功率和质量。

－第1类包括所有功率重量比为22kW/1000kg或更低的所有车辆。

－第2类包括功率重量比在22～34kW/1000kg之间的所有车辆。

－第3类包括所有功率重量比大于34kW/1000kg的所有车辆。

根据这个定义，大多数车辆都在第3类进行试验。车辆的质量在ECE R83指令中定义。

第1类车辆试验过程的基本数据如图21.125所示。它代表印度的行驶特性。

WLTC类型1				
		低	中	高
距离	m	3324	4767	8091
持续时间	s	589	433	1022
持续停机时间	s	155	48	203
停机状态	%	26.3	11.2	19.9
v_{max}	km/h	49.1	64.4	—

图21.125　第1类车辆试验过程的数据

在图21.126中可以看到随时间变化的试验过程。

第2类车辆试验过程的基本数据如图21.127所

示。它代表日本和欧洲低功率汽车的行驶特性。

在图21.128中可以看到随时间变化的试验过程。

由于欧洲范围内车辆的重点是WLTP3试验，因此，在图21.129中将来自NEFZ的一些数据进行了比较。

除了更高的最大速度之外，与NEFZ相比，WLTP试验尤其明显地增加了加速阶段。

在图21.130中可以看到随时间变化的试验过程。

可以在ECE指南中找到实施细则，如车辆调节、测量方法和测量设备。

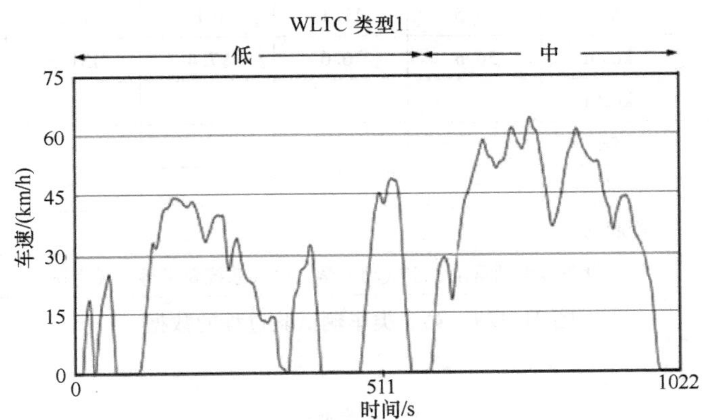

图21.126 第1类车辆随时间变化的试验过程

WLTC 类型2					
		低	中	高	总
距离	m	3132	4712	6820	14664
持续时间	s	589	433	455	1477
持续停机时间	s	155	48	30	203
停机状态	%	26.3	11.2	6.6	19.9
v_{max}	km/h	51.4	74.7	85.2	—

图21.127 第2类车辆试验过程的数据

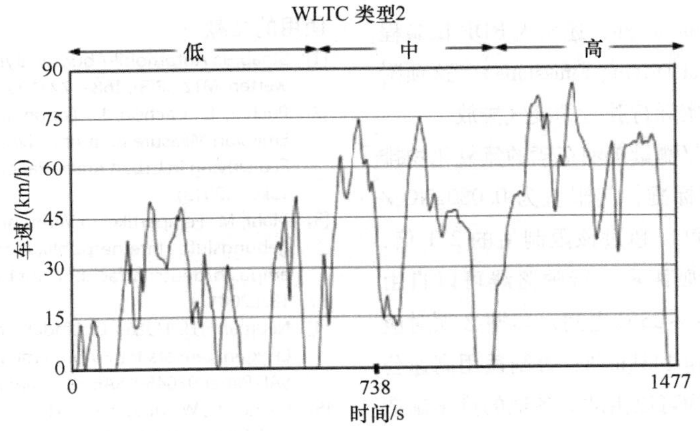

图21.128 第2类车辆随时间变化的试验过程

		WLTC 类型 3					NEFZ
		低	中	高	超高	总	
距离	m	3095	4756	7158	8254	23262	11000
持续时间	s	589	433	455	323	1800	1200
持续停机时间	s	155	48	30	7	203	
停机状态	%	26.5	11.1	6.8	2.2	13.4	27
v_{max}	km/h	56.5	76.6	97.4	131.3	—	120
平均速度	km/h					46	34
加速	%					44	20
减速	%					40	14
起动温度	冷起动						冷起动
特殊设备和空调	特殊设备考虑到重量、空气动力学、电气系统要求等，无空调						不考虑

图 21.129　第 3 类车辆试验过程的数据

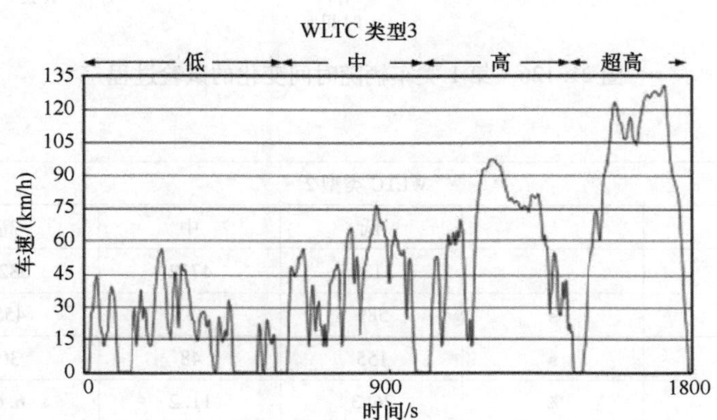

图 21.130　第 3 类车辆随时间变化的试验过程

从 2017 年 9 月起，除了新的试验方法 WLTP（全球统一轻型车辆测试程序，Worldwide harmonized Light vehicles Test Procedure）外，还引入 RDE 试验程序（实际行驶排放，Real Driving Emissions）。这项附加测试旨在检查道路上实际行驶时的废气排放。

最初，在该试验中仅测量柴油车辆的氮氧化物排放。其基础是欧 6 排放标准，其限值为 0.080gNO_x/100km 行驶距离。最高可以超过该限制值的 2.1 倍，即 0.168gNO_x/100km 行驶距离。行驶路线可以自由选择，温度必须在 -7 ~ +35℃之间，车辆必须对应批量生产状态。最高时速 145km/h；否则适用高速公路的速度限制。检测机构可以由欧洲各地的汽车制造商选择。

参考文献

使用的文献

[1] Staab, J.: Automobil-Abgasanalytik bei niedrigen Grenzwerten. MTZ 58(3), 168–172 (1997)

[2] Pucher, E., Cachón, L., Lengheim, A.: Real-Time In-Car Emission Measurement of a Hybrid Vehicle for Improved Eco-Driving in Urban Areas. Paper 20. ITS World Congress, Tokyo. (2013)

[3] Mohr, M.: Feinpartikel in Verbrennungsabgasen und Umgebungsluft. Internetpublikation (1998). http://www.empa.ch/deutsch/fachber/abt137/motor/partikel.html 18.4.2001

[4] Neumann, H., Hötzel, G., Lindemann, G.: „Advanced Planar Oxygen Sensors for Future Emission Control Strategies“. SAE-Paper 970459. SAE international, Detroit (1997)

[5] Pucher, E., Weidinger, Ch., Holzer, H.: Kontinuierliche HC-Indizierung am 4-Ventil Ottomotor. Tagungsband des 3. Internationalen Indiziersymposium, AVL Deutschland GmbH,

Mainz (1998)
[6] Pachta-Reyhofen, G.: Wandfilmbildung und Gemischverteilung bei Vierzylinder-Reihenmotoren in Abhängigkeit von Vergaser- und Saugrohrkonstruktion, Dissertation. TU Wien (1985)
[7] Pucher, E., Dibble, R.W., Girard, J.W.: Real-Time Hydrocarbon Measurement for In-Cylinder Mixture Analysis of Advanced Combustion Systems. Paper F2004V257 der Fisita Conference, Barcelona, Spain. 1 Vienna University of Technology, Austria; 2 University of California at Berkeley, United States (2004).
[8] Puxbaum, H., et al.: Tauerntunnel Luftschadstoffuntersuchung 1997. Ergebnisse der Messkampagne, 2.–5. Oktober 1997. Land Salzburg, Abteilung 16 Umweltschutz, Salzburg (1998)
[9] Klingenberg, H.: Automobile Exhaust Emission Testing: Measurement of Regulated and Unregulated Exhaust Gas Components, Exhaust Emission Tests. Springer, Berlin (1996)
[10] List, H., Cartellieri, W.P.: Dieseltechnik, Grundlagen, Stand der Technik und Ausblick – 10 Jahre Audi TDI-Motor. Sonderausgabe der MTZ., S. 10–18 (1999)
[11] Spindler, S.: Beitrag zur Realisierung schadstoffoptimierter Brennverfahren an schnelllaufenden Hochleistungsdieselmotoren. VDI Fortschrittberichte Reihe 6 Energieerzeugung, Bd. 274. VDI, Düsseldorf (1992)
[12] Boulouchos, K., et al.: Verbrennung und Schadstoffbildung mit Common-Rail Einspritzsystemen bei Dieselmotoren unterschiedlicher Baugröße. Internationale Konferenz „Common Rail Einspritzsysteme – Gegenwart und Zukunftspotenzial", ETH Zürich, S. 111 Zürich (1997)
[13] Kohoutek, P., et al.: Status der nichtlimitierten Abgaskomponenten bei Volkswagen. VDI Fortschritt-Berichte, Bd. 348. VDI, Düsseldorf (1998)
[14] Fraidl, K., Kapus, P., Piock, W., Wirth, M.: Fahrzeugklassen-spezifische Ottomotorkonzepte. VDI Fortschritt-Berichte, Bd. 420. VDI, Düsseldorf (2000)
[15] Langen, P., Cosfeld, R., Grudno, A., Reif, K.: (BMW Group): Der elektromechanische Ventiltrieb als Basis zukünftiger Ottomotorkonzepte. 21. Internationales Wiener Motorensymposium. (2000) 4.–5. Mai 2000
[16] Wirbeleit, C., et al.: Können innermotorische Maßnahmen die aufwändige Abgasnachbehandlung ersetzen? VDI Forstschritt-Berichte, Bd. 420. VDI, Düsseldorf (2000)
[17] Härle, H.: Anwendung von Common Rail Einspritzsystemen für NKW-Dieselmotoren. Internationale Konferenz „Common Rail Einspritzsysteme – Gegenwart und Zukunftspotenzial". ETH Zürich, Zürich. S. 42–43 (1997)
[18] Bach, M., Bauder, R., Endres, H., Pölzl, H.W., Wimmer, W.: Dieseltechnik, Der neue V8-TDI-Motor von Audi, Teil 3: Thermodynamik. 10 Jahre Audi TDI-Motor. In. Sonderausgabe der MTZ. S. 40–46 (1999)
[19] Guber, M., Klawatsch, D., Pucher, E.: Comparative Measurements of Particle Size Distribution: Influences of Motor Parameters and Fuels. Proceedings Second International ETH-Workshop on Nanoparticle Measurement, ETH Zürich Laboratorium für Festkörperphysik. Zürich (1999)
[20] Faltermeier, G., Pfalzgraf, B., Brück, R., Kruse, C., Maus, W.: Katalysatorkonzepte für zukünftige Abgasgesetzgebungen am Beispiel eines 1.8 l 5V-Motors. 17. Internationales Wiener Motorensymposium, Wien, 25.–26.4.1996. (1996)
[21] Maus, W., Brück, R., Hirth, P., Hodgson, J., Presti, M.: Potential von Katalysatorkonzepten zum Erreichen der SULEV-Emissionsgrenzwerte. 20. Internationales Wiener Motorensymposium, 6.–7. Mai 1999. (1999)
[22] Siemund, S., Bollig, M., Liebl, J., Zimmer, R., Kraum, M., Seel, O., Brück, R., Diringer, J., Maus, W.: Next generation catalysts are turbulent: development of support and coating. SAE 2004-01-1488 (2004)
[23] Dahlgren, J., Laurell, M., Vollmer, N., Brück, R., Hirth, P., Maus, W.: Der Lambdasondenkatalysator; ein neues Konzept für kompakte Hochleistungskatalysatorsysteme. 14. Aachener Kolloquium Fahrzeug- und Motorentechnik, 04.–06.10.2005. (2005)
[24] Laurell, M., Dahlgren, J., Karlflo, M., Althöfer, K., Brück, R.: A metal substrate with integrated oxygen sensor; Functionality and influence on air/fuel ratio control. SAE 2003-01-0818 (2003)
[25] Held, W., Rohlfs, M., Maus, W., Swars, H., Brück, R., Kaiser, F.W.: Improved cell design for increased catalytic conversion efficiency. SAE 940932 (1994)
[26] Dawson, K.E., Kramer, J.: Faster is better: The effect of internal turbulence on DOC efficiency. SAE 2006-01-1525 (2006)
[27] Konieczny, R.: The PM Metalit™: Experience with the partial-flow particulate trap with regard to the reduction of particulate number and mass. Vortrag auf der CTI München, 11./12.07.2006. (2006)
[28] Brück, R., Hirth, P., Rice, M.: NOx aftertreatment for passenger cars and heavy duty truck applications for EU 6 and EU VI/US 2010 legislation. SAE 2009-01-0846 (2009)
[29] Hanel, F.J., Otto, E., Brück, R.: Electrically heated catalytic converter (EHC) in the BMW Alpina B12 5.7 Switch-Tronic. SAE 960349 (1996)
[30] Waldhelm, A., Beidl, C., Spurk, P., Noack, H.-D., Brück, R., Konieczny, R., Brugger, M.: Aktives Thermomanagement in SCR-Systemen – Anwendungsmöglichkeiten und Betriebsstrategien des elektrisch beheizbaren Katalysators EmiCat®. Emission Control Dresden, 10.6.2010. (2010)
[31] Brück, R., Konieczny, R.: Thermomanagement für Niedrigstemissionskonzepte moderner Antriebe; Der elektrisch heizbare Katalysator. 19. Aachener Kolloquium Fahrzeug- und Motorentechnik, 04.–06.10.2010. (2010)
[32] Patent DE 196 26 835 A1, Patent DE 196 26 836 A1
[33] Beutel, T., Dahle, U., Punke, A.: Euro 4 – Abgasnachbehandlungstechnologien für Magermotoren (Otto/Diesel). VDA Technischer Kongress, IAA, Frankfurt/Main. (1999)
[34] IARC: Diesel Engine Exhaust Carcinogenic. WHO Press Release Nr. 213, 12 June 2012
[35] Dockery, D., et al.: Chronic Exposure to Fine Particles and Mortality; the Harvard Sic Cities Study from 1974–2009. Environ. Health Perspect. (2012)
[36] Kosten/Nutzen-Betrachtung der Nachrüstung von Baumaschinen mit Partikelfiltern. Schweizerisches Bundesamt für Umwelt BUWAL, Umweltmaterialien Nr. 148, Bern 2003
[37] www.epa.gov/sites/production/files/2016-3/documents/420r16004.pdf
[38] Immissions-Grenzwerte IGW für Ultrafeine Partikel; Motion Daniel Vischer, Schweizer Nationalrat, 27. Sept. 2012
[39] Technical Guide for Diesel Vehicle Emissions Treatments in Beijing. BARI, Beijing, December 2007
[40] Evaluation of Particlulate Matter Filters in On-Road Heavy-Duty Diesel Vehicle Applications, California Air Resources

Board May 8, 2015

[41] Euro 5/6 für Pkw: EC-Regulation No. 715/2007 for the European Parliament and the Council of 20 June 2007 on type approval of motor vehicles … http://ec.europa.eu/enterprise/automotive/index_en.htm

[42] The Number Concentration of Non-Volatile Particles – Design Study for an Instrument According to the PMP Recommendations, M. Kasper. SAE 2004-01-0960

[43] Euro VI für Nfz: Type Approval of Motor Vehicles and Engines with Respect to Emissions from Heavy Duty Vehicles Euro VI …; Proposal for a Regulation of the European Parliament and of the Council, Brüssel 21. Dez. 2007 http://ec.europa.eu/enterprise/automotive/index_en.htm

[44] Mayer A. et.al: Metal Oxide Particle Emissions from Diesel and Petrol Engines; SAE 2012-01-0841

[45] Grenzwerte am Arbeitsplatz, Schweiz. Unfallversicherungsanstalt, Luzern www.suva.ch/waswo/1903.d

[46] Aerosole – Stäube, Rauche und Nebel; MAK, 24. Lieferung 1997

[47] Proceedings of the Pneumoconiosis Conference, Johannesburg 1959; J & A Churchill Ltd., London

[48] Feinstaub: Definition und Messverfahren; Kolloquium Feinstäube der VDI-Kommission Reinhaltung der Luft, Düsseldorf; Staub-Reinhalt. Luft 34 9 (1974)

[49] Gehr, P., Heyder, J.: Particle-Lung-Interactions. Marcel Dekker, (2000). ISBN 0824798910

[50] Pauli, E.: Regenerationsverhalten monolithischer Partikelfilter, Dissertation. Fakultät für Maschinenwesen der Rheinisch-Westfälischen Technischen Hochschule, Aachen (1986)

[51] Czerwinski, J. et al.: Combinations of Technical Measures for Reduction of Particle Emissions & Toxicity of 2-S Scooters. SAE 2009-01-0689

[52] Hinds, W.C.: Aerosoltechnology. John Wiley. (1989)

[53] Siegmann, K.: Soot Formation in Flames. J. Aerosol Scie. 31, Suppl. 1

[54] Maricq, M.M., et al.: The effective density and fractal dimension of soot particles from premixed flames and motor vehicle exhaust. J Aerosol Sci 35. (2004)

[55] ACEA-Programme on the Emissions of Fine Particles from Passenger Cars, Dezember 1999

[56] Mayer, A. et al.: Particle Filter Properties after 2000 hrs Real World Operation. SAE 2008-01-0332

[57] Prüfung von Partikelfiltersystemen für Verbrennungsmotoren. Schweizer Norm SN 277206

[58] Oberdörster, et al.: Nanotoxicology, an emerging discipline from studies of ultrafine particles. Environ. Health Perspect. (2005)

[59] Wichmann, E., Peters, A.: Epidemiological evidence of the effects of ultrafine particle exposure, The Royal Society. Philos Trans R Soc Lond A 358, 2751–2769 (2000). doi:10.1098/rsta.2000.0682

[60] Mayer, A. et al.: Particulate Traps for Retro-Fitting Construction Site Engines VERT: Final Measurements and Implementation. SAE 1999-01-0116

[61] Geprüfte Partikelfiltersysteme für Dieselmotoren, Vollzugsunterlagen Suva/BUWAL Schweiz, http.//www.BUWAL.ch/Projekte/Luft/Partikelfilter/d/Index.htm

[62] Ebener, S., et al.: Parallele Reduktion von Partikel und NO_x – ein neues Abgasnachbehandlungskonzept. Wiener Motorsymposium. (2001)

[63] Kun, Y., et al.: Characterizing Diesel Particulate Filter Failure during Commerical Fleet Use due to Pinholes, Melting, Cracking and Fouling. Emiss Control Scitechnol. (2016)

[64] Mizra, T. et al.: Open-Pore Ceramic Foam as Diesel Particulate Filter. SAE 890172

[65] Buck, et al.: Gestrickte Strukturen aus Endlosfasern für die Abgasreinigung. MTZ 56. (1995)

[66] Hardenberg, H.: Wickelrußfilter für Stadtomnibusse in der Erprobung im Verkehrsbetrieb, Der Nahverkehr 4/86

[67] Bugarski A: Assessment of the effectiveness of disposable filter elements used in permissible underground coal applications: ETH-Nanoparticle conference, Zürich 2016; www.nanoparticles.ch

[68] Majewski W.A. and Khair M.K: Diesel Emissions and Their Control; SAE Internatinal. ISBN-13:978-0-7680-0674-2

[69] Burtscher, H.: Partikelemissionen und Partikelfiltertechnik. Seminar Haus der Technik, München, Mai 2000. (2000)

[70] Konstandopoulos, A.: Micromechanics of Catalyti soot Oxidation in Diesel Particulate filters. 16. ETH-Conference on combustion generated nanoparticles. (2012)

[71] Mohr, M. et al.: Conventional and New Methods of Particle Measurement … Expert-Verlag, ISBN 3-8169-2552-9

[72] Mayer, A. et al.: Properties of Partial Flow and Coarse Pore Deep Bed Filters Proposed to Reduce Particle Emissions of Vehicle Engines. SAE 2009-01-1087

[73] Mayer, A. et al.: Passive Regeneration of Catalyst Coated Knitted Fiber Diesel Particulate Traps. SAE 960138

[74] Dürnholz, M., Krüger, M.: Hat der Dieselmotor im Pkw eine Zukunft? 6. Aachener Kolloquium Fahrzeug und Motortechnik. (1997)

[75] Lutz, Th. et al.: Engine intake throttling for active regeneration of diesel particle filters. SAE 2003-01-0381

[76] Mayer, A., et al.: Particle Filter Retrofit for all Diesel Engines. Expert-Verlag, (2008). ISBN 9783816928508

[77] Kasper, M.: Ferrocene, Carbon Particles, and PAH, Dissertation Nr. 12 725/1998. ETH Zürich

[78] Belot, G. et al.: Passenger car serial application of a particulate filter system on a common rail direct injection diesel engine. SAE 2000-01-0473

[79] Czerwinski, J. et al.: Diesel $NO/NO_2/NO_x$ Emissions – New Experiences and Challenges. SAE 2007-01-0321

[80] Brünke, P.: Innovative CleanCoat Coating Technologies für Dieselanwendungen mit nierigen Abgastemperaturen. 11. FAD-Konferenz Dresden. (2013)

[81] Europäisches Patent CRT EP 0835684

[82] Salvat, O.; Marez, P.; Belot, G.: Passenger Car Serial Application of a Particulate Filter System on a Common Rail Direct Injection Diesel Engine. SAE Paper 2000-01-0473, PSA Peugeot Citroen

[83] Herzog, P.: Exhaust Aftertreatment Technologies for HSDI Diesel Engines. Giornale della „Associazione Tecnica Dell'Automobile" Torino, ATA 53(11/12), 389 (2000)

[84] Jacob, E.: Einfluss des Motorenöls auf die Emissionen von Dieselmotoren mit Abgasnachbehandlung. Wiener Motorsymposium. (2001)

[85] Mayer, A. et al.: Particulate Trap Selection for Retrofitting Vehicle Fleets based on Representative Exhaust Temperature Profiles. SAE Paper 2001-01-0187

[86] Heeb, N.: Sekundäremissionen durch Abgasnachbehandlung. Seminar Haus der Technik/Essen, Partikelemissionen. (2000)

[87] Heeb, N.: PCDD/F-formation in catalytic DPFs: new risks with biofuels? 17. ETH-Conference on combustion generated nanoparticles, June 2013. (2013)

[88] Prüfverfahren für Partikelfiltersysteme: Schweizer Norm SN 277206/2011

[89] Jodeit, H.: Untersuchungen zur Partikelabscheidung in technischen Tiefenfiltern. VDI-Fortschrittsberichte Nr. 108

[90] Rausch, W.: Untersuchungen am Sinterlamellen-Filtermedium. Aufbereit Miner Process 6. (1988)

[91] Partikelfilter für schwere Nutzfahrzeuge, herausgegeben vom Schweiz. Bundesamt für Umwelt, Wald und Landschaft, UM 130/12. 2000

[92] Mayer, A.: Pre-Turbo Application of the Knitted Fiber Diesel Particulate Trap. SAE 940459

[93] Fanick, E. R.; Valentin, J. M.: Emissions Reduction Performance of a Bimetallic Platinum/Cerium Fuel Borne Catalyst with Several Diesel Particulate Filters on Different Sulfur Fuels. SAE 2001-01-0904

[94] Mayer, A., et al.: Qualitätsstandards und Prüfverfahren für Partikelfilter zur Nachrüstung von Nutzfahrzeugen. MTZ 70, 1 (2009)

[95] Mayer, A. et al.: Particulate Traps for Construction Machines Properties and Field Experience. SAE 2000-01-1923

[96] Besch M.C.: In-line, Real-time Particulate Matter Sensors for OBD and Exhaust Aftertreatment System Control Applications. Dissertation West Virginia University, Morgantown, April 2016

[97] 4. ETH-Konferenz „Nanoparticle Measurement" Zurich August 2000, Proceedings, Schweiz. Bundesamt für Umwelt, Wald und Landschaft

[98] Swiss Ordinance on Exhaust Gas Analysers (VAMV), August 2012

[99] Hiroyuki, Y.: Emissions from HD-Trucks with Damaged DPF and its Detection at PTI. ETH-Nanoparticle Cconference, Zürich (2015). www.nanoparticles.ch

[100] AVL-Forum Partikelemissionen 2000, 20.9.2000, Darmstadt

[101] Matter, U.: Probleme bei der Messung von Dieselpartikeln. Seminar Haus der Technik, „Feinpartikelemissionen von Verbrennungsmotoren", Oktober 1999. (1999)

[102] Kasper, M.; Matter, U.; Burtscher, H.: NanoMet: OnLine Characterization of Nanoparticle Size and Composition, SAE 2000-01-1998

[103] Bischof, O.: Recent Developments in the Measurement of Low Particulate Emissions from Mobile Sources, A Review of Particle Number Legislations. Emiss Control Sci Technol. (2015)

[104] Gruber, M., et al.: Partikelgrößenverteilung im instationären Fahrzyklus. Wiener Motorsymposium. (2001)

[105] ETH Conference „Combustion Generated Nanoparticles". Zurich 8/2004

[106] Kasper M., Matter U, Burtscher H.: NanoMet: On-line Characterization of Nanoparticle Size and Composition; SAE 2000-1-1998

[107] Draft Amendment to Regulation No. 83, GRPE-48-11, 4 June 2004, www.unece.org/trans/doc/2004/wp29GRPE

[108] Comparison Study of Particle Measurement Systems for Future Type Approval Application, GRPE-PMP CH6, M. Mohr, EMPA-Bericht 202779, Mai 2003 (www.empa.ch)

[109] Uniform provisions concerning the approval of vehicles with regard to the emission of pollutants accrding to engine fuel requirements. UN-ECE/324/ Rev.1/ Addendum 82: Regulation No. 83

[110] CAST: Firmenunterlagen ME: www.matter-engineering.com

[111] VERT-Filterlist; www.vert-certification.eu

[112] Uniform Provisions concerning the approval of Retrofit Emission Control devices (REC) for heavy duty vehicles, agricultural and foretry tractors and non-road mobile machinery equipped with conpression ignition engines; UN-ECE/324/Rev.2/Add.131 Regulation 132. Revision 1 Feb.2015

[113] STVZO, Anlage XXVII, Bundesgesetzblatt 31. Mai 2007

[114] Regolamento recante disposizioni conernenti l'omologazione e installazione de sistemi idonei alla reduzione della massa di particolato emesso da motori ad accesnsione spontanea destinati alla propulsione de autoveicoli; Gazzetta Uffiziale della Republica Italiana. 13. März 2008

[115] Jacobson, M.Z.: Control of Fossil Fuel Particulate black Carbon and Organic Matter Possible the Most Effective Method of Slowing Global Warming. J. Geophys. Res. (2002). Testimony for the Hearing on Black Carbon and Global Warming of the United States House of Representative, Oct. 2007

[116] U.S.EPA: The Cost Effectiveness of Heavy-Duty Diesel Retrofits and Other Mobile Source Emission Reduction Projects and Programs. EPA 420-B-07-006; May 2007

[117] Nachrüstung von Baumaschinen mit Partikelfiltern; Kosten/Nutzen-Betrachtung. Schweizer Bundesamt für Umwelt BAFU, Umweltmaterialien Nr. 148

进一步阅读的文献

[118] Heck, Farrauto: Catalytic Air Pollution Control. Van Nostrand Reinhold. (1995)

[119] Farrauto, Voss: Monolithic Diesel Oxidation Catalysts. Appl Catal B: Environ 10, 29 (1996)

[120] Bond: Heterogeneous Catalysis. Oxford University Press. (1990)

[121] Bode (Hrsg.): International Conference on Metal-Supported Automotive Catalytic Converters (MACC 97). Wuppertal Germany 1997. Werkstoff-Informationsgesellschaft, Frankfurt (1997)

[122] Kruse, Frennet, Bastin (Hrsg.): 5th International Congress on Catalysis and Automotive Pollution Control (CAPOC 5, Brussels/Belgium, April 2000) Bd. 1 and 2. Universite Libre de Bruxelles, (2000)

[123] Guyon, M.; Blanche, P.; Bert, C.; Philippe, L.; Renault; Messaoudi, CIRCA: Segime, NOx-Trap System Development and Characterization for Diesel Engines Emission Control. SAE2000-01-2910, Baltimore.

[124] Cooper, B.J., Thoss, J.E.: Role of NO in Diesel Particulate Emission Control. SAE Technical Paper no. 890404 (1998)

[125] Mul, G.: Catalytic Diesel Exhaust Purification, Proefschrift. Technische Universiteit, Delft (1997)

[126] Hammer, J., Kufferath, A., Herynek, R.: Ottomotor 2015 – Anforderungen und Systemlösungen zur Erreichung künftiger Emissionsziele. 5. Emission Control 2010, Dresden, 10. Juni 2010. (2010)

[127] Liebl, J.: BMW EfficientDynamics – unser konsequenter Weg zum emissionsfreien Autofahren. 5. Emission Control 2010, Dresden, Juni 2010. (2010)

[128] Carberry, B., Balenovic, M., Chigapov, A., Dubkow, A., Roemer, D., Reichert, M., Schneider, M., Ukropec, R., Yacoub, Y.: NOX Aftertreatment Technologies for Future European Emission Standards. 5. Emission Control 2010, Dresden, 10. Juni 2010. (2010)
[129] Pfeifer, A., Schlager, G., Jaussi, F.: Emissionskonzepte für zukünftige Off-Highway Industriemotor-Anwendungen. 5. Emission Control 2010, Dresden, 11. Juni 2010. (2010)
[130] Weigel, C., Schäffner, G., Kattwinkel, P., Viehweg, P., Hehle, M., Bergmann, D.: Abgasnachbehandlungs-Technologien – Erprobung im realen Betrieb. MTZ 11. (2010)
[131] Brück, R., Konieczny, M., Brugger, M.: Aktives Temperaturmanagement in SCR-Systemen – Anwendungsmöglichkeiten und Betriebsstrategien des elektrisch beheizbaren Katalysators EmiCat. 5. Emission Control 2010, Dresden, 10. Juni 2010. (2010)
[132] Neeft, J.P.A., Makkee, M., Moulijn, J.A.: Diesel particulate emission control. Fuel Process Technol 47. (1996)
[133] Winkler, A., Ferri, D., Eggenschiler, D.P., Aguirre, M.: Analyseverfahren zur Alterung von Dieseloxidations-Katalysatoren. MTZ 06. (2010)
[134] Fiebig, M., Schönen, M., Gütering, U., Pischinger, S.: Einflüsse motorischer Betriebsparameter auf die Reaktivität von Dieselruß. MTZ 07/08. (2010)
[135] Schröder, C.: Neuronales Netzwerk zur NOx-Sensierung im SCR-System. MTZ 02. (2010)
[136] Maroteaux, D., Beaulieu, J., D'Oria, S.: Entwicklung der NOx-Nachbehandlung für Renault-Dieselmotoren. MTZ 03, (2010)
[137] Baraket, M.: Das dynamische Verhalten von Faserfiltern für feste und flüssige Aerosole, Dissertation ETH Zürich Nr. 9738/192
[138] Hüthwohl, G., et al.: Partikelfilter und SCR, Abgasnachbehandlungstechnologien für Euro 4-Anforderungen. 4. Dresdner Motorenkolloquium, 1.6.2001. (2001)
[139] Toshiaki, Tanaka, et al.: Parallele Reduktion von Partikel und NO_x – ein neues Abgasnachbehandlungskonzept. Wiener Motorsymposium. (2001)
[140] Mayer, A., et al.: Minimierung der Partikelemissionen von Verbrennungsmotoren. Expert Verlag, (2004). ISBN 3816924301
[141] Schommers, J., Enderle, C., Binz, R., Duvinage, F., Ruzicka, N.: Das neue Mercedes-Benz Dieselpartikelfilterkonzept in Verbindung mit der Abgasstufe EU-4. 25. Int. Wiener Motorensymposium 2004, Band 2. Fortschritt-Berichte VDI, Reihe 12, Bd. 566. (2004)
[142] Boger, T., et al.: Partikelfiltertechniken für DI-Ottomotoren. MTZ, Bd. 06. (2013)
[143] Krämer, L., et al.: Mit der Diesel-Agas-Nachbehandlung auf dem Weg zum Sulev-Standard. MTZ, Bd. 01. (2014)
[144] Duvinage, F., et al.: Mercedes-Benz BlueTEC-SCR Technologie – Dieselabgasnachbehandlung für die neue C-Klasse, 7. Emissions Control. Dresden (2014)
[145] Wurms, R., et al.: Vergleich motorinterner und motorexterner Katalysatorheizmaßnahmen, 7. Emissions Control. Dresden (2014)
[146] Neusser, H.-J., et al.: Die Euro-6. Mot Des Modul Dieselbaukastens Von Volkswagen Mtz 06. (2013)
[147] Striok, S., et al.: Real Driving Emissions. Ein Paradigmenwechsel Fahrzeugapplikation Mtz 01, (2014)
[148] Pieta, H., u. a.: Einflüsse und Anforderungen für die Überwachung von Diesel-Partikelfiltern ohne Partikelsensoren, 3. Internationaler Motorenkongress 2016 in Baden-Baden, Antriebstechnik im Fahrzeug
[149] Brück, R., u. a.: Anforderungen und Lösungen für die Abgasnachbehandlung von Diesel-Pkw im Hinblick auf WLTP und RDE, 2. Internationaler Motorenkongress 2016 in Baden-Baden, Antriebstechnik im Fahrzeug
[150] Thier, D., u. a.: Innovative GPF-Konzepte mit integrierter Katalysatorfunktion für geringen Abgasgegendruck und niedrige CO_2-Emissionen, 2. Internationaler Motorenkongress 2016 in Baden-Baden, Antriebstechnik im Fahrzeug
[151] Vogt, C.-D.: Challenges for Diesel Emission Control Systems for future RDE Standards, Internationale Conference Diesel Powertrains 3.0, FEV und Haus der Technik. Juni, (2016)
[152] Schmidt, H.: Real Driving Emissions (RDE) – NO_x-Emissionen im Labor/auf der Straße, Motorische Stickoxidbildung. Haus Tech. (2016)
[153] Zikoridse, G.: Anpassung von Abgasnachbehandlungssystemen an neue Kraftstoffe, 1. Tagung Kraftstoffe für die Mobilität von Morgen. Braunschweig (2014)
[154] Laurell, M., et al.: Standardisierte Katalysatorarchtektur für Diesel- und Ottomotoren. MTZ, Bd. 11. (2013)
[155] Schatz, A., et al.: Elektrischer Heizkatalysator zur Optimierung der Emissionen von Mildhybridsystemen. MTZ, Bd. 02. (2016)
[156] abgerufen am 27. November. In: Was ist die World Harmonized Light Duty Test Procedure (WLTP)? auto-motor-und-sport.de (2015)
[157] https://circabc.europa.eu/w/browse/a33d9336-fab5-4a77-b201-33fe5c6be187
[158] N.N: UNECE Transport Division/World Forum for Harmonization of Vehicle Regulations (UN/ECE/WP29)
[159] http://bioage.typepad.com/.a/6a00d8341c4fbe53ef01b8d1842821970c-popup
[160] http://www.unece.org/fileadmin/DAM/trans/doc/2014/wp29/ECE-TRANS-WP29-2014-027e.pdf
[161] Real_Driving_Emissions_de.pdf. http://www.bosch-engineering.de/media/de/pdfs/ueber_uns/veroeffentlichungen
[162] http://www.motorline.cc/service/2015/WLTP-&-RDE-neue-Verbrauchs-und-Abgasmessung

第22章 运行材料

Wolfgang Dörmer，Norbert Neumann，Volker Clasen，Ulrich Pfisterer 博士 Oliver Busch 博士

如今，在汽车工程中使用的术语“运行材料”作为燃料、润滑材料、冷却介质和液压流体的总称。对它的处理在这里仅限于应用技术方面。因此，将不讨论矿物油或合成产品的勘探、提取和加工。

22.1 燃料

关于燃料化学，另见第14章。首先，在标准化中没有出现的燃料的一些基本特性将在这里进行简要讨论，因为它们属于燃烧的基础。然而，相关联的知识并不是不重要的。

碳氢比、空气需求量和空燃比。燃料主要由含有元素C和H的碳氢化合物组成。如果通过元素分析已知所讨论燃料的碳和氢以及可能还有氧的质量分数，则可以计算完全燃烧所需的最小空气量 L（理论空气需求量）。它用 L 表示并以 kg/kg 给出。无硫碳氢混合物的计算应按下列关系式进行：

$$L=\frac{O}{0.23} \tag{22.1}$$

$$O = 2.67\times 0.01C + 8\times 0.01H_2 - 0.01O_2 \tag{22.2}$$

对于超级加汽油，计算如下：

$$O=2.67\times 0.01C+8\times 0.01H_2-0.01O_2$$
$$O=2.67\times 0.847+8\times 0.133-0.02$$
$$O=2.261+1.064-0.02$$
$$O=3.305\text{kg}$$
$$L=3.305/0.23=14.369\text{kg 空气/1kg 燃料}$$

在图22.1中显示了一些重要的碳氢化合物和燃料的C和 H_2 以及 O_2 的质量分数，由此可以得到的碳氢比和理论空气需求量。

实际供给燃烧的空气量与理论空气需求量之比称为空燃比（λ）（注：通常称为过量空气系数）。如果空气过量（即 $\lambda>1$），则发动机在稀（贫）设置下工作，如果空气不足，则 $\lambda<1$，为浓（富）设置。在 $\lambda=1$ 时，称之为化学当量空燃比。汽油机在 $\lambda=0.85\sim0.90$ 范围内的富含燃料的空气混合物时可以达到最大的功率，对于低油耗，可以稀释到 $\lambda=1.1$，而直喷式汽油机则超过 $\lambda=2$。由于工作原理原因，柴油机以空气过量工作，在全负荷范围内为 $\lambda\approx1.2$，在怠速时为 $\lambda>8$。

燃料	质量分数,%			碳氢比	[kg/kg]
	C	H	O		L
甲烷	≈75.0	≈25.0	—	≈3.0	≈17.4
丁烷	≈81.8	≈18.2	—	≈4.5	≈15.8
丙烷	≈82.8	≈17.2	—	≈4.8	≈15.6
正庚烷	≈84.0	≈16.0	—	≈5.25	≈15.3
异辛烷	≈84.2	≈15.8	—	≈5.33	≈15.2
十六烷	≈85.0	≈15.0	—	≈5.67	≈15.1
二甲苯	≈90.6	≈9.4	—	≈9.64	≈13.8
甲苯	≈91.3	≈8.7	—	110.5	≈13.6
苯	≈92.3	≈7.7	—	112.0	≈13.4
普通汽油	≈85.5	≈14.5	—	≈5.9	≈14.9
优质汽油	≈85.1	≈13.9	≈1	≈6.1	≈14.6
超级加汽油	≈84.7	≈13.3	≈2	≈6.5	≈14.4
柴油	≈86.3	≈13.7	—	≈6.3	≈14.8

图22.1 碳氢比和空气需求[1]

如今，内燃机中用于转换能量的燃料、航空中用于产生推力的燃料和用于加热目的的燃料之间存在区别。它们可以是液态或气态。燃料中的化学结合能首先通过燃烧转化为热量，然后在同一台机器中立即转化为机械功。如今，在媒体和口语中经常使用的术语“燃料”（Sprit）从严肃的角度来看是不可接受的，因为它实际上只适用于烈酒（乙醇）。它源于第一次世界大战后的经济危机，当时烈酒的垄断管理部门不得不越来越多地添加“动力烈酒”（来自马铃薯的乙醇作为燃料），以弥补汽油的严重短缺。“Reichskraftsprit GmbH，Berlin”成立于1925年，以进一步扩大销售，其产品被称为 Monopolin，并以高达65%的比例与汽油和/或苯混合。

22.1.1 柴油

柴油（DK）的沸点范围约为180～380℃，适用于高速柴油机运行，特别是车辆柴油机（乘用车和商用车）的运行。它们由大约300种不同的碳氢化合物组成，这些碳氢化合物是在炼油厂采用各种加工方

法从各种来源的原油中获得的。虽然以前它们是相对简单的蒸馏产品，但近年来由于发动机制造商的要求急剧增加、环境法规和矿物油行业加工过程的发展，它们已成为高度复杂的产品。通过添加添加剂，基础产品与发动机相关的特性必须得到极大改善。自1987年以来，添加剂柴油一直在市场上销售。从那时起，柴油和取暖油朝不同的方向发展。此外，自2004年以来，还提供了所谓的“设计燃料”，其中一些含有合成成分，特别适用于高度发展的和未来的发动机方案设计（概念）。过去经常使用的术语“瓦斯油”（Gasöl）在应用技术方面已经过时，尽管它在炼油技术方面仍在内部用于中间馏分。

22.1.1.1　柴油成分和组成

柴油属于石油的轻质中间馏分。它是主要是链烷烃（烷烃）的混合物，其各自比例对发动机的性能有影响。虽然过去主要使用常压蒸馏馏分，但由于对柴油的需求不断增加，如今越来越多地使用裂解成分的方法。在图22.2显示了柴油典型的来自炼制成分的特性。

来自当今越来越多地使用的裂解工艺的典型柴油炼制成分的特性如图22.3所示。

产品	密度/(kg/m³)	沸点/℃	十六烷值
煤油	805	150～260	45
轻瓦斯油	840	210～320	55
重瓦斯油	860	200～400	55
真空瓦斯油	870	250～400	56

图22.2　来自蒸馏的柴油成分

裂解过程	密度/(kg/m³)	沸点/℃	十六烷值
加氢裂化	860	170～400	52
热裂解	857	180～400	40
催化裂化	953	195～410	40

图22.3　来自裂解过程的柴油成分

对增长的柴油需求正日益导致燃料等级之间的转变。图22.4显示了迄今为止德国柴油（DK）与汽油（OK）消耗的比率。目前，柴油在德国矿物油总消费量中的份额约为55%。

燃料	1975	1980	1985	1990①	1995	1998	2000	2001	2002
柴油	10333	13099	14556	21464	26208	27106	28922	28545	28631
汽油	20174	24463	23131	31779	30306	30281	28807	27948	27195
柴油与汽油之比	0.5120	0.5400	0.6290	0.6970	0.8650	0.8950	1.0060	1.0210	1.0530

① 从1990年起为全德国数据。

图22.4　联邦德国柴油与汽油消耗量的比率（单位：100万t）[2]

除了传统的基于石油的柴油外，许多其他的、合成可生产的物质也适用于柴油机的燃烧。Fischer－Tropsch（费－托）合成法早在1925年就被发现，例如，其中首先从煤或天然气中获得合成气，然后借助于催化剂，这可以用来生产合成碳氢化合物，这些碳氢化合物可以提炼成汽油或柴油。这个过程效率相对较低，今天只是偶尔使用。至少有两种合成制造的产品作为柴油的混合成分很有吸引力，即使它们的数量非常有限，即从天然气中获得的SMDS（壳牌中间馏分合成，Shell Middle Distillate Synthesis）和XHVI（超高黏度指数，Extra High Viscosity Index），作为副产品合成润滑油产品的小批量生产。两种产品的十六烷值都非常高，>70（比较“可燃性”）并且实际上不含硫。由于生产成本高，可供性低，它们只能视作为柴油的混合成分。一段时间以来，所谓的“生物柴油”（脂肪酸甲酯，Fatty Acyd Methyl Ester，FAME）也已由生物质（包括菜籽油）通过甲醇酯化生产。由于欧盟的有机配额立法和超出此范围的国家的努力，自2003年以来，在柴油中添加约5%的FAME，自2009年2月起甚至增加到7%（体积分数）。这将在22.1.1.4节中更详细地讨论。在柴油中，应用技术和生产的要求形成鲜明矛盾关系。例如，图22.5显示了石蜡含量、密度、沸点、裂解比例和硫含量如何在发动机应用或生产中形成有利或不利的特性。

22.1.1.2　特征值和特性

DIN EN 590中规定了对柴油的最低要求。它们主要与密度、可燃性（十六烷值）、沸腾曲线、耐寒性和硫含量有关。柴油的标准特性值及其实际意义如图22.6所示。

特征值	对生产要求	应用方面的优势	应用方面的优势	生产方面的劣势
石蜡比例	高	可燃性	深冷特性	成本
密度	低	废气排放	发动机功率、消耗	收益、成本
沸点	低	废气排放	深冷特性	收益、成本
裂解比例	低	可燃性、老化		收益、成本
含硫量	低	排放	泵磨损	收益、成本
特征值带宽	狭窄	协调		收益、成本

图 22.5 来自应用技术和生产的矛盾的要求[3]

特征值	单位	要求	对行驶运行的影响
15℃时的密度	kg/m³	820～845	废气/功率/消耗
十六烷值 十六烷指数	— —	最低 51.0 最低 46.0	起动和燃烧特性， 废气排放和噪声
蒸馏 最高 250℃ 高达 350℃ 95%点	 %（V/V）① %（V/V）① ℃	 <65 最小 85 最大 360	废气排放/沉积物
40℃时的黏度	mm²/s	2.00～4.50	蒸发性/雾化/润滑
闪点	℃	超过 55	安全性
过滤性（CFPP） 15.04.～30.09. 01.10.～15.11 01.03.～14.04. 16.11.～28.（29.）02.	℃	最大 0 最大 -10 最大 -20	深冷特性
硫含量	mg/kg	最大 10②	腐蚀/颗粒/催化剂
多环芳烃的碳氢化合物	%（m/m）①	最大 11	废气排放，沉积物
脂肪酸甲酯含量（FAME）	%（V/V）①	最大 7	润滑性
焦炭残渣	%（m/m）①	最大 0.30	燃烧室残留物
灰分含量	%（m/m）①	最大 0.01	燃烧室残留物
抗氧化性	g/m³ h	最大 25 最小 20	腐蚀/保质期 零部件的污染
含水量	mg/kg	最大 200	腐蚀
60℃时的润滑性（WSD 1.4）	μm	最大 460	磨损

① %（V/V）对应于体积百分比，%（m/m）对应于质量百分比。

② 自 2003 年初以来，德国的最大硫含量为 10mg/kg（税收优惠）；从 2009 年起，在整个欧盟推广。

图 22.6 根据 DIN EN 590 的柴油的最低要求及其含义（摘录）[1]

1998 年，欧盟委员会汽车与矿物油行业之间就所谓的汽车/石油计划（22.1.2.2 节）达成妥协，导致 DIN EN 590 的一些环境相关参数发生以下的变化（图 22.7）。

特征值	单位	DIN EN 590（1993—1999）	欧 3（2000 起）	欧 4（2005 起）
硫（最大）	mg/kg	500	350	50
十六烷值（最小）	—	49	51	51
密度（最大）	kg/m³	860	845	845
T95（最大）	℃	370	360	360
多环芳烃（最大）	%（m/m）	—	11	11

图 22.7 欧盟汽车/石油计划的关于柴油的结果[1]

德国联邦政府努力增加可再生原材料燃料的比例，除其他外，需要批准比EN 590允许的更高数量的FAME。在此背景下，德国立法者在2009年初实施了国家柴油标准（DIN 51628），允许柴油中的FAME含量高达7.0%。同时，在修订欧洲柴油要求标准EN 590时，将FAME的限制值提高到最高7%，从而使德国标准得以撤销。

除了这些标准外，全球汽车行业还制定了所谓的燃料宪章（Fuel Charter）（WWFC），其中对燃料的要求分为四个质量级别。汽车行业看到了开发符合最高质量水平（第4类）的未来发动机概念的潜力。

（1）密度

密度是一个重要的参数，因为每单位体积的能量含量随着密度的增加而增加。这增加了的标准允许密度范围内的热值34.8～36.5MJ/L。在喷射量相同的情况下，供给发动机的能量随着密度的增加而增加，这意味着发动机输出的功率更大。然而，在全负荷时，由于混合物更浓，而增加了废气排放，尤其是颗粒物。另一方面，随着密度降低，体积燃料消耗增加。因此，发动机制造商希望进一步收紧标准中的密度范围。然而，这将限制原理上更重的裂解成分的使用，其结果在不断增加的需求的情况下，可供性将受到明显限制，生产成本也将增加。考虑在油箱中引入密度传感器，根据在那里测量的密度来计量燃料，被认为是可以摆脱这种目标冲突的有用方法。基本上，冬季柴油的密度低于夏季柴油的密度，二者差异在5～10个单位之间。其原因在"深冷特性"中描述。在现代发动机管理中，至少根据温度提供密度校正。

（2）可燃性

它通过十六烷值（CZ）来表征。在欧洲标准中，它目前设置为最低51.0。发动机制造商要求将其提高到至少55。在当今的市场上，它已经在51～56之间，在某些情况下甚至超过60（自2004年以来），夏季燃料的值趋于更高。在冬季燃料的情况下，有时必须放弃高沸点的成分，以确保足够的低温特性。基本上，各个馏分的CZ随沸腾温度的增加而增加。众所周知，喷射到热空气中的燃料开始燃烧需要一定的时间，即着火延迟。除了发动机结构设计和运行条件外，这个变量很大程度上取决于所用柴油的可燃性。对此，决定性的十六烷值是十六烷 $C_{16}H_{34}$（正十六烷）的体积比例，是CZ=100的石蜡基参考燃料，与α-甲基萘 $C_{11}H_{10}$，一种芳族双环键和CZ=0的参考燃料混合。CZ对燃烧过程有显著的影响，因此对废气排放和噪声有很大影响。图22.8显示了通过提高可燃性来改善燃烧行为。

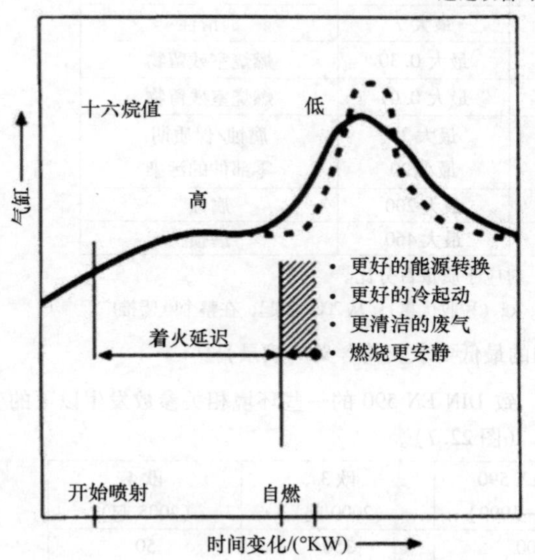

图22.8　作为可燃性函数的燃烧特性

高的CZ对起动特性和未燃烧碳氢化合物（HC）的排放也有积极的影响作用。由于天然存在的CZ通常不足，因此必须通过添加有机硝酸盐来提升，例如通过硝酸戊酯或硝酸乙基已酯（EHN，Ethyl-Hexyl-Nitrat）。为此所需的剂量通常保持在0.1%（体积分数）以下，其中，根据基础燃料的不同，最多可以提高5个单位。图22.9显示了EHN在不同柴油模式中的影响效果，对此，不同的响应变得显而易见。除了十六烷值，在标准中给出的十六烷指数（CI）是根据密度和沸腾特性计算得出的。它仅在有限程度上与试验发动机中确定的CZ相关，因为它不能代表当今一直使用的点火加速器。CZ在CFR或BASF测试发动机中通过改变压缩比ε以及通过进气空气的可变节流来确定。高的CZ需要降低压缩比以及减少空气量。对于标准值，需要描述在CFR发动机中的测试。BASF发动机的评估通常比CFR发动机高1.5个单位，因此，测量值必须相应地进行修正。

柴油模式	无EHN的CZ	有EHN的CZ	获利
1	48.5	51.0	2.5
2	49.0	53.5	4.5
3	50.0	53.3	3.3
4	51.3	53.0	1.7
5	52.5	56.6	4.1
6	55.4	58.0	2.6

图22.9 通过EHN提升CZ

（3）沸腾过程（蒸馏）

由于燃料是许多碳氢化合物的混合物，因此它们实际上不像纯碳氢化合物那样具有沸点，而是具有沸程（沸点范围）。柴油在180℃左右开始蒸发，在380℃左右结束。与汽油相比，这种特性并不那么重要，因为在柴油机中，混合气的制备直接在燃烧室中进行。

根据DIN EN 590确定的三个点，即在250℃、350℃和95%（体积分数）点，仅代表沸程上限。过高比例的高沸点物，尤其是芳烃（即沸点终点过高）会增大喷射油束中液滴的尺寸。由此增加的着火延迟对燃烧过程产生负面的影响，从而导致更高的噪声和增加碳烟的趋势。另一方面，一定程度的挥发性有利于冷起动特性，而过高比例的低沸点物质会导致直接在喷嘴处蒸发，这会破坏燃料在燃烧室中有目的的分布。汽车行业的目标是缩小沸点范围，例如在瑞典的“1级”（200～290℃），将大大限制柴油的可供性，在德国约为40%（体积分数）。这尤其是由于期望降低沸点终点，这将可以缓解发动机制造商遇到的一些问题。

（4）黏度

柴油的韧性或内摩擦一般随着密度的增加而增加。它不得低于规定的最小值，以确保喷射系统的滑动部件得到充分润滑。如果它太高，液滴尺寸会在预期的喷射压力下增大。其结果将是更差的混合气形成，因此导致更差的能源利用、更低的功率和更高的碳烟排放。随着温度的升高，黏度首先迅速下降，然后缓慢地下降。因此，应尽可能通过结构设计方面的措施避免油箱、燃油管路和燃油过滤器中的柴油被加热。

（5）闪点

闪点是燃料蒸气可以通过外部点火首次点燃的温度。在储存和配送系统中评估火灾风险以及由此得出的安全措施非常重要。在为此目的定义的危险等级中，柴油被归类为AⅢ，即危险性较低（汽油是AI），因此其闪点必须高于55℃。即使是与汽油的轻微混合也会导致低于该限制值。对于品牌燃料，可确保在储存和运输过程中排除含有汽油的少量混合物。图22.10显示了与汽油混合的严重性。顺便说一句，在柴油的生产中，闪点限制了挥发性成分的使用。

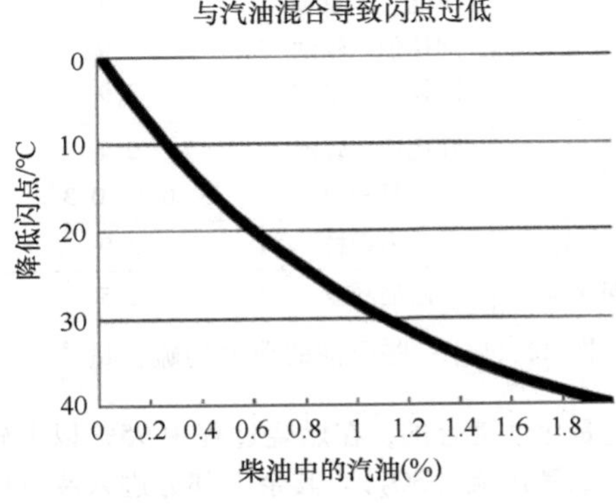

图22.10 在柴油中汽油对闪点的影响

（6）深冷特性

它描述了柴油的流动性和过滤性。由于其良好的自燃特性而特别适用于柴油的链烷烃不幸地具有随着温度降低而形成晶体的不良性质。它们脱落并聚集在一起形成蜡状的“松弛”。它们会削弱泵送燃油的能力，并会堵塞燃油过滤器。一旦发生这种情况，就达到了行驶性极限。除了车辆的技术特性和行驶条件外，它还受到燃料特性的显著的影响。在DIN EN 590中，CFPP试验中的过滤性作为柴油耐寒性的标准。除CFPP（冷滤器堵塞点，Cold Filter Plugging Point）外，品牌供应商还使用“脱蜡开始”的标准来确定CP（浊点，Cloud Point），以前也称为BPA（脱蜡开始，Beginn der Paraffin－Ausscheidung）。必须区分夏季柴油和冬季柴油。为了提供合适的冬季品质，使用了“量身定制”的添加剂。事实证明，流动改进剂和“蜡防沉降添加剂”（Wax Anti Settling

Additiven，WASA）的组合特别有效，WASA已经在存储和分配系统中产生了有益的影响，可以防止蜡晶体结块。在实践中，由于沸点和添加剂的最佳组合，个别柴油类型在冬季CFPP值可达到－33℃，因此远低于标准要求的－20℃限制值。在整个欧洲，燃料的耐寒性根据季节要求进行了调整（图22.6）。自2007年以来，德国市场就开始销售一种全年都特别耐寒的优质燃料。如果车辆配备内置燃油过滤器加热装置，则可以实现进一步的显著的改进。

（7）硫含量

原油天然含有或多或少的硫，具体取决于其来源，如图22.11所示。

地理位置	地点	硫含量（质量分数，%）
北海	一般地区	0.6～2.2
	布伦特	0.4
中东	伊朗　重油	1.7
	阿拉伯　轻油	1.9
	阿拉伯　重油	2.9
非洲	利比亚　轻油	0.4
	尼日利亚	0.1～0.3
南美	委内瑞拉	2.9
俄罗斯	西伯利亚	1.5

图22.11　一些原油的典型的硫含量[4]

它是化学键合的，在燃烧过程中95%以上转化为气态二氧化硫（SO_2）。其余大部分进入废气的颗粒质量中。它含有亚硫酸和硫酸盐，结果会发生腐蚀和废气污染。

除了柴油机废气中存在的被怀疑具有致癌性的碳烟外，还存在多环芳烃（PAH）。根据分析规范，不仅这些关键物质作为“颗粒”记录，而且由硫形成的硫酸盐和附着在其上的水也被记录下来。这部分颗粒质量可以通过进一步降低硫含量来减少。因此，欧洲标准EN 590在过去20年中越来越严格。与自1996年开始生效的最大0.05%（质量分数）的欧2限制值相比，从2000年的欧3降至350mg/kg（350×10^{-6}）和从2005年的欧4降至50mg/kg（50×10^{-6}）。

由于柴油机排气系统中氧化催化器的普及率越来越高，硫转化为SO_3（硫酸盐）的比例显著增加，从而导致颗粒物排放增加。出于这个原因，欧洲汽车工业（ACEA）也呼吁进一步降低硫的含量。如今，燃料生产总是不断地与这些更严格的要求相匹配，这使得炼油厂需要额外的昂贵的设备和工作步骤。由于过去30年来炼油厂采取了严厉的脱硫措施，柴油造成的SO_2排放不再构成环境问题。只有与合适的排气后处理系统（如颗粒过滤器）相结合，才能显著地减少颗粒物，因为关键的颗粒比例不能仅仅简单地通过降低硫含量而有效地减少，如图22.12所示。

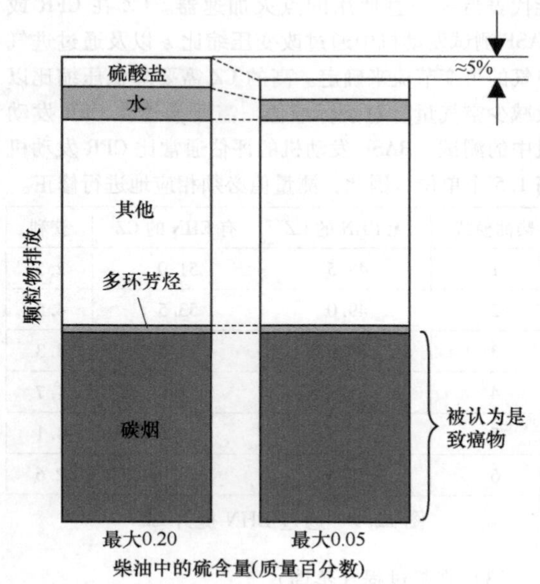

图22.12　通过进一步脱硫不会降低关键的颗粒比例

另一种相互作用是，尽管通过炼油厂中脱硫所需的氢气处理增大了所希望的CZ值，但这是以降低密度为代价的，具有上述的后果。

用于排气后处理的现代方案设计中提供的SCR催化器［以尿素（AdBlue）作为还原剂］对硫非常敏感。因此，发动机制造商要求全球几乎无硫燃料质量（S含量低于10mg/kg），自2003年初以来在整个德国市场在自愿基础上提供这种燃料。欧盟法规直到2009年1月1日才要求这样做。在这种情况下，应该记住几十年前姑且使用的“烟雾抑制剂”。这些添加剂，主要是钡化合物（还有锰和钙），不能减少当时还无法测量的颗粒排放，而只能通过颗粒的增亮（掩蔽）来产生减少烟雾的视觉印象。除了补充解释DIN EN 590的特征值的意义之外，还应该简要讨论一些其他有吸引力的特征值。

（8）热值

高热值H_o（表示包括水的冷凝热在内的燃料的燃烧热）和低热值H_u（实际可用的热量）之间存在区别。在实践中，只有低热值（也仅称为热值）是重要的。它提供有关能量密度的信息。虽然出于科学目的，以MJ为单位的低热值通常与质量单位kg相关，但与体积单位相关的以 MJ/L 为单位的热值对于实际使用具有决定性意义。此外，空气和燃料的混合物的混合气热值也很重要。这取决于燃料的热值和空燃比。决定发动机功率输出的不是低热值，而是可点燃的混合气的混合气热值。在图 22.13 中，将柴油低热值与超级汽油、乙醇和 RME（菜籽油甲酯）进行了比较。

其中表明，柴油的能量含量比超级汽油高 15%，而 RME 的能量含量比柴油低 9%。众所周知，甲醇的体积消耗量必须几乎翻倍。同样令人感兴趣的是三种不同柴油的热值和元素分析的比较，如图 22.14 所示。这表明，即使密度差异稍大，如燃料 B 与 C 之间的情况，热值也没有显著的差异。

燃料	热值 H_u	
	MJ/L	MJ/kg
柴油	35.7①	43.0①
菜籽油甲酯	32.7①	37.2①
汽油（超级）	30.8①	41.0①
乙醇	21.17	26.80

① 平均值。

图 22.13　柴油与超级汽油、乙醇和 RME 的热值的比较

柴油－试样	密度/15℃ /(kg/m³)	元素分析（质量分数,%）			热值		
					H_o	H_u	
		C	H	O	MJ/kg	MJ/kg	MJ/L
A（无 FAME）	829.8	86.32	13.18	—	45.74	42.87	35.57
B（5% FAME）	832.31	85.86	13.12	—	45.55	42.70	35.43
C（7% FAME）	833.31	85.68	13.10	—	45.51	42.65	35.38

图 22.14　市售柴油的热值及元素分析比较[4]

（9）焦炭渣

它是通过低温干馏法蒸馏出最后的 10% 的柴油量来确定的。它主要含有有机成分，也含有少量无机成分。有迹象表明柴油在喷嘴上有焦化趋势。由于助燃剂会略微增加焦炭残留量，因此仅对不含添加剂的柴油进行测定才有意义。虽然 DIN EN 590 允许最大为 0.3%（质量分数），但商业柴油其值要低得多，平均为 0.03%（质量分数）。

22.1.1.3　柴油用添加剂

添加剂是作为活性物质改善燃料和润滑剂特性的附加物，通常以 10^{-6} 范围内的浓度添加。它们的开发通常是成本密集型的，主要是关于以尽可能低的剂量在所需的方向上实现显著的效果，而不必接受不良的副作用。柴油所考虑的添加剂在各个特性值及其实际意义的描述中已经提到过，有的还做了更详细的处理。这里还有一些补充。图 22.15 显示了柴油车中可以通过添加剂解决的不同问题。

（1）清洁剂/分散剂添加剂

清洁剂是一种无皂、表面活性的润湿介质或清洁

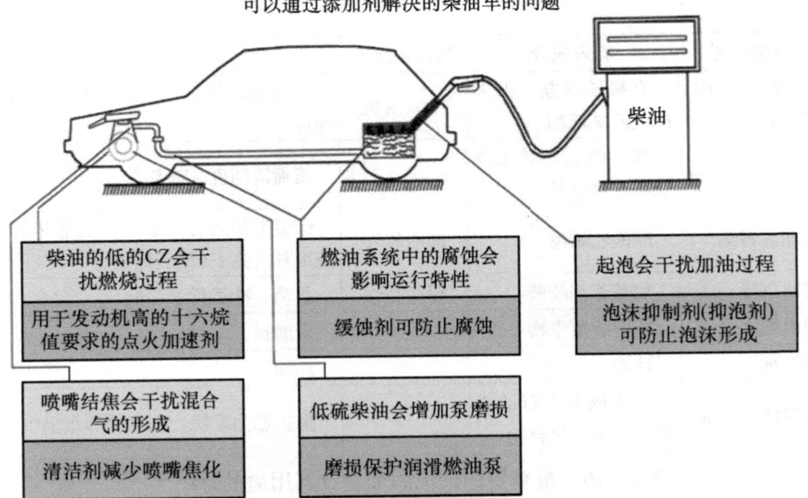

图 22.15　添加剂解决柴油车的问题[5]

介质，旨在降低表面或界面的张力。它们的作用主要与分散剂作用相结合。它们能够防止液体中的异物聚集在一起。许多有机物质适合并被证明可用作柴油清洁剂/分散剂。这些是胺、咪唑啉、酰胺、琥珀酰亚胺、聚烷基琥珀酰亚胺、聚烷基胺和聚醚胺。它们的任务是减少或完全防止喷嘴和燃烧室中的沉积物。它们的使用对于保持直喷发动机中特别精细的喷嘴的功能以及在更长时间内精确地遵守预喷射阶段至关重要。它们在针阀升程方面的有效性尤为重要。同样有吸引力的是这些添加剂随着时间的推移对颗粒排放的积极的影响作用。

（2）缓蚀剂

通过抗氧化剂和金属钝化剂，它们确保了柴油的老化稳定性，该稳定性因原油和制造工艺而有很大的差异。氧化抑制剂（抗氧化剂）可防止大气中氧气的腐蚀攻击。与金属钝化剂一起，借助于有机化合物，形成以物理或化学方式粘附在金属表面上的一层无催化活性的保护膜。

（3）润滑添加剂

这些是添加到柴油中的润滑能力改进剂，如果由于硫含量的急剧下降，喷油泵的机械高应力部件的润滑不再由燃料本身得到保证的话。如果没有添加剂，仅在很短的运行时间后就会出现严重的泵磨损，这尤其会出现在燃油润滑的分配泵、泵喷嘴和共轨系统中。长期磨损已经发生在0.05%（质量分数）硫的极限值上，该极限值一直有效到1999年。HFRR（高频往复磨损装置，High Frequency Reciprocating Wear Rig）试验用于测量磨损保护。它模拟了喷射泵中的滑动磨损，其中直径为6mm的球在恒定的接触压力下、在抛光的钢板上的液体下摩擦。DIN EN 590规定了在60℃的测试温度下，球直径磨损的极限值（WSD）为460μm。高压添加剂作为极性化合物用作添加剂。如果柴油中含有FAME，则无须添加润滑添加剂。通过添加少量FAME（小于1%），就已经显著地改善了HFRR。

（4）抑泡剂

加油时，恼人的柴油泡沫可以通过泡沫抑制剂（消泡添加剂，Anti - foam - Additive）在很大程度上得到抑制。除其他外，它们会改变泡沫气泡的表面张力，这意味着它们会松动或破坏它们之间的边界层。这些主要是添加到柴油中的液态有机硅，数量非常少（≈0.001%）。

（5）气味改良剂

调味剂可用于减少柴油相当刺鼻的气味，尤其是因为乘用车柴油机驾驶员在加油时的气味令人讨厌。然而，这些措施的有效性被评估为是相反的。与此同时，柴油日益脱硫导致目前市场上出现一些气味非常温和的燃料。

（6）颗粒过滤器用助燃剂

对于新引入的颗粒过滤器的再生，在某些系统中使用含金属添加剂以促进过滤器中收集的颗粒的燃烧。除其他外，已证明铁化合物二茂铁在研究中特别有效。对柴油最重要的添加剂及其用途的总结见图22.16。

（7）品牌柴油添加剂包

自1987年以来，领先的品牌供应商一直在使用添加剂包来提高质量，并不断地适应新的要求。除了保持喷嘴清洁的所谓清洁剂添加剂外，也使用所谓的点火加速剂（在某些情况下将十六烷值提高到远高于51.0的最低限度）。除了降低噪声污染外，这还进一步改善了冷起动、暖机和典型日常驾驶期间的运行特性。对喷射系统的磨损保护也得到了进一步提高。原则上，不同制造商的柴油可以混合使用，然而，有时会失去添加剂的平衡效果。

柴油添加剂	有效成分	特性值改善	应用优势
点火加速剂、燃烧改善剂	有机硝酸盐，例如硝酸乙基已酯	十六烷值	冷起动、白烟、燃烧噪声、废气排放、油耗
清洁剂	胺、酰胺、琥珀酰亚胺、聚醚胺	—	喷嘴清洁度、油耗
流动改善剂	醋酸乙烯酯	深冷特性	低温下的运行可靠性，这意味着可以使用具有高CZ的石蜡组分
蜡防沉降	烷基芳基酰胺	深冷特性	起动、冷运行、存储
润滑剂	脂肪酸衍生物	—	泵磨损
消泡剂	硅油	—	加油
防腐蚀保护剂	油酸酰胺、石油磺酸盐、氨基化合物	—	保护燃油系统，在存储和车辆中

图22.16　最重要的柴油添加剂及其用途的总结[5]

22.1.1.4 柴油的替代燃料

每一种植物都是一种可再生的原材料，称为生物质。其中一些含有特别大量的可用能源，如甜菜、甘蔗、小麦和油菜籽。可以通过适当的转化过程从这些阳光充足的一次能源中获得液态的二次能源，如乙醇和菜籽油。此外，还可以生产沼气。目前对这种可用于发动机的“生物燃料”感兴趣有几个原因。首要要求是减少对石油等化石能源的依赖。通过使用生物燃料还可以减少通过封闭二氧化碳循环进入大气的CO_2量。此外，通过能源作物的种植提供了另一种利用欧洲农业因生产过剩而留出的耕地的可能性。为了推进这条道路，欧盟为生物燃料提供了相应的税收减免。

有针对性地减少温室气体排放是当前的首要任务。这些气体，这里主要是二氧化碳（CO_2），被认为是气候变化的原因。除了一直存在的CO_2排放的自然来源外，重点是化石燃料燃烧产生的CO_2排放。油菜籽油等油籽是目前最适合柴油运行的生物燃料，作为生物柴油的原始产品。

（1）生物柴油

它的应用是基于这样的想法，即当它燃烧时，产生的CO_2与植物生长过程中从空气中去除的CO_2一样多。在理想情况下，这被称为封闭的CO_2循环，而不会增加大气中的CO_2浓度。然而，不应忘记农业种植和生物质转化需要能量。此外，生物燃料非常昂贵。考虑到来自生物质的各种燃料的每吨CO_2减排成本或预防措施时，很明显，其他措施，如隔热和风力发电，明显更具成本效益。菜籽油作为发动机应用的原料的适用性已在广泛的测试中得到证明。事实证明，对燃油系统、发动机和发动机油进行或多或少的全方位的改造是必要的。联邦研究与技术部委托进行的研究表明，德国的大多数柴油机并不直接适合使用菜籽油。应用技术问题主要是由高的黏度来决定的，这会导致喷油嘴和活塞环槽结焦，使低温运行变得困难并恶化喷射燃料的雾化。由此导致的较差的燃烧除了NO_x减少外，使得废气中的有害物明显增加。废气中还有众所周知的“烧结”气味，这可能会通过催化器来缓解。此外，生物柴油的醛和多环芳烃（PAK）的排放量大于柴油。其他问题还包括稳定性不足、耐寒性低和弹性体相容性差等问题。此外，所含的甘油酯/甘油会导致喷嘴和燃烧室区域的大量沉积物。对于菜籽油在现代发动机中的普遍适用性，需要对其进行一般转换。这可以通过酯化为 RME（菜籽油甲酯，Rapsöl - Methylester）、在炼油厂与碳氢化合物精炼产品混合加氢裂化或通过植物油本身加氢（HVO）来完成。一般而言，对于来自 PME（植物油甲酯，Pflanzenöl - Methylestern）的柴油，必须遵守图 22.17 中列出的最重要的最低要求。

特征	单位	限制值		检验方法
		最小	最大	
15℃时的密度	kg/m³	860	900	EN ISO 3675
40℃时的运动黏度	mm²/s	3.50	5.00	EN ISO 3104
闪点	℃	120		prEN ISO 3679
CFPP 过滤性 15.04～30.09 01.10～15.11 01.01～14.04 16.11～29.02	℃		 0 -10 -20 -10	DIN EN 116
硫含量	mg/kg		10.0	prEN ISO 20846
十六烷值	—	51.0		EN ISO 5165
灰分（硫酸盐灰分）	质量分数,%		0.02	ISO 3987
水含量	mg/kg		500	EN ISO 12937
酸值	mg KOH/g		0.50	EN 14110
甲醇含量	质量分数,%		0.20	EN 14110
磷含量	mg/kg		10.0	EN 14107

图 22.17 柴油机脂肪酸甲酯（FAME）的最低要求（摘自 DIN EN 14214[4]）

通过甲醇进行菜籽油的酯交换。通过转化，从本质上改善了低温特性、黏度和热稳定性。此外，去除了不需要的次要组分。这使得RME成为比纯菜籽油更好的柴油机的替代燃料。然而，必须花费额外的能量进行转化，这使得RME的能量平衡不如纯菜籽油。用作燃料的RME必须符合DIN EN 14214的要求。此外，必须在车辆侧确保弹性体相容性。在相关的排放试验中，RME表现出比柴油更低的颗粒、PAK、HC和CO排放特性，而NO_x和醛类的排放量则更高。另外的缺点是更低的功率、更高的体积消耗和明显更高的生产成本。例如，RME需要大量的国家补贴才能在加油站实现同等价格。在没有补贴的情况下，目前RME的生产成本比柴油高2~3倍。与典型的柴油相比，RME最重要的特征值如图22.18所示。高的十六烷值和与纯的、无硫柴油相比更好的润滑性（HFRR）是积极的。

燃料	组分（质量分数，%）			15℃时的密度/(kg/m³)	热值/(MJ/L)	十六烷值(CFR)
	C	H	O			
RME（典型值）	77.2	12.0	10.8	880	32.8	51~54
柴油（典型值）	86.6	13.4	0.4	835	35.5	51~55

图22.18　从菜籽油中提取的FAME与柴油的特性值的比较[4]

在上述通过在炼油厂中通过加氢裂化与碳氢化合物炼油产品混合加工菜籽油的替代方法的情况下，还可以确定对作为柴油的特征值的明显改善。图22.19显示了纯菜籽油和柴油与通过以不同方式将菜籽油添加到真空瓦斯油中，然后在加氢裂化器中加氢生产的三种燃料的比较。这里，R10、R20和R30是指终端产品中菜籽油的含量。硫含量的逐渐降低和CZ的改善是惊人的。根据DIN EN 590柴油要求标准，可向常规柴油中添加高达5%的FAME（脂肪酸甲酯，Fatty Acid Methyl Esters）。在欧盟生物燃料指令的背景下，该指令要求在燃料中添加生物衍生成分并提供相应的税收补贴，自2003年底以来，在德国仅偶尔在柴油中使用，而自2005年以来FAME通常高达5%。自2007年起生效的德国生物配额法在其中发挥了重要的作用。与欧盟指令相比，它要求所有燃料中的生物质份额更高。自2009年以来，要求遵守总体配额，而EN 590中规定的最大FAME含量为5%无法实现。对此，国家柴油标准DIN 51628于2009年初生效，该标准允许混合高达7.0%的FAME。

特征值	单位	柴油	柴油-R10	柴油-R20	柴油-R30	菜籽油
密度	kg/m³	841.5	835.7	830.5	824.9	920.0
硫含量	质量分数，%	0.19	0.13	0.09	0.04	0.01
CFPP	℃	-9	-7	-5	-2	16
十六烷值	—	54.5	59	63	66.5	41
热值 H_u	MJ/kg	42.82	42.98	42.84	43.23	37.40
黏度/20℃	mm²/s	4.90	4.99	5.01	5.01	73.5

图22.19　柴油-菜籽油混合物（菜籽油加到真空瓦斯油/氢化）[4]

同时，欧洲柴油要求标准中的FAME限制值也调整为7%。同样，菜籽油也可以添加到中间馏分脱硫装置（MDE）中。图22.20显示了具有10%、20%和30%菜籽油含量的此类燃料的特性。在这里，S含量和CZ也有优点，但在深冷特性方面也有缺点。事实证明，将菜籽油酯交换为RME提供了总体上更好的终端产品。将植物油转化为燃料的另一种变体是直接氢化。终端产品，即所谓的氢化植物油（HVO）具有出色的应用技术特性，因此在与传统柴油的混合方面不受限制。

还应该提到的是二甲醚（DME）$(CH3)_2O$也是柴油的合适组分。它是在进一步的工艺步骤中从甲醇中生产的，或者最近直接从天然气或来自其他一次能源的合成气中生产。DME（在压力下液化）目前特别用作气溶胶罐中作为推进剂的FCKW的替代品。

特征值	单位	柴油 - R10①	柴油 - R20①	柴油 - R30①
密度	kg/m^3	836.7	832.1	827.5
硫含量	质量分数,%	0.13	0.09	0.04
CFPP	℃	-5	-4	-2
十六烷值	—	58	63	69
热值 H_u	MJ/kg	42.92	43.06	43.11

① 菜籽油在 MDE 中的份额。

图 22.20 柴油 - 菜籽油混合物转化为 MDE 后[4]

最后，应该指出的是，尽管付出了相当大的努力，但使用菜籽油作为替代柴油的技术可行性已得到证实。然而，生产成本高得令人望而却步。最终，通过大量的国家补贴，其经济上可行的使用是可能的。此外，由于基于植物油的燃料供应有限，只能实现部分化石柴油的替代。

（2）柴油赛车燃料

如今，还为高功率柴油机生产特殊的赛车燃料，通过它们的成分来提高发动机的功率输出。在长距离比赛中，例如勒芒（LeMan）24h 赛或马拉松拉力（Marathon - Rally）赛，保持喷射系统特别清洁也很重要，这样即使在赛事的最后阶段也能达到最大的功率值。在这种情况下，使用当今在一定程度上可供的选定替代/生物成分［例如 GTL、氢化植物油（HVO）或精制脂肪酸甲酯］具有挑战性。

（3）醇类柴油混合物

原则上，单独使用甲醇或乙醇作为“柴油”的替代品与柴油相比具有明显的缺点，并且需要对发动机和燃料采取大量的、昂贵的匹配措施。例如，柴油机与纯酒精运行的匹配需要为双燃料运行设置第二个喷射系统。这里，冷起动、怠速和暖机是用柴油完成的，随着负荷和转速的增加醇类燃料逐渐添加。其他的可能性是带有电热塞或火花塞的点火辅助装置。还测试了化学的、与燃料混合的可燃性改进剂。然而，它们很昂贵。由于其低的可燃性和高的汽化热，醇类需要相应复杂的燃料方面的匹配。明显更低的热值对运行来说是不利的（比较图 22.10），这必然导致功率降低和油耗增加。减少颗粒和 NO_x 排放是特别有利的。甲醇或乙醇与柴油的混合物更易于应用。然而，由于甲醇和乙醇在环境温度下实际上与柴油不混溶，因此这一方案设计需要同时使用更大量的增溶剂，例如乙酸乙酯。可以从甲醇与柴油的三相溶解度图中读取稳定的混合物的区域。醇类方案设计经过了技术验证，但与当今的成本结构和税收负担相比没有竞争力。不应低估的第二个方面是柴油与醇类混合时危险等级的变化，这其中意味着闪点和爆炸极限明显不那么有利。还应该注意的是，包括车辆在内的整个基础设施都不是为这种产品设计的，除其他外，由于不利的弹性体相容性，可能还会出现泄漏现象。

（4）柴油水乳液

将水引入燃烧过程中原则上具有优势。特别是，由于水蒸发过程中的内部冷却效应，峰值温度降低，氮氧化物的形成减少。可以借助第二个喷射系统或通过柴油水乳液引入水。虽然第一种方式需要在发动机和车辆上进行大量的结构改进工作，但更有效的方式是，柴油水乳液更容易在车辆侧实施。研究表明，随着水含量的增加，NO_x 排放和黑烟如预期的那样明显减少，但 HC 和 CO 排放增加。在低负荷范围内 HC 排放的增加尤其明显，因此颗粒物排放量的优势可以被抵消。因此，乳液的明显的现实优势将需要根据运行工况点改变柴油与水的比率，这将涉及很多的努力。在这方面，更有可能研究乳液在固定式发动机中的成功应用。柴油水乳液在燃料方面也更昂贵，因为喷射系统需要额外的磨损保护；现代高压喷射系统在这里尤为重要。现代高压喷射系统的制造商尤其拒绝在其系统中使用乳液。此外，乳液缺乏长期稳定性，特别是在低温下，必须通过添加剂进行补偿，并且必须抵消微生物的侵扰。连同所需的乳化剂一起，产生了额外的燃料成本，这一直阻碍了此类产品的广泛使用。现在偶尔用于固定使用和大型发动机结构中（例如海洋区域）。

（5）柴油机中的 CNG

CNG（压缩天然气，Compressed Natural Gas，甲烷）是压缩至 200bar 用于车辆的压缩天然气。图 22.21显示了 CNG 与柴油的物性对比。

物性	柴油	CNG
罐内物质状态	液态	气态
罐内压力	大气氛围	200bar
密度	$830kg/m^3$	$170kg/m^3$
体积热值 H_u	34.7MJ/L	7.2MJ/L
质量热值 H_u	42.0MJ/kg	47.7MJ/kg

图 22.21　CNG 与柴油的物性对比

可以看到，即使在 200bar 的压力下，储罐中的能量密度也很低。甲烷的低可燃性意味着在柴油机中必须提供能量以点燃它。这里可以考虑使用两种燃料的点火射束方法。尽管如此，优先考虑将城市公交车中的柴油机转换为汽油机，也是为了利用更简单的燃料储存（单燃料）。气缸盖和活塞要进行改装，喷油嘴被火花塞取代，并安装了高压点火装置以取代喷油泵。压缩比从 17.5:1 降低到 11.0:1。考虑到排放效益，在大都市地区使用此类商用车方案设计非常有意义。然而，由于与柴油机相比能耗更高，这一方案设计在多大程度上可以广泛实施是值得怀疑的。

22.1.2　汽油

汽油（OK）的沸点范围为 30～210℃，主要用于汽油机的运行，主要用于汽车领域。它们由大量的碳氢化合物组成，这些碳氢化合物是在炼油厂使用各种加工方法从各种来源的石油中获得的基础汽油。此外，它们还含有少量其他有机化合物和添加剂。鉴于当今普遍使用燃油喷射，使用了数十年的“VK”（化油器燃油）术语已经过时。

爆炸极限对于汽油来说具有普遍的意义。它们描述了当点火源被激活时发生突然燃烧的空气燃料蒸气混合气的限制。可以区分下限（少量燃料蒸气）和上限（大量燃料蒸气）。在低于下限和高于上限的浓度下，点火后不会发生燃烧。汽油空气混合气的爆炸下限约为 1%（体积分数），上限约为 8%（体积分数）。汽油储存时，通常在燃料上形成非常浓的燃料空气混合气，远高于爆炸上限。研究表明，具有最小蒸气压和低挥发性的燃料以及低环境温度有时会低于上限，这会使车辆油箱中的燃料蒸气空气混合物易燃。

22.1.2.1　汽油的成分和组成

汽油属于石油的低沸点成分之一。它是重整油、裂化汽油（烯烃）、裂解汽油、异链烷烃、丁烷、烷基化合物和所谓的替代成分（如醇和醚）的混合物。图 22.22 总结了当今使用的汽油成分的特征值，例如密度、辛烷值和沸腾特性等。应特别注意生产超级加（SuperPlus）汽油所需的成分甲基叔丁基醚（Methyl－Tertiär－Butyl－Ether，MTBE）和乙基叔丁基醚（Ethyl－Tertiär－Butyl－Ether，ETBE）。20 世纪 80 年代使用的甲醇和叔丁醇（Tertiär－Butyl－Alkohol，TBA）的醇类混合物如今已被生物乙醇所取代。作为过去几十年来一直是燃料研究焦点的抑制爆燃剂的曾经如此重要的铅化合物不予考虑，因为它们的使用现在几乎在世界范围内被禁止，因为铅化合物是有毒的。

成分	密度	辛烷值		E 70①	E 100②
单位	kg/m^3	MOZ	ROZ	体积分数,%	体积分数,%
蒸馏汽油	680	62	64	70	100
丁烷	595	87～94	92～99	100	100
裂解汽油	800	82	97	35	40
轻裂汽油	670	69	81	70	100
催化裂化 轻	685	80	92	60	90
催化裂化 重	800	77	86	0	5
加氢裂化 轻	670	64	90	70	100
全方位重整 94	780	84	94	10	40
全方位重整 99	800	88	99	8	35
全方位重制 101	820	89	101	6	20
异构体	625	87	92	100	100
烷基化	700	90	92	15	45
聚合物汽油	740	80	100	5	10
甲基叔丁基醚	745	98	114	100	100
乙基叔丁基醚（ETBE）	751	105	118	－10	120
甲醇/TBA 1:1	790	95	115	50	100
乙醇	789	96	115	0	100

① 在 70℃下蒸发的份额。

② 在 100℃下蒸发的份额。

图 22.22　汽油的主要成分[4]

图 22.23 显示了用 FIA 分析（荧光指示剂吸收法，Fluoreszenz - Indikator - Absorptionsverfahren）测定代表成分烷烃、烯烃和芳烃的元素组成。

关于德国炼油厂典型汽油中使用的各个成分的数量级如图 22.24 所示。大致相同的部分主要用于重整汽油和裂解汽油。所有其他成分所占的比例要小得多，但没有它们中的每一种。

成分	链烷烃①	烯烃	芳烃
单位	体积分数,%	体积分数,%	体积分数,%
蒸馏汽油	94	1	5
丁烷	100	—	—
裂解汽油	≈20	≈10	≈70
轻裂汽油	≈57	≈40	≈3
催化裂化 轻	61	26	13
催化裂化 重	29	19	52
加氢裂化 轻	100	0	0
全方位重整 94	45	—	55
全方位重整 99	38	—	62
全方位重制 101	29	1	70
异构体	98	—	2
烷基化	100	—	—
聚合物汽油	5	90	5

① 包括环烷烃。

图 22.23 元素分析中的汽油成分[4]

(1) 替代成分醇和醚

为了弥补铅禁令造成的 OZ 损失，除了进一步开发的高辛烷值的经典成分和醇外，还发现了各种醚作为主要的新的汽油成分。这些是 CH_2 基团被氧原子取代的含氧碳氢化合物，具有至少五个 C 原子的醚适用于汽油。图 22.25 比较了可被视为成分考虑的醇与超级汽油的最重要特征值。

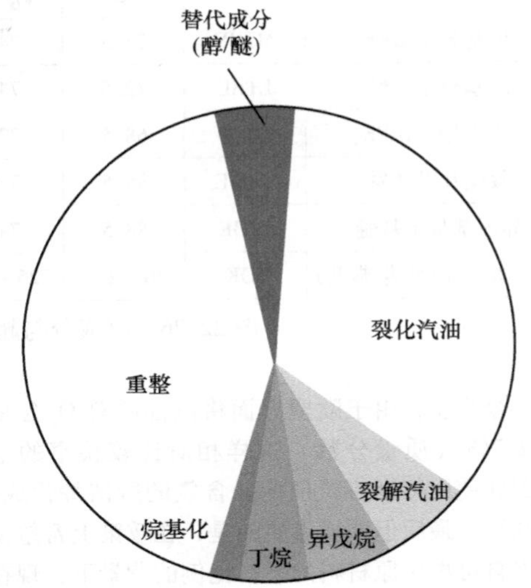

图 22.24 德国的汽油成分[5]

在整个发动机的历史中，在不同的时间和不同的地方使用过甲醇和乙醇。22.1.2.3 节详细讨论了它们作为替代燃料的应用。醚的特点是与汽油良好的混溶性，在对水的低敏感性情况下不会共沸增加挥发性。高的辛烷值和低的蒸气压是惊人的。由于与甲醇和乙醇相比更低的氧含量，与常规的燃料成分相比，热值的降低保持在可容忍的范围内。MTBE，尤其是 ETBE，现在可以以工业规模生产。图 22.26 比较了作为成分考虑的醚与超级汽油的最重要的特征值。除 ETBE 和 TAME 外，其中列出的其他醚由于生产成本高而几乎从未用作为燃料成分。

名称	缩写	沸点	20℃密度	蒸气压	ROZ	MOZ	热值	汽化热	O_2含量
单位		℃	kg/m³	kPa①			MJ/L	kJ/kg	质量分数，%
甲醇	Methanol	64.7	791.2	32/81①	114.4	94.6	15.7	1170	49.93
乙醇	Ethanol	78.3	789.4	17/70①	114.4	94.0	21.2	880	34.73
异丙醇	Isopropanol	82.3	775.5	14/72①	118.0	101.9	23.6	700	26.63
乙丁基醇	SBA	99	806.9				27.4		21.59
异丁基醇	IBA	107.7	801.6	4/63①	110.4	90.1	26.1	618	21.59
叔丁基醇	TBA	82.8	786.6	7/64①	≈105	≈95	26.8	589	21.59
超级汽油	SOK	30~210	720~775	S 45.0~60.0 W 60.0~90.0	95	85.6	≈41	380~500	0~2.7

① 作为汽油中的混合成分（10%）。

图 22.25 醇类成分与超级汽油相比的重要的特征值[4]

名称	缩写	沸点	20℃密度	蒸气压	ROZ	MOZ	热值	O_2含量
单位		℃	kg/m³	kPa			MJ/kg	质量分数,%
甲基叔丁基醚	MTBE	55.5	740	48	114	98	26.04	18.15
乙基叔丁基醚	ETBE	72.5	742	28	118	102	26.75	15.66
二异丙醚 DIPE	DIPE	68.5	725	24	110	100	26.45	15.66
叔戊基甲基醚	TAME	85.5	770	16	111	98	27.91	15.66
异丙基叔丁基醚	PTBE	88.5	740	20			27.46	13.77
增压 OK（1999 年典型）	SOK	30～215	725～780	60～90	95	85	≈41	0～2

图 22.26　醚成分与超级汽油相比的最重要的特征值[6]

迄今为止，由于欧盟方面将汽油的总 O_2 含量限制在2.7%（质量分数）这样相对比较狭窄的范围内，因此使用特别有价值的、含氧的所谓替代成分，如酯和醇。最后但同样重要的是，在政策上希望使用更多来自可再生原材料的燃料比例的背景下，现在已经创造了使用最大氧含量为3.7%（质量分数）的燃料的可能性。在此背景下，调整了各个成分的允许混合物，并修订了欧洲汽油要求标准 EN 228。

图 22.27 显示了根据欧盟关于使用含氧成分的指令当今所允许的应用。将高的氧含量［最大 3.7%（质量分数）］燃料引入其市场的欧盟成员国还必须无限期提供最大氧含量为2.7%（质量分数）的所谓保护品种，以满足不兼容高含氧量燃料的车辆的需求。

已证明 MTBE/ETBE 在超级加（SuperPlus）汽油中特别有用，可替代基于铅的抑制爆燃剂以增加 OZ。在德国，目前平均约 10% 的 MTBE/ETBE 用于超级加汽油甚至更抗爆的品种。

成分%（V/V）	按照 DIN EN 228 的允许的成分	
	O_2 含量最大 2.7%（质量分数）	O_2 含量最大 3.7%（质量分数）
甲醇 最大	3.0%（体积分数）	3.0 %（体积分数）
乙醇 最大	5.0 %（体积分数）	10.0 %（体积分数）
IPA 最大	体积混合物的含氧量限制为最大 2.7%（质量分数）	12.0 %（体积分数）
TBA 最大		15.0 %（体积分数）
IBA 最大		15.0 %（体积分数）
醚① 最大		22.0 %（体积分数）
其他② 最大		15.0 %（体积分数）

① MTBE、TAME 和 ETBE 以及其他具有至少 5 个 C 原子。
② 其他一元醇。

图 22.27　含 O_2成分的最大浓度（欧盟）[4]

（2）汽油品种

在德国，加油站目前提供两种或三种无铅燃料：Super E5［最多含有 5%（体积分数）乙醇］作为所谓的保护品种，Super E10［最多含有 10%（体积分数）］和许多其他加油站也是 SuperPlus［通常不添加乙醇，但最多添加 5%（体积分数）］。大多数情况下，一些供应商在加油站提供的优质汽油中不添加醇类。几乎所有欧洲国家的市场上都不再有普通汽油，因为所有汽车制造商都面临着提供尽可能低的油耗/CO_2排放量的压力，他们的发动机几乎专门为 Super（超级）或 SuperPlus（超级加）而设计。图 22.28 显示了之前汽油品种在德国燃料市场的分布。目前德国汽油品种的比例，Super E10 不到 20%，Super E5 超过 70%。其余部分是 SuperPlus 和优质燃料。

燃料	年份								
	1994	1995	1996	1997	1999	2000	2002	2005	2008
普通汽油	39.4	38.4	37.6	36.9	34.3	33.4	30.9	28.0	10.6
超级汽油	46.9	50.7	54.4	47.3	61.1	62.8	65.3	68.1	85.4
超级加汽油	6.0	5.4	5.3	5.8	4.6	3.8	3.8	3.9	4.0
无铅总汽油	92.3	94.5	97.4	100.0	100.0	100.0	100.0	100.0	100.0
超级含铅汽油	7.7	5.5	2.6	—	—	—	—	—	—

图 22.28 德国汽油品种消费占比（%）[2]

除了传统的石油基汽油，还有许多其他可合成生产的物质也适用于汽油机中的燃烧。还有几种使用替代汽油的可能性。这将在 22.1.2.3 节中更详细地讨论。

22.1.2.2 特征值和特性

DIN EN 228 中规定了上述三种无铅汽油的最低要求。从图 22.29 可以看出，它们主要涉及密度、抗爆性、沸腾曲线、蒸气压、苯含量和硫含量。

		按照 DIN EN 228 的要求		
特征值	单位	SuperPlus	Super	普通
15℃时的密度	kg/m³	720～775		
抗爆性 ROZ MOZ		 最低 98.0 最低 88.0	 最低 95.0 最低 85.0	 最低 91.0 最低 82.5
铅含量	mg/L	最大 5		
沸腾过程① 蒸发量（A 级） 在 70℃，E70 在 100℃，E100 在 150℃，E150 蒸发量（D/D1 级） 在 70℃，E70 在 100℃，E100 在 150℃，E150 沸点 FBP（A/D/D1 级）	体积分数，% ℃	 20.0～48.0 46.0～71.0 最小 75.0 22.0～50.0 46.0～71.0 最小 75.0 最大 210		
挥发性指数 VLI② （VLI = 10 × VP + 7 × E70） D1 级	 指数	 最大 1.150		
蒸馏残渣	体积分数，%	最大 2		
蒸气压（DVPE） A 级 D/D1 级	kPa	 45.0～60.0（夏季） 60.0～90.0（冬季）		
蒸发残留物	mg/100mL	最大 5		
苯含量	体积分数，%	最大 1.0		
硫含量	mg/kg	最大 10①		
氧化安定性	min	最低 360		
铜腐蚀	腐蚀程度	最大 1		

① 自 2009 年初以来，整个欧盟的最大硫含量为 10mg/kg。

D 级：11.16～3.15.（冬季）。

D1 级：3.16～4.30/10.1～11.15（过渡）。

② 蒸气锁定指数。

图 22.29 按照 DIN EN 228 的汽油特征值[1]

由于一些燃料特征值在应用技术方面的环境相关的重要性，为弥合汽车和矿物油行业的不同观点，在欧洲的基础上（欧盟委员会），1998 年在汽车/石油计划的框架内决定妥协，要求与环境相关的特征值2000 年为第 1 阶段和 2005 年为第 2 阶段进一步收紧。就汽油而言，这主要影响硫、苯和芳烃的含量。废气排放限制值相应地确定为 2000 年 1 月 1 日起的欧 3、2005 年 1 月 1 日起的欧 4 和 2009 年起的欧 5。欧 6 排放要求自 2014 年起生效，进一步收紧。图 22.30 显示了汽油的变化。除了这些标准之外，全球汽车行业还制定了所谓的燃料宪章（WWFC），其中对燃料的要求定义为 4 个质量级别。汽车行业看到了开发符合最高质量水平（第 4 类）的未来发动机概念的潜力。

欧洲废气排放法规的发展如图 22.31 所示。

特征值	单位	DIN EN 228 直到 1999 年	欧 3 从 2000 年起	欧 4 从 2005 年起
硫	mg/kg	500	150	50
苯	体积分数,%	5	1	1
芳烃	体积分数,%	—	42	35
蒸气压	kPa	70	60	60
烯烃	体积分数,%	—	(21) 18	18

图 22.30　欧洲汽车/石油计划关于汽油的结果[1]

	有害物	91/441/EWG 欧 1	94/12/EG 欧 2	98/69/EG① 欧 3	98/69/EG① 欧 4	欧 5/5b	欧 6
发动机	g/km	1992 年起	1996 年起	2000 年起	2005 年起	2009/11 起	2014 年起
汽油机	CO	3.16	2.20	2.30	1.000	1.0	1.0
	HC + NO_x	1.13	0.50				
	HC			0.20	0.100	0.10②	0.10
	NO_x			0.15	0.080	0.06	0.06
	PM					0.0045	0.0045
	PN					6×10^{11}	6×10^{11}
柴油机	CO	3.16	1.00	0.64	0.500	0.05	0.05
	HC + NO_x	1.13	0.70	0.56	0.300	0.23	0.17
	PM	0.18	0.08	0.05	0.025	0.0045	0.0045
	PN					6×10^{11}	6×10^{11}

① 修改（收紧）了试验程序。

② 其中 NMHC 0.068。

图 22.31　欧洲废气排放法规的发展（乘用车）[1]

（1）密度

所有三种无铅汽油的密度范围统一设置为在 15℃时，720～775kg/m³。图 22.32 显示了德国汽油商业夏季和冬季密度的平均值和范围。

密度/(km/m³)		SuperPlus	Super	普通
范围	夏季	733～756	736～630	729～758
	冬季	732～754	724～758	721～748
平均	夏季	748	745	743
	冬季	741	735	729

图 22.32　德国商用汽油的密度[1,4]

资料来源：德国 2007/2008 年冬季和 2008 年夏季市场监测。

随着密度的增加，燃料的体积能量含量通常会增加，这与体积燃料消耗量下降有关。经验表明，密度增加 1% 会导致体积消耗减少 0.6%。可以看到，夏季的数值持续走高，这对 Super 有油耗优势，对 SuperPlus 更是如此。

（2）抗爆性

汽油的抗爆性能可以理解为能够防止在火焰前锋到达之前尚未燃烧的残余气体中发生不必要的燃烧，

即不是由火花塞触发或不受控制的燃烧的一种能力。根据燃料的组成和结构条件，火焰前锋以超过30m/s的速度传播。图22.33显示了正常燃烧和爆燃燃烧的示意性比较。在爆燃运行时，燃烧速度大约高出10倍，这会导致陡峭的压力峰值和类似气蚀的压力波动，并伴随着燃烧室温度的明显升高。

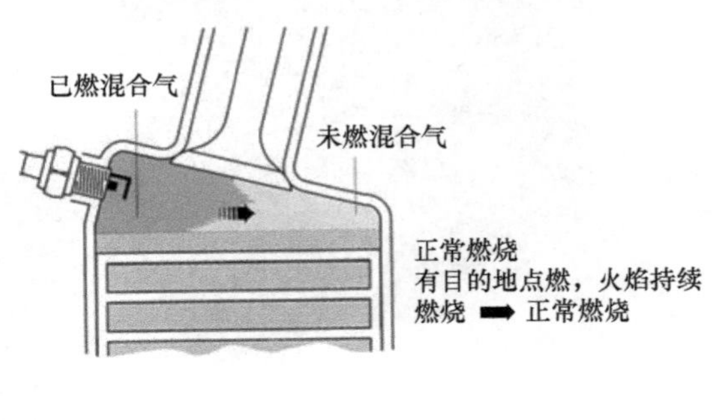

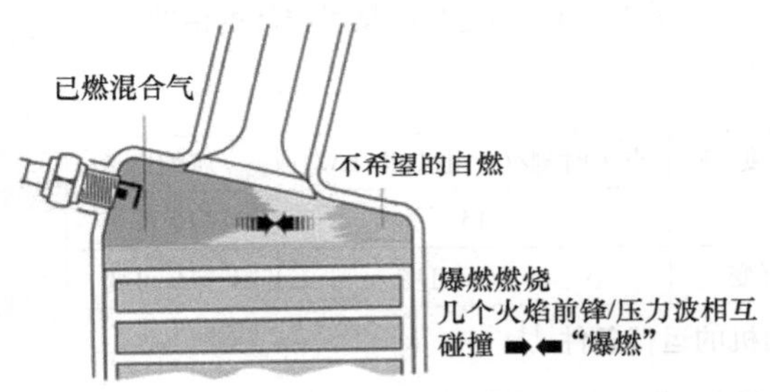

图22.33 正常燃烧和爆燃燃烧比较[6]

相应的压力-时间图的简化比较显示在图22.34中。

如果继续爆燃，火花塞、活塞、气缸垫和气门可能会损伤甚至损坏，尤其是在发生提前着火的情况下。图22.35显示了一个通过持续爆燃而损坏的活塞。

现代发动机通过使用爆燃传感器（结构声传感器或离子电流测量）在很大程度上受到保护，免受此类机械损坏。当爆燃开始时，它们推迟点火正时，在增压发动机中降低增压压力或节流进气。在具有爆燃调节的车辆中，电子控制的点火特性场也可以与油箱中的燃料相匹配。但是，如果抗爆性低于制造商的规定，则延迟的点火正时会导致功率损失、更高的油耗和催化器更高的热负荷。相反，例如，当从Super过渡到SuperPlus时，较早的点火正时可以提高功率，同时降低油耗和排放。在确定发动机的抗爆要求时，要区分加速爆燃和高速爆燃。虽然在发动机低速和负荷下的加速爆燃不像瞬态条件那样危险，但在高速和全负荷下持续高速爆燃会带来更大的风险，直至发动机损坏。

（3）辛烷值

辛烷值是汽油抗爆性的量度。ROZ（研究法辛烷值，Research - Oktan - Zahl）和MOZ（马达法辛烷值，Motor - Oktan - Zahl）之间的最低要求有所区别。这两种名称都基于美国燃料研究的传统名称，无法在

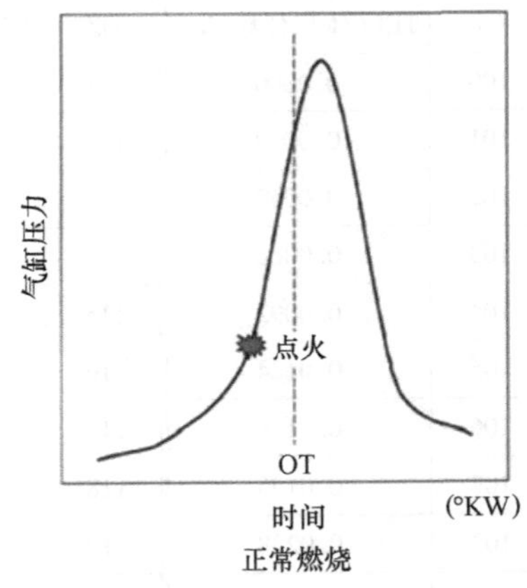

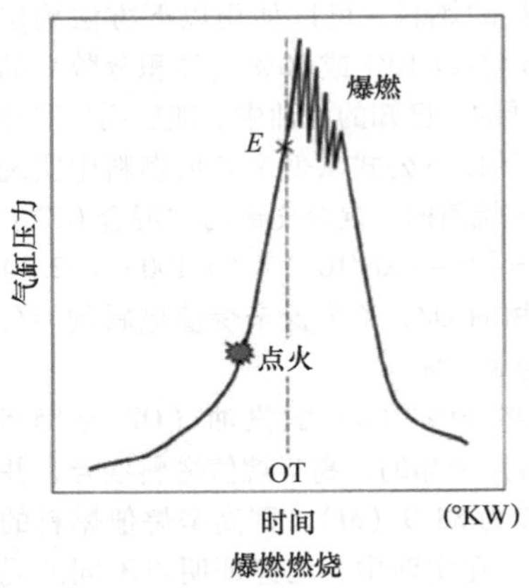

图22.34 压力-时间图[7]

逻辑上进行分类。此外，在实践中，SOZ（道路辛烷值，Straßen - Oktan - Zahl）也很重要。在早期的化油器发动机中，FOZ（前辛烷值，Front - Oktan - Zahl，对应于沸点100℃时ROZ 100的燃料比例）也发挥了作用。ROZ和MOZ是在专用的CFR单缸爆燃试验发动机（协调燃料研究，Coordinating Fuel Research）通过改变压缩比来测量的，而SOZ在量产车辆中通过调整点火时刻来确定。使用MOZ方法的测试是在转速、点火正时和混合气预热方面更严苛的条件下进行的，因此MOZ始终低于ROZ。在实践中，

这意味着尤其是承受高热负荷的发动机（实际上现在所有的发动机），除了 ROZ 外，对燃料的 MOZ 也有最低要求。ROZ 与 MOZ 的差异称为“灵敏度”，如果可能，其值不应明显超过 10。图 22.36 显示了在 CFR 试验发动机中确定 ROZ 和 MOZ 时的运行条件。

（4）辛烷值刻度

辛烷值范围从 0 到 100，无量纲，其中 0 表示特别容易爆燃的参考燃料正庚烷（C_7H_{16}），100 表示特别抗爆燃的参考燃料异辛烷（C_8H_{18}），也称为 2，2，4－三甲基戊烷（$C_5H_9(CH_3)_3$）。燃料的 OZ 在燃料样品与异辛烷/正庚烷混合物之间的比较测试中确定。首先，在 CFR 试验发动机中增加压缩比，直到样品开始爆燃。然后保持压缩比不变，改变异辛烷和正庚烷的混合物，直到发动机再次开始爆燃，以此确定燃料的 OZ。借助于电子爆燃传感器检测爆燃极限。例如，ROZ 95 表示这种汽油，在使用研究方法（ROZ）的 CFR 试验发动机中测量，就达到爆燃极限而言，其特性类似于 95% 异辛烷和 5% 正庚烷的混合物。

图 22.35　通过持续爆燃损坏的活塞[6]

	转速/(r/min)	进气空气温度/℃	混合气预热温度/℉	点火时刻/(上止点前°KW)	压缩比
ROZ	600	51.7 ± 5	—	13	4～16 可变
MOZ	900	38	285～315 可变	14～26 可变	4～16 可变

图 22.36　CFR 试验发动机的运行条件[1]

（5）混合辛烷值

根据定义，OZ 刻度范围以 100（异辛烷）结束。对于 OZ 大于 100 的燃料，可以使用以下方法确定 OZ。高辛烷值的燃料以 10% 或 20%（体积分数）的比例混合明显更低的、已知的汽油中。随后测量混合物的 OZ，然后使用以下公式从低辛烷值燃料中实现的改进来计算高辛烷值的、混合比例的“混合 OZ”：

$$\text{混合 OZ} = [M - (Kb/100)]/(a/100) \quad (22.3)$$

式中，M 为混合物的 OZ；K 为低辛烷值燃料的 OZ；a 为 M 的%；b 为 K 的%。

例子：如果将 90%（b）的汽油（OZ 为 85.5（K））与 10%（a）未知的、高辛烷值燃料混合，并且测量结果的 OZ 为 88.3（M），则高辛烷值燃料的混合 OZ 为 113.5。在实践中，已经证明以不同的混合率（10%、20%、50%）进行几种混合是有意义的，以尽可能精确地估计高辛烷值燃料的实际辛烷值。然而，该方法仅在混合同类型的碳氢化合物时才能提供可靠的结果，这限制了其应用。

自 1956 年以来，威氏量表（Wiese - Skala）（DIN 51788）一直用作为一种实用的方法。从异辛烷开始，逐渐添加 TEL（四乙基铅，Tetra Ethyl Lead）。原则上，该方法对应于用于航空燃料的性能编号（PN）。图 22.37 显示了 OZ > 100 与异辛烷的相应的 TEL 添加之间关系的数值。

OZ	TEL(体积分数,%)	OZ	TEL(体积分数,%)
100	0.0000	111	0.0399
101	0.0020	112	0.0468
102	0.0042	113	0.0546
103	0.0066	114	0.0634
104	0.0092	115	0.0734
105	0.0124	116	0.0850
106	0.0158	117	0.0963
107	0.0195	118	0.1133
108	0.0238	119	0.1308
109	0.0285	120	0.1509
110	0.0338		

图 22.37　OZ > 100 的威氏量表[1]

（6）OZ 要求

发动机的 OZ 要求是在发动机试验台架上在全负荷时在整个转速范围内测量的。这将创建一个爆燃极限曲线特性场，其中输入了制造商指定的点火正时曲线。然后，OZ 要求由爆燃极限曲线与点火特性场的交点得出，由此可以立即读取最大值。它通常在最大转矩范围内，即最大平均压力。

（7）发动机结构类型和 OZ 要求

从发动机的角度来看，OZ 要求主要由压缩比来决定。对于几何形状相似的燃烧室，排量增加会导致爆燃极限压缩的降低。因此，更大的气缸对爆燃更敏感。同样，在一定程度上，具有相同尺寸的超方形气缸（$s/D<1$）比亚方形气缸（$s/D>1$）具有更高的 OZ 要求。在这两种情况下，火焰在燃烧过程中必须覆盖的路径长度都起作用。连杆比 r/l 在这里也很重要，因为更大的 r/l 使活塞重叠（挤气面）的有效性在整个燃烧过程中保持大致相同。因此，由于没有吸热的还原过程，终燃混合气没有机会达到高温。其中，尽可能接近等容的燃烧对于热效率的质量也是有利的。因此，除了废气方面的优势外，长冲程发动机的普遍回归还有利于进一步提高压缩比。对于燃烧室的结构设计，以实现尽可能低的 OZ 要求和高效率，如今通常考虑以下几个方面：

- 紧凑的燃烧室，具有尽可能低的表面积/体积比（球形或浴盆形）。
- 将火花塞尽可能放在燃烧室的中心位置，以实现同样长的火焰路径（四气门）。
- 由于活塞重叠而同时具有最小厚度的最大可能挤气面（产生湍流）。
- 高的充量运动。
- 强化气缸盖冷却。

综上所述，当点火时混合气所占的空间尽可能集中在靠近火花塞的地方时，可以获得最好的结果。气门正时的选择也会影响发动机的相对爆燃敏感性。由于其对残余气体含量和混合物温度的影响，大的气门叠开具有减少爆燃的效果。提前关闭以增加低速范围内的转矩会增加 OZ 要求。当今轻金属的广泛使用以及实际上统一地省去空气冷却也会产生积极的影响作用。

（8）运行条件和 OZ 要求

OZ 要求在很大程度上取决于运行条件。进气状态、空气比、转速、点火正时、充气效率以及负荷和冷却介质温度在这里都很重要。进气压力和温度值的升高各自对 OZ 要求的影响增大，而空气湿度的增加则具有降低的影响。OZ 要求在化学当量空燃比区域最高。在更浓或更稀的混合气的情况下，由于其较低的燃烧速度而不会出现对爆燃起决定性作用的压力和温度条件。未燃燃料空气混合气的温度表现出类似的特性。增加发动机转速通常都会导致 OZ 要求的快速下降，这是因为其中活塞在对终燃气体至关重要的时间点已经远离上止点，因此燃烧室容积增加，终燃气体的压缩相应地减少。此外，在高速下，在燃烧室中产生的强的湍流会导致更快地燃烧。节流损失和由此产生的更低的压缩终了压力也在这个方向上起作用。点火时刻自然对 OZ 要求有直接的影响。越早（远在上止点之前）点火，在压缩行程活塞移动中的燃烧开始得就越早，这导致了终燃气体的压缩。

一般来说，汽油机容易爆燃，特别是当节气门完全打开（也即全负荷）时，因为这时最多的气缸充量也会产生最高的燃烧压力。最高的 OZ 要求通常在最大转矩（平均压力）的速度范围内，因为该处充气效率、点火正时和空燃比以特别促进爆燃的方式相互关联。随着冷却介质和油温的升高，OZ 要求自然也会增加，因为这有利于残余气体自发、不希望的燃烧的临界条件。平均而言，冷却液温度每升高 5℃，预计 OZ 要求会增加约 1 个单位。油温的影响相对而言要小一些。

（9）燃烧室沉积物和 OZ 要求

在发动机的使用寿命期间，其燃烧室中会形成沉积物，覆盖其表面、活塞顶、气门头部和火花塞。它们来自燃料和润滑剂。碳烟来自怠速和暖机阶段不完全燃烧的燃料。裂化或焦化的油组分来自润滑剂，它们不可避免地留在燃烧室内活塞环上方或通过气门导管到达那里。形成灰分的添加剂也会产生不良的影响作用。沉积物对 OZ 要求增加的影响是基于燃烧室容积的减少，即压缩比的增加和隔热效果。从新的、清洁的发动机开始，爆燃趋势起初或多或少地迅速增加并达到最大值，直到达到所谓的沉积物平衡。经验表明，相当不稳定的平衡状态在 10000～20000km 之后出现。由于城市交通中的沉积物导致的 OZ 要求增加随着向无铅燃料的过渡而显著地得到缓解。当然，驾驶风格在这里也起着很大的作用。由于所有因素的不利组合，即使使用最现代的带添加剂的运行材料，发动机的 OZ 要求也可能在新的状态与达到沉积物平衡之间增加多达 7 个单位，因而诸如在为普通汽油设计的发动机上只能用超级（Super）汽油才能在不爆燃的情况下运行。

（10）道路辛烷值（SOZ）

虽然通过确定 ROZ 和 MOZ 来确定燃料的抗爆性提供了大量关于给定车辆预期的实际爆燃特性的信息，但将实验室辛烷值分配给实际道路特性仍然存在一些难度。例如，由于 OZ 要求中描述的众多影响变量，在同一辆车中具有相同 ROZ 的不同燃料很可能表现出完全不同的爆燃特性。为了能够精确地调查这些特性，矿物油研究使用测试方法来确定在道路上实际达到的辛烷值，即所谓的道路辛烷值（SOZ）。在这里，成品燃料也与已知的参考燃料进行比较。如今，测量是在合适的车辆试验台或发动机试验台上进行的。与CFR试验发动机相比，测量范围非常有限，因为有意义的值只能在车辆制造商指定的基本点火设置周围10°~15°KW（曲轴转角）的范围内测量，这大致对应于5~6个OZ变化范围。对于较早的化油器发动机，使用了CRC F-28方法，即所谓的“改进的联合塔法”（Modified Uniontown Method），该方法原则上对应于确定加速爆燃的OZ要求。事实证明，正如预期的那样，极限曲线急剧上升，因为爆燃趋势迅速下降，并且OZ要求也随着发动机转速的增加而迅速下降。即使所谓的实验室辛烷值ROZ和MOZ仅提供有关燃料在实际条件下的实际特性的有限信息，它们仍然是发动机/燃料之间相互作用的有效标准。SOZ通常在ROZ与MOZ之间。在低速时，它倾向于ROZ，在高速和高比例的残余气体时，它更倾向于MOZ。为了进行比较，计算SOZ与ROZ之间的差异已被证明是可行的，这称之为道路等级编号（SBZ）。这种表示法的优点是，如果SOZ超过ROZ，SBZ变为正，而按照规则，如果SOZ < ROZ，SBZ变为负。然后，这两个符号直接和类似地在给定的车辆或发动机中进行燃料的评估。正的SBZ还表明，与采用ROZ方法的CFR试验发动机相比，所讨论的发动机对燃料的“严重性”（Severity）更低，反之亦然，负的SBZ表示发动机比CFR发动机更严重。

通过在要求标准中确定除ROZ之外的最小MOZ，排除了使用大部分先前使用的具有低MOZ的混合成分。此外，随着多点喷射系统的普遍使用，以前发动机对燃料沸点范围内辛烷值不均匀分布的普遍敏感性已经丧失。这通常意味着不需要确定SOZ，因此它仅对研究目的才有意义。

某些燃料成分对SOZ的影响如图22.38所示。事实证明，轻馏分油和轻的、重的裂解汽油对现代喷射发动机有负面的影响作用。

成分	特征			对SOZ的影响	
	辛烷值		沸腾特性	加速化油器发动机	高负荷和高转速
	ROZ	MOZ			
轻的馏分	低	低	易挥发的	消极	消极
丁烷 异戊烷/异庚烷	高	高	易挥发的	积极	积极
轻的裂解汽油	高	低	易挥发的	积极	消极
重的重整	高	中/高	难以挥发的	消极	积极
重的裂解汽油	中	低	难以挥发的	消极	消极

图22.38　部分燃料成分对SOZ的影响[6,7]

（11）前辛烷值

为了完整起见，还应该提到如今不再相关的前辛烷值。它提供了到100℃蒸发的汽油组分的有关ROZ信息，这对于具有长进气路径的化油器发动机尤为重要。由于当节气门突然打开时，只有轻质成分首先到达燃烧室，因此必须确保在此沸点范围内也能提供足够的抗爆性成分。在较低的沸点范围内（丁烷除外），其他轻质成分（例如馏分汽油和重整汽油）通常具有适中的OZ水平。与整个燃料相比，对于前面提到的沸点范围，抗爆性太低。作为燃料方面的补救措施，就是使用高辛烷值的轻质成分，例如异构体、催化裂化汽油和醇类。当时的铅化合物也通过引入易挥发的四甲基铅而不是四乙基铅来进行调整。通过从化油器到各缸燃油喷射的一般性过渡，在瞬态条件下具有精确的混合气计量和制备，FOZ变得毫无意义，因此已从标准中撤出。

（12）沸腾特性（蒸馏）

沸腾特性或挥发性由沸腾曲线和蒸气压来确定。除了抗爆性，它是汽油最重要的评估标准，汽油在30~210℃之间变为蒸气状态。

（13）沸腾曲线

在根据DIN EN ISO 3405进行沸腾分析时，所用燃料样品会以可变的加热功率和1℃/min的固定升温速度汽化，然后冷凝。由此产生的沸腾曲线对于评估应用技术方面的特性非常有用。良好平衡的沸腾特性是汽油机车辆在所有发生的条件下运行的基本前提。沸腾曲线的过程及其各个区域的重要性显示在图22.39中。

轻质的，即低沸点的比例对于冷机的快速起动、良好的响应和暖机期间的低废气排放至关重要。然

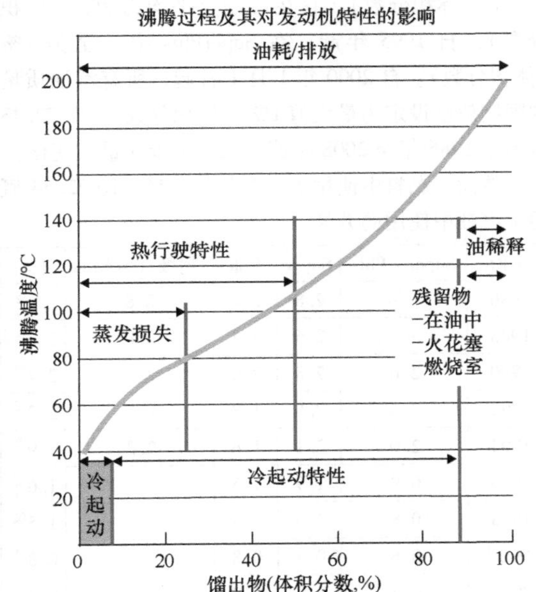

图 22.39 沸腾过程及其对发动机特性的影响[6]

而，其中的比例太大会导致夏季气泡形成和蒸发损失增加。在寒冷潮湿的天气中也可能发生节气门结冰。另一方面，过多的高沸点成分会凝结在气缸壁上，特别是在冷运行时，从而稀释油膜和储油。中等沸腾范围的成分太少会导致行驶特性恶化，并且在某些情况下会在加速时出现“抖动”。特别是在热发动机停机后发动机随即重新起动时，对燃料的要求正好相反。在不利的条件下，燃油系统的部件会变得很热，以至于过多的燃油蒸发，这会导致燃油泵中形成气泡或喷射管路中形成蒸气垫。特别是在热起动过程中，喷油嘴的打开和由此产生的压力突然下降会导致气泡的形成，从而使发动机难以起动，甚至无法起动。图 22.40显示了冷起动和热行驶特性的相反的要求。

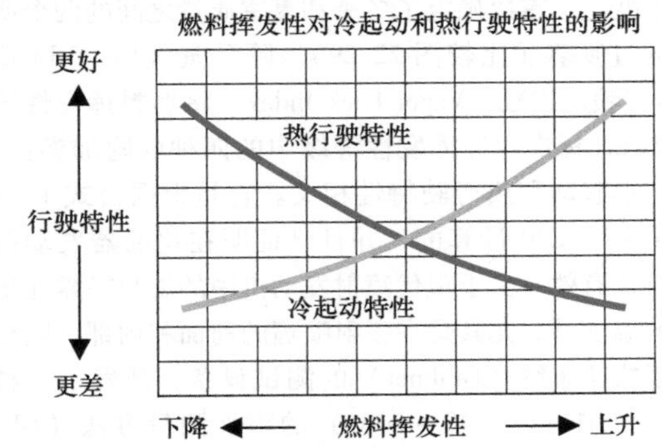

图 22.40 燃料挥发性对冷起动和热行驶特性的影响[6]

在 EN 标准中（比较图 22.29)，规定了六种不同的挥发性了等级，以考虑天气的、地理的和季节的变化。图 22.41 为典型的德国汽油 E70、E100 和 E150 的冬季值示例。

为此，在图 22.42 中显示的与德国汽油确定的沸腾结束值的比较也是很有吸引力的。

项目		SuperPlus（体积分数,%）	Super（体积分数,%）	普通（体积分数,%）	标准范围 D 级（体积分数,%）
E70	平均	36	35	37	22 ~ 50
	范围	29 ~ 46	30 ~ 47	29 ~ 48	
E100	平均	55	54	58	46 ~ 71
	范围	48 ~ 62	50 ~ 63	50 ~ 67	
E150	平均	87	86	87	最小 75
	范围	78 ~ 93	79 ~ 94	76 ~ 98	

图 22.41 德国冬季汽油的蒸馏值[6]

项目	SuperPlus	Super	普通
范围/℃	176 ~ 210	172 ~ 210	162 ~ 208
平均/℃	194	193	190

图 22.42 德国汽油的沸腾结束值

（14）蒸气压

通过燃料的蒸发而在密闭的容器中产生作为温度函数的压力称为蒸气压。它部分地与其他挥发性标准一起影响冷起动和热起动、冷行驶特性和蒸发损失。它基本上取决于沸腾开始时放置的最轻的成分，例如丁烷。直到 1993 年，对于其测定，根据 Reid 在 DIN 51754 标准（里德蒸气压，Reid Vapor Pressure，RVP）中的“湿”方法在 37.8℃（100℉）的测试温度和 4:1 的蒸气 - 液体比下来确定。由于含酒精燃料的所谓“湿”RVP 表明蒸气压值过低（非临界），因此测试方法在欧洲标准的框架范围内根据 DIN EN 12 更改为“干”式确定 RVP，这一直使用到 1999 年。

随着2000年2月1日DIN EN 228的变化，蒸气压的测定也发生了变化。根据DIN EN 13016－1，Reid方法被普遍适用的DVPE（干蒸气压力当量，Dry Vapour Pressure Equivalent）所取代。DVPE由诸如在Grabner装置中确定的气液比为4∶1的ASVP（空气饱和蒸气压，Air Saturated Vapour Pressure）计算得出。随着要求标准DIN EN 228的变化，挥发性等级也发生了变化。首次确定了冬季和夏季质量之间的两个所谓的过渡期（比较图22.29）。除了蒸气压，VLI值（蒸气锁定指数，Vapor Lock Index）将燃料挥发性限制为EN标准六种挥发性等级中的四种的附加参数，这与热起动和热行驶特性相关。它是根据公式10×RVP＋7×E70计算的，并且已证明在化油器发动机中特别有效。由于现代喷射发动机中的燃料暴露在更高的温度下，尤其是在喷射喷嘴的前面和内部。同样基于格拉布纳（Grabner）的测试设备，开发了一种测量范围更广（40～80℃）的附加测量方法（DIN EN 13016－2）。在这种同样也是"干"法中，蒸气－液体比为3∶2。特别是，当测量在＞38℃范围内含有酒精的汽油的蒸气压时，它显示出共沸蒸气压的增加。其中，VP随温度的升高明显高于没有酒精的汽油。这种方法主要用于燃料的开发。要求标准中限制高温（80℃）下挥发性的限制值迄今为止尚未确定。一般来说，蒸气压过低，即燃油蒸发缓慢，会导致起动和冷运行特性不佳，而蒸气压力过高则意味着热起动和热运行特性出现问题。此外，在高于上爆炸点的燃料安全储存中形成空气－蒸气混合气需要足够高的蒸气压。在运输规定中，已知50℃时的"真实"蒸气压。它适用于0∶1的蒸气－液体比，由RVP计算得出。

（15）苯含量

苯（C_6H_6）是芳香烃的基础。由于其高的OZ（ROZ和MOZ＞100）和焦炭制造中的可供性，它历来被用作优质燃料的重要成分。然而，这就是所谓的发动机苯，一种苯、甲苯和二甲苯的混合物（比较图22.1），这是1924年投放市场的世界上第一种优质燃料（Super）"ARAL"（ARomaten/ALifaten）的秘密，是一种明显优越的汽油产品，不仅在抗爆性方面。在20世纪50年代引入催化重整装置后，在德国使用焦炭生产中的发动机苯变得越来越不重要。在与处理苯相关的健康风险为人所知之后，在很大程度上放弃了苯混合物的使用，特别是因为已经发现了其他方法来替代长期以来不受欢迎的铅基抑制爆燃剂。然而，其他芳烃在现代汽油中仍然发挥着重要的作用。在汽油的欧盟标准228中，苯含量长期以来限制在最大5%（体积分数）。它在市场上平均为2%（体积分数），自1995年起，在SuperPlus中甚至为1%（体积分数）。自2000年1月1日起，所有汽油质量的限制值已设定为最大值1%（体积分数）。图22.43显示了1986年至2008年德国汽油中苯含量的变化。

然而，燃料中使用了许多其他芳烃。图22.44概述了汽油中使用的芳烃。

年份	Super－Plus	Super	普通	超级（含铅）	平均
1986	—	2.8	2.4	2.8	2.4②
1988	—	2.6	2.2	2.8	2.6②
1990	2.6	2.8	2.2	2.7	2.4②
1992	2.4	2.5	1.8	2.5	2.2②
1994	2.0	2.1	1.6	2.3	1.9②
1996	0.9	1.9	1.5		1.6②
1998	0.8	1.6	1.4		1.5②
2000③	0.6	0.8	0.8		0.8②
2003	0.5	0.7	0.8		0.7②
2008	0.6	0.7	0.7		0.7②

① 体积分数,%。

② 禁止普通含铅。

③ 允许燃料中苯的含量最高仅为1.00%（体积分数）。

图22.43　苯含量①的变化[4]

产品	分子式	沸点或沸腾范围	混合OZ或ROZ	混合OZ或MOZ
甲苯	C_7H_8	110℃	124	112
乙苯	C_8H_{10}	136℃	124	107
二甲苯	C_8H_{10}	138～144℃	120～146	103～127
C_9芳烃	C_9H_{11}	152～176℃	118～171	105～138
C_9＋芳烃（少量）	$C_{10}H_{12}$ $C_{11}H_{13}$	169～210℃	114～155	117～144

图22.44　汽油中使用的芳烃[4]

芳烃已经存在于石油中，但主要是通过催化重整器释放氢来生产的。关于德国汽油中芳烃的含量如图22.45所示。

相比之下，德国汽油中烯烃的含量也很有吸引力，如图22.46所示。可以看出，随着MOZ要求的增加，它们明显地减少。

（体积分数,%）	SuperPlus	Super	普通
甲苯	13.1	10.5	9.8
二甲苯	12.7	11.0	11.4
C_8＋芳烃	12.7	12.2	12.8

图22.45　德国汽油中的芳烃含量（1994年平均值）[4]

烯烃含量（体积分数,%）	SuperPlus	Super	普通
范围	0～17	1～22	1～37
平均	4	10	18

图 22.46 德国汽油中烯烃的含量

（16）硫含量

石油中的硫几乎完全以化合物的形式存在，如硫醇硫、二硫化物硫、噻吩硫等。硫醇（Mercaptane）是醇的硫衍生物，其中羟基 OH 中的氧被 S（硫）所取代。原油中的 S 含量为 0.01%～7.0%。燃料中的高 S 含量一直是不可取的，因此在经济上可行的情况下，炼油厂已将其去除。除 SO_2 排放外，一些废气催化器，尤其是不可调的催化器，在一定的运行条件下往往会转化为有气味的硫化氢（H_2S）。

此外，催化器效率随着燃料中 S 含量的增加而降低，这意味着 CO、HC 和 NO_x 的排放量相应地增加，这可能会产生严重的后果，尤其是对于存储式催化器而言。

根据 EN 228 的质量标准，自 2009 年 1 月 1 日起，在整个欧盟范围内，汽油中只允许含有 10mg/kg 的硫。在德国，由于税收补贴的激励，所有燃料，汽油和柴油，早在 2003 年就转换为最高 10mg/kg（无硫）。

（17）重整的燃料

这意味着为了减少有害物和蒸发排放的目的而改变成分和/或物理特征值。作为欧洲汽车/机油计划（EPEFE）的一部分，研究了所有汽油主要参数对排放的影响。图 22.47 以定性的形式显示了各种措施的可能性和后果。

燃料参数	CO	HC	苯	NO_x	SO_2	CO_2	可能的炼油工艺	经济上的劣势	技术上的劣势
减硫	⇩	⇩	⇩	⇩	⇩	—	加氢脱硫装置扩建	额外费用	更高的 CO_2
降低沸腾结束点					—	⇩	无须进行投资	低的可供性降低了盈利能力	低的密度导致更高的体积消耗
在中等沸点范围内具有更高的挥发性	⇧	⇩		⇧	—	—	只需要部分投资	低的额外成本	MOZ 水平有风险
在低沸点范围内具有更高的挥发性	⇩	⇩			—	⇩	无须进行投资	—	热运行时蒸发损失
减少芳烃含量	⇩	⇩	⇩	⇧	—	⇩	异构化 烷基化	大量额外费用	ROZ 水平有风险 炼油厂 CO_2 增加
减少苯含量	—	—	⇩		—	—	不同的投资水平	适度的额外费用	
醇类/醚类作为汽油成分	⇩	⇩	⇩⇧	⇩	⇩	⇩	成分储罐	更高的产品成本	更高的体积消耗热特性 腐蚀

图 22.47 重整的汽油[4]

除了经济上的劣势外，一些可能的措施对个别类型的排放产生不利的影响作用。由此可见，唯一能减少废气中各类有害物的措施是大幅度地降低硫含量。

这是对最近出现的“设计燃料”一词的评论。这是为汽车行业量身定制的特殊燃料，例如用于满足首次加注或用于研究目的的特殊要求。它们通常没有定义，而是由矿物油工业根据所需的特殊的特性单独组成。

此外，来自费－托（Fischer－Tropsch）方法的燃料成分在一段时间内也称为“设计燃料”，因为过程的工艺参数和原料的可能的进一步加工会在很大的范围内调整大量的燃料参数。

（18）汽油添加剂

铅作为抗爆剂，曾经是最重要的汽油添加剂，这里不再进行讨论，因为由于有毒原因，不再考虑使用。因此，含有卤素的燃烧室残渣转化剂（清除剂）也变得多余。然而，在一些具有所谓“软”气门座的老式发动机中，当在持续高负载（基本上是高速）

下使用无铅燃料时，会发生磨损，这可以通过基于钾或钠的特殊添加剂来抵消。防止化油器结冰的添加剂（过去是必需的）不再起作用。节气门结冰，这仍然是一个问题，可以借助于表面活性清洁剂来消除。当今汽油中使用的添加剂包的主要作用是防止燃料和混合气形成系统中与系统相关的干扰性沉积物，特别是在进气门上。许多研究已经证明，使用平衡、有效的添加剂包对于发动机及其燃料系统的耐用性和清洁度、维持在新的状态下达到的排放值以及实现和维持至关重要的、整体良好的运行特性，从长远来看也认为是一种具有成本效益的措施。这些问题并不新鲜。现代和未来的高功率发动机产生了新的问题领域。在进气门处存在其他的温度和流量特性。实际上几乎不再有油路，这油路以前有一定的冲洗作用。其结果是增加了气门背面的沉积物。在燃烧室沉积物的情况下，通常的多气门布置的特性由于产生的变狭窄现象而更加困难，从而可能出现排放明显恶化。这些沉积物每减少 1g，就可以减少 18% ~19% 的 NO_x 排放。根据发动机和运行条件，在实践中没有添加剂时可以发现 4 ~8g 的沉积物。目的是将燃烧室沉积物限制在每缸 1.3g，这给添加剂的开发带来了问题，即一方面要为进气门的清洁度（需要热稳定的成分）和另一方面的燃烧室沉积物（可能的最低热稳定性）的矛盾要求找到最佳的添加剂包。由于当今要实现的、几乎为零的润滑油消耗，通过燃料/添加剂冷凝意味着更多的燃料进入发动机的润滑油中。这种现象在当今通常更长的换油周期中更为明显。这样一来，燃油/润滑油蒸气可以通过封闭的曲轴箱通风到达进气系统、燃烧室，直至催化器，从而导致损伤，甚至毁坏。为了解决这些问题，进入油底壳的添加剂应尽可能少。在这里，与其他所需的热稳定添加剂也存在目标冲突。

向极低硫含量的燃料的过渡会恶化汽油的天然润滑特性，因为在脱硫过程中会去除表面活性成分，因此必须使用特殊的抗磨添加剂来抵消由此导致的泵磨损的增加。作为一个友好的次要作用，这样的结果是可以减少高达 3.5% 的燃料消耗。越来越常见的直喷汽油机（DE 发动机）有许多特殊问题区域，只能使用特殊的添加剂进行调控。预期的燃料消耗和排放优势尤其取决于所谓的混合云在时间和空间上的精确形成。即使是最小的沉积物也会干扰这个敏感的系统，并产生相应的负面的影响作用。因此必须不惜一切代价避免沉积物，尤其是在喷嘴上。进气通道的清洁度对产生必要的涡流很重要。但是，在 DE 发动机中，燃料添加剂不能再进入进气通道。此外，使用明显更高的喷射压力，这增加了高压燃油泵的卡住倾向。新的“润滑改进剂”或“摩擦改进剂”必须提供必要的抗磨损保护。图 22.48 清楚地显示了当今所需的添加剂。

不同厂家的汽油基本上可以混用，但是添加剂的平衡效果会丢失，在某些情况下甚至会出现劣势。

成分	有效成分	改进	评论
抗氧化剂	对苯二胺 受阻烷基酚	储存稳定性 聚合	提高裂解成分的稳定性
金属钝化剂	水杨酸、丙二胺	停止金属的催化效果	提高裂解成分的稳定性
缓蚀剂	羧基化合物、酯化合物、胺化合物	腐蚀保护	通常与清洁剂一起使用
清洁剂	聚异丁烯胺、聚异丁烯聚酰胺 羧酸酰胺 聚醚胺	清洁进气系统和燃油系统，防止节气门结冰 行驶特性 废气排放	与载体油一起使用的最重要的汽油添加剂
润滑剂/摩擦改进剂	除其他外，聚异丁烯胺	喷射泵的寿命	在低硫汽油中补偿润滑性损失
磨损保护	有机钾、钠化合物	保护排气门座	作为旧式车的铅替代品，通常作为单独的添加剂

图 22.48　汽油添加剂概览[8]

22.1.2.3 汽油的替代燃料

尽管在公开场合提到了大量的替代燃料，但其中只有少数是众所周知的以化石能量载体为基础的燃料的真正替代品。为了明确区分，首先从可耗尽和取之不尽的或可再生能源开始。由此产生的一次能源不能以正常存在的形式直接用于驱动车辆，而只能在使用适当的方法将其转化为实用的二次能源之后。必须对适合作为当今汽油替代品的二次能源提出确定的最低要求，例如技术适用性，例如，在配送系统中的可储存性、可运输性、加油站基础设施的利用以及在车辆中具有足够能量密度的储存容量。机动车。以这些标准为依据，除了现在的汽油类型外，以下二次能源一般也适用：

LPG，液化石油气（Liquefied Petroleum Gas）。基于丙烷和丁烷的加压液化石油气。

CNG，Compressed Natural Gas。基于甲烷的压缩天然气。

LNG，Liquefied Natural Gas。低温下的基于甲烷的液化天然气。

MEOH，Methanol。醇类主要来自天然气（甲烷），也称为木酒精。

ETOH，Ethanol。由含糖植物制成的醇类。也称为酒精或燃料。

GH_2，Gaseous Hydrogen，气态氢。可以由水和所有含氢的能量载体生产。

LH_2，Liquefied Hydrogen，在低温下呈液态的氢。

严格来说，只有那些不是以一次能源石油、天然气或煤炭为基础生产的，才能被视为真正的替代燃料。然而，替代燃料在数量上也必须是可供的，足以为世界上越来越多的在用汽车提供动力，而汽车保有量又在稳步增长。从今天的角度来看，从长远来看，只有氢仍然是面向未来的替代燃料。由于解决许多悬而未决的问题需要很长时间，因此仔细研究在过渡时期补充经典的汽油的可能性，即 LPG、CNG/LNG、甲醇和乙醇也很有吸引力。还应该指出的是，最近在战争年代开发的用于生产合成燃料的费－托（Fischer－Tropsch）技术再次引起了全世界的关注。虽然这项技术在战时被用于从煤中生产汽油，但现在的重点是将天然气转化为液态碳氢化合物。因此，合成燃料通常被称为 GTL（Gas to Liquid）。由于费－托技术中燃料合成的工艺阶段之前是蒸汽重整或汽化阶段，因此基本上可以使用所有含碳资源。这意味着除了煤炭、天然气等，生物质也可以转化为液体燃料。对应于资源，这种燃料在一般命名法中称为 BTL（生物质到液体，Biomass－to－Liquid），并显示了该技术的未来可行性。就产品特性而言，费－托产品与传统的柴油非常相似，与其他正在考虑的燃料替代品相比，可以相对容易地推向市场。由于费－托技术的大量研究工作以及高昂的物流费用，在原油高价场景下，除非技术发展取得进一步的飞跃，否则只有经济可行性的前景。

（1）气体燃料 LPG/CNG/LNG

炼油厂气体丙烷和丁烷的混合物，称为推进剂或液化气，用作为应急燃料，特别是在第二次世界大战后的第一阶段。它们主要用于装载薄壁钢瓶的商用车中，这些钢瓶在加油站进行交换以进行加注。今天，LPG 作为液化石油气引入到压力罐中，这些压力罐在特殊的 LPG 加气站填充，在双燃料运行中与汽油一起引入。在欧盟标准 EN 589 中规定了特殊的质量要求。详情如图 22.49 所示。

特征	单位	限制值		试验方法
		最小	最大	
MOZ	—	89		计算的
1，3－丁二烯含量	摩尔分数,%		0.5	ISO 7941
硫化氢	mg/m³		<4	ISO 8819
总硫	mg/kg		200	ISO 24260
铜腐蚀	Kor. Grad	1		ISO 6251
蒸发残渣	mg/kg		100	NF M 41－015
40℃时绝对蒸气压	kPa		1550	ISO 2456
绝对蒸气压最低250kPa 的温度 A 级 B 级 C 级 D 级	℃		 －10 －5 0 +10	ISO 4256

图 22.49 液化气的质量要求（摘自 DIN EN 589）[4]

事实证明，蒸气压明显高于汽油。蒸气压可通过混合物中丙烷与丁烷的比例进行调节。为确保冷起动，必须符合 A 至 D 级的蒸气压力。液化石油气在常压常温下呈气态。因为丙烷和丁烷的体积能量明显低于汽油，所以它们在压力下液化以进行存储。在室温下，它们在 25bar 时变成液态。图 22.50 总结了一些液化石油气有吸引力特征值。

在汽油机中使用液化石油气带来一些优点，例如高功率和低消耗时的更清洁燃烧以及废气中更好的原始排放。不幸的是，如果发动机和车辆始终为燃气运行而设计，这些优点只能用于单价燃气车辆。同样，

特征值	单位	丙烷	丁烷	丙烷、丁烷 50/50
分子式	—	C_3H_8	C_4H_{10}	—
15℃时的气体密度	kg/m^3	1.81	2.38	2.06
15℃时的液体密度	kg/m^3	510	580	540
沸点	℃	-42	-0.5	-20.7
体积热值	MJ/m^3	93.45	108.4	101.9
质量热值	MJ/kg	46.1	45.75	45.8
ROZ	—	111	94	100
MOZ	—	96	89.6	95

图 22.50　液化石油气的特征值[4]

它们的高抗爆性在没有显著增加压缩比的情况下不能使用。由于更有利的 C 含量，在相同的车辆里程下，液化石油气的燃烧时产生的 CO_2 比燃烧汽油要少。作为缺点，必须提到由于压力罐导致的重量增加和行李舱空间的减少。特定的国家/地区税收负担对于经济利用是非常重要的。过去，在荷兰和意大利，炼油厂过剩的液化气一直通过税收优惠而用作补充燃料。根据能源税法，到 2018 年底，LPG 将在德国以较低的税率征税。因此，在德国，税收减免与转换为双重运行的需求之间的差异如此之大，以至于可以抵消频繁行驶的额外成本。由于对液化石油气的需求增加，德国的加气站数量也大幅增加。关于液化石油气的使用，有限制性规定，例如禁止使用地下停车场和多层停车场。在发动机方面，在双重运行中遵守进一步收紧的废气排放限制更加困难。总之，可以说液化石油气作为补充燃料的重要性日益增加，特别是与汽油相比，其 CO_2 排放更低。

CNG，即天然气（主要是甲烷）在高压（300bar）下，第二次世界大战后在鲁尔区首次被当时的苯协会用于使用汽油机的重型商用车的运行。由于当时与采矿业的密切合作，那里产生的甲烷（矿井瓦斯）在 1950 年建成的高压环管中被压缩，并通过压缩站压缩到 300bar，并输送到各个配给点，在那里，向重型商用车高压的圆柱储罐灌注。这项在当时相当大胆的开创性工作于 1953 年停止，因为当时已经有足够的汽油可供使用，而带有汽油机的重型车辆实际上已经过时了。以当时的天然气消费量计算，可安全开采的储量将持续 60～65 年，因此，从长远来看，天然气可作为补充燃料。CNG 是压缩到 200bar 供车辆使用的天然气。它可以在配备适当的加油站达到这个压力。图 22.51 显示了这样一个系统的结构。

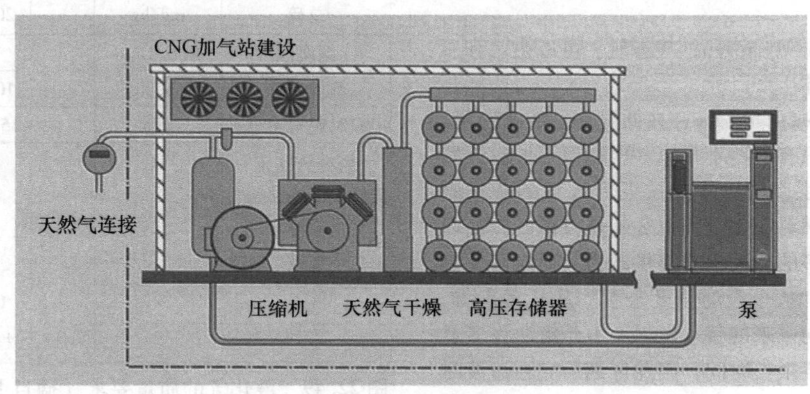

图 22.51　CNG 加气站的结构

天然气，根据其来源而具有不同的成分（通常约 90% 的甲烷和约 10% 的乙烷），由于其高抗爆性，主要适用于相应适配的单价或二价运行的汽油机。在德国，尽管有相应的税收优惠政策，但尚未在乘用车领域大量使用。此外，迄今为止，它的用途主要是在商用车和皮卡中，主要是因为车辆储罐复杂而笨重。在城市公交车中由于可观的排放效益而尤其受到重视。图 22.52 比较了 CNG 与汽油的物理特性。

物性值	SOK（超级汽油）	CNG
罐内物质状态	液态	气态
罐内压力	大气压	200bar
密度	$751kg/m^3$	$170kg/m^3$
体积热值 H_u	30.8MJ/L	7.2MJ/L
质量热值 H_u	41.0MJ/kg	47.7MJ/kg

图 22.52　CNG 与汽油的物性值对比[4]

在早期的燃气发动机中，混合气的形成发生在与早期的化油器不同的混合器中，其工作原理是文丘里管。由于在最窄处普遍存在负压，通过存在的量孔吸入所需量的天然气并与空气混合。另一方面，现代

CNG系统使用汽油机，其中喷射系统配备了用于CNG运行的附加喷射器。由于车载CNG在200bar的压力下存储，因此需要一个气压调节器，它将天然气膨胀到更低的系统压力，从而将其输送到喷射系统。与纯汽油运行相比，必须考虑到功率下降约5%。其原因是进气量因燃气量而减少以及在旧系统中由于节气门和文丘里混合器引起的节流。普通巴士的经验值显示油耗额外增加22%～35%，具体取决于使用类型。然而，在这种类型的使用中特别有利的是，在高转矩和低速时完全没有碳烟，这使得废气实际上不含颗粒，并且发动机运行明显更安静。带有可调的三元催化器的常用设备也确保了极低的排放值。存储也可以在-160℃和2bar压力下进行，而天然气以液态形式作为LNG存在。在使用前必须以额外的能量消耗大规模地进行液化。车辆中必须使用完全绝缘的低温储罐以及所需的调节技术。花费是相当大的。除了研究目的外，迄今为止尚未在实践中使用该技术。总体而言，CNG也只能视为部分地补充燃料。在DIN 51 624中规定了天然气作为燃料的基本产品要求。

（2）氢

这种二次能源可以从水、天然气、甲醇或生物质等多种含氢物质中获得，利用能量“释放”H_2。氢作为环境友好的循环系统的重要性如图22.53所示。

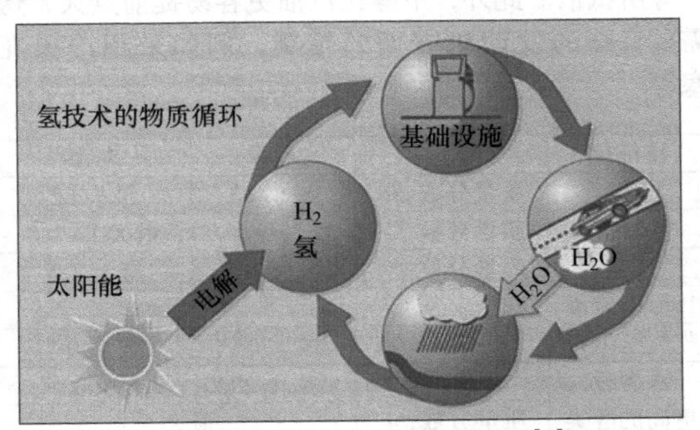

图22.53 氢技术的物质循环[9]

理想的情况下（但仍然非常昂贵），氢可以借助于可再生能源（例如太阳能、水力或风能）产生的电力通过电解获得。当它在汽油机中燃烧时，除了来自空气的NO_x外，几乎不会产生任何有害物或CO_2，而是会以蒸汽形式产生水，这些水可以返回到循环中。物性值汇总在图22.54中。

就质量而言，液态氢的能量含量约为碳氢化合物的三倍，并且在空气中的点火极限明显更宽。从理论上讲，对于分配系统和车辆而言，运输和储存有三种可能性：高压存储器、金属氢化物存储器和液体存储器。350bar的高压存储器（最高700bar正在开发中）已在第一辆氢燃料乘用车的日常运行中用作存储介质。

名称	单位	物性值①
20.3K时的液体密度	kg/m^3	70.79
20.3K时的气体密度	kg/m^3	1.34
273.15K时的气体密度	kg/m^3	0.09
汽化热	kJ/kg	445.4
低热值H_u	MJ/kg	119.97
空气中的可燃性下限	体积分数,%	4.0～4.1
空气中的可燃性上限	体积分数,%	75.0～79.2

① 在1.013bar，绝对值。

图22.54 氢的物性值[4,10]

将氢添加到金属合金中的金属氢化物存储器虽然提供了很高的安全标准，但在存储容量方面受到限制，尽管已经达到了发展水平。200km的乘用车行驶里程需要几百公斤的储罐重量。在液体存储器的情况下，氢被冷却至-253℃并储存在具有高性能绝缘技术的低温罐中（LH_2）。然而，深度冷却的高能耗给能量平衡带来了相当大的负担。此外，当车辆长时间静止时，会因逸出而发生氢损失。在当前的发展状态下，必须计算多达>2%/天。加注过程需要非常大的努力，因为除了控制低温外，还需要完全排空水分和空气。对加注技术的这一挑战现已得到解决，全自动机器人加注和通过客户常规加注都已在实践中成功测试。最初需要很长时间的加注过程已经减少到可接受的值。商业应用的进一步发展是值得期待的。汽油机和燃料电池都可以考虑作为车辆中的能量转换器。必须为汽油机重新开发混合气制备和燃烧控制。就燃烧过程和NO_x排放的控制而言，在明显稀薄的范围内的燃烧将是最佳的，尽管这涉及功率损失。在空气过量较少时，则可能需要将额外的水喷射到进气歧管中以控制燃烧，因为否则在进气系统中可能会发生回火。理想的情况是将液态氢直接喷入燃烧室。还应该指出的是，由于氢的高可燃性，汽油机的压缩比不能太高，而这与更低的热效率相关联。解决NO_x问题可能需要一些时间。由于近年来全球致力于开发用于电机驱动的车辆的燃料电池，可以预期该系统将比汽油机更适合氢的利用。然而，燃料电池的生产工艺仍需首先进行优化。从化石能量载体中产生氢并不合适。在环境技术挑战的背景下，似乎只有光伏作为H_2生产的能源才有意义。此外，必须创建合适的基础设施来为相应的车辆加注。最近，在采用燃料技术的车辆中使用电机也带来了另一种可持续移动性的长期替代方案：电力驱动。但与氢技术类似，电动汽车仍需克服一些基本问题，例如提高电池的能量存储密度、减少电池的重量和体积、安装充电基础设施，最后但并非最不重要的一点是，必须提供足够的基于可再生能源的电力，从而达到市场成熟度。

（3）醇类燃料

醇是碳氢氧化合物，即所谓的含氧化合物，其特点是分子中有 OH 基团而不是氢原子。原则上，短链伯醇（一个 OH 基团）非常适合用于驱动车辆的汽油机。它们的制造技术是已知且成熟的。运输、储存和配送实际上可以在现有系统中进行。最重要的醇的物性值已经在图 22.25 所示。对于这里提出的考虑，仅甲醇，尤其是乙醇作为补充燃料是有吸引力的。图 22.55再次显示了它们与优质燃料相比的物性值。

名称	缩写	沸点	20℃时密度	蒸气压	ROZ	MOZ	热值 H_u	汽化热	O_2含量
单位		℃	kg/m³	HPa			MJ/L	kJ/kg	质量分数，%
甲醇	Methanol	64.7	791.2	32	114.4	94.6	15.7	1100	49.93
乙醇	Ethanol	78.3	789.4	17	114.4	94.0	21.2	910	34.73
超级汽油	SOK	30～215	725～780	S：60～70 W：80～90	95	85	约41	380～500	0～2

图 22.55　与超级汽油比较的甲醇和乙醇的物性值[4,9]

在实践中，在抗爆性、热值和汽化热方面存在着巨大的差异。特别有利的是高的抗爆性，可用于通过相应增加的压缩比来提高效率。它们还具有更高的燃烧速度，这需要对点火特性场进行相应的调整（比较“赛车燃料”）。然而，明显更低的体积热值导致相应的更高的燃料消耗。更大的汽化热导致燃料空气混合气显著地冷却，得益于更好的内部冷却，从而导致更好的充气，因而提升功率。燃料蒸发后燃料空气混合气体积的显著增加使得平均有效压力高于以汽油运行的发动机，并在发动机中提供更高的热效率。此外，醇类空气混合气的点火范围大于汽油的点火范围，这允许在部分负荷下有更多的过量空气，这对废气原始排放的影响同样也是有利的。与沸腾开始相比，每种情况下的沸点更高，而蒸气压更低，这与由于高的汽化热而发生的强烈冷却有关，因此需要特殊的预防措施，尤其是在低温下，例如进气系统的预热。与汽油相比，未经预热的混合气的理论温度降对于甲醇为120℃，乙醇为63℃。醇对金属和弹性体的侵蚀性，特别是在与传统汽油的混合物中，需要特殊的材料和使用特殊的添加剂。醇既可以纯醇形式使用，也可以与碳氢化合物混合使用。如 22.1.2.1 节所述，低浓度不需要对车辆进行更改，但例外的是此处还必须确保燃油系统中弹性体的兼容性。较高浓度［例如在汽油中的 15%（体积分数）甲醇］需要进行相应的匹配。其基础是 20 年前在德国汽车和矿物油工业的一个联合项目中开发的，该项目由联邦研究部提供资金。以下对于甲醇和乙醇的生产和使用也很有吸引力：

简单的醇分子 CH_3OH（甲醇）由合成气 CO 和 H_2生产，而这些合成气又可以从所有含碳的一次能量载体中获得，当今最好从天然气中获得。它具有高 H_2含量（C/H 为 4∶1），因此，它作为制氢的原料，与燃料电池技术用基础设施一起是很有吸引力的，至少在初始阶段是这样。它可以用作汽油甲醇混合燃料，例如 M15（汽油中含有 15% MEOH）或甲醇燃料（M100）。由于水进入混合物时分层的危险随着混合燃料中甲醇含量的降低而增加，因此必须考虑甲醇汽油水混合物的稳定性。甲醇燃料 M100 必须包含用于冷起动和暖机的 HC 成分，以及添加剂等其他物质，以便使用它时车辆能够正常运行。出于安全原因，有必要添加一定量的汽油，因为甲醇会以看不见的火焰燃烧。图 22.56 再现了甲醇燃料主要的可能的规格。高的辛烷值、高的燃烧速度和燃料空气混合气的更大体积膨胀的优势被优化的甲醇发动机约 70% 的消耗劣势所抵消。此外，甲醇比汽油更容易提前点火，这需要特殊的发动机方面的措施，例如采用冷火花塞等。

特征值	单位	夏季	冬季
甲醇	质量分数，%	最小 82	最小 82
总 HC①	质量分数，%	最小 10，最大 13	
丁烷	质量分数，%	最大 1.5	最大 2.5
15℃时密度	kg/m³	770～990	
蒸气压 RVP	kPa	55～70②	75～90②
水含量	10^{-6}	最小 2000，最大 5000③	
更高的醇类	质量分数，%	最大 5	
甲酸	10^{-6}	最大 5	
总酸④	10^{-6}	最大 20	
蒸发残渣	mg/kg	最大 5	
氯	10^{-6}	最大 2	
铅	10^{-6}	最大 30	
磷	10^{-6}	最大 10	
硫	10^{-6}	最大 10	
添加剂	%	最大 1	

① 碳氢化合物的类型、沸腾特性和数量，取决于使用类型。
② 中欧地区示例。
③ 含缓蚀剂。
④ 以乙酸计。

图 22.56　甲醇燃料规格[10]

使用甲醇燃料时，需要使用不含无灰分散剂的特殊发动机润滑油，因为这些分散剂在与甲醇接触时可能会形成黏性残留物。此外，它们必须具有特殊的添加剂，以防止腐蚀性的发动机磨损。

（4）乙醇

C_2H_5OH 是以羟基 OH 为特征的同源醇类序列中的第二种。原则上，它可以通过发酵农产品由生物质来生产。所有含有糖、淀粉和纤维素的原料都适合作为源产品。图 22.57 总结了乙醇生产的可能性。

含糖的	纤维素
甘蔗、谷类、甜菜、玉米、甜小米、木薯、土豆	森林残留物、速生树、大麻、洋麻、甘蔗渣、稻草、茎、壳、豆荚废纸

图 22.57 乙醇生产的植物原料[4,9]

从葡萄糖到醇类的转化是通过酵母完成的。迄今为止，巴西以甘蔗为燃料的乙醇生产具有最大的经济意义。为了提高产量并减少粮食和燃料生产之间的竞争，主要使用纤维素作物将更加有利。然而，发酵之前必须进行酶促转化过程，根据植物种类将不同类型的纤维素转化为葡萄糖。在应用方面，需要注意的是，如果没有特殊的设计方面的预防措施，就会出现冷起动方面的问题。总之，可以确定，甲醇和乙醇不能作为基本的替代燃料，但在向氢的肯定漫长的过渡期中作为补充燃料将是重要的。在此背景下，DIN EN 15376 规定了乙醇作为混合成分的基本要求，而 DIN 51625 规定了乙醇燃料“E85”的基本要求。

（5）赛车燃料

很明显，除了补充实现最大比功率的特殊的结构设计措施外，还寻求在燃料方面做出贡献。如果适用的法规没有规定任何限制性法规，例如商业上可用的超级燃料（Super），与燃料方面相关的贡献绝对值得一提。其目标通常是结合最高的抗爆燃性以获得最高的压缩比、最大可能的内部冷却以获得最佳的充气、最高的燃烧速度以实现最高的转速和最可能多的能量供应。此外，必须以这样的方式调整燃料的挥发性，使其满足最大可能的充气效率的要求。图 22.58 显示了用于赛车燃料的基本上有吸引力的混合成分及其特别重要的特征值（部分是历史性的）。

成分	15℃时的密度	ROZ	MOZ	沸点	汽化潜热	热值 H_u
单位	kg/m^3			℃	kJ/kg	MJ/L
丙酮	791			56	524	
乙醚	714			35	487	24.3
乙醇	789	114.4	94.6	78.5	910	21.2
甲醇	792	114.4	94.0	64.7	1100	15.6
苯	879	99	91	80	394	34.9
甲苯	867	124	109	110	356	34.6
硝基苯	1200			208	397	
水	1000	—	—	100	2256	—

图 22.58 赛车燃料成分[1]

通过具有高能量含量且同时具有低的化学计量空燃比的成分，可以通过燃料来直接提高功率。对于给定的空气供应，这种组合可以增加实际供应的能量。这里一个典型的例子是硝基甲烷，它的热值明显低于汽油，但由于其化学计量空燃比低得多，可以允许能量供应（比能）增加一倍以上。然而，它的使用受到发动机中出现的高的热负荷和机械负荷的限制。图 22.59提供了与异辛烷相比硝基甲烷和甲醇的这些关系的信息。

空间应变环状化合物（如四环烷）和二烯烃（如二异丁烯）也可直接提高功率。尽管它们通常具有低 OZ 并且根据常规评估并不适合，但它们基于与点火特性场相应的匹配而明显提高了的燃烧速度，因而对爆燃的敏感度明显低于其 OZ 所预期的。高的燃烧速度的另一个优点是，在极高的转速下，能量转换倾向于转移到上止点区域，这与效率的提高有关。然而，这一优势也适用于含烯烃的常规裂解成分。燃料成分有时相互矛盾的特性意味着必须仔细地、努力地协调发动机和燃料。提到的特殊燃料只是部分可供，而且无论如何都非常昂贵。

图 22.60 比较了四环烷与甲苯和二异丁烯与异辛烷。

早在20世纪30年代，当时的大奖赛赛车就使用了特殊的赛车燃料。图22.61显示了赛车燃料的组成，这些燃料在当时是绝密的，一方面来自战前竞争对手汽车联盟（Auto－Union）和梅赛德斯－奔驰（Mercedes－Benz），另一方面来自阿尔法·罗密欧（Alfa Romeo）和玛莎拉蒂（Maserati）。

特征值	单位	硝基甲烷	甲醇	异辛烷
分子式	—	CH_3NO_2	CH_3OH	C_8H_{18}
O_2 含量	质量分数,%	52.5	49.9	0
汽化热	kJ/kg	560	1170	270
热值 H_u	MJ/kg	11.3	19.9	44.3
化学计量空燃比	—	1.7:1	6.45:1	15.1:1
比能量①	MJ/kg	6.65	3.08	2.93

① H_u 除以化学计量空燃比。

图22.59　硝基甲烷与异辛烷的比能[4]

特征值	单位	四环烷	甲苯	二异丁烯	异辛烷
分子式	—	C_7H_8	C_7H_8	C_8H_{16}	C_8H_{18}
密度	kg/m^3	919	874	719	699
ROZ	—	54①	124①	98①	100
MOZ	—	19①	112①	78①	100
热值 H_u	MJ/kg	44.1	40.97	44.59	44.83
化学计量空燃比	—	13.43	14.70	13.43	15.05
比能量	MJ/kg	3.28	2.79	3.32	2.98

① 混合OZ。

图22.60　四环烷与甲苯和二异丁烯与异辛烷的比能[4]

成分	汽车联盟、梅赛德斯－奔驰（体积分数,%）	阿尔法·罗密欧、玛莎拉蒂（体积分数,%）
乙醇	10	49.5
甲醇	60	34.5
变性	—	0.5
苯	22	—
石油醚	5	—
水	—	0.5～3
其余	3①	12～15②

① 甲苯/硝基苯/蓖麻油。

② 未指定。

图22.61　至1939年所使用的大奖赛赛车燃料[1]

22.2　润滑材料

润滑材料是结构元素，没有它们，内燃机和变速器的可靠的功能是不可想象的。它们的发展与汽车的发展同步进行，并在大量互动的推动下不断向前发展。凭借其复杂的成分，现代润滑材料甚至能够满足最高要求。

22.2.1　润滑材料的类型

术语机动车辆用润滑材料包括以下子领域：

- 四冲程汽油机和柴油机的发动机润滑油。
- 用于二冲程发动机的发动机润滑油，例如用于摩托车、踏板车和轻便摩托车。
- 用于农用拖拉机的通用润滑油。
- 变速器油。
- 液压油。
- 油脂。

本章讨论前面提到的两点。

22.2.2　润滑的任务

润滑材料应使滑动副之间的摩擦保持较低，减少磨损并从润滑点去除任何磨损颗粒。这些要求还涉及力的传递，例如从活塞到连杆，通过向油底壳或油冷却器传递热量来冷却；密封，例如活塞与气缸之间的环形间隙，避免磨损，避免沉积物和腐蚀，酸性燃烧产物的中和，与密封件弹性体的相容性，尽可能长的更换间隔要求的高的老化稳定性，尽可能低的润滑油消耗要求的低的蒸发损失，最佳的黏温特性，易于冷起动和安全热运行。诸如多气门技术、气缸停用、液力的气门间隙补偿、凸轮轴调节和涡轮增压等更新的结构设计元件提出了重要的有时甚至是新的需求。与目前采用进气歧管喷射和催化器的发动机相比，新一代直喷汽油机绝对可以在稀薄燃烧范围内运行，这给发动机机油带来了新的问题。此外，还需要通过减少摩擦来降低燃料消耗、因起动停机系统导致曲柄连杆机构的高负载、不损害废气净化措施系统（催化器和颗粒过滤器）以及注意环境兼容性。

22.2.3 润滑的类型

必须区分完全润滑和部分润滑（液体摩擦和混合摩擦）。液体摩擦是理想的状态，例如在滑动轴承中，从一定转速开始或在外部施加油压后。但是，如果例如曲轴和轴承在起动过程中没有首先形成润滑油膜而直接接触，则也必须预料到会出现混合摩擦。在某些组件组中，例如带有挺杆和凸轮的配气机构，或气缸中活塞的换向点（止点），在长时间运行中也不可避免地会出现混合摩擦。在此，重要的是，润滑材料配备有添加剂以防止磨损和氧化，并具有足够的黏度，以最大限度地减少磨损。

22.2.4 对润滑油的要求

对发动机润滑油最重要的要求包括以下要素：

1）力的传递。在连杆上，施加在活塞上的整个燃烧压力通过活塞销和连杆轴承等部件借助于在润滑间隙中存在的小体积的润滑油而传递到曲轴上。其中，在薄的润滑间隙中产生的压力可高达10000bar。

2）冷却。发动机润滑油在总散热量中所占的比例较小，但在冷却效果方面，发动机润滑油必须完成一项重要任务，即活塞冷却。一方面，在发动机内部各处飞溅的润滑油从热的活塞区域带走热量；另一方面，特别是在高增压柴油机中，润滑油通常从下方额外地喷射到活塞底部以及带入单独的冷却通道中，特别是为了冷却上部活塞环区域。

3）密封。发动机润滑油的重要任务是在活塞、活塞环和气缸表面之间提供精细的密封，以便以尽可能少的损失将燃烧产生的高压传递到活塞顶表面。即使采用最佳的密封，也会有大约2%的燃烧气体通过活塞进入曲轴箱（漏气，Blow-by-Gas）。它还会在发动机润滑油中加载来自燃烧的腐蚀性反应产物。

4）防止沉积物。在汽油机和柴油机的燃烧中，不可避免地会产生固态或液态形式的润滑油不溶性残留物。必须防止残留物积聚（结块）和在发动机（例如在活塞环槽中）中沉淀，或掉落在油底壳中。在特殊情况下，润滑油不溶性残留物会导致油泥的形成。该任务通过添加剂中的洗涤剂和分散剂来解决。

5）腐蚀保护。矿物油已经对少量水提供了一定的防腐蚀保护。然而，在额外存在腐蚀性燃烧产物的情况下，这种保护是不够的。发动机关闭后，发动机内部的湿气会凝结成水。在燃烧过程中自身也会产生水作为反应产物。根据HC比率，1L燃料可输送约1L水。它使热发动机与废气一起大部分以蒸汽形式存在。而一小部分最终会与窜气一起进入曲轴箱和油底壳中，当发动机冷却时，它会在该处冷凝。发动机润滑油只能吸收一定量的水，因此如果不使用腐蚀抑制剂来抵消这种情况，未受保护的金属可能会发生腐蚀。

6）磨损保护。主要是必须尽可能防止机械磨损和腐蚀磨损，尤其是气缸套、活塞和活塞环、轴承和气门控制装置，例如凸轮、挺杆和摇臂。在柴油机的情况下，在混合摩擦区域还会产生由碳烟形成引起的特殊负担。这尤其包括气缸套。通过EP/AW（极压/抗磨，Extreme Pressure/Anti Wear）添加剂可有效减少机械磨损，而腐蚀磨损可通过缓蚀剂的中和能力来控制。

7）密封件兼容性。发动机中使用的径向轴密封环、气门杆密封件和其他由弹性体材料（弹性塑料）制成的密封件的性能不得被新鲜润滑油或用过的润滑油所改变。它们不得变脆、软化或收缩，并且不得在压力下倾向于开裂。需要一些膨胀以确保永久性密封。采用“密封膨胀剂”（Seal Swell Agents）用于防止或补偿“变干”，这意味着在使用一定的合成基础液时，用弹性体中的PAO等替代增塑剂。

8）老化稳定性。考虑到更换润滑油时间间隔的不断延长，这一点尤为重要。在高的运行温度下，发动机润滑油会“老化”，因为氧气会附着在碳氢化合物分子上，从而形成酸，并且会形成树脂状或沥青状成分。润滑油在流动、滴落、甩出并喷射到发动机内部时，不断地与空气混合成薄膜。因此，发动机润滑油受到窜气的影响，可能变稠。使用抗氧化剂来防止这种情况。

9）蒸发损失。蒸发损失很大程度上取决于黏度和所用基础液体的类型。过去，当仅使用矿物油萃余液作为基础油时，一般规律是基础油越稀，蒸发损失越大。“新技术”的高功率发动机润滑油的基础液体，如特殊萃余液、加氢裂化润滑油、合成碳氢化合物和酯类，在相同黏度下具有无与伦比的、更低的蒸发损失。这些对于发动机中更长的润滑油停留时间至关重要。

10）黏度-温度特性。如今，润滑油在低温时应尽可能稀，在高温时应尽可能黏稠的要求应该已成为理所当然的了，而这只能通过具有高黏度指数（V.I.）的范围广泛的多级润滑油油品来满足。在这里，现代基础液体也远优于早期的矿物油萃余液。

22.2.5　黏度/黏度指数（V.I.）

黏度是内部摩擦的量度，或流体对运动提供的阻力。假设层流流动，根据牛顿剪应力定律，两个流动层之间发生的剪应力与垂直于流动方向的速度梯度成正比。其中，出现的比例因子称为所讨论的液体的动力黏度或绝对黏度。它表示与 $1cm^2$ 相关的力，它抵消了液体层的运动，而液体层又以 1cm/s 的速度平行于 1cm 外的静止液体层流动。动力黏度的单位是 1P（泊）=100cP（厘泊；1cP=1mPa·s）。牛顿意义上的术语黏度仅限于保持比例的范围，而与间隙宽度和剪切速率无关。例如，在润滑油的情况下，如果由于石蜡等固体颗粒的离析和混合物的形成，原始牛顿液体不再遵循比例定律，则这种比例可能会通过冷却而丧失。对于人工增稠的润滑油，即多级润滑油，情况尤其如此。在实践中几乎只使用运动黏度或相对黏度而不是动力黏度，因为它更容易测量。它是动力黏度与密度之比的结果。单位为 1St（斯托克斯）=100cSt（厘斯，1cSt=$1mm^2/s$）。黏度主要受温度和压力的影响，在非牛顿液体的情况下，还受剪切速度的影响。

22.2.5.1　温度对黏度的影响

随着温度的升高，润滑油中分子之间的距离增加，从而使它们远离彼此的影响范围，就此，减少了内部摩擦，从而降低了黏度。黏度对温度的依赖性对润滑技术尤为重要，国际上统一使用黏度指数（V.I.）进行评估并具有可比性。V.I. 越大，润滑油的温度敏感性越低。这种相对识别是使用两种对温度极其敏感的参考润滑油来进行的。两者在100℃下具有相同的黏度。对于一种（宾夕法尼亚州）参考润滑油，黏度仅随温度降低而缓慢增加，而对于另一种（墨西哥湾沿岸）参考润滑油，黏度则剧烈很大。第一种参考润滑油的值为 V.I.=100，后者为 V.I.=0。两种参考润滑油的黏度值根据 DIN ISO 2909 规定，温度为100℃时范围为 2~$70mm^2/s$。对于 $70mm^2/s$ 以上的值，标准中给出了计算公式。V.I. 不能直接测量，而是对给定的润滑油，借助于与由图 22.62 所示的关系的参考润滑油进行比较来计算得出。

$$\text{V.I.}=100\,\frac{L-P}{L-H}$$

H（High）⇨参考润滑油的黏度，在40℃时，V.I.=100
L（Low）⇨参考润滑油的黏度，在40℃时，V.I.=0
P（Probe）⇨需确定的润滑油的黏度，在40℃时

图 22.62　黏度指数的计算

图 22.63 显示了一个 100℃下 $8mm^2/s$ 润滑油图形式的 V.I. 测定的示例。在这里，*L* 参考润滑油在40℃下测得的值为 $97mm^2/s$，*H* 参考油在40℃下测得的值为 $57mm^2/s$。这两个值分别被分配了 0 和 100V.I，差值范围为 $40mm^2/s$，分为 100 个等分。由于在这种情况下，油样 *P* 在40℃下测得的黏度为 $61mm^2/s$，因此可以从 V.I. 标度中读取的值为 90。

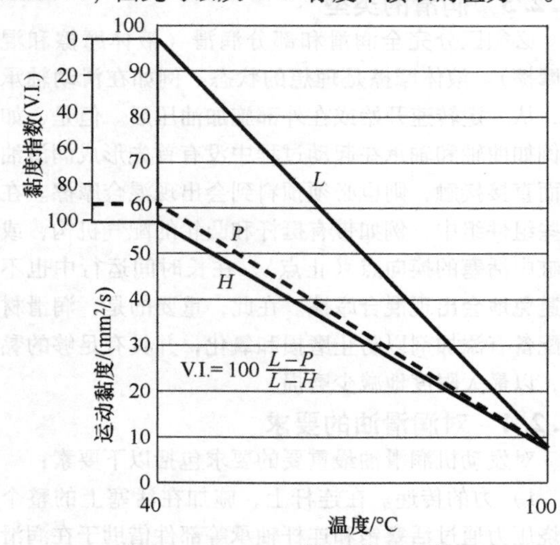

图 22.63　V.I. 的图形式测定

随着 V.I.>100 多级润滑油的发展，在评估此类润滑油时，以高估低黏度润滑油的形式在确定 V.I. 时出现了根本性困难。作为解决方案，引入了一种新的计算方法，产生了 V.I._E（扩展 V.I.）。尤其是在 V.I. 值较高的情况下，V.I._E 在评估 V.I. 改进剂的有效性时可以实现更清晰的区分。"新技术"润滑油的全合成基础液体具有非常高的 V.I._E，通过新的 V.I. 改进剂还额外地提高了 V.I.，以涵盖广泛的 SAE 范围（比较 22.2.8.1 节）。图 22.64 所示的关系式适用于 V.I._E 的计算。

$$\text{V.I.}_E=100+\frac{G-1}{0.0075}$$

$$G=\frac{\lg H-\lg P}{\lg Y}$$

H（High）⇨参考润滑油的黏度，在40℃时 V.I.=100
P（Prober）⇨需确定的润滑油的黏度，在40℃时
Y（Probe）⇨需确定的润滑油的黏度，在100℃时

图 22.64　V.I._E 的计算

22.2.5.2　压力对黏度的影响

如果润滑油暴露在非常高的压力下，它的黏度会急剧增加，因为与温度的影响相比，现在靠得更近的分子会产生更大的内部摩擦。在计算滑动轴承时，通

常会忽略压力的影响，因为假设由于压力增加而导致的黏度增加可以通过始终发生的温度升高导致的黏度降低来近似补偿。从众多经验中得知，压力增加约35bar与温度增加约1℃具有相同但相反的效果。在压力非常高的领域，例如在滚子轴承或齿轮传动装置中（高达15000bar），出现的量级就不能再被忽视。作为粗略的近似值，当压力增加约300bar时，在室温下，大多数石油产品的黏度会翻倍。同样，在高压范围内相同的压力增加会导致黏度比在低压范围内更大的增加。与黏性润滑油相比，稀薄润滑油在黏度方面受压力增加的影响更小。同样令人感兴趣的可能是观察到，压力的增加也会增加V.I.。在这里，环烷基础油的反应比石蜡基础油更强烈。通常，与温度的影响类似，压力变化对石蜡基础油的影响小于对环烷基油的影响。图22.65显示了压力对黏度和V.I.的影响。

压力	石蜡基础油			环烷基础油		
bar	cSt① (40℃)	cSt (100℃)	V.I.	cSt (40℃)	cSt (100℃)	V.I.
1	52.5	6.8	90	55.4	5.8	16
1400	810	43.5	100	21.9	53.5	54
2500	8700	195	125	91000	454	115

① $1cSt = 1mm^2/s$。

图22.65 压力对黏度和V.I.的影响[1,9]

22.2.5.3 剪切速度对黏度的影响

在多级润滑油的情况下，通过V.I.改进剂可以在很宽的温度范围内使用（比较22.2.8.3节），牛顿的剪切应力定律不再适用，因为比例，即黏度，现在取决于间隙厚度（薄膜厚度）和剪切速度。这些作为非牛顿液体来处理。虽然在牛顿流体时，黏度随着剪切速度的增加而保持不变，但在非牛顿油中它会降低。由于在这种情况下可以想象无限数量的黏度值，这取决于测量它们的剪切速度，表观黏度的概念在这里也用于区分，以s^{-1}为单位的相应剪切速度给出了以泊为单位的绝对黏度。这里讨论的是剪切速率。在高的剪切应力下，除了黏度降低外，可能还会出现V.I.损失，因为长链聚合物V.I.改进剂在某些情况下可能会被分解，从而失去一些效力。在高的剪切速率下的黏度损失和V.I.损失可能是永久性的，由于大的聚合物分子的机械或化学断裂成较小的分子，也可能是暂时的，由于长链聚合物分子的方向性以及流动方向，从而导致阻力减少。当剪切应力消退时，润滑油在暂时的情况下恢复到其原始黏度。永久性V.I.损失在实践中是不希望的。在车辆发动机中出现50000～1000000s^{-1}的剪切速度。以前使用的高分子量聚合物V.I.改进剂都经历过大量的暂时性和永久性V.I.损失。由于中等分子量和特殊结构，如今使用的现代V.I.改进剂即使在最高剪切应力下也能保持稳定，并保证保持新鲜润滑油中设定的黏度－温度特性，即多级润滑油保持在给定的SAE范围内（留在级别，stay in grade）。

22.2.6 基础液

发动机润滑油总是由基础液或基础液的混合物和经过长时间研究而精心协调的添加剂包组成，没有它们就无法满足当今的要求。基础流体，也称为基础油，是矿物油、合成油或它们的混合物（半合成油）。基础油决定了发动机润滑油的重要特性，例如黏度和相关的黏度－温度特性、抗氧化性、蒸发损失和添加剂响应性。不同的基础液对添加剂的影响有不同的反应，并会产生不同的发动机的试验结果。因此，它们根据ATIEL（Association Technique de l'Industrie Europeenne des Lubrifiants）分为五组，如图22.66所示。

除了此处列出的特性外，其他标准对于根据应用情况选择基础油也具有决定性意义。

组	组成	硫含量	黏度指数
Ⅰ	<90%（质量分数）饱和烃	>0.03%（质量分数）	80≤V.I.<120
Ⅰ+	<90%（质量分数）饱和烃	>0.03%（质量分数）	100～105
Ⅱ	≥90%（质量分数）饱和烃	≤0.03%（质量分数）	80≤V.I.<120
Ⅱ+	>90%（质量分数）饱和烃	<0.03%（质量分数）	110～120
Ⅲ+/Ⅳ	≥90%（质量分数）饱和烃 聚α烯烃（PAO），不包括在Ⅰ、Ⅰ+、Ⅱ、Ⅱ+、Ⅲ+/Ⅳ组中的所有其他物质，或例如酯类	—	≥140

图22.66 根据ATIEL对基础液的分类[1]

22.2.6.1　矿物油基础液

矿物油基础油至今仍最大比例地用于普通的润滑油；然而，由于需求的不断增加，它们正越来越多地被合成的基础液所取代。石油衍生的萃余液是常压蒸馏、真空蒸馏、溶剂精制、脱蜡和加氢精制的结果。它们由具有许多分支可能性的大分子组成，即使具有相同数量的 C 和 H 原子，它们也可以无限地增长。因此，尽管精炼方法复杂，但没有由不同原油制成的结构均匀的矿物油基础油。根据所需的黏度，不同黏度的基础油可用于发动机润滑油，可提供从稀薄的主轴油到高黏度的光亮油。在实践中，通常使用介于主轴油与光亮油之间的至少两种基础油组分的混合物，其中优选使用相邻的蒸馏馏分。适用于制造润滑油的原油的硫含量在 0.3%（质量分数）（北海）与 2.0%（质量分数）（中东）之间。石蜡基油和环烷基油之间一直存在区别。优选基于石蜡的那些，因为它们具有更好的黏度 - 温度特性。V.I. 通常在较高的 90 和 ≤100 范围。混合成分在 100℃ 时的黏度在 3.7 ~ 32mm^2/s 之间。即使是最好的萃余液的特性也不再足以满足当今所需的高性能油品的需求。

22.2.6.2　合成的基础液

当要求具有最低润滑油消耗、最少的残留物形成、最佳的磨损保护、高“燃油经济性”和灵活的换油间隔潜力的高性能多级油时，合成的基础液在发动机润滑油中是必不可少的。合成的发动机润滑油的原材料主要基于石脑油，石脑油在裂解后以乙烯（Ethen）的形式存在。由此，通过各种催化工艺生产合成烃 PAO（聚 α - 烯烃，Poly - Alpha - Olefin）和 PIB（聚异丁烯，Poly - iso - Buten）。当乙烯与氧和氢发生反应时，再次在催化剂的存在下，通过各种步骤形成合成酯或聚丙二醇（PPG，Polypropylenglykole）和聚乙二醇（PEG，Polyethylenglykole）。生产合成基础液的另一种可能性是使用真空渣油法。在此，通过催化的加氢裂解生产加氢裂解油和轻质气体馏分或汽油馏分。对于“新技术”发动机润滑油，使用 PAO、PAO 加酯或 PAO 加氢裂解油；其他合成的基础液，例如上面提到的聚乙二醇，用于液压油和工业齿轮油。PAO 等合成的碳氢化合物以及加氢裂解油具有非常特殊的分子结构，这种结构在原始产品中是不存在的；从某种意义上说，它们是量身定做的。矿物油、酯类、PIB 和 PAO 基本上可以相互混溶的。不建议将合成的或半合成的发动机润滑油与矿物油基的发动机润滑油混合，因为这会降低合成油的更高的质量标准。在从矿物油基到今天的全合成发动机润滑油的过渡时期，首先引入半合成的发动机润滑油。即使在今天，它们仍有可能用于具有中等压力和较低成本要求的应用。与萃余液相比，半合成的（HC）或合成的基础液的优势和额外成本如图 22.67 所示。

成分	优势	原因	额外费用（%）
加氢裂解润滑油	高的 V.I.（>110） 低的蒸发损失 良好的黏度 - 温度特性	分子结构 均匀的成分 低倾点	30 ~ 100（取决于 V.I. 和质量）
聚 α 烯烃 聚异丁烯	非常高的 V.I.（<150） 非常低的蒸发损失 非常好的黏度 - 温度特性	分子结构 成分均匀 倾点低	250 ~ 350 ≈200

图 22.67　与萃余液相比，PAO 和加氢裂解润滑油的优势和额外成本[4,11]

22.2.7　润滑材料添加剂

发动机润滑油总是由一种基础液或一种由几种基础油组成的混合物和作为活性成分的添加剂所组成。添加剂是添加到基础液中的各种类型的油溶性活性成分，以实现基础液中不存在或不充分存在的特性，以进一步增强积极的特性并最小化或完全消除不希望的特性。并非所有发动机润滑油特性都会受到添加剂的影响，例如导热性、与压力相关的黏度、气体溶解度和空气分离能力。添加剂几乎总是以混合物的形式发挥作用，具有协同作用和拮抗作用。根据质量的不同，现代高性能油中所添加的添加剂的比例在 5% ~ 25% 之间。许多润滑材料的添加剂是表面活性的物质或界面活性物质，其结构原则上可以与匹配物进行比较。“头部”是一种功能性的化学基团，会被诸如水、酸、金属或碳烟颗粒等物质“吸引”。它们也被称为极性基团，其中集中了原始的活性成分。它可以是有机的（无灰）或金属有机的（形成灰的）的结构。“茎”由亲油（“吸引”到润滑油中）的非极性烃残基（自由基）组成。最重要的是，它会导致添加剂溶解在润滑油中。一些添加剂类型在极性基团上有多个茎。另一类重要的润滑油添加剂基团由具有特殊分子结构的高分子碳氢化合物所组成，其中也可以含有氧。图22.68显示了发动机润滑油的添加剂类型。原则上，此列表也适用于齿轮油。就像基础液一样，添加剂也必须从环境相容性的角度来考虑。例如，几乎从未使用过含氯化合物。

添加剂类型	有效成分	功能
V.I. 改进剂 分散或非分散的	聚甲基丙烯酸酯（PMA） 聚烷基苯乙烯 烯烃共聚物（OCP） 星形聚合物 PIB 苯乙烯酯聚合物	改善黏度－温度特性
清洁剂 （基本的）	金属磺酸盐 金属酚盐 金属水杨酸盐 （金属＝钙；镁；钠）	保持发动机内部清洁 酸的中和 防止漆膜形成
分散剂 （无灰）	聚异丁烯琥珀酰亚胺	碳烟、老化产物和其他异物保持悬浮 防止沉积物和漆膜形成
抗氧化剂	二烷基二硫代磷酸锌 烷基酚 二苯胺 金属水杨酸盐	防止润滑油氧化和变稠
缓蚀剂	金属磺酸盐 （金属＝钠；钙） 有机胺 琥珀酸半酯 磷胺、酰胺	防止腐蚀
有色金属钝化剂	复杂的有机硫化合物和氮化合物	防止氧化和润滑油稠化
减摩剂 （摩擦调节剂）	温和的EP添加剂 脂肪酸 脂肪酸衍生物 有机胺	减少摩擦损失
减磨剂 （EP补充剂）	烷基二硫代磷酸锌 钼化合物 有机磷酸盐 有机硫和硫化合物和磷化合物	减少或避免磨损
倾点改进剂（倾点抑制剂）	聚甲基丙烯酸烷基酯	改善低温下的流动特性
泡沫抑制剂（消泡剂）	有机硅化合物 丙烯酸酯	减少或避免泡沫形成

图22.68　典型的发动机润滑油添加剂类型[12]

添加的含金属物质的量的衡量标准是在新鲜润滑油中形成灰分的物质（“硫酸盐灰分”）的含量。柴油机中的现代排气后处理系统［例如柴油颗粒过滤器（DPF）］为了减少与原理相关的颗粒排放，需要使用具有减少灰分形成物质含量的发动机润滑油。燃烧的发动机润滑油会导致硫酸盐灰通过废气最终进入细孔颗粒过滤器中，并减少流量导致堵塞，因为与碳烟不同，灰分不能通过再生燃烧掉。然而，通过使用相对较大、鲁棒的过滤器系统，可以省去使用低灰分的发动机润滑油，但靠近发动机的紧凑型系统在市场上变得越来越流行。关于硫酸盐灰分含量的要求在一些制造商的ACEA规范（新的子组C1~C4）和OEM规范中进行了规定。低灰分或低SAPS（硫酸盐灰分磷硫，Sulphated Ash Phophorous Sulfur）的硫酸盐灰分含量在乘用车发动机润滑油中为0.5%~0.8%，而商用车则可高达1.0%。对于乘用车汽油机和柴油机“经典”的发动机润滑油，其含量为1.0%~1.5%，欧洲商用车柴油机的含量为1.5%~2.0%。乘用车低灰分发动机润滑油在开发方面以柴油机为动力，但仍可用于大多数汽油机中。

22.2.7.1　V.I. 改进剂

当今用于乘用车和商用车的高性能发动机润滑油需要在所有行驶条件和天气条件下以极长的换油间隔完美地工作，这意味着即使在外部温度非常低的情况下也能实现可靠的冷起动，并具有足够低的黏度，并尽可能地进行节能地润滑，同时还具有足够高的黏度，以便在高的热负荷和机械负荷下进行可靠的润滑。仅多级油（比较22.2.8.3节）可以满足这些要求。基础液的给定黏度-温度依赖性在非常高的V.I.时也不再足够，因此必须使用合适的V.I.改进剂。这里使用具有高分子量的聚合物。他们的作用方式可以通过他们的解决方案行为来解释。在低温下，V.I.改进剂紧紧地缠绕在润滑油中，由于对空间要求低，所以对黏度的影响很小。随着温度升高，空间需求增加；缠结解开，减少变薄。选择V.I.改进剂时，重要的是要考虑其对高的剪切应力（例如凸轮和挺杆之间、滚子轴承或油泵齿轮之间）的敏感性，以实现所需的V.I.即使在高的剪切应力和较长的运行时间后仍然存在。对于高V.I.的基础油，基础油对V.I.改进剂的反应更高比V.I.低的要差。并随着添加量的增加而迅速减少。根据类型，V.I.改进剂通常还具有降低倾点的特性。由于它们的分子大小，它们在石蜡晶体的形成过程中形成晶体生长的破坏点，并以这种方式允许形成小的、相互分离的晶体。由于温度对润滑油黏度的显著影响，如今只有采用具有V.I. 1100的多级油。顶级产品是专为极长换油周期而设计的平稳运行和长期油品，都是全合成发动机润滑油，其基础液的V.I.值已经很高，例如130。还添加V.I.改进剂以将SAE等级设置为10W-60或0W-40，但数量相对较少。由于V.I.改进剂因其尺寸而暴露在高剪切应力下，因此具有较少V.I.改进剂的合成发动机润滑油通常具有更高的剪切稳定性，因此可以在更长的换油周期内保持其黏度特性。苯乙烯-丁二烯共聚物（SBC）、聚甲基丙烯酸酯（PMA）或烯烃共聚物（OCP）等类型的V.I.改进剂以预先溶解在PAO或矿物油中方式加入。成品油中的用量一般为1%~10%（质量分数）。

22.2.7.2　清洁剂/分散剂

在汽油机和柴油机的燃烧过程中会产生大量污染发动机润滑油的燃烧产物。这些是油老化产物、部分和未燃烧的燃料残渣、烟灰、酸、氮氧化物和水。这些大多是不溶于油、固态或液态的外来物质进入润滑油回路并产生不希望的或有害的影响。树脂状和沥青状的润滑油老化产物会导致金属表面沉积、润滑油变稠和在发动机部件上的油泥堆积。酸性燃烧产物会引起腐蚀、催化氧化并会降解抗磨添加剂。焦炭和清漆状沉积物导致活塞环粘在环槽中，这意味着更多的窜气（Blow-by-Gas）进入曲轴箱并导致进一步的润滑油污染。此外，卡死的活塞环会导致气缸壁上形成镜面（孔抛光），从而导致功率损失和润滑油消耗的增加。油泥沉积物会堵塞润滑油油路和润滑油过滤器，从而导致配气机构、活塞和气缸的表面的擦伤，以及由于润滑不足而损坏滑动轴承。洗涤剂/分散剂-添加剂基本上是“洗衣粉”。其目的是封装固态的和液态的污染物颗粒并使它们悬浮在润滑油中，以防止它们沉积在发动机部件上并结块在一起，从而导致油泥形成。此外，酸性产品必须中和。

清洁分散添加剂的作用方式一般可按以下作用机理划分：

- 包装和洗涤。
- 保持清洁和悬浮固态的污垢颗粒。
- 包裹并保持悬浮的液态的污垢颗粒（界面激活）。
- 酸性成分的化学中和。

几种特别的、相互协调的、多功能的活性成分用作清洁剂/分散剂。它们还涵盖了腐蚀保护和酸中和的作用范围。考虑到非常长的换油间隔，必须确保长期的基础储备（总碱值，Total Base Number，TBN）。在大多数情况下，使用有机金属化合物，如酚盐、磷酸盐、磺酸盐、水杨酸盐和环烷酸盐，它们通过过量的金属碳酸盐变成碱性。当它们参与燃烧时，它们会形成硫酸化灰烬，其中根据添加剂的类型可能会检测到钙、镁、钠和锌。因此，由于所涉及的原理，低灰分发动机润滑油具有相对更低的TBN。此外，还有聚异丁烯－琥珀酰亚胺作为无灰有机清洁剂，已被证明对冷污泥沉积物特别有效，这种沉积物往往发生在走走停停的运行状态中，投加率一般为1%～5%（质量分数）。

22.2.7.3　抗氧化剂和缓蚀剂

在温度和氧的影响下，即使是最高质量的润滑油也容易氧化，即老化或变酸。这会形成酸以及清漆状的、树脂状的和油泥状的沉积物，其中大部分是不溶于油的。添加抗氧化剂可显著地改善抗衰老保护。老化最初非常缓慢，润滑油几乎没有变化。抗氧化剂用完后，氧化速度增加，因此根据RGT规则，润滑油中温度升高10℃会使反应速度加倍或显著地降低润滑油的使用寿命。这一过程可以通过微量金属来加速，尤其是铜和铁，越细越活跃，它们通过磨蚀和腐蚀磨损进入润滑油中，并显著地降低与氧的反应温度。水也可以产生这种效果。如果没有高效的抗氧化剂，如今的常用的换油周期是不可想象的。它们的作用方式主要基于自由基清除剂，其次是通过过氧化物分解剂和钝化剂来补充。自由基是碳氢化合物分子，其中通过链断裂而在碳上产生了游离的、高反应性的价态。在这里，氧或其他激进分子立即聚集。自由基清除剂通过来自添加剂的氢的转移使自由价饱和。过氧化物分解剂仅在已经形成含氧老化产物时才起作用。它们与氧反应并形成非反应性化合物。有色金属钝化剂是三唑类的化学物质，通过包裹在润滑油中的金属离子或在金属表面或磨损颗粒上形成保护膜，从而削弱了铜和铁颗粒对氧化的催化作用。通过这种方式，它们还可以保护轴承材料的表面免受腐蚀，例如免受活性硫的影响。

22.2.7.4　减摩和减磨剂（EP/AW添加剂）

如果相互滑动的部件在高压和高温负载下不再被润滑材料完全分开，摩擦副的表面就会接触，磨损会增加，或在极端情况下，会出现“卡住”甚至焊死。这就是EP/AW添加剂（Extreme Pressure/Anti Wear，极压/抗磨损）的作用所在。它们在摩擦副的滑动表面上形成极薄的层，必要时会不断更新。它们在正常情况下很坚固，但在磨损和撕裂时会滑动并防止金属与金属直接接触。这些是在极性基团中含有锌、磷和硫等的表面活性物质。最著名的是ZDTP（Zinkdialkyldithiophosphat，二烷基二硫代磷酸锌），它已被证明在凸轮轴/挺杆/摇臂/从动臂的混合摩擦区域特别有效。除了硫化酯和碳氢化合物外，在齿轮油中还使用了各种磷－硫化合物、磷胺和硫磺酸盐，这可以解释硫黄特有的气味。

22.2.7.5　抑泡剂

在润滑油中可能存在作为细碎气泡或以表面泡沫的形式的空气或其他气体。这里的决定性因素是由于曲轴箱内的湍流以及压力和温度而导致的进气。润滑油中的泡沫会导致以下问题：

－ 通过与大气中的氧气密切接触加速润滑油老化。

－ 由于老化产品导致的黏度变化。

－ 增加可压缩性。

在这种情况下，这可能导致润滑油供给受损甚至崩溃。

表面泡沫可以通过一种降低润滑油与空气之间表面张力的特殊有效材料进行分解。消泡剂必须在很大程度上不溶于润滑油并且具有比润滑油更低的表面张力。硅油，如聚二甲基硅氧烷，在浓度很低（0.01g/kg润滑油）时已被证明作为有效的材料。然而，分散空气（LAV）的分离可能会受到恶化，因为硅油可防止小气泡重新组合成更大、更容易上升的气泡。

22.2.8　四冲程发动机用润滑油

润滑油暴露的运行条件范围从极端短距离使用（即所有乘用车续驶里程的50%覆盖距离＜6km），到长距离使用中的极端的持续载荷。此外，乘用车汽油机或柴油机的灵活/固定发动机润滑油更换间隔目前可达30000km或最长两年，长途交通运输中的商用车为150000km，同时有低的加注要求。其结果是，只有少量新鲜添加剂被送入发动机。现代发动机油底壳中的润滑油油量不会随着发动机功率密度的增加而增加。小型化是许多发动机开发商出于燃料消耗和排放原因而关注的原则。因此，比润滑油负载不断增加。对于平均压力超过25bar的两级增压柴油机而言，平均比功率超过75kW/L并不少见。因此，发动机润滑油会受到非常大的热应力和机械应力。此外，作为一种液压油，它必须在发动机的所有工作条件下以及在发动机的整个停机时间内可靠地执行各种任务，例如液压气门间隙补偿、凸轮轴调整和链张紧。

22.2.8.1　发动机润滑油的SAE黏度等级

SAE（Society of Automotive Engineers，USA，国际自动机工程师学会）早在1911年就引入了发动机润滑油黏度的强制性分类，经过多次调整，该分类至今仍然有效。在当前适用的版本中，共定义了12个等级，冬季各6个（0W至25W），夏季各6个（20

至60）。图22.69显示了根据4/2002的SAE J300发动机润滑油的黏度等级。它们确保用户在购买润滑油时知道他使用的是满足发动机制造商指定的正确黏度的润滑油。

SAE 黏度等级	温度下的最大表观黏度 /(cP/℃)	低温泵黏度 /(cP/℃) 最大	最高限制泵温度/℃	100℃时的运动黏度 /cSt 最小	最大	HTHS① 黏度（以 cP 计）在 150℃和 10^6/s 剪切速率 最小值
0W	6200/-35	60000/-40	-40	3.8	—	
5W	6600/-30	60000/-35	-35	3.8	—	
10W	7000/-25	60000/-30	-30	4.1	—	
15W	7000/-20	60000/-25	-25	5.6	—	
20W	9500/-15	60000/-20	-20	5.6	—	
16W				6.1	-8.2	
20				6.9	< 9.3	2.6③
30				9.3	<12.5	2.9③
40				12.5	<16.3	2.9②
40				12.5	< 16.3	3.7③
50				16.3	< 21.9	3.7③
60				21.9	< 26.1	3.7③

① 高温高剪切黏度（High - Temperature - High - Shear - Viskosität）。
② 适用于 0W-40、5W-40、10W-40。
③ 适用于 15W-40、20W-40 和 40。

图22.69　SAE发动机润滑油黏度等级SAE J300，2002年4月版[1]

22.2.8.2　单级油

单级油仅满足图22.69中规定的黏度要求。每个单独的SAE范围为0W到60。因此它们具有低V.I.，因此仅适用于主要在几乎恒定温度下恒定运行条件下运行的发动机，例如用于发电的固定式发动机。单级油必须根据季节和使用条件经常更换，这使它们无法用作全季节的发动机润滑油，从而使它们变得没有吸引力。如今，它们更多地用于某些手动变速器和缓速制动器。

22.2.8.3　多级油

名称多级油（Multigrade）意味着这种润滑油涵盖了几个SAE范围的黏度要求，例如5W-30。它以低温范围内的低W等级开始，以100℃高温范围内的黏度等级结束。图22.70以黑体显示了目前在中欧最常见的组合以及在技术上或地理上无关的其他可能组合。

0W-40	**5W-40**	**10W-40**	**15W-40**
0W-30	**5W-30**	10W-30	15W-30
0W-20	5W-20	10W-20	15W-20

注：黑体的黏度组合是最常见的。

图22.70　多级油黏度等级[1]

0W-40组合能够满足黏度-温度特性方面的最高要求，并且需要全合成基础液和特别剪切稳定的V.I.改进剂来满足物理要求。15W-20组合在这里的要求最低，可以使用矿物油基础油和相对少量的V.I.改进剂来生产，但在技术上无关紧要。在多级油的情况下，低温黏度由基础液决定，而高温黏度由V.I.改进剂的作用来决定。现代高性能多级油具有非常高的性能水平，这主要是由于合成基础油与高效添加剂包的组合以及温度和剪切稳定性V.I.改进剂的帮助，没有这些油今天常见的更换间隔是不可能的。

22.2.8.4　低黏度润滑油

SAE范围内的低温黏度为0W或5W的多级油分类为LL发动机润滑油（Leicht - Lauf - Öle，轻型运行润滑油）或FE发动机润滑油（Fuel - Economy - Öle，燃油经济性润滑油）。燃油消耗显著地降低是通过两项措施来实现的：

- 通过降低全润滑区域的黏度（流体动力学润滑）。
- 通过边界润滑区域（混合摩擦区域）的减摩添加剂。

黏度降低的影响最大，因为流体动力学润滑在发动机中占主导地位。摩擦改进剂在混合摩擦区域的作用相对较窄。图22.71所示的方法适用于总的摩擦损失。

发动机	全负荷	部分负荷
汽油机	3%～5%	11%～18%
柴油机	7%～9%	13%～14%

图22.71 摩擦损失[4,11]

事实证明，在接近怠速的部分负荷范围内，可以预期最大的消耗减少。最初的LL润滑油在SAE 10W－X范围内，后来又添加了5W－X和0W－X。但是，存在下限，因为必须满足热运行中的所有其他要求。最重要的是，蒸发损失必须保持足够低，以保持低的润滑油消耗。例如，ACEA规范A3或A5要求损失小于13%。在当今根据CEC L－054－96进行的普遍适用的燃料消耗试验中，将要评估的LL润滑油与黏度为SAE 15W－40的参考润滑油进行比较。此外，可以通过倒拖转矩测量来评估商用车用LL润滑油实现的摩擦减少，例如在梅赛德斯－奔驰OM 441 LA发动机中。为比较之前使用的15W－40润滑油与5W－30低黏度润滑油而确定的典型测量结果如图22.72所示。两种润滑油都必须同时满足其他测试运行中要求的所有其他要求（例如，根据MB 228.3）。

此外，通过低黏度润滑油还可以显著地提高低温下的泵送性能，从而确保在冷起动后更快地为发动机供油。这适用于新鲜润滑油和用过的润滑油，如图22.73所示。

这些结果的另一个惊人之处在于，由于这些润滑油类型的高的质量，用过的润滑油的低的稠度。

商用车用多级油	倒拖转矩/N·m
15W－40（MB 228.3）	285
5W－30（MB 228.3）	244（－17%）

图22.72 OM 441 LA发动机的倒拖转矩[4]

商用车多级油	新鲜润滑油 油压 2bar/s	用过的油 油压 2bar/s
5W－30（MB 228.3）	7	9
10W－40（MB 228.3）	10	14
15W－40（MB 228.3）	23	35

图22.73 OM 441 LA发动机在0℃时的泵送性能[4]

22.2.8.5 磨合油

过去需要用特殊的磨合油或首次运行的润滑油用于新发动机，这些润滑油在运行1000～1500km后的相对较短的停机时间后与在第一阶段运行中积累的金属磨屑一起被排出。有特殊的、行驶风格谨慎磨合规定，因此，添加剂相对较少的、薄的首次运行的润滑油不会重载。它们通常被专门设计为一种防腐油，例如，如果海外出口待定时。通过发动机摩擦表面得到改善的表面质量以及极其先进的润滑油技术，当今可以免除在乘用车和商用车中使用磨合油。就其性能而言，如今的首次运行的润滑油对应于使用中的发动机润滑油，因为它们在整个换油间隔期间都保留在发动机中。然而，它们通常具有一定程度的防腐蚀保护。

22.2.8.6 燃气发动机润滑油

移动式CNG/LNG应用（车辆使用）在单价运行（单一燃料）时需要特殊的发动机润滑油，因为与汽油相比，CNG/LNG不含清洁添加剂，并且由于没有蒸发冷却而升高的燃烧温度增强了在燃烧室和活塞上的沉积趋势。这些特别坚硬的沉积物需要低灰分添加剂。由于高的HC比，天然气燃烧产生的水量约为汽油燃烧时的两倍，因此，腐蚀的风险更大，尤其是在短距离运行中。天然气中缺乏高沸点的碳氢化合物也会导致气门座磨损增加，意味着进气门处对润滑的需求增加，在二价运行（双燃料）中，这些特定的特性并不那么重要，因为当今的高性能润滑油实际上几乎可以满足所有要求。

22.2.8.7 氢发动机润滑油

作为对使用替代燃料的联合研究的一部分，也研究了汽油机使用氢运行时对发动机润滑油的影响。与汽油相比，不同的燃烧过程对发动机润滑油的要求有显著的影响。与传统汽油的燃烧相比，氢气燃烧产生的水量是燃烧反应产物的两倍多。由于这些发动机方案设计中的一些还为可调燃烧过程另外将水喷入燃烧室，因此在冷行驶条件下进入发动机润滑油的相关的更多的水蒸气可能需要更高的腐蚀保护、更强的分散能力和对水的更高的吸收和分离能力。另一方面，燃烧残留物及其沉积物明显地减少，因此可以减少清洁剂的含量。用于氢运行的较新的发动机方案设计不需要额外的喷水。在这方面，水进入发动机润滑油的风险已经变得更低。这些氢发动机可以使用市售的发动机润滑油运行。然而，使用氢的汽油机的运行经验还不足以对用于此目的的发动机润滑油的最佳质量做出最终判断。

22.2.8.8 性能等级

由于发动机润滑油的使用条件和要求不同，随着时间的推移，出现了许多关于其质量和性能的规格。它们大多由发动机和矿物油行业在消费者组织或军事当局的参与下共同制定。此外，个别汽车制造商正在发布越来越多的品牌专用规格。除了适用于全球的批准条件外，还有一些仅限于使用地区的法规。它们描述了发动机试验中的物理特性和性能特性。对于性能的描述，有以下协会或机构的规格：

ACEA：欧洲汽车制造商协会，Association des Constructeurs Européens d' Automobiles。

API：美国石油学会，American Petroleum Institute。

CEC：Coordinating European Council for the development of performance tests for transportation fuels，lubricants and other fluids，ILSACInternational Lubricabt Standardization and Approval Committee，协调欧洲理事会进行运输燃料、润滑油和其他流体的性能试验的开发，ILSAC 表示国际润滑油标准化和批准委员会。

MIL－LUS：MILITARY Lubricants Specification，军用润滑油规范。

OEM：Original Equipment Manufacturer → Automobilhersteller，原始设备制造商 → 汽车制造商。

通常，乘用车汽油机、乘用车柴油机和商用车柴油机是有区别的。自 1996 年以来，欧洲 ACEA 规格一直被视为 CCMC 规格的继承者，而 CCMC 规格自 20 世纪 70 年代以来就已广为人知，不再是最新的了。此外，通常需要 API 分类。ILSAC 将这些 API 分类用于其自己的标准。例如，如今，ILSAC GF 3 对应于 API SL，而 MIL 规格现在在欧洲已无关紧要。近年来，欧洲汽车制造商的个性化要求和相关批准变得最为重要。

（1）ACEA 规格

它们代表了欧洲汽车发动机的当前润滑油标准，除了少数选定的美国的试验发动机外，它们主要考虑了欧洲结构设计的发动机。试验条件对应于欧洲的行驶条件。它们定义了物理实验室和化学实验室的最低要求以及完整的发动机台架试验的最低要求。由于还规定了一些美国的发动机试验过程，因此与美国的 API 分类存在一定的互锁关系。ACEA 规格的缩写名称不再基于以前使用的过时了的 CCMC 规格的名称。在 ACEA 中，这些应用领域称为 ACEA A、ACEA B、ACEA C 和 ACEA E，其中 A 组涉及汽油机，B 组涉及轻型的或乘用车柴油机，C 组涉及带微粒过滤器（DPF）的柴油机，以及 E 组涉及重型商用车柴油机。自 2004 年以来，只有 A 和 B 分类的组合是可能的（A1/B1、A3/B3、A3/B4 和 A5/B5）。除了性能等级的编号外，它们还可以包括相应规格生效的年份，例如 ACEA A3－12 是当前的。图 22.74 汇总了 ACEA 汽油机维修润滑油的规格及其最重要的特性。

与商用车领域相比，乘用车柴油机需要特殊的添加剂，这与汽油机的添加剂非常相似，因为它具有更高的转速、更大的比功率、更高的配气机构负载和频繁的短距离使用。图 22.75 显示了 ACEA 乘用车柴油机维修润滑油的规格。

商用车柴油机在宽泛的运行条件下使用。在发动机低速下和负荷不断变化的市政车辆和公共交通大客车中，以及在持续高负荷和更高的发动机转速下的长途运输中就是这种情况。商用车发动机润滑油与乘用车发动机润滑油在某些方面有所不同：对气缸套的特别高水平的磨损保护、长期的非常好的活塞清洁度、对碳烟的高分散性、极长换油间隔的储量和性能以及在涡轮增压器和增压空气冷却器中的低的残留物形成的要求。以欧洲商用车发动机目前的技术水平，这只能通过最高水平的添加剂来实现。与乘用车领域的要求类似，排气后处理也对商用车用发动机润滑油提出了特殊要求。在这里，硫酸化灰分形成物质的比例也很重要，例如对于颗粒过滤器。图 22.76 显示了重型商用车柴油机的 ACEA 规格。

ACEA	润滑油类型	重要要求
A1/B1	低摩擦发动机润滑油	低的 HTHS 黏度（xW－30 的 2.6～3.5mPas），所有其他黏度等级的 HTHS 黏度为 2.6～3.5mPas，燃油经济性（FE）① >2.5%
A3/B3	低摩擦发动机润滑油	HTHS 黏度 >3.5mPas 对剪切稳定性、磨损、清洁度、黑色油泥和氧化稳定性的要求有所提高
A3/B4	优质低摩擦发动机润滑油	对于直喷柴油机 HTHS 黏度 >3.5，延长换油周期
A5	优质低摩擦发动机润滑油	HTHS 黏度 FE① <2.5%

① 在 MB M111 测试中针对参考润滑油 SAE 15W－40 的燃油经济性证明。

图 22.74 汽油机和柴油机的 ACEA 规格[1,4]

ACEA	润滑油类型	重要要求
C1	用于带 DPF 的柴油机的低 SAPS 发动机润滑油	灰分含量低至 0.5%，HTHS > 2.9，提高的 FE 要求①
C2	用于带 DPF 的柴油机的低 SAPS 发动机润滑油	平均灰分含量可高达 0.8%，HTHS > 2.9，提高的 FE 要求①
C3	用于带 DPF 的柴油机的低 SAPS 发动机润滑油	中等灰分含量可高达 0.8%，HTHS >3.5
C4	用于带 DPF 的柴油机的低 SAPS 发动机润滑油	灰分含量低至 0.5%，HTHS > 3.5，提高了对蒸发特性的要求

① 在 MB M111 测试中针对参考润滑油 SAE 15W－40 的燃油经济性证明。

图 22.75 带微粒过滤器的柴油机的 ACEA 规格[1,4]

ACEA	油型	重要要求
E1－96 自 1999 年起失效	标准发动机润滑油	（基本要求）
E2－04 自 2007 年起失效	要求更高的标准发动机润滑油	关于以下方面的要求提高了：缸孔抛光，活塞清洁度、气缸磨损、润滑油消耗
E3－07 自 2007 年起失效	用于配备带废气涡轮增压的发动机的商用车的发动机润滑油，大致对应于 MB 表 228.3/MAN 271	在以下方面的要求有所提高：润滑油消耗、油泥形成、在润滑油中高的烟灰含量时黏度增加
E4	用于配备带废气涡轮增压的发动机的商用车的优质发动机润滑油，大致相当于 MB 表 228.5 和 MAN 3277	更苛刻的要求，涉及：缸孔抛光、活塞清洁度、气缸磨损。涡轮增压器中沉积物的额外限制，延长的维护间隔，TBN > 12mgKOH/g
E6	用于带排气后处理（尤其是 DPF）的欧洲商用车发动机的优质发动机润滑油	与 E4 相比，硫酸盐成灰物质含量降低，适用于柴油微粒过滤器，适用于低硫燃料地区
E7	用于欧洲商用车发动机的优质发动机润滑油	与 E4 相比要求提高（磨损、氧化、剪切稳定性）
E9	用于带排气后处理（尤其是 DPF）的欧洲商用车发动机的优质发动机润滑油	与 E6 相比要求提高（磨损、氧化），与 E7 相比降低了硫酸盐成灰物质含量，适用于颗粒过滤器，适用于低硫燃料地区

图 22.76 重型商用车柴油机的 ACEA 规格[1,4]

（2）API 分类

美国比欧洲更早地开始描述对汽车发动机润滑油的性能要求。在其发动机润滑油分类中，API 仅区分乘用车发动机和商用车发动机。由于美国使用柴油机的乘用车比例非常小，因此那里没有对轻型柴油机进行单独分类。用于试验的发动机是美国设计的，试验条件更多地反映了美国的行驶条件。所有符合 SAE 的黏度等级都是允许的。虽然达到 API SG 的发动机试验可以在各自制造商的责任下运行，但自从 API SH 引入以来，如果要为产品说明 API 类别，则必须进行登记和注册（CMA 代码）。同时，通过 API 进行许可证的可能性，然后允许将 API 标签附加到容器上。预计在 2005 年引入 API 分类的下一个级别，API SM。图 22.77 显示了以前乘用车发动机润滑油的 API 分类。

除了 SAE 范围之外，这些 API 等级数十年来已列在发动机润滑油油箱上和操作说明中，以便用户了解质量定位是否符合车辆制造商的规定。

API 分类	引进年份	重要要求
SA①	1925	非合成发动机润滑油。可添加倾点改进剂和抑泡剂
SB	1930	抗磨损、抗老化和抗腐蚀保护能力低的弱合成发动机润滑油
SC	1964	具有提高了的抗磨损、抗氧化、轴承腐蚀、冷油泥和生锈保护的发动机润滑油
SD	1968	API SC 的改进，具有提高了的抗卡住磨损、抗氧化、轴承腐蚀、冷油泥和生锈保护
SE	1972	API SD 的改进，具有改进了的抗氧化、轴承腐蚀、生锈和漆膜保护
SF	1980	API SE 的改进，进一步改进抗氧化和抗磨损保护
SG	1989	API SF 的改进，进一步改进氧化稳定性和更好的磨损保护
SH	1992	对应于 API SG，然而与 API SG 相比，针对 API SH 的发动机试验现在必须在中立机构注册
SJ②	1997	对应于 API SH，附加实验室试验，应对高温沉积物形成。调节基础液的互换性，更严格的读取（Read Across）试验规定
SL②	2001	对应于 API SJ，耐高温性更强，蒸发损失更低，耐磨性更高
SM②	2005	对应于 API SL，提高磨损保护、腐蚀保护、老化特性、限制磷和硫含量
SN②	2010	对应于 API SM，具有增强的油泥保护、密封兼容性、改进的燃料消耗

① 维修。

② 有效。

图 22.77　乘用车发动机润滑油的 API 分类[1]

商用车的 API 分类更加多样化和分支化，因为美国设计的商用车柴油机的结构形式与欧洲的有很大的不同。在早期的分类中，它们基于 MIL 规格。另外，还必须考虑到，二冲程柴油发动机通常出现在美国市场上，然而在欧洲却没有发挥作用。过去实际上仅仅在卡特彼勒（Caterpillar）单缸柴油机上进行规定的试验，后来增加了在卡特彼勒（Caterpillar）、康明斯（Cummins）、麦克（Mack）和底特律柴油机（Detroit Diesel）的更现代的发动机上进行试验。图 22.78 总结了商用车领域的 API 分类。

API 分类	引进年份	重要要求
CA①	20 世纪 40 年代中期	用于自然吸气柴油机，有时也用于低负荷汽油机。防止轴承腐蚀和环槽沉积
CB	1949	对于使用含硫量更高的劣质柴油的自然吸气式柴油机。有时也用于汽油机。防止轴承腐蚀和环槽沉积
CC	1961	适用于中等负荷的自然吸气柴油机，有时也适用于高负荷的汽油机。防止汽油机中的高温沉积物、轴承腐蚀和冷油泥
CD	1955	对于使用柴油和含硫量非常高的柴油的自然吸气柴油机、涡轮增压和高涡轮增压柴油机。提高了对高温下环槽区域沉积物和轴承腐蚀的保护
CD - II	1985	适用于对磨损保护和沉积物要求更高的二冲程柴油机
CE	1984	适用于低速和高速高负荷下的高增压柴油机。与 API CD 相比，提高了对润滑油稠化、活塞沉积、磨损和润滑油消耗的保护
CF - 4②	1990	相对于 API CE 在活塞清洁度和润滑油消耗方面的改进
CF②	1994	与 CD 类似，但适用于非常不同的柴油且硫含量超过 0.5%（质量分数）的分隔式柴油机。改进对活塞清洁度、磨损和轴承磨损的控制
CF - 2②	1994	适用于对气缸和活塞环磨损有更高要求以及改善沉积物控制的二冲程柴油机
CG 4②	1994	适用于道路使用的重型高速四冲程柴油机，以及硫含量为 0.5%（质量分数）的柴油的非道路使用。专门适用于满足 1994 年排放标准的发动机。涵盖 API CD、CE 和 CF - 4。额外提高了氧化稳定性和防止起泡
CH - 4②	1998	与 CG - 4 相比，对符合 1998 年排放标准的柴油机要求进一步提高。柴油中的硫含量可高达 0.5%（质量分数）。延长换油周期时，增强对有色金属腐蚀、氧化增稠和油不溶性污染物、起泡和剪切损失的保护
CI - 4②	2002	适用于符合 2004 年排放标准的高速四冲程柴油机。与废气再循环和燃料硫含量高达 0.5%（质量分数）相关的要求。比 CH - 4 更高的要求
CJ - 4②	2006	适用于符合 2007 年排放标准的高速四冲程柴油机。与废气再循环和燃料硫含量高达 0.05%（质量分数）相关的要求。考虑到排气后处理系统（如氧化催化器和微粒过滤器）的要求，超过 CI - 4 的要求

① 商业 = 大宗消费业务。

② 有效。

图 22.78　商用车发动机润滑油的 API 分类[1]

与API分类并行的是，美国的ILSAC（International Lubricant Standardization and Approval Committee，国际润滑油标准化和批准委员会）认证与AAMA（American Automobile Manufacturers Association，美国汽车制造商协会）和JAMA（Japan Automobile Manufacturers Association，日本汽车制造商协会）合作，使用乘用车发动机的API分类，在润滑油质量和可用性方面提供面向消费者的发动机润滑油容器标签。过时的ILSAC GF－1对应于API SH，ILSAC GF－2对应于API SJ。API SL和ILSAC GF－3以及API SM和ILSAC GF－4（带FE－试验）都是当前适用的。

（3）MIL规格

在美国，自1941年以来一直存在军用车辆的发动机润滑油规格。从那时起，它们的要求一直在不断适应发动机的进一步发展。在这种背景下，柴油机中的高载荷的术语“HD（Heavy Duty，重型）润滑油”应运而生，至今仍给消费者留下深刻印象。这标志着从以前完全非合成的矿物油向合成油的转变，合成油因此首次含有化学添加剂。与用于柴油机用的HD润滑油相比，当时唯一用于汽油机的弱合成润滑油被称为“优质润滑油”。虽然MIL规格最初仅用于军事用途，但战后它们也在全球范围内长期用于民用领域的发动机润滑油性能建议。规格MIL－PRF－2104G自1997年起对军队有效。它允许单级油SAE 10W、30和40，以及多级SAE 15W－40作为黏度规格。就其需求概况而言，该规格对应于API CF、CF2和CG4中的元素。此外，用于美国军队的战术车辆，除了满足化学－物理要求外，还需要满足坦克等战术军用车辆特殊的结构形式的特殊摩擦试验。几年来，只有在相关的润滑油经美国军事当局批准的情况下，才允许使用“MIL”标签来表示润滑油的性能。

（4）车辆制造商规格

除了API分类和ACEA规格外，欧洲汽车制造商还特别定义了特殊性能等级，用于批准单个发动机润滑油，这些等级除了满足API和ACEA规格外，还有其他要求，并且在某些情况下会大大超出其要求。在发动机技术飞速发展的背景下，需求正在以越来越短的间隔发生变化。特殊要求的满足通过书面批准来确认。一些汽车制造商会发布认可的润滑油油品清单。图22.79汇总了最重要的汽车制造商的要求。还有其他特殊的要求，其中一些与正式批准有关，来自福特、菲亚特、欧宝、标致、保时捷、雷诺以及DAF、依维柯、MTU、斯堪尼亚和沃尔沃（仅限商用车）等其他汽车或发动机制造商。

制造商	规格	名称	发动机类型	要求
宝马	特种润滑油和长寿命润滑油	特种润滑油 长寿命润滑油	乘用车汽油机和柴油机	ACEA A3/B3加上额外的宝马发动机试验和泡沫试验，LL润滑油0W－X和5W－X。用于灵活换油周期的长寿命润滑油，版本04，对于DPF的SAPS要求低
MAN	MAN标准	M 3271－1	商用车气体机	CNG/LPG特种润滑油
		M 3275	商用车柴油机	ACEA E3，更严格的物理要求，高性能润滑油
		M 3277	商用车柴油机	ACEA E3加OM 441 LA符合MB表228.5加沉积试验，适用换油间隔最长的高性能润滑油
		M 3477	商用车柴油机	最大硫酸盐灰分含量为1.4%（质量分数）用于带排气后处理的发动机
梅赛德斯	梅赛德斯－奔驰运行材料规范	MB表226.5/229.3/229.5	乘用车汽油机和柴油机	ACEA A3、B3和B4加MB发动机试验和特殊要求，适用于显著延长间隔的高性能多级机油
		MB表226.51/229.31/229.51/229.52	乘用车汽油机和柴油机	ACEA C3、C4加其他发动机试验，对于DPF的SAPS要求低
		MB表228.0	商用车柴油机	ACEA E2加在OM 602A中严格的评估标准，用于正常换油间隔的单级油
		MB表228.1	商用车柴油机	ACEA E2加在OM 602A中严格的评估标准，用于正常换油间隔的多级油
		MB表228.2①	商用车柴油机	ACEA E3加在OM 602A中更严格的评估标准，用于延长了换油间隔的单级油
		MB表228.3①	商用车柴油机	ACEA E3加在OM 602A中更严格的评估标准，用于延长了换油间隔的多级油，SHPD②型
		MB表228.5①	商用车柴油机	ACEA E4加在OM 602A中更严格的评估标准，用于最长换油间隔的多级油，USHPD③型
		MB表228.51	商用车柴油机	ACEA B3、B4和E6－06加MB内部试验

图22.79 部分整车厂重要的发动机润滑油规格[1,13]

制造商	规格	名称	发动机类型	要求
		501 01④⑤	乘用车汽油机和自然吸气柴油机	ACEA A3 加上大众特定的发动机和附件试验。标准多级油
		505 00⑤	乘用车自然吸气和增压柴油机	ACEA A3 加上大众专用发动机和 ACEA B3 加上大众专用柴油机和附件试验。标准的或 LL 多级油，用于正常换油间隔，直到约 1999 款结束
		502 00	乘用车汽油机	ACEA A3 加上大众特定的发动机和附件试验，特别考虑了长期的稳定性。标准或 LL 多级油
		505 01	乘用车柴油机	特殊润滑油 SAE 5W－40 用于带泵－喷嘴系统的直喷柴油机，正常间隔
		503 00⑥	乘用车汽油机	大众特定发动机和附件试验，特别考虑长期的稳定性和燃油经济性。将 HTHS 黏度降低到≥2.9mPas和＜3.4mPas。广泛的工厂测试。适用于 2000 年款起和延长了换油周期的车辆。不适用于较早制造的车辆
大众/奥迪	大众标准	503 01⑧	乘用车汽油机	在具有高功率的奥迪的废气涡轮增压汽油机中进行特定的工厂测试
		504 00⑦	乘用车汽油机	503 00 的后续产品，HTHS 黏度＞3.5；向下兼容
		506 00⑥	乘用车柴油机	HTHS 黏度降至≥2.9mPas 和＜3.4mPas。广泛的工厂测试。适用于配备直喷柴油机但没有泵－喷嘴系统，例如从 2000 年款起，换油间隔延长的车辆。不适用于以前制造的车辆
		506 01	乘用车柴油机	广泛的特定工厂测试，特别考虑长期的稳定性和燃油经济性。将 HTHS 黏度降至≥2.9mPas 和＜3.4mPas。对于配备带泵－喷嘴系统和延长了的换油间隔的直喷柴油机的车辆
		507 00	乘用车柴油机	506 00/506 01 的后续产品，HTHS 黏度＞3.5mPas；向下兼容直到少数例外，对于 DPF 的 SAPS 要求低

① 对于多级油 XW－30 或 0W－40 在 OM 441LA 试验中使用预先测量的轴承和挺杆进行额外试验。
② 超高性能柴油机。
③ 超超高性能柴油机。
④ 自 1997 年以来未发布过的新版本。
⑤ 502 00 和 505 00 的组合是可能的和常见的。
⑥ 只能相互结合。
⑦ 仅与 507 00 结合。
⑧ 自 04/2009 起淘汰，替换大众 504 00。

图 22.79 部分整车厂重要的发动机润滑油规格[1,13]（续）

（5）发动机试验程序

为了满足个别发动机润滑油规格中规定的要求，除了通常的物理和化学验证外，还规定了强制性的发动机试验测试。它们会根据需要不时地更新，通常 ACEA 每两年更新一次。一些汽车制造商只承认在中立的、特别认可的试验机构中进行的测试。

首先，对过去几十年中已经过时的许多试验方法进行历史回顾。早在 20 世纪 50 年代末，汽油机润滑油必须在 API 分类的框架范围内通过美国 V8 发动机中所谓的 MS 试验序列，通用汽车序列 Ⅰ/Ⅱ/Ⅲ、克莱斯勒序列Ⅳ和福特序列Ⅴ。对于柴油机，卡特彼勒在L－IA/E自然吸气发动机和L－1H、L－1D和L－1G废气涡轮增压发动机的单缸测试运行时间超过480h，才能获得MIL认证。除此之外，在更小的CLR（Coordinating Lubricant Research，协调润滑油研究）中还有一台Labeco单缸发动机，以及L－38和LTD测试分别运行超过40h和180h。

在德国，合成润滑油在活塞清洁度和粘环方面的适用性于20世纪60年代初开始在MWM KD 12E单缸柴油机上使用试验方法A和后来的B进行50h的测试，而在英国将运行时间为120h的Petter AV.1单缸柴油机与运行时间为36h的Petter W.1单缸汽油机组合使用，以获得DEF认可。戴姆勒－奔驰要求的梅赛德斯－奔驰四缸乘用车柴油机的认可试验很快就投入使用。

发动机的快速进一步发展，对进一步提高可靠性、更长的使用寿命和更长的润滑油换油间隔时间以及更低的润滑油消耗的需求，总是需要更新的和现代的试验发动机和试验方法，以满足在ACEA规格中所提出的要求。现在可以提供合适的、在整个欧洲指定的发动机润滑油试验测试，如图22.80所示。

ACEA	方法	试验名称	类型	主要标准
A/B/C	CEC L－53－T－95	梅赛德斯－奔驰 M111SL	直列4缸汽油机	黑色油泥，凸轮磨损
	CEC L－54－T－96	梅赛德斯－奔驰 M111FE	直列4缸汽油机	燃油经济性
	CEC L－88－T－XX	标致TU－5JP－L4	直列4缸汽油机	高温沉积物、粘环、润滑油变稠
	CEC L－38－A－94	标致TU－3M S	直列4缸汽油机	配气机构磨损
	ASTM D－659300	福特系列VG	直列4缸汽油机	低温沉积物，磨损
	CEC L－78－T－99	大众TDI	直列4缸直喷柴油机	粘环，活塞清洁度
	CEC L－093－04	标致DV4TD	直列4缸直喷柴油机	润滑油增稠、活塞清洁度
	CEC L－099－08	梅赛德斯－奔驰 OM646LA	直列4缸直喷柴油机	磨损（配气机构、气缸）、活塞清洁度、油泥
E	CEC L－101－08	梅赛德斯－奔驰 OM501LA	V6废气涡轮增压柴油机	活塞清洁度、油泥、润滑油消耗，孔抛光
	CEC L－099－08	梅赛德斯－奔驰 OM646LA	直列4缸直喷柴油机	凸轮轴磨损
	ASTM D 5967	Mack T－8E（或T11）	直列6缸废气涡轮增压柴油机	由于碳烟润滑油变稠
	ASTM RR：D－2－1440	康明斯ISM	直列6缸废气涡轮增压柴油机	由于碳烟使润滑油过滤器堵塞、配气机构磨损、油泥
	Mack T12	Mack T12	直列6缸废气涡轮增压柴油机	气缸/环磨损、润滑油消耗

图22.80 ACEA规格的发动机润滑油试验测试[1,4]

此外，要关注API分类的发动机润滑油试验和尤其是欧洲汽车制造商的发动机润滑油试验。对于自1996年开始生效的汽油机API等级SJ，还要提供序列Ⅵ－A试验以确定发动机润滑油的燃油经济性。对于柴油机，API CH－4自1998年开始生效，并在CAT I K和康明斯NTC 400中进行试验。

在自愿基础上，借助于欧洲的发动机润滑油质量管理体系EELQMS（European Engine Lubricant Quality Management System，欧洲发动机润滑油质量管理体系）、ATC（Technical Committee of Petroleum Additive Manufacturers，石油添加剂制造商技术委员会）和ATIEL联合倡议，确保正确遵守试验法规和试验实施，以及在试验或开发中发现的润滑材料符合的类型和成分。欧洲发动机润滑油制造商和分销商技术协会ATIEL和欧洲添加剂制造商技术协会ATC各自制定了一套固定的规则（ATC Code of Practice beziehungsweise ATIEL Code of Practice，ATC实践守则和ATIEL实践守则），会员公司可以通过年度书面意向声明

（Letter of Conformance）自愿向其提交。会员公司承诺，其生产以及销售的油品的性能等级是根据两个实践守则的规定条件，在根据 EN 45001 认证的测试设施中进行精确和受控地试验。这些试验在 ERC（European Registration Centre，欧洲注册中心）登记和注册，但是，该中心不会按名称给出任何发布列表。参与此自愿质量保证体系的公司名单可供消费者查阅，可向 ATIEL 和 ATC 索取或在互联网上查阅。

22.2.8.9 废油评估

在发动机的停机时间内，大量的异物积聚在发动机润滑油中，尤其是燃料燃烧产生的残留物，例如碳烟，尤其是在柴油机中，未燃的碳氢化合物、酸性反应产物、发动机磨损产生的磨损成分、水和大气中可以通过过滤器的颗粒。这些外来输入引起的液态（低分子）和固态（高分子）老化和反应产物对润滑油的污染自然会改变用过的润滑油的物理和化学状态。黏度发生物理变化，主要是由于增稠，但也由于燃油冷凝物而稀释，特别是在寒冷季节。化学变化特别影响作为有效材料消耗量度的碱度储备。这些变化的评估和废油中存在的磨损元素的确定是基于废油分析，可用作在发动机润滑油和发动机开发的背景下确定润滑油状况的重要工具，还用于根据大型车队运营商的发动机的停机时间来评估发动机和发动机润滑油的状况。在评估废油时，必须考虑不同运行条件的影响。乘用车，尤其是第二辆汽车，主要用于走走停停的条件下，有许多冷起动，很少被长途行驶中止。另一方面，所有用户中大约有 10% 主要是在大负荷下长距离行驶的车辆。众所周知，热运行和冷运行对润滑油状况的影响是完全不同的。废油分析中最常见的研究涉及以下方面：

- 通过燃料稀释。
- 40℃和 100℃时的黏度。
- 碱度 → 有效材料储备；碱值或酸值 → TBN/TAN。
- 分散性。
- 硝化→黑色油泥。
- 总污染→固态异物、油不溶性的老化产物。
- 磨损元素和污染→铁、铜、铝、铬 - 硅含量。
- 水和乙二醇含量 → 冷却回路泄漏。
- 根据 DIN 51451 进行光谱红外分析 → 身份。

（1）物理变化

润滑油稠化，即润滑油在运行过程中黏度的增加，可能是由于润滑油成分的蒸发、燃烧和磨损造成的固态异物含量的增加，以及由于润滑油组分的氧化和聚合导致的润滑油老化而引起的。高速大负荷下更长的运行时间有利于黏度的增加。其结果是，冷起动和关键润滑点的供油变得更加困难，并且燃料消耗增加。因此，润滑油稠度是确定润滑油更换间隔的几个重要标准之一。22.2.8.7 节中描述的一些发动机润滑油试验方法在此用作基准，但特别是个别汽车制造商要求或执行的试验。由于润滑油稀释导致黏度的下降主要是由于燃料和水，尤其是在冷行驶和短距离行驶时。在此过程中，未燃的燃料和冷发动机中燃烧产生的水蒸气冷凝并通过活塞环进入油底壳。在现代的低排放运行的发动机中，在冷运行时通过电子控制的混合气加浓，冷凝的趋势减弱。如果气缸内燃烧不完全，例如由于火花塞故障或喷嘴损坏，也会发生润滑油稀释，然而这在现代发动机中是例外，因为部件的使用寿命和质量的提高以及电子控制的点火确保安全运行。最后，如果 V.I. 改进剂的剪切稳定性不充分，多级油的黏度可能会因剪切而发生永久性损失。

图 22.81 显示了在极短距离运行中的润滑油稀释程度非常惊人，在典型的二车运行中的汽油机车队测试中，通过用过的润滑油中的燃料含量来测量。正如在 1.4L 发动机中所观察到的那样，在高速公路上行驶的效果是显著的。其中，在燃油蒸发后确定的 2.5% 的润滑油稀释度应对应于短距离和长距离交变行驶时通常发生的稀释度。生物柴油中的 FAME（Fatty Acid Methyl Ester，脂肪酸甲酯）成分由于其沸点超过 200℃的高沸点而无法在高速公路上“蒸发”并积聚在发动机润滑油中。这尤其会影响带有后喷用于 DPF 再生的柴油机车辆。

行驶距离 /km	2.0L 发动机	1.8L 发动机	1.4L 发动机
	燃料含量（%）	燃料含量（%）	燃料含量（%）
1000	3.5	7.5	5.5
2000	7.0	18.0	15.0
4000	6.5	20.5	12.0
6000	12.5	19.5	10.0
8000	15.2	20.5	11.5
10000	15.6	27.0	17.5
12000	18.5		2.5①
14000	17.0		2.5
16000	17.5		

① 在高速公路上行驶后。

图 22.81 在极短距离运行期间汽油机通过燃油稀释润滑油[4]

不容忽视的是，对于确定换油间隔很重要的润滑油稀释可能会被润滑油稠化的相反影响所掩盖。在现代发动机中，节温器调节的冷却液回路通过油/水热交换器通常在润滑油冷态时通过更快的冷却液加热而快速加热润滑油，从而使润滑油迅速达到工作温度和冷凝产物可以更好地蒸发。如果在运行期间发动机润滑油油温升高到高于冷却液的温度，则通过热交换器润滑油则再次通过冷却液以及冷却器得到冷却。

同样的三辆车在极短距离行驶中金属含量的增加是基于铁的例子，铁可能来自气缸壁或配气机构的磨损，如图 22.82 所示。在这里，这种强烈地通过燃料稀释发动机润滑油对发动机磨损产生非常明显的影响作用。在这些条件下行驶 10000km 后对拆解的发动机进行研究，发现气缸套、活塞环、轴承和气门驱动装置出现了明显的磨损。

行驶距离/km	2.0L 发动机	1.8L 发动机	1.4L 发动机
	铁含量/(mg/kg)	铁含量/(mg/kg)	铁含量/(mg/kg)
1000	10	7.5	20
2000	15	10	50
4000	25	45	75
6000	40	75	90
8000	80	110	100 (7500km)
10000	100	250	650
12000	175		
14000	400		
16000	650		
18000	800		

图 22.82　汽油机在极短距离运行中的金属磨损[4]

在汽油机和柴油机中，通过额外的旁流过滤器显著地延长换油间隔是不容易的。与柴油机相比，汽油机在发动机润滑油中含有较少的可过滤的燃烧产物。在这方面，旁流润滑油过滤器对汽油机而言是没有意义的。在柴油机中，尤其是润滑油油量大的商用车柴油机中，通过减少润滑油中的不溶性成分可以得到一定的好处。已经表明，在这种情况下，大部分污染物也保留在润滑油中。润滑油中大部分固态异物的粒径为 0.1～0.5μm，比最细的润滑油过滤器的孔径要大得多。润滑油添加剂的分散效果远大于过滤器介质的吸附能力。这同样适用于低分子的老化产物。在任何情况下，通过过滤器都不能减缓添加剂效力的自然退化。只有通过安装附加的过滤器导致的润滑油油量的增加才会导致卸载，这意味着换油间隔可以按比例地延长。对于重型商用车来说，额外的润滑油油箱可以提供更好的结果，并有助于避免由于必须定期更换旁流润滑油过滤器滤芯而产生的额外危险废物。现代的、灵活的维护间隔系统的目的是记录在实践中变化很大的运行条件的巨大差异，并确保与运行条件相对应的最大的换油间隔。连续记录发动机润滑油的负载参数与各种数据，其中一些来自混合物的形成，例如运行温度、冷起动次数、燃料消耗量、润滑油油位和温度、时间和行驶距离值等。借助于通过车队试验开发的计算模型，得出关于发动机润滑油的可能状况的结论，并根据特定的负载计算维护间隔，即所谓的车辆发动机润滑油的间接质量监测。借助于润滑油回路中的传感器，电子设备可以对车辆中发动机润滑油进行一定的状况监测，这些传感器也记录润滑油的加注。在汽车经销商处更换润滑油时填充的润滑油质量有时甚至可以在维修期间以电子方式供给，以便消费者可以决定确定的发动机润滑油质量，从而决定更换间隔的长度。

（2）化学变化

新鲜润滑油中的碱度储备由 TBN（Total Base Number，总碱值）定义。它是衡量润滑油中和酸性燃烧产物以减少或防止残留物形成、腐蚀和磨损能力的量度。与此相反的是 TAN（Total Acid Number，总酸值），它表示用过的润滑油中弱酸和强酸的含量。两者都用于评估用过的润滑油。pH 高于 9（最高合成柴油机润滑油）的值称为 SBN（Strong Base Number，强碱值），pH 低于 4（到期换油）的值称为 SAN（Strong Acid Number，强酸值）。图 22.83 显示了碱值和酸值的分配。用过的润滑油中的中和能力逐渐耗尽，直到新的润滑油 TBN 的 50%，通常认为是可以接受的。

pH 值	TBN	SBN	TAN	SAN
1～4				减少
>4～9	增加		减少	
>9～11		增加		

图 22.83　TBN 和 TAN[1]

随着消耗优化的汽油机的普及，在引入以化学计量的空燃比运行的可调催化器的发动机之前，黑色油泥的形成在几年前成为一个严重的问题。造成这种情况的原因是发动机以稀薄混合气运行，由于更热的燃烧而导致更多的氮氧化物的形成，这些氮氧化物与燃烧气体通过活塞环进入曲轴箱，从而进入发动机润滑油。在那里，它们在气相中或通过与润滑油成分反应转化为 NO_2。然后它与极性添加剂成分反应形成有机硝酸盐，从而形成危险的黑色油泥。这个过程也称为硝化。用过的润滑油中有机硝酸盐的含量是其进一步可用性的指标。随着合适的发动机润滑油和燃料添加剂的开发，黑色油泥的形成已显著减少。催化器技术的引入和相应的 $\lambda = 1$ 的运行解决了这个问题。对于直接喷射的汽油机方案设计，根据设计，在稀薄范围内运行，必须确保该问题不会再次发生。

最后，需要记住的是，现代乘用车发动机一般每1000km 消耗 100mL 左右的润滑油。因此，在15000km 的通常换油周期内，发动机机内循环的润滑油量较大，实际上不需要加满油。而对于越来越多地进入市场的具有灵活间隔的发动机，可能需要重新加注，这通常由油底壳中的传感器检测到并向驾驶员发出信号。鉴于上述对有效材料储备的诸多负面影响，建议在主要长途行驶的车辆中偶尔加注润滑油，这一方面防止润滑油油量下降过多，另一方面刷新化学有效材料的储备。然而，应该注意的是，所谓的润滑油消耗过低几乎总是表明通过燃料对润滑油的有害稀释。在大型的商用车柴油机中，磨合期后润滑油消耗高达 400mL/1000km 是正常的。

22.2.8.10 赛车用润滑油

竞赛车辆用的发动机润滑油必须针对各自的应用目的进行优化。与20世纪30年代早期的大奖赛配方相比，这里只是对当今一级方程式赛车发动机中的发动机润滑油做个参考。早期的压缩机发动机使用了蓖麻油和合成酯的混合物，该发动机已经具有非常高的比功率（7000r/min 时为 120kW/L），这最重要的是可以提高防止活塞卡住的安全性。蓖麻油是一种从原产于巴西和印度的蓖麻种子中提取的植物油。它由80% ~85% 的蓖麻酸甘油酯和其他有机酸的甘油酯所组成。然而，缺点是缺乏氧化稳定性和树脂沉积物的形成，几乎每次使用后都会强制拆卸和清洁。对于当今的3.0L 自然吸气发动机，在19000r/min 左右可提供超过300kW/L 的功率，通常只使用全合成、黏度极低的润滑油，这些润滑油经过优化，可实现尽可能低的摩擦阻力，同时具有最高的剪切强度和高温强度。它们必须具有高的氧化稳定性、好的磨损保护，并且由于干式油底壳和发动机中的极高的转速和润滑油运动，要有特别好的消泡性能。如果在最大功率时燃烧特别浓的混合气，则必须预期润滑油被燃料稀释的程度会增加，因此必须提供高分散性以避免弹出外来物质和添加剂。另一方面，这种类型的赛车润滑油不需要任何冷起动能力，只需要极短的使用寿命，即只有一场比赛，即大约 300km。同样，成本也无关紧要。当然，在勒芒 24h 耐力赛等长距离的比赛中，要求更严格。除了增加动力储备外，还必须考虑润滑油的消耗和加油。

22.2.8.11 汪克尔发动机用润滑油

与往复式活塞发动机相同的发动机润滑油可用于润滑旋转活塞发动机（KKM）。由于配给率低，出于经济原因，这是可以理解的，尽管 KKM 的特性当然可以更好地使用专门定制的发动机润滑油，即最好使用低灰分的添加剂。在 KKM 中，部分润滑油用于密封条的润滑，因此会不断燃烧。由于系统相关的高的润滑油消耗（约为 1L/1000km）和不断需要补充润滑油油量，并且由于 KKM 的结构设计的特殊性，其他相关方面，如低的蒸发损失、高的氧化稳定性、高的磨损保护等也都没有优势。更新的发动机结构设计（马自达）可以实现 0.5 ~ 0.6L/1000km 的润滑油消耗。

22.2.9 二冲程发动机用润滑油

由于其结构设计原理，与四冲程发动机相比，二冲程发动机需要其他的润滑材料供应，因为压力循环润滑不能用于曲轴室扫气的设计中。传统的混合润滑（其中一种特殊的发动机润滑油以低浓度预混在燃料中）与如今越来越多地使用的、取决于负荷和转速的、从单独的润滑油油箱计量的新鲜润滑油润滑之间是有区别的。随着二冲程发动机的发展和环保意识的增强，混合比从最初的 1:20 降低到 1:25、1:50、1:100，直至1:150，同时还显著地增加功率输出。尽管如此，二冲程发动机的润滑油消耗仍比四冲程发动机高出好多倍。最重要的是，由于润滑油经常参与燃烧，因此必须考虑在火花塞、气体交换开口处和排气系统中形成沉积物的趋势。因此，用于二冲程发动机的润滑油与用于四冲程发动机的润滑油相比，需要明显不同的润滑材料技术。

可以考虑二冲程润滑油的基本要求：

- 在燃料中良好的溶解性。
- 提高了的防腐蚀保护，因为曲柄连杆机构和轴承不断地与环境空气接触。
- 燃烧过程中尽可能少地形成残留物（火花塞/排气口）。
- 活塞环、活塞裙和气缸套的防卡住保护。
- 尽可能少的碳烟和刺鼻的气味。

对于四冲程发动机润滑油非常重要的黏度－温度特性和分散能力在此无关紧要。不必关注多级油。通过选择合适的基础油和特殊添加剂来确保所需的性能。主要使用 SAE－30 基础油。对于在今天受到特别严格关注的废气烟雾的开发，聚异丁烯和合成酯已被证明特别适合作为基础液来抑制废气中的烟雾。清洗剂、分散剂以及防腐蚀和防锈添加剂用作添加剂以实现上述性能。主要使用无灰物质，特别是因为不需要满足 EP 要求。它们在环境要求方面也是有利的。

22.2.9.1 性能等级

为了评估两轮车用二冲程发动机润滑油的质量，以前采用 API 等级中的 TA 到 TC，其中，TA 用于轻便摩托车，TB 用于踏板车和摩托车，TC 用于高性能发动机。由于不再生产为此所需的发动机，因此无法再进行所需的发动机试验运行。然而，API TC（CEC TSC－3）仍然有效。它们已被 JASO 和 ISO（以前的 Global）规格所取代。由于日本二冲程发动机制造商的主导地位，故 JASO（Japanese Automotive Standard Organisation，日本机动车标准组织）处于主导地位。全球有效的 ISO（International Standard Organisation，国际标准组织）规格仅略有不同。自 1996 年以来引入的 JASO 和 ISO 分类如图 22.84 所示。它们适用于风冷和水冷两轮车用二冲程发动机，并评估润滑油在润滑性、发动机清洁度、排气系统和排气烟雾自由度方面的性能。事实证明，避免可见和可闻的废气烟雾变得越来越重要。当今，实际上几乎所有高性能的二冲程品牌产品都必须满足 JASO－FC 或 ISO－L－EGD 的要求。

JASO	ISO	评论
FA	—	
FB	L－EGB	
FC	L－EGC	低烟
FD	L－EGD	低烟

图 22.84 JASO 和 ISO 分类[13]

基于它们的组成，后者确保了最高的性能标准。NMMA TC－W3 分类（National Marine Manufacturers Association，美国船舶制造商协会）还考虑了舷外发动机二冲程润滑油的生物降解性。这些润滑油也可用于链锯。TISI 1040（Thailand Industrial Standards Institute，泰国工业标准协会）的分类在欧洲没有意义，它只适用于泰国市场，特别考虑了通过润滑油在废气中形成烟雾。

虽然在二冲程发动机开发初期，润滑油－燃料混合物仍然必须在“混合罐”中制备，但在增溶剂的帮助下“自混合”的二冲程润滑油很快就可以从小型容器中获得，用于添加到车辆油箱中的汽油。当今配置二冲程发动机的两轮摩托车广泛使用“自动润滑”，因此无须在车辆油箱外部或内部混合润滑油和燃料。根据负荷和转速，将润滑油计量加入空气－燃料混合物的流动中，因此将润滑油保存在单独的油箱中。通过这种方式，还可以通过有针对性地稀释或增加燃料中的润滑油含量来另外考虑使用寿命和环境要求。

22.2.9.2 试验程序

图 22.85 显示了根据国际 ISO 要求和日本 JASO 要求的两轮车用二冲程发动机润滑油规格的物理特征值。

图 22.86 总结了日本制造商对两轮车用二冲程发动机润滑油的发动机试验。

试验目的	试验条件
工作温度下的黏度	100℃时的最小黏度为 6.5mm²/s
火花塞桥接	硫酸化灰分的限制： ISO 最大值为 0.18%（质量分数） JASO 最大值为 0.25%（质量分数）
氧化催化器的使用寿命	JASO：不允许有磷
储存和运输过程中的安全性	根据国家法规的闪点

图 22.85 两轮车用二冲程发动机润滑油的特征值[4]

试验目的	发动机	试验条件	试验标准
防止活塞卡死的安全性	本田 DIO AF 27	4000r/min 时负荷交变； 火花塞座温度 160～300℃ 混合比 50:1	冷起动后和工作温度下的转矩下降
活塞环、活塞裙、燃烧室残留物方面的发动机清洁度	本田 DIO AF 27	6000r/min 时全负荷 混合比 100:1 JASO 1h	测试结束后对发动机零件的评估
在废气中形成烟雾	铃木 SX 800R	3000r/min 时部分负荷和怠速 混合比 10:1	可见烟雾的评估
排气槽口的清洁度	铃木 SX 800R	3600r/min 时排气温度为 330～370℃负荷交变 混合比 10:1	进气区域的真空度限制值

图 22.86 两轮车用二冲程发动机润滑油的发动机试验[4]

22.3 冷却介质

冷却介质由水和冷却器保护剂组成。冷却器保护剂以浓缩液形式提供，用于防止霜冻和腐蚀。冷却器保护剂和水通常以1:1的比例混合，这样可以在非北极地区提供足够的全年防冻保护和所需的防腐蚀保护。对于当今的冷却系统来说，仅靠水是不够的。用于冷却系统的最佳水应具有以下特性参数：

水硬度：5~9度的德国硬度。

20℃时的pH值：7~8。

氯离子含量：最大40mg/L。

氯化物+硫酸盐总和：最大80mg/L。

22.3.1 防冻

在低于冰点的温度下，必须防止冷却介质冻结，否则它会膨胀，导致系统压力高于允许值，并有损坏冷却系统和发动机缸体以及气缸盖的风险。通过将冷却器保护剂含有的二醇（多元醇）添加到冷却液中来确保防冻。图22.87显示了适合用作冷却器保护剂的三种乙二醇的特征值。

单乙二醇（MEG）是最常用的冷却器防冻剂。测量冷却介质的密度为检查其浓度提供了一种简单而快捷的方法。图22.88显示了在相应测量温度下测量的密度作为浓度的一个量度。正如预期的那样，密度随着浓度的增加而增加，随着温度的升高而降低。基于MEG的冷却介质浓缩物具有比水更高的沸点，这对发动机的效率有利。如今，在1.4bar的系统压力下使用的冷却介质的温度可高达120℃。图22.89显示了给定的各个MEG浓度的沸点，而图22.90显示了水-乙二醇混合物的低温特性。冷却介质的比热，即其吸热能力或吸收和散发发动机热量的能力，应尽可能地高。它随温度的升高而升高，随MEG浓度的增加而降低。

项目	单乙二醇	单丙二醇	二甘醇
分子式	$C_2H_6O_2$	$C_3H_8O_2$	$C_4H_{10}O_3$
20℃时的密度/(kg/m³)	1113	1036	1118
沸点/℃	198	189	245
熔点/℃	-12	-60	-11
20℃时的比热容/[kJ/(kg·K)]	2.3	2.5	2.3

图22.87　乙二醇特征值[4]

温度	密度/(kg/m³)［%（体积分数）单乙二醇］			
	50	40	30	20
10℃	1084	1073	1051	1035
30℃	1075	1063	1038	1030
50℃	1064	1049	1031	1022
70℃	1050	1037	1025	1015
90℃	1038	1025	1015	995

图22.88　冷却介质MEG的密度[1]

体积分数,%	沸点①/℃
0	100.0
10	101.5
20	103.0
30	104.5
40	106.5
50	109.0

① 大气压下的MEG/水混合物。

图22.89　沸点[1]

单乙二醇（体积分数,%）	冰点/℃	倾点/℃
0	0	0
5	-2	-2.5
10	-4	-5
15	-6.5	-8.5
20	-9.5	-12
30	-17	-20.5
40	-27	-32
50	-37	-47

图22.90　单乙二醇防冻液[1]

22.3.2 防腐蚀保护

冷却液浓缩液含有精心匹配的添加剂（腐蚀抑制剂），可防止与冷却介质接触的各种金属发生腐蚀。图22.91提供了有关出现的腐蚀性物质和所需抑制剂的信息。虽然每一种抑制剂一次可以保护一种金属，但它们可能会腐蚀其他金属。它还取决于各个有效材料的浓度。太多和太少都一样有害。还必须考虑各个成分之间的协同作用。充足的储备碱度确保可以中和从废气中不受控制地进入冷却介质的酸性物质或乙二醇氧化产物。使用的主要缓蚀剂有：

- 苯甲酸盐/亚硝酸盐。
- 无亚硝酸胺磷酸盐抑制剂（NAP）。
- 无硅酸盐抑制剂（OAT）。

冷却介质浓缩液通常含有约93%（体积分数）的MEG和高达7%（体积分数）的腐蚀抑制剂。除缓蚀剂外，还使用少量其他添加剂，如消泡剂、在硬水中络合钙和镁离子的螯合剂、硅酸盐稳定剂和变性着色剂等。所以，总而言之，这是一个复杂的混合物。为确保满足所有要求，冷却液中的冷却介质浓缩液含量不应低于40%（体积分数）。

特性	单位	特征值	ASTM - 试验方法
15.5℃时的密度	kg/m^3	1110 ~ 1145	D 1122
在蒸馏水中的冰点 50%（体积分数）	℃	最大 37	D 1177
沸点（未稀释）	℃	最小 163	D 1120
在蒸馏水中的沸点 50%（体积分数）	℃	最小 107.8	D 1120
车辆漆面侵蚀	—	无侵蚀	D 1882
灰分含量	质量分数，%	最大 5	D 1119
在蒸馏水中的 pH 值 50%（体积分数）	—	7.5 ~ 11.0	D 1287
氯含量	mg/kg	最大 25	D 3634
水	质量分数，%	最大 5	D 1123
储备碱度	mL	①	D 1121

① 由制造商和用户商定。

图 22.91 基于 MEG 的冷却介质的 ASTM 标准 D 3306（物理/化学特征值）[4]

22.3.3 规格

由于冷却介质浓缩物的复杂性，它们的批准与满足在相应的规格中规定的特征值有关。它们描述了质量和性能。所描述的测量值用标准化的方法来确定。图 22.91 显示了基于 MEG 的冷却介质的 ASTM 标准 D 3306 和对冷却介质的性能要求。

此外，各个汽车制造商针对冷却介质制定了许多规则。关于要求，还应注意以下几点：

项目名称	规则
沉积物	在冷却系统中不得形成沉积物，否则将无法保证散热。如果水的硬度太高，从 60℃左右起水垢和其他矿物质会沉淀出来，特别是在传热的关键位置处沉淀
热水腐蚀	在当今的高功率发动机中，与冷却介质接触的表面温度可能非常高
表面腐蚀	所有金属表面由于其相对粗糙度而受到腐蚀性物质的侵蚀
接触腐蚀	冷却系统中存在不同的金属。例如，如果其中携带的铁颗粒附着在铝表面上，则会形成局部元素，这可能会在其表面产生孔洞
缝隙腐蚀	在冷却系统的间隙中，冷却介质循环不均匀，夹带的腐蚀性物质会越来越多地沉积，从而导致腐蚀加剧
空化	冷却回路中的系统压力的波动会导致气泡在气缸盖和水泵中形成。当压力再次上升时，它们就会崩溃。由于这种压力的冲击，金属表面的材料迁移，直至剥落

预计未来镁作为铸造合金成分的使用将更加频繁，因此有必要进行详细的研究，以评估当前使用的冷却介质的类型和成分是否满足可能出现的新的要求。

参考文献

使用的文献

[1] Worm, J., Szengel, R., Kirsch, U.: TSI und CNG von Volkswagen – eine ideale Kombination. IAV. 3. Tagung Gasfahrzeuge, Berlin, 17. Sept. 2008. (2008)

[2] Portmann, D., Keller, K.-H., Mülbert, K.: Die nächste Generation Mercedes Erdgas Sprinter. IAV. 3. Tagung Gasfahrzeuge, 17. Sept. 2008. Berlin (2008)

[3] Thien, U.K.F., Pucher, P., Weber, G.: Analyse eines CNG (Compressed Natural Gas) Fuel System in Real-Life Operation. IAV. 3. Tagung Gasfahrzeuge, Berlin, 18. Sept. 2008. (2008)

[4] Aral (Hrsg.): Fachreihe Forschung und Technik – Kraftstoffe für Straßenfahrzeuge, Grundlagen. Bochum (1998)

[5] Schüle, H., Treinies, S., Höge, M., Magori, E.: Ein neues Konzept für den zukünftigen Betrieb von DI-Motoren mit Erdgas. IAV. 3. Tagung Gasfahrzeuge, Berlin, 18. Sept. 2008. (2008)

[6] Berner, H.-J., Bohatsch, S., Ferrari, A., Hoffmann, B., Bargende, M.: Strahlgeführte Erdgas-Direkteinblasung zur Erzielung höchster Prozesswirkungsgrade. IAV. 3. Tagung Gasfahrzeuge, Berlin, 18. Sept. 2008. (2008)

[7] Hardler, J., et al.: Der 1.4 l 118 kW TSI für E85 Betrieb – Die Erweiterung der verbrauchsgünstigen Ottomotorenlinie von Volkswagen. 32. Internationales Wiener Motorensymposium, 5. und 6. Mai 2011. (2011)

[8] Walther, D., et al.: Clean and Protect: Kraftstoffe für heutige und zukünftige Motoren. 6. MTZ-Fachtagung: Der Antrieb von morgen. Hat der Verbrennungsmotor eine Zukunft?, 25. und 26. Januar 2011. (2011)

[9] Schult-Bornemann, K.-H.: Weltweite Energieprognose bis 2030 – Basisdaten von ExxonMobil. 6. MTZ-Fachtagung: Der Antrieb von morgen. Hat der Verbrennungsmotor eine Zukunft?, 25. und 26. Januar 2011. (2011)

[10] Aral (Hrsg.): Fachreihe Forschung und Technik – Dieselkraftstoffe. Bochum (2001)
[11] Aral Forschung Archiv
[12] Aral (Hrsg.): Verkehrstaschenbuch 2000/2001, 43. Aufl. Bochum (2001)
[13] Aral (Hrsg.): Fachreihe Forschung und Technik – Ottokraftstoffe. Bochum (2001)

进一步阅读的文献

[14] Thewes, M., et al.: Zukünftige Kraftstoffe für moderne DI-Ottomotoren. 19. Aachener Kolloquium, 4.–6. Oktober 2010. (2010)
[15] Aral (Hrsg.): Fachreihe Forschung und Technik – Umweltfreundliche Kraftstoffe. Bochum (1995)
[16] Aral (Hrsg.): Fachreihe Forschung und Technik – Kraftstoffadditive. Bochum (1995)
[17] Aral (Hrsg.): Fachreihe Forschung und Technik – Alternative Kraftstoffe. Bochum (2001)
[18] Waldmann, H., Seidel, G.H.: Kraft- und Schmierstoffe, Sonderdruck ARAL AG aus Automobiltechnisches Handbuch, 18. Aufl. Walter de Gruyter, Berlin (1965). Ergänzungsband, 1979
[19] Aral (Hrsg.): Fachreihe Forschung und Technik – Schmierstoffe Grundlagen/Anwendung. Bochum. 1997/98
[20] Aral (Hrsg.): Fachreihe Forschung und Technik – Schmierstoffadditive. Bochum (1996)
[21] van Basshuysen, R., Schäfer, F. (Hrsg.): Lexikon Motorentechnik. Vieweg, Wiesbaden (2006)
[22] Menrad, H. (Hrsg.): Alkohol Kraftstoffe. Springer, Wien (1982)
[23] DEKRA (Hrsg.): Betriebsstoff-Liste. Motor-Presse-Verlag, Stuttgart (1999)
[24] Reinauer, B.: Erdgas im schweren Nutzfahrzeug am Beispiel des ECONIC. IAV. 3. Tagung Gasfahrzeuge, Berlin, 18. Sept. 2008. (2008)
[25] Schüle, H., Treinies, S., Höge, M., Magori, E.: Ein neues Konzept für den zukünftigen Betrieb von DI-Motoren mit Erdgas. IAV. 3. Tagung Gasfahrzeuge, Berlin, 18. Sept. 2008. (2008)
[26] Lenzen, B., Hohenberg, G.: CO2-Potenziale von LPG versus Diesel- und Hybridkonzepten im realen Fahrbetrieb. IAV. 3. Tagung Gasfahrzeuge, 18. Sept. 2008. Berlin (2008)
[27] Grote, A., Willand, J., Becker, B., Gerlicher, H.: Der neue Wasserstoffmotor von Volkswagen für Flurförderzeuge – aufgeladen, direkteinspritzend, flexibel. IAV. 3. Tagung Gasfahrzeuge, Berlin, 18. Sept. 2008. (2008)
[28] Walther, D.: Entwicklung im Kraftstoffbereich. 5. Emission Control, Dresden, 10. Juni 2010. (2010)
[29] Eichlseder, H., Spuller, C., Heindl, R., Gerbig, F., Heller, K.: Konzepte für die dieselähnliche Wasserstoffverbrennung. MTZ **01**, (2010)
[30] N. N.: Biokraftstoffe – Die Alternative? – Titelthema. In: MTZ 12/2010
[31] N. N.: Zwischen Acker und Labor – Titelthema. In: MTZ 12/2010
[32] Schüth, F., et al.: Zukunft der Energie – Was kommt nach Öl und Gas? 32. Internationales Wiener Motorensymposium, 5. und 6. Mai 2011. (2011)
[33] Stimming, U., et al.: Wasserstoff – Energieträger der Zukunft? 32. Internationales Wiener Motorensymposium, 5. und 6. Mai 2011. (2011)
[34] Hardler, J.: Mobilität im Spannungsfeld globaler Energieketten. 32. Internationales Wiener Motorensymposium, 5. und 6. Mai 2011. (2011)
[35] Dinjus, E., Dahmen, N.: Das Bioliq-Verfahren – Konzept, Technologie und Stand der Entwicklung. MTZ **12**, (2010)
[36] Janssen, A., Jakob, M., Müther, M., Pischinger, S.: Maßgeschneiderte Kraftstoffe aus Biomasse – Potenzial Biogener Kraftstoffe zur Emissionsreduktion. MTZ **12**. (2010)
[37] Lumpp, B., et al.: Oxymethylenether als Dieselkraftstoffzusätze der Zukunft. MTZ **72**, 3 (2011)
[38] Reinauer, B.: Erdgas im schweren Nutzfahrzeug am Beispiel des ECONIC, IAV. 3. Tagung Gasfahrzeuge, Berlin, 18. Sept. 2008. (2008)
[39] Werner, M., Wachtmeister, G.: Dimethylether – Dieselalternative der Zukunft. MTZ **07.–08.** (2010)
[40] Esch, T., Funke, H., Roosen, P., Jarolimek, U.: Biogene Automobilkraftstoffe in der allgemeinen Luftfahrt. MTZ **01**. (2011)

第23章　运行材料的过滤

工学博士 Pius Trautmann

车辆中的发动机润滑油、燃料、燃烧空气等所有运行材料必须经过过滤和清洁才能使用。根据车辆类型和设备的不同，在一辆乘用车上可配置8～15个滤清器元件，在商用车上最多可达20个[1,2]。这些不同的滤清器元件执行的过滤任务是复杂和不同的，它们与车辆和动力总成系统的整体功能密切相关。

运行材料中的颗粒状杂质导致相应零部件的磨损。因此，运行材料的有效过滤需要清除系统中与磨损相关的颗粒，它是车辆特别是发动机以及驱动系统长寿命的关键的先决条件。在汽车开发之初，由于它引入了所谓的空气滤清器[3]，允许将维修和保养的间隔增加到4000km。现代发动机因其复杂的技术要求过滤性能不断提高，以可靠地保护高性能部件。如今，乘用车使用里程可达250000km，商用车可达超过1500000km，这是因为运行材料可以以适当的纯度供应给发动机。

同时，汽车的保养间隔明显延长，符合现行标准的乘用车保养间隔内的行驶里程为25000～50000km，商用车的行驶里程为90000～150000km。但是，由于其他车辆部件也必须定期检查和维护，因此无法再显著地增加保养间隔的期望值。如此长的使用寿命就要求对分离颗粒具有相匹配的存储容量，这只能通过相应的、有效的、高度开发的过滤介质来实现。除了实现过滤任务的要求外，滤清器和滤清器系统还必须能够可靠地承受长的使用寿命和保养间隔内的机械的、热的和化学的承载。

23.1　空气滤清器

根据发动机功率的不同，内燃机的空气需求量约为从低于$2m^3/min$直到大型商用车发动机的超过$30m^3/min$。在这个空气体积流量中，根据当前的环境条件，会有大量的灰尘在没有适当过滤的情况下进入发动机中。在空气质量流量计（HFM）上的微粒沉积导致测量信号的干扰，最终对发动机功率和排放产生负面的影响作用。若一部分灰尘随着旁通气体进入曲轴箱，如果进入的颗粒没有通过高效的发动机润滑油滤清器再次从润滑回路中清除，则可能导致曲轴箱磨损。粒径>20μm的颗粒必须可靠地过滤掉，因为它们会显著地增加磨损[4]。

23.1.1　环境空气中的颗粒尺寸和颗粒浓度

环境空气中粉尘的浓度和粒径分布变化很大[5]。中欧城市的典型粉尘平均浓度约为$30\mu g/m^3$，但也可能在当地数值更高，这取决于风和天气条件。在道路不发达的地区，如斯堪的纳维亚半岛、亚洲或北美洲和南美洲，这些数值明显更高，最高可达$8000\mu g/m^3$。在建筑工地的交通工具上、农业生产环境中和未完工的道路上，其值可能超过$80000\mu g/m^3$。

环境空气中粉尘的颗粒尺寸（体积相关，平均直径$d_{3,50}$）根据环境条件约为1～30μm，如图23.1（见彩插）所示。原则上，颗粒尺寸通常随着粉尘浓度的增加而增大。更大的颗粒由于下沉速度明显更快，无法移动到更远的距离，通常只在颗粒源附近存在。

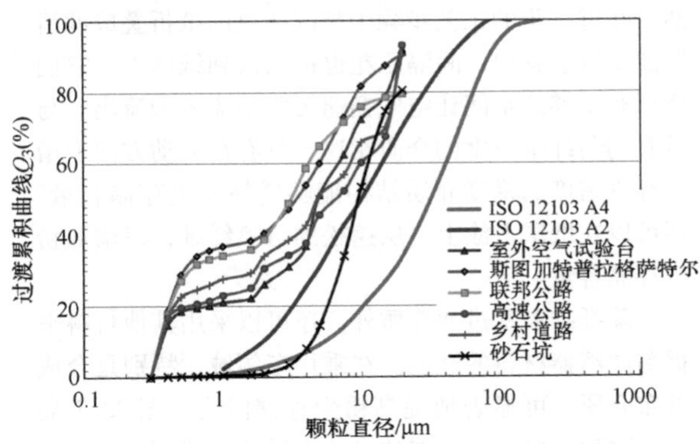

图23.1　环境粉尘的颗粒尺寸分布[6]

23.1.2　表征发动机空气滤清器的参数

发动机空气滤清器应按照其规定的要求进行评估。首先是过滤性能，其特征指标是分离度、粉尘存储能力以及使用寿命。除此之外，还必须确保满足在车辆上运行时所带来的其他要求，如力学强度、耐热性、耐化学腐蚀性以及阻燃性。

发动机空气滤清器的粉尘分离度或分离度和粉尘的存储能力根据ISO 5011来确定，分离度定义为通过滤清器的粉尘量与在粉尘装载过程中给定压力损失增量时所添加的粉尘量之比。由于分离性能取决于颗粒尺寸和滤清器元件当前的负载状态，因此在进行比较评估时必须考虑这一点。除了按照 ISO 5011 确定的总的重量分离度外，分数分离度还用于评估过滤介质[7]。分数分离度根据不同粒径等级的颗粒尺寸来评估分离程度。灰尘保持能力（Dust Holding Capacity，DHC）是指滤清器在达到规定的压力损失水平之前能够吸收的灰尘量。此值与所过滤的粉尘类型和颗粒尺寸分布紧密相关，因此滤清器必须始终包含此信息。

由于其直接的有害影响，必须对大于约 50μm 的颗粒进行安全的保留。在所谓的气泡试验中通过孔径评估过滤介质而提供了一个参考值，更精确的陈述只有通过渗透试验才能实现[8]。

23.1.3　内燃机所使用的空气过滤介质

车辆中使用的大多数过滤介质是由纤维素－纤维制成的。这种纤维实现了成本和所需特性之间的良好平衡。通过混合来自不同植物来源的纤维，可以在天然纤维来源给定的范围内调整后期过滤介质的所需特性。

基于纤维素的过滤介质采用造纸工艺制造。然而，原纸本身最初并没有足够的力学强度；只有通过添加浸渍树脂才能达到必要的力学强度和耐化学腐蚀性。阻燃性能也可以用这种浸渍树脂结合到滤纸中。然后在进一步的工艺步骤中将浸渍过的纸折叠成滤清器波纹管。其中，间隔压花也被引入到纸网中。它们确保有足够的空间让空气畅通无阻地流入和流出。与具有均匀纤维密度的介质相比，具有在流动方向上增加纤维密度的梯度介质结构能够增加粉尘存储容量。还可以在纸层上涂上一层蓬松的熔喷纤维，以增加粉尘存储容量。

除纤维素基过滤介质外，还可以采用其他材料来提高滤清器材料的性能。在乘用车领域，特别是合成绒布介质，可显著地提高粉尘存储能力。图 23.2 显示了这种合成的高性能的过滤介质的横截面。

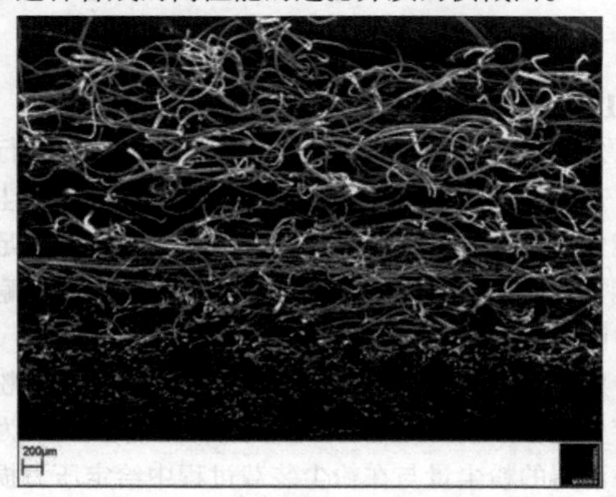

图 23.2　两层的、合成的高性能过滤介质的横截面，流动方向从上向下

一般来说，所有过滤介质在过滤特征值的变化过程中都表现出相似的特性，尽管介质之间的各自性能值可能会有很大差异。在过滤过程开始时，分离性能最差，因此过滤过程开始时的所谓初始分离度低于满载或部分载荷的过滤介质的分离度。已经分离的颗粒支持过滤过程，从而提高了分离程度。

在过滤过程中，更小的颗粒通常比更大的颗粒更难分离。对于过滤介质的完整评估，这里，分数分离效率的评估，即在颗粒尺寸谱范围内的分离能力，是一个重要的信息。由于分离程度的变化过程也会随着装载状态的变化而变化，如图 23.3 所示，因此在进行比较评估时必须考虑到这一点。

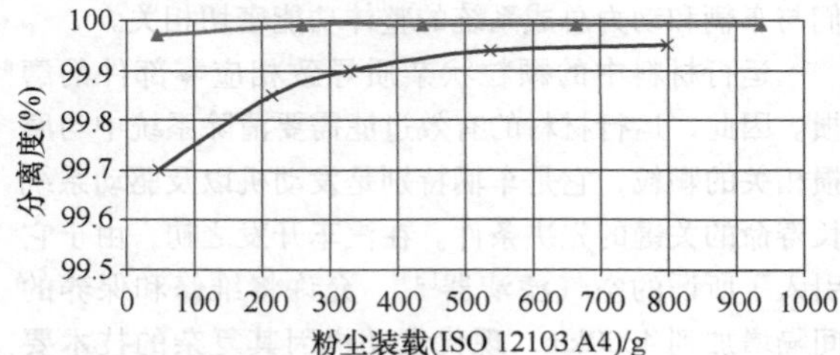

图 23.3　两种空气过滤介质在不同粉尘装载下的总分离度

尤其是在商用车领域，只有向发动机供应几乎不含颗粒的燃烧空气，才能实现超过 150 万 km 的长的发动机运行时间。传统的过滤介质无法再实现超过 99.9% 的高的分离度。所谓的纳米纤维介质用于这些应用。其中，在下游精加工步骤中，将一层极细的纳米纤维薄层涂在纸层上。合成的纳米纤维的直径为 100～800nm，通常应用于过滤介质的流入侧[9]。这种最细的纤维网，如图 23.4 所示，甚至可以防止最细的粉尘颗粒穿透过滤介质。粉尘储存能力不受该纤维层的影响。甚至可以证明，在过滤环境中的粉尘时，滤清器的使用寿命大大增加了[5]。图 23.5 汇总了各种过滤介质的性能值。

根据要求或用途，柴油机或汽油机乘用车或商用车选择合适的介质。应该注意的是，例如，重量总分离效率从 99.8% 到 99.9% 的差异意味着两倍的粉尘质量通过了滤清器元件。

由于过滤介质的厚度不同，描述单位过滤面积的粉尘容量的性能值仅在有限的范围内适用。由于更厚的过滤介质意味着相同的体积中滤清器表面较少，因此最终只有与体积相关的评估才有意义。

所有过滤介质都显示出随着流速的增加而分离度下降。分离度最初在很宽的通流速度范围内几乎是恒定的，但随后从极限速度 v_{max} 开始急剧下降。在设计滤清器元件时，必须注意不要超过这个最大值。

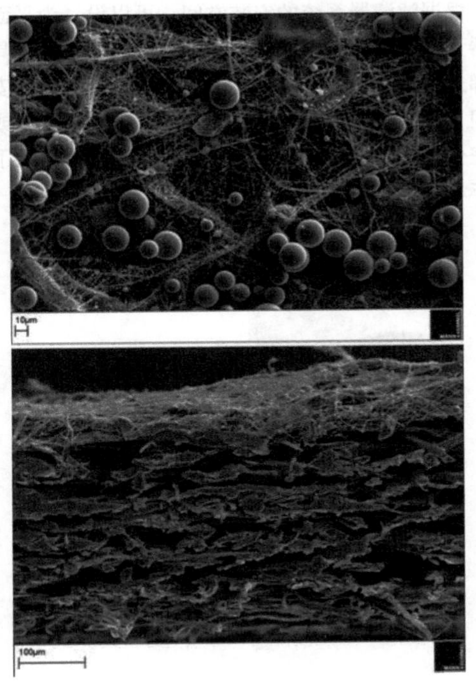

图 23.4　带有纳米纤维涂层的空气过滤介质，以增加分离度（上图：使用玻璃球确定最大穿透直径）

	初始分离度 η_0（%）	最终分离度 η（%）	粉尘容量比较
汽油机乘用车	98.0	99.5	125%
柴油机乘用车	99.0	99.8	100%
商用车	99.5	99.9	90%
"恶劣条件"下的商用车	99.95	99.99	90%

图 23.5　不同纤维素基空气过滤介质性能值的比较（试验粉尘 ISO 12103 A4）

23.1.4　空气滤清器元件的试验

对于根据 ISO 5011 规定的比较实验室试验，应使用标准的试验粉尘。其中，滤清器元件安装在试验壳体中（通常在真实的滤清器壳体中），并与空气（23℃，50%相对湿度）一起流过。试验粉尘用喷嘴分散并混合到进气流中。现在测量压力损失的增加和质量颗粒流量与粉尘加载的关系。使用符合 ISO 12103 的标准粉尘作为试验粉尘。粉尘 A4 是中等粒径为 $d_{3,50}=35\mu m$ 的粗颗粒，更细的粉尘 A2 的平均粒径为 $d_{3,50}=10\mu m$，如图 23.1 所示。由于粒径比较小，在其他条件相同下，相应的具有更小颗粒尺寸的粉尘 A2 的粉尘存储能力达到较大的 A4 粉尘的 60%左右。

结果表明，当不同的过滤介质装载有不同颗粒尺寸的粉尘时，其粉尘容量在某些情况下会显著不同。因此，根据 ISO 5011 的实验室试验和根据 ISO 12103 的粉尘确定的粉尘容量，不能直接得出过滤介质在装载其他粉尘时的特性。对介质的完整评估必须涵盖相关颗粒尺寸的整个范围。图 23.6 中的比较表明，与标准粉尘相比，只需大约 1/10 的环境粉尘质量即可产生相同的压力损失增量。

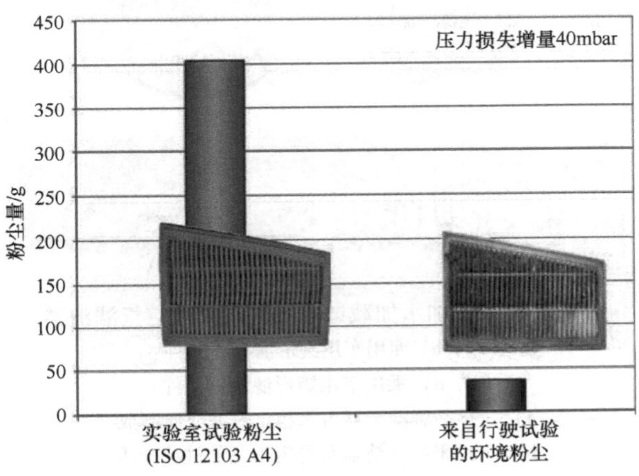

图 23.6　导致同等压力损失增量时标准粉尘（ISO 12103 A4）和环境粉尘的粉尘水平比较

因此，在开发过滤介质时，必须通过道路试验来确定实验室测定值与环境条件下测定值之间的相关性。由于这种行驶试验意味着相当大的努力，并且由于必要的行驶里程而通常需要几年时间，因此正在尝试使用所谓的室外空气试验台来减少所需的时间。其中，通过持续不断地让滤清器元件吸入周围的空气，快速达到所规定的时间要求，这使得在大约 4～6 周（相当于大约 650～1000 个工作小时）后就可获得结果。然而，由于吸收的粉尘量在很大程度上取决于当地条件和天气条件，因此无法进行标准化的评估。

为了考虑到一个事实，即在世界大部分地区，存在于外部空气中的污染物是颗粒尺寸远低于 1μm 的最细颗粒，标准化的燃烧碳烟也用于实验室试验[10]。因此，这允许模拟和评估过滤介质在暴露于最细颗粒时的特性。

进一步的要求来自于车辆的运行条件。其中，防水、防潮、阻燃尤为重要。由于燃烧空气取决于环境条件，可能含有大量的水分或水滴，因此基于纤维素制成的过滤介质必须在防水方面保持稳定。图 23.7 显示了加水加载后过滤元件的比较。如果过滤介质的耐水性不足，则褶皱结构被破坏，褶皱塌陷并堆叠在一起。相应的滤清器由于流动面积减少而显示出压力损失的显著增加，并且显著地降低了粉尘的存储能力。在极端情况下，在运行过程中的流动加载下甚至会发生机械破坏。

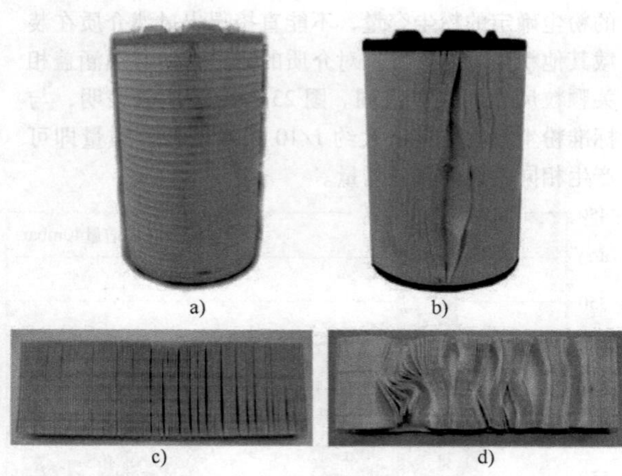

图 23.7　经过加水加载试验后的发动机空气滤清器
a）、b）商用车用圆形滤清器元件
c）、d）乘用车用矩形滤清器元件
a）、c）品牌滤清器由水稳定过滤介质制成
b）、d）采用滤清器水稳定不足的过滤介质

在行驶过程中，可能会发生意外丢弃的香烟或其他火源随进气进入空气滤清器的情况。为了避免进一步损坏，过滤介质通常装备阻燃浸渍剂。这些可以防止过滤介质的不受控制的燃烧。由于使用过程中可能暴露在水或湿度下，必须注意不要在潮湿的环境下失去阻燃效果。阻燃特性应根据 DIN 53438 进行评估。

23.1.5　空气滤清器滤芯元件的设计

首先，应根据应用所需的分离度来选择合适的过滤介质以及合适的介质等级。然后，根据发动机的平均空气需求和所需的运行时间，确定所需的粉尘存储容量。因而，可以确定维修间隔期间清洁的空气量。需要分离的粉尘量就是这些空气中包含的颗粒量。然而，由于粉尘浓度主要受当地和时间波动的影响，这里只有用区域平均值才能估计出必要的粉尘存储容量。由于一个区域内的粉尘暴露也可能存在显著的个体差异，因此必须指定一个有意义的粉尘存储容量，以确保能够充分确定地达到服务间隔的目标。

根据所吸收的粉尘量与相应介质的压力损失增量之间的相关性，从而可以给出所需的最小介质量。此外，必须校核流量是否不超过最大允许流动速度值。如有必要，介质面积必须与此参数相匹配，即相应地扩大介质面积。

一旦确定了所需的介质面积，考虑到可用的安装空间，它将作为折叠式过滤波纹管集成到滤清器元件中。根据滤清器系统的安装空间，可以设计为平面滤清器元件、圆形滤清器元件或轴流式缠绕元件。具有阶梯式或完全可变褶皱高度的元件可用于关键的安装空间，如图 23.9 所示，或具有切角、梯形形状或具有完全灵活外轮廓的滤清器元件。图 23.8 显示了乘用车和商用车用的不同滤清器设计形式。

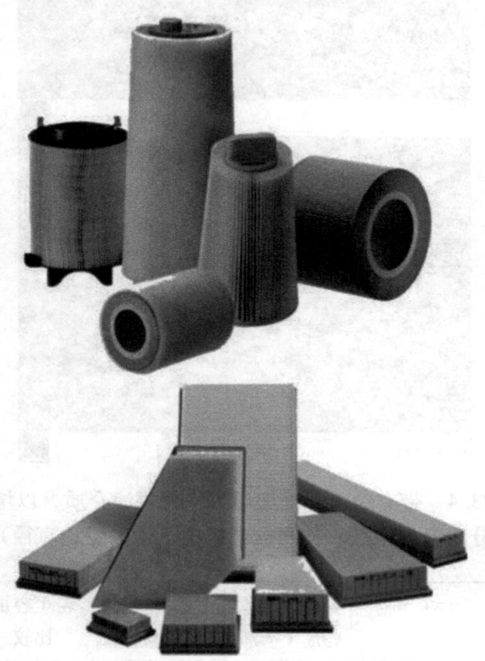

图 23.8　各种几何尺寸设计中的圆形和扁平式滤清器元件

图 23.9　用于轴流的 Variopleat®空气滤清器系统，具有可变褶高的滤清器元件

23.1.6　车辆上应用的空气滤清器系统

除了滤清器元件，一个正常运行的空气滤清器系统还包括对车辆的整体功能很重要的其他组件。

在乘用车领域，这些尤其包括声学特性。因此，空气过滤系统有时也称为进气消声器。进气噪声是总噪声污染的重要组成部分，并且在声学工程的框架下进行设计。其他组件是挡板，它允许在从发动机舱吸入冷的新鲜空气或预热空气之间切换，这与冬季运行有关，这样可以防止滤清器元件被雪和冰堵塞。由于水滴会干扰来自空气质量流量计的信号，因此必须采取适当的措施将与环境空气一起吸入的雨水或喷水分离，并将其从系统中排出。由于空气质量流量计出于空间结构的原因通常直接安装在空气滤清器壳体的清洁侧，因此必须确保空气质量流量计的流入条件不会因滤清器元件的粉尘加载而改变。这个要求会影响滤清器元件的设计和安装位置。图23.10显示了一个复杂的乘用车空气滤清器系统，带有原始和清洁的空气管道和声学组件。

图23.10　乘用车空气滤清器系统，带有原始的和清洁空气管道和声学组件，用于降低进气噪声

原则上，商用车的空气滤清器系统具有类似的结构。由于粉尘或水雾的浓度随着道路高度的增加而降低，因此通常在原始空气侧使用该系统，该系统通过驾驶室顶上方或驾驶室后面的复杂管道吸入用于燃烧的空气。因此，可以显著地延长维修服务间隔，尤其是在多尘环境中的应用，例如在建筑工地。

通过集成预分离系统，通常将旋风惯性分离器作为单个或多个旋风分离器，在重度粉尘条件下可以显著地提高滤清器单元的使用寿命。然而，由于这些预分离器会产生永久性的压力损失，因此它们通常仅用于相应环境下使用的车辆。带有预分离旋风分离器的商用车空气滤清器系统如图23.11所示。

除了实际的主滤清器元件外，如果需要，还可在商用车中使用附加的二级滤清器。其中，这是在主滤清器元件清洁侧的滤清器元件。如果必须在服务站外更换滤清器，例如在农业应用、建筑工地或露天采矿中，该滤清器元件可保护清洁空气区域免受污染。

图23.11　带预分离旋风分离器的商用车的空气滤清器系统（适用于建筑工地车辆）

23.2　燃料滤清器

随着汽油机和柴油机喷射系统技术的进一步发展，也提高了对燃料纯度的要求[11]。随燃料通过油箱通风或加油过程进入系统的颗粒污染物是造成喷射系统精密部件磨损的原因。另外，特别是在柴油机中，通过自由水也会产生腐蚀和气蚀现象。燃料滤清器的任务是可靠地从燃料中去除这些污染物，从而使发动机能够长时间运行[12]。

柴油滤清器必须完全过滤所有大于约15μm的颗粒，因为它们会直接损坏喷射系统[13]。在当今常用的高压共轨喷射系统中，喷射压力可以 > 2500bar，而 < 5μm的颗粒就已与磨损有关，这也就是为什么使用3～5μm的颗粒尺寸等级来表征滤清器的性能[13]。对于未来的系统，计划使用1～2μm范围内的更小的颗粒来表征滤清器的性能。目前正在修订相关的试验标准，并且正在开发必要的测量系统。在本次修订现行标准的过程中，所使用的试验液体也将与燃料相匹配。尤其需要注意的是，如今使用的试验液体的黏度与实际燃料的黏度有很大不同，这可能导致试验结果很大的偏移。

23.2.1　全球对燃料滤清器系统的要求

在世界各地，燃料的质量和组分都非常不均匀[14,15]，因此对滤清器系统的要求也可能在区域上相应地有很大的差异。例如，在西欧和北美，进入油泵的都是非常清洁的燃料，但在亚洲或非洲，目前燃料的清洁度并不总是有保证的。这意味着，在这些地区对滤清器单元的要求必须大大提高。为了能够应对这种情况，喷射系统制造商越来越多地不再规定分离度，而是规定喷射系统入口处的最大允许颗粒浓度。因此，现在车辆或发动机制造商有责任确保所需的区域性的滤清器性能要求。因此，根据不同的区域，需要不同的分离度百分比来达到等效的颗粒浓度。因此，在设计滤清器系统时，必须一起考虑发动机或车辆的后期使用。还必须考虑到随后更换滤清器的服务方案设计，并且必须确保燃料滤清器与该区域所要求的其他滤清器单元一起使用。

除了在世界范围内燃料中的颗粒和水分含量波动很大之外，燃料的组分也有很大差异。在柴油的情况下，生物柴油的含量可能在 0 ~ 30% 之间。此外，基于生物含量的特性也存在差异，这也会影响滤清器的性能，尤其是水的分离。醇类含量是汽油中的一个重要参数。然而，醇类含量基本上会影响所用材料的耐久性要求。

23.2.2　燃料滤清器的特征参数

燃料滤清器的评估与其他滤清器遵循同一原则，过滤效率是根据分数分离度和粉尘存储能力进行评估的。在分离度方面，根据 ISO 19438，主要使用在 4μm，即 $\eta_{4\mu m(c)}$ 的颗粒尺寸范围内的分离度。

根据将燃油滤清器集成到车辆系统中，试验根据 ISO 19438 以多道次进行，即滤清器在连续添加标准化的试验粉尘（ISO 12103）的情况下在回路中流过。粒子计数器用于在试验过程中测量滤清器上游和下游流动侧的颗粒浓度。因此，以这种方式，可以通过不同的颗粒等级确定通过滤清器装载的分离度的变化过程。粉尘存储容量也由滤清器吸收的粉尘量来确定。由于用于颗粒测量的试验粉尘仅在有限的程度上代表燃料中所含的杂质，因此，根据 ISO 4020 使用标准化的碳烟 - 粉尘混合物进行滤清器使用寿命试验可以更实际地评估滤清器元件的使用寿命。

滤清器元件的压力损失应根据 ISO 4020 确定为滤清器元件或滤清器系统的压差。由此所用的试验液体的黏度应与燃料的黏度相对应。

除了过滤要求之外，燃料滤清器元件还必须具有足够的机械和化学耐受性。必须确保在规定的运行条件下，在运行时间内不能有燃料从滤清器系统中逸出。为了验证，在压力循环交变试验中确定的滤清器系统的爆破压力阻力和脉动阻力是在临界的工作温度下确定的。另一个重要参数是滤清器元件的抗塌陷性。由于燃油滤清器不能在压力损失达到最大增量时允许燃油从旁路绕过滤清器，因此滤清器元件必须能够承受压力侧应用中燃油泵产生的最大压差。当使用塑料中心管时，该试验必须在临界工作温度下进行。

23.2.3　柴油滤清器和过滤介质

由于现代柴油机过滤要求的大幅提高，其高压共轨喷射系统在超过 2500bar 的喷射压力下工作，因此对燃料滤清器的滤清器细度的要求也相应提高了[12]。当今的系统要求分离度 >99% ［4μm（c）］，这意味着与旧的系统相比，滤清器性能提高了超过 100 倍。根据最低燃料纯度的要求，在燃料质量较差的地区可能需要大于 99.9% 的分离度。

使用基于纤维素的多层介质可以充分满足过去的要求。这种过滤介质是两层的，上游层由合成熔喷纤维制成，下面的是纤维素纤维层，如图 23.12 所示。开孔率很大的熔喷层用作存储层，下面的致密纤维素层负责所需的滤清器的细度，并为介质提供必需的力学稳定性。通过正确选择和协调两个纤维层，复合材料中各个层的性能可以超过很多倍。

但是，对于超过 99% 的分离度的要求，纯纤维素介质会达到其物理极限。只有通过使用含玻璃纤维的滤清器介质，才能提高性能。比纤维素纤维细得多的微玻璃纤维可以允许滤清器细度 >99.99% ［4μm（c）］，如图 23.13 所示。玻璃纤维可采用纯玻璃纤维介质或纤维素 - 玻璃混合介质。

图 23.12　两层多级介质

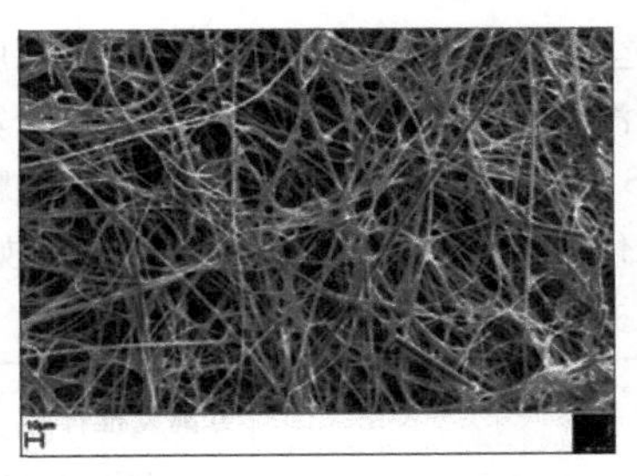

图 23.13　用于燃料过滤的玻璃纤维介质（使用微玻璃纤维，直径 <1μm）的 REM 图像

由于纯玻璃纤维介质的力学强度很低，它们需要额外的支撑层以确保在运行过程中稳定折叠位置。此外，对于含有玻璃纤维的介质，必须确保在运行期间没有玻璃纤维或玻璃纤维碎片从介质中冲出。为确保这一点，需要在玻璃纤维层的两侧添加额外的保护层。在切割、加工和运输滤清器介质时，还必须注意确保没有纤维碎片进入滤清器元件的清洁侧。

由于经过滤清器元件的差压高达 8bar，因此主要使用星形折叠圆形滤清器元件，它们可以通过相应尺寸的中心管吸收所作用的径向力。圆形滤清器作为可互换元件安装在滤清器系统中，作为旋入式滤清器（“Spinon”）安装在金属板壳体中，直接拧到车辆上的滤清器头上或集成到燃油管路中。图 23.14 显示了不同结构形式的燃油滤清器。

图 23.14　柴油机和汽油机应用的燃油滤清器元件

23.2.4 从柴油中分离水

除了分离颗粒之外，还要从柴油中分离游离水，即未溶解的、乳化的水，也是燃料滤清器的基本功能。乳化的水滴会导致腐蚀和磨损，并由此损坏喷射系统。同时水作为生物生长的必要基础，喷射系统中的水还会引起微生物造成的沉积和腐蚀。

水会以多种方式进入燃料：比如作为冷凝水与空气通过油箱通风阀、水从油箱喷嘴和油箱通风阀进入或在加油时通过燃料本身进入。尽管根据 EN 590，柴油中的水含量限制为 200×10^{-6}，但水仍然可以收集在储罐中，然后在相当大的程度上泵入各个车辆油箱。如果在分配和储存燃料时没有采取足够的措施，这种风险尤其存在。根据 EN 590 所允许的 200×10^{-6} 水含量在柴油中水的溶解度极限范围内，只要不超过该值，就不能检测或分离出游离水。柴油中的添加剂和添加的物质，例如生物柴油（PME，植物油甲酯，Pflanzenölmethylesther）会增加水溶性，因此，根据生物柴油的含量，也会溶解更多的水，并且不会观察到游离水滴。另外，水溶性随着温度的升高而增加，因此当发动机运行期间燃料变热时，游离水可以再次溶解，因此机械式水分离器不再能够接触到游离水。

如果游离水从油箱进入燃料回路，则会在低压燃料泵中分解为小液滴。液滴在 $d_{3.50}$ 的尺寸范围内，约为 5～20μm（体积平均直径），如图 23.15（见彩插）所示，在几圈循环后，$d_{3.50}$ 的值有可能 <4μm[16,17]。这些微乳液非常稳定，几天之内不会再次分离。由此产生的液滴尺寸受水与柴油之间的界面张力的强烈影响。典型的值在 10mN/m（含生物柴油的燃料）与 35mN/m（纯矿物油基，低添加剂燃料）之间。表面活性添加剂和生物柴油成分负责降低界面张力[18]。

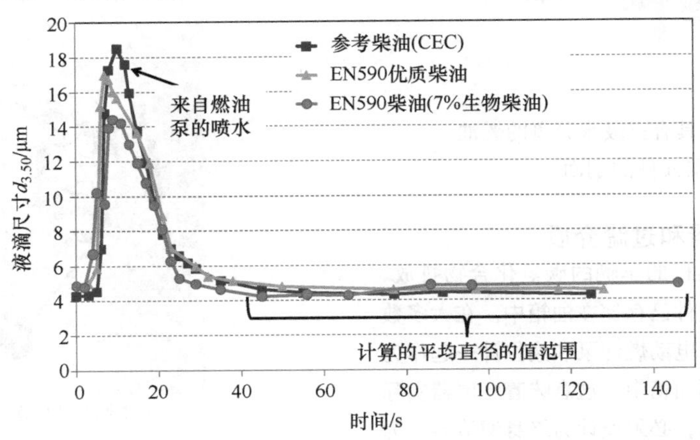

图 23.15　将水加到乘用车油箱中以获取各种燃料后的体积平均液滴尺寸 $d_{3.50}$。燃油泵压力侧测量

这种小液滴的分离对燃料滤清器系统提出了挑战，特别是基于在滤清器流入侧具有疏水效果的系统无法长期提供足够的水分离[19,20]。极小的液滴不会在表面上被排斥，但是由于液滴的尺寸很小，它们会进入滤清器介质的孔隙，然后在压差的作用下穿过介质并到达清洁的一侧。另一个问题是通过添加剂成分和分离出的颗粒而导致滤清器介质的疏水性降低，因此这种疏水性分离系统在滤清器的工作时间内通常会完全失去其功能[21]。仅当流入速度足够低时，这些系统只能在其使用寿命期间保持其功能。然而，为此所需的滤清器尺寸很少能在有限的安装空间中实现。

为了能够在滤清器元件的使用寿命内提供可靠的水分离，需要使用不同物理基本原理的清洁侧水分离系统。清洁侧水分离器在滤清器元件的流出侧有一个聚结器层，在该层中，水滴从纤维中分离，形成更大的水滴，并再次从凝聚器中排出大而易分离的水滴，如图23.16所示。

安装了一个额外的疏水网格，以防止在聚结器中生长的液滴被夹带到清洁侧。聚结器和网格之间必须保持足够的间隙，以便变大的水滴可以沉降到水收集空间中。

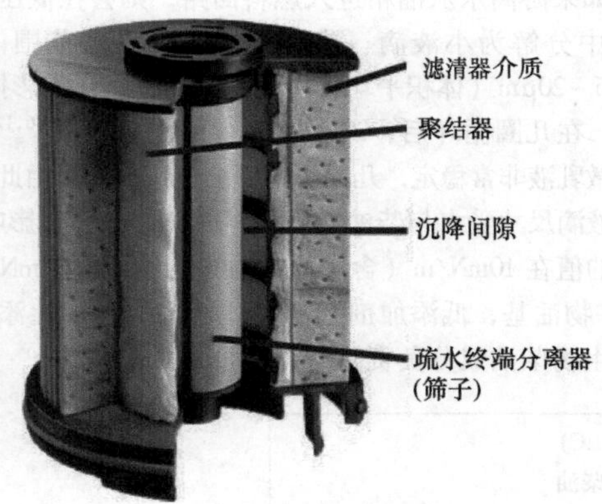

图23.16　通过具有三级水分离的燃油滤清器元件的剖面

23.2.5　汽油滤清器和过滤介质

为了限制配备汽油机的车辆的碳氢化合物排放，尽可能多的燃料系统组件已存储在油箱中。在大多数情况下，燃料滤清器与电动燃油泵和液位计一起作为油箱内单元完全集成到油箱中。这意味着滤清器实际上不再是可用于维修的，必须设计为终身滤清器。为了满足与终生过滤相关的要求，汽油机也必须使用具有高的粉尘存储能力和高分离度的高性能深层过滤介质。随着汽油机向直接喷射发动机的进一步发展，根据ISO/TS 13353对尺寸范围为4μm（c）的颗粒的分离度已从化油器发动机的小于10%提高到如今的大于50%，如图23.17所示。

	分离度推荐 $\eta_{4\mu m(c)}$ 根据 ISO/TS 13353
化油器发动机	< 10%
歧管喷射（间接喷射，$p\leqslant$4bar）	35%～40%
直接喷射（$p\leqslant$120bar）	40%～50%

图23.17　根据ISO/TS 13353对汽油滤清器尺寸等级为4μm（c）的颗粒的分离度要求

随着喷射压力的不断升高，汽油机对颗粒分离度的要求也将提高。随着分离度要求的提高，特别是在燃料质量较差的国家，终生滤清器不再能够在给定的安装空间中使用。

用于油箱内滤清器的滤清器介质也被折叠并焊接到滤清器元件的端板上，以确保对燃料有足够的抵抗力。图23.18显示了用于油箱内装置的滤清器元件。

a) 带塑料端板和油箱内单元

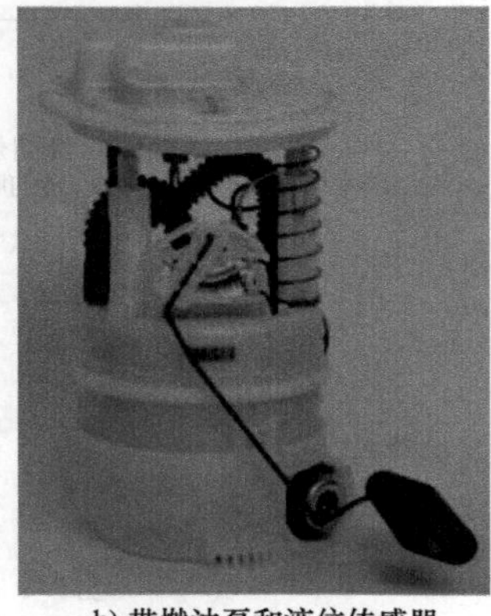

b) 带燃油泵和液位传感器

图23.18　用于油箱内装置的滤清器元件

为了能够容纳尽可能多的滤清器介质，滤清器元件布置在单元的其他组件周围的最大直径上。

23.2.6 用于内燃机的燃料滤清器系统

由于燃料还必须在喷射系统中承担润滑和冷却任务，因此通常循环量是燃烧所需量的数倍。乘用车的体积流量通常高达200L/h，商用车的体积流量高达1400L/h。

为了还要保护燃料供给泵免于磨损，将燃料滤清器布置在燃料泵的吸入侧将是有利的。然而，这限制了经过滤清器元件的压差。根据发动机使用的最大预期海拔，在吸入侧仅提供有限的总压差（吸入侧的系统组件和滤清器元件）。为了能够保持滤清器元件所需的安装空间较小，因此在过滤要求较高的情况下将燃料滤清器重新定位到燃油泵的压力侧。这意味着由于颗粒加载高达超过3bar，滤清器元件上的压差增加是可能的。然而，过滤系统还必须能够承受压力侧普遍存在的10～16bar的压力。

汽油机中使用的油箱内滤清器实际上都设计为吸滤器。在柴油机中，压力侧滤清器主要用于乘用车和商用车应用。然后在抽吸侧集成额外的滤清器组件，以保护燃油供给泵。油箱中经常使用筛网（网格尺寸500～800μm）。对于商用车应用，可更换筛网（网格尺寸约为100μm）或带有可更换滤清器的完整燃料预滤清器单元也集成到燃料回路中。燃油预滤清器单元在燃油质量差的地区尤为必要，以便能够除了保护供给泵外，还确保整个滤清器系统的足够的使用寿命。由于它们的结构尺寸和发动机区域内非常有限的安装空间，预滤清器通常安装在油箱与发动机之间的车架上。

燃料滤清器已进一步发展为多功能燃油模块，特别是用于柴油机。除了滤清器元件和水分离之外，还集成了其他功能。为了确保即使在寒冷季节也能过滤柴油，集成了电加热元件，可将冷时形成的石蜡晶体熔化，从而防止滤清器元件堵塞，直到燃料通过来自高压单元的回流充分升温。代替电加热元件，还使用了热阀，它将加热的回流油引导到滤清器元件的流入侧，以便它可以与来自油箱的冷的燃料混合。由于维修在这种燃料模块上的滤清器元件需要一条通向油箱的未加压的回流管，因此将来自高压系统组件的燃料滤清器上的回流组合起来，并通过一条共同的回流管将它们引导至油箱是有意义的（图23.19）。

图23.19 用于商用车发动机的燃料滤清器模块，带有供油和回油接头、集成滤网预滤清器（吸入侧）、压力侧主滤清器元件、温度传感器和电燃油加热器

23.3 发动机润滑油滤清器

润滑油的中心任务是发动机中的运动部件的润滑。即使是润滑油供应的短暂中断也可能导致发动机完全故障。因此，可靠地向运动部件供应润滑油比油路中的所有其他功能更为重要。除了润滑之外，发动机润滑油还负责发动机内部的热管理，例如活塞冷却。其他任务是气缸运行表面上的油膜的密封作用以及发动机部件之间的动力传输。颗粒污染物以与磨损相关的数量级导致磨损并损坏表面，从而导致进一步的磨损并最终导致燃料消耗增加和发动机功率降低。约5～40μm范围内的颗粒与磨损特别相关，如图23.20所示。这些颗粒会进入润滑间隙并在这些地方立即引起磨损。更小的颗粒不太重要，因为它们大多小于润滑油油膜的厚度，因此不会立即造成任何损

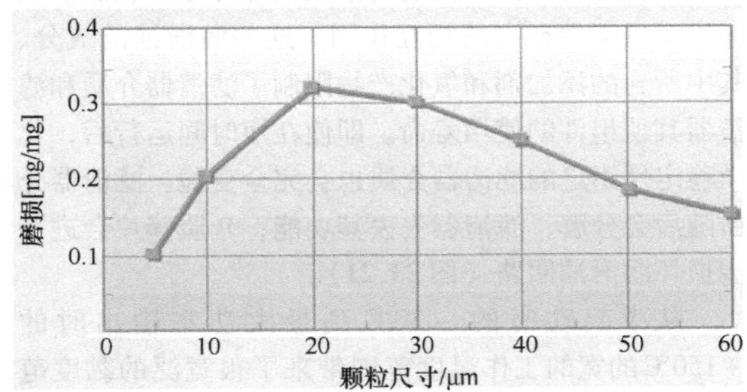

图23.20 磨损图，单位为mg金属磨损/mg颗粒与颗粒尺寸的关系，在试验发动机上确定[2]

坏。更小的颗粒，尤其是碳烟颗粒，在更高的浓度（>2% ~3%）下也会对磨损产生显著的影响[22]。

发动机润滑油中最大比例的颗粒由纳米级的有机碳烟颗粒组成，尺寸范围为10 ~100nm。对于维护周期长的柴油机，因此集成了附加的超细润滑油滤清器，用作烟灰颗粒的收集器。由于这种超细过滤所需的压力差，这些滤清器实际上几乎专门用于旁路。

23.3.1　对发动机润滑油滤清器的要求

发动机润滑油中要分离的颗粒来自各种来源。最初来自发动机润滑油本身，来自发动机和发动机部件生产加工过程中的残留污垢以及发动机运动部件的磨损，它们通过运动轴衬套的密封位置进入发动机内部，以及那些通过窜气（Blow - by - Gas），最终来自即使通过良好的发动机空气滤清器仍然允许通过的小部分颗粒。伴随着窜气，碳烟颗粒和其他完全和不完全燃烧的产物也进入曲轴箱和发动机润滑油中，并在那里积聚。

在发动机运行期间发动机润滑油循环使用。典型的润滑油体积流量在30L/min（对于乘用车）与超过200L/min（对于大型商用车发动机）之间。整个润滑油体积以平均每分钟5 ~10次地循环并通过润滑油滤清器。因此对分离度的要求相对来说比较低，因为高循环率意味着即使在较低的分离度下也能实现良好的清洁效果。只需确保立即失效的超过30 ~40μm的关键颗粒即使通过滤清器一次也能可靠地被截留[23]。

近年来发动机的不断小型化导致功率密度越来越高，这也大大明显地增加了整个系统的热负荷。为了减少黏性摩擦损失，发动机润滑油的平均温度正在提升，同时润滑油的组分也发生了变化，以便能够承受相应的化学的和热的负荷。实际上，仅使用低黏度的高添加剂、合成或半合成的多级油。

燃料的反应产物在运行期间会改变发动机润滑油的化学特性，并且必须通过添加剂部分地中和以避免与发动机部件有害的相互作用。这些润滑油的成分、其中所含的添加剂和氧化产物限制了滤清器介质和滤清器其他组件的使用寿命。即使在短时间运行后，化学稳定性不足的滤清器介质也会完全变脆。滤清器介质随后会分解，滤清器失去其功能，介质碎片会进一步损坏润滑油回路（图23.21）。

从冷起动时的 -30℃到最大功率输出时的 +150℃的宽的工作温度范围带来了很宽泛的黏度范围。润滑油的动态黏度在180℃的温度范围内变化了500倍，并且在恒定体积流量的情况下，滤清器介质上的压差变化几乎相同。滤清器介质和滤清器折叠的

图23.21　在150℃的用过的发动机润滑油中储存500h后，化学和热稳定性不够的过滤介质与高质量滤清器元件的比较。品牌滤清器的非法复制品已彻底毁坏

充分稳定性对于确保通过整个滤清器介质表面的均匀流动是很有必要的。

在冷起动期间由润滑油的高黏度产生的压力会压碎滤清器元件。基于这样的原因，将旁通阀集成到滤清器元件中。该阀在1 ~3bar的压差下打开，然后将未过滤的发动机润滑油绕过滤清器元件引导至润滑位置。一旦发动机润滑油加热，压差再次下降，旁通阀关闭，发动机润滑油再次被过滤。这种暂时未过滤的状态是可以容忍的，因为实际上没有颗粒引入到润滑油中，并且由于持续循环，它通常处于稳定的纯度水平。而另一方面，润滑油供应的暂时中断将直接导致发动机的损坏。

23.3.2　润滑油滤清器元件和润滑油滤清器系统的表征

发动机润滑油滤清器也根据过滤、分离度和粉尘容量的经典标准进行评估。与燃料滤清器一样，为分离度确定平均的分数分离度。评价标准是分数分离度曲线达到50%值时的颗粒尺寸。图23.22（见彩插）显示了不同的润滑油滤清器介质曲线随颗粒直径的变化。

过滤参数根据ISO 4548在多通道试验中确定。其中，将根据ISO 12103的标准化试验粉尘连续定量地加入多通道中的试验润滑油中，并使用颗粒计数器确定滤清器元件上游和下游侧颗粒尺寸等级在4 ~50μm范围内的颗粒数。在相同的试验中，也确定所用的试验粉尘的粉尘存储容量，并测量直至指定的压力损失增量。图23.23（见彩插）显示了差压与图23.22中滤清器介质吸收的灰尘量的函数关系。

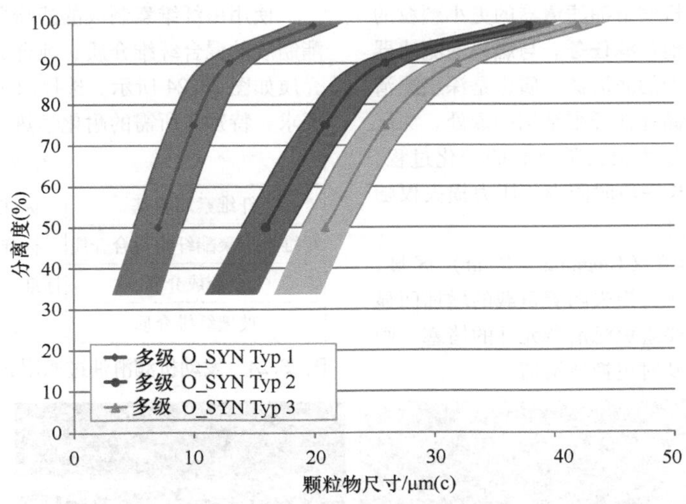

图23.22　三种不同的合成的润滑油滤清器介质的分数分离度曲线

由于滤清器元件在运行期间通过流过它的润滑油而承受相当大的压缩力，因此还必须确保滤清器元件能够承受这些力。这是在塌陷压力试验中完成的。在该试验中，滤清器元件在工作温度下加载并流过，直到它被压缩力破坏。塌陷压力必须远高于旁通阀在工作容积流量下的压差。

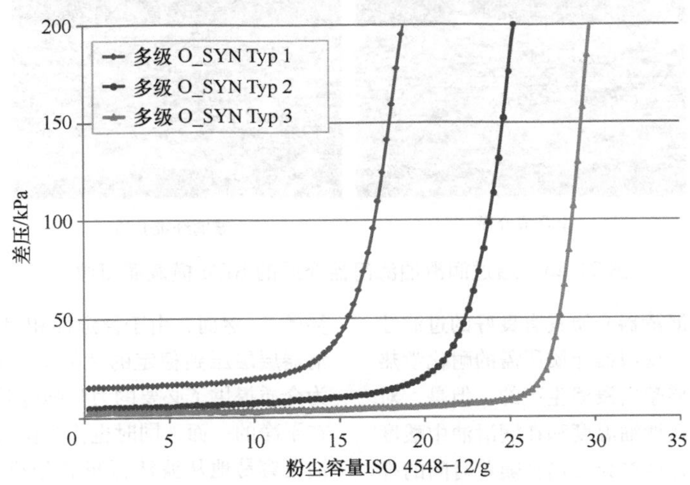

图23.23　来自图23.22的润滑油滤清器介质的负载曲线（压力损失与添加的污垢量），从几乎水平的曲线变化过渡到陡峭的上升标志为堵塞点

除了塌陷压力外，滤清器元件两端的差压也是一个重要参数。它是在不同的黏度下确定的，以评估整个工作温度范围内的特性。

除了评估过滤性能外，还必须确保滤清器和过滤系统具有足够的力学强度。这是使用参数爆破压力和压力交变强度来评估的。根据ISO 4020在临界工作温度下进行爆破压力试验和压力交变试验。

滤清器介质的化学热稳定性通过介质盘上的爆破压力试验来确定。爆破压力是破坏限定尺寸的夹紧介质坯料所需的压力。在滤清器介质、在高温下、在用过的发动机润滑油中储存后评估爆破压力。低于0.5bar的爆破压力值是至关重要的，因为运行期间作用的力和更换滤清器时的机械载荷都可能导致滤清器元件的损坏。

23.3.3　润滑油滤清器的过滤介质

必须从发动机润滑油中可靠地去除大于30～40μm的对磨损至关重要的颗粒。由于发动机润滑油每分钟要循环数次，从环境进入发动机的粉尘通常是非常低的，因此对发动机润滑油滤清器的更小颗粒的分离度要求明显低于其他过滤任务。与燃料的滤清器介质一样，发动机润滑油的滤清器介质也是深层滤清器介质，这意味着污垢储存在纤维结构的深处。深层滤清器介质的特征在于压力损失随负载的变化过程，如图 23. 23 所示。在很长一段时间内，压力损失仅随着负载的增加而略有增加。

在所谓的“堵塞点”（Clogging - Point）区域，滤清器介质开始堵塞，压力损失随着负载的增加而显著地增加。因此，如果要避免滤清器元件的堵塞，则必须在达到堵塞点之前及时更换滤清器。

使用由纤维素制成的滤清器介质、由纤维素和聚酯制成的混合纤维介质、纯合成绒布介质和玻璃纤维介质如图 23. 24 所示。选择取决于对所需过滤性能的要求，特别是所需的耐化学热性，如图 23. 25 所示。

	分离度	粉尘容量	耐化学热性
纤维素培养基	标准	标准	低
纤维素 - 聚酯纤维混合介质	标准	标准	好
全合成介质	标准 - 高	高	高
玻璃纤维介质	高	高	高

图 23. 24　发动机润滑油过滤用滤清器介质的特性及应用

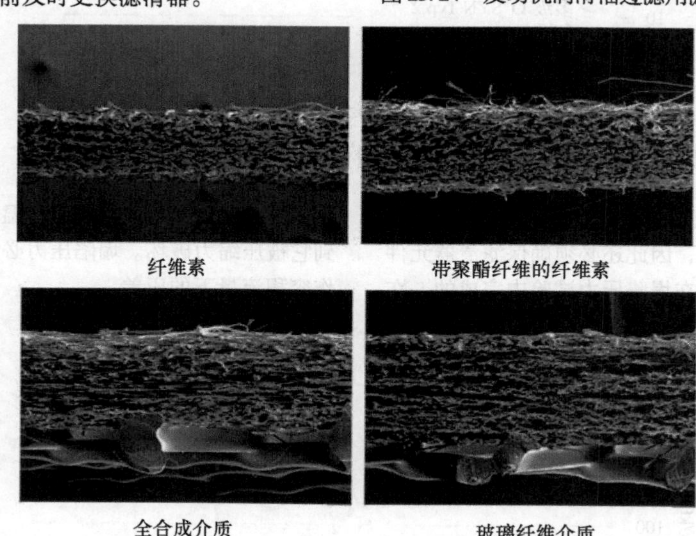

图 23. 25　通过润滑油滤清器介质的 REM 横截面图像

基于纤维素纤维的滤清器介质具有良好的过滤性能和较高的机械稳定性。滤清器介质所需的耐化学热性是通过酚醛树脂基硬质塑料浸渍生产的。但是，对于长的保养间隔、高的润滑油温度和在润滑油中酸度较高时，尽管经过浸渍，这些介质仍会随着时间的推移而变脆。

为了获得更高的耐化学热性，纤维素纤维中添加可高达 40% 的聚酯纤维。通过混入聚酯纤维，介质在老化状态时的爆破压力显著增加。这些混合纤维介质作为所谓的长寿命介质在市场上出售。除了耐化学性之外，过滤性能也受到纤维选择的影响。通过混合更细的纤维，分离度增加。然而，这些混合纤维介质在更高的温度下会失去一些强度，因此必须确保褶皱足够稳定，以防止褶皱塌陷。

对耐化学性期望最高的滤清器介质是由聚酯纤维制成的全合成无纺介质。这些滤清器介质满足最高的过滤要求，并且随着时间的推移不会出现变脆的趋势[24]。然而，由于稳定性相对较低，因此需要将滤清器层层压到稳定的载体上（图 23. 26）。因此，这为介质提供了必要的力学强度并允许其折叠。载体层在干净的一面，同时也作为排水层，使过滤后的润滑油更容易地从滤清器折叠处排出。在滤清器的流入侧，需要额外稳定滤清器褶皱，例如需要通过胶合到褶皱尖端的螺纹绕组。

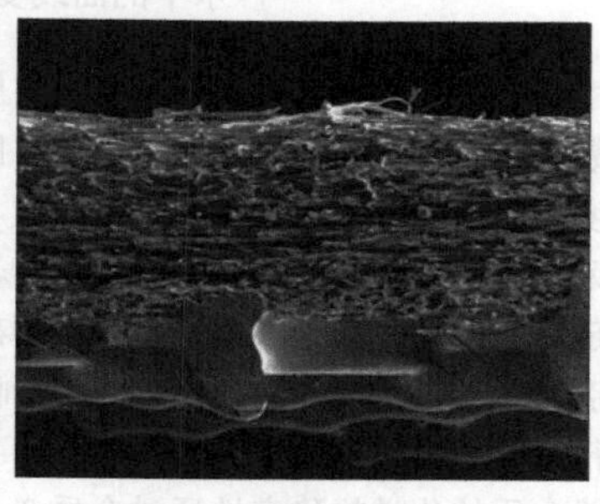

图 23. 26　全合成过滤介质的横截面，两层介质结构，过滤细度沿流向增加，下游侧有稳定网格

当需要高的过滤等级和同时大的粉尘容量时，使用玻璃纤维介质。由于玻璃纤维介质的加工要复杂得多，迄今为止它们几乎没有用作主流滤清器介质。它们主要用于旁通滤清器、变速器油滤清器和液压滤清器。

用于所谓的终生滤清器的滤清器介质的设计方式是只过滤掉与磨损直接相关的大的颗粒。实际上不可以过滤掉小的颗粒，否则滤清器介质会很快被堵塞。由于长时间运行，这些滤清器介质还必须具有非常高的耐化学热性。由于对小的颗粒的功能性较低的过滤性能会增加磨损并降低发动机的使用寿命，因此不建议使用此类滤清器。

23.3.4 润滑油滤清器系统和发动机润滑油滤清器的结构形式

图23.27显示了带有主流式润滑油滤清器的内燃机的润滑油回路。润滑油由油泵从油底壳中吸入。压力调节阀限制润滑油回路中的压力并根据发动机转速调节不同大小的润滑油流量。润滑油在润滑油-水热交换器中冷却，因此油温被限制在允许的水平。润滑油从热交换器流向主流式润滑油滤清器，在此进行过滤，然后输送到发动机的润滑和冷却位置。滤清器旁通阀在滤清器元件两端的压差约为1～3bar时打开，并防止滤清器元件被极端压力所破坏。当在冷起动过程中，高黏度的润滑油流过滤清器介质时，仍然会出现这种情况。如果不及时更换滤清器元件，则存在风险：即在介质的负载不断增加而超过了设计点时，滤清器旁通阀将持续打开，未过滤的润滑油将被泵入发动机。

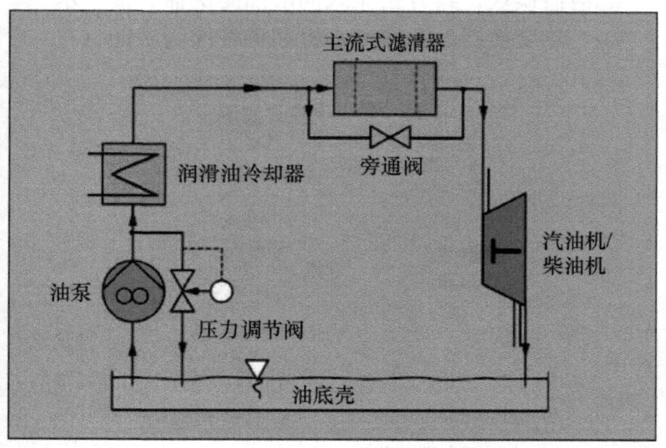

图23.27 带主流式润滑油滤清器的内燃机润滑油回路

滤清器元件的典型结构形式如图23.28所示。由于出现的压力，发动机润滑油滤清器设计为由星形折叠过滤介质制成的圆形滤清器元件。这些圆形滤清器要么作为无金属元件集成到滤清器模块中，要么内置于金属可更换滤清器中。

图23.28 带不同的滤清器介质（白色全合成介质）的不同的发动机润滑油滤清器的选择。作为无金属元件和金属板外壳中可更换滤清器的版本

旋入式可更换滤清器（“Spinons”）是紧凑型滤清器系统（图23.29），除了滤清器元件外，通常还包含滤清器旁通阀和止回阀。当可更换滤清器在发动机侧集成在油位以上时，止回阀可防止停机状态时可更换滤清器空转，这可确保在发动机起动时立即开始润滑油供应，并且无须先填充可更换滤清器的容积。由于润滑油油泵在运行过程中会产生高的交变压力负载，因此外部金属板护套和螺纹底座必须设计得足够稳定，以可靠地防止发动机润滑油泄漏。在维护保养时，可更换滤清器整体更换。为了方便和清洁地进行维护保养，在理想的情况下，易更换滤清器应拧到发动机上，开口朝上，以便从下方接触。

无金属滤清器元件用作滤清器模块的组件。在这种情况下，只需更换滤清器元件，所有其他功能部件都集成在模块中，而无须更换。滤清器元件卡扣在塑料螺帽上或以其他方式可拆卸地连接。在维护保养时，与螺帽一起取下。为更清洁地维护保养，在拆下滤清器单元之前，必须通过合适的控制组件将滤清器腔中的润滑油返回到油底壳。出于这个原因，带有无金属滤清器元件的润滑油模块在理想的情况下布置在油位上方，并且从上方进行维修保养。在商用车领域，润滑油模块几乎完全取代了可更换滤清器。

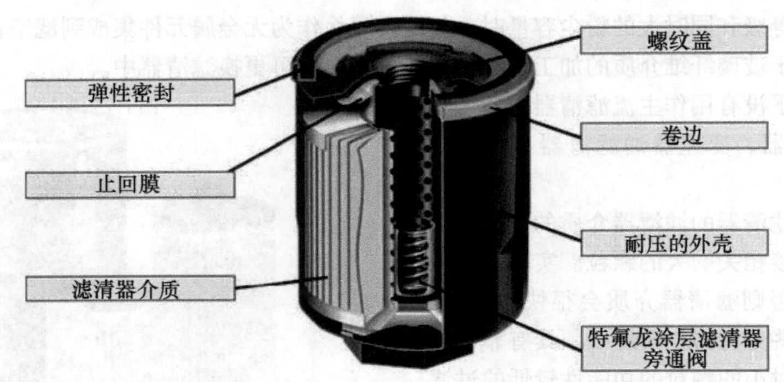

图 23.29　旋入式可更换滤清器的剖视图

在润滑油滤清器模块中，原有的润滑油滤清器功能与其他功能相结合，例如油/水热交换器和阀门功能。可以在这样的模块中组合在一起的其他组件是用于曲轴箱通风的油分离器或用于去除碳烟颗粒的旁路滤清器或旁路离心机。

对于乘用车发动机，润滑油滤清器模块由压铸铝或塑料制成，具体取决于各自安装情况下的热负荷，如图 23.30 所示。对于商用车，由于负载较高，使用寿命要求较高，因此实际上只采用压铸铝。图 23.31 显示了用于商用车发动机的多功能润滑油滤清器模块，具有主流式润滑油滤清器、油－水热交换器、旁通离心机和各种集成的阀功能。

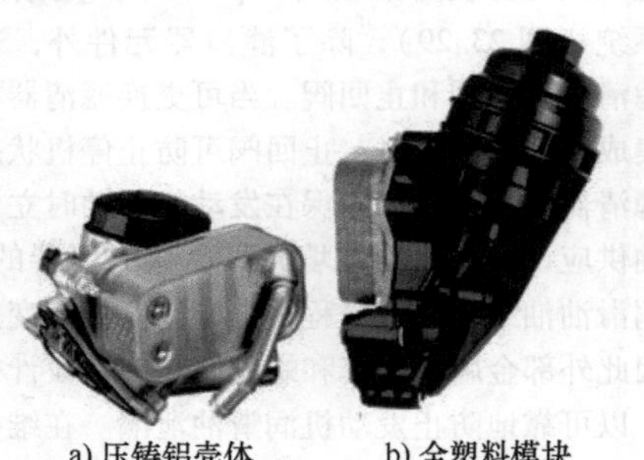

图 23.30　用于乘用车应用的润滑油滤清器模块

23.3.5　用于碳烟分离的辅助滤清器

发动机润滑油中高比例的最细小的碳烟颗粒会促进磨损并增加润滑油的黏度。对于碳烟进入量多且维修保养间隔长的发动机，除主流式滤清器外，还必须将辅助滤清器集成到润滑油回路中，如图 23.32 所示。辅助滤油器使用节流阀来限制来自主流的体积流量，约占总体积流量的 5% ~10%。这种部分或辅助流在具有明显更高的过滤精度的附加滤清器元件中过滤，并且还去除了发动机润滑油中最细的颗粒，例如碳烟颗粒。过滤后的润滑油然后直接流回到油底壳。

用于辅助滤清器的深层过滤介质的压力损失随着运行时间的增加而增加。反之，通过辅助滤清器的净化后的部分流的体积流量减少，同时过滤细度增加。辅助滤清器设计为可更换滤清器或无金属滤清器元件。还使用了一个滤清器中的主流式滤清器和辅助滤清器的组合，其中两个滤清器元件一个在另一个之上。由于清洁侧润滑油流的压力水平不同，对于这种组合滤清器，必须将它们分别从滤清器中引出。

图 23.31　用于商用车发动机的多功能铝制润滑油滤清器模块，具有主流式润滑油滤清器、油－水热交换器、旁通离心机和各种阀门功能

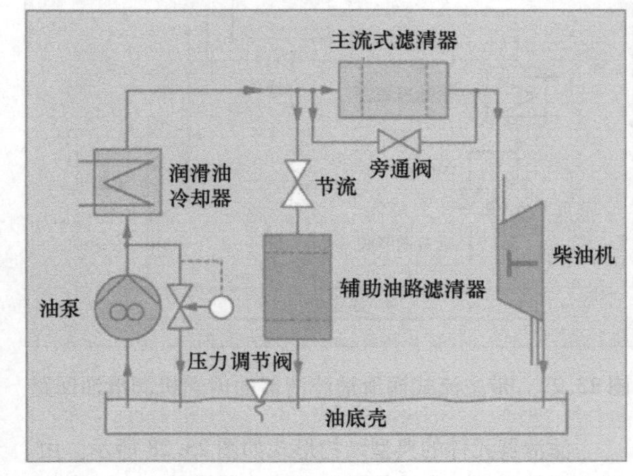

图 23.32　带有主流式过滤和辅助过滤的内燃机润滑油回路

从部分润滑油流中去除碳烟颗粒的第二种可能性是旁路离心机。这些离心机是自由喷射离心机，由待清洁的润滑油的反冲驱动[25]。润滑油通过中心轴流入离心机，并通过切向对齐的喷嘴再次流出。逸出的润滑油的动量驱动离心机。根据油压、出口喷嘴的径向位置和摩擦，可实现高达10000r/min的转速。从喷嘴流出的润滑油是无压的，并且必须能够通过尺寸足够大的回流通道自由地流回到油底壳。润滑油中所含的碳烟颗粒在离心机外壁的离心场中分离，并在运行时间内形成固体涂层，如图23.33所示。

图23.33　用于分离辅助润滑油回路中最细的颗粒的塑料 - 自由喷射离心机。下图：新转子（右上）和用过的旧转子（左）

在相同的结构尺寸的情况下，旁路离心机的碳烟容量明显高于过滤式分离器，因为几乎可以填充转子的整个体积。

离心机转子设计为由金属板或塑料制成的一次性组件或可清洁的金属转子。可清洗的系统主要用于大型发动机中使用的超大型的离心机。

图23.34显示了与不使用旁通离心机相比，旁通离心机在运行时间内对发动机润滑油中碳烟和铁含量的影响。可以看出，使用离心机增加碳烟含量的速度要慢得多。由于碳烟含量较低，作为磨损的一个量度的铁含量增加得更慢。

辅助滤清器和旁通离心机用于由于选定的燃烧条件或高度的动态运行（例如城市公交车）的、在发动机润滑油中具有高水平碳烟的发动机或在商用车中必须实施长的维修保养间隔的情况。

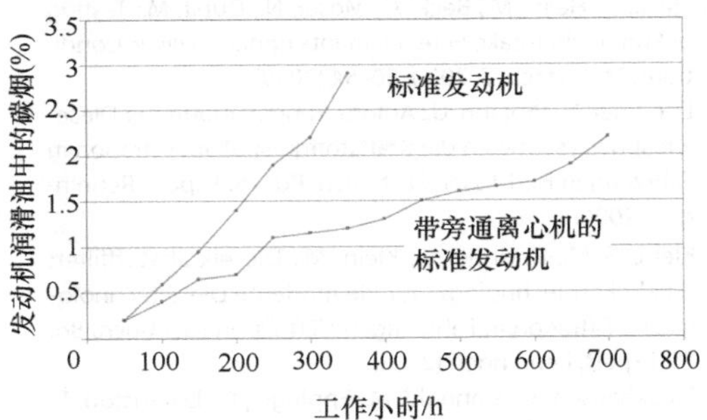

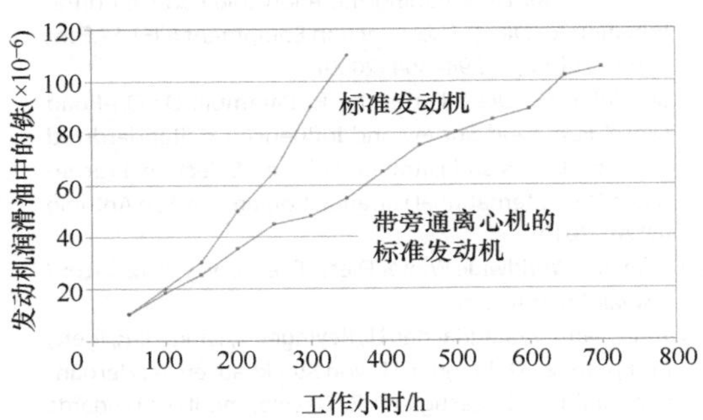

图23.34　使用和不使用旁通离心机时发动机润滑油中的碳烟和铁含量的比较

参考文献

使用的文献

[1] Durst, M., Klein, G.-M., Moser, N., Trautmann, P.: Filtration und Separation in der Automobiltechnik. Chem Ing Tech 79(11), 1845–1860 (2007)

[2] Durst, M. (Hrsg.): Filtration in Fahrzeugen. Expert, Renningen (2006)

[3] Katz, H.: Die Luft-, Brennstoff- und Ölreiniger im Kraftwagen. Autotechnische Bibliothek, Bd. 80. Richard Carl Schmidt & Co., Berlin (1927). W62

[4] Affenzeller, J., Gläser, H.: Lagerung und Schmierung von Verbrennungsmotoren. Springer, Wien, New York (1996)

[5] Pelz, A., Trautmann, P., Durst, M., Moser, N.: High Performance Nanofiber Coated Filter Media for Engine Air Filtration. Proceedings AFS Conference and Expo, Atlanta, Georgia, USA. (2005)

[6] Moser, N., Pelz, A., Fleck, S.: Fortschritte in der Filtration von Motoransaugluft: Systeme, Elemente und Filtermedien. In: Filtration in Fahrzeugen HDT Essen Fachbuch, Bd. 75, Expert, Renningen (2006)

[7] Trautmann, P., Beck, A., Dackam, C., Moser, N.: Evaluation of Fractional Separation Efficiency of Engine Intake Air Filter Elements According ISO 5011 with a Fully Automated Test Bench. Proceedings AFS Conference and Expo, Rosemont, Illinois, USA. (2006)

[8] Trautmann, P., Lazarevic, A.: Qualification and Characterisation of Filter Media for Engine Air Filtration. Proceedings AFS Conference and Expo, Atlanta, Georgia, USA. (2005)
[9] Schmid, B., Kreiner, A., Poljak, I., Klein, G.-M.: Luftfilter mit Nanofaserbeschichtung. Motortech. Z. 73, 592–597 (2012)
[10] Fleck, S., Heim, M., Beck, A., Moser, N., Durst, M.: Testing of Engine Air Intake Filter Elements under Realistic Conditions. Motortech. Z. 70(5), 50–54 (2009)
[11] Eppinger, D., Projahn, U.: Anforderungen moderner Dieseleinspritzsysteme an die Kraftstoffqualität. In: Filtration in Fahrzeugen HDT Essen Fachbuch, Bd. 75, Expert, Renningen (2006)
[12] Klein, G.-M., Reyinger, J., Klein, M.: Dieselkraftstofffilter: „Enabeling Technology" für die moderne Dieseltechnologie. In: Filtration in Fahrzeugen HDT Essen Fachbuch, Bd. 75, Expert, Renningen (2006)
[13] Stockhausen, A., Mangold, M., Eppinger, D., Livingston, T.: Procedure for Determining the Allowable Particle Contamination for Diesel Fuel Injection Equipment (FIE). SAE Int J Fuels Lubr 2(1), 294–304 (2009)
[14] Stanfel, C.M., Diani Pangestu, F., Baramuli, O.: On-Road Diesel Fuel Field Survey and Influence on Standardized Test Conditions and Filtration Solution Selection. Proceedings 10th International Filtration Conference, San Antonio (USA). (2010)
[15] Infineum Worldwide Winter Diesel Fuel Survey 2012. http://www.infineum.com
[16] Trautmann, P., Staudacher, U., Reyinger, J., Lang, H.-P., Igerc, M., Eppinger, D., Wagner, H., von Stockhausen, A., Hernandez Carabias, J.L., Castiglioni, R.: Development of Standards – A New Test Method for Reproducible and Field Relevant Testing of Water/Diesel Separators. Proceedings AFS Annual Conference, Boca Raton, Florida (USA). (2012)
[17] Wieczorek, M.: Fuel Water Separation – Droplet Diameter Analysis and Performance Evaluation. Proceedings 10th International Filtration Conference, San Antonio (USA). (2010)
[18] Stanfel, C.M., Diani Pangestu, F.: Effects of Biodiesel By-Products on Interfacial Tension and Water Separation Properties of Biodiesel-Ultra Low Sulfur Diesel Blends. Proceedings AFS Annual Conference, Bloomington, Minnesota (USA). (2009)
[19] Reyinger, J., Dürr, E., Durst, M., Trautmann, P., Veit, M., Klein, M., Weindorf, M.: Diesel Fuel Filter System with Integrated Water Separation and Water Purification for an Automatic Disposal. Proceedings Stuttgarter Symposium, Stuttgart (Germany). (2010)
[20] Trautmann, P., Schütz, S., Reyinger, J., Kraft, G.: Neue Wege zur Wasserabscheidung aus Dieselkraftstoff. Motortech. Z. 72(8), 566–571 (2011)
[21] Li, Y., Yang, C., Madsen, M., Dallas, A.: On The Relevance Of SAE J1488 And Monoolein Addition For Evaluating The Performance Of Fuel-Water Separators. Proceedings AFS Annual Conference, Boca Raton, Florida (USA). (2012)
[22] Spicher, U., Bölter, J.: Auswirkungen von Ruß und festen Fremdstoffen in Gebrauchtölen auf das Verschleißverhalten bei modernen Dieselmotoren mit verlängerten Ölwechselintervallen. DGMK-Forschungsbericht 588, (2007)
[23] Banzhaf, H., Yates, B., Trautmann, P., Durst, M.: Small Elements, Big Performance, Best Price – Challenges for Oil Filter Elements. Proceedings 9th International Filtration Conference, San Antonio (USA). (2008)
[24] Kolczyk, M., Harenbrock, M., Klein, G.-M., Durst, M.: Development of a New Fully Synthetic Oil Filter Element. Proceedings 6th International Filtration Conference, San Antonio (USA). (2004)
[25] Fell, A., Samways, A., Wächter, H.-G.: Entwicklung einer neuen Freistrahlzentrifuge für Dieselmotoren. Motortech. Z. 65, 664–669 (2004)

进一步阅读的文献

[26] Bessee, G. B. et al.: High-Pressure Injection Fuel System Wear Study. SAE 980869, 1998

第 24 章　计算和模拟

Peter Klumpp 博士，Ralf Meske 博士，工学硕士 Klaus Lades

计算机辅助模拟的进步有时会导致对开发过程的完全虚拟化的预测。这个场景的中心是“虚拟发动机”，这是一个具有硬件所有特征和交互影响的通用仿真模型。其目标和期望是高效的开发工作，大大地节省昂贵的原型机。为此需要一个新的、以仿真为导向的开发过程。

然而，在实践中，可以精确地观察到模拟中最明显的进展，它集中处理实际开发过程并进一步开发它。从长远来看，乘用车发动机的开发也将基于相对大量的原型，这与船舶发动机或航空航天技术不同。然而，这不是模拟的原则性的缺点，而是在实际使用中必须要遵守的边界条件。成功的因素是多方面的。显然有：

- 软件的功能扩展。
- 计算能力的不断提高。
- 掌握可变的模型深度/范围。

在组织领域，还添加：

- 模拟结果的需求分析，也从成本的角度来看。
- 考虑到处理时间、可用输入数据、所需精度，集成到实际流程链中。
- 根据研究范围进行有意义的分工。
- 结果的有效交流。
- 在开发过程中锚定虚拟颁布。

集成还代表着对彼此的开发学科日益加深的理解。模拟可以做什么和不能（或还不能）做什么，它需要什么以及它明智地留给发动机试验研究的东西，不仅在模拟部门内是已知的。

强度和振动计算

24.1　方法

强度和振动研究在部件设计中起着核心作用。

一方面，它们是优化材料利用的先决条件，因此直接影响制造成本；另一方面，在许多情况下，可以实现功能的改进：例如，曲柄连杆机构中减少的摆动质量直接导致降低附件的振动幅度，从而提高驾驶舒适性。

在模拟的准备阶段，仍然可以使用工程计算方法进行组件尺寸标注。这些基于公式的方法现在也映射到功能强大的软件中。

这意味着支持结构设计过程的说明可以非常快速有效地进行；然而，衡量准确性与方法的速度或工作量需要大量的经验。然而，在项目的早期阶段，除了使用具有极强近似性的简单模型外，通常别无选择。

对于复杂的负载状态和其几何尺寸由自由曲面描述的组件，必须使用更复杂的方法。有限元法（Finite – Elemente – Methode，FEM）已被证明是最有效的工具；这允许模拟由稳态和动态力以及温度引起的应力[1]。

图 24.1 显示了一个附件的有限元模型。几何图

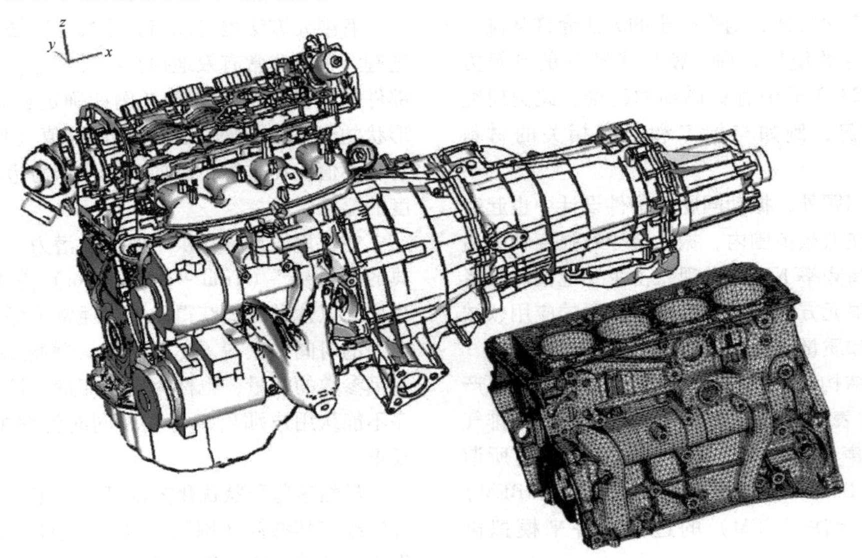

图 24.1　附件的有限元模型（放大：ZKG 部分模型）

形是使用3D单元再现的。与定义的载荷一起，通过模拟程序确定每个单元、从而组件的每个点的变形和应力。

这些全面的结果是通过创建模型所涉及的努力来实现的。使用CAD准备的几何数据直接由执行网格生成的软件系统接管。非结构化四面体网格可以在很大程度上自动执行，并在相应的精细元素化和内部逼近函数（TET10）时提供足够的精度。因此，它们胜过由六面体/五面体构成的结构化网格，后者更难以自动生成。

虽然模拟过程本身已经过科学验证，几何形状也得到了足够精确的再现，但现在真正的问题是不同程度的载荷模拟。

一个组件的旋转（例如曲轴）或平移（例如活塞）会产生确定应力的动态效果。为了分析这些力，已经建立了所谓的多体系统（Mehr - Körper - Systeme, MKS），稍后将对其进行更详细的讨论。

计算连杆的载荷规格相对来说比较容易确定；然而，为了确定曲轴应力分析所需的力，必须对整个曲柄连杆机构进行模拟，并考虑动态影响。附加部件（如发电机支架）的应力分析同样复杂，因为它们的临界载荷条件是由振动激发引起的。

由热负荷引起的应力研究至少同样复杂。由于温度梯度，这些主要发生在气缸盖、歧管和涡轮增压器中。在这里，如后所述，通过流动模拟确定传热系数是必要的先决条件。

除了应力计算之外，还通过计算获得有关部件变形的陈述。这包括由于气缸盖螺栓的预紧力和热膨胀导致的气缸套椭圆化。

如果负载变化已知，则进一步的方法允许从确定的应力估计部件的使用寿命。使用了特殊的计算方法，其基础在24.3节中有更详细的讨论。此类研究需要额外的信息，例如与加工和温度相关的材料强度。

除了强度问题外，振动问题在附件设计中也起着重要的作用。在低频范围内，振动会导致强度和舒适度问题；在较高频率下，声学现象占主导地位。后者采用特殊的有限元方法来处理。一个重要的应用领域是计算由气体和质量力引起的声学特性。

必须区分结构噪声（本质上通过发动机支架产生影响）、附件表面发出的噪声以及进气系统和排气系统的口端噪声，其数学优化参考文献［2］。所谓的边界元法（Boundary - Element - Methode, BEM）结合来自有限元法（FEM）的边界条件来模拟声辐射。

部件（曲轴、气门）的大的移动经常与动态效应有关。由于有限元法以较小的变形为前提，因此必须使用其他方法。

多体系统（Mehr - Körper - Systeme, MBS）的方法已经成为这种现象的应力分析。与要研究的零件在计算单元中求解的有限元法不同，在MKS方法中，可移动连接的零部件被描述为具有惯性特性的物体。弹性和阻尼是用单独的元素建模的。

该解决方案提供了每个物体的动态量的时间函数，例如速度、加速度、力等，同时考虑了几何非线性效应。模型的创建通常很复杂，因为必须指定许多系统参数，例如阻尼，才能获得可靠的结果。在许多情况下，设置它们的最佳方法是通过仔细比较模拟结果与测试数据来间接设置它们。

FEM和MKS方法的组合可以在两个方向上进行。一方面，可以在MBS方法中确定运行条件下的力，然后FEM将其用作应力研究的输入。

这些主题不包含有限元弹性对力的追溯性。然而，MBS方法只能使用局部弹簧元件在有限程度上模拟零部件的弹性特性。因此，这两种方法耦合了特殊问题。结构中对弹性特性至关重要的部分使用有限元进行描述，从中确定的模态参数（固有频率和本征模态）成为MBS模型的组成部分。其中，假设有限元模型部分是线弹性的，非线性是使用MKS元素映射的。

这种方法的一个典型例子是发动机-变速器总成的动态激励的计算。虽然使用FEM可以很好地确定气缸曲轴箱表面上的小振动幅度，但它的激励是通过MKS模型的质量和气体力进行的。

有限元方法也可以与数学**优化方法**相结合。有了这些，可以非常有效地执行特殊任务，例如最小化零部件的重量。指定参数（例如确定材料厚度或几何形状的值）的计算方式是使目标值（例如重量）成为最小值。在这里，例如，优化作为边界条件满足强度的要求。

在这里，计算提供了巨大的潜力，因为与使用经典的“试错”（Trial - and - Error）方法获得的结果相比，以这种方式获得的结果通常更好，并且可以在更短的时间内获得。然而，对计算能力的需求很高，并且参数的数量，也称为设计变量，是有限的。该程序不能从用户那里接管各种同时针对的优化目标的权重。

虽然这些**形状优化方法**基于给定的零部件形状并且仅改变其参数（例如基本点的坐标），但**拓扑优化**作为一种特殊变体提供了仅通过指定最大安装空间来设计组件形状的可能性，这样可以最小化某个尺寸（例如重量）。随后在生产就绪的零部件几何形状中进行结构上的实施可能是一项非常艰巨的任务。整个优化过程通常会提供有关零部件设计的宝贵信息。在许多情况下，会创建“面向力流”的零部件形状，正如它们从仿生学中已知的那样。

这些方法主要用于确定零部件尺寸，即针对给定的静态负载下优化材料的利用率。还可以包括动态应力和非线性效应等复杂问题。

24.2　选定的应用示例

（1）曲轴的强度

曲轴上的应力是由曲柄连杆机构的惯性力引起的，惯性力与气体力一起对轴产生振荡效应。来自活塞和连杆加速度的动态载荷使用 MKS 分析确定来，气体力的变化过程取自测试数据（高压指示示功图）。

通过几何形状，曲轴的有限元模型也真实地描绘了刚度和质量的分布。阻尼值来自与测量的旋转幅度的比较或来自经验。它们可能会限制预测精度，因为通过滚光或硬化对基材进行强度增强处理的结果的不确定性也会产生不确定性。

图 24.2 显示了带有开口销的 V6 曲轴的典型有限元网格。

作为结果，可以获得表面上随时间的变形和应力变化过程以及固有的振动模式和相关频率。设计决策所需的参数以图形方式准备，例如显示应力集中的大小和位置（图 24.3）。

图 24.2　曲轴的有限元模型

在这一点上，应该再次指出，以适合状态的方式准备计算结果对于开发过程中的讨论是多么的重要，这也适用于图形和文本。

现代工具中越来越多的结果数据的可用性，直至出色的动画显示，并没有使这种数据减少本身更容易。

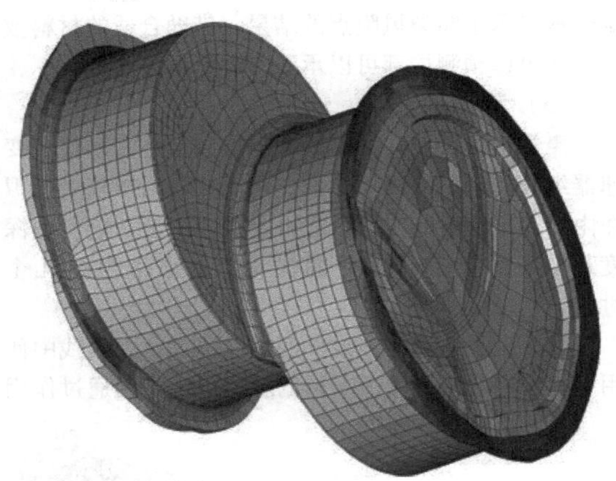

图 24.3　来自图 24.2 的曲轴开口销上的应力分布

（2）涡轮增压器强度

发动机零部件尺寸设计中最困难的问题之一是涡轮增压器的设计。涡轮机壳体的循环的热负荷导致局部高塑化，因为当发动机负荷增加时，壳体的某些区域不可避免地会比其他区域更快地加热和膨胀，而在负的负载阶跃下，情况正好相反。在大多数情况下，只有壳体的外部可以改变，因为内部的形状必须在流动技术方面保持最佳状态。

在有限元模型中指定的负载由一系列几个加热和冷却过程组成，直接模拟相应的发动机研究。温度和质量流量变化过程来自试验或一维气体交换模拟；传热系数通过三维流动模拟来确定。由此计算瞬态温度场，从此，FEM 导出应力和应变。图 24.4（见彩插）

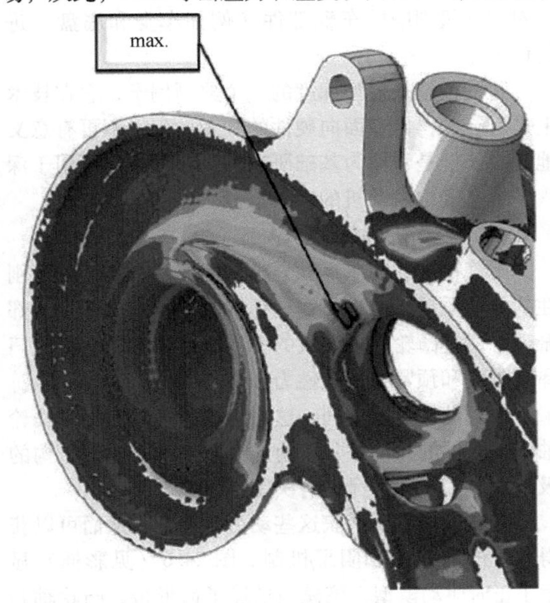

图 24.4　涡轮增压器涡轮壳体裂纹显示的分布

定性地显示了断裂风险点的结果。借助合适的材料数据，还可以预测局部可以承受的载荷循环次数。

（3）发动机声学

声学分析可以作为后处理添加到上述发动机－变速器组合的动态激励模拟中。然而，包括声辐射模拟在内的完整映射的工作量非常之大，以至于该模型深度几乎不适合于零部件的优化，这通常需要几个过渡。

为了至少获得初步设计的定性陈述，在实践中使用了一种简化的方法。所谓的脉冲声法是用通过作用在主轴承上的单位力代替通过曲柄连杆机构产生的激振力；这避免了润滑膜和曲柄连杆机构的建模，可用纯 FEM 在频率范围内进行模拟。

这评估了结构的传递特性，从中可以得出重要的决定。如果有时间和资金，则可以将附件的完整建模用于详细优化。

在任何情况下，首先评估表面上的结构噪声幅度以识别主要影响辐射的区域。

为此还不需要辐射模拟。图 24.5（见彩插）显示了计算的声速分布。

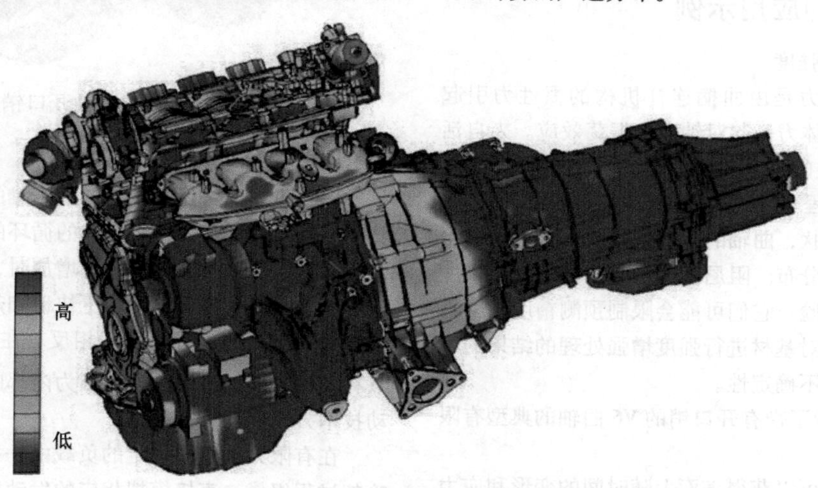

图 24.5　来自图 24.1 的附件的表面声速分布

车辆中附件的特性对车辆内部的声学具有决定性的作用。它的模拟需要进一步大规模扩展建模，还需要对发动机周围的车辆部件（例如车身和底盘）进行仿真。

这种模拟是模型深度的一个典型例子，它在技术上是可行的，但在面向硬件的开发过程中不再有意义地集成。但是，作为基础研究的一部分，它可用于深入了解车辆中发动机的声学特性。

（4）配气机构的动力学

配气机构的简单运动学模型假设所有部件都是刚性的并受质量影响；弹簧是弹性的，但不能产生内部振动。通过凸轮升程曲线的引导提供了可以平衡气门弹簧刚度和预紧力的惯性力。

在发动机运行期间，这些运动由气门和整个凸轮轴驱动部件的振动叠加。由此产生的力对配气机构的极限速度和使用寿命具有决定性意义。

多体模型用于捕获这些动力学参数，从而可以获得系统的非线性和阻尼机制。图 24.6（见彩插）显示了正时驱动模型，该模型描述了齿形带、凸轮轴和配气机构的固有动力学及其彼此之间的所有交互作用。

图 24.6　带有凸轮轴和配气机构的正时驱动的 MKS 模型

这个模型范围是否真的有必要，这还得取决于这些相互作用的强度，不能先验地确定。在许多情况下，在综合模型中的相互作用并没有达到其他模型误差和不确定性的量级，一旦估算了量级，就可以放心地忽略它们。

在设计配气机构时，应检查，例如，正时机构是否可以通过固定边界条件进行映射，而不会显著地降低精度。这将是一种具有叠加扭转振动的旋转，在最简单的情况下甚至只是一个纯旋转。

（5）连杆的形状优化

图24.7（见彩插）中所示的连杆被定义为要最小化的尺寸、材料中的最大应力以及以质量小幅增加为边界条件的顺应性。

左图为初始状态，右图为结果。颜色代表应力分布；在最关键点仅增加6g的质量，而最大应力降低了约40%。

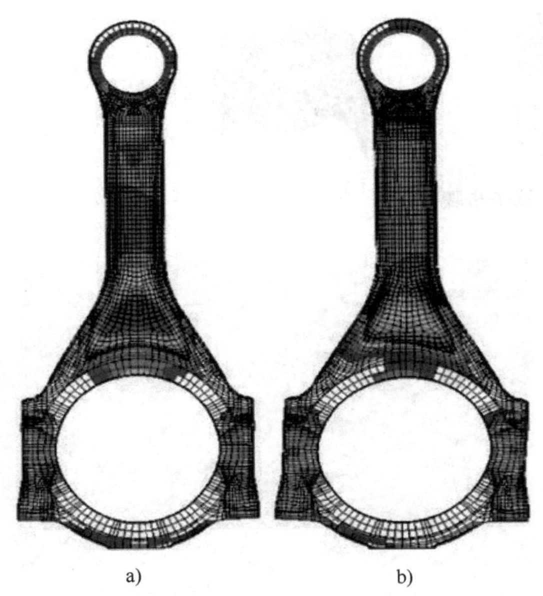

图24.7 连杆形状的优化：初始状态a）和优化后b）的应力曲线

24.3 活塞计算

24.3.1 概述

现代内燃机中的活塞是发动机中受热机械应力最大的部件之一。当前发动机开发的趋势，如小型化、汽油直喷和增压，都会导致活塞上的热机械应力进一步增加，从而使开发过程更具挑战性。

来自热燃烧气体的热应力和来自高的峰值压力的周期性的机械应力与高的离心力交替产生的组合，同时指定了苛刻的重量目标，需要非常精确的零部件设计，以便能够可靠地满足所需的疲劳强度。其中，计算还具有显示和检查进一步减轻重量的结构设计潜力的任务，因为通过诸如活塞组的摆动质量的减小也可以减少配重、平衡轴和飞轮的质量。更高的发动机动力学、更平稳的运行和更低的轴承负载是次要效应。

由于复杂的三维结构和不同的载荷，活塞无法使用解析公式进行可靠的设计。

因此，像有限元法（FEM）和疲劳强度计算等数值计算方法是整个开发过程中不可或缺的一部分。由于缩短的开发时间和永久的成本压力，作为虚拟产品开发的一部分，首先使用CAD设计零部件几何形状，使用FEM等数值方法检查其功能，并在多个开发循环中进一步开发直至虚拟功能可靠性。只有在虚拟批准后，才能制造原型并最终在组件和发动机试验中进行验证。

由于活塞与活塞销和连杆一起将燃烧压力传递到曲轴，因此有必要将这些零部件一起设计，以实现最佳系统性能。此外，活塞凸台的几何形状很大程度上取决于活塞销的长度和直径以及连杆小孔的宽度和角度，这意味着在开发过程的开始时应该已经定义这些值，为了以避免在后期开发阶段发生基本的几何形状变化。这些基本尺寸的初步设计可以根据活塞凸台和连杆小孔头的平均轴承载荷以及活塞销的偏斜和椭圆化的解析公式可靠地进行。

活塞计算过程分为以下子步骤，这些子步骤代表循环热机械加载零部件（图24.8，见彩插）：

- 基于CAD几何形状创建有限元模型。
- 燃烧过程的热力学模拟以确定热边界条件。
- 温度场的FE计算。
- 每个相关载荷情况下的应力和变形的FE计算。
- 考虑不同载荷情况时的疲劳强度估算。
- 计算结果的评估。

如果满足疲劳强度标准，则活塞计算的结果是虚拟零部件释放，或者，如果标准未通过，则列出可以改进零部件设计的详细建议。

借助于活塞二次运动计算分析气缸中活塞的动态特性。这里尤其要考虑活塞与气缸壁之间润滑油油膜的流体动力学阻尼。术语活塞二次运动是指相对于主要轴向运动的旋转和平移运动。这些计算的一个重要结果是活塞与气缸之间的接触压力作为曲轴转角的函数，分为流体动力学和混合摩擦。混合摩擦可以说明活塞裙部的磨损情况，或者在极端情况下，可以说明活塞卡在气缸中的风险。此外，还计算结构交变时活塞的摩擦功率和二次动能，从而可以评估活塞的噪声污染（Noise，Vibration and Harshness，NVH，噪声、振动和舒适性）。

不同的活塞方案设计也对虚拟的零部件设计提出了不同的要求。例如，在铝活塞的情况下，疲劳强度以及热应力和机械载荷是最重要的标准。由于活塞裙部更大的灵活性，二次活塞运动更多的是一个舒适性

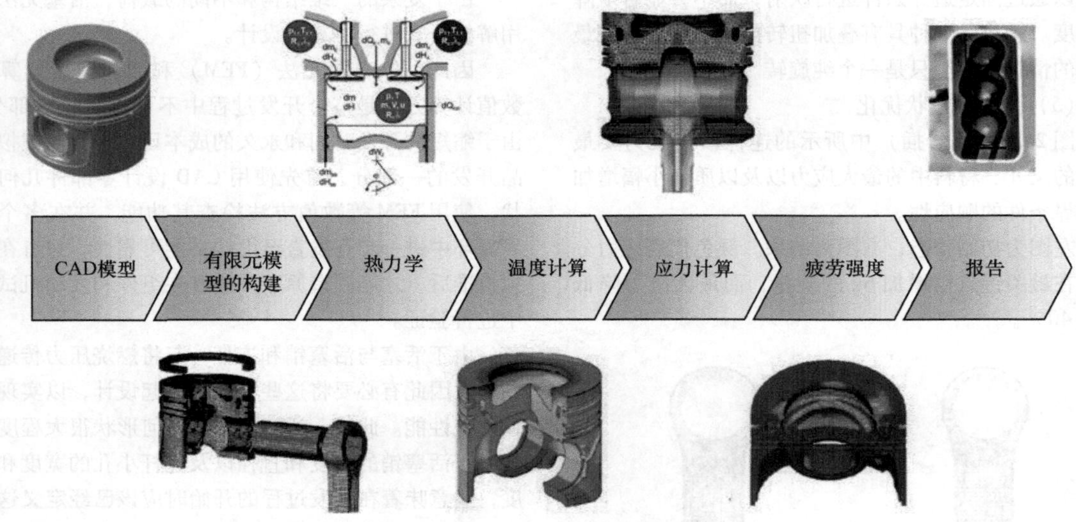

图 24.8　活塞计算子步骤

的标准。另一方面，在钢活塞的情况下，由于基材的高强度，疲劳强度是次要标准。这里重要的设计标准是由于较低的热导率导致的温度分布和由于较低的柔韧性导致的活塞二次运动以及由于更高的比重而导致的零部件重量的优化。总而言之，计算设计非常成功地满足了相互冲突的要求。

无论如何，不能忘记与其他零部件的相互作用对活塞的运行特性有决定性的影响。例如，气缸的变形会影响二次活塞运动，从而影响气缸与活塞之间的接触压力。二次活塞运动反过来会影响活塞环的动态特性，从而影响窜气值（Blow－by）和润滑油消耗。最终，这意味着只有考虑整个系统（气缸、活塞环、活塞、活塞销、连杆、支承）才能对运行特性进行详细的说明。

24.3.2　对活塞材料及其特性的要求

由于较高的特殊要求，基于共晶铝－硅铸造合金的新型活塞材料得以开发并成功地投放市场。这些合金与其他铸造材料的区别主要在于铜和镍的含量水平以及结构组织改性的类型。合金开发的目的是优化材料的机械和物理特性，以满足现代活塞的需求。这些特性主要取决于铸造活塞的微观结构。共晶活塞合金微观结构的一个典型例子如图 24.9 所示。

这种非常复杂的微观结构，在铝基体中具有可识别的初生硅、共晶硅和各种金属间相，其主要特征在于，还有最小的、精细分布的沉淀物，这些沉淀物只能在透射电子显微镜中才能检测到，并对活塞合金的性能提供决定性的贡献作用。它们的类型、尺寸和形状基本上决定了合金的机械特性随温度的变化关系。

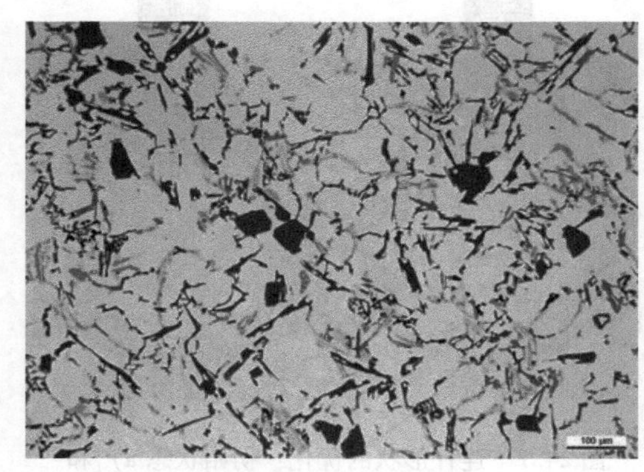

图 24.9　共晶活塞合金的微观结构

反过来，它们的出现很大程度上取决于合金的化学成分和活塞制造过程中的过程控制。因此，现代活塞材料开发的关键是全面了解成分、工艺和微观结构之间的关系。

近年来，一种能够实现局部微观结构组织修改的工艺对于特别受到高热负荷和机械负荷的活塞变得越来越重要。对此，该结构组织使用 TIG 焊接工艺进行局部重熔，产生的结构组织比铸造状态精细约十倍。图 24.10 显示了从铸造结构组织到重熔区域的过渡。通过这些方法再次显著地改善材料特性。重熔活塞材料的优点和材料选择的其他方面在文献［1］中有详细描述。

需要了解活塞材料的确切的材料特征值来计算活塞温度、热应力和机械应力以及疲劳强度。这使得在设计阶段就已经进行活塞的优化设计。基础数据包括

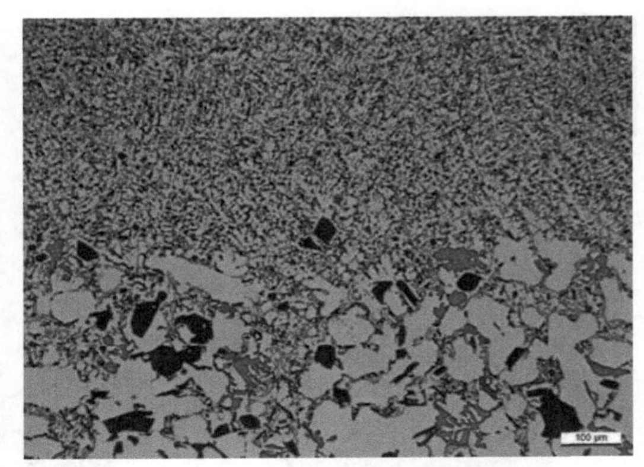

图 24.10 从铸造结构组织向重熔结构组织过渡区的微观结构

密度、导热系数和比热容等重要的物理特性，以及作为力学关键指标的弹性模量和泊松比。通过描述弹塑性材料特性、热松弛和疲劳强度的数据进行了补充。由于活塞合金通常是活塞制造商专门开发的，材料特性的确定也是他们的核心竞争力之一。这些数据必须在整个允许的温度范围内通过实验来确定，并通过足够数量的试验进行统计验证。这导致对活塞合金的完整表征进行了500多项单独的试验研究。

24.3.3 基于CAD几何尺寸创建有限元模型

为了创建用于有限元模型的参考几何尺寸，某些计算不需要的细节（例如环槽的槽底半径）在活塞的成品零件几何尺寸中被抑制，然后以合适的CAD格式导出。为了将建模工作和计算时间保持在合理的范围内，这些简化是必要的。在此参考几何尺寸的基础上，使用预处理器创建有限元网格，其中特别高的应力区域（例如柴油机活塞的碗状边缘或汽油机活塞的裙部连接）相对精细地网格化，而应力较小的区域则相应地更加粗略以确保高的精度。由于计算时间与节点数量不成比例地更快地增加，因此最佳网格大小是在足够的精度与允许的计算时间之间进行权衡的结果。

由于复杂的活塞几何形状，具有抛物线形状函数的四面体单元主要用于网格划分，因为这些单元可以进行自动体积网格划分。在创建具有几乎相同结果的模型时，使用线性六面体单元进行半自动网格划分的替代方案需要付出更大的努力。在理想的情况下，相同的有限元模型用于热计算和机械计算。根据零部件的对称性和边界条件，在连杆回转平面中建立完整模型或半模型。

为了正确地表示非线性接触情况，活塞组件（如有必要，带有环架和活塞衬套）、活塞销、连杆上半部分（如有必要，带有连杆衬套）和适当的简化气缸套或气缸体用于结构力学的计算（图24.11）。在这种类型的计算中可以忽略环包。根据计算类型，所有接触副都使用合适的接触条件相互耦合。考虑到各自的椭圆度和轴向轮廓，通过定义每个节点的间隙尺寸，精确记录活塞凸台的成形孔和活塞裙部的精确外轮廓，因此接触表面的多边形离散化不会导致接触应力的干扰。

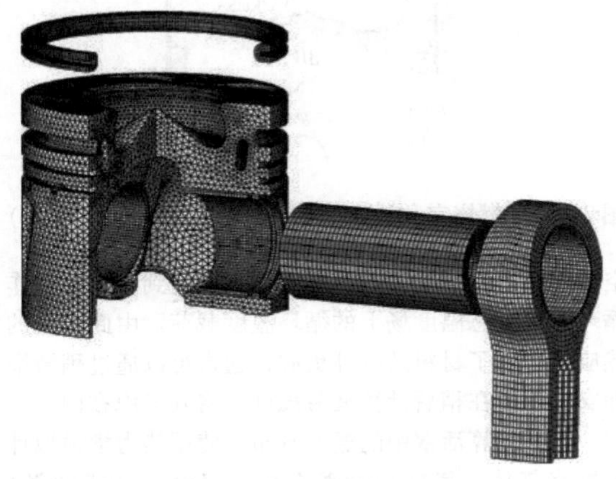

图 24.11 活塞组件的有限元模型爆炸图

24.3.4 用于确定热边界条件的热力学模拟

正确的温度场以及由此确定所需的热边界条件构成了有意义且精确的活塞计算的基础。温度直接影响热膨胀、由温度梯度引起的热应力以及由于与温度相关的材料特性引起的局部的零部件强度。然而，在最初纯虚拟开发阶段，还没有温度测量可用，因此精确计算热边界条件是必不可少的。

为此，可以根据运行参数对工作过程进行热力学模拟，这可以给出燃烧室侧向活塞的热量输入（图24.12）。适当的模型也可用于确定通过活塞环和活塞裙流到气缸套上的热量以及流向润滑油的热量。在此必须特别考虑通过润滑油喷射冷却活塞。基于确定的热流导出热边界条件的空间分布并将其应用于有限元模型。通常，为此使用具有传热系数和极限温度的对流边界条件。

这种方法的一个决定性优势是可以有效地模拟不同的发动机燃烧过程对活塞温度的影响。此外，在工作过程计算中可以毫不费力地考虑替代燃料。

24.3.5 温度场的FE计算

由于活塞的热惯性和工作循环期间燃烧室侧的高频温度负载，可以假设活塞不靠近表面的区域的温度在一个工作循环中是恒定的。因此，这些温度仅由工作过程的运行状态来确定。由于热燃烧气体和冷新鲜

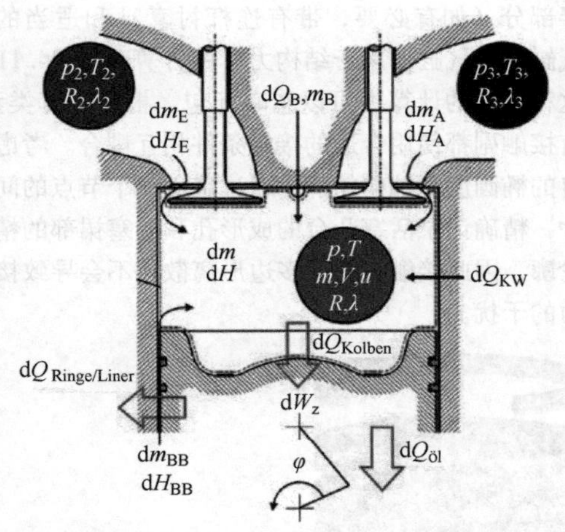

图 24.12　燃烧室和活塞的热流平衡（参考文献［2］）

空气的交替，活塞顶上的薄的表面层受到叠加在工作循环内的稳态温度场上的循环温度载荷。由此引起的热应力代表了材料的额外负载，通常可以通过稍微增加安全系数在稍后计算疲劳强度时将其考虑在内。

为了计算活塞中的温度分布，使用热力学模拟计算燃烧气体、气缸和喷雾冷却的润滑油（或油雾）的温度以及相应的传热系数。

或者，活塞顶部的空间分布传热系数和气体温度可以通过燃烧过程的 CFD 模拟来计算。这样就可以充分考虑不同碗形对缸内流动的影响。然而，此类模拟是非常复杂的，仅在项目后期阶段可用。

借助于 FEM，根据热边界条件可以计算活塞的温度场。其中，一般来说，最高温度出现在额定功率运行工况点。乘用车汽油机中铝活塞的典型温度场如图 24.14（见彩插）所示。用于乘用车柴油机的铝活塞如图 24.15（见彩插）所示，用于商用车柴油机的钢活塞如图 24.16（见彩插）所示。图 24.13 显示了不同的应用领域的最高活塞温度。极端值代表非常热的发动机应用或对热不利的燃烧室模式。然而，应该注意的是，由于相关的强度降低，如此高的温度会降低活塞的力学强度。

	普通的活塞应用	极端的活塞应用
汽油机铝活塞	250～320 ℃	330～350 ℃
乘用车柴油机铝活塞	350～390 ℃	400～430 ℃
商用车柴油机铝活塞	300～340 ℃	350～360 ℃
乘用车柴油机钢活塞	400～490 ℃	500～520 ℃
商用车柴油机钢活塞	350～460 ℃	470～500 ℃

图 24.13　不同活塞应用的最高温度

活塞温度的允许极限主要来自各种合金的与温度相关的疲劳强度，因此是与负载相关的参数。只有在极端的不正常的工况下才能观察到单个合金相的熔化。此外，必须要注意环槽和活塞凸台的最高温度，因为如果温度过高，活塞环和销的功能将无法得到保证。

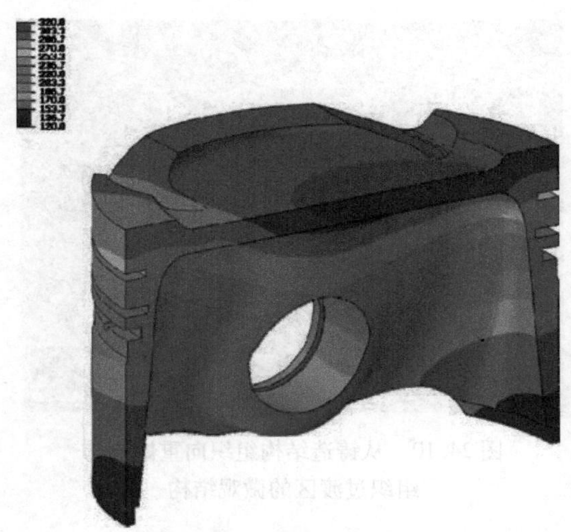

图 24.14　额定功率下乘用车汽油机铝活塞的温度场

图 24.15　额定功率下乘用车柴油机铝活塞的温度场

在开发过程中，通常在第一批原型准备好后立即在发动机中进行温度测量。如果预测计算与测量之间的温度分布存在明显的偏差，则调整模拟的温度场并重新运行后续的计算步骤。

24.3.6　要考虑的每个载荷工况时的应力和变形的 FE 计算

在 6.1 节中详细描述了曲柄连杆机构的运动学和由此给出作用在活塞上的力。除了来自燃烧压力和加

图 24.16 额定功率下乘用车柴油机钢活塞的温度场

速力的垂直活塞力外，还必须考虑侧向力或法向力，它作为气缸对活塞的反作用力，取决于活塞力和相应的连杆角（图 24.17 和图 24.18，见彩插）。特别是在高速汽油机的情况下，侧向力代表活塞裙上相当大的负载。

为了有效建模，最重要的运行工况点的实际动态工作循环（通常是最大转矩和最大功率）被减少为尽可能小的稳态的等效载荷工况（例如 GWOT 中的离心载荷或点火上止点过后一点点的最大压力载荷）。对每个等效荷载情况进行单独的稳态计算。在随后的疲劳强度计算中，所有等效载荷情况都被视为一个共同的载荷谱，这将导致与整个动态循环相类似的损坏。

根据各个负荷工况点的温度场，首先计算气缸中活塞的热膨胀（图 24.19，见彩插）。活塞顶的凸出和从裙部到活塞顶直径的逐渐增加清晰可见。

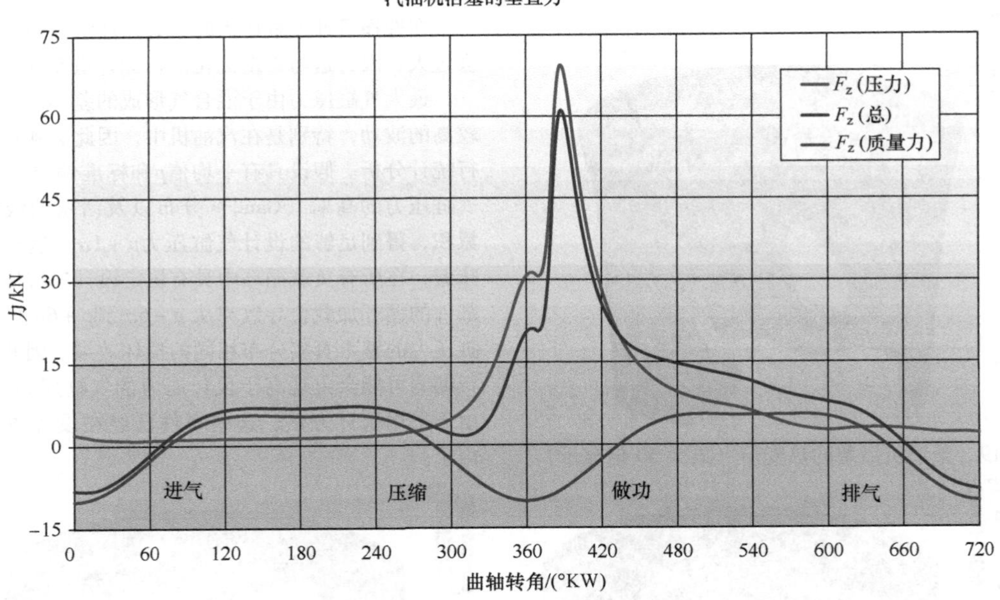

图 24.17 汽油机活塞的垂直活塞力（最大功率的运行工况）

通过在顶部火力岸和环形平台上合适的游隙以及通过相应的裙部轮廓，在设计阶段就已经预料到了在运行条件下直径的增加。同样。在检查与气门的碰撞时，还必须考虑活塞的热膨胀。

由于温度分布不均匀，会产生显著的热应力，尤其是在柴油机活塞的情况下。例如，热的碗形燃烧室边缘处的热膨胀受到相对较冷的活塞顶的阻碍，这会导致压应力在碗形燃烧室边缘处积聚，而拉伸应力在顶部火力岸处积聚。然而，由于零部件温度高，大部分热应力通过松弛而降低，在模拟中也必须考虑到这一点（图 24.20，见彩插）。

在下一步，将相应的设计点的气缸压力和加速度应用于零部件。气缸压力变化曲线可以通过测量或模拟获得。如果实际发动机上尚无相应的测量值时，则后者通常用于新发动机的设计阶段。或者，可以使用来自可比较的应用的值或目标值进行计算。不同发动机方案设计的最大气缸压力概貌如图 24.21 所示。

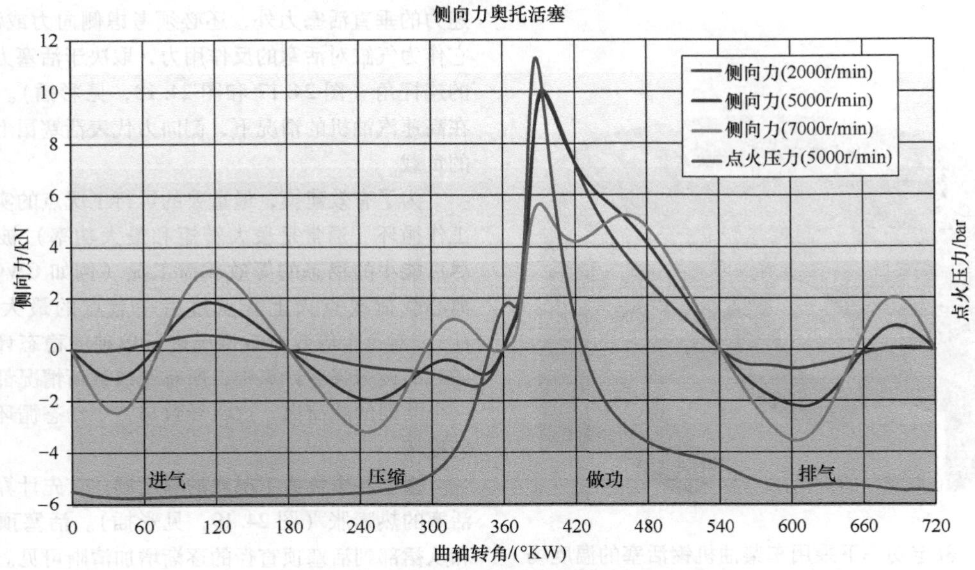

图 24.18　与转速相关的汽油机活塞的侧向力

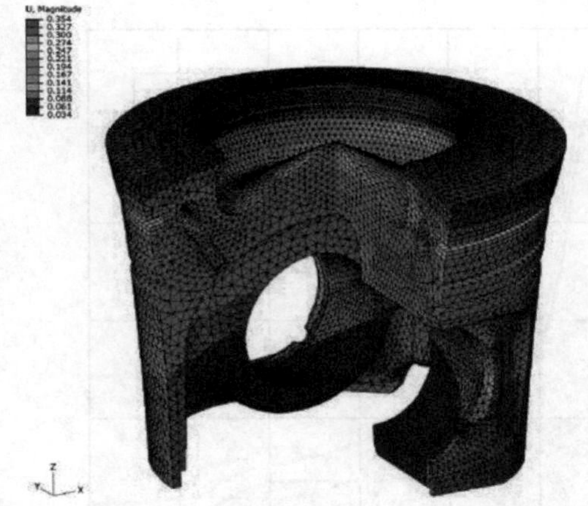

图 24.19　柴油机活塞的热变形（放大 50 倍显示）

在选择设计气缸压力时，必须注意确保零部件不会过大，因为这与重量优化的目标背道而驰。

最大气缸压力由于混合气形成的差异而受到相对较高的波动，特别是在汽油机中，因此必须在此处进行统计分析。假设具有平均值$\bar{p}$和标准偏差 σ 的最大气缸压力的高斯（Gauß）分布以及活塞的线性损伤累积，得到足够的设计气缸压力$\bar{p}+1\sigma$。这充分地意味着，在所有负载循环中具有恒定设计气缸压力的零部件的循环加载会导致与从 $\bar{p}-6\sigma$ 到$\bar{p}+6\sigma$ 的最大气缸压力的整个真实分布相同的损坏效果。因此，在运行期间可能会出现高于设计压力的气缸压力。但是，由于采用统计方法，这些事件已经在设计中考虑在内了。

图 24.20　松弛前后的热应力（第三主应力）

发动机方案设计	最大的气缸压力
非增压汽油机	70～100bar
增压汽油机	100～150bar
乘用车柴油机（效率变型）	150～180bar
乘用车柴油机（高功率变型）	180～220bar
商用车柴油机	200～250bar

图 24.21 不同的发动机方案设计的最大的气缸压力

图 24.22 显示了点火上止点（ZOT）后不久的工况最大压力下柴油机活塞的机械变形和冯·米塞斯（von Mises）等效应力的机械分量。为了清楚地说明起见，其中，从原始热机械状态中减去热变形和热应力的比例，另外，机械变形也被夸大了 25 倍。

该图清楚地显示了通过活塞销到连杆的动力传输以及活塞销的相关椭圆化和偏转。由于本示例中使用的活塞凸台中的成形孔，实现了没有临界负载峰值的均匀动力传输。在局部接触压力较高的情况下，例如发生在凸台内侧没有成形孔的情况下，需要进行弹塑性计算，以正确描述凸台的塑性变形及由此相关的接触应力。由于系统特性，除了活塞设计，活塞销的设计（外径/内径、长度等）、支撑长度（活塞销的总长度、连杆小孔的宽度）和连杆小孔的设计（平行或梯形）对活塞内的应力分布有明显的影响。

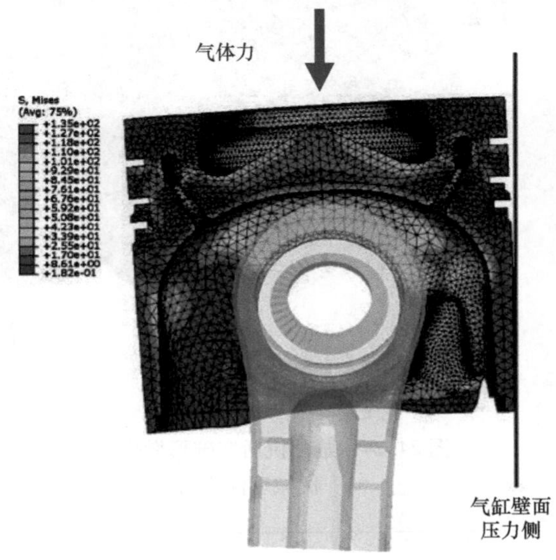

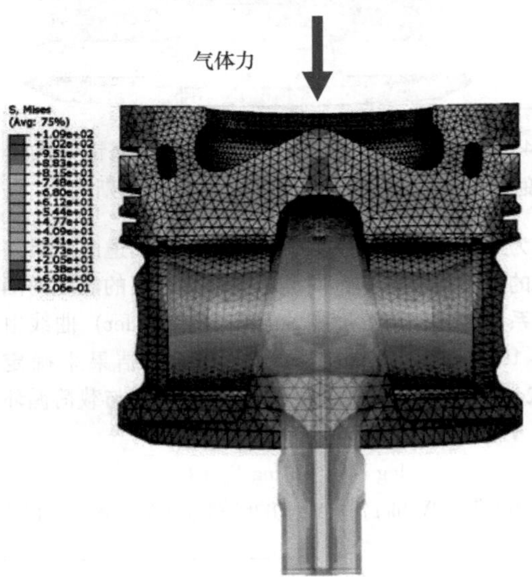

图 24.22 最大点火压力（ZOT）下机械变形的 25 倍比例放大的机械冯·米塞斯应力

最大点火压力下活塞销的冯·米塞斯（von Mises）等效应力如图 24.23（见彩插）所示，机械变形增加了 25 倍。由于活塞销端部仅具有很低的负载，因此，通常在那里使用内锥形结构以减轻重量。

图 24.24（见彩插）显示了柴油机活塞碗形燃烧室上的机械应力示例。为了说明相关的应力分量，机械环向应力在此显示在沿发动机气缸中心轴的圆柱坐标系中，其中已减去热应力分量。由于燃烧压力，活塞通过活塞销产生整体弯曲，这导致活塞销平面中的拉应力和缸套运行平面中的压应力。通过适当地选择活塞凸台的椭圆度和相关联的变化，可以实现活塞凸台与碗形燃烧室边缘之间在销平面中的应力的部分重新分布。通过修改活塞凸台成形孔的轮廓并因此移动等效的轴承压力点，可以实现碗形燃烧室边缘处的应力在缸套平面与销平面之间的部分重新分布。

24.3.7 疲劳强度估算

在估算疲劳强度时，载荷交变的次数和应力的类型作为分类特征。以弹性载荷为主的大量的载荷交变（$>10^5$）称为高周疲劳（High Cycle Fatigue，HCF），而以弹塑性载荷为主的相对少量的载荷交变（$\leqslant 10^5$）称为低周疲劳（Low Cycle Fatigue，LCF）。循环机械载荷与循环热载荷的叠加称为热机械疲劳（Thermo - Mechanical Fatigue，TMF）。由于活塞温度是恒定的，因此在发动机处于恒定运行状态的每个工作循环中，由点火压力引起的活塞上的载荷是等温 HCF 载荷。运行状态的交变（例如从怠速到全负荷，然后再返回）以及活塞温度和热应力的相关动态变化代表了低周的 TMF 负载。通过各工作循环热燃烧气体引起的活塞顶薄的表层动态热应力属于高周的 TMF 应力，但是由于载荷的复杂性，很难通过实验获得，因此在模拟中主要是通过附加安全系数来考虑。

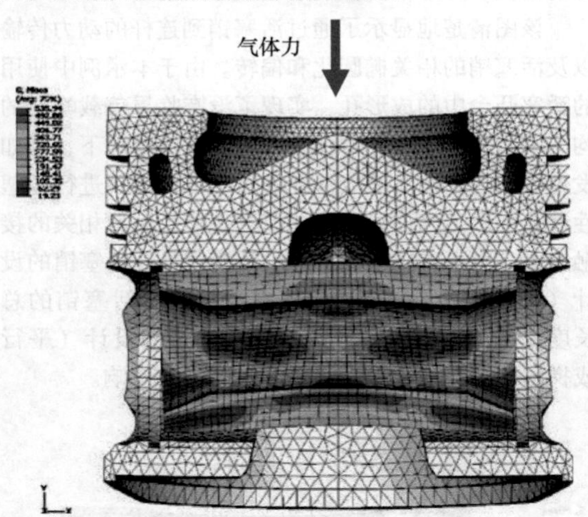

图 24.23　在最大点火压力（ZOT）时活塞销中机械变形的 25 倍比例放大的机械的冯·米塞斯应力

为了确定活塞的疲劳强度，必须要知道所用活塞合金的疲劳强度值是不同负载循环次数下的温度的函数关系。为此，与温度相关的韦勒（Wöhler）曲线由 $10^5 \sim 10^8$ 个循环的应力控制疲劳试验结果来确定（图 24.25）。在双对数图中，应力幅值 S_a 与载荷循环次数 N 之间存在线性关系：

$$\log N = -b \log S_a + C$$

在韦勒（Wöhler）曲线上的已知点（N_A，S_A），有：

$$\frac{N}{N_A} = \left(\frac{S_a}{S_A}\right)^{-b}$$

由于在同时存在的热应力时通过压缩力和离心力的不同负载水平，活塞中的平均应力通常不为零，因此，根据史密斯（Smith）或海格（Haigh），考虑允许振幅对平均应力的依赖性，考虑平均应力校正。

运行状态的损坏 D 的概念定义为所需负载循环次数 n 与可承受负载循环次数 N 的比值：

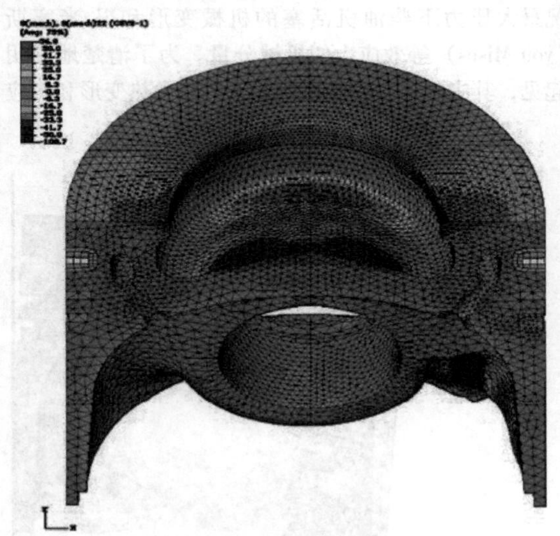

图 24.24　柴油机活塞碗形燃烧室中的机械环向应力

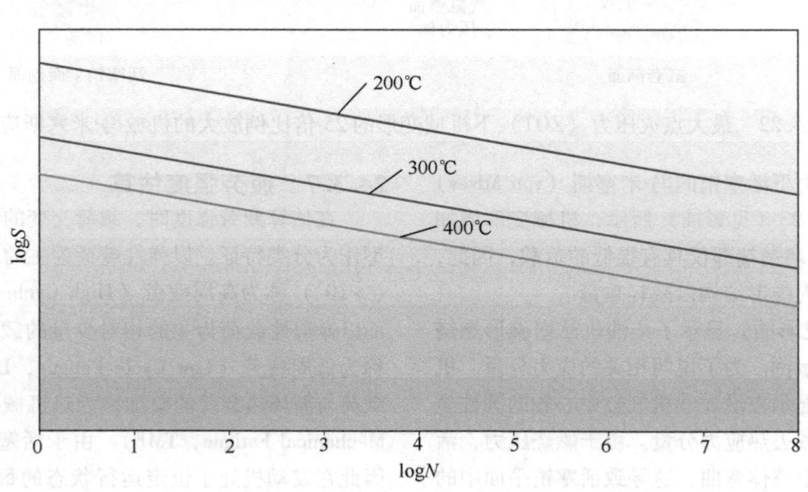

图 24.25　韦勒（Wöhler）图

$$D = \frac{n}{N}$$

如果损坏 D 超过值 1.0，则可以预期零部件在达到所需使用寿命之前发生故障。

安全系数 s_F 给出了更直观的表示，它主要涉及负载循环数量，是许用应力 S_{zul} 与现有应力 S 的比率。如果该值高于 1.0，则零部件不太可能发生故障：

$$s_F(N) = \frac{S_{zul}(N)}{S}$$

为了以数值方式估计使用寿命，将每个表面节点的各个运行工况的温度分布和应力状态与温度相关的疲劳强度进行比较。在两个负载状态之间的单轴振动负载的情况下，预期使用寿命可以直接从现有应力幅值和平均应力与相应应力比的允许幅值的比较中得出。在活塞中存在多轴的、非比例的应力状态的情况下，基于主应力的简单方法是不可能的，而是使用“临界截面法”。

这里，在第一步中，振幅和平均应力是从两个局部应力状态中计算出来的，用于两个载荷工况的任意选择的截面。当使用单轴或多轴损伤假设时，在该截面上运行的振幅和平均应力能够确定作用在该截面上的损伤。然后围绕所有三个空间轴逐步旋转截面，并为每个新方向重新计算具有相关损伤的振幅和平均应力。损坏程度最高的层面称为“临界层面”。该临界层面的损坏值用于计算可能的使用寿命。此外，还可以计算安全系数。可以使用标准 FEM 后处理器显示和评估空间分布和相应的关键区域（图 24.26，见彩插）。

图 24.26　安全系数

由于使用的材料的特征值是通过基础单轴试验在测试棒上获得的，并且在创建模型时也进行了必要的简化，因此在模拟中不能绝对准确地再现发动机的真实运行条件。因此，基于广泛的发动机试验，为不同的负载区域定义了最小安全系数，以便能够以所需的安全性满足实际运行条件。

上面考虑的、两个工况点之间振荡的零部件负载的简单负载情况适合以足够的精度绘制耐久性试验，其中发动机中的活塞在相同的负载下，通常在最大功率运行工况点，在很长一段时间内进行试验。如果要考虑多种运行状态对使用寿命的影响，则必须应用适当的损伤累积假设，例如 Miner 规则，其中对于每个运行状态，形成了所需循环数与可容忍循环数的比率并总结了所有运行状态：

$$D = \sum_{(i)} \frac{n_i}{N_i}$$

同样，如果累积损坏值超过 1.0，则预计零部件在达到所需的总使用寿命之前会出现故障。

24.3.8　计算结果的评估

在评估计算结果时，重要的是要关注，研究活塞上与疲劳强度相关的每个点。通过将结果与先前设计状态的结果进行比较，可以得出修改指令，以进一步改进产品设计。

为了确保可靠的和鲁棒的评估过程，必须详细指定和控制该过程，或者使用宏编程尽可能地自动化。这样一来，可以最小化不同人的评价差异。即便由于非常不同的活塞设计也具有相似的拓扑结构，因此可以实现高度自动化，同时具有经济意义。

所有评估领域的温度、应力和安全因素的不同结果以报告的形式进行总结，并给出对设计的整体评估。在安全的设计状态下，实现虚拟零部件发布。

参考文献

[1] Baberg, A., Freidhager, M., Mergler, H., Schmidt, K.: Aspekte der Kolbenmaterialwahl bei Dieselmotoren. MTZ (12),(2012) DOI 10.1007/s35146-012-0526-8

[2] Merker, G., Schwarz, C., Teichmann, R.: Grundlagen Verbrennungsmotoren. Vieweg+Teubner, Wiesbaden (2012)

第25章　燃烧诊断——燃烧发展过程中的示功图和可视化

Ernst Winklhofer 博士，Walter F. Piock 博士，Rüdiger Teichmann 博士

25.1　问题的提出

当在进行消耗、功率和排放的测量时，确定与热力学可能的目标值相比还未被利用的潜力时，在发动机的开发中总是采用燃烧诊断。鉴于对现代发动机提出了很高的目标要求，至少通过测量气缸压力进行热力学燃烧分析始终是开发过程中不可或缺的一部分。

气缸压力测量通过一系列描述介质状态和零部件功能的测量变量而扩展。这些“指示数据”根据问题而定，大多以循环和曲轴转角分辨的形式记录下来，构成了燃烧热力学评估和发动机设定参数优化的基础。它们与理论上可能的目标值的比较（可从发动机仿真计算中获得）为适当的开发措施提供了指导。

这些开发措施主要涉及气体交换、混合气形成、湍流的充气运动以及最终的火焰扩散。尽管发动机示功图作为热力学陈述的一部分提供了这些过程中缺陷的迹象，但由于传感器的性质，它无法对局部过程或缺陷的与组件相关的原因做出任何陈述。在此，希望直接了解发动机的流动过程和燃烧过程，以了解是什么阻碍了实现理论上可能的潜力。这可以使用流动和燃烧可视化方法来完成。

使发动机内部的流动过程、混合气形成和燃烧过程可见或在光学上可测量的可能性与存在的问题一样地多样化。然而，在实验室测试的众多方法中，很少有适合在接近量产的发动机上实际应用的方法。其中一些方法使用火焰射束作为信号源，因此有潜力直接显示发动机的变化如何影响火焰传播的局部过程。在此，关于燃烧可视化的主题更详细地描述了这样的方法。

批量生产的传感器和测量设备越来越多地用于这些任务，因此这些火焰诊断方法也被纳入了燃烧开发过程的常规流程中。除了接近量产的发动机中燃烧可视化的主要方面之外，还介绍了一些其他方法，这些方法至少在适当调整发动机时，在运行特性场的某些区域中得到应用。

25.2　示功图

示功图是用于测量和显示气缸压力随时间或曲轴转角位置的变化而变化的名称。

由于气缸压力对于发动机燃烧的热力学理解非常重要，因此压力指示在燃烧的发展中至关重要[1,2]，并且远远超出了纯粹的压力曲线分析[3-5]。由于提供了用户友好的测量系统，为此所需的传感器、数据采集和结果分析已变得十分广泛，并且现在已在大多数试验台上作为标准配置使用。其中，补充参数的采集，例如喷射过程的测量、点火电流或热变量，以自然的方式遵循压力指示。示功图在发动机的应用中特别重要，因为这里可以通过与发动机的控制电子设备直接进行数据交换来优化发动机的执行器。

气缸中的高压示功图主要用于燃烧分析。汽油机的一个示例如图25.1所示。$p-V$图是根据以曲轴转角位置为时基采集的压力信号创建的，或者如果气缸充气量已知，则使用燃烧模型确定燃烧过程。

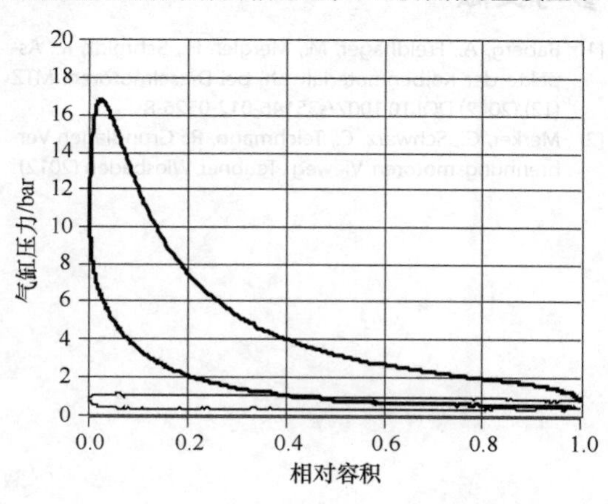

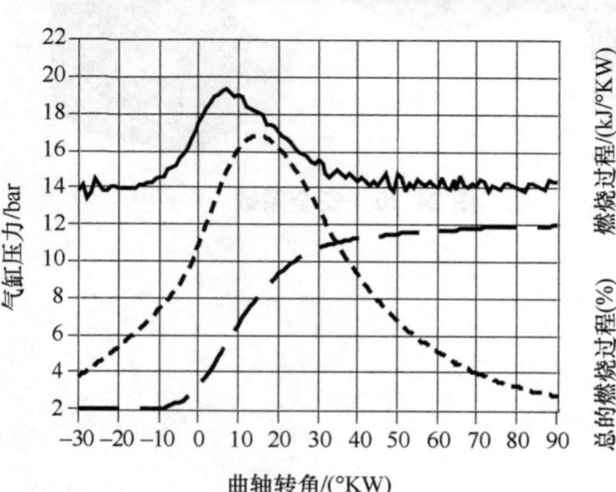

图25.1　压力指示（示功图）：$p-V$图和燃烧过程分析

除了气缸中的压力测量外，进气和排气侧的低压指示是进行气体交换（换气过程）分析和确定气缸中可燃烧气体质量的前提。整个示功图如图 25.2 所示，其中包括进气歧管压力、气缸压力和在废气涡轮增压器的涡轮机前采集的压力曲线的测量数据。利用这些值可以使用气体交换模型计算质量流量。除了这些测量数据外，还提供了计算出的压力和质量流量变化过程曲线，当排气门升程曲线随时间变化时，就气体交换模拟中的充气效率优化而言，这些曲线会进行调整。

图 25.3 显示了在部分负荷运行工况点不同燃烧过程的燃烧分析比较。通过压力曲线的比较和使用简单的燃烧模型由此得出的燃烧曲线，可以快速了解变化过程、持续时间和燃烧重心，从而评估燃烧过程的热力学质量。

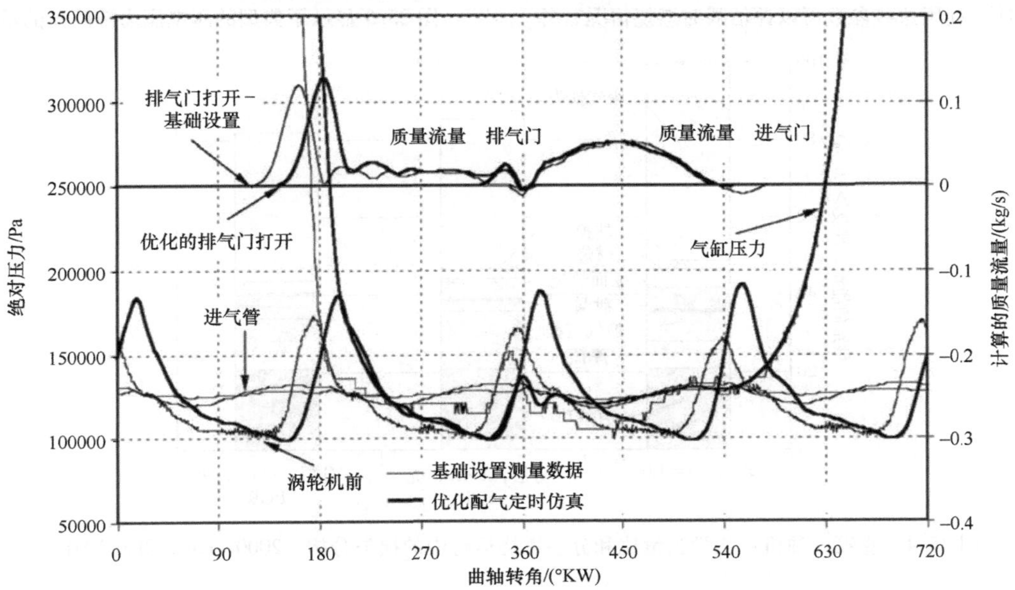

图 25.2　进气、气缸和排气道的完整的示功图。质量流量曲线的气体交换计算，优化质量流量和压力曲线的模拟

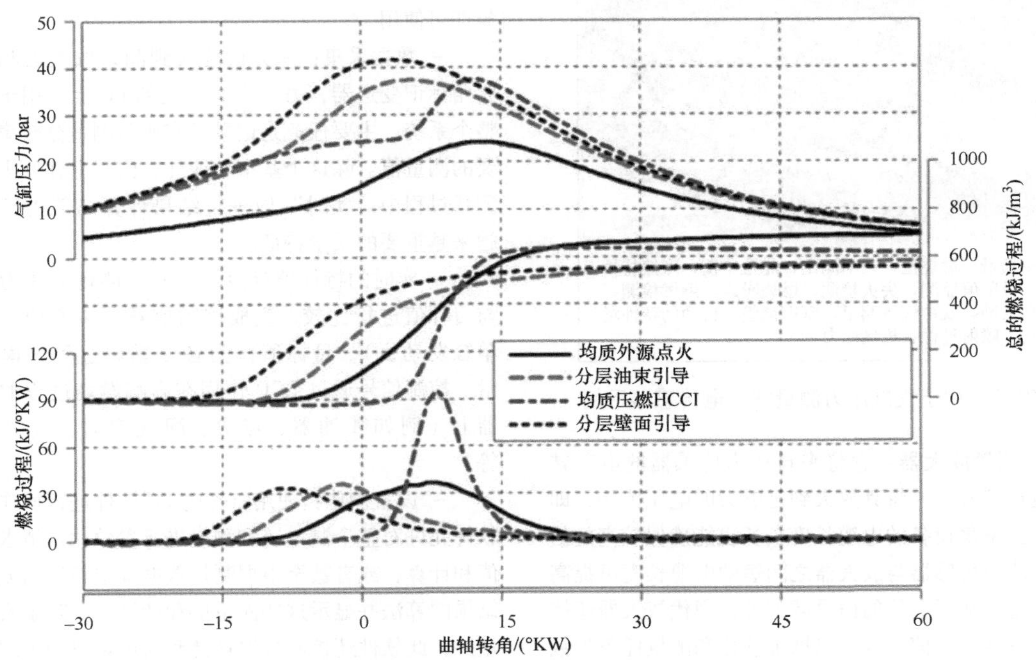

图 25.3　不同的汽油机燃烧过程的燃烧过程分析，2000r/min，2bar BMEP

除其他测量变量外，压力指示和质量平衡还为建立能量平衡和燃烧过程的损失分析做出了重要贡献。图 25.4 显示了当相同工况点以不同方式运行时，直喷汽油机的损耗分布的比较。

所提出的示功图示例的职责领域首先涉及方案开发和燃烧过程优化的所有工作。另外，在现代发动机的标定阶段还需要示功图，以便从示功图数据中导出核心参数，利用这些参数可以评估瞬时燃烧情况，并通过执行器主动控制混合气的形成和气体交换。

25.2.1 测量技术

用于压力测量的示功图测量链的原理结构包括：

- 压力传感器：主要基于压电原理，可以通过其自身的孔直接安装到燃烧室中，也可以通过对现有的孔（例如火花塞或电热塞）进行特殊改装而直接安装到燃烧室中。

图 25.5 显示了典型的压电压力传感器的示例。

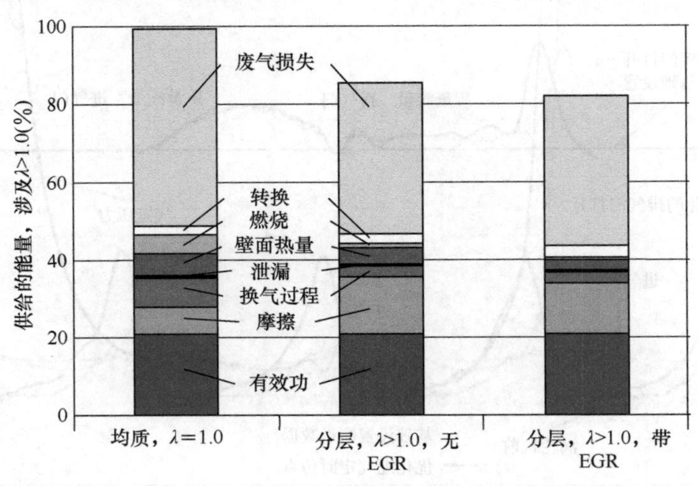

图 25.4 直喷汽油机：化学当量比和分层燃烧运行中的损失分担，2000r/min，2bar BMEP

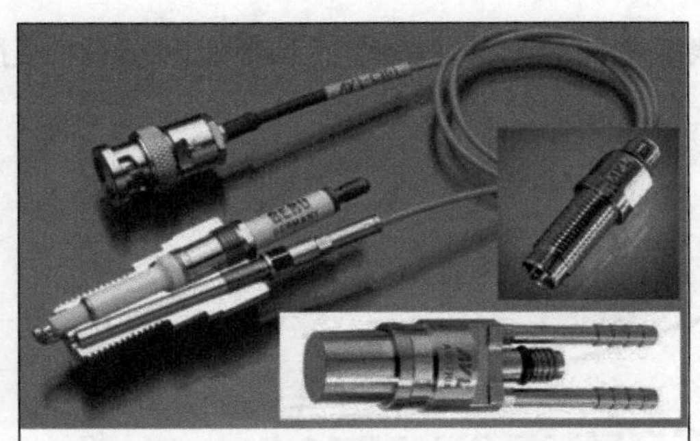

应用领域：燃烧值、效率测定、能量平衡、摩擦特性场、极限值监测、失火检测、燃烧噪声、爆燃检测、振动激励、残余气体测定、EGR调整、自动的特性场优化、喷射过程、机械应力

图 25.5 用于气缸压力测量的压电传感器示例

- 测量放大器：它将来自压力传感器的电荷转换为电压信号，并将其放大到足够大的电压范围，即使到数据采集设备的电缆长度较长也能确保较高的信噪比。压力传感器与放大器之间短的电缆长度可提高信号质量。除了实际的信号调节外，现代放大器还接管与传感器的通信，以便根据传感器和测量任务为数据采集提供参数化信息。

对于特殊结果（例如峰值压力，噪声分析），这些算法也可以在放大器中实现，因此无须进行数据采集即可使用。

- 数据采集：一方面连接到测量放大器和曲轴转角标记变送器，另一方面连接到 PC 上，用于控制整个系统。主要任务是记录具有所需测量分辨率的必要的测量值。除这个基本功能外，由于上述原因，在测量过程中“实时”地进行结果计算的能力已成为越来越重要的质量特征。

- 实时的特征值计算器：根据测得的压力曲线与目标值进行比较，生成控制信号（主要用于控制单缸发动机），目标值作为各个燃烧过程的模型变量。控制信号通过 ECU 作用在影响燃烧过程的执行器上（例如喷油器、点火、配气定时、气门升程等）。

- 设备操作：使用特殊的 PC 软件进行操作，该软件允许对整个测量链和测量进行参数化，请求特征值和计算，或者甚至根据测量数据确定特征值或计算结果的算法并显示这些测量值和计算值。除了实际测量外，此软件还控制数据存储和与可集成的子测量系统（例如，较慢的数据采集）以及与更高级别的自动化系统的通信。

– 后处理：用于测量数据的显示和后处理。在此借助于适当的图形和计算工具进行更复杂的计算、结果比较和存档。用户可以根据实施研究的需求调整范围。

25.2.2 质量标准

– 传感器：这里的关键因素是灵敏度、信号动态性和固有频率，以便能够满足相应测量任务的要求。为了在测试台上实际使用，传感器的特性首先必须对使用的热条件和机械条件不敏感，并且必须具有可靠的长期稳定性。

– 测量放大器：除了低噪声放大外，短路强度和长期稳定性也特别重要。

– 数据采集：在这里，“实时”结果分析已经遵循在测量过程中进行的纯测量采集。根据测量值本身来确定对于压力曲线分类的直接的指示参数，例如，通过给出峰值压力 p_{max} 的值，峰值压力 p_{max} 的位置 α，压力上升 $dp/d\alpha$，最大压力上升 $(dp/d\alpha)_{max}$ 的位置 α 或压力上升速度 $dp/d\alpha^2$。间接的指示参数以平均指示压力 p_{mi}、$p_{mi-HD(高压)}$、$p_{mi-LW(气体交换)}$、平均摩擦压力 p_{mr}、燃烧开始、燃烧持续期或能量转换点的形式提供。根据需要和实用性以及根据计算技术的可能性，这种实时分析可以进行不断的调整。

– 后处理：存储在数据库中的测量数据和实时分析结果由用户集成到定义的离线分析中。这里的决定性因素是使用开放可读的数据格式，以及是否能够通过许多预定义的或针对相应情况预配置的用户功能从后处理软件快速访问它们的能力。例如，这可以根据示功图测量过程和模型函数或参数，根据处理以下问题的标准对燃烧进行快速而有效的评估：

- 最大组件载荷。
- 通过燃烧产生的噪声。
- 爆燃和失火检测。
- 混合气的稀薄度。
- 最佳能量转换。

25.2.3 示功图测量展望

在热力学燃烧分析的明确规定的要求下以及在传感器和数据采集领域的技术进步下，示功图测量（指示测量）在燃烧的开发中占据了中心位置。这种在发动机开发中已被证明的地位促使人们希望将气缸压力测量技术不仅用于燃烧开发中的分析，而且还用于发动机监视，直至用于发动机开发的最后阶段之一的耐久性。为此，在操作软件中创建了特殊模块，这些特殊模块将要保存的数据减少到最低限度，另一方面，无论何时发生燃烧现象，都以足够的准确性记录燃烧现象或触发监控系统中的安全功能。

此外，示功图正在作为一种功能进入发动机的运行使用中。这种功能诊断的引入对着眼于传感器的大规模适用性及其在使用中的直接应用至关重要。

一种特殊的技术诱因是在燃烧过程中使用压力示功图作为控制变量，它只能通过燃烧的循环级精确的调节来发挥其在日常使用中的潜力。除了传感器的适用性外，这里的发展将主要取决于与燃烧相关的执行器的可用性。除此任务外，发动机监控和有关附件状态的信息作为此类应用中的其他目标。

25.2.4 循环级精确的信号和基于模型的发动机控制

除了像喷射和点火等循环级精确作用的执行器外，新型的燃烧过程还使用其他的快速执行器，利用这些快速执行器还可以以循环级精确地调节混合气的热力学状态。为了能够以有用的方式在发动机应用中使用这种快速的调节过程，执行器的参数必须与当前的要求和运行状态相匹配。通过驾驶员的愿望和发动机型号定义来要求；当前的运行状态来自发动机诊断；混合气的热力学状态由特征值来确定，这些特征值最好从气缸压力信号中得出。在理想情况下，为下一个发动机循环校正执行器参数的方式已经在每个工作循环结束时和根据当前的驾驶员愿望得到确定。

这种快速的发动机调节有助于所有燃烧过程的开发和运行，这些燃烧过程的点火和燃烧过程是由充气状态来决定的，而不是像常规发动机那样由喷射过程或外源点火来决定的。

传感器、信号和信号处理

在大多数试验燃烧过程的实际实施中，它们至少在有限的负荷–转速范围内通过自燃导致部分或完全均质的混合物燃烧，使用传统的压力传感器来确定燃烧过程的参数[6,7]。由此可以在示功图系统或实时特征值计算器中确定燃烧的重心。对于后续的循环，可以使用执行器进行校正，该执行器会考虑发动机的负荷要求，例如通过气门配气定时和气门升程影响充气状态。

失火和过度快速燃烧的极限距离通过压力增加速度来记录。充量组合物的精确控制至关重要，尤其是涉及在车辆应用中所要求的高动态运行。基本上，任何适合燃烧调节的传感器都可以可靠地记录每个循环和气缸中的点火、重心和燃烧噪声，并且其信号在非常快速的算法中可以用作燃烧调节的测量变量。压力传感器之所以用于当前应用，主要是因为控制变量是直接从热力学相关变量中导出的。如果使用其他传感器，则在生成所需的调节变量时必须确定并验证其等效功能。

为了确保在所有运行条件下的燃烧调节，必须针对发动机控制系统的有限计算能力来优化信号处理，尤其是评估算法。

25.3 可视化

25.3.1 任务和问题的提出

在发动机开发过程中，光学诊断方法承担着提供有关流动、混合气形成和燃烧这些对开发起决定性作用的过程的见解的任务，而这些特性无法从常规的示功图技术的结果中得到充分的解释。特别是在燃烧系统的开发中，与热力学计算和三维燃烧模型相比，常规的示功图面临着对优化燃烧至关重要的过程的详细描述的问题。

这里的兴趣点主要在于以下方面：

- 发动机内部流动对燃烧的影响。
- 油束扩散和混合气形成的过程。
- 混合气状态：气缸充量的均质－非均质及其温度。
- 外源点火时的燃烧：火焰核心形成，火焰进展，终端气体区域燃烧，终端气体的自燃，异常燃烧。
- 自燃燃烧：着火地点，扩散燃烧，碳烟形成和燃烧，空气利用，火焰温度。
- 导致不规则燃烧的运行条件的评估，风险辨识和原因确定。

这些问题在以下几个层面上进行处理。

- 在基础研究中：研究方法和测量技术用于基本功能分析，其中发动机方面定义了主题，但试验研究的设置可能与实际发动机运行有很大偏差。
- 对于组件的试验：在这里，标准化的试验程序用于组件特性的比较评估。
- 在研究型发动机中，其燃烧室可通过特殊部件和观察窗以光学方式进入。发动机运行会因使用观察窗和辅助部件而受到影响。
- 在实际发动机运行中：这里，光学传感器和测量技术专门针对不受测量过程干扰的发动机运行需求量身定制。在这些实际发动机条件下的火焰观察方法构成了本节的重点。辐射传感器的设计和使用方面的进步也越来越多地打开了非接触式测量高应力的燃烧室部件温度的可能性。

25.3.2 可视化在实际发动机运行中的应用

虽然在基础研究的主题和组件试验的设置时，测试对象总是与特定的问题和测试技术的要求相匹配，但发动机的不受干扰的功能是实际发动机运行中可视化的重点。在此，使测试技术与发动机运行所出现的限制是相应的限制。

采用现代可视化方法在实际发动机运行的这些限制下可以获得什么结果，如何使用它们，有什么样的前提条件以及所涉及的工作量是多少？

25.3.2.1 气体、汽油和柴油火焰的辐射特性

CH 火焰燃烧过程中发生的光辐射来自燃烧过程中形成的分子的化学发光以及碳烟产生的热辐射。图 25.6 的发射光谱显示了主要贡献辐射分量的光谱组成，火焰摄影在图 25.7 中作为示例给出。一般来说，CH 分子氧化时，总会包含一定比例的燃料（CH）、中间产物 OH、CO 以及辐射比例的 CO_2、H_2O、O_2 等和其他分子和自由基。如果在缺氧燃烧期间形成碳烟，则碳烟颗粒的热辐射也有助于火焰的自发光。在分层充气中局部浓混合气燃烧的情况下，这些颗粒辐射可以以相当大的强度促成火焰辉光；在柴油机中的扩散燃烧的情况下，火焰辐射主要由这种热碳烟辐射主导。

预混合丙烷火焰
曲轴转角分辨率：1.0°KW
750r/min，λ：1.0，
点火提前角：上止点前20°KW

柴油火焰
曲轴转角分辨率：1.0°KW
1000r/min，λ：2.0，压缩比：16.0，
喷油时刻：上止点前9°KW

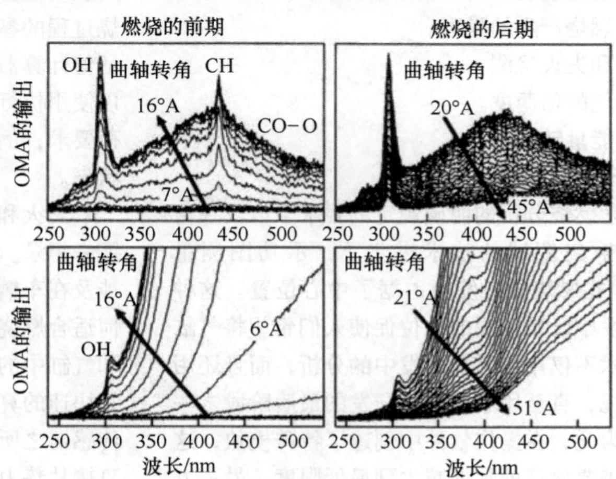

图 25.6 预混合丙烷火焰和柴油火焰的光谱发射曲线（Kuwahara，Ando[8]）

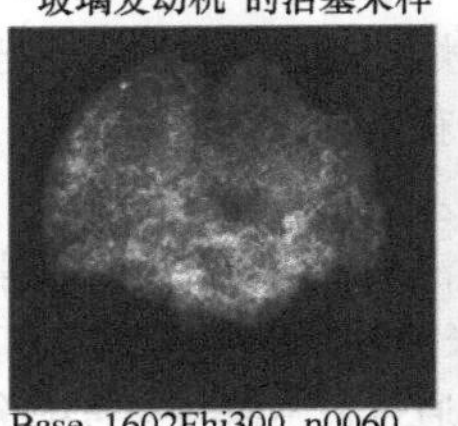

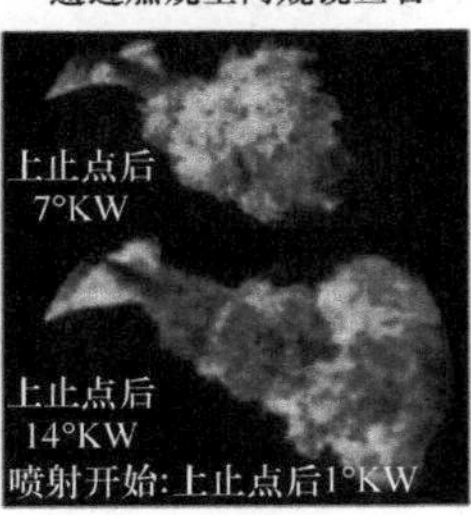

图 25.7　火焰摄影

25.3.2.2　火焰光谱

发射光谱的光谱强度分布包含有关辐射分子及其起始成分的浓度、其温度和辐射碳烟颗粒温度的信息。然而，由于热平衡的先决条件并不经常适用于发动机燃烧的瞬态过程和辐射分子的寿命，并且由于所采集的测量体积中也存在很强的局部梯度，因此只能在定量测量的特殊情况下使用光谱辐射特性（Lambda[9]，OH 温度[9]，碳烟温度[10]）。因此，标准化的测量方法仅在有限的情况下应用。例如，在扩散火焰中，它们以空间积分形式[11]或在火焰摄影下游的图像评估方法中使用热碳烟辐射，以确定扩散火焰的碳烟浓度和温度（图 25.8[12]）。图 25.9 显示了与开发有关的结果，用于阐明分流喷射对碳烟燃烧的改进[13]。

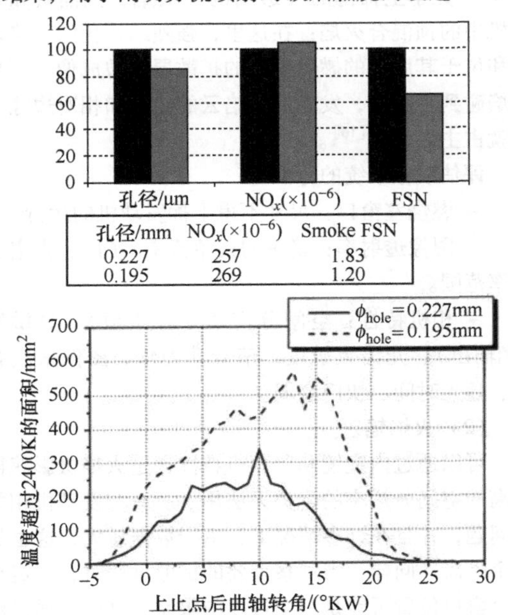

图 25.8　柴油机燃烧分析：减小喷孔孔径对 NO_x 和碳烟排放的影响。此外，柴油火焰温度区域的过程（Larson[12]）。温度面积分析显示了增加碳烟燃烧的作用机理

25.3.2.3　在外源点火时在预混合充量中火焰扩散

在点火并形成火焰核心后，火焰应以某种方式扩散，以使充量在时间上最佳、在局部均匀和完全燃烧。在湍流的充量运动的影响下，火焰前锋的推进支持了火焰的扩散。图 25.7 显示了火焰图像，其中火焰前锋结构受到充量湍流的影响。

因为湍流火焰扩散和定向的发动机内部的流动可以以相当的速度进行，所以在长时间燃烧过程中，流动与火焰推进之间可能存在强烈的相互作用。这就是内燃机机内优化的任务所在。

主要出现以下与开发有关的问题：

- 当前火焰扩散与上述理想状态之间的距离有多远？
- 通过哪些措施改善火焰扩散？

其前提推荐是存在均匀的预混合的气缸充量。虽然进气歧管喷射的汽油机在正常运行时在很大程度上满足了这一要求，但必须通过混合气形成机构的设计来保证。在直接喷射汽油机中，确保这一要求是开发过程的核心部分，并且是光学火焰诊断的重要应用领域[14]。

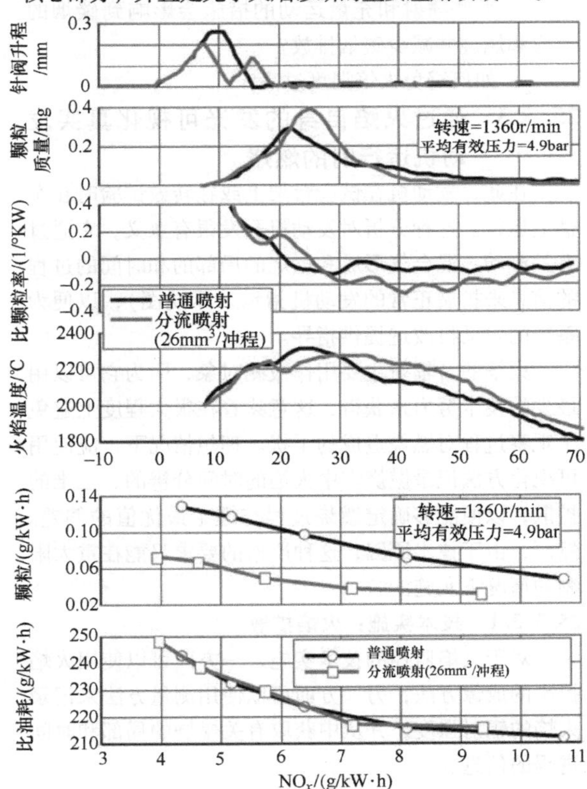

图 25.9　柴油机中的碳烟辐射分析。分流喷射导致碳烟燃烧增加。结果减少了 NO_x 碳烟的折中，并且是油耗中性的[13]

不规则燃烧

通过涡轮增压发动机中功率密度的增加，由于与此相关的热负荷增加，会导致点火过程不受控制。这种“不规则燃烧”反映了燃烧室零部件的功能风险。因此，认识到风险和原因在燃烧开发中变得越来越重要。由于此类过程偶尔发生，并且与实际发动机运行相关，因此在正常发动机试验运行过程中对它们的分析对燃烧测量技术提出了特殊的要求。

25.3.2.4 柴油机扩散燃烧过程中的火焰扩散

这里，点火和燃烧受气体状态的控制，并且主要受喷射过程的特性的控制。目的是优化使用空气，并在喷射结束后有效地烧掉碳烟。扩散火焰的膨胀（图25.7）取决于燃料蒸气云的喷射和湍流扩散及其与内部流动的相互作用。自燃后，反应物的化学发光会立即携带火焰辐射，但随后很快地由碳烟颗粒的热辉光主导。

与开发相关的优先问题是：

– 通过喷射的设计和充气运动如何提高空气的利用率？

– 哪些喷射和充量运动的措施会影响到碳烟的形成和燃烧并减少碳烟排放？

– 如何避免火焰温度过高？

25.3.3 通过火焰自身的发光可视化真实发动机运行时的燃烧

在此，发动机在试验台架上或在转鼓试验时在车辆上运行。这种分析对发动机开发很有意义，它通过有关流动、混合气形成和燃烧的局部的和时间的过程的信息来扩展正常的发动机指示（示功图），以便为系统的发动机改进提供指导。

火焰的自辐射主要用作被测对象，因为它可以用最少的技术努力来获得，这意味着在很大程度上避免了观察过程对燃烧造成的干扰。理想情况下，应使用可视化方法记录燃烧室中火焰的时间分辨的、三维的扩散，以便能够确定燃烧过程与理论最优值的偏差。然而，由于技术原因，这种严格的要求只能在重大限制的情况下实施。

25.3.3.1 技术实施：火焰扩散

对于火焰监控的技术实施，一方面可以使用火焰摄影的成像方法，另一方面可以使用测量方法来记录火焰的辐射强度，并从中获取有关燃烧的局部和时间进程的信息。

在火焰摄影中，光学通道是通过燃烧室的窗口进入的。然后通过内窥镜将燃烧室成像到合适相机的图像平面中。与发动机运行相关的系统元件是燃烧室窗口。它要么通过其自身的孔[15]引入燃烧室，要么用于专门改装的发动机部件[16]。

（1）火焰摄影

使用内窥镜直接进行火焰观察的优势在于，当用相机捕获图像时，可以立即获得可以解释的图像。通过窗口位置的适当选择和进入燃烧室的视图方向，可以获得火焰图像，例如在柴油机中，火焰图像非常清楚地反映了扩散火焰的膨胀和湍流结构（图25.7）。在随后的图像处理中，可以通过将图像与参考图像叠加来确定燃烧室中火焰的位置[12]。

火焰摄影描绘了具有高度结构化表面的发光、不断变化的气体云。表面本身被火焰捕获，并且取决于火焰的光学透明度，还捕获了来自其内部范围的辐射。通过这些对象属性，图像质量受以下因素影响：

– 运动模糊：通过相机的相应快的快门速度将其最小化。

– 可变物距：只要火焰表面距离成像镜头足够远，内窥镜的高的f值和短的焦距就可以确保清晰的图像。然而，由于焦距短，扩展的火焰云和可变的物距，物镜尺寸会失真。

– 光学密集的扩散火焰（柴油）：这里，只有薄的表面层有助于成像。一旦扩散火焰接触到观察窗，由于扩散火焰中的高吸收，火焰图像几乎没有意义。

– 光学上稀薄的（透明的）火焰，汽油机和气体机中的预混合火焰：在这里，强烈结构化的火焰表面和位于其后面的燃烧充量的扩散层都被成像。一旦火焰碰到观察窗，发光的火焰云的内部和相对边缘区域就占主导地位[16]。

评估成像系统的标准是：

– 燃烧室窗口：尺寸不得干扰发动机的运行。

– 图像透射率：镜头的视角范围、f值、光谱透射率范围。

– 相机特性：空间分辨率（像素数）、灵敏度（光输出）、光谱灵敏度、信号动力学、图像采集频率、曝光时间、快门衰弱。

（2）火焰辐射

可以通过内窥镜和照相机特性通过火焰摄影获得的高的空间分辨率的优势无法用于所有与发动机相关的问题，并且在许多情况下，由于数据量大，这也是一个障碍。同样，当观察重要的扩散过程时，固定在单个窗口位置可能是一个过度的限制。这可以通过观察方法来解决，在该观察方法中，通过在燃烧室的确定的体积区域中测量火焰辐射来重新构建火焰扩散。

这可以通过使用“挡光板”的简单布置来完成，该挡光板通过将其安装在火花塞的外壳中来检测火焰核心的扩散[17]，或者在整个燃烧室上以多通道布置跟踪火焰的发展变化[18]。

小型前透镜或“微光学”组件与单独的光导的组合产生了用于火焰辐射的定向和局部检测的多种设计可能性。以图25.10中所示的布置为例，记录了来自燃烧室5个狭窄的限定的锥体区域的光辐射。

图25.10中还显示了单个通道的典型的测量信号以及燃烧的压力曲线。除了明确的位置分配之外，高信号质量（灵敏度、信噪比、信号动态性），所有测量通道的强度调整，尤其是在评估爆燃燃烧时，适应于压力波传播的高的时间分辨率对于这些信号的利用也至关重要。

图25.11（见彩插）中显示了火花塞护套中的传感器布置。如安装图所示，由此可以跟踪火焰核心的形成过程。相比之下，显示了照片（在玻璃发动机中）和与火花塞传感器在同一周期内记录的信号。由于火花塞传感器记录了辐射强度，因此所有测量通道的强度调整始终是测量过程的一个组成部分。在评估结果时，由用户负责选择强度阈值。通过比较刻度阈值，可以确保结果的可靠性。

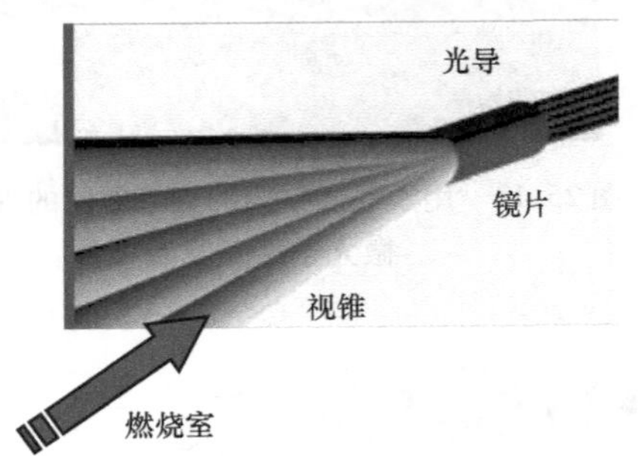

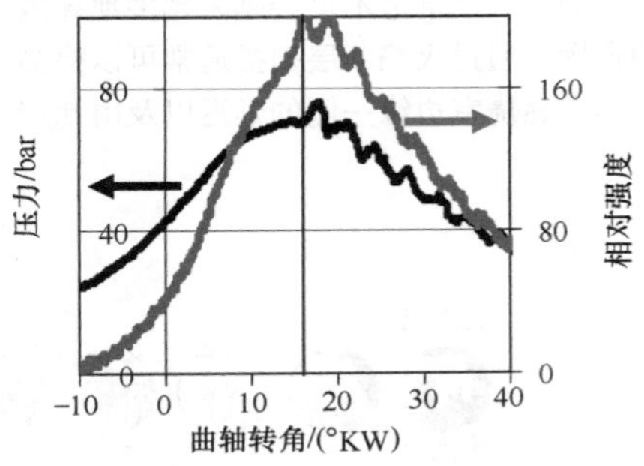

图25.10　用微光学元件检测火焰辐射，可视锥检测区域内火焰的辐射强度并与燃烧的压力信号进行对比

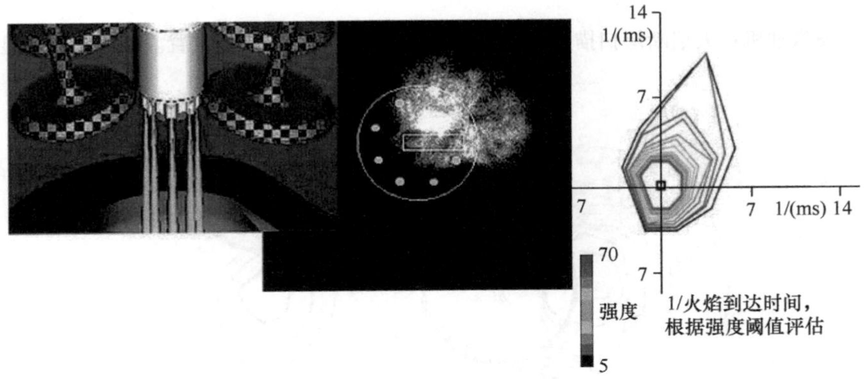

图25.11　用火花塞传感器观察到的火焰核心形成。结果显示了火焰核心的对称性/非对称性及其优选的扩散方向

（3）火焰断层扫描

当观察到的燃烧室部分的几何布置可以用于断层图像重建时，从火焰辐射的多通道测量中获得最大的好处。这是通过跨越燃烧室横截面的光学观察网络的传感器布置来实现的[19]。

图25.12（见彩插）概述了一些观察锥的布置。可以从观测网格的所有通道的测量信号以及各个采集区域的知识来重建局部的火焰强度。图25.13（见彩插）显示了直喷汽油机的示例。在无涡流的情况下，可以看出在活塞的碗状区域发生强烈的发光的扩散燃烧，从而形成相应的高的碳烟排放。在带涡流的情况下，碗状区域的中央显然更好地与空气混合，因此首先不会发生过度的扩散燃烧和产生碳烟排放。

在火焰断层扫描中，空间分辨率取决于栅格密度，在技术上可行的系统中为3～5mm。这错过了使用摄像头可达到高的空间分辨率的数量级。然而，通过将传感器分布在整个燃烧室的整个圆周上，可以均匀记录燃烧室的横截面，而不会使图像场变形，因此火焰扩散也可以在整个横截面上清晰地记录下来，并且分辨率也均匀。

除了强度显示外，图像重建后的火焰传播也以具有阈值规范的渐进式火焰前峰轮廓的形式非常清晰地显示出来。对此，图 25.14（见彩插）显示了现代四气门发动机中确定的流动特性的典型的扩散形式。他们的知识以及对他们对运行条件或发动机组件设计方式的依赖性的总结可以为改进提供决定性的信息。在参考文献［20，21］中可以找到来自非常不同的发动机的开发实践的应用示例。

测量火焰辐射并重建火焰扩散的主要优点是传感器在发动机上的特殊的布置和信号记录的灵活性，其时间分辨率可以精确地适合于测量任务的要求。

图 25.15（见彩插）使用爆燃分布示例显示了这一点。燃烧室左侧的火焰推进不足会越来越多地导致终端混合气的自燃。通过火焰断层扫描通常可以检测到火焰扩散、其在燃烧室边缘一侧的延迟以及由此产生的自燃。

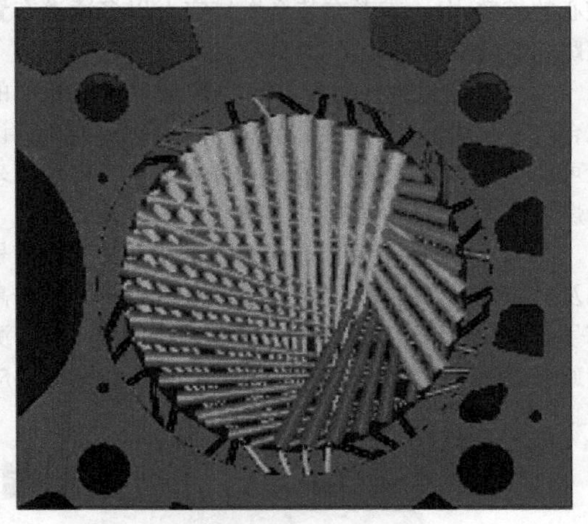

图 25.12　用于断层扫描的火焰重建的气缸垫中的微光学传感器的布置

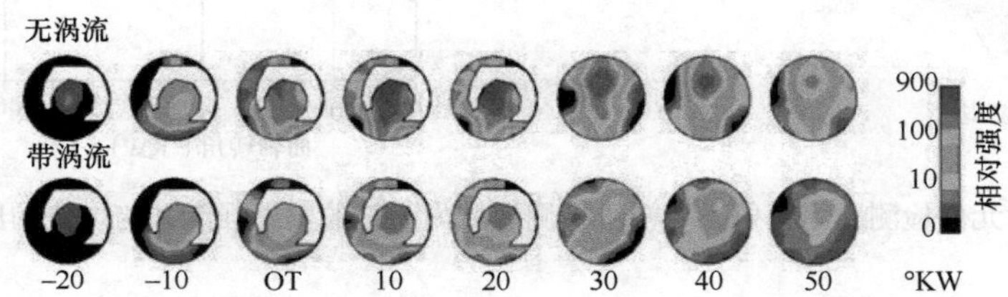

图 25.13　直喷汽油机：火焰断层扫描显示了明亮的碳烟扩散火焰的局部位置。旋流实现了显著的改进

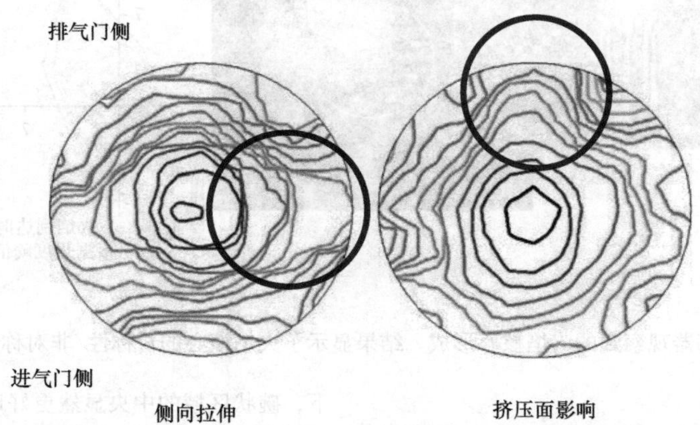

图 25.14　火焰扩散：气缸垫中带有传感器的断层扫描。等值线显示了火焰前峰时间上的推进。内部流动对火焰扩散的影响清晰可见

（4）火花塞传感器

根据使用断层扫描传感器进行火焰观测的结果以及有关火焰扩散过程的模型的介绍，还可以使用简化的测量方法来解决某些问题。但是，由于减小的空间分辨率，其信号采集必须与各个燃烧现象的信号模式精确匹配。为了研究火焰核心的形成，提供的内置光导的火花塞传感器已经证明了这一点。有一些火花塞传感器，它们通过旋转的观察扇检测发动机的压缩容积，尤其是用于观察发动机爆燃运行时的自燃。其中，信号评估与终端混合气自燃时产生的压力波和密度波的特殊的扩散特性相匹配[22]。图 25.16（见彩插）概述了传感器原理、信号模式、位置分配和结

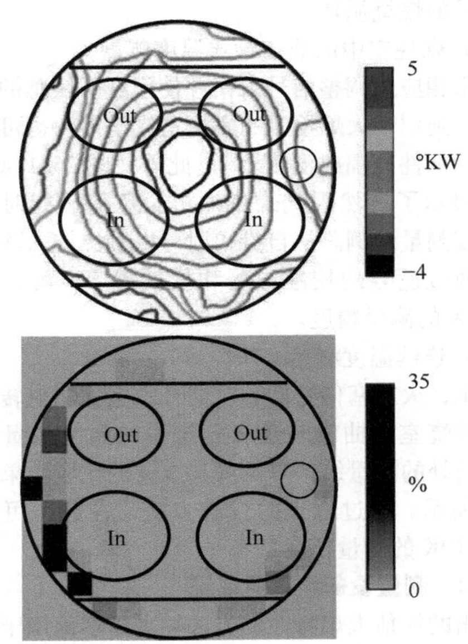

图 25.15　火焰断层扫描提供了火焰扩散和爆燃位置分布的文档

果统计信息，开发工程师可将其用作组件修改的决策性辅助工具。

对于火焰辐射，使用微传感器技术的标准是：

- 频谱灵敏度、信号灵敏度和信噪比。
- 信号动态性，尤其是在高的信号幅度时。
- 各个通道的位置分配，多通道系统的校准流程。
- 信号评估和数据缩减。

（5）火焰模式评估用于混合气形成的优化

以高的时间分辨率在单独的测量通道中检测燃烧室较大区域的传感器也非常适合显示火焰亮度的局部差异。例如，这有益于混合气形成的评估。特别是在直喷汽油机的开发和应用中，这使得能够对汽油火焰中的碳烟扩散成分进行气缸级和循环级的精确测试（图 25.16b）。通过对信号模式进行局部的和时间的评估，可以快速而系统地对混合气形成进行优化以减少碳烟的形成[14]。

（6）用于不规则燃烧的点火位置检测

在极端情况下，不规则点火会自发地发生，因此必须使用一个测量系统来记录，该测量系统记录点火事件前后发生的循环中的传感器信号。传感器本身必

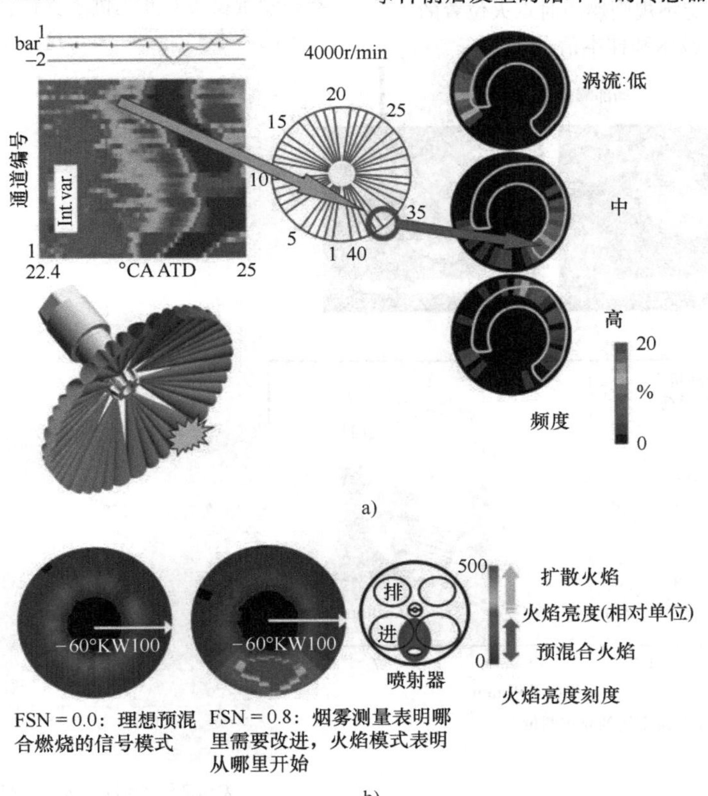

图 25.16　a）使用扇形传感器确定爆燃位置，显示结果：单个循环和由此得出的爆震位置的统计数据；b）使用扇形传感器确定火焰模式。极性说明显示了在什么时间和在燃烧室哪个部分出现火焰异常。从未经过滤的强度信号评估火焰的亮度

须能够以可靠的地点分辨率记录点火位置。在这里，火花塞传感器已经证明了自己的优势，它可以检测多达80个观察通道中来自燃烧室的火焰辐射，因此也可以确定火花塞电极空间外部的点火位置。结果示例如图25.17（见彩插）所示。使用瞬态记录仪记录信号，瞬态记录仪通过事件触发器在环形存储器模式下

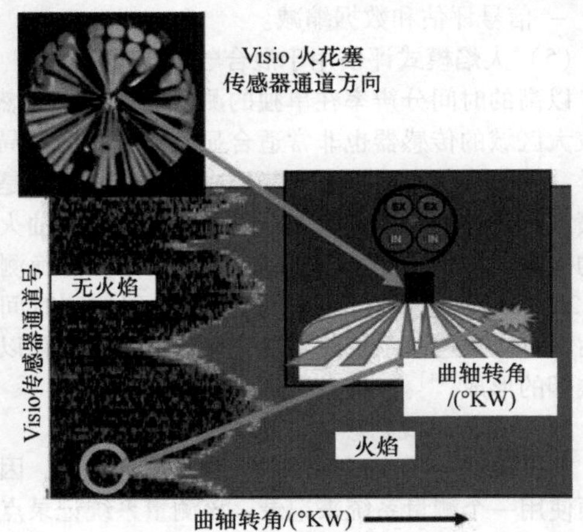

图 25.17　用于确定不规则燃烧时点火位置的传感器技术和样本信号

记录相关的燃烧循环[23]。

（7）燃烧室中的非接触式温度测量

如果相应地调整信号采集并使用红外敏感的信号转换器，则用于火焰检测的燃烧室光学器件也可用于测量热的部件的辐射温度[24]。此外，图25.18a（见彩插）显示了自然吸气式汽油机全负荷运行时火花塞的温度测量示例。从自身辐射可以看出旋入深度的影响。通过适当的校准方法和校准程序，可以实现+/-10K的测量精度。

（8）连续温度测量

这里，火花塞传感器和对红外敏感的辐射转换器构成了燃烧室中曲轴转角级分辨率的温度测量的基础。气门处的测量结果以及最高温度的比较结果如图25.18b所示。通过适当的校准方法，在此也可以达到+/-10K的测量精度。

25.3.3.2　测量设备和测量系统

列出的评估火焰特性的方法越来越多地用于日常的研究试验和燃烧过程开发的常规操作以及发动机的标定中。标准化方法以及一些制造商批量生产的传感器和测量设备对此提供了支持，并且受到发动机开发人员的需求的驱动。关于这些主题的专业出版物的数

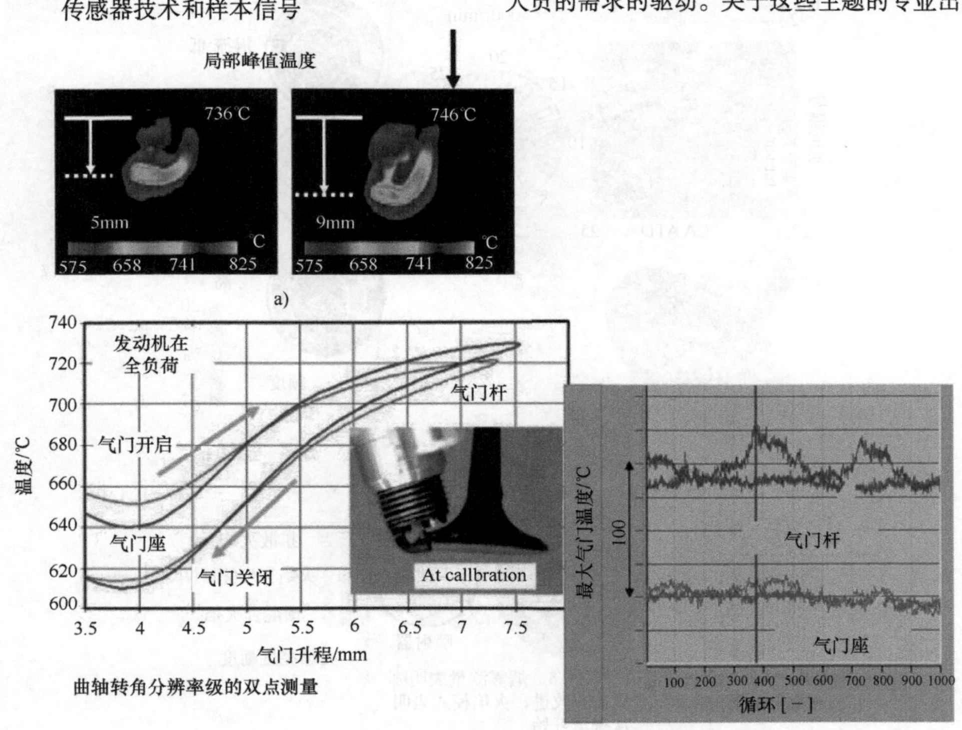

图 25.18　a）全负荷运行的火花塞热图像，火花塞的旋入深度显示出可测量的温度差异；b）排气门处的辐射温度测量，具有多通道光学元件的火花塞传感器，用于常规的发动机运行

量不断增加，这表明以前以研究为导向的测量方法已经过渡到发动机试验的日常实践中，另参见本章的文献附录。

25.3.4　发亮过程的可视化

燃烧开发中的许多问题只能通过过程的积极的发光来解决。其中，在最简单的情况下，将物体（例如燃料射束）漫射发光并使用合适的相机进行成像。通过采用发光和记录技术，物体特性还可以用于可视化速度场、燃料分布或特殊的燃烧产物的分布。例如，这里在开发直喷汽油机时，使用激光诱导荧光（LIF）方法进行燃料可视化已成为必不可少的工具。

使用物体发光的先决条件始终是必要的光学通道，该通道必须与对象图像的光学通道同时存在。其中，在特殊情况下，可以将通向燃烧室的单个窗口用于这两个任务，但是必要的灵活性和质量通常只能通过单独的通道来实现。在极端情况下，发动机配备大面积的玻璃窗，或者用玻璃组件取代活塞和气缸套的功能（图 25.19[25,26]）。

这样的发动机可以在实际条件下在有限的负荷和转速范围内运行，并为应用适当的可视化技术提供前提条件。

图 25.19　通过使用玻璃气缸和活塞中的玻璃窗，在燃烧室中存在最大的光学通道。发动机短暂点火以进行测量运行

25.3.4.1　混合气分布的可视化

特别是在这里，直喷汽油机的开发推动了对观察充量分层的实用方法的需求。事实证明，激光诱导的荧光技术可以使燃料分子或示踪剂分子在平面激光截面中发出荧光。这些荧光发光是用合适的相机记录的，因此首先可提供混合气分布的定性图像。

如果非常仔细地进行试验测试，则可以使用校准程序并通过评估与压力和温度相关的荧光产率，从此类记录的强度分布中获得对燃料浓度的定量评估[27]。花费更少的精力，并且使用相对简单的图像评估方法，就可以使用各个图像组簇来创建概率分析，以确定在某个曲柄转角位置的分布在每个循环之间如何可靠地重复。这些有关混合气云的存在的分布统计满足了对实用且有意义的可视化方法的需求，其示例如图 25.20（见彩插）所示。

25.3.4.2　速度场的可视化

（1）粒子图像测速（PIV）

此处，流场中的散射粒子（例如燃料滴）或作为示踪粒子流动的散射粒子在其运动中通过两次发光或两次曝光成像。通过评估两次成像时间间隔内的粒子位移来确定所考虑的流场中的速度场。

（2）多普勒全局测速（DGV）

这是一种等效于在速度场二维可视化中的 PIV 技术方法。在这里，也将示踪粒子添加到流场中以散射入射光。其中，在散射过程中在粒子处产生的多普勒频移通过极窄的带状发光和相匹配的光谱滤波器作为速度信号进行评估[28]。

25.3.5　可视化发展前景

发动机机内过程的可视化方法长期以来一直用于基础研究，其结果也用于验证发动机中流动和燃烧的三维模拟的计算方法。但是，可视化方法仅在发动机开发中得到广泛使用，因为现代燃烧过程的开发要求需要全面了解细节并优化发动机机内过程。

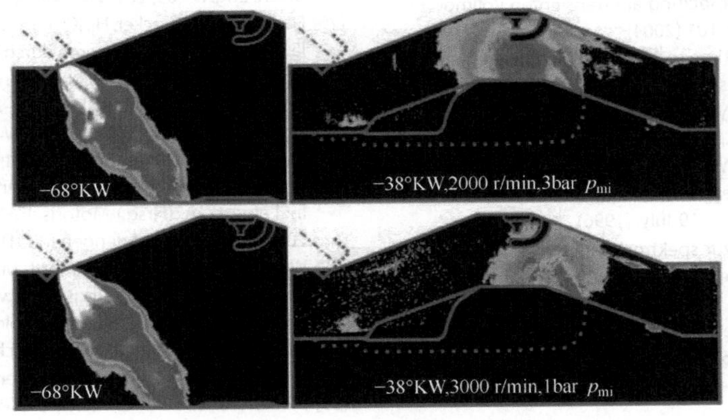

图 25.20　汽油直接喷射：喷射过程中和在活塞上偏转后的燃料分布。分布状态的稳定性由各个图像通过图像统计来确定。绿－红色燃料蒸气稳定性增加，蓝－白色燃料液滴稳定性增加

与示功图测试技术相比，在示功图测试技术中，由于压力信号的热力学重要性而在气缸压力测量中起着中心地位的作用，因此在可视化领域，火焰扩散的检测可能具有相似的含义。在这里，对最佳燃烧的理论理解也为火焰扩散提供了清晰的指导。然后他们的测量技术的控制可以为开发过程在组件优化方面提供所需的系统。

与示功图测试技术不同，发动机开发中的可视化方法才刚刚进入其应用的可能性阶段。在这里，必须通过传感器的灵活性和结果的准确性来确保迄今为止被证明的可用性。多种方法要求对最主要测量任务进行标准化，并且需要能将传感器和测量技术的创新以简单的方式集成到开放的测量系统中的可能性。由于最终根据热力学标准和排放测量结果对燃烧进行了评估，因此将可视化、示功图和废气测量结果相结合是对燃烧诊断系统开发的主要要求[29]。

参考文献

[1] Pischinger, R., Kraßnig, G., Taucar, G., Sams, Th.: Thermodynamik der Verbrennungskraftmaschine. Springer, (1989)

[2] Heywood, J.B.: Internal combustion engine fundamentals. McGraw-Hill, (1988)

[3] Witt, A., Siersch, W., Schwarz, Ch.: Weiterentwicklung der Druckverlaufsanalyse für moderne Ottomotoren. Der Arbeitsprozess des Verbrennungsmotors. 7. Tagung, Graz, 18.–19. Oktober. (1999)

[4] Binder, S., Zipp, W.: Charakterisierung von Verbrennungsgeräuschen und Strategie zur Optimierung mittels Indizierung. 7. Internationales Symposium für Verbrennungsdiagnostik, AVL Deutschland, 18./19. Mai. (2006)

[5] Leifert, T., Fairbrother, R., Moreno Nevado, F.: Durch Messung unterstützte thermodynamische Analyse von Zylinder internen Vorgängen unter transienten Bedingungen. 8. Internationales Symposium für Verbrennungsdiagnostik, AVL Deutschland, 10./11. Juni. (2008)

[6] Agrell, F.; Angstrom, H. E.; Eriksson, B.; Wikander, J.; Linderyd, J.: Transient control of HCCI through combined intake and exhaust valve actuation. SAE 2003-01-3172

[7] Fürhapter, A., Piock, W.F., Fraidl, G.K.: Homogene Selbstzündung: Die praktische Umsetzung am transienten Vollmotor. Motortech. Z. (2), 94–101 (2004)

[8] Kuwahara, K., Ando, H.: Time series spectroscopic analysis of the combustion process in a gasoline direct injection engine. 4. Internationales Symposium für Verbrennungsdiagnostik, Baden-Baden, 18., 19. Mai. (2000). AVL Deutschland

[9] Hirsch, A., Philipp, H., Winklhofer, E., Jaeger, H.: Optical temperature measurements in spark ignition engines. 28th EGAS conference, Graz, 16–19 July. (1996)

[10] Gstrein, W.: Ein Beitrag zur spektroskopischen Flammentemperaturmessung bei Dieselmotoren, Dissertation. Techn. Univ. Graz, 1987

[11] Hötger, M.: Einsatzgebiete der Integralen Lichtleit-Messtechnik. Motortech. Z. 56(5), 278–280 (1995)

[12] Larsson, A.: Optical Studies in a DI Diesel Engine. SAE 1999-01-3650

[13] Chmela, F., Riediger, H.: Analysis methods for the effects of injection rate control in direct injection diesel engines. Thermofluidynamic processes in diesel engines. CMT, Valencia, 13–15 September. (2000)

[14] Winklhofer, E.; Nohira, H.; Beidl, Ch.; Hirsch, A.; Piock, W. F.: Combustion Quality Assessment for New Generation Gasoline Engines. JSAE 20045451

[15] Winklhofer, E.: Optical access and diagnostic techniques for internal combustion engine development. J Electron Imaging 10(3), (2001)

[16] Wytrykus, F.; Duesterwald, R.: Improving combustion process by using a high speed UV-sensitive camera. SAE 2001-01-0917

[17] Geiser, F.; Wytrykus, F.; Spicher, U.: Combustion control with the optical fibre fitted production spark plug. SAE 980139

[18] Spicher, U.; Schmitz, G.; Kollmeier, H. P.: Application of a new optical fiber technique for flame propagation diagnostics in IC engines. SAE 881647

[19] Philipp, H.; Plimon, A.; Fernitz, G.; Hirsch, A.; Fraidl, G.; Winklhofer, E.: A Tomographic Camera System for Combustion Diagnostics in SI Engines. SAE 950681

[20] Liebl, J., Poggel, J., Klüting, M., Missy, S.: Der neue BMW Vierzylinder-Ottomotor mit Valvetronic. Motortech. Z. 62(7), 8 (2001)

[21] Grebe, U.D., Kapus, P., Poetscher, P.: The Three Cylinder Ecotec Compact Engine from Opel with Port Deactivation – a Contribution to reduce the Fleet average Fuel Consumption. 18th International VDI/VW Conference, Braunschweig, 16.–18. Nov.. (1999)

[22] Philipp, H.; Hirsch, A.; Baumgartner, M.; Fernitz, G.; Beidl, Ch.; Piock, W.; Winklhofer, E.: Localisation of Knock Events in Direct Injection Gasoline Engines. SAE 2001-01-1199

[23] Kapus, P., Sauerwein, U., Moik, J., Winklhofer, E.: Ottomotoren im Hochlasttest. 10. Tagung „Der Arbeitsprozess des Verbrennungsmotors, September. Institut für Verbrennungskraftmaschinen und Thermodynamik, TU Graz (2005)

[24] Hirsch, A., Kapus, P., Philipp, H., Winklhofer, E.: Risikoanalyse und Entwicklungstechniken für DI Otto Brennverfahren hoher Leistungsdichte. 12. Tagung „Der Arbeitsprozess des Verbrennungsmotors", September. Institut für Verbrennungskraftmaschinen und Thermodynamik, (2009). TU Graz

[25] Winklhofer, E., Fuchs, H., Fraidl, G.K.: Optical research engines – tools in gasoline engine development? Proc. Inst. Mech. Eng. D 209, 281–287 (1995)

[26] Gärtner, U., Oberacker, H., König, G.: Analyse der Brennverläufe moderner NFZ Motoren durch Hochdruckindizierung und Verbrennungsfilmtechnik. 3. Internationales Indiziersymposium, AVL Deutschland, 21.–22. April. (1998)

[27] Ipp, W., Egermann, J., Schmitz, I., Wagner, V., Leipertz, A.: Quantitative Bestimmung des Luftverhältnisses in einem optisch zugänglichen Motor mit Benzindirekteinspritzung. In: Leipertz, A. (Hrsg.) Motorische Verbrennung BEV, Bd. 2001.1, S. 157–172. Erlangen (2001)

[28] Willert, C.; Röhle, I.; Beversdorff, M.; Blümcke, E.; Schodl, R.: Flächenhafte Strömungsgeschwindigkeitsmessung in Motorkomponenten mit der Doppler Global Velocimetrie. Optisches Indizieren, Haus der Technik, Essen, Veranstaltung Nr. H030-09-033-0, September 2000

[29] Winklhofer, E., Beidl, C., Fraidl, G.K.: Prüfstandsystem für Indizieren und Visualisieren – Methodik, Ergebnisbeispiele und Ergebnisnutzen. 4. Internationales Indiziersymposium, AVL Deutschland, 18.–19. Mai. (2000)

第26章 燃料消耗

工学博士 Peter Steinberg 教授，工学博士 Dirk Goßlau

降低燃料消耗和废气排放已成为近年来汽车开发的主要任务之一。除了法律要求之外，其原因还在于对化石能量载体的库存的更有意识的处理以及客户和汽车制造商的环保意识的提高。

尽管车辆重量增加或停滞在高水平，但近年来燃料消耗已显著减少，如图26.1所示。

CO_2排放直接取决于燃料消耗。它们的法律上的限制值由欧盟在EC条例443/2009中设定[2]，并于2014年进行了修订。因此，2020年对乘用车引入95gCO_2/km的限制。到2020年，各汽车制造商车队中最有效的95%必须满足这个限值，从2021年起，车队的100%必须达到这个限值。此外，该值取决于车辆质量。它的计算方法为：

$$m_{CO_2}[g/km] = 95 + 0.0333 \cdot (m_{Fzg.} - 1372kg)$$

式中，1372kg代表了欧盟新的道路交通中乘用车的平均质量，这个数值要与2020年前最近几年的平均值相匹配。CO_2限值的质量依赖性如图26.2所示。

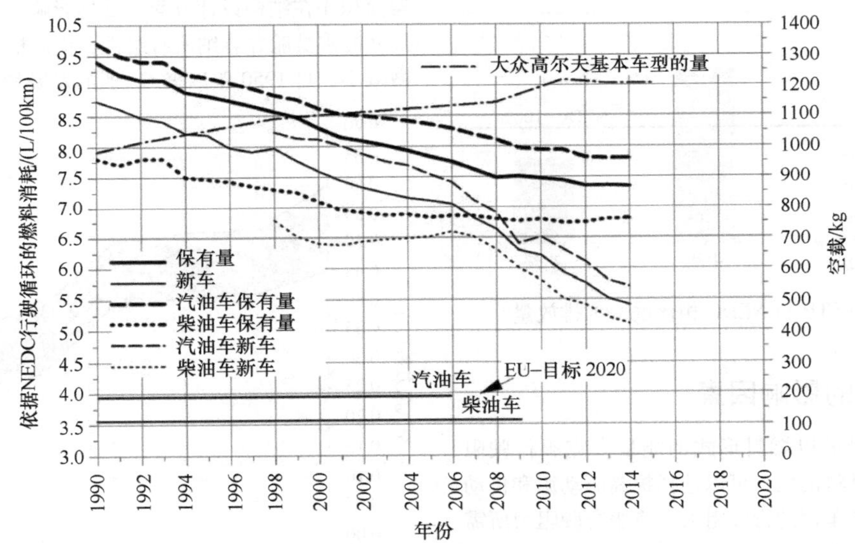

图26.1 在德国注册的乘用车和旅行车的燃料消耗和整备质量的发展情况（数据根据参考文献［1］，有所扩展）

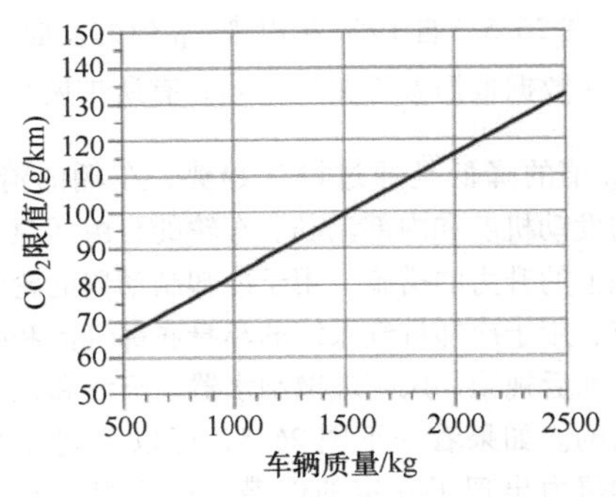

图26.2 2020年起车辆质量与CO_2车队排放限值的相关性

目前正在讨论进一步降低2021年之后的CO_2排放限值。

目前（2016年），在转鼓试验台上按照NEDC（新的欧洲驾驶循环，Neuer Europäischer Fahrzyklus）确定CO_2排放。WLTP循环（全球统一的轻型车辆试验程序，Worldwide Harmonized Light - Duty Vehicles Test Procedure）具有比NEDC更强的加速度、更高的最高速度和更长的持续时间，可能从2017年开始强制实施，如图26.3所示。

尽管在WLTP中，发动机的运行工况点向更高的负荷和转速移动，但根据目前的知识，预计不会有额外的消耗，如图26.4所示。这主要是由于将运行工况点转移到更高的负荷，从而在特性场中位于比燃料消耗更低的区域，以及在发动机暖机的情况下更长的运行时间和稍微更快的发动机预热。此外，实际车辆质量在 WLTP 中的映射比在 NEDC 中更真实。手动变速器的换档点不再固定，而将来会考虑发动机的特性。WLTP 转鼓测量应该通过在公共道路上的排放测量［即所谓的 RDE（实际驾驶排放，Real Drive Emissions）］来补充。

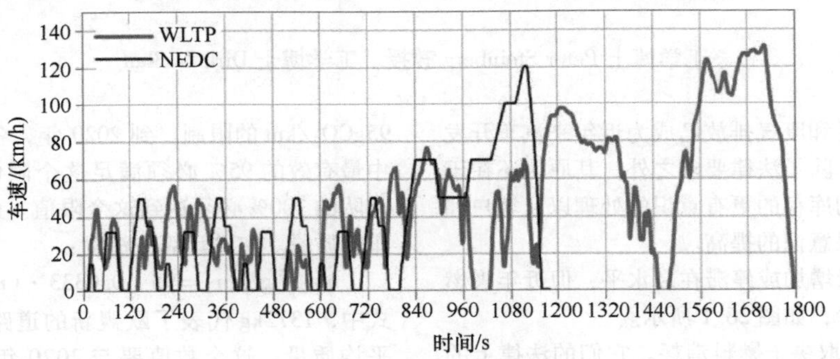

图 26.3　NEDC 和 WLTP 的速度 - 时间变化曲线

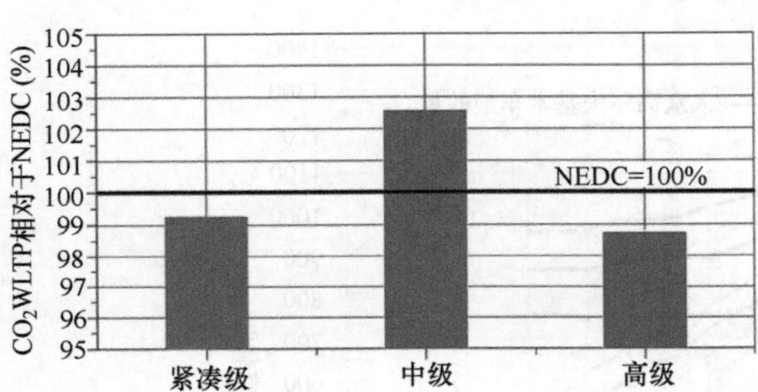

图 26.4　WLTP 与 NEDC 相比的 CO_2 排放量

26.1　一般的影响因素

需要一定量的以燃料形式的能量来克服行驶阻力。为了降低燃料消耗，可以选择提高驱动源和传动系的效率和降低车辆的行驶阻力。克服行驶阻力所需的牵引力计算如下：

$$Z = F_L + F_R + F_\alpha + F_a$$

式中，F_L为空气阻力；F_R为车轮或滚动阻力；F_α为爬升阻力；F_a 为加速阻力。

26.1.1　空气阻力

空气阻力随着流入速度的平方而增加，即在从前面纵向流动的情况下，随着行驶速度的平方而变化：

空气阻力：$F_L = C_D \cdot A \cdot 0.5 \cdot \rho_L \cdot v^2$

式中，C_D 为空气阻力系数；ρ_L为空气密度；v 为行驶速度；A 为横向面积。

其中，需要注意的是，克服空气阻力所需的功率是阻力和速度的乘积。因此，速度对所需的驱动功率具有立方效应。

作为形状因子的 C_D 值和作为尺寸因子的横向框架面积 A 在结构设计方面会受到影响。为了实现一定尺寸的乘员舱并容纳所有组件，横向框架面积只能略微减小。自 1950 年以来 C_D 值的发展如图 26.5 所示。

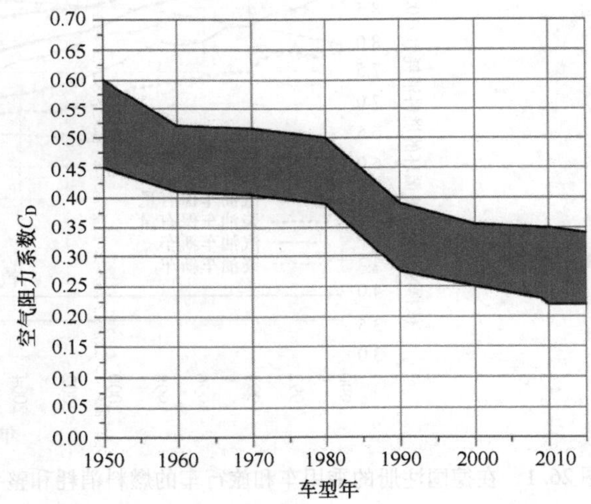

图 26.5　自 1950 年以来 C_D 值的发展
（数据根据参考文献［3］，有所扩展）

C_D 值的降低是通过设计趋势、车辆的清晰度、必要的发动机舱和内部流动、车轮的自由间隙、抵消两个轴上的升力的措施、用于冷却制动器的轮胎空间的气流、用于冷却排气系统的车身底部气流和必要的附件，如后视镜、风窗玻璃刮水器、天线和把手设置来限制的。如果看一下图 26.5，可以看到降低阻力系数的努力出现了一定的停滞。对于相应的后续车辆，这通常会导致空气阻力的增加，因为横向框架面积通常更大。虽然新的欧洲驾驶循环（NEDC）仅以

33.2km/h 的平均速度行驶，但 C_D 值对燃料消耗非常重要。因此，可以假设，C_D 值降低 10% 会导致 NEDC 中的燃料消耗减少 2.5%。

图 26.6[4] 显示了通过单独的措施在 C_D 值方面可能的实际改进。后部提供了高尔夫级两厢车的最大燃料消耗潜力。在这里，可以在 NEDC 中实现 4.7% 的燃料消耗的改善。底盘上的更多措施，例如光滑的底面、后扩散器和车轮区域的流动优化，产生了类似的消费潜力。使用百叶窗或挡板将通过散热器的流量降至最低，可带来约 1.6% 的消耗优势，而在没有外部安装后视镜的 A 柱区域采取措施可再减少 0.8% 的消耗。

图 26.7 显示了从 2015 年开始的梅赛德斯－奔驰 IAA 概念研究。通过可扩展的后端和根据离心力关闭的车轮装饰（大约 80km/h 起），根据参考文献［5］，C_D 值从 0.25（图片上方）降到 0.19（图片下方）。

未来现实的 C_D 值的下限目前认为是 0.2。

图 26.8 显示了 C_D 值对最高速度和燃料消耗的影响。

措施		ΔC_D	C_D =0.32 时的 Δb_e
后部		0.06	4.7%
底盘	光滑的底部	0.015	1.2%
	后扩散器	0.025	2.0%
	车轮	0.02	1.6%
冷却器		0.02	1.6%
A 柱和反光镜		0.01	0.8%

图 26.6 降低初始阻力系数为 0.32 的两厢车的 C_D 值的可能措施，从而在 NEDC 中实现油耗的改进[4]

图 26.7 梅赛德斯－奔驰 IAA 概念车（参考文献［5］，有所扩展）

26.1.2 质量

在加速和上坡行驶时，车辆质量起着重要的作用。其中，车辆质量与行驶阻力呈线性关系。

爬升阻力：

$$F_\alpha = m \cdot g \cdot \sin\alpha$$

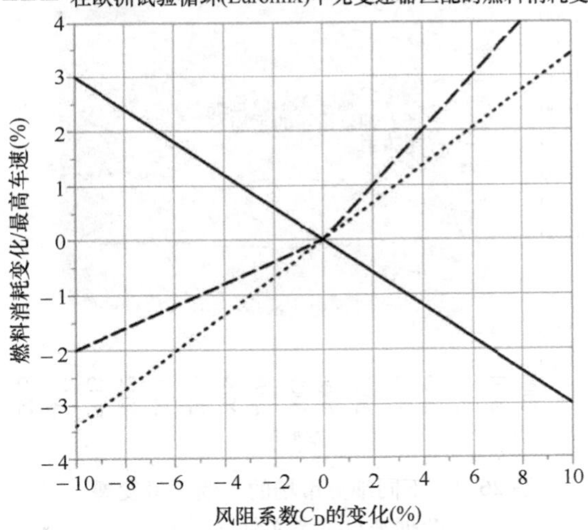

图 26.8 C_D 值对最高速度和燃料消耗的影响（数据根据参考文献［6］）

加速阻力：

$$F_a = e_i \cdot m \cdot a$$

旋转质量系数：

$$e_i = \frac{\Theta_{\mathrm{Red}_i}}{m \cdot R_{\mathrm{dyn.}}^2} + 1$$

式中，g = 9.81m/s^2；m 为车辆质量，包括有效载荷；α 为道路坡度角；Θ_{Red} 为修正的转动质量的转动惯量；$R_{\mathrm{dyn.}}$ 为动态轮胎半径；i 为所要考虑的档位。

除少数例外，平均车辆质量仍在高位增加或停滞。其原因一方面是对舒适性要求的提高，例如用于窗户、天窗、后视镜和座椅的电动执行器，以及更高水平的空调、座椅加热和动力转向设备。另一方面，过去 30 年开发的安全装置，例如驱动和制动滑移调节系统、行驶动力学调节、主动减振器和防倾杆、安全气囊和安全带张紧器等，都增加了车辆质量。向更强大的发动机化以及传动系统中相关的大量部件的趋势与增加质量的柴油机的应用增加具有相同的效果。通过提高碰撞安全性和相应的附加车身结构会进一步增加质量。此外，混动化程度也在增加。在这里，电机和电池带来了额外的质量。图 26.9 显示了近年来各种车型的质量发展。

通过质量增加，需要更强大（更重）的发动机才能获得相同的驾驶性能，人们会发现处于质量漩涡中。有很多方法可以扭转质量漩涡。通过智能的轻量化结构和用轻金属（主要是铝合金）替代钢，减轻

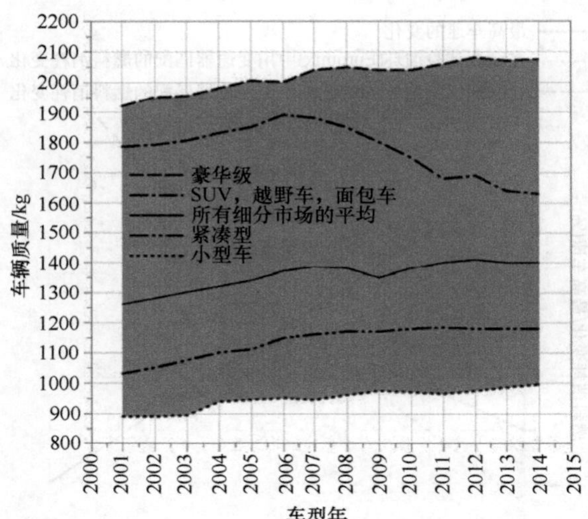

图 26.9　不同细分市场的车辆质量发展
（数据来自参考文献［7］）

了车身和车轮悬架总质量的很大一部分。采用一致性的设计，还应使用功率较小的增压发动机，除了减轻整个传动系统的质量外，还会导致运行工况点转移到平均压力较高的区域。这些方案设计作为标配提供（参见 26.2.1 节）。

每减轻 100kg 的质量，燃料消耗可减少 0.15 ~ 0.2L/100km（NEDC）。

在 HYZEM 驾驶循环中，由于高的行驶动力学，车辆质量起着重要的作用，可以假设，质量减轻 10% 会导致燃料消耗减少约 5%。

26.1.3　车轮阻力

车轮阻力由轮胎与路面接触时的变形、轴承摩擦造成的损失、潮湿路面上的水流产生的浪涌阻力以及前束力和侧向力阻力组成。滚动阻力占最大份额。它大致由车辆重量和滚动阻力系数得出，其中总结了轮胎上产生的阻力。

滚动阻力：

$$F_R = f_R \cdot F_G$$

式中，f_R为滚动阻力系数；F_G为车辆重力。

滚动阻力系数的数量级从 0.008 ~ 0.04，取决于轮胎类型、路面和速度。降低滚动阻力的方法可以在针对特殊的行驶阻力优化的车型中找到，几乎每个主要的制造商都提供这种方法。由于滚动阻力的急剧下降与驾驶舒适性和抓地力的下降有关，尤其是湿抓地力，低滚动阻力轮胎的消耗潜力无法得到充分发挥。除了改变材料组合外，还必须减小轮胎宽度并增加充气压力。

随着气压的增加，轮胎的挠曲功减少。这样，当气压每增加 0.5bar 时，乘用车轮胎的滚动阻力系数可以降低 25% 左右。

滚动阻力系数随着行驶速度的增加而增加。

滚动阻力系数：

$$f_R = C_0 + C_1 \cdot v + C_2 \cdot v^4$$

式中，C_0、C_1、C_2为轮胎特定常数；v 为行驶速度。

橡胶化合物的选择会影响轮胎的滚动阻力，从而影响燃料消耗。其中，通过改变胎面的材料可以实现最大的影响。这里，低阻尼化合物可以将滚动阻力减少多达 35%。对于其他轮胎部件，例如胎侧和胎圈区域，通过材料变化的改进仅在 1% ~5% 的范围内。

与传统轮胎相比，尺寸为 195/65R15 的市售节能轮胎的燃料消耗优势是在三个恒定行驶点（50km/h、100km/h 和 130km/h）下确定的。其中，根据制造商的不同，给出平均的燃料消耗的优势为 0 ~ 0.29L/100km[8]。

对于日常使用，ADAC 估计具有优化滚动阻力的轮胎的油耗优势可达 0.15L/100km。每年行驶 15000km，即节省 22.5L 燃油。

目前（2016 年）估计，量产轮胎的滚动阻力可以降低到 0.006 左右。其中，轮胎直径也起着重要的作用。随着直径的增加，轮廓进入接触面的角度减小，从而减少了主要导致滚动阻力的弯曲功。

26.1.4　燃料消耗

综上所述，各种因素对行驶里程 - 燃料消耗的影响如图 26.10 所示：

$$B_e = \frac{\int b_e \cdot \frac{1}{\eta_a} \cdot \left[\begin{matrix} \left(m \cdot f_R \cdot g \cdot \cos\alpha + \frac{\rho_L}{2} \cdot C_D \cdot A \cdot v^2 \right) + \\ m \cdot (e_i \cdot a + g \cdot \sin\alpha) \end{matrix} \right] \cdot v \cdot dt}{\int v \cdot dt}$$

此外，还有驻车时的怠速消耗（约 0.5 ~ 1L/h）和耗电设备的持续或偶尔消耗功率，达到 kW 级范围。在图 26.11 中可以找到示例。车辆静止时怠速的比例随着起动/停止系统更多的引入而减少，然而，起动/停止系统仅在某些条件下（环境温度、发动机预热行为、IHKA 要求、车辆电池充电状态）才有效，以及也可以由驾驶员关闭。

目前，中档车的装机电功率约为 3.5kW，豪华车的装机电功率约为 5kW。在大约 560W 的电功率（电压 = 14V，电流 = 40A）下，内燃机的特性场中，导致为车辆电气系统提供电能的最大总效率为 26%，如图 26.12（见彩插）所示。在特性场的大面积区域，效率明显更低。

目前常用的三相发电机的替代品是曲轴起动发电机，图 26.13 列出了其燃料消耗潜力。

参数	单位	参数	单位
B_e单位行驶距离燃料消耗	g/km	m 车辆质量	kg
b_e比燃料消耗	g/kW · h	f_R滚动阻力系数	—
η_{tt}动力总成效率	—	g 重力加速度	m/s^2
α 道路坡度角	°	v 车速	m/s
ρ_L空气密度	kg/m^3	e_i i 档旋转质量因子	—
C_D空气阻力系数	—	a 纵向加速度	m/s^2
A 横向框架面积	m^2	t 时间	s

图 26.10 参数和单位

消耗者	功率需求	消耗者	功率需求
后窗加热	0.12kW	车载显示器	0.15kW
前窗加热	0.3kW	音响系统	0.2kW
刮水器电动机	0.1kW	车载电脑	0.15kW
车外照明	0.08 ~0.16kW	换气扇	0.1kW
控制器供电	0.2kW	ABS/FDR - 泵	0.6kW
燃料泵	0.06kW	冷却器风扇	0.2kW
汽油喷射	0.06kW	**总和**	**2.4kW**

图 26.11 乘用车内用电器的耗电量

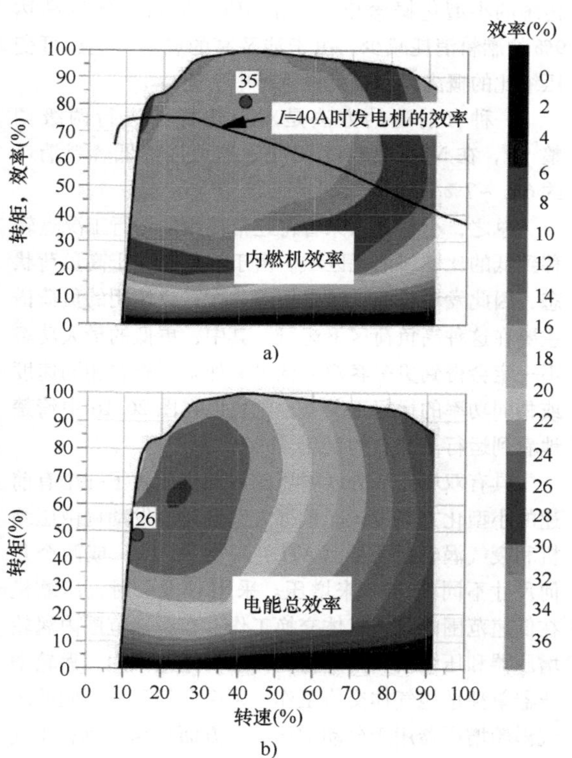

图 26.12 a）内燃机（汽油机）效率特性场和发电机效率曲线 b）提供电能的总效率特性场（无传动带损失）

功能/特征	总的节省潜力
起动 - 停车（ECE 循环）	约 15%
效率提升/42V 车载电源	
制动能量回收	
助推器运行	

图 26.13 通过曲轴起动发电机降低消耗的潜力（数据根据文献［9］，有所扩展）

此外，如果发电机主要在车辆的推力运行模式下工作，则可以提高提供电能的平均效率。多年来，该选项已被多家 OEM 作为标配提供。

26.2 发动机措施

图 26.14 显示了现代汽油机和柴油机的特征值。目前柴油机的比燃料消耗明显优于汽油机。

柴油机的功率重量比通常比汽油机更高，并且需要更复杂的废气净化。由于各种优点和缺点，这两种方法将在未来在最适合它们的应用环境中继续使用。在燃料消耗方面，现代柴油机优于汽油机，尽管汽油机比柴油机具有更大的潜力。这是通过完全可变的配气机构和直接喷射、小型化、曲轴起动发电机、减少摩擦功率、可变压缩、可变排量（包括气缸停用）、喷水和可变涡轮几何形状的增压，估计可以实现燃料消耗减少约 25% ~30%。通过这种方式，可以实现比当前采用直接喷射的增压柴油机更低的比燃料消耗。柴油机的燃料消耗减少潜力估计在 15% ~20% 左右。这里的目标引导的措施也包括曲轴起动发电机、最小化摩擦功率、改善混合气形成（参见 26.2.2 节）以及通过进一步提高增压空气压力进行增压。

发动机类型		最大转速/(r/min)	最大压缩比 ε	最大平均压力/bar	升功率/(kW/L)	最佳工况点燃料消耗/(g/kW·h)
乘用车汽油机	自然吸气	到 9000	到约 12.5	到约 15	100	最低 225
	增压	到 8500	到约 12	到约 30	到约 125	最低 225
摩托车汽油机		17000	到约 13	到约 14	50 ~150	没有给出
乘用车柴油机（直喷）	自然吸气	到 5000	到约 20	到 9	到约 30	约 210
	增压	3500 ~4500	16 ~21	到约 27	到约 105	约 205

图 26.14　汽油机和柴油机特性数据对比

26.2.1　小型化和调整大小

通过提高平均压力，可以在相同排量的情况下增加有效功率。对此有用的措施是增压。现代自然吸气发动机已经具有相对较高的平均压力，如果不进行增压就很难增加。使用更小的排量，可以获得与使用更大发动机相同的功率数据。更小的发动机具有更低的比摩擦功率，并且在冷起动后升温更快。通过运行工况点的变化和更高的平均压力，可以以相同的功率要求进入热效率更高的区域，即通常在更高的负荷和更低的转速下。例如，在柴油机中，增加喷射压力会导致平均压力的增加。根据参考文献［10］，将喷射压力从 600bar 增加到 1000bar 会导致平均压力增加 17%，而比燃料消耗相同。如今的系统已经达到超过 2000bar 的压力。过去，由此产生的平均有效压力的增加主要用于提高相同排量的功率。然而，真正的小型化概念已经投放市场多年，这在很大程度上要归功于客户偏好和政治冲动的改变。

在汽油机中，可以通过提高压缩比来提高热效率。由此产生的燃料消耗的改善如图 26.15 所示。

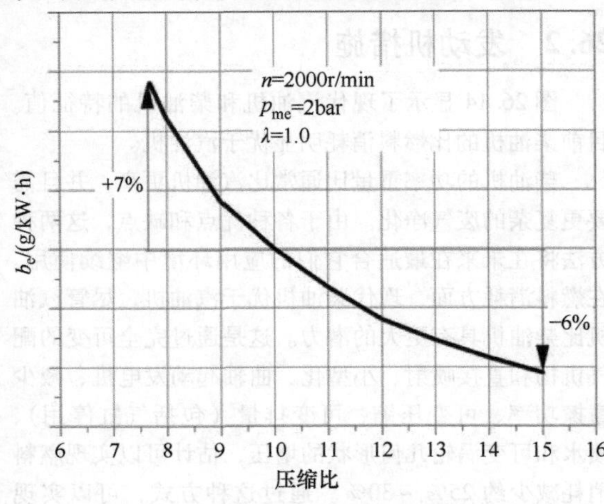

图 26.15　压缩比对比燃料消耗的影响[11]

然而，为了避免爆燃，压缩比在全负荷时被限制在 $\varepsilon\approx12\sim13$（进气歧管喷油器）。在部分负荷下，可达到 $\varepsilon=15$ 的相当高的压缩比。压缩比的变化对于优化是合乎需要的。对此，如果在这里调整压缩比，就可以避免增压发动机在部分负荷范围内的效率下降。然后可能的高增压再次提高了热效率。已实现的方案通过偏心调节或所谓的单头（包括气缸和气缸盖）的倾斜来使曲轴偏移。根据参考文献［12］，与传统的小型化概念相比，在 NEDC 时可以实现高达 9% 的燃料消耗减少。由于涉及高的成本，上述可变压缩比的概念尚未在批量生产中实施。

一种有前途的方法是对上连杆孔进行两级调整[12]，在 NEDC 和 WLTP 下，这可以降低燃料消耗约 6% ~7%。

总之，小型化意味着将经常使用的运行工况点转移到低的比燃料消耗区域。由于该范围处于高负荷状态，因此发动机的设计必须使其在客户使用的负荷谱主要在这种高负荷区下运行。其中，更低的最大功率不一定会得到更多客户的认可。如果要查看相同速度或相同功率的运行工况点，则可以在图 26.16 中清楚地看到运行工况点的变化。

具有双增压或分动增压的内燃机代表了一个有前途的小型化方案设计。根据方案设计，发动机由压缩机和废气涡轮增压器（ATL）（图 26.17）或两个几何尺寸不同的 ATL 来增压。采用双增压时，压缩机在低速范围内承担气体交换工作，在中速范围内涡轮增压器和压缩机共同运行，而在高速范围内，涡轮增压器单独承担气体交换工作。两个几何尺寸不同的废气涡轮增压器用于分动增压，一方面是涡轮机和压气机直径较小的废气涡轮增压器，另一方面是叶轮直径明显更大的废气涡轮增压器（图 26.18）。其调节方式类似于双增压。小型废气涡轮增压器接管了低速范围。然后在较小的范围内两个 ATL 一起工作，在高速范围内，更大的 ATL 再次自主工作。具有两个废气涡轮增压器的方案设计的优势主要在于动态运行。通过分成两个增压单元可显著地加快增压压力的建立。这两个方案设计都可以在量产开发中实现。同时，市场上还有带有 3 或 4 个废气涡轮增压器的发动机。

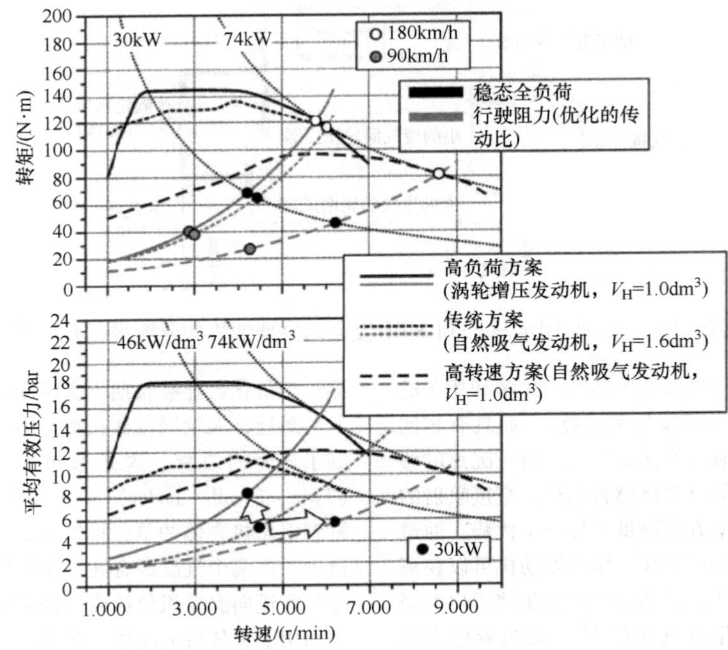

图 26.16 通过不同发动机方案设计实施运行工况点的移动[13]

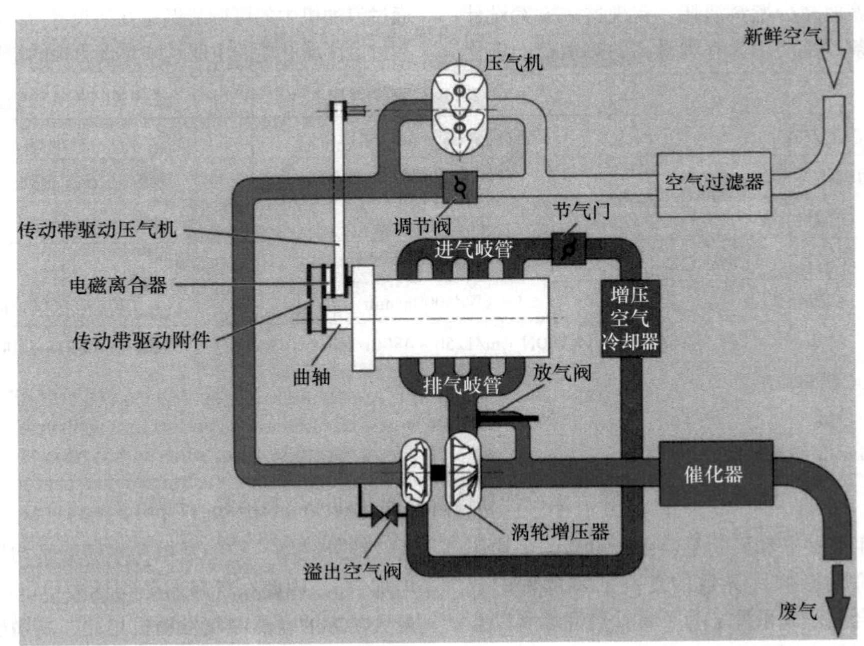

图 26.17 大众公司大众高尔夫 GT 1.4L 四缸直列直喷汽油机的双增压[14]

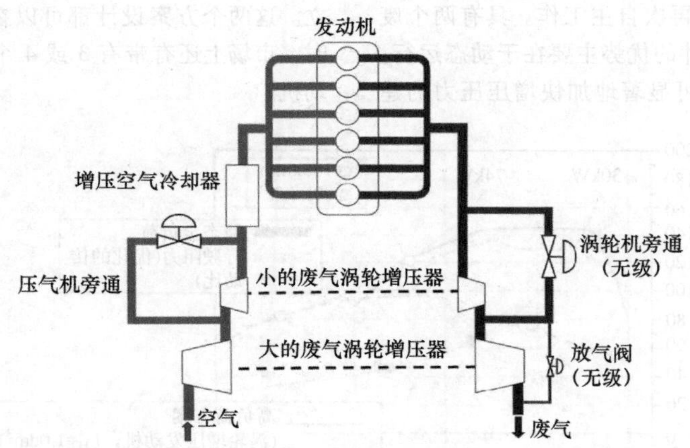

图 26.18 宝马集团宝马 535d 3.0L 直列六缸柴油机的分级增压原理[15]

通过这个方案设计可以有效地减少排量和相关的整个发动机几何形状（摩擦功率优势），而具有相同的有效功率。此外，通过前面提到的运行工况点的移动，可以节省相当一部分的比燃料消耗。直接喷射的涡轮增压发动机在效率方面提供了另一个优势。通过直接喷射时改进了的内部冷却，增压发动机可以在高的压缩比下运行。此外，发动机可以主要使用化学当量比或超化学当量比混合气运行[14]。通过容忍大约 1050℃的废气温度，可以最大限度不采用加浓运行。这可以通过在废气涡轮增压器中使用耐高温材料来实现。这可以显著地减少燃料消耗。实现这一方案设计的另一个先决条件是使用具有承受高的热负荷的催化器，该催化器能够长期承受不断升高的废气温度。

最近，涡轮增压器在瞬态运行中的响应特性也得到了显著的改善。这是通过所谓的双涡管增压器（Twin - Scroll - Lader）来实现的，它可以实现从气缸到涡轮机壳体的单独排气管道。其中，在四缸发动机中，每两个气缸组合在一条排气管上。与仅用一个排气管道向涡轮机供给废气的系统相比，该原理更好地利用了废气流的动能。图 26.19 显示了当前小型化方案设计与自然吸气发动机相比的燃料消耗。

目前，响应特性和增压压力调节的进一步改进正在通过汽油机中的可调节涡轮几何尺寸（VTG）以及通过在过渡区域叶轮的电驱动来实现更快的增压压力建立。

	宝马 X1 28i 4 缸涡轮增压	宝马 X1 28i 6 缸自然吸气
燃烧方式	汽油机直喷、涡轮增压	汽油机
发动机结构形式	4 缸直列	6 缸直列
排量	1.995cm^3	2.996cm^3
压缩比	11:1	11:1
功率	180kW/5000r/min	190kW/6600r/min
转矩	350N · m/1250 ~ 4800r/min	310N · m/2600 ~ 5000r/min
NEDC 燃料消耗	7.9L/100km	9.4L/100km
v_{max}	240km/h	230km/h
0—100km/h 加速时间	6.5s	6.4s

图 26.19 小型化方案设计和传统方案设计的燃料消耗的比较[16]

小型化的主要缺点和风险是：由于更高的平均压力（对使用寿命的影响）导致的更高的零部件的载荷、复杂的混合气形成系统、为了有针对性地和以有效的方式燃烧而带入更多的充气质量、更大的调节努力、负荷变化特性（响应）和最终客户接受的复杂的协调性，特别是在中级和更高级别的车辆中。

此外，增压组的摩擦功率随着平均压力的增加而增加[17]，因此在较高的平均压力下，与具有相同的最大功率的自然吸气发动机相比，高增压发动机在燃料消耗方面存在劣势。根据驾驶员的行为，这也清楚地反映在道路上的实际燃料消耗中。

目前（2016 年）可以预见，在与具有更低增压压力的更大排量发动机相同的功率和转矩下，通过更高的增压压力同时增加平均压力，进一步减少排量将会达到极限。特别是瞬态转矩的建立和已经提到的摩擦功率几乎不能甚至根本不能进一步改善燃料消耗。

26.2.2 降低转速

通过稍微增加排量和调整配气定时，使进气门提前关闭（另见26.2.6节），并且排气门尽可能长时间保持打开状态，可以减少气体交换回路并且可以更好地利用高压回路[18]。因此，采用高增压的小型化方案设计的摩擦功率的缺点可以随着负荷的增加而得到补偿，如图26.20所示。在这种关系下，也称之为调整大小。在此上下文中也提到了调整大小。

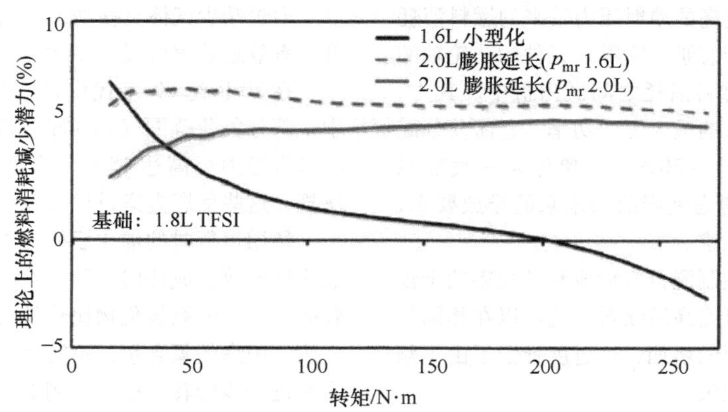

图26.20 1.6L小型化与2.0L膨胀延长的理论上的燃料消耗潜力的比较[18]

小型化的逻辑结果是调整总传动比（另见26.3节）。其中，选择较长的总传动比，以便发动机的运行工况点转移到在相同的行驶功率下具有更高的平均压力和更低的转速的工况点。对此，原则上，这可以更接近具有更好比燃料消耗的特性场区域。此类方案设计已在20世纪80年代量产［例如奥迪中压发动机、宝马eta发动机、最高档位的超速特性以及多家制造商的超速级（Overdrive - Stufen）］，但是，由于当时的原材料（矿物油储量）情况和原材料成本还不是太严格，因此产量相对较小。

为了降低燃料消耗而不采取增压或增加排量等补偿措施的降速也称为柴油机化。这会使车辆的加速能力变得更低。此类策略适用于配备自动变速器的车辆，并作为标配提供。如果驾驶员属于经济型的，则变速器控制单元会很早就换档。如果驾驶员需要更多的动力学性能，升档将会变晚，并且会暂时放弃低速方案设计。在手动变速器车辆的情况下，需要在客户对加速能力和燃料消耗效果的接受度之间进行折中。

26.2.3 柴油机

柴油机燃烧的三个系统：预燃室方法、涡流室方法和直接喷射，在20世纪80年代末一直同时使用。自从在乘用车柴油机中引入直喷以来，预燃室和涡流室发动机越来越多地被取代。今天，新的乘用车柴油机只有直喷式的了。

与有副室的发动机相比，直喷式发动机的比燃料消耗降低量可高达15%，这主要是由于不分隔的燃烧室（也位于活塞顶部）的热损失更低，以及由于取消了在副室与主燃烧室之间流动。有副室的发动机的有效效率约为36%，而直接喷射的发动机的有效效率为43%。与有副室的发动机相比，其缺点是更陡峭的压力升高（噪声）和更高的NO_x排放。

通过少量的预喷射或定时喷射以及通过循环选择性和气缸选择性喷射量调制，可以实现更柔和和更均匀的燃烧过程。其先决条件是喷射系统能够快速、很大程度上自由地控制喷嘴以及从燃料高压供应到喷嘴的波动特性的复杂的调整。这是通过共轨、泵－喷嘴－系统、电磁阀控制的分配泵以及越来越多地通过在喷油器中使用压电式执行器来实现的。前两个系统使用燃料的压力存储。所需的喷射量取自压力存储器。使用泵－喷嘴－系统时，存储仅限于凸轮轮廓给定的曲轴转角窗口，而共轨系统则持续提供高的系统压力。两种系统均在1000～2500bar的峰值压力下工作。与以前的系统相比，较高的喷射压力具有以下效果：

- 更高的油束速度，更远的射程。
- 通过更多的反应表面和更好的分布，更早地形成混合气。
- 更小的平均液滴直径，更多的反应表面。
- 更强烈的混合气形成。
- 更快的蒸发。

- 更快的混合气分布。
- 更高的转化率。
- 混合气云的更高程度的均质化。
- 更短的燃烧持续期。
- 更好的（内部）碳烟氧化，更小的颗粒。

由于这些优点，其趋势是朝着更高的喷射压力发展。然而，必须在通过高的喷射压力带来的燃料消耗优势与通过高压泵或带有泵－喷嘴－元件的凸轮轴的驱动功率带来的额外燃料消耗之间做出折中。其中，共轨系统具有最低要求的最大驱动功率。它需要分配泵驱动功率的大约40%～50%，或单体泵－喷嘴系统驱动功率的20%。考虑到当前和未来的排放要求，可以假设仅使用共轨系统。

由于在燃烧室中控制混合气形成和转化率的干预的可能性更大，采用可变高压喷射系统可以在相同的比燃料消耗下实现转矩的增加，这过度补偿了由于额外需要的驱动转矩的损失。

可以使用可变的喷嘴几何形状来实现预喷射或喷射量调整。也越来越多地使用所谓的压电式喷射器，它允许对多达五次预喷射、一次主喷射和一次后喷射的燃料进行必要的快速和精确计量。

为了挖掘高压喷射系统的潜力，需要电子发动机管理（Digitale Diesel Elektronik，数字柴油机电子设备，DDE），它根据运行工况点控制喷射量和喷射时间点。进气道的几何形状也必须与相应的喷射系统和喷嘴的几何形状相匹配，以确定流动过程，从而在燃烧室中形成混合气过程。

26.2.4 汽油机

稀燃方案设计，直接喷射

在汽油机中，与全负荷相比，在部分负荷范围内明显更高的比燃料消耗可以通过过量空气运行来降低，即稀薄运行或分层充气。原因如下：

- 通过在相同平均压力下更高的空气需求，部分去节流，减少气体交换功。
- 通过增加等熵指数来提高热效率。
- 通过降低壁面区域的混合气密度来减少壁面热损失。

稀燃受限于：

- 点火极限（稀薄燃烧极限）。
- 由于局部不同的混合气成分导致的不完全燃烧。
- 由于燃烧中心的移动、失火导致的循环波动。
- 燃烧减速。

在稀薄运行中，由于空气过剩，总充气质量增加，从而导致压缩终了压力和温度的升高。然而，释放的热量提供给更多的充量；这降低了平均的过程温度。更多的充量质量和更大的温度扩散这两种效应都会导致等熵指数 κ 的增加，从而提高热效率。

这定义为：

$$\eta_{th}=1-\varepsilon^{1-\kappa}$$

式中，ε 为压缩比；κ 为等熵指数。

通过减少气体交换功，根据运行工况点和稀释程度，有效总效率可提高多达4%[7]。

在20世纪80年代设计制造的试验研究发动机中，部分负荷范围（通常的FTP和ECE循环）的燃料节省潜力可高达15%。然而，由于更严格的排放法规，这些稀燃方案设计没有得到进一步的成果。

稀燃运行时的催化后处理不会对碳氢化合物和一氧化碳排放造成任何问题。然而，由于燃烧气体温度较高，产生的氮氧化物比化学当量比运行时更多，由于废气中高的氧含量，不能完全减少氮氧化物，因此需要进一步的转化措施，例如 NO_x 存储式催化器。

与汽油直喷相结合，可以更好地利用稀燃运行的潜力。其优点是：

- 取代量调节，采用质调节减少/消除节流损失。
- 通过适当的喷射射束位置和喷射量与强制的空气流动相关的充量分层相结合。
- 负荷变化时更好的动态性能，消除了由于进气歧管充填和燃料壁面油膜而导致的延时。
- 通过气缸中的燃料蒸发对进气进行内部冷却，从而可以采用更高的压缩比（增压），从而可能提高热效率（延长爆燃极限）。
- 减少全负荷加浓。
- 空气比与不同的运行工况点相匹配，如图26.21所示。

关于通过汽油直喷减少燃料消耗的一般的信息几乎没有意义，因为这些信息取决于不同的变体和运行工况点。在部分负荷运行中存在显著的燃料消耗潜力，这是因为在分层充气的情况下可以采用较大的平均过量空气系数运行。在当前常规的欧洲、美国和日本的测试循环中，可以预测燃料消耗减少10%～15%。在全负荷运行中，通过化学当量比运行，由于更好的内部冷却而仅产生较小的燃料消耗优势。在此，可以减少全负荷加浓或增加压缩比。

通过部分负荷运行中为减少氮氧化物所必需的再生阶段来降低一部分燃料消耗。为此，发动机以低于化学当量比（浓混合气）短暂运行（几秒），以便在稀燃运行期间再次解吸结合在存储式催化器中的氮氧化物。在此阶段，催化器的工作方式与传统的三元催化器类似。

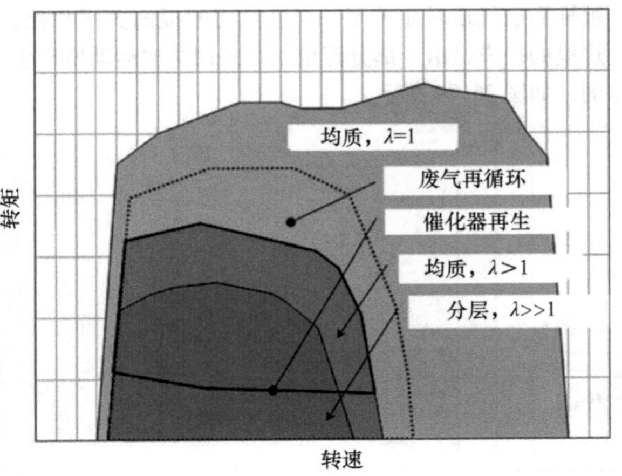

图 26.21 在汽油直喷中的策略

在增压发动机中，通过汽油直接喷射可以获得很大的优势。将燃料直接引入燃烧室以及相关的显著增加的内部冷却使得增压发动机能够以类似于自然吸气发动机的压缩比来运行，这导致热效率的显著提高。此外，通过使用耐高温的废气涡轮机，可以在很大程度上省去全负荷范围内的加浓。在全负荷下无须以低于化学当量比运行的发动机，就可以在这一区域实现巨大的燃料节省。进气歧管喷油器在全功率时以最高 $\lambda=0.7$ 的混合气运行，以控制通过内部冷却出现的热流。然而，化学当量比的全负荷运行的原理的前提是需要在整个燃烧室以及废气侧使用高度耐热的材料。

此外，汽油直喷的各个燃烧过程之间的比燃料消耗也存在差异。只有使用油束引导的方法才能实现最低的比燃料消耗，如图 26.22 所示。

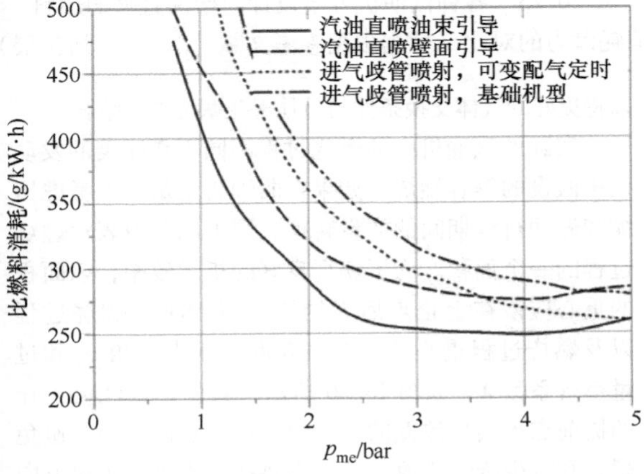

图 26.22 不同直喷燃烧过程的比燃料消耗（数据根据参考文献［19］，有所扩展）

图 26.23 显示了过渡到直喷汽油机时可能的燃料消耗降低。在较低的部分负荷范围内，燃料消耗的优势可以高达 35%，在全负荷范围内仍有 5% 的优势。图 26.23 显示壁面引导方法的燃料消耗潜力；而不带括号的数值适用于油束引导的方法，该方法更能实现直喷的理论上的燃料消耗的优势。

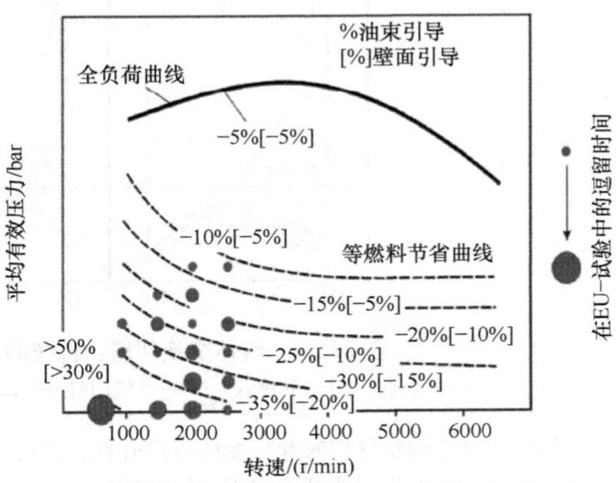

图 26.23 通过直接喷射节省燃料消耗[20]

26.2.5 HCCI 燃烧过程

缩写 HCCI 代表 Homogenous Charge Compressed Ignition，可以翻译为受控均质自燃。通过这种类型的燃烧，喷射到燃烧室中的燃料蒸发，在点燃之前已形成均匀的混合气，然后通过压缩和大量外部供应的残余气体量以受控的方式自燃。因此，这个燃烧过程代表了狄塞尔燃烧和奥托燃烧的结合。为了使用传统的奥托燃料实现自燃，需要大约 1000K 的温度。在当今常见的压缩比（$\varepsilon=9\sim13$）时仅仅通过压缩是无法达到这个高温的。因此，通过前一个循环的废气提高工作过程温度。自燃可以通过先进的引燃喷射来控制，类似于柴油机的共轨系统。这意味着可以为每个气缸单独设置燃烧重心和平均指示压力。在新的欧洲行驶循环（NEDC）中，与传统的燃烧过程相比，采用这种燃烧过程可节省约 3% 的燃料[21]。

26.2.6 可变配气机构

可变配气机构是影响气体交换和废气再循环从而减少燃料消耗和污染物的另一种可能性。

在部分负荷区域，可以通过调整进气门升程和开启持续时间以适应所需的新鲜气体量来实现部分去节流。对此，在怠速和接近怠速的区域，通过减小气门升程，运行特性得到改善。其原因是在狭窄的气门间隙处气体速度更高（高达声速），因而混合得更好，因此燃烧更均匀和更快。通过可能的怠速转速的下降，由于摩擦损失减少，因此存在额外的燃料消耗的潜力。

进气门开启持续时间有两种可能性：当达到必要的新鲜气体充量时提前关闭进气门和延迟关闭进气门。其中，进气门仅在压缩行程中，当不需要的充量被推回进气道时才关闭。与进气门的提前关闭相比，这里的损失是由于部分充量质量来回两次运动所产生的，如图 26.24 所示。

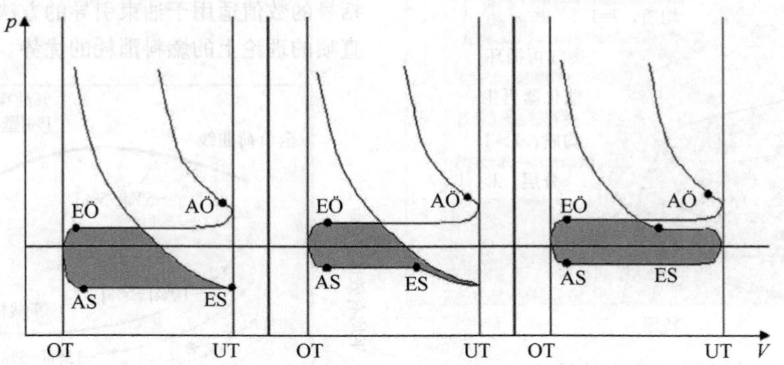

图 26.24　气体交换回路：传统的、提前关闭进气门和延迟关闭进气门

OT—上止点　UT—下止点　EÖ—进气门打开　ES—进气门关闭　AÖ—排气门打开　AS—排气门关闭

借助于可变的配气定时和可变的气门升程，还可以通过移动和扩大气门叠开来实现有针对性的内部废气再循环。其优点是新鲜充量的稀释和更好的混合。更好的混合具有以下效果：通过稀释显著地减少了氮氧化物排放，因为总的充量质量部分地由惰性废气所组成。其结果是燃烧气体温度下降，可用于形成氮氧化物的能量减少。然而，燃料消耗的优势被较低的燃烧气体温度，并由此更慢和更不均匀的燃烧部分地抵消了。

气缸停用也可以通过在几个工作循环内完全关闭各个气缸的进气门来实现。此外，如果气门控制能够以不同的方式控制每个气缸的两个进气门，则可以省略直喷汽油机通常需要的进气道中的涡流阀。

未来，汽油机将最有可能将可变气门控制和直接喷射的有利效果与分层充气方案设计和增压相结合。图 26.25 显示了与凸轮轴扩展状态相比的各种方案设计的燃料消耗的潜力。

在不久的将来，全可变配气机构方案设计也将变得越来越重要。这些主要包括机电的和电液的配气机构。通过对汽油机的气体交换进行这样的控制，可以节省大约 15% 的燃料[23]。

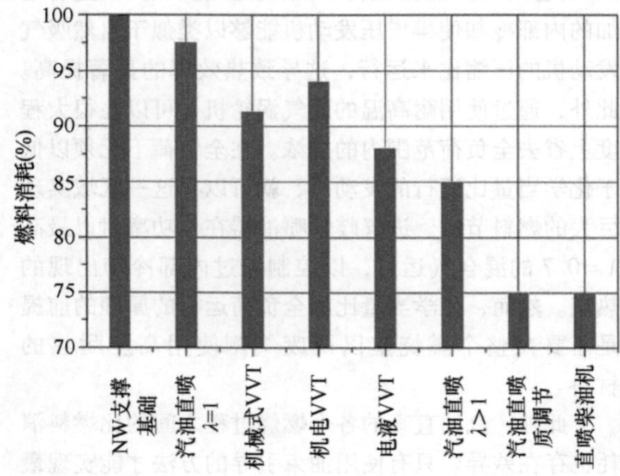

图 26.25　各种汽油机方案设计与柴油直喷的燃料消耗潜力的对比（数据根据参考文献［22］，有所扩展）

点火

需要快速、均匀的着火和高转化率来实现高的平均压力和良好的热效率。着火主要取决于火花塞的位置和火花传输的质量。一般来说，火花塞应该位于中心位置，以实现均匀的烧穿和较短的火焰传播路径，如图 26.26 所示。在使用四气门技术和二冲程发动机时，可以轻松实现中央火花塞位置。通过这种方式，可以将更好的气体交换条件与最佳火花塞位置相结合。

实际的汽油机中的燃烧过程不同于在完美的发动机中假设的等容燃烧。如果在曲轴转角量级上考虑压缩和做功行程期间的能量转换，则可以获得表示燃烧过程的一个面积。为了获得良好的指示效率，该面积的重心应该在上止点后大约 8°～10°KW。燃烧过程以及燃烧过程重心的位置主要取决于点火角 α_Z 和过量空气系数 λ，如图 26.26 所示。其中，最优化工作的提前点火会导致低的比燃料消耗，然而，为了避免爆燃和减少废气排放，通常需要在点火角向延迟方向上进行折中。最小燃料消耗出现在具有略微稀薄混合比的均质运行策略中。

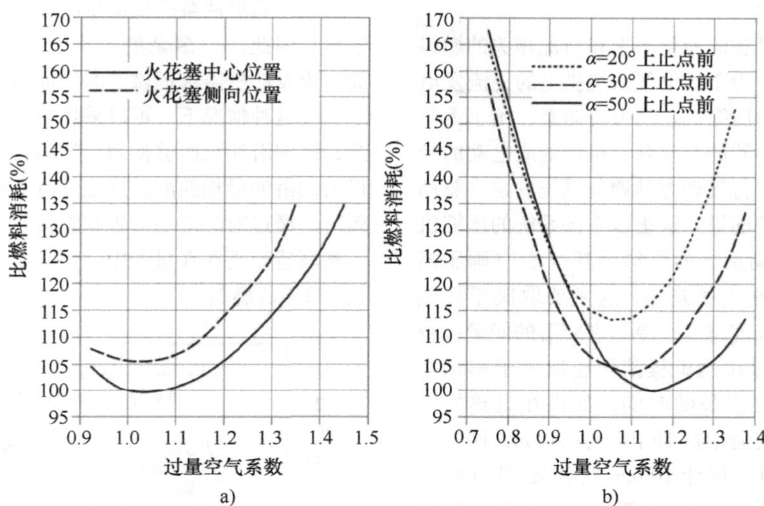

图 26.26　a）火花塞位置与 b）早点火和过量空气系数对燃料消耗的影响（根据参考文献［24］）

通过使用两个火花塞，可以在二气门和三气门发动机中进一步改善混合气的点火。它可以提供更多的点火能量，因此即使在关键的运行工况点，例如在怠速和废气再循环运行时，可以实现更均匀的燃烧，从而实现更低的循环波动。此外，实现了更快的烧穿，从而改进了热效率。可以更可靠地实现燃烧重心的最佳位置。在量产发动机运行中，与单个点火相比，燃料消耗减少了约 2%[25]。

此外，通过相位移动的双点火允许以这样的方式控制压力上升和压力变化曲线，从而可以降低燃烧噪声，而不会延迟点火和引起相应的效率损失。在量产发动机运行中，噪声可以降低 3dB（A）[25]。

26.2.7　气缸停用

如果观察一下汽油机的燃料消耗特性场（图 26.34），可以看到，特别是在低的发动机转矩或低的平均压力下，比燃料消耗可能是高的平均有效压力下最佳效率点区域的两倍以上。这种在低的平均压力下的燃料消耗劣势也是由其他因素造成的：

- 压缩比专为全负荷而设计。
- 进气门处低的流速。
- 由于几乎关闭的节气门，汽油机高的节流损失。
- 与所需的发动机功率相比，摩擦功率相对较高。
- 高的壁热损失。

对于具有大功率和转矩范围的大排量乘用车发动机，在城市交通或乡村道路上只需要发动机可用功率的一小部分。发动机的功率和转矩越大，其部分负荷范围内的发动机运行工况点就越低，这会导致高的燃料消耗。

26.2.7.1　减少燃料消耗的方案设计

气缸停用的基本思想是在部分负荷范围内增加各个气缸的转矩，以使这些气缸达到燃料消耗更好的运行工况点。为了弥补这一点，气缸被关闭。八缸和十二缸发动机特别适合气缸停用的方案设计。六缸和四缸发动机也已经量产。使用这些发动机，可以在低负荷和低转速要求时关闭一半的气缸。要关闭的气缸由发动机的点火次序给出，即使在关闭运行时也需要保持恒定的点火次序。在 V8 发动机的情况下，关闭每排中的两个气缸是有意义的，而在十二缸发动机中可以关闭一排。

应为节气门、喷射和点火提供大量的调节算法和预控制，以便在开启时不会损失舒适性。

26.2.7.2　部分负荷区域的燃料消耗的优势

图 26.27 显示了八缸所有缸运行的发动机和停用模式的平均压力变化曲线以及停用气缸的范围。气缸停用后的燃料消耗的效益根据运行工况点在 5% ~ 20%之间。

图 26.28（见彩插）显示了特性场中四缸发动机的燃料消耗的优势。当以恒定速度行驶时，此处可实现两位数百分比范围内的燃料消耗的降低，在 NEDC 中约为 0.4L/100km[27]。

八缸发动机的车辆（W220 5.0L）在 90km/h 和 120km/h 的恒速行驶中，燃料消耗分别降低了 15% 和 13%。在 NEDC 中，通过气缸停用使得燃料消耗降低了 6.5%[26,28]。

26.2.8 辅助设备

不应低估辅助设备的能量需求和与此相关的燃料消耗。这些包括用于为车辆电气系统供电的交流发电机、用于空调系统的压缩机、动力转向泵、用于无节流发动机中制动助力器的真空泵、机械的或电动的冷却液泵、油泵和用于行驶动力学调节系统的泵。驱动这些组件需要大量的能量。这里以空调系统的压缩机为例进行评估。空调系统的燃料消耗（由空调压缩机引起）可能会有很大的差异。这主要取决于环境温度。外部空气的温度越高，冷却它所需的能量就越多。以 L/100km 为单位的里程消耗还取决于车辆在 100km 的里程内需要多长的时间。如果在炎热的一天，在缓慢行驶的交通中在 1h 内行驶 20km，则空调需要大约 0.4L 燃料。预计 100km 将需要 2L/100km 的燃料消耗。然而，在高速公路上，每 100km 的燃料消耗可能会显著地下降，具体取决于行驶速度。每单位时间的燃料消耗保持恒定在 0.4L/h 左右。以平均速度行驶的平均距离和典型的德国气候为基础，可以假设车辆空调的消耗量约为 0.62L/100km；在平均燃料消耗为 8 ~ 12L/100km 时，这对应的份额为 5% ~ 8%[29]。

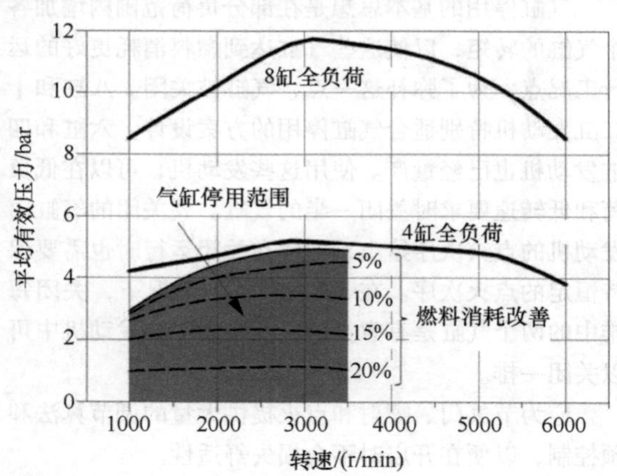

图 26.27 通过八缸发动机气缸停用带来的燃料消耗的优势（根据参考文献［26］）

润滑油泵是另一个能源密集型辅助设备。它通常由曲轴直接驱动，并提供与速度相关的润滑油的容积流量。油温为 140℃ 的热怠速通常用作设计点。在此运行范围内，需要大约 1.0bar 的润滑油压才能实现可靠的供油。发动机的润滑油压要求几乎随速度线性地增加。润滑油泵的油流量与其速度成正比增加，而通过发动机的润滑油流量基本上由与速度无关的流阻所决定。然而，发动机流量与润滑油压成正比，进而又取决于运行温度。尤其是在低温下，润滑油泵输送速度与发动机润滑油流量之间存在很大的差异。在这个区域，润滑油泵的供油量明显高于通过发动机的供油量。因此，“多余的”润滑油通过旁路转移。因此，为发动机需求提供的润滑油所需的机械功就浪费了。在这种情况下，可以采用根据需求调节的润滑油泵，该润滑油泵能够使润滑油的容积流量与通过发动机的润滑油量相匹配。这能够有效地提高润滑油泵的效率。通过对润滑油的容积量流量的按需调节，正如一些制造商现在在量产中使用的那样，平均可以节省大约 2% 的燃料[30]。

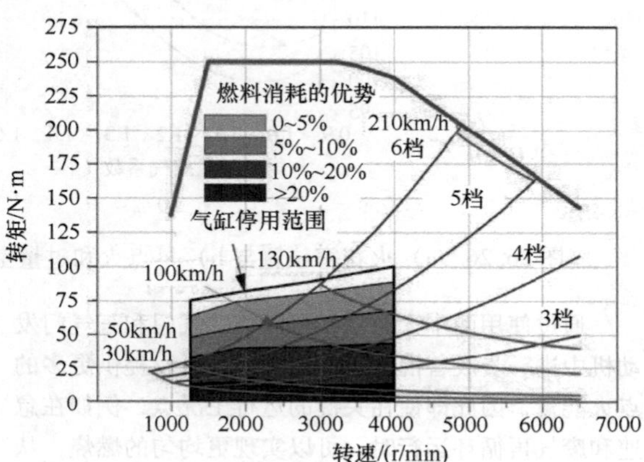

图 26.28 四缸发动机通过气缸停用带来的燃料消耗的优势（根据参考文献［27］）

26.2.9 减少燃料消耗的热管理措施

热管理是指有针对性地影响和使用车辆中发生的热流。目标是确保热运行安全、提高驾驶舒适性并减少燃料消耗和相关的废气排放。将智能热管理系统集成到车辆中的所有努力都集中在缩短特别是与燃料消耗强烈相关的热机阶段。热管理的另一项任务是优化发动机暖机时的热流。

在量产中，特性场节温器迄今为止能够在广泛的层面上视作为一个简单的基本热管理系统。借助于该系统，内燃机可以在冷却液温度显著提高的部分负荷范围内运行。这种升高的温度水平对燃料消耗具有积极的影响作用。

通过降低冷却液的热流量和油的热流量可以实现更高的温度水平。冷却液温度以及油温对燃料消耗的影响如图 26.29 所示。燃烧室周围零部件较高的温度（主要通过较高的冷却液温度来实现）确保燃烧室中的燃烧条件更好。发动机的摩擦功率受冷却液温度和润滑油温度的影响（图 26.29 和图 26.30）。

电动冷却液泵是另一种热管理系统，具有改善燃料消耗的较大的潜力。通过电动冷却液泵可以获得额外的自由度。这些在暖机过程中和运行后热机状态时都会变得很有意义。在内燃机的暖机阶段，可以抑制冷却液的强制对流。静止的冷却液具有隔热作用，可显著地缩短发动机的暖机阶段。当达到预定的极限温度时，电动冷却液泵自动起动，然后可以像以前一样通过强制对流散热。在热机运行状态时，热输入相关的散热是可能的。然而，该系统不仅在暖机阶段具有优势，而且即使发动机已关闭，冷却液回路流动仍可保持。考虑到当今不断推向市场的废气涡轮增压发动机，这是一个非常有吸引力的课题。

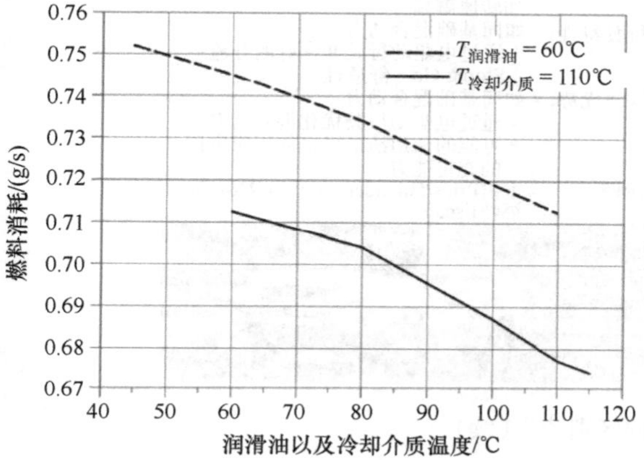

图 26.29 油和冷却液温度对燃料消耗的影响

此外，电动冷却液泵在功率损耗方面具有优势，在发动机特性场的大部分区域中，它明显低于机械式冷却液泵。这意味着即使在稳态运行下也可以降低燃料消耗。在 NEDC 试验循环中，与机械冷却液泵相比，借助电动冷却液泵可以将燃料消耗降低约 2%[14]，具体取决于车辆和发动机。然而，电动冷却液泵的制造成本更高。

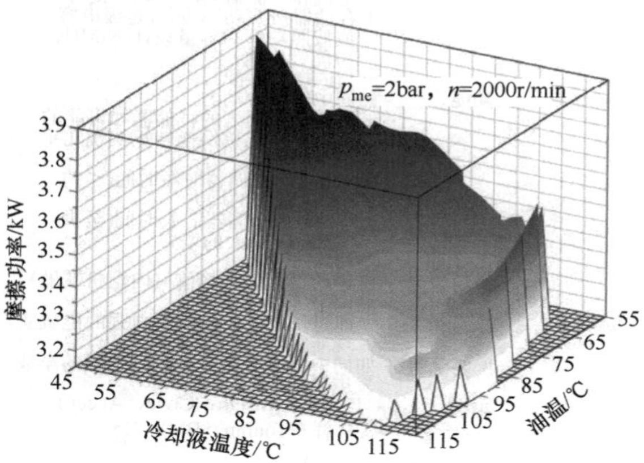

图 26.30 不同流体温度下的摩擦功率特性场

26.2.10 混合动力方案设计

混合动力汽车变得越来越重要。混合动力汽车在亚洲和北美市场的需求量非常大。在 CO_2 排放的讨论过程中，鉴于燃料价格上涨，欧洲也可以看到注册数量的增加和可供车辆的增加。目前区分了四种不同的混合动力方案设计，包括弱、中、基础和强混合动力。各个类的细分如图 26.31 所示[31]。此外，对于车辆是否可以在在插座上充电（插电式混合动力车辆，Plugin Hybrid Electric Vehicle，PHEV）或不能（HEV）进行一般的区分。

弱	中	基础	强	混合

特征：
- 传动带-起动机-发电机一体化，替代发电机和起动机
- 12/14V铅蓄电池作为电存储器，有必要的话电容器内部作为缓冲器
- 内燃机和车辆外形尺寸不做更大的改变
- 通过传动带的强度限制转矩

功能：
- 起/停采用快速起动/高速起动
- 可变的充电功率和推力时的提升（“容易回收”）
- 可能是固定式空调

CO_2排放优势：- 约5%~10%

排放效果：
- 起动时发动机更快地达到高速
- 在驻车时催化器更好地保温

行驶特性：- 基本上不变化，驻车时没有运行噪声

次要优势：- 为车载电源提供高的发电机功率

示例：
- 雪铁龙C3起/停
- 通用Saturn BAS
- 丰田Crown THS-M

Quelle: Valeo

弱	中	基础	强	混合

特征：- 如同弱混合动力
+设计为曲轴-起动机-发电机(KSG)

功能：- 如同弱混合动力
+ 更高的起动和回收转矩
+负荷过渡时振动阻尼
+容易动态转矩支撑(通过电存储器限制)
+ 110V/220V车载的发电机功能

CO_2排放优势：- 约10%~15%

排放效果：- 如同弱混合动力

行驶特性：
- 改进了响应特性和负荷交变特性
- 声学改进

次要优势：- 如同弱混合动力
+可能是无传动带电机
+相比弱混合动力，混合性更强

示例：
- 通用Silverado/Sierra Hybrid
- 道奇Ram HEV

Quelle: GM/Continental

图 26.31 混合驱动的区别[31]

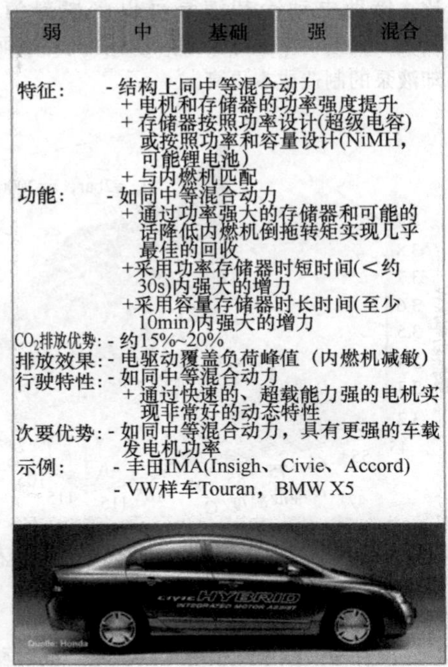

图 26.31 混合驱动的区别[31]（续）

混合动力方案设计主要是在部分负荷范围内在燃料消耗和排放方面具有优势。图 26.31 中给出的 CO_2 排放减少潜力可以根据碳平衡转化为燃料消耗。这些车辆方案设计的一个缺点是能量存储器的重量很大，这对燃料消耗有负面的影响，特别是在长途和高速公路上行驶时。在这些运行状态下，只有内燃机处于积极状态，并且承载电能的质量显示了额外的驱动阻力。图 26.32 显示了不同强度的混合动力所预期的额外重量。还必须要评估额外成本。

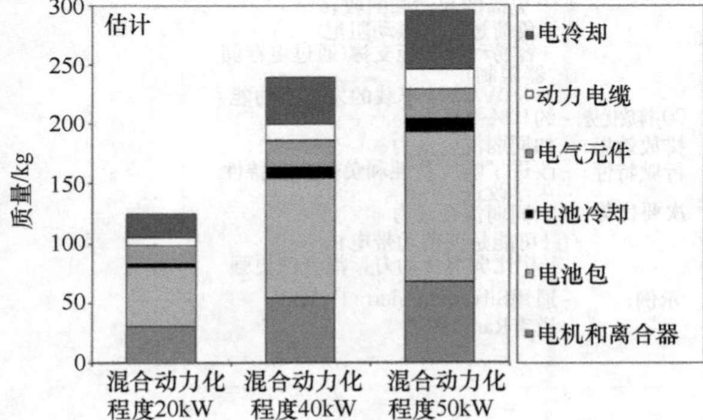

图 26.32 权重预测和混合动力化程度[32]

存储器（电池组）不成比例地增加的份额清楚地表明，从消耗的角度来看，混合动力只有到 20kW 左右才有意义。然而，可以电动行驶的距离直接包含在法律规定的 CO_2 排放计算中，这部分应尽可能地大。

相比之下，在实践中，在实际行驶时消耗却是大相径庭。由参考文献［33］定期进行的消耗研究表明，例如，对于紧凑型汽车（Toyota Auris），混合动力车型的平均燃料消耗为 6.3L/100km，汽油机为 6.8L/100km，柴油机为 6.1L/100km。

26.3 变速器传动比

可以在传动系中找到变速器传动比，一方面在手动变速器中，其中各档传动比由驾驶员手动或通过自动化来切换，另一方面在轴变速器（补偿变速器）中是一个具有固定的传动比的。因此，对于从发动机到车轮的总传动比，以下是有效的：

- 所选档位 i_{Gi} 的档位传动比。
- 轴变速器传动比 i_D。
- 功率分配及其对混合动力传动系统中发动机运行工况点的影响。

因此，在啮合的档 i 时传动系的总传动比为：

$$i_A = i_{Gi} \cdot i_D$$

26.3.1 直接档的选择

内燃机的转矩通过具有单独传动比的多级变速器和下游轴变速器（主减速器）的传动比，根据驱动轮所需的牵引力进行切换。在带有正齿轮传动的发动机中，可以直接选择其中一个档位（传动比 = 1:1）（同轴变速器）。由于在这种直通驱动时，在负荷下没有齿轮副啮合，因此传动效率很高。为了充分利用这种燃料消耗的优势，选择行驶时最常用的档位作为直接传动。在乘用车中，这通常是最高档位，可以占到运行时间的 80% 以上。在低档，传动效率为 95% ~96%，而在直接档传动效率可以达到 98%。

然后，轴变速器接管了在该低摩擦档位中所需的总传动比。

26.3.2 在最高档总传动比的选择

传动系统 $i_{G_{max}} \cdot i_D$ 的最低传动比会影响可达到的最高速度、多余的动力，从而影响车辆的敏捷性，还会影响燃料消耗、噪声排放和发动机磨损。总传动比的设计很大程度上取决于车辆制造商的理念，因此无法给出一般的协调性建议。

基本上有三种设计方案，如图 26.33（见彩插）所示。

26.3.2.1 基于最大的最高速度设计

在此，总的传动比是如此选择的：使在平面上行驶（车轮阻力 + 空气阻力）的阻力曲线与最大的车轮驱动功率相交。只有通过这种设计，才能实现车辆的最大可能的最高速度。发动机在这个运行工况点以额定转速旋转。

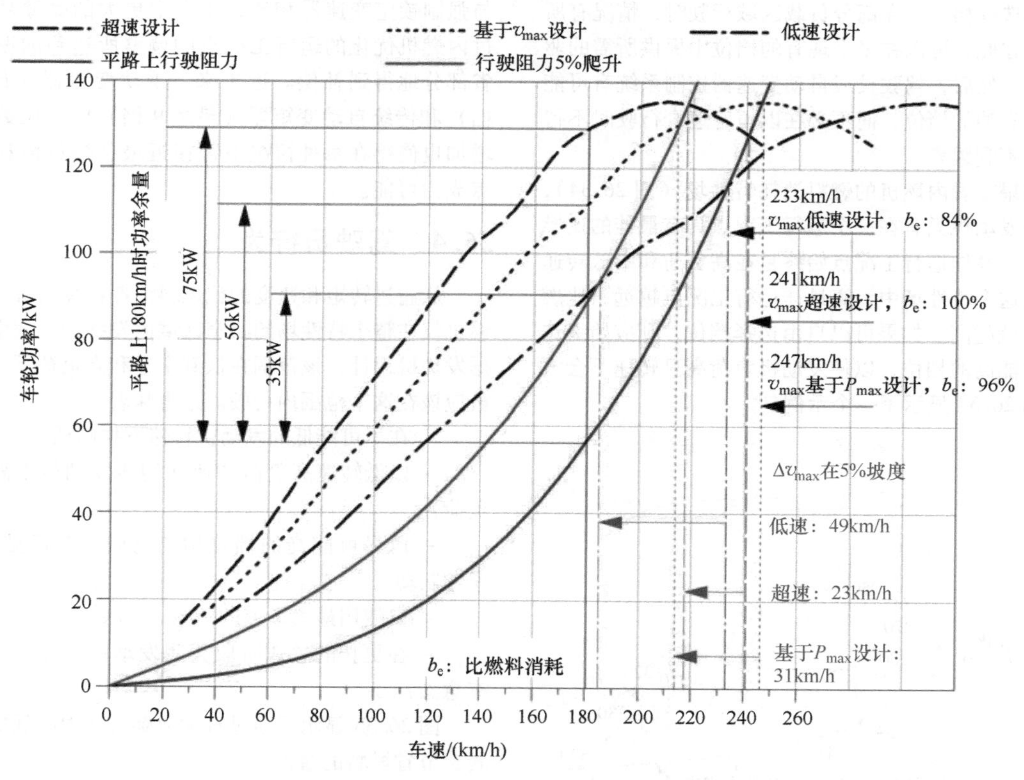

图 26.33 最高档总传动比的不同的设计

26.3.2.2 超速设计

在这种情况下，传动系的总传动比大于基于最大的最高速度设计时的总传动比。车轮驱动功率与在平面上行驶的行驶阻力曲线的交点在功率最大值之后，即在相应的高的发动机转速下。这种高的发动机转速水平会导致更高的燃料消耗（比较图 26.33）。采用这种传动比无法达到最大可能的最高速度，但低于最高速度时，车轮上会提供较大的过剩功率，过剩功率可用于克服额外的行驶阻力。这种高的过剩功率导致车辆非常灵活。

26.3.2.3 低速设计

此处的总传动比小于基于最大的最高速度设计时的总传动比。车轮功率与行驶阻力曲线的交点低于最大驱动功率的转速。此处的发动机转速低于其他两种设计类型，从而确保发动机运行工况点具有良好的燃料消耗。即使采用这种设计，也无法达到最大可能的最高速度，并且在更低速度下的过剩功率也很低，这意味着车辆不会对负载的突然变化做出如此自发的反应。

如果选择了非常严重的低速设计，则当行驶阻力增加时会发生降档，因为可用的过剩功率不足。通过这种驾驶风格，由于降档放弃了低速设计的燃料消耗的优势。

在图26.33所示的在最高档位中的非常短的和非常长的传动比之间，在各自的最高速度下，有16%的比燃料消耗优势，有利于严重的低速设计。

最省油的档位的选择

如果要充分利用发动机的功率，例如在以最高速行驶或充分利用各个档位的全加速度行驶时，自然无法自由选择档位。在部分负载区域行驶时，情况有所不同。在此，可以在多个现有的档位中提供所需的驱动功率。然后，驾驶员或自动变速器控制系统有可能选择最省油的档位，而不必在以恒定速度行驶时不得不接受不利因素。

如果查看内燃机的燃料消耗特性场（图26.34），会发现发动机只有在一个运行工况点具有最佳的比燃料消耗。最佳运行工况点始终是在高负荷和中低转速区。在这个特性场中，离最佳运行工况点越远，比燃料消耗就越高。如果可以自由选择档位，则应始终选择尽可能高的档位，以使发动机负荷高且转速不会太高。图26.34显示了一个示例。

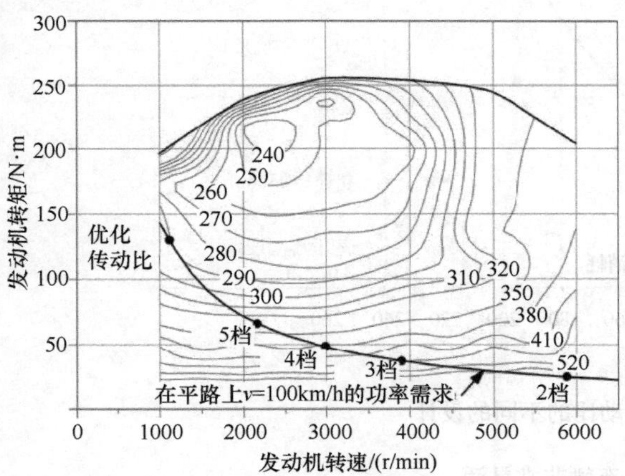

图26.34 匀速行驶时燃料消耗特性场及所选档位的影响

例如，根据车辆行驶速度为100km/h的要求，在燃料消耗特性场中绘制了一条等功率线。发动机可以在2~5档提供这个功率。可以看出，档位选择越高，发动机进入比燃料消耗越低的曲线范围越多。如果以2档而不是5档行驶，则在100km/h的恒定速度下的燃料消耗恶化了约60%。最省油的情况是，如果可以选择此行驶速度下的总传动比，使发动机以1100~1200r/min的转速运行。如果是这种情况，与以5档行驶相比，还可以节省25%的燃油。

可用的档位数越多，就越容易针对相应的功率要求实现发动机的最佳运行。这对于采用全可变的变速器可能是非常好的，其中由电子设备选择传动比。在这种情况下，可以为图26.34中的上述100km/h行驶设置最佳运行工况点，并且可以利用给定的燃料消耗优势。这种变速器由一些制造商作为标配提供，如带有摩擦动力传输的所谓CVT（无级变速器，Continuous Variable Transmission）。然而，与强制锁定变速器相比，CVT中更大的摩擦功率通过内燃机优化的运行工况点的调整所达到的燃料节省部分地得到补偿。近年来，手动变速器（最多7档）和传统自动变矩器（最多9档）中档位数量的增加也使得在每种情况下都接近最佳燃料消耗工况点成为可能。

26.4 驾驶员行为

从通过转矩和速度的比燃料消耗特性场可知，内燃机仅在整个特性场的狭窄区域内发挥最佳效率。根据发动机设计，该范围在低到中速和高负荷下。驾驶员应该在这个范围内行驶。这意味着：

- 在尽可能低的发动机转速下挂高档。
- 以低转速高负荷加速（增压发动机不需要全负荷）。
- 以尽可能高的档位均匀驾驶，有远见驾驶，避免制动。
- 仅使用最大车速的70%~80%。
- 在更长的怠速阶段关闭发动机（从20s开始有意义）。

图26.35显示了通过日常通勤交通中的低的档位转速节省燃料的潜力。

发动机暖机时激活的停止/起动（Stop/Start）自动化系统可以进一步降低燃料消耗。量产系统已经存在了好几年，并越来越广泛地在车辆中使用。

其中，根据参考文献［32］，在NEDC试验循环中，城市阶段实现了8%的燃料消耗的优势，乡村阶段实现了4%的燃料消耗的优势。将来，使用集成的曲轴-起动机-发电机（作为弱混合动力或中度混合动力）将能够更广泛地使用停止/起动（Stop/Start）自动化系统。

在暖机阶段，由于冷的润滑油和低的部件温度引起的高的摩擦功率，燃料消耗特别高。此外，通过加

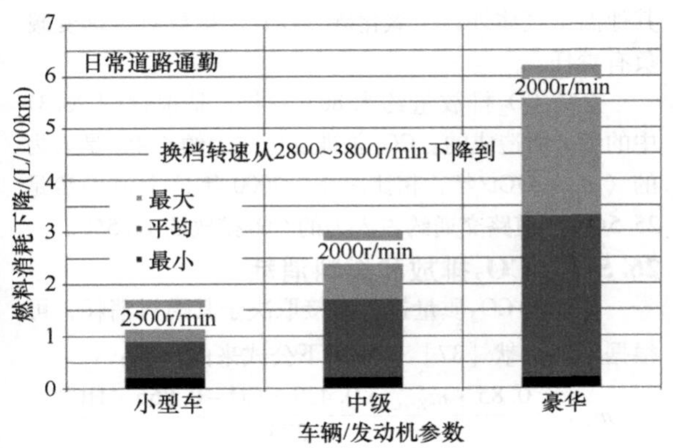

图 26.35 通过降低档位转速来节省燃料（根据参考文献［34］）

浓以提高驾驶舒适性（加速、踏板响应）和通过加热策略来加热催化器（例如汽油机的延迟点火）增加了燃料消耗。

与 NEDC 中的热机阶段相比，根据起动温度，暖机阶段的燃料消耗增加了 40% ~50%！

就驾驶员行为而言，这意味着尽可能避免冷起动后短途旅行，或使用发动机预热系统。

从图 26.36 可以看出，中级乘用车的驾驶员最常处于中低速和低负荷状态。根据驾驶员的精神状态，这些值会转移到更高的转速和高的负荷，直至全负荷。很明显，NEDC 只描述了实际驾驶员行为的一小部分，因此只有有限的燃料消耗信息。该现象也适用于欧盟未来的 WLTP 许可试验循环。

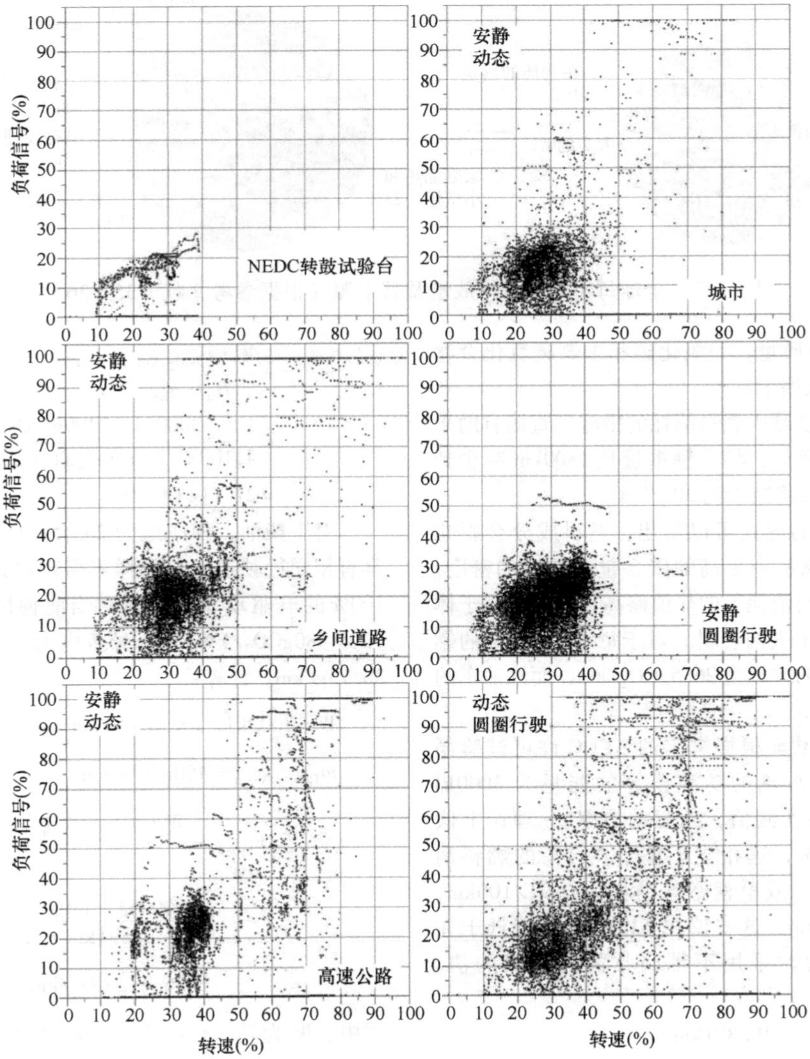

图 26.36 不同驾驶员和线路的加速踏板位置和发动机转速的频度

26.5 CO_2排放

排放物根据其来源进行划分。自然排放源的例子有动物群、植物群、火山、海洋和闪电。人为的排放（Anthropogene Emissionen）是由例如能源转换、工业、交通运输、家庭供暖、刀耕火种和废物焚烧造成的。

具有局部影响的排放包括为车辆规定的污染物，例如一氧化碳（CO）、碳氢化合物（HC）、氮氧化物（NO_x）和颗粒物。

二氧化碳（CO_2）排放主要具有全球影响，除了其他温室气体外，二氧化碳（CO_2）排放对全球变暖负有责任。

全球 CO_2 排放量约为 805Gt/年，是根据图 26.37 中的细分所造成的。CO_2总排放量的大约 4.4% 是人为的（大约35Gt/年，相比之下：2000 年这个值仍然是 25.5Gt）。道路交通约占人为的 CO_2排放的 11.5%。

26.5.1 CO_2排放和燃料消耗

车辆的 CO_2质量排放直接取决于其燃料消耗，可根据参考文献［37］使用以下公式来的计算：

$$m_{CO_2}=\frac{0.85\cdot m_{Krst.}\cdot 0.429\cdot CO-0.866\cdot HC}{0.273}$$

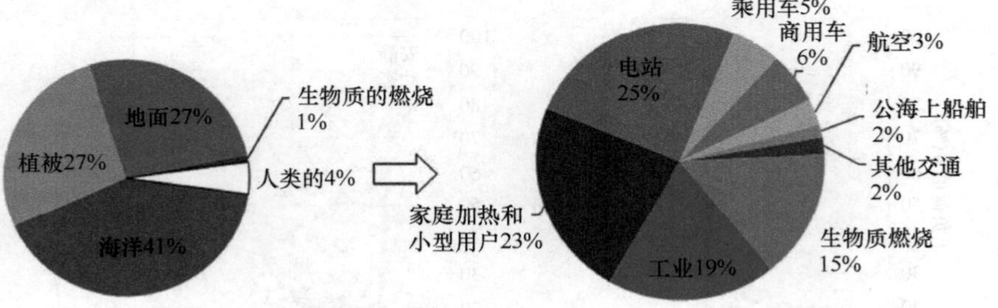

图 26.37 全球每年的 CO_2 排放量及其来源（根据参考文献［35，36］）

式中，m_{Kr}为燃料质量，一氧化碳和未燃碳氢化合物的 CO 和 HC 排放因子。

因此，每一项减少燃料消耗的措施都直接有助于减少 CO_2排放。例如，将车辆重量从 1500km 减少到 1300km，CO_2排放将减少约 20g/km。

从上面给出的等式可以看出，燃料成分会影响 CO_2排放。柴油燃料中更高的碳含量和更高的密度，尽管在相同的燃料消耗下的热值略高，仍导致基于体积的 CO_2排放高于汽油燃料。对于每 1L/100km 的燃料消耗，柴油车的排放为 26.5gCO_2/km，而汽油车的排放为 24gCO_2/km。

对于目前在欧洲根据绑定的 NEDC 许可试验循环，中级以下的车辆的功率换算的能量为 3000kJ（NEDC 转鼓试验实测值，纯驱动功率）。理论上假设的效率为 100%，这相当于整个 NEDC 的燃料消耗约为 73g 汽油，或里程燃料消耗为 0.9L/100km，CO_2排放为 22g/km。这些值在 NEDC 中不能低于在潜在的行驶阻力时采用不带回收的内燃机的值。计算：

$$W=3000\text{kJ},\ s=10.891\text{km}$$

$$H_u=41100\text{kJ/kg},\ \rho_{Krst.}=741\text{g/L}$$

$$m_{CO_2,Vol.,Benzin}=2400\text{g}CO_2/\text{L}$$

$$m_{spez.}=\frac{W\cdot m_{CO_2,Vol.,Benzin}}{H_u\cdot\rho_{Krst.}\cdot s}=\frac{3000\text{kJ}\cdot 2400\text{g }CO_2/\text{L}}{41100\text{kJ/kg}\cdot 741\text{g/L}\cdot 10.891\text{km}}=21.71\text{g }CO_2/\text{km}$$

对于柴油，相应地为 20.45gCO_2/km。如果考虑具有相同行驶阻力且同样不带回收以及假定效率为 100% 的电驱动车辆，则在当前德国发电厂组合下（205:480gCO_2/kW · h）导致电力生产的 CO_2 排放为 36.73g/km。计算：

$$W=3000\text{kJ},\ s=10.891\text{km}$$

$$m_{CO_2/kW\cdot h}=480\text{g/kW}\cdot\text{h}$$

$$m_{spez.}=\frac{W\cdot m_{CO_2/kW\cdot h}}{s}=\frac{3000\text{kJ}\cdot 480\text{g/kW}\cdot\text{h}}{10.891\text{km}\cdot 3600\text{s}}=36.73\text{g }CO_2/\text{km}$$

式中，W 为功；s 为里程；H_u 为混合气的低热值；$\rho_{Krst.}$ 为密度；$m_{CO_2,Vol.,Benzin}$ 为每升完全燃烧的燃料（汽油）中基于体积的二氧化碳质量；$m_{CO_2/kW\cdot h}$为德国发电厂组合提供 1kW · h 电力的二氧化碳排放量；$m_{spez.}$ 为根据在 NEDC 中确定的行驶功率计算的二氧化碳排放（比较确定燃料消耗和排放的法律依据）。

在考虑行驶阻力的车辆的情况下，目前（2016年）最经济的汽油机的量产值为 126gCO_2/km，最经济的柴油机的量产值为 102gCO_2/km。

同一细分市场中的电动汽车目前的 CO_2 排放量与柴油车大致相同。

如果受考察的车辆可以 100% 回收用于加速的能量，则 NEDC 的总的能量需求为 2400kJ，这意味着 80% 的供给能量没有回收。如果驱动和回收也能达到 100% 的效率，上述规定的 CO_2 排放将进一步减少 20%。这些值（汽油：17.37gCO_2/km，柴油：16.36gCO_2/km，电力驱动：29.4gCO_2/km）代表了在给定的边界条件下相应的驱动类型的绝对最小值。

在当前尚有效的 NEDC 中，车辆的原始排放是在废气转鼓试验台上测量的，并与行驶距离一起得出以 g/km 为单位的 CO_2 排放量。然而，这仅适用于纯内燃机驱动的车辆。在具有混合动力驱动的车辆中，根据电动模式下的行驶距离和行驶电池的充电状态进行校正。计算规则是[38]：

$$M = (D_e \cdot M_1 + D_{av} \cdot M_2)/(D_e + D_{av})$$

式中，M 为 CO_2 排放量，g/km；D_e 为电驱动的行驶里程；M_1 为储能系统完全充电时排放的 CO_2 质量；D_{av} 为假设两次电池充电之间的行驶距离，25km；M_2 为具有最低充电量的储能系统排放的 CO_2 质量。

图 26.38 显示，此处所考察的车辆在覆盖电驱动行驶里程后，140g/km 的 CO_2 排放约为 NEDC 中规定的两倍。

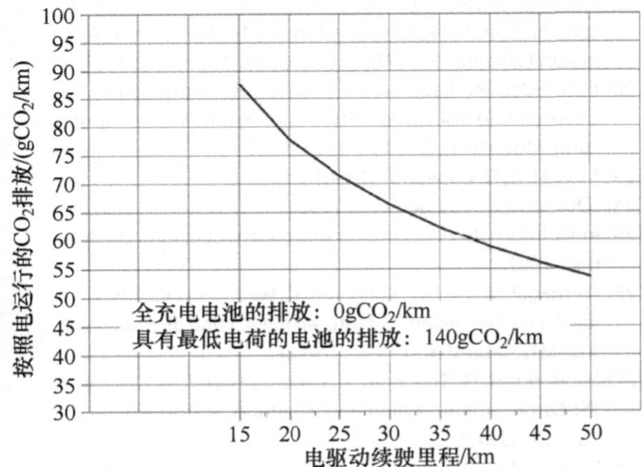

图 26.38 根据 NEDC 规定计算的混合动力汽车的 CO_2 排放量与电驱动行驶里程的关系

26.5.2 发动机应用对 CO_2 排放的影响

车辆发动机受限的废气排放主要取决于应用值，例如配气定时、点火时刻和过量空气系数 λ。根据图 26.39，尚未限制的 CO_2 排放也取决于空燃比。

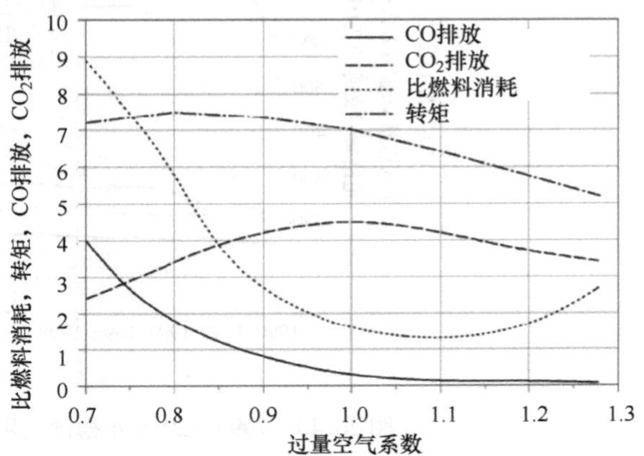

图 26.39 CO_2 浓度、发动机转矩和比燃料消耗与过量空气系数的关系

在化学当量比（$\lambda=1$）时达到最大 CO_2 排放量。配备可调节的三元催化器的汽油机以这种过量空气系数运行。此外，在环境空气中相应较长的停留时间后，废气中所含的 CO 排放随后通过将部分一氧化碳与空气中的氧气结合而产生 CO_2。

26.5.3 全球 CO_2 排放的发展

根据联邦汽车运输管理局的数据，截至 2016 年 1 月 1 日，德国的汽车数量约为 5460 万辆（以及另外 690 万辆拖车）。这些车辆的行驶量约为 9394 亿人 · 公里/年。与 1990 年相比，个人道路交通量增加至 156%，公共道路交通量增加至 127.4%，公路货运增加至 274%。

直到 2000 年，道路交通造成的 CO_2 排放一直在增加，从那时起持续减少。总排放量与 1990 年一样高，与 2000 年相比减少了 15%（比较图 26.40）。如果考虑总的行驶量，这相当于自 1990 年以来每位乘客以及 1t · km 的燃料消耗量减少了一半。

如果使用氢作为燃料，则不会排放 CO_2。氢可以由太阳能或核能或生物质中产生。

在所谓的封闭回路中，醇是从生物质中获得的，醇是汽车发动机的燃料。醇燃烧产生的 CO_2 排放在太阳能的影响下在生长过程中再次被生物质分解。在这些所谓的封闭循环中不要忘记用于生产生物质的大量能量和土壤的负载。

世界人口的进一步增长和像中国和印度等国家工业化程度的提高是造成全球 CO_2 排放增加的原因，而这无法通过当今工业化国家减少 CO_2 排放来弥补。

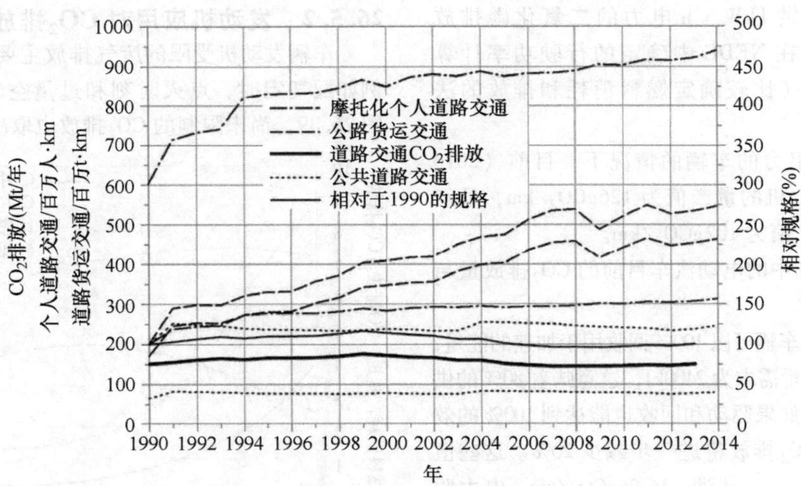

图 26.40　1990—2014 年德国乘用车和商用车的行驶量和燃料消耗[1]

参考文献

使用的文献

[1] B. f. W. u. E. BMWi, „Zahlen und Fakten Energiedaten 2016," 2016. [Online]. Available: http://www.bmwi.de/DE/Themen/Energie/energiedaten.html.

[2] EU, „VERORDNUNG (EG) Nr. 443/2009 DES EUROPÄISCHEN PARLAMENTS UND DES RATES vom 23. April 2009," 2009.

[3] Hucho, W.-H.: In: Schütz, T. (Hrsg.) Hucho – Aerodynamik des Automobils, 6. Aufl. Springer Fachmedien, Wiesbaden (2013)

[4] W.-H. Hucho, „Luftwiderstand kostet Treibstoff," VDI-Nachrichten, 30 1 2008.

[5] Baumann, U., Stegmaier, G.: (2016). http://www.auto-motor-und-sport.de/news/mercedes-e-klasse-concept-iaa-2015-765805.html

[6] Leie, B., Mankau, H.: Aerodynamik. In: Braess, S. (Hrsg.) Handbuch Kraftfahrzeugtechnik, S. 41. Vieweg & Sohn, Braunschweig, Wiesbaden (2000)

[7] I. C. o. C. T. E. ICCT, „European vehicle market statistics 2015/2016," www.theicct.org, 2016.

[8] autobild, „www.autobild.de," 2013. [Online]. Available: www.autobild.de/artikel/oeco-reifen.html.

[9] „Kraftfahrwesen und Verbrennungsmotoren," in 4. Internationales Stuttgarter Symposium, Renningen, 2001.

[10] „Dieselmotorentechnik 98," Renningen, 1998.

[11] „Kurbeltrieb für variable Verdichtung," MTZ, vol. 11/97, 1997.

[12] Schwaderlapp, M., Pischinger, S., Yapici, K.I., Habermann, K., Bollig, C.: Variable Verdichtung – eine konstruktive Lösung für Downsizing-Konzepte. 10. Aachener Kolloquium Fahrzeug- und Motorentechnik, Aachen. (2001)

[13] Golloch, R.: Downsizing bei Verbrennungsmotoren. Springer, Berlin, Heidelberg (2005)

[14] Krebs, R., Szengel, R., Middendorf, H., Fleiß, M., Laumann, A., Voeltz, S.: Neuer Ottomotor mit Direkteinspritzung und Doppelaufladung von Volkswagen, Teil 1: Konstruktive Gestaltung. Motortech. Z. (11), 844–856 (2005)

[15] „www.borg-warner.com," [Online]. [Accessed 22 8 2006].

[16] Steinparzer, Unger, Brüner, Kannenberg: Der neue 2,0L 4-Zylinder-Ottomotor mit Twin Power Turbo Technologie. 32. Internationales Wiener Motorensymposium, Düsseldorf. (2011)

[17] Goßlau, D., Steinberg, P.: Energieumsatz im Motor – Konzeptvergleich. In: Steinberg, P. (Hrsg.) Wärmemanagement des Kraftfahrzeugs X. expert, Renningen (2016)

[18] Karch, M., Budack, R., Adam, S., Wurms, R., Heiduck, T.: Der neue Audi 2.0l TFSI – Herausforderungen bei der Brennverfahrensentwicklung. Der Arbeitsprozess des Verbrennungsmotors, 15. Tagung, Graz. (2015)

[19] Borrmann, D., Davies, M., Friedfeldt, R., Philips, P., Pingen, B., Wirth, M., Zimmermann, D.: Downsizing – Konzepte auf der Basis strahlgeführter DI-Brennverfahren. Motortech. Z. 10, 20–25 (2005)

[20] J. Reissing, Spektroskopische Untersuchung an einem Ottomotor mit Benzin-Direkteinspritzung, Dissertation Universität Karlsruhe ed., Karlsruhe, 1999.

[21] Herrmann, H.-O., Herweg, R., Karl, G., Pfau, M., Stelter, M.: Homogene Selbstzündung am Ottomotor – ein vielversprechendes Teillastbrennverfahren. 14. Aachener Kolloquium Fahrzeug- und Motorentechnik, Aachen. (2005)

[22] Eichlseder, H., Baumann, E., Müller, P., Neugebauer, S.: Chancen und Risiken von Ottomotoren mit Direkteinspritzung. Motortech. Z. 3, 144–152 (2000)

[23] M. G. FEV, „FEV Spectrum," Aachen.

[24] „Ottomotor-Management," 1998.

[25] in 18. Internationales Wiener Motorensymposium, Düsseldorf, 1997.

[26] Fortnagel, M., Doll, G., Kollmann, K., Weining, H.K.: Aus Acht mach Vier. Die neuen V8-Motoren mit 4,3 und 5L Hubraum. ATZ/MTZ Jahresband 1998, (1998)

[27] Middendorf, H., Theobald, J., Lang, L., Hartel, K.: Der 1.4L-TSI-Ottomotor mit Zylinderabschaltung. Motortech. Z. (3), 187–193 (2012)

[28] Fortnagel, M., Schommers, J., Clauß, R., Glück, R., Nöll, R., Reckzügel, C., Treyz, W.: Der neue Mercedes-Benz-Zwölfzylindermotor mit Zylinderabschaltung. Motortech. Z. (5/6),

(2000)

[29] „www.behr.de," 4 8 2006. [Online]. Available: www.behr.de/produkte/fahrzeug/klimatipps.

[30] Körfer, T., Kolbeck, A., Schnorbus, T., Busch, H., Kinoo, B., Henning, L., Severin, C.: Kraftstoffverbrauchspotential des PKW-Dieselmotors nach EURO 6. 32. Internationales Wiener Motorensymposium, Düsseldorf. (2011)

[31] Blumenröder, K., Buschmann, G., von Essen, C., Mehler, O., Voß, B.: Der Hybridantrieb – eine Technikoffensive. MTZ-Sonderheft 10, 27–29 (2005). Antriebe mit Zukunft

[32] B. Ostmann, Ed.auto motor und sport.

[33] Blumenröder, K., Bunar, F., Buschmann, G., Nietschke, W., Predelli, O.: Dieselmotor und Hybrid: Widerspruch oder sinnvolle Alternative? 28. Internationales Wiener Motorensymposium, Düsseldorf. (2007)

[34] A. AG, „Kraftstoffe für Straßenfahrzeuge," ARAL AG, 1998.

[35] VDI, „Das Auto und die Umwelt," 2015. [Online]. Available: http://www.ivk.tu.wien.ac.at. [Accessed 2015].

[36] IEA, „International Energy Agency," 2014. [Online]. [Accessed 2014].

[37] Abthoff, J., Noller, C., Schuster, H.: Möglichkeiten zur Reduzierung der Schadstoffe von Ottomotoren. Fachbibliothek Daimler-Benz, (1983)

[38] UN-ECE-R101.

进一步阅读的文献

[39] Weinowski, R., Wittek, K., Dieterich, C., Seibel, J.: Zweistufige variable Verdichtung für Ottomotoren. Motortech. Z. 73(5), 3888–3392 (2012)

第27章　噪声污染

工学博士 Hans－Walter Wodtke，工学硕士，技术学博士 Hartmut Bathelt 教授，
工学硕士 Andreas Gruber

任何曾经体验过带有刚性螺栓联接发动机的车辆或没有消声器的进气噪声的人，更不用说“赤裸裸的”排气噪声的人，都不会怀疑，在车辆声学的许多领域中，发动机声学是第一个并且长期以来是最重要的分支。以立法为代表的乘员舒适性需求和路人自我保护需求也促进了发动机声学的发展，如今已处于非常高的水平。因此，当汽车怠速时必须查看转速表以判断车辆发动机是否运转时，几乎没有人会感到惊讶。行驶时，发动机噪声降低到与其他噪声源（如滚动噪声和风噪声）相同的程度。很好地掌控发动机声学的另一个标志是，多年来一直“可以”思考所谓的声学设计（Sound－Design）。

发动机声学技术人员的最初任务集中在通过改进消声器、发动机内部质量平衡和弹性支架来解决基本的外部噪声问题和振动舒适性问题，如今发动机声学领域更加多样化。这既适用于噪声源的类型（关键词：二次辐射、发电机噪声、控制机构噪声），也适用于工程师的工作方法（关键词：传递路径分析、声强测量、全息术、振动测量、人工头技术、FEM、BEM，SEA）。再加上大量的非声学要求（燃料消耗、排放、热平衡、成本、外形尺寸等），这导致了制造商内部通过相应的大型工作组和供应商之间高度的专业化显示出复杂性。这里可以想象到排气系统、发动机支架或多质量飞轮等组件。

然而，所有这些分支都在相同的物理原理和方法的基础上工作，并使用相同的物理声学和心理声学的基本术语。因此，在下文讨论各个主题之前，下一节将总结基本的基本术语。常用的分析方法的简要说明见27.7节。

27.1　物理基础和概念

即使“发动机声学”这个词并没有立即说明这一点，但它不仅仅是关于“听觉”现象，还与乘员能够感受到的振动有关，它也可以是相当低频的，例如怠速时的抖动。所谓的结构声也相当重要，因为很少有噪声直接作为空气声（例如排气口噪声）产生，而是首先作为固态振动产生，然后从振动表面辐射出来（例如惯性力、气体力、传动力）和/或在进入车辆内部空间的过程中必须以结构声的形式穿过车身壁面。例如，如果想到活塞倾翻噪声，那么它也必须以液体噪声的形式在其传输路径上覆盖一小段距离（在液冷发动机的情况下）。由于液体（如气体）不能吸收剪切应力，因此这一步骤对声音传播构成了重大障碍。然而，与空气传播噪声的显著差异在于明显更高的特性声阻抗（波阻），这意味着与垂直于表面的结构传播噪声的耦合明显更好，除此之外，这意味着由于明显的交变作用结构声和液体噪声不再分开处理。

描述结构声的最常见变量是加速度，它之所以“流行”主要是因为它相对容易测量。但是，应该注意的是，与空气声压相比，例如，这是一个涉及方向的变量，这通常意味着在一个点的三个方向上进行测量。一般来说，结构声的检测比空气声的检测更加复杂和多样，因为固体由于它们吸收剪切应力的能力而发展出许多不同形式传播的结构声。作为示例包括：拉伸振动（气门杆）；弯曲振动（油底壳）；扭转振动（曲轴、凸轮轴）。基于要求不影响振动系统，由于有限的空间特性或其他限制的边界条件（温度、压力、密封性等），然而，最重要的是，由于希望找出有关主导力的信息，除了加速度，还使用了各种其他测量变量，例如非接触式位移测量（旋转或薄壁部件）或应变测量（曲轴箱）、压力分布（轴承座）或力（发动机支架）。特别是在发动机和传动系统声学的情况下，另一个物理现象非常重要，即扭转振动。这里的基本测量变量通常是角速度，例如，由离散的角脉冲（齿轮、增量编码器）或使用激光测振法来测定。由此，如果需要，然后可以通过微分来确定旋转加速度。

与结构声相比，无论是室内还是室外的空气声的采集和量化最初相对简单，因为很少碰到空间或温度问题，并且与人类听觉相关的变量，即声压，可以借助于传声器直接测量。声压 p 表示围绕静态气压的压力波动幅度，例如3Pa的交替压力幅度已经让人觉得非常响亮了（为了比较，$1\text{bar}=10^5\text{Pa}$）。虽然声压通

常足以描述空气声传播，但用于量化空气声污染（发射）的合适变量是声功率 P。它是穿过假想的包络面积的声波的总功率，计算公式为从声强 I 在包络面积 s 上的积分：

$$P = \int_s \boldsymbol{I} \cdot \mathrm{d}s \tag{27.1}$$

声强代表单位面积声音的平均功率传播。它是一个与声速 v 的向量平行的向量，由下式计算得出：

$$\boldsymbol{I} = \overline{p(t) \cdot v(t)} \tag{27.2}$$

（时域的平均值），以及也可以通过：

$$\boldsymbol{I} = \frac{1}{2} \cdot \mathrm{Re}\{\widetilde{p}\ \widetilde{v}^*\} \tag{27.3}$$

（频域）来计算，类似于机械功率 $P = Fv$。

其中，声速是空气粒子的局部振荡运动的速度。在复杂的声场中定位声源和在测量声功率时使用声强矢量特征进行计量，这在反射环境中也是可能的。

声音信号基本上是从两个角度进行评估的。一方面，这是根据人类主观感知的尽可能好的评估（将自己限制在空气声中），另一方面，是尽可能有效地提取有关噪声产生和传播路径的信息。

关于主观感知，首先必须考虑到人耳能够检测到十的几次方数量级的声压。出于这个原因，以对数 dB 标度表示的电平已成为声学中的标准做法，这不仅适用于声压（SPL = 声压级，sound pressure level），而且适用于结构声的量，其中与能量成比例的量总是定义为：

$$L_x = 10 \cdot \log_{10} \cdot \left(\frac{x^2}{x_0^2}\right)\mathrm{dB} = 20 \cdot \log_{10} \cdot \left(\frac{x}{x_0}\right)\mathrm{dB}$$

以及

$$L_X = 10 \cdot \log_{10} \cdot \left(\frac{X}{X_0}\right)\mathrm{dB} \tag{27.4}$$

式中，x 为场量（如声压、加速度）；X 为能量（如声强、声功率）；x_0 和 X_0 为基准值。声压的基准值 $p_0 = 2 \times 10^{-5}\mathrm{Pa}$（有效值），声功率的基准值 $P_0 = 10^{-12}\mathrm{W}$，声强的基准值 $I_0 = 10^{-12}\mathrm{W/m^2}$。

人类的听觉不仅是非线性的，而且与频率有关，这意味着人类对低频和非常高的频率的灵敏度会显著降低。其中，波动范围越大，绝对声压就越低。因此，各种频率分量使用确定的评估曲线（DIN IEC 651，曲线 A 表示低声量，B 表示中等声量，C 表示高声量）以简化的方式加权，然后将它们组合成一个整体水平，然后相应地标记［例如 dB（A）］。由于它们的简单性，加权电平作为许多法律法规的基础，但由于它们不再包含有关噪声频谱或时间结构的任何信息，它们既不适合诊断目的，也不适合关于噪声“质量”（见 27.9 节和 27.10 节）的描述。

作为反复出现的声学现象的概念基础，在汽车领域已经建立了通俗易懂的术语，这些术语一方面与确定的机制相关，另一方面对受影响的频率范围或噪声的时间结构做出隐含的陈述。图 27.1 给出了一些典型的、涉及装配件的示例。

噪声分析的一个重要基础首先是它的频谱，即将噪声在频域上分为不同部分。在实践中，频谱是使用所谓的 FFT（快速傅里叶变换，Fast Fourier Transformation）从数字化信号中确定的，这是数字傅里叶变换的一种非常有效的变体。这通常提供所谓的窄带频谱，即相对较高的频率分辨率，其中以倍频程（倍频）和三次倍频程频谱（1/3 倍频程）的、经典的、更粗略的划分可以由此进行近似计算。只有在高频分辨率下才能对噪声进行详细的分析。例如，由于曲柄连杆机构的惯性力和由此具有定义频率的正弦噪声分量在频谱中显示为窄峰。这种与转速成比例“漂移”确定的频率分量称为阶数。一个典型的例子是四缸直列发动机中曲轴的二阶，由于不平衡的质量力而占主导地位。在四缸发动机中可以完全补偿基频或一阶频率。如果从一开始就知道一个阶次的主导地位，则通常借助于所谓的阶次过滤器，只考虑该阶次的水平。另一方面，对声音有显著影响的高阶也出现在频谱中。调制，即对干扰很重要的幅度（也叫拍）或频率的波动，作为所谓的边带，即出现在与中心频率相邻的调制频率一定距离处的可见的峰值。

内燃机存在多种声源，撇开附属装置不谈，除了像排气口噪声、进气噪声和风扇噪声等所谓的气动源和气动声源之外，来自发动机和附件的振动表面的声辐射是造成外部噪声的原因。它们的有效性可以通过所谓的辐射度来表征，它表示表面为 S 的实际辐射声功率 P 与具有相同均方速度的大型（明显大于声波长度）同相振动板的功率之比。如果辐射体反相振动的区域明显大于空气波长，则辐射程度接近 1。相反的情况处理起来要复杂得多，但在这里可以将此种情形做一简化，即辐射声功率越低，反相区域越大并且它们彼此越密集（流体动力短路）。

一旦产生空气声，可以通过隔绝（能量反射）和/或阻尼（能量耗散）来应对，尽管至少需要一定程度的阻尼。隔绝措施（例如“胶囊”）和组合措施（例如消声器）专门地通过透射率或绝对地通过插入损耗、插入措施之前和之后的水平差异：

$$D_{\mathrm{e}} = L_{\mathrm{o.D.}} - L_{\mathrm{m.D.}} \tag{27.5}$$

来评估，而纯空气隔声措施的特征变量，例如吸收衬里，是它们的吸收程度，也就是吸收强度与入射强度的比值：

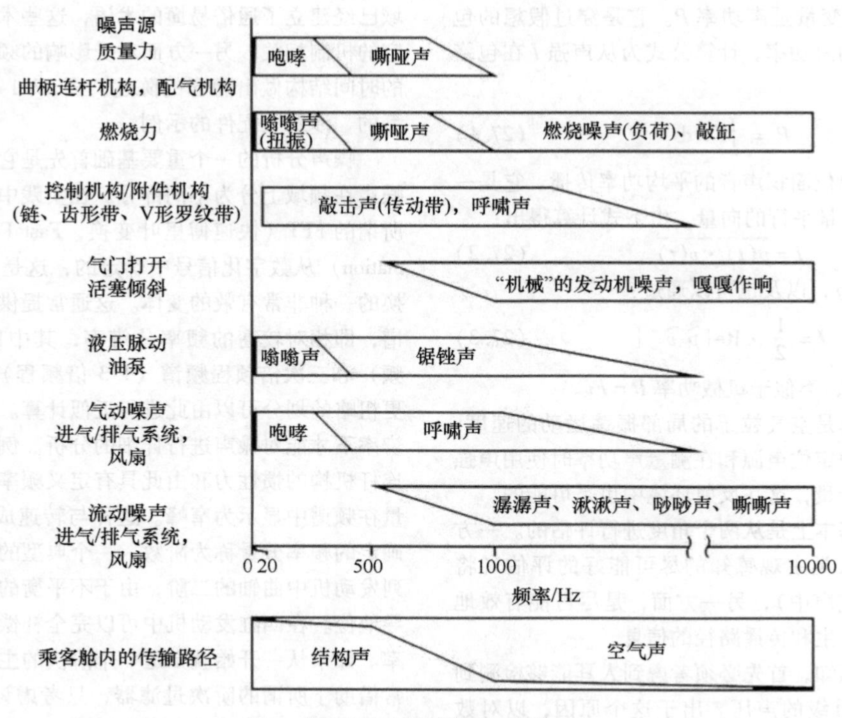

图 27.1 噪声源的示例

$$\alpha = \frac{I_{\text{absorb}}}{I_{\text{einfall}}} \tag{27.6}$$

如果要查看车内噪声，除了提到的来源之外，还有另一个甚至在高达500Hz左右的频率范围内占主导地位的成分，即发动机结构声通过车身传输到车内。除了与前轮驱动特别相关的驱动轴外，主要的传动路径是总成支架。因此，发动机声学的一个开发目标是最小化支承点处的附件侧的结构声幅度，因为通过橡胶支座可实现的隔振是有限的。

在车身方面，相应的开发目标是最小化耦合点处的"灵敏度"，这通过所谓的声学传递函数来量化[1]。这是室内传声器声压与激励点动态力之间的与频率相关的关系：

$$\widetilde{H}_{ij} = \frac{\widetilde{p}_j}{\widetilde{F}_i} \tag{27.7}$$

因此，它包括整个传输路径，包含进入内部空间的辐射、在那里的吸收以及乘客舱中空腔共振的影响。相比之下，所谓的输入惯性是力方向上的作用点处的振动加速度与作用力的比值：

$$\widetilde{K}_{ii} = \frac{\widetilde{a}_i}{\widetilde{F}_i} \tag{27.8}$$

揭示了车身的局部薄弱点[2-4]。

27.2 法定的外部噪声法规

27.2.1 外部噪声法规的发展

虽然车辆内部的噪声和舒适度水平留给车辆制造商进行竞争，但车辆向环境排放的运行噪声（"外部噪声"）很早就受到法律的管制。

自20世纪90年代中期以来一直在努力开发一种新的外部噪声测量方法，一方面源于交通和车辆技术的实际驾驶方式的变化，另一方面源于技术需要更多地考虑轮胎/道路的噪声。其目的是尽可能地绘制城市交通（"urban traffic"）中的真实驾驶行为。

为了检查新的测量方法的性能，欧盟委员会决定根据 EC 和 ECE 为型式试验预启动一个监测阶段（2007—2010年），以检查新方法提案，在此期间，所有在此期间的型式试验车辆，不仅在此后，而且也在新的测量方法之后必须进行检测。然后从可用的数据池中导出新的限制值和车辆类别。发现大多数车辆的测量值比以前的测量方法低 2～3dB（A），这是由于较低的发动机转速水平和增加了等速行驶造成的。然而，这使得汽车制造商更难实现大幅降噪的目标。他们最有可能是通过减少轮胎/道路噪声来取得成功。

由于实际测量过程的变化，使当前车辆类型的分类适应新的测量过程并为每个类别设置苛刻的限制值非常重要。然而，并非世界上所有国家都在使用新的测量方法。汽车行业目前面临着根据不同规格为不同市场开发车辆的任务。这里迫切需要快速协调。

27.2.2 此前的外部噪声测量方法

用于车辆型式试验的测量方法的基本结构根据 ISO 362－1 进行了国际标准化。简单的测量设置可以通过在创建时的测量技术状态来解释，并且具有可以在世界所有国家以相同方式进行测量的优势，并且实施起来不费吹灰之力。这种“加速驶过”的基本程序如图 27.2 所示：为了模拟车辆从路边的行人身边驶过，车辆以 50km/的恒定速度通过 20m 长的测试路段。在开始时，车辆的节气门突然全开。随后持续约 2s 的全负荷加速期间的噪声水平由两个传声器测量，传声器安装在距离车道中央 7.5m 的 2 个侧面，高度为 1.2m。作为该变速器档位的测量结果的中间结果给出所达到的最高声压级［以 dB（A）表示］。测量在 2 档和 3 档（或自动变速器车辆的 D 位）进行，由两次测量结果的算术平均值得出验收值。由于发动机噪声水平与转速成比例增加，因此测量结果主要取决于在这短时间段内出现的转速水平。

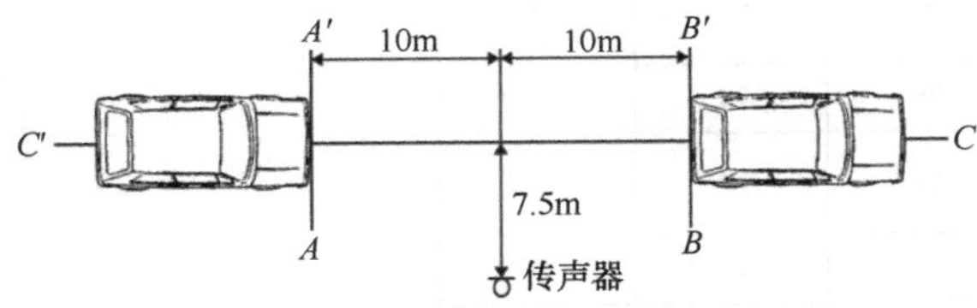

图 27.2 外部噪声测量[5]

现有方法的缺点早已为人所知：在车辆的确定运行状态下仅持续约 2s 的路段不能充分地描述其对实际道路交通中交通噪声的贡献。因此，尝试使用针对运动型车辆、直喷柴油机乘用车和越野车的特殊规定，来反映真实车辆集体和城市典型的驾驶条件的变化：然而，与高速相关和唯一的驾驶条件“全负荷”共同描述了一种绝对不切实际的滥用试验，这与当今城市交通中的通常驾驶行为有很大不同。

由于近年来发动机的转矩特性发生了显著的变化，因此如今以明显更低的转速行驶，是时候开发一种更实用的测量方法，其中还包括车辆的技术改进（传动系统和轮胎），反映在交通噪声水平的实际降低上。而由于测量方法不切实际，导致了汽车行业迄今为止花费巨资降低车辆型式认证值，但人们只能稍微减轻交通噪声。其原因（除了不具有代表性的转速）是轮胎/道路噪声仅在当前有效的噪声测量方法中起次要作用。

27.2.3 符合 540/2014/EG 以及 ECE R51：03 的新的外部噪声测量方法

新的测量方法基于经过验证的测量路段布局，包括多种乘用车的测量方法。

- 然而，乘用车的基本方法现在旨在模拟测试部分内的实际的部分负荷加速，包括加速行驶（全负荷，50km/h 在传声器高度上）和恒速行驶（50km/h）。其中，要行驶的加速度和变速器档位基于车辆的功率重量比。这里，所有指定值代表大量的系列测量的结果和对所获得数据的统计评估。在商用车的情况下，驾驶条件（出口速度、发动机转速）现在定义在测量部分的末尾，而不是像以前那样在测量段的开头。此外，规定了车辆与实际接近的负载。
- 另外，除基本的规定外，在新规定 540/2014/EG 和 ECE R51：03 中还包含一个非常复杂且耗时的附加测试程序（ASEP，附加声发射规定，additional sound emission provisions），通过这种方式，可以防止通过电子方法规避对法规的类似解释。
- 从 2019 年 1 月 1 日起，必须根据 ISO 10844：2011 建立新的测试路段，与迄今为止根据 ISO 10844：1994 的测试路段相比，它的规定更严格，以尽量减少不同测量路段之间的偏差。
- 电动和混合动力电动汽车有义务在新条例生效后 3 年（2017 年 7 月）后的新车型和生效后 5 年（2019 年 7 月）后的所有车辆上安装声学行人警告系统（AVAS）。2016 年通过的 ECE R138 法规规定了此类声学行人警告系统的法规，适用于 ECE 市场，因此也适用于欧洲。对于美国而言，2017 年初实施于 2016 年秋季通过的 FMVSS 141 法规。而对于中国市场，预计 2017 年也将出台新的相关法规，对最低噪声水平、车辆驻车时的噪声和熄火能力提出不同的详细的要求。
- 此外，整合了针对标示和消费者信息的法规并包含修订法规：欧盟委员会必须在 2021 年之前根据当时可用的车辆准备一项研究，以便随后发布对现有法规的修缮建议。

27.2.4 新法规的限值和实施日期

新的欧盟指令 540/2014/EG 于 2014 年 7 月 1 日生效。以下应用数据适用（图 27.3）：

- 从 2016 年 7 月 1 日起限值阶段 1。
- 从 2020 年 7 月 1 日起限值阶段 2（2022 年所有车辆的注册）。

车辆目录	说明			型式认证限值		
	质量	发动机额定功率	功率质量比	新车型	新车型/新车	
				阶段1 从第16(2)条规定的申请日期开始申请(2年后)	阶段2 从第16(2)条规定的申请日期4/6年后开始申请(6/8年后)	阶段3 从第16(2)条规定的申请日期8/10年后开始申请(10/12年后)
	kg	kW	kW/kg	dB(A)		
M				客车		
M_1			≤ 0.12	72①	70①	68①
M_1			> 0.12 ≤0.16	73	71	69
M_1			> 0.16	75	73	71
M_1			> 0.2③	75	74	72
M_2	≤2500			72	70	69
M_2	> 2500 ≤3500			74	72	71
M_2	> 3500 ≤5000	≤135		75	73	72
M_2	> 3500 ≤5000	> 135		75	74	72
M_3		≤150		76	74	73②
M_3		> 150 ≤250		78	77	76②
M_3		> 250		80	78	77②
N				货车		
N_1	≤2500			72	71	69
N_1	> 2500 ≤3500			74	73	71
N_2		≤135		77	75②	74②
N_2		> 135		78	76②	75②
N_3		≤150		79	77	76②
N_3		> 150 ≤250		81	79	77②
N_3		> 250		82	81	79②

①M_1车辆从N_1车辆派生：M_1车辆的R点距地面距离>850mm，M_1车辆满载超过2500kg时必须满足N_1车辆(2500kg<总质量≤3500kg)的限值要求。

②新车型，+2年；新车注册，+1年。

③最多4个座位，驾驶人座椅R点距地面高度≤450mm。

图 27.3　符合 540/2014/EG 的限值

– 从2022年7月1日起限值阶段3（2024年所有车辆的注册）。

在UN – ECE中，旨在广泛协调新法规ECE R51：03与欧盟法规。中国和日本市场从2017年起以类似欧盟法规的法规取代适用法规。印度、韩国、巴西或美国等其他国家是否也会使用类似于新的ECE R51：03法规，还有待观察。正在酝酿在UN – ECE框架内起草GTR（Global Technical Regulation，全球技术法规）。

27.2.5 对减少交通噪声的影响

新法规将通过更现实的测量方法和更苛刻的限制值以及通过提到的附加法规，为降低交通噪声做出重大贡献，因为车辆制造商为降低车辆噪声而采取的措施现在也反映在减少实际噪声污染上。然而，由于车辆的整体噪声由传动系统噪声和轮胎/道路噪声所组成，因此，轮胎的纯滚动噪声［在50km/h时约为65～69dB（A）］和加速过程中通过转矩的影响轮胎产生的额外噪声［“负荷影响”，大约1～3dB（A）］代表了整车优化的下限，包括电动或混合动力车辆。它也只能受到汽车制造商的间接影响。作为欧盟委员会“通用安全指令”（General Safety Directive）EC/661/2009的一部分，在其部件型式试验中规定了更严格的轮胎纯滚动噪声限制值（乘用车以80km/h滚动和商用车以70km/h滚动）。然后可用于车辆型式试验的轮胎/道路噪声值可以由此得出。然而，环保型汽车制造商正迫使轮胎制造商通过自己的规范进行改进，以实现更严格的噪声限制，这将继续推动更安静轮胎的发展。符合EC 1222/2009（图27.4）的新的轮胎标签使车主即使在改装轮胎中也能看到噪声污染、湿地制动能力和滚动阻力这三个选定的轮胎特性；然而，当有疑问时，轮胎的“外部噪声”特性总是比安全方面的优先级低，例如湿抓地力、制动距离或高速阻力。遗憾的是，对于路面的声学特性，目前还没有具有约束力的规定和限制值。由于路面对轮胎/道路噪声有显著的影响，这意味着浪费了显著的降噪潜力，在可预

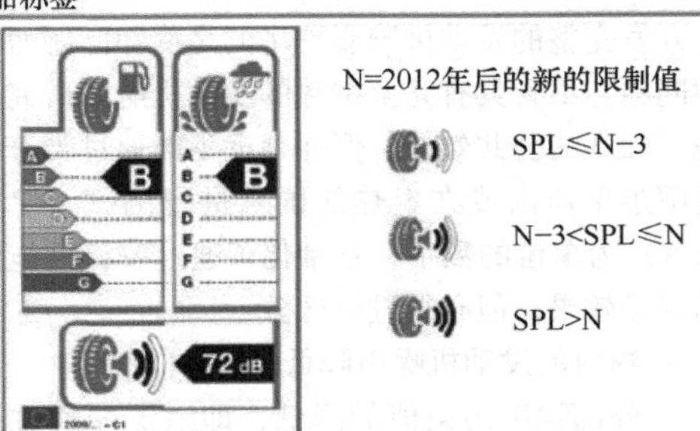

图27.4 符合EC 1222/2009的轮胎标签

见的未来，仅通过新的车辆噪声测量方法来降低交通噪声只能在有限的范围内发挥作用。

在电动和混合动力电动汽车中强制安装声学警告系统将对交通噪声产生怎样的影响，还有待观察。

27.3 外部噪声源

与速度相关，交通噪声的贡献主要可归因于两个原因：发动机和轮胎。在最高约50km/h的低速时，传动系统的噪声占主导地位，高于轮胎/道路的噪声。相比之下，风噪声可以忽略不计，直到高速公路速度。为了不超出本书的范围，这里特别讨论了传动系统中降噪的可能性。

物理上不同的影响会导致发动机外部噪声：

– 进气口和排气口噪声。由发动机中的气体交换过程激发的进气和排气系统中的压力脉动导致空气声波在管道的相应开口端（“开口”）直接传播。点火频率在频谱中占主导地位，即四缸发动机为二阶，六缸发动机为三阶等。在高转速和全负荷下，排气系统中高的流速也会导致高频、通常是宽带的流动噪声。

– 来自进气和排气系统的次级辐射。内部的压力脉动也会引起管道和壁面振动，从而将空气声辐射到外部，称为次级空气声。

– 附件结构的噪声辐射，即发动机 – 变速器机体的外表面。发动机、变速器和辅助单元中的燃烧压力和所有非均匀运动部件会导致壳体结构上的动态力，从而导致外壁的运动和变形，这是环境空气中压力波的出发点，即发出声音。这种空气声的频谱以500Hz以上的高频分量为主，主观上被认为是“机械的发动机噪声”。对机械的发动机噪声的贡献诸如：

- 压缩及燃烧时的压力上升，尤其是在柴油机中。
- 气门回位时敲击气门座。
- 活塞侧斜。
- 控制机构和平衡轴机构的齿轮、链、传送带的振动。
- 液压泵的压力冲击。
- 其他声源：涡轮增压器叶片，压缩机啸叫，风扇噪声。

27.4 降低外部噪声的措施

27.4.1 发动机方面的措施

始终在源头上采取最一致和最有效的措施，即设计产生尽可能少的噪声的发动机[6,7]。设计目标是：

– 传力壳体结构和曲柄连杆机构的**最大刚度**，

从而使壳体壁面的振动激发最小化。

– **附件外壁的减振设计**，通过：

- 加强筋（高动态刚度，例如发动机缸体和变速器壳体）。
- 解耦，例如气缸盖罩或进气歧管的弹性连接。
- 阻尼，例如板式油底壳。

所有三个替代方案在成本优化和功能要求方面都有相互冲突的目标。加强筋：额外的重量和空间要求；解耦：油密性、附加部件或辅助单元的连接；阻尼：散热和额外的重量。在油底壳方面，带肋的铝制油底壳已经胜过减振金属板油底壳，尤其是在铝制发动机中，因为它需要作为承重结构件来增加发动机－变速器壳体的刚度，另见27.6节。

– 作为所谓的“贴近皮肤胶囊”的一部分，**吸声面罩**已记入减少声辐射的辅助措施之列。一个经常使用的例子主要是气缸盖罩，它主要用于发动机舱造型（电缆和喷射管线的覆盖），并且作为泡沫背衬塑料外壳，还具有声学功能[8,9]。

– **更柔和的燃烧**是混合气形成方面的任务，它显著地降低了主观感知到的燃烧噪声的烦恼，特别是在柴油机中，并改善了噪声污染和内部噪声舒适度。在这里，燃烧压力梯度是决定性因素，它可以通过诸如引燃喷射在排放与油耗之间进行折中。

– **大容量进气消声器和排气消声器**是车辆设计在空间要求和成本方面的主要要求。为了满足当今的限值，开口噪声必须不再对整体外部噪声产生可测量的贡献。当称为附加消声器的“绝对消声器”在外部噪声测量中不再导致dB（A）水平降低时，这被认为已经实现。然而，当涉及车内噪声时，人们会寻求排气系统对发动机噪声的听觉贡献，使其尽可能悦耳，尤其是在全负荷加速期间。这主要是在开发阶段，在声音设计（Sound－Design）的分析和模拟方法的支持下实现的。精心设计的带有排气风门的解决方案，在低速时防止低频怒吼，并在高速和大的废气流量时通过打开一个额外的横截面来降低流动噪声（同时降低排气背压），是这种开发的结果。

– **降速**作为最有效的降噪措施之一，也是车辆设计的问题。在实际行驶运行中，只有在较低的转速范围内将较宽的变速器传动比范围与提供较大的发动机转矩相结合，才能实现降低噪声污染，因此驾驶也是可以接受的。

– **噪声优化的辅助单元**，例如冷却器用风扇或发电机，已经在实现乘用车的低限值方面发挥了作用，尽管它们的贡献相对较小。

27.4.2　汽车方面的措施

减少发动机噪声辐射的车身侧的次要措施称之为“远离皮肤”或“远离发动机的胶囊”。其目的是使用安装在车身上的附加部件，使发动机舱成为一个很大程度上封闭的空间，几乎没有发动机噪声可以从中逸出。为了降低发动机舱内增加了的噪声水平，边界表面内部另外还衬有泡沫或棉绒等吸声材料，这些材料在下部区域特别能防止油和湿气的吸收，并且必须是不易燃的。几乎所有的量产乘用车，尤其是配置柴油机的乘用车，都配备了以下胶囊元件的组合（图27.5）：

– 由泡沫、无纺布制成的吸收式发动机盖衬里，部分采用与金属板有一定距离的盒式结构，以便于通过板式谐振器效应增加低频段的吸收效，或采用亥姆霍兹共振器效应的蜂窝结构。

– 下层保护：指定一个塑料或金属外壳，将发动机舱向下封闭，而出于空气阻力的原因也是必要的。通常为油底壳提供一个凹槽以保持离地间隙，它通常在前壁面结束。在特殊情况下，在声学标准的车辆中，变速器通道的前部也在底部封闭，其前提是可以管理由此产生的冷却问题。底护板的内侧还有一个吸声衬里，在那里要防止被液体吸收优先于最佳吸声作用。出于这个原因，例如，从声学的角度来看，需要使用蒙皮泡沫或盒式吸收器来代替开孔材料。

– 侧向封闭到轮罩的开口，例如使用橡胶波纹管作为拉杆，并在必要时为前轮的驱动轴提供衬有泡沫的隧道形的吸收段。

– 关闭前部的冷却空气进气口，例如使用热控的散热片，是一种非常复杂的措施，用于高档车辆上的柴油机。在冷起动期间，肋片关闭并降低柴油机的冷爆噪声。出于功能可靠性的原因（冬季结冰），此类系统只能放置在散热器后面，这意味着在散热器与发动机之间必须留有足够的空间。

使用发动机封装（胶囊）可以实现的外部噪声降低受到车辆冷却所需的开口尺寸和数量的限制。因此，开发完整的发动机胶囊更多的是冷却问题而不是声学问题。尽管具有完全密封的发动机舱的研究车辆实现了壮观的公共效果，但通常远不能通过带着拖车穿越阿尔卑斯山或在炎热的国家进行测试。使用以dB（A）为单位的数字，它量化了通过胶囊措施测量到的降噪效果，但必须进行区分：

– 辐射的发动机噪声降低的dB（A）值。

– 外部噪声污染值的降低，即法定的通过行驶测量的整体行驶噪声。示例：在通过行驶时，乘用车测得的值为74.8dB（A），这是由70dB（A）轮胎噪

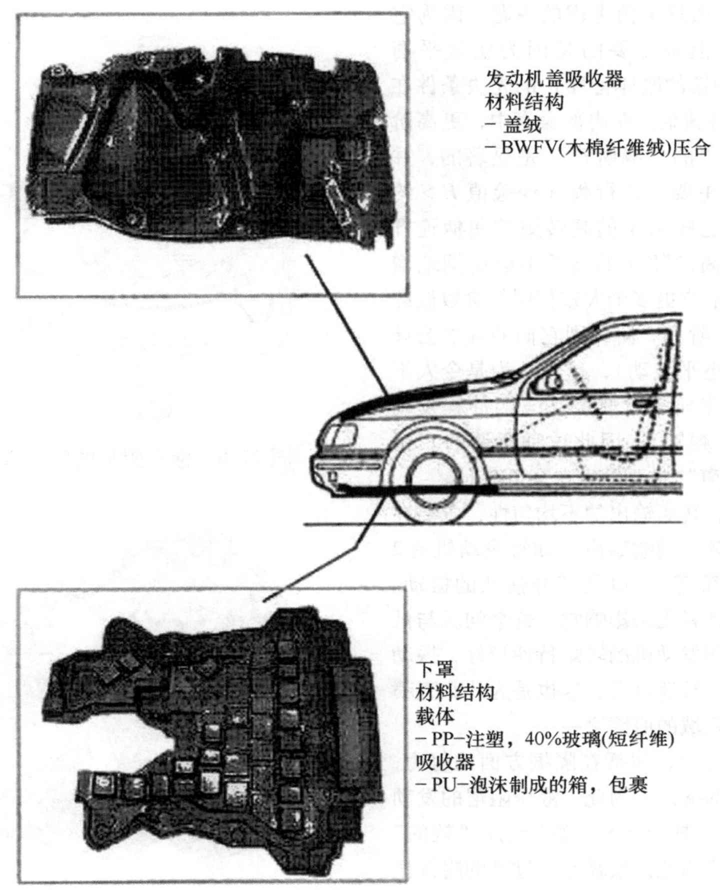

图 27.5 发动机胶囊（HP - Chemie Pelzer）

声和 73dB（A）发动机噪声的能量含量之和得出的。通过精细的发动机封装（胶囊）将发动机辐射的声能减少一半，即声压级为 70dB（A）。轮胎噪声和发动机噪声分别为 70dB（A），总噪声水平为 73dB（A）。通过封装（胶囊），外部噪声污染值降低了 1.8dB（A）。

27.5 内部空间的发动机噪声

虽然在 27.4.1 节中描述的措施也改善了内部噪声，但与外部噪声相比，还有结构声路径在较低频率范围内主导内部噪声。发动机 - 变速器机体与车身之间的所有机械连接都是潜在的结构声传播路径，尤其是发动机支承和驱动轴，它们尤其是在前驱的情况下，连接到底盘而没有隔离的中间元件，结构声从该处通过相对较硬的底盘支承件找到进入车身结构的路径。在空气声的路径上，只有高于 500Hz 左右的高频噪声分量，即所谓的“机械”的发动机噪声和燃烧噪声（图 27.1），从发动机舱通过舱壁和地板到达乘客舱。

结构声振动主要是由摆动质量力引起的，这就是为什么低频嗡嗡声和咆哮声通常在少于六个气缸的发动机中具有破坏性，即使在发动机无负荷运行时也是如此。气体力作为曲柄连杆机构旋转不均匀性的主要原因和以围绕惯性主轴沿曲轴方向的扭转振动的形式的发动机 - 变速器机体的反相外部反应是第二个结构声的来源。它们的噪声贡献可以很容易地通过其负荷相关性和低速时不均匀程度的增加来区分。

自由惯性力和力矩的激励只能通过质量平衡来影响，即气缸的数量和气缸和平衡质量的布置，或随曲轴转速（例如在三缸、五缸或 V6 发动机中平衡一阶质量力矩）或随曲轴转速两倍［例如四缸直列发动机中 2 阶力的“兰卡斯特（Lancaster）平衡”］转动的附加平衡轴。声学的改进被增加的成本和摩擦损失所抵消。通过更小的活塞和连杆质量减小惯性力在理论上是可能的，但实际上它通常已经耗尽。更高阶

（>2 阶）通常不再是质量平衡考虑的主题，因为它们的激励明显更低，但最主要的是因为质量平衡（曲柄连杆机构和曲轴箱的刚体特性）的先决条件在 250Hz 以上频率时不再满足。在内部噪声中，更高阶的贡献作为发动机噪声的“嘶哑声”是显著的，并且在乘用车发动机中主要是长行程（经验值 $H>$ 约 80mm）、具有更大的连杆比 λ 的高转矩的曲柄连杆机构的问题，因为更高阶随 λ 的增长不成比例地增长。如果在频谱中两个或更多个大致相同的阶数彼此相邻，例如 4 阶、4.5 阶和 5 阶，则它们的叠加会导致噪声的调制（脉动电平波动），这被认为是令人不快的噪声特性。由于半阶来自燃烧（= 四冲程发动机中单个气缸的点火频率），因此这种所谓的“锤击”或“曲轴 - 隆隆声”主要发生在全负荷时。

第二个结构声源，转矩输出的不均匀性，主要在低转速范围导致点火频率的嗡嗡声（四缸发动机的 2 阶，六缸发动机的 3 阶等），以及部分强烈的振动。由于物理原因，即设计者无法影响它，这个问题与低速时的转矩相耦合，即发动机的转矩特性越好，振动和嗡嗡声问题就越大。长期以来，这也是为什么直喷柴油机只用于商用车领域的原因之一。

仅仅几年的开发努力，包括在隔振方面的努力，导致了在乘用车方面的突破。因此，液压阻尼的发动机支承目前已很普遍（图 27.6）。这些允许“软的”连接，而不会来自道路的低频激励导致过度的附件振动。还有电动的、可切换的阻尼以改善性能，尤其是在怠速时。

曲轴本身的扭转振动可以通过更重的飞轮来减少，或者通过双质量飞轮，可能的话与离心摆（图 27.7）相结合，在很大程度上与输出轴解耦。然而，曲轴箱上的反作用力几乎保持不变。因此，也正是壳体的扭转振动使问题难以解决。

配气机构的惯性力和控制机构的固有噪声在高级别车辆上的多缸发动机中发挥着更重要的作用，因为它们以类似于来自辅助单元（发电机啸叫，液压泵发出的“锯”声等）的干扰噪声的方式损害发动机的声音。配气机构的惯性力作为对气门、挺杆、摇臂等的加速度的反作用而产生，并且基本上与来自活塞运动的惯性力具有相同的效果。

尽管低一个数量级，但它们可以在发动机中以良好的质量平衡（即六缸和八缸发动机）确定嗡嗡声。控制机构的噪声，称为“控制链啸叫”以及“齿形带啸叫”，在中等频率范围内，对应于链或齿形带轮的啮合频率。与齿轮类似，它是由齿或链节的周期性加载和卸载引起的，在齿形带的情况下，还有通过齿

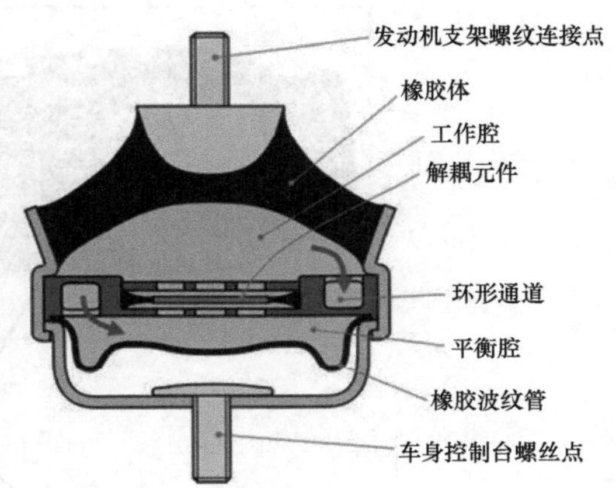

图 27.6　液压阻尼的发动机支承（示意图）

图 27.7　带离心摆的双质量飞轮（卢克）

啮合期间的空气置换（“空气泵送”）所引起。这些啸叫声在怠速和低速范围内尤其容易听得到，此时它们还没有被不断增加的发动机其他机械噪声和燃烧噪声所覆盖。此外，可能通过链或齿形带的弦振动引发低频噪声[10]。

27.6　发动机结构设计者的声学指南

在发动机结构设计时如何考虑低噪声开发目标的问题已经成为众多研究的主题。如果一个人可以在不了解单个结构设计的情况下制定一般准则，那么它们通常指向最大刚性。在物理学上，这可以通过以下事实来解释：一方面，在相同的力下，导致声音辐射和结构声引入的变形减少，另一方面，结构共振转移到更高的频率，其中激发动力的幅度变得更小。

后者从发动机 - 变速器机体的第一个弯曲形状开始，例如，在四缸发动机中，在每一种情况下，必须

明确地将其转移到远高于最强振动激励的频率范围，即发动机的第2阶，即在汽油机中≥约250Hz。刚性方面的薄弱点通常是发动机外壳法兰－离合器罩或变矩器罩之间的螺栓连接，特别是如果不是承重的钣金油底壳或“短衬衫”（发动机侧壁不是拉到主轴承座上）可防止在曲轴轴线下方引入力。一种补救措施是使用带有适当的加强筋的铝压铸油底壳以及在变速器钟形罩上加上肋片。一般来说，其目标是尽可能地实现“力的线性流动”，这意味着壳体中的每个凹痕或凸起都会降低可实现的刚度。在六缸或八缸发动机没有发动机2阶激振力的情况下，弯曲频率高于1阶，即≥约120Hz，就足够了。然而，这些大多是大体积的附件的较大质量会大大地降低固有频率，以至于特别是对于附件的纵向布置和长结构的全轮驱动，仍然必须设计为高抗弯刚度。对于这些最低振动模式，考虑或计算静态刚度仍然是足够的，因为壳体壁的质量对振动模式只有很小的影响。

普通的乘用车附件的第一固有扭转频率通常高于最强的扭转振动激励的频率。然而，在特殊情况下，这种固有振动模式也会导致噪声问题，并需要采取结构上的加固措施。在这里，变速器外壳中的凸起也是刚性方面的典型的薄弱环节。

在高于500Hz左右的频率范围内，壳体壁固有振动发挥着越来越大的作用，可以表现为发动机或变速器噪声辐射的“热点”（Hot Spots）。然而，此类噪声问题对于各自的结构设计是如此特殊，以至于如果没有测量技术上的分析或模拟，就无法给出精确的建议，例如加肋条或阻尼。但是，应从一开始就避免更大平坦的、薄壁的区域，例如加拱、肋板、加强筋、隔板等。

连接弹性发动机支承的单元支架的最大动态刚度也是必须努力实现的结构设计目标。它们被视为在自由端具有附加质量（随振发动机支承质量）的悬臂梁，其共振将通过它们传导到车身的发动机的结构声增加多达10次方倍。因此，应始终尝试将第一支座固有频率提高到1000Hz以上，此时发动机的结构声激励不再占主导地位。在实践中，这只有在支座

1）是短的，即不超过附件壁100～150mm。

2）附件壁有足够的螺栓基础（正方形，以支座的长度为侧面尺寸），必须有相应的刚性。

3）设计为封闭的锥形空心箱梁。

的情况下才能实现。出于这个原因，具有开放剖面横截面的钢板支座现在很少用于乘用车的附件支承，而通常是压铸铝支座，图27.8显示了一个示例。附件侧支座长度是车辆方案设计中附件支承布置的问题，其中必须满足大量的功能要求。如果必须在较长的车身侧附件安装支架或较长的附件侧支座之间做出选择，则从声学角度来看，较短的附件侧支座通常是有利的。

在布置和紧固辅助单元时必须考虑类似的刚度观念。它们在发动机前部的布置主要源于发动机舱外形尺寸和带传动系统的结构设计。

在振动技术方面，它们被认为是通过一定的弹簧刚度连接到附件质量的质量，因此以相应的频率共振。在这里，在正常情况下，其目标是尽可能高地设置这个共振频率，即构建一个尽可能坚硬的支架。两个或多个辅助单元在同一个支架上看上去优雅且廉价的布置使得通过质量的积累而难以实现高的共振频率，并且另一个不推荐这种布置的原因是：辅助单元（例如动力转向泵）的结构声直接传导到相邻的辅助单元上（例如空调压缩机），然后也从其连接元件（在这种情况下为空调软管）向车身继续传递。此外，一般性建议还有：不要为辅助单元驱动提供整数传动比，转而使用诸如1.1或0.9，以使由辅助单元产生的振动激励的频率不会与发动机的阶次重合。否则，通过不可避免的传动带打滑，两个几乎相同频率的振动将叠加，从而导致声学上非常不愉快的周期性水平波动，即所谓的颤动[11-13]。

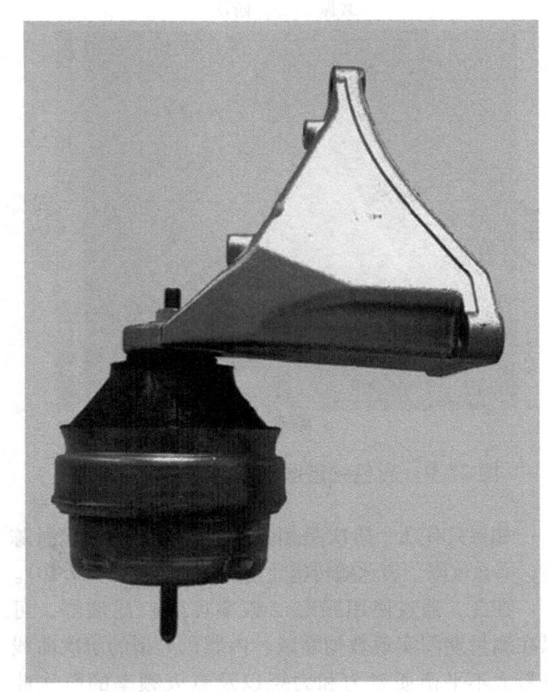

图27.8 带发动机支承的发动机支座

27.7　测量技术和分析方法

由于内燃机噪声源（包括其外围设备）的复杂性，随着时间的推移，已经开发了大量的试验方法，这些方法结合起来可以提供整个系统的非常详细的图片。由于有时需要付出相当大的努力，例如测量曲轴轴承壳中的压力分布，因此在实践中首先在诊断方法方面使用标准库，这样一来，大多数问题案例已经可以解决或至少识别和评估。其中，必须区分典型规范或对标的测试方法，例如附件支座处的加速度水平或发动机发出的声功率，通常对此有简单、固定的程序。

通常在诊断开始时使用的通用工具是对来自单个传声器（近场或内部空间）或来自噪声的人工头部接收器的空气声信号应用所谓的特征分析。以颜色编码的2D图像形式的大量光谱被绘制为随速度斜坡变化的光谱图（图27.9右，见彩插）。这种表现方式特别有用，因为一方面，人们可以将其相关阶数形式的激发程度视为倾斜运行的线，另一方面，在传输路径中的共振效应可以通过具有固定频率的超高量而清楚可见。另外，如果单个阶次或频率范围也可以被过滤掉或升高，则可以在听力比较中识别出对要研究的问题至关重要的部分。

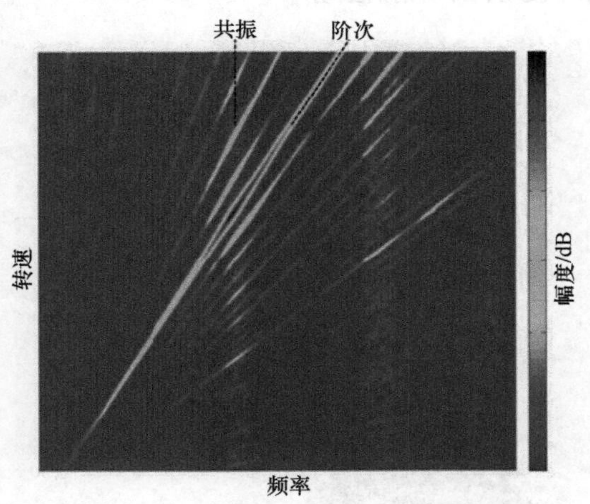

图27.9　彩色频谱图（舍弗勒工程公司）

如果只有几个阶次是相关的或需要精确的定量陈述，那么仅限于表示随转速变化的阶次曲线(图27.10)。

在此，通过使用跟踪（频率可变）滤波器，可以在测量期间实现数据缩减。内燃机典型的阶次曲线是最大不平衡质量力和力矩以及点火频率的阶次曲线，即直列四缸发动机的发动机阶次为2，五缸发动

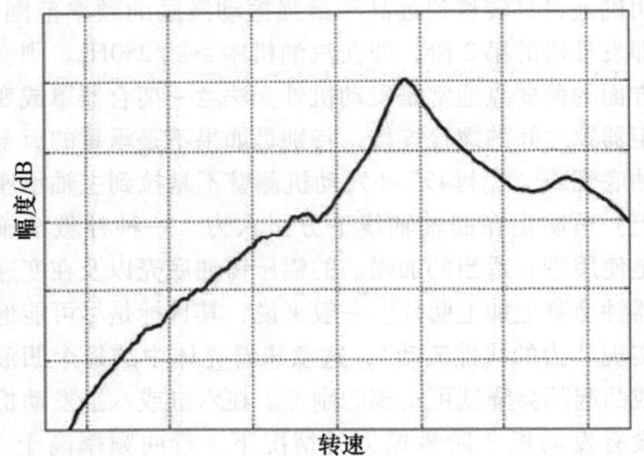

图27.10　阶次水平随转速的变化，来自图27.9的一部分（舍弗勒工程公司）

机的发动机阶次为1、2和2.5。在更高频率的空气声范围（“机械”的发动机噪声）中，通常将噪声划分为多个频带（通常为1/3倍频程或1/8倍频程），并记录其水平随发动机转速的变化。例如，其水平的增加可能表明发动机舱和内部空间之间的隔声不足。

在详细分析声辐射时，都会使用经典但复杂的开窗法，即从一个完全紧密贴合的隔绝胶囊（例如由矿棉和铅板）按点的方式打开一个小的“窗”，测量其对辐射的影响，在很多情况下，通过对测试对象和声场的影响更小的、更现代的方法来取代或补充。在强度方法中，辐射体在距表面相对较小的距离处逐点扫描。绘制的投影表面上的声强图可以很好地描绘强辐射区域和弱辐射区域的分布，同时可以确定总的辐射声功率。缺点是测量时间长，在此期间必须保持稳定的运行状态。此外，出于安全和可重复性的原因，通常需要自动化设备来移动强度传感器。较短的测量时间和对瞬态过程的观察允许使用阵列－波束成形方法，其中声压由许多特殊布置的传声器（阵列）在距声源一定距离处并行记录。特殊的算法允许评估声压源的方向依赖性，从而可以显示辐射器表面层面的“声源分布”。借助所谓的空间声场变换（STSF）/声全息术，可以借助从测量的声压信号中得出的数学－物理模型来确定完整的声场，即也可以直接确定辐射体表面上的完整的声场。在距离辐射器一定位置的传声器网格上记录声压信号；为了分离不相关的声源可能的话会使用额外的参考传感器。强大的系统还可以缩短测量时间。也可以使用该方法的更新变体分析瞬态的声学事件[7,14,15]。

为了确定并在必要时影响与辐射相关的或结构声引入相关的振动形式，使用所谓的运行振动分析，它使在实际运行条件下出现的运动形式实现可视化。与

此相反，实验的模态分析与定义的人工激励（例如冲击锤）一起工作，主要用于比较计算模型或检查某些固有频率和形式是否在规定的范围内（例如发动机-变速器组合的第一弯曲固有频率）[16]。针对模态分析和运行振动分析，最常选择的方法是逐点测量三个方向的加速度，然后可以将这些信号分配给线框模型的节点，并通过频率选择在慢镜头中动态地表现出来。原则上，其他结构声信号，例如感应测量距离，也适用于运行振动分析。光学方法通常用于高温、旋转或薄壁部件。使用激光测振仪，表面速度在一个方向上逐点测量，作为时间信号。虽然这允许拆分成频率分量，但由于所需要的逐点采样，因此需要相对较长的测量时间，由此需要稳定的稳态运行状态。相比之下，激光双脉冲全息术提供了大面积变形的快速采样（图27.11），然而，它显示了两个激光脉冲之间的整个变形随时间的变化，并且“固有形式选择”评估仅在一定条件下和只有通过巧妙地选择触发时间点和时间间隔（通常为0.8ms）才能实现。

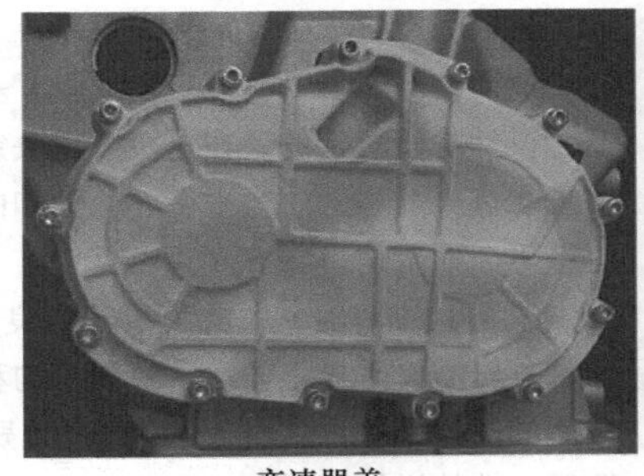
变速器盖

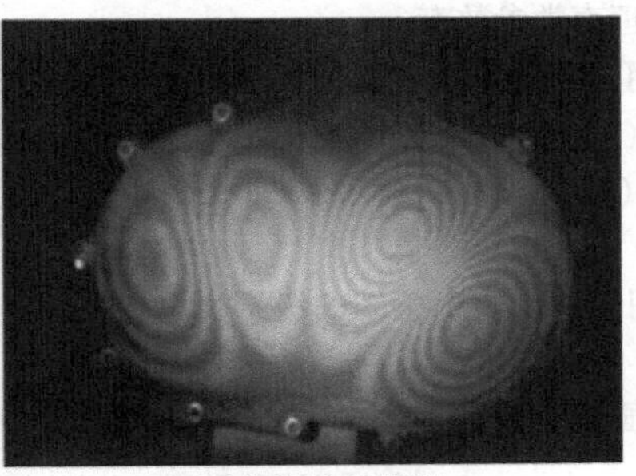
干涉条纹(全息图像)

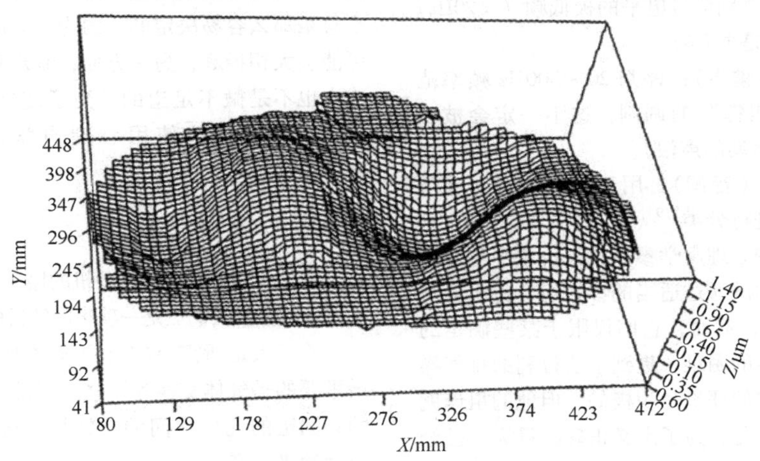

图27.11　激光双脉冲全息术，大面积变形快速采样（埃斯林根应用技术大学激光实验室）

所谓的传递路径分析（Transfer Path Analysis）是一种非常强大的工具，可以精确分析结构声对内部噪声的贡献，因此通常是车辆声学研究的基础[17,18]。它基本上分三个步骤进行：

1）以直接（测力元件，DMS）或间接方式（支承变形，输入阻抗）确定相关的考察点上的剪切力。

2）通过人工激励，在噪声源去耦时确定从输入点到接收点（例如驾驶员的耳朵）的声学传递函数。

3）通过将力与相关的传递函数相乘来确定噪声的各个贡献者。通过这种方式可以确定，例如对于发动机的2阶，哪个发动机支承在哪个方向对驾驶员耳中的嗡嗡声的贡献最大。

27.8　心理声学

在DIN IEC 651中确定的声音信号评价曲线（例如A评价）是考虑人类听觉非线性行为的第一个粗略方法。但是，如果要对噪声的主观感受的烦恼做出陈述，则通过简单的频率评估是不可能的。例如，柴油爆燃等脉冲噪声被认为特别烦人，而同一级别的均匀噪声只是引起轻微的烦躁感，这在频谱中不如在这些信号的时间变化过程中那么明显。这些差异的客观记录是所谓心理声学的目标，它根据模型和详细的听力研究定义各种所谓的心理声学参数。

许多心理声学参数的基础是修改的频率标度——音高标度［0~24调（Bark）］，它基于基底膜的非线性频率空间变换，从而模拟听觉的自然频率划分。通过考虑频谱的和时间的掩蔽效应以及耳朵对幅度和频率波动的敏感性，使用有时复杂的算法从测量信号中计算心理声学参数。

应用到的心理声学参数有：

1）响度：用于评价感知音量的线性变量，使用单位宋（sone）（参考：1kHz 正弦音，40dB 对应 1宋）。计算方法（根据 Zwicker）在 ISO 532 中标准化了。

2）响强：用于评价响度感知的级别变量，使用单位方（phon）。它可以从响度中近似地计算出来。

3）锐度：强调使声音尖锐的高频的评价（单位：1acum）。

4）波动强度：评判信号电平的极低频（<20Hz）调制，这通常被认为是烦人的。

5）粗糙度（嗡嗡声）：评判 20~300Hz 频率范围内使声音显得“粗糙”的调制，这不一定会被当成一种负面特性（运动的声浪）。

6）声音萦绕度（音调）：用于根据纯音与噪声之比的分量对噪声进行分类[19]。

总的来说，这些心理声学参数比评价水平更好地表征噪声，因此还尝试通过适当的参数组合得出噪声“质量”的关键数据，然而，它们仅限于某些确定的情况。为了说明基本的困难，提到了法拉利的排气噪声，一个年轻人对它的评价是积极的，但他的祖母就不会这么认为了。因此，为了定义正确的目标，已经并正在与来自车辆客户和/或专家的评估员进行大量量身定制的听力研究。由于相关分析系统的高的回放质量和操作的可能性，其基础大多是人工头部接收器，部分甚至在原始环境中重现，并使低频结构声（手、脚和座椅振动）变得有形。这也是心理声学与声音工程之间的交点。

27.9 声音工程

多年来，车辆声学的一个不言而喻的方面是认识到简单地“让它更安静”通常不再有效，因为需要和期望来自车辆的特定声学反馈。声音工程（Sound-Engineering）的任务现在是为所需的声学信息配备尽可能悦耳的声音，也可能是品牌典型的声音，并根据车辆类型满足某些特征，例如“运动型”“强大”“动感”或“威严”。当然，发动机的噪声尤为重要。同时，在发动机中，影响最大的可能性在于，传输路径的多样性和作为阶次混合的噪声的组成。如果一个人忽视纯电子操作，可以实现壮观但“不真实”的结果，那么，根据发动机类型，例如通过标定进气和排气系统，就有可能强调某个阶次，因此通常是所希望的声音朝着“运动的、动感的”的方向发展。然而，有时只能通过主动系统来实现与外部噪声约束的必要分离，例如，有目的地将交变力引入车身或在废气流上叠加压力脉动。

然而，对于发动机噪声的质量，基本的基础是在概念设计阶段奠定的，在这个阶段决定气缸的数量和布置、点火顺序、质量平衡、壳体和曲轴刚度、空气流量等。如果这里考虑到主要标准，则几乎“自动”产生了坚实的基础，因此为了获得良好的声音模式，通常首先需要来自气体力、控制机构和辅助单元的不希望的高频元件再次“安静”，这无疑随着单元和车辆复杂性的增加而增加。哪些元件必须做多少更改并不总是那么容易决定的，因为一方面人们的主观感受可能会大相径庭，另一方面，制定和实施辅助措施的成本也不是微不足道的。为了使这个决定变得更容易，越来越多地使用心理声学的模型、参数和方法[20]。

27.10 仿真工具

仍处于设计阶段的发动机的振动和辐射的空气声的预先计算在今天仍然是一项艰巨的目标设定(图 27.12)。

除了大量所需要的自由度之外，就其本身而言，最重要的是气体交换和燃烧过程的建模以及许多运动的和固定的元件之间的非线性耦合过程（冲击、润滑油油膜、摩擦等）。这使得实现有意义的整体模型变得非常困难。所以，产生了一系列专门的模型和方法，通常首先必须将它们的结果组合起来形成一个整体的结果。

结构动力学方面的出发点是发动机-变速器机体的有限（FE）元模型以及旋转的曲柄连杆机构（如果需要，还包括控制机构）的有限元模型或多体模型，这些模型足够精确地诠释在声学相关的频率范围内的复杂的振动形式。它们通常在部分系统中进行验证，例如通过将它们与实验模态分析进行比较。这里的一个主要困难在于阻力的正确采集。然而，最费力的和最困难的部分是计算在运行条件下作用在机体结构上的力。为此，必须耦合部分模型，其中，通过轴承和气缸套的流体动力学油膜的耦合条件是高度非线

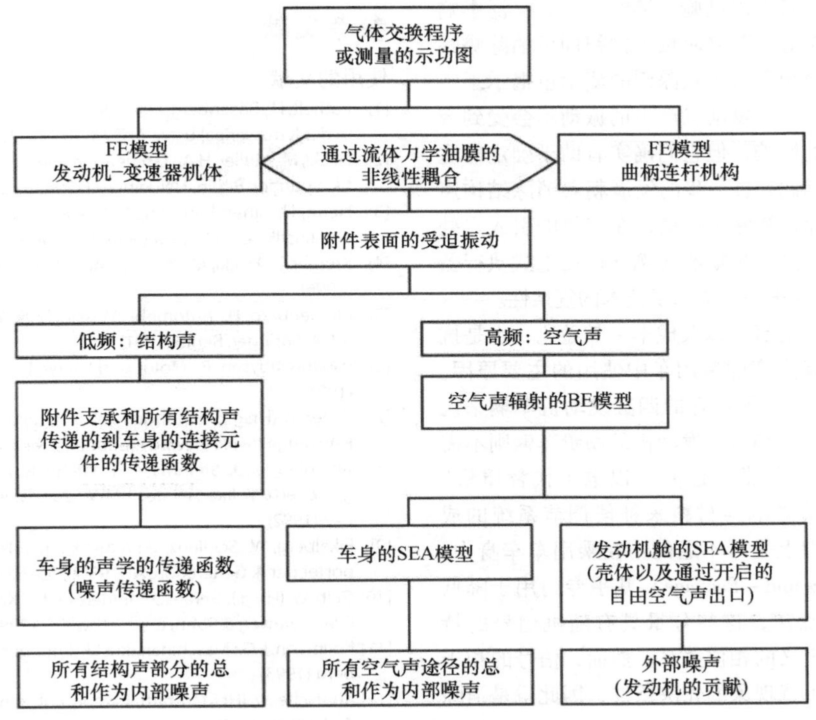

图 27.12 发动机噪声仿真过程的示例

性的。反过来，作用在曲柄连杆机构上的气体力可以从示功图测量中获取，也可以使用复杂的气体交换和热力学模型进行计算。仿真的总体结果是单元表面上的速度分布，包括单元支座。

在此基础上，借助于 FE 或 BE 方法（边界元，Boundary Element）相对容易地计算辐射的空气声，例如用于量化外部噪声，因为只需处理单一的均质介质。在计算车内噪声时，必须区分通过车身壁的空气声和通过单元支承、驱动轴和其他各种连接点引入车身的结构声。在低于约 500～1000Hz 的频率下，结构声的传播路径通常占主导地位。在这里，发动机悬置的振动幅度可以看作是单元支承的橡胶支承所谓的“位移激励”，这就是为什么它们经常被用作不得超过某些限制线的参考值。借助单元支承的动态刚度和安装点处车身的声学传递函数，可以计算每个支承的结构声对整体内部噪声的贡献，然后将所有支承和所有振动方向的这些贡献按相位方向相加。车身的声学传递函数可以以测量数据的形式获得，也可以作为车身结构和腔体的动态有限元计算的结果获得。然而，由于具有许多难以定义的车身的内衬体的复杂结构，车身传递函数的计算确定非常困难。在更高的频率区域，主要由来自发动机舱的空气声激发主导，条件再次部分简化。由于宽带噪声特性和车身固有频率的高密度，借助于统计考虑，忽略相位关系，可以在整个频率范围内考虑能量流，这样就获得了简单的代数关系（Statistical Energy Analysis，统计能量分析，SEA）。由于对有意义的声学整车模型付出了巨大的努力（只是在开发过程中更新子模型是一项不可忽视的组织任务），在实践中经常会转向所谓的“混合模型”，这意味着将测量记录的组件或输入变量与新元件的计算模型相结合。这种方法对于基于现有车辆底盘组件或现有的发动机系列的新开发特别有用[21]。

27.11 抗噪声系统：通过反声降低噪声

自从快速数字调节系统可用以来，通过人工产生的反声消除干扰噪声是一种技术上可实现的可能性。其中，在尽可能靠近干扰噪声源的位置采集该信号，在计算机中生成一个反相信号，并通过放大器和扬声器系统辐射出去。最好的效果是消除一个或多个发动机阶次的谐波信号分量。类似的机械原理是众所周知的曲柄连杆机构惯性力通过使用平衡轴的反相力来抵消。

用于四缸发动机车辆的抗噪声系统，通过多个传声器捕捉车内的发动机噪声，并使用专门放置的扬声器将发动机 2 阶的嗡嗡声降低 10dB 以上，该系统在 20 世纪 80 年代已在市场上提供已可成熟量产的原型。同样，大型汽车制造商的几乎所有研究部门都自行进行了开发，这些开发也以试验车辆的形式有广泛影响力地呈现给专业杂志，驾驶时按下按钮即可消除嗡嗡声。同时，这些最初令人印象深刻的演示也揭示了一个缺点：以相同方式由发动机产生的振动不会受到带有反声的扬声器的影响，但它们确实有助于确定舒适度的主观印象。因此，进一步的发展朝着消除结构声的方向发展，因此也消除了振动，在车身的引入点处使用反相位调节的振动激励器（例如以压电式执行器的形式），然而，这进一步增加了技术的复杂性。

过去，所涉及的努力以及成本 - 效益比，也是抗噪声没有在大批量生产的乘用车中使用的主要原因。简而言之就是："对于需要它的四缸发动机车辆来说太贵了，而配备六缸和八缸发动机的昂贵车辆则不需要它"。另一方面，经常表达的"以电子代替质量"的愿景，即通过节省隔声材料来补偿调节系统的成本，仅从物理原理上是行不通的：在乘用车车身中，所谓的声音包（Sound - Package）几乎专门用于降低高频噪声分量的噪声，这些分量具有随机信号的特征，因此没有可定义的相位关系。然而，信号的相干性是所有稳定的干扰现象的先决条件，因此也是消除噪声的先决条件。

近年来，在更高质量的四缸发动机上的新发展显示出向经典的平衡轴解决方案［"兰开斯特（Lancaster）平衡"］的明显趋势，发动机 2 阶的惯性力及其由此所引起的振动和嗡嗡声实际上是几乎可以完全消除的。然而，随着减少排放的新概念方案的引入，主动措施也有了新的起点，例如通过主动发动机支承在关闭气缸时补偿发动机阶次（图 27. 13）。

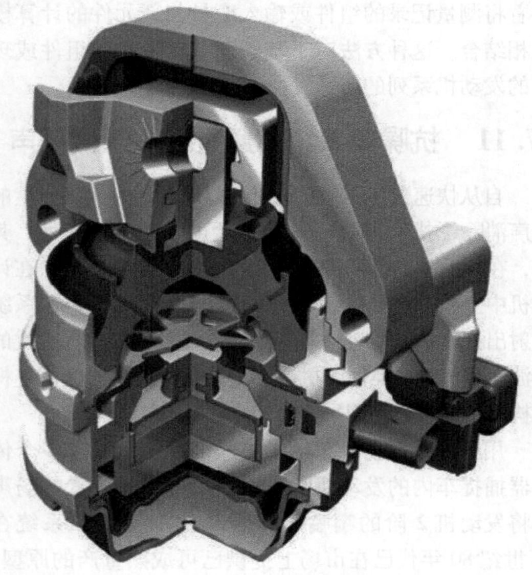

图 27. 13　奥迪 V8 的主动式发动机支承（ATZ）

参考文献

使用的文献

[1] Bathelt, H., Bösenberg, D.: Neue Untersuchungsmethoden in der Karosserieakustik. ATZ **78**(5), 211–218 (1976)

[2] Heckl, M., Müller, H.A.: Taschenbuch der Technischen Akustik. Springer, Berlin, Heidelberg (1994)

[3] Henn, H., Sinambari, G.R., Fallen, M., Erhard, Ch.: Ingenieurakustik, 4. Aufl. Vieweg+Teubner, Wiesbaden (2008)

[4] Kremer, L., Heckl, M.: Körperschall, 2. Aufl. Springer, Berlin (1996)

[5] Klingenberg, H.: Automobil-Messtechnik, 2. Aufl. Akustik, Bd. A. Springer, Berlin (1991)

[6] van Basshuysen, R.: Motor und Umwelt. ATZ **93**(1), 36–39 (1991)

[7] Zeller, P. (Hrsg.): Handbuch Fahrzeugakustik: Handbuch Fahrzeugakustik. Vieweg+Teubner, Wiesbaden (2009)

[8] Albenberger, J., Steinmayer, T., Wichtl, R.: Die temperaturgesteuerte Vollkapsel des BMW 525 tds. ATZ **94**(5), 244–247 (1992)

[9] Eikelberg, W., Schlienz, G.: Akustik am Volkswagen Transporter der 4. Generation. ATZ **93**(2), 56–66 (1991)

[10] Geib, W. (Hrsg.): Geräuschminderung bei Kraftfahrzeugen. Friedr. Vieweg & Sohn, Braunschweig (1998)

[11] Kollmann, F.G.: Maschinenakustik. Springer, Berlin, Heidelberg (1993)

[12] Küntscher, V. (Hrsg.): Kraftfahrzeugmotoren, 3. Aufl. Verlag Technik, Berlin (1993)

[13] Mollenhauer, K. (Hrsg.): Handbuch Dieselmotoren. Springer, Berlin, Heidelberg (1997)

[14] Quickert, M., Andres, O.: Moderne Verfahren zur Ortung von Schallquellen am Beispiel schwerer Nutzfahrzeugdieselmotoren. In: Tschöke, H., Henze, W. (Hrsg.) Motor- und Aggregate-Akustik Haus der Technik Fachbuch, Bd. 25, Expert Verlag, Renningen (2003)

[15] Genuit, K. (Hrsg.): Sound-Engineering im Automobilbereich, Methoden zur Messung und Auswertung von Geräuschen und Schwingungen. Springer, Berlin, Heidelberg (2010)

[16] Ewins, D.J.: Modal Testing, Theory and Practice. Research Studies Press Ltd., Letchworth (1984)

[17] Bathelt, H.: Analyse der Körperschallwege in Kraftfahrzeugen. Automobil-Industrie 1. März 1981, 27–33 (1981)

[18] Bathelt, H.: Innengeräuschreduzierung durch rechnergestützte Analyseverfahren. ATZ **83**(4), 163–168 (1981)

[19] Zwicker, E., Fastl, H.: Psychoacoustics, Facts and Models. Springer, Berlin, New York (1990)

[20] Quang-Hue, V. (Hrsg.): Soundengineering. Expert, Renningen-Malmsheim (1994)

[21] von Estorff, O., Brügmann, G., Irrgang, A., Belke, L.: Berechnung der Schallabstrahlung von Fahrzeugkomponenten bei BMW. ATZ **96**(5), 316–320 (1994)

进一步阅读的文献

[22] Betzel, W.: Einfluss der Fahrbahnoberfläche von Geräuschmessstrecken auf das Fahr- und Reifen-Fahrbahn-Geräusch. ATZ **92**(7/8), 411–416 (1990)

[23] Ehinger, P., Großmann, H., Pilgrim, R.: Fahrzeug-Verkehrsgeräusche. Messanalyse- und Prognose-Verfahren bei Porsche. ATZ **92**(7/8), 398–409 (1990)

第28章　发动机测量技术

技术学博士 Christian Beidl 教授，
工学硕士、技术学博士 Klaus - Christoph Harms，Christoph R. Weidinger 博士

试验阶段是内燃机开发的决定性的阶段，其基本任务包括发动机设计的验证、极限值安全遵守的验证，以及整个传动系统的优化和校准。

为了公正地完成这项任务，发动机的所有特征值都必须清晰且可重复地记录下来。这需要试验台架整个系统的逻辑模块化结构、发动机负载条件的真实表示以及所有测量变量的定义精度。

发动机的内部参数特别重要。记录它们是试验台架测量技术必不可少的部分，在第25章，特别介绍了燃烧诊断。有关废气测量技术的特殊方面和要遵守的法律规定，参阅第21章。

现代发动机的复杂性不断提高，同时缩短了开发时间，这对测量技术提出了很高的要求，并导致了集成在整个开发过程中的测试方法的重大变化。统计学的试验计划（Design of Experiments，DoE，实验设计）[1]，基于模型的试验实施[2]，以及在试验台架上动态的驾驶特性的表示已成为标准，而功能强大的试验台架系统[3]则可实现具有尽可能短的测量时间并证明结果可信赖的高度自动化流程。

即使在不同的试验台架上，所要求的数据安全性和测量结果的可重复性也意味着所用方法和工具的性能的提高。以燃料消耗测量技术为例简要地说明这种关系。比油耗是每个发动机开发的主要目标。为了维持在优化过程中较少的、所需的测试工作量，采用计算机辅助的优化方法和 DoE 方法[4]，其结果是只需提供相对较少的测量点便可以在整个特性场中评估发动机的性能。为了能够根据设置的参数和所寻求的最佳值可靠地辨识过程，这些点的测量不确定度必须非常低。其中，重复性在测量过程中至关重要，绝对精度对于不同试验台架的结果的互换性也很重要[5]。

当涉及精度要求时，不同的测量技术之间的相互作用非常重要。它总是关乎整个测试系统的实用价值[6]。例如，当确定比燃料消耗时，即使在燃料消耗测量技术中具有很高的精度，转矩变化过程的波动或发动机的调节不足也会阻止自动优化，从而阻碍高效研究。

以下各节旨在简要概述每个发动机实际的试验台架所需要的测量技术。对于其他测量技术主题，查阅参考文献，例如润滑油油耗测量[7]，喷射系统测量技术[8]，光学的燃烧诊断[9]。

（1）试验台架——整体系统中的测量技术

拥有多达数百个测量通道的测量设备网络的用于发动机开发的现代试验台架记录了大量物理参数，从温度和压力测量到确定的排放污染物浓度的测量。

试验台架的尺寸取决于要测试的系统和测试对象以及所用的测量技术的尺寸。

根据测试对象的类型，有以下试验台架基本类型：

- 发动机试验台架：在试验台架上只有发动机，没有动力总成的其他部件。发动机飞轮构成了试验对象与试验台架之间的接口。

- 动力包试验台架：发动机与车辆变速器以及任何混合动力组件一起进行试验。变速器的输出轴与试验台架的测功机（负载机械）连接。

- 传动系试验台架（动力总成试验台架）：试验对象为发动机带整个车辆传动系。两个测功机（全轮驱动时有四个测功机）将连接到车轮侧半轴端。在一些应用中，电驱动机械（英语：Prime Mover，原动机）代替内燃机，由此需要非常特殊的单元来显示内燃机的转矩曲线中的高频分量。

- 车辆试验台架（也称为转鼓试验台架）：整辆车与轮胎都放在试验台架的滚轮上。轮胎接触面是车辆与试验台架之间的接口。车辆驱动轮的滚轮直接连接至一个或多个负载机器（测功机）。

根据试验运行情况，发动机试验台架主要分为以下几类：

- 稳态试验台架：它们允许在稳态条件下运行试验对象。

- 动态试验台架：它们还允许显示动态的运行状态。发动机试验台架、动力包、传动系统和整车试验台架大多采用动态试验台架。

试验台架自动化系统[3]是按照任务要求布置的，如图28.1所示。根据要执行的试验程序，必须调整发动机的运行工况点，并采集和评估测量数据。现代

试验台架系统也允许在没有操作人员的情况下运行，这可有效地减少开发和协调工作的成本和所花费的时间，特别是当使用用于试验规划和计算机辅助的优化的现代工具时。

一个特殊性是所谓的“X – in – the – Loop”试验台架，其中使用实时仿真来映射试验对象或试验环境的各个部分。例如，可以在发动机试验台架上模拟车辆、动力传动系统、驾驶员和路线，从而使内燃机能够非常真实地运行。这种布置对于混合动力驱动尤为重要，因为在这里，简单的转速/转矩设置已不再足够[10,11]。

（2）测功机（负载机械）

测功机的类型如图 28.2 所示（英文：Dynamometer，缩写：Dyno），它是试验台架的一个基本特征。主动式和被动式测功机是有区别的。主动式测功机可以制动和驱动内燃机，而被动式测功机只能制动。因此，主动式测功机还可以倒拖内燃机。一般来说，它们通常适用于四象限运行，在四象限运行中，所有的正的、负的转速和正的、负的转矩的四种组合都可能发生。这就是它们用于动态试验台架的原因之一。但即使内燃机的驱动不是绝对必要的，也经常使用主动式测功机，因为它们具有更大的灵活性、更高的动态性能以及更低的维护和运营成本。

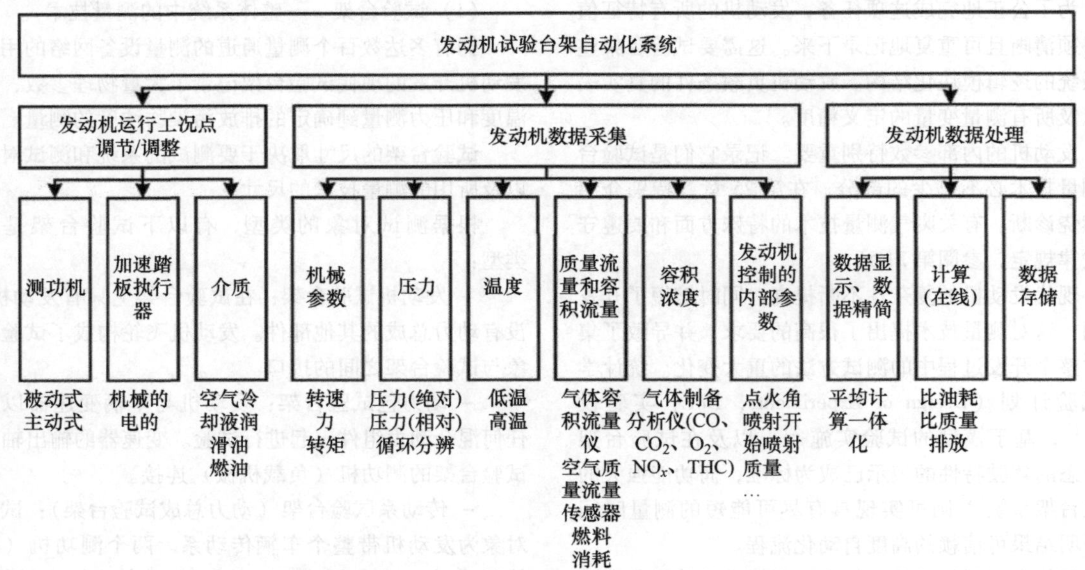

图 28.1　试验台架自动化系统的系统结构和任务[3]

a) 摆动式测功机

b) 脚踏式测功机

图 28.2　测功机类型

液力功率制动器和电涡流制动器主要用作发动机试验台架的被动式测功机。两种类型机械上主要是作为所谓的摆动式测功机制造的。

当发动机功率高达500kW左右时，由于涡流制动器具有更好的调节特性，因此优于液力功率制动器。对于大于500kW的大型和稳态制动功率，液力制动器具有优势，因为它们的采购价格较低且鲁棒性更好。典型的应用是耐久试验台架、质量试验台架和用于简单研发任务的试验台架。

同步电机、异步电机和直流电机用作主动式功率制动器。它们可以同时作为脚踏式测功机和摆动式测功机，用于高度动态应用，例如带车辆和驾驶员模拟的乘用车废气测量、驾驶性能评估（英语：Driveability）、自动化的优化和赛车运动应用。使用永磁电机可以获得具有尽可能高的动态特性的极低惯性矩，例如显示内燃机的转矩突变性。

摆动式测功机（图28.2）允许高转矩测量精度以及非常动态和精确的转矩调节。它们有一个可旋转支承的定子，这样就可以测量定子在固定壳体上的支撑力，并可以用来确定转矩。其优点是特别简单的和精确的校准可能性，即通过校准砝码加载定义的定子杆加载。

在脚踏式测功机中（图28.2），定子与壳体牢固连接。借助于转矩测量轴或最好使用转矩测量法兰测量转矩。由于出现的转矩冲击负载，应保证这些传感器有足够的过载能力。

结合高度发展的试验台架调节，最新一代的永磁励磁同步电机（PMM）可以在发动机试验台架上跟踪或应用传统和混合动力的传动系统中实际发生的大部分行驶状态。除了模拟高达40Hz的传动系统振动之外，也包括车辆上可以实现的（接近实际的）、带不同的起动器（ISG，RSG，传统的起动器）的车辆发动机起动和“Theta”（西塔）零位模拟，其中通过车载诊断系统（OBD）可以检测到失火。

通过特别小型结构的PM测功机在门式框架中的定位也开辟了根据在车辆中的布置构建排气系统的可能性，从而根据实际流动校准废气后处理系统（NO_x存储催化器，DPF等）[6,12]，如图28.3所示。

图28.3 带有高动态测功机的试验台架设置

（3）机械测量参数

试验台架上最主要的机械测量参数包括转矩和转速。对于所谓的与曲轴转角相关的快速测量，例如实施燃烧诊断，在每次单独旋转期间持续确定曲轴的当前旋转位置（曲轴角度）是非常重要的。

应变片（缩写为：DMS）通常用于转矩测量，它们被布置在测量轴的测量法兰的力流中，在使用摆动式测功机的情况下，布置在测力传感器的弯曲梁上。考虑到应变片载体的刚度，应变片电阻与应变相关的变化以电子方式进行评估。此外，可以借助测功机的内部参数，例如根据定子电流，借助于机械模型来计算所谓的测功机的气隙转矩，并且尤其可以用于高动态的应用中。

转速和曲轴转角主要通过脉冲计数方法进行测量，例如使用霍尔传感器（Hall - Sensor）和齿形盘，或者借助于光学检测器来测量玻璃盘上的分割标记。出于实际原因，曲轴转角标记编码器通常安装在发动机的可自由接近的一端（图28.4）。

图 28.4 曲轴转角标记编码器，用于确定曲轴的转速和当前旋转位置

在进行高精度和时间上高分辨率测量的情况下，应该注意的是，在发动机的运行期间，可能会发生曲轴不可忽略的扭转和叠加的扭转振动。因此，曲轴（曲轴角）的转矩、角速度和转角位置的瞬时值应尽可能在同一位置测量或在计算上与同一个位置有关（修正）。

除市售的角度传感器外，还有一些系统可以实现旋转方向或绝对角度的检测。例如，在基于光学测量原理的系统中，使用两个相同的传感器采集一个刻度盘的信号，两个传感器相对于彼此偏移，通常相对于相位偏移 90°。

超前或滞后信号对应于各自的旋转方向。如果磁道的编码方式不同，则在刻度盘上具有多个磁道的其他系统可以输出绝对旋转角度。分辨率取决于磁道数。静止状态下的测量可以使用感应测量系统来实现，因为即使在静止状态下也有信号。通过记录随曲轴旋转的永磁体在磁场中的空间分布，可以随时确定角度位置。这种感应系统的一个特殊优点是传感器所需的空间位置小，因此可以轻松地与光学角度传感器结合使用。如果该角度传感器已经与示功图测量系统匹配，则可以使用一个具有较小安装空间的系统执行两项测量任务。

特殊的传感器用于特殊的测量任务。值得一提的是，例如基于反射原理的光学传感器（用于涡轮增压器上的转速测量）、压电传感器（作为加速度传感器和用于爆燃检测）、电容式活塞行程传感器（用于精确确定上止点），以及感应位移传感器（用于测量喷嘴中的针阀升程或气门升程）[13,14]。

（4）热力学测量参数

内燃机的热力学本质上是通过对周围大气、燃烧空气和燃料的流入流体、燃烧室本身以及废气中的温度和压力进行测量的。

对于低温测量，例如进气管线或润滑油不同位置的空气，由于可达到的精度更高，因此大多使用标准化的电阻温度计，如 Pt100 或 Pt1000。对于高温测量，例如内燃机的废气，主要采用 NiCr – Ni 热电偶。这些传感器的热惯性根据机械设计而有所不同，并明显限制了时间分辨率。直径很小的热电偶显示出较快的响应特性，但对机械损坏很敏感。根据测量任务，必须在此处找到最佳的折中方案。

根据测量任务，使用具有非常特殊属性的传感器进行压力测量。一方面是用于动态压力的绝对压力传感器和相对压力传感器，另一方面是动态压力和静态压力之间有一个基本区别，而最重要的功能通常是适合于测量任务的测量精度和时间分辨率。

绝对和相对压力传感器，对于一方面的动态压力和另一方面的动态和稳态压力之间存在基本区别，最重要的特征通常是适合测量任务的测量精度和时间分辨率。

对于稳态压力的测量，例如大气绝对压力和进气部分、排气系统或润滑油回路中不同位置的相对压力，重点是准确性。可使用相应的工业上可提供的传感器。

对于动态压力测量，例如在工作循环期间在喷射系统或发动机燃烧室中，通常采用压电或压阻传感器。考虑到测量范围（燃烧室压力最高约超过 250bar，喷射压力最高约超过 2500bar）和考虑到时间上的响应特性（在固有频率 100kHz 左右），需要对传感器进行优化。为了能够满足气缸盖中的温度和精度要求，通常必须冷却石英压力传感器。带有 $GaPO_4$ 测量元件的压力传感器不需要外部冷却，因而减少了在气缸盖中所需的安装空间。这些传感器还用于低压范围，例如，确定进气和排气通道中的气体动力学。

（5）流量测量技术

吸入的燃烧空气的质量流量和内燃机用来产生功率的所转换的燃料的质量流量在发动机试验台架上至关重要，原因有很多。空气质量流量与燃料质量流量之比是燃烧类型的关键参数，必须优化使用的燃料与完成的功的比率（比燃料消耗），除了污染物排放量的稳步减少，这通常被认为是现代发动机最重要的开发目标之一。另一个流量测量参数，即从燃烧室逸出到曲轴箱的泄漏气体量（漏气气体，Blow – by – Gas），通常虽然用作监测参数并用于评估发动机的状况，但它对优化活塞、活塞环和气缸系统也至关重要。但润滑油和冷却液的流量或消耗量也很重要。下面将介绍进气空气量的测量、燃料消耗测量和相关的燃料调节的重要性，以及润滑油消耗测量、漏气测量技术（blow－by）和尿素消耗测量技术。废气质量流量的直接确定与废气测量技术相关。

1）吸入空气流量测定。用于确定由发动机吸入的空气量的系统基本上分为基于体积的测量方法和基于质量的测量方法。如果考虑到进气的密度，则这两种测量方法的形式都可以视为等效。发动机试验台架上使用的测量方法的基本特征是动态特性、由测量布置引起的压力损失以及由于气柱脉动而可能导致的测量结果的失真。所有系统的共同点是发动机的空气进口必须尽可能靠近测量系统。

基于体积的主要测量方法是：

－ 根据压缩原理进行流量测量：例如，该类别包括旋转活塞式燃气表和隔膜式燃气表，它们在设备装置中广泛使用。由于其固有的惯性，它们主要仅适用于发动机稳态运行。作为一个封闭系统，脉动的影响是次要的。

－ 通过在孔板的孔口上的压差测量进行流量测量（英语：层流元件，Laminar Flow Element，LFE）：根据体积流量，在具有已知几何形状的通流孔板的孔口上形成可测量的压差，然后借助于流动定律从中计算出体积流量。该方法适用于稳态和动态测量。在测量点处不受干扰的流动型线是至关重要的。孔板最好安装在足够长的管道（长度大于 20 倍直径）的中央。

热膜风速计是基于质量的测量方法的最重要代表。确定例如电加热的铂薄膜电阻与用作温度传感器的铂薄膜电阻之间的与质量流量相关的传热的功能原理，也在现代发动机控制中用于确定动态的空气质量流量。在试验台架上，随着对精度更高的要求，热膜风速计也安装在长直管段中，流动不受干扰。然而，它们对脉动很敏感，因此建议在测量管与发动机之间使用阻尼容器或柔性连接软管。最新的测量原理是超声传输时差法，它可以进行快速且与方向无关的测量。由于高数据采集率，可以映射脉动和动态过程。这些特性还使得总的结构长度相对较短。由于没有传感器元件直接伸入流动中，因此压力损失和对污染的敏感性也很低[15]。

2）燃料消耗测量。对于内燃机燃料消耗的测量，连续地和不连续地测量体积和重量的测量方法是众所周知的。在体积测量原理中，可以采集发动机消耗的燃料体积。对于确定所使用的燃料质量，为了能够以［g/kW·h］为单位给出比燃料消耗，必须考虑与温度相关的燃料密度。另一方面，重量测量法直接记录所使用的燃料质量，从而消除了密度测定的其他不确定性。

体积测量方法包括基于容器和压缩原理的测量方法。

－ 容器原理用于传统的赛佩勒（Seppeler）容器和相关设备中。测量定义体积的流动时间，并将其转换为燃料消耗。该方法不连续地进行测量，并且仅限于严格稳态的运行状态。

－ 根据压缩原理（图 28.5），通过燃料流使压缩体运动，并连续记录体积油耗，并且根据传感器的惯性，也可以动态记录。被动式压缩流量计会产生压力和间隙损失，这会对发动机的运行和测量精度产生负面影响。主动式压缩流量计通过使用外部驱动而避免了这一缺点[7]。上述所有测量方法的共同点是，在测量阶段，不得将气泡从燃料中分离出来，就像在正常行驶期间在燃料箱中自动发生的那样。伺服调节的压缩流量计的进一步发展使得可以对单个喷射过程的不连续流量进行时间上高分辨率的测量。图 28.6 显示了这种快速流量测量在直喷式汽油机喷油器的入口中的应用，该功能可以分析间隔时间低至 150μs 的多次喷油。

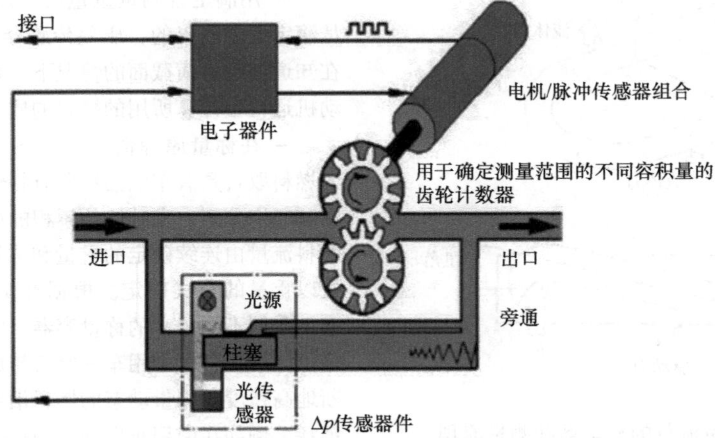

图 28.5　伺服调节的压缩流量计的测量原理（$\Delta p=0$）[7]

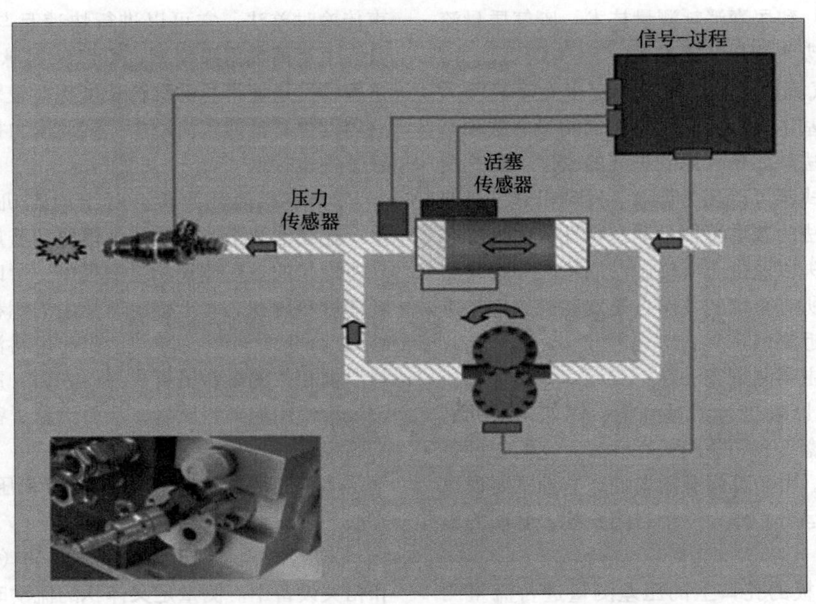

图 28.6　上游配置中的 Shot－To－Shot－PLU 测量原理（喷射器高压侧的测量仪器）

重量测量方法包括基于连续测量流量原理的科里奥利（Coriolis）质量流量计和惠斯通（Wheatstone）电桥质量流量计，以及根据容器原理的不连续的工作过程：出口重量测量、使用滴定管的重量测量和称重原理。

连续工作的质量流量计需要气泡分离器来排出燃料来回流动中的空气。未在燃料中分离的气泡会降低测量信号的质量，并降低系统的准确性和动态性。

－ 流量原理的最重要代表是科里奥利质量流量计（图 28.7），燃料流经电磁激励引起振动的管段，从而由于科里奥利力而扭曲了管子。记录与质量流量成正比的扭角[16]。

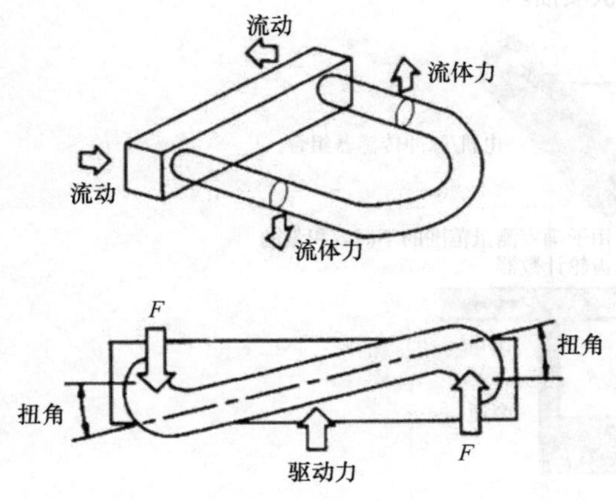

图 28.7　确定质量流量的科里奥利测量原理

－ 基于惠斯通电桥原理的质量流量计总共包含四个孔板作为液力电阻。泵在电桥的对角线上产生恒定的流动，从而在每个分支的孔板处产生相等的压力损失。如果现在在另一对角线上出现流量，则通过电桥测量与质量流量成比例的压力损失。

基于重力容器原理的质量流量计是开放式系统：通过它们，可以在测量容器中分离气泡：

－ 出口重量测量与体积式容器原理（Seppeler 容器）相似。与燃料出口容器平行的是第二出口容器，它通过底部的隔膜实现压力平衡，并且填充已知密度的液体。现在，确定体积的比较液体的流出量作为消耗的燃料质量的一个量度。而该原理仅适用于严格稳态的发动机运行状态。

－ 用滴定管测量重量时，发动机消耗的燃料是从滴定管中取出的，压差传感器会测量液位的降低。在知道滴定管横截面的情况下，则还可以在动态的发动机运行中计算所用的燃料的质量。

－ 在称量原理情况下（图 28.8），发动机消耗的燃料取自具有车辆油箱所有特性的储油箱，包括回油和气泡分离。发动机的累积的燃料消耗和瞬时动态燃料流量由连续确定的重量和称量容器的持续重量损失以重量的方式确定。根据称量过程的方法和分辨率，采用不同尺寸的称量容器。常见的容器尺寸通常足以能够在整个乘用车－废气排放试验循环中，不间断地高精度地测量动态的燃料消耗。对于较高的燃料消耗，例如在商用车发动机的情况下，通常使用通过平滑切换的切换单元连接的两个燃料秤。通过此扩展还可以实现实时的连续运行。当前对替代燃料的努力导致系统稳健性的持续优化[17]。

3）燃料调节。在实际测量工作中可以实现的测量结果的可重复性和可比性的决定性因素是消耗量测量仪与发动机喷射系统之间的连接。为了避免由于温度变化和由此产生的测量回路中的体积变化而导致的油耗量明显的增加或减少等影响，并能够维持喷射系统功能所需的来回流动的压力水平，需要使用复杂的调节技术。对此，在燃料测量电路中温度调节的稳定性和精度要求比在试验台架上其他介质调节的要求高约两个数量级。因此，燃料调节是当今常用的测量系统不可或缺的组成部分，对实际可实现的测量结果的质量具有决定性意义。

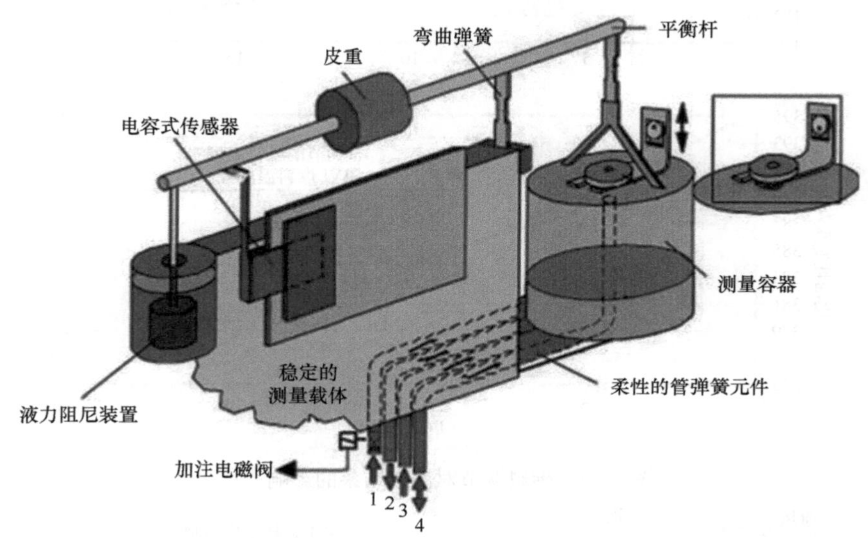

图 28.8 燃料秤的功能示意图

1—燃料供应 2—到发动机 3—来自从发动机 4—通风管

图 28.9 显示了两个具有不同的废气再循环率（EGR）的测量系列的比较示例，一方面使用不受调节的燃料冷却，另一方面使用带高精度温度调节系统的燃料温度调节。通过适当调节燃料温度（图 28.9 下）可以显著地降低测量值的离散，这令人印象深刻地记录了调节技术对测量结果的质量的影响[9]。

图 28.10 显示了在基于多次重复进行的燃料消耗测量在温度和压力方面燃料调节的优势。

4）润滑油消耗测量技术。严格的法规和对发动机润滑油消耗方面性能的高要求要求在开发过程的相应部分中采用高质量的测量技术。由于润滑油消耗与颗粒物排放直接相关，因此准确确定润滑油消耗值至关重要。测得的值会影响以下应用领域的进一步开发战略和众多决策：

- 优化气缸垫、活塞环或气门导管，以及在出现严重的磨损迹象时进行研究。
- 监视耐久测试运行。
- 研究和比较润滑油消耗来源。
- 发动机特性场中不同负荷点的测量。
- 研究润滑油稀释的发生。
- 生产监控。

有多种实施润滑油消耗测量的可能性。图 28.11 显示了这些方法的描述和比较。

尽管应该注意，在商用车领域，现代发动机的典型的润滑油消耗值在商用车领域约为（0.20 ± 0.05）g/kW · h，在乘用车柴油车领域为（0.50 ± 0.1）g/kW · h，其中，汽油机的润滑油消耗值则更高。需要注意的是，发动机越小，消耗越多。

5）泄漏气体测量技术（窜气，Blow - by）。曲轴箱气体的测量（也称为 Blow - by）现在是发动机试验台架上的标准配置。一方面，在发动机研究和开发中，存在应用领域：优化气缸 - 活塞副和活塞微观截面、有优势的活塞环几何形状的开发或曲轴箱通风系统的设计。另一方面，进行窜气测量以控制生产加工和在耐久性监控和磨合监控时在试验台架上进行验收测试以确保质量。泄漏气体测量使用各种测量原理：

- 使用漂浮体流量测量时，阻力体受漏气抵抗重力垂直地从底部到顶部冲刷。窜气流动施加的力使漂浮体的高度发生变化，从而可以推断出流量。

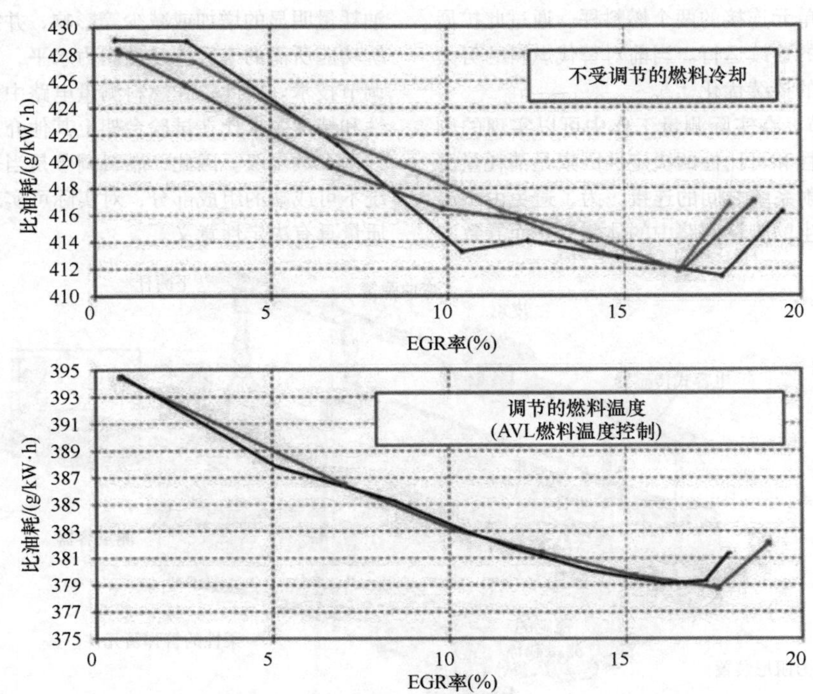

图 28.9　燃料调节对测量结果的影响[18]

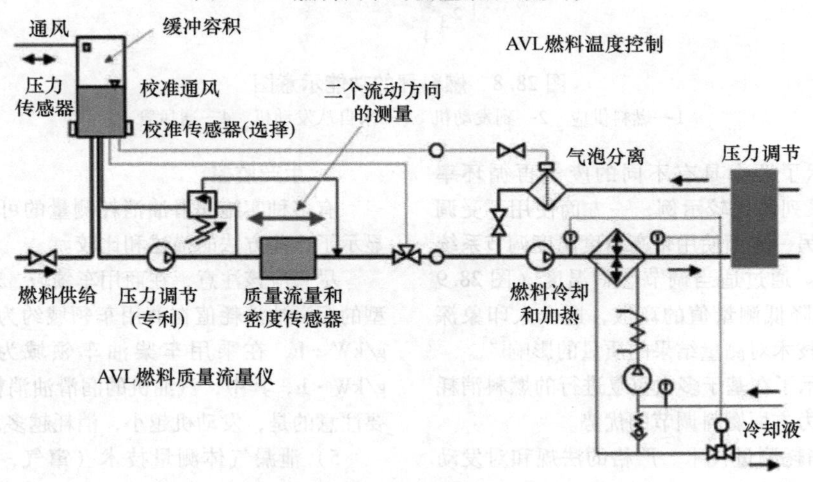

图 28.10　燃料调节和燃料消耗测量系统的示意图

项目	AVL 403P	AVL 406	排除和称重	填充法
原理	连通管	吸取和称重	排除和称重	连通管
应用	用于优化润滑油消耗的所有研发工作。耐久性试验的监测	用于优化润滑油消耗的所有研发工作。生产监控	开发期间或现场的一次性测量	耐久性试验的监测
转速－负荷工况点的在线测量	是	否	否	否

图 28.11　比较：不同的润滑油消耗测量方法

项目	AVL 403P	AVL 406	排除和称重	填充法
选择的运行的发动机的测量	是	是	否	是
设置持续时间	4~5h（一次）	15min	每次试验2~3h	每次试验15min
最小的测量持续时间	5h	每次试验运行3h，重复3次	每次试验运行10h，重复3次	每次试验运行10h，重复3次
对测量的敏感	曲轴箱动力学 润滑油老化和通风 油温波动 连通管安装高度的变化 燃料稀释	曲轴箱动力学 润滑油老化和通风 油温波动 由于回流导致油位不稳定 燃料稀释	润滑油回流和发动机的挂机特性 发动机冷却 发动机停机顺序错误 排除时间间隔错误	润滑油通风 发动机和视镜中的润滑油温差

图28.11　比较：不同的润滑油消耗测量方法（续）

– 热膜风速计的使用方法与进气量测量相同。

– 在叶轮流量计、涡轮流量计和叶片原理中，装有叶片的叶轮可通过窜气流动在可测量的旋转中设置。

– 燃气表原理是使用两个测量室，每个测量室都有一个波纹管，它们交替填充和排空。隔膜的运动传递到曲轴，并计算转数。

– 涡流频率测量原理或漩涡流量测量原理基于以下效果：围绕物体的流动可以引起涡流，并且根据流入速度在圆柱形冲击体后面设置恒定的涡流间距和涡流序列比。对于稳定的流动，涡流频率与流速成正比。垂直于流动方向发送并由涡流调制的超声波信号用于检测。

– 在孔板测量原理中（如进气空气体积量测量中所述），通过压差传感器测量流动障碍物上的压力作用效果。该原理可实现较大的测量范围，通过测量孔板的对称设计意味着也可以检测回流，并且实际上没有沉积物会改变孔板尖锐边缘上的横截面。

图28.12总结比较了各种漏气测量方法的特性。精度指标表示测量的不确定度，并表示测量范围（Full Scale，满量程，FS）。因为窜气通常严重污染润滑油，并且流动强烈地脉动并且还会回流，所以那些在适当设计时对污垢不敏感并能进行方向辨识的测量方法具有优势，例如孔板测量原理。

6）尿素消耗测量技术。柴油机的现代废气后处理方案设计是使用SCR系统（选择性催化还原，Selective Catalytic Reduction），因为它们在减少超过90%的氮氧化物（NO_x）排放方面的高效率以及通过发动机机内措施将燃料消耗降低多达5%的相关的潜力。

SCR系统由低压喷射系统所组成，它将尿素水溶液（也称为商标AdBlue®）作为还原剂喷入废气流中，进入催化器，在催化器中热废气中产生的氨与NO_x反应生成氮和水。

在整个发动机特性场上对发动机喷射系统催化器整个系统进行必要的尿素剂量校准需要在发动机试验台架上在稳态条件下以及在高动态试验循环期间（例如ETC、FTP）进行精确的尿素消耗测量。

与燃料消耗测量相比，在这里必须要考虑到低于10g/h（<5%的燃料消耗）的极低流量。这直接给出了对精确的尿素消耗量测量的三个基本的物理的前提条件：

① 测量设备到喷嘴之间的距离尽可能短。传感器与喷嘴之间的无效容积最小化，这可减少由于温度变化而产生的表观流量。

② 由于低频尿素喷射，在喷嘴附近存在脉动的压力特性。这些现象不得干扰测量设备。另一方面，测量设备不得更改喷射系统中的特性（$\Delta p=0$）。

③ SCR喷射系统完全通风。在可能的流量<10kg/h的情况下，无法充分确保管道系统中气泡的传输，无法确保快速消除或分离。

PLU测量原理非常适合在这些条件下进行最小量测量。图28.13示意性地显示了一种具有自动化的通风系统的系统解决方案，并在SCR系统关闭时在自动的回吸期间防止排空。

图28.14显示了在瞬态ETC试验循环期间尿素剂量的动态消耗测量。与控制单元要求的目标量的动态的在线关联可以立即识别计量系统的偏差或故障，

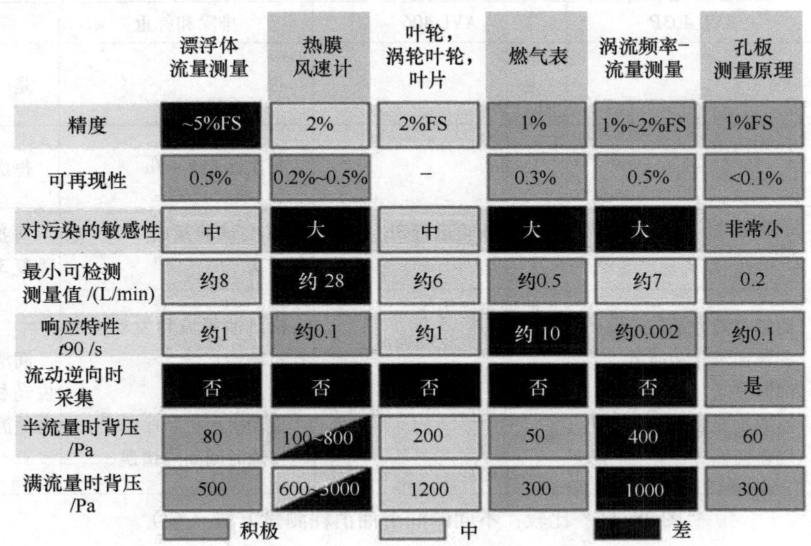

	漂浮体流量测量	热膜风速计	叶轮，涡轮叶轮，叶片	燃气表	涡流频率-流量测量	孔板测量原理
精度	~5%FS	2%	2%FS	1%	1%~2%FS	1%FS
可再现性	0.5%	0.2%~0.5%	–	0.3%	0.5%	<0.1%
对污染的敏感性	中	大	中	大	大	非常小
最小可检测测量值 /(L/min)	约8	约 28	约6	约0.5	约7	0.2
响应特性 $t90$ /s	约1	约0.1	约1	约 10	约0.002	约0.1
流动逆向时采集	否	否	否	否	否	是
半流量时背压 /Pa	80	100~800	200	50	400	60
满流量时背压 /Pa	500	600~3000	1200	300	1000	300

图 28.12　漏气测量的不同测量原理对比[19]

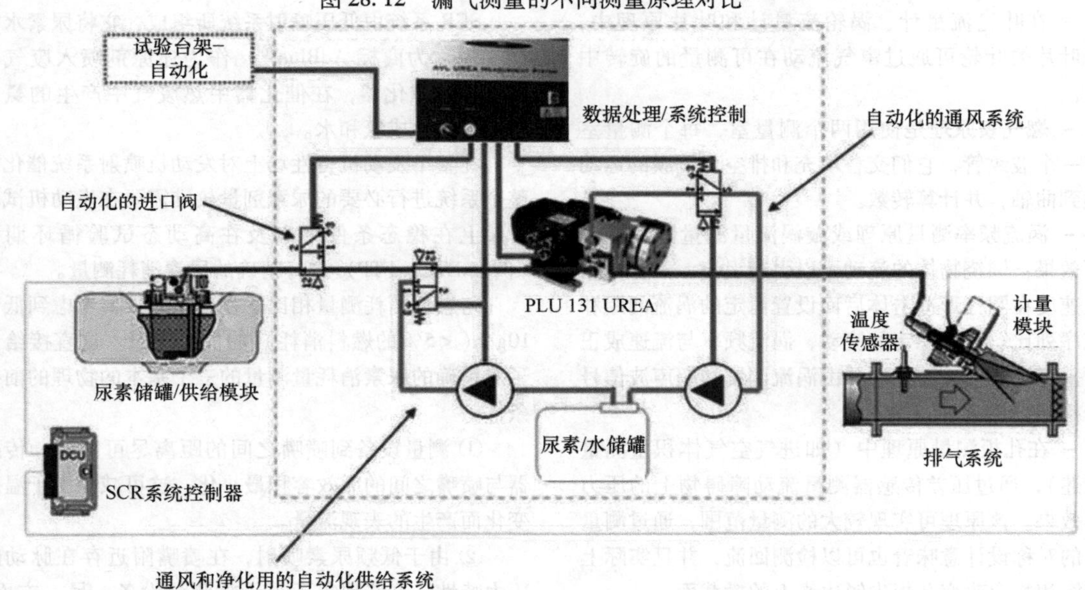

图 28.13　AVL PLUrea™尿素消耗测量系统的结构示意图

并将其分配给确定的运行状态或原因[20]。

7）直接废气量测量　当使用恒流稀释采样（CVS 原理：定容采样，Constant Volume Sampling）测量排放时，对最少量污染物的检测存在限制。即使是高精度检测器，也显示出在当今车辆稳定运行中、在额外稀释时排放方面不再被忽视的测量不确定性。因此，最好不要稀释这些已经很低的排放。除了 CVS 系统的高成本之外，对空间的高要求也导致了对替代概念的探索。

然而，对这种类型的测量技术的要求非常高[21-24]：

- 排气系统末端的温度最高只能到450℃。
- 几乎没有压降，以免影响发动机运行。
- 脉动率在5%～50%之间，具体取决于传感器的安装位置。
- 为了避免测量数据高的时间分辨率（从约 20～50Hz）时的混叠效应，需要400Hz～5kHz 的传感器内部采样率。

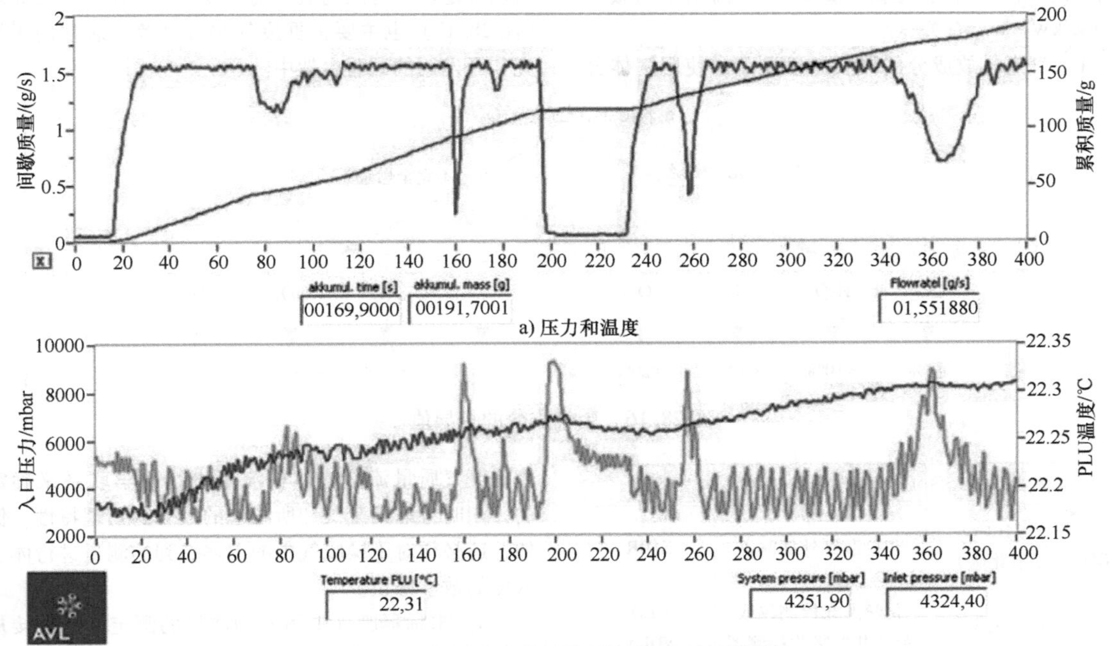

a) 压力和温度

b) 4Hz时钟频率下欧洲试验循环(ETC循环)的摘录

图 28.14　AVL PLUrea™尿素消耗测量：AdBlue® – 流量、累积流量

– 测量不确定度小于测量值的 1%。

– 尽可能短的延迟时间，以便能够在正确的时间将测量的浓度与废气质量流量相乘，即使在发动机动态运行的情况下也是如此。

由于工业设备的积极经验，超声波运行时间法主要用作测量方法。其中，超声波信号在流动方向上发送一次，在相反方向上发送一次，并测量运行时间。由运行时间确定当前流速和声速，并且额外的压力测量允许用数学方法确定质量流量和标准化体积流量[22]。

其困难主要在于所要求的高温和高的采样率。传统的压电超声换能器目前在热气体中工作时允许最高温度高达 400℃ 和高达 20 ~ 50Hz 的采样率。有了这个和替代的超声换能器方案设计（概念），已经可以覆盖个别的应用，有时可以取得非常好的结果[23,25]。迄今为止，为了避免废气脉动中的混叠效应，超声波原理尚未实现高温范围应用和快速采样率。

也可以使用卡门涡街法（涡流原理）直接测量废气量。其中，在流动障碍处产生的流动涡流的频率与气体的流速成正比，通过压力测量来检测[26,27]。

在当前的移动测量系统中使用基于差压的测量原理。这种所谓的排气流量计（Exhaust Flow Meter, EFM）作为示例显示在图 28.15 中。

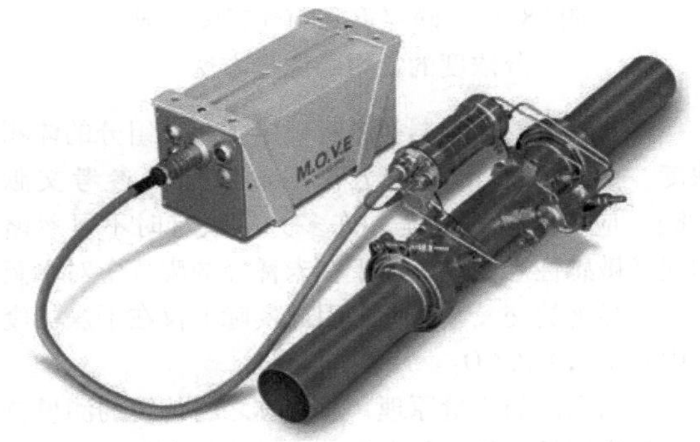

图 28.15　排气流量计（EFM）

还建议在定义的流动障碍处测量压降，例如在孔板或简单管道处，以直接测量废气量（体积）。这里的缺点是流动障碍处的流量依赖且不可忽略的压降。此外，通过热效应和谐振现象会导致排气系统中的回流，这通常不能用这种测量方法检测得到。

（6）废气测量技术

除了降低燃料消耗，减少机动车污染物排放是现代发动机的第二个关键开发任务。图 28.16 粗略地概述了完全燃烧和不完全燃烧时出现的最重要的废气成分及其浓度。根据污染物成分和发动机或车辆类别，有相适应的各种法律允许的质量排放限制值，这与摩托车和乘用车的行驶距离（g/km）和商用车的做功量（g/kW·h）有关。

1）气态排放成分的体积浓度测量。使用气体分析仪确定单个污染物成分的浓度。所使用的测量原理（图 28.17）也主要根据废气法规规范，通常用于研究和开发用的试验台架中。

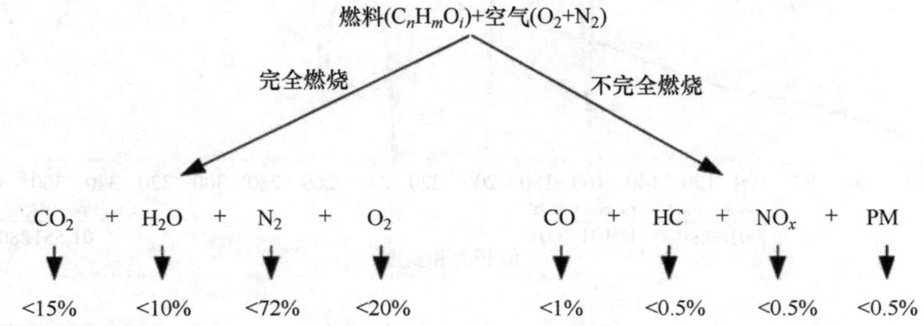

图 28.16　废气成分的指导值

气体成分	检测仪测量原理	简称
CO（一氧化碳） CO_2（二氧化碳）	非色散红外探测器	NDIR
NO_x（氮氧化物）	化学发光检测仪或 紫外共振吸收检测器	CLD NDUV
HC（碳氢化合物）	火焰离子化检测仪	FID
O_2（氧气）	顺磁探测仪	PMD

图 28.17　确定重要的气态废气成分浓度的常用的测量方法

所有常见的检测器类型都确定了相应组分的体积浓度。关于它们的功能方法，参考相关参考文献[28]。应特别注意的是，许多分析仪有时不可忽略的交叉敏感性。例如，由于在未稀释的废气中对水蒸气具有显著的交叉敏感性，因此实际上仅在干燥的废气中测定 CO 和 CO_2。

上面列出的测量原理，通常称之为传统的测量技术，是应用最广的也是大多数排放法规所规定的。此外，在研发领域，还需要使用其他测量方法来测量不受限制或尚未限制的气体成分。这是必不可少的，特别是对于带有废气后处理系统的新型柴油机方案设计，例如 NO_x 存储器、SCR 催化器和柴油颗粒过滤器。为此，然后使用多组分的测量系统。应用最广的是傅里叶变换红外光谱（Fourier Transform Infrarot Spectroscopy，FTIR）。FTIR 是一种可以同时测量大量的废气成分的光学红外吸收测量方法。使用迈克尔逊（Michelson）干涉仪连续地改变单个红外波长的强度。在测量单元中，各个波长被废气样品中的不同气体成分吸收。可以通过复杂的数学公式从这些红外光谱中确定单个气体成分的浓度[29]。

发动机的质量排放是通过将测量的体积浓度与相应的废气质量流量或体积流量进行数学联系来确定的，同时考虑到废气和所考虑的成分的物理特性。例如，还必须对干燥废气中的上述提到的测量进行体积浓度的数学修正。

2）未稀释废气中污染物质量的测定。当直接从废气流中提取的部分流量未经任何稀释地馈送到分析系统的各种检测器时，就是所谓的未稀释测量。要确定质量排放，可以直接测量排气质量流，或者可以将整个发动机视为一个封闭系统，按质量平衡要求，空气和燃料的流入量必须与流出系统的废气质量流量相同。该定律也是许多准则的基础，它允许轻松地确定废气质量流量，然而，这仅仅是在发动机处于稳态运行时。ISO 16183 标准[30]和在此基础上，欧洲欧 6 商用车废气排放法规[31]也允许在瞬态的发动机运行中使用这种方法。

发动机动态运行中的未稀释测量（“模态分析”）在研究和开发中很普遍，因为它可以在任何具有相应的测量技术的试验台架上进行（图 28.18）。但是，目前它还暂时不能用于评估符合法规指南的动态测试运行。在动态运行中评估此类测量时的一个基本标准是，计算所需的所有信号都必须针对它们的延迟时间进行校正。还应该注意的是，用于颗粒测量的未稀释测量是不合适的。

3）稀释废气中污染物质量的测定。直到最近，稀释方法，最好是全流稀释，必须用于瞬态发动机运行中，以根据指南确定污染物质量。ISO 16183[30]标准一方面定义了正确的模态分析，另一方面定义了瞬态发动机运行的正确的分流稀释，这也已被纳入欧洲商用车立法[32]和美国立法[33]。

稀释方法一般可分为全流稀释和部分流稀释：

– 在全流稀释系统中（参考文献［32，33］；

图 28.19 上)，发动机的整个废气质量流量理想地与在稀释通道中的过滤了的空气混合，即稀释。稀释隧道出口处的总流量几乎保持恒定，因此得名“定容采样”(Constant Volume Sampler，CVS)。在动态发动机运行中，实际上几乎所有符合指令的废气排放测量都必须使用 CVS 系统。其总体目标是确定在试验循环中排放的污染物的总质量。其中，发动机累积的气态质量排放的确定可以通过对稀释通道中测量的质量流量以时间分辨的方式进行数学积分来进行，也可以通过气动积分来进行，其中部分流量总是与样品袋内收集的稀释的废气的主流量成正比，然后确定样品袋内收集的成分的体积浓度。后一种方法由于吸收效应不同，不适用于所有污染物组分。特别是对于颗粒测量，只有在最高混合温度不超过 52℃时才能从按比例的分流中直接提取。如果在试验过程中超过了这个极限温度，可以使用第二个稀释级，例如下面提到的部分流稀释系统的类型。

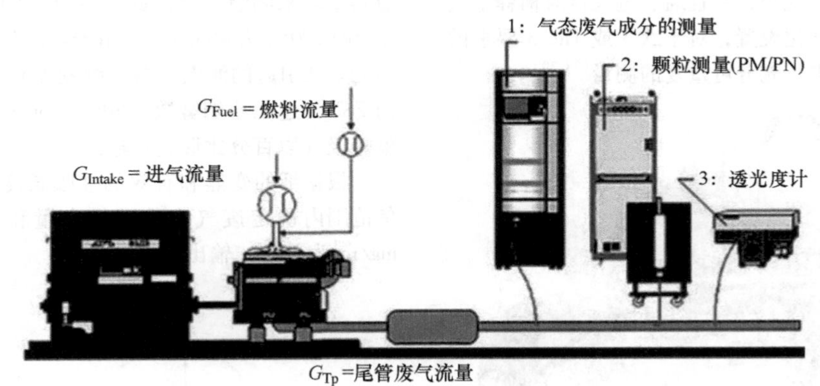

图 28.18　用于未稀释测量的带有废气测量系统的发动机试验台架

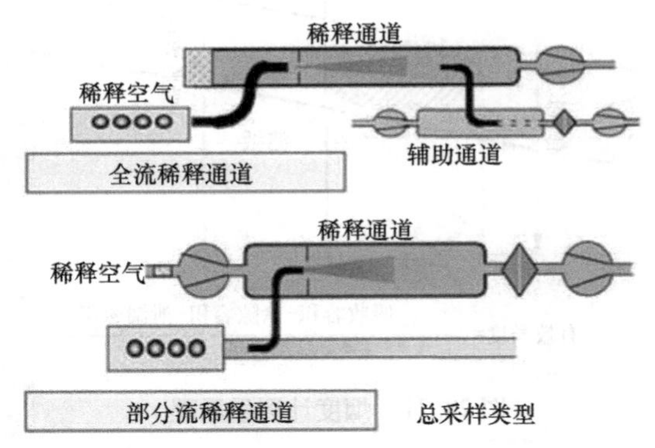

图 28.19　全流和部分流稀释系统的示意图

– 在部分流稀释系统中（图 28.19 下），只有恒定的、小的百分比的废气质量流量被送入相应较小的“隧道”中，并在那里用清洁空气稀释[34]。由于全流稀释系统的成本和空间要求非常高，特别是对于商用车试验台架，在稳态发动机运行中使用部分流系统进行颗粒测量已经有很长时间是允许的[34,35]。最近，已经建立了将整个部分流稀释的废气流引导通过测量过滤器的系统（总采样型部分流稀释隧道，total sampling type partial flow dilution tunnel）。虽然物理上更小，但部分流稀释系统比 CVS 系统更复杂，因为必须将样品流调节到与废气流成恒定比率。在现代系统中，调节已经得到改进，即使在瞬态的行驶循环中，质量流也是成比例的。这种部分流稀释系统仅在特殊情况下用于确定气态污染物的质量排放。然而，它们通常用作 CVS 系统中的第二个稀释级。

有关法规指南、符合指南的行驶循环和限值的更多信息，参阅本书的第 21 章。

4）废气颗粒物测量技术。与通常仅在排气系统和测量链中发生微小变化的气体相比，颗粒的所谓“挥发性”部分仅在冷却和稀释时形成。因此，立法者意义上的“柴油机颗粒”由 CVS 测量方法定义[36,37]。颗粒物测量技术最重要的要求是混合段末端的稀释废气温度处在 52℃以下。

① 颗粒计数和颗粒分类。为了确定过滤系统的效率，在试验台架上使用颗粒计数方法。这里使用光学和电离方法。此外，还有用于对颗粒尺寸进行分类的系统。结合计数方法，这可用于确定废气中的颗粒尺寸的分布。现在市场上有可以实时确定颗粒尺寸分布的系统。

在柴油机欧 5b 排放标准和汽油机欧 6 排放标准中引入颗粒数限值的过程中，颗粒数测量系统成为当今试验台架的标准配置。当前颗粒计数仪如图 28.20

所示。

② 重量式颗粒测量。重量式颗粒测量用于在确定的测量阶段（例如在整个动态行驶循环期间）对颗粒排放进行积分测量。对此，从稀释的废气中提取的恒定部分流通过涂有特氟隆的玻璃纤维过滤器或特氟隆（Teflon）过滤器。积聚颗粒的质量由过滤器重量的增加来确定。由于过滤器上的颗粒质量随着排放量的减少而减少，因此在最新的法律法规中，环境参数（例如稀释空气温度和湿度、过滤器温度等）更容易被容忍。有了这个，并且通过过滤器对稀释空气流和样品量进行优化设置，对于欧5或Tier 3要求的低排放，也可以进行充分可重复的测量[38,39]。

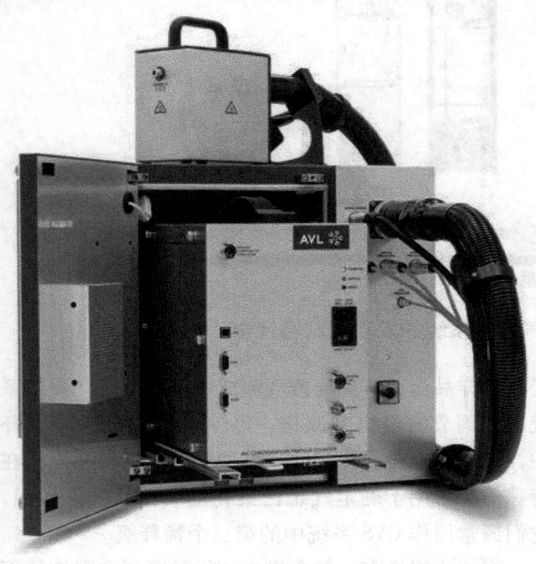

图28.20　颗粒计数仪

③ 动态颗粒测量。为了不仅从过滤器重量整体确定排放，而且在测量来自稀释通道的废气时能够观察排放随时间变化的过程，最重要的方法是：

- 通过结合电冲击器的电迁移分析确定颗粒的大小和密度，连续测定质量。该设备最近才以DMM（Dekati Mass Monitor，Dekati质量监测器）或Micro Particle Monitor（微颗粒监视器）的名称上市。

- TEOM：基于振动玻璃套管的频率变化进行质量测定，通过该玻璃套管传导废气并在其上放置过滤器，其重量的增加导致频率的变化。

5）碳烟或烟雾排放的测量。“碳烟”或“烟雾”是柴油机最显著的排放，也是颗粒物排放的主要成分。它基本上由“黑色”的基本碳颗粒所组成。测量和减少碳烟排放是柴油机开发中的一项标准任务。下面描述的测量方法中的前两种已经使用了很长时间，而较新的方法——光声学和LII——是专门为现代低排放发动机开发的，并且与增加的测量技术上的花费有关。

① 使用“烟度计”测量烟雾值。几十年来，烟雾值测量已成功用于试验台架上的稳态排放优化。由于其不复杂的操作，是用于测量柴油机碳烟的最广泛使用的试验台架测量方法[40]。

测量烟雾值时，通过干净的滤纸吸入可自由选择的废气量（图28.21）。例如，吸入的废气量通过孔板测量段来测量，并由此计算有效的吸入长度（根据ISO 10054为405mm）。用光学测量头记录由废气中的烟灰引起的滤纸变黑（纸变黑）。然后将结果作为FSN（过滤器烟雾数，Filter Smoke Number）或污染等级（以百分比形式）输出。

根据纸的变黑和有效的抽吸长度，在20%的置信范围内确定废气中的碳烟含量和碳烟浓度（以mg/m^3为单位）输出。

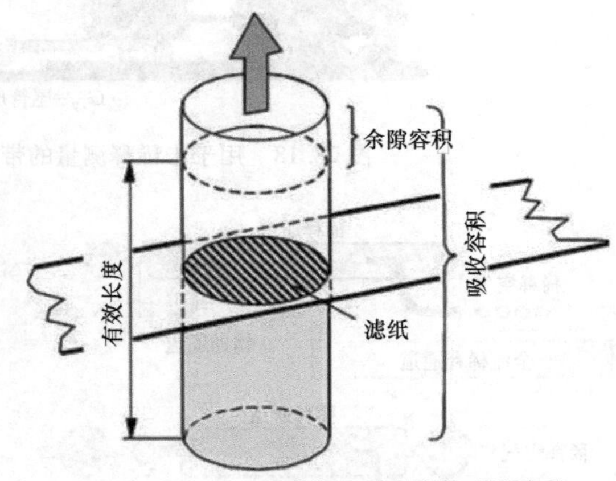

图28.21　烟度计测量原理

② 使用“不透光度计”测量浊度。不透光度计测量柴油机废气中的颗粒（特别是烟灰颗粒）引起的光衰减（浊度、不透明度）。具有确定的测量长度和非反射表面的测量室均匀地充满废气。测量光源和接收器之间的光衰减，并据此计算废气的浊度。该计算的基础是比尔-兰伯特（Beer-Lambert）定律（图28.22）。

一些法规规定的测试（例如“ECE R24，ELR试验”）需要此方法。它允许对短的碳烟爆发进行时间分辨测量，并且迄今为止一直是柴油机颗粒排放动态优化的标准方法[34]。

③ 光声学（PASS）。就光声原理而言（图

28.23），具有强度可调制的光通过带有“黑色”的碳烟颗粒（即具有强吸收性的）的测量气体辐射。载气的周期性加热和冷却以及由此产生的膨胀和收缩可以视作声波并用传声器进行检测。清洁的空气不会产生信号。在含有碳烟的空气或废气的情况下，信号随着测量体积中碳烟的浓度的增加而成比例地增加。与不透光方法相比，这是一个显著的优势，其中100%光强度的“零信号”的减少（即浊度）形成了测量值。这就显著地提高了灵敏度；检测限值范围可以低于10μg/m³[35,36]。

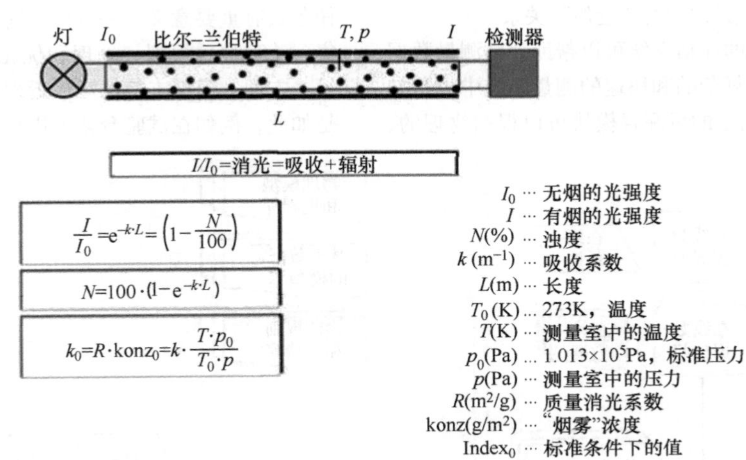

图 28.22　不透光度计测量原理

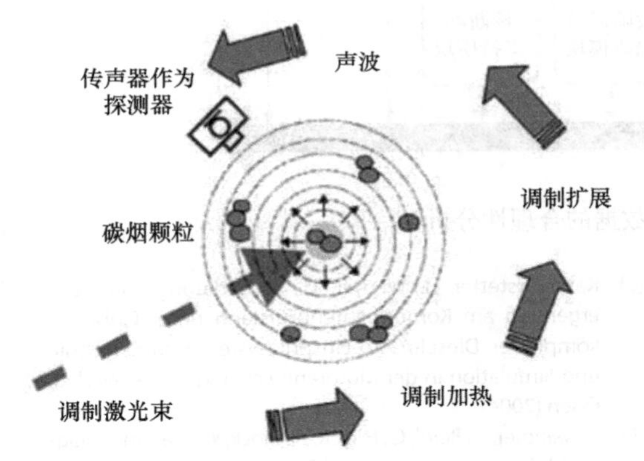

图 28.23　光声测量原理

④ 激光诱导白炽灯（LII）。颗粒被高强度激光加热到4000K左右。可以从颗粒发射的光的最大强度中计算样品体积中的质量浓度，而衰减特性可以得出关于平均的原始的颗粒直径的结论。该方法主要用于测量碳颗粒[37]。

⑤ 散射光测量。仅评估散射光信号的方法，例如浊度计和测温计，特别适用于更大颗粒的测量。大量此类设备也可用作手持设备，仅在非常有限的程度上给出了与带有碳烟或颗粒的废气的质量负载的比例。因此，该方法很少用于试验台架测量。

（7）测量数据处理和评估

带有所有各种子系统的综合的试验台架自动化系统承担了测量数据采集和处理的基本任务。对此，首先，必须同时对多达数百个测量通道的测量值和计算值进行数据记录和数据缩减。对于发动机稳态运行中的测量，测量结果是从确定的采样率记录的测量通道通过对确定测量时间进行平均而获得的。诸如燃烧室压力曲线之类的指示信号通常不随时间进行平均，而是根据确定数量的燃烧循环计算平均的燃烧循环。在动态试验研究中，以确定的采样频率记录测量值的过程。在某些情况下，通过积分进行预处理是很有意义的，例如在确定行驶循环期间消耗的燃料质量时。

以这种方式获得的测量数据的质量是获得关于发动机特性的可靠陈述的必不可少的先决条件。因此，在进一步使用之前评估收集到的数据至关重要。这里的重点是发现测量系统中的任何异常，而不是测试对象中的异常。其中，超出正常的结果离散的测量值的偏差应理解为误差。

测量和计算数据的高的吞吐量是对数据进行必要的快速评估的巨大的挑战，如果可能的话，这应该在测试运行期间进行。在没有自动化帮助的情况下，测量技术人员或发动机开发人员几乎不可能对所有测量通道进行评估。限制值监控等简单的数据评估方法通常已经成为测量系统或自动化系统的一部分。信号处理方法（检测干扰峰值、干扰频率等）可用于高频采集数据的评估。

然而，为了确保测量质量，对测量数据的合理性进行更广泛的评估似乎也是必要的，这源于对来自不同数据通道的测量值之间关系的了解。此类测试规则的示例是质量平衡和物质量的平衡或以温度和压力测量链的不等式形式的已知参数关系。除了这种物理上可精确计算的评估规则之外，通常还有大量的经验知识来描述不同发动机状态下测量通道之间的“近似”关系。

这里，自动化的评估系统可以帮助评估测量数据的合理性，即使在复杂的和快速的测量系统中也是如此（图 28.24）。确定的可配置模块可以根据物理的、由用户参数化的测试规则实施评估。此外，还可以使用其他的、自学习的模块首先从现有数据材料中提取“经验知识”，然后使用它来对新数据进行评估。

（8）未来测试环境的拓扑

测量技术和模拟的集成使用对于日益复杂的开发任务具有重要意义。一方面，这需要所有用于数据采集、（实时）模拟、处理和优化的工具的智能联网，另一方面，模拟支持的对接近现实环境条件的描述也是如此，例如在试验台架上进行热管理措施的开发。

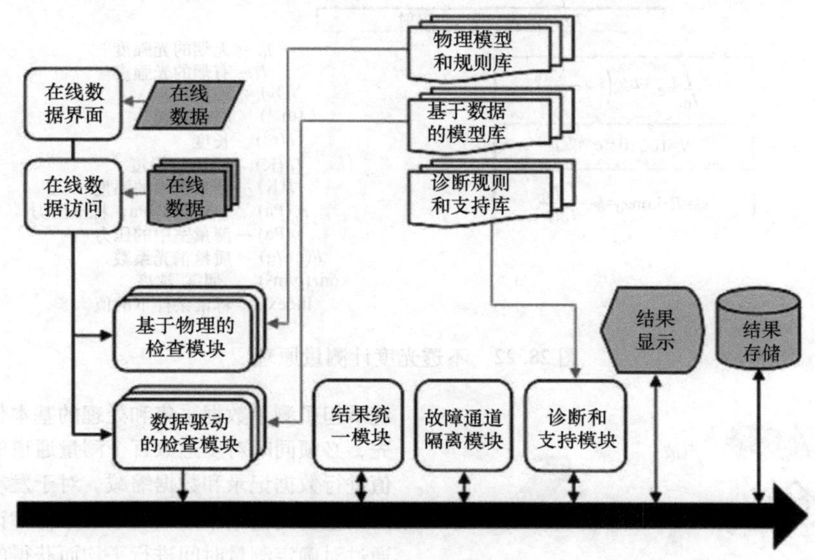

图 28.24 测量和计算数据的合理性分析

参考文献

使用的文献

[1] Kleppmann, W.: Taschenbuch Versuchsplanung – Produkte und Prozesse optimieren, 6. Aufl. München (2009). ISBN 3446420339

[2] Schmitt, D.: Emissionsminderung am Nutzfahrzeugdieselmotor durch optimierte Prozessführung und synthetische Kraftstoffe. (2016)

[3] Sammer, G., Guntsching, T., Gerspach, U.: Das Prüffeld der Zukunft. ATZextra **18**(2), 70–75 (2013)

[4] Fortuna, T., Mayer, M., Pflügl, H., Gschweitl, K.: Optimierung von Verbrennungsmotoren mit DoE und CAMEO. HDT – 2. Tagung DoE in der Motorenentwicklung. Berlin (2003)

[5] ISO/BIPM-Leitfaden „Guide to the Expression of Uncertainty in Measurement“. 8., überarbeitete Aufl. Genf, 2008

[6] Kluin, M., Maschmeyer, H., Jenkins, S., Beidl, C.: Simulations- und Testmethoden für Hybridfahrzeuge mit vorausschauendem Energiemanagement. 5. Internationales Symposium für Entwicklungsmethodik. (2013)

[7] Gohl, M.: Massenspektrometrisches Verfahren zur dynamischen Online-Messung der Ölemission von Verbrennungsmotoren, Dissertation. Technische Universität, Hamburg-Harburg (2003)

[8] Kammerstetter, H., Werner, M.: Vorbedatung von Steuergeräten am Komponentenprüfstand unter Einbezug kompletter Diesel-/Otto-Einspritzsysteme. Messtechnik und Simulation in der Motorentwicklung. Expert-Verlag, Essen (2004)

[9] Winklhofer, E., Beidl, C., Hirsch, A., Piock, W.: Flammendiagnostik für die Leistungs- und Emissionsentwicklung. MTZ **65**(5), 362–369 (2004)

[10] Bier, M., Buch, D., Kluin, M., Beidl, C.: Entwicklung und Optimierung von Hybridantrieben am X-in-the-Loop-Motorenprüfstand. MTZ **73**, 3 (2012)

[11] Buch, D., Maschmeyer, H., Beidl, C., Hochmann, G.: Ganzheitlicher Frontloading-Ansatz im Entwicklungsprozess am Prüfstand mit virtuellem Fahrzeug. 6. Grazer Symposium Virtuelles Fahrzeug. (2013)

[12] Denger, D., et al.: Effizientere Konzeptevaluierung und Kalibration von Fahrzeugflotten am Motorenprüfstand. 14. VDI-Fachtagung – Erprobung und Simulation in der Fahrzeugtechnik, Juni 2009. (2009)

[13] Schyr, C.: AVL-Indizier-TechDay. Darmstadt, Oct. 2008. (2008)

[14] Münz, M., Feiling, A., Beidl, C.: Indizierung am Einzylindermotor mit alternativem Kraftstoff OME (Oxymethylenether). AVL-Indizier-TechDay, Sep. 2015. Darmstadt (2015)

[15] Kudlaty, K., Kock, K., Krenn, H.: A Novel Ultrasonic Intake Air Flow Meter for Test Bed Applications. SAE Technical Paper 2013-26-0118. (2013)
[16] Ebner, H.W., Köck, K.: Coriolis Fuel Meter – A Modern and Reliable Approach to Continuous and Accurate Fuel Consumption Measurement. SAE2000 World Congress, Detroit, March 2000. (2000)
[17] Köck, K., Lardet, R., Schantl, R.: Aktuelle Anforderungen an die Kraftstoffverbrauchmessung. MTZ **72**, 9 (2011)
[18] Graf, F., Hofmann, P., Köck, K., List, R.: Höhere Prüfstandseffizienz durch moderne Kraftstoffverbrauchs-Messtechnik. MTZ **65**, 7–8 (2004)
[19] Ebner, H.W., Jaschek, A.O.: Die Blow-By-Messung – Anforderungen und Messprinzip. MTZ **59**, (1998)
[20] Schmitt, A., et al.: Methodik und Sensorik zur Applikation von Harnstoff-SCR-Systemen am dynamischen Motorprüfstand. VDI – Fachkonferenz: NO_x-Control, Nürnberg, Jul. 2009. (2009)
[21] Wiesinger, M.: Entwicklung eines Abgas-Massenflusssensors, Dissertation. Technische Universität, Wien (1999)
[22] Lohde, S.: Direkte Abgasdurchflußmessung mittels Ultraschalllaufzeitverfahren, Dissertation. Naturwissenschaftliche Universität, Lübeck (2001)
[23] Yassine, M.K.: Parameters Affecting Direct Vehicle Exhaust Flow Measurement. Society of Automotive Engineers, SAE Paper 2003-01-0781 (2003)
[24] AVL Testing Equipment Broschüre, 2016
[25] Gätke, J.: Akustische Strömungs und Durchflussmessung. Akademie Verlag, Berlin (1991)
[26] Beck, M., Hinterhofer, K.: Direct dynamic Flow Measurement in the Exhaust of Combustion Engines. Society of Automotive Engineers, SAE Paper 980880, S. 95–104 (1998)
[27] Hardy, J.E., McKnight, T.E., Hylton, J.O., Joy, R.D.: Real Time Exhaust Gas Flow Measurement System. Society of Automotive Engineers, SAE Paper 982105 (1998)
[28] Klingenberg, H.: Automobil-Messtechnik. Band C: Abgasmesstechnik. Springer, Berlin, Heidelberg, New York (1995)
[29] Engeljehringer, K.: Abgasmesssystem für die Entwicklung schadstoffarmer Dieselmotoren. MTZ **07-08**, (2006)
[30] Heavy duty engines – Measurement of gaseous emissions from raw exhaust gas and of particulate emissions using partial flow dilution systems under transient test conditions. International Standard ISO 16183
[31] Regulation (EC) No 595/2009 of the European Parliament and of the Council, 2009
[32] Directive 2005/78/EC of the European Parliament and of the Council
[33] Code of Federal Regulations (CFR) Title 40 Part 1065 – Engine Testing Procedures
[34] Silvis, W. M.; Marek, G.; Kreft, N.; Schindler, W.: Diesel particulate measurement with partial flow sampling systems: A new probe and tunnel design that correlates with full flow tunnels. SAE Technical Paper Series No. 2002-01-0054
[35] Steigerwald, K.: Weiterentwicklung eines Teilstromverdünnungssystems für die Partikelmessung am instationär betriebenen Dieselmotor, Dissertation. Technische Universität, Darmstadt (2008)
[36] Directive 1991/542/EC of the European Parlament and of the Counsil, 1991
[37] Directive 1999/96/EC of the European Parlament and of the Counsil, 1999
[38] Directive 2001/1/EC of the European Parlament and of the Council, 2001
[39] CFR Vol 79, No 81 Parts 79, 80, 85, 86, 600, 1036, 1037, 1039, 1042, 1048, 1054, 1065, 1066 – Control of Air Pollution From Motor Vehicles: Tier 3 Motor Vehicle Emission and Fuel Standards
[40] CFR Vol 66, No 12, Part 86, § 86007-11, 2001

进一步阅读的文献

[41] Weidinger, C.R.: Messgüte am Prüfstand für die Motorenentwicklung, Dissertation. Technische Universität, Wien (2002)
[42] Werner, M.: Kraftstoffverbrauchsmessung: Kürzere Entwicklungszeiten durch kontinuierliche Messtechnik. MTZ **99**, 11(1997)
[43] Reciprocating internal combustion engines – Exhaust emission measurement – Part 1: Test bed measurement of gaseous and particulate exhaust emissions. International Standard ISO 8178-1: 2006
[44] Graf Schweinle, G.: A.: Interaktion von Testverfahren und Fahrzyklen bei PKW Abgasmessungen. 3. Internationales Forum Abgas- und Partikelemission, Sinsheim, Sept. 2004. (2004)
[45] Vouitsis, E., Ntziarchristos, L., Samaras, Z.: Particulate Matter Mass Measurements for low Emitting Diesel Powered Engines: What's Next? Prog Energy Combust Sci **29**, 635–672 (2003)
[46] Khalek, I.A.: 2007 Diesel particulate measurement research, Final Report, Project E-66 Phase 1. Southwest Research Institute Report 03.10415, Mai 2005
[47] Stein, H.J.: Weiterentwicklung der Partikelmessung für Nutzfahrzeugmotoren nach 2005 – ISO 16183 und US 2007. 2. Internationales Forum Abgas- und Partikelemission, Nürnberg, Sept. 2002. (2002)
[48] Silvis, W.: Standardized dilution conditions for gravimetric PM sampling – measures to assure results that correlate. 5. Internationales Forum Abgas- und Partikelemission, Ludwigsburg, Feb. 2008. (2008)
[49] Schindler, W., Nöst, M., Thaller, W., Luxbacher, Th.: Stationäre und transiente messtechnische Erfassung niedriger Rauchwerte. MTZ **62**(10), 808 (2001)
[50] Pongratz, H., Schindler, W., Singer, W., Striock, St., Thaller, W.: Messtechnik für transiente Erfassung der Dieselemissionen – Entwicklung, Messtechnik und Prüftechnik. MTZ **64**(10), 824 (2003)
[51] Beck, H.A., Niessner, R., Haisch, Ch.: Development and characterisation of a mobile photoacoustic sensor for online soot emission monitoring in diesel exhaust gas. Anal Bioanal Chem **375**, 1136 (2003)
[52] Haisch, C.: Simultaneous Detection of Gaseous and Particulate Exhaust Components by Photoacoustic Spectroscopy. 5. Internationales Forum Abgas- und Partikelemission, Ludwigsburg, Feb. 2008. (2008)
[53] Schindler, W.; Haisch, Ch.; Beck, H. A.; Niessner, R.; Jacob, E; Rothe, D.: A photoacoustic sensor system for time-resolved quantification of diesel soot emissions. SAE Technical Paper Series No. 2004-01-0968
[54] Schraml, S.; Heimgärtner, C.; Will, S.; Leipertz, A.; Hemm, A.: Applications of a new soot sensor for exhaust emission control based on time resolved laser induced incandescence. SAE Technical Paper Series No 2000-01-2864

第29章 混合动力驱动

工学博士 Fred Schäfer 教授，工学硕士 Carsten von Essen，
工学博士 Eduard Köhler 教授，工学博士 Martin Hopp

29.1 历史

在汽车发展的早期，不同的驱动概念相互竞争。除了汽油机和柴油机，蒸汽机和电动机也被用作车辆驱动。费迪南德·保时捷（Ferdinand Porsche）被认为是最早的、在1900年已为他的当时的雇主“K. u. K. 机动车和汽车厂 Jacob Lohner&Co”开发出一种混合动力驱动的汽车。“Lohner－Porsche Mixte”是一种串联混合动力驱动装置，带有轮毂电机和戴姆勒公司的四缸内燃机，如图29.1所示。

图29.1 1902年，费迪南德·保时捷（Ferdinand Porsche）在马弗斯多夫（Maffersdorf）的父母家和出生地前驾驶 Lohner－Porsche Mixte 混动汽车[1]

但其他开发人员，例如亨利·皮珀（Henri Pieper），路易斯·安托万·克里格（Louis Antoine Kriéger）[2]，也在同时尝试混合动力驱动装置。1904年，Henri Pieper 等人在奥地利专利局注册了“用于与发电机耦合的爆发力发动机的调节装置”[3]。从专利内容可以推测，他之前曾从事混合动力驱动方面的工作。

与今天的开发目标相比，车辆驱动的排放和燃料消耗可能不是当时混合动力驱动的原因。相反，其目的是避免机械部件（例如变速器）缺乏耐用性。

在随后的几年里，内燃机越来越成为唯一的驱动装置，特别是在乘用车中，电动、混合动力和蒸汽发动机驱动装置从市场上消失了。这一时期最后的混合动力汽车制造商之一是欧文·马格纳提克（Owen Magnetic）品牌，该品牌一直生产混合动力汽车，直到1921年。

除了在第二次世界大战后燃料短缺过程中进行的孤立的车辆研究和解决方法之外，机动车辆的开发几乎完全集中在内燃机上。直到20世纪60年代末，一些大都市出现了与空气污染相关的严重问题，并因此颁布了第一批排放法规，对汽油机和柴油机替代品的研究才再次加强。除了燃气轮机驱动和电动车外，还开发了新的混合动力驱动装置，但这些都没有投入量产。

1968年，GM展示了 Stir－Lec I 的研究[4]。基于欧宝 Kadett 建造了由斯特林发动机和电机组成的混合动力驱动装置（图29.2）。

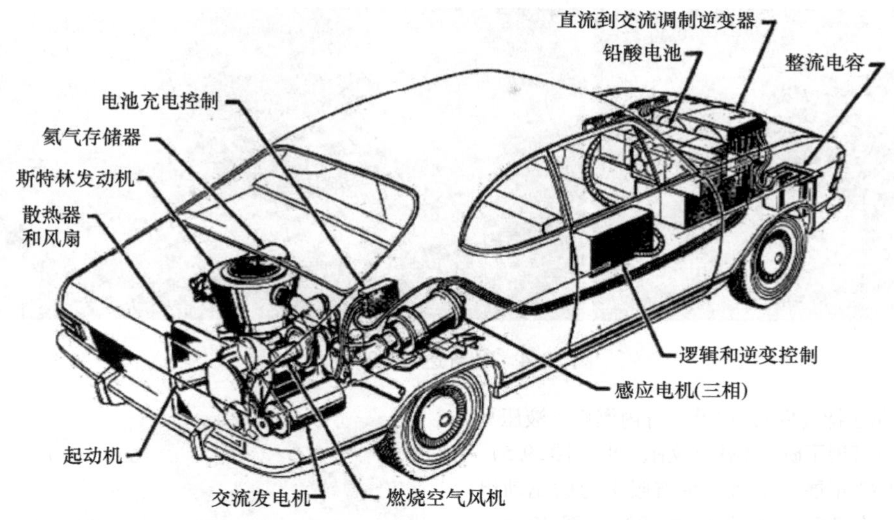

图 29.2 基于欧宝 Kadett 的 GM Stir – Lec I[5]

仅仅一年后，通用汽车公司（GM）在美国推出了另一款概念车：XP – 883，基于沃克斯豪尔 Chevette（类似于雪佛兰 Chevette 或欧宝 Kadett City），如图 29.3 所示。与 Stir – Lec I 相比，两台发动机现在都位于前部，内燃机是小型双缸汽油机，排量为 0.573L（35inch^3）[6]。

在东京的汽车展上，东洋（Toyo Kogyo）工业公司展示了未来城市汽车的原型马自达 EX 005（图 29.4）。它的驱动是两盘旋转活塞发动机和功率为 3kW[7] 的电机的组合。从图 29.4 中可以看出，这更像是一个概念研究，而不是一个接近量产的原型。

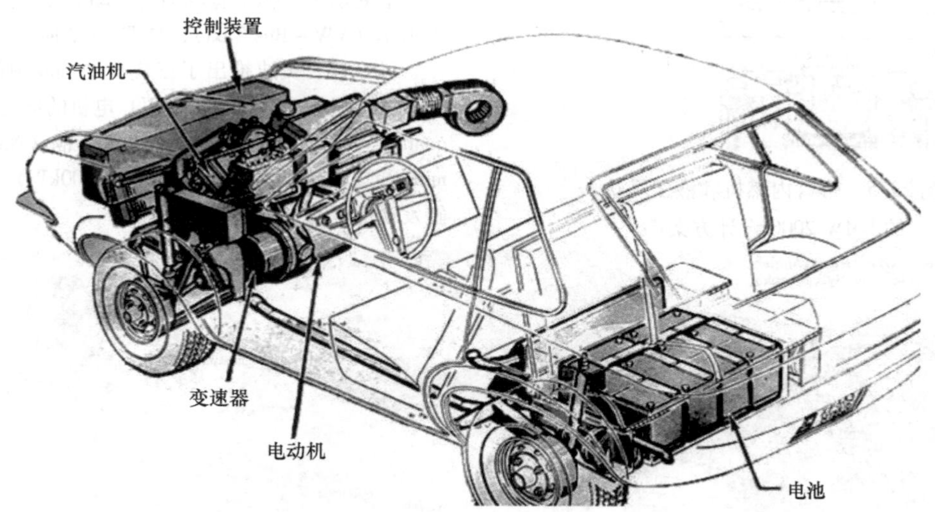

图 29.3 GM XP – 883[6]

在美国，维克多 · 沃克（Victor Wouk）和查理 · 罗森（Charlie Rosen）于 1973 年在 1972 年的别克 Skylark 中结合了马自达（Mazda）转子发动机和电机。该车辆的排放值低于当时有效的排放标准，燃料消耗为 7.84L/100km（30mile/USGal），最高时速达到 137km/h（85mile/h）。作为“联邦清洁汽车激励计划（Federal Clean Car Incentive Program）”的一部分，该测试车辆得到了资助。20 世纪 70 年代中期的石油危机加剧了与汽车废气造成的空气污染相关的问题，进一步推动了更节能的驱动的发展。

与许多其他大学一样，柏林工业大学也对替代驱动装置进行了研究。除其他事项外，当时对带有电动

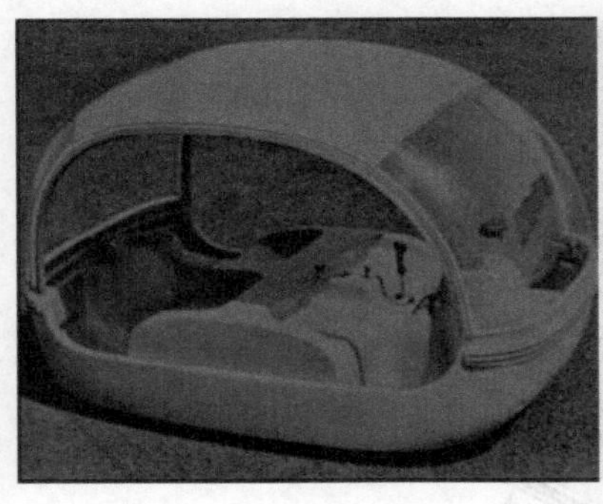

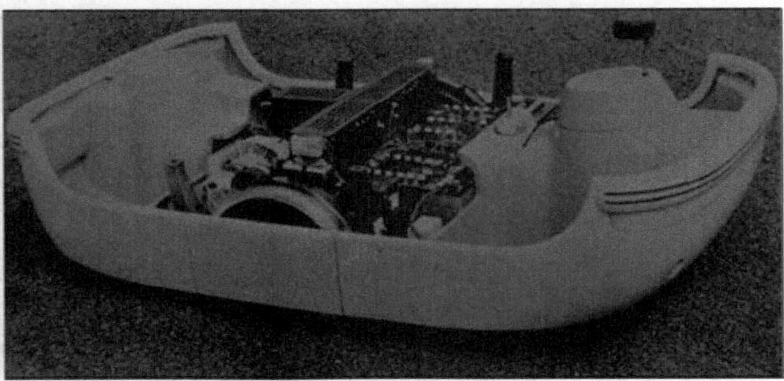

图 29.4　马自达 EX 005[7]

和液压驱动的菲亚特（Fiat）以及带有内燃机和液压马达的 BMW 2000 开展了研究工作（文献［8］，图 29.5）。

丰田在 1977 年展示了另一种有吸引力的驱动组合：带有燃气轮机和电机的 Sports 800（图 29.6）。当时，燃气轮机被认为是汽油机和柴油机的替代品。

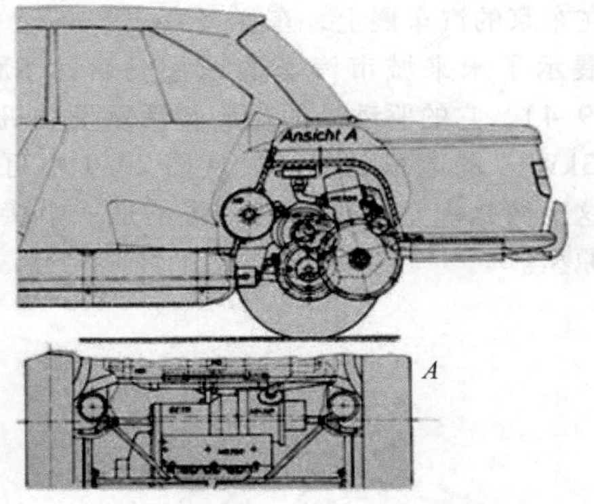

图 29.5　带有内燃机和液压马达的 BMW 2000 设计方案[8]

图 29.6　丰田 Sports 800[9]

同年，大众在纽约“现代艺术博物馆”的一个展览上展示了一辆带有汽油混合动力驱动的大众巴士出租车（VW – Bus Taxi），如图 29.7 所示。

1989 年，奥迪推出了三代奥迪 duo 中的第一代。这是一辆配备 12.6PS（8.8kW）电机的奥迪 100 Avant quattro，用于驱动后桥。电能由镍 – 镉（Nickel – Cadmium）电池提供。前桥由 136PS（100kW）的 2.3L 五缸发动机驱动。如图 29.8 所示。

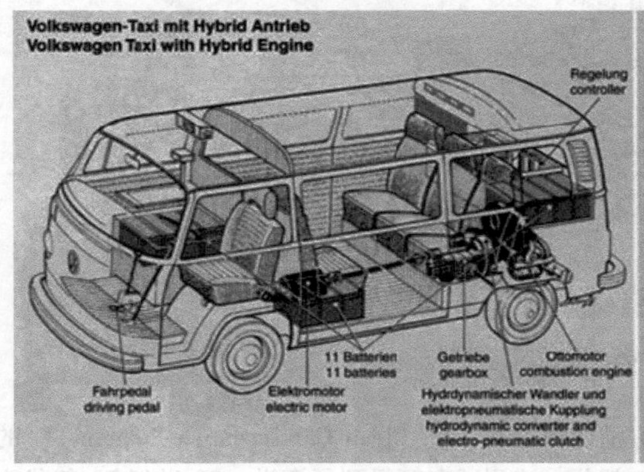

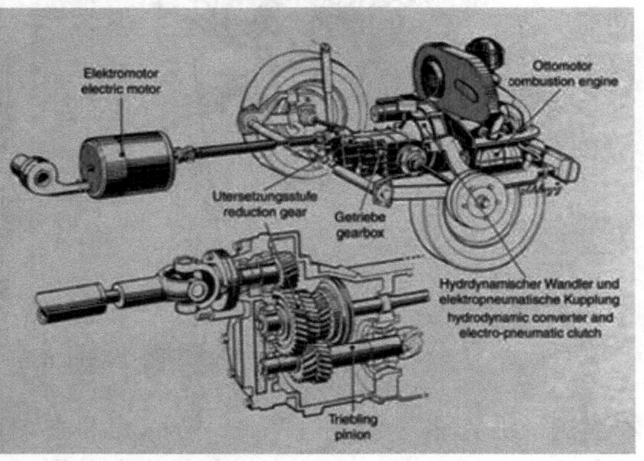

图 29.7　带混合动力驱动的原型车 VW – Bus Taxi

两年后，第二代奥迪 duo 紧随其后。三相电机的功率已增加到 28.6PS（20.6kW）。2.0L 四缸柴油机现在也通过托森（Torsen）差速器连接到后桥。

1991—1993 年，大众汽车公司在苏黎世

图 29.8　奥迪 duo[11]

图 29.9　电动 - 混合动力高尔夫Ⅱ，在苏黎世的车队测试，1991—1993 年

（Zürich）用 20 辆高尔夫Ⅱ并联混合动力汽车进行了车队测试，如图 29.9 所示。该项目由苏黎世联邦理工学院（ETH Zürich）现场监督，使用了 1.6L 44kW 的四缸柴油机和 7kW 的电机。8 辆车配备了铅凝胶蓄电池，6 辆配备了镍 - 镉蓄电池，另 6 辆配备了钠 - 硫蓄电池。车辆在先前定义的驾驶循环（苏黎世城市循环，10.3km 内有 41 个红绿灯）的油耗量为 3.8L/100km，电功率为 21.7kW[12]，量产的高尔夫柴油车消耗 8.6L/100km 柴油。被测蓄电池的问题是缺乏可靠性、使用寿命和存储容量。

1997 年，奥迪展示了第三代也是最后一代奥迪 duo，如图 29.10 和图 29.11 所示，使用了 66kW 的 1.9L TDI 和 21kW 的电机。两个驱动装置现在都作用在前桥上。铅凝胶蓄电池用于储存电能。基于 A4 Avant 的车辆可以 60000DM（德国马克）购买或租赁。严格来说，奥迪是欧洲第一家量产混合动力汽车的制造商。由于销售价格极高，需求有限，几个月后停产。

同年（1997 年），丰田开始在日本销售第一代普锐斯（Prius）。这款车拥有 323 名客户，起初也不畅销，但次年销量上升至 17653 辆。

到 1999 年底，本田也在市场上推出了混合动力汽车。“Insight”最初只能在日本和美国销售。它的驱动装置由一台三缸汽油机和曲轴上的一个电机所组成。

2000 年底，普锐斯首次进行了车型更换：Prius I

图 29.10　奥迪 duoⅢ[12]（一）

图 29.11　奥迪 duo Ⅲ[11]（二）

投入批量生产[9]。但直到 2003 年上市的普锐斯Ⅱ，公众才开始对混合动力驱动产生兴趣。在美国和日本的销售成功以及对 CO_2 排放的敏感性的提高最终导致所有知名汽车制造商开始系列开发乘用车混合动力驱动装置。

29.2　混合动力驱动基础

联合国/欧洲经济委员会（UN/ECE）将混合动力驱动作如下定义：“混合动力驱动系统指为了实现车辆驱动，采用至少两种不同的能量转换器组成的动力系统，以及两种不同的能量储存系统（车辆车载）[Hybrid power train means a power train with at least two different energy converters and two different energy storage systems（on - board the vehicle）for the purpose of vehicle propulsion]”。

在不具有国际法律约束力的德文版 ECE（欧洲经济委员会）101 号法规中，“混合动力驱动”是一个至少有两个不同能量转换器的驱动系统，以及有两个不同的储能系统（车载）用于车辆推进[14]。

对于机动车驱动而言，已经建立了汽油机或柴油机与电机的组合。然而，混合驱动的定义并不强制确定这一划分。过去，也有柴油机/飞轮发动机与燃气轮机/电机以及包括各自的能量储存系统相结合的情况。此外，带有额外的电池的燃料电池驱动装置也适用于配置混合动力驱动装置的车辆。

29.2.1 原理

如今，使用混合动力驱动应该结合两种驱动的优点，旨在降低车辆的排放和/或能量消耗。将车辆的需求特性曲线同柴油机、汽油机（图 29.12，见彩插）和电机的供给特性曲线比较，可以看出在低转速范围内，内燃机有明显的缺点。

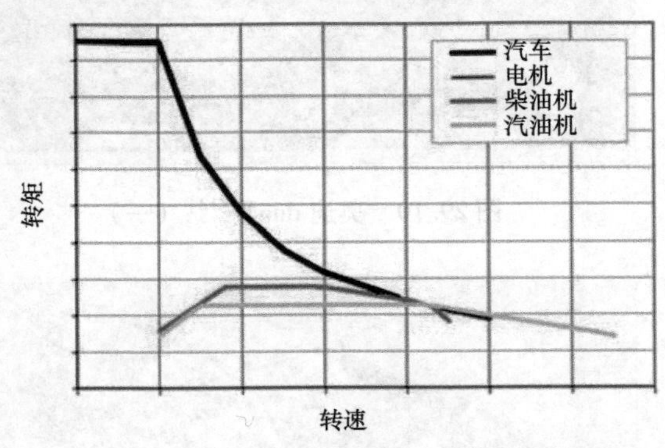

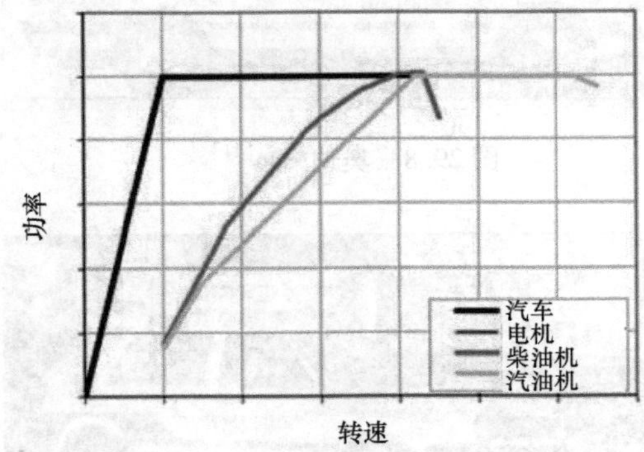

图 29.12 内燃机和电机的供给特性曲线

电机则提供一个近乎理想的供给特性曲线，然而其所需的能量存储器的能力不足是其弱点。

当考虑到内燃机和电动驱动的协同工作时，这一组合的潜力就显得尤为突出。电机补充了内燃机供给特性曲线的不足，而高效的储能装置“燃料箱”弥补了电池/蓄电池的缺陷。

除此之外，还可将制动和/或废气能量回收过程中转换的能量以电能的形式重新用于混合动力驱动。此外，还可以避免排放量增加的内燃机运行条件的出现。这里，需要特别提及的是高动态的负荷变化和低负荷运行工作点，在极端情况下，内燃机仅在一个发动机转速－负荷工况点下运行。

29.2.2 组件

与柴油机或汽油机驱动相比，混合动力驱动需要一些匹配以及附加的组件。除了机械和电能存储器外，还有能量管理、电力机械和动力系统的连接以及所需要的电力电子设备。

29.2.2.1 内燃机

由于同另一种驱动方式相结合，内燃机所需负荷状态发生改变，必要的时候在支承、润滑和热管理方面要进行匹配。因此必须考虑到所选择的运行策略对废气温度的影响，比如频繁的负荷点的移动，以及不同的排气后处理系统为其功能的正常运行需要确定的温度水平。发动机频繁的起动/停止也提高了对气缸表面的润滑要求。如果内燃机由于其选择的运行策略，在较高的负荷状态下运行时，相关的零部件也同样需要重新设计。尽管如此，出于经济原因，也可以考虑适应新的要求，例如更低的动态性能。

29.2.2.2 电力机械

原则上，所有已知的电力机械类型都在考虑之列。直流电力机械由于其相对较低的效率（仅 80% ~ 85%）并不太适合，特别是因为需要电刷，它们比其他无刷电力机械类型需要更多的维护。此外，它们对振动和冲击也很敏感。

异步电力机械是一种鲁棒的电机，其在合理的机械、热设计情况下可以做到没有磨损部件。这是一类简单、物廉价美的电机[15]。

与异步电力机械相比，同步电力机械具有更高的效率和功率密度，但是因需要磁铁，同步电力机械系统造价更高昂。

29.2.2.3 发电机

发电机的功能可以通过不同的方法来实现。对低功率（~5kW）或简单的混合动力方案设计，可以使用经典的发电机。然而，基于现有的电力机械，将它们用作发电机是有意义的。如果由于技术原因无法做到这一点，则在需要更大功率的情况下，专门使用电力机械用于发电机运行。

29.2.2.4 电能存储器

电能存储器是电力机械的“燃料箱”。能量密度、功率密度、寿命、成本以及安全性是电能存储器的决定性评价标准。长期的储能装置包括铅蓄电池、镍－氢化合物蓄电池和锂离子蓄电池。在以往的试验车中，经常使用廉价的铅蓄电池，现在往往使用锂离子蓄电池。如果需要同电池相比更高的功率密度，那么超级电容器（Supracaps）的使用是有意义的。人们可以在高的功率下短时间内存储电能。

29.2.2.5 变速器

如果混合动力方案设计是将内燃机和电力机械的功率在机械上进行结合，那么与常见的汽车变速器相比，改变是必要的。负荷类型和热应力与传统车辆的变速器是有明显差别的。

29.2.2.6 能量管理

能量管理对混合动力驱动至关重要，因为现在要通过两个驱动单元来满足驾驶员的需要。除此以外，必须要保证电存储器始终存储至少最低限度的能量，以便度过诸如长期的停车情况或是寒冷的天气条件。一个先进的能量管理能够以更小的部件、更轻的重量以及更低的成本来满足对车辆需求的响应。

29.2.2.7 电力电子设备

电力电子设备将产生的电能在电压、频率或极性方面转化为各种所需的能量。其成本直接取决于性能和所需的电力强度。由于其结构尺寸和冷却需要，电力电子设备对混合动力汽车的封装有着显著的影响作用。

29.2.3 功能

与采用内燃机的车辆驱动相比，用混合动力驱动的车辆根据混合动力程度有额外的功能，比如实现电动驾驶或制动能量回收。可以区分只有混合动力驱动才能实现的功能和理论上也可以通过汽油机或柴油机驱动可以实现的功能，但迄今为止，出于经济原因，仅在少数车辆中得以实现。

29.2.3.1 起动/停车（停车/起动）

起动/停车（Start/Stop）或停车/起动（Stop/Start）与内燃机相关。静止的车辆发动机关停，因此不消耗燃料，不产生排放。最常见的例子是红绿灯处停车，以及交通拥堵时的停车－行车（stop－and－go）运行。发动机的起动和提速是在电力机械的协助下完成的。由于同起动机相比，强大的电力机械可以在功率强劲的混合驱动中实现替代的起动方案设计，比如脉冲起动或高速起动。

起动/停车功能同样将在纯汽油机、纯柴油机中实现。为此需要更大尺寸的起动机和电池管理。

29.2.3.2 电动行驶

如果电机和能量存储器尺寸足够大，那么可能实现纯电动行驶，即在这一行驶状态下，内燃机处于关闭状态。根据存储器的大小，混合动力汽车可以覆盖从几百米到几千米（普锐斯Ⅱ：大约6km）距离。插电式混合动力汽车通常具备更大的存储器，纯电动行驶里程为几十千米范围（沃尔沃 V60 插电式混合动力汽车：50km，宝马 i8：37km）。这一功能将随着存储器更高效、更便宜而愈加重要。

29.2.3.3 负荷点移动

由于在混合动力驱动中，除内燃机外还需要一个驱动源，因此对内燃机负荷的要求与驾驶员的愿望解耦。根据需要，电力机械可以提供支持，从而可以降低内燃机的负荷点或发电机投入运行以提高负荷。负荷点移动的目的是降低燃料消耗和/或废气排放。如果降低对内燃机的动态要求，则人们称之为内燃机的降低敏感性功能。在极端情况下，内燃机仅在某一负荷点运行。

29.2.3.4 增强

在混合动力驱动中，增强是通过电机在短时间内支撑内燃机。其中，增强时间长短受功率及当前电能存储器的充电状态限制，在几秒钟范围之内。

29.2.3.5 滑行

如果传动系统或其一部分与移动的车辆中的驱动轴分离，则称为滑行（Coasting）。根据技术实施和驾驶方式，最多可节省 10% 的燃料[16]。使用混合动力驱动，由于现有的电力机械，“滑行”功能可以比传统驱动更容易实现。一方面，电力机械可以快速重新起动内燃机，另一方面，如果有必要的话，它也可以用于自行加速车辆，或者至少直到内燃机达到所需的运行工况点。

滑行功能由汽车制造商以不同的方式实施，有时也有不同的定义。在某些车辆中，电力机械在滑行阶段保持车速恒定，而其他车辆则通过电力机械产生较小的制动力矩，从而回收部分动能。

29.2.3.6 制动能量回收

制动能量回收是指车辆在制动过程中，动能转化为车辆可利用的能量形式。如果车辆使用混合动力驱动的电力机械，还可以转化为电能。动能回收的功率应由电力机械、电力电子设备和存储器共同管理。由于制动时有时需要相当大的功率，出于技术和经济原因，只有部分制动能量被回收，对于更大的功率仍用机械式制动器。此外，出于法律原因，还不能放弃机械式制动器。

29.2.3.7 电驱动辅助装置

辅助装置，比如水泵，在内燃机中通常由 V 带或链驱动，其功能取决于内燃机的转速。在混合动力驱动中，当内燃机停机时，也需要一些辅助装置，比如助力转向，也需要使用电辅助装置。这些装置独立于内燃机运行，其功率可根据要求进行匹配；比如在发动机起动后的第一秒内，水泵的运行并不是必需的。同样，油泵随转速变化的输油性能与内燃机的需求不相称。在图 29.13 中，将传统油泵的输油压力和功率需求与可变油泵做了对比。原则上，电辅助装置也可用于传统驱动装置中，然而，在混合动力驱动中，强大的车载网络使其应用更为合适。

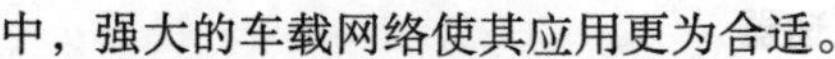

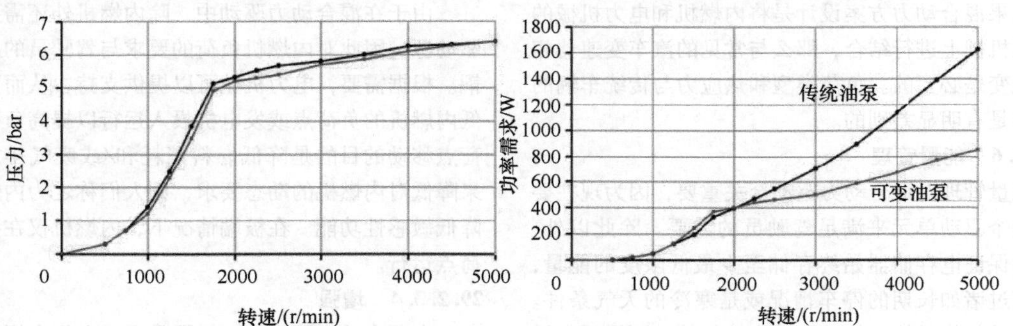

图 29.13　传统油泵和可变油泵的比较[17]

29.2.3.8　自动泊车

对于自动泊车，除了用于检测停车位的传感器外，还需要为车辆配备可控制的转向系统。如果车辆要自动调车，还必须要自动控制驱动和行驶方向。原则上，这一功能对柴油机或汽油机都是可行的，然而对于混合动力驱动的车辆，其优势在于，其配有一个具有很好的可调性的驱动装置以及通常配有一个电动转向系统。

29.3　混合动力驱动分类

混合动力驱动根据结构形式分为不同类型，根据其安装的电力分为不同的功率等级。

29.3.1　类型

根据内燃机和电力机械的组合，混合动力驱动可分为三类，即串联式、并联式和混联式混合动力，如图 29.14 所示。

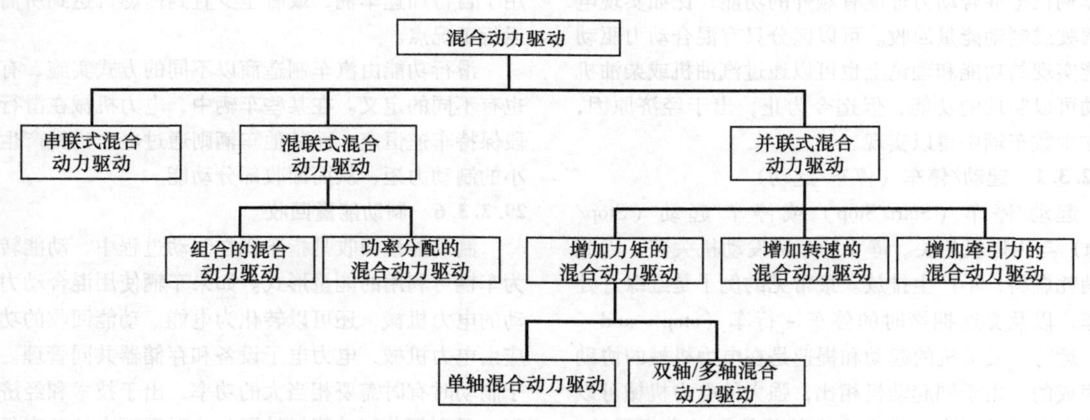

图 29.14　混合动力驱动的类型[18]

这三种类型的基本原理如图 29.15 所示。在串联式混合动力驱动中，内燃机和电力机械排列在一行。内燃机驱动发电机，产生的电能或存储于电池中，或直接继续传递到电机中。电机通过机械连接驱动轴。串联式混合动力驱动的优点在于，内燃机可以始终在最佳运行工况点运行，因此比燃料消耗以及比排放都很低。其缺点在于，需要有从机械能－电能－机械能的能量转换，装机功率大，重量大，成本高。驱动机械和发电机都必须为所需功率而设计；于是驱动功率是现有功率的三倍。此外，电力电子设备的设计应确保车辆的最大功率。

对并联式混合动力驱动，内燃机和电力机械在传动系统中平行地布置。与此相应，内燃机机械式地与车轴连接。内燃机和电力机械的功率可以单独或同时作用在驱动轴上。根据它们相互作用的方式，区分为增加转速、增加转矩和增加力。其中内燃机和电力机械不一定要连接到同一个轴上，所以有单轴和两轴的解决方案。另一个细分包括电力机械的安装位置。从靠近内燃机的位置开始，使用名称 P0 混合动力到 P4 混合动力。

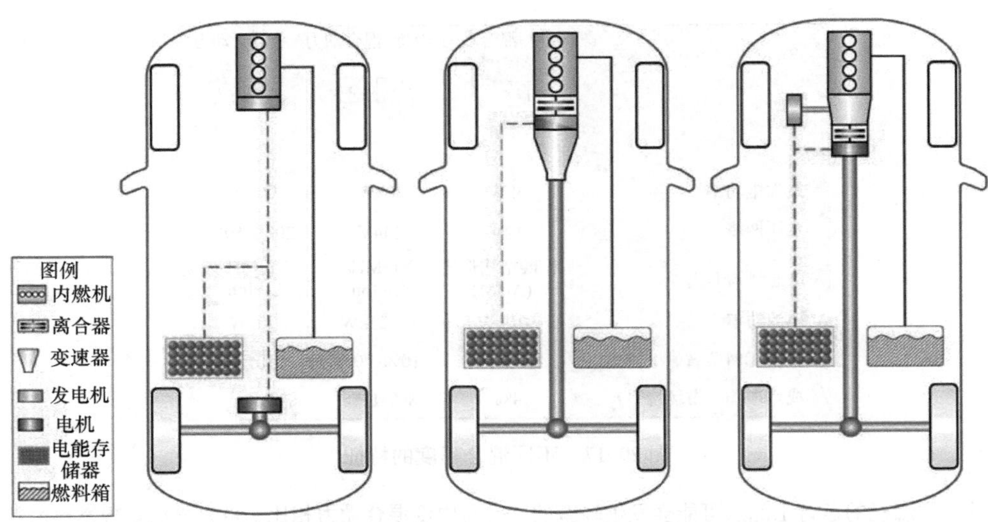

图 29.15　串联、并联和功率分流的混合动力驱动原理（从左到右）

除了串联式和并联式混合动力驱动外，还有这两种方案的混合形式。

混合模式是与功率分配相关的混合动力驱动，其中内燃机的功率分为电驱动和机械驱动两个分支。因此，该种模式为电力机械和内燃机分别提供了宽泛的运行策略。作为变速器，例如可以采用行星齿轮变速器。

串联混合动力和并联混合动力的另一种混合模式可以通过结构设计，使得内燃机与两个电力机械串联布置来实现，而电力机械之间具有可切换的离合器。利用这个方案设计，可以在串联混合动力驱动和并联混合动力驱动之间变换。

还存在这样一种可能，电池不仅由发动机充电，而是从外部，比如通过外接插座来充电，因此插电式混合动力独立于其结构之外。在欧美，从与排放相关的立法角度，所有带有增程器的电动汽车都算作插电式混合汽车。

29.3.2　功率分类

无论其原理如何，混合动力驱动根据其电功率以及与之相关的功能可以分为微型、中度和全混合动力。定量地表达区别的一种可能性是将电机的功率（P_e）与电机和内燃机的总功率（P_{VKM}）联系起来[19]：

$$H = P_e/(P_e + P_{VKM})$$

由于这种方法忽略了电存储器，因此必须假设它们的功率对应于整个驱动装置的潜力。如果定量分配微型、中度和全混合动力的个体名称，则微型混合动力车在 $H=0.05$ 的范围内，$H=0.1$ 附近的为中度混合动力，从 $H=0.25$ 起可以称为全混合动力[19]。对于 $H=0.25$、0.10 和 0.05 的值，直线如图 29.16 所示。

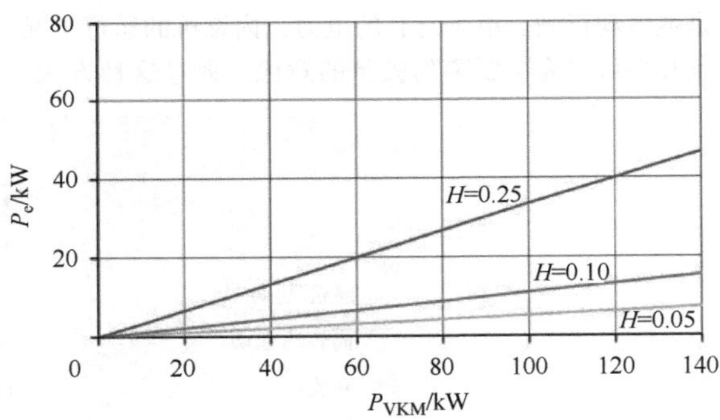

图 29.16　混合动力的混合度

各个功率变体之间的界限是流动的，因此在某些情况下没有明确的分类。单个混合动力驱动的典型特性如图 29.17 所示。可以用它们实现的功能如图 29.18 所示。

微型混合动力仅具有起动/停机功能，并且可以在推力阶段回收一定程度的能量。由于它们对驱动转矩没有任何显著的贡献，因此，它们是否属于混合动力驱动可能存在争议。电力机械的功率在 5kW 范围内。最常见的结构形式是传动带起动机/发电机。尽管功率低，但与汽油/柴油驱动相比，燃料节省可高达 8%。

由于其更高的电力输出，除了停机/起动功能外，中度混合动力还能够为内燃机提供有限的支持。此外，制动过程中的动能已经可以在很大程度上转化为

	微型-混合动力	中度-混合动力	全混合动力
最大电功率	5kW	20kW	200kW
电压网络	12V	144V	200~650V
电池结构形式	铅/酸结构形式 (AGM)	Ni-MH/ Li-Ion	Ni-MH/ Li-Ion
电池功率	<10kW	10~25kW	>20kW
最大燃料节省	3%~8%	10%~20%	30%
成本增加（市场价格）	4%	8%~13%	25%

图 29.17　不同混合程度的特征

电能。此外，内燃机的运行工况点可能会发生轻微的移动。电力机械的功率在 15kW 范围。曲轴起动发电机（例如，本田 IMA、带有大陆 ISAD 的通用汽车）作为结构形式被考虑在内。这种系统的燃料节省在 10% ~20% 范围内。

全混合动力可实现所有混合动力驱动功能，尤其是纯电动行驶。由于已有的电力，内燃机的运行工况点几乎可以完全脱离驾驶员的意愿。通过这种方式，与中度混合动力相比，可以再次实现燃料消耗和排放的优势。

与汽油或柴油驱动相比，混合动力驱动的燃料消耗更多地取决于行驶状况。因此，所述的燃料消耗优势应被视为最大可能的潜力。与仅使用内燃机的驱动相比，车辆在道路上移动得越均匀和越快，燃料消耗的优势就越小。

	微型混合动力	中度混合动力	全混合动力
停机/起动	✓	✓	✓
高转速起动	✓	✓	✓
回收	最小	高	最大
负荷工况点转移	-	减少	✓
滑行	-	✓	✓
增强	-	减弱	✓
电动行驶	-	-	✓

图 29.18　不同混合动力类型的可能的功能

29.4　电动驱动系统

除了内燃机，电力机械已成为混合动力驱动的第二个电机（发动机）。凭借其交付标识，它们可以弥补内燃机在较低速/低负荷范围内的弱点，以高效率（在某些情况下 >90%）转换能量，并且可以将机械能转换回电能。此外，它们可能会在短时间内明显地过载，即在几秒钟的范围内。以下特性对于在车辆中的使用特别重要：

- 重量轻。
- 结构空间小。
- 成本低。
- 使用寿命长。
- 效率高。

29.4.1　电力机械

根据不同的作用方向，电力机械可以将电能转化为机械能，或者反之亦然。转换为机械能的过程被描述为电动机运行，转换为电能的过程被描述为发电机运行。由于旋转方向可以是左旋或右旋，所以在速度－转矩图中有四个象限（图 29.19）。电力机械达到最大转

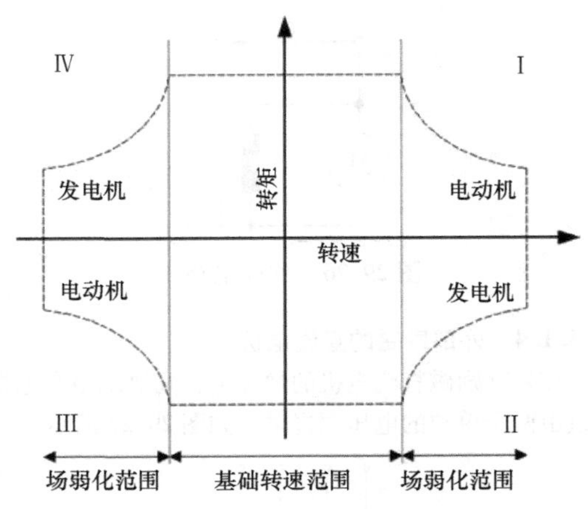

图29.19　电力机械的功能范围

矩的转速范围称之为基本转速范围。除其他外，它还受到电力机械或控制单元中的最大允许电流的限制。在这个转速以上，由于热的原因，功率必须受到限制，因此，转矩随转速增加而下降。这个范围称之为场弱化范围。

电力机械的功能基于洛伦兹（Lorentz）力，即磁场对运动电荷施加的力，以及对法拉第（Faraday）定律的力影响。根据结构类型的不同，有直流电机、交流电机和三相电机之分，每一种细分都有进一步的区别（图29.20）。当今混合动力驱动的最先进技术是三相电机。

尽管效率很高，但电力机械的损耗是不可忽视的。其中，损耗功率是由铜、铁和摩擦损耗组成的，如图29.21所示。其中铜损是指由于流经电力机械的

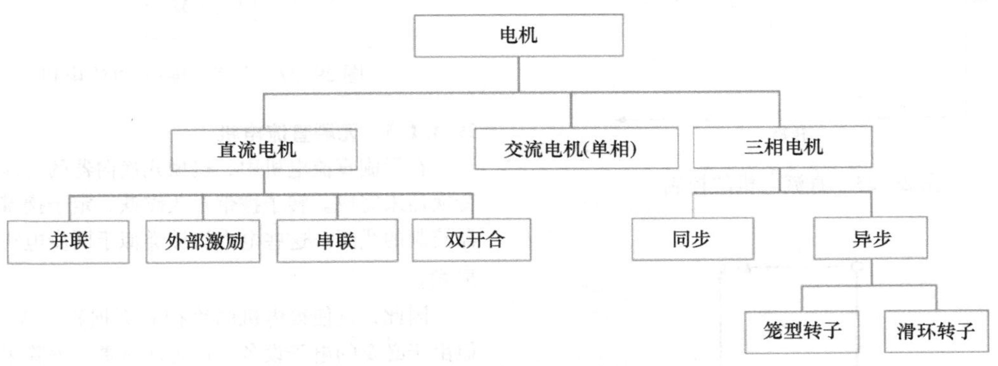

图29.20　电力机械的分类

电流导致导体发热。铁损是指由于个别部件的不断退磁导致的损耗。轴承摩擦、换向器摩擦和（如果必要的话）风扇功率都算作机械损失。根据电力机械的类型和结构形式，个别类型的损耗的差异很大。

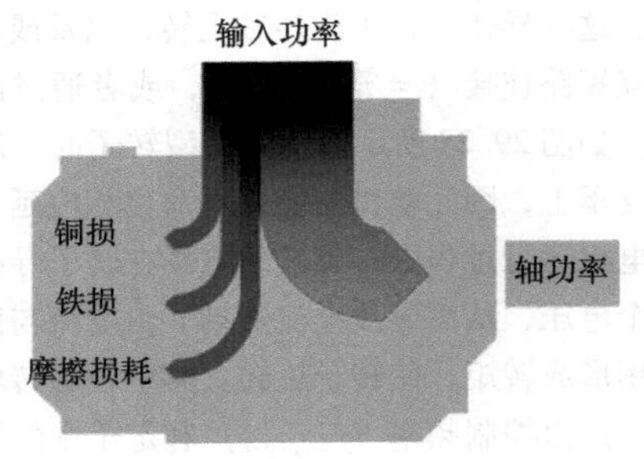

图29.21　电力机械的损耗

29.4.1.1　直流电机（GM）

在负载下，各个电力机械显示出不同的转速－转矩特性。图29.22显示了三种特性曲线，即分流特性、串联特性和同步特性。

直流电机是指用直流电运行的电力机械。它们由一个定子（stator）和一个可旋转支承的转子（rotor）组成，所有的固定部件都可以布置在这个定子上。定子中安装有电磁铁或永久磁铁，因此，该电力机械被称为外励磁或永久励磁。转子由导体绕组组成，通过换向器提供电流。

电机的转速可以通过电枢电路中的串联电阻、改变磁场或改变电枢电压来改变（图29.23）。

如果励磁场由磁铁组成，电动机的转速只能通过电枢电压来调整。

根据励磁绕组和电枢绕组的连接方式，永久励磁直流电机可分为并联、串联或双开合电机。

29.4.1.2　串联电机

在串联电机中，励磁绕组和电枢绕组是串联的（图29.24）；因此，两者都以相同的电流加载。

串联电机不能空载运行，否则转速会增加太多，可能会损坏电机。然而，该电路的一个优点是电机的起动转矩较高（图29.25）。转速可以直接通过电压或借助于可调串联电阻来影响。

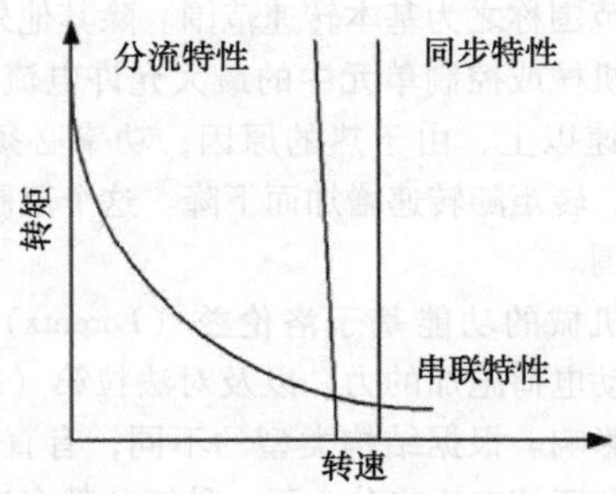

图 29.22　不同电力机械的特性曲线

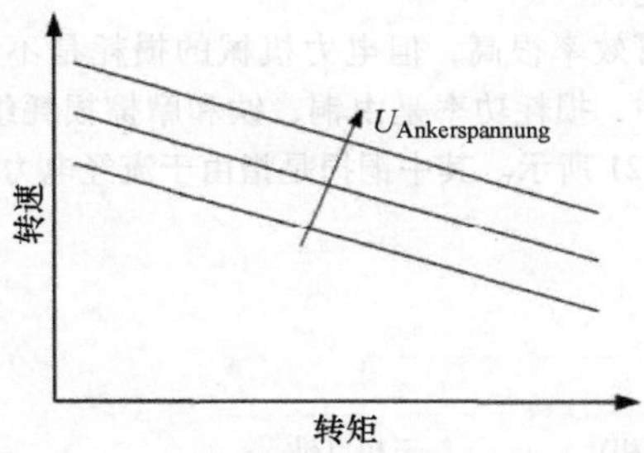

图 29.23　直流电机的控制

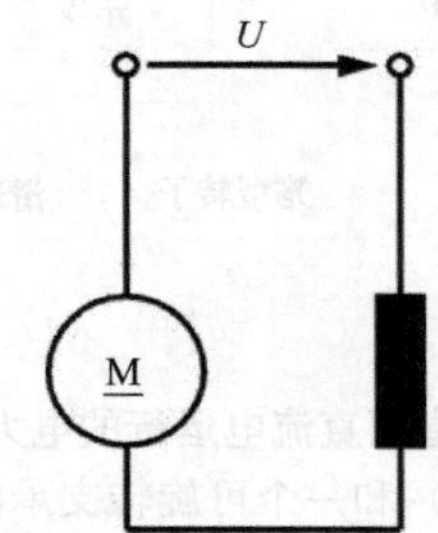

图 29.24　串联电路

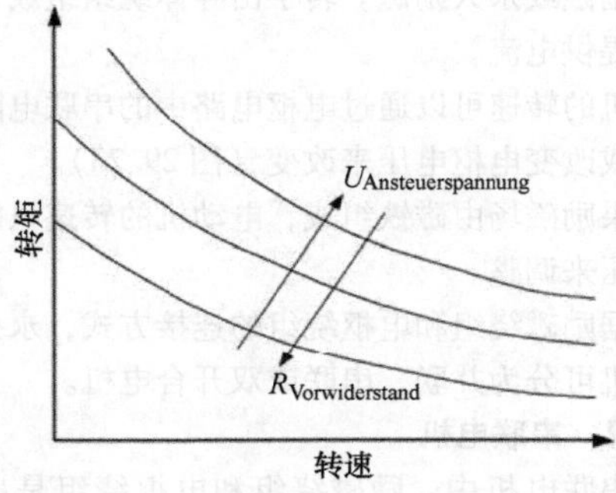

图 29.25　串联电机的特性曲线

29.4.1.3　并联电机

在并联电机中，电枢绕组和励磁绕组是并联的，如图 29.26 所示。

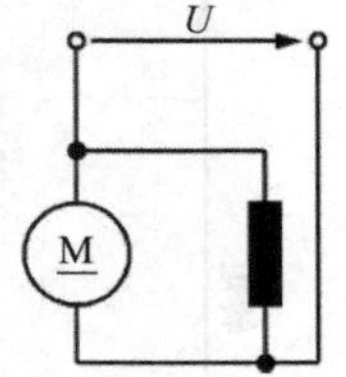

图 29.26　并联电路

29.4.1.4　外部励磁的直流电机

在外部励磁直流电机的情况下，励磁绕组和电枢绕组由两个单独的电压源提供，如图 29.27 所示。

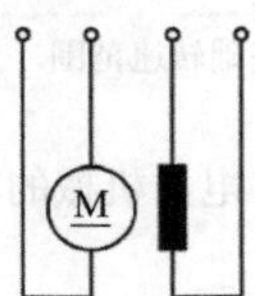

图 29.27　外部励磁的直流电机

29.4.1.5　无刷直流电机

在无刷直流电机中，机械式换向器的功能由一个变换器来完成。转子携带永久磁铁，定子携带由变换器控制的线圈。这些电力机械类似于同步电机的结构形式。

因此，这使得电机的维护和磨损程度大大降低，但由于必要的电子设备，也更加昂贵。消除了通过换向器而可能发生的电子干扰，但在电力电子设备中可能会出现其他的干扰。

29.4.1.6　异步电机（ASM）

异步电机属于三相电机。三个线圈以这样的方式布置在其支架（定子）中，使得当电机受到相应的控制时，就会形成一个旋转的磁场。转子由独立的导体组成，这些导体平行于旋转轴运转，以及或者在其末端相互短路连接（＝笼型转子），或者通过滑环消耗电流，如图 29.28 所示。使用笼型转子时，磨损只发生在支承上，因此电机的使用寿命也相应延长。

在电机运行过程中，旋转的磁场在转子导线中感应出一个电压，从而导致电流流动。由电流与磁场的相互作用形成转矩，使转子旋转。其中，旋转场的转速（n_{Feld}）由控制频率（$f_{Ansteuer}$）和定子中的极对数量（p）来决定：

$$n_{Feld}=\frac{f_{Ansteuer}}{p}$$

原则上，转子不能达到磁场的速度，而是根据负荷而偏离它。转子转速（$n_{Läufer}$）与磁场转速（n_{Feld}）的偏差称为滑差（s），其计算公式为：

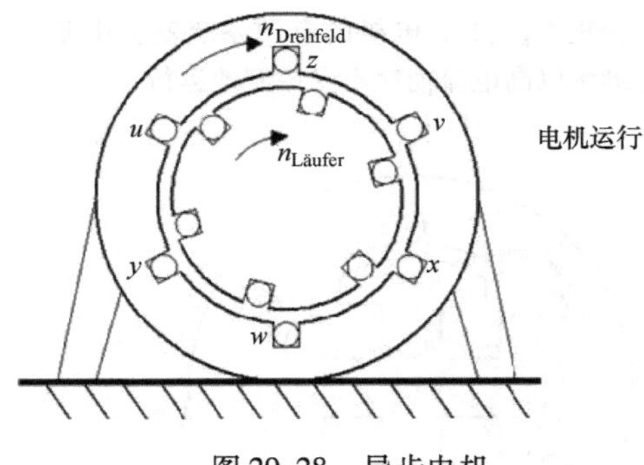

图 29.28 异步电机

$$s=\frac{n_{Feld}-n_{Läufer}}{n_{Feld}}\times 100\%$$

当转子处于静止状态和场同时旋转时，其结果是 $s=100\%$。在空载运行时，即没有负荷的运行时，转子的转速几乎与旋转场的转速（$n_{Läufer}$）相同：

$$n_{Läufer,Leerlauf}\approx n_{Feld}$$

而滑差几乎达到0%。图 29.29 显示了带特征点的异步电机的特性曲线：静态时的转矩（M_A）、击穿转矩（M_K）和转速（n_K）以及同步转速（n_{syn}）。最高转矩显示为击穿转矩 M_K。在定子电压和电流恒定的情况下（$U_{Ständer}$ = 常数，$I_{Ständer}$ = 常数），它随着控制频率呈二次方递减：

$$M\sim\frac{1}{f^2_{Ansteuer}}$$

原则上，异步电机的转速可以通过改变极对数量、控制频率、电压来改变，在使用滑环转子的情况下，还可以通过转子电路中的电阻来改变。

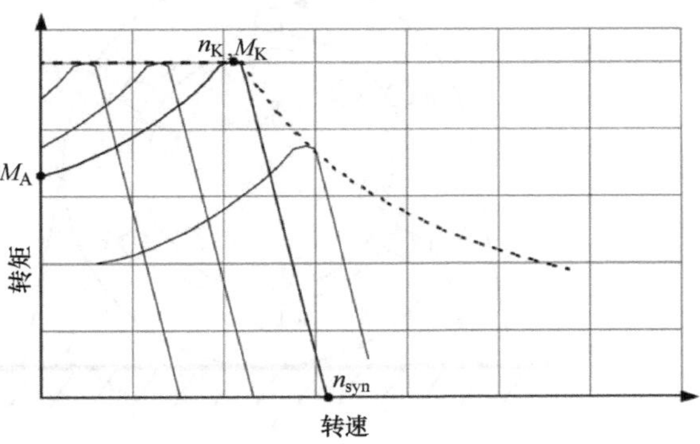

图 29.29 异步电机的特征曲线

然而，通过电压进行转速调节只能在有限的范围内实现，因为电机转矩与电压成二次方变化，这就是为什么用于车辆驱动的电机的调节是通过频率进行的。由于磁通量随频率的增加而下降，因此，电压必须同时增加。图 29.30 显示了一个异步电机的效率特性场（效率相等的线）。

除了结构简单、价格低廉外，与直流电机相比，异步电机还具有转矩脉动小、噪声低的优点。

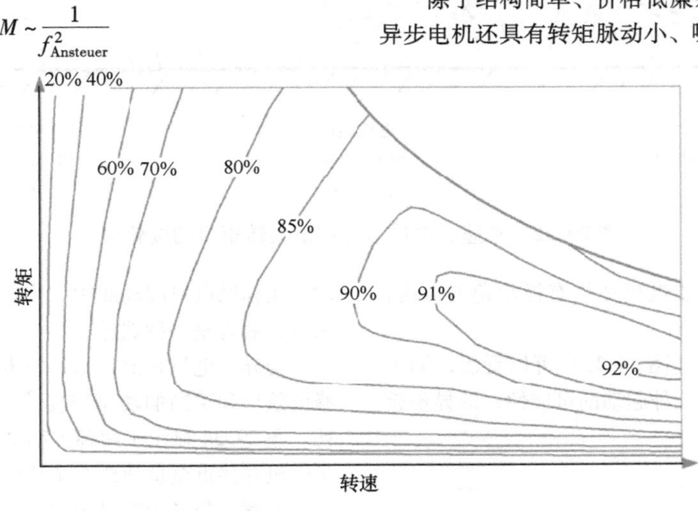

图 29.30 异步电机的效率特性场

29.4.1.7 同步电机（SM）

同步电机如图 29.31 所示，同样也属于像异步电机一样的三相电机。定子与异步电机的定子相同，只有转子有所不同：它由一个极轮组成。各个磁极对可以由一个永久磁铁或电磁铁来产生。永磁同步电机（PSM）的优点是转子没有损失，电机磨损小，因此效率高，功率密度高。然而，必要的磁性材料是非常昂贵的。

在运行期间，转子以与定子的旋转磁场相同的转速旋转，即与其同步。该同步转速（n_{syn}）计算如下：

$$n_{syn}=\frac{f_{Ansteuer}}{p}$$

式中，$f_{Ansteuer}$是控制频率；p是极对的数量。

根据负荷情况，转子滞后于定子旋转场一个极轮角α_{Pol}，如图29.32所示。当超过最大转矩，即所谓的击穿转矩M_{Kipp}时，电机的有源系统就会中断，并且它会继续以高电流消耗不受控制地运行。

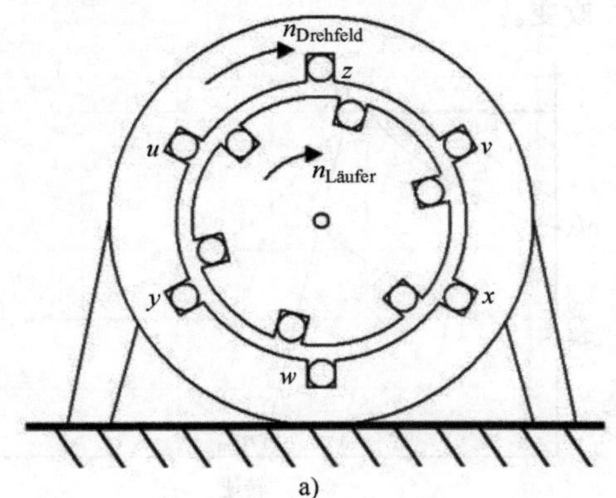

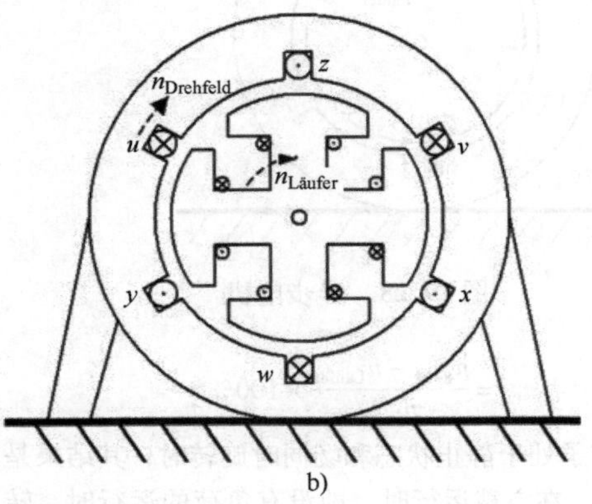

图29.31　同步电机

a）全极电机　b）内极电机

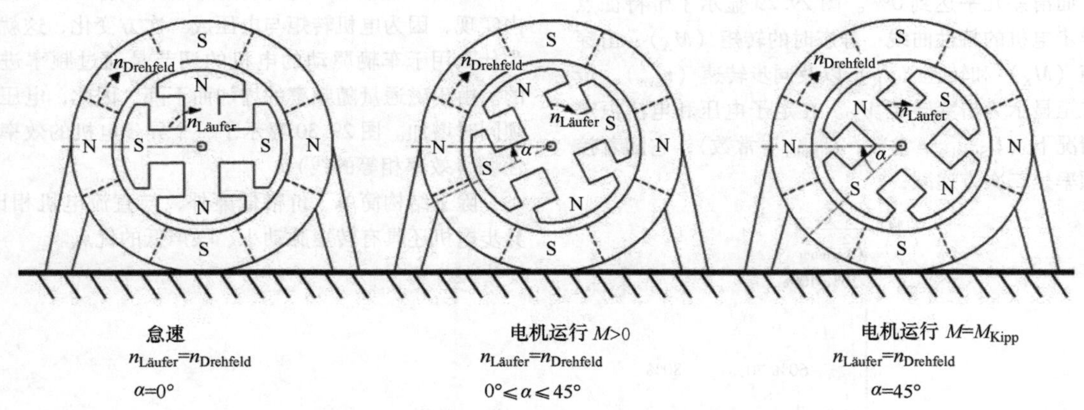

图29.32　怠速、电机运行和最大转矩时的极轮角

在运行过程中，同步电机往往有极轮角的振荡，即极轮角周期性地波动。

从它们的特性曲线（图29.33）可以看出，同步电机不能自行起动。有三种起动的可能性，即异步起动、用辅助电机起动或用变频器起动。对于汽车应用来说，后者是一种选择。

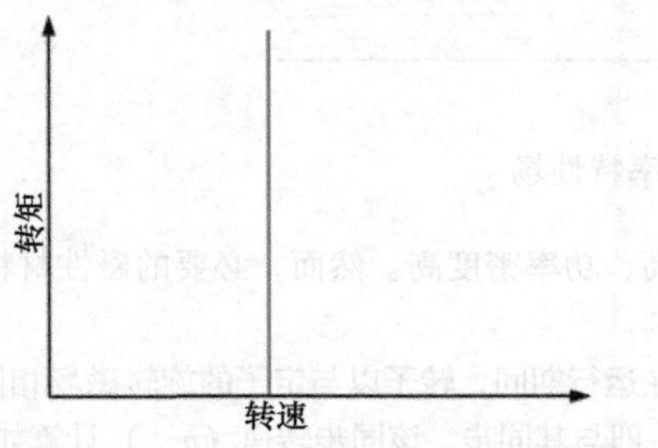

图29.33　同步电机的特性曲线

与异步电机相比，永磁同步电机可以实现更高的峰值效率和更高的功率密度[20]，因为转子中没有损耗。图29.34显示了两种类型电机的效率特性场。同步电机在接近全负荷或在全负荷的中速范围内达到其峰值效率。与异步电机相比，在部分和全负荷的中低速范围内有优势[21]，在高速时有劣势。

特别是由于其高的效率和更小的结构尺寸，永磁同步电机是混合动力汽车驱动系统中电力机械的首选[22]。然而，其中应该注意的是，在定子绕组发生短路的情况下，永磁同步电机会建立起非常高的转矩。在车辆的安全性方案设计中必须要考虑到这一特性。

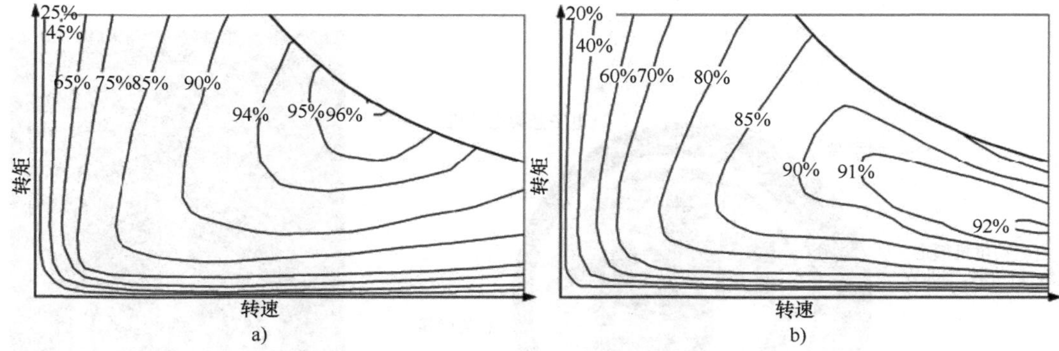

图 29.34　同步电机 a）和异步电机 b）的效率特性场

29.4.1.8　开关磁阻电机

磁阻电机（图 29.35）利用最小磁阻的原理。定子由各种绕组组成，这些绕组通过电力电子设备有选择地打开和关闭，从而产生一个可切换的磁场。转子由软磁化材料或在其圆周上交替磁化的材料所组成。如果通过定子中的绕组产生磁场，则转子会以磁阻最小的方式自行调整。开关磁阻电机是磁阻电机的一种结构形式。其功率重量比低于异步电机[23]；此外，原则上也会出现噪声。

磁阻电机的原理也可以与同步电机的原理相结合，以便利用两种电机的优点[24]。

29.4.1.9　横向磁通电机

横向磁通电机是一种特殊的结构形式，其中磁通垂直于旋转平面，因此是横向的，如图 29.36 所示。

这种类型的电机在低速时有很高的转矩；此外，这种类型的电机的空间要求较低。这被强烈的转矩波动和出现的噪声和振动的缺点所抵消[25]。

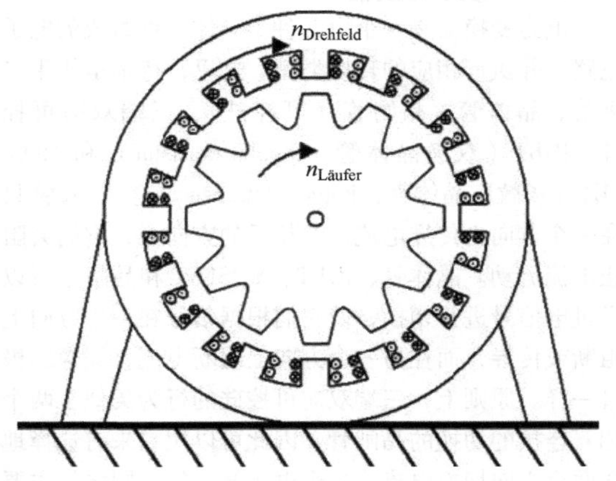

图 29.35　磁阻电机

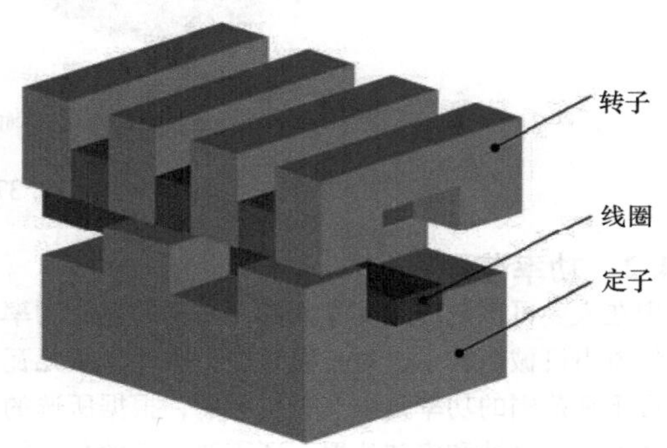

图 29.36　横向磁通电机

29.4.1.10　轮毂电机

轮毂电机是安装在车辆的车轮或轮辋上并驱动它们的电机，示例如图 29.37 所示。因此，该术语不是指一种电力机械类型，而是指电力机械的安装位置的结构上的解决方案。一个主要的优势是在车辆包装（外形尺寸）方面获得的自由，因为除了电力机械的安装空间外，变速器、轴和差速器的安装空间也变得很自由。特别是对于小型汽车，以这种方式获得的空间可用于电池、燃料电池或燃料箱。此外，上述的零部件也消除了它们的功率损失，这有利于传动系统的整体效率。当在车辆的所有车轮上使用轮毂电机时，也可以实现驾驶动力学方面的优势。另一方面，单个电力机械的非簧载质量较高，多个电机及其电力电子设备的成本较高，以及安装现场的不利的环境影响，如污垢、飞溅的水和热量等，这些都是缺点。

对于轮毂电机，特别是必须调整转速范围，它在 0 到大约 1500r/min 的范围内。由于最频繁出现的轮速不在电力机械的良好效率范围内，因此必须在整体效率方面做出妥协。

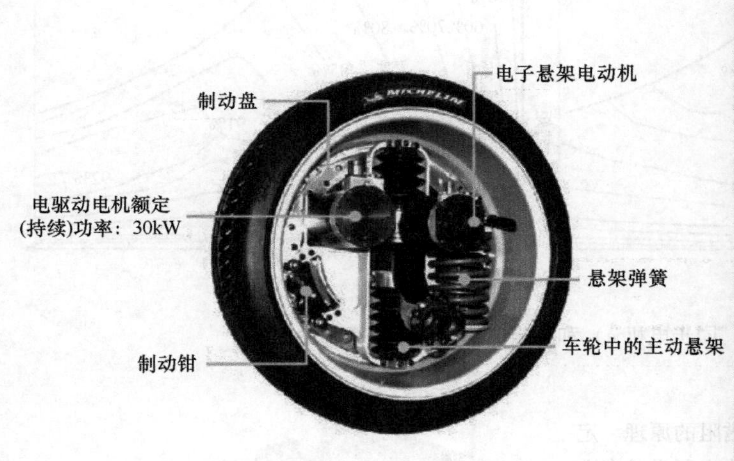

a) 米其林公司的方案设计[26]

b) Magnet公司的方案设计

图 29.37　轮毂电机

29.4.2　功率范围

现在人类可以制造从几毫瓦到几兆瓦的宽泛功率范围的电力机械。其中，对于混合动力驱动，从几瓦到几百千瓦范围的功率是很有吸引力的，根据所选的混合动力方案设计和安装位置，还需要较高的最大转矩或较高的最大转速（图 29.38）。如果电力机械可以起动内燃机，那它还需要较高的起动转矩。如果电力机械既用作电动机又用作发电机，除了驱动功率外，回收制动能量时出现的最大功率对设计具有决定性意义。

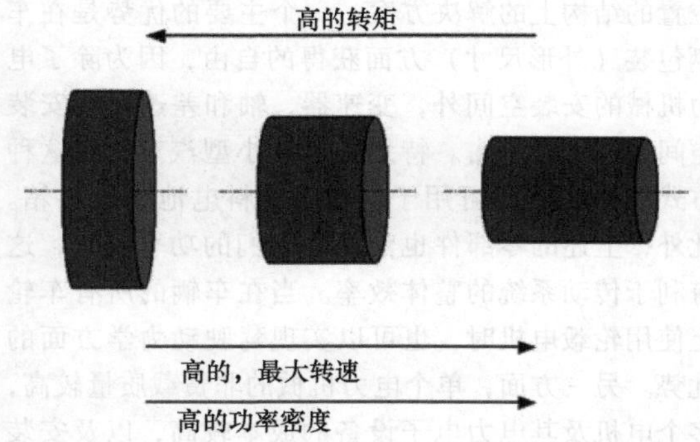

图 29.38　电力机械的不同设计[27]

29.4.3　控制

混合动力驱动中的电力机械是由控制和电力电子设备控制的，如图 29.39 所示。控制电子设备通过数据总线（如 CAN）接收其命令；此外，它们还从各种传感器接收有关电力机械的测量值。然后，根据这些信息计算电力电子设备的控制。

29.4.4　电力电子设备

电力电子设备执行控制电子设备的规范。它根据要求，在极性、电压、频率和相位方面对电能进行切换和转换。根据 DIN 41750 T1/2.85，从交流电压（AC）到直流电压（DC）的转换被称为整流，从 AC 到 AC 被称为交流转换，从 DC 到 AC 被称为交流变换，从 DC 到 DC 被称为直流变换（图 29.40）。

在混合动力驱动中，电能既从提供直流电压的电池流向需要交流电压的电力机械，也可以流回电池，以便出现所有的转换类型。各种转换接管电力变换器。

29.4.5　电力变换器

电力变换器是一个由各种半导体元件组成的电子电路，并执行相应的转换类型。这里，特别是使用二极管、晶体管、晶闸管（可控硅）、三端双向可控硅、IGBT（双极晶体管，Bipolartransistor）和 MOSFET（场效应晶体管，Feldeffekttransistor）。二极管只在一个方向上传导电流；在相反的方向上，它们会阻止电流流动。晶体管、IGBT、MOSFET 和晶闸管可以通过电信号进行切换，使它们根据信号在一个方向上阻断或传导，而在另一个方向上阻断电流，就像二极管一样。原则上，三端双向可控硅的行为类似于两个相互连接的切换的晶闸管，因此可以用它来有选择地在两个方向切换电流。各个电子开关的不同之处主要在于它们切换大电流的能力和所出现的开关损耗。

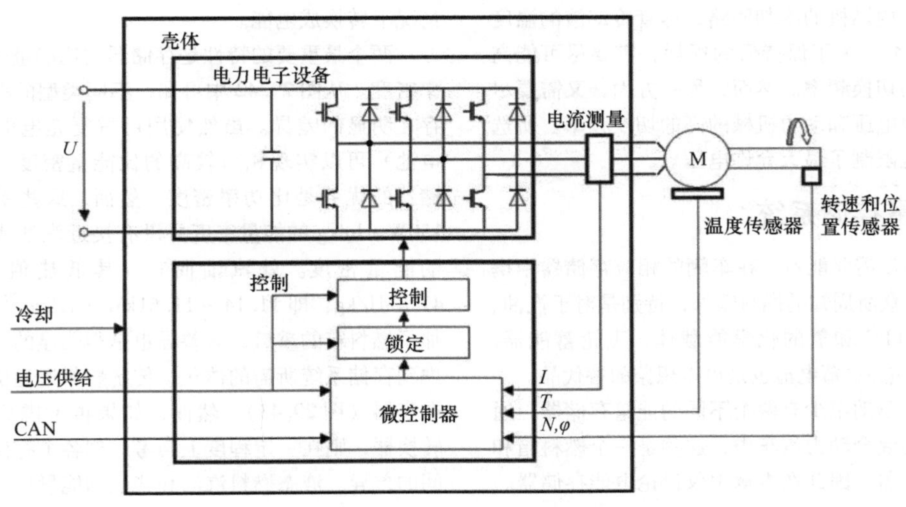

图 29.39 电力机械的控制

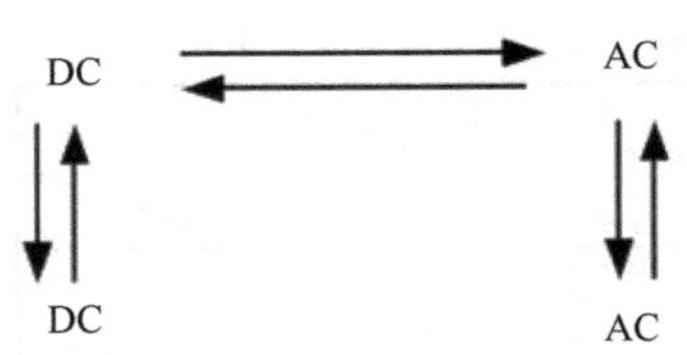

图 29.40 变换器的任务

与它们的功能相类似，电流转换器被称为整流器、直流转换器、交流变换器和交流转换器[28]。

因此，整流器将交流电压转换为直流电压。直流转换器将直流电压转换成具有不同极性或电压的直流电压。它们也被称为 DC/DC 变换器，例如可以用作稳压器和充电转换器。逆变器将直流电压转换为交流电压。

交流转换器或变频器从一个交流电压形成另一个交流电压。它由一个整流器、一个直流电压中间电路和一个逆变器组成。如果所需的交流电压是由不同的直流电压脉冲组成的（图 29.41），它也被称为脉冲转换器。

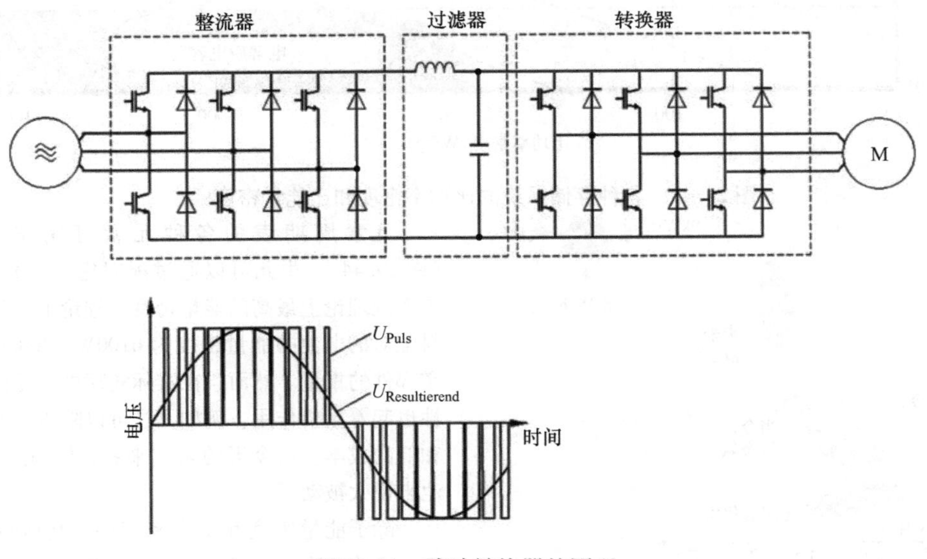

图 29.41 脉冲转换器的原理

当切换高电流时，转换器中会出现损耗，因此由于高的切换功率，必须对零部件进行冷却。出于成本原因，使用了内燃机的冷却回路，尽管冷却液的温度最高可达115℃。为了保持低的损耗，需要尽可能高的电压和低的切换频率。然而，另一方面，又需要尽可能低的电池电压和动力机械的高的切换频率。所选择的半导体也限制了最大允许电压。

29.5　能量存储系统

电机的驱动需要能量，在车辆的相应存储器中携带能量。除了众所周知的燃料箱外，特别是对于汽油、柴油、CNG、LPG和氢的化学能载体，飞轮蓄能器、压力蓄能器和电池/蓄电池也是可以想象的替代品。

混合动力驱动至少有两个不同的能量存储器。通常，在当今的混合动力汽车中，这些是一个燃料箱和一个电能存储器，因此在本章中仅讨论电能存储器。

电能存储器的特征在于它们以化学能或静电的形式存储能量，并且在没有机械能或热能的中间步骤的情况下转换成电能。

两个最重要的特性是存储器的比能量密度和比功率密度。从图29.42中可知，不同类型的存储器之间存在明显的差异。虽然使用可重复充电的电池（蓄电池）可以实现相对较高的比能量密度，但静电存储器的优势是比功率密度。然而，这些系统的大约150W·h/kg的能量密度并没有接近汽油或柴油燃料的能量密度。就汽油而言，其低热值为40.1～41.8MJ/kg，即11.14～11.61kW·h/kg[29]。即使增加了燃料箱的重量，其差异也是很明显的。此外，考虑到存储系统所需的体积，传统燃料远远优于电池和电容器（图29.43）。然而，如果再考虑后续的能量转换器，则在一定程度上会考虑到各个存储器类型之间的差异。液态燃料汽油和柴油的能量仅由内燃机以相对较低的效率转化为机械能，而存储在电池中的能量则通过电机转化，其效率有时超过90%。

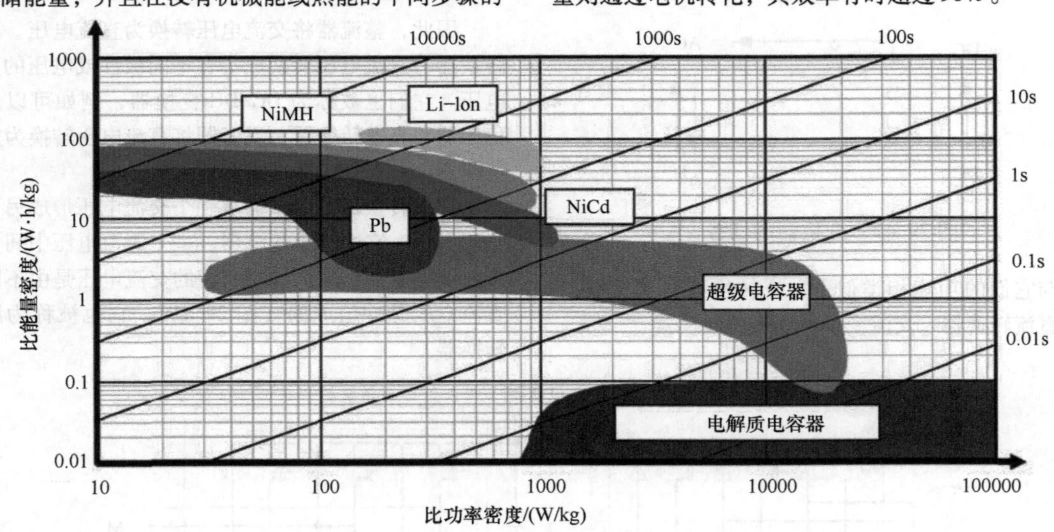

图29.42　各种存储系统的比功率密度和比能量密度[30]

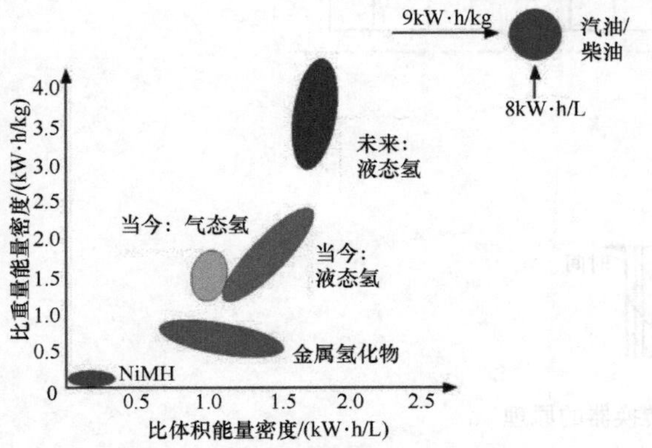

图29.43　各种存储器的能量含量与其重量和体积的关系[31]

元素周期表的各种元素可用于电池原理（图29.44），由此可以通过配对锂（Li）和氟（F）来实现理论上最高的能量密度。理论上，具有这种材料配对的电池的能量密度为6100W·h/kg[32]，不计零部件的重量。然而，在实际实现中，元件的其他特性也起着重要作用，例如，这可以阻碍长的使用寿命和低的成本。从今天的角度来看，锂/氟配对对于电池来说太被动了。

除了能量密度和功率密度外，其他特性也很重要，具体取决于应用。例如，车辆中使用的电池系统必须满足以下要求：

- 高的比能量。

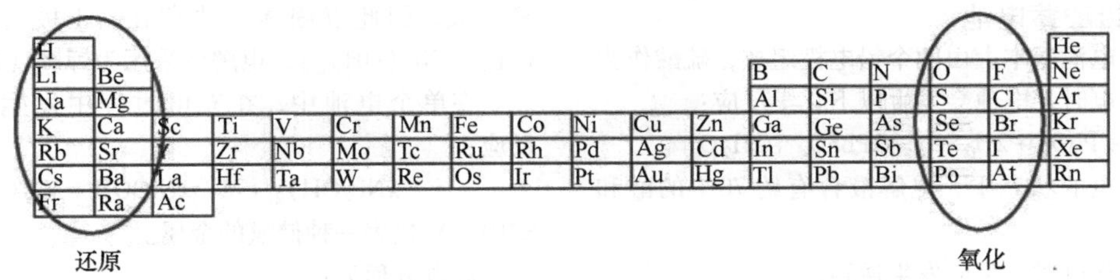

图 29.44　高能量密度的电池的可能的材料配对

- 高的比功率。
- 良好的放电和充电效率。
- 高的充、放电循环次数。
- 高的安全性。
- 在汽车使用范围内的耐高温。
- 低的成本。

这些特性的各种所需的表达取决于电池系统的具体用途。精心设计且具有成本效益的铅酸电池用于汽油机和柴油机驱动。然而，它们的能量密度和功率密度不足以用于混合动力驱动，因此镍氢蓄电池和目前的锂离子蓄电池在这里占了上风（图 29.45），特别是对于混合动力驱动，对蓄电池的要求是由美国汽车研究委员会（USABC，United States Council for Automotive Research）确定的，如图 29.46 所示。

下面简要介绍其中的一些系统。

存储器形式	功率密度 /(W/kg)	能量密度 /(W·h/kg)	运行温度/℃
铅酸（AGM）	600	40	-20 ~ +70
镍金属混合物			
- 能量优化	500	90	-10 ~ +45
- 功率优化	1300	46	-10 ~ +45
锂离子			
- 能量优化	600	200	-30 ~ +60
- 功率优化	3000	80	-30 ~ +60
超级电容（功率优化）	15100	3	-40 ~ +65

图 29.45　能量密度和功率密度

全负荷系统参数	长期商业化的最低目标	长期目标
功率密度/(W/L)	460	600
比功率放电，80% DOD/30s/(W/kg)	300	400
比功率再生，20% DOD/10s/(W/kg)	150	200
能量密度 C/3 放电率 /(W·h/L)	230	300
比能量 C/3 放电率/（W·h/kg）	150	200
比功率/比能量比	2:1	2:1
总包装尺寸/kW·h	40	40
寿命/年	10	10
循环寿命 -80% DOD/循环	1000	1000
功率和容量降低（额定规格的%）	20	20
售价 -25000 单位@40kW·h/($/kW·h)	<150	100
工作环境/℃	-40 ~ +50 20% 性能损失（希望 10%）	-40 ~ +85
正常充电时间/h	6 （希望 4）	3 ~6
高速充电	<30min 20% ~70% SOC@150W/kg	<15min 40% ~80% SOC
1h 内连续放电 - 无故障（额定能量容量的%）	75	75

图 29.46　对蓄电池的要求[33]

29.5.1　铅酸蓄电池

铅酸蓄电池基本上由两个铅电极组成，硫酸作为电解质。放电时，电池会发生以下化学反应：

$$Pb + PbO_2 + 2H_2SO_4 \Rightarrow 2PbSO_4 + 2H_2O$$

在充满电的状态下，电解液含有约70%的酸和30%的水。

当电池充电时，反应发生逆转：

$$2PbSO_4 + 2H_2O \Rightarrow Pb + PbO_2 + 2H_2SO_4$$

在放电时，在相应的电极上发生以下部分反应：

正极：

$$PbO_2 + HSO_4^- + 3H^+ + 2e^- \Rightarrow PbSO_4 + 2H_2O$$

负极：

$$Pb + HSO_4^- \Rightarrow PbSO_4 + H^+ + 2e^-$$

各种结构形式盛行。一般来说，可以区分为开放式和密封式铅酸电池。在开放式电池的情况下，电解质是液态形式。除了上述主要反应外，充电过程中在电极上会发生水分解，因此这种结构形式必须定期补充水。在封闭的结构形式的情况下，电解质要么是固态形式，要么是凝胶状形式。凝胶是通过将硅酸添加到硫酸中而形成的，在固体电解质中，液体被结合在玻璃纤维中。两种封闭式结构形式都比开放式系统具有更好的即更低的自放电率。

与其他电池系统一样，这也表明铅酸蓄电池在放电电流和可提取的能量之间具有明显的依赖性，如图29.47所示。铅酸蓄电池的优点是它的鲁棒性和低廉的价格等，这就是其在内燃机汽车中占主导地位的原因之一。与此相对的是由于铅的比重而导致的能量密度低的缺点。因此，铅酸蓄电池由于重量大，不适用于除起动/停机系统以外的所有混合动力驱动。

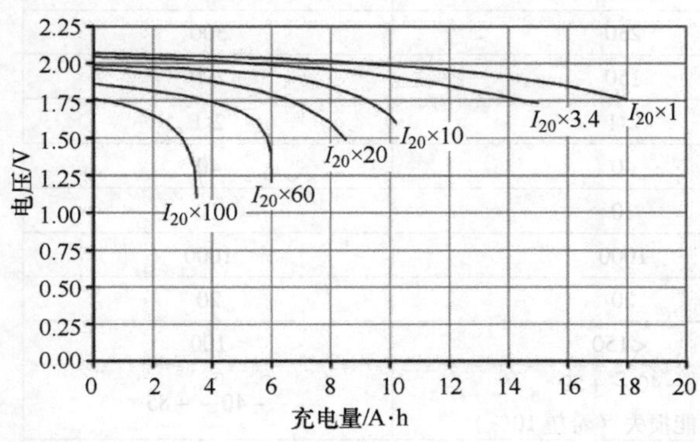

图29.47　铅酸蓄电池（凝胶）在不同的放电电流下的放电曲线[34]

29.5.2　镍金属氢化物电池

在镍金属氢化物电池中，负极由存储在金属中的氢组成，因此以固体形式存在。正极为氢氧化镍（Ⅱ）[Ni（OH）$_2$]，电解液采用为钾碱（KOH）。

在单个电池中，在充电过程中发生以下化学反应：

$$x\mathrm{Ni(OH)_2} + \mathrm{M} \Rightarrow x\mathrm{NiOOH} + \mathrm{MH}x$$

式中，M代表一种储氢的金属。

放电方程为：

$$x\mathrm{NiOOH} + \mathrm{MH}x \Rightarrow x\mathrm{Ni(OH)_2} + \mathrm{M}$$

镍金属氢化物电池（Ni－MH）的电池电压为1.25V，优化后的Ni－MH电池能量密度可达90W·h/kg。针对功率进行优化，其值最高可达1300W·h/kg。因此，与铅酸电池相比，它们具有更好的能量密度和功率密度。然而，它们的自放电率在前15天内约为40%/月[34]，这是很高的。

镍金属氢化物电池还显示出可提取的能量和电池电压对放电电流的依赖性，如图29.48所示。

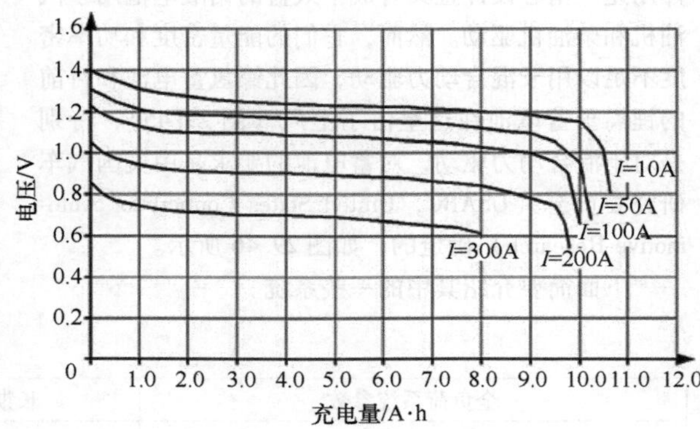

图29.48　镍金属氢化物电池在不同的放电电流下的放电曲线[34]

由于其特性，镍金属氢化物电池适用于混合动力驱动。只是对于全混合动力系统和插电式混合动力系统来说它们的能量密度太低了。

29.5.3　钠氯化镍电池

钠氯化镍电池属于高温电池，这意味着它仅从确定的系统温度（此处为300～400℃）起才起作用。在室温范围内，电极材料以固体形式存在，然后在该电池中阻止化学反应[35]。负极由液态钠组成，正极是氯化镍。

电池充电时，进行以下化学反应：

$$2Na + NiCl \Rightarrow 2NaCl + Ni_2$$

放电时按相反的顺序进行：

$$2NaCl + Ni_2 \Rightarrow 2Na + NiCl$$

额定电压为$U=2.6$V。由于即使电池系统具有良好的绝缘性，也需要大量的能量来保持热量，因此在混合动力汽车中的使用是有争议的。对于车队车辆，例如公共交通客车，由于其停机时间短，是完全可以应用的。

29.5.4　锂离子电池

锂离子电池有一个由锂金属氧化物制成的阴极和一个由石墨制成的阳极。通常使用锂盐或聚合物作为电解质。在充电和放电过程中，只有锂离子在电极之间来回移动。

充电时会发生以下反应：

$$LiMeO_2 + xC_6 \Rightarrow Li_{1-x}MeO_2 + xLiC_6$$

$$(Me = Ni, Mn, Co)$$

放电时，反应发生逆转：

$$Li_{1-x}MeO_2 + xLiC_6 \Rightarrow LiMeO_2 + xC_6$$

锂离子电池的最大优点是其比能量密度明显高于铅酸电池和镍金属氢化物电池。锂离子电池的电压为 3.6V 或更高，具体取决于材料，因此高于其他混合动力驱动的电池系统。高的电池电压的优点是所需的电压水平所需的电池较少，因此所需的结构空间也较小。与其他电池类型一样，锂离子电池的电压取决于充电状态（图 29.49）。它随着充电状态的下降而下降。此外，电压水平还取决于放电电流。

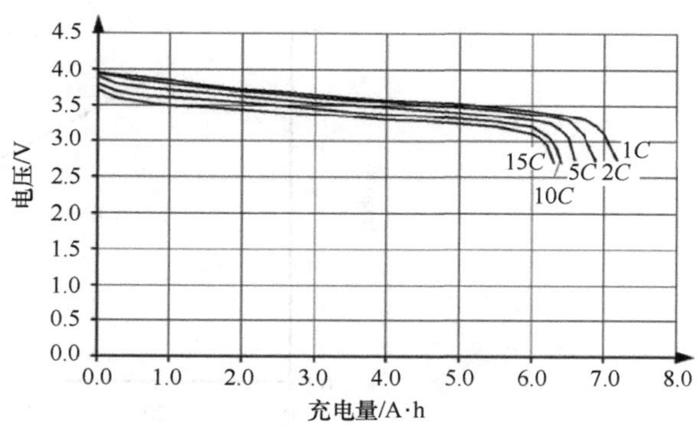

图 29.49　不同放电电流的电压曲线[36]

锂离子电池可以由各种材料制成，如图 29.50 所示。其中，不仅电池电压彼此不同，而且其他特性也不同。图 29.51 评估了一些材料的不同特性。特别是在日历年的寿命和安全性方面，这里存在差异。

与目前用于混合动力驱动所用的镍金属氢化物电池相比，锂离子电池在低温下具有更好的性能。此外，它们在充电/放电时没有电压滞后，因此理论上效率为 100% 是可能的。

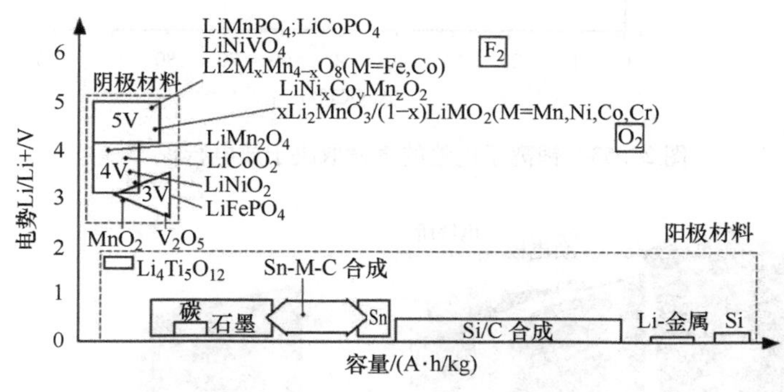

图 29.50　构建锂离子电池的各种材料[37]

	功率	寿命（日历）	安全性	过程能力	成本
$Li(NiCoAl)O_2$	++	++	+	+	o
$Li(NiMnCo)O_2$	++	+	+	+	o
$LiMn_2O_4$	++	–	+	+	o
$LiFePO_4$	+	o	++	o	o

++: 超过平均的。
+: 平均的。
o: 特性是值得改善的。
–: 有问题的。

图 29.51　不同材料的比较[38]

当前锂离子电池一个严重的缺点是它们对短路和过载的敏感性。出于这个原因，并且由于与其他应用相比，在车辆中存储非常大量的能量，因此一个研究重点是安全性。因此，与其他电池系统相比，锂离子电池需要电池监控（图 29.52 和图 29.53）。

29.5.5　超级电容器

超级电容器（也称为 UltraCaps、PowerCaps）是双层电容器，其工作原理类似于电容器。因此，与电池不同，它们不使用化学原理，而是以静电方式存储能量。图 29.54 给出了双层电容器的原理结构图。电极由活性炭制成，铝用作分隔器[40]。

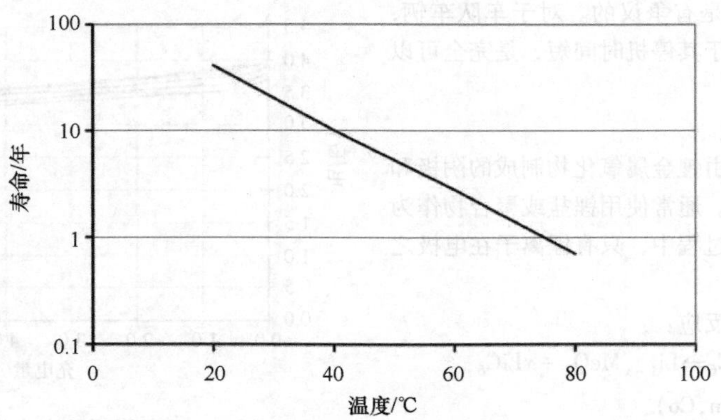

图 29.52　锂离子电池的寿命与温度的关系[39]

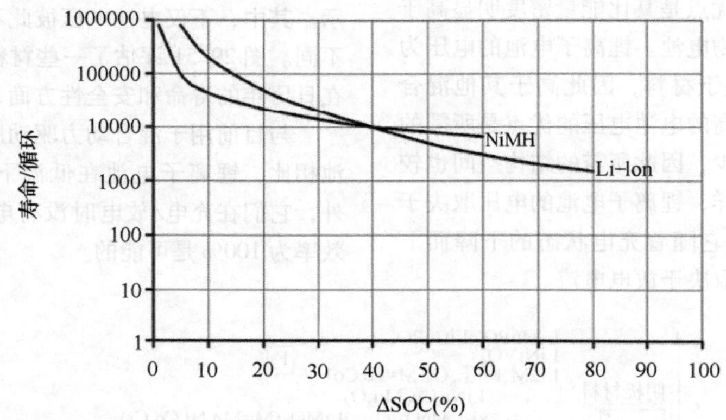

图 29.53　锂离子电池的寿命取决于放电行程[39]

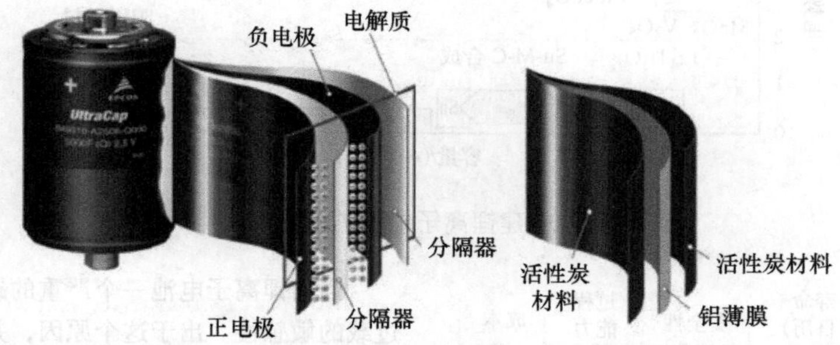

图 29.54　爱普科斯（Epcos）公司超级电容器的构造

它们的能量密度明显低于电池（比锂离子电池低约 100 倍），但它们的功率密度都更高，约为 10 倍。与电池相比，另一个优势是它们的长的日历年寿命（>10 年）和循环寿命（>150 万次循环）。

双层电容器具有非常好的充电/放电效率，在快速充电和放电循环中，应注意电容的频率依赖性。随着频率的增加，电容器的容量减少。

电池和电容器之间的一个重要的区别是电压的变化。对于电容器，电压与充电程度成正比，因此比电池系统更依赖于充电程度，如图 29.55 所示。

由于它们的特性，它们不太适合作为高度混合动力化的混合动力驱动的唯一能量存储器，但由于它们具有非常高的功率密度，可以用于短期的能量存储/释放，例如用于制动能量回收，用于短期增强或负荷峰值削平。

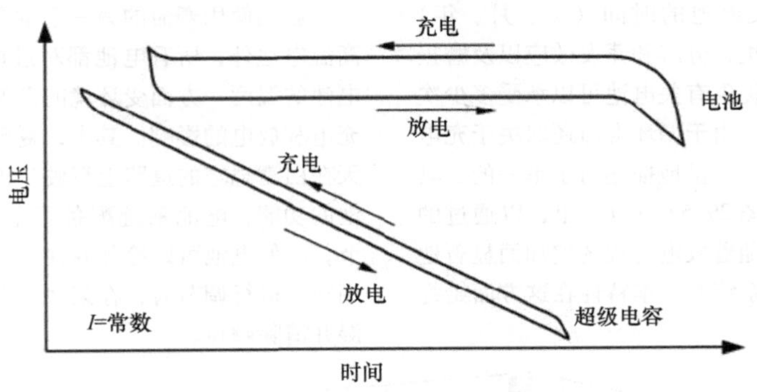

图 29.55　超级电容器和电池的充电/放电特性

29.5.6　电池管理系统

众多的电力消耗设备和相关的能量以及电池寿命对充电、放电和温度的依赖性使得电池管理成为必要图 29.56。混合动力驱动中的电池管理系统控制存储器单元的充电和放电；它监控电池并计算主要参数，必要时启动措施并与车辆中的其他系统进行通信[41]。

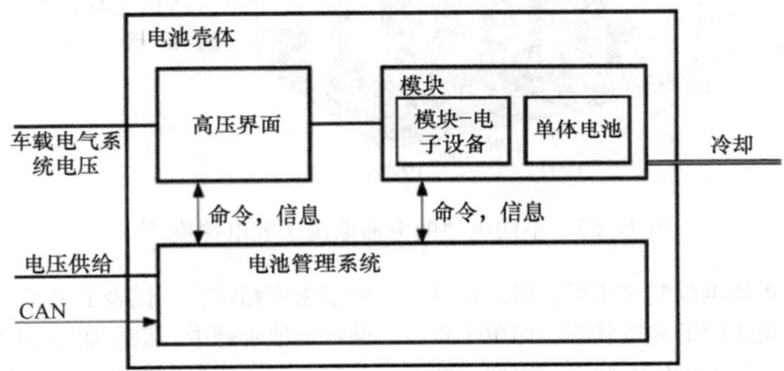

图 29.56　电池管理系统

29.5.6.1　电池监控

电池监控是电池管理系统的核心部分，一方面是为了获得那些驾驶功能所需的信息，另一方面是为了尽可能长时间地保证电池的功能。特别是对于锂离子电池，出于安全原因，电池监控也是必要的。

电池监控使用各种传感器测量温度、电压和电流，在此过程中，记录电池模块和每个单体电池的部分读数。这些测量值可用于计算进一步评估所需的各种主要数值，但也可用于其他系统，如总线系统的运行策略。

最重要的指标是充电状态（State of Charge，SOC）、放电深度（Depth of Discharge，DOC）、功能状态（State of Function，SOF）和健康状态（State of Health，SOH）。

SOC 以百分比表示电池的当前充电状态，其中电池的当前容量与最大可能容量或额定容量有关。由于容量不能直接测量，因此 SOC 是由电压和电流测量间接确定的。这里利用了静止电压依赖于 SOC 的事实，因此电压测量可以与 SOC 相关联。如果不能测量静止电压，例如因为电池正在充电，则可以通过将电流与先前的静止电压值相积分来求得 SOC。由于车辆中测量质量不佳，而且还由于 SOC 还受其他参数的影响，因此有必要将测量与数学模型进行比较。

与 SOC 的倒数是放电深度 DOC，由 100% SOC 计算。

作为电池老化的度量，使用 SOH，这是当前储能器的最大可能的容量与标称容量的商。通常，SOH 将小于 1。

SOF 对于车辆中的其他系统尤其重要，因为它提供了有关是否可以为确定功能提供必要数量的能量或功率的信息。

29.5.6.2　电池寿命

电池是混合动力驱动中决定性的成本因素。与其他应用领域（例如相机或手机）相比，电池必须运行相对较长的时间。根据类型的不同，可充电电池具有不同的特征性使用寿命，区分为日历寿命和循环寿命。日历寿命提供有关电池的时间（天、月、年）使用寿命的信息。在这里，分解和蒸发效应以及磨损是限制因素。循环寿命提供有关电池可以承受多少次充电和放电循环的信息。由于循环寿命还取决于充电和放电过程的特性，因此定量地描述对于单一的、具体的应用是困难的。从图29.57可以看出，以通过的能量来衡量的使用寿命随着放电行程的增加而显著地降低。但是，各个电池系统的基本特性在这方面始终保持不变。

影响使用寿命的另一个重要因素是电池温度。除高温电池外，所有电池都对过低或过高的温度敏感。电池的温度一方面受环境的影响，另一方面受不断地充电和放电的影响。其中，夏天在烈日下行驶或在冬天在白雪皑皑的道路上行驶是极端状态。为了保证电池的功能，电池系统配备了空气调节或冷却介质调节，以便电池可以冷却并在必要时也可以加热。在使用空气进行调节时，在某些情况下，必须对其进行除湿并清除颗粒。

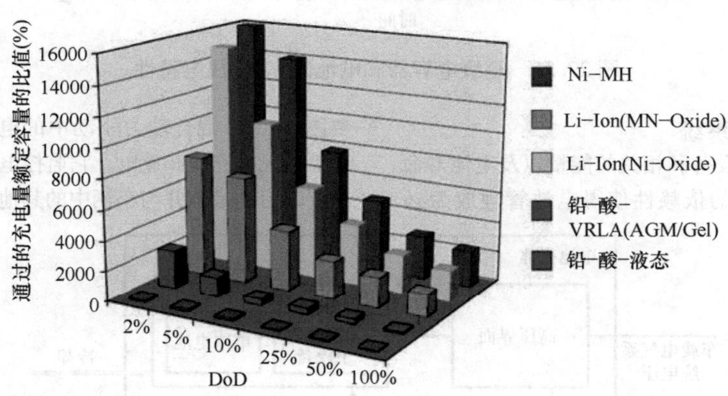

图29.57　不同电池的寿命取决于放电深度[42]

由于电池中的各个单体电池略有不同，因此在持续充电和最终充电会出现不同的充电状态，即单个单体电池的SOC与整个系统的SOC不对应；因此，在临界情况下，一些单体电池变得过载或深度放电。此外，单个单体电池之间可能存在负面的相互影响作用，这导致使用寿命缩短。为了防止这种情况，对单体电池进行监测，并在必要时以受控的方式相互调整。

29.5.6.3　充电控制和放电控制

不同的充电和放电方法适用于各种电池类型。例如，以恒定电压或以电压－电流特性（*UI*特性曲线）充电适用于铅酸蓄电池。对此，它最初以恒定的电流充电，直到设置一定的充电电压为止。之后，以恒定电压完成充电。随着SOC的增加，电流下降。为了加快充电过程，如果电流低于预选值，可以在必要时切换回以恒定电流充电。

理想情况下，锂离子电池在达到恒流充电电池电压之前恒流充电，然后恒压充电。

此外，电池的性能取决于SOC。对于Ni－MH电池和锂离子电池，在图29.58中显示了SOC区域，在该区域中，考虑到耐用性，充电和放电是合理的。可以看出，与Ni－MH电池相比，锂离子电池可以使用更高比例的标称容量，这与锂离子电池同样更高的能量密度相结合，代表了决定性的优势。这些限制存储在电池管理中，例如如图29.59所示，其中还绘制了混合动力汽车电池的运行工况点。

在混合动力驱动中很少能实现最佳的充电和放电，因为通常驾驶员的愿望与此相反。电池管理必须决定在电池系统的耐用性与满足功能之间可以做何种妥协。

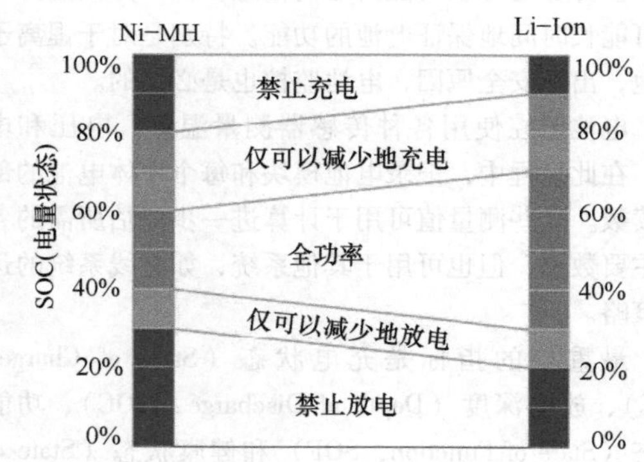

图29.58　电池的标称能量和有用能量[43]

29.5.6.4　续驶里程预测

为了确定当前可用的和不可用的电动汽车功能，以及可能采取的措施来确保该功能，车辆的能量管理需要电池管理提供有关能量存储器当前性能的信息。

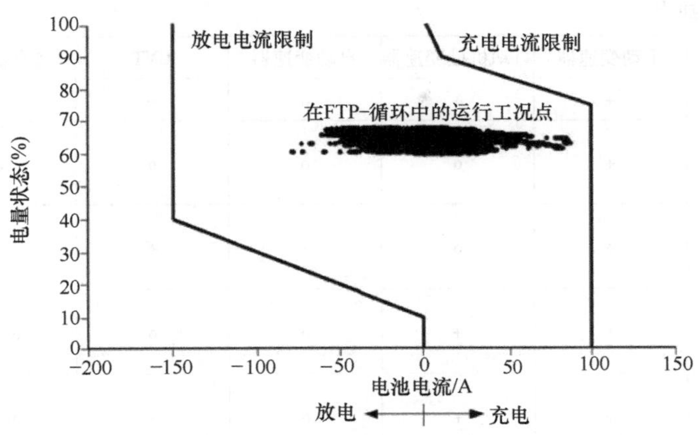

图 29.59　FTP 循环示例中电池的各运行工况点和运行限制[44]

性能由可用能量和最大可能的功率负载所组成。在电池中存储的能量是通过传感器的测量值和存储的电池模型来计算的。通过与充电状态和温度相关的特性场确定最大可能的功率。

根据功能的不同，能量含量和/或功率更具决定性。例如，在纯电动模式下计算续驶里程时，主要关注的是能量含量，而在起动内燃机或在超车过程中进行短期增强运行时，最大功率也很重要。

如果确定的特征值表明功能不可行或仅在有限的范围内可行，则必须通过内燃机运行工况点的移动来填充或清空能量存储器。

29.6　混合动力驱动用变速器

在车辆驱动中，变速器的任务是使发动机的输送特性曲线与车辆的需求特性曲线相匹配。根据地区的不同，对于汽油和柴油驱动而言，手动、传统的自动和 CVT 变速器以及最近的双离合变速器从大量的技术可能性中占了上风。

与使用汽油机和柴油机的驱动相比，混合动力驱动的传动系统中至少有一个额外的电机。根据要通过混合动力驱动实现的功能（起动/停机、增强、运行工况点移动、纯电动行驶等），有多种用于布置电机、发动机和变速器的选项。变速器可以将电机和发动机连接在一起，它可以布置在两者之间，因此只影响内燃机，或者它可以容纳电力机械。

变速器方案设计的其他影响因素是各自的转速和功率范围以及各个电机和发动机与运行工况点相关的效率，如图 29.60 所示。这意味着在某些情况下，与纯汽油机和柴油机驱动的变速器相比，需要进行相当大的改变。

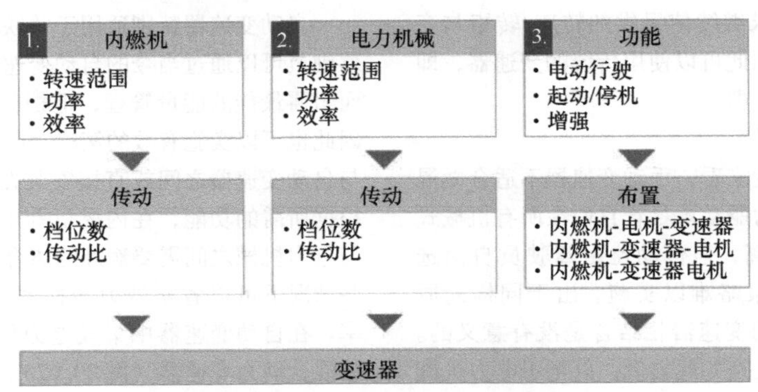

图 29.60　对变速器的技术影响

对于微混合动力系统，即对于混合度较低的系统，通常不需要更改变速器，而功率分流系统则需要新的变速器。一个特殊情况是串联混合动力驱动，因为这里只有电机机械地连接到驱动轴。由于电机具有良好的输送特性，迄今为止还没有将机械多级变速器用于这种连接。

以下子章节涉及变速器与混合动力驱动电力机械的集成和组合。图 29.61 显示了不同变速器类型与混合动力驱动相结合的优缺点。

	手动变速器	自动机械变速器	自动变速器	CVT	双离合器变速器	电动 CVT
结构部件成本	+	+	o	–	–/o	–
应用花费（尤其取决于功能设计）	+	o	o	o	o	o
结构空间/包	+	o	+	+	–	+（仅变速器）
效率，加速行驶	+	+	o	o	o/ +	–
效率，等速行驶	+	+	o	–	o/ +	–
效率，回收	+	+	o	–	o/ +	+
纯电动行驶的可能性	–	+	+	+	+	+
有效的切换策略	– –	–	+	+ +	+	+ +

图 29.61 不同的变速器类型与混合动力驱动的结合的优缺点

29.6.1 不带集成电力机械的变速器

在所有混合动力驱动的方案设计中，变速器不必合并电机和发动机提供的转速/转矩。

如果电力机械

- 通过传动带连接到内燃机。
- 布置在内燃机与变速器之间。
- 布置在变速器与驱动轴之间。
- 或者内燃机和电力机械在不同的车轴上工作。

那么其任务是根据要求继续使提供的转速/转矩与变速器输入轴相匹配。因此可以使用传统的变速器，即在内燃机中常用的变速器。

29.6.1.1 手动变速器

从能源效率的角度来看，手动变速器不适合微混合动力以上的混合动力驱动。尽管它们在所有机械式车辆变速器中效率最高，但传动比由驾驶员自由选择，因此，节能运营策略难以实施。出于同样的原因，纯电动行驶与手动变速器相结合是没有意义的。仅当混合动力化的程度是如此之低，以至于电力机械在行驶运行时没有显著的贡献，例如在微型或弱中度混合动力的情况下，此时才使用手动变速器。在微型混合动力中，电力机械以交流发电机的方式与内燃机耦合，或者现有的电力机械（起动机和交流发电机）只是简单地补充了智能控制逻辑。在中度混合动力中，电力机械通常放置在内燃机与变速器之间。在这种情况下，无须对变速器进行修改。

29.6.1.2 自动机械变速器

与手动变速器相比，自动机械变速器更适合在混合动力车辆中使用，因为它们可用于实施定义的切换策略。然而，迄今为止，自动机械变速器的换档舒适性较差，因此尚未成熟。混合动力方案设计在这方面没有优点或缺点。

29.6.1.3 自动变速器

自动变速器特别适用于并联混合动力驱动。尽管驾驶员可以通过当今的自动变速器影响档位选择，从而阻碍最佳的能量管理，但档位选择通常是自动的，因此也可以实施有效的策略。电力机械安装在内燃机与自动变速器之间或直接安装在变速器的输入轴上。根据所需的功能，在内燃机与电力机械和/或变速器与电力机械之间需要额外的离合器。另一方面，在某些情况下可以省略液力转换器，从而提高变速器效率。在自动变速器中集成电力机械的一个例子是 ZF 的混合动力变速器（图 29.62）。

29.6.1.4 双离合变速器

与自动变速器和自动机械变速器类似，双离合变速器适用于并联混合动力驱动。电力机械的安装位置也在内燃机与变速器之间。如果由驾驶员选择档位，则会出现与手动变速器相同的缺点。与自动变速器相比，变速器效率更高。

图 29.62 电力机械集成在自动变速器中

29.6.1.5 CVT 变速器

由于其传动比是无级的，CVT 变速器在混合动力驱动中的应用与自动变速器一样适用。

29.6.2 带集成的电力机械的变速器

尽管与内燃机相比，电力机械具有理想的输送特性并且其效率非常高，但传动比是有用的，有时甚至是必要的。类似于内燃机，在电力机械的情况下，存在转速限制和效率相对较低的运行范围（图 29.63）。

因此，对于带集成的电力机械的变速器，有以下要求：

- 功率共享和合并。

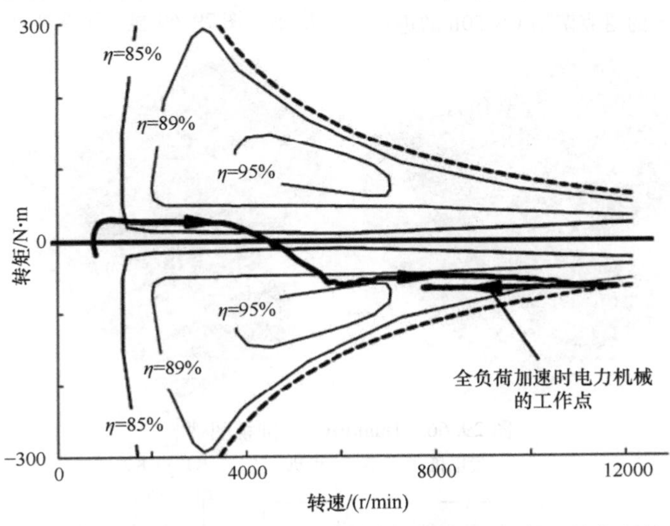

图 29.63 混合动力驱动的电力机械在全负荷加速期间的运行工况点和效率示例[45]

- 运行工况点与内燃机相匹配。
- 运行工况点与电力机械相匹配。
- 纯机械功率分流（从内燃机到车轮）。
- 纯电功率分流（从电力机械到车轮）。
- 通过电力机械起动内燃机。
- 倒档。

整个变速器类型都可用于解决方案，但带有行星齿轮的变速器方案设计特别适合，因为它们可以在不中断牵引力的情况下换档，并且还为每个轮组提供两个自由度。

与电力机械相关，这些变速器也称为 ECVT（电子控制无级变速器，Electronically controlled Continuously Variable Transmission）。

下面以越来越复杂的方式呈现各种变速器解决方案。THS 系统（丰田混合动力系统，Toyota - Hybrid - System）如图 29.64 所示。两个电力机械和内燃机通过行星齿轮组相互连接，即带有行星架的内燃机、带有太阳轮和驱动的电力机械，以及带有齿圈的第二台电力机械。通过这种布置，内燃机的部分机械功率总是被转换成电能，因为内燃机由太阳轮支撑。该功率可以由第二台电力机械以相应的交换损耗补回来。然而，在恒定速度或最大功率下，这会导致效率损失。

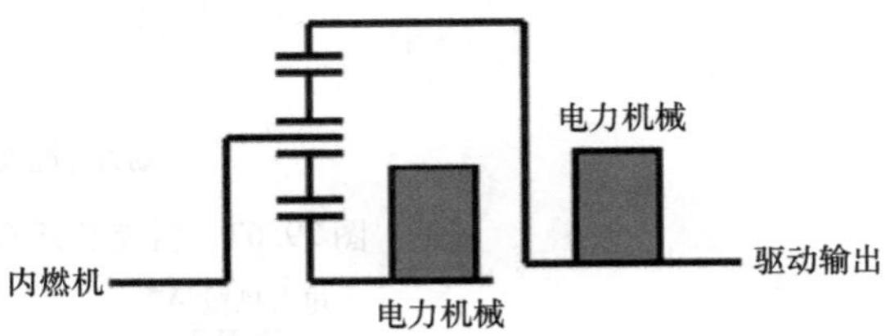

图 29.64 Prius 的 THS 系统的示意图

另一个混合动力驱动方案设计是 Nexxtdrive 公司的 Dualdrive。这是不同行星齿轮组和两个电力机械的组合（图 29.65 和图 29.66）。内燃机驱动行星架，每个行星架的三个轴上都有三个齿轮。一个电力机械通过一个太阳齿轮直接耦合到三个齿轮组中的一个齿轮，第二个电力机械通过另一个太阳齿轮和一个附加传动连接[46]。这些不同的传动具有以下优点：一台电力机械可设计用于强化转速，另一台可设计用于强化转矩。通过第三齿轮和太阳齿轮实现驱动输出。

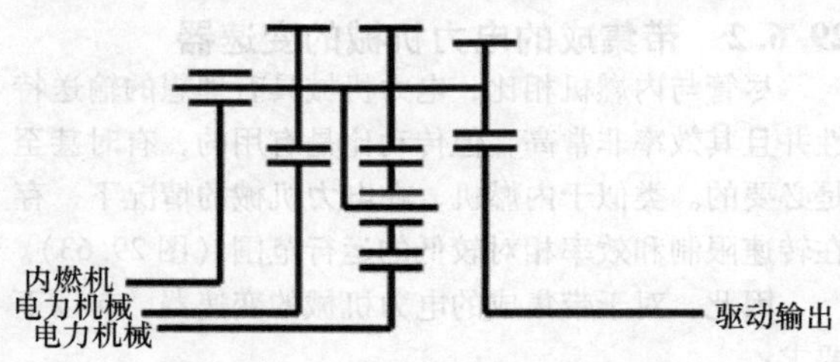

图 29.65 Dualdrive 原理图

图 29.67 显示了 THS 的雷克萨斯 GS450h 的进一步发展。与之前描述的 THS 的行星齿轮组相比，拉维娜（Ravigneaux）式行星齿轮组（用于两个行星齿轮组的特定组合的名称）现在接入到电机与驱动输出轴之间。因此，电机的功率可以与两种不同的传动比（此处：传动比为 1.9 和 3.9）耦合，从而提高效率。使用两个离合器 K1 和 K2 进行换档。在这种变速器中，总是有部分机械式功率转换为电功率。

除其他外，这种缺点被双模式变速器（由通用、戴姆勒 – 克莱斯勒、宝马开发）所规避。除了以不同的传动比组合运行外，纯电动驱动和内燃机的直接机械传动也是可能的。双模传输的示意图如图 29.68 所示。图 29.69 显示了变速器的剖面图。

图 29.66 Dualdrive 的剖视图[46]

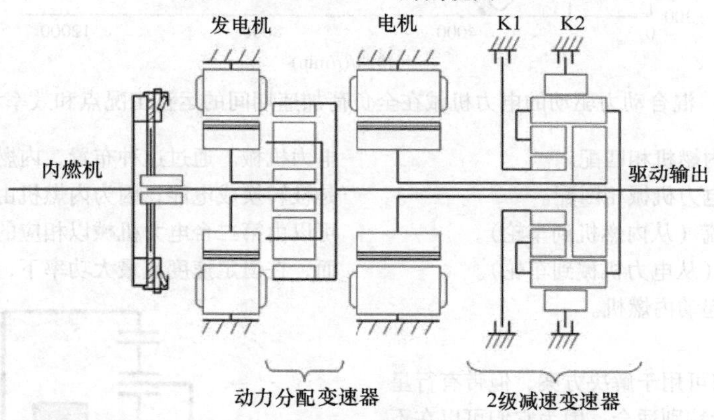

图 29.67 雷克萨斯 GS450h 的变速器示意图[47]

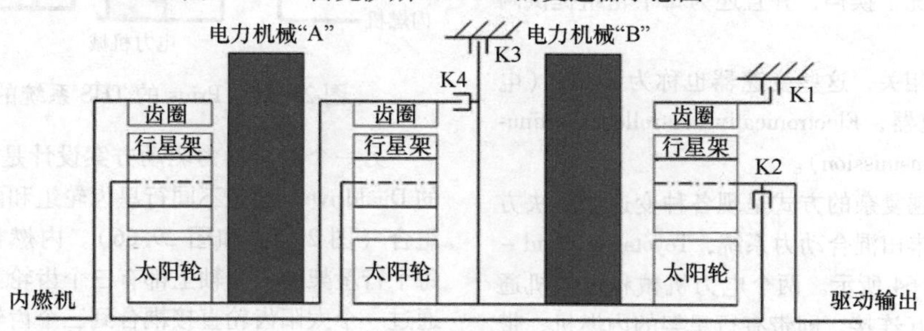

图 29.68 双模式变速器示意图[48]

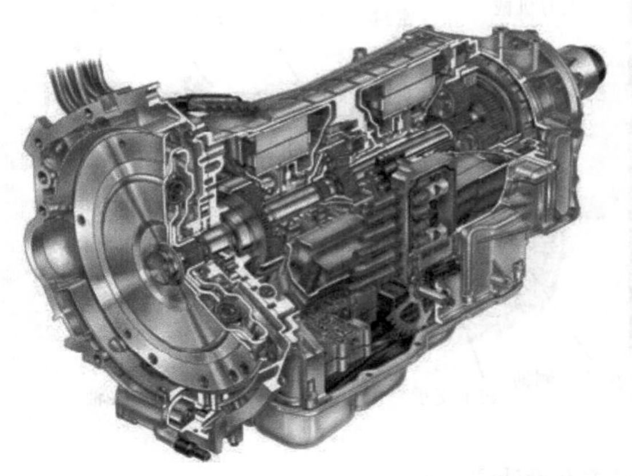

图 29.69　双模式变速器的剖视图[48]

列出的示例说明了广泛的可能解决方案。两个CVT变速器的组合也是可以想象的，以便始终在最佳工况点运行内燃机和电力机械。然而，变速器的复杂性是有限度的，因为以更有利的运行工况点的形式的好处必须大于变速器可能的效率损失。

29.6.3　变速器的特殊结构形式

除了具有机械动力传输的变速器外，还有可能传输电力。大众汽车公司展示了这种变速器，如图 29.70和图 29.71 所示。

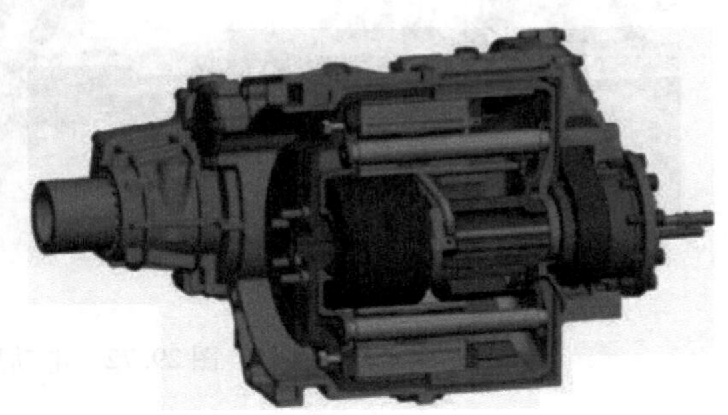

图 29.70　MEGA（自动磁电变速器，Magnetisch - Elektrische Getriebe Automat）变速器的剖视图[49]

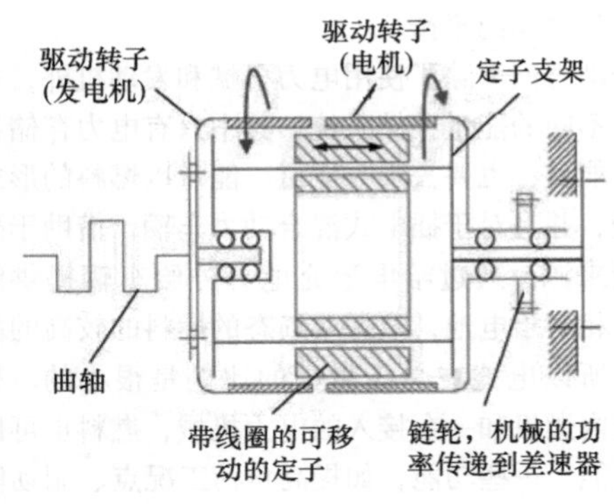

图 29.71　MEGA 变速器截面模型及原理示意图[50]

在这种变速器中，一个发电机和一个电机彼此相对布置，两者共用一个共同的定子。这可以在其纵轴上无级地移动，从而实现可变传动比。内燃机通过法兰连接到发电机的外转子，而车轮的驱动输出通过法兰连接到电机的输出。

根据定子的位置，可以区分三个运行范围：

1）定子完全位于内燃机侧。在这个位置，它可以作为发电机或作为发动机的起动机与转子一起工作，因为能量既可以供应给定子也可以从定子提取。驱动输出上没有力的传输。

2）定子完全在驱动输出侧。如果定子在驱动输出侧，则车辆可以通过电能的供应纯电动运行，或在车辆滑行/制动时可以回收能量。

3）定子处于中间位置。每个中间位置对应于内燃机与驱动输出之间的传动比。

另一个方案设计是电力机械与轴差速器的组合。一台电力机械作用于轴差速器的一个驱动输出，如图 29.72 所示。机械直通驱动也是可能的。由于电力机械可以作为发电机或电机相互独立地运行，因此除了通常的混合动力驱动功能外，还可以进行转矩矢量控制。内燃机提供的转矩可以在两个车轮之间单独分配，具体取决于电力机械的控制。借助于一个能量存储器和附加的离合器，也可以实现纯电动驱动。

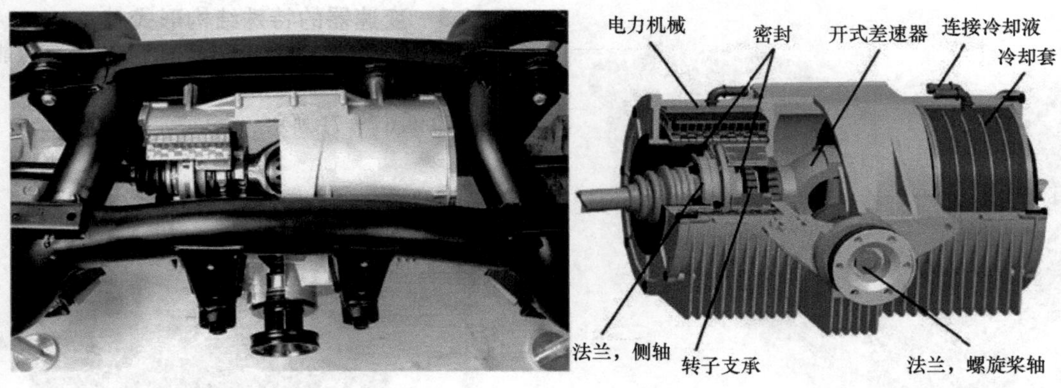

图 29.72 电动后桥的方案设计[51]

29.7 能量管理

车辆的能量管理的任务是提供优化的能量用于车辆的运行并控制能量流，以确保所有功能都以所需的形式实现，如图 29.73 所示。

根据参考文献［52］，能量管理平衡了消耗的能量与产生的能量，并确保产生的能量、存储的能量和所需的能量之间的平衡。

混合动力汽车除了使用电力机械和发动机外，也使用两种不同的能量存储系统，其中只有电力存储器既要释放能量，也要去吸收能量。能量以燃料的形式供给车辆，并且对于插电式混合动力车辆，借助于外部的能量来源，通过给电池充电另外给车辆提供能量。由于相对于电池，液态或气态的燃料的较高的能量密度，所以电能在总能量中的比例是很小的。另外，通过内燃机和一台接入的电力机械，燃料也可以转变为电能。一些功能，如提高负荷工况点、制动能量回收以及可能的未来的废气能量回收，补充了生产电能的可能性。

从所提到的这几点中可以看出，显然混合动力驱动有更多的自由度，能得到比纯内燃机驱动更多的能量供给。

另一方面，还有消耗者。除了像控制单元、空调、信息娱乐和灯光等经典零部件外，在混合动力汽车中还配备电力机械，如有必要，还可通过电力机械实现增强和电动行驶的驱动功能，如图 29.74（见彩插）所示。

很显然，所选择的能量管理会对燃料消耗有影响。那么可以利用各个驱动组件的优势吗？

能源管理通常与运行策略是紧密相连的，这一运行策略将驾驶员的意愿分配到两个驱动机械上。可以实现或释放哪些功能，也是与能量管理相关的。在图 29.74中显示了一个并联混合动力与电池的充电状态相关的功能释放的示例。

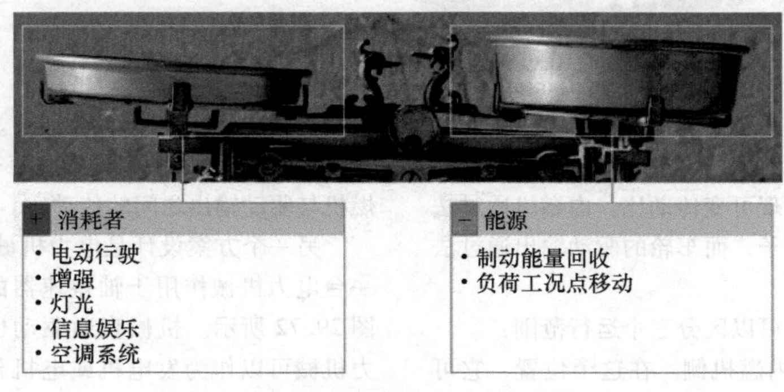

图 29.73 能量管理的任务

然而，根据混合动力驱动的类型，在某些情况下能量管理会有很大的差异。

产生的能量、存储的能量和所需要的能量之间的平衡可以通过驾驶行为的分析以运动型或保守型的驾

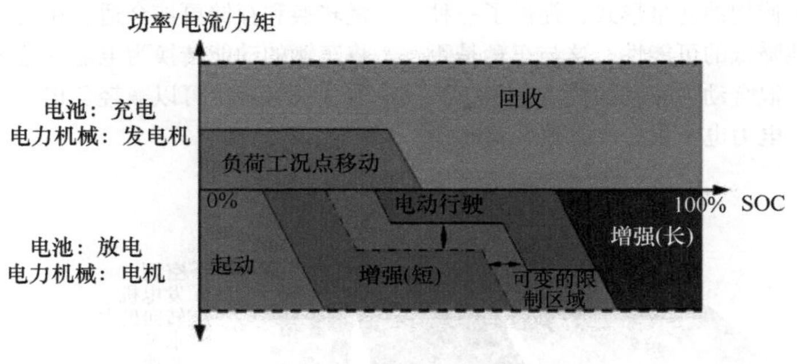

图29.74　能量管理示例[53]

驶行为被进一步完善[54]。并且借助于传感器、GPS、车辆通信，关于周围环境的信息对于一个最优的能量管理是非常有益的，这样就可以更好地去采集各种行驶状况，并且诸如电池的电量状态也能更合适地去与交通灯前的停车和超车过程相匹配。

29.7.1　起动/停机

一种节省能量并因此也节省燃料的措施是在不需要时关闭内燃机。起动/停机系统（也称停机/起动系统）总是在车辆静止时关闭内燃机，例如在红绿灯或交通拥堵和驾驶员踩下制动踏板时，以及在手动变速器车辆中已经脱档时。与传统的驱动相比，发动机起动和停机的次数显著地增加了，大约是10倍[55]，在进行相关零部件的使用寿命设计时必须要考虑到这一点[56]。每次停机前，必须确保有足够的能量可供下一次起动使用。其中，还必须考虑接入的单个消耗设备的当前能量需求，例如收音机、后窗玻璃加热。与没有起动/停机系统的车辆相比，在发动机停机时不可以强制关闭消耗设备。

起动/停机功能是最基本的混合动力驱动功能。

29.7.2　发电机的调节

尽管有制动能量回收、可能的外部的电池充电，或者发动机的废气能量回收，但是有一部分的电能还是要通过发电机来产生。

如果混合动力驱动的方案设计允许电流的产生是在发动机最经济的状况下进行的，那么这一切就很有意义。这里可以考虑汽车的推力阶段以及稳态运行状态。但是，在起动和急加速阶段应停用发电机，这样发动机在低的转速负荷区，处于特别低的效率和功率下就可以减少一部分负担。然而，在智能的发电机调节（图29.75）和制动能量回收以及负荷工况点移动之间的过渡是平滑的。

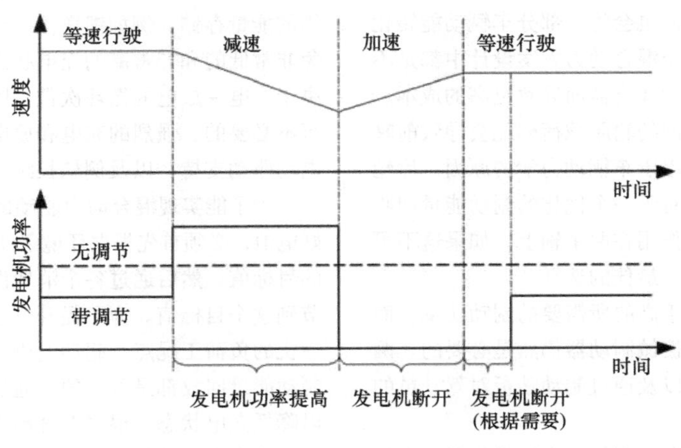

图29.75　智能的发电机调节[57]

29.7.3　能量回收

在内燃机中只有相对较少的一部分喷入的燃料能量转化为机械功并转变成车辆的运动。其余更多部分的能量都以热能的形式无法使用而流失，如图29.76所示。此外，车辆的动能在制动时也会转化为热量。能量回收，比如将废气热量或者车辆的动能转化为一种对于车辆来说能再次使用的能量形式，提供了一种将车辆燃料消耗明显地降低的可能性。这与车辆是否是混合动力驱动无关。混合动力驱动的优点在于，其零部件，即电力机械、电力电子设备和电池，对于能量转换和存储更加合适。在发电工况时，电力机械能将车辆的动能转换为电能并且传统的制动可以因此被取代或者至少可以减轻负担。

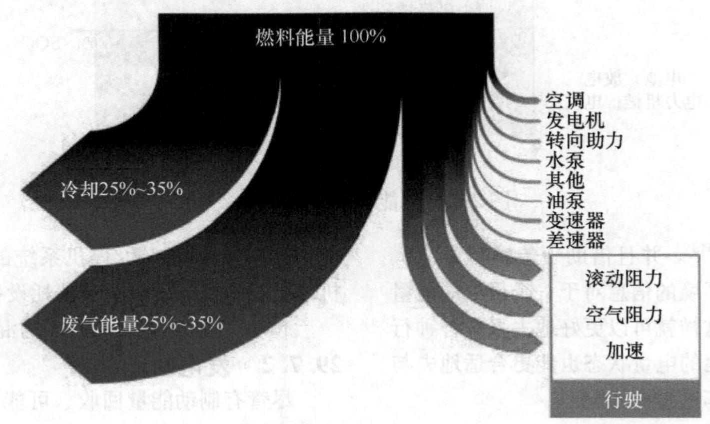

图 29.76　燃料能量的分配

因为在车辆制动期间会出现短暂的高的功率峰值，因此，一方面必须在电力机械的功率强度与电池之间做出折中，另一方面在所转换的能量的比例之间做出折中。否则，单独的混合动力组件将不得不经历功率的显著提升，因此会更加昂贵和更加笨重。

除了这个目标上的冲突，电力机械在动力总成中的集成和与之相耦合的车轴对于高的能量回收而言，也都是重要的影响因素。为了在车辆制动时能得到一个高的收益，内燃机和变速器必须要从车轴和电力机械中解耦出来，因为它们也会将一部分车辆动能转化为热能。然而，这在每个混合动力方案设计中都是不可能的，或者由于额外的离合器而导致更高的成本。

此外，在制动时不同的轮胎载荷分配会导致前轴的制动功率高于后轴。出于车辆动力学的原因，后轮绝不允许抱死。因此，对于一个优化的制动能量回收来说，电力机械必须要作用在两个轴上。如果这不可能，连接到前轴是下一个最佳的选择。

不应忽视的是，由于高的所需要的制动功率，而且也出于法律的原因，机械制动器仍然是必要的。两个制动系统的相互作用以及通过制动踏板对驾驶员的反馈都需要精确的调校。

能量管理必须确保电力存储器也能吸收所产生的能量，否则必须使用机械制动器进行不必要的强烈的制动，并且必须将动能转化为热能。

对于废气中所包含的热能的转化可以有不同的方法，比如通过小的热力机或者热电式发电机。尤其是后者，所谓的 TEG 目前仍在研究中。通过 TEG，在新的欧洲驾驶循环（NEDC）中燃料消耗可以降低约 0.2L/100km[58]。相对于其他的方案设计，它的优点在于可以将热能直接转化为电能，而没有运动的零部件。并且如果废气的热能潜力很大，目前的废气能量回收的方案设计要么价格高昂，要么还达不到量产的水平。

29.7.4　充电状态调节

为了保证各种电动驾驶功能，也为了保证电池的耐用性，必须对电池的充电状态进行调节。根据所使用的能量存储，例如锂离子或镍金属氢化物，必须避免非常低的和非常高的充电状态。由于使用寿命还取决于充电 – 放电的循环次数，因此必须避免对电池进行不必要的、强烈的充电和放电。同时，需要长期的电动驱动支持，以及例如长距离制动能量的回收。

为了能实现混合动力驱动的所有功能并同时保护好电池，必须首先根据环境条件确定充电状态（SOC）的目标值。然后通过各个消费设备和电力供应者来调节到这个目标值。为了提升电池的充电状态，提高内燃机的负荷工况点、起动电机，然后用发电机发电和制动能量回收都是可行的。通过增加电动驱动支持可以降低充电状态。根据混合动力的方案设计，这里也可以使用全部功能或只有一部分功能。

29.7.5　能量分配管理

能量分配管理包括车辆电气系统的过电压和欠电压保护，即监控目标电压并在发生故障时启动措施。为了（或有必要的话）以有意义的方式接入或断开消耗设备，必须首先对它们进行分类。除了从安全性角度进行优先级排序外，根据接入时长和可能的功率调节进行分类也是有意义的[59]。例如 ESP、转向辅助或灯光等安全功能绝不能通过能源管理关闭，而像空调或导航设备等舒适设备有时则可以放弃。根据典型的接入时长进行的分类作为进一步的决策依据是很有意义的。通常，转向信号灯仅在短时间内有效，而控制单元则始终有效。最后，调节的类型也很重要，消耗设备可以只接入或断开，或者可能处于中间状态。

29.7.6 车载电源

混合动力驱动的电能和电功率的需求远远超过传统的驱动。无混合动力驱动的乘用车对于电功率的需求早在过去几年就已经提高了很多，普通的 12V 车载电源已经达到极限。带有附加电力机械的混合动力驱动再次阶跃式地提升了功率需求，以至于普遍的 12V 车载电源由于所需的大电流而不再满足要求。

除微型混合动力外，因此除了 12V 车载电源外，还插入了具有更高电压层的第二个车载电源，如图 29.77 所示。电力转换器使得电能与组件的不同要求相匹配。对于附加电压层的电压值基本上由要传输的功率来决定。144V 的电压水平适用于具有 20kW 功率范围的电力机械的中度混合动力，而全混合动力可能需要高达650V 的电压。其中，最大可能的电压受制于可用的半导体，出于安全原因，电压受到限制。在这个限制的框架范围内，必须为电机、转换器和电缆的尽可能高的电压和电池的尽可能低的电压找到目标冲突。

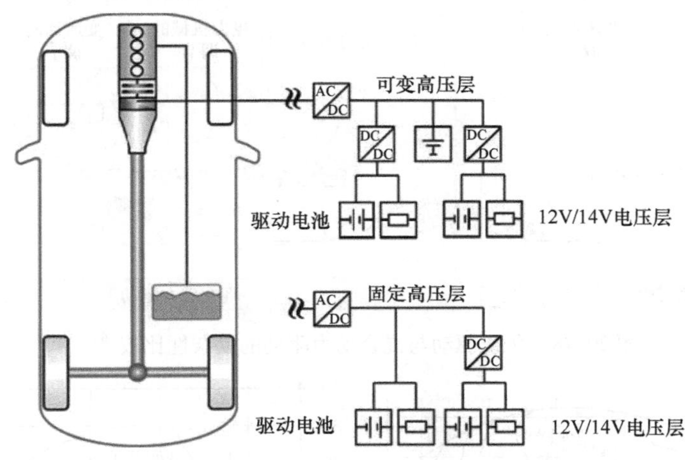

图 29.77 带有高压中间电路的整车电网

为了保持各个电压层稳定并避免干扰，相应的电压层要么直接由电池支撑，要么使用电容器来消除短期的干扰。

29.8 运行策略

运行策略决定了两个驱动电机如何满足驾驶员的要求。与以汽油机或柴油机作为驱动的车辆相比，在混合动力驱动中，驾驶员的功率需求与内燃机的功率之间没有明确的联系（图 29.78）。因此，通过合适的运行工况点的合适的选择可以影响燃料消耗和排放。然而，除了各种驱动的效率之外，还必须考虑到一些限制。电池中的能量储备通常是很低的，以至于某些电动驱动功能无法无限期使用。

选择的混合动力方案设计和混合化程度对运行策略有决定性的影响作用。例如，对于微型混合动力车，由于其电功率低，驾驶员的愿望几乎完全由内燃机接管。此处的运行策略仅包括以下问题：内燃机何时停机和起动，以及在何种驾驶条件下电力机械作为发电机接入和断开。

另一个极端是插电式混合动力汽车，因为这里的汽车也可以通过电力支路从外部获得能量。此处，如此选择能量存储器的性能，以便仅使用电能时也可覆盖更长的距离。

在串联式混合动力驱动中，又降低了运行策略的复杂性。内燃机在这里不承担任何直接的牵引任务，它只是与电力机械一起为驱动电力机械产生电能。这里重要的是内燃机在多大程度上遵循动力学，也就是提供当前所需的牵引能量或仅在最佳工况点工作并首先将电能输入到电池。

29.8.1 效率

考虑驱动电机的不同效率有助于确定运行策略。与电力机械相比，根据运行工况点（负荷/转速），汽油机和柴油机的效率是非常低的，约为 30%。

图 29.79 显示了汽油机和柴油机的比燃料消耗。

两种发动机都具有典型的、贝壳状的等油耗值曲线，其中，最佳工况点都在中等转速下的高负荷范围内。越往低负荷方向，在整个转速带上比燃料消耗急剧增加，因此效率急剧下降。

相比之下，电力机械的效率明显更高，在最佳运行工况点最高可达95%以上。同步电机和异步电机的特性场如图29.34所示。两种电机类型的特性略有不同。由于这些电机的效率在低速和接近零负荷时也会明显下降，因此也应该避开这个范围。

在对这两款电机进行比较时还必须要考虑到电能的存储和转换效率。对于转换器，其效率可以达到80%~95%，对于电能的存储，其效率可以达到80%~90%，如图29.80所示。

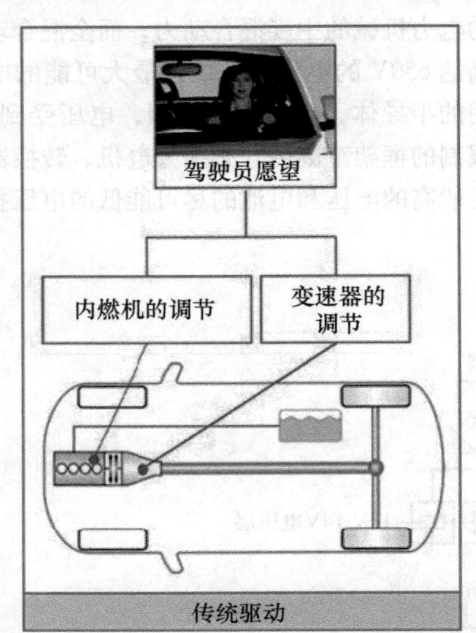

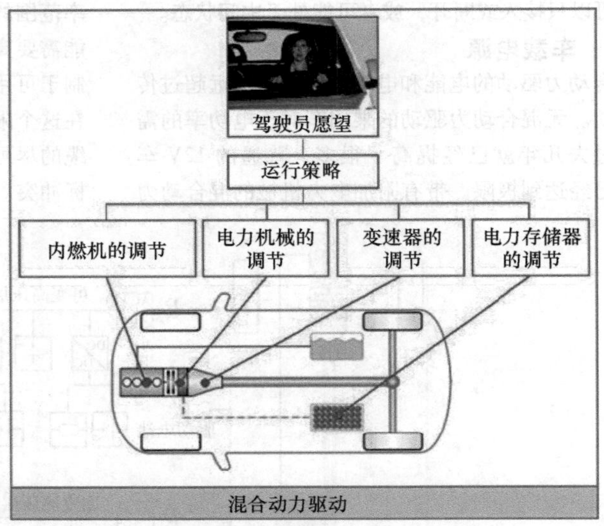

图29.78　传统驱动与混合动力驱动的复杂性比较[60]

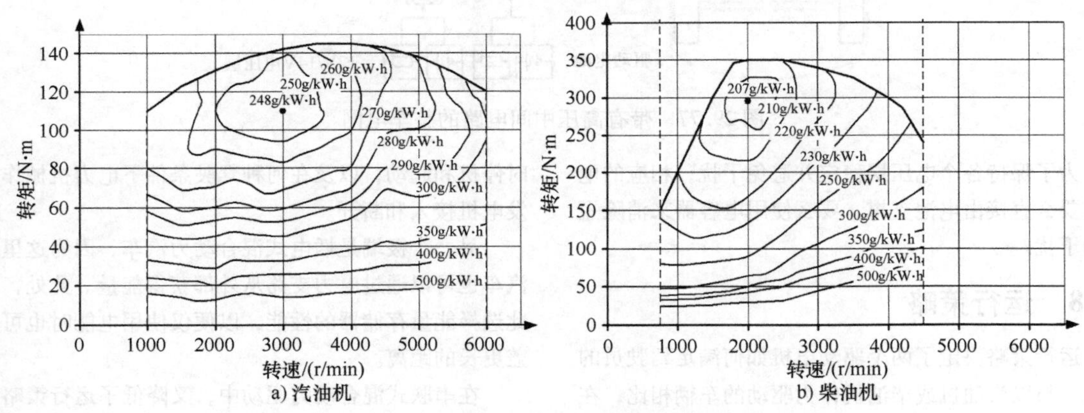

图29.79　内燃机特性场

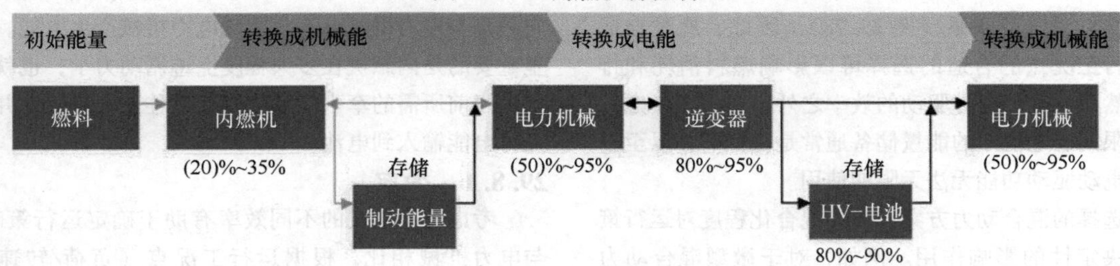

图29.80　效率链[61]

29.8.2 能量平衡

除了有害物排放外，能量平衡对于运行策略的选择也具有决定性意义。

内燃机的威兰斯（Willans）曲线（参考文献[62]；图29.81）是一个重要的决策辅助工具，其中对于不同转速，每小时燃料消耗与平均压力或转矩作图。以同样的方式，对于电力机械，可以用 P_{in}/P_{out} 图显示输出功率与输入功率的关系[63]。如果还考虑电能的产生和存储以及制动能量回收的效率链，则可以为每个运行工况点选择各自最有利的驱动方式。

$$E_{回收的} = \eta_{发电机} \cdot \eta_{转换器} \cdot \eta_{电池} \cdot E_{动能}$$

$$E_{电池} = \eta_{内燃机} \cdot \eta_{发电机} \cdot \eta_{转换器} \cdot \eta_{电池} \cdot E_{燃料}$$

$$E_{动能,电力机械} = \eta_{转换器} \cdot \eta_{电池} \cdot \eta_{电机} \cdot E_{电池}$$

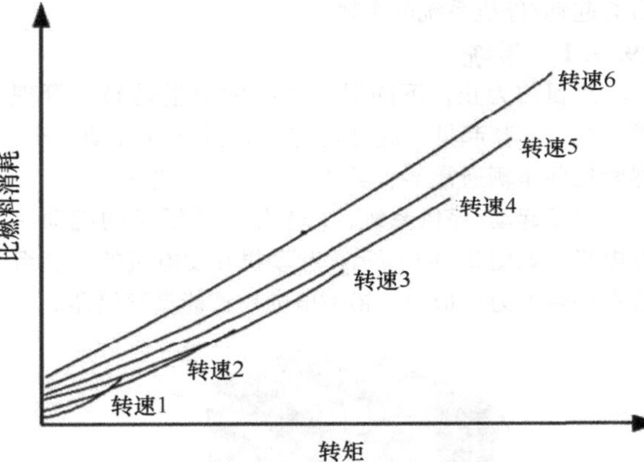

图29.81 内燃机的威兰斯（Willans）曲线

29.8.3 燃料消耗

混合动力驱动的燃料消耗相比于纯汽油机或柴油机驱动可以通过4项措施来减少：

- 一方面可以让内燃机在某一不需要发动机的阶段关闭，比如在怠速的时候。

- 另一方面可以让内燃机避免某些效率异常低的运行区域，比如低负荷区。尤其是在城市交通和在堵车时就可以节省燃料。

- 此外，内燃机可以与功率强劲的电力机械一起，将运行工况转移到最佳运行工况区来产生所需的电能。

- 最后，电力机械可以在全负荷时补充内燃机，这样使内燃机可以设计得更小。但是，通过电池，这种支持只能在有限的时间内实现。即使电能存储器可以外接充电，燃料消耗会下降，但不一定会降低车辆的能耗。

如果通过使用外部可充电电池的电能来降低燃料消耗，则在设计车辆时必须考虑燃料能量和电能的整体能量平衡。

29.8.4 废气排放

除了燃料消耗外，与纯汽油机驱动和柴油机驱动相比，混合动力驱动也可以减少废气排放。但是，这里必须考虑燃料消耗和废气排放之间的相互作用。它不仅有正向的互相影响，也会有反向的互相影响。

如果内燃机关闭并因此不消耗任何燃料，则最初不会产生污染物。然而，在寒冷的环境和频繁的起动/停机运行中，排气后处理系统可能无法达到其工作温度或最佳转化率。因此，总体而言，这种运行模式下的排放量可能高于内燃机持续运行时的排放量。

减少有害物的一种措施是减少内燃机的动态运行，也称为减敏性。内燃机中的快速转速变化和负荷变化会导致有害物排放高于平均水平，因为发动机各个执行器的控制时间无法快速和足够精确地进行调整。

29.8.5 行驶功率

根据混合动力驱动的类型和混合动力化程度，行驶功率主要取决于电机或内燃机与电力机械的功率的组合。例如，在串联式混合动力的情况下，电力机械只负责行驶功率，其前提是向它提供足够的电能。另一方面，在并联式混合动力中，行驶功率来自发动机和电机的组合。然而，在这里，混合动力化程度是至关重要的。对于微型混合动力，由于电能比例较低，内燃机主要负责行驶功率。在中度混合动力和全混合动力的情况下，两种机械都提供了显著的功率，其中，电力机械可能在较低的速度范围内占主导地位。

因此，具有混合动力驱动的车辆的行驶功率比传统驱动更好或更差的程度取决于所选的混合动力方案设计及其设计，不可能做出笼统的陈述。

因为附加了电力机械和电池组件，混合动力驱动比传统驱动更重，因此在接近全负荷加速时存在缺点，例如在丘陵高速公路上高速行驶。

在较低的转速和负荷范围内，由于电力机械具有合适的转矩特性曲线，混合动力驱动往往具有优势，因此可以实现更好的行驶功率。

29.8.6 确定运行策略的方法

确定运行策略的基本方法取决于混合动力驱动的类型。在串联式混合动力中驱动轴仅仅和电力机械相连。相应地，电力机械的运行工况点直接与行驶意愿相耦合。对此，内燃机的运行工况点就可以随意选择，其前提是它能给与之相连的发电机提供足够的电能。在电池的帮助下，内燃机可以例如仅在一个转速负荷工况点下工作，这一运行工况点可以覆盖平均的能量需求，或者也可以满足电力机械当前的功率需求，对电池的要求可以很低。在这两个极端之间可能有各种中间解决方案，例如内燃机可以在几个离散的速度负荷工况点工作，或者它可以以固定的转速而连续改变负荷。

在并联或混合的混合动力驱动中，两个驱动电机都可以满足驾驶员的愿望。

一个基本策略是在低负荷范围内尽可能“电动”行驶，用两台机器覆盖部分负荷，并在更高的车速下仅通过内燃机提供所需的能量。图 29.82 显示了一个示例。

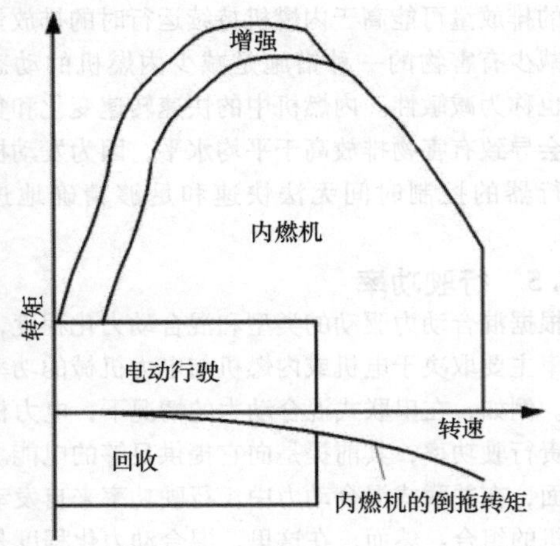

图 29.82　并联式混合动力的运行策略

由于对于众多可能的混合动力方案设计中的每一个运行策略也有多种可能性，并且车辆驱动必须满足法定的排放标准、客户期望、预算等，因此使用诸如 Advisor 或 Velodyn[64] 等模拟程序和高效的优化方法在这里是很有意义的。

借助于整车模拟，可以估算每个方案设计的燃料消耗、废气排放和行驶功率。现在为了为众多参数中的每一个找到最优的电力机械、存储器、变速器、布置等，现代建模和优化方法[65] 以及 DoE[66] 都是很有必要的。

29.9　目前的混合动力车辆

今天所认识的混合动力驱动早在 1997 年就已经量产了，但是它们与汽油机驱动或者柴油机驱动相比仍然处于发展的初期。目前丰田公司旗下的丰田（Toyota）和雷克萨斯（Lexus）品牌提供最广泛的混合动力车型。除了世界上第一款大批量生产的混合动力汽车普锐斯（Prius）外，丰田公司也出售凯美瑞（Camry）、汉兰达（Highlander）以及还有雷克萨斯品牌下属的 RX400h、GS450h 以及 LS600h 等混合动力汽车。

本田同时也是量产混合动力车辆的先驱者，在计划中拥有豪华轿车本田雅阁（Accord）混合动力车和本田 Insight。在美国，本田是第一家以 Insight 推向市场的混合动力驱动制造商。此外，主要是在美国，最初以混合动力版本提供各种 SUV 和货车，包括日产的 Pathfinder 混合动力、雪佛兰的 Silverado 和 Tahoe，以及 GMC 的 Sierra。

许多汽车制造商在 2008 年之后才向市场推出混合动力驱动，例如梅赛德斯 - 奔驰的采用锂离子电池的混合动力版 S 级。

梅赛德斯、通用和宝马还联合开发了一种混合动力变速器，通用从 2008 年开始使用，后来也在梅赛德斯和宝马上应用。现在所有主要汽车制造商都提供带有起动/停机系统的车辆。

29.9.1　系统

到目前为止，不同混合系统的数量是易于管理的。为了完整起见，此处还应讨论微型混合动力车，尽管这些车辆通常不与混合动力驱动相关联。

对于起动/停机系统，PSA 依赖法雷奥的起动 - 发电机，如图 29.83 所示。起动机和发电机的功能组合在一台电力机械中。铅酸电池用作能量存储器。

图 29.83　PSA 的起动/停机系统

宝马公司使用博世的系统，如图 29.84 所示，该系统由两台电力机械、一个稍加修改的起动器和一个交流发电机组成。在这里，铅酸电池也作为存储器。一个简单的电池管理控制电池的状态。这两个系统可以与发动机电子设备相结合，使内燃机能够非常快速地起动和舒适地停机，这是两个重要特性，因此客户可以接受这些系统并且不会觉得它们烦人。特别是，长时间的发动机起动会导致驾驶员的愤怒。

在微型混合动力系统之上，即驱动装置的电动分支在这里占有相当可观的份额，丰田和其雷克萨斯品牌主导着市场。它使用不同的行星齿轮变速器变体，在其混合动力车辆中每个都有两个电力机械（同步三相电机），如图 29.85 和图 29.86 所示。根据驱动模式，电力机械作为发电机或电动机工作。

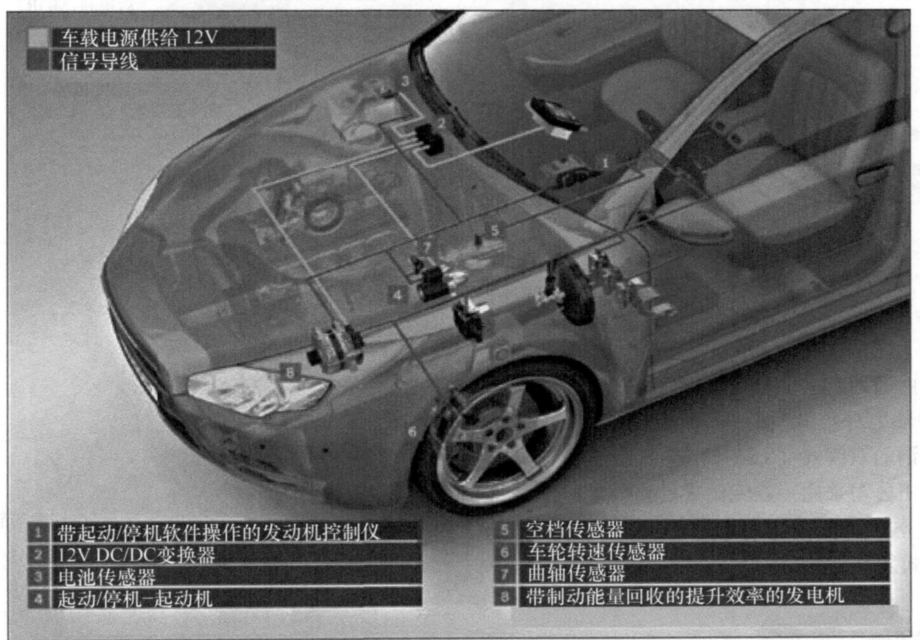

图 29.84　博世公司的起动/停机系统

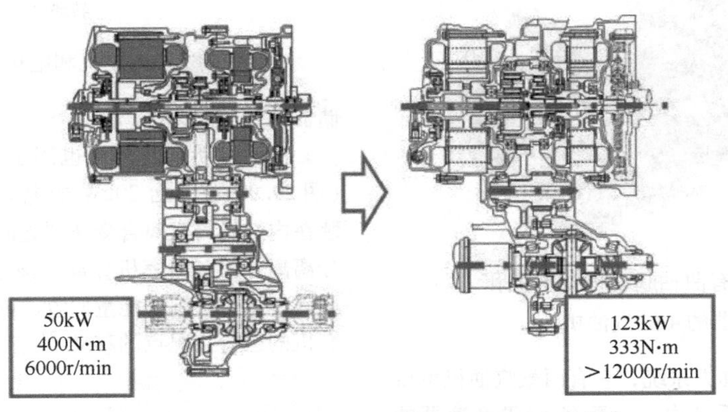

图 29.85　普锐斯和 RX400h 变速器的剖面图[47]

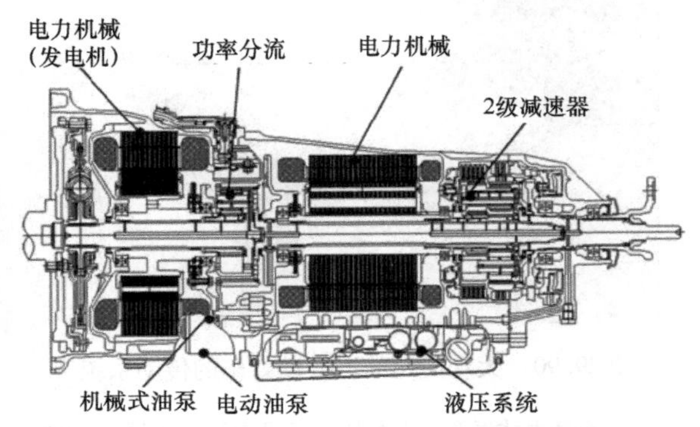

图 29.86　GS450h 变速器的剖面图[69]

其中，内燃机与行星架连接，一台电力机械与太阳轮连接，另一台与齿圈相连。在太阳轮上的电力机械仅以发电机的形式工作，另一台电力机械也如此。雷克萨斯 RX400h 呈现出不同之处。在这款车上通过一个额外的电机进行四轮驱动。这种结构有个好处就是，没有额外的驱动轴必须与后轴相连。这不仅可以节省空间，也可以减轻重量。从图 29.87 中可以看出电机与后轴存在一种耦合关系。

目前在所有丰田和雷克萨斯混合动力驱动上都配有镍金属氢化物电池。电池的冷却是通过空冷来实现的，至少在普锐斯上空冷的空气是从车内空间获得的。丰田已经宣布改用锂离子电池。

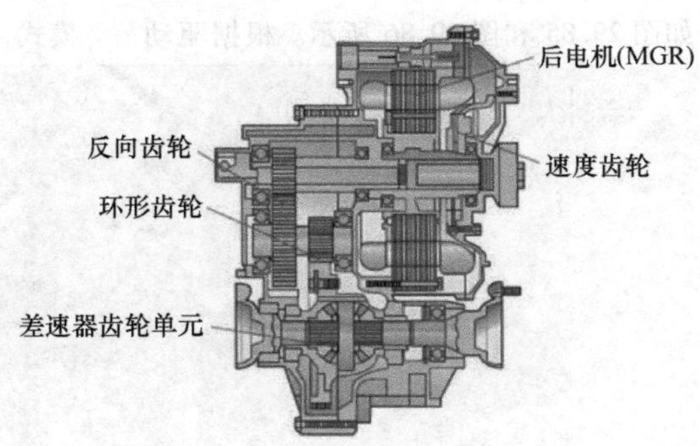

图 29.87　RX400h 后轴上的电机和变速器[70]

同时，由通用汽车、梅赛德斯奔驰和宝马还联合开发了一种动力分流式（Powersplit）混合动力驱动装置，即所谓的双模式（Two – Mode）变速器。与丰田不同，本田公司采用一款无刷式的直流电机作为曲轴起动机发电机，如图 29.88 所示。这一系统就是 IMA（集成式发动机辅助，Integrated Motor Assist）。

图 29.88　带有曲轴起动机发电机和 CVT 变速器的 4 缸汽油机[71]

对于本田的混合动力系统，它有两款汽油机可供使用。一个混合动力系统由一台配备 CVT 变速器的四缸发动机组成，另一个混合动力系统由一台配备自动变速器的六缸发动机组成。不同于丰田公司，本田对内燃机进行了一些改动。所以这两台发动机都可以使用改进过的配气机构。它有四种不同的运行模式：内燃机关闭、低转速和高转速的气门正时，以及气门关闭。

图 29.89 呈现了电力机械与一台 6 缸汽油机之间的共同协作。在低负荷区，在低转速时会关闭 3 个气缸。在中等负荷区和中等转速区，3 个气缸由电力机械来支撑。只有在高负荷和/或高转速区 6 个气缸才都激活。在内燃机的全负荷区域，可以在整个转速范围内通过电力机械提供支持。

本田也使用到了镍金属氢化物电池作为能量存储器。

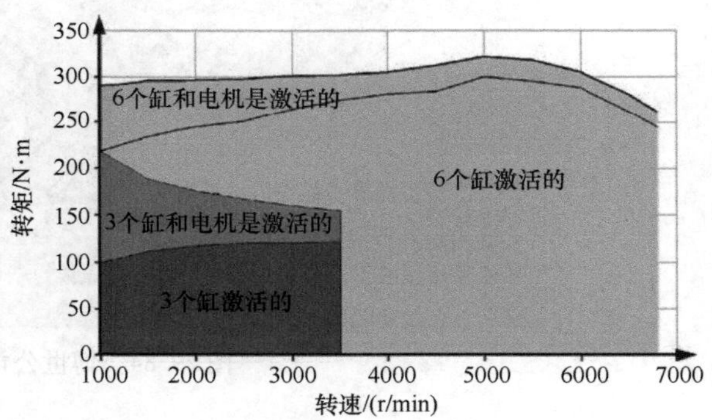

图 29.89　内燃机和电机的共同协作[71]

曲轴起动机发电机也用于大众捷达混合动力车（图 29.90）。一台 20kW 的电力机械（图 29.91）安装在内燃机与双离合变速器之间。电力机械可以通过分离离合器与内燃机分离。该系统允许纯电动行驶、增强、滑行、制动能量回收、内燃机的脉冲起动和内燃机的运行工况点的移动[72]。

图 29.90　大众捷达的混合动力车的传动系统

一个插电式混合动力车的例子是宝马 i8（图 29.92）。在该车中，功率为 96kW 的电力机械通过两速自动变速器连接到前桥，而功率为170kW的三缸汽油机通过六速自动变速器连接到后桥。第二个电力机械与内燃机耦合，充当发电机和起动机。作为电池，使用了存储容量为7.1kW·h的锂离子电池，其中可以使用5.2kW·h。通过这种驱动，车辆可以纯电动行驶37km。

图29.91 大众20kW的电力机械[73]

图29.92 宝马i8插电式混合动力

另一台插电式混合动力驱动车是沃尔沃V60插电式混合动力。不同于大多数其他的混合动力车辆，它使用了一款柴油机。这款功率达到150kW的柴油机与前轴相连，而50kW的电力机械与后轴相连。其电池是容量为11.2kW·h的锂离子电池。

29.9.2 车辆结构

迄今为止，只有少数车辆，例如丰田普锐斯（Prius）（图29.93）或本田Insight专为混合动力驱动而设计，并仅以混合动力的形式进行生产。其他混合动力汽车的车辆结构主要以汽油机和柴油机的常见的驱动方案设计为特征。混合动力驱动设计“融入”现有车辆方案设计。

除了混合动力驱动系统的电力机械外，能量存储器和电力电子设备也与车辆的组件包（外形尺寸）特别相关。然而，在选择安装位置时，还必须考虑任何必要的冷却介质管路和电源线。此外，附加的零部件会改变车辆的重心，从而改变其打滑和碰撞特性。对于能量存储器和经受高压的电力电缆必须在发生事故时提供安全保障机制。如果车辆还配备其他驱动装置，即没有混合动力驱动装置，则附加组件的放置还必须考虑到生产方面的情况。

电力机械在安装位置方面的自由度最低。其位置是由混合动力方案设计的选择来决定的。只有在串联式混合动力的情况下，电机的布置才有一定的自由度，因为它没有机械式连接到内燃机。曲轴发电机对车辆的结构尺寸影响较小。它直接放置在内燃机与变速器之间。其中，变速器经过改进，与电力机械一起占用与没有混合动力驱动的传动系统相同的空间。

图29.93 丰田普锐斯[70]

这主要是通过减小变速器的变换器的尺寸和电力机械非常狭窄的设计来实现的。如果将电力机械放置在发动机舱内，则内燃机必须占用相应更少的空间。这里的一个优点是，对于混合动力驱动，通常使用一台相当小的内燃机，从而产生相应的自由度。

与电力机械相比，能量存储器可以相对自由地放置在车辆中。在当今的混合动力汽车中，能量存储器通常安装在后排座椅区域。

在GMC的Sierra上（图29.96），在雷克萨斯的RX400h上，它们位于座椅正下方（图29.94），本田思域（Civic）（图29.97）则在靠背区域，普锐斯（图29.93）在后面座椅，直接在后轴上方。

一个例外是梅赛德斯的S级，锂离子电池位于发动机舱区域。由于选择了混合动力方案设计和锂离子电池技术，能量存储器非常紧凑（图29.95）并且位于发动机舱内。此外，能量存储器由空调系统冷却，空调系统也位于前端。

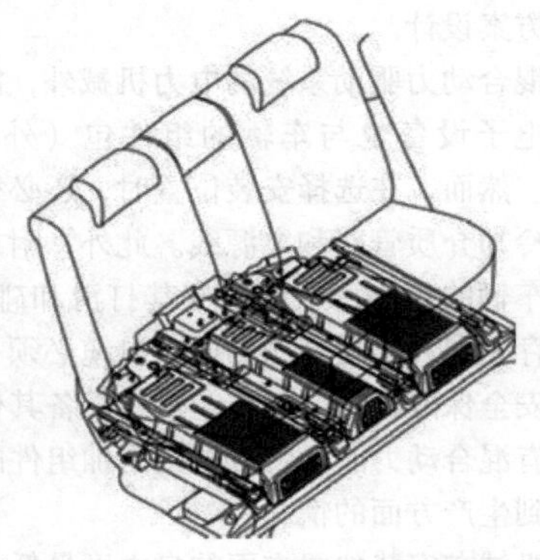

图 29.94　RX400h 的电池在后座椅下面[70]

图 29.95　梅赛德斯－奔驰 S 级车的锂离子电池[74]

混合动力驱动的第三个主要部件就是电力电子设备，迄今为止，要么放置在发动机舱内，要么与本田一样，放置在电池附近。它也需要冷却，因此除了连接电力机械和电池的电力电缆以及连接控制单元的数据电缆之外，还必须有空间用于冷却介质的传输。电力电子设备的放置方式必须确保在发生碰撞时没有不需要的车辆部件带电。与在电池中相类似，未来电力电子设备的比容积会有所改善。虽然电池的这种进一步发展可能用于增加可存储的能量，但电力电子设备的目标更多的是更小的结构体积。

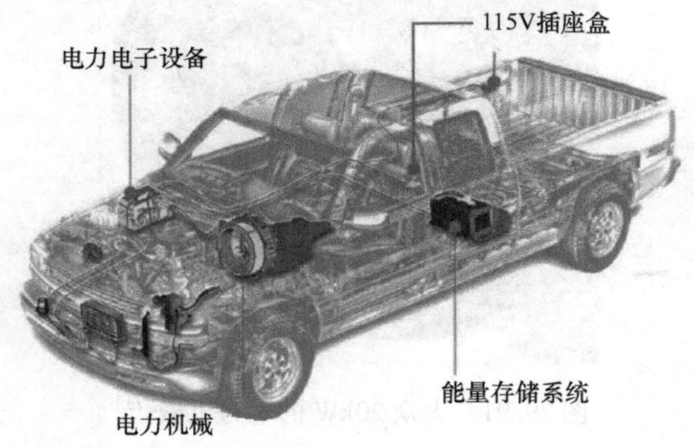

图 29.96　带有曲轴起动机发电机的 GMC Sierra 混合动力[73]

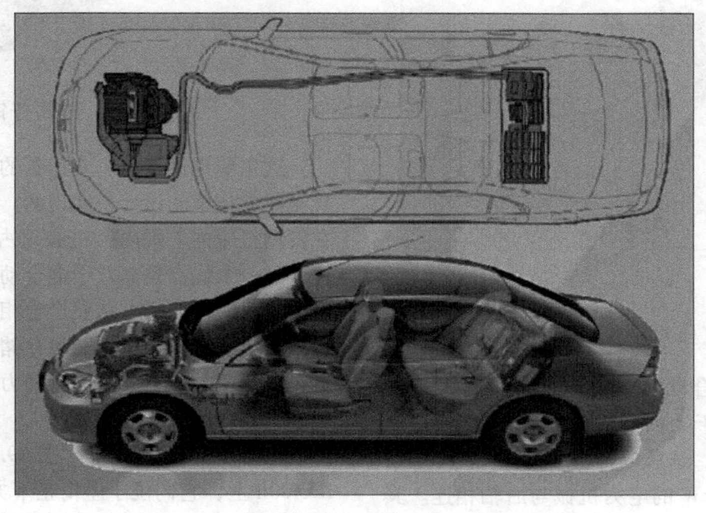

图 29.97　本田 Civic[71]

29.10　未来的发展

从技术上来看，由于最近的发展历史，混合动力驱动的所有组件都显示出优化的潜力。尽管有现代的开发方法和试验方法，但各个混合动力系统的一些弱点只有在广泛使用时才会变得明显。

未来，锂离子蓄电池作为能量存储器使用，并陆续得到进一步发展。与迄今为止使用的镍金属氢化物系统相比，其结果是电动续驶里程更长、重量更轻、成本更低。然而，从今天的角度来看，电动续驶里程在很长一段时间内都不会接近基于碳氢化合物驱动的续驶里程。短期内还看不到用其他化学元素换成更强大的电池。

另一个发展领域是减少电损耗。这里的焦点是电力机械、电力电子设备和能量管理。尽管电机已经具有非常高的效率，但通过专门匹配的机械仍然可以实现个位数百分比范围内的改进。能量管理的进一步发展将更具体地控制能量流，从而进一步减少能量存储器中不必要的充电和放电过程。此外，在未来的混合动力驱动中，回收的制动能量的比例将会增加。由于可用的高压电源，可变的电气辅助单元将越来越普遍。单个设备的功耗将越来越以需求为导向。

如 29.3.2 节中所述，混合动力驱动的燃料消耗的优势在很大程度上取决于各自的驾驶模式。无论法规上的试验循环如何，这里都会有一个特定于车辆的重点。小型车辆在短距离行驶时效率很高，但在长距离和高速行驶时会消耗相对大量的燃料，而更大型车辆针对长距离使用进行优化。根据车辆类别考虑典型用途变得越来越重要。

在车辆包方面，各种驱动类型将统一化。混合动力驱动将不再是一个附加组件，而是在未来的车辆方案设计中作为具有同等权利的驱动变体来提供。在某些情况下，通过混合动力驱动引入的各个功能和特性被集成到传统的传动系统中（起动/停机、电气化……）。

仍然很难判断客户对这款驱动的期望是什么，或者现在可能的哪些功能对他来说代表了附加价值。客户需要什么特性？他愿意为哪些付出？未来的混合动力驱动需要回答这些问题。例如，客户将决定对内燃机的敏感性可以减到何种程度，并且在某些情况下，只能在独立的负荷工况点运行。从技术上讲，没有什么能阻碍这种解决方案。根据车辆类别，可能会采用不同的解决方案。

汽车制造商不应忽视的一个因素是成本。谈到单件成本，这将取决于各个组件的精确设计。过大的能量存储器不仅更昂贵，而且更重、更大，由于重量增加，这对车辆生产过程中的物流和车辆后期的物流都有不利影响。了解相应能量存储器的最大可用充电/放电行程是这里的关键成本因素。

29.10.1　汽油机混合动力驱动

汽油机混合动力驱动是中、短期驱动发展的重点。与柴油机相比，汽油机明显更便宜，并且具有更高的绝对 CO_2减排潜力，因为其 CO_2排放量高于柴油机[75]。由于这两个原因，新的混合动力驱动技术将首先采用汽油机的批量生产，然后才会在某些地区与柴油机相关联，进行批量生产。两个驱动装置的相互作用得到进一步优化。随着单个组件成本的下降和法律要求的提高，将开发更多的插电式混合动力车。其中，这些车辆的纯电动续驶里程将在未来几年内不断增加。

29.10.2　柴油机混合动力驱动

柴油机混合动力驱动是柴油机和混合驱动两种成本密集型技术的结合[76]。然而，与此同时，从绝对意义上讲，它代表了与汽油机混合动力相比更低的 CO_2的驱动解决方案，因此不应放弃这项技术。在柴油机市场占有率较高的欧洲，柴油机混合动力车甚至柴油机插电式混合动力汽车已经上市。在其他市场，最初只有汽油机混合动力驱动。对于未来的市场成功，能否在不显著增加发动机成本的情况下减少柴油机的其他排放物，即碳烟和 NO_x，这一点至关重要。

29.10.3　纯电动驱动

纯电动驱动不算作混合动力驱动。然而，由于混合动力驱动通常被视为电动汽车的一种桥接技术，特别是对于那些使用燃料电池的汽车，因此将在此做简要的讨论。

到目前为止，带有电力存储器的电动驱动的弱点一直是续驶里程。在可预见的未来，电池和蓄电池将没有足够的能量密度来达到通常的续驶里程。尽管电池技术的进步是可以预见的，但预测的性能值仍远低于液体燃料。然而，电池价格的进一步下降可以在未来部分地弥补这一弱点。

实现更长行驶距离的一种方法是在车辆中产生部分电力，例如使用内燃机与发电机或氢动力燃料电池相结合。这个概念（方案设计）被称为“带增程器的电动驱动”，也可以分配给串联混合动力驱动。

尽管如此，由于当地排放要求的增加和续驶里程要求的降低，大都市地区仍有电动汽车市场。

但是，必须考虑到，使用电动驱动，排放量只是转移了而不一定会减少。发电的发电厂需要与电动驱动一样清洁。特别是在使用燃料电池以及因此以氢作为燃料方面，本地零排放经常与全球零排放相混淆。与电池类似，氢只是一种能量载体。

29.11　增程器

增程器（Range Extender，RE）可以理解为是用于扩展纯电动汽车（BEV）续驶里程的装置。它由工作机械和动力机械所组成，除其他外，经常使用内燃机。两台机器直接相互连接并发电。这可用于为电池充电和/或可用于电动行驶驱动。

29.11.1 扩展里程

在类似的关系中，也可用术语扩展里程（Extended Range），例如在具有增加航程的商用飞机中。在更广泛的意义上，电动化意味着是扩大续驶里程的措施。具体而言，这涉及减少驾驶和电气辅助单元和安全组件运行时的能量消耗，当然也涉及减少舒适性或信息娱乐组件的能量消耗。在传动系统中，可以使用与功率分配一起工作的变速器，从而除了行驶运行外还可以进行发电机运行。可连接的备用电池容量也可用于扩展续驶里程。

29.11.2 增程器模块的动机

增程器克服了目前纯电动汽车遇到的折中方案，它延长了续驶里程，并同时为供暖和空调提供电力。通过这种方式，它消除了许多消费者对他们的车辆会因电池没电而与车辆一起抛锚的担忧。

用内燃机作为增程器，可以消除“续驶里程焦虑”现象，提高电动汽车的接受度。与纯电动汽车相比，由于不需要安全储备，电池甚至可以通过增程器做得更小。使用增程器行驶可增加约300~500km的续驶里程。之后，可以通过加油站再次更新这个续驶里程。通过增程器将电动汽车从一辆短途汽车变成一辆通用性的汽车，从而可以从家庭第二辆汽车发展为一辆可以随时覆盖更长距离的车辆（即使电池没电了）。然而，与插电式混合动力汽车相比，这里的重点是电动短距离运行。在实际运行中剩余的40~60km的电动续驶里程内，80%以上的行程仍然可以通过电动方式进行。电池尺寸的缩小甚至过度补偿了增程器的成本和重量。增程器集成的目的应该是降低牵引电池的能量容量，从而对重量和成本产生积极的影响作用。如图29.98所示，盈亏平衡点（Break Even Point）已经远低于150km的续驶里程。

如果在冬季通过智能的热管理利用附件的余热给车内供暖，可以进一步减轻电池的负载，增加续驶里程。从这个角度来看，增程器是一种桥接技术，直到电池成本随着能量密度的显著提升而明显下降。然而，在可预见的未来，这并不值得期待。

29.11.2.1 低电量续驶里程

与内燃机汽车相比，纯电动汽车在其作用范围和电池充电时间方面仍存在明显的劣势。小型车140~200km的规定续驶里程通常是指NEDC（New European Driving Cycle，新欧洲行驶循环）在没有辅助消耗设备和没有暖气和空调的情况下计算所得。在实际运行中，尤其是在冬季，该续驶里程绝对可以下降到规定值的50%。但是，也有一些顶级车型，其有效续驶里程约为400km，配备相应的大电池。通常，在许

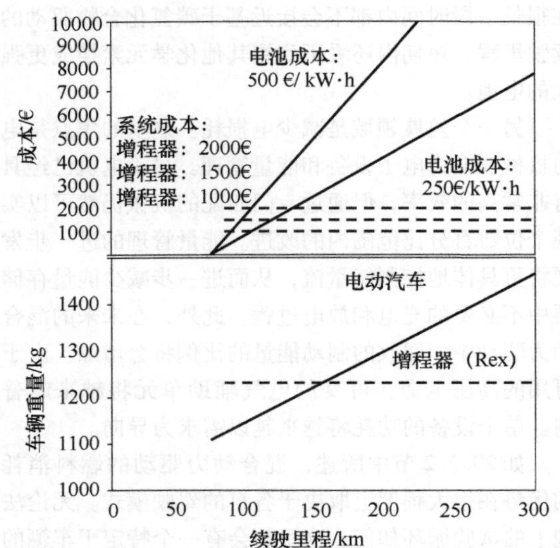

图29.98 增程器技术的盈亏平衡点

多电动汽车驾驶员中可以观察到所谓的“续驶里程焦虑”。

如果想用更大的电池满足有限的续驶里程，则必须面对高昂的成本和相当大的额外的重量（另见29.11.11.4节，图29.123）。这反过来又增加了车辆的能量消耗并限制了充电容量。

29.11.2.2 长的电池充电时间

为动力电池充电需要几个小时，即使使用快速充电设备，也比平时在为装有内燃机的车辆加油时要长得多。为柴油机车辆加油大约需要3min。如果燃料箱是满的，它将行驶约600~800km。相比之下，电动汽车需要6~8h的充电时间才能行驶150~200km。此外，目前还有人担心快速充电会缩短电池的寿命。充电的可能性也必须扩大，以更广泛地使用电动汽车。尽管起步于大城市，但由于缺乏商业模式，全国性的充电站网络尚未得到很好的发展。为了能够大规模地满足消费者，充电站的公共建设是必要的。在家中或工作地更经常提到的充电理念需要各种各样的充电方案设计。

诸如通过感应充电等新的方案设计目前仍处于试验阶段，而电磁辐射和可能的后果（对心脏起搏器或电子设备）也是研究的主题。

29.11.2.3 消费者对电动汽车的期望

近年来，消费者对电动汽车的期望得到了各种研究的支持。先决条件如：

- 廉价的车辆。
- 足够的续驶里程。
- 在充电可能性和服务可供性方面比较完善的

基础设施。

– 短的充电时间。

– 低运行成本，绝不会比传统车辆更高。

– 在供暖、空调、信息娱乐等方面与传统车辆相当的舒适性。

– 驾驶乐趣。

特别有利于购买电动汽车（来自参考文献［77－79］）。

根据汽车管理中心的一项研究，如果满足上述要求，65%的受访者可以想象购买电动汽车以替代在运行的汽车[78]。Aral 研究“汽车购买趋势 2013”显示，他们下次购买汽车时直接购买电动汽车的意愿仅为 1%（“汽车购买趋势 2011”的结果为：0.3%[80]）。另一方面，电动汽车驱动类型显然是为环境保护做出贡献的最大潜力。大约 75%的受访者表示，电动驱动的汽车可以在未来十年为环境保护做出重大贡献，而只有 13%和 12%的人认为柴油机和汽油机驱动可以做到这一点[79]。在这一点上，带有增程器的电动汽车可以满足消费者的期望，并使电动汽车产量更容易提升。因此，电动汽车的能耗可以限制在 12～17kW·h/100km，具体取决于车辆尺寸。以目前的电力成本，电动汽车因此可以廉价地运行。增程器的任务应该主要是产生驱动电力，其次才是为电池充电。关于消费者是否会认为几乎无噪声的电动驾驶印象被增程器的运行所干扰，存在各种讨论。如果带有增程器的电动汽车的运行策略设计为增程器仅在滚动和风噪声占主导地位的速度下使用，则这一事实意味着保留了电动驾驶的印象。这称为“声学掩蔽”。

29.11.3　电动汽车

化石燃料的有限性和阻止气候变化的必要性导致世界各地车辆的 CO_2 排放限制正在不断收紧。如果将再生能源作为动力源，传动系统的电气化可以为实现雄心勃勃的 CO_2 排放目标做出重大贡献。

除了资源节约和本地到全球零排放之外，电动汽车还带来了其他好处。这包括降噪，这在城市运行的较低速度下尤其明显，与更好的空气一起，可以显著改善城市的生活质量。

29.11.3.1　特大城市和低排放行驶

世界人口的增加和对移动性需求的增加将导致未来 20 年内个人移动性发生显著的变化。各方预测，人口增长将主要发生在城市，因此将出现拥有数百万居民的所谓特大城市。在当今居民和车辆众多的城市中，已经采取了各种措施来减少交通流量。例如，在伦敦和雷根斯堡，有一些无内燃机区域，而在其他地方则有注册限制或高额注册费，以及仅允许在某些日历日驾驶的使用限制。

29.11.3.2　通过立法限制全球 CO_2 排放

关于全球变暖依赖于 CO_2 排放的假设已经导致世界范围内采用各种法规来限制进一步的变暖。尽管汽车和固定式发动机的排放标准在工业化国家已经存在多年，但美国、日本、中国或欧洲等不同国家或地区走的是不同的道路，部分原因是历史原因。

例如，欧盟已设定从 2021 年起基于车队重量的排放目标为 95gCO_2/km。从 2014 年初开始，汽车制造商 95%的车队车辆必须从 2020 年开始遵守这个值[81]。如果这个目标没有实现，汽车制造商将支付罚款，根据售出的单位数量，罚款可能达到数百万甚至数十亿欧元（图 29.99）。德国和欧盟内部的具体应用方式仍在协商中（05/2014 状态）。

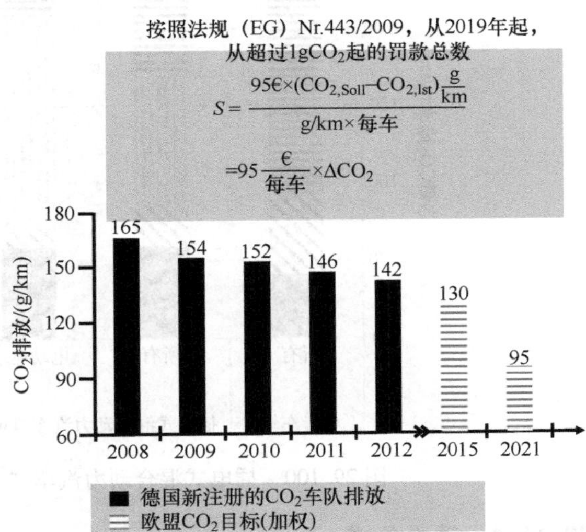

图 29.99　如果未达到 CO_2 目标值，则对汽车制造商处以高额罚款（根据参考文献［82－85］）

在美国，有时甚至更严格的排放目标已通过分阶段计划或奖励积分在其应用中被延迟或软化。例如，对于带有增程器的车辆，取决于燃料箱尺寸的附加的续驶里程可以仅与车辆的电动续驶里程一样高[86]。

29.11.3.3　通过电动汽车减少 CO_2

尽管电池驱动的车辆在当地不会产生 CO_2 排放，但目前德国的电力结构（2012 年状态）会产生576g/kW·h 的 CO_2[87]。例如，在耗电量为15.4kW·h/100km的紧凑型车辆中[81]，这意味着 CO_2 排放量为89g/km。相同的 CO_2 排放量是由具有高效柴油机的同一款车引起的[88]。只有通过使用可再生发电，电动汽车才能为减少温室气体排放做出重大贡献。

为了考虑产品生命周期内排放的 CO_2 量，必须包括制造和处置过程。ifeu[89] 于 2013 年 6 月发表的一项研究表明，即使按照目前的技术水平，插电式混合动力汽车在其整个使用寿命内也比可比的传统运行的参考汽车具有更好的气候平衡（图 29.100）。然而，这主要取决于测试对象的驾驶方式。依据相应的整体气候平衡，它们是否对应于驱动类型“E – Fahrer”（电动驱动）（电动驱动超过 70%）、“Hybridfahrer”（混合动力驱动）（电动驱动在 40% ~70% 之间）或“Konventioneller Fahrer”（传统驱动）（电动驱动部分少于 40%）。如果与参考车辆相比，使用插电式混合动力车的“E – Fahrer”每行驶 1km 可节省约 12% 的总 CO_2 当量，则使用这两种车辆的 Konventioneller Fahrer 的 CO_2 排放水平大致相同[89]。目前对电池使用寿命的了解还不足，因此可能需要更换电池，与传统车辆相比，这将使 CO_2 减排量从 12% 减少到 7% ~ 8%。然而，最大的杠杆作用在于电力的供给：当电力完全来自可再生能源，与 E – Fahrer 相关的 CO_2 排放量可以大致减少一半。本研究使用的车辆是“TwinDrive”（双驱动）插电式混合动力车，由大众汽车公司开发，作为联邦环境、自然保护和反应器安全部“电动汽车”资金重点项目的一部分。

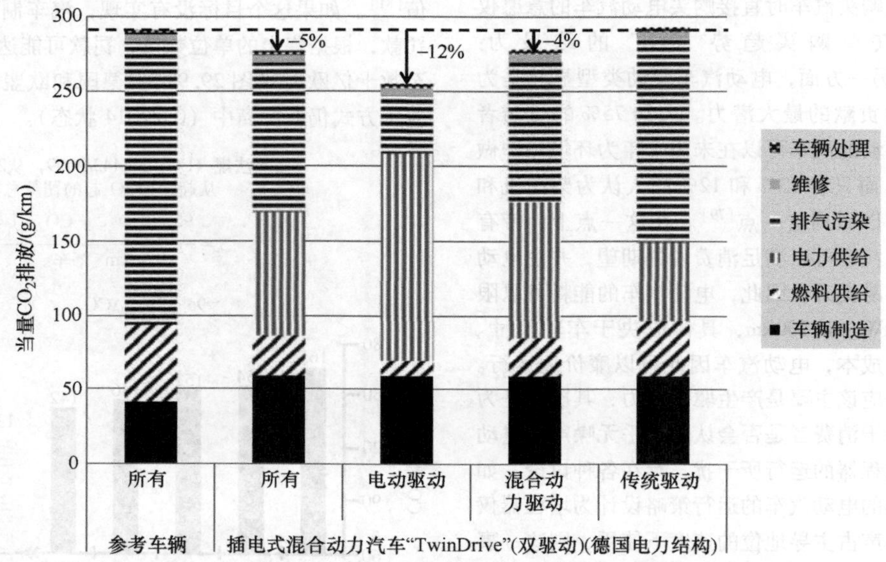

图 29.100 插电式混合动力汽车“TwinDrive”和参考汽车的气候平衡[89]

29.11.4 动力总成

在能源转型政策的背景下，欧洲特别是德国对 CO_2 减排和电动汽车的讨论，以及其他国家的发展，例如中国大城市以电动踏板车形式的电动汽车，为未来的动力总成带来了各种想法和方案设计。对于传统已知的汽油机和柴油机，添加纯电力形式或与内燃机组合的电动驱动（称为混合驱动），因为这里提供两种不同的驱动源。可由内燃机和/或电动运行和电动续驶里程至少为 50 ~ 60km 的混合动力车辆应在下文中进行更详细的描述。

29.11.4.1 传统动力、混合动力和电动驱动

为了对各种动力总成方案设计（概念）进行分类，可以使用图 29.101。

这里，首先展示了传统的驱动概念，其中燃料箱作为能量存储器，连接到车轴的内燃机作为驱动源。

带有使用更高功率起动器或传动带起动机发电机的起动 – 停机装置的车辆称为微型混合动力汽车。这些车辆通常具有制动能量回收的可能性。在中度混合动力的情况下，通过连接到曲轴的起动机 – 发电机起动，它还可以为起动或加速过程提供额外的电力支持[90]。

在并联混合动力中，添加了一个电池作为另外的能量存储器，并添加了一个电机作为额外的驱动单元。内燃机和电机一起或单独驱动车轴。由于只有一台电力机械，因此内燃机不能独立于驱动装置运行以实现对电池的充电。它可以让内燃机和电力机械作用在不同的车轴上（Axle Split，分轴）。

与较小的电池仅通过能量回收进行充电的全混合动力相比，在插电式中，也通过电网和插头进行充电。

最后，功率分流式混合动力驱动的特点是通过存在的第二台电力机械和合适的变速器（行星齿轮变速器），用于电功率和机械功率的分配。采用这种结

构形式，内燃机与增程器一样，可以独立于驾驶情况运行，从而能够在电动行驶的同时为电池充电。然而，在这里讨论的不是增程器的方案设计（概念）。功率分流混合动力与增程器最相似，但相比而言，它以最高的技术努力提供了明显更高的行驶功率和续驶里程。

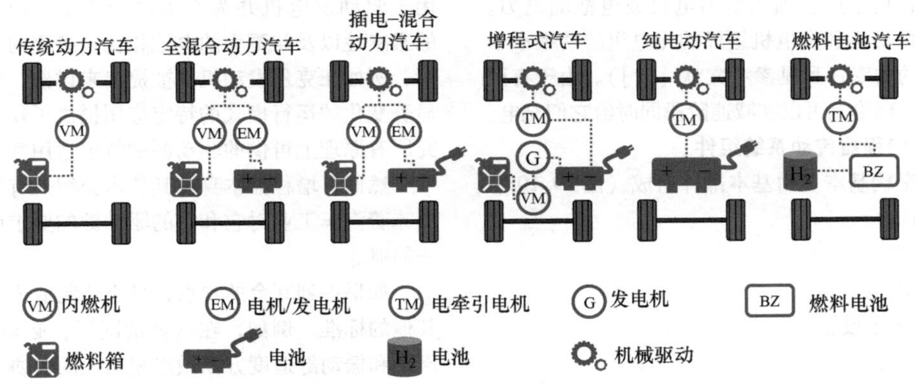

图 29.101　车辆驱动方案设计（概念）概述

串联混合动力的特点是两个独立的驱动源，驱动源串联地连接。原则上，整个单元可以设计成三台具有相同尺寸的机器，包括内燃机、发电机和电机。这种驱动类型从例如船舶（潜艇）或轨道车辆中可知。几十年来，柴油-电力驱动已经在那里广为人知。

纯电动汽车通常具有比并联混合动力更大的电池，因为它仅用于电动行驶。通常，与串联混合动力一样，能量回收（即制动时的能量回收）用于为电池充电。通过插座完成后续充电。

在燃料电池汽车中取消了内燃机，因为通过燃料电池直接发电，提供电动行驶驱动。然而，必须有一个合适的储罐来存储氢。

有关各种混合动力驱动的更多文献可以在例如参考文献［90，91］中找到。图 29.102 列出了不同传动系统变体的一些优点和缺点。

驱动类型	优点	缺点
内燃机	成熟和知名的技术，现有的基础设施，长的续驶里程	发动机效率低，排放高
微型混合动力	价格低廉，可进行能量回收并因此减少油耗，长的续驶里程	低的燃料消耗节约潜力，远距离运行几乎没有任何节约
中度混合动力	性价比高，燃料消耗显著降低，长的续驶里程	与传统车辆相比，额外的组件导致额外的重量和增加的空间需求
全混合动力	非常好的行驶功率，城市中高的节能潜力，显著限制的本地无排放行驶，长的续驶里程	技术和经济上的高费用，长距离行驶节能的潜力很小，与传统车辆相比增加了重量
插电式混合动力	长的传统续驶里程，电动驱动有限，本地零排放	与传统汽车相比，由于混合动力部件的重量和成本增加、缺乏基础设施、电动续驶里程低于电动汽车
功率分配混合动力	与串联混合动力一样的优点，更高的灵活性，可能更高的行驶功率	与串联式混合动力汽车相比，重量和成本更高、传动系统复杂（需要两台电力机械和功率分流变速器）、复杂的调校
串联混合动力（增程器）	与具有相同续驶里程的电动汽车相比，总续驶里程高、电池成本和电池重量更低，内燃机的负荷工况点可以移动并可以在一个发动机工况点运行	与传统车辆相比，在使用内燃机行驶时，电力损耗更高，由于混合动力部件导致的额外重量和增加的空间需求
纯电动驱动	本地零排放行驶，只有一种驱动源，减排潜力大（再生能源）	续驶里程有限，缺乏充电基础设施，充电时间长，主要是由于电池使成本提高

图 29.102　不同动力总成变体的优缺点（根据参考文献［92］）

29.11.4.2　串联混合动力传动系统中的增程器

其动力总成通过一个装置（与驱动轮没有机械连接）来延长续驶里程的电池车辆称为串联混合动力。增程器仅用于产生馈入牵引电机或电池的电力。在这里，由内燃机和发电机组成的充电组的功率小于车辆主驱动的功率（另见参考文献［91］）。由于有两台电力机械，理论上可以在减速阶段同时给它们充电。

29.11.4.3　增程器传动系统组件

增程器车辆基本上由基本部件组成（图29.103）

- 发动机。
- 发电机。
- 动力电池。
- 电力电子设备。
- 牵引电机。
- 变速器。
- 控制单元。

各个组件的实际设计和特性在细节上取决于所选的增程器方案设计（概念）。

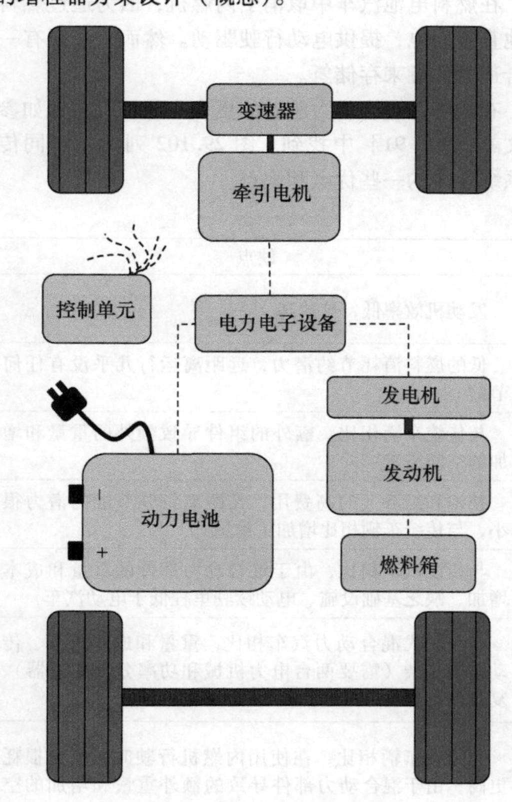

图29.103　增程器车辆的组件

29.11.5　增程器

29.11.5.1　内燃机作为增程器

对于用作增程器，具有成本效益的进气道喷射的自然吸气汽油机是一个不错的选择，这是因为它具有良好的噪声和振动特性。

传统上，增程器的动力源是往复活塞式内燃机，用于驱动发电机并为牵引电池供电。由于“包装”的紧凑性以及与更大的电池相比，装置的重量至关重要，例如汪克尔发动机也被提出来讨论。最终，具有显著变化的运行模式的特定应用提供了新的理由来研究所有原理上可供的驱动源的特定适用性[93]。

然而，增程器本身及其技术介绍是有争议的。这意味着汽车工业对它和它的驱动源的要求尚未形成统一的概念。

如果提到冗余的观点，最小化制造成本主导所有其他的标准。例如，在这种情况下，必须在耐久性、声学和振动舒适度方面做出相当大的妥协。但是，对NVH（Noise，Vibration，Harshness，噪声、振动、舒适性）整体印象也是由运营策略决定的。与常见的论点相反，这要求诸如内燃机也必须能够在扩展的特性场范围内瞬态运行。在任何情况下，无论其运行模式如何，电动汽车的潜在客户都不愿放弃固有的声学舒适度。因此，一个合适的NVH方案设计应该会促进增程器的接受度。

考虑到转换效率，车轮功率决定了驱动源的额定功率。一旦达到了确定的行驶功率，就必须避免使用在很大程度上普遍可安装的模块的想法。庞大的结构尺寸源于对行驶功率的要求。对平地和斜坡上的最高速度以及货车交通动态性能的保护决定了安全行驶的最低要求。对于小型车，其结果是功率范围为20～35kW，对于紧凑型汽车，最大需求为55kW。然而，从道路安全方面来看，最低限度的要求的问题是由于减少了“跛行回家”功能，即紧急运行受到明显的限制。

当然，通过内燃机的相应高的比功率，可以最大限度地减少排量或气缸数量，从而对结构尺寸或外形尺寸（包装）产生有利的影响。然而，这里存在NVH要求以及不应低估的热问题的目标冲突。“降速”比高转速更受欢迎，并且不太可能推荐增程器采用增压。在设计内燃机时，必须考虑轴承可能的频繁起动和相关的停机－起动能力以及相关的废气排放。需要考虑预调节的可能性。使用天然气或生物燃料的替代运行可能会变得越来越重要。

图29.104以可比较的描述方式显示了原理上可供的驱动源的优点和缺点，并且基于切克（Tschöke的专业知识）[93]。作为APU（Auxiliary Power Unit，辅助动力装置）的燃料电池在此不再详细讨论。对于这个应用，其成本显然仍然太高。此外，氢的再生

生产仍处于起步阶段，尽管有国家氢能和燃料电池技术组织（NOW）的指令，但仍没有全面的基础设施，而且只有在 750bar 的极高压力和相关努力下，在车辆中的储存才有意义。

	权重因子	四冲程汽油机	二冲程汽油机	四冲程柴油机	二冲程柴油机	汪克尔	斯特林	燃气轮机	燃料电池
空间 小	高	+	+	o	+	++	--	+	+
重量 轻	高	+	++	+	+	++	--	+	+
声学 好	高	+	o	o	o	+	+	--	++
排放，降低排放措施 低	高	+	o	o	o	o	++	-	++
制造成本 低	高	++	++	++	+	o	--	--	--
开发风险 低	中	++	+	++	o	o	--	--	-
起动特性 好	中	++	++	+	+	+	-	-	o
效率 高	中	+	o	++	+	o	+	-	++
柔性燃料 可能	低	+	o	+	+	o	++	o	-

1级优先　2级优先　值得追求，尚未确定评估　没有选择

图 29.104　不同能量转换器作为增程器的适用性[93]

进气道喷射的低成本自然吸气汽油机非常适合用作增程器模块。功率范围可以覆盖两个气缸和 0.5 ~ 1.0L 的排量。直列式发动机实现了特别简单和紧凑的结构方式，但在振动舒适性方面还有很多不足之处（图 29.105）。平衡轴增加了复杂性。水平对置发动机的特点是来自气缸偏移的惯性矩很小，但结构过于膨胀。在 V2 发动机的情况下，一阶质量力只能通过曲轴上的配重来平衡。二阶惯性矩小于水平对置发动机。此外，通过水平布置，即垂直曲轴，可以实现较低的结构高度。

	汪克尔	直列两缸 R2			V2（90°）	对置 B2
曲拐间距	—	360°	180°	90°	360°	180°
点火次序	360°	360° - 360°	180° - 540°	270° - 450°	270° - 450°	360° - 60°
一阶质量力	0	$2F_{01}$	0	$1.41F_{01}$	0①	0
二阶质量力	0	$2F_{02}$	$2F_{02}$	0	$1.41F_{02}$	0
一阶惯性矩	0	0	aF_{01}	$0.7aF_{01}$	$0.5bF_{01}$	bF_{01}
二阶惯性矩	0	0	0	aF_{02}	$0.7bF_{02}$	bF_{02}

注：a = 缸距；b = 排列偏移；F_{01} = 1 个气缸的质量力幅值，一阶；F_{02} = 1 个气缸的质力幅值，二阶。

① 通过曲轴上的配重平衡。

图 29.105　考虑质量力的单圆盘汪克尔发动机和双缸发动机的比较[94]

二冲程汽油机的特点是结构简单、重量轻、部件少。在相同排量的情况下，与相同数量的气缸和更高的发动机热负荷相比，它可以提供大约多 50% 的功率，并且不均匀性更小。摩擦损失方面的优势源于曲轴箱扫气不需要气门机构这一事实。然而，在 HC 排放、燃料消耗和润滑方面的相当大的缺点是不容忽视的。缺点的技术控制将意味着相当大的努力，这在所讨论的应用中没有得到回报。

四冲程柴油机一开始似乎并不被推荐，因为与汽油机相比，它的成本（喷射系统和排气后处理）更高。除此之外，还有明显更高的气缸压力，这会产生相应的声学的负面影响，以及由于需要更坚固的尺寸而导致的更大的重量。另一方面，在参考文献［93］中，由于增程器的要求较低，而提出了一些有吸引力的选项。然而，为此可能需要相当大的开发成本，最初不太可能作为增程器的驱动源。

汪克尔发动机体积小、结构紧凑、重量轻且运行时振动小。众所周知，它的热力学缺点是由于它的原理，燃料消耗高，密封性能问题到今天还不能说是完全令人满意地得到解决。由于 NVH 的原因，在增程器中无法充分发挥转速的潜力。即使在增程器中应用，汪克尔发动机仍将是一个边缘现象。

燃气轮机看上去也不会成功[93]。由于它们的几何形状，小型燃气轮机的损失相对较高，因此效率较低。由于外部燃烧而在燃料方面的灵活性和相对较低的污染物排放是有利的。另一方面，高的空气质量流

量和转速会导致非常高的噪声水平。

斯特林发动机也具有多燃料能力且低排放，因为它还可以与外部燃烧一起使用。其迟缓的瞬态行为在稳态运行中不会是一个缺点。然而，从今天的角度来看，这将过多地限制运营策略。由于没有压力峰值，声学和振动舒适性并不严重。另一方面，复杂的结构、大型热交换器以及相关的结构尺寸和重量是至关重要的。尽管有一些特定的优势，但斯特林发动机在增程器中的使用并没有吸引力[93]。

29.11.5.2　燃料选择

在增程器模块中的燃料选择

在安装空间要求、满足排放要求所需的花费以及成本和重量方面，汽油机是目前最有效的方案设计。

基于带有内燃机的增程器方案设计，出现了使用哪种燃料的问题。由于增程器与传统驱动相比的特殊情况，可以提及以下的差异，这些差异会影响燃料的选择：

- 使用频率。
- 燃料箱和燃料系统。
- 最小的空间要求。
- 尽可能低的购置和维护成本。

内燃机作为增程器模块连续运行。相反，使用强度应始终尽可能低，以尽可能降低 CO_2 排放量。由于汽车主要是作为电池汽车以电动方式运行的，因此增程器的主要应用领域是扩大续驶里程，而不是将其用作车辆的主驱动。这意味着燃料必须长期保持物理和化学稳定性，因为燃料箱填充物可能会长时间不使用。

然而，燃料的选择也会对车辆基础设施产生影响，例如燃料箱的尺寸和重量以及由燃料泵、燃料管路、附加的温度系统和过滤系统以及点火系统组成的整个燃料系统。由于期望的低的使用率，与成本和安装空间要求相比，绝对燃料消耗处于次要地位，因此小型汽油机目前是一个合适的折中方案。

尽管柴油机在燃料消耗方面具有优势，但它们在排气后处理方面需要更多的努力，因为在废气质量方面对内燃机的要求与传统发动机相同。气缸中更高的压力水平意味着更重，即使在自然吸气柴油机的情况下也是如此。冷起动需要一个合适的系统，如果必要的话还需要一个用于燃料的温度控制装置。

汽油机的优点是重量轻，并且可以将其用作使用LPG（液化石油气，Liquefied Petroleum Gas）或CNG（压缩天然气，Compressed Natural Gas）的燃气发动机。由于甲烷的氢/碳比更合适，CNG在 CO_2 排放方面被证明是有利的。此外，CNG可以再生方式产生（从电力到天然气，Power to Gas），最终也可以被视为一种能量存储器，因为它可以作为储备生产并存储在天然气管网中。CNG的一个缺点是压力罐、气体技术和安全技术的成本更高。原则上，汽油在世界各地更容易获得。

在参考文献［95］中可以找到研究和评估关于用作增程器的各种发动机概念的详细的研究（图29.106）。

	汽油	柴油	LPG	CNG
发动机重量	＋＋	－－	＋＋	＋＋
燃料系统	＋＋	－	＋	－－
燃料消耗	－－	＋＋	＋	＋
排气后处理	＋＋	－－	＋＋	＋＋
成本	＋＋	－	－	－

图29.106　不同燃料的评估

29.11.5.3　串联式和并联式混合动力的燃料消耗

在谈到串联式和并联式混合动力汽车燃料消耗方面的差异问题时，必须考虑到有不同的技术版本，每个版本都追求不同的目标：目前，串联式混合动力汽车更有可能用于城市交通，即它们是微型或小型汽车。并联式混合动力汽车往往更适合作为家庭或旅行车，这就是为什么在这里要安装更高的行驶功率和更长的续驶里程的原因。因此，这些都是更大的车辆。从目前的角度来看，并联式混合动力系统在小型汽车中的应用是不太可能的。最近才提供的车辆（特斯拉S）如果使用增程器进行扩展，可能会提供更现实的比较基础。

串联式混动系统的基本设计旨在通过内燃机的巧妙运行策略来补偿能量多次转换造成的损失。由于发动机原则上可以在最佳工况点稳态运行，这开辟了可能性。

下面对小型汽车的考虑（图29.107）显示了串联式和并联式传动系统之间的差异。

如果选择NEDC作为比较循环，则串联式和并联式之间的比较会导致有利于并联式混合动力的轻微优势。需要注意的是，在这些比较中，在试验开始和结束时电池的充电状态是相同的。

如果在法规框架内选择了一种能够实现充电保持和合适的NVH特性的运行策略，如真实的原型所示[96]，则会出现类似的情况。额外的消耗是由于增加了内燃机运行，这使电池电量保持在先前选择的水平。

	行驶循环	运行模式	串联式混合动力驱动 燃料消耗/CO_2排放		串联式混合动力驱动 燃料消耗/CO_2排放	
	NEDC	法规	1.44L/100km	34.1g/km	1.34L/100km	31.8g/km
估计：10000km/年→15%增程器运行	NEDC	保持充电状态	4.89L/100km	115.9g/km	4.54L/100km	107.6g/km
	1500km/年	保持充电状态	73.4L/年	173.9kg/年	68.1L/年	161.4kg/年

图29.107　并联式和串联式混合动力汽车燃料消耗的比较（另见参考文献［96］）

29.11.5.4　协调性（NVH，功能）

（1）功率

如29.11.4节所述，内燃机不用作带增程器的电池车辆的主驱动或牵引驱动。因此，它的功率低于实际的主驱动的功率（即电机）。根据车辆规格要求设计内燃机功率，根据运行策略设置要求的优先级。

对增程器的基本要求

只要燃料箱里还有燃料，就不会因为电池没电而造成车辆故障。

以下设置为扩展要求：

1）足够的行驶功率。

2）声学上不显眼的特性。

在确定足够的行驶功率时，应根据电池充电水平和当前的行驶功率需求决定接入内燃机特性。基本上，可以在只是勉强防止车辆发生故障（例如在高速公路上）的纯应急运行功能（跛行回家模式）与允许“正常”行驶运行之间进行区分。当然，后者具有取决于电池充电状态和充电组可用功率的限制。根据内燃机的功率设计，只能提供充电电力、行驶电力或运行电力。

车辆上的电力需求由三个消耗群体来决定（图29.108）：

－ 行驶电力：克服行驶阻力所需的电力，包括行驶所需的辅助单元运行的电力。例如，这些包括控制单元、液压泵或电动执行器。

－ 运行电力：继续运行车辆所需的电力。部分用于与安全相关的目的，例如照明或窗户清洁。

－ 舒适性电力：供暖、空调或信息娱乐所需的电力。

项　目	需　求
行驶功率	取决于车辆重量，例如菲亚特（Fiat）500在NEDC中的平均功率约为10kW，最大功率约为47kW
电池功率	连续运行的控制单元<0.5kW
舒适性功率	例如加热，5～8kW

图29.108　在平地上行驶时车辆的功率需求

（2）内燃机的功率设计

以车辆的功率设计为例，其中功率设计的边界条件是高速公路上所需的最低速度为100km/h，坡度为3%。

使用车辆纵向动力学的功率需求P_{Bedarf}的计算规则：

$$P_{Bedarf}=F_W\cdot v_{Fzg}=v_{Fzg}\cdot(F_L+F_{Ro}+F_{St}+F_B)$$

式中，F_W为总的行驶阻力，N；v_{Fzg}为车速，m/s；F_L为空气阻力，$F_L=\frac{\rho_L}{2}\cdot C_D\cdot A\cdot v_{rel}^2$；$\rho_L$为空气密度，kg/m^3；$C_D$为空气阻力系数；$A$为投影面积，m^2；$v_{rel}$为车辆的相对速度，m/s；$F_{Ro}$为滚动阻力，$F_{Ro}=(m_{Fzg}+m_{Zu})\cdot g\cdot f_{Ro}\cdot\cos\alpha$；$m_{Fzg}$为车辆质量，kg；$m_{Zu}$为有效载荷质量，kg；$g$为重力加速度，m/s^2；$f_{Ro}$为滚动阻力系数；$\alpha$为以度为单位的爬升角，(°)；$F_{St}$为爬升阻力，$F_{St}=(m_{Fzg}+m_{Zu})\cdot g\cdot\sin\alpha$；$F_B$为加速阻力，$F_B=(e_i\cdot m_{Fzg}+m_{Zu})\cdot a$；$e_i$为质量因子；$a$为车辆加速度，m/s^2。

对于图29.109中的车辆数据，例如车辆质量、C_D系数和投影面积以及质量系数、传动比，以及最后的传动系统效率，可以确定所需的车轮功率以及考虑到电效率的所需内燃机的功率[97]。

（3）内燃机的NVH设计

增程器的声学上不显眼的特性很大程度上由内燃机的运行特性来确定。这从属于通常的声学模式，这意味着当车辆静止或低速时发动机高速运行是不可接受的。因为由于封装要求，气缸数少的小型发动机特别适用，也因为点火顺序，导致对扰动的进气和排气噪声的补偿提出了更高的要求。

图29.110显示了增程器模块设计时的声压级目标范围。

29.11.5.5　运行策略

运行策略很大程度上取决于需求。如果除了充电或提供牵引电力的功能外，还要满足次要条件“声学”，这会影响策略的选择。例如，在电机运行时，起动过程所需的转矩决定了由DC/AC逆变器提供的三相电流。在发电机模式下，电池的充电水平、加速踏板的位置和增程器的基本运行策略决定了运行点。发电机的特性场必须与内燃机的特性场相匹配，以便在有利于效率的范围内运行两个子单元。对内燃机来说，这是最低比燃料消耗区域，以 g/kW · h 为单位，刚好在全负荷线下方（另见 29.11.7.2 节，图 29.117）。

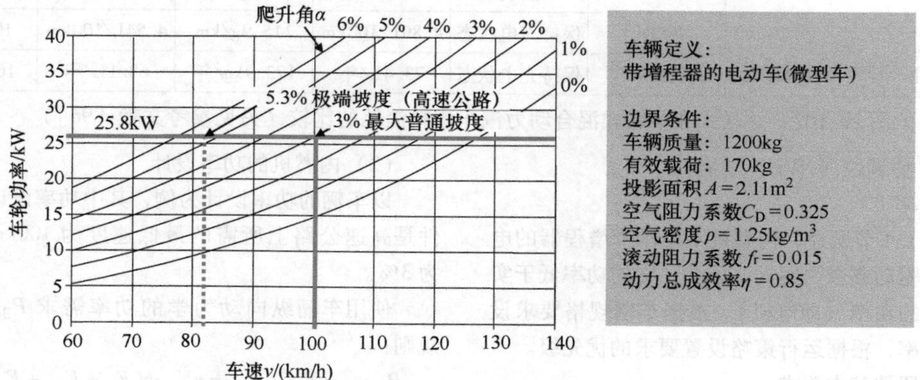

图 29.109　内燃机的设计（另见参考文献［96］）

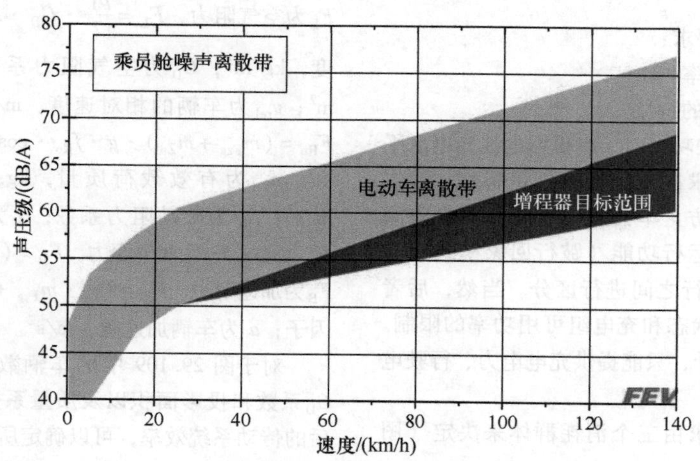

图 29.110　车内增程器的目标噪声值[98]

以下运行策略是可能的：

- 策略 1（单点策略）：
- 增程器运行中的 1 个发动机运行工况点。
- 在 SOC（充电状态，State Of Charge）= SOC_{min}时，以全部发电机功率（额定功率）为电池充电。
- 策略 2（两点策略）：
- 增程器运行中的 2 个发动机运行工况点（平均部分负荷和额定功率）。
- 纯粹依赖于速度的切换。
- 策略 3（三点策略）：
- 增程器运行中的 3 个发动机运行工况点。
- 增程器运行取决于 SOC 和速度。
- 策略 4（功率跟随模式）：
- 增程器运行中的功率跟随模式。

29.11.6　控制单元

除了用于电力机械运行的电力电子部件外，增程器单元的调节还需要用于内燃机运行的常用发动机控制单元（ECU，Engine Control Unit）和用于整个单元的更高级别的控制单元，其中存储了运行策略。这也可以集成到 VCU（Vehicle Control Unit，车辆控制单元）中。

对此，电力电子设备完成发电机运行中的电压整流（AC/DC）和电机运行中的逆变（DC/AC）任务。此外，还需要一个电压转换器（DC/DC）来为 12V 车载电源的组件供电。

内燃机的运行通过发动机控制单元根据所需的电功率进行调节。发动机控制单元确定燃料量、点火正时和节气门位置。

29.11.7　发电机

29.11.7.1　结构类型

原则上，电力机械可以有不同的结构形式。目前提供以下可供选择的机器类型：

- 异步电机（ASM）或感应电机（IM）。
- 外部励磁同步电机（FSM）。
- 永磁励磁同步电机（PMSM）。
- 开关磁阻电机（GRM）。

ASM 的特点是具有成本效益的机器，在更高的转速下具有良好的效率，而 PMSM 则以良好的效率提供从零速开始的全转矩。然而，由于磁铁使用稀土，预计成本会很高。如果电力机械既作为发电机又作为电动机运行，则电力电子设备必须能够处理这两种运行模式。机器应该像内燃机一样具有良好的 NVH 特性。

在下面的章节中，将简要讨论上述机器类型的发电机运行。

29.11.7.2　电力机械

众所周知，电力机械是电磁能转换器；这里有各种各样的机器类型。反过来，它们有不同的结构形式和结构尺寸可供选择。电力机械主要由定子和转子组成。“电枢”始终是机器的一部分，其中感应出电力转换所需的电压。在下面更详细考虑的感应电机中，这主要是静态的机器部分（定子或支架）。

有一些基本的区别特征，例如内转子或外转子，对转矩和转动能力有相应的影响。此外，内部磁极电机和外部磁极电机之间存在区别，这取决于励磁是位于转子中还是位于定子中。

此外，凸极电机和非凸极电机之间存在区别。图 29.111以外部励磁同步电机为例说明了其中一些特征[99]。

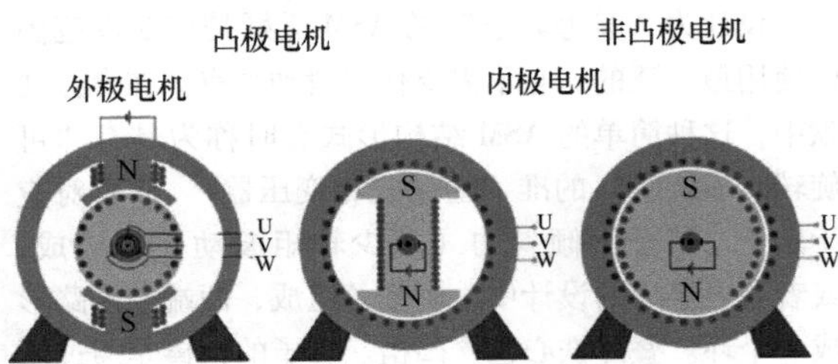

图 29.111　外部励磁同步电机（三相电机）在示意图中表示为外极和内极电机、凸极和非凸极电机[99]

由于它们的高度复杂性，功能方式（特别是定子侧和转子侧磁场的相互作用）以及各种机器类型的计算基础将不在本书中详细讨论。它是为广泛的、更新的关于感应电机的专业文献而保留的。下面对机器类型的描述包括基于基本特征的粗略特征和区分。

特别是在移动应用中，重点是尽可能高地利用电力机械。利用率 C 定义如下：

$$C = \frac{P_\mathrm{m}}{D^2 l n}$$

式中，P_m 是轴上的机械功率；D 是定子的孔径，下面将对此进行更详细的说明；l 是其有效长度；n 是转速。增程器对电力机械的要求与底层的技术方案设计密切相关。因此，它们的功能要么仅限于发电机运行，要么必须扩展为用作电动机。如果发电机还用作内燃机的起动机，或者至少原则上可能用于在并联混合动力驱动形式的情况下直接支持驱动，则需要后者。在第一种情况下，连续运行和在后一种情况下具有足够的起动转矩的短期运行肯定是最重要的。必须权衡与传统 12V 起动机相比的额外的技术投入。

下面的解释主要集中在作为发电机运行的电力机械上。采用“串联式混合动力驱动”形式的驱动设计时，增程器简化为由内燃机驱动的发电机，无须将两个子单元与车辆驱动机械地连接。发电机功率与内燃机的功率相关，其功率明显低于主驱动，即驱动电机。后者将增程器车辆与通常称为混合动力驱动的车辆区分开来。原则上，发电机可以设计为直流、单相交流和三相电流发电机。如今不再使用直流发电机。使用它们时，转子中产生的全部电能必须通过换向器（电力换向器滑动触点）传输。所谓的“刷火”会产生高频干扰。单相交流发电机的使用减少为几千瓦功率的小型发电机。因此，在相关的应用领域，这是一个关于三相交流电（相互连接的交流电）发电机的问题。这里考虑的电力机械主要由定子（在这种情况下为三相绕组）和以不同方式励磁的转子组成。

为了避免涡流，即将电能转化为热能，定子和转子由许多单独的叠片组成，这些叠片是使用切削工具制造的，并且彼此绝缘。定子和转子之间有一个狭窄的气隙。定子三相的起点和终点可以接成星形或三角形。原则上，在发电机运行中，当转子旋转时，三个错开 120°的定子线圈/定子股线（原则上是带有铁心的感应线圈）暴露在转子的旋转磁场中。以这样的方式，在每个相中连续感应出交流电压 U_ind，与其他相电压相比，该电压在时间上偏移了三分之一的周期（即 120°）[91]：

$$U_\mathrm{ind} = \sqrt{2}\pi f_1 w_1 \xi_1 \Phi_\mathrm{h}$$

$$\Phi_\mathrm{h} = \frac{2}{\pi} B_1 l \tau_\mathrm{p} = \frac{B_1 l D}{p}$$

$$U_{\text{ind}}=\sqrt{2}\frac{n}{60}w_1\xi_1B_1\pi lD$$

作为示例给出的方程仅限于基本场（标注为“1”）并且忽略了干扰谐波。基本场的频率：

$$f_1=\frac{np}{60}$$

式中，n 是发电机的转速，r/min，不一定与内燃机的转速相同；p 是转子的极对数；w_1是每相的匝数；ξ_1是所谓的基波绕组因数；Φ_h是主旋转磁通量（转子和定子的旋转磁场在气隙中的重叠）；B_1是基波的磁通量密度。对于低旋转磁场转速，必须选择相应高的极对数。

定子绕组或线圈的不同设计可能性意味着这里需要非常简短的描述。绕组的设计通常旨在保持励磁曲线的谐波含量与基波相比尽可能小（转矩、磁噪声、损耗、发热等），后者是确定气隙场的磁通分布。

首先，必须区分集中绕组分布与单独的线圈。由于定子内圆周上的齿和其间的槽交替出现，因此定子齿可以承载单独的线圈，即所谓的齿线圈。在分布式绕组的情况下（也可以选择多层或分层），绞线的绕组在圆周上的多个槽上延伸。再次区分环形绕组和波形绕组。在这一点上，参考不同的绕组或线圈技术，包括使用预制形式的线圈，就足够了。对此，有重要的标准

– 最大可能利用率 C 的可实现的铜槽填充系数，即填充铜的槽体积百分比，取决于电缆横截面、填充密度以及电线的绝缘和槽的绝缘。

– 与技术相关的突出端部绕组（无法使用的长度，即绕组在槽外的部分，必须防止定子中的机械撞击和电击以及转子中的离心力）。

– 制造技术方面以及最终的成本。

以下关系适用于分布式旋转磁场绕组：

相	$m=3$
极对数（2 极）	p
槽数	z
孔数（槽/极和相）	$q=\dfrac{z}{2pm}$
极距	$\tau_p=\dfrac{z}{2p}\left(\tau_p=\dfrac{\pi D}{2p}\right)$
无并联电路匝数	$\omega=\dfrac{nz}{2m}=npq$
绕组节距缩短	υ
无筋绕步	$y=\tau_p$
有筋绕步	$y'=y-\upsilon$

通过增加孔数量和/或筋的数量（节距缩短）可以更有利地设计前面提到的场激励曲线。一根筋需要两层绕组。股线的顶层和底层与筋相互偏移。除了易于理解的全孔绕组［也允许不等宽度（绕组步长）］之外，分数孔绕组在某些情况下也有意义（孔的数量 q 是分数）。实际上，这意味着股线中的各个线圈组具有不同的匝数。齿形线圈绕组由具有筋的两层分数孔绕组所组建，其中绕组步长对应于槽间距（$y'=1$）。

必须考虑，取决于槽几何形状和导体横截面的“电流位移效应”，例如欧姆损耗或局部热问题，仅应在此处指出。使用分布式绕组，可以实现较少的匝数和较大的基波绕组因数。另一方面，齿线圈绕组没有具有相应散射电抗的悬垂绕组。它们减少了导体长度，节省了用于相分离的绝缘，具有较低的股线电阻并因此降低了电流热损失，并且在轴向方向上结构也非常短。因此，该技术特别适用于内燃机与变速器之间的盘形电力机械。然而，可能的极－槽组合的数量受到严重限制。绕组因数也更低，这导致匝数较多或感应电压更低。气隙场的宽谐波频谱（转矩脉动和涡流损耗）也具有干扰性。

例如，通过通常的星形连接，根据相电压 U_{St}、相电流 I_{St}和功率因数 $\cos\varphi$ 计算电有功功率 P_{el}，如下所示：

$$P_{\text{el}}=3P_{\text{St}}=3U_{\text{St}}I_{\text{St}}\cos\varphi=\sqrt{3}UI\cos\varphi$$

$$U=\sqrt{3}U_{\text{St}}\quad I=I_{\text{St}}$$

最后，考虑到能量转换的总效率 η_{ges}，要使用的机械功率 P_{m}来自电功率 P_{el}。必须相应地与内燃机的转矩 M 和角频率 ω 相匹配：

$$P_{\text{m}}=M\omega=\frac{P_{\text{el}}}{\eta_{\text{ges}}}$$

（1）异步电机

设计为“笼型转子”的 ASM 无疑是该功率范围内使用最广泛的。它不需要任何滑动触点。在专业文献中，这种简单的 ASM 结构形式有时称为具有“可旋转次级绕组”的准“短路三相变压器”。后者对应于转子。转子由倾斜的（减少转矩波动）铜组成，或者在更经济的设计中，由铝条组成，两端点短路形成一个环。叠片铁心包含凹槽。转子的铝棒是通过压铸工艺铸造而成的。出于功能原因，它们的数量必须不同于极数（这里指的是定子的极数）。

ASM 的磁激励在用作发电机时需要特定的解决方案。为此，它实际上需要来自电网的“无功功率”。在“孤岛运行”中，由于发电机运行独立于电网，叠片铁心的剩余磁场最初可用于励磁。例如，为

了支持，电容器与定子绕组的股线并联连接（电容器励磁）。励磁电流在振荡电路中流动。一旦转子具有偏离定子磁场的机械旋转频率，转子笼（转子）的棒中就会感应出电压，从而导致电流流过短路环。这些电流反过来产生一个磁场。在气隙中，定子和转子的磁场叠加形成机器的主磁场。ASM 在发电机模式下对应于过同步运行（与负荷有关的滑差 >0）。

作为笼型转子的 ASM 是电力机械中的传统“主力”。迄今为止，它已被证明在功率密度、效率，尤其是制造成本方面是一种非常有用的折中方案，但现在面临着相当大的竞争。

（2）外部励磁同步电机

自电气化转换为三相电流技术以来，与电网同步运行的发电机（同步发电机）一直在能源供应商的发电厂中使用。随着当今电力电子设备的发展，同步电机开辟了广泛的应用领域。

在 FSM 中，电磁铁励磁绕组连接到转子上。它们的能量供应通常必须通过滑环提供。发电机运行也需要外部直流电源。然而，由于与直流电机相比，不需要换向，因此可以避免“刷火”及其所有负面影响。与 ASM 相比，同步电机没有转差，因为转子中不需要感应电压。在发电机运行模式下，转子在旋转磁场之前励磁。转子和定子磁场之间的相位角取决于驱动转矩。如果在这种情况下转子和定子的旋转磁场彼此不具有相对速度，即同步运转，则发电机运行时在定子中引入的转矩根据那里产生的旋转磁场转换成相应的三相电流。

（3）永磁励磁同步电机

在 PMSM 中，转子携带永磁体而不是励磁绕组来产生磁场。从而消除了为此目的所需的电力供给。可以通过旋转编码器（例如电位器、旋转变压器、增量编码器或绝对编码器）反馈位置。高极同步电机能够在低速下每单位体积提供非常高的转矩。这意味着可以实现无变速器驱动。

转子中磁铁的形状和排列对电机的特性有明显的影响作用。表面磁体、嵌入表面的磁体和嵌入有和没有磁通屏障的磁体之间存在差异。为了减少谐波的影响，已证明有利的是使纵向排列的磁体在圆周方向上相对于彼此略微偏移。转子的磁体导致相对较大的齿槽转矩。没有磁铁的转子是纯磁阻转子。

由于高质量永磁材料的可用性，如今 PMSM 的应用可能性正在迅速增加。与软磁材料相比，永磁体是硬磁材料，由软磁材料制成定子和转子的叠片铁心，例如电工钢和发电机钢。钕铁硼磁体（NdFeB）的特点是矫顽力特别高。矫顽力 HC 表示抗退磁能力（磁通密度 $B=0$）。

磁性材料的最高工作温度是电力机械的重要标准，最终也是成本因素。在添加镝的最新发展情况下，最高质量水平规定为 200℃。

PMSM 被证明是非常灵活和强大的。它们的特点是具有极高的功率密度和相对较小的结构体积，即最大的紧凑性（单位体积的利用率或转矩）以及免维护。然而，高昂的磁铁成本意味着正在重新寻找替代品。

（4）开关磁阻电机

GRM 使用“磁阻效应”，即不同的磁阻与系统力求最小的磁阻（磁阻）这一事实相结合。这允许非常简单、鲁棒且具有成本效益的转子结构形式，其具有由高磁导率软磁电板材料制成的磁极（齿）。定子由集中线圈组成。转子齿数少于定子齿数。转子旋转直到它与股线对齐。为了能够继续连续转动，必须循环打开和关闭三股线。因此，必须使用传感器通过电流和电压直接或间接测量转子的位置。

这里还有一个同步旋转磁场，但没有任何励磁绕组。开关磁阻电机最初只是功率非常低的机器的边缘现象。同时，它在理论和实践上都得到了充分的研究，是中等功率范围内的重要替代品。

由于在相关应用领域缺乏实际意义，横向磁通电机在此不做更详细的解释。所考虑的机器类型的优缺点可以根据参考文献［100，101］进行总结，如图 29.112所示。

	ASM	PMSM	GRM	GSM
力矩密度	+/–	++	+	–
效率	+/–	++	+/–	–
质量	+	++	+	–
技术状态	++	+	+/–	++
变换器	+	+/–	–	++
机器成本	+/–	–	+	–
系统成本	+/–	+/–	–	+/–
加工	+	–	++	–
噪声	+	++	–	+

ASM：异步电机；PMSM：永磁同步电机；
GRM：开关磁阻电机；GSM：直流电机

图 29.112　机器类型比较（根据参考文献［100，101］）

在图 29.113 ~ 图 29.116 的基础上简要解释了各种机器的结构类型及其优缺点。

电力机械方面出现了不同的画面（图 29.117，见彩插）。从比较表中可以看出，这里考虑的机器类型相互之间具有明显不同的特征。因此，如果 PMSM 的转角速度（考虑到减速比）与内燃机的额定转速相匹配，则可以使PMSM在高效运行方面与内燃机保持一致。由于永久（无法关闭）励磁，弱磁区域无论如何都不是该机器类型的强项。在狭窄的限制范围内，FSM可以在转角速度的两侧有效运行。另一方面，在ASM和特别是GRM的情况下，可以明显地移动到弱磁区域。这些机器类型是高速机器。

结构形式	优点	缺点
电励磁同步机	• 可调节的励磁 • 比PM励磁便宜，特别是对于大型机器	• 励磁损失 • 结构成本和生产成本通常高于PM励磁 • 部分滑环→需要密集维护
永磁同步电机	• 结构简单 • 高的功率重量比 • 无励磁损失	• 磁铁价格高 • 复杂励磁调节 • 对碎屑、磨损等小磁性体非常敏感
多相永磁同步电机	• 特别小的极距和特别大的力矩是可能的 • 较短的铁程→较窄的定子磁轭	• 更复杂的控制 • 更大的铁损，因为它们通常以更高的频率运行 • 效率稍低
磁阻电机	• 转子结构非常简单	• 通过定子需要大的磁化无功功率→大型变流器 • 非常大的离散→无功功率

图29.113　励磁形式（来自参考文献［101］）

结构形式	优点	缺点
内转子	• 更低的转动惯量 • 更简单的机械结构	• 气隙半径比外半径小 • 转子冷却困难
外转子	• 气隙直径更接近外径→气隙面积更大→力矩更大 • 最大限度地利用内部空间来容纳铜，从而实现深定子槽→大的电流负载 • 更容易缠绕定子	• 更大的转动惯量 • 当需要封装转子时，需要精心设计外壳 • 主要适用于液体冷却

图29.114　转子布置（来自参考文献［101］）

结构形式	优点	缺点
径向磁通电机	• 与具有相同的有效气隙面积（内转子）的轴向磁通电机相比，转动惯量更低 • 与较大的有效定子长度相比，端部绕组较短 • 通过具有恒定定子板几何形状的转子长度调整额定功率	• 如果允许的轴向长度受到严格限制，端部绕组长度会产生负面影响
轴向磁通电机	• 优化利用轴向非常有限的安装空间 • 易于集成到整个系统中 • 非常适合空气冷却，尤其是气隙绕组 • 在确定的布置时，不需要单独支承	• 复杂的绕组生产 • 对PM材料的要求更高 • 转动惯量较大 • 复杂的液体冷却 • 可能较大的轴向力 • 需要非常刚性和精确的支承 • 与半径相关的电流负载分布

图29.115　气隙的位置（来自参考文献［101］）

结构形式	优点	缺点
槽内绕组	• 有效气隙小 • 通过定子对绕组进行良好的冷却 • 可以使用预制绕组 • 所需的制造技术是标准的 • 铜中没有涡流	• 齿槽转矩 • 单独的磁通传导和绕组空间→可能需要更大的安装空间 • 槽制造、槽绝缘和绕组灌注复杂
气隙绕组	• 小的齿槽转矩 • 简单的无槽定子几何形状 • 无铁心机器的运行频率更高，因为没有磁滞损耗	• 非常大的有效气隙→大的磁阻→在相同的气隙感应下需要更大的磁体体积 • 需要部分复杂的特殊绕线技术

图 29.116　绕组结构形式（来自参考文献［101］）

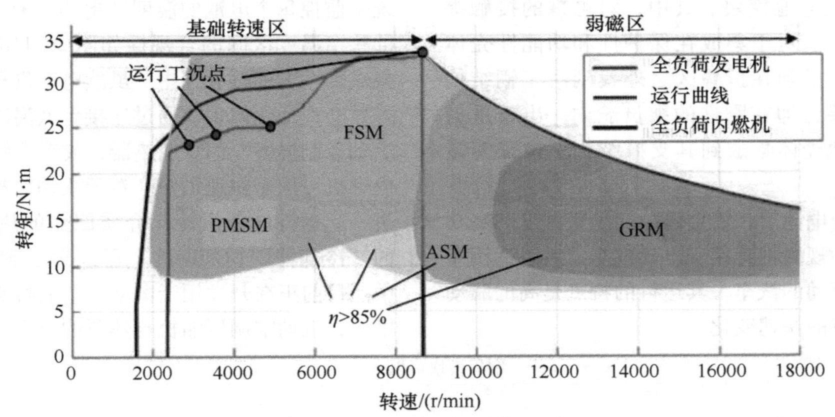

图 29.117　电力机械的设计[98]

还应该注意的是，传统机器与高速机器方案设计（与变速器相结合）相竞争。高速机器可以显著减小机器直径。在确定的直径下，模块化结构设计允许在机器长度上与功率相匹配。另外，如果出现封装问题，机器也可以分为两个单独的机器，它们的绕组串联或并联。

由于大电流和大功率，需要对电气元件进行冷却。由于在许多情况下空气冷却是不够的，因此电力电子设备和发电机被集成到诸如冷却液回路中，其温度约为 60℃，而内燃机的温度约为 90℃，二者是有差异的。冷却液温度水平决定了电子元件的选择，从而决定了成本。

参考文献［96］中介绍了一种用于电力电子设备、发电机和电机的组合的冷却液回路的版本。

29.11.7.3　稀土

如果励磁器使用稀土磁体，通常会讨论它们的可供性和成本情况。近年来，中国已成为主要供应商，尽管这些原材料在其他国家也有供应。中国拥有至少 90% 的钕市场份额。由于出口限制，钕铁硼（NdFeB）磁体价格波动较大。因此，正在研究替代品的使用和减少使用稀土的方法。同样，其他国家也开采存储资源。

29.11.8　电池

29.11.8.1　电池技术

目前电动汽车中动力电池的首选技术是锂离子电池。

棱柱形用作主要的电池类型，其他类型为软包和圆形电池。根据专家目前的观点，未来十年在能量密度和成本方面不会出现质的飞跃。

作为电池技术进一步发展的驱动力，电动汽车无疑是有效的。在家庭应用领域，能量存储器也已与能量生产和能量消耗（例如：光伏系统）解耦。总体来看，电动汽车中的能量存储器在智能电网发展的背景下发挥着作用。

29.11.8.2　电池作为接口

动力电池（实际上是一个蓄电池）是电动主驱

动装置的一部分。除此之外，符合汽车的注册许可的规定，在乘用车上，车载电源仍然基于12V的电压，例如使用传统的铅酸蓄电池。这可以使用DC/DC变换器由动力电池充电。

开发可靠、安全和廉价的动力电池，具有足够高的充电密度和高的循环稳定性，用于移动使用，仍然是研究的主题。以下对锂离子电池技术现状的描述是基于参考文献［102］中的表述。

锂离子电池由两个电极、位于它们之间的多孔隔板（例如基于聚合物）和电解质所组成。在阴极侧使用金属氧化物，在阳极侧使用例如石墨。电解质由有机溶液中的锂盐组成。单体电池单元可作为“袋装”（Pouch－Bag）以及棱柱形或圆柱形提供。单体电池组合成电池模块。其中，对可靠的接触提出了特殊的要求。对于集成在保护性和功能性壳体中的电池模块，必须在折叠区之外找到由车辆结构确定的有利封装，即在刚性的乘员舱内。出于重量的原因，将电池壳体集成到其支撑结构中被证明是有意义的。

在设计动力电池时，需要区分高能量密度和高功率密度。前一种规格推荐用于电动汽车，后者适用于具有混合动力驱动的汽车，其运行的特点是高的驱动和高的回收电流的快速变化。

事实上，“锂离子电池”一词涵盖了大量的材料组合，尤其是在阴极侧。对于专为高能量密度设计的电池，主要区别在于锂镍锰钴技术（NMC）与锂镍钴铝（NCA）技术。例如，后一种技术已经在笔记本电脑中使用了很长一段时间，现在也在一定程度上用于电力牵引。其中，相对较高的能量密度被“热失控”（Thermal Runaway）所抵消，即在过度充电、不允许的高温或损坏的情况下强烈放热分解的趋势增加。在深度放电的情况下，锂离子电池通常会经历不可逆的容量损失。在低温下，由于金属锂沉积［“镀锂”（Li－Plating）］，通常存在加速老化和内部短路的风险。

由于上述原因，锂离子电池需要一个电池管理系统来监控每个电池的温度和电压。有关电池“舒适”的狭窄温度区间的合规性如图29.118所示，它必须集成到车辆的热管理中。虽然电动汽车的电池最初只是被动冷却，但现在通过连接到低温冷却介质回路来主动控制温度。PTC加热器，或者更好的是增程器的内燃机可用于快速加热。对于主动冷却，与电动压缩机一起运行的低温冷却介质回路的热交换器［所谓的“冷却器”（Chiller）］可以集成到冷却介质回路中。目前正在开发用于电动汽车的特殊的加热－冷却模块，电动空调压缩机与热泵的组合。

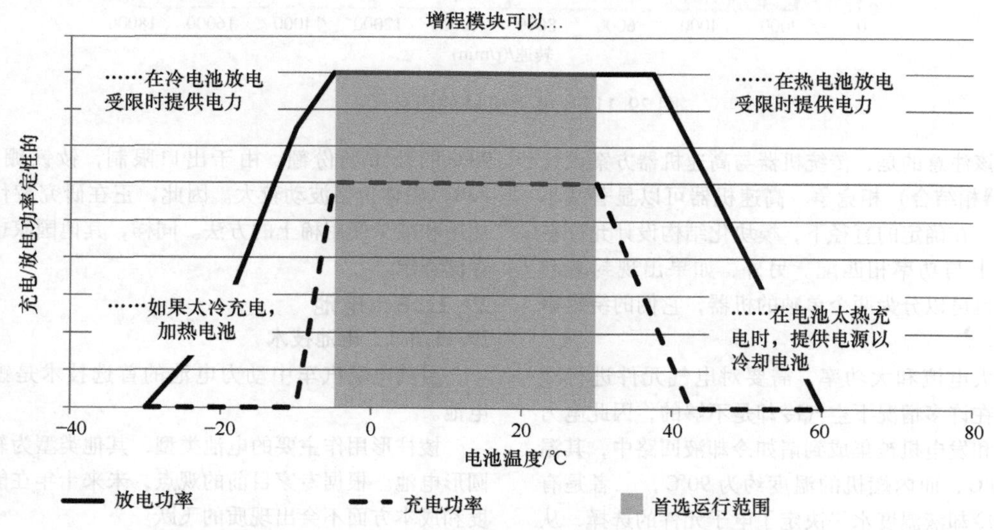

图29.118　锂离子电池充电和放电的窄的温度范围

锂空气（$Li-O_2$）和锂硫（Li－S）电池属于新技术。理论上，以这种方式可以产生高出许多倍的重量能量密度。然而，在实践中，使用寿命和安全问题迄今为止尚未得到令人满意的解决。专家假设时间跨度为2020—2025年，直到这些或其他新电池技术准备好进入批量生产。

锂离子电池的最大能量密度目前约为0.16～0.18kW·h/kg。由于壳体的重量不容小觑，该值降至＜0.1kW·h/kg。在电动小型和微型汽车中，电池的能量容量目前为10～15kW·h。在现行的30%～

80%之间充电状态［SOC（State Of Charge）］下，大约一半的电量可用于实际行驶运行。根据车辆的大小，电动汽车的能耗在12～17kW·h/100km之间。

29.11.9 电力电子设备

由于电力电子技术的进步，现代旋转磁场机器可以在所有特性场区域以可变的负荷和转速运行。这个区域的电动驱动技术目前是相当复杂的。因此，在此仅能以其基本特征来呈现技术状态。用于机器调节的电气复杂性取决于类型，并且在不带电磁激励（在转角速度以上的弱磁范围内以恒定功率运行并因此减小转矩）的电力机械中有所增加。增程器的电力机械连接到车辆的牵引电池。电池在发电机运行模式下充电。其中，由发电机产生的、在频率和幅值可变的输入变量时的三相电流必须转换成直流电。在可选的电力机械运行中，情况正好相反。起动机或在可能的个别情况下，驱动电流也来自电池。除了整流器功能，现在还需要附加的、具有相应的动态输出变量的逆变器功能（逆变器也称为转换器）。这也称为双向运行。当今对电磁兼容性（EMV）的高要求导致了进一步的额外努力。如果满足所有要求，则电力电子设备占增程器单元成本的很大一部分。

如果要通过电力电子元件的切换将一种电流类型转换为另一种电流类型，则所讨论的设备称为通用术语“电力转换器”。不受控和可控电力转换器有不同的电路拓扑结构。

（1）AC/DC整流器

二极管用于不受控的整流器。带有可切换的电子元件［例如IGBT（绝缘栅双极晶体管，Insulated Gate Bipolar Transistor）］的可控整流器用于驱动技术。使用相位控制也可以进行功率控制。其优点是在控制中可以使用交流电压的两个半波。整流器的输出端出现脉动直流电压。在受控整流器中，其纹波对应于输入端交流电压频率的两倍，其中也可以在上游连接变压器进行电压转换。电容器和扼流圈（低阻抗线圈）都可以确保平滑。

三相整流器往往是“六脉冲整流器”。它们代表了桥式整流器的确定的结构形式，其核心元件是所谓的B6桥式电路，如图29.119所示。它需要在各自的有源半导体组件的栅极上每60°点火或开关脉冲，如今主要是IGBT。出于功能的原因，必须将所谓的续流二极管与IGBT并联作为开关元件。将电流从一个分支切换到另一个分支在电力电子学中也称为“换向”。与符号变化时的自然换向相比，电流可以在受控时独立于极性变化进行切换。随着脉冲数量的增加，纹波减小，因此，对电容器中间电路中的平滑要求也随之减弱。

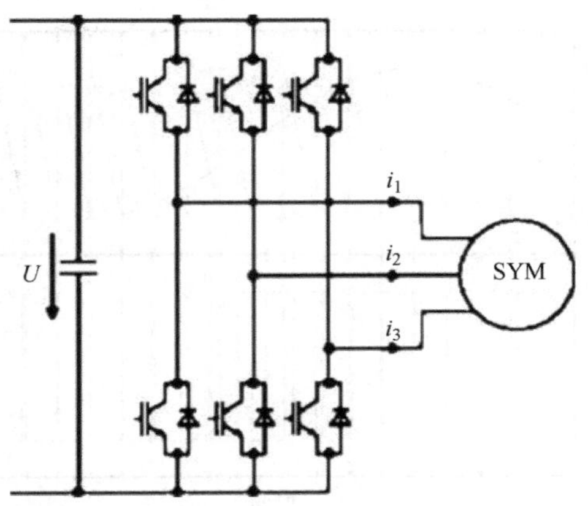

图29.119 带B6桥式电路的同步电机[94]

（2）AC/AC变频器

电子（或静态，与旋转相反）变频器由整流器、为直流中间电路供电和从该中间电路取电的逆变器组成。整流器和逆变器之间的直流连接称为中间电路。这是一个并联的电容器，具有相应的滤波效果，用于平滑。因此，与恒定的车载电源电压和频率相比，三相输出电压及其频率可以在较宽的范围内进行调节。车载电源运行时需要变频器。另一方面，与增程器有关的动力电池（直流电压源或接收器）始终连接在发电机和驱动电机之间。

（3）DC/AC逆变器或转换器

感应电机的电池运行只需要逆变器。脉冲逆变器当前也用于驱动领域。这些又可以构建为B6桥式电路。使用IGBT代替简单的二极管可以使能量流反向，从而实现逆变器功能。必须对IGBT进行相应的计时，以生成脉宽调制输出电压。这会将来自电池的直流电压转换为三相脉动的输出电压。

（4）脉宽调制

脉宽调制（PWM）也与电力电子设备结合使用以控制能量转换。为了最大限度地减少能量损失，电子开关元件（例如IGBT）仅在两个特征点上运行：阻断（几乎没有电流，全压降）或接通（全流，几乎没有压降）。简而言之，在每个半周期内，在恒定的时钟频率和恒定的电压值时，方波脉冲的宽度（时间持续）与作为指定参考信号的模拟电压变化相匹配。此外，例如可以使用锯齿比较信号。如果锯齿电压（斜升）大于参考信号，则开关通过逻辑电路总是重新闭合，下一个锯齿时斜升。

电压脉冲的有效值取决于开启时间与时钟周期的比率（图29.120）。通过低通滤波器进行解调。

（5）IGBT和功率MOSFET（金属氧化物半导体

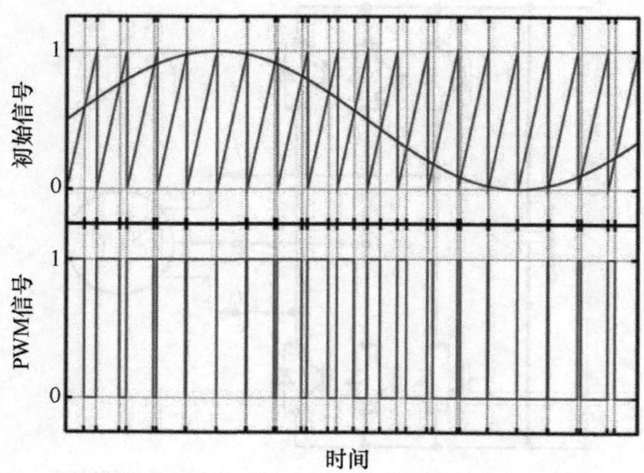

图 29.120　以正弦电压为例的脉宽调制原理[103]

场效应晶体管，Metall - Oxid - Halbleiter - Feldeffekt-transistors）

IGBT 越来越多地用作电力电子设备中的基于半导体应用的可控开关。它取代了以前使用的晶闸管。它的结构对应于 MOSFET 和双极晶体管的组合。功率 MOSFET 是一种半导体器件，设计用于传导和阻断大的电流和电压。

在输入端，IGBT 的特性类似于一个自锁的 MOSFET，并且可以用非常小的功率进行控制。在输出端，它的特性类似于双极晶体管，其最大开关频率为 200kHz。可以说 IGBT 结合了双极晶体管的优点（良好的传导行为、高的阻断电压）和场效应晶体管的优点（几乎无功控制）。另外，它也被证明是相对鲁棒的，因为它限制了负荷电流。与功率 MOSFET 相比的缺点是开启时的开关损耗和压降。

目前，用于移动式驱动技术的 IGBT 的最大电压限制在 600 ~ 1200V。电力机械的工作电压通常在 400V（380V）左右。电力电子元件需要强化冷却。归根结底，最大允许工作温度是成本问题。廉价的电力电子设备需要一个组件温度限制为 65℃ 的低温冷却电路。使用更高质量的组件时，温度可能高达 80℃左右。如果内燃机的冷却液温度降低，则原则上可以实现内燃机、电力机械和电力电子设备的共用冷却液回路[96]。

为了满足电磁兼容性（EMV）的要求，抑制干扰的努力是不可避免的，这可能会带来相当大的额外成本。在时钟电压或电流的情况下，还必须严格遵守适用于脉冲或石英频率的规定。

29.11.10　在车辆集成时的任务

在车辆集成方面，有关增程器涉及以下决策和工作包：

- 决定安装地点和位置
  - 前部区域（发动机舱）。
  - 后部区域（行李舱或备胎舱）。
  - 地板区域。
- 机械集成
  - 悬架，发动机支架。
  - 连接到冷却回路。
  - 连接到燃料系统。
  - 燃料箱的安装。
  - 保护碰撞特性，与电池的交互。
- 电气和电子集成
  - 连接到电池和高压系统。
  - 为驱动源准备车辆中的控制计算机。

串联混合动力驱动中的增程器在车辆中的定位方面具有高度的灵活性，因为车轮没有机械直通驱动。执行的车辆显示发动机舱安装和后部安装，乘用车中的地板安装也是可以想象的。在理想的情况下，终端客户可以在购买车辆时预订可安装的增程器模块作为选项。在这种情况下，原始设备制造商（OEM）（在后期扩展阶段也是一个合适的改装商）可以将模块安装到车辆中指定的连接点。

在电动汽车领域，就电动汽车的类型而言，可以区分具有混合动力传动系统的传统车辆和专门为电动汽车制造的车辆。

根据图 29.121 中列出的车辆类型，集成混合动力传动系统必须进行的工作有所不同。在已转换的车辆的情况下，主要工作是将电动动力系统集成到用于内燃机的车辆中。另一方面，在有目的的车辆的情况下，可以在方案设计中考虑电动汽车的特殊要求。

常规车辆（已转换的）	电动车（有目的的）
电力机械的放置，电池在现有空间	车身轻量化
电气电子集成到现有的车载电子中	车架（轮毂电机，靠近车轮的电机）
	动力总成（变速器，差速器）
	结构整合的电池

图 29.121　车型对动力总成的影响

2014 年，不同的汽车制造商将提供已上市的传统汽车的电动版本。专门为电池电动运行设计的车辆是由 StreetScooter GmbH 开发的“StreetScooter Compact”原型车（图 29.122），在此基础上为德国邮政 DHL 建造了送货车辆[104]。

在传统的车辆中，发动机舱更适合安装，因为在车身侧对单元的悬架、碰撞特性和声学特性有更丰富

图 29.122　StreetScooter Compact 作为有目的的电动汽车的示例[105]

的经验和预防措施。

如果选择车辆后部作为安装位置，则必须特别注意发生碰撞时的冲击情况以及不受电池干扰的情况。安装在行李舱中时，模块也应安装在备胎舱内，以免限制可用的行李舱容积。

29.11.11　对增程器模块的要求

对增程器的一般要求可以总结如下：

- 尽可能低的购置和维护成本。
- 无噪声电动驾驶不受影响。
- 尽可能低的安装空间和重量要求。

29.11.11.1　耐用性

根据策略，有许多起动/停机过程，因此必须保护电气系统和机械部件免受这些边界条件的影响。电气部件的耐用性尤其取决于出现的电压和电流幅度。

29.11.11.2　燃料消耗

由于计划用作发电辅助装置的低强度使用，与其他要求相比，燃料消耗的重要性相当低。

鉴于有利于增程器的 CO_2 认证规定 UN/ECE R101，热力机的比燃料消耗目前几乎不重要。但是，燃料消耗必须与已经上广告的插电式混合动力汽车相当。

29.11.11.3　维护成本

电动汽车可以为潜在的终端客户提供诸如低维护成本等优势。对于带有增程器的电动汽车，这不应增加维护和维修的成本。因此，增程器模块应设计为鲁棒的且低维护。

29.11.11.4　结构空间/重量

在传统的、转换为电动汽车的车辆中，驱动电机位于前部区域，增程器位于后部。因此，该模块在方案设计上被设计为后置或中置发动机方案设计。

由于电动汽车中的电池可以占车辆总重量的很大一部分，因此增程器不得涉及任何显著的额外重量。这将对车辆的行驶特性、灵活性和车辆的燃料消耗产生不利的影响。

图 29.123 显示了传统运行车辆、纯电动车辆和具有增程器的车辆之间的粗略的重量比较。基础重量与车辆重量之间的差值形成动力总成重量。可以看出，这个重量对于里程最短的电动汽车最高，主要是由于牵引电池的份额。如果想根据底盘设计和操控特性保持允许的车辆总重量可比性，由于电池而增加的传动系统重量会降低可能的有效载荷。

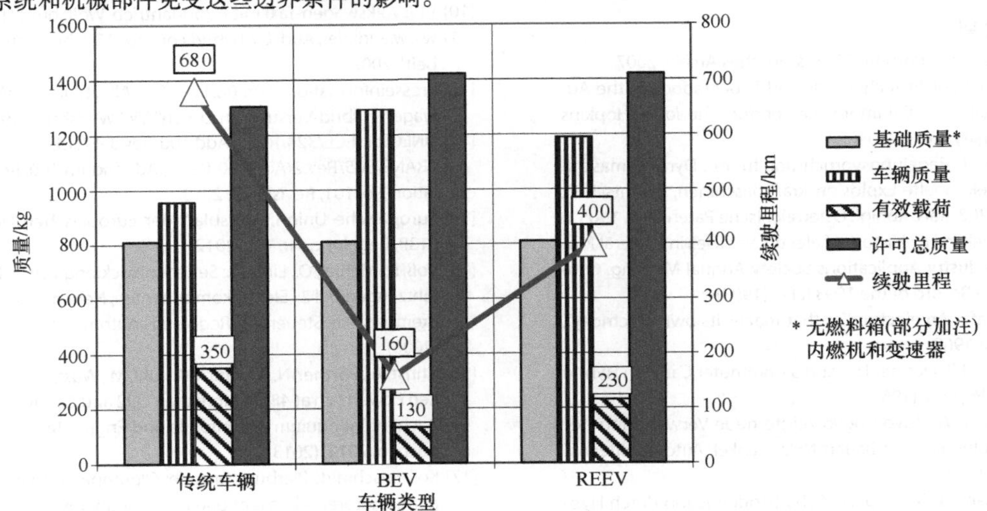

图 29.123　质量对比：传统量产车、BEV［Battery Electric Vehicle（纯电动汽车）］与 REEV［Range Extended Electric Vehicle（带增程器的电动汽车）］

增程器的安装空间要求与动力电池所需的空间重叠。在设计模块时，必须将这种情况与所有其他组件的安装空间要求一起考虑。因此，增程器应该以节省空间的方式与纯电动汽车的包装情况相匹配。

29.11.11.5　购置成本

一般来说，可以确定增程器的成本不应超过实现可比续驶里程的电池的成本差异。目前，为了实现电动汽车选定的续驶里程，电池的容量必须有多高以及相关的成本是多少，如图 29.124 所示。

由于目前还不太可能将电池的成本显著地降低到 250€/kW · h 以下，因此增程器可以代表一种比扩大电池更具成本效益的方式来增加续驶里程（另见 29.11.2 节，图 29.98）。

29.11.11.6　对汽车制造商的吸引力

增程器方案设计可以更容易开始使用电动汽车。通过购买方案设计，终端客户可以在纯电动车辆和具有扩展续驶里程（增程器）的电动驱动车辆之间进行选择。通过更长的续驶里程和更低的电池成本，这种集成增程器的选项可以扩大潜在的客户群。由此产生的电动汽车领域数量的增加将对 CO_2 车队的消耗和汽车制造商遵守规定的排放目标产生积极的影响作用。

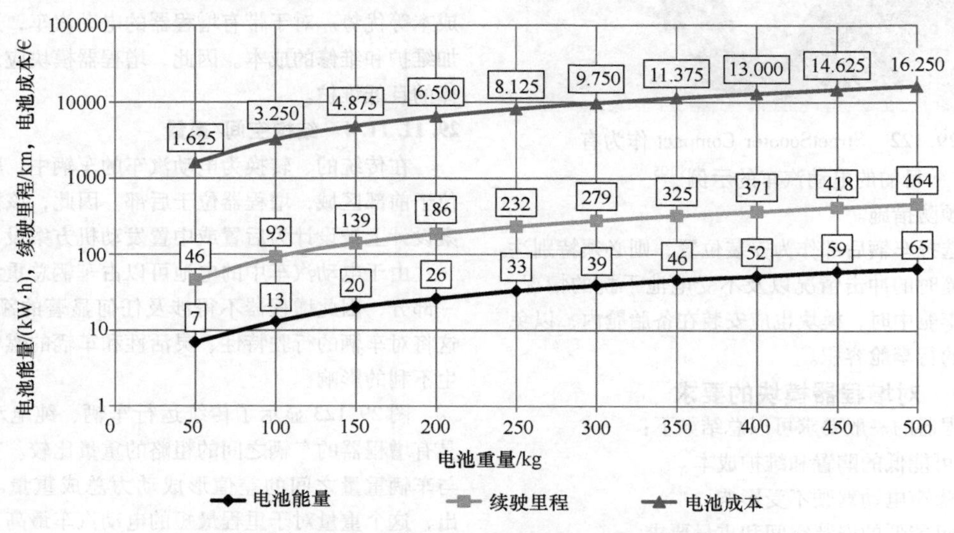

图 29.124　续驶里程、重量和成本关系的估计

参考文献

使用的文献

[1] Dr. Ing. h.c. F. Porsche AG, Historisches Archiv, 2007

[2] Electric Vehicle-Technology and Expectations in the Automobile Age. Baltimore and London: The Johns Hopkins University Press, 2004

[3] Pieper, H.: Regelungsvorrichtung für mit Dynamomaschinen gekuppelte Explosionskraftmaschinen, Patentschrift Nr. 21202, Kais. Königl. Österreichische Patentamt, 1905

[4] Rajashekara, K.: History of electric vehicles in General Motors. Industry Applications Society Annual Meeting. Conference Record of the 1993 IEEE. (1993)

[5] Car Craft: „An electric Car that makes its own electricity", August 1969

[6] Norbye, J.P., Dunne, J.: ... and a Commuter Car with Hybrid Drive. Pop Sci. (1969)

[7] Rixmann, W.: Toyo Kogyo zeigte neue Verwendung des Kreiskolbenmotors Bauart NSU-Wankel. Automobiltech Z (12), (1970)

[8] Christian, M.: Verringerte Schadstoffemission durch Hybridantrieb. Automobiltech Z (1), (1974)

[9] Yaegashi, T.: The History of Hybrid Technology, AutoTechnology. Vieweg, Wiesbaden (2005)

[10] VW: Volkswagen-Taxi mit Hybridantrieb. Wolfsburg (1977)

[11] www.audi.de: „Audi Q7 hybrid concept 15 Jahre Pionierarbeit", 2007

[12] Presseinformation vom 08.11.1993: „Abschluß des Volkswagen-Hybrid-Versuchs in Zürich", VW, Wolfsburg, 1993

[13] UNECE: E/ECE/324/Rev.2/Add.100/Rev.3–E/ECE/TRANS/505/Rev.2/Add.100/Rev.3, Addendum 100: Regulation No. 101, Revision 3, 2013

[14] Europäische Union, Amtsblatt der Europäischen Union L138, Regelung, Nr. 101, 2012

[15] Voß, B., Mehler, O., Lintz, S.: Serienentwicklung von Hybridfahrzeugen Teil 2: „Elektrokomponenten, Nebenaggregate, Bremssystem, Steuerung/Regelung". Automobiltech Z 109, (2006)

[16] Christ, A., Pörtner, N., Trofimov, A., Uhl, M., Wüst, M.: Electrified Powertrain at 48 V – More than CO2 and Comfort. 22nd Aachen Colloquium Automobile and Engine Technology, Aachen, 2013. (2013)

[17] Kolbenschmidt Pierburg Gruppe: Ölpumpen für Verbrennungsmotoren – konventionell und variabel. Neuss, (2005)

[18] Bady, R., Biermann, J.-W.: Hybrid-Elektrofahrzeuge – Struk-

turen und zukünftige Entwicklungen. 6. Symposium „Elektrische Straßenfahrzeuge", Technische Akademie, Esslingen. (2000)

[19] Hohenberg, G., Spurk, P.: Comparing the hybrid propulsion to the conventional drive. CTI Hybrid Drivetrains and Transmissions, Germany. (2007)

[20] Kwon, S.O., Jeong-Jong, L., Geun-Ho, L., Hong, J.-P.: Torque Ripple Reduction Control of Permanent Magnet Synchronous Motor for Electric Power Steering Using Harmonic Current at Loaded Conditions. EVS 24 Towards Zero Emission, Norway. (2009)

[21] Brauer, M., Brendel, B., Holl, E.: ELFA® – Innovative Serienhybridantriebe für Citybusse in Solo- und Gelenkbusausführung. Elektr Masch. (2008)

[22] Gröter, H.-P.: Weiterentwicklung bei Hybridantrieben. In: Hybrid- und Brennstoffzellen-Elektrofahrzeuge: Energiemanagement-Aufgaben und Strukturen. DGES, Ingolstadt (2005)

[23] Wallentowitz, H.; Gnörich, B.: Entwicklungstrends in der KFZ-Antriebstechnik. In: Hybrid- und Brennstoffzellen-Elektrofahrzeuge: Energiemanagement-Aufgaben und Strukturen, DGES, Ingolstadt

[24] Mathoy, A.: Die Entwicklung bei Batterien und Antriebstechnik für Elektromobile. Bull Sev/vse (1), (2008)

[25] Schüttler, J., Werner, U., Vinogradski, M., Orlik, B.: Stromregelung einer zweisträngigen Transversalflussmaschine in Sammlerbauweise. DFMRS, Bremen (2004)

[26] Press Kit „MICHELIN ACTIVE WHEEL", 2008 Paris Motor Show, Paris, 2008

[27] Ulrich, K.: Elektromotor-Getriebe-Kombination für kompakte PKW. In: E-Motive Elektrifizierter Fahrzeugantriebsstrang. Hannover (2008)

[28] Schröder, D.: Leistungselektronische Schaltungen – Funktion, Auslegung und Anwendungen, 2. Aufl. Springer, Berlin (2008)

[29] www.aral.de

[30] SAFT: Quelle für Leistungsdichte

[31] Brunner, T.: BMW CleanEnergy – Fuel Systems, Liquid Hydrogen Vehicle Storage. ZEV Technology Symposium, Sacramento. (2006)

[32] Friedrich, J.: Anforderungen an elektrische Antriebssysteme für Kraftfahrzeuge und resultierende Anwendungsspektren. E-MOTIVE Elektrifizierter Fahrzeugantriebsstrang. Hannover (2008)

[33] Habib, A.: High-Power Electrochemical Storage Devices and Plug-In Hybrid Electric Vehicle Battery Development. Presentation from the U.S. DOE Office of Vehicle Technologies „Mega Merit Review", US advanced Battery Consortium, Bethesda, Maryland, 2008

[34] Hauck, B.: Elektronische Überwachungs- und Steuergeräte zum Erhalt der aktuellen Qualität vielzelliger elektrochemischer Speichersysteme. Kaiserslautern (2003)

[35] Sauer, D.U.: Optionen zur Speicherung elektrischer Energie in Energieversorgungssystemen mit regenerativer Stromerzeugung. Solarzeitalter-politik Kult Ökonomie Erneuerbarer Energien (4), (2006)

[36] Barsacq, F., Liska, J.-L., Genin, P.: High Power Lithium-ion technology for full hybrid automotive applications. Tagung Hybridantrieb – die Zukunft des Automobilantriebs? Expert, Renningen (2005)

[37] Steiger, W.: Der elektrifizierte Fahrzeugantrieb-Chancen und Herausforderungen aus Sicht eines Automobilkonzerns. E-MOTIVE Elektrifizierter Fahrzeugantriebsstrang. Hannover (2008)

[38] Köhler, U., Liska, J.-L.: Status and Trends of Li-ion Battery technology for automotive applications. 7th International ATA Conference on engines, Sardinien. (2008)

[39] Truckenbrodt, A., Mohrdieck, C., Noreikat, K.E.: Plug-in hybridspromise, hype or the solution? Tag des Hybrids, Aachen. (2007)

[40] Kötz, R.: Doppelschichtkondensatoren – Technik, Kosten, Perspektiven. Kasseler Symposium Energie Systemtechnik, Kassel. (2002)

[41] Czarkowski, U.: Modular Battery Management System for Lithium Ion Batteries for Plug-in Hybrid Vehicles. 5th Symposium Hybrid Vehicles and Energy Management, Braunschweig. GZVB, (2008)

[42] Kümpers, J., Schmitz, C.: Nickel-metallhydrid-Batterien für Hybridfahrzeuganwendungen. Tagung Hybridantrieb – die Zukunft des Automobilantriebs?. Expert, Renningen (2005)

[43] Hackenberg, U.: Optionen zur Reduzierung von CO2-Emissionen. ATZ/MTZ Konferenz – Energie CO_2 – Die Herausforderung für unsere Zukunft, München. (2008)

[44] Ullrich, M.: Energiespeichersysteme für Hybrid- und Brennstoffzellenfahrzeuge. DGES-Fachtagung Hybrid- und Brennstoffzellen-Elektrofahrzeuge: Energiemanagement-Aufgaben und Strukturen, Ingolstadt. (2005)

[45] Toyota

[46] Möller, F., Vocht, W.: DualDrive® E-CVT Getriebe – Ein innovatives E-CVT Getriebe – nicht nur für den Einsatz im Hybrid-Fahrzeug. 5. Internationales CTI Symposium Innovative Fahrzeug-Getriebe, Berlin. (2006)

[47] Killmann, G.: Toyota Hybrid Vehicles, Technology Evolution from 1997 to 2007, Hybrid Drivetrains and Transmissions. 4th Symposium Hybrid Vehicles and Energy Management, Braunschweig. (2007)

[48] Kaehler, B., Kersting, K., Brouwer, M., Christ, T.: Entwicklungskriterien, Analysemethoden und Beurteilung von leistungsverzweigten Hybridgetrieben, am Beispiel eines Two-Mode Hybridantriebs. 16. Aachener Kolloquium Fahrzeug- und Motorentechnik, Aachen. (2007)

[49] Steiger, W., Böhm, T., Schulze, B.-G.: Direkthybrid – eine Kombination von Verbrennungsmotor mit einem elektrischen Getriebe. 15. Aachener Kolloquium Fahrzeug- und Motorentechnik, Aachen. (2006)

[50] Schöttel, M.: VW revolutioniert Hybridantrieb. Automobil-Produktion. (2006)

[51] Lindemann, M., Freimann, R., Cebulski, B.: Konzept eines aktiv momentenverteilenden Achsdifferentials mit Hybridfunktionalität. In: Schäfer, H. (Hrsg.) Neue elektrische Antriebskonzepte für Hybridfahrzeuge. Expert, Renningen (2007)

[52] Schöllmann, M., Olk, J., Rosenmayr, M.: Trends bei der Batterieüberwachung. In: Hybrid- und Brennstoffzellen-Elektrofahrzeuge: Energiemanagement-Aufgaben und Strukturen mit Sensoren. DGES, Ingolstadt (2005)

[53] Hofmann, L.: Antriebs- und Steuerungskonzept des VW Golf TDI Hybrid. In: DGES Hybrid- und Brennstoffzellen-Elektrofahrzeuge: Energiemanagement-Aufgaben und Strukturen. Ingolstadt (2005)

[54] Reiser, C., Zellbeck, H., Härtle, C., Reisemann, M., Klaiß, T., Vroegop, S.: Incorporating customer's driving behaviour in

vehicle development. 8. Internationales Stuttgarter Symposium, Stuttgart. (2008)

[55] Auer, F.: Von der Lichtmaschine zum Micro-Hybrid – Eine Einführung in Generator-Regler-ICs für Standard-Batterien, Start-Stop-Systeme und Micro-Hybrid-Antriebe in PKWs. In: EMA 2008 Elektromobilausstellung. Aschaffenburg (2008)

[56] Hochkirchen, T.: How to Use Designed Experiments to Understand Real-World Usage Driven System Requirements. In: Design of Experiments (DoE) in Engine Development III. Expert, Renningen (2007)

[57] Ertl, C., Honeder, J., Schinnerl, M.: Die Motorsteuerung des neuen 4-Zylinder Motors in der BMW 1er Serie. 6. Steuerungssysteme für den Antriebsstrang von Kraftfahrzeugen, Berlin. (2007)

[58] Breitling, T., Siegert, R., Steffens, D., Baumgärtner, W.: Potenziale des Energiemanagement für den Realverbrauch. In: Thermoelektrik – Eine Chance für die Automobilindustrie. Berlin (2008)

[59] Bäker, B., Kutter, S., Morawietz, L.: Energiemanagement – vom 12 V Verbraucherbordnetz zum elektrischen Antriebsstrang. In. ATZ/MTZ Konferenz Energie, CO_2 – Die Herausforderung für die Zukunft, München. (2007)

[60] Scholz, N., Kücükay, F.: Modulare Simulation Evironment for Structural Analysis of Hybrid Drives. 4th Symposium Hybrid Vehicles and Energy Management. GZVB, Braunschweig (2007)

[61] Männel, R., Reimann, W.: Verbrauchseinfluss der elektrischen Energie. In. ATZ/MTZ-Konferenz – Energie/CO_2 – die Herausforderung für unsere Zukunft, München. (2007)

[62] Pischinger, R., Klell, M., Sams, T.: Thermodynamik der Verbrennungskraftmaschine – Der Fahrzeugantrieb, 2. Aufl. Springer, Wien (2002)

[63] Böckl, M., Rius-Sambeat, B.: Auslegung des elektrischen Antriebs und Auswirkungen auf die Betriebsstrategie bei einem Parallelhybrid. 1. Tagung: Hybridantrieb – die Zukunft des Automobilantriebs?, Berlin. (2005)

[64] Wolter, T.-M., Nasdal, R.: Integration of GALOP into HEV Control. 5. Braunschweiger Symposium Hybridfahrzeuge und Energiemanagement, Braunschweig. (2008)

[65] Lindemann, M., Große-Siestrup, L., Link, M., Neßler, A.: Einsatz von Optimierungsverfahren in der Hybrid-Antriebssimulation. In: Voß, B. (Hrsg.) Hybridfahrzeuge. expert, (2005)

[66] Ploumen, S., Kok, D., Nessler, A., Gühmann, C.: Anwendung in Modellbildung und Simulation – Applications in Modelling and Simulation. In: Röpke, K. (Hrsg.) Design of Experiments (DoE) in der Motorenentwicklung. expert, (2003)

[67] Chabot, L., Simon, O., Kernen, V.: Start-Stop-Technologie – Funktionelle Auslegung der Systemarchitektur. 14. Aachener Kolloquium Fahrzeug- und Motorentechnik. Aachen (2005)

[68] Pressebild der Firma Bosch: 1-SG-14942

[69] Fujikawa, M., Ito, M., Hattori, H., Noda, K.: Toyota's new hybrid transmission for RWD vehicles. CTI Transmission Symposium. (2006)

[70] Schuermans, R.: Toyota Motor Europe Technology Evolution from 1997 to 2007. CTI Hybrid Drivetrains and Transmissions, Berlin. (2007)

[71] Böttcher, J.: Transmissions for Hybrids Matching transmissions to mild Hybrid applications. CTI Hybrid Drivetrains and Transmissions, Berlin. (2007)

[72] Neusser, H.-J. Jelden, H., Bühring, K., Philipp, K.: Der Antriebsstrang des JETTA HYBRID von Volkswagen. Automobiltech Z 74, 1 (2013)

[73] Warburg, N., Mailänder, E., Saatkamp, T., Reckziegel, C., Stutz, M.: Das ISAD System in der Ökobilanz. Automobiltech Z 104, 10 (2002)

[74] Pressebild der Firma Continental: img_2006_02_28_genf_hybrid_1_en

[75] Buschmann, G., Mayr, B., Link, M., Knobel, C.: Hybrid – Konkurrenz oder Unterstützung für Verbrennungsmotoren? Hybridfahrzeuge Hdt. (2005)

[76] Buschmann, G., Nietschke, W., von Essen, C.: Welchen Beitrag können alternative Kraftstoffe und die Hybridtechnik zur CO2-Absenkung leisten? 8. Symposium Entwicklungstendenzen bei Ottomotoren, Leipzig. (2006)

[77] Continental AG: Continental-Mobilitätsstudie 2011. Online: http://www.metropolregion.de/meta_downloads/20856/studie_de.pdflm%20Cache [Letzter Zugriff: 31.01.2014]

[78] Center für Automobil Management: Elektromobilität 2010 Wahrnehmung, Kaufpräferenzen und Preisbereitschaft potenzieller E-Fahrzeug-Kunden. Online: http://www.cama-automotive.de/templates/studies/CAMA_Studie_009.pdf [Letzter Zugriff: 31.01.2014]

[79] Aral Aktiengesellschaft: Aral Studie – Trends beim Autokauf (2013). http://www.aral.de/content/dam/aral/pdf/Brosch%C3%BCren/aral_studie_trends_beim_autokauf_2013.pdf

[80] Aral Aktiengesellschaft: Aral Studie – Trends beim Autokauf (2011). http://www.aral.de/content/dam/aral/pdf/Brosch%C3%BCren/aral_studie_trends_beim_autokauf_2011.pdf

[81] Verkehrsclub Deutschland e. V.: CO_2-Grenzwerte für Pkw ab 2020 – endlich beschlossen. Online: http://www.vcd.org/co2-grenzwert.html [Letzter Zugriff: 31.01.2014]

[82] Europäisches Parlament; Rat der Europäischen Union: Verordnung (EG) Nr. 443/2009 des Europäischen Parlaments und des Rates. Amtsblatt der Europäischen Union, 05. Juni 2009

[83] Kraftfahrt-Bundesamt: Emissionen, Kraftstoffe. Online: http://www.kba.de/cln_031/nn_1127866/DE/Statistik/Fahrzeuge/Neuzulassungen/Umwelt/EmissionenKraftstoffe/2011__emission__node.html?__nnn=true [Letzter Zugriff: 31.01.2014]

[84] Verkehrsclub Deutschland e. V.: Studie von Transport & Environment. Online: http://www.vcd.org/fileadmin/user_upload/redakteure_2010/themen/auto_umwelt/CO2-Grenzwert/T-E-Bericht-2013-Tabellen.pdf [Letzter Zugriff: 31.01.2014]

[85] Europäisches Parlament: Straßburg - Ziel für 2020 zur Verringerung der CO2-Emissionen neuer Personenkraftwagen (2014). http://www.europarl.europa.eu/sides/getDoc.do?type=TA&reference=P7-TA-2014-0117&language=DE&ring=A7-2013-0151

[86] California Air Resources Board: Zero Emission Vehicle Credits (2012). http://www.arb.ca.gov/msprog/zevprog/zevcredits/2012zevcredits.htm

[87] Icha, P.: Entwicklung der spezifischen Kohlendioxid-Emissionen des deutschen Strommix in den Jahren 1990 bis 2012. Umweltbundesamt, Juli 2012

[88] Ford-Werke GmbH: Zweimal in Folge „Internationa-

ler Motor des Jahres": der 1,0 l EcoBoost-Motor. Online: http://www.ford.de/Pkw-Modelle/FordFocus/LeistungEffizienz#primaryTabs [Letzter Zugriff: 31.01.2014]

[89] Institut für Energie- und Umweltforschung Heidelberg GmbH: Ökologische Begleitforschung zum Flottenversuch Elektromobilität. Endbericht des vom BMU geförderten Projekts „Twin-Drive – Flottenversuch Elektromobilität", Heidelberg (2013). http://www.ifeu.de/verkehrundumwelt/pdf/Flottenversuch%20Elektromobilitaet%20-%20Endbericht%20ifeu%20%28final%29%20-%20Rev%20Apr2014.pdf

[90] Hofmann, P.: Hybridfahrzeuge. Springer, Wien (2010)

[91] Borgeest, K., Noreikat, K.E., Reif, K. (Hrsg.): Kraftfahrzeug-Hybridantriebe – Grundlagen, Komponenten, Systeme, Anwendungen. Vieweg+Teubner, Wiesbaden (2012)

[92] Büro für Technikfolgenabschätzung im Deutschen Bundestag: Zukunft der Automobilindustrie. Innovationsreport Arbeitsbericht Nr. 152, September 2012

[93] Tschöke, H.: MTZ Wissen, 2. Range Extender – Definitionen, Anforderungen, Lösungsmöglichkeiten. Motortech. Z. (6), (2012)

[94] Genender, P., Speckens, F.W., Schürmann, G.: Akustikentwicklung von Range Extendern für Elektrofahrzeuge. Motortech Z (3), (2011)

[95] Deutsches Luft- und Raumfahrtzentrum e. V.: Studie zu Range Extender Konzepten für den Einsatz in einem batterieelektrischen Fahrzeug – REXEL. Studie im Auftrag des Ministeriums für Finanzen und Wirtschaft des Landes Baden-Württemberg, April 2012

[96] Andert, J., Esch, H.-J., Köhler, E., Niehues, J., Schürmann, G., Pischinger, M.: Engine Test Bench and Vehicle Testing of KSPG Range Extender with "FEVcom" Full Engine Vibration Compensation. 21. Aachener Kolloquium Fahrzeug- und Motorentechnik, Aachen. (2012)

[97] Braess, H.-H., Seiffert, U.: Vieweg Handbuch Kraftfahrzeugtechnik. Springer Vieweg, Wiesbaden (2013)

[98] Andert, J., Bähr, M., Esch, H.-J., Genender, P., Köhler, E., Nysten, F., Pischinger, M., Schürmann, G., Wittek, K.: V2-Range-Extender-Modul mit FEVcom – unauffällige Begleiter im E-Fahrzeug. 20. Aachener Kolloquium Fahrzeug und Motorentechnik, Aachen. (2011)

[99] Wikimedia Foundation Inc: Drehstrom-Synchronmaschine. Online: http://de.wikipedia.org/wiki/Drehstrom-Synchronmaschine [Letzter Zugriff: 31.01.2014]

[100] Neudorfer, H.: Vergleich unterschiedlicher Antriebsmaschinen im Traktionsbereich. Innovative elektrische Antriebe – erfolgreich durch Intelligenz und Effizienz. ÖVE, Wien, Vortrag am 11. April 2008

[101] Tarmoom, O.: Beitrag zur Auslegung von Permanent-Magnet-Motoren für spezielle Einsatzgebiete dargestellt am Beispiel einer Versuchsmaschine, Dissertation. Brandenburgische Technische Universität Cottbus, 2006

[102] Ecker, E., Sauer, D.U.: MTZ Wissen, 8. Batterietechnik. Lithium-Ionen-Batterien. Motortech. Z. 0(1), (2013)

[103] Wikimedia Foundation Inc: Drehstrom-Synchronmaschine. Online: http://commons.wikimedia.org/wiki/File:Pwm.png [Letzter Zugriff: 31.01.2014]

[104] Deutsche Post AG: Deutsche Post DHL StreetScooter erhält Straßenzulassung. Online: http://www.dpdhl.com/de/presse/pressemitteilungen/2013/deutsche_post_dhl_streetscooter_strassenzulassung.html [Letzter Zugriff: 01.06.2014]

[105] StreetScooter GmbH: Impressionen StreetScooter Compact. Online: http://www.streetscooter.eu/fahrzeuga-entwicklung/streetscooter-compact/impressionen-streetscooter-compact.html [Letzter Zugriff: 31.01.2014]

进一步阅读的文献

[106] Wandt, H.-P.: Energiemanagement und Regelungsstrategien bei Hybridfahrzeugen, in Energiemanagement und Bordnetze. Expert, Renningen (2004)

[107] Winke, F., Bargende, M.: Dynamische Simulation von Stadthybridfahrzeugen. Motortech. Z. (9), (2013)

[108] Brechmann, G., Dzieia, W., Hörnemann, E., Hübscher, H., Jagla, D., Klaue, J.: Elektrotechnik – Tabellen, Energieelektronik, Industrieelektronik, 3. Aufl. Westermann, Braunschweig (1994)

[109] Paul, M., Hofmann, W., Frei, B.: Schleppverluste bei permanenterregten Synchronmaschinen und deren Reduzierung. EMA 2008, Aschaffenburg. (2008)

[110] Sauer, D.U.: Wo die Batterietechnik steht. Mobility 2.0 (1), (2011)

[111] IAV GmbH

[112] Kozlowski, F., Spazierer, J.: Der ISAD-Starter-Generator: Eine Innovation im Antriebsstrang zur Reduktion des Treibstoffverbrauchs geht in Serie. Hybridfahrzeuge und Energiemanagement. Braunschweig (2004)

[113] Nitz, L.: Tahoe and GMC Yukon Hybrids – Integration von Fahrzeug- und Powertrain-Technologien zur Verbesserung des Kraftstoffverbrauchs und der Fahrleistungen. 16. Aachener Kolloquium Fahrzeug- und Motorentechnik, Aachen. (2007)

[114] Olschewski, I., Freialdenhoven, A.: Technologiepotenziale und Herausforderungen von Automobilstandorten vor dem Hintergrund des globalen Wettbewerbs. 16. Aachener Kolloquium Fahrzeug- und Motorentechnik, Aachen. (2007)

[115] Atkins, A.: CO2-Reduzierung – Der mechanische Hybridantrieb von Ricardo. 19. Aachener Kolloquium, 4.–6. Oktober. (2010)

[116] Brandt, M., et al.: Downsizing und Hybridisierung: Konkurrierende Systeme oder die Kombination für zukünftige Antriebsstränge? 19. Aachener Kolloquium, 4.–6. Oktober. (2010)

[117] Fischer, M., et al.: Konzeptvergleich hybrider Antriebe durch Simulation. 22nd International AVL Conference „Engine & Environment", Graz, September 9th–10th. (2010)

[118] Fraidl, G., et al.: Herausforderungen und Lösungen für ottomotorische Range Extender – von Konzeptüberlegungen bis zu Praxiserfahrungen. TAE, 9. Symposium Ottomotorentechnik, 2. und 3. Dezember. (2010)

[119] Killmann, G., et al.: Der Verbrennungsmotor im Toyota Hybridsystem. 22nd International AVL Conference „Engine & Environment", Graz, September 9th–10th. (2010)

[120] Kirsten, K.: How much and what kind of variabilities in valvetrains of combustion engines are necessary in times of down-sizing, hybrids and range-extender? 11th Stuttgart International Symposium, Automotive and Engine Technology, 22 and 23 February. (2011)

[121] Krüger, M., et al.: Betriebsstrategien eines dieselelektrischen Hybridfahrzeuges aus motorischer Sicht. 19. Aachener Kolloquium, 4.–6. Oktober. (2010)

[122] Wehlen, T., et al.: CO2-Reduzierung durch elektrifizierte Antriebsstränge. TAE, 9. Symposium Ottomotorentechnik, 2. und 3. Dezember. (2010)

[123] Brauchrowitz, E., Graf, H., Kessler, F., Lichtenberger, M.: Der Hybridantrieb im BMW Active Hybrid 7. Automobiltech Z 112, 9 (2010)

[124] Klima, B., Huss, A., Nöst, M.: Durchgängige Methodik für Simulation und Messung des Diesel-Hybrid-Potenzials. Automobiltech Z 112, 11 (2010)

[125] Schöttle, M.: Technik-Porträt Toyota Prius III. Automobiltech Z 111, 11 (2009)

[126] Schneider, E., Müller, J., Leesch, M., Resch, R.: Synthese eines Achtgang-Automatik-Getriebes für Hybridantriebe. Automobiltech Z 112, 12 (2010)

[127] Wachtmeister, G., Höhn, B.-R., Wirth, C., Habersbrunner, G., Ziegler, A.: Konzept für Hybridfahrzeuge mit vereinfachten Dieselmotoren. Automobiltech Z 112, 5 (2010)

[128] Mohr, M., Götz, M., Fellmann, M., Brehmer, U.: Hybridisierung von Antriebssträngen für Baumaschinen. Automobiltech Z (Sonderausgabe offhighway), (2010)

[129] Yong-Seok, K., et al.: Sonata Hybrid: Das erste Vollhybrid-Fahrzeug von Hyundai. Automobiltech Z 113, 2 (2011)

[130] Atkins, A., Feulner, P.: Der mechanische Hybridantrieb von Ricardo. Motortech. Z. 72, 2 (2011)

[131] Maiwald, O., et al.: Simulationsumgebung zur Analyse verschiedener Hybridantriebs-Konfigurationen. Automobiltech Z 112, 1 (2010)

[132] Kim, S.-K., Park, J.-S., Lee, J.-S., Lee, C.-W.: Hyundai-Kia entwickelt Flüssiggas-Hybridantrieb. Motortech. Z. 02, (2010)

[133] Morris, G., Criddle, M., Dowsett, M., Quinn, R.: Konzept für kostengünstigen Niedrigspannungs-Hybridantrieb. Motortech. Z. 09, (2010)

[134] Passerini, S., et al.: Die Elektrifizierung des Antriebsstrangs mit Lithium-Ionen-Technologie. 32. Internationales Wiener Motorensymposium, 5. und 6. Mai. (2011)

[135] Klausner, M., et al.: Technische Herausforderungen bei Lithium-Ionen-Traktionsbatterien und mögliche Lösungsansätze. 32. Internationales Wiener Motorensymposium, 5. und 6. Mai. (2011)

[136] Ford-Werke GmbH: Der neue Ford Focus Electric – Startschuss in die Zukunft. Online: http://www.ford.de/Pkw-Modelle/Produktneuheiten/FordFocus-Electric [Letzter Zugriff: 31.01.2014]

第30章　替代的车辆驱动和APU（辅助动力装置）

工学博士 Ulrich Seiffert 教授，博士 Burghard Voß 教授，
工学硕士 Katharina Schütte，工学硕士 Ralf Wascheck

30.1　替代的原因

当今除了少数例外，车辆以汽油机和柴油机以及相关燃料运行。在一些国家，乙醇添加到汽油中，或汽油机用乙醇来运行。对于柴油机车辆，可以使用强酸甲酯（RME），尽管数量不足。另一个例外是使用CNG（压缩天然气，Compressed Natural Gas）或LPG（液化石油气，Liquified Petroleum Gas）的车辆。混合动力驱动，带电池或燃料电池的电动汽车以及混合动力驱动的特殊变体，“插电”（Plug-in）和“增程器”（Range-Extender）版本，现已广泛使用，并已在一些国家取得了相当大的市场份额。目前全球汽油机乘用车的市场份额约为80%，包括基于汽油机的混合动力汽车（柴油机汽车相当于约20%）[1]。由于燃料成本的增加和柴油机的高效率以及减少颗粒和NO_x排放的发展进步，这种驱动类型特别具有吸引力。除电力外，CNG和LPG的全球市场份额也在不断增加。挪威和荷兰显示了电动汽车的推广所产生的影响程度[2]。2015年，电动车和混合动力汽车的新注册份额在挪威为22.8%，在荷兰为9.7%。

替代能源的原因可能是当地的，也可能取决于各个国家或地区自身能源的可用性。虽然过去有足够的原油作为汽油和柴油燃料的初始能源，但近年来对替代品的研究大量增加，其主要原因如下：

- 许多州正在努力使其能源消耗更加独立于石油生产国的指令。此外，石油的开采变得越来越复杂。这里的一个例子是压裂（水力压裂，Hydraulic Fracturing），美国目前已经通过该水力压裂显著增加其生产水平。在此过程中，液体在压力下注入岩石深层。然后这些岩石裂开，并且原油或天然气的提取成为可能。

- 减少二氧化碳排放是全球未来的主要发展目标。图30.1（见彩插）显示了全球立法的状态。从目前的角度来看，宣布的2050年$20gCO_2/km$（0.9L/100km汽油）的目标听起来很理想化，但可以通过各种技术措施达到目标。

- 在当地，人们希望拥有完全零排放的车辆。在一些国家和城市，此类车辆得到越来越多的补贴，或者有特殊的特权，例如这些车辆的进入许可、免费停车位等[2]。

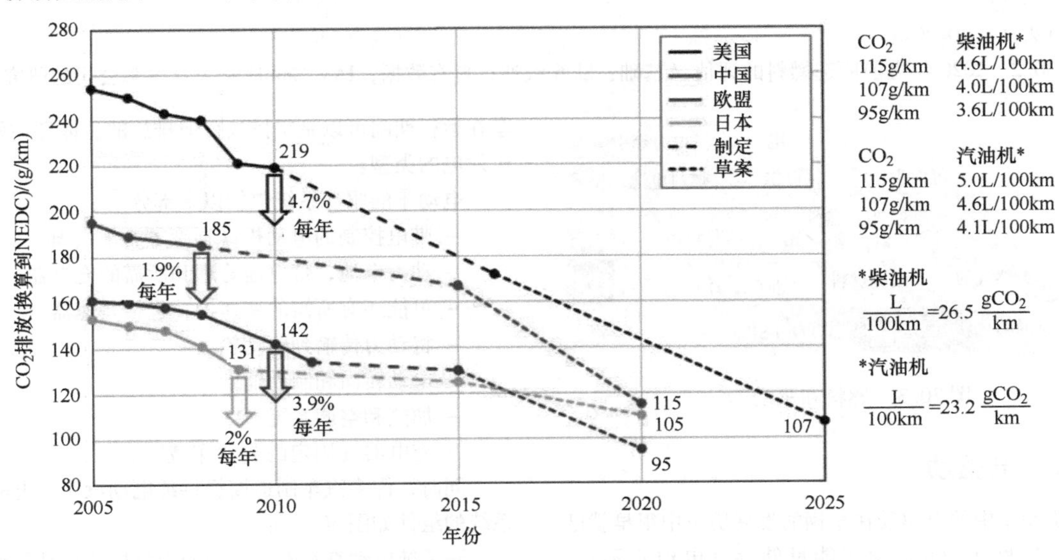

图30.1　CO_2排放法规[3]

如果评估车辆驱动的替代能源的使用，则必须考虑上述因素。图 30.2 概述了各种能量载体的优缺点。

图 30.3 显示了德国大众汽车公司的燃料和驱动的路线图。其他汽车制造商有类似的设想。目前，越来越明显的是，除了其他混合动力解决方案以及具有汽油机和柴油机的车辆之外，插电式混合动力车在未来 20 年中占据动力总成领域的主导地位。但燃料电池也变得越来越热门。

所使用的能源类型对于车辆驱动的评估至关重要。无论如何，必须始终考虑整个能源链（从油井到车轮，Well－to－Wheel）。这些包括原始能源的开发、精炼、运输和在车辆中的转换。除了驱动技术的进一步发展之外，通过政策的决策者还必须确定可用能源的框架。在参考文献［6］中可以找到关于这个主题的非常好的阐述。

项目	汽油（参考）	柴油（带 DPF）	来自天然气的阳光燃料（带 DPF）	CNG	LPG	甲醇（化石/再生）	乙醇（再生）	RME（带 DPF）	来自生物质的阳光燃料（带 DPF）	氢（再生）BZ/VKM⑥	氢（化石）BZ/VKM⑥	电气化⑦
合格性	o	o	o	−	−	−	−	o	o	−−/−−	−/−	o
可供性	o	o	−	o	−	−	−	−	−	−−/−−	−/−	o
经济性	o	+	+	o/+②	o/+②	−//−/+③	−/+③	−/+③	−/+③	−−/−−	−/−	o
基础设施	o	o	o/−①	−	−	−	−	−	o/−①	−−/−−	−−/−−	−
CO	o	o	o	o	o	o	o	o	o	++/+④	−/−−	++
HC	o	o	o	o	o	o	o	o	o	++/+④	++/+④	++
NO_x	o	−	−	o	o	o	−	−	−	++/o⑤	++/o⑤	++
颗粒	o	o	o	o	o	o	o	o	o	++/+④	+/o	++
CO_2	o	+	+	+	+	+//++	++	++	++	++/++	+/o	++

注：BZ＝燃料电池　VKM＝内燃机　DPF＝柴油微粒过滤器。

① 分销基础设施/生产基础设施。

② 直到 2020 年无/有矿物油税减免。

③ 直到 2009 年无/有矿物油免税和农业补贴。

④ 从润滑油入口。

⑤ 具有最佳性能调整。

⑥ 通过蒸汽重整。

⑦ 来自零 CO_2 发电。

图 30.2　2020 年之前所选燃料的评估（基础：欧 6 汽油；自有数据，IAV GmbH 和大众汽车公司的研究）

图 30.3　燃料和驱动[4,5]

30.2　电驱动

机动车中的电驱动在车辆的发展历史中很早就已使用。到目前为止，由于能量储存（电池）不足，与汽油机和柴油机相比，其产量只占少数。虽然电动车在运行期间可以是零排放，但排放的总体评估取决于发电的类型。

电动车的驱动系统包括以下部分[7]：

- 带电控制的电动机（逆变器）和冷却。
- 动力电池，带电池管理和所需的充电器。
- 可能还有所需的变速器，包括差速器。
- 将动力传输到驱动轮。
- 电动转向和制动辅助。
- 加热和空调系统。
- 充电器（固定的或“车载”）。

同时，许多汽车制造商提供纯电动汽车。电驱动系统的组件如图 30.4 所示。

除了纯电动汽车外，与传统内燃机和电动驱动相结合的车型（混合动力汽车）都是可能的。

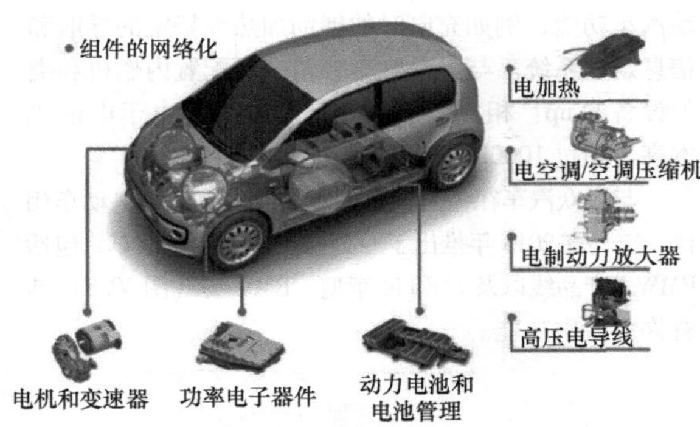

图 30.4　电动汽车新技术谱[8]

30.2.1　电机

各种电机可用于驱动。选择标准是重量轻、效率高、结构紧凑、成本低廉（生产和维护），并且在尽可能宽的转速范围内具有高的转矩。可以在以下列表中找到可能的变体：

- 直流电机：
  - 直流串联电机。
  - 直流并联电机。
- 三相电机：
  - 异步电机。
  - 同步电机。
    1）永磁同步电机。
    2）外励磁同步电机。
- 特殊电机：
  - 无刷直流电机（直流无刷电机）。
  - 横向磁通电机。
  - 开关磁阻电机（Switched Reluctance Motors）。

图 30.5 显示了基于作者选择的参数的不同电机的比较。在结构长度方面特别有吸引力的是开关磁阻电机。

项目	GM	ASM	FSM	DSM	SRM	TFM
效率	-/+	+	+	+ +	+	+ +
最高转速	- -	+ +	+	+ +	+ +	- -
体积	-	+	+/-	+ +	+/-	+
重量	-	+	+	+ +	-	+
冷却	- -	+	+/-	+ +	+ +	-
生产费用	-	+ +	+/-	+	+ +	+/-
成本	+	+ +	+	+	+ +	-

GM：直流电机；ASM：异步电机；FSM：外励磁同步电机；DSM：永磁同步电机；SRM：开关磁阻电机；TFM：横向磁通电机

图 30.5　电动车用电机的比较

为了将转矩传递到驱动轮，通常通过中央电机驱动前轮和/或后轮；在个别情况下，例如在公共汽车中，人们还发现在车轮中的电机，即所谓的轮毂驱动（参见米其林主动轮，29.4.1 节，Michelin Active Wheel）。由于高的转矩以及短时间内电机过载的事实，通常是具有固定传动比的单级变速器，足以满足传动系统的要求。

30.2.2　动力电池

迄今为止，电动车数量上使用率低的主要原因是受限于电池的功率和成本。动力电池是电驱动中最重要的部件。车辆的续驶里程依赖于能源的含量。输送的电力决定了行驶里程。图 30.6 概述了可能的动力电池。目前和不久的将来电池的问题总是由锂离子（Li - Ion）来回答，混合驱动的量产始于 2008 年。尽管未来会广泛使用并和电池制造商竞争，但价格最初会向更高的水平移动。

电池类型	电动车电池（高能量）				
	比能量/(W·h/kg)	比功率/(W/kg)	能量密度/(W·h/L)	功率密度/(W/L)	成本/(€/kW·h)
铅酸	35	200	90	510	100～150
锂离子电池	100	200	250	500	600～700

电池类型	混合动力汽车（高功率）				
	比能量/(W·h/kg)	比功率/(W/kg)	能量密度/(W·h/L)	功率密度/(W/L)	成本/(€/kW·h)
铅酸	32	430	68	910	100～150
锂离子电池	70	2000	150	4200	600～700

图 30.6　电池性能数据[9-13]

即使单独实现了给定的目标值，出于耐用性的原因，能量存储器也只能在最大为实际容量（Ni - MH、Li - Ion）的 50% 左右的狭窄范围内使用。此外，当优化能量密度时，功率密度会受到影响，反之亦然。

应该指出的是，由于全球对零排放汽车需求和由于 CO_2 排放问题，推动了电池的发展，尤其是镍金属氢化物（Ni - MH）和锂离子（Li - Ion）电池。随着电池容量的增加，供应量肯定会增加。然而，与汽油或柴油燃料的能量含量的距离仍然很大。与铅酸电池相比，因子约为 350，与锂离子电池相比，因子约为 120。

此外，锂离子电池仅能在少数的、客户长期使用的应用中证明其性能。

30.2.3 电动车示例

近年来，纯电动汽车的产量显著增加。现在在全球范围内为乘用车、轻型商用车和公共汽车提供电动车。选择的3个示例显示了不同的方法。大众汽车公司提供大众 e-up！作为入门级车型。车辆（图30.7）有一个60kW的强劲的电机来驱动前桥。锂离子电池的容量为18.7kW·h，续驶里程可达160km。e-up！耗电量为11.7kW·h/100km，是市场上最高效的电动车之一（详细的技术数据如图30.9所示）。该车辆清楚地表明，将传统动力的乘用车转换为电动车没有任何缺点，其前提是车辆方案设计从一开始就是为此而设计的。动力电池位于车身底部和后排座椅下方，这意味着存储空间和内部空间保持充分可用。

图30.7 大众汽车公司 e-up！[14]

该车辆具有符合 IEC 62196 的标准化充电连接器 CCS（组合充电系统，Combined Charging System），涵盖所有当前使用和计划的传导充电功率。在合适的直流快速充电桩上，电池可在30min内充电至80%。该车还配备了众多的标准设备，扩展到包括特殊的电动汽车功能，例如充电时的辅助加热或特定的导航和信息娱乐系统。与大众汽车公司一辆配置内燃机和类似设备的up！相比，额外的费用主要是由于电池成本高，超过10000€（截至2013年9月）。

与大众汽车在传统车型基础上推向市场的电动车相比，宝马在2013年推出了专为电动车设计的汽车，包括BMW i产品线以及i3和i8车型。BMW i3（图30.8）具有许多特殊功能。

图30.8 BMW i3［法比安·基希鲍尔（Fabian Kirchbauer）[15]］

BMW i3的车身（技术数据如图30.9所示）几乎完全由CFK（碳纤维增强塑料，carbonfaserverstärktem Kunststoff）组成，因此比由钢或铝制成的可比较的结构明显更轻、更硬。制造商为此专门建立了一个全新的生产结构，包括相应的工厂，以便能够大批量生产和加工材料。i3的结构由两个模块组成（图30.10），“生命（Life）模块”和“驱动（Drive）模块”。其中，生命模块包括整个乘客舱，完全由CFK制成。驱动模块包括与驱动相关的所有组件，例如动力电池和电机或底盘，由胶合铝制成并承载生命模块。

项目	大众 e-up！	宝马 i3	特斯拉 Model S①
电机	永磁同步电机	混合动力同步电机	异步电机
标称/峰值功率	40/60kW	75/125kW	-/235~396kW
最大转矩	210N·m	250N·m	440~967N·m
最高车速	130km/h	150km/h	225~250km/h
加速时间 0—60km/h/0—100km/h	4.9s/12.4s	3.7s/7.2s	-/5.8~3.0s
总重量（EG-标准）	1214kg	1270kg	2108 kg
电池类型/净容量/电压/电池数量	锂离子/18.7kW·h/374V/204	锂离子/18.8kW·h/355.2V/96	锂离子/70~95kW·h/-/>7000
消耗（NEDC）	11.7kW·h/100km	12.9kW·h/100km	14.9~17.7kW·h/100km
续驶里程（NEDC）	160km	190km	455~509km
到80%SOC的充电时间（家用插座/AC壁箱/DC快速充电CCS）	7h/4h/0.5h	6~8h/3~6h/0.5h	0.67h
座位	4	4	5+2
行李舱容积	250~923L	260~1100L	745~1645L
德国的购买价格2013.9	26900欧元	34950欧元	82700~124300欧元

① 提供多个版本。

图30.9 量产电动车技术数据比较[14-16]

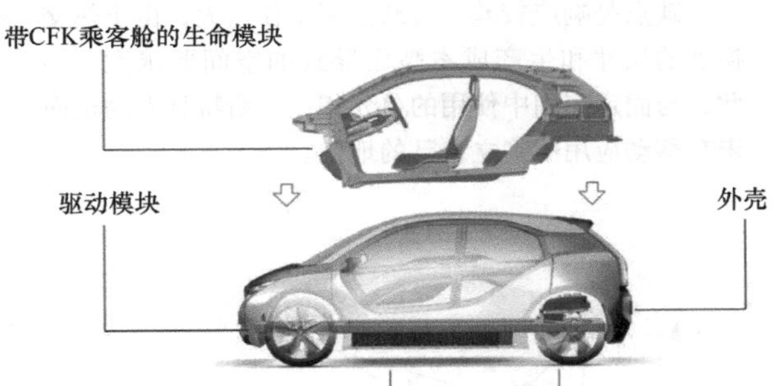

图 30.10 BMW i3 的模块化结构[15]

此外，该车还配备了增程器，需要额外付费才能将续驶里程扩大到300km左右，对此，该车采用串联的混合动力驱动。增程器位于驱动模块中，靠近行李舱地板下的电机，因此，该品牌典型的后轮驱动车辆的内部尺寸没有减小。9L的储罐位于前端。增程器是一个650mL的大的两缸汽油机。

另一种在美国特别成功的汽车是特斯拉 Model S。它于2012年推向市场，其特征在于图30.9中的数据。Model S设计为纯电动车。与BMW i3类似，电池位于车辆底部，电机位于后轮之间。特斯拉 Model S的动力电池有一个独特性：它由用于数百万个移动设备（例如笔记本电脑）的电池所组成，并不是专门为在车辆中使用而开发的。容量高达85kW · h的大的电池组完全安装在车轴之间和平坦的底部，由此，一方面实现了有利的重心位置，另一方面创造了存储空间。车辆内部有五个座位，行李舱有两个儿童座椅。前罩下方有更大的存储空间。

Model S（图30.11）的车身由铝制成。由于驱动部件的高的质量，特别是锂离子动力电池，车辆空载重量明显地超过2t。得益于强大的电机，该车辆实现了非常运动的和典型的驾驶性能。然而，与这里所介绍的其他两款车一样，最高速度远在理论上可能的最高速度之前被限制，以便不会过多地限制续驶里程。

目前生产的车辆清楚地表明，电动车已经进入市场。各种电动车可供选择，客户可以通过各种融资模式（购车或购无电池车辆加电池租赁）购买。然而，可用的车型仍然比可比的传统动力驱动乘用车贵得多，尤其是电池成本。然而，就车辆的日常可用性而言，仍然需要做出妥协。可实现的续驶里程很小，实际上通常还要小得多。尤其是在冬季，由于电加热和其他舒适性功能和安全功能，通常可以达到的续驶里程不到给定的50%。

由于（快速）充电可能性的标准化和全面引入

图 30.11 特斯拉 Model S[16]

以及在能量密度和动力电池成本方面的进一步预期的进步，电动车在未来几年内具有显著增加的市场潜力。

30.3 斯特林发动机

斯特林发动机（早在1816年发明）总是被反复讨论作为车辆的可能的驱动单元。它采用连续的外部燃烧或供热。通过热交换器将该热能传递给气缸中的工作气体。气体通过置换器在恒定高温的空间和恒定低温的空间之间来回推动。其结果是内部压力周期性地波动。通过工作活塞和相应的曲柄连杆机构压力波动转化为机械能。根据霍弗曼（Hövermann）[17]，该过程的理论循环（连续供热的封闭循环过程）可以用两条等温线和两条等容线来描述。图30.12显示了斯特林发动机的理论循环过程的 $p-V$ 和 $T-s$ 图。

在发动机工作过程中，循环是顺时针的，而在制冷机或热泵中是逆时针的。理论循环过程的各个步骤如下：

- 1至2：等温压缩；工作气体在冷却器中绝热压缩至其初始温度后再冷却，热量释放到环境或待加热的介质中。
- 2至3：等容吸热；在再生器中的热吸收。
- 3至4：等温膨胀；工作气体在加热器中绝热膨胀到初始状态后，被再加热，其中需要通过外部的、连续的燃烧供热：在该步骤中，输送有用功。
- 4至1：等容散热；在再生器中的散热。

只有当工作和置换器活塞不连续地移动时，才能实现这种说明的理想过程。理想过程的效率与卡诺（Carnot）效率相对应，后者又是评估内燃机效率的基础：

$$\eta = 1 - T_1/T_3 = 1 - T_{min}/T_{max}$$

斯特林发动机最重要的优点（图 30.13 显示了 STM 公司的设计）是低排放，可以使用任何由不同的能量产生的可用的热源，在最佳点、在排量调节和在部分负荷时具有非常好的效率以及低振动和低噪声。

缺点是响应较差，负载控制工作量大，由于热交换器的尺寸和生产成本高而导致的空间要求大，因此，与固定应用中使用的单元相比，斯特林发动机尚未在移动应用中确立自己的地位。

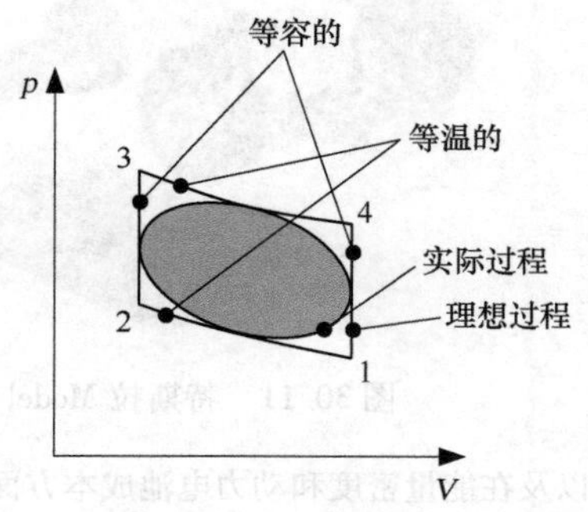

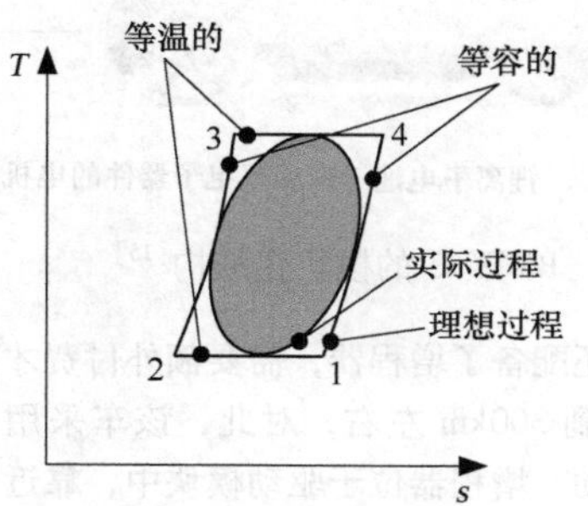

图 30.12　$p-V$ 和 $T-s$ 图中的斯特林过程

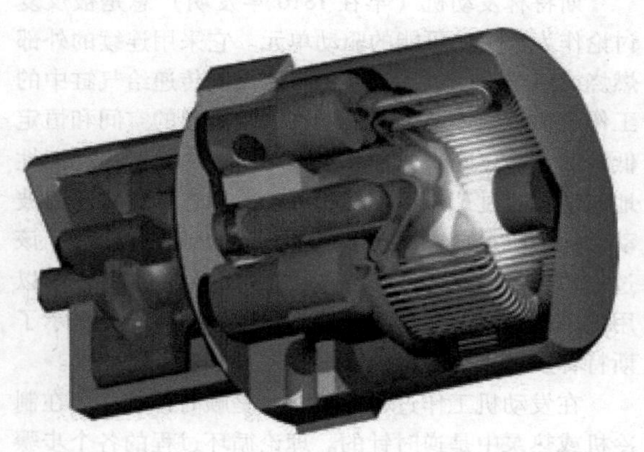

图 30.13　STM 公司的斯特林发动机（25kW）

30.4　燃气轮机

高温燃气轮机是可以使用大量不同燃料（即不同类型的能量）运行的驱动装置。在某些情况下，甚至省略了在传统发动机中使用的化学转化过程。因此，车辆燃气轮机已经尝试直接用粉煤运行。对此，对于从原始能量载体到车辆驱动的转换链的总效率而言将是有利的。

车辆燃气轮机的结构源于机动车辆运行的特殊要求。图 30.14[18] 示意性地显示了该原理。双轴结构设计（其中一个单独的动力涡轮机连接在由压缩机和压缩机涡轮机组成的燃气发电机组的下游）导致车辆起动所需的转矩增加。在这张图片中，还显示了动力涡轮机前面的可调节导向叶片。

在运行期间，可以通过改变这些叶片的位置来改变通道横截面，从而改变质量流量，使得在每种情况下，在最高的允许的涡轮机入口温度下获得所需的功率。这实现了最低的燃料消耗。加速时，可以通过短暂地打开叶片横截面来缩短响应时间，而在推力运行模式下，气流可以通过沿相反方向枢转的导向叶片引导到叶轮叶片上，从而产生制动力矩。

工作温度高低和热交换器的质量对效率和燃料消耗水平有显著的影响。可以想象用于机动车辆的常见类型的燃气轮机（开式结构形式），根据轴数不同分为以下结构类型：

- 单轴涡轮机（燃气发电机组和动力涡轮机在一根轴上）。
- 两轴涡轮机（气体发生器轴与驱动轴解耦）。
- 三轴涡轮机。

双轴燃气轮机是费用和性能之间的良好折中。例如，转矩曲线明显比单轴涡轮机更合适，通过工作气体温度的控制和/或通过涡轮机和压气机上的可调节导向叶片进行负荷调节。尽管具有排放优势、多燃料能力、低振动和相对合适的转矩变化曲线，更高的油耗、必要的耐高温陶瓷和高噪声意味着对更小的功率范围的适用性太有限了。与往复式发动机相比，燃气轮机响应性能更差，这也意味着尚未计划量产，在机动车辆中作为直接驱动装置。

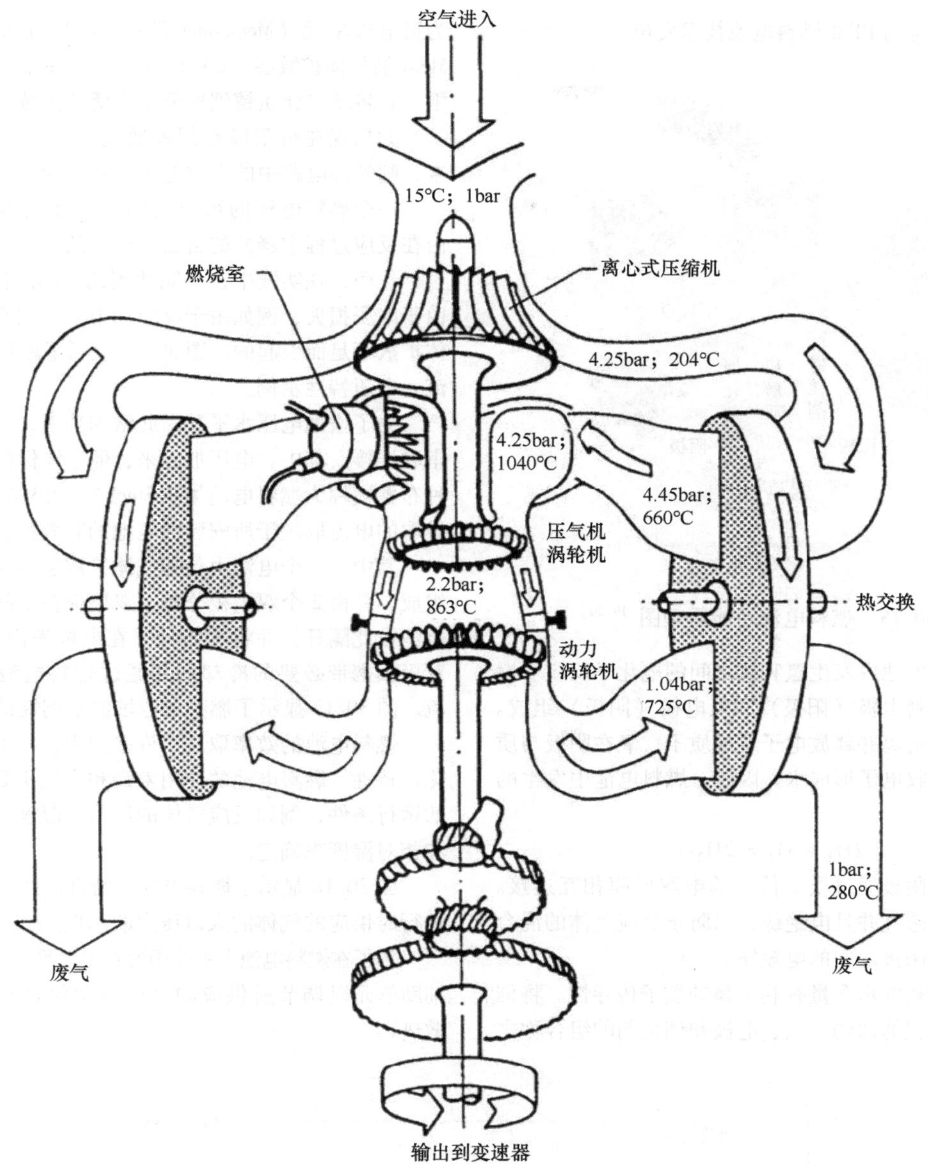

图30.14　双轴车辆燃气轮机的结构[18]

30.5　燃料电池作为车辆驱动

燃料电池汽车在续驶里程和加注时间方面的优势使得这种驱动方式似乎是纯电动汽车的一种有前途的替代品。

几乎所有汽车制造商目前都在研究将燃料电池作为能量转换器的方案设计。首批车辆已经上市，并计划在未来几年进一步推出量产产品。

目前可用的车辆是作为小批量生产的一部分开发和制造的。进一步的开发步骤对于技术的竞争力是必要的，特别是在降低成本、延长使用寿命和优化燃料电池系统效率方面。将该技术推向大众市场的一个关键因素是燃料的可用性，在这种情况下是氢。这需要建设加氢站基础设施，目前尚未达到足够程度的量。

市场上发现的和宣布的燃料电池汽车具有相似的功率等级和混合动力概念，但在车辆和燃料电池系统的运行细节上存在差异。

30.5.1　PEM燃料电池的结构

图30.15显示了PEM（质子交换膜，Proton Exchange Membrane）燃料电池的功能原理，如在汽车应用中的使用。除了功率密度高、动态特性好、低温起动能力强外，使用寿命长、量产过程中可预期的成

本大幅下降也为 PEM 燃料电池技术发声。

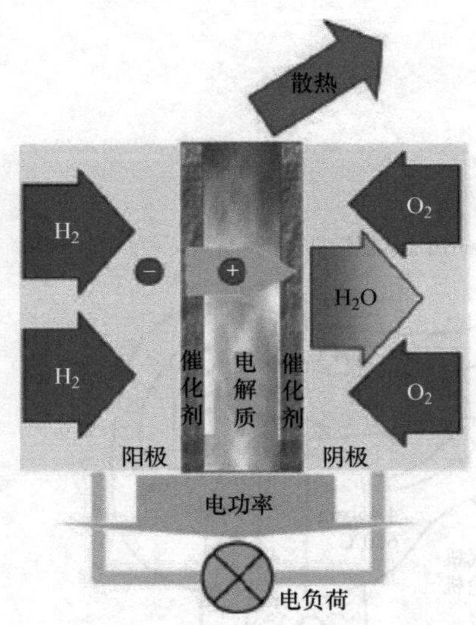

图 30.15　燃料电池功能原理图[19,20]

在燃料电池内发生氢和氧之间的电化学反应。燃料电池由燃料电极（阳极）和氧电极（阴极）组成。在阳极，氢解离并释放电子形成质子，氧在阴极与质子反应，吸收电子形成水。因此，燃料电池中发生的反应如下：

$$2H_2 + O_2 = 2H_2O$$

阳极和阴极通过质子传导的电解质膜相互连接。电解质膜不透气并且电绝缘，以防止反应气体的混合以及阳极和阴极之间的电短路。

膜中的高的水含量有利于膜的质子传导性。将催化剂施加到膜的两侧。膜、电极和催化剂的组合称之为膜电极单元（Membrane Electrode Assembly，MEA）。MEA 被气体扩散层（Gas Diffusion Layer，GDL）所包围，它将反应介质精细地分布在活性区域上。

如果现在将阳极和阴极通过一个电导体连接起来，则外部电路中的电位差可以转换为功。

一个燃料电池的可逆的标准电池电压 1.23V 是由在反应过程中释放的自由焓产生的。

然而，在实践中，只能达到约 1V 的电压。这是由于电压损失，例如由于反应动力学、欧姆电阻或气体扩散不足而引起的。图 30.16 显示了燃料电池的电流 - 电压特性示例。

为了增加电压水平并因此增加功率，将单个电池串联连接。其中，电压加起来，但电流保持不变。这种布置被称为燃料电池堆（Stack）。可从燃料电池堆汲取的电流取决于所安装的电池的有效面积。

其中，一个电池由包括气体扩散层的膜电极单元组成，并由 2 个双极板分隔。双极板在空间上将单个电池彼此隔开，并将气体分布在电极表面上。此外，双极板携带必要的冷却剂并通过燃料电池堆传导电流。图 30.17 显示了燃料电池堆的示例性结构。

燃料电池的效率取决于许多因素，特别是膜和催化剂特性。燃料电池的使用寿命和性能主要通过所选的运行条件，例如反应气体的压力、温度、化学计量和相对湿度来确定。

图 30.18 显示了燃料电池的特性曲线如何依赖于运行时供应的气体的入口压力的示例。

为了在燃料电池车中使用燃料电池堆，需要相应的辅助单元以调节所供应的气体并确保燃料电池堆的散热。

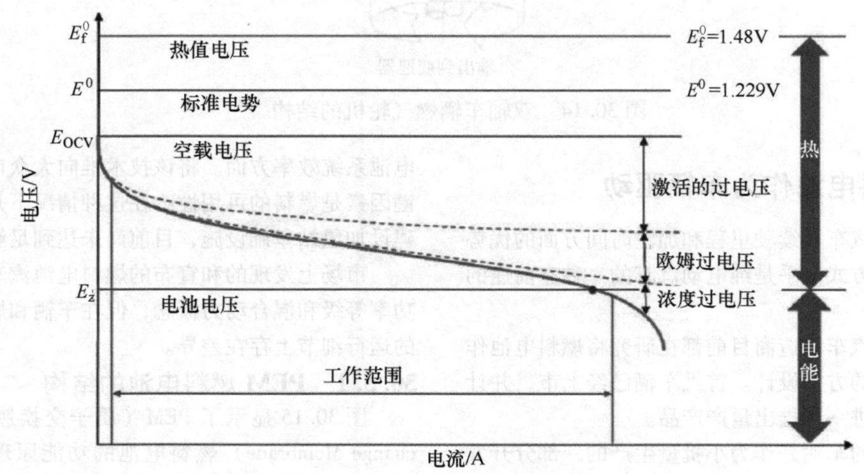

图 30.16　电流 - 电压特性示例

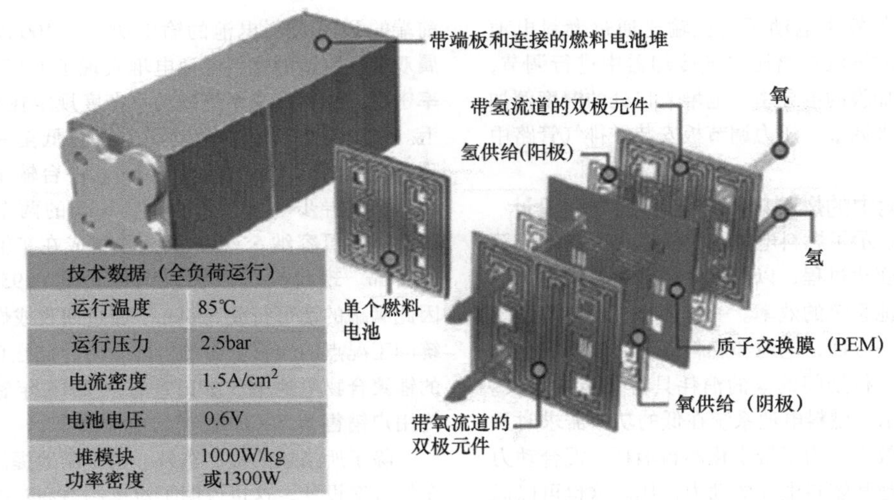

技术数据（全负荷运行）	
运行温度	85℃
运行压力	2.5bar
电流密度	1.5A/cm²
电池电压	0.6V
堆模块功率密度	1000W/kg 或1300W

图 30.17　PEM 燃料电池堆的结构[21]

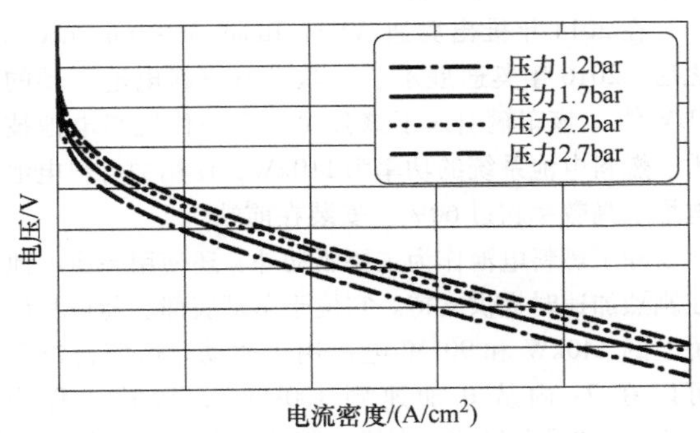

图 30.18　电流 - 电压特性曲线与压力的关系

30.5.2　车用燃料电池系统结构

图 30.19（见彩插）显示了可用于车辆的燃料电池系统的示意性、示例性结构。

电化学反应所需的氢存储在汽车储罐中，例如 700bar，并从那里分几个阶段减压。氢通过截止阀和压力调节阀到达电池堆入口，在阴极侧被分解并与氧反应形成水。为了提高电堆的效率和电堆的寿命，阳极系统以超化学计量方式运行。未使用的氢将例如通过再循环风机回馈，与氢新鲜气体质量流混合并回馈至电化学反应。运行过程中产生的产物水被收集在水分离器中，并通过分离器阀排出。放气阀用于增加氢的浓度，并循环地打开，因为惰性气体，例如氮，由于阳极系统中阳极和阴极之间的分压梯度而加浓。

电化学反应过程中产生的过程热通过冷却系统消散。与由内燃机驱动的车辆相比，燃料电池车辆中的明显更大部分的过程热必须通过冷却系统消散，因为几乎没有任何热量可以通过废气传输。

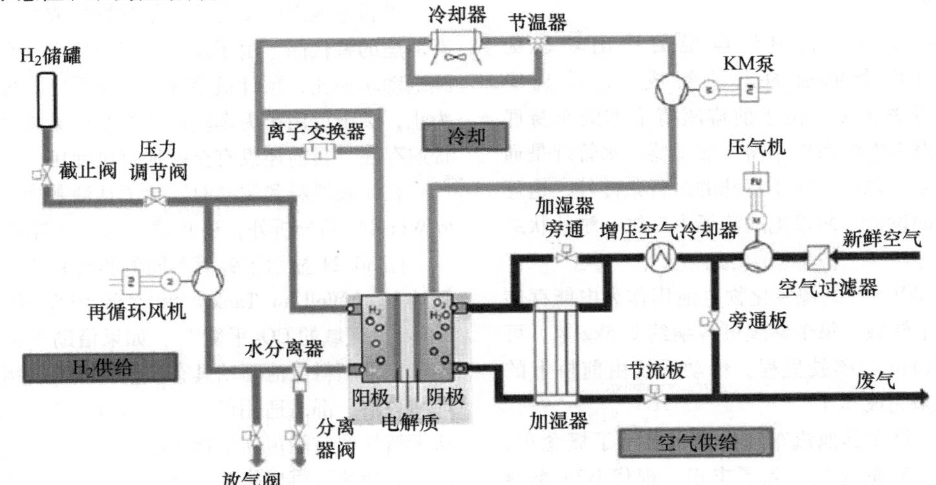

图 30.19　燃料电池系统

反应所需的氧由电动压气机输送通过燃料电池堆。压缩空气质量流在增压空气冷却器中进行调节，然后加湿以增加膜的电导率。电堆入口处的湿度例如由加湿器旁通来调节。压力调节板安装在排气管路中以提高压力[19,20]。

30.5.3　车辆中的燃料电池与当前的方案设计

图30.20显示了燃料电池电堆效率在所需电流范围内的典型的变化过程，以及上一小节所述的在车辆中整个燃料电池系统的效率。一方面，燃料电池系统的有效性，另一方面，电池和燃料电池之间的混合动力分配对车辆运行期间的氢的消耗具有决定性意义。如图30.20所示，燃料电池系统在低的功率需求时显示出特别好的效率。为了最小化燃料消耗，混合动力策略整合了电池和燃料电池的动力占比。这也可以通过移动运行工况的负荷点来实现。

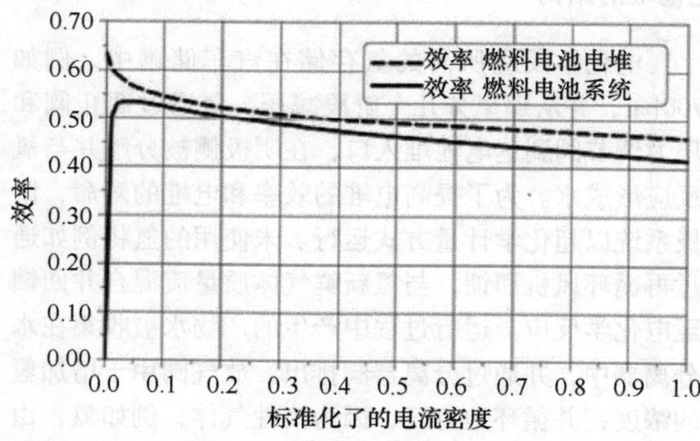

图30.20　燃料电池效率

丰田Mirai[22]代表了整车的现状，这是第一款量产的氢燃料汽车。该车自2014年秋季开始在日本接受订购。在一些欧洲国家，车辆于2015年夏末开始交付给最终客户。

丰田Mirai的燃料电池电堆的输出功率为114kW，由370个单独的电池组成。它实现了3.1kW/L的功率密度，位于前排座椅下方的车身底部。此外，燃料电池系统不需要加湿器。水管理是通过内部加湿来实现的。除了特殊的运行条件外，这还可以实现新的设计。阴极侧的流场由三维、鳞片状结构所组成。

一个1.6kW·h的镍氢化物电池用作为电能存储器。使用2个储罐，每个储罐可容纳约2.5kg氢，可实现超过500km的续驶里程。传动系统由前桥上的113kW电机来完成。

近年来，许多其他汽车制造商也展示了概念车，并宣布了量产车的推出。除了丰田，现代ix35燃料电池汽车也从2013年开始上市[23]。现代指定安装在前端的PEM燃料电池的输出功率为100kW。使用金属双极板制造的燃料电池电堆实现了1.65kW/L的功率密度，燃料电池系统的功率密度规定在640W/L以上。系统的更安全的起动能力可在低至－25℃时实现，介质的最大气压为1.45bar。一台输出功率也为100kW的异步电机接管驱动。ix35的两个氢储罐在700bar下可容纳5.64kg氢，并集成在车辆后轮之间的后部。现代汽车声称氢消耗量为0.95kg/100km，因此满罐的话可行驶594km。通过回收或燃料电池系统的工况点的转移获得的电能暂时存储在0.95kW·h的锂聚合物电池中。本田宣布从2016年底开始向最终用户销售FCX Clarity燃料电池汽车。

除了所描述的量产车外，也不断地提出燃料电池车的方案设计，这也说明了汽车制造商对燃料电池技术的兴趣。技术演示旨在展示车辆的技术成熟度和拓扑结构，为上市做准备。

在2014年推出奥迪A7 Sportback h－tron quattro之后，2016年奥迪展示了一款带有燃料电池驱动的SUV[24]。该车辆引入了该公司的下一代燃料电池技术。燃料电池系统的功率为110kW，使用的燃料电池电堆最高效率超过60%，安装在前端。

除了燃料电池作为主要驱动外，还使用高压电池在剧烈加速时提供支持。它位于车辆底部。前桥和后桥上的140kW和90kW电机用于驱动。这使得汽车可以在7s内从0加速到100km/h，续驶里程为600km。这是通过位于车辆后部的3个700bar压力储罐来实现的。它们一起可存储6kg的氢。行驶阻力的降低也确保了长的续驶里程，空气阻力系数（C_D值）为0.27。

30.5.4　燃料电池与其他驱动相比的评估

燃料电池混合动力驱动是内燃机或纯电动汽车的有前途的替代品。由于加注时间与传统汽车相当，与纯电动车相比，预计最终客户的接受度会提高。迄今为止，关于可用于为车辆加注的基础设施的不确定性普遍存在，目前还没有全面地可供使用。

在比较燃料和驱动时，除了从油井到车轮（Well to Wheel）的分析外，还必须考虑原材料的可用性。

图30.21显示了针对不同的驱动和能源，从油井到油箱（Well to Tank）和油箱到车轮（Tank to Wheel）区域的CO_2平衡[6]。如果借助于再生电解产生氢，则燃料电池驱动具有积极的CO_2平衡。这在地理和政治上都是适用的。氢可以从多种能源中生产，从天然气到核能再到生物质能。此外，通过电解氢提供了波动的可再生能源（例如来自风力系统的能量）的中间存储的可能性。

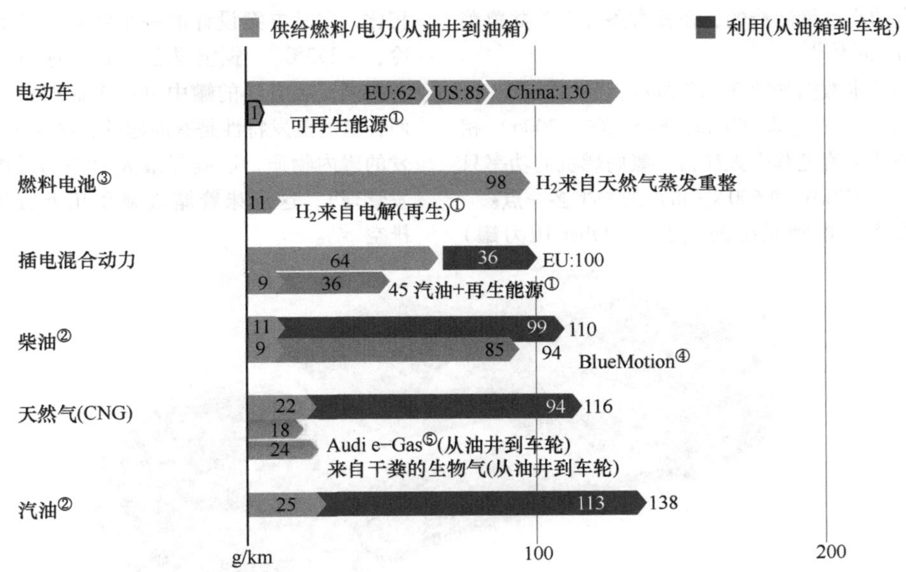

① 用风能发电计算。
② 根据EN 590和EN 228规范，用7%生物柴油或5%生物乙醇重量平衡。根据欧盟指令 2009/28/EC，生物燃料的二氧化碳的比减排量为35%。
③ 2015年状态。
④ 包括独立于聚合的BlueMotion措施。
⑤ 来源e-Gas：Audi AG(来自风力发电的甲烷)。

图 30.21　不同驱动方案设计的从油井到车轮的排放

2020 年在欧洲要求的 $95gCO_2/km$ 作为新注册车辆的平均值，这意味着目前必须使用替代燃料。

混合动力或电动车与燃料电池汽车之间的协同作用将在不久的将来降低成本并提高零部件的可用性，从而可以采取必要的下一步措施来实现该技术的商业化。

30.6　替代能源和驱动的总结性评估

替代能源和驱动将获得更大的市场份额。这样做的先决条件是它们将同等的驾驶性能提供到客户手中，并且可以在复杂性、舒适性和成本等其他标准方面进行优化，以达到客户接受的程度。对此，必须考虑到传统车辆（发动机、变速器、驱动管理）也需要不断改进。应对这一未来的性能，新的开发必须占上风。一个有吸引力的发展是 30.8.2 节中描述的自由活塞机械，它既可以用作混合动力汽车的主要能源，也可以用作 APU。

30.7　氢燃料发动机

氢内燃机目前在汽车工业的开发部门中没有任何作用。然而，直到几年前，该领域才开展了研究，尤其是宝马公司。在内燃机中氢的转化的优势是显而易见的：通过使用和改进已知技术，这种系统的成本、耐用性和集成可以比燃料电池系统更好地预测和控制。此外，传统发动机领域的发展进步也对这种替代的运行变型产生影响。

氢内燃机通常基于四冲程汽油机。然而，可以想到并且考虑二冲程或汪克尔运行的发动机。基本上，这是通过将内燃机与气态形式的运行相匹配[25]。

这项技术的最先进开发状态体现在 2006 年的宝马 Hydrogen7 的量产开发中，该量产机型基于 V12 四冲程汽油机。特殊的 H_2 开发范围有以下几点[26,27]：

- 设计为二排驱动。
- 适应燃烧室的几何形状、点火系统、压缩比与不同的燃烧过程相匹配。
- 密封和冷却的优化（更热的 H_2 燃气燃烧）。
- H_2 供应（高的密封性要求）。
- 将储罐系统集成在整车包中。
- 用于 H_2 监控的安全系统。

通过相匹配的 λ 调节，在 Hydrogen7 中，除了与系统相关的低 CO 和 HC 排放（仅来自润滑油输入）外，能够将 NO_x 排放保持在非常低的水平，并且明显低于当时适用的所有法律限制值[28]。

为了展示最先进的技术，这里将简要介绍宝马 Hydrogen7（图 30.22）。该车是宝马一系列氢内燃机试验车中的最新一款开发车型。它是在量产开发条件下以 100 台的小批量制造的，在日常条件下总共覆盖了约 400 万 km[27,28]。

车辆的技术数据如图 30.23 所示。

与基础车辆（宝马 760 Li，E65/E66，2006）相比，更低的功率值尤其引人注目。氢内燃机的功率只有原始装置（327kW 和 600N · m）的一半多一点。

与当今燃料电池系统的气态（700bar 压力罐）相比，宝马方案设计的一个特点是液态氢储存（深冷，－253℃）。据宝马公司称，这意味着灌注到具有相同安装空间的罐中可以多储存约 75% 的氢。然而，氢的蒸发特性是有问题的：必须定期排空不断蒸发的罐内物质，以确保最大允许的罐内部压力（蒸发管理），这意味着储氢罐在几天后几乎可以完全排空[29]。

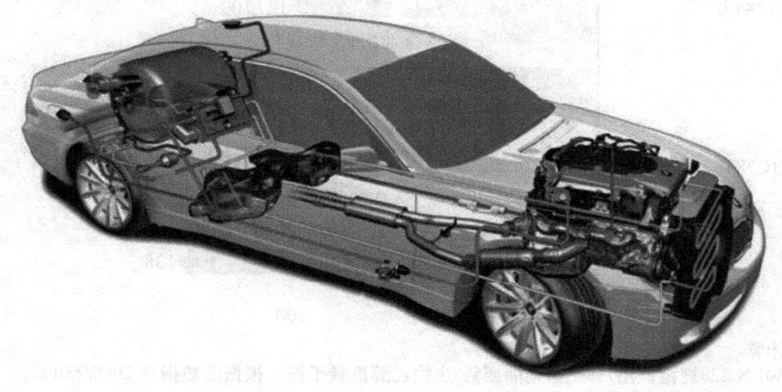

图 30.22　宝马 Hydrogen7，包括用于氢运行的组件[29]

项目	宝马 Hydrogen7
最大功率	191kW
最大转矩	390N · m
0—100km/h 加速时间	9.5s
最高车速	230km/h（限速）
空载	2460kg
储氢罐容量	170L/8kg
续驶里程 H_2	>200km
储罐容量	74L
续驶里程，汽油	>500km

图 30.23　宝马 Hydrogen7 技术数据（2006）[29]

现代的 700bar 压力存储器，如在当前配备燃料电池的车辆中使用的那样，提供了解决这个问题的潜力。

在展示的概念车中，液氢罐（图 30.24）对内部空间和行李舱的可用性也有相当大的影响：后排座椅向前移动，因此车辆提供的空间与宝马 7 系列的短版大致相同，行李舱容积同时收缩 50% 多一点，体积为 225L[29]。

很难预测，氢内燃机在多大程度上具有长期潜力重新成为汽车行业开发部门的重点。现在所有汽车制造商都正式停止了这方面的努力。在当前的市场条件下，技术障碍似乎太大了。

图 30.24　宝马 Hydrogen7 的液氢罐[29]

然而，由于有可能从传统的汽油机车辆中接管许多部件（变速器、辅助装置等），并且由于在全球范围内使用车辆时对排放的要求越来越严格，因此随着汽油价格的上涨，需要全面的 H_2 基础设施，作为传统驱动的替代方案，也有必要重新审视该技术。

30.8　通过辅助动力装置（APU）发电

机动车辆（乘用车和商用车）对电力和空调的需求不断增长，已导致车辆发电机和空调系统的效率显著地提高。然而，同时也显示了效率、安装空间和能源需求方面的限制。APU（辅助动力装置，Auxiliary Power Unit）是一种为辅助装置产生电能的装置。因此，目前正在研究和开发替代品。可能的解决方案如下所述：热电、SOFC 燃料电池作为 APU 和自由活塞线性发电机作为发电机。

30.8.1　燃料电池作为 APU

早在 1999 年，宝马就推出了基于 PEM 燃料电池的 APU。该解决方案可以轻松集成到已经使用氢运行的车辆中。然而，如果 PEM 燃料电池要用汽油或柴油等液体燃料运行，则成本和复杂性会显著增加。在这里，必须首先使用复杂的重整器和多级气体净化系统从燃料中产生氢。

因此，有多家公司正在研究基于高温燃料电池的柴油车和汽油车的 APU 系统，特别是 SOFC（固体氧化物燃料电池，Solid Oxide Fuel Cell）。它们的工作温度约为 700 ~ 800℃，它们可以实现更简单的重整器，例如根据 POX（部分氧化，Partial Oxidation）原理。图 30.25 显示了 PEM 燃料电池和 SOFC 系统的示意性比较。

这里，使用 SOFC 作为 APU 的优势首先在于，比使用常规燃料时其整体系统的复杂性更低。SOFC APU 的结构如图 30.26 所示。

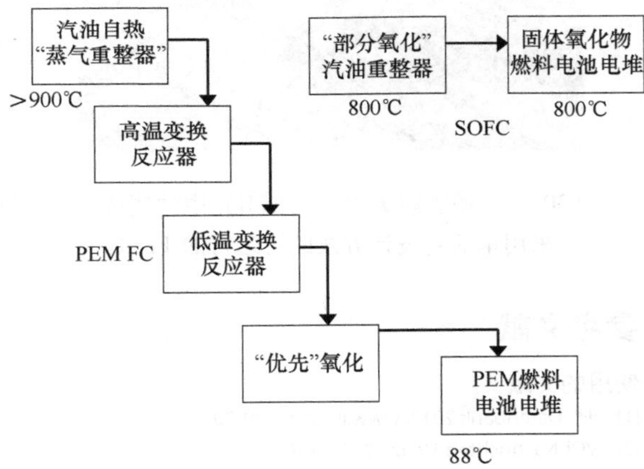

图 30.25　PEM + SOFC 的燃料制备比较[30]

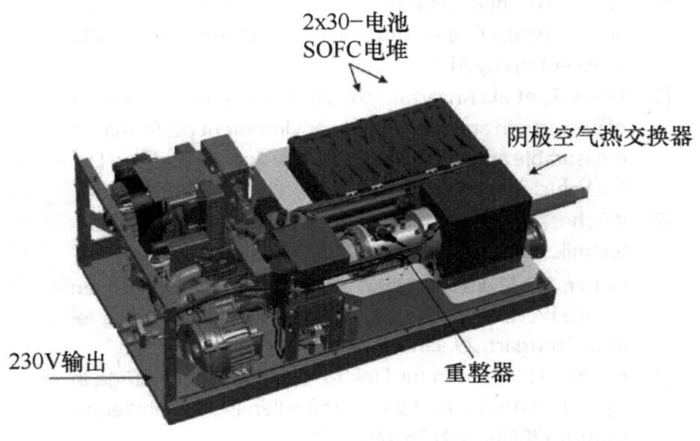

图 30.26　德尔福（Delphi）固体氧化物燃料电池[31]

用于乘用车的 APU 所需性能数据如下：

功率：5kW；

燃料：汽油；

寿命（连续）：>5000h；

寿命（起动循环）：>5000；

效率：>35%；

起动时间：<10min；

重量功率比：<4kg/kW；

体积功率比：2L/kW。

用于商用车的 APU 所需的性能数据如下：

功率：1 ~ 3kW；

燃料：柴油；

寿命（连续）：>25000h；

寿命（起动循环）：>5000；

效率：>25%；

起动时间：<60min；

重量功率比：<30kg/kW；

体积功率比：<80L/kW。

柴油驱动的 SOFC APU 的一个有吸引力的可能应用是在商用车领域。当柴油车车辆静止且内燃机关闭时，需要更大的电力，例如驻车空调。

此处必须关注美国立法（尤其是加利福尼亚州）。这里要求在休息和等待休息期间必须关闭发动机。

对此，第一种方法已经存在（在参考文献［32，33］中）。其中，柴油燃料的处理方式与使用 POX 重整器的汽油变体相同，并送入 SOFC。后燃烧器燃烧残余气体并加热燃料电池的过程空气。柴油燃料的 SOFC APU 原型机如图 30.27 所示。

图 30.27　伟巴斯特（Webasto）用于柴油燃料的 SOFC APU 原型机[32,33]

SOFC系统的量产使用，原则上取决于立法是否做出相应的要求，能否显著地缩短起动时间，能否实现系统热循环次数的目标。

30.8.2 带电能去耦的自由活塞机（自由活塞线性发电机）

自由活塞内燃机可以与线性发电机相结合，以在车辆上有效地提供电能。这种自由活塞线性发电机（FKLG）可以采用单活塞、双活塞或对置活塞结构形式（图30.28；参考文献［34］）。对此，燃烧部分设计为直喷式二冲程发动机。

在实际实施中，主要感兴趣的是单活塞和对置活塞系统。在这两种情况下，燃烧单元都用于驱动一个或两个活塞。每个活塞各自都连接到一个刚性的连杆，一个永磁转子又连接到该刚性的连杆上。转子的摆动会在定子线圈中感应出电压，从而将运动的机械能转化为电能[35]。通常设计为气弹簧的复位弹簧单元用于使活塞单元的运动反向，作为临时能量存储器和作为系统调节的执行器。

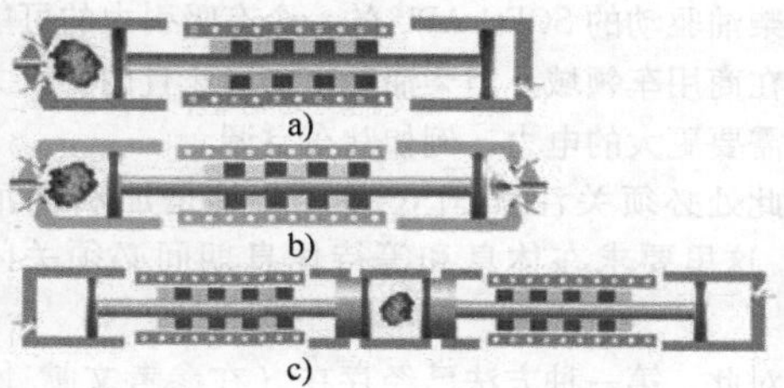

图30.28　a）FKLG的单活塞结构形式、b）双活塞结构形式和c）对置活塞结构形式

自由活塞线性发电机的所有变体都具有一些特殊功能，一方面会带来有吸引力的潜力，另一方面在技术实施时会带来挑战。除了系统固有的可变压缩外，自由活塞线性发电机的气门控制的变体还提供了改变排量的可能性，这使得通过调整行程来控制负荷成为可能。对此，最大限度地减少了节流损失和摩擦损失，从而提高了部分负荷范围内的效率。由于活塞运动不是强制的，因此对控制和调节技术提出了很高的要求。由于线性发电机的扁平的结构形式，系统可以以较低的结构高度进行管理，例如允许将系统集成在车辆底部。为了尽可能降低建造成本，对于二冲程发动机来说，通过气缸壁上的开槽进行气体交换的系统是有利的。为了避免废气中的额外排放，必须专门开发由活塞、缸套和润滑剂组成的摩擦系统。

自由活塞线性发电机的可行性可以通过功能演示器来展示。在DLR（斯图加特车辆概念研究所）的试验台架上构建了具有二冲程汽油机燃烧过程的反向扫气系统（图30.29），因此诸如运行稳定性或压缩可变性等基本方面可以在实际运行中得到证明[36]。

在DLR的另一个项目中，也正在考虑采用对置活塞结构形式的系统。这是一个带有纵向扫气的槽控制系统。从经济和技术角度来看，这种结构形式看起来很有吸引力，其中主要包括可以省去成本密集型的气体交换机构，并且因为反向运行的活塞能够在完全质量平衡的情况下实现低振动运行[37]。当前的开发涉及用于同步两个活塞运动、气体交换、燃烧过程控制以及活塞组件的热和摩擦学设计的技术。同时，将在总体设计、结构设计和辅助单元领域朝着车辆的开发迈出一步。

图30.29　德国航天中心（DLR）中的测试场，采用单活塞设计方式的可运行的FKLG

参考文献

使用的文献

[1] IHS Datenbank 2013, www.ihs.com, 09/2013
[2] VDI-Nachrichten 19.02,2016, Nr. 7
[3] FEV GmbH, Aachen 2013
[4] Drescher, I.: Steiger, W.: Volkswagen Fuel and Powertrain Strategy FISITA 2008, F-2008-06139, proceedings by ATZ
[5] Weber, Th.: Innovative vehicle concepts towards accident and emission free driving, plenary lectures FISITA 2008, proceedings by ATZ
[6] Finke, S., et al.: Analyzing the life cycle carbon emissions of powertrain and fuels, makin environment performance measurable and planable. 12. Symposium Hybrid and Eletric Vehicles, Braunschweig. (2015). ISBN 9783937655352
[7] Wüchner, E.: Elektroantriebe. In: Handbuch Kraftfahrzeugtechnik. Vieweg, Wiesbaden (2007). ISBN 9783834802224
[8] Lieber, Th.: Elektromobilität als Trend und Auswirkungen auf die Wertschöpfungskette. 7. dSPACE Anwenderkonferenz, Stuttgart, 29. Januar. (2013)
[9] Köhler, U.: Batterien für Elektro- und Hybridfahrzeuge in Hybrid-, Batterie- und Brennstoffzellen-Elektrofahrzeuge. Expert, (2005). ISBN 3816924336
[10] Steiger, W.: Energie und Mobilität in der Zukunft. Votrag ÖVK,Wien 12/2011

[11] ESMT, Marktmodell Elektromobilität, Bericht Teil 1 – Ansatz und Ergebnisse, Berlin, September 2011
[12] Förderreuther, Köbel, Gaida: Leichtbaukonzepte für Elektrofahrzeuge und Plug-In-Hybride. lightweightdesign (2), (2012)
[13] IHS/iSuppli 2013, Rechargeable Batteries Cost Forecast, www.isuppli.com, 09/2013
[14] Volkswagen AG, https://www.volkswagen-media-services.com, 09/2013
[15] BMW AG, https://www.press.bmwgroup.com, 09/2013
[16] Tesla Motors, http://www.teslamotors.com/de_DE, 09/2013
[17] Hövermann, M.: Die Continental-Strategie für Mild und Full-Hybridsysteme. Proceedings 3. Braunschweiger Hybridsymposium. (2006). ISBN 3937655208
[18] Seiffert, U., et al.: Automobiltechnik der Zukunft. VDI, Düsseldorf (1989). ISBN 3184008363
[19] Mohrdieck, Ch.: Die Brennstoffzelle – Emissionsfreier Antrieb der Zukunft. Brennstoffzellentechnologie-Nachmittag, Hamburg. (2006)
[20] Lamm, A.: Alternative – Innovative Ansätze zur Senkung von Verbrauch und Emissionen. Vortrag an der Universität Stuttgart, 29.11.. (2005)
[21] Truckenbrodt, A.: Brennstoffzellen als Antrieb für mobile Systeme. In: Vieweg Handbuch Kraftfahrzeugtechnik. Vieweg, (2005). ISBN 3528331143
[22] Konno, N., Mizuna, S., Nakajii, H., Ishikawa, H.: Development of Compact and High Performance Fuel Cell Stack. Sae Int J Altern Powertrains 4(1), (2015). Quelle Toyota Mirai: http://www.toyota-global.com/innovation/ environmental_technology/technology_file/fuel_cell_hybrid.html#h301
[23] Quelle Hyundai IX35: http://www.hyundai.de/downloads/modell_prospekte/Hyundai-ix-35-fuel-Cell-Prospekt_Oktober.aspx
[24] Quelle Audi h-Tron: http://www.audi.de/de/brand/de/vorsprung_durch_technik/content2016/01/h-tron_quattro.html
[25] Braess, Seiffert: Handbuch Kraftfahrzeugtechnik, 6. Aufl. Vieweg, (2012). ISBN 9783834882981
[26] Kiesgen, Berger, Gruber, Staar: Die Weiterentwicklung des Wasserstoffantriebs im BMW 7er. Innovative Fahrzeugantriebe, Dresden, 11.–12. November. (2004)
[27] Enke, Gruber, Hecht, Staar: Der bivalente V12-Motor des BMW Hydrogen7. Motortech. Z. (6), (2007)
[28] Wallner, Lohse-Busch, Gurski, Duoba, Thiel, Martin, Korn: Fuel economy and emissions evaluation of BMW Hydrogen7 Mono-Fuel demonstration vehicles. Int J Hydrogen Energy 33(24), (2008)
[29] BMW AG, Der BMW Hydrogen7, Medieninformation 11/2006, https://www.press.bmwgroup.com, 09/2013
[30] Zizelman, J. et al.: Solid Oxide Fuel Cell Auxiliary Power Unit – A Development Update. SAE, Warrendale, März 2002. Delphi, USA 2008.
[31] Biyendolo, J. M.: European market Potential for a Delphi Solid Oxide FuelCell based truck Auxiliary Power Unit. Hochschule für Technik und Wirtschaft des Saarlandes, 2007
[32] Boltze, M., Wunderlich, Chr.: The SOFC-APU for long haul trucks – A promising early market application. Ninth Grove Fuel Cell Symposium, London, 09. (2005)
[33] Boltze, M., Wunderlich, Chr.: Bordstromversorgung mittels SOFC-APU. 4. Fachtagung Innovative Fahrzeugantriebe, Dresden. VDI-Bericht, Bd. 1852. VDI, Düsseldorf (2004). ISBN 3180918527
[34] Kock, F.: Steuerung und Regelung des Freikolbenlineargenerators – Entwicklungsmethode und Regelungskonzept für den Betrieb eines neuartigen Energiewandlers, Universität Stuttgart, Dissertation, 2015
[35] Deutsches Patent- und Markenamt: Offenlegungsschrift DE 19943993A1. Rotthäuser, S. et.al.: Der Freikolbenmotor – Eine Informationsschrift, 1996
[36] Kock, F., Heron, A., Rinderknecht, F., Friedrich, H.E.: Der Freikolbenlineargenerator – Potenziale und Herausforderungen. Motortech. Z. (2013)
[37] Schneider, S., Rinderknecht, F., Friedrich, H.E.: Design of future Concepts and Variants of the Free Piston Linear Generator. Ninth International Conference on Ecological Vehicles and Renewables Energies (EVER). (2014)

进一步阅读的文献

[38] Reif, K., et al.: Kraftfahrzeuge-Hybridantriebe. Springer, Wiesbaden (2012). ISBN 9783834807229
[39] ITS-Niedersachsen: Hybrid and Electrical Vehicles. Braunschweig (2016). ISBN 9783937655383. Februar
[40] Braess, H.-H., Seiffert, U.: Handbuch Kraftfahrzeugtechnik. Springer Vieweg, Wiesbaden: (2013). ISBN 9783658016906

第31章 发动机和车辆中的能源管理

工学博士 Fred Schäfer 教授，工学博士 Johannes Liebl

寻求车辆运行中降低燃料消耗的潜力是汽车工业中关键的研究和开发水平之一。这非常重要，因为燃料消耗减少也使得 CO_2 排放的直接减少。

2012 年德国所有新注册的乘用车的车队平均排放是 141.8gCO_2/km。对此，新车队的 CO_2 排放量比 2011 年减少 3%。在欧洲，2011 年的 CO_2 排放量为 136.1g/km，这比前一年减少了 3.5%。自 2012 年以来，欧洲乘用车车队的平均二氧化碳排放限制在 130g/km。欧盟达成的妥协规定过渡阶段放宽这些目标。从 2012 年开始，65% 的新车必须遵守制造商特定的限值。这取决于所售车队的平均重量。从 2013 年起应该是 75%，从 2014 年起应该是 80%。从 2015 年起，该限制值将适用于制造商的整个车队（图 31.1）。

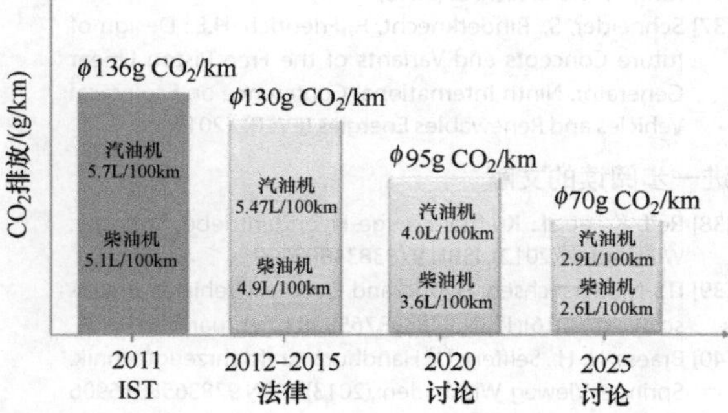

图 31.1 欧洲 CO_2 限值情况

如果超出上述的限值，则要计划支付罚款。对于超过制造商特定的与重量相关限值的第 1 克（g），将收取 5€，第 2 克 15€，第 3 克 25€。超过限值 4 克的部分，制造商必须支付每克 95€。根据 VDA 的计算，这是煤炭和钢铁行业在排放交易中必须支付的罚款的 24 倍。这意味着存在明显的不平衡，不利于汽车制造商。

计划分别从 2020 年和 2021 年起进一步减少 CO_2 排放。2013 年 11 月底，欧盟成员国通过了以下规则，采用的限值：到 2020 年，所售的新的乘用车的 95% 不得超过 95g/km 的 CO_2 排放。从 2021 年开始，这一限值将适用于整个车队。作为电动车创新的激励，汽车制造商获得所谓的“超级积分（Supercredits）”。其中，如果非电池电动车的排放低于 50gCO_2/km，这也可以包括在内。它们在 CO_2 平衡中被多次计算：从 2020 年起计为 2 辆，从 2021 年起计为 1.67 辆，从 2022 年起计为 1.33 辆，从 2023 年起计为 1 辆。尽管如此，已经有考虑 2025 年起 CO_2 的限值，所讨论的 CO_2 的限制范围为 68 ~ 78g/km 之间。目前估计 CO_2 限值可能为 70g/km。图 31.1 显示了这种欧洲 CO_2 限值的情况。

不仅在欧洲适用 CO_2 限值。从 2020 年起，美国实施的 CO_2 限值为 121g/km。预计此限值从 2025 年起再降至 93g/km。从 2020 年起，中国采用 117gCO_2/km 的限值，日本采用 105gCO_2/km。对于这些国家的规范，需要考虑到美国和日本适用不同的批准循环。

为了满足这些要求，发动机和车辆技术的发展重点之一是车辆中有效的能量管理。重要的是，能量只能以消费者需要的形式和数量提供。因此，只需提供满足功能所需的能量。这听起来微不足道，然而，由于通常缺乏对车辆的整体能量的考虑，因此开发了许多需要重新组织的能量旁路。

除了基于需求的能量分配外，另外，对高效率也很重要：

- 尽可能避免能量损失。
- 回收所发生的能量损失。

如果观察车辆中的能量流，燃料的能量含量最初是以化学能的形式出现的。由此，在车辆运行期间调用的所有功能都由此获得能量。

如果想要有效地提高车辆中能量流的效率，这些知识就像考虑车辆中的整个能量流系统一样重要。因此，必须考虑所有的因果关系。车辆中可能的能量流如图 31.2 所示。一次能源可分为诸如石油和天然气等化石能量载体，也可分为诸如太阳能等替代能源。在传统内燃机中，通过燃料与空气中的氧的化学反应来进行转化。这就在车辆中产生了一些可用的能量形式，这可以或多或少地合理地使用。其中最核心的是可用的机械能，这部分用于车辆的驱动，但也可以转换成其他的能量形式。但是，这只是燃料化学能的 1/3 左右。燃料能量的很大一部分（另外约 1/3）是废气能量。由于这种废气能量具有很高的热势，并且远高于环境的热势，这种能量潜力（根据热力学第二定律）可以转化为其他的能量形式。化学能的最后1/3主要进入冷却液。

对于车辆通过电驱动元件而增加的电力需求，不只再像以前那样满足机械能的这种需求，而是使用以前未使用的能源，变得越来越重要。

这里，混合动力汽车的优势在于能够另外使用大型的电机。例如，通过这项技术，可以将大量（动能）制动能量作为电能回收。然后可以通过智能的能量管理使用这种廉价的电力来为辅助单元供电，为内燃机提供电能，甚至可以实现电力驱动。

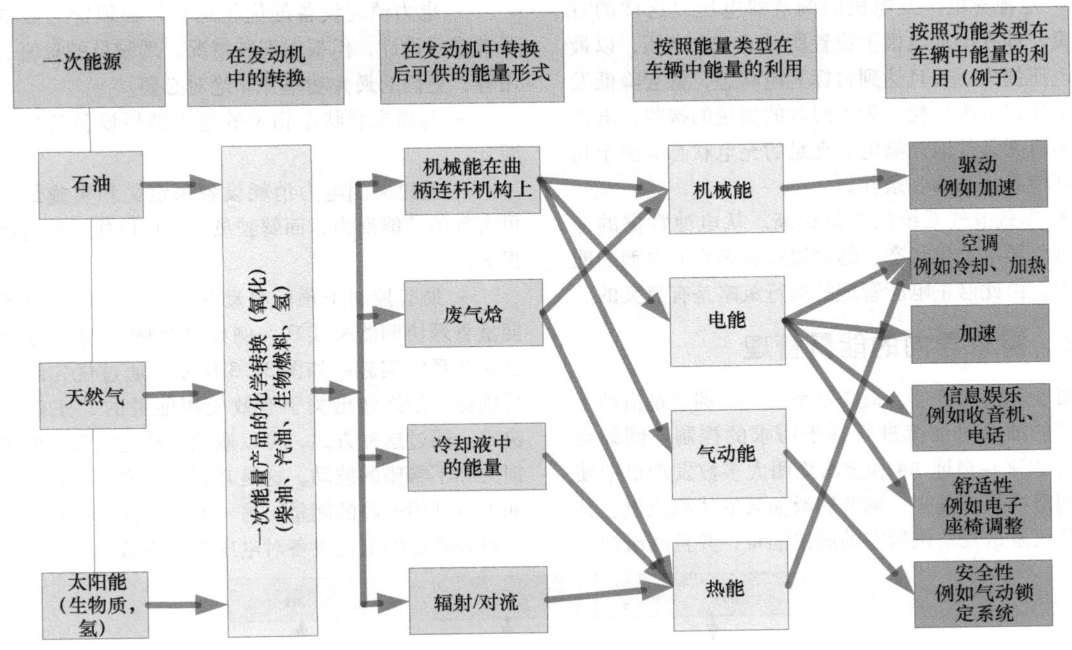

图31.2 车辆中的能量流

31.1 能量转换时的损失

从发动机的效率来看，理论上继续利用“损失能量”的潜力还很大。其中，转化为电能将带来最大的优势，因为车辆的“电气化”还在不断推进。

以“可用”的能量形式回收或避免能量损失的一些例子是：

- 制动能量。如今被认为是可以回收的真正潜力在于NEDC循环，对于约1500kg质量的中档车辆，约700kJ。其中，所有损失，例如滚动阻力和空气阻力以及电机的效率都已包含在内。这相当于节省了约0.5L/100km的燃料。为了尽可能完全地利用这种能量，在车辆中需要额外的电机，例如安装在全混合动力车辆中或设计为轮毂电机。

- 发电机控制。通常，发电机（交流发电机）由曲轴通过带传动装置来驱动。这意味着机械能在发动机的输出（曲轴）处转移，从而减少了到驱动轮的能量流。制动能量也可以通过相应的发电机调节来回收。发生这种情况是因为在推力或制动阶段（车辆滚动，而脚离开加速踏板，切断燃料供应），将尽可能多的制动能量转换为电能，即发电机吸收尽可能多的功率。然而，这样做的先决条件是电池充电状态要低于100%。在这里，电池只能部分充电，以便在推力状态时准备好吸收能量。这反过来又需要对电池充电状态进行调节，这必须集成到电能管理中。

- 电能管理。通过调节电池充电状态来完成当今车载电气系统的电能管理方向的第一步。耐循环电池是基本前提条件。以下要素很重要：

  - 电池状态检测。能量管理的基础是对电池充电状态的准确了解，该状态从电池电流、电压和温度等参数中获得，并借助于电池传感器来确定。这用于计算电池电量和损耗状态，以及预测下一次起动所需的最低的充电状态。

  - 怠速转速匹配。通过准确了解电池充电状态并推断下一次驾驶情况，可以降低怠速转速。这带来了燃料消耗和污染物排放方面的优势。如果充电状态严重或发电机需要全功率，则必须再次提高怠速转速。

• 能量流的分配。如果电池的充电状态被评定为临界状态，则车载电气系统中的电力必须以这样一种方式分配，即首先所有对安全至关重要的用电设备都得到供电。必须通过适当地增加发电机的功率来避免电池的进一步放电。

• 电池充电。发电机的调节器电压以这样的方式设置，即在电池电极上设置所需的充电电压，以最小化电压损失。一旦达到目标充电状态，就会降低发电机电压以减少消耗。为了回收的能量的接收，电池必须不再无条件地充满电。充足的充电状态取决于相关的环境条件和驾驶条件。

• 车载电气系统的能量诊断。从电池数据的存储中可以导出老化状态、驾驶模式和客户的典型的能源需求。由此修正电能管理的运行策略是有意义的。

31.2 需求导向的能量管理

对于非电能管理，提高效率的一个例子是借助于可调节的油泵对油流进行基于需求的控制，例如自 2007 年以来在奥迪 A4 和宝马集团大多数发动机中使用的润滑油泵。其中，调节润滑油泵的体积流量。其优点是仅泵送发动机所需的润滑油量，并且润滑油压可以根据存储的特性场分几级进行调整。这导致在 NEDC 循环减少了约 5gCO_2/km。这个例子也可以移植到其他部件，例如燃油泵、空调压缩机和其他辅助单元。

目前可以提供越来越多的具有智能能量管理系统的车辆。对此，以下的可能性通常是显而易见的：

- 电力消耗设备的优化运行，必须针对极端的要求进行设计，但根据驾驶情况、驾驶员的意愿、使用等，它们的最大功率并非绝对必要。

- 与需求和状态相关的电力消耗设备的接入或断开。

- 通过关闭电力消耗设备来定义和实施最大的可实现的节能潜力，而驾驶员仍然可以接受舒适度的损失。

- 所有控制干预的自动化。例如，这可以通过能量管理协调器来实现，例如自 2009 年款以来宝马已在 7 系中实施，如图 31.3 所示。通过优先级列表可确保，始终做出关于有效使用能量的“正确”的决定。通过这种方式，可以避免车载电气系统的能量损失和不希望的波动。这是必要的，因为一方面，例如可以利用回收的能量，另一方面，像燃油泵和空调风扇等确定的消耗设备对电压波动很敏感。

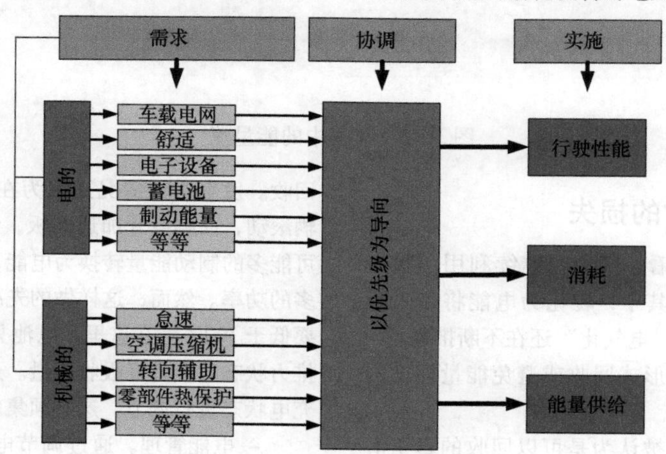

图 31.3 能量管理协调器（根据宝马）

31.3 车辆中的发电

机动车对电功率和空调不断增长的需求，加上由于燃料消耗的原因而需要减轻车辆中的机械能路径，导致车辆发电机、空调系统和电力消耗设备的效率显著提高。然而，同时也显示了效率、结构空间和能源需求方面的限制。

此外，车辆中越来越多的功能由电能提供动力，未来，一条不由发动机机械能提供的单独能量路径变得越来越重要。

图 31.4 显示了车辆对电能不断增加的需求。

传统系统（发电机和电池）只能在有限的范围内满足这一需求。因此，有必要采取一些方法来构建创造一种独立于内燃机的电能来源。同时，正在努力扩展 14V 车载电气系统，配备第二个 48V 低压车载电气系统。这种方法被这种双电压车载电气系统的更高的成本所抵消。

因此，目前正在研究替代方案，开发所谓的辅助动力装置（APU），它能够独立于中央驱动装置在车上产生电能。在这里有许多可见的开发，例如，其中燃料电池被认为是有前途的（参见第 30 章）。此外，利用损失的热量直接转化为电能似乎也很明智。这应该是以下讨论的重点。

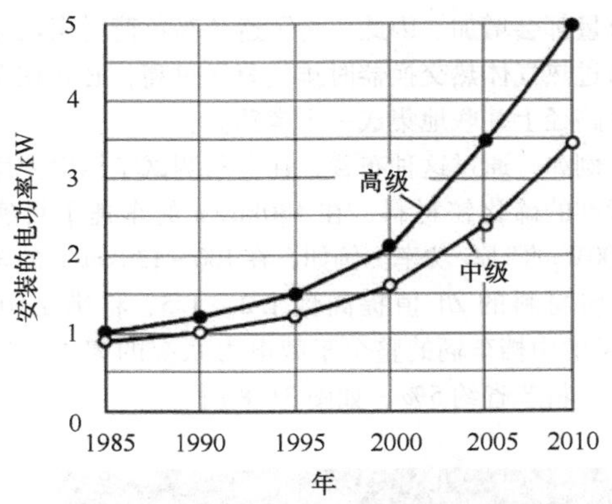

图 31.4　车辆对电能的需求

热电发电机（TEG）

使用热电发电机将热量转化为电能是基于托马斯·塞贝克（Thomas Seebeck）在 1821 年发现的效应。这种效应描述了如果两种导电材料暴露在温差 $\Delta T = T_{heiss} - T_{cold}$ 下，它们的接触点之间会产生电压 U_{therm}。塞贝克效应的逆转被称为珀尔帖（Peltier）效应（依据 1834 年的 J. Peltier），描述了施加电压时温差的形成。对于特定的材料，每开尔文（K）可以产生的电压幅度用塞贝克系数 α 来描述（图 31.5）：

$$\alpha = \frac{U_{therm}}{\Delta T} \tag{31.1}$$

借助于这个塞贝克系数，可以根据 α、绝对温度 T、电阻系数 ρ 和导热系数 κ 来确定热电材料的无量纲值 ZT。

$$ZT = \frac{\alpha^2 T}{\rho\kappa} \tag{31.2}$$

此 ZT 值常用于评估热电材料在确定温度 T 下的性能，并将热量从 T_{heiss} 转换为 T_{cold} 时，直接计算能量转换效率。

$$\eta_{TE} = \frac{(1+ZT)^{1/2} - 1}{(1+ZT)^{1/2} + \frac{T_{kalt}}{T_{heiss}}} \cdot \eta_{Carnot} \tag{31.3}$$

从这个公式可以看出，当 ZT 值变得无限大时，效率接近卡诺效率。从 ZT 的定义可以看出，开发高效热电材料的挑战是将良好导电性的固有特性与不良导热性相结合。此处使用半导体材料，例如用于低温的碲化铋（Bi_2Te_3）和用于更高温度的碲化铅（PbTe）或硅锗（SiGe）可以获得最佳结果（图 31.6）。

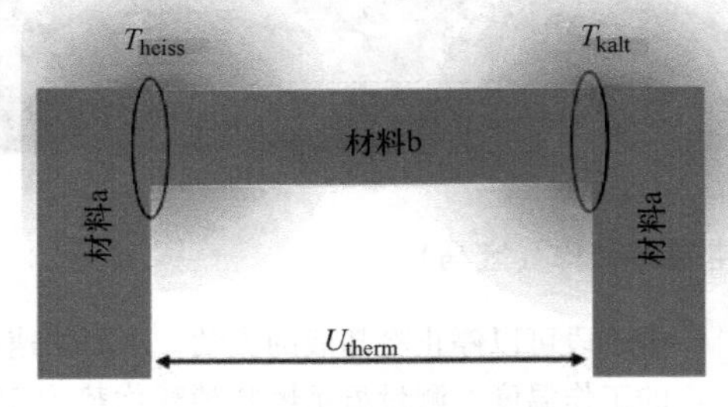

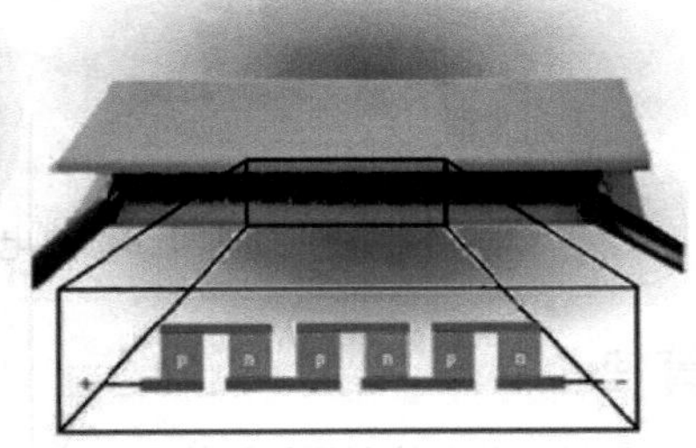

图 31.5　热电效应和在模块中的技术实现

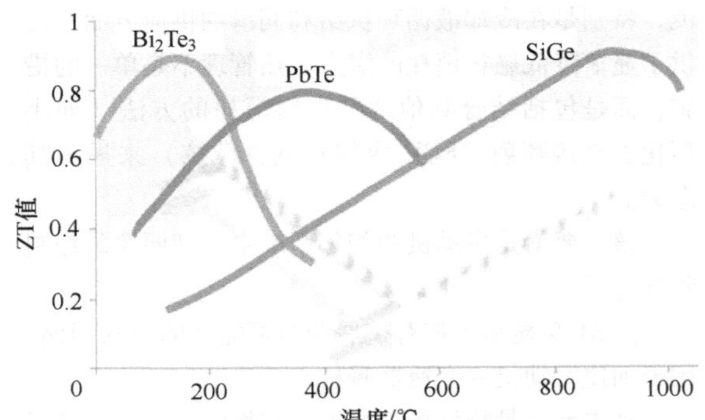

图 31.6　各种商业上可供的材料的 ZT 值

其中，这些半导体材料的掺杂程度如此之高，以至于它们的传输特性与纯金属的传输特性相当。在技术应用中，p 掺杂和 n 掺杂的半导体材料作为热电元件连接（图 31.5），当施加温度差时，自由电子（在 n 掺杂的材料的情况下）和自由空穴（在 p 掺杂的材料的情况下）从热端流向冷端，从而产生电压，如图 31.7 所示。

到目前为止，最大 ZT 值一直在 1 左右，但正是通过使用纳米技术，最近才可以在实验室中生产出 ZT 值明显更高的材料，最高可达 ZT = 1.5。对于车辆集成，从上面的等式中可以看出，温度和良好的热

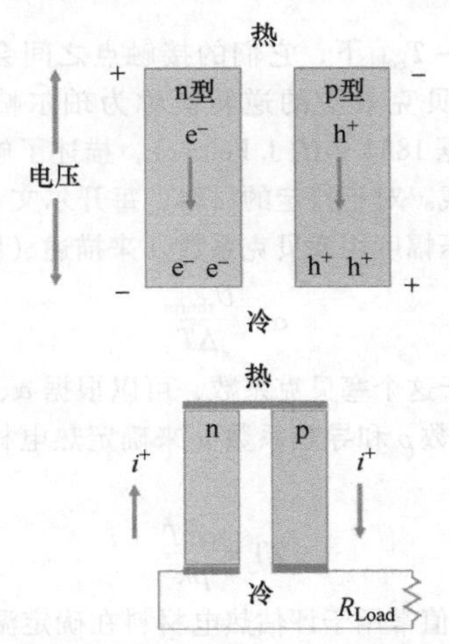

图 31.7　热电材料中的电子流动

传递是TEG高效率的基本要素。这两个标准都存在于发动机废气中。将热电发电机集成到排气系统中需要系统强化性的匹配，具体取决于所需的电力回收功率。其中，热电材料可以施加的最大排气背压和最高温度代表了整个系统设计的方向框架。

如果热电模块的冷侧通过冷却液实现连接，则进入冷却介质的最大热量输入代表了整体效率的附加的限制数值。

在发动机负荷工况点增大时，废气温度和废气质量流量都会增加。因此，为了避免高负荷时模块过热和通过热气体热交换器时排气背压过高，必须在TEG热气路径上并联地集成一个旁路。

例如，通过这种布置，在宝马测试车辆中使用一种标准的碲化铋材料，在130km/h的车速下可实现约200W的TEG功率。例如，在100~130km/h的车速下，将材料的ZT值提高到1.2~1.5，将满足600~700W的中档车辆的整个车载电力系统的需求，这对应于燃料节省约5%，如图31.8所示。

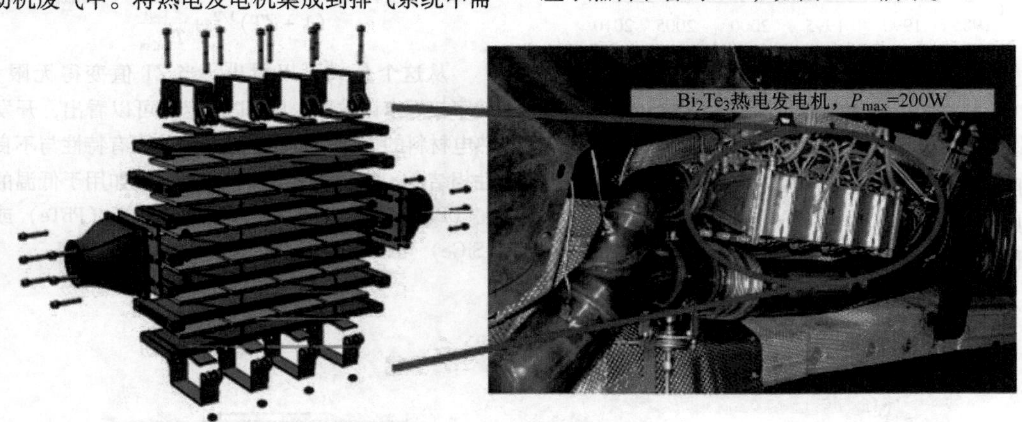

图 31.8　热电发电机的结构（宝马）

31.4　热管理

热管理提供了另一种有效利用能量的可能性，可以最大限度地减少车辆中的CO_2排放。

其目的是通过热管理减轻机械能路径，特别是通过减少传动系统预热阶段的摩擦或通过分离附加单元。水泵就是这种减载的一个例子。通常，水泵在发动机的带传动中被刚性驱动。这意味着根据各自的需求，体积流量不会发生变化。由于水泵的体积流量设计基于发动机低速（低的发动机转速、高的发动机功率、低的车速、低的冷却效果），因此在发动机高速时会产生高的体积流量，而这没有必要。

这可以通过水泵的需求相关控制来解决。为此，必须将其从与发动机转速相关的联轴器上拆下，例如通过电驱动。这有一个额外的优势，即在发动机的暖机阶段可以停止冷却液的流动，从而快速达到发动机的工作温度。测量显示燃料消耗优势为2%，功率优势为2kW。

热管理还通过有效控制或调节动力系统中的热能流，特别是在冷却液循环供给和润滑油供应方面，提供了显著降低燃料消耗的潜力。热管理不是单一的措施，而是包括结合其他降低燃料消耗的方法（如小型化、直接喷射、EGR冷却和减少摩擦）来揭示其潜力。

核心要素是发动机和相邻系统中冷却回路的控制和互连。

图31.9显示了带有扩展调节可能性的冷却回路，用于加速发动机－变速器暖机。

基本元件是特性场节温器，它将大、小冷却液回路分开，机械或电动可切换的冷却液泵和按需控制的电动风扇。

为了在高负荷下快速地预热发动机并改善冷却效果，发动机制造商越来越多地将排气歧管集成到气缸盖中。通过带有冷却液和发动机润滑油以及必要时变速器油的热交换器，可以进一步缩短发动机暖机时间。除了冷却液，还可以利用废气热量通过热交换器额外加热发动机润滑油，必要时加热变速器油。

提高冷却液温度可以减少摩擦损失并减少燃料消耗。因此，尽快将发动机中的冷却液升至工作温度是有意义的。特别是气缸盖和与气缸套一起的整个曲柄连杆机构。这可以通过在发动机起动或暖机阶段使冷却液保持静止状态来实现。这种设计也称为分体式冷却（Split – Cooling）。燃料消耗的潜力如图 31.10 所示。

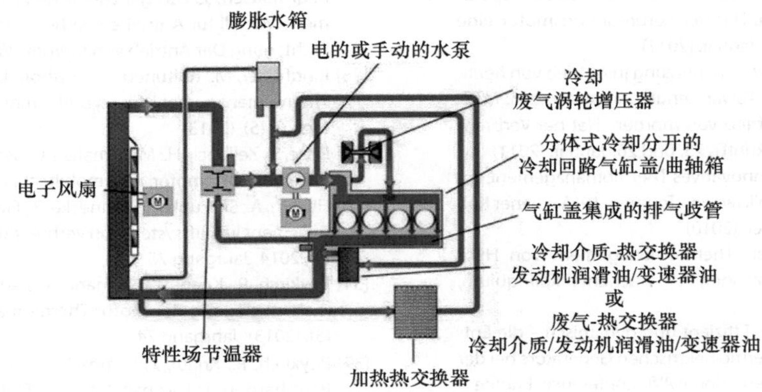

图 31.9　优化热管理的冷却回路（来源：MTZ）

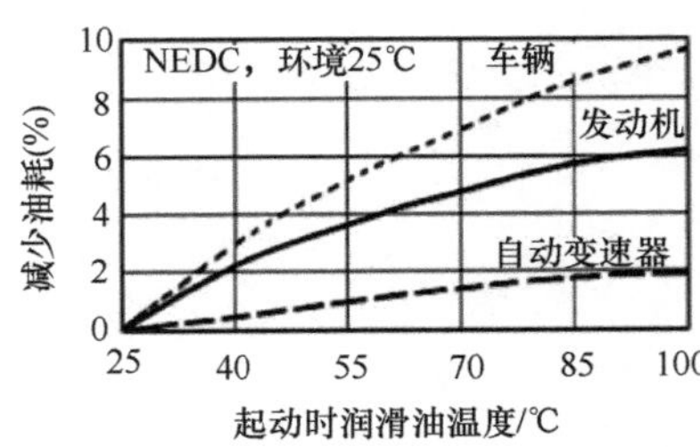

图 31.10　降低燃料消耗与油温的关系（来源：宝马）

基于需求的发动机冷却的另一方面是借助于冷却空气流的变化来主动冷却发动机。除了负荷条件，最大的冷却空气需求也是发动机功率的函数。根据这些参数，借助于挡板系统来调节冷却空气的需求。据宝马公司称，大约可以节省 2% 的燃料消耗。此外，该措施还抵消了发动机舱的冷却。该措施还对阻力系数和声学也有积极的影响作用。

进一步阅读的文献

[1] Liebl, J.: Wärmemanagement – ein weiterer Schlüssel zu Efficient Dynamics. ÖVK Vortragsreihe, Graz, Feb. (2008)

[2] Böhme, J.; Fröhlich, G.; Dornhöfer, R.; Grigo, M.: Der neue 1,8-l-TFSI-Motor im Audi A4. In: ATZ/MTZ extra, 2007

[3] Eifler, G., Burkard, M., Kawert, F.: Bedarfsabhängig geregelte Motorkühlung. Motortech. Z. (3), (2005)

[4] Edwards, S., Müller, R., Feldhaus, G., Finkeldei, T., Neubauer, M.: CO2-Minderung bei einem Turbo-DI-Ottomotor durch optimiertes Thermomanagement. Motortech. Z. (1), (2008)

[5] Liebl, J.: Der BMW-Weg zur CO2-Reduzierung. 13. Internationaler Kongress Elektronik im Automobil, Baden-Baden. (2007)

[6] Krist, S.; Mayer, J.; Neuendorf, R.: Aerodynamik und Wärmehaushalt, Der neue BMW 5er. In: MTZ/ATZ extra, 2003

[7] Jänsch, D. (Hrsg.): Thermoelektrik – Eine Chance für die Automobilindustrie. Expert, (2009)

[8] Dillann, G. u. a.: Effizientes Fahren, Der neue BMW 7er. In: ATZ extra, 2008

[9] Schmidt, M.: Elektrische Energiemanagementstrategien zur CO2-Reduktion – Technische Voraussetzungen und Auswirkungen auf das Bordnetz, CO2 – Die Herausforderung für unsere Zukunft. ATZ/MTZ-Konferenz-Energie, München. (2007)

[10] Hübner, W., Lindemann, U.: Energiemanagement – Analyse und virtuelle Abbildung energetischer Zusammenhänge im Fahrzeug, CO2 – Die Herausforderung für unsere Zukunft. ATZ/MTZ-Konferenz-Energie, München. (2007)

[11] Heckenberger, T., Edwards, S., Kroner, P.: Potenziale im Thermomanagement von Fahrzeugen zur Reduktion des CO2-Ausstoßes bei Erhalt des thermischen Komforts, CO2 – Die Herausforderung für unsere Zukunft. ATZ/MTZ-Konferenz-Energie, München. (2007)

[12] Liebl, J.: Energiemanagement – ein Beitrag zur effizienten Dynamik, Der Antrieb von morgen. MTZ-Konferenz-Motor, Stuttgart. (2006)

[13] Thumm, A.: Thermomanagement reduziert Verbrauch und Emissionen, Der Antrieb von morgen. MTZ-Konferenz-Motor, Stuttgart. (2006)

[14] Böhm, T.: Energiemanagement für Hybridantriebsstränge, Hybridfahrzeuge und Energiemanagement. Braunschweiger Symposium, Braunschweig. (2006)

[15] Treffinger, P., Friedrich, E.: Unkonventionelle Nutzung von Abgaswärmeströmen im Fahrzeug. 8. Internationales

Stuttgarter Symposium Automobil- und Motorentechnik, Stuttgart. (2008)
[16] Steinberger, T.: Wärmemanagement des Kraftfahrzeugs VI. Expert-Verlag, ISBN 978-3-81-69-2820-1
[17] Warnecke, M., Schoemaker, M., Bank, D., Soukhojak, A.: TESS – Wärmeenergiespeicher für Kraftfahrzeuge. 5. Emission Control 2010, Dresden, Juni. (2010)
[18] Albrecht, M., et al.: Auto-Start-Stopp-Funktion für Fahrzeuge mit Automatikgetriebe als Beitrag zur EfficientDynamics Strategie der BMW Group. MTZ-Fachtagung: Der Antrieb von morgen. Hat der Verbrennungsmotor eine Zukunft?, 25. und 26. Januar. (2011)
[19] Bartosch, S., et al.: Abwärmenutzung in Antrieb von heute und morgen – Voith Abwärmenutzungssysteme. 6. MTZ-Fachtagung: Der Antrieb von morgen. Hat der Verbrennungsmotor eine Zukunft?, 25. und 26. Januar. (2011)
[20] Metzner, F.-T., et al.: Innovatives Thermomanagement am Beispiel des neuen Volkswagen Touareg. 19. Aachener Kolloquium, 4.–6. Oktober. (2010)
[21] Neumeister, D., et al.: Thermomanagement von Hybrid- und Elektrofahrzeugen. 19. Aachener Kolloquium, 4.–6. Oktober. (2010)
[22] Neugebauer, S., et al.: Effizient und dynamisch – die Entwicklung des AGR Thermoelektrischen Generators bei der BMW Group. 22nd International AVL Conference „Engine & Environment", Graz, September 9th–10th. (2010)
[23] Sauer, J. et al.: Fire and Ice – Wärmemanagement im Zeichen von Efficient Dynamics
[24] Stotz, I., et al.: Prognose Thermomanagement. 19. Aachener Kolloquium, 4.–6. Oktober. (2010)
[25] Lutz, R., Geskes, P., Pantow, E., Eitel, J.: Nutzung Abgasenergie Von Nutzfahrzeugen Mit Dem Rank In: MTZ 10, (2010)
[26] Shutty, J.; Wenzel, W.; Becker, M.; Bohan, S.; Kowalske, G.: Advanced Thermal Management for a Light Duty Diesel Vehicle. SAE Word Congress 2013-09-06
[27] Beykirch, R., Knauf, J., Samoschtschin, A., Pischinger, S., Beulshausen, J.: Das ganzheitliche FEV-Thermomanagement-Modell für Antriebe von heute und morgen. MTZ-Fachtagung Der Antrieb von morgen, Wolfsburg. (2013)
[28] Rindfüsser, M., Kuitunen, S., Potthoff, U.: Lastsynchrones Thermomanagement für Hybrid-Omnibusse. Automobiltech. Z. (5), (2013)
[29] Risse, S., Zellbeck, H.: Motornahe Abgasenergiekuperation bei einem Ottomotor. Automobiltech. Z. (1), (2013)
[30] Herzog, A., Skorupka, F., Meinecke, R., Frase, R.: Thermomanagement im Luftsystem von Verbrennungsmotoren, MTZ (5), 2014, Jahrgang 75
[31] Beykirch, R., Knauf, J., Lehmann, J., Beulshausen, J.: Optimale Auslegung des Motor-Thermomanagements, MTZ (5), (2013), Jahrgang 74
[32] Beykirch, R., Knauf, J., Samoschtschin, A., Pischinger, S., Beulshausen, J.: Das ganzheitliche FEV-Thermomanagemen-Modell für Antriebe von heute und morgen, MTZ Fachtagung: Der Antrieb von morgen, Wolfsburg, (2013)

第 32 章　2020 年以后驱动用的能源

工学博士 Rolf Brück，化学、工学硕士 Peter Hirth，Eberhard Jacob 博士，
工学博士 Wolfgang Maus

32.1　2020 年以后驱动技术优化标准

32.1.1　可持续能源和未来动力总成系统的边界条件

以石油为基础的交通时代终将会走到尽头。在全球范围内，燃料消耗和 CO_2 排放量正在增加，资源变得越来越稀缺。我们的社会在尝试和建立合适的替代品方面面临着重大挑战。为了确保未来的移动性，必须为运输部门提供 CO_2 中和且不受限制的可供的燃料。这些合成的燃料将具有与基于矿物油的燃料完全不同的分子结构和不同的特性。它们是针对最低排放量身定制的。将这些合成燃料与化石燃料混合对于向合成燃料的长期过渡在满足法律上的排放法规和优化移动性成本方面是有意义的。为此，仍然需要进行广泛的研究。

未来驱动技术的可持续能源系统的边界条件汇总在图 32.1 中，并在下面进行更详细的解释。

<table>
<tr><td>Ⅰ</td><td>CO_2 中和</td></tr>
<tr><td>Ⅱ</td><td>无限可供</td></tr>
<tr><td>Ⅲ</td><td>最低排放量 WtW（Well - to - Wheel，油井到车轮）
• 氮化合物（NO_2、NO、N_2O、NH_3）
• 颗粒（颗粒质量 PM，颗粒数 PN）
• 未燃烧的燃料比例
• CO 和氧化合物（CH_2O 等）</td></tr>
<tr><td>Ⅰ - Ⅲ</td><td>立法</td></tr>
<tr><td>Ⅳ</td><td>经济学：
系统成本、能耗</td></tr>
<tr><td>Ⅴ</td><td>功能性：续驶里程、储能、舒适度等</td></tr>
<tr><td>Ⅰ - Ⅴ</td><td>社会/生态相容性</td></tr>
</table>

图 32.1　2020 年后动力总成系统可持续能源供应边界条件

Ⅰ　CO_2 中和

CO_2 限值的下降是可持续能源供应发展的主要驱动力，尤其是在乘用车领域。通过减少燃料消耗和 CO_2 排放，可以避免对降低燃料消耗的组件进行极其昂贵的投资，例如在大排量发动机的车辆中。

CO_2 中和是通过使用工业过程（主要是钢铁和水泥生产[1]）和发电[2-4]中产生的 CO_2 作为燃料的原材料来实现的。从空气中提取 CO_2（“负碳”，Carbon Negative）在技术上通过低温加热是可行的[5]，但只有在化石燃料的燃烧结束时才会变得有吸引力。

Ⅱ　用于生产燃料的能源应无限量地可供

能源可以通过水、风、太阳以及后来可能通过核聚变可持续地产生。海上风电场、地热能和沙漠地区的太阳能热电厂等准连续发电在这里是首选。可持续发电用于通过电解产生氢或用于明显的吸热过程（例如甲烷和甲醇的分解、干法重整）。然后用氢气还原 CO_2 以生产甲醇，如图 32.2（见彩插）（CWtL 方法[2-4,6]，CWtL = 二氧化碳 + 水到液体燃料，Carbon Dioxide + Water to Liquid Fuel）所示。

当前的一个挑战是储存以前未使用的风能或太阳能，这种过剩电力的可用性将在未来十年显著增加。采用 PEM 技术（质子交换膜，Proton Exchange Membran）的电解可以在几毫秒内对可持续的可用能源的波动供应做出反应。以这种方式产生的氢在压力下储存，可用于从 CO_2 中生产甲醇[7]。

Ⅲ　最低排放

从环境的角度来看，未来立法的发展将导致不断严格的限值。本地零排放电动车具有政治榜样功能。这里需要注意的是，电动车的 WtW（Well - to - Wheel，从油井到车轮）排放量由发电类型来决定。在“黑暗低迷”中，“可再生山谷”的出现是由于日常能源需求的供应不足。由于核能和核聚变都无法补充这些资源，因此在可预见的未来，唯一的可能性是用化石能量载体来弥补需求不足。如果内燃机可以设计用于“负”废气排放，这将是“仅”零排放电动车的首选特征。

Ⅰ - Ⅲ　立法

可持续移动性的战略产品和系统应首先满足法律要求。因此，经济性和功能性是次要的。

Ⅳ　经济学

只要满足生态要求，移动性对繁荣的重要性和由此产生的成本是决定性的。新能源－燃料－物流链的建设将对系统成本产生重大的影响作用。在这里，与市场兼容的液体燃料相比，电动车和气态燃料处于劣势。含氧燃料生产的能源使用、投资成本和运营成本取决于分子结构的复杂性。例如，C1－燃料的生产成本按甲醇/DME（二甲醚，Dimethylether）< OME1（氧亚甲基醚，Oxymethylenether）< OME3/5 的顺序增加。反过来，C1 燃料比含氧 C2、C3、C4 燃料更容易合成。C1 燃料是不含 C－C 键的燃料。在过渡时期，可持续供应的汽油和柴油燃料的合成也在讨论之中。

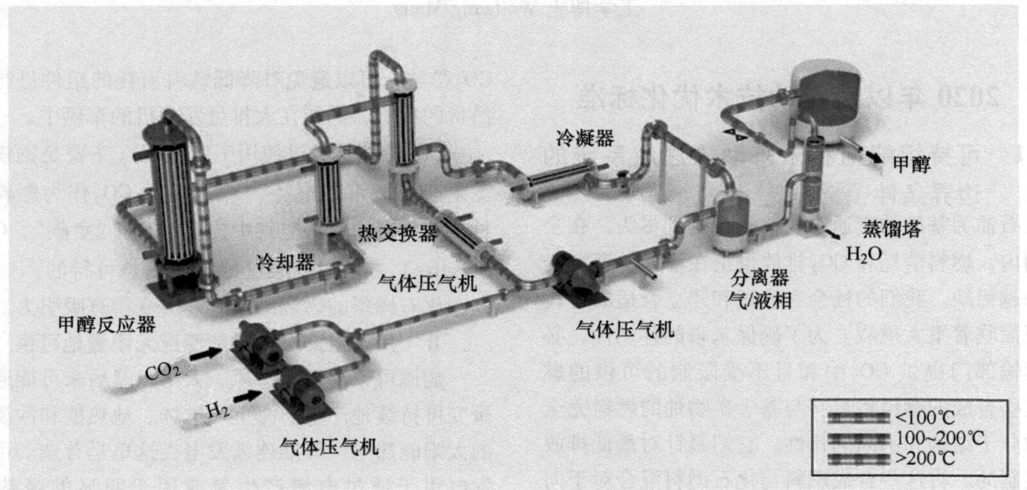

图 32.2　CWtL（二氧化碳和水转化为液体）：甲醇生产

Ⅴ　功能性

功能性取决于燃料、发动机、组件应用的规格和特定的排气后处理系统。如果法律或生态和/或经济要求强制执行功能性减少，则可以接受。

Ⅰ－Ⅴ　社会/生态相容性

新燃料有望实现生态相容性。理想的燃料应该在其使用中实现高度的安全性：对人和环境无害（避免污染物排放、快速生物降解性）。如果正在努力实现拓展的爆炸安全性，那么气态燃料已经通过了这个范畴。理想的燃料是液态的并且具有低可燃性的特点。

32.1.2　能源的温室气体排放

温室气体（Greenhouse Gas，GHG）是在大气中导致全球变暖的气体。根据能量载体的不同，温室气体的排放量非常不同，尤其是 CO_2。图 32.3（见彩插）显示了每 kW · h 的比温室气体排放。天然气的温室气体排放比原油低 25%～30%。为了减少车队的 CO_2 排放，因此，正在提供更多的天然气汽车，例如大众汽车公司。

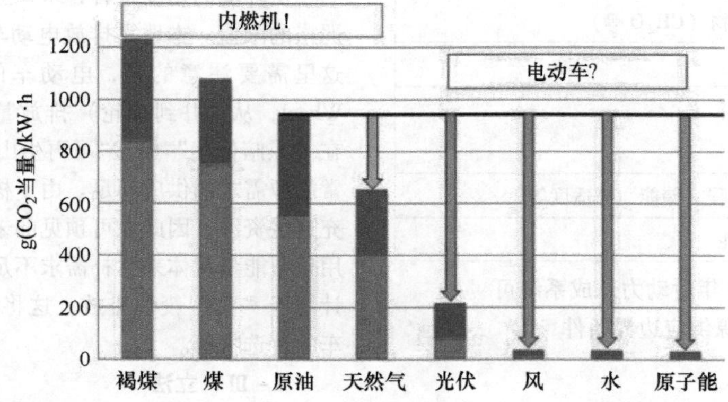

图 32.3　能源的温室气体排放（以 CO_2 当量计），灰色条段表示文献数据可变性

然而，从长远来看，使用天然气（25 倍的温室效应，与 CO_2 相关）作为燃料是可取的，因为生产和运输过程中的泄漏损失（约 2%）以及在发动机中带有稀薄混合物调整（0.1% ~0.3%）。天然气可以优选地在现场被加工成液态燃料，同时再利用 CO_2 来加工。

在德国，移动性目前基于电力组合，2012 年 45% 以煤炭为基础。2013 年，德国能源生产的 CO_2 排放有所增加，尽管所谓的“可再生能源”所占份额显著增加。CO_2 排放的未来发展取决于（如上文Ⅲ所述）光伏、风能和水等可持续的可用的能源的进一步扩展。如果正如政策规定的那样，这一比例增加，并且如果总的用电量增加，那么用化石能量载体填补不足，因此 CO_2 排放也将会增加。这也增加了电动车的 CO_2 排放。考虑到上游链条，电动车充其量只能用低 CO_2 来形容。

32.2　排放目标和动力总成的近零排放的潜力

在图 32.4 中，驱动形式是根据可持续的可用的电力来总结的。原则上，电能可以储存在电池中，也可以通过电解来分解水。在压缩后，例如从 50bar 压缩到 500bar，电解 H_2 可供给用于燃料电池驱动或代用的氢发动机的高压存储器。然而，最好应该使用 H_2 从 CO_2 生产出设计燃料。

CO_2 可用于通过“从电力到气体”过程（图 32.4）与氢一起生产甲烷，例如，该过程从 50bar 压缩到 250bar，并驱动天然气发动机。

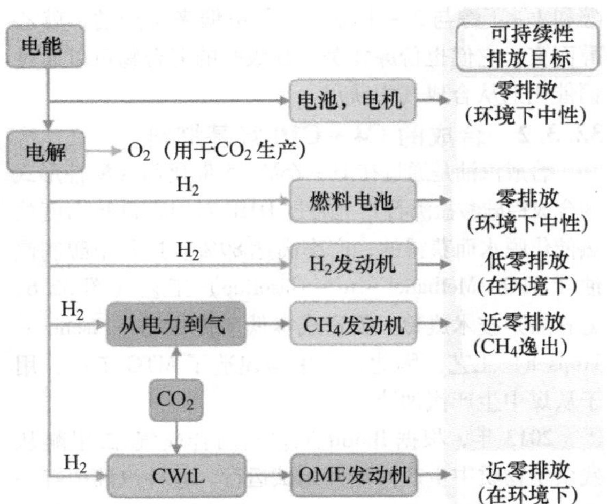

图 32.4　以电能为主要能源的驱动：“近零排放汽车”的潜力

从长远来看，生产甲醇作为可储存的主要能量载体并将其转化为具有高的氧含量的液态 C1 燃料（CWtL 方法）似乎是最佳选择。

城市空气净化（负排放）的潜力最初仅可用于使用 H_2 或合适的设计燃料运行的内燃机。在天然气发动机中，极低的碳烟形成和甲烷对催化氧化的抵抗力使这种可能性变得困难。单分子 C1 燃料是优选的。具有 C—C 键的更复杂的分子的燃烧总是与碳烟排放有关。使用此类燃料，实现负排放的排气后处理成本将显著增加。

从长远来看，就最大限度地减少燃料消耗而言，只有带有 SCR 排气后处理的稀薄发动机概念才有未来。

带有氧化催化剂的稀薄运行内燃机将在很大程度上将可氧化空气成分的 CO、挥发性的有机化合物（VOC）、碳烟和硝酸铵转化为 CO_2 和 N_2。O_3 和 NO_2 分解成 O_2 和 NO。最低发动机排放的先决条件是喷射系统以较长的使用寿命处理最少的量的能力，这里已经取得了重大进展[8]。

在发动机排放方面，废气过滤器以燃料消耗的恶化和过滤器再生过程中周期性的过量排放为代价来解决颗粒问题。只有相应的低颗粒燃烧提供了将 PN 排放（颗粒数量排放）减少到低于清洁空气值的先决条件。另一方面，将 NO_x 排放量从 50 ~ 70mgNO_x/kW · h 降低约三个数量级是一项重大挑战，这主要可以通过高活性的低 NO_x SCR 催化剂系统来解决。另一方面，通过发动机机内措施进一步减少原始 NO_x 排放不是很有希望的，因为这会降低发动机效率。

由于内燃机“处理”环境空气，因此，原则上只有那些具有“近零排放”潜力（S - ZEV）的发动机才能满足低颗粒物燃烧和减少 NO_x 排放的要求。

32.3　可持续的、可供的设计燃料的潜力

C1 燃料不含 C—C 键，因此燃烧时几乎没有碳烟。最简单的含氧 C1 燃料是甲醇和二甲醚（DME），这两种燃料都是以工业规模、以百万吨级规模生产的，主要由天然气通过合成气的中间步骤（CO/CO_2/H_2 混合物）来生产。

借助于 CWtL 工艺可以从 CO_2 和 H_2 中生产可持续的可供的甲醇。工艺流程如图 32.5 所示。具有流化床燃烧的富氧燃煤发电厂用作 CO_2 发生器。碱性电解槽（η =67%）产生氢和氧。大约 80% 产生的电解氧用于电厂运行并取代空分设备。甲醇通过 CO 的催化加氢生产[2-4]。生成的甲醇的热值为 1095MW（η =

60.1%）。以这种方式生产的甲醇的生产成本主要取决于电价，目前为390/760€/t，电费价格为4或8欧分[9]。2013年甲醇市场价格在380€/t左右波动。

基于Cu/ZnO的商业催化剂已经在工业规模上进行了测试，用于从CO_2和H_2合成甲醇[10]。可持续的可供的甲醇和二甲醚已经以四种不同的方式从垃圾、工业废物、生物质和地热发电厂中生产出来[11]。

甲醇和二甲醚作为生产高分子设计燃料的中间产品。

由CO_x和H_2生产C1燃料可能具有高产率，因此比具有C2、C3、C4和C>4结构单元的含氧燃料更便宜，后者可以较少选择性地从合成气生产。

C1燃料仅含有超微量级的硫和其他外来物质。这显著改善了使用C1燃料运行的发动机的排气后处理：催化剂的长期活性和选择性受到明显较弱的化学失活的影响。此外，降低用于氧化催化剂的铂金属浓度是可以实现的。

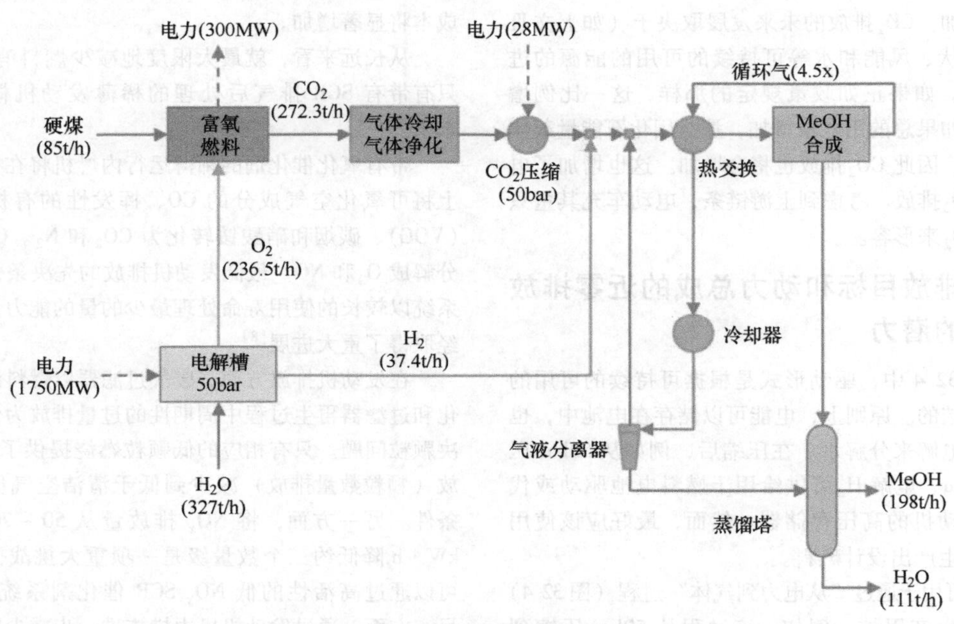

图32.5 CWtL工艺流程图

32.3.1 甲醇

甲醇燃料已在全球范围内成功进行技术测试。目前，甲醇作为M100和与汽油（OK）的混合物（M85，M15）仅在中国的某些省份用作燃料。在欧盟，只有通过相当大的努力才能克服甲醇销售和使用中有毒物质的化学立法的高障碍。因此，公共加油站的可用性非常值得怀疑。在这种情况下，化学的法规要求尽可能使用无毒替代品。

甲醇的燃烧技术上的特性显示出比汽油明显的优势。甲醇的高抗爆性允许更高的压缩比。

由于直接喷射21.5%（OC：8.2%）的摩尔数增加，燃烧过程中发生的高燃烧速率和膨胀导致与OC操作相比效率提高2.7%[12]。甲醇的无碳烟燃烧简化了排气后处理。

低的生产成本和合适的燃烧特性有利于使用甲醇作为发动机燃料。甲醇的明显毒性阻碍了这一点。

此外，还应该提到乙醇：低碳烟燃烧和抗爆醇乙醇和1-丁醇与2-丁醇目前是由糖来生产的，就乙醇而言，它们也价廉物美。高级醇的混合物可以通过铜催化剂从合成气中获得。

32.3.2 合成的C4~C10烃基燃料

合成汽油是通过在H-ZSM-5催化剂（酸性形式的合成铝硅酸盐沸石）上通过DME对甲醇进行高度放热催化脱水而获得的，产率高达89%。这种甲醇制汽油（MTG，Methanol-to-Gasoline）工艺（图32.6，见彩插）技术成熟。投资成本低于费-托（Fischer-Tropsch）工艺。因此，在中国建造了MTG工厂，用于从煤中生产汽油[13]。

2013年，根据Bioliq工艺利用合成气/二甲醚从残余生物质中生产汽油开始试运行。这种汽油中有一半含有高度分支化的C4~C9烷烃。另一半由芳烃（约28%）、烯烃和环烷烃组成。与汽油相比，它含有更高比例的高沸点超过C9的成分，这些成分仅在200℃以上的温度下才会蒸发。这些高沸点物不希望作为烟炱形成的前体，部分原因是它们的高熔点，需要加氢处理来去除它们[14]。

根据 GHS 规定，借助于 MTG 工艺生产的汽油也称为 CMR 物质。GHS 是"全球协调系统"（Global Harmonisiertes System）的缩写，它是用于对化学品进行分类和标记的统一系统。目前的研究结果表明，使用其他沸石拓扑结构进行催化可以避免芳烃馏分的形成[15]。

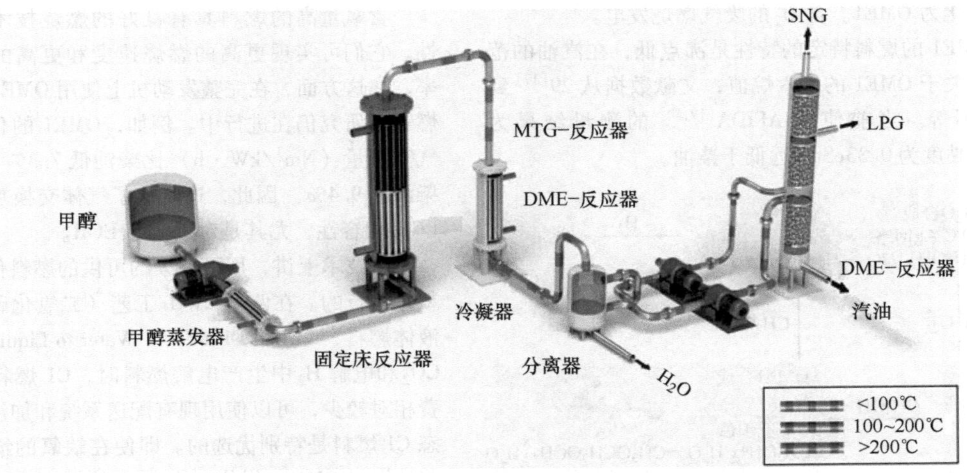

图 32.6　甲醇制汽油（MTG，Methanol – to – Gasoline）工艺

32.3.3　甲醛醚

通过在 DME 分子（二甲醚，$CH_3—O—CH_3$）中插入 n 个甲醛基团（$O—CH_2$），得到低聚甲醛二甲醚（OME），如图 32.7（见彩插）所示，具有更高的分子量和沸点 42℃、156℃、201℃和 242℃（在 n = 1、3、4 和 5 时）：

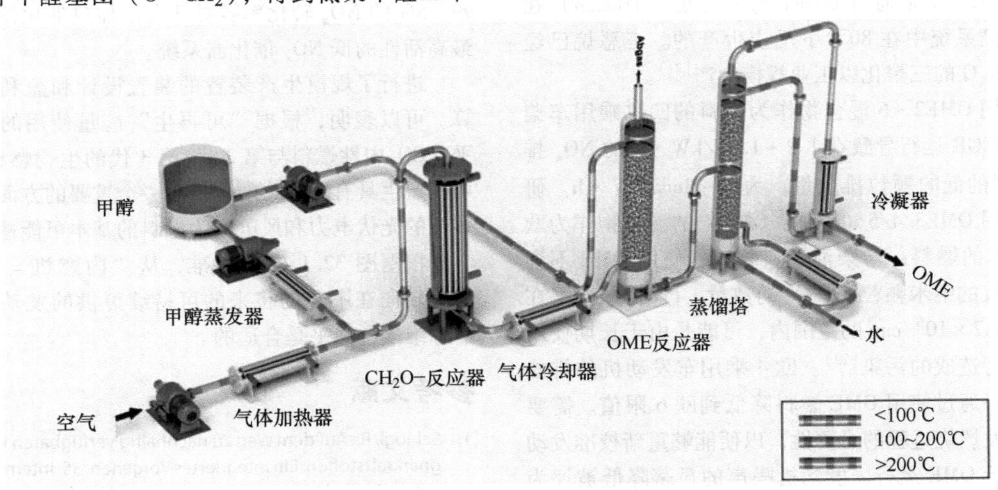

图 32.7　OME 生产，确定产品成本的设计工厂的原理

$$CH_3—O—CH_3 + n(—O—CH_2—) \rightarrow CH_3—(O—CH_2)_n—O—CH_3 \quad (32.1)$$

OME 可以以任何比例与柴油混合，除了 OME1，它们具有高的十六烷值、良好的材料相容性、非常好的低温性能、高的密度并且在毒理学上没有问题。这些甲醇衍生物的缺点是由于 42% ~50% 的高的氧含量而导致相对较低的体积能量密度，为 5.7 ~ 5.8kW · h/L，然而，超过甲醇（4.4kW · h/L）和 DME（5.1kW · h/L）。

32.3.3.1　单甲醛醚（OME1）

迄今为止，OME1 是 OME 家族中唯一大规模生产的代表。Ineos、Mainz 公司所采用的过程在图 32.8 中以简化的形式显示。

通过在 Ag 网格上添加亚化学计量的空气，甲醇蒸气部分催化氧化为 CH_2O，部分解离（甲醇压载过程）。整个反应的热平衡部分补偿了甲醇因放热氧化而引起的明显的吸热解离。多余的甲醇和形成的 CH_2O 通过冷凝从废气中分离出来，并在离子交换树脂上转化为 OME1。含 H_2 的废气燃烧发电。

OME1 的燃料特定的特性是沸点低，在汽油的范围内。关于 OME1 的十六烷值，文献数据从 29[17] 到 30[18] 不等。当前使用 AFIDA[19,20] 的测量结果为 37.6。黏度为 0.33cSt，远低于柴油。

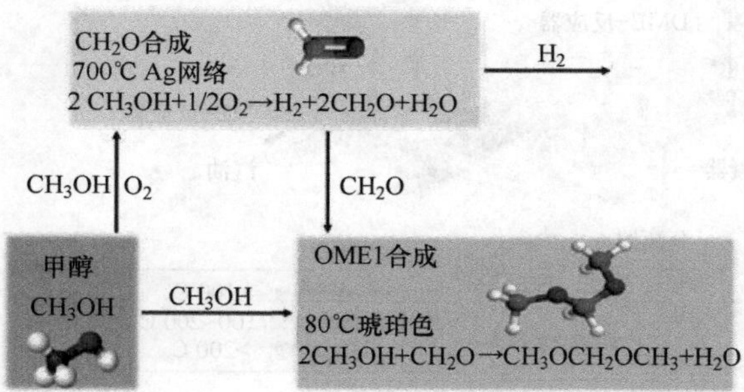

图 32.8 从甲醇中大规模生产 OME1 的原理（Ineos，Mainz[16]）

32.3.3.2 更高分子量的 OME

OME2～5 是通过 OME1 与三恶烷（Trioxan）在反应蒸馏系统中在 80℃下反应生产的。三恶烷已经通过 CH_2O 的三聚化以工业规模生产[21]。

使用 OME2～6 混合物作为燃料的四缸乘用车柴油机的 EGR 运行导致在 1.2～1.3g/kW·h 的 NO_x 排放[22]时的低的颗粒排放量，为 1～2mg/kW·h。研究了使用 OME3/4/5（简称：OME）的混合物作为欧 2 乘用车的燃料。与柴油燃料相比，使用 OME 不会影响排放的纳米颗粒（PN）的数量。PN 排放水平在 6×10^6～$7\times10^6/cm^3$ 的范围内，可能是由于长期使用柴油运行造成的污染[23]。欧 4 乘用车发动机的排放水平可以通过使用 OME 燃料降低到欧 6 限值。需要注意开发燃烧过程的必要性，以便能够重新校准发动机以进行 OME 运行。发动机噪声的显著降低被评为是非常积极的[24]。

就其特性而言，迄今为止，OME 是未来最接近理想的燃料。

72 的 CZ 表示明显的可点燃性。69℃的高着火点提供了高水平的安全性。化学计量的空气需求量比柴油低 10%。易点燃的物质的 GHS 标签义务在着火点 >60℃时过期。

32.3.4 C1 燃料的毒性和环境相容性

所有 C1 燃料均无毒且可快速生物降解（WGK1（水危害等级 1）。与传统的相比，这是一个显著的优势。

32.4 总结和展望

含氧量高的燃料具有良好的燃烧技术方面的特性。它们可实现更高的燃烧速度和更高的发动机效率。在这方面，在完整发动机上使用 OME（甲醛醚）燃料的研究仍在进行中。例如，OME1 的化学计量空气需求量（Nm^3/kW·h）比柴油低 7.3%，OME4 比柴油低 9.4%。因此，这减少了气体交换功并提高了 EGR 相容性，尤其是对于低压 EGR。

从技术上讲，用可持续的可供的燃料代替化石燃料是可行的。在使用 CWtL 工艺（二氧化碳 + 从水到液体燃料，Carbon Dioxide + Water to Liquid Fuel）从 CO_2 和电解 H_2 中生产电解燃料时，C1 燃料需要的花费相对较少，可以使用现有配送系统和加注系统的液态 C1 燃料是特别优选的。即使在缺氧的情况下，C1 柴油燃料 OME1a 燃烧时在很大程度上也不会形成颗粒，因此即使在瞬态运行时也能实现无碳烟燃烧，并为排气后处理提供了先决条件，从而导致“负”排放（S-ZEV）。需要开发 SCR 技术（选择性催化还原，selektive katalytische Reduktion）。在这里，超过 99.95% 的 NO_x 转化率需要开发由加热催化器支持的最高活性的低 NO_x 催化器系统。

进行了规模生产装置的装置设计和盈利能力计算。可以表明，根据“可再生”能量使用的成本水平，CO_2 中性燃料与第 2 代/第 3 代的生物燃料相比，可以产生具有竞争力的价格。一个重要的方面是储存多余的光伏电力和风电作为燃料的基本可能性。

根据图 32.1 中的标准，从“内燃机 = 化石燃料”转向在不久的将来的可持续可供的发动机燃料的思维耦合似乎是合适的。

参考文献

[1] Schlögl, R.: Auf dem Weg zu nachhaltig verfügbaren Designerkraftstoffen: Ein integriertes Vorgehen. 35. Internationales Wiener Motorensymposium, 8./9. Mai. (2014)

[2] Maus, W.: Sicherung der Mobiltät: Politik und Physik im Widerspruch?, AVL Graz 2010, www.emitec.com/veroeffentlichungen-publications/vortraege-paper.html

[3] Maus, W., Jacob, E., Brück, R., Hirth, P.: Nachhaltig verfügbare Kraftstoffe – eine Fiktion? Motortech. Z. (6), (2012). www.emitec.com/veroeffentlichungen-publications/red.beiträge-articles.html

[4] Maus, W., Brück, R., Hirth, P., Jacob, E., Jäger, E.: CO2-neutrale, nachhaltig verfügbare Kraftstoffe – Eine Voraussetzung für die Zukunft emissionsarmer Verbrennungsmotoren (2013). www.emitec.com/veroeffentlichungen-publications/vortraege-paper.html (Erstellt: Mai)

[5] Wurzbacher, J.: Capturing CO2 from Air. Empa Technology Briefing (2013). www.empa.ch/plugin/template/empa/*/133210

[6] Effenberger, F.X., Offermanns, H.: Wind und Kohle: Die technische Photosynthese. Chemie-Ingenieur-Technik 85, 710–712 (2013)

[7] www.siemens.de/hydrogen-electrolyzer

[8] Schöppe, D.; Lehmann, S.; Nozeran, N.; Kapphan, F.: Next Generation of CR Diesel Injection System Featuring Piezo Injectors with Direct-Driven Needle and Closed-Loop Control. 22. Aachener Kolloquium,Tagungsband 2, 827–838, 9. Okt. 2013

[9] Jäger, W.: (Prozess Engineering, Engelskirchen), unveröffentlichte Auslegung 2014

[10] Pontzen, F., Liebner, W., Gronemann, V., Rothämel, M., Ahlers, B.: CO2-based methanol and DME – Efficient technologies for industrial scale production. Catal Today 171, 242–250 (2011)

[11] Tiax: Methanol as a Renewable Energy Resource. Methanol Institute 2013

[12] Chmela, F.: Untersuchungen zur Vielstoffähigkeit eines den Kraftstoff direkteinspritzenden und wandanlagernden Verbrennungsverfahrens mit Fremdzündung, Dissertation. Technische Hochschule Darmstadt, 1987

[13] Hindman, M.: Methanol to gasoline technology. World CTL Conference, 2010

[14] Otto, T.N., Zimmermann, M., Dinjus, E., Ceccarelli, C.: Benzin aus Ether. Nachrichten Aus Chem 61, 412–415 (2013)

[15] Olsbye, U., Svelle, S., Bjorgen, M., Beato, P., Janssens, T., Joensen, F., Bordiga, S., Lillerud, K.P.: Conversion of Methanol to Hydrocarbons: How Zeolite Cavity and Pore Size Controls Product Selectivity. Angew Chem Int Ed 51, 5810–5831 (2012)

[16] Renner, M.: persönliche Mitteilung an E. Jacob, 2013

[17] Vertin, K.D.; Ohi; J.M.; Naegeli, D.W.; Childress, K. H.; Hagen, G.P.; McCarthy, C.I.; Cheng, A.S.; Dibble, R.W.: Methylal and Methylal-Diesel Blended Fuels for Use in CI Engines. SAE Technical Paper 1999-01-1508

[18] Ogawa, H.; Nabi, N.; Minami, M.; Miyamoto, N. Bong-Seok, K.: Ultra Low Emissions and High Performance Diesel Combustion with a Combination of High EGR, TWC, and a Highly Oxygenated Fuel, Dimethoxy Methane (DMM). SAE technical paper 2000-01-1819

[19] Analytik Service Gesellschaft, AFIDA: Advanced Fuel Ignition Delay Analyzer (2013). afida.eu/afida.pdf

[20] Seidenspinner, P.: unveröffentliche AFIDA-Messungen, 2013

[21] Burger, J.: A novel process for the production of diesel fuel additives by hierarchical design, Dissertation. Technische Universität Kaiserslautern, 2012

[22] Sanfilippo, D.; Patrini, R.; Marchionna, M.: Use of an oxygenated product as a substitute of gas oil in diesel engines. EP 1 422 285 A1(2003)

[23] Pellegrini, L.; Marchionna, L.; Patrini, R.; Florio, S.: Emission Performance of Neat and Blended Polyoxymethylene Dimethyl Ethers in a Old Light-Duty Diesel Car. SAE Technical Paper 2013-01-1035

[24] Pellegrini, L.; Marchionna, M.; Patrini, R.: Combustion Behaviour and Emission Performance of Neat and Blended Polyoxymethylene Dimethyl Ethers in a Light-Duty Diesel Engine. SAE Technical Paper 2012-01-1053

第33章 展望

名誉工学博士 Richard van Basshuysen

机动车已经存在了 150 多年；它们几乎 100% 地由往复式活塞发动机提供动力。汽油机和柴油机不断发展，发展潜力远未耗尽。仔细观察，甚至可以清楚地看到，近年来，各个层面的发展速度和相关进展都显著提高。斯特林发动机、燃气轮机、汪克尔发动机或蒸汽机等竞争对手还没有、也不会在不久的将来有很大的机会取代往复式活塞内燃机。

一段时间以来，燃料电池和电驱动一直在准备与往复式活塞发动机竞争。例如，为了能够评估燃料电池的前景，不能将其发展状况与当今的往复式活塞发动机进行比较，这是一次又一次的错误做法，而是必须评估两种系统的发展潜力。就往复式活塞发动机而言，它们主要是在燃料消耗和有害物排放、功率和转矩变化曲线、总重量和所需空间（外形尺寸）方面，最后但并非最不重要的是成本。然而，最重要的是，目前正在开发的可再生燃料是衡量所有事物的一个尺度。

燃料电池的问题在于，很长一段时间内都没有供氢的基础设施，而从化石能源和可再生能源中生产氢作为能源仍然不经济，而且能量损失很大。在电解制氢中，例如效率只有 70% 左右。此外，当前每个系统 40g 的铂金要求对于大规模机动化来说仍然太高，因为它在我们的星球上无法作为资源来获取。

最后，“纯”电驱动的发展在世界范围内得到了极大的支持，尤其是政界人士和部分媒体的大力支持。其中忽略了一个事实，即由于缺乏专业知识，政客无权推广技术，而只能制定限值。研究和开发的技术是研究和开发人员（R&D）的任务。在可预见的未来，电动汽车的主要问题是电池的能量密度/重量和安装空间、其续驶里程和成本、充电系统的可用性，例如通过电缆或感应方式，以及充电时间。此外，不能忘记的是可再生/可更新的电力远没有足够数量可供使用。德国的电力组合目前（2016）只有 1/3 的电力来自可再生能源。令人难以置信的高比例 42%（2015 年）的电力仍然是来自煤炭。以下是对限制的分析：特大城市的 500 万辆或 1000 万辆汽车如何实现电力“加注”？这个问题迄今仍然没有技术答案。巨大的电力在今天既不可能供给，也无法想象如此大量的车辆可以在哪里以及如何以电力“加注”。在这种情况下，最近甚至无法说服法兰克福一高层建筑的居民以友好的方式行事。不同的个人需求太大了。

汽油机和柴油机仍然具有巨大的发展潜力，因为这项标准工作以多种多样且令人印象深刻的方式显示出来。往复式活塞发动机及其动力总成的电气化正在显著地发展。使用再生燃料时，例如从“电力到气体”（Power to Gas）或“电力到液体”（Power to Liquid），它们是 CO_2 中性的。来自微藻的燃料在未来也可能变得重要，并且也将成为仍在增长的世界人口的重要食物。直到今天和可预见的未来，它们不仅在能源消耗［从油井到车轮（Well - to - Wheel）］方面优于燃料电池和电力驱动等其他驱动类型。此外，与其他驱动相比，它们能够通过适当的设计和废气后处理，对污染的空气进行解毒，例如在特大城市（次零排放的车辆），**这确保了电气化的往复式活塞发动机与未来的其他驱动系统一起“永生”。**

汽油机与柴油机之间的霸主之争，在过去非常令人兴奋，而且还将继续下去。两个竞争对手之间的油耗、有害物排放和制造成本的三角关系总是在不断变化。到目前为止，汽油机在制造成本和有害物排放方面具有明显的优势，而柴油机在燃料消耗方面占优。从现在开始，由于更严格的限值，就像柴油机一样，越来越多的汽油机将需要颗粒滤清器，这将增加其制造成本。另一方面，在柴油机中，有害物排放量的必要减少，尤其是减少氮氧化物的排放量，将在未来导致进一步的成本负担。由于合成生产的燃料在汽油机和柴油机之间存在多大的差异，目前尚无法预见。如前所述，这场比赛将持续很长时间，并且充满激情。